U0215871

DE AQVATILIBVS QVORVM AB R. ELEMENTO NOMENCLATVRAE INCHOANTVR.

DE RAIIS RONDELETII, BELLONII, ET NOSTRA SCRIPTA HOC ORdine sequuntur.

EX RONDELETIO.

DE RAIIS, ET EARVM DIVISIONE, RONDELETIVS.

Raiarũ fœcunditas & copia, eiusq; causa.

MARE ITA raijs abundat, ut terra spinis, tribulis, rhamnis. Quod mirũ nonnullis uideri posset, cùm raia unum duntaxat, aut summùm duo oua, eamq; ob causam, unicum duos'ue fœtus semel edat, quod etsi uerum sit, raias tamen inter cartilaginea omnia fœcundissimas esse posteà docebimus, quę non solùm magni raiarũ prouentus causa est (nam plurimi alij pisces numerosiùs fœtificant, quorum longè maior est quàm raiarum raritas) sed etiam quòd raiarum fœtus à paucis alijs deuorari possit. Longè uerò magis improbãda est, & impia iudicanda eorũ sententia, qui naturam tanquã nouercam accusant, quæ plura fera, aspera, noxiaq; produxerit: quàm cicura, iucunda, utilia, cùm contrà nihil temere, nihil sine summa ratione, à Deo opt. max. omnium bonorum autore sit creatum. Vt, *Eadem alijs noxia, alijs utilia.* ne à rebus marinis recedamus, pulices maris, œstri, pediculiq; alijs piscibus maximè sunt molesti: at quibusdam sunt iucundissimi; nam hepatus istis lubentissimè uescitur. scolopendra uenenata est, at acui gratissimo est alimento. lepus marinus lætalis est nobis, at mullo cibus est innoxius & delicatus. Et ne singula persequamur, raiæ quædam totius corporis, omnes caudæ aculeis horrẽt, *Raiarum usus.* aspectu ipso deformes sunt: tamen rusticis ijsq; qui corpus graui labore fatigãt in cibo sunt utiles, plurimumq; nutriunt. Fel earundem oculorũ cicatricibus & suffusionibus curandis prodest.

Raiæ sunt inter planos cartilagineos notissimæ, maximeq; uariæ. De ijs primùm uniuersè
A quædam dicemus, earumq; species partiemur: deinde eas sigillatim explicabimus. Βάτος ἢ Βατὶς à Græcis raia dicitur, à rubi quem Βάτον uocant similitudine. Quemadmodum enim spinosus est aculeatusq; rubus: ita Raia omnis aculeis aspera, nõ quidem toto corpore: sunt enim λειόβατοι, id est, læues raiæ, quibus nulli sunt in corpore aculei, sed siue læues sint raiæ, siue asperæ, omnes uncos aculeos in cauda gestant, sicuti in rubo, cynosbato, & rosis cernuntur. Latini nulla habita Græcæ etymologiæ ratione raiam uocauerunt, ueluti τρυγόνα pastinacam. Fuit qui aliquando mihi negarit raiæ uocabulum Latinum esse, præsertim cùm Plinius lib. 32. cap. 11. in piscium catalogo eo minime sit usus, sed Gręco. Box, Batis, Banchus, &c. Et alio in loco bati fel dixerit, nõ raię. *Ibidem cap. 7.* At Latino nomine idem libro 9. cap. 24. usus est. Planorum piscium (inquit) alterum est genus, quod pro spina cartilaginem habet, raiæ, pastinacæ, &c. Latini nominis etymum nullum reperi, nisi forte à radendo raiam dictam esse existimes. *Batum et batidem non differre, nisi forte sexu.* Distinguunt nonnulli Βάτον καὶ Βατίδα, ut hæc fœmina sit, ille mas. id annotauit qui nomina Græca quibus Latina respondẽt ex Gazæ interpretatione collegit, in fine librorum Aristotelis de animalibus. Aristoteles quidẽ lib. 1. de hist. cap. 5. & lib. 2. cap. 13. lib. 6. cap 10. Βάτος nomine sæpius usus est, uno uerò loco Βατίδος: Τὰ μὲν σκύλια καὶ βατίδες ἔχουσι τὰ ὀστρακώδη, &c. Et reuera quibus in locis Aristoteles Βάτος nomẽ ponit, de his loquitũ quæ tam ad marẽ q̃ ad fœminã spectant, de brãchijs, de pinnis, de coitu: quũ uerò de eo quod fœminæ tantùm proprium est, Βατίδα dixit, ut non uana mihi nominũ differentia hęc esse uideatur. Posset

Posset eadem etiam Grammaticorum autoritate cõfirmari, qui βατίδα mollioris piscis genus esse scribunt, unde βατιδοσκόποι dicatur ὀψοφάγοι & gulones, autore Cælio Rhodigino: ut, quoniam fœmina in omni genere humidiore mollioreq́ sit carne quàm mas, βατὶς raia fœmina propriè dicatur. Athenæus libro VII. βατίδα καὶ βάτον etiam distinxisse uidetur, sed locus is adeò corruptus est, ut nihil inde certi elici posit.

Lib. 13. cap. 1.

In hoc omnes consentiunt, raias cartilagineos esse planosq́ pisces, cauda aspera, sine pinnis quibus natent, latitudine enim sua natant. Aristoteles libro 6. de histo. anim. cap. 10. Τῶν δὲ σελαχῶν, ἔνια μὲν οὐκ ἔχει πτερύγια, οἷον τὰ πλατέα, καὶ κερκοφόρα, ὥσπερ βάτος καὶ τρυγών, ἀλλ᾽ αὐτοῖς νεῖ τοῖς πλάτεσι. Cartilaginei quoque generis aliqua pinnis carent, uidelicet quæ plana sunt, & caudam habent, ut raia, pastinaca, suaq́ ipsa latitudine natant. Neque est quod quis mox sequente sententia, ab hac opinione abducatur: βάτος δὲ ἔχει, καὶ ὅσα τὸ πλάτος μὴ ἔχει ἀπολελεπτυσμένον. Locus enim manifestè mendosus est, legendumq́ βάτραχος pro βάτος. Idem error in codices Latinos irrepsit. Raiam tamen habere pinnas uidemus, & quæcunque suam latitudinem non colligunt in mucronem. Legendum uerò ranam autem &c. Rana enim piscatrix & squatina, quamuis cartilaginei sint planiq́ pisces, tamen pinnas habent ad natandum, nec sola sua latitudine natant eodem Aristotele autore: οἱ δὲ βάτοι καὶ τὰ τοιαῦτα, ἀντὶ τῶν πτερυγίων τῷ ἐσχάτῳ πλάτει νέουσι· ἡ δὲ ῥίνη καὶ βάτραχος τὰ μὲν ἐν τοῖς πλαγίοις κάτω (ἔχουσι,) διὰ τὸ πλάτος τῶν ἄνω. Raia & similes, pro pinnis extrema sui corporis latitudine natant. Squatina uerò & rana pinnas lateribus accommodatas infrà gerũt propter amplitudinem partis superioris. Sed rursus locus proximè citatus mendo non caret: nam pro ἡ δὲ ῥίνη καὶ βάτραχος, legitur in impresis Græcis codicibus ἡ δὲ νάρκη, non rectè, cùm mox Aristoteles τῇ νάρκῃ, id est, torpedini, alias pinnas tribuat scilicet iuxta caudam. Quæ cùm de squatina & torpedine dicetur, clariora fient. Gaza uel meliore usus codice, uel re diligentiùs considerata, non torpedinem sed squatinam conuertit, eius enim interpretationem adscripsimus. Constat igitur raiam pinnis natandi causa à natura donatam non fuisse. Nam quæ in caudis raiarum pinnulæ sunt, non natandi sed dirigendi itineris causa datæ sunt: pinnas uerò eas duntaxat appellat Aristoteles, quibus pisces natando corpus impellunt, quemadmodum in pastinaca priùs annotauimus. Omnibus raijs mẽbranula, quæ nebula uocatur, oculis obtenditur. Iuxta oculos foramina sunt ampla, ad oris intima usque patentia, quibus operculum interiore parte à natura additum est: quæ foramina ore aperto dilatantur, clauso ore magna ex parte occluduntur: neque enim, maximè in mortuis raijs ab operculo tota obturantur. Foramina alia pro naribus omnes ante oris rictum obtinuerunt. Harum aliæ dentes habent, aliæ minimè, sed horum uice os asperum rugosumq́. Branchias detectas in supina parte eodem situ ordineq́ omnes habent. Aculeis uariè à sese differunt. Aliæ in prona supinaq́ue parte aculeis armatæ sunt, aliæ in prona tantùm, aliæ in rostri supina parte: aliæ in nulla parte præterquàm in cauda: quorum ea est diuersitas, ut in alijs triplici ordine dispositi sint, in alijs simplici. Præterea ipsorum aculeorum plures sunt differentiæ. Sunt quidam molles & imbecilli, pilorum uel lanuginis modo: nonnulli paulò ualidiores, alij robustisimi ex ossea planè substantia. Rursus alij longi & tenues, alij parui & uix supra cutem extantes, alij medio modo se habent: omnes ferè ad caudam spectant, longi ferè ad caput.

B *De pinnis raiarum.* *Lib. 4. de partib. anima. ca. 13.* *Pinnæ in cauda pastinacæ.* *Nebula oculis obtensa.* *Foramina iuxta oculos.* *Alia pro naribus.* *Branchiæ.* *Ab aculeis differentiæ.*

Partibus quibusdam internis differunt: in quibusdam hepar magis rubescit, in alijs flauescit magis. In hepate omnium fellis est uesica. In uentriculi plexu splen situs est. Intestina crassa: in ecphysi, & recti intestini extremo angusta. Cætera in singulorũ descriptionibus exponent.

Interiora.

Nunc de raiarum generibus, quas antiqui uel differentijs aliquot neglectis, uel fortasse nominibus destituti, in tria tantùm partiebantur, raiam scilicet simpliciter dictã, raiam læuem, & asteriam. Nos diligentiùs clarioris doctrinæ gratia, in multò plures species distribuemus. Raiam igitur primùm in læuem & asperam diuidimus: deinde in raiam stellulis notatam, & ijs carentem. sunt enim & læues & asperæ stellulis uariæ, aliæ minimè. Asperarum aliæ tactum modicè solùm uellicante lanugine: aliæ aculeis robustis, sed raris, aliæ aculeis robustisimis & densisimis asperantur. Rursus earum quæ stellulis notantur, aliæ binas duntaxat maculas habent, aliæ plures. Illæ binis maculis circumiectos circulos habent, ut in buglosi & torpedinis specie. Harum nonnullæ rotundæ, stellisq́ pictis similes notas multas habent, quædam albis nigrisq́ue prona parte conspersæ sunt. Sed priusquam singulas explicemus, de earum fœcunditate & generatione dicemus.

Raiarum genera.

DE RAIARVM FOECVNDITATE ET EArum ouis, Rondeletius.

ABSVRDVM hîc minimè fuerit causam reddere, cur tam fœcundas raias esse dixerimus. Non enim solùm magnus est raiarum prouentus, quia uix piscis ullus sit tam lato oris rictu, lamia excepta, qui raiam deuorare posit: uel quia ob totius corporis, uel certè caudæ aculeos reliqui pisces ab his abstineant. neque uerò ad id Aristotelis autoritate confirmãdum utimur. Raia inter cartilagineos fœtificat numerosiùs: uerùm quia facilè pereunt, hinc efficitur ut appareant paucæ. Nam neque raia hoc loco legendum, sed rana. Græci enim codices βάτραχον habent non

Lib. 6. de hist. cap. 17.

ii 3

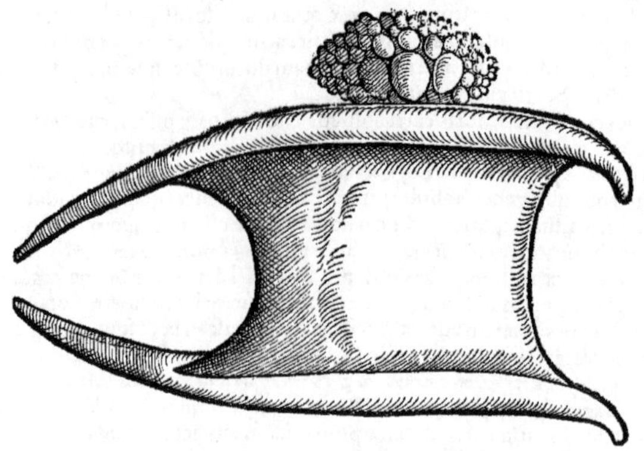

βάτον, neque paucæ raiæ apparent, ſed in oceano & in mari mediterraneo plurimæ. Sed alia eſt certior fœcunditatis cauſa, quæ non facile ab omnibus intelligatur, niſi raias grauidas aliquando diſſecuerint, & diligentiùs contemplati fuerint. De raiarum ouo hæc Ariſtoteles: τὰ μὲν οὖν σκύλια καὶ αἱ βατίδες ἴσχουσι τὰ ὀστρακώδη, ἐν οἷς ἐγγίνεται ᾠοειδὴς ὑγρότης: τὸ δὲ σχῆμα τοῦ ὀστράκου, ὅμοιον ταῖς τῶν αὐλῶν γλώτταις: καὶ πόροι τριχώδεις ἐγγίνονται τοῖς ὀστράκοις. τοῖς μὲν οὖν σκυλίοις, οὓς καλοῦσί τινες νεβρίας γαλεοὺς, ὅταν περιῤῥαγῇ καὶ ἐμπέσῃ (ἐκπέσῃ forte) τὸ ὄστρακον, γίνονται οἱ νεοττοί: ταῖς δὲ βατίσιν, ὅταν ἐκτέκωσι, τοῦ ὀστράκου περιῤῥαγέντος, ἐξέρχεται ὁ νεοττός. Caniculæ & raiæ teſtacea quædam gerũt, in quibus humor ad oui ſimilitudinem conſiſtit. figura eius teſtæ ſimilis tibiarum ligulis eſt: meatusq; fiunt capillamentorum ſpecie in teſtis. Caniculis quidem quas nonnulli nebrios (*nebrias*) galeos uocant, fœtus rupta dilapſaq; teſta proueniunt, raijs cùm pepererint, rupta teſta excluditur fœtus: (*Non uideo quomodo aliter caniculæ, aliter raiæ pariant: utræq; enim teſtaceo illo receptaculo rupto catulos emittunt.*) De caniculis & earum ouo, partuq; ſuo loco dictum eſt. Nunc de raijs tantùm. Iis teſtaceum ouum unicum tribuit Ariſtoteles, quale reuera habent. Fœtum igitur unicum aut ſummùm duos uno partu edunt, quod uerum eſt: ſed præter ouum teſtaceum quod hîc depingendum curaui, aut duo, quę perfecta in inferiore uuluæ parte cernuntur, ex diſſectione comperi permulta alia, & ferè infinita in ſuperiore uuluæ parte haberi, quæ tempore perficiuntur, ex quibus ſæpius iteratis partubus, fœtus excluduntur. Atque hæc fœcunditatis cauſa eſt eadem quæ in gallinis, ut quotidie experimur: quæ unicum ouum unico partu ponunt, cùm plurima alia in utero geſtent, quorum ſingula poſteà, ut priùs abſoluta fuerint ita priùs eduntur. Hæc de raiarum fœcunditate. Nũc ut pictura, ita oratione earundem oua repræſentemus. Oua qualia in præfixa capiti pictura ſuperiore loco ſpectantur, ſine teſta primùm concipiuntur, in ſuperiore uuluæ parte, quorum alia gallinæ ouorum magnitudinem æquant, alia his minora ſunt, quædam uix ciceris ſunt magnitudine. Equidem plura centenis aliquando in raijs ſingulis numeraui. Ex his quæ à perfectione propiùs abſunt, in inferiorem uuluæ partem demiſſa, teſta operiuntur, in qua albumen & uitellus continentur: quemadmodum in gallinarum & auium aliarum ouis primùm conformatis, quæ tum uitello ſolo uidentur conſtare, cùm tamen poſteà albumen à uitello ſecernatur. Quam rem cùm uehementius admirarer, cauſamq; eius ſollicitè inueſtigarem, oua gallinarum recens formata, in quibus ne ueſtigium quidem albuminis apparebat, coxi, tum caloris ui (cuius proprium eſt quæ eiuſdem ſunt generis congregare & cogere, quæ diuerſi diſsipare, & diſcutere) candidum à luteo ſecretum uidi. Quamobrem initio quidem utrumque commiſtum eſt & confuſum, ſed paulatim calor magis ac magis uires ſuas exerens, ſeparat, & ex craſsiore parte indurata, teſta circundat. Tale eſt igitur in teſta ſua raiarum ouum, quale gallinarum, & auium initio. Teſta uerò ouum ſuum concludens ſub pictura ouorum teſta nudatorum expreſſa, quæ à figura puluinar à quibuſdam hodie uocatur, quadrati forma eſt, demptis angulorum appendicibus, quæ uariæ ſunt. Vnius enim lateris appendices longiores ſunt, ſimiles folijs gladioli herbæ: alterius breuiores, latiores, replicatæ, quibus undique ſum motis, laterum anguli tibiarum ligulis ſimiles ſunt, ut ſcribit Ariſtoteles. Qua de re plura, & ni fallor, notatu digniſsima, quum de caniculis diceremus. Teſtaceum ouum (*Sic & oua ſingula nominare uidetur, quæ una communi ceu teſta continentur: & ipſam quoque continentem teſtam*) raiarum à canicularum ouo differt: illarum enim magis fuſcum eſt, harum magis flauum, appendices graciliores, lyræ fidibus ſimiles. His expoſitis, nunc ſingulas raiarum differentias perſequamur.

Lib. 6. de hiſt. cap. 10.

DE

DE RAIA LAEVI, RONDELETIVS.

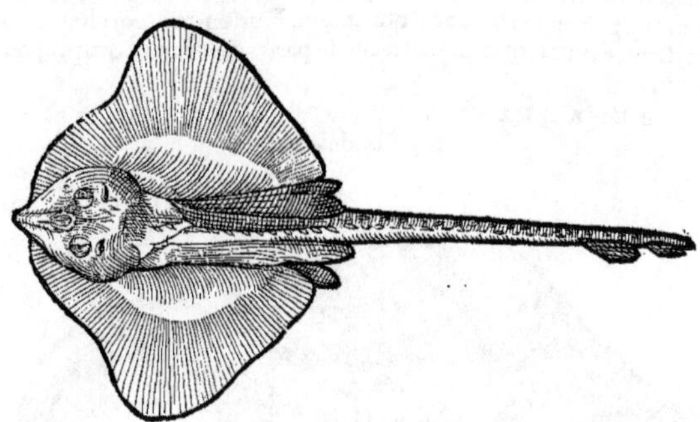

DICITVR à Græcis λειόβατος, à Latinis raia læuis, ab Hispanis Liuda, à cute læui & pellucida. Sunt qui rasam uocent à glabra cute. Nostri non à cutis læuitate, sed à colore fumat & fumado appellant. Sunt enim colore fusco, quem enfumat uocamus: quòd eo colore sint quę fumigantur, priusquam maximè denigrentur. A

Est igitur raia læuis piscis, planus, cartilagineus, corpore tenui, & in amplissimas alas expanso. Cute glabra læuiq́;, id est, ab aculeis nuda, præterquàm in locis prope oculos, quorum uterq; aculeo munitus est: item excepta media dorsi linea, & cauda. In illa infixi sunt aculei parui, rariq́;: in cauda tres aculeorum ordines, qui rariores tenuioresq́; sunt quàm in alijs generibus. In supina parte aliquot sunt in os recurui, cibi, opinor, retinendi gratia. Rostrum tenui cartilagine constat, & pellucida: mediæ est longitudinis. Oculi in hac specie ut in alijs omnibus, in prona parte, non sursum spectantes, ut in uranoscopo, sed ad latera. Nebula, hoc est, crassa & alba tunica, (adnatam esse diceres,) à parte inferiore ascendens, fimbriata, uel in ambitu serrata, pupillam totam integit, dum pars digito comprimitur, de qua re plura quum de caniculis ageremus. Post oculos foramina sunt, ita ampla, ut in ea digitus minimus immitti possit, de quibus antè dictum est. Os in supina parte, & multùm infrà: quam ob causam non nisi resupinata raia cibum capere potest. Os latum est, ossibus asperis pro dentibus munitum, foramina pro naribus ante os sita. In eadem parte branchiæ utrinque, ad aquam cum cibo haustam, quæq́; prima palati foramina effugit, reijciendam. Branchias sequitur cartilago, cui innixum diaphragma hæret, ad branchias cum corde, à uentriculo, hepate, alijsq́; nutritioni destinatis partibus secernendas. Rima pro podice est, pudendo muliebri non absimilis. Alæ utrinque expansæ tenues sunt, prona parte nigricant, ut & cauda, dempta quadam parte candida: sic etiam tota supina pars alba est. Ventriculus huic generi paruus est, ecphysis gracilis & dura. Intestina breuia, sed crassa: hepar rubescit, in quo fel latet. B

Raiæ omnes odorem ferinum, & marinum quendam fœtorem recipiunt, qui in diutius seruatis ferè euanescit. Quare Lutetiæ meliores sunt raiæ quàm Rhotomagi, & Lugduni quàm Massiliæ: longa enim uectura tenerescunt, & suauiores efficiuntur. Rectè igitur Athenæus libro 8. ὁ δὲ λειόβατος, δυσκοιλιώτερος καὶ βρωμώδης: id est, læuis raia aluo difficilior est, & uirus olet: nec mirum cùm carniuora sit, & in cœnosis locis, litoribúsque uiuat, teste Oppiano lib. 1 ἁλιευτικῶν (*qui hoc de raia simpliciter, scribit.*) Galenus in libello de Attenuante uictu torpedines & pastinacas præfert. Sola, inquit, cartilagineorum, torpedo & pastinaca laudantur. Quæ mollicie carnis torpedinum & pastinacarum inductus scripsit, cùm tamen mollities illa, summa cum insuauitate coniuncta sit. Idem libro 3. de aliment. facult. Raia læuis, raia, squatina, omniáque eiusmodi duriora sunt, & concoctu difficiliora, alimenti copiosioris quàm torpedo uel pastinaca. Raia omnis hyeme minùs insuauiter olet, & melior est, quamobrem Archestratus (opsonatorum omnium facilè princeps) hyeme edendam esse etiam atque etiam monet, elixam cum caseo & silphio: quia pinguis non sit, ut nec alij quidam marini fœtus, hæc enim sunt quæ sequentibus uersibus exprimit: F (C)

Καὶ βατίδ' ἑφθὼ ἔσθιέ μοι χειμῶνος ἐν ὥρῃ, Καὶ (forte σὺν) ταύτῃ τυρὸν καὶ σίλφιον, ἅττα δὲ σάρκα
Μὴ πίειραν ἔχει πόντου τέκνα, τοῦτο δὲ τρόπῳ χρὴ Σκευάζειν, ἤδη σοι ἐγὼ τάδε δεύτερον αὐδῶ.

Hodie elixa raia omnis ex aceto editur. Hepar maximè delicatū habetur, quod alij ex aceto tantùm comedunt, alij primùm elixum, deinde in sartagine frixum aceto uel oxalidis succo cum pipere condiunt. Apud nos raiæ non sunt in pretio. Galli qui duris, & firmioris carnis piscibus delectantur, longè magis probant. ex quibus nonnulli cùm me aliquando in conuiuio de succo

ii 4

ſubſtantiá ue raiarum interrogaſſent, reſpondi idem quod Dorion tibicen apud Athenæum, φάσκοντός τινος ἀγαθὸν εἶναι ἰχθὺν βατίδα, ὥσπερ ἂν εἴ τις, ἔφη, ἑφθὸν τρίβωνα ἐσθίοι: id eſt, quum quidam diceret raiam bonum eſſe piſcem, perinde ac ſi quis, inquit Dorion, pallium elixum comedat. Eſt enim carne dura, ſicca, exucca, quæq; haud facilè in partes diuellatur, quapropter Dorion elixo pallio comparauit.

DE RAIA VNDVLATA SIVE CINEREA, Rondeletius.

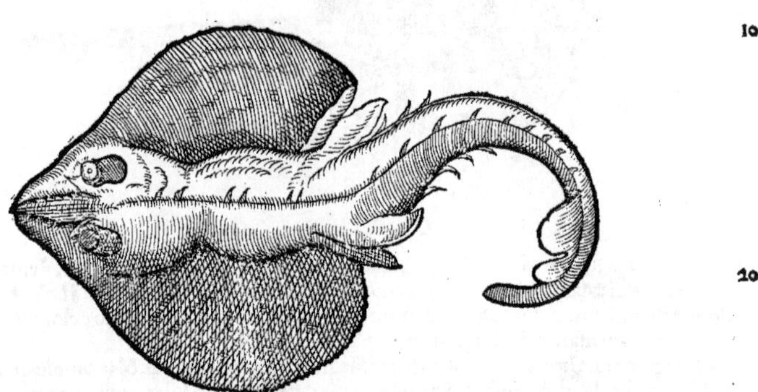

A LAEVIVM & aſperarum raiarum genus multiplex eſſe, utrarunq; ſpecies demonſtrabũt. Læuium ſpecies nunc exequimur. Eam igitur quam hîc exhibemus, à colore cineream, à maculis undarum modo flexuoſis, undulatam uocamus. Quidam coliart appellant.

B Raia eſt ex læuium genere, corpore minùs ad rhombi figuram accedente, quàm in reliquis raijs, ſed oui potiùs forma: corpus ab aculeis nudũ, preterquàm in linea dorſi: in qua pauci ſunt, parui, rari, circa oculos nonnulli. In cauda ſunt triplici ordine diſpoſiti, maiores & denſiores. In eadem pinnulæ duæ ſunt. Ore, oculis, foraminibus, branchijs, partibus internis, carnis duritie a-
(F) lijs ſimilis; ſed colore eſt cinereo, prona parte multis ſinuoſis lineis deſcripta.

DE RAIA OXYRHYNCHO MINORE, Rondeletius.

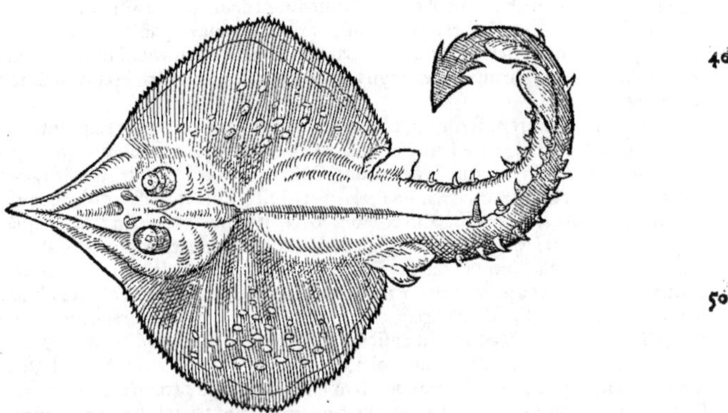

A ALTERA læuis raiæ ſpecies eſt, quam à roſtri longitudine & acumine raiam ὀξύρυγχον appello. Eadem de cauſa noſtri eleno (*id eſt, ſubulam*) uocant. Itali peroſa raſa, (*nam raiam aculeatam ſimpliciter peroſam uel petroſam nominant:*) alij ſot, alij gilioro.

B Corpore eſt maximo, maculis multis lentis ſpecie in parte prona notato, qua de cauſa à noſtris piſcatoribus lentillade dicitur. Ad oculos quatuor habet aculeos. In cauda tres eorum ordines, qui diuerſi ſunt, & inæquales: ut primus medij ordinis maior ſit ſecundo, tertius primo, quartus ſecundo reſpondet, & ſic deinceps donec ad caudæ pinnulas uentum ſit, circa quas aliter ſiti ſunt;

sunt: utrinque enim per transuersum recti sunt, ad latera conuersi, qui hos sequuntur in cauda extremi in caput recuruantur. In supina parte rostri, alij sunt acutiores, alij in os recurui, ad capiendos uel retinendos pisces. Dentes habet, in os uergentes, squatinæ dentibus similes, non in lateribus, sed in medio maxillarum. Oculis, ore, foraminibus, caudæ pinnulis, alijsque partibus & internis & externis superioribus similis. Carne est non æquè dura. F

DE ALIA RAIA OXYRHYNCHO, MAIORE, QVAM aliqui Bouem antiquorum esse putant, Rondeletius.

Vide suprà in Boue scriptum Bellonij, & Corollarium nostrum. Opinionem illorum, qui alteram speciem Raiæ clauatæ bouem putarunt, inferiùs redarguet.

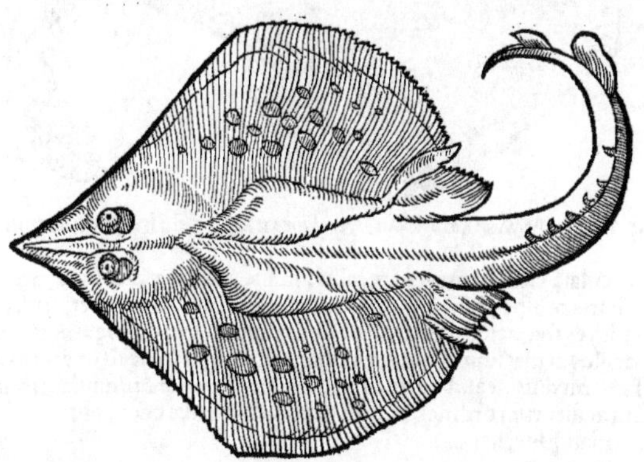

RAIAE ὀξυῤύγχου speciem aliam hîc ponimus à superiore multùm diuersam, dempta rostri figura, à qua idem nomen cum superiore sortita est. nam inde ὀξύῤυγχον appellamus, & lingua nostra eleno, quæ uox subulam significat, instrumētum cerdonum, quo ad perforandos calceos & suendos utūtur, Gallicè alesne. Qualis enim est subula, id est, acuta, tenuis, latiuscula, non rotunda, tale est huius rostrum. Sunt qui bouem antiquorum esse putent, quòd in maximam molem accrescat; quòd in ore latentes habeat dentes, paruos, inualidos, utpote qui mobiles esse uideantur, quæ omnia Oppianus boui tribuit his uersibus: (*quorum sententiam nos in Boue suprà, Elemento B. Latinè expreßimus.*) A Bos.

Ἔστι δέ τις πλεῖστον ἐφέστιος ὠμοφάγος βοῦς,
Πολλάκις ἐνδεκάπηχυ, δυωδεκάπηχύ τ' ἐτύχθη:
Μαλθακόν: ὧν δέ οἱ εἰσὶν ἀείδελοι γῶδον ὀδόντων,
Εὐρύτατος, πάντεσσι μετ' ἰχθύσιν. ἦ γάρ οἱ εὖρος
Οὐτιδανὸς δὲ βίη, καί οἱ δέμας ἄμμορον ἀλκῆς,
Βαιοί τ' οὐ κρατεροί τε, &c.

His consentit nonnullorum uulgaris appellatio: uaccam enim uocant, quidam ex nostris à magnitudine flassade (*Bellonius tradit Læuiraiam à Maßilienßibus Flassadam uocari: Vaccam uerò à Liguribus Bouem suum quem seorsim describit*) quæ uox stragulum lecti significat. Vtut res ista habeat, raia hæc proximè descriptæ similis est, alis quidem ualde amplis & extentis, sed ipso corporis trunco strictiore, acutioreque, dorso lōgiore. Aculeos nullos omnino habet, præterquàm in cauda, in qua unicus est eorum ordo. Partibus cæteris ab alijs non differt. B

Carne est molliore & suauiore, quàm cæteræ, maximè si non senuerit. Piscatores has raias sale conditas in fumo & sole exiccant, uulneribus multis priùs lateribus inflictis, quò meliùs & celeriùs exiccentur. Exiccatæ diu incorruptæ seruantur, tum ob humiditatē superuacuam & excrementiam à sole absumptam, ut nullum sit putredinis periculum, tum ob carnis substantiā glutinosam & uiscidam. Nam qui pisces carne nimiùm pingui mollique sunt, salituræ idonei nō sunt, quia in ea contabescunt & dissoluuntur. F

DE RAIA OCVLATA ET LAEVI, RONDELETIVS.

INTER Læues etiā numeranda est ea, quæ à maculis, oculorū figuram referentibus, oculata à nobis nuncupatur, à Prouincialibus mirallet, à speculorū paruorum similitudine: ea enim uox illis speculum paruū significat: sed quia maior est his maculis cū oculis similitudo, quàm cū speculis, maluimus uulgari neglecta appellatione oculatam nominare: medium enim cæruleum pupillam refert: circulorum duorum, qui iridem constituunt, prior & internus, colore est nigro: externus, flauo. Nonnulli (*ut Gillius*) raiam hanc macularum causa asteriam esse existimarūt: sed cū galeus asterias ab Aristotele à maculis stellatim dispositis nominatus sit, quales in ista raia minimè sunt, uerū in alia specie maximè euidentes & conspicuæ: uideor mihi hāc rectiùs oculatam nominasse; aliā à stellis manifestis, in toto corpore sparsis, Asteriam. Prætereà ueterū asterias te- A *Quòd non sit asterias.* F nerior est, boniq; succi: (*εὔχυλος nos εὐκοίλιος reposuimus;*) quod de hac, de qua nunc agimus, dici non potest.

B Est igitur raia oculata ex læuium genere, alijs similis, rostro cartilagineo, pellucido: corpore fusco, maculis obscuris consperso. In utroq; latere magnam maculam habet, oculis similem, ut diximus. Aculeos plures frequentioresq; habet, quàm superiores duæ leues. Rostri supina pars aspera est. Circa oculos aculei sunt aliquot, post hos duo magni in dorsi linea. In cauda quinque horum ordines sunt: medius à caudæ principio incipiens, in priorẽ pinnulam terminatur; utrinque duo minorum aculeorum ordines, reliqui duo latera caudæ occupant.

F Carne est dura maliq; succi.

DE RAIA ASTERIA, RONDELETIVS.

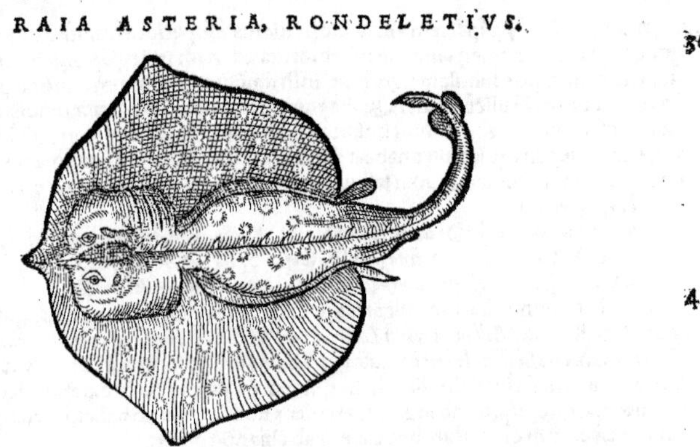

B RAIA asterias cum oculatâ comparata ueluti purpura cũ purpura certiùs dignòscetur. Illa ex læuium quoq; genere est, rarior, ideoq; multis minus cognita. Corporis specie ab omnib. primo aspectu raiæ species esse iudicabitur: tamẽ ab alijs distinguetur aculeis, quos in dorso habet, mox à capite incipientes, & in priorem caudæ pinnulam desinentes. Præter hos nulli alij sunt in toto corpore. Dorsi pars prona, alæq; expansæ, stellulis perceleganter sunt depictæ, à quibus asteriæ

(A) nomen inuenit. Cauda tenuis est & breuior in hac specie quàm in reliquis. Caput primo generi

C pastinacæ, quàm raijs alijs, similius. est enim crassius & latius. In alto mari & puriore aqua

F degit: ob id rarior est, & in litorib. minus frequens. Quamobrẽ meliore est carne quàm reliquæ,

Lib. 8. scilicet molliore, teneriore, facilioris concoctionis, meliorisq; succi. Rectè igitur Athenæus: *Ἡ δὲ ἀστερίας βατὶς ἁπαλωτέρα καὶ εὔχυλος*. Stellata raia tenerior est, boniq; succi. (*ego εὐκοίλιος lego, non εὔχυλος. uide in Corollario.*) Nec dubium est, quin saxatilibus substitui possit, torpediniq; & pastinacæ præferenda sit, quas tamen Galenus raijs præfert.

A. Veram se dare asteriã. Hanc, quam capiti præfiximus, raiam asteriã ueterũ esse, tum ex carnis substãtia, tum ex maculis stellularum pictarum specie, à quibus etiam galeus asterias nominatus fuit cõprobauimus: quibus plura adderem, nisi res meridianâ luce clarior foret, cùm nullus sit, qui non statim primo intuitu maculas pro stellulis agnoscat.

DE

DE RAIA OCVLATA ET ASPERA, Rondeletius.

LAEVIVM raiarum species executi sumus, nunc de asperis dicemus: primùm de oculata aspera, quæ oculatæ læui maculis similis est, aculeis autem differt: quos in alis expansis è regione macularum utrinq; habet, alios in lateribus capitis utrinque, alios in dorso, alios in cauda maiores, ualidiores & frequentiores. Colore ab oculata læui non differt. Noli existimare hanc ab illa sexu tantùm differre. Nam in utroq; genere marem esse & fœminam ex lacte ouisq; comperi. B

Oculata aspera carne est dura maliq; succi. E

DE RAIA ASTERIA ASPERA, Rondeletius.

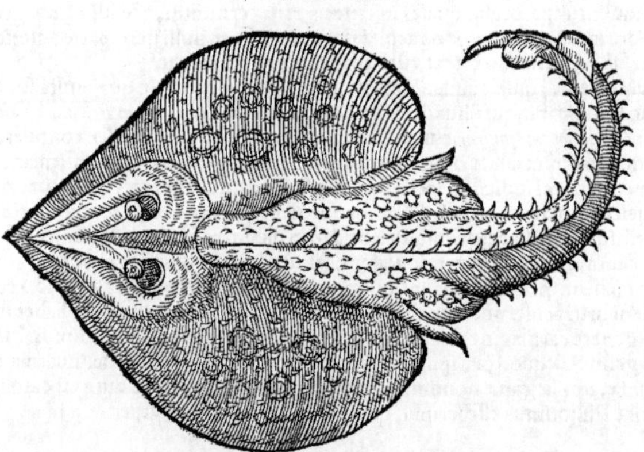

IN raijs asperis numerabitur asterias alia ad læuis discrimen, aspera nominata, quæ à Gallis raie estelée, ab Italis rometa uocatur. A

Asterias igitur appellabitur à stellulis multis, quas habet in lateribus & caudæ principio depictas: aspera ab aculeis plurimis quibus tota horret. In oculorum interuallo multi sunt breues, frequentes, peracuti: in medij dorsi linea, alij magni: in cauda tres magnorum ordines, alijs plurimis & minutioribus distincti. Infiniti sunt alij huc illucq; sine ordine toti corpori inspersi. Pro dentibus ossa dura & aspera habet. Carne est dura siccaq;. Huius generis species duæ esse uidentur: una, quæ stellulas habet, in medio albas, sed quas ambit circulus ex nigris pūctis cōstans, totūq; corpus aculeis horridū est: altera stellulas prorsus candidas cū multò paucioribus aculeis. B

Species duæ.

DE RAIA CLAVATA, RONDELETIVS.

RAIA clauata ab aculeorum magnitudine & similitudine cum clauis æreis, siue ferreis: eadem de causa à Massiliensibus & nostris clauclade uocatur. A Gallis raie bouclée: quia aculeos habet fibularum specie. Ab Italis perosa (*Oxyrhynchum minorem suprà dixit ab Italis perosam rasam uocari*) siue petrosa. A

Hanc Bellonius facit Raiam propriè uel ſimpliciter dictam.

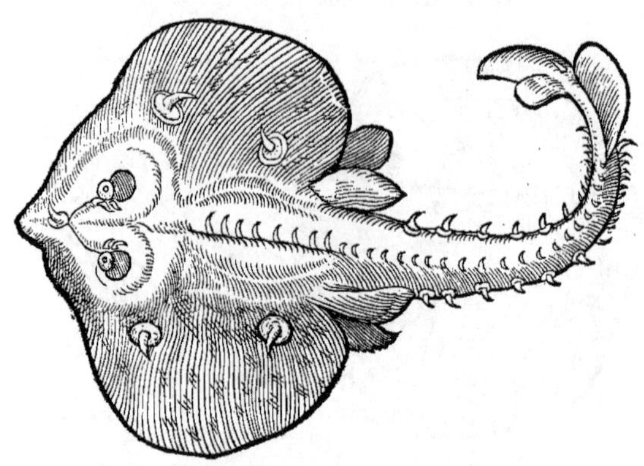

B Corporis ſpecie reliquis ſimilis eſt, ſed roſtro breuiore, & minus acuto, aculeis longè diſsimilibus & ſitu & figura. ij enim ex oſsibus rotundis extant, unciq; ſunt. Horum unus ſuperiorem & ferè extremam roſtri partem occupat; ſequuntur alij duo in lateribus anterioris partis procul à ſe diſtantes: alij duo in medio corpore minus à ſe disiuncti. His forma & magnitudine pares duo ad radicem pinnulæ prioris in cauda. In media dorſi linea, caudaq;, aculei alij quales in cæteris raijs ordine locati ſunt uſque ad priorem caudæ pinnulam, hanc ſequitur unicus duntaxat. In *[Cauda.]* caudæ lateribus utrinque ordo eſt unus aculeorum maiorum clauorum ſiue fibularum ſpecie, ab initio caudæ ad medium eiuſdem tantùm, ne, ut opinor, tot magnis aculeis rigidior, commodè in omnem partem flecti non poſſet, tamen ne alicui caudæ parti arma deeſſent, maiorum aculeorum ordines ſequuntur parui alij, quales in cæteris raijs cernuntur. *[Species alia.]* Vidi huius generis raias, quibus poſteriore tantū parte corporis aculei illi magni eſſent, nulli uerò parte anteriore: ſed horum ſitus diuerſus ſpeciem non mutat, cùm alia omnia reſpondeant.

[Contra Bellonij picturam.] Nec te decipiat eius, qui de aquatilibus nuper ſcripſit, pictura, in qua multa ſunt à ueritate aliena: quod facilè iudicabit, qui illius deſcriptionem (*atqui non deſcribit eam Bellonius, notiorem eam eſſe dicens, quàm ut deſcriptionem requirat*) cum noſtra, & utramque cum ipſo piſce contulerit.

F. *[Contra Bellonium.]* In hoc idem plurimùm fallitur, quòd cæteris omnibus delicatiorem eſſe affirmat, cum contrà duriore ſit carne, cuius rei iudicium faciat ſenſus ipſe. Sed ad alias partes referatur oratio.

B Hepar flaueſcens in duas partes ſectū eſt, in quo ueſica fel aqueum & tenue continens latet, il-
G lud pro delicatiſsimo cibo habetur, pingue eſt: ideo in oleum reſolui poteſt, contra affectus hepatis utile. emollit enim citra magnam caliditatem: fel aduerſus ſuffuſiones prodeſt.

A. *[Dubitat an hæc ſit Aquila ueterum.]* Poſſet hæc raiarum ſpecies aquila antiquorū exiſtimari (nihil enim hîc affirmo:) colore enim nigricante eſt. incurui aculei uncis unguibus reſpondent, alas ualde expanſas habet ueluti aquila. Prætereà in genere cartilagineorum & planorum numerarunt antiqui. *[Lib. 9. cap. 24.]* Plinius: Planorum piſcium alterum genus eſt, quod pro ſpina cartilaginem habet, raiæ, paſtinacæ, ſquatina, torpedo, et quos bouis, lamiæ, aquilæ, ranæ nominibus Græcia appellat. Poſtremò dura eſt carne, cuiuſmodi carnem aquilæ Philotimus eſſe ſcripſit, quod & à Galeno approbatur. *[Libro 3. de Alimen. facul.]*

DE ALTERA SPECIE RAIAE CLAVATAE, Rondeletius.

A CLAVATA etiam raia dicetur ea, quam hîc exhibemus, quam noſtri Ronſe uocant, id eſt, rubrum.

B A ſuperiore differt, quia roſtro eſt acutiore quàm ſuperior, aculeoq; illic caret. In ore dentes nulli ſunt, ſed pro dentibus maxillæ aſperæ. In lateribus utrinque octo ſpinas longas habet cuti ſuperpoſitas, quibus aliæ raiæ omnes carent. In dorſo aculeos quatuor habet, clauis uel fibulis ſimiles, cuius formæ aculei ſunt in ſuperiore; inter quos in media dorſi linea tres alij ſunt alterius generis: quos ſtatim ſequitur aculeorum ſimilium ordo, per mediam caudam ad pinnulas uſque continuatus. Vtrinque in cauda aculeorum clauis fibulisue ſimilium ordo eſt ad medium uſque, reliqua pars alterius generis aculeis armata eſt. Colore eſt cinereo.

F Carne eſt dura, & ferini odoris.

[Non eſſe hunc Bouem.] Sunt qui bouem ueterū hanc raiæ ſpeciem eſſe credunt, ſed facilè ex Oppiano refelluntur, qui boui dentes tribuit, ut anteà docuimus, quibus hæc raiæ ſpecies caret. Quòd ſi qua raiæ ſpecies

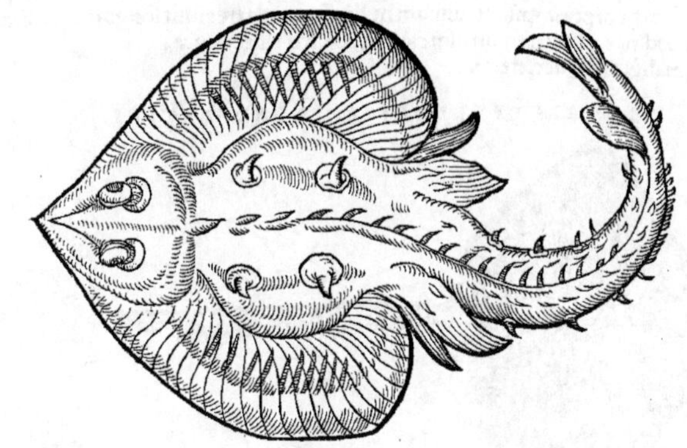

cies bos sit ueterum, nulli sanè uerius bouis notæ competunt, quàm raiæ oxyrhyncho, ut iam demonstrauimus.

DE RAIA SPINOSA, RONDELETIVS.

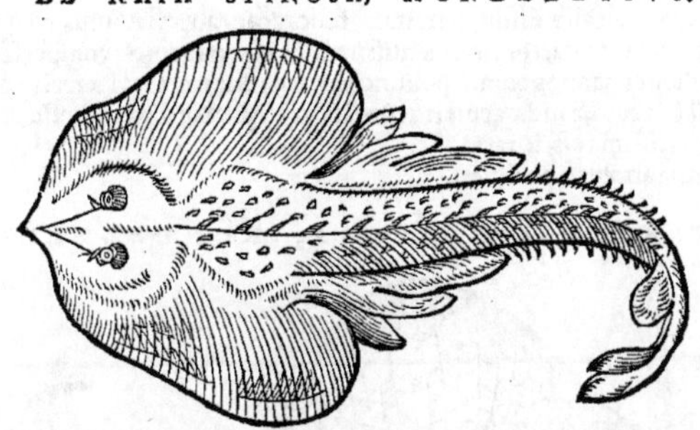

QVAM hîc proponimus, læui raiæ similis est, si longas cutis spinas excipias, à quibus nostri A
eam cardaire, id est, lanificam uocant, à spinis illis siue aculeis, cuiusmodi multi infixi sunt instru
mentis ijs, quibus lanifici lanas carpunt. Nos ab his spinis spinosam appellamus: quas non in alis B
solùm habet, ut superior, sed etiam in lateribus circa caput. Oculis præfixi sunt alij duo. In media
dorsi linea, & ad priorem usq; caudæ pinnulam continuus est aculeorum ordo unicus.
Carnis substantia & succo alijs similis est. F

DE RAIA ASPERA, RONDELETIVS.

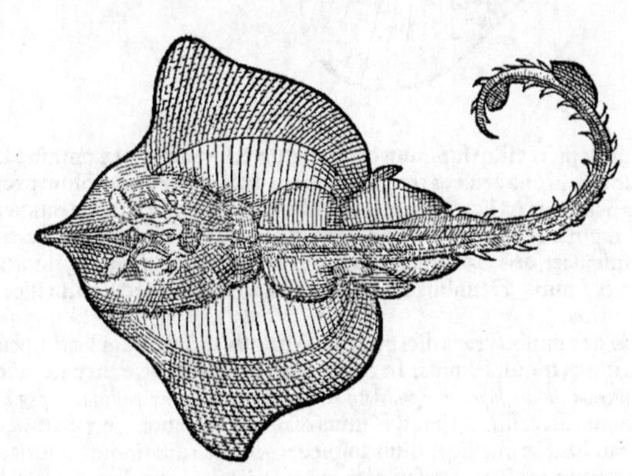

kk

A B RAIAM aſperam particulatim hîc appellamus, quæ ab alijs eo differt, quòd aculeis paruis latera conſperſa habeat, corporis ipſius truncum nullis. In cauda tres ſunt longorum & firmiſsimorum aculeorum ordines ad extremum uſq; caudæ. Roſtro eſt acutiore.

F Carne dura, maliq; ſucci, ut cæteræ.

DE RAIA FVLLONICA, RONDELETIVS.

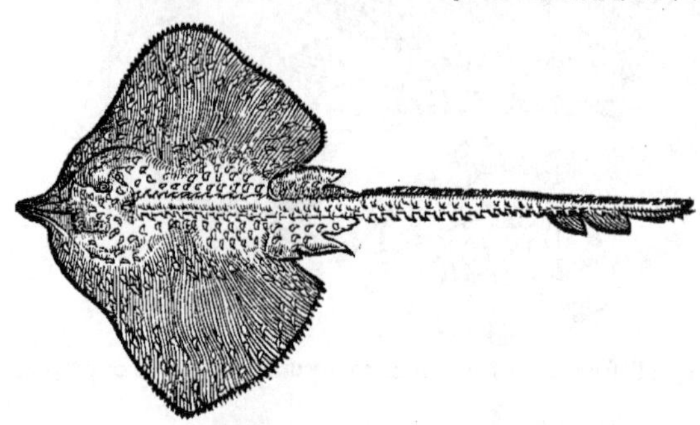

A B HANC ſpeciem ut ab alijs diſtingueremus, fullonicam appellauimus, eò quòd ubiq; in alis, in corpore, in capite, in cauda, tota frequentiſsimis & aſperis aculeis conſperſa ſit, inſtar inſtrumenti eius, quo fullones pannos curant poliuntq;, quod totum aculeis ferreis conſertum eſt. Roſtro ſatis longo eſt & acuto, caudæ aculei incurui ſunt, triplici ordine diſpoſiti.

C D Hæc raia pugnaciſsima eſt, & rara.

F Carnis ſubſtantia ab alijs non differt.

DE RAIA ASPERRIMA, RONDELETIVS.

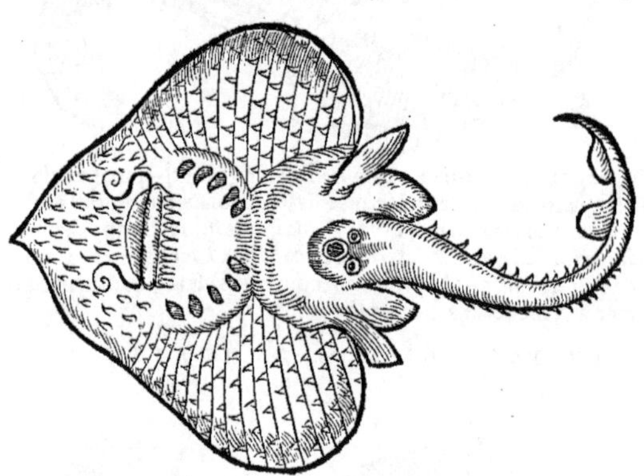

B RAIA Quæ hîc depicta eſt, in ſupinum conuerſa, proximè deſcriptæ omnino ſimilis eſt: niſi quòd illa parte tantùm prona aculeos frequentiſsimos habet: hæc non ſolùm prona, ſed etiam ſupina, tota aculeis peracutis ita horret, ut manu tolli non poſsit, niſi pinnulis caudæ apprehenſis. Hæc cauſa fuit cur ſupinam depinxerim: tum ut huius, ita aliarum raiarum partes ſupini ſitus cognoſcerent ſtudioſi, ſcilicet, oris, narium, foraminum branchiarum, podicis, duorum uuluæ foraminum, formam & ſitum. Dentibus hæc caret, ut aliæ plurimæ, ſed horum uice maxillas habet aſperas, & ferè oſſeas.

G. De remedijs è Raijs ſimpliciter. Hîc addam quæ de omnibus raijs dici poſſent. Auribus utiliſsimum Bati piſcis fel recens, ſed & inueteratum uino, inquit Plinius. In penuria hepatis paſtinacæ, hepate raiæ uſus ſum ad priuatum, (*lego pruritum. Vide ſuprà in Rondeletij ſcriptis, de remedijs ex paſtinaca, pag.* 801.) non ex-

Lib.32.cap.7. empto felle, idq́ue cum ſucceſſu. Quod Plinius oſsiculo de cauda ranæ marinæ tribuit, id de

Lib.32.cap.8. oſsiculo .i. aculeo caudæ raiæ intelligendum ſuſpicor. Mænarum (inquit) muria, & capitis cinis cum melle ſanat ſtrumas. Pungi piſcis eius qui rana in mari appellatur, oſsiculo de cauda, ita ut ita ut non uulneret, prodest, id faciendum quotidie donec percurētur. Neq; enim aculeos in cauda habet rana marina, ut ex eius descriptione posteà perspicuū fiet, neq; ossa, cū cartilaginea sit, neq; de pastinacæ radio locus intelligi potest: de eo enim mox sequitur. Eadem uis & pastinacæ radio. Quamobrem non uideo quò meliùs ista referri possint, quàm ad raiarum aculeos: ex his enim sunt quæ magnos habent & firmos, planeq; osseos, præsertim cùm ex raia in ranam facilis lapsus fuerit, qui sæpius etiam in conuersione librorum Aristotelis reperitur.

DE RAIIS MVLTORVM GENERVM, Bellonius.

A Raiam Latini, Græci ab ossea spina, quæ ueluti rubus, secundum corporis medium ad ipsius caudæ extremum prætenditur, *βάτον*, quasi rubum, appellarunt. Huius piscis tres tantùm species Aristoteles constituit: Raiam, quæ magis est cōmunis: Læuiraiam, cuius cutis est læuis: & Stellarem, quæ stellulis albis est distincta. Nos autem sex (*ex his quinq; Raia simpliciter, Læuiraia duplex, & Asterias duplex, hîc describentur: Bos in B. elemento est.*) Raiarum differentias aliquādo percepimus, non nomine tantùm uulgari, uerumetiam gustu plurimùm inter se differentes.

B Omnes sunt cartilaginei generis, planæ, pinnis carentes, extrema corporis latitudine natantes. Maribus geminum quiddam circa excrementi ostium propendet: fœminis genitale muliebri est ferè consimile: habentq; cartilagineū aliquid in utero, quale in Galeis diximus, in quo humor ad oui similitudinem consistit. Branchias parte supina gerunt, ut reliqua ferè cartilaginea plana. C Omnibus os subtus parte supina situm est. Quamobrem nisi conuersæ resupinentur, cibum corripere nequeunt. Harum fœtus adhuc pusillos Galli Papiliones nominant. De his itaq; nos sigillatim hoc ordine dicere oportet.

DE RAIA PROPRIE DICTA, BELLONIVS.

Rondeletius hanc clauatam (primam) cognominat: Bellonij uerò tum iconem tum descriptionem (quam ego nullam uideo) uituperat.

A Peculiare nomen habet Raia, quæ Romanorū uulgo Perosa uel Petrosa, Massiliensibus Clauellata, Gallis Raia bouclata uocatur. B Notior ea quidem, quàm ut pluribus explicari debeat. F Non enim ea læuis est, nec multùm stellata: cæteris omnibus ubiq; notior ac delicatior. (*Delicatiorem esse negat Rondeletius.*)

DE LAEVIRAIA, BELLONIVS.

F Læuiraia longè inferiorem cæteris dignitatem habet. Est enim carne (si ad Stellares conferatur) concoctioni magis renitente, & saporis ingrati.

A Hanc Massilienses Flassadam (*Rondeletius hoc nomine dictam Raiam, Oxyrhynchum alteram facit*) à lecti tegminis similitudine, Romani Falsam uelam, à carbasorum forma appellant.

B Dentibus est obtusis, cute subtus læui, Pastinacæ modo, rostro in fastigium assurgente: prona parte albida, supina subnigra, tactuiq; aliquantulum aspera, omnium sui generis piscium post bouem maxima: à quo ipsa corporis tenuitate, rostro, spinis, uncinis, cute, dētibus & ore distinguit.

Est & Miraletus (*Rondeletio Raia oculata & læuis*) Læuiraiæ species, quæ pro Raia interdū uendi solet, sed in tantam uastitatem nunquam excrescit. habet is duas in tergore maculas, Torpedinis oculatæ similes, hocq; præcipuè Læuiraiam imitatur, quòd læui cute prēditus est: uerùm hoc etiam ab ea distat, quòd lineam in tergore hamatam, & ad caudæ extremum productam gerat.

DE ASTERIA, SIVE STELLATA raia, Bellonius.

Cum icone etiam Gallicum nomen adscribebatur, Raye estelee.

A Stellatas appellant raias tum Græci, tum etiam Latini, quòd earum tergora lituris albicantibus sint uariegata: cuiusmodi ea est, quam Romanum uulgus Rometam uocat, (*Rondeletius asteriam asperam cognominat.*)

B Est autem Miraleto maior, multasq; in tergore maculas rotundas, Miraleti lituris persimiles gerit: tamen est cute asperiore, crassioreq; corpore, cuius cauda permultis ueluti spinis horret.

F Cæterùm, gustu ac sapore nihilo est asperis raijs inferior.

A Raiæ stellatæ quoddam genus Romanum uulgus Arzillam uocat, cuius dentes obtusi sunt, quemadmodum & Flassadæ: à qua hoc præcipuè differt, quòd cute sit asperiore, & stellas multò quàm Rometa latiores ac pauciores habeat.

COROLLARIVM I. DE RAIA SIMPLICIter, & in genere.

A Raiam piscem Græci batin & baton uocant, ex eo quòd cauda quibusdam aculeis armata sit, ad similitudinē rubi sentis, mora agrestia ferentis, quæ Græcè batos dicitur, Massarius & Gillius. Sed batin in accusandi casu dicere non licet, cum rectus apud Græcos *βατὶς* oxytonus sit: unde

kk 2

βατίδα illi, nos batidem in accusatiuo dicemus. Ambrosius non rectè ad uerbum transtulit rubum. Batum & batidem Rondeletius plerunque non differre, aliquando sexu tãtùm osten dit: cui subscribo. βατὶς oxytonum fœmininum in Halieuticis Oppiani legitur, βάτος nusquam quod sciam. Similiter à τεῦθος, τευθὶς fit: sed hi pisces specie etiam differunt: cùm multa aliorum pi scium nomina duplici terminatione proferantur, de eodem omnino pisce. sic apud Aeginetam iulos & percas legimus, apud Dioscoridem iulides & percides. Sed hac de re plura annotaui su pra in Teutho, id est Loligine maiore. De uocabulo batis philologi ampliùs legẽt inferiùs in a. ¶ Raia Venetijs Raggia nominatur. Hispani ut Latini & scribũt & pronunciant Raia. Raye Gallicum est. Mixobarbari quidam, ut Arnoldus in libro de Conseruatione sanitatis, regem ap pellant. Germani & Flandri Roch, uel potiùs Rocch, (ita enim proferũt Bacchus:) ab aspe ritate forsan indito nomine. nam Ruch nobis asperum est, à Græco trachy, dempta initiali litera. Haud scio an idem sit marinus piscis, qui circa Rostochium in ora Balthici maris Ruch uocatur. Rayche piscis qui Raye dicitur Gallicè, Albertus: nisi deprauatus est codex. apud quem alibi etiam legitur: Piscis qui Ray appellatur apud nos. sed hoc nomen Gallicum potiùs fuerit. Ali qui Albertum Rochonem (ut Salmonẽ) pro raia dixisse scribunt. Nos barbara hęc reijciamus, cum Latina & Græca non desint. ¶ Raia pro rana librariorum culpa non rarò scribitur, & for sitan etiam contrà. ¶ Raiam Angli uocitant a Thornebacke: à tergo spinoso. nam Back tergũ est: thorn, spina. Eliotæ tamen Raia piscis est qui Anglicè uocatur Raye aut Skeat. quo rum prius ad Gallos pertinet: posterius squatinæ deberi conijcio. ¶ Rocka Gothicum est, Olaus Magnus.

B Non minores Argolico clypeo raiæ (βατίδες) gignuntur in India, Aelianus. ¶ βατὶς σέλαχός ἐστιν: id est, raia est piscis cartilagineus, Aristoteles apud Athenæum. Planorum piscium alte rum est genus, quod pro spina cartilaginem habet, ut raiæ, Plinius. Piscis est cartilagineus, pla nus: geritq́ caudam, sed tenuem, Aristot. Cutis ei aspera est, Plinius. Piscium genus δαρτὸν uocatur, cui cutis aspera & sine squamis: quales raiæ & squatinæ sunt. Mnesitheus. ¶ Raiæ bran chiæ parte inferiore supinaq́ habentur, Aristot. Raia tametsi deductas in latera habet bran chias, tamen non spineo intectas operimento, ut quæ non cartilaginea sunt, sed cuticulari, Idem. Ossa intus (*in cute nimirum*) quædam rotunda aculeata habet, qualia & rhombis inesse cernuntur, Massarius. βατίδος νῶτον, id est, raiæ dorsum Antiphanes in lautitijs ciborum celebrat: Arche stratus scapulas, ut quidam uertit. ¶ Raiæ simile est uitulæ marinæ genitale, Aristot. ¶ Matri cem (*alicubi in Italia*) uulgò nominant testaceum uel cartilagineum illud ouorum receptaculum à Rondeletio depictum: quidam secũdas uocare malunt: eam enim eijci aiunt cum ouis piscium, maximè cartilagineorum, ut sunt caniculæ, raiæ, &c. ¶ Ex authore libri de nat. rerũ & Alberto, Raiæ pisces sunt è genere pectinum (*ineptè. pectines enim sunt conchæ. indocti pectinum nomine passeres intelligunt: qui quidem pisces sunt plani, sed non cartilaginei*) rotundi ferè, hoc est longitudine ac latitudi ne æquali ac circinata, ita ut linea dimetiẽs ad unum aut alterum cubitum pertineat, pinnulis cir cumpositus: magna ex parte rubris uirgulis & maculis depictus. Superficies tota est plena spi nis. Oculos habet horribiles: os quoque deformitate liuidum, (*os turpissimum*) idq́ non eo loco quo pisces cæteri, sed loco uentris: ubi uero caput & oculi sunt, os non habet. Caudam gerit præ longam, ut coluber, & in ea spinas exiguas peracutas, & pinnas ad natandum. Lapidem etiam ali quando in capite habet, (*falsum hoc uidetur: translatum fortè ex Aristotele, qui de alio quopiam pisce id scri psit.*) Multas habet caudas hic piscis: et est ampli (*lati*) corporis: pinnis nõ distinctis ut in alijs piscib.

C Raiæ (βατίδες) pascuntur locis cœnosis, nec longè à litore, ἐν πηλοῖσι καὶ ἐν τενάγεσι θαλάσσης, Oppianus. ¶ Carniuoræ sunt, Rondeletius. Venantur pisciculos astu, ut referetur in D. ¶ Pisces qui plani omnino sunt, ut raia, ipsis pinnulis, & extremis corporis rotundationibus sese diri gentes & flectentes natant, Aristoteles de communi animalium gressu, interprete Gaza. Græcè etiam βάτος legitur. ego βάτραχος, quod est rana (scilicet piscatrix) reposuerim. Piscis est pi ger ad natandum propter sui corporis latitudinem, Albertus. ¶ Coëunt raiæ non solùm admotis

Coitus. inuicem partibus supinis, sed etiam tergo fœminarum supinis marium superpositis, Aristoteles: qui & pastinacam raiæ instar coire scribit. Vide locum de coitu piscium in genere. Piscium di uersa genera non coëunt præter squatinam & raiam: ex quibus nascitur priori parte raiæ similis: & nomen ex utroque compositum apud Græcos trahit, Plinius. Vide infra in Squataraia Ele

Partus. mento s. ¶ Raiæ in utero gerunt testacea quædam, figura eius testæ similis tibiarũ ligulis est, &c. Aristoteles historiæ 6.10. Hæc sententia non habetur in ueteri Aristotelis traductione, et suspecta est Vuottono. mihi quidem improbari non potest, præsertim cùm tam scitè explicetur à Ronde tio. Raia non ut reliqua cartilaginea ouum intra se parit & excludit, Aristot. Et alibi: Vna ex cartilagineis non parit animal, sobolemq́ emissam non recipit, tum capitis magnitudine, tũ acu leorum impedimento, & propter asperitatem. sed hæc de rana piscatrice, non raia accipi de bent. ¶ Raiæ oua ponunt more gallinarum singula aut bina tantùm cum corticibus, reliqua ue rò absq́ corticibus: Çardanus ex Rondeletio, uel perperam, uel breuiùs & confusiùs quàm opor tebat. lectorem ad Rondeletij uerba remitto. ¶ Pinguescunt uento meridionali flante, Obscurus tanquam ex Aristotele. ¶ Raiæ & omne cartilagineum genus, hyeme diebus frigidissimis latẽt, Aristot.

Aristot. 8. 17. interprete Gaza: in Græco quidem codice nostro raiarum hîc mentio non fit.

D

Simili modo (*ut rana piscatrix*) squatina & rhombus abditi, pinnas exertas mouent specie uermiculorum: itemq́ quæ uocatur raia, Plinius. Quem locum explicans Massarius: Verùm raia (inquit) cum pinnis careat ex Aristotele primo de historia, & quarto de partibus animalium, non uidetur esse uerum quod dixit Plinius, scilicet quòd pinnas exertas moueat, quod de squatina & rhombo concedimus. Hæc enim pinnis prædita sunt. Attamen Aristoteles non pinnis hoc, sed radiolis sui oris eiusmodi pisces facere testatus est. ait enim nono de historia, unde Plinius hęc mutuatur. Obruunt arena sese & aselli, & raiæ & psittæ, & squatinæ: cumq́ nullam sui corporis partem intectam reliquerint, uerberant radiolis sui oris, quos piscatores uirgulas uocant: quos pisciculi cum aspexerint, adnatant quasi ad algas, quibus uesci soliti sunt, nisi quis dixerit in Plinio legendum esse rana, non raia, hoc modo. Simili modo squatina & rhombus abditi pinnas exertas mouent specie corniculorum, (*uermiculorum, nostra æditio*) itemq́ quæ uocatur rana. pastinaca latrocinatur ex occulto, &c. ut nam iūgatur cum uerbo pręcedenti, ut non legatur raia nam, sed rana. ut sit sensus: Vt illa scilicet rana piscatrix corniculis suis piscatur: ita squatina & rhombus quamuis corniculis careant, pinnis suis uice corniculorum utuntur, quod similiter & eadem quæ uocatur rana facere uidetur. nam quando præpilatis illis capillamentis siue corniculis caruerit (ut inquit Aristoteles eodem loco) eorum uice utitur pinnis, quamobrem macilentior capitur, quia non ita commodè piscari potest. Nec obstat quod paulò suprà Plinius de rana meminerit, cùm intellexerit ibi quando cornicula sua habuerit, & infrà cùm eisdem caruerit. si quis tamen aptiorē sensum inuenerit, continuò gratias testabor, Hucusq́ Massarius. ¶ Raiæ demergunt se in profundo & turbant aquam: & pisces qui accesserint incautos confodiunt, ita quòd etiam uelocissimum piscem mugilem in uentre habere inueniuntur, Obscurus quidam ex Alberto. Verùm hęc de pastinacis Aristoteles prodit. ¶ Prolem ore suscipere ut alij cartilaginei, nequeunt, propter caudarum asperitatem, Iouius. atqui non raias hanc ob causam: sed ranas pisces propter amplum & spinis asperum caput, sobolem suam ore non recipere, Aristoteles author est.

Olaus Magnus in Tabula Septentrionali sua ad H. f. paulò ultra Daniæ fines in Oceano pingit Raiam, quæ hominem natantem, (*uel etiam submersum, ut in Latina tabulæ explicatione scribit,*) qui à multitudine canum siue canicularum in profundum trahi periclitatur, naturali quodam affectu aliquandiu defendat & tueatur. Cuius rei typum, quanquam nec canibus, nec raia (opinor) satis bene expresśis, ex tabula eius apponere huc libuit.

E

Pisces quidam magni hamo capti, eo mordicus apprehenso sequi nolunt: & graui corporis mole ad arenam aut uadum (*aquæ fundum*) adhærentes, trahentibus renituntur, ac elabuntur interdum ab hamo, Oppianus lib. 3. Halieut.

F

ἡ βατὶς εὔστομος, id est, Raia suauis est, Diphilus Siphnius. Bati & lióbati ægrè concoquuntur, Psellus lib. 1. de diæta. Raia carnem habet sapore gratam: sed duriorem & concoctu difficiliorem quàm torpedo aut pastinaca, & quæ copiosius præbeat alimentum: Vuottonus, ex Galeno opinor. Piscium genus σελάχιον uocatur, cuius cutis aspera & sine squamis, quales raiæ & squatinæ sunt. hi omnes friabiles quidem sunt, (εὔθρυπτοι:) sed non boni odoris, & alimentum humidum præbent: elixati aluum maximè omnium soluunt: asśi uerò, deteriores sunt, Mnesitheus. ¶ Raia piscis delicatus est, & dulcisśimæ carnis, Obscurus tanquam ex Alberto. Apud ipsum quidem Albertum (libro 24. de piscibus) reperio, uilem hunc piscem esse, neq́ in precio nisi ubi propter raritatē appetitur: carnē eius esse duram, (ceu bubulam, Author de nat. rerum:) & concoctu difficilem. Antiphanes apud Athenæum βατράχου νῶτον inter lautisśimos cibos prædicat. Sunt qui raiæ scapulas laudant ex Archestrato. Laterum partes dimidiæ extremæ de raijs eduntur à diuitibus, ut audio: reliqua pars pro plebe & familia est. ¶ Batus piscis frequenter esus Venerem iritat, Kiranides. Hippocrates in libro de affectionibus internis: Laborans (inquit) tertio genere tabis, post reliquam rationem uictus, &c. prandeat panem, & obsonium habeat frustum torpedinis, aut squatinæ, aut raiæ, & carnes suillas edat coctas, &c. Et rursus, Quarto mense edat torpedinem, squatinam, raiam, &c. Et alibi: Hepaticus quidam morbus est pleuritidi non disśimilis, quod ad dolentes locos, &c. in hoc æger post iudicationem morbi ex piscibus utatur galeo, torpedine, pastinaca, & raijs paruis, omnibus coctis, &c. Iacobus Syluius hepati calido & sicco salubre existimat hepar raiæ. ¶ Cauendum est ne pisces magni & duræ pellis, ut

kk 3

rex, delphinus, sturio & similes, comedantur recentes capti: sed tandiu piscis reseruetur, & maximè euisceratus, donec absque corruptione substantiæ tenerescat, Arnoldus Villanou. in libro de tuenda sanitate. Inuenio & oxyliparon genus esse iuris in quo raiæ, ac cæteri eius naturæ pisces mandi soleant, Hermolaus. Nos plura de Oxyliparo suprà in O. elemento. γαλεὺς καὶ βατίδας, ὅσα τε τῶν γλυκῶν, ἐν ὀξυλιπάρῳ τρίμματι σκευάζεται, Timocles. ἑφθῶν βατίδων, Metagenes. πότερον ἐγὼ τὴν βατίδα (εἰς) τεμάχη κατατεμὼν ἕψω, τί φῄς; ἢ Σικελικῶς ὀπτὴν ποιήσω; Respondet alter; Σικελικῶς, Ephippus apud Athenæum. Raiæ ad mediterranea Germaniæ aridæ exportantur cum passeribus & asellis. exenteratas insolari audio absque sale.

G De remedijs ex raijs in genere, leges superiùs quæ scripsit Rondeletius in Raia asperrima.

H.a Batus piscis est absque squamis: quem * Idmani culpenam (*non intelligit clupeam. de ea enim postea loquitur in thrissa*) uocant, Kiranides 4. 2. Θάτις apud Pollucem deprauatum est pro βατίς. ¶ Καὶ νὴ Δί᾽ εἰ λυπουμένῳ γ᾽ αἴσθοιτό με, Νιτάριον ἂν καὶ βάτιον ὑπεκλέξεν, Anus locuples de adolescente qui eam amare se simulabat. Aliqui (ut Scholiastes annotat) Nitarũ & Batum homines molles fuisse dicunt: mulieres etiam paruas βατύλας uocabant. Aliqui duo hæc plantarum genera esse aiunt: quasi anus dicat, habuit me tanquam flores. βάταλον δὲ τὴν ἕδραν, παρὸ καὶ τὸ βάτιον. Vel βάτιον licet interpretari tenerum ac mollem instar bati pisciculi. De Batalo tibicine molli & effœminato multa collegit Cælius libro 5. cap. 13. Βατίδες pisces sunt lati. ἡ βατία. διαφέρει δὲ τοῦ βάτου (meliùs, ἡ βατὶς δὲ διαφέρει τοῦ βάτου. nam & Hesychius habet, βάτος καὶ βατὶς ἰχθύες διαφέρουσιν ἀλλήλων) ἰχθύος, κατ᾽ Ἀριστοτέλη, Varinus. Aristophanes in Pace de Melanthio & fratre eius poëtis tragicis: Γοργόνες ὀψοφάγοι βατιδοσκόποι, ἅρπυιαι, (id est, batides aliosque pisces inspicientes ut rapiãt,) γραοσόβαι μιαροὶ τραγομάσχαλοι, ἰχθυολῦμαι. Apud eundem in Vespis Scholiastes βατιοσκόπους (melius cum δ. βατιδοσκόπους, ut Suidas quoq; habet) interpretatur opsophagos, id est piscibus in cibo impẽsiùs gaudentes. Eupolis in Megaride: Τὰς πλευρὰς, οἷόν περ βατὶς, τὴν δ᾽ ὀπισθίαν ἔχουσ᾽ ἄκανθ᾽ ἀπνεὺς, οἷόν περ βάτος. Τὴν δὲ κεφαλὴν ὀστέον, (ὀστέων,) οἷόν περ ἔλαφος. uidetur autem laudare latera mollia, sicut & batis piscis mollis est: nates uerò solidiores, sicuti batus piscis solidior ac durior est, (siue absolutè, siue batidi fœminæ, ut Rondeletius putat, cõparatus:) caput osseũ, &c. Cęlius battũ & battidoscopos. non rectè t. gemino scripsit. ¶ Sophron botin piscẽ quendã nuncupauit. sed an idem sit, qui batis, non explicat, Vuottonus. mihi botis herbã potiùs significare uidet: quod & Athenæus dubitat.

Βάτιον.

Βατιδοσκόποι.

Icon. Captatorem hominem notare si uellent, Raiam pingebant. gestat enim illa ante oculos suos gemina fila, &c. Pierius Valerianus. sed hoc ad Ranam piscatricem pertinet. quanquam & Raia & alij (ut suprà in D. indicatum est) similiter forè pisciculos captant. Verũ rana præ cæteris.

Βάτος Græcis, qui rubus Latinè, sentis seu uepris mora ferens: sic appellatur, inquit Eustathius, quasi βατὸς, per antiphrasin, quòd minimè sit peruia: retinet enim & lancinat transeuntes suis aculeis aduncis: quales & in piscibus batis sunt. hinc compositum cynosbatus, pro rosa syluestri. ¶ Βάτος masculino genere, cadus mensuræ genus est Cyrillo: fœminino autem rubus. ¶ Βατὶς Aristoteli, etiam auicula est: Gaza rubetram uertit à rubis. ¶ Βατίεια apud Homerum quæ & Βάτεια, uxor Dardani nominabatur, & ab eâdem locus quidam circa Troiam: aliqui oppidum quoddam Troadis sic dictum putant à ruborum circa eam frequentia, Eustathius.

Poëtæ aliquando batides inter summas mensarum delicias nominant. εἶ βατίδες, ὦ γλαῦκων κάρα, Sañyrion. παρὰ μὲν κάραβοι, καὶ βατίδες, καὶ λαγὼ, Eupolis. οὐδὲ χαίρω βατίσιν, οὐδ᾽ ἐγχέλυσιν, Aristophanes in Acharnensibus.

COROLLARIVM II. DE RAIIS DIVERSIS.

PASTINACA Lutetiæ in foro frequẽs, cũ raijs & uendit, & nomine non distinguit, Bell.

DE RHINOBATO, id est Squatinoraia, infrà in S. elemento agetur.

VETERES tria solùm Raiarum genera nominant: nempe Raiam simpliciter, & læuem, & asteriam. Rondeletius cũ species plures inueniret, singulas appositè suis cognominibus distinxit. Quæ ego in pręsentia GERMANIS meis ita interpretor. Raia læuis: **ein glatter Rocch.** Oculata & læuis: **ein glatter Spiegelrocch.** nã & Prouinciales à speculo Mirallet appellant. Rondeletius magis probat nomen ab oculis quàm à speculis impositum. quod & nos imitari possumus: **ein Augrocch.** Oculata & aspera: **ein raucher Spiegelrocch.** Vndulata, à maculis undarum modo flexuosis: uel cinerea: **ein Schamlotrocch, ein Aeschrocch, ein åschfarber Rocch.** Oxyrhynchus: **ein Spitzrocch**, ab acumine rostri: **ein Alsenrocch**, nã & Galli circa Monspeliũ eleno, id est subulam nominant: (quod instrumentum cæteri Galli alesne uocant, nomẽ id à Germanis mutuati.) uel **Linsenrocch**, à maculis lentis instar in parte prona. sed tria hæc nomina utriq; oxyrhyncho communia esse possunt. quare priorem priuatim appellârim, **ein kleiner Spitzrocch**, id est, minorem, alterum uerò maiorem, **ein grosser Spitzrocch**: uel **Walrocch**, id est Raiam cetaceam, quòd in maximam molem crescat: uel **Kůrocch**, nã & Ligures uaccã appellant. Asterias: **ein Sternrocch.** Asterias aspera: **ein raucher Sternrocch.** Clauata: **ein Nagelrocch.** Clauata altera: **ein anderer Nagelrocch.** Spinosa: **ein Thornrocch**, uel **Hecchelrocch.** nam & Galli circa Monspeliũ Cardaire uocãt. Aspera: **ein rauchlachter Rocch.** aculeos enim paruos per latera habet, in corporis trũco nullos. Fullonica: **ein Kartenrocch**, uel **ein Kartertsche.** Asperrima **ein überraucher Rocch.**

Læuis

Huius generis Raiæ iconem amicus quidam Venetijs ad me misit. uidetur autem cognata illi quam Clauatam Rondeletius cognominat. Maculis distinguitur fuscis. reliquum corpus obscurè subluteum est. cætera apparent.

A.

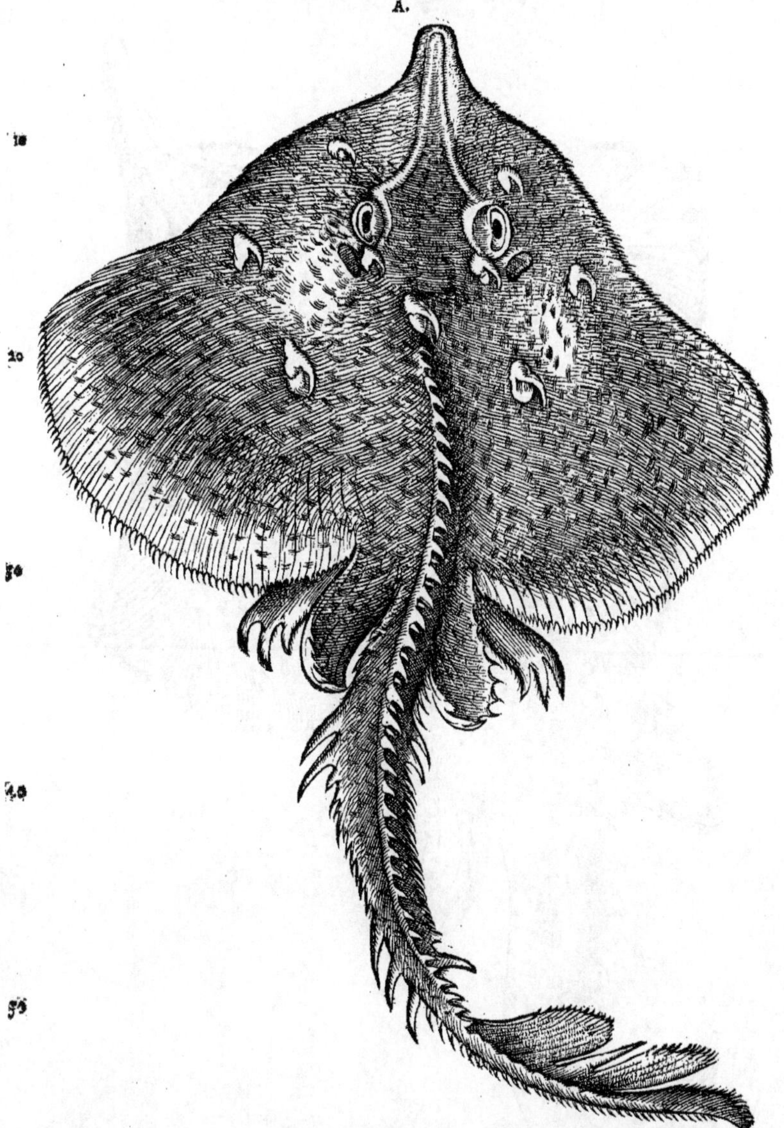

Læuiraia (*ut Gaza transtulit*) à Græcis Liobatos nuncupata, à læui cute: maior est quàm Raia: A
piscatores uocant Bubosam, siue Mucosam, à luto & mucore, quo eius pellis sordida spectatur,
Gillius. λειβόατος piscis qui & ῥίνη dicitur, Athenæus, sed ῥίνη squatina est, piscis diuersus, à cutis asperitate limæ instar sic dictus Græcis, cum liobato eiusdem læuitas nomen fecerit. Apparet autem læuem cognominari hunc piscem, quòd non ut cæteræ pleræque aculeata sit cute, exceptis prope oculos locis, mediaque dorsi linea & cauda; nisi quis lęuem dici malit, quòd maculas nō

Hanc quoque Raiam depictam Venetijs accepi, corpus ferè cinereum maculis distinguentibus fuscis: ambitu corporis subruffo. Ad oxyrhynchos Rondeletij accedit. Normannis audio uocari Hal, Lusitanis Huga.

B

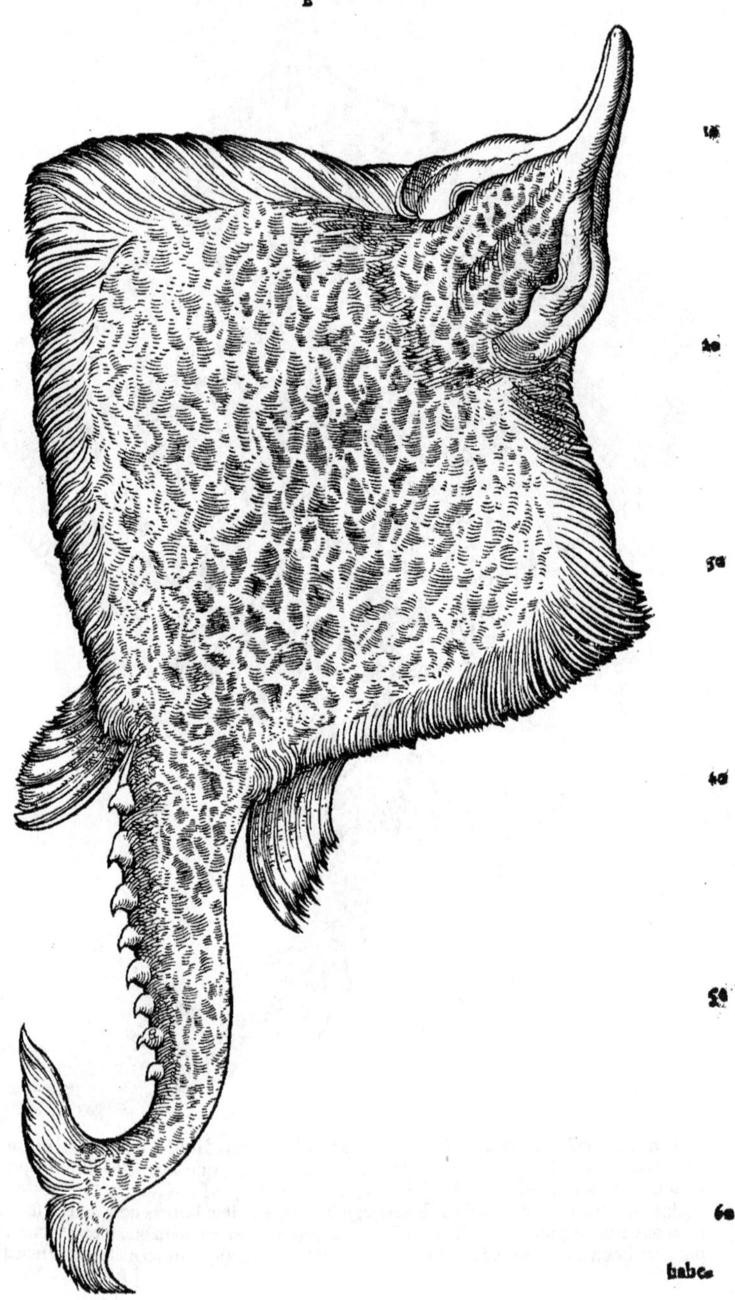

habe.

habeat, quales asterias (id est stellaris) & alij quidem. Sic & in galeorum genere læuis est, quē uel acanthiæ uel asteriæ galeo opponas. inter accipitres aues quoq; asteriæ sunt, pūctis scilicet & maculis insignes, (sicut & ardea stellaris:) & læues, qui ijsdem carent.

Lęuiraia fel habet iecori adnexum, Aristot. B

Raia ori grata est: ἡ δὲ ἀστερία βατὶς, ἁπαλωτέρα καὶ εὔχυλος (lego εὐκοίλιος ex sequentibus: quam le- F
ctionem Vuottonus etiam approbare uidetur:) ὁ δὲ λειόβατος, δυσκοιλιώτερος, καὶ βρωμώδης, Diphilus. hoc est, stellaris autem carnē habet molliorē, & aluū emollit. at lęuiraia, difficiliùs redditur aluo, & uirosa est. Vuottonus δυσκοιλιώτερον uertit, concoctioni renitentē: meliùs eo Rondeletius, aluo difficiliorem. opponit enim Diphilus τῷ εὐκοιλίῳ τὸ δυσκοίλιον, ἤ τὸ τῆς κοιλίας ἐφεκτικόν. Liobatus carne est candida, teste Epæneto, Athenæus & Hesychius. Καὶ ἡ γαλεός, καὶ λειόβατος, καὶ ἔγχελυς, Plato in Sophistis. Καὶ σελάχη μέντοι καὶ νή (καὶ ἡ potiùs: nisi καινή, id est noua, legas. sed de noua Mileto nihil reperio) Μίλητος ἀρίστη ἐκτρέφει. ἀλλά γε χρὴ ῥίνης λέγω, ἢ πλατυνώτου λειοβάτου ποιεῖσθαι, Archest. H. a.

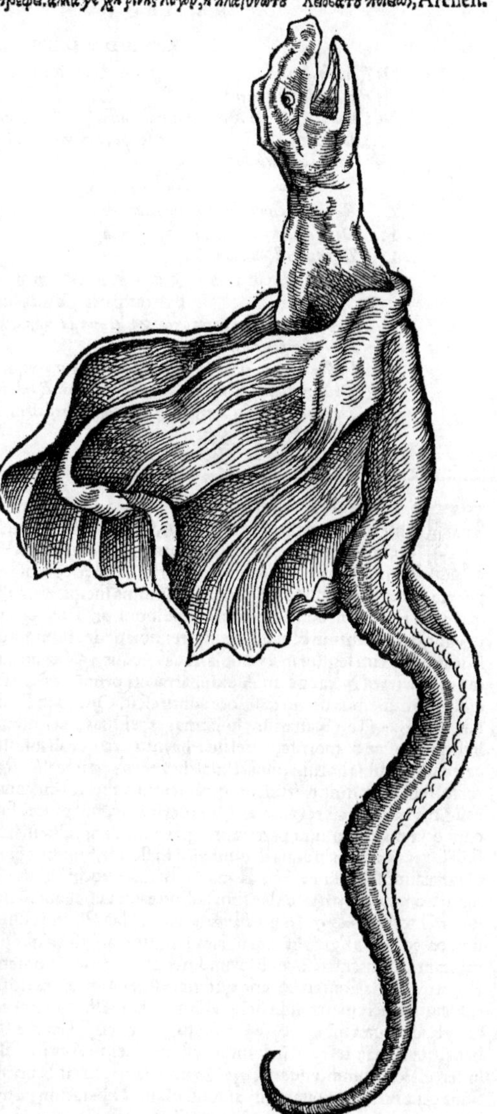

λειόβατος, ὁ ὁμαλὸς τόπος, Suidas. λειοβάτος, ὁδός, (nimirū uτλεωφόρος, eadē significatiōe, uia regia et publica,) καὶ ἰχθὺς σελαχώδης, Hesych. sed pro pisce scribendū λειόβατος.

ASTERIAS, hoc est stellaris uel stellatus cognomē, non raiæ solū formæ uni attribuit̃, sed & galeorum: & inter aues accipitrū, aquilarū, ardearū: à punctorū & macularū uarietate. Huic cognomini λεῖος, id est læuis, in accipitre quin opponat̃, dubiū non est: in alijs aculeato potiùs in eodē genere, uidet̃ opponi: ut paulò antè in Raia lęui diximus. Est aūt asterias nomen masculini generis primæ declinationis, ueluti adiectiuū: qualia in aliud genus non mouent̃. itaq; rectè βάτος ἀστερίας dicit̃: βατὶς ἀστερίας non itē: quamobrē Latinè etiā nō raia asterias, sed raia stellaris dixerim. apud Athenæū quidē ex Diphilo legit̃ ἡ ἀστερία βατὶς, nescio q̃ ꝓbè. ¶Hic piscis Romæ uulgò Arsilli dicit̃. Differt aūt ab Arzinarello dicto, (quē secundā acus speciē Rondelet. facit) ut Cor. Sitard. indicauit.

RAIAE oculatę lęuis speciē aliā quā Rond. dedit, inter picturas à Sittardo missas habeo. Latera minùs rotūda sunt: in medio. n. latera ꝓminent ueluti anguli duo in rhōbo figura oppositi. rostrū etiā magis exertū est. Aculei ferè nulli apparent ijs qui in cauda & medio dorso sunt exceptis, si bene expressa est pictura.

Pharmacopolę & alij quidā Raias exiccare, & sceletos earū in uarias et admirabiles uulgò formas effingere solēt, cū alias, tū quę serpentē aut draconē alatū præ se ferat. corpus. n. inflectūt, caput & os distorquēt, aliqua incidūt, aut circūcidūt; laterū anteriorē partē aliquousq; rescindūt: reliquū erigunt, ut alas simulet: et alia ꝓ arbitrio cōminiscunt̃. Talē sceletō olim mihi depictum, cum è raia factum esse ignorarē, hîc apposui.

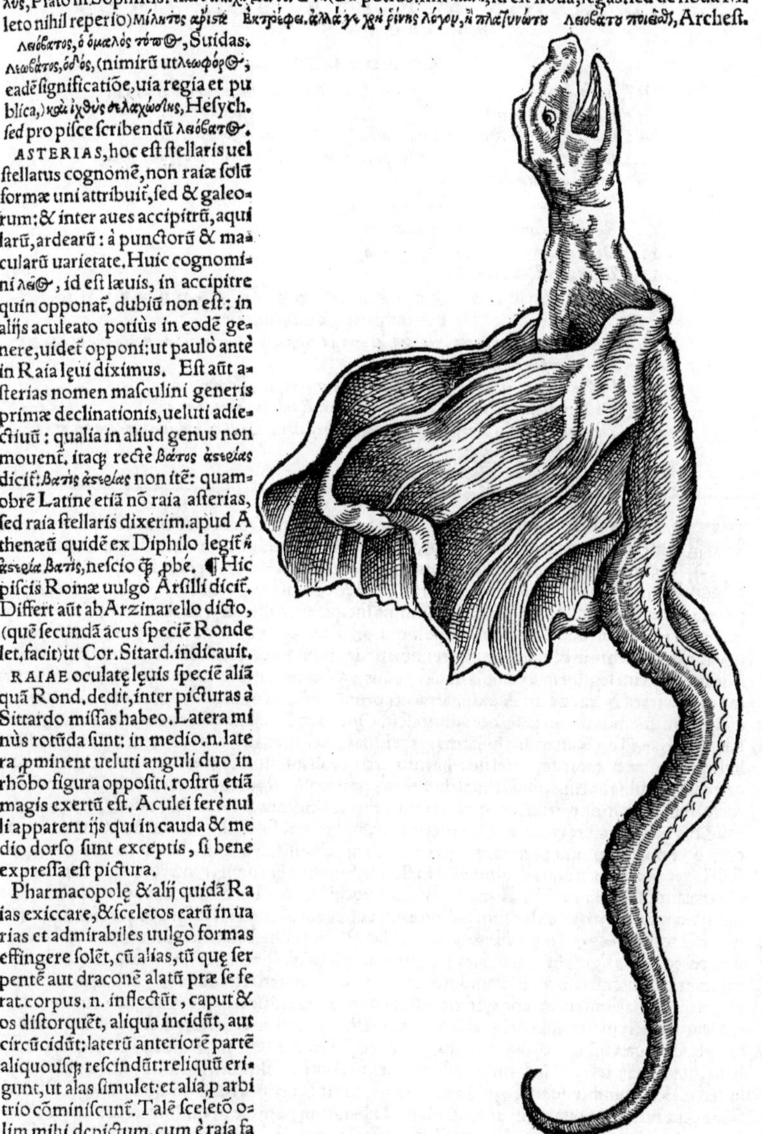

ASLEC (si rectè scribitur) piscis planus est in mari Flandriæ & Germaniæ (inquit Albertus de animalibus libro 15. tract. 2. cap. 7.) quem lingua sua *aslec* uocant: quem ego diligenter considerauí, & inueni habere duos pedes & quatuor alas, (pinnas:) quæ uersus uentrē & pectus flectuntur, sicut alæ auium, &c. Caput autem huius piscis, & color pellis, & figura corporis, & sapor carnis, ferè ita sunt ut in raia pisce. Crura eius sunt cartilagines sine iunctura: & subtus in pedibus habet foueas, (acetabula quædam) ut fortiùs figantur. Cauda eius nō est ut raiæ, sed similis aliorum piscium, nisi quòd oblongior est: & ante caudā in loco dorsi, ubi stringitur solida pars corporis quæ est post concauum uentris, habet pinnam similem pinnis aliorū piscium, sed ualde magnam respectu sui corporis.

DE RANIS SCRIPTA HOC ORDINE SEQVVNTVR.

EX RONDELETIO.

COROLLARIA.

IN LIBRO NOSTRO DE QVADRVPEDIbus ouiparis, Capita hæc sunt.

DE RANIS (IN GENERE,) RONDELETIVS.

HVMORE delectantur omnia Ranarum genera. Quare cum plura & notiora maximè in palustribus aquis degant, inter palustria potiùs quàm inter amphibia numerare uisum fuit. Diuersa autem earum esse genera experientia demonstrat, ut & autores ipsi tradiderunt. Sed cum à diuersis uariè & confusè exponantur, ipsa enucleatè atq; ex-
Lib. 8. cap. 51. plicatè docere operæpretium fuerit. A minimis incipiemus, quæ Gyrini dicuntur Plinio autore, quum de Ranarum coitu & generatione loquitur. Pariūt minimas carnes nigras, quas Gyrinos uocant, oculis tantùm & cauda insignes: mox pedes figurantur, cauda findente se in posteriores. Nicander, sicuti legitur in exemplaribus excusis, γυρίνους uocat, interpres μικροὺς βατράχους interpretatur. Præterea Nicander in Alexipharmacis primū φρύνον nominat, deinde κωφὸν eiusdem speciei, quæ fruticibus uerno tempore adhærescit. Quo loco Scholiastes Græcus tradit duo genera esse βατράχων, id est Ranarum, hybernas & æstiuas, ex quibus æstiuæ coaxant, & innoxiæ sunt, hybernæ mutæ & mortiferæ, uel sic. Phrynus pro uocali sumitur: sunt enim mutæ & minimè uocales, discriminis horum causa dixit Phrynum pro uocali. Est autem Ranæ similis, sed oculis est maioribus, arundinum fruticumq; radicibus adhęret Phrynus. Hæc Scholiastes. Quæ cum plus caliginis quàm lucis rei adferant, nos perspicuè, ut opinor, sic distinguemus, ut Ranæ sint quædam quæ maiorem uitæ partem in aqua transigant, aliæ in sicco tantū, aliæ inter has ambigant. Rursus earum quæ in aqua degunt, aliæ in fluuijs, fontibus & riuulis reperiuntur, minimeq; per-
Cap. 5. niciosæ sunt, sed edules. Has Ranas fluuiatiles uocat Plinius libro XXXII. Græci cōmuni omniū nomine βάτραχος. Aliæ sunt palustres & uenenatæ, à nostris Bufones aquatiles nominan-
Lib. 6. cap. 31. tur, à Græcis ἑλειοβάτραχοι uel βάτραχοι ἕλειοι. Has Phrynis siue Rubetis coniunxit Dioscorides, tum ob corporis figuram non dissimilem, tum ob uim æquè perniciosam. Earum quæ in sicco
Lib. 32. cap. 10. habitant, alia inter frutices & arundines uiuit, unde ei nomen teste Plinio. Quidam inquit, ex ea Rana quam Calamiten uocant, quoniam inter arundines fruticesq; uiuit, minima omnium & uiridissima, cinerem fieri iubent. Alia per tempestates ex aëre deijcitur, & διοπετὴς cognomina-
Lib. 8. cap. 31. tur. Rana quæ ambigit, φρῦνος uocatur à Græcis, à Latinis Rubeta. Plinius: Ranæ quoque Rubetæ, quarum in terra & in humore est uita. uel, ut Aetius uult, cùm palustris uitæ conditionem in terrestrem commutauerit, φρῦνος appellatur, id est Rubeta à rubis in quibus degit. Plinius:
Lib. 32. cap. 5. Sunt quæ in uepribus tantùm uiuunt, ob id Rubetarum nomine ut diximus, quas Gręci Phrynos uocant, grandissimæ cunctarum. Quæ postrema maximè indicant de ijsdem Plinium loqui & Aëtium,

& Aëtium, quum dicit Rubetas nihilo minores esse testudine parua. Hanc speciem Vergilius Bufonem appellauit, nostri Crapau. Hæc sunt Ranarum genera.

Neq; ullum est genus quod λεῖος βάτραχος dicit, ut Hermolaus in mendoso codice legerat pro ἕλειος βάτραχος. Neq; alia est quæ Dryophites dicitur à Calamite, ut docebimus. Postremò neque seiunctum à cæteris genus quod mutum sit. nam id multis Ranis accidit etiam uocalibus natura, ob quandam loci proprietatem, quod Plinius lib. 11. cap. 51. annotauit. Ranis sonus sui generis. Multum tamen refert & locorum natura: mutæ in Macedonia traduntur. Mutę sunt & Cyrenis eodem autore lib. 8. cap. 58. illatis è continente uocalibus. Et in agro Cyrenensi, ait Aristoteles lib. 8. de hist. cap. 28. Ranæ uocales præterito tempore deerant. Mutæ sunt etiam nunc, ait Plinius lib. 8. cap. 58. in Seripho insula, eædem alio translatæ canunt: quod accidere in lacu Thessaliæ Sicendo tradunt. *Mutæ ranæ genus peculiare nullum: sed diuersis ranarum generibus, ut mutæ sint, accidit.*

Sunt qui putent Seriphum unam ex Cycladibus non habere Ranas, unde prouerbium, βάτραχος ἐκ Σερίφου, quod confirmare uolunt Strabonis autoritate qui Seriphũ saxosam esse scripsit, quare & sine aqua esse: qua carere, imò absq; ea ne esse quidem possunt Ranæ. Sed Theophrastus nõ negat illic esse Ranas, sed fortasse non uocales, ob nimiam aquarum frigiditatem, neq; in Pierio etiam Thessaliæ stagno propter aquarum rigorem. Id quod multis in locis euenire mihi compertum est. Quòd si quis locum Plinij mihi obiecerit ex libro 32. cap. 7. in quo aliud à supradictis genus & mutum constituisse uidetur his uerbis: Est parua Rana, in arundinetis & herbis maximè uiuens, muta ac sine uoce, uiridis, respondemus eandem hanc speciem esse cum ea quam Calamiten uocant, quod in arundinetis uiuat, minima omnium & uiridissima, de qua iam dictum est. Nunc ad singula genera explicanda ueniamus. *Seriphiæ ranæ.* *Viridis muta.*

DE RANIS FLVVIORVM ET RIVOrum, Rondeletius.

Eicon hæc ranæ fluuiatilis nostra est, repetita ex libro de Quadrupedibus ouiparis.

ETSI Ranæ notissima sunt animalia, nemo tamẽ sanæ mentis laborẽ hunc nostrum tanquã superuacaneum reprehendere iure potest, si post Aristotelem, Dioscoridem, Pliniũ aliquid tractauerimus. Prodest enim genera distingui, quoniam & forma & facultatibus differunt. Ranæ enim palustres cũ rubetis inter uenenatas numerantur: ranæ fluuiorum, riuorũ & fontium & in medicamentis & in cibis usurpantur, suntq; quibusdã in delicijs, pauperibus famis alleuamentum inemptum. Præterea multa uideo à recentioribus de ranis prætermissa, quæ posteà à nobis traden- tur, quæ minimè negligi oportuit, quale est, linguæ forma noua, in oculis palpebra inferior, mobilis sicuti in auibus, tenuis & perspicua, duo foramina rotunda, tenui membrana ijs obtensa tympani auriũ instar: post oris rictum rimæ duæ per quas tenuem membranam exerunt. Caudæ rudimentum sub qua unicum foramen est quo fœtum emittit, excrementa excernit: quædam etiam alia quæ in singulis dicentur, quæ non inutilem nostram in hac animalium contemplatione diligentiam esse palàm ostendent. *Ranarũ genera distingui, utile.* B

Vniuersè quidem βάτραχοι à Græcis dicuntur, à Latinis ranæ. Sed ad cæterarum discrimen hæ fluuiatiles uocentur. A

In ripis ad solem maximè delectãtur. quaternis pedibus assultim in terra gradiuntur, & in aqua celerrimè natant, maximè posteriorum pedum beneficio. sunt enim longi, ac proinde ad saliendum aptissimè à natura cõformati: & ad natandũ, quia lati, in quinos digitos diuisi, qui membrana tenui connexi sunt, ut in anseribus, anatibus, & fulicis. Crura & tibiæ ualidis musculis uinciuntur. Pedes anteriores breuiores in quaternos tantùm digitos fissi. Qui pollicis uice est crassior & breuior. Digitorum tres sunt acies, & totidẽ articuli. Ossa sesamoidea in primo digitorum articulo pedum anteriorum, in omnibus articulis pedum posteriorum. Colore sunt uario. Quum paruæ sunt admodũ & piscis forma, nigræ: & specie ranis piscatricibus similes & colore. Grandiores factæ & caudã in pedes diuisã, aliæ uirides sunt, aliæ nigricant, aliæ flauescũt. Ventre sunt candido nigris maculis asperso. Cute integuntur tuberosa & inæquali. Capite sunt crasso: ceruice contracta, sed latiuscula. Rostrum in acutum angulũ desinit. Oris rictus magnus, intus magna oris capacitas. Lingua carere uidentur: uel si eam linguam nomines, eam ab aliorum omnium animalium linguis & situ & connexione diuersam esse intellige: Nam extremæ maxillæ hærens, indc pẽdet. quo fit, ut qua in parte in cæteris soluta sit, in ranis sit ligata, & cõtrá. nã in maxilla, ut dictum est, heret. ad fauces soluta est. Hanc particulã cum Aristotele rectè linguã uocabimus, cuius hæc sunt uerba: ὁ δὲ βάτραχος ἰδίαν ἔχει τὴν γλῶτταν. τὸ μὲν γὰρ ἔμπροσθεν προσπέφυκεν ἰχθυωδῶς, ὃ τοῖς ἄλλοις ἀπολέλυται, τὰ δὲ πρὸς τὸν φάρυγγα, ἀπολέλυται, ᾧ ἐπιπέπτυκται· ᾧ τὴν ἰδίαν ἀφίησι φωνὴν αὐτ. Ranis lingua sui generis B

est:pars enim prima quæ cæteris absoluta est, ijs cohæret modo quo tota ferè pisciũ. Intima uerò absoluta ad guttur applicatur, qua suam uocem solent emittere. Pro dentibus asperitatem tantum in maxillis habet, qua quicquid arripit mordicus retinet. ob id panno rubro, uel frustulo carnis, filo ex arundine demisso, demorso extrahuntur & capiuntur. Oculos magnos habẽt & prominentes. Palpebram inferiorem auium ritu oculis applicant, quæ tam tenuis est ut perluceat. Ante oculos foramina sunt, uel ad aërem attrahendum, uel ad odorandum, tenui membrana obtecta nõ aliter quàm auris tympanum. Ab oris rictu sub foraminibus iam dictis sinus utrinq; est, in quo tenuis membrana: quæ dum aërem sub aqua retinent, inflatur & foras prominet uesicæ aëre plenæ modo. Ab oculis lineæ duæ fuscæ per latera ductæ sunt, inter has media est dorsi linea, quod in caudam desinit, sed cute contegitur. post hanc superiore magis quàm inferiore loco, meatus est quo Gyrini & excrementa emittuntur. Cutis circa articulos tantum carni firmè hæret: ob eam causam nullo negotio excoriantur, facileq; aëre concepto & cohibito intumescunt. Ventriculo sunt magno longoq;: intestinis conuolutis, coloris uarij. ecphysis alba est: ieiunũ intestinum, & quod ileum à quibusdam dicitur flaua, ob bilem quam per meatum à uesica fellis in hepate sita excipiunt, quamuis fel uiride & tenue appareat. Colon sequitur, cæcum nullum reperitur. illud nigrescit ob stercus: latum est & amplum, rectum, candidum & angustum. Splen paruus est in mesenterio. Hepar rubrum in tres lobos sectum. Maribus renes sunt longi, carnosi, testes lutei, parui & rotundi. Fœminis appendices circa renes croceæ, quas uterum esse dixerim. Vesica est tenuissima, uixq; cernitur. Pulmones tenues, magni, nõ omnino sine sanguine, ut Aristoteles existimauit: quum scripsit ranas diutius in aqua urinare, propterea quòd pulmones sine sanguine habeant: sed potius quòd exiguo calore & sanguine præditæ, frequenti inspiratione & expiratione non egent. Pulmones nigricant. Cor in medio est thorace: non piscium, sed quadrupedum cordi simile, nigris punctis notatum. A medio pectore cartilaginea apophysis producitur, in extremo lata, cui innituntur partes quæ maxillæ subsunt. Hactenus descriptæ sunt ranarum partes. sequuntur actiones.

C Vêre coëunt. Mares ululatu suo, quem ololyginem nominant, fœminas ad coitum alliciunt. *Vox, ololygo.* Ololyginem uerò edunt maxillæ inferioris labro demisso pari libra cum aqua modicè recepta in fauces, superioreq; maxilla intenta. Flagrant tantisper oculi modo lucernæ, cùm sinus buccarum maxillis distentis interluceat: coeunt enim magna ex parte noctu. Hæc sic ferè ex Aristotele conuertit Gaza Plinium imitatus qui mares à uoce ololyzontes uocari tradit. *Lib. 11. cap. 7.* Sed præstat locum adscribere: eleganter enim Aristotelis locum illustriorem reddit, quum de piscium lingua loquitur. Ranis prima cohæret, intima absoluta à gutture qua uocem mittunt. mares tum uocantur ololyzontes. stato id tempore euenit cientibus ad coitum fœminas. Tum siquidem inferiore labro demisso, ad libramentum modicè aquæ receptæ in fauces, palpitante ibi lingua ululatus elicitur. Tunc extenti buccarum sinus perlucent, oculi flagrant labore perculsi. ranæ igitur duplicem edunt uocem ὀλολυγόνα coitus tempore: & κοάξ, qua uoce omnibus sunt molestæ. quumq; maximè & ultra modum sunt uocales, tum tempestatem præsentiunt, quia aqua pluuia delectantur. *Coitus.* De coitus ratione uaria prodiderunt authores. Plinius: ranæ superueniunt prioribus pedibus alas fœminæ mare apprehendente posterioribus clunes. Et mox: Mirum quæ semestri uita resoluuntur in limum nullo cernente, & rursus uernis aquis renascuntur quæ fuêre natæ, perinde occulta ratione cum omnibus annis id eueniat. Dicam hac de re id quod sentio. Certum est Ranas *Procreatio.* aliquas sponte nasci, maximè quæ Gyrini uocantur. Gignuntur & ex concubitu maris & fœminæ. sed non ita coëunt, ut Plinius tradidit, sed animalium retro meientium ritu. atque sic copulatas Ranas uidi: cuius rei causa neque inter crura, neque inferiore in loco, sed superiore meatum *Gyrini.* habent. Quantum ad Gyrinos attinet ut mihi, ita omnibus experientia compertum esse potest, sponte etiam in limo generari. In magnis enim imbribus & itinera & loca alia antea omni Rana *Cibus.* rum genere uacua, primum Gyrinis, deinde Ranis multis abundâsse obseruaui. Ranæ cibum in aqua capessunt. Muscas, uermes, cantharos aquatiles, tineas, hirudines, cochleas paruas, atque insecta aquatilia omnis generis deuorant. Adeò sunt uoraces ut à suo genere non abstineant. Inueni in maiorum ranarum ore ranas paruas, atque in uentriculo semicoctas, cochleasq; echi- E natas. Quamobrem escâ etiam è longinquo uel cibi odoratu, uel conspectu alliciuntur & capiuntur: maximè ipsarummet ranarum carne, aut panno rubro carnis colorem referente.

F Nostris in more est posteriora tantum Ranarum in cibis usurpare, reliquo corpore abiecto, uel quia carnis parum ei insit, uel quia uiscera uenenata, uel in cibis inutile quid esse in ijs credatur. quod etiam Aristoteles annotauit de Echinis loquens, quorum quod nigricat parti creditum est superiori, ex dentium origine pendens, amarum, nec esculentum, quale in multis inesse animaduertimus, aut certe quod ei proportione respondet, ut in Testudine & rubeta, & in rana, atque etiam in turbinatis & mollibus, sed colore differt. Caro ranarum candida est, dura, si recens fuerit: seruata, tenerior redditur.

F. G. Medici ut Testudinum, ita ranarũ carnem hecticis & phthisicis apponunt: quod non improbo, si in iure capi decoquatur, quo tempore ad uenerem non cientur: tunc enim uirus olent: modò etiam in locis summo æstu exsiccatis captæ non fuerint, sed in fluuijs & riuulis.

Ranæ

Ranæ apibus insidiantur, nec earum aculeos pertimescunt. Mira traduntur à Plinio de ranis, à Democrito & Magis, quæ ex libro 32. petenda sunt. D Lib. 2. cap. 28.

Dioscorides cōtra omnium serpentium uenena pro antidoto esse prodidit, si ex sale & oleo decoctæ edantur, iusq; earum itidem sorbeatur. G Contra inueteratos tendinum rigores pollent. Idem tradit Plinius. unguentis & emplastris adhibitæ siccandi discutiendiq; uim habent, maximè in articulorum doloribus. Lib. 32. cap. 5. Inde Emplastrum à Ioanne de Vigo Chirurgo rectè compositum, quod & emplastrū de ranis nominatur, quo fœlici successu in tumoribus & doloribus morbi Hispanici utimur. Ranæ tres in olla ustæ, & cū melle appositę alopecias replent, si Plinio credimus: uel cum pice liquida illitæ, ut Dioscoridi & Paulo Aeginetæ uisum fuit, quod ego experiētia uerum esse comprobaui. Illitus earum cinis profluentis sanguinis impetus sistit, authore Dioscoride, quod & Paulus cōfirmat. Crematarum ranarū cinis maximè siccans redditus, sanguinis eruptiones sistit, & alopecijs cum pice liquida medetur. Plinius: Ad sanguinē sistendum ranarum illinunt cinerem, uel sanguinē inarefactum. Eædem exiccandi ui equorum scabiem decoctæ in aqua extenuant, donec illini posit, aiunt ita curatos non repeti postea. Eædem decoctæ in aqua marina psoras tollunt, donec sit crasitudo mellis. Multò plura ex ranis petita remedia aduersus uarios morbos leges apud ueteres autores.

DE RANA PALVSTRI ET VENENATA, (ID EST Bufone aquatili,) Rondeletius.

INTER ranas sunt quæ in palustribus locis, & putri fœtidoq; limo oppletis, & nascuntur & uiuunt, quæ palustres rectè dici possunt. sed quia quæ fluuiatiles sunt, in paludibus etiam et in aquis stagnantibus reperiuntur, ad huius discrimen illam uenenatam cognominauimus, quæ Buso aquatilis uocatur, à Gallis Crapau d'eau, à Græcis ἐλειοβάτραχος, deniq; terrestris (*immò, palustris*) φρῦνος, siue rubeta quæ palustrem uitam in terrestrem nō commutauit. A

Ea rubetâ siue phryno terrestri minor est: cuius uenenum mala symptomataq; eadē sequuntur, quę rubetæ, quę Dioscorides lib. 6. cap. 31. sic explicat: φρῦνος uel ἐλειοβάτραχος, id est rubeta aut rana palustris assumpta tumores ciet, pallor corpus uehementer decolorat, ut planè buxeum spectetur: spirandi difficultas torquet, & grauis halitus oris, singultusq;, & inuita interdū genituræ profusio consequitur. G. Venenū ex ea, & remedia. Paulus Aegineta φρύνον etiam, & ἐλειοβάτραχον appellat, cui uires omnino similes tribuit: quòd corporis tumorem inducat hausta, palloremq; intensum buxo similem: quodq; ęgrè spiritus trahatur, os fœteat, singultus infestet, aliquando etiam semen sine uoluntate erumpat. Eadem quoq; aduersus hoc uenenum remedia præscribuntur. Iuuantur enim qui id hauserunt, secundum uomitionem multo meri potu, & arundinis radicis binis drachmis, aut cyperi totidem. Breuiter, cogendi sunt ut uehementi ambulationi & cursui se credant ob torporem quo corripiuntur. Quinetiam quotidie lauandi sunt. Nicander in Alexipharmacis simile uenenum ranæ illi inesse cecinit, quæ multa in arundinetis uiuit, quam Calamiten dixi ex Plinio à Græcis nominatam fuisse. eadem quoque remedia aduersus idem uenenum præscribit.

DE RVBETA SIVE PHRYNO, RONDELETIVS.

Hanc Ranæ palustri uenenatæ similem esse ait, ideoq; picturam se non apposuisse: nos alterius (quam in posteriore huius capitis parte describit,) rubetæ effigiem ex nostro De Quadrupedibus Ouiparis libro apposuimus.

RVBETA propriè terrestris est, quæ Bufo à Vergilio dicitur, id est rubeta maxima terrestris, ad discrimen palustris, de qua modo locuti sumus. A φρῦνος à Græcis dicitur εἶδος βατράχου, παρὰ τὸ ἐμφερὴς εἶναι πως τοῖς ἄλλοις, ἢ παρὰ τὸ φέρεσθαι ἀπὸ τῆς λιμνώδους φύσεως ἐπὶ τὴν χερσαίαν.

Animal est, inquit Aëtius, magnitudine nihilo minus Testudine parua, exasperat autē & uibrat terga dum spiritu impletur, atq; ob id ipsum audentius euadit. B Ad lædendum itaq; manifestè insurgit, & saltibus interpositum spatiū contrahit: G raro quidē morsum infligēs, uerùm anhelitū consueuit uehemēter uirulentū inducere, adeò ut etiā si anhelitu cōtingat tantùm eos qui propè sunt, lędat. Cæterū qui ab eis lęsi sunt, his omne corpus intumescit & diffundit, ac citò omnino pereūt. Vidi equidē hæc symptomata Historia.

II

in muliere quæ periit sumptis herbis, quibus Rubeta uenenum suum afflauerat.

B Est autem Rubeta ranæ similis, colore fusco, rostro latiore & magis rotūdato, quale in secunda Pastinacæ specie descripsimus. Oculis est magnis & rotūdis. Deniq; ranæ palustri & uenenatæ similis est, quam ob causam picturam eius non apposuimus. Cute tegitur crassa & uix penetrabili, tum quia dura est, tum quia tumida & spiritu distenta ictibus cedit. Pulmones intus habet magnos & rotundos, quiq; aëre multo compleri possunt. hepar uitiatum, unde prauū bestiæ temperamentū, autore Aristotele: Nonnullorū, inquit, uitiata omnino iecinora, ut corpora quoq; eorundem prauū temperamentū sortiantur uelut Rubetæ, Testudinis, & similium. Neocles & Timæus scripserunt Rubetas bina iecinora habere: & alterum quidem occidere, alterum alteri aduersari & salutem afferre, & à formicis non attingi, ob id formicis obiiciendum censent, ut pars quam non uorarint uenenata sit. Mira de Rubetis certatim tradunt autores, quæ Plinius recenset: sed id imprimis, ex his ranis lienem cōtra uenena quæ fiant ex ipsis, auxiliari. Cor uerò etiam efficacius esse. Rubeta apes interimit. subiens enim aditus aluei afflat, & obseruans rapit euolantes. nullo hæc affici malo ab apibus potest. Ex Rubeta multis modis uenena præparantur, quæ latent assumentes: quæ præstat ignorasse, quare de remediis dicamus. Rubetarum ueneno aduersatur succus betonicæ, plantaginis, artemisiæ potus. Item succus ranarum marinarum ex aceto & uino bibitur contra Rubetæ uenenum. Sanguis Testudinis ranarum uenenis auxiliatur, seruato sanguine in farina pillulis factis, & quum opus sit in uino datis.

Lib. 3. de part. anim. cap. 12.
G. Venenum.
Lib. 32. cap. 5.
Veneni remedia.

Rubetæ suus est à natura datus hostis Buteo triorchis, qui eam rapit & deuorat sine pernicie.

D Vulgus falsò credit gemmam uernacula lingua Crapaudine nuncupatam in Rubeta inueniri, & uenenis resistere.

B. Crapaudina gemma.
A. Rubetæ species alia.

Terrestris Rubetæ generis ea etiam esse censebitur, quæ sub terra uel sub stercore inuenitur, ranis similis, rostro acutiore, cruribus breuioribus, cute tota tuberosa, maculis multis cinereis notata, oculis multùm prominentibus & uirescentibus, qui palpebra inferiore teguntur. maxillæ inferioris extremum frequentissimè mouet, lingua, uentriculo, intestinis superioribus similis. Vasa spermatica à superiore parte oriuntur, circa septum transuersum alba. Renes carnosi, uesica magna, retentam in ea urinæ copiam in metu effundit. In medio uentre nigra quædam cernuntur, quæ oua fortasse sunt. hæc compressa atramentum emittunt. Hepar nigrum in lobos duos diuisum, in quo uesica fellis, quod ex uiridi nigricat. Pulmones ut Testudini & ranæ. Vescitur formicis, cantharis, similibusq; bestiolis. Hæc Rondeletius. Puto autem secundam hanc Rubetæ terrestris speciem, eam esse, quam nos etiam in Libro De Quadrupedibus Ouiparis descripsimus, pag. 59. cuius iconem etiam huic capiti præfiximus.

DE CALAMITE, (SEU MUTA PLINII ET Nicandri,) Rondeletius.

Effigiem hanc Ranunculi uiridis ex nostro De Quadrupedibus Ouiparis libro repetiuimus.

RANAM Calamiten à calamis in quib. uiuit uocarunt Græci. Id genus esse dixerim quod ἄφθογγον uocauit Nicander in Alexipharmacis, id est mutū, atque inter Rubetas numerari potest. Ranette nostri nomināt Ranis aliis corporis specie similis est calamites, & partib. internis: sed parua est, tenuis & uiridis. De qua Plinius: Est parua rana in arundinetis & herbis & maximè uiuēs, muta, ac sine uoce, uiridis: si fortè hauriatur, uentres boum distendens. huius corporis humorem penicillis derasum claritatem oculis inunctis narrant afferre, ipsasq; carnes doloribus oculorum superponunt. Huius ranæ paruæ sanies efficacissimum est psilothrum si recens illinatur: & ipsa arefacta ac tusa, mox decocta tribus heminis ad tertias, uel in oleo decocta æreis uasis. Dioscorides uiridium sanguine pilos auulsos renasci prohiberi tradit. In arundinetis roris linctu uictitat. Venenata est ut Rubeta superior, quare eidem ueneno eadem quoq; remedia medebuntur.

DE RANA CAELITUS DEMISSA, RONDELETIUS.

PER imbres & tempestates cælo delapsa rana Rubetis similis est, si Aristoteli sensibusq; nostris fidem adhibeamus, quæ διοπετὴς, id est, à Ioue missa nominatur. Hæ in nubibus procreatæ decidunt. Quidam in ea sunt sententia ut existiment ranas palustres minores, uel ui astrorum uel uentorum impetu sursum raptas decidere, cuius rei id esse argumentum, quòd nunquam nisi aëre pluuio & commoto delabi uideantur. Alii ne cadere quidem unquam ex alto censent, sed quia ex Bufonum genere sunt, ex cauis in quibus uiuunt locis dum tempestates præsentiunt, egredi, & tum è cælo demissas ranas credi, quæ antea non comparuerant. Sed opinionem hanc prorsus refellit quotidiana experientia, atque grauissimorum scriptorum fides. Quòd si quis hoc miretur, contempletur multa alia in natura æquè admiranda. Quid enim mirabilius esse potest aquis in cælo stantibus, ut ait Plinius, at illæ ceu parum sit in tantā peruenire altitudinem,

Lib. 3. cap. 1.

nem, rapiunt eò secum piscium examina, sæpe etiam lapides subuehunt portantes aliena pondera. Ranæ igitur διοπετεῖς rubetarum sunt specie, quod tradidit Aristoteles libro 1. problematum. Διὰ τί γίνεται τὰ ἔτη νοσώδη, ὅταν γένηται φορὰ τῶν μικρῶν βατράχων τῶν φρυνοειδῶν; ἢ ὅτι ἕκαστον εὐθηνεῖ ἐν τῇ οἰκείᾳ χώρᾳ τῆς φύσεως; καὶ ταῦτα δ᾽ ἡ φύσις ἐστὶν ὑγρά. ὥστε ἔπομβρον καὶ ὑγρὸν σημαίνειν τὸν ἐνιαυτὸν γίνεσθαι. τὰ δὲ τοιαῦτα ἔτη νοσώδη ἐστίν. ὑγρὰ γὰρ τὰ σώματα ὄντα, πολὺ ἔχει τὸ περίττωμα, ὅ ἐστι τῶν νόσων αἴτιον. Cur insalubris est annus, quum magnus est prouentus pusillarum ranarũ, quæ rubetæ faciem repræsentãt: an res unaquæq; loco suæ naturæ idoneo abundare solita est: itaq; eiusmodi animalium genus cùm natura humidum sit, pluuium annum ob eam causam indicat. Anni uerò huiusmodi insalubres sunt. corpora enim humida excrementis abundant, quæ morborum sunt causæ. Ranæ huius meminit etiam Plinius libro 32. cap. 10. Iecur ranæ Diopetis & Calamitæ in pellicula gruis alligatum, (*Venerem concitat, nostra æditio habet diopetis uel calamitæ.*) nisi malis lectionem Hermolai sequi qui dryophytes legit. de qua rana proximo capite dicitur.

DE RANA DRYOPHYTE, RONDELETIVS.

Suprà dixit Dryophyten non aliam esse à Calamite, in capite de Ranis in genere: hîc uerò distinguit, Plinium secutus.

RVBETARVM generi subijcienda rana, quę in quercubus & ficubus, alijsq; arboribus inuenitur, uiridissimaq; est, qua nota cum Calamite ab alijs distinguitur. De hac Plinius: Est rana parua, arborem scandens, & ex ea uociferans. In huius os si quis expuat, ipsamq; dimittat, tussi liberari dicitur. Hæc prolixiùs de ranis à nobis tradita sunt, ut earum differentiæ perspicuè intelligerentur. quamuis enim uiles sint bestiæ: tamen nulla est ex qua uel fructus aliquis percipi non possit, uel pernicies uitari.

Lib. 32. cap. 8.

COROLLARIVM I. DE RANIS IN GENERE.

Quanquam in libro De Quadrupedibus ouiparis permulta de ranis conscripsi: quemadmodum suprà in tabella, quam huic de ranis tractationi præfixi, indicatum est: uisum est tamen in præsentia quoq;, quæ ab eo tempore obseruata mihi sunt, adijcere. Hoc imprimis monendus mihi Lector est: multa ex authoribus iam priùs à me prolata, nunc etiam in Rondeletij scriptis reiecta non esse: partim quod is multa aliter, & alia occasione citat, ut emendandi interdum uel illustrandi gratia, quòd sine repetitis illorum uerbis commodè non fit: partim quòd ad diligentiorẽ collationem ocij satis non erat.

RANARVM DIVISIO.

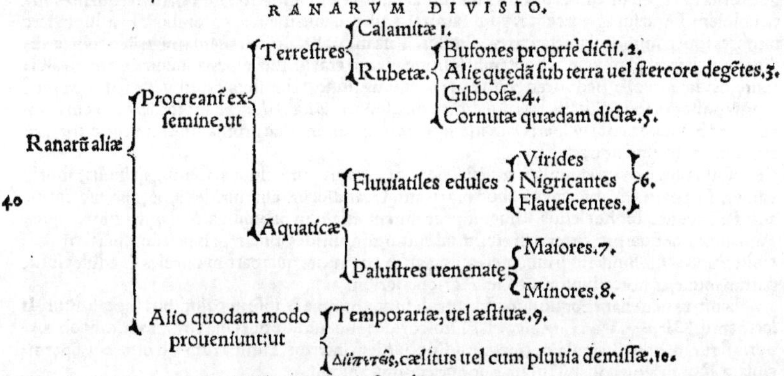

Diuisionis explicatio, secundum numeros.

1. Calamitæ sunt uirides, paruæ, quæ & arbores scandunt: quanquam Plinius uidetur distinguere, cũ aliàs, tum quod calamitas mutas & perniciosas facit: arboreas uerò, uocales, nec meminit earum ueneni. Iconem earum præfiximus Rondeletij capiti de Ranis fl. Habeo inter diuersas ranarum picturas, ab Argentinensi pictore missam, subuiridem quandam paruã, non ita pulchro colore ut calamites est, sed subobscuro: quæ si non ad calamitas, fortè ad temporarias referri debet.

2. Bufones propriè dicti, similes sunt palustrib. & uenenatis ranis, sed maiores, &c. quare iconem earum à se omissam Rondeletius scribit. qui tamẽ non simpliciter terrestre hoc genus facit, sed amphibiũ, ex Plinio: Ranæ rubetæ (inquit) in terra & in humore est uita. & Aëtio, qui eas ex palustribus terrestres fieri tradit. Quærendum, an potiùs non una rubetæ species ambigua sit, sed duæ diuersæ: quarum una semper terrestris, altera semper palustris sit. Possunt tamen aliquæ per æstatem, dum aquæ suppetũt, ac tepor sinit, in aquis agere: deinde autumno & hyeme in terra se occultare; quod aquaticæ omnes faciunt, præter temporarias opinor.

Ll 2

3 Rubetæ quæ sub terra uel stercore inueniuntur, (inquit Rondeletius,) ranis similes sunt: rostro acutiore, cruribus breuioribus: cute tota tuberosa, maculis multis cinereis notatæ, oculis multùm prominentibus & uirescentibus, &c. Hæc ille. Has puto minores esse prædictis: nec alias, quàm quarum effigiem ad finem capitis Rondeletij de Rubeta dedimus.

4 Gibbosam rubetam descripsi in libro De Quadrupedibus Ouiparis, pagina 58. cuius, quoniam in sequentibus quod addam non habeo, iconem hoc in loco apposui.

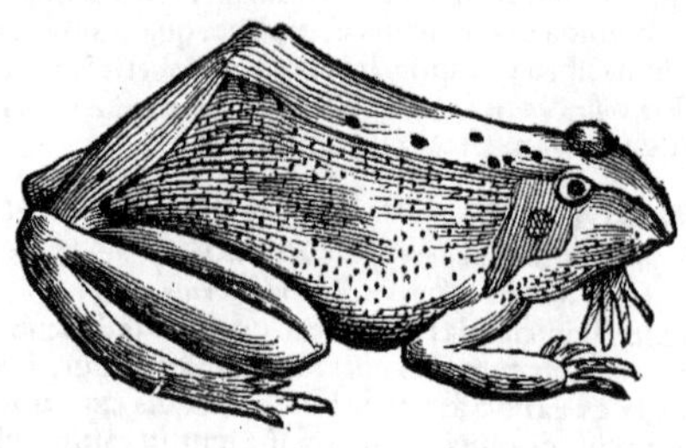

5 Cornibus exasperari rubetarum dorsum, quod Plinius scribit, hactenus non uidi. Gibbosæ tamen ranæ à nobis dictæ ossa in dorso cornuum ferè instar eminent. Alia ratione recentiores quidam parum Latini scriptores ranam quandam cornutam uocant, à sono uocis, quo cornu seu tubam imitetur quodammodo. In Gallijs est bufonis genus quod cornutum dicitur, à uoce. Verno tempore prodeunt, & uocem instar tubarum binæ inuicem emittunt, coloris cinerei fusci, (tetri,) in uentre uerò crocei. per totam quoque Germaniam altissimè clamant: & falsum est extra Galliam mutas esse. In paludibus putridis degunt, Albertus & author de naturis rerum. Has puto minores rubetas palustres esse, de quibus mox dicam. Reperiuntur & terrestres argutissima uoce, quam tubæ aut campanæ instar audiri ex longinquo aiunt: satis frequentes circa nobilem Tigurini agri arcem Kyburgam: raræ aut nullæ in uicinis regionibus. Hæ duplò ferè minores sunt communi rubeta: cæterò similes. Vna mihi allata, (deprehensa sub trũco, ubi se abdiderat, ut lateret per hyemẽ: Septembris initio,) tergo erat lurido, aspero, uentre ex fusco albicante, oculis aureolis, (sed aureo colore per medium diuiso,) clunibus cruribusq;, sed præcipuè digitis posterioribus, pilosis. Eas non in aquosis, sed aridis locis degere audio: uere uocem suam emittere & æstate: cum uesperi clamant, noctem sequentem sine pruina futuram certò sperarit autumno & hyeme non audiri.

6 Fluuiatiles βάτραχοι simpliciter dicti, degunt in aqua pura, fluuijs, fontibus, riuulis: suntq; edules. Hæ paruæ & informes adhuc nigricant. Grandiorum aliæ uirides sunt, aliæ nigricant, aliæ flauescunt, Rondeletius. Inueniuntur autem etiam in paludibus & stagnantibus aquis. Aquaticæ illæ quæ præ cæteris in cibum admittuntur, uirides sunt, nigris passim aspersæ maculis. Sunt & subliuidæ atq; subcinereæ quædam aquaticæ: quæ partim uocales & edules sunt, partim mutæ, & non eduntur, ut Ge. Agricola scribit.

7 Palustres uenenatæ cognominandæ: ut ab innoxijs, quæ & ipsę in paludibus reperiuntur, discernantur. βάτραχοι ἕλειοι Græcis. Has Dioscorides rubetis siue phrynis coniunxit, tum ob corporis figuram non dissimilem, (magnitudine quidem inferiores sunt:) tum ob uim æquè perniciosam, Rondeletius. qui picturam quoque earum exhibuit.

8 Proximè dictis minores sunt, ni fallor, quæ à nostris **Güllenkrötle**: id est, lacunales rubetulę dicuntur: & **Mönle**, inde puto quòd dorsi uentrisq; coloribus salamandras aquaticas (quas indocti scincos putant) repræsentent. Hæ semper sunt paruæ: & uiuunt in lacunis & aquis corruptis, sicuti de cornutis suis Albertus scribit, cuius uerba proximè recitaui, (nec puto has ab illis differre:) uentre pallido siue citrino, punctis quibusdam discolore: & suo quodam sono uocis utuntur. Has Aristoteles in problematum 1.22. ranas paruas rubetis similes, (μικροὺς βατράχους φρυνώδεις,) quarũ multitudo annum morbosum futurum significet, meo quidem iudicio, appellat, quanquam has Rondeletius διοπετεῖς facit. Sed plura de his inferiùs.

9 Latent hybernis mensibus in terra ranæ omnes, exceptis temporarijs istis minimis, (Germani uocant **Reinfröschlin**,) quæ latent in cœno, & reptant in uijs ac littoribus, (*ripis*.) Hæ enim quia non ex semine genitali, sed ex puluere æstiuis imbribus madefacto oriri uidentur, diu in uita esse non possunt, Ge. Agricola. Sed fortè temporariæ æstiuæq; ranæ, non unius generis sunt, sed tum ex fluuiatilium genere, tum rubetarum, præsertim minorum palustrium: aut saltem utrisq; similes.

10 De

10. De ijs quas Διϊπετεῖς, seu cœlitus demissas uocant, inferiùs dicam.

COROLLARIVM II. DE RANA IN GENERE, simul & de fluuiatili Rana.

De fluuiatili rana iam paulò antè quædam annotaui in expositione tabulæ: sed à Rondeletio prædicta.

Os squatinæ antè promptumque est, ut ranæ palustri, Aristot. locus si occurreret, uerba Græca inspicerem. Equidem ranæ palustris nomine piscem seu piscatricem ranam hîc acceperim, ut piscis pisci comparetur. utrique sanè similiter os in promptu est, aliter quàm raijs. facilè quidē βάτραχος ἕλειος, si fortè ita legitur, (ut suspicor,) pro βάτραχος ἁλιεὺς irrepere potuit. B

De informi imperfectoque ranarum fœtu, lege quæ scripsimus suprà, pag. 358. in Cordylo. Declinante Maio mense (die 21.) inueni in superficie aquæ stagnantis, in lente palustri & algis innatantibus, fœtus ranarum minutos, qui depedes uidebantur: propiùs uerò inspicienti rudimenta anteriorum pedum apparebant. Hos Itali, quoniam caput enorme est, reliquū corpus μυουρίζει, capitones appellāt, ut conijcio ex uerbis Basiani Landi: qui in libro de peste: Ex putrescente (inquit) aqua oriuntur uermes, magna copia ranarum & aliorum animalium, quę ortum habent de putredine: cuiusmodi sunt pisces (*impropriè pisces nominat*) capitones uulgò dicti. ¶ Aquis paludū siccatis moriuntur ranæ: restitutis, reuiuiscunt, Incertus. C

In uentre generis cuiusdam ardeæ ranam deprehendi, Ianuarij medio. Rana sæpe, ut et chamæleon, cum serpente pugnat, Innominatus. D

Apud Anglos Lucius piscis, capitur rana aut bleca pisciculo hamo affixo, funiculum (lineā) trahendo per ripam. non statim autem extrahitur ubi hamum corripuerit, sed iam defatigatus. Piscatores aliqui ranam excoriatam in reti nassæ instar contexto ligatam suspendunt, ita ut in medio liberè pendeat: uel iecur caprinum similiter: sic pisces inescatos capiunt. ¶ Ranæ expulerūt Autariatas, Agatharchides. Autariatę Stephano Thesprotica gens est. Autoriatæ uerò Aeliano, Indica, à ranis plurimis inchoatis et imperfectis è cœlo lapsis, migrare coacta, de animalib. 17. 41. E

Cochlearum usus infirmo iecori prodest: idque etiam tabefactum reficit. bene enim alunt: si uiscosam carnem meliùs lixiuio lauabis, aut sale & uino, aut furfure. Aqua earum destillationibus collecta hecticis & phthisicis efficaciter prodest, & siccæ iecinoris distemperantiæ bis die ieiunis sumpta tepens medetur. Caro quoque testudinis, quæ in nemoribus degit: destillant & eam alij ad eosdem usus. Ranæ quoque quæ bolo in lympidis aquis capiuntur, pares effectus habent, Alexander Benedictus. ¶ Ad epilepsiam: Aliqui per dorsum ranam scindunt: & extractum iecur folio caulis (*brassicæ*) inuolutum desiccant. hoc tritum cum uino optimo in potu dant paroxysmanti (*sub paroxysmum:*) & si uice prima non curatur, uenturo paroxysmo idem faciunt, Antonius Guainerius. ¶ Fœtus ranarum imperfectos aliqui elixant, & innatantem adipem colligunt: quem locis glabris illinunt, ut pili succrescant. ¶ In articulis morborum impetus sedant ranæ, subinde recentes impositæ, quas quidam dissectas iubent imponi, Plinius. ¶ Cinis ranæ magnæ (*rubetæ, ut Cardanus in Varijs scribit*) collo gallinæ uel alterius auis, linteolo alligatus, prohibet ne sanguis effluat, etiamsi profundè uulneretur. Ex quo multi colligunt eundem cinerem gestatum, muliebrem fluxum menstruum retinere posse, ac alias item hæmorrhagias, Incertus. G

De ranarum ui, ad inducendum uini fastidium, ex literis amici cuiusdam uiri boni & mihi noti, ad amicum, qui eas literas Germanicè scriptas mihi communicauit: Filio ebrioso & sæpius ex ebrietate uarijs periculis exposito dum consulere cogito, ab honestis uiris remedium hoc accepi: ranam uiridem ex ijs quæ in fontibus salientibus reperiuntur, uiuam in uini mensura (duarum librarum fortè) suffocatam, eam in uino uim relinquere, ut qui uel haustum unum inde bibisset, per omnem deinceps uitam abstemius degeret. Ego solicitus & metuens ne quid aliud etiam inde detrimenti sequeretur, cum filio (recens etiam ex ebrietate periclitato) institutum meum confero. acquiescenti propino uinum, (in quo tamen palustris rana, cum circa fontium scaturigines nulla reperiretur, suffocata fuerat,) duobus haustibus, uno uesperi, altero mane. Volui autem ipse prægustare uinum, & experiri saporem, os tantùm colluendo, ita ut nihil inde glutirem: qui licet non displiceret, postea tamen ad duos ferè menses uinum fastidiui. Vxor eius, quæ odorem tantū uinarij uasis illius olfecerat, ab eo tempore hactenus (*nescio quantum temporis*) uinum non bibit. etsi enim interim experiundi gratia non semel gustauerit, inde tamen stomachi dolore non mediocri percepto, abstinet. uterum quidem non fert, ne quis eam ob causam uinum ei fastidio esse suspicetur. At in filio fastidium hoc non ultra quatuordecim dies durauit: citiùs tamen à uini potu caput ei nunc tentatur. Experiemur aliâs idem remedium cum rana uiridi è fonte saliente: & rei euentum ad te scribemus, Hæc ille. quibus ea, quæ apud ueteres legimus, ad inferendum uini tædium, medicamenta hîc adscribam: Vinum in quo anguilla suffocata sit, (alij, in quo anguillæ duæ necatæ sint,) potui exhibitum (addunt aliqui, uel modicè) uini tædium (uel odium) parit, Plinius & alij quidam ueteres. Rubellio (piscis marinus) in uino putrefactus, ijs qui inde biberint, tædium uini affert, Plinius. item mullus in uino necatus, & uua marina in uino putrefacta. Vinum aiunt tædio uenire his qui ex Clitorio lacu biberint, Idem.

11 3

Eligantur hirudines ex aquis, in quibus ranæ degunt: nec audiamus illos qui ex huiusmodi aquis hirudines uituperant, Auicenna.

H. a. Icon. Ex rana quæ nam hieroglyphica habeantur, multis exponit Pierius Valerianus lib. 29. nos lemmata quædam tantùm indicabimus, quæ sunt: Imperfectus, Inuerecundus, Curiositas, Longo pòst tempore progrediens, Sophista, Dæmones, Poëtæ, Silentium. In diuinis literis (inquit) ut in libro Apocalypseos, ranæ simulacra sunt cacodæmonum. Porrò silentium significat per ranam rubetam illam grandißimam, quæ geminis ueluti cornibus insignita est: propterea quòd obseruarunt magi, si ea in multitudinem uociferationibus obstrepentem inferatur, silentium fieri. Eoq; spectare putant nonnulli ranam illam Mecœnatis celebratißimam, qua is literas & tabellas obsignare solitus erat, utpote qui ea quæ literis crederet, silentio inuoluenda esse commoneret. Sed enim cum rana, non rubeta, in omnium sermone, (sit,) ego eò potius rem spectare dixerim, quasi Mecœnas id in Augusti gratiam factitârit: de quo etiamnū infantulo illud fertur, quòd in auito suburbano obstrepentes fortè ranas silere iusserit: cui quidem commento adeò fauit uetustas illa, ut ex eo negentur ibi ranæ coaxare, &c.

COROLLARIVM III. DE RANA RVbeta, alijsq; diuersis.

A φρῦνος Græcis pro rubeta masc. gen. uulgatum est: φρύνη uerò fœmininū, apud Nicandrū solum reperi, & Aelianum de animalibus 9.11. & 17.12. Rubeta est rana uenenosa in sicco semper rubens, & à rubis nomen trahit, in quibus plerunq; uictitat, Niphus. Qui rerum nomenclaturas Latinè, Polonicè & Germanicè conscripsit, Rubetam interpretatur Polonice Zábá drzewna, Germanicè ein Laubfrösch. Bufonem uerò, (id est, ranam terrestrem nimiæ magnitudinis) Polonicè Ziemna zábá, Germanicè ein Krott. Qua uoce Græci buffonem appellarent, frustra quæsiui diu cum Italica nomina complura non nesciam, quibus appellatur uulgò: Rospo, Zatto, Botta, Babi. Montani nostrates (*Germanicè*) Krotten & Erdkrotten. Galli Crapaud: unde lapidem buffonitem, crapaudinam, Cæsar Scaliger. ¶ Mutas ranas aliquas dici putârim, quales rubetæ sunt: non quòd uocales penitus non sint: sed alijs uocalibus & garrulis comparatæ, mutæ præ ipsis uideantur: quoniam uox eis rara & parca. (Mutæ.)

D Referunt multi mustellam à rubeta uisam sic torpescere, & exanimari, ut à rubeta occidatur & edatur. quod tamen uix credi potest: nisi, non hæc omnium, sed quarundam sit solùm proprietas, Cardanus in Varijs libro 7. ¶ Bufones aiunt à serpentibus deuorari. addunt superstitiosiores ab illis inde uenenum quæri, Cæsar Scaliger.

E Certum est, nullum ostentum infelicius rubeta apparere posse, cum uel magnitudine uel loco inusitatum fuerit: animal infaustum ueneno, forma fœda, solitudine, clamore inauspicato, habitatione sub terra, & inter humana cadauera, nocturnū, spiritu graui, oculisq; intentè respicientibus, fascinoq;, Idem Cardanus ibidem. Sed ueteres adeò ominosam & abominatā bubonem auem faciunt: nusquam uerò, quod sciam, bufonem ranam, ueterum quisquam inter auspicia ulla memorauit. quanquam Aug. Niphus lib. 1. de augurijs, ueteres bufonem undecunque & quomodocunq; obuium in felicibus augurijs habuisse narrat, &c. ut in libro de Quadrupedibus ouiparis recitaui in Rubeta H. h. contraria prorsus quàm Cardanus scripsit, opinione.

G Nicolaus Myrepsus unguento LXXVIII. ad lumbricos inscripto admiscet oculos ranæ terrestris. ¶ Kiranides 1.21. Batrachitæ lapidi uires quasdam superstitiose adscribit, imaginibus quibusdam insculpto, & alijs nonnullis additis si pro amuleto gestetur. ¶ Ex Cardani Variorum libro 7. Rubeta (inquit) dentium dolori prodest plerunq;, si dentes coxarum oßibus tangantur: antipathia enim est. Siccatæ in umbra iecur, ad albugines oculorum elegantißimum auxilium est. Ipsa uerò tota tuberibus carneis superligata, (uocant autē nātas Mediolanenses,) ea abolet, & liquefacit. Synanchicis cocta & pro emplastro imposita, adeò prodest, ut quendam hoc auxilio, cui iam tanquam morienti, de more candelæ accensæ fuerant, liberauerim. Crediderim & filum, quo suspensa interierit, (*sicut de filo purpureo, quo suffocata fuerit uipera, ueteres tradiderunt,*) posse conferre. Pedes omnes magnæ rubetæ, ab ea uiuente abscisi, dum Luna uacua ad coniunctionem properat, colloq; strumas patientis suspensi, adeò conferunt, ut persæpe etiam à morbo patientem liberent. Cinis quoq; eius falconi cum carne exhibitus, tineas quæ plumas erodunt, tollit. & forsan etiam, si super auem ipsam solùm spargatur. Idem collo mulieris fluxum mensiū patientis suspensus, (*hanc quidem uim ex cinere Ranæ magnæ, superiùs etiam ex incerto authore scripsimus in Rana,*) fertur eum cohibere. Quinimò referunt collo pulli cinerem suspensum, efficere, ut ne iugulatus sanguinem mittat.

De Rubetarum ueneno. Synesius in epistola quadam ad fratrem distichon hoc recitat: Ἀσπίδα, φρῦνον, ὄφιν, καὶ λαδικέας περίφευγε, Καὶ κύνα λυσσητῆρα (λυσσητὴν forte,) καὶ πάλι λαδικέας. Videntur autem uulgò, nullo certo authore, usitati fuisse hi uersus: quibus λαδικεῖς homines notantur tanquā maximè uenenatis etiam feris, aspide, rubeta, serpente, (uiperam intelligo,) & cane rabido, nocentiores. Quinam uerò sint λαδικεῖς, dubitari potest: ego coniecturam meam protuli in libro De Quadrupedibus ouiparis, in Rubeta G. nunc uerò λαδικέας per syncopen pro λαοδικέας dictos

dictos, coniecerim, ut sit nomen gentile, à Laodicea ciuitate Asiæ. quam coniecturā auget, quòd in eadem Epistola à Synesio Euthalius quidā cognomine Ballas, Λαοδικεὺς nominatur. illū ait præfectum aliquando Lydis auarissimum & astutissimum hominem, res illorum esse depeculatum. Est autem Lydia Asiæ regio, & Laodicea quoq; non procul Asiæ ciuitas, Lyco flumini imposita. Stephanus aliam Syriæ, aliam Lydiæ Laodiceam facit, &c. Itaq; arbitror Laodiceæ (cuiuscunque) ciues, tanquam improbos, auaros, astutosq; homines, hoc disticho traduci solitos: sicut & alij populi suis uitijs, ut in prouerbio, Tria Cappa pessima. ¶ Memini ranas quasdam lacteum quoddam uirus exudantes uidere, quod & salamandræ, præsertim percussæ, faciunt. ¶ Aspis uel solo tactu interdum interimit: & afflatu quoq;, ut & centrites, & rubeta, Aelianus de animalibus 9.11. Et rursus 17.12. Est quoddam rubetæ genus, cuius non modò potus est perniciosus, sed illius etiam aspectus aspicientibus infestissimus existit. Nam si quis ex ijs, qui malas artes ingeniosè factitare sciunt, eam primò contriuerit, deinde eius sanguinem, siue ad uinum, siue ad aliam potionem, quā homines uenefici idoneā existimarint, admistū, cuipiam per insidias bibendū dederit, is sanè sine mora perit. At nunc res agitur tenui pulmone rubetæ, Iuuenalis Sat. 6. de ueneficis mulieribus. Extat historia apud Boccatium de eo qui à sumpto cibo cum amasia sua in horto gingiuas folio saluiæ perfricauit: & mox mortuus est. unde mulier in suspicionem ueneni uenit: & cum in rem præsentem à iudice duceretur, ostendit decerpto saluiæ folio uirum hoc quo ipsa nunc modo gingiuas perfricasse & mox obijsse. perijt autem mox ipsa quoque. Vnde iudex de saluia suspicari cœpit, quam cum effodi iussisset, rubeta subtus latitans deprehensa est. ¶ Rubetæ in puluere potæ mortifera inferunt incommoda, quemadmodum & morsu. Nam etsi dentibus careant, tamen compressa scabris gingiuis particula, & subinde ingressa per cutis spiracula saliua, demorsos uenenant, Matthiolus. ¶ Artemisia alligata priuatim potens traditur, potá ue, aduersus ranas, Plinius. Macer succum eius cum uino haustum commendat.

Bufocongrum piscem in Amara Aethiopiæ lacu, congri forma, sed capite fœdo quasi bufonis, nominat Cæsar Scaliger De subtilitate 226.3. &c. Ranam piscatricem incolæ Istriæ rospum appellant, id est, bufonem: & similiter Itali etiam aquilam piscem, Bellonio teste. hanc nimirum à ueneno, illam ab oris forma. De Phryne nobili scorto multa tradunt authores. Aelianus in Varijs lib. 9. auream eius imaginem Delphis erectam memorat. ¶ Phrynion herba Kiranidæ 1.21. est batrachium, in aquis nascens, ui urente. H.a.

De omine uel auspicio ex rubetis, diximus paulò antè in E. h.

RANAE Scincoides numerosæ enatæ, pestilentiæ futuræ aliquando præsagium sunt, Alexander Benedictus. sed omnino legendum phrynoides, ut Aristoteles nominat, idemq; ex ipsis præsagium refert: cuius uerba Græca recitat Rondeletius, in capite de rana cœlitus demissa. (Vide quæ scripsimus suprà in Explicatione tabulæ diuisionis ranarum ad numerum 8.) quanquam enim scincorum, quos uulgò sic appellant, colorem referunt uentre citrino, dorso fusco: & similiter in aquis putridis degunt: & uenenum, ut probabile est, illis simile habent: hoc nomine tamē nullus idoneus author usus est: & scinci non sunt, quibus imperiti pharmacopolę quidam eorum loco utuntur: sed salamandræ quædam aquaticæ: Salamandras nostri Mollen indigetant: aquaticas uerò, Wassermollen: ranas uerò istas ab earum similitudine, ut coniicio, Mönle, diminutiua uoce. Ranæ phrynoides sunt (inquit Petrus Aponensis in commentarijs suis in problemata Aristotelis) quarum facies signa rubea habent. Huiusmodi uerò ranas, uel potiùs ranulas, multoties uidi. Multò minores sunt uulgaribus ranis, parte prona coloris charopi, uel cinerei, seu cusi: sub uentre uerò citrini, aurei. Nec rarò contingit eas in Italia uidere post pluuiam immediatè æstu præcedente uehementi, salientes per loca prius arida, puluerulenta. caudam habent paruam & tenuem. Sed huiusmodi ranularum nomine intelligenda sunt quæuis animalia ex putredine orta: Aristoteles tamen hæc præ cæteris fortè nominare uoluit: quia cum sint diuersorum colorum, maior copia materiæ & putrefactio amplior in ambiente nos loco indicatur: Hæc ille, qui & Ioannis Damasceni hunc aphorismum citat: In quacunque prouincia abundauerint animalia generata ex putrefactione, putredines & pestes in corporibus incolarum eodem anno generabuntur. Rondeletius easdem διοπετεῖς esse putat, hoc est cœlo demissas: quas ego cum pluuijs tantùm cadere dixerim, uel alioquin ex aëre sublimi cadere, id quod rarissimum ac inter ostenta est. Et quanquam hoc etiam aëris corrupti magnum est signum: & populos aliquos hac lue regionibus suis pulsos (propter ranarum è nubibus demissarum copiam, & grauem insectarum odorem) literis proditum est: phrynoides tamen dictæ in ipsa terra ex eius putredine generantur: & quanquam semper appareant aliquæ per æstates, si tamen in maiore solito copia prouenerint, insalubre signum faciunt.

DIOPETES ranæ à nullo authore nominantur, quod sciam, præterquàm semel & iterum à Plinio, nempe libro 32. cap. 6. his uerbis: Ranæ quas diopetes & calamitas uocant: sanguis earum cum lachryma uitis, si euulsis inutilibus palpebrarum pilis illinatur, renasci prohibet. Et rursus cap. 10. Iecur ranæ diopetis uel (*Rondeletius legit,* &) calamitæ, in pellicula gruis alligatum, Venerē concitat. Sed utrobiq; alia lectio habet dryophytes, quā & Hermolaus secutus est. Vtcunq;

Ll 4

legas, apparet Plinium, siue diopetem siue dryophyten eandem fecisse cũ calamite. Rondeletius etiam in capite de ranis in genere, dryophyten eandem calamitæ facit, postea de singulis agens distinguit. Ego de his uocabulis quædam protuli in Libro de Quadrupedibus Ouiparis, capite de Ranunculo uiridi, siue rana calamite, pagina 56. Et sanè calamitæ uideri possunt διοπετεῖς, hoc est è cœlo, uel aëre delapsæ, cum super arboribus reperiuntur: quasi non de terra ascẽderint, (cum nullum aliud ranarum genus scandere possit,) sed è sublimi ceciderint. ¶ Rõdeletius ranas paruas rubetis similes, quas φρυνοειδεῖς Aristoteles cognominat, διοπετεῖς esse putat: quæ sententia paulò ante nobis in controuersiam ducta est. ¶ Ranas certe quasuis è nubibus delapsas, quod factum sæpe legimus, tam infelici ranarum pluuia, ut populi etiam ita pulsi sint, διοπετεῖς appellare licebit. Vide quæ congesta à nobis sunt, in libro de Quadrupedib. ouiparis, in rana C. pagina 44. Pluuiam quidem ranarũ, murium, piscium, &c. dupliciter accipere licet: ut uel cum pluuia aqua hęc animalia ciderint: uel sine aqua, agminatim tamen & pluuiæ instar è nubibus delapsa, in terram dispersa sint.

Ranæ paruæ (οἱ μικροὶ βάτραχοι) non pluuntur, ut quidam putarunt: sed iam priùs sub terra latentes, apparere incipiunt, cum aqua earum cauis se insinuârit. genere autem differunt hæ ranæ ab ijs quæ in paludibus & lacunis degunt. Abundantia tamen & harum & cæterarum, cum uiguerit* (*addiderim, humidam & morbosam anni constitutionem portendit*,) Ex fragmento libelli Theophrasti de animalibus quorum repentina multitudo apparet. Mirambellum oppidum est Santonicæ præturæ. in eius agro tantum pluit ranarum, ut cumulatim totæ uiæ tegerentur: oppidani neque domo efferre pedem, neq; ubi uestigium ponerent, haberent: Quò si totius penè Aquitaniæ ranina oua conuecta essent, uix ille numerus expleri potuerit, Cæsar Scaliger. ¶ Vocabulum διιπετὴς apud Homerum inuenio, à dandi casu διῒ compositum. nominat autẽ ille ποταμοὺς διιπετέας, id est fluuios è Ioue delapsos: quoniam fluuij, (præsertim torrentes) cœlesti aqua augentur. Alij authores tum in hoc tum alijs à ζεὺς compositis nominibus, omicron ponunt, à genitiuo διός, ut διοτρεφὴς, διομήδης. Eustathius annotat nomina in πετης, si composita sint à uerbo πέτομαι, quod est uolare, paroxytona esse, ut ὑψιπέτης ἀετὸς: à πίπτειν autem, quod est cadere, oxytona, ut διοπετὲς παλλάδιον, τὸ ἐκ Διὸς καταπεσόν. De Palladio autem cœlitus delato, plura leges in Lexico Græcolatino, &c. ¶ Quoniam uerò codices Pliniani quidam non diopetes ranas, sed dryophytes habent, super ea uoce etiam aliquid afferendum duxi, præter ea quæ in libro de Quadrupedib. ouiparis rana calamite dixi. Græcæ igitur linguæ proprietas & analogia dryophyten non admittit. At δρυοβάτην si quis appellet, quòd per arbores repat, defendi potest: uel δρυοπέτην, quòd ab arbore in arborem quasi uolando transire uideatur: uel δρυπετῆ, aut δρυοπετῆ, id est ex arboribus delabi solitam, (quæ omnia calamitæ conueniũt,) defendi poterit. Horum tamen omniũ nihil apud Græcos scriptores de ranis inuenit. Δρυπετεῖς uerò oliuas legimus, τὰς ἀπὸ δένδρου πεπτωκυίας ὠμὰς, (subaudio ἐλαίας,) Varinus. quæ priusquam maturescant, ex arbore cadunt. Drupas Latinè uocãt. Drupæ sunt oliuæ nondum edules & teneræ: nec olearum modo, sed alias quoq; baccas ita uocamus, Hermolaus in Plinium. Vide Indicem Plinij. His opponuntur δρυπεπεῖς fructus (præsertim oliuæ) qui in ipsis arboribus maturuerunt. Adi Eustathij in Homerum Indicem, & Lexica.

Dryophytes.

DE RANA PISCATRICE, RONDELETIVS.

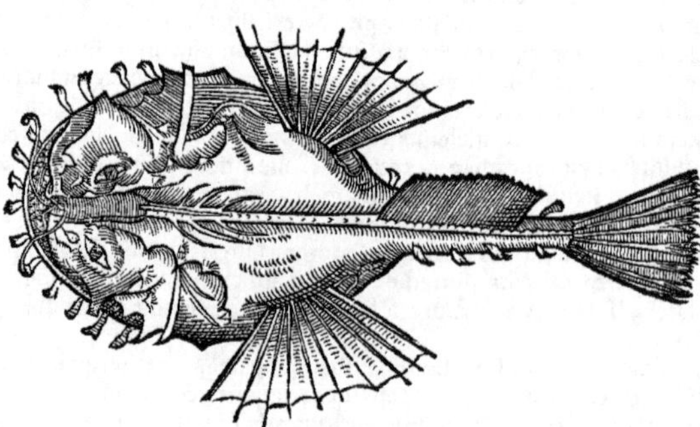

RA-

A Raiis & torpedinibus ad longos cartilagineos uenicmus per medios: hos uoco, qui ut non omnino longis similes sunt, ita longiore contractioreque sunt corpore, & cauda spissiore quàm plani. Præterea branchias in lateribus habent, præter planorum cartilagineorum naturam. Huiusmodi sunt rana marina & squatina, quas tamen in planis numerarunt Aristoteles & Plinius. *Ordo: quē nos nō seruauimus.*

A De rana autem marina cęteris raiarum generibus omissis nunc loquimur: quæ βάτραχος ἁλιὰς ab Aristotele lib. 9. de hist. anim. cap. 37. dicitur, id est, interprete Plinio lib. 9. cap. 42. rana piscatrix. Hodie quoque à Neapolitanis rana piscatrix dicitur, ab alijs Italis marino piscatore uel diauolo di mare. A Massiliensibus baudroy (*Baudroium Massiliensium uulgus uocat, nomine à batracho detorto, Bellon.*) à lato & amplo oris rictu: quo marsupiū refert, quod baudrier uernacula lingua nominant. A Burdegalensibus pescheteau. Siculi lamiā nescio qua ratione appellāt, nisi ab ore admodū hiante, uel à uoracitate. Monspelienses gallanga. Piscatricis nomē à piscandi solertia inuenit, ranæ uerò à ranæ palustris nuper nascentis similitudine. Pariūt enim ranæ palustres, tradente Plinio, minimas carnes nigras, quas gyrinos uocāt, oculis tantùm & cauda insignes: mox pedes figurant, cauda findente se in posteriores. Apud Platonē prouerbio dicitur: Nihilo rana gyrina prudentior: ὅτι ἡμεῖς μὲν αὐτὸν ὥσπερ θεὸν ἐθαυμάζομεν ἐπὶ σοφίᾳ, ὁ δὲ ἄρα ἐτύγχανεν ὢν εἰς φρόνησιν οὐδὲν βελτίων βατράχου γυρίνου. Nos illū tanquam deū sapientiæ nomine suspiciebamus, at ille neutiquā sapientia ranam gyrinā superabat. Quo in loco Erasmus pro γυρίνου legendū censet γρυνέως: est enim Gryneū Myrenæorum oppidū, ubi consentaneū est, inquit, ranam despicatissimā fuisse, propter Apollinē, cui peculiariter id animal inuisum, propter fabulā de rusticis in ranas cōmutatis. Est autem eo in loco templum Apollini sacrum candido marmore, & oraculum uetustissimum: unde etiam ipsi cognomentum Gryneo. Verùm cùm optimorū autorum testimonijs constet gyrinos paruas esse ranas, uel ranarū partus informes, quibus illepidius nihil possit uideri, Platonis locus integer minimeque immutandus mihi uidetur. Sed utra lectio magis probanda, penes doctiores iudicium esto. Ad ranas marinas redeamus, quæ à ranarum palustrium recens natarum similitudine dictæ sunt: capite enim caudaque tantùm constare uidentur, ut etiam cottis fluuiatilibus piscibus apposite comparari possnit. *De ranis gyrinis. Lib. 9. cap. 51. In Theæteto.*

Hîc indignum planè fuerit ueritatis studioso præterire silentio, monstrum illud, seu fabulam potiùs, quam pro rana piscatrice, & eius historia proposuit is, qui de aquatilibus superiore anno librū edidit: ei enim pedes appinxit tā absurdè, quàm si leoni terreno pinnas appinxisset: ranamque appellatam esse putat, à pedibus quos sub uentre geminos habet, ad ranæ palustris similitudinem membrana intertextis: quibus uerisimile est, inquit, hanc in ranæ modum per fundum maris incedere. Quæ omnia quantùm à ueritate abhorreant, ex sequentibus perspicuum fiet. *Contra picturā Bellonij, & qd' pedes non habeat.*

B Rana marina piscis est cartilagineus, planus, fuscus, siue fuliginis colore: capite maximo, rotundo & compresso. Corporis figura & colore cottis pisciculis similis. Capiti cauda tantùm sine corpore affixa esse uidetur, ut nihil ferè præter caput, caudamque in hoc pisce uideas. Caput aculeis multis, acutis, horret. Os illi non in supina parte, sed in promptu, amplum & latum, & ad piscis ingenium moresque à prouida natura rectè accommodatum. Maxilla superior, breuior est: inferior, longior & prominens: quo fit ut semper os hiet, pateatque. Lingua quoque maxilla superiore longior, lata est & magna pro maxillæ magnitudine. Est membrana quædam gingiuarū interiore parte enata, & in os complicata: quæ à maxilla separari, nisi diligenter inspicias, non uidetur. Dentes non solùm in utraque maxilla sunt magni, acuti, in os recurui, sed etiā in palati ossibus duobus infixi, item in radice linguæ. Oculi supra caput ad latera spectātes, aculeis septi: ante hos propendent appendices duæ, tenues, albæ, tetrique odoris, si Oppiano credimus: quibus ueluti esca pisces mirā solertiā allicit & capit. quod non solùm grauissimo Aristotelis testimonio, sed etiā piscatorum multorū experientia comprobatū est. Aristoteles lib. 9. de hist. anim. cap. 37. Rana ea quæ ante oculos propendēt, quæ longa pilorū speciē referunt, in extremis aūt crassiuscula rotundant, ueluti esca utrisque adiecta: ea inquā capillamenta, cum arena, aut turbidis aquis, quas ipsa conturbârit, sese obruerit, attollit: quæ quū tangūt, pulsantque pisciculi, eos allicit donec in os perduxerit: quæ uerò capillamentis illis casu quodam caruerit, macilentior capitur. Eadē Plinius ita transtulit. Nec minor (quàm torpedini) solertia ranæ quæ in mari piscatrix uocatur. eminentia sub oculis cornicula turbato limo exerit, assultantes pisciculos pertrahens, donec tam propè accedant, ut assiliat. Eadem Oppianus lib. 2. ἁλιευτικῶν perleganter expressit. *Lib. 2. ἁλιευτικῶν.* (D) *Lib. 9. cap. 42.*

Βάτραχος αὖ νωθὴς μὲν ὁμῶς, καὶ μαλθακὸς ἰχθὺς,
Αἴσχιστος δ' ἰδέειν, στόμα δ' οἵ γε τ' εὐρὺ μάλιστα.
Ἀλλ' ἄρα καὶ τῷ μῆτις ἀνεύρατο γαστέρι φορβήν.
Αὐτὸς μὲν πηλοῖο κατ' εὐρώεντος ἐλυσθεὶς
Κέκλιται ἀτρεμέων, ὀλίγην δ' ἀνὰ σάρκα τιταίνει;
Ἥ ῥά οἱ ἐκ γένυος νεάτης ὑπένερθε πέφυκε,
Λεπτή τ', ἀργεννή τε, κακὴ δέ οἱ ὄζειν αὐτμή.
Τὴν θαμὰ δινεύει, δόλον ἰχθύσι βαιοτέροισιν.
Οἳ ῥά μιν εἰσορόωντες ἐφορμῶσι λαβέσθαι.
Αὐτὰρ ὃ τὴν ἂψ αὖτις ἐφέλκεται ἀτρέμας εἴσω,
Ἤκα μάλ' ἀσπαίρουσαν ὑπὸ στόμα. τοὶ δ' ἐφέπονται
Οὐδέ γ' ὀϊσσάμενοι κρυπτὸν δόλον, ἄχρι λάθωσι
Βατράχου εὐρείησιν ἔσω γνύεσσι μιγέντες.

Ex his liquet iure optimo piscatricis cognomentum additum. Contra aliorum planorū cartilagineorum naturam pinnas duas habet in medio corpore. Branchiarum foramen utrinque unum, cute, non osseo operculo contectum. Cauda carnosa est, spissaque, in pinnam latã desinens: in eiusdem supina parte pinna alia erigitur. Ex caudæ capitisque lateribus appendiculæ quædam carnosæ dependent, certis interuallis à se distantes, quæ natante rana supernatant. Intus peritonæum nigrum est: uentriculus magnus, utrinque appendicem unicam, breuem habens. Intestina gracilia, in gyros multos conuoluta & replicata, quod necesse fuit, ob uoracitatem & uentris capacitatem paruam. Hepar rubescens, paruum, contra uoracium et gulosorum piscium naturam, neque in lobos sectum ueluti in galeis, teneritudine torpedinis hepati non cedit, ob eam solùm expetendum. Fellis uesicæ meatus longus, ab hepate propendens mesenterio, intestinoque adhæret. Fel aqueum est. Splen nigricat. Huic pisci si per os, uentriculus interaneaque omnia eximantur, corpusque quoad eius fieri potest distendatur, totum pellucidum fit, immissoque lumine laterna apparet horrifico aspectu, quemadmodum & piscis ipse uiuus tetro fœdoque est conspectu, unde ab Italis diauolo marino nuncupatur, & ab Oppiano in uersibus paulò antè citatis fœda uisu dicitur.

(A)

C Partus. Lib. 2. de hist. animal. cap. 13. Lib. 6. de hist. Cap. 10. Lib. 9. cap. 24. Lib. 3. de gen. anim. cap. 3.

Rana oua parit, cùm cæteri cartilaginei animal pariant: Aristoteles: οἱ μὲν λεπιδωτοὶ εἰσὶ πάντες ᾠοτόκοι: τὰ δὲ σελάχη πάντα ζωοτόκα, πλὴν βατράχου. Et: Ζωοτοκεῖ δὲ τὰ σελάχη, πρότερον ᾠοτοκήσαντα ἐν αὑτοῖς, καὶ ἐκτρέφουσιν ἐν αὑτοῖς πλὴν βατράχου. Animal pariunt cartilaginea, sed priùs ouum pariũt in seipsis, augentque & excludunt, excepta rana. Quo in loco pro rana, mendosè legitur raia in Latinis codicibus. Plinius: Cartilagineum genus animal parit, excepta quam ranã uocant. Huius rei causam reddit Aristoteles. Τὰ καλούμενα σελάχη τῶν ἰχθύων ἐν αὑτοῖς μὲν ᾠοτοκεῖ τὸ τέλειον ᾠὸν, ἔξω δὲ ζωοτοκεῖ, πλὴν ἑνὸς, ὃν καλοῦσι βάτραχον. οὗτος δὲ ᾠοτοκεῖ θύραζε τὸ τέλειον ᾠὸν μόνος. Αἰτία δὲ ἡ τοῦ σώματος φύσις: τὴν τε γὰρ κεφαλὴν πολλαπλασίαν ἔχει τοῦ λοιποῦ σώματος, καὶ ταύτην ἀκανθώδη καὶ σφόδρα τραχεῖαν. Διόπερ οὔθ' ὕστερον εἰσδέχεται τὰ νεοττὰ, οὔτ' ἐξ ἀρχῆς ζωοτοκεῖ. τὸ γὰρ μέγεθος, καὶ ἡ τραχύτης τῆς κεφαλῆς, ὥσπερ καὶ εἰσελθεῖν κωλύει, οὕτω καὶ ἐξελθεῖν. Cartilaginea perfectum ouum intra se pariunt, animalque foras emittũt, excepta rana: hæc enim sola perfectum ouum foras emittit. Cuius rei causa est corporis natura: caput enim multò maius reliquo corpore habet, idque aculeatum, ualdeque asperum: quamobrem neque posteà catulos suos recipit, neque initiò animal parit: capitis enim magnitudo & asperitas quemadmodum ingressum, ita etiam exitum impedit.

Lib. 6. de histo. cap. 10.

Idem alio loco scribit, ranam animal non parere, neque fœtus suos recipere, tum propter capitis magnitudinem, tum propter aculeorum impedimentum. Cur uerò ranæ paucæ reperiantur, cùm inter cartilaginea fœcũdissimæ sint, idem Aristoteles docet. Πολυγονώτατον δέ ἐστι τῶν ἰχθύων ἡ μαινίς: τῶν δὲ σελαχῶν βάτραχος, ἀλλὰ σπάνιοί εἰσι, διὰ τὸ ἀπόλλυσθαι ῥᾳδίως: τίκτει γὰρ ἀθρόα ἅμα πρὸς τῇ γῇ. Fœcundissima piscium est mæna, inter cartilaginea uerò rana: sed raræ sunt, quia facilè pereunt. parit enim uniuersa ad terram.

Lib. 6. de hist. anim. cap. 17.

Vita extra aquam.

Rana marina extra aquã aliquandiu uiuere potest. Vidimus ipsi aliquando in litore inter herbas dies duos uixisse, uulpeculæque terrenæ noctu pastum quæritãtis pedem dentibus arripuisse, & ad auroram usque retinuisse, ex quibus oris dentiumque robur colligere licet.

F Carne est molli, excrementitia, insuaui, ferini saporis, malique succi.

G Lib. 32. cap. 8.

Fel eius aduersus suffusiones utile est. Os in cauda nullum habet rana, cũ cartilaginea sit, neque aculeum exertum pastinacæ modo: Plinius tamen, Ossiculum de cauda strumis curãdis prodesse his uerbis scribit: Pungi piscis eius, qui rana in mari appellatur, ossiculo de cauda, ita ut nõ uulneret, prodest. Id faciendum quotidie, donec percurentur. Sed quid de eo Plinij loco sentiã, antea (*capite ultimo de Raijs, quod de Raia asperrima inscripsit*) exposui.

A. Malthã longè aliũ piscem esse.

Ex his tum αὐτοψίᾳ à nobis cognitis, tum grauissimorum autorum testimonijs confirmatis, notior cuiuis esse potest rana piscatrix quàm ex eius descriptione qui pedes ei tribuit, quique eam maltham appellat: cuius erroris refutationem in hunc locum reiecimus. Ac primùm quàm friuola sit sola hæc ratio, quòd maltha sit, quia molli sit carne, nemo non uidet: id enim nomen in infinitos alios pisces, qui molli sunt carne, competeret. Deinde Oppianus, cuius uersus à Lippio Latinos factos profert, facile eum ab hoc errore reuocasset. Is enim libro 1. ἁλιευτικῶν cum cetaceis maltham numerat; libro uerò secũdo torpedini subiunxit. Quare ineptè primo Latino uersui libri primi duos alios ex libro secundo subiunxit: quasi uerò maltham & ranam tanquam eundem piscem Oppianus coniunxisset, ijsque tribus uersibus, ut de eodem, locutus fuisset.

DE EADEM, BELLONIVS.

A Tyrannidem in litore maximam exercet, quæ à Græcis μάλθη (*Maltham longè alium esse piscem, indicatum est suprà in* M. *elemento*) καὶ βάτραχος θαλάττιος, à Latinis rana marina dicta est. Græcam autem uocem Massiliensium uulgus adhuc imitatum, Baudroium, nomine à Batracho detorto, appellat. Burdegalenses à piscium, quos deuorat, multitudine, piscariolum (dum ranam piscatricem appellare uolunt) uocant, Pescheteau. Epidaurij (uulgus Ragusinos nominat) apud quos ingentes huiusmodi pisces reperiri solent, ob deformitatem & fœdum atque horridũ corporis aspectum, Diabolum marinũ uocarũt: à cuius esu atque inspectione, qui Epirum & Aegæum mare incolunt, plurimùm abhorrent: tantumque ipsum exenterant, siquando in sagenis capiatur, ut pisces, quos recens deuorauerat, extrahant.

Ranam autem appellatam esse puto à pedibus, quos sub uentre geminos habet, ad ranæ palustris similitudinem, membrana intertextis: quibus uerisimile est hunc in ranæ modum, per maris fundum

fundum incedere. Figura eſt plana, oblonga, carne molli, unde illi Malthæ nomen eſt: tres cubitos in Epiro longa, Maſsiliæ multò minor: cute undecunq; læui: ore tam uaſto, ut maximũ quenque canem terreſtrem abſorbere poſſe uideatur. Hoc habet cum Squatina commune, quòd binas utrinq; alas præ ſe ferat, latiores ac denſiores tamen, atq; in ſummo magis diſtentas: grandia foramina duo, eò loci oſtendens, in quo reliqua cartilaginea quina habent. Os ante caput, Squatinæ modo, gerit: dentesq; confuſis ordinibus, ſuperiorem & inferiorem maxillam ambientes, mobiles, albos, oblongos, ad ſtomachum conuerſos: pinnam paulò ſupra maxillam ſuperiorem admirabilis naturæ: gracilibus quibuſdam cornibus, ſeſquipedalis longitudinis, per ordinem diſpoſitis ita communitam, ut harum prior, ſecunda multò longior ſit, atq; in extremo ueluti penicillum album cutaneum oſtendat, quo uana ueluti quadam eſca piſciculos fallere ſolet, unde piſcatricis cognomentum habuit: quòd ea algæ aut cœno immerſa (eſt enim æſtuarius piſcis) nihil præter hæc cornua oſtendat, quibus incautos piſces allicit. Vnde Oppianus,

Mollitiæ nomen Malthe quæ ferre uidetur. Exitij ignaros piſces ſic rana maligna
Decipit, imbelles magno deglutit hiatu. (*Hi uerſus de diuerſis piſcibus, ex locis etiam Oppiani diuerſis, non rectè tanquam de uno piſce citantur.*) Habet & aliam pinnam in medio tergore, priori ferè conſimilem: ac præter has, in lateribus, utrinq; unam, in gyrum, ut & cauda, crenatam. Ranæ marinæ caput, pelle denudatum, crocodili caput refert, in quo binos calculos reperies planos, talpinum pedem, aut ſcrupulum medicum referentes. Cartilagineorum marinorum ſola creditur oua excludere. Vuluam habet in quolibet latere duas ulnas longam, multis anfractibus circunductam, terreſtris ranæ modo: ueſicam quoq; Delphini ueſica multò maiorem. Eius hepar in quinos lobos diſtinctum eſt, quorum duo utrinq; ad latera protrahuntur. Fel autem ex ramo à pyloro & ileo prodeunte emergit: ſtomachum gerit, & inteſtina carnoſa, lienem rubrum, circinatum, à ſtomacho inter eius renes dependentem. Cartilagines in rana totidem numerantur, quot in quouis ſceleto, oſsium terreſtrium animalium formam referentes: ſed prorſus medulla carent, præterquàm uertebræ. Totidem neruorum coniugamenta in eius cerebro (multùm tamen liquido) numerantur, quot in reliquis animantibus.

COROLLARIVM.

Ranæ piſc. pictura ad ſceleton, quam à Miſenis Ge. Fabricius miſit. apparet quædam eſſe diſtorta, & ut in ſceletis fieri ſolet, partim arte, partim ariditate; multa præter natiuam ſpeciem.

A.

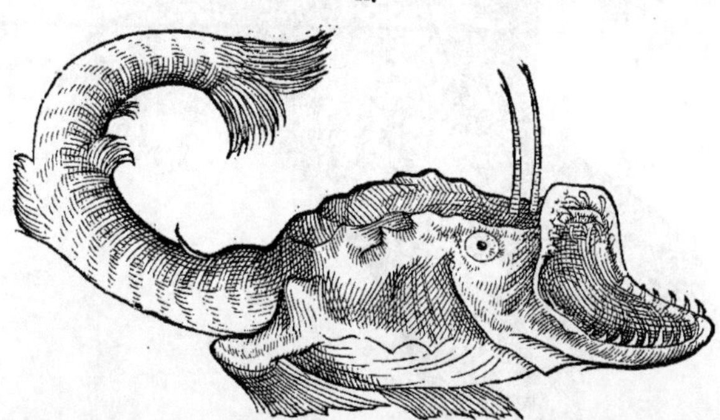

Obſcuri quidam ſcriptores, ea quæ Ariſtoteles de rana lutaria ſeu quadrupede, & de rana ma A
rina tradidit, non ſatis diſtinguunt. Planorum piſcium alterum eſt genus, quod pro ſpina cartilaginem habet, ut raiæ, torpedo: & quos bouis, aquilæ, ranæ nominibus Græcia appellat, Plinius. Græci etiam (ut Ariſtoteles, Oppianus,) ſimpliciter aliquando βάτραχον, pro rana piſce ſeu piſcatrice dicunt, aliquando ἁλιεὺς, quod eſt piſcator, cognomen addunt. Apud Ariſtotelem tamen hiſtoriæ libro 9. cap. 37. legimus τὸν βάτραχον τὸν ἁλιέα καλούμενον, neſcio quàm rectè. malim ἁλιέα. neq; ἁλίας à quoquam uſurpari puto. Gaza ranam piſcatricem tranſtulit, ut & Plinius alicubi. Si ἅλιον legas marinum ſonabit: quanquam id uocabulum Ariſtoteli non admodum uſitatum puto. in Admirandis quidem narrationibus eius, βάτραχον θαλάττιον (ſicut & in libello de piſcibus Theophraſti,) nominatum inuenio: id eſt, ranam marinam, ad aliarum, nempe terreſtrium, uel in dulcibus aquis degentium differentiam. Non probo etiam quod in Hermolai Corollario legitur, βάτραχος ἁλική. Auicennæ interpres ranam marinam pro piſcatrice dixit: ſicuti etiam Cicero. nam quod Plinius ex ranis marinis remedium ſcribit, uidetur ad ranas fluuiatiles quadrupedes referendum. Athenæus ex Ariſtotele inter σελάχη nominat, νάρκην, βατίδα,

Icon hæc est Ranæ piscatricis, qualem Venetijs depictam olim ab amico accepi: conijcio autem ad piscem aridum factam esse. Rondeletij enim pictura quin legitima sit, non dubito.

B.

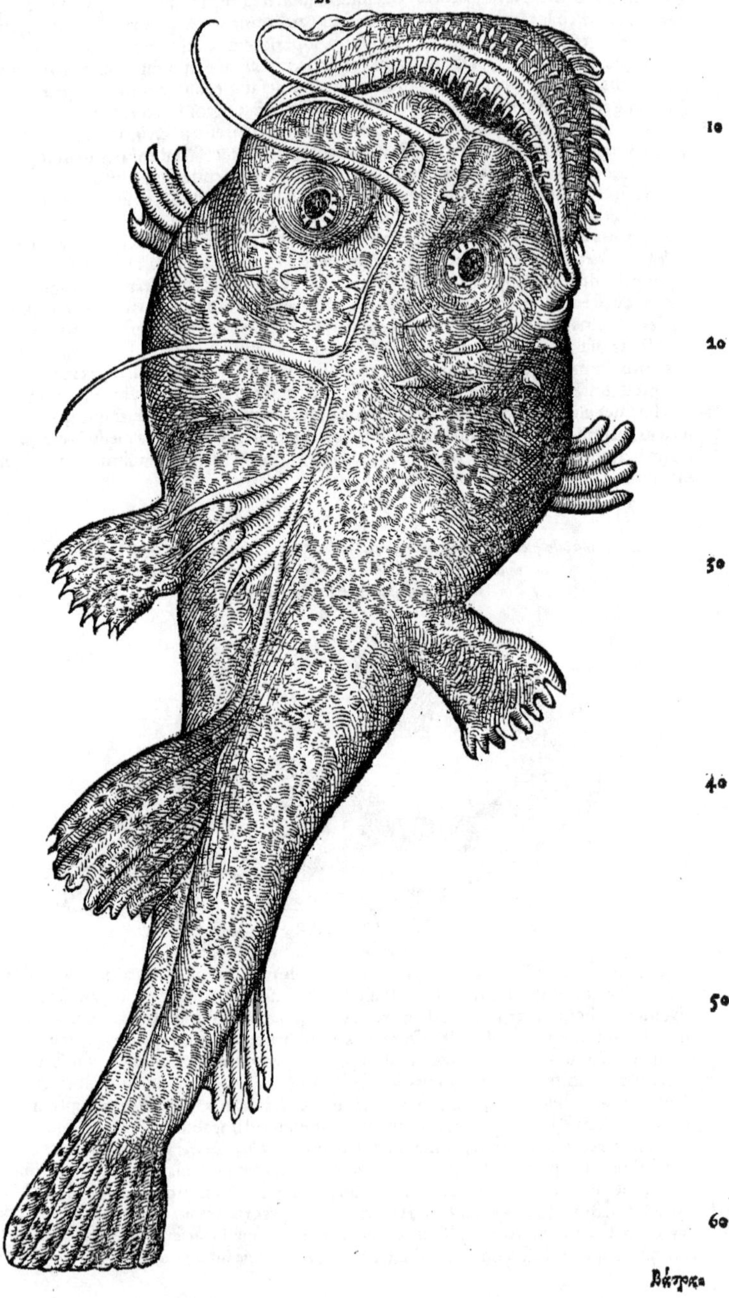

Βάτραχα

βατράχου. Raia pro rana in libris Aristotelis à Theodoro translatis non semel legitur, ut Hermolaus & Massarius obseruarunt: & à Rondeletio in Raia indicatum est. Quin & in Græcis exemplaribus eorundem nomina batus & batrachus quandoq; transponuntur. Siculi uocant Lamiam: Massilienses Bodroyum, hoc est, Batrachum, corruptè; Ligures, Piscem piscatorem: Neapolitani, Piscatricem, Gillius. Lamiam quidem hodie aliqui canem carchariam nominãt, &c. Vide in Cane carcharia. Hodie ab incolis Istriæ piscis rospus appellatur, Massarius. sed Itali etiam Aquilam piscem rospum, id est bufonem uocant, ut tradit Bellonius. Lusitanis Xarocho. ¶ De Germanico nomine dubito. alij enim aliter retulerunt. in Oceano tamen Germanico capi certum est. Piscis ille, cuius iconē ad sceleton Ge. Fabricius misit, nomine Tôrsch, præter caput & caudā (ut ipse scribit) nihil corporis habet. os latū, & inferiore parte multùm eminēs. Inferior pars unū tantùm ordinem dentium habet acutorum: superior triplici ordine munitur. E naribus pinnulæ assurgunt: & supra oculos in capite tuber quoddam est. Inter branchias concauitates in summo capite habet, per quas nanti aqua decurrit. Partes corporis alimenti capaces nullas habet. Cephalûrum dixeris, Hæc Fabricius. Facilè autem apparet non alium esse descriptum ab eo piscem quàm ranam piscatricem: de qua Rondeletius: Capite (inquit) caudaq; tantùm constat, ut cottis fluuiatilibus piscibus, (uel ranis gyrinis,) appositè comparari possit. Sed alius est Tôrsch, (uel Dorsch/Dors/Durst,) circa Lubecum & alibi, piscis è mari uulgaris, sale condiri solitus. cuius uenter cibo est aptus: delicatiores uerò eius partes, rostrum ac pinnæ, Sporten uel Sporden appellant. Hunc & in lacu Suerinensi capi audio. quidam capitonis genus interpretantur, propter capitis, ad reliqui corporis magnitudinem, excessum. sed capito ueterum longè alius piscis est, mugili congener. Plura de uocabulo Dorsch, & aselli piscis genere capitato, scripsi suprà Corollario 11. de asellis, pag. 108. & deinceps. ¶ Seetode, id est rubetam marinam, Anglicè, (Germanis diceret Meerkrott,) à rictu nimirum similiter patente, Gallicè eadē significatione Crappe uel Crappaude, uocatum piscem se uidisse aridum uir doctus quidam mihi retulit: totum capite & cauda constare, triplicem habere ordinem dentium, linguam quoque dentatam, cadaueribus hominum uesci, & hominibus natantibus insidiari, quos membro uirili apprehensos ad profundum detrahat ac deuoret. Quapp Saxonibus rubetam sonat. sed aliud multò est marinum animal Germanicè dictum Seequapp, in Lepore marino mihi descriptū. Wolkus uel Walkuse, Germanicè dictus marinus piscis, (qui & in lacu Suerinensi capitur:) caput habet crassum, fuscum, spinosum, corpus crassiusculum, dodrantale, quod caudam uersus attenuatur, ita ut gobij fluuiatilis capitati, uel gyrini speciem præ se ferat. Vulgarem esse audio Lubeci, & nihil ferè esui aptum habere quàm caudam. genera eius tria cognosci. inueniri in eo uermes quosdam ceu anguillas paruulas, carni eius infixas, unum aut alterū pollicem longos. Hunc aliquis suspicetur ranam marinam esse: sed cum dodrantalis tantùm sit, & genera eius diuersa, alium esse censeo, piscem scilicet λυροειδῆ: cuius generis aliquot in Cuculo descripsimus. nam & Io. Kentmanus Misnensis medicus eiusdem generis piscium, τῶν λυροειδῶν dico, picturas duas è sceletis nuper ad me dedit, alteri Walkuß nomine adscripto, alteri Meerhan, quod est Gallus marinus. Ergò cum de Germanico nomine ranæ piscatricis nondum nobis constet: aliarum gentium uocabula interpretata sequemur, & nominabimus ein Meerkrott/ein Meerteüfel/ein Täschenmaul. id est, buffonem marinum, diabolum marinum, platystomum à marsupij genere quod tascham uulgò appellant.

Tôrsch. Seetode. Wolkus.

B Rana piscis est cartilagineus, Aristoteles. Et alibi: Ranis quoniam latitudo parte priore minùs carnosa est, ideo natura quantum corpulentiæ priori ademerat, tantum posteriori & caudæ addidit. Circa Babylonis rigua pisces quidam in siccum egressi, in arido pascuntur. capita eorum aiunt ranæ marinæ (βατράχου θαλαττίου) similia esse, reliquas partes gobiorum, Theophrastus in libello de piscibus. Cottus fluuiatilis pisciculus est, ranæ piscatrici similis, si parua magnis conferre licet, corporis figura & colore, Rondeletius. Ranæ quum paruæ sunt admodum, & piscis forma, nigræ sunt: & specie ranis piscatricibus similes, & colore, Idem. Callionymus etiam siue Vranoscopus capite est quodammodo simili ranæ piscatricis, & in captandis pisciculis eodem astu utitur, quod Rondeletius obseruauit. quin & oris situ, labro superiore admodum retracto, inferiore prominente, ut os in cœlum spectare uideatur: denique oculis supra caput, ut in squatina, positis, (ut Gillius scribit) ranam marinam repræsentare mihi uidetur. Molles tergore ranæ, Ouidius in Halieutico. ¶ Dentes rana serratos habet. sic enim Mnesimachus apud Athenæum, τῶν καρχάρων νάρκη, βάτραχος, πόρκη. Branchias tametsi contrà quàm alia plana cartilaginata, deductas in latera habet, eas tamen non spineo tectas operimento continet, (ueluti ea quæ non cartilaginea sunt,) sed cuticula. Posteriorem partem carnosam habet, & caudam quoq; carnosam & breuem, Vuottonus ex Aristotele. Pinnas rana & squatina infrà lateribus accommodatas habent, propter amplitudinem partis superioris: quæ autem parti supinæ commissæ sunt, eas iuxta caput adiunctas habent. nihil enim latitudo impedit quò minùs moueantur: sed pro superis illis has gerunt, minores ijs quæ ad latera applicantur, Aristoteles de partibus anim. 4. 17. Fel eius à iecore semotum, & intestinis commissum est, Vuottonus ex Aristotele: quo in loco Gazæ uersio raiæ non rectè habet pro ranæ.

mm

Oris rictu (inquit Gillius) tum immenso est, tum capite ingenti ut mediam corporis partem huius magnitudo occupet: os in rostro est, non infrà in parte supina: inferius tamen labrum adeò eminet, & superius contrahitur, ut os in cœlum spectare uideatur. Neque modò dentium series solitis locis, uerum in medio etiam palato permultas habet. Eius oculi similiter supra caput, ut Squatinarum, siti sunt, magni & glauci: dorso est duro, & osseo, & nigro: & capite aspero, & durissimo: tota corporis facies ranæ speciem similitudinemq; gerit: & item pinnæ duæ in ima parte, & in lateribus aliæ duæ: tum aliquot pili in dorso insunt, sed minores quàm ij qui eminent ex capite. Hæc ille. Et rursus, Rana marina quam uidi ad portum Sabatiorum, duos pilos in uertice habebat, longitudine duorum pedum. & hi quidem tanquam frumentorum summi calami spicam, sic caudam gerebant. ex his pilis præpilatis id nomē duxit, ut piscatrix appelletur. Molles tergore ranæ, Ouidius. Rana branchias à lateribus habet, operimento cuticulari tectas, non (ut quæ cartilaginea non sunt,) spineo, Aristot. historiæ 2.13. ubi Gazæ uulgaris translatio pro rana raiam habet.

C Ouidius ranas numerat inter pisces degentes in herbosa arena. ¶ De ranæ motu & natatione, lege quę scripsi suprà in Corollario de raijs C. ab initio. ¶ Voracissimus piscis est: unde & lamiā Siculi uocauerunt. Cadaueribus hominū eam uesci accepi: & natanti insidiantē aliquando, membro uirili apprehensum ad profundum detrahere ac uorare. Pisciculis quo dolo insidietur, nō tacebitur in D. ¶ Inter pisces cartilagineos is qui rana uocatur, solus animal non parit, nec ouum intra se excludit, Aristoteles non semel. Et rursus: Piscium quicunq; foras pariunt oua, imperfecta pariunt, præterquàm rana. Cum cæteri pisces oua pariant, hoc genus solum, ut ea quæ cete appellant, animal parit, excepta quam ranam uocant, Plinius ex Aristotele. qui historiæ 6.10. Cartilaginea (inquit) animal pariunt, sed ouo primum concepto auctoq; intra se, rana (*uulgaris æditio Latina perperam hîc habet raia*) tantùm excepta. Cartilagineorum ouum cute molli operit: quòd enim frigidiora quàm aues sint, nequeunt partem circumdantem indurare, ideo ouum unum ranarum solidum durumq; est, ut foris seruetur. Cæterorum humida sunt natura & molli. operiuntur enim intus corpore suæ parentis. Ortus ex ouo idem ranis, quæ extra perficiuntur, & ijs quę intus, Aristot. Ouum parit solidum durumq;, quod tamen non propriè oui similitudinem habet, cùm sit squamosum atque asperum, Vuottonus (ex Aristotele puto.)

D Rana piscatrix (βάτραχος ἁλιεύς) ante oculos quasdam pisciculorum capiendorum illecebras habet, longulos nimirum pilos, siue appendices quasdam, quorum extrema crassis globulis prępilantū. Hos in turbidissimis & refertis limo locis abdita, porrigit ac prætendit, & adnatantes pisciculos, ueluti ad escam, pilis ad se subductis (subducuntur enim occultis quibusdam uijs) cum proximè accesserint, comprehendit, ac helluatur, Aelianus de animalibus 9.24. Eadem scribit Plutarchus in libro Vtra animalium, &c. Ranæ marinæ (inquit Cicero lib. 2. de Nat. ut Gillius citat) dicuntur obruere sese arena solere, & moueri prope aquam (*fortè algas*,) ad quas quasi ad escam pisces cum accesserint, conficiuntur à ranis, atque consumuntur. Piscatur (abscondita in uado) attollens illa sibi pendentia fila. dum enim pisciculi occurrunt, & capita machinamenti pensilis pulsant, ipsa subtrahens fila allicit, donec eos suum in os adducat. hoc omnino uerum ac certum est, Aristot. In lutum abiecta, sicut lineam piscator, sic pilos ante ora sua pętendit: eosdemq; cum pisceis comprehendere uult, sensim ad os adducit, Gillius. Simili modo squatina & rhombus abditi pinnas exertas mouēt specie uermiculorum: itemq; quæ uocatur raia, Plinius. Raia tamen pinnis caret: Vide suprà in raia D. ex annotatis Massarij in Plinium. Idem sepiarum astus fertur: item callionymi, qui specie quoq;, capitis præsertim, ranam refert, ex obseruatione Rondeletij. Similiter & cerastes serpens, aues uenatur.

F Cardanus ranam marinam edulem esse negat. Rondeletius carnem mollem, insuauē, & ferini saporis ei tribuit. Hippocrates in libro de affectionibus internis: Laborans (inquit) tertio genere tabis, quarto mense edat torpedinem, squatinam, raiam, galeum, pastinacam, & ranas, ex alijs nihil. Ranæ uenter cum alijs lautissimis cibis ab Antiphane nominatur. Eundem laudat Archestratus, βάτραχον ὅθ᾽ ἂν ἴδῃς ἄνει,) καὶ γαστέριον τοῦ σκεύασον.

G Ranarum marinarum ex uino & aceto decoctarum succus contra uenena bibitur: & contra ranæ rubetæ uenenum, & contra salamandras, Plinius. ego fluuiatilium potiùs, siue eduliū è dulcibus aquis, ranarum succum contra uenena illa darem. uide quæ annotauimus in Salamandra G. Dixi Græcos ranas marinas sæpe simpliciter ranas nominare: quod & Plinius fortè animaduertens, alicubi probè marinarum cognomen adiecit, alibi non probè. Idem tamen alibi cum remedia quædam ex rana aquatica ad dentes præscripsisset, (ut in rana inter Quadrupedes ouiparas recitaui,) mox subdit: Omnia suprascripta ex marina rana efficaciora. Miror equidem tale nihil à Græcis proditum, quod sciam: nam neq; ex piscatrice rana remedium huiusmodi inuenias: marinam uerò quadrupedem ne nominatam quidem. Bellonius tamen in Quadrupedum ranarum historia sic scribit: Rana marina ad palustrem accedit: sed cartilagines habet ossium loco, estq; palustri procerior, atq; æstuarijs frequens, ut suo loco tractabitur. Atqui de alia nulla posteà, quàm piscatrice, scripsisse eū inuenio: quam palustri similem dicere, nec aliter ab ea, quàm proceritate, distinguere, absurdum mihi uidetur. ¶ Pilos oculis molestos si extirpare penitus uolueris,

lueris, loca eorum, cum prius eos euulseris, ranæ marinæ felle continge: quod si fel eius repositū aruerit, aquam marinam ei modicè admisce, Marcellus Empiricus.

H,a. Epitheta. βάτραχος νωθὴς, μαλθακὸς, ἄϊστος ἰδεῖν, Oppiano. Ranæ molles tergore, Ouidio. Laurentino turpes in litore ranas, Martialis 10.37.

Icon. Captatorem hominē notare si uellent, Raiam (*Ranam piscatricem uel marinam scribere debuit*) pingebant. gestat enim illa ante oculos suos gemina fila, &c. ut in D. expositum est.

f. Martialis 10.37. ranas cum plebeijs & uilioribus cibis nominat. Anaxādrides uerò in Cotyis Thracum regis conuiuij descriptione.

βάτραχον pro uiri nomine Archippus poëta in Piscibus posuit. Pisces enim cum Atheniensibus sic pacisci facit, ut inuicem reddant quæ utrinq; non sua habent, & pisces quidem Atheniensibus cum alijs βάτραχον τὸν πάρεδρον τὸν δὲ Ωρεῶ.

REMORA in Echeneide est.

RESTICVLAS nominat Apuleius Apologia 1. cum assulis, festucis, algis, inter maris eiectamenta. uidentur autem nec animalia, nec zoophyta, sed stirpes quædam marinæ esse.

REVERSI à recentioribus appellantur pisces Indici duo, formæ diuersæ, sed naturæ eiusdem. Vide suprà in Guaicano.

RHAMPHESTAE, ῥαμφησταί, pisces quidam, Hesychius & Varinus. Rhamphos Græcis rostrum est, in auibus præsertim maioribus, ut scribit Hesychius: unde & romphæa fortè pro gladio dicitur, uel iaculo longo: & Latinè framea per metathesim: quanuis Germanicum id nomen Tacitus facit. lanceam uel telum oblongum interpretantur. Acus quidem Græcè rhaphis, id est subula, à rostri figura nominatur: & Gladio pisci oblonga & ensiformis sui rostri figura nomen imposuit.

RHEDO legit in Mosella Ausonij Vuottonus, ubi codices nostri Thedo habent.

RHINOCEROS cetus marinus, ex Tabula Olai Magni, depictus est suprà in Astaco: & rursus inter Cete, pag. 248. Picturam eam ceu absurdam, & ex pictoris arbitrio licentiosè factam, ut & alias plerasq; marinas belluas in eadem chorographia, Rondeletio uituperanti facilè assentior.

De RHOMBIS iam antea scripsi cum Passeribus. Hic auctarium addemus.

A Syacion aliqui rhombum interpretantur. Vide suprà in Porcis piscibus, pag. 890.

B Apud Borussos partim in lacubus, partim in æstuanti mari capiuntur soleæ, lingulæ, rhombi, &c. Erasmus Stella.

D Simili modo (ut rana piscatrix) squatina & rhombus abditi pinnas exertas mouent, specie uermiculorum, Plinius.

E Soleis ac Rhombis, & similibus animalibus, humilis in duos pedes piscina deprimitur, in ea parte litoris, quæ profluo recessu nunquam destituitur, &c. Columella 8. 17. de piscinis scribens.

F Rhombus Rauennæ optimus est, Plinius.

G Praxagoras in epilepsia cum accessionem uiderit commoueri, deprimit partes quæ fuerint in querela, atq; defricat castoreo, &截 uituli marini ueretro, siue uirilibus hippopotami, aut testudinis sanguine, uel rhombi marini: ut scribit Cælius Aurelianus, hæc ipsum facientem improbans.

H,a. Rhombitas lapides quosdam à figura nominat & describit Ge. Agricola libro 5. de natura fossilium.

Ad Rhombos & passeres pertinent, quæ in Catalogo piscium Albis à Io. Kentmano accepi. Piscis (inquit) quem accolæ Albis fl. Halbfisch, id est dimidiatum nominant, à corporis specie, quæ dimidiata ferè & per medium dissecta (ἡμίτομος) uidetur, sic dictus est. Longitudo eius ad latitudinem dupla est. Parte prona, caro nonnihil attollitur (circa medium,) colore fusco maculis quibusdam distincto insigni. Cuti est lubrica & sine squamis. Supina uerò parte omnino plana, æquabili & candida spectatur. Os uersus partem supinam spectat. Oculi in parte prona, non procul ab ore, nigri & formosi sunt, circulis uarij aureolis. Supra os foramina duo parua, narium loco. Post branchias (quæ suprà infraq; apparent) utrinq; pinnulam exiguam habet: & insuper utrinq; pinnam, quæ à capite exorta ad caudam usq; protenditur, in medio latissimam. harum respectu hic piscis rhombi ferè figuram imitatur. Anno toto è mari in Albim ascendit: in quo tamē non proficit, sed paulatim contabescens extinguitur. Paruum adhuc, platessam nominant, ein Plateißlein: & aquæ, ubi primùm feruere occœperit, immissum, elixant, condiuntq;, (genus id cocturæ treugen appellant.) Magnus uerò tum siccus, tum recens, uocatur Halbfisch. Bilibris aliquando capitur, uel ad summum ferè qui duas cum dimidia libras appendat. Suauis & optimi saporis est, recens: carne candida. Siue assus, siue elixus, mensas locupletum ornat. Elixatur in aqua simpliciter, ut alij pleriq; pisces: & cum iam diu coctus fuerit, residuo iure pauco, butyrū additur. aliqui etiam aceti modicum & zinziberis miscent, pro cuiusq; palato. Sicci per noctem aqua macerantur: deinde pinnis abscisis & remota cute in aqua elixantur, adiecto tandem butyro. Is cibus suauis est ac leuis nutrimenti, nisi piscis annosus fuerit.

RHYADES. Vide Flutæ suprà in F. elemento.

mm 2

DE ROTA.

Arbor. MAXIMVM animal in Indico mari pristis & balæna est. In Gaditano Oceano arbor, in tantum uastis dispansa ramis, ut ex ea causa fretum nunquam intrasse credatur. Apparent (*fortè in eodem Gaditano*) & rotæ appellatæ à similitudine, quaternis distinctæ radijs, modiolos earum oculis duobus utrinq; claudentibus, Plinius, lib. 9. cap. 4. De belua arbore (*inquit Massarius*) à nullo ferè alio autore quicquam relatum percepi: ab alijs fortasse autoribus, quos nunc non habemus, Plinius excerpsit. De Gaditana uerò arbore planta maxima Strabo meminit libro tertio: & de alijs marinis etiam arboribus Plinius libro 13. & Theophrastus libro de historia plantarum 4. Hæc ille: cuius hoc in loco quanquam alieno de Arbore bellua uerba adieci, quòd ea in A. elemento, suo loco, prætermissa sint. Strabo quidem circa finem tertij de arbore Gadibus nascente, quæ ramos humum usque incuruatos habeat, meminit, non tamen marina. Ociosi eum locum diligentiùs perpendant: & an sanguis draconis uulgò dictus ex ea habeatur, considerent. effluit enim è radice minij color. *Aelianus.* ¶ Cete immensa corporis mole exaggerata, in altitudine maris uersantur, & fulminibus quandoque feriuntur. Inter huiuscemodi beluas, & quidem rariores, numerantur quæ rotæ (τροχοί) appellantur. *Τροχοί.* Hæ gregatim natant, maximè prope Athon Thraciæ montem ad dextram, in finibus, è regione Sigei Troadis promontorij, & iuxta dictum Artacæi tumulum, & Acanthæum Isthmum, ubi & Xerxis scissura illa, qua montem Athon abscidit, spectatur. Eas quidem fortes esse negant. Ceruices earum apparent, & adeò longis sunt hirsutæ spinis, ut hæ extra mare emineant. Cum remigationis strepitum percepêre, tum circumuersantur, & circumuoluuntur, ut quàm altissimè sese in profundum detrudãt: rursusq; ex imo gurgite ad summum sese efferentes, reuersiones in orbem faciunt, unde nomen traxerunt, Aelianus de animalibus 13.20. *Iouius.* ¶ Est in Oceano (inquit Iouius) cetarij generis rota, quam uidit Lusitana classis, dum extremum Aethiopiæ promontorium superaret. Geminas dorso rotas gestare uidebatur, ad earum similitudinem quę frumentarias molas impellente uento editioribus in locis circunducunt. Extimuere tantæ beluæ congressum periti nautæ, qui modo ignoti maris immensos fluctus, certaq; pericula contempserant: satiusq; uisum conuersis uelis fugam capere, quàm expectare beluam terribili fragore uasta spumosaq; maria proscindẽtem, & superbo fremitu ueluti conspectis hostibus prælium cientem. Neq; eam terruere excussa nauibus tormenta, quorum boatibus ea maria resonabant: fugientesq; proculdubio immanis belua uastis mæandris adnatando fuisset consecuta, uentis ac uelis celeritate cedentibus, nisi mirabunda substitisset: quippe quæ perpetuam intendentibus fugam, satis gloriosa insectatione uictoriam expressisse uideretur: Hæc Iouius. *Lib. 32. cap. 11.* Rondeletio alia hæc quàm Plinij rota uidetur: fortè quòd Plinius in suis belluis rotarum, quas quaterni distinguant radij, modiolos oculis utrinq; claudi scribat: Iouius uerò rotas totidem distinctas radijs dorso gestari. Sed fortè Lusitani nautæ non tam propè accessêre, qui statim bellua uisa, refugerint, ut an modioli circa oculos essent, dignoscere satis potuerint. ego pro ijsdem acceperim: quanuis enim circa oculos modioli sint, radij tamẽ (mobiles nimirum) facile dorsum uersus reflecti possunt, præsertim bellua natante & undis impulsi. Germani rotam appellare poterunt, **ein Radwal, ein Windmüle.** ¶ Albertus cetis nostrorum (Germaniæ) marium, appẽdices quasdam esse scribit (circa oculos) ciliorum instar, corneas, octo ferè pedes longas, specie magnæ falcis fœnisecum, ducentas & quinquaginta super oculum unũ, ex lato in acutum desinentes, non rigidas, sed iacentes, & dispositas uersus tempora piscis: ita ut ueluti os unum latum magni uanni instar efficiãt, quo belua uersus tempestates oculos muniens operiat. ¶ Rota cetaceus piscis, à similitudine rotarum appellatus, quem Massilienses Molam ex eo uocant, quòd Molæ similis sit. Neque tamen, ut Plinius putat, quaternis distinguitur radijs, Gillius. At Rondeletius hunc piscem, quem uulgò Massiliæ Molam uocãt, (aliqui Molebout, composito nomine eius Gallico Mole, & Hispanico Bout,) orthragoriscum, non rotam Plinij, esse ostendit. Alius est piscis in Prouincia peis Mular appellatus, Rondeletij physeter. ¶ Alius est etiam Trochus Plinij: *Trochus Plinij.* Erythini & Channæ (*inquit, Rondeletius addit omnes,*) uuluas habere traduntur. qui Trochos appellatur à Græcis, ipse se inire. Hunc piscem Volateranus cũ trocho bellua confundit: si modò piscis est, ut Plinius putauit. Ego trochum alium non piscem, sed belluam mar. arbitror, quem Plinius rotam nominauit, Aelianus τροχόν: id uerò animal quod seipsum inire aliqui ueterum putarunt, quadrupes terrestre. Vide quæ annotauimus in Hyæna quadrupede C. Trochum Albertus ineptissimè leporem interpretatur, quòd is quoque à multis mas & fœmina credatur, & alternis mensibus nunc incubus, nunc succubus: quod tamen falsum esse in lepore Albertus asserit, sed Albertus mentitur: non enim trochus lepus est, sed piscis, de quo Plinius libro nono, Niphus. *Faber pisc.* ¶ Fabrum piscem in Lerino insula & Antipoli Rode uulgò uocant, id est rotam: quia rotæ modo ferè rotundus sit, Rondeletius. Idem turbinum generis conchylia quædam parua trochos appellat.

RVBELLIO Plinio est, qui Græcis Erythrinus, cuius historiam in E. elemento dedimus. Gaza ex Aristotele Rubellionem, Rubellum & Rubrum transtulit.

RVBELLVS fluuiatilis. Vide mox in Rutilo.

RVBI-

RVBICVLVS à recentioribus quibusdã uocatur piscis quidam fluuiatilis, cui oculi rubẽt. Ausonij alburnum circa Acronium lacum, **Roteugle**, id est erythrophthalmum uocant Germani. Hollandi (ut audio) **Rötling**. Ei cognatus est quem Miseni **Oberkötgen** appellant, in Phoxinis descriptus nobis, coloribus tantùm differens. Qui rerum nomenclaturas Latinè, Polonicè & Germanicè conscripsit, Rubiculum piscem interpretatur Germanicè **Rottaug**: Polonicè uerò Plocicá z tzyrwonem otzkiem: id est, Plocica dictus piscis, cum ocellis rubris. Vide Erythrophthalmum in Elemento E. & suprà in Corollario de phoxinis, pag. 845. circa initium. Polonus quidam nõ illiteratus, piscem quem Germani nominent **ein Blieck**, Polonicè Plocica uocari mihi retulit: eundemq; alio nomine **Plotzen** Germanicè dici. Sed nostri Alburnum Ausonij **Blieck** appellant, **Blick** uerò piscem alium lacustrem maiorem, quẽ Ballerum Rondeletius uocat, Bellonius Plestyam, ut coniicio. Ab utroq; diuersus est piscis, quem **Plotze** à Misnensibus alijsq; Germanis uocari audio, de quo plura mox in Rutilo.

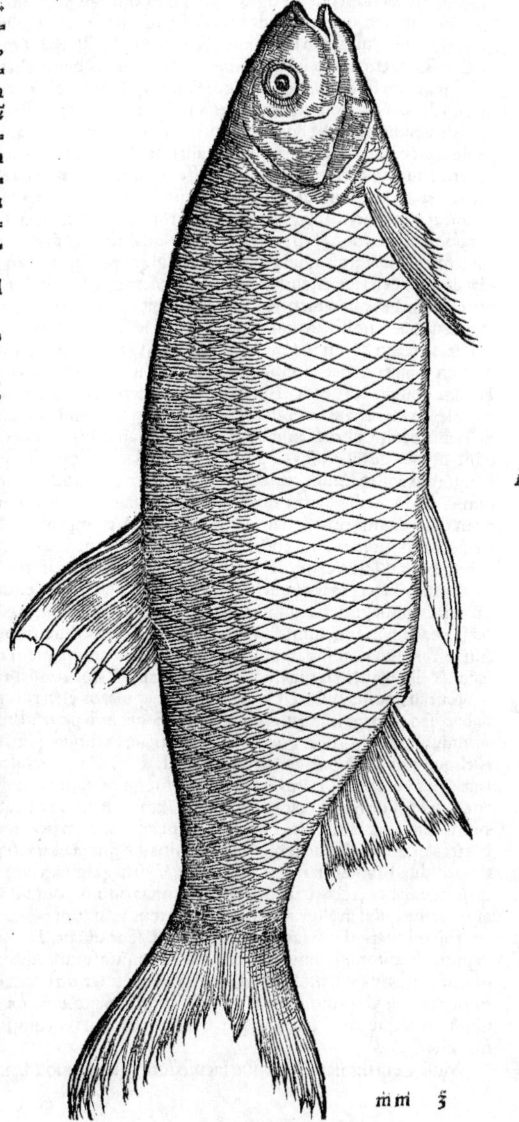

A

RVBVRNVS. Vide Ruscupa.

RVSCVPAM & Ruburnũ pisciculum si quãdo edisset Cicero, proculdubio elegans ei nomẽ indidisset, Murmellius. Ruscupa & ruburnus (*fortè à rubente ob fumũ colore, unde & Angli* **a redde Heryng** *uocant*) uulgò accipiũtur in eodẽ significato, pro arenga passa seu infumata, quam **Bucklin** (**Bückíng** *nostri*,) Poloni Bydlinek uocant, Author libelli Latinopolonogermanici.

RVFFVS Danubij piscis apud Albertum. Vide in Siluro A.

RVMINALIS. Lege Meryx.

DE RVTILO SIVE RVBELLO FLVuiatili.

RVTILVM hũc piscem, uel Rubellum fluuiatilem appellare uolui, à colore pinnarũ, sed Rutili nomen magis arridet, quod Germanico nomini nostro uicinius est: quàm Rubelli. Gaza enim pro erythrino pisce mar. aliquando Rubellum uertit. Rutilus quidem noster apud nos fluuiatilis non est, sed lacustris. alibi in fluuijs etiã reperitur: sed è stagnis eum puto illos subire. Italicè circa Comum in Lario lacu Piota uocatur, ut circa Verbanũ quoq;. Aliqui piotam cum scardula, id est cyprino lato confundũt. Benedictus Iouius in descriptiõe Larij lacus distinguit. Scardula, & Incobia ex Pigis, & Plota, Salena. Hoc nomen à Germanico **Plotze** sumptũ uidetur. uulgus quidem Italorum i. pro l. pronuntiare solet. Sed **Plotze** apud Saxones & finitimos piscis, ipse Cyprinus latus est. Piota uerò Italorum similis ei, quem Saxones & Misnẽses **Rotfeder**, id est Erythropterum appellant,

mm 5

à rubore pinnarum in parte supina & caudæ: unde & alio nomine Misnenses **Rotranck** nominant, & nostri **Rottene**, uel **Rotte, Rottel, Rottele**, (sed longè alius ab ijs quos **Rôt** & **Rôtele** dicimus Trutarũ generis.) Aliqui **Plotze** uel Plocenũ piscẽ (ut Christophorus Salueldensis nominat) ab Erythroptero non distinguunt: Ioannes Kentmanus in Catalogo pisciũ Albis quẽ nuper acuratè confectum ad nos dedit, diuersos facit.) In ciuitatibus Germaniæ ad oram Oceani sitis, ut Rostochij, & Stetini, **Roddow** uel **Roddau**, rutilum nostrum indigetãt. Dubito an idem sit piscis, qui ab Italis circa Ferrariam uulgò Aurata Padi uocatur. oculos quidem, & circa branchias partem, aurei coloris habet, tanquam chrysophrys quædã fluuiatilis. Sabaudis circa lacũ ad Bielam & Neocomum, Vingeron est, uel Vengeron: in Lemano quoq;. (nam qui Raufæ in Lemano, quasi Rufæ à pinnarum colore dicũtur, Cyprini lati sunt: & platerones in eodem, quorum latitudo ferè longitudinem æquat, balleri Rondeletij.) A Sabaudico Vengeron factum est Germanicum **Winger**, uel contrà: eo nomine circa Bielam Heluetij utuntur, de eodem pisce: at propius nos lacuum qui à Tugio & Lucerna oppidis denominantur accolæ, **Winger** uocitant Leucisci speciem, quam Vendosiam & Dardum Galli. Gallis alicubi, Normannis presertim, de rutilo nostro usitatum est nomen, Rosse: Anglis **Roche**: à quo differt **Rochet** ab eisdẽ dictus, Gallicè Rouget, cuculo lyræ ue similis. Sunt qui Roce scribant Gallicè. eũ piscẽ in Ligeri capi aiunt, macrum ferè, latum in medio. Rustici quidem Galli etiam de iumento macilento dicunt, une uielle roce. ¶ Polonicum nostri Rutili nomen audio esse **wʃorenka**.

Bellonius. Abramidi (inquit Bellonius: sic autem uocat Cyprinum latum, nõ rectè) simillimus est piscis, paulò tamen minor ac uilior, quem Galli une Rosse, (quasi uetulam Abramidem,) Angli **Roche** uocant: huncq; Abramidis spurium esse autumant. Is nigricat in tergo Gardonis (*leucisci fl. illius quem uocamus* **ein Schwal**, *Galli Gardon*) modo: pinnas quoq; rubras habet. Sed quum Abramidi id non accidat, meritò ab Abramide diuersus esse iudicabitur. Corpus habet crassiusculum. Caput quoq; ad Gardonem potiùs quàm ad Squalum accedens, leui rubore suffusum: squamas aspectu tristiore. uilisq; est apud piscatores ac uulgus pretij, carnisq; insulsæ, Hæc Bellonius. Idem Gardonum describens, eum Anglicè **Roscies** appellari scribit, quam uocem esse corruptam audio pro **Roche**: qui tamen non Gardonus est Anglis, sed alius piscis, Rossa scilicet Gallorum, **Rottene** uocãt nostri. Potuit autem decipi Bellonius ab Anglo aliquo imperitiore, qui propter coloris in tergo & pinnis similitudinem, &c. Gardonum à Rossa non distinxit.

Rondeletius. ¶ Rondeletius nomen Gallicum per f. simplex scribit, & Phoxinis adnumerat. Rose (inquit) uocatur à rubore caudæ, reliquo corpore cæruleo (noster quidem Rutilus, non uidetur cæruleus) est. Ouis semper plenus est, etiam minimus. Non alius piscis mihi uidetur, quem idem Rondeletius alibi describit, nempe libri de piscibus lacustribus cap. 9. his uerbis: Ballero (inquit, nostri Bliccam dicunt) non ualde dissimilis est piscis Lemanni lacus proprius, qui Vangeron ab accolis uocatur. Mugilibus rostro similis est, sed paulò longiore. Dentibus caret. Pinnas duas subaureas habet ad branchias, in medio uentre duas alias croceas, ab excrementi meatu unicam, in dorso aliã. Cauda in duas desinit, quas squamæ initio integunt, etiamsi non adhæreant. Cyprino & corporis specie & carnis substantia succoq; affinis, & uilis habetur, Hæc ille. Quæ autem eo in loco collocari debuit figura, librariorum negligentia ad caput eiusdem libri 18. relata est: & quæ capitis 18. erat, ad nonum. Cæterùm Rosæ uel Rossæ figura & descriptio, sequente libro de piscibus fluuiat. cap. 28. continentur, diuersa quidem nonnihil: quamuis duæ sunt eius capitis figuræ, quæ & ipsę inter se permutatæ uidentur. Sed descriptio, & quæ ex diuersis peregrinis (ex quibus etiam Bellonius est) audiui nomina, monstratis iconibus ad uiuum pictis cum suis coloribus, ut Rossam piscem, & illum qui in Lemanno Vangeron appellatur eundem esse existimem, mihi persuadent.

B Rutilus noster piscis est squamis satis magnis, os ei in rotundum aperitur: in quo dẽtes non habet, sed interiùs nimirum, ut Cyprinus & alij non pauci. Pinna dorsi, & duæ iuxta branchias, minimum habent rubri coloris in extremitate, reliquæ plurimum, eiusq; floridi instar minij. Reliqua eius descriptio ex A. petenda est. ¶ His scriptis, piscem è foro ad me delatum, accuratiùs describere uolui. Latus is erat ad quatuor digitos, longus duodecim. pupilla nigerrima, iride aurea, labijs subrubris. colore in cauda, pinnisq; in uentre & ab ano sitis, cinnabarino, nã cæteræ minus rubri habent. Linea à summis branchijs caudam uersus obliqua, cauda bifurca. Supercilia & circa branchias locus aureolo colore nitent. Squamæ latæ, striatæ, ualidæ. Dorsum fuscũ, uenter pallidus. Pinnæ quaternæ. Fel uiride. Vesica gemina. Caro aristis plena. In faucibus maxillas utrinque habet, recuruas, dentibus munitas quinis, qui ab interiore parte singuli serræ instar asperantur: quod in aliorum piscium dentibus nondum memini animaduertisse.

C Piscis hic apud nos lacustris tantum est, satis uiuax. In nostro & Acronio lacubus, abunde capitur. Piscatores Constantiæ & circa Acronium aiunt eum aliquando cum Cyprino lato coire: inde hybridam (**ein Halbfisch**) gigni, qui inter utrunq; ambigat, Rutilo maior aliquantò, minor autem Cyprino lato. ¶ Erythropterus Saxonum ex aquis stagnantibus in Albim fl. uenit, in eoque proficit & augetur, sicut & Plocenus eorum, id est Cyprinus latus. ¶ Parit Iunio mense.

E Muscarum fluuiatilium (siue lacustrium) genus quoddam est magnum, oblongo, terete uarioq;

rioq́ corporis alueo, (Tüfelschoßß uulgus nostrum appellant.) has insigunt hamis ad inescandos Rutilos.

Februario Martioq́ mensibus apud alios Germanos, Nouembri apud nostros in cibo præfertur. Maio rursus deterior fieri & imminui incipit. ¶ Parari iubent peritiores coqui, instar cyprini: & uino frigido immissum elixari. F

AQVATILIVM ANIMALIVM, IN QVORVM NOMENCLATVRIS S. ELEMENTVM PRIMVM EST, HISTORIA.

SABACTIDES, Σαβακτίδες, animalia quædam testata, Hesychius & Varinus.

SABOT uel Sabut est piscis in flumine Fora dicto apud Persiam, Andreas Bellunensis. Vide suprà in Callionymo A. pag. 160.

SACER piscis, ἱερὸς ἰχθὺς, Homero nominatus, ab alijs alius existimaꝰ, ut pluribus scripsi in Anthia ex Athenæo, Eustathio, & alijs. Gaza apud Aristotelem anthiam interpretatur Sacrum.

SACVTVS, Σάκυτος, inter alios pisces nominatur à Tarentino.

SAGITTARIVS (Τοξότης) in mari rubro procreatur: & quoniam echini speciem ac similitudinem habet, firmis & bene longis armatur aculeis, Aelianus. ¶ De Orbe echinato siue muricato suo Rondeletius scribens: Posset (inquit) uideri Aeliani sagittarius, qui in Rubro mari herinacei speciem gerens firmis & bene longis armatur aculeis. Idem rursus in Mullo imberbi: A capite (inquit) ad caudam dorso medio duo sunt acutorum osiculorum ordines, cauum efficientes, è cuius medio pinna rubra aculeis constans erigitur: cuius pinnæ aculei parum serrati uidentur. id quod in nullo alio pisce, præterquàm in eo qui sagittarius uocatur, comperi: quanquã anthiæ idem tribuant ueterum scriptorum nonnulli. Vocat autem hîc sagittarium, quem postea scolopacem: & sagittarium esse posse negat, quanuis aculeum longum, durum & præacutum ad caudam habeat: quòd sagittario plures sint aculei ad herinacei (*marini*) speciem.

DE SALAMANDRA AQVATILI, RONDELETIVS.

Figura hæc nostra est, quam priùs etiam in libro de Quadrupedibus ouiparis exhibuimus.

HAEC bestiola quam exhibemus Salamandra est aquatilis, qua Pharmacopœi permulti hactenus pro Scinco usi sunt. A

Quadrupes est in fontibus & stagnorum ripis habitans serpentum ritu, sæpe extra aquas errans, atq; ad solem stans: inde se non saltu, sed celerrimo cursu in aquam recipiens. Vidi aliquando non procul à Montepelio, uidi etiam frequentes in Vincentino agro. Lacertos corporis specie referunt, sed capite sunt paulò latiore, oris rictu Ranæ simili, cauda ut in Cobite fluuiatili. B

Venenatum est animal, sed ueneni uires imbecilliores esse comperio quàm Salamandræ. Quare ad eadem uti possumus, sed inefficacius, ut ad pilos euellendos, & ad lepras. Pharmacopolas igitur ualde improbo qui pro Scincis usurpant. G

Non sum nescius amphibiũ hoc, siue aquatile tantùm appellare mauis, à plerisq; pro Cordylo haberi. Quam opinionem primùm necessarijs rationibus conuellemus, deinde alteram quæ pro

Quòd non sit cordylus, contra Bellonium.

mm 4

Scinco habet, (*in Capite de Scinco, quod ipse huic mox subiecit, nos inferius suo ordine ponemus.*) Aristotelem proferemus, cuius hæc uerba sunt libro VIII. de Historia animalium, quo loco aquatilium differentias ex diuerso uictu recenset: In humore quidem uiuunt quæ aquam hauriunt & branchias habent, sed in siccum exeunt cibi capessendi gratia, quale unum tantùm uidimus Cordylum appellatum: hic enim pulmonem non habet sed branchias, quadrupesque est & ad gradiendum natura idoneus. Audis igitur Cordylum branchias habere. At hoc animal quod pro Cordylo proponitur pulmonem non branchias habere docet dissectio. Præterea non potiùs in terra cibũ quæritare, quàm in aqua uiuere, experientia comperi: nam multos dies in aqua solùm, uiuum huiusmodi animal alacre conseruaui nullo prorsus alio cibo iniecto.

COROLLARIUM.

A B DE hoc animali in libro De quadrupedib. ouiparis scripsi, Lacerti aquatici nomine: & BELLONII de eodem scriptum addidi in eiusdem libri Appendice, capite De cordulo. Lacertus aquaticus, quem uidi uiuum superioribus annis (circa nostram quidem urbem palustribus locis, præsertim circa lacus ripas abundant) in fine Aprilis, oculis aureolis, exiguum, ouis plenũ subfuscis. branchias nullas habebat, ut Cordylus esse non possit. sed neque lacteum ullum humorẽ emittebat compressus aut uulneratus: quod tamen eum facere & Bellonius scribit, similiter ut Salamandra, & ego aliâs in alio obseruaui. Pulmonem quoque nullum in eo reperi: habere tamẽ non dubito. quòd autem non inuenerim in uno & perexili illo, partim hebetudini uisus mei, partim horrori, præ quo uenenatum animalculum diutius tractare nolebam, attribuo. Bellonius circa fauces quiddam ueluti carnosum ad linguæ radicem ei extuberare ait. id ipsum an pulmo sit, perscrutandum. respirat enim eam partem mouendo, quod foris apparet sicuti in ranis: hoc obseruaui in capto quem manu tenebam. Olim cum in uitreum uas, unum huius generis coniectum, in aqua seruarem uiuum, ore semper ferè supra aquam prominente, ut ranas, deprehendi: quòd respiratione nimirum indigeret. Pulmonem quidem ei inesse Rondeletius etiam attestatur. ¶ Numenius cordylum, κόρυλον inter piscium escas (quibus inescantur) cum pirêne & herpilla marinis nominat, Athenæo teste. at lacerto aquatili, utpote uenenato, pisces inescare nemo (opinor) uelit. Cordylum quidem uenenum habere ueterum nemo scripsit, ne eorum quidem qui de uenenis ex animalibus tractationem professi sunt. Eorum certè quæ branchias habent (quas & cordylo Aristoteles tribuit) uenenatum nullum inuenias (præterquam aculeo:) nigris quibusdam piscibus, ut in Armenia, exceptis, uitio nimirum ab aqua, in qua degunt, aut prohibita perspiratione, tracto. Sed de cordylo nos etiam plura diximus supra Elemento C. & in libro De quadrupedibus ouiparis mox post ranas. ¶ Itali quidam Salamandram hanc bestiolam uocant, similiter ut terrestrem: aliqui Marasandolam, transpositis nimirum literis, & forma diminutiua: nisi quis à Marasso (sic uiperam uocant) deductum hoc nomen malit: quòd licet minima quadrupes, uiperæ tamen instar uenenata sit. Nostri Salamandram terrestrem uocant **Molle**, uel à lapidibus **Steinmolle**. hyeme enim in lapidibus abditæ iacent, præsertim uerò in cauernis toforum non procul ab aquis. aquatilem uerò **Wassermolle**. ¶ Hippocampum Græci hodie ἀσπίδα uocant, quidam Salamandram marinam, Rondeletius.

Pulmo.

Κούρυλος.

B Anteriorum pedum digiti sunt quaterni, posteriorum quini: quod pictorum negligentia in nostra, Bellonij & Rondeletij quoque figuris non obseruauit.

G Salamandris aquaticis imperiti pharmacolæ & impostores quidam pro scincis Aegyptijs, non dubio ueneno, eoque septico, inter remedia utuntur. Pro scincis sæpe uenduntur aquaticæ lacertæ quæ noxiæ sunt, Adamus Lonicerus. Affirmauit mihi uir bonus & fide dignus, ex proximo urbi nostræ uico, uicinum quendam suum in potu paruulos lacertos aquatiles hausisse: & cum ægrotaret, unum uiuum ore ab ipso redditum esse, eumque paulò pòst obijsse.

ALIUD Lacerti amphibij genus est prægrande & edule, cuius pellem nuper ad me misit uir singulari doctrina & humanitate Io. Ferrerius Pedemontanus, his in epistola de eodem perscriptis uerbis: Mitto ad te pellem lacerti, quã ad me attulit ex Bresilla regione ultra Tropicum Capricorni Gul. Henrison Scotus, qui illuc cum domino Nicolao Villagagnonio equite Rhodio ante biennium nauigauit, & nuper ad nos redijt. Pellis ipsa ferè ad unam ulnam Gallicã longa est, sed capite caret. Huiusmodi lacertis illic uescũtur promiscuè omnes. Et, ut refert meus Scotus, carnes illæ non minus sunt gratæ palato, quàm apud nos testudines nostræ habentur, Hæc ille. In terra autem & aqua lacertos istos magnos & edules in regionib. istis degere, nuper in Germanico libro Hessi cuiusdam ex eisdem reuersi, legere memini. Similis uidetur Higoana lacertus Indicus, cuius Cæsar Scaliger mentionem facit, De subtilitate uoluminis 183.8. conuenit longitudo, & quòd editur, & corium nigrum maculis (candicantibus) distinctum. Dorsum serratum congruere non puto: nam pellis ad me missa, extensa erat. Caput non uidi.

SALANX, Σάλαγξ, piscis bonus, καὶ μεταλλικὸν σκεῦος ὡσεὶ ἔλεγε σιδηροπλάστης, Hesychius & Varinus. Gelenius noster propter nominis similitudinem, salangem conijciebat esse salmonem. nam & priores literæ ad nomen **Salm** accedunt: & posteriores ad alterum Germanicum eiusdem piscis **Lachß**.

SALAR

SALAR piſcis ab Auſonio dictus, ſine dubitatione is eſt, quem uulgò Truttam appellamus, Gillius. Cuius ſententiam Ge. Agricola quoq; comprobauit. nos plura de Truta piſce, quē Germani ein **Foren** uel **Förine** nominant, infrà in T. elemento. ¶ Carolus Figulus in libello ſuo de piſcibus ab Auſonio nominatis: Thedonem (inquit) opinor eſſe piſcem quem uulgò Trutā nominant, Germani uerò & Galli Forellam (*Gallis ubiq; uſitatius puto nomen Trutte:*) eundemq; Salarē & Farionem alijs nominibus dici. Confirmari hoc Auſonij uerſibus poteſt, qui ſunt: Purpureiſq; Salar ſtellatus tergora guttis, Et nullo ſpinæ nociturus acumine Thedo. Et paulò infrà de Farione: Teq; inter geminas ſpecies, neutrumq; & utrunq;, Qui necdum Salmo, nec iam Salar, ambiguuſq; Amborum medio Fario (*alij, Sario*) intercepte ſub æuo. Audis hîc Thedonem eſſe paruulam & adhuc teneram Forellam: quæ poſtquā fuerit grandiuſcula, nomen ſuum amittit, & Salar uocatur. Audis hîc etiam ab Auſonio Farionem dici medium inter Salarem & Salmonem, atq; Farionem ab Auſonio deſcribi in hunc modū: Fario eſt adultior Forella, Salare maior, & Salmone minor: hoc eſt, quæ iam deſijt eſſe ſalar, & quæ nondum eſt ſalmo, (mare autē ingreſſa Salmonis formam aſſumit,) Hæc ille. Ego Thedonem prorſus diuerſum eſſe arbitror; (Vide ſuprà in Corollario de capitone fl. A.) Farionem autem ab Auſonio exiſtimatū quidem à Salmone ætate tantùm differre, eſſe Forellam uulgò dictum piſcem, Salmoni quidem non diſsimilem, ſui tamen generis à Salmonibus diuerſum. ¶ Paulus Iouius, & eum ſecutus Io. Langius medicus in epiſtolis ſuis Carpionem Benaci, Salarē Auſonij eſſe putāt. ſed cum è Salare Salmo fiat, carpio autem ille, qui Trutarum generis eſt, idem & re & nomine piſcis maneat, quomodo erit Salar Auſonij? Hic ſanè nihil aliud eſt quàm paruulus Salmo, ein **Selmling** Germanis.

SALENA inter piſces Larij lacus à Benedicto Iouio nominatur, hoc uerſu: Scardula & Incobia ex Pigis, & Plota, Salena. Videtur autē piſcis eſſe qui capitur gregatim: ſicut apud nos leuciſci ſpecies, quam Galli Vendoſiā uocāt, noſtri **Lauck / Laugelen.**

DE SALMONE, RONDELETIVS.

Pro una Rondeletij icone (quæ ſquamas nimis magnas habere mihi uidetur) duas noſtras poſuimus: unam A. Salmonis ante partum, hoc eſt, uerni & æſtiui: alteram B. autumnalis & hyberni, ſub partū & à partu, qui roſtro recuruo & maculis pluribus facilè dignoſcitur.

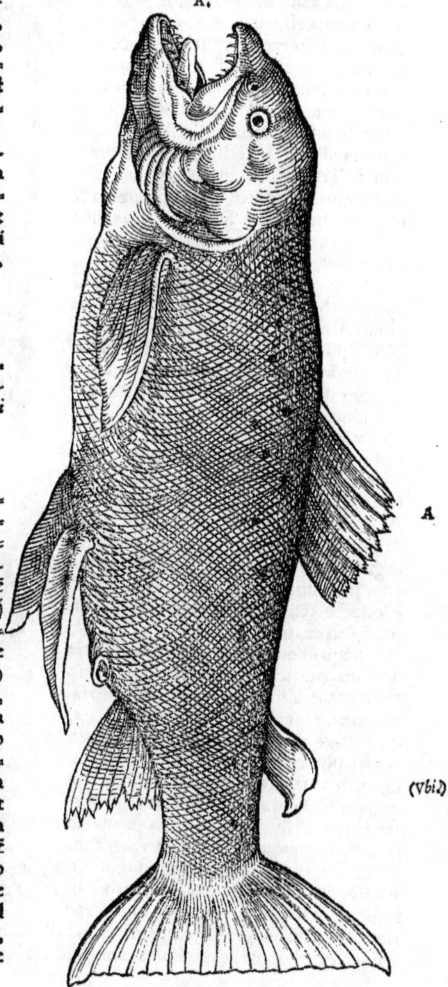

SALMONVM differētiæ aliquot diuerſa etiam nomina ex uaria ætatis inclinatione impoſita eſſe dicūtur: maximum enim & qui iam ſenuit, Salmonem propriè uocant, hoc minorē quiq; mediæ eſt ætatis Sarionem, ſiue ut alij legunt, farionem ex Auſonio in Moſella, cuius uerſus citauimus quum in lacuſtribus de Trutta loqueremur: (*nos paulò antè in Salare.*) Galli differentias duas agnoſcunt, magnos, Salmones uocant: paruos, Tacons. Pręterea marem à fœmina diſtinguunt: hanc enim ob roſtrum magis aduncum, hami modo, Beccard appellant. Salmo in Oceano tantùm naſcitur, qua de cauſa fluuios tantùm eos ſubit qui in Oceanum influūt, falluntur'q; ij qui in Rhodano capi exiſtimant. Plinius Salmonē nuncupauit. Græcis incognitū fuiſſe, & ideo Græco nomine carere nihil mirū, cùm Græci ueteres in Oceanum non penetrarint. Galli hodie idem nomē retinent: item Germani, ſi recens ſit piſcis; ſin ſalitus, mutato nomine

(Vbi?)

Lachs ab eis nominat̃. A Flãdris Saelm. B.

Vere ex Oceano in flumina se recipit, in Rhenum in Germania: Garumnã & Dordonam in Aquitania: Ligerim, Sequanam in Gallia: Tamesim in Anglia. *Vbi.*

C Gregatim natãt Salmones cum Alosis. sese in altum sæpe efferunt. In aqua dulci pinguescunt, & salso omni succo deposito dulces, suauesq́ꝫ fiunt, & eò magis quò longiùs à mari recesserint. (*Vide Corollarium nostrum.*) In fluuijs nonnunquam pariunt.

B. De partibus externis. Thunnos æquant magnitudine. Paruis squamis teguntur, quibus maculæ rotundę aspersæ sunt: ijs etiam notatũ est caput, sed frequẽtioribus & maiorib. in fœmina quę dicitur, quàm in mare. Dorsum cæruleo est colore, ad nigrum uergente. Venter argentei coloris æmulus. Maxilla inferior sursum recurua est, sed in fœmina magis. Dentes habent in utraq; maxilla longos & acutos, item in lingua: oculos magnos, branchias quaternas. Pinnis totidem natãt: duæ ad branchias sitæ sunt, aliæ duæ in uentre quæ subsunt ei quæ in dorso est maior: quã sequitur alia minor, adiposa quam Salmonum & Truttarum generi communem esse diximus. A podice unica est carnosa & pinguis. In pinnam deficit bifidam cauda lata, ut ab ea Salmo merito πλατύουρος nominari posit, (*De platyuro Oppiani diuerso pisce: nam Oceani pisces ignorauit Oppianus, dictum est suprà.*) Ex his externis notis præcipuas non omisit Ausonius in Mosella quum dixit:

Nec te puniceo rutilantem uiscere Salmo
Transierim, latæ cuius uaga uerbera caudæ
Gurgite de medio sũmas referunt̃ in undas
Occultus placido quũ ꝓdit̃ ęquore pulsus.
Tu loricato squamosus pectore, frontem
Lubricus, & dubiæ facturus fercula cœnæ
Tempora longarũ fers incorrupta morarũ
Præsignis maculis capitis, cui ꝓdiga nutat
Aluus, opimatoq́ꝫ fluens abdomine uẽter.

De partibus internis. Quantum ad internas partes attinet cor angulatum habet, uentriculum oblongum cum permultis appendicibus, hepar rubrũ in quo fellis ex uiridi nigricantis uesica hæret. Splen ex rubro niger est.

F Caro priusquam coquatur, albicat: cocta uel salita, rubescit, pinguis est, maximè in uentre, tenera, friabilis, dulcis, ob id citò satiat: maximè capitis & abdominis partes, quæ quum elixæ in aqua solùm eduntur, uentriculum replent, & nauseam faciunt. Quocirca magis eos probauerim, qui in uino, aceto & sale multo elixant: uel qui assulas caryophyllis confixas in craticula assant, & cinnamomo, saccharo, acetoq́ꝫ condiunt. Recens salitus uituperandus nõ est. Plinius fluuiatilem Aquitaniæ, marinis omnibus pręfert, idq́ꝫ iure: carnis enim teneritudine & suauitate præstantes in his quæ dixi fluminibus capiuntur. Optimi etiam ex Rheno Basileæ eduntur, multò meliores Antuerpianis, qui quamuis alijs pinguitudine non cedant, tamen

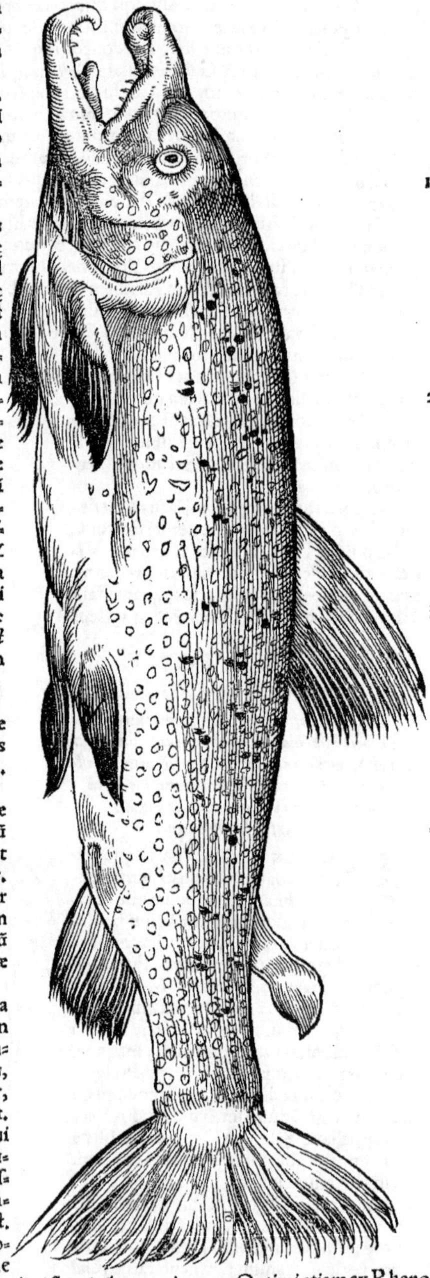

men saporis gratia, & succi bonitate alijs sunt inferiores, eam, opinor, ob causam quòd illic mari propiores sint.

Pisces sunt carniuori, in mari latent, ob id rariùs capiuntur. C E

Horum felle ad oculorum suffusiones & maculas, purulentasq́ue aures rectè nos uti posse arbitror, eorundem pinguitudine ad aurium dolores. Carne salita & usta ad ulcera capitis manantia. G.

DE PARVO SALMONE, RONDELETIVS.

Eicon hæc nostra est. Rondeletius nullam dederat.

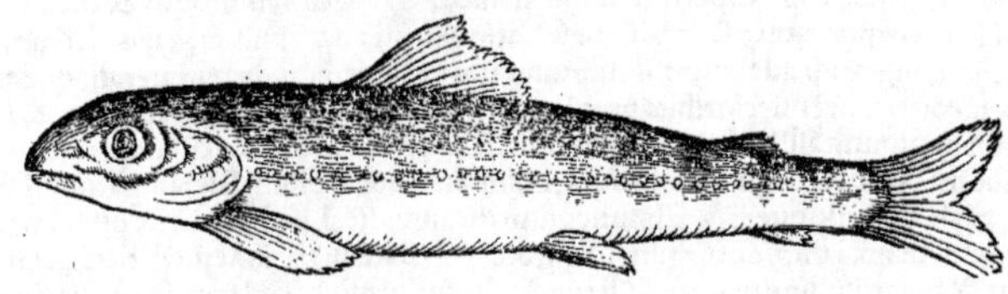

PARVOS Salmones qui pedem unum uix superant, Galli & Aquitani Tacons appellant: suntq́ue Truttis adeò similes, ut uix à peritis internoscantur, nisi propiùs inspexerint. Sed aliquid esse quo discernantur, capite de Truttis docebimus. Cùm igitur parui isti Salmones maioribus omnino sint similes, dempta sola magnitudine: & in ijs solùm locis capiantur, in quibus Salmones, non possum non existimare Taconem, Salmonem esse qui in fluminibus non in mari nascatur: quorum aqua cùm frigidior sit, & ad procreandum minùs idonea quàm marina, breuiores gignit Salmones. Adde quòd in proprio & natali solo fœliciùs omnia proueniũt, quàm in alieno. Id in Lampetris cernitur, quæ in fluuijs genitæ semper marinis sunt minores, nec in eam unquã magnitudinem accrescunt. Quare aut Tacones necesse est esse Salmones in fluuijs natos, aut recens in mari editos, qui patres secuti sint. certum enim est Salmones in mari parere: Tacones autem uel minores adhuc esse quàm ut pariant, uel imperfectos esse Salmones, & ueluti abortu editos. id indicat quod in ijs nunquam uel oua uel semen, quod lac uulgus appellat, reperias. In Garumna & Ligeri frequentes & optimi habentur.

DE SALMONE VEL SVLMONE, Bellonius.

Salmonem cetaceum piscem dicere poteris, si quidem ad eius solam magnitudinẽ aduertas: B
ut plurimùm enim (*pro enim, legendum puto duũm uel triũm. Cardanus non rectè legit, plurium cubitorũ*) cubitorum longitudinẽ, crurisq́ue crassitudinem æquat: squamis tamen est pro corporis ratione admodum tenuibus: quæ maculis per totam cutem conspersæ, orbiculos ruffos ac luteos referunt. Miror piscẽ hunc uulgo tantopere cognitum Græco nomine carere. Paruam in medio tergore pinnulam habet, & ab ano sub cauda rursus aliam carneam ac pinguem. Caudæ autem pinna subrotunda est: porrò quatuor aliarum pinnularũ, quas sub uentre gerit, duæ sub branchijs positę sunt, aliæ uentri incumbunt, ei oppositæ, quam in dorso sitam esse diximus. (*Maiorem quoq; in dorso pinnã sequitur alia minor, adiposa. Rondelet.*) Lineam utrinq́ue in lateribus rectà à branchijs ad caudã deductã habet. Pinnulas luteis & rubris maculis, ut reliquũ corpus distinctas. Dentium illi (præter aliorũ fluuialium morem) sunt quatuor ordines in palato, ut serpenti Cerastæ. Lingua quoq; dentibus hamatis exasperata: exertosq́ue ostendit maxillæ inferioris dentes, plures quidem quàm superioris: branchias ad radices linguæ utrinq́ue quaternas: stomachum in longitudinem protensum, pro tanto corpore ualde angustum: hepatis unicum tantùm lobum pallidum, stomacho assidentem, ad sinistram inclinatum, de quo fellis uesicula ex uiridi in nigrum abiẽs, dependet: lienem atrum ueluti sanguine suffusum, apophyses in pyloro penè innumeras.

Magnus est in Sequanæ ac Ligeris ostijs, in quibus è mari exiliens cũ Alosis repurgat, ac delicatior fit. Maior ad Tamesim Britannicũ, qui Londinum alluit: sed illi Salmonem in longũ per medium, nos cõmodiùs in transuersum dissecamus atq; apparamus. Salitum quoq; oleo atq; aceto conspersum gratissimo sapere comedimus. Recens per hyemem ac uerna ieiunia saccaro ac cinamomo conditus & caryophyllo pertusus, ditiorum mensas honorare solet. *Magnitudo. Vbi.* C F

Est & alius prægrandis Salmo (fœminam esse autumant) quem uulgus Gallicum ab eius ore prægrãdi Beccard uocare solet. Alij à ferendis (*portandis*) ouis Bortiere. Differt is à mare Salmone, quòd labrum inferius in hami modum aduncum habeat. In superiore enim labro foramen est ad palatum tendens, in quod hamus maxillæ inferioris se recipit, pyxidatimque in tubi modum insinuatur. Crebrioribus quàm Sulmo mas, ijsq́ue subrubris ac rufis orbiculis in cute uariegatur, atque in Lepradis modum multis coloribus suggillatur. Linguam habet truttarum more albam, *Salmo fœmina.*

multisq́ denticulis obseptam: cuius radices in quaternas utrinq́ branchias finduntur: palatum quatuor dentium ordinibus insignitum: Oculos cæsios, rotundos: ad quorum fontes paulò inferius utrinq́ duo insunt foramina ad olfactum. Pinnæ laterum tergoris & caudæ cum mare conueniunt. Vnà capi solent, atque eodem modo in fluuijs & in mari uersari.

COROLLARIVM.

A Salmonis nomen à Germanis Rheni accolis, uel Gallis Aquitanis Latini acceperunt. uideri autem potest à sale deductum nomen, quòd hi pisces in magna copia saliri, uel sale muriaq́ inueterari soleãt, in tomos concisi, perinde atque in mediterraneo thynni, quos & magnitudine referunt, & robore corporis, uiq́ saliendi: (ut si Latinum esset uocabulum, à saltu factum uideri posset:) & natura migrandi ad summa fluminum, ubi pariunt, ac inde reuertendi: quemadmodum thynni ex mediterranei inferioribus partibus aduerso mari in Pontum ascendunt, inde à partu reuertuntur. thynnum asili inhærentes agitant, salmonem hirudines & lampredæ. A salmone diminutiuum recentiores quidam faciunt, Salmulus, qui Ausonij salar sit, paruulus salmonis fœtus, (ut cordyla thynni;) quem & salmunculum dicamus licet, ut à pulmone pulmunculum, à loligine loligunculam, à uirgine uirgunculam, &c. Salarem, Farionem (al' Sarionem) & Salmonem, ætate & magnitudine tantùm differre Ausonius censuit. Vide paulò antè in Salare. ¶ Cassiodorus 12.14. Variarũ, de regio conuiuio scribens: Destinet (inquit) carpam Danubius: à Rheno ueniat anchorago, &c. Ego in A. elemento anchoraginem esse conijciebam salmonem, qui & ex Rheno præstantissimus habetur, & certo tempore rostrum anchoræ instar incuruat. nũc quoniam eo tempore eum deteriùs habere, & cibo ingratum reddi animaduerto: anchoraginem cogito fortè eum esse piscem, quem **Ynlanck** appellant Germani, ad initia lacus Acronij, & nostri quoque in summo Tigurino lacu. non est autem alius quàm Truta lacustris, sed mutata nõnihil forma, nomen etiam mutat. eundem in lacubus Carinthiæ **Rheinanck** uocari puto, (tanquam à Rheno & anchora composito nomine:) aiunt enim magnitudine eum esse parem Albulæ lacustri maiori, & grandiorem quoq́. siccatum in alias regiones mitti. Sic & in Lemano lacu Vmblæ alterius dicti piscis, maxillæ inferioris extremum incuruum in maxillam superiorem, eius rei gratia excauatam recipitur, ut Rondeletius annotauit. Truta quidem tam multa salmoni affinia habet, ut nullum aliud piscium genus ei rectiùs comparetur. ¶ Salmonem Græcè salangem qui uoluerit appellet; quoniam Σαλάγξ boni piscis nomen legitur apud Hesychium; neque præterea quinam sit explicatur. Aut à saltu, unde & Latinè aliqui dictum putant Salmonem, ἅλμων appelletur, ut γνώμων: uel à migrandi natura, quam in C. explicabimus, κατανάδρομος: uel εἶδος πυρρόντος, id est species trutæ, ut apud Athenæum nominatur. Vel dromias dromás ue fluuiatilis. Aristoteles enim in mari dromades uocat thunnos, aliosq́ gregales, qui aliunde in Pontum excurrunt, & uix uno loco conquiescunt. ¶ Gallicè dicitur Saulmon. Germanicè **Salm**: salar uerò, id est paruulus adhuc, **Selmling**. Salmo & Esox (*Vide suprà in* E. *elemento de Esoce*) unius piscis nomina sunt: quem Rhenani & Galli appellant **Salmen**: Saxonicæ gentes **Lachs**, Eberus & Peucerus. Esox, Germanis **Lass**, Ge. Agricola. Nomini quidem Esox confine est Illyricum Losos, quo Poloni & Bohemi utuntur. Inuenio & aliud Polonicum, Lostzarny. Salmo muria conditus asseruatur mutato nomine. tum enim **ein Lachs** dicitur, Adamus Lonicerus. **Lachs** piscis semper hoc nomine appellatur in Albi fluuio, paruus, magnus, recens, salsus, infumatus, Io. Kentmanus. Circa Rhenum, & apud nos ferè, Salmo tempore uẽris & æstatis nominatur, **ein Salm**, usq́ ad diui Iacobi diem, qui est uicesimus quintus Iulij: deinde mutato nomine **ein Lachs** in utroq́ sexu (quanuis marẽ aliqui priuatim apud nos sic uocãt, fœminã uerò **Lyder** uel **Lüder**) usq́ ad diui Andreę diem, qui postremus est Nouembris. Sunt apud nos qui Lachsum ad calendas Septẽbris primùm uocare incipiant: ad Rhenũ uerò ubiq́ puto ad diem S. Iacobi, ut dictum est. Itaq; Salmo uernus & æstiuus est; lachsus uerò autumnalis & hybernus, sub partum scilicet & à partu. literati quidam sic dictum uolunt à languiditate quasi lassum: sed etymon Germanicum magis quadrare uidetur, à genitura quam nostri **Leich** appellant: aut Græcum quasi λεχῷος. λεχὼ enim seu λεχῷα, puerpera est. Circa Rostochiũ **Laß** appellant. Ille qui **Lachse** uocatur, figuram & colorem habet Salmonis, nisi quòd inferiorem mandibulam sursum recuruat, ut aquila rostrum suum deorsum. ea tamen non est longior superiore, quæ foramine ad hoc parato in se recipit inferiorem, Obscurus. Bellonius & Rondeletius Salmoni fœminæ tantùm rostrum aduncum tribuunt: unde & Beccard uulgò nominari aiunt à Gallis, quibus bec rostrum significat. Bellonius quidem cũ dubitare uideatur, his uerbis, fœminam esse autumant: alijs tamen subiũctis, [aliqui à ferendis ouis Bortiere nominãt,] fœminam esse confirmat. Nostri piscatores in mare tantùm recuruari aiunt insigniter, in fœmina perparum. Maxilla inferior sursum recurua est, sed in fœmina magis, Rondeletius de salmone simpliciter. Kentmanus utrunq́ sexum hoc pati sentire mihi uidetur, in his quæ de piscibus Albis ad me scripsit: Salmo (inquit) in Milda (id flumen ex Albi ingressus,) si obstaculũ seu præcipitium aquæ iuxta Dessauiã, secundò ac tertiò frustra saltu superare conatus fuerit, uadũ petit, eoq́ in loco sub lapidibus & saxis delitescens, emaciat, & contabescens maculis ruffi seu ænei coloris implctur

Anchorago.

impletur, (à quibus etiam **Kupferlachs** appellatur: nam æs Cyprium Germani **kupfer** nominant:) & rostrum reflectit in magnum hamum, eo quidem maiorem, quò diutiùs manserit, &c. Idem uerò ei tandem contingere puto etiamsi obstaculis omnibus superatis ad summas fluuiorũ partes eluctatus fuerit. ¶ Apud Anglos Salmo est **a Salmon** uel **Samond**. priuatim uerò dũ melior in cibo, & suauiore ac friabiliore carne est, uocatur **a Kribbe Salmon**, (**Kribbe** friabilem significat. alibi **crispe**, uel **cripse**, uel **crimp** pronunciant) at postquã carnem deteriorem habere & rostrũ curuare cœperit, porco grandinoso ab eis comparatur, uocaturq́ **a Kypper Salmon**, quod Germanus diceret **ein Kupfersalm**. ¶ Salmunculos digitales, qui in Misena & Bohemia capiuntur in riuis ac minoribus fluuijs in Albim sese exonerantibus, uulgò Miseni nominant **Canitzen/Kanitzle/Kuntzle**, ab ipsa paruitate puto: unde & Ge. Agricola Latinè Salares nanos uocauit. Sunt autem salmonũ, non trutarum (ut quidam putant) soboles.

Salmones optimi sunt in Rhodano, (*falsum hoc esse Rondeletius arguit:*) & Vultauia terræ Bohemiæ fluuio, qui Pragam per medium diuidens in Albim fluuium defluit. Capiuntur etiam optimi & grandissimi in Rheno Germaniæ amne. nam ad quinque & sex palmorum longitudinem perueniunt, Massarius. In Scotia alicubi tanta est Salmonum copia, ut duodecim Salmones uno emantur aureo, Munsterus. Apud Borussos partim in lacubus, partim æstuante mari capiuntur, Erasmus Stella. Apud Misenos in Albi, Sala & Milda fluuijs. ¶ Salmo in longitudinem & latitudinem magnam excrescit, Author de nat. rerum. Circa Coloniam sesquicubitalis fit, uel etiam bicubitalis: spissitudine palmi (*dodrantis, ab uno scilicet latere*) & ampliùs, Albertus. Maiores qui apud nos (Misenos) & Dessauiæ capiuntur, à libris 24. usque ad 36. accedunt, Kentmanus. Apud nos quoque (Tiguri in Heluetijs) triginta sex librarum aliquando, uel etiam paulò grauiores. Est autem libra nostra unciarum octodecim. Circa Basileam quinque aut sex pedes longi reperiuntur, unum lati. ¶ Piscis est squammosus, truttæ similis, carne interiùs rubra, Massarius. Corpus habet speciosum & læue, (quanquam perexiguis opertum squamis,) candidum, sed dorso subcœruleo. cute crassiuscula: carne passim intercepta adipe: pinnis quoq́ pinguibus & glutinosis. De rostro quædam & maculis, in A. prædicta sunt. Branchiæ in alijs piscibus corpori eorum sunt applicatæ, ut in anguilla: in alijs diuaricatæ & extensæ à corpore, ut lucio & salmone, Albertus. Et rursus: Pisces quidam osseum tegumentum branchiarum habent, sicut lucius, barbellus & salmo. Intestina piscium quorundam diuiduntur parte superiore in ramos plures, sicut manus in digitos, ut apparet in intestino salmonis: quod multos huiusmodi ramos emittit, Idem. ¶ Ego olim in salmone dissecto à faucibus patulis meatus duos obseruaui oblongos deorsum protensos, unum ad uentriculum, quem œsophagum uocant: & alterum anonymum, (nescio in quem usum. nihil enim in eo reperi: nisi ruminat fortè hic piscis, & alimenti sui partem ibi repositam habet,) qui cute candida & tenui constat. A uentriculo satis angusto intestinum incipit: quod paulò inferiùs multas de se fibras emittit, sicut à capite suo ellebori radix. Vncus ille in magnis & extenuatis salmonibus, duos ferè digitos longus, in cauitatem quandam palati anteriùs (ad cutim usq́ profundam) subit. Dentes, quàm pro magnitudine piscis, minores sunt. lingua quoq́ dẽtata, breuis, lata, carinata. Branchiæ quadrigeminæ: quarum opercula lata, & rotundis puniceis maculis plena sunt: qualia etiam per latera utrinque spectantur, in summo dorso fusca. Narium foramina utrinque gemina: pinnula dorsi posterior perquàm carnosa. ¶ Salmunculi in fluuijs geniti ultra quinque aut sex digitos non augentur, ut dicemus in C. ij per latera utrinque à branchijs caudam uersus rectà maculas rotundas, magnas, nigricantes aut liuentes, paruis interuallis digestas habent, (qua nota à trutis similibúsque piscibus facilè discernuntur,) nouem aut decem numero: & per eandem lineam mediam paruulas rubescentes maculas multas. B

Salmo inuenitur tum in mari, tum in fluminibus, sed in stagnis non inuenitur, Albertus. C
Piscis est fluuiatilis, Massarius. Ego nec fluuiatilem, nec marinum facilè dixerim. peculiarem enim quandam naturam habet, ut in sequentibus apparebit. Piscium in mari genitorum aliqui eo relicto aquas dulces subeunt, qui Græcis ab ascensu anadromi dicuntur. salmo contrà in fluuijs genitus ad mare descendit, sicut & anguilla, quos eam ob causam catadromos dixeris: sed magis anguillas, quas non redire puto. Salmones enim ad locos natales reuertuntur, ut composito à contrarijs præpositionibus nomine, catanadromi dici mereantur. Diu uiuere non possunt in aquis dulcibus stagnorum, nisi liberum habeant transitum ad dulces undas fluuiorum, Author de natur. rerum. ¶ Quó nam cibo uescatur Salmo, & an ullo prorsus, adhuc incertum est: cùm in uẽtriculo exenteratus nihil ostendat, pręter spissum quendam humorẽ, Hector Boëthius. Ego etiam aliquando cum dissectum inspicerem, nihil in uentriculo & intestinis huius piscis reperi, præter mucum quendam subflauum, & lapillum candidũ: genituræ uerò multum (sub finem Nouembris) non in ipsis (ut appellant) lactibus, sed in uasis spermaticis. Piscatores nostri aiunt in maiorum uentriculis nunquã aliquid, in paruis nescio quid inueniri. maiores enim (qui iam salmones uocantur) non alio quàm aqua cibo uictitare. Maio quidẽ mense, floribus ruris eos frui aiũt: tum enim quia optimi sunt, ex ipsa cœli temperie (quã flores indicãt)

Locus (margin, beside "peculiarem enim…")

Cibus (margin, beside "adhuc incertum est…")

nn

fructum percipere uidentur. A qua præcipuè turbida, tanquam aptiore ad nutriendũ, quòd crassior sit, eum gaudere aiunt: & fluminibus turbatis præcipuè altiùs migrãdo niti, ueluti persequentem huiusmodi aquam: quæ crassior dulciorq; (utrunq;, aut alterutrum) fieri uidetur, niuium liquatione, herbis innatis, & pinguibus agris. Sed ab Argentinensi sene quodã & perito piscatore accepi, salmonem dum salmo est, (hoc est ante uicesimum quintum Iulij diem,) pediculis aquaticis (ut uocant) uesci: deinde uerò & à partu, obuijs quibusq; piscibus. hæc sæpius in dissectorum intestinis se deprehendisse ait. ¶ Cor, etiam extractum, ab animali imperfecto, aliquantisper adhuc pulsat: sed omnium (quæ apud nos sunt) animalium diutissimè salmonis. Itaq; sub uno corde pulsante uendunt piscatores plures salmones incisos per frusta, tanquam omnes recentes, corde adhuc palpitante monstrato, Albertus. ¶ Piger piscis est, sed fortis, Albertus. Mihi quidẽ non piger uidetur, cum et ad saliendum agilis sit, & aduersus fluuios perpetuò nitatur, semperq; ascendens promoueat, quanquam tardiùs fortè propter corporis magnitudinem & pondus. Salmo (inquit Physiologus obscurus) dicitur à saltu. caudam enim ore replicat, & reflectit, ualidè eam ore tenens, donec saltus agilitate locum etiam præruptum conscendit. sed nec colore (*fortè corpore*) multùm ualet, nec sapore, antequam gustauerit mare. Ad quod tendens contra (*iuxta*) fluminis impetum, à proposito non desistit, quousq; reficiatur, deinde ad nota domicilia reuertitur. ¶ Robore fortis est, sed ponderosus & grauis. omnis quam habet agilitas à potentia uirium eius potiùs est, quàm à leuitate corporis. Vbi in transitu sæpem, uel aliud huiusmodi obstaculum inuenerit, caput caudę coniungit, & sic in circulum flexo corpore transilit, Author de nat. rerum. & partim Albertus. Salmunculi etiam ἁλτικοὶ sunt: quòd si in uase aliquo uenales cum alijs permixti in aqua fuerint, aqua eis adempta, exilient: & sic ab alijs piscibus statim dignoscuntur.

Viuacitas. *Agilitas ad saltum.*

Migratio, inq; ea partus & debilitas.

Salmo in mari natus fluuios subit, adeoq; dulci aqua gaudet, ut natali solo relicto, in illa perpetuò uiuat, nec in mare reuertatur, ut opinor: quia in mari rariùs capitur, Rondeletius. Sed contrà nasci eum in fluuijs, atq; ex ijs in mare descendere, &c. ex ijs quæ subijcientur, authorum, & omnium à quibus sciscitati sumus piscatorum testimonijs, constat. Autumno (inquit Hector Boëthius Scotus) riuulis plerunq;, aut locis uadosis, coeuntes Salmones iunctis uentribus, oua pariunt, sabuloq; contegunt: quo tempore masculus adeò lactibus, (*lactes dicit pro genitura,*) fœmina ouis exhausta est, ut macilenti euadant, nec quicquam præter ossa ac spinas pellemq; supersit, ineptusq; esui sit (piscis.) Referũt eam maciem contagij loco haberi, cùm obuios quoscunque sui generis inficiant qui sic affecti sunt. Cuius rei hoc est indicium, quòd persæpe capiuntur uno latere extenuati, reliquo non ita. Cæterùm ex ouis illis arena obrutis, pisciculi ineunte uère nascuntur, adeò molles, ut donec digiti magnitudinem non excesserint, manu compressi, uelut humor concretus, diffluant. Tum primùm, natura duce, ad mare pergunt: uigintiq; dierum spatio, aut paulò maiore, incredibile dictu qualem in magnitudinem excrescant. Inde reuertentes aduersis undis fluminis, in quo orti sunt, mirabile spectaculum de se præbent. Flumina enim hinc atque illinc angustis pressa rupibus, ac proinde ueloci demissa cursu, ubi prærupto casu descendũt, non per canalem statim prodeunt, sed incuruatæ undę impetu paululum per aëra feruntur, antequàm cadant. Salmones uerò contrà tendentes maiore nixu aquas superare tentant: & qui euaserint, in flumen ascendunt: debiliores, aut hærent in imo fluminis, aut etiam ex alto iam euecti, præcipitantur in aquas. atq; tam procul excidũt quidam, ut à subiectis lebetibus, qui ualde prope aquam feruent, excipiantur, accolarum, in hoc euentu, non leui uoluptate. Rectè quoq; ac diligenter à regibus cautum est, ne autumno capiantur. nam uel soboles multum detrimenti acciperet, uel inutilis fermè captura esset. hoc autem tempus à sexto idus Septembris, calendisq; Decembris intercluditur, Hæc ille. ¶ Ex Ioannis Kentmani piscium Albis descriptione, quam in nostram gratiam confecit. Salmones parui & magni è mari in Albim ueniunt: nec proficiũt in eo, sed contabescunt & emoriuntur. Cùm primùm glacies fluuij resoluta defertur, hic piscis Albim subit, pergitq; semper, donec rursus glacies ferri incipiat, (*uère nimirum usque ad hyemem: ut media aut amplius uèris parte, æstate & autumno totis, & initio hyemis, per Albim & influentes in eum aquas semper ascendat.*) Plurimi quidem capiuntur circa medium quadragesimæ, quo etiam tempore optimi sunt. item circa diui Laurentij diem, qui decimus est Augusti: nisi impediantur algis & herbis fluuiatilibus (**von dem stinx**, *quæ uox si non herbas aquaticas, à fœtore, ut conijcio, nominatas, significet: quid sibi uelit, nescio*) quæ crassæ ac fuscæ nubis instar passim in ripis natæ salmonem impediunt. Mildam flumen (dictum ut arbitror à lenitate uel mollitie aquæ) præ cæteris diligit salmo: & (ut quidam putant) ab aqua Albis fluuij, qua cum permixta in mare se exonerat, discernit. Itaq; plurimi eo in loco, ubi Milda in Albim influit, (Dessauiam uocant, quod oppidum est principum Anhaltinorum,) capiuntur, hoc modo: Ad Mildæ in Albim ingressum principes uallum siue obstaculum quoddam excitarunt, ut ita redundans aqua ad molendina diuerteretur, octo cubitis aliquanto altius. uallo graues & magnas arbores imposuerunt, & perticis magnis intus (*inter arbores*) cancellarunt, ne salmo transiliat. inter perticas alicubi nassæ magnæ sunt collocatæ. Hunc locum cum attigerit salmo qui per Albim ascendit, saltu aduersus aquæ præcipitium se proripit in altum: ubi uel in nassam incidit & capitur: uel arborem perticásue contingit, indeq; uiolenter in Mildam se traijcit. Hoc si prima uice non successerit, secundo etiam tertioq; experitur, &, si ne tum quidem transilire

(Captura Salmonum Dessauiæ, &c.)

lire aut assequi altitudinem ualli potuerit, uadum petit: inibiq; sub saxis delitescens emaciatur ac contabescit, (*ut prædictum est, in A.*) Si tamē flumen Albis augeatur & crescat, aduersus illud subinde fontium & originis cupidus ascendit, parit, & consumptus tandem macie ac siccitate moritur. Obseruaui ipse adeò tabidum, ut exanguis, & nullis ferè intestinis, (præter unum exiguum & contortum, à faucibus ad anum dodrante breuius,) appareret. Nati ex eò pisciculi in Albi, nō crassiores nec longiores ferè digito euadunt, quandiu in eodem uel (*iuxta*) stagnantibus aquis immorantur. Crescentibus uerò & auctis fluuijs, in mare properant, in quo proficiunt & augescūt. Cæterùm si prædictum illud Dessauiense uallum superauit salmo, pergit continuò, & fontes petit, superatis deinceps octo alijs uallis, humilioribus duplò, aut etiam ampliùs: ut quæ uiri staturam non excedant: ea sunt ad **Gesnick / Ragon / Bitterfelt / Zscheplin / Eilenberg / Gruna / Wurtzen / Bucha.** Ad hæc ualla si captus non fuerit, in riuos demum peruenit, & à rusticis fudibus cæditur. Sed qui tam longè progressi sunt, rarò boni habentur. In Albis quidem alueo si manserint, paucis & minoribus uallis impediuntur: nam à mari usque ad **Leutenbritz** in Boëmia nullum est uallum. primum illic uiri ferè altitudine est: alterum ad **Caudnitz**, & tertium Pragæ ualde humilia sunt. Multi per autumnum illic salmones capiuntur, sed omnes macie ac tabe defecti, perpauci boni. Hucusque Kentmanus.

Alius quidam apud Misenos uir diligens, indicauit salmones autumno circa calendas Octobris migrare, ita ut à mari ad ipsos intra tres menses perueniant. quod si suprà annum in fluuijs manserint, perquàm insipidos fieri: sin diutius, post annum secundum eos omnino ceu sideratos & aridos interire. Verùm hæc minùs certa, quàm quæ à Kentmano & Boëthio Scoto prodita sunt, mihi uidentur: & nostris regionibus procul ab Oceano sitis, ut tardè admodum ad nos perueniant hi pisces, nec immorari possint iam exhausti, non conueniunt. ¶ His addam quæ Argentinensis piscator uir bonus & senex dictauit. Salmo à mari per Rhenum quantum potest ascendit: & nomen seruat usque ad diui Iacobi diem. ab eo tempore uocatur ab accolis Rheni **ein Lachs**: & angulos fluminis sectatur, paritq; circa diuorum Martini aut Catharinæ dies: quo tempore mensis minimè conueniunt. Tum rursus nonnihil retrogreditur. Sunt qui à partu moriantur. Aliqui etiam quò minùs pariant, impediuntur: hybernos salmones uocant. Oua circa natalem Domini primùm animantur, & nascuntur ex eis salmunculi. ij reliquum hyemis sub lapidibus hærentes tanquam mortui degunt. circa sancti Georgij uerò diem (uicesimum tertiū Aprilis) calore Solis excitantur: & à Petri Paulíq; apostolorum festo usq; ad sancti Adolphi diem cum cæteris pisciculis capiuntur: deinde non ampliùs usque ad quadragesimam: tum rursus usque ad diui Georgij diem: nec ultra digiti longitudinem anno hoc toto excrescunt. Postea in mare descendunt, & Salmones fiunt, breui tempore aucti. Qui uerò aberrant, uel in alias aquas perueniunt, illi etiamsi pluribus annis in Rheno manerent, nihilo grandiores fierent, neque Salmones unquam euaderent. Hæc ab illo excepta adolescens affinis meus haud scio quàm rectè omnia perscripsit.

Supra Basileam ad quatuor miliaria Germanica, catarrhactes & præcipitium Rheni est, statim sub ponte ad oppidum **Lauffenberg**: uiolentum quidem, nescio quàm altum (quamuis non semel uiderim, sed acie oculorum obtusa:) per illud Salmones eluctantur. inde rursus aliud sublimius est, paulò infra Scaphusiam insigne oppidum Heluetiorum. nostri præcipitium illud uocant **den Lauffen**, à rapido fluminis decursu. hoc salmones audio superare non posse: & eò usque cum appulerint, plurimi capiuntur. Pariunt apud nos, ut piscatores nostri referunt, circa calendas Septembris. Bis annò eos migrare aiunt. E Rheno Limagum nostrum ingrediuntur. inde per lacum (in quo tamen nunquam aut rarissimè capiuntur) ascendunt, ac rursus Limagum subeuntes Claronam usque uersus fluuij originem feruntur, & pariunt. A natali Dominico nulli ampliùs comparent.

A partu malè affectos, maculosos, rostro recuruò, tergore rigido, in Anglia aliqui ad mare reuerti, in eoq; purgari putant. argumentum esse, quòd aliquando sub ipsum maris ingressum huiusmodi salmones deprehensi sint. ¶ Audio eos sub partum scrobes modicas excauare, sicut etiam truttas. ¶ Rondeletius putauit tum lampredas tum salmones in mari simul ac fluuijs parere. ego salmones in fluuijs tantùm, ut abunde ex præscriptis constat: lampredas in mari tantùm parere dixerim, (tum maiores, tum mediocres:) ut scripsi in Corollario de Mustela Ausonij c. ad initium paginæ 704. minimam quidem huius generis speciem, fluuiatilem solùm riualémque esse Rondeletius ipse fatetur. ¶ Lampredæ salmones è mari flumina subeuntes comitantur: adhærentes enim uentrem uel collum eorum agglutinato rostro exugunt. Lampreda cùm per se ad natandum aduerso flumine inepta sit, migraturo salmoni se applicat ore, atque ita retinet, ut præcipitia quoque saltu superantem illum quandoque sequatur, & suctu oris inflicta carni eius bene ampla uestigia (numi argentei uncialis latitudine, profunditate digiti) appareant, Kentmanus.

Hirudines per hyemē salmones circa saxa hærētes, modò rostris modò caudis eorū correptis, adeò infestant, ut è profundo ad aquæ summa eos propellant: per æstatē quoq; exilire eos cogūt, tanquam eas reijcere aut abstergere cupiant, & hac iniuria tentati uix ulli superstites euadunt, ut audio. Episcopus Lausannensis nostro tempore contra sanguisugas, pisces maiores, & praeser tim Salmones, mirabiliter inficientes, lætaliter quoq; pungentes & ad ripas aquarum propellen tes, exorcismi dictamina de sacris scripturis collecta dictari fecit, & per certa dierum interstitia publicari, & ad effugandum & repellendum huiusmodi bestiolas multipliciter profecit, Fe lix Malleolus.

His perscriptis, Vldrichus Hugualdus, de morib. philosophiæ interpres doctissimus in præclara Basiliensi Academia, & Adamus à Bodenstein medicus in eadem urbe celeberrimus, de salmonum natura rogati quædam non uulgaria me docuerunt. ab ijs enim per literas inquirere uolui, quòd uix alibi plures quàm Basileæ salmones in Rheno capiantur, supraq; Basileam ad cataractam usq; ad Lauffenberg oppidum. Exponam autem hoc in loco, quæ ad naturam & actiones salmonum pertinent, ab illis cōmunicata, ijs ferè omissis, quæ iam priùs ab alijs accepta enarraui: quæ uerò ad eorundem capturam referuntur, ad E. segmentum differam. Salmones uere primo ex Oceano per Rhenum ascendunt magnis copijs, ita ut Maio mense circa Basileam maximè abundent. Aquis fluminum auctis, & turbidis præsertim migrare gaudent. Maio, Iunio, & Iulio mensibus, ab hirudinibus infestantur in tantum, ut in ripa aliquando uiribus prorsus exhausti, aut etiam mortui capiantur. His exugentibus adeò dolent, ut supra aquam ad tres pedes, aut ampliùs, septem uel octo ad summum, exiliant. quanquam piscatores quidam aliam causam horum saltuum esse suspicentur: tanquam ad prouidendum cauendumq; sibi ab insidijs hoc faciant: complurimum enim dum ipsi in nauibus colloquuntur, sic exilire salmones aiunt, interdum capita tantum proferre. sed hoc mihi uerisimile non fit. Alij per lasciuiam, cum corpore optimè habito sunt, ut Iunio mense, exultare eos putant. quod uerisimilius apparet: sed an alij quoq; pisces cum maximè uigent, similiter supra aquam sese eiaculentur, quærēdum. Altiorum sanè saltuum, non aliam quàm uiolentam aliquam causam fecerim, qualis maximè hirudinū stimulus est. Com plures enim aliquando salmonem unum inuadunt, caudam, & palatum quandoq; implent: & ad intestina quoq; descendunt. Itaq; præ dolore non pergunt per flumina ascendere salmones, sed ad ripas deflectunt: ubi in captis piscatores rei causam facilè deprehendunt. Et putant aliqui hirudines istas in ipsis salmonum intestinis nasci, nutrimento quod continetur calefacto, assiduo nimirum & uehementi motu. Quòd nisi tempestiuè à piscatoribus capiantur, hoc malo extinguuntur. unde contingit ut sæpe salmones iam putres inueniantur. Circa partum, ab eo præsertim, colorem & saporem mutant: ac propter maciem figuram quoq;, ut genus iam aliud uideatur. Itaq; etiam nomen mutatur. Hæc eorum tabes non multò post solstitium æstiuum incipit, ita ut paulatim corpora eorum imminuantur, sicuti & Solis supra nostrum hemisphærium meatus. Circa finem ferè Nouembris ad altiora fluminum tum maiorum, tum minorum quæ in illa exonerant, loca contendunt, & quoad eius possunt ascendunt, pariendi gratia: quamuis etiam in Rheno pariunt. Incipiunt autem non multò post solstitium: & subinde per autumnum ac hyemem parere pergūt, aliqui etiam ad ueris usq; (id est Martij) initium. Partui locum idoneum circumspiciunt, solutum sabulonem, super quo fluuius rapidè fertur. Scrobes huiusmodi ad ripas fluminū aquis destitutas sparsim apparent. ibi scrobem excauant, longam ad tres quatuór ue passus, latam circiter pedes quatuor. In eam fœmina immittit oua pisorum magnitudine, quæ mas rore genitali suo irrigat. Construunt autem eam muniuntq;, tum intus, tum ad latera, lapidibus, miro ingenio: ut in tuto sint oua, obtectaq;, ne impetu fluuij dispellantur. Sic igitur illa genitura maris perfusa, ad uernum usque tempus iacent. tum demum ijs animatis pisciculi nascuntur, quos salmulos uocant. Hoc dignum admiratione, salmulos mares aliquando genitura plenos reperiri, & cum fœminis adultis coire, earum exclusa oua rigare, (quod ignorauit Rondeletius) cum in salmulis fœminis nunquam oua reperiantur. Pariunt autem libentiùs in minoribus fluminibus ac riuis, in quæ deflectunt, quàm in ipso Rheno, cuius aqua eo tēpore minus lenis aut pinguis est, & uadum durius. Partu absoluto uterq; sexus retro in Rhenum fertur: & multi in Oceanum redeunt. Auctis aliquando fluuijs, oua scrobibus commissa, dissipantur: itaq; pars perit, aut à piscibus deuoratur: pars aliqua seruatur. at si nihil impediat, oua paulatim augescunt, & spiritu uitali inflata demum ultrò per aquam deferuntur, formaturq; interim piscis. Scrobes, quas diximus, aliquando imminutis fluuijs in sicco relinquuntur: nec tamen pereunt oua: sed restitutis aquis animantur, non minùs ac si eis destituta nunquam fuissent. Piscatores ex aquarum copia inopiá ue, magnus an paruus salmonum in annum futurum expectandus sit prouentus, coniectant. Salmuli, hoc est fœtus salmonum, non ultra unum alterúm ue annum in Rheno se continent: uel potiùs (ut plurimùm) priusquam annum unum compleuerint ex alijs aquis in Rhenum, inde Oceanum descendunt: id facere incipiunt cum quaternos aut quinos pollices longi sunt: rarissimè enim qui octo aut nouem æquent pollices reperiuntur. In Oceano uerò aucti, ut iam salmones sint & dicantur, rursus per Rhenum ascendunt, ut predictum est. Hactenus illi. in quorum scriptis si quid fortè est quod cum anteà expositis dissideat alioqui dubium, considerandum est ab ociosis diligentius. ¶ Sanè ut thynnus in Pontum ascendit, ubi dulciores sunt aquæ, ut pariat: sic salmo ad summos amnes. utriusq; etiam partus incrementum præcipua sumit celeritate: salmonum in mari, thynri, thynnorum cum è Ponto redierint. alia eis cõmunia exposui suprà in A.

Salmunculũ legitima mensura minorẽ, & hami genere quem **Polangel** uocant, piscatoriæ leges nostræ capi prohibent. E Scotis autumno salmones piscari interdictum est, à sexto Idus Septembris, ad calendas usq; Decembris: quòd & soboles multum detrimenti acciperet eo tempore, & inutilis fermè (in cibo, propter partũ) captura esset, Hector Boëthius. Basileæ à die diui Andreæ usq; ad ueris initium capi eos non licet.

Circa Argentinam hoc modo irretiuntur: Retia tria, singula circiter uiginti passus longa coniunguntur. ea demissa ut non amplius tribus pedibus à uado absint, à piscatoribus, qui in cymbis utrinq; sunt, à tergo salmonum, non ante ipsos, trahuntur. existimantur autem inutiles qui supra rete fuerint: ij solùm probantur qui circa uadum irretiti fuerint. Simili modo in Angliæ fluuio Tamesi capi audio. Coitus tempore alicubi piscatores captam fœminã funiculo alligant, & paulatim ad ripam attrahunt: quòd si mas superuenerit, coitus desiderio sequitur, & à piscatore post frondes latente cum prope ripam accesserit, tridente percutitur. Tridentis seu fuscinæ, fune & palo alligati, in Anglia etiam usus est. ita confixi, defessi tandem extrahuntur. Audio pisces quosdam parituros, scrobes modicas excitare, ut trutas, & salmones: & noctu adhibita lucerna, aut face potius, iuxtà immorantes & nimio splendore stupefactos, fuscina feriri. Valla siue obstacula & præcipitia fluminum superaturi, nassis interdum salientes per ualla collocatis quomodo excipiantur, dictum est suprà in C. Circa cataractam inferiorem Rheni plurimi capiuntur Lauffenbergi, (alibi pauciores in Rheno,) & aliò auehuntur. ¶ Sturio in Rheno dux salmonum existimatur: & ubi apparet, copiam salmonum adesse piscatores sibi promittunt. ¶ Capiuntur etiam in mari, non ipso quidem patente Oceano, sed æstuarijs, & magnis canalibus maris. ¶ Maximus optimusq; salmo, Maio mense, quindecim ferè denarijs argenteis uænire solet apud nos. Precium. Basileæ ab initio, cum nondũ abundant, ex uno salmone quatuor, quinq; aut sex aureos ad piscatorem redire aiunt. aureum dico pro denarijs argenteis septem cum dimidio.

Salmones parui hamis, retibus & nassis decipiuntur.

Adultioribus uerò alijs modis, quatuor aut quinq; diuersis, insidiantur: quos, ut ab amicis Basiliensibus accepi, deinceps exponam.

Vbi rapidissimus Rheni fluxus ad ripam est, piscator structuram quandam instar ualli (ipsi uocant **ein Wag**, a. litera medio sono inter a. & o. proferenda, quod idem & trutinæ seu stateræ nomen est Germanis) è truncis & lapidibus, quæ in flumen promineat, excitant, fundamentum est quercus, aut alnus. Ad hanc unda impingens magno impetu, retro fertur: ita fit ut retro locus aquæ tranquillior, idemq; profundus sit, (Vocant ipsi, **die lâni/stille/oder rürwasser.**) in eo nauicula est cum tugurio: ubi noctes ac dies piscatores duo manent, quo tempore salmones perpetua migratione ascendunt: & reti in aquam demisso (**mit einem garn wie ein breiter zopfbären**) salmones expectant. Salmonem igitur ascendentem obuius iuxta structuram aquæ impetus in locum tranquillum rejicit. id sentit piscator filo commoto. tenet enim manu fila aliquot, reti annexa: uel lignum paruum, funiculo alligatum reti, ita ut rigeat. Itaque mox paxillo quodam retracto, ut rete subitò per machinam seu decipulam attrahatur, efficit. (**Er züchte einen knebel hindersich/so schnellend die holtzschwenckel übersich/ziehend mit jnen das garn.**) Huiusmodi autem structuræ magnis impensis fiunt, & conseruantur. & qui eis utuntur piscatores certam summam pecuniæ magistratui soluunt, & insuper decimas. Habentur autem solùm inter Basileam & oppidum **Lauffenberg**. Infra Basileam nulla est, quòd solum seu uadum solutius sit: & Rhenus patentior, nec ampliùs similiter in angustum saxis utrinq; coactus. Quòd si salmones omnes iuxta has structuras ascenderent, caperentur omnes: sed multi longiùs ab eis, & circa medium fluminis ascendunt.

3. Maio mense salmones ab hirudinibus infestis exuguntur, & exagitantur adeò, ut uiribus exhausti, solito per medium flumen ascensu relicto, ad ripas modò sub aqua profundiùs, modò in eius summo ut appareant, ferantur: (quod piscatores Basilienses **tryben** appellant: **der Salm trybt oder schwimbt gägem land.** & salmones ita affectos, **die trybenden Salmen.**) Quo animaduerso piscatores nauicula adproperant, & fuscina (**Geeren** uocant, sicut stimulum aratorum **ein Gart**) quinis ferè aut septenis cuspidibus horrente, feriunt. fuscinæ ferrum perticæ ligneæ affixum est. ¶ Est quando scamnum oblongum Rheno impônunt, ita ut pars eius posterior in ripa firmetur: anterior uerò, pedibus duobus nixa in flumen promineat. Huic insistens piscator salmonem uiuum ualido funiculo alligatum tenet, donec alius adueniens morsu eum depellere conetur. quod cum fieri uidet, paulatim uinctum ad ripam retrahit: & alterum insequentem, ubi commodum fuerit, fuscina percutit. Circa Argentinam, ut suprà scripsimus, priuatim marem coitus desiderio fœminam uinctam dum persequitur, similiter feriri aiunt.

4. Circa medium Martij mensis, retibus ad Salmones comparatis (**Salmengarn**) uti incipiunt piscatores. Id genus retis duplicatum (*filo duplici*) est: altum ad duos passus, longum ut minimùm triginta tres. fiunt enim quædam multò longiora. Nam supra pontem Basileæ rete unum trahi solitum ad bis mille gradus (gradum nomino pro binis pedibus)

longum esse putant. & aliud infra pontem longissimum, quod ferè ad pagum quendam proximum extendatur. Huiusmodi reti extenso piscatores utrinque bini in singulis lintribus per Rhenum descendunt. degrauatur autem inferiùs plumbo, superiùs subere eleuatur. Ita ad uadum usque demissum, salmones obuios omnes implicat. qui uerò superiore in aqua loco natant, (ijdem puto plerunque inutiliores, ut suprà dictum est,) euadunt: ut ij etiam qui circa saxa, aut sub saxis sunt. Implicati aliquando ui erũpunt: quòd si duo aut plures simul capti sint, & erumpere nequeant, ubi alter alterum sibi propinquum senserit, concursu mutuo, si spatium detur, se inuicem conficiunt.

5 Denique & fortuitò interdum capiuntur, genere retis, quod **Spreitgarn** appellant. hoc enim à piscatore iniecto propter alios pisces, ut nasos, barbos, lucios, capitones, &c. sæpe etiam salmones pariter irretiuntur. Nouimus Augustæ Rauracorum ante paucos annos piscatorem quendam hoc reti obiter & fortuitò salmones sex cepisse. Hactenus amici Basilienses.

F Plinius Salmonem, in Aquitania præcipuè, optimum omnium piscem esse dixit: nunc autem melior esse probatur in Rheno, & præcipuè circa Coloniam, Albertus. ¶ Optimus ad cibum est Maio mense communi piscatorum circa Rhenum consensu. Miseni post Pentecosten cum auctiora sunt flumina, præferunt. Aprili, Maio, & paulò pòst commendatur. Cùm uerò nomen mutat, & iam partui propinquus **Lachß** appellari incipit, à diui Iacobi die usq; ad Andreæ, deterior est. sed is quoq; inter sanctorum Michaëlis & Martini dies præfertur, ceu minùs malus, Innominatus author libelli de piscib. Germanici. ¶ Salmunculi semper placent, sed præcipuè Aprili & Maio. Et cum ultra sex septémue digitos nõ excrescant, cum ad quinti digiti mensuram accesserint, delicatiores habentur. ¶ Salmonis caro rubra est, suauissima ac lautissima. nullum enim piscem uel marinum, uel fluuiatilem salmone meliorem unquam comedimus, ut mea etiam sententia marinis & fluuiatilibus omnibus sit meritò præferendus, Massarius. ego marinis omnibus suauitate præstare concesserim, nõ tamen salubritate, præsertim ægrotis. Crassius enim & uiscosius ex eo nutrimentum esse arbitror, quàm plerisque saxatilibus. Inter ludicras piscium nomenclaturas, Salmonem dominum cognominari, propter saporis scilicet excellentiam inuenio. **Ein Salm ist ein herr.** ¶ Inter alios pisces marinos consideratis conditionibus prædictis, laudabiliores uidentur, rogetus, gornatus, &c. Salmones autem, & turboti & maquerelli multùm deficiunt in bonitate. sunt enim multò crassiores, uiscosiores, & concoctu difficiliores, magisq; excrementitij. quamobrem non conueniunt nisi ualidis iuuenibus, idq; cum embammatis, quæ uiscosum, crassum & frigidum ex his piscibus succum emendent, Arnoldus Villanou. in Regimine Salernitano. Mnesitheus ex marinis piscibus concoctioni contumaces & grauissimos eos esse scribit, qui è mari in fluuios & stagna transeant, ut mugili, & summatim quicunque pisces in utrisq; aquis uiuere possunt. ¶ Carnes salmonis rubeæ sunt: quæ licet dulces, pingues, & gratæ sint ualde, citò tamen edentibus satietatem ingerunt, Author de nat. rerum & Albertus. Quò altiùs ascenderint, & fontibus fluminum propiores fuerint, eò deteriores habẽtur: quò uerò propiores mari, eò meliores. in Albi qui circa Dessauiam ad primum obstaculum capiũtur, optimi habentur, Kentmanus. Rondeletius tamen eos qui altiùs in Rheno, uel Basileam usq; ascenderunt, præfert ijs qui proximè mare, ut Antuerpiæ capiuntur. Ego certè in fluuijs præferendos puto, ubi mediocriter progressi fuerint. exercitio enim mediocri suauiores & salubriores eorum carnes fieri puto. altiùs autem euectos, uel simpliciter diutius in dulcibus aquis immoratos, tum propter nimium laborem, & inediam ferè, tum quia iam partui propinqui sunt, deteriores iudico. circa Coloniam (ubi etiam Alberto laudantur) præstantiores quàm uel Basileæ uel Antuerpiæ esse non dubito: quòd is locus ferè in medio sit. ¶ Quo tempore pariant, quodq; tum cibo insipidiores sint, prædictum est suprà in c. Cautum est à regibus Scotiæ ne autumno capiantur salmones. nam uel soboles multum detrimenti acciperet: uel inutilis (ad cibum) fermè captura esset. hoc autem tempus à sexto idus Septembris, calendisq; Decembris intercludit, Hector Boëthius. ¶ Memini salmones olim gustasse, qui præpingues fastidium mihi mouebant: quod & trutæ pinguiores, salmonatas cognominant, faciunt. ¶ Autumnalis & hybernus salmo carnem minus rubram & insuauiorem habet, Incertus. Talem ego circa finem Nouembris aliquando gustaui, marem, qui præferri solet ut in cæteris etiam plerisque piscibus: pinguem, uiscosum, nec admodum grati saporis, & concoctu difficilem deprehendi. Partes eius assæ magis placebant elixis. Item alium quarto Decembris, molli nimium & flaccida pinguiq; carne. Salmones illos hybernos, qui multis ænei coloris (unde nomen **Kupferlachs** Misenis, **Kypper Salmon** Anglis) maculis uariantur, & rostrum ualde recuruum habent, porcis grandinosis comparant Angli, & similiter eis abstinent, præter pauperculos: bonum uerò & tempestiuum salmonem à carne friabili (id est non uiscosa) **Kribbe Salmon** appellant.

Maquerelli.

Apparatus.

Salmones quouis modo coxeris, optimos inuenies, Platina.

Ex Kentmani piscium Albis descriptione. Salmonem (inquit) omniũ qui in Albi capiuntur piscium sapidissimum iudicamus. Recens in aqua bene elixatur, tum uino calido perfunditur, refrigeratur, & in eodem quo elixus est iure ad dies octo uel quatuordecim seruatur. Inde singulatim cum libuerit unus aut alter tomus eximitur, aceto perfundendus. is cibus est lautus & boni

boni saporis, præsertim cum pinguis fuerit. Aliqui in uino coquunt: alij æquales uini & aquæ partes miscent, sed ita caro tenacior fit, ut in mera aqua elixari præstet. Spina dorsi separatim tota excinditur: eiusque partes aliquæ super craticula assantur, quæ mensis super olere alió ue ferculo imponuntur, in magnis delicijs. Oua quoque & intestina (quæ ab ignaris negliguntur) uel separatim, uel cum ipso pisce elixa, condiuntur iure aromatico coloris è russo nigricantis, qua etiam lampredæ uel priccæ uulgò dictæ, lautissimo apparatu. Cæterùm salitus salmo, qui in dolijs toto anno seruatur, non aliter quàm recens paratur, præmaceratus tamen aqua, is specie quidem & colore præ se fert recentem, sapore uerò siccior & tenacior est, quamobrem iure conditus ut sturio optimè sapit. Denique infumatur salmo, præsertim qui Bremæ capitur, uel crudus esitari solet, sunt qui segmenta ex eo super craticula assant. Bremenses quidem peculiari quodam modo eum infumare solent. Hæc ille.

Salmunculos trutarum instar coqui præcipiunt. ¶ Salmones Gallia Belgica quotannis mittit, sed in plebis usum, quum saliti pristinam nobilitatem amittant, Iouius. Ad Rhenū ubi plures capiuntur, ut Lauffenbergi, saliri in paruis dolijs solent, quæ libras (sedecim unciarum) circiter uiginti capiant: & in cellis uinarijs seruare. autumno & hyeme hæc uascula alió uendenda mittunt, Zurzachium præsertim Heluetiorum pagum, ad nundinas quæ calendis Septembris solennes sunt. librā ferè quinque obolis argenteis uendunt, quincunce dempto. Durant per annum, & in cellis uinarijs cum sua muria seruantur. Saliuntur autem æstiui tantùm, non autumnales aut hyberni, nisi fortè pro plebe.

SALMONIS nomine Rondeletius, etiā lacustres quosdam pisces, Vmblas uulgò dictos, in Lemano lacu comprehendit: quos ego ad Trutarum genus referre malui, sicut & Trutas salmonatas à quibusdam dictas, quòd magnitudine pulparūque specie & colore salmones referant: unde Germani etiā composito ab utroque pisce nomine Lachsforel appellant. item Salmarinum Tridenti dictū.

Banna fluuius est Hiberniæ, per Viconiam effluens regionem. Nam exiens ex lacu eiusdem prouinciæ permaximo, in borealem oceanum decurrit. In hoc olim piscis repertus est formam salmonis habens, tantæ magnitudinis, ut nullo modo integre in marginem trahi posset, Boccatius.

Germani Rheinfisch uocant piscem (Asellorū generis,) minorem Salmone, alioqui similem: qui partim Lucium, partim Salmonem repræsentare eruditus quidam nobis indicauit.

Salmones etiā uocari accepi pisces nescio quos in Oceano Balthico, qui ore careant, & alimentū branchijs sugant.

Salmonetam Lusitani uocant piscem, quem descripsi in Corollario de Alphestc pag. 42. Salema uerò eisdē salpa est: de qua proximè scribendū.

DE SALPA, RONDELET.

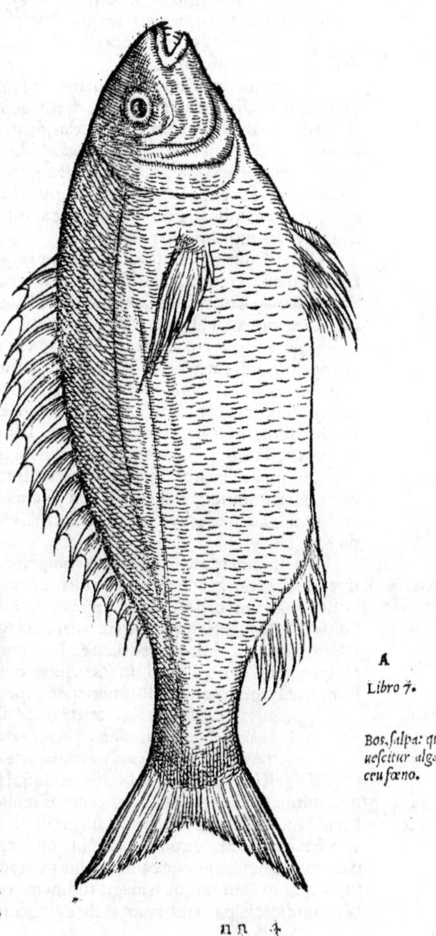

Effigies hæc Salpæ Venetijs efficta est, ei quam Rondeletius dedit, satis similis.

A

ΣΆΛΠΗ & σάλπης Græcis dicitur, à Latinis idem nomen seruatum est. Pancrates apud Athenæum scribit βόας πόρκνον, ab Halizonis uocari, qui locus corruptus est, legendumque βόας πόρτιον. Nam βόες dicuntur αἱ τέλειαι, id est, iam adultæ: δαμάλεις καὶ πόρτιον, αἱ μήπω ὑπὸ ζυγὸν ἐλθοῦσαι, μηδὲ ὀχευθεῖσαι: αἱ πόρτιον ἤ, αἱ ἔτι ἀτελέστεραι τῶν δαμάλεων. id est, δαμάλεις & πόρτιον, quæ nondum iugum passæ sunt, neque adhuc dorso uexerunt: πόρτιον uerò adhuc minus adultæ, & iuniores quàm δαμάλεις. Boues igitur paruas, ait Pancrates, salpas nuncupari, quia algam in uentriculo, ut fœnum boues congerunt. Hunc Athe-

Libro 7.

Bos, salpa: quia uescitur alga seu fœno.

næi locum, quo Pancrates dicit salpas nominatas fuisse boues, si sequutus est Phauorinus, cùm scribit, σάλπη ἰχθύς ποιός, ὃν καὶ βοῦν καλοῦσιν, id est, Salpa piscis quidam est, quem bouem uocant: si etiam eundem secuti sunt, qui Græca lexica concinnarunt, apud quos hæc reperias. σάλπη piscis genus est, qui bos etiam dicitur, satis rectè annotarunt. Sin salpam eundem piscē esse crediderunt, cum eo qui bos propriè dicitur ab ijs qui de piscibus scripserunt, uehementer errant. Est enim bos ex planis & cartilagineis. Existimant quidam salpam piscem eum esse, qui à Germanis Stockfisch dicitur, ea moti ratione, quòd Stockfisch baculo tundatur, priusquā coquatur, quod Plinius Libro 9. cap. 18. de salpa faciendum esse scribit. Alij (inquit) alibi pisces principatum obtinent, coracinus in Aegypto: Zeus, idem faber appellatus, Gadibus: circa Ebusum salpa, obscœnus alioqui, & qui nusquam percoqui posit, nisi ferula uerberetur. sed hæc ratio minimè conuincit, Stockfisch Germanorum, nostram esse salpam: quòd baculo tundi, salpæ cum multis commune sit. Etenim Stockfisch Germanorum linguâ est piscis baculi, id est, piscis qui baculo uerberatur, priusquam coquatur. Quo nomine piscem omnem sale conditum, et in fumo, uel in aëre exiccatum appellant, ut raias, soleas, passeres, rhombos, (*Germani hos omnes proprijs nominibus appellant, non Stockfisch: quod nomen asellis tantùm, quanquàm diuersis tribuitur,*) aliosq́ permultos. Quorum mirabilem copiam Antuerpiæ uidi, in aliquot tabernis mercatorum, qui hanc mihi præparationem narrabant, ut quoniā sicci sunt, & præduri, baculo primùm uel malleo contundantur: deinde aqua aliquandiu macerati decoquantur. Huiusmodi piscibus, scilicet planis & tenuibus illic abundant, qui faciliùs exiccari possunt: quos exiccatos in Germaniam conuehendos curant. Non est igitur Stockfisch piscis species, ut Germanicæ linguæ periti mihi indicarūt. Non desunt tamen, qui speciem quandam asellorum exiccatorum propriè Stockfisch dici putant, qui salpa nostra esse non potest: oblongus enim & rotundus est piscis. Salpam igitur ex hac descriptione agnoscemus.

Bos alias cartilagineus.

Salpa non est Stockfisch, cum id nomen pluribus piscibus planis apud Germanos commune sit.

Aselli species, quibusdam propriè Stockfisch dicta: ne hæc quidem salpa est.

B Piscis est marinus, litoralis, squamosus, solitarius: auratæ, uel potiùs boopi similis, pedali magnitudine. Rostro quasi mugilem refert. Capite est paruo & obtuso, lineas multas aureas, à branchijs ad caudam ductas, habet parallelas, à quarum multitudine πολύγραμμος, (& ab Oppiano δολόεντος:) à colore uerò χρυσόγραμμος (*ab Aristotele, Athenæo citante,*) dicitur. Pinnis, aculeis, brāchijs auratæ similis: caudâ, sargo. Oculis est aureis, superciliis quodam modo uirescentibus, ore paruo, dentibus serratis. Peritonæum nigrum habet, uentriculum magnum: & intestina lata, alga, alijsq́ excrementis fœtidis referta: Hepar rubrum, & in eo uesicam copioso semper felle distentam, splenem nigrum, cor angulatum.

C Alga uescitur & stercore, unde σκατοφάγοι καὶ βδελυροὶ dicuntur, ab Epicharmo apud Athenæum, id est, stercus edentes, & fœdi execrandiq́ odoris: quo loco pro βδελυροὶ, reponendū duximus βδελυραί. nam & obscœnus piscis à Plinio appellatur. Id confirmat Aristoteles (Lib. 8. de hist. anim. cap. 2. Et lib. 4. cap. 8.) Nutritur salpā, stercore & alga. porrum (*πράσον hîc nimirum fuerit herbæ marinæ nomen*) etiam depascitur. Capitur etiam sola piscium cucurbitā. Eandem inter pisces, qui optimè audiunt, recenset, & semel autumno parere scribit. Oppianus Libro 1. autor est in scopulis (*circa scopulos*) alga & musco refertis habitare: nequaquam tamen dicemus cum uerè saxatilibus conferendam esse. Salpa enim est σκληρὰ, ἄχυμος, inquit Athenæus: id est, dura & insuauis, & Archestratus indicat malum esse piscem. Est proculdubio planè ingratus palato & uentriculo, succum malum gignit, ideo uilis est ijs etiam qui eum nouerunt, & à pauperibus solùm emitur. Messis tempore melior est, autore Archestrato, & ex Mitylene: secundum Plinium ex Ebuso. Sunt qui autumno captam præferant, sed malè. nam cùm pisces omnes uterum ferentes meliores sint, salpa æstate grauida melior dicenda est: parit enim autumno, & semel duntaxat, ut priùs dictum est.

Lib. 7.

Lib. 5. de hist. ani. c. 9. & 11.

F

Libro. 8.

Lib. 9. cap. 18.

G Eius nullum usum in medicina comperio. Nam quod citatur à quibusdam ex Plinio: Salpa siue salpes expurgat ulcera in linteolis conceptis. Id non de salpa pisce, sed de nomine mulieris obstetricis, cuius etiam eodem capite bis fit mentio, & alijs in locis, intelligendum puto, ut loci huius is sit sensus: Salpe obstetrix salsamētis (de ijs enim eo loco uerba facit) in linteolis cōceptis expurgat ulcera. Athenæus etiam ex Nymphodoro Syracusio scribit Lesbiā fuisse Salpen, quæ Pægnia condiderit. His addit, ideo quòd uarius sit hic piscis, Locrum siue Colophonium Mnaseam, qui Pægnia conscripsit, à uarietate salpam appellatum.

Lib. 32. cap. 10.

Salpa obstetrix.

Libro 7.

Libro 3. E Oppianus scribit salpas alga delectari, & ob id nassis dispositis in locis algosis capi.

Σάλπαι δ' ἱμαλέοις μὲν ἀεὶ φύκεσσι μάλιστα
τέρπονται, κείνῃ δὲ καὶ ἀγρώσσονται ἰσλώλῃ. Cætera pete ex ipso autore.

A Piscis est in nostra Gallia Narbonensi, qui perappositè Vergadelle dicitur, id est, uirgis siue lineis distinctus. Virgas enim appellamus tenues & lōgos ramos siue baculos, quas Græci ῥάβδους nominant: unde δίῤῥαβδα, duabus uirgis siue lineis distincta: & πολύῤῥαβδα, quę pluribus, ut salpa, & piscis de quo hîc loquimur. Quem non ineptè uirgatum nominabimus à uirgis, quas habet salpæ omnino similes. neque eum à salpa genere differe puto, sed ætate tantùm, ut uirgatus minor sit, neque in eam unquam magnitudinem accrescat, in quam salpa accrescit. Præterea tenuior & rotundior: salpa ueluti compressu extensa, spissaq́, reliquis omnibus similis. (*Plura lege mox in Salpa*

Alius piscis, salpa minor.

Salpa quæ in stagnis marinis degit.) Stagna marina subit hyeme, quo tempore capitur, & uere, alio tempore minime. C E

Salpæ quoq; in stagnis marinis frequentissime inueniuntur, lineis siue uirgis à capite ad caudam ductis parallelis, marinis similes. In stagnis tamen nostris frequentior est ea quæ Vergadelle à nostris dicitur, id est uirgatus piscis: à uirgis, quibus Salpæ similis est, figurâ uerò non item, sed Auratis uel Sparis potius. Sunt enim Salpæ spissiores & longiores, inter Auratas & Lupos mediæ. Ab ijs uirgati nostri neq; partibus internis, neq; saporis insuauitate, neq; carnis mollitie, neq; uictus ratione differũt. sed uirgati in stagno solùm reperiunt, Salpæ & in mari & in stagno.

DE EADEM BELLONIVS.

Inter cæteros pisces non est alius qui suam constantiùs retinuerit antiquam appellationem: siquidem uulgo Græco, Italico & Gallico nihil de priore nomenclatura immutauit: Massilienses tamen Sopi pronunciant. Romani hanc uulgò non Salpam, sed Sarbam uocant. A

Piscium nullus est colore pulchrior, quanquam admodum sit uilis. unde Ouidius, Atq; immunda chromis, meritò uilissima Salpa. B F

Salpas turmatim uidimus ab imo gurgite ad litus marinum ferri, ac deinde algis herbisq; marinis pastas, in mare celerrime demergi. C

Piscis huius moles rarò excedit duas libras: est enim mediocris crassitudinis, oblongus, & latus. Squamas aliorum piscium more gerit, latas & uarij coloris: pinnam utrinq; ad branchias unam, duas sub uentre: aliam in tergore continuam, translucidam, duodecim aculeis præmunitã: Lineam utrinq; in lateribus habet nigram, ac rursus nouem alias rectas coloris lutei: quæ piscem miro artificio, melino colore depingunt. Caudam habet bifurcam, & circa anum pinnam unam, duobus tantùm aculeis fortibus cõmunitam: caput ut Auratæ tornatum: dentes in labijs firmos: in superiore maxilla sedecim, in inferiore octodecim: Os ꝓ corporis mole paruũ, nec labia infarcta, ut in alijs piscibus: Oculos melinos, pupillam nigram: Peritonæum omni nigredine nigrius. Cor pericardio inclusum, triangulare, suo septo ab inferiore uentre separatum: Stomachum oblongum, per uentrem extensum, latum quidem, ut Scari, & ferè semper herbis plenum: Pylorus, stomacho coniunctus, quatuor tantùm apophyses habet, qui stomachũ circundant. Hepar illi est ualde magnum ut Scaro, sed magis ad colorem cinereũ inclinans, in tres lobos partitum. Vesiculam fellis oblongã habet, in dextro hepatis lobo positã. Branchias utrinq; quaternas, sed eas quidem geminas: quamobrem branchias in Salpa sexdecim numerari posse dixeris. Lingua Salpæ est mediocris: uulua usq; ad diaphragma extensa, ouis referta, bicornis. Capitur in Illyria omnibus anni temporibus. Spinas (quas pro costis utrinq; decem habet) falcatas gerit, ad spinam latas, sed ad uentrem mucronatas. Spina autẽ Salpæ, quatuor & uiginti uertebris constat, per quã nerui insignes ad latera protenduntur: qui ex duabus primis uertebris originem ducentes, etiam ad pinnas deferuntur. B (E)

Cæterùm Salpa Scari modo in opsonium apparatur. Carnem habet mollem, fungis quodammodo respondentem, paucas spinulas. F

Si quis eius squamas auferat, eidem lineæ rectæ, luteæ, in cute apparere uidebuntur, quæ in squamis iam apparuerant. Ideo ipsa colorum uarietas non in squamis, sed in cute existere facilè comprobatur, ut iam in Mulo & Rubellione diximus. B

COROLLARIVM.

Archippus masculino genere dixit ὁ σάλπης, his apud Athenæum uerbis: ---- κῆρυξ μὲν ἦν βόαξ, σάλπης δ' ἐσάλπιγξ' ἑπτ' ὀβολοὺς μισθὸν φέρων. sed fictum hoc ab illo per iocum est, ut piscis nomen tanquam uiri efferret, tubicinis uidelicet, alludentibus uocabulis σάλπη & σαλπίζειν. cæteri scriptores omnes fœminino tantùm genere ἡ σάλπη proferunt. nam ubi in Plinio aliqui legunt, Salpes expurgat ulcera linteolis concerptis: legendum est Salpe, (ut rectè nostra æditio habet,) non piscis, sed obstetricis nomen. Σάλπη, piscis, quem & βοῦν, id est bouem, uocant, Hesychius & Varinus: ex Athenæo nimirum, qui Antiphanis ex Operibus marinis uersus hos recitat: A

---- σάλπαι τ' ἰσομήκεις ἰχθῦς. ἅς τε βόας πόρκηες ἁλίζωνοι καλέουσιν, οὕνεκα γαστρὶ φῦκος ἀεὶ ἀλέγουσιν ὀδοῦσι. pro ἀλέγουσι malim ἀλέουσι, molunt. ἰσομήκεις autem, id est æqualis longitudinis fortè ab eo appellantur, comparatione ad alios prænominatos. De Halizonis populis ab Homero nominatis alij aliter senserunt, quorum sententias recenset & reijcit Strabo: ipse populos Asiæ esse putat extra Halyn. Ephorus (apud Stephanum) in maritimis inter Mysiam, Cariam, Lydiamq; eos collocat. alij gentem Ponticam faciunt, Arrianus eosdem Bithynis, &c. ut recitat Eustathius in catalogo nauium, & rursus in quintum Iliados. Rondeletius pro πόρκηες, legit πόρτιες. quod mihi non probatur. nam & carminis ratio repugnat: et si admitteret, πόρτιας in accusatiuo dici oporteret, sicut & βόας. Sed neque βοῦν πόρτιν, coniunctis uocabulis dici puto: & quanuis id dici posset, præstabit tamen πορκῆες legere, (ut βασιλῆες,) id est piscatores, qui retia trahunt. πόρκος genus est retis, de quo plura scripsi suprà in Porcis piscibus: inde πορκεὺς, piscator retiarius, sicut idem à δίκτυον, δικτυεύς. Lycophron πορκέων δίκην dixit, instar piscatorum qui retia trahunt. Sic igitur senserit Antiphanes; Salpæ pisces à piscatoribus Halizonorum boues nominantur.

Crisopleurus, piscis dictus salpa, Syluaticus: melius Chrysopleurus, ab aureo per latera colore. ¶ Salpa nunc quoque salpa uulgò nominatur, Massarius Venetus. Vbique gentium nomen suum retinet, Gillius. In libello quodam Italico memini Salponi legisse pro salpis. Salema Lusitanicum est. Germanicum fingo, **ein Goldstreimer**, à strijs seu lineis aureis: uel circumloquor, **ein art der Meerbersichen mit etlichen gälben strichen durch die seiten/ vom kopf gägen dem hindern teil.** Similiter autem ei uirgatum sed latiorem piscem, (quem in Gallia Narbonensi Virgadellam uocari Rōdeletius scribit,) Germanis interpretari licebit, **ein Streimbrachsmen.** nam uirgis lineis ue aureis, salpam refert: corpore uerò latiore ad auratam seu sparum accedit.

B Salpæ similis nascitur in mari rubro piscis Stromateus appellatus, ut Philon narrat, uirgas habens per totum corpus extensas, auri speciem referentes, Athenæus. Vt salpa piscis πολύῤῥαβδος est, ita seserinus δίῤῥαβδος: hic binis, ille pluribus uirgulis insignis: Athenæus ex Aristotele, ex quo etiam solitarium piscem salpam facit, & dentes ei serratos adscribit. ¶ Salpa piscis non est magnus: coloratior in medio & ex transuerso extat, uentricosus admodū, Platina. A ceruice in caudam per argentea latera, aureæ rubentesque lineæ certis distinctæ interuallis decentissimè eum depingunt, Iouius. Pedalis est magnitudinis, & uirgis quibusdam aureis (luteis, Gillius) ac rubentibus secundum longitudinem describitur, Massarius. Binos in capite lapillos gerit, Kiranides.

Salpæ bilibres ad summum fiunt: aut semper ad libram saltem auctæ apparent: ita ut in nullo alio piscium genere æquè atque in salpis, eadem ferè semper seruari magnitudo uideatur: unde forsan à Pancrate ἰσομήκεις dicuntur, hoc est longitudine pares, ut Hippolytus Saluianus obseruauit.

C Salpa etiam maritimis lacubus gignitur, Aristot. Ouidio adnumeratur degentibus in herbosa arena. Xenocrates alias in alto capi tradit, alias apud litora, ut referam in F. ¶ Vagantur & oberrant piscium maximè qui carne aluntur. (*Addendum hîc Gazæ translationi ex Græco:* Sunt autem carniuori ferè omnes,) præter paucos, ut mugilem, salpam, mullum, chalcidem, Aristot. 9. 37. sed de mullo an carniuorus sit, dubitari potest. Stercore & alga nutritur, Aristot. eam ob causam à Plinio piscem obscœnum dici arbitror. Obscœnum enim turpe immundumque significat, ex ob & cœno compositum. Sic & upupam, obscœnam pastu auem dixit: quam Isidorus quidā in stercore humano commorari, & fœtente fimo pasci scribit. ¶ Produntur clarissimè audire, mugil, lupus, salpa, chromis, & ideo in uado uiuere: Plinius, & Aelianus ex Aristotele. ¶ Salpa æstatis initio locis plurimis, nonnusquam etiam autumno parit, Aristot. Parit semel in anno, uidelicet autūno, paulò ante æquinoctiū, ex Aristotele quinto de historia, Athenæo & Plinio, Massarius.

D Piscis est solitarius, Athenæus ex Aristotele. Pauidus, Oppianus. Natura astutus perhibetur, Iouius.

E Cucurbita capitur: quod ex omnibus uni euenit, Aristot. gaudet enim hac esca, Ex eodē Athenæus. Stercore inescatur, Aristot. Esca fœtida præcipuè capitur, ut stercore, Vuottonus. Ad salpas: Bryon uiride ex saxis oleo interens, usui exponito, Tarentinus de escis. Salpæ (inquit Oppianus) ut algis gaudent, ita eisdem capiuntur, hoc modo: Piscator aliquis per dies quatuor unum ad locum (aliquoties) nauigans, lapides algis circundatos demittit. quinto postea die salpis iam illic congregatis nassam lapidibus obtectis alga immissis ponit, et circa introitum herbas marinas alligat, quibus salpæ aliique herbiuori pisces delectantur. (deinde recedens) ubi iam inclusos pisces senserit, tacitè mox adnauigat, uiris remisque silentibus, & nassam extrahit. Silentiū autem cum ad alias piscationes, tum salparum imprimis utile est, ut quæ natura pauidæ sint, (*& acri auditu, quod Aristoteles tradit.*)

F Salpa piscis circa Ebusum insulam (quæ nunc Euizza uocatur,) sapore commendatur, cum alibi sit obscœnus, id est perniciosus & uitabilis, Massarius. Salpa (inquit Diphilus) dura est & insuauis: melior autem quæ in Alexandria est, & autumno nata, (καὶ ἡ ἐν τῷ φθινοπώρῳ γινομένη:) humidum enim quid, & album, idque non uirosum emittit. Salpæ quæ in alto capiuntur, ut Xenocrates docuit, sapore sunt iucunde, subacri: abundeque nutriunt, nec facilè corrumpuntur: quæ uerò apud litora, carnem habent duriorem, saporisque ingrati, & quæ malum procreat succum, Vuottonus. Salpam piscem Epicharmus non approbans, σκατοφάγον καὶ βδελυχρὸν λέγει, Eustathius ex Athenæo: apud quem βδελυχραὶ legitur, Rondeletius mauult βδελυραί: licebit & βδελυκταὶ legi, una omniū significatione, à uerbo βδελύσσομαι. Σάλπην δὲ κακὸν μὲν ἔγωγε ἰχθὺν εἰς ἀεὶ κρίνω, βρωτὴ δὲ μάλιστα ἐστὶ θεριζομένου σίτου, λάβε δ' ἐν Μιτυλήνῃ αὐτήν, Archestratus. Epicharmus æstate dulces esse scribit. Ex Plinij libro 32. quidam citat, salpam laudatissimum esse piscem: sed falsò. simpliciter enim à Plinio huius libri cap. ultimo Salpa nominatur. Hodie quoque is piscis, qui tam operosè atque eleganter à natura depingitur, ab optimatum mensis ut insulsus & mēdax repudiatur, Iouius. Non est boni saporis. syluestre enim nescio quid sapit. bene exenteratus, sed parua (quantum fieri potest) incisura, assaturam requirit & moretum, Platina. Pisces quos integros uoles, ad focum pones, dempta salpa & lacia, quorum intestinum per branchias euellitur, Idem.

H. a. Epitheta. Σάλπαι σκατοφάγοι, βδελυχραὶ, Epicharmo. Αἰολόνωτοι, Oppiano. Πολύῤῥαβδοι, πολύγραμμοι, & χρυσεόγραμμοι, Aristoteli apud Athenæum. Obscœnæ Plinio.

Mnaseas

Propria. Mnaseas quidam Locrensis uel Colophonius salpæ piscis uarij cognomen apud familiares meruit, propter uarietatem argumenti libri παιγνίων à se conditi: qualem & Botrys uir oriundus è Messana Siciliæ scripsit: & Salpe mulier Lesbia, (& ipsa forsan à iocorum uarietate sic dicta.) Salpæ quidem similis est (ut diximus) stromateus in mari rubro piscis: à quo fortè similiter Clemens theologus Στρωματέων libros ob uarietatem argumenti inscripsit. ¶ Salpiæ Ptolemæo libro 3. cap. 1. Apulorum urbs in Ionio pelago, Salapia Plinio. Salpinæ paludis Lucanus lib. 5. meminit, ea in Apulia est iuxta Salpiam ciuitatem, meretricio amore Annibalis inclytam.

g. Dexter lapis de capite salpæ gestatus, Venerem incitat: sinister remittit, Kiranides: qui & adipe piscis huius ad augendam Venereorum uoluptatem abutitur. eandemq́ ob causam, & amorem ac gratiam conciliandi ergô, sapphirum gestari iubet, in qua sculpta sit struthiocamelus, in ore tenens salpen, &c. libro 4. & alibi.

h. Salpam ceu prouerbiali uocabulo hominem uarium aliquis appellârit, sicut & Mnaseã familiares eius, ut inter propria modò diximus. Huiusmodi etiam apud Græcos prouerbia sunt, Ποικιλώτερος ταώ, ποικιλώτερος ὕδρας: Magis uarius quàm pauo, quàm hydra.

DE SALSAMENTIS, ID EST SALSIS PISCIBUS, EORUMQUE PARTIBUS: ITEM DE INFUMATIS, & inueteratis simpliciter.

A. De Salsamentis hunc in locum cõmunia quædam conferemus. nam quæ ex singulis fiunt piscibus, tum integris inueteratis, tum concisis, suis singillatim tractatur locis. ¶ Altarich est species piscis parui, breuis, ad longitudinem palmi: qui capitur circa ciuitatem Achalat, in regione Persiæ. saliuntur autem hi pisces, & exiccati in diuersas regiones exportantur, ut Syrasi interpretatur, Andreas Bellunensis in Glossis in Auicennam. Apparet autem uocabulũ Græcum esse, tárichos, al articulo Arabico præfixo. est autẽ fortè ex apuarum genere pisciculus. Apuarum quidem pleræq́ species quoniam magna copia capiuntur, & propter paruitatem facile siccantur, sale condiri & reseruari solent. item chalcides & sardinæ. Qui nam pisces rectè commodeq́ sale inueterentur, Galeni uerbis exponetur inferiùs in F. Salmonum segmenta, ut dictum est, saliuntur in doliolis: sed saliti pristinam nobilitatem amittunt, teste Iouio. ¶ Ex salitis palmam omniũ confessione ætate nostra obtinent carpiones ex Benaco lacu, *Carpio Benaci.* qui subfrixi modicè saliuntur. referunt ij troctarum (trutarum) saporẽ, atq; ipsam corporis speciem. nam & pulpæ eorum rufescunt, & argentea tergora uarijs punctis depinguntur. sed quę in troctis nigra sunt, in carpionibus rubra cõspicimus, Iouius in capite de salsamentis. sed qui subfrixi saliũtur pisces, non propriè τάριχοι, id est salsamenta, sunt: neq; diu asseruari possunt. ¶ Haringi (uel Harengi, alij aliter scribũt) *Haringi.* uulgò dicti ex Oceano Germanico mittuntur salsi, uel cum muria sua: uel statim infumati & aridi. Videtur aũt à Græco nomẽ hoc sumptũ, ut haringus, quasi harichus, & h. in t. conuerso tarichus dicatur. Fumo inueteratũ aliqui recentiores passum appellant, *Passum.* quòd aliquãdiu passus sit fumũ: sicuti uua passa apud ueteres dicitur, quæ diutius passa est solem. A patientia nomẽ acinis datur passis, Plinius. Psythia passos de uite racemos, Vergilius. Passum (uinũ) nominabant, si in uindemia uuã diutius coctam legerent, eamq́ passi essent in Sole aduri, Varro de uita pop. Rom. Passum fieri certum est ex uua quã Græci sticam uocant, nostri apianã: item scirpula, diutiùs in uite Sole uuis adustis, aut feruente oleo, Plinius. Ego sicca- *Infumatum.* tos fumo pisces, infumatos potiùs dixerim. quoniã passum de solis uuis reperio in ueterum scriptis. Hilas infumatas & sumen apud Plautũ legimus. aliqui hillam l. duplici scribũt, & Acron salsum intestinum hirci interpretatur. Aliqui putãt esse intestinũ porcinum, fartum alijs intestinis: quod nostri **Schüblíng**, uel **Klobwurst** appellant. Græcè καπνιστὸς appellare licebit, sicut & κρέα καπνιστὰ Athenæus memorat. Τάχα δ' ἂν ἢ τὸ καπνίζειν εἴποις ἂν τῶν τῶν μαγείρων, ὡς καὶ Δημοσθένης εἰπών: Καπνίζειν ὀψοποιουμένους (ὄψα pisces sunt, κατ' ἐξοχὴν) τοὺς πώλας, Pollux. ¶ Ex lacustribus piscibus in Heluetijs saliri & infumari solent Albularũ (ut nos uocauimus) quædam species, præsertim mediocres, & minimæ: item Leucisci illi quos Galli Vendosias uel Dardos uocant, qui & fluuiatiles & lacustres sunt: & trutarũ genus exiguũ, quos **Rötele** à colore rubicundo uocitant. qui quoniam mollis sunt carnis, infumati minus indurantur, habenturq́ in delicijs. Circa Oceanũ Germanicum in Dania præsertim, Asellorum genus **Ponuchell** uocant: ex quorum maximis faciũt **Stockfisch** & **Rauchfisch**: id est alios Sole & aëre, alios fumo indurãt. ¶ Κολίαι, σαπέρδαι, λέσβιαι, ἄμυλλοι, Pollux de salsamẽtis agens: lego λεβίαι ἢ μυλλοί. Nos de lebijs in Dolcano & Hepato diximus. De myllis uerò, alijsq́ nõnullis salsamẽtis, in Myllo Elemẽto M. Ταρίχη (ἢ τεμάχη) σκόμβρων, κεστρίνων, κύβων, θυννίδων, nominanẽ à Polluce. ¶ Τιλτὸν τάριχος: Vide suprà in Lepidoto, Elemẽto L. *Τιλτός.* Thynnis præcipuè fora omnia & tabernæ salsamentariorũ replent, Iouius. Quæ quidẽ ex thynnis, eiusdẽq́ generis piscibus (ut pelamydibus, orcynis,) ad salsamẽta pertinẽt, omnia referemus infrà in T. (de Cybijs quidẽ & Melãdryis, in C, & M. dictũ est.) Itẽ quę ex Scombris, suo loco. De Coraxo et Encatera in Corace. De Lacertis & Colijs iã dictũ est. itẽ de Sturione, in Acipensere: deq; Husone, in Antacęo. de Heminiro siue Heminero in Corollario de Coracino A. Heminirus qd differat ab Hemitaricho Archestrat. explicat, Athen. Λυκόστομον ὄντα ἡμιτάριχον, legimus apud Aelian. 13, 2. Nostri dicũt **Saat troechen**. i. nõ omino, sed aliqua ex parte siccatũ aut inueteratũ,

Sunt qui dicant τάριχον accipi pro pisce, sed uili putrique, qui idem sit aphya, Erasmus in prouerbio Si non adsint carnes. Nostræ ætatis Græci pisciculos salsos uulgò garos uocant, Gillius. Circa Verbanum lacum omne genus paruorũ piscium in Sole siccant, maximè uerò perculas. Incolę regni Calechut piscibus Sole exustis uescuntur, Ludouicus Romanus. Ichthyophagos legimus pisces in Sole arefactos seruare, iisque tritis farinam ad fercula & panificia sua conficere. Τάριχος Ἀντακαῖον εἴ τις βούλετ᾽, ἢ Γαδειρικόν, Βυζαντίας δὲ θυννίδος ὀσμαῖσι χαίρει, Antiphanes.

A regionibus denominata. A Polluce nominantur salsamenta (ταρίχη) Pontica, Phrygia, Aegyptia, Sardôa, Gaditana, (Γαδειρικά.) Sunt autem Gaditanæ ex orcynis, id est thunnis maioribus, qui circa Gadira insulam capiuntur: ut in Thunno explicabitur. Cũ Lucullus Romæ nimium suas opes ostentaret, Cato indignabatur & clamabat, quòd aliqui Romę τριακοσίων δραχμῶν κεράμιον ταρίχων Ποντικῶν ὠνήσαντο, Athenæus. Archestratus saperdam uocat opsonium Ponticum. En saperdam adueho Ponto, Iuuenalis. Salsamenta præstantissima Sardica sunt, hodie Sardas uocant, (*de quibus mox, Capite proprio*:) & mylli qui ex Ponto aduehuntur, Galenus. Vide in Myllo elemento M. Non probo Cornarij sententiam, qui μῆλα (ut alibi codex Galeni deprauatus habet,) ouiculas interpretatur, nec alias esse putat, quàm cordylas ab alijs dictas, hoc est fœtum thynnorum. Ταρίχους ξενικοῦ πλείονα γένη, Atheneus libro 12. Elephantinum salsamentum nominatur ab Athenæo, nec explicatur, &c. ut pluribus scripsi in Elephanto quadrupede F. Salsamenta omnium generum in Italia Beneuenti recentia effici constat, Plinius. Βυζάντιον τέμαχος ὑποβαπτιζόμενον, Γαδειρικόν θ᾽ ὑπογάστριον παρεστάτω, Philetærus. Hippocrates in libro de internis affectionibus de primo splenis morbo scribens, salsamenti Gaditani meminit. Μενδήσιός θ᾽ ὡραῖος, ἀκρόπαστος, εὖ Ξανθαῖσιν ὀπτὸς κέφαλος ἀκτῖσιν πυρός, Sopater Paphius. Mendesia salsamẽta (inquit apud Athenæum Vlpianus) ne canis quidem insanus gustaret. Idem meminit τῶν καλῶν ἡμινέρων, καὶ τῶν ταριχηρῶν σιλούρων. ¶ Τάριχος ὡραῖον, ὡροτάριχος, ὡραῖα τεμάχη, apud Polluce͂ leguntur. Sexitana salsamenta è lacerto, uel colia lacertorum generis sunt. Vide in Corollario de colia.

Horea. Quæ cybia dicuntur atque horęa, inter macra (ἀπίονα) salsamenta præstantissima sunt: ut inter pinguia, cordylæ & thynnęa, Diphilus. Ὡραῖα quidem dicta uideri possent tanquam pulchra & speciosa: nam & τῶν καλῶν ἡμινέρων apud Athenæum mentionem esse diximus. sed in thynno ostendemus horæa modestiore elegantioreque uocabulo pro uræis dicta, παρὰ τὴν οὐρὰν: id est, à cauda. sunt enim salsamenta de partibus caudæ proximis è Pelamyde magna.

Omotarichus. Omotarichum aliqui cetema (κήτημα) uocant. est autem graue, uiscosum, & difficile cõcoctu, Diphilus. Omotarichus caro est thynni salsi, (τεταριχευμένου,) Dioscorides. Cuius interpres Marcellus Vergilius: Quem composito (inquit) ex crudis thynnorum carnibus, & salsura, nomine omotarichon hic nominat, cæteri omnes simplici plerunque tarichum dicunt. Sed miretur aliquis cur thynni tantùm caro inueterata omotarichus dicatur, cum cæteræ etiam carnes ac pisces, & quæcunque ferè salsa reponuntur, cruda saliri soleant. an fortè cruda præ cæteris edebatur? ut harengos & salmones, (infumatos præsertim,) aliqui crudos ingerunt. Ὠμοτάριχον ἐῶν χαίρειν φοινίκιον ὄψον, Matron Parodus. Πίναξ ὁ πρῶτος τῶν μεγάλων ἥκει ὅσπερ ἔχων ἐχῖνον ὠμοτάριχον, κάππαριν, Nicostratus apud Athenænm. Ὠμοτάριχος τρίγλη χαλκῶν, τὸ κύβιον τριωβόλου, Alexis.

Oà táricha. Oataricha ex ouis piscium salsis conficiuntur: uulgò Itali Cauiaria uocant. Græci nostræ ætatis corruptè Botaricha nominant: quæ quidem ipsa inter lautissimos cibos numerantur, Gillius. Ego τάριχος adiectiuè legisse non memini. proinde non τάριχα, sed τεταριχευμένα ᾠὰ dixerim. Vide etiam suprà ab initio O. elementi. Apud Aelianum tamen in Animalium historia, in Tritone & alibi ταριχὸν oxytonum reperio adiectiuè, si rectè scribitur. Et Cæsar Scaliger quoque oà tarichà scribit, apud quem plura leges scita cognitu in opere de subtilitate 303.3. Piscium & salsamentorum oua omnia, nec concoquuntur facilè, nec facilè corrumpuntur: præsertim uerò pinguiorum & maiorum. duriora enim permanent & tenaciora, (ἀδιαίρετα,) γίνεται δὲ δύσομα μεθ᾽ ἄλλων σβεσθέντα (corruptũ uidetur uocabulum) καὶ ἐπιπηχθέντα, Diphilus apud Athenæũ lib. 3. cuius uerba Græcè ab initio sic sonant: Τὰ τῶν ἰχθύων καὶ τῶν ταρίχων, &c. uidetur autem καὶ abundare: ut meliùs ita uertamus: Piscium inueteratorum oua omnia, &c. Quæ uulgò dici solent oataricha, id est oua salsa inueterataque, abdicandi sunt usus. Nunc oua piscium salita in offas aut in pastillos durata, inclusaque membranulis, ᾠὰ τάριχα dicuntur, inter lautissimos recepta cibos, Hermolaus. Ὥσπερ οἱ τὰ ᾠὰ τέμνοντες, καὶ μέλλοντες ταριχεύειν, Suidas ex innominato. Oua raticon (*corruptum est uocabulum pro taricha*) id est oua piscis salita, quæ nostro idiomate uocantur oua nataxachi: Syluaticus, citans Paulum de dentibus & gingiuis sanguine manantibus: ubi ego iam nullam de his ouis mentionem reperio.

Tyrotarichus. ¶ Patella tyrotaricha ex quocunque pisce salso uolueris, describitur Apicio lib. 4. cap. 2. Casei genus in ollis condiri solitum, unde & nomen ei apud Germanos nostros, si quis tyrotarichum appellârit, non faciet ineptè. ¶ Circa Balthicum Oceanum pisces plani potissimùm siccari solent, passerum & raiarum generis: nam cum plano tenuique sint corpore, siccantur faciliùs. item asellorum genera uaria. & hæc omnia sine sale: aëre tantùm & Sole. ¶ De salsamentorum garo, muria, liquamine, alece, suprà (suis ferè locis literarum) scripsimus.

F Salsamenta & apud Græcos in honore fuerunt: & Romani etiam eis plurimum studuerunt, ut ex Plinio licet coniectare, Iouius. Athenienses salsamentorum adeò studiosi fuerunt, ut ciuitate

ciuitate etiam donarint Chærephili tarichopolæ filios, &c. (ut in Scrombo referam,) Athenæus. Vide Brasauolum in libro de purgantibus medicamentis.

Ex Vuottoni de animalium differentijs libro 8. cap. 187. Salis facultatem tradunt medici *Ex Galeno.* compositam esse. humores etenim corporum excrementitios digerit extenuatq́ue, & corpora ipsa in sese cogit atq; condensat. Quæ igitur corpora sua natura sunt sicciora, hæc sale aspersa redduntur ob nimiam siccitatem cibo inepta: quorum uerò caro dura est & excrementosa, ea ad saliamenta erunt idonea. Excrementosa autem uoco, quæ succum in sese continent pituitosum undique consperſum. & hic quidem quò fuerit copiosior crassiórque, eò melior caro, si sale adseruatur, euadet. Quorum autem mollis admodum fuerit, aut impensè sicca caro excrementorúmque expers, ut saliantur inepta sunt. Mollium itaque carnium pisces (quos *μαλακοσάρκους* uocant,) & qui excrementis uacant, ut salsamenta ex illis fiant, minimè sunt idonea. Huius generis sunt qui saxatiles uocantur, atque aselli, qui in puro mari degunt. sed neque mulli, quòd dura sit eorum caro, excrementisq́ue uacua, sale inueterantur. At coracini, mylli, pelamydes, & præterea sardæ sardenæq́ue, & quæ Sexitana uocantur salsamenta, atque id genus alia. Adhæc inter ea quæ in puro mari degunt, quæ *κητώδη*, id est cetacea uocantur, ut balenæ, delphini & phocæ, (*item canes pisces cetacei*) cum sale condiuntur, euadunt meliora: ut quæ carnem habent excrementitiam omnia. Huic generi proximè accedunt magni thunni, quos melandryas, tritones, chelidoniasq́ue uocari diximus. sale nanque huiusmodi pisces cum condiuntur, euadunt seipsis meliores. Præstantissima autem omnium, quæ mihi certè experiri licuit, sunt quæ à ueteribus medicis Sardica uocantur salsamenta, hodie sardas uocant: & qui nunc ex Ponto afferuntur mylli. Secundum uerò ab ijs locum obtinent coracini, pelamydes, & quæ Sexitana uocantur, Hæc Galenus (*pleraque libro 3. de aliment. facultat. cap. 41.*) Idem Vuottonus paulò pòst: Salsamenta omnia (inquit) quæcunque ex sale duriora euadunt, ac ueluti neruosa coriaceáque, concoctu sunt difficilia. at contrà, quæcunque extenuatis digestisq́ue à sale crassioribus lentisque excrementis tenuium redduntur partium, eadem ipsa in cibo crassos ac glutinosos humores extenuant.

Omnis generis salsamenta sanguinem inflammant, bilem augēt, & stranguriis obsunt. his uerò qui multa insulsa pituita repletum habent stomachum, siccando detrahendoq́ue auxiliantur. immoderatè uerò his utentes, uel senes ipsos, uehementer ad Venerem incitare, pleriq; authores tradiderunt, Iouius. ¶ Ex Brasauoli in Galeni libros indice. Cum salsamentis ex Ponticis illis quæ *μῦλλαι* (lego *μύλλοι*) appellantur, apparata cucurbita, fit cibus suauissimus, libro 2. de alim. facult. Salsamentum uentrem mollit, In Consilio pro puero epileptico. Salsamentum citra panem edat spleneticus, libro 9. de composit. secund. locos. Salsamenta omnia pruritum mouent, In libro notho de Cathart. ¶ Celsus author est salsamenta omnia, minimè quidem intus uitiari, (*id est, in uentriculo minimè corrumpi,*) sed mali succi esse, aluum mouere. ¶ Saliti pisces (*οἱ ταριχευθέντες ἰχθύες*) calidi sunt & sicci, crassosq́ue humores incidunt & extenuant, & magis si boni sint succi. At qui dura carne sunt, cum saliti sunt, maiore præditi sunt malitia.

Sunt qui tradant cauendum esse à salitorum piscium usu, postquam uena alicui incisa est, hoc est, post phlebotomiam: alphos enim, hoc est uitiligines & scabiem sæpe gignunt, Symeon Sethi. ¶ Olerum & salsamentorum genera propter mordacitatem aliqui stomacho noxia putant, tanquam glutinosa tantùm & astringētia ei conueniant: ignorantes quòd multa ex illis quæ excretiones (*mordacitate nimirum sua*) iritant, stomacho apta sunt, ut sisarum, beta alba, &c. hæc autem in prima mensa sumi oportet, ut & alia aluum subducentia, & concharum genera, *καὶ πέψεως τέλειον καὶ μὴ βρωμώδη*, Daphnus Ephesius medicus apud Athenæum. Salsamenta, quæ è marinis, lacustribus & fluuiatilibus (piscibus) fiunt, parum succi habent, parce nutriunt, inflammant, (*καυσώδη*: Vuottonus uertit, sitim faciunt,) aluum cient, appetentiam ciborum iritant. optima uerò ex non pinguibus, sunt cybia, (*&c. ut in Thunno referetur,*) Diphilus. Circa Alexandriam abundat elephantiasis, propter caliditatem aëris & uictum. uescuntur enim athara, lente, cochleis, & salsamentis multis, & asininis carnibus, alijsq́ue huiusmodi crassum ac melancholicum succum gignentibus, Galenus 2. ad Glauconem. In maritimis etiam Germaniæ tractibus permultos reperiri audio, quorum facies tumidior & rubicunda elephantem præ se fert: nam & alimentis crassis & mali succi utuntur, tum alijs tum salsis, ex suibus & piscibus diuersis: ac insuper cereuisia (quæ zytho Aegyptiorum respondet) copiose se ingurgitant.

Si hydrops à splene fuerit, æger obsonium habeat salsamentum Gaditanum, aut saperdam, Hippocrates in libro de internis affectionibus. ¶ Ignea uis salso est, qui non bene concoquit, illum Non edat, & Bacchus niq; sit apta Ceres, Baptista Fiera sub lemmate Piscis salsus. ¶ Salsamenta omnia lauare oportet, donec aqua insipida ac dulcis reddatur. quod è mari (*in aqua marina*) quidem coctum salsamentum dulcius fit: idémque calidum, suauius fuerit, Diphilus. *τὸν σαπέρδην ἀποπλῦναι χρὴ, καὶ καταπλῦναι, καὶ κατακλύσαι, καὶ διαπλῦναι*, Pollux ex Aristophane. Salsamenta hæc Stephanio, fac macerentur pulchré, Terentius Adelphis. ¶ Vinum & salsamentum euanescunt uetustate, Cicero 2. de diuinatione.

oo

Quin & è muria salsamentorum recoquitur sal, iterumq; cōsumpto liquore ad naturam suam redit: uulgò è mænis iucundissimus, Plinius.

G Remedia quædam ex salsamentis, in F. iam prædicta sunt: ut, quòd aluum moueant, appetitum & sitim excitent, pituitosos humores extenuent, à uenæ sectione noceant, Venerem prorītent. Blasius Astariensis pisciculos uulgò dictos Ancludes commendat in curanda phlegmatica febri. ¶ Omotarichus salsi thynni caro est, uiperæ quam prestērem dicunt morsibus in cibo subuenit. in quo usu oportet quamplurimum sumere, & ad uinum copiosum superbibendum cogere, ut ita uomitus prouocetur. idem maximè cōuenit ad drimyphagias. (*Marcellus* uertit ad uomitiones quæ ciborū acremento quæruntur: quod magis probo, quàm quod Ruellius: Cōtra acrimonias esitatorum maximè ualet: uel quod Hermolaus, Acrimoniam esculenti quærentibus longè commendatissimus est.) Vtiliter postremò canum morsibus imponitur, Dioscor. 2. 30. Videtur autem eadem non solum à thunni, sed aliorū quoq; plerorunq; pisciū salsorum carnibus præstari. quamobrem hoc in loco, qui de salsamentis in genere est, recitare uoluimus: eademq; ratione & alia quædam ex certorum pisciū salsamentis remedia, (quæ fortè obuia fuerint: omnia enim huc conferre prolixum erat,) hîc memorabimus. E siluro salso remedia, infrà ex eius historia petes. Quem Dioscorides (inquit Marcellus Vergilius) omotarichon hîc nominat, cæteri omnes simplici plerunq; nomine tarichon dicunt. Aegineta in capite de uomitione sumi iubet τὰ δριμύτερα, id est acriora, inter quæ obiter ab eo numerantur raphanus, eruca, salsamentum uetus, origanus uiridis, cepe & porrum. Et in capite de elephantiæ curatione: Δριμυφαγήσαντες δὲ ἐμείτωσαν, ἀπὸ ῥαφανίδων καὶ σιτίων. Vbi etiam in cibo elephantiacis permittit salsamentum uetus medicamenti loco. Smaridis piscis caro prodest à scorpione percussis, aut à cane demorsis, sicut & omne salsamentum, Dioscor. ¶ Tela extrahunt salsamentorum carnes, Plinius. ¶ Diuturnos frequenter dolores leuat salsamentum, & encatera dictum & coriax, Trallianus in curatione hemicraniæ. Carbunculos coracinorum salsamenta illita discutiunt, Plinius. Cybia uetera eluta in nouo uase, deinde trita, prosunt doloribus dentium, Idem. Et alibi: Morbo regio medetur salsamentum cum pipere, ita ut reliqua carne abstineatur. ¶ Sunt & seruatis piscibus medicinæ: salsamentorumq; cibus prodest à serpente percussis, & contra bestiarum ictus mero subinde hausto, ita ut ad uesperam cibus uomitione reddatur: peculiariter à chalcide, cerasle, et quas sepas uocant, aut elape dipsadè ue percussis. Contra scorpiones largiùs sumi sed non euomi salsamenta prodest, ita ut sitis toleretur: et imponere eadem plagis conuenit. Contra crocodilorum quidē morsus non aliud præsentius habetur. Priuatim contra presteris morsum sarda prodest. Imponuntur salsamenta & cōtra canis rabiosi morsum: uel si nō ferro ustæ plagæ, corporaq; clysteribus exinanita, hoc per se sufficit. Et contra draconem marinum ex aceto imponuntur. Idem & cybij profectus, Plinius 32. 5. Fistulæ aperiuntur siccanturq; salsamentis cum linteolo immissis: intraq; alterum diem callum omnem auferunt: & putrescentia ulcerum, quæq; serpūt, emplastri modo subacta & illita. panis uerò prosunt salsamenta cocta. Carbunculos uerendorum priuatim salsamenta cocta cum melle restringunt: Vuottonus, ex Plinio nimirum.

E salsamentis ustis remedia. Carbunculos discutit mullorum salsamenti cinis, Plinius. Carne salita & usta salmonum ad ulcera capitis manantia rectè nos uti posse arbitror, Rondeletius. Salsamenta usta & cybia dentium doloribus commoda esse tradit Galenus circa finem quinti de compos. sec. locos. item Plinius 32. 7. Salsamentorum (inquit) fictili uase combustorum cinis, addita farina marmoris, inter remedia est: & cybia uetera eluta in nouo uase, deinde trita, prosunt dentium doloribus. Aeque prodesse dicuntur omnium salsamentorū spinæ combustæ, tritæq; & illitæ. Sardas uel salsamentum sine osse exustum & confrictum appone uaricibus, statim prodest, Marcellus.

H. a. Salsura, idem quod salsamentum. Columella octauo, Nulla tamen æquè quàm prædictæ salsuræ pabulum commode dantur, quoniam odorata sunt. Idem frequenter duodecimo. Apud Plinium cybia uetera legimus, pro sale conditis, quæ alibi inueterata, alibi seruata nominat. ¶ Nomina quædam in os, modò masculino, modò neutro genere sub una terminatione usurpantur, ut ἄφενος, ὄσσος pro oculo, σκότος, ὄνειδος, χεῖος: & τάριχος quoq; secundum Herodianum, qui & authorum testimonia profert: Menandri, Ἐπέπασα τὸ τάριχος ἅλας: Philippidæ, Τυρὸς καὶ ταρίχος: Aristophanis, Ἐπὶ τοῖς ταρίχει τὸν γέλωτα κατέδομαι: Eiusdem, τάριχον τουτὶ πλύνω, Eustathius in primū Iliados. in Odysseæ uerò alpha, ὁ τάριχος & τὸ τάριχον dici scribit, sicut οἱ σάλοι & τὰ σάλα. apud Suidam quoque inuenio, τάριχα, ὄψα πολυτελῆ, (id est piscis preciosi:) & apud Aeginetam in uictu elephantiacorum, τάριχον παλαιόν, in recto singulari. Athenæus quidem multa super hoc uocabulo proferens, τάριχον ut ξύλον genere neutro positum non memorat, nec ego approbârim, quandoquidem authorum idoneorum testimonia desunt. Suidas grammaticus, non author est: Aeginetæ codex sæpe uitiatus. Attici (inquit Athenæus) τὸ τάριχος genere neutro dicunt, ut genitiuus sit ταρίχους, datiuus ταρίχει, (ut flectatur sicut ξίφος:) Iones uerò & Dores, & Atticorum quidam, masculino ὁ τάριχος, (sicut λόγος.) Ταρίχους Ποντικοῦ Cratinus dixit. Alia multa authorū loca Athenęus in tertio recitat. ¶ Ταρίχιον, diminutiuū, apud Laërtium lib. 2. in Menedemo. Χειρὸν τὸ ταρίχιον, Aristophanes in Pace: & alij apud Athenæum. ¶ Τάριχος, παρὰ τὸ ἐν τῇ ταριχείᾳ ἴχνεσθαι (forte ἰσχνοῦσθαι:) ἢ παρὰ τὸ γάρον (γάρος) ἔχειν, gamma mutato in taû, quasi γάριχος, τάριχος, κρέας ἁλσὶ πεπασμένον, παρὰ

παρὰ τὸ εἰς γάρον διαχωρίζεσθαι: id eſt, inde ſic dictum, quòd eliquetur & reſoluatur eius humiditas in garum, Varinus & Suidas: apud quos tamen deprauata ſunt quædam. ¶ Σαργάναι, τάριχοι, καὶ ἡμίσειαι, ἢ διημίσειαι, ἐαριναί, χρηστὸν τάριχος, πονηρὸν τάριχος: σαργάναι ὡραῖαι, καὶ σαπραί, Pollux. Σαργάναι ſportulæ ſunt, in quibus nimirum componi uehiq́ ſalſamēta ſolebant. Ἐν σαργάνοις (niſi legendum σαργάναις) ἄξω τάριχος Ποντικός. uidetur autem per ſynecdochen ad ipſa ſalſamenta id nomen tranſlatum. Σαργάνη, σκεῦός τι ἐν ᾧ ἐφέροντο οἱ γαλαθηνοὶ χοῖροι, Euſtathius. Probabile eſt etiam ὡραίας & σαπρὰς opponi: quemadmodum proximè antè χρηστὸν & πονηρὸν τάριχος: ut ſalſamenta σαπρὰ ſint, putida ſeu fœtida propter uetuſtatem ſcilicet: ὡραῖα uerò, id eſt matura, quæ neque recentiora neque uetuſtiora ſunt, quàm par eſt: ut alia ſint ὡραῖα ſalſamenta ſegmentáue, quæ de piſcium caudis ſumuntur, & ipſa ὡραῖα dicta κατ᾽ εὐφημισμὸν ut ſuprà monuimus. eſt enim ὡραῖον medium inter πρόωρον, τὸ πρὸ τῆς ὥρας καὶ νεαρόν: & ἔξωρον τὸ παρηβηκὸς καὶ γηράσαν. Σαπρίας οἶνος, ὁ σαπρός, ὃ ἐστι γέρων, μεταληπτικῶς, Euſtathius.

τάριχος primam breuem, mediam productam habet, ut ex uerſibus non paucis, qui uel iam citati ſunt, uel paulò pòſt ſequentur, apparet. Ἆρ᾽ ἂν φάγοιτ᾽ ἂν καὶ ταρίχους ὦ θεοί, Chionides. Item, Ἐπὶ τῷ ταρίχει τῷδε τοίνυν κοπτέον. ¶ Ὡραῖα τεμάχη, Pollux: apud quem aliquoties τεμμάχη non rectè per m. duplex ſcribitur. dicitur autem propriè τέμαχος (genere neutro ut τεῖχος) de piſcibus, (à uerbo τέμνειν, ut Latinis ſegmentum à ſecando:) item de placentis: de carnibus uerò non item, Ariſtophanis Scholiaſtes in Nubibus. In Varini uerò lexico ſic legimus: Τέμαχος carnis, panis, aut placentæ non dicitur, ſed tomus, τόμος. piſcium enim duntaxat τέμαχος eſt. Πολύ τι χρῆμα τεμαχῶν καὶ κρεῶν ὠπτημένων, Ariſtophanes in Pluto: qui ex eo quòd κρεῶν ſubiunxit, τεμαχῶν de piſcibus accipiendum inſinuat. Hinc apparet corruptum apud Suidam locum in Τεμάχη, ex Varino aut Ariſtophanis Scholiaſte reſtituendum: ut de piſcibus propriè τεμάχη dicantur, (fortè etiam placentis,) de carne non item, de caſeo quidem & alijs, τόμος dicitur. Κεστρῶν τεμάχη μεγάλων, Ariſtophanes in Nubibus. Τεμάχη, τὰ κόμματα τῶν ἰχθύων, καὶ τέμαχος ἰχθύς. ἰδίως δὲ τεμαχίτας ἰχθῦς, τοὺς μεγάλους ἢ κατακοπτομένους, Varinus. Ἔνθεὶς τὸ τέμαχος, λευκὸν οἶνον ἐπιχέας, Alexis. Κεστρῖνος, τὰ τομία καὶ τεμάχη τῶν ἰχθύων, Etymologus. Ἐλθὼν τε πρὸς τὸν τεμαχοπώλην πρίαμαι, Antiphanes. Hinc uerbum τεμαχίζειν apud Galenum. Et τεμαχίσκοι κωβιοὶ ἐκ λοπάδος, à Machone nominati. Ἀλλὰ λάβε ξιφίου τέμαχος Βυζάντιον ἐλθών, Οὐραίου τ᾽ αὐτὸν τὸν σφόνδυλον, Archeſtratus. Quanquam autem etiam recentium piſcium τεμάχη, id eſt, partes & ſegmenta eſſe ac dici poſsint, de ſalſis tamen plerunq; accipi puto. Erunt igitur temachi uel temachitæ piſces maiores, & ferè cetacei, ut thynni & ſimiles, alijq́ non parui qui in fruſta diſſecti inueterantur. Iidem ab alijs, ut conijcio, τμητοὶ uocant. Maiorum piſciū genus (inquit Mneſitheus) ab alijs τμητὸν, ab alijs pelagium appellatur, ut auratæ, glauci, phagri. τμητοὺς interpretatur Vuottonus, qui uel conciſi in patinis miniſtrētur, uel diſſecti ad ſalſamenta adhibeant. Etſi uerò Græci tomū de piſce nō dicant, Latini dicunt. Canis marinus à Plinio, etiā tomus Thurianus (ut ego quidē primus cōperiſſe ſuſpicor) appellatus eſt. Athenæus et Thurionē ſiue Thurſionē dici obſoniū hoc Latina līgua ſolitū affirmat, ſuauiſsimūq́ id ac laudatiſsimū fuiſſe, Hermolaus in Coroll. Idem in Plinij librū 32. Marinus canis eſt (inquit) cuius fruſta Romæ Thuriani tomi ſiue pulmenti nomine uendebant tribus obolis in libras. hoc & Thurſionem dici ſolitum affirmat Latina lingua, (&c. ut recitaui in Corollario de Gladio A.) Hæc ille tanq; ex Athenæo: apud quē lib. 7. in mentione Carchariæ canis, hæc ſolū uerba legunt: Τούτου τοῦ ἰχθύος μέρος ἐστὶ καὶ ὁ ὑπὸ Ῥωμαίων καλούμενος θυρσίων, ἥδιστος ὢν καὶ τρυφερώτατος. nō igitur ab Athenæo (ne quis fallat) uel tomus uel pulmentū Thuriana nominant. Tomus Thurianus, quem alij xiphiā uocāt, Plinius 32. 11. nec alibi uſquā horū uocabulorū, (tomi, inquā, pulmenti & Thuriani,) uel ſeparatim, uel iunctim, mentionē ab eo factā arbitror: ut neq; ab ullo idoneo ſcriptore pulmentū pro piſce, aut eius parte poſitū. Nō reprehendo Barbarū, doctiſsimū uirū, cuius etiam memoriā ueneror: ignorantiā meam profiteor: quā niſi quis mihi diſpulerit, ſegmentum potiùs q̃ pulmentū piſcis dixerim: quanuis etiā qui ſegmentū de piſce acceperit, authorē nō habeo. ſed inuitat analogia & uis uocabuli, à uerbo idē Latinis ſignificāte deducti, quod Græcis τέμνω: à quo τόμος ac τέμαχος fiunt. Licebit & fruſta piſcis dicere, ſicut caſei et lardi ac aliarū rerum fruſta apud claſsicos ſcriptores legimus. His ſcriptis reperi apud Athenæū circa finem libri ſexti, de obſonio (ſic enim uocat) Thuriano locū à Barbaro cōuerſum, his uerbis: Ῥουτίλιος Ῥοῦφος (ὁ τὴν πάτριον ἱστορίαν γεγραφώς) παρὰ τῶν ἁλιευόντων αὐτοῦ δ᾽ ὀβολῶν τριωβόλου τὴν μνᾶν τοῦ ὄψου, ἢ μάλιστα τοῦ θουριανοῦ καλουμένου ὠνεῖτο. μέρος δέ ἐστι τοῦτο θαλασσίου κυνός, οὕτω καλούμενον.

Τμάχη, τόμοι.

ταριχεύειν Suidas interpretat τήκειν, ξηραίνειν: id eſt, liquefacere, exiccare: & cū propriè ad ea pertineat quæ ad cibū inueterant, transfert etiā ad hominē, qui macie cōficit et immoderata abſtinentia deſiccat. ταριχεύειν νεκρόν, et factū ipſum ταρίχευσις: et q hoc faciūt homines, ταριχευταί, apud Herodotū legunt, ubi de Aegyptijs ſcribit, corūq́ medicādi ſeu cōdiēdi & ſeruādi funera more: quā de re elaboratus P. Bellonij liber extat. Χρῶνται δ᾽ Αἰγύπτιοι τῇ ἀσφάλτῳ πρὸς τὰς ταριχείας τῶν νεκρῶν, Strabo li. 16. Zûchis urbs Africę purpurificiū habet, & uarias piſciū cōdituras, πορφυροβαφεῖα ἢ ταριχείας παντοδαπάς, Strab. li. 17. ταριχηρὸν adiectiuū eſt, ut κρέα ταριχηρὰ Arriano, Suid. Videt aūt Græca nomina adiect. in ηρός oxytonū terminata, deriuata à ſubſtātiuis, ſimiliter ſe habere ut Latinis deriuata in arius: cuiuſmodi ſunt, ἐλαιηρός, οἰνηρός, ὑδατηρός, olearius, uinarius, aquarius: uſurpariq́ cū

Deriuata à Τάριχος.

aliâs, tū de uasis, ut uas oleariū dicimus, & salsamentariū, σκεῦος ταριχηρὸν Græcè. οἰνηρὸς θεράπων, apud Anacreontē, à poculis minister. οὐδ' ὀξύβαφον οἰνηρὸν ἔτι κεκτήσεται, Cratin. μήτε κρωσσοὺς μήτ' οἰνηρούς, μηθ' ὑδατηροὺς λιπεῖν ἀφνειοῖσι δόμοισιν, Aeschylus, ut citat Poll. 6.3. ¶ Ἰχθῦς ταριχευτὸς apud Symeonē Sethi pro τεταριχευμένος. ¶ Apud Aelianū in animaliū historia, ut in Tritone et alibi ταριχὸν oxytonum reperio adiectiuè, si rectè scribit, similiter & τόμος substantiuū est, τομὸς adiectiuū. ¶ Ἡμιτάριχος uide suprà in A. ¶ A ταριχεύειν fortassis etiam dictum est uerbū ταρχύειν, quod est curare funus: & τάρχανον, sepultura, exequiæ: item τάρχεα, ταρχήματα, in Lexicis. ¶ Τέρσειν siccare est Græcis, & simili uerbo Germanis terren: inde ταρσός, uel Atticè ταῤῥός, καλαθίσκος τυροποιϊκός: Calathus in quo caseus suspensus siccatur: & fortè ab eodem uerbo etiam τάριχος fit. Tarichum, id est, inueteratum nostri digen uocant, forsan à taricho Græco per syncopen, quasi darigen. alij quidē Germani proferunt gedigen, merum & purum aliquid significantes, ut argentum non permixtum alijs, gedigen silber. solent autem carnes etiam puræ, & sine ossibus siccandæ suspēdi: quas propriè digen uocamus: inde nomen ad alia quoque siccata transfertur. Quod Græci ταριχεύειν, Germani dicunt beitzen: cum quid in liquore aliquo salitur: uel iam salitum, saniem & muriam de se remittit. muriam ipsam uocant beitze, & Saxones pickel. ¶ Canes pisces cetacei τεμαχίζονταί τε καὶ ταριχεύονται, Galenus lib. 3. de alim. facult.

Quòd ταριχεύειν aliquando cū sale, aliâs sine sale inueterare significet.

Ex Cornarij commentarijs in Galeni de composit. secund. loc. libri 3. cap. 1. Ad omnem auris affectionem adeps uulpinus inueteratus probè facit, ἀλώπεκος στέαρ τεταριχευμένον, authore Archigene. quanquā τεταριχευμένον (inquit Cornar.) non inueteratū tantùm, sed & sale conditum ac assiccatū significet: ut diligenti animaduersione opus sit Græcos medicos legentibus, qua significatione singulis locis usurpetur: quum non leuis differentia sit quod ad usum medicū attinet, salsa, aut insulsa & simpliciter assiccata aut inueterata re aliqua uti. Hoc quidem loco uidetur mihi sanè adeps uulpinus inueteratus simpliciter indicari, non sale seruatus & conditus: quomodo etiam Dioscorides de anserino & gallinaceo dixit, δίχα ἁλῶν τεταριχευμένον, quādoquidem & μεθ' ἁλῶν fieri ταρίχευσις possit, ut ibidem Dioscorides indicat. Et Plinius 28. 9. de adipe suillo: Inueteratur duobus modis, aut cum sale, aut sincerus. Verùm cum sale inueterati adipis uulpini usum, in aurium affectionibus ineptum puto. sicut contrà, aptum suillum salsum ad malignas duricies, & maligna ulcera. Dioscorides capite de glandibus dixit: Σὺν στέατι δὲ ταριχηρῷ χοιρείῳ πρὸς κακοήθεις σκληρίας, καὶ πρὸς πονηρὰ ὁμαλῶς ἕλκη ἁρμόζουσι. Potest tamen tum hîc, tū ad aures, pro affectionis ratione quispiam aut salso, aut simpliciter inueterato uti. ¶ Ταριχευόμενος ἐν καρδάμῳ, in nasturtio seruatur & siccatur, Dioscorides de scinco. Plinius quidem salsos afferri dixit. & quanquam nasturtij etiam uis salis instar conseruare possit, suspicor tamen non ἐν καρδάμῳ, sed ἐν καρδόπῳ legēdum, idem est in cista siue alueolo panario. Idem Dioscorides quum de cepis inquit, δριμύτερον τὸ ὠμὸν τοῦ ὀπτοῦ καὶ ταριχηροῦ, ineptè quis acceperit, acriorem esse crudam, quàm assatam ac sale seruatam, quū cepas sale simplici asperso condire ac asseruare non sit usitatum. quare ταριχηρὸν κρόμμυον hîc pro cepa assiccata simpliciter accipiendum est. sic enim inueteratæ asseruantur absque salis conditura. quanquam etiam acida muria, uel etiam solo aceto cepas asseruari Galenus 2. de alimentis tradat, more nobis hodie ignoto, loco ubi de fœniculo agit. eundem autem conditurę ceparū modum, docet etiam Columella 12. 10. ut de cepa hoc modo seruata Dioscorides potiùs dixisse uideatur. At uerò Galenus nono methodi de diatritarijs medicis loquens, ait ipsos hominem triduo fame assiccatum quarto tandem die nutrire incipere: Ἐκεῖνοι (inquit) προταριχεύσαντες τὸν ἄνθρωπον, ἄρχονται τρέφειν. Rursus apud Dioscoridē, in ὠμοτάριχος, σὰρξ θύννου τεταριχευμένη, necessario salsam thynni carnem accipimus, quum non aliter asseruari soleat. quod si quis enim Sole siccatum inuetescere sinat, quemadmodum quædam piscium genera etiam hodie siccantur, inepta sanè erit thynni caro ad hos usus, quos hîc Dioscorides præscribit. adde quòd ταριχεύειν de Solis siccatura priuatim non dicitur: sed ἐν ἡλίῳ ξηραίνειν atque σκελετεύειν hanc significationem & usum habent. Quare omnino salsa thynni caro, ὠμοτάριχος & τεταριχευμένου uoce accipienda est. quod ipsum ex Galeni uerbis apertè colligitur libro 2. de alimentorum facultate de cucurbita, ubi ait: Κατὰ αὐτὸν λόγον εἰ καὶ μετά τινος ἁλμυροῦ προσαχθείη, (καθάπερ ἐν λοπάδι μετὰ ταρίχου αὐτὴν ἔνιοι σκευάζουσιν,) ἁλμυρὸν ἐν τῷ σώματι γεννήσει χυμόν. ἥδιστον δὲ ἔδεσμα τὸ οὕτως σκευασθέν, εἰ τὸ τάριχος εἴη τῶν Ποντικῶν ἐκείνων, ἃ καλοῦσι μίλα, (lego μύλλας.) Sic etiam ἅλμη τῶν ταριχηρῶν ἰχθύων ab eodem Galeno 11. simplic. pharm. dicitur: hoc est, Muria piscium sale cōditorum, quam certè simpliciter inueterati & assiccati pisces nō habent. Porrò Plinius quum inquit, Psilothrum est thynni sanguis, fel, iecur, siue recentia, siue seruata: alterū τεταριχευμένων significationem palàm reddidit. Seruata enim inueterata dixit, uitauitque salem adijcere: quum tamen sale condita, & non simpliciter assiccata seruentur, ad hunc pręsertim usum: uelut ipse lib. 9. cap. 5. dixit: Cætera parte plenis pulpamentis sale asseruantur. Quin & aceto condire ac asseruare, ταριχεύειν significat. sic infrà lib. 5. Πύρεθρον ὄξει δριμυτάτῳ ἐφ' ἡμέρας μ. ταριχεύσας, τρίψον. Hæc omnia Cornarius. Caules ferulæ ταριχεύονται εἰς τὰς ἅλμας, Dioscorides.

Ταριχηρὸν κρόμμυον.

Salsamētarius.

Salsamentarius, ad salsamenta pertinens, ut cadus salsamentarius, Plinio: uasa olearia & salsamentaria, Columellæ. item qui salsamenta uel facit, uel uendit. Vt si salsamentarij filio dicas: Quiesce tu, cuius pater cubito se emungere solebat, Author ad Herennium libro 4. Ἐμοῦ ὁ πατὴρ μὲν ἦν ἀπελεύθερος, τῷ ἀγκῶνι ἀπομυσσόμενος, διεδήλου δὲ τὸν ταριχέμπορον, Laërtius in Bione. ὁ γὰρ

εἰπὼν

εἰπὼν ταριχοπώλην, αὐτόθεν ἐλοιδόρησεν. ὁ δὲ φύσας, Μεμνήμεθά σε τῷ βραχίονι ἀπομυττόμενον, ἔσκωψε, Plutarchus in Symposiacis. Ταριχοπῶλαι & ταριχοπωλεῖν apud Pollucem leguntur. Tarichopolas Latinè salarios dixit Martialis, hoc est qui salsamenta uendunt, Cælius. Eundem nimirū temachopolā dixit Antiphanes, hoc uersu: Ἐλθὼν τι πρὸς τὸν τεμαχοπώλην πρίμην. Alexis ταριχηγόν. ¶ Φιλοτάριχος est qui salsamentis in cibo oblectatur apud Athenæū. Talis Martiali Beticus est 3. 35. Capparin, & putri cepas alece natantes, Et pulpam dubio de petasone uoras, Teq́ iuuant gerres, & pelle melandria cana, Resinata bibis uina, Falerna fugis. Nescio quod stomachi uitiū secretius esse Suspicor: ut quid enim Betice σαπροφαγεῖς; Alexis etiam zomotarichū quendam nominauit hoc uersu: - - - ὁ δὲ Κίλιξ ὅδ' ἱπποκλῆς ὁ ζωμοτάριχος ὑποκριτής. ¶ Τάριχον herba à Symeone Sethi memoratur: ea pyretro cognata existimatur, dicta fortassis ἀπὸ τοῦ ταριχεύεσθαι, quòd uel ipsa inueterari sale, acetóue soleat, uel alijs inueterandis, sicut origanum addi. Draconem hortensem aliqui uocant.

Propria.

Tarichiæ insulæ memorantur Straboni libro ultimo, Ταριχεῖαι, paruæ multæ & crebræ, &c. Tarichea uel Taricheæ, in utroq; numero, urbs Iudęæ, teste Iosepho, gentile Taricheates. Sunt & aliæ Taricheæ in Aegypto, quarum ciues Taricheutæ, &c. Vide in Onomastico nostro. Apud Iudæos iuxta eas quæ Tarichiæ appellantur, (ciuitatem nimirum) est lacus, qui optimas piscium condituras præbet, Strabo lib. 16. ἡ λίμνη ταριχείας ἰχθύων ἀστείας παρέχει. Tarichæi, Ταριχαῖοι, populus quidam, Suidas.

Ἐκ δ' Ἑλλησπόντου σκόμβρους, καὶ πάντα ταρίχη, Hermippus.

b.
h.

Euthydemus scriptor περὶ ταρίχων, citatur ab Athenæo. ¶ Οἱ τάριχοι οἱ ἐπὶ τοῖσι πυρὶ κείμενοι ἐπάλλοντο, καὶ ἤσπαιρον, Herodotus lib. 9. Cur Phaselitæ Cylabræ heroi quotannis ταρίχους sacrificare soliti sint, legitur apud Athenæum in septimo ubi de Anguillis scribit.

Prouerbia.

Putre salsamentum amat origanum: Clearchus apud Athenæū libro tertio, (senario prouerbiali:) Σαπρὸς τάριχος τὴν ὀρίγανον φιλεῖ. Origanū aūt herba est acri succo, qualis & thymbra. Quin & hodie frugi patres familiâs carnibus iam obolentibus addunt acetū origani loco, ne sentiatur putris odor. Aptè dicetur de re per se parū honesta aut iucunda, atq; ob id exoticis cōdimentis et honestamentis egente. Veritas per se placet, honesta per se decent: falsa fucis, turpia phaleris indigent, hoc est putre salsamentū origano, Erasmus Rot. Encrasicholos Romæ nunquā salsamentarij sine origano uendunt, Rondelet. ¶ Salsamentū assum, (*uel Tarichus assus, propter carmen. est enim senarius*) mox ut ignem uiderit: Τάριχος ὀπτὸς εὐθὺς ἂν ἴδῃ τὸ πῦρ. Athen. lib. 3. prouerbij loco citat. Opinor idē esse cum illo Ἀφύα εἰς τὸ πῦρ, Aphya in ignē: quod iam antè exposuimus. Eodē in loco refert & hūc uersum ceu prouerbialē: οὐκ ἂν πάθοι τάριχος ὢν πῦρ ἄξιος: Tarichus haud laturus est, queis dignus est: uel, Tarichus nō feret se digna, Erasmus Rot. Videtur aūt posterioris huius senarij usus esse, quem Erasmus non explicat, cum hominē iam diu improbum, quomodocunq; tractetur, nihil referre, aut non tamen satis pro merito pœnas luere dicimus. tarichus enim cū inueteratum & putidum est, negligitur, ut plerunq; prorsus pereat. recentius uel tempestiuū, laudatur tanquā χρηστὸν καὶ ὡραῖον: uetustius, σαπρὸν est. ¶ Ἂν μὴ παρῇ κρέα, στερκτέον τοῖς ταρίχοις: Si non adsunt carnes, taricho contentos esse oportet. Sunt qui dicant tarichon accipi pro pisce, sed uili putriq́;, qui idem sit aphya. fortassis hîc pro iure accipiendū tarichus. nam quibus deest obsoniū, solent pane in ius immerso uesci. In aphyas et tarichos creber iocus est in comœdijs. Sensus hic est, ubi nō est copia meliorū, boni cōsulere oportet quæcunq; cōtingunt. Refertur à Diogeniano, Erasm. Rot. Apud Suidā idem senarius aliter legitur: Ἂν μὴ παρῇ κρέα, τάριχη στερκτέον: quanquā & ταρίχει in datiuo legi potest. Quòd autem tarichon pro iure accipiendū suspicatur Erasmus, neutiquā probo. Simile est prouerbiū, Bona etiā maza post panem, Ἀγαθὴ καὶ μάζα μετ' ἄρτον. ¶ Prouerbiū Silurus putris in quadra argentea, in Siluro referet. ¶ Videtur & hoc prouerbiale esse quod Aristophanes Δαιταλεῦσι dixit: οὐκ αἰσχυνοῦμαι τὸν τάριχον τουτονὶ πλύνων ἅπασιν, ὅσα σύνοιδ' αὐτῷ κακά: in hominem nimirum improbum, ac multa castigatione, aut reprehensione uerborū, ut ueluti abluatur & abstergatur, indigentē. Solent enim salsamenta præmacerari aqua, & ablui sedulò, ut in F. prędiximus. Et alibi Aristophanes, τὸν σαπέρδην ἀποτίλαι χρή, καὶ καταπλῦναι, καὶ κατακλύσαι, καὶ διαπλῦναι. quæ uerba similiter prouerbij instar, eodemq; sensu prolata arbitror. saperdam enim pro pisce salso dicit. Τάριχον pro homine improbo & ueteratore interpretati sumus etiā paulò antè in prouerbio, οὐκ ἂν πάθοι τάριχος. Nostri quoq; uulgari diuerbio pellem alicui eluere dicunt, Den beltz erwäschen, pro eo quod est uerbis castigare, & acriùs in aliquem inuehi. Pollux lib. 7. docet πλύνειν interdū usurpari pro conuiciari, λοιδορεῖν. καὶ πλυνόν με ποιεῖς ἡ κωμῳδία φησίν, ἤγουν ἐξονειδίζεις, ἢ αἰσχύνεις. καὶ τὸ οὐδ' ἐγνὼς ἄξιόν τι ἀποπεφάνθαι, καταπεπλύνθαι ὁ ῥήτωρ ἔφη Αἰσχίνης. Sunt autem in Pluto Aristophanis uerba anus cuiusdam conquerentis de iuuene ei illudente, πλυνόν με ποιῶν ἐν τοσούτοις ἀνδράσιν. ubi Scholiastes πλυνὸν interpretatur ἐφύβριστον πλῦμα. πλυνὸς δὲ ὀξυτόνως τὸ ἀγγεῖον αὐτό. προπαροξυτόνως δὲ, τὸ πλυνόμενον. Τοὺς κρείσσονας αὐτοῦ καὶ πατεῖ καὶ πλύνει, Dion. Καὶ ποτὲ μὲν λοιδορουμένους, καὶ πλύνοντας αὐτοὺς τὰ ἀπόρρητα, Demosthenes. Artemidorus etiam Onirocriticorum 2. 8. πλύνειν, ἐλέγχειν significare ex his Menandri uersibus probare nititur: Ἢν γὰρ κακῶς με τὴν γυναῖχ' οὕτω λέγῃς, Τὸν πατέρα, καὶ σέ, τοὺς τε σοὺς ἐγὼ πλυνῶ: ἀντὶ τοῦ (inquit) ἐλέγξω, ἢ κακῶς λέξω. Posteriora hæc ex authoribus loca Brodæus in Miscellaneis annotauit.

oo 3

Νεκρὸς τάριχος εἰσορᾶν Αἰγύπτιος, Hermippus apud Athenæum. forte, εἰσορῶν Αἰγυπτίοις. uidetur autem conuenire in hominem cadauerosum, id est macie & pallore deformem nec absimilem mortuo, qualem nostri etiam ludentes, sancti Fridolini testem nominant. Erat autē mos apud Aegyptios in conuiuijs ut aliquis hominis mortui simulacrum in arcula circumferens, conuiuas in id aspicere, ac edere bibereq; iuberet, tanquam & ipsos paulò pòst tales futuros, quod in Plutarchi libro de Iside & Osiride legitur, & apud Herodotum libro 2. Sed cadaueri eius ue idolo, alios inspicere non conuenit: & idolum illud ex alia materia erat, non ipsum cadauer inueteratū. proinde sic potiùs interpretemur, ut nihil mutemus: Videri potest aspectu cadauer Aegyptium inueteratum. solebant enim Aegyptij, ut dictum est, cadauera suorum ταριχεύειν.

Barbara quædam & Arabica uocabula. Arfet, id est, piscis magnus salitus, Syluaticus. Salhana uel Sahane, est genus salsamenti è piscibus paruis salitis, usitatum nostro tempore in Oriente uersus Bagaded, Andreas Bellunensis. Anasceni, id est piscis salitus, uetus glossographus Auicennæ. Scenem, salsa facta ex piscibus, Idem. Seten, id est, salsæ de piscibus quæ fiunt in Aegypto, Syluaticus. Seene, sal de piscibus, Idem. Taracha & Tarachisa apud eosdem, pro salsis uel piscibus uel eorum ouis, corrupta sunt è Græco taricha. ¶ In Italia alicubi (ut audio) pisces condiuntur cum sale, origano, aceto, & ita conditi appellantur incamerati.

SAPERDA. Vide in Corollario de Coracino, & in Myllo. Κολίαι, σαπέρδαι, λέβιαι, ἄμυλλοι, (lego λεβίαι, μύλλοι,) Pollux de salsamentis agens.

SARACHVS Græcè uulgò, aliquibus Stauris, idem qui Agonus Insubribus.

DE SARDA VETERVM.

A SARDA ueterum, & Sarda Sardinaq; recentiorū, longè differunt, ut mox Rondeletij uerbis in Capite de Sardinis, pluribus explicabit. Sarda coliam magnitudine refert: ἡ σαρδὰ προσοικε τῷ κολίᾳ μεγέθει, Diphilus de salsamentis agens. Sarda uocatur pelamys longa ex Oceano ueniens, Plinius lib. 32. Pisces tum molliores, tum sicciores iusto, ad saliendum idonei non sunt, coracini uerò, & pelamydes, & mylli, sardæ & sardenæ, (σαρδαι καὶ σαρδῆναι,) &c. ad salsuram sunt appositi, Galenus de alim. facult. lib. 3. cap. penultimo. Et mox: Præstantissima autem omnium, quæ mihi experientia cognoscere licuit, salsamentorum sunt, quæ à ueteribus medicis Sardica salsamenta (Σαρδικὰ) nuncupantur, hodie sardas uocant, & mylli ex Ponto. ¶ Conijcio autem cum sardas ueterum, tum hodie ita dictas & sardinas, à Sardinia sic nominatas esse: unde nimirum mittebantur. Vide infrà in Pelamyde A.

F De apparatu & condimentis sardæ Apicius 9.10. sic scribit. In Sardis: Sardam farsilem sic facere oportet. Sarda exossatur: & teritur pulegium, cuminū, piperis grana, mentha, nuces, mel. impletur & cōsuitur, inuoluitur in charta, & sic supra uaporem ignis in operculo componitur. conditur ex oleo, caræno, alece. Et rursus: Sarda ita fit. Coquitur sarda & exossatur, teritur piper cum ligustico, thymo, origano, ruta, caryota, melle: & in uasculo ouis incisis ornatur, &c. apparet autem eum de sarda pisce satis magno, non de sardinis uulgò dictis sentire.

G Salsamentorum cibus prodest à serpente percussis: priuatim autem contra presteris morsum sarda prodest, Plinius. Marcellus Empiricus ad strumam, & ea quæ intra os dolent, puluerem conficit, Capite XV. & inter alia salsarum sardarum capita trita adijcit. Et alibi: Sardas uel salsamentum sine osse exustum, & confrictum, appone naricibus, statim prodest. Idem Capite XI. medicamento cuidam ad gingiuarum nimium tumorem & fœtorem & carcinomata, caput sardæ combustum admiscet.

DE SARDINIS, RONDELETIVS.

Sardinæ icon à Rondeletio posita, tam similis est Agono, cuius imaginem habes suprà ex Rondeletio, pag. 17. ut discerni uix possit. Nostra uerò hæc Sardina Venetijs depicta, lineam asperam in uentre non ostendit: & squamas non bene, ut puto, dispositas habet.

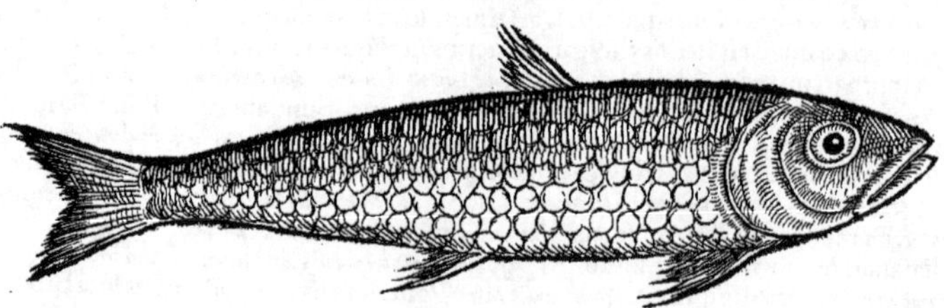

RERVM

RERVM cognitione, quas in uniuerso orbe Deus optimus maximus ad uitę nostrę uel necessitatem, uel cōmoditatem condidit, ut nihil præstātius, ita nihil difficilius est. Difficultatem uerò parit maximè ipsarum abstrusa et penitus abdita natura, nonnunquam etiam ipsarū similitudo, uel homonymia, uel uocis affinitas, ut aconiti speciem pro ueratro nigro usurpāt multi, marum pro origano, chamædrym uel alliū syluestre pro scordio: &, ne longiùs abeamus, chelonem pro cephalo, sparū pro aurata, sargum pro melanuro: τράγον alij mænam marem, alij pisciculum alium exocoeto similem uocant. Alij banchum cum baccho, sarginū cum sargo, glaucum cum glaucisco, lamiam cum amia, aliosq; quamplurimos confundunt.

Nominū aut rerū similitudo sæpe confusionem parit.

A

Idem nobis in trichide, trichia, thrissa euenit: quorum non nominis solùm, sed etiam rationis nominis & rei affinitas effecit, ut alij pro eodem pisce hæc usurparint, atq; modò hoc, modò illo nomine in eodem pisce designando usi fuerint: cùm alij ex trichide trichiam nasci dicant, ut Aristoteles lib. 6. de hist. anim. cap. 15. aliā uerò ab his esse thrissam, quanquā sit aliquid his omnibus cōmune. Rei obscuritatem auget Gaza, qui trichidas, sardinas; trichias, sardas cōuertit: cùm sarda apud ueteres longè alius piscis esse uideatur. Ac primùm quantū ad Aristotelem attinet, non possum non summopere mirari, quòd scribat ex phalerica aphya membradas, ex membradibus trichidas, ex his trichias gigni: Cùm ipse annotauerit pisces ex diuersæ speciei piscibus nō nasci, dempto rhinobato, qui ex squatina & raia gignitur, ut dictū est alibi in Capite de Aphyis generatim. Deinde uerò Gazā, qui trichias sardas conuerterit, cùm sarda sit ex lacertorū marinorum genere, eiusdē magnitudinis cum colia, qui scōbro maior est, teste Athenæo lib. 3. uel, ut Plinius scribit lib. 32. ca. 11. pelamys longa. De his igit quid sentiā, breuiter & perspicuè exponā. Τριχίδας, τριχίας, θρίσας siue θρίσσας (*prima per θ. tantùm rectè scribitur, non etiā per τ.*) ἀπὸ τῶν τριχῶν dictas opinor, ob spinarū copiam & paruitatē: nam capillorū tenuitatē referunt, qua de causa sine pernicie edunt: & trichida ac trichiā eundē planè esse piscē, thrissam uerò ab eo differre, de qua seorsim egimus. Aut si qua sit inter trichida & trichiā differentia, eam solùm ætatis & magnitudinis esse, ut trichis minor sit, trichia maior: id quod multis piscibus usuuenire cōstat, quibus pro ætate & magnitudine uaria posita sunt nomina, nō solùm ab antiquis, sed etiā à piscatoribus nostris, ut in aurata & coracino priùs annotauimus. Idē in Gallia nostra Narbonēsi, Prouincia, Italia à uulgo obseruari uidemus, in eodē pisciculo quē sardine & sarde appellāt eo tantùm discrimine, ut hic maior sit, ille minor. Hanc uulgi appellationē puto secutū fuisse Gazā, ut cùm uideret ab Aristotele trichiā à trichide distingui, illā sardā, hanc sardinā uulgi more appellauerit. Dicet aliquis utrūq; uocabulum antiquū esse, & à Latinis usurpatū, id q̄d equidē fateor: nā Columella sardinā dixit, quanq; eo loco nō sardina sed sardinia legat: & sarda apud Athenæū & Pliniū reperit. At intelligi uolo, uideri Gazā trichida & trichiā duobus nominib. Latinis expressisse, quæ ut uocū similitudine, ita significatione eadē esse putabat cū uulgaribus, cùm res aliter habeat. Nā alterū scilicet sarde nō idē significat q̄d sarda, quæ ꝓ pisce longè diuerso à ueteribus usurpat, ut paulò antè dictū est, & suo loco fusiùs ostendet. Ego uerò trichida & trichiā ꝓ eodē pisce accipio, qui sardine uulgò dicit, nisi ętate & magnitudine differāt, quę differētia duplex nobis nomen peperit, ut Sarde dicat, quæ maior sit: Sardine, quę minor. Dorionē, cuius librū de piscib. sæpissimè citat Athenæus, autorem habeo, qui trichida etiā trichiā appellat. Atq; adeò Athenæū ipsum, qui trichiarū exempla ex ueteribus ꝓferens ipsas apertè cū trichidibus cōfundit. Sed hactenus de nomine, nūc de re dicamus.

Contra Aristotelem.

Lib. 6. de histo. anim. cap. 11.

Contra Gazā.

Sarda quid.

Lib. 8. cap. 17.

Cōcludit trichida & trichiam, unū esse piscem: apud latinos sardinā: à quo multum differat ueterū sarda: etsi Gallis Sarde et Sardine hodie uulgò magnitudine tantum distinguuntur.

B

Sardina pisciculus est marinus, aphyæ phalericæ omnino similis, nisi paulò maior & spissior esset: à parua alosa, ore, branchijs, oculis, pinnarū numero, situ, squamis, caudâ minimè discrepās, sed in hoc tantùm quòd alosa sit latior. Sardina igit squamas magnas tenues habet, colore est uario, nimirum capite aureo, uentre albo, dorso cum uiridi cæruleo, utroq; splendido rutilanteq;, dum uiua è mari extrahitur, unà eñ cū uita uiridis euanescit, cæruleo manēte, eoq; hebescente & splendorem suum amittente. Intestina habet parua & recta, alosarum intestinis similia.

F

Felle caret: quamobrē non exenterata in craticula uel sartagine coquitur, uel in olla cum oleo elixatur. Vere pinguescit. Linguā mordet, maxime si paulò diutius asseruet. Sale conditę sardinę in annos duos seruantur, fitq; ex his garum, sed minùs laudandum ob squamarum copiā & spinarum, à quibus caro difficile separari, uixq; in muria dissolui potest.

Si sardina nostra ea sit, quam Aristoteles trichida uel trichiā uocat, ut reuera esse existimamus, scrupulum nō tenuē nobis inijciet locus Aristotelis lib. 8. de hist. anim. ca. 13. hæc scribētis: οἱ δὲ τριχαῖοι μόνοι τῶν ἰχθύων εἰσπλέοντες μὲν ἁλίσκονται, ἐκπλέοντες δ' οὐχ ὁρῶνται. ἀλλ' ὅταν καὶ ληφθῇ τις περὶ Βυζάντιον, οἱ ἁλιεῖς τὰ δίκτυα περικαθαίρουσι, διὰ τὸ μὴ εἰωθέναι ἐκπλεῖν. αἴτιον δ', ὅτι οὗτοι μόνοι ἀναπλέουσιν εἰς τὸν Ἴστρον, εἶθ' ᾗ σχίζεται καταπλέουσιν εἰς τὸν Ἀδρίαν. σημεῖον δέ, καὶ γὰρ συμβαίνει τοὐναντίον: ἐκπλέοντες μὲν γὰρ οὐχ ἁλίσκονται εἰς τὸν Ἀδρίαν, εἰσπλέοντες δ' ἁλίσκονται. Quę sic cōuertit Plin. li. 9. ca. 15. Intrantiū Pontū soli nō remeāt trichię. sed hi soli Istrū amnē subeunt, ex eo subterraneis eius uenis, in Adriaticū mare defluūt, itaq; et illinc descendentes nec unquā subeuntes è mari uisuntur. Nullus ueterū scripsit, nullus etiā recentiorum aut piscatorum aut scriptorū memoriæ prodidit, uidit'ue aut ab alijs audiuit sardinas nostras amnes subire. Quocirca locus Aristotelis mihi suspectus est: item Plinij, ut fortasse pro τριχαῖοι uel τριχίαι legendum sit θρίσσαι, quas uere ad flumina properare magna frequentia illicq; pinguescere constat. Eiusdē loci pars postrema deprauata etiā est; nā pro ἐκπλέοντες μὲν γὰρ οὐχ ἁλίσκονται εἰς τὸν Ἀδρίαν,

Animaduersi à pud Aristotele loci, primus q̄d sardinæ non subeant amnes: quare pro trichæi suspicatur legendum thrissæ: Secundus, &c.

Locus alter.

oo 4

εἰσπλέοντες δὲ ἁλίσκονται, reponendum, ἐκπλέοντες μὲν γὰρ ἁλίσκονται, εἰσπλέοντες δὲ εἰς τὸν Ἀδρίαν οὐχ ἁλίσκονται. Id ostendit Plinij conuersio. Idem rectè animaduertit Gaza, qui ista sic expressit: Exeuntes enim semper capiuntur, subeuntes nunquam. Denique res ipsa necessariò sic legendum esse docet. Ait enim Aristoteles hîc contra fieri quàm in Ponto, quem subeuntes capiuntur, exeuntes autem non uidentur. Ex Adria uerò exeuntes uidentur & capiuntur, subeũtes minimè: quia ex Istro per subterraneos meatus Adriaticum mare subeunt.

COROLLARIVM.

A Sardinæ (Trichides) ex membradibus gignuntur, ipsæ sardas (trichias) procreant, Aristoteles interprete Gaza. Quòd si trichides ac trichiæ magnitudine tantùm & ætate differunt, ut Rondeletio uidetur, ita ut hi maiores, illi minores sint: absurdũ fortè fuerit, ex minoribus maiores nasci putare. In Corollario de Alausa elemento A. de trichide & trichia multa scripsi, pag. 23. piscem cum thrissa, id est alausa, eundem esse suspicatus, sicut & grammatici quidam Græci, Scholiastes Aristophanis & Etymologus, & recentiores aliqui non indocti. Nunc animus magis inclinat ad Gillij & Rondeletij sententiam, trichides esse sardinas: quanuis id Galenus etiam ignorasse uideatur, qui σαρδίνας nominat libro 3. de alimentis, trichides nusquam. Sardinæ enim suo tempore, à Romanis præsertim nominabantur. trichidum autem uetus Atticum nomen, iam illo seculo plerisque incognitum fuisse arbitror. Quòd si trichis nõ est sardina, quo alio apud Aristotelem nomine sardina reperietur? neque uerò tam frequentem ubique (puto) in mediterraneo pisciculum, & alendæ plebi tantopere usitatum, ignotum fuisse, uerisimile est. quanquam Athenæus ex Epæneti de piscibus libro, chalcides ab aliquibus sardinos uocari scribit: Χαλκίδας, τὰς καλοῦσι καὶ σαρδίνους: quæ eius uerba etiam Eustathius repetit. Aristoteles (inquit Athenæus) quinto historię sardinos ipsas (*chalcides nimirum, de his enim agit*) uocat. ego sardinorum nomen nusquam apud Aristotelem legi. Vuottonus ex eodem Athenæi loco, quem integrum recitaui in Eritimo, (Elemento E.) non intellecto, Eritimos ab Aristotele sardinos uocari scribit. Hermolao etiam eritimos sarda est, (*sardinam dicere uoluit*,) uel sardæ similis. sed eandem esse sardinam eritimo, ueteres non tradũt. Diphilus thrissam & cognatos pisces, chalcidem & eritimũ, facilè digeri author est. Τριχθάδες, αἱ χαλκίδες: Ἡρακλέων μεμβράδες, Hesychius & Varinus, hoc est, Trichthades sunt chalcides: uel, ut Heracleon uoluit, membrades. Sed pro τριχθάδες, legerim τριχιάδες, à recto trissyllabo oxytono τριχιάς, ut Παλλάς. quanquam magis probo ut τριχίας scribatur, sicut ἀνθίας. Δωρίων καὶ τὴν ποταμίας μέμνηται θρίσσης, (lego θρίσσης,) καὶ τὴν τριχίδα, τριχίαν ὀνομάζει. Et Aristoteles 6.15. ἐκ δὲ τῆς φαληρικῆς (ἀφύης) γίγνονται μὲν ἀράδες, (Gaza μεμβράδες:) ἐκ δὲ τούτων τριχίδες. ἐκ δὲ τῶν τριχίδων, τριχίαι. Ab eodem, octauo historiæ cap. 13. οἱ τριχίαι nominantur, Plinius trichiæ legit, ut & Eustathius in cõmentarijs suis in Dionysium de Istro scribens: & Gaza: similiter enim hic Sardas uertit, ut alibi pro τριχίαι. Libro etiam 5. cap. 9. historiæ, trichias, ὁ τριχίας, legitur. Trichias bis anno parit, Plinius. Rondeletius quidem illic thrissæ legit, quòd trichides (quas sardinas interpretatur) non immigrent in fluuios. Cæterùm ut sarda pelamydum uel thynnorum generis est, sardina uerò pisciculus plebeius; sic apud Græcos non modò τριχὶς & τριχίας uiles pisciculi memorantur: sed è thynnorum etiam genere τριχιὰς oxytonum, semel apud Athenæũ lib. 7. in Chalcidũ mentione, quem locũ etsi deprauatũ, huc adscribam: Τριχιάδας δὲ καὶ τὰς πρημάδας, τὰς θυννίδας ἔλεγον. * πλείστων Εὐρώπη ἁλισυμένος ποτ' αὐτὸν εἶδον Ἀνδράχμην μετὰ πρημνάδων, κἄπειτ' ἀφῆκεν ὅτι ἦν βόαξ. Verùm pisces minores aristosi, id est spinis exiguis pilorum instar referti, ut trichides, trichiæ, thrissæ, non temere ἀπὸ τῶν τριχῶν denominantur. Maioribus uerò, ut thynnides & premades sunt, quid cũ pilis & aristis commune? ¶ Thrisis sanè, id est alausis, & trichidibus, multa sunt communia: nominis ratio, ut dictum est: quòd pisces sunt parui, aristosi, uiles: quòd gregatim capiuntur, et quidem utrique cantu saltationeq́: nam & de thrissa id scribitur, & de trichide, nisi ueteres etiam trichidis nomen aliquando cum thrissa confuderint. Linea illa spinosa in uentre, in alausis & sardinis conspicitur: item in celerino Gallis ad Oceanum dicto, Rondeletius apuam membradem facit. Eidem apua Phalerica piscis est sardinæ similis, minor, tenuior: cuius uentrem squamæ firmant & exasperant, ut in alosis & sardinis uidere licet. Bellonius tum celerinũ Oceani, tum sardinam mediterranei maris, chalcidem interpretatur, magnitudine tantùm distinguens. Celerinus (inquit idem) asperiorem sub uẽtre ex aristis lineã habet, quàm harengus. Ab eodem liparis nominatur pisciculus lacustris in Macedonia: qui sardinam toto habitu refert, sed uẽtre est latiore: & lineam sub uentre asperam habet. Non alius, aut certè simillimus uidetur, qui agônus in Verbano lacu dicitur, alibi in Italia Sardanella, à maxima cum sardinis similitudine, ut Rondeletius scribit: qui in ea quam exhibuit agoni (chalcidem ipse nominat) pictura, spinosam illam uentris lineam ostendit.

Qui pisces asperam in uentre lineam habeãt.

Sardinæ, quas trichidas arbitror à Græcis nũcupatas, à minutis osiculis (*spinis potius*) pili subtilitatem æquantibus, antiquum nomen retinent in prouincia Narbonensi, Gillius. Sardæ (*uulgò dictæ*) & quæ uocantur uulgò aleces, aliquãtò sardis minores, in magno usu alendis familijs existunt. Suntq́ digitales pisciculi, qui longè optimi in Liguria saliuntur. eas aliqui apuas esse uoluerunt, Iouius. Sardinæ, Romæ uulgò Sardoni dicuntur: quos Bellonius eosdem harengis esse putauit,

putauit, ut in Chalcide reperies, pag. 157. Rondeletius harengum probè diuersum piscem facit, eumq́ clupeæ potiùs, quàm chalcidis generi, attribuit. Ligures testant̃ pisciculos perparuulos, quos Ianquetos nominãt, effici Sardinas, Gillius. alij sunt quos Sancletos Massiliæ uocant, atherinæ Gillio & Bellonio. Ancludæ uel AnclPudes medicis quibusdã recentioribus Italis dicti pisciculi, (Gallis uulgò Anchoies, apuæ encrasicholi Rondeletio,) sardinis sardellis' ue similes sunt, ita ut hæ pro illis aliquando dolosè uendantur. Anclud es enim maioris precij sunt. edunt̃ salsę ex oleo, aceto & pipere, ad incitandũ appetitum. Ligulæ, quæ & sardellæ & anchioæ dicunt̃, Brasauolus. Agonos Comi nomen mutare audio, postq́ salsi sunt, & uocari sardenas. Fracastorius distinguit, ---Sardellarũq́ cateruæ, His est maior Aquo. Benedictus Iouius in Larij descriptione Aquonis tantùm meminit. nam quæ Salena ab eo nominatur, (hoc uersu, Scardua, & Incobia ex Pigis, & Plota, Salena,) alia quàm Sardena uidetur. Sardellæ ex Benaco admodum laudantur, Platina: qui hos pisciculos ab agonis diuersos, assimiles tamen facit. Quærendum an Sardellæ & Aquones (seu Agoni) ætate tantùm differant. hos enim maiores esse Fracastorius canit. ¶ Sardinæ nomen Oceanus Gallicus non agnoscit, ut scribit Bellonius: qui tamen celerinum à Gallis Oceani accolis dictum, piscem eundem putat: Rondeletius distinguit. quamobrẽ an sardinæ in Oceano capiãtur, adhuc incertus sum. Germanicè tamẽ sardinã interpretari libet, **ein kleine Häring art im meer: ein Meeragüne.** quæ interpretatio etiam atherinę & membradi Rondeletij cõueniet. Chalcides uerò et similes in lacubus dulcibus, **Seeagünen / Häring arten im süssen wasser.** Vel sardinã faciemus alausæ speciẽ, **ein art der zigen oder Goldfischen im meer.** ¶ Bellonius trichidem nominat alausam ætate minorẽ, quæ Gallis Pucelle dicitur. eandem (ut audio) Angli uocant **a Pylcher**, uel **Pylcharde.** ¶ Chalcidibus aut sardinis apuarúmue generi cognatus uidetur piscis, quem Germani accolæ Oceani **Stinckeling / Stinckfisch**, uel **Spirinch** appellant, Angli **Sperling**: de quo plura dicemus in fine operis. ¶ Semaris, id est sardellæ, Vetus glossographus Auicennæ. sed Semaris corruptum apparet pro Smaris.

Leonides scribit trichides betarum folijs delectari, Gillius. ¶ Sarda (Trichias) bis anno parit, Aristot. hist. 5. 9. Idem lib. 8. cap. 13. eiusdem operis, trichias (*Sic enim legendum, potiùs quàm trichæos in A. ostendimus*) ait Istrum è Ponto ingressos, ἐφ' ᾗ σχίζεται (ὁ ποταμὸς) καταπλεῖν εἰς τὸν Ἀδρίαν. Gaza uertit: Solæ enim subeunt Istrum amnem, unde fisso flumine per abditum terræ meatum defluũt in Adriam: ex Plinio uidelicet, qui subterraneis uenis eos ex Istro in Adriaticũ mare defluere dixit, cum Aristoteles simpliciter ex Istro in Adriã descendere scribat. In eodẽ loco pro Gręcis his uerbis: ἐκπλεόντων μὲν γὰρ οὐχ ἁλίσκονται, εἰς τὸν Ἀδρίαν, εἰσπλεόντων δ' ἁλίσκονται. repono, εἰσπλεόντων μὲν γὰρ οὐχ ἁλίσκονται εἰς τὸν Ἀδρίαν, ἐκπλεόντων δὲ ἁλίσκονται. id est, In Adriatico enim mari contrà quàm in Ponto: subeuntes non capiunt̃, sed in exitu tantùm. Sic pauciora & cõmodiùs mutàris, & eundẽ quẽ Rondeletius sensum reddideris. Porrò de Istri gemina diuisione, ita ut altera pars eius in Adriam, altera in Pontũ delabat̃, plura leges apud Strabonem & in Eustathij cõmentarijs in Dionysium. Argonautas etiã è Ponto per Istrũ nauigando in Adriaticum mare peruenisse aliqui putãt. Aliqui de eo sic breuissimè: Ἴστρος ὁ τοὺς Παίονας παραμείβων, ἐκ τῶν Ἐρκυνίων ὀρῶν, ναυσίπορος ἐκ πηγῆς ἄχρι τῆς: σχιζόμενος τῇ μὲν εἰς τὸν Πόντον ῥεῖ, τῇ δὲ εἰς τὸν Ἀδρίαν. Hyrcanum mare occultis sub terra alueis in Euxinum exire putant: ut scribit Cæsar Scaliger libri de Subtilitate cap. 51. Intrantium Pontum soli non remeant trichiæ, Plinius. C

Leonides dicit rei marinæ peritos, trichides facile capere betarum folijs. huiusmodi enim olere & mirifice delectantur, & facile comprehenduntur, Gillius. ¶ Esca iacentium mollior esse debet quàm saxatilium (in piscinis.) itaq́ præberi conuenit tabenteis haleculas, putremq́ sardinam, Columella 8. 17. E

Pisces tum molliores tum sicciores iusto, ad saliendum idonei non sunt. coracini uero & pelamydes & mylli, sardæ & sardenæ, &c. ad salsuram sunt appositi, Galenus. Sardellæ ex Benaco admodum laudantur. frictæ, ex agresta aut malarancio suffunduntur, Platina. Τριχίδια inter cibos uiliores Alexis nominat. F

Ligulæ, quæ & Sardellæ & Anchioæ dicuntur, (*nos suprà Anchioas siue Ancludes à Sardellis distinximus*,) ac cæteri salsi pisces in prima mensa insumpti, aluum subducunt. Ego nonnunquam usus sum ligulæ capite, id est sardellæ salsæ, balani loco in puero, cum deficerent alia, & egregie excreuit, Brasauolus. G

Sarda genus gemmæ est Plinio, primùm Sardibus reperta. H. a.

DE SARGO, RONDELETIVS.

ΣΑΡΓΟΣ Græcis, uel fortasse σαρκὸς, ut quodam loco apud Athenæum libro 7. legitur, à carne multa: est enim pro corporis magnitudine spissus, plusq́ carnis habet, quàm sparus, uel cantharus. Latinis sargus, nostris & Italis sargo. Græci quoque hodie (*inquit Gillius*) appellationem eandem retinuerunt. A

Sargus piscis est marinus, litoralis, prædictis (*cantharo, sparo, auratæ*) & melanuro similis, sed corpore rotundiore, cõpresso, spissiore, squamis paruis: colore argenteo, nisi quòd à dorso ad uentrẽ B lineas nigras protẽsas habet, ita dispositas ut prima latissima sit & maxima, secunda minor minusq; conspicua, tertia primæ similis, quarta secundæ, & sic deinceps ad caudam usq;, ut in mormyro uidere est. Ad caudam macula est nigra, ut in sparo & melanuro. Ob has notas μελανόγραμμος, & πολύγραμμος, & ὀρροπυγόστικτος, dictus est (*ab Aristotele, ut citat Athenæus,*) quemadmodum & melanurus: cui similis est, ut ait apud Athenæum Hicesius. Oculis est ualde rotundis, dentibus latiusculis. Pinnæ, quæ ad branchias sunt, rubescunt, & caudæ extrema: quæ in uentre, nigrescunt. Pinna dorsi tenui membrana cõnexa. quæ est à podice ad caudam, maior est in hoc quàm in aurata. Cauda in pinnas duas ualde à se distãtes desinit. Branchias quatuor habet, cor angulatum, hepar & intestina prædictis piscibus similia.

Lib. 7.

Nostra hæc Sargi icon est: Rondeletij accuratior. nam & lineas à summo dorso descendentes octonas repræsentat, (quæ tamen in mortuis ferè euanescunt:) & dentes humanis non dissimiles: & nigram, iuxta caudam, maculam.

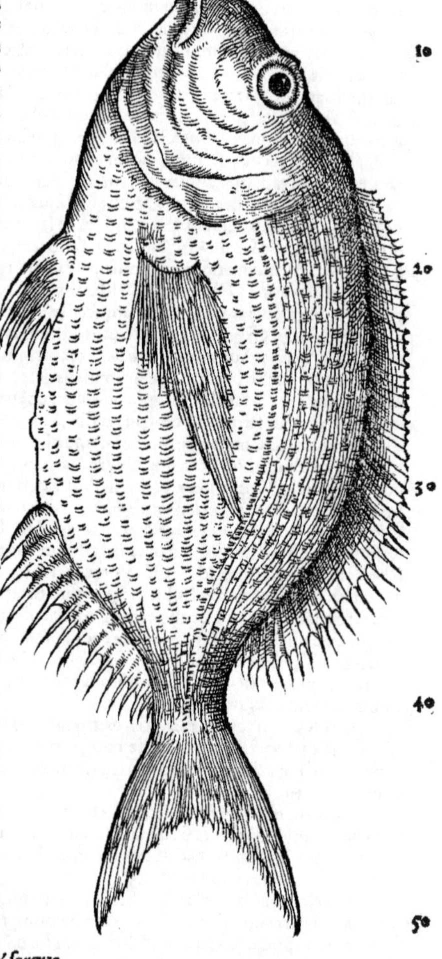

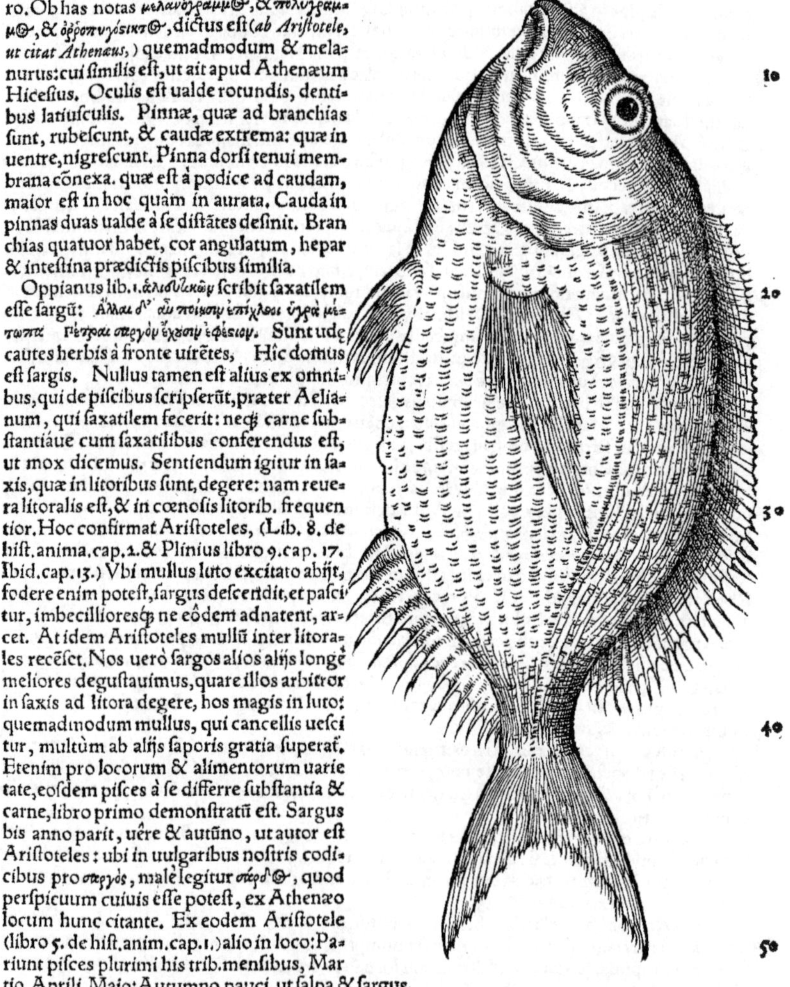

C Oppianus lib. 1. ἁλιευτικῶν scribit saxatilem esse sargũ: Ἄλλαι δ' αὖ ποίῃσιν ἐπίχλοοι ὑγρὰ μέτωπα πέτραι σαργὸν ἔχουσιν ἐφέστιον. Sunt udę cautes herbis à fronte uirẽtes, Hîc domus est sargis. Nullus tamen est alius ex omnibus, qui de piscibus scripserũt, præter Aelianum, qui saxatilem fecerit: neq; carne substantiáue cum saxatilibus conferendus est, ut mox dicemus. Sentiendum igitur in saxis, quæ in litoribus sunt, degere: nam reuera litoralis est, & in cœnosis litorib. frequentior. Hoc confirmat Aristoteles, (Lib. 8. de hist. anima. cap. 2. & Plinius libro 9. cap. 17. Ibid. cap. 13.) Vbi mullus luto excitato abijt, fodere enim potest, sargus descendit, et pascitur, imbecilliores q; ne eôdem adnatent, arcet. At idem Aristoteles mullũ inter litorales recẽset. Nos uerò sargos alios alijs longę meliores degustauimus, quare illos arbitror in saxis ad litora degere, hos magis in luto: quemadmodum mullus, qui cancellis uescitur, multùm ab alijs saporis gratia superat. Etenim pro locorum & alimentorum uarietate, eosdem pisces à se differre substantia & carne, libro primo demonstratũ est. Sargus bis anno parit, uêre & autũno, ut autor est Aristoteles: ubi in uulgaribus nostris codicibus pro σαργὸς, malè legitur σάρδος, quod perspicuum cuiuis esse potest, ex Athenæo locum hunc citante. Ex eodem Aristotele (libro 5. de hist. anim. cap. 1.) alio in loco: Pariunt pisces plurimi his trib. mensibus, Martio, Aprili, Maio: Autumno pauci, ut salpa & sargus.

Quòd non sit propriè saxatilis.

Lib. 11. cap. 19.

(F)

Partus.

Lib. 5. de hist. animal. cap. 9.

Libro 7.

A. Ex his constat eos nominis affinitate in errorem inductos, qui sargum in mugilum genus retulerunt, cùm non sargum, sed sarginum dixisse oportuerit, ob eamq; causam duos Aristotelis locos mendosos esse, in quibus sargum mugilis genus facere uidetur. Horum alter est libro quinto de historia animal. cap. 11. Alter libro sexto eiusdem operis cap. 17. Ac primùm quàm absurdum sit, sargum in mugilum genere collocare, tum ex ijs quæ iam diximus, tum ex ijs quæ de mugilibus suo loco dicemus, perspicuum fiet. Nam sargus melanuro similis est, ut diximus, ab eoq; difficile secernitur, cùm utriq; nota nigra sit ad caudam: sargo corpus rotundũ, cõpressum, caput paruũ, lineæ nigro dorso ad uentrẽ, ut mormyro: quæ omnia in mugiles, qui possunt competere? Deinde locos Aristotelis, quibus id sentire uidetur, mendo non carere, facile est ostendere ex diuersorum eius autoris locorum collatione. scribit enim sargum uêre & autumno parere.

Sargum nõ esse mugilũ generis. & à sargino differre.

Aristotelis loci duo emendati.

Lib. 5. de hist. animal. cap. 9.

Τίκτει

τίκτει δὲ καὶ ὁ σαργὸς δὶς, ἔαρος καὶ μετοπώρου. & paulò post dicit, sargum & salpam autumno parere, loco non multò ante à me citato. Idem confirmat ex Athenæo, qui de sargo ita scribit. Ἀριστοτέλης ἐν πέμπτῳ περὶ ζώων ἱστορίας, τίκτειν αὐτόν φησι δὶς, ἔαρος, εἶτα μετοπώρου: id est, Aristoteles in quinto de animal. hist. ait sargũ bis parere, uère & autumno. (*Vide etiam in Corollario C. ex Massario.*) His adstipulat Plinius lib. 9. ca. 51. Pariunt scorpiones bis, ac sargi, uère & autumno. Hæc cùm uera sint, quo modo cõstare possunt ea, quæ mox subiungit Aristoteles: τίκτει δὲ ἔνια καὶ χειμῶνος καὶ θέρους. χειμῶνος μὲν λάβραξ, κεστρεὺς, βελόνη: &, Ἄρχονται δὲ κύειν τῶν κεστρέων οἱ μὲν χέλλονες τοῦ ποσειδεῶνος, καὶ ὁ σάργος, καὶ ὁ μύξων καλούμενος, καὶ ὁ κέφαλος. κύουσι δὲ τριάκοντα ἡμέρας: id est, Pariunt quædam hyeme, quædam æstate. Hyeme quidẽ lupus, mugil, acus. Et, Incipiunt uterũ ferre ex mugilibus chelones mense Decembri, & sargus, & qui myzων dicitur, & cephalus. Ferunt aũt in utero triginta dies. Is est prior locus ex 5. de hist. Quòd si, ut ex superioribus liquet, sargus uere & autumno parit, quomodo cum mugilibus Decembri fœtũ concipit, quem post triginta dies edat: neq; est quòd quis ποσειδεῶνα, mensem Septembrẽ interpretetur: nam Aristoteles disertè scripsit, mugiles hyeme parere, quod explicans subdidit, mense Decembri concipere, trigintaq; dies uterum ferre. Quare hîc pro σαργὸς, σαργῖνος, legendum esse existimo: & pro χέλλονες (ut id etiam obiter admoneam) χελῶνες. Alter locus est libro 6. ca. 17. de hist. σάργος δὲ κυΐσκεται μὲν περὶ τὸν ποσειδεῶνα μῆνα, κύει δὲ ἡμέρας τριάκοντα: καὶ ὃν καλοῦσι δέ τινες χελῶνα τῶν κεστρέων, καὶ μύξωνα, τὸν αὐτὸν καὶ ἴσον χρόνον κύουσι τῷ σαργῷ. id est, Sargus mense Decembri concipit, uterum fert dies triginta, & ex mugilibus chelων, & myxων eodem & æquali tempore cum sargo uterum ferunt. Hîc quoq; sarginum legendum esse censeo, qui à sargo diuersus est, ut annotauit Athenæus. Et cũ mugilibus alibi numerat ab Aristotele lib. 9. de hist. anim. ca. 2. Σαργῖνοι, βελόναι, μύξωνες, quanq; hic corruptè legatur μήκωνες pro μύξωνες, quã uulgarem lectionẽ secutus est Gaza, qui papaueres cõuertit. Quare ex his Aristotelis locis rectè colligere nemo potest, sargũ ex genere mugilum esse. *Libro 7.*

Cætera quæ de sargo supersunt, persequamur. Is piscis salax est, ut cecinit Oppianus his uersibus, quos in capite de cantharo protulimus. nec solũ alienas uxores deperit, sed etiam mirè ardet fœdo caprarũ amore, quam insaniã pluribus describit Oppianus lib. 4. Σαργοὶ δ' αἰγείοισι πόθοις ἔπι θυμὸν ἔχουσιν. Αἰγῶν δ' ἱμείρουσιν, ὀρειαύλοις δὲ βοτοῖσιν ἐκπάγλως χαίρουσι, καὶ εἰνάλιοί περ ἐόντες. Inuadit sargos caprarum mira cupido: Qui madidi simas cupiunt tractare capellas Montanis gregibus, quanuis sint agmina Ponti. Cætera pete ex Oppiano: sunt enim prolixiora, q̃ quæ adscribi debeant. Aelianus id scribit: Sargi capras uehementissimè amant. nanq; cùm caprarũ proxime litus pascentiũ, unius aut alterius umbra in litore apparuerit, protinus gaudio exilientes, summo studio adnatant, ac saltu non admodũ ad saltandum idonei, capras cõtingere affectant. sensum enim caprini odoris percipiũt, etiam si sub fluctibus natent. itaq; uoluptate gestientes, ad eas accedere student. Quòd aũt tanta amoris insania in capras existunt, ex ijs idcirco capiunt, quæ tantopere desiderant. Nam piscator caprinam pellem extractam cũ cornibus induens, insidias parat, sole à tergo relicto. atq; farinã caprino iure madefactam in eam maris partẽ spargit, ubi habitare solent sargi, quibus tanq; philtro quodã odoris allecti accedunt: farina uescunt, pellis assimilatæ capræ cõspectu permulcẽtur. Ex his aũt piscator multos hamo robusto capit, cuius linea alba non ex arundine appensa est, sed uirga è cornu arbore. Simulac enim ad hamũ adhęserit subtrahere expeditissimè cõuenit, ne alios conturbet. Manu etiam capiunt, si quis spinas quas ad tuitionem sui excitãt, à capite ad partẽ inferiorẽ reuocando, & flectendo declinet, premendoq; ex lapidibus, in quos ad latendũ se cõpellunt, extrahat. Hæc Aelianus, qui spinas quas ad tuitionem sui sargi excitant, pinnas dorsi quas erigunt, intelligit. *C. reliquum.* *D E Caprarũ amor: propter quem etiam capiuntur.* *Aelianus 1.23.*

Apud Athenæum libro 7. ab Hicesio sargus melanuro, alibi apud eundem melanurusauratę cõparatur. Et alibi lib. 8. Σαργοὶ σύφουσι μᾶλλον, καὶ τῶν μελανούρων εἰσὶ τροφιμώτεροι, id est, sargi adstringũt & magis alunt quàm melanuri. Qui Brundusij capiebantur, ab Ennio laudantur. Nostri rejcien di non sunt, præsertim qui uère, & autumno capiuntur, ęstate sunt deteriores. Dicemus igitur sargos qui in litoribus cœnosis degunt, cæteris multò deteriores esse: qui in saxis litorum habitant, ut Oppianus autor est, uel qui in purioribus undis degunt, substantiâ auratis ferè similes, media scilicet carne, ad siccitatem & proinde ad duritiem inclinante. Quam ob causam succi bonitate ab auratis uincuntur, & magis adstringunt, & multùm nutriunt, ut Hicesius dixit. B F

Non solùm caprina pelle & caprino odore allecti capiuntur, ut priùs dictum est, sed etiam sagena. Numenius in Halieutico, narrante Athenæo, scribit: piscem hunc contra piscantium insidias astutum esse: & λινοπληγέστατον appellat, quòd cum hamo tenetur, lineam ad scopulos atterat. id confirmat Plinius libro 9. cap. 59. E *Libro 7.*

Archestratus quòd durus sit piscis, assum & calidum caseo, aceto, condiri uult: molliores autem & pingues pisces sale & oleo. F

DE EODEM BELLONIVS.

Sargi nomen antiquum Massilienses ac Genuenses adhuc hodie retinent, Vn Sarg. Romani Sargono, Veneti Vn Sargo uocant. A

Oceano Gallico ignotus piscis, mari rubro & Nilo peculiaris: è quibus locis usq; in montẽ Sinai ad eius regionis incolas magno cõmodo ac pretio deferri solet. Notas cum Sparo peculiares B habet: ambo enim tenuibus squamis contecti sunt, planoq; sunt corpore. Linea ambobus à branchijs arcuata utrinque per medium corpus deducitur. Pinnam continuam in tergore gerũt, caudam bifurcam, in extremo, ut Melanurus, nigram. Verùm pinna, quam Scarus ad anum habet, unico, ut coruus, armatur aculeo. Branchiarum exterius tegumentum spineum, nigrum est. Oculos habet cæsios: dentibus exertis præditus est, ordine dispositis in superiore & inferiore maxilla, numero octonis, humanos ipsa effigie referentibus. Oris rictum mediocrem, pinnas in acutum desinentes. Sargi dum recenter ex aqua prodeunt, transuersis lineis, ut Mormylus, sunt insignes. Hæ autem lineæ minùs sunt in demortuis conspicuæ: Vnde Ouidius:

Insignis Sargusq; notis, insignis & alis.

Est & alius piscis fluuiatilis ex genere mugilum, cui etiam Sargo nomen est, sed hic de marino tantùm sermo est; fluuiatilem suo loco descripsimus.

COROLLARIVM.

A Σαργὸς oxytonum est, ut in Aristotelis, Aeliani, Oppianiq; libris legitur. nam apud Aristotelem quinto historiæ, cap. 11. ubi bis reperitur σάργος paroxytonum, reponi debet σαργῖνος, ut Rondeletius animaduertit. Melanurum Hicesius ait assimilem esse σάρκῳ, (lego σαργῷ,) Athenæus. Sargus piscis est qui nunc quoq; Sargus uocatur, Massarius Venetus. Non modo Massilienses & Ligures, sed omnes quas obiui regiones, sargum adhuc uulgò nominant, Gillius. Lusitani etiam sargo. Romæ Sargus imperialis dicitur, ut Corn. Sittardus olim indicauit. Illyrij piscium affinitate decepti, aprum chiergner uocant. sed uox ea sargo debetur. aper enim sargi modo corpus tornatum habet, Bellonius. Germanicum nomen fingendum est. nam cũ in Oceano Gallico ignotus sit piscis, teste Bellonio: in Germanico etiam deesse uerisimile est. appelletur igitur, **ein Geißbrachsme**, ut & corporis eius speciem (bramis uulgo dictis piscibus similem,) & occultum cum genere caprino consensum indicemus. Vel, **ein Brandbrachsmen art im meer:** id est, Melanuri species in mari. Vel describatur, **ein Meerbrachsmen art / mit überzwären schwartzen strymen vom rucken hinab / wie an eim bersich / oder auch an dem mormyro / ist ein schmälere meerbrachsmen art.** ¶ Sargum cum melanuro aliqui confundunt, item sarginum cum sargo, Rondeletius. de melanuro dictum est suo loco: de sargino inter mugiles. Scarus Romanis nostrisq; non planè notus est. alij enim ob similitudinem dente, alij sargo uocant. à nostris quidem piscatoribus pro sargo uenditur: cui similis est corporis forma subrotunda, & aculeorum pinnarũq; situ ac numero, Rondeletius. ¶ Gaza pro sargino, sargonem uertit. in eiusdem translatione sargiaci alicubi legitur, pro sargini. ¶ Piscem generis leuciscorum, quem Galli uulgò gardonum uocant, nostri **ein Schwal**, (inter Albos nobis descriptum,) Bellonius sargum aut sargonem fluuiatilem uocat, sola opinor nominis Gardonis ad Sargonem similitudine inductus. cum sargus ueterum, & sarginus (pro quo Gaza sargonem alicubi uertit,) longè diuersi, tum inter se, tum à gardono Gallorum, & marini tantùm sint. ¶ Σαργοι in catalogo piscium Tarentini corruptum uel plebeium uidetur uocabulum, pro σαργοί.

B Sargus piscis genus est, qui in Aegyptio mari ferè nascitur, Festus: qui hunc etiam Lucilij Satyrici uersum citat: Quem præclarus elops, quem Aegypto sargus mouebit. In mari Adriatico etiam non infrequens est. In hæc maria (*circa Romam*, inquit Iouius,) Sargus non semper enauigat, qui Brundusij, Ennij poëtæ testimonio, longè optimus habetur. ij nanq; quos Romæ habemus, auratam magnitudine uix excedũt: quã etiam latitudine atq; argenteis squamis referunt. ¶ Hicesius ait melanurũ consimilem esse sargo, (*nimirum forma etiam, non solùm ui alimentaria.*) Pisces sargis aut melanuris similes, excepto rostro quod acutius est: paruis dentib. non serratis, sed hominis similibus, (*ut etiam sargi,*) ex Istria Venetias afferuntur, Picij uulgò dicti. eos esse arbitror quos Speusippus Melanderinos appellat, & Melanuro similes esse dicit, Gillius. Sargus cantharo pisci simillimus est, Massarius & Gillius. ¶ Sargus etiã & sparus in cauda notam nigram habent, quemadmodum melanurus, qua nota decepti multi, hunc à similibus distinguere non potuerũt, Rondeletius. Sparus à sargo, solo colore distinguit, &c. Bellonius: uide in Sparo eius. ¶ De dentibus sargi plura Bellonius in Aurata B.

Hanc picturã olim Cor. Sittardus misit, quæ Sargi (si bene memini) caput, os & dentes, repræsentaret.

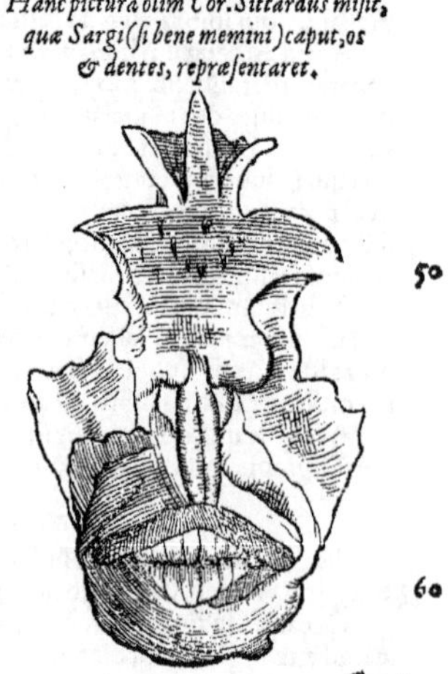

C Ouidius sargum inter pelagios recenset. Rondeletius litoralem esse ostendit. Sargis piscib. (inquit Aelianus 1.23.) idonea domicilia saxa & cauernæ sunt, quæ non latis luminibus illuminantur, sed tanquam fenestellas paruulas habent, tanto interuallo distantes, quo pertinere & permeare solis splendor earumq; distantiam lumen solis complere possit.

Cum

Cum enim omni luce Sargi delectantur, tum uerò solis maximè radios sitienter expetunt. Apud paludes & breuia uitam agunt, uicinam proximam continentem se habere gaudent. Hæc ille, ex quo & Philes repetijt. Σαργῶν γένος πετρῶσιν ἑταῖρον, Oppianus: qui etiam νωθεῖς, id est ignauos eos cognominat. ¶ Carniuorum esse sargum apparet inde quòd inescatur lycostomo, ut referemus in E. ¶ Pariũt circa æquinoctium sargi, ut in melioribus Plinij codicibus legitur: alij enim habent spari. Bis anno parit, uere & autumno, ut Aristoteles tradit. idem tamen sexto de historia inquit, Sargus coit mense decembri, fert uterũ dies triginta: quod sanè tempus, neq; uernũ, neque autũnale est, nisi quis dixerit Sargon ibi pro sargone mugilũ genere capi, etiã si ibidẽ à mugilum genere diuersus esse uideatur. Nam libro quinto dixit Mugilũ, labeones, sargones, mucones, capitones grauescere utero mense decembri incipiunt, geruntq; diebus tricenis, Massarius.

Sargus alios minimè comitatur, ueluti superbus, Iouius. Ego uerò gregales esse puto. nam &, D
Aeliano teste, in loco multi eodẽ agunt: &, ut in E. dicet, conferti capiuntur: & mas unus plures habet uxores. Canthari q; in amatores suarũ coniugum odiũ acerbũ habent, acerrimas pugnas edi uideres: nec tamen illis more sargorũ piscium de multis certamen instituitur: sed non aliter q; Menelaus cũ Paride pro una uxore decertãt, Aelian. Eadẽ de re Oppiani uersus Rondeletius in Cantharo recitat. Mares pro fœminis contendũt: quo in certamine qui uictor euaserit, solus fœminis potitur omnibus, Oppian. ¶ Ἄλλοτε δ᾽ ἄλλῃ Σαργὸν ἐπιτέλλοντα λινοπληγέστατον ἰχθῦν, Numenius apud Atheneũ: qui nomen λινοπληγέστατον, πανοῦργον πρὸς τὰς θήρας interpretari uidetur: rarũ alioqui, nec usquam alibi à me (quod meminerim) inuentum. Videtur autem positiuus esse λινοπλήξ, ut ἀρχιπλήξ. Eustathius in Iliados K. diuersa cõposita à uerbo πλήττειν ostendẽs, nil tale habet. ponitũr aũt id uerbũ aliquando pro κρούειν & πελάζειν: ut hic piscis in hoc astutus sit, dũ aliâs alijs circa retia locis, quanq; proximus eis, apparet & eludit. quòd si quis cũ Rondeletio λινοπλῆγα ex Plinio interpretari malit, quòd lineã ad scopulos atterat, illi nõ cõtendero. Inter sargos (inquit Plinius) ipse qui tenetũr, ad scopulos lineã terit. λίνον quidẽ pro reti potiùs plerunq; apud autores accipi puto, q; pro linea cui hamus annectitũr: quã Oppianus tertio Halieut. subinde ὁρμιὰν uocare solet. Videtur et κάθετος et καθέτης pro linea accipi, præsertim maiore & ualidiore: uel pro hamo ei annexo, uel etiã esca hamo inserta. Ἀλλ᾽ ὁπόταν καθέτῃσι πελώριοι ἀμφιχάνωσιν ἰχθύες, Oppian. lib. 3. Halieut. et mox, Πολλάκι δ᾽ ἐξώλισθον ἀπ᾽ ἀγκίστροιο πεσόντες. Κάθετος, ὁ καθειμένος εἰς τὸ πέλαγος ἀμνός, sic Lysias & Meliton, Suid. Quidam in lexico Græcolatino κάθετον hamum interpretatur, qui ad modum catheti, id est perpẽdiculi è funiculo setaceo in mare demittitũr. hinc in epigrãmate τριχίνης ἐκ καθέτου: quod quidã malè uertit ex aspero reti. Aelianus de animal. 12. 43. instrumenta piscatorũ enumerans, cum ea quę retibus fit piscatura, λίνον nominat. Ἀγκιστρεία uerò (inquit) δεῖται ἱππείων τριχῶν, &c. χρῶνται δ᾽ ἐπὶ τῶν ἀγρίων συῶν ταῖς θριξὶ ταῖς ὀρθαῖς, καὶ περίνθῳ δέ, (lego μηρίνθῳ,) &c. Pollux lib. 10. inter piscatoris instrumenta primũ numerat, σαγήνην, λίνον, πάναγρον: &c. deinde ὁρμιάν, ἄγκιστρα, τρίχας, λίνα, σπάρτα: ubi λίνα fortè pro filis accipiuntur, ut in illo poëtæ γεινομένῳ ἐπένησε λίνῳ. Oppianus paulò post tertij Halieuticorum initium, diuersos piscationis modos commemorans, sic canit: Piscationis modi sunt quatuor. primus hamis utitur.

Τῶν δ᾽ οἱ μὲν δονάκεσσιν ἀναψάμενοι δολιχοῖσιν Ὁρμιὴν ἵππειον εὔπλοκον, ἀγρώσσουσιν.
Οἱ δ᾽ αὔτως θώμιγγα λινόστροφον ἐκ παλαμάων Δησάμενοι, πέμπουσιν, ὁ δ᾽ ἢ καθέτῃσι γέγηθεν:
Ἢ πολυαγκίστροισιν ἀγάλλεται ὁρμιῇσι.

Ea igitur quæ hamo fit piscatio, duplex est: aut enim calamo siue harundini annexa est linea, ex pilis equinis fieri solita: aut manui, contortus scilicet è lino funiculus, θώμιγξ: à quo uel plures dependent hami, uel unus καθέτης, maior scilicet & escam maiorem continens ad pisces cetaceos capiendos. Inferiùs etiam de anthiarum piscatione scribens, magnorum piscium, lineam facit μέγα πεῖσμα λινόστροφον, & hamo lupum piscem infigit. & mox de eâdem linea, θώμιγξ δὲ κρατερή τε καὶ εὔπλοκος: in progressu uerò eandem communi uocabulo ὁρμιὴν appellat. Retia uerò semper (ni fallor) lina uocare solet. nam cum de retibus uarijs dixisset, subiungit: Μυρία τ᾽ αἰόλα τοῖα δολορραφέων λίνα κόλπων. Et mox: Κεστρεὺς μὲν πλεκτῇσιν ἐν ἀγκοίνῃσι λίνοιο Ἑλκόμενος. Item: Σφύραιναι δ᾽ ὅτε κέν ποτ᾽ ἐπιπλήξωσι λίνοισιν. His scriptis, ut sargum λινοπλῆγα piscem cognominatum ostenderem, ab eo potiùs quòd retia quàm quòd hamos eluderet, incidi in Eustathij parecbolas Iliados Π. super his poëtæ uerbis: --- ὡς ὅτε τις φὼς Πέτρῃ ἔπι προβλῆτι καθήμενος ἱερὸν ἰχθὺν Ἐκ πόντοιο θύραζε λίνῳ, καὶ ἤνοπι χαλκῷ, Ἕλκει. λίνον (inquit) nunc uocat lineam è lino, τὴν ἐκ λίνου ὁρμιάν, prima breui: quanquam frequentiùs hoc uocabulum pro reti ponitur. Et rursus in Odysseæ B. Lina (λίνα) inquit tum retia tum uela dicuntur: idq; nomen hodiéque seruatur cum alibi, tum circa Pamphyliam, ubi linaria (λινάρια) uocant retia uenatoria: & si quod animal illapsum euaserit, id ἐκλινίσαι dicunt rhetorica dictione. Et alibi, Linum etiam pro chorda dicitur. olim enim lino pro fidibus seu chordis utebantur. Hæc cum ita se habeant, rem in medio relinquemus quod ad sargi circa linum astutiam attinet. capi quidem eos & retibus & hamis, mox in E. apparebit. ¶ Capras quantopere ament, Aelianus & Oppianus prædicant.

Sargus si teneatur (*hamo*,) ad scopulos lineam terit, Plinius. Vide scripta proximè retrò in D. E
Sargos hoc modo Cares capiunt: Cum enim molles & remissas auras auster afflat, & ad litus moderatè & leniter fluctus murmurant: tum ad piscatum arundine piscator nihil eget, sed iuniperi

PP

bene robusta uirga, ex qua summa lineam appendit, atque ad hamum escam lycostomum (neque recentem, neque plenè tamen inueteratum) accommodat: deinde in piscatorij nauigij puppe sedens, insidias tendit, easq; in mare demissas leuiter mouet, simul & ei quietè inseruit puer, qui probè tenens ut sensim pedetentimq; nauis impellenda sit, ad terram uersus remigat: Tum Sargi permulti exultantes, & gestientes, escam assequi, sese ex suis latibulis incitant, & prosiliunt, atque escæ illecebra allectati, ad hamum congregantur: cumq; propius à terra sunt, cibi auiditate capti, facilè comprehenduntur, Aelianus 13.2. Sargi uerriculis & plagulis capiūtur, Plutarchus. Vrinator aliquis peritus in mari facilè etiam manibus sargos ceperit, & sciænas. Sargi enim trepidi in angustum aliquem locum (ἐν μυχῷ) maris se recipiunt, cateruatim collecti: & spinis dorsi rigentibus ita horrent, (ceu uineæ alicuius sepimentum spinis consitum,) ut tractabiles non sint. sed peritus urinator animaduertens capitis caudæq; situm in singulis, à capite primùm contingēs spinas permulcet ac deprimit, utraque manu singulum apprehendens. manent illi condensati et capiuntur, Oppianus lib. 4. Halieut. ¶ Sargi tantopere capras amant, ut cùm illæ à pastoribus in magnis æstibus ad litora ubi lauent aguntur, sargi mox adnantes conferti eas circundent, ac circunsilientes mirifico gaudij argumento lambant: nec aspernantur eas capræ tanquam amantes. Vbi uerò è mari iam exeunt capræ, tum sargi mœrentes uniuersi ad extremum usque litoris marginem comitantur, & inuiti deserūt. Verùm perniciosus eis hic amor est. obseruat enim piscator geminos scopulos angusto inter eos spacio solem admittente, quod multi pariter sargi incolunt: Solis enim radijs admodum gaudent. ibi pellem indutus caprinam, eminētibus suprà caput cornibus, manet: & inijcit in mare farinam carni adipiq; caprinæ permixtam. Allecti itaq; sargi ipsum mare ingressum ceu capram amplectuntur. is uerò mox calamo è corno arbore extenso, lineam è lino cano demittit, & hamo carnem de ungula caprina inserit. & mox quem ceperit sargum, celeriter manu retrahit, (*ad tergum fortè*: ὁ δ' ἴσαπασι χειρὶ παχείῃ, *malim* ταχείῃ Αὖ ἐρύων.) nam si dolum animaduerterint pisces, simul omnes trepidi refugiunt. sin clam & celeriter pergat, nullus eum quin capiatur effugiet, Oppianus lib. 3. Et mox: Capiuntur & alio modo: Mares inter se pro fœminis uerno tempore certant: qui uicerit, solus fœminis omnib. potitur, quas in aliquem inter petras recessum agit. Itaq; piscator nassam amplam & rotundam in mare deponit, multis circa introitum myrti, aut lauri alijsúe frondib. obumbratam: & cum peracto certamine uictor aliquis euasit, mox fœminas omnes in nassam, ceu aliquod petræ latibulum colligit, foris interim ipse cæteros mares arcens. tandem & ipse ultimus ingreditur: atq; sic pariter capiuntur.

F Sargus Brundusij (Ennij poetæ testimonio) longè optimus habetur, præsertim si prægrandis fuerit, Iouius. Nullam inesse gratiam litoralibus sargis, ait Plinius: quod mirum uidetur, cum is maximè circa litora capiatur, Aeliano teste, Idem. In cibo laudatur. est enim stomacho gratus. probum generat succum, facileq; in corpus digeritur. abunde nutrit, & aluum mouet: Vuottonus nescio ex quo ueterum, Xenocrate forsan. Melanurum Hicesius ait consimilem (*specie nimirum & alimento*) esse sargo: inferiorem tamen bonitate succi & suauitate: subastringere modicè & multùm alere: Μικρᾶς δὲ στεγασύφειν, καὶ εἶναι τρόφιμον, Athenæus. Et rursus ex eodem Hicesio: Sargi magis quàm melanuri tum astringunt, tum nutriunt. Et ex Diocle: Recentium (νεαρῶν) piscium carnes sunt sicciores, ut scorpionum, cuculorum, passerum, sargorum. Gariopontus sargos, turdos & alios quosdam pisces hydropicis etiam dari iubet.

Ἡνίκα δ' αὖ δύνοντος ἐν οὐρανῷ Ὠρίωνος Μήτηρ οἰνοφόρου βότρυος χαίτην ἀποβάλλει,
Τῆμος ἔχειν ὀπτὸν σαργὸν τυρῷ κατάπασον, Εὐμεγέθη, θερμὸν, δριμεῖ δεδαϊγμένον ὄξει.
Σκληρὸς γὰρ φύσει ἐστὶν, ἅπαντα δέ μοι θεράπευε Τὸν στερεὸν τοιῷδε τρόπῳ μεμνημένος ἰχθὺν.
Τὸν δ' ἀγαθὸν μαλακόν τε φύσει, καὶ πίονα σάρκα Ἁλσὶ μόνον λεπτοῖσι πάσας, καὶ ἐλαίῳ ἀλείψας.
Τὴν ἀρετὴν γὰρ ἔχει τὴν τέρψιος αὐτὸς ἐν αὑτῷ, Archestratus.

G Sargi caro prodest contra presteris morsum: Rauisius, nescio ex quo authore. Plinius si bene memini, de salsis piscibus in genere hoc scribit. Sargi dentes gestati omnem dolorem dentium auertunt, Kyranides.

H.a. Sargi & Sargini nominantur Epicharmo in Nuptijs Hebæ.

Epitheta. Timidi, et zelotypi ex eorū natura cognominari possunt. Oppianus νωθεῖς, id est, pigros uel ignauos uocauit: Aristoteles apud Athenæum μελανογράμμους, πολυγράμμους, & ὀῤῥοπυγοσίκτους.

Icones. Emblemata Alciati extant duo: primum in amatores meretricum.

Villosæ indutus piscator tegmina capræ, Addidit ut capiti cornua bina suo, Fallit amatorem stans summo in litore sargum, In laqueos simi quem gregis ardor agit. Capra refert scortum, similis fit sargus amanti, Qui miser obscœno captus amore perit.

Alterum, quod inscribitur Aemulatio impar. Altiuolam miluus comitatur degener harpam, Et prædæ partem sæpe cadentis habet. Mullum prosequitur, qui spretas sargus ab illo, Præteritasq; auidus deuorat ore dapes. Sic mecū Oenocrates agit: at deserta studentum Vtitur hoc lippo curia tanquam oculo.

Hominem ex aliorum laboribus sibi fructum & gloriam usurpantem, & alienam (ut ita dicam) messem demetentem, significare qui uolūt, sargum & mullum pingunt, sequitur enim sargi reliquias mullus, &c. Pierius Valerianus.

I N

IN mari circa Taprobanen insulam cete quædam habere ferunt capita pantherarum, leonũ, & arietum, aliorumq́ue animalium: & quod magnam admirationem habet, SATYRORVM speciem similitudinemq́ue cete nonnulla gerunt, Aelianus 16, 18.

SAVRVS in Lacerto est. ¶ Saurum, id est Lacertum, piscem quendam Rondeletius uocat, rostro & priore corporis parte acubus similem: posteriore uerò, ut & carnis substantia, scombris. Vide in Lacerto. Saluianus eum piscem, quem Rondeletius lacertum peregrinum seu maris rubri uocauit, meliùs pingit ac describit, Historia 92. & Romæ uulgò (illic enim peregrinum non esse,) Pesce Tarantola uocari: Latinum nomen nullum eius extare ait: neq́ue uocandum Lacertum, quod nomen ueteres Latini pro colia ferè usurparint. Trachurum quoq́ue alium piscẽ esse, à Sauro diuersum, &c.

SAXATILES pisces communi nomine dicuntur quicunq́ue in mari inter saxa degunt, Græcis πετραῖοι. Sed recentiores quidam speciem unam priuatim saxatilem appellare uidẽtur, eamq́ue fluuiatilem non marinam, cum ueteres in mari tantùm saxatiles constituerint. nam qui de rerum nomenclaturis libellum Latinè, Polonicè & Germanicè nuper edidit, Saxatilem interpretatur piscem, quem Germani Steinbeiß, id est Saxamordentem, Poloni Pstranik appellant: de quo scripsimus suprà in fine historiæ gobiorum, Corollario 11. pag. 482. Maurus quidam episcopus in Conuiuio patris Dei, alijs alios pisces appositos comminiscitur, Isaiæ serram, Ieremiæ saxatilem. quoniam scilicet hic lapidibus oppressus traditur à Iudæis, ille à Manasse rege serra dissectus. ¶ Tum uiridis squamis paruo saxatilis ore, Ouidius: tanquam saxatilis non differentiæ tantùm, sed etiam speciei nomen sit. sed pro squamis legerim teragus, ex Plinio: qui paruum teragum ex Ouidio nominat.

SAXAVLVS in Regimine Salernitano, nescio cuius linguæ uocabulo nominatur piscis, quem Soleam esse uolunt.

SCALLIVM nominatur in Constantini Geoponicis, his uerbis. Bithyni garum hoc modo præparant, accipiunt scallium, (*Cornarius hanc uocem omittit,*) aut exiguas mænides, &c. ut in Garo recitatum est. Varino Σκαλλίον poculi genus paruum est, κυλίκιον μικρόν: & σκαλὶς, σκαφίον.

DE SCARO, RONDELETIVS.

SCARVS inter saxatiles omnes principatum tenet. Primùm autem admonendi sunt lectores Scari duo esse genera, & hunc quidem ὀνίαν uocari, alterum uerò αἰόλον, ut profert ex Nicandro Thiatireno Athenæus libro 7. quorum utriq́ue multæ quidem communes sunt notæ, sed sunt etiam propriæ: ob eamq́ue causam separatim de utroq́ue tractandum putaui, ut res ipsæ scaros aliquando inspecturis notiores sint. *Scari duæ species.*

Σκάρος igitur Græcis dicitur ἀπὸ τοῦ σκαίρειν, autore Athenæo, quod significat salire siue tripudiare, hîc potiùs νέμεσθαι, id est, depasci: id enim aliquando significat σκαίρειν, ut ex Theocrito docet Phauorinus. Scarus uerò algam herbasq́ue alias depascitur, ut mox fusiùs dicemus. Græci etiam huius temporis σκάρον nuncupant, (*Massario teste.*) Romanis nostrisq́ue non planè notus est, alij enim ob similitudinẽ dentẽ, alij sargo, alij cãtheno uocãt, à nostris piscatoribus pro sargo uendit. A

Piscis est marinus, saxatilis, squamis magnis, tenuibus, colore ex cæruleo nigrescente, uentre candido: sargo similis, corporis forma ad rotundam accedente, aculeorum, pinnarũq́ue situ & numero. His notis ab eodem secernitur, maculâ nigrâ in cauda, lineis nigris à dorso ad uentrem ductis caret. Dentes planos hominis modo maxillasq́ue habet, imò propriè solus latos habet, pluraq́ue & maiora in maxillis ossea tubercula, caudam latam in duas pinnas non diuisam. Adhæc oculis est magnis, superciliis coloris indici. Binas utrinque branchias habet, alteras simplices, B

Pp 2

Libro 2. de hist. cap. 13.

alteras uerò duplices autore Aristotele. Cor angulatum. Hepar in tres lobos diuisum, à quo fellis uesica pendet, sed intestinis alligata. Fel nigri coloris, & splenem: uentriculum paruum cum quatuor uel quinque appendicibus, intestinum conuolutum.

A. Verum à se Scarū proponi.

Athenæi locus.

Hunc piscem quem hîc proponimus, uerum esse antiquorum scarum cõstanter affirmo. Sed quoniam ex Athenæo, uel Aristotele proferri quædam posse uidentur, quæ nos coarguant, locos istos paulò diligentius excutiamus. Sic enim & scarus omnibus notior fiet, & multa quæ ad mores actionesq́ & succum substantiám ue eius pertinent, simul tradent. Locus est Athenæi libro VII. quem ex Aristotele profert. Σκάρον Ἀριστοτέλης καρχαρόδοντα εἶναί φησι, καὶ μονήρη, καὶ σαρκοφάγον, ἔχειν τε σόμα μικρόν, καὶ γλῶτταν οὐ λίαν (*Rondeletius omiserat οὐ λίαν, ut in uersione quoque*) προσπεφυκυῖαν, καρδίαν τρίγωνον, ὑπόλευκον, τρίβολον: ἔχειν τε χολὴν, καὶ σπλῆνα μέλανα: τῶν δὲ βραγχίων τὸ μὲν διπλοῦν, τὸ δὲ ἁπλοῦν. μόνος τε καὶ τῶν ἄλλων ἰχθύων μηρυκάζει. χαίρει δὲ τῇ τῶν φυκίων τροφῇ, διὸ καὶ τούτοις θηρεύεται. ἀκμάζει δὲ θέρους. id est, Scarum Aristoteles scribit serratis esse dentibus, & solitarium, & carniuorum, os paruum habere, linguam (non admodùm) adhærentem, cor triãgulum, subalbum, bilem nigram & splenem nigrum. Branchiarum alias duplices, alias simplices. Solus uerò pisciũ ruminat, gaudet alga, quare & ea capitur, æstate uiget. Hæc Athenæus.

Idem emendatus.

Scarum non esse dentibus serratis

Quorum initio statim error est insignis. Aristoteles enim libro 2. cap. 13. de hist. animal. (*& lib. 3. cap. 1. de partib. animal.*) hæc scribit: Καρχαρόδοντες δὲ πάντες οἱ ἰχθύες, ἔξω τοῦ σκάρου. Serratis sunt dentib. pisces omnes dempto scaro. Et Plinius (lib. 11. ca. 37.) de dentibus loquens, piscium omnibus serrati præter scarum, huic uni aquatilium plani. Quare addenda negatio, legendumq́ σκάρον Ἀριστοτέλης φησὶν οὐ καρχαρόδοντα εἶναι. At hæc nota huic nostro maximè propria est. nullus enim est ex omnibus piscibus squamosis, cui latiores magisq́ plani sint dentes, minusq́ serrati.

Quòd non sit carniuorus.

Cap. 2.

Præterea carniuorum esse scarum, ex Aristotelis libris, ijs saltem qui nunc extant, non colligas. sic enim libro 8. de historia animal. Victus eâdem ratione non omnes utuntur. Quidam enim carne tantùm uescuntur, ut cartilaginei, ut congri, channæ, thunni, lupi, synodontes, amiæ, orphi, murenæ: mulli uerò nutriuntur alga, ostreis, cœno, carne. Dascillus cœno & stercore. Scarus autem & melanurus alga, salpa, stercore & alga. Hîc apertè Aristot. discrimina alimentorum quib. uescũtur pisces enumerat, quòd si scarum carniuorum esse existimasset, cur id in scaro potiùs, quàm in alijs prætermisisset: neq́ est quòd quis obijciat id quod mox subnectit Aristoteles. Cephalum ac cestreum solos à carne omnino abstinere, ac proinde scarum carniuorum esse posse. Nam Aristoteles de ijs tum loquitur, qui sui generis pisces deuorant, quod minimè faciũt cephalus & cestreus: qua ratione omnes quidem carniuori dici possunt, demptis his duobus cephalo & cestreo, qui tum à piscibus sui generis tum ab omnibus alijs omnino abstinent. Sed præstat uerba ipsius Aristotelis adscribere. Omnes sese mutuò deuorant, dempto cestreo, maximè autem congri. Cephalus autem & cestreus soli omnino carne non uescuntur. At quum propriè carniuorum piscem esse dicimus, eum qui aliorum & nõ sui modo generis piscium carne nutritur accipimus: in quorum numero scarum non repono, idq́ non solùm Aristotelis autoritate, sed etiam ratione fretus: nam uentriculum pro corporis ratione paruum habet, qualem non dedit ijs natura, qui pisces integros uorant, nec quicquam in uentriculo huius, uel intestinis præter algam, herbásue alias reperias. Idem confirmat Plinius.

Lib. 9. cap. 17.

Lib. 11. cap. 16.

Nunc scaro datur principatus, qui solus piscium dicitur ruminare, herbisq́ uesci, non alijs piscibus. Necnon Aelianus: Scarus inquit, cùm alijs herbis tum alga uescitur. Nullus ergo scarum nostrum reijciat, quòd pisces alios non uoret, quem tamen carniuorũ dixit esse Athenæus, cùm φυκοφάγον dixisse debuisset: præsertim cùm scarum subijciat alga delectari, & ea capi.

Scarum non uesci lepore mar.

Lib. 33. cap. 1.

Quo fit, ut alium etiam Athenæi locum demirer, qui est libro 8. quo scribit (*Diphili apud Athenæum uerba sunt*) scarum recentem suspectum esse, quoniam lepores marinos uenatur, illisq́ pascitur: id quod soli mullo tribuit Plinius his uerbis. Vescitur lepore marino unum tantùm animalium, ut non intereat, mullus piscis, & tenerescit tantùm, & ingratior uiliorq́ fit. Hac in re magis ut Plinio quàm Athenæo assentiar, facit quod mullus ijs in locis degat, in quibus lepores marini reperiuntur & capiuntur, nimirum in locis cœnosis lutosisq́, unde mullus lutarius nominatus est, quæ loca fugit scarus, & in saxis habitat. Sed plura de his ubi de mullo agimus.

De corde & hepate scari.

Iam uerò quod sequitur, παράλευκον, τρίβολον, planè deprauatum est, quoniam cor album in nullis unquam piscibus uidebit, qui in horum dissectione se exercere uolet, nisi supremam illam cordis partem albam, quæ ab Aristotele ἀγγεῖον φλεβονευρῶδες dicitur, pro corde impropriè accipias, qua ratione in omnibus piscibus cor esset album, de qua re fusiùs dixi in capite de hepato. Quare paucis mutatis legendum ἧπαρ λευκὸν. Quid uerò sibi uelit τρίβολον, nemo, ut opinor, posset hîc diuinare. quid enim tribulo cum piscibus? At si β & λ loca commutarint, optimè legemus τρίλοβον, & sic legendum esse audacter contenderim: est enim in hoc pisce nota non minima, quòd hepar in tres lobos diuisum habeat, ut superiùs diximus.

Scarum solum ruminare.

Quòd postremò ponitur, solum scarum ruminare, id planè uerum est, & ex Aristotelis locis aliquot (*Libro 2. de hist. animal. cap. 17. & lib. 8. cap. 2. Lib. 9. cap. 17.*) sumptum. Idem confirmat Plinius & Oppianus lib. 1. Halieut.

Καὶ σκάρον, ὃς δὴ μοῦνος ἐν ἰχθύσι πᾶσιν ἀναύδοις
Ἄψορρον ποίησιν ἀνὰ σόμα, δεύτερον αὖθις
Φθέγγεται ἰκμαλέην λαλαγὴν, καὶ μοῦνος ἐδωδὴν
Δαινύμενος, μήρυκα ἀναπτύων ἴσα φορβήν.

Incurui scarus incola saxi,
Qui mutos inter pisces clamore tremendo

Intonat

Intonat, & solus pallentes ruminat herbas, Ac ueluti pecudes reuocat sub guttura pastum.

His maculis deletis, & loco Athenæi nitori pristino restituto, omnia quæ scaro tribuunt, quæ sine tædio repeti non possent, nostro planè conueniunt, ut negare nemo posit nos ueterum scarum penitus nosse, & hîc repræsentasse. Nostris autem diu incognitum fuisse, nõ est cur quis miretur, cum Romanis olim, & toti Italiæ serò uisus fuerit, ut nec Latinum nomen piscis habeatur autore Columella. Scarus, inquit, qui totius Asiæ Græciæq; litoribus Sicilia tenus frequentissimus exit, nunquam in Ligusticum, nec per Gallias enauit ad Ibericum mare. Itaq; ne si capti quidem perferantur in nostra uiuaria, diuturni queant possideri. Idẽ Plinius: Scarus Carpathio mari maximè frequens, promontorium Troadis Lecton sponte nunquam transit. Inde aduectos incredibili multitudine uiuarijs (al' uarijs) nauibus Tiberio Claudio principe, Optatus Elipertius (*meliores codices, è libertis eius: alia uetus lectio Ditius pro Elipertio habet: Macrobius pro Optato Octauianum*) præfectus classis, inter Ostiensem, & Campaniæ oram sparsos disseminauit. Quinquennio ferè cura est adhibita, ut capti redderentur mari. Posteà frequentes inueniuntur Italiæ in litore, non ante ibi capti: admouitq; sibi gula sapores piscibus satis, & nouũ incolã mari dedit, ne quis peregrinas aues Romæ parere mireť. Hæc Plinius & Macrobius. In nostro mari capiunť nõ procul à Massilia, & maximè circa Stœchadas insulas. Rhodi maximam esse copiam à Rodijs accepi.

A

Rursus, uerum se scarum exhibuisse.

B *Vbi.*

Lib. 8. cap. 16.

Lib. 9. cap. 17.

Saxatiles bis pariunt autore Aristotele lib. 5. de hist. cap. 9. quod non de scaro tantùm, sed de omnibus saxatilibus semel dictũ sit. Seleucus Tarsensis ait, citante Athenæo, solũ hunc pisciũ noctu dormire, unde fit, ut noctu nunquam capiatur, hoc autem ei fortasse propter metum accidere. (*Vide animaduersa in Corollario C.*) Idem tradit Oppianus, scarum mollẽ, sic enim appellat, noctu non prædari nec in alios sæuire cæterorum ritu, sed in scopulis suis somnum capere.

C

Libro 7.

Libro 2.

Scari inter se amant, uidenturq; innatum & mirum ingenium, mutuæq; societatis tuendæ studium, quæ ex Ouidio sic declarat Plinius. Mihi uidentur mira & quæ Ouidius prodidit piscium ingenia, in eo uolumine quod Ἁλιέυτικόν inscribit: Scarũ inclusum nassis nõ fronte erumpere, nec infestis uiminibus caput inserere: sed auersum caudæ ictibus crebris laxare fores, atq; ita retrorsum erumpere, quẽ luctatũ eius si forte alius scarus extrinsecus uideat, apprehensa mordicus cauda adiuuare nixus erumpentis. Hæc prolixè & eleganter describit Oppianus: quæ quia longiora sunt quàm quæ hîc adscribi debeant, ex ipso autore petes. His addit Aelianus: Si scarus nassa inclusus in caput exierit, eum qui foris est caudam illi porrigere, ut eà comprehensa sequať. Hæc illi quidem faciunt more hominum, qui etsi libros de amicitia non legerint, tamen leges amicitiæ à natura hauserunt. Præterea piscium omniũ salacissimum esse scarum asserit, eamq; cupiditatem necis caussam esse. Piscatores enim comprehensæ fœminæ summum os ad tenuem funiculũ alligant, eamq; uiuã per ea maris loca trahunt, in quibus scari habitant. conficiunt etiam graue plumbum rotundum, longitudine trium digitorum, quo ex chordis appenso trahitur scarus fœmina captiua. alter piscatorum nassæ in piscatorio nauigio accõmodatæ os latè diducit, datq; operam, ut nassa in scarum captum conuertatur. ea enim sensim demittitur, lapide ad certam mensurã facto: mares autem non aliter quàm homines uisa amica furore libidinis perciti, circa eam concursantes, alius alium præuertere & contingere studet, ut solent iuuenes amantes, aut osculum aut uellicationem, aut aliquod aliud furtum amatorium uenantes. Piscator sensim deducit fœminam rectà ad nassam, ac cum ea etiam amantes, libidinisq; suæ dant pœnas. Et Græci aliqui sæpe mihi affirmarunt mire etiam linozosti (quam mercurialem uulgò dicimus) delectari, eaq; capi.

D

Lib. 3. cap. 2.

(E)

Lib. 4.

Lib. 11. cap. 17.

Lib. 1. cap. 2.

Quantùm ad succum substantiámue scari attinet, cùm non solùm saxatilis sit, sed etiam inter saxatiles primas teneat, constat mollis & friabilis esse carnis, ut scribit Diphilus: suauem, læuem, qui facile concoquatur & distribuatur, quiq; facilem reddat aluum. Videtur etiam è numero saxatilium eximere, qua in re omnium sententiæ & sensui repugnare uidetur. Archestratus uerò apud Athenæum scarum ualde commendat, eiusq; præparationem docet. Intestina scari uiolam olent, nec magis reijcienda quàm aspalacis. (*Eperlani fortè, quem uiolas redolere aiunt, stomacho & intestinis pinguissimis.*) Quamobrem rectè Epicharmus, scarorum ἐδὲ τὸ σκῶρ θεμιτὸν ἐκβαλεῖν θεοῖς: id est, ne stercus quidem scarorum fas esse dijs ipsis reijcere. Olim iecur erat in pretio, & in Vitellij patina commemorat Tranquillus scarorum iecinora inter lautiores ciborum primitias. & Martialis (*lib. 13. disticho 84.*) Hic scarus æquoreis qui uenit obesus ab undis, Visceribus bonus est, cætera uile sapit. Editur apud nos assus in craticula, uel in sartagine: uel elixus, ut aurata.

F

(C)

Lib. 7.

DE SCARO VARIO, RONDELETIVS.

SCARVS αἰόλος nullo alio nomine, aut Latino, aut Græco à prima scari specie distinguitur, quàm epitheto, quod alioqui multis piscibus est commune. nam πέρκας αἰόλας uocauit Epicharmus, & coracinum αἰόλον uocatum fuisse diximus. denique multis alijs saxatilibus epitheton hoc conuenit.

A

Dicitur uerò species hæc scari αἰόλος, quòd scarus ὀνίας ferè concolor sit, melanuro similis: dorso enim cæruleo est, uentre candido; αἰόλ☉ uerò oculis, uentris inferiore parte, in qua podex, purpurei est coloris, cauda coloris Indici, reliquum corpus partim ex uiridi, partim ex

B

pp 3

nigro cæruleum est, squamæ ueluti notis obscurioribus aspersæ. ore est mediocri, dentibus latis: in superiore maxilla, densis: in inferiore raris & acutis. A dorso ad caudã ferè aculei tenui membrana connexi, & æquis interuallis dispositi. In singulorũ summa parte membranula pendet uexilli instar: pinnæ ad branchias sitæ, latæ sunt, ac ueluti oui figura. In medio uentris notas duas purpureas habet. Intus uentriculum satis capacem, hepar subalbum, intestina lata & multa, fellis multum, splenem magnum. formosissimus sanè est hic piscis, si quis alius.

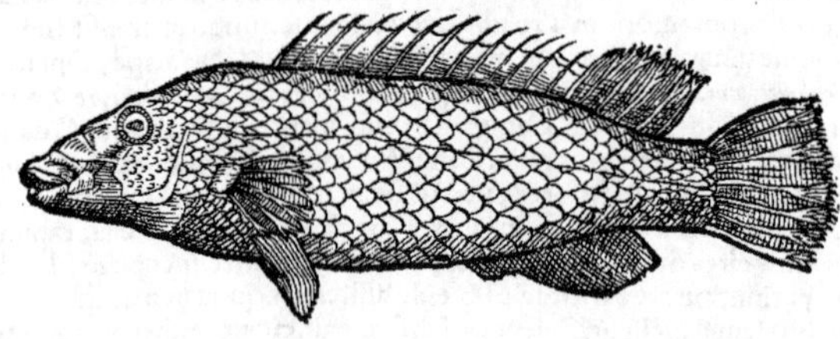

F Carne est tenerrima, & delicatissima. nec dubito quin is sit, cui Galenus cæteriq; medici prin-
B. vbi. cipatum dederint. nunc nomine tantùm notus est, à Græcis solis hodie & celebratus, & penitus cognitus. Quare hortor & moneo studiosos omnes, ut non nominum tantùm, sed rerum potiùs cognitioni sedulò uacent. Romæ semestri spatio unus tantùm mihi etiam sæpius, & curiosè forum piscarium adeunti, uisus est, quò fit ut hunc non admodùm illic frequentem esse credam. Capitur aliquando in nostro mari, è regione Magalonæ, & non procul à Massilia, & Antipoli: circa Stœchadas insulas sæpius.

A Alij (*Eum aliqui*) communi saxatilium nomine rochau nuncupant, alij aiol, alij auriol seruatis, ut credibile est, nominis αἰόλου uestigijs. Canariarum insularũ incolæ, ut ferunt, Brechos appellãt.

H. a. A scaris nobilissima Scaurorum familia dicta fuisse creditur. Ab æoli scari colore, potiùs
Plin li.37.c.11. quàm effigie, scariten gemmam dictam existimo, ea est fortasse quæ sapphirus dicitur.

F Vt superior scarus pręparatur.

DE SCARO, BELLONIVS: (EO TANTVM qui uarius à Rondeletio cognominatur.)

C Scarus, litoralis piscis, saxatilium longè delicatissimus Galeno, cautibus asperis atque herbo-
B sis scopulis gaudet: nullus in Propontide, Ponto & Hellesponto, in Creta plurimus: quem paulu-
F lùm exassant, deinde sale inspergunt, ut diutius incorruptus seruari possit.

B Habet utrinque appendices transuersas atque eminentes ad caudæ latera, quas in nullo præterea pisce unquam conspexi. Corpus Scari ex liuido rubet ut mullus. Squamis contegitur latis & translucidis. Caudam & pinnas habet obtusas ut coruus: branchias duplices, utrinq; quater-
(A) nas. Vulgus Creticum in hodiernum diem antiquam appellationem retinuit. Phycidem marinam quodammodo refert: Siquidem planum non habet corpus, nec prorsus oblongum. Caput utrinque compressum ut mullus: dentibus est obtusis, quorum incisorij nostris sunt persimiles, quibus herbas quæ saxis inhærent, detruncat: rictum non ualde magnum edit.

C Scari turmatim se conferunt ad pabulum, redeuntq; distento stomacho. Phaseolos & pisa, ut Sardinæ betas, plurimùm expetunt: unde Cretensium uulgus Phaseolis Scarouotano nomen in-
E diderunt, quorum folia nassis immissa, ad Scarorum piscationem mari submergunt: alioqui calamis & hamis uix deciperentur.

B Corporis Scari moles uix unquam maior est, quàm quæ pollice & indice comprehendi possit, neque rarò est spithame longior.

C Mirum est Aristotelem Scarum protulisse carniuorum: quosdam etiam scripsisse Scaros nõnunquam marinis leporibus uesci, quamobrem ijs non sine magna præcautione utendum esse (præsertim si recentes fuerint) eorumq; interanea choleram excitare.

B Proinde Scarus unicam habet in tergore pinnam, tenuibus aculeis asperã: sub uentre autem
F quatuor, ad uentriculi custodiam, qui delicatis ac sapidioribus herbis refertus, à piscatoribus expeti solet. Cuius rei caussa uentriculum & hepar (quod alioqui prægrande illi natura ferè absque ullo felle præbuit) unà cum fæcibus, addito sale atq; aceto, conterunt, pulmentum inde cibis idoneum conficientes. Insipidus enim est Scarus, nisi cũ suis fæcibus edatur. Hoc autẽ edulio compotores Græci quaterni, interdum seni in lectulis sedentes post frequentes panis taleas intinctas, octonas plerunque uini maluatici amphoras epotant.

A Dicitur ruminare Scarus, atque ob hoc Ruminalis appellatus est.

CORO-

COROLLARIVM.

A Scarus piscis non alius uidetur quàm qui meryx alibi ab Aristotele uocatus est. uide suprà in Meryx. ὀνίας, species est scari, Hesychius & Varinus. Myllus, lebias, σπάρος, αἰολίας, nominantur à Mnesimacho comico: ubi aliquis pro σπάρος fortè σκάρος legendum suspicetur: quoniam species altera scari à colorum uarietate αἰόλος cognominatur. sed potest æolias tum pro αἰόλος adiectiuè accipi, (ut ab ἐρυθρός, ὠχρός, ἐρυθρίας & ὠχρίας fiunt,) diuersorum piscium epitheton: tum substantiuè, ni fallor, interdum, ut una quædam species sit. Vide suprà in Elemento A. Aeoli. A uerbo σκαίρειν fiũt σκάρος et σκαρὶς, Athenæus & Eustath. & fortè σκάρος & σκαρὶς piscis unius nomẽ sunt. lege quæ scripsi in Mullo barbato Rondeletij c. inter Græca Athenæi uerba, pag. 668. ¶ Nõnulli optimorum studiorum laude insignes, existimant inter auratas scarum illum antiquis preciosissimum piscẽ à piscatoribus uendi, qui dentes humanis similes, & ad ruminandas maris herbas plurimum idoneos habeat, maximeq́ squamarum specie auratis assimiletur. Cæterùm ego crediderim, eum non facilè à nobis deprehendi errore uendentium: qui similitudine decepti, neque animaduersa saporis nobilitate in foro piscario eum auratis & sargis cõmiscere consueuerint: consensu tamen piscatorum zaphirus piscis, sic à cyaneo eius gemmæ (*sapphiri*) colore dictus, inter auratas longè sapidissimus existimatur, qui fortasse scarus antiquis fuerit, Iouius. Sapphirus. ¶ Chrachoros, (*corruptum, pro scaros,*) id est, piscis ruminans nõ est notus in maribus & fluminibus nostris, Albertus. Bellonius quoq; in Oceano reperiri negat. quamobrem nomen eius Germanicum fingo, **ein Mewer**, quod est ruminator: priuatim uerò latum & auratæ similiorem scarũ, nominârim **ein Mewbrachsme**: minùs latum & uarium, **ein Puntermewer**: uel per circunscriptionẽ, **ein schöner geteilter Mewer**. ¶ Esca iacentium mollior esse debet quàm saxatilium (in piscinis) itaq; præberi conuenit tabenteis haleculas, putremq́ sardinam, nec minùs scaurorum branchias, &c. Columella 8.17. pro scaurorum Vuottonus uidetur legere scarorum: at Rondeletius in capite de galeis (id est mustelis in genere) squalorum mauult. pręcedenti quidem capite scaurus pro scaro legi manifestũ est, ut apud Albertum etiam. prima quidem à poëtis corripitur. Idem ex Auicennæ nescio quo interprete (in Aristotelis historiæ animaliũ 9. 26.) scarũ nominat, pro cottypho, id est merula aue. ¶ Lelepris siue Lepras à Bellonio dictus piscis, scaro uario cognatus uidetur. sed differt dentibus, &c. & in Oceano quoque capitur: scarus non item, saltem uarius, Bellonio teste. de onia enim an in Oceano sit, quærendum est amplius.

Scaro uario etiam affinis uidetur piscis, cuius picturã ut olim Venetijs accepi, hîc apposui. Lusitanos Bodian uel Ruiuo uocare audio, Illyrios Cany. Coloribus uarijs eleganter depingitur ac uariatur: fusco præsertim seu nigricante & rubro. Pinnæ ad branchias flaui coloris sunt: reliquæ fuscæ, sed fibris spinis'ue (ad picturam hæc scribimus) rubris distinctæ, uti etiam cauda. In oculis pupillam nigram circulus è luteo subuiridis ambit: quo exterior alius est uiolaceus, sequitur luteus, postremus niger. Maculæ quædã magnæ per latera nigricant, &c. His scriptis incidi in Saluiani piscem 94. quem uulgari nomine Papagallũ nominat: figura nostro hîc exhibito planè similẽ: quanq; coloribus ab eo descriptis nõnihil dissidet. Romæ (inquit) ob oculorũ uarietatẽ Papagallo uocant, Lusitani Budiam. A diuo Ambrosio

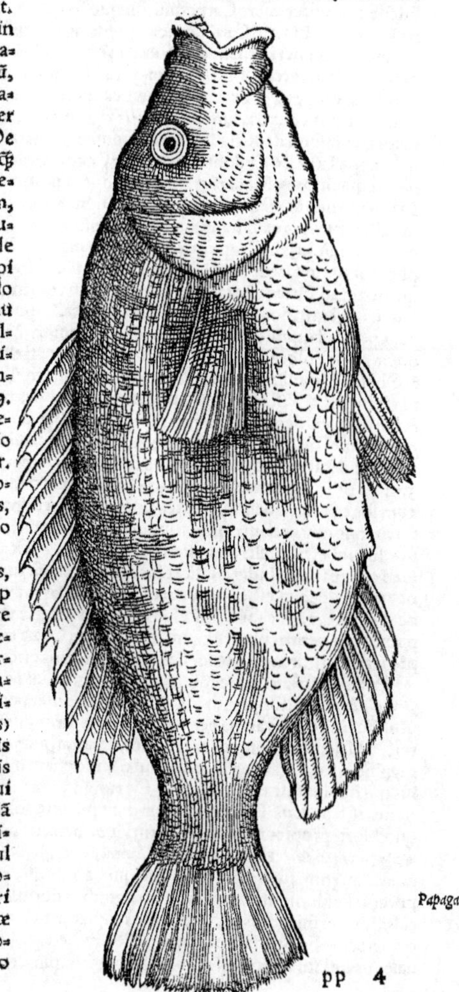

Papagallus.

Pauo. & Isidoro Hispalensi, propterea quòd paui auis colorem imitetur, pauo uel pauus uocatur. (Descriptionem prætereo: conuenit enim cum icone nostra, coloribus exceptis: & quòd dentes nimis magni nostro adpinguntur.) Circa saxosa maris litora atque scopulos uictitat: ubi etiam ineunte æstate parit. Carniuorus est. non solùm enim alga atque alijs maris purgamentis, sed minoribus etiam piscibus uescitur. Solitarius est: & ferè semper singuli capiuntur, solentque uerno ac autumnali duntaxat tẽpore capi: eò quòd forsan æstate caloris, hyeme frigoris impatientes lateant. Insipidus atque ignobilis piscis censetur. carnem habet mollem potiùs quàm duram, cui & lentor aliquis inest. In craticula assus, & aceto uel mali arantij succo conspersus, palato minùs ingratus esse solet, Hæc Saluianus. Vilis igitur & insipidus cum sit, scari nomen non meretur. Phycidem Romani Merlinum nominant. nam id genus omne piscium coloratorum, (diuersis coloribus insigniũ,) nomine Psittaci, Pauonis, Turdi uel Merulę, ab illis uocari cõsueuit, Bellonius. Qui etiam in Gallico libro de piscibus Pauonis nomine piscem, ut scribit, Romæ papagallum dictum exhibuit, quem Turdum postea in libro Latino nominauit: qui uel idem cum Saluiani Papagallo est, uel planè similis. Turdus. Sunt & Rondeletij quidam turdi eidem similes. De piscibus quibus Paui nomen attribuitur, plura leges suprà in P. elemento.

Siculo scarus ęquore mersus Ad mensam uiuus perducitur, Petronius Arbiter. ---Sca-
B Vbi. ri, Si quos Eois intonata fluctibus Hyems ad hoc uertat mare, Horatius. dixit autem Eois fluctibus propter mare Carpathiũ, (in quo frequens est, teste Plinio,) quod est in Oriente. Sparum circa maritimam Carthaginem prędicat Archestratus, item circa Ephesum & Byzantium, ubi maximum fieri ait, καὶ μέγεθος κυκλίᾳ ἴσον ἀσπίδι νῶτα φοροῦντα: hoc est, & rotundi instar scuti dorsum grande gerere. Ennius eum qui ad Nestoris patriam (id est, Pylum) capiatur, magnumque bonumque celebrat. Scaros ftequentes uidimus in sinu Hermionico, siue Saronico aut Salaminio, in quo à dextris sunt portus Piræus, nunc portus Leo nuncupatus, & Athenæ in continenti ad nihilum deductæ, Sithines modò nominatæ: & in Hellesponto qui hodie strictus Callipolis appellatur, & Cydoniæ quæ nunc Canca uocatur, & alibi: nullibi tamen quàm in mari rubro frequentiores, Massarius. Nec elopem nostro mari, nec scarum ducas, Quintilianus lib. 5. In Euripo nullus est, Aristoteles. quare non mirum si in Oceano desit, cuius litora nusquam non (ni fallor) Euripis exagitantur. Non capitur in nostris litoribus, neque mediterraneo neque Oceano mari: quin etiam Propontis, quod affirmo, & Hellespontus, & Euxinus, & Adriaticum hoc pisce carent: in Cretæ uerò locis quibusdam adeò frequens est, ut non alius capi crebriùs soleat. quãquam ad Orientem tantùm huius insulæ eum inuenio. mare enim herbas quasdam exiguas, quibus uescitur, non producit, nisi ab ea parte. Capitur autem præcipuè circa eundem locum ubi colligitur ladanum, & eodem tempore plurimus. Magnitudine non multùm excedit mullum: quem etiam colore, minùs tamen florido, refert, Bellonius in libro Obseruationum in Oriente. ¶ Obesus & mollis, Scari epitheta apud Rauisium: illud ex Martiali est: ἁπαλὸς Oppiano dicitur, id est mollis. ¶ Piscium omnibus dentes serrati, præter scarũ. huic uni aquatilium plani, Plinius. At sargi etiam dentes, & picij seu melanderini, & auratæ, plani & humanis similes uidentur. Genus piscium quoddam exiguum est, (ὀλίγοι: id est paucissimi pisces sunt,) quod nõ serratos habeat dentes, ut qui scarus uocatur: qui unus & ruminare meritò ob eam rem creditur, Aristot. de partib. 3. 14. Scarus piscis solus cum non sit utrinque dentatus, dentes quoque serratos non habet. nam cum superioribus dentibus careat, quo pacto pectinatim alternatimue, ut in serratis fit, stiparentur: itaque solus etiam ruminat. omne enim non utrinque dentatũ animal ruminat, Michaël Ephesius, locum Aristotelis iam citatum explicans. Scarum dicunt non multos habere dentes, & ideo ruminatione indigere, licet hæc non sit causa ruminationis, Albertus. ¶ Scaro diuersa omnino uentris species est, & ruminare solus piscĩũ quadrupedum ritu creditur. intestinum etiam habet simplex, replicans se, quod in unum continuumque resoluatur. appendices ei complures supernè circa uentriculum exeunt, Aristoteles Gaza interprete. In Græca quidem ędítione nostra pro scaro legitur σάργος, in loco de appendicibus circa uentrem.

C Piscis est saxatilis, Bellonius. Pascuntur sub herbis in litore algoso, θῖνα κατὰ πρασόεσσαν ὑπὸ χλωραῖς βοτάνῃσιν, Oppianus lib. 1. Et mox, Inter petras herbosas sargus & scarus &c. morãtur. Ouidius in herbosa arena eos collocat. ¶ Scarus cum alijs herbis marinis, tum alga (bryo) uescitur. Pisciculos quotquot accesserint, deuorat, πάντα τὰ προσιόντα ἰχθύδια ἐσθίει, Orus in Hieroglyphicis. sed negat hoc Rondeletius. Vide etiam infra in iconibus H. a. ¶ Vt scarus, epastas solus qui ruminat escas, Ouidius. De ruminatione eius lege plura paulò antè in B. in dentiũ mentione. ¶ Seleucus Tarsensis ait scarum è piscibus solum dormire, ideoque nunquam noctu capi: quod fortè propter metum ei contingit, Athenæus. sed meliùs, Oppianus: Μοῦνον δ' οὔποτέ φασιν ἀνὰ κνέφας ἀσπαλιῆες Εἰς ἄγρην ἑλέειν ἁπαλὸν σκάρον, ἀλλά που ὕπνον Ἐννύχιον κοίλοισιν ὑπαὶ κευθμῶσιν ἰαύειν. non enim idcirco non capitur, quia dormit: sic enim incautus faciliùs caperetur. aiunt & leporem timidum animal palpebris patentibus dormire. sed quia in cauis (scopulorum scilicet recessibus) dormit, tutus est, quo minùs capiatur. non enim rectè Rondeletius ex Oppiano uertit, eum noctu non prædari, nec in alios sæuire cæterorũ ritu. nam neque Oppianus hoc dicit, & Rondeletius ipse sui oblitus est cum paulò antè simpliciter (hoc est neque interdiu neque noctu scarum alios

alios pisces uorare docuerit. Dixerat proximè retrò Oppianus pisces sibi inuicem semper insidiari, nec unquam dormire uideri: scarum tamen ex eo dormire conijciendum, quòd noctu non capiatur, utpote in latibulo dormiens. Sed alios quoque pisces dormire constat. ¶ Io. Tzetzes in Varijs 6.47. scarum & castoridem solos piscium uocales esse scribit. Σιγηλὸν ὁ ἰχθῦς πλήν γε τοῦ σκάρου, Eustathius. Scarus uocalis putatur, ut Athenæus ex Aristotele citat. σκάρον enim, non κάπρον, legimus cum Eustathio. quanquam hoc in ijs quæ extant Aristotelis non reperitur, ut & alia multa ab Athenæo Aristotelis nomine citata. Vide quæ in Pœcilijs annotauimus. Scari dũ aquã ore suo cũ strepitu (μετὰ ῥοίζου) exprimunt, sonũ quendã edunt: quod cum in profundo sunt, nõ accidit: (sed circa summã aquã, ubi etiã qui in Acheloo uocales traduntur pisces, aqua branchijs emissa et aëre subeunte, propter motum branchiarum, sonũ cient,) Suidas & Varinus in γρυσμῶν. ¶ Omnium pisciũ ad Venerem inflãmatissimus est scarus: quæ etiã cur capiatur causa est, Aelian.

Gregatim natant, Bellonius. Scarus ubi glutiuit hamum, cæteri qui tum adsunt appropeֽrant, funiculum abrodunt. Iidem si quis in nassam aberrauit fortè, caudam intrò porrigunt, & D hunc mordicus inhærentem foras extrahunt, atque ad se reducunt, Plutarchus. Idcirco autem eruptionem eum retro moliri tradit Oppianus, ne, si capite erumperet, oculos læderet: atque hamo etiam defixum à socio redimi prærosa linea, Massarius: sed etiam capite aliquãdo præcunte eum euadere canit Oppianus, ut mox recitabo. ¶ Mancos & corruptos Ouidij de scaro uersus, ego hoc modo legerim: ---Sic & scarus arte sub undis Contextam si fortè leui de uimine nassam Incidit, assumptamque dolo tandem pauet escam: Non audet radijs obnixa occurrere fronte, Auersus crebro ueniens sed uerbere caudæ, Laxans subsequitur, tutumque euadit in æquor. Quinetiã si fortè aliquis, dũ ponè nataret, Mitis luctantẽ scarus hunc in limine uidit, Auersi caudam morsu tenet, atque trahendo Captiuum texto socium de carcere soluit. ¶ Scarus nassa inclusus (inquit Oppianus) exitum meditatur, non quidem qua intrauit, infesto uiminum uallo deterrente & oculos eius uulnerante: sed capite deorsum uerso, retrorsum natare, & & caudâ laxare uimina molitur. Vident hoc alij foris scari, & ut laboranti succurrant, eorum aliquis uel suam caudam nassæ insertam capto mordendam porrigit, uel capti exertam mordicus apprehendens ipse, trahendo educit. Eadem ex Oppiano Aelianus transtulit in suum de animalibus librum 1. capite 4.

Quomodo scaro hamo nassá ue capto, alij sui generis opẽ ferant, dictũ est proxime in D. ¶ Hamis & retibus perpauci capiuntur: plerique omnes nassis, ut Bellonius tradit. ¶ Scaris escã demit- E tunt coriandrum & carton, κορίαννα καὶ κάρτα. sic enim nullo negotio capiuntur, ut author est Leonides, Aelianus 12.42. Cárton Athenæo est pastinaca magna & bene aucta. porrum uerò cárton (uel potiùs cartón oxyt.) est quod Latini sectiuũ cognominãt. Cáros, quod uulgò carui: & huius semen inescandis piscibus conuenire uidetur, ut cumini etiam & anethi, suo odore. ¶ Quatuor piscatores in una naui sunt. horum duo remigant. tertius scarum fœminam summo labro alligatam funiculo lineo trahit. eam uiuam esse præstat: sin minùs, plumbum quod delphinum nominant, inserendum est ori. ab infima etiam extrema parte funiculi grauis è plumbo rotundus cubus annectitur. Dũ ita trahitur piscis fœmina, quartus interim nassam proximè è regione in mari trahit. interea congregati scari frequẽtes tanquã opem laturi sequuntur magna celeritate: & nauim utcunque acceleratam circundant. Tandem piscator ubi satis multos esse coniecerit, fœminam eleuato funiculo & plumbo infrà appenso in nassam deponit: in quam facilè, plumbi pondere, deprimitur: mares uerò illicò certatim sequũtur, includunturque pariter. Sunt qui nassam sub saxis, quibus familiares sunt scari, inclusa fœmina, deponunt: circa quam collecti mares, libidinis impulsu, uniuersi temere ingressi capiuntur, Oppianus quarto Halieuticorum.

Ad marinos mugiles, scaros & mullos esca: Sepiarum testulis cum sisymbrio uiridi, quod est bryon, aqua, farina, & caseo bubulo mistis, utitor, dum retibus nauas operam, Tarentinus. Ex eodem: Esca ad mullos atque magnos scaros capiendos: quam inspergemus aquis: ob cuius quidẽ escæ in actione celeritatem, minuti pisces non confluunt. eius autem compositio naturaliter ad se pisces conciliat: recipit ex phlœnis (φλοῖνος) fluuialis carne drachmas octo. holophaci torrefacti tantundem, caridum fluuiatilium drachmas iij. malabathri drachmam. Omnia contusa albumine oui gallinacei excipito, conficiensque pastillos utitor. ¶ Piscinarum etiam studia maiores nostri celebrauerunt, adeò quidem, ut etiã dulcibus aquis marinos clauderent pisces: atque eâdem curâ mugilem, scarumque nutrirent, qua nunc muræna & lupus educatur, Columella 8.16. Vuottonus Varronẽ etiam scarum in piscinis dulcibus seruari scripsisse refert, memoria fortè lapsus, ut Varronem pro Columella nominaret. nam Varro rei rusticæ 3.3. non scaros, sed squalos nominat. In tertia parte (inquit) quis habet piscinam, nisi dulcem? & in ea duntaxat squalos ac mugiles pisces? ¶ Scarum piscem Opratus Tiberij Cæsaris libertus Campanis litoribus importauit: cuius sobolem, uel penitus interijsse: uel, ut credi par est, longo patrij maris desyderio abductã, in Græciam remeasse putamus, Iouius.

Scarus principalis hodie, Plinius 32.10. Apud antiquos nobilissimus habitus acipenser, nunc F scaro datur principatus, Idem 9.17. Inter saxatiles scarus excellere suauitate creditur. alimentũ autẽ ex eis (saxatilibus omnibus) nõ modò ad coquendũ facile est, sed etiã saluberrimũ, &c. Galenus.

Quibus è regionibus scari præferantur, explicatum est supra in B. --- Quid Scarum præterij, cerebrum Iouis pene supremi, Ennius. Ingeniosa gula est: Siculo scarus æquore mersus, Ad mensam uiuus perducitur, Petronius Arbiter. Non me Lucrina iuuerint conchylia, Magisúe rhombus, aut scari, Horatius Epodo. Pinguem uitijs albumq; nec ostrea, Nec scarus, aut poterit peregrina iuuare lagois, Idem Serm. 2. 2. Quòd si illi qui uilioribus uescuntur piscibus, scarum haberent, aut ex Attica glauciscum, &c. omnes sanè, qui gustassent, fierent dij, Philemon. ¶ Piscium eorum qui ex media materia sunt, (*id est, mediocriter alunt*,) quibus maximè utimur, tamen grauissimi sunt, ex quibus salsamenta quoq; fieri possunt, qualis lacertus est: deinde qui quanuis teneriores, tamen duri sunt, ut aurata, coruus, scarus: tum plani. post quos etiam leuiores lupi, mulliq;. & post hos omnes saxatiles, Celsus. Idem scarum minimè intus uitiari author est. Xenocrates contrà citò in uentre corrumpi dixit, ut repetit Vuottonus. Scari saxatiles sunt, & à Philotimo non rectè numerãtur cum durioris carnis piscibus, Galenus. ¶ In epilepsia ex piscibus exhibeant, qui superfluitate uacant, ut psetta, turdus, merula, scorpius, scarus, Trallianus. Eligant è piscibus maximè lupi, & scari non magni, Aëtius in curatione colici affectus à frigidis & pituitosis humoribus. Καὶ σκάρον ἐν πζάλῳ Καρχηδόνι τὸν μέγαν ὄπτα, Γλαύκας, ἀνθρώπους δὲ καὶ ἐν Βυζαντίῳ ὄψει, Καὶ μέγεθος κυκλίᾳ ἴσον ἀσπίδι νῶτα φοροῦντα. Τοῦτον ὅλον θεράπευε τρόπον τοιόνδε λαβὼν νῦν, (λαβὼν νιν,) Ἡνίκ' ἂν εὖ τυρῷ καὶ ἐλαίῳ πάντα πυκασθῇ Κλίβανον ἐν θερμὸν κρέμασον, κἄπειτα, κατόπτα, Πάσσειν δ' ἁλσὶ κυμινοτρίβοις καὶ γλαυκῷ ἐλαίῳ, Ἐκ χειρὸς κατακρουνίζον θεοδέγμονα πηγὴν, Archestratus. Videtur autem θεοδέγμονα πηγὴν, de oleo intelligendum, quod liberaliter sit effundendum, tanquam non piscem sed deum irrigaturum. pisces enim preciosos, deos appellabant. In Creta scarum assant, ueru (*ligneo*) per os eius transfixo, Bellonius.

G Fellis suffusione per totum corpus, & arcuato morbo laboranti scari iecur in cibo si dederis, quemadmodum rei piscatoriæ bene periti docent, ad sanitatem redibit, Aelianus 14. 2. Ad parotidas utuntur scari piscis marini iocineribus, Plinius. ¶ Ad suffusiones oculorum prima ferè omnium compositionum est, quæ ex fœniculi succo, & hyenæ felle, ac melle Attico constat. sed fel alij aliud miscuerunt. nunc quidem in precio est pharmacum ex felle scarorum, Galenus de com pos. sec. locos 4. 7. ubi & alijs diuersis compositionibus ocularibus huius piscis fel admisceri uideas, ad incipientes suffusiones, & omnem uisus hebetudinem, & cicatrices; sicut apud Aëtium quoque 7. 111.

H. a. Escarus dictus est, eò quòd escam ruminare perhibetur: Isidorus, in hac & similibus etymologijs ineptus, dum uocabulis Græcis origines Latinas quærit. Escharus Græcè aliud marinum animal est: aliud, quo de hic agitur, scarus.

Epitheta. Scarus obesus, Martiali. Ouidio, mitis. Oppiano ἀπαλὸς, id est, mollis. Et γλαγόεις, id est, lacteus, à suauitate fortè: sed iecur etiam album habet. Et à coloris uarietate eidem, σικτοὶ σκάροι, βαλιοὶ, αἰόλος ἰχθὺς. quòd si quis hæc ultima differentiæ potius esse nomina uelit, quàm epitheta: contradicam ex eo quòd ueterum nullus, præter unum Nicandrum Thiatirenum, scarum in onian & uarium diuiserit.

Gemma. Scorpites scorpionis aut colore aut effigie est: scarites, scari piscis, Plinius ubi loquit de gemmis quæ ab animalibus denominantur. Scarus specie squamarum auratis assimilatur, sed colore atque sapore præstat, ut qui sapphiri gemmæ radiolos imitet, Pierius Valerianus. Scari speciem alteram Romæ uulgò sapphirum uocari, ex Iouio retuli in A.

Icones. Aegyptij hominẽ uoracẽ (ἀνθρώπου λάμιαν, aliàs λαίμιαν, Mercerus λαιμαργίαν intelligit: hominẽ ingluuiosum & lamia laborantẽ Pierius Valerianus interpretat) significantes scarum pingunt. is enim solus piscium ruminat, & pisciculos (*negat hoc Rondeletius*) quotquot accesserint, deuorat, Orus in Hieroglyphicis. Magna est prudentia scarus, per quem callidum captiuitatis declinatorem significari tradunt, Pierius Valerianus. qualis quidem hæc scari calliditas sit, in D. exposuimus.

Scauri familia. Vola (in pede) homini tantùm, exceptis quibusdam. nanque & hinc cognomina inuenta, Planci, Plauti, Scauri, Pansæ, Plin. 11. 45. Rondeletius (nescio quo authore) à scaris nobilissimam Scaurorum familiam nominatam ait. Grammatici scauros esse dicunt, qui talos pedum tumentes ac porrectos habent. --Hunc uarum distortis cruribus, illum Balbutit scaurum prauis fultum malè talis, Horatius libro 1. Serm. Quem locum exponens Acron, sic ait: Scauri sunt, qui extantes talos habent. Alij dicunt scauros esse, qui habent talos inuersos.

c. h. A Scaro pisce Pythagoras abstinendũ præcepit, quòd τρυγηφάγος, id est uorator uuæ sit, Gyraldus in Symbolis Pythagoricis.

SCEPINVS. Quære supra in Attageno.

SCIADEVS uel SCIAENA Græcè dicitur piscis, qui Latinè Vmbra.

SCIATHIS etiam non alius quàm Vmbra uidetur.

DE SCIN-

DE SCINCO, RONDELETIVS.

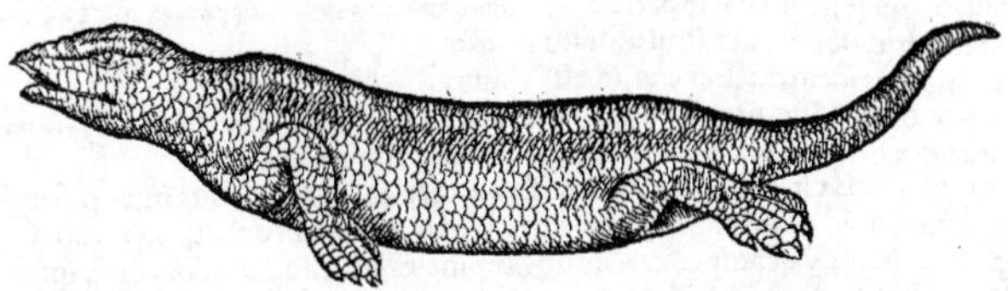

SVPEREST altera, neq; minus falsa, neq; minus perniciosa sententia eorum, qui supe A
riori capiti præfixam bestiolã (*Salamandrã aquatilem: cuius historiam nos suprà suo ordine posui*
mus) Scincum esse arbitrantur: quos satis refellunt ea quæ à Dioscoride de Scinco prodita sunt, eum scilicet esse aut Aegypti, aut Indiæ, aut rubri maris alumnum, quamuis
inueniatur in Lydia Mauritaniæ. At hic (*At illa in nostris regionibus*) fontium & stagnorũ dulciũ incola est. Iam uerò cùm Scincus terrestris Crocodilus dicatur, uix quicquã huic quẽ expresimus
cõmune esse potest cum Crocodilo, non solùm figurâ, sed nec uita, cùm in aqua diutius uiuat quàm
in terra. Quare magis inclinat animus, ut existimem Scincum squamosum esse quadrupedem,
quem rectè expressum capiti huic præfiximus: qui aliquot ab hinc annis Venetijs uenditur exen
teratus & salitus, ex Alexandria Aegypti. Est enim Crocodilo similis. quatuor habet pedes. squa B
mis paruis & frequentibus tegit. Capite est longo: cauda rotunda, breuiore quàm in lacerta, quæ om
nia Scinco conueniunt ex Plinij autoritate: qui cũ de Chamæleonte dixisset, hæc subiunxit: Ex Lib. 28. cap. 8.
eadem similitudine est Scincus, quem quidã terrestrẽ Crocodilum esse dixerunt, candidiore autem & tenuiore cute. Præcipua tamen differentia dignoscitur à Crocodilo aquatico, squamarũ se
ta à cauda ad caput uersa. Maximus Indicus, deinde Arabicus. afferunt salsi. Alio in loco Croco- Lib. 8. cap. 25.
dilo assimilat: Similis Crocodilo, sed minor etiã Ichneumone, est in Nilo Scincus, cõtra uenena G
præcipuum antidotũ. Item ad inflammandam uirorum uenerẽ. Quo ex loco utile est studiosos
admoneri non citra diorismũ Scincorum renibus ad uenerẽ inflammandam utendum esse, quod
tamen hodie pleriq; omnes Medici faciũt. Sunt enim quæ in mulieribus uenerẽ accendent, quæ
in uiris extinguent, & contrà: quòd hominibus (*uiris*) siccius sit, magisq; substantiæ igneæ particeps semẽ, in fœminis humidius. Quare quę calidiora fuerint, hominũ (*uirorum*) semẽ absumẽt: eadem in mulieribus frigidius, humidius ac uelut sopitum excitabunt, mouebunt, flatúque disten-
dent, unde non mediocriter ueneris libido accenditur. Rostrum Scinci, ait Plinius, & pedes in Lib. 28. cap. 8.
uino albo poti, cupiditates ueneris accendunt, utiq; cum satyrio & erucæ semine, singulis drachmis omnium, ac piperis duabus admistis, ita ut pastilli singularum drachmarum bibantur. Per se
laterũ carnes obolis binis cum myrrha & pipere pari modo potæ, efficaciores ad idẽ creduntur.
Prodest contra sagittas uenenatas, ut Apelles tradit, posteà sumptus. In antidota quoque nobilia
additur. Sestius plusq; drachmæ pondere in uini hemina potũ, perniciẽ afferre tradit. Præterea
eiusdẽ decoctũ cum melle sumptum uenerẽ inhibere. Quæ omnia ideo à nobis citata sunt, ut cognoscant ij qui Scincorũ renes in medicamẽtis præscribũt, non renes sed carnes quæ circa renes
sunt & latera intelligi. Deinde ut paulò diligẽtiùs excutiamus locũ postremũ, quo traditur Scincorum decocto cum melle uenerẽ inhiberi, quæ superioribus ex diametro repugnant. Quam ob
causam locum hunc mendosum esse (*hoc nos priùs animaduerteramus in libro De quadrupedib. ouiparis*) sa
gacis cõiecturæ uir ex Dioscoride colligere posit, qui cũ dixisset carnes quæ renes amplectunt,
id sibi uiriũ uendicasse ut si drachmæ pondere bibant, uenerẽ accendãt, subdit: Ἀποπαύεσθαι δὲ τὴν ἐ-
πίτασιν τῆς προθυμίας, φακῶ ἀφεψήματι μετὰ μέλιτος πινομένῳ ἢ θριδακίνης σπέρματι μεθ' ὕδατος. Id est, Deco
cto lentis cũ melle aut semine lactucæ cũ aqua poto ueneris cupiditates inhiberi. Ex Dioscoride
igitur à quo permulta trãscripsisse Plinium constat, inemendatũ esse Plinij locum suspicari licet.
Eadem traduntur ab Aëtio: Scinci circa renes partes, ad tentiginem pudendorum ciendam bi-
buntur. Neq; aliud magis contrarium huic facultati destruendæ uidetur, quàm lactucæ semen ex
aqua potum. Quidam etiam lenticulæ decoctum cum melle pòtum tentiginem sedare tradunt,
Hæc Rondeletius.

De Scinco prolixè à nobis scriptum est in libro De quadrupedibus ouiparis. Bellonij dè eisdem perbreue scriptum dedimus in eiusdem libri Appendice. Scincus si quem momorderit, prius autem in urina aut aqua propria (τοῖς ἰδίοις οὔροις ἢ ὕδασι, *quasi ulla scincorum urina sit*) se uolitarit, in causa est, ut morsus moriatur. sin qui morsus est, antea (sic) se abluerit, ipso incolumi manente scincus perit, Innominatus quidam Græcus, qui scincorum etiam squamas in aduersum nasci, addit.

SCINDARIA cum aliꝭs quibuſdam piſciculis nominantur ab Anaxandride apud Athenæum. Καὶ συμπαίζει σκινδαρίοις μετὰ περδικίων, καὶ θριττιδίων· καὶ σπινδαρίοις μετὰ κωβιδίων. Intelliguntur autem fortè umbræ exiguæ. Vmbra enim Græcis ſciæna eſt, & ſcinis: unde ſcinidarion formari poteſt, & per ſyncopen ſcindarion. ut à κλεὶς, κλειδάριον: à παῖς, παιδάριον; ab ὄς, ὠτάριον; eâdem in omnibus ratione ος. genitiui mutato in άριον.

SCINIS piſcis idem qui Sciæna, id eſt, Vmbra.

SCIPHYDRIA, genus eſt conchylij, Heſychius. Ἄγε δὲ παντοδαπὰ κογχύλια, λεπάδας, μύας, ἀναρίτας τε, καὶ σκιφύδρια, &c. Epicharmus apud Athenæum.

SCIRRIS piſcis eſt petroſus, circa nuda ſaxa degens, Vuottonus inter piſces ignotos. Sed ſ. litera perperam huic nomini præpoſita eſt. cirrhis enim ſcribi debet, κίῤῥις: qui Oppiano circa petras leprades degit. Vocatur & ceris, quo nomine Elemento c. à nobis deſcriptus eſt.

SCITHACVS, (Σκιθακὸς, oxytonum,) piſcis, qui aliter trachurus, Heſychius. Ab eodem inferiùs non ſuo loco mox poſt Σκίπων, legitur σκίθαρκος, proparoxytonum, cum rhô. ante ultimam. quod ſi Scirthacus legeretur, proximè illic poſt uerbum Σκιρεῖται locum habere poſſet.

SCOLIAE, Σκωλιαὶ, ab Oppiano libro 1. inter pelagios piſces nominantur, hoc uerſu: Καὶ σκωλιαὶ, σκυτάλαι τε, καὶ ἱππούροιο γενέθλα. Lippus etiam ſimiliter legit, ut qui uerterit: Obliquæ, ſcytaleq́ꝫ, hippurûm maxima turba. Brodæus σκυλίαι legendum opinatur, id eſt caniculæ. ſed ſcylion ab Ariſtotele dictum, Oppianus ſcymnum uocat inferiùs hoc in libro, ubi cete enumerat, quibus etiam canes maiores adtribuit, & pelagios facit. cæteros uerò canes ſeu galeos, ἐν πηλοῖς βαθίεσιν, id eſt, in cœno profundo degere ſcribit. Ego itaqꝫ hoc in loco Oppiani κωλίαι legerim. de colia autem piſce ſcriptum eſt à nobis ſuprà Elemento C. Κωλιὸς etiam Græcis hodie uulgò colias eſt.

DE SCOLOPACE, RONDELETIVS.

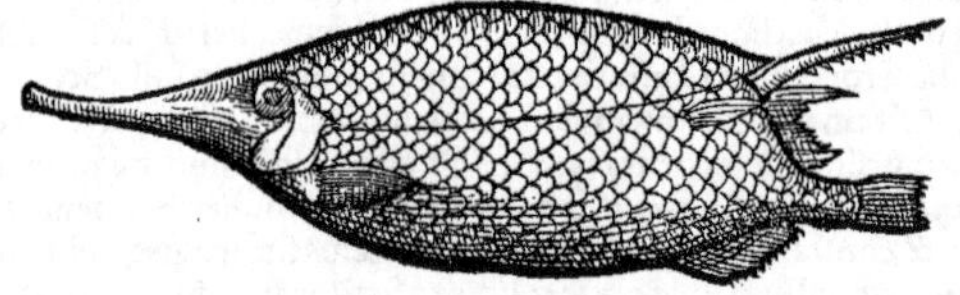

A PEREGRINVS & rarus eſt piſcis, quem hîc proponimus, ſemperq́ꝫ paruus, ut arbitror: nam tres uidi eiuſdem magnitudinis omnes, & ouis diſtentos: quod argumentum fuit ſatis prouectæ ætatis. Varij uaria nomina huic tribuunt: alij enim ſcolopacem uel aſcalopacem (utrunque enim apud Ariſtotelem Lib. 9. de hiſt. animal. cap. 8. & cap. 26. legitur) nomine auis, cui prælongum eſt roſtrum, appellant, eadem de cauſa uernacula lingua Becaſſe. Alij elephantem, quòd roſtrum longum proboſcidis modo habeat: ſed rigidũ eſt, quodq́ꝫ nec contrahi, nec extendi ut proboſcis poſsit. (*alij ibidem, ut in Anthiæ prima ſpecie dixit, aculeum ei inſtar paſtinacæ attribuens.*) Longè alius eſt Plinij elephas ex cruſtatorum genere, de quo ſuo loco.

Elephas nõ eſt.

Sagittarij Aeliani non eſt.

Aeliani ſagittarius eſſe non poteſt, etiamſi aculeum longum & durum & præacutum ad cauдam habeat: nam ſagittario plures ſunt aculei ad herinacei ſpeciem, ut diximus. Si os magnum & dentibus munitum, non autem roſtrum longum haberet, exiſtimare aliquis poſſet eam anthiæ ſpeciem eſſe, cui antiquorum nonnulli aculeum, ſeu ſpinam in dorſo ſerratam tribuũt; qua, quum hamo tenetur, lineam ſecat.

Nullum aptius piſcis iſtius nomen mihi eſſe uidetur, quàm ſcolopacis, aut aſcalopacis.

B Corpore eſt rotundo, rubeſcente erythrini modo: ſquamis aſperis. Dorſi extremo aculeũ magnum, exertum, altera parte ſerratum geſtat. Cauda tenuis eſt.

F Carnis ſubſtantia pagro ſimilis eſt. Boni igitur eſt ſucci, & facilis concoctionis. Sed cùm rarus ſit piſcis, & peregrina forma, exiccatus ſeruatur potiùs, quàm editur. Hucuſque Rondeletius.

Ego hunc piſcem Serram Plinij potiùs dixerim, quàm cetum illum quem Rondeletius priſtin appellat. Vide ſuprà in Corollario de Phyſetere, ad finem paginæ 855. Germanicè quoque nominârim ein Sagfiſch, id eſt Serram piſcem: uel ein Meerſchnepf, id eſt, Scolopacem marinum.

Roſtri proceritas pico etiam Maſsiliæ uulgò dicto piſci, nomen fortaſsis fecerit, qui an à ſcolopace Rondeletij differat, neſcio. Suprà in Pico Bellonij de eo mentionem, ſed imperfectam, retulimus.

DE SCO-

DE SCOLOPENDRA CETACEA, RONDELETIVS.

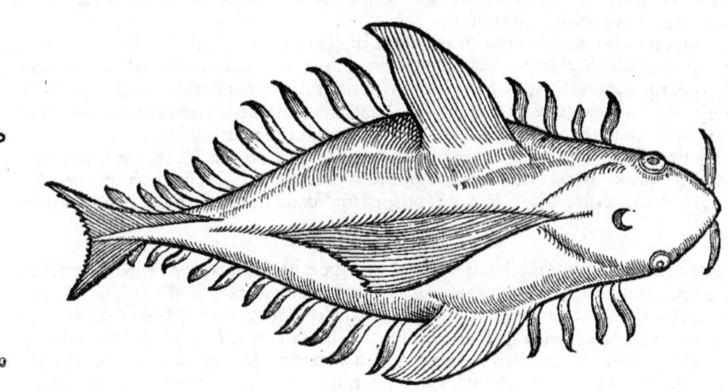

SCOLOPENDRAE marinæ duo sunt genera: una ex insectorum est genere: altera cetacea est, de qua nunc agemus. Sic autem dicta est à pedum multitudine: nam scolopendras terrestres, centipedes appellant. Qui pedes dicuntur, appendices sunt, quibus tanquam remis scolopendra corpus impellit. A

Eius formam, quam exhibui, accepi ab ijs, qui in India uidisse se affirmāt, quæ ab Aeliani descriptione non differt. Scolopendræ, inquit, uim & naturam, quanto equidem maximo potui studio, cùm multùm ac diu perscrutatus essem, quoddam etiam maximum cētos marinum eam esse audiui, quā de mari tempestatibus in litus expulsam nemo foret tam audax, quin aspicere horreret. Ii uerò qui res maritimas percallent, eas inquiunt toto capite spectari eminentes è mari: & narium pilos magna excelsitate apparere, & eius caudam similiter atque locustæ latam perspici: reliquum etiam corpus aliquando in superficie æquoris spectari, idque conferri posse cum triremi iustæ magnitudinis, atque permultis pedibus utrinque ordine sitis, tanquam ex scalmis appensis, natare. Addunt harū rerum periti ac fide digni, ipsos etiam fluctus ea natante leuiter subsonare. B (Lib. 13. cap. 23.)

COROLLARIVM.

Scolopendram terrestre insectum, Ge. Agricola interpretatur ein Nassel. ab eo nos marinum ei simile insectum uocabimus ein Meernassel: & eiusdem nominis cetaceam belluam ein Walnassel. Nauim quæ remis impellitur pulchrè ζώῳ πολύποδι comparat Synesius in epistolis. --- ἠ̓ ἀμφικαρὴς σκολόπενδρα, Ἥ τε ἀμφοτέρωθεν ὀπάζεται ἀνδράσι κῶπαι, Νηΐα δ' ὡς ὑπέρχονται ὑπὸ πτερὰ θηεῖ κιόντα, Nicander in Theriacis de scólopendra insecto: quod similiter, ut cetacea ab Aeliano, naui remis impulsæ comparatur. ¶ Author Tabulæ de regionibus Europæ ad extremum Septentrionem, (Olaus Magnus,) scolopendram cetaceam monstrosam pinxit, quadrato capite, promissa barba, Rondeletius. sentit autem de ceto illo, quem nos ex Olai tabula dedimus suprà in Cetis diuersis, pag. 246. Ceti barbati nomine.

DE SCOLOPENDRIS MARINIS, (INSECTIS,) Rondeletius.

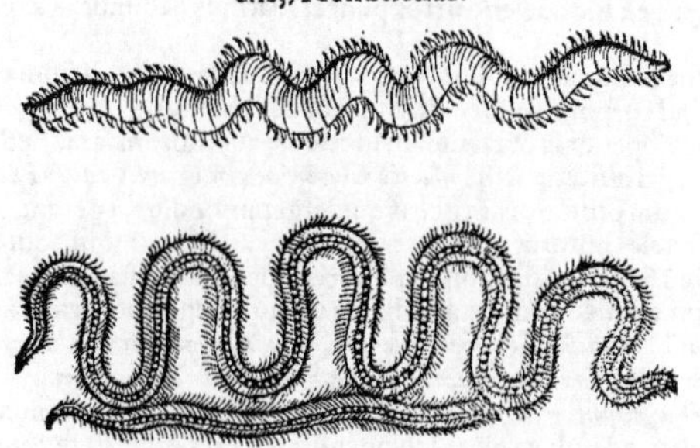

B C *Historiæ 2.14.* NVNC de alia Scolopendra dicemus quę ex insectis est, terrestri scolopendræ similis, de qua hæc Aristoteles prodidit. Scolopendræ marinæ aspectu terrenis similes sunt, magnitudine paulò inferiores, gignuntur in saxosis locis, colore magis rubro sunt. pedum numero terrestres superant, sed cruribus sunt gracilioribus. serpentum more nō in altis gurgitibus (ἐν τοῖς βαθέσι σφόδρα) nascuntur.

B Nos species duas hîc proponimus. prior minor est, colore planè rubro, dodrantali magnitudine, in saxosis locis degit. A capite ad caudam utrinque pedes habet plurimos, in flexus & uolumina sese contorquet, nunc longior, nunc breuior, nunc gracilior, nunc crassior efficitur. Altera est superiore multò longior, utpote quæ ad cubiti longitudinem accedat, tenuior, colore ad candidum uergente. A capite ad caudam utrinque pedes habet plurimos, ueluti superior.

D G Huius generis scolopendras in uentriculo Lacertorum marinorum & Acuum sæpe reperi, & sæpe ex ore extraxi: quod maximo est argumento huiusmodi pisces ijs uesci sine pernicie. C Præterea eas non in litoribus, aut in litorum saxis, sed in alto mari, ut Lacertos & Acus, uiuere.

COROLLARIVM.

A Scolopendræ terrestribus similes, quas centipedas uocant, Plinius. unde apparet terrestres tantùm scolopendras Latinè centipedas appellatas, quod nomen etiam hodie uulgus Italorum seruat. de marinis quidem cum loquitur Plinius, semper scolopendras appellare solet: sed etiam terrestres, centipedæ tanquam uulgari nomine relicto: idque facere præstat, quoniam aliud etiam terrestre insectum, quod aliter asellus dicitur, centipedam millepedam ue aliqui uocat. Apud Plinium alia lectio habet centipedes, tanquam à recto centipes: meliores uerò codices, centipedas, à recto cētipeda. ¶ Cæterùm cum Aristoteles scribat marinas similes esse terrestribus, *Magnitudo quæ.* τῷ δὲ μεγέθει μικρῷ ἐλάττους: hoc est, magnitudine autem paulò minores, quærēdum est quæ nam sit terrestrium magnitudo. Brasauolus ex Italia olim picturam scolopendræ ad me misit, duos pollices longam: apud nos species duæ reperiuntur, quarum maior uix duos digitos æquat, altera unum. at Rondeletij minor scolopendra ad palmum accedit, maior ad cubitū. Scolopendræ marinæ terrestrib. magnitudine æquales sunt, aut paulò minores, Vuottonus. qui suspectum sibi hunc Aristotelis locum esse ait. Albertus tamen, Auicennæ interpretem secutus, similiter legit minores, cuius uerba Libro 2. tract. 1. cap. ultimo de animalibus, hæc sunt: Serpentes & pisces uerè dicti non habent pedes. In mari tamen est animal, quod 44. uocatur, propterea quòd tot pedes habere uidetur. & simile huic animali est aliud, quod moratur in terra, & eodem nomine uocatur. sed quod est in mari, est minus quàm agreste, *(quàm terrestre,) & reliqua ut Aristoteles.* Scolopendra marina quam uidi ad digiti longitudinem & crassitudinem accedebat, Græci Scolipetras corruptè nominant, Gillius. qui cum marinam tantam faciat, paulò antè tamen scripserat eam terrestri minorem esse. Marcellus Vergilius Dioscoridis interpres, marinas terrestribus longiores facit. Quales terrenę (inquit) scolopendræ sunt, tales & marinæ: longiores, tereti corpore, & infinitis penè pedibus ingredientes. Hæc de magnitudine. *Forma.* Est autem quod circa formam quoque addubitem. Marinæ Aristoteli specie formaque consimiles sunt terrestribus, παραπλήσιαι τὸ εἶδος. Ego in terrestribus capitis caudæque formam longè aliam uideo: quàm in marinis Rondeletij, quarum caput & cauda, nihil ab ijsdem in lumbricis partibus differunt. Marinæ Rondeletij lumbricorum modo se contrahunt explicantque, quod etiam terrestres facere audio, ut modò longiores, modò breuiores appareant: sed ipse nondum satis obseruaui. Hæc equidem notanda censui, non ad cōuellendam Rondeletij opinionem: sed ut inquiratur, sit ne alia quædam marinæ scolopendræ species, quæ cum Aristotelis descriptione meliùs congruat. Hoc addēdum: si marina minor sit terrestri, quomodo glutiet hamum utcunque exiguum? quorum utrunque de marinis Aristoteles scribit: quedque contactu urant, quod an suæ etiam faciant, non omittere debuerat Rondeletius. ¶ Scolopēdram mar. Germanicè nomino ein Meernassel. uide suprà in Corollario de scolopēdra cetacea. ¶ Scolopendræ marinæ uulgò dicuntur pulices marini: nam infestant pisces, ut nos pulices terreni, Niphus Italus. nos suprà ex Rondeletio ueros pulices marinos dedimus, à scolopendris toto genere diuersos.

B De Scolopendræ mar. magnitudine corporisque forma, iam in A. dictum est. Similis est marina terrestri, quod ad corporis speciem, Oppianus & Aelianus.

C Rondeletius scolopendras putat non in litoribus, aut litorum saxis, sed in alto mari degere, *Quibus in locis in mari degāt.* &c. Aristoteles uerò historiæ 2.14. περὶ τοὺς πετρώδεις τόπους, καὶ οὐ σφόδρα βαθεῖς. hoc est locis petrosis, & non admodum profundis, in petris quidem commodiùs reperent, ac in ijsdem delitescerent. Idem Aristoteles historiæ 9.37. interprete Gaza: Pisces (inquit) qui uulpes nuncupātur, cū se deglutisse hamū senserint, sibi opitulant, ut centipedæ. longiùs nanque sese efferentes, lineam abrodunt. capiuntur enim locis nonnullis hamo multiplici, gurgite præalto & fluctuoso. Greca sic habent: Τῶν δ' ἰχθύων αἱ ὀνομαζόμεναι ἀλώπεκες, ὅταν αἴσθωνται, ὅτι τὸ ἄγκιστρον καταπεπώκασι, βοηθοῦσι πρὸς τοῦτο, ὥσπερ καὶ ἡ σκολόπενδρα. ἀναδραμοῦσαι γὰρ ἐπὶ πολὺ πρὸς τὴν ὁρμιὰν, ἀποτρώγουσιν αὐτῆς. ἁλίσκονται δὲ περὶ ἐνίους τόπους πολλοῖς ἀγκίστροις, ἐν ῥώδεσι καὶ βαθέσι τόποις. Vbi hæc uerba capiuntur enim locis nonnullis hamo multiplici, ad uulpes ne an scolopendras referēda sint, dubitari potest, si ad scolopendras

dras referas, obstare uidetur quòd in Græco contextu, ἡ σκολόπενδρα, numero singulari scribitur: quanquam huiusmodi enallagæ Aristoteli non raræ sunt. Secundo quidem libro historiæ, cap. 14. ut paulò antè recitaui, in talibus locis scolopendras capi dixit. neque pugnat, quòd illic in non ualde profundis, hîc in profundis capi legimus, ut mediocrem profunditatem intelligamus. hîc etiam pro ῥώδεσι, legerim πετρώδεσι. nam ῥώδεσι uox nullam significationem habet. Gazam, qui uertit fluctuosis, apparet legisse ῥοώδεσι. sed alibi nusquam hoc sensu apud Aristotelem reperiri puto: & nimirum profundiora loca minùs sunt fluctuosa. In Arriani tamen Periplo legimus θάλασσαν δίνας ἔχουσαν καὶ ῥοώδεις ἰλίγγους. quamobrem nihil definio. Video Niphum Suessanum de uulpibus hæc uerba accipere, capiuntur enim locis nonnullis hamo multiplici: ego de scolopendris potiùs, tum propter antedictam causam: tum quia uulpes seu uulpeculæ pisces, Oppiano teste, non in talibus locis, sed in cœno profundo degant, πηλοῖς ἐν βαθέεσι, sicuti & cæteri galei, præter canem carchariam pelagium. Plinius lib. 9. cap. 49. partem loci à nobis recitati conuertit, partem uerò illam de qua controuersia est non attigit. Cæterùm hæc uerba, ἀναδραμοῦσαι γὰρ ἐπὶ πολὺ πρὸς τὴν ὁρμιάν, &c. ad uulpes retulerim, quæ lineam præmordeant: nam scolopendræ alio ingenio se liberant, seipsas inuertendo: licet Pierius Valerianus ea quoq; ad Scolopendras referat. Quæ autem de uulpibus dicuntur, ceu per parenthesin accipienda fuerint. Oppiano scolopendra & polypi ἁλὸς ναίουσιν γωλεοὺς: hoc est, in cauernis maris habitant. accipitur enim γωλεὸς pro latebra & loco cauo. tales autem circa petras sunt. Sophocli γωλεὸς & θυραῖος opponuntur: hic foris est, ille in domo. Videtur & amphibijs eam adnumerare Oppianus. Locus integer sic est. Ἄλλοι δ' ἑρπυστῆρες ἁλὸς ναίουσιν γωλεούς, Πουλύποδές τε σκολιοί, καὶ σκορδύλος, ἠδ' ἁλιδύσιν Ἐχθομένη σκολόπενδρα, καὶ ὀσμύλοι· οἱ δὲ καὶ αὐτοί, Ἀμφίβιοι. ¶ Mordent scolopendræ, nō ore, sed tactu (τῇ ἁφῇ, Gaza rectè legit τῇ ἁφῇ) totius corporis, similiter ut quæ urticę uocantur, Aristot. Vide etiam infrà in G. ¶ Marcion Smyrnæus, qui de simplicibus effectibus scripsit, rumpi scolopendras marinas sputo tradit, Plin. Scolopendrā mar. rumpi aiūt, si ab homine conspuaẽ, Aelian. de anim. 4. 22. & 7. 26. utrobiq; id à Gillio etiā rectè translatū est. at libri 7. cap. 35. hæc eius uerba, Scolopendrā terrestrem saliua disrumpi ferunt, in nostris codicibus Græcis non extant. ¶ Appetunt marinæ etiam nidorulenta, ut terrestres, Aristot. ¶ Tetro odore sunt. uide in E. mox.

Scolopēdra ubi hamū deuorârit, euomit foras sua interiora, donec hamum eijciat, tum recipit intrò, ac ualet eadem, qua antè, salubritate, Aristot. Vide etiā suprà in C. Hamo deuorato scolopendræ omnia interanea euomunt, donec hamū egerant: deinde resorbent, Plinius. Ὥσπερ αἱ θαλάττιαι σκολόπενδραι, καταπιοῦσαι τὸ ἄγκιστρον, ἐκτρέπουσιν ἑαυτάς: id est, Quemadmodum marinæ scolopendræ absorpto hamo seipsas inuertunt, Plutarchus in libello de his qui serò puniuntur à Deo. nihil autem interest, interanea eas euomere dicas, an seipsas inuertere. ¶ Lacertos marinos scolopendris marinis uesci, anatome nos docuit, Rondeletius. D

Scolopendræ hamo captæ, quomodo seipsas liberent, dictum est proximè in D. ¶ Esca ad anguillas à Tarentino descripta, recipit scolopendræ marinæ drachmas viij. caridum fluuiatilium tantundem. sesami drachmam. simul autem exceptis utendum. ¶ Scolopendra marina piscatoribus infestissima est. postea enim quàm hamū hæc contigerit, nullus piscis ad hamatā escam accedit, quòd huius tetro odore procul pellatur, Gillius, ex Oppiani Halieut. 2. ubi sic legimus Græcè: E

Ἐχθρὴ καὶ σκολόπενδρα πανέξοχον ἀσπαλιεῦσιν
Οὐκ ἄν τις νεπόδων κείνου πέλας ἀγκίστροιο
Ἐμπελάσῃ. εἰ γάρ ποτ' ἐπιψαύσειεν ἐλύτρου,
Ἔλθοι. τοίην γάρ οἱ ἐπαχθέα μίσγεται ὀδμήν.

pro ἐπαχθέα, legerim ἀπεχθέα. est & alibi Oppiano ἁλιεῦσιν ἐχθομένη σκολόπενδρα. pro ἐλύτρου, ἐδέτρου. nam tertio quoque libro ἔδετρον uocat escam hamo insertam, de melanuris capiendis canens. Brodæus nihil mutans interpretatur: Si quando pellem scolopendræ hamus attingat. uter meliùs, iudicent eruditi.

Scolopendra marina similis est terrestri, quod ad corporis speciē. sed tactu nocentior. uenenatus enim eius morsus urit, & rubicundum in cute colorem excitat, sicut papulam herba urtica nurit: Oppianus, & partim Aelianus. Mordet, non ore, sed tactu totius corporis, similiter ut quæ urticæ uocantur, Aristot. ¶ A morsu scolopendræ siue ophioctenæ, locus circunquaq; liuescit ac putrescit, (πελιοῦται καὶ πυδιοίπεται, Dioscor. malim cum Aegineta, πελιοῦται καὶ ἐπαίρεται. id est, liuescit & attollitur.) aliquādo fęci similis fit, rariùs etiā rubicundus. exulceraturq; sumpto à morsu principio laboriosa molestaq; (difficili curatu, Aegineta) exulceratione. præterea toto corpore ueluti pruriginis sensus percipitur: Dioscorides, quē de terrestri tantùm scolopendra loqui apparet. Aegineta ijsdem repetitis, addit: Priuatim uerò à marina scolopendra morsis, aquosus & pellucidus humor interdum accidit: ut à terrestri, rubicundus. Curatio apud eosdem, eiusmodi est: Ictui (τῇ πληγῇ) imponendi sunt sales triti (cum aceto, Dioscorid.) uel ruta trita, (ruta agrestis, Dioscor.) uel cinis aceto subactus, scillá ue. Fouere (καταντλεῖν) autem locum oportet acida muria: uel, ut Archigenes consulit, oleo multo calido, atque ita (deinde) quæ prædiximus imponere. Propinare uerò cōuenit aristolochiam è uino, uel serpyllum, uel calaminthum, uel rutam agrestem, uel trifolium, uel succi radicis asphodeli ad dimidium cotylæ è uino, Hæc illi. Aegineta quidem plura quàm Dioscorides habet: & paulò pòst de morsu muris aranei scribens: Ad muris aranei (inquit) & scolopendræ morsum, cataplasma è sale cum pice liquida impone: uel cedriā G

Scolopēdræ marinæ & terrestris uenenum. Nota.

Curatio.

qq 2

cum melle: uel allium cũ folijs fici & cymino, (eruocꝙ ac uino, Aëtius:) uel folia calaminthæ, uel hordeum cum aceto. ¶ His qui à ſcolopendra icti ſunt (inquit Aëtius) eadem remedia conueniunt, quæ ad muris aranei morſum ſunt prædicta, tum foris applicanda, tum propinanda. ¶ Serpyllum ſylueſtre efficax eſt contra ſcolopendras terreſtres ac marinas, Plinius. Pulegium ualet contra ſcolopendram terreſtrem uel marinam, Idem. ¶ Κεῖνο δὲ δὴ σκέπτοιο, τό κεν καὶ ἰουλίδα μάργον πολλὸν ἀκεστρωπτῶν, καὶ ἰοβόρον σκολόπενδραν, Numenius apud Athenæum. ¶ Vide etiam Auicennæ libri 2. caput 22.

E ſcolop. mar. remedia. Scolopendra mar. in oleo decocta ſi illinatur, auellit capillos. ſed contactu pruritus facit, Dioſcor. Pharmaca quæ pilos diſperdant componuntur cum ex alijs rebus, tum ex marinis ſcolopendris, urticaꝙ mar. et ſtellis marinis, nitro ac amurca ad hęc ammixtis, Galenus ex comptorijs libris Critonis. Scolopendræ mar. cinis cum oleo, pſilothrum eſt, Plinius. Scolopendræ mar. è melle illitæ ſtrumas perſanant, Idem.

H Scolopendra marina à terreſtris ſimilitudine nomen inuenit: quamobrem philologiam ſuper hoc uocabulo differam ad inſecta terreſtria.

Epitheta. Hirſutam & uenenatam cognominare licebit. Numenius ἰοβόρον dixit. Τοῖον καὶ σκολόπενδρα δυσώνυμον ἑρπετὸν ἅλμης, Oppianus.

Icon. Hominem qui animum ſuum à uitijs affectibus ue cruciabilibus depurget, quæꝙ ſe lædãt, eximat & expellat, ſignificare ſi uellent, ſcolopendram (*marinam*) effigiabant. ea enim ubi hamo deprehenſa fuerit, (*&c. ut in D. expoſitum eſt,*) Pierius Valerianus.

h. Si marinæ ſcolopendræ naturam cognouiſſet, aut cognitæ meminiſſet ſapientiſsimus ille Socrates: nunquam ut aliorum uitia uirtutesꝙ nobis certiùs & quaſi ad manum paterent, feneſtrata homini data eſſe pectora à natura, optaſſet, &c. Sed marinæ centipedis naturam, in eundem uſum maluiſſet. In feneſtrato ſiquidem pectore, per quod quaſi limis per flabellum (ut in Comœdia audimus) introſpicere cogeremur, multa quæ in extremo hominis receſſu latent, diligentiam noſtram facilè effugerent. At in inuerſo penitus homine, cunctisꝙ eius in lucem prolatis interaneis, nihil tam reconditum eſſet, quod ſub Solem tractum, liuores, rugas, lentigines, uerrucas, labesꝙ ſuas omnes non oſtenderet, Marcellus Vergilius in Dioſcoridem. Apparet autẽ hæc commentandi occaſionem ex Plutarchi libro De ijs qui ſerò à numine puniuntur, eum accepiſſe. ubi ſontium apud inferos quas uiderit pœnas enarrans quidam, circa eius libri finem, ſic infit: ὅσοι δὲ πρόσχημα καὶ δόξαν ἀρετῆς περιβαλλόμενοι διεβίωσαν κακίᾳ λανθανούσῃ, τούτοις ἐπιπόνως καὶ ὀδυνηρῶς ἠνάγκαζον ἑτέρους περιεστῶτας, ἐκτρέπεσθαι, τὰ ἐντὸς ἔξω τῆς ψυχῆς, ἰλυσπωμένους παρὰ φύσιν, καὶ ἅμα καμπτομένους: ὥσπερ αἱ θαλάττιαι σκολόπενδραι καταπιοῦσαι τὸ ἄγκιστρον, ἐκτρέπουσιν ἑαυτάς. ἐνίους δὲ ἀναδέροντες αὐτῶν, καὶ ἀναπτύσσοντες, ἀπεδείκνυσαν ὑπούλους, καὶ ποικίλους ἐν τῷ λογιστικῷ καὶ κυρίῳ τὴν μοχθηρίαν ἔχοντας.

SCOLOPIDVS ab incolis dictus, Σκολόπιδος, piſcis magnus in Arari naſcitur, &c. ut ſcribit Plutarchus in libro de fluuijs, ex Calliſthene Sybarita: cuius nos eadem uerba retulimus ſuprà in Alauſa A. ad initium paginæ 24. ut à Stobæo recitantur: apud quem tamen nõ σκολόπιδος huius piſcis nomen, ſed κλυπαῖα, legitur.

DE SCOMBRO, RONDELETIVS.

A ΣΚΟΜΒΡΟΣ à Græcis, à Plinio & Latinis omnibus ſcomber ſiue ſcombrus dicitur. A noſtris ueirat quod uitri inſtar ſplendeat, uel peis d'auriou, id eſt, piſcis aprilis, quòd eo potiſsimùm menſe capiatur. A Gallis maquereau, à Maſsilienſibus auriol, ab Italis lacerto, à Venetis ſcombro, ab Hiſpanis cauallo. Græci huius ætatis corruptè σκωλιὸν pro κωλίαν uocãt, de quo alibi. Scombros etiam lacertos nonnulli uocant, à figuræ muſculorum noſtrorum ſiue lacertorum, potiùs quàm terrenorum lacertorum ſimilitudine: niſi quis ob uiriditatem quæ in ſcombris exigua eſt, eos terrenis lacertis comparare malit.

B Scomber piſcis eſt marinus, gregalis teſte Ariſtotele, qui ad cubiti magnitudinem accedit. *Lib. 9. de hiſto. anima. cap. 2.* Squamis caret: corpore eſt terete, denſo, carnoſo, utrinꝙ in acutum deſinente. Roſtro enim acuto eſt, cauda acutiore, tandem in duas pinnas ualde à ſe diſtantes terminata. Thynnum ore refert: ſiquidem oris ſciſſura magna eſt, roſtri margines acuti & tenues. Inferior maxilla in ſuperiorem recipitur & claudĩt pyxidis modo. Oculis eſt magnis, aureis. Dorſum in aquis ſulphurei coloris eſt: extrà & mortuo, cærulei. Lineis nigricãtibus, obliquis, inſignis eſt: uentre lateribusꝙ argenteis. A podice pinnam unam habet paruam, ſuprapoſitam alteram in dorſo ſimilem: quas ordine certisꝙ interuallis aliquot aliæ pinnulę ſubſequuntur. quod huic proprium non eſt, ſed cum amijs, thunnis, pelamydibus commune. Alia eſt dorſi initio pinna. Ad branchias aliæ duæ, In uentre duæ. Ventriculus cum gula longus, in acutum deſinens ad podicem uſꝙ protenſus innumeras appendices habet. fellis ueſicula ab hepate albicante pendet, inteſtinis adhærens.

C Coëunt thunni & ſcõbri autore Ariſtotele, mẽſe Febr. poſt idus: pariũt Iunio ante nonas: edũt oua ſua cõdita quaſi utriculo, idꝙ in Põto, ut arbitror. quia paruulos nũquã cõtigit nobis uidiſſe. *Lib. 6. de hiſto. anima. cap. 17.* Cũ thunnis, pelamydib. & amijs in Pontũ ad dulciora pabula gregatim cũ ſuis ducibus cõmeant omnium primi, teſte Plinio, thunnis enim cum ſint imbecilliores tenuioresꝙ, frigoris calorisꝙ iniurijs

iniurijs magis sunt obnoxij. Quamobrem frigidiora calidioraq́ loca citiùs relinquunt, maximè austro uehementiùs flante.

Ex scombris olim garum conficiebatur. Plinius lib. 31. cap. 8. Nunc è Scombro pisce laudatissimum in finibus Carthaginis spartariæ & cetarijs sociorũ garum appellatur, singulis milibus nummûm permutantibus congios penè binos. Nec liquor ullus præter unguenta maiore in pretio esse cœpit, nobilitatis etiam gentibus. Scombros quidem & Mauritania, Beticaq́, & Carteia ex Oceano intrantes capiunt ad nihil aliud utiles. Athenæus lib. 3. Καὶ ἄλλην Σκομβραρίαν ἀπὸ τῶν ἁλισκομένων σκόμβρων, ἐξ ὧν τὸ ἄριστον σκευάζεται γάρον. Scombrariam, inquit, appellatam fuisse à scombris qui illic capiuntur, ex quibus optimum conficitur garum. Ad saliendum autẽ idonei sunt scombri, garumq́ parandũ: quia eorum caro facilè conficitur, spinis caret, uère pinguis est. Quę enim dura, sicca, macraq́ sunt, saliri cõmodè nequeunt. In Oceano maiores sunt, quàm in nostro mari, sed sicciores durioresq́, & ob id deteriores. Sic Romę sicci sunt et duri: Venetijs optimi, nimirum molles, pingues, delicatioresq́.

Scombri hæc effigies Venetijs facta, nõ satis probè exprimit pinnulas illas uersus caudam. nam & plures, et suprà infraq́, esse debebant: tales omnino, quales in amia, colia & thynnorum genere spectantur. F

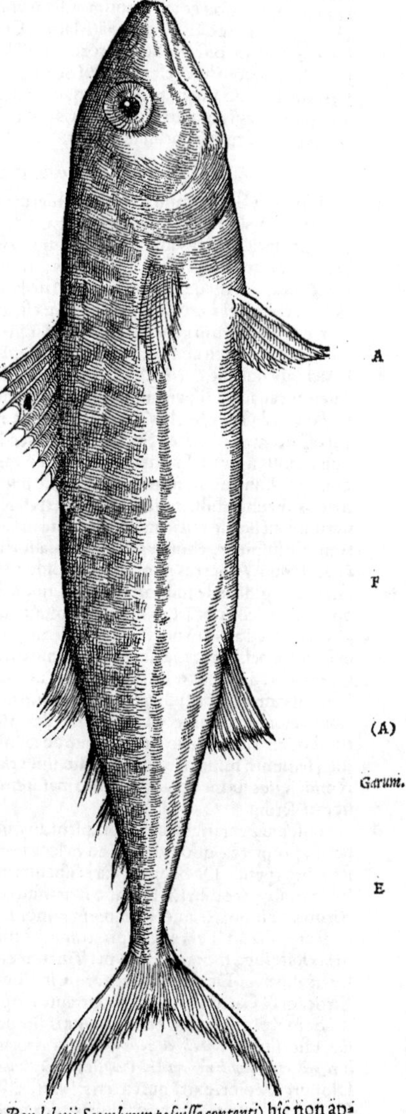

A

F

(A)

Garum.

E

DE EODEM, BELLONIVS.

Scombros per omnia maria affatim capi solere, uel hoc argumentũ esse potest, quòd ubiq́ cognoscantur. Itali nomen Latinũ retinent. Galli Macareos, hoc est lenones uocãt (Maquereaus:) quòd uerno tẽpore eos pisces, qui nostro uulgò Virgines (Alausę paruę) uocant, statim subsequi soleant. Scombrum Genuenses Vn Orcol, Massilienses, Vn Horreau, Angli Macrel appellant: qui in Oceano tanta crassitudine proficit, ut pari cũ Pelamydibus magnitudine plerunq́ euadat.

Nostri Scombrum supra cratem leuibus submissis prunis exassant, atq́ ilico sapidũ reddunt: sed eum prius fœniculo uiridi circumuoluunt, ut uim ignis obtundant. Scombris Angli intestina eximunt, & capita auferũt, reliquũ multa deinde aqua elixant, sic piscem reddunt exuccũ & insulsum. Magnus est in Propontide & tota Grę cia salitorũ prouentus. Mirabar cur uulgus Græcum minores Scombros Colias uocaret, quũ tamen Hicesius author antiquus, Scombros, minores quàm Colias esse dixerit. Garũ ex Scombris et Colijs apud Byzantinos fieri solet: quanquam nihil uetat ex quouis alio pisce garũ fieri posse, ut postea dicetur.

Ac quòd multus sit etiam apud exteras regiones Scombrorum prouentus, inde est colligendum, quòd Scombrariam insulam apud Strabonem à Scombris dictam comperias: uerùm horũ quidem captura multùm est diuersa in Oceano, ab ea quæ in Ponto, Propontide, Hellesponto, Mediterraneo & Adriatico mari esse solet. Oppianus Scombrorũ Ponti capturã ita describit:

Insulsos capiunt Scombros, Thynnosq́ furẽtes,
Quum cernunt alios Scombri curuamine retis
Clausos, &c.

Cæterùm Scombri iconem (*Nos utranq, omisimus, Rondeletij Scombrum posuisse contenti*) hîc non apposui: quòd sequens Coliæ pictura cum Scombro omnino cõueniat: neq́ Scombrum fusiùs descripsi, quòd plura de hoc in Colia mox dicturi simus.

qq 3

DE COLIA SEV SCOMBRO MINORE, IDEM.

Alius est Rondeletij Colias maior, de quo in C. Elemento scripsimus.

A Colias Græcis, ab aue eiusdem nominis (quam nostri uocant un Gay) dictus est: quod eius latera Coliæ auis modo, multis coloribus uariegata conspiciantur. Porrò Lemnij, minores Scombros uulgò Colias (al' colios) nominant, quemadmodum & Tasij, (*Thasij*) Samothraces & Imbri, (*Imbrij*.) Verùm quid inter Scombrum & Coliam intersit, nihil aliud obseruari posse puto, quàm quòd Colias magis paruus sit, quo præcipuè salito uti solent: Scomber uerò paulò maior. Aiebant autem quidam Lemnij indigenæ (dum ab eis sciscitarer, quid Colias esset) Coliam idem cum Scombro non esse: sed quum nullam uiderem notam, qua utrunq; distinguere possem, totam in magnitudine posui differentiã. Massilia Cogniol (*Gillius scribit Coguiol*) nominat. Dixerim itaq; libenter Coliam piscem Scombrorum pusillorum generis esse, modò uulgi calculis adstipuler: Hicesio tamen in hoc refragor, qui Scombrũ Colia minorem affirmat. Hæc Bellonius: qui & in Lacerto suprà: Genuenses (inquit) quoddam Scombri genus uulgò Lacertum uocant, cuius tergus multò magis quàm alijs Scombris uiret, & uenter est uariegatus: quem reuera Coliam esse Scombrini corporis paruitate liquet.

COROLLARIVM.

H Horatius Sermonum 2.8. piscem Iberum uidetur pro scombro dixisse. His mistũ ius est oleo, quod prima Venafri Pressit cella, garo de succis piscis Iberi, Vino, &c. Acron glossographus præterit. Scombri sunt qui & modò scombri appellantur, Massarius Venetus. ¶ Scombrum Romani Lacertũ uocant, Iouius. Scombrum arbitror esse ex genere lacertorum: Ligures & Neapolitani uocant lacertum: Massilienses Auriolum: Parisienses Macareũ, Gillius. Aurioli nomen, uel à mense Aprili factum est, ut Rondeletius indicat: uel ab oculis aureis. Quidam ex thynnorum genere esse scribit: non satis bene, quanquam multa conueniant. Hispanicum eius nomen audio esse aláche: quo etiam pro alece utantur. Massilienses tamen clupeam, halachiam uocant, cui similis est harengus piscis à quibusdam nõ rectè halec dictus Latinè. Rondeletius cauallo Hispanicum scombri nomen profert. ¶ Vt Gallicè Maquereau hic piscis dicit: sic Anglicè, Mackerel, Macrel: & Germanicè Makrell, uel Makrill. Vocatur & in Noruegia Maccarel, & in lacu Suerinensi Macrill, piscis harengo maior aliquanto, ut aiunt: per totum corpus transuersis lineis (latitudine pennæ) diuersi coloris, fusci, cærulei, candicantis, distinctus. ego hunc non alium à scombro esse puto. ¶ Alius est fluuiatilis piscis apud inferiores Germanos alicubi similiter dictus ein Macrel, & alio nomine Bratfisch: quem aliqui longè decepti uerum Luciũ esse putarunt. Vide suprà in Corollario de Lucio A. ego capitoni fluuiatili cognatum esse suspicor, eum qui Bratfisch alibi nominatur, &c. cuius in operis fine iconem dabo. Macarellum Albertus nominat, Arnoldus Villanouanus Maquerellum. Cæsar Scaliger nomen Græcæ originis esse iudicat: nec plura. quòd si μακάριοι pisciũ ulli uocari debent, eos quos ueteres opsophagi deos uocarunt, sic appellabimus, non tanquã ipsos μακαρίους, ἀλλ' ὡς μακαρίζοντας τοὺς γευομένους αὐτῶν. sed ad eam prærogatiuam scombri non peruenerunt, nisi in paucis regionibus fortè, ut Eleusiniaci. quare Gallicam à Bellonio indicatam etymologiam potiùs receperim: nisi quis à Germanis ad Gallos translatum malit: ut alia multa, fortassis autem Germani sic nominauerint hunc piscem à macritudine. macrum enim nostri quoq; mager appellant. in Oceano enim durior sicciorq; capitur, & ob id deterior, hic piscis, quàm in plerisq; mediterranei locis. ¶ Albertus Rodez piscẽ, nescio cuius linguę uocabulo dictum, interpretatur scombrum. ¶ Coliam Bellonij scombro minorem, & siue ætate, siue etiam specie ab eo differentem, scombro adiunximus. Rondeletius suum coliam scombro maiorem facit: uterq; tamen Massiliæ Coliã piscem Coguiol uocari scribit.

B Hispaniæ cetarias scombris replent, thynnis non commeantibus, Plinius: Massarius interpretatur, propterea quòd thunni ad ea loca non commeant. Hermippus ex Hellesponto iubet scombros peti. De Scombraria Hispanici maris insula, circa quam scombri abundant, lege infrà in H. a. Scombri in Oceano Britannico ingentes sunt, ut & rhombi. in Adriatico uterque paruus. Existimârit autem aliquis in minore maris ambitu frequentes prædas exerceri: non ergò crescere. Vix ad Tergeste ac proximum sinum comparent scombri: atq; illicò capiũtur. in Oceani laxitate fuga moram, mora parit incrementum. itaque grandescere, quia non capiantur, Cæsar Scaliger. De migratione eorum in Pontum dicetur infrà in C. Scombros & Mauritania, Bæticaq; & Carteia ex Oceano intrantes capiunt, Plinius.

Vbi.

Scombri pisces sunt paruis thunnis similes, Scholiastes Aristophanis. Minores quàm coliæ, Hicesius. χελιδόνες τε μύραιναί τε, οἵ τε κοιλίαι (lego κολιᾶν, Dorica dialecto pro κολιῶν) μέζονές ἐντι, καὶ σκόμβρων, ἀτὰρ ταυθυννίδων (lego τᾶν θυννίδων) γε μήονες, Epicharmus. ¶ Scombris in aquis est sulphureus color, extrà qui cæteris, Plinius. Sulfureus autem color qualis sit, ipse explicat li. 35. Fulmina & fulgura (inquit) sulfuris odorem habent, ac lux ipsa eorum sulfurea est. ¶ Saurum piscem quendam Rondeletius uocat, rostro & priore capitis parte acubus similem: posteriore uerò, ut & carnis substantia, scombris. Vide in Lacerto. ¶ Memini scombrũ uidere dorso toto pul-

chrè

chrè cœruleum,cætera ſimilem trachuro,& ſimiliter ad caudam attenuari: ſpinoſis autem laterũ lineis carentem. ¶ Athenæus thynnos,ſcombros,&c.ſquammatos eſſe dicit,negatione à librarijs omiſſa.carent enim ſquammis.

Piſces ſunt litorales,Oppian.li.1.Halieut. paulò pòſt tamen eoſdẽ adnumerat piſcibus qui degunt in petris,quæ plenæ ſunt chamis & patellis,ſicut etiã phagros,murænas & orphos. Albertus macarellos in litore Oceani Germanici capi ſcribit.¶ Scombri recedũt(in Pontũ)antè quàm thunni. hi enim ſeptembri menſe,illi Auguſto diſceſſum parãt,Ariſtot. Diſcedunt à locis frigidioribus,calidioribusq;,antè quàm thunni,ut qui imbecilliores ſunt.ſępe tamen flatu auſtrino uehementiùs occurſante,fit,ut cum colijs & ſcombris exeant thunni in mare: Vuottonus, ex Ariſtotele ut puto. Partus eorum increſcit præcipua celeritate, Ariſtot. C

Scombri gregales ſunt, Ariſtot.& Mneſitheus Athenæus. ¶ In Mari Ionio prope Epidamnum(ubi & Taulantij habitant)inſula eſt,quæ Athenàs,id eſt,Mineruæ appellatur: eam piſcatores incolunt.et lacus eſt,ubi Scombrorum,qui ad piſcatorum conſuetudinem aſſueuerũt,& manſuefacti ſunt,greges aluntur. Iis ſanè cibaria edenda piſcatores idcirco obijciunt, quòd cum ijſdem fœdus quoddam ſanctum habent,atq; adeò firma pace deuinciuntur.Nam hoc piſcium genus ab omni captura tum liberum eſt,atq; ad errandum ſine ulla exceptione ſolutum : tum uerò eatenus ætate procedit,ut uiuat ibidem ad ſummam ſenectutem.Nec tamen ætatis tempus ignauiter traducit,neque in ſuos altores ingratum eſt.at enim de piſcatoribus paſtum cùm mane acceperit,piſcationem mox capeſcit,ut ſe nutricantibus præmium pro nutrimento perſoluat. Quare ex portu ſoluens,ad feros Scombros gentiles ſuos natare contendit,ac ſimul ut ad eos peruenit, cum ipſis ita continuò tanquam cum aliqua phalange ſuorum popularium errat: & nimirũ cùm eiuſdem generis ſint,non inter ſe fugiunt,ſed ſimul natant.pòſt aũt cicures circum feros concurſantes in orbem conſiſtunt:& ſuorum corporum obſtructione eos fuga exituq; intercludentes, ſuorum nutritiorum(ut pro ijs quibus expleti cibis fuerint, illos remunerentur)aduentum acerrimè tandiu expectant,dum piſcatores eò profecti,captorum permultas cædes effecerint. Cicures uerò maturè properantes ad portum regrediuntur: atq; ibidem intra cauernas abditi, à piſcatoribus cœnam expectant,quam quidem ipſi eis quotidie largiuntur, ſi ipſos ad piſcatum adiutores atq; amicos fidos habere uelint, Aelianus de animalibus 14.1. D

Scombri,(ut & alij quidam piſces,)temeritatis & imprudentiæ ſuæ pœnas captiui luunt.nam cum alios uident reti incluſos,ad eos ingredi cupiunt.ingreſsi aũt,alij (minores) per maculas rurſus euadunt:alij(maiores)detinentur.Et dum rete ad litora trahitur,multos in reti ſcombros hærentes,ac inſtar cunei impactos uideas utrinq;,alijs ingreſſum,alijs exitum molientibus, Oppianus Halieut.3. Aliter in Propontide ſcombri,aliter in Oceano capiuntur.ſolent enim in Oceano piſcatores ſua retia(les lignes trainantes, ſic Gallicè ſcribit) in procellas & fluctus demittere. & quò uehementiores ſunt fluctus, nauiſq; celeriùs fertur,eò plures irretiunt,Bellonius in Obſeruationibus ſuis per Orientem. De ſcombris manſuetis prope Epidamnum inſulam,qui piſcatoribus feros capiendos adducunt, ex Aeliano præſcriptum eſt in D. ¶ Eſca iacentium mollior eſſe debet,quàm ſaxatilium,(in piſcinis.)itaq; præberi conuenit cum alia, tum ſcarorũ branchias,ſcombri uentriculos,&c.Columella 8.17. E

Laudatiſsimi ſcomber,ſalpa,ſparus,Plinius lib.32.ut author Promptuarij citat,ineptè.ſimpliciter enim hi piſces à Plinio nominantur libri 32.cap.ultimo. Plinius ait ſcombrum laudatiſsimum eſſe in finibus Carthaginis, Rauiſius. Lynceus Samius piſces aliquot Rhodios Atticis comparans, opponit pſettis & ſcombris Eleuſiniacis, uulpem in Rhodo dictam. Ex Helleſponto ſcombros præcipuè laudat Hermippus. ¶ Piſces ſquammoſi (*non ſquammoſi,*)ut thynni, ſcombri,thynnides, & huiuſmodi, ſolent etiam gregarij eſſe. Gregaria autem hæc genera piſcium, ſuauia quidem in cibo ſunt, utpote pinguia:ſed grauia & difficilia concoctu : ideoq; maximè ταριχεύεσθαι(ſale nimirum inueterari)poſſunt, & inter ταρίχη, optima ſunt. præſtant etiam, ſi aſſentur : quòd ſic eorum pingue liquatur, Athenæus Mneſitheus. ¶ Hiceſius ait ſcombros minores quidem eſſe colijs, multùm nutrire tamen,& melioris eſſe ſucci, at non faciliores excretioni. Scombrus leuis eſt, & citò à ſtomacho deſcendit, Diphilus. Scombrus ſapore eſt non adeò ingrato, nec facilè corrũpitur. ſitim prouitat. circa Parium præſtantiſsimi habentur, Vuottonus: qui pro Parium, Pariam uel Parum forſitan legendum ſuſpicatur. ¶ Scombri oblongi & exiles ſunt. Vère pingueſcunt : quo tempore Venetijs inter delicatiora obſonia reputantur. Romæ autem ab innata quadam ſiccitate ſunt ignobiles , Iouius. ¶ Ταρίχη (ἢ τεμάχη) σκόμβρων nominantur à Polluce. ¶ Maquerelli multùm deficiunt in bonitate à ſaluberrimis piſcibus. ſunt enim multò craſsiores, uiſcoſiores, & concoctu difficiliores,magiſq; excrementitij. quamobrem non conueniunt niſi ualidis iuuenibus,idq; cum embammatis,quæ uiſcoſum, craſſum & frigidum ex his piſcibus ſuccum emendent, Arnoldus Villanou. ¶ Epilepſiæ obnoxij auerſentur pingues & cetaceos piſces,ut ſcombrum, pelamydes. hi enim omnes craſſum , terreſtremq;, & inimicum naturæ ſuccum congregant, Trallianus. F

Garus,authore Plinio,liquor erat,qui ex inteſtinis piſcium, præcipuè ſcombrorum , ſale maceratis fiebat , Maſſarius. De Garo tum ſimpliciter , tum eo quod è ſcombris fit, quódque Garus.

qq 4

sociorum cognominatur, abunde scripsimus suprà in Garo, elemento G. In Scombraria insula optimum è scombris conficitur garum, Strabo. Scombros & Mauritania Bæticaq́, & Carteia ex Oceano intrantes capiunt, ad nihil aliud utiles, (quàm ad garum,) Plinius. Expirantis adhuc scombri de sanguine primo Accipe fæcosum munera chara garum, Martialis libro 13. sub lemmate Garum sociorum. Et mox de Muria: Antipolitani fateor sum filia thynni, Essem si scombri non tibi missa forem. Et superiùs de Ouis: Candida si croceos circumfluit unda uitellos, Hesperius scombri temperet oua liquor: id est, garum.

G Scōbri in aceto putrefacti, uuluæ strangulatu oppressas excitant, Plinius. E scari (nō scombri, ut Gillius uertit) iecore remedium ad icterum, ex Aeliano retuli in Scaro G.

H. a Horæum, scombrum, & trygona, nominat in Captiuis Plautus. Σκομβρίζει, γογγύζει, Suidas: uerbum nimirum per onomatopœiam factum, non à pisce. Σκομβρίσαι, τὰ ἰοβαρ ἐν ᾄδουσι φορᾶς λέξεως, παιδιᾶς ἀσελγοῦς εἶδος ἀκροᾶσθαι: καὶ ἐπὶ τὸ ἧττον πλατεῖ τῷ στόματι πλήσσοντος, ὡς ψόφον ἐργάσασθαι, Suidas.

Scolymus herba in Lemno sponte prouenit, ac dicitur uulgò scombrouolo, id est carduus scombri, Bellonius.

Propria. Scombri, Σκόμβροι, gens Thraciæ, Varinus. Strabo libro 3. ait Sexitaniam esse ciuitatem iuxta Herculis insulas prope Carthaginem nouam, à qua salsamenta Sexitana denominentur: & aliam Scombroariam, (Σκομβροαρίαν, interpres quatuor syllabis uertit, Scombrariam,) à scombris qui illic capiuntur, Athenæus. ¶ Scombrus apud Alexidem, cuius uerba Athenæus recitat, parasiti nomen est.

h. Athenienses Salsamentis adeò delectati sunt, ut Chærephili salsamentarij filios ciuitate donarint, ut testatur Alexis his senarijs: Τοὺς Χαιρεφίλου δ' υἱεῖς Ἀθηναίους, ὅτι Εἰσήγαγεν τάριχος, οὓς καὶ Τιμοκλῆς Ἰδὼν ὡς τῶν ἵππων, δύο σκόμβρους ἔφη Ἐν τοῖς σατύροις εἶν.

Fuit apud Byzantios receptus mos, ut scombrorum regem uidere, qui inter conchylia (*Scombri pisces sunt, non conchylia*) est miri aspectus, fortunatissimos euentus faciat, Alexander ab Alexandro Dierum genialium 5.13. Sed Aelianus hoc de Scombris scribit. Vide infrà in Strombis D.

SCOPES pisces quidam, nominati apud Athenæum, ut in Eritimo scripsi. Homero aues eiusdem nominis sunt.

SCORDYLVS nominatur ab Oppiano Halieut. 1. inter reptilia maris, (quæ pedibus scilicet repant,) cum polypis & scolopendris marinis, amphibia, & cauernas maris incolentia, his uersibus: Ἄλλοι δ' ἑρπυστῆρες ἁλὸς ναίουσιν ἐναύλους, Πουλύποδες σκολιοί, καὶ σκορδύλος, ἠδ' ἁλιεῦσιν Ἐχθομένη σκολόπενδρα, καὶ ὀσμύλος: οἱ δὲ καὶ αὐτοὶ Ἀμφίβιοι. Ego non de alio quàm Aristotelis cordylo eum sentire arbitror: cum & nomen, & quæ pedibus fit reptatio, & natura ad aquam & aërem ambigua conueniant. Hoc obstat: quòd cordylus Aristotelis τελματιαῖος, id est palustris est, seu lutarius, non marinus. Chalcidem quoque Aristoteles lacustribus, Oppianus marinis adnumerat. Plura de Cordylo leges suprà, pag. 357. Verum quidem cordylum amphibium hactenus nemo ostendit. unde suspicor peregrinum esse animal: & fortè idem quod apud Babylonios uel Indos reperiri scripsimus, (suprà in Cordylo, pag. 359.) amphibium animalculum anonymum: quod pinnulis ceu pedibus (quos nimirum aliqui simpliciter pedes propter formæ aut usus similitudinem uocarunt) graditur: & quanuis branchias habeat, cibi tamen gratia in siccum egreditur, cauda subinde mobili, capite ranæ marinæ simile, reliquo corpore gobijs. è fluuijs in terram exiens saltat, & in aquam redit sicuti rana. quamobrem composito ex pisce & rana nomine, pisciranam aliquis accommodato eius naturæ uocabulo appellârit: branchias enim & posteriora ut piscis habet: caput & naturam amphibiam, & saltum, ut rana: fortè & caudam ranæ imperfectæ non dissimilem, quam gyrinum uocant, nostri Roßkopf. Itaque Germanicè etiam Cordylum interpretabor ein Fischfrösch, id est pisciranam. uel ein Indianischer Roßkopf, id est Gyrinum Indicum. ¶ Alia est cordyla siue scordyla, uel cordylus scordylus ue piscis, thunni fœtus: de quo dicetur in Thunno.

Apud Tarentinum in descriptione escæ cuiusdam legitur ποταμίων σκορδύλων, &c. qui locus & si corruptus est, suspicetur tamen aliquis fluuiatiles aliquos pisces ποταμίους σκορδύλους ab eo nominatos.

Pulmone carent pisces, & si quod aliud animal (*de cordylo fortè sentiens*) branchias habet, Aristotelis histo. 2.15.

DE SCORPIO ET SCORPAENA,

RONDELETIVS.

Rondeletius & Bellonius unam tantùm Scorpij iconem dederunt: Pro qua nos Scorpij maioris Venetijs depicti effigiem posuimus, quanuis cum neutra illorum undiquaq; conueniat. Rondeletius quidem in fine Capitis, Scorpænam (id est, Scorpium minorem) se effigiasse scribit: quod annotatum ab eo superuacaneum uidetur, si corporis forma non differunt, ut ipse sentit. Idem à syncipite scorpij sui ceu cornicula quædam in summo trifida produxit. de quibus in descriptione puto sentit, cum inquit, superciliorum loco cartilagineas apophyses duas molles esse. Bellonius quidem

quidem super oculis appendices quasdam scorpio esse scribit, ut in exocœto suo: sed nihil tale repræsentat eius pictura. Idem pinnam quæ ab ano proximè est, tribus aculeis exasperari scribit, non item pingit. Rondeletius ad pinnæ illius initium aculeos duos expressit.

Addidimus & Scorpij minoris picturam, & ipsam Venetijs effictam. Vtraque ad elegantissimas duas scorpiorum picturas Saluiani satis accedit: hoc est, maior ad maiorem illius, minor ad minorem.

Scorpius simpliciter, uel maior.

A

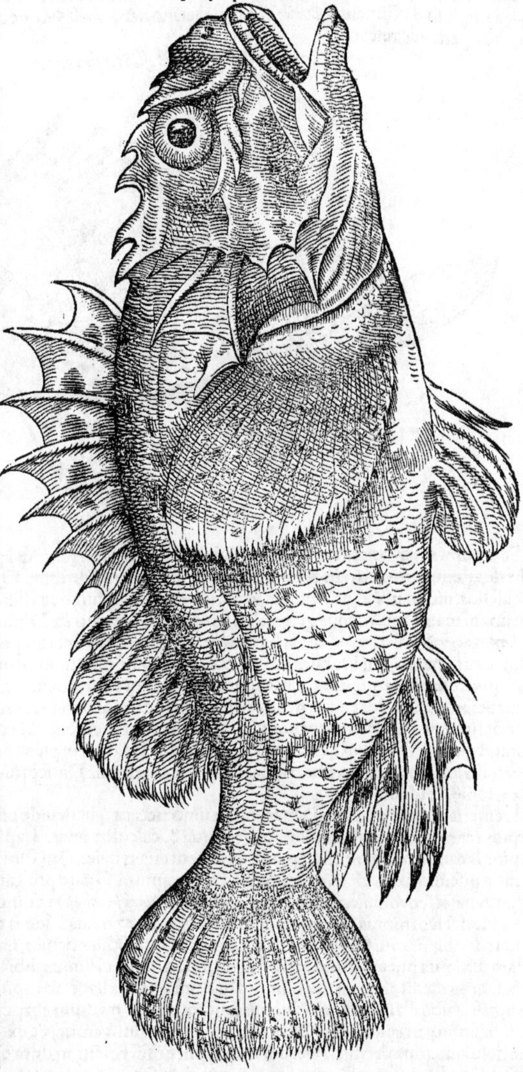

ΣΚΟΡΠΙΟΣ à Græcis scorpius, uel scorpio à Latinis dicitur, à Massiliensibus scorpeno, à nostris rascasse. Græci quoque huius temporis σκόρπιον uocant. Σκορπὶς dici uidetur ab Aristotele scorpius fœmina. Verun tamen an ijdem sint Aristoteli an diuersi σκόρπιος & σκορπὶς dubitat Athenæus. Ἐν πέμπτῳ ζώων ὁ Ἀριστοτέλης σκορπίους καὶ σκορπίδας ἐν διαφόροις τόποις ὀνομάζει: ἄδηλον δ᾽ εἰ τοὺς αὐτοὺς λέγει, Aristoteles libro 5. cap. 9. & 10. de animalibus: scorpios & scorpidas diuersis in locis nominat: incertum autem an eosdem esse intelligat. Scorpium autem & scorpænam Athenæo diuersos esse pisces certum est. Σκόρπαιναν καὶ σκορπίους πολλάκις ἡμεῖς ἐφάγομεν, καὶ ὅτι διάφοροι καὶ οἱ χυμοὶ, καὶ αἱ χρόαι εἰσὶν, οὐδεὶς ἀγνοεῖ. Scorpænas & scorpios sæpe edimus, & eos succo coloreque differre nullus ignorat. Et Hicesius, ut idem citat, ait: Τῶν σκορπίων ὁ μέν ἐστι πελάγιος, ὁ δὲ τεναγώδης: καὶ ὁ μὲν πελάγιος, πυῤῥός: ὁ δ᾽ ἕτερος, μελανίζων. διαφέρει δὲ τῇ γεύσει καὶ τῷ τροφίμῳ ὁ πελάγιος. Scorpionum hic pelagius est, ille lutarius. (τέναγος enim propriè dicitur γῆ ἐπιπόλαιον ὕδωρ ἔχουσα, ἢ πηλῶδες ὕδωρ, inquit Phauorinus: id est, τέναγος terra est supernatantem aquam habens, aut cœnosa aqua.) pelagius rufus est, alter nigricat. Saporis suauitate & alimenti copia præstat pelagius. Et Plinius in piscium catalogo tanquam diuersos nominat. (*Plura de Scorpæna leges ad finem huius capitis.*)

Libro 5.

Lib. 7.

Lib. 32. cap. 11.

B

Scorpius piscis dictus est non à scorpij terreni formæ similitudine, sed quòd sit πληκτικός, ut ex Aristotele citat Athenæus lib. 7. ubi perperam πλυκτικὸς legitur pro πληκτικός: id est, quòd pungat & feriat uenenumque effundat scorpij terreni ritu. Est enim capite, pro corporis magnitudine, maximo, multis & uenenatis aculeis horrente, ore magno, dentibus paruis, sed densis. In inferiore maxilla trianguli figuram expressam habet. In superciliorũ loco apophyses duas cartilagineas, molles. Pinnas latissimas et robustissimas. Quæ enim ad branchias sunt, medium ferè corpus occupant: quæ in uentre, paulò minores: quæ à podice, magna est & latissima, acutissimis aculeis nixa. quæ in dorso, nouem firmissimis aculeis constat. Cauda in unicam & latam desinit. Squamis tegitur paruis, cortici serpentum quàm squamis similioribus. Branchias quaternas habet. Ventriculum magnum, apophyses in intestinis octo: hepar candidum, in eo fellis uesicam uiridem, splenem nigrum, intestina lata, cor magnum. Maiore

Lib.32.cap.10. Athen.lib.7. & 8. ex parte colore est rubescente siue rufo. Etenim à Plinio rufus dicitur, ut ab Hicesio πυῤῥός, & κιῤῥός à Diphilo. à Numenio ἐρυθρός: ab Epicharmo uerò ποικίλος, quòd maiore ex parte rufus sit, aliqua ex parte nigrescat.

Scorpis, uel Scorpæna: id est, Scorpius minor.

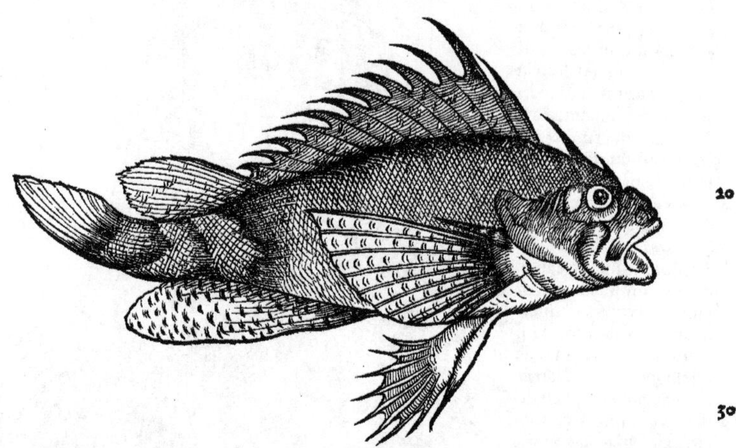

F Scorpium inter duræ carnis pisces Philotimus connumerat: idq́ approbat Galenus, qui in li-

Lib.3. de alim. facult. bello de attenuante uictu, in saxatilium penuria eundem substituit. Quum, inquit, saxatiles desunt, asellos, mullos, & alios eiusdem generis pelagios possumus exhibere: et eos potissimùm qui

Libro 8. cum sinapi manduntur, cuius generis est scorpius. Athenæus ex Diphilo: Σκορπίοι δὲ οἱ πελάγιοι καὶ κιῤῥοί, τροφιμώτεροι τῶν τεναγωδῶν τῶν ἐν τοῖς αἰγιαλοῖς, τῶν μεγάλων. Scorpij pelagij & rufi, magis nutriũt quàm lutarij magni, qui litorales sunt. Si scorpius paulò diutius mortuus asseruetur, tenerior redditur: quod omnibus quę dura carne sunt euenit. Calore enim naturali, qui partes continet & regit euanescente, & calore externo in carnem agente & colliquante, humidior ea efficitur, fitq́ ad putrefactionem uia. Quæ uerò humidiora, eadem sunt molliora: & contrà quæ sica, dura. Idem de omnibus quæ sicca sunt carne, intelligi oportet. Elixus scorpius editur ex aceto. Assus minùs probandus, ob duritiem. Ius ex eo aluum subducit, testibus Dioscoride lib.2.cap.35. & Plinio libro 32.cap.9. Ibidem.

G Iocineris doloribus scorpio marinus in uino necatur, ut deinde bibatur, inquit Plinius. Et scorpius marinus necatus in uino, uesicæ uitia & calculos sanat. Lapis qui inuenitur in marini scorpionis cauda pondere oboli potus, ad eadem etiam ualet. Qui Plinij locus mendosus est: nullus enim piscibus lapis est in cauda, sed in capite tantùm. Quare pro cauda, capite legendũ. Contra panos ualet scorpio (*lib.32.cap.9.ubi de marinis tantùm ei sermo est*) in uino decoctus, ita ut foueantur ex illo, fel scorpionis marini unguium scabritiam extenuat. Idem cicatrices tollit. Dioscori-

Lib. 2. cap.14. des uerò scribit marini scorpionis fel cõuenire ad suffusiones oculorũ, albugines & hebetudines.

De uenenato huius piscis ictu. Iam diximus piscem istum πληκτικὸν esse, quod indicat Plinius, libro 32. cap. 11. quum scribit: Sic & scorpio lædit, dum manu tollitur: tot enim aculeos habet in capite, ut sine noxa tractari nõ possit, nisi cauda arripiatur, uel duobus tantùm digitis medium corporis apprehendatur. Ob id accidit plerunq; ut piscatores nostri à scorpionibus pungantur, & ex punctæ partis inflammatione dolor magnus oriatur. Puerum ab hoc pisce miserè ictum, dum eum in sinu recondere uellet, curaui mullo dissecto & imposito cum eiusdem scorpionis hepate, adhibito ad uulneris ambitum lentisco contuso. Quod ideo commemorare uolui, ut scorpionis ictuum antipharmaca à ueteribus tradita uera esse, & à me experientia comprobata omnibus indicarem. Principiò nullum ferè uenenatum est animal, quod ueneni sui antipharmacũ in se nõ contineat. Cùm enim partes diuersæ sint, diuerso quoque temperamento inter se aduersari necesse est. Deinde duplex antipharmaci genus esse comperio. Antipathiam, (*Sympathiam*) & similitudinem substantiæ: ut hepar uenenatrenenatorum animalium uulneri impositum similitudine substantiæ uenenum retrahit, maximeq́ confert ea parte qua fel continetur. Carnes uerò impositæ idem præstant per antipathiam, ut uiperarum caro morsui uiperarum medetur. Terrenus scorpius totus ictibus suis remedio est. Sic mullus marini draconis, aranei ac scorpionis morsibus medetur, si crudus atq; dissectus admoueatur, autore Dioscoride. Quod, ut dixi, experti sumus. Lib. 2. cap. 24

A Ex his omnibus liquidò constat nos ueterum scorpionem descripsisse, nisi quis nobis locum Athenæi libro 7. opponat, quo inter cartilagineos scorpium recensere uidetur his uerbis. Εἰσὶ δ' οἱ σκορπίοι σμηκτικοί, εὐέκκριτοι, πολύχυλοι, πολύτροφοι· χονδρώδεις γάρ εἰσι. Scorpij abstergunt, facilè excernuntur, multi sunt succi, copiosè alunt: sunt enim cartilaginei, (*immò carne solida & callosa: ut in Corollario asserimus.*) At locum mendosum esse omnium qui de piscibus scripserunt, testimonia conuincunt: nullus enim est qui scorpium inter cartilagineos reponat: spinis enim non cartilagine constat. Quare non χονδρώδεις, sed σαρκώδεις legendum esse crediderim: constat enim multa & firma carne. quam ob causam copiosè nutrit. *Verum se scorpionem dare.*

A *Scorpæna.* Nunc de scorpæna, quæ à scorpione corporis forma minimè differt, sed colore dũtaxat. Nam cùm scorpionum alij rufi sint, alij nigricantes, ut ex Hicesio citat Athenæus: quibus mox subiungit scorpænam colore tantùm & succo dissimilem esse, efficitur ut scorpænã eam esse credamus quæ nigrescat, quæq́ insuauior sit, minusq́ boni succi & litoralis, lutoq́ gaudẽs ex ueterum sententia. Masilienses contrà, eum qui niger est, scorpeno: qui flauus est, scorpena uocant. Scorpænam ex præcedenti schemate agnosces. [*Atqui si corporis forma nihil differunt, ut paulò antè scribit Rondeletius, sed colore tantùm: ex eâdem figura utrunq; cognoueris.*]

DE SCORPIOIDE, RONDELETIVS.

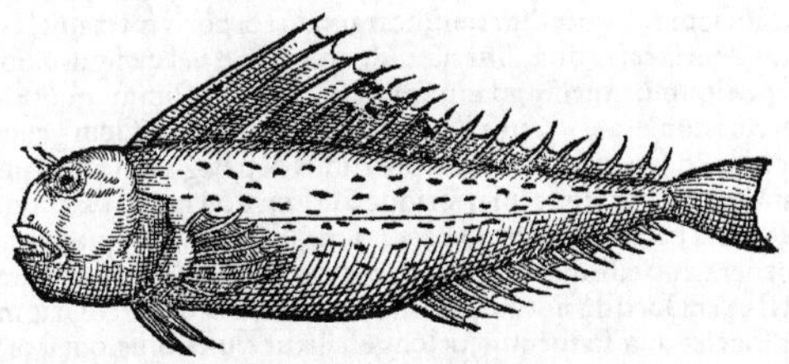

A B IS quem hîc exhibemus, uulgò à nostris lebre de mar, id est, lepus marinus dicitur, quia rostrum terreni leporis πρόσωπον admodùm simile habet: sed lepori marino ueterum omnino dissimilis est, ut suo loco docebimus. Quamobrem scorpioidem non ineptè, ut opinor, appellabimus: est enim capitis forma scorpioni marino similis, totidemq́ supra oculos apophyses molles habet: sed dentibus differt, quos serratos quidem habet, sed tenues & densos admodùm, & in superiore maxilla duos exertos, cuiusmodi galeritæ sunt dentes. Prætereà differt à scorpione & galerita pinnæ dorsi magnitudine, duabusq́ maculis nigris eiusdem pinnæ. Cutis læuitate galeritæ similis est, & carnis substantia, non autem scorpioni.

C Litoralis est, muco uescitur & aqua.

DE SCORPIONE ET SCORPAENA, BELLONIVS.

A Scorpio nostro Oceano infrequens, Mediterraneo multùm familiaris, ubiq́ suum nomen retinet: Græcum tamen uulgus Scorpidi pronunciat, ad Scorpænæ differentiam, quam Scorpinã nominare solet. (C) (Pelagius & saxatilis est piscis: sed Scorpæna palustris, & cœnosa.) Scorpionem Masilienses Scorpænam uocant, Genuenses Scorpium, ad discrimen Scorpænæ, quam Strasinam dicunt, Masilienses uerò una Rasquessa.

B Scorpæna cineritia est: Scorpius autem rufus, & multò maior, atq; appendices super oculis, ut Glinos seu Exocœtus habet, (*de quo in Adonide actum est.*) Tam Scorpius quàm Scorpæna pinnam in tergore continuam duodecim aculeis munitam gerunt, reliquum pinnæ obtusum. Caput habent admodum grande, aculeis acutis præmunitum: pinnas utrinque ad branchias admodum latas: Os, denticulis confusis, ut in Lampuga, munitum. Omnino Scorpio uincit Scorpænam: caput enim huic est paulò maiusculum, reliquum corporis in acutum tendit. Squamis tegitur adeò tenuibus, ut his carere uideatur: oculos habet in grandi capite exertos ut bufo: branchias superiores plurimùm spinosas, spiculis alijs uersus caudam, alijs in gyrum armatas.

C Vterque piscis admodum uiuax est: nam exenteratus, & corde carens, moueri tamen (Orphi modo) non desinit.

B Grandes supramodùm in mari circa Eubœam capiuntur. Oris rictum tam uastum aperiunt, ut caput alterius piscis, quod suum æquet, facilè admittere possint. Maxillas autem in eo rictu sic dilatant, ut in tubis uidemus: dum enim os claudunt, statim postea recondunt. Est illis quoddam linguæ rudimentum potius, quàm ut absolutam esse dicas. Pinnam proximè ad anum exporrectam habent, tribus aculeis asperam. Caudam ferè circinatam, reliquas pinnas rotundas: nam pisces, quibus cauda est bifurca, his quoque pinnæ in acutum tendunt.

Nam saxatiles ipse descripserat ordine.

Interiora.

Scorpius & Scorpæna, ossicula quatuor uncinis uallata in ingressu faucium habent, quibus cibū, quem uenati sunt, in stomachum iniiciant. Cor illis ualde paruum est: cui uesicula alba ac flatu turgida incumbit, quæ, ut quidam pulmo, uacua contrahitur. Diaphragmate prædití sunt: Hepar ostendūt album, in quinque ueluti lobos distinctum: quorum sinister reliquis maior, fel oblongo folliculo inclusum continet: uentrem satis grandem: lienem rubicundum, in opposito fellis latere situm: Pylorum nouem appendicibus aut apophysibus suffultum: intestina pauca, quæ binis tantùm giris inflectuntur. Tota horum piscium spina uertibulis uigintiquatuor constat: calculum in capite gerunt.

C Caridibus, Aphyis, Sparulis, Gobionibus, & omnis generis piscibus paruis uescuntur.

F Athenæus Scorpium & Scorpænā & colore & succo differre tradit.

G C. Plinius Medicus epilepticos in cibo Merulis, Turdis aut Scorpionibus iuuari scribit: Dysentericos quoque Scorpænam cumino & aceto conditam iuuare.

COROLLARIVM.

A Scorpius siue pro pisce, siue pro insecto uenenatis, Græcum est nomen, Σκορπίος, paroxytonum, uti semper apud bonos authores inuenio: quemadmodum & propria nomina in ιος, quæ tres breues syllabas habent, ut Δολίος, Τυχίος, quanquam apud Varinum σκορπιός oxytonum in uulgatis codicibus est. Sic σηπία, σηπίον, & multa diminutiua in ιον, ut παιδίον. Idem piscis ἴζιλος, nescio qua dialecto dicitur, apud Hesychium & Varinum: item ἴξεια. ¶ Scorpæna & scorpius an colore duntaxat & sapore, locoque differant, non autem corporis forma, ut Rondeletius putat, alij iudicent. Mihi quidem species duæ diuersæ uidentur, quod uel ex figuris nostris, quas Rondeletij descriptioni præfiximus, utrisque ad uiuum factis, apparet. Plinius quoque scorpænā & scorpium tanquam diuersos numerat. Cum Scorpio, & Scorpæna eiusdem generis sint, multū tamen & colore & bonitate differunt. Nam Scorpio ruffus & pelagius est: Scorpæna nigra et littoralis, & cibi suauitate longè Scorpione inferior: quod ipsum non modò ex antiquorū (*Hicesij*) conscriptione accepi, sed certa palati sapientia expertus sum, Gillius. Oppianus 1. Halieut. etsi scorpionis simpliciter genera duo esse dicat, utrunque tamen in petris & arenis collocat. Σκορπίος αἰκτὴρ διδύμου γένος: quod si etiam loco dissideant, quemadmodum Hicesio, (cui hac in parte magis faueo,) multò iustiùs species duæ statuentur, ut longè fallatur Eustathius, qui scorpium & scorpænam sexu tantùm differre putauit, sicut leonem & leænam. A nominibus masculinis, (inquit,) in ος & ων præsertim, multa fœminina fiunt in αινα, ut λύκαινα, λέαινα, θέαινα, θεράπαινα, &c. quòd autem scorpæna etiā scorpius fœmina sit, liquet ex uerbis illius (*Athenæi*) qui scripsit: Scorpænas & scorpios sæpe nos comedimus. hæc ille: cum reliqua etiam Athenæi uerba addere debuisset: nempe colore saporeque eos differre, omnibus constare. quibus species etiam diuersas insinuat. quāquam enim in plerisque sexu tantùm differentibus, coloris etiam aliquod discrimen est, id tamen non uulgò omnibus, sed peritis tantū agnoscit: & multò magis si quæ in sapore succó ue differētia est. Quod ad magnitudinis differentiā, Bellonius rufum, qui pelagius quoque & saxatilis ei est, multò maiorem facit: fuscum uerò (quam priuatim scorpænam nominandam & ipse & Rondeletius putant,) minorem facit, id quod mihi quoque uidetur, & nostræ icones præ se ferunt. Rondeletius differentiæ ex magnitudine nō meminit: sed Diphili tantùm uerba recitat, qui contrà nō pelagios & rufos, sed ἐν τεναγώδεις, id est, in cœnoso litore agentes, magnos facit.

Psellus scorpidia nominat, diminutiua forma: cuius etiam σκορπὶς uideri potest, ut θεραπαινίς, νησίς, τελλίς. Vtitur ea uoce quinto historiæ, cap. 10. Aristoteles: Αἱ σκορπίδες ἐν τῷ πελάγει τίκτουσι: cùm præcedenti statim capite dixisset: ὁ δὲ σκορπίος τίκτει δὶς; unde scorpidis scorpijque nomē promiscuum ei esse apparet: ita quidem, ut scorpis potiùs de fœmina dicatur, scorpius de utroque sexu. ¶ Nonnullæ regiones Italiæ utrunque Scorpænam appellant. & Græci à uero nomine aberrarunt: nam utrunque Scorpium appellant. Massilienses ut nondum cessant rectè Scorpænam appellare, ita parum Massiliċè Scorpium uulgò Rascassam nominant, Gillius. (Echini etiam maiores à Massiliensibus Rascasses dicūtur. Coniicio rascassum alicubi significare instrumentum quo linum depectitur, squinada alibi dictum.) Italicè circa Genuam Scorpion uocatur: alicubi pesce spin, uel spino, uel spinoso, minor præsertim & fuscus.

Spinula.

Aggregator spinulam piscem à Galeno, libro 3. de alimentis, memorari scribit: nominatur autem scorpio eodem in libro inter duræ carnis pisces.

Sabot.

Sabot nomen est piscis, & est spinula, Syluaticus. nos de Arabico nomine Sabot annotauimus aliquid in Callionymo A. Scorpio piscis est, uenenosæ puncturæ, nostro idiomamate Doracæna: idem Syluaticus. sed alibi meliùs draconem marinum, uulgò doracenam dici interpretatur, ut dracęna intelligatur: sic enim marinum draconem, id est araneū piscem, etiam Græci hodie uulgò uocitant. Scorpænā fermè omnes uernaculo nomine nūcupamus piscem subrufum uariumque, & multis armatum aculeis: Cute aūt minimè squamea: sed gobionis similitudine

tudine lubrica, Iouius Italus. ¶ Lusitanicum scorpij nomen est Coesso. ¶ De Germanico nomine nondum sum certus. Bellonius Gallico Oceano scorpionē infrequentē esse tradit: quare Germanico etiā Balthicoq́ rarum existimârim. Appellauerim aūt **ein Scorpfisch**, id est scorpionem piscem, cōposito nomine: quoniā scorpionis insecti etiā nomen lingua nostra acceptauit: uel **ein Meerscorp**, id est, Scorpionē marinū. priuatim quidem rufum circunloqui licet, **der grösser rotlacht Scorpfisch**: fuscū uerò, **der kleiner graw Scorpfisch**. Audio Frisios appellare **a Storme**, piscem ferè similem rochetto Anglorum, colore scombri, pinnis ut perca aculeatis in dorso, binis prope nares in capite aculeis. caput proportione magnum esse, oculos magnos. opercula quoq; branchiarum aculeata: caudam rubram, maculis nigris. Germanica nomina **Petermanche** & **Torpot** ad Araneum pertinere puto: & plura de eis in Corollario de Araneo scripsi: ubi Anglicè etiam Araneum **a Viuer** appellari dixi, fortè à febri quam excitat. febrim enim Angli **feuer** uel **fiuer** nominant. Sed aliam nuper ex Turneri mei literis eiusdem piscis & nomenclaturam & interpretationem Anglicam accepi: Araneum Plinij (inquit) nostri piscatores uocant **a qua wyuer**, hoc est malam uxorem. nusquam in Anglia audiui aliter uocari. Sic ille. Nimirum autem ut pisces aranei scorpijq́ nusquam tutò attrectant̃, sic malæ mulieres intractabiles sunt, & non cautissimè tractanti noxiæ. **Qua** pro malo Flandricū esse audio, ut & **wyuer** pro muliere, qui apud nos sunt Angli **qua** uocem non agnoscunt: & pro uxore scribunt **a wyfe**.

Rondeletij Scorpioides & Bellonij Blennus, (quem in B. elemento dedimus,) maximè cognati uidentur.

De magnitudinis & coloris differentijs in pelagio & lutario scorpijs, & alia quædā ad B. pertinentia, diximus suprà in A. In Rubro mari gignuntur etiam scorpij & gobij, partim duûm, partim trium cubitorum, Aelianus de anim. 17. 6. Io. Tzetzes Variorū 7. 144. apud Indos ea magnitudine nasci scribit, ex Ctesia. Minores qui semipedalē longitudinem non excedūt, maioribus anteponuntur in cibo, iudicio Archestrati, Iouius: qui Archestrati uerba non intellexit. sunt aūt hæc: --- ἐν δὲ θάσῳ τὸν σκορπίον ὠνοῦ, ἂν ᾖ μὴ μείων πύγωνος, μεγάλου δ᾽ ἀπὸ χεῖρας ἴαλλε. ego secundum carmen sic legerim, οὐ μείζω πυγόνος, &c. id est, non longiorē pygone. est aūt πυγὼν mensura, à cubito usq; ad paruum digitum extensum: uel ut alij uolūt, usq; ad digitos flexos, συγκεκαμμένους: qui digitos uiginti ei attribuūt. Ichthyophagi cæteros quidē pisces æstu maris in litus eductos facilè capiunt: canes uerò, phocas maiores, scorpios, murænas, & huiusmodi non sine periculoso certamine, Agatharchid. De mari rub. Secundū Pastinacā & Draconē nihil in mari uenenatius Scorpio. etenim in dorso & brāchijs bene acutos & robustos habet aculeos: quos si Sipontinus uidisset, nō à similitudine terrestriū nomē duxisse scripsisset, sed ex eo potiùs q̃ quemadmodū terrenorū aculei, sic horū perniciosi sint, nūcupatos esse, Gill. Scorpio niger est, densas in tergo spinas habēs, quibus nonnunq̃ piscatores lædit, Platina. ¶ Scorpioni cōplures appendices supernè circa uentriculum exeunt, Aristot. Numenius scorpiū colore rubrum dixit, ἠν χροιὴν ἐρυθρόν. B

Scorpiorū alius pelagius est, alius τιναγώδης, Hices. uide suprà in A. Rondeletius τεναγώδη interpretatur lutariū: ego circunloqui malim, & qui in cœnoso litore degat interpretari. Lutariū uerò Latinè dixerim, quod Græci τελματιαῖον: sicut Aristoteli rana & cordylus sunt ζῶα τελματιαῖα: sic & testudo quædā lutaria dicitur. τέναγος opinor esse continuatū: τέλματα uerò sunt paludes paruę & distinctę, nostri **pfützen**, (fortè à putida aqua, unde & puteos dicimus,) & **güllen** appellāt. Gręci etiā τέλματα tum puteos, tū aquas cœnosas dicūt: τὰ πηλώδη καὶ τελευταῖα τοῦ ὕδατος. sunt enim ferè circa margines & extrema fluminū lacuumq́ huiusmodi lacunæ. Scorpiones pisces ambigunt litorales ne an pelagij sint, Aristot. Ouidius in Halieuticis pelagios facere uidet̃: sed dubitari potest. Oppianus utrūq; scorpij genus in petris & arenis pasci canit. Mnesitheus apud Athenæū saxatiles facit scorpios: Bellonius rufum dūtaxat, pelagiū & saxatilē. Philotimus durę carnis esse scribit, q̃d ap̃pbat Galē. saxatiles uerò pisces durę carnis nō sunt. ¶ Scorpiões (Σκορπίδες) in alto fœtificāt, Arist. Bis anno pariūt, uêre ac autūno, Idē et Plin. Oppiano quater, 1. Halieut. Σκορπίος αὖ τετράκι φέρει βέλος ὠδίνεσσι. ¶ Phycis. i. algis uescit̃, Athen. Cancros tamē appetūt. uide mox in E. Piscis est solitarius, Athenæus. C D

Scorpio piscis est βολιστικός. nā & sagenis & reticulo trahit̃, Plutarchus. ¶ Fertur, si decē cancri colligati in maris locum aliquē proiecti fuerint, ad eum omnes scorpios cōgregari, Albert. Ad scorpiones pisces inescatio: Pulueris (*Scobis*) de ligno mori, caulocinaræ, sandarachæ, ana drachmas viij. erucæ, brassicæ, numero quinq;. omnia hæc cum tritico optimè læuigato, arenaq́, affusa aqua, misceantur: & pasta inde subacta scorpiones illiciantur, Tarentinus. E

Scorpij, ut & alij durioris carnis pisces, difficiles cōcoctu crassiq; sunt, Philotimus apud Galē. Scorpęna durā habet carnem, saporis minimè ingrati, Xenocrates. Scorpidia difficulter concoquunt̃, Psellus. Saxatiles dicti, gobij, scorpij, & passeres, & similia, siccū præbēt alimentū, sed copiosum & solidū, & facile cōcoctu, nec excremētis redundāt, nec flatus pariūt: Athenęus Mnesitheus, saxatiles & cōcoctu faciles hos pisces cōtra aliorū sententiā statuēs. Hicesio scorpij multū alūt. sunt enim (inquit) χονδρώδεις, id est, cartilaginei. Rōdeletius pro χονδρώδεις legit σαρκώδεις. sed nihil mutandum. cartilagineos enim uocans Athenæus, non quidem cartilaginei generis illius, quod σελάχη & χονδρακανθη Græci uocāt, esse censet: sed cartilaginea, callosa, firma solidaq; carne, F Χονδρώδεις

rr

est enim piscis hic, ut diximus, τῶν σκληροσάρκων. qua ratione difficiliùs quidem cōcoquitur: concoctus autem uberiùs firmiusq́; nutrit: id quod & alijs nutrimentis, non quidem simpliciter carnosis, sed quorum pulpa callum & tanquam cartilaginem habet, accidit. Sic anthiam quoq; piscem idem author Hicesius χονδρώδη esse pronunciauit, quanquā uulgaris codex uitiatus χυνδρώδη habet: Rondeletius θρυθροειδῆ uel θρυθρὸν legendum putat: ego omnino χονδρώδη, ut & Latinus interpres Natalis de Comitibus legit; qui tamen non satis aptè grumosum transtulit. Chóndros Gręcis non modò cartilaginem propriè dictam, sed in alijs etiam rebus diuersis solidius compactiusq́; aliquid significat: & quod in sale Latini grumos, Græci chondros dicunt. Thessalico uocabulo chondros & cartilaginem significat: & nucleum, in thure præsertim, ceu quendam callū, quem & pyrêna Hippocrates appellat. Alioqui chondros ea frumenti species à Græcis intelligit, quæ à nostris far nuncupatur. Inuenio & hadron (*à uegeta soliditate*) dici quæ sit chondros, (*frumenti scilicet species*,) Hermolaus. Nucleum ferri, pro chalybe Plinius dixit: Græcè πυρῆνα dixeris. Plura super hac uoce (chondros) annotauit Marcellus Vergilius in Dioscoridē diuersis locis. Quòd autem Latini etiam cartilaginea uocare soleant, quæ solidiora sunt, in Anthiæ primi Corollario F. pagina 68. testimonijs aliquot comprobatum est. Rectè igitur etiā Vuottonus ex Athenęo: Scorpius cartilagineam duritiem habet. Talem in testatis callum Gręci priuatim spondylum, & trachelum quoq; (si bene memini) nuncupant. Vide suprà in Spondylo. ¶ Omnium piscium ius aluum emollit, sed optimum fit è scorpionibus, &c. Plinius. Cato cap. 158. in descriptione iuris ad aluum deijciendam inter cætera requirit piscem capitonem, & scorpionem unum, &c. ¶ Hippocrates in libro de internis affectibus, eandem ferè uim alimentariam tribuit scorpio, draconi, cuculo, callionymo, gobio: in morbis crassis & pituitosis usum eorum concedens, uti in Callionymo recitauimus. In epilepsia ex piscibus exhibeantur qui superfluitate uacant, ut psetta, merula, scorpius, Trallianus 1.15. In colico affectu sumantur pisces duriore carne præditi, ut scorpius, coccyx, Idem. Mulli, & scorpij & passeres, nutrimenti quidem ac roboris gratia omnium gratissimi existunt: grauiorem aūt omnem habitū reddūt, ut ob eam causam frequentiorem eorum usum uitare oporteat, Aëtius in curatione colici affectus à frigidis & pituitosis humoribus. ¶ In Thaso emes scorpium non longiorem pygone, (quæ XX. digitorum mēsura est:) à maiore autem abstineto, Archestratus. Magnum, elixum: paruum, assum facies, Platina. Ius in scorpione elixo: Piper, careum, petroselinum, cariotam: mel, acetum, liquamē, sinape, oleum, defrutum, Apicius. 10.13.

G Et capitis duro nociturus scorpius ictu, Ouidius. Scorpij & dracones marini, & canes centrinæ, &c. numerantur ab Oppiano cum piscibus uenenato ictu pungentibus. Spina maxillæ scorpij piscis ru. capite magno, uenenum etiam mortuo (*pisce*) pungendo, (*infundens*) digitum stupefacit, ac contrahit manum totam, Arnoldus Villanouanus. ¶ Qui à dracone & scorpio marinis infliguntur ictus, grauissimos dolores inferunt, nonnunquam etiam (sed rarò) nomas, id est ulcera depascentia. Conuenit autem ictis propinare absinthium, uel saluiam, uel sulfur cum aceto tritum, (potum, inquit Ruellius: ut uerba Græca præ se ferunt: illitū malim, ut Aëtius habet: nam & aduersus draconis mar. ictū Aegineta imponi iubet:) Diosc. lib. 6. cap. 61. ubi præcedentia sequentiaq́; in eodem capite (ut uulgati codices habent,) ad pastinacam mar. pertinent, his nescio quomodo insertis & confusis per imperitos librarios. Aegineta lib. 5. aduersus draconem mar. priuatim remedia quædam tradit, quæ Dioscorides, aut alij, contra eius simul & scorpij, uel scorpij seorsim, ictus præscripserunt. Auicenna 4. Fen 6. Tract. 5. cap. 23. Existimo (inquit,) quòd accidunt ex morsu (*ictu*) scorpionis marini inflatio uentris, & forma hydropica, & quandoq; accidit inde exitus uentositatis inuoluntarius. & oportet ut caueatur in cognitione eius. Curatur autem eodem modo, quo draconis mar. & rutelæ uenenum. Quidam non satis fide dignus, uenenum huius piscis calidum esse dixit. Et mox: Araneæ mar. dispositiones, uidentur propinquæ dispositionibus scorpionis mar. Ego non usq; adeò uenenatum huius piscis ictum puto, ut uenter infletur, &c. & Auicennam suspicor quædam ex aliorum uenenatorum, præsertim uerò scorpionum terrestrium notis, huc transtulisse: ut sunt βυβώνων ἔπαρσις, καὶ τὰ δι' ἐλλείδρας πνεύματα. ¶ Plinius remedia quædam tradit contra uenena marinorum, ictus nimirum aranei, scorpij, & pastinacæ potissimùm. ea differentur ad librum de piscibus uniuersalem. Absinthium ex uino (potum) draconi marino, & scorpionibus (nimirum marinis) aduersatur, Plinius. ¶ Cerussa stanni. uide mox in plumbo. ¶ Iuuant lauri baccæ contritæ in potu ternæ, Aëtius & Aegineta. ¶ Menthę succus contra scorpiones marinos sumitur, Plinius libro 20. ut quidam citant. Mullus dissectus impositus prodest, Aëtius & Aegineta. Illitus sumptùs ue in cibo mullus, contra scorpiones terrestres marinosq́; auxiliatur, Plinius. ¶ Ocimum draconis marini & scorpionis ictibus per se prodest, Dioscorides & Plinius lib. 20. Integrum (*nec lotum scilicet, nec ustum*) plumbum affrictu, marini scorpionis draconisq́; plagis auxiliatur, Dioscor. Plumbum tritum illinitur puncturæ scorpij mar. Serapio. Θαλαττίου δράκοντος πληγὴν μολίβδῳ ἀνάτριβε, Aegineta. Cerussa stanni confricata super marini scorpionis puncturam confert, Auicenna lib. 2. ¶ Saluiam Aegineta propinat contra draconis marini ictum: Dioscorides etiam contra scorpionum mar. uenenum. Draconis marini scorpionumq́; ictus, carnibus eorum impositis sanantur, Plinius. Sulfur uiuum cum

Venenū ex ictu scorpij mar.

cum aceto tritum (& illitum prodest,) Aegineta. ¶ Humana urina scorpionis marini ictus saluberrimè fouentur, Dioscorides. Aegineta idem auxilium contra draconem mar. laudat. Haliabas urinam pueri esse uult.

E scorpio mar. remedia.

Scorpionis mar. fel in re medica præferri solet, Dioscor. Animalium quorundam fel singulariter apud medicos laudatur ad acuendum uisum, & initia suffusionum discutienda, ut callionymi piscis, hyænæq́, & marini scorpij, &c. Galenus de compos. sec. loc. 10. 13. gradus τῶν χολῶν secundum uehementiam describens, primò nominat fel suum domesticorum, ceu infirmius, ac minus siccās: deinde uehementius ouium: tertio caprarum, cui simile ferè sit ursinum & bubulum: quarto taurinum: quinto hyænæ: sexto callionymi, & scorpij marini & testudinis marinæ. Verrucas tollit fel scorpionis mar. ruffi, Plinius. Et alibi: Fel mar. scorpionis ruffi cum oleo uetere aut melle Attico incipientes suffusiones discutit. inungi ter oportet intermissis diebus. Eadem ratio albugines oculorum tollit. ¶ Felle eius oculi inuncti caligine atq; albugine quanuis crassa citò liberabuntur, Marcellus. ¶ Fel scorpionis marini cutem (*in alopecijs*) replet, Plinius. ¶ Scorpij mar. fel lana exceptum, & in umbra siccatum, appone, Hippocrates lib. 1. de muliebrib. morbis, ad menses nimirum uel secundas, aut humores ex utero educendos. In libro etiā de natura muliebri, similiter apponi iubet. ¶ Lapillus qui inuenitur in scorpionis mar. cauda (*Rondeletius legit, capite*) tritus utiliter bibitur cum uino à stranguriosо, Marcellus Empiricus: ut uesicæ uitia & calculos sanet, Plinius. Ad exterendos calculos experimento cognitum: Scorpios marinos exiguos tres integros comburito, & cinerem ex condito propinato, Galenus Euporiston 3.260. Piscis scorpio assatus in cibo sumptus, optimè calculoso proderit, Marcellus. Sed usitatiora sunt ad calculos profligandos ex terrestribus scorpijs remedia.

H. a.

Philologia circa scorpium remittetur ad terrestrem, à quo marinus suum nomen mutuatur: paucis exceptis, quæ ad marinum omnino pertinent. Scorpius cum animal terrestre significat, sic dicitur, παρὰ τὸ σκορπίζειν τὸν ἰόν: cum uerò marinum, ἐκ τοῦ πλήττειν καὶ τὸν ἰὸν ὑποβάλλειν, Varinus. Sed nimis aliquando circa uerborum origines tum anxij tum ridiculi sunt grammatici, scorpij terrestris etymologiam eos dixisse sat erat, quæ nimirum ab Hebraica uoce akrab scorpium significante procedit, literis transpositis. Terrestris autem nomen marino dedit, à similitudine ueneni, ut araneus quoq; eiusdem nominis pisci. ¶ Elegatrum piscem Ausonius in carmine ad Theonem nominat, his uersibus: Corrhoco, letalisq́ trygon, mollesq́ platessæ, Vrentes thynni, & malè tecti spina elegatri. qui an scorpius araneus ue sit, considerandum, nomen fortè à uulgo acceperit, ut & platessæ, & corrhoconis.

Gritæ, ut audio, circa Genuam nominantur, pisces quidam scorpijs similes: & alij faulli, similes gritis, maiores.

Epitheta. e.

Σκορπίος ἀίκτης, Oppiano. ποικίλος, Epicharmo. χροιὴν ἐρυθρός, Numenio.
Τοῖσι καὶ ὑμαρέως θαλάμης ἄπο μακρὸν ἀείροις Σκορπίον, Numenius de escis piscium loquens arbitror. ¶ Σκορπίος αὖ παύσει γε σε τὸν πρωκτὸν ὑπεισελθών, Plato Comicus apud Athenæum. talis autem pœna adulteris apud Athenienses decreta erat: quam & Iuuenalis insinuat: -- quosdam mœchos & mugilis intrat. Vide suprà in Mugilibus, Corollario IIII. E. pag. 662.

Prouerbia.

Scorpius pro perca, adagium expositum est superiùs in Corollario de Perca mar. h. ¶ Eandem prædicto (Serò sapiunt Phryges) habet sententiam, illud apud Græcos celebratissimū, Ἁλιεὺς πληγεὶς νόον οἴσει: id est, Piscator ictus (uel percussus) sapiet. Idq́ ferunt ab huiusmodi quodam euentu natum: Cum piscator quispiam piscibus, quos intra rete tenebat, manum admouisset, atque à scorpio pisce feriretur, Ictus, inquit, sapiam. Itaq; suo malo cauit in posterum. Zenodotus ait parœmiam extare apud Sophoclem, Erasmus Rot.

SCYLLA nominatur à Plinio, libro 32. in Catalogo Aquatilium. malim Squillam, quæ Grę cè καρὶς dicitur: nisi reuera Scyllam monstrum aliquod marinum esse senserit, de qua fabulantur poëtæ, cùm Phorcum quoque deum marinum suprà nominârit. Nicander Colophonius carchariam, id est, Canem cetaceum ait, etiam lamiam & Scyllam uocari. uide suprà in Cane carcharia. Scylla apud Homerum piscatur Δελφῖνάς τε, κύνας τε, καὶ εἴ ποτε μεῖζον ἕλῃσι Κῆτος. Cete aliqui dicunt dentium tres ordines habere, ut & Scyllam Homerus, Tzetzes. Ἡ δὲ Ναννὼ τί νῦν διαφέρειν Σκύλλης δοκεῖ; Οὐ δύ' ἀποπνίξασ' ἑταίρους, τὸν τρίτον θηρεύεται ἐπιλαβεῖν; Anaxilas apud Athenæum, multa huiusmodi monstra pro scortis interpretans. Reliqua de hoc monstro lege apud poëtas, & eorum interpretes: item in Onomastico nostro. Scylla (inquit author de nat. rerum) monstrum est habitans in eo mari, quod Italiam & Siciliam intercludit. id nautis quidem & omnibus hominibus inimicum est, eorumq́ sanguine & carnibus gaudet. Caput & manus instar uirginis habet, sicuti Sirênes: oris uerò hiatum ac dentes horribiles: uentrem bestialem, caudam delphini. Viribus excellit, nec in aqua facilè uincitur: in terra propè imbellis. Habet & uocem nonnihil musicam: & ipsa quoque carmine mirificè delectatur.

SCYLLARVS cum Cancellis est, elemento c.

SCYLLVS pro cane marino. Vide in fine ferè Corollarij 1. de asellis.

SCYTALE Oppiano in alto degit pelago, rarò litora adiēs. Vide an sit eadē quę scylla, (id est,

Carcharias:) an Oppiani exemplaria sint mendosa, & legẽdum potiùs sit, σκύλλαί τε, Vuottonus, Carmen Oppiani Halieut. 1. hoc est: Καὶ σκολιαί, (lego κολίαι.) σκυτάλαι τε, καὶ ἱππούροιο γένεθλα, de piscibus pelagijs. Ego non temere aliquid mutârim. de scyllis quidem, quas carcharias interpretantur, id est canibus cetaceis, hoc in loco poëtam sentire est uerisimile: quoniam inferiùs ubi de cetis loquitur, seorsim ipsorum meminit, feros & pelagios canes appellans. Suidas malacostraca quædam scytalas uocat, in dictione γνδύμων: Malacostraca (inquit) uocem non ędunt, ut Cãcri, scytalæ. ¶ Est etiam serpens Scytale. SCYTALIDES, Σκυταλίδες, genus Squillarum, Hesych.

DE SEPIA, BELLONIVS.

A Vt Græci affatim Polypos, sic Galli Sepias exiccant: unde ab illis uulgò Seiches, quasi exiccatæ appellantur. Maior harum in Gallia est prouentus, quàm in Italia: Recentes (F) autem nullius sunt in Oceano pretij. Massilienses, ut & Genuenses, Sopi nominant. C Veneti & Romani prisco nomine Sepias uocare norunt. Fluctuant, cùm per senectutem deficiunt: ad quarum cadauera quoties piscatores aut nautæ Laros aues turmatim aduolantes conspiciunt, eò se conferunt: ac dum uiuas uel mortuas extrahunt, hoc imprimis dant operam, ne atramentum (quod illæ uiuæ dum se persequi sentiunt effundunt) temerè diffluat. Bonum enim ex Sepia ius fieri posse negant absq; hoc atramento.

(F) Proinde Sepia mutat colorem ut Polypus, aluoq; est latiore. Cirrhos seu crura B octona quidem habet, sed breuia: quamobrem repere Polyporum modo nõ potest, sed maiorem natandi uim habet.

B Os illi datum est fungosum in supina parte, ne facilè immergatur.

F Præferuntur recentes Sepiæ Polypis.

Sepiæ hæc icon est, Venetiis facta. Rondeletius ei pedes octonos tribuit: nostra hæc plures habet, pictoris nimirum negligentia.

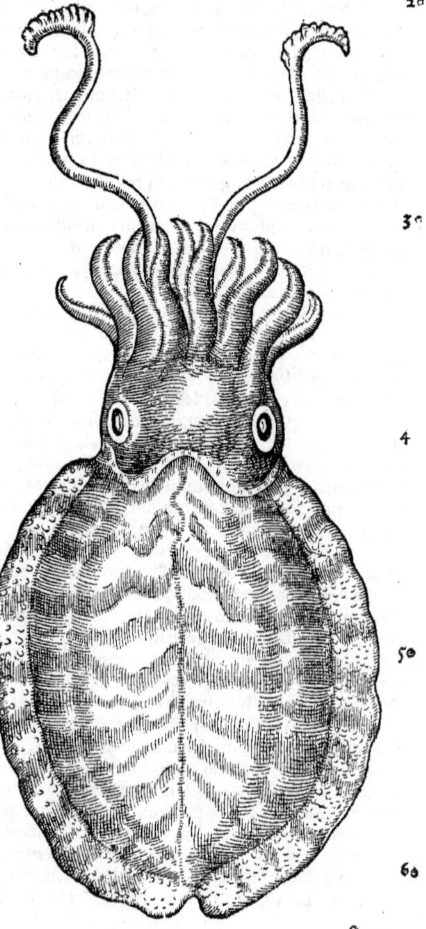

DE SEPIA, RONDELETIVS.

A Σηπία à Græcis uocata Latinum nomẽ non inuenit. ab Italis sopi, à nostris sepio, à Gallis seche dicitur.

B Piscis est marinus, litoralis, aliquando ad duorum cubitorum magnitudinẽ accedens, tenui sed satis firma cute contectus, foris carnoso corpore, intus quid solidum, quod σήπιον uocat Aristoteles, continente. Atheneus ueluti Aristotelem in- Lib. 7. terpretatus, ὄστρακον ἐν τῷ νώτῳ, Columella lib. 6. sepię testum appellat. Capiti affixos Pedes. habet pedes octo, cæterorum molliũ modo, rotũdos: crassiores initio, deinde paulatim gracilescentes: omnes interiore in parte δικοτύλους, id est, duplici acetabulorum ordine: quibus cedentia comprehendat, & comprehensa firmiter premat, reti neatq; instar medicarum cucurbitularũ. Iisdem pedib. siue brachijs natat, ciboscq; ori, iuxta quod sita sunt, admouet. Præ- Promuscides. ter hæc duas promuscides, (quas Aristoteles προβοσκίδας uocat,) longiores pedibus, tenuiores, rotundas: ubiq; læues, præterquàm in extremo utroque, binis acetabulis aspero: quibus sepiæ capiunt, oriq; è longinquo cibos admouent: ijs etiam, quoties tempestates urgent, ad saxa aliqua adhærentes se ueluti anchoris stabiliunt. In pedum promuscidumq; medio ueluti in centro rostrum & os sepiæ

situm

situm est, duabus cartilaginibus duris, altera superiore, altera inferiore constans, colore & figura auium carniuorarum uel psittaci rostro planè simile.

Dentes impropriè dici ab Aristotele in sepia.

Neq; me latet Aristotelem lib. 4. de part. anim. cap. 9. dentes appellasse, cùm de mollibus ita scribit: ἐκτὸς δ' ἔχει τό, τι τοῦ σώματος κύτος ἀδιόριστον ὄν: καὶ τοὺς πόδας ἔμπροσθεν περὶ τὴν κεφαλὴν, ἐντὸς μὲν τῶν ὀφθαλμῶν, περὶ δὲ τὸ στόμα καὶ τοὺς ὀδόντας. Quæ sic conuertit Gaza: Habent hæc foris alueum corporis indiscretum: & pedes parti priori iunctos circa caput, infra oculos, circa os & dentes. Ex qua interpretatione perspicuum est Gazam non legisse ἐντὸς τῶν ὀφθαλμῶν, sed ὑποκάτω τῶν ὀφθαλμῶν, uel quid simile, cui lectioni αὐτοψία ipsa adstipulatur: (*Vide in Corollario b.*) nam infra oculos, & circa caput osq; sepiæ, pedes cum promuscidibus sitos esse cernis. Sed ad rem reuertamur. Vides hîc os dentesq; sepiæ nominari cùm rostrum sit duntaxat, & os quod nulli rei aptiùs quàm adunco rostro carniuorarum auium, ut dixi, comparari potest, ex partibus duabus composito, altera inferiore, altera superiore, commissura pyxidata, ita ut inferior intret. Dentes ibîdem nulli, nisi rostri siue oris partes dentes appellet. sed cùm mobiles sint, neque firmè innitantur ad laniandam uel retinendam prædam, non satis propriè dentes uocari posse puto, sed τὸ ῥύγχος potiùs uel στόμα, id est, rostrum uel os. Quòd autem oris uel dentium nomine, quas dixi rostri partes intellexerit Aristoteles lib. 4. de hist. anim. cap. 1. satis ipse declarat, quum de mollibus uniuersè loquitur hoc modo. Μετὰ δ' τοὺς πόδας ἡ κεφαλή ἐστι, ἁπάντων ἐν μέσῳ τῶν ποδῶν τῶν καλουμένων πλεκτανῶν. ταύτης δὲ τὸ μὲν ἐστι στόμα, ἐν ᾧ εἰσι δύο ὀδόντες. Caput omnibus inter brachia: eius pars oris habitus est, in quo dentes duo. Prætereà autorem habeo Athenæum, qui de sepia hæc transcripsit ex Aristotele: τὴν σηπίαν Ἀριστοτέλης φησὶ πόδας ἔχειν ὀκτώ, ὧν τοὺς ὑποκάτω δύο μεγίστους, προβοσκίδας δύο, καὶ μεταξὺ αὐτῶν τοὺς ὀφθαλμοὺς, καὶ στόμα. ἔχει δὲ καὶ ὀδόντας δύο, τὸν μὲν ἄνω, τὸν δὲ κάτω. καὶ τὸ λεγόμενον ὄστρακον ἐν τῷ νώτῳ. Sepiæ scripsit Aristoteles octo pedes esse: sub his duos maximos, scilicet promuscides duas. Inter hos habere oculos & os, atq; dentes duos, alterũ superiorem, alterũ inferiorem, ac in dorso testam. Hæc Athenæus.

Libro 7.

Rostrũ quod diximus, membrana quadam crassa carnosaq; ueluti annulo undiq; ambitur & firmatur, qua disrupta rostri partes disiunguntur. Intus linguæ uice est caro fungosa.

Lingua.

Oculi. Cerebrũ

Oculi maiusculi sunt, inter hos cartilago est cerebri parum continens, ut rectè annotauit Aristot. lib. 4. de hist. anim. cap. 1. & hunc secutus Plinius lib. 11. ca. 37. Cerebrũ omnia habẽt animalia quæ sanguinẽ. Aequè & in mari quæ mollia appellauimus, quamuis careant sanguine.

Oesophagus.

Mutis.

Ingluuies.

Os œsophagus excipit, i. gula lõga & angusta, quę per mutim tendit ad ingluuiẽ. Est aũt mutis in mollibus, quæ uisceribus carent, sub ore membrana humidũ quid continens, cordi proportione respondens quorundam sententia, quam paulò pòst expendemus. Gulam ergò sequitur ingluuies ampla, & auium ingluuici simillima, quæ πρόλοβος dicitur. Est autem πρόλοβος (autore Aristotele lib. 2. de hist. anim. ca. 17.) δέρμα κοῖλον, καὶ μέγα, ἐν ᾧ ἡ τροφὴ πρώτη εἰσιοῦσα ἄπεπτός ἐστι. ἔστι δ' αὐτόθι μὲν ἀπὸ τοῦ στομάχου στενώτερος, ἔπειτα εὐρύτερος: ᾗ δὲ καθήκει πάλιν πρὸς τὴν κοιλίαν, λεπτότερος. id est, πρόλοβος est cutis in amplum sinuata, qua primùm cibus ingestus continetur incoctus: hac parte qua iungitur gulæ angustior est, mox amplior: tum (*rursus*) qua desinit in uentriculum, arctior, (ueluti in gallo gallinaceo, palumbo, columbo, perdice.) Gaza aliquando guttur, aliquando ingluuiem conuertit. Columella in auibus ingluuiem appellauit, de gallinis loquens. Nam si uacua non est ingluuies, cruditatem significat, abstinereq; debent dum concoquant: Gallicè la poche d' un oyseau.

Ventriculus.

Intestinum.

Atramentum.

Sepię igitur gulam sequitur ingluuies, cui iungitur uentriculus tanquam omasum, figura similis τῇ ἐν τοῖς κήρυξιν ἕλικι, id est, circumuolutionibus siue clauiculis earum concharum quæ à Græcis κήρυκες, à Latinis buccina dicuntur. A uentriculo intestinum tenue, gulâ crassius, partem superiorem repetens ad os fertur. Quà uerò ad superiora reuoluitur, uesica est siue membrana in qua humor niger (quem Cicero lib. 2. de natura deorum atramentum appellat) continetur: cui intestinum subijcit, cuius membranâ meatus uesicæ atramenti obductus est, ut idem sit & atramenti & excrementi exitus per fistulã, quæ in supina est parte inter alueum & os, prope alueum latior, prope os angustior: hac effluit atramentum quod in sepia plurimũ est, Græci θολὸν appellant, cum accentu in ultima: Nam θόλος cum accentu in priore rotundã domũ significat, in qua epulari consueuerãt qui in Prytanæo alebantur, ἀπὸ τοῦ περιθεῖν, à circuncurrendo. Dioscorides θολὸν uocat τὸ μέλαν.

Lib. 2. cap. 23.

Atramentũ mol lib. non esse pro sanguine.

Plinius lib. 9. cap. 29. atramentum mollibus pro sanguine esse tradit: sed bili potiùs proportione respondere puto. Natura enim sanguinem, uel quod pro sanguine est nutrimenti causa, ueluti thesaurum diligenter seruat, minimè autem in quolibet metu effundit. Prætereà meatus nullus est uenæ proportione respondens, quo alendi corporis causa in uniuersum corpus distribuatur. Quare satius esse duxerim excrementum appellare, quod ab alimento secretum in uesica reponitur, quóque natura, imminente periculo, tuendi huiusmodi piscium generis causa abutitur. Atramentum uocatur ab atro colore, & θολὸς ἀπὸ τοῦ θολοῦσθαι, quod significat turbidũ esse. Eo pro atramento scriptorio siue librario uti possumus. est enim niger glutinosusq; humor. Persius:

Iam liber, et bicolor positis membrana capillis, Inq; manus charta, nodosaq; uenit arundo.
Tũ querimur, crassus calamo quòd pendeat humor, Nigra quòd infusa uanescat sepia lympha:
Dilutas querimur geminat quòd fistula guttas.

Atramentũ non in muti esse, sed post mutum in

Atramentum id quod in sepia plurimum est, non in ea parte quam μύτιν uocant, continetur, neq; in ea est sententia Aristoteles lib. 7. ut nonnulli existimant. Athenęus citans Aristotelẽ,

proprio meatu, &c. contra Athenæum et Plutarchum.
Lib. 4. de hist. anim. cap. 1.

ἐν δὲ τῇ μύτιδι ὁ θολός ἐστιν· αὕτη δὲ κεῖται παρ᾽ αὐτὸ τὸ στόμα, κύστεως τρόπον ἐπέχουσα. Est in mytide atramentum, quæ ad os sita est, folliculi siue uesicæ modo. At qui Aristotelis sensa diligentiùs inuestigârit, eum in diuersa fuisse sententia comperiet: Σπλάγχνον δ᾽ οὐδὲν ἔχει τῶν μαλακίων, ἀλλ᾽ ἣν καλοῦσι μύτιν, καὶ ἐπὶ ταύτῃ θολόν. Viscera mollium nullis: sed habent quam mutin appellant, atrumq; illum humorem, cui nomen atramentum. Neque est quod quis ἐπὶ ταύτῃ, in ea, muti scilicet, interpretetur: sequentia enim reclamant, & ἐπὶ ταύτῃ post hanc interpretari oportere docent. ἡ μὲν οὖν μύτις κεῖται ὑπὸ τὸ στόμα, καὶ διὰ ταύτης τείνει ὁ στόμαχος· ᾗ δὲ τὸ ἔντερον ἀνατείνει, κάτωθεν ὁ θολός, καὶ τῷ αὐτῷ ὑμένι ἔχει περιεχόμενον τὸν πόρον τῷ ἐντέρῳ. Mutis sub ore est, & per eam gula tendit: at uerò atramentum infra continetur, quà intestinum petere incipit superiora, foramenq; suum eâdem obuolutum habet membrana, qua intestinum. Quo fit ut Plutarchum grauissimum alioqui autorem demirer, qui de eodem sepiæ atramento à ueritate magis aliena scripserit in libello, in quo differit, plús ne rationis insit aquatilibus bestijs quâm terrenis. ἔτι δὲ πολλῶν τῶν πρὸς εὐλάβειαν, καὶ προφυλακὴν καὶ ἀπόδρασιν ὄντων παραδειγμάτων, οὐκ ἄξιόν ἐστι τὸ τῆς σηπίας παρελθεῖν. τὴν γὰρ καλουμένην κύστιν παρὰ τὸν τράχηλον ἔχουσα πλήρη ζοφερᾶς ὑγρότητος, ἣν θολὸν καλοῦσιν, ὅτ᾽ ἂν καταλαμβάνηται, μεθίησιν ἔξω, τεχνωμένη τῆς θαλάττης διαθολωθείσης ποιήσασα περὶ αὐτὴν σκότος, ὑπεκδῦναι καὶ ἀποδρᾶναι τὴν τοῦ θηρεύοντος ὄψιν: ἀπομιμουμένη τοὺς Ὁμήρου θεοὺς κυανέῃ νεφέλῃ πολλάκις ὅτ᾽ ἂν σῶσαι θέλωσιν ὑφαιρουμένους καὶ διακλέπτοντας. id est, Cum sint id genus cautionum, circunspectionum, euasionumq; exempla permulta, hoc unum sepiæ præterire nullo modo possum. Vesiculam hæc (sic nominatur) collo dependentem (παρὰ τὸν τράχηλον ἔχει) habet atro liquore (atramentum uocant) plenam. Hunc capta effundit, obscurato circùm mari, & tenebris affusis, latitare fugereq; uenantis aciem struens: Homericos Deos imitata, quibus atra subinde nubecula hi quos seruatos uolunt, belli discrimini subducuntur, & clam eripiunt. Sed quid tandiu in his immoramur? controuersiam istam statim diremerit interiorum sepiæ partium anatome, qua inspecta nullus est nisi planè cæcus, qui non sententiæ nostræ facilè sit assensurus.

Mutim hepati potiùs quàm cordi respondere.

Idem uidebit mutin colore esse flauo, laxa fungosaq; substantia, parenchyma potiùs quàm folliculum uel uesicam: quæ hepati potiùs quàm cordi proportione respondet, utpote cui consistentia similior sit, inferioreq; loco sita quàm cor in aquatilibus bestijs situm esse soleat. Quod ut credam magis me impulit pars alia post cerebrum latitans, purpureo humore, quem sepiæ pro sanguine esse puto, infecta. Hanc sepijs arbitror inesse loco cordis.

Capillamēta ad latera.
Lib. 4. de hist. animal. cap. 1.

In utroq; latere sepia particulas quasdam habet, quas ex minutioribus auium plumis compositas esse dixeris, Capillamenta appellat Aristoteles, usu eorum non adiecto. ἔχουσι δὲ καὶ τριχώδη ἄττα ἐν τῷ σώματι, id est, capillamenta etiam quædam in corpore omnium habentur. Idem meo quidem iudicio eorum est usus qui branchiarū in reliquis piscibus. Huiusmodi sunt branchiæ (*βραγχιοειδῆ uocat Aristot. in crustatis, alibi puto δασέα*) in cancris & alijs crustatis. Fistula est in uentre simplex mari, fœminæ duplex. Hæc de sepiæ partibus tum internis, tum externis, in quibus multa sunt sepiæ cum cæteris mollibus communia.

C

Coitus & partus.
Lib. 9. cap. 25.

Nunc de actionibus moribusq;. Sepiæ coëunt, ut reliqua mollia os ori admouētes cōplexuq; mutuo brachiorum, ut scribit Aristoteles lib. 6. de hist. anim. cap. 6. Pariunt uerò, inquit, ea corporis parte quæ fistula dicitur, qua & coire eas nonnulli arbitrantur. Plinius: Sepiæ & loligines linguis coëunt complectentes inter se brachia, & in contrarium nantes. Et pariūt ore. Ego sepias ut fistula coire, ita fistula parere existimo. Pariunt aūt (inquit Arist.) iuxta terrā inter algas & arundines, & si quod aggestum tale iniectū sit, ut sarmenta, aut lapides, aut quælibet alia materiei congeries. Et piscatores quidam de industria fasces sarmentorū disponunt. Hæ perlibenter in illis loculamentis pariunt prolixam illam continentemq; seriem ouorum qualis cirri muliebris species est. Enitunt aluum per interualla reprimentes, asperguntq; atramentum, interposita quiete, utpote cùm non nisi cum labore emittant. Mas oua edita persecutus ijs semen suum aspergit. De ouis proximo capite plura dicemus. Sepia uêre parit, & omnib. anni tēporibus, perseueratq; in edendis ouis dies quindecim. Hæc Aristoteles. Ex quo liquet in contextum Athenæi eadem citantis negationem malè irrepsisse. τῶν δὲ μαλακίων τίκτουσι πρῶται τοῦ ἔαρος αἱ σηπίαι, καὶ οὐ κύουσι πᾶσαν ὥραν, καὶ κυΐσκονται πέντε καὶ δέκα ἡμέρας. Expungenda igitur particula οὐ. Idem confirmat Plinius, qui sepiam omnibus mensibus parere scripsit libro nono. Sepia pedibus & pinnis natat.

Lib. 5. de histo. animal. cap. 12.
Libro 7. Cap. 15.
Natatio.

D

Atramenti effusio.
Lib. 9. cap. 29.
Cap. 1.
Lib. 9. de histo. anim. cap. 37.

Atramentum in metu effundit. Athenæus lib. 7. διωκομένη τε ἡ σηπία τὸν θολὸν ἀφίησι, καὶ ἐν αὐτῷ κρύπτεται, ἐμφήνασα φεύγειν εἰς τοὔμπροσθεν. λέγεται δὲ ὡς καὶ θηρευθείσης τῆς θηλείας τριόδοντι οἱ ἄρρενες ἐπαρήγουσιν ἀνθέλκοντες αὐτήν· ἂν δὲ οἱ ἄρρενες ἁλῶσιν, αἱ θήλειαι φεύγουσι. Plinius: Sepię ubi sensère se apprehendi effuso atramento, quod pro sanguine ijs est, infuscata aqua absconduntur. Mares percussæ fœminæ tridente auxiliantur, at fœmina icto mare fugit. De mare fœminam adiuuante eadem Aristoteles. Item de eiusdem astu. Mollium astutissima est sepia, sola hæc suo utitur atramento, non modò quum metuit, (*ut polypus atque loligo,*) uerùm etiam abscondendi & occultandi sui causa: & cùm progressa paululum se ostenderit, redit in atramentum. Venatur etiam suis illis prælongis promuscidibus, non solùm pisciculos, sed etiam sæpius mugiles. Hos & alios magnos pisces brachijs & acetabulis retinent sepiæ morsibúsque dilaniant, ac per particulas deuorant, quia sunt ore paruo. Sepiæ dolos in capiendis piscib. eleganter exprimit Oppianus. Callida sepia, inquit, furtim prædam uenatur. ex capite enim enatis ramis prælongis, ueluti

Li. 2. ἁλιευτικῶν.

cirris,

cirris, pisces tanquam lineis capit, ijsdem, in fluctibus & tempestatibus, ad saxa adhæret, quemadmodum nauis rudentibus ad litorales scopulos alligata.

Καὶ μὴν δὴ δολόμητις ἐπίκλοπον εὕρατο θήρην   Σηπίη. ἐκ δ' ἄρα οἱ κεφαλῆς περιφύασιν ἀραιοὶ
Ἀκρέμονες, προτενεῖς ὥστε πλόκοι: οἷσι καὶ αὐτὴ   ὥστε τις ὁρμιῇσιν ἐφέλκεται ἰχθύας ἄγρην,
Πρῶνες γ' ἐν ψαμάθοισιν ὑπ' ὀστράκῳ εἰλυθεῖσα.   Κείναις δὲ πλοκάμοισι καὶ ἡνίκα κύματα θύει
Χείματι, πετράων ἀντίσχεται, ἠΰτε τις ναῦς   Πείσματ' ἐπακτώησιν ἀναψαμένη σπιλάδεσσι.

Sepiæ & loligini breue uitæ tempus. Nam exceptis paucis bimatum non complent, Aristotele authore. C *Vita.*

Sepiæ mas magis uarius est, quàm fœmina, dorsoq́ est nigriore, ac partes omnes asperiores habet quàm fœmina, & lineas uarias, caudamq́ acutiorem, ut scribit Aristoteles. Differũt etiam astutia, ut antè dictum est. Præterea fœmina intestina habet duo, ueluti mãmas, quibus mas caret. B *Sexus differentia.*

Elixa sepia, ut Diphilo (apud Athenæum lib. 8.) placet, tenera est, ori grata, concoctu excretuq́ facilis. eius succus sanguinem attenuat, atq́ excretionem per hæmorrhoidas ciet. Dioscorides: Sepiæ coctæ dum estur atramentum ægrè concoquitur, aluum mollit. Galenus uerissimè omnium scripsit sepiæ & mollium omnium carnem duram esse, concoctu difficilem, quæ parũ sal si succi habeat. Cæterùm si concoquatur multum alimenti corpori præstare. Crudi uerò succi copiam omnia hæc aceruant. Sepia mollia q́ omnia, grauida meliora sunt. F *Lib. 2. cap. 23. Lib. 3. de facult. aliment.*

Sepiarum carnes deustas, odoris gratia escam hamis affigebant piscatores, teste Aristotele libro 4. de hist. anim. cap. 8. ita enim fiebat ut pisces auidiùs accederent, quod certissimum est piscium odoratus argumentum. B

DE SEPIARVM OVIS, RONDELETIVS.

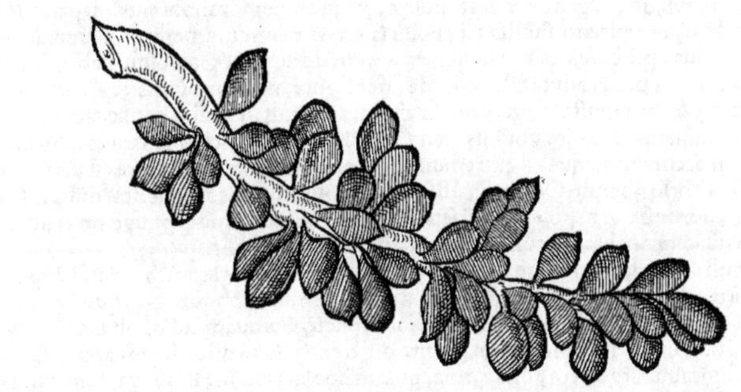

SEORSVM hîc sepiarum oua qualia à mari reijciuntur, depingenda curauimus, ut meliùs intelligant, & agnoscant studiosi, quæ de his ab Aristotele literis prodita sunt. Nostri racemum marinum uocant à similitudine racemi uuæ uitis, quem ab uua Plinij multùm differre existimo. Est enim Plinij uua florenti uuæ similis, ut suo loco declarabimus. hîc oua sunt duntaxat, florenti uuæ nullo modo similia. De quibus hæc Aristoteles lib. 5. de hist. animal. cap. 18. Sepiæ oua edunt similia myrti baccis magnis & nigris: atramentum enim superfundunt. cohęrent inter se omnia ad speciem racemi, uni cuidam nexui obducta, nec facilè alterum ab altero detrahi potest. mas enim humorem quendã emittit, cuius lentore sibi adhærescunt, & augescunt. Cumprimùm edita, candida sunt, atq; exigua, mox atramento perfusa, nigra maioraq́ redduntur. Cumq́ sepiola iam intus constiterit, uidelicet tota ex candido oui interno concrescens, tum rupta oui membranula proles exit. Primùm pars illa interior candida, ueluti grando consistit, cùm fœmina atramentum suum asperserit. Nascitur enim sepiola ex eo ipso candicante corpusculo uersa in caput, modo auium uentre annexo. Sed qualis'nam sit in his annexus umbilici, nondum exploratum habemus. Constat tamen candidum illud subinde diminui, dum sepiola augetur: & postremò ut luteum auibus, sic candidum his aboleri. E singulis sepiarum ouis sepiolæ singulæ nascuntur. Et alio in loco: Sepiæ alueus bipartitus est, oua albicãtia grandini similia multa complectẽs. Rursus alius Aristotelis locus minimè omittendus est, de ijsdem ouis libro 5. cap. 12. de Historia animalium. ὅταν δὲ ἡ σηπία ἀποτέκῃ τὰ ᾠά, ὁ ἄῤῥην παρακολουθῶν καταφυσᾷ τὸν θολόν, καὶ γίνεται στιφρά. Quẽ locum Gaza sic uertit, non satis rectè meo quidem iudicio. Quoties sepia oua ediderit, mas euestigio sequens atramentum ouis superinfundit, atque ita efficitur, ut solidescant. Cuius malæ conuersionis occasionem dedit dictio temere adiecta τὸν θολὸν post καταφυσᾷ; quam delendam esse

B C (A) *Lib. 9. cap. 4. Lib. 4. de Hist. anima. cap. 1.*

rr 4

Cap.51. conuincit Plinius libro IX. qui Aristotelis locum sic interpretatus est. Oua sepiæ glutino atramenti ad speciem uuæ cohærentia masculus prosequitur afflatu, aliâs sterilescunt. Vide hîc Plinium pro καταφυσᾷν prosequi afflatu reddidisse. His accedit Athenæi autoritas locum Aristote-
Libro 7. lis citantis: ὅταν δὲ τίκωσι σηπίαι τὰ ᾠὰ ὁ ἄῤῥην παρακολουθῶν καταφυσᾷ, καὶ στιφρᾷ. Vides hîc τοῦ θολοῦ mentionem nullam factam. Postremò non mas sed fœmina, ut priùs ex Aristotele perspicuum fuit, ouis atramentum aspergit. Hęc quæ exhibemus sepiarum oua esse ab Aristotele descripta aspectus ipse docet. Sunt enim racematim compacta, tanquam à pediculo dependentia, oblonga, initio baccæ myrti, tandem auellanæ nucis magnitudine, folliculo uel membranula contecta, cohærentia. foris affuso atramento nigra, intus alba. Quæ ibi continentur, oculorum humoribus similia sunt. Primùm enim aqueus & tenuis humor effluit, mox alius priore crassior, tertius ueluti crystallinus. Cæterorum mollium oua his similia magna ex parte esse existimo.

In litus recens eiecta à quibusdam eduntur frixa in sartagine.

DE SEPIOLA, RONDELETIVS.

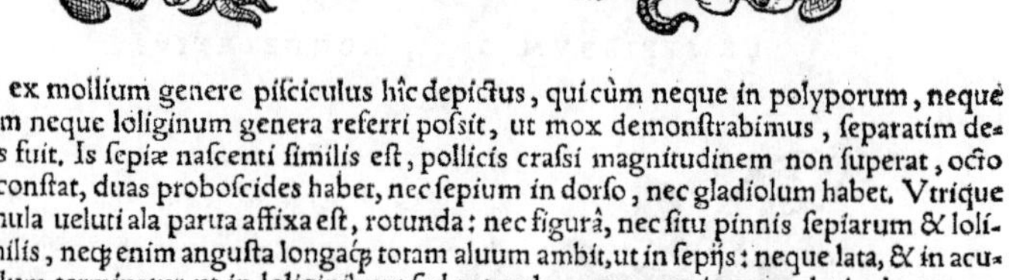

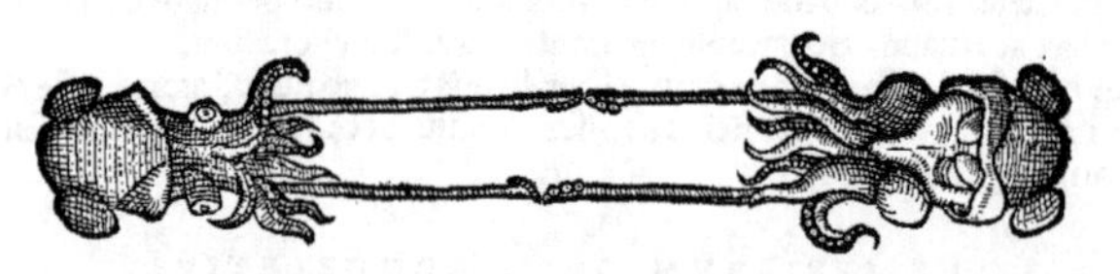

B EST ex mollium genere pisciculus hîc depictus, qui cùm neque in polyporum, neque in sepiarum neque loliginum genera referri possit, ut mox demonstrabimus, separatim describendus fuit. Is sepiæ nascenti similis est, pollicis crassi magnitudinem non superat, octo pediculis constat, duas proboscides habet, nec sepium in dorso, nec gladiolum habet. Vtrique lateri pinnula ueluti ala parua affixa est, rotunda: nec figurâ, nec situ pinnis sepiarum & loliginum similis, neq; enim angusta longaq; totam aluum ambit, ut in sepijs: neque lata, & in acutum angulum terminatur ut in loliginibus: sed rotunda, parua, utrinque ueluti adnata modicam alui partem occupant, neque ad extremum usq; corporis protensa. Colore est uario, paruulis enim punctis in dorso notatur. Ore, oculis, fistula, partibus internis à sepijs non differt. Carne
(F) molliore & delicatiore est quàm polypus uel sepia. Vere maxima copia capitur cum reliquis pi-
E scibus, & ob paruitatem negligitur, cùm tamen, ut dixi, suauissimus sit.

A Huius pisciculi nullam, quod sciam, mentionem fecerunt Aristoteles, Athenęus, Oppianus, Aelianus, Plinius, ob id cùm nomen desit, sepiola non absurdè uocabitur, non quod ex genere sepiarum sit, sed quòd corporis forma sepiæ similior sit pisciculus quàm loliginibus uel polypis. quòd enim sepia non sit ostendit pinnarum magna differentia. item quod sepio careat. Alterius esse generis à loliginibus arguit corporis forma, quæ in hoc lata est, in illis longa, tum quod gladiolo destitutus sit. Cum polypis uerò numerari non potest, cùm polypi omnes proboscidibus careant, ut anteà ex Aristotele docuimus: hic uerò duas habeat, easq; longas. Eius partem pronam & supinam depinximus.

COROLLARIVM.

In loligine cum de mollibus in uniuersum quædam passim protulimus, tum de sepijs priuatim.

A Sepia est è numero mollium quæ ossibus & sanguine carent, Aelianus, Plinius, Aristot. Sipia pro sepia superioris seculi homines linguarum imperiti scribebant. Aggregator, Rubien interpretatur sepiam, sicut etiam author libri Secretorum Galeno adscripti. utitur ea uoce Auicenna 2.593. Bellunensis simpliciter speciem piscis esse scribit. In tabulis Elluchasem Vrbien nominantur pisces, qui Venerem promoueant, calidi & sicci, difficulter concoquãtur, uentrem laxent. Sepias & similes pisces Auicenna uocat Fanage, Albertus. Græcos audio sepiam hodie calamariam uocare: quod nomen lolligini magis conuenit, tribuiturq; apud nonnullos. Vbique in Italia uetus nomen retinet, Matthiolus. Scoppa grammaticus Italus interpretatur, la seccia, calamarro. Venetijs seppa dicitur, alibi scepa: uel cepia, ut circa Ligusticum. Xibia Hispanicum est. ¶ Gallicum, Secche: unde & purpura composito nomine à sepia polypoq;, Massiliæ Secche poupe uocatur. Robertus Stephanus in Gallicolatino lexico sepiam nominat Seiche uel Boufron, Sepiolam Casseron. sed Rondeletius & Bellonius loliginem paruam Gallicè Casseron uocari docent. Anglis sepia est a Cuttel, Cuttle. est autem Germanicum nomen, & propriè intestinum significat. Germani marium accolæ mollia omnia uidentur Blackfisch appellare. Vide suprà in Lolligine minore: nostræ quidem dialecto nomen Kuttelfisch magis congrueret. Germani superiores aliqui sepiam, araneum marinũ uocant, ein Meerspiñ: quod nomen ad pagurum potiùs retulerim. Vide in Maia A. inter Cancros.

In Pon-

In Ponto sepia nõ est, cùm loligo reperiatur, Plinius. ¶ Speusippus sepiam & loliginẽ similes esse ait. Item Aristoteles: sed oblongior & angustior ei loligo est, sepia latior. In concham con di Mutianus tradit Nauplium animal, sepiæ simile, Plinius. De sepiæ figura, magnitudine, & partibus diuersis, uide in Loliginis Corollario B. Sepias aliquas in bina augeri cubita notũ est, Aristoteles. Strabo duorum cubitorũ sepias non in mediterraneo mari, sed circa Carteiã repertas tradit, ut Latina translatio habet: Græcè legimus τευθίδας, id est, loligines, & similia, duorũ cubitorũ in eo mari fieri. Aquatilium mollibus ossa nulla: sed corpus circulis carnis uinctũ, ut sepiæ atq; loligini, Plin. ¶ Dentes propriè dictos nõ habet, quanquam aliqui acutos & uenenatos ei tribuant. Lege infrà in G. ¶ Natat tũ pedibus tum pinnis, Aristot. Pinnulam alueo iunctã angustam habent ut polypi, Idẽ. ¶ Sepiæ & loligines binas, quibus pascunt, promuscides (προβοσκίδας, ut ita appellem, propter figurã simul earũ & usum) prætendũt. His ueluti anchoris cum tempestas & fluctus mare agitant, petris firmissimè adhærentes, aduersus omnẽ cõcussionem ac fluctuationem tutæ existunt. Et rursus cũ tranquillitas redierit, ijs solutis liberè natant, Aelianus. Sepiæ & loligini pedes duo ex his longissimi & asperi: quibus ad ora admouent cibos, & in fluctibus se uelut anchoris stabiliunt. cæteri cirri, quibus uenantur, Plinius. alia lectio pro cirri, habet curti. quod non probat Massarius. nõ enim curtis, sed duobus longissimis uenantur. Eradendum (inquit Massarius) est punctum, quod inter duo & ex scriptum est. ut legatur, sepiæ & loligini pedes duo ex his lõgissimi, &c. Aristoteles eodem libro quarto, sepiæ inquit loligines & lollij peculiares binas sortiuntur promuscides longas, acetabulo parte extima bino, asperiusculas: quibus capiunt & ad ora admouent cibos, ijs etiam quoties tempestates urgent ad saxa aliqua adhærentes se uelut anchoris iactis stabiliunt. Quod repetit etiam quarto de partibus animalium capite 11. his uerbis: Habent sepiæ & loligines pedes supra dentes senos exiguos, eorumq; nouissimos duos maiores: reliquos aũt octonorũ duos infra omnium maximos. ut enim quadrupedibus crura posteriora firmiora ualidioraq; sunt: ita ijs quoq; maximi qui infra habentur. his enim onus sustinetur, motusq; potissimùm agitur. duo etiam illi nouissimi maiores suis medijs sunt, quia illis ministrent. polypus medios quatuor habet maximos. Omnibus igitur mollibus pedes octoni, sed sepijs & loliginibus breues, polypis magni. aluum enim corporis sepiæ & loligines habent magnum, polypi paruum: itaq; quod natura polypis ex corpore dempserat, id in pedum longitudinem addidit. quod sepijs & loliginibus de pedibus abstulerat, eo corporis magnitudinẽ auxit. quamobrem polypis pedes non solum ad nandum utiles sunt, sed etiam ad ambulandũ. sepijs aũt & loliginibus inutiles sunt parui sunt enim cũ alueũ habeant magnũ. cum itaq; pedes habeãt breues atq; inutiles, ne æstu maris tempestateq; exturbentur saxis: utq; de longinquo admoueant, ideo promuscides binas prælongas habent, quibus uelut anchoris innitantur, seq; stabiliant modo nauigij tempestate urgente, uenentur etiam procul, oriq; è longinquo admoueant, Hæc ille. Dijudicent ergo alij quid uelit innuere Plinius his uerbis: Cæteri cirri cum quibus uenant. Cum Aristoteles unde hæc Plinius mutuatur, sepias & loligines non cum cæteris pedibus seu cirris, sed cum duobus ijs duntaxat longioribus promuscidibus appellatis uenari tradiderit. Verùm si diuinare fas est, expungenda sunt uerba cæteri cirri tanquam addititia, legendumq; sic: sepiæ & lolligini pedes duo ex his longissimi & asperi, quibus ad ora admouent cibos & in fluctibus se uelut anchoris stabiliunt, cum quibus uenantur. quemadmodum Aristoteles de sepijs & loliginibus: pedes duo longissimi sunt, quibus uenantur oriq; cibos admouent. cæteris uerò ut polypis, ut bolitænis & huiusmodi, sunt cirri quibus uenant. Nam Aristot. ibidẽ ubi uerba de sepijs & lolliginibus fecit: uidelicet ideo promuscides binas prælongas habẽt, quibus uelut anchoris innitantur, seq; stabiliant modo nauigij tempestate urgente, uenentur etiam procul, oriq; è longinquo admoueant, statim subsequens inquit: Polypi promuscide carent, quoniam pedes ad usum eundem commodos habeant, &c. Hæc omnia Massarius. Reliqua ex eodem Aristotelis loco, (qui est de partibus animal. 4. 11.) de acetabulis mollium in genere, ac polypi speciatim: deq; pinnula circundante alueum in mollibus, ad finem usque eius capitis, qui uolet inde petat. Venter eis ac polypis similis est tum figura, tum tactu, Idem. Planus ac læuis est boum abomasis similis: ἡ κοιλία πλακώδης καὶ λεία, ὁμοία τοῖς τῶν βοῶν ἠνύστροις. Venter sanguine carentibus nullus est. intestinus enim quibusdam ab ore incipiens, quadam uia eodem reflectit, ut sepiæ, polypo, Plinius. Aristoteles uiscera eis negat, non uentrem.

Solidum quod intus continetur, sepium uocãt, σήπιον, penacutum. nostri, præsertim aurifabri, **Fischbein**. Columella testum, nisi testam malis. sed testu quoq; & testus, ut cornu & fructus, pro testa apud ueteres leguntur. Sepiæ, lolligini, & lollio, partes duræ, ac solidæ intus per dorsum, & corporis prona continentur, quas non eodem appellant nomine: sed quod insertum sepijs est, sepium uocant: quod lolliginibus, id gladiolum. Differunt enim, quòd sepium robustum, latumq; est, inter spinam & os mediam præ se ferens naturam, fungosam intra se complectens, & friabilem corpulentiam. Gladiolus arctior, & cartilaginosior est. forma etiam discrepat, uidelicet pro alueorum modo, quibus ipse insertus continetur, Aristot. Volaterranus atramentum sepiæ, ineptè sepium uocat.

Atramentũ mollibus non inest pro sanguine, ut minùs rectè Plinius hic tradidisse uideat, cũ il-

B | *Promuscides.* | *Pedes.* | *Perpensus Plinij locus.* | *Sepium.* | *Atramentum.*

lud, quod pro sanguine in animalibus exanguibus habetur, sit humor seu uitalis succus ille qui per totum corpus diffunditur, ut succus uerbi gratia qui ex carne sepiæ uel locustæ marinæ exprimitur: quo humore si aut per uim, aut per naturam priuentur hęc animalia in perniciem agantur necesse est. Atramentum autem quod in sepia est, cum uitalis humor non sit, pro sanguine nō habetur: sed est excrementum, quod præsidij salutisq; gratia obtinet tunica contentum membranea, exitum finemq; habens, qua alui excrementa emittunt parte, quæ fistula uocatur, quæ in supinis posita est: quo utitur non modo cum metuit, uerum etiam cum se abscondere uelit. quoties enim metu perterretur, eiusmodi atramentum effundit: cuius rei causa est quoniam sanguine careat, & ob eam rem refrigerata & pauida. hinc ut hominum nonnullis per metum funditur aluus, aut excrementū uesicæ profluit: sic sepiæ accidit quidem necessariò, ut metu perculsa atrum illum humorem effundat. abscondendi autem causa, quia hoc effuso humore aquā infuscat, sibiq; nigrorem sepium (*sepia*) proponit, & turbulentiam quasi quò se abscondat. Item si hoc atramentum pro sanguine obtineret, non effunderet, sed pro sui corporis alimento conseruaret: nec tunica illa membranea tantùm, sed alijs quoq; partibus cōtineretur, cum sanguis sit nutrimentum & materia spiritus, quibus continetur uita & actus omnis. Vnde nonnulli animam esse sanguinem prodiderunt, sicut Critias ut traditur ab Aristotele primo de anima. non igitur atramentum sepię pro sanguine continetur, sed humor siue succus ille in carne sepiæ contentus, qui si exprimatur non niger sed clarus & albicans potiùs apparebit, Massarius. ὀλόν, atramentum sepiæ Hippocrati, Varinus. sed in Glossis Hippocratis à Galeno conditis legitur ὄλον, (paroxytonum) τὸ μέλαν τῆς σηπίας. & ὀλώδεα, θολερὰ, ἢ μέλανα. & ὄλερον, διυσῶδες ἢ μέλαν, ἀπὸ τοῦ τῶν σηπιῶν ὄλου. Hesychius uerò ὄλα interpretatur τὰ ᾠὰ τῆς σηπυίας (σηπίας) στρογγύλα. De atramento reperies etiam nonnihil in C.

Mutis. ¶ Mutim Rondeletius ostendit contra Athenæum & Plutarchum nō esse receptaculum atramenti in mollibus: sed partem hepati respondentem, nō autem cordi, ut Aristoteles putauit. Mytis uocatur atramentum in ore sepiæ, & piscis quidam ab Hippocrate, Galenus in Glossis. uide suprà in Elemento M. Michaël Ephesius ait mutin esse humorē quendam in membrana, ubi interpretatur Aristotelis de partibus anim. libri 4. caput quintum. extra uerò mutin (inquit ibidem Aristot.) intestinum est, & atramentum intestino adiunctum. Est & in crustatis talis quępiam pars, mutis ab aliquibus dicta, humida simul & corpulenta. μίτυς, cum iota in prima, & & ypsilo in ultima, dicitur in aluearibus & fauis, atrum quoddam ceræ excrementum, quasi fex & purgamentum cerę, quæ & commosis uocatur. Plura de mollium uentre & atramento in uniuersum Aristoteles paulò post initium eiusdem capitis tradit. Μήκων, id est, papauer, (non mytis,) est ueluti uesica quædam, in qua atramentum continent polypus, & sepia, Eustathius. Vide suprà in Polypo B. & C. Oppianus etiam lib. 3. μήκωνα uocat hoc in sepijs atramenti uas.

Sexus discrimen. ¶ Sepiæ maris & fœminæ, idem quod lolliginis discrimen est, tum uerò quòd mas uarius plus quàm fœmina est, Aristot. Sepiarum generis mares uarij & nigriores sunt, constantiæq; maioris (*in auxilio fœminæ ferendo*,) Plinius. Fœmina intestina continet duo, ueluti mammas: quæ si aluo dissecta inspectes, facilè uideris: Vuottonus, ex Aristotele nimirum. intestina autem hoc loco (inquit) accipienda uidentur pro partibus internis, ἔντερα quasi ἐνδότερα. Atqui alibi Aristoteles de sepijs simpliciter (si bene memini:) Carunculæ quædam eis insunt albidæ, torosæ, mammis similes: quales parte inferiore uentris turbinatorum testa insectorum habentur.

C Sepia uitam litoralem agit, Aristot. Maris cauernas incolit, Oppianus. ¶ Tum pedibus tum pinnis natat, Aristot. ¶ Sepiæ paruæ uescuntur minutis pisciculis, quos extensis promuscidibus suis ceu lineis, captant, Athenæus ex Aristotele. Sepiæ & loligines uel maiores pisces

Atramentum. euincūt, Aristot. ¶ De atramento prædiximus quædam in B. quoniā Plin. hoc sanguinis instar in sepijs putauit: cùm uero excrementū sit potiùs hîc reliqua addemus. quomodo quidem eo effuso se occultet, referendum est ad D. Idem ouis superinfundit fœmina, ut mox in mentione partus dicetur. Cùm atramentum mittit sepia, Massilienses exiguæ cuiusdam uetustatis retinentes, uulgò dicunt eam atramentare, Gillius. Plurimum atramenti habet ex mollibus, idq; pręcipuè metu perculsa effundit, Aristot. Et alibi: Atramentum infrà ad aluum habet, idq; multò copiosius quàm lolligines & polypi: quoniam plurimū terrenæ materiæ habet, quæ in atramentum secernitur. argumento sepium est, quo polypus caret: lolligo cartilaginosum ac tenue gerit. Nicander atrum illum humorem χολλῶ, id est, bilem appellauit. Philes recens author ἀπόσφαγμα. Galenus uerò in Glossis hypósphagma interpretatur, quod atramenti sepiæ ceu sedimentū est, οἷον ὑπότρυγον. Hipponax quoq; σηπίης ὑπόσφαγμα dixit. interpretes (inquit Athenæus) eius piscis atramentum (*simpliciter*) reddiderunt. alioqui hypósphagma est genus edulij ex sanguine cum carnibus & diuersis condimentis, &c. ut ibidem Athenæus explicat, libro 7. in Sepia.

Coitus. ¶ De coitu sepiarum lege quæ annotauimus in Corollario Loliginis minoris C. In coëundo obscœnū genus est. nā ore concipit, sicut & uipera, Isidorus. sed meliùs Rondeletius sepias fistula & coire & parere existimat. Amor & libido sepiarum, quomodo ut capiantur causa sit, ex Oppiano referemus in E. Sepiæ, ac lolligines ora applicantes, & brachia inter se componentes, natantesq;, in aduersum coëunt. narem etiam dictam in narem inserunt. natatus alteri retrorsum, alteri anteuersus in os agitur, Aristot. Sepiæ alueus bipartitus est, oua candicātia grandini similia com plectens

plectens permulta, Idē. Omnibus mensibus parit, Plinius. Sepia in terreno parit inter harundines, aut sicubi enata alga: excludit quintodecimo die, Plin. Mas sepia oua, quæ fœmina ediderit, persequitur, suū semē aspergens. quod uel in reliquis eiusdē generis fieri ratio est. Verùm nō nisi in sepijs hoc uisum adhuc est, Aristot. atqui libro 1. cap. 17. de generatione animalium, semen an emittant mollia incertū esse scribit. ὁ ἄῤῥην παρακολουθῶν καταφυσᾷ τὸν θολὸν, καὶ γίνεται στιφρά, Idē historiæ 5. 12. ubi τὸν θολὸν Rondeletius abundare putat ex Plinio & Athenæo. quanquā Gaza similiter legit, uertitq; atramentum. quod tamen non marē, sed fœminam ouis aspergere, ex alio Aristotelis loco constat. quamobrem ego nō θολὸν, sed una litera mutata θορὸν legerim, hoc est genituram. Verbum quidē στιφρᾷ, quod apud Athenæū legitur, in usu nō est: & apparet hūc Athenæi locū esse mutilum, ut in multis alijs. Plinij etiā interpretatio, Masculus persequit̃ afflatu, &c. non tanti est, quin Aristotelē ipsum suis alibi uerbis sese interpretantē ei præferamus. Καταφυσᾶν uerbum si absolutè proferas, spiritū & aërē contra aliquid emittere significat: at pisces in aqua quomodo anhelare aut aspirare aërem possunt? nam ut Rondeletio donemus pisces propriè dictos spirare, mollia tamē & exanguia nō spirabunt. at si accusatiuum addas, aliud quippiā cum spiritu uel tanquam cum spiritu emittere significat, idē scilicet quod καταῤῥαίνειν, id est aspergere: uel καταφῦναι, id est, contra aliquid emittere. Mas igitur sepia τῶν ὠῶν καταφυσᾷ τὸν θορὸν, humore genitali suo oua conspergit, genituram eis offundit. nam & lib. 3. cap. 7. de generatione animalium Aristoteles, piscium omniū oua, nisi mares semen suum eis asperserint, (ἐπιῤῥαίνειν τὸν θορὸν dicit, uel ἀποῤῥαίνειν,) augeri & uitalia esse negat. Et mox sequēti capite: Τὰ μὲν οὖν καραβώδη τὰ θήλεα, πρὸς αὑτὰ ποιεῖται τὸν τόκον: τὰ δὲ μαλάκια ἔξω. ἐπὶ τοῖς μὲν θήλεσι (pro θήλεσι malim κυήμασι) τῶν μαλακίων ἐπιῤῥαίνει (subauditur τὸν θορὸν, ex præcedenti capite) ὁ ἄῤῥην, καθάπερ οἱ ἄῤῥενες ἰχθύες τοῖς ὠοῖς: καὶ γίγνεται (supple τὸ κύημα) συνεχὲς καὶ κολλῶδες. hîc συνεχὲς καὶ κολλῶδες dixit, quod libro quinto historiæ στιφρόν. Rursus historiæ 5. 18. causam reddens cur oua illa inter se racematim cohæreant, sic scribit: Ἀφίησι γὰρ ὁ ἄῤῥην ὑγρότητά τινα μυξώδη, ὃ τῇ γλισχρότητι συμπέπτεται καὶ αὐξάνεται. Astipulatur sententiæ nostræ uetus translatio, quam author de naturis rerum recitat, his uerbis: Sepia fœmina cum ouat, mas eam sequitur, & super oua semen insufflat, ut uiuificentur. item Vuottoni: Quoties ediderit oua, mas e uestigiò sequens humorē fœtificū ouis superinfundit, atq; ita efficitur ut solidescant. Facilè quidē θορὸς & θολὸς permutantur. & libro 1. de gener. anim. cap. 15. θολὸν non θορὸν legendum suspicari me indicaui suprà in Loligine minori C. ¶ Primùm oculi grandes in his quoq;, perinde ut in cæteris apparent. Sit A. ouum. B. C. oculi. D. sepiola ipsa. (*sic legit Niphus, ut uerba hæc, τόδε ἐφ' ὃ τὸ ε. abundent.*) Ferunt uterū sepiæ uerno tempore. pariunt intra diem decimumquintū. (*ἐκτίκτουσιν ἐν ἡμέραις ιε. aliqui uertunt, perseuerare eas in edendis ouis, siue in partu, dies quindecim: quod an magis conueniat, an à conceptu potiùs ad partum usque tot dies numerari, considerandum.*) Mox oua ædita crassitudinem acinorum uuæ minorum, intra diem item decimumquintum capiunt. quibus obruptis sepiolæ excluduntur. quæ, (si quis priùs, prole iam perfecta, absciderit oui membranam,) stercusculum mittunt, suumq; præ metu colorem immutant ex candicante in rubriusculum, Aristoteles historiæ 5. 18. Adhæret ouo sepia nascens, parte sui priore. hac enim tantùm potest adhærere, cum hęc una partem posteriorem & priorem eôdem obtineat, De gener. animal. 3. 8. Et alibi: Sepia & polypus, & reliqua generis eiusdem, oua quæ pepererint absoluta fouent, & præcipuè sepia: quippe cuius sæpenumero alueus iuxta terram, dum hoc facit, appareat.

Mas an suum semē aspergat ouis: perpensi Aristotelis, Athenæi & Plinij loci.

Partus & fœtus.

Bimatum non complet sepia, ut neque polypus, Aristoteles & Athenæus. Si historia quam tradit Plinius de ingenti polypo, dolij magnitudine, &c. longitudine pedum triginta, uera perhibetur, nullum sequetur absurdum, quin polypi & denis & bis denis annis uiuere possint. quod etiam tum sepijs tum loliginibus euenire posse non dubitauerim, præsertim cum eodem loco scripserit Plinius, sepias loliginésque eiusdem polypi magnitudine in Hispanico litore undis expulsas esse repertas, Matthiolus Senensis. atqui uitæ longitudo corporis magnitudinem non sequitur, ut in libello de uitæ longitudine indicat Aristoteles: cuius hac in parte authoritas conuelli à Matthiolo non debuit. certè nec in eodem genere, nec in diuersis, magna paruis comparata, simpliciter uiuaciora dixeris. & cum inter miracula polypi tam grandes sint, nec in mediterraneo, (de cuius maris piscibus Aristoteles scripsit,) sed Oceano, quid inde de polyporum uiuacitate pronuncies absolutè? *Vita.*

Sepia, quemadmodum polypus, mutat colorem, Gillius. Nonnulli colorem sibi contrahere similem loco in quo uersatur, eam confirmant, Aristoteles. ¶ Incedere coniugatim solent, βαδίζουσι κατὰ ζυγὰ, Aristoteles, & ex eo Athenæus. Mytis est piscis fœmina, quæ sine mare non pascitur, Hesychius. uidetur autem non alius quàm sepia intelligi: quæ tamen ab authoribus non ipsa mytis dicitur, sed mytin habet. Cum sepia icta est tridente, mas fœminam adiuuat: fœmina, mare percusso, fugam arripit, Aristoteles. D

Cum se à peritis piscatoribus captari cognoscit Sepia, suum atramentum emittit, quo circunfusa, ab oculis piscantium remouetur, eorumq; perstringit oculos. Piscatores uerò, cum sit in eorum oculis, nihil tale uident. Sic Aenea tenebris circunsepto fefellit Achillem Neptunus, ut ait Homerus, Aelianus de animalibus 1. 34. Elegantissimi de hoc sepiarum astu uersus Oppiani Halieuticorum 3. leguntur hi:

Σηπίαι αὖ τοίῃσι δολοφροσύνῃσι μέλονται.
Κυάνεος, πίσσης δνοφερώτερος ἀχλύος ὑγρῆς,
ἐντρέφεται. τὰς δ' εὖτ' ἂν ἕλῃ φόβος, αὐτίκα κείνου
πάντα περὶξ ἐμίηνε, καὶ ἠμάλδυνε κέλευθα
αἱ δὲ δι' αἰθαλόεντος ἄφαρ φεύγουσι πόροιο

ἔστι τις ἐν μήκωσι θολὸς κείνῃσι πεπηγὼς
φάρμακον ἀπροτίοπτον· ὅ, τι σφίσιν ἄλκαρ ὀλέθρου
ὀρφναίας ῥαθάμιγγας ἀνήμεσαν. ἀμφὶ δὲ πόντον
ἰχὼρ ἀχλυόεις· ἀνὰ δ' ἔτραπε πᾶσαν ὀπωπήν.
ῥηϊδίως, καὶ φῶτα, καὶ εἴ ποθι φέρτερον ἰχθύν.

Sepia tarda fugæ, tenui cùm forte sub unda
Inficiens æquor nigrū uomit illa cruorem,
Deprensa est, iā iãq; manus timet illa rapaceis,
Auertitq; uices, oculos frustrata sequentes,

Ouidius in Halieutico. --Σηπιάδος φυξήλιδος, ἥ τε μελαίνει οἶδμα χολῇ δολόεντα (pro δολώσασαν) μαθοῦσ' ἀγρώστορος ὁρμήν, Nicander.| ¶ Mugiles aliquādo, non solùm pisciculos, prælongis suis prætenturis sepia uenatur, Aristot.

E Sepiæ odore escarum allectatæ capiuntur, Aristot. Esca ad solas sepias capiendas: Fæcem uini sine aqua, oleo contundito, ad locumq; accedens mari ipsam iniicito. Sepiæ siquidem uidentes quòd (fæx descendat ac petat imum) nigrum ipsum relinquent, atque illuc se conferent, ubi oleum sese illis ostenderit: easq; tunc comprehendito, Tarentinus. Eiusdem uerbis aliam escam ad polypos sepiasq; descripsi in Polyp. Ad sepiam capiendam neq; nassæ, neq; retium insidiæ opus sunt: sed amoris illecebris eam ad hanc rationem piscantur, ut Sepiam fœminam ligatam in fluctibus trahant: quam ut uel longissimè mas (*quam ut aliæ, etiam à longè uiderint, Oppianus*) uiderit, statim cupidè in eam fertur, & amicam flexibilibus nodis etiam atq; etiam diligenter circumplectitur: atq; interea cum sunt in hac implicatione, ambo piscatorum insidijs in piscatoriam subtrahuntur: (& subtractæ etiamnum hærent:) πόθῳ δ' ἅμα πότμον ἕλοντο,) Gillius ex Oppiani Halieuticorum quarto. Nassis etiam (ut canit ibidem Oppianus) uerno tempore decipiuntur. myrti enim aut arbuti alijsue frondibus nassas inumbratas in arenoso litore exponunt. sepiæ uerò siue sobolis siue libidinis desiderio ingressæ capiuntur. Ego Massiliæ uidi in hunc modum capi: Specula nimirum in lignum incisa ex chorda appensa in aquam piscatores demittunt, & sensim fluitantia trahunt: Sepia ad sui simulachrum sese iaculatur, ac suis flagellis lignum circumplicās, dum se apparentem in speculo amatoriè intuetur, interea reticulo circumuenta subducitur, Gillius. Sic & coturnices aues laqueo ante speculum posito capiuntur, Eustathius. Sepia dicit, quia sepibus interclusa faciliùs capitur, Isidorus. est autem uera fortè hæc capiendi ratio, etymologia quidem absurda. Fœminæ tridente percussæ, mas retrahendo eam auxiliatur. ipse uerò si captus fuerit, fœmina fugit, Athenæus ex Aristotele. ¶ Conueniunt pisces ex alto etiam ad quosdam odores, ut sepiam ustam, & polypum: quæ ideo conijciūtur in nassas, Plinius. ¶ Ad marinos mugiles, scaros & mullos esca: Sepiarū testulis cū sisymbrio uiridi, (quod est bryon,) aqua, farina & caseo bubulo mistis, utitor, dum retibus nauas operam, Tarentinus. Sepia (*Sepiæ testa*) aurifabri ad annulorum fusuram utuntur, Adamus Lonicerus. Sepijs in dorso os candidum, superiori parte durum ac læue: inferiori autem fungosa quadam medulla repletum: quæ et leuiter aspera, & ligni modo frequentibus uenis distincta uisitur. Expetuntur sepiæ ossa aurifabris. facilè enim in partem illam fungosam anulorum, cæterarumq; rerum formas imprimas, quæ metallis igne colliquatis expleri solent, Matthiolus Senensis. ¶ Sepiæ atramento tanta uis est, ut in lucernam addito Aethiopas uideri, ablato priore lumine, (*Matthiolus non rectè legit, cæteris ablatis luminibus,*) Anaxilaus tradat, Plinius. Traditum est si quis thryallidem (id est, lucernæ stupam) in sepiæ atramento & æris ærugine intinxerit, homines circumstantes uisum iri partim æreos, partim nigros, Symeon Sethi.

F De nutrimento ex sepijs alijsq; mollibus, scripsi iam suprà in loligine F. circa principium: ubi & Galeni Aetijq; de ipsis sententiam reperies. Sepia difficilis est concoctu, parumq; in se continet salsi succi. quòd si concoquatur, non parum nutrimenti corpori affert. gignit tamē crudum humorem, (*quæ etiam Galenus in genere de mollibus scribit.*) eam ob causam oportet eam condimentis acrioribus conditam esse, uinumq; pòst uetus & tenue potare, Symeon Sethi. Mollia, ut polypi, sepiæ, carnem habent duram ac difficilem concoctu: qua ratione, & quia flatus concitant, Venerem stimulant. Salubriora sunt elixa assis. malos enim humores continēt, (ut apparet cum abluuntur,) qui per elixationem euocantur, assatione uerò siccati retinentur, Mnesitheus. Rubien (*aliqui sepiam interpretantur,*) est conueniens cibus: qui tamen salsus & inueteratus, atrā bilem gignit. uenerem promouet, Auicenna. Sepia elixa in cibo uesicæ, renibus, & dysuriæ medeē, Kiranides. Hippocrates libro 2. de morbis muliebribus, in curatione uteri auersi ad coxā: Ad uesperam (inquit) mazam cœnet. si uerò panem uoluerit, & bolbidia parui polyporum generis, & sepiolas paruas in uino ac oleo coquito, & edenda dato. Et in eodem libro rursus eadē bolbidia seu polypodia, aut sepiolas, similiter præparata, ad menses ciendos sumi iubet.

Sepiæ cæteraq; mollia difficillimè concoquuntur, quam ob causam anteà cædi uerberibus solent, quàm excoquantur. Sunt qui sepijs (cum) nucibus & allio paratis uescantur, ut salaciores in Venerem prorumpant, Matthiolus Senensis. Isicia de sepia leguntur in Magiricis Apicij 2.1. & in sepiam apparatus 9.4. Sepias elixas, ab aheno in patinam missas, cū pipere ac lasere condies ut uoles. Sunt qui ex pipere, cinnamo, coriandro, uiridi mentha uel arida: item qui uitello, aceto uel agresta, olei modico, ubi ebullierint, obligent, Platina. Aluum soluunt & sepiæ: in cibo danbo dantur cum oleo & sale & farina decoctæ, Plinius. Sepias ueteres aliqui præmacerant primùm lixiuio ex cineribus & parte calcis facto, deinde aqua dulci: deniq; purgatas concisasq; intestinorum instar condiunt coquuntq;, ut audio.

Sepiarum atramentum aluum mouet, Celsus & Dioscorides. *Atramentum.*

Oua sepiæ urinam mouent, renumq; pituitas extrahunt, & renes purgant, Plinius. In cibo sumpta urinam mouent, & renum grauedinē tollunt, Marcellus. Hippocrates medicamentis in uteri auersi curatione ea miscet, ut referemus in G. *Oua.*

Polypi etiam & sepiæ morsus non caret ueneno, quanquam id exiguum sit, Oppianus. Habet sepia dentes ualidos, occultos, & morsum uenenosum. Polypus uehementiùs mordet, sed minus ueneni habet, Aelian. Philes quoq; dentes acutos & uenenatos ei tribuit: Rondeletius dentes propriè dictos negat. Morsu nō lædit sæpia, sed noxia quædam sanies è corpore eius effluit, Vuottonus: qui fortè Oppiani uerba non rectè accepit. *G* *Morsus.*

Remedia nonnulla è sepijs in cibo sumptis, item atramento & ouis seorsim, iam præscripta sunt in F. ¶ Sepia aceto suffocetur: idq; acetum cum oleo mixtum propinetur illi qui marini hippocampi uenenum hauserit, Aëtius. Ad dolorem dentium: Ouorum putamina, sepiam, & oleum misceto, & coquito, donec tertia pars relinquatur, & tepidum ore contineto, Galenus Euporiston 3. 187. Polypis ac sepiolis tostis super prunis, puerperij purgamenta à partu purgantur, Hippocrates de morbis mulieb. ¶ Sepia elixa in cibo sumpta, uesicam, renes, & dysuriam sanat, Kiranides. *Remedia.* *Ex ipsa sepia.*

De tincturis uel maculis corporis abolendis remedium sic: O C V L O S uel oua sepiæ in aqua solue, & cum melle permisce, atq; inde maculas perfrica, citò abolebuntur, Marcellus. Sepiæ oua urinam mouent, renes purgant, Plinius, quære etiam paulò antè in F. de ouis. Potio secundas menses educens: Cantharides quinq; auulsis alis & pedibus ac capite: deinde tribolos ad mare nascentes unà cum radice, mensuram quanta est conchæ testa terito: & anthemi luteam internam partem siccam tritam, conchæ testam (*hanc mensuram*) addito: & seminis apij tantundem: & sepiæ oua quindecim: & in uino dulci diluta bibenda dato. Et quum dolor habuerit, in aqua calida desideat, & aquam mulsam aquosam bibat: Hippocrates in libro de nat. muliebri, & lib. 2. de morbis muliebribus. Idem rursus in ijsdem libris, uteri ad coxam auersi curationem docens: At in mensibus (*tempore quo menses fluere debent,*) si sanguis eruperit, satis est: Sin minùs, cãtharides quatuor bibat, pedibus & alis ac capite reiectis: & pæoniæ grana nigra quinq;, & sepiæ oua, & apij semen cum uino modicum. Et rursus lib. 2. de morbis muliebr. in eodem morbo mensibus eliciendis: Mane sambuci baccas sex dato in uino meraco, & sepiæ oua 10. aut 12. Et lib. 1. de morbis muliebribus: Cùm mulieri aut partus purgamenta non fuerint purgata, aut menses non prodierint, aut etiam uterus durus fuerit, &c. in potu exhibere oportet pharmaca uterina, aut sepię ouis, aut castorio ammixtis, &c. *Ex ouis.*

Testam è sepia pleriq; nominant, Columella etiam testum dixit: aliqui os uel crustam, uel corticem: Græci ostracum. Ex ea tum usta, tum non usta, uariæ sunt medicinæ, quas ordine referemus, promiscuè tamen ex usta & cruda. ¶ Sepiæ testa fungosa est, non ut ostreorum silicea. & abstergendi quidem siccandiq;, similiter ut ostreorum testæ, ui pollet: sed partium est tenuiorum, Galenus. Pro sepiæ testa in medicamentis pumicem substitui licere in Antiballomenis legitur. Sepiæ ossa cum alijs quibusdam remedijs constituunt suffitum contra languorem morbi pestilentialis, apud Vegetium ueterinarium 4. 12. Sepiarum testæ ex aqua, extrahunt tela corpori inhærentia, Plinius. Crustæ uel ossa sepiarum comburuntur, cinisq; earum impositus, educit quæcunq; corpori inhæserint, Marcellus Empiricus. Etiam non ustæ abstergunt uitia cutis, Aegineta. Vstæ tamen ad eadem efficaciores mihi uidentur. Vsta hæc testa (donec pars interior & fungosa, ab exteriore crusta abscedat,) tritaq;, alphos, (id est, uitiligines,) furfures & ephelides, (uitia cutis in facie aliqui uertunt,) exterit, Dioscor. Item lentigines & scabiem, ut scribit Aëtius. Galenus quoq; ad scabiem prædicat. Ad lentiginem: Sepiolæ cineres ex ossibus omnia tollunt, Serenus. Medetur & lentigini cæterisq; uitijs, ex ossibus sepiarũ cinis. idem & carnes excrescentes tollit, & humida ulcera, Plinius. Ad alphos cōuenit crocodilea, & tostæ sepiæ testæ, Aegineta. Vstæ smegmatis quibusdam ad elephantiasim apud Aetiũ miscentur. Galenus de compos. sec. genera 1. 18. sepiarũ testas numerat cum ijs quæ propositi albi emplastri (aduersus ulcera cacoëthe & dysepulota) candorẽ tueri possint. Si animal fecerit uulnus, ossa sepiarũ, & testas etiã ostrearum in puluerẽ rediges, & ærei quoq; uasis fuliginẽ pariter miscebis: quæ bene tunsa si frequenter asperseris, siccatum uulnus ducet celeriùs cicatricẽ, Vegetius Veterinariæ 2. 62. ¶ Sepiarum testæ, quales in litore inueniuntur, pilos attenuant, sicut & pumex, Kiranides. Apud Aëtium etiam & Galenum medicamentis pilos attenuantibus adnumerantur, uel citra ustionem: nam alias ostreorum testas uri iubent. ¶ Ad strumas mirificè prosunt sepiæ ossa cum axungia uetere (minutissimè, Marcellus) contusa & illita, Plinius. Miscent & hodie medici quidam compositis illis medicamentis ex diuersis rebus ualde exiccantibus, ustis, quæ aduersus bronchocelas propinantur. ¶ Vsta lotaq; hæc testa oculorum medicamentis miscetur, absumit (eliquat) oculorum ungues (pterygia) trita, & cum sale (fossili, Galenus et Aegineta:) *E testa.* *Ad oculos.*

Ammoniaco, Aëtius) eis adhibita, Dioscor. Ad albugines: Sepiæ testam tritã cum melle subigito ac urito: & læuigato postea pharmaco hoc sublinito, Archigenes apud Galenũ. Ad easdem & ulcera oculorum: Os sepiæ crematum dissolue cum melle, & unge, Galenus Euporiston 2.99. Sepiæ testam collyrijs oculorum miscent, præsertim ad cicatrices exterẽdas. per se etiam combusta ualet, & ex melle contrita, Trallianus 2.5. Cruda si teratur dentes & oculorum cicatrices exterit, eorundemq́ue ulcera exiccat, Aëtius. Galenus non planè crudam, nec tamen ustam, sed tostam esse uult: Καὶ πρὶν καυθῆναι δὲ ὀπτώμενόν τι καὶ λειούμενον (τὸ τῆς σηπίας ὄστρακον) ὀδόντας τε λαμπρύνει, καὶ ξηραίνει τὰ ἕλκη. ubi animaduertẽdum, quod Aëtius. dixit oculorum ulcera hoc remedio siccari, Galenum (nisi mutilata sit lectio) ad ulcera simpliciter retulisse. Oculorum tumorem tuboremq́ue sepiæ cortex cum lacte mulieris illitus sedat, & per se scabricias emendat. Inuertunt itaque genas id agentes, & medicamentum auferunt post paulum, rosaceoq́ue inungũt, & pane imposito mitigant nocte. Eadem cortice & nyctalopes curantur in farinã trita, & ex aceto illita. Extrahit & squamas eius cinis. Cicatrices oculorum cum melle sanat, pterygia cũ sale & cadmia singulis drachmis, Plinius. Sepiæ testa interior quæ mollis est diligentissimè trita, & muliebri lacte permixta, atque inunctione adhibita, oculorum caligini, albugini, & cicatricibus plurimùm prodest, Marcellus. ¶ Sepiæ testa emendat albugines oculorũ, in iumentis, Plinius: flatu oris immissa, Dioscorides. Albi uitia deterget ista curatio: Sepiæ marinæ ossis rasi scrup. denos: croci, salis Ammoniaci, myrrhæ, crocodili stercoris, ana scrup. duos (misce,) Vegetius Veterinariæ 2. 22. In Hippiatricis etiam Græcis cap. 11. sepiæ ostraco succus fœniculi & alia miscentur in collyrium ad leucomata equorum: & mox ad suffusionem eidem raso adduntur sales Attici, simus crocodili, &c. Si album in oculo bouis est, trita sepiæ testa, & per fistulam ter die oculo insufflata, sanat, Columella. Vstam tritam ad albuginem canibus adhibent, Tardiuus. Cicatrices oculorum in equis extenuantur cum fusili (*fossili*) sale trita sepiæ testa, Columella ¶ Testæ sepiarum recipiuntur in collyrijs abstersorijs apud Aëtium 1.345. Alchohol ad conseruandam oculorum sanitatem (in libro Secretorum, qui Galeno adscribitur) præter cætera accipit rubien, id est sepiam (*os sepiæ potiùs*) ablutam marinam. Sepiarum testæ palpebras mundant, Kiranides. Conformatæ in collyria læuigandis asperis palpebris affricando accommodatæ sunt, Dioscorid. Mediocri huius testæ scabricia uti solemus etiã ad magnas in oculis asperitates, (quas sycóses nõminãt:) collyrij ex ea formam effingentes, & donec sanguis eliciatur infricantes, quo facto posteà cathæretica collyria efficaciùs adhibentur, Galenus. De hoc remedio etiam Plinium sentire *Ad dẽtes, &c.* puto, cũ scribit: Adijciunt & ossiculis eius genas, si terantur, sanari. ¶ Os sepiæ dentifricijs aptissimum est, Syluius. De sepiarum osse quod molle est dentifricijs admiscetur, Marcellus. Dioscorides uidetur ustam hanc testam dentibus extergendis commendare: Aëtius, Galenus, alijq́ue crudam. Ad dentes dealbandos ualet, si polline eius subtili in panno lineo posito fricentur. Ad faciem quoq́ue dealbandam pollen idem unguẽto citrino miscetur, Platearius. Smegma dentiũ, quo albi & odorati redduntur: Nitrum, testã sepiæ, myrrhã æqualiter miscens utitor, Galenus ex Critone. Ad dealbãdos dentes, aliaq́ue eorũ uitia sanãda: Dasypodis caput ustum cum fœniculo quàm albissimo, & sepiæ tritis ossibus utere, Idem Euporiston 2.12. Sepiarum testas adijciũt tum dentifricijs, tum compositionibus ad os humidum cruentumq́ue detergendum, & gingiuarum carnem instaurandam, Incertus. Sepiæ os, uel ipsius (eiusdem ossis) combustæ & ex melle contritæ puluis, adiecta gutta ammoniaci gingiuis & dentibus prodest, si ita perfricentur, ut ex eo nihil in fauces descendat, Marcellus. ¶ Sepiarum crustæ farina præparat cutem medicamentis alopeciam replentibus, Plinius. *Ad partes capite inferiores.* ¶ Os sepiæ tritum & cum aqua potum thoracis uitijs & asthmaticis omnino prodest, Obscurus. Os bibe contritum, facilis pulmone resurget Spiritus, & uitiũ pectoris omne feret, Vrsinus. De medio osse sepiæ, quod est molle, puluerem facies, & in mixtione conditi optimi iecoritico (*hepatico*) ieiuno per triduum dabis, ita ut in dextro latere aliquandiu iaceat cum acceperit, et posteà diutissimè deambulet, Marcellus Empiricus. Ad supprimendum alui profluuium: Sepiæ testã & capillamenta cremata ex uino uetere potui offerto, Galenus Euporiston 3.6. an uerò capillamentorum nomine cirros seu pedes eius accipere oporteat: an τριχώδη illa, quorum pro branchijs eis usum esse Rondeletius conijcit, quærendum. ¶ Si uterus puerperæ prociderit, sepiæ testam tusam & uino imbutam cũ leporinis pilis lana excipe, & apponendam præbe, Hippocrates in libro de superfœtatione. Quum mulier prægnans menses profluos habet, stercus asini siccum, & rubricam, ac sepiæ testam, trita, simulq́ue linteo illigata apponat, Ibidem. Si prægnanti menses compareant, stercus asininũ siccum, & rubricam, & sepiæ testam terito, & linteo illigata apponito, Idem in libro de sterilibus.

H. a Σηπία paroxytonum est, ut αἰτία, οἰκία, Athenæus. Sepia autẽ dici uidetur, ut probè Adamus Lonicerus coniecit, quòd atramento ueluti putrida quadam sanie, quam Græci σηπεδόνα uocãt, abundet. Ridiculè Isidorus: Sepia dicitur, quia sepibus interclusa faciliùs capitur. Et alius quidam: Sepia profuso atramento piscatoribus se ueluti sepit & occludit. ¶ Sepiæ paruæ Græcis sepidia dicuntur, Latinis sepiolæ ut Samonico. Plautus Casina: Emito sepiolas lepidas. Σηπίδια nominant apud Athenæum Alexis, Antiphanes, Eubulus, & Aristophanes in Thesmophor. Dorion σηπίδια inter hepsetos, id est pisciculos minutos elixari solitos numerat. Legitur & σήπιον (cum teuthidio & polypodio) apud Athenæum ex Philoxeno; quam uocem mutilatam puto, & legen-

legendum σηπίδιον. Σηπιδάριον apud Phylyllium uel Phrynichum, Athenæus. Σηπίαι, σηπιδάρια, Pollux. ¶ Sepias, ut Pallas, Σηπιὰς, à Nicandro dicitur oxytono nomine fœminino, hoc uersu: Ἠ ἀπὸ σηπιάδος φυξήλιδος, ἣ τε μελαίνει οἶδμα χολῇ. Et Antiphanes apud Athenæum: τῆς σηπιάδος πρῶτον, Ἡράκλεις ἄναξ, Ἅπαντα τὰ θολώματ' οὐ βαλεῖς πάλιν Εἰς τὴν θάλατταν, καὶ πλυνεῖς; μὴ φῶσι σε Δωριάς, (corruptum uidetur uocabulum: Δωρίδας forte, si uersus admittat,) ἀλλ' οὐ σηπίας εἶναι φῦναι. ¶ Σάπρα, sepia, Hesychius: post Σαρωνίδα, non satis suo ordine. Ysinia, id est, sepia, Syluaticus: nescio quo idiomate. Thebani rerum nomina innouare gaudent: itaque sepiam uocant ὀπισθοτίλαν, Athenæus. debebat hoc nomen epitheton potius esse, post se inquinantem (atramento scilicet aquam) significans. Eustathius interpretatur τὴν ὀπίσω πλῶσιν τὸν τῆς αὐτῇ θολόν. ¶ Teuthis, loligo est, non sepia ut recentiores quidam interpretantur. quidam etiam ineptius pro melanuro sepiam uerterunt. Σιπύα uel σιπύη per iota in prima, & ypsilon in penultima, arcam panariam sonat.

Sepia furua, Gyraldus in Aenigmatis. Tarda fugæ, Ouidius. Δολόφρων, δολόμητις, καρολαλέα, Epitheta. δύσεργος, Oppianus. φυξήλις, Nicander. εὐπλόκαμος, Matron Parodus. ὀπισθοτίλα. uide paulò antè in a. ---ἢ τε σιωνομος Τῆς κεφαλῆς τοσῶν' ἔχουσα σηπία Ξιφηφόροισι χερσὶν ἐξωπλισμένη, Antiphanes apud Athenæum.

Sepium tribus syllabis, non ut Cælius Rhod. habet sepieum, pars dura solidaque in dorso sepiæ dicitur. ¶ Σηπιαλλίς, species uitis, Varinus.

Pierius Valerianus inter notas occultas & hieroglyphicas sepiæ picturam uariæ significatio- Icones. nis proponit: nos lemmata tantùm indicemus, quæ sunt: Pulchra incœpta turpiter cedentia: quoniam hic piscis ostendit se quidem piscatoribus, sed mox fuso atramento timidus occultat. (*Hoc sumptum est ex Hieroglyphicis Ori 2.110.* Thetis, quæ in sepiam, dum Pelea fugitat, commutata fertur: & quiuis homo simulationum inuolucris obtectus. Mendacium. nam hoc quoque (ut Grammaticus Tryphon ait,) ἐν τοῖς ἐσχάτοις μέρεσι μελαίνεται καὶ ἀμαυροῦται: id est, in extremis partibus nigrescit & obscuratur. (*Confundit autem melanurum cum sepia.*) Improbitas: Quod symbolum (inquit) Plutarchus in libro de liberis educandis, ita interpretatur, ut subostendere dicat, commerciũ cum improbis non habendum, &c. *Sed hoc quoque ad Melanurum, non ad sepiam pertinet: ut explicauimus in Melanuro h.* Literæ. Aegyptij sanè (inquit) cum literas significare uellent, iuncum, cribrum, & sepiam ponebant. Sepia quidem pro theca atramentaria poni solita est, ac perinde literas scripturamque ipsam significat. Atramentum Græci (*fortè hodiè*) σηπιόλιον appellant. Viri amor in mulierem insidam. *Ratio exposita est in D.* Sunt & tempestatis argumentum sepiæ. nam pictæ ita ut in aquæ summum exiliant, magnas procellas paulò pòst erupturas indicant. *Verùm hoc profectò ad teuthides, id est Loligines, non ad sepias referri debet.*

Sepias, ut Pallas, Σηπιὰς ἡ, promontorium à sepijs dictum apud Athenæũ. Etymologus pro- Propria nomina. montorium Magnesiæ esse tradit, uel Thessaliæ apud Iolcũ: Eustathius circa Athon, ubi Xerxe classis cladem acceperit: sic autem dictam uolũt à Thetide, quæ Pelei nuptias fugiens, illic in sepiam mutata sit. Meminit Eustathius in Odysseæ Σ. dicitũ autẽ Σηπιὰς ἀκτὴ, uel Σηπιὰς ἄκρα. ¶ Est & Sepia Arcadiæ mons Pausaniæ, in quo sepulchrũ fuit Aepyti Elati filij, qui morsu sepis serpentis interijt. ¶ Sepiussa insula est in Ceramico sinu, Plinius 5.31. ¶ Credit Sypũntem ædificium esse Diomedis, quã Græci Sepiũntem nũcupant ab eiectis è fluctu sepijs, Strabo li. 6. Sipũs, uel Sepiũs, ciuitas, quæ nũc Sipontũ (in Italia) dicit, à sepiarum multitudine fluctibus eiectarũ, Recentior quidã. Stephano Σιποῦς urbs est Dauniorum. Lege Sipõtum in Onomastico nostro. dictũ aliqui uolunt à multitudine sepiarũ quę ibi capiant. Sępinũ Ptolemæo 3.1. urbs est Samnitũ, hodie Sepinũ. Sepia scopulus est, teste Herodoto, diuersis in locis, iuxta litora Atheniensiũ. ¶ Archippus Comicus in Piscib. nominat Ἀθηνίων τῆς κυλληρίδα καὶ Σηπίαν τῆς θύρσου, quasi mulieres quasdã.

Apud Aristotelem de partibus animalium 4.9. sic legitur de sepia: Ἐκτὸς δ' ἔχει τὸ, τε τοῦ σώματος b. κύτος ἀδιόριστον ὄν: καὶ τοὺς πόδας ἔμπροσθεν περὶ τὴν κεφαλὴν, ἐντὸς μὲν τῶν ὀφθαλμῶν, περὶ δὲ τὸ στόμα καὶ τοὺς ὀδόντας. In quibus uerbis primùm notàrim κύτος non rectè penanflecti, quanquam & alijs in locis Κύτος. sępius tum in Aristotelis tum aliorum libris modò penanflexum, modò paroxytonum inuenio. sed quoniam penultima breuis est, omnino penacui debet. Πίμπλησι λοπάδος εὐρυνοσώματον κύτος, Xenarchus apud Athenæum. Σμικρὸς προσήκεις ὄγκος ἐν σμικρῷ κύτει, Sophocles in Electra. Dein de quòd Rondeletius pro his uerbis ἐντὸς τῶν ὀφθαλμῶν, mauult legere ὑποκάτω τῶν ὀφθαλμῶν, uel quid simile, non laudo. quanquam enim idem ferè sensus est utrouis modo legas, non temere tamen lectio uetus mutanda. Michaël Ephesius Scholiastes non aliter quàm ἐντὸς τῶν ὀφθαλμῶν legit & explicauit. Pedes (inquit) mollia habent intra oculos: hoc est, non prope oculos, sed remotiores paulò antrorsum. ut si quis manum suam polypi alucum esse fingat: et in digiti unius extremo oculos: denique in flexu siue articulo primo & post unguẽ proximo, pedes. Vel ἐντὸς pro ἔμπροσθεν interpretabimur, Sic ille. Poterat aũt simplicius dicere ἐντὸς τῶν ὀφθαλμῶν, pro ἐσωτέρω τῶν ὀφθαλμῶν καὶ μᾶλλον πρὸς τὰ ὕπτια. Solet em̃ Aristoteles τὰ πρανῆ τοῦ σώματος uocare τὰ ἐκτὸς: ὕπτια uerò, id est, supina, ἐντὸς, præsertim ubi de membrorum flexibus loquitur. & ipse Ephesius paulò antè, ubi Philosophus agit de insectorum salientiũ flexu, ἔσω exponit πρὸς τὴν κοιλίαν καὶ τὰ στέρνα. ¶ Loliginum aut sepiarum capillamenta, κόμας ἢ τρίχας, Nicander ὀσλίγγας uocat, Scholiastes. Vide in Loligine.

SS 2

c ὑπὸ τοῦ δέους δὲ ἡ μαρίλης μοι συχνὴν ὁ λάρκος ἐνετίλησεν (ἐπετίλησεν, Suidas) ὥσπερ σηπία, Dicæopolis in Acharnensibus Aristophanis. id est, Corbis præ metu multis me cineribus (& fuligine) tanquam sepia percacauit. ¶ Ὅπου δὲ τὸ γλαυκινὸν ἐστιν, ἐντεῦθεν ἀκρασία τις περὶ ἡδονὰς ἐκτέτριπται μόλις, κακόνοια δ' ἐνὸν ἐστι μετὰ φθόνου τουτὶ τὸ ἰῶδες καὶ ὕπουλον, ὥσπερ ὑπὸ σηπίας τὸ μέλαν, ἀφίησι, Plutarchus in libro de iis qui serò à numine puniuntur, de coloribus animarum loquens.

f. Σηπίαι Ἀβδήροις τε, Μαρωνείᾳ τ' ἐνὶ μέσσῃ: Archestratus, tanquã iis in locis meliores sint sepiæ. Κάθηκε τοίνυν σηπίας μασώμενος, Aristophanes: οἱονεὶ τρυφῶν διὰ τὴν ἐξουσίαν, Suidas. Pauperes non habent unde emant κρανίον λάβρακος, οὐδὲ γόγγρου, οὐδὲ σηπίας, Ἃς οὐδὲ μάκαρας ὑπερορᾶν οἶμαι θεούς, Strattis apud Athenæũ. Apud eũdem Ephippus quoq; & Eubulus sepidia cum aliis ciborum nominãt. Ἀλλ' ἐντραγε τὴν σηπίαν τὴν διαλαβοῦσαν, καὶ τοδὶ τὸ πολυπόδιον, Theopõpus. Sepiam elixã Anaxandrides nominat in Cotyis Thracum regis conuiuio. Veteres edebant etiam τηγανιστὰς, id est, in sartagine frixas sepias, Athenæus. --- ὥσπερ εἴ τις σηπίαις Πώγωνα περιδήσειεν ἐσταθευμένας, Aristophanes in Ecclesiazusis. iocatur autem in mulierem, quæ barbam sibi induerat, ut uir appareret. Scholiastes ἐσταθευμένας interpretatur leuiter & superficie tantùm tostis. Ἀστεῖον ὤφθη τοῦθ' ὁ ἐνδυναθεὶς, Καὶ πτερύγι' ἁπλῶς σηπίας ὠπτημένα, Coquus apud Sotadem. Alexis ἐν Πονήρᾳ coquũ inducit de sepiolarum elixatione sic differentem: --- Σηπίαι πόσου,

Δραχμῆς μιᾶς τρεῖς. τῶν δὲ τὰς μὲν πλεκτάνας,
Καὶ τὰ πτερύγια συντεμὼν ἑφθὰ ποιῶ (ποιοῦ.)
Τὸ δ' ἄλλο σῶμα κατατεμὼν πολλοὺς κύβους,
Σμήσας τε λεπτοῖς ἁλσὶ, δειπνούντων ἅμα,
Ἐπὶ τήγανον σίζων ἐπεισιὼν φέρω.

h. Pythagoras religiosè in cibo abstinere iubebat erythrino & melanuro: nõ autem sepia, ut quidam pro melanuro uerterũt, Vide in Melanuro h. ¶ De Thetidis transformatione in sepiã, lege superiùs inter nomina propria. Thetidem in uarias formas se mutantem Peleus consilio Chironis obtinuit, mixtus ei in specie sepiæ, Varinus in Θέτις. ¶ Vultu mutabilis albus & ater, Horatius in extrema epistola. Quo loco Porphyrion admonet prouerbiali figura dictum, albus & ater, pro eo, quod est bonus & malus: & Horatium, album, aut ad liberalem, aut lætum reddidisse: atrum, ad sordidum & ærumnosum. Huc festiuiter allusit Matron apud Atheneum libro 4. de sepia loquens: Σηπίη εὐπλόκαμος, δεινὴ θεός, αὐδήεσσα, Ἣ μόνη ἰχθὺς ἐοῦσα τὸ λευκὸν καὶ μέλαν οἶδε. id est, Quæ quum sit piscis, sola album nouit & atrum. Est enim sepia colore albo, sed succum habet atrum, quem spargit in metu ne deprehendatur, Erasmus Rot. in prouerbio, Albus an ater sis nescio. Et nigrum niueo portans in corpore uirus, Ouidius in Halieutico, de sepia, ut apparet: sequens enim uersus desideratur. ¶ Perca sequitur melanurum, Ἕπεται πέρκη μελανούρῳ. Erasmus pro melanuro non rectè transtulit sepiam. Vide in Melanurio D.

Prouerbium.

DE SERPENTE MARINO,

RONDELETIVS.

Eandem iconem, magnam reperies infrà ad finem eorum quæ de Serpente marino Bellonius scripsit.

A B SERPENTES murænis & myris forma & natura ualde affines sunt. Sunt autem in mari multę serpentum species, ut Aristoteli placet, lib. 2. de hist. animal. cap. 15. Εἰσὶ δὲ καὶ θαλάττιοι ὄφεις, παραπλήσιοι τὴν μορφὴν τοῖς χερσαίοις τἄλλα πλὴν τὴν κεφαλήν. ἔχουσι γὰρ γογγροειδεστέραν. γένη δὲ πολλὰ τῶν θαλαττίων ὄφεών ἐστι. χρόαν ἔχουσι παντοδαπήν. οὐ γίγνονται δ' οὗτοι ἐν τοῖς σφόδρα βαθέσι. Sunt marini serpentes forma terrenis similes, dempto capite: id enim habent congri magis simile. Sunt autem marinorum serpentũ genera plura. Varii sunt coloris. Non nascuntur in præaltis maris locis.

Serpentes marinos diuersos esse.

B Is quem depinximus terreno uel fluuiatili serpenti simillimus est, ad trium uel quatuor cubitorum longitudinem accedit. Corpore rotundiore est quàm anguilla, capite congro similis est. Maxilla superior inferiore longior est. Dentes habet in maxillis & in palato murænæ modo, sed rariores. Pinnulas duas ad branchias ueluti anguilla. Colore est fuluo, uenter & rostrum cinereo. Oculi

Oculi flauescunt. Internis partibus à muræna non differt. Nullus est omnino qui primo aspectu hunc serpentem esse non iudicet.

Quare non possum non mirari eum, (*Gillium notat,*) qui cùm in uariarum rerum cognitione feliciter uersatus sit, acum Aristotelis, quæ à nostris trompete dicitur, pro serpente marino usurpauit, quam acum anteà depinximus. Hanc opinionem consellere facile est ex Aristotelis uerbis, qui serpentes marinos congri capite esse scripsit, figura reliqua serpentibus terrenis planè similes: cùm acus caput in fistulam desinat, rostrúmque tubam imitetur, unde illi à nostris nomen positum, quæ figura à capitis congri figura alienissima est. Præterea acus à capite ad podicem corpore est hexagono, à podice ad caudam quadrato: quæ forma neque serpentibus terrenis, neque marinis competit, quippe qui corpore sint planè rotundo, (*terete.*) A

Acus Aristotelis non est serpens marinus.

DE SERPENTE RVBESCENTE, Rondeletius.

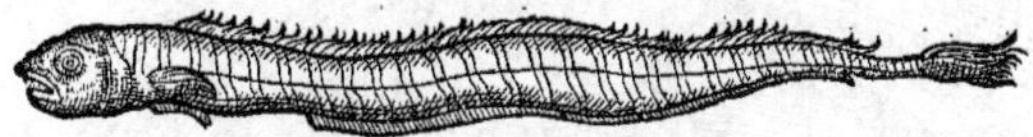

SERPENTEM hunc marinum primus mihi monstrauit uir humanissimus & eruditissimus Gulielmus Pelicerius Monspeliensis episcopus. Is ob raritatem minimè prætermittendus hoc loco fuit: quem nonnulli myrum esse putauerunt, sed falsò, ut ex descriptione liquet. Nam branchias osseo operculo squamosorum modo intectas habet, pinnasq; ad natandum maiusculas, quibus muræna & myrus carent. Sed Dorionis myrum alterum esse ὑποπυρρίζοντα, id est, rufescentem non absurdè quis existimauerit. A

Est igitur serpens de quo nunc agimus, corporis specie serpentibus terrenis similis, colore rubro uel phœniceo: lineis obliquis & sinuosis à dorso ad uentrem ductis, eam lineam, quæ à capite ad caudam protensa est secantibus. Scissura oris non admodùm magna, dentes habet acutos, serratos, branchias opertas squamosorum piscium instar. In dorso à capite ferè ad caudam ueluti capillamenta tenuia à sese disiuncta, in uentre similia. Cauda in pinnam unicam desinit. B

Anguillæ longis piscibus & serpentibus marinis maximè similes sunt, & è fluuijs mare conscendunt (*in mare potiùs descendunt:*) quia uerò in fluuijs & lacubus, & riuulis nascuntur, earum tractationem in librum de fluuiatilibus reijciemus.

Anguillæ.

DE PISCIBVS QVI SERPENTINA SVNT specie, Bellonius.

Longè diuersa est piscium, qui serpentina sunt specie, ab alijs figura, ut qui planè rotundi sint atque oblongi, unde serpentina specie præditos esse dicemus. Nullis præterea squamis horrent, quorum nonnulli ac præcipuè Congri in tantam interdum crassitiem excrescunt, ut inter cetacea ferè connumerari possint. Pisces itaque qui Serpentina facie præditi sunt, ita enumerantur: Serpens marinus, Muræna, Congrus, Sphyræna, Acus. Lampetram autem iam antè in Galeorum censu descripsimus. Anguillas uerò cum fluuiatilibus libro secundo enumerabimus.

DE SERPENTE MARINO, BELLONIVS.

Peculiarem alit Serpentem mare, terrestri ferè respondentem, qui uel Aristotelis testimonio B sæpe tricubitalis euadit. Anguillam ac Congrum, colore, pinnis & branchijs referret, nisi rostro esset, quàm Murena, longiore, ac numerosis tenuibus dentibus uallato: oculis non ita grandibus, cute glabra, ad dorsum prominente, nullis squamis aspera, qua facile deglubi potest. Ventre ex albo in rufum colorato: spirasq; toto corpore, ut & Serpentes terrestres, ducit. neque uiuus impune nuda manu, ut nec Muræna, contrectari potest. Plinius Draconem marinum appellauit; quem è mari in arenam emissum ex Aristotele refert, cauernam in arena mira celeritate excauare, C quod idem de Serpente marino retulit Aristoteles, apud quem ὄφις θαλάττιος uocatur. Estq; (inquit) corpore ad Congrum accedente, sed obscuriore & acriore. quod ego nigriore & longiore interpretor. Idē tamen Plinius alibi Ophidion appellat. Mihi uisus est hic piscis eius penè formæ, A quam hic depictam uides. (*Picturam ab eo exhibitam omisimus: similem ferè ei quam Rondeletius dedit: sed multis implicitam spiris, (non quòd in mari adeò inuolutus sit, sed ad longitudinem eius exprimendam:) uentre crebris ueluti internodijs crispo. qualem ego etiam ab amico ex Italia missam serpentis marini imaginem olim accepi. corpore ubique plano, non tanquam aculeis quibusdam eminentibus aspero, quales in Rondeletij picturâ quorum tamen in descriptione non meminit. Nostra autem effigies hæc est.*)

ss 3

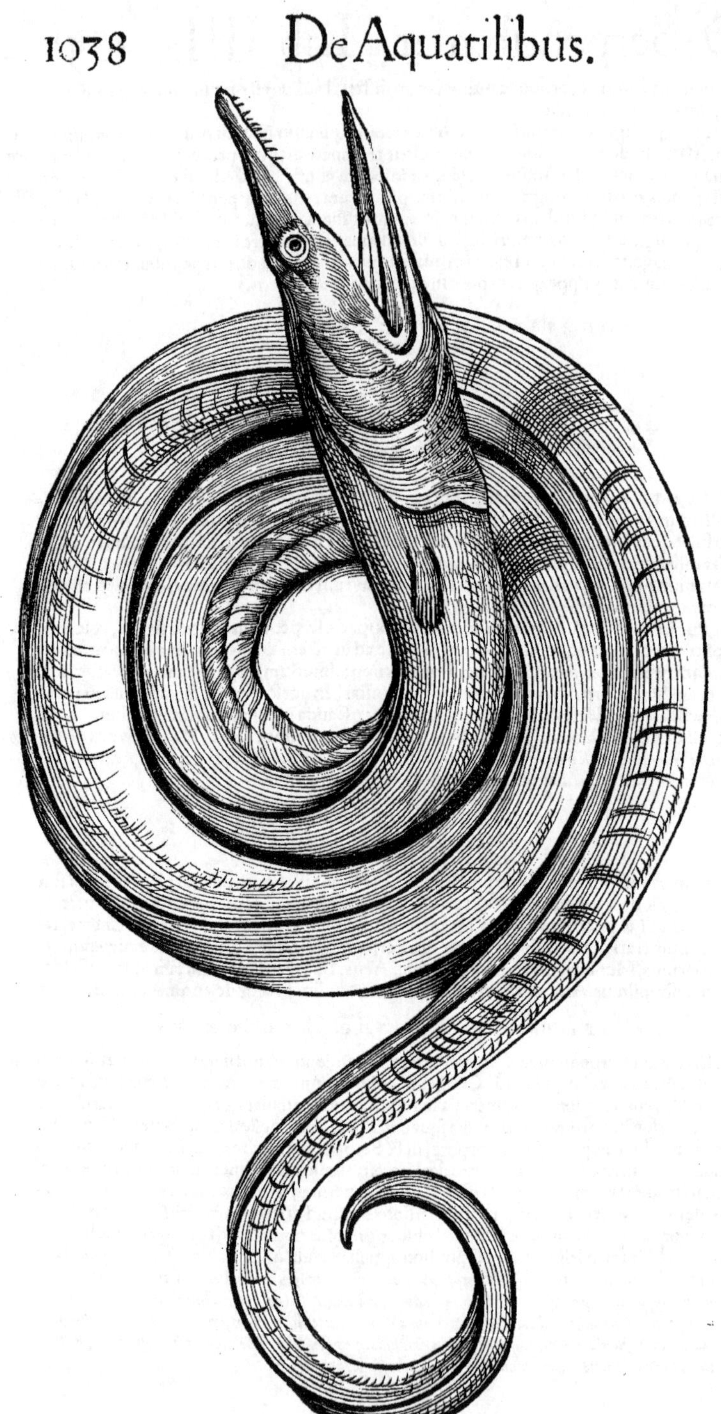

C Q=

COROLLARIVM I. EX VETEribus fere.

De Serpentibus aquatilibus diuersis egimus suprà in Hydro; sed ijs duntaxat qui in dulcibus aquis degunt. hic de marinis dicendum. ὁ ὄφις ὁ θαλάττιος τὸ μὲν χρῶμα παραπλήσιον ἔχει τῷ γόγγρῳ, καὶ τὸ σῶμα· πλὴν ἐστιν ἀμαυρότερος καὶ σφοδρότερος. ἐὰν δὲ φοβηθῇ καὶ ληφθῇ, εἰς τὴν ἄμμον καταδύεται ταχὺ τῷ ῥύγχει διατρυπήσας. ἔχει δ' ὀξύτερον στόμα τῶν ὄφεων, Aristoteles historiæ 9.37. Quæ eius uerba Theodorus sic transtulit: Serpens marina colore & corpore congro proxima est, sed obscurior atque acrior. hæc si capta dimittatur foris, in arenam rostro quamprimùm adacto terebrat, subitòque tota. est ore acutiore hæc quàm terrestres. Bellonius obscuriorem colorem interpretatur nigriorem. ἀμαυρότερον quidem Græcis, si colores inter se conferantur, minùs intensum minusque splendidum in eodem genere significare puto. quòd uerò acriorem pro longiore accipit, nullo uel Græcorum uel Latinorum exemplo facit. Græcè quidem σφοδρότερος legit, quod est uehementior. uehementia autem in agilitate simul ac robore coniunctis posita est, ut Galenus alicubi docet. Cæterùm pro his uerbis, ἐὰν δὲ φοβηθῇ καὶ ληφθῇ: Vuottonus reddit, si timeat atque piscatores euadat. Plinius cum alibi draconem Aristotelis, araneum appellet: ex hoc tamen loco pro serpente marino draconem marinum transtulit: Draco marinus (inquit) captus atque immissus in arenam, cauernam sibi rostro mira celeritate excauat. & quanquam Rondeletius draconem siue araneum piscem idem facere tradit, certum est tamen Aristotelem de serpente tantùm hæc protulisse. quamobrem ne quis hac occasione res diuersas confundat, cauendum est: id quod Albertus fecisse uidetur. Lege in Corollario de pisce araneo. ¶ Bellonius ophidion ab ophi, id est serpente marino, non distinguit, Rondeletius diuersos esse ostendit. *Ophidion.* ¶ Viperæ marinæ pisces parui sunt, longitudinis cubitalis, cornu paruulum gestantes in fronte: cuius ictus est letalis, quamobrē piscatores pisci huic capto caput amputant, & defodiunt in arena: reliquū corpus in cibum reseruant, Albertus & Isidorus. uidetur autem non alij hi pisces, quàm aranei esse, quanuis non cornu in fronte, sed aculeos in capite uenenatos gerunt. *Viperæ mar.* Idem de animalibus libri 2. tractatus primi cap. 8. Aquatiles & marini serpentes (inquit) sunt similes terrestribus, præterquam in capite. quoniam caput marinorum est durissimum, & asperū, & minùs quàm caput terrestriū pro sui corporis magnitudine. In mari Oceano, qua Germaniā attingit, inuenitur serpēs magnitudine ferè cruris humani: qui aculeum retro in cauda corneum habet: quo amputato à piscatoribus reliquū corporis in cibum uenit. uersatur aūt in profundo maris, & nō uerè est serpens, quanuis sit piscis serpentinus, Hæc ille. cōijcio aūt pastinacam esse piscē aut cognatum, quo de loquitur: quem caudæ ratione fortassis aliquis serpentinū dixerit. ¶ Hydrus dici potest omnis aquaticus serpens, tum in dulcibus, tum in salsis aquis. nam & marinos serpentes, hydros uocat Aelianus, quos alij simpliciter ὄφεις θαλαττίους. *Hydri mar.* Indicum mare hydros gignit marinos, caudis latis. Lacus etiam (*fortè Indiæ*) hydros maximos producunt. Cæterùm marini isti serpentes, asperum potiùs serratis dentibus, quàm uenenosum os uidentur habere, Aelianus 16. 8. Plinius 6. 23. tradit apud insulas quasdam ante Persidem, hydros marinos uicenûm cubitorū terruisse classem. Inter Carmaniæ promontoriū & Arabiam quinquaginta millia passuum interiacent, deinde tres insulæ, circa quas hydri marini egrediuntur uicenûm cubitorum longitudine, Solinus. In Africa magnitudo anguium mira; sicut & fertur. iam enim nonnulli ubi triremi applicuissent, ossa boum multorum uidisse narrant, quos absumptos esse ab anguibus non dubitarent, cum triremes productas in altum, quamprimùm angues insectarentur, & nonnulli aggresi triremem euerterent, Aristot. historiæ 8. 28.

Enhydridis iecur uesicæ uitia & calculos sanat: Plinius, qui enhydridem alibi colubrum in aquis uiuentem interpretatur: de quo nos plura in Hydro suprà.

Sinthus fluuius maximus est eorum qui circa mare rubrum sunt, & plurimum aquæ in mare emittit, ita ut procul ab eo in pelagus aqua candicās profluat. cęterùm nauigantibus è pelago uersus hanc regionē, (*qua se exonerat Sinthus,*) coniecturā de loco faciunt à serpētibus qui ex alto eis occurrunt. Siquidem serpentes graæ (γραίαι) dicti locorū circa supráque Persidem indiciū faciunt, Arrianus in Nauigatione maris rubri. *Graæ.* Et paulò pòst: Sinus qui Baraces uocatur, ualde periculosus est nauigantibus, & uitandus, &c. ad eum aūt è pelago tendentibus, loci indicium faciunt serpentes qui prægrandes & nigri occurrunt. nam in sequentibus locis, & circa Barygazam minores, & colore luteo & ad aureum inclinantes (χλωροὶ καὶ χρυσίζοντες) obuij sunt. Et inferiùs: Barare uicus situs est ad fluuium illic exonerantem, &c. & hæc etiam regio è pelago adnauigantibus prænoscitur ex serpentibus, qui illic obuij fiunt, nigri & ipsi, sed minores, capite quale draconum est, oculis sanguineis. ¶ Draco marinus, est piscis sine squamis. hunc postquam multùm excreuerit, & uiolentiam magnam facere uoluerit, nubes cœli rapiunt in aërem, & per montes membratim dissectum dispergunt, ut non sit amplius. Lingua eius bifurca est sicut cauda equina, digitos duos longa. hanc in oleo serua. Gestantem enim absque fatigatione & infirmitate tuetur: quod ipse in maritimis Assyriæ regionibus obseruaui. Eiusdem adeps cum succo herbæ draconteæ mane & uesperi inunctus, utilis est ad dolorem capitis, & initium elephantiæ uel lepræ, & omnem scabiem cutis, Kiranides 1. 4.

ss 4

Myrus. Myrum piſcatores noſtri peculiariter non agnoſcentes, ſerpentem uocãt, Rondeletius. Murænæ pariunt aquaticos angues, (τοὺς ἐνύδρους ὄφεις,) Hierax ut retuli in Muræna C. Piſcem eſſe accepi nomine Myronem: unde nomen duxerit, haud equidem ſcio. eum ipſum eſſe dicũt marinum ſerpentem: ac ſi illius utercunq; oculus erutus tanquam amuletũ geſtetur, oculum improbe affectum ex lippitudine ſicca curabit, & ſimul huic alterum renaſci loco eruti aiunt: ac oportet uiuum dimittere, uel fruſtra illius oculum geſſeris amuletum, Aelianus. Sed non alius eſt hic piſcis quàm Myrus, Murænæ maritus, de quo ſcripſimus ſuprà in M. elemento. Almarmaheigi Perſicum nomen eſt, commune piſcibus longis et lubricis, ut anguillæ & ſimilibus, (Aegyptij thaian marinum uocant: thanin Ebraicè draco eſt:) Vide ſuprà in Anguilla A.

H Laocoon (libro 2. Aeneid.) Neptuni ſacerdos Solennes taurum ingentem mactabat ad aras
Ecce autem gemini à Tenedo tranquilla per alta (*Porces & Charibæa, ut Q. Calaber nominat*)
(Horreſco referens) immẽſis orbib. angues Incumbunt pelago: pariterq; ad litora tendunt.
Pectora quorũ inter fluctus arrecta, iubæq; Sanguineæ exuperãt undas: pars cętera Pontũ
Pone legit, ſinuatq; (al' ſinuantq;) immenſa uolumine terga. Fit ſonitus ſpumante ſalo, &c.

COROLLARIVM II.

Serpens mar. Ariſtot. Serpens marinus Ariſtotelis rarus eſt & paucis cognitus: & quanquam bonus in cibo ſit, ſicut alij longi lubriciq;, ut congri, anguillæ, muſtelæ: propter nimiam tamen cum ſerpente terreſtri ſimilitudinem, plerique ab eo uiſo tanquam non piſce abhorrent, Bellonius in Gallico de piſcibus libro. Alius rubeſcẽs. Cum circa Abydum obambularem, in paruis quibuſdam alueis ſeu canalibus ſalſis, inueni ſerpentis terreſtris ſpeciem, qui toto ferè die in mari uiuit, quemadmodum coluber in dulci aqua, ſomni uerò cauſa in terram egreditur. colore fermè rubet, ſed maculis etiam fuſcis aut cinereis uarius eſt, Idem in Singularibus Obſeruationibus. ¶ Idem hic fortè aut cognatus eſt ſerpenti marino rubeſcenti Rondeletij. ¶ Cum multæ ſint marinorum ſerpentium ſpecies, Germanicè cõmuni nomine omnes Meerſchlangen, uel Meernatern appellabimus. ¶ Serpentes marinas uidi, quarum color ad Congrum accederet, roſtrum longum & tenue eſſet: anterior corporis pars ſexangula, à uentre ad caudã quadrangula pertineret, Gillius. Acus Ariſtot. Verùm hæc animalia Rondeletius non ſerpentes mar. Ariſtotelis, ſed acus ab eodẽ dictas eſſe oſtendit. ¶ Albertus Magnus ab initio libri quarti de animalibus, aquatilium genera diuerſa enumerans: Octauum (inquit) ſerpentinum uocatur, eò quòd ſit ſimile colubro. Et inferiùs capite octauo: Conſtat in mari eſſe animal exangue, ſerpentinum, quod ſimile uidetur eſſe ſerpenti qui uocatur tyrus: & eſt rubri coloris. habetq; alas pinnularum conſequentes ſe in corpore ſuo, & mouetur motu alarum. & hæc tamen uidentur eſſe continua interiori ſuo. quare iſta non ſunt eadem cum piſce ſerpentino, cuius ſuprà meminimus. ſed accedunt ad ligni naturã, minùs tamẽ quàm præcedentia. De ligneis aũt (ut ipſe nominat) aquatilibus, id eſt zoophytis quibuſdã, plura ab initio eiuſdem capitis ſcribit.

IN Balthico uel Suecico Oceano flaui quidam ſerpentes marini reperiuntur, triginta aut quadraginta pedes longi: qui, niſi iritati, neminem lædunt. Eorum iconem Olaus Magnus in tabula ſua E. m. dedit huiuſmodi.

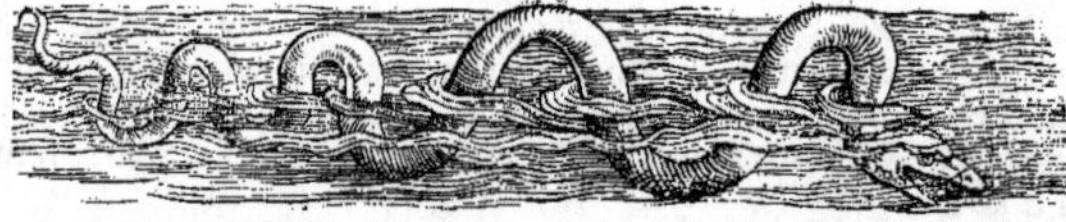

IN eadem tabula ad B. d. alius ſerpens mar. ad centum aut ducentos pedes longus, ut deſcriptio habet, (uel etiã trecentos, ut numerus iconi adiunctus præ ſe fert,) circa Noruegiã interdum

apparet,

apparet, mari tranquillo infestus nautis, adeò ut hominem quandoque è naui abripiat. Nauim ab eo inuolui aiunt tantam, quantæ ferè in nostris fluuijs aut lacubus maiores fieri solent, quæ mercium uecturæ destinantur, inuolutam subuerti. spiras supra mare tantas aliquando erigere, ut nauis per unam transire posset. Figuram, qualis in Olai tabula est, apposui.

Ex Germanico Schiltbergeri cuiusdam Bauari Monacensis libro, De peregrinationibus suis, quas captiuus à Turcis obiuit, nuper euulgato Francfordiæ.

Pugna serpentium aquatilium & terrestrium.

IN Regno Genyck uocato urbs est nomine Sampson. Eam, quo tempore ego apud Vueiasitam Turcarum regem eram, colubri aquatiles, & serpentes terrestres innumeri, circunquaque per miliaris ferè spatium, circundabant. Venerant autem hi è syluis, quæ multæ sunt in uicina regione Trieuick dicta: illi uerò è mari. Hi dum colliguntur per nouem dies, nemo præ metu ex urbe egredi audebat: quanuis nec hominẽ nec alia animalia læderent. quamobrem urbis ac regionis princeps, ne quisquam etiam hominum eos læderet, edicebat: non sine iussu diuino rem adeò mirabilem & magnæ alicuius mutationis signum euenire interpretatus. Decimo die duo hæc serpentium genera inchoatum diluculo conflictum, ad Solis usque occasum produxerunt. quo animaduerso, princeps cum paucis equitibus urbem egressus, pugnam spectare uoluit. cedebant aũt aquatiles terrestribus. Reuersus in urbem, ac postridie summo mane denuo egressus, nullos ampliùs uiuos, sed occisorum tantùm serpentium octo millia reperit. quos omnes scrobe defossa, humo tegi curauit: & Vueiasitæ regi, nuper ea urbe potito, rem omnem literis nunciauit. qui hoc ostento tanquam prospero sibi & felicia portendente gauisus est.

Est in Norduegia lacus Mos (*sic & nostri paludem appellant*) in quo apparet ostentum serpens miræ magnitudinis: qui, ut Cometæ orbi reliquo, sic is portendit Norduegiæ mutationem rerum. Visus est recentissimè anno Salutis M. D. XXII. altè eminẽs super aquas, conuolutus in spiras. existimatus est coniectura collecta procul uisu cubitorum quinquaginta. Et fuit sequuta eiectio regis Christierni, Iacobus Zieglerus. Quanquam autem lacum de quo scribit aquã dulcem continere puto: uolui tamen hoc loco addere, quoniam in dulcium aquarum hydris præterij. ¶ Circa Tarracinam Italiæ Isigonus tradit lacum esse Myclæam nomine, & iuxtà ciuitatem desertam: cuius ciues propter hydrorum multitudinem pulsi fuerint, Sotion.

SERRA piscis post Physeterem superiùs descriptus est. De osse illo serriformi, quod exhibuimus suprà, à Guil. Postello uiro multiscio, hæc olim accepi: Linguam esse ferunt piscis cuiusdam in mari Indico: quæ quandiu in pisce uiuo est, flexilis sit, ita ut piscis ille (cuius formam ignorabat, & nomine ficto glottodem appellabat) lingua ad latera extensa reflexaque in os pisces hinc inde attrahat. ¶ Maurus episcopus in confícto à se Patris Dei conuiuio Isaiæ serram piscem apponit. hic enim propheta à Manasse rege εἰς δύο ἐπρίσθη, id est, in duas partes serra diuisus est, ut Epiphanius scribit.

DE SESERINO, RONDELETIVS.

INTER cæruleos cõnumerandus mihi uidetur, qui à nostris tronchou uocatur, sola corporis latitudine à glaucis discrepans. Est enim corpore breuiore quidem, sed latiore, compresso: sine squamis, cute læui, dorso cæruleo, uentre argenteo. Pinnarum quæ in branchijs & uentre sunt situ, non differt ab Hippuro. Pinna superior nõ à capite ut in hippuro, sed à dorso erigitur. lineas duas à branchijs ad caudam ductas habet, superiorem curuam, inferiorem rectam. ob quam notam in isto pisce manifestissimam, in eam adducor sententiam, ut existimem seserinum esse, cuius ex Aristotele περὶ ζώων meminit Athenæus: Καὶ τὰ μὲν ὀλιγάβδολα, ὥσπερ σεσερῖνος: τὰ δὲ πολυῤῥάβδολα καὶ χρυσόγραμμα, ὡς σάλπη. Duas uirgas siue lineas habent alij pisces, ut seserinus: alij plures & aureas, ut salpa. Internas partes easdem cum glauco habet.

A B Libro 7. F

Carne est molli & suaui, Hæc Rondeletius.

Idem in Orthragorisco pisce, recitatis Aeliani de Luna pisce uerbis, descriptionem eius seserino conuenire coniectat. Vide suprà ad finem paginæ 754.

SILLAGINEM nominari audio à Baldazare Trocho piscem, qui in Marchia uulgò Germanicè Bloßfisch dicatur: de quo quod addam non habeo.

DE SILVRO, RONDELETIVS.

Figuram hîc à Rondeletio positam, reperies suprà ad finem Corollarij II. de asellis, pag. 111. neque enim siluri est, sed asellorum Oceani generis, ut illic scripsi.

De antiquo Sturionis nostri nomine grauiſsimi quicq; nostræ tempestatis ſcriptores uarijs ſententijs inter ſe diſſenſerunt. quarum plurimæ permultùm à ueritate diſcrepant. Alij enim Sturionem Lupum eſſe existimauerunt: alij Padi Attilum: alij Plinij Turſionem, alij Hyccam. Quas ſententias doctè & ingenioſè refutauit Paulus Iouius in libello de Romanis piſcibus. De eadem re nos quoque ſatis copioſè diſceptauimus quum de Sturione tractaremus.

Sturionem non eſſe Silurũ, contra Iouium.

Verùm quemadmodũ Iouius aliorum de Sturione opiniones à ueritate alienas optimo quidem iure reprehẽdit, ita ipſemet merito quocq; reprehendendus mihi uidetur, quod de Sturionis nomine nõ rectè ſenſerit: quem Silurũ antiquorũ eſſe exiſtimat, quemcq; pro Glani Theodorus Gaza apud Aristotelem ſemper interpretatur.

Cõiectura Iouij prima, inde qđ ut ſilurus ueterum hodie ignotus, ita ſturionis nomẽ uetus.

Sunt aũt leues admodũ cõiecturæ quibus utitur Iouius: qualis hęc eſt, quòd hac ętate quisnã piſciũ antiquitus fuerit Silurus, penitus ignoremus, qui adeo in mari ac fluuijs testimonio Aristotelis, Plinij, Athenęi & Auſonij ſit celebratus: ex aduerſo aũt de Sturionis antiquo nomine plurimũ dubitemus, qui ſit omniũ ferè totius orbis fluuiorũ incola longè notiſsimus: cũ tamen credendũ non ſit Sturionem ueterib. ignotũ fuiſſe, aut Silurum ueluti aliquo naturæ defectu, tota eius generis extincta ſobole penitus euanuiſſe.

Solutio.

Hoc quidem in plurimis alijs piſcib. euenit, præſertim lacuſtribus & fluuiatilibus, qui & nomine, & alimenti præstantia apud nos ſunt notiſsimi, à ueteribus autem ne nominati quidem. Contrà à ueteribus multi maximè commendantur, nobis planè ignoti. Non oportet tamen celeberrimorum quorumcq; apud antiquos piſcium nomina ponere ijs qui apud nos quocq; ſunt in pretio, niſi id firmis rationibus, & à ſubstantia naturacq; piſcium ipſorum petitis inducti faciamus.

Trutta.

Trutta hodie & frequentiſsimus & optimus habetur piſcis, quo cùm lacus amnescq; Italiæ multi abundent, uerisimile non est ueteribus Romanis fuiſſe planè incognitum, quod tamen antiquitus uerum ipſius nomen fuerit affirmare non auſis.

Secunda: ab eo quòd in ijſdẽ fluuijs ſturio hodie abundat, in quibus olim ſilurus.

Sequitur alia non firmior coniectura. In Nilo, Boryſthene, atque Danubio, uti Plinius de Siluris ait, etiam nunc, frequentiſsimos Sturiones reperiri. Nam in omnibus Nili oſtijs, & ſuperius prope Memphim Aegyptij Sturionem expiſcãtur. In Boryſthene uerò, qui hodie Neper est amnis, Phaſicq; & in ipſo Tanai apud Tanã emporium tãta eorum est copia, ut cetariæ ibi institutæ ſint officinæ, in quibus ea ſalſamenta ex Sturionum ouis ſalitis, quæ Cauiaria dicimus, itemcq; ipſa Schinalia ex ſummo Sturionis ſpinali dorſo, ſale fumocq; inueterata conficiantur. Hæc quidem omnia fateor. Præterea adeò frequentes eſſe & magnos in Danubio ut eo minores etiam amnes ſubeant, qui in ipſum influunt, ſicuti Drauam, Sauum, & Tybiſcum, ut mirum etiam non ſit eos Mœnũ ſubire, ſicuti Plinius ait.

Solutio.

At præter Sturiones in his etiam amnibus multi alij prægrandes piſces procreantur, ad quorum nonnullos eadem coniectura accommodari poteſt.

Tertia: quòd Sturio dictus uideatur tãquam Iſtrio.

Quantum uerò ad Athenæum attinet, à quo Iouius Silurum Iſtrianũ ſiue Danubianum honoris atcq; excellentiæ cauſa nominatum fuiſſe ſcribit, ut ab eo Iſtrionem piſcem dictum putet, et inde fortaſſe Sturionem, (*Aelianus ſilurum Iſtrianum nominat:*)

Solutio.

reſpondeo, Athenæo non Silurum, ſed Glanim ſiue Glanida Iſtrianum uocari, quem à Siluro diuerſum eſſe firmiſsimis ueterum & probatiſsimorum autorum ſententijs poſtea comprobabo, etiam ſi ita conuerterit Gaza.

Quarta: à tergi colore.

Porrò quæ ex Auſonij Moſella proferuntur de Siluro, pro Iouio non faciunt, qui Silurum deſcribit uelut Actæo perductum tergora oliuo, cùm Sturioni tergum non flaueſcat, ut optimum oleum, ſed cæruleum ſit.

Quinta: ab Hiſpanico nomine Sulius.

Iam uerò nec illud opinioni Iouij ſuffragatur, quod Hiſpania omnis Sturionem hodie Sulium appellet, quæ uox à Siluro parum abeſſe uidetur. Nam quemadmodum ueteribus piſcium nominibus, gentium uocabula ob affinitatem accommodata nonnihil ad piſcium cognitionem conferre non negauerim: ita ex coniectura inde ſolùm petita, nec cũ alijs firmioribus coniuncta certi aliquid colligi nemo dixerit: lubrica enim eſt hæc ratio & ſæpe fallax. Quòd ſi ex nominis ſimilitudine ſola, Sturionis uetus nomen quęrendum ſit, multò maior eſt Turſionis cum Sturione, quàm Siluri cũ Sulio affinitas, quo Sulij nomine Sturionem Hiſpani hodie nuncupant: unica enim litera ſ, ex medio in principium translata, ex Turſione, Sturionẽ efficies.

Contra Amatũ Luſit. eiuſdem opinionis.

Illam tamen Iouij opinionem libenter amplexus eſt in ſuis in Dioſcoridem commentarijs Amatus Luſitanus, & facilè cum Iouio credit Silurum Græcorum noſtrum eſſe Sturionem, quod Hiſpanicũ nomen multùm ei fauere uideatur: à Manardo uerò, & alijs reclamantibus ſine ulla ſententiæ eorum refutatione liberè diſſentit.

Sturio quid ſit.

Nos primi Sturionem ueterum Acipenſerem eſſe, ſiue ὀνίσκον Dorionis & indicauimus & ſatis comprobauimus in Acipenſeris hiſtoria.

Silurum inuadere animalia. Lib. 9. cap. 15.

His omnibus Iouij & aliorum idem ſentientium coniecturis unicam rationem à natura & actionibus Siluri ſumptam opponimus: Silurum autore Plinio, ubicunq; ſit ubique graſſari, omne animal appetentem, equos innatantes ſæpe demergentem, præcipuè in Mœno Germaniæ, & in Danubio. (*Alia lectio eſt: Et in Danubio mario extrahitur, &c.*) Quæ in Sturionem nullo modo competere poſſunt: nam dentibus caret: necq; maleficus, necq; ferox eſt: à quibus moribus planè aliena eſt oris fabrica, ut necq; alia animalia petere, necq; demergere poſsit.

Silurum et Glanim diuerſos eſſe piſces.

Nunc Silurum & Glanim ſiue Glanida diuerſos eſſe piſces oſtendamus: et Siluri nomen Gręcum, non Latinum, ut perperam Gaza Ariſtotelis Glanim ſemper Silurum conuerterit. Athenæus Niloticos piſces recenſens, Glanidas, & Siluros ſeorſum ponit, & Glanidi Iſtri Latum piſcem comparat. Eius uerba ſunt: Latorum piſcium (ut uocant, τῶν λάτων) qui in Nilo fluuio procreantur tanta eſt magnitudo, ut inueniantur qui ducentarum librarum pondus excedãt. Piſcis eſt canest candidissimus, & suauissimus quouis modo apparatus, similis ei qui in Istro nascitur Glanidi. Fert Nilus plurima alia piscium genera, & omnes quidem suauissimos, maximè coracinos, quorum multæ sunt species. Fert & pisces qui Mæotæ uocantur, quorum Archippus meminit in Piscibus his uerbis: Mæotas, Saperdas & Glanidas. Sunt autem (*Mæotæ scilicet*) multi in Ponto, quibus ex Mæotide palude nomen positum est. Nilotici uerò sunt pisces, siquidẽ eorum post peregrinationẽ multorũ annorum meminisse possum: Torpedo iucundissima, Porcus, Simus, Phagrus, Oxyrynchus, Allabes, Silurus, &c. His accedit Aeliani testimoniũ: Glanis, inquit, piscis incola Mæandri, & Lyci Asianorum fluminũ, & Europæi Strymonis, speciem Siluri similitudinemq; gerit, idemq; fœtuum suorũ amantissimus est: mas saltẽ, qui fœtum assiduè ab aliorum piscium iniurijs tuetur atq; seruat. Eosdem Siluros Glanibus similes à Pausania intelligi puto, quũ scribit beluas quasdam perniciosas in Rheno & Istro gigni forma similes Glanibus, qui in Hermo & Mæandro proueniunt, excepto colore nigriore, & corporis robore quibus Glanes inferiores sunt. Nomẽ Siluri Græcum esse non solùm ex iam citato Athenæi loco, sed & ex alio facilè intelligas, quũ scribit: Τί δ' οὐχὶ τὸν σίλουρον λέγομεν, ἀλλὰ σίλουρον; ὠνόμασαι γὰρ τὸ ὅτι ἀεὶ τὸ σείειν συνεχῶς τὴν οὐράν. Cur nõ Siurũ dicimus, sed Silurum? Sic enim nominatus est, quòd cõtinuò caudã agitet. Paulus (*Aegineta, & Græci medici alij*) eodẽ σιλούρου nomine usus est. Quid igitur Gazã impulit, ut pro Glani Silurũ redderet? Vnicus, ut opinor, (lib. 9. cap. 51.) Plinij locus, qui talis est (*immò & alter, ut notaui in Glanide,*) Silurus mas solus omnium edita custodit oua, sæpe & quinquagenis diebus, ne absumantur ab alijs, id quod de Glani tradidit Aristoteles lib. 6. de hist. cap. 14. At id non solus Silurus siue Glanis facit, uerumetiã Cyprinus ut eodẽ in loco scripsit Aristoteles. eadẽ est erga fœtus suos charitate Glanis teste Aeliano alius à Siluro. Quare ex eo quod à solo Siluro seruari oua tradit Plinius, non necessariò efficitur Silurũ Glanim Aristotelis esse, qui oua sua custodire dicitur. Præterea alio loco Plinius lib. 9. ca. 43. Glanim nominat. Cautius, inquit, qui & Glanis uocatur, auersos mordet hamos, nec deuorat, sed esca spoliat, quæ ex Aristotele li. 9. de hist. ca. 37. sumpta sunt, qui Glanim ἀγκιστροφάγον uocat.

Ex Aeliano.

Ex Pausania.

Siluri nomẽ græcum esse, nõ Latinum.

Pliniũ semel cũ iterum glanim pro siluro dixisse. & plura de glanide.

His nec inutile fuerit addere, apud Dioscoridem lib. 2. ca. 29. pro αἴλουρος legendum esse σίλουρος, uel αἴλουρον & σίλουρον eundem esse piscem. quas enim facultates Dioscorides αἰλούρῳ tribuit, easdem Paulus Aegineta σιλούρῳ. Sic Dioscorides: Ταριχηρὸς δὲ, ἄτροφος: ἀρτηρίας δὲ καθαίρει, τὸ φωνὰς κατασκευάζει. καταπλασθεῖσα δὲ ἡ σὰρξ τοῦ ταριχηροῦ, σκόλοπας ἀνάγει. Sale conditus minimũ suppeditat alimentum: arteriam uerò expurgat & uocem expedit. Illita saliti caro aculeos, & infixa corpori spicula extrahit. Sic Paulus: Σίλουρος ταριχηρὸς βρωθεὶς ἀρτηρίαν καὶ βρόγχον διακαθαίρει, καταπλασσόμενος δὲ σκόλοπας ἀνάγει. Neq; est quod quis obijciat αἴλουρον apud Paulum legi posse, sicuti apud Dioscoridem, quoniam illic Paulus ordine literarum uires medicamentorum tradit, & in ijs quæ à litera σ. incipiunt scribit quæ modo citauimus. Idem de Galeni loco sentiendum, qui est libro nono, de facult. simplic. medic. ex quo sua descripsit Paulus. Τῶν δὲ ταριχευθέντων αἰλούρων τὴν σάρκα λειωθεῖσαν ἐπιτιθεμένην ἐξάγειν σκόλοπάς φασιν, ὡς ἑλκτικὴν ἔχουσαν δύναμιν δηλονότι. ubi pro αἰλούρους, σιλούρους intellge.

Αἴλουρος pro σίλουρος, apud græcos aliquot medicos.

Libro 7.

Superest unica mihi improbanda opinio uiri eruditi, à quo dissentire mihi religio foret, nisi ueritatis cognitionem, qua nihil prius neque antiquius uiro bono esse debet, ipse quoq; rebus omnibus anteferret. De eo aliquando audiui quum diceret, ueterum Silurum eum esse qui ab Ausonio Lucius uocatur, à nostris Brochet, cuius mores Siluri moribus à Plinio traditis optimè conueniunt. est enim Lucius uoracissimus. dentibus acutis, longis, firmisq; armatus est, quem uerè dicere possemus in animalia grassari. Cuius rei exemplum proferam. Narrauit mihi uir fide dignissimus uidisse se Mulæ, quam iter faciens in Rhodanum potatum duxerat, labrum inferius à Lucio dentibus apprehensum: cuius demorsu cruciatã & territam inde fugisse, & crebra capitis quassatione Luciũ in terram deiecisse. quem ille palpitantẽ & in aquam redire conantẽ cepit, domumq; tulit. Certũ est feles paruos & canes in uiuaria Luciorum coniectos ab ijs deuorari. Quare mores quidem conueniunt, sed natalis locus maximè repugnat. Lucius enim lacustris & palustris, siue fluuiatilis tantũ est. Silurus marinus & fluuiatilis. Neq; Lucio competũt notæ quas Siluro Ausonius tribuit, quod dorso sit flauescẽte olei modo: quòd tam uastæ magnitudinis ut Delphinus fluuiatilis nominari possit. Deniq; Lucium à Siluro apertè distinxit: cùm enim de Lucio atq; alijs aliquot dixisset, subiunxit hæc de Siluro ut diuerso pisce.

Silurum nõ esse Lucium.

Nunc pecus æquoreũ celebrabere magne Silure: Quẽ uelut Actæo perductũ tergora oliuo
Amnicolã Delphina reor, sic per freta *magnũ Laberis: & longi uix corporis agmina soluis,
Aut breuib. defensa uadis, aut fluminis uluis: Aut quũ tranquillos moliris in amne meatus,
Te uirides ripæ, te cærula turba natantum, Te liquidæ mirantur aquæ: diffunditur alueo
Aestus, & extremi procurrũt margine fluctus. Talis Atlantiaco quondã balæna profundo.

**Fortè magnus*

Propositis igitur multorum de Siluro sententijs nostram liberè proferre non dubitamus. Existimamus autem ueram Siluri figuram pictura nostra repræsentari, quam ex Istri siue Danubij Siluro expressam misit ad me Conradus Gesnerus: (*Vide quæ scripsi suprà in Corollario secundo de Asellis, pagina 111. ubi hanc non Siluri, ut Rondeletius memoria lapsus putauit, sed Aselli cuiusdam, qui non in Istro, sed Oceano, reperitur, iconem inuenies, &c.*) de cuius moribus à Germanis fide dignissimis eadem narrantur, quæ Plinius Siluro tribuit; ferox enim est, & in animalia impetum facit, eorum enim catulos iniectos discerpit & deuorat. Vastissimo est oris hiatu, dentibus multis acutissimis & ualidissimis munito. non squamis, sed cute dura contegitur & nigricante. Oculis est magnis. Pinnas duas habet in dorso, à podice unicam, alias habet branchias (*dicere uoluisse uidetur, alias habet iuxta branchias, & alias in uentre: ut pictura ostendit, nescio quàm rectè. uix enim in alio pisce pinnas ita se habere puto: & pictura ad piscem inueteratum facta est*) in uentre. Carne est dura. Ad quæ ea conferat antea ex Galeno & Dioscoride diximus.

Hanc meã de Siluro sententiam æqui boniq; omnes ut cõsulant, oro atq; obtestor: qua certiorem, & euidentioribus testimonijs probatam si qui proferãt, libenter me eis assensurũ profiteor.

COROLLARIVM I. DE SILVRO EX VETERIBVS.

A De Siluro permulta diximus suprà in Corollario de Glanide. αἴλουρος pro σίλουρος in multis ueterum medicorum, qui Græcè scripserunt, libris legitur perperam, unius literæ mutatione: apud Dioscoridem, & Galenum libro 11. de simplicibus, & Tarentinum qui Geoponica condidit. Bellonius quidem tum ælurum tum silurum à caudæ agilitate dictum putat, quod eam anguillæ instar moueat, (nimirum etiam felis quadrupedis, quam Græci ælurum nominãt.) Ego omnino librariorum negligentia aut inscitia ælurum pro siluro scriptum puto. Textor Rauisius quidem tradit, Aeluros esse pisces quorum oculi ad uices Lunæ aut ampliores fiãt, aut minores: sed imperitè. authores enim de felium oculis hoc tradunt. Serapio ex Dioscoride simul & Galeno transtulit Harbe, de qua uoce Arabica leges in Chamæleonte A. in libro de Quadrupedibus ouiparis. Aëtius (*Vegetius fortè*) silluarion, ut puto, pro siluro dixit: cuius felle suffusos oculos inungi, cum Attico melle, præcipit, bobus, Hermolaus.

B Siluri in Aegypto diuersis locis inueniuntur, præcipuè in Nilo. Magna qui uoce solebat Vendere municipes fracta de merce siluros, Iuuenalis Sat. 4. de Crispino Aegyptio. *Vbi.* In Bubasto Aegyptia stagnum est, ubi cicures permulti siluri aluntur, Aelianus 12.29. Silurum Alexandrinum Paxamus nominat. In Nilide lacu ex quo Nilus oritur, siluri reperiuntur, Plinius 5. 9. Eosdem in Nilo esse Strabo & Athenæus tradunt. Præcipua magnitudine thynni sunt, &c. sunt & in quibusdam amnibus haud minores, silurus in Nilo, esox in Rheno, attilus in Pado, Plinius. Idem alibi ex siluro fluuiatili indicato remedio, addit: qui & alibi quàm in Nilo nascitur. Et alio in loco remedium è siluro, præcipuè Africo, tradit. Iidem etiã in fluminibus procreantur, ut in Cydno Ciliciæ fluuio: sed ij quidem idcirco minuti proueniunt, quòd eius confluens nitidus & frigidus sit, quo non ipsi delectantur, sed turbido potius, ac planè limoso, eoq; pinguescunt: & Pyramus quidem, atq; Sarus Cilices fluuij, eos longe pleniores ferunt, tum Orontes Syrorum fluuius eos progignit. Ptolemæorum item fluuius, & Apamiense stagnum maximos generant, Aelianus 12.29. Canaria ex Fortunatis insulis una amnes habet siluris piscibus abundantes, Solinus. Silurus grassatur ubicunque est, omne animal appetens, præcipuè in Mœno Germaniæ amne prope (*aliâs propter*) Lisboum, Plinius. *Plinij locus perpensus de Mœno fl.* Hermolaus apud Plinium, pro Mœno asserens Aenum legendum, errauit, cùm Mœnus non inferior sit Aeno. de siluro (tamen) Mœni Celtes nihil comperit, diligentissimus rerum Germanicarum indagator, Spiegelius. Ex uetustis codicibus (inquit Massarius) aliqui in Rheno, & aliqui in Mœno habent, Hermolaus uerò in Aeno legẽdum censuit, quod non probamus: cùm, quòd Aenus tempore Plinij et priscorum autorum non erat Germaniæ fluuius, cum ea tantum pars quæ ultra Danubium est, tunc Germania appellaretur: at Aenus citra Danubium est, in quem influit prope Patauium nobilem ciuitatem Bauariæ, quæ pars Norici est: tum etiam, quòd non adeo magni pisces in Aeno reperiuntur. legendum ergo in Rheno, uel potiùs in Mœno, uti scriptum est. Mœnus nanque fluuius est quem nunc Mangonum & Moganum Germani uocant, omnibus Germaniæ fluminibus curuior, ex Pinifero monte orientalis Franciæ descendens iuxta Hercynium, & in Rhenum se exonerans, quod Iacobus Zieglerus (geographorum omnium ætate nostra facile princeps) me monuit, Hæc Massarius. Mœnus fluuius, cuius libro IX. meminit Plinius, adhuc (ut semper) à Germanis uocatur Mainus, non Moganus aut Mogus: quæ uocabula nostratium imperita confinxit antiquitas, Moguntiæ insignis urbis occasione, è regione cuius Mœnus Rheno miscetur, Beatus Rhenanus. Siluros tradit Plinius in Oeno (*Aeno*) amne propter Visbium urbem Germaniæ grassari. Visbium autem iuxta Ptolemæum, sicuti ex computatione partium & segmentorum existimari licet, ad hostia Aeni amnis conditum fuit: quem nunc literatores Enesum uocãt. Cæterum alius amnis, qui in Danubium Bathauiæ erumpit, in prima syllaba per diphthongon ultimam Oe. scribitur, & profertur more Græcorum, à Germanis nimirum uelut i. longum: ille in prima syllaba primam diphthongon æ habet, Latinam seruat pronũciationem, Ioan. Auentinus. Ego ex diuersis illius fluuij, in quo siluros præcipuè grassari Plinius scripsit, nomenclaturis, Rhenum præ cæteris legere mâlim. nam si in Mosella est silurus, ut canit Ausonius, è Rheno in eum amnem subire potest: itemq; si in Mœno. & Pausanias cum in alijs fluuijs, tum in Rheno Istroq; belluas eiusmodi, hominibus perniciosas, glanibus similes, reperiri tradit. Ex Istro quidẽ in Oenum fluuium, à quo Oenipontem oppidum denominant, subire potest. Cæterùm pro his uerbis, prope uel propter Lisboum, Barbarus corrigit, prope Visbium. Neutrum probo (inquit Massarius.)

sarius.) non enim uerisimile est Plinium indicasse talem amnem magis prope Visbiũ esse, quàm prope alterum locum, cum longissimus sit: aut silurum id magis facere prope Visbium, cum in omni eius parte silurus hæc facere possit. Antiqua uerò lectio: pro telis boum: quæ & mendosa est, sed aliquid omnino ad boues referre uoluit, quoniam dixit omne animal appetens, equos innatantes sæpe demergens. Cornarius ex codice antiquo sic legit: Silurus grassatur, &c. præcipuè in Rheno Germaniæ amne proterens boues. ¶ Et in Borysthene memoratur præcipua magnitudo, nullis ossibus spinis'ue interstitis, carne prædulci: Plinius, non quidem de Siluro, ut quidam falsò opinati sunt. Silurus nanq; spinas habet, ex Plinio, lib. 32. cum dicit: Siluri fl. cinis spinæ uicem spodij præbet, Massarius.

Blax piscis similis est siluro, sed inutilis. Vide Blax superiùs elemento B. Est & glanidi similis silurus, adeò ut etiam docti quidam confuderint, ut in Glanide ostendimus. ¶ --- uelut Actæo perductus tergora oliuo, Ausonius: fortè non ad colorem, ut quidam putarunt, sed ad nitorem cutis ostendendum. Spinas eum habere paulò antè dictum est. Siluro similem caudam crocodilus (*aliâs meliùs, cordula*) habet, quoad paruum magno licet conferre, Aristot. ¶ Gillius silurum dentatum esse putauit, eò quòd hamifragus sit, quodq; homines & equos deuoret. Aristoteles quidem glanidi durissimos dentes tribuit, siluro quod sciam nemo: nec hamifragum tamen glanin, sed hamiuorum esse dixit, hoc est ἀγκιστροφάγον, non ἀγκιστροκατάκτην. Et Aelianus de animalibus 12.14. usurpatum ab Aristotele uerbum, interpretatur ἱκανὸν καταπιεῖν τὸ ἄγκιστρον: hoc est, qui hamum deglutire possit.

C Silurus minorum piscium uisceribus aluum replet, diuus Ambrosius. Grassari eum in hominem & omne animal obuium, prædictum est. ¶ Fluuiatilium silurus caniculæ exortu syderatur, & aliâs fulgure (*tonitruo magno, Aristot.*) sopitur. hoc & in mari accidere cyprino putant, Plinius. sed Aristoteles de glanide hoc scribit, non de siluro.

D In Bubasto Aegyptia stagnum est, ubi cicures permulti siluri aluntur. Vide mox in E. ¶ Silurus mas solus omniũ edita custodit oua, sæpe & quinquagenis diebus, ne absumantur ab alijs, Plinius: silurũ autem pro glanide conuertit ex Aristotele. Glani & cyprini in uiuario ædiũ nobilissimi uiri à Iarnaco, pulsato pariete ad cibũ properãt, id quod ipse sum expertus, Rondeletius Tomi prioris 4.10. nescio quos pisces glanorũ nomine intelligens, nisi fortè lucios. Veros quidem seu siluros seu glanides, in Gallia uix reperiri puto: aut si reperiuntur, ut in Mosella siluri Ausonio teste: in horum tamen piscium historia Rondeletius eos sibi uisos negat.

Silurorum captura.

E Mysi (inquit Aelianus de animalib. 14.25.) non ij qui Telephi Pergamũ incolunt, sed inferiores, qui ad Pontũ: quiq; uicinorum Scytharũ incursiones propulsant, & suis uiribus regionẽ suã defendunt. Ea prope Heracleã est, & circa Naxiũ flumen (*Heracleam hodie Naxiũ portum uocari scribit Munsterus*) prope Tomin (*Tomium uel Tomos*) ciuitatem. Hi inquam piscandi rationem obseruant huiusmodi. Istrianus natione piscator ad Istri ripã (*Atqui Ister Europæ fluuius est, non regionis iuxta Pontum & Heracleã. utrobiq; tamen Mysi dicti populi habitant. Vide Onomasticon nostrum*) boum par impellit, aut equorum, iugum ipse humeris gerens, eum in locũ, ubi cõmodam sibi & sedem & piscationem arbitratur, atq; ad ripam iumentis pabulum apponit. unde interea hæc complentur, dũ ipse funis bene robusti alterum caput ad medium iugum alligat, ex altero capite hamũ ualidissimum acutissimumq; appendit: quẽ asso tauri pulmone instructũ ad illiciendum Silurũ (suauissimam ei escã) deijcit, postq; ex linea ad quã hamus alligatus est, quantũ satis est plumbi ad moderandum tractũ appendit. Vbi Silurus bubulæ escæ sensum percepit, statim escam appetens, hamum incautè totis faucibus deuorat: & dũ transfixus ex eo euadere cupit, omnibus uiribus funẽ exagitat. quod quidẽ ipsum animaduertẽs piscator, cũ summo gaudio quàm mox à sessione exurgit, & boues equos'ue admotis stimulis incitat, ac iumentis cum cetaceo pisce bene robusto luctatio est: Nam hic Istri alumnus omni uiriũ contentione se in altitudinẽ deprimit, illa contrà retrahunt: sed piscis uincitur ex amborũ tractu, atq; in ripam iugo extrahitur, Hæc Aelianus. Audio & Husones (id est Antacæos) captos, boum iugo extrahi hodie in Danubio. ¶ In Bubasto Aegyptia stagnũ est, ubi cicures permulti siluri aluntur: & obiecto ad se nutriendos pane, ad quem illi certatim subsiliunt, pascuntur, Aelianus. ¶ Apud Tarentinũ in quadam piscium inescatione legitur αἰλούρου, βρόμου: ubi Cornarius uertit, siluri uirosi: Andreas Lacuna, Græca relinquit, æluri, bromi. Rursus inferiùs in esca ad murænas, scribitur, σιλούρου ποταμίου: ubi Cornarius iterum, siluri fluuiatilis reddidit. ¶ Ex fumo siluri lento ignè combusti, formicæ pereunt, Paxamus.

Siluri cicures.

Vsus ad inescandos pisces, et cõtra formicas.

F Captus est silurus, & inutilis præda detecta est, diuus Ambrosius tanquam de pisce uile. ¶ Silurus recens in cibo nutrit, & facilem præbet aluum. salsus uerò (ταριχηρὸς) minimum suppeditat alimentum, (ἄτροφος, pro ὀλιγότροφος.) arteriam expurgat, & uocem expedit, Dioscorides. Vocem siluri recentes salsi'ue in cibo sumpti, adiuuant, Plinius. Dioscorides salso tantùm eam uim adscribere uidetur, quod Aegineta etiam clariùs effert: Salsus (inquit) esitatus arteriam humidam perpurgat. ¶ Aluum emollit silurus è iure, Plinius. ¶ In siluro (ius uel condimentum:) Piper, ligusticum, cuminum, cepam, mentham, rutam, saluiam, caryotam: mel, acetum, sinape & oleum, Apicius 9.12. Ταριχηροὺς σιλούρους apud Athenæum legimus. ¶ Garum est liquamen ex pisce siluro confectum, Cælius Aurelianus.

tt

G. Illita (cataplasmatis loco) salsi siluri caro, aculeos & infixa corpori spicula extrahit, Dioscorid. & Galenus, qui contritam imponi tradit. *Caro.* Siluri fluuiatilis carnes impositæ recentes, siue salsæ, tela corpori inhærentia extrahunt, Plinius. Phagedænæ sanantur siluro inueterato, & cum sandaracha trito, Idem. ¶ *Muria.* Muria eius incipientibus dysenterijs prodest, si in desidentium fotus (εἰς ἐγκάθισμα) adijciatur. fluxiones siquidem ad summa cutis elicit. ischiadicis infusa medetur, Diosc. Muria salsorum pisciũ putridis ulceribus congruit, dysentericisq́ ac coxendicum doloribus iniecta medetur. acrimonia enim sua infestos coxendici humores attrahit, & per intestina euacuat. præcipuè tamen silurorũ mænularumq́ muria medici quidã ad huiusmodi morbos utuntur: quã nos interdum ad putrida oris (ἐν σώματι, aliâs στόματι) ulcera accommodauimus, Galenus in fine undecimi de simplicibus medicamentis: unde & Aëtius repetijt. Dolores lenit ischiadicorum muria siluri clystere infusa. dantur autem (*quærendum an hæc ad præcedentia pertineant, ut conchæ pro mensura dicantur, & numerus desideretur*) conchæ ternis obolis dilutæ in uini sextarijs duobus per dies quindecim, Plinius. Mihi quidem tum ad dysenteriæ, tum ad ischiadis curationem, clystere potiùs inijciendam esse muriam (ut Galenus & Plinius docuerunt:) quàm ad encáthisma, id est, insessum adhibendam, ut Dioscorides scribit, probatur. Et alibi idẽ Plinius: Ischiadicos liberant salsamenta ex siluro infusa clystere, euacuata priùs aluo. Medici Græci nõ salsamenta, id est salsas huius piscis carnes, sed hálmen, id est salsuginem seu muriam, hoc efficere dicunt. estq́ ea sanè clysteribus uel per se non incommoda. *Adeps.* ¶ Perniones emendat siluri adeps, Plinius. *Fel.* ¶ Aëtius silluarion, ut puto, silurum uocauit: cuius felle suffusos oculos inungi, cum Attico melle, præcipit, bobus, Hermolaus. *Caro suffita.* ¶ Siluri suffitu, præcipuè Africi, faciliores partus fieri dicuntur, Plinius. *Cinis.* ¶ Ad ignes sacros restinguendos utuntur silurorum capite cinere salsamentorum (*fortè salsorum*) ex aceto, Plinius. Vlcera quæ serpunt, & quæ ex ijs excrescunt, ex capite mænarum cinis, uel siluri coërcet, Idem. Et alibi: Siluri cinis inhærentia corpori tela extrahit: & cinis spinæ eius uicem spodij præbet.

H. a. Sillurus apud Varinum non rectè l. duplici legitur, cum prima corripiatur. Vendere municipes fracta de merce siluros, Iuuenalis. Σαπρὸν σίλουρον ἀργυροῦς πίνακ' ἔχων, Sopater.

Icon. Pierius è Glanide hieroglyphicum facit, ad denotandam paternam diligentiam in filijs educandis. qua de re quæ Aristoteles de glanide scripsit, Plinius ad silurũ transtulit. & quanq́ diuersi sunt pisces, genere tamen & natura cognati uidentur. Eodem picto helluonem & uoracem hominem notare conueniet, cum in omne animal obuium grassetur silurus.

Propria. Sillura insula est in Oceano Britannico, ut Solinus inquit, cuius incolæ numos refutant, dant res & accipiunt mutationibus. ¶ Scylurus autem per c & y psilon scribitur: Scytharũ rex fuit, qui (ut Plutarchus in libello de garrulitate refert) cum relictis octoginta filijs diem esset obiturus, petijt fascem hastarum. quo accepto filijs imperauit, ut omnes simul connexas diffringerent ac rumperent. quod cum fieri posse negassent, ipse educens sibi singulas, omnes facilè fregit: ita docens illos, ubi unà esse perseuerarent, firmos ac potentes fore, imbecilles autem si separarentur ac dissiderent.

e. Vt carbunculi (uitibus) non noceant, aliqui siluri carnem leuiter uri iubent in arbustis, à uento ut per totam uineam fumus dispergatur, Plinius.

f. Egregium hoc est in arte coquendi (μαγειρικῇ) palata conuiuarũ prænosse. Quòd si Rhodios inuitasti, εἰσιοῦσι δ' ὅς Εὐθὺς ἀπὸ θερμοῦ τὴν μεγάλην αὐτοῖς σαπράσαι, Ἀποζέσας σίλουρον, ἢ λεβίαν, ἐφ' ᾧ Χαρεῖ πολὺ μᾶλλον, ἢ μυρίνην (uini genus) προσεγχέας. Ἀστεῖον ὁ σιλουρισμός. id est, cibus siluri res est ualde urbana & lauta, Diphilus apud Athenæum.

h. Erasmus in prouerbio, Anulus aureus in naribus suis: Adiungendum est (inquit) illud Antiphanis (*Sopatri*) apud Athenæum libro 6. Σαπρὸν σίλουρον ἀργυροῦς πίναξ ἔχων. id est, Putrem silurũ quadra habens argentea.

COROLLARIVM II. DE SILVRO EX nostris Obseruationibus.

Effigies hæc Siluri est, quam olim incognito Latino nomine accepi pro pisce quem Germani Welß *appellant: cuius tamen postea accuratius expressas ico.es (quæ corporis forma, pinnas & barbulas excipio, ad mustelam fl. nostram, quam pag. 709. exhibuimus, proximè accedunt) Iulius Alexandrinus è Danubio, & Io. Kentmanus ex Albi ad me dederunt. Est autem idem qui Barbota uel Solaris à quibusdam (ut Alberto & similibus) appellatur: & Vngaricè Hartscha, Polonicè Sum, & in alijs Germaniæ locis* Schaid *uel* Weller. *Ego quæ sub singulis istis nominibus, diuersis temporibus, tanquam diuersorum piscium, accepi, (cum nondum ad eundem omnino piscem pertinere mihi constaret,) singillatim deinceps ac seorsim exponam. Postremo duas ab hoc differentes Siluri species cum suis iconibus adiungam.*

Quisquis ea quæ de glanide ueteres scripserunt, ac nuper Bellonius, (qui tamen glanim cum siluro cõfudit,) in G. elemento nobis exposita, cũ ijs quæ hîc de siluro tradimus primùm ex ueteribus, deinde obseruationibus nostris nõ oscitanter cõtulerit, uerũ esse quẽ proponimus silurũ, facillimè deprehendet: ac diligentiæ nostræ, quæ tot tantisq́ super siluri re ac nomine controuersijs inter eruditos nostro seculo agitatis finem imposuerit, nonnihil se debere fatebitur.

Iouius

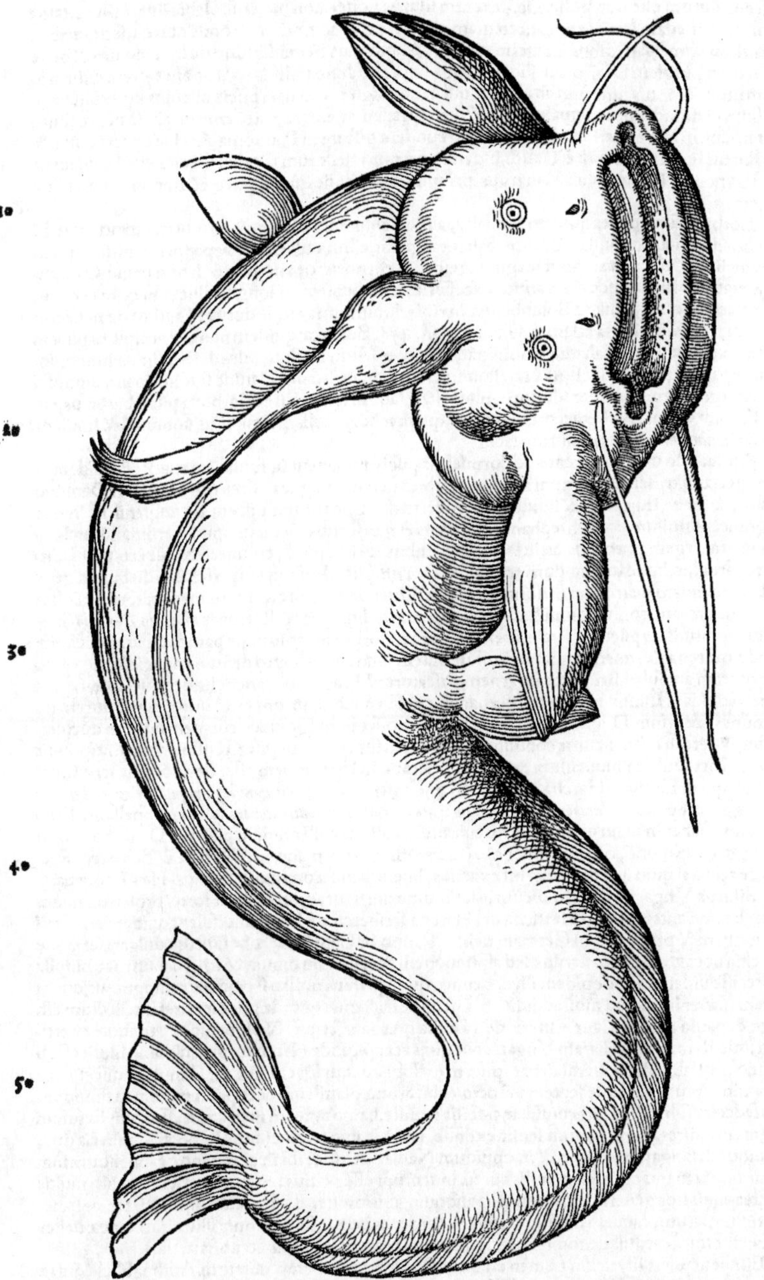

Iouius Capite 4. libri de piscibus, multus in hoc est ut sturionem hodie dictum, ueterum silurum esse cõuincat: cuius argumenta omnia eruditè Rondeletius destruit: in hoc tamen & ipse & alij falluntur, quòd silurum dentatum esse putarunt: eoq; etiã argumento sturionem edentulum

tt 2

piscem silurum esse non posse. Dentes enim silurus noster non habet, sed labia limę instar exasperantur, ut prædam facilè retineat: retentam mandere ei et comminuere opus non est, sed faucibus & gula maximè patentibus integram uorat. Matthiolus Senensis silurum squamosum & bene dentatum pingit in Dioscoride suo Venetijs impresso anno Salutis 1554. posteriorem enim nōdum uidi: deceptus nimirum ab aliquo, qui hanc effigiem ceu ueri piscis alicuius ei obtulit: ego nullum eiusmodi piscem, qualem ea pictura repræsentat, extare puto, tantum abest ut pro siluro admittam. In hoc etiam longè fallitur quòd eundem piscem in Pannonia Acchia uocari putat, & ad Rheni litora Germanicè Bolich. hic enim omnino asellorum Oceani species est. Acchiam uerò Pannonicè silurum dici Manardus primum docuit: de quo & pisce & nomine mox plura dicemus.

Borbota. Borbotæ sunt pisces quidam fluuiales, aliquatenus anguillis similes: lubricæ nanq; sunt, & excoriantur sicut anguillæ. Corium habent nigrum, esum dulcem, & hepar præ omnibus piscibus melius & efficacius: caput magnum respectu corporis: os amplum & latum ualde. Cum autem ætate hic piscis duodecim annos excesserit, in uastitatem ac longitudinem maximā crescit, *Solaris.* & Solaris uocatur, quia in Sole libenter in ripis fluminum iacet, Isidorus & author de nat. rerū: & Albertus. Vide suprà etiam in Glanide, pag. 459. Borbotæ quidem nomine accipiunt piscem illum quē Botatrisiā Itali uulgò nominānt, nos inter Mustelas fluuiatiles descripsimus: huic enim silurus paruus persimilis est, ita ut Bellonius etiam Botatrisiam à glanide siue siluro uix dignosci tradat. Ex eo tamen adulto silurum tandem fieri falsum est. Est & Barbotta piscis barbatus, circa Tanaim dictus, ex Antacęorum genere, quem ichthyocollam Bellonius nominat, & similem ei (*barbis nimirum & capite*) silurum facit.

Ruffus. Aliquando uestigia iacentis ac dormientis piscis remanent in fundo harenarū: & ibidem iacens percutit tridente. hoc enim modo piscatores uenanť magnos pisces marinos: & in Danubio ruffos, husones, sturiones, & huiusmodi, Albertus. Ego ruffum piscem Danubianū hactenus cognoscere nullum potui. Stephanus Lauræus Amorfortius medicus apud Ferdinandum Romanorum regem præclarus, ad literas meas quibus de hoc pisce, enumeratis Alberti uerbis, interrogâram, in hunc ferè modum respondit: De ruff pisce, Posonij (superioribus diebus ad generosam quandam matronam pristinæ sanitati restituendam eò profectus) cum piscatoribus & hominibus literatis contuli. omnes adfirmarunt præter husones & sturiones esse (*in Danubio*) eximię magnitudinis piscem, et ueluti beluam, qui ab illorum magnitudine parum differat, eodemq; modo in arena dormiens capiatur. ruffum autem illum ab Alberto dictum conijciebant, quòd *Schwreg.* *Scurio.* subrubram aut subruffam habeat carnem. Piscatores Hungari uocant Schwreg, uel Shwreg, & literati quidam Latino nomine ad uernaculum efformato Scurionem. Deinde cum illustrem dominum Georgium Draszkowyth Hungarum Episcopum Quineclesiensem (uirum doctissimum, & rerum etiam naturæ consultum,) rogassem super eodem pisce, Ruffo Alberti: respondit mihi, proculdubio illum, unum ex duobus, nempe uel Scurionem esse, de quo nunc scripsi: uel *Harcha.* potius quem Hungari Harcha, Germani Huechen (*festinationis hunc lapsum suspicor, & scribere uoluisse* Schaiden. *nam Huechen species quædam trutæ est, cuius cum trutis iconem dabimus*) appellant. Harcha enim habet in uentre cum alias maculas, tum ruffas. Nulli quidem pisces in Danubio magni sunt præter Husonē, Sturionem, Tok, (Germani Tickhen uocant,) Harcha & Schwreg. Sed his de rebus si quid ipsa dies docebit exactius, libentissimè communicabimus, Hæc Lauræus.

Harcha rursus. Silurus Vngaricè Harcha dicitur, à latitudine dorsi, ut audio, aut oris fortè. profertur autem Harcha non aliter quàm si Hartscha uel Harcza scriberetur à Germano. solent quidem etiā Itali ch. scribere & proferre, ubi Germani tsch. Pannonij Danubij accolæ silurum uulgari sermone Acchia uocant, Ioan. Manardus: sed aspirationem & r. literam omisit, & trissyllabum pro bissyllabo fecisse uidetur. Hoc quidem illi debemus, quòd primus nostro seculo silurum agnouit: quanquam præter hæc aliud nihil addidit, & à nemine hactenus quo de pisce sentiret intellectum est. Ego & paulò antè ex Lauræi literis de Harcha quædam scripsi: & plura hîc addam, quæ ex eruditi iuuenis Io. Viti Balsaratij Vngari colloquijs accepi, unde Harcham proculdubio silurū esse liquidò constabit. Barbottam (aiebat) piscem in Tibisco (qui Daciæ fluuius Danubio miscetur) aliquando captum se uidisse septem uel octo cubitorum, plaustrum occupantem. eum in fluuio annis sedecim sub culina uiri cuiusdam nobilis latuisse. hamo tandem inescatum esse, dum fœturam suam custodiret. ubi se captum sensit, exilijsse. secutos impetum eius piscatores ad miliaria duo, denique defatigatum cepisse, & in oppidum Nadlac uexisse: ibi in eius uentre caput humanum cum dextra manu & tribus annulis aureis inuentum esse: cuius rei abominatione incolæ multis postea annis hoc genere piscis, non uilis alioquin, abstinuisse. Barbas eum supra infraq; os habere, rictum latum, caudam uersus attenuari. dentes habere instar pectinis illius quo laneæ uestes depectuntur, à carduis denominati uulgò. squamis carere. in aquis cœnosis uersari.

Sum. Eiusdem piscis Illyricum nomen est Sum, Polonis ac Bohemis usitatum. Author libelli qui rerum nomenclaturas Latinas cum Polonicis & Germanicis confert, Balænam & Cetum interpretatur Sum: nec scio an marina etiam cete eodem nomine appellent. Ausonius etiam propter magnitudinem corporis balænæ silurum comparat: quoniā ubi is in flumine adest, --- diffunditur

funditur alueo Aestus, & extremi procurrũt margine fluctus. Talis Atlantiaco quondam balæna profundo, Cum uento motu ue suo telluris ad oras Pellitur, exclusum fundit mare, magnaq; surgunt Aequora, uiciniq; timent decrescere montes. Germani quoq;, in Sueuia præsertim, Waller uel Wäller quasi balęnam uocitãt. Ab hoc Illyrico nomine Albertum puto, cum silurum esse nesciret, Latinũ Sumus finxisse, in Catalogo piscium alphabetico: ut in Glanide etiam notauimus Capitur Cracouiæ alibiq; in Vistula fluuio, item in Prussia. Pisces, carnem, & cadauera eum uorare aiunt: è mari ascendere: ut affirmauit Polonus quidam literatus, qui inspecta apud me effigie, quam Rauenspurgo Sueuiæ accepi, eam omnino Sumi piscis esse affirmabat. uilem haberi, per frusta diuendi, media corporis eius præferri, reliqua nimis dulcia ac mollia esse. Alius quidam Sumum carnem aiebat habere ferè ut Lucius, solidiorem, uulgò lautam. Ego pro ætate discrimen esse puto: minores lautos esse, maiores non item. Gedani (in ora Germaniæ) audio piscem esse, qui cum dissecatur, frusta mouentur ac tremunt, carne ut Sumi. Sumus.

¶ Silurus degit in Albi amne nostræ gentis, & nostratibus nominat̃ Sum, infestus piscibus cetus: unde apud nos uulgare uerbum: Piscis pisci præda, at siluro omnes. in Rheno hodie defecisse uidetur, Sigismundus Gelenius Bohemus in epistola ad me. ¶ His addam quæ Antonius Schneebergerus ciuis & olim discipulus meus, nunc medicus egregius, de Sumo pisce, Cracouia ad me scripsit, cum mentionem eius à me factam in Germanico piscium catalogo legisset: Schaid piscis Polonis Sum nominatur. capitur uerò in Vistula flumine aliquãdo longitudinis sedecim pedum, latitudinis trium dodrantũ, Mustelæ fluuiali (Trüschen, Mientus Polonicè) capitis forma, spina dorsi, caudæ longitudine similis, item lubricitate. Oculi parui sunt, qui in pinguioribus bubulis similiter prominent. Per totam caudæ inferiorem (intellige à uentre procedentem) partem pinna usque ad extremitatem eiusdem porrigitur, eaq; in fine unica non bifurca est. appendices geminas non breues, & in maioribus indicis digiti crassitudine, in extremitate superioris labri utrinq; unam habet, his uariè circunuolutis alios pisces os suum apertum ingredi cogit, hácque ratione uenatur. Ferunt quendam molitorem hamum in Vistulam iecisse, eoq; relicto ad quoddam temporis spacium abfuisse, interim uerò anguillam hamo captam esse: quam cum Silurus (Schaid) deuorare uellet, lubricitate corporis adiuuante per branchias eiusdem Siluri transiisse, simulq; silurum cum anguilla utrunque mediocris magnitudinis captum esse. Vesicam albissimam simplicem, non duplicẽ, sicuti in cyprinis apparet, habet. huic uenter cum intestino tenui parum flexuoso imminet. intestinum in sinistra eius parte descendit ad pinnam quæ circa corporis finem, caudæ autem principium, in inferiori parte posita est, illicq; excretionis meatus esse apparet. In uentriculo nihil quàm lacteus quidam succus erat. Color exterior in iunioribus nigrior, parùm albicantibus maculis distinctus, in senioribus contrá. Caro substantiæ friabilitate, albedine, sapore luciorum non dissimilis, densior tamen uidetur. Paratur eo modo quo scribis, (*hoc est, sicuti anguillæ, in croceo iure.*) Præterea in ueru saluia & maiorana confixa assatur: quo modo cauda parata in delicijs habetur. cutis densa est, uidetúrque facillimè excoriari posse. Audio extra aquam per triduum maiores uiuere, præsertim hyeme. Maiores eâdem ratione capiuntur, qua salmones circa Basileam, Hucusq; Schneebergerus.

Germani qui ad Danubium accolunt Schaid uel Schaiden nominant silurum, siue à Schaid. damno quod uoracitate sua infert, (damnum Germani schad uocant:) siue à figura uaginæ (quam alij Schaid, nostri Scheid appellant) præsertim gladij equestris: quæ latior initio, paulatim in angustum desinit. Huius nominis piscem in Danubio & Teissa, id est Tibisco, capi aiunt. omne piscium genus obuium ab eo uorari, maximum esse post husonem. ad libras (sedecim unciarum nimirum) octoginta aliquando accedere. barbatum esse, rictu amplo latóque, cartilagineum, (Bellonius etiam silurum cartilagineis ouiparis, ut sturioni & attilo adnumerat:) squamis carere: carnem habere mollem, pinguem ac uiscosam. minorem natu fusci uel nigricantis coloris esse: cum senescit, albicare. è mari subire Istrum. in delicijs haberi, & apparari anguillæ instar in iure croceo. Marca fluuius non longè supra Presburgum in Danubium exonerat. is quoque Schados, id est Siluros recipit: & alibi in Vngaria lacus Peiso (uulgò Newsidlersee) dictus: quem miliaria Germanica septem longum esse audio, latum tria: insulas quasdam natantes sustinere, ingentes cespites herba uestitos, quibus etiam arbores innascantur: in ijs ceu puteos à piscatoribus excindi: ad quos cum se contulerint siluri, instrumento ferreo (ita fabricato, ut quò magis renituntur pisces, eò ampliùs comprimatur) feriuntur. precium est in libras nummus cum dimidio, is qui à cruce denominatur Germanis uulgò: (quorum septem cum dimidio denarium argenteum constituunt:) dorsi uerò partes, propter spinam diuitibus expetitam, quarta parte maioris uæneunt. Pars circa caudam, tota assatur, & ipsa in delicijs diuitum. Captum illic audio, octo aut ampliùs cubitos longum, pondere centum quinquaginta sex librarum communium, quæ uncias sedecim appendunt. Nuper Achilles Gassarus medicus pereruditus & studiorum meorum promotor, in hæc uerba ad me scripsit: Piscem Schaiden sæpe Viennæ uidi. is quò minor, eò delicacior est. paruus adhuc, ut pedem aut cubitum non excedat, appellatur illic ain Sick: adultior uerò ain Schaiden. Idem in dicto Ambronis lacu (Ammersee uulgò in Bauaria) sæpe capitur, Dick.

tt 3

suntq́ue elapso autumno duo quinos pedes longi Mecœnati nostro missi, quos ille ad ædes Myconis in uiuarium suum misit. ¶ Alius mihi narrauit piscem Sick uel Tick uel Tück in Danubio capi, nõ quidem circa Viennam, sed inferiùs circa Budam, molem eius libras (X V I. unciarum) uigintiquinq; appendere. Corpus ut husonis, minus, multis ceu stellis uarium, rostro prominente ad quinq; aut sex digitos, ueluti anserino: longiore & graciliore quàm sit husonis. Imperiti quidã Tock. paruum husonem esse putant. Vngari uocant Tock uel Tockhal, quod nomen ad antacæum accedit, si an. syllabam præponas. magnum esse aiunt, trium aut quatuor cubitorum, sine squamis, subnigrum, dorso spinoso, capite magno, nullis dentibus, cartilagineum, è mari ascendere: certo tempore capi uêre & autũno. Haud scio an hic sit Scurio ille, quem superiùs Hũgaricè Schwreg nominauimus: & an idem fortè antacęus stellaris, cuius iconem in operis fine dabimus: etsi huius rostrum breuius sit, quàm in Toco esse diximus: cætera congruunt. ¶ Alius quàm Schaid, est piscis Schied in Bauaria dictus, quem & ipsum ad huius uoluminis finem exhibebimus.

Waller, & similia nomina. Waller, Weller, Wale, Walle, Wällern, Welline, Walarin, in diuersis regionibus scribitur ac proferẽ Germanicũ piscis siluri nomen, partim masculino genere partim fœminino: à balæna factũ, quã similiter Wal uel Wallfisch appellãt Germani. est enim ueluti balęna quędã, seu cetus, id est maximus ferè piscis dulciũ aquarum: ut plurib. scripsi suprà in Illyrico nomine Sum. Sunt aũt uulgaria hæc nomina Sueuis pręcipuè. in plerisq; enim Sueuiæ, sicut & alijs Germanię, (& quibusdã Heluetiæ) lacubus reperiẽ: ut in Acronio lacu, & in alio quodã uallis Rhenanæ in finib. Heluetiorũ, ut audio: et in Dunensi Bernensiũ Heluetiorũ: itẽ in Sueuia prope Rauespurgũ, & alio iuxta Waldsee: & in Carinthiæ lacu quem longum cognominant. deniq; in Bauariæ lacubus, Wallern pisces copiosè capi audio. addebat quidam lardum eis esse instar porci, magnis præsertim. ¶ In Algoia regione (parte Sueuiæ) inueniuntur passim multa piscosa stagna & uiuaria: quorum quædam ingentes producunt cancros, alia maximos pisces, præsertim lucios, carpones, olrupas: aliosq; optimos pisces, maximè autem balenas, Wälinin uocãt, habentes barbæ loco duos funiculos, deuorantes alios pisces & aquatiles aues. fiunt enim tam magni, ut quidam adæquent pondus quadraginta, alij quinquaginta librarũ, Munsterus. Wälinen maximi pisciũ in Acronio, gobios fl. capitatos quodammodo referunt, sapore carnis mustelas quas trissias uocant. Raro capiunẽ. incolunt enim profundissimos gurgites. apparẽt tamẽ aliquãdo, sed raro singuli. Conspectus eorũ ueteri persuasione pro ostento habetur, & magna rerum mutatio metuiẽ. Circa annũ Salutis 1498. ad Rheni angulum uulgò nominatũ, tres huiusmodi pisces capti sunt: quorũ breuissimus (uiro tamen procerior) Constantiã delatus est: ubi in piscatorum tribu pictura adhuc spectaẽ. Vt rectè parentur, in frusta dissecti, & uino frigido immissi elixãtur: ac iure croceo aromatico condiuntur, Mangoldus. ¶ Rauenspurgi in Sueuia ante annos aliquot uidi in pariete nosocomij pictum silurum pręgrandem, qualem quantũq; ante paucos annos in proximo lacu captum aiebant: septem uel octo pedes longũ, nigricantem, maculis ad uentrem fuscis, hoc est è nigro modicè albicantibus. Cauda nonnihil ab alijs quas habeo picturis diuersa, trapezij quadam specie, quali secures fermè spectantur: barbis pedalibus. Eam picturam nobilis in ea ciuitate medicus Carolus Egellius, qualis quantaq; est, expressam ad me dedit. Cauda concussa pisces (præsertim minores) deuorandos ori admouet. intestinum unicum & rectum habere dicunt.

Welß. Vt nomen Wal uel Weller huic pisci à balæna translatũ est, sic etiã Welß, opinor: quo Germani inferiores, Saxones, Silesij, maritimiq; omnes, ni fallor, utunẽ, nos hoc in loco Velsum tanquam Latinè dicemus. Sunt qui capellani uulgò dicti asellorum generis nomen Velso quoq; attribuant, propter capitis magnitudinem, ein Kabelan. Asellum quidem Capellanũ salsum Rheni accolæ Bollich appellant: unde fortassis factum est, ut piscem Bollich dictum Matthiolus Senensis silurum esse putârit. Errant qui Amiam, Welß interpretantur. Eundem suspicor Wilß in regionibus ad Septentrionem dici. nam Rostochij audio Wilß esse piscem crasso uentre. De eo nuper Ioan. Kentmanus medicus sic ad me scripsit. Velsus est è numero piscium qui è mari in Albim subeunt, & in eo manentes proficiunt pariuntq;. Corpus ei fuscum, nigris maculis plenum, squammæ nullæ: corium satis crassum & lubricum. caput grande, latum & simum. Rictus oris amplus, & ad capitis latitudinem patulus: labia suprà infraq; aspera, quibus prædam retinet. dentibus enim caret. A labro inferiore dependent barbulæ quaternæ tenues, molles, oblongæ: à superiore uerò binæ, duræ, longissimæ. uenter est magnus, deformis. cauda tenuis & lata, ad quam usque pinna ab ano extenditur. Vtrique ad branchias pinnæ adiũctus est aculeus quidam durus, osseus. quibus infestos sibi pisces arcet. Toto corpore unicam spinam extensam habet, sicut mustela illa fluuiatilis, quam nostri Quappam nominant. Parit in Albi, crescitq; multũ & pinguescit tum ipse tum fœtus: & similiter in lacubus ac stagnis, ubi præda copiosa solus potitur. est enim admodum uorax piscis, & eo nomine ubicunque est damnosus: quamobrem nõ temere piscinis immittitur. Inter pascha & pentecosten è mari ascendens, ut in dulcibus aquis pariat, plurimùm capiẽ: quanquã toto ferè anno capi soleant, sed parui, à binis libris põdere ad senas usq;. Maximi uerò qui circa partũ capiunẽ, libras circiter uigenas ultra centenas appendũt. Libra ferè nummo quẽ grossum uocãt, uendiẽ. complent aũt grossi X X I. florenũ, id est drachmas ferè sedecim.

r Piscis est pinguis & boni saporis. in magnis aliquando pinguitudo per dorsum uel duos digitos

tos

tes crassa, ceu in porco, apparet. Laudatur in cibo tum recens, tum salsus. solent enim eos in dolijs salire, & per annũ seruare. Parui adhuc, antequam ad tres libras accedant, simpliciter in aqua elixi, placent, sicut & lucij, trutæ, mustelæ fl. & alij. oportet autem ritè præparatos, aquæ cum primùm feruere occœpit, inijcere: condire, salire, & ad iuris ferè consumptionem decoquere. Vbi uerò iam trilibres, maioresq; fuerint, pars dimidia, anterior, optimè sapiet, simpliciter elixa primùm, deinde perfusa iure è uino & saccharo, cum cinnamomo, pipere, croco, cymino, & modico amyli uel panis albi indurati confriatiq;: cuius modum augebis, si ius densare libuerit. posterior uerò, & ad caudam pars, placebit ad carbones paulatim assata: deinde cõdita iure è uino, saccharo, cinnamomo, zinzibere, croco, & malorum dissectorum tessellis: quale pro cæteris etiam piscibus assis fieri solitum est. sunt qui aceti nonnihil affundãt. Pro malis aliqui cepas minutatim consectas miscent. Deniq; maximi, siue recentes, siue salsi, iure caryophyllorũ coloris uel crocei, sturionis instar conditi, laudantur. Hactenus Kentmanus. Sunt qui Velsum tres ulnas longum in Albi capi referant circa diui Ioannis diem æstate optimum esse, deinde se occultare inter saxa: & si hirudines infestent, prodire. Dorst piscis est uulgaris apud Liuones, partim Sturioni, partim Velso similis, ut audio. ¶ Est & apud Silesios in Viadro Velsus, tantus, ut captus impositus currui, plerunque ultra currum emineat. Anseres aliquando uorat. Non admodum in delicijs apud eos est. salsus exportatur. Barbis extensis & contractis, ceu brachijs, pisces uorandos ori eum admouere aiunt.

DE SILVRO, QVI IN LACVBVS BERNENsium Heluetiorum capitur.

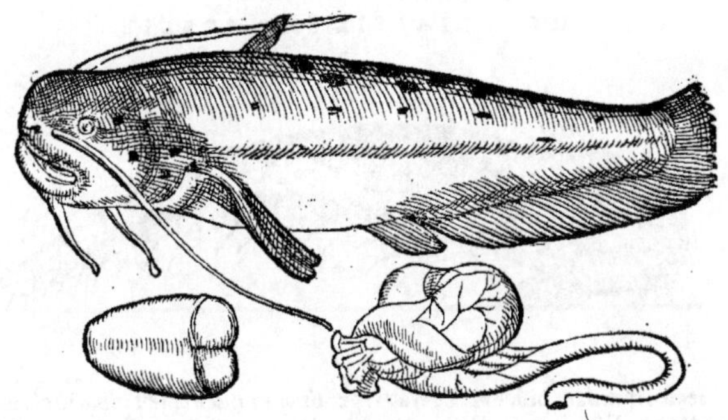

Quanquam permulti sint Heluetiorum lacus, & satis magni, siluri tamen in paucis (ut suprà quoque diximus) capiuntur: & rariùs puto in maximis, per quos magna flumina transeunt: frequentiùs in minoribus, fortè quòd magis cœnosi sint illi. amant enim aquas turbulentas. In Bernensium duntaxat lacubus aliquando reperiuntur, ut Moretano, & proximo Neocomensi, qui etiam Iuerdunensis dicitur. Benedictus Martinus, uir undequaque eruditus, qui Bernæ bonas literas docet, rogatus à me, qualis apud eos capitur, talem & pingi curauit & descripsit. Pictura huic capiti præfixa est, descriptionem subijciam. Mitto iam tandem Saluth (*sic Sabaudi finitimi nominant circa Moratum & Neocomum*) piscis imaginem: qui apud Bipennates captus est, & per amicos ad me missus: ac me præsente à pictore delineatus, unà cum interioribus quibusdam partibus, quas secto pisce inspeximus. Est autem Saluth piscis mollis, sine squamis, totus lubricus instar anguillæ, ac inter lacustres nocentissimus. uenatur enim reliquos, & in omnes mira uoracitate tanquam helluo grassatur. Crescit etiam in ingentem magnitudinem. Superioribus annis in Moretano lacu captus est octo pedum, & apud nos Bernæ ad libram uenditus. hic noster paruus erat adhuc, sesquipedalis. Caput habet amplum & bene latum: reliqua corporis pars est contractior, ut in acumen propè desinat: os patentissimum: inferius labrum prominentius superiori. Color ei nigricat, præsertim circa caput: latera ad cinereum inclinant: undique per tergum & caput nigris maculis conspersus est. Branchiarum utrinque quatuor habet ordines à medijs lateribus: imò ferè capite concurrunt. A branchijs statim duæ pinnæ sunt. inde uenter laxus est, quem terminant duæ aliæ pinnæ prioribus minores. Hinc cauda reliquo corpore multò prolixior, quæ inferna parte continuam unam pinnam habet, in tergo unica pinna exigua est & erecta: hac tanquam uelo, illa gubernaculi uice utitur, motuq; fertur citatissimo. Oculi cinerei, eminentiores reliqua cute, rotundi, parui. ante oculos utrinque cornu unum prælongum. Hæc cornua ante se extendit, ceu ad explorandum, interdum ad latera comprimuntur. labium inferius quatuor cornua habet breuiora, quæ gulam ut barba ornant,

t t 4

Venter totus albicat. Os patentiſsimum, ut dixi: labra aſpera frequenti dentium ordine. Sine lingua eſt: quiddam tamē tuberoſum, firmum, à branchijs ad inferius labrum protenditur, ad latera utrinq; liberum, extremitatibus contiguum, hinc labro inferiori, illinc branchijs ad guttur. Branchijs & gutturi cōtiguus eſt uentriculus, extenſus, & ſatis capax. is cum inflarem eum calamo in præſenti piſce ſeſquipedali, æquabat renē porci magni, undiq; diſcurſantibus uenis rubris. hunc tegit hepar. à latere uentriculi inteſtinum longum prominet, quo ſtercora egeruntur, id ad poſtremas pinnas ubi finitur uenter, defertur. materia (*ſubſtantia tunicæq; uentriculi, & inteſtinorum*) tota eſt ſolidior, qualis in quadrupedibus uenter eſt. Supra eam eſt ueſicula, quam media ſutura in duos torulos eminentes diuidit, longos. ante duo tubera mammarum inſtar, uel quales ſunt uertebræ, rotunda. Poſterior pars in acumen ſenſim deſinit, ut tota ueſicula non malè lyram uideatur exprimere. Eſt autem ea candidiſsima, nigra ſuperinducta membrana, quæ commodè poteſt detrahi, ut ueſicula tanquam ex culeo nigro candicans ipſa, educatur. cohæret hæc ſpinę dorſi inter branchias. Per ſpinam autem dorſi uena tranſit candida nigro tenuiſsimo inuolucro tecta ut in anguillis. hanc eximunt deliciarum ſectatores tanquam uenenatam & noxiam. de cætero præparant ad menſam quo pacto anguillæ parantur, &c. Hucuſq; Benedictus Martinus. Videtur autem ſpecies hæc ſiluri diuerſa eſſe à ſuperiori: quoniam & color uariat: & pars ad caudam latior eſt proportione, quàm in cæteris, quas habeo, huius piſcis imaginibus. Qui apud me hanc picturam uiderunt peregrini, Velſo ſuo uel Schaido ſuperiùs deſcripto, diſsimilem eſſe aiebant, ſpecie nimirum, non genere proximo. Quærendum an pinna ab ano extenſa retrorſum, caudæ continua ſit: uel potiùs propter uicinitatem, continua eſſe uideatur nō diligenter animaduertenti. Ex picturis ſilurorum quas habeo diuerſas, ut dixi, quædam continuant, aliæ non item.

DE ALIA SILVRI SPECIE.

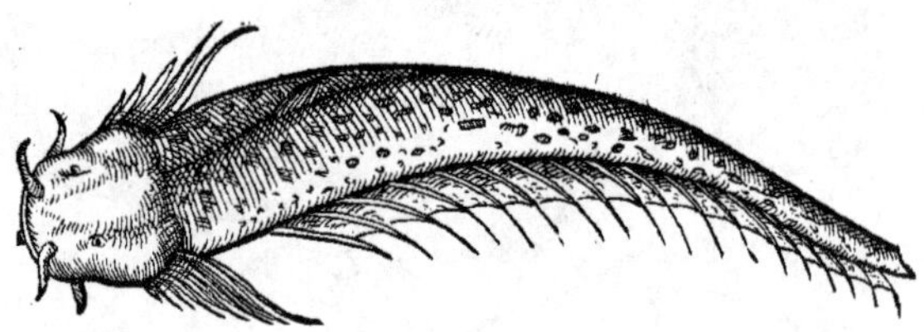

Siluri ſpecies quædam pulchra & rara Argentinæ in piſcina ſeu uiuario ciuis cuiuſdam alitur, nomine ignoto. Eius iconem Petrus Stuibius iuuenis eruditus affinis meus, ad me miſit huiuſmodi: quam Lucas Schan pictor illic ad piſcis partim ſub aqua natantis, partim extracti aliquantiſper aſpectum expreſsit. Piſcis (ut ex pictura apparet) totus ſimilitudinem aliquam cum muſtelis fluuiorum, & lacuum habet, illis quas Alputt & Trüſchen (ab alijs aliter) nominari dixi. Oculi ſunt parui. Barbulæ fuſcæ, non longæ, è craſsiuſculis paulatim attenuantur, binæ ſuperiore labro, ternæ inferiore. Pinnæ ad branchias binæ. In dorſo nullam oſtendit pictura, ſed tantum carunculam quandam mucronatam eminentem, qualis & in Muſtela lacuſtri maiore eodem ferè loco uiſitur. In uentre uerò una & continua longiſsima pinna ad caudam uſque albicat, maculis diſtincta fuſcis. Corpus à capite retrorſum ſubinde attenuat: finis latiuſculus et obliquus eſt, & quod mireris nullam caudæ pinnam habet. Os magnum & latum. Capitis color è cæruleo ſub uiridis: reliquum corpus uiridi & flauo colore mixto pingitur, ſed maculas etiam diuerſi coloris habet. Sed ipſa Stuibij mei uerba adſcribam, teſtis oculati: Piſcis (inquit) quam mitto effigies, licet coloribus per omnia non reſpondeat, formam tamen optimè refert. nam cū piſcē extra aquā diutius retinere non eſſet integrum, non licuit pictori tam cito omnia conſiderare. Huius generis duos in ſtagno ſuo ciuis quidam alit, qui cū ante annos trigintaſex ad Hundsfelden in Rheno cum alijs piſcibus illis, quos Argentinæ uocant Rufelken, ſimul naſſa capti eſſent, uix digiti longitudine, & Argentinam in forum aduecti, à ciue quodam raritatis gratia empti, in piſcinam coniecti ſunt, in qua alter ab eo tempore uſque adeò excreuit: ut iam ſex cū dimidio pedes meos (hominis mediocris proceritatem aut ampliùs) longitudine cōtineat. Caput quà craſsiſsimum eſt filo complexus, duorum pedum & dimidij ferè circumferentiam deprehendi. Alter huic per omnia cōſimilis, ſed longitudine longè eſt inferior. Maior ille piſcibus quibuſuis excepto Carpione, ſiue uiuis, ſiue mortuis, ueſcitur. Hyeme nihil quicquam guſtare unquā uiſus eſt. Cornua quę ſupra & infra os habet, quotannis decidunt, & rurſus noua ſuccreſcunt, ſicuti ceruis. Nomen cognoſcere non potui niſi quod aiebant, olim quędam Scheid appellaſſe, (eiuſq; generis magnam in Danubio copiam eſſe;) & Sabaudum quendam ſua lingua Salu, Hæc affinis meus. Ego poſteà etiam

etiam accepi hunc piscem tota hyeme in uno eodemq́ piscinæ illius angulo se continere, id quod dominus prædij affirmat. Speciem hanc à superioribus esse diuersam, coloris, barbularũ, & caudæ diuersitas loquuntur. Glanidi'ne potiùs quàm siluro cognatus idem ue sit, considerandum. Is quidem piscis cuius figuram cum glanide Rondeletij G. elemento posuimus, ut cum siluro simile nihil habet, ita glanis esse non potest.

De Siluri natura & uoracitate plura scribit Manardus epistolarum 9.3. quorum suprà non me mineram. *Manardus.* Dum Vladislai (inquit) Pannoniarum regis saluti inseruirem, non semel uidi piscem, quem indubiè silurũ esse, præter reliqua, hoc argumento putaui: quòd in animalia quantũuis magna, in Tibisco præsertim flumine, quod Istrũ influit, audacissimè adeò insurgit, ut nec hominibus parcat. Publica enim apud Pannones fama est, aliquando captũ, in cuius uisceribus humana manus ornata anulis inuenta sit. Vocãt incolæ hunc piscẽ (si rectè memini) Acchiã, uastissimo ore, & durissimis dẽtibus armatũ, figura gobio similẽ, eaq́ aspectus atrocitate, ut terrorẽ etiã mortuus uideatur spectantibus afferre. Ad hanc descriptionẽ Matthiolus, aut potiùs quisquis eũ participem fecit, silurum suũ confinxisse uidetur. *Matthiolus.* Saluianus silurum nostrũ glanidem facit: & in eius descriptione, in primo dorso paruam erigi pinnã, qua in re nobiscum conuenit: post quam (inquit) alia una multò magis angusta in medio dorso enata per dorsum reliquũ ad caudam usq́ æqualiter deducitur. *Saluianus.* Et altera huic figura & magnitudine simillima à podice per imũ uentrem ad usq́ etiam caudam excurrit, &c. Hanc ego dorsi pinnam alterã in siluris meis non inuenio: neq́ ulla est ex multis quos amici miserunt picturis, quæ eam designet: ut neq́ ipsa à Saluiano exhibita icon, elegans sanè & proba. In nostris Italię fluuijs (inquit idem) nullibi, quòd sciam, habetur. Vtraq́ eius maxilla paruorũ dentium, sed acutorũ & ualidorum ordinibus quàm plurimis armatur: præter quos innumeros denticulos maioribus etiam & robustioribus muniũtur fauces, &c. Nobilissimus comes Hieronymus Martinengus, dum Viennæ apud Ferdinandũ regem Romanorum pontificius erat orator, non solùm huius piscis ad uiuum depictã iconem, sed eiusdem etiam exiccatũ caput ad me transmisit. Idem puerum in Danubio apud Possoniam natantem, paucis antè annis ab hoc pisce deuoratum, ac in interaneis eiusdem, post dies paucos (Archiepiscopi Strigonensis cura capti atq́ dissecti,) pueri fragmenta reperta, à fide dignis Pannonibus se accepisse, me certiorem fecit. Hæc Saluianus. Idem silurum Sturionem esse contendit, reuocata Iouij opinione, iandudum ab eruditis, Manardo præsertim, ac nuper Rondeletio explosa & confutata. ego ne actum agam, ampliori refutatione abstinebo. hoc certè in Saluiano displicere mihi dissimulare non possum, quòd ut suam persuasionem tueatur, Græcos Latinosq́ ueteres quosdam erroris & ignorantiæ circa silurum, lippis olim & tonsoribus notum piscem, insimulat. Præter cætera autem, quæ à nobis relata, silurum nostrum eundem ac ueterum esse ualidiùs confirmant: hoc leuius, non tamen contemnendum, accedit, quòd de eo canit Ausonius, --- quem uelut Actæo perductum tergora oliuo Amnicolam delphĩna reor. Læue enim & lubricum, ceu oleo perfusum, eius corium est. Rondeletij sententiam, ad colorem referentis olei in his uerbis mentionem, non admitto. Sturioni autem tergus eiusmodi nequaquam est.

DE SIMIA MARINA.

EST etiam in mari rubro Simia, non piscis quidẽ hæc, sed bestia cartilaginea, ueluti squamarum expers, (σελαχῶδες ζῶον, οἱονεὶ ἄλεπον,) eaq́ ipsa non magna. Colore est terrestri similis, tum facie speciem similitudinemq́ eiusdem gerit. Non pisceo tegmine reliquum corpus, sed illiusmodi circumuestitur, cuiusmodi testudinis inuolucrum est. Eadem similiter atq́ terrestris leuiter resima est. eius reliquum corpus instar torpedinis latũ est, ut dicas auem esse alas explicantem. Cum natat, uolare uidetur. In hoc uerò à terrestri differt, quòd uariè distinguitur, & ruffa est ceruice, ut branchijs quoq́. Καὶ πυῤῥοὶ δέ εἰσιν οἱ κατὰ τὸ ἰνίον πλατεῖς (τένοντες forte addendum) ὡς βράγχια. Os uerò non in summa facie oblongum ei prominet, sed hac etiam parte modicè sima terrestrem repræsentat sibi cognatam, Aelianus de animal. 12.27. Et rursus 15.17. In media natura quædam communitas retrusa leoni est, & affinitas cum delphino: non ex ea parte solùm quòd uterq́ imperat, ille quidem terrenis bestijs, hic uero aquatilibus: sed quòd siue senectute siue morbo infirmis ambobus, illi terrestris simia medetur, huic marina quoq́ simia remedio est. Nam ut in terra, sic etiam in mari aliquod est simiarum genus, quod similiter huic, ut illi terrenum, medicinam morbi affert. Ex Aeliano etiam Philes repetijt. Non congruit cum Aeliani descriptione piscis ille galeorum generis, quem Bellonius Simiam, Rondeletius uerò (meliùs opinor) Vulpem facit. nam Bellonij Vulpes, Rondeletio Canis centrines est. ¶ Rondeletius piscem quem alaudam non cristatam nominauit: Possis (inquit) etiam optimo iure simiam appellare, quia capite simiam refert. est enim capite paruo & rotundo. *Alauda piscis.* Sed prorsus alia est maris rubri simia.

Propiùs ad Maris rubri simiam accedit piscis, cuius iconem, qualem à Io. Kentmanno accepi, hîc exhibeo: qui etiã uulgò alicubi Simia marina uocat, ein Meeraff: hoc enim nomine è Dania sibi allatum scribit. Pinnas tanquam uolãs extendit, ut pictura præ se fert: & inter duas in summo dorso pinnas aculeum retro tendit, ceu galeus centrines: os simum habet, non ut galei in longitudinem protensum rostrum. branchiarũ foramina quina apparent, obliquo inter os & oculos descensu. Color ei uiridis toto corpore: sed in dorso magis fuscus, ad latera pallidus. dẽtes lati & continui. Reliqua satis apparent in icone: quæ cum ad sceleton facta sit, in uiuo animali non omnia similiter se habere suspicamur. Testitudineũ inuolucrum si accederet, Aeliani hanc simiã facerẽ.

SIMIIS marinis adiungere uolui monstrum, cuius picturam subtilissimus Cardanus mihi communicauit. Serpentem Indicum esse scribebat, Mediolani in macerie quadam repertũ. nec aliud addebat. sed cauda uidetur animalis aquatilis esse: caput πιθηκοειδὲς, id est simijs cognatum aliquid præ se fert: ut & digiti pedum, quos binos tantùm ostendit, manuum instar oblongi. Vix equidem ausus hoc animal proferre fuissem, nisi à tanto uiro accepissem.

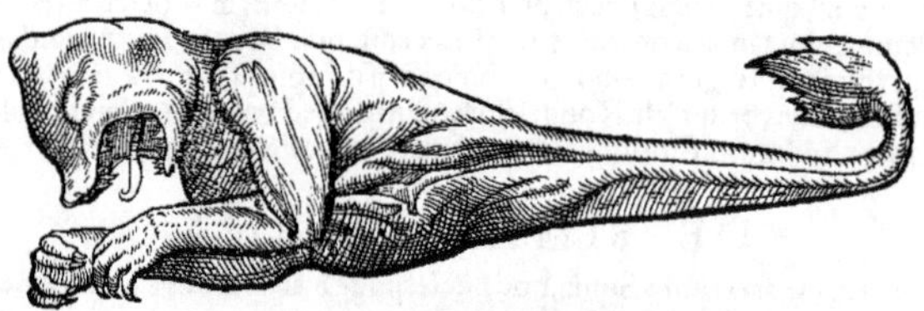

SIMVS ab Athenæo nominatur inter Nili pisces. Meminit eius etiam Artemidorus Onirocriticorum 2. Eustathio tamen lib. 1. Halieuticorum marinus est, ex illis qui in petris & arenis pascuntur: Σιμοί τε, γλαῦκοί τε, καὶ ἀλκισάς σιωόδοντές. Eustathius in Iliad. M. hoc nomen pro pisce ultimam grauare docet, (scribit autem σίμος paroxytonum,) ut ab adiectiuo σιμὸς oxytono differat, sed præstiterit puto penanflectere cum piscem significat, quoniam primam productam habet. Oppianus, Athenæus, Artemidorus, etiam pro pisce ὀξυτόνως scribunt. ¶ Nos simum fluuiatilem uocare poterimus piscem, quem uulgò Germani Nasum: crassam enim & simam hanc partem, à qua denominatur, habet. ¶ Rondeletius Testudinem coriaceam à se dictam, Simiam maris rubri Aeliano memoratam forsitan esse suspicatur. Bellonius alteram Tæniæ speciem à Rondeletio dictam, deformi capite simiam quodammodo præ se ferre scribit, & à multis Marmotum uocari.

Aethiops pisc. Simus etiam non nomine sed re est Aethiops dictus piscis, in Eclogis ex Agatharchidæ commentario, circa finem. Gignuntur (inquit) cum alij multi pisces locis prædictis, naturæ ac formæ peculiaris, (ἐξηλλαγμένην ἔχοντες τὴν φύσιν:) tum unus omnium maximè atri coloris, proceritate uiri: quem, & eam ob causam, & à sima faciei specie, Aethiopem nuncupant. Hunc qui primi ceperunt, nec alijs uendere, nec ipsi in cibo consumere uoluerunt, propter similitudinem (*Aethiopis uel hominis*:) temporis uerò progressu utrunq; liberè fecerunt.

SIONES, brachycephali, mali succi sunt, & grauis odoris segnem materiam trahunt & gignunt: Xenocrates apud Oribasium, nisi mendum subest.

SIPH.

SIPHNA, Σίφνα, piscis quidam, Hesychius & Varinus. Σιφνὸν uacuum interpretantur: σίφνον uerò paroxytonum arcam panariam, &c.

SIPVRVS, Σίπυρος, piscis uulgò Græcis, uide in Hepato Rondeletij.

DE SIRENIBVS.

De Sirenibus multa protuli in Libro de auibus. finguntur enim partim uirgines fuisse, partim uolucres, Acheloi filiæ, &c. unde Ouidius, ---- Vobis Acheloides unde Pluma pedesq́ auium, cum uirginis ora geratis? Vnde apparet malè recentiores quosdã scripsisse, postremam Sirenum corporis partem, in piscem desinere: quæ forma Nereidum potiùs quàm Sirenum fuerit. Decepti sunt illi fortè ex eo quòd monstra maris eas fuisse legerant. Monstra maris Sirênes erant, quæ uoce canora Quaslibet admissas detinuêre rates, Ouidius. Maris autem monstra dicta conijcio, siue quòd in insulis circá ue mare habitasse fingerentur: siue etiam in ipso mari, quanquam inferiori parte aues, ita ut palmipedes, natasse crederentur. Hac occasione pauca quæ nunc se offerunt, preterita in Auium historia, hîc adijcientur, ex ueteribus primùm, deinde recentioribus.

Sunt apud Indos auium quædã genera, cantandi suauitate & oris expresśione tanta, ut comparatio nulla reperiatur, nisi Sirenes quasdam eas dixeris. nam has quoq; uirgines alatas, & pedibus aues fuisse, poëtarum fabulæ canunt, & pictores ostendunt, Aelianus 17. 23. de animalibus. De Sirenibus quædam leges in Varijs Io. Tzetzæ 1. 14. & 6. 75. & Eustathium in Commentarijs in Dionysium Afrum, super his poëtæ uersibus: Πρὸς δὲ νότον μάλα πολλὸν ὑπὲρ Σειρηνίδα πέτρην φαίνονται προχοαὶ Πελωριάδος Σιλάροιο. Orpheus in Argonauticis canit, quo pacto Sirenes cum ipsum in Argò naui præternauigantem de scopulo in quo erant, suauisśimè argutisśimeq; canentem audissent, fato quodam in mare se præcipites dederint, & in petras ingentes conuersæ sint. ¶ Vitanda est improba Siren Desidia, Horatius Sermon. 2.3. Σειρὴν πελάγιος, de alcyone, Plutarchus. Sophoclem aliqui σειρῆνα νέαν dixerunt, si bene memini. Ἢ ἀποβαρβάρους χελιδόνων δίκην ἐμμούσους, ὥσεὶ σειρήνων ἢ ἀηδόνων μουσεῖα, Quidam apud Varinum. apparet contrario sensu hirundinum, quàm sirenum ac lusciniarum, musea, accipi. Vide in aue Luscinia h. Ἡ Θεανὼ δ' οὐχὶ σειρὴν οὖσ' ἀπεπτίλωται; Βλέμμα καὶ φωνὴ γυναικός, τὰ σκέλη δὲ κοψίχου, Anaxilas (apud Athenæum libro 13.) monstra quædam à ueteribus conficta, ut Scyllam, Sphingem, Chimæram, ad meretrices referens, inter quas (inquit) Theano uidetur quasi Siren quædam, quanquam implumis: ut quæ uultum ac uocem mulieris, crura autem merulæ habeat. ¶ Sirenes apes disśident cum Circa aue, Aelianus. In Conchylijs aliqua ex Græcis (sumpta sunt nomina,) ut peloris, ostreæ. alia uernacula ad similitudinem: ut syrenæ, pectunculi, ungues, Varro libro quarto de lingua Latina. quasi Syrena, conchylium, id est animal testaceum sit, Latino uocabulo dictum, à nescio cuius rei similitudine, ut à pectine pectunculus. ego uocabulum corruptum suspicor. nam uel ypsilon primæ syllabæ uocabulum non esse Latinum arguit. *Syrenæ.* ¶ Ἀκόρεστόν τι καὶ σειρήνιον τὸ ἐπὶ τῶν διηγησιν, Heliodorus: hoc est, Narratio tam dulcis & illecebrosa, ut nulla eius saties obreperet. ¶ Augusto Cæsari Galliarum legatus scripsit, in litore inuentas mortuas Nereides Sirenesq; multas, ea forma qua pinguntur, Bapt. Fulgosus in memorabilibus: ex Plinij li. 9. cap. 5. ubi codices nostri Nereidum tantum mentionem faciunt, non etiam Sirenum. Addit ibîdem Fulgosus lib. 1. cap. de Miraculis: Visa sunt & marinarum nympharũ corpora humanis corporibus similia, nisi quòd cute anguillis persimili tegebantur: deinde imperante Phoca in Cycladibus iuxta Sdillarum (*sic habet codex impressus*) insulam duæ apparuerunt, ex toto penè humanam habentes effigiem.

Sirenes (inquit author de nat. rerum) sunt animalia mortifera, quæ à capite usq; ad umbilicum habent figuram mulieris improceræ magnitudinis: horrenda facie, crinibus capitis longisśimis atq; squalentibus. Apparent autem cum fœtibus quos in brachijs portant. Mammis etenim fœtus lactant, quas in pectore magnas habent: quas quando uident nautæ, multum timent, eisq́ue lagenam uacuam projciunt: & ipsæ cum ea ludunt, donec nauis pertranseat. Reliquam uerò partem corporis habent ut aquila, & in pedibus ungues ad laniandum habiles. Porrò in fine corporis habent squamosas piscium caudas, quibus ut remigijs in gurgitibus natant. Quoddam etiam musicum ac dulcisśimum melos habent in uoce: quo delectati nauigantes & attracti resoluuntur in somnum, sopitiq́ue sirenarum unguibus dilacerantur. Sed nonnulli nauigantium sapienti usi consilio, fortiter aures suas obturant, & sic immunes transeunt ne mortifero sirenarum cantu illiciantur ad somnum. Hæ quidem beluæ in quibusdam profundis gurgitibus, insulis, & aliquando in fluctibus commorantur. Et quod de lagena dictum est, illi testati sunt, qui eas uidisse dixerunt. Sirenas tamen has non in ueritate beluas, sed meretrices quasdam Isidorus fuisse descripsit, quæ transeuntes ad egestatem deducebant. Sed & philosophi & sanctorum expositorum nonnulli contrarium sentiunt, uera monstra marina esse dicentes. Sunt & sirenæ serpentes in Arabiæ partibus habitantes, equi cursu ualidiores: quarum etiam quædam alas habentes uolare possunt. Harum uirus tam est efficacissimum ad nocendum: ut morsum antè mors quàm dolor sequatur, Hæc ille: & similiter ferè Physiologus & Albertus. Crine longo sunt & soluto, inferiùs aquilinis pedibus. Alas habent superiùs. Fletus & sibilos quosdam dulces emittunt: quibus audientes sopiunt, &c. Albertus. ¶ Olim à Selando quodam accepi, in patria sua ad oram Germaniæ, monstrũ marinum quoddam uernacula uoce nominari **ein Füne**, facie uirginea, inferiore corpore piscis, magnitudine ouis: idq; cœlo sereno non rarò apparere: per tempestates uerò in speluncis litorum, aut inter scopulos latere: se quoq; eiusmodi uidisse affirmabat. Alibi, in Saxoniæ oris, **Meermåd** uel **Seemåd** nomen auditur, quod Virginẽ marinã significat. ¶ Sirenes horribile monstrũ in Oceano Orientali apparere, alicubi legi, in Charta quadã Geographica ni fallor. ¶ Sirenẽ mortuam spectaculi causa Genuam secum aduexisse fertur Philippus archidux Austriæ anno Domini 1548. duos item Satyros uiuos, alterum puerili ætate, alterũ uirili. ¶ In Nauigatione Hamburgensis cuiusdam, peracta anno Domini 1549. è Portugallia meridiem uersus in Orbem nouum: legitur, reperiri pisces in aquis humana specie in utroq; sexu: cauda tamẽ oblonga, squamis piscium obsita, cruribus breuibus iuxta caudam prominentibus. faciem ab humana parum deflectere. In Mersebicca insula (quæ Orientem uersus sita est, è regione Arabiæ nigræ, religionis Mahumedicæ, regi Lusitaniæ subdita) nuper duo comparuère huius generis animalia: quæ aurifaber illic depicta in Lusitaniam misit. De cantu quidem eorum, qualem poëtæ celebrant, nihil audio. Capti enim aliqui retibus cum alijs piscibus, uocem lamentatione plenam, tanquam à multis pariter ægrotis hominibus editã, emiserunt: & postridie mane in litore sicco mortui inuenti sunt: id quod Germani aliqui uiderunt ac audiuerunt.

Füne.

Meermåd.

Alciati Emblema titulo Sirenes, legitur hoc.

Absq; alis uolucres, & crurib. absq; puellas, Rostro absq; & pisces, qui tamen ore canant,
Quis putet esse ullos? iungi hæc natura negauit: Sirenes fieri sed potuisse docent.
Illicium est mulier, quæ in piscem desinit atrũ, Plurima quòd secum monstra libido uehit.
Aspectu, uerbis, animi candore trahuntur, Parthenope, Ligia, Leucosiaq; uiri.
Has Musæ explumant: has atq; illudit Vlysses. Scilicet est doctis cum meretrice nihil.

SMARIS Mænæ subiuncta est.

SMELVS piscis quidam est, nominatus à Tarentino: in cuius scriptis σμύλων genitiuus pluralis legitur.

SMERDVS, Σμόρδος genus piscis, Hesychius & Varinus.

SOLEA est suprà cum Passeribus.

DE SPARO (MARINO,) RONDELETIVS.

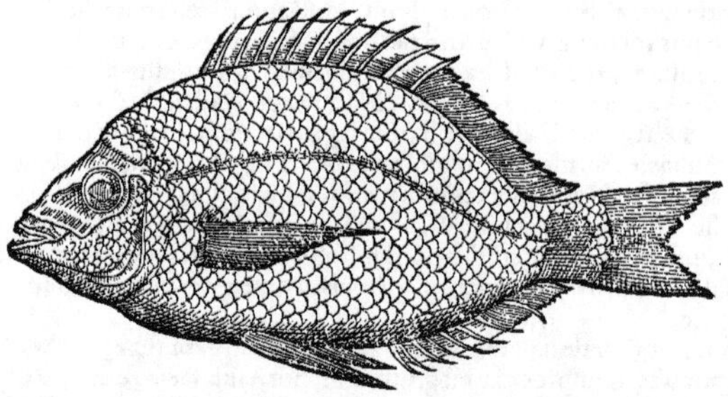

B. Similitudo cum aurata.

PVRPVRA iuxta purpuram dijudicanda, ut prouerbio dicitur. oritur enim ex mutua collatione uerissimum de rebus iudiciũ. Eam ob causam pisces similes similibus adiungimus, ut monuimus initio: quemadmodum auratæ sparum, qui ob coloris lineamentorumq; corporis similitudinem, aliquando à piscatoribus ipsis primo aspectu non internoscuntur. Σπάρος Græcis dicitur: Plinio lib. 9. cap. 15. (*immò cap. 51. ubi tamen meliùs legitur sargus*) sparus, alijs spargus: Aeliano additis literis aspargus, (*Vide proximè infrà in C.*) Aristoteli historię 5. 12. ῥυάς, quòd mollis sit, opinor, & facilè diffluat, dissipeturq;. Italis sparlo, aliquibus carlino & carlinoto, nobis sparallon. Hispanis spargoil.

Sparus marinus est piscis, litoralis, squamis, pinnis, earundẽ situ & numero auratę similis, corpore rotũdiore, tenuiore, & magis cõpresso ac minore: uix enim palmi magnitudinẽ superat. Superciliorũ locus ex uiridi flauescit, ut hac parte auratæ colorem imitetur. Ore est minore, capite magis compresso, rostro acutiore. Pinnæ quoque flauescunt, maximè quæ sunt in uẽtre: quæ ad branchias, minùs. In cauda maculam nigram habet, ueluti melanurus ac sargus, quã ab aurata facilè distinguitur. Peritonæum colore est nigro, uentriculus medius, cum appendicibus aliquot: intesti-

inteſtina craſſa & conuoluta. Hepar ex rubro albeſcit: à quo fellis ueſica longa pendet, fel aqueum continens. Splen paruus eſt & ruber, cor angulatum. Spari altera ſpecies eſſe uidetur, cantharo ſimilis, ſupercilijs ex rubro flaueſcētibus, niſi diuerſis temporibus, ut multi alij piſces colorem mutet. Marina ſtagna ſubit ſparus cum auratis.

Aeſtate parit, autore Ariſt. lib. 5. de hiſt. anim. ca. 11. circa Aequinoctiū, autore Plinio. (*Vide in Corollario A.*) Gregatim uiuit. Quæ me in eam adducunt ſententiam, ut exiſtimem Aeliani aſpargum noſtrum eſſe ſparum. (*Vide in Corollario A.*) Prætereà ſcribit aſpargos ſapientes eſſe piſces, ad diligenter penitusq; cognoſcendam temporum mutationem: & ineunte hyeme ad uitandam frigoris uim, ex natatione conquieſcere, ſimulq; commorando, æquabiliter & fraternè ſeſe tepefacere: poſteà uerno tempore aggredi longiora itinera: neq; modò obuijs, ſed etiam quæſitis & inueſtigatis cibis paſci. Nam in ſtagno noſtro id ſpari faciunt. Prætereà, de aſpargo nulla apud Ariſtotelem, Oppianum ex quibus ſue mutuatus eſt mentio fit, neq; mirum cuiquā eſſe debet, quòd nomen mutauerit, in pleriſq; enim alijs idem facit. Poſtremò facilis fuit ſpari aut ſpargi in aſpargum commutatio. Nunc de eius ſubſtantia. C A *Aeliani aſpargus, idem ſparo.*

Hiceſius apud Athenæum lib. 7. cenſet, ſparos mænis ſucci bonitate præſtare, & apud eundē lib. 8. Diphilus: σπάρος δριμύς, ἁπαλόσαρκος, ἄβρωμος, εὐστόμαχος, οὐρητικός, * οὐκ ἄπεπτος, πνιγηνιστὸς ἢ δ᾽ ὕαστος. quem locum qui diligentiùs expendet, facilè mutilum eſſe iudicabit, *quod & nota * appoſita arguit.*) Sic igitur reſtituimus: ἑφθός, οὐκ ἄπεπτος. id eſt, Sparus acris eſt, teneræ carnis, uirus non reſipit, ſtomacho gratus, urinam ciens. elixus facilè concoquitur: in ſartagine uerò coctus, difficilè. Cuius emendationis & ſententiæ ex rerum natura facilè poſſum rationem reddere, & eò libentiùs quòd non ſolùm in hunc piſcem, de quo nunc agimus, ſed & in omnes alios competat. Quæ humida ſunt, & ob id mollia, facilè tum à natura noſtra immutantur, tum concoquuntur: quæ ſicca ideoq; dura, difficiliùs. Eam ob cauſam dixit Hippocrates Aph. 16. lib. 1. uictum humidum febricitantibus omnibus conferre: propterea quòd, ſiue per putrefactionem, ſiue per attritionem fiat concoctio, inquit Galenus lib. de opt. ſecta ad Thraſ. quæ humida ſunt, facilè corrumpuntur: uel atteruntur, ideoq; faciliùs concoqui neceſſe eſt. Idem in carnibus experiri licet. Quæ citiùs, uehementioriq; igne ita aſſæ, ut ſuccus multus adhuc inſit, teneriores, ſuauiores, concoctuq; faciliores ſunt ijs, quæ lento igne diu multumq; aſſantur: ſunt enim hę multò ſicciores, durioresq;, ac penitus exuccæ. Quòd autem alibi in Hippocrate ſcripſit Galenus humidum cruditatis cauſam eſſe, & humidiora alui excrementa cruditatis eſſe ſigna: de ſuperuacuo humido intelligere oportet, quod propter copiam nimiam uentriculus amplecti non poteſt. inde flatus gignuntur, fluctuationes, deniq; cruditas. Ex his non ſparus duntaxat, ſed piſces omnes molliores, (ſiue ideo quòd humidiores ſint, modò nimio excrementitioq; humido non abundent, ſiue præparatione & arte tales redditi,) faciliùs coquuntur: in ſartagine uerò cocti, quia ſicciores durioresq; abſumpto humore fiunt, difficiliùs. Cæterùm ſparus natura ſua molliore carne eſt quàm aurata: ideo à diuitibus non expetitur, ſed ruſticorum ferè cibus eſt, autumno, hyeme & uère. Quamobrem miror Hiceſium mænis prætuliſſe: ſunt enim hæ carne ſicciore, meliorisq; ſucci. F *Elixorum et in ſartagine coctorum comparatio in uniuerſum.* *Lib. 2. Progn.*

DE SPARO, (IN STAGNIS MAR.) RONDELETIVS.

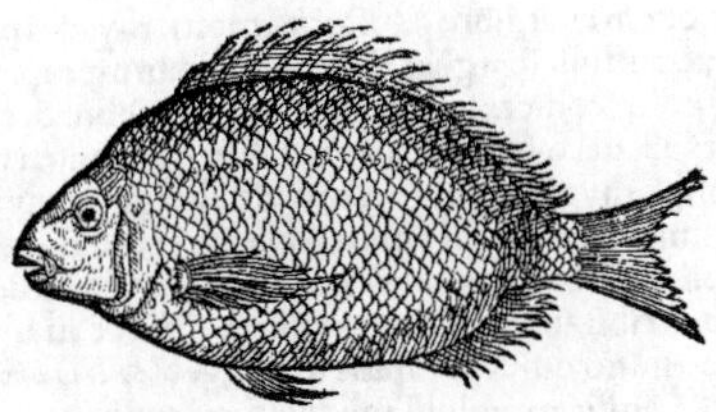

VT litoribus, ita ſtagnis marinis Sparus gaudet: frequenter enim in ijs capitur, ſparo marino planè ſimilis, & ſpecie, & cæteris corporis partium, tum internarum tum externarum, differentijs. Macula in cauda nigricante ab Aurata parua diſtinguitur. C B

Carne eſt molliore & nimis humida atq; inſuaui. F

Eius figuram repræſentamus minorem quàm marini Spari, quia ad eam magnitudinem non accreſcit in ſtagno, ad quam in mari. B *De icone.*

DE SPARO, BELLONIVS.

Tametſi Romæ Spari quotidie ex mari in forū piſcarium adferuntur, tamen piſcatorū nemo piſcem hunc Spari nomine agnoſcit. Promiſcuè autem cum Auratis & Sargis diuēdi ſolet. Car- A

uu

linotum uel Carlinum uocant: Genuenses magis ad primum etymum accedentes (ut & incolæ Portus Veneris) Sparlum dicunt.

B. *Sargi et Spari collationes.* Spari autem à Sargis solo colore distinguuntur. Sparus enim ex auro refulget, ac lituram in cauda habet, ut Sargus: sed os habet multùm dissimile. Proinde Sargus ueluti circinato dorso ap paret, Sparus uerò protenso, & capite ad Mormyrum accedente. Ambobus peritonæum nigricat, ut Salpæ: Sparo tamen magis albicat. Branchias ambo easdem habent, ut etiam dentes inciso rios: sed caninos, ad latera, ut Dentalis. Sparus prçterea gyrum, qui est supra pupillam, luteum ha bet: squamis contegitur latiusculis, quanquam eædem ambobus & eodem numero spinas & pin nam in tergore ferant. Sparus tres habet aculeos sub spina quæ est uicina ano. Cordis figura Spa ro & Sargo eadem: triquetrum enim est, sed Sargo minus & paulò pallidius: lienem quoq; Sparus habet rubrum, gracilem, oblongum, rectum, in dextro latere situm: Sargus uerò subnigrum & ferè circinatum.

C Ambo marinos culices, pediculos, & œstrum uenantur: stomachum uterq; piscis oblongum habet. Intestina etiam utriq; similia essent, nisi Sparus candidiora & pinguiora ostenderet.

COROLLARIUM.

Effigies hæc Spari Venetijs mihi depicta est.

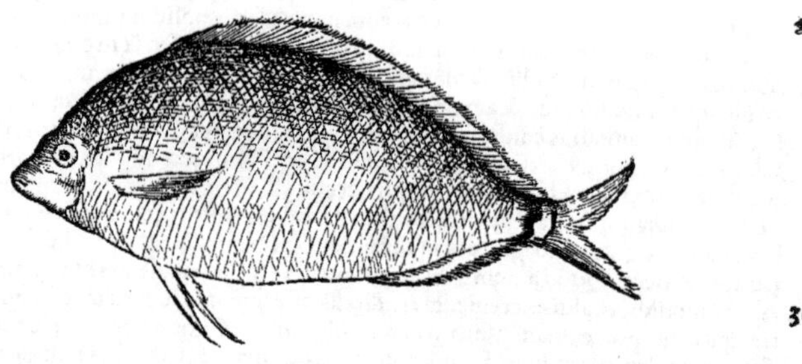

A Sparus apud Plinium legitur libro 32. in Catalogo piscium ordine literarum instituto: nec usquam alibi, quod sciam. nam libro 9. cap. 51. melior lectio est sargus: ut suprà inter Rondeletij uer ba annotauimus, & ante nos animaduertit Massarius. Sparulus diminutiuum est, Ouidio & Martiali usurpatum. Rhyades dicti Aristoteli, uariè à Gaza conuertuntur. est autem generalis differentiæ hoc uocabulum, non speciei unius, sicuti sparus est, ut Rondeletius mala translatione Gazæ deceptus putauit: quod pluribus ostendi in Corollario de Chalcide, pag. 258. Sparus çstate parit, autore Aristotele: circa æquinoctium, autore Plinio, Rõdeletius. neutrum bene.

Rhyades. nam locus Aristotelis, quem citat, libro 5. historiæ, cap. 11. rhyades per æstatem parere docet, non sparos: quamuis Gaza transtulit spargos. Plinius uerò libro 9. cap. 51. sargos circa æquinoctium parere scribit, ut rectè nostri codices habẽt, (ex Aristotelis libro & capite iam citatis:) alij quidam

Aspargi. codices non rectè spari, alij uerò spargi habent. Aspargi nomen nullum est apud Aelianũ: sed Gillius ex libro 9. cap. 46. rhyades interpretatus est aspargos. quod autem de eis scribit per hyemem eos quiescentes simul manere, seq; mutuò tepefacere: uerno aũt tempore longiùs migrare, hoc ipsum gregarios pisces esse argumento est: & quoniam longiùs abeunt, ita fit ut non obuijs modò, sed & inuestigatis cibis uescantur. quæ omnia arbitror in uniuersum ad gregarios pisces complures pertinere. ab initio quidem capitis scribit, ῥυάδες ὄνομα θαλαττίων ζώων: quibus uerbis spe ciem unam aliquam eũ significare uoluisse aliquis fortè conijciat, sed necesse nõ est: & ijs quæ ex Aristotele citauimus locis in Chalcide, generale hoc nomen esse facilè apparet. ¶ Sparum Massi lienses corruptè Sparlum appellant, Gillius. Sunt spari qui nunc quoque spari appellanẽ, forma auratis proxima, Massarius Venetus. Itali quidã r. geminato proferunt, el Sparro. Germanicum nomen fingo, ein Sparbrachsmen: uel circũloquor, ein kleine Meerbrachsmen art. ¶ Si bene memini, Gillius Venetijs mihi narrabat, Spari quandam speciem uulgò nominari Saccheto.

B Sparus pisciculus marinus auratæ paruæ speciem similitudinemq; gerit, aurea supercilia excipio, Gillius. Sparum cum aurata aliqui confundunt, Rondeletius. Sargus & sparus in cau da notam (nigram) habent, quemadmodum melanurus: qua nota decepti multi, hunc à similibus distinguere non potuerunt, Rondeletius. Video Sargum, Melanurum, Auratam, Sparum, Synodontem, Dentalem, ita similes esse, ut uix ab oculatissimo distingui posint, Bellonius. ¶ Et super aurata Sparulus ceruice refulgens, Ouidius. Scorpius, citharus, mullus, scarus, multas appen-

appendices circa uentriculum habent, Ariſtoteles Gaza interprete. in codicibus uulgatis non σκάρος, ſed σπάρος legitur.

Sparulum Ouidius inter pelagios piſces recenſet: Rondeletius litoralem facit, cui ſubſcribo: quemadmodũ in hoc etiã quòd gregatim degere genus hoc piſcium tradit: etſi id ueterum nemo ſcribit, ut ipſe forſan putauit. Rhyades enim non ſparos, Ariſtoteles ac Aelianus gregarios facere mihi uidentur. Oppiano ſmaris, blennus & ſcarus in litore algoſo ſub herbis paſcuntur. ubi Saluianus ex antiquo codice manuſcripto pro ſcaro legit ſparum: quod laudo. nam paulò pòſt idem poëta ſcarum rectè adnumerat piſcibus qui circa petras herboſas uictitant. C

Laudatiſsimi ſcomber, ſalpa, ſparus, Plinius lib. 32. ut citat author Promptuarij: ineptè. ſimpliciter enim nominantur hi piſces lib. 32. ca. ultimo. Sparulus piſcis eſt exiguus & uiliſsimus, Rauiſius. Martialis lib. 5. epigrammate 106. ad Ponticũ: Res tibi cum rhombo eſt, at mihi cum ſparulo. Hiceſius ſparum ſcribit eſſe melioris ſucci quàm mænis ſit, & alijs pluribus uberiùs nutrire. Glauco caro dura eſt, in omnibus lupo inferior: &, ut Xenocrates prodidit, nõ minùs à lupo uincitur, quàm ipſe ſparũ ſuperat, Vuottonus. Coquus quidam apud Anthippũ comicũ apponit publicano, glaucũ, anguillam, ſparũ, nimirum tanquã lautos piſces. Ἀλιδύομεν σπάρους, καὶ σκάρους, τῶν δὲ τὸ σκῶρ θεμιτὸν ἐκβαλεῖν θεοῖς, Epicharmus. ſed iſta lautitia, ut ſimus etiam dijs, id eſt, locupletiſſimis uiris, non ſit reijciendus, ad ſcaros priuatim pertinere uidetur. F

Sparus piſcis dictus uidetur παρὰ τὸ σπαίρειν, quod eſt palpitare: ut ſcarus ἀπὸ τοῦ σκαίρειν, Euſtathius. Alberto Magno ſic dictus uidetur hic piſcis à telo miſsili ruſtico, quod ſpargitur quando iacitur: habet enim (inquit) eandem figuram. Sed dictioni Græcæ origo Latina ineptè quæritur. Sparus uel ſparum (maſculino neutró ue genere) telum ruſticum eſt, in modum pedis recuruum, ut ait Seruius. Eſt & militare quoque. Vergilius 11. Aeneidos: Agreſteisq́ manus armat ſparus. Saluſtius: Cæteri utut caſus armauerat, ſparis aut lanceis, alij peracutas ſudes portabant. Feſtus: Spara minimi generis ſunt iacula, à ſpargendo dicta: quòd paſsim pugnando ſpargerentur. Lucilius: Tum ſpara, tum murices portantur, tragula porró. Μορμύρος & σπάρος μεγάλη à Matrone Parodo nominantur: legendum fortè μεγάλοι, ut ad ambos referatur. H.a.

Ad ſartaginem emi gobium, percam, ſparum, σπάρον, &c. Quidam apud Athenæum. f.

Ἠ σπαρόν, ἢ νάρκας (aliàs ὕκκας) ἀγκλλίδας, Numenius. h.

SPATANGAE, echini marini maiores ſunt. Vide ſuprà inter Echinos.

SPHENEVS, Σφηνεύς, inter Mugilum ſpecies eſt.

SPHAERIS marinis nidos alcyonum comparat Ariſtoteles 9. 14. hiſt. Vide quæ annotauimus in Alcyone aue G. & infrà in Spongijs.

DE SPHYRAENAE PRIMA SPECIE, RONDELETIVS.

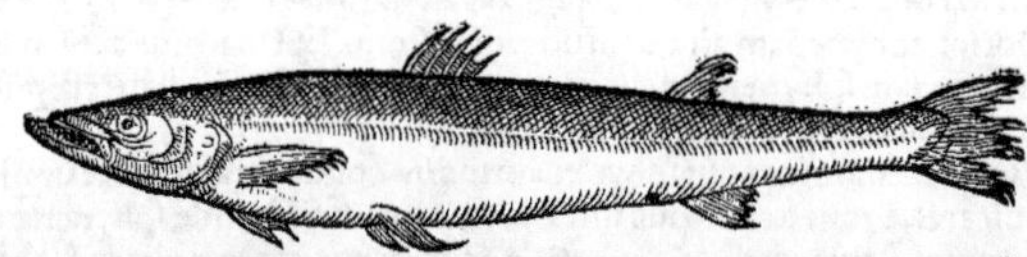

ΣΦΎΡΑΙΝΑΝ alij, maximè Attici, κέστραν appellant. Latini ſudim. Noſtri Spet. Itali Spetto. Africani Scaumé. Græci huius temporis σφύραιναν, (*Gillio & Maſſario teſtibus.*) Gaza non rectè malleolum conuertit, cùm Plinium (lib. 9. de hiſt. animal. cap. 2.) authorem haberet, qui & ſudim interpretatus eſt, & interpretationis cauſam reddidit. Eius hæc ſunt uerba: Sunt præterea à nullo authore nominati: Sudis Latinè appellata, à Græcis ſphyræna, roſtro ſimilis nomine, magnitudine inter ampliſsimos rarus, ſed tamen non degener, &c. Sudis teli militaris genus eſt: & paxillus acutus, qui in terra defigendus præurebatur, uel ut robuſtior eſſet, uel ut tardiùs putreſceret. Vergilius: Stipitibus duris agitur ſudibus ue præuſtis. A

Gazam non rectè uertiſſe malleolum.

Lib. 32. cap. 11.

Eadem de cauſa κέστρα ab Atticis dicebatur. Nam κέστρα teli genus eſt Perſico bello inuentum, aut ſtimulus ſiue ſtylus apud Sophoclem & Ariſtophanem. Idem ſignificat σφύρα accẽtu in priore ſyllaba poſito, ut differat à plurali σφυρά pro malleolis. Phauorinus: Κέστρα ἀμυντήριον ὅπλον, σφύρα, καὶ εἶδος ἰχθύος. Igitur à σφύρα, quæ teli genus ſignificat deducitur σφύραινα. Idem etymum ſecuti ſunt omnes. Nam Hiſpanis & Italis ſpetto dicitur, id eſt ueru, & à noſtris detracta litera ſpet. Eſt enim piſcis iſte longus, & acuto roſtro: Qua de cauſa Speuſippus acui aſsimilauit. Ex his liquidò apparet Gazæ error, qui malleolum interpretatus eſt: ſimiliter aliorum multorum qui eum quem Maſsilienſes peis iouziou, id eſt, piſcem Iudæum appellant, Sphyrænam eſſe credũt: cùm zygæna ſit, nõ ſphyræna, quę zygęna à figura libellæ T Grecorũ ſimili, nomẽ habet: camq́; piſcem Iudæum à Maſsilienſibus uocari ueriſsimè ſcripſit Petrus Gyllius, quòd capitis tempora tanquam cornicula emineant, more Iudæorum qui ſic olim Maſsiliæ inducbantur. Sed de zygæna ſuo loco.

Athen. lib. 7.

Piſcem Iudæum Maſsiliæ dictũ zygænam eſſe, non ſphyrænã.

uu 2

B Ad Sphyrænam redeamus cuius duo sunt genera, ut autor est Oppianus & experientia comprobat.

Libro 1. ἁλιευτικῶν.

Σκορπίος ἀίκτης δίδυμον γένος, ἀμφότεραί τε Σφύραιναι δολιχαί.

Vtraque piscis est marinus, lucio uulgò brochet dicto corporis figura tam similis, ut qui proprium nomen ignorant Romæ & in Montepelio, brochet de mer, id est, lucium marinum appellent. (A) Est igitur Sphyræna primi generis corpore longo, tenui, rostro prominente & acuto. Maxilla inferior superiore maior, in acutum desinens superiorem excipit, sicque ambæ coëunt, ut dicas rostri uel oris nullam planè scissuram esse, quam tamẽ maximam esse oportuit, tum ob rostri tenuitatem, tum ob piscis uoracitatem. Dentes illi sunt acutissimi, in os recurui ut murænæ, in superiore maxilla quatuor, in palato duo dentium ordines. In media inferiore maxilla dens unus in foramen, quod in media superiore maxilla exculptum est recipitur, omnium inferioris maxillæ dentium maximus. Rostrum foris cælatum est: eiusdem extremum, nigrum. Oculi sunt maximi: ante hos foramina uel ad audiendum, uel ad olfaciendum destinata. A capite ad caudã per medium ferè corpus linea ducta est ex squamis contexta, reliquum corpus à squamis nudum esse uidetur. Sphyræna colore Asellum æmulatur. Est enim uentre albo, dorso nigricante uel potiùs cinereo. Linea prædicta flauescit initio, & oris interna pars. Branchiæ satis apertæ sunt. Pinnæ quatuor, duæ ad branchias, reliquæ in uentre, exiguæ, hæ ad natationem conferunt. In dorso eriguntur duæ. prior quinque aculeis constat, altera sine aculeis est: quemadmodum ea quæ ad podicem est. Ventriculo oblongo est cũ multis appẽdicibus, intestinis longis, hepate albicãte.

F Carne candida, suaui, dura siccaque, sed quodammodo friabili, & aselli carnem utcunque referente, cui & lupo præcipuam autoritatem fuisse Cornelius Nepos, & Laberius poëta mimorum tradidêre.

Athenæi de sphyræna loci perpensi, et mutati. Cogitet lector an σμυραίνας potiùs iis locis legendũ sit. Lib. 3. de facul. alimen.

Quare non possum non mirari Hicesium de quo hæc Athenæus libro 7. Σφυραίνας φησὶν ἱκέσιος τροφιμωτέρας εἶναι τῶν γόγγρων, ἀπειθεῖς δὲ τὴν γεῦσιν, καὶ ἀστόμους, ψυχαλίας δὲ μέσως. Et alibi Athenæus libro 8. Αἱ σφύραιναι τῶν γόγγρων εἰσὶ τροφιμώτεραι. Quibus apertè ratio repugnat: Quî enim sphyrænæ plus alimenti præstare possent congris, qui ex cartilagineorum sunt genere, dura, sicca, lenta, glutinosáque carne? unde δυσκατεργαστοτέρας esse dixit Philotimus, quod approbat Galenus. Omnes autem non solùm pisces sed & carnes & quæcunque alia quibus uescimur, propter duritiem & succi contumaciam difficiliùs conficiunt: ut uerò difficilioris sunt concoctionis, ita plurimùm nutriunt. Non est igitur uera hæc Hicesij sententia, nisi sphyrænæ alium hîc piscem substituas: nam alioqui locus totus integer nõ est, neque ἀπειθεῖς τὴν γεῦσιν, καὶ ἀστόμους, ψυχαλίας δὲ μέσως legendum: sed ἀηδεῖς δὲ τὴν γεῦσιν, καὶ ἀστόμους, ψυχαλίας δὲ μέσως, id est, gustui iniucundas esse, & ori ingratas, succi bonitate mediocri.

A Cæterùm non fuerit alienum confirmare hanc ueram esse sphyrænam quam proponimus.

Sphyrænam et Cestram unum esse piscem. Libro 7.

Ac primùm eundem esse piscem qui σφύραινα & κέστρα dicatur, satis docet Athenæus ex Dorione. Δωρίων σφύραιναν φησὶν, ἣν καλοῦσι κέστραν. Ἐπίχαρμος δὲ ἐν μούσαις, κέστρας ὀνομάζων, οὐκ ἔτι σφυραίνας ὀνομάζει ὡς ταυτὸν οὔσας. καὶ οἱ Ἀττικοὶ ὡς ἐπὶ τὸ πολὺ τὴν σφύραιναν καλοῦσι κέστραν: σπανίως δὲ τῷ τῆς σφυραίνης ὀνόματι ἐχρήσαντο. id est, Dorion sphyrænam ait quam uocant cestram. Epicharmus autẽ in Musis cestram cùm nominauerit, non iam sphyrænas dicit, utpote quæ eędem sint. Et Attici sæpiùs sphyrænam uocant cestram, raro autem sphyrænæ nomine usi sunt.

Veram se sphyrænã exhibuisse. Libro 7.

His accedit Plinij testimonium qui sphyrænam sudim conuertit à nomine simili rostro: quod perinde est, ac si diceret, à rostro acuto sudim nomen inuenisse. Deinde sphyræna acui similis est autore Speusippo apud Athenæum: Σπεύσιππος δὲ ὡς παραπλήσια ἐκτίθεται κέστραν, βελόνην, σαυρίδα. Est uerò sphyræna, acus modo rostro acuto & longo. Postremò longo est corpore, unde Oppianus δολιχὰς appellat, id est longas. Et Aristoteles: Καὶ τῶν μακρῶν ἔγχελυς καὶ βελόνη, καὶ σφύραινα. Ex longis anguilla, acus, sphyræna. Mendosi enim sunt uulgares codices, in quibus pro σφύραινα legitur ζύγαινα. Nam zygæna in cartilagineis numeratur: quæ & si magnus sit piscis, longus tamen non dicitur, cùm ij duntaxat longi dicantur, qui pro corporis longitudine tenues sunt admodum: alioqui omnes ferè magni, etiam longi dicerentur. Omnia uerò quæ modo demonstrauimus in sphyrænam nostram competere nemo nisi planè cæcus non uidet.

Lib. 2. de histo. animal. cap. 15. locus emendatus.

DE SPHYRAENA PARVA, SIVE SPHYRAENAE secunda specie, Rondeletius.

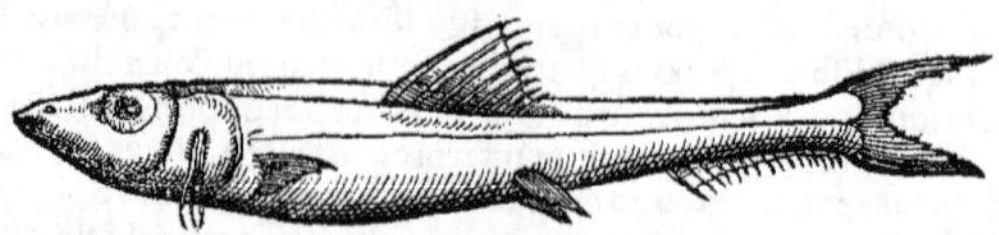

A QVAM Sphyrænæ speciem alteram esse diximus ex Oppiano, eam esse putamus quæ à nobis hautin nominatur.

Est enim

Est enim corporis specie superiori ualde similis. Rostro est tenui & acuto, corpore oblongo, à squamis nudo, ore paruo, sine dentibus, oculis magnis pro corporis magnitudine: cute argentei coloris, carne & ossibus pellucidis. Cauda antequam in pinnam terminetur latescit, & uulgò hodie à pictoribus usurpatam cordis effigiem refert. Pinnas duas habet ad branchias, inferiori uentris loco affixas ueluti in fluuiatilibus: paruas alias à podice, quas sequitur alia ad caudam usque continua. Alia est in dorsi medio sine aculeis. In corpore medio rectissima à branchijs ad caudam linea ducta est. Hæc sphyræna superiore minor est: nam palmi magnitudinem non superat. Candidior est, rostro breuiore, minùs cælato. In uentre inest uesica oblonga, aëre plena. Ventriculus & peritonæum nigricant. B

Carne est molliore quàm superior, & ad saxatilium carnem accedente. F

DE SPHYRAENIS DVABVS, (AETATE tantum differentibus,) Bellonius.

Sphyrænæ interdum Marluciorum modo exiccari solent. Venetijs rarò recentes uidebis. F

In Gallia ex Oceano nunquam, quod sciam: in Corcyra nihil frequentiùs uidendum occurrit. B *Vbi.*

Græcorum uulgus, quod ab Italis uoces mutuatū est, non Sphyrænas, sed Lucios marinos, quod Gallicè du Merluz dici posset, nominat. Lesbij Mitylenes incolæ Sphyrnam pronunciāt: sed Græci, qui in Asia agunt, Zarganes dicūt: uoce, inquā, falsa quæ Belonæ pisci debetur. Sphyrænam Lucium marinum ideo in Græcia uulgò uocare solent, quòd Lucio fluuiatili persimilis sit: cùm tamen res eadem non sit: nam Merlucius & Sphyræna differunt. Miror ego cur eam Athenienses Cestram dixerint. Massiliensibus uulgò cognita est, apud quos pes escomé nominaf, quòd scalmo multùm affinis sit, id est utrinq; fastigiata. A

Est autem Sphyræna oblongo corpore prædita, cuius duæ obseruantur species, quæ inter se minimè dissidere comperirentur, nisi uetustas indicio esset: Siquidem harum altera Trachurum siue Surum colore refert, atq; eodem modo sub uentre albicat: Altera aūt senescens Mormyri laterales picturas colore assequitur. Lineam habent utrinq; ad latera, ut in Lupo dictum est, quæ à branchijs rectà ad caudam fertur. Squamis lente multò minoribus obsepiūtur. Capita habēt oblonga in mucronem desinentia. Oculos latos, cæsios, dentes in maxillis oblongos, alioqui raros, ut fluuiatilis Lucius. Hoc eis peculiare esse deprehenditur, quòd inferiores eorū maxillæ, in Pelamidis modū, superiorem magnitudine uincant. Branchias utrinq; quatuor habent. Eorū pinnę mihi pro corporis magnitudine breues esse uidentur. Supremū dorsi cacumen illarū duabus pinnis præditū esse comperio, quarum anterior quinis aristis seu aculeis uallata est: caudā bifurcam habent: Linguam aūt scabram, & denticulis exasperatam, ad cuius radicem meatus rectà ad cor perducitur. Cor porrò oblongū, sub quadam uesicula alba inclusum, quæ multis piscibus pro auriculis cordis substituta est. Hepar sub diaphragmate stomachum ambiēs, eum in gyrum palpat. Pylorus à stomacho consurgit, tam multiplici apophysum seu cæcorū cæsarie intertextus, ut penitus stomachū contegant, quos nemo numerare posset. Fel ab hepatis lobo dextro latere in folle oblongo dependet: reliqua intestina adnumerari possunt. Natura huic follem uento plenū, ne ad imum sideret, donauit, oblongum, anteriori parte bifidum, utrinq; in acumen exeuntem. Spina dorsi raris uertebris coagmentatur. B

Sunt qui Sphyrænam Oxyrynchum uocari debere credant, utputa quòd rostrum eius uideant acuminatum. Sed cùm de Lucio fluuiatili agemus, ista fusiùs persequemur. A

De Sphyræna Oppianus istis uersiculis ita canit: E

Si Sphyræna (*Muræna legendum: ut ostendimus in Collario de Muræna*) sinu retis claudaf in amplo,
Latum perquirit laqueum, quo lubrica terga Serpentum in morem labatur retibus amplis.

COROLLARIVM.

Σφυρὰ, (malim Σφύραινα) piscis marinus, qui cestra ab aliquibus dicitur, Hesychius. Sudis, Græcè sphyræna, rostro similis nomine, &c. Plinius. atqui non modo nomine, nempe acuminato, piscis hic similis est rostro nauis, sed re. Mirū etiā inter pisces à nullo authore nominatos à Plinio hunc recenseri, cum Aristoteles sphyrænæ meminerit: sed semel tantùm, quod sciam, historię 9.2. piscibus gregalibus eam adnumerans. Attici cestram uocare solent, ut Strattis & Antiphanes apud Athenæum testantur. Lege plura in Corollario quarto de Mugile siue Cestreo, &c. pag. 660. Sphyrænam apud authores alicubi pro smyręna legi, culpa librariorum, in Corollario de Muræna A. monuimus. Vocabula pisciū pleraq; translata sunt à terrestribus ex aliqua parte similibus, ut anguilla, lingulaca, sudis, Varro lib. 4. de lingua Lat. Sphyrænā quidem aliqui lucium marinū uocant, propter aliquam corporis similitudinē, sed genere differunt, sicut perca etiam marina & fluuiatilis. Germanicū nomen non facile erit inuentu, cùm in Oceano deesse uideatur hic piscis. nullū enim ex Oceano se uidisse Bellonius scribit quamobrē fingo, ein Meerhecht: id est Lucius marinus, (quanquam & asellus Gallis Merlu dicitur, id est marinus lucius: sed asellorum alia Germanica nomina non desunt.) Vel, ein Spißfisch. nam Itali quoque, A

uu 3

Hiſpani & Galli Narbonenſes, Spettum, hoc eſt ueru, uocitant. Venetijs etiam alium piſcem Lucium marinum nominari quidam aiunt: undecimum ſcilicet genus turdi Rondeletij, uel omnino cognatum: quem cum apud me ſuis coloribus pictum Bellonius uidiſſet, Hepatum ſuum eſſe aiebat: & Lucij mar. nomen ei attribui improbabat. iconem dabimus cum turdis. ¶ Mugilis fluuiatilis genus illud, quod à roſtri figura Rondeletius oxyrynchum cognominat, ſphyrænam fluuiatilem quoque dici poſſe arbitratur, à quadam ſimilitudine. Antuerpiæ uulgò Hautin uocari ſcribit, Gallicè nimirum: nam & ſecundã ſphyrænæ marinæ ſpeciem, eodem Gallis nomine agnoſci tradit. ¶ Ἀμφότεραί τε Σφύραιναι δολιχαί, Oppianus: tanquam duo ſint ſphyrænarũ genera, quod tamen neque aliorum ſcriptorum quiſpiam annotauit: neque nos, etſi multa iamdiu uſi diligentia, aliquam inter eas generum differentiam animaduertere hucuſque potuimus. Piſcibus præterea qui circa ſaxoſa ac arenoſa litora uictitant, eas adſcribit idem Oppianus. Ariſtoteles uerò quòd gregatim degant, teſtatur, cui experientia ipſa conſentit. ſemper enim unà plures ferè capi conſueuere, Saluianus.

B Raphis, id eſt acus, ſimilis eſt ſphyrænæ, Kiranides. Fel iecori adiunctum habent piſces γαλεώδεις, etc. καὶ τῶν μακρῶν ἔγχελυς, καὶ βελόνη, καὶ ζύγαινα, Ariſtoteles hiſtoriæ 2.15. ubi Gaza etiã ſimiliter legit, & pro zygæna uertit libellam. ego potiùs σμύραινα legerim, quàm σφύραινα ut Rondeletius. Zygænam quidem non rectè legi uel ex eo apparet, quòd ea γαλεώδης eſt: cuius generis piſces proximè nominârat. ſmyræna autem, id eſt, muræna, longus ac lubricus piſcis eſt, inſtar anguillæ, qua cum & alibi ab Ariſtotele nominatur. ¶ Sphyræna palatum carnoſum habet pro lingua, Rauiſius (ſi bene memini) ſine authore.

(A) ¶ Vt Lucium fl. aliqui ſilurum eſſe putarunt: ita marinum uulgò dictum, quo de hîc agimus, glanin qui putarent non defuerunt: utrique perperam, quod noſtra de Siluro ſcripta facilè conuincunt. Qui lucij marini nomine à Cor. Sittardo quondam depictus ad me datus eſt piſcis, forma ſimilis eſt ſphyrænæ primæ à Rondeletio exhibitæ: ſed caudæ pinnam duplicem & diuiſam habere uidetur. in oculis circulus cæruleus pupillam nigram ambit, dorſum uerſus latera ſubuiride numeroſis punctis maculoſum eſt, &c.

C Sphyrænæ Oppiano in petris & arenis paſcuntur. Aeliano de animalibus 1.33. pelagius eſt piſcis: ſed ibi ſmyræna legendum monui in Corollario de Muræna A. ¶ Κέστραι βότιν κάπτοισαι, Sophron in Mimis: ubi Athenæus botis piſcem ne aliquem an herbam ſignificet, dubitat.

D Sphyrænæ gregales ſunt, Ariſtoteles.

E Quomodo è retibus elabantur ſphyrænæ, Oppianus libro 3. canit, ut retuli in Muræna A. ubi etiam pro ſphyrænis ſmyrænas, in hoc poëtæ loco oſtendi.

F Hiceſius ſphyrænas dixit plus alere congris, quod Rondeletio non placet: non improbaturo fortè ſi pro ſphyrænis ſmyrænas, ut nos, legiſſet. Vide ſuprà in Corollario Murænæ A. Addit Hiceſius hos piſces ἀπειθεῖς τὴν γεῦσιν, Rondeletius legit ἀηδεῖς. ego nihil muto, cùm idem ſit utriuſque lectionis ſenſus: & ἀπειθὴς eleganter à ſermone ad guſtatum transferri poſsit. Ceſtræ lumbus, κέστρας ὀσφὺς, ab Antiphane cum alijs lautiſsimis cibis nominatur. Oua piſcium in cibo recentia aut inueterata, omnem laborem & morbum curant, ac omne faſtidium, maximè cephalorum, & labracum, & ſphyrænarum, (*ſic legendum conijcio: codex noſter habet ſpirenarum*) & ſimilium, Kiranides in fine quarti.

H,a. Eſt ſphyræna piſcis quem Theodorus malleolum uocauit, quia σφυρὸν Græcis malleolum, ſiue, ut Plinius uoluit intelligi, roſtrum calcarque ſignificet, Hermolaus. ſed de calcari Plinius nihil: roſtrum autem nominans, partem in nauibus ſic dictam, intelligere uidetur. Sphyra quidem Græcis ſudim ſonat, ut arbitror: id eſt, palum acuminatũ: cui ſimile & eiuſdem ſignificationis uocabulum noſtri uſurpant, ein Schwire. ſudim uerò latam è ligno diſſecto, & oblongam præuſtamque, qualibus ad ſepes quidam utuntur, ein Schyben aliqui quaſi σχίζαν. Malleoli quidem Latinis, & Græcis eâdem ratione σφυρὰ, in ima tibia dicuntur, quòd ceu capitula duo in extremo malleo ad latera promineant. Κέστρας τε, πέρκας τε αἰόλας, Epicharmus. Ceſtram quidem ab acumine roſtri cum Rondeletio dictam reor: quoniam ceſtra pro ſtimulo ſtyló ue aliquando uſurpatur. Κέστρα genus quoddam mallei ferrei, σφύρας σιδηρᾶς, Pollux: qui hæc Sophoclis uerba citat: Κέστρα σιδηρᾶ πλευρὰ καὶ ἐπὶ ῥάχιν Ἤλαυνε παίων. hoc nimirum teli genus eſt, quo equites cataphracti utuntur: malleus quidam ferreus, una parte ad ictum inferendum, altera ad pungendum comparatus: ein Reithañer noſtri uocant. Κεστὸς adiectiuum, Euſtathio idem eſt quod κεντητὸς & ποικίλος, id eſt, punctis uarius & diſtinctus; & quanquam eiuſmodi in ea quam Sittardus miſit pictura ſphyrænæ dorſum appareat, non inde tamen potiùs quàm ab acuta roſtri figura, ceſtram dictam coniecerim. Ceſtreus etiam mugilum ſiue genus ſiue ſpecies, ab eo appellatus à Græcis uidetur: quia teli (ceſtræ) modo, publica Athenienſiũ pœna, intret adulteros, Hermolaus: ut pluribus expoſitum eſt ſuprà in Corollario IIII. de mugilibus, pag. 662. Aliud eſt ξέστρα: raſtrũ interpretantur: ἀπὸ τοῦ ξέειν; hoc eſt, à radendo.

SPINGVS, Σπίγγος, piſcis, Heſychius & Varinus. Sed & ſpinum interpretantur, σπῖνον, quod auis nomen eſt. ¶ Τευθίδες, σπῖναι, (fortè πῖνναι,) βατὶς. &c. nominantur à coquo apud Alexidem.

DE SPONDYLO.

A DE Spondylo Ostreorum generis dedimus suprà inter Ostrea, primum Bellonij scripta, Gaideropoda uocantis, pag. 757. deinde Rondeletij, pag. 761. tertiò Corollarium nostrum, pag. 770. Hîc plura addemus, tum de eadem concha, cum de alijs huius uocabuli significationibus. Spondylus nominatur à Plinio libri 32. capite ultimo, in Aquatilium catalogo. Leonicenus Galeni interpres uerticillos pro spondylis reddit, aliqui uertebras & uertibula: quorum nullum apud ueteres pro concha reperitur, quamobrem præstat uti Græco nomine. Gaza ex Aristotele holothuria genus longè diuersum, uertibula interpretatur. ¶ Sphondylos inter Concharum genera Columella annumerat. Apuli & Siculi uocant Spondylos. Greci Gaidarupoda, hoc est, pedem asini, quòd asinini pedis speciẽ similitudinemq; gerat. Huius extimæ partes scabræ sunt, intimæ uerò læues & candidæ. Duabus Conchis constat, atq; ex posteriori parte uertebris quibusdam continetur, unde nomen traxisse opinor. Massilienses Hostia (*deprauato nimirum ab Ostreis nomine. nam & Massilienses ostreas Hosties uocant, ut scribit Bellonius*) appellant, Gillius. Athenæus has conchas, ut Rondeletius docet, τραχήλους nominat: apud quem & Posidippus ἐχίνους, τραχήλους, &c. memorat. Profertur autem spondylus, uel sphondylus: sicut & asparagus, aspharagus: & σπόγγος uel σφόγγος. Seneca & Macrobius uidentur accipere sphondylum pro quodam piscis genere, quem iuniores scinalium dictitant, Aristoteles spondylenam uocat, Ambrosius Calepinus in Sphondylio. Atqui Macrobius simpliciter nominat spondylos inter cœnæ pontificalis prima fercula, cum ostreis, &c. Non igitur piscis est spondylus: spondylenæ uerò ne nomen quidem usquam extare puto. Aetate nostra Græci piscem hyscam (*sic sturionem uocat*) tribus nominibus inueterant: rhachin partem eius dorsuariam & spinalem uocantes, quam nostrum uulgus schinalem corruptè appellat: pleuram, id est costas & latera: hypocœlion, id est, aluum eius atq; pubem, Hermolaus. Athenæus horæi (*è thynnis*) salsamenti spondylum cõmendari scribit, Idem. ubi spondyli nomine partẽ solidiorem magisq; callosam, qualis nimirũ circa spondylos, id est uertebras spinæ ac dorsum est, potiùs q̃ circa latera & uentrem, acceperim. Quid si spondylũ, dorsuariam illã partem thunni, & aliorũ cetariorũ pisciũ intelligamus? ex qua deinde salsa Athenæus preciosum salsamentũ fieri tradidit, quod spondylũ etiam appellat. nos schinalẽ, quasi spinalẽ nuncupamus, Greci rhachin, Brasauolus in Aphorismos. Genus id concharum, quod à nostris spoletta uocatur, corrupto fortè uocabulo Græco, spondylus Galeni fuerit: sed nihil definio. Non desunt tamen qui uelint dactylos marinos esse spolettas. alij spondylos putant esse holothuria Aristotelis: quæ sunt qui uulgò spongiolas marinas putent uocitari, Idem ibidem. Conchas rhomboides cognominatas Rondeletio, Bellonius balanos esse suspicatur. Sunt (inquit idem) qui Spondylos Latinis uocari putent. Plinius uerò ad diuersa animalia utrunq; nomen transfert. ¶ Paulus concharum genus condylos scribit, quos tu fortasse spondylos dixeris, Idem Bellonius, & Vuottonus. nam hic quoq; balanum ac sphondylum Galeno & Columellæ concham unam esse iudicat, Plinio non item. Ego an balani nomen apud Galenum extet, iam non memini. libro 3. quidem de alimentis, ubi de ostracodermis tractans eorum meminisse debuerat, nulla eorum mentio fit, sed sphondylorum duntaxat. Ea uerò quæ Bellonius de balanis tanquam ex Galeni libris refert, ex Vuottoni puto opere mutuatus, nõ Galeni, sed Xenocratis uerba sunt. Macrobius Saturn. 3. 13. in Cœnæ pontificalis descriptione, cum peloridas & sphondylos nominasset, paulò pòst balanos nigros & albos, iterumq; sphondylos nominat, unde pro diuersis habita apparet.

E Limosa regio maximè idonea est conchylijs, muricibus, &c. & balanis uel sphondylis, Columella 8.16. de piscinis loquens.

F Celerrimè & uniuersim maximè uinum alit: tardiùs autem & paulatim caro bubula, & cochleæ, & spondyli marini, & quæcunq; dura carne constant, Galenus in Aphorismos 2. 18. Idem lib. 3. de alimentis, spondylos, solẽnas, purpuras, & huiusmodi ostracoderma omnia, dura carne constare scribit: unde & Aegineta repetijt.

G Tertianis mederi dicitur & spondylus per se (*spondylus percæ priùs legebatur*) adalligatus.

H. a. Spondylus concha, ab Athenæo Trachelus dicitur, siue ab aliqua figuræ similitudine, siue quòd huius generis conchæ durior solidiorq; caro sit. nam in uniuersum quoq; in testatorum genere, caro ipsa media & solidior: figura nimirum, ut spondylus fusi, rotunda: quæ ita dura neruosaq; est, si circuniacenti comparetur, ut callus quidam uideatur, Germanicè dixerim den Kernen, quasi χόνδρον. (Vide in Corollario de Ostreis B.) Insignis hæc pars potissimùm est in pinnis & buccinis. Rondeletius non ceruicem aut collum uertit, ut alij quidam: sed Græcam tracheli uocem relinquit. Vide in Pinna eius: & in perna, ubi spondylum uocans, callum duriorem uel interiorem interpretatur; eóque pernam carere ait. Pernæ (inquit) pro spondylo grandis caro est. Aliquando tamen simpliciter puto pro carne ostreorum accipi, sicut in nuce nucleum dicimus. Aelianus de animalibus 14. 22. στρόμβου τένοντα, strombi tendinem nominat inter escas piscium, nimirum callum eius intelligens. τράχηλος enim & τένων eadem aliquando significatione usurpantur.

Hicesius id quod echinata specie cernit in capite mugilis, τὸν ἐπὶ τῆς κεφαλῆς τοῦ κεστρέως ἐχῖνον, sphondylium nominat, Athenæus. nos quoque (inquit Brasauolus Ferrariensis) à similitudine quam habet cum muliebri instrumento, quod est fusi perpendiculum fusarolo nuncupamus: eamq́ partem ob amarorem proijcimus, quamuis nonnulli comedant. ¶ Spondylus, nodus seu uertebra spinæ dicitur, (*Homerus pro spondylis dorsi, astragalos dixit*) item calculus æneus, quo suffragia sua iudices Athenis dabant, ut est apud Iulium Pollucem. item uerticulum quod apponitur fusis, ut nendo meliùs uertantur. Martialis libro 7. pro animalium osiculis utitur: Rosos tepente spondylos sinu condit, Author Promptuarij. Σπόνδυλοι, ἢ σφόνδυλοι, ὧν παράγωγον ἐν Ἰλιάδι οἱ σφονδύλιοι. καὶ σφόνδυλος, ἢ δικαστικὴ ψῆφος, Eustathius. --- Μυελὸς αὖτε Σφονδυλίων ἔκπαλθ᾽: ὃ δ᾽ ἐπὶ χθονὶ κεῖτο τανυσθεὶς, Iliad. Υ. de homine decollato in pugna. ¶ Animalium cæterorum nullum aliud radices à nobis dictas (*Vitis syluestris, aristolochiæ, peucedani, centaurij*) attingit, excepta spondyli, quæ omnes persequitur. Genus id serpentis est, Plinius paulò ante finem libri 27. Ge. Agricola non serpentem, sed insectum esse docet, quod Germanicè dicitur **Engere**, in libro de animantibus subterraneis. Spondylis (inquit) uermis intra terram reperiri solet, ita conuolutus, ut uerticilli, quod Græci spondylon uocant, speciem præ se ferat. unde nomen inuenit. Ei longitudo & crasitudo minimi digiti: caput rubrū. Sed quia hic uermis caret pedibus, & serpit, Plinius scribit: genus id serpentis est. ¶ Spondyle Plinij, (*non probo*) Typhle uel Typhline antiquis, Bellonio est, quæ acus Aristotelis Rōdeletio. Vide suprà in Corollario Acus A. ad finem, pag. 13. ¶ Sphondyle radix quędam silphio similis ueteribus memoratur, Eustathius. Inter sphondylij herbæ, quam Dioscorides libro 2. describit, nomenclaturas, legimus etiam sphondylidem: item araneum phalangium, asterion. sunt enim phalangiorum species quædam, ut priuatim rhox ab acini uuæ similitudine dicta, quæ in medio uentris ex inferiore parte os habent: sicut & sphondylus (quo fusi muliebres librantur) rotundus est, & in medio pertusus. Hāc sphondyli similitudinem in herbæ istius semine esse putauit Marcellus Vergilius: ego germinationum circa caulem rudimenta, globosa quodam inuolucro inclusa, cū spondylo compararim. talia enim in ea herba, quam nos sphondylium nominamus, apparent. Inuenio & cinaræ cacumina sphondylos uocari.

DE SPONGIIS, BELLONIVS.

B SPONGIAE recentes à siccis longè diuersæ, scopulis aquæ marinæ ad duos uel tres cubitos, nonnunquam quatuor tantùm digitos immersis, ut fungi arboribus adhærent, sordido quodam succo, aut mucosa potiùs sanie refertæ usqueadeò fœtida, ut uel eminus nauseam excitet. Continēt aūt ijs cauernis, quas inanes in siccis ac lotis spongijs cernimus. Putris pulmonis modo nigræ conspiciuntur: uerùm quæ in sublimi aquæ nascūtur, multò magis opaca nigredine suffusæ sunt. Puto autem illis succum sordidum, quem diximus, carnis loco à natura attributum fuisse: atq́ meatibus latioribus, tanquā intestinis aut interaneis uti. Cæterùm pars ea, qua Spongiæ cautibus adhærent, est tanquam folij petiolus, à quo ueluti collum quoddam gracile incipit: quod deinde in latitudinem diffusum, capitis globum facit. Recentibus nihil est fistulosum, hæsitantéq́ tanquam radicibus. Supernè omnes propemodum meatus concreti latent: infernè uerò quaterni aut quini patent, per quos eas sugere existimamus.

Ex Oppiano. De spongijs recentibus hæc Oppianus, interprete Lippio:

Infixas scopulis spongas prospectat acutis: Inter se iūctæ nascunt cautè uirenti. Paulò pòst,
Irrumpens spongas uibrata falce recidit Vt messor, rumpitq́ moras, & fune sodales
Admonet, ut fundo subitò retrahat ab imo. Alibi, A spongis cæsis, tetrum quę spirat odorē,
Distillat sanies, hominis quæ naribus hęret, Et sæpe extinguit, ac tabo conficit atro.

Differentiæ. Spongias autē in recentes ac ueteres tantùm distinguūt, hoc est, in sordidas & mundas: estq́ in eis mundandis difficultas maxima. Dioscorides in raras, spissas & Achilleas discernit: quarum omnium uires exponit. Nos etiam in marem & fœminam à magnitudine & cauernularum raritate diuidere solemus.

DE EISDEM, RONDELETIVS.

Ordinis, quē ipse sequitur, ratio. A piscibus cæterisq́ animantibus marinis, tam sanguine præditis quàm sanguinis expertibus, ad ea tandem deuenimus quibus parum sensus, motusq́ inest: postremò uerò ad ea quæ ijs prorsus carent, quæq́ plantis similia sunt, in quo genere sunt Spongiæ: eas enim eiusmodi esse ut

Lib. 4. cap. 10. sensu motuq́ omni destitutæ sint, priore parte operis nostri demonstrauimus. Reliqua igitur quę de Spongijs dicenda sunt more nostro pertractemus.

A Dicuntur à Græcis σπόγγοι & σπογγιαί: & earum piscatores, σπογγεῖς, spongiatores uel spongia-

H. a. rij. A spongiæ natura molli, laxa & fistulosa, quæcunq́ sunt huiusmodi spongiosa uocantur. Vnde pulmonum nostrorum substantia spōgiosa à medicis uocatur, & laxa caro præhumidaq́ quæ in ulceribus accrescit à Chirurgis. Marcellus medicus spongiam appellat quæ pruno syluestri adnascitur, & quæ in rubo rosario agresti, quam pharmacopœi hodie Spongiam bedegaris nominant.

A. Spongiarū genera. Sed ad Spongias marinas redeamus, quas in diuersa genera diuersi autores partiti sunt. Dioscorides,

ſcorides, E Spongijs mares appellauere, inquit, tenui fiſtula, ſpiſſas, quarum duriores tragos nominarunt. fœminas aũt, quæ contrarias dotes habent. Ariſtoteles quatuor Spongiarũ differentias conſtituit. Nam aliæ raræ, aliæ ſpiſſæ: aliæ tenuiſsimæ, ſpiſsiſsimæ, ualidiſsimæq;, quas Achilleas nominabant. Mollitudinis, duritiæ, magnitudinis earum differentiæ à loco & ſitu ſumuntur. Quæ primi ſunt generis, magnitudine ampliſsima fiunt, ut circa Lyciam. quæ ſecundi generis, molliſsimæ. quæ tertij, duriores, (σκληρότεροι.) Omnes quæ in altis tranquilliſq; gurgitibus ſunt, molliores efficiuntur: quæ in ſummis ſaxis, & ab undis porcelliſq; agitatis, duriores. flatus enim ac tempeſtates, Spongias, & ea quæ in mari naſcuntur duriora reddunt, & incrementum impediunt. Quartum genus earum eſt quas aplyſias uocant, quia nunquã lauentur, quaſi illotarias uoces, ait Gaza. hæ ampliores quidem meatus habent, ſed reliquo toto corpore denſæ ſunt: nihilo tamen denſiores ſuperioribus, ſed lentiores, & omnino pulmoni ſimiles. Eadem tradit Plinius ex Ariſtotele. *Lib. 9. cap. 49.* Colore differunt: nam illotæ nigricant, quædã croceæ ſunt ſine fuco. Arte candidæ fiunt, ut tradit Dioſcorides, è molliſsimis recentes per æſtus (æſtatẽ) tinctæ ſalis ſpuma, quæ petris cohæret, inſolãtur inuerſæ, hoc eſt parte caua ſurſum ſpectante, & qua abſciſſæ fuerint deorſum. (τὸ μὲν κοῖλον αὐτῶν ἄνω, κάτω δ' ἡ ἀποτομή.) atqui caua pars, eadem mihi uidetur, qua amputatã: oppoſita uerò, gibba.) Si uerò æſtiua ſerenitate, (etiã) ad lunam ſternanť perfuſæ ſalis ſpuma, aut maris aqua, maximum candorẽ referunt. Tingebantur etiã in delicijs aliquãdo & Purpura, teſte Plinio. *Lib. 31. cap. 11.* Tria Spongiarum genera nobis nota hæc ſunt. Primum earũ eſt quæ raræ ſunt, patentiſsimasq; habẽt fiſtulas, quas nulli alteri rei aptiùs cõparare poſſum, quàm hepati humano membrana ſua ſpoliato, & per mediũ diſſecto, in quo tum cernuntur infinitarũ uenarũ fiſtulæ, quarum aliæ ſunt maximæ, aliæ minores, aliæ minimæ, tamen ſenſui patentes. Vocaľ à Gallis groſſe eſponge. Eiuſdem generis aplyſias eſſe puto, ſed prope limum & ſordes naſci, quã ob cauſam tam ſordidę ſunt, ut elui non poſsint. Secundum genus eſt denſum, quod paruas admodũ fiſtulas habet: & tenuẽ q̃d ad craſsitudinẽ corporis attinet, & molle: tantũq; mollitudine differt à primo genere, quantũ ſtupa craſsiſsima aſperrimaq;, à delicatiſsimo & tenuiſsimo lino. Noſtri eſpõge femelle appellãt, & eſt colore mali arantij. Tertiũ genus eſt denſiſsimũ, ſpiſſum, ualidũ, cinereũ, alcyonio tam ſimile, ut uix niſi guſtatu utriuſq; diſcrimẽ agnoſcas. Hoc fiſtuloſum non eſt, ſed ſæpius cauitatem unam, & eam amplam habet, in qua Cancellus hoſpitatur.

His ſpongiarũ generibus explicatis, nunc de uſu dicemus: qui apud ueteres frequens erat, & E ualde multiplex. Martialis: Hæc tibi ſorte datur tergendis ſpongia menſis Vtilis, expreſſo quum leuis imbre tumet. Præſtabunt & ſtrigilum uicem, linteolorumq; affectis corporibus. Et contra ſolem aptè protegunt capita, Plinio teſte. Eadem ratione nos qui comã non alimus ad detergendum caput cõmodè utemur, maximè aſperſo ſale bene contuſo. Galenus aliquando noua, G aliquando antiqua ſpongia utendũ cenſet, ſæpius lota in libris ad Glauconẽ & methodi med. Vt cùm reſiccandũ, digerendumq; in œdemate, in febribus, in alijs calidis affectibus ſpongia noua & lota: recentibus enim plus ſalſuginis ineſt. Corpori adhibentur modò ſiccæ, modò cum aceto, uino, frigida, aqua cæleſti, cera, poſca, melle. His ſanguis rapitur in ſecando, ut curatio perſpici poſsit. ſic quum corporũ diſſectionẽ tractamus, ſpongijs utimur ad ebibendũ ſanguinẽ è uenis affatim profluentẽ, & partium conſpectũ nobis adimentẽ. Ad canum morſus utiliter cõciſæ imponuntur, ex aceto, aut frigida, aut melle, abundè ſubinde humectandæ, ait Plinius. Sed neq; hîc frigida, neq; acetum mihi placet: ab his enim intro uenenũ pelleretur, uerùm mel prodeſſe poteſt, tum uenenũ digerendo, tũ attrahendo. Circũligantur & hydropicis ſiccæ, uel ex aqua tepida poſcá ue, utrunq; (al', utcunq,) blandioribus opus eſt, operiri ue aut ſiccari cutẽ. Nos ſumma cum utilitate uentri & tibijs hydropicorũ ſpongias impoſuimus, cute tantùm acu perforata: tum enim facilè per carnis inania ſpatia aqua effluit. Chirurgi in ulcera ſiue uulnera capitis & thoracis utiliter ſpongiam molliſsimã immittunt, ut ſanies defluat, & à ſpongia exhauriatur. Eãdẽ & ad ulcerum oras dilatandas utuntur, uel filo alligata, quũ ſtricti ſunt ſinus, uel cera liquida denſata: uel ſine filo & cera, quũ magna ſunt ulcera, & parum profunda. Cum cera uerò ſic præparatur. A lapillis, conchulis, alijſq; quæ in ſpongiarũ fiſtulis latere ſolent diligenter expurgata, cera liquefacta perfunditur, tum inter tabellas duas expreſſa, attenuataq; in fruſtula diſſecatur. Præterea ſanguinis profluuiũ ſiſtunt ex aceto, aut frigida. Non alia quidẽ quàm exiccandi facultate Spongiæ id faciunt: quibus & illud accedit, quod feroſo & tenui ab ijs exhauſto, quod craſsius eſt ſpiſſaľ, uenaſq; tunc obſtruendo ſanguinis impetũ inhibet. Idem eadẽ de cauſa efficiunt ſalicis & cannarũ flores, & pili tenues leporis. Rurſus uſta ſpongia ueteres in multis uſi ſunt. Vritur aũt ut alcyoniũ, auctore Dioſcoride, *Vſta ſpongia.* id eſt, cũ ſale in crudũ fictile mittendo, & oblinendo uaſis ſpiraculum luto, itaq; fornaci mandando: & cùm figlinũ percoctũ fuerit, extrahendũ. *Lib. 5. cap. 138.* Idem Plinius. Et oculorum cauſa comburunť in cruda olla figulini operis, plurimùm proficiente eo cinere contra ſcabritias genarum, *Lib. 31. cap. 11.* excreſcenteſq; carnes, & quicquid opus ſit ibi diſtringere, ſpiſſare, explere. Vtilius in eo uſu lauare cinerẽ. *Ibidem.* Cremari etiã cum pice prodidit Plinius. Omniũ, ait, cinis cum pice crematarum ſanguinẽ ſiſtit uulnerũ. Crito uſta utebatur ad cõſeruandos capillos, ut uidere eſt apud Galenũ libro 2. de cõpoſ. med. κατὰ τόπους. Idem uerìſsimè tradit uſtam acris eſſe & digerentis facultatis. Cætera petes ex libro 11. de facultate ſimplic. medic.

COROLLARIVM.

Spongia an sit animal, &c. Spongiam non sentio esse animal, imò uix zoophyton: quoniam tamen è uulgo quidam ceu animal quoddam marinum eam esse putarunt, eaq; occasione Rondeletius quoque & Bellonius de ea pertractarunt in Aquatilium animantium historia, meo etiam Corollario ipsam dignabor. ¶ Equidem & his inesse sensum arbitror, quæ nec animaliũ, neq; fruticum, sed tertiam ex utroq; naturam habent, urticis dico & spongijs, Plinius: sic autem circũloquitur ea, quæ zoophyta Græci uocant, plantanimalia Theodorus. Et alibi: Animal esse docuimus, etiam cruore inhęrente. Sanguinem Oppianus quoq;, Aelianus & Plutarchus ei contribuunt. Spongia non est inanima, nec sanguinis expers: sed partus maris animans saxis innascitur, quemadmodum & alia quędam animalia, Aelianus & Plutarchus. *An sentiat.* Ostreorum generi capita nulla, nec spongijs: nec alijs ferè, quibus solus ex sensibus tactus est, Plinius. Aliqui narrant & auditu regi eas, contrahiq; ad sonum, exprimentes abundantiam humoris, nec auelli petris posse, ideo abscindi & saniem emittere, Idem. sed in quibus de sensu tactus dubitatur, illis auditum adscribere absurdum est: nõ minùs quàm quaternariũ alicubi constituere, ubi an omnino sit unitas non constet. Et rursus: Intellectum (*Sensum*) inesse ijs apparet, quia ubi auulsorem sensere, contractę multò difficiliùs abstrahuntur: hoc idem fluctu pulsante faciunt. uiuere esca manifestò conchæ minutæ in his repertę ostendunt. Et Aristoteles libro 5. historiæ: Sensum & spongijs esse aiunt, argumento, quòd ad euulsoris accessum contrahuntur, ita ut euelli difficile sit: quod idem etiam faciunt quoties flatus tempestasq; urget, ne sua de sede pellantur. Sed sunt qui de hoc dubitent, ut qui circa Toronam incolunt. Narrant enim proculdubio bestiolas quasdam, uelut tineas lumbricós ue, & eiusmodi alias consistere intra spongias, atq; ali: quas & euulsis spongijs pisciculi saxatiles deuorent: qui uel radices absumunt totas quæ inhærentes saxis remãserint, (*Hæc & aliter uerti possunt. uide infrà in D.*) Si euenerit fortè ut spongia abrumpatur, residuo item nascitur & completur. Item libro 1. eiusdem operis: Spongia sensum habere aliquem creditur: argumento, quòd multò difficiliùs abstra-
De motu spongiarum. hatur, nisi clanculum agatur, ut referunt auulsores. ¶ Suum etiam quendam motum habet spongia: uerũtamen animalculo (bestiolâ, quæ araneo similis in ea degit,) ad se sensu afficiendam, atq; illud admonendam quòd sit animata, eget, (&c. ut in D. referetur,) Aelianus & Plutarchus: tanquam non per se animata sit, quod ad sensum motumq;, sed per accidens, uti caro ferè animalium per neruos. In aqua dilatatur & constringitur, (*nimirum dum petris adhæret, quanquam hoc etiam aut falsum uidetur, aut non nisi per accidens fieri:*) extra immobilis est, Albertus. Quædam immobiles sunt à saxis: quædam autem sunt mobiles de loco ad locum: Idem, sed falsò. Aristoteles enim historiæ
Nõ sentire eas. 5.16. de urticis & spongijs scribens: non his, sed illis hoc attribuit. ¶ Rondeletius libro 4. cap. 10. spongias sensu omni carere liquidò ostendit: cum neq; uiscus in eis, nec nerui ulli sint: & amputatæ renascantur ex radicibus relictis, quod nulli animali competit: nec sanguinem inesse dicendũ, sed succum duntaxat hunc esse quo aluntur & accrescũt: & animalia quædam non tam eis escam esse, quàm intra eas uiuere. Contrahi autem eas per accidens, cum quæ in eorum cauis animalcula sunt contrahuntur. & Aristotelem non ex sua, sed uulgi opinione sensum eis attribuere. addit enim ὥς φασιν: ex sua uerò sententia alibi dicere, spongiam omnino plantis similem esse. Hæc ferè
(Aplysiæ.) illic Rondeletius. Sed fortè aplysiæ dicti sensum habent aliquẽ. de quibus sic Aristoteles quinto historiæ, cap. 16. ὁμολογεῖται δὲ μάλιστα παρὰ πάντων τοῦτο τὸ γένος αἴσθησιν ἔχειν. earundem substantiam
(Pulmo mar.) ab alijs differre scribit, & in uniuersum πλευμονώδη esse, hoc est, similem pulmoni, siue uiscus, siue zoophyton marinum, (cui proximum uitæ gradum habent spongiæ) ut dicetur, intelligens. Hoc genus (inquit) meatus quidem magnos habet: τὸ δ' ἄλλο πυκνόν ἐστι πᾶν. οὐδὲν δὲ πυκνότερον καὶ γλισχρότερόν ἐστι τοῦ σπόγγου, καὶ τὸ σύνολον πλευμονῶδες. Gaza uertit: Nihilo tamen densius, quàm quæ antè enumerauimus genera, quanquam lentius, & ex toto pulmoni similius cernitur. quasi legerit, οὐδὲν δὲ πυκνότερον, ἀλλὰ γλισχρότερόν ἐστι, &c. mihi locus suspectus est: & pro οὐδὲν fortè πολὺ legendum: aut si οὐδὲν rectè legitur, pro copula καὶ proximè sequente, uel ἀλλὰ, ut Gaza, uel οὐδὲ ponendum, ut sententia tota & comparationis ratio meliùs constet. sed præ cæteris placet pro οὐδὲν legi πολὺ: ut aplysiæ substantia multò tũ densior tũ tenacior sit, quàm spongiæ propriè dictæ: eaq; ratione etiã πλευμονώδης, (ut τὸ σύνολον, id est, uno uerbo comprehendatur, quod iam duobus dixerat,) id est pulmoni marino similior. qui & ipse substantia (saltẽ externa) densa tenaciq; constat: Corio enim duro integitur, sicuti holothuria & stellæ, ut Rondeletius docet. Hinc nimirũ fit, ut propter densitatem tenacitatemq; lauari hoc genus non sit aptũ. Vetus translatio non est mihi ad manum: Albertus quidem hæc uerba omisit. Pulmo quidem uiscus, hoc est animaliũ pars, nec spissus ne-
Gradus naturæ. que tenax dicendus est. Ergo fuerint gradus aliqui naturæ, ut alibi, mirificè semper τὰ μέσα καὶ ἐπαμφοτερίζοντα appetentis, ita in trãsitu à frutice ad animal. Post inanimata corpora, media quędã fortè sequuntur: tertiò animata ut plantæ. In Plantarum fine, zoophytorum initio spongiæ sunto, primùm propriè dictæ: deinde aplysiæ, pulmones, holothuria, tethya, ac multa deinceps zoophyta, alia ferè alijs perfectiora, usq; ad conchas, quas superant cochleę, &c. Hanc nostram opinionem propemodum confirmat philosophus, quarti de partibus animalium capite quinto, his uerbis: Tethya parum sua natura à plantis differunt. sunt tamen spongijs uiuaciora, (ζωτικώτερα: *id est, propiùs ad animalium naturam quàm spongiæ accedunt.*) quippe cum spongiæ omnino uires habeãt plantæ.

plantæ. natura enim continuè ab inanimatis ad animalia tranſit per ea quæ uiuant quidem, ſed nõ ſint animalia: ita ut parum admodum differre alterum ab altero uideatur, propter ſuam propinquitatem. Spongia igitur, ut dictum eſt, cum adhærendo tantùm uiuere poſsit, abſoluta autem nẽ queat uiuere, (*utroq; modo*) ſimilis plantis omnino eſt. quæ autem holothuria uocant & pulmones, atq; etiam plura eiuſmodi alia in mari, parum ab ijs differunt ſua ipſorum abſolutione. uiuunt enim ſine ullo ſenſu, perinde ac plantæ abſolutæ. nam & in terreſtribus plantis ſunt nonnulla eiuſmodi, ut epipetrum, &c. Et tethyum igitur, & quicquid eſt generis eiuſdem, ſimile plãtę eſt, quia adhærendo tantũmodo uiuit: ſed cum aliquid habeat carnis, ſenſum aliquẽ habere uideri poteſt. itaq; utrò nam modo ſtatuendum ſit, incertum eſt, Hæc ille. Quòd ſi de tethyis quæ perfectiora ſunt ſpongijs, & non adhærent, & carnis aliquid habent, ullá ne ſentiendi ui polleant, dubitatur: certè ſpongijs, quæ & adhærent, & carnis nihil habent, ſenſus omnino nullus attribui poteſt.

In trilingui Lexico Munſteri, ſpongiæ nomina Hebraica, (ſaltem Hebraicis characteribus ſcripta,) inuenio hæc: Saphog, (hoc legitur in Euangelio Matthæi Hebraico) Ared, Adak, Sib, Camahot, Ekba, Akuba, Zipore. Ex his primum accedit ad Græcum ſpongos: ſicut & alſefengi apud Auicennam: (nam lapidem ſpongiæ uocat hagiar alſefengi:) alibi aſfengi albhar, id eſt, ſpongiam marinam, ut lib. 2. cap. 602. Apud Syluaticum etiam aſfengi legitur: & quædam, ut coniicio, corrupta, ut affegi albach, pro ſpongia mar. & geſſaſe, gefriſe, ſeofe: & alacer frange pro lapide ſpongiæ: item ſapea pro ſpongia. Gamen apud Albertum ex Auicenna in Ariſtotelis hiſtoriæ librum 5. cap. 16. Perſicum fortè fuerit. ¶ Spongia Græcis etiam, ſed Atticè, σπογγιὰ dicitur, teſte Suida: σπόγγος communius eſt. Memini & σφόγγον alicubi legere. nam σπ. & σφ. aliquando permutantur, ut in ſpondylo & aſparago. hinc σφογγίον diminutiuum in Acharnenſibus Ariſtophanis. ¶ Italis nomẽ ſeruat Spogna uel Spongia. Galli eſponge. Germani **ein Schwum**, ſiue à natãdo, quòd leuitate ſua innatet: ſiue Græca uoce interpolata, à ſpongo, **ſchwum**: ut à ſphyra, **Schwyre**. Angli **a Sponge**. Bohemi Huba. Turcæ Bulud. *Nomina in diuerſis linguis.*

Ariſtoteles quatuor ſpongiarum differentias conſtituit, Rondeletius. Atqui Ariſtoteles hiſtoriæ 5. 16. diſtinctiùs agit. Genus (inquit) ſpongiarum triplex ſtatuitur. Et in progreſſu: Aliud genus eſt quod aplyſias uocant: hoc ne ſpongiæ quidem nomine appellat, tanquam peculiaris naturæ, ut explicabimus inferiùs. Omnino quæ altis tranquilliſq; (εὐδιεινοῖς, *id eſt, temperatis quod ad calorem & frigus*) inſunt gurgitibus, molliſsimæ ſunt. flatus enim ac tempeſtates (χειμὼν, *frigus*) ſpongias quoque, ut cætera altilia (τὰ φυόμενα) reddunt duriores, & incrementum impediunt. quamobrem ſpongiæ Helleſponti ſpiſſæ & aſperæ ſunt, (*tragi nimirum*,) & omnino quas mare ultra Maleam promontorium, (*quod nunc caput Maleum appellant*,) citráque fert, differunt inter ſe mollitie duritateq;, Ariſtoteles. Eadem Plinius, ut breuiſsimè nimiùm, ita pleraque falsò, hoc eſt contra Ariſtotelis ſententiam, ex eo repetijt: his uerbis: Maximæ fiunt manæ, ſed molliſsimæ circa Lyciam. in profundo autem nec uentoſo molliores: in Helleſponto, aſperæ: & denſæ circa Maleam. *Genera.*

Spongiarum tria genera accipimus: ſpiſſum ac prædurum & aſperum, tragos id uocatur: minùs ſpiſſum, & mollius, manón: tenue, denſúmque, ex quo penicilli, Achilleum, Plinius. quem Græcam uocem manón reliquiſſe mireris, cum adiectiua ſit & opponatur denſo ſeu ſpiſſo, qud πυκνὸν Græci dicunt. Rarum uertere poterat, ſicut Gaza rarum & ſolutum hoc genus dixit. Vergilius retia rara. Et Plinius ipſe alibi de ſpongijs: Aliqui raras tantùm ad ſanguinem ſiſtendum cum pice urunt. Columella: Nam niſi rarè conſeritur. Et alibi: Et mediocri raritudine optima eſt uitibus terra. hinc & uerbum compoſitum, diſraro: & quo idem Columella utitur, interraro. Rarum igitur eſt, à Græco ἀραιὸν per metatheſin, (quod & μανὸν dicunt,) quod multa habet interualla, ſiue multos meatus ſubtiliori aliquo corpore (ut aëre, uel aqua) plenos. quamobrem etiam pro ſubtili tenuiq; etiamſi poros ſeu meatus nullos habeat, (uel ut Scaliger uult, pro tranſlucido, ut in aqua, quod Græci λεπτὸν & λεπτομερὲς uocant,) accipitur. - - - Reſolutáque tellus In liquidas rareſcit aquas, Ouidius. Ἀραιὸν latiùs patere puto ad omnia rara corpora, tum dura, tum mollia: μανὸν uerò & χαῦνον, ad mollia tantùm, (propriè quidem & frequentiùs,) quæ cedunt compreſſa & ſubſidunt, ac paulò pòſt redeunt: ſic ſpongiæ genus μανὸν appellatur. Σομφὸν grammatici interpretantur χαῦνον, hoc eſt, laxum, ſolutum. quare & mollis effœminatúſque homo χαῦνος appellatur: cuius animus fractus facilè cuiuis libidini cedit, nec renititur. Et loca paluſtria, laxiq; ſoli, σομφώδη nominant. Σομφώδεις, οἱ χαυνόστομοι τῶν αἰγιαλῶν, Heſychius. Similis eſt uox Germanica **Sumpf**, & **Sumpfacht**, de terra paluſtri. Scaliger tamen pumicem quoque σομφὸν dixit. Ἀραιὰς φρένας ἔχειν λέγεται ὁ χαῦνος, ἀντικειμένως τῷ πυκινά, ὡς φησιν Ὅμηρος, φρονοῦντι, Euſtathius. Idem in Iliad. Ξ. interpretans uerſum poëtæ: Ἀλλ' ὁ μὲν ὡς ἀπόλοιτο, θεὸς δέ ἑ σιφλώσειεν. ὅ ἐστι κακώσειεν, ἢ μωμητὸν ποιήσειε. σίπαλον enim (inquit) aliqui uocant deformem ac turpem: qualem fieri imprecatur Achillem, formæ & pulchritudini eius inuidens. uel σιφλώσειε pro eo quod eſt laxet ac reſoluat, ἐκλύσοι καὶ παύσοι τῆς ὁρμῆς. φλῶ γὰρ τὸ ὁρμὴν ἔχω. Quidam (*Oppianus*) piſciũ genus σιφλὸν dixit pro guloſo. Apud Lycios quoſdam σιφλὸς etiamnũ dicitur de homine ignauo & ſocorde: ijdem ſuper huius uocabuli ſignificatione interrogati, ζοφὸν interpretantur, ut ipſi *Manon.*

loquunt̃, uel (ut uulgus alibi) ζοχὸν: hoc est, σομφὸν, ut literati: qualis scilicet spõgia est, & quæ uulgo nominantur ζοχία, (*fungi forsitan.*) Iidem Lycij ναρθηκα σιφλὸν esse dicunt intrinsecus, id est ferulã fungosam. (*habet enim medullam, quam Dioscorides ἐντεριώνην uocat.*) ἐπεὶ καὶ ἐκείνου τὰ ἔνδον σομφά ἐστι, τουτέστιν ἀραιὰ καὶ ἀπύκνωτα. Itaque homo σιφλὸς fuerit, non solidus, constans aut firmus ad res agendas, sed laxus, iners, solutus, inutilis, mollis, ignauus. Τοιοῦτον δὲ σίφλωμα τὸ, ἤγουν Λυκιακὸν, καὶ ἡ ῥαφανὶς, καὶ ἡ γογγυλίς. sunt enim radices illæ (*Cartilaginei generis uocat Plinius*) molles & laxę, Hucusq; Eustathius. Nostri **Lugg** uel **Luck** appellant, quod molle & laxum, & facilè compressum subsidit, aut loco cedit. Dioscorides libro 5. in capitibus de nitro, alcyonio, adarce, spongia, rarum & spongiosum concrementum significans, his uocabulis utitur: Καταπεπορωμένον οἱονεὶ σπογγῶδές τι, Ἀλκυόνιον πυκνόν ἐστι καὶ στρυφνὸν, καὶ ἰδεῖν σπογγῶδες. τὸ δὲ ἑξῆς, τὸ μὲν τὸ σχῆμα πτερυγίῳ ὀφθαλμικῷ, ἢ σπόγγῳ ἔοικε: Κοῦφον τέ ἐστι καὶ πολύκενον, ἔνδοθεν κισσήρει κατά τι ἐοικός. ἀλκυονίῳ τῷ μαλακῷ καὶ πολυκένῳ. Idem reprehendit corallium σεσηραγγωμένον τι καὶ χαῦνον. Oppianus σπόγγους πολυτρήτους cognominat. Scammoniæ liquor probatur κοῦφος, ἀραιὸς, σήραγγας ἔχων λεπτὰς, σπογγώδης, Dioscorides. Idem cinnamomum quartum dixit χαῦνον καὶ ὀγκῶδες ἰδέσθαι. Galla altera est parua, κονδυλώδης, στιβαρὰ, ἄτρυπητος: altera (magna) λεία, κούφη, καὶ τετρημένη, (Galeno χαύνη,) Dioscor. Dixerim sanè χαῦνον quod molle est & facilè comprimitur, nimirum propter poros, siue illi manifesti sint, siue minùs: ut sæpe non aliud quàm molle significet. Animalis corpus macilentum, plerunq; rarum dixerim: obesum uerò, χαῦνον, molle & laxum. Meatus & poros, unde spongiæ raræ dicuntur, Plinius fistulas nominat, Græci σήραγγας potiùs, id est, cauernas, quàm σύριγγας, id est, fistulas: Aristoteles θαλάμας, Gaza uertit cubilia, maluissem fistulas. Οἱ κόρδυλοι τὴν οὐρὰν μανώδη ἔχουσι καὶ πλατεῖαν, Aristot. de partibus 4.13. Hæc mani uocabuli Græci occasione digressi protulimus.

Medici inscitia ad duo nomina eas redegere: Africanas, quarum firmius sit robur: Rhodiacasq; ad fouendum molliores. Nunc autem mollissimæ circa muros Antiphelli urbis reperiuntur, Plinius. Et rursus: Quidam eas ita distinguunt. Alias ex his mares existimauere, tenui fistula (*id est, paruis fistulis*) spissioresq;, persorbentes, & quæ tinguntur in delicijs (*Achilleæ puto*) aliquando & purpura. Alias fœminas maioribus fistulis ac perpetuis. E marib. duriores alias, quas appellant tragos, tenuissimis fistulis atq; densissimis. Candidæ cura fiunt, ut in E. referemus.

Achilleæ.

Spõgiæ quas Achilleas nominãt, tenuissimæ sunt, & spississimæ ualidissimęq;. id genus galeis ocreisq; inserit̃: eoq; minus ab ictu cieri strepitũ, (ψόφον. alia lectio uidet̃ πόνον. Ponit̃ sub galeis ferreis, ut non inducat dolorem percussio gladij, aut alterius rei, Albertus ex interprete Auicennæ.) Inuentu perquam rarum est, Aristot. Hermolaus galeis & ocreis inseri scribit, ne strepitum gestatu cieant. Et rursus; Mollissimæ quæ spissæ. nam Achilleæ torosiores (στιφρότεροι. id molli opponitur, ut & στιβαρὸν & στρυφνὸν aliquando) ijs constãt. Achilleas quidem dixerat esse spississimas. nunc uerò spissas Achilleis molliores facit. Sunt enim primùm manæ, deinde quæ eis opponuntur simpliciter spissæ: tertiò Achilleæ. quas etiam tenuissimas dixit, hoc est (ut ego accipio) minimis & creberrimis fistulis peruias; ut non aliud hîc sit λεπτότατον, quàm λεπτότρητον Dioscoridi. hæc ipsa autem pororum & paruitas & crebritas, spissitudinis earum causa est: & spissitudo forte soliditatis, τῆς στιφρότητος. Secundi autem generis simpliciter spissæ uidẽtur dictæ, comparatione primi, utpote frequentes: quanquam spissiores eis sint Achilleæ sed inuentu raræ, & alio etiam nomine insignes. Achilleæ spongiæ peculiare hoc, quòd galeis subijcit̃: tenera enim & mollis cum sit, caput à ferro atteri prohibet, Achillis fortè inuẽto, Varinus. apud Albertũ lib. 24. de animalibus, hoc legitur de Albyros tanquã pisce. piscis est (inquit) fortissimæ pellis, ita ut eam milites sub galeis capitib. aptent, ad ictus quoslibet & gladiorũ sine læsione excipiendos. Spongiæ Achilleæ uocantur, quæ sunt robustissimæ; sicuti hordeũ Achilleũ, quod præstantissimum, cuiusmodi equis suis Achilles obijciebat, Cęlius Rhod. ex Eustathio. Ἀχίλλειον πλάκα Aristophanes & Sophocles dixerũt: Hesychius interpretatur Achillis insulam Leucen dictam, circa quam etiam Ἀχιλλέως δρόμοι sunt: aliqui uerò (inquit) spongiam, eius generis quo oculos abstergunt, οἷς τοὺς ὀφθαλμοὺς ἀποψῶνται. Leporis pilo, quia mollior delicatiorq; est, spongiæ loco utebantur plerunq;, purgandis præsertim detergendisq; lippitudinibus & gramijs oculorum, ut pluribus scripsi in Leporis quadrupedis historia, ad finem segmenti E. quanquam & aliter spõgiæ ad oculos usus est: nempe formatum ex eo collyrium, ceu penicillus quidam, & liquori alicui immissum, ut imbibat, super oculis comprimitur, ut instilletur remedium: uel etiam spongia aliquo liquore madens imponitur.

Penicilli.

Spongiarum genus tenue (λεπτότρητον, ut dixi) densumq;, ex quo penicilli, Achilleum uocatur, Plinius. Et rursus: Trogus author est, circa Lyciam penicillos (*spongias penicillis aptas*) mollissimos nasci in alto, unde ablatæ sint spongiæ (si enim euenerit fortè, ut spongia cum euellitur abrumpatur; residuo item nascitur & completur.) Peniculi uocantur spongię aptæ ad oculorum tumores, & ad tergendas lippitudines utiles, Isidorus. Peniculi, spongię longæ, propter similitudinem caudarum appellatæ. penes enim uocabantur caudæ, Festus & Cicero lib. 9. epist. ad Papyrium. Grammatici docent, omne, quo ad aliquid mundandum, detergendum, illinendùm ue utimur, penicillum uel peniculum uocari, præsertim si ex spongia sit factũ, &c. Penicillo etiam pictores pingunt. Germani nomen eius instrumenti à Latinis sumpserũt, **ein Bensel.** Peniculis uulnera stipantur, uel ideo ne claudãtur, uel ut aperiantur magis. Nomen eius

eius Græcum non inuenio aliud quàm σπόγγος: pro instrumento uerò pictorio γραφὶς & ὑπογραφὶς apud Pollucem legitur. Pterygium ophthalmicum in mentione alcyonij Dioscorides libro quinto memorat, his uerbis: κατὰ μὲν τὸ σχῆμα πτερυγίῳ ὀφθαλμικῷ ἢ σπόγγῳ ἔοικε, κοῦφον τε δὲ καὶ πολύκνον. Vetus interpres Serapionis, ungulæ oculi simile esse transfert: & eum imitatus Marcellus Vergilius, concreti in hominis oculo unguis specie. atqui unguis in oculo haud scio quænam figura dici pòssit: quid'ue in eo alcyonio aut spongiæ simile. Pinnulæ oculorum aut spongiæ simile, Ruellius: pterygio in oculo, Cornarius. egò penicillo ocularío transtulerim: quanuis locum alium ostendere non possum, ubi pterygium penicillum significet. sed res ipsa ita interpretari suadet, nempe altera quoque ad spongiam similitudo, & quæ sequitur epexegesis κοῦφον τε καὶ πολύκνον. Galenus pterygij mentione omissa, figura longiore esse dixit. sunt autem & penicilli oblongi. Recentiores quidam Græci pro penicillo xylospongium dixerunt. Vide inferius in H. a. Rondeletius penicillum uocare uoluit testaceum quoddam genus, &c. à similitudine frondis è tubulo prominentis. id exhibuimus suprà pag. 818. *Dioscoridis locus.*

Quæ in genere illo spisso prædurae sunt atque asperæ, nomine τράγοι (id est, hirci) nuncupantur, Aristoteles. Spissum ac prædurum & asperum, tragos uocatur, Plinius. Nos hircosas dicere possumus ab asperitate, Isidorus. *Tragi.*

Genus aliud est aplysias, ut Aeneas: subauditur enim σπόγγος, masculinum. quanquam non propriè spongia est, ut suprà indicauimus, ubi sensu spongias carere astruximus, & Aristotelis quædã de aplysijs uerba perpendimus. Ἔστι δὲ ἄλλο γένος ὃ καλοῦσιν ἀπλυσίας (in accusandi casu plurali) γλισχρότερον τοῦ σπόγγου. & mox: διάδηλοι δὲ εἰσιν οἱ ἀπλυσίαι πρὸς τοὺς σπόγγους. quibus uerbis apparet eum ne nomen quidem spongiarum (propriè) eis attribuere: tanquam genere proximo prorsus diuerso: & re ipsa quoque, ut diximus distinguit, aplysijs sensum aliquem (omnium confessione) attribuens, quem spongijs negat. Sensum aplysias habere (inquit) diúque uiuere inter omnes præcipuè conuenit. cognosci præ (*Gaza de suo addit, cæteris*) spongijs eo facile possunt documento, quòd cum illæ albicent limo subsidente, (*dum lauantur,*) ipsi semper nigriorem ostendunt, (Albertus addit, dum sunt in aqua limosa: extracti autem & siccati fiunt coloris ferme cinerei ad luteum declinantis.) Pessimum omnium genus est earum, quæ aplysiæ uocantur, quia elui non possunt: in quibus maximæ sunt fistulæ, & reliqua densitas spissa, Plinius ex Aristotele. Theophrastus historiæ plantarum libro quarto ad finem capitis septimi. Quæ in mari mediterraneo (inquit) nascuntur stirpes, enumeratæ iam sunt. spongia enim & aplysiæ (ἡ γὰρ σπογγιὰ, καὶ αἱ πλύσιαι, lego καὶ οἱ ἀπλυσίαι, καλούμεναι, quanquam Gaza hoc non animaduertit,) & si quid eiusmodi est, diuersam naturam sortiuntur. Albertus cum Aristotelis de aplysijs uerba recitasset, subdit: Hoc genus est quod abundat in maribus nostris Flandriæ & Germaniæ: & mouetur secundum locum, dilatatione & constrictione: & cum tollitur ab aqua, inanime uidetur: aquæ redditum, paulò pòst iterum uiuit & mouetur. Verùm hoc cum absolutum uiuat, spongiarum generis esse non potest. nam si aplysias solutus esset, hanc eius imprimis à cæteris differentiam Aristoteles docere debuisset. Plura de massa illa informi, quæ in aqua dilatatur tantùm & constringitur, diximus suprà in Corollario Leporis marini A. pagina 566. *Aplysiæ.*

Aureum uellus est animal marinum sicut spongia, & de spongiarum genere, sed rarius est & mollius ad modum lanæ, & lanugo eius in auri splendorem conuertitur, & dilatatur, & prolongatur sicut uellus: & dum est in mari mouetur motu contractionis, & dilatationis sicut spongia, & rarò inuenitur. Tamen hoc inuentum in Phrygia, cum extitit bellum Troianum inter Græcos & Phrygios, sicut dicit Dares Phrygius in historia Troiana, Albertus. Sed hoc etiam genus eadem ratione, qua proximè massam illam informem aplysiam esse negauimus, spongiarum generis esse non potest: & fortè nihil omnino tale in mari reperitur. nam quod rarum esse tradit & molle, ab Achillea spongia forsitan sumptum est: quòd lanam aurei coloris ei adscribit, à Pinna. *Aureum uellus.*

Germani è spongijs quasdam uocant **Badschwüm**, id est balneatorias, maximas puto, quibus in balneis insidere solent imbecilliores. tantæ sunt ut una apud nos drachmis septenis, aut etiam maioris uæneat. & **Kropffschwüm**, à strumis gutturis, quæ his crematis (ut dicemus in G.) curari solent: quæcunque scilicet nondum purgatæ calculis adhuc refertæ sunt. Cæteras simpliciter **Schwüm**, uel **feine Schwüm/ grobe Schwüm**. Aliqui etiam **Filtzschwüm** appellant, id est Feltrias spongias, (à lana Feltria crassiore & ad pileos intricari solita à pilopœis,) tragos nimirum, asperos, illotos, quales pharmacopolis uenduntur propter lapides quos continent. Iisdem aliquando adferuntur spongiæ quædam immaturæ, illotæ, meatibus omnibus plenis, &c. **Vnreyffe schwüm**. Licebit etiam sexus uocabulis eas distinguere, **Mennle vnd weyble**, sicut Dioscorides docet: nam Galli contrario modo nomina sexus eis accommodare uidentur. Bulud Turcicum spongiæ nomen est. His addere libuit tabellam diuisionis spongiarum, quæ species earum omnes cum differentijs statim ob oculos ponat, ex Aristotele, Plinio, Dioscoride.

x x

Spongiæ, uel
- Sensu omni carent: quarũ aliæ sunt
  - Manæ, μανὰι: id est, raræ & solutæ, maximæ. Dioscoridi fœminæ. Eædē Plinij seculo Africanæ dictæ uidentur. Badschwüm̃, weible.
  - Densæ seu spissę, πυκναὶ, λεπτόποροι. — Mares.
    - Mollissimæ: (quanquam Plinio manæ molliores sunt:) simpliciter spissæ dictæ, collatione scilicet ad raras. q̃ duo genera frequentiora sunt. Rhodiacæ Plinij seculo dicebantur, quæ ad fouendum molliores essent. Feine schwüm̃, Mesle.
    - Minus molles, solidiores, minimis fistulis, id est densissimæ, sed raræ inuentu: ualidissimæ. Cæteræ densæ raris infirmiores sunt, quòd radice minùs profunda nutriantur. Die gar feinen schwüm̃.
    - Duræ admodum & asperæ, τράγοι: hoc est, hirci. Grobe schwüm̃, Filtzschwüm̃.
- Sensum aliquem habent, aplysiæ, raræ et magnis meatibus: reliquum in eis ualde densum est, &c. Has non simpliciter spongias uocat ut superiores. Schwüm̃ die niemar reissen/können auch nit gereiniget werden.

Pro spongia aliqui pharmacopolæ alcyonio utuntur, ut in Alcyone aue scripsimus ex Brasauolo, in G. Non desunt (inquit idem Brasauolus) qui lanuginem quandam super ostreorũ conchis innatã pro spongijs seruent, & utant̃: quũ id potiùs musci marini genus sit, quàm spongiæ. Idem Ballas (id est pilas) marinas uulgò dictas, nusquã se apud ueteres reperire scribit: & in spongiarum genere ponit. quamuis (inquit) zoophyta non sunt, qualia spongiæ: sed ex maris spuma ad litora collisa, & cuiusdam herbæ minutissimis festucis fiunt. Vim habent exiccandi. Nonnulli ex fractis spongijs & spuma arte faciunt, alij ex glutino & taurinis pilis, ignaros pharmacopolas decipientes. Ita fit maris impetus, ut æstus in minimas festucas herbam redigat, & ad litora detrudat: ubi mixta cum spuma conglobantur, & ob motum supra litus ex fluctu collidente in gyrum ac pilæ formam tendunt, Hæc ille. Quærendum an eadem hæc pila marina sit, de qua Rondeletius an Pulmo marinus sit dubitat: ex quo eius iconem dedimus suprà, pag. 895. Pulmo marinus (inquit) dici potest corpus quoddam rotundum, pilæ marinæ modo, uirescens, foris substantia feltro simile, intus totum fistulosum ueluti spongia aplysia, &c. Quæ pilæ marinæ uocãtur, & in officinis habentur, (inquit Cornarius) ex alcyonij genere esse nõ dubium est. Galenus libri 1. de composit. sec. locos, in fine cap. 2. σφαῖραν θαλασσίαν appellat. Aristoteles lib. 9. historiæ animalium, alcyonum nidum pilis marinis & spumis maris assimilat: ἡ δὲ νεοττία προσόμοια ταῖς σφαίραις ταῖς θαλαττίαις ἐστὶ, καὶ ταῖς καλουμέναις ἁλὸς ἄχναις. Vide plura quę in Alcyone aue annotauimus, in G. alcyonij occasione, pag. 90. libri de auibus. Matthiolus reprehendit eos, qui pilam marinam uulgò dictam, ueterum adarcen esse putant.

Pila mar.

B Ad B. pertinentia quædam, passim suprà in A. exposita sunt, cum alia, tum quibus in locis qualesq; proueniant in generum explicatione. In petris quoq; cruoris inhæret color, Africis præcipuè quæ generant̃ in Syrtibus, Plinius. Ex Græcia, Illyria & orientaliorib. partibus Venetias afferuntur: quanquam & in nostro mari spongiæ nascũtur, sed minores. nos spongias propè Camadium, paruas quidem, sed ualde molles collegimus saxis inhærentes, Brasauolus. Differunt figura & magnitudine: quoniam aliquæ oblongæ, aliæ minùs: aliquæ latæ, aliæ rotundæ: aliquæ crassæ, aliæ subtiles: aliquæ tuberosæ, aliæ planæ, Idem. Inueniuntur & ingentes quædam spongiæ (ex Oceano ni fallor, ætate, ut putant, prouectiores) quarum præstantiores tribus aut quatuor ferè denarijs aureis quandoq; uenduntur. In magnis lapides à spong ijs cognominati probi perfectiq; reperiuntur. Viuentibus, idemq; madentibus, nigricans color, Plinius. Color illotis uiuisq; nigricans est, Aristot. Adhærent (saxis) nec parte, nec totæ. intersunt autem fistulæ quædam inanes, quaternæ ferè aut quinæ, per quas pasci existimantur. Sunt & aliæ, sed superne concretæ. Et subesse membrana quædam radicibus earum intelligitur, Plinius ex Aristotele: cuius uerba nunc in C. referam. interest enim aliquid.

C Adhærent, nec parte, nec toto. intersunt enim fistulæ quędam inanes, sed pluribus passim particulis hæsitant, & quasi membrana extenta subesse radicibus earum uidetur. supernè autem cæteri meatus concreti propemodum latent. at uero quaterni, aut quini patent, per quos pasci eas aliqui existimant, Aristot. Plinij quidẽ uerba inde trãslata, recitaui paulò antè in fine B. interest autem nonnihil. ¶ Spongiæ & urticæ generantur similiter, ut illa quæ testa integuntur. per rimas enim & cauernas & fauces saxorum oriuntur, ἐν ταῖς σήραγξι τῶν πετρῶν, Aristot. Nascuntur omnes in petris. aluntur conchis, pisce, limo, Plinius. Omnes aut ad saxa nascuntur, aut iuxta littus, (πρὸς ταῖς θισί) lutoq; aluntur: cuius rei argumentum est, quod captę, limo refertæ omnes cernuntur. quod certè indicat, cæteris quoq; adhærentibus, cibum per ipsum annexum hauriri. Imbecilliores propterea sunt spissæ, quàm raræ, quia minus alto radicis hæsu innituntur, Aristot. Spissas minùs adhærescere aiunt, Plinius. Intellectum inesse ijs apparet, quia ubi auulsorē sen-

sere,

sere, contractæ multo difficilius abstrahuntur. Hoc idem fluctu pulsante faciunt. Viuere esca, manifestò conchæ minutæ in his repertæ ostendunt. Circa Toronen uesci illis auulsas etiam aiunt, & ex relictis radicibus recrescere, Idem ex Aristotele. sed Aristoteles profectò hoc non dicit, circa Toronen auulsas etiam spongias conchis minutis uesci: cum historiæ 5.16. scribit: οἱ ἐν Τορώνῃ φασὶ (τὸν σπόγγον) τρέφειν ἐν ἑαυτῷ ζῶα, ἕλμινθάς τε καὶ ἕτερα τοιαῦτα: ἅ, ὅταν ἀποσπασθῇ, τὰ ἰχθύδια τὰ πετραῖα κατεσθίει, &c. quæ uerba infrà in D. considerabimus. ¶ Viuere eas constat longo tempore, Plinius. uerum hoc Aristoteles de aplysijs priuatim, non de spongijs prodit. ¶ Putrescunt in apricis locis, ideo optimæ in gurgitibus, Plinius. Nec calorem immodicum spongiæ patiuntur. fit enim eo, ut, more pullulantium (ὥσπερ τὰ φυόμενα) putrescant. quocirca optimæ iuxta oras (ἀκτὰς) comperiuntur spongiæ, si gurgite alto demersæ sunt. cõmodè enim temperantur (tum quod ad frigus, tum ad flatus) propter altitudinem gurgitis, Aristot.

D Pinnophylax siue pinnoteras, (qui cancer paruus est, rotundo corpore,) in spongiarum quoque cubilibus (cauis, seu fistulis) reperitur. est autem ueluti araneus in eis: qui uenatur hoc modo: fistulas aperiens, pisciculos admittit, admissos claudit, Aristoteles 5. 16. historiæ. Sed idem scyllarus, (id est oblongo corpore cancellus, cauda nuda,) facit, ut Rondeletius asserit. in spongiarum enim cauernis (inquit) hic quoque latet, & uiuit: cuius rei oculatus sum testis. in densissimo autem tantùm asperoq; spongiarum genere, quod tragon Aristoteles uocat, reperisse cancellum hunc caudatum se scribit: qui ingratum etiam & pisculentum odorem ab hac spongia contrahat. Nos multa de utroque cancellorum genere, dedimus suprà elemento C. Cæterùm ut paruulus ille pinnæ custos Pinnophylax, & idem significante uocabulo pinnoteras uocatur: sic in spongia spongophylax, aut spongoteras uocari poterit. Pinnother etiam uel pinnotheras, ut aliqui scribunt in recto singulari. In Plutarchi libro Vtra animaliũ, &c. legimus: ὅτι ὁ τὸ πλεῖστον ἐξαναλώσας Χρύσιππος μέλαν πιννοθήρας παντὶ καὶ φυσικῷ βιβλίῳ καὶ ἠθικῷ προεδρίαν ἔχει. τὸν γὰρ σπογγοθήραν οὐχ ἱστόρηκεν. οὐ γὰρ ἂν παρέλιπεν. sed spongotheras etiam piscator spongiarum dicitur. Spongiam dirigit pusilla bestia, non specie quidem cancro, sed magis araneo similis. suum illa quendam motum (quo nunc exporrigitur, nunc contrahitur) habet: ueruntamen animalculo ad se sensu afficiendam, atque illud admonendam quòd sit animata, eget. Nam propter quandam raritatem (ac laxitatem) ingenitam non ipsa sese commouet: sed cum quippiam in sua foramina inciderit, ab ea bestiola quam dixi Araneo similem excitata, id comprehendit & exedit. Cum autem ad euellendam eam è saxis homo accedit, ipsa ab eodem animali conuictore suo stimulata inhorrescit, & contorquens se arctissimè contrahit: quæ causa hercule est, cur piscatori plurimum negotij facessatur, Aelianus de animalibus 8. 16. & similiter Philes, Plutarchus in libro Vtra animalium, &c. Qui Toronen habitant, aiunt spongiam in sese alere animalia, lumbricos, & alia huiusmodi, (*nimirum etiam cancellos,*) ἅ, ὅταν ἀποσπασθῇ (supple σπόγγος,) τὰ ἰχθύδια τὰ πετραῖα κατεσθίει, καὶ τὰς ῥίζας τὰς ὑπολοίπους, Aristoteles historiæ 5. 16. Est autem sensus in uerbis Græcis ambiguus. nam si ἃ articulum in accusandi casu accipias, & τὰ ἰχθύδια in nominatiuo, bestiolas illas spongiarum hospites à pisciculis saxatilibus uorari, sicuti & reliquias spongiarum auulsarum, dicemus. sin contrà, ἃ pro nominatiuo, & τὰ ἰχθύδια pro accusatiuo: auulsis spongijs residuas radices & pisciculos saxatiles à bestiolis illis absumi dicendum. quæ posterior sententia mihi magis arridet, præsertim cum à pinnophylace alij quoq; captari & uorare pisciculos tradant. Gaza priorem secutus est.

E Vrinatores qui spongias piscantur, à Theophrasto (historiæ 4. 7.) & Herodoto σπογγεῖς dicuntur. Gaza spongiarios uertit, Valla spongiatores. Sic & πορφυρεῖς, purpurarei, uel purpuratores nominantur. Σπογγοθῆραι, id est spongiarum uenatores: & σπογγοκολυμβηταί, id est, urinatores spongiarij, (ex Lycurgo:) & σπογγοθηρευτική, id est, uenatoria spongiarum ars, apud Pollucem leguntur. Oppianus σπογγοτόμους: qui circa finem libri quinti Halieuticorum copiosè & eleganter, quo pacto à spongiatoribus spongiæ amputandæ legantur describit: unde Gillius breuiter complexus est, in hæc uerba: Certamen ineunt magnum & difficilè piscatores, cum spongias ad scopulos adhærescentes inter se iunctas tanquam messores uibrata falce à saxo abscindunt: atque abiecta omni cunctatione fune (oblongo, quo cinctus est, plumbum altera manu tenens, altera falcem) socios admonent, ut ex ima maris sede celeriter subtrahantur. Nam ab spongijs cæsis sanies ad piscatorum nares manans, non modò tetrum odorem redolet, sed ad nares adhærescens, sæpe eos suffocat. Oppianus addit solere hos urinatores se præparare cibo potúque modicis ac leuibus, ne corpore pleno respiratio eis minùs libera sit: & somno non conueniente piscatoribus uti, Brodæus interpretatur modico. ὕπνον τ' οὐχ ἁλιεῦσιν ἐοικότι μαλθάσσονται. ego de somno longiore, quàm piscatoribus conueniat, & nocturno accipio. nam piscatores cæteri minùs, & noctu parum, propter piscationem dormiunt. spongias uerò interdiu lecturis noctu dormire & corpora somno μαλθάσσειν, hoc est demulcere licet: id quod nimiùm breuis somnus non facit. item cauere eos cete ac belluas marinas. oleum ore tenere: idq; cum ad uadum peruenerint, expuere, ut aqua illustretur, sicut nox lumine accenso. Extractum sanè à socijs qui uiderit miseretur, metu & labore fractum. Est quando infestantibus

Spongiarũ amputatio.

XX 2

cetis uel semilacerum uel prorsus non extrahant. Oleum quidem non in terra solum noctu lucet, sed etiam sub aqua spongiatorum ore efflatum in mari lucem præbet, Plutarchus in libro de primo frigido. Et in libello, cui titulum fecit Causę naturales: Vrinantes autem cum oleum in profundo ore expuerint, φέγγος ἔχειν καὶ δίοψιν. Et Aristoteles in Problematis: τὸ δὲ ἔλαιον ἐπιχυθὲν, ποιεῖ μᾶλλον εὐδίοπτον τὴν θάλασσαν. Spongia etiam sensum habere aliquem creditur: argumento quòd multò difficiliùs abstrahuntur: nisi clanculum agatur, ut referunt auulsores, Idem in historia anim.

Electio. ¶ Putrescunt in apricis locis, ideo optimæ in gurgitibus, Plinius ex Aristotele. quocirca optimæ iuxta oras (ἀκτάς) comperiuntur spongiæ, si gurgite alto demersæ sunt. sic enim neque flatibus neque calore nimijs tentantur, Aristot. Quin & eas quæ ab Aquilone sint genitæ, præferunt cæteris, Plinius. Algam pelagicam spongiarij deferunt. gignitur autem parte Aquilonia Cretæ tum copiosiùs tum meliùs, ut etiam spongiæ reliquaq; similia, Theophrastus.

Vsus. ¶ Spongijs utebantur ueteres strigilum uice ad distringenda mundandaq; corpora. Maioribus ad cisternas utimur, ut aqua purior descendat, Brasauolus.

Dealbatio. ¶ Candidæ cura fiunt: è mollissimis recentes per æstatem tinctæ salis spuma, ad lunam & pruinas sternuntur inuersę, hoc est, qua parte adhæsere, ut candorem bibant, Plinius.

G

Ordo. Spongia liquore aliquo imbuta pro partium affectuumq; ratione imponitur: & quanquam si recens sit, etiam ui propria aliqua polleat, ut mox Galeni uerbis docebimus, primùm tamen ea remedia adferemus, quæ spongia non per se, sed madens aliquo liquore, quem ipsa ueluti materia imbiberit, præstat. deinde, quæ per se adhibita. tertiò, ex ea cremata. quarto ex lapidibus, qui in spongijs inueniuntur.

In genere. Recentes ad quædam utiles sunt, ueteres uerò inutiles, Dioscorides. Possunt tamen & ueteres, præsertim molliores, pro materia, alijs imbuendæ liquoribus utiles esse: recentes uerò & per se alicubi prosunt, ut dicemus: & alijs madentes liquoribus, exiccandi ui propria attrahendiq; conferunt. Spongia noua, non sicut lana aut linamentum, (quod μοτὸν ἢ λατὸν, id est, carpinatum uocant,) materia duntaxat est, quę humores irrigandos excipiat, sed etiam

(Ad uulnera.) manifestè desiccat. Id quod scies, si ea utaris in uulnere cum aqua, aut oxycrato, aut uino, pro diuersitate uidelicet corporum, uti est antè dictum. Glutinabit siquidem ea similiter atque medicamenta quæ uocãt enæma. At si non noua sit, sed usui accommodata, palàm cognosces quãtum à noua superetur, si uulneribus eam imponas, siue cum aqua, siue cũ oxycrato, siue cum uino. nec mirum est, cùm in spongia noua seruetur etiamnum ea quam à mari accepit facultas, modicè corpora exiccandi. atq; hæc quidem præstare potest cum etiamnum seruat maris odorem. nam temporis spatio, etiamsi nunquam usui accommodata fuerit, tamen & odorẽ maris amittit, nec ęquè desiccat, Galenus. Spongia aqua frigida madẽs repercutit, & elidit ad uicina quod in loco est, Idem lib. 1. de compos. medic. per genera. Partes sacrificãdas spongijs priùs foueri iubet, quousq; coloris euadant punicei: item spongijs foueri locum, ubi hirudo fuerit, ut uirus extrahatur: abstergiq; eis hirudinum mucorem. Contra scorpionum ictus ex aceto imponuntur spongiæ. Recentes discutiunt, molliunt, mitigant, Plinius. Vsus earum ad abstergenda, fouenda, operienda à fotu, dum aliud imponatur. Feruenti ex aqua perfusæ expressæq; inter duas tabulas, in febri impositæ prosunt contra nimios ardores: ignibus sacris ex aceto, efficaciores quàm aliud. Imponi oportet sic, ut sanas quoq; partes spatiosè operiant, Idem. Subtilioribus mollioribusq; ad fomenta utimur, sicuti antiqui Rhodiacis, Brasauolus. Imponuntur & his morbis quos uaporari oporteat, feruenti ex aqua perfusæ expressæq; inter duas tabulas. Imponuntur & integris (*non uulneratis*) partibus, sed fluctuatione occulta laborantibus, quæ discutienda sit, &c. item articulis aliâs aceto salso madidæ, aliâs è posca: si ferueat impetus, ex aqua, Plinius. uidetur autẽ occultam fluctuationem transtulisse, quod Græcus aliquis forsan, sicut & Dioscorides, τὰ ῥευματικὰ ὑπόνομα ἕλκη dixit; hoc est, fluxioni obnoxia & cuniculosa ulcera: in quibus tamen non undiquaq; integræ partes sunt. Incipientes inflammationes uel spongia sola ex posca imposita repressit, neq; quicquam eo totum corpus fuit offensum: præsertim cum neq; malignum est, neq; multum quod influit, neq; corpus humoribus ex æquo redundat, Galenus. Idem lib. 2. ad Glauconẽ, spongiam inflammationi imponi iubet, in aqua & uino acerbo cum modico aceti intinctam. Et lib. 13. Methodi, fomentum ex spongia & aqua dulci phlegmonen iritatam mitigare docet. Rursus libro 2. ad Glauconem: spongiam in aqua, quæ parum aceti habeat, curare œdema, id est, tumorem pituitosum. Et libro 14. Methodi: Spongia noua (inquit) si non adsit, meliùs est ellychnium accipere, quod sit molle, quale est Tarsicum: siquidem hoc etiam utilius uidetur ad curandum œdema, quàm sit spongia. Ad Glauconem uerò 2. 3. in curatione œdematis: Oportet autem spongiam (inquit) omnino nouam esse: quæ si non adfuerit, saltem exquisitè abluatur ex aphronitro & nitro, & ex ea quæ conia stacte, id est lixiuium distillatum, à Græcis nominatur. Quod si ex his œdema non quiescat, aluminis parum imponendum est, spongiáque omnino noua applicetur. His similia, & ampliorem de spongiæ in œdemate usu, tradit Methodi 14. 4.

Ad sugillata. Liuorem ab ictu recentem, ex aqua salsa calida sæpius mutata tollunt, Plinius. Spongia noua cum aqua salsa calida sæpius imposita, suggillationes liuorésque detergit, Marcellus.

Sic-

Ad sistendum sanguinem.

Siccæ recentes & uacuæ, sanguinis profluuiũ sistunt, Dioscorides: Plinius addit, ex aceto aut frigida. Si sanguis è uulnere fluat, ustæ ranæ cinerem uulneri inspergito. superponenda porrò his spongia ex oxycrato, & frequenter siccitatis ratione mutanda, Galenus Euporiston 1. 129. In sanguinis fluxione post excisos calculos, & alia omni, foris in spongia impositum acetum, intus potum cyathis binis quàm acerrimum, medetur, Plinius. De sanguine è naribus fluente sistendo spongijs, &c. dicetur inferiùs.

Ad uulnera.

¶ Recens & minimè pinguis (ἄλιπὴς, *usu nimirum sordes & pinguitudo accedunt,*) uulneraria est, & tumores coërcet: & ex aqua poscá ue recentia glutinat uulnera, Dioscor. Recẽtes discutiũt, &c. Veteres cõglutinant uulnera, Plin. atqui Dioscorides & Galenus ueteres nulla ui propria præditas uolũt, ea quã à mari acceperãt, amissa: ut recitauimus paulò suprà. Spongia uel ex aqua frigida, uel ex uino, uel ex aceto expressa, uulnus glutinat. ex ijsdem, lana succida, Celsus. Spongiæ in uulnerũ curatione & succidæ lanæ uicem implent, nunc ex uino & oleo, nunc ex eadẽ, (*ex eadem fortè succida lana: sed hæc liquor non est. quare non ex ipsa, sed succo eius œsypo fortè id præstiterint. nisi malis ex aqua, ut Dioscorides, Celsus, & Galenus habent.*) Differentia hæc, quòd lanæ emolliunt, spongiæ coërcent, rapiuntq́ uitia ulcerũ, Plin. Galeni uerba de spongiæ recentis uulneraria ui, retuli suprà ab initio huius segmenti. Fracturæ & uulnera spongijs utilissimè fouent̃. Sanguis rapitur in secando, ut curatio perspici posit. Et ipsæ uulnerũ inflãmationibus imponunt̃, nunc siccæ, nunc ex aceto inspersæ, nunc è uino, nũc ex aqua frigida. Ex aqua uerò cœlesti impositæ, secta recentia non patiunt̃ intumescere, Plin. Ex Achilleis spongijs (præcipuè) fiebant penicilli uulnerarij, (unde & ipsæ per excellentiam penicilli dictæ,) quibus scilicet uulnera ulcerá ue stipabant, ut clarissimè explicat Plautus in Rudente: Ego iam te hîc itidem, quasi penicillus nouus exugere solet, ni hunc amittis, exugebo quicquid humoris tibi est. Pro dilatandis uulneribus utimur spongijs ex terebinthina, Brasauolus. Spongiam ulceri applicat madidam uino aut aqua: uultq́ spongiam permanere frigidam, Galenus libro 14. de comp. medic. per genera.

Ad ulcera.

Aridæ ligatæ lino, si penicilli (*linamenti*) modo adigantur, occlusa ulcera callosq́ (*interiores scilicet ulcerum*) laxant, Dioscorides. Imponuntur & ijs quæ apostemata uocant, melle decocto perunctis. eædem & callo (*nimirum ulcerum, ut Dioscorides habet*) salsa (*aqua*) madidæ, Plinius. Vlcera humida & senilia impositæ siccant, Idem. Fluida, cuniculosa & antiqua ulcera siccant superpositæ aridæ, recentes & uacuæ, Dioscorides. Recentes cum decocto melle uetustos etiam sinus iungunt, Idem.

Ad capitis dolorem.

Spongiam latam & densam ac cauam in aqua madefactam & probè expressam capiti imponas: hoc Erasistratus ceu magnum quoddam præseruatiuum in calidis habitibus tradit, aduersus capitis dolorem, quum uidelicet eos Solem perferre oportet, Galenus in libro 2. de compos. sec. loc. Ad dolorem capitis ex plaga aut casu, Apollonius scribit conuenire fomenta per spongias aqua calida imbutas: & mollium lanarum fasciculos aceto & rosaceo conspersos, Galenus ibidem. Capiti medendo: Spongia cum tepidis annexa liquoribus hymbris Profuit, Serenus. ¶ Siriaseis infantium spongia frigida cerebro humefacto rana inuersa adalligata efficacissimè sanat, quam aridam inueniri affirmant, Plinius. Spongiæ imponuntur ex aceto calido ad capitis dolores, Idem.

Spongia somnifera.

¶ Somniferæ spongiæ confectio apud Nicolaum Myrepsum legitur huiusmodi: Succi mandragoræ, succi lactucæ, succi foliorum hyoscyami, caphuræ, succi nenupharis, succi solani: madefacito in ijs opium quod satis est, dein spongiam nouam inijce, ut totum succum combibat. Postea accipe spongiam hanc confectionem in se habentem, & linteo undiquaque tectam in æstu caniculari suspendito, ut exiccetur. Tandem recondito, & usu postulante odorandam dato. confestim enim somnum accersit. Confert nephriticis, uigilantibus, continuis febribus, & omnis generis uigilijs, remedio probato.

Ad oculos.

¶ Oculis lippientibus omnino adhibendum est fomentum per spongiam, siquidem mediocris sit dolor, semel aut bis in die. Si uerò uehementior dolor urgeat, præstat ter aut quater, & sæpius uti. in longis præsertim æstiuis diebus. Fiat autem fomentum per meliloti & fœnigræci decoctum, Galenus libro 4. de compos. secund. locos. Per spongiam mollem, non per sacculos & cataplasmata oculis fomenta adhibenda sunt, Idem commentario sexto in sextum de morbis uulgaribus. Oculis scabris conuenit fomentum, spongiæ calida imbutæ, Archigenes. Idem spongiæ ocularis meminit, ut mox referam in remedijs ad aures. Mollissimum genus spongiarum penicilli, oculorum tumores leuant ex mulso impositi. ijdem abstergendæ lippitudini utilissimi: eosq́ tenuissimos & mollissimos esse oportet. Imponuntur spongiæ ipsæ epiphoris ex posca, Plinius.

Ad aures.

Ad aurium dolorẽ fomentis utendũ est per spongias aqua calida imbutas, ac sufficienter expressas, Apollonius recitante Galeno. Apud quem etiã Archigenes de fomentis ad auriũ dolores scribens: Exprimantur autem (inquit) uehementer spongiæ, auribusq́ apponantur. facillimè enim ab humore frigescunt. quapropter fomenta sicca longè commodiora eis existunt, ex sale uidelicet aut milio, aut simpliciter lana conuoluta, aut tenuibus mappis. Et paulò pòst: Summè auxiliatur spongia ocularis melle cocto atque adhuc calido imbuta & imposita. Cum felle uitulino & aceto pari mensura serpentis senectus, id est, exuuiæ decoctæ, &

lanula madefacta medicamentum auriculæ insertum, maximæ utilitatis esse creditur, si prius feruenti aqua de spongia aurem foueris, Marcellus Empiricus ni fallor. ¶ Cum sanguis nimius è naribus erumpit, proderit spongiæ particulam præsectam apte forfice, & ad amplitudinem narium figuratam inijcere paulo pressius, aceto infectam, & interdum eodem inspersam, Marcellus Empiricus. Ad eruptiones sanguinis è naribus: Spongiam siccam immittito. Aut spōgiam in acre & feruidum acetum coniectam forinsecus ad sanguine manantem narem apponito, atque specillo donec impellatur apprimito. Præstat autem spōgiæ principium filo per acum transmitti, quo facilè extrahi posit: extrahito autem quum opus suum perfecisse existimaueris. Si uerò inarescat spongia, intusq́ agglutinetur, per auricularem clysterem frigidam aquam immittito, ac infundendo humectato, atque ita extrahito. Vtere etiam compositionibus uulnerarijs & sanguinem sistentibus quæ describentur. Accommodatum est et frontem spongijs refrigerare, Heraclides apud Galenum de compos. sec. locos: & partim Galenus Euporiston 1.27. ubi hæc etiam legunt: Frontem præterea spongijs ex aqua frigida foueto: sitq́ ægrotus capite eleuato erectoq́ iubeto. Si quando ulcuscula in naribus fuerint, sanabuntur fomento aquæ purę calidę per molles spongias, & medicamentorum infrà scriptorum perunctione, &c. Marcellus. ¶ Ad gingiuas cruentas, uel sanguinem ex gingiuis erumpentem: Spongiam nouam siccam in sanguine taurino madefactā, in uase fictili exure, contere ac repone. Vbi uerò uti uelis, cineris ipsius drachmas quatuor accipe, thuris drachmas duas, chalcitidis crudæ drachmas duas, & simul trita insperge, Aëtius. 8.31.

Ad sanguinem è naribus fluentem, &c.

Ad gingiuas.

Ad thoracem.

Cardiacis in mamma læua merum in spongia imponi prodest, Plinius. Mulieri ubi mammæ inflantur: Accipe spongiam mollem (*πάνιον ὅῦ πόδον*, fortè *πάνιον ἢ σπόγγον*. Fuchsius ex Paulo legendum putat *σπόγγον ἁπαλόν*. nisi *πάνιον*, inquit, uocet panem, ut suprà fecit) aceto imbutam, impone crebrò, Myrepsus. Hæmoptoicis præter ea quæ sumuntur remedia, forinsecus spongiam aceto imbutam imponito, Galenus.

Ad stomachū, &c.

Spongiæ feruenti ex aqua perfusæ, expressæq́ inter duas tabulas, & impositæ stomacho prosunt: sed spleneticis è posca, Plinius. ¶ Hippocrates in libro de nat. muliebri, in fomentorum quorundam descriptione, (nescio ad quos uteri affectus: non enim exprimit,) spōgias calefactas adhiberi iubet, & cum mollibus lanis, & panniculis laneis, &c. foueri. Spongiæ spleneticis è posca impositæ prosunt, Vuottonus. ¶ Archigenes inter splenis remedia spongiam acerrimo aceto imbutam memorat. ¶ Spongiæ tollunt testium tumorem doloremq́ ex posca, Plinius. In sanguinis fluxione post excisos calculos, & omni alia, acetum foris in spongia impositum, intus potum cyathis binis quàm acerrimum, medetur, Idem. Chirurgi quidam cum anus & ultimū intestinum laborant, è spongia penicillum ligno inserto, remedio aliquo madidum immittunt. ¶ In lateris dolore fomentum aliqui spongijs adhibendum censuerūt, Galenus de Hippocratis & Platonis decretis 9.6. ¶ Ad muliebre profluuium opitulatur etiam spongia feruenti aceto madida, et mediocriter expressa (naturalibus imposita,) Galenus de facile parabilibus ad Solonem cap. 54. ¶ Si uterus foras prodierit, in iuuenculis pelliculam uteri obliquè incisam linteo confricato donec inflammetur, & illinito phocæ oleo sine adipe, & molles spongias uino respersas apponito, Hippocrates in libro de exectione fœtus. Audio medicos aliquos spongiam mollem, uel ex ea penicillum, medicamento aliquo liquido madentem, in sinum mulieribus indi consulere, ut expressus ita liquor in uterum influat, clysteris uterarij loco, nostro seculo ferè obsoleti.

Nusquā diutius durare spiritū.

Nusquā diutius durare spiritū medici affirmant. sic & prodesse corporibus, quia nostro suum misceant: & ideo magis recētes, magisq́ humidas: sed minùs in calida aqua, minusq́ unctas, aut unctis corporibus impositas; & spissas minus adhærescere, Plinius. qui hoc nimirū argumento, spongiarum spiritum nostro misceri, ostendit: quoniam adhærescunt nostro corpori, præsertim recentes & non unctæ, nec unctis corporibus. pinguitudo enim poros claudit, & spiritus penetrare prohibet. Spissæ etiam minùs hærent, quod pori in eis minus pateant: eademq́ ratione ueteres puto, & quæ usu sordes ac pinguitudinem conceperunt. Cur uerò humidæ faciliùs hærent, cū humor poros claudat? an non simpliciter humor, sed frigidus claudit? calidus uerò nō claudit, & insuper euaporans in spiritum uertitur, quo intercepto adhærescunt. Nusquam diutius durare spiritum medici quàm in spongijs affirmant. sic & prodesse corporibus, quia nostro suū misceant. Hoc genus remedij apospongismum Archigenes & secuti eum medici appellant, Hermolaus. Propterea qui pestilenti morbo affectos curant, spongiam aceto aspersam circa nares & os ponunt, ne infectum aërem trahant: & ad alia plura antiqui spongia utebantur, ut ex ipsa spiritum traherent, non ex libero aëre, ob aliquam infectionem. quod genus remedij apospongismum uocabant, præsertim Archigenes. & reuera in pestilenti morbo & epidemico, nihil excellentius, Brasauolus. De applicatione quidem spongiæ Archigenis uerba, Aëtius li. 3. ca. 30. refert hæc: Spongiæ usum admittimus ad reliquas quidem partes, ut adhærentes sordes abstergamus: siue sit illud uirus, seu sanguis, seu pus, siue ipsamet medicamenta: aut certè, ut corpora mordicatione uel scabie uexata mitigare tentemus. Ad faciem uerò, ut refocillemus excitemusq́ spiritum: ueluti his qui animo delinquuntur, aquam (*madentem ea spongiam*) admouemus æstate quidem frigidam, hyeme uerò tepidam, (*γαλακτώδη, interpres Ioan. Bapt. Montanus, non rectè uertit lacte admixtam.*) Hoc tamen remedij genus obseruandum est, ne ægrotis in principio aut augmento exacer-

Apospōgismus.

exacerbationis fiat, sed in uigore aut declinatione. in principijs enim accessionum odoribus potiùs recreamus. Censet autem Archigenes in ardentis febris excessu, spongia nō faciem tantùm, sed pectus quoque fouendum, Hæc Aëtius.

Spongiæ uires per se.

Σπόγγος καινὸς καὶ ἀλιπής, hoc est, Spongia recens & minimè pinguis, (nam usu & suam uim amittit, & sordibus ac pinguedine inficitur,) manifestè desiccat, &c. ut superiùs Galeni uerbis expositum est. sed quæ alijs rebus iuncta madidá ue præstat remedia; siue etiam ipsa simul aliquid conferens, siue tanquam materia tantùm excipiens, iam explicata sunt. hic seorsim nonnulla, quæ per se & ui propria efficit, adijciemus. Ad tumores excrescentes minuendos admodum laudatum: Spongia recenti in balneo à supernis ad inferna iube tumores abstergere: & ubi inceperit sudare, continuò exprime spongiam. & hoc facito donec ad naturalem ueniat constitutionem intra decem dierum spacium. Extenuat adeò, ut etiam abscessus exiccet: & hydropicos, qui calciamentis cincti incedere nequeunt, sed rudi panno pedes obuoluere coguntur, Nicolaus Myrepsus. Spongijs utebantur ad detergendum in balneo, Galenus Methodi 10. Spongijs pro strigili utaris in balneis, Idem de uictus ratione in morbis acutis, comment. 3. ubi caput etiam spongia siccari iubet. Africanam spongiam siccabis & lana inuolues, atque inde radicem dentis perfricabis: sed caue ne alium pro alio tangas, nam contactus post triduum cadet. si enim putidus fuerit, & dolebit, facilè excidet, Marcellus. Auditus grauitate laborantibus plurimùm auxiliatur spongia tenuissimè trita & auriculæ indita. idem remedium commodum est & ad carnem in auditorio meatu enascentem, Apollonius apud Galenum libro 3. de compos. secundùm locos. Spongia trita & inspersa uulneribus canum in auribus medetur. eadem albo oui excepta, & cataplasmatis instar applicata, uermes in auribus canum occidit, Tardiuus. Polybius penicillos (qui circa Lyciam nascantur in alto, unde ablatæ sunt spongiæ,) super ægrum suspensos quietiores facere noctes auctor est, Plinius.

Ex ustis remedia. In genere, extra corpus.

Cremantur spongiæ alcyonio similiter, Dioscorides. Cremata spongia acris & discussoriæ facultatis est. ea quidam ex præceptoribus nostris utebatur ad sanguinis profluuia quæ in chirurgico opere contingunt: habebat autem paratam semper siccam & aridam, quam usu postulante, bitumine imprimis: sin eo careret, pice imbuebat. hanc partibus sanguine profluentibus etiamnum ardentem admouebat, ut pariter & crusta loco induceretur, & ipsum spongiæ ustæ corpus ceu operculum accederet, Galenus sub finem librorum de medicamentis simplicibus. Latinus interpres pro his uerbis πρὸς τὰς ἐν ταῖς χειρουργίαις αἱμοῤῥαγίας, transtulit: ad sanguinis eruptiones quæ manuali opera indigent: quod non laudârim. nam quod suprà ex Plinio recitauimus: In sanguinis fluxione post excisos calculos, & omni alia, acetum in spongia impositum medetur, &c. Idem Galenus non solum à calculorum, sed quauis alia sectione chirurgica, spongiam ustam, &c. præstare sentit. ¶ Sistunt spongiæ hæmorrhagiam. cum aceto autem ustæ proficiunt ad lippitudinem siccam, & ubicunque extergere aut spissare oportet. sed oculorum affectibus utiliores sunt lotæ (post ustionem.) Cum pice uerò crematæ sanguinis profluuia coërcent, Dioscorides. Græce legitur, ἐπέχουσι δὲ καὶ αἱμοῤῥαγίαν. σὺν ὄξει ἢ κεκαυμέναι πρὸς ξηροφθαλμίαν (ἁρμόζουσι.) ubi interpretes recentiores quidam uerba σὺν ὄξει, id est cum aceto, ad præcedentia referunt, sicut & uetus interpres apud Syluaticum in capite Affegi albach. sed obstat illis uocula ἢ, & quod sequitur sic ustas conuenire ad spissandum, quam uim nimirum aceto debent. Alioqui Plinius etiam spongias (recentes) ex aceto aut frigida sanguinis profluuium sistere author est. & simpliciter ustas ad genarum scabricias, (sic xerophthalmiam interpretari uidetur,) & alia sicuti hîc Dioscorides, utiles facit. quamobrem nihil definio. Ex aceto quidem non commode uri uidentur, nisi eo tinctæ, resiccentur: quod aliquoties repeti potest, ut tandem siccæ urantur. ¶ Vstæ spongiæ cinis sanguinis fluxum ualenter astringit, Galenus de theriaca ad Pisonem. Omnium spongiarum cinis cum pice crematarum, sanguinem sistit uulnerum. aliqui raras tantùm ad hoc cum pice urunt, Plinius. ¶ Hirci fel lentigines tollit, admixto caseo ac uiuo sulphure spongiæque cinere, ut mellis sit crassitudo, Idem. ¶ Spongiæ cinis cum oleo uel aceto fronti illitus tertianas tollit. priuatim Africanæ ex posca tumorem discutiunt, Plinius.

Ad oculos.

Oculorum causa comburuntur in cruda olla figulini operis, plurimum proficiente eo cinere contra scabricias genarum, excrescentésque carnes, & quicquid opus sit ibi destringere, spissare, explere. Vtilius in eo usu lauare cinerem, Plinius. Cinis earum ex aceto aridæ lippitudini auxiliatur, &c. Dioscorides. Vide paulò superius.

Ad sanguinem è narib. manantem.

Ad sanguinis narium eruptiones: Spongiam cruda pice imbutam exurito, & linamento torto exceptam indito, Asclepiades apud Galenum de compos. secund. locos. Et mox: Quidam spongiam Aphricanam aceto acerrimo incoquunt, deinde exprimunt, eamque in ignito lapide frequenter obuoluunt, atque ita suffitum & uaporem excitant, quem naribus attrahere iubent. Spongiæ Africanæ combustæ cinis si naribus sanguine manantibus hauriatur, plurimum prodest, Marcellus Empiricus.

Intra corpus. Ad gutturum tumores.

Spongiarum illotarū, & qui in eis cōtinentur lapidū, cineris, ad consumendas strumas seu tumores gutturum, quos bronchocelas Græci nominãt, apud recentiores quosdã usus est. Memini ego his ac similibus, qualia subiungam medicamentis curatos quosdam, sublatis uel imminutis tumoribus, sed post aliquod tempus renatis ijsdem denuo infestatos. Guttura tumida, quod aquarum sæpe uitio euenit, (*& hæreditario malo interdum, ni fallor*) uocis ac sermonis usum ac anhelitum impediunt, ea in Bergomensi ac Neocomensi agro monstrifica sunt: quibus pleriq; strangulati sunt. quibusdam impune adeò dependent, ut ab humeris gestentur, Alexander Benedictus. Inter Heluetios Vallesia pręcipuè his tumoribus, unde guturosi dicuntur, infestatur. scio alicubi pueros hoc malo paulatim aucto suffocatos. Chirurgi quidam execare audent: quã chirurgiam idem Benedictus docet lib. 3. de partibus corporis humani. Sed ad remediorũ è spongijs descriptiones uenio. Ad leuanda guttura medicamen: Sume corticis auellanæ, spongiæq; combustæ, algæ (id est, paleæ marinæ,) chartæ combustæ, ossis sepiæ, clinopodij, sem. plantaginis, ana semunciam. piperis nigri, & albi, & longi: zingiberis, salis gemmæ, pumicis, glandis musc. gallę, cinamomi, ellebori albi & nigri, ana drach. duas. teruntur: ac cum saluię aqua, drachma potui datur. Sed perpurgare prius & corpus & caput opus est. Per se (*etiam*) uerissimo experimento promittit (*proficit*) spongia in furno arefacta, drachmæ pondere ex uino albo ante cœnam duarum horarum interuallo (pota,) si quotidie datur. Alexander Benedictus libro XXX. de curandis morbis. ¶ Quæ sequũtur in libris quibusdam manuscriptis, sine authore reperi. Ad botium: sic enim indocti quidam recentiores nominant. Misce pilularum de agarico & cochiarum, ana sesquidrachmam. fiant globuli XXI. de quibus gutturosus septenos septimo quoque die deglutiat, & eo die sibi caueat. Interea etiam hoc polline utatur, qui recipit: Spongiæ incisæ & combustæ, ossis sepiæ, salis gemmei, radicis chelidoniæ, cyperi, cyclamini, zingiberis, pyretri, bedeguar, nucis cypressi, radicum scrofulariæ, filipendulæ, (*omnium puto ustorum, partes æquales:*) Huius pollinis lęuissimè triti scrupulus aut drachma dimidia bibi debet, cum decocto saluiæ uel staphisagrię. Foris autem imponatur emplastrum diachylon cum iride (ireatum uocant indocti) admixto polline radicum scrofulariæ. Aliud: Cornu cerui & spongiæ quam à strumis denominant pharmacopolæ, partes ęquales in puluerem redige: & quotidie ieiunus inde bibat affectus è uino aut aqua portionem conuenientem (drachmæ nimirum) mane & uesperi. quod si recentior sit struma, huic remedio cedet: sin uetus, non amplius augebitur. Aliud: Spongiam balneatoriam multis calculis refertam ure: & admisce cornu cerui ustum, (*æquali pondere.*) itẽ piperis lõgi drachmam. fabarum drach. ij. Dormiturus strumosus panis tosti segmentum modico uino madefaciat, & cum eo hunc pollinem deuoret, Luna decrescente, mane & uesperi. Simul etiam strumã inungat bis die unguento quod fit, ungulæ equinæ ramentis, quæ à fabris abscinduntur, crematis & cum oleo permistis. Aliud: Lapidum de spongijs semunciam: spongiæ ustæ drach. ij. plantaginis maioris manipulum, tere. & pulueris huius portionem cum pane tosto è uino madente quotidie sumat. Aliud: Lapidum spongiæ, pumicis, ossium persicorum, cotoneorum exiccatorum (*partis interioris,*) ana uncias sex. Ossium sepiæ unc. iij. salis cõmunis unc. iiij. pyretri, gallæ Rom. ana unc. ij. tomenti de panno laneo, piperis nigri, ana q. s. Misceantur in olla figlina uitreata, operculo probe clausa cum luto, & comburantur. Aliud: Spongiam balneatoriam ure: & fumũ per infundibulum ore aperto hauri. Crematæ postea puluerẽ è uino (paulatim) bibe. Aliud: Spongiam balneatoriam, & quam spongiam uocant in rosa syluatica, in uino generoso coque. Aliter: Spongias à strumis dictas, in pollinem redige: quem cum simila & pauca aqua subiges, & in furno coques placentam, de qua mane & uesperi bucceas tres sumi iubebis. Puluerem contra strumas (quemcunq;) sumi uolunt decrescente tãtùm Luna, quantum est iuglans, è iure pisorum sine sale, sine butyro, mane & post cœnam: ita ut interim pomis, piscibus, lacte, & omnibus glutinosi succi cibis abstineatur, donec persanetur struma. Simili remedio ueteres quidam ad tussim, &c. ut iam proximè dicetur, usi sunt.

Ad tussim, &c. Ad tussim, spiritus difficultatem à stomacho, & sanguinea sputa: Nouam spongiam & madidam accipito, huius ustę tritęq; cinerem cum melle & pipere, quantum satis est, commisceto, in eamq; formam redigito, ut delingi possit, uesperiq; à cœna quantum tribus digitis capere potes accipito, Galenus Euporiston 3. 52. Spongiæ Africanæ cinis cum porri sectiui succo sanguinem reijcientibus haustu salis ex frigida prodest, Plinius. Cum succo porri sectiui haustus empyicos (*repone hæmoptyicos, ex Plinio*) sanat, Marcellus Empiricus. ¶ Ad aluũ citam, expertũ. Spongiam recentem uino madefactã urito. quoad in cinerem uertatur. Et cineris cochlearium unum irrigato cum uino ueteri mensuræ unius, da bibẽdum diebus tribus mane ieiuno. si fębricitet, uinum sit dilutum, Nic. Myrepsus. ¶ Spongiam marinam exures, & in cinerem rediges, & cribrabis. inde cochleare plenum in quacunque potione dabis ei qui hæmorrhoidum nimietate uexatur, Marcellus Empiricus. ¶ Si fluxus (uteri) oboriatur, & iam diuturnus fuerit, spongiam combustam ac tritam uino odorato dilutam, bibendam dato: & per suffitus resicca. & quæ restringũt appone, Hippocrates de nat. muliebri. Et libro 2. de morbis muliebribus: Si fluxus (inquit) diuturnus sit, spongia combusta auxiliatur. terenda est autem spongia, & cum uino odorato exhibenda.

Lapis spongiæ. Lapides spongiarum & ipsi uocantur spongiæ, (*fortè spongitæ:*) uel cysteolithi, quòd uesicæ medeantur, Hermolaus. Spongiæ lapides inueniuntur in spongijs, & sunt natiui. quidã eos tecolithos

lithos (*aliqui hîc cyſteolithos legunt, quod minùs placet*) uocant, quoniam ueſicæ medentur, calculos rumpunt in uino poti, Plinius 36. 19. Lapis ſpongiæ, qui & ſpongites, in ſpongijs ſolet inueniri. is cochleæ inſtar perforatur, & quidem utrinq; cum uino potus calculos renum frangit: atq; ex eo tecolithos nominatur. Plinius ſpongiten, quia lapidem eſſe legerat, in gemmis numerat, Ge. Agricola. Lapides in ſpongijs inueniuntur, qui ueſicæ calculos rumpunt in uino poti, Dioſcorid. Rariſsimæ ſunt ſpongiæ, quæ hiſce lapidibus uacent, Matthiolus Senenſis. Lapides qui reperiuntur in ſpongijs, frangendi uim obtinent, nõ tamen ita ualidam ut lapidem in ueſica cõminuant: unde qui id ſcriptum reliquerunt mentiti ſunt. uerùm qui in renibus conſiſtunt, rumpunt: uelut qui ex Cappadocia cõuehunt quos in Argæo naſci aiunt. Soluuntur aũt hi in ſuccum colore lacteum. ex quo liquet quòd extenuandi uim obtinẽt, abſq; eo ut inſigniter calefaciant, Galenus lib. 9. de ſimplicibus medic. Ad calculoſos pharmacum inſperſile: Seminis balſami partẽ unam, lapidis qui in ſpongijs reperitur tantundem: pulegij aridi, ſeminis maluæ ſylueſtris, ocymi aridi, ſingulorum tantundem. Tuſa & cribrata reponito, & dato coclearĩũ cum uini diluti cyathis duobus, Aſclepiades apud Galenum de compoſitione ſec. locos lib. 10. cap. 1. Antidoto è cicadis nephriticæ apud Nicolaum Myrepſum miſcentur etiam ſpongiarũ lapides. ¶ Lapillus qui in ſpongia Africana inuenitur phœnicio obuolutus linoq; ligatus, collo ſuſpenditur eius qui uuæ uitio laborat, Marcellus. Vſus etiam horum lapidum eſt ad bronchocelas, ut explicatum eſt ſuprà inter remedia è ſpongijs uſtis.

H.a. Spongia dicta eſt à uerbo ſtringere, (ſic lego, non fingere, ut codices quidam habent) quod eſt extergere. unde Cicero: Et ſtringebatur ſpongijs ſanguis: id eſt, extergebatur, Iſidorus. Σπόγγος, σπογγίον, Heſychius. Σπογγιὰ Atticum eſt, Suidas. qui & hæc Ariſtophanis uerba è Ranis citat: Ἀλλ' οἶσε πρὸς τὴν καρδίαν σπογγιάν. Σπόγγος, διὰ τὸ ἀπαντᾷν τὰ ὑγρά, Varinus. Κγνίθας, ſpongia, Idem & Heſychius: ſic dicta nimirum παρὰ τὸ κενὸν τῶν πόρων, à raritate & uacuis fiſtularum ſpacijs. Γόνια ῥάκη, σπόγγοι, ἢ τὰ τούτων σπαράγματα, Varinus.

Epitheta. Σπόγγοι πολύτρητοι, Homero & Q. Calabro. Σπόγγον ἔχειν καλάμων ψαιστὸν ἀπὸ Κνιδίων, Suidas ex epigrammate. uidetur autem carminis author, quiſquis eſt, penicillũ è comis arundinũ ad abſtergendum aliquid confectum, σπόγγον appellare. ψαιστὸν interpretor aptum ad abſtergendum: fortè à uerbo ψάω, unde & ψήκτρα, quod eſt ſtrigilis. Καὶ βυθίην Τρίτωνος ἁλιπλάγκτοιο χαμεύνην Σπόγγον ἀκεστορίην πλαζομένης γραφίδος, Suidas ex epigrammate. ¶ Spongiæ epitheta apud Rauiſiũ ſunt: Punica, leuis, madidata, munda.

Icon. Habet & ſpongia ſua hieroglyphica. Vulgatiſsimũ enim eſt, naturæ bibacioris hominem per ſpongiã ſignificari, ea quæ omnibus in promptu eſt cauſa, attactu ſolo tantùm humoris exugẽdi. Quò accedit feſtiuum uulgi dicteriũ in Veſpaſianũ iactari ſolitũ, quod dictitabat eum procuratoribus pro ſpongijs uti: quòd quaſi ſiccos madefaceret, & exprimeret humentes. Credebat̃ enim procuratorẽ rapaciſsimũ quenq; ad ampliora officia ex induſtria promouere: quò locupletiores mox cõdemnaret, atq; ita ille eorũ rapto frueret̃. Siccum etiã Horatius pro paupere dixit: Acce des ſiccus ad unctum, Pierius Valerianus.

Significata diuerſa. Spongias (uel ſpõgiolas) olitores antiqui appellabãt radiculas aſparagorũ (altiliũ, Hermol.) inter ſe implicatas, Columel. lib. 11. Menta ſerit̃ planta: uel, ſi nondũ germinat, ſpõgia, Plin. Recẽs Prõptuarij de lingua Latina ſcriptor, amentũ ſiue cachryn, qui ueluti flos in quibuſdã arboribus ſecundũ naturã uiſit̃, cũ ſpongia præter naturã in quibuſdam naſcente, ut cynorrhodo cõfundit. Alterũ genus rubi in quo roſa naſcit̃, gignit pilulam caſtaneæ ſimilẽ, præcipuo remedio calculoſis, Plin. hanc pilulã aliqui, ut Marcellus Empiricus, ſpongiã uocant. Idẽ alibi: Spondogos (inquit) eſt lanugo quædã, quæ in roſa ſiluatica ſolet naſci. ¶ Carnoſa aliqua appellabimus: ut ſpongias in humore pratorũ enaſcentes. fungorũ eñ callũ in ligni arborũq; natura diximus, & alio genere tuberũ paulò antè, Plin. Noſtri quidẽ etiã fungos nimiùm cõmuni ſpongiarũ nomine uocitant. quanq; uideri queunt etiã Latini fungũ ab Attico nomine ſphongos nominaſſe. ¶ Pumex quoniã nõ aliter ac ſpongia eſt fiſtularũ plenus, dicit̃, (ut Vitruuius author eſt,) ſpongia, Ge. Agricola. ¶ Rhododaphnen aliqui ſpongõ uocãt, Hermolaus. legit̃ id quidẽ inter nomẽclaturas rhododaphnes apud Dioſcoridẽ. Hippocrates σικυώνης σπόγγον dixit, pro interiore colocynthidis parte, Galen. in Gloſsis. ¶ Tethya, qui accolũt Adriaticũ ſinũ, ex eo ſpongias nominant: quia cum premuntur, tanquam ſpongiæ, ſic aquam foraminibus reddunt, Gillius. Holothuria (*Tethya puto dicere debuit*) ſunt qui uulgò ſpongiolas marinas putent uocitari, Braſauolus. Vulgus Italicè Sphunge profert. ¶ Σπόγγοι etiam ab Hippocrate uocantur adenes ſiue glandulæ circa fauces, ut libro 4. Epidemiorum, Galenus in Gloſsis, & Varinus.

Deriuata Latina. Spongioſus quod ſimilitudinem ſpongiæ habet. idcirco pulmo ſpongioſus dicitur. & coloſtrum eſt prima à partu ſpongioſa denſitas lactis, Plinio libro 28. Spongioſa carne plenæ ſunt pelliculæ intra naues, in quibus fit olfactus, ut legitur alicubi in pſeudepigraphis Galeni. Spongiare pro eo quod eſt abſtergere ſpongia non auſim dicere: quanquam id uerbum in Dictionario Eliotæ Angli extat. Oua ſphongia, (cibum ad modum ſpongiæ rarum, tenerum, & inflatũ quidam interpretatur,) deſcripſimus in Gallina F.

Σπόγγια, σπογγώδη, Hesychius. Ossium σπογγοειδῶν in capite usum exponit Galenus lib. 8. de usu partium. Vrinatorum illi qui spongias piscantur, à Græcis nominantur σπογγεῖς, σπογγοθῆραι, σπογγοκολυμβηταὶ, σπογγοτόμοι. recentiores quidam Latinè spongiarios uel spongiatores dixerũt. Vide suprà in E. Ἀνδρὸς σπογγιᾶς θηρᾶν συνηθισμένου, Aelianus amorem uituli marini in spongiatorem memorans. Κύση, ἄρτος σπογγίτης, Hesychius & Varinus. Plinius libro 37. Spongites (inquit) gemma spongiæ nomen repræsentat. sed lapis non gemma est, qui in spongijs reperitur. Vide superiùs in G. Ξυλοσπόγγιον Pelagonius dixit in Hippiatricis: Ruellius uertit penicillum. usus est ad inungenda pecora. nostri uocant ein bensel oder bürsten. Item Absyrtus in capite de scabie equorum: ξυλοσπόγγιον ποιήσας θερμῶς κατάχει. Pro quo Hierocles: κατάχει θερμῶς, σπογγιὰν ξύλῳ περιδήσας. Ἀποσπόγγισμα, τὸ, quod spongia detergitur, ut quidam in uulgari Lexico Græcolatino annotauit: ubi & σπόγγισμα pro eodem legitur, tanquam ex Eustathij in Odysseam parecbolis: in quas index uulgatus neutrum ex his nominibus habet. Ἀποσπογγίζειν, καταμάσσειν, περιψᾶν, (malim περιψᾷν,) Suidas in Κόρκος. Ἔριῳ ἀνασπογγίζειν apud Hippocratem significat humorem aliquem lana excipere. lana enim illum imbibit spongiæ instar.

Herbæ. Rhododaphnen aliqui spongon uocant. Spongîtin herbam dicendo Aëtius procidentię sedis utilem, quid intelligat haud scio, Hermolaus Barbarus. Conferra Plinio est ueluti spongia dulcis aquæ, coagulum aliâs dicta quòd ferruminet & consolidet uulnera. Videri autem potest eadem spongitis esse, tum ex nomine, tum ex uiribus. nã & quæ ferruminant, astringunt: & quæ ano procidenti conferunt, ex astringentium ordine sunt pleraq;. Conferuam esse puto mollem illam confertamq; ex innumeris ac uiridissimis filis oblongis herbam, seu uillum, qui aquis præsertim stagnantibus innatat circa ripas.

b. Σπόγγος σόλακχος est, id est fistulis in anibus cauernosa: nõ κενὸς, id est, uacua, Galenus tertio de differentijs pulsuum. Nidi alcyonum, inquit Plinius, grandium spongiarum similitudine sunt.

c. Lanam spongiám ue, aut alia in quibus similis raritas est, si quod intus habent exiguum sit, id non deponere, sed continere manifestè uidemus: si multum, effundere, Galenus in libro de sectis ad introducendos. Et mox: Si melle picé ue liquida spongiam lanám ue non immodicè madefacias, nihil effunditur, propter humoris crassitudinem. Glandulæ mamillarum post fœtũ conceptum fiunt raræ ac laxæ, & lacte plenæ. at quo tempore lacte carent, contrahuntur, ac densantur: tantum à seipsis differentes, quantum permadidæ spongiæ ἀπὸ τῶν σκελιστευομένων: sic enim spongias appellant, à quibus cum humorem omnem expresserint, circundatis uinculis ipsas cõstringunt, totumq; corpus ipsarum cogunt, Galenus de aliment. 3. 6. ¶ Inter medicamenta quæ styptica uocant, nihil efficacius rubi mora ferentis radice decocta in uino ad tertias partes, ut colluantur eo oris ulcera, & sedis foueantur: tantaq; uis est ut spongiæ ipsæ (*eo scilicet humore imbutæ, ut ita fomentum de se præstent*) lapidescant, Plinius 24. 13. ¶ Matreas ὁ πλάνος Alexandrinus, ad Aristotelis problematum imitationem ridicula quędam cõminiscebatur: ex quibus & hoc est, Διατί οἱ σπόγγοι συμπίνουσι μὲν, συγκωθωνίζονται δ᾽ οὔ; Latinè qui reddam æquè argutè, non occurrit.

e. Iphicratem tradunt cum Stymphalum urbem Arcadiæ (ad lacum eiusdem nominis) obsidione circundedisset, & frustrari conatus suos intelligeret, exitum fluminis (Erasini) è lacu obstruere conatum, innumerabileis spongias aduexisse: sed Iouis oraculo admonitum destitisse, Nic. Perottus. ¶ Δός μοι χυτρίδιον σφογγίῳ βεβυσμένον, Dicæopolis quidam pauperculus in Acharnensibus Aristophanis. Scholiastes intelligi inquit ollam in qua spongia melle plena erat, infantium ori imponenda, ut plorare cibi desiderio desinant: uel ollam cuius foramina propter inopiã spongijs farcienda essent: uel spongiarum instar cauernosam, ad summam paupertatem indicandam. Apud Suidam hunc uersum recitantem pro σφογγίῳ legitur σπογγιᾷ. ¶ Ἰδοὺ δέχου κέρκον λαγώ: id est, En tibi caudam leporis, Aristophanes. est enim mollis & tener uillus leporinus, ut pro spongia eius usus esse possit, ad gramias seu lippitudines abstergendas, Suidas.

Ἀνθοῦσι δὲ καὶ αἱ τῶν περὶ τὰ πέμματα δημιουργίαι: καὶ αἱ περὶ τὰς συνουσίας περιεργίαι, ὥστ᾽ ἐπιτεχνᾶσθαι σπόγγους ὑποτίθεσθαι. ἐπακτικὸν γὰρ εἶν τὸ τοιοῦτον πρὸς ἀφροδισίων πλῆθος, Athenæus libro 1. Σπόγγοισι πολυτρήτοισι τραπέζας Νίζον, Odysseæ A.

h. Acco mulierem quandam stolidam paxillum spongia pulsasse aiunt, σπόγγῳ πάτταλον κρούειν, Suidas. ¶ Somnium quoddam de corporibus spongia pertersis Val. Maximus memorat: locus iam non occurrit.

Prouerbia. Spongia mollior, eodem sensu dicitur quo, Pyro mollior, ἀπίου πεπαίτερος: & auricula infima mollior. Sic autem assentator quispiam loquitur apud Comicum quempiam, citante Plutarcho in commentario de discrimine adulatoris & amici: Ἐμὲ Νικόμαχε πρὸς τὴν στρατιώτην τάξατε, Ἂν μὴ ποιήσω πέπονα μαστιγῶν ὅλον: Ἂν μὴ ποιήσω σπογγιᾶς μαλακώτερον Τὸ πρόσωπον. Ad eundem modum dicebant pepone mollior, mitior malua, Erasmus Rot. Sic & Theopompus apud Athenæum: Μαλακωτέρα πέπονος καὶ σικυοῦ μοιγέγονε. ¶ Idem Erasmus in prouerbio, Notare ungue: Eôdem (inquit) pertinent, spongia, lima, cælum, quæ in emendationis prouerbium abierunt. Spongia deletur quod non placet. lima detrahitur atq; expolitur, quod redundat, quodq; incultum est. cælo deformatur item ac fingitur id, quod est rudius. Proinde in spongiam incubuisse dixit Augustus Aiacem suum, quem deleuerat. Σπόγγον ἀκεστρίην πλαζομένης γραφίδος, Suidas ex epigrammate: hoc est

hoc eſt ſpongiam qua ſtyli uel penicilli peccata emendantur, inducendo ſcilicet ac delendo.

SPVMA (Ἀφρὸς) appellata apuæ origo eſt. Vide in Apuis.

SPVRIAE à Gaza conuertuntur aliquando piſces ab Ariſtotele Rhyades dicti. Vide ſuprà in Corollario de Chalcide.

SQVALI circa æquinoctium pariunt, Plinius 9. 51. loco ex Ariſtotelis quinto hiſtoriæ tranſlato, ubi is ſquatinas nominat. quare in Plinij quoq; uerbis ſquatinas aut ſquatos legendum conijcio: quod & Maſſarius inſinuare uidetur, non exprimit tamen. Eiuſdem libri cap. 24. Cum piſces cartilagineos planos aliquot recenſuiſſet: Hoc in numero (inquit, cartilagineorum ſcilicet) ſunt Squali quoq;, quamuis non plani. quem locum explicans Maſſarius, Legendum (inquit) Galei (id eſt Muſtelli, ut Gaza conuertit,) non Squali, ex Ariſtotele, unde hæc Plinius mutuatur, &c. Rondeletius eo in loco ſquali uocabulum retinendum, & galeos intelligendos putat. Non ſemper enim (inquit) Græcis uocibus uſus eſt Plinius. nec huius loci lectionem mutandam eſſe arbitror,, præſertim cum alio etiam loco ſqualos nominauerit. nempe lib. 9. cap. 5. ubi ſparos, torpedinem, ſqualos circa æquinoctium parere tradit, Hæc ille. Verùm in eo loco meliores codices Plinij pro ſparis ſargos habent, quod cum Ariſtotele conuenit, ex quo hic locus tranſlatus eſt: apparetq; collatione ſquatos etiam, id eſt ſquatinas, non ſqualos hîc legendum. In catalogo piſcium, quem confecit Plinius ad finem libri 32. galeos nominatur ſuo ordine: ſqualus nuſquam: rhinam uerò ibidem ſquatum interpretatur. Plura lege ſuprà in Rondeletij capite de Muſtelis ſeu Galeis in genere, pag. 716. In Halieutico quidem Ouidij ſqualus nominatur inter piſces qui in herboſa arena degunt, hoc uerſu: Et ſqualus, & tenui ſuffuſus ſanguine mullus. Videtur autem ſqualum pro cephalo dixiſſe, per ſyncopen, &c. quanquam cephali mare uicinum fluuijs & ſtagnis amare dicuntur, & limo uiuere. Varro etiam libro 3. de re ruſtica de piſcinis loquens, ſqualos cum mugilibus nominat. ſunt autem capitones mugilum ſpecies. Vulgus in Italia hodieq; Squallum uel Capitonem nominat piſcem fluuiatilem, quem noſtri Alet. Qui uerò Schwal quaſi Squalus apud nos uocatur, longè alius eſt, ex Leuciſcorum fluuiatiliũ genere.

DE SQVATINA, BELLONIVS.

RHINAM Græci, Latini Squatinam, Galli Angelum marinum uel Angelotum uocant: quòd binis alis utrinq; expanſis, quendam ueluti Cherubum referre uideatur. A

Magnus eſt piſcis, ac longè Adriatico ac Liguſtico, quàm Oceano maximus, ut apud Venetos ac Ligures quadraginta interdum librarum pondus excedat. Cartilaginoſus eſt, uiuiparus, contractiore ac longiore, quàm Raia aut Paſtinaca, corpore. quaternis alis ad latera communitus eſt: capite ferè circinato, ore firmis dentibus circumuallato, in Ranæ marinæ ſpeciem. Id autem habet antrorſum apertum, non autem parte corporis ſupina ut Raiæ ac Galei. Quinetiam quas branchias Raiæ ſupina parte oſtendunt, eas Squatinæ in lateribus, Galeorum more, præ ſe ferunt. B

Eius pellem piſcatores Itali prius glubunt, quàm foro exponant. Ea enim aſſulis diſtenta, & exiccata, fabris lignarijs ad opera perpolienda, ut & Canicularum apud nos, pellis utilis eſt. E

DE SQVATINA, RONDELETIVS.

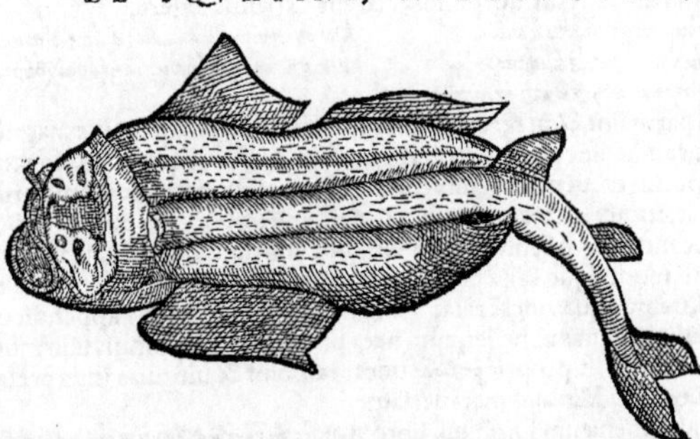

ῬΊΝΗ accentu in priore poſito, ut differat à ῥινὴ, quæ limam ſignificat, Gaza rectè ſquatinam conuertit Plinium ſecutus: eius enim hæc ſunt uerba in catalogo piſcium. Rhina quam ſquatinam uocamus. Dicitur autem ſquatina fortaſſe à ſqualore, hoc eſt, cutis aſperitate. Noſtri Maſſilienſes, Galli, Ligures, angelum uocant, à ſimilitudine angeli picti cum alis expanſis. Veneti Squaquam uocant, alij Squaiam, alij Squadram, Burdegalenſes Creac de buch. Græci huius temporis ῥίνην καὶ ῥινόβατον. (Vide in Corollario.) A Lib. 32. cap. 11.

Squatina piscis est planus, cartilagineus, magnus quidem, utpote qui ad hominis magnitudinem aliquando accrescat. Vidi etiam squatinam centum & sexaginta libras pondere æquantem. Est enim bene longa, sed corpore contractiore strictioreq;, cute asperrima, durissima, qua lignum &
(E) ebora perpoliuntur. nam & è mari fabriles usus exeunt, inquit Plinius, lib. 32. cap. 10. Partes pronæ coloris sunt cinerei ad fuscũ uergentis, pars supina alba & læuis. Os non habet in supina parte, nec infra rostrum raiarum modo, sed in promptu parteq; primùm obuia, ueluti rana piscatrix, atq; squamosi, maxillarum ossa in angulum obtusum desinunt, lingua uerò in acutum, in cuius extremo carneum tabernaculum est. Os habet breuibus sed acutissimis dentibus munitum, aliter
Dentes. quàm in ullis alijs piscibus dispositis: sunt enim dentium ordines, interuallis dentibus uacuis à sese distincti & distantes. Horum ordinum singuli tam arctè connexis cohærentibusq; dentibus constant, ut nõ plures dentes, sed unicus planus, latusq; dens esse uideatur: uerùm unguibus, uel cultelli mucrone inserto facilè separantur, quiq; à reliquis separatus est, reliquis immotis mouetur, & loco eximitur. In inferiore maxilla, linguæ extremo acuto locus dentibus uacuus cedit naturæ prouidentia, dextra sinistraq; dentium sunt ordines, quinque dentibus cõstantes, tertius & quartus ordo quatuor duntaxat dentibus constat. Ordines qui hos sequunt̃, quiq; in anteriore oris parte siti sunt, tribus tantùm. Contrà in maxilla superiore: ea enim in parte quæ maxillæ inferioris parti dentibus uacuæ respondet, ordo est ex quinq; dentibus, utrinq; similes duo ordines. Quartus, quintus, sextus & septimus ex quatuor dentibus, qui subsequũtur, ex tribus tantũ. Dentes omnes in os sunt recurui. Maxillæ superioris extremũ cute nõ integitur, ex eo apophyses duę in os demittunt̃ in alias diuisæ, de quarũ usu posteà dicet̃. Oculos supra caput habet, non sursum sed ad latera spectantes, post quos foramina sunt, quæ ad os usq; patent, ueluti in raijs. In lateribus branchias detectas habet, non in supina parte ut raiæ: illarum enim situ & oris scissura squatina à reliquis planis piscibus differt. Corporis latitudo in pinnas desinit maiores, sequuntur aliæ minores. In cauda uerò pinnulæ duæ erectæ sunt, eadem in unicam & cõtinuam desinit. E media dorsi spina aculei parui existunt, item alij prope oculos. Reliquis cartilagineis, internis partibus similis est. Nam uentriculum magnum habet, intestina magna lataq;, hepar in lobos duos diuisum, in quo fellis uesica latet, felle uiridi plena. Lien ex rubro nigricat. Cor angulatum, compressum unico tantùm sinu donatum. Mares à fœminis distinguuntur appendiculis quibusdam cartilagineis circa anum, quibus fœminæ carent.

C Cartilagineorum una squatina bis parit: nam & incipiente autumno, & circa Vergiliarum occasum: sed per autumnum feliciùs. Singulis uerò fœturis partus septeni aut octoni proueniunt: Hæc Aristoteles, librò 5. de hist. cap. 10.

D Idem lib. 6. de hist. cap. 10. scribit squatinã fœtus suos in metu intra se recipere, & rursus emittere, nonnullorum galeorum modo. οἱ μὲν οὖν ἄλλοι γαλεοὶ καὶ ἐξαφιᾶσι καὶ δέχονται εἰς ἑαυτοὺς τοὺς νεοττοὺς, καὶ αἱ ῥῖναι, καὶ αἱ νάρκαι. Et mox: τῶν δὲ πλατέων τρυγὼν καὶ βάτος οὐ δέχονται διὰ τὴν τραχύτητα τῆς κέρκου. οὐκ εἰσδέχεται δὲ οὐδὲ βάτραχος τοὺς νεοττοὺς διὰ τὸ μέγεθος τῆς κεφαλῆς, καὶ τὰς ἀκάνθας. Cęteri galei et emittunt, & intra seipsos recipiũt fœtus, & squatinæ, & torpedines: Ex planis autem pastinaca & raia non recipiunt propter caudæ asperitatem. Neque etiam fœtus recipit rana propter capitis magnitudinem & aculeos. Quæ addimus ut admoneremus Latinam Aristotelis conuersionem inemendatam esse, in qua pro rana perperam raia legitur, ut ratio quæ subiungitur, & Græcus con
Li. 1. ἁλιευτικῶν. textus conuincunt. Oppianus squatinam non suos fœtus intra se recipere, sed præsidio alio eos tueri author est, nimirum latis utrinq; pinnis, ceu alis expansis tegere.

> Τοίην καὶ ῥίνη τεκέων προσεμήσατο ἀλκήν,
> Ἀλλά οἱ ἐν πλευρῇσιν ὑπόσφαγες ἀμφοτέρωθεν
> Τῇσιν ἀτυζομένων τεκέων φόβον ἀμφικαλύπτει.
> Ἀλλ' οὐκ ἐν νηδυῖ κείνοις δύσις, οἷα κύνεσσιν:
> Εἰσὶν ὑπὸ πτερύγων, οἷα γένος ἰχθύσιν ἄλλοις:

Sed cùm aculei parui sint, & in recenter natis molles adhuc, neq; capitis magnitudo, ut in rana piscatrice, neque caudæ asperitas ut in raia præpedire possint, quominus squatina fœtus suos
Lib. 9. de histo. cap. 37. recipiat, Aristoteli potius credendum esse censeo. Hanc squatinæ solertiam attribuit Aristoteles, ut arena se obruat, cumq; se totam occuluerit, uerberat (ῥαβδίζεται) oris sui radiolis seu uirgulis, (ut piscatores uocant) quas pisculi cùm aspexerint, adnatant quasi ad algas, quibus uesci soli-
Lib. 9, cap. 42. ti sunt. Plinius: Simili modo (quo rana piscatrix) squatina & rhõbus abditi pinnas exertas mouẽt specie uermiculorũ, itemq; quæ uocat̃ raia. Mirũ uerò, quòd Plinius appendiculas illas quib. squatina pisculis insidiat̃, pinnas appellet, cùm neq; pinnæ sint, neq; pinnis ullo modo similes, sed uermiculi, ut ipsemet ait. Arist. propriè ῥαβδία uocat, radiolos & uirgulas interpretatus est Gaza.

C Squatina carniuora est, & in alto mari uersatur.

Ἡ ῥίνη (inquit apud Athenæum Diphilus, libro 8.) Καὶ αὐτὴ τῶν σελαχίων οὖσα, εὔπεπτός ἐστι, καὶ κούφη: ἡ δὲ μείζων, τροφιμωτέρα. Κοινῶς δὲ πάντα τὰ σελάχια φυσώδη ἐστὶ, καὶ κρεώδη, καὶ δυσκατέργαστα, πλεονάζομενά τε τὰς ὄψεις ἀμβλύνει. Squatina etiam ex cartilagineis est, concoctu facilis, & leuis. Quæ maior, magis nutrit. Vniuersè autem cartilaginea omnia flatus gignunt, carnosa sunt, concoctu difficilia, quorum multo usu oculorum acies hebetatur. Quod temere dictum esse nemo existimare debet. Cùm enim cartilaginea flatuum, crassiorumq; & glutinosorum humorum magnum prouentum adferant, crassos ex his caliginososq; spiritus effici necesse est, quorum perspicuitatẽ & splendorem

dorem ad clariùs cernendum necessarium esse certum est. Apud nos nullo in pretio est squatina, etiam à rusticis neglecta, tum ob ferinum saporem, tum ob carnis duritiam & insuauitatem.

Ex hepate oleum fit, quod ad hepatis duritiam ualet, addita spica celtica, uel styrace, uel ab- G
sinthio. Oua exiccata ad sistenda alui profluuia multùm conferre experientia compertũ: ijs enim ad omnes alui fluxiones utuntur piscatores nostri. Cute ensium capuli integuntur. Ex eadem o- (E)
ptimum fit in psora & scabie smegma. Eiusdem cutis cineres cõtra alopeciã & ulcera capitis manantia prosunt. Tota squatina mammis imposita earum incrementũ prohiberi, duriusculasq; reddi traditur: quod à me experiẽtia comprobatũ est. huius quoq; rei testis est Plinius. Squatinæ (in- Lib.32.cap.10.
quit) illitæ crescere mãmas non patiuntur. Id nõ manifesta qualitate, sed obscura quadam ui effici puto, maximè cum sale asseruata idem non præstet, cuius salis causa magis digerere & exiccare deberet. Hanc squatinæ facultatem si resciscant mulieres, cultui & ornatui plus æquo deditæ, pluris eam empturæ sint, quàm ulli Romani unquam mullum, uel etiam acipenserem emerint.

Audiui ab excellentis doctrinæ uiro cùm diceret, eam quam nos squatinam esse diximus, rhi- A
nobatum esse: Squatinam uerò esse, quam catto rochiero in Prouincia uocant. Sed de rhinobato mox: de eo qui catto rochiero nominatur, in Caniculis diximus.

Sunt qui scribant squatinam subinde colorem mutare, & eius cui adhæserit colorẽ imitari po- C
lypi more, quod sanè rationi consentaneum non est. Quæ enim colorem sic mutant, uel quia cor- Quòd non mutet colorem.
pore pellucido sunt id faciũt, ut chamæleo: uel quia cute sunt ita tenui, ut in humorũ spirituumq; perturbatione atq; agitatione, uarij eorum colores perluceant. Quorum neutrum de squatina dici potest, utpote quæ cute sit aspera, dura ac densa.

COROLLARIVM.

Rhina, quem squatum uocamus, Plinius libro 32. alia lectio, quam squatinam uocamus. Sed A
squatus quoq; dici potest: præsertim cum & libro 9. cap. 5. pro squatinis squatos dixerit: sic enim legendum, non squalos, superiùs in Squalis ostendimus. Rondeletius ῥίνη cũ limam instrumentum significat, acuit: cum piscem, penacuit, authore Cyrillo nimirum: qui id in libello de dictionibus significationem pro accentu mutantibus annotauit. apud authores obseruari non puto, sed semper penacui. Oppianus libro 1. Halieut. inter galeorum genera, qui pisces sunt cartilaginei longi, squatinas quoq; numerat. --- γαλεῶν δ' ἑτερότροπα φῦλα, Σκύμνοι, καὶ λεῖοι, καὶ ἀκανθίαι: ὧν δ' ἀφάτοισι ῥῖναι, ἀλωπεκίαι, καὶ ποικίλοι, &c. (Aelianus tamen in huius loci paraphrasi squatinarum non meminit.) Hinc fortè est, quòd Rondeletius scribit, eruditum quendam uirum, galeum Catto rochiero uulgò dictum Gallis, pro squatina habuisse: qui piscis est longus, galeis reliquis similis: squatinam uerò uulgò existimatum pro squatoraia, utpote latiorem, & raiæ aliqua ex parte similem. Planorum piscium alterum est genus, quod pro spina cartilaginem habet: ut raiæ, pastinacæ, squatinæ, Plinius. Squatina quomodo sit media inter planos & lõgos cartilagineos, lege suprà apud Rondeletium ab initio capitis de Raia pisce. Athenæus λειόβατον, id est Raiam læuem, tradit etiam ῥίνην, hoc est Squatinam uocari: quos tamen pisces diuersos esse ex utriusq; historia liquet. rhinobaton uerò à uulgo Græcorum, etiam rhinam uocari author est Gillius: cuius uerba non rectè transcripsit Rondeletius. Squatinam (inquit) Græci huius temporis ῥίνην καὶ ῥινόβατον. atqui Gillij uerba hæc sunt: Nostræ ætatis Græci & rhinam & rhinobaton, uocant rhinam: ut Latini (*Itali hodie*) Squainam siue Squadram, hoc est, Squatinam. Sed imposuit Rondeletio malè distinctus Gillij codex. Squatina uulgò nomen seruat, Massarius Venetus. Squatina, lo pesce squatro, Scoppa Italus. Hispanis ut audio Lira dicitur, à specie corporis. sed alia est ueterum lyra, de qua scripsimus elemento L. ¶ Germanicè squatinã uocare licebit ein Engelfisch/ oder Meerengel, id est Angelum piscem, uel Angelum marinum, Gallorum & Ligurum imitatione. Albertus squatinam Germanicè catulam maris uocari scribit: qui piscis (inquit) quinque pedes longus est, & insuper cauda pedem unum. Et alibi: Lignum raditur corio quorundam piscium arido, ut eius qui dicitur ad mare Flandriæ Seerobe, quod est canicula marina. Ego Germanicum hoc nomen non agnosco, deprauatum fortè à librarijs. Murmellius Hundfisch interpretatur: quod nomen nimiùm commune ad omne canum & galeorum genus pertinet. Anglicè dicitur a Skate, ut audio: piscem aiunt admodùm siccum esse, corium uicem limæ arcubus & sagittis læuigandis præstare. nomen quoque ad Squatinam accedit. quamobrem non laudo, quòd Eliota Anglus squatinam interpretatur a Solefisshe. nam Angli Soleam uocant a Sole. neque quòd idem alibi scribit, Batidem piscem esse qui Anglicè uocetur Raye aut Skeat. ex quibus nominibus hoc squatinam, illud raiam, (quam Græci baton, batidem ue nuncupant,) significat. Piscem raiæ similem, qui in cibo Venerem irritet, apud Scotos audio nominari a Scat of Roy.

Squatina piscis est cartilagineus, planus, cute aspera. caudam gerit crassam. fel in iecore posi- B
tum habet, Aristot. Aspera cutis squatinæ, qua lignum & ebora poliuntur, Plinius. De squatinæ pinnis uerba Aristotelis ex libri 4. de partibus animalium cap. 17. retuli in Rana piscatrice B. Squatinę comparat Tritonem Romæ uisum quod ad superficiem corporis squamosi Pausanias.

Y Y

Non tanta amplitudine, quantâ Raia, dilatatur: sed contractior est, & (ut ranæ palustri) eius os ex rostro eminet, (antè promptumq; est:) non infrà parte supina, ut maiori parti cartilagineorũ. Cauda ei longa mucronataq; est, Gillius & Massarius.

Effigies hæc Squatinæ Venetijs ad me missa, ad aridum piscem extensum facta uidetur: uiuo enim non probè respondet.

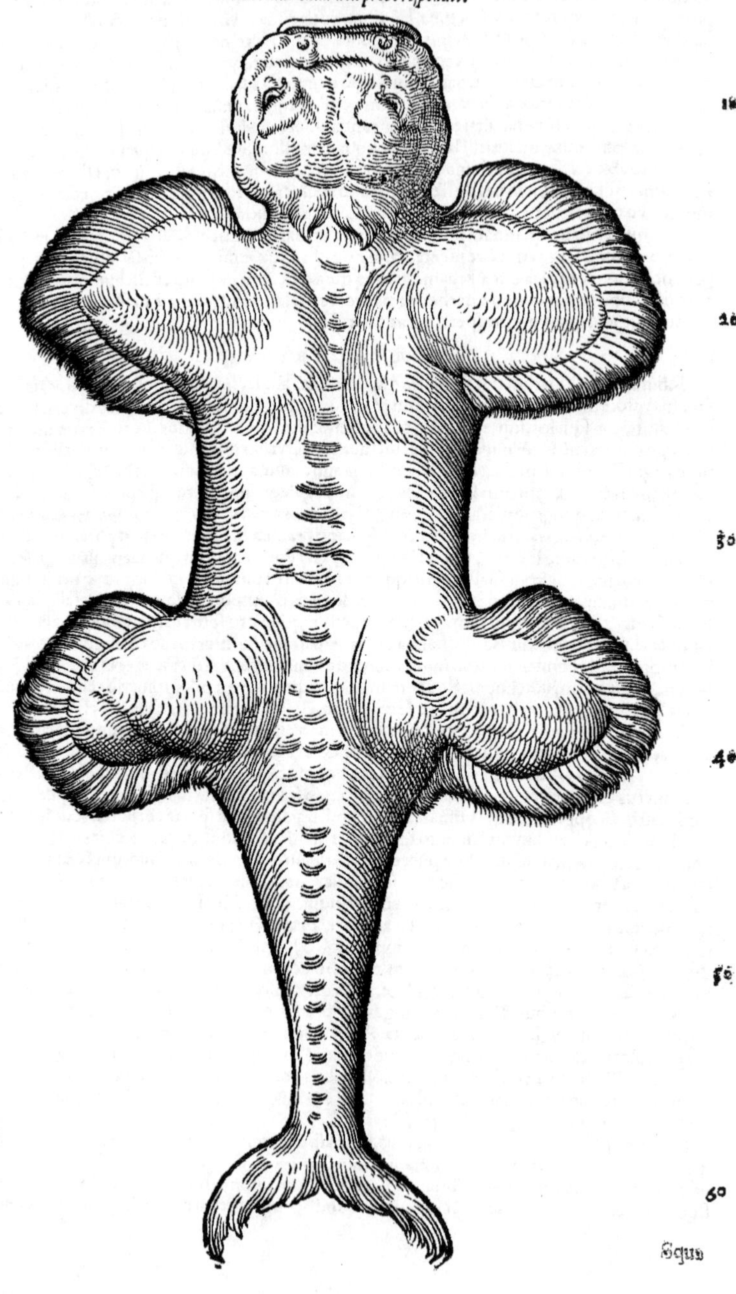

Squa

Squatina piscis mar. quinque cubitos (pedes, Albertus) longitudinis habet, & caudã pedalẽ. Pilus cutis eius breuis & niger est, (Albertus addit, similis aristis herbæ fullonum.) cutis quidẽ tam dura est, ut ferro & chalybi uix cedat, Author de nat. rerum. Verùm cutis eius pilosa non est, sed limæ tantùm instar aspera.

Squatinarum coitus, eò quòd cauda his plenior crassiór ue est, attritu mutuo supinarum partium agitur, Vuottonus ex Aristotele. Squatinæ primus partus tempore uerno fit, sed felicior est secundus per autumnum, occasu Vergiliarum, Aristoteles historiæ sexto. ¶ De squatinæ cũ raia coitu, dicetur paulò pòst in Squatraia. C

Oppianus scribit squatinam non recipere (intra se) fœtus, sed sub pinnulis suis tueri, Vuottonus: & similiter Rondeletius, qui Oppiani uersus recitat. Gillius ex Oppiano, non simpliciter, ut illi, sub pinnis, sed in hiatum sub pinnas subiectum fœtus suos metuentes matrem occultare transtulit. nam Græcè legitur, Ἀλλ᾽ οἱ ἐν πλευρῇσιν ὑποσφαγὲς ἀμφοτέρωθεν Εἰσὶν ὑπὸ πτερύγων, &c. quo in loco Brodæus scholiastes: Sunt autem illi (inquit) infra uelut iugulum cauitates quædam (σφάγια etiã dictæ) sub pinnis, cum aliorũ piscium gula cõparandæ, quæque instar uentris illi sunt, Sic ille. Quod ad rem ipsam attinet, qui piscem manibus uersare possunt, pronuncient. quod ad uerba, ὑποσφαγὲς rectus pluralis uidetur à singulari ὑποσφὰξ, idem nimirum significante quod διασφὰξ (uel etiam διασφαγὴ, ut in uulgari Lexico scribitur,) hoc est, interuallum, scissura, diuortiũ. Διασφάξ. D

Διασφαγὰς πετρῶν pro διαστάσεις, apud Aelianum legimus. ego in Oppiani etiam uersibus malim legere: Ἀλλ᾽ οἱ ἐν πλευρῇσι διασφαγὲς, &c. Διασφὰξ, ὁ διεστὼς τόπος, διατομὴ ὄρους. καὶ διασφάγες, αἱ διεστῶσαι πέτραι τῶν ὀρῶν, Varinus. placet autem διασφάγες legi paroxytonum potiùs quàm oxytonũ. His scriptis reperi in parecbolis Eustathij in primũ Iliados, quæ sequuntur: A uerbo σφάζω, fit διασφὰξ de scissura, siue petræ, siue in corpore animalis, qualis & in squatina memoratur Oppiano: καὶ ἡ τοῦ (κατὰ τὸν κωμικὸν) αἰδοῖα. Et rursus in Iliados M. A uerbo σφάζω, fit etiam ἡ διασφὰξ, ἐπὶ σχισμάτων λεγομένη, ut Oppianus etiam manifestissimè indicat, καὶ ὁ τὸ θῆλυ μόριον οὕτω καλέσας. hinc & ὑποσφὰξ, similis & ipsa cauitas, qualem admittunt quæ mactantur animantes, ea parte qua mactandis adigitur culter. Ex duobus his locis Eustathij, apparet eum apud Oppianum in squatinæ mentione legisse διασφάγες, quanquam & ὑποσφὰξ ei cauũ sub collo ubi animalia mactantur, uel simile ei, significet. Σφαγὴ Græcè dicitur Polluci, (Latinè iugulus,) cauitas media inter κλεῖδας, id est ossa quæ clauiculas, aliqui iugulos, ut Celsus, uocant: ab aliquibus etiam θυμός. σφάζειν enim & θύειν synonyma sunt. sunt qui σφαγὴν appellẽt, & ἀντικάρδιον, illã quoque cauitatẽ, quę in pectore medio anteriùs sub sterno osse, è regione cordis est, uel oris uentriculi, authore Polluce: qui σφάγιον (uel σφαγεῖον) etiam appellat uas, quo sanguis uictimarũ excipitur. Cæterùm pisces & alia quæ clauiculis dictis ossibus carent animalia, σφαγὴν quoque uel ὑποσφάγα cauum propriè dictum non habent: quanquam thynni, orcynique piscium κλεῖδας & κλειδία legimus. ¶ Ranæ piscatrices, rhombi & squatinæ, quomodo insidientur pisciculis, explicatum est in Raia D. ¶ Squatina sola piscium instar polypi solet affici colorem suum mutando, Aristoteles historiæ 9. 37. Rondeletius hoc uerũ esse negat, tanquam ab alijs, non Aristotele, (neque enim eius meminit,) proditum, &c.

Squatinæ cute lignũ & ebora poliuntur, Plinius. Apud Anglos arcus & sagittæ. Ex squatinarum corio cultellorum & falcatorum ensium uaginas Turcæ Barbarique maritimi admodum pulchras conficere solent, quas Sagrinas appellant, Iouius. E

Squatinam duram & concoctu difficilem esse, copiosiùs uerò alere quàm pastinaca & torpedo, è tertio de alimentis Galeni tradit Vuottonus. Piscium genus δαρτὸν uocatur, cui cutis aspera & sine squamis est, quales raiæ & squatinæ sunt. hæc aũt omnia sunt quidẽ friabilia: non odorata tamen, & alimentũ humidum de se præbent, Mnesitheus apud Athenæũ. atqui squatina dura est, Galeno teste. Angli hominẽ squatina sicciorẽ ceu prouerbio dicunt, quẽ planè siccũ squalidũque notarint: sed id nimirũ à cutis potiùs quàm carnis siccitate huius piscis. Aegrè concoquuntur limę, Ge. Valla ex Psello, quem Græcè ῥίνας, id est, squatinas scripsisse non dubito. ¶ Hippocrates in libro de internis affectionibus, de morbo crasso à pituita putrefacta scribens: Obsonium (inquit) habeat ex piscibus scorpium aut callionymum, aut squatinæ frustum cum condimentis coctum. Et in eodem libro: Laborans tertio genere tabis, obsonium habeat frustum torpedinis, aut squatinæ, aut galei, aut raiæ. F

Verendorum pustulas discutit squatinæ piscis cutis combusta, Plinius. Rhinæ pellis combusta, & trita cum aqua, superposita & illita, nascentias (*phymata*) sanat, Kiranides lib. 4. Piscis corio, quale est squatinæ, aut folio ficulneo, aut pumice læui, supernè alopecias cruentas facito: deindeque amygdalas amaras ustas, cum aceto mulso illinito, idque assiduè facito, ac radito. augescent enim statim capilli, Archigenes. G

Cute squatinæ propter squalorẽ, hoc est asperitatẽ, ligna & ebora poliuntur: Perottus à squalo re nominatam insinuans. Squatina dicta est, eò quòd squamis sit acuta: Isidorus, ineptè. squamis enim caret. Πελάγια, τὰ κρόταλα. οἱ δὲ, ῥίνη πελάγια, Hesychius. H.a.

Ῥῖναι τραχυδέρμονες, Epicharmo. Τρηχεῖαι, Matroni. Latinè squalidas, asperas & astutas cognomines. Epitheta.

Ῥινᾶν uerbo Menander & Pausanias utuntur pro decipere; ducta metaphora ab ijs qui olfactu decipiuntur aut decipiunt, Eustathius in Iliados quintũ. Et rursus in Odysseæ P. ἴσιον δ' ὅτι ἐκ τοῦ ῥινηλατεῖν τοῦ ἀκριβοῦντος τοὺς κύνας, δοκεῖ ῥινᾶν λέγεσθαι, τὸ ἐξαπατᾶν, ὅτι δηλαδὴ αἱ ῥῖνες ἀπατῶσι κύνας. Ἔγωγ' ἐπίσταμαι ῥινᾶν, Menander. Sed uidetur hoc uerbum accipi etiam posse pro eo quod Latinè dicimus limare, id est, lima atterere. unde compositum καταῤῥινᾶν. Ἀστεῖόν τι καὶ κατεῤῥινησμένον, Aristophanes in Ranis. Scholiastes interpretatur politum, elimatum. ῥίνη enim (inquit) est instrumetum fabrile, ᾧ ῥινοῦσιν. aut uile quippiam, ὅτι ἐξευτελίζομεν τῇ ῥινί. sed posterior interpretatio non placet. Κατεῤῥινησμένον quidem cum sigma scribi nõ placet: à quo enim uerbo deducas? melius apud Suidam absque sigma legitur, ut præsens sit καταῤῥινάω. cæterum ῥινοῦσιν à ῥινόω fit, unde & διεῤῥινωμένος participium legitur pro limato.

Icon. Et squatina (inquit Pierius Valerianus) inter hieroglyphica significata recenseri meruit, per quam fabrum lignarium intelligi uolebant. est enim piscis tam asperæ, scabræq; ac ualidæ cutis, ut ebur ea, neq; non ligna quantumlibet dura poliantur: ut omittamus fabrilia instrumenta omnia (*hoc Gillius de fabro etiam pisce scribit*) in huius piscis capite deprehensa. Quin & serrã conficere didicimus ex huius piscis osse ita crebrò mucronato, (*confundit fortè squatinam cum alio quopiam pisce, pastinaca ut suspicor aut cognato:*) qualis longa annorum serie suspensa fuit tholo ante DD. Petri & Pauli conditorium, priusquam à Iulio II. illa uenerandæ antiquitatis monumenta solo æquarentur.

b. Ichthyen (ἰχθύην) Hippocrates uocat squatinæ cutem aridam. sed potest eodem nomine intelligi unguis ferreus, quo ad extrahendos ab utero fœtus & in eo præcidendos utimur, propter similitudinem cum piscium squamis, Galenus in Glossis Hippocratis & Varinus. Ῥίνη, ἰχθύος δορά, Hesychius: per synecdochen nimirum. nam & totus piscis rhine, id est lima à Græcis dicitur: & pellis eius propter usum fabrilem priuatim sic dici posse uidetur.

c. Ῥίνην τὴν φιλέουσι πεδιεστῶς τέκτονες ἄνδρες, Τρηχεῖ', Matron.

f. Τρηχεῖ', ἀλλ' ἀγαθὴ κουροτρόφος. οὐ γὰρ ἔγωγε Ἧς σαρκὸς δύναμαι γλυκερώτερον ἄλλο ἰδέσθαι, Matron Parodus. alludit autem primùm ad uersum Hesiodi de Ascra, deinde Homeri de patria. Κάπηλος Ἑρμαῖος, ὃς βίᾳ δέρων ῥίνας, γαλεούς τε πωλεῖ, Archippus. Dorion tradit in Smyrna squatinas præstantes fieri, Athenæus. Καὶ σελάχη μέντοι Μίλητος ἄριστα ἐκτρέφει. ἀλλά σε χρὴ ῥίνης λόγον, ἢ πλατυνώτου λειοβάτου ποιεῖσθαι, Archestratus. Ῥίνης τεμάχη, Alexandrides.

DE SQVATORAIA, SEV RHINOBATO, BELLONIVS.

A RHINOBATVS piscis cartilagineus, planus, Oceano infrequẽs est, Genuensibus ac Venetis peculiaris, apud quos Squatrolinus appellatur. Huius figuram apud te facilè conijcies, si quidem utriusque piscis hîc tibi depicti formam diligẽter consideraueris.

B Aspera cute prædítus est, sub qua candida atq; edulis caro continetur.

DE EADEM, RONDELETIVS: QVI HVNC PIscem nullum in rerum natura esse putat.

VT ῥινόβατον Græci, ita Gaza Latinè composito nomine Squatinoraiam appellauit. Huius sic meminit Aristoteles. *Historiæ anim. 6.11.* Τῶν μὲν οὖν ἄλλων ἰχθύων παρὰ τὰς συγγενείας οὐδὲν ὦπται συνδυαζόμενον: ῥίνη δὲ μόνη δοκεῖ τοῦτο ποιεῖν, καὶ βάτος. ἔστι γάρ τις ἰχθῦς, ὃς καλεῖται ῥινόβατος. ἔχει γὰρ τὴν μὲν κεφαλὴν, καὶ τὰ ἔμπροσθεν βάτου: τὰ δὲ ὄπισθεν, ῥίνης: ὡς γινόμενος ἐξ ἀμφοτέρων τῶν ἰχθύων. *Lib. 9. cap. 51.* Plinius: Piscium diuersa genera non coëunt præter squatinã & raiam, ex quibus nascitur priori parte raiæ similis, & nomen ex utroq; cõpositum apud Græcos trahit. Præter hæc nihil usquã alibi de rhinobato legi, aut ab alijs accepi: Nec mihi omnium generum pisces diligentiùs perquirenti uidisse unquam hunc piscem contigit: eadem mihi senes & periti piscatores affirmarunt, (*nunquam scilicet à se uisum hunc piscem.*) Quæ cum diligentius expendissem, in eam tandem sum adductus sententiam, ut existimem ne Aristotelem quidem, aut Plinium unquam rhinobaton uidisse, piscemq; planè commentitium esse, quiq; re non existat, quod quidem Aristotelis uerba iam citata subindicant, quæq; alio loco scripsit: *Lib. 2. de gen. animal. cap. 5.* Ἐπὶ δὲ τῶν θαλαττίων οὐδὲν ἀξιόλογον ἑώραται. δοκοῦσι δὲ μάλιστα οἱ ῥινόβατοι καλούμενοι γίνεσθαι ἐκ ῥίνης καὶ βάτου συνδυαζομένων. In marinis nihil adhuc exploratum habemus dignum memoratu: qui tamẽ rhinobati appellantur, maximè gigni creduntur ex squatina & raia. Squatinam itaq; cum raia uideri coire ait, quo quidem loquendi genere, & similibus, ut, ferunt, tradunt, aiunt, creditur, utuntur Herodotus, Theophrastus, Dioscorides, quum se rem aliquam pro incerta habere significãt. Iam uerò ratio, quam subdit Aristoteles, planè infirma est. Si enim ideo coëunt squatina & raia, quia piscis sit, qui rhinobatus nominetur, utrique similis: & hippocentauros & tragelaphos esse *Libro tertio de usu part.* posse dicemus, si centaurus cum equa, et hircus cum ceruа commisceatur. At, ut scribit Galenus, fieri secundum naturam non potest, ut tantopere dissidentia corpora commisceantur; neq; enim colores & figuras tantùm componi oporteret, quemadmodum à statuarijs & pictoribus fieri solet, sed totas substantias natura ab huiusmodi permistione alienissimas. Neq; si diuersæ animantium formæ, non tamen usqueadeò dissimiles, coëant, id animal gignunt, quod una parte huic, altera illi simile sit; sed quod uni tãtùm procreantium simile sit, uel tertium quoddam: ut cùm asinus

nus equã iniĳt, mullus aut mula neutri per omnia simile animal gignitur. Si lupus cum cane uel uulpe congrediatur, canis uel uulpes alteri tantùm similis. Quare meo quidẽ iudicio fides ĳs habenda non est, qui rhinobati mistumq́ genus, prolemq́ biformem nobis obtrudunt.

COROLLARIVM.

Quòd Aristoteles de rhinobato pisce scribit, eum ex squatina & raia nasci uideri: ĳs uerbis non dubitat an sit, sed potiùs esse statuit. esse enim necesse est statuamus, de quo quærimus quo modo sit, aut unde generetur. Alibi quidem, extare eum simpliciter affirmat: ἔστι γάρ τις ἰχθῦς, ὃς καλεῖται ῥινόβατος. Itaque, etsi Rondeletius nusquam in rerum natura hunc piscem comparere putat, ego omnino aliquem & alicubi esse arbitror, non modò Aristotelis, sed nostri etiam seculi doctorum hominum authoritate commotus, Iouiĳ, Gilliĳ, Belloniĳ. qui non solum uiuere in mari hunc piscem, sed nomina etiam formasq́ tradiderunt. ¶ Squatraia nomen quod Gaza confinxit, durum est; ut Squatroraia etiam, quo Bellonius utitur: ego squatoraiam molliùs dixerim, à squato & raia composito nomine. Nostræ ætatis Græci & rhinam & rhinobatum, uocant rhinam: ut Latini (*Itali hodie*) utrunque squainam, siue squadram, hoc est, squatinã, Gillius. Squatraiæ fœdæ sunt aspectu, atque esu admodum iniucundæ: quum inter sordidæ plebis atque pastorum obsonia censeantur, Iouius. Audiui ab excellentis doctrinæ uiro, quum diceret, eam quã nos squatinam esse diximus, rhinobatum esse: squatinam uerò esse, quam Catto rochiero in Prouincia uocant, (de quo in Caniculis diximus,) Rondeletius. sed hanc sententiam à nemine approbari puto. Ego rhinobatum Germanis meis, quanquam (ut Bellonius tradit) Oceano infrequentem, interpretabor ein Engelrocch, ab angelo (sic enim aliĳ quidam populi squatinam uocant) & raia composito nomine.

DE SQVILLIS DEINCEPS HOC ORDINE AGETVR.

EX RONDELETII OPERE.

De Squillis in genere. *De Squilla lata.*
De Squilla cælata, siue Cicada Aeliani, siue Cammaro ueterum.
De Squilla crangone. *De Squilla gibba.*
De Squilla parua. *De Squilla, quam Mantin cognominat, ueteribus indicta.*

EX BELLONII LIBRO.

De Vrsa maiore, (Squilla lata Rondeletij:) & minore, (Cælata fortè Rondeletij.)
De Squilla parua marina, gibba cognomine. *De Squilla fluuiatili parua.*
De alia Squilla, quæ Crangon à Rondeletio existimatur.
De Cicada marina: (quam Rondeletius Squillam mantin appellat, Cicadam uerò aliam facit.)

COROLLARIA.

I. De Squillis in genere. *II. De Squilla lata & Vrsa Aristotelis.*
III. De Vrsa minore, ut recentiores uocant: seu Squilla Cælata Rondeletij: & de Cammaro ueterum.
IIII. De Squilla Crange. *V. De Squilla gibba.*
VI. De Squilla parua, quam aliqui fluuiatilem cognominant: quanquam & in mari inuenitur.
VII. De Squilla illa, quam Bellonius Cicadam nominat, Rondeletius Mantin.
VIII. De Squillis diuersis.

DE SQVILLIS (IN GENERE.)

RONDELETIVS.

SEQVITVR τῶν καρίδων genus quod tertium post locustam & astacum ab Aristotele libro 4. de Histor. animal. cap. 2. numeratur. Gaza cum Cicerone & Plinio squillas conuertit. Cicero libro secundo de Natura Deorum squillam paruam uocat, τὸ καρίδιον Aristotelis. Plinius uerò libro 11. cap. 37. Crusta fragili inclusis, rigentes oculi: locustis, squillisq́ magna ex parte sub eodem munimento præduri eminent. & libro 9. cap. 51. Coëunt locustæ, squillæ, cancri ore. Athenæus author est à Sophrone κωρίδας dictas, à Simonide & Epicharmo κωρίδας. Idem tradit καρίδας à capitis magnitudine nominatas ὠνομάσθησαν γὰρ καρίδες ἀπὸ τοῦ κάρα. τὸ πλεῖστον γὰρ μέρος τοῦ σώματος ἡ κεφαλὴ ἀπηνέγκατο. dictæ sunt carides à dictione κάρα, id est, à capite: maximam enim corporis partem caput occupat. Quod etymum si uerum sit, non possum non mirari Galenũ, qui libro 8. de usu partiũ malacostraca omnia capite truncârit. nã cum initio libri in quibusdã solùm id fecisset: τοῖς μὲν ὀλιγοτρόφοις, (de collo & capite loquitur:)

A

Libro 3.

Ibidem.

B Squillas et alia quædam crustata caput habere, cõtra Galenum.

Y y 3

τοῖς δὲ ἡ κεφαλὴ μόνη. καράβοις μὲν οὖν καὶ ἀστακοῖς, καὶ παγούροις, καὶ καρκίνοις, οὐδ᾽ ἕτερον. τοῖς δ᾽ ἰχθύσιν ἅπασι κεφαλὴ μὲν ἔστι, τράχηλος δ᾽ οὐκ ἔστιν. Et aliquantò pòst malacostraca omnia eâdem lege conclusit: ἀλλὰ καρκίνοις τε, καὶ τοῖς ἄλλοις τοῖς μαλακοστράκοις, κεφαλὴ μὲν οὐκ ἔστι: τὸ δὲ τῶν αἰσθήσεών τε, καὶ τῶν κατὰ προαίρεσιν κινήσεων ἐξηγούμενον μόριον ἔστι, δῆλον πάντως αὐτόθι κατὰ τὸν θώρακα τεταγμένον, ἔνθα περ αὐτοῖς ἐστιν ἅπαντα τὰ τῶν αἰσθήσεων ὄργανα. Sed & cancris & alijs crustatis caput deest, partem uerò quæ sensibus & motionibus à uoluntate pendentibus præest, illi sanè in thorace sitam habent, in qua omnes sensuum sedes eis habitant. Ac maluit Galenus quantum ad animãtes istas attinet, in Aristotelis sententiam discessionem facere, qui è corde sensum motumque omnem tanquam è fonte manare credebat, quàm ijs caput tribuere, ut ipsius uerba clarè ostendunt: ὡς θ᾽ ὅπερ ἐν ἡμῖν ὁ ἐγκέφαλος, τοῦτ᾽ ἐν ἐκείνοις εἴη ἂν τοῖς ζώοις τὸ μόριον, εἰς ὃ τὰ εἰρημένα ἀναφέρεται. ἢ εἰ μὴ ἐγκέφαλός ἐστιν, ἀλλὰ καρδία τούτων ἁπάντων ἀρχή. Itaque quod in nobis cerebrum est, id sit in alijs animantibus pars illa ad quam quę dicta sunt, scilicet sensus & motus referantur: aut si cerebrum non est, certè cor omnium horum principium fuerit. At quòd cancris caput sit, sed indiscretum alibi diximus. Quòd squilla, pluraque alia malacostraca caput habeant, & discretum, & piscium cæterorum modo ab alijs partibus distinctũ sensus ipse demonstrat, quicquid dicat Galenus alio etiam in loco præter iam citatum: Καρκίνος τε οὖν, καὶ σύμπαν τὸ τῶν μαλακοστράκων γένος, ἤδη δὲ καὶ φάλαιναι, καὶ ἄλλα πολλὰ τῶν παραπλησίων, τὰ μὲν οὐδ᾽ ὅλως ἔχει κεφαλὴν, τὰ δὲ οἷον ὑπογραφήν τινα μόνην. Cancer igitur & uniuersum crustatorũ genus, præterea balænæ & multa alia huiusmodi uel capite omnino carent, uel eius solummodò rudimentum habent. Quod uerò balæna in eo numero recensetur, mendosum esse puto: neque enim balæna ex genere crustatorum, neque capite caret, sed id habet discretum & distinctum. Quare κολύβδαιναν (nam ea inter crustata à ueteribus nominatur.) uel aliquod aliud affine crustati piscis nomen reponere oportet.

Squillarum species. *Lib. 4. de hist. animal. cap. 1.*

Sed ad squillas referatur oratio. Harum tria genera cõstituit Aristoteles, sunt κυφαὶ, id est, gibbæ: κράγγονες, crangines uertit Gaza, sunt & paruæ, quæ maiores nunquam fiunt. Nos species plures facimus, quia ad tres superiores referri omnes non possunt: ut squilla lata, alia quæ cælata est & glabra: præterea quæ μάντις dicitur, nulli rectiùs quàm squillarum generi attribui potest, ut suis locis deinceps explicabitur.

DE SQVILLA LATA, RONDELETIVS.

Bellonius hunc Vrsum Aristotelis facit, quod in fine sequentis capitis reprehendit Rondeletius.

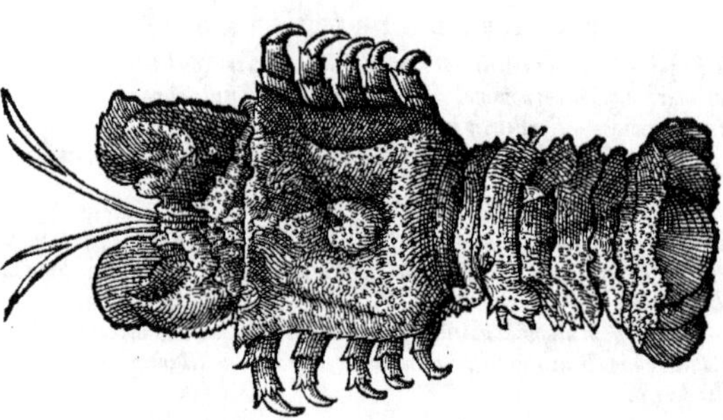

A SQVILLAE quàm hic proponimus cognomẽ latæ damus, ut ab alijs distinguatur, nec id sine exemplo. Nam Archestratus (autore Athenæo) πλατείας καρίδας appellauit, quanquam locustas, astacos, caridas confudisse uideatur: quæ tamen secernenda esse & specie differre ostendit Athenæus. Squilla lata nostris incognita est, & ob id ἀνώνυμος, & Liguribus orchetta nominatur. Si quis ob similem corporis speciem cum locustis potiùs quàm cum squillis annumerandam censeat, uel hoc uno refelli poterit, quod locustis pedes ultimi in forfices terminantur, quos chelas uocant, quibus squillæ carent autore Aristotele.

Libro 3. *Lib. 4. de par. animal. cap. 8.*

B Squilla igitur lata locustarum est magnitudine, sed latior multò & magis depresso corpore et hirto, in fronte ossa duo, utrinque unicum, in ambitu serratum, in quibusdam acutius, in alijs latius, his pinnæ duæ alligantur. inter hæc, duo enascuntur cornua, initio articulata, circa medium bifida, ut ex duobus quatuor fiant, tenuia, non ualde longa. Os & oris appendices ita habent ut in locusta. Brachia duo habet cum aculeis, ueluti clauis eminentibus, pedibus maiora non bifida quæ in os flectuntur, quibus cibum ori tanquam manibus admoueant. Hæc qui bisulca non esse uidebant, pedibus annumerabant, ut quinque pedes esse dicerentur. Sed hoc squillis proprium est chelis

Squillis proprium.

chelis carere, harum autem uice brachia maiora pedibus habere. Pedes utrinque quaterni sunt, ut in locustarum & cancrorum generibus. Oculi parum prominent, ob id conditi uidentur. frons quadrata & latior quàm in ullo crustatorũ genere. Tumores multi per dorsum sparsi sunt, ex quibus extant tubercula, quorum summa pars adeo rubet ut carbunculos in annulorum pala inclusos esse dicas. Cauda tabellis quinque constat, & in pinnas totidem desinit, in caudæ supina parte appendices sunt, ad oua reponenda quemadmodum in locusta.

Eodem modo coit, & æstate parit, internaque omnia similia habet. In cœnosis locis uiuit, argumento est quod sordida lutoque oblita è mari extrahitur, carne est molli ut astacus. Rara est apud nos, Massiliæ aliquando capitur. In Africa frequentissima est, & maxima, quam si uidisset Apicius ille ὀψοφάγος, qui squillarum prægrandium causa in Africam nauigârat, non tam citò ad suos rediisset: illic enim conspectis squillis paruis, execratus prouinciam ita regredi instituit, ut terram illam non attigerit. Sunt qui de Archestrato id narrent. C Vbi.

Explodenda est eorum sententia qui squillam latam quam depinximus ursum esse credunt, cùm ursum uideatur Aristoteles cum cancris numerare, ut suo loco dicemus. A Vrsum non esse genus hoc squillæ.

DE SQVILLA CAELATA, SIVE CICADA AEliani, (siue Cammaro ueterum,) Rondeletius.

Bellonius cicadam marinam uocat, non hanc, sed aliam squillæ speciem, quam Rondeletius infrà nouo nomine mantin.

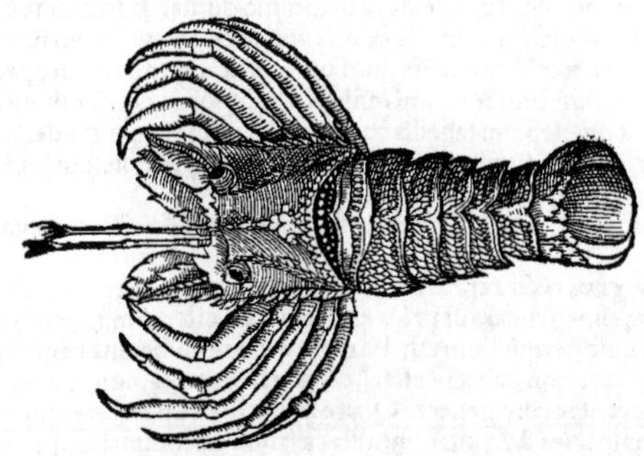

QVAM hic proponimus, nostri cicadam marinam uocant: alii cicadam marinam eam esse opinantur, quam posteà μάντιν esse demonstrabimus. Eam de qua nunc agimus cicadam potiore ratione nominandam esse censuimus, ob maiorem cum cicadis terrestribus similitudinem: squillam uerò tum quòd supradictæ similis sit, tum quòd brachia priora indiuisa habeat, qua nota squillas à locustis & cancris secerni diximus: cælatam uerò, ut ab aliis internoscatur. nam quinque tabellis constat & dorso egregio naturæ artificio uariè cælatis & sculptis, ut in pictura expressimus. Squilla hæc tota rubet, ossa utrinque habet in fronte, in ambitu serrata, acuta, ueluti squilla lata: quibus annexæ sunt pinnæ, ueluti alæ. Cornua duo habet, brachia duo indiuisa, quibus ori cibos admouet: pedes quaternos, circa os appendices, internas partes, caudæ pinnas easdem quas locusta: magnitudine uerò differt. nam dodrantalem magnitudinem uix superat. A B

Carnis substantia astaco similis est. Cicadæ marinæ neque Aristoteles, neque Plinius meminerũt in iis qui extant libris. Sed Aelianus his uerbis. Est etiam cicadarum genus marinum, (τέττιξ θαλάττιος) quarum maxima parui carabi similitudinem speciemque gerit. ueruntamen cornua, non similiter atque ille magna, nec aculeos habet: aspectu etiam nigrior est: & cum captus est, stridorẽ quendam ædere uidetur. Pinnæ ipsius exiguæ sub oculis enascuntur, terrenarum alis similes. Hominũ plerique idcirco ab ea se abstinẽt, quòd sacrã existiment. Seriphii in retia uel fortuitò delapsam nõ sanè retinent, sed mari reddunt, atque etiam mortuam flentes & sordidati humatione afficiunt, quòd eam dicant Perseo Iouis filio consecratam esse. Hanc squillæ speciem esse puto, quã antiqui cammarum siue gammarum uocauerunt autoribus Athenæo, Plinio, Columella. Ac primùm cammarum ex genere squillarum esse probauimus ex Athenæo capite de astaco. Deinde inter incrementi parui pisces eum recensuit Columella libro 8. & Iuuenalis: F Lib. 13. cap. 25. Cammarus. Satyr. 5.

Si tibi dimidio constrictus cammarus ouo Ponitur.

Postremò color idem manifestiùs ostendere uidetur, magis rubens in hoc quàm in ullo alio crustato, siue crudus sit, siue coctus, quique colorem mulli maximè refert, cuius rei autorem habeo Martialem.

Immodici tibi flaua tegunt chrysendeta mulli,
Concolor in nostra cammare lance rubes.

yy 4

DE SQVILLA CRANGONE, RONDELETIVS.

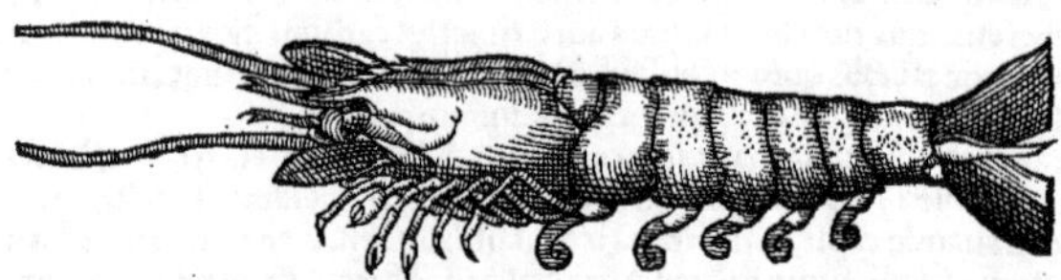

A Κράγγονες Squillæ uocantur ab Ariſtotele libro 4. de hiſt. animal. cap. 2. & ab eodem nonnunquam ſquilla κράγγη dicitur: crangines Latinè à Gaza dicuntur, ab Italis gambaro di mare: à nonnullis cammarugiæ & parnochiæ: à noſtris caramote, (*ut parua ſquilla, Caramot:*) ab aliis longouſtin, à Burdegalenſibus ſeruata uetere appellatione ſquilles.

B Eſt hæc ſquilla palmi maioris longitudine. Cruſta tenui contegitur, læui, candida, nonnunquam ex albo parum rubeſcente: cocta uerò tota rubeſcente, inſtar cornu pellucida. Habet è dorſo enatum cornu in fronte, ſerratum, ſurſum recuruum, illius denticulatæ aſperitates in ſuperiore & inferiore ſunt parte, non in lateribus ueluti in aſtacis & ſquillis latis. Oculi cornei ſunt ſatis prominẽtes, quibus ſubiecta pars caua eſt cochlearis modo. Cornua quatuor habet, duo bene longa, tenuia, flexibiliaq;, his alia duo breuiora in ſummo diuiſa. E lateribus ueluti alæ exoriuntur paruæ, albæ, radio ſiue aculeo innixæ. Os & oris appendices cuiuſmodi ſunt in locuſta & aſtaco. Pedes quinos habet, præter hos brachia duo: qui in calcar terminantur, pedes terni, qui hæc ſequuntur, parum diuiſi ſunt, bini & ultimi indiuiſi. Poſterior pars pro reliqui corporis craſsitudine & magnitudine longa, ſeptem tabellis conſtans, in pinnas quatuor deſinit, è quarum medio extat aculeus latior quàm in ſquilla gibba. Supinæ caudæ appendicibus, coëundi pariendiq; modo, partibus internis à ſuperioribus non differt.

F Carne tenera eſt, dulci, boniq; alimenti: ſatis nutrit, hecticis & atrophia laborantibus cibus utiliſsimus.

A. *Squillam crangonem ueră ſe exhibere.*

Squillam κράγγονα nos rectè repræſentaſſe demonſtrare oportet. Ac primùm, cũ cruſtatorum animantium quatuor ſint genera, (ut priùs ex Ariſtotele oſtendimus,) nulli potiùs quàm ſquillarum generi ſubiici hinc perſpicuum eſt. Ea enim quam exhibemus læuis eſt, locuſta toto dorſo aſpera: chelas ante pedes non habet ut aſtaci, caudá eſt protenſa, non rotundo corpore & ſine chelis, non eſt igitur ex cancrorum genere. Quare ſquillam eſſe neceſſe eſt: non latam quidem, neq; cælatam, ut corporis ſpecies & læuitas ſine ulla cælatura oſtendunt: neq; paruam quæ maior nũquam fiat: nam ea longè minor eſt, quàm paulò pòſt exhibebimus: neq; gibbã, quia gibbo caret. His omnibus accedit nota certiſsima ab Ariſtotele tradita qua ſquilla crango à ſimilibus interno ſcatur: Καὶ ἡ καρὶς ἡ κυφὴ τὴν οὐρὰν καὶ πτερύγια τέσσαρα, ἔχει δὲ καὶ ἡ κράγγη πτερύγια ἐφ' ἑκάτερα ἐν τῇ οὐρᾷ· τὸ δὲ μέσον αὐτῶν ἀκανθῶδες ἀμφοτέραις, πλὴν αὕτη μὲν πλατύ, ἡ δὲ κυφὴ ὀξύ. Squilla gibba caudam habet, & pinnas quatuor: totidẽ (*Totidem non eſt in Græco*) & crangon in utraq; caudę parte, quarũ medium in utriſq; ſpinoſum eſt ſiue aculeatum, ſed in crangone latum, in gibba acutum. Hæc nota in utraque ſquilla, & crangone de qua nunc agimus, & in gibba de qua mox euidentiſsima eſt: & ueriſsimam eſſe comperiet, qui pictas à nobis ſquillas cum uiuis contulerit. Hæc ſunt quæ fidem faciunt ſquillam crangonem rectè nos ab aliis diſtinxiſſe.

DE SQVILLA GIBBA, RONDELETIVS.

A COGNITIS ſquillis latis, cęlatis, crangonibus, facile eſt reliquas duas agnoſcere. gibba enim, ſuo gibbo: & parua, ſua paruitate ſatis ſeſe produnt. Κυφὴ (*κυφὴ cognomen ſeu differentia, καρὶς uerò nomen eſt,*) à Græcis, à Gaza gibba ſquilla rectè uocatur: à noſtris caramot, ad diſcrimen crangonis quam cara-

(F) mote appellant. A Santonibus de la ſanté, quòd ægris plurimùm ſoleant apponere. à Pariſienſibus cheuretes, à Rhotomagenſibus ſalecoques.

B Gibbæ ſquillæ crangonibus tenuiores ſunt, maximæ in cauda extrema. in fronte cornu geſtant ueluti crangones, magnum pro corporis ratione. Oculos, alas, pedes, cornua, os, oris appendices, interna omnia ſimilia crangonibus habent, caudæ initium in tumorem erigitur, unde illi nomen. ab hoc tumore cauda tenuior & gracilior eſſe incipit. in pinnas quatuor deſinit: harũ medium acutius eſt, quàm in crangonibus, ut dictum eſt: qua nota, & gibbo à crangonibus ſquillæ

(F) diſtinguuntur. Hyeme præſertim capiuntur maxima copia in Santonum litoribus. Carne ſunt dulci & tenera. Viuæ colore ſunt fuſco, minusq; albo quàm crangones, coctæ rubeſcunt.

D Deuorantur à reliquis piſcibus, ſed mortem ſuam grauiter ulciſcuntur: cornu (frontis) enim elatum

elatum & sursum recuruum palato deuorantium infigunt, & sic necant, unde squilla hac pro esca utuntur piscatores. Ab ea lupum interfici cecinit Oppianus: Squillæ, inquit, exiguæ & imbecillæ fortissimum hostem dolo perimunt, lupum sua uoracitate insignem: nam cùm neq; fugere, neque æquo Marte dimicare possint, deuoratæ acuto frontis cornu medium palatum ita uulnerãt, ut etiam si initio id negligat lupus, tandem tamen moriatur.

Lib. 2. ἁλιευτικῶν.

Καρῖδες δ' ὀλίγαι μὲν ἰδεῖν, ἴσαι δ' καὶ ἀλκὴν | Γύιοις: ἀλλὰ δόλοισι καὶ ἄλκιμον ὤλεσαν ἰχθῦν
Λάβρακα, σφετέρῃσιν ἀπηλέα λαβροσύνῃσιν. | Οἱ μὲν γὰρ ἀπεδύσαντο, καὶ ἰθύνουσι λαβεῖσθαι
Καρίδων: ταῖς δ' οὔτε φυγεῖν σθένος, οὐδὲ μάχεσθαι. | Ὀλλύμεναι δ' ὀλίγουσι, καὶ ὃς πέφνουσι φονῆας.
Εὖτε γὰρ ἀμφιχανόντος ἔσω μάρψωσιν ὀδόντων, | Αἳ δὲ θαμὰ * θρώσκουσι, καὶ ἐν μεσάτην ὑπερῴην
Ὀξὺ κέρας χρίμπτουσι: τό, τέ σφισι τέλλεται ἄκρης | Ἐκ κεφαλῆς, &c.

Hos uersus Latinè reperies infra ĩ Squilla gibba Bellonij.

*Lippius interpres uidetur legisse: Αἱ δ' ἔθ' ἅμα, uertit enim turmatim.

Non negarim squillam crangonem cornu idem efficere posse, sed cùm squillis paruis id tribuat Oppianus, de gibbis potiùs intelligendum censeo: nam quæ minimæ sunt, cornu carent.

Eam quam proposuimus squillam gibbam esse, cõuincit tumor ille caudæ initio, medius inter caudæ pinnas aculeus acutior & angustior quàm in crangone: magnitudo, qua paruas squillas superat, à quibus etiam cornu frontis discernitur.

A Genuinam squillã gibbã à se proponi.

Elixantur gibbæ squillæ in aqua & ex aceto eduntur. Vel in sartagine friguntur. hecticis in ci- F bo mirum in modum cõferunt, & longè delicatiores salubrioresq; sunt quàm locustæ uel astaci. Non minùs adferunt conuiuis διατριβὴν, ψυχαγωγίαν, & θεωρίαν quàm locustæ.

DE SQVILLA PARVA, RONDELETIVS.

A Postrema squillę species ꝓprio nomine caret: ob id periphrasi usus Aristoteles appellat squillarũ τὸ μικρὸν γένος, rationẽ mox subiungẽs, αὗται γὰρ οὐ γίνονται μείζους, quia minores nunq; effici possũt. Sed hîc animaduertendũ est τὸ καρίδων μικρὸν γένος .i. squillã paruã, & τὸ καρίδιον lib. 5. ca. 15. de hist. anim. nõ idẽ esse ac σκύλλαρον, quod etiã squillã paruã idem Gaza cõuertit lib. 4. cap. 4. de hist. anim. Quare cũ trita sint quæ squillæ paruæ nomine interpretetur Gaza τὸ τῶν καρίδων μικρὸν γένος, τὸ καρίδιον, τὸ σκύλλαρον, ex ea cõuersione qui in Latino Aristot. magis uersatus fuerit, facilè in magnũ errorẽ induci posset. Nam σκύλλαρον nõ est ex squillarũ genere: chelas enim habet astaci modo, qua de re fusiùs suo loco. Paruã squillã de qua hîc loquimur, nostri ciuade uocãt.

B Digiti minimi est magnitudine: capite ꝓ corpusculi magnitudine crasso & lato sine cornu, quo à gibba differt: alioqui cauda tenui, paruo gibbo, oris appẽdicib. caudę pinis, internis partibus gibbę ꝑsimilis. punctis F aliq̃t uariatᷓ. colore est dũ uiuit obscuro, cocta tota rubescit. Carne est dulcissima, ut ob nimiã dulcedinẽ quibusdã fastidio sit: uix em̃ ullũ aliud cibi genus dulcius hoc degustaueris. Cum crusta & pedibus integra frigitᷓ, sunt qui priusq; coquãt, in sartagine perforata pedes urũt, deinde in aqua & oleo elixãt. Squillę in aqua hordei lotę, & in carnis iure coctę hecticis maximè cõueniũt. nã bene alũt, ad expurgandũ pectus cõferunt, multoq; utiliores sunt fluuiatilibus astacis, quibus medici pleriq; ꝓ cãcris fluuiatilibus utunᷓ, cũ tamẽ duriore sint carne & minus dulci. Si ęgris parentur squillæ de qbus nunc loquimur, crustis suis nudãdę suntsi em̃ unà cũ his edanᷓ, flatus gignũt, ueluti aphyę cũ spinis comesę. Squillæ cũ crustis elixæ in aqua et oleo iniecto pipere sopitã uenerẽ stimulãt: tũ quia semen satis copiosum generãt ob dulcẽ et bene nutrientẽ substantiã, tũ quia flatus gignũt. Si friganᷓ in sartagine flatus deponũt, queadmodũ frixa legu C mina: idẽ de gibbis et crãgonibus sentiendũ. Hyeme in stagnis marinis capiunᷓ, et in magnorũ fluuiorum ostijs: è mari etiã extrahi sæpe uidi, ne quis ob carnis succũ dulcissimũ, in dulci aqua gigni tantùm existimet.

DE SQVILLA QVAE ΜΑΝΤΙΣ DICITVR,

(dici potest, à ueteribus nõ memorata,) Rondeletius.

Imago hæc Venetijs facta Mãtin Rondeletij, minus accuratè, quàm ab ipso exhibita, repræsentat.

A Explicandum est hoc loco crustatum id quod μάντιν nominaui, priusquàm à squillis discedamus: nec ad ullum aliud quàm ad squillarum genus referre possum. chelis enim caret, quibus à locusta & astaco distinguitur. aculeos in cauda habet, squillarum modo, corporis specie squillis simili, longo, quo à cancris differt.

Nemo uerò hanc squillæ speciem apud Aristotelem, Athenæum, Oppianum, Plinium requi rat: ab ijs enim nullam huius mentionem fieri puto. Quemadmodum autem Latini à terrestris locustæ similitudine marinam locustam nominauerunt, ita nos μάντην à bestiolæ similitudine quę est ex locustarum terrestrium genere. Eam bestiolam nostri preguedious, id est, precantē Deum appellant, quòd semper manus (brachia uel pedes in istis animantibus magis propriè dicuntur) iunctas teneat, eorum more qui supplices Deum deprecantur. Præterea corpore est ualde tenui & macilento, ut qui assiduis ieiunijs sese conficiūt & macerant. Eandem bestiolam diuinare uulgus ait: captam enim pueri nostri interrogant, qua sit Romam uel Compostellam ad D. Iacobum proficiscendum. ea, perinde ac si intelligeret, altero brachio extento iter monstrat.

B Ab huius, inquam, bestiolæ diuinātis similitudine squillæ speciem μάντην nominauimus: nam utraque corpore est longo, gracili, circa caudam latiore, brachia duo prima longa admodum. Sed marinam fusiùs describamus. Μάντις marinus crustis tenuibus, perspicuis, albis intectus est. Brachia duo prima longa habet, articulis intercepta, ut ad os flecti possint, chelarumque usum præstēt, interiore in parte serrata: quorum denticuli initio minores sunt, in summo ita magni, ut aculeis incuruis aptiùs quàm serræ denticulis comparari possint. Cornua duo longa prominent, in quorum summo ramuli duo exoriuntur. sunt alia duo his minora ante oculos. Capitis figurā cancellum ferè refert. Oculi perspicui sunt & lati, ad quorum radicem sitæ sunt alæ duæ longæ, in ambitu hirtæ. Vtrinque pedes sex habet, terni primis brachijs proximi in tumorem paruum desinunt, lentis instar rotundum & depressum, à quo tumore aculeus paruus uncus enascitur: reliqui terni parui sunt & tenues, quarum extremum in appendiculas quasdam tenues terminatū. Quod caput sequitur & collum uocatur, tabellis decem constat inæqualibus, priores breuiores sunt, & strictiores: quo propiores sunt caudę extremo, eo maiores & latiores fiunt. eadem aculeorum ratio, quibus singulæ tabellæ munitæ sunt, in prioribus parui sunt aculei, in maioribus tabellis maiores & euidentiores. Cauda in os latum desinit, cuius ambitus multis riget aculeis, in ossis huius superiore parte maculæ duæ spectantur oculis pictis similes. tres utrinque pinnæ osseæ ex ultima tabella oriuntur. Supina caudæ parte appendices habet: & in ore, quemadmodum locusta & superiores squillæ.

(C) Eodem modo coit & parit. Toto corpore est pellucido.

F Carne est molli, dulci & delicata, bene nutriente, Venerem stimulante, si eo modo paret quo squillæ proximè descriptæ.

A. Squillā cælatam, potiùs esse cicadā mar. quàm hoc loco propositam. Contra iconem Bellonij.

Quam μάντην dicimus, nonnulli (*ut Bellonius*) cicadam marinā appellare malunt, sed quia squillæ cælatæ maior est cum cicada terrestri similitudo, eam cicadam nominauimus: hanc uerò μάντην, ob eas quas diximus causas. Si quis uelit nimium ὁριστικὸς esse, appellet ut uolet. satis est nobis squillæ speciem à ueteribus non traditam exhibuisse. Nam autor libri de aquatilibus perperam depictam, & à naturali alienissimam proposuit, multis scilicet omissis, multis additis temere, ut ex collatione perspicuum cuiuis esse potest.

SEQVVNTVR SQVILLARVM DESCRIPTIONES EARVNDEM OMNIVM, CAELATA tantùm (ut Rondeletius nominat,) excepta, (nisi eadem fortè Vrsa minor Bellonij sit,) ex Bellonij libro.

DE VRSA MAIORE ET MINORE, BELLONIVS.

Rondeletius aliam Vrsam facit, hanc uerò (maiorem) Squillarum generis esse ostendit, & latam cognominat.

A B VRSA, Græcis ἄρκτος, asperis saxosisque locis prouenit: ac locustarum modo forcipibus caret, eademque est cum locustis magnitudine. Vulgus Siculum ac Neapolitanum Massacaram nominat. Terrestris Vrsi in morem crasso ac recurto est corpore, eiusque colorem habet, unde illi nomen.

B Proinde tabellis firmis fortibusque loricata est, ut locusta terrestris, cubitalisque nonnunquam est: antennas ad prætentandum iter non habet longas, sed coloris cærulei, bifidas, atque utrinque in lateribus ante oculos duas, cornuum seu cirrhorum munere fungentes. Tota eius anterior pars unico constat thorace, uulgus plastronum uocat. Quinos utrinque pedes gerit, unguibus robustis ac nigris munitos: falcatas tibias, articulationibus quinis interseptas. Os præterea subtus habet, ut cæterum Locustarium & Cancrarium genus.

Minor autem Arctos per omnia maiori respondet. Ligures Vrsetam appellant: crassiore est quàm Sparnochius (*Squilla crangon*) corpore, & forcipibus ut Vrsa caret. Prætenturis quoque bifidis prædita est, & rostratum caput gerit. Cæterùm est corpore robusto & recurto: omnes denique notas cum maiore communes ostendit. Sed hic maioris tantùm Vrsæ iconem apposui. *Hæc an eadem sit Squilla cælata Rondeletij, quærendum.*

DE

DE SQVILLA PARVA MARINA, GIBba cognomine, Bellonius.

A Locustarĳ generis sunt Squillæ: quarũ etsi multæ reperiant species, minores tamẽ gibbæ, uulgari nomine minimè carent. Caridas Græcum uulgus & Caranidia uocat: (*Astacus fluuiatilis etiã, ut alibi scribit Bellonius, à uulgo Græco Caranis uel Caranidia dicitur.*) Romani à Gambis, id est, tibĳs, Gambarellas, quòd ĳs multiplicibus constent. Armorici des Saulterelles: saliunt enim Locustarũ more. Massilienses uulgò uetustatis uestigia nonnihil retinentes, Carambotos uocant, deducto à Caride nomine. Qui uerò Galli littus Oceani incolũt, etiã à saltatione nominãt Cheurettes, quasi capreolas dicant. Parisienses corruptè des Gueruettes. Rothomagenses Salicoquas uel Salcoquas nominant: quarũ quę uaginis adhuc inclusæ sunt, Bouquetę: ĳs aũt exutæ, des Creuettes appellantur. Veneti uulgò Squillas appellant: quarũ frontispicia rostris acutissimis prædita sunt.

D De his autem sic Oppianus: Sunt Squillæ exiguæ: sunt paruo in corpore uires: At magnum & saturo præclarum labraca * uentre Interimunt astu: properat, gestitq; teneri Labrax pisciculos, (*squillas*) q paruo robore possũt Nõ dare terga fugę, nõ ęquo occurrere Marte. Occisæ occidunt hostem, perimuntq; necantem, Cum Squillæ rictu piscis sorbentur aperto, Turmatim in medium descendit turma palatum, Et feriunt cornu, quod fronte insurgit acuto.

Hos uersus Rondeletius in Squilla gibba Græcè recitat. ** Græci in labrace secundã semper producunt.*

Senos ante frontem gerit ualde tenues cirrhos; quibus Dioscorides aconiti radices in fibras minutas abeuntes comparauit: Caudam contractam, in cuius extremo pinnæ sunt (ut in cæteris Locustis) quinæ: quarum quæ medio loco posita est, serratam, spinosam, duram, atq; in acutum fa- B stigiatam formam habet, quamobrem quaternas tantùm illi connumerauisse pinnas (ut in Crangone dicetur) satis fuerit. Non sunt audiendi qui Squillarum pedes forcipibus carere putant. (*Squillis proprium chelis carere, Rondeletius.*)

C Oua pariunt ac procreant ut Locustæ: sunt enim illius interanea persimilia.

DE SQVILLA FLVVIATILI PARua, Bellonius.

Rondeletius simpliciter paruam nominat, & in mari etiam reperiri scribit.

B Squilla fluuiatilis, sola magnitudine à marina discrepare uidetur. Squillarũ genere (inquit Aristoteles) cõtinentur gibbæ, Crangines & paruæ, quę maiores nunq; effici possunt. Quibus uerbis ego hanc fluuiatilẽ, paruã appellari puto: Quemadmodũ enim Vrsa parua (quæ Vrseta dicitur) cum maiori conuenit, uel Cancer marinus cum fluuiatili: sic fluuiatilis Squilla cum marina etiam conferri potest. Flumina nostra huiusmodi delicias nõ alunt. Romani eam in uenereis epulis sin- F gularem habent. quamobrem lautiores mensas honorare solet.

A Gambarellam uulgò uocant, quã & Gambarozolam nõnulli malunt appellare: nomine forsasse à Gambaro (quæ nostra est Scarauissa) detorto.

B Mos est eas uiuas asseruare, tuncq; subfuluæ spectantur: nam coctæ ruffescunt.

C Longissimo à mari interuallo proueniunt: quod argumentum est eas originem à mari minimè traxisse.

B Squillis marinis multò minores sunt: Tibiolas utrinq; quaternas, tenues, oblongas habent, in extremo forpicatas: Cirrhos anteriori parte quaternos, oblõgos, tenui filo graciliores, quib. iter quoquo uersum prætendãt, Latini prætenturas & antẽnas uocãt. Pedes cùm utrinq; quaternos habeant, duos tamẽ priores parte anteriore exporrigunt: quibus non ad gressum quidẽ, sed magis ad corripiendũ cibum utuntur. Nam tribus posterioribus tantùm incedunt. Pinnulis autem pluribus sub cauda positis in natatu utuntur: quarum quinq; in eius extremo transuersæ, earum corpus dirigunt. Harum autem media dura est, & gibbæ in modum ad oras crenata, ut reuerã pinna dici non possit.

DE ALIA SQVILLA, (QVAE CRANGON A Rondeletio existimatur,) Bellonius.

A Est aliud Squillæ genus, gibba multò maius, uulgari piscatorum Romanorum nomine Parnochia dicta. Sunt qui Camerugiam & Sparnochiam uocent.

B Insignibus notis à gibba differt. Nam ubi in gibbis multiplices cirrhi spectãtur (anteriori præcipuè parte) pedesq; omnes in extremo bisulci, Sparnochiæ duo oblongi tantùm cirrhi prominent, & ungues acuminatos more Locustæ habet. Marina, pollicis crassitudinem æquat, semipedem longa est, tibĳs quàm gibba minoribus. Pinnulas multas ut Squilla sub cauda ad natandum habet, & eodem modo quaternas in extrema parte caudæ: quarum ea quę in medio sita est, si pinna esset, faceret ut quinq; pinnæ, ut in Astacis & Carabis, numerarentur: sed spinea duritie prædita cernitur, ac crenis horridula est. Anteriori autem frontis parte quatuor cornua æquali ferè longitudine uideas. In quibusdam uerò locis adeò magnæ nascuntur Squillæ, ut propè spithamen, hoc est, palmum excedant: quæ quidem sunt alĳs efficaciores. Crustatorum omnium sapidiores (F) sunt. A Has suspicor Aristotelem κράγγονας, Theodorum Crangines uocasse. Sunt enim Crangones, Caridum siue Squillarum genus idem cum Romanis Parnochĳs.

DE CICADA MARINA, BELLONIVS.

Rondeletius hanc Squillam mantin appellat, Cicadam uerò aliam facit.

A Est & Cicada Locustarij generis. Nam & caudam habet, & crusta integitur, Massilienses Cigale de mar, Romani & Genuenses Cicadam marinam uocant. Quæ autem Venetijs cicadæ nomine diuenditur, ea quidem adulterina est.

B Tenuis est huius crusta: cruda ita albicat, ut ferè transpareat, unà cum pisciculis marinis sæpe suo cortice contecta extrahitur, & simul cum Carpionatis, Bocis, Mænis & Trachuris, canistris inseritur. Natura incredibili ferè artificio Cicadæ oblongum corpus decem tabellis affabre articulatis loricauit: quarum prima quæ caudam extremam conficit, pinnas in lateribus expandit. Cauda porrò duabus maculis phœniceis subrubris insignita est, quæ duorum oculorum speciem præ se ferunt, estq; aculeata & crenata. Prima tabella à cauda incipiens uersus secundam, tertiã, quartam, quintam & sextam, pinnulis fimbriatis multiplicibus subtus munita est: quibus dum in mari natat, aquam percutit & corpus incitat. Tres tabellæ, quæ sex prædictas subsequuntur, ternis utrinq; pedibus communitæ sunt. ad ceruicis autem initium duo brachia maiora oriuntur, quibus cibum apprehensum ori suggerit: sed ea aliter quàm cancris uel locustis forcipantur. sunt enim in longum exporrecta, atque in extremo grandioribus crenis suffulta, quibus quum cibum corripit, ex uno brachio ad aliam brachij articulationem transfert. Horum autem extrema uelut in du-
(E) ritiem osseam abeunt, dentiscalpijs conficiendis ob id expetita. Pars huius piscis quæ capiti contigua est, in exile quiddam terminatur, & contrà quàm cauda se in latum diffundit. Extra aquam
(C) prorsus immobilis & imbecillis est. Aculeum unum habet utrinq; ori præfixum ut phalangium & scolopendra, quo mordicus cibum à pedibus suggestum continet, quem postea dentibus conficiat, & in stomachum detrudat. Dentes illi natura in oris lateribus protulit, unico utrinque ossi crenato, V literæ formam referente infixos. Cuius anterioris partis officium est ea incidere quæ mandit: posterioris uerò quæ crenas habet, conterere: Nam idem os, duos habet dẽtium ordines. Prætenturas duas in fronte breues, ursinis similes ostendit, trifariam in extremo diffissas: ac rursus duas alias in lateribus, prædictis breuiores. Oculos habet uirides, exertos, quos non alueo ut Cancrarium uel locustarium genus condit: sed ante hos pinnulas exporrigit eis similes, quas in cauda gerit: ex quo multi decepti, caudam caput esse crediderunt. Strias rectas in tergore atque in capitis tabella ductas profert. Pisce dissecto, dentes fortibus musculis moueri conspicientur, cerebrumq; adeò esse exiguum, ut uix ordei grani magnitudinem æquet, optici tamen ad oculos perduci apparent.

A Speusippus (ut opinor) nympham uocauit Cicadam. Nam Astacum, Carabum, Cancrum, Pagurum, Nympham, & Arcton similes esse dixit. Quanquam autem Cicadæ ut plurimùm suo nomine à piscatoribus Romanis uocentur, tamen in earum applicatione Parnochijs abutuntur. Et-
F enim Parnochiæ Cicadis sapidiores sunt, cariusq; diuenduntur.

COROLLARIVM I. DE SQVILLIS IN GENERE.

A Quæ de Squillis hic adferemus, ea uel communiter pertinent ad Squillarum genus, quo species aliquot continentur: uel absolutè à ueteribus prolata, si ad speciem unam priuatim fortè pertinent, ad quam maximè referri debeant dubitari potest. Gibbæ quidem cognominatæ præ cæteris squillarum nomine simpliciter interdum intelligi mihi uidentur. nã & magnitudine ferè mediocres sunt inter maiores minoresq;: & Venetijs hodieq; simpliciter Squillæ dicuntur: & à Græcis hodie carides. Veneti Squillas quasdam uocant paruis gammaris similes: sed rectè nécne, alijs iudicandum relinquo. easdem nostræ ætatis Græci etiam nunc caridas uocant, Gillius. sentit autem de gibbis, quas Veneti uulgò Squillas uocant, Græci carides & caramidia, Bellonio teste: quarum color nigricat. Vide infrà quoq; in Corollario de Squilla gibba. Cæsar Scaliger tamen Squillam minimam ab Adriaticis generis nomine uocari scribit. Oppianus etiam luporum piscium à squillis interitum decantans: non alias quàm gibbas intellexit, ut Rondeletio placet. Ea etiam quæ circa alimentum de squillis medici ueteres tradunt, de gibbis potissimùm accipienda puto.

Gibbæ.

Κουρίδες, καρίδες, Hesychius. Colybdænæ nomine Epicharmus (ut Nicander uult) pudendum marinum intelligit: uel (ut Heraclides in Opsartytico) squillam, Athenæus. Vide suprà in Corollario de Pudendo, pag. 893.

Squillæ nomen Veneti, ut diximus, gibbæ simpliciter attribuunt: Burdegalenses uerò crangæ. Cammarum Romani olim speciem unam squillarum appellabant, coloris rubri: posteriores ad multas crustatorũ locustarij generis species id nomen transtulerunt. nam & astacum fluuiatilem sic nominant Itali, Cammarum scilicet uel potiùs gammarum, gambarum, gammarellam: & Squillam gibbam Massilienses carambotum, Romani Gambarellam: & similiter paruam fluuiatilem, ut Bellonius scribit: quam alij Gambarozolam: Galli prouinciales Caramot: ut crangonem ijdem caramote, quam Itali Gambaro di mare, uel Cammarugiam appellant. ¶ Germanicè Squillas omnes Meerkrebßlin rectè appellabimus, siue simpliciter: siue cũ differentia, Sun-

Cammarus.

der schären

der schären, id est, sine forcipibus. Inferiores Germani, ut Frisij & Hollandi, Squillæ speciem quandam paruam, uocant Garnart, Gernard; (Gornard uerò piscis est è genere τῶν λυροειδῶν) Gernier/Garnole: gibbam, ut puto: quam Bellonius Lutetiæ Gueruette uocari ait: pro quo fortè scribendum Guernette, ut à Germanis sumptum sit id nomen, nō corruptum à Gallico Cheurette, ut ipse putat. Licebit autem hoc etiam unius speciei nomine (à gammaro, ut suspicor, corrupto) abuti pro genere, adiectis differentijs. Eliota Anglus Squillā interpretatur a Shrympe: ego ab Anglis accepi a Shrimpe speciem esse squillæ uel cāmari maiorē: & aliam minorē, quā uocant a Pran: aut fortè contra, non enim satis memini.

Squillarum generis diuisio, ex Cæsaris Scaligeri libro de Subtilitate.

Squillarū aliæ sunt
- Maiores
  - Vrsa, magnitudine astaci.
  - Crangè: magnitudine tantùm à superiore differens, & lineamentis quibusdam, quibus tessellatæ lamellæ pictæ sunt. (Hæc puto Rondeletij Squilla cælata est. nam aliam fecit crangen.)
- Minores, gibbæ omnes, uix alio quàm magnitudine differentes: locustæ similiores, si frontis spectes cuspidem, quàm supradictis squillis. Omnibus pinnata cauda pinnis latis, dempta media acuta.
  Ex his
  1. Maxima est in Oceano Gallico, (circa Vasconiam. Crangon puto Rondeletij.)
  2. Minima, Vasconibus ciuada: è Garumna excipitur canistris. hæc etiam in mari agitat, nec rubescit cocta. ab Adriaticis generis nomine dicitur.
  3. Mediæ magnitudinis gambarellus appellatus ab Istris. (Simpliciter gibba alijs.)

  Itali quidam, etiam minimam gambarellum uocant.

¶ Præter has est Squilla mantis Rondeletij. Item καρίδιον, id est Squillula, conchas quasdam inhabitare solita: de qua inter Cancellos diximus.

In quibusdam locis squillę adeò magnæ nascuntur, ut propè spithamam, hoc est, palmum excedant, Symeon Sethi. B Squillæ à cancrario genere differunt eo quòd caudam habeant: ab crustario uerò quòd forcipe careant; idq́ue, quoniam plures habeant pedes. eò nanq́ue redundātia illa absumitur. pedes autem obtinent plures, quòd non magis ad nandum, quàm ad ingrediendum sint suapte natura propensiores, Aristot. de partib. 4:8. interprete Gaza. Græca sic sonant. Αἱ δὲ καρίδες, τῶν μὲν καρκινοειδῶν διαφέρουσι τῷ ἔχειν κέρκον: τῶν δὲ καραβοειδῶν, διὰ τὸ μὴ ἔχειν χηλάς: ἃς οὐκ ἔχουσι διὰ τὸ πλείους ἔχειν πόδας. ἐνταῦθα γὰρ ἡ ἐκεῖθεν ἀνήλωται αὔξησις. πλείους δ' ἔχουσι πόδας, ὅτι νευστικώτεραί εἰσιν ἢ πορευτικώτεραι. In his uerbis Gazæ translatio pro καραβοειδὲς specie, non rectè habet crustarios, quod genus est: librariorum nimirum lapsu. nam ipse Gaza alibi (ut eiusdem libri de partib. anim. quarti, cap. 5.) καραβοειδεῖς locustaceos uertit. quod tamen hoc in loco non conueniret, cum locustæ etiam forcipibus careant. quamobrem Latinè astacarios nomen fingamus licet. Deinde hæc uerba ὅτι νευστικώτεραί εἰσιν ἢ πορευτικώτεραι, inuersa esse apparent, legendumq́ue: ὅτι πορευτικώτεραί εἰσιν ἢ νευστικώτεραι. idcirco enim (inquit) plures pedes habent squillæ, quoniam ad incedendum magis quàm natandum comparatæ sunt. hoc & res ipsa indicat, & uersio Gazæ; & Michaelis Ephesij in Scholijs uerba hæc: Τὰ δὲ λέγει ἔχειν πολλοὺς πόδας διὰ τὸ μᾶλλον (*lege ἧττον, uel οὐ μᾶλλον, ut & Gaza uertit, & ex sequentibus apparet*) νευστικὰ εἶναι ἢ πορευτικά. εἰ μὲν γὰρ ἦσαν μᾶλλον νευστικώτερα, εἶχον ἂν ὀλίγους πόδας. ἐπεὶ δὲ μᾶλλόν εἰσι πορευτικά, ἔχουσι πολλοὺς πόδας.

Squillis proprium est chelis carere. harum autem uice brachia maiora pedibus habere, Rondeletius. Non sunt audiendi qui squillarum pedes forcipibus carere putant: Bellonius, Aristoteli in hoc contrarius. conciliari autem fortè potest, si Aristotelem dicamus chelas propriè dictas, quales astaci ante cęteros habent, squillis negare: Bellonium uerò pedes forcipatos simpliciter eis attribuere, non quòd maiores & propriè dictas anteriùs tantùm chelas habeant. Indicæ squillæ in Gange fluuio, forcipes maximas habent Aeliano. ¶ Squillæ nigrescunt uere, postea albedinem suam recipiunt, Aristot. ¶ Squillis è summo capite cornu acutum prominet, Oppianus. Aelianus aculeum eis esse dicit acutissimo triremis rostro similem, & secturas serræ modo habere. Rondeletius Oppiani uerba de squillis hoc suo aculeo lupos pisces interimētibus, interpretatur peculiariter de gibbis. nam quæ minimæ sunt (inquit) cornu carent. ¶ Crusta fragili inclusis oculi rigent: locustis squillisq́ue magna ex parte sub eodem munimento præduri eminent, Plinius. ¶ Intestinum squillis, sicuti & locustis & astacis, rectà in caudam finit, quà excrementa emittunt, & oua pariunt, Vuottonus (ex Aristotele.) Squillas etiam ouum, clauiculásque, similem in modum (ut locustæ) habere certum est. Maribus sanè præ fœminis propria in pectoris carne bina quædam candicantia constant, discreta à cæteris partibus colore,

zz

formaq; promuscidi sepiarum proxima: uerum hæc torta in uertiginem more buccinorum papa ueris, quorum origo ab acetabulis, quæ subdita pedibus nouissimis ordinantur. Caro in ijs quoque est colore sanguinis rubra, et tactu lento, nec similis carni: ab hoc, pectori anfractus alter strue buccinea, crassitudine lineæ sese porrigit: sub quo duo quædam arenæ conditioni similia, semini genitali accommodata, intestino adnectuntur. hæc in mare. Fœmina autem ouum rubidum parit, membranaq; obuolutum prætenui, uentri laterią; utriq; intestini annexum, atque ad carnem usq; adhærens, Aristot. historiæ 4.2. Niphus quidem hæc omnia de squillis accipit: an rectè, considerent quibus ocium maius, & res præsentes inspiciendi facultas non deest. ¶ Scaliger crustatorum genera duo summa faciens caudatum & rotundum, hoc (inquit) cancrum uocant Latini, Græci καρκίνον: illud à uulgo gammarus nominatur. Et mox: Sanè à squilla parua gammarus parū differt, si minùs accuratè consideres. Diligentiùs intueti recognoscetur gammari rostrata facies, squillæ mutila. gammaro pedes duo priores, quibus pro manibus utitur, forcipati: squillæ, uniformes. Squillæ lamellæ latiores: ipsa tota compressior. Hæc ille, de squillis quidem paruis, nimirum quòd eæ gammaro (quo nomine in hac comparatione astacum si. præcipuè intelligere uidetur,) magnitudine etiam similiores sint, quæ tamen squillis omnibus aut plerisq; conuenire uidentur.

C Squillarum aliæ in paludibus (maris) degunt: aliæ ex algis uictitant, tertiæ saxatiles sunt, Aelianus de animalibus 1.30. Oppiano etiam libro 1. squillæ circa saxa stabulantur. ¶ Squillæ, ut crustata omnia, senectutem exuunt, Athenæus ex Theophrasto, & Aelianus. ¶ Locustæ, squillæ & cancri ore coëunt, Plinius.

D Phycides quanquam cætera abstinent carne, tamen squillas sæpenumero appetunt, Aristot. Squillæ lupum piscem à quo deuorantur, interimunt: qua de re Aeliani ac Oppiani uerba retuli in Lupo D. quanquam autē Aelianus simpliciter squillas, Oppianus paruas, id facere dicit: Rondeletius tamen de gibbis cognominatis interpretatur. nam quæ minimæ sunt cornu frontis, (quo Lupi palatum configant,) nullum habent.

E Squillis inescandis: Vitulinum fel cum farina, oleo & aqua misce, & placentulas facito: quibus tandem in escam utēris. ex eodem etiam pharmaco mandens, inspuito in aquam, piscibusq; fruēris, Tarentinus. Lupus piscis inescatur per squillam pinguem, Oppianus lib.3. Merula quoq; piscis squilla uiuente esca decipitur, ut Oppianus lib.4. & Aelianus tradunt. uide suprà in Merula E. ¶ Squillas marinas aliqui admiscent escæ ad mugiles capiendos. ¶ Si marini & saxatiles pisces in piscinis alantur, in cibum eis inijcere oportet carides, gobios, & similia, Florentinus.

F Aspice quàm longo distendat pectore lancem Quæ fertur domino squilla, & quibus undique septa Asparagis, qua despiciat conuiuia cauda, Iuuenalis Sat.5. Iouius quidem hos uersus citans: Ego putauerim (inquit) Iuuenalem crustaceorum nomina confudisse: uoluisseq; intelligere pro squilla locustam aut leonem, qui dominis apponi consueuerint, &c. Cuius ego sententiam non approbo. Squillæ enim in delicijs, præferuntur crustatis cæteris plerisq; omnibus puto. locustis quidem & astacis, Rondeletio teste, & salubriores habent, & longè delicatiores. Et Apicium propter carides (id est squillas) magnas in Africam nauigasse Græci etiam tradūt. Lege infrà in H. f. Et Archestratus circa Iasum Cariæ squillam ὑμμεγέθη, id est prægrādem reperiri tradit. Affertur squillas inter muræna natanteis, Horatius Serm. 2.8. P. Gallonij gula in squilla & acipensere decumano notatur in Satyris Lucilij: cuius uersus in Acipensere f. pag. 9. recitaui.

Squillas conuenire stomachicis, legitur apud Galenum de compos. sec. locos. 8.4. ex Archigene. ¶ Celerrimè & uniuersim maximè uinum alit: tardiùs autem paulatim caro bubula, & cochleæ, squillæ, cammari, atq; locustæ: & (ut summatim comprehendam) quæcūq; dura carne constant, eandem cum his naturam habent, Galenus in Aphorismos 2.18. Idem libro 3. de alimentis, cap. 34. cum cæteris crustatis carides & cammaros numerans, quòd ad communem alimenti ex eis rationem, discrimen nullum indicat. Squillæ alicuius sunt caliditatis & humiditatis participes: difficulter concoquuntur, stomacho nocent, & Veneris desiderium mouent, Symeon Sethi. Locustæ, cancri, squillæ & similia, difficilè quidem concoquuntur, multò tamen faciliùs cæteris piscibus. assari aūt potiùs quàm elixari debent, Mnesitheus. Vide suprà in Cancris in genere F. Ex his quæ testa integūtur squilla omniū minimè noxia existit, Aetius in curatione colici affectus à frigidis & pituitosis humoribus. Eadem à Tralliano etiam commendatur in colico affectu. Apud Athenæum alicubi κηρὶς θυνιλιος legitur: malim καρὶς: quanquam & ceridem piscem esse scio, sed sicciorem puto, & aluo mouendæ minùs aptam. ¶ Isicia de cammaris & astacis describit Apicius artis coquinariæ 2.1. ut recitauimus in Astaco F. Et rursus isicia de squillis, uel de cāmaris amplis. ¶ τῶν καλῶν δ' ἄριστον καρὶς ἐκ συκέας φύλλω, ἡδύ γ' ἐσθίειν χειμῶρις φθινοπωρισμῷ κρέας, Ananeus (al' Aeanius) apud Athenæum.

G Caris marina (id est, gāmarus, inquit Cremonensis interpres) circunligata scorpionis ictum sanat, quòd si superscribas percusso loco, Caris, citiùs tollit dolor. Si quis uerò sculpserit carida in lapide achate, & gesserit in annulo, nunquā percutiet à scorpio, Kiranides 3.10. Squillas aiunt tritas, & ei particulæ impositas, in qua cuspis sagittæ uel spinæ infixa sit, naturali quadam attrahendi ui eam educere. in quibusdam locis tantæ nascuntur, ut propè spithamam, hoc est, palmū, excedant: quæ quidem sunt alijs (ad remedia) efficaciores, Symeon Sethi. ¶ Squilla (καρὶς: aliâs

καρα

καυθεὶς, quod non placet) trita, & cum bryoniæ radice pota, lumbricos educit, Galenus ad Pisonem: & Aegineta libro 7. similiter. Squillæ tritæ & cum oxymelite potæ lumbricos & tineas eijciunt, Sethi. Peculiari quadam proprietate ad mulierum conceptus efficaces sunt, Idē. Grecè legitur: Συνεργοῦσι δὲ τινι ἰδιότητι πρὸς τὴν τῶν γυναικῶν κύησιν. ¶ Ad generationem ualet piscis qui squilla uocatur, quod mihi quandoq; succeßit, oportet autem remota esse impedimenta, & purgatum etiam corpus, & uterum, Cardanus.

Scylla nominatur à Plinio libro 32. in Catalogo Aquatilium: ubi ego squillam legere malim, quæ Græcè καρὶς dicitur: nisi reuera Plinius Scyllam monstrum aliquod marinum esse senserit, cùm Phorcum quoq; deum marinum in eodem Catalogo nominet. Sed de Scylla monstro plura scripsi suprà, suo loco & ordine alphabetico. Scyllarus quidem ab Aristotele dictū animal crustatum, squillarum generis non est. chelas enim habet astaci modo, Rondeletius. eum in historia cancellorum exhibuimus pictū, pinnophylax siue pinnoteres, rotundo est corpore: scyllarus oblongo, &c. Rondeletius quidem in Squillæ paruæ mentione scribit σκύλλαρον genere neutro: mihi masculino gen. proferendum uidetur. Τοῦτον δὲ καλοῦσι σκύλλαρον, Aristoteles historiæ 4.4. Vuotonus cum pinnophylace & caridio confundit, & primam non rectè per iôta scribit: & diminutiua forma etiam scillarion profert: quod quidem si reperiatur, in hac forma generis neutri esse necesse est. Rondeletius tria hæc, σκύλλαρον, καρίδιον, & τὸ τῶν καρίδων μικρὸν γένος in capite de Squilla parua distinguit, Gaza in Aristotelis librorum interpretatione confundit, similiter pro omnibus squillam paruam interpretatus. Videtur autem Rondeletius καρίδιον illud tantùm paruæ squillæ genus appellare, quod in pinnis aliquando reperitur, ex Aristotele: ut monet in capite de Cancello, pag. 191. Squillam uerò paruam, τὸ τῶν καρίδων μικρὸν γένος, quod per se extra pinnas agitat, & sui generis est. deniq; scyllarum ab utroq; diuersum. Pinnophylacem quidem siue cancellum, siue squillam paruam cum ipsa pinna connasci arbitrantur aliqui. Nec mirum si καρίδιον & καρὶς μικρὰ differant, cùm καρκίνιον etiam & καρκίνος μικρὸς à Rondeletio scitè distinguantur. Pinnophylax est squilla parua, alibi cancer (*paruus*) dapis assectator, Plinius: quem & Gaza secutus uidetur; dum caridion squillam paruam uertit. Quòd si καρίδιον sui est generis, diminutiuum aliud à caride usurpemus licet, nempe καριδάριον, quo Anaxandrides quoq; apud Athenæum utitur: apud Aristotelem tamen Historiæ 5.17. καρίδια κυφὰ leguntur.

Scarus piscis, ut & scaris, (Σκάρος, ὡς ἡ σκαρὶς) à uerbo σκαίρειν (quod est salire, saltare) dictus est: Athenæus & Eustathius. Fuerint autem fortè eiusdem piscis nomina scarus & scaris, sicut perca & percis: nisi potiùs legendum sit καρὶς, id est squilla: nam ea quoq; à uerbo σκαίρειν sic dicta, s. initiali abiecto, uidetur, teste Varino. id quod magis placet, quàm ut scaridem quoq; piscem faciamus, cùm id nomen apud authores non extet. Aut καρὶς dicitur à κάρη, quod est caput. squilla enim tota ferè capite constat, Varinus. Squillæ nomen à magnitudine capitis indiderunt Greci, Eustathius. Idem in Iliados alpha inter exempla ἀναγραμματισμοῦ (ubi nomina uel diuersas uel easdem res significantia, literis transpositis conueniunt, ut χλόη, χολή: ἄρ, ῥά) καρίδα quoq; & ἀκρίδα ponit. & sanè conuenit ei cum locusta, quòd similiter saliat.

Hoc notandum primam huius nominis καρὶς semper produci, ut apparet in carminibus Oppiani & Archestrati, & multis ab Athenæo citatis uersibus: nec immeritò, cum καρὶς etiam à Sophrone & Epicharmo dicatur: item κωρὶς ab eodem Epicharmo & Simonide. Ἴδε καλᾶν καρίδων, ἴδε καμμάρων, ἴδε φίλα, θᾶσαι μάν, ὡς ἐρυθραί τ' ἐντί, καὶ λέιως τριχιῶσαι, Sophron. Κυρτὰς δ' ὁμοῦ καρῖδας ἐν ξηρῷ πέδῳ, Eubulus. Ὠρχοῦντο δ' ὡς καρῖδες ἀνθράκων ἔπι, Idem. Καρῖδες ἐξήλλοντο δελφῖνας δίκην, Aratòs Campylione. Καρῖδα κάθηκα κάτω, κάνιστασ' αὖθις, Eubulus. Ἐρυθρότερον καρίδος ὀπτῆς (aliâs ὀπτῶν) σ' ἀποφανῶ, Anaxandrides. Vltima uerò recti, quæ iôta habet, quod in obliquis penultimam constituit, plerunque quidem producitur, ut ex iam citatis uersibus apparet: aliquando tamen corripitur, per analogiam: à κάρη enim καρὶς fit, ut à βολὴ βολίς, à γραφὴ γραφίς. Ἀκὶς quidem ultimam semper corripit. ῥαφανῖδες penultima producta Attice à Cratino efferuntur, ab Eupolide correpta, ut Athenæus tradit. Nomina alioqui oxytona in ίς (bissyllaba) quæ penultimam natura longam habent, iôta producere solent, ut κρηπίς, ψηφίς, τολῦις, (σφραγίς,) Eustathius & Athenæus. Atqui τολῦις cum in recto tum in obliquis iôta corripit, Oppiano, Nicandro, alijs. Σμαρίδες, φυκίδες, τριγλίδες, ῥαφίδες, φολίδες, χαλκίδες, ἰξαλίδες, iôta corripiunt Oppiano: μαινίδες, ἀφύδες, πλοκαμῖδες, κρηπῖδες, ὠδῖνες, producunt. Oxytona sanè per ινος inflexa, omnia producunt, ut ὠδίς, δελφίς, ἀκτίς. Sed hæc diligentiùs discutienda relinquamus grammaticis. Redeo ad καρίδας: quod nomen etsi frequentiùs (ut indicauimus) iôta producat apud poëtas, in soluta oratione tamen (ut in Aristotelis & Athenæi libris) eam uocalem acui reperias, cum producta circunflecti deberet, genitiuo tantùm plurali excepto. Solius Eupolidis testimonium, qui corripuit, Athenæus profert.

------πλὴν ἅπαξ ποτ' ἐν Φαιάκων ἔφαγον καρίδας. Et aliud eiusdem:

Ἔχων τὸ πρόσωπον καρίδος μαδαλητίνης.

Squilla etiam Latinis genus est bulbi medicis usitati, qui Græcè σκίλλα dicitur.

Καρῖδες ὀλίγαι, Oppiano. Καλαί, ἐρυθραί, καὶ λέιως τριχιῶσαι, Sophroni. Φοινίκεαι, Epicharmo.

H. a. Scylla. Scyllarus. Καρίδιον. Καριδάριον. Etymologia. Prosodia et orthographia uocabuli καρὶς et similium. Herba. Epitheta.

ZZ 2

καμπύλαι, Eidem & Araroti. κυφαὶ, κυρταὶ, Eubulo. Ex his quædam si non omnibus, plerisq; tamen squillarum generibus, conuenient. Eadem Latinè sic reddi possunt: Squillæ paruæ, formosæ, rubræ, leuiter hirsutæ, (nimirum propter multitudinem pedum, qui tamen ut in alijs quibusdam testaceis asperi non sunt,) punicæ, curuæ, gibbæ.

Καρίδιον ab Hierocle in Hippiatricis Græcis, capite 80. nominantur abscessus quidam, Ruellius squillares furunculos interpretatur. ¶ Et quoniam squillæ, præsertim duæ aut tres earum species minores, gibbo in seq; recuruo corpore sunt, factum ab eis uerbum καριδοῦν, curuare & ueluti conglobare significat. ἐκ τοῦ καρὶς ἐστὶ χρηστὸν δὲ τὸ καριδῶ, ἤγουν ὡς εἰπεῖν σφαιρῶ, Eustathius. Αὕτη δὲ καριδοῖ τὸ σῶμα: καμπύλη Ἀγκυρά τ' ἐστὶν ἄντικρυς τοῦ σώματος, Anaxandrides apud Athenæum.

Icon. Squillam marinam si quis sculptam in achate, gestârit in annulo, non percutietur à scorpione, Kiranides.

Loci nomen. Ephorus autor est squillas abundasse circa Chium insulam, quam seruatos à Deucalionis diluuio condidisse (κτίσαι) scribit, post Macares: & locum (in ea) etiamnum uocari Καρίδας, Athenæus libro 3.

b. Circa Chium olim abundarunt, ut proximè retrò dictum est, Ἦν δέ ποτ' εἰς Ἴασον Καρῶν πόλιν ἐξαφίκηαι, Καρίδα δ' ὑμεγέθη λήψῃ, σπάνιαι δὲ πρίασθαι: Ἐν δὲ Μακεδονίᾳ τε καὶ Ἀμβρακίᾳ μάλα πολλαί, Archestratus. ¶ Ἐρυθρόχροον καρὶς ὅπως σ' ἀφανῶ, Anaxandrides.

c. In mari rubro diffractis lapidibus intus innati apparent pisciculi, & squillæ, & alia quædam animalia, Theophrastus.

f. Tostis marcentem squillis recreabis, Horatius 2. Sermonum. Historiam Apicij, qui squillas magnas frustra quæsiuit in Africa, Rondeletius ad finem Capitis de Squilla lata recenset, sed absque authoris nomine. Nos eandem Græcis Suidæ uerbis hîc proferemus. Ἀπίκιος Ῥωμαῖος ἱκανὰς μυριάδας ἀργυρίου καταναλώσας εἰς τὴν γαστέρα, ἐν Κιντούρνοις (sic etiam legitur in uocabulo Καρίδιον) τῆς Καμπανίας πολλὰς καρίδας ἐσθίων, μέγισται (fortè μείζονες) γάρ εἰσι τῶν ἐν Σμύρνῃ, καὶ τῶν ἐν Ἀλεξανδρείᾳ ἀστακῶν. Ἀκούσας οὖν ἐν Λιβύῃ γίνεσθαι καρίδας (μεγάλας) ἐξέπλευσεν οὐδὲ μίαν ἡμέραν ἀναμείνας. θεασάμενος δὲ αὐτὰς μικρὰς, ἐκέλευσε τῷ κυβερνήτῃ, τὴν αὐτὴν ὁδὸν αὖθις ἐπ' Ἰταλίαν ἀναπλεῖν, μηδὲ πρὸς πελάσαι τῇ γῇ. His perscriptis, reperi Suidam hæc mutuatũ è primo Dipnosophistarum Athenæi: unde quædam corrupta aut mutila apud Suidam emendare licebit. Fuit uir quidam (inquit) Apicius nomine, Tiberij temporibus uoluptuosus & diues: qui cum multa nummorum millia ligurisset, Minturnis (quæ ciuitas est Campaniæ) uersabatur ut plurimùm, squillas edens preciosas, quæ & Smyrnæis squillis, (*Scaliger has Squillas latas à Rondeletio dictas, esse putat,*) & astacis Alexãdrinis multò maiores illic nascuntur. Posteà cum audisset prægrandes etiam in Libya nasci, statim, ne die quidem interposito, enauigauit: multaq; in itinere perpessus est: ac priusquam de naui egrederetur, (multa enim erat Libyam illius aduenientis fama,) adnauigantes piscatores pulcherrimas ei squillas attulerũt: quas cum uidisset, nunquid maiores haberent, percunctatus est. ijs autem respondẽtibus maiores ibi non reperiri, Minturnensium recordatus, priusquam terram attigisset, iussit nauis gubernatori, ut Italiam uersus iter arriperet. ¶ Καρίδας ἔλαβον πρῶτον, ἀπετηγάνισα Ταύτας, Coquus apud Sotadem. ¶ Iulidum piscium saxatilium os ueneni refertum est: & quemcunque piscem degustarunt, inhabilem ad edendum, perniciosumq; ei qui postea gustauerit, efficiũt. Piscatores cũ Squillam quam media ex parte Iulides exedissent & confecissent, sine ullo precio parabilem offendissent, eamq; inopia presi gustare ingresi essent, illorum aluos uehementes cruciatus exceperunt, Aelianus.

COROLLARIVM II. DE SQVILLA LATA, & Vrsa Aristotelis.

VRSAE eodem tempore pariunt, quo locustæ: quocirca per hyemem & uere, priusquã oua excludant, cibo laudantur: cum excluserint, deterrimæ fiunt, Aristoteles Historiæ 5.17. Iulius Cęsar Scaliger in libro De subtilitate 245. 2. de crustatorum generibus scribens, Vrsam Aristotelis non aliam quàm squillam latam Rondeletij: & ursum Rondeletij, cancrum Heracleoticum esse asserit. Squillarum (inquit) species una uulgari gãmaro (*fluuiatili nimirum siue gammaro siue astaco*) similis, ab eo ijs discreta notis, quas suprà ponebamus, (*eas nos recitauimus suprà ad finem segmenti B. de squillis in genere,*) sed maxima. astacum enim ęquat magnitudine: alicubi etiam superat, quemadmodum scribit Athenæus, (*ut recitauimus paulò antè in H. f. de squillis in genere, in historia Apicij.*) Vrsa hæc est Aristotelis. ubi enim porrecta iacet, ursi coriũ extensum repræsentat. Et paulò pòst: Quoniam uerò doctissimus amicus noster aduersus alium quendam scribens, (*Rondeletius contra Bellonium,*) à nobis uidetur dissentire, consilij nostri ratio reddenda est. Negat Aristotelis ursam esse squillam maiorẽ: quia seorsum ab astacis & locustis & squillis posuerit. Sanè. Sed locustaceis annumerauit, cum ei & locustis pariendi tempus idem asignabat. A squillis separauit, quia sub squillæ nomine haud nôrat. Aristoteles enim si eam pro ursa nõ accepisset, omnino ei ignota fuisse uideretur. quandoquidem eam inter squillas nusquam commemorat. Et celebris tamen totâ Græciâ fuit: ad Smyrnam uerò etiam laudatissima, (*Scribit Athenæus squillas circa Minturnas Campaniæ*

paniæ oppidum, Smyrnæus maiores esse.) Post hæc idem Scaliger, Maiam à Rondeletio exhibitam, pagurũ esse astruit: & quem pro cancro Heracleotico pingit Rondeletius, paruã Maiam esse, siue ætate tantùm, siue specie differentem à maiore. deniq; Vrsum Rondeletij, cancrum Heracleoticum facit. De Vrso Rondeletij uide suprà inter Cancros, pag. 195. & 177. ¶ Neapolitani & Messanenses (in Sicilia) Vrsos marinos nominant Messacara. hi similes ferè sunt astaco, sed chelas non habẽt, ut neq; locusta. nec aculeis exasperãtur, ut neq; astacus. locusta enim toto dorso superiore aculeata est, &c. Bellonius in Singularibus. Messacara autem uel Mazaccara Græcò nomine composito dici mihi uidetur, ἡ μείζων (ἢ μείζων, ἢ μάσσων) καρίς: hoc est, maior squilla. A Liguribus Orchetta uocatur, ut Rondeletius scribit. quod nomen fortè corruptũ est à uulgo pro Vrseta. minorem enim huius generis speciem, alioqui per omnia huic similem, Ligures (Bellonio teste) Vrsetam appellant. Romæ etiam utranq; speciem nomine uno Mazzaccara uocari audio. Germanica nomina fingo ab Vrso quadrupede: **ein Bär / ein Meerbär / ein Bärenkrebs**. his maioris & minoris discrimen addi licebit. ¶ Aristophanes in Thesmophoriazusis (non Archestratus, ut Rondeletius scribit) πλατειῶν καρίδων, id est, squillarum latarũ meminit: quo nomine de astacis eum sentire Athenæus lib. 3. conijcit.

Iconem hanc olim à Cor. Sittardo accepimus. eandem suprà, ut à Rondeletio exhibita est, Squillæ latæ nomine, posuimus.

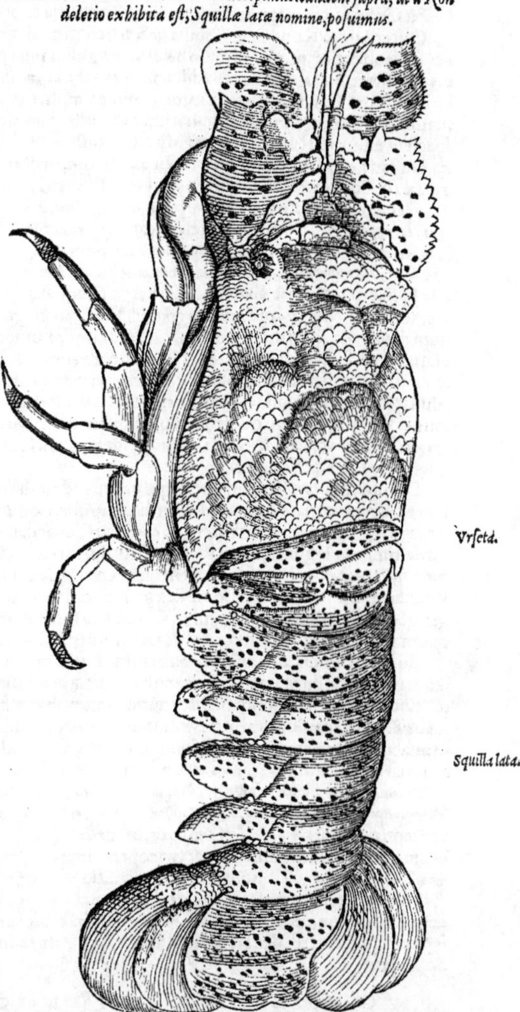

Vrseta.

Squilla lata.

COROLLARIVM III. DE Vrsa minore, ut recentiores uocãt: seu Squilla cælata Rondeletij: & de Cãmaro ueterũ.

Squilla cælata à Rondeletio dicta, quam & cicadã Aeliani esse arbitratur, potiùs quàm illam squillæ speciem quã ipse mantin nominat, cicadam ab alijs existimatam. Cæsar Scaliger cicadam (*Aeliani*) eam esse putat, quæ etiam uulgò à piscatoribus (Vasconum) sic appelletur. Rondeletius squillam cælatam suam uulgò (in Prouincia) cicadam nominari scribit. Bellonius uerò Rondeletij mantin, Massiliæ & Genuæ cicadam marinam uocari: cuius ego sententiæ uel hanc ob causam magis faueo, ne ea alio antiquo nomine careat, & fingendum sit nouum quod Rondeletius fecit. Aelianus certè cum Romæ uixerit, & harum quidẽ rerum studiosus, non potuit ignorare cammaros Romæ uulgò dictos è genere squillarum, ut Athenæus lib. 7. scribit: quòd si eosdem cicadas marinas putasset, non tacuisset opinor, præsertim cum alius nemo hoc nomine sit usus. ¶ Squillam cælatam Rondeletij, eandem esse puto cum Vrsa minore Bellonij, quæ & Vrseta Genuæ appellatur, & Mazzacara Romæ similiter ut maior, ut superiùs annotauimus. Scaliger hanc Aristotelis crangen facit. A maiore (inquit) non nisi magnitudine differt: & lineamentis quibusdam, quibus tessellatæ lamellæ pictæ sunt. Hæc est κράγγη Aristotelis. ait enim crangen & gibbam, æquè utranq; habere in cauda pinnas: hoc eas differre, quia in crange, media pinna lata sit: in gibba uerò, acuta. Hęc ille. Sed alia est Rondeletij crange,

zz 3

¶ Vrſam minorem ſeu ſquillam cælatam, iiſdem quibus & urſam maiorem nominibus appellare licebit Germanicè, magnitudinis tantùm differentia expreſſa: uel priuatim **ein Puntergernier.**

Quoniã uerò Rondeletio ſquilla cęlata ueterum Græcorum ac Latinorũ cammarus uidetur, cui facilè aſſentior, præſertim cum hæc inter ſquillas uiua etiam maximè rubeat: de cammaro quędam ex ueteribus annotata hîc adiiciam, præter ea quæ iam priùs ſcripſi in Corollario de Aſtaco A. pag. 117. Cammarum marinum à ſquilla ſimpliciter dicta differre Bellonius in Aſtaco fluuiatili (ipſe cammarum ſeu gammarum fluuiatilem uocat) oſtendit ex Plinio: ſquillarum tamen ſpeciem eſſe, qui Romæ κάμμαρος dicatur, author eſt Athenæus. Recentiores quidem multis cruſtatis caudatis cammari nomen attribuunt, ut dixi in Capite de ſquillis in genere A. Gaza ex Ariſtotele pro aſtaco cammarum uertit: quod non laudamus.

Genus cancrorum (*cruſtatorum potiùs*) caudatum, uulgus uocat cammarum. Quod nomen Plinius cum prioribus libris omiſiſſet, in catalogo recenſet (*Cammarus per C. ſcribitur apud Plinium, id requirente etiam literarum ordine*) ſine ulla deſcriptione. Quæſitum eſt an eſſet Græcorũ cammaros: (*Mihi quidem dubium nõ uidetur, quin cammarus Plinij idem ſit qui Græcorum:*) propterea quòd Athenęus eſſe ſquillę genus dixit. Sanè à ſquilla parua gammarus parum differt, ſi minùs accuratè conſideres, (*&c. ut recitaui ſuprà in Squillis in genere:*) Puto tamen gammarum antiquis fuiſſe noſtrum hunc fluuialem æquè, atq; minorem ſquillam: minorem, inquam, ſi urſam ſpectes. Alioqui ſi is gammarus non eſſet, nullo nomine deſignaretur ab antiquis. Non enim cancer eſt fluuialis. Et Varro cum iubet uillaticis anatibus præberi cammaros, de marinis intelligere nõ potuit. Et Galenus aliud fecit ab aliis omnibus, flexu diminutiuo, ut ab aſtacis & ſquillis differret. Itaq; aliis enumeratis, eas ſubdit, in tertio de facultatibus alimentorum. Ἀστακοὶ καὶ πάγουροι, καὶ καρκίνοι τε, καὶ κάραβοι, καὶ καρίδια, καὶ καμμαρίδια. Non eſt igitur idem, quod ſquilla: quemadmodum ex Athenæo recognoſcebant: Cæſar Scaliger.

Cammarum ego illum putârim, qui paruus admodum (*De ſquilla parua ſentire uidetur*) & tener, tam ex lacubus, quàm ex marinis litoribus capitur. Coqui & hîc eo modo, quo cancer, debet, Platina 10.12. Et paulò antè: Farciri & cammari, euacuata teſta, tunſa ipſorum ex cauda & chelis carne, tunſis amygdalis, uua paſſa, uitello oui, trito caſeo, ſi tempora patientur, petroſelino, amaraco, minutim cõciſis: & farti, frigi in oleo lento igne debent. ¶ Immodici tibi flaua tegunt chryſendeta mulli: Concolor in noſtra gammare lance rubes: Martialis, ut gammarus cibi uulgaris & plebeii fuiſſe intelligatur. Columella inter animalia (ut uidetur) parui incrementi, gammaros numerauit, Vuottonus. Nominat autem Columella cammarum cum riuali halecula.

F Squillæ, cammari, locuſtæ, & quæcunq; dura carne conſtant, tardiùs & paulatim alunt, Galenus in Aphoriſmos 2.18. De cammaris iſicia deſcribit Apicius 2.1. Squillæ & cammari inter cibos ſtomachicis conuenientes numerantur ab Archigene apud Galenum de compoſ. ſec. locos 8.4. Quæ duræ carnis ſunt, multùm nutriunt, difficilè concoquuntur, aſtringuntq; aluũ, ut aſtaci, paguri, cammari, &c. Pſellus interprete Ge. Valla. Alex peruenit ad oſtreas, urticas, cammaros, &c. Plinius. Κάμμαροι nominantur ab Epicharmo in Nuptiis Hebæ.

H Κομμαραι (Κομμιαραι, Varinus) ἀκομαραι, ſquillæ, Macedonibus, Heſychius. ἴδε καλᾶν κορίδων, ἴδε καμμαρῶν, ἴδε φίλαι, θᾶσαι μὲν, ὡς ἐρυθραί τ' ὦντι, καὶ λείως τριχιῶσαι, Sophron. Euſtathius ex Athenæi ſeptimo legit κάμμορον, per omicron in medio: quæ uox, inquit, etiam fato ſuo ſeu morte infelicem ſeu miſerum ſignificat, (per ſyncopen nimirum pro κακόμμορος, Varinus: ſic καμβολίαι, pro κακοβολίαι, λοιδορίαι,) ſed noſtra Athenæi æditio κάμμαρος habet per alpha in prima & ſecunda. Aconiti radix modica eſt, cammaro ſimilis marino, (καρίδι Theophr. id eſt ſquillæ:) quare quidam Cammaron (*κάμμορον, inter nomenclaturas Dioſcoridis: inter delphini uerò nomina apud eundem κάμμαρον legimus*) appellauere: ſicut ſcorpium aliqui, quoniam radix incuruetur paulum ſcorpionum modo, Plinius.

COROLLARIVM IIII. DE SQVILLA CRANGE.

APVD Ariſtotelem hiſtoriæ 4.2. primùm leguntur αἱ κράγγονες: deinde bis ἡ κράγγη, quod magis placet: quanquam Gaza in omnibus his locis uertit crangînes, ut delphînes. Κραγγὼν, γένος ἐνύδρου ζῶου, καὶ εἶδος καρίδος: Heſychius & Varinus, gãma ſimplici, mallem duplici: animal autem aquaticum ita eſſe accipio, ut id ipſum ſpecies ſquillæ ſit. Cæſar Scaliger ſquillam cælatam Rondeletii, ſiue urſam minorem uidetur crangen facere, ut ſuperiùs in Vrſa minore annotaui. Alia quidem eſt Rondeletii Crange, cuius ipſe iconem poſuit: & nos ei ſimilem huic Corollario præfiximus, quam Sittardus Romæ nactus olim ad me dedit: & ſpernotzam uulgò Romæ uocari ſcripſit: apud Oceanum uerò Germanicum alias & minores ſquillas haberi. Color eius (ut pictura præ ſe fert) partim rubet, partim dilutior albicat, ad latera flaueſcit: extremitas quatuor latiorum caudæ pinnarũ, cærulea eſt: pars inter eas media, acuta, rubet. Itali quidam mihi Vallopa nominarunt, neſcio quàm rectè: cum alii idem nomen ad mantin Rondeletii retulerint. Squillas Romani hodie cammerugias (gammaruſios, Niphus) & pernocias uocant, Iouius. ¶ Crangæ etiam poſſent cornu ſuæ frontis interficere lupum ab eo deuorandæ, non minus quàm gibbę, ſed Oppianus ſquillas paruas hoc facere ſcribit: quamobrem Rondeletius ad gibbas retulit, nã quæ minimæ

minimæ sunt, cornu caret. ¶ Crangones contra quàm gibbæ, primos (pedes) habent utrinque quaternos: tum deinde ternos habent utrinque paruos. Reliqua corporis pars, quæ maior est, pedibus caret: Vuottonus ex Aristotele nimirum.

De usu & apparatu crangonum ad cibum: leges suprà apud Rondeletium in Squillis paruis.

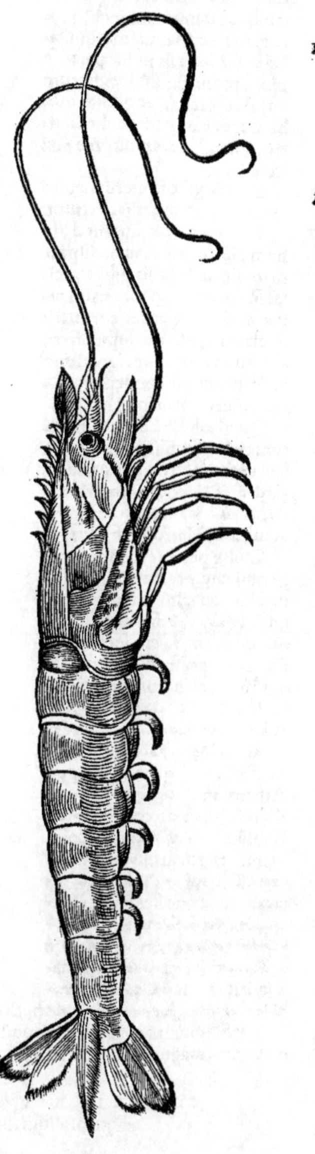

Crange hæc est Rondeletij à Cor. Sittardo ad nos missa.

COROLLARIVM V. DE Squilla gibba.

SQVILLAE gibbæ ab authoribus aliquandò simpliciter squillæ dictæ mihi uidentur, ut retuli suprà in Capite de squillis in genere. Τῶν μὲν καρίδων αἵ τε κῦφαι, &c. Aristoteles Histor. 4. 2. Κυφὸς quidem adiectiuum nomen gibbum significat, & est oxytonum, κυφὸς, κυφή: fieri tamen potest ut substantiuè absolutéque acceptum, mutet accentum, & κύφη paroxytonum scribatur; sicut & γλαυκὸς adiectiuum est, γλαῦκος uerò piscis. sed κύφας absolutè legere non memini. Inferiùs mox apud Aristotelem legitur, καρὶς ἡ κυφή. & rursus: αὗται μὲν, πλατύ: ἡ δὲ κυφὴ, ὀξύ. Et Historiæ 5. Τῶν δὲ φύκων (lego κυφῶν cum Gaza) ἡ κύησις ἐστὶ περὶ τέσσαρας μῆνας.

Squilla gibba Romæ gambarella dicitur, à gambis, ut uult Bellonius, id est, cruribus multis. ego potiùs à gammaro diminutiuum hoc esse dixerim. Idem (nisi librariorum error est fortè) Parisijs hanc squillam Gueruette uocari ait: ego Guernette legendum suspicor: quoniam Germani etiam inferiores aliqui squillam (siue hanc solùm, siue aliam quampiam) Gernart appellant: Vide suprà in Squilla in genere. Galli quidem quintam uocalem post g. scribere solent, e. uel i. sequente, cum hanc consonantem ita proferunt ut ante reliquas tres uocales proferri solet. Marini minutiores gammaruli, ut ita dicam, quos uulgò gambarelli & gambarusoli appellamus, non sunt cancelli Aristotelis & aliorum, ut quidam arbitrantur: sed squillæ paruæ Aristotelis. Siquidem ij qui in hoc genere nunquam rufescunt, (*de gibbis sentit,*) Venetis, alijsque quàm plurimis populis, proprium adhuc squillæ retinent nomen. uulgò enim Schille dicuntur. quanquam in Hispania, præsertimque in Cantabria, omnes hi gammaruli, squillæ, nulla differentia uocitentur, Matthiolus Senensis. Romæ quidem tum gibbas, tum paruas squillas, uulgò gambarellas uocari, Bellonius author est, quare ne quis confundat, cauendum. Lusitani, ut audio, squillam gibbam uocant Camaran de Lysboa. Galli in Neustria Bouquet: hoc est, hirculum, si bene interpretor. Rupellæ quidem Cheurette, id est, hœdus dicitur. salit enim, non incedit, nec repit. Vnde & Germanica nomina eiusdem significationis confingi quid obstat? ein Seegitzle / ein Meergeiß: ein Böckle. uel à gibbo, ein Högerling / ein Hogergernier.

Cæsar Scaliger squillarum minorum species tres facit, omnes gibbas: Vide suprà in Squillis in genere A. tabulam diuisionis è libro Scaligeri. Mihi quidem ueteres gibbæ nomine speciem unam κατ' ἐξοχὴν intellexisse uidentur: cui Scaliger inter minores mediam magnitudinem assignat.

B Squillarum generi, quas gibbas uocamus, quini utrinque siti, quo cæteris, quorum proximi capiti acutiores, & quini utrinque alij uentri subiuncti, quorum extrema latiuscula sunt, tabellæ (πλάκες) ijs nullæ parte supina: prona similis locustarum est, Aristoteles. Squillæ gibbæ duodecim pedes habent, utrinque sex, Vetus interpres Aristotelis.

C Squillæ gibbæ uterū menses circiter quatuor ferūt, Aristot.

D Carides paruæ quomodo lupum piscem interimant, Oppiani uersus in Squilla gibba recitat Rōdeletius. gibbas enim priuatim id facere docet, cornu frōtis elato in palatum lupi infixo. aliæ enim squillæ maiores sunt quàm ut hoc eis conueniat: minimæ uerò cornu non habent.

F Quod ad cibū & nutrimentum ex his squillis, uide Rondeletij uerba inferiùs in Paruis. Καρῖδες θ᾽ αἳ Ζηνὸς Ὀλυμπίου εἰσὶν ἀοιδοί, Αἳ δὴ ἰδεῖν κυφαὶ τε ἔσαν, χηναὶ δὲ πέτασθαι, Matron Parodus.

H Gibbæ per excellentiam cōgnominatę, prę cæteris squillis, ni fallor, ad saltū agiliores sunt: unde & καρῖδες forte quasi καρίδες quædam, id est, locustæ dictæ uideri possunt, hæ quidem imprimis: ab harum uerò similitudine reliquæ. Κόγχαι τε, καὶ σωλῆνες; αἵ τε καμπύλαι Καρῖδες ἐξήλλοντο δελφίνων δίκην, Ἐς χοινόπλεκτον ἄγγος, Ἀραρὼς author apud Athenæum. Ὠρχοῦντο δ᾽, ὡς καρῖδες ἀνθράκων ἔπι Πηδῶσι κυρταί, Eubulus. Καρῖδά τε τῶν κυφῶν, Idem. Et rursus: Κυρταὶ δ᾽ ὁμοῦ καρῖδες ἐν ξηρῷ πέδῳ. ¶ Οὐκ ὡπλεκυφὼς (codex noster habet ὡπλεκυρφὼς) ὀρθὸς ὦ Βέλτις᾽ ἔσῃ; Αὕτη δὲ καρίδι τὸ σῶμα καμπύλη, Ἀγκυρά τ᾽ ὄψιν ἀντικρυς τοῦ σώματος, Anaxandrides. Καὶ κυφὰς (κεκυρτωμένας) καρῖδας, ἀριθμήσει δέ σοι αὐτός, Suidas ex Epigrāmate. Καρῖδας τὰς καμπύλας, Epicharmus.

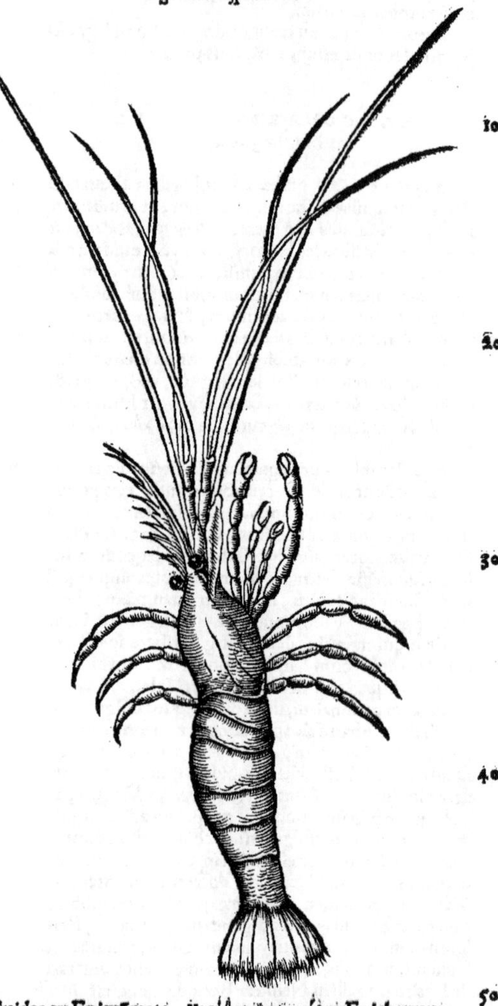

Iconem hanc Squillæ Venetijs accepi. uidetur autem ea esse quam gibbam Rondeletius nominat. Picturam minorem esse uoluissem, & caudam minus directam, ut cognomini responderet.

IN Stagnis marinis nostris Squilla gibba reperitur, marinæ omnino similis dorsi gibbo, cornu frontis, magnitudine. Distat sapore. nā marina est dulcior: caramot nostri uocāt, Rondeletius.

COROLLARIVM VI. DE SQVILLA PARVA, quam aliqui fluuiatilem cognominant: quanquam & in mari inuenitur.

H SQVILLA parua speciei, non ætatis nomen est. nunquam enim maior efficitur. Κωρίδα, καρίδα. ἢ τὰς μικρὰς, ἐγχλώρους: τὰς δὲ ἐρυθρὰς, καμμάρους, Hesychius & Varinus. Vidētur autem dicere, squillas paruas, alio nomine ἐγχλώρους dici, à colore fortassis: quem eis uiuis obscurum Rondeletius tribuit, Bellonius subfuluum; coctis rubescentem uterque. χλωρὸς quidem modò uiridem, modo lu-

luteum colorem Græcis significat. Eædem & χλωροκυρτίδες fuerint. sic enim apud Hesychium legitur pro genere squillarum. malim χλωροκαρίδες, ἤγουν αἱ χλωραὶ καρίδες. Et μελικαρίδες nominatæ in conuiuio, quod Philoxenus Cytherius describit apud Athenæum, his uerbis: ξανθαὶ μελικαρίδες αἱ κοῦφαι. nam & color ξανθὸς, idem qui χλωρὸς interdum est, & pro κοῦφαι, fortè κυφαὶ, id est gibbæ legendum. quanquam propter agilitatem κοῦφαι etiam, id est leues, cognominari possunt. à melle autem denominatæ uidentur propter suauitatem in cibo: quanuis Rondeletius squillas minimas omnium dulcissimas facit. At Scaliger coctam rubescere negat. uidetur autem de eadem loqui, cum idem Gallicum nomen Ciuade ei attribuat. Minima (inquit) etiam è Garumna excipitur canistris: Ciuadam Vascones ob exiguitatem uocant, id est Auenam. pugillatim enim deuorant, sicut auenam ueterinæ. Hæc etiam in mari agitat, nec rubescit cocta. ab Adriaticis generis nomine dicitur. Hæc ille. Nos à Venetis squillam gibbam generis nomine uocari indicauimus: quam tamen coctam rubescere Rondeletius scribit. Sed gibba absolutè dicta, non est fluuiatilis, aut mari fluuijsq; communis, de quo genere Scaliger loquitur. Quamobrem hæc diligentiùs consideranda alijs relinquo. Fortassis enim non rectè animaduertit hæc Scaliger: & insuper quòd mediam magnitudine inter gibbas minores squillam, gambarellum ab Istris uocari tradit, cum Itali plerique puto squillæ minimæ id nomen conferant: quæ Matthiolo Senensi etiam teste, gambarello & gambarusolo uulgò uocatur: quanquam Bellonius Romæ tum gibbam tum paruam, gambarellam uocari scribit. ¶ Lusitani squillam paruam uocant Camaran de Villa franca. Germanicè appellatur ein Zwergkräbßlin, id est squilla nana: uel ein kleiner Gernier. Gedani in ora Germaniæ audio squillas quasdam cochlearibus edi, integras, quòd crustam duram non habeant, has minimas esse puto, quas Rondeletius etiam scribit cum crusta & pedibus integras frigi.

Icon hæc squillæ paruæ, ut reor, Venetijs olim mihi expressa est.

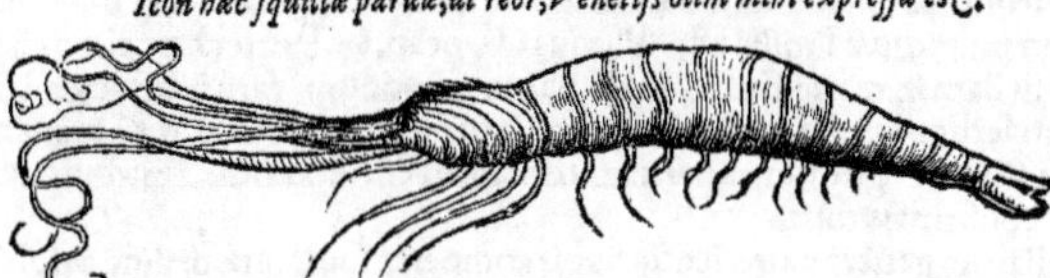

Aristobulus tradit in Indum flumen maximam multitudinem piscium ascendere: & (*inter alios*) squillas (καρίδας: *interpres uertit locustellas*,) paruas quidem usq; ad montem ascendere: magnas uerò usq; ad Indi & Acesinæ ostia, μέχρι τῶν ἐμβολῶν τοῦ τε Ἰνδοῦ καὶ τοῦ Ἀκεσίνου, (*usque ad Indi & Acesinæ concursum, interpres*,) Strabo lib. 15. Tarentinus etiam squillas fluuiatiles nominat: & Nebrissensis eandem inter fluuiatiles posuit. Cœruleus nos Lyris amat, quē sylua Marice Protegit: hinc squillæ maxima turba sumus. C

Tarentinus escarum aliquot ad pisces capiendos compositionibus carides fluuiatiles miscet; in Geoponicis: (est enim earum prædulcis caro:) nempe ad anguillas, ad mullos & magnos scaros: adq; tenues pisciculos qui capiuntur arundine. E

Squilla parua quæ nunquā maior fit, in stagnis (marinis) nostris frequentior multò est, quàm in mari, ciuade nostri uocant, marinæ prorsus similis est, Rondeletius. *Squilla parua in stag. mari.*

COROLLARIVM VII. DE SQVILLA ILLA, quam Bellonius Cicadam nominat, Rondeletius Mantin.

Genus hoc Squillæ quod Rondeletius nouo nomine Mantin cognominat, à Bellonio, & plerisq; alijs doctis, Cicada nominatur, nomine Massiliæ etiam, & in Italia usitato de eodem animali. Rondeletius tamen squillam cælatam suam, quæ & Monpelij uulgò Cicada nominetur, Cicadam Aeliani facere maluit. Vide suprà in Corollario de Vrsa minore. ¶ Gillius cum cicadam Aeliani descripsisset, subdit: Massilienses tenuis suæ cuiusdam uetustatis retinentes etiam nunc Cicadas nominant. Audio & Romæ cicadam marinam uocari; alibi Vallopa: quod nomen Rondeletius crangoni suæ adscribit. Cicadam marinam Romæ & Genuæ uulgò dictam, Speusippi Nympham esse suspicatur Bellonius, nullo quidem ualido argumento. Vide suprà in fine N. elementi. ῥίνης τεμάχη, χαδίνας, τέττιγας ὀπτὸς, κήρυκας, πίννας, &c. Anaxandrides nominat in Cotyis Thracum regis conuiuio.

COROLLARIVM VIII. DE SQVILlis diuersis.

CHLOROCYRTIDES, χλωροκυρτίδες, genus est squillarum, Hesychius. Vide suprà ab initio Corollarij De squilla parua.

ENCHLORI. Vide ibidem.

INDICAE Squillæ Locustis maiores sunt. harum quæ ex mari ueniunt in Gangem, forcipes (*atqui has squillarum generi negat Aristoteles*) maximas, & tangentibus asperas habent. quæ uerò ex mari rubro in Indum excidunt, leues audio habere spinas, (ἀκάνθας: fortè crustas, id est, πλάκας: uel dorsa læuia:) sed oblongos & implicatos ab eis dependẽtes cirros: & forcipibus carere, Aelianus de animalibus 16.13. Squillas quidem circa Minturnas Campaniæ, Astacis Alexandrinis maiores nasci aiunt, ut retuli in Squillis in genere H.f.

SCYTALIDES, Σκυταλίδες, genus est squillarum, Hesychius & Varinus.

MELICARIDES. Vide supà in Corollario de squilla gibba, A.

SQVILLAM fluuiatilem, ut Rondeletius nominat, insectorũ generis, reperies supra cum Insectis aquaticis, Elemento 1. pagina 545.

STATVAS Aquatiles. alicubi legisse memini: haud scio an easdem cum Plantanistis in P. memoratis.

STAVRIS Græcè uulgò alicubi dicitur piscis, ab alijs Sarachus, Insubrum Agonus siue Aquo.

DE STELLIS MARINIS, RONDELETIVS.

A — *Cap. 15.* ΑΣΤΗΡ ab Aristotele uocatur marinũ animal, à Plinio stella, à similitudine stellarũ pictarum, de qua pauca ab ijs scripta sunt. ὁ δὲ καλούμενος ἀστὴρ (inquit Aristoteles libro 5. de historia animalium) οὕτω θερμός ἐστι τὴν φύσιν, ὥσθ' ὅτι ἂν λάβῃ, παραχρῆμα ἐξαιρούμενον δίεφθον εἶναι. φασὶ δὲ καὶ σίνος τοῦτο περὶ εὔριπον τῶν πυρραίων μέγιστον εἶναι, τὴν δὲ μορφὴν ὁμοίαν ἐστὶ τοῖς γραφομένοις. (*Vide in Corollario C.*) Quæ stella uocatur adeò naturâ calida est, ut omnia contacta protinus decoquat. detrimento etiam summo Echinis Euripi Pyrrheni eandem esse confirmant. Forma eius stellis quæ pinguntur similis est. Plinius lib. 9. cap. 60. Præter hæc claros sapientia autores uideo mirari stellam in mari: Ea figura est, parua admodum, caro intus, extrà duriore callo. Huic tam igneum feruorem esse tradunt, ut omnia in mari contacta adurat, omnem cibũ statim peragat. Quibus sit hoc cognitum experimentis haud facilè dixerim. Hæc uera esse alio loco (*uide in Corollario*) cõfirmauimus.

B. *Communia diuersis stellarum generibus.* Sed plura stellarum genera experientia nobis comperta sunt, quæ ordine à nobis describentur. Hæc illis omnibus communia sunt. Radijs quinq; constant, qui ex multis particulis, tãquam ex multis uertebris componuntur, ut in aqua mobiles essent. in quorum medio oris situs est, & quinq; dentium, ut in Echinis. Excrementorum nullus exitus apparet. Ore igitur Vrticarũ more excerni quæ superuacua sunt arbitror.

A. *Ad quod animaliũ genus pertineant.* Duriore corio siue callo, ut loquitur Plinius, omnes integuntur: ob eam causam Aristoteles cum Testaceis alijs recensuit. Nos inter Insecta & Zoophyta reponimus, quia ad eorum naturam accedunt. incisuras enim multas in radijs habent, uixq; perfecta animalia dici possunt: imò Plinius libro 9. cap. 47. frutici similiora facit. Multis, inquit, eadem natura quæ frutici, ut Holothurijs, Pulmonibus, Stellis.

Differẽtiæ stellarum. Sunt multæ earum differentiæ. Quædam magnæ sunt, quædam paruæ quæ nunquam magis accrescunt, aliæ aculeatæ, aliæ læues, aliæ ab alijs breuitate longitudineq; radiorum distant: aliæ radiorum appendices, & quasi ramos multos habent, aliæ ijs carent. Postremò aliæ rubescũt, aliæ flauescunt, aliæ nigricant, aliæ cinereæ. Hæc de Stellis in uniuersum.

DE STELLAE PRIMA SPECIE, RONDELETIVS.

Pro una Rondeletij icone, nos duas alias (illi tamen similes) quæ iam priùs sculptæ nobis erant, posuimus.

B PRIMAE Stellæ non magnitudinem, sed figuram ueram, repræsentamus: eius enim brachia siue radij pedis longitudinem æquant. Duro quidem corio integitur, ut Holothuria, sed aspero. radij enim undique aculeis muniũtur mobilibus, quales in Echinometra uidere est. Iidem radij excauati sunt, ex quibus carnosæ appendiculæ dependẽt, quales in urticis quibusdã cernuntur. In radiorum medio os est sine gula. Inde alimentum in quinque partes distribuitur, ut in Echinis. Internæ partes omnes indiscretæ sunt, ut in Vrticis. Radiorum particulæ uinculis tenuibus connexæ facilè disrumpuntur. Hæc Stella, & parua echinata aspectu pulcherrimæ sunt, potissimùm corio suo spoliatæ, ob exquisitam & mirã partium compagem. Virus olent. Ex his quædam

F cineræ sunt, aliæ flauescunt. Sola mollis, internaq; pars edendo est, à nostris tamẽ negligit, nec unquã in mensas admittitur. Nullus etiã ueterum eam pro cibo habuit.

Græ-

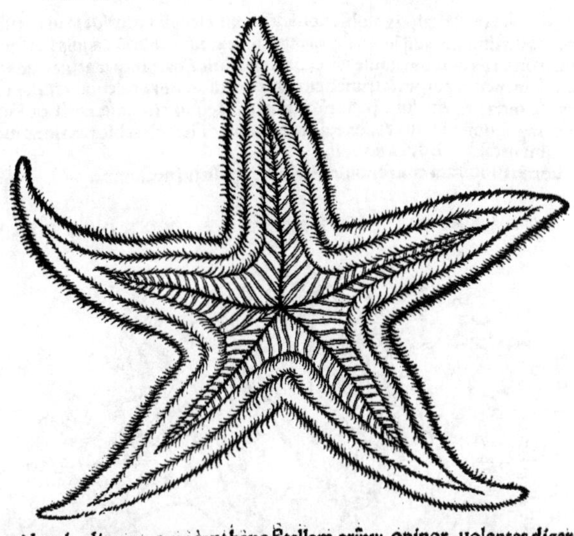

Græci quidam hodie σκαυρον uocant hanc Stellam, σταῦρον, opinor, uolentes dicere, quòd pali A lignei fixi & erecti modo (id enim significat uox Græca) radios habeat.

DE STELLA PECTINATA, RONDELETIVS.

INTER Stellas magnas hæc quoq; reponenda est, utpote cuius radij ad pedis longitudinē attingāt. Superiori similis est, ijs demptis quæ sequunt. Radij circa rotundū corpus dispositi, in exortu suo angulum acutum nō constituūt, sed obtusum. Aculei quibus latera muniunt, rari, recti, pectinatim dispositi, unde pectinatā Stellam appellauimus. In totius corporis centro Stellula quædam expressa est, à cuius ambitu lineæ quinq; per medium radiorum ad extremum usque protensæ sunt. Radij initio satis lati sunt. Rara est hæc secunda Stellæ species. Ore, dentibus, uita, moribus, facultatibus alijs similis est.

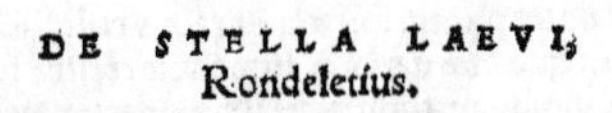

DE STELLA LAEVI, Rondeletius.

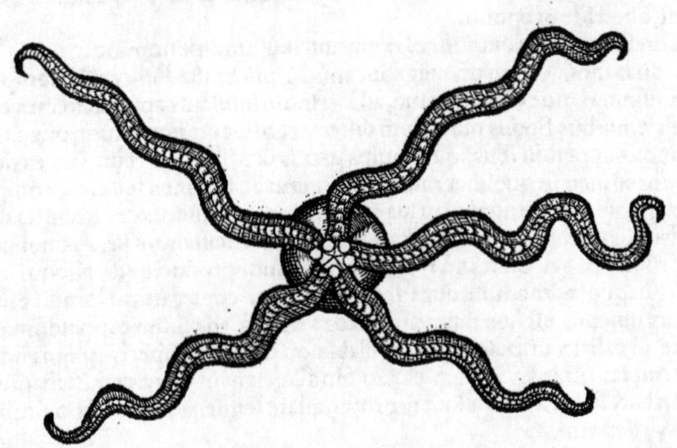

Quemadmodum in Raiarum, Cochlearum, Turbinum, Cancrorum, ita in Stellarum uarietate lusisse uidetur natura.

B Hæc igitur ab aliis iam descriptis multis notis distinxit. est enim prorsus læuis, aculeisq; omnibus atq; asperitate destituta. Radij longi sunt, rotundi, flexibiles, muriū caudis persimiles: eorum integumentum cortici serpentum simile est, & ob nigrarum albarumq; macularum uarietatē spectatu iucundum. In medio corporis trunco circulus cernitur, intra circunferentiam quinq; maculis rotundis, & inter has Stellulæ pictura distinctus. à cuius circunferentia quinq; radij exo-
C riuntur. Oris compositione, uictus ratione, à cæteris non differt. Brachiorum longitudine & ua-
F rio flexu celerrime natat. Edulis non est.
G Ea ad peritonæi rupturam cum ononide fœlici successu uti possumus.

DE STELLA ARBORESCENTE, RONDELETIVS.

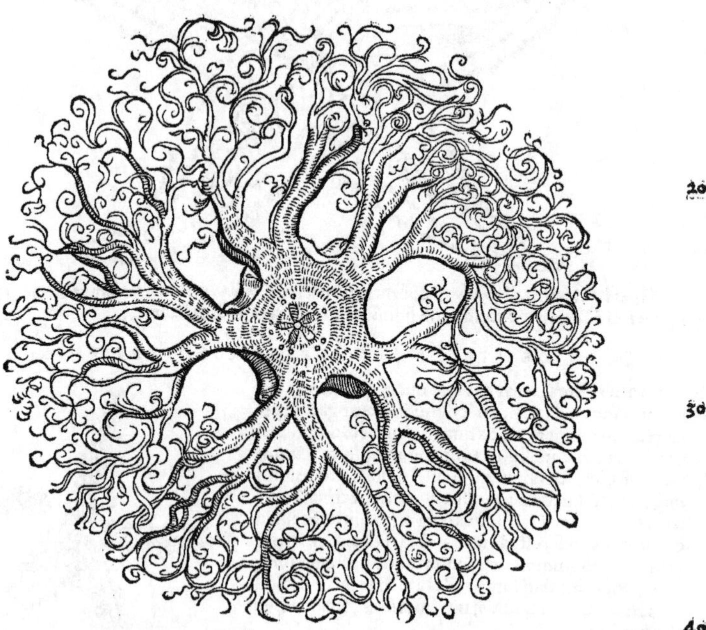

IMMENSA & summè admirabilis Dei potentia atq; solertia in rebus cælestibus, ijsq; quæ in aëre & terra fiunt, maximè uerò in mari, in quo tam uariæ & stupendæ rerum formæ conspiciuntur, ut quærendi & contemplandi nullus unquam futurus sit finis. Harum uel illud exemplum esse potest, quod hîc propono.

A Stellam arborescentem à frondium & ramorum multitudine nomino.

B Huiusmodi duas uidi. Vnam permagnam apud Gulielmum Pelicerium Monspeliensem Episcopum, uirum summa laude dignissimum, ad Lerinum insulam captam, alteram ex Italia ad me delatam. Ab aliis omnibus Stellis plurimùm differt. Radios quinque siue truncos habet, in medio os, cum quinque appendicibus, quæ multis paruis dentibus horrent: pars ea depressa est, & summissa, ambitus tumet. in quolibet radiorum interuallo foramen seu rima conspicitur. Quilibet radius statim in binos finditur: hi rursus in binos ramos diuiduntur, atque ita deinceps, quousque ad tenuissimos & capillorum tenuitatem referentes deuentum sit. A quolibet oris angulo linea albicans prodit, & per omnium ramorum medium producta est: alioqui tota Stella nigricat, & tenui, neque admodum dura sed aspera cute contegitur. Ramuli omnes intro fle-
C ctuntur, quod argumento est hos tanquam cirros à natura ad cibum captandum conditos esse, quibus undique in orbem dispositis præda elabi non potest. Id spectaculum aliquando in mari studiosè contemplati sumus. Stellam paruo filo alligatam in mare demittebamus, in quo expansis ramis natabat, sed prædam aliquam propinquare sentiens, brachiis omnibus contractis amplexabatur, Vrticæ ritu.

E Rara est hæc Stellæ species, & ob raritatem pulchritudinémque inter anathemata suspenditur.

DE

DE STELLA RETICVLATA, SIVE cancellata, Rondeletius.

STELLAM hanc à retis siue cancellorum figura, reticulatam siue cancellatam nuncupamus: & quia inter distinctiones retibus uel cancellis similes extant tubercula quædam rotunda, tuberosa etiam uocari potest. Inter maiores Stellas reponenda est: brachia enim ad pedalem longitudinem perueniunt, crassiora sunt aliarum Stellarum radijs. Aculeis paruis utrinq; eadem munita sunt. Os habet cæterarum modo. Eleganti illa & reticulata distinctione spectabilis est, & inter anathemata collocanda.

DE STELLA ECHINATA, Rondeletius.

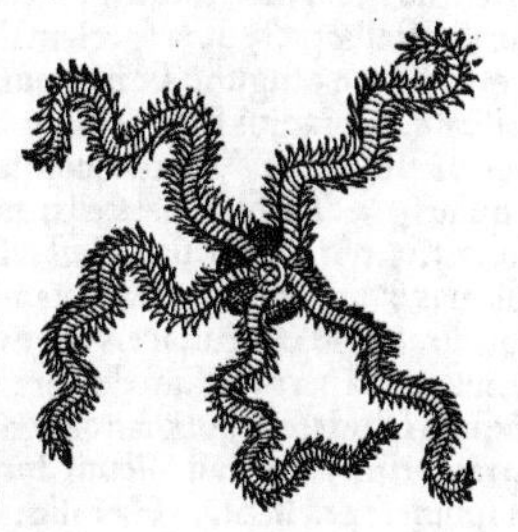

STELLA hæc inter saxa uiuit: corpore exquisitè rotundo paruoq; constat, & radijs quinque sed breuioribus, unde fit ut minor sit cæteris. Illi è paruo circulo, in quo crucis figura delineata est, ueluti è centro exoriuntur tenues, frequentissimis aculeis horrentes, qua de causa Echinatam nominauimus, in lateribus dispositis. Radiorum flexuoso motu serpentum ritu repit hæc stella, & in sicco posita eos mouere nunquam desinit, quousque in partes disiecerit, quæ separatæ etiam mouentur per flexus: ut uermium partes, & lacertorum caudæ abscissæ. Os habet cæterarum modo. Cochleis paruis, cancrisq; uescitur. In scopulis Agathensis sinus reperitur.

DE SOLE, RONDELETIVS.

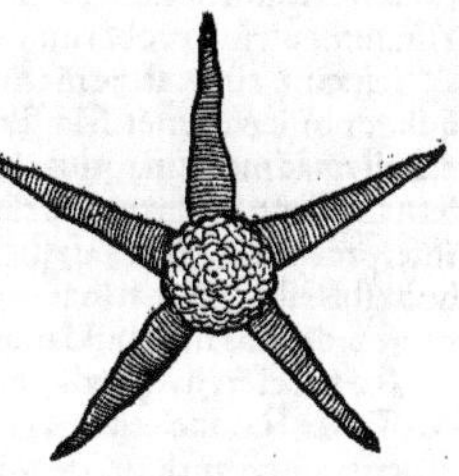

VT à stellarum pictarum figura, Stellæ marinæ nomen habent, ita à Solis pictura Sol marinus uocari potest is quem hîc depinximus. Differt enim à Stellis, quòd in his è medio corporis trunco ueluti è centro radij enascuntur; in hoc uerò ex corporis rotundi circumferentia, breues, minimè asperi superiore in parte, sed ueluti ex squamis compositi, in lateribus uerò paruis aculeis rigentes, albi, ad extremum usque gracilescentes. Corpus illud rotundum, in medio rosæ pictæ figuram expressam habet. Ore, uictu, facultate à Stellis non differt.

DE STELLIS MARINIS EDVLIbus, Bellonius.

De Stellis hîc agimus, quarũ caro brachijs inclusa rubra uel lutea edulis est: quarũ permultas B in litore Epiri tantæ magnitudinis cepimus, ut sesquipedẽ latæ essent, & ad triũ digitorũ latitudinem earum brachia extenderentur, neq; grandi galero integi possent. Crudis stellis non idẽ omnibus color inest: aliæ enim cæsio colore præditæ sunt, aliæ cinereo, aliæ aũt alterius sunt coloris: quæ quidem supra modũ leui contactu confringunt. Sed si coquantur, abeunt in calli duritiẽ, & rubræ euadunt. Proinde Stellas natura ijsdem armaturis, hoc est, promuscidibus, muniuit, qui- (F) bus Pudendum & Erinaceũ. Quòd si à quoquã extra aquam obseruentur, omnino immobiles C B. apparebunt. Sed si eas quispiã in aquam immergat, & supinas instrauerit, tunc promuscides acetabula in extrema plus q; quinq; millia exerere cernet, atq; in pronã partem moueri. Os etiã uersus terrã ut echini habent, in medio radiorum situm. & quanquã in gyrum quinq; dentes ostendant, tamen conchyliorum genera cum suis testis, tellinas, chamas, conchulas, mytulos integros C deuorant. Vagantur in mari ut Polypi, brachia diducendo, nunc antè gradiendo, nunc in orbem conuoluendo: & suctu acetabulorum, echini modo, lapidibus adhærent. Sensu tactus eas non uacare comperiet, qui manum ferream conto infixam ad eas attollendas immerserit. Ab hac enim contactas plenius moueri & fugam tentare experietur. Superiori radiorum parte, id est, supina, septenos spiculorum obtusorum ordines in unoquoque brachio habent, in longitudine autem duos & uiginti, quo fit ut tota parte supina horreant, & quinque cirrhis stellæ modo radientur: conchasq; semel aggressæ, exugunt. Oppianus:

AA

Sic ſtruit inſidias teſtis, ſic ſubdola fraudes Stella marina parat: ſed nullo adiuta lapillo
Nititur, & pedibus ſcabris diſiungit hiantes.

ALIAE STELLAE NON EDVLES, BELLONIVS.

SVNT & alia multa Stellarum genera: quarum nõnullas uidimus in brachia duodecim extendi, alias in quatuor tantum. Sunt quædam quibus tantum tria ſunt, alijs autem ſena, nonnullis etiam octona: ſed hæc omnia defectamenta marina ſunt. In multis præterea cirrhos teretes eſſe et oblongos conſpicies, in quibus meliùs formam Solis, qua pingitur, aſſequi putaueris, quàm Stellæ. Alijs brachia uidentur quadrangula, alijs admodum plana: quarum omnium iam octo ſpecies
A ſeorſim obſeruaui. Caue autem ne uocum affinitate decipiaris: eſt enim piſcis nomine Stellæ
Stellæ piſces. uulgò à Romanis uocatus, Lopidæ ſimilis de genere Anthiarum: de quo iam ſuperiùs egimus, (*uide ſuprà in Glaucis*) nullo pacto ad exangues has ſtellas accedens.

COROLLARIVM.

A Marina Stella, non quod ſimiliter ut Stellatus galeos maculis quibuſdam tanquam ſtellis uarietur: ſed ſtellæ pictę quia ſpeciem ſimilitudinemq́ gerat, ex eo nomen duxit: ut enim ſtellam pictores radiatam pingunt, ſic hæc quinq; pedes, tanquam radios habet, Gillius. Hic piſcis (*impropriè piſcem uocat*) radios habet quinos: alij octonos, uel duodenos, aut pauciores. ſed ſunt qui negẽt has ueras eſſe ſtellas. Vt ut ſit, conſtat naturã hoc numero contentam nõ fuiſſe: ſed tamen quę radijs quinis præditæ ſunt, hæ ſtellarum nomine ſunt digniores, Cardanus. Stellas Ariſtoteles hiſtoriæ 5.15. oſtracodermis (id eſt teſtatis) adnumerat. Cæterum de partib. anim. 4.5. mediam inter plantas & animalia naturam eis adtribuit, ſicut & urticis. Aelianus uerò de animalibus 9. 22. malacoſtracis, id eſt cruſtaceis connumerat. Plinius ſtellis paruam admodum carnem intus eſſe ſcribit: extrà uerò, callum duriorem. Stellæ (inquit Gillius) durum callum cũ gladij mucrone experiri ſtuderem, uix tandem multa ui molliorem mediam ſuperficiem potui perfringere. nam radiorum anguli ad ſilicum duriciem accedunt, & non minus ab ictibus inuictos, quàm ferrum ipſum ſe præſtant. Hæc ille: & forſan duræ huius ſubſtantiæ ratione oſtracodermis Ariſtoteles Stellas adnumerauit. Oppianus ſtellas cognominat ἑρπυστῆρας ἐναλίους. ¶ A Syluatico ſidus marinum nominatur, ſicut & in Cremonenſis interpretatione è Kiranidæ magia, aſtrũ marinum: neutrum probârim. Aſterium uerò rectè dicetur. uide inferiùs in G. Albertus Sturitum & Scincum cum aſtere marino imperitiſsimè confundit. ¶ Stella piſcis omnibus notus eſt, ſuũq; adhuc nomen retinet, Maſſarius Venetus. Maſsilienſes etiam nunc Stellam nominant. Græcia quemadmodum totius linguæ ſuæ negligens eſt, ſic piſcium nominum antiquorum nihil obſeruans hunc Scauron appellat, Gillius. Germanicè nomino ein Meerſtern. Eliota Anglus interpretatur a Sterrefyſhe. Ego ab erudito quodam Anglo audiui nominari a Seepadde: hoc eſt, Rubetam marinam: neſciò quàm rectè. Saxones eadem ſignificatione dicerent ein Seequapp: de quo uocabulo plura attuli in Corollario de lepore marino.

B Ad B. referẽda quædã, ſuperiùs in A. explicata ſunt. Stella ſpinulis horret, echini ferè modo, Maſſarius. Rondeletius priuatim ſpeciẽ unam, echinatã cognominat. Oppianus τρηχὺ κῶλον, id eſt, crus aſperum dixit, de uno radiorum ſtellæ, quem conchæ alicui patulæ immittat. Sturitus (al' Stincus, utrũq; corruptum eſt pro Aſter ſeu Stella) animal eſt marinum, inter plantam & animal, ſtellæ inſtar pentagonum, rufi corij. in medio rimas habet, quibus trahit nutrimẽtum, Alber.

C Referunt Stellas torpeſcere extra aquãm, & ſub æſtus (*aquæ reciprocantis*) tempore reuiuiſcere, Cardanus. Stellæ concharum complures aggrediuntur, & exugunt, Ariſtot. de partibus anim.
Emendatus Ariſtotelis locus. 4.5. Eiuſdem ex hiſtoriæ anim. lib. 5. cap. 15. Græca uerba, & interpretationem Gazæ, Rondeletius ab initio capitis de ſtellis marinis recitat. Ego quæ in ijs deſiderem, hîc explanabo. Primum hæc uerba, ὁ καλούμενος ἀστὴρ οὕτω θερμός ἐστι τὴν φύσιν, ὥστε ὅ, τι ἂν λάβῃ, παραχρῆμα ἐξαιρούμενον, δίεφθον εἶναι: Plinius conuertit: Stellæ tam igneum feruorem eſſe tradunt, ut omnia in mari contacta adurat, omnem cibum ſtatim peragat. Gaza uerò, Adeò natura calida eſt ut omnia contacta protinus decoquat. Ego ſic: Adeò feruida eius, quæ (in mari) ſtella uocatur, natura eſt, ut quicquid ſumpſerit, id licet illicò ab ea extrahatur, diſcoctum appareat. Non enim ſimpliciter contactu ab ea hoc fieri ſcribit: ſed ea tãtum quæ ſumpſerit, hoc eſt, deuorârit, ita mox affici ac ſi δίεφθα forent. Sed δίεφθον alibi legere non memini. Vetus interpres, ex Alberti & aliorum citatione, legit δίσεφθος, ut qui uerterit, bis coctus. Sic enim habet Albertus: Et quãdo tranſglutit aliquod animalium paruorũ, minorum ſe, quantuncunq; (id) citò extrahatur de uentre eius, inuenietur quaſi bis ſit coctũ: hoc eſt, quaſi duas bullitiones ſuſtinuerit. Et author de nat. rerũ Alberto antiquior; Cũ ſtella (inquit) aliquod animal comederit, mox inuenitur in eius uentre durum, quaſi bis coctus panis. Eadem ex eo repetijt Albertus in Catalogo Aquatil. Quoties rem iterũ atq; iterũ repetitã nõ ſine moleſtia ſignificabant, dicebant, Δὶς κράμβη, θάνατος: id eſt, Bis crambe, mors. hoc eſt, Κράμβη δίσεφθος, Crambe (*Braſsica*) recocta, Eraſmus Rot. Deinde quod ſequitur apud Ariſtotelem: φασὶ δὲ καὶ σίνος τι τούτῳ (ſic noſter codex habet, Rõdeletius legit σίνος τοιοῦτο) περὶ Εὔριπον τὸν Πυρραίων μέγιστον εἶναι: Plinius præterit. Gaza interpretatur: Detrimento etiam ſummo echinis Euripi Pyrrheni (*melius*

Pyra

Pyrrhæi: eum in Lesbo esse Niphus scribit) eandem esse confirmant. atqui in Græcis uerbis nulla echinorum mentio. alio quidem loco Aristoteles (suprà eiusdem libri cap. 12.) echinorum euripi Pyrrhæi meminit, nulla illic stellarum mentione. ex quo Gaza fortassis hunc locum emendare conatus est. ego omnino sic lego: φασὶ δὲ καὶ γένος τι τούτων (τῶν ἀστέρων) ἐν τῷ εὐρίπῳ τῶν Πυῤῥαίων μέγιστον εἶν. Procliue autem fuit pro γένος scribere σίνος, quod nomen alioqui detrimentum significat & noxam: ut σίνεσθαι uerbum nocere. Σίνος, βλάβος, Varinus. Emendationi nostræ accedit Albertus: qui super hoc loco sic habet: Opinantur quidam quòd in mari, quod uocatur orioz, (*corruptum hoc est ab euripo,*) quod rubrum (*è Pyrrhæo malè conuersum, ac si non esset gentile nomen, sed idem quòd pyrrhòn, id est, ruffum significaret*) mare, uel potiùs orientale uocamus: est modus huius animalis magnus. Denique re ipsa, genera quædam stellarum magna reperiri constat. echini autem maiores sunt, quàm ut à stellis deuorari possint: quæ, ut diximus, non contacta, sed ea tantùm quæ glutiuerint, mox igneo feruore consumunt. Quanquam Plutarchus in libro Vtra animalium, &c. similiter ut Plinius, solo etiam tactu id ab eis fieri tradit, his uerbis: ὁ μὲν γὰρ ἀστὴρ ὧν ἂν ἅψηται, πάντα διαλυόμενα καὶ διατηκόμενα γινώσκων, ἐνδίδωσι τὸ σῶμα, καὶ περιορᾷ ψαυόμενος ὑπὸ τῶν παριόντων ἢ προσπελαζόντων. hoc est: Stella enim quæcunque tetigit, solui liquefieriq; omnia, sibi conscia, accedentibus appropinquantibusq; ultro se contrectandam præbet. Hoc an uerum sit (quod ego non puto) ex piscatoribus maritimis facile erit cognoscere. Stellam dissecuisse se Rondeletius refert, apud Magalonam, pede non maiorem; in cuius uentre quinque cochleas inuenerit, tres integras, duas iam cum testis suis confectas, Cardanus. Locus apud Rondeletium iam non occurrit.

Stellæ conchis ubi se patefaciunt unum de suis cruribus siue radijs inserunt, claudiq; prohibent, ut earum carne expleantur, Oppianus Halieut. 2. & ex eo Aelianus: cuius uerba recitaui in Ostreis D. pag. 764. D

Mala medicamenta inferri negant posse, aut certè nocere, stella marina uulpino sanguine illita & affixa limini superiori, aut clauo æreo ianuæ, Plinius. Ἀντιπαθοῦσι μαγικοῖς πᾶσι τρόποις, μῶλυ, δάφνη, ἀστὴρ θαλάσσιος, &c. Isacius Tzetzes. After suffitus auertit omne malum, Kiranides in Ono marino. potest autem tum de morbis intelligi, tum comunius. E

After suffitus auertit omne malum, Kiranides. Vide proximè retro. Albertus stellæ uim ciendæ Veneris immodicam tribuit, ijs ferè uerbis quæ ueteres de scinco scripserunt. unde locum esse deprauatum apparet. Intra corpus quidem stellam marinam sumi, medici nolunt, sed applicari tantùm aut suffiri: Hippocrates tamen, ut in fine huius segmenti recitabo, propinat. Ad pilos disperdendos medicamentum fit ex scolopendris, urticáque & stellis, omnibus marinis, nitro & amurca ad hæc ammixtis, ut legimus apud Galenum de compos. sec. loc. inter pharmaca ex Critonis cosmetico transcripta. G

Draconis marini scorpionúmque ictus, carnibus earum impositis: item araneorum morsus sanantur. In summa, contra omnia uenena uel potu, uel ictu, uel morsu noxia succus earum ex iure decoctarum efficacissimus habetur, Plinius libro 32. cap. 5. dixerat autem proximè de stellis marinis. (Mala medicamenta inferri posse negant, stella marina affixa limini, &c. ut in E. recitauimus:) quamobrem Vuottonus hæc etiam omnia adhuc ad stellas refert, cum alioqui propter enallagen numeri, & bis positum pronomen earum, quò referret non uideret. Verùm in eo pronomine bis commissum errorem dixerim. ac primo non earum, sed eorum, legendum esse, ut carnibus eorum, id est proprijs impositis, contra ictus ipsorum remedium fieri intelligamus. nam & Dioscorides draconem marinum contra spinæ suæ ictum dissectum impositumq; utilem facit: & Plinius ipse alibi: ut alia quoque permulta uenenata, ipsa uenenum suum foris imposita extrahunt. Sic inter se consentient authores, neque numeri enallage (Plinio ferè inusitata, ni fallor) committetur. Hoc obiter animaduertendum, Plinium in his uerbis araneum piscem diuersum facere uideri à dracone marino, cùm Latinè dictus araneus, non alius quàm draco piscis Græcorum sit, ut suo loco expositum est. Deinde pro altero pronomine earum, lego ranarum: quam lectionem nostram omnino genuinam esse, si quis ea quæ de remedijs è rana scripsimus in libro De quadrupedibus ouiparis, ad initium segmenti G. uel leuiter inspexerit, liquidò deprehendet. *Emaculatus Plinij locus.*

Vegetius libro quarto capite duodecimo medicinæ ueterinariæ, suffitui contra languorem morbi pestilentis præter alia stellam admiscet.

Suffimentum ad epilepticos expertum: Hirci & ursi & lupi testium, sanguinis hirundinis & lapidis in eius uentriculo reperti, asterij in mari inuenti, anethi, ana drach. ij. alliorum purgatorum, cornu ceruini & caprini, ana drach. j. &c. Nicolaus Myrepsus. ubi Fuchsius interpres quid sit asterium diuinare non potest: mihi stellam marinam (qua de scribimus) esse dubium non est. *Asterium.*

Hippocrates alicubi stellas marinas nigras, & brassicam uino odorato misceri ac bibi iubet, aduersus uteri strangulationem. (Rondeletius primi generis stellas uirus olere scribit: & nimirū uiroso illo odore uterus repellitur.) Quod remediū denuo in libro de nat. muliebri ab eo repetit.

AA 2

Scio in stellis quibusdam edulem esse carunculam: reliqua uerò substantia cum ex illorum materia sit quæ pilos disperdunt, ut prædictum est, quàm tutò intra corpus dari posit, considerandū.

H. Epitheta. Ἀσέρες ἑρπυσῆρες ἐνάλιοι, Oppianus.

e. Si capiti omydis (*testudinis*) permiscueris partē de asterio (id est stella marina) mangstachium, id est, dæmonem fortunæ (uidebis) factum & stantem ad pedes tuos, & loquetur tibi in omnibus quæstionibus, &c. Kiranides lib. 4.

DE STELLIS DIVERSIS.

Stellas marinas nigras Hippocrates nominat, ut recitaui superiùs ad finem segmenti G.

In Oceano etiam Stellas reperiri non dubito. memini enim ab amico missam aliquādo unam ad me Antuerpia, colore cinereo, radijs quinis paulatim in mucronem desinentibus, & inflexis modicè, ut in arida apparebat, &c. Multis, breuibus, asperis & pectinatim compositis uillis radij constabant, à supina præsertim parte conspicuis. Cultro facile discindebatur, fortè quòd parua adhuc esset. Alia uetusta & maior, quam habeo, dura, lapidea ferè, & cādida intus, sectuç difficili substantia est: ualidè desiccans, ut gustu apparet, & (nisi fallor, non enim periclitari ampliùs uolui) erodens.

Vt Rondeletius Solem inter Stellas numerat: sic & LVNAM maris olim ab amico quodam (ut ipse nominabat) mihi ostensam memini: radijs quinis, geniculatis ferè ut cancrorum caudæ: substantia ferè testacea, molliori, instar testæ oui, friabili & arenosa dum mandit: cinerei coloris.

STERNION à Tralliano nominatum, ostracadermon quoddam cancrorum generis uidetur. Vide suprà inter Cancros, pag. 176.

STINCVS nescio quod marinum zoophyton, nominatur ab Alberto, De animalibus libro 4. tract. 1. cap. 1. ubi diuersa marinorum genera persequens: Sextum (inquit) genus est, quod ligneum uocari consueuit, eò quòd simile sit frusto ligni. sub hoc continetur animal quod uocatur stincus. Et rursus eiusdem tractatus cap. ultimo: Iam enim expertus est (inquit) aliquis piscatorum, quòd in mari est animal, cuius creatio est quasi creatio frusti ligni, neque cognoscitur esse animal, nisi quia dum est in aqua maris mouetur natando de loco ad locum. Nigrum est, & rotundum, æqualis per totam longitudinem spissitudinis. Non alitur nisi in se resudanti humore. Excrementis caret: ut & organis sensuum. est enim animal ualde imperfectum, medium scilicet inter plantam & animal: quare etiam animal ligneum appellatur. Et mox: Ad naturam animalis lignei uidetur affinitatem habere Stincus: nisi quòd mollitiem carneam habet quandiu non est siccus. Hic ualde abundat in arenis marium nostrorū: & nullum signum uitæ edit cum de aqua leuatur: ut primùm uerò redditur aquæ, dilatando se & constringendo mouetur. Os non habet, nec aliud sensus ullius organum.

DE STRABELO, BELLONIVS.

NON eadem concha est στράβηλος cum Strombo. Est enim Strabeli concha Purpuræ & Buccino similis, sonis tamen musicis edendis accommoda: unde Tritones Neptuni currum præcedentes, antiquissimæ picturæ effingunt strabelis musicam facere. Speusippus quoç similes esse dicit στραβήλους καὶ πορφύρας καὶ κήρυκας, καὶ κόγχας.

COROLLARIVM.

AGIAS & Dercylus in Argolicis Strabelos uocant astrabelos, τοὺς στραβήλους ὀνομάζουσιν ἀστραβήλους, (masc. genere. Sophocles in fœminino posuit, Ἁλίας στραβήλου τῆσδε τέκνον. sic & σταφὶς & ἀσταφὶς dicuntur.) Meminerunt autem eorum tanquam idoneorum inflari tubæ loco. Στραβήλῳ, τῷ κόγχῳ ᾧ ἐσάλπιζον, Hesychius & Varinus.

Streblos. Στρεβλῷ, κόγχῳ ᾧ ἐσάλπιζον, Iidem. Στράβηλοι, κοχλίαι, Varinus. Athenæus ex Aristotele inter ostrea πορευτικὰ, id est gressilia, στράβηλον numerat.

Strobilus. Epicharmus in Nuptijs Hebæ inter alia ostrea στραβήλους nominat. Strobili filij Carcini poëtæ: de quib. extat prouerbium, Εὐδαιμονέστερος τῶν Καρκίνου στροβίλων. Dicuntur etiam στρόβιλοι, cochleæ & buccinæ marinæ, Suidas. Strabelus igitur & Strobilus eâdem significatione accipi uidentur. Strombos eosdem esse puto cum Strabelis & Astrabelis Athenæi, Rondeletius. De Strombis dicetur inferiùs. Videtur aūt Strombi nomen generalius, quo etiam strabelus contineatur. Germanicè Strombos Strabelósque nominare licebit Straubenschnecken / Straubenhorn / Spitze Kinckhorn.

STRIATAE nominantur à Plauto in Rudente, cum plagusijs, musculis, urtica marina, & conchis. Coniecerim autem è concharum seu pectinum genere has esse nomine à strijs indito.

STROBILI. Vide Strabeli.

DE

DE STROMATEO, RONDELETIVS.

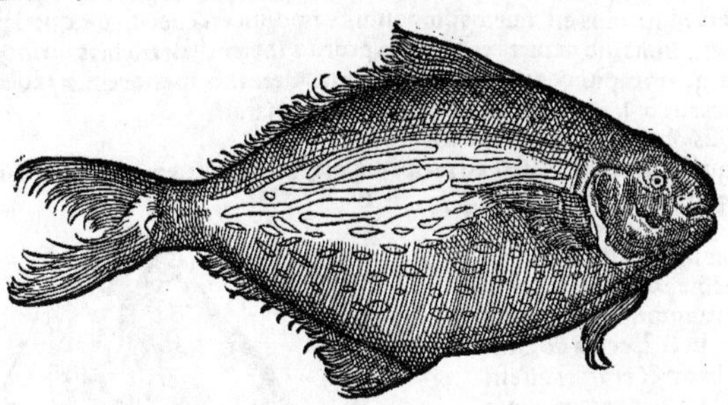

SALPAE similem piscem subiungit Athenæus ex Philone: Γίνεται δὲ ὅμοιος ἰχθὺς ἐν τῇ ἐρυθρᾷ θαλάσσῃ ὁ προσαγορευόμενος στρωματεὺς, ῥάβδους ἔχων δι᾽ ὅλου τοῦ σώματος τεταμένας χρυσιζούσας. id est, Nascitur salpæ similis piscis in mari rubro, qui stromateus nominatur, uniuerso corpore lineis aureis productis distinctus. Hunc propter similitudinem, nos quoq; salpæ subnectere uoluimus, (*Nos hunc ordinem neglexim us.*) etiamsi in peregrinis piscibus sit habendus, quos seorsum libro uno complecti statui. Præterea ut studiosos admonerem, istum piscem si in aliqua maris mediterranei parte reperiatur, nec mari rubro tantùm proprius sit, fortasse eum esse qui Romæ fiatola nuncupatur, eo à salpa dissidens, quòd lineas aureas breuiores habeat, nec ad caudam usq; productas. A B *Libro 7.* *Fiatola.*

DE FIATOLA ROMAE DICTA, (QVAE STROmatei species, eiúe cognata existimatur,) Rondeletius.

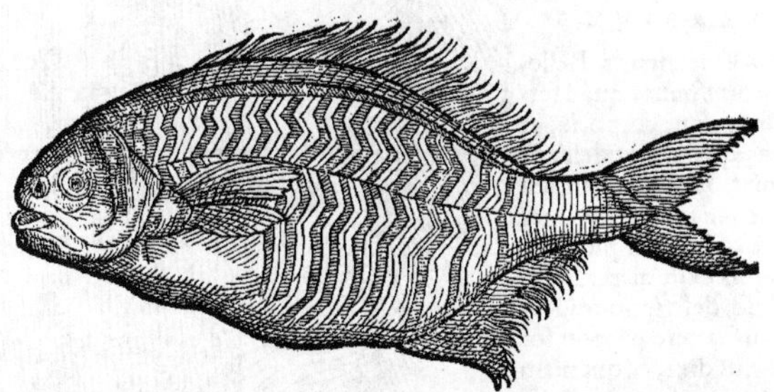

FIATOLA Romæ usitatum est hodie piscis nomen, qui cum nullis alijs cõmodiùs quàm cũ cæruleis (*Cæruleos uocat, ut Glaucos suos, hippurũ, seserinũ, fiatolam*) connumerari potest. Dorsum enim latera q; cærulea sunt, uenter candidus, labra purpurea. Ferè rotundus & compressus, seserino non ualde absimilis, nisi quòd lineas duas à branchijs ad caudã ductas non habet, sed unicam duntaxat. A dorso autem ad hanc lineam & ab hac ad uentrem lineæ demissæ sunt, perbellè inflexę. Romæ piscis est satis frequens, in nostris litoribus nunquam uisus. A B *Vbi.* F

A glauco substantia parum differt: est enim carne paulò molliore. A

Fiatola Romæ uulgò nuncupatur, quemadmodum stromateus ob similitudinem quandam: solent enim ichthyopolæ nomina piscium propria, similibus communia facere, quod in permultis piscibus uidere licet.

DE EADEM FIATOLA, BELLONIVS.

Totus est aureus atq; argenteus piscis, qui ab insigni pulchritudine Græcis Κάλλιχθυς appellatus est, Tyrrheno familiaris, Adriatico non item: Romanis atq; Neapolitanis Fietola appellatus, nullum tamen inter apprimè delicatos pisces nomen retinens: de eo sic Oppianus cecinit, A B (F)

Pulypodas agitata petit cognomine pulcher.

Sunt qui Callionymum, nonnulli Hellopem, alij Lycon esse credant: de quibus tamen seorsim à nobis actum est. Nulli pelagio pisci nomen hoc Græcum rectius conuenire, quàm Romanorum Fietolæ existimauimus: ut qui totus ferè sit argenteus, ut Lampuga: ac præterea multis aureis lituris uariegatus. *Elops.*

AA 3

B Latus eſt ac planus, caudam lunatam habens: Linguam carnoſam, delphini modo, ad humanam accedentem, ſuisq; partibus omnino abſolutam: quod præter cæteros branchijs præditos piſces ſolus habere mihi uiſus eſt. quemadmodum & hoc ſibi etiã peculiare, quòd præter omnium piſcium morem, pinnis ſub uentre careat, eſtq; prorſus inermis: Branchias utrinq; quatuor gerit, ſi quidem eam, quam capiti coniunctam habet, annumeres. Superiorem maxillam fixam ac immobilem, ut Scarus & Exocœtus habet: atq;, ut ait Oppianus,

Dentibus obtuſis eſt illi rictus inermis.

Cantharo quidem ſimilis eſt, ſed eo maior euadit, non tamen æquè craſſus. Lineam habet à capite ſub uentre ad umbilicum extenſam, atq; utrinq; in ceruice nigrã maculam. Squamis undecunq; caret, præterquàm in eo lineæ ductu, qui piſcis huius latera diſtinguit: uentrẽ quoq; paruum habet, ut & Lechia & Lampuga. Quamobrem & ei arctè inteſtina inter ſe cohærent, quæ tam numeroſis ſpiris in orbem circunductis ita inter ſe complicantur, ut globulũ eſſe dicas: hepar unius tantùm lobi nullo felle præditum: ſtomachũ in V literam efformatũ, cuius infima pars in mucronẽ turbinatur: atq; ad eius pylorum tam numeroſas uideas appendices, ut (quemadmodum nec in Thynno, Pelamide, ac Scõbro) nullis artibus numerari poſsint. Inteſtina fulcit glãdulosum pancreas. Lien illi ſtomacho ſubeſt.

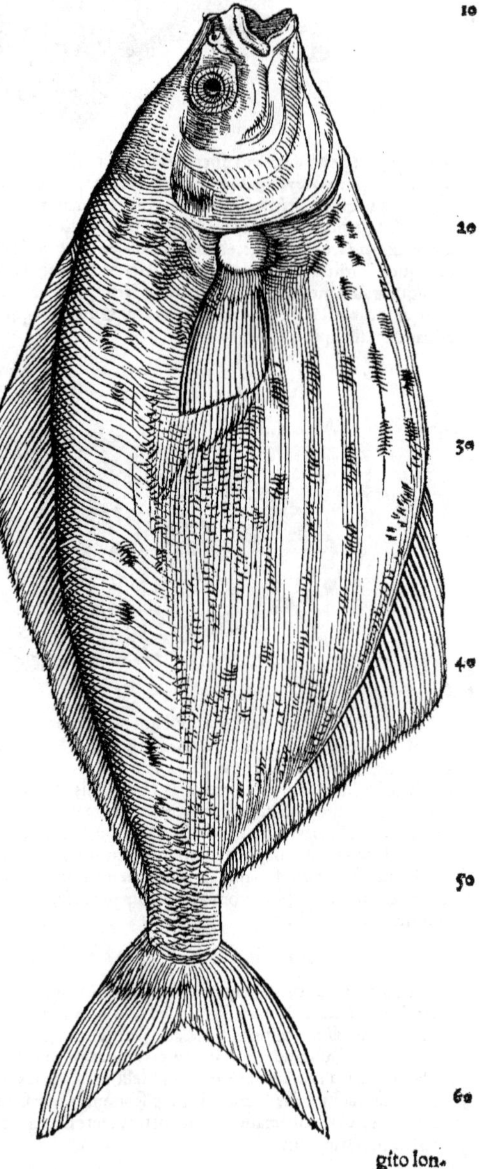

COROLLARIVM.

FIATOLAE iconem à Bellonio exhibitam omiſimus, quòd forma & circunſcriptione corporis, ac pinnis cum ea, quam Rondeletius dedit, conueniat. Lineæ tamen ſeu ſtriæ & maculæ longè aliæ ac aliter in utriuſq; pictura ſunt: ut piſces eſſe diuerſos aliquis exiſtimaret, ſicuti etiã ex utriuſq; deſcriptione idem nõ uidetur. Rurſus uerò propter formam & pinnas, ut dixi, & quoniam uterq; circa Romam frequentẽ eſſe & fiatolam uocari ſcribit, unus uideri poteſt. A nobis poſita pictura, quam à Cor. Sittardo cum alijs piſcibus Romæ depictis olim accepi, cũ Belloniana ferè per omnia congruit, niſi quòd rudimenta quædam dentiũ oſtendit, cũ Bellonius omnino edentulam faciat: & lineam mediam rectã à branchijs ad caudã non exprimat, (cuius tamen in deſcriptione Bellonius non meminit,) nec aliã ſuperiorem Bellonio memoratam, incuruã, & ſquamoſam, cum reliquũ corpus ſquamis careat. De ea doctiſsimus Sittardus ſic ad me ſcribebat: Hic piſcis Fetolo uulgò dicitur, Romanis lampeca. ferũ naſci ex pulmone ma-
(F) rino, delicatiſsimus piſcis, nec excedit hanc magnitudinem. Erat autem miſſa ab eo pictura, uno alterò ue digito lon-

gito longior, quàm à nobis hîc proposita est. Ex pulmone marino eam nasci, alió ue zoophyto quis facilè credat? Lampecæ, uel potiùs Lampugæ nomen, alijs piscibus quos Glaucos Rondeletius facit) debetur. ¶ Clementis Alexandrini libri octo extant, ob uarietatem lectionis Στρωματεῖς inscripti, quoniam strómata Græcis sunt stragula & tapetes elegantiores, uarijs colorum imaginumq; differentijs spectabiles. ¶ De Callichthye, quem Bellonius eundem Stromateo pisci putauit, plura leges suprà in Elemento C. Item de Stromatei nostri genere alio (coloribus saltem differente) in Corollario de Hepato A, ab initio.

DE STROMBIS, SEV TVRBINIBVS, BELLONIVS.

A B

TVRBINES tortili clauicula in acumen fastigiati, pyramidalis metæ formam habent, ut longiuscula testa, torosa tamen ea contegantur. Cancellus (inquit Aristoteles) qui turbinem subit, oblongior est. Sed quum Cancellus subeat turbinem, oportet eum quidē esse paruum: tamen ad insignem etiam magnitudinem accedit, ut non sit minor grandi buccino. In oblongarum cochlearum generibus adscribi debent turbines, quibus antiqui ad tubas utebantur. Horum duæ potissimùm obseruantur differentiæ, maiorum, qui magnæ plerunque sunt molis: (E) & minorum, qui non ita uasti sunt. Omnes operculum iam ab ortu naturæ ferunt carni appositum, in quod sese concludunt, ne facilè offendantur ab ijs quæ extrinsecus accidunt.

F

Strombi (inquit Oribasius) duri sunt, concoctuq; difficiles: & quò maiores, eò duriores euadunt. Cum sinapi eduntur, & ex aceto.

DE IIS QVAE GRAECI STROMBODE NOMINANT, id est, Turbinata: & quæ omnibus communia propriaq; sint, Rondeletius.

A, et a.

SVPERVACVVM foret hîc de turbinis & turbinati significatione satis omnibus nota dicere, nisi uariè ab authoribus usurparetur, ac proinde turbinatorum obscurior esset diuisio. Est igitur turbo qui ex amplo & lato paulatim in mucronem desinit, ut de Buccina scripsit Ouidius:

Caua Buccina sumitur illi, Tortilis, in latum quæ turbine crescit ab imo.

Huius figuræ est turbo lusorius, Quem pueri magno in gyro uacua atria circum
Intenti ludo exercent, ut ait Vergilius.

Ab huius figuræ similitudine, dicuntur turbinata ostracodermorum genera. Quare latiùs fusa sumuntur ab Aristotele, quum sic distinxit lib. 4. de part. anim. cap. 7. τὰ δὲ στρομβώδη, καθάπερ εἴρηται πρότερον; καὶ τούτων τὰ μὲν ἑλίκην ἔχοντα, οἷον κήρυκες; τὰ δὲ σφαιροειδῆ μόνον, καθάπερ τὸ τῶν ἐχίνων γένος. Turbinati generis alia in anfractum intorta, ut Buccina, alia in globum circumacta, ut Echinorum genera. Alio in loco Aristoteles in turbinatis Echinos non recensuit, quanuis testa opertos, ut ex ipsius uerbis perspicuum est, lib. 4. de Histor. animal. cap. 4. *Echini an turbinati.* Quæ testa operiuntur, ut Vmbilici, Cochleæ, Purpuræ, & omnia quæ Ostrei aut Conchæ nomine appellamus, atque etiam Echinorum genus. Præterea turbinatis, tradente eodem (ibidem,) hoc peculiare est, ut testæ postrema à capite clauiculatim intorqueantur. Operculum etiam ea omnia iam inde ab ortu naturæ gerunt. Quæ Echinis nullo pacto conueniunt. Illa στρομβώδη meritò quidem nuncupat ἀπὸ τοῦ στρέφεσθαι, quod contorqueri significat. Hac posteriore turbinatorum significatione utimur, & turbinatis Cochleas subijcimus, quæ clauiculatim intorquentur etiam si non in longum mucronem deficiant.

Sed ne qua sit in testaceorum diuisione obscuritas, ea sic perspicuè distinguemus. *Testaceorum diuisio.* Testaceorum alia sunt undiq; contecta, alia parte duntaxat altera. Vndiq; conteguntur Tellinæ, Pectines, Mytuli, Conchæ aliæ. Altera tantùm parte ut Lepas, Auris marina. Rursus eorum quæ undiq; integuntur, alia testa continua penitus conclusa sunt, ut nulla ex parte carnem detectam habeāt, ueluti Holothuria, Tethya, Echini. Alia testa continua inclusa quidem, nec ulla ex parte conspecta, dempto capite, ut Buccina, Purpuræ, Cochleæ: deniq; turbinata omnia, quæ capitis operculum habent. Alia testa undiq; conglobata quidem, sed non in gyrum conclusa sunt, quæ rimam habent sine operculo, ut Conchæ ueneræ. Alia undiq; duabus testis contecta, ut Pectines, Chamæ, Dactyli, &c. Ex his omnibus ea tantùm hîc tractamus, quæ testam habent unicā totam continuam, atq; in anfractus contortam, dempto capite, quod semper operculo tegitur. Atq; hoc quidem turbinatis proprium est, quo à reliquis secernantur. ipsis tamen omnibus cōmune est, quod *Turbinatis quæ communia.* iam diximus, quodq; testa intorta sit. Mouentur etiam eadem omnia & serpunt, parte dextra non ad clauiculas, sed in aduersum.

B

Eorundem omnium caro intus laxior continetur, & quæ faciliùs auelli potest. Interiorū natura (*Sumpta sunt hæc ex Aristotelis historiæ 4.4.*) in turbinatis omnibus similis est, nec nisi magnitudine (excessuq;) uariat, alijs enim partes maiores, alijs euidētiores, alijs minores obscurioresq; sunt.

AA 4

Ad hæc discrimen illud duritię, mollitię, cęterarũq́ eiusdẽ generis affectionũ. Caro enim primã in ore testæ, quã omnia torosiusculã habent, alijs magis talis, alijs minùs. Caput eius partis medio prominulum iungit, & cornicula duo, quæ pro magnitudine plus minùs capiũt incrementi. Exerunt caput more eodẽ omnia, idemq́ per metũ retrahunt intrò. Nonnullis etiã os, & dentes acuti, breues & tenues, ut Cochleis. Promuscidas etiã gerit (*gerunt*) modo muscarũ, quod quidẽ mẽbrum linguæ speciem præ se fert. Habent hoc idẽ & Purpuræ & Buccina firmũ & torosum, quo similiter ut asili & tabani, quadrupedũ tergora penetrant, imò longè ualidiùs: testas enim escarũ possunt perforare. Venter os protinus excipit, similis in Vmbilicis ingluuiei auiũ: habentq́ parte inferiore duo albida, torosa, mãmis similia, cuiusmodi carunculas uel in Sepijs esse animaduertimus, sed hęc torosiora. Gula à uentre duplex, longa, porrigit se usq́ ad papauer, quod postremũ fundo cõmissum est. Hæc ergo ut in Purpuris & Buccinis cõspicua in clauicula testæ continentͤ. Quod autem gulæ subiungitur, intestinum est, gulæ ipsi continuũ simplexq́ ex toto usq́ ad exitum: cuius initiũ circa anfractũ papaueris est, quà & laxius hęret. quod enim *μήκωνα* Latinè uerbũ è uerbo papauer appellamus, in omnib. testaceis generib. inest. Hinc sursum uersus replicãs, carnis repetit sedẽ, finitq́ ad caput, unde eijcitͤ excrementũ, pariter in omnib. turbinatis generibus, tã aquaticis ꝙ terrestribus. Hæc est interiorũ partiũ quib. turbinata constãt, descriptio ex Aristot.

Lib. 4. de hist. cap. 4.

C Purpuræ & Buccina lentorem cuiusdam ceræ saliuant, qua de re fusiùs alibi diximus. Mucorem etiam emittunt turbinata reliqua.

Hæc Rondeletius ab initio libri II. Tomi alterius de aquatilibus: in quo deinceps tractat de Purpura, Muricibus, Aporrhaide, Buccinis, Conchylio. hæc enim omnia στρομβώδη, id est, turbinata nominat. Nos de his singulis, iuxta literarũ seriem suis locis egimus. Inde ad ipsos peculiariter dictos Strõbos seu Turbines trãsit ita ut sequitur.

DE STROMBO (ID EST, TVRBINE) MAGNO, Rondeletius.

Ex duabus his Strombi magni iconibus, minor à Rondeletio exhibita est: maior ad Strombum quem domi habeo, Venetijs nactus è Turcia allatum, expressa.

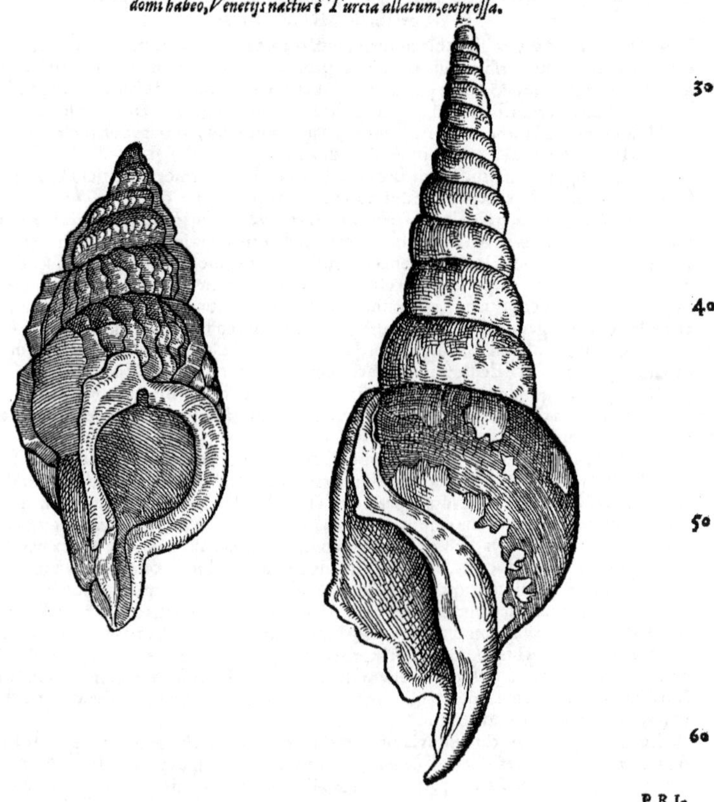

PRI-

PRIMVM Turbinem proposuimus longum & magnum, multisq; uoluminibus constantē, pro corporis crassitudine, margine spisso & aspero: testa alba, lineis tuberculisq; multis scabra & aspera. Foramen rotundum habet & rimam, qua excernuntur excrementa. Saxis hæret turbine sursum uerso. B

Quæ de testæ carnisq; usu in Purpuris Buccinisq; dicta sunt, huc possunt accommodari. F G

DE TVRBINE TVBEROSO, Rondeletius.

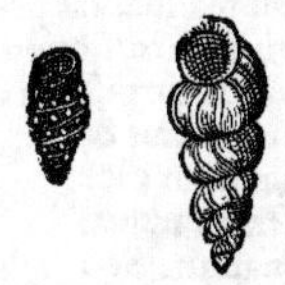

IN Turbinum generibus hîc iure numerabitur, qui à tuberculis multis tuberosus cognominatur. Is sinistræ manui proximus est, longus, tenuis, in mucronem desinens. Huiusmodi sunt quidam albi, quidam nigri, quidam uarij. Pollicis magnitudinem nunquam excedunt. In his Cancelli cùm parui sunt, uiuunt authore Aristotele: suntq; longiores ijs qui Neritarum sunt hospites. Huius generis Turbines (*etiam*) in terra reperiuntur, qui Cochlearum nomine comprehenduntur, nam præter Cochleas nullum testaceum genus in terra uiuit. B

Cochleæ.

Eiusdem Turbinum generis sunt aliquot species diuersæ, quædam longæ, tenues, acutiores, læues, cuiusmodi tres sunt tuberoso propiores. Alij, postremi scilicet duo in pictura capiti huic præposita, inæquales, tuberosi, scabri, uirgati. Vita, moribus, substantia non differunt.

Species diuersæ

DE TVRBINE ANGVLATO, Rondeletius.

HIC Turbo Buccinis satis similis, quia testæ uolumina ita à se discreta sunt, ut in medio angulos efficiant, cognominatur angulatus. In Turbinem tenuatur inferiore in parte, superiore in longum & acutum rostrum: sic enim cum Plinio loqui possumus, qui Purpuræ rostrum dixit. Colore est marmoreo. A B

Vstus dentifricijs conficiendis utilissimus. G

DE TVRBINE MVRICATO, Rondeletius.

TVRBO hic aspectu quidem Buccino haud dissimilis est, sed à tuberculis multis, breuibus quidem, & obtusis muricatus appellatur. Superiore parte tumidior est. Intus testa purpurea est, foris alba & ueluti calce illita. A B

DE TVRBINIBVS INTRA SPONGIAS uiuentibus, Rondeletius.

CVM sæpius Spongias secarē in frusta, ut penitus earum naturā peruestigarē, in ijs uarietatē maximam reperi Conchularū omnis generis, Conchyliorū paruorum, Buccinorū, Turbinum,

Cuiusmodi aliquot hîc exhibeo: omnes enim persequi infiniti esset operis, ac uani laboris. Nam quis est qui cognitione ac uerbis tantam naturæ rerum fœcunditatem assequi posset? Differunt hæc inter se genere: nam uel sunt Cochleæ, uel Turbines, uel Neritæ, uel Vmbilici. Differunt & coloribus.

Conchula lactea. Dicemus tantùm de eo paruo Turbine qui sinistræ manui proximus est, rimamq́ longiuscu lam ueriùs quàm foramen habet, testa non intorta, qui & intra Spongias, & extra reperit, Conchulaq́ lactea à candido colore nominari potest.

E Hac in fucis utuntur mulieres, in succo pomi citrij dissoluta, & sublimato, ut nunc loquũtur, permista: sic enim facies splendidiores, & candidiores effici putant. Sed quia sublimatum atque similia faciem contrahunt, & corrugant ui & acrimonia sua, eas pessimè sibi consulere arbitror. Multò utilius foret in pinguedine felis dissoluere. Huc accedit, quòd hac fuci ratione tanquã crusta inducitur, cuius particulæ si exiliant, atq; eximantur, turpissimè fucus detegitur. Hanc Conchulam appellant petite porcelaine, eamq́ equorum frænis & phaleris nonnulli accommodant. Ex ijsdem & gagatarum globulis mulieres monilia & cingula contexunt, præsertim uiduæ quæ luctus tempore non nisi nigris, candidisq́ ornantur. Sed quæ equorum ornamentis addũtur, crassiore durioreq́ sunt testa: aliæ sunt tenuiore, & fragiliore. Vtrq; & candore & figura similes.

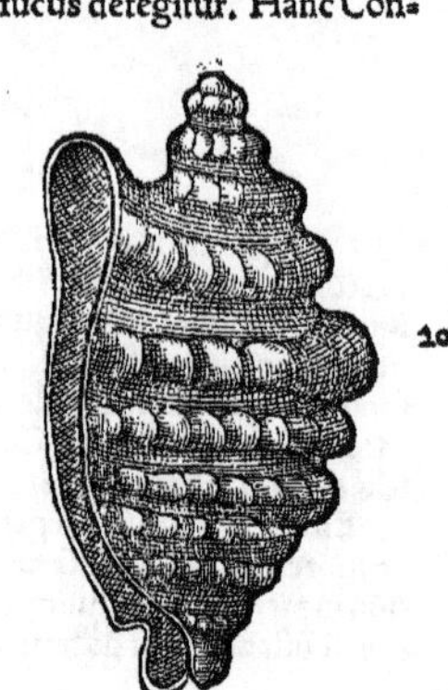

DE TVRBINE AVRITO, Rondeletius.

A B TVRBINEM Auritum uocamus ob extremi alterius tur binatæ parti aduersi latam utrinque appendicem. Est autem hic Turbo perelegans, & rarus in mari nostro. Testæ uolumina tuberculis extantibus, pulchro ordine dispositis distincta sunt. Horum imaginem imitantur aurifices in urceis efformandis, addita basi.

DE TVRBINE PENTADACTYLO, ET TESsaradactylo, Rondeletius.

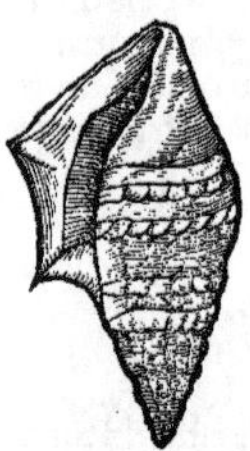

A B INTER Cochleas Plinius Pentadactylos quosdam nominat. De his ne turbinatis intellexerit quæ proponimus, nescio. Illud sanè omnibus notum esse potest ex turbinatorum definitione & natura, potiùs Turbines esse quos hîc expressimus, quàm Cochleas, cùm in longum protendantur, uoluminaq́ scabra, & ueluti striata habeant, cùm Cochleæ maximè rotundæ sint, & turbine compresso non extenso. Dicitur autem Pentadactylus turbo, quod quinque habeat appences longas & acutas, si extremũ turbinis annumeres. Alius est Turbo cui quatuor duntaxat sunt dactyli. Ex his turbinatis alij sunt albi, alij nigricant, alij uarij sunt.

DE TROCHIS, RONDELETIVS.

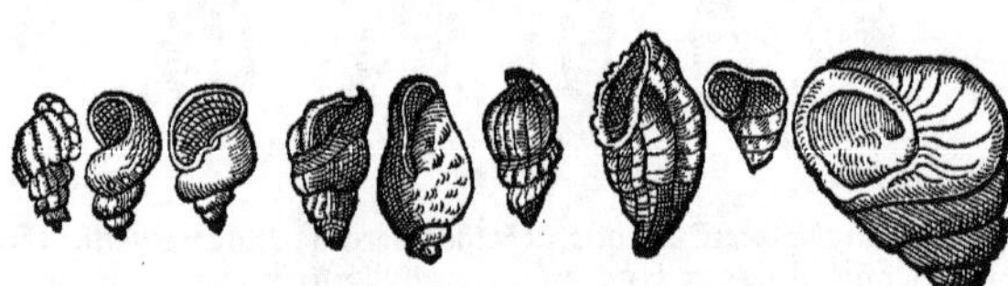

HOC

HOC Turbinum genus à similitudine instrumenti quo lusitant pueri, Trochos appellamus. Alij sunt parui, qui à superiore, amplaq́ parte statim in breue acumen deficiunt. Alij longiores. Omnes læues sunt & uarij. Testa ueluti crustis duabus constare uidetur, externa minus nitet; quæ subiacet unionum est splendore. Præter Trochos duos adiecimus aliquot diuersas stromborum formas, quarum aliæ ad Buccinorum, aliæ ad Conchyliorum speciem accedũt. Vt nobis uitio uerti meritò posset, si quæ in hoc genere illustria sunt, & à ueteribus disertè expressa prætermitteremus: ita curiosiùs certè facere uideremur, atq́ superuacaneæ diligentiæ accusandi essemus, si omnia & minuta Conchularum, Turbinum, Cochlearum genera persequi uellem. Si quis enim otio abundãs in marinis litoribus spaciari uelit, & in saxa maris penetrare, totam istam rem in infinita uarietate uersari uidebit. Genera igitur, & illustriores species cognoscendæ, atque ut quæque uel minutæ uel neglectæ, uel nominibus non expressæ fuerint, ad genera sua erunt reuocandæ. A B

COROLLARIVM.

Turbinata in genere dicta, στρομβώδη Aristoteli, sunt quæcunque in uolutas & anfractus, seu spiras, quales in prælis & torcularibus uisuntur, (ἕλικας Græci dicunt, unde ἑλικοειδῆ fortè eadem quæ στρομβώδη uocari possunt,) testas suas quoquo modo reflectunt: sicut & cochleæ. hæ enim omnes turbinatæ sunt, sed breuiores, rotundioresq́: nec exeunt in mucronẽ suo turbine, ut strombi propriè & priuatim dicti, oblongiores, species altera τῶν στρομβωδῶν. Vide Rondeletium in capite de Cochleis in genere, quod reperies suprà, pagina 271. Hesychius non distinxit, strombum simpliciter cochlon interpretatus. Neque Massarius: qui, Aquatiles cochleæ (inquit) sunt, quæ Græcè strombi, Latineq́ turbines communi alio nomine nuncupantur, quod ex amplo in tenue deficiant in uertiginem torti. Strombum alium esse à cochlea, uel ex Plinio manifestum est, lib. 32. Vuottonus. Vide in F. mox Theocriti uersus, ceu synonyma strombum & κόχλον nominantis, ita nimirum ut genus ac speciem. οἷ τε χερσαῖοι κοχλίαι, καὶ τῶν ἐν τῇ θαλάττῃ κόχλος, καὶ τἆλλα τὰ στρομβώδη, Aristot. historiæ 4. 4. Apud eundem libro 4. de partibus cap. 7. echini uidentur turbinatis adnumerari, uerba eius loci recitat Rondeletius: & cum alijs Aristotelis locis hunc non congruere ostendit. Michaël Ephesius totum hoc caput præterit. Sed locum proferamus. τῶν ὀστρακοδέρμων τὰ μὲν εἰσι μονόθυρα, τὰ δὲ δίθυρα, τὰ δὲ στρομβώδη. καὶ τούτων τὰ μὲν ἕλικα ἔχοντα, οἷον κήρυκες: τὰ δὲ σφαιροειδῆ μόνον, καθάπερ τὸ τῶν ἐχίνων γένος. quod si τούτων pronomen ad στρομβώδη ceu proximum referas, ut fieri solet: & res ipsa postulat, si modò ad præcedentium aliquod referre uelimus: nam neq́ μονόθυρα, neque δίθυρα ἕλικα habent: echinos quoque στρομβώδεις feceris, sicuti Niphus facit. Albertus nullum hîc pronomen habet, nec ad præcedentia refert: sed tanquam absoluta & noua diuisione: Quædam autem (inquit) inuolutionem spiralem habent, ut keryces: quædam autem sunt rotundi corporis, sicut hericius. Turbinata quidem non omnia ἕλικα habere, constat ex uerbis Aristotelis de partibus anim. 4. 9. Pars posterior (inquit) in mollibus adducta est ad anteriorem, sicut in turbinatis testatorum. In uniuersum enim testa, partim cum crustatis, partim cum mollibus conueniunt. Crustatis quidem, quòd partem terrenam foris, carnosam intus habent. Figuram autem corporis eo modo quo mollia testata etiam quodammodò omnia habent: maximè uerò è turbinatis ea quæ uolutam habent, μάλιστα δὲ τῶν στρομβωδῶν τὰ ἔχοντα τὴν ἕλικα. (*Gaza uertit: quæ ex turbinatis cuniculo in anfractum contorquentur.*) natura enim horum utrorunque perinde se habet, quasi quis directa linea, (ut in quadrupedum ac hominum genere est,) primùm extrema lineæ parte superiore os situm intelligat, quà, a. mox stomachum, quà, b. tum uentrem, quà, c. deinde intestinum, usque in ostium excrementi, quà, d. Hæc ita in sanguineo genere disposita sunt, &c. At uerò mollia & turbinata, inter se quidem proximè constant, sed illis econuerso. finis enim ad principium flectitur, quasi quis lineam inflectendo (in circulum) adducat d. ad a. Cum enim ita partes interiores eis collocentur, (foris) ambit alueus in mollibus, τὸ κύτος: in testato genere, turbo, ὁ στρόμβος. (*Notandum quòd strombus & pro testa exteriore tantùm, & pro animali toto accipitur.*) hinc fit ut excrementum meatu ori uicino emittatur, Hæc Aristot. Helicen aũt fortè ea tantũ habuerint, quæ turbinẽ, ueluti pyramidis forma exeunt: alia, ut cochleę quędã, lineas suas aliter digestas habent, circulorũ ferè forma: qui plures ita cõiuncti sunt, ut minores à maioribus cõtineant, q̃d in helicoide linea nõ fit. ¶ Vniualuibus biualuibusq́ adnata est caro ad testas, turbinatis uerò magis soluta, Aristot. Turbinata omnia mouent ac repunt, Idem.

Turbinata in genere.

HIS de Strombis priuatim dictis, ut supra monui, quædam adiungentur. Strombos igitur eosdem cum Strabelis & Astrabelis Athenæi (de quibus suprà in Strabelis diximus) Rondeletius conijcit. Germanicè cochleas & turbinata quoquo modo nominabimus **Schnecken**: Strombos uerò priuatim **Straubschnecken / Straubenhorn / Spitze Kinckhorn / Schmale langlachte vnd gespitzte Schnecken.** A

Strombi.

Stromborum & chœriorum, aliorumq́ conchyliorum, uariæ sunt species ac longè diuersæ à nostris, Androsthenes in Nauigatione Indica. B

Testatorum alia in petris, alia in arenis degunt, ut Νηρίτου, στρόμβων τε γένος, Oppianus. C

Turbinis in concha aliquando cancellus hospitatur, de quo suo loco dictum est. --- στρόμβων δὲ δύσεις φιλέουσι μάλιστα, οὕνεκεν εὐρεῖαί τε μένειν, κοῦφαί τε φορῆναι: Oppianus de carcinade, D id eſt, cancello. uidetur autem ſtrombi teſtam his uerſibus quàm neritæ & buccini maiorem facere, eoq́ commodiorem inhabitatu cancellis.

Turbines (Strombi, non ut quidam legit Scombri) regem habent, cui ſe faciles ad obtemperandum præbent. Rex non modo magnitudine præſtat, ſed longè etiam & multùm pulchritudine cæteris omnibus antecellit. Quod ſi commodum ei uideaī demergi, hoc quidem ipſum primus facit: ſin emergere, idem incipit: itemq́ ſi commigrandum ſit, ipſe primus tentat, cæteri ſubſequuntur. Quicunq́ hunc regem ceperit, bene rem geret, omniaq́ ei commodè cadent. Sed is etiam qui alium capientem uiderit, alacrior & fidentior diſcedit. In urbe Byzantio drachma Attica ei qui hunc comprehenderit, præmium proponitur, à ſingulis in piſcatione ſocijs conferendum, Aelianus de animalibus 7.31.

E Strombis & chamis quomodo ineſcentur purpuræ, in ipſarum hiſtoria expoſuimus. Thymallus piſcis non chama, non ſtrombi tendine, (στρόμβου τένοντι,) nec alia eſca hamo infixa, præterquàm culice, capitur, Aelianus 14.22. uidetur autem in ſtrombo tendinem appellare, partem ſolidiorem carnis eius, quę ſphondylus alio nomine in teſtatis dicitur. ¶ Strombus eſt è genere conchyliorum, quibus tubæ loco utebantur, Scholiaſtes Nicandri. Vide mox in F.

F Τῷ δὲ (δῶρον ἔδωκα) στρόμβω καλὸν ὄστρακον, ὧ κρέας αὐτὸς σιτάθην, πέτραισιν ἐν Ἰκαρίαισι δοκεύσας, πέντε ταμὼν, πέντ' οὖσιν: ὁ δ' ἐγκαναχήσατο κόχλῳ, Theocritus Idyllio 9.

G Contra dorycnij uenenum ſtrombi auxiliantur, Nicander. In aceto putrefacti lethargicos excitant odore: proſunt & cardiacis, Plinius. Strombi carnes tritæ, & in mulſi tribus heminis pari modo aquæ, aut, ſi febres ſint, ex aqua mulſa datæ, hydropicis medentur, Idem.

H.a. Ad ſtrombum & re & nomine accedit Germanicū Strub. Vide in Cochlea in genere H. a. pag. 279. Νηρῖται, στρόμβοι τε, Nicander Colophonius. Στρόμβος, κόχλος, ῥόμβος, περιφερὴς λίθος, Heſychius. Στρόμβον δ' ὣς ἔσσευε βαλὼν, περὶ δ' ἔδραμε πάντῃ, de Aiace lapidem proijciente Homerus, Iliad. ξ. uidetur autem ſtrombum nominaſſe inſtrumentum puerilis ludi, quod alij rhombum uocāt: de quo plura leges ſuprà in Corollario de Rhombo, inter Paſſeres, pag. 792. ¶ Strombites lapis dictus eſt ab aquatilibus eiuſdem nominis, Ge. Agricola. interpretatur autem Germanicè, Schneckenſtein: malim ego Straubenſtein. Et alibi: Strombites (inquit) aſsimilis eſt cochleæ aquatili. ex amplo enim in tenue turbinis inſtar deficit, in ſpiram à dextra tortus. is interdum eſt breuis, interdum longus dodrantem, intus candidus: extrinſecus terræ, in qua naſcitur, colorem aſſumit. reperitur autem in Saxonia ad Hildesheimum, &c. Memini ego apud pharmacopolas quoſdam demonſtratum agapis nomine lapidem paruum, turbinis ſeu cochlidis figura, in mucronem exeunte, colore ſubruffo. talem Chriſtophorus Encelius pingit, libri de lapidibus cap. 43. nec rectè chelonītin appellat.

g. Aduerſus ueſparum & apicularum ictus naturaliter opitulatur ueneranda & uiuifica ſtrombi conchylij imago in ſigillo ferreo exſculpta, et plagæ appreſſa. non enim permittit ampliùs inflammationem generari, Aëtius 13.11.

DE STROMBIS DIVERSIS.

Rondeletius ſpeciem unā è ſtrombis ſuis (in Capite, De Turbinibus intra Spongias uiuentibus,) porcellanā paruam nominat. Sed aliud & peregrinum porcellanę paruę genus eſt, de quo inter Conchas egimus ſuprà, initio paginæ 336. & fine ſequētis. puto autem peregrinum, ſolidiorem ſemper & craſsiorem eſſe: & ſi candore & uſu, quo equorum frenis accommodantur, nō differunt fortè, ſpecies etiam nonnihil differt. nam peregrina turbinata non eſt. ¶ Vt pentadactylus ſtrombus quidam Rondeletio eſt, ſic & purpuræ ſpecies eodem cognomine Bellonio. ¶ Qui tuberoſus à Rondeletio cognominatur ſtrombus, pollicis magnitudinem nunquam excedens, à figura qua glandem quodammodo refert, Germanicè Eichelſchneckle uocari poterit. ¶ Trochi nomen quibuſdam Rondeletius finxit: ſed Trochi, id eſt, Rotæ Aeliano belluæ quædam marinę ſunt. ¶ Flumina etiam & lacus cochleas paruas generant, quarum teſta longiuſcula in acutū deſinit ſtromborum modo: de quibus leges ſuprà inter Cochleas, pag. 289. Rondeletij uerba, & ſubſequentis Corollarij initium. Strombi lacuum noſtrorum cornicula non protendunt. foramina quædam in eis tanquam oculi apparent. pars circa os & uentriculum ruboris aliquid & ſanguinis habet.

DE STVRIONE.

STVRIONIS hiſtoriā abunde proſequuti ſumus in Acipenſere A. elemento. hic quæ poſtea obſeruauimus, aut nacti ſumus, adijcientur. Recentiores aliqui pro Sturione Stirionem aut Storam ſcribunt. Sed alius eſt Scurio à recentioribus quibuſdam in Auſtria & Hungaria dictus. Philelphi ſententiam, Sturionem Attilum eſſe, Iouius redarguit. Sturiones eſſe lupos ueterum aliqui putarunt: quoniam piſcatores Romani hodieq́ ſturiones lupos appellent, &c. Idem Iouius: qui falſam hanc perſuaſionē pleniſsimè refellit. (Vide ſuprà in Lupo A.) Torſionem quoque Plinij, Ariſtotelis phocænā eſſe, longè alium à ſturione piſcem,

piscem abunde ostendit. ¶ Non dubium est quin Circasi (inquit Cæsar Scaliger) cæteriq́ Mæotidis accolæ Sturionem oxyrynchum uocent. gluten nanq́ quod ex eo fit, colla xyrychi dicitur ab illis. Cæterùm & Rondeletij sententiam probamus, quæ Sturionẽ putat Acipenserem: & doctissimo atq; optimo uiro ut assentiamur, faciunt Athenæi uerba in septimo: qui similem quidem Galeo Rhodiensi dicit, sed rostro porrectiore: cuiusmodi sanè Sturio est. Sturionis autem uocabulum Gothicum est, & ab ea gente in Europam inferiorem importatum. sic enim etiamnum uocant, Stur. Sarmatiæ fluuius Occa est, in quo tria genera tradunt Sturionum. Pro preciosissimo illum celebrant, qui Bielaribitza nominatur. Fortasse hic sit Latus antiquorum. candidissima carne, Latus: non minùs candida is ipse, quem modò nominabamus. hoc enim Sclauis prima pars significat nominis. (*Sigismundus Liber Baro, cum tria Sturionum genera in Occa Moscouiæ fluuio nominasset, Bielaribitzam, hoc est, album pisciculum, ab ijs diuersum facit. Latus etiam cum Sturione nihil commune mihi habere uidetur.*) Georgius Interanius Genuensis, qui totam uitæ fabulam transegit apud Tartaros, in libello quem de Zygis scriptum reliquit, ait: quos Antaccos pisces dicebant prisci; hoc etiam nomine suis temporibus, id est annis ante hunc (1557.) circiter quinquaginta, uocari consueuisse, nihilq́; aliud, quàm Sturionum esse species, Hæc Scaliger. Nos suprà in Antacæis, husonem piscem sturioni cognatum, ab Vngaris Tock, nomine ad Antacæum accedente, appellari monuimus. ¶ Germanicum nomen Sturionis est Stör uel Stuer: unde Stüerlein diminutiuum, apud Saxones in usu, de Sturione paruo: aliqui non rectè acum interpretantur. — *Genera tria.*

¶ Sunt qui Porcum uel Porcellum marinum nominent: Vide suprà in Porcis piscibus, pagina 890. Hispani Suillum, (potiùs quàm Sulium, ut Iouius scribit.) uide in fine eiusdem paginæ.

¶ A Gallis Burdigalæ Creac dicitur: quòd (ut suspicatur innominatus quidam) eius caro quadrupedis carnem ueriùs referat, quàm piscis. A Polonis Czetzugá, uel Iesziotr. A Turcis Siiruck, (uel Syruck, proferunt enim primam ut Germani suum ü, Galli u:) quod nomen ab oxyrynchо factum uideo. ¶ Hippolytus Saluianus Iouij sententiam, silurum esse sturionem, acriter defendit: cuius opinionem qui nostra de siluro & glanide scripta legerit, nulli eruditorum approbatum iri confido. Sturiones, quemadmodum & truttæ, diuersarum specierum esse uidentur. Affines eis oxyrynchi, octo cubitos excedunt nonnunquam, deferunturque ad nos saliti è Caspio mari, Cardanus. Acipensis nomen ab oxyrynchо factum uideri potest, x. mutato in c. (ut ab oxys fit acutus) & r. in p. &c.

Sturio magnos amnes perquàm libenter subit: Propterea in Nilo, Tanai, & Danubio, Padóque fluminibus maximè capitur, Iouius. Item in Rheno, Albi, & Tibisco seu Tissa Vngariæ. In lacu alluente Suerinum non procul Oceano Germanico, siluros (*sturiones intelligit*) etiam inuentos esse aiunt, Simon Paulus Suerinensis. In Caspio mari siluri (*sturiones*) & moroni uulgò dicti capiuntur, Scaliger. ¶ In Albi aliquando capiuntur tanti, ut libras ducentas appendant, singulas sedecim unciarum, ni fallor. Referunt aliquando captum, sexaginta supra ducentas librarum pondere: à Io. Friderico principe electore, totidem florenis (florenus denarios argenti septem cum dimidio ualet) emptum. — B

Sturionis caput quadratum est, & ad effigiem paruæ pyramidis protensum. Os illi est sine maxillis, sine dentibus, diuersum penitus ab reliquorum piscium forma, idq́; (*parte supina*) sub mento in ipsa propè iuguli parte ad similitudinem fistulæ harundineæ rotundum, semperq́; patens, & chartilagineum, & summè candidum: cuius hiatũ in proceriorib us hasta brachij haud facilè impleret. Cæterùm totum caput dura potiùs & callosa chartilagine quàm certis ossibus constat: quod ex lento quodam & præpingui mucore concretum esse uidetur. Naribus autem omnino, quæ illi pertenues sunt supra rostrum, refrigeratur: quum branchijs omnino latis careat, & si quam hauriendo recipit aquam, illam eodem prono ore statim regerit. Toto autem dorso crassiores quædam squamæ ossea duritie, certo numero ordineq́; distinctæ, intercurrente spinæ acie ad elegantiam eminent, uti in magnificentioribus ualuis hodie uidemus: quas ferrei atque inaurati claui certa serie confixi decentissimè figurant. Cæteræ corporis partes cuticulari & scabro admodum operimento potiùs quàm perpetuis squamis integuntur, idq́; ad subuiridis atriq́; coloris speciem, Iouius.

Piscis apud Liuones uulgò Dorst dictus, partim ad Sturionem, partim ad Vuelsum, id est, Silurum accedit, ut audio.

Sturio nunquam ferè, uel certè rarissimè, in præalto mari capitur, Iouius. Naribus refrigeratur: quum branchijs omnino latis careat: & si quam hauriendo recipit aquam, illam eodem prono ore statim regerit, Idem. Dum escam quærit, more suis terram sub aquis fodit, Isidorus. inde Sturionis fortè nomen imposuêre Germani, quibus Storen uerbum, cœnum aut uadum aquæ fodere & commouere significat. — C

Sturiones magni & parui ex Oceano in Albim ascendunt, in quo tamen non proficit, sed paulatim contabescens perit. Circa Pentecosten plurimi & gregatim aduenrant: maximè inter Pentecosten & diui Ioannis diem, Kentmanus. Fœturam eius in aquis dulcibus gliscere negant. De uiribus & robore eius, leges mox in E.

BB

D Sturionem aliqui piscatores ad Rhenum, regem seu ducem Salmonum appellant. ubi enim is apparet, salmones multos adesse indicium facit. ¶ Pisci quem Zigam Germani uocant (ein Zige, *de quo ad finem operis dicemus*) ualde infestus est Sturio: eumq; è mari expellens, per flumina persequitur. agilis ille & uelox semper præuenit. eo capto uiso ue piscatores, quin in proximo Sturiones sint, non dubitant, Kentmanus.

E Sturiones cōstat retibus capi, nunquā uerò hamis, præsertim si cubito maiores fuerint: eosq; piscatores referunt magno impetu plagarū sæpe maculas dilatare & abrumpere consueuisse: proptereaq; accidere ut hamis nō capiantur, quoniam sturiones lambendo sugendoq; potiùs, quàm uorando, inepto ad escam corripiendam ore, sine controuersia alant, Iouius. ¶ Memini ad Sāctogoarum patriā meam cis Rheni ripam, nō procul à gurgite illo per Conradum Celtem poëtā celebrato, capi interdū Sturiones. eosq; uidi uiuos aliquot, præsertim æstate & sub autumnū, retib. talibus, in quibus Salmones capiuntur, duplicatis uel etiā triplicatis trahi nauigio ad litus, cū magno clamore piscatorū, plerunq; longitudine tredecim aut quindecim pedū. Os habet hic piscis ferè rotundū sub rostro, per quod piscatores restim densam immittūt, ac ita in Rheno piscem alligatū diebus aliquot uiuum detinent, Iustinus Goblerus. ¶ Sturio in aqua ualidissimus piscis est: & in terra quoq; cum uentri innititur. Cauda concussa hominem utcunq; robustum, prosternit, ubicunq; contigerit. perticas etiam magnas & ligna per medium frangit. In terram extractus, lapides aliquando tanta ui caudæ ferit, ut ignis exiliat, attritu nimirum ossiculorum, quibus toto corpore mucronatis horret. Quamobrem cautè tractādus est à piscatoribus, ne uel crura eis confringat, uel retia disrumpat. Peritiores in aqua captum reti ad ripam impellunt, ita ut rete, nō aduersum, sed ad latus ei sit: secus enim rete uel sextuplex laniaret. Cum ripam attigère, caput eius omni contentione in altum leuant, & piscem totū in latus declinant: sic enim robore suo nocere non potest, Kentmanus. ¶ Quo tempore apud Saxones & Misenos rosaria florent, sturiones præcipuè capi audio. ¶ Quæ sequuntur ab Argentinensi quodam sene piscatore accepi: quanquā Argentinæ uix unus aut alter intra plurimos annos sturio capiatur. Sturiones (inquiebat) nisi dormientes capiantur, ne retia omnia dilanient periculum est. Olim in Rheno mihi & socijs salmonum capturæ causa nauigantibus, sturio uisus est corpore aliquantulum prominente: quem, cum non moueretur, magno fune circuniecto in nauim pertraximus. Paulò pòst experrecti rostrum unus è nobis securi amputauit, unde extinctus est piscis: & funibus per os duobus traiectis ligatus, in lintre in urbem à nobis deductus, & in piscatorum tribu omnibus qui numismate collato spectare uolebant, demonstratus. Hæc ille. Puto autem eundem hunc sturionem esse, cuius nunc etiam in piscatorum publica domo pictura è uico spectatur.

F Antuerpiæ sturiones plures quotidie uisuntur in frusta secari, & in uasis, quæ tonnas uocāt, sale condiri, ac ita per annum in cibum seruari, Iust. Goblerus. ¶ Sturionem (inquit Iouius) maria gignunt, sed flumina maximè nobilitant. pinguescit enim dulcium aquarum haustu, subagrestemq; illum saporem exuit, qui præalto in mari concipitur. Non omni tempore autem grauissimus est, utpote qui in medijs tantùm solstitij feruoribus laudetur. Pogius doctoris Pogij filius, in senectute non modò eruditus, sed usq; ad iracundiam in conditura ferculorum morosus, & uehemens parasitus, quum sturionem apud antiquos lupum fuisse & ipse crederet, in pōtificijs, quas maximè sectabatur, cœnis, dicere solebat, ueteres insulsum habuisse palatum, quòd tantopere Lupum celebrassent. eum enim carnes habere cum præduras, tum multa glutinosioris succi exuberantia insuaueis: quæ priùs appetentes satient & expleant quàm delectent. Propterea non domi-

Caput. ni, sed familiæ potiùs mensis apponendum esse censebat, uno tantùm excepto capite: cuius elixi & leucophago conditi latebras & recessus omnes ipse furcula simul ac digitis auidissimè scrutabatur. Tiberim subeunt Sturiones, & pinguioribus aquis gaudent, tantoq; sapidiores sunt, quanto magis à maris litoribus recesserint. Lurcones & diligentissimi quiq; ganeonum paruos Stu-

Porcelletæ. riones, quos Porcelletas appellant, repudiatis maioribus, consectantur. Luporū præteneræ sunt carnes, Sturionum non item. Nobilis quidam coquus aulæ procerum ingeniosissimus, Lupos altilibus capis comparabat, Sturiones uerò pauonibus. Hucusq; Iouius. ¶ Cauēdum est ne pisces magni & duræ pellis, ut Rex, (*Raia*,) Delphinus, Sturio & similes, recentes capti edantur: sed tandiu reseruentur, & maximè euiscerati, donec absq; corruptione substantiæ tenerescāt, Arnoldus

Viscera. Villanou. ¶ Sunt & uiscera quorundam, quia pinguia, grata: uelut sturionum, balænarū, delphinorum. nam non solùm sapore, sed & odore quasi uiolæ commendantur, Cardanus. ¶ Lautissimus piscis est sturio, paruus, magnus, recens, salsus. probè autem conditur croceo uel caryophyllorum coloris iure, quod fit è uino, saccharo, defruto (ut sic dicam) cerasorum, pipere, zingibere, caryophyllis, uuis passis maioribus et paruis. Si croceus color placet, [pro cerasorū defruto, amylum cum croco additur: uel placentæ ex farina cum melle ac piperis modico subactę. Sacchari loco aliqui mel coctum addunt. Tomi quidem maiores sturionum aprugnam referunt aspectu: eodemq; modo parati mensis locupletum aliquando inferuntur, Kentmanus. ¶ Maxima nunc gra-

Oua. tia est Cephalorum ouis, quæ Græco nomine passim oà táricha, id est, salita nuncupantur. Secundum oà táricha eminet cauiarium, quod ex Sturionum ouis in Ponto conficitur, ita ut salita in massam ingentem cogantur, & cadis includantur. cruda ea comedimus, uel in panis crustulis ad

prunas

prunas ustulatis. modico enim igne salsamenta in uniuersum indigent, authoritate Athenæi: qui quũ de celeriter factis loquimur, in prouerbium cessisse ait, Citiùs quàm salsamẽta coquantur: sicuti de asparagis Latini usurparunt. Cauiaria Iulio I I. pontifici maximo mirificè placuerũt, quòd deiectum ei ciborum gustum sæpius alleuassent: & siti, uinisq; pariter, ut in senibus accidit, mirè lenocinari uiderentur. Sunt etiam in summa commendatione ex ipsis Sturionum pulpis Spinalia, sic uulgò nuncupata, quæ laricinis (larignis) lignis assimilantur. Laudant & Moronem, ignoti nobis piscis (*Sturioni cognatus est, Husonem Germani uocant*) prædura frusta, squaldeq; rubentia: quæ Mæotidis paludis accolæ mercimonij caussa transmittunt. Ea priùs exedi cõmodè non possunt, nisi aquæ calidæ perfusione molliantur, Iouius. Cauiario dicto è sturionum ouis per omnes ad Orientem regiones Turcæ ac Græci uescuntur: Iudæi abstinẽt, quòd hic piscis absq; squamis sit. Cæterùm accolæ Tanais, qui magnum cyprinorum numerum capiunt, ex ouis eorum salitis Cauiarium rubrum pro Iudæis, Constantinopoli usitatum, parant, Bellonius. Huso.

SVS marinus. Vide suprà in Porcis marinis, pagina 890. Lolligo, diriq; sues, Ouidius.

SYAENAM piscem Græci recentiores chœrillam interpretantur, hoc est, porculum, Hermolaus in Plinium. Oppiano lib. 1. Syęna circa petras lepradas degit. λεπράδας, ἃς κίῤῥις τε, σύαινά τε καὶ βασιλίσκοι, scilicet ἐννέμονται. Idem nimirum est Hyæna piscis, de quo scripsimus in H. elemento, pag. 522.

SYAGRIDVM, Συαγρίδων, meminit Epicharmus, Athenæus. Has ne quis cum synagride confundat, cauendum. Syagros quidem Gręcis aper est, quem & capron dicunt. de capro autem & caprisco piscibus actum est suis locis. uterq; per metalepsin syagros etiam aut syagris dici poterit: sed capros magis syagros: capriscus, syagris.

DE SYNAGRIDE, (VEL SYNODONTE, QVAE SYNAGRIS ADVLTIOR EI uidetur,) Rondeletius.

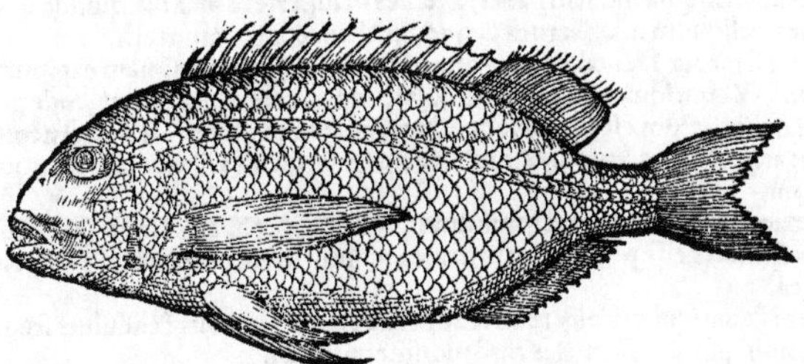

ΣΥΝΑΓΡΙΣ Græcis dicitur, Gazæ dentex, quo etiam nomine συνόδοντα conuertit: quia synagridem & synodontem, eundem piscem esse existimet. Græci quidam etiam hodie uocant συναγρίδα. Italis dentale dicitur. A Massiliensibus denté. In Gallia nostra Narbonensi marmo: pro mormyro ostenditur uenditurq;. Admonere hîc oportet ab ichthyopolis nostris scarum Aristotelis denté uocari, à dentibus magnis & latis: ne quis hunc nostrum denté cum dentali Italorum, & synagride uel synodonte confundat. A

Synagris piscis est marinus in litoribus & eorum saxis degens: corporis figura auratæ, uel erythrino similis, pinnis quoq; & aculeis, & squamis, & colore: nam ex albo rubescit, sed maculis ueluti punctis aspergitur. Capite magis est compresso quàm aurata, uel pagrus. Quaternos in utraq; maxilla dentes caninis similes habet, inter alios paruos eminentes: internas partes sicuti superiores pisces, (*hepatus, nouacula, erythrinus, pagrus.*) Lapides in capite. In Adriatico mari in insignem magnitudinem accrescit, in nostro litore auratam non superat. B

Sunt qui synodonta non genere quidem, sed specie à synagride differre arbitrentur. Athenæus enim lib. 7. ex Epicharmo tanquam diuersos ponit Συναγρίδας μαζούς τε, συνόδοντάς τ' ἐρυθροποικίλους. alibi (lib. 8.) synodontis meminit sine synagride. Ego uerò sentio synagridem & synodontem sola ætate differre, (cui simile quid in auratis & coracinis priùs annotauimus,) ut synagris dicatur minor & iunior: synodon, maior: unde synagridas μαζοὺς, id est, ut opinor, delicatas & teneriores nuncupauit Epicharmus. minores enim pisces, & qui ætate non multùm processerunt, molliores & delicatiores sunt grandioribus. Synodontem uerò ἐρυθροποικίλον, cum uarietate rufum, siue rubrum, quem Numenius uocat μέγαν & λευκόν: quod epitheton cum erythropœcilo pugnare uideri posset. uerùm λευκὸν Numenius uocat, à subiecto & ueluti primo colore, qui albus color, cùm tanquam punctis rubeis aspersus sit, ἐρυθροποικίλος ab Epicharmo dicitur. Sunt in synodontis capite lapides, unde synodontides (*meliùs synodontitæ*) gemmæ Plinio lib. 37. cap. 10. Hac in sententia de synagride & synodonte permanebo, quoad alius A — A synodonte an differat.

BB 2

differentiam aliquam siue notam prçter ætatem, qua discerni possint, ostēdat, nullam enim aliam hactenus inueni.

Charax. Συνόδους καὶ χάραξ τοῦ μὲν αὐτοῦ γένους εἰσί, διαφόρει δὲ ὁ χάραξ, inquit Athenæus libro 8. Eiusdem generis sunt συνόδους & charax, præstantior autem est charax, cuius eiconem non propono: in nostro enim mari non reperit, neq; ab Aristotele Plinió ue ulla huius facta est mentio, sed ab Athenæo breuiter tantùm, ut dictum est, & ab Aeliano.

DE DENTALI SEV DENTICE, (SYNODONte,) Bellonius.

Exhibita Synodontis à Bellonio icon, cum ea quam Rondeletius dedit, satis conuenit, pinna dorsi excepta, quam Bellonius uniformem (qualis & in nostra icone apparet) & pluribus aculeis munitam ostendit.

A A dentibus caninis atque exertis (qualis habet Cinædus) suam Dentalis desumpsit appellationem, Synodontes (*Synodus uel Synodon*) Ouidio mutuata à Græcis nomenclatione dictus, nostro litori admodum rarus, aut eo nomine ignotus, de quo sic Oppianus:

Denticem Boces, Hippuros fallit Iulus.

B Piscis est latus, ferè circinatus, & ueluti planus, in tantam plerunq; magnitudinem excrescēs,
(A) ut sex libras pendat. Communium tamen pondus, trium aut quatuor librarum esse solet. Dentex Columellæ pelagius piscis esse censetur, qui & arenoso gurgite optimè pascitur. Pinnam gerit in tergore continuam, uiginti spinulis seu aristis refertam, quæ ad caudā desinit: ac rursus aliam ab umbilico uersus caudam protensam, præter eas quæ utrinq; ad branchias feruntur, ac rursum duas alias quæ illi sub uentre sunt. Cæterum bifurca est eius caudæ pinna. Denticis caput in acumen fastigiatum est: oculi ut Melanurus prægrandes, squamæ latæ, branchiæ utrinque quatuor. Venæ in lateribus seu lineæ octo, rectæ, uarij coloris, id est, ex leui rufo nigricātes, atq; in fuscum elanguescentes. Ea autem linea quæ piscibus utrinq; in lateribus data est, Dentici nō multùm arcuata comperitur. Linguā mollem habet: Dentes in superiore maxilla quinq;, in inferiore octo, exertos omnes: reliquum maxillarum denticulis deinceps serratum est.

F Illyrij atque Epirotæ Dentales (quos plurimos circa Quadragesimam capiunt) in caudam ac caput diuidunt, & cum squamis, ex aceto & sale addito croco incoquunt, inde gelu conficiunt: quod quum iam incoctum est, doliolis condunt, & fretum traijcientes, ad Anconam & alias urbes deferunt: atque hoc pacto tres & quatuor integros menses illæsos seruant, quos deinde publicè diuendant.

B. *Discrimen ab aurata.* Dentici magna est cum Aurata similitudo: sed mox discrimen comperies, si quidem exteriores branchias spinosas esse perceperis: præterea tegumentum perpetuò Dentali rubet, neque cilia habet aurea.

(A) Genuinam & antiquam ubiq; retinet appellationem. Grandis & adultus frequentior quàm paruus, ita ut mihi pusillos Dentales rarò uidisse contigerit.

DE SYNAGRIDE, BELLONIVS.

Iconem non dedit.

B SYNagridem uulgus Græcum optimis notis à Synodonte distinguit. Dentex enim magis recurto est corpore. Synagris Cyprini in modum, ueluti circino ita circunductus, ut pro longitudine ac latitudine magis crassus appareat. Caput utrinq; compressum habet, pro sua crassitudine planum ac latum, oculos quemadmodum in serpētibus elatos: tergus aciei oculorum subiectum, quod huc atq; illuc siquando commoueat, uarios colores edit. Caput habet ueluti aureum, & lineas uersicolores complures per squamas, quarū nonnullæ cæruleæ sunt, aliæ aureæ, deinde subnigræ, mox uirides, uel his coloribus commixtæ. Verùm ea quidem linea quæ latera intersecat, eo modo non uariat: nigra enim est. Proinde squamis contegitur corui, rotundioribus & latioribus, sed tenuioribus. Caudam gerit admodum bifurcam, & pinnas laterum ualde in acutum desinentes, arundinis alæ in modum oblongas. Pinnam aliam in tergore continuam gerit, uicenis aristis communitam, quarum quæ capiti finitimæ sunt, firmiores atque acutiores conspiciuntur. Vmbilici pinna denis aristis constat: quarum duæ priores, alijs fortiores comperiuntur. Narium foramina circa oculorum fontes illi sunt peruia. Dentes canini, ut Synodontis, in superiori et inferiori maxilla, quorum quatuor præcipui alijs longiores eminent. Quum autem maxillas coniungit, dentes pyxidatim in alterutram coëunt. Linguam exerit albam, oblongā, & modicè compressam. Cor habet sub branchijs angulosum, diaphragmate interseptum: Hepar pallidū, in duos lobos diuisum: quorum dexter sinistro maior est, sub quo fel includitur, duos digitos lōgum, gracili uesicula inclusum. Lutea sunt eius intestina, præter rectum quod inter cætera candicat. Stomachus quoq; illi est oblongus, per uentrem protensus, ex cuius summa parte propter œsophagum tres tantùm appendices siue apophyses numerātur. Lienem, ut iuniperi bacca, orbicularem habet,

habet, à stomacho dependentem, firmis uenis alligatum: Vuluam utrinq; bicornem, per longitudinem spinæ exporrectam, ouis innumeris refertam.

Synagrides circa Corcyram (quo in loco nomen antiquum apud uulgum retinent) calamis decipi conspexi. rarò enim nassis decipiuntur, sæpius tamen euerriculis. E (A)

Synagridibus uesicæ uentosæ (quæ piscibus datæ sunt ne immergantur) geniculò interceptæ comperiuntur: quod cæteris piscibus marinis, aut saltem paucis, minimè accidit. B

Quum itaq; Synagris Latinum nomen non habeat, non est quòd eum Denticis nomine ob confusionem appellemus. A

COROLLARIVM.

Imago hæc Denticis, Venetijs picta est.

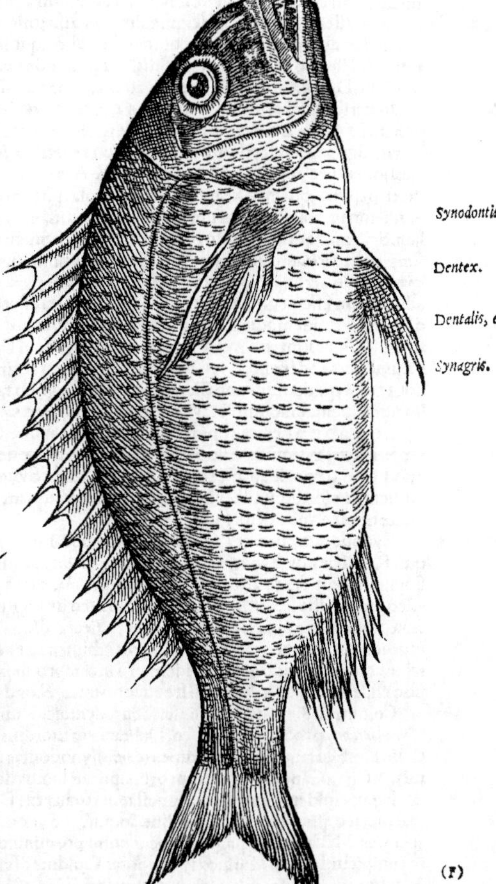

A

Synodontē & SYNAGRIDEM alij pro eodē accipiūt, alij distinguūt. ego utrūq; una historia concludā, sed SYNAGRIDIS nomen maiusculis subinde literis scribā: ut si quis de eo cognoscere seorsim uelit, expeditiùs inueniat. Synodō piscis, uel synodus, ut alij scribunt, utriq; in prima per y. uel, ut alij, sinodon, per iota, (Vide infra in H. a) alius est quàm synodontis dictus in recto singulari, ge. fœm. ultima acuta, συνοδοντὶς, hęc enim pelamis magna est: ut dictū est suprà in Chelidonia, pag. 263. & dicet plurib. infrà in Thūno. Synodonti à dentibus nomē factū est: unde & à Columella Dentex uocat: & à recentioribus quibusdā Dentalis, uel etiā Dentale (ut à Platina) neutro gen. uulgi Italorū imitatione. ¶ Synodontes, & SYNAGRIDES, Latinè Dentices dicunt: tam similes sunt, ut Ligures, & Massiliēses utrosq; Dentices: cōtrà Gręci, eosdē utrosq; SYNAGRIDES nominēt. Hicesius dicit Pagrū, Chromin, Anthiā, Synodontē, & SYNAGRIDEM similes esse, Gillius. Synodontes, Latinè Dentices uocant. quorū alterū est genus simile, SYNAGRIS Gręcè uocatū, quā itē (*ut et Synodontē*) Denticē Theodorus interpretat, Massar. Videt aūt & ipse genus simile dixisse, sicut & Gillius propter Hicesij uerba: qui tamē nec forma similes, nec magnitudine pares hos pisces dixit, nec aliter inuicē cōparauit, quàm nutrimenti ratione, ut indicauimus in Orpho B. Solet enim Hicesius apud Athenęū nō corporū formarūq; similitudines tractare, id quod Speusippus facit in libro Similium, sed eas duntaxat quæ ad nutrimentum pertinent rationes persequi: quod in prænominatis etiam piscibus eum facere, ex ijs quæ infert nemini dubium esse potest. Siue igitur forma similes sint, siue non similes synodon & SYNAGRIS, nutrimentum ex eis simile est, nempe dulces sunt, subastringunt, abunde alunt, ideoq; etiam difficiliùs excernuntur. Magis autem alunt ex eis qui carnosi sunt, magis'que terrestres, (sicci,) ac minùs pingues, inquit Hicesius. Iam cum & Aristoteles diuersis in locis his duobus nominibus utatur, qui ubique ferè de una re uocabulis eisdem uti solet, nec ludere synonymia aut copia uocabulorum, diuersos esse pisces existimandum est. Sed Epicharmus quoque pro diuersis habuit, his uerbis: ΣΥΝΑΓΡΙΔΑΣ μαζούς τε, συνοδόντας τε ἐρυθροποικίλους. Quamobrem meam potiùs inscitiam, & alterum ex his duobus piscem, præsertim SYNAGRIDEM, mihi ignotum fateri, quàm clarissimos ueterum authores inscitiæ insimulare malim.

Synodontis. Dentex. Dentalis, e. Synagris.

(F)

BB 3

Saluianus SYNAGRIDEM hodie à Græcis uulgò dictam, omnino synodontem esse, neque notis ullis, nisi fortè quas ætas, temporis'ue aut loci uarietas attulerint, differre sentit. Veterũ autem SYNAGRIS (inquit) quinam piscium sit, quó ue Latino nomine, aut uulgari nomenclatura uocetur, haud nobis hucusq; notum est: suspicamurq; neq; etiam in posterum cognitum fore: propterea quòd nec nomen eius, nec quæ ei authores tribuunt, ullam ad id coniecturam afferant. Idem in Tabulis suis duo hæc nomina pisciũ similiũ, non unius facit: cũ Hicesius tantùm, ut dictum est, nutrimenti ratione similes faciat. ¶ Bellonius scribit uulgus Grecũ SYNAGRIDEM optimè à Synodonte distinguere, &c. cuius uerbis & sententiæ, ut qui magnam Græciæ partem peragrârit, interim acquiescam, donec alius fide dignius aliquid protulerit. ¶ Fragolinos (*sic puto uocant tum phagros tum erythrinos*) quum sesquipalmi magnitudinem excesserint, in dentices siue synodontes euadere communis piscatorum consensus existimauit, Iouius. Dentex corporis figura ac partibus ferè omnibus phagro similis adeò est, ut non facile ab inuicem internoscantur, sunt qui credant eos ætate sola atq; magnitudine differre; ita ut unus & idem piscis minor & *Phagros.* iunior existens, phagros: ad sesquipalmi uerò magnitudinem adultus, dentex appelletur, Saluianus. qui in altero sui operis De aquatilibus libro, quomodo dentex à phagro distinguatur, in historia de Phagro edocturum se addit. Author de naturis rerum, & Albertus, hos pisces confundunt: Dentex (inquiunt) uel pagrus à re nomen habet, quia dentes habet magnos, &c.

Malai. In uersu Epicharmi ΣΥΝΑΓΡΙΔΑΣ μαζούς τε, συνόδοντάς τε ἐρυθροποικίλους, Rondeletius interpretatur SYNAGRIDES delicatas & teneriores, utpote minores ætate, &c. Saluianus quoq;, lautas. Ego μαζὸν adiectiuum hactenus non reperi, & μέζος potiùs legerim, id est maiores. nam & alibi μέζονας pro μείζονας idem author, citante Athenæo, protulit. Natalis à Comitibus μαζὸς legit, et uertit papillas, quàm rectè ipse uiderit. res ipsa quidem & sensus postulat, ut piscis uel nomen uel epitheton sit, papilla neutrum est. μαζὸς alioquin, sicut & μασὸς, mamillam significat, θηλὴ papillam. Scio mazam aliquando pro placenta uel panificij delicatioris genere accipi, (quanquam & simpliciter farinam subactam, & aliquid pane uilius significat, ut in prouerbio ἀγαθὴ καὶ μάζα μετ' ἄρτον;) unde uerba μαζᾶν καὶ ὑπερμαζᾶν, pro τρυφᾶν, καὶ ὑπερτρυφᾶν. μαζὸς uerò ulla significatione adiectiuum esse nego: si tamen esset, masculinum esset, nec conueniret ad fœmininum synagrides. Μαζινὸς quidem adiectiuum est apud Varinum: Μαζινὸς βοῦς, ὁ δὲ ἀλφίτων. Sed hæc ad grammaticos. *Syagrides.* ¶ Aliæ sunt SYAGRIDES, quarum itidem Epicharmum meminisse paulò post Athenæus scribit eodem libro 7. uerba autem eius non recitat. Vide superiùs suo ordine. ¶ SYNAGRIDES quidem cur appellentur aliqui pisces, non facilè dixerim: nisi fortè, ut conijcio, gregales sunt, quemadmodum & synodontes: διὰ τὸ συναγείρεσθαι, καὶ συναγελάζεσθαι, ἢ καὶ ὁμοῦ ἀγρεύεσθαι. SYAGRIDES uerò alij nimirum pisces, ab aliqua ad syagrum, id est aprum, similitudine. SYNAGRIDI quidem hodie apud Græcos dictæ dentes quatuor cæteris longiores eminent: quod cum uerre & apro ei commune est. Idem Synodonti dentes caninos exertosq; esse scribit, sicut & cinædo: unde synodontem quoq;, tanquam cynodontem dictum conijcias: & cinædi quoq; nomen inde detortum.

Vulgaria nomina. Synodontes sunt qui uulgò dentales uocantur, Massarius Venetus. Massilienses (inquit Rondeletius) Synagridem Dentè appellant, quod nomen circa Monspelium aliqui propter similitudinem Scaro attribuunt. ¶ Sargum, Auratam, Synodontem, Dentalem, &c. Bellonius adeò similes esse scribit, ut uix ab oculatissimo distingui possint. Hi omnes communi Bremæ marinæ uocabulo nobis uenire poterunt, adiecta aliqua coloris aliá ue differentia. Synodontem ergo interpretor, **ein rotlachte Meerbrachsmen art / ein Zanbrachsme / ein Zanfisch.** ¶ Nostri ichthyopolæ quandoq; synagridem pro mormyro uendunt: qui admodum frequens apud nos non est, sed Romæ & Neapoli frequentissimus, Rondeletius.

B Columella 8. 16. de piscinis scribens, dentices Punicas & indigenas nominat. Synodum (*Synodontem*,) probant ex Illyrico, Dalmatiæq; litoribus, & præsertim ex Salona atque Tragurio, Iouius. Herculeæ mullum rupes (*dant*,) synodontas Amalphis, Actius Syncerus Neapolitanus. Circa Caput uiride (Noui orbis) piscati sumus dentales, Aloisius Cadamustus. ¶ Synodus & charax eiusdem generis sunt, præstat uerò charax: Diphilus Siphnius, qui tamen non de formarum, sed alimentorũ similitudine loquitur. Synodontes proximi sunt auratis (formâ, uerùm maiores, Massarius) & pagris. habent enim prominulos dentes: & sunt lati, subrubraq; uarietate conspicui, Iouius. Fuluos synodontes Ouidius dixit, nimirum ut Oppianus ξανθοὺς ἐρυθείνους, Vuottonus. Numenius λευκὸν (λευκὸν) καὶ μέγαν συνόδοντα, id est, album & candidum synodontem. ¶ Synodontites gemma è cerebro piscium est, qui synodontes uocantur, Plinius. Est autem synodontites adiectiuum nomen masculinum, ut subaudiatur lapis: ad gemmam si referas, fœm. genere synodontitis efferri potest. Recentiores quidem coruinam gemmam tradunt reperiri in capite coracini uel synodontis: sed ineptè. nã qui è coracino est, coracinites potiùs quàm synodontites uocari debebat. nos plura de eo in Coracino, pag. 354. Dentex uel pagrus dentes habet magnos, multos ac duros, Author de nat. rerum. Hunc piscem recentiores Dentatum uocant: & habet dentes antè, superiùs & inferiùs, æquales ferè, ad modum dentium hominis, qui incisores (*Bellonius caninis comparat, cuius authoritas maior*) uocantur, dispositos. Sed inferiorẽ mandibulam

dibulam habet ex duobus ossibus compositam, sicut & homo. Piscis est squamosus, nō magnus, palmo tamen maior: figura piscis qui bonachus (*lego monachus, cui etiam Nasum in Danubio pisce comparat. est autem capito fl.*) uocatur: nisi quòd caput minùs crassum habet, & aliquāto latior est. Abundat in mari iuxta Romam, & Apuliam, & Siculo, Albertus. Dentale nostra ætate dictum putant, quòd dentes ferè exertos habeat, quibus & piscatores interdum lædere consueuit. Sensère Antiâtis cicatrices in digito acceptæ, à Dentali uulnera infligi. Oratæ similis est, Platina. ¶ Synodon quaternas habet utrinq; branchias, easq; simplices: fel uerò à iecore semotum, & intestinis commissum, Vuottonus ex Aristotele. sed Aristoteles historiæ lib. 2. cap. 13. SYNAGRIDEM, non Synodontem branchias quaternas utrinq; simplices habere scribit: & rursus cap. 15. Synagridi, non Synodonti, fel eo modo se habere, ut dictum est.

C Synodon piscis litoralis est, Aristoteles. Ἀλκισαὶ συνόδοντες, id est, Robusti synodontes (*nam & magni fiunt, & dentibus plurimùm ualent, ut in B. dictum est*) in petris & arenis pascuntur, Oppianus. Nec si Columella & Ouidius, secus sentire uideantur, (ille Denticem pelagium faciens, his uerbis: At arenosi gurgites, planos quidem non pessimè; sed pelagios meliùs pascunt, ut Auratas, ac Dentices: hic uerò piscibus qui pelago gaudent, eundem annumerans:) eis assentiendum est: cum diuturna piscatorum obseruatio, Aristotelis & Oppiani, potiùs quàm ipsorum subscribat opinioni, Saluianus. ¶ Synodontes carniuori tantùm sunt, Aristoteles historiæ 8. 2. Et mox: Synodon carne uescitur, & mollia (μαλάκια) appetit. Euenit plerunque & huic & hiatulæ, ut dum pisces minores insequuntur, uenter procidat, propterea quòd piscium uenter iuxta os positus est, nec gula subest. Hoc cur ita accidat tum his, tum alijs quibusdam piscibus maioribus, dum nimia auiditate persequuntur minores, Rondeletius copiosè explicuit in Channa. Dentex grassatur in ostrea & pisces innoxios, Author de nat. rerum, & Albertus.

D Synodontes gregales sunt, Aristoteles historiæ 9. 2. φῦλα πολυσπόρων συνοδόντων, Oppianus dixit. Dentices (οἱ συνόδοντες) tam congregatiles sunt, ut nec sibi esse à gregalibus suis æqualibus solitudinem & segregationem ferant. Solent autem iuxta ætatum discrimina degere: ac nimirum peradolescentes separatim à reliquis natant. ij quoque qui sunt confirmatiori ætate, etiam inter se uitæ communitate coniunguntur, ita ut congruant prouerbio, Aequalis æqualem delectat: & præsentes præsentibus tanquam ijs quibus cum societas aut amicitiæ coniunctio ex consuetudine usuque frequenti coalescit, delectantur. Aduersus piscatores autem sic machinantur, ut cum piscator in eos cibum demiserit, congregati & in orbem consistentes inter se conspiciant, & quasi signo dato inter se, admoneant ne propè ad cibum accedant, ne'ue demissum cibum attingant, atque in hunc ordinem instructi permanent. Sin autem soliuagus ex alio grege accesserit, hamumq; deuorauerit, ac suæ solitudinis præmio accepto subtractus fuerit, confidentiores efficiuntur, tanquam capi non possint: sicq; præ nimia fiducia negligentiores facti, capiuntur, Aelianus 1. 46. ex tertio Halieuticorum Oppiani ferè. De polypi cum Dentice pugna, Alberti uerba recitaui in Corollario de Polypo D. ad finem.

E Bôce inescatur synodon, Oppianus 3. Halieut. Quomodo capiantur, proximè in D. Aeliani uerbis expositum est. ¶ Τοῖσι κε θαρρήσαιο (aliâs θηρήσαιο) φαγεῖν (aliâs λαβεῖν) λελιμμένος ἰχθῦν, Ἠὲ μέγαν συνόδοντ', ἢ ἀρνευτὴν ἵππουρον, Numenius de escis loquens, ut coniicio.

F Dentices multùm alunt, Psellus. Synodontes duram habere carnem tradit Xenocrates: sed succum creare bonum, mediocritérque nutrire: facilèque & in corpus digeri, & aluum mouere, Vuottonus. Hicesio contrà subastringunt, & morantur aluum, &c. uide suprà in A. iuxta (F) in margine. ego quidem Hicesij sententiæ, subscripserim. Synodum (*Synodontem*) probant ex Illyrico, Dalmatiæq; litoribus, & præsertim ex Salona atque Tragurio: quæ gentes concisum in frusta, & semicoctum multo croceo & perspicuo gelu condiunt, cadisq; includunt, ita Gelu. ut toto fermè anno per omnem Italiam, & Romæ idem aduectitius & recentissimus habeatur. Id genus autem obsonij medici magnopere detestantur, & ante alios Petrus Aponensis. Is enim pisces semel coctos asseruatósque, & præsertim uasorum conclusos operculis mortiferam qualitatem adquirere, mandentésque certo plerunque ueneno inficere, ratione atque experimento deprehendisse affirmauit, Iouius. Dentale ut Stirio coquitur, Platina. De Dentice patina describitur ab Apicio libro 4. cap. 2. Et rursum ius in Denticem assum ac elixum, libro 10. cap. 11. Συνόδων ὀπτός ab Antiphane cum alijs lautissimis obsonijs nominatur. Αὐτὰρ (τὸν) συνόδοντα μὲν, ὃν ζητεῖ (ζητεῖς) παχὺν εἶν, Ἐκ πορθμοῖο (è freto Siculo) λαβεῖν πειρῶ καὶ τοῦτον ἐπαίρε, Archestratus. Ὀρφῶν, αἰολίαν, συνοδοντά τε, καρχαρίαν τε Μὴ τέμνειν, μή σοι νέμεσις θεόθεν καταπνεύσῃ. Ἀλλ' ὅλον ὀπτήσας παράθες, πολλὸν γὰρ ἄμεινον, Plato comicus.

H.a. Piscis hic συνόδους appellatur à Diphilo Siphnio: ab Aristotele historiæ 8. 2. συνόδων, per ypsilon in prima: alibi uerò per iôta σινόδων, ut eiusdem operis 8. 13. & 9. 2. non placet tamen o. magnū in penultima scribi: cùm apud idoneos authores semper o. breue eo loco reperiamus, & ita originis ratio postulet, & poëtæ corripiāt: & apud ipsum Aristotelē histor. 8. 2. primū σινόδοντες, deinde etiā συνόδων legamus in nostra editione. Admonet aūt Atheneus quoq; primā huius nominis per iôta scribi à Dorione, & Archestrato, nec deest, cur ita scribat, ratio: nimirū παρὰ τὸ σίνεσθαι τῷ βλάπτειν τοῖς ὀδοῦσιν. esse quidem noxios eius dentes, in B. indicatum est. Per ypsilon uerò συνόδους, quasi κυνόδους dici uidetur. nã, ut scribit Bellonius, caninis dentes similes habet, eosq́ (ut picturæ ostendunt) non quidem coniunctos, sed magnis interuallis dispositos: cum συνόδους dici posse uideatur, qui coniũctos densosq́ dentes habeat, (ut συνόφρυς, qui & μιξόφρυς Cratino, apud Pollucem:) qui uerò contrà, raros, μανόδους. ὅσοι δὲ πλείους (ὀδόντας) ἔχουσι, μακροβιώτεροι, ὡς ἐπὶ τὸ πολύ εἰσιν: οἱ δὲ ἐλάττους, καὶ ἀνόδοντες, ὡς ἐπὶ τὸ πολὺ βραχυβιώτεροι, Aristot. Historiæ 2.3. hîc pro ἀνόδοντες lego μανόδοντες. quod & sensus requirit: & Theodori interpretatio comprobat. ὀδοὺς pro dente, communis linguæ uocabulum est apud Græcos, ὀδὼν uerò Ionicæ: ab utroq; genitiuus fit ὀδόντος. Ab ὀδὼν Ionico composita sunt προόδων, χαυλιόδων, ἀμφόδων, χαλινόδων, & similia, Eustathius in Iliados Λ. Eadem omnia puto communi lingua per ους efferri. ζῶον χαυλιόδουν uocatur ab Aristotele libro 3. De partibus, cui dentes sunt exerti, (sic Homerus κάπρον ἀργιόδοντα dixit, Iliad. ι.) alibi uerò substantiuè ipsos dentes exertos χαυλιόδοντας nominat. Historiæ enim 2.10. ὀδόντας μεγάλους καὶ χαυλιόδοντας legimus. Νωδὸς (id est Edentulus) dicitur, qui dentem non habet, apud Eubulum & Phrynichũ, quem Pherecrates ἀνόδοντα appellat. cui uerò dentes prominent, προόδων dicitur: & προόδους de fœminis, Pollux lib. 2. apparet autem προόδους, communis esse generis, προόδων masculini tantùm.

Epitheta. Synodontes fului, Ouidius. Συνόδοντα λευκὸν Numenius dixit: nimirum à recto in ους. quem generis communis esse, cum adiectiuè sumptum, ut modò indicauimus, tum pro pisce, coniicimus: quamuis pro pisce plerunque semper masculino gen. usurpetur. Ἀλκισὰς συνόδοντας, Oppianus. SYRENAE nominant apud Varronem De lingua Latina alicubi, tanquam Cõchyliorum quorundam nomen Latinum, non sumptum à Græcis, à quibus Pelorides, ostreas, &c. Latini mutuati sunt. Vernacula (inquit) ad similitudinem sunt, ut Syrenæ, pectunculi, ungues. Ego in hac uoce aliquid corruptum suspicor, nam si Latina est, cur prima per ypsilon scribitur?

DE AQVATILIBVS ANIMALIVM, T. CONSONANTE INITIALI SCRIBENDIS.

DE TAENIA, RONDELETIVS.

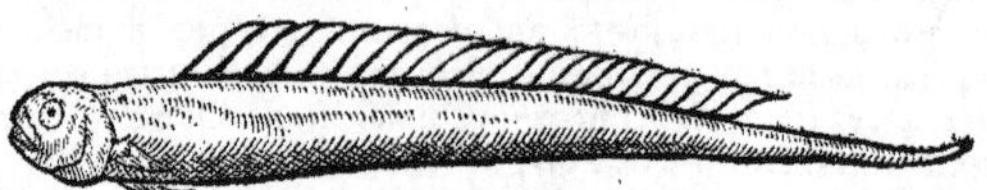

H. a. TAINÍA Græcis fascia est, qua in significatione Galenus, & Hippocrates in libro de fracturis usus est sæpius. Significat & redimiculum seu uittam, qua puellæ nostræ capillos redimire solent, quam seruati Latini nominis uestigiis nostri uette uocãt. Sed à fasciarum similitudine dicuntur tæniæ lapides sub aquis candicantes, in longum porrecti, quales sunt in sinu maris nostri non procul ab ostiis Rhodani à nautis formidati, quas Græci uocabuli imitatione tiniez appellant.

A Vitta. Ab eadem fasciæ similitudine piscis ταινία uocatur, quem Gaza uittam interpretatus est. Plinius tæniæ uocabulum retinuit. A nostris piscatoribus flambo uocatur, id est, flamma, quia colore est rufo, siue flammeo: uel quia quum natat flammæ modo moueatur, & flectatur. A quibusdam spase, id est, ensis nominatur, à figura. Capite enim lato est, reliquo corpore in acutum paulatim desinente.

B Tæniæ differentias duas obseruaui. Vna uera est Aristotelis tænia. Alterã similitudinis causa tæniam etiam uocabimus. De tænia Aristotelis priùs dicemus. Piscis est fasciæ similis, id est, longo, tenui, strictoq́ corpore, ac flexibili longorũ piscium instar: corporis tenuitate, carnis sapore & candore buglosso similis. Capite est depresso, ossibus multis constante. Oculis magnis, rotundis, pupilla exigua. Ad branchias pinna utrinque unica, ad natandum data. In prona parte uillos habet, ad caudam usq;, & in eosdem cauda terminatur. Tantæ est tenuitatis, ut ossa uertebrarum spinæq́ quibus firmatur, carne non tecta appareant.

F Crassum lentumq́ succũ gignit: quia carne est dura & glutinosa, cuiusmodi sunt longi omnes qui flexuoso corporum impulsu utuntur.

A Hanc ueram Aristotelis tæniam esse affirmamus, quia tenuis, longa, cãdida, pinnas duas duntaxat habens, ut scribit Aristoteles, libro 2. de histo. cap. 3. Οἱ μὲν πλεῖστοι τέτταρα πτερύγια ἔχουσιν: οἱ δὲ προμήκεις, οἷον ἔγχελυς, δύο ὄντα πρὸς τὰ βράγχια, ὁμοίως δὲ κεστρεῖς, οἷον ἐν Σιφαῖς οἱ ἐν τῇ λίμνῃ, δύο, καὶ ἡ καλουμένη ταινία ὡσαύτως. Pisces plurimi pinnas quaternas habent: longi autem, ut anguilla, binas, iuxta bran-

xta branchias: & mugiles lacus Sipharum itidem binas, similiter & quæ tænia dicitur. Præterea
buglosso similis est, teste Speusippo: sed hoc differt quòd oculos in prona parte non habeat, sed
utrinque unum.

DE ALTERA TAENIAE SPECIE, Rondeletius.

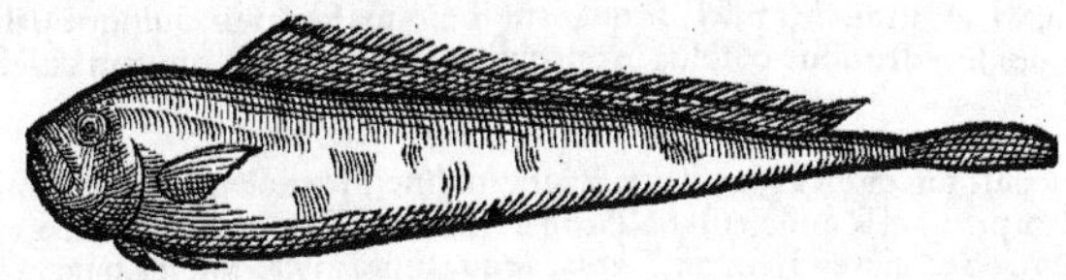

TAINÍA alia est cui nomen hoc, uel fasciæ, aptissimè quadrat. est enim tenuis & longissima, A
quippe quæ ad duûm triûm'ue cubitorum longitudinem accrescat. Corporis specie, priori simi- B
lis est: eo uerò differt, quòd præter pinnas quæ ad branchias sunt sitæ, duas alias habet sub maxilla inferiore rufas, cuius coloris sunt uilli dorsi caudæq;. Præterea quinq; maculas habet in parte
prona, purpureas, rotundas, certo spatio à sese distantes, quales ferè in solea oculata. Squamis caret, aculeisq;. Ob id fortasse de hac intelligendus Oppiani locus ταινίαι ἀβληχραί, id est, imbecillæ. Lib. 1. ἁλιευτικῶν.
Colore est argenteo. Ventriculum magnum habet, & longum. Intestina recta, sine ullis gyris ad
anum porrecta. Cor compressum. Hepar ex albo rubescens. Lien & fel uix ob paruitatem apparent.

Carne est dura, glutinosa, malum succum gignente. Hanc tæniam rectè dici perspicuè indi- F
cat corporis longa & fasciæ similis figura. Nam medici etiam longos latosq; lumbricos ταινίας uo
cant, quæ etiam κειρίαι dicuntur.

Tæniam nostræ similem Pisis mihi ostendit Portius philosophus grauissimus, quam ad se è B
Gallia missam narrabat: sed cærulea erat, dentibusq; maioribus, quæ à pictore præter piscis natu
ram adiecta fuisse arbitror.

RVRSVS DE ALTERA TAENIAE SPECIE, EX BELlonij libro: quam ipse uulgari Venetis nomine, falcem appellat: quanuis exhibita ab eo figura, propter illas ueluti crenas, quibus (inquit) in gyrum serrata est, & asperam in lateribus lineam, cum Rondeletiana non conuenit, ut tertiam hanc Tæniæ speciem suspicari liceat.

Alia est Bellonij Tænia. Vide in Corollario A.

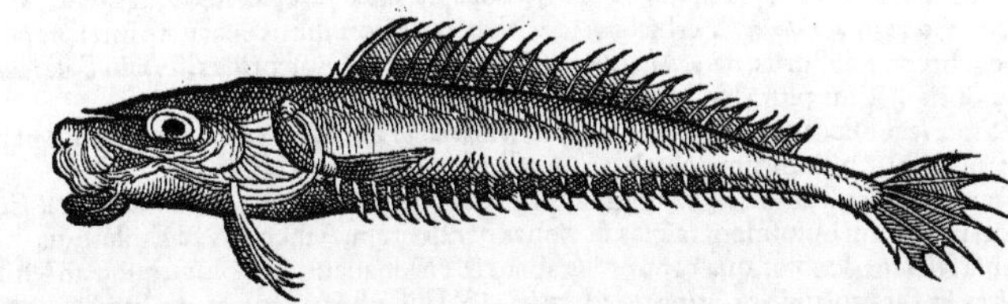

Antequàm planos ac latos pisces aggrediamur, commodus hic mihi locus uisus est, ut de Ve B
netorum Falce antiquis (ut puto) minùs cognita, differam: quãdo & mollis est, (in quo & ad Asel (A)
lorum genera accedit) & glaber, atq; oblongus: ita tamen cartilagineus, ut perfrixus uel assus in (F)
quoddam ueluti glutinum resoluatur. Vnde ab omnibus ferè mensis explosus, nullum præterq;
formæ (qua rusticam Falcem aliquo pacto imitari uidetur) nomen uulgo Italico retinuit. nostro
autem litori planè inuisus est: ac quanquam alijs à Veneto litoribus (præsertim Italicis) reperiat,
tamen aut propter eius uilitatem, aut capitis turpitudinem (unde Marmotum pleriq; uocant) cer A
tum nomen sibi adipisci nunquam potuit. Quamobrem apud Tenedum audiui uulgum Græcè
falsò Anthiam nominare: alios in Italia Colpiscem, (*à succo glutinoso, in quem resoluitur dum coquitur. nã*
colla gluten est:) alios sicut libuit.

Cæterùm in ulnæ longitudine, palmi latitudinem non excedit. Mollis, polypi modo, coloris B
argentei: unicam in tergore pinnam, eamq; continuam, duas sub branchijs, & totidem sub sterno
ostendit. Totus in gyrum quibusdam ueluti crenis serratus est, atque in lateribus lineam habet a-
speram: subrubra est eius tergoris pinna, grãdes oculi, deforme caput, ut simiam esse dicas, (*quod*
marmoti uocabulo uulgus indicat.)

Hæc Bellonius in libro ædito. Cæterùm anno superiore cùm hac iter faciens uarijs de rebus mecum conferret, hæc insuper narrabat: Arimini piscem quem Falcem nominãt, apud Constantium Felicium Durantium medicum insignem se uidisse: tenuem adeò ut cibo penè ineptus sit. nam cum latus sit (inquiebat) & insuper tenuis, penè transparet. Spinam (dorsi) uertebris munitam habet. Pinna quæ à capite incipit, supra tergum ad caudam protenditur. Quòd si caudam diligentius inspexeris, uitrarij penicillum refert: quoniam sicca cum fuerit equinas imitatur setas. Argentei coloris est aridus hic piscis. Is quem uidi, digitos latus sex, quinque palmos longus erat, ore prægrandi, sine dentibus: & solus in quo nullam subtus (*ab ano*) pinnam obseruauerim.

COROLLARIVM.

A Tænia pisciculus dictus est à gracilitate, & longitudine, Hermolaus. Germanicè nominare licebit Tæniam primam Rondeletij **ein Bendel**: quod est fascia: secundam uerò, **ein Sichelfisch**, id est, falcem. Sed alia est Bellonij Tænia, de qua suprà inter Passeres, pag. 789. uerba eius retuli. Numerat autem eam inter Soleæ species, **ein kleine dünne Zungen art.** Eadem puto est, de qua Gillius: Tenia (*prima meliùs per æ. scribitur*) quæ nunc ab Hispanis Azedia nuncupatũ, Soleç similis, sed minor ac strictior est. Sittardus olim indicabat, piscem qui Romę Pecten, uulgò Pectenortzo uocaretur, doctis quibusdam uideri esse Tæniam. Pectinem autẽ Romæ, ut puto, aliqui uocant Citharum Rondeletij siue primum, siue secundum potiùs: qui tamen citharũ suũ primum Romæ folio nominari scribit: ut Bellonius Tæniam suam, Sfolio ibidem uocari, quod nomen Veneti attribuant Soleæ. & hic quidem piscis planus est, & de genere τῶν ψηττοειδῶν: sed pinnarum numerus facit, ut Tænia esse non possit. Alij etiam alium Pectinem in Italia uocari mihi retulerunt, pisciculum rubicundum, eodem quoq; colore pinnis præditum: una longa per dorsum continua: altera ab ano satis longa: binis ad branchias, totidem in uentre. squamosum, ut pictura præ se ferebat, & simpliciter piscem, neq; planum, neq; longum. capite supra os eleuato simoq;.

Pecten. Deniq; Saluianus Nouaculam Rondeletij, Romę pesce Pectine, uel Pettine & in plerisque alijs locis Rason uocari tradit. Sed horum nullus Tænia esse potest. ¶ Arnoglossum quoque uel Soleam læuem Bellonij, aliqui Tæniam esse putarunt: quorum sententiam ipse in Arnoglosso inter Passeres refellit.

(F) ¶ Ego Rondeletij sententiæ acquiesco: quanquam nõnihil me remoratur, quòd tæniæ suæ primæ carnem durã & glutinosam esse scribit, quæ crassum lentumq; succum gignat: & secundæ similiter, quam etiam malum succum creare ait. quam (secundam) & Bellonius ab omnibus ferè mensis explodi tradit, &c. Epicharmus uerò apud Athenæũ tænias quanquam tenues gracilesq;, gratissimas tamen & suaues esse prædicat. his uerbis: καὶ φίνταται (sic etiã Eustathius legit, & interpretatur φίλταται) ταινίαι, λεπταὶ μὲν, ἀδεῖαι δὲ, κ᾽ ὀλίγου πυρός.

B Tæniæ plurimæ & optimę (κάλλισται) nascunt̃ ad Canopum iuxta Alexandriam & in Seleucia quæ iuxta Antiochiam est, Athenæus. ¶ Speusippus similes inter se pisces facit, passerem, buglossum, & tæniam.

C Ταινίαι ἀβληχραὶ, id est Tæniæ infirmæ, seu molles, pisces sunt litorei, Oppiano lib. 1. Halieut.

F Mythæcus in Opsartytico, ταινίαν (φησὶν) ἐκκοιλίξας, τὴν κεφαλὴν ἀποταμὼν, ἀποπλύνας, καὶ ταμὼν τεμάχια, κατάχει τυρὸν καὶ ἔλαιον. Verbũ ἐκκοιλίξαι Natalis de Comitibus euacuare interpretatur: aptiùs puto exenterare dicturus: τὴν κοιλίαν καὶ τὰ ἔντορα ἐξαιρεῖσθαι. Dioscorides lib. 2. in Salamandra ἐξεντερίζειν dixit. ¶ Vide plura paulò antè in fine segmenti A.

G Tæniæ iecur siccatum pondere X. (*denariorum nimirum*) IIII. cum oleo cedrino perunctis pilis IX. mensibus, psilothrum palpebrarum esse putatur, Plinius lib. 32. cap. 7.

H.a. Tæniæ, ταινίαι, sunt fasciæ & cingula, quibus mulieres utuntur. Inde ταινιόπωλις Eupolidi significat mulierem huiusmodi fascias & zonas uendentem, Athenæus & Eustathius. Aliquando tænia fasciam denotat, qua caput religabant & coronabant. Sed plura, quod ad Philologiam, requires in Græcorum ac Latinorum Lexicis, & Eustathij in Homerum Indice. Τενίαι per ε. apud Hesychium perperam & non suo loco legitur. Tæniola exiguum filum Columellæ, unde forsitan nostra tempestate piscatores togniam suam appellant, nisi potiùs à tenendo, Nic. Erythræus. Lapides sub aquis candicantes in longum porrectos, Rõdeletius tænias uocari admonet. eosdem ab Aeliano ἄσπρα uocari puto. nam Græci recentiores ἄσπρον pro albo dicũt. Canthari pisces gignuntur in locis quæ ἄσπρα nominant, Aelianus. Κάνθαρος ὃς πέτρῃσιν ἀεὶ λεπρῇσι μέμηλεν, Oppianus: qui has petras alibi (lib. 1. Halieut.) leprades uocat. Ἄλλαι δὲ χθαμαλαὶ ψαμαθώδεος ἄγχι θαλάσσης λεπράδες. alias deinde facit chamis & patellis plenas. Eustathius confundit, Lepradem esse dicens saxum in mari, cui lepades, id est, patellæ innascuntur. Ab his saxis Aeliano libro 2. cap. 41. mullorum piscium quidam λεπρώδεις cognominantur. sed cum loca huiusmodi saxa minuta & rara (πέτρας λεπτὰς καὶ ἀραιὰς) habere scribat, crebrasq; algas inter hæc interiectas & medias, ubi subsidet limus uel arena, alias quàm ἄσπρα seu tænias, intelligere uidetur. ¶ Ταινία & κειρία Græcis tũ fascias, tum lumbricos longos ac latos significant. Apud Comicum in Auibus quidã ait μὴ δεῖσθαι σπαρτίου, κειρίαν ἔχων. hoc est, inquit Eustathius, se non indigere fune, (σπαρτίνου πλέγματος,) cũ habeat κειρίαν, ἤτοι δεσμὸν κλίνης. Vide Suidã in Κειρία. Aliqui instita & uincula sepulchralia interpretãtur. Aliqui primam per η, secundam per ει. scribunt. Κηρέαις, ὑποθηκαῖα ἐντετυλιγμένα, Hesychius & Varinus.

Ταινίαι

Ταινίαι ἀδελφαί, Oppiano. λεπίδες, ἀολέαι, Epicharmo. *Epitheta.*

TAGVMA nescio quid Festus ex Plauto nominat, his uerbis: Muriaticā uideo in uasis stanneis, naricam bonam, & canatam, & taguma, quinas fartas conchas piscinarias.

TAVLOPIAS, qui aliâs Aulopias. Quære suprà in Anthijs, pag. 69.

DE TELLINARVM PRIMA SPECIE, MINORE, RONDELETIVS.

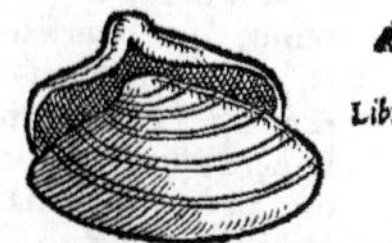

TEΛΛΙ΄ΝΑΙ à crescendi celeritate nomen habere uidentur, ὅτι τάχιστα γίνονται τέλειαι. Idem retinuerunt Latini. Athenæus tamen à Romanis Tellinam μύτλον uocatam fuisse scripsit: quo loco Hermolaus μύτιλον legendum putat, ut Mytilus & Tellina idem sint. Nostri & Romani etiam Tellinas uocāt. Veneti piscatores, ut Hermolao uisum fuit, à capparis similitudine capparoculas siue capparolas. Normani flion. Tellinarum genera duo facit Athenæus, ut aliæ marinæ sint, aliæ fluuiatiles, uel quæ in fluuiorum ostijs reperiuntur. Τελλῖναι γίνονται μὲν ἐν Κανώπῳ πολλαὶ, καὶ ὑπὸ τὴν τοῦ Νείλου ἀνάβασιν πληθύουσιν. ὧν λεπτότεραι μέν εἰσιν αἱ βασιλικαὶ, διαχωρητικαί τε καὶ κοῦφαι, ἔτι δὲ τρόφιμοι: αἱ δὲ ποτάμιαι, γλυκύτεραι, Diphilus. Tellinæ in Canopico ostio (*circa Canopū insulā in Canopico ostio sitam, Vuottonus*) multæ sunt, & in Nili ascensu, (*Melius & sub Nili inundationem* [*quā* Νείλου ἀνάβασιν *uocant auhores, ut Plutarchus De placitis philosoph. 4. 1.*] *abundant:*) quarum quæ tenuiores sunt, regiæ uocatæ, aluum cient, uentriculo graues non sunt: præterea bene nutriunt: fluuiatiles autem dulciores sunt. Nos in Agathensi sinu differētias duas inuenimus: unam earum, quæ minores sunt: alterā earum quæ maiores, & rufi coloris, (*de qua proximo capite.*)

A — *Libro 3.* — *Genera duo.* — *Lib. 3.*

B — De priore nunc agimus. Duplici testa constat siue concha, utraque simili, læui, ualida & satis spissa, in ambitu serrata, qua de causa ad unguem coniunctæ sunt. Intus leuiter cauæ sunt: caro alba, in qua μήκων cernitur.

C F — Tellinæ in arena uiuunt: ob id nisi, priusquam coquantur, diutius in aqua agitentur, ut arenulæ excidant, uescentibus molestæ sunt. Parum coquendæ sunt, ex aceto uel omphacio cum pipere comedendæ. Appetentiam excitant, ius ex eis aluum ciet. Dioscorides: Recentes Tellinæ aluo utiles, sed maximè ius earum. salitæ uruntur, tritæq; in cinere, & cum cedria instillatæ auulsos palpebrarum pilos renasci non patiuntur. *Lib. 2. cap. 8.* G

Hîc obseruandum pectunculos pro tellinis à Plinio quandoq; uideri acceptos, ut rectè mihi sensisse uidetur Hermolaus uir acerrimi iudicij. Coniecturæ quibus mouemur hæ sunt: Etenim quam uim Dioscorides Tellinarum cineri tribuit, eandem planè pectunculis Plinius lib. 32. cap. 7. atq; ijsdem ferè uerbis: Lepus marinus ipse quidem uenenatus est, sed cinis eius in palpebris pilos inutiles euulsos cohibet, item pectūculi salsi triti cum cedria. (*Obseruauit hæc etiam Massarius: Tellinas à pectunculis Hippocrates distinguit, Idem.*) Ne quis uerò existimet per pectunculos intellexisse pectines, quos Græci κτένας uocant, legat ultimum caput libri 32. in quo apertè, utrosque distinguit. Pectines, inquit, maximi & nigerrimi æstate, laudatissimi Mitylenis, &c. Et mox Alexandriæ in Aegypto pectunculi. Quod etiam conuenit cum tellinis Aegypti quarum meminit Athenæus loco ante citato.

A. Plinius aliquando pectunculos pro tellinis accepisse.

DE TELLINARVM SECVNDA SPECIE, MAIORE, quæ Athenæi uel basilica uel fluuiatilis uidetur, Rondeletius.

Bellonius non hanc, sed primam speciem, Tellinas basilicas esse putat.

ALTERVM Tellinarum genus in litore Agathensi ad ostium Eraris fluminis inueni superiori simile, nisi quod testa sit maiore, tenuiore minusq; spissa, & ex rubro flauescente, parte qua testæ colligantur in acutiorem angulum desinente. Hanc Tellinam esse puto quam βασιλικὴν, id est, regiam appellat Athenæus: uel fluuiatilem, quia non nisi in fluminis ostio reperi. (*Athenæus quidem basilicam & fluuiatilem non facit eandem: sed Rondeletius hanc, quā describit, alterutram esse conijcit. Vide ad finem Corollarij.*)

Dulcis est, utpote quæ in mista aqua minusq; salsa proueniat. F

Quemadmodum Athenæus libro 3. scribit pueros Lepadibus & Tellinis in os sumptis ludere tubæ sonum imitantes: ita etiam hodie nostri Tellinę testa altera dentibus admota, diductis labris sonos eosdē edunt, ut puerilis hic lusus per manus traditus, ad nostros usq; peruenisse uideatur. Neq; solùm Tellinis, sed etiam Lepadibus ori adhibitis pueros sonare author est Athenæus: Callias Mitylenæus (inquit) libro de Patella Alcæi, apud Alcæum odam esse scribit, cuius initiū est: Petrę & cani maris filia. ad cuius finē scriptū est: Ex patinis (*patellis*, ἐκ λεπάδων) animū recrees, ô marina patella. Quo in loco pro λεπάς, id est patella, Aristophanes legit χέλυς, id est, testudo, atq; E — *Libro 3.*

Dicæarchum non rectè legisse λιπτάδας: ijsq́ ori admotis puellulos sonare & ludere, quemadmodum apud nos Tellinis solent procaces adolescentuli, τὰ αὐθρμολόγα τῶν παιδαρίων. Sopater Phlyacographus etiam in Comœdia quæ inscribitur Eubulotheombrotus, scribit, Quiesce, è Tellina repente ad meas aures suauis quidam sonus illapsus est.

DE TELLINARVM TERTIA SPECIE, Rondeletius.

MERITO tertij generis Tellinam eam esse dicemus, quæ figurâ superioribus Tellinis tam similis est, ut inter Tellinas numerandam esse nemo negare possit. His tantùm differt: Colore est candido, testa perspicua & pellucida, ex additamentis multis conflata, intus læuissima. Tenuis est admodum, & ambitu magis rotundato.

DE TELLINIS MINORIBVS, BELLONIVS.

A Concharum omnium minima Tellina Venetis, Romanis Tellina regia, Gallis Flion uocãt. Hanc non agnoscit Lutetia: Raro etiam à Massiliensibus uisitur: Lesbi incolæ Chinades uocãt.

B Rustici Romani in saccis per urbem Tellinas circunferunt, quas modiolis diuendunt. Cùm (F) enim exiguo corpore constent, nec facilè aperiantur, gustuiq́ gratæ sint, mirum in modum ob id expeti, bellariorumq́ loco assumi solent: quarum tenuiores atq́ exiliores, (λεπτότερας Athenæus) basilicas, hoc est, regias appellant. Ichthyopolæ Veneti aqua marina demersas in lagunculis adseruant. Anconitani Calcinellos nominare malunt, idq́ ad discrimen alterius conchæ quæ ab ijs Chalcene appellatur.

C Cæterum læuis est Tellinarum testa, candida, nequaquam striata, crenulis tenuissimis denticulata, in longitudinem diffusa & angusta, mediocriter fortis, & quodammodo teres.

F Locis arenosis & litoribus frequenti fluctuum impetu agitatis reperiri, ac cum cæteris sui generis de saporis principatu contendere solet.

Dioscorides, Galenus ac Paulus, Tellinarum decoctum, læuem ac lubricam aluũ facere prodiderunt. Est autem earum caro mollior, quàm reliquarum conchularum. Harũ quæ paulò plus extra aquam manserunt, testas pandere, (*fortè, testæ se pandere*) hiantesq́ arenulas excipere solent, de quibus Romani meritò plurimùm conquerũtur. Quamobrem multò meliores sunt in urbibus, quæ mari alluuntur, ut Venetijs & Ianuæ.

COROLLARIVM.

Has conchularum icones Venetijs accepi: quas puto Tellinarum generis esse: & magis quidem illam quæ A. literæ subijcitur: quanuis eam aliqui pro conchæ peloridis specie accipiant. Alteram, sub litera B. Veneti peuerazam à pipere cognominant.

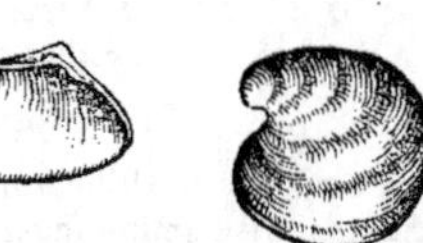

A Athenæus dicit Romanos sua ætate Tellinam nominasse Mytulum. Marcellus, Dioscoridis interpres, Tellinas opinatur conchulas esse, quas memoria nostra Tellinas Romani uocant.

Sed Aristophanes grãmaticus Tellinas dicit patellis similes esse, eisdemq́ pueros pro cornibus uti solitos fuisse: à quibus longe diuersæ Sole clarius uidentur eæ, quæ uulgò Tellinæ nuncupant, Gillius. Ego Rondeletij & Bellonij sententiæ subscribo, qui Tellinas faciunt, quas & Galli Narbonenses & Romani etiamnum sic uocant. ¶ Qui tellinas interpretantur in Martiali poëta mitulos, impropriè locutos arbitror: cum aliud genus esse mitulos, aliud tellinas Dioscoridis authoritate constet. Athenæus certè mitulos à Romanis uocari eas uidetur existimasse. Sunt qui tellinas & ctenia, id est pectunculos, idem esse iudicent, à celeritate crescendi nominatas: ὅτι τάχιστα γίνονται τέλειαι, hoc est, ocyssimè perficiũtur: quod Aristoteles tam pectunculis quàm purpuris tribuit commune. anno enim magnitudinem totam implent. Plinius certè medicinas, quæ à Dioscoride de tellinis redduntur, ad uerbum ferè pectunculis adscripsit. Romæ circunferuntur pusillæ quædam conchulæ, quas qui uendunt, tellinas prædicant. Hæ uulgaribus conchis minores & læuiores sunt, & candidę, nec striatæ: quas Veneti piscatores à capparis similitudine, capparoculas appellant, Hermolaus. ¶ Telinæ (*Malim per l. duplex*) uel xiphydria aluum subdunt, &c. Oribasius Collectorum 2. Vide suprà in Cochleis in genere H. a. pag. 178. Τελλίνη, μίτυλος, ξιφύδριον, à Vuottono pro synonymis habentur: Ἀντὶ τοῦ κόγχος ἀντίλλων καλίομεν. ἐστι δ᾽ ἄδιστον κρέας, Epicharmus in Musis; uidetur aũt tellinam

tellinam intelligere. legendum fortè, ἀντὶ τοῦ κόγχου, ὃν τελλίναν καλέομες. uerbum hoc Doricum est pro καλοῦμεν.

Germanicum nomen Tellinis præter conchularum commune, iam non inuenio.

Aristophanes grammaticus patellas similes esse ait tellinis, Athenæus. B

Tellinæ locis arenosis proueniunt, & portubus (litoribus, Vuottonus) qui sæpe fluctibus agitantur, Oribasij interpres. C

Suauissima tellinarum caro est, Epicharmus. uide proximè retro, in fine segmenti A. Paruæ illæ conchulæ à ueteribus Latinis Mytili, à Romanis autem hodie Græco nomine Tellinæ nuncupatæ, bellariorum locum obtinent. sunt enim gratæ gustui; uerùm arenulis scatent, & propterea calculosis officiunt, Iouius. Tellinæ aluum subducunt. fluuiatiles maiores sunt, & plus succi habent, quales Aegyptiæ sunt. Elixatæ sunt dulces, earúmque ius aluum soluit. clausæ uerò sale sparguntur, & per testas humorem trahunt. frigida lauantur aqua, & ex oleo & aceto, uel menta, uel ruta comeduntur. Qui aluum soluere uoluerint, eas solubili apparatu cum oleribus condient: quæ florem ætatis agunt, si comedantur, uere sunt optimæ, Oribasius Collectorum 2. F

Aretæus in curatione elephantis, in cœna apponi iubet marina quotquot uentrem subducūt, tellinarum iuscula, ostrea, &c. Idem in iliaco affectu: Aut medicatio fiat cum iure aliquo aluum subducente, cochleæ ualde elixæ, & ipsarum succus, aut tellinarum, ἢ τελλίνης.

Tellinas salsas (ταριχηρὰς) ustas cinerem relinquere aiunt causticum, adeò ut is cum cedria mixtus, & instillatus, euulsos radicitus palpebrarum pilos renasci prohibeat, Galenus de simplicib. medicament. 11. 38. è Dioscoride. Idem ab eo repetitur libro 4. de compositione secundum locos. Ad pilos inutiles & pungentes in palpebris: Euulsis mox oblinito tellinarum tenuissimum puluerem, Archigenes eiusdem operis Galeni 4. 8. Sed cineris quàm pulueris uis maior futura uidetur. Cinerem earum casum pilorum in palpebris prohibere Oribasius affirmat, Iouius: nescio quàm rectè. quibus uacat, apud Oribasium inquirant. G

Ἀλλ᾽ ἴσχε· τελλίνης γὰρ ἐξαίφνης μέ τις Ἀγρὰς μελῳδὸς ἦχος εἰς ἐμὰς ἔδυ, Sopater. H.C.

FLVVIATILES Tellinæ maiores sunt, & plus succi habēt: quales Aegyptiæ sunt, Oribasius. Vt quæ in Aegypto & Nili superioribus partibus gignuntur, Vuottonus: quæ uerba si transtulit, ut uidetur, ex Athenæi loco, τελλῖναι ἀπὸ τὴν τοῦ Νείλου ἀνάβασιν πληθύνουσι, uertere debuerat: Tellinæ sub Nili inundationem abundant.

BASILICAE Tellinæ, hoc est, regiæ cognominatæ, Rondeletius suspicatur maiores & fluuiatiles: sicuti nuces basilicas dicimus pro iuglandibus: & uulgò chartam regalem, id est, basilicam, quæ maxima est, cognominant. Sed Athenæus, cuius Græca uerba Rondeletius recitat in prima specie Tellinarum: basilicas facit marinas, λεπτοτέρας, id est, tenuiores, uel simpliciter minores: (Hermolaus uertit, tenuiores exilioresque,) minùs dulces: magisq́ ad alui solutionem, salsedine nimirum sua, idoneas. & fluuiatiles dulciores, ut quæ in Aegypto (Nilo) sunt, eis opponit. Oribasius quoque marinas minores facit: fluuiatiles, ut Aegyptias, minores. Quanquam autem fluuiatiles, uel propter magnitudinem, uel quia in cibo dulciores sunt, regiarum cognomen potiùs mereri uideantur: minores tamen sic appellabimus, ne refragemur authoribus. An basilicæ & marinæ salubriores sunt, (præsertim quæ in arenosis & fluctibus obnoxijs litoribus degunt, ut ferè solent;) quàm fluuiatiles dictæ: quanquam impropriè sic dicuntur, cùm non tam in ipsis fluuijs, quàm eorum ostijs (ubi plurimum cœni aggeritur) reperiantur. Item quæ aluum subducunt, in sanitatis tuendæ ratione plerunq; salubriora habentur: id quod marinæ faciunt, fluuiatiles non item. quæ cum dulciores sint, nutrire quidem amplius, sed citiùs saturare & fastidium sui inducere possunt.

TEMACHOS, Τέμαχος, Græcis dicitur, segmentum seu frustum piscis concisi. Vide suprà in Capite de salsamentis. Καὶ τέμαχος ἰχθύς, Varinus: quasi uel adiectiuè etiam accipiatur τέμαχος, uel substantiuè piscis omnis magnus, qui in frusta seu tomos concidi soleat, sic appelletur: quorum utrunque minùs probo, magis autem quod subiungit, τεμαχίτας propriè uocari pisces magnos, & concidi (in frusta, εἰς τεμάχη) solitos. Cybium est concisa pelamis. Vel duo frusta rogat cybij, tenuémque lacertum, Martialis. Pro frustis assulas quoque dicere licebit, sic orcynum membratim & in assulas dissectum sale condiri, Rondeletius scribit.

TERAGVS paruus à Plinio nominatur libro 32. inter piscium nomina ab Ouidio posita, quæ apud neminem alium reperiuntur. Cum autem in Halieutico Ouidij teragi nomen nusquam legatur: alij autem pisces omnes, quorum ex Ouidio Plinius meminit, licet corruptis nominibus quidam, in eôdem poëmatio, inueniantur: conijcio omnino teragi nomen desiderari in hoc uersu: Tum uiridis squamis paruo saxatilis ore: ut pro squamis legatur teragus. aliter enim nullum eius piscis nomen haberemus. accedit, quòd nullus etiam alius paruus (uel paruo ore) ab Ouidio cognominetur. Nec probo si quis, saxatilis nomen ceu substantiuum piscis, in hoc uersu accipiat.

CC

Vidi ego piscem huiusmodi paruum, ore paruo, uiridem, caudæ pinna indiuisa ut plerique saxatiles: turdorum generi, ni fallor, cognatum.

TEREDO uermis est arrodens ligna, & præcipuè in mari sentitur, ut inquit Plinius. Idem probat Ouidius libro 1. de Ponto: Estur ut occulta uitiata teredine nauis. ita enim corrigo locum. ex manuscripto, cum pro teredine hactenus malè lectum sit putredine, Ge. Fabricius. Sed uermis hic in ligno innascitur: & quanquam naues in mari erodat, marinus tamen dici propriè non potest.

DE TESTVDINIBVS SCRIPTA HOC ORDINE SEQVVNTVR.

EX RONDELETIO.

Testudinum genera quot: & eorum, quod ad nomina, distinctio.
De Testudine (marina prima) corticata.
De Testudine (altera marina) coriacea, siue Mercurij.
De Testudine cornigera, siue Troglodytica & alba. *De Testudine Lutaria.*

BELLONII *De Testudinibus scripta dedimus circa finem Appendicis De Quadrupedibus ouiparis.*

COROLLARIA.

I. *De Testudinibus in genere: quibus etiam nonnulla simpliciter de Testudine prodita adduntur, cùm ad quam potissimùm speciem referas, non constet.*
II. *De Testudine marina.*
III. *De Testudinibus marinis diuersis, siue simpliciter, siue pro regionum duntaxat & magnitudinis discrimine.*
IIII. *De Testudinibus dulcium aquarum, Lutaria & Fluuiatili.*
V. *De Testudine terrestri.*

IN LIBRO NOSTRO DE QVADRVPEDIBVS ouiparis Capita hæc sunt.

DE TESTVDINIBVS, (TESTVDINVM GENERA QVOT, ET EORVM QVOD ad nomina, distinctio,) Rondeletius.

De nominibus Testudinum in genere, præsertim μῦς & ἐμύς, leges etiam infrà, in Testudine coriacea Rondeletij, A. item initio Capitis de Testudine lutaria.

A TESTVDINVM quatuor sunt genera, si Plinio credimus, qui libro 32. cap. 4. hęc scripsit. Geminus similiter uictus in aquis terraque & testudinum: effectus quoque pari honore habendi, uel propter excellens in usu pretium, naturæque proprietatem. Sunt ergo testudinum genera, terrestres, marinæ, lutariæ, & quæ in dulci aqua uiuunt: has quidam è Græcis emydas appellant. Ne quis uerò emydas easdem cum lutarijs esse existimet, Plinium quatuor genera distinguentem audiat, aliquantò pòst: Ex quarto genere testudinum, quæ sunt in amnibus, diuulsarum pingui cum aizoo herba tuso, admisto unguento & semine lilij, ante accessiones perunguntur ægri præter caput, &c. Aristoteli duo duntaxat genera esse uidētur, testudo terrestris & marina, ac uidetur χελώνης nomine testudinem terrestrem propriè intellexisse: quum enim de marina loquitur, θαλαττίαν χελώνην semper dicit: quam uerò testudinem lutariam siue murē aquatilem uertit Gaza, μῦν uocat Aristoteles, nisi mendosi sint loci. Hęc ex libro 5. de histor. animal. perspicua fiunt, quum de testudinum partu loquitur: ἡ μὲν χελώνη τίκτει ᾠὰ σκληρόδερμα καὶ δίχροα, ὥσπερ τὰ τῶν ὀρνίθων. Testudo oua durioris testæ, & bicolora edit, quale ouum auium est. Deinde ἡ δὲ μῦς ἐξιοῦσα ἐκ τοῦ ὕδατος τίκτει ὀρύξασα βόθυνον πιθώδη: Mus aquatilis siue testudo lutaria in terra scrobe effosa dolij amplitudine parit oua. τίκτουσι δὲ καὶ αἱ θαλάττιαι χελῶναι ἐν τῇ γῇ ὅμοια τοῖς ὄρνισι τοῖς ἡμέροις: Testudines etiam marinæ egressæ in terram pariunt oua auium cortalium ouis similia. Item libro secundo χελώνην non sine epitheto dicit, & inter quadrupedes recenset, ne quis in mari quadrupedes esse neget, quanquam pedes ij ad natandum magis quàm ad ingrediendum sint comparati. τῶν δὲ τετραπόδων μόνη χελώνη ἡ θαλαττία μέγεθος ἔχει παρὰ λόγον τῶν ἄλλων μορίων: ὁμοίους δὲ ἔχει τοὺς νεφροὺς ἡ θαλαττία χελώνη τοῖς βοείοις. Quadrupedū una testudo marina habet magnitudinem cæterarum partium ratione: similes bubulis renes omnino ei adhærent. Alio etiā loco de utraque loquēs utrique epitheton addidit. τὸν αὐτὸν δὲ τρόπον καὶ τῶν πεζῶν τὰ τετράποδα καὶ ᾠοτόκα, ποιεῖ

In fine eiusdem capitis.

Cap. 33.

Cap. 16.

Lib. cap. 3.

κα, ποιεῖται τὴν ὀχείαν· τὰ μὲν γὰρ ἐπιβαίνοντα, καθάπερ τὰ ζωοτόκα, οἷον χελώνη ἥ τε θαλαττία καὶ ἡ χερσαία. Quinetiam pedestrium quadrupedes quæ oua pariunt, eodem coëunt modo, quo ea quæ animal generant mare superueniẽte, ut testudo tam aquatilis quàm terrestris. Idem lib. 3. de partib. animal. ὁμοίως δ' ἔχει καὶ περὶ νεφρῶν. οὐδὲν γὰρ νεφροὺς οὐδὲ τῶν πτερωτῶν, καὶ λεπιδωτῶν ἔχει, οὐδὲ τῶν φολιδωτῶν, πλὴν αἱ θαλάττιαι καὶ αἱ χερσαῖαι χελῶναι. Renum etiam similis est ratio: nullum enim pennatum, nullum squamatũ, nullum corticatum renes habet excepta testudine terrestri & aquatili. Cap. 5.

Ex his perspicuum est Aristotelem duarum duntaxat testudinũ mentionem fecisse, μῦν uerò quam testudinem lutariam interpretatus est Gaza, nunquam χελώνην appellasse, sed seorsum semper expreßisse, ut ex iam citatis locis liquet. Conclusio.

Nunc expendendũ num potiùs ἐμῦν apud Aristotelem, quàm μῦν legere oporteat. Quanuis enim testudinem lutariam Gaza murem aliquando uerterit, ut inde appareat μῦν legisse, tamen libro 3. cap. 9. de partibus animalium, non μύς, (μῦς circunflexum, potiùs) sed ἐμύς, legitur. Cùm enim de utriusque testudinis renibus locutus fuisset Aristoteles, subdidit: Ἡ δ' ἐμὺς οὐδὲ νεφροὺς οὐδὲ κύστιν ἔχει, διὰ μαλακότητα γὰρ χελωνίου διαπνεῖν γίνεται τὸ ὑγρόν. Genus tamen testudinis, quam lutariam uocant, & uesica & renibus caret: fit enim propter eius mollitudinem tegminis, ut humor facilè difflетur. Et libro 8. cap. 1. de histor. animal. τῶν δὲ πεζῶν καὶ δεχομένων τὸν ἀέρα, πολλά· καὶ τὰ μὲν οὕτως, ὥστε μηδὲ ζῆν δύνασθαι χωριζόμενα τῆς τοῦ ὕδατος φύσεως, οἷον αἵ τε καλούμεναι θαλάττιαι χελῶναι, καὶ κροκόδειλοι, καὶ ἵπποι ποτάμιοι, καὶ φῶκαι, καὶ τῶν ἐλαττόνων ζώων, οἷον αἵ τε μύδες, καὶ τὸ τῶν βατράχων γένος. Multa spirabilis pedestrisque generis (humore gaudent,) & ita nõnulla ut ne uiuere quidem disclusa ab aquæ natura ualeant, ut quæ marinæ testudines appellantur, & crocodili, & fluuiatiles equi, & uituli marini, atque etiam ex minori genere testudines lutariæ (siue mures aquatiles dicti) & ranæ. Vides apostrophum solùm deesse, quominus ἐμύδες legatur, ut pro αἵ τε μύδες substituendum sit αἵ τ' ἐμύδες, atque ita ubique legendum esse contenderim apud Aristotelem ut apud Plinium. Hoc confirmat ex Hesychio Phauorinus, Ἐμὺς ζῷον ἐν λίμνῃ καὶ ἐν πηγῇ γινόμενον, οἱ δὲ χελώνην τὴν ἔχουσαν ὀράν. Quare duobus testudinis generibus ab Aristotele constitutis, tertium addere poßumus scilicet ἐμύδας, quas in duo genera partitus est Plinius, ut aliæ sint lutariæ, aliæ in aqua dulci uiuant. De marinis primò dicemus, quarum tria genera describemus. Mus an ἐμὺς potius apud Aristotelem legendũ.

DE TESTVDINE (MARINA PRIMA) corticata, Rondeletius.

Adduntur quædam de Testudinibus in genere, præsertim remedia.

CVM Testudinum marinarum genera diuersa sint, nominibus eas distinguere oportet. Primam igitur corticatam uocabimus, siue corticosam: quia cortice, id est, duro & crustoso ac aspero integumento operta sit, ab arboribus ad animantes ducta translatione. A

Est igitur corticata testudo terrestribus ac lutarijs similis capite ac testa, sed maior: caput nunquam in testa condit, sed semper exertum habet, ac ceruicem tantùm pro arbitrio modò extendit, modò contrahit. Dentibus testudinum genus omne caret: sed rostri margines acuti sunt, superiore eius parte inferiorem claudẽte pyxidum modo. Natura testudini marinæ, tanquam amphibio animali, partim pinnas partim pedes tribuit: priores pinnæ latæ sunt admodùm, alas rectè appellaueris, hæ duris aculeis ueluti unguibus munitæ sunt: posteriores pedibus similiores sunt cum unguibus, qui ungues natationi nihil conferunt, sed ingressui in terra, alæ uerò pedesque natationi in mari. Linguam imperfectam habet: sed asperam arteriam, pulmones, cor, diaphragma, iecur, lienẽ, intestina, testes & mentulam mas, uterũ fœmina. Pulmones in testudine maiores B

CC 2

ſunt & multò denſiores, quàm in terrenis animantibus, ne, ut opinor, aquę maior copia unà cum alimentis hauſta in tenues meatus ſe penitus inſinuans reijci tota nõ poſſet per foramina illa, quæ nariũ loco in ſuperiori roſtri parte habet, quib. aquã reijcit non aliter quàm delphini per fiſtulam.

C Et ſi linguam minus perfectam habeat teſtudo, perexiguum tamen & abruptum ſonum edit, ut ſcribit Ariſtoteles, lib. 4. de hiſt. animal. cap. 5. qui terreſtri tãtùm id tribuere uidetur, ſed etiam marinæ competit, ut ego experientia comperi. Cùm enim in omnibus ſit eadem oris, aſperæ arteriæ, pulmonum conſtructio, cur non omnes eundem ſonum edent? Quin & manifeſta ſuſpiria emittit marina, id quod in ea expertus ſum, quam domi alui, quum diutius extra aquã moribundam detinerem.

B Cùm ex ijs quæ oua pariunt aues piſceſq́, neque ueſicam, neque renes habeant, quadrupedum una teſtudo habet, ratione magnitudinis cæterarum partium: habet & renes quaſi ex multis paruis renibus conſtitutos, ſimiles uitulorum, lutrarum, delphinorum renibus. Idem in puerorum renibus obſeruauimus, dum utero geſtantur, & quandiu lacte nutriuntur, cuius rei cauſam aliâs expoſuimus. Quibus ueſica ineſt, neceſſariò & renes, uel quod renibus portione reſpondeat, ineſſe oportet, non contrà: nam aues quædam ueſica quidem carent, ſed renum uice caruncula quaſdam latiuſculas habent, renum ſpeciem oſtendentes, quaſi ea caro quæ renibus deligata eſt, locum non habeat, ſed in plura diſperſa ſit. Renes autem & ueſica auibus deſunt, quia rarò potu utuntur, ſiccioribusq́ueſcunt alimentis: quare ſi quid ſeroſi ſit humoris, facilè per cutim digeritur, uel in plumas abit. Illud non ſine cauſa miretur aliquis, cur teſtudo marina renes ueſicamq́ habeat: lutaria uerò & ueſica & renibus careat ex ſententia Ariſtotelis libro tertio de partibus animalium, quem locum ſuperiore capite citauimus. *Cap. 9.* Cuius quidem ratio quam ipſe Ariſtoteles reddit, infirma mihi eſſe uidetur: Fit hoc, inquit, propter tegumenti eius mollitudinem, ut humor facilè digeratur. At teſtudo coriacea, de qua poſteà dicemus, mollius tegumentum habet, pluſq́ humoris colligit, tamen & renes & ueſicam habet. Quare cùm maiorem τῇ αὐτοψίᾳ quàm cuiuſquam hominis autoritati fidem adhibeam, affirmo teſtudinem lutariam & ueſicam manifeſtam ac magnam, & renes carnoſos habere prope teſtes. *Teſtudinis lutariæ ueſica et renes, contra Ariſtot.* Idq́ per mihi mirum uidetur, quòd Ariſtoteles, qui ſplenem admodùm exiguum in ea uiderit, (ut rectè annotauit libro ſecundo de hiſtoria animalium) *Cap. 15.* ueſicam & renes non animaduerterit: niſi fortè impedimẽto fuerint oſſa, quib. coxæ articulantur, ſub quibus, ueluti ſub pubis oſsibus in homine latent eæ partes, uel unà cum peritonæo diſrupta euulſaq́ fuit ueſica, quæ à peritonæo non niſi ab exercitatiſsimo diſiungi poſsit. Hæc demonſtratione nulla mihi ſunt confirmanda, cùm ſenſus ſolus huius rei fidem faciat. Sed cùm rem ita habere compereris, tum quærenda cauſa uſuſq́ harum partium, quæ eadem ſunt in lutaria ac marina teſtudine.

C Sed iam de actionibus diſſeramus. Teſtudines tam aquatiles quàm terreſtres, & pedeſtrium quadrupedes, quæ oua pariunt, eodem coëunt modo, quo ea quæ animal generant, mare ſcilicet ſuperueniente ſine ullo negotio, ut aliquoties uidimus, etiam ſi cortice contectæ ſunt: habẽt enim in quod meatus contingant, & quo in coitu adhæreant. Pariũt autem marinæ egreſſæ in terram, oua auium cortaliũ ouis ſimilia, & defoſſa coopertaq́ incubant noctibus. Ouorum numerus maximus eſt: nam ad centena pariunt. Hæc Ariſtot. lib. 5. de hiſt. cap. 33. cuius ſententiã retulit Plinius libro 9. cap. 10. his uerbis. In terram egreſſæ in herbis pariunt oua, auium ouis ſimilia ad centena numero, eaq́ defoſſa extra aquas & cooperta, ac pauita pectore ac complanata incubant noctibus. Educãt fœtus annuo ſpatio. Cùm de marinis loquatur Plinius, lib. 5. de hiſt. anim. cap. 33. ut ex toto contextu apparet, commiſcet ea quæ Ariſtoteles de marinarum & terreſtrium teſtudinum partu ſeorſum ſcribit hoc modo: Teſtudo (de terreſtri intelligendum) oua durioris teſtæ, & bicolora edit, quale ouum auium eſt, eaq́ defoſſa & cooperta terra, ac pauita & complanata incubat crebriùs repetens, fœtumq́ ſequente anno excludit. Et paulò pòſt: *Ibidem.* Teſtudines marinæ egreſſæ in terram pariunt oua auium cortalium ouis ſimilia, & defoſſa coopertaq́ incubant noctibus. Ex his igitur diſtinguenda erit Plinij lectio. Idem ex quorundam ſententia aliam pariendi rationem adfert. Quidam oculis ſpectando quoq́ oua foueri ab ijs putant. Fœminam coitum fugere, donec mas feſtucam aliquam imponat aduerſæ. *Li. 1. ἁλιευτικῶν.* In qua ſententia fuit Oppianus, ſcribens teſtudines fœminas timere atq́ odiſſe concubitus, quòd nulla in coitu uoluptate ſed dolore magno afficiantur, quia maris pudendum ueluti ſtimulus eſt acutus, durus & oſſeus. eam ob cauſam inter ſe dimicant, ac multùm incuruis dentibus, id eſt roſtris, ſeſe lacerant: illæ, concubitus moleſtos fugientes: mares, inuitas magis ac magis concupiſcentes, donec ui uictas neceſſario amore ſibi copularint.

Αἱ δὲ μέγα τρομέουσι, καὶ ἐχθαίρουσι χελῶναι
Τερπωλὴ λεχέων, πολὺ δὲ πλέον ἄλγε᾽ ἔχουσι.
Ὀστέον οὐκ ὑποεικτὸν, ἀτερπεῖ θήγεται εὐνῇ.
Ἀλλήλους δ᾽ ἀπέχουσιν, ὅτε χρειὼ αὐτήσωσιν.
Εὐνὴν ἱμείροντες ἑκούσιον, εἰσόκεν ἀλκῇ
Ὃν γάμον: οὐ γάρ τῇσιν ἐφίμερος, οἷα καὶ ἄλλοις
Σκληρὸν γὰρ μάλα κέντρον ἐν ἄρσεσιν εἰς ἀφροδίτην,
Τοὔνεκα μάρνανταί τε, πολυγνάμπτοισί τ᾽ ὀδοῦσιν
Αἱ μὲν ἀλευόμεναι τρηχὺν γάμον, οἱ δ᾽ ἀέκουσαν
Νικήσας ζεύξῃ μιν ἀναγκαίῃ φιλότητι. &c.

Teſtudines marinæ conchis ueſcuntur, & herba in terra: deniq́ pamphagæ ſunt, quemadmodum & cruſtacei piſces, ſi Ariſtoteli lib. 8. de hiſto. anima. cap. 2. credimus. Teſtudines marinæ, inquit,

inquit, conchulas petunt: habent enim os omnium robustissimum. quicquid nanque in os ceperint, siue lapidem, siue quiduis aliud, perfringunt ac deuorant. exeunt etiam in terram, ac pascũt herbam: hic idem modus uescendi crustaceis est, nam ea quoque omniuora sunt, quippe quæ & lapillos, & limum & algam deuorant. Plinius: In mari uiuunt conchylijs, tanta oris duritia ut lapides comminuant. [Lib. 9. cap. 10.] Duas habui domi, quas & aqua & quibuscunque iniectis piscibus, rostro comminutis uiuere sum expertus.

[F] Carnem potissimùm omoplatarum, posteriorumque crurum suauem ac delicatam, pinguemque habet testudo, & omnis ferè marini odoris expertem.

[B] Sanguis qui etiam è uiua effluit, actu frigidus sentitur.

[C] Ouorum albumen coctura nunquam benè spissatur, quod non tam frigiditati quàm partium tenuitati adscribo: quæ enim natura crassa sunt uel lenta quantumuis frigido diluta, facilè spissantur: quæ ualde tenuium partium, ut aqua, nunquam.

[G] Testudines omnes magni sunt in medicina usus. Sed nunc de marinis tantùm. Harum carnes ut tradit Plinius, admistæ ranarum carnibus, contra salamandras præclarè auxiliantur, [Lib. 32. cap. 4.] neque est testudine aliud salamandræ aduersius. Sanguine alopeciarum inanitas, & porrigo, omniaque capitis ulcera curantur: inarescere autem eum oportet, lenteque ablui. Instillatur & dolori aurium cum lacte mulierum. Aduersus comitiales morbos manditur cum polline frumenti: miscetur autem sanguis heminis tribus aceti, hemina uini addita his, & cum hordeacea farina, aceto quoque admisto, ut sit quod deuoretur fabæ magnitudine. Hæc singula & matutina & uespertina dantur, dein post aliquot dies uespera. Comitialibus instillatur ore, diductis labris his qui modicè corripiantur. Spasmo cum castoreo clystere infunditur. Quòd si dentes per annum colluuntur testudinũ sanguine, immunes à dolore fiunt. Et anhelitus discutit: quasque orthopnœas uocant, ad has in polenta datur. Fel testudinum claritatem oculorum facit, cicatrices extenuat, tonsillas sedat & anginas, & omnia oris uitia: priuatim nomas ibi, & ardentium testium. Naribus illitum comitiales erigit attollitque. Idem cum uernatione anguium aceto admisto, unicè purulentis auribus prodest. Quidam bubulum fel admiscent, decoctarumque carnium testudinis succum, addita æquè uernatione anguium: sed diu in uino testudinem excoquunt. Oculorum quoque uitia omnia fel inunctũ cum melle emendat. Suffusiones etiam marinæ felle. Vel cum fluuiatilis sanguine & lacte mulierum capillus inficitur. Fel & contra salamandras, uel succum decoctum bibisse satis est. Galenus [Lib. 2. de Antidotis.] author est ueteres medicos sæpius in antidotis sanguine testudinis marinę usos fuisse, ut Dorotheum in antidoto πρὸς ἐχιοδήκτους, & in alijs multis. Et Dioscorides: [Lib. 2. cap. 97.] Sanguis marinæ testudinis cũ uino & leporis coagulo cuminoque contra serpentum morsus, & hausta rubetæ uenena conuenienter bibitur. Aduersus uenena & ad compescendũ fluxum sanguinis è naribus uel uesica plurimùm ualet per se uel addito sanguine draconis, utrisque in aqua uulgaris herbæ quæ bursa pastoris nuncupatur dissolutis.

[E] Capiuntur testudines marinæ multis quidem modis, ut tradit Plinius, sed maxime euectæ in summa pelagi, [Lib. 9. cap. 10.] aut meridiano tepore blandito, eminente toto dorso per tranquilla fluitantes: quę uoluptas liberè spirandi, in tantum fallit oblitas sui, ut solis uapore siccato cortice, nõ queant mergi, inuitæque fluitent, opportunæ uenantium prædæ. Ferunt & pastum egressas noctu, auidéque saturatas lassari: atque ut remearint matutino, summa in aqua obdormiscere, id prodi stertentium sonitu, tuncque leuiter capi. adnatare enim singulis ternos, à duobus in dorsum uerti, à tertio laqueum inijci supinæ, atque ita ad terram à pluribus trahi. In Phœnicio mari haud ulla difficultate capiuntur, ultróque ueniunt statuto tempore anni in amnem Eleutherum effusa multitudine. Aristoteles: Testudines marinæ laborant plerunque & intereunt quoties innatantes siccantur sole. Deferri enim in gurgitem facile nequeunt. Diuersam capiendarum testudinum rationem adfert Oppianus. [Lib. 5. ἁλιευτικῶν.] Aliquando testudines, inquit, importune piscantibus obuiæ, prædæ parandæ nocent, damnumque afferunt. Sed facile est audaci & intrepido uiro eas uincere. Si quis se in mari immergens testudinem supinam in dorsum conuerterit, quantumuis connitatur, fatum uitare non potest.

Ναὶ μὴν καὶ χέλυδες μάλα πολλάκις ἀντιόωσαι
θήρην λωβήσαντο, καὶ ἀνδράσι πῆμα γένοντο.
Τάων δ' ἔπλετο μόχθος ἑλεῖν ῥηϊστος ἁπάντων
Ἀνέρι θαρσαλέῳ, καὶ ἀταρβέα θυμὸν ἔχοντι:
Εἰ γάρ τις καταδὺς κραναὴν χέλυν ἐν ῥοθίοισι
Ὕπτιον ἀντρέψειεν ἐπ' ὄστρακον, οὐκέτι κείνη,
Πολλὰ καὶ ἱεμένη, δύναται μόρον ἐξαλέεινα.

Capiuntur apud nos sagena quemadmodum & reliqui pisces. Capiũtur etiam ijsdem retibus, quibus thunni. Terrestres testudines frequentiùs uisuntur, & notiores sunt & minores quàm marinæ. Ex Oceano marinam aliquando apud me alui aliquandiu. Quum Romæ essem aliam uidi multò maiorem. In India maximæ sunt, quemadmodũ & reliqua animalia. Plinius lib. 9. cap. 1. [(B. Magnitudo)] Testudines tantæ magnitudinis Indicum mare emittit, ut singularum superficies habitabiles casas integant, atque inter insulas rubri præcipue maris his nauigent cymbis.

Immanis fuit testudo illa quę in mari nostro anno 1520. capta est tanta, [Testudo ingẽs.] ut pueros atque homines imperitos terreret. ijs erat uirib. ut funibus tracta homines tres supra dorsum stãtes ueheret. eadẽ bigis uix trahebat. Qui ceperat, circulatorũ more per uicina oppida ostẽtabat lucri faciẽdi causa.

Alia ingẽs Tarrascone capta. Huiusmodi testudinem arbitror fuisse eã, quæ olim in Prouinciæ oppido, quod Tarrasco nominatᷣ, capta fuit, quantũ ex eius pictura, quæ etiã hodie in oppidi templo cernitur, conijcere licet, nisi quòd pictor absurdè pedes duos addidit, aculeosq́ maiores etiã in dorso effinxit. Quanquam longè aliter de ea re olim scripserint. Ferunt ad Rhodanum in nemore quodam inter Arelatem & Auenionem monstrum quoddam fuisse altera parte terrenum animal, altera piscem referens, boue crassius, equo longius, dentes habens in utraq; maxilla binos, ense longiores & acutiores, in flumine delitescẽs in homines irruebat, & naues submergebat, huc ex Asia erupisse, ex Leuiathan aquatili serpente & ferocissimo natum: tandem à diua Martha ita euictum, ut oue placidius reddiderit, quod cingulo suo ligatum, cùm in terram eduxisset, à plebe saxis fustibúsque peremptum fuit. Incolæ monstrum id Tarasconum uocabant, unde oppido quod etiam hodie extat nomen positum, cum ante Nerluog, id est, niger locus uocaretur à nemore denso, umbrosoq́. Alij rem paulò aliter referunt. Sed utut res hæc habeat, antequam Martha in prouinciã uenire potuisset Tarasco oppidum dicebatur, Strabone teste: Abest, inquit, à Rhodano Nemausus centena circiter stadia, quo in tractu ulteriore Tarasco exiguum oppidum, quo nõ nisi post Christi in cælos ascẽsum appellere potuit Martha: scripsit autem Strabo tempore Tiberij Cæsaris sub quo passus est Christus. Neq; est quod quis miretur testudinem marinam in Rhodano ad Tarasconem repertam fuisse, neq; enim procul locus is à mari abest, & aquarum dulcedine captæ aliquando beluæ marinæ, uel undarum & procellarum ui compulsæ longè altiùs fluuios ingrediuntur: quod de testudinibus marinis asserit Plinius, scribens in Phœnicio mari haud ulla difficultate capi, ultroq; uenire tempore statuto anni in amnem Eleutherum effusa multitudine. *Lib.9.cap.10.*

DE TESTVDINE, (ALTERA MARINA) CORIAcea siue Mercurij, Rondeletius.

In A. segmento reperies quædam de Testudinibus in genere.

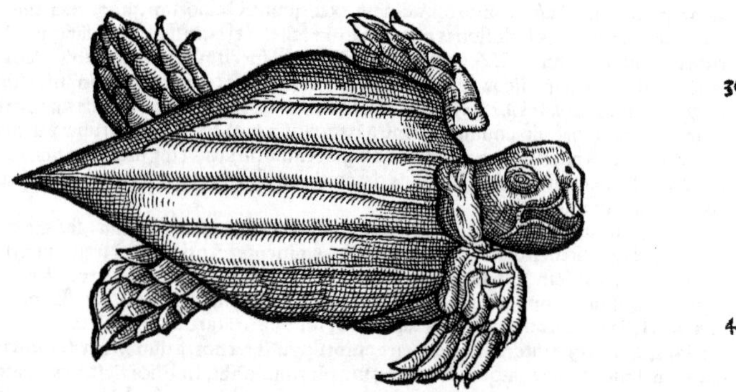

A ΧΕΛΩΝΗ θαλαττία, Latinè testudo marina uocatur, à quibusdam Plinium secutis mus marinus. Sed non immeritò dubitauerit aliquis, cur Plinius cùm sæpius aliâs testudinem marinã Latinè uocârit, mutato nomine, aliquando murem marinum nominauerit, ei tribuens quæ Aristoles tribuit emydi seu testudini lutariæ siue muri aquatili, ut conuertit Gaza. Verba Plinij sunt: Mus marinus in terra scrobe effossa parit oua, & rursus obruit terra, tricesimo die refossa aperit, fœtumq́ in aquam ducit. Quæ ex Aristotele mutuatum esse constat: Ἡ δὲ μῦς ἐξιοῦσα ἐκ τοῦ ὕδατος τίκτει ὀρύξασα βόθυνον πιθώδη, καὶ ἐκτεκοῦσα καταλείπει. ἐάσασα δὲ ἡμέρας τριάκοντα, ἀνορύττει καὶ ἐκλέπει ταχὺ, καὶ ἀπάγει εὐθὺς τοὺς νεοττοὺς εἰς τὸ ὕδωρ. De marina uerò testudine mox Aristoteles: τίκτουσι δὲ καὶ αἱ θαλάττιαι χελῶναι ἐν τῇ γῇ, &c. Alio in loco pro testudine marina murem marinum uidetur dixisse. *Lib.9.cap.19.* Exeunt in terram, & qui marini mures uocantur. Ex quibus efficitur, uel Plinium parum animaduertentem, aquatilis testudinis siue lutariæ Aristotelis nomine marinam uocasse: uel (*hoc magis probandum*) testudinem marinam etiam murem Latinè dici posse, atq; etiam non solùm emyda, sed & μῦν apud Aristotelem legi posse. Galli tortues uocant, (*nimirum omnem testudinem.*) Nostri tortugues. Hispani tortugas. Itali galanas uoce, ut apparet deflexa ex accusatiuo Græco χελώνας.

B Quam nunc describimus, coriaceam appellamus, quòd integumentum habeat non tam cortici simile quàm corio bubulo, duro nigroq́ & iam concinnato ad calceos equorumq́ frænos & sellas cæteraq; ornamenta conficienda. Eandem Mercurij testudinẽ appello, quòd eam esse existimem, à cuius similitudine Mercurius musicum instrumentum nobis leut, Gallis luc uocatum, exco-

excogitârit, ex ea testudine quam Nilo decrescente in litôre repererat, consumpta iam carne superstitibus neruis, & ob tensionem ad contactum sonantibus: cui. instrumentum musicum adeò simile est, ut nemo sit procul eam uidens capite pedibusque truncatis, qui non chelyn nostram theca sua conclusam esse iudicet: ut enim hæc, ita testudo altera parte, supina scilicet, plana est lataque: prona conuexa, ex sex assulis contexta, longis, angulos acutos efficientibus: toto ambitu rotundato præter quam in cauda, quæ in longum & acutum desinit, cui etiam instrumenti pars gracilior (cui infixi sunt collopes, quibus fides intenduntur & remittuntur) respondet. Hæc testudo à superiore partibus internis, alis, pedibus, unguibus non differt, longiore acutioreque est cauda, capite osseo. Rostri pars inferior acuta est, & sursum recurua, superioris extremum in partes duas diuisum, inter quas inferioris extremum recipitur. Huiusmodi rostro minùs auē refert quàm superior testudo. Oculis est maioribus, ante quos sunt foramina narium loco. Caput semper prominet. Ceruix lata est & torosa, in supina parte maculas aliquot rotundas habet, quas inepte qui de aquatilibus scripsit pronæ parti testudinis corticatæ appinxit. Carnis habet plurimùm anteriore in parte musculis scilicet omoplatarū: in posteriore multò minùs, ea bubulæ similis est. Testa uertebris dorsi alligatur. Costas latas contegit cutis duplex interior, corio spisso densoque, sed leui, similis: superior, tenuis & alba. Sub cute pingue plurimum coaceruat.

Vidi huiusmodi testudinem ad solem menses aliquot suspensam, ex qua quotidie pinguitudinis libra una destillabat: qua, qui ceperat, ad lucernas utebatur, eiusdem carne salita loco bubulæ. Ea ad Frontignanum capta fuerat, longa cubitos quinque, duos lata. Alteram antè uideram ad Magalonam captam multò minorem. Aliquot antè annis unius æconem mihi dederat Agathensis, qui tum erat Episcopus, quam ad Niceam captam fuisse affirmabat cubitos octo longam. Carne est multò duriore quàm superior. Cæterùm iisdem facultatibus & carnem & fel pollere existimo. E F *(B. Vbi & magnitudo.)* (G)

Hic prætermittendùm non est coriaceam siue Mercurij testudinem, quam depinximus ab Aeliano fortasse simiam maris rubri appellari, id quod ex eius descriptione clariùs intelligetur. Est etiam in mari rubro simia, non piscis quidem hæc, sed bestia cartilaginea, (*&c. Vide supra in Simia marina, pag. 1053.*) Sed eam rem doctis, qui pisces rubri maris uiderunt, æstimandam relinquo. A *Testudinē hanc ab Aeliano fortè Simiam maris rubri uocari.*

DE TESTVDINE CORNIGERA SIVE TROglodytica & alba, Rondeletius.

PLINIVS lib. 9. cap. 10. Cornigerarum testudinum diuersum à cæteris genus facit. Troglodytæ, inquit, cornigeras habent, ut in lyra annexis cornibus latis, sed mobilibus, quorum in natando remigio se adiuuant. Celetum genus id uocatur eximiæ testudinis, sed raræ: nanque quasi scopuli præacuti Chelonophagos terrent: Troglodytæ autem ad quos adnatant, ut sacras adorant. Quo loco pro mobilibus alij immobilibus legunt, sed perperam, ut opinor: nam si cornuum remigio in natando se adiuuant, quomodo immobilia esse possunt? Deinde pro celetum alij celtium, alij celetinum. Hermolaus aliquando existimauit legendum chelytium, ἀπὸ τοῦ χέλυος: quæ uox & testudinem significat & pectora, quasi magnas & pectorosas intelligi uoluisset. Placuit posteà ut celetum legatur, ut dicantur celetes testudines à celeritate: quoniam cornuum remigio adiuuant se natando, ceu equites uideri possint, non pedestres. sunt enim celetes singulis equis currentes in certaminibus, & equi ipsi celetes qui soli agitabantur. Sic cancrorū est genus quoddam ἱππεὺς Aristoteli: itemque formicarum alterum, quas Plinius pennatas uocat à uelocitate. A

Cornigeræ testudinis effigiem eleganter insculptam & expressam uidi Romæ in antiquissimo marmore, quæ à superioribus testudinibus non differebat nisi cornibus ex utroque capitis latere latis & longis, qualia in eo pisce sunt quem antea cornutam siue ὁλόστεον appellauimus, & in lyra, sed in his breuiora, in testudine pro magnitudine corporis longiora. B

Arrianus in Nauigatione maris rubri in testudinum genere albam testudinem numerat, sed aquatilis sit, an lutaria, an terrestris parū constat. Ego testudinem uidi cortice (maxima ex parte) albescente & denso, quam mihi ostendit Iacobus Regius, uir in chirurgicis operibus exercitatissimus & peritissimus. Ea testudo ab alijs omnibus in eo differre mihi uidetur, quòd in medio cortice pronæ partis articulationes duas habet, quales in locustarum caudis cernuntur, ex quo appa ret animal hoc in pilæ modum totum corpus conglobare. Sitne ea testudo Arriani alba, nescio. neque enim de re parum mihi perspecta temere quicquam affirmare uolo. *Testudo alba.*

DE TESTVDINE LVTARIA, Rondeletius.

Aristoteles Testudinem lutariam, ab ea quæ in (*dulci*) aqua uiuit non seiunxit, quam Murem aquatilem conuertit Gaza, quæ dicitur ab Aristotele μῦς, uel fortasse ἐμύς. Hæc quam hîc exhibemus in palustribus & limosis aquis, fossisque urbium & castellorum mœnia ambientibus, uiuit. Ea sic à Plinio depingit: Testudinū est tertiū genus, in cœno & paludibus uiuentiū. Latitudo his in dorso pectori similis, nec conuexo incurua calyce, ingrata uisu. Et à Varino: ἐμὺς ζῶον ἐν λίμνῃ καὶ ἐν πηγῇ γινόμενον, οἱ δὲ χελώνην τὴν ἔχουσαν οὐράν. Vocatᷣ à nostris Tortugue d'aigue, i. testudo aquatilis ad A

CC 4

discrimen terrestris, quæ duæ similes sunt, nisi quòd aquatili cauda est longior perinde ac in muribus, à qua Muris aquatilis nomen accepisse crediderim.

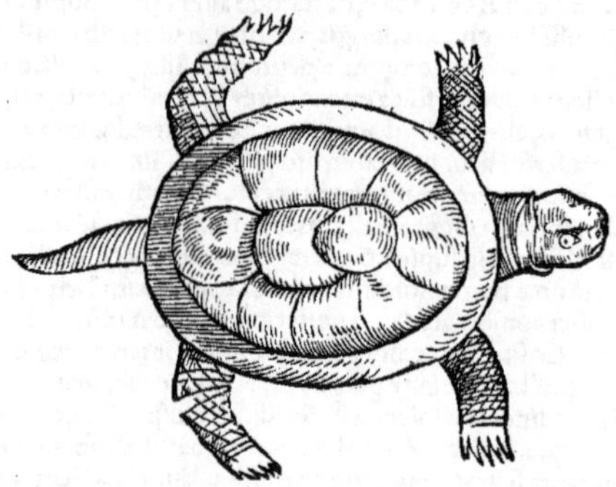

B Testa colore est nigro, aliquot particulis, ueluti tabellis pectinatim iunctis constat. Pro arbitrio pedes, caudam, caput, modò exerit, modò recondit. Pulmones, renes, uesicam, denique partes internas easdem habent lutariæ Testudines cum marinis, quas fusiùs suo loco (*suprà in Testudine Corticata*) explicauimus.

C Vescuntur insectis aquatilibus, limacibus, cochleis, herbis: unde & in hortis aluntur, sed quibus aqua non desit: ea enim perpetuo carere non possunt. Cibo omni destitutæ diu uiuunt, atque etiam abscisso capite. quia cùm frigido sint, crassq́; & uiscido succo, is haud facilè dissipatur nec citò absumitur.

F Diu sunt seruandæ ut teneriores reddantur & concoctu faciliores. Integræ in feruentē aquā iniiciuntur, ut testæ & ossa separentur, deinde carnes, oua, cæteræq́; internæ partes friguntur.

Sanguis actu frigidus sentitur, quem hecticis nonnulli in potu dant, tum ad refrigerandum tum ad alendum. Iisdem & phthisicis carnes cum hordeo coctæ maximè sunt utiles.

BELLONII de Testudinibus scripta dedimus circa finem Appendicis de Quadrupedibus Ouiparis.

COROLLARIVM I. DE TESTVDINIBVS IN GEnere: *quibus etiam nonnulla simpliciter de testudine scripta adduntur, cùm ad quam potissimùm speciem referas, non constet.*

TESTVDINVM DIFFERENTIAE.

Testudo aut est
- Terrestris
- Aquatica. *

* Aquatica aut est
- In mari
  - Testudo mar. χελώνη θαλασσία.
  - Mus marinus. μῦς θαλάττιος.

  Aliqui has species duas non faciunt, sed unam. Oppianus uidetur distinguere. Apud Aristotelem μῦς semper uidetur accipi pro testudine quæ in aqua dulci agat, siue pura, siue limosa.
- In aqua dulci
  - Puriore, ut lacubus, amnibus.
  - Cœnosa, ut paludibus, Testudo lutaria, dorso non cōuexo, &c.

  } μῦς simpliciter Aristoteli.

  Hæ siue species duæ sunt, siue una, uidentur uno nomine à Græcis μῦς, uel ἐμύς, uel ἁμύς nominari.

Testudo uidetur ampliùs patêre Latinis, quàm χελώνη Aristoteli. hic enim χελώνην terrestrem & marinam tantùm facit: alias, μῦδας appellat, à recto μῦς. Archigenes ἀμύδα (si rectè scribit) interpretatur χελώνην λιμναίαν. Apud Hesychium legitur ἐμύς, ζῶον ἐν λίμνῃ καὶ ἐν πηγῇ γινόμενον: οἱ δὲ, χελώνην τὴν ἔχουσαν οὐράν.

Murem marinum ex Latinis Plinius tantùm dixit semel aut iterum: ubi Aristoteles μῦν uel μῦδας nominat, de testudinibus tamen in dulci aqua degentibus loquens. Ex Latinis solus Oplus Oppianus in mari nominat μυῶν χελιπὸν γένος, &c. & postea χελώνην seorsim.

Eorum quæ de Testudinibus in libro nostro De Quadrupedibus ouiparis dicta sunt, multa ex authoribus repetiuit Rondeletius: quæ nos, ut erant, reliquimus, sicuti & in Ranis: quòd libri nostri non passim omnibus in promptu sint: & multi ea quæ ad Aquatilium historiam pertinent, coniuncta habere cupiant. Recentiores quidam & minùs probati scriptores, testudinum genus alij inter testata, quæ ostracoderma uocant Græci: alij inter serpentes ineptè numerant: cùm toto genere ab utrisque differat. Cortice teguntur testudines, Plinio: quas inter cortice intecta Aristoteles quoque enumerari uoluit, quemadmodum lacertæ & crocodili, & reliqua quadrupedia, quæ oua pariunt, & genus omne serpentum: hæc enim omnia cortice operiuntur. Cortex hic loco squammæ similis potest appellari. Sed & inter testacea Plinius testudines aliquando posuit, ut libro undecimo: Quæ animal pariũt, pilos habent: quæ oua, pennas aut squãmam, aut corticem, aut testam ut testudines, aut cutem puram ut serpentes. Aristoteles octauo de historia dicit: Exuunt senectutem ea quibus cutis mollis, nec prædura & testacea quædã est, qualis testudini, (nam & testudo inter cortice intecta enumeranda est, & mus aquatilis:) sed qualis stellioni, lacerto, & præcipue serpentibus est, Massarius. Sed quanquam testudines à testa denominentur, & corticem eorum aliqui testam appellant, non tamen propriè dicta testata animalia sunt: quę omnia sanguine carent, &c. & testam figlinæ instar fragilem, siliceámue habent. Porrò genus animaliũ, quę φολιδωτὰ Græci nominant, latiùs patet, cum & serpentes qui pedibus carent, & lacertos ac similes quadrupedes contineat. Distinguendum hîc etiam corticis uocabulum: quod Latini quidam aliquando pro testudinis tegumento accipiunt: Gaza aliique eruditi recentiores, φολίδας ab Aristotele dictas, quæ ueluti squamæ sunt, cortices uel corticem uocant. Ego proximum testudinis genus, aliud non inuenio, quàm ut sit Quadrupes ouipara: quo genere testudinum species omnes comprehenduntur. Rondeletius inter Cete adnumerat testudines: sed hoc marinis tantùm conueniet opinor, quæ, ut ipse inquit, mediæ sunt magnitudinis. Aut potiùs, ut mihi uidetur, ne marinæ quidem cete appellari debent, si propriè loquamur, utcunque grandes. nam ad essentiæ ac generis rationem magnitudo non est adferenda. Quòd si cete rectè definiuntur animalia aquatilia, (amphibiáue) spirantia & uiuipara: (nam cete omnia tum intra se, tum foras animal generant Aristoteli:) testudo autem omnis ouipara sit, cêtos eadem non erit. si quis tamen propter magnitudinẽ testudines marinas, non quidem cete, sed cetaceas & κητώδεις appellare uelit, permittemus. Oppianus lib. 1. Halieut. cum cete enumerasset, subdit: Cæterùm quædam etiam è mari in terram exeunt. Et statim: Δηρὸν δ' ἠιόνεσσι καὶ ἀγχιάλοισιν ἀρούραις Μίσγοντ' ἐγχέλυές τε καὶ ἀσπιδόεσσα χελώνη. Hoc est: Aliquando in litora prodeunt etiam anguillæ, & scutata testudo, &c. non tamen hæc etiam cete esse uult, sed de amphibijs diuersorum generum agere incipit. ¶ Testudinis nomen apud Latinos, sicuti & χελώνης apud Græcos, absque ullo addito, quandoque marinam, quandoque terrestrem significat, ut apud Plinium lib. 11. cap. 37. & Aristotelem historiæ 5. 33. Gallana Italis alicubi, ut Ferrariæ, testudo est: nomine, ut apparet, facto à Græco χελώνη. Gallanga Monspelij est rana piscatrix: quam & bufonem aliqui uocant, sicuti testudinem nostri bufonem scutatum. Hispani quidam Calandras nominant, uide suprà ab initio elementi C. Serpentis facies, sibilus, oua, cutis Testudinis, uulgò affinitatis appellationem inuenere. Etenim Taurini serpentem cuppariam, à cuppa: alij Itali Serpentem scutellariam, à scutella. Nos Galanam, Græcæ uocis uestigio, quasi χελώνην. Mixobarbari quidam scriptores tortucam & tartarucam pro testudine dicunt. Poloni Zolw. ¶ Albertus & alij quidam indocti cochleas & testudines aliquando confundunt.

Sunt testudines omnes pectore plano ac tabellato, sed tergo tumido & incuruo: sunt capite & ceruice anguineis: dentibus carent, sed rostri acie omnia comminuunt, ex Plinio hic & undecimo uolumine: superna parte inferiorem claudente, pyxidũ modo: pedibus quaternis multifidis unguiculatis, quos & exerunt & retrahũt intra corticẽ, quemadmodũ & caput, Massarius. Atqui testudini lutariæ tergum nec tumidũ nec incuruũ Rondeletius pingit. & Plinius: Testudini (inquit) quæ in cœno & paludibus uiuit, latitudo in dorso est pectori similis, nec conuexo incurua calyce. ¶ Plurima sunt testudinibus, etiam terrestribus, communia: uelut quòd sanguis ab his dum uiuunt detractus, frigidus sit, nostri quidem comparatione, non simpliciter, quòd omnes rostri duritie lapillos cõminuunt, (*&c. quæ in sequentibus referemus,*) Cardanus. ¶ Testudinum genera omnia à latere adiũcta habent: eademque in obliquũ flectunt, quemadmodum crocodili & lacertę. Et cortice integuntur duro rigidoque, & qui osse firmior sit, Vuottonus. sed Aristoteles τὸ φολίδος scribit: non τὸ τοῦ χελωνίου: Latinis nomẽ corticis ad utrunque ambigit. ¶ Operimentũ testudinis multis nominibus appellat, ut in libro de Quadrupedib. ouip. indicauimus. Græci χελώνιον uocant, Nicander χέλειον. recẽtiores, ut Albertus, & linguę quædã uulgares, scutum. der Schilt: unde & animal ipsum Schiltkrott appellamus, & Oppianus χελώνην cognominat ἀσπιδόεσσαν.

Testudines omnes, ut dictum est, rostri duritie uel lapillos cõminuunt: unde omnes dẽtibus carere arbitror, quòd pro ijs rostri durities satisfacit. Oppianus quidẽ author est testudines (marinas nimirum) mares & fœminas propter coitum inuicẽ dimicantes, incuruis dentibus sese lacerare: sed Rõdeletius dẽtes interpretat rostra. De pulmonibus & uesicis testudinũ, uide infrà in Marina.

Teſtes lumbis intus adhærent, meatusq́ gemini ab his ſimiliter atque ſerpentibus tendunt, Maſſarius. ¶ Sola autem teſtudo inter corticata ueſicam obtinet. in hac enim tantummodo natura caſtrata eſt. Cuius rei cauſa eſt, quòd marinæ teſtudines pulmonem habent carnoſum, ſanguineum, & ſimilem bubulo: terreſtres autem proportione maiorem. ſuperficies etiam, (διὰ τὸ ὀστρακῶδες καὶ πυκνὸν εἶναι τὸ περιέχον) quia obdenſa præduraq́ modo ſilicis eſt, facit ne humor difflari, euaporariq́ poſsit per carnem laxiorem, ut ſerpentibus cæteriſq́ opertis cortice euenit. humor enim ijs in corticem tegentem, ut auibus in pennas abſumitur, cum exiguo potu contenta ſint, propter exanguem pulmonis naturam; atq́ ita excrementi copia tanta ſubſidet, ut eorum natura conceptaculum, & uas quoddam capax humoris deſideret. Veſicam igitur teſtudo ſola inter hæc habet ea de cauſa: ſed marina amplam, terreſtris exiguam admodum, Ariſtoteles De partib. anim. 3. 8. Rondeletius in Teſtudine lutaria quoq́ ueſicam & renes reperit: quas partes eis Ariſtoteles negabat. ¶ Author libri de nat. rerum: Tortuca (inquit) eſt duorum pedum (*immò quadrupes*) caput habens ut buho, (*fortè bufo: nam à bufonis aliqua ſimilitudine apud noſtros etiam nomen inuenit:*) caudam ut ſcorpio, (*ut ſerpens potius;*) duobus ſcutis duriſsimis quaſi teſtis tegitur, quibus adeò ſe induit, ut difficulter etiam ualidiſsimis ictibus perimi poſsit.

C Teſtudines omnes tenui uoce & abrupta ſtrident, Cardanus. ¶ In dorſum ſi inuertantur, ſiue in terra, ſiue in mari, erigere ſe ampliùs non queunt, Author Græcus incertus. Omnes roſtri duritie lapillos comminuunt, Cardanus. Teſtudines in coitu ſuperueniunt, Plinius.

E Vtriuſq́ generis teſtudinum putamina in laminas ſecari ad opera, ut ad pocula aliaq́ uaſa, (inquit Vuottonus,) perſpicuũ eſt ex Martiale in Apophoretis de Guſtatorio: Fœmineũ nobis cherſon ſi credis ineſſe, Deciperis: pelagi maſcula præda ſumus. Fortaſsis autem ut in pleriſq; alijs animalibus elegantior & pulchrior cum aliâs, tum colorum genere ac uarietate, marium aſpectus eſt: ita ex teſtudinibus etiam maſculis putamen precioſius. niſi quis ſimpliciter marinarum putamina, terreſtribus præferri arbitretur: quoniam cherſos, id eſt, terra, (unde cherſææ chelonæ Græcis dicũtur,) à Martiali nominatur. An terra omnibus nominibus ſemper eſt fœminea: mare uerò etiam maſculum, ut in Oceano, Ponto, Neptuno, Nereo. Plinio quidem authore terreſtres teſtudines in operibus Cherſinę uocant. Sed potiùs terrenæ marinis precioſiores ſunt: & ſi Domitio interpreti Martialis ſecus uideatur, ſed ſine authore. is etiam guſtatorium interpretatur menſam ubi guſtabant. ¶ Accipe lunata ſcriptũ teſtudine ſignum, (*fortè ſigma:*) Octo capit: Veniat, quiſquis amicus erit, Martialis ibidem de Stibadio: Domitius triclinium teſtudineum in ſpeciem ſtibadij interpretatur. Radiant teſtudine poſtes, Maro. In Adulito oppido maximum emporium eſt Troglodytarum & Aethiopum. deferunt plurimum ebur, celtium teſtudinũ, &c. Plinius. Iuuat ludere impendio, & luſus geminare miſcendo iterum, & ipſa adulterare adulteria naturæ: ſicut teſtudines tingere, argentum auro confundere, &c. Plinius ubi de purpuræ tinctura loquitur.

F Teſtudines omnes ſuaui ſunt carne iuxta omoplatas & inferiora crura, Cardanus. Teſtudinis carnes paucæ eſitatæ, tormina pariunt: multæ uerò, purgant, Heſychius in Ἠπα: ubi Ἡδύ, pro Ἡδεῖ, perperã ſcribitur. Oua teſtudinis in cibo noxia ſunt: Author de nat. rerum: qui etiam ex Ambroſio citat, renes teſtudinis poſt eius mortem nudo pede calcatos ueneno ſtatim inficere: ipſam uerò uiuentem ueneno carere.

G De ueneno renum teſtudinis, lege proximè ſcripta in F. Indoctus quidam librorum Raſis interpres, teſtudini remedia quædam adſcribit, quæ ad limacem pertinent, cap. 75. libri de remedijs ex animalibus. Teſtudinum ſanguis ad comitiales datur, Plinius. Ad malum mortuum: Teſtudines contritæ in forti uino uel lixiuio coquantur: & pinguedine ſupernatante collecta, ungantur tibiæ, Rolandus in fine quarti Chirurgicorum.

H. a. Teſtudo dicta eſt, quòd tegmine teſtæ in modum cameræ adoperta eſt, Iſidorus. Φερέοικον & φερόικον (id eſt, domiportam) cochleam & teſtudinem interpretantur, Varinus. alij aliud quoddam animal. uide ſuprà in Cochleis in genere H. a. in fine paginæ 278. Χελὼν piſcis eſt Athenæo, è mugilum genere, pro χειλὼν, id eſt, Labeo. ¶ Teſtudines loca dicuntur in ædificijs camerata, &c. Nonius. Saxa quibus uiridis ſtillanti uellere muſcus Dependet, ſcopuliſq́ cauum ſinuantibus arcum Imminet exeſa ueluti teſtudine concha, Calphurnius. ¶ De teſtudine machina bellica, multa protulimus in libro De quadrupedibus uiuiparis, in Orygis & Arietis Philologia: & rurſus in Teſtudine libri de ouiparis quadrup. De teſtudine helepoli leges apud Vitruuium libro 10. cap. 21. & Philandri in eundem locum annotationes, in quibus Ammiani ex libro 23. de hac machina uerba recitat. ¶ Tectum teſtudinatum in quatuor partes deuexum eſt, ut pectinatum in duas, Feſtus. Vtraque hæc tectorum forma noſtris etiam in uſu eſt, & ſuo apud materiarios fabros inſignis nomine. ¶ De Muſico inſtrumento quod teſtudinem Latini, Græci chelyn appellant, dixi aliâs plura. Ἀλλ᾽ ὅκα δὴ πλάκτρῳ λοκεῖς ἔκρεξε χέλυς, Innominatus apud Suidam in Κρέκω. Mercurius Apollinis boues furatus, pro ijs chelyn, id eſt lyram quam ex oſtraco teſtudinis confecerat, ei dedit. Ἀπὸ ἀρχεγόνου ἀφορμῆς τῆς περὶ τὴν χελώνην, χέλυς ὕστερον πᾶσα κιθάρα ἐκλήθη. ἐπειδὴ χελώνης ὄστρακον μέγα πήχεως προσθεὶς καὶ χορδὰς ἐντανύσας λύραν ἀπήρτισεν Ἑρμῆς, ἣν καὶ Ἀπόλλωνι ἐχαρίσατο εἰς λύτρον ἀνθ᾽ ὧν ἔκλεψεν ἐκείνου βοῶν, Euſtathius in Odyſſeę Φ. Vide etiam infrà in Proprijs.

prijs. Anacreontis & Pindari φόρμιγξ ab Horatio testudinis nomine celebrata est, eadem & chelys est, Mercurij fortuitum inuentum, addita Magadij arte, Cæsar Scaliger. Rondeletius Mercurium ex eo genere testudinis marinæ, quod coriaceum cognominat, Mercurium chelyn suam concinnasse conijcit: quod ea præ cæteris instrumentum hoc Musicum quadam similitudine repræsentet. ¶ Χελώνιον, quære mox in b. Id quod naui postremò sub carina, ut atteri ea non possit, clauis affigitur, χέλυσμα nominatur, Pollux. Χελώνη est labium: inde χελυνοίδης, cui labra tumidiora prominent, Eustathius. Cete Indica maxima sunt: χελώνην δὲ πηχῶν πεντεκαίδεκα ἔχει, Aelianus de animalib. 16. 12. Cheloniten lapidem, recentiorum aliqui cum batrachio seu borace confundũt. quod si chelonites est, quem uulgò kleinen krottenstein, hoc est, minorem lapidem bufonis aut rubetæ nominant, ut Ge. Agricolæ placet: forsitan à figura hoc ei nomen impositum fuerit, quæ foris in eo curua cõuexaq́ʒ, intus caua spectatur, sicuti in chelonio, hoc est putamine testudinis.

Icones. Ex testudine hieroglyphica symbola aliquot Pierius Valerianus interpretatur libro Hieroglyph. 21. nos titulos cum breuissima singulorum interpretatione indicabimus, qui sunt: 1. In potentioris ditionem redactus: quoniam testudo Solis exiccata radijs, cum in gurgitem redire nequeat, capitur. ad hoc denotandum in aquæ summo pingitur testudo. 2. Fortunarum contemptus: Pingitur homo naufragus in testudinis eiusmodi agitatæ fluctibus tergus insiliens, solari addito radio. 3. Virginum custodia. Nam Phidias cum Veneris simulacrum Eleis ex auro & ebore conficeret, testudinem altero eius pede pressam apposuit, &c. Consuesse uerò mulieres testudineas secum imagines gestare, quas Veneri dedicarent, ex eo est manifestum: quòd Thessalæ matronæ Laida meretricem illam inclytam ligneis testudinibus zelotypia concitatæ interemerunt in templo Veneris, magno populi conuentu: ob quod facinus erexere postea templum Veneris profanatæ, quæ nefandam cædem in templo admiserant, ut confessione sceleris, ueniam petentes deam sibi placarent. Antisthenes ansam nactus eludendi Atheniensium uanitatem, se nunquam solo in quo nati essent excessisse gloriantium: Commune hoc, inquit, habetis cum testudine & cochlea. 4. Munimentum. Sic enim testudinis corticem natura muniuit, ut contra tela possit ipsa per se sufficere, & iniurias propulsare. Hinc ansa data adagio, quantum muscarum solicita est testudo. Cuius ominis felicitatem secuta Cæsariana familia, domesticum eum morem habuit, ut paruuli domus eius in testudineos alueos excepti lauarentur. Quapropter Ceionius Posthumius nato iam Albino filio, cum ingentem testudinem à piscatore muneri accepisset, uir literatus iam inde magnam spem concepit de futura filij nobilitate. curari itaque testudinem iussit, & infantuli ministerijs dicari. Exemplaria Hori quæ impressa circunferuntur, in huiusmodi significatum ὄρτυγος ὀστέον habent, interpretésque coturnicis os reddidere. sed in manuscriptis codicibus ὄρυγος legi, quod facit ad hanc sententiam. testudines enim orygas appellatas, παρὰ τὸ ὀρύττειν, quod fodere est, uel excauare, apud Vitruuium legas, &c. *Vitruuius non testudinem animal, sed machinam bellicam, orygem uocat.*) 5. Mors difficilis. Hominem letalibus uulneribus quantumuis altè acceptis difficillimè morientem, per testudinis abscissum caput aptè pinxeris. quandoquidem tanta inest eius carni uiuacitas, ut earum caput, præsertimq́ʒ marinarum, auulsum busto, conniuentes aliquandiu oculos ostentet, conniueatq́ʒ ad admotam manum. quinetiam si ad os eam admoueas, mordere etiam adnitatur. 6. Segnities. Adeò enim lento gradu mouetur testudo, ut in prouerbium emanârit in segnes & pigros. Hinc Plautinus Aegio: Testudineum hunc tibi grandibo gradum, inquit, si fustem sumpsero. 7. Sunt qui mordacissimum hominem atque egregiè maledicum, per testudineum caput exertis dentibus intelligi uelint. nam testudo omnino est ore omnium robustissimo. 8. Peloponnesij. In Peloponnensiũ nummis testudo cudebatur, ut legere est apud Pollucem, &c. Vnde obolum Eupolis καλλιχέλωνον dixit, Hucusq́ʒ Pierius.

Propria. Chelonophagi. uide in Testudine marina. Testudinis dicti promontorij Pausanias in Atticis meminit. Chelydoreus mons contiguus est Cyllenæ. ibi inuentam testudinem Mercurius excoriasse, & lyram ex ea composuisse dicitur, Idem in Arcadicis. apparet autem compositum esse nomen à testudine & dono. factam enim inde lyram Apollini donauit.

b. Χελώνιον propriè testudinis testam significat: transfertur autem ad cancrorum quoque crustam. Asserina locus est in Tenedo: ubi in paruo fluuio cancri reperiuntur, τὰ χελώνια δ᾽ ἐκ ὀρθῶν μὲν ἐπὶ πλεῖον ἔχοντα, καὶ πελέκει ἐμφερῆ, Suidas in T. Plutarchus in libro Cur Pythia non ampliùs carmine respondeat, Ἀστέριον locum illum nominat, in quo solo cancri nascantur ἐν τοῖς χελωνίοις τύπον πελέκεως ἔχοντα. unde etiam Tenedij bipennem Apollini consecrarint. De prouerbio Tenedia bipennis, plura Erasmus. Aelianus de animalibus 16. 12. echinorum marinorũ quoque χελώνια dixit.

Celtium. Plinius in Adulito oppido tradit maximum esse emporium: deferri ebur, celtium testudinum, &c. ubi celtium aliquis pro chelonio dictum coniecerit: quanquam libro 9. ca. 10. cornigeras testudines apud Troglodytas priuatim celtium dici scribit: ubi diuersæ lectiones sunt, celtinum, celetinum, Hermolaus celetum legit.

h. Θᾶττον ἦν λευκὰς κόρακας, πτηνάς τε χελώνας εὑρεῖν: Ammianus in epigrammate, de re impossibili. Simile huic est, Citiùs testudo leporem præuerterit. Testudine tardior, prouerbialiter usurpatur ab Erasmo.

COROLLARIVM II. DE TESTVDINE MARINA.

Icon hæc repetita est ex libro nostro De Quadrupedibus ouiparis, Venetijs effi̇cta: neutri illarum, quas Rondeletius exhibet, similis. Dentibus quidem testudines omnes carere Rondeletius ait: ut suspicer pictoris culpa non rectè dentes huic nostræ iconi attributos. Oppiani tamen mus mar. dentatus est.

A Testudines marinæ, & quæ in dulcibus aquis uiuunt, genere differunt: seu formam, uitam, magnitudinem ue aspicias: seu quòd translatæ alterutrinq; non uiuant, Cardanus. ὁ θαλάττιος μῦς (id est Mus marinus) à uulgo perperā ὀμύδιον (*malim cum tenui ὀμύδιον*) uocatur, Eustathius. Saluianus murē marinū à testudine marina disiungit: quod quidem diligētiùs mihi cōsiderandū uidet. Oppianus quidem li. 1. Halieut. inter amphibia nominat ἀσπιδόεσσαν χελώνην, cū priùs μυῶν χαλεπὸν γένος adnumerasset ijs quæ in petris & arenis pascuntur: ubi ijsdem muribus contra hominem & pisces pugnandi audaciam, non tam magnitudine sua fretis, quàm ualidissimæ testæ & crebris in ore dentibus attribuit. Rondeletius tamen testudinum genus omne dentibus carere ait. An Oppianus rostri margines impropriè ὀδόντας dixit? sic quidem Rondeletius interpretat, dentes pro rostris, in Oppiani uerbis de testudinum mar. coitu: quæ sunt, πολυγνάμπτοισιν ὀδοῦσιν ἀλλήλους δάπτουσιν. Muribus quidem marinis hæc interpretatio non potest conuenire, de quibus Oppianus: ῥινῷ καὶ πυκινοῖσι πεποιθότες γόμφοις ὀδοῦσι. rostra enim nec πυκινά, nec γόμφον dixeris. Quòd autem Vuottonus testudinem lutariam, eandem muri marino facit, ex ueterum ac recentiorum scriptis facilè redarguitur. De uocabulis μῦς, ἐμῦς, ἀμῦς, unde pluralis numerus μύδες & ἐμύδες, multa protulimus in libro de Quadrupedib. ouiparis, capite de testudinibus quæ in aqua dulci uiuunt, pag. 103. Mus marinus in terras (*Massarius, legit terra, ex Aristot.*) scrobe effossa parit oua, & rursus obruit terra: tricesimo die refossa aperit, fœtumq; in aquam ducit, Plinius. Quod autem Plinius hîc de mure marino (inquit Massarius,) Aristoteles de mure aquatili, id est, lutaria testudine testari uidetur. ait enim libro 5. de historia: Mus aquatilis siue testudo lutaria (*Græcè simpliciter*, ἡ δὲ μῦς, *cap. 33.*) in terra scrobe effossa dolij amplitudine parit oua, &c. De testudine autem marina subsequenter sic loquitur. Testudines etiam marinæ egressæ in terram pariunt oua auium cortalium ouis similia, & defossa coopertaq; incubant noctibus: ouorum numerus maximus est: nam ad centena pariunt oua. Rursum Plinius: Exeunt in terrā & qui marini mures uocantur. Hîc etiam (ait Massarius) per marinos mures, marinas testudines intellexit. Videtur autem testudinem lutariam inanimaduertenter pro marina accepisse: tametsi non ignorem, & marinam testudinem oua parere in terra ex eodem Aristotele ibidem dicente; Testudines etiā marinæ

Mus marinus.

rinæ egressæ in terram, pariunt oua auium cortalium, ouis similia, &c. quod item Plinius de marinis retulit. inquit enim: In terram egressæ in herbis pariunt oua auium ouis similia, ad centena numero: eaq́; defossa extra aquas, & cooperta terra ac pauita pectore, & complanata incubāt noctibus. educant fœtus annuo spatio. ubi non tricesimo die repetere, refossaq́; aperire, fœtumq́; cōtinuo ducere in aquam, uti inferiùs: sed annuo spatio fœtus educare dixit, quod Aristoteles terrestri testudini contribuit eodem loco dicens: Testudo oua durioris testæ & bicolora edit, quale ouum auiū est: eaq́; defossa & cooperta terra, ac pauita & complanata incubat, crebrius repetens, fœtúmque sequente anno excludit, Hucusque Massarius. Non μύες in plurali, sed μύδες & ἐμύδες uocātur, Hermolaus. atqui Oppianus dixit μυῶν in genitiuo plurali, cum secundum Hermolaum μυδῶν uel ἐμυδῶν dicere oportuisset. Rondeletius apud Aristotelem non μῦς neq; μύδες, sed ἐμὺς & ἐμύδες legendum contendit: quanquam libro 3. de partib. cap. 9. ὠμὺς legatur. Ego ita distinguo, ut μῦς apud Oppianum & Theophrastum in libello de piscibus, & Eustathium, pro testudine aquatili rectè legatur, genere masculino, declinandum per ος purum, non aliter quàm cum quadrupes uiuiparum animalculum significat. ἐμὺς uerò uel ἀμὺς, oxytonum fœmininum, declinandum per ύδος, ut chlamys. Apud Aristotelem quidem cum μῦς & μύδες fœminino genere ponantur, cum Rondeletio ἐμὺς & ἐμύδες legerim. Μῦς etiam (non expresso genere) legitur apud Aristotelem 2. 15. inter quadrupedes ouiparas liene paruo: & Plinius μῦν legit, cum murem bis térue transtulerit. Vuottonus in Plinio (qui emydas, testudines dulcium aquarum facit, & à lutarijs distinguit,) legit hæmydes, & in Aristotele quoque ἁμύδες: ego emydes, & ἁμύδες, uel potiùs ἐμύδες. Omis scribitur ab interprete Kiranidis: omidium à recentiore quodam.

B Testudo marina cortice tegitur. similis est terrestri, præter magnitudinem, & pedes, quos ut phoca habet. Tanta oris duritia, ut lapides comminuat. Simplicem suillo similem uentrem habet. Iecur est ei uitiatum. Testes intus lumbis adhærentes habet, Aristoteles diuersis in locis, citante Saluiano, tanquam omnia ad testudinem mar. pertineant. lienem quidem paruum habere nō rectè ex eodem (historiæ 2. 15.) testudini mar. adscribit, cum ad μῦν pertineant. De uulua eius uide apud eundem Historiæ 3. 1. De dentibus lege superiùs in A. Pulmonem habet testudo mar. carnosum & sanguineum: (ideoq́; calidum & siticulosum:) terrestres uerò magnum, (& idcirco calidum,) quamobrem uesicas habent, sed hæc paruam, illa magnam, Aristot. de partib. 3. 9. parenthesi inclusa è scholijs Ephesij adiecimus. In historia quidem anim. 2. 16. philosophus soli marinæ testudini ex ouiparis renes & uesicam tribuit. Testudo pulmonem quanuis prægrandem, & sub toto tegumento habeat, sine sanguine tamen habet, Plinius: nescio quàm rectè. distinctiùs eadem Aristoteles de partib. 9. 3. ut modò recitauimus, unde Plinium transtulisse non dubito. ¶ Vna quam cepimus in portu Tenario, qui nunc portus Qualearum appellatur, tantā duritiem in ore habebat, ut cuspidem ferreum iaculi perfringeret, Massarius.

Calonaci testudines inueniuntur, tantæ ut uel magnas naues æquent, in quibus multi homines uehi possunt: colore prorsus albæ. Tales ipse multas uidi, Io. Monteuillanus.

C Testudines marinæ, quæ potissimùm algas depascuntur, erucas marinas plurimùm appetunt, Bellonius. Ἡ χελώνη ἐσθίει τὰς ψύλλας: Incertus author Græcus, cuius de animalibus libellus manuscriptus apud me extat. uidetur autem de testudine marina sentire, quæ pulicibus uescatur marinis. Idem author: E marina testudine (inquit) terrestres quoque nascuntur. egressa enim è mari, oua in terra componit. ex ouis autem quæcunq; emittit ita ut ad mare uertantur, testudines marinæ prodeunt: ut contrà ex illis quæ terram spectant, terrestres. Mihi hæc uerisimilia minimè sunt. Coit marina mare superueniente, sicut & terrestris, Aristot. Testudines mar. coëunt sicuti phocæ, & in terra canes. hæc enim singula diu immorantur in coitu, à parte posteriore connexa inuicem, Oppianus. Muris marini fœtus inter initia uisu carent: sicut fœtus omnium ferè aquatilium, Obscurus.

E Testudines quatuor prægrandes per Guaicanum pisce in India captæ. Vide suprà in Guaicano, elemento G. Pisciculos paruos uiuos, filo consutos, quos comedit Barchora (*id est, Testudo marina*) & per illos deprehenditur, piscatores in mare proijciunt: qui dum effugere non ualēt, sed pariter fluitant, Barchoræ morsibus patent. hæc uerò dum unum post alium deglutire laborat, interim occupata deprehenditur, Albertus. Chelonophagi in quos usus conuertant testudines, leges mox in H. inter Propria.

F De cibo ex testudinibus marinis inuenies quædam, suprà in Calandra, elemento C. & mox inferiùs inter Propria nomina. Testudinis iecur omnino uitiatum est, & totum corpus prauum temperamentum sortitur, quemadmodum & ranæ rubetæ, Aristoteles de partib. 3. 12. hoc forsitan uerum est de testudine marina inquit Vuottonus. nam terrestrium carnes ad remedia manduntur. Saluianus etiam hæc Aristotelis uerba de test. mar. accipit.

H. a. Propria. Apud Chelonophagos in Carmaniæ angulo insulæ tres sunt deinceps, quarū una Testudinū appellaf. hi testudinū testis contegunf (.i. tecta inde cōficiunt,) quę adeò magnæ sunt, ut uel in eis nauigēt, Carnibus uescunf, superficiebus casas tegūt, Ex Strabone. In pelago proximo (inquit

DD

Agatharchides in descriptione maris rubri)quod asperum & hybernum ualde est, testudinũ multitudo incredibilis, magnitudine & latitudine excedens, nascitur: quæ quidem marinæ à nobis omnibus existimantur. Pascuntur hæ noctu in profundo: interdiu uerò ad placida tranquillaq; insularum loca quietis causa se conferunt. quiescunt autem (*in aqua*) sublimes Soli expositæ, nauicularum quadam specie, (ταῖς κατασκευαζομέναις πορθμίοις ὁμοιοπαθεῖς: *ijs quas conficiunt nauiculis, [ex earundem nimirum testudinum testis,] similes.*) Has eo tempore incolæ, arte, studio, funibus (μόρμιδαις) in litus eijciunt: et interioribus quidem uescuntur omnibus, paulisper ad Solem assis: putaminibus uerò ad domicilia sua & tuguria utuntur, quæ in locis editis decliuia constituunt. ad nauigandum quoq; (πρὸς τοὺς διάπλους, *ad traiectiones*) & aquationis gratia eorum usus est. Itaq; ex uno animali nauis, domicilium, uas, & alimentum eis suppetit.

h. Trœzenij lege uetabant piscari aut attingere polypum, & testudinem marinam, Eustathius.

COROLLARIVM III. DE TESTVDINIBVS MARInis diuersis, siue simpliciter, siue pro regionum duntaxat & magnitudinis discrimine.

Rondeletius Testudines marinas duorum generum descripsit: unam Corticatam, alterã Coriaceam uel Mercurij cognominauit.

Circa Taprobanem insulam maris magni, Testudines in mari procreantur: quarum uniuscuiusq; superficies (ἔλυτρον χελώνειον,) integrum tectum præstare potest. nã singulæ testæ ad quindecim cubitorum magnitudinem procedunt: ut sub eis non pauci habitare queant, Aelianus de animalibus 16.17. Et rursus: Nymphis librorum quos conscripsit de Ptolemæis nono, author est in Troglodytide Testudinum tegmenta reperiri tanta, ut singula senos medimnos Atticos capiant. Quanquam autem dubitari potest, terrestrés ne an marinæ hæ Testudines sint: marinis tamen eas adiungere placuit, quoniam Plinius quoq; Troglodyticas Testudines marinas commemorat. Vide etiam inferiùs in fine Corollarij V. De testudine terrestri.

ASpidochelone, ZYtyron & BArchora, descriptæ nobis suprà (inter Cete diuersa ex recentioribus, pag. 140. & 141.) Testudium marinarum generis sunt. Nostri piscatores pelagios & è profundo mari pisces, eos esse putant, qui rarò capiuntur: ut sunt præcipuè boues marini: & milites maris, qui enses habent in fronte, & galeas in capite, & scuta super dorsum: sunt autem tortucæ maris, Albertus libro 7. eandem uerò alibi Barchoram nominat. Aspidochelones nomen à scuto et testudine compositum est: Zitironi etiam suo Isidorus scutum tribuit. Longè uerò alius est scutatus piscis, quem Orbem scutatum Rondeletius uocauit. Ostracorum (id est Conchyliorum) quædam sunt magna, quæ dicuntur Arabicè Barcora: quædam parua, quæ Arabicè dicuntur Sades, Syluaticus. De Sades nomine iam non constat mihi. Barcora uocabulo etiam Serapio utitur, pro testudine: quam ostracodermorum generis esse iam antè negauimus.

Ex Testudine marina finxerunt monstrum, à quo Vitulus marinus auriculas habens præter ueritatem, deuoratur, Rondeletius Olaum Magnum notans. nos id monstrum ex Olai tabula pictum dedimus suprà, pag. 249. fallitur autem in eo quòd uitulum auritũ ab eo pictum ait.

COROLLARIVM IIII. DE TESTVDINIBVS dulcium aquarum, Lutaria & Fluuiatili.

A Quæ lutariæ Testudines, siue Mures aquatiles uocantur, in dulci aqua & luto uiuunt. Has Aristoteles omydas siue emydas (*De his uocabulis, & Latino Mus marinus seu aquatilis, plura leges suprà in Testudine mar. Corollario A.*) appellat: & sunt cæteris minores, Mediolanensibus mirum in modũ expetitæ. Fuit & testudo quidem fluuiatilis trium cubitorum aliquando uisa, ut Nicolaus Damascenus refert, Massarius. Alrach secundum expositores Arabes est tesudo fluuiatilis. alij uerò dicunt esse speciem piscis. Andreas Bellunensis. ¶ Lutaria seu Mus aquatilis cortice tegitur molliori. renibus & uesica caret, (*Rondeletius habere asserit:*) lienem exiguum habet, Aristot. diuersis locis. In cœno & paludibus uiuit, Plinius. Ex minori genere testudines lutariæ, siue mures aquatiles dicti, nisi in aqua spirent, intereunt: & parere tamen educareq; (uti retulimus) solent in sicco, Massarius. ¶ Ad comitiales datur muris uel testudinũ sanguis, Plinius. ¶ Omis marina apud Kiranidem legitur libro 1. elemento ultimo. ubi & magicis quibusdam ostentationibus, quas referre piget, caput omidis adhibet. Quidam (inquit) ὠμίδα uocant: eò quòd in humeris magnam uim habeat. nam ὦμος est humerus. Et ab initio eiusdem elementi: Omys marina est hybenbras: aliud autem hymbros, tenue animal, cibo idoneum, quod uocatur menida. Sic enim codex noster in plerisque deprauatus habet. ¶ Si quis somniet se omidia & ostreas comedere, uel alia huiusmodi, in morbum incidet, Obscurus quidam de somnijs scriptor.

In Gange Indiæ fluuio testudines nascuntur, quarum testa non minori magnitudine sit quàm dolium capax uiginti amphorarum, Aelianus De animalibus 12.41. Et rursus 16.14. Testudinis Indicæ & fluuiatilis testa non minor est quàm scapha iustæ magnitudinis. decem enim leguminum medimnos capit.

CO-

COROLLARIVM V. DE TESTVdine terrestri.

Terrestres sunt formosiores, cortice politiore, in montibus & nemoribus hortisq; degentes, quarum carnes cibo sumptæ tabescentibus remedio esse traduntur. Sunt & aliæ terrestres testudines, chersinæ uocatæ, in desertis Africæ roscido humore uiuentes, Massarius. Ex recentioribus quidam testudinem terrestrẽ, murem quoq; terrestrem uocat. ego apud authores de aquatilibus tantùm, (ut marinis, fluuiatilibus, lutarijs,) hoc nomen reperiri puto. ¶ Testudines in Libya sunt, eæq; montanæ, & aspectu crispißimæ: quarum testa barbitis est accommodata, Aelianus de animalibus 17.14. ¶ In Libyæ desertis curruum magnitudine uisendę sunt. Interdiu subductæ sub sua tecta non uidentur. Noctu procedunt in pastum, adeò lento gradu, uix ut mutare locum uideantur. Narrant fabulam: Appetente nocte, uiatori locum aliquem à feris tutum captanti oculis, uisam testudinem. Quam tumulum ratus (musco enim obsita erat) conscendit, atq; in excubijs aliquandiu fuit. Somno deinde oppressus, ubi noctis & quietis idem finis fuit: & ille sese alijs in locis (processerat enim illa) esse intellexit; percepta bestiæ facie, admirationem cum scientia nouæ naturæ commutauit: Cæsar Scaliger, ex Io. Leonis Africani lib. 9. de Africa. B C h.

Terrestres in syluis habitant: quæ, ut creditur, herbis & rore uitam ducunt. Has canibus inuentas rustici ad cibum transferunt. In cacabum, feruente aqua, conijciunt. Semicoctæ & exemptæ, confracta testudine, ablatisq; intestinis ac pelle, iterum, donec exactè coquantur, in cacabum ad ignem ponuntur. Coctas pipere, croco, uitellis ouorum dissolutis, suffundes. Sunt qui ex alliato uel ex salsa comedant. Boni sunt alimenti: & sine moreto, medelæ uim habent, Platina. E F

Sunt qui è marina testudine terrestrem quoq; generari putent. Vide suprà in Marinis C. C

Ad intolerabilẽ pruritum: quum neq; uenæ sectio, neq; defricatio aliqua quicquam profuisset, quidam ex huius remedij usu malum exuperarunt: Testudo terrestris uiua in oleo coquitur, & ex oleo corpus inungitur, Aetius. Si uteri ualde strangularint, testudinis iuxta mare natæ obolos tres in uini albi hemina, uel cyathis tribus tritos, bibendos dato, Hippocrates lib. 2. de morbis muliebribus. sed dubitari potest de terrestri an marina testudine sentiat, cum hæc quoque in sicco pariat. G

Bœotij traducuntur, quòd face aut alio ignis fomento uulpibus testudinibus ue alligato, quæ uellent incendio perdere solerent, Suidas in Νεώρεια. H.e.

TESTVDINES quasdam legimus in quibusdam insulis reperiri, de quibus dubitari potest, terrestres'ne an marinæ sint. Ad Troglodyticen regionem multæ sunt insulæ in alto (mari,) in quibus testudo plurima, Plinius. Χελώνη, ἥ τε χερσονησιωτικὴ, καὶ ἡ περὶ τὰς νήσους θηρευομένη τὰς προκειμένας αὐτῆς τῆς λιμνικῆς, Arrianus in Periplo maris rubri. Sed hæ uidentur ad marinas referendæ. Vide suprà Corollario tertio De testudinibus marinis diuersis.

DE TETHYIS, RONDELETIVS.

De his iconibus lege quæ annotauit author circa finem Capitis.

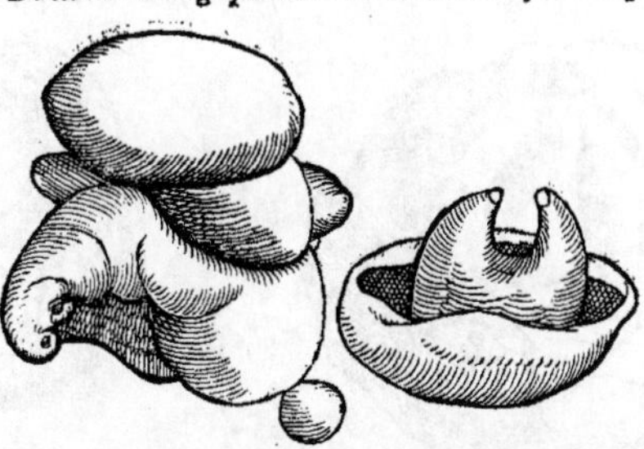

THΘYA quæ & τήθη appellat Athenæus, quid ab Holothurijs differãt, iam diximus. Nostri bechus uocant. Plinius Græco nomine usus est, nisi quod fœminino genere extulit, si non mendosi sint codices nostri, in quibus Tetheas aliquot locis reperias. A

Aristoteles lib. 4. de hist. ca. 6. cùm qualis sit eorũ testa, quóque modo saxis adhæreant, exposuisset, fusiùs reliquas partes persequitur. Duo, inquit, foramina habent, à sese distantia, ualde exigua, ita ut ferè oculorum aciem fugiant, quibus humorem reddunt & accipiunt. Corio spoliatis primùm apparet membrana neruosa, corpus ambiens, carnemq; ipsorum totam continens: nulli è cæteris testaceis similis, in omnibus tamen sui generis eadem. Adhæret hæc utroque ex latere membranæ circundanti, & qua adhæret, arctius id in utraque parte est, uidelicet B qua tendit ad meatus foras ductos per corium, quibus hauriri & emitti humorem diximus, qua si alter sit os, alter excrementi exitus, alter crassior est, alter tenuior, intus cauus uterque, inter hos modico intercedente interuallo. Hæc ex Aristotele, quibus pauca adijciemus, quò notior sit Tethyorum historia. Ea non solùm petris, sed etiam ostreorum nostrorum testis affixa sunt, & in ijsdem ueluti tumores duri esse cernuntur. Oui figurâ sunt, aliquando longiore. Testa extrà fusca, inæqualis & rigida, intus argentea, læuis. Tethyorum caro membrana alba inuoluta uentriculi formam refert, rotundam scilicet & oblongam, meatus crassior & amplior gulæ proportione respondet, alter minor podici. Vterq; colore est rutilo uel rufo, reliquum corpus croceum. Id totum corpus corio nudatum seorsum depingendum curauimus, quod ex duobus meatibus eminentibus, quos modò descripsimus, agnosces. Reliqua Tethya corio suo tecta adhærent. Quum digitis premitur, aqua per meatus exilit, alioqui sensum fugientes.

De iconibus.

G Iis inest sapor salsus cum amarore coniunctus, ob quem detergit, flatus discutit, ut non sine ratione scripserit Plinius, libro 32. cap. 9. Tethya torminibus, & inflationibus succurrere, & tenesmum dissoluere, renumq; uitia.

DE VERTIBVLIS, SIVE TETHYIS, BELLONIVS.

A Tethya siue Vertibula Venetorum, uulgus Sponghas, hoc est spongias nominat.

B Ea à rusticis in foro piscario uulgò diuendi solent, magnitudine oui gallinacei: quæ si manu paulò uiolentiùs comprimas, syringæ modo aquam longissimè ex foramine parum ad latus sito eiaculantur: in Oceano ad litus Gallicum frequentia: alibi autem nusquam (quod sciam) edulia: quæ tu persæpe ostrearũ testis adhærere Lutetiæ uideas. Vulgus Græcum Spherdoclos nominat. Propria appellatione calli à tergoris callosa duritie nominantur. Læui membrana intus ac foris conteguntur, quę posteaquam diu extra aquam cõstitit, tum rugas contrahit. Pars autem alia quæ uel instrumentalis, uel sensoria dici possit, nulla omnino in hoc exangui percipitur.

(F) and (A) in margin: (F) beside "lia: quæ tu persæpe ostrearũ testis adhærere Lutetiæ uideas."; (A) beside "minat. Propria appellatione calli…".

Vertibula integra.

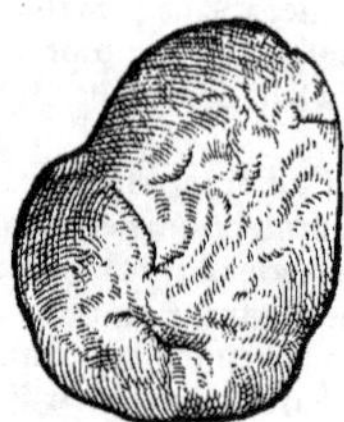

Vertibula aperta.

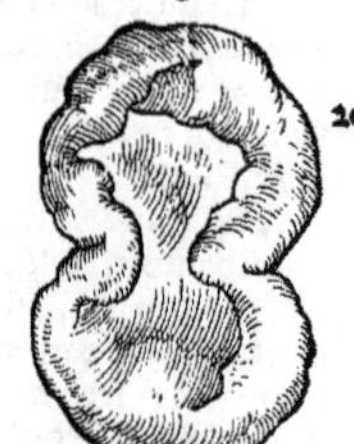

Icones hæ, eædem ne sint, cum ijs quas Rondeletius dedit, consyderandum.

COROLLARIVM.

Icones quatuor hîc positas olim Cornelius Sittardus misit: quæ uel tethya esse uidentur, uel eorum naturæ propinqua. Duas maiores fungos marinos esse aut uocari in Italia, addebat, testæ duræ inclusos. Colore, ut pictos accepi, uario sunt, sed magna ex parte fusco. quæ uerò in maxima uirgæ, contextu quodammodo reticulato (eæ continuæ esse debebant,) uisuntur, rubræ. Minores duas uulgò nominari Specie, earum pictura foris fusca hirsutaq; apparet, substantia (ut aliquis coniecerit) coriacea: intus autem caua & rubra. His ferè similiter sua tethya Bellonius pinxit.

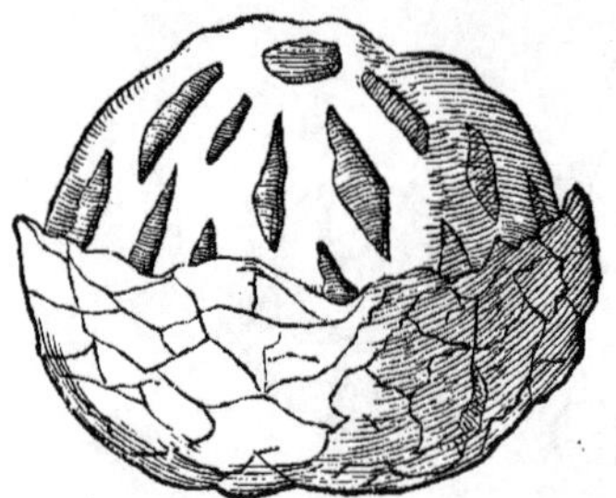

A Gazam Holothuria & Tethya res diuersas, ijsdem Latinis nominib. interpretãdo, (Vertibula, Callos & Tubera,) cõfudisse, Rondeletius monet: cuius super hac re uerba in Holothurijs reperies, elemento H. pagina 517. & plura ibidem in Corollario nostro, de uocabulis simul, ut Gaza conuer-

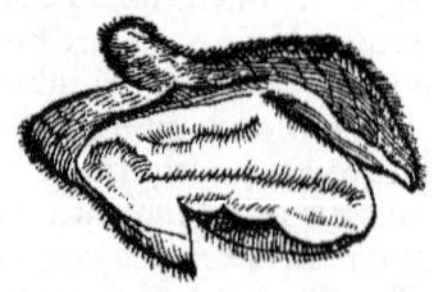

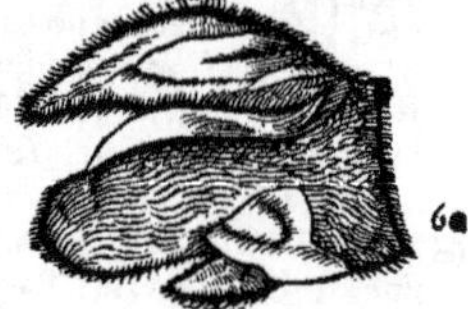

tit, &

tit, & natura Tethyorum. Quid ab Holothurijs Tethya differant similiter loco iam citato Rondeletius docet. Tethya fungorum uerius generis quàm piscium sunt, Plinius. A Græcis rectus singularis dupliciter effertur, τήθος, ut σῆθος: & τήθυον, ut κρόμμυον. Pro τήθεια (per ει. in penultima) apud Aristotelem historiæ 5.15. repono τήθυα. Eiusdem operis 4. 6. τὰ τήθυα & τοῦ τηθύου legimus. & de partib. animal. 4.5. τήθυα. Apud Plinium lib. 32. cap. 9. leguntur tetheæ fœminino genere, ut Musæ: hæ (inquit) sugentes, &c. & mox cap. 10. tetheæ utiles sunt. & in Catalogo, Tethea, ut Musa. Sic enim codices nostri habent, non tethyæ, ut quidam legunt.

Τίθη, (per iôta in prima, ego per ἦτα malim,) κογχύλια, ὄστρεα, nominantur à Polluce 6.9. Τήθη τε γεραιόμενα μνίοισι, Nicander. id est, Tethe (ut Cete) quæ in musco & algis crescunt, aut natant, aut capiuntur. uocat autem Tethe Patellas feras; quas nos Otia (id est, Aures:) Aristoteles uerò ὄστρεα, & Homerus (similiter) communi nomine ὄστρεα, Nicandri Scholiastes. Homerus meminit τῶν τηθέων, Athenæus libro 3. lego τηθέων. Sic enim Homerus Iliados Π. πολλοὺς ἂν κορέσειεν ἀνὴρ ὅδε τήθεα διφῶν Νηὸς ἀποθρώσκων. quæ uerba sunt Patrocli exprobrantis Cebrione è curru deiecto, tanquam urinatori. Eum locum enarrans Eustathius: τήθεα (inquit) ab urinatoribus contrectantur, ostreorum generis: sic dicta à terra, quam Tethyn nominant. sunt enim præ cæteris marinis naturæ terrenæ, propter ambientis testæ duritiem. aut forsan denominantur à nutrice infantum, quæ τήθη dicitur: propter tenerum eius (corpus) uelutiq; lacteum & roscidum; qua ratione huiusmodi (ostrea) etiam ἐρσήεντα quidam cognominat. Quòd tethe quidem siue ostrea attinet, antiquos aiunt non piscibus tantùm, sed etiam ostreis in cibo usos fuisse: quanquam is neque utilis admodum, neque dulcis sit: sed neque parabilis, cum è gurgitis uado ubi iacent (ἐν τῷ βυθῷ ἐπὶ βάθος: *atqui propriè dicta tethya, secundum Aristotelem saxis adhærent*) non aliter quàm ab urinantibus auferri queant, Hæc ille. Et rursus Odysseæ Δ. A uerbo θῶ, θήσω, quod est lacto, (*uide etiam inferiùs in C.*) deducuntur τήθη & τηθίς, (quæ nomina auiam significant, τήθη aliquando nutricem quoque:) & τήθεα quoque: quorum singularis casus rectus est τῆθος, Aristoteli usurpatus his uerbis: πίννη ὄστρεον, μῦς, κτείς, κόγχη, λεπὰς, τῆθος, βάλανος. Et rursus, cum ait: ὁ μὲν κτείς, τραχυόστρακος, ῥαβδωτός: τὸ δὲ τῆθος, ἀρράβδωτον, λειόστρακον. hinc τήθη in multitudinis numero casus contractus: ut cum scribit Athenæus: Τὰ δὲ τήθη παραπλήσια τοῖς προειρημένοις, καὶ πολυτροφώτερα. Et quoniam inde genitiuus quoque formatur, τηθέων, τηθῶν: sicut σηθέων, σηθῶν: iocandi occasionem inde sumpsit Aristophanes in Lysistrata, his uerbis: ὦ τηθῶν ἀνδρειοτάτη καὶ μητριδίων ἀκαληφῶν: de industria sic alloquens ueluti amatas nutrices ac matres. sunt enim τήθεα, ueluti τῆθαι, id est, nutrices. μητρίδια uerò urticæ marinæ. Hucusque Eustathius: qui tethe quænam essent, ignorasse uidetur, & ab ostreis (seu inter ostrea) non satis distinxisse: sicut & alius innominatus Homeri Scholiastes, qui τήθεα nihil quàm ostrea, uel genus ostreorum interpretatur: & Nicandri etiam, qui (ut suprà diximus) tethe putat esse Patellas feras: à quibus ea plurimùm differre, collatis inuicem historijs, liquebit. A tethyo diminutiuum uidetur τηθυνάκιον. Epicharmus apud Athenæum libro tertio, τηθυνάκια cum testatis alijs diuersis nominat. Latinè uel tethyum tribus syllabis genere neutro dixerim: uel etiam tethus, duabus syllabis masculino genere, ut cetus aliqui.

Tethya (inquit Gillius) Theodorus uertit Tubera, & Callos & Vertibula. Tubera quidem, quòd sic nullis fibris, quemadmodum tubera terrena nitantur. Callos uerò, quòd callosa materia tegantur. Iamnunc Græci non Græco nomine, sed plusquam barbaro Spherdoclos (*fortè à sphæra, unde & Vertibuli nomen Gazam finxisse coniecerim*) nuncupant. Ineptiùs ij, qui accolunt Adriaticum sinum, ex eo Spongias nominant, quia cum premuntur, tanquam Spongiæ, sic aquam foraminibus reddunt. Hoc genus piscium Massiliæ in uulgus ignotum à paucis cognoscitur: quidam senes, cum huius descriptionem sub eorum oculos subiecissem, & multum inculcassem, nominarunt Vichonos: ueruntamen propter tempestates hos mihi ostendere non potuerunt.

Holothuria (*Tethya potiùs*) sunt qui uulgò spongiolas marinas putent uocitari, Brasauolus Italus. Ab eo quòd spongiæ quandam similitudinem habent tethe, muscoso (si bene memini) & fistuloso corpore, Veneti spongias nominãt, uulgò Sphunge. Niphus alibi Vertibulum siue Tuber cum Vrtica confundit. Callus uerò (inquit, tanquam à uertibulo separans, cum alibi eundem faciat) ad magnitudinem iuglandis est: cuius durities media est inter testam & corium. Alibi Vertibula non rectè Vrticas à nonnullis uocari scribit. Vertibulum (inquit idem) forma rotunda est, subter cum aliqua cauitate, crusta callosa, à qua & callus dicitur. Vulgò uerò apud Tarentinos dicitur Verticillum, propter formam, & paruos quosdam anfractus quibus describitur. Tubera à colore & tumore dicuntur, Idem Niphus. Et lib. 4. de partib. anim. Tethya (inquit) apud nonnullos sunt Vrticæ atq; calli quidam ad magnitudinem iuglandis, duritie inter testam & corium, colore suppallido & rubenti. ea frequenter in Pyrgorum litore ad Centuncellas reperiuntur: quæ sicuti palato iucundissima, ita & stomachis minimè insalubria esse conijcimus. Quidam confundunt uertibula cum urticis eadem esse uolentes, sed error est cum diuersa omnino sint: Vertibula enim testa scabra ueluti corio integuntur, & pedibus carent, & immobilia sunt. Vrtica uerò (uti retulimus ex opinione Aristotelis) nullam testam habet, sed corpus omni ex parte carnem præsefert; & pediculos habet, ut polypus, & saxis absoluta uagatur; decepti

Vrtica.

Vertibula ab Vrticis differre.

DD 3

forsitan uerbis Aristotelis octauo de historia dicentis, Nonnullorum natura corporis carnosa est, ut eorum quæ tubera (tethya) appellantur, aut urticæ. ubi duo genera distincta non unum intellexit, ut sit sensus: Natura corporis nonnullorum est carnosa, cuiusmodi ea sunt, quæ tubera, aut ea quæ urticæ uocantur, Massarius.

Tethyorum Germanicum nomen facio, **Sprützling**, quòd eis compresis aqua, tanquam per syringem aut siphonem, exiliat. uel **Mägling**, quòd caro eorum uentriculi figuram præ se ferat. uel **Schwümling**, quoniam & Veneti Spongias aut Spongiolas appellant.

B Tetheas ostreis similes Plinius dixit. Tethea similia sunt fungo plantæ marinæ. qualitatem manui indunt, quæ difficulter abstergatur, Xenocrates Rasario interprete. addit optima esse in Smyrna Asiæ insula, Aegyptum ea non ferre.

Quæ tethya uocantur, (Τὰ δὲ καλούμενα τήθυα, *Gaza uertit, Quæ uertibula siue callos speciali nomine à tegminis qualitate appellamus,*) naturam inter hæc genera (*testatorum*) peculiarem sortiri notum est. ijs enim solis corpus totum tegumento includitur, cuius durities inter testam & corium est: quamobrem modo præduri bubuli tergoris (ὥσπερ βύρσα σκληρὰ) secatur. Adhæret id genus saxis sua testa. Excrementum nullum in eo spectatur quale in cæteris ostreis. Pars interior caua est, exiguo quodam interueniente continuo. humorq́ue in altero (θατέρῳ) cauo consistere solitus est. Pars uero alia quæ uel instrumentalis, uel sensualis sit, nulla omnino percipitur: neque excrementitium quicquam (ut dictum iam est) quo in cæteris more continetur. Color eis, aut pallidus, aut rubidus est, Aristoteles Historiæ 4. 6. ubi & alia quædam adduntur, à Rondeletio recitata. Cæterum libri De partibus animalium quarti, capite quinto, de ijsdem sic scribit: Tethya parum sua natura à plantis differunt: sunt tamen spongijs uiuaciora, (ζωτικώτερα: id est, animalium naturæ propinquiora.) Et mox: Tethyum igitur, & quicquid generis eiusdem est, quia adhærendo tantummodo uiuit, simile plantæ est: sed cum aliquid habeat carnis, sensum aliquem habere uideri potest. itaque utrò nam modo statuendum sit, incertum est. Habet hoc animalis genus duo foramina, rimámque (διαίρεσιν) unam, qua recipiat humorem cibo accommodatum: & qua rursus emittat quantum humoris reliquum sit. nihil enim excrementi ut cætera testata hoc se habere ostendit. ex quo fit potissimùm, ut & hoc, & quicquid simile in animalium genere est, planta iure appellari possit: nec enim planta ulla habet excrementum. Præcingitur autem per medium tenui quadam membrana: in qua uitæ principatum esse ratio congrua est. Hæc Aristotelis uerba Michaël Ephesius declarans, de rima seu diuisione tethyorum sic scribit: Τὰ δὲ τήθυα πόρους μὲν ἔχει δύο, διαίρεσιν δὲ μίαν: ὥσπερ ἂν εἰ νοήσαις ὑμενώδη αὐλὸν ἐξωγκωμένον, καὶ σχίσαις αὐτὸν ἄνωθεν ἕως κάτω ἐν θατέρῳ μέρει. hoc est: Meatus (*seu foramina*) quidem in eis duo sunt, diuisio autem una: ac si fistulam aliquam animo concipias, (*non æquali, sed*) tumido corpore, eámque ab alterutra parte scindas à summo ad imum.

In testatis quibusdam continetur id quod ouum uocant: in alijs nihil tale apertè uenit, ut tethyis, Aristot. Tethya tota occuluntur testa, (quam læuem habent,) ut nulla ex parte carnem detectam habeant, Idem.

C Rimis cauernisque saxorum tethya generantur, Aristoteles. Tethe inter muscum & algas crescentia apud Nicandrum leguntur: Vide superiùs in A. Tetheæ inueniuntur sugentes in folijs marinis, Plinius: Rondeletius pro folijs legit scopulis. Eustathius tethe sic dicta conijcit, à uerbo θῶ, quod significet θηλάζω: quod & pro lactare, & pro sugere accipitur. Tethya gignuntur in cauernis saxorum: maximè uerò in cœno, & litoribus quæ phyco algâ ue marina abundent. Inueniuntur & in musco marino, aut alijs in herbis folijs ue marinis: Vuottonus, è Xenocrate ferè. ¶ Tethya glandésque, inter immobilia testacea olfactum minimè habere uidentur, Aristot.

F Athenæus libro 3. cum ex Hicesio (ut uidetur) de testatis quibusdam dixisset, ut purpuris, buccinis, pholadibus, subiungit: Tethe uerò prædictis similia sunt, & uberiùs alunt. ¶ Tethya rubea cibo idonea sunt: pallida uerò seu lutea, amarulenta: Massarius tanquam ex Aristotele, apud quem nihil tale legisse memini.

Præstantissima in Smyrna Asiæ: in Aegypto nulla inueniuntur. Plurimum dant alimenti, renibus prosunt, & stomachicis, tenesmumq́ue patientibus atque ischiadicis, etiam uentri superiori unà cum ruta, Vuottonus è Xenocrate, & partim Plinio. Coria eorum maximè non conficiuntur. Secantur etiam, & lauantur, ac liquore Cyrenaico & ruta, muria & aceto, uel ex aceto condiuntur: estq́ue operæprecium ea cum uiridi menta conficere, Xenocrates.

G Vide proximè retrò in F. ¶ Tetheæ similes ostreis in cibo sumptæ, lateris dolores leniunt, Plinius. Cachectis, quorum corpus macie conficitur, tetheæ utiles sunt cũ ruta ac melle, Idem. Contra dorycnium iuuant in cibo strombi, buccina, tethya, &c. Nicander.

D B

DE THVNNIS SCRIPTA SEQVVNTVR HAEC.

DE THVNNO SEV THYNNO.

BELLONIVS.

THYNNVS, uulgo Tunnus, in alto degit, Tyrrheno ac Mediterraneo frequens, Oceano atque Adriatico non item. Quamobrem Romanis, Massiliensibus ac Byzantinis, magis quàm Venetis ac Parrhisinis notus. A (B)

Externo colore ac delineamentis satis ad Scombrum accedit, nisi quòd ille est longè maximus, Pelamydem, dum iunior est, magis referens: à qua hoc unum distat, quòd Thynnus liuidis est lateribus: hæc uerò undantibus maculis transuersis, atq; obliquis distincta gerit latera. Cæterùm uterq; piscis eiusdem ferè est magnitudinis: tergoris pinnis, cauda, appendicibus, turbinataq; figura, ita alter alteri similis, ut ementes unius & alterius magnitudinis incertos plerunq; decipiat. Sic Thynnus Pelamydem, Pelamys Scombrum, Scomber Coliam, Colias Lacertum refert. B

Magni est apud Italos pretij, cuius sale conditæ, atque in usum asseruatæ partes, pro uario gustatu uariè à Salgamarijs, atq; Ichthyopolis nominari solent. Ventris enim pinguiorem adipem, uentrescam ac surram: dorsum autem magis carnosum ac macilentum, Tarentellam appellant: quæ longè minori pretio uenundari solet. (*Aliter Saluianus Typhernas: Thynnorum inquit, salitas partes pingues Itali Tarantello appellant: pinguedinis uerò expertes, Tonina.*) F

Visum est mihi antiquissimũ numisma Lutetiæ apud quæstorem Grolerum, cuius in altera parte, spica depicta erat, in altera Thynnus, lunã superiorem habens: ac quod subtus scriptũ erat, (nescio qua ratione) uocem hanc referebat Philippenze. Id ubi conspexi, protinus mihi uenit in mentem horum uersuum, quibus Amphilytus apud Herodotum lib. 1. sic uaticinatur: H.a.

E nummus proiectus, item sunt retia tenta: Nocte meant Thynni claro sub sydere lunæ.

Proinde, tres cubitos ut plurimum longus est Thynnus, crassus uerò per medium, quantum utrisq; ulnis iustæ magnitudinis homo complecti potest: utrinq; gracilescit in remi modum. Pinnas ad latera circa branchias gerit, sub uentre duas, super tergo undecim: quarum prima, duodecim aculeis armata est: atq; ubi desinit, secundam excelsiorẽ, paruam sine aculeo procreat, à qua nouem aliæ deinceps paruæ pinnę eodem ordine usq; ad caudam disponuntur. Hanc uerò lunatam gerit, in cuius radice utrinq;, (ut in Scaro,) unam appendicem uideas. In ea autem caudæ regione, quæ ad uentrem pertinet, mox à podice, pinnam nullo aculeo præditam cernes, cui nouẽ aliæ superioribus similes subseruiunt. B

Quòd autem ad internas Thynni partes attinet, cor illi est turbinatum, atque in conum efformatum, robustissimo pericardio communitum, solidum, nullisq; cauernulis præditum: cui duo ueluti meatus (fistulas Aristoteles uocauit) sibijnuicem insidentes iuglandis crassitie accumbũt, pulmonis officio fungentes: atque his tertium adhæret, trachiæ arteriæ (*Has partes an rectè pulmoni & arteriæ conferat Bellonius, considerandum*) munus obiens. Diaphragmate secernitur, sub quo uentriculus (ut in Delphino) oblongus, quem hepar in multiplices lobos discissum ambit, quorum maximus palmi longitudinem, latitudinem autem duorum digitorum excedit, secundùm pylorum ad ima tendens. De pyloro, ac concauis hepatis regionibus, fellis folliculus semipedem longus appendet, huicq; superiacent etiam adnatæ infinitæ apophyses, atque in quandam ueluti cæsariem desinentes, quam uenæ plurimæ in gyrum ambiunt, quæ rectà cum intestinorum uenis deducuntur ad hepar. Pauca autem intestina habet, eaq; exilia, ac tribus tantùm gyris in reflexæ tubæ modum contorta. Interiora.

DE PELAMYDE, BELLONIVS.

Pelamydem, Scombrum, Thynnum, & Orcynum, paruos, si rectè obserues, nusquam eos quidem ex suo genere desciscere, atque in aliud transire comperies. Quamobrem multùm mihi A absurdum uideretur affirmare, Pelamydes ex paruis Thynnis originem ducere. (*Discrimen eius à thynno, suprà in Thynno indicat, & mox in fine huius Capitis.*)

B Tota piscis moles argenteo colore micat: squamis integitur tenuissimis: caudam lunatam habet: lineam ad latera nigram, quæ corpus per medium utrinque intersecat, à superiori branchiæ angulo rectà ad caudam protensam. Pinnas utrinque ad branchias unam, duas sub uentre: quarũ quæ tergoris fastigium occupat, ea continua est, ut in Sargo ac Sparo: & præter has, quintam aliam ab ano ad caudam protensam. Branchiarum (quæ utrinque quaternæ numerantur) spineum tegumentum multùm illi est carnosum: cuius generis est utraque maxilla, præsertim inferior: dentes in ordinem dispositi, atque in serræ modum incisi. Lingua aliquantulum lata, sed oblonga et aspera, branchijs inhærens, quarum quæ capiti magis uicinæ sunt, ipsi carni confusæ apparent. Oculos in Melanuri modum grandes ac uarios habet: Cor triangulare ac spongiosum, in cuius pericardio carunculam inuolutam cernes, quæ leui calamo inflata distenditur. Hepar pallidum, in duos

(C) oblongos lobos diffissum, uentriculum undecunque fulciens. Pelamys omnibus promiscuè pisciculis uescitur, Anguillis, Gobionibus, Caridibus, Salpis: quamobrẽ apophyses illi ex Pyloro prodeunt ferè innumeræ, quæ eius uentriculum fibris omnis generis contextum ambiunt. Lienem habet gracilem, per uentrem extensum, quatuor digitos longum, intestinis inhærentem. Fel luteum, folliculo gracili è dextro hepatis lobo dependens, bis reflexum, ut in Marina Tinca dicetur, spleni uicinum: quod si extenderis, octo digitos longum comperies. Vulua Pelamydibus fœminis (ut in alijs piscibus) est bicornis.

F Pelamydes (ait Galenus) sale conditæ, laudatissimis salsamentis non cedunt: unde passim usitato nomine salsamentum Sardicum appellatur. Post Sardas autem ac Pelamydes, Myli, qui ex Ponto afferuntur, plurimùm laudari solent in condimentis.

In quibus ei cõ ueniat cũ thyn no.

B Ego Pelamydes cum Thynnis aliquando contuli, eundemque ambobus habitum figuramque deprehendi: pinnas, caudam, ac tergoris appendices utrique persimiles, eademque forma tornatos. Verumetiam Pelamydem cum grandi Scombro siquando conferas, utriusque eosdem pinnarum ordines, & corpus eodem pacto efformatum esse conspicies. Sic quoque Colias cum Scombro, & Scomber cum Lacerto conueniunt.

DE THVNNI, PELAMYDIS, ORCYNI ALIISQVE similibus nominibus, Rondeletius.

Nominũ incertitudinem multis errandi esse causam.

NON sine magna ratione Galenus medicorum omnium doctissimus & eloquentissimus optauit aliquando res posse tradi sine nominibus, ut sophistis, & natura contentiosis eriperetur de nominibus decertandi & calumniandi occasio. Nihil enim est quod exquisitam rerum cognitionem obscuriorem efficiat, quàm inutiles de nominibus disputationes & amphibologiæ, quæ permultos etiam uiros doctos in errores induxerunt: quos cùm (*alij*) posteà non deprehenderent, quod maioribus nimis addicti essent, illosque erroris insimulare nefas esse ducerent, eandem quam ab alijs errandi occasionem acceperant, cæteris præbuerunt. Huc accessit rerũ neglecta peritia, ob quam multi siue interpretando, siue ueterum Græcorum monimẽta Latina faciendo, in Philosophiam & Medicinam errores multos inuexerunt. Id quod maximè in Aristotelis, Galeni, Hippocratis conuersionibus uidere licet. Eandem ob causam sæpe in multorum piscium cognitione diu desudauimus: nam interdum piscis unus multis nominibus à quibusdam designatur, quæ apud alios nomina diuersorum sint piscium. Interdum idem nomen à diuersis scriptoribus, diuersis piscibus positum est. Porrò ea nonnunquam aliter Plinius, aliter Theodorus Gaza, aliter alij Latini scriptores Latinè expresserunt. Quæ uarietas tum nominum, tum interpretationum magnam rebus obscuritatem affert, cum in multorum piscium descriptione, tum

Circa Thunnos nominũ uarietas.

maximè in thunnis & pelamydibus, de quibus nunc agimus. Etenim alij thunnos, thunnidas, pelamydas eundem piscem esse dixerunt. Alij pelamydas à thunnis sola ætate: alij non solùm ætate, sed etiam genere differre existimauerunt. Alij nomina partium quarundam pisci toti tribuerunt. Primùm Aristotelem libro 6. de histo. animal. cap. 17. proferamus, qui hæc de thunnis: ὅταν γὰρ τέκωσιν ἐν τῷ Πόντῳ, γίγνονται ἐκ τοῦ ᾠοῦ ἃς καλοῦσιν οἱ μὲν σκορδύλας, Βυζάντιοι δὲ αὐξίδας, διὰ τὸ ἐν ὀλίγαις ἡμέραις αὐξάνεσθαι, καὶ ἐξέρχονται δὲ φθινοπώρου ἅμα τοῖς θύννοις, εἰσπλέουσι δὲ τοῦ ἔαρος ἤδη οὖσαι πηλαμύδες. Cùm thynni in Ponto pepererint, fiunt ex ouo quas uocant alij scordylas, (sunt qui cordylas legant:)

Cordylæ.

Byzantij auxidas, ideo quòd paucis diebus augescunt: & Ponto exeunt autumno unà cum thunnis, remeant uêre iam pelamydes factæ. Et ἐκλιπουσῶν ποτε τῶν θυννίδων ἐνιαυτὸν, τῷ ἐχομένῳ ἔτει καὶ οἱ θύννοι ἐξέλιπον. δοκοῦσι δ' ἐνιαυτὸν πρεσβύτεροι τῶν πηλαμύδων. Cùm thynnides anno uno aliquando nullæ fuissent, insequente anno thunni quoque nulli fuerunt: uidentur enim thynni quàm pelamydes anno uno maiores esse. Vbi pro θυννίδων Gaza legit πηλαμύδων, idque rectiùs meo quidẽ iudicio. Plin. lib. 9. cap. 15: Cordyla appellatur partus, qui fœtas redeuntes in mare autumno comitatur. limosæ uerò à luto pelamydes incipiunt uocari, & quũ annuũ excessêre tempus, iam thunni. Vides cordylam, thunnum, pelamyda idem esse, nisi quod cordyla sit thunnorum fœtus, pelamys anno minor thunno. (*Plura de pelamydis nomine, proximè sequente capite leges in A.*) Athenæus libro 7. Σώστρατος δὲ ἐν δευτέρῳ περὶ ζώων τὴν πηλαμύδα, θυννίδα καλεῖσθαι λέγει· νομίζω (*legendum μείζω, ut rectè Eu*

Ibidem.

Thynnis non alia quàm pelamys.

stathius

stathius repetit, quod non animaduertit Rondeletius) δὲ γινομένην, θύννον· ἔτι δὲ μείζονα, ὄρκυνον· ὑπερβαλλόντως δὲ αὐξανόμενον γίνεσθαι κῆτος. id est, Sostratus in secundo de animalibus pelamyda, thynnida uocari ait, opinor, quum thynnus fit, (*Vertendum erat, non, opinor: sed: cum uerò maior euaserit, thynnum. hoc rursus maiorem, orcynum.*) hoc autem maiorem, orcynum: cùm uerò mirũ in modũ accreuerit, cete. Et apud eundem Heracleon Ephesius thynnos ab Atticis orcynos uocari scripsit. Et Archestratus.

Orcynus. Cetos.

Ἀμφὶ δὲ τὴν ἱερὰν τε καὶ εὐρύχορον Σάμον ὄψει θύννον ἁλισκόμενον μέγαν, ὃν καλέουσιν ὄρκυνον, ἄλλοι δ' αὖ κῆτος.

Ad sacrã Samon & populis famaq; celebrem
Prægrandis capitur thunnus, quem nomine dicunt Orcynon, ast alij cete.

Plinius: Orcynus pelamydum generis maximus, neque redit in Mæotin, similis tritoni, uetustate melior. Hîc pro melior maior, uel peior legendum esse posteà docebimus. Ex his cõstat præter cordylam, pelamyda, thynnida, thunnum, etiam orcynum pro eodem pisce accipi, ætate sola distantem.

Lib. 32. cap. 15. Triton. Conclusio.

Porrò pelamyda siue thunnum ueluti genus esse quod tritonem, synodontida, sardam, pompilum, melandryam comprehendat ueterum testimonijs comprobabimus. Plinius lib. 32. cap. 11. Triton Pelamydum generis magni: ex eo uræa cybia fiunt. Et Sarda uocatur pelamys longa ex Oceano ueniens. Et lib. 9. cap. 1. Thunni sæpe nauigia uelis euntia comitantes mira quadam dulcedine, per aliquot horarum spatia, & passuum milia à gubernaculis non separantur, ne tridente quidem in eos sæpius iacto territi. Quidã eos qui è thunnis id faciãt Pompilos uocãt. Athenæus: Μελάνδρυς ἡ τῶν μεγίστων θύννων εἶδός ἐστι. Melandrys maximorum thunnorũ species est. Rursus Athenæus ex Diphilo: Ἡ δὲ πηλαμὺς πολύτροφος μέν ἐστι, καὶ βαρεῖα, οὐρητικὴ δὲ καὶ δύσπεπτος. ταριχευθεῖσα δὲ καλλιβίῳ ὁμοίως εὐκοίλιος, καὶ λεπτυντική. ἡ δὲ μείζων, συνοδοντὶς καλεῖται. ἀναλογῶν μέντοι ὁ χελιδονίας τῇ πηλαμύδι σκληρότερός ἐστιν. ἡ δὲ χελιδὼν ἡ τῷ πολύπῳ ἐοικυῖα, ἔχει τὸ ἀφ' αὐτῆς ὑγρὸν, εὔχροιαν ποιοῦν, καὶ κινοῦν αἷμα. ὁ δὲ ὄρκυνος, βορβορώδης, καὶ ὁ μείζων προσέοικε τῷ χελιδονίᾳ κατὰ τὴν σκληρότητα. τὰ δὲ ὑπογάστρια αὐτοῦ, καὶ αἱ κλεῖς, εὔστομα, καὶ ἁπαλά. οἱ δὲ κοσαι λεγόμενοι, ταριχευθέντες εἰσὶ μέσοι. ξανθίας δὲ περὶ πόσον βρομώδης ἐστὶ, καὶ ἁπαλώτερός ἐστι τοῦ ὀρκύνου. Habes hîc Synodontida maiorem esse Pelamyda. Totum Athenæi locum adscripsimus, ut deprauatissimũ pro uiribus corrigeremus, et ei lucem aliquã adferremus. Primùm igitur pro καλλιβίῳ reponendum κυβίῳ: est enim κύβιον cõcisa Pelamys, teste Plinio (lib. 32. cap. 11) uel salita pelamys, de quo paulò pòst plura. Deinde pro ἀναλογῶν μέντοι ὁ χελιδονίας τῇ πηλαμύδι, σκληρότερός ἐστι, legendum, ἡ δὲ μείζων, συνοδοντὶς καλεῖται, ἀναλογῶν μὲν ταύτῃ ἡ χελιδὼν, τοῦ πηλαμύδος σκληρότερός ἐστι. & pro τῷ πολύπῳ, legendum τῷ πομπίλῳ: pro τῷ χελιδονίᾳ, τῇ χελιδόνι. Postremò pro ξανθίας, ξιφίας. Nusquam enim reperias chelidoniam pro pisce, sed chelidonem, quæ hirundo à Latinis uocatur, de qua suo loco dicemus: neque ξανθίαν, sed ξιφίαν de quo paulò pòst. Quibus quæ hîc dicuntur, optimè quadrant. Locus igitur Athenæi sic uerti potest. Pelamys multum alimenti præbet, grauis est, urinam cit, difficilè concoquitur: salita uerò similiter ac cybium, aluo facilis est, extenuandiq; uim habet. Maior autem synodontis uocatur, cui similis chelidon pelamyde durior est: chelidon uerò pompilo similis, succum ex se habet, nitidum (*bonum*) colorem efficientem, & sanguinem mouentem. At orcynus lutosus est, & maior: tam sicca est carne quàm chelidon, huius imus uenter, & clidium ori grata sunt & tenera, costæ salitæ mediocri sunt bonitate. Xiphias uirus (*aliquatenus*) resipit, & orcyno tenerior est.

Pelamydem uel Thunnum ueluti genus esse ad multas species. Pompili. Lib. 3. Melandrys. Libro 8. Emendatur Athenæi locus. Idem conuertitur.

Non me latet Hermolaum Barbarum (in Annotationib. in cap. 11. libri 32. Plinij) coniectura nescio qua motum existimasse tritonem esse id quod chelidoniam uocant Græci, apolectum uerò quam Synodontida: sed quàm leuis sit coniectura liquet ex ipso contextu: cùm enim semel χελιδὼν legatur, cui alij pisces comparantur, cur in eadem comparatione perseuerante sententia, non chelidon deinceps sed chelidonias legatur? Præsertim cùm chelidoniæ piscis nomen neque apud ueterem ullum aut recentem scriptorem Græcum Latinúm ue reperiatur. Dices chelidonem piscem longè diuersi generis esse à thunnis & pelamydibus, quapropter ineptissimam fore horum cum hirundine collationem. At confert Athenæus non speciem cum specie, non figuram cum figura, sed carnis substantiam cum carnis substantia, quæ cùm in hirundine reuera sicca duráque sit, ei pelamydes, orcynósque meritò confert. Hac collatione uti Athenæum uerba ipsa perspicuè indicant: ὁ δὲ ὄρκυνος βορβορώδης καὶ μείζων προσέοικε τῇ χελιδόνι (*τῷ χελιδονίᾳ, codices impressi habent, quod & nos probamus*) κατὰ τὴν σκληρότητα. Eodem modo intelligere oportet, synodontidi similem esse chelidona. Quod uerò Hermolaus ait, apolectum esse quam synodontida uocat Athenæus, id equidem probabile esse duco: nam ut synodontis Athenæo maior est pelamys, ita apolectus Plinio lib. 32. cap. 11. Pelamys, inquit: earum generis maxima apolectus uocatur, durior tritone, uel ut emendat Hermolaus, apolectum uocatur, durius tritone. qui Plinij locus alterius loci me admonet, cuius paulò antè etiam meminimus. Orcynus pelamydum generis maximus, neque redit in Mæotin similis tritoni, uetustate melior. Hunc locum mendosum esse diximus, idq; non sine ratione. Cùm enim, ut ex Athenæo diximus, orcynus sit lutosus, dura siccáque carne, cúmque corpora omnia quo uetustiora, eò licciora, duriora, magisq; exucca fiant, necesse est orcynum uetustate deteriorem fieri. Quare pro uetustate melior reponendum uetustate peior, uel maior.

De chelidonia contra Hermolaum. De Apolecto. De Orcynnij locus emendatur.

Hactenus de his quæ nomini pelamydis uel thunni subsunt. Nūc de horum partibus, quæ sæpe totis piscibus attributa sunt. Plinius lib. 9. cap. 15. Thunni membratim cæsi ceruice & abdomine commendantur atq; clidio, recenti duntaxat, & tum quoque graui ructu, cætera parte plenis pulpamentis sale asseruantur. *Melandrya.* Melandrya uocatur cæsis quernis assulis simillima, uilissima ex his quæ caudæ proxima, quia pingui carent, probatissima ea quæ faucibus, & in alio pisce circa caudam exercitatissima. Pelamydes in apolectos, particulatimq; consectæ in genera cybiorum dispartiuntur. Habes hic melandryam pro particula thynnorum assulatim diuisa, quæ ab Athenæo loco antè citato magnorum thynnorum species esse dicebatur. *Apolectus.* Adhæc apolectum pro parte, uerùm libro 32. cap. 11. pro pelamyde maxima.

Cybia. Cybium (inquit Plinius ibidem) uocatur concisa pelamys, quæ post quadraginta dies à Ponto in Mæotin reuertitur. Martialis: Vel duo frusta rogat cybij, tenuemq; lacertum.

Libro 3. At Hicesius apud Athenæum πηλαμύδας κύβια εἶναι φησὶ μεγάλα: pelamydas ait cybia esse magna. *Ibidem.* Apud eūdem cybia & horæa salsamentorum nomina sunt: Τῶν ταρίχων τῶν ἀπιμέλων κράτιστα εἶναι τὰ ὡραῖα: τῶν δὲ πιόνων, τὰ θύννεια. id est, Salsamentorum macrorum optima esse horæa, pinguium uerò thunnia. &, Κράτιστα δὲ τῶν μὲν ἀπιόνων κύβια, ἢ ὡραῖα, καὶ τὰ τούτοις ὅμοια γένη: τῶν δὲ πιόνων, τὰ θυνναῖα. Macrorum optima esse cybia & horæa, & his similia: pinguium uerò, thunnæa. *Lib. 4. de ling. Lati.* Varro cybium & thynnus, & cuius partes Græcis uocabulis omnes, ut Melandrya atq; uræa. *Triton.* *Vræa.* Plinius: Triton Pelamydum generis magni: ex eo uræa cybia fiunt. Sunt autem ὡραῖα siue οὐραῖα partes caudæ proximæ. Cybium uerò dicitur autore Festo Pompeio libro 3. quia eius medium æquè patet in omnes partes, quod genus à Geometris κύβος dicitur. *Thynnades.* Dicuntur etiàm θυννάδες teste Phauorino τεμάχη ταρίχου. Hæc de nominibus, ex quibus, nisi peritè distinguantur, magna rerum confusio difficultasq; consequitur.

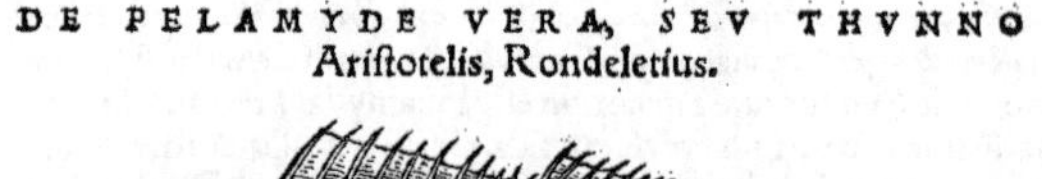

DE PELAMYDE VERA, SEV THVNNO Aristotelis, Rondeletius.

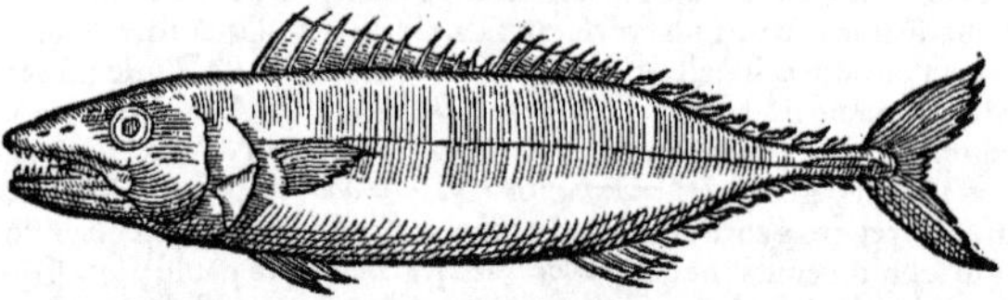

A DICITVR θύννος à Græcis mas, & θυννὶς fœmina, eadem nomina Latini retinuerūt. *Lib. 9. cap. 15.* Πηλαμύδα Gaza limariam uertit. Plinius limosam. Limosæ, inquit, pelamydes à luto incipiunt uocari. Dicta est Pelamys παρὰ τὸ ἐν τῷ πηλῷ μύειν, quòd in cœno se occultet. Quanquam Plutarchus (in libello, Vtrum prudentiora sint terrena animalia aquatilibus) à grege nomē illi datum putet, nescio qua de causa. Ἀμίαις καὶ τοὔνομα παρέσχηκεν ὁ συναγελασμός, οἶμαι δὲ καὶ ταῖς πηλαμύσι. Θύννος ἀπὸ τοῦ θύειν καὶ ὁρμᾶν, ab impetu & cōcitatione. Italia tota cum prouincia Pelamyde uocat. Thunnus

B piscis est marinus, gregalis, lacerto minori siue scombro similis, si colorem & maculas excipias. *(Pelamys Sarda.)* Vel ei qui pelamys Sarda posteà nominabatur tam similis, ut idem planè esse uideatur, tam ob corporis figuram, dorsi colorē, maculasq; ueluti plumbeas, quàm ob appendicum uentriculi numerum aliarumq; partium internarum similitudinem. Hac igitur nota hunc ab illa distingues, quod pelamys Sarda partem quæ pinnis, quę ad branchias sunt, subest, squamis tectam habet. Pelamys uerò simpliciter, seu thunnus Aristotelis, ab omnibus squamis omnino nudus est: sed cute est planè læui & tenui, uentre lacteo, dorso plumbei coloris, quibusdam locis candido, obscurioribus quibusdam & nigrioribus à dorso ad uentrem descendentibus lineis transuersis, breuiori à sese interuallo distantibus quàm in pelamyde Sarda. Pinnas & caudā scombri, coliæ, amiæ pinnis caudæq; similes habet. Duas in dorso, alteram sub podice. Ad branchias & sub uentre binas. Caudam crescentis lunæ figurâ.

Lib. 5. de histo. animal. cap. 9. Libro 7. Marem à fœmina ita distinguit Aristoteles, & ex Aristotele Athenæus, ut fœmina sub uentre pinnulam habeat quæ aphareus uocatur, qua mas caret. Sed tam in mare quàm in fœmina semper pinnam sub uentre deprehendi, uerùm in mare diuisa non est, in fœmina diuisa, opinor ut podicis foramen dilatari & commodiùs fœtus edi possit. Branchias quaternas, duplices habet: uentriculi appendices propemodum infinitas, uentriculum magnum. Intestina tenuia, recta. Hepar ex albo rubescens. Fellis uesicam ab hepate pendentem, & intestino secundum eius longitudinem annexam. Carne est pingui suauiq;.

A. *Thunnum uerū hunc esse. Lib. 2. de histo. animal. cap. 13.* Hunc uerum esse thunnum Aristotelis cùm alia multa, tū hoc maximè confirmat, quòd Aristoteles thunnos inter læues pisces recenset. Læues autem uocat qui nec squamosi sunt, neq; aspera cute: cuiusmodi est is quē hic oculis subijcimus. At thunnus noster, id est is qui à nobis ton uocat, squamis magnis tegit, sed ita ad amussim cōpactis, ut ijs carere uideatur. (C) sed squamæ coctione dehiscunt, tumq; perspicuè apparent tenui membrana contectæ. Præterea thunnus de quo hoc cahoc capite agimus, gregalis est, œstro siue asilo cōcitatur canicula oriēte, id quod Aristoteles etiā prodidit. *Lib. 8. de hist. anim. cap. 19.* Thūni & xiphiæ œstro concitantur, circa canis exortū. tunc enim habet uterque sub pinna ueluti uermiculū œstrum uel asilū nuncupatū, scorpioni similē, aranei magnitudine. Infestat autem tanto dolore, ut nō minus interdum xiphias quàm delphinus exiliat, unde fit ut in nauigia sæpenumero incidat. Eadē Plinius lib. 9. ca. 15. & Athenæus ex Aristotele tradunt. *Libro 7.* Oestri à paucis cogniti figuram in orcyno repræsentauimus, (*& suprà in Asilo, elemento A. pag. 112.*) His omnibus adstipulatur Italiæ Prouinciæque uulgaris appellatio. Quā uerò pelamyde uocat uulgus in Gallia nostra Narbonensi, ea nō est ex thunnorū, sed potiùs cyaneorū genere, de quibus deinceps tractabimus, (*secundam à se Glauci uocatā speciē inter cyaneos, uulgò palamide uocari scribit: et pompilū quoque pro pelamyde uendi.*) Cùm igitur nulla omnino nota sit, qua thūnus quē hic depinximus, à thūno Aristotelis discrepet, eū hoc capite planè expressisse, affirmare nō dubitamus. Neque id omittendū, sine causa reprehēdi Aristotelē à quibusdā, (*ut Bellonio,*) quòd dixerit pelamydas in thūnos mutari: illi enim nō rectè thunnum uulgarē (*Orcynū puto intelligit, hunc enim uulgò Ton uocari scribit*) pro thūno Aristotelis usurpant. Et Aristoteles nunquam dixit pelamydas in thūnos mutari, sed ostendere uoluit eiusdē piscis diuersa nomina pro diuersa ætate, *Lib. 6. de histo. anim. cap. 17.* quū dixit paruos thunnorū fœtus cordylas appellari, quæ Ponto exeunt fœtas comitātes, eōdē redeūtes uēre, quū iam satis accreuerint pelamydes dici, pelamydibus uerò maiores anno uno thūnos appellari, in quo quid erroris esse possit nō uideo. Id equidē falsum esse crediderim, *C. Thunnorum uita.* quòd scribit thūnos nōn diutius biennio uiuere. Sed id ex piscatorū potiùs quàm ex sua sentētia profert, quod satis uerba ipsius declarant. Pelamydas & thūnos idē Aristoteles lib. 5. de hist. anim. cap. 10. *Partus.* autor est in Ponto parere, nec usquam alibi. Et thynni, pelamydes, amiæ Pontū subeūt uēre, & æstiuāt. *Lib. 9. cap. 13.* Plinius: Thynni intrāt è magno mari Pontū uerno tempore gregatim, nec alibi fœtificāt. Rursus Aristoteles: Aestate mēse Iunio thūnis circa solstitiū parit. *Lib. 5. de histo. anim. cap. 11.* Et, Coēunt thūni & scōbri mense Februario post idus, pariūt Iunio ante nonas. *Lib. 6. de histo. cap. 17.* Quæ si uera sunt, nescio quomodo cōsentire possunt cū ijs quæ alibi ipse scribit: Ἡ δ' θυννὶς ἅπαξ τίκτει, ἀλλὰ διὰ τὸ τὰ μὲν πρώϊμα, τὰ δ' ὄψιμα ποιεῖσθαι, δὶς δοκεῖ τίκτειν. ἔστι δ' ὁ μὲν πρῶτος γόνος περὶ τὸν ποσειδεῶνα πρὸ τροπῶν· ὁ δ' ὕστερος, ἔαρος. *Lib. 5. de hist. cap. 9.* id est, Thynnis semel parit: sed quia partē præmaturè, partē serò producit, fœtificare bis credit. prior eius fœtus est circa Decembrē ante brumā: alter uēre. Vbi ante brumā diximus, Gaza à bruma nō rectè uertit, siquidē πρὸ τροπῶν legendū sit: τροπὰς enim Græci solstitiū uocant: Decēbri uerò mense solstitiū est hybernū, cuius dies bruma à Latinis dicitur quasi βραχὺ ἦμαρ, id est, breuis dies. Est enim is totius anni dierū breuissimus. Porrò per mihi mirū uideri debet, thūnos nusquam alibi quàm in Ponto parere. Fateor equidē pastū illic partumque tū commodiorē, tum uberiorē esse, propter dulciū aquarū copiā, quibus thūnos quanuis natura carniuoros delectari, & pinguescere nos ipsi experimur. Quū enim magnæ frequētesque pluuiæ fiūt, thynnos atque cōsimiles pisces pinguiores, crassioresque habemus. Sin sicca & squallida fuerit anni cōstitutio, macros & tenues. Huc accedit beluarū marinarū, quæ piscibus infestissimæ sunt, raritas: nulla enim in Ponto est præter phocā & delphinū. (Castigādus enim est Aristotelis locus lib. 8. de hist. anim. cap. 13. Ἔξω γὰρ φαλαίνης καὶ δελφῖνος, οὐδέν ἐστι τὸ θηρίον ἐν τῷ πόντῳ. Vbi Gaza φωκαίνης legit. Legendū uerò φώκης ex Plinio, qui locum hūc Aristot. transtulit. *Phoca. Lib. 9. cap. 15.* In Pontū nulla intrat bestia piscib. malefica præter uitulos & paruos delphinos.) Hæc inquā fateor. Verū si ideo in Ponto solùm parere existimātur, quòd nulli parui alibi reperiūtur, necessaria ad id concludendū causa hæc mihi esse nō uidetur: nā nec in Ponto, nec alibi paruos admodū uix reperiri puto, cùm pisciū genus omnē præcipua celeritate adolescat, maximè in Ponto, inquit ex Aristotele Plinius. Iam uerò si thunnos hyeme parere uerū sit, ut loco uno priùs citato scripsit Aristoteles, *Lib. 6. de histo. anim. cap. 17. Plin. lib. 9. c. 15.* ijdemque hyeme lateāt imis gurgitibus, unde posteà pinguissimi fiant, ut idē Aristoteles autor est, nihil mirū paruos thunnos ubique non reperiri. *Lib. 5. de histo. cap. 15.* Sed de hac re statuat quiuis pro arbitrio. F Thynnus post arcturū melior est. tunc enim œstro cieri desinit, ob id æstate deterior est. E In mari nostro uēre & æstate thynni capiūtur, sed in Hispania & Prouincia multò plures. C Vidi Romæ thynnos qui hyeme capti essent. Subeunt aliquando flumina: nam Agathopoli uisi sunt qui ad pontem usque cōscenderint, qui à mari aliquot passuū milibus distat. Quare uerum est illud Plinij: Amni tantùm ac mari cōmunes thynni, thynnides, siluri, coracini, percæ. *Lib. 32. cap. 11.*

DE PELAMYDE SARDA, VEL SARDA simpliciter, Rondeletius.

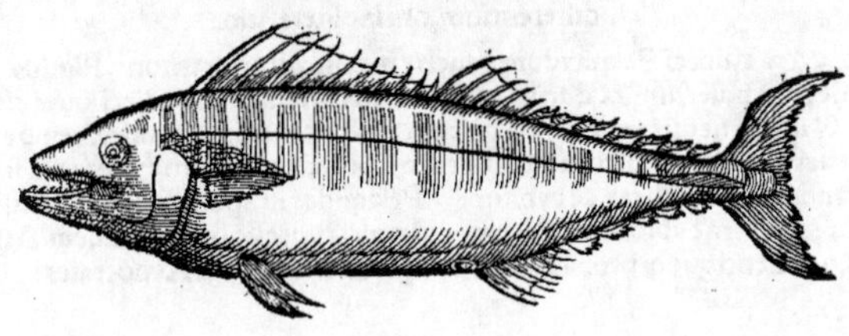

A INTER Pelamydas Sardam numerat Plinius. Eam esse puto quam nostri & Hispani bize nomine communi cum amia ob similitudinem uocant, nonnulli pigo.

B Piscis est Pelagius, thynno, coliæ, amiæ corporis specie similis: cute læui & sine squamis, excepta ea parte quæ à pinnis quæ ad branchias sunt tegitur: ea enim tantùm squamas habet, qua nota à pelamyde uera seu thynno Aristotelis differt. Carnis etiam teneritate inferior, ac dentes maiores magisq́ in os recuruos, quàm thunnus habet. Reliquis omnibus adeò similis est superioribus, ut nisi propiùs inspicias, hanc cum illis facilè confundas.

A Hanc Sardam esse colligo ex Plinij Athenæiq́ uerbis. Sarda enim, inquit Plinius, pelamys longa est. At hæc quam exhibemus, pelamydi tam similis est, ut eadem planè esse iudicetur. Neque uerò cordyla esse potest, cùm pelamys longa sit: neq; thynnus, qui totus læuis est, cùm hæc squamas circa branchias habeat: neq; apolectus, neque triton, neq; orcynus. Sunt enim pelamydes maximæ, at sarda coliæ magnitudine similis, autore Athenæo. Thynnis etiam pelamydibusq́ sardas coniunxit Galenus, libro 3. de alim. facult. ex ijsq́ præstantissima fieri salsamenta scribit. (*Libro 3.*) Ex his liquet pisciculum qui lingua nostra Sarde nominatur, minimè ueterum sardam esse, ne quis ob nominis affinitatem in errorem inducatur. Sed de hac fusiùs in præcedentibus, capite de trichide & trichia.

DE ORCYNO, RONDELETIVS.

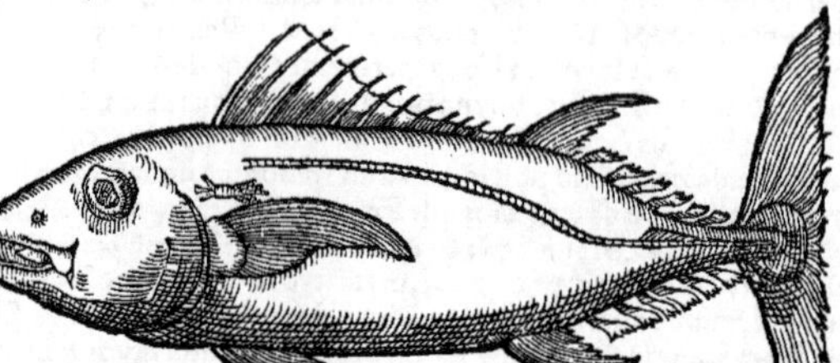

A GRAECIS ὄρκυνον magnum esse thunnum priùs docuimus. Is est qui à nostris ton uocatur, à Santonibus athon.

B Piscis est pelagius pelamydi ueræ corporis figura similis, maior & spissior: squamis opertus magnis, tenui membrana uelatis, ut læuis esse uideatur, sed dum coquitur squamæ dissiliunt. Rostro acuto & spisso, dentibus serratis, paruis, acutis. Lingua ferè exerta. Oculis magnis, rotundis prominentibus. Branchias habet duplices. Pinnas ad branchias, & in uentre binas. Dorsum nigricat. In medio dorsi aculeos tenui mẽbrana coniũctos modò erigit, modò ueluti in uagina condit. Hos sequũtur pinnę sine aculeis ad caudã usq; tam inferna quàm superna parte, eo ordine & situ quo in lacertis minoribus, & pelamydibus. Corpus caudam uersus gracilius fit & quodammodo quadratum, ob pinnulam utroq; latere sitam. Cauda crescentis lunæ formam refert. Ventriculus est oblongus, spissus. Hepar magnum, rubrum. Splen nigricans. Fellis uesica intestino adhæret. Cor angulatum multo sanguine abundans.

C Orcynus aliquando ita pinguescit, ut cutis dehiscat, appareantq́ in ea rimæ. Vere & autumno capitur maxima copia in Hispania, præsertim ad Herculis columnas. Capitur in nostro quoq; mari & Tyrrheno.

F Membratim & in assulas dissectus sale conditur, & in cadis asseruatur. Nostri tonnine appel-

(A) lant, Itali tarantella, à Tarentino, unde aduehitur, sinu. In macram & pinguem distinguunt. Or-

G cynus carne est dura, pingui, saporis acris. Hæmorrhoidas mouet uel acrimonia sua, uel quia succi melancholici multum gignit.

COROLLARIVM I. DE NOMINIBVS THVNNOrum & similium piscium: uel ætate tantùm, uel etiam specie differentium, ordine literarum.

APOLECTVS uocat Pelamydum generis maxima, durior tritone, Plinius. Hermolaus genere neutro legit Apolectum, & durius. uidetur autem nomen hoc adiectiuum esse, ut subaudiatur τέμαχος, & ipsum neutri generis. Ego cum pro pisce accipitur, masc. genere Apolectus dixerim: cum uerò pro parte piscis uel salsamento, apolectum neutro genere: & similiter Melandrys ac Melandryum: & cybeas ac cybium. Pelamides in apolectos, & particulatim consectæ dispertiuntur in genera cybiorum, Plinius. Apolectum esse synodontidem Athenæi Hermolaus ait, & Rondeletio quoq; probabile est. Apolectum (inquit Xenocrates apud Oribasium, cuius

cuius interpres Io. Baptista Rasarius, perperã ut mihi uidet, Orycalus legit pro Apolecto: Vuottonus legit Apolectũ: potest & Orcynus legi: Orcynus, inquit Plinius, pelamidũ generis maximus, nõ redit in Mæotin, similis tritoni. Itaq; orcynus idẽ apolecto uidetur) est pelamys magna, quæ in paludem (*Mæotin*) non redit, tritoni similis: sed quia difficiliùs uitiatur, ideo insignem uetustatem fert: tritone friabilior, sed minùs suauis: facilè uerò distribuitur atq; concoquitur. ¶ Apolectus (Ἀπόλεκτος) Græcis eximium & electum significat. Liuius sexto belli Macedonici: Vbi quum in concilio delectorum, quos apolectos uocant.

AVXIS eadem est quæ cordyla, thunni fœtus. Auxuma in translatione Gazæ.

CETVS, Κῆτος, alicubi dicitur Thunnus maximus, siue idem Orcyno, siue etiam maior, sed de Orcyno infrà seorsim scribemus.

CHELIDONIAS, Χελιδονίας, pelamidũ genus est, qui & Triton uocat, ut cõiectura assequor, Hermolaus: quẽ & Massarius sequit. Rondeletius apud Athenæũ ꝓ chelidonia, chelidonẽ emendandũ putat, & nullũ apud authores legi chelidoniã: cui nos elemẽto C. in Chelidonia cõtradiximus: itẽ in Corollario de Hirundine pisce A. Chelidonias cætera respondet pelamydi, sed durior est: minùs tamẽ durus quàm synodõtis, hoc est, pelamis maior: æquè aũt durus atq; orcynus, Athenæus: (qui orcynũ etiã, cũ magnus est, chelidoniæ similẽ facit: ut eundẽ Plinius & Xenocrates tritoni.) atqui Oribasius orcynũ (alij apolectũ, alij orycalũ legunt) tritone friabiliorem facit. Chelidon quidem, id est, Hirundo piscis, à uolatu uolucris instar iuxta aquam, nominatus est. de chelidoniæ uerò nominis ratione, non constat mihi. conijcio tamen sic dictum uel à colore, sicut & chelidoniæ ficus, quas ἐρυθρομελαίνας esse legimus, Chelidonias lepores Eustathius interpretatur, prona parte nigros, supina subalbos: qui color etiam passeres pisces denominauit.

COLIAM scõber refert, scombrũ pelamys, Bellon. Nos de Colia in C. elemento scripsimus.

CORDYLA uel Scordyla, thunni fœtus est: de quo infrà priuatim agemus.

CYBIVM, ut Rõdeletius ostendit, modò pro pisce, modò pro parte eius ponitur. ego pro pisce cybeã potiùs dixerim, ut Aeneã, cũ Oppiano: pro parte, cybiũ. Vide paulò antè in Apolecto. Multa de cybio protulimus suprà, Elemento C. pag. 367. addituri aliquid etiã infrà in Thunno F.

ELACATENA. Vide mox Melandrys.

HORCYNVS. Vide Orcynus.

LACERTO minori siue Scombro similis est Thunnus, si colorem & maculas excipias, Rondeletius.

MELANDRYS species est maximorũ thynnorũ, Pamphilo teste: unde Melandrya salsamenta dicta. Vide inferiùs etiã in Thũno F. Elacaten idẽ est qui Melandrys. Elacatena genus est salsamẽti, quod appellat̃ uulgò melandrya, Festus. Καὶ οἱ λεγόμενοι μελανδρύαι δὲ αὐτῶν ταριχεύονται, Dorion de Orcynis loquẽs. Plura leges in Elemẽto E. Idẽ fortè est Melãthynus, de quo nũc dicemus.

MELANTHYNVS ab Oppiano nominatur: malim per n. duplex. quanq; thynnum etiam Aeolicè n. duplicato pro thyno dici quidã annotarunt. Quære suprà, Elemento M. pag. 637. Apud Oppiani expositorem sic comperi: Notandũ (inquit) quòd thynnus quidẽ piscis est: κῆτος, (lego κῆτος) id est, cetus aũt est melanthynnus, id ualet, nigricãs thynnus, Cælius. Quærendũ an idẽ fortè orcyno sit. nã et hic auctior, cetus dicit̃: & dorsum ei nigricat. Oppianus cũ orcynos piscibus pelagijs adnumerasset, melanthynos postea inter cete recenset. sed orcynus etiã, ut dictũ est, cum ad summam magnitudinem peruenit, cetus dicitur. Forsitan & Melandrys idem fuerit.

ORCYNVS, siue Horcynus post Thunnum seorsim describetur.

PELAMYDI Caput peculiare assignabitur inferiùs.

POMPILVM Plinius Thunnorum speciem facere uidetur. Alius est à thynnis & pelamydibus: etsi eis quodammodo similis sit, & aliquando etiam hodie pro pelamyde uendatur, Rondeletius. Historiam eius habes suprà, Elemento P. Athenæus tradit pompilos crebrò iuxta naues uideri, uarios, pelamydi similes.

PREMADES, PREMNAE, PRIMADIAE. Vide suprà, Elemento P. in Primadijs.

SARDA Pelamydis species est. Quære infrà post Pelamydem statim. Tam similis est Thunno, ut idem planè uideatur, Rondeletius.

SCOMBRO siue Lacerto minori similis est thunnus, si colorem & maculas excipias, Rondeletius. Pelamys scombrum refert, Bellonius.

SCORDYLA, eadem quæ Cordyla, seorsim inferiùs describetur.

SYNODONTIS (Συνοδοντὶς) appellatur, inquit Atheneus, maior pelamys, durior quàm chelidonias. Ab eodem synodontis numeratur inter Nili pisces. Apolectum, esse synodontidem Athenæi, Hermolaus ait, cui & Rondeletius subscribit. Alius est piscis Synodon, de quo suprà suo loco leges.

THYNNVS seu THYNNVS, Thynnis'ue, priuatim & prolixè describetur inferiùs.

THYRSITES piscis est marinus, similis pelamydi, Kiranides 1.8.

TRICHIADES & Premades (aliàs Premnades) thynnides (τὰς θυννίδας) uocabãt, ut legitur apud Athenæum. Vide suprà in Corollario de Sardina A. pag. 992.

TRITON (inquit Plinius) pelamydum generis magni est: ex eo uræa (siue horæa) cybia

EE

ſunt. Et rurſus: Pelamydum generis maxima, apolectus uocatur, durior Tritone. Addunt quidam, ſine ſquamis eſſe, orcyno ſimilem. ¶ Triton idem uidetur Chelidoniæ. Vide paulò ſuperiùs in Chelidonia. Tritones, quos & chelidonias alij uocari putant, ſubeunt Pontum uêre, æſtatemq́ ibi traducunt: ſemel, nec uſpiam alibi quàm in Ponto pariunt, Maſſarius. Triton ſectum cybium ægrè uitiatur: ſolidius eſt cybio, in cæteris par. Orycalus (*malim Orcynus, Vuottonus tamen legit Apolectum*) eſt pelamys magna, quæ in paludem non redit, tritoni ſimilis: ſed quia difficiliùs uitiatur, ideo inſignem uetuſtatem fert: tritone friabilior, ſed ſuauitate illi inferior, Xenocrates apud Oribaſium. De Tritone dæmone marino, leges inferiùs ſuo Elementorum ordine.

XANTHIAS aliquantulum uiroſus eſt, & tenerior horcyno, Diphilus. Rondeletius pro xanthia mauult xiphian legere.

COROLLARIVM II. DE CORDYLA.

CVM Thynni in Ponto pepererint fiunt ex ouo quas uocant alij ſcordylas, (σκορδύλας, ſcordulas Gaza. alij legunt κορδύλας:) Byzantij auxidas, (αὐξίδας, Gaza auxumas uertit,) ideo quòd paucis diebus augeſcunt, Ariſtoteles. Cordylæ quidem cur dicantur, aliqua ratio nominis eſt: in ſcordyla non item, quod ſciam. A cordyla thunni fœtu plurimum diſtat cordylus, (maſc. genere, κορδύλος,) paluſtre ſeu lutariũ potiùs quadrupes, ſolum inter ea quæ branchias habẽt pedibus præditum Ariſtoteli: pinnis quidem caret. Pro eodem Hiſtoriæ anim. 1. 1. κορδύλη fœm. gen. legitur, quod non placet: quanuis apud Heſychium quoq; σκορδύλη pro eodem reperitur: ſigma nimirum ab initio abundãte, ut in σμικρός, σφάζω, & alijs: item σκωλιαὶ, uel potiùs σκωλίαι, pro κωλίαι puto. De hoc multa ſcripſimus primũ in elemento C. deinde in S. etiam, Scordyli nomine. Σκορδύλος enim Oppiano lib. 1. Halieuticorum in cauernis maris habitans cum polypis & ſcolopendris nominatur. Πουλύποδες σκολιοί, καὶ σκορδύλος, ἠδ' ἁλιδύσιν ἐχθομένη σκολόπενδρα. neque enim alius quàm Ariſtotelis cordylus uidetur, quanquam hic ſuum cordylum non facit marinum. Cordyla Thunni fœtus, hoc nomen fortè inuenerit à capitis magnitudine. cordyla enim Græcis clauæ caput, hoc eſt partem craſsiorem, ſignificat. Solent enim capita in animalibus nuper natis (piſcibus præcipuè) proportione eſſe maiora. In Plinij codicibus aliqui cordillam, alij cordyllam legunt. ſed neque l. duplex, neq; iôta in penultima probo. Ea quidem à Martiali producitur libro 3. his uerſibus: Ne nigram citò raptus in culinam, Cordylas madida tegas papyro. Et undecimo: Mox uetus & tenui maior cordyla lacerto. Itemq́, Ne toga cordylis, ne penula deſit oliuis. eandem in ſcordylo amphibio Oppianus corripit. Corydelis ſalſamentarius piſcis eſt, quẽ nos cordyllam uocamus, Græci & cordylida, & dorylum, (*fortè cordylum:*) Hermolaus, neſcio quàm bene, uel ex quo authore. Numenius quidem (inquit Athenæus) cordylidis (*lego corydelidis*) meminit hoc uerſu: Ἢ μύας, ἢ ἵππους, ἢ γλαυκὴν κορύδηλιν. Apicius in Magiricis 9. 10. cordulam nominat, eius & ſardæ apparatum præſcribens.

(F) Ex ſalſamentis pinguibus optima ſunt thynnæa, & cordyle, κορδύλη, Diphilus. Cordylas Oppianus Halieut. 4. etiam pelamydes uocat. Quæ μύλα Ποντικὰ dicuntur ſalſamenta Galeno libro 2. de aliment. facult. Cornarius non aliud quàm cordylas, id eſt, thunnorum fœtus eſſe putat. ego omnino myllos uel mylos (ut alibi à Galeno appellantur) è Ponto aduehi ſolitos acceperim. ¶ Germanicum Cordylæ nomen quære in Thunno A. Cordylarum capturam ex Oppiano in Pelamyde dabimus: quoniam Pelamydes ipſe appellat. Ἀμενηναί, ἀφαυραί, id eſt, inualidæ & infirmæ, epitheta earum apud eundem. ¶ Philologiam uariam dedimus Elemento C. cum Cordylo quadrupede.

COROLLARIVM III. DE PELAMYDE.

PELAMYS Græcè fœmininum nomẽ eſt, oxytonum, & per y. in ultima plerunq; à doctioribus ſcribitur, ut χλαμύς: in Ariſtotelis tamen & Athenæi codicibus uulgatis ferè per iôta, ut χλαμίς. in Halieuticis Oppiani utroq; modo diuerſis locis: ubi tamen noſtri codices iôta habent, inde repetens Euſtathius per y. ſcribit. Πηλαμὺς εἶδος ἰχθύος ἐν Πόντῳ, Heſychius. Hoc & etymologia oſtendit, cuius meminit Varinus: Πηλαμὺς, ἰχθὺς παρὰ τὸ ἐν πηλῷ μένειν. quam & Feſtus comprobat: Pelamys (inquit) genus eſt piſcis, dictum, quòd in luto moretur, quod Græcè dicitur πηλός. Itaque prima etiam rectè per ητα, id eſt e. longum ſcribitur.

Plinij locus perpenſus. Cordyla appellatur partus, qui fœtas (*thunnas partu liberatas è Ponto*) redeuntes in mare autumno comitatur. Limoſæ uerò à luto pelamydes incipiunt uocari: & cum annuũ exceſsêre tempus, thynni, Plinius. Quanq; aũt uocabulũ Limoſæ, è Græco pelamydes expreſsũ uideř: & huius piſcis, quod ad locũ, naturã, & nominis rationẽ indicet: et Gaza quoq; modò limoſam, modò limariã conuerterit, (apud Hermolaũ lutariã legimus.) nõ ſatis aptè tamen in recitatis Plinij uerbis Limoſæ nomẽ cõgruere uidetur: pro quo ſi maiores legas, multò meliùs cum ſententia propoſita quadrabit: nempe ut minimum hoc piſcis genus cordyla primùm dicatur: deinde iam maius, pelamys: maximum deniq; thynnus. Sic inquam ordinis & magnitudinis ratio, diſertiùs fuerit explicata. ſed etiam uerba hæc, Limoſæ à luto pelamydes incipiunt uocari, nullum mihi idoneum ſenſum præ ſe ferre uidentur. quomodo enim limoſæ incipiunt uocari pelamydes? atqui limoſa Latinis, idem quod Græcis pelamys ſonat. cordylas potiùs dicendum eſt incipere pelamydes uocari. Non igitur limoſæ, (quod uocabulum alibi nuſquã neq; apud Plinium ipſum, neq; authorum quenquã pro piſce inueniri puto,)

puto) sed maiores, uel, deinde, legerim: & pro coniunctione uerò temporis aduerbium uêre posuerim. Sic enim & Aristoteles de cordylis: ἐξέρχονται δὲ (ἐκ τοῦ Πόντου) φθινοπώρου ἅμα τοῖς θύννοις: εἰσπλέουσι δὲ τοῦ ἔαρος ἤδη οὖσαι πηλαμύδες. hoc est: Autumno enim cum thynnis (è Ponto) migrant: in quem uerno tempore, iam pelamydes factæ, redeũt. ¶ Veterum testimonijs constat pelamidem uocari thunnum, qui uti sex mensibus natu maior est, sic annuũ nõ excesserit tempus, Saluianus. ¶ Plutarchus pelamydes non à luto, sed ab ipsa cõgregatione nominatas putat: cuius rei causam (quod ad nomen scilicet, nam re ipsa gregales esse fatetur) non uidet Rondeletius. mihi quidem Plutarchus innuere uidetur, Pelamydes dictas διὰ τὸ πέλειν ἅμα: sicut & amias, παρὰ τὸ ἅμα ἰέναι. Sed eam quæ à luto deducit etymologiam præfero, tum propter ἦτα primæ syllabæ: tum quoniam re ipsa loca cœnosa pelamydes amant. uicina enim fluuijs & lacubus in mari loca eas sectari Oppianus canit. ¶ Piscatores Ligures, & Massilienses, apertè mihi ostenderunt, ex Pelamidibus nunquam fieri Thunnos, sicut Aristoteles, & Plinius opinantur. Quarũ rationes reijcio in aliud tempus, cum mihi maius otium erit, Gillius. Vide Rondeletiũ in Pelamyde uera, seu Thunno Aristotelis, ubi sententiam eius tuetur: sicuti & Saluianus. Pelamydes anno uno minores natu putantur esse (δοκοῦσι) quàm thunni, Aristoteles. est autem uerbum putãtur, dubitantis. Et sanè nostri quoq; piscatores circa piscium quorundã pro ætate mutationes errant, ut alborũ quorundam lacustrium pisciũ, & balleri seu plestyæ. hanc enim cyprinũ latũ mutari falsò putãt, propter magnã formæ similitudinẽ. quamobrẽ pelamydis etiã & thynni naturæ diligẽtiùs fuerint considerandæ. nã eo quod Rondeletius scribit, Aristotelẽ nõ dixisse, pelamydes in thũnos mutari, sed eiusdẽ piscis diuersa pro ætate nomina ostendisse, nõ satis ipsius sententiã cõfirmare uidet. Oppiano Halieut. 4. pelamydes sunt partus thynnę. ¶ Idẽ Rondeletius pelamydẽ uel thunnũ aliquando ueluti genus esse ad multas species, ꝓbè ostẽdit. Ligures piscatores nunq; aiũt è pelamyde thynnũ fieri: sicuti neq; ex coliade (colia) scombrũ, aut è cõtrario. Et sanè corpulẽtia diuersa est aliquãtùm, subtiliùs intuenti. Productior pelamys: & linearũ filamentis tæniatim uaria, quæ in thynno sunt nulla, Scaliger. Pelamydes cum pedalem excessere magnitudinem in thynnos abeunt, Iouius. ¶ Hicesius pelamydes cybia magna esse tradit. De cybijs quidem nos copiosè diximus Elemento c. Gempylos, γεμπύλους, aliqui uocant pelamydes pisces, Hesychius & Varinus. Oppianus Halieut. 4. cordylas etiam pelamydas uocat. ¶ Pelamis à Symeone Sethi dicitur Φιλομῆλα, uel (ut in uetustiore codice legitur) Φιλομήλα, Lilius Greg. Gyraldus. Ego philomela potiùs legerim, quod propiùs ad pelamydem, unde corruptũ est, accedit. A Pelamyde quidem alia quoq; uulgaria hodie nomina detorta coniecerim: ut sunt, polauda, lopida, lampugo: his enim uocabulis Romani & Illyrij Glaucos Rondeletij nominant, pisces cœruleos: quorum alteram speciem Galli in Prouincia Palamide uel Vadigo nuncupant uulgò: sed alia est ueterum pelamys. ¶ Pelamides adhuc palamiæ uocant: Iouius Italus, qui è limarijs adolescẽtibus pelamides fieri, nõ rectè scribit: cum limaria (à Gaza fictũ nomẽ) idẽ sonet Latinis, quod Græcis pelamis. Palami piscis, id est, lo palamodo, Syluaticus. Pelamys uidet, quæ à Platina De honesta uoluptate 10. 29. palmita uocatur. Palmitas (inquit) ego paruas lumbrinas crediderim. neq; enim nisi quantitate tantùm differunt. nam & oblongæ hæ sunt, & subnigræ, & caudam habent subtilem, acutam & bifurcatam. Sunt item sine squamis. Ego omnino hanc pelamydem puto, tum uocabuli ratione: (nam & qui Italicè transtulit, palamita scripsit:) tum descriptionis. Lumbrinam uerò quam dicat nescio, nisi Vmbram piscem, quæ Romanis hodie Ombrina dicitur: uerùm ea squamosa est, & corporis etiam specie nihil aut parum ad pelamydem facit. ¶ Venetijs Thynnum uocari audio el Ton: eiq; similes pisces, alterum la palamida: alterum el Sgompha diggio. ¶ Pelamydis seu thunni minoris, Rondeletius nomen nullũ peculiare adfert: (nam palamide uulgò dicta in Prouincia, secunda Glauci Rondeletiani species est, ut diximus:) quidã circunscribit, Le petit thun. Germanicum nomen quære infrà in Thunno A.

Vulgaria nomina.

Pelamys dicta est quòd in luto moretur, Festus. Vide superiùs in A. Amat mare uicinum fluuijs aut stagnis, ob dulcem aquam, Oppianus. ¶ Pelamydes subeunt Pontum uêre, æstatemq; ibi traducunt, Aristot. Cum thynnis amiæ & pelamides in Pontum ad dulciora pabula intrant gregatim cum suis quæq; ducibus, Plinius. C

Pelamydes Aristoteli pisces sunt gregales, uel fusanei. D

Pelamydes, ut modò diximus, Aristoteli pisces sunt fusanei, qui fusim retibus capiuntur. E

Captura. Ex Oppiano.

¶ Pelamydes (*Cordylæ*) generantur ad Ponti Euxini finem, & initium Mæotidis. Est autem recessus (Sinus) quidam Thracij maris (inquit Oppianus lib. 4. Halieut.) profundissimus, unde & Melas, id est, Niger cognominatur, (*Meminit huius etiam Eustathius in Dionysium: Aliter Plinius 4. 11. Circa quem, inquit, locum fluuius Melas, à quo sinus appellatur. Strabo & alij* μέλανα κόλπον *uocant:*) idemque uentis minimè expositus. In eo loca multa sunt caua & cœnosa, ubi multa piscibus paruis alendis idonea nascuntur. In hunc primùm immigrant pelamydes, (*cordylæ:*) tempestates enim & frigus, unde oculi earum hebetantur, apprime oderunt. Itaq; immorantur & crescunt usque ad uernum tempus. quinetiam coeũt, & ad patrias inde undas (*principium Mæotidis puto*) reuertuntur ut pariant. Has Thraces supra Melanem sinum per hyemem capiunt. Lignum (Δοκίδα, trabeculam) crassissimum, non longius tamen cubito, plumbo ab altera extremitate, & crebris uncis

EE 2

(τριγλώχισι) fune longiſsimo ligatum, nauigãtes piſcatores qua profundiſsimus eſt ſinus, ad fundũ maris immittunt. Fertur id magna ui pondere ſuo, & quaſcunq; circa uadũ in limo contigerit pelamides, configit. Tum illi celeriter extrahunt cum transfixis miſerabiliter piſcibus lignum. Alij uerò retibus capiunt eas noctu, quo tempore propter timiditatẽ (metuunt enim quicquid in mare inciderit) circa uadũ congregantur. Itaq; piſcatores diſpoſitis retibus, remis & contis ſummum mare uerberantes quantũ poſſunt ſtrepitũ cient. Pelamides uerò ſplendore ſimul & ſonitu perculſæ, in rete ceu refugiũ quoddã trepidæ confugiunt: & extrahunt, in anguſtum præ metu collectæ, dum funes quibus trahitur rete cõmotos timent. Interea piſcatores dijs uouent, μή τ' ὄν τι θορῷν ἔκτοσθε λίνοιο, Μή τέ τι κινύμενον δεῖξαι πόρον. ἢν γὰρ ἴδωντι Πηλαμίδες τάχα πᾶσαι ὑπὲρ κύφοιο λίνοιο. Ἐς βυθὸν ἀΐσσοι, καὶ ἄπρηκτον λίπον ἄγρην. hoc eſt, Ne quid (*Ne una fortè pelamis, aut alius piſcis*) è reti exiliat, & cæteris uiam monſtret, hoc enim uiſo, mox omnes euadunt. (*Ælianus: Cum thynni, inquit, circunretiti tenentur, Neptuno malorum depulſori piſcatores uota faciunt, ne Gladius piſcis, né ue Delphinus in captiuorum numero ſit. nam ſæpe Gladius magnus lacerato reti thynnorum gregi irretito, ad ſe exuendum ex laqueis facultatem dedit. Delphinus etiam ad moliendas retibus inſidias acerrimus, ijs perniciẽ affert, ac dentibus conficit.*) Quod ſi nihil aduerſi eueniat, plerunq; in ipſam terrã pelamides, retia relinquere nolentes, extrahunt. Sic etiam in ſyluis ceruos capiunt uenatores, dum præ metu ad retia pennis ornata auium accedere non audent, Hæc Oppianus. Retibus quidem hodieq; ſimiliter in Adriatico pelamydes capi audio.

Ex Aeliano. Rationem piſcandi Pelamydes haud ſanè peruulgatam non à ſeria conſideratione alienum eſt explicare. Decem iuuenes ad ſummum ætatis uigorem floreſcentes expeditam nauem & celerẽ conſcendunt: & ſimulatq; ſe cibo expleuerint, pariter continuò æqualiterq; in utrunq; nauis latus diſtributi remigare contendunt, atq; huc illuc errant. Eorum unus aliquis ad puppim ſedens, armatas hamis lineas (binas,) quibus & aliæ annectuntur, ad utranq; nauis partem demittit, tum ad ſingulos hamos eſcam ex Purpura Lacæna (Concha) confectam ſtrictè religat. (Καὶ ἕκαστον ἄγκιστρον δέλεαρ φέρει Λακαίνης πορφύρας μᾶλλον κατειλημμένον. pro μᾶλλον fortè legendum μαλλῷ uel μαλλόν. hoc ſenſu, Et unicuiq; hamo eſca annectitur per lanam purpuræ Lacænæ. quod ſi μαλλόν in accuſatiuo legas, ipſam hanc lanã eſcæ loco eſſe intelligemus: quali etiã ranæ decipiuntur.) Tum Lari marinæ auis pennã ad hamũ quenq; alligat, ut ab occurrente aqua ſenſim & leuiter agitetur. Pelamides autem eſcæ ſic inſtructæ illecebra delinitæ in hamos innatant. Cum autem ex ijs aliqua liguritione apprime ſtimulata, os in eſcam impegerit, tum reliquæ conſequentes hamis configuntur, ut hami ob multitudinem uno eodemq; tempore transfixorum piſcium uexentur. Iuuenes uerò remigare deſiſtentes, de tranſtris ſurgunt ad ſubtrahendas lineas multitudine piſcium onuſtas: quos poſteaquam in nauem ſubduxerunt, ſecundiſsima piſcatio ex permagno piſcium numero apertè oſtenditur, Aelianus De animalib. 15. 10.

Strabo. ¶ Byzantiorum Cornu uocatur, Byzantij mœnia attingens, ibi ſinus in occaſum extenſus ad ſtadia ſexaginta, cornu ceruino perquàm ſimilis eſt. nam in plures ſinus, perinde ac ramos quoſdã ſcinditur, in quos irruentes pelamides facile capiuntur. Id fit cum propter earum multitudinẽ, tum uim & impellentis fluxus impetum, tum propter ſinus anguſtiſsimos, quare uel manibus comprehenduntur. Earum generatio in Mæoticis paludibus fit. inde cum modicum increuerint erumpunt, grege facto, per os ipſum, ac propter litus Aſiaticum uſque ad Trapezuntem ac Pharnaciam excurrunt. Hinc primùm earum uenatio exiſtit, non tamen copioſa: nondum enim conueniens eſt piſcis magnitudo. Vt uerò ad Sinopen propiùs acceſſerint, & capi & ſaliri iam maturiores ſunt. Poſtquam uerò Cyaneas (inſulas) attigerint, tranſierintq;, ex ripa Chalcedonia albicans occurrit petra quædam, tantumq; beſtijs ipſis terrorem incutit, ut eueſtigio in ulteriorem conuertantur ripam. quas cum præceps aquarum curſus corripiat, & innata locorum aptitudo maris fluxum ad Byzantium cornuq; Byzantij deflectat, & eò naturæ impetu propellat, copioſum Byzantinis populoq; Romano ſuppeditat prouentum. At enim Chalcedonij in ulteriore prope conſiſtentes litore, in nullam eius ubertatis communionem accedunt: quoniam ad eorum portus pelamis ſeſe non applicat, Strabo libro 7.

Plinius. Notandum à Plinio thunnos appellari, quos Strabo pelamydes nuncupauit, Maſſarius. Eſt in Euripo Thracij Boſphori, quo Propontis Euxino iungitur, in ipſis Europam Aſiamq; ſeparantis freti anguſtijs, ſaxum miri candoris, à uado ad ſumma perlucens, iuxta Chalcedonem in latere (*Vetuſti codices non latere, ſed litore legunt, quod cum Strabone conuenit, Maſſarius*) Aſiæ. Huius aſpectu repente territi thynni, ſemper aduerſum Byzantij promontorium, ex ea cauſa appellatum Auricornu, præcipiti petunt agmine. Itaque omnis captura Byzantij eſt, magna Chalcedonis penuria, D. paſſ. medij interfluentis Euripi, Plinius 9. 15. Maſſarius pro D. ex antiqua lectione & Polybio reſtituit DC. Cæterùm Auricornu Byzantij promontorium, Græcè Chryſoceras dicitur: quod ad Byzãtium Europæ latere obiectum eſt Chalcedoni: Strabo author, & cæteri, Hermolaus. Meminit etiam Plinius ſuprà, li. 4. cap. 15. Conijcio aũt ab auro nominatum hoc cornu, quòd circa illud ex thynnorũ captura, magna auri & pecuniarum uis colligeretur. Memoriæ proditum eſt, inquit Strabo, cum Byzantij conditores poſt ædificatam à Megarenſibus Chalcedonem, Apollinis oraculum conſulerent, eis mandaſſe, ut contra cæcos habitationem locarẽt. Cæcos autem ideo Chalcedonios uocabat: quia cum priùs ad ea loca nauigaſſent, omiſſa tam locuplete ripa, tenuiorem accepiſſent.

Eſca

Esca iacentium (piscium) mollior esse debet, quàm saxatilium. itaq; præberi cõuenit tabenteis haleculas, putremq; Sardinam: uel quicquid intestini pelamys aut lacertus gerit, Columella 8.17. de piscinis loquens.

Pelamis sapore iucundo est, inquit Xenocrates, & meliusculum procreat succum: nec facilè corrumpitur, Vuottonus. Pelamis exigua nascitur in Mæotide, ori grata, facilè corrumpitur, faciléq; excernitur, Xenocrates apud Oribasium in capite de salsamentis, Rasario interprete. ¶ Pelamis multi alimenti & grauis est. difficulter concoquitur, urinam ciet. salsa callibio (Rondeletius mauult cybio) similiter, bonum aluum facit & attenuat, Diphilus. Philomela piscis (Gyraldus pelamidem interpretatur) carnem duram habet & concoctu difficilem, ac excrementitiam. Si tamen concoquatur, satis superq; nutrit, Symeon Sethi. Thynni crasso tenaciq; succo sunt. pelamides magis ad mediocritatem tendunt, Galenus. Idem circa finem tertij de alimentis, Sardas, ut recentiores, siue Sardica salsamenta, ut ueteres appellarunt, & mylos qui ex Ponto uehantur, omnium præstantissima esse scribit. secundum autem post illa locum habere graculos & pelamides, & quæ Sexitana appellant. Nicolaus Myrepsus podagricos inter alia thynnis & pelamidibus abstinere iubet. In epilepsia ex piscibus exhibeantur, qui superfluitate uacant. pingues autem auersentur, & cetaceos, ut scombrum, pelamydes. hi enim omnes crassum terrestremq;, & inimicum naturæ succum congregant, Trallianus. ¶ Ius in pelamidem describit Apicius lib. 10. cap. 5. item pelamidis ac thunni salsi apparatum 9. 12. Palmita coquitur & conditur ut stirio. Si parua admodum fuerit, frigatur: petroselino ac succo malarancij inspergatur, Platina. F

Capitis mænarum cinis ad rhagades & ad condylomata utilis est, sicut pelamidum salsarum capitis cinis, uel cybiorum cum melle, Plinius. Pelamidum capitis cinis uerendorum pustulas discutit, Idem. Pelamydis intestina cum capite combusta & inspersa, pastiones (*nomas*) sanant, Kiranides. Cephali piscis caput combustum & cum melle inunctum, ficus de sede & exochadas curat, & quæ in alijs locis sunt. caput quoq; pelamydis idem facit. oportet igitur ambobus mixtis uti, Idem libro 4. G

Sinope super collo peninsulæ cuiusdam sita, ex utraq; isthmi parte portus & stationes habet, H.a.
& mira pelamydia, de quibus diximus quòd secundam piscationem Sinopenses, & tertiam Byzantini habeant, Strabo libro 12. uidetur autem loca pelamydum capturæ destinata, nominare πηλαμύδεια: cum alioqui pelamydion diminutiuæ formæ nomen sit, & pro pelamyde parua siue cordyla accipi posit.

εἶθ᾽ ἡ πάροικος πηλαμὺς χειμάζεται, πάροικος Ἑλλησποντὶς ὡραία θέρους τῷ Βοσποοΐτῃ· τῷδε γὰρ θαμὰ ζεῖται, Sophocles in Pastoribus. C.

Hospitalitatis proprietatem hunc piscem habere scribit Proclus, qui Chaldæorum ænigmaticam & obscuram philosophiam est interpretatus: quod an uerum sit, parum mihi compertum, ideoq; prætermittitur, Symeon Sethi Gyraldo interprete. Græcè legitur, ξένων ἰδιότητα ἔχειν, hoc est, Peculiarem quandam & admirabilem uim habere. Liber quidem hic Procli hodie, quod sciam, non apparet. Chaldaica siue Magica oracula Lutetiæ euulgata sunt Græcè cum interpretatione innominati scriptoris, quem ego Georgium Gemistum Plethonem esse arbitror. sed in ijs huiusmodi nihil reperio. Piscem quidem boreum inter sydera iuxta Andromedam, hirundinis piscis referre caput, proptereaq; à Chaldæis piscem nuncupari chelidoniam Theon scribit. e.

Quod uocis precium? Siccus petasunculus, & uas Pelamydum, aut ueteres Aphrorum epimenida bulbi, Iuuenalis Sat. 7. Maurus episcopus in libello quem patris Dei Conuiuium inscripsit, Adamum fingit pelamydem sumere. est enim huic pisci à luto nomen, è qua materia homo primitus à Deo formatus est. f.

Pelamides longas ex Oceano uenientes, SARDAS appellari, Plinius author est libro 32. Sarda.
Thunnus pelamydi Sardæ tam similis est, ut idem planè esse uideatur, Rondeletius. ¶ Sarda uocatur Pelamys longa ex Oceano ueniens. ori grata est, acrimonia cybio præstans, appetitum excitans, facilè (aluum) ad excretiones mouens, Xenocrates apud Oribasium. Pelamydes optimis quibusq; salsamentis certare possunt, (adferuntur autem plurimæ è Ponto:) ijs tantùm inferiores quæ è Sardinia Iberiæ adferuntur, & Sardæ iam uulgò ab omnibus uocantur. Meritò autem hoc salsamentum maximè in pretio habetur, propter suauitatem simul & mollitiem carnis, Galenus de alimentis 3.30. Græcè legitur: πλεῖσαι δὲ ἐκ τοῦ Πόντου κομίζονται, τῶν ἐκ τῆς Σαρδοῦς τῶν ἐκ (abundant hîc uoces τῶν ἐκ) τῆς Ἰβηρίας μόνον ἀπολειπόμεναι. Et mox: ὀνομάζεται δὲ συνήθως ὑπὸ τῶν πάντων ἤδη τὰ τοιαῦτα ταρίχη σάρδα. ubi σάρδα rectum singularem fœmininum esse animaduertendum est. Nam in eiusdem libri penultimo capite pisces salsuræ aptos nominans, sic scribit: ἔτι τε σάρδαι, καὶ σαρδῖναι. Et paulò pòst: Cõstat igit animalia omnia dura, neruosa, & coriacea quodãmodo, postq; salsa fuerint, concoctioni contumacia fieri. quæ autem contrà se habent, cum ipsa tenuiora fiunt, tum in cibo sumpta attenuant crassos & glutinosos humores. sunt autem optima ex ijs quæ ipse noui salsamentis, quæ ab antiquioribus medicis nominantur Sardica, Σαρδικά: Sardas (nunc) ipsas uocant. ¶ Sarda Rondeletij teneritate inferior est thynno: atqui Galenus Sardica salsamenta mollitie & suauitate cæteris præponit omnibus. ¶ Qui Sardas cũ Sardinis (de quibus in s. elemento

EE 3

ſcripſimus)confundunt,imperitiſsimè faciunt. ¶ Triton pelamydum generis eſt magni, inquit Plinius:pelamydum nomen communiùs accipiens: Sardam uerò pelamydis ſpeciem dicentes, ei quæ propriè pelamys dicitur,cognatam eſſe intelligimus.

Bratti. Liſſes. Pelamydi,ut coniicio,cognati ſunt piſces,qui Bratti, alibi uerò Liſſes uocantur apud barbaros & anthropophagos quoſdam Americæ incolas,ut Hiſpani pelamydes Sardas uocant Bizes. Anthropophagi quidam in America Bratti uocant piſces,quos Luſitani Doynges,Hiſpani Lieſſes,(aliâs Lyſſes.)ij Auguſto menſe è mari flumina ſubeunt,ut in eis pariant, & in ipſa migratione capiuntur. magnitudo eis quæ Lucio adulto. Multos eorum capiunt reticulis,partim etiam ſagittis figunt,& domum aſportant aſſos,ubi in farinam redigunt,quam nominant Pira kui, ut tradit Io. Staden Hombergenſis in hiſtoria captiuitatis ſuæ apud Anthropophagos Americæ. Bellonius quidẽ Liſſam uel Gliſſam genus quoddã thynni à Cretenſiũ uulgo appellari ſcribit:de quo nunc eius uerba ſubiiciemus.

Liſſa. A Liſſam uel Gliſſam, à glabra & ſquamis carente cute Cretenſiũ uulgus appellat, aliud Thynni genus, bicubitalis longitudinis,humaniq́ corporis craſsitiei:quod extra Cretam Copanũ uocãt, contorta fortaſsis à Scepano dictione. hũc enim eſſe Scepanũ nihil uetat, quẽ Dorion Attagenẽ marinum appellauit. Sed nõ eſt Oppiani Scepanus. Eſt enim hic Thynnus planè pelagius, in alto mari degẽs,ac delicatiſsimi ſaporis: Scepanus uerò litoralis ac cœnoſus. Differt à maiore ac uulgari Thynno, quòd teretior eſt, branchiasq́ Pelamidis habeat, ac dentiũ loco rugoſas atq́ aſperas maxillas:pinnisq́ lateralibus, caudę ac tergoris ad Synagridem accedit:caudã tamen nõ uſqueadeò lunatã gerit,ſed magis biſurcã. Porrò interiores ipſius partes ſic ad maiorẽ thynnum accedunt,ut etiã in hoc pylorũ quadraginta & ampliùs apophyſibus in gyrũ circũuallatum facilè comperias. Eius formã proponere ſuperuacuũ eſſe duxi,quòd ſimpliciter dicti Thyñi imago ſatisfacere uideatur, Bellonius. Vide etiã proximè retrò ſcripta ad finem eorũ quæ de pelamyde Sarda ſunt: & ſupra etiam, Elemento A. in Attagene, pag. 116. Alia quidem Pelamys Rondeletij uidetur, cum aliâs, tũ quoniam ea dentata eſt.

COROLLARIVM IIII. de Thynno.

Thunni hæc imago Venetijs ad nos miſſa eſt. Luſitanos audio nominare Bonito.

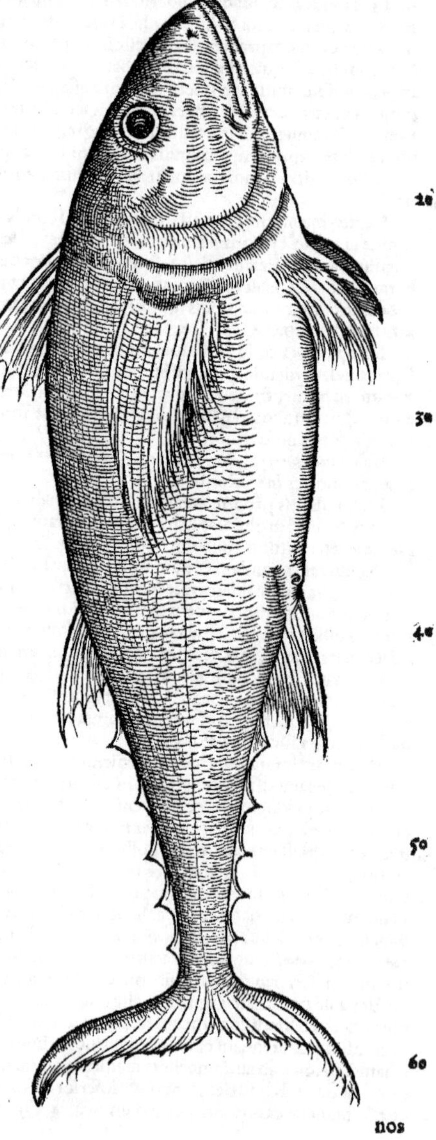

A THYNNVS Græcum uocabulum à Latinis pleriſq́ ſeruatur. Gaza Thunnum y. in u. uerſo dicere maluit, ſicuti & Horatius, hoc uerſu Serm. 2. 4. Plures annabunt thunni, & cetaria creſcẽt. et Varro apud Nonium nos promiſcuè utemur. In præcedentibus tribus Corollarijs quædam protulimus, ad Thunnos etiam referenda: quorum hiſtoriam qui pleniorem noſſe uoluerit, ea perlegat omnia: & quintum inſuper de Orcyno Corollarium. ¶ Quos aliqui thyn

nos

nos uocant, Athenienses solent thynnides appellare, Athenæus. Attici quidem alijs etiam fœminis nominibus utuntur, pro masculinis in communi lingua. doctiores ferè distinguunt, ut Aristoteles, thynnum in genere, uel pro mare duntaxat, thynnidem pro fœmina. τὴν θυννίδα τοῦ ἄῤῥενος διαφέρειν φησὶν Ἀριστοτέλης, Athenæus. Speusippus etiam & Epicharmus thynnidas à thynnis separant. item Cratinus: Ἐγὼ γάρ εἰμι θυννὶς ἡ μελανὰς, * ἢ καὶ θύννος, ὀρφώς. Theodorus thynnidē conuertit thunnam. Porrò θυννὶς pro pelamyde quoq; accipitur, ut Sostratus indicat, forma nimirum diminutiua: cuius etiam θύνναξ est. Ἐκλιπουσῶν ποτὲ τῶν θυννίδων ἐνιαυτὸν, τῷ ἐχομένῳ ἔτει καὶ οἱ θύννοι ἐξέλιπον: δοκοῦσι δ' ἐνιαυτῷ πρεσβύτεροι τῶν πηλαμύδων, Aristoteles. ex quibus uerbis suspicaretur aliquis thynnides alias quàm pelamydes esse: & thynnos anno uno maiores quàm thynnides, ut fortè hæ etiā maiores sint quàm pelamydes, præsertim cum Aristoteles obscuras huiusmodi synonymias usurpare non soleat: (Xenocrates quidē in libro de alimentis thynnidē & pelamidem separat.) sed cum Sostratus apud Athenæū thynnides ac pelamydes nomine solùm differre doceat: & Gaza quoq; pro pisce uno acceperit, his potiùs authoribus accedam quàm rem in dubio relinquam. non tamen cum Rondeletio dixerim Gazam pro θυννίδων legisse πηλαμύδων. nā si eadem utriusq; significatio est, utrum legerit nihil interest. ¶ Oppianus fœminam θύννην uocat. item Archestratus hoc uersu: Καὶ θύννης οὐραῖον ἔχειν, ἣν θυννίδα φωνῶ τὴν μεγάλην, ἧς μητρόπολις Βυζάντιόν ἐστιν: ut thynne sit maior, thynnis minor. Thynnidas quoq; nōnulli trichiadas uocant, & πρημάδας, Nicochares apud Athenæū. ¶ Thunni nomē (quamuis Græci grāmatici à uerbo θύνειν deriuent. uide in a.) factū uideri potest ab Hebraico tannin seu thannin: quod cetū interpretātur, uel piscem magnū. Lege suprà in Ceto in genere A. pag. 230. Sunt qui tannim & leuiathan synonyma faciant. Pro thunno Albertus barbarā uocem talga ponit, ubi historiæ animalium Aristotelis lib. 8. cap. 30. interpretatur. Videtur & Gramon uel Granus, apud eundem & scriptorem de nat. rerum nomen barbarum aut corruptum, nihil aliud quàm thynnum significare. ¶ Thunnus à Græcis uulgò pallax uel pallacis, πάλλαξ, παλλακὶς, dicitur, Niphus. uidentur autem hæc nomina à Græco uocabulo antiquo pelamys corrupta, sicut & pelamia Italorum. Thunninam pro thunno recentiores aliqui mixobarbari dixerunt. ¶ Italica thynni nomina inuenio, Ton, Tonno, Tonnine. Massarius etiam Italus Thunnos hodieque nomen seruare testatur: quod quidem in alijs etiam plerisque linguis uerum est. Hispanicum est, Atun. Orcynum Rondeletius scribit in Prouincia uocari Thon, à Santonibus Athon. Gallus quidam anonymus interpretatur la Thunnine. Sed Thunnina uidet magis propriè dici de carne thunni, præsertim salsa. Germani omnes eodē quo Flandri & Angli nomine appellare poterunt. Est autē Flandricū, Tunijn: Anglicū, Tuny/uel Tunie. Licebit & pro ætatis ac magnitudinis differētia recepto thunni uocabulo epitheta adijcere; ut cordyla, id est fœtus thunni, dicatur ein junger Tunijn: uel diminutiuo nomine uno, Tunijnle. deinde pelamys, ein Mitteltunijn oder Halbtunijn. tertio anno thunnus, ein Tunijn. quarto orcynus, ein grosser Tunijn. quinto cētus, ein Waltunijn:

B Thynni multitudine sua omnibus litoribus sunt noti, Iouius. Tyrrheni maris accolis magis, q̄ ijs qui Adriatici litora inhabitāt, noti sunt, Matthiolus. Scombris Hispaniæ replent cetarias, thynnis non commeantibus, Plinius: Massarius interpretatur, propterea quòd thunni ad ea loca non cōmeant: sed quærendum an Plinius potiùs senserit de tempore quo non cōmeant thynni, &c. De thynnis qui extra columnas Herculis capiuntur, lege infra in F. Plurimus thynnus in Ponto, nec alibi penè fœtificant, Solinus. Vbi ut plurimū reperiri, & quo, quaq; & unde migrare soleant, leges mox in C. Quibus uerò in locis præstantiores sint, leges infra in F. ¶ Scombri pisces sunt paruis thunnis similes, Scholiastes Aristophanis. Præcipua magnitudine thynnum inuenimus talenta XV. pependisse. eiusdem caudæ latitudinem duo cubita & palmum: Plinius ex Aristotele, apud quem caudæ interuallum non ad duo, sed quinque cubita fuisse legimus. Quòd si proportionem huius thynni & caudæ (inquit Massarius) rectè perpenderis, non ad quinq;, sed ad duo cubita & palmum, ut in Plinio, sic in Aristotele etiam legendū esse coniicies. ¶ Lubricos esse thynnos Plinius tradidit, Gaza ex Aristotele læues cōuertit. In Mnesithei apud Athenæum uerbis leguntur pisces squamati, ut thynni, scombri, thynnides, congri, & huiusmodi. apparet autem legendum, non squamati. Pinnulam sub uentre thunnæ fœminæ aphareum (ἀφαρέα) nuncupari Aristoteles, & qui repetunt ex eo Athenæus & Varinus scribunt: qua careat mas. quod & Plinius in suā Naturæ historiā transtulit: sed Rondeletius eam in utroq; sexu obseruauit. Est & nomē propriū Ἀφαρεὺς filij Hippiæ. ¶ Thynni cute sunt læui, plūbei coloris, cauda Lunę modo bifurcata, Massar. Gladio pisci cauda est Lunę crescētis figura, thynni modo, sed latior. Eidem internæ partes eædē sunt cum internis partibus thunni, Rondeletius. Xiphias cetaceus piscis ad thynnum plurimùm accedit, Bellonius. ¶ Habet thynnus in dorso aculeos tenui membrana iunctos, quos pro arbitrio condit & exerit, Cardanus. hoc puto alius nemo de thynno, sed ueteres de delphino ferè.

C Thynni nascuntur etiam in amnibus, ut in Nilo, Rheno, & Pado, Platina. Ab Oppiano & Ouidio pelagijs adnumerantur. Thunni omnium maximè piscium gaudent tepore, & ob eam rem arenam & littora adeunt. per summa etiam maris innatant, quo teporis potiantur. Pisciculi autem seruari propterea possunt, quia spernuntur. maiora enim magni sequuntur. sed ouorū [Locus.]

& prolis pars magna proinde absumitur. Cum enim pisces desiderio teporis loca fœturæ adeant, *Cibus.* liguriunt (λυμαίνονται) quicquid attigerint, Aristot. ¶ Thunni carniuori tantùm sunt, Aristotel. Et rursus: Thunnus, amia & lupus magna ex parte carne aluntur, sed algam etiam tangunt. Thynna nullum iniquiorem piscem censeo, neq; sceleratiorem in mari uiuere. Primùm enim ut ex sese peperit, statim suam procreationem, quantamcunq; capere potest, immisericors deuorat, Gillius ex Oppiano. In Oceano uersus Carteiam frequens agitur thynnus è uetusto feruore ingenti (sic habet uulgaris translatio, Græcè legitur, ἐκ τῆς ἁλέως τῆς ἔξωθεν παλαιᾶς, in æditione Græcolatina Henrici Petri, pro παλαιᾶς fortè legendum πολλῆς) pinguis & crassus impellitur. Querna uerò quadam glande saginatur, quæ ad mare (κατὰ τὴν θαλάσσης, in mari) nascitur humilis admodum, at fertilem ingentemq; impendio producens fructum, (ἀδρότατον καρπόν:) quę quidem copiosa in ipsa etiam terra generatur Hispana, ingentes sanè radices perinde ac integræ (τελείας) quercus habens: quæ profectò ab humili radice tollitur minùs, (ἐξαιρομένη δὲ ἐκ θάμνου ταπεινῆς ἧττον. fortè, ἐξαιρομένη δὲ θάμνου, &c. id est, In altitudinem uerò minorē quàm uel humilis aliquis frutex assurgens.) Tantum uerò fructum affert, ut post maturitatem littora & extra columnas & intra glande referta sint, quam æstus aquarum eiectat. Cęterùm intra columnas semper minùs ac minùs reperitur. ut autem autor est Polybius, usq; ad Latinam (μέχρι Λατίνης) ipsæ glandes emittuntur, nisi Sardinia quoque inquit, & huic uicina regio ferat. Verùm thynni ipsi quo magis columnis propinquant ab exteriore delati pelago, eò ampliùs esca deficiente macerantur. Addit in mari hoc animal semper adesse (εἶναί τε ὑπὲρ θαλάττιον τὸ ζῶον &c.) plurimùm glande gaudere, cuius cibo eximiè pinguescat: cumq; glandium fuerit ubertas, & thynnorum fieri ubertatem, Strabo libro 3. Sed & Polybius ipse libro 24. Megalopolitanus, ubi loquitur de Lusitana regione quæ est in Iberia, tradit ibidem arbores glandiferas esse in profundo maris, quarum fructibus thunni uescentes pinguescunt. quamobrem non aberraret qui eos porcos marinos appellaret. nanq; thunni ueluti porci augētur, ex Athenæo, Massarius. Thynnus nonmodò glandes, uerùm & purpuras prosequitur prope terram, ab exteriore pelago usq; in Siciliam inchoans, Strabo libro 5. θύννοι ἱστοροῦνται *Latitatio.* ἐπέκεινα Σικελίας βαλανηφαγεῖν ἐκ δρυαδίων φυομένων κατὰ θάλασσαν, Eustathius in Odysseæ Μ. ¶ Thynnorum captura est à Vergiliarum exortu ad Arcturi occasum: reliquo tempore hyberno latent in gurgitibus imis, nisi tepore aliquo euocati, aut pleniluniis. Pinguescunt, & in tantum ut dehiscant, Plinius. Thunni etiam latent præaltis gurgitibus hyeme, pinguescuntq; à latibulo maiorem in modum. capi incipiunt uergiliarum ab ortu ad arcturi occasum ultimum: reliquo tempore quiescunt latentes, Aristot. de hist. lib. 8. ὁ θύννος σμίγνυται μετὰ τὴν φωλείαν, ὥς φησι Θεόφραστος. φωλεύει δὲ καίτοι πολυκύματος ὤν, Athenæus. Videtur autem uerbum σμίγνυται corruptum esse, pro πίων γίνεται. sic enim Aristoteles historiæ animalium 8, 15. καὶ γίνονται πιότατοι μετὰ τὴν φωλείαν. Natalis de Comitibus uidetur μίσγεται legisse, uertit enim [coit:] sed sine authore. Cæterùm pro πολυκύματος placet quod idem interpres πολυαίματος legit: uertit enim [quāuis multo sanguine abun- *Somnus.* det.] ¶ Thunnos dormientes sępe thunnarii circumretiunt. dormire autem eos argumento constat, quia admodum quiescentes, leuiterq; pandentes albida oculorum capiantur. noctu potiùs quàm interdiu dormiunt, ita sopiti, ut ne iacta quidem fuscina moueantur. & magna ex parte uel ad arenam, uel ad terram, uel ad lapidem aliquem procumbentes quiescunt imis gurgitibus, uel sub saxo, aut littore abditi, Aristot. historiæ anim. 4. 10. De thynnis confidentiùs affirmatur, (quòd dormiant.) iuxta ripas enim aut petras dormiunt. Delphinus dormiens paulatim ad uadum defertur, & impingens expergiscitur, moxq; iterum ad summum tendit, rursusq; dormiens demittitur: ut pluribus in Delphino C. scripsimus ex Plutarcho: Idem autem & Thynnus (inquit) ac eâdem etiam de causa, facere fertur. Causam in Delphino dixerat perennem eius naturæ mobilitatem, ut idem uitæ motusq; ei finis sit. quasi uerò motus sit propter motum. Ego somni quidem causa & quietis, Delphinum in alto demitti ad gurgitem dixerim: respirationis autem gratia rursus ad summum efferri. qua cum thynnus non egeat, non similiter eum dormire: sed potiùs (cum Aristotele) imis gurgitibus, uel sub saxo aut litore abditum.

Migratio. Intrant è magno mari Pontum uerno tempore gregatim, nec alibi fœtificant, Aristot. Nimirum sicut Salmones uēre ex Oceano flumina subeunt, ascendūtq; subinde dulcioris ac purioris aquæ desiderio, & supremis demum locis pariunt: inde rursus in mare descendunt, siue ipsi, siue fœtus tantùm, perpetuis ferè migrationibus occupati: Sic etiam Thynni eodem tempore siue ex Oceano in mediterraneum mare uenientes, siue primùm ex inferioribus mediterranei locis ascendunt, donec in Pontum & ad summam peruenerint: ibi pariunt, ac rursus egrediuntur, &c. Thynni ex Oceano ueniunt in mediterraneum mare cum uēre ad sobolis propagationem instigantur, Oppianus. Quæ Dorion de orcynis, eadem ferè narrat Oppianus de maioribus thynnis: nempe quòd ex Oceano per fretum Gaditanū ingrediantur mare mediterraneum: quo fit ut plurimi in Iberico Tyrrhenoq; mari capiantur: postea uerò passim reliquū mare pererrēt, Vuottonus. Thynni Maio mense irrumpunt in mare nostrum ab Atlantico Oceano, cogentibus xiphiis piscibus, Iouius. Cum thynnis amiæ & pelamides in Pontum ad dulciora pabula intrant gregatim, cum suis quæq; ducibus, & primi omnium scombri, Plinius. Thynni subeunt Pontum uēre, æstatemq; ibi traducunt, Aristot. Et alibi: Septembri mense recedunt. Idem dromades

mades à cursu pisces omnes appellat, qui in Pontum aliunde excurrunt, quicq; uix uno in loco conquiescunt, (nos Streichfisch appellare possumus,) cuiusmodi sunt thunni, pelamydes, amię. Vide suprà, D. elemento, pag. 410. Thynni Pontũ subeunt dextrorsum terram cõtingentes, sed remeant contrà: lęuũ enim in latus se admouent. quod propterea facere dicuntur, quia dextro o- (Visus.)
culo clariùs uident sua natura, læuo hebetiùs, Aristot. Dextra ripa intrant Pontũ, exeunt læua. id accidere existimatur, quia dextro oculo plus cernũt, utroq; (*Saluianus pro utroq; reponit læuo*) hebete natura, Plinius & Solinus. Ex Aristotele Athenæus quoq; repetijt: itẽ Aelianus de animalib. 9.42. Thynnos (inquit) altero tantũ oculo uidere cõsentit Aeschylus, cũ inquit: Τὸ σκαιὸν ὄμμα παραβάλλων θύννου δίκην. id est, Sinistrũ oculũ thynni more applicãs, uel potiùs detorquẽs. Pontũ enim ingredientes, ad dextrũ latus, unde acriùs uident, terrã habent; egredientes uerò ad contrariũ litus se accõmodant, & terrã secundum eum oculũ quo clariùs uident, habentes nauigant. Et Plutarchus: Immò uerò ipsam priùs opticen uideamus, quã nec Aeschylũ piscibus negasse putẽ. sic enim inquit, Τὸ σκαιὸν ὄμμα, &c. ¶ De saxo miri candoris in euripo Thracij Bosphori, cuius aspectu territi repente thynni, semper aduersum Byzantij promontoriũ petunt, dictũ est suprà in Corollario de pelamyde E. Multi in Propontide æstuãt, Pontum non intrãt, Plin. Opperiunt aũt Aquilonis flatum, ut secũdo fluctu exeãt ex Põto: nec nisi intrãtes Pontũ Byzantij capiunt, Idẽ. Bruma nõ uagant: ubicunq; deprehensi, usq; ad ęquinoctiũ ibi hybernant, Idẽ. Temporũ cõmutationem Thynni sentiunt, Solstitia præclarè noscunt, nihilq; ijs ad hanc rem cœlestium rerum peritis opus est: ubi eos hyemis initium deprehenderit, ibi libenter commorantur, & ex eo loco ad uernum æquinoctium non se commouent, ut Aristoteles tradidit, Aelianus & Plutarchus. Quod ad coeũdã societatem, & mutuũ inter se amorẽ tuendũ Thynnis arithmeticæ rationes opus sunt: idcirco mathematicã disciplinã exactè tenent, ut gregatim natantes, semper figurã quadratã (cubicã) efficiãt, atq; sex lateribus cõprehensi, soliditatẽ ex semetipsis omnibus cõstituant, et quadratũ ordinẽ ex omnibus lateribus in natando seruẽt, ut si speculator eminẽtes Thũnos probè numerare sciat, statim totius gregis numerũ ineat: quòd sanè præclarè teneat, altitudinẽ latitudini, & longitudini, æquali ordine respondere debere, Gillius ex Plutarchi libro Vtra animaliũ, &c. Ad promontoriũ Bubonicum (ἐν τῷ [illegible] τῷ Βιβωνίῳ, aliâs Βυβωνικῷ) innumeræ Thynnorũ gentes uersantur. eorũ maximi similiter ut sues, soli & separatim natant: alij more luporum bini proficiscuntur: alij quemadmodum capræ, quę in latis pastionibus gregatim pascuntur. Exoriente Canicula & ingrauescente æstiuo calore, in Euxinum natare contendunt: & marinis fluctibus ab feruidè radiato Sole calescentibus, inter se uelut conserti contextiq; confertis turmis natant, & corporum coniunctione ad perfruendam umbram se inuicem opacant, Aelianus De animalibus 15.3.

Non alibi q̃ in Ponto fœtificant, Plinius. Plurimus Thynnus in Ponto, nec alibi penè fœtificant. nusquã enim citiùs adolescunt, scilicet ob aquas dulciores, Solinus. Pelamydes ac thynnę in Ponto pariũt, nec uspiam alibi, ut sentit Aristoteles: ut uerò Strabo refert, pariunt in Mæotide palude, Vuottonus. Pisciculi plurimi semel pariunt, ut fusanei qui retibus capiuntur, chromis, passer, thynnus, pelamys, &c. Aristoteles quinto historiæ citante Athenæo. Thunna circa solstitium parit folliculo quiddam simile, in quo oua exigua multaq; consistunt, Aristot. Et alibi: Aedit sua oua condita quasi utriculo. incrementũ aũt partus præcipua sumit celeritate. Τίκτει ἡ θύννις περὶ τὸν Ἑκατομβαιῶνα θυλακοειδές, ἐν ᾧ πολλὰ γίνεται μικρὰ ᾠά, Athenæus ex Aristotele. Thunna (θύννη) pelamydes parit in Ponto Euxino, circa hostium paludis, ubi crebræ harundines exeunt, ubi ea cum mari (Ponto) committitur. Oua ædita partim matres sectatæ deuorant: partim inter arundines & iuncos retenta perficiuntur. mox autem ut ex ouis hi pisces nati sunt, natalem locum relinquunt, & in Thracium sinum Melana (id est, Nigrum cognomine) abeunt, (ut scripsi suprà in Pelamyde E.) Oppianus. ¶ Thunni & gladij agitantur asilo Canis exortu. habent (Partus.) (Asilus.)
enim utrique per id tempus sub pinna, (παρὰ τὰ πτερύγια, sicut & Athenæus legit) ceu uermiculum, quem asilum uocant, effigie scorpionis, magnitudine aranei. infestat hic tanto dolore, ut non minus interdum gladius, quàm delphinus exiliat. unde fit, ut uel in nauigia sæpenumero incidat, Aristoteles. Thynnus piscis impetuosus est, eò quòd certo tempore œstrum in capite habeat, Aristotele teste, Athenæus. Plura de asilo siue œstro inuenies suprà pagina 112. elemento A. Oestrum habent circa pinnas, περὶ τὰ πτερύγια, & certo tempore etiam in capite, Eustathius in Odysseæ X. ex Athenæo. Oppianus lib. 2. Halieuticorũ, thynni & xiphiæ calamitatẽ decantãs œstrũ, πτερύγεσσιν ἐνήμμενον ἄγριον οἶστρον nominat. ¶ Vita thynnis longissima biẽnio, Plin. (Aetas [illegible])
Præ nimia pinguedine dehiscunt, nec plus quàm biennio possunt uiuere. cuius rei argumentum piscatores inde deducunt, quod cum aliquando limariæ anno superiore defecissent, thunni sequenti anno defecerint, Aristoteles. Iouius thynnos bimatu expleto non quidem deficere putat, sed alijs nominibus appellari, ut sunt orcynus et pompilus. Adeò quidẽ thynni augent, ut Plinij testimonio caudæ eorũ latitudinis duorũ cubitorũ reperiantur, ipsi talentorũ quindecim pondo. Quòd si bienniũ uitæ nõ excedũt, quomodo euadũt tanti? Quotidiana experiẽtia (inquit Saluianus) thynnos capi uidemus, quos corporis magnitudine, squamarũ crassitie, atq; carnium duritie, biennio multò prouectiores esse fateri oporteat. Quanq; autẽ deficientibus limarijs, anno

sequenti etiam thynni deficiant, non ob id eos obijsse, sed in aliam potiùs ueluti quandam speciem, uel priori nomine posthabito mutatos esse credendum est.

D Thynni quanuis carniuori, gregales sunt, Aristot. Maximi solitarij natant, alij uerò bini, alij gregatim, ut in C. ex Aeliano retuli. Nominantur & inter χυτὸς, id est fusaneos pisces, thynni ab Aristotele, quinto historiæ: ij autem sunt, qui (fusim, addit Gaza) retibus capiuntur. Et pauidi magno fugientes agmine thūni, Ouid. ¶ Multa quę prudenter aut prouidè circa migrationem suam faciunt thynni, superiùs in C. iam explicata sunt. ¶ Thynne crudelissima pisciū oua sua statim ædita deuorat, quotquot assequitur, Oppianus Halieut. 1. prope finem. uidetur autem etiam sobolem recens ab ouis prognatam uorare eam sentire. δὴ γὰρ ἐντε τίκησιν ἑὴν ὠδῖνα βαρεῖαν Αὐτὴ γειναμένη κατεδάινυται ὅσσα κίχησι, Νηλής: ἢ καὶ τέκνα φυγῆς ἔπι νηΐδ' ἐόντα Ἐσθίει. ὁ δέ μιν οἶκτ© ὑποβρύχεται οἷο τόκοιο. ¶ Thynni sæpe nauigia uelis euntia comitantes, mira quadam dulcedine per aliquot horarum spacia & passuum milia à gubernaculis non separantur, ne tridente quidem in eos sæpius iacto territi. Quidam eos qui hoc è thynnis faciant, pompilos uocant, Plinius. Sed Pompilus toto genere à Thynnis diuersus uidetur. uide suprà Elemento P. ¶ Irrumpunt Maio mense in mare nostrum ab Atlantico Oceano thynni, cogentibus xiphijs piscibus: qui telo à rostro prominente instructi, eos toto mari persequuntur, Iouius. Thynni cum gregatim præter Italiam acti elabuntur & Siciliam attingere prohibentur, in maiores incurrūt beluas, ut puta delphinos, canes, aliosq́ cetaceos, è quorū uenatione canes & galeotas pinguescere, quos xiphias, id est gladios appellant, ferunt, Strabo lib. 1. ¶ In mari circa Taprobanen permultas balęnas thunnis (*Gillius hîc non rectè uerterat, Delphinis*) esse aiunt, Aelianus De animalib. 16. 8. Vide in Balęna D. ¶ Cepphi aues thunnos maximè comitantur: quòd ab ijs pisciculorum, quos dentibus suis discerpunt, carunculæ aliquot in aquis relinquuntur, quas ipsæ ingurgitant, Oppianus in Ixeuticis.

E

Captura. In genere. Non in Ponto tantùm capiuntur thynni, sed in Sicilia quoq́ & alijs in locis, Aelianus. Verno tempore ex Oceano mediterraneum mare subeuntes capiunt primùm Iberi, deinde Celtę circa Eridani ostia, & uetusti incolæ Phocææ: tertio Tyrrheni & Siculi. inde per immensos gurgites disperguntur, & totum mare replent, Oppianus. Non nisi intrantes Pontum Byzantij capiuntur, Plinius. Et rursus: In Euripo Thracij Bosphori iuxta Chalcedonem in litore Asiæ saxum est miri candoris, à uado ad summa perlucens. huius aspectu repente territi, semper aduersum Byzantij promontorium præcipiti petunt agmine. Itaq; omnis captura Byzantij est, magna Chalcedonis penuria, D. passibus medij interfluentis Euripi. Vide etiam suprà in Corollario de Pelamyde E. ¶ Gregatim uagantur. ob id in Euripis maxima eorum est captura, Iouius. Capiuntur nonnulli ex thynnis, cæterisq́ latentibus tempore sui secessus, cum se mouent locis tepidis, aut si temporis insolitæ quietes contingant. Prodeunt enim aliquantulo de suo cubili pastū, & præcipuè plenilunio, Aristoteles. Thynnorum captura est à Vergiliarum exortu ad Arcturi occasum. reliquo tempore hyberno latent in gurgitibus imis, nisi tepore reliquo euocati, aut plenilunijs, Plinius. Dum paruos fœtus habent, difficulter: sed cum iam fœtus excreuerit, facilè capiuntur infestante œstro, Athenæus. Græca uerba sic sonant: Καὶ ἕως μὲν ἂν ἔχῃ μικρὰ τὰ κυήματα, δυσάλωτ©: ὅταν δ' ᾖ μείζω γένηται, διὰ τὸν οἶστρον ἁλίσκεται. Thynnorum piscationē Itali & Siculi

Cetia. Cetotheria. cetiam (κητίαν) appellare solent, tum loca quo reponere soliti sunt magna retia, cęterumq́ instrumentum quo captari assueuerunt, cetotheria (κητοθηρία, fœm. gen. recto singulari) ideo nominantur, quòd magnos thynnos in numerum reliquorum cetaceorum referant, Aelianus de animalib. 13. 16.

Thynnoscopi. ¶ Tametsi passim in æditiore rupe (à Strabone libro 5. θυννοσκοπεῖον uocata) stantes thynnoscopi, thynnos spectarent, ut tradit in Equitibus Aristophanes, Κατὰ τῶν πετρῶν ἄνωθεν τοὺς φόρους θυννοσκοπῶν: in Ponto tamen præcipuè ex alta summa trabe in uado defixa pisces collustrant ac obseruant hodie thynnoscopi: qui mos (*etiam*) antiquis fuit, Philostratus Iconum primo: Αἰτία δὲ ἥδε θήρας. σκοπιωρεῖται γάρ τις ἀφ' ὑψηλοῦ ξύλου, ταχὺς μὲν ἀριθμῆσαι, τὴν δὲ ὄψιν ἱκανός. Quæ fortè piscatio ab Vlpiano in l. Venditor. ff. Communia prædiorum, tignaria appellatur: quanquam in meis codicibus Thynnaria rectè scriptum sit: nec tam absurdè, quàm literati homines existimant, utraq; lectio, quā Accursius non respuit, defendi potest, Brodæus in Miscellaneis 6. 8. Quòd si tignariam piscationem legamus, interpretari fortè licebit eiusmodi, qualem mox ex Aeliano referemus, in qua tigna bina excitantur, quorum alteri speculam sustinenti perlongus retium funis alligatur. Strabo libro 7. in Africæ descriptione, Post Thapsum ciuitatem (inquit) est insula in pelago Lopadusa: εἶτα ἄκρα Ἄμμων© Βαλίθων© πρὸς θυνοσκοπίαν. interpres tria posteriora uocabula præterijt. pro ultimo apparet legendum θυννοσκοπίαν. Ἔνθ' ἤτοι πρῶτον μὲν ἐπόρθιον ὑψικόλωνον Ἴδρις ἐπεμβαίνει θυννοσκόπ©, ὅστε κιόντας Παντοίας ἀγέλας τεκμαίρεται, ἅς τε, καὶ ὅσσαι, Oppianus sub finem tertij Halieut. Θυννοθήρας Græcè uenatorem seu piscatorem thynnorum significat: usurpatur à Sophrone. ¶ De Thynnorum piscatione quædam leges etiam suprà in Corollario de Pelamyde E.

Captura per fuscinam. ¶ Thynnos magnos fuscinis (τριόδουσι) feriebant, quod θυννάζειν appellant, Suidas. Thynni dormiunt, præsertim noctu, ita sopiti, ut ne iacta quidem fuscina moueantur, Aristot.

Hamis. Esca. Celtas audio, & Massilienses, atq; omnem Africā maximis & firmissimis hamis ex ferro confectis Thynnos comprehendere solere, Aelianus de animalib. 13. 6. Thynnus capitur esca coracino, Oppianus Halieut. 3. Esca ad thynnos tantùm: Quinq; nuces regias comburens, in cineremq;

neremq́ conuertens, cum sampsycho & purissimo pane, perfuso aqua, cumq́ caprillo caseo contundito, quibus utitor postea instar pastæ confectis, Tarentinus. ¶ χυτοὺς, id est Fusaneos pisces uocat Aristoteles, qui retibus capiantur, (Gaza addit, fusim) quibus & thynnos adnumerat. Thynnos dormientes sæpe thunnarij circumretiunt. Qui Heracleam, Tion, Amastriã, Ponticas urbes incolunt, planè sciunt quo anni tempore eiusmodi pisces eò accedãt: Quare permulta contra eos instrumenta comparant, naues, retia, speculam in excelsum excitatam, quam in littoris eminenti loco, & circunspectum facilem habenti, defigunt: cuius conficiendi rationem molestum mihi non erit explicare: Tigna (πρέμνα) bina procerissima abiegna excitant, intercepta & iuncta inter se, trabibus (δοκίσι) latis & crebris immissis, & facilem ascensum speculatori præstantibus. Singulæ naues utrinq; sex iuuenes expeditè remigantes habent. Retia bene longa sunt, non admodum leuia, & quæ magis deprimantur plumbo, q̃ leuent̃ suberibus. Copiosi aũt istorũ pisciũ greges in ea feruntur. Itaq; uerno Sole illucente, uentis placidè & tranquillè flantibus, cœlo læto & quasi ridente, conquiescente à tempestatibus mari, frequentes Thynnorum piscium greges appropinquant. quod quidem ipsum simul ex specula prudenter & acutè speculator prospexit, piscatoribus unde ueniant, denunciat. Hi ad uocis significationem retia tendunt. Iam si intra retia ingrediantur, sicut dux exercitus, uel choro præfectus, hoc ipsum signo dato edocet. Itaq; sæpe totum gregem capit, & non aberrat à scopo, nec desiderio frustratur. Cum uerò Thynnorũ cohortes in altũ sese incitauerint, is qui ex specula acerrima oculorũ acie horũ actiones obseruat, cõtenta uoce exclamat, rectà ad altũ remigationẽ contendendã, illucq́ insequẽdos esse: hi porrò alligato ad alterũ tignũ, quod speculã sustinet, perlõgo retium fune, naues ordine remis propellunt, ita ut inuicem non separentur. nam & rete in singulas distributum est naues. Et prima nauis, ubi suam retis partem eiecit, discedit. hoc idem facit deinceps secunda, & tertia, & quarta. Qui quintam remis impellunt, interim separant, ut mox eiecturi uideantur. Reliqui uerò nunquam laxare debent. Deinde alij aliò remigant, & pro se quisque retis partem trahit, postea quiescunt. Thynni uerò circũuallati per ignauiã & timiditatẽ non se loco mouẽt. itaq; cõferti cõprehenduntur: & remiges tanquam ciuitate aliqua in potestatẽ redacta, totum piscium (ut poëta diceret) populum capiunt. Norunt hæc & testantur tum Eretrienses tum Naxij, (*Eretria urbs est Eubœæ, Naxus una Cycladum in Aegæo*) hac piscatione insignes, ut Herodotus & alij referunt, Aelianus De animalibus 15. 5. Scombri dum aliquos gentiles suos retibus inclusos uident, sponte ad eos ingrediuntur. rursus uerò egressuri, alij quidem per maculas ampliores (*quibus nimirum etiam ingressi erant*) euadunt: alij uerò angustioribus detenti infarctiq́ capiuntur. Simili temeritate & thynni capiuntur: non tamen perueniunt intra retia qui foris sunt, sed dum ingredi cupiunt, & maculas dentibus impetunt, ijsdem hærentes & intricati capiuntur, Oppianus. Simplicissimi sunt piscium: propterea uel inanibus terriculamentis acti, facilè uadis atque litoribus intruduntur. eo modo Gaditanus populus infinitam eorum multitudinem magno quæstu solenníque spectaculo retibus extrahit, Iouius. Thunni piscium simplicissimi timidissimiq́, non aliter in fugam à xiphijs piscibus gregatim aguntur, quàm ouium greges à lupis. quam ob causam uel inanibus terriculamentis acti, facilè uadis atque litoribus intruduntur. Porrò summa spectantium uoluptate Maio & Iunio mensibus thunni à Gaditanis non longè ab Herculeo freto capiuntur. ad quam piscationem uniuersus concurrit populus, maximo clamore, tympanorum sonitu, ac bellicis puluere & igne concrepitantibus terriculamentis. Sic uocibus & strepitu territi concitantur ad uada, quo in loco postea gregatim retibus capiuntur, maximóque omnium plausu trahuntur in litus, Matthiolus. In Indico mari tanta thynnorum multitudo est, ut Magni Alexandri classis haud alio modo, quàm hostium acie obuia, contrarium agmen aduersa fronte direxerit, aliter sparsis non erat euadere: qui non uoce, non sonitu, non ictu, sed fragore terrentur, nec nisi ruina turbantur, Plinius. sed Græci authores cete ac physeteres, non thynnos, Alexandri Magni classem terruisse tradunt: ut indicauimus supra in Physetère, & in Corollario de Cetis in genere E. Nuper ab Italo quodam accepi, thunnos ualde timidos esse, natare iuxta litora: piscatores uerò funes quosdam demittere: quos cum illi metuant, nec audeant se à litoribus ad altum conuertere, sic tandem capiuntur.

Retibus.

Thunno esca gaudet callichthys, Oppianus Halieut. 3. Thynni hepar aliqui miscent escæ ad mugiles capiendos.

F

Etsi suauissimis piscibus conferendus non sit thynnus, sapidus tamen & non negligendus ubiq; ferè censetur, Saluianus. ¶ Circa Samum uidebis thynnum ingentem consultò capi, quem uocant horcynum, alij κῆτος: qui uel deorum conuiuijs dignus est. Nascitur autẽ nobilis thynnus circa Byzantiũ, Carystum & Siciliam: et eo etiamnũ præstantior Cephalen * & Tyndaridẽ oram, (Τυνδαρίδα ἀκτὰς:) sed longè præstantissimi circa Hipponiũ Italiæ. inde migrãtes in alia maria capiuntur immaturi, Archestratus. Quòd si horcynus siue magnus thynnus, minori præfertur: rectè scripserit Plinius uetustate fieri meliorem: neq; opus fuerit ut Rõdeletius pro melior legat maior uel peior. horum enim utrunq; plerisq; animalibus imò uiuẽtibus cõmune est, ut uetustate tum maiora, tum ad alimentum deteriora euadãt, idem si accideret thynno, nihil rari esset, neq;

Cibus in genere: & qualis quod ad suauitatem.

Melior uetustate. Plinij locus.

priuatim in eius mentione annotandum. at uetustate meliorem fieri, rarum & notatione dignum est. Scio (ex Diphilo puto) legi apud Atheneum, orcynum esse piscem βορβορώδη, καὶ μείζω πεοσοικέναι τῇ χελιδονίᾳ κατὰ τὴν σκληρότητα. sed hoc ille de orcyno simpliciter dicit: nec obstat aliquid talis cũ sit, meliorem ac pinguiorem ætatis progressu fieri, ut iam maximus nimirum, cum & cêtus dicitur, melior sit. Xenocrates quoque apud Oribasium, Orcynum (similiter ut Plinius) tritoni similē faciens: sed quia difficiliùs (inquit) uitiatur, ideo insignem uetustatem fert. Sed hîc de salsamentis ex orcyno sentire uidetur. Diphilus etiam apud Athenæum libro 3. de salsamentis ex thynno agens, scribit: Τὰ δὲ παλαιὰ, κρείσσονα, καὶ δριμύτερα, καὶ μάλιστα τὰ Βυζάντια. ¶ Phœnices aiunt qui Gades incolant, cum extra Herculis columnas per quatuor dies Subsolano uento nauigassent, in loca quædam solitaria alga & fuco repleta peruenisse: quæ modò maris æstu procedente, aquis obruantur: modò recedente, destituantur. in ijs reperiri miram thynnorum copiam, magnitudine & crassitie incredibili. Hos salsos in uasis Carthaginem mittunt. Carthaginenses uerò sibi retinent & consumunt, ceu lautissimos in cibo: nec aliò diuendunt, Aristoteles in Admirandis narrationibus. Thynni Megarici ab Antiphane celebrantur. Placebat olim eximiè thynnus Tyrius, Pollux. ¶ Thynni magna ex parte suauissimi sunt cum latent, Plinius. Thunnus post arcturum melior est: iam enim eo tempore ab infestantis asili agitatione requiescit, quæ facit, ut sic in æstate deterior, Aristot. γίνεται δὲ ἐδώδιμος, ὅταν τοῦ οἴστρου παύσηται, Ex eodem Athenæus.

Partes simpliciter. Alexis caput thynni, ceu magnas lautitias prædicat apud Athenæum. Alij abdomina. Ὑπογάστριά θ᾽ ἥδιστα θύννων, Strattis. Ταῦθ᾽ οἱ πένητες οὐκ ἔχοντες ἀγοράσαι Ὑπογάστριον θυννακος, οὐδὲ κρανίον Λάβρακος, Eriphus Comicus. Lynceus Samius, cum quidam thynnorum abdomina laudaret: Omnino, inquit: uerùm ita edere oportet, ut ego soleo. Et cum is de modo interrogaret: Libēter, respondit. Τῶν παχέων θύννων αἱ ἠτριαῖαι (σάρκες nimirum) à ueteribus commendabantur, Athenæus lib. 2. Θύννου λαγόνες commendantur ab Antiphane. De hypogastrio thynni plura leges infrà mox inter Salsamenta è thynno. Thynni recenti pulpa iuxta uentrem, ipsoque pingui sumine, sicuti palato grati: ita stomachis languidioribus, quibus nauseam pariunt, ualde inimici: circa uerò dorsum & caudam contraria ratione, quemadmodum ab nimia ariditate parum delectant, ita superfluo nudati humore, minùs officiunt. De clidio lege infrà in partibus thynni salsis.

Salubritas. ¶ Ex piscibus qui cetacei generis habentur, ut thynni, crasso tenacique succo sunt: (senibus inutiles:) pelamides uerò magis ad mediocritatem accedunt, Galenus in libro De succorum bonitate. Idem libro 3. de alim. fac. cap. 31. Ex genere piscium (inquit) dura carne præditorum sunt etiã balænæ, & delphini, & phocæ. ad quos proximè magni thunni accedunt, quanquam non æquè ac prædicti in cibo sunt iucundi. insuaues enim sunt hi, & præsertim recentes. nam salsi euadunt meliores. Thunnorum autem caro, qui & ætate & corporis mole sunt minores, non perinde dura est: eoque hi faciliùs quoque concoquuntur: & ijs adhuc magis pelamydes, quæ laudatissimis salsamentis non cedunt. Hæc Galenus Gregorio Martino interprete. Græca sic habent. Ἐκ τούτου δὲ τοῦ γένους (τῶν σκληροσάρκων) εἰσὶ καὶ φάλαιναι, καὶ δελφῖνες, καὶ φῶκαι. πλησίον δ᾽ αὐτῶν ἥκουσι καὶ οἱ μεγάλοι θύννοι, καίτοι τῇ γε ἡδονῇ τῆς ἐδωδῆς οὐχ ὅμοιοι τοῖς προειρημένοις ὄντες. ἀηδεῖς γὰρ ἐκεῖνοι, καὶ μάλιστα πρόσφατοι. ταριχευθέντες δ᾽ ἀμείνους γίνονται τῶν ἐλαττόνων θύννων, κατά τε τὴν ἡλικίαν καὶ τὸ μέγεθος: οὐθ᾽ ἡ σὰρξ ὁμοίως σκληρὰ, καὶ πεφθῆναι δηλονότι βελτίους εἰσί: καὶ τούτων ἔτι μᾶλλον αἱ πηλαμίδες, αἱ ταριχευθεῖσαι τοῖς ἀρίστοις ταρίχοις ἐνάμιλλοι γίγνονται. Gregorius Martinus post hæc uerba, ταριχευθέντες δ᾽ ἀμείνους γίνονται, punctum notat. Et mox legit, τῶν ἐλαττόνων ἢ θύννων, &c. cui lectioni facilè suffragor. Quòd autem dicit Galenus thynnos minùs esse suaues prædictis: non balænis, delphinis & phocis tantùm eos comparat, proximè nominatis uerè cetis, sed alijs potiùs antè nominatis duræ carnis piscibus, ut mullis, orphis, glaucis, phagris, scorpijs, &c. ¶ Thynnus & thynnis, colias, orcynus, pelamis, scõbrusque, non apti stomacho sunt: mali succi sunt, flatum gignunt, scabri, difficiles ad excernendum, nutriunt: quorum ualentissimè nutrit pelamis: colias uerò & ori ingratus est, & nullius succi. at thynnis ei subijcitur: thynnus uerò difficulter concoquitur, Xenocrates apud Oribasium interprete Rasario. Thynnæ (*sic enim habet codex noster fœm. genere*) crassi succi sunt, & difficulter concoquũtur, malumque succum gignunt, Symeon Sethi. Thynni crudos humores generant, Psellus. Thynnis ac thynnus graues sunt, ac multum alunt, Diphilus. Gregaria genera piscium non squamatorum, (ut thynni, scombri, thynnides, &c.) suauia quidem in cibo sunt, utpote pinguia: sed grauia & difficilia concoctu: ideoque maximè saliri possunt, & inter salsamenta optima sunt, Mnesitheus. Nicolaus Myrepsus podagricis in cibo thynnos, pelamydes, & pisces omnes squama carentes prohibet.

De thynno salso, & partibus. De thynno salso proximè etiam retro quædam dicta sunt: hîc seorsim & singillatim prolixiùs persequemur. Quæ suprà in Capite De salsamentis, elemento S. de cetaceis piscibus salsis in genere diximus, ea ad thynnos quoque salsos accommodari possunt. A thynno fiunt adiectiua nomina θύννειος, & θυννᾶιος. hinc apud Athenæum lib. 3. legimus θύννεια ταρίχη, Massarius uertit thunnina salsamenta, uel thunnia. Diocles è pinguibus salsamentis thynnia facit præcipua. Hicesius apud Athenæum tradit τὰ νεώτερα τῶν θυννείων τὴν ἀναλογίαν ἔχειν τοῖς κυβίοις, μεγάλην τι τὴν διαφορὰν πρὸς πάντα (πρὸς τὰ) ὡραῖα λεγόμενα. ὁμοίως δὲ λέγει καὶ τῶν Βυζαντίων ὡραίων πρὸς τὰ ἀφ᾽ ἑτέρων τόπων λαμβανόμενα, καὶ οὐ μόνον τῶν θυννείων, ἀλλὰ καὶ τῶν ἄλλων τῶν ἁλισκομένων ἐν Βυζαντίῳ. Diphilo etiam apud eundē è pinè pinguibus salsamentis excellunt thynnæa (τὰ θύννεια) & cordyla. fit autem thynnium (τὸ θύννιον, inquit) è maiori pelamide: ὧν τὸ μικρὸν ἀναλογεῖ τῷ κυβίῳ: ex quo genere & horæum est. Proximè tamen dixerat horæa & cybia è non pinguibus præstantissima esse. Thynnades, θυννάδες, è thynno confecta salsamenta à quibusdam dicuntur. Vide infrà in H. a. θύννου τέμαχος nominatur ab Eubulo, id est, concisum è thynno frustum, inter alios delicatiores cibos. sed τέμαχος etiam de frusto recenti accipi potest. Si piscis perfectè salsus pingue instar lardi habuerit, ut tunina, (*thunnus*,) uel balæna, poterit in quadragesima parum aliquando sumi cum spinachijs in principio (*mensæ*,) cum opus fuerit uentrem soluere, Arnoldus de conseruanda sanitate. Hispaniæ cetarias scombris replent, thynnis non commeantibus, Plinius. Thunni senes ad rem salsamentariam improbi sunt: multum enim carnis absumitur, Aristoteles. ¶ Τὸ (malim τὸν) ὠμοτάριχον κήτημά τινές λέγουσιν, &c. id est, Omotarichum aliqui cetema uocant, id graue est, & uiscosum, & concoctu difficile, Diphilus. Plura inuenies de omotaricho suprà in Salsamentis, pag. 984. Omotarichos est quam aliqui tuninam uocant. est uerò tunina salsus thynni piscis uenter: & morona uulgò uocata, existimatur eiusdem piscis dorsum, quod & schinale etiam dicitur, pars illa nempe in qua spina continetur, Brasauolus. Moronem alioqui Itali Husonem nostrum uocant: & schinale etiam Sturionis dorsum. In uniuersum saliti thynni, sicuti uim alleuandi intermortui gustus mirificam habent: ita multa bile aggenerata sanguinē incendere, iecinoraq; adurere consueuerunt, Iouius. Ferunt carnes thynni salitas, hæmorrhoides inducere, Cardanus. Fit thynnorum collum omotarichus, ut Xenocrates tradidit: quod & ori gratum est, nec facilè corrumpitur, Vuottonus. An igitur omotarichus fortè dictus fuerit παρὰ τοὺς ὤμους, id est ab humeris: quanquam enim neque collum pisces habeant, (quod arteriæ causa factum est in respirantibus tantùm,) neque humeros: analogia tamen quadam hæ partes in eis dicuntur. sicut & κλεῖδες, id est iuguli, quos fortè pro eadem parte, scapulis humeris'ue, in piscibus acceperis. Clides & clidia, hoc est partes quæ diuidunt pectus à ceruice, uocantur, Massarius. Et alibi, Clidium in thynno, hoc est iugulus, siue pars quæ pectus à ceruice discriminat, appellatur. Clidia, ni fallor, uocantur partes, quæ faucibus proximæ sunt, Vuottonus. Κλεὶς primitiuum est, κλειδίον diminutiuum. Ἐπῄνουν δὲ τῶν θύννων καὶ τὰς κλεῖδας καλουμένας, ὀπτάς: hunc cibum Aristophôn laudat, σεμνὸν cognominans, Authoris nomen excidit. Thynni membratim cæsi (τεμαχιζόμενοι Græcè diceres) ceruice & abdomine commendantur, atque clidio (*aliâs edulio, non rectè*) recenti duntaxat, & tum quoque graui ructu: cætera parte plenis pulpamentis sale asseruantur, Plinius. Gadibus Orcynorum clidia per se inueterantur, Dorion. ¶ De Cybijs multa diximus suprà, elemento C. pagina 367. Vide etiam superiùs Rondeletij Caput, quod inscribitur, De Thunni, Pelamydis, &c. nominibus. Cybeas, ut Aeneas, de ipso pisce dici uidetur: cybium uerò de parte & salsamento: ut suprà docui Corollario 1. De Thunnis. Ταρίχη σκόμβρων, κεστρίνων, κυβέων, (ut rectus sit κυβεύς,) θυννίδων, Pollux memorat. Cybiorum genera, uti conijcio, appellauit Plinius, quæ à Græcis κλειδία, μελανδρύαι & ὑπογάστρια uocantur: ut ijsdem nominibus appellentur pelamidis concisæ partes, quibus & maiorum thynnorum quos orcynos uocant, Vuottonus. Diuisis cybium latebit ouis, Martialis. Et caudam cybij, breuesq; mænas, Idem. Hicesius tradit τὰ νεώτερα τῶν θυννίων ἀναλογίαν ἔχειν τοῖς κυβίοις, &c. Τὸ δὲ θυννίον φησὶ γίνεται ἐκ τῆς μείζονος πηλαμίδος, ὧν τὸ μικρὸν ἀναλογεῖ τῷ κυβίῳ, Athenæus ex Diphilo. Τὸ κύβιον τριωβόλου, Alexis. ¶ Gaditana salsamenta in Orcyno quæres.

Omotarichus. Tunina. Collum. Κλεῖδες. Clidium. Cybia. Gaditana.

Horæa salsamenta dicta sunt quasi οὐραῖα, à cauda, ut scripsi in capite de Salsamentis A. (elemento S. pagina 984. & rursus in H. a. pag. 987.) quòd à maturitate forsan sic denominata sint, utpote nec recentiora, neque uetustiora quàm par sit. nam & Strabo libro 7. cum pelamydem non copiosè capi dixisset propter paruitatem, subdit: Εἰς δὲ Σινώπην πλεῖον, ὡραιοτέρα πρός τε τὴν θήραν ἐκ τὴν ταρίχειαν ἐστίν: & Archestratus cum γενναῖον, id est nobilem thynnum circa Byzantium, (*Hicesius horæa circa Byzantium optima facit*) Carystum & Siciliam capi dixisset: sed longè præstantissimi (inquit) sunt circa Hipponium Italiæ, inde migrantes in alia maria capiuntur à nobis (*Græcis*) immaturi. sic enim legendum est Græcum carmen, ὅττ' αὐτοὺς ἡμεῖς θηρεύομεν ὄντας ἀώρους, ut sententia ipsa & carminis ratio requirunt, & Natalis de Comitibus rectè conuertit. Vrenæ apud Varronem quæ sint dubitatur, quas cum Soleis & Mustellis nominat: sed legendum uidetur uræa, ut annotauimus in Cybijs elemento C. Triton pelamydum generis magni: ex eo uræa cybia fiunt, Plinius. codices quidam pro uræa, non rectè habebant serena. Hermolaus uræa uel horæa legendum conijcit. Vræum, inquit, est salsamentum, caudæ proximum. Horæum uerò, cuius mentionem & Plautus quoque (in Captiuis) habet, Athenæus idem quid sit ostendit his uerbis: Salsamentum aut horæum est, aut thunnium. in horæo macra pinguibus, in thunnio macris pinguia præferimus. Sed hæc ab Hermolao ambiguè mihi translata uidentur: Græcè enim legitur, Τῶν ταρίχων τῶν ἀπιμέλων (uel ἀπιόνων) κράτιστα ἐστὶ τὰ ὡραῖα, καὶ κύβια, καὶ τὰ τούτοις ὅμοια γένη: τῶν δὲ πιόνων τὰ θυννεῖα (aliâs θύννια) καὶ κορδύλη: ut horæa omnia & semper macra sint, sed in eo genere optima: thynnia uerò semper pinguia, & pinguium quidem præstantissima. Dicitur autem non modò τέμαχος ἢ τάριχος ὡραῖον, sed etiam piscis ipse θύννος ὡραῖος, in carmine Archestrati, (*Hesiodi legitur in Athenæo: sed Archestratum alibi Hesiodum opsophagorum uocat*) θύννων δ'

Horæa. Vræa.

FF

ὡραίων Βυζάντιον ἔπλετο μητήρ: siue per synecdochen partem, siue piscem totum maturè ac tempestiuè captum intelligamus. Μυνδήσιός θ' ὡραῖος ἀκρόπαστος, ἐν Ξανθαῖσιν ὀπτὸς κέφαλος ἀκτῖσιν πυρός, Sopater Paphius: unde non de thynno solùm, sed alijs etiam piscibus τὸ ὡραῖον dici commendarícꝫ apparet. Thynnium fit è maiori pelamide: id quidem paruum respondet (ἀναλογεῖ) cybio, ex quo genere & horæum est, Diphilus. Horæa aiunt ex pelamide minore fieri, thunnia ex maioribus quas aliqui synodontidas appellant, Massarius. Archestratus οὐραῖον θύννης ἢ θυννίδος (pelamydis nimirum) celebrat. Καὶ θύννης οὐραῖον ἔχειν, ἣν θυννίδα φωνῶ, τὴν μεγάλην, (post φωνῶ non est distinguendum, si legas τὴν μεγάλην in accusandi casu: nam potest & τῆς μεγάλης in genitiuo legi, referendum ad θύννης, & sic post φωνῶ rectè distinguetur:) ἧς μητρόπολις Βυζάντιόν ἐστιν. Εἶτα τεμὼν αὐτὴν ὀρθῶς ὄπτησον ἅπασαν, Ἁλσὶ μόνον λεπτοῖσι πάσας, καὶ ἐλαίῳ ἀλείψας, Θερμά τ' ἔχειν τεμάχη βάπτων δριμείαν ἐν ἅλμῃ. Κἂν ξηρὰν (τὴν θυννίδα ξηρὰν καὶ ἄνευ ἅλμης) ἐθέλεις ἔσθειν, γίγνεται (τὰ τεμάχη) τέλεια, Ἀθανάτοισι θεοῖσι φυὴν καὶ εἶδος ὅμοια. Ἂν δ' ὄξει ῥάνας παραθῇς, ἀπόλωλεν ἐκείνη (ἡ θυννίς, ἢ ἡ φυή.) In his uersibus (quos infrà ubi de apparatu dicetur, Latinos leges) quædam ex Eustathio emendauimus: quanquam is legit γίγνεται, (quod carminis ratio non admittit,) & ὁμοίας. Vræon est salsamentum caudæ proximum, ex Athenæo, Massarius. Ex melandryis (*ea fiunt è thunnis maximis*)

(Melandrya.) uilissima quæ caudæ proxima, quia pingui carent: probatissima quæ faucibus. at in alio pisce (*tritone uel pelamyde magna*) circa caudam exercitissima: Plinius, ut nostra æditio habet. nam pro exercitissima, aliàs legitur exercitatissima. Massarius præstantissima legendum conijcit, ut uilissimis opponantur. ¶ Tunina uulgò dicta salsus thynni piscis uenter est, Brasauolus. Veteres quidẽ

Hypogastria. cum hypogastrion (id est, abdomen, ut Plinius interpretatur,) thynni nominant, de recenti sentire uidẽtur. Lege superiùs in hoc segmẽto inter partes thynni simpliciter: & hîc paulò pòst in Melandryis. Thynni ilia Archestratus laudat, Massarius. Ὑπογάστριον δὲ θύννου τι καὶ ἀκροκώλιον, Strattis apud Athenæũ lib. 9. Μετὰ ταῦτα θύννου μεγαλόπλατ' ἄττα σε πλεῖ Ὑπογάστρι' ὀπτῶν, Eubulus. Θύννων δὲ λευκῶν Σικελικῶν ὑπογάστρια, Theopompus. albos autem fortè pro pinguibus dixit: uel synecdochicè: cæteræ enim præter collũ & abdomen thynni partes melandrya dicunt̃, & nigris quercuũ radicibus comparantur. ¶ Melandrya uocantur cæsis quernis assulis simillima, &c. Plinius. Vide

Melandrya. paulò antè, ad finẽ eorũ quæ de horæis diximus. Melandrys uocat̃ ipse piscis, species maximorũ thynnorũ, idẽ fortè Melanthyno: de quo leges in Elemẽto M. Melandryũ uerò ex eodẽ salsamentum. Elacaten idẽ est qui Melandrys. Vide suprà, elemento E. pag. 427. Xenocrates cæteras thynni partes, præter collũ & abdomen, melandrya uocauit, ꝙ nigris quercuũ radicibus similes sint, Vuottonus. Hæc etiã ex orcyno fieri solebãt. Meminit & Varro. Μελανδρύαι (*alibi penultima per iota scribitur, nimirũ à masculino recto singulari μελανδρύας. ego melandryũ gen. neutro efferre malim pro salsamento: melandryã uerò aut melandryn, pro ipso pisce*) inter salsamẽta sunt: unde τέμαχος ὑπομελανδρυῶδες Epicharmus dixit, Athenæus. apud Hesychiũ & Varinũ nõ rectè ὑπομαλανδριῶδες scribit̃ per alpha in tertia syllaba. Thunnorũ, quos Gaditani capiũt, recẽtibus pulpis saturant̃ circumfusę gentes. reliqua illorũ multitudo cetarijs infert̃, saliturcꝫ. asseruati uerò membratim cadis celebri mercimonio per omnẽ ferè Europã diffundunt̃. Verũ solo abdomine ualẽt: quæ pars à Romanis Ta-

(Abdomen.) rentellũ dicitur, ꝙ etiã Tarentino in sinu, ubi optima pisciũ omniũ captura est, thynni sale asseruent̃. reliquæ corporis partes, utpote quæ pingui succo admodũ careãt, in ignobilis populi usum ueniunt, quæ Melandrya à Plinio nuncupant̃, Iouius. ¶ Athenæus horæi (è thynnis) salsamenti

Spondylus. spondylum cõmendari scribit: ubi spondyli nomine dorsum, seu dorsi callũ intelligo. ex quo preciosum salsamentũ, quod spondylum etiam appellat, fieri tradit. Vide suprà in Spondylo A. ele-

Vræa. mento S. ¶ Vræa abunde iam exposita sunt in Horæis paulò antè.

Garũ et Muria. Muria ex piscium liquamine fiebat, præsertim thynnorum, ut grammatici scribunt. Antipolitani (fateor) sum filia thynni, Essem si scombri, nil nisi uota darem, Martialis in Xenijs. Plura de garo è uisceribus thynni, & garo hæmatio ex thynno, requires suprà in Garo, elemento G.

Apparatus. De apparatu ad cibum thynni, & diuersarum eius partium, tum recentis, tum salsi, sparsim in præcedentibus quædã retulimus: huc reliqua congeremus. Piscium non squamosorum genera gregaria, ut thynni, scombri, thynnides, præstant si assentur: quòd sic eorũ pingue liquatur, Mnesitheus. Thynnus non malus est cibus, ἀλλὰ πᾶσιν ἰχθύεσιν ἐμπρεπὴς ἐν μυττωτῷ, Athenæus alicubi lib. 7. Falconius Etruscus plebeius ganeo, sed eruditioris gulæ, quum in Hispania cetarijs præesset, nouum ac sapidissimum obsonij genus è thynnorum uentre commentus est, circunciso abdomine umbilicos enucleando, & sale acetocꝫ & fœniculo inclusos cadulis cõdiendo: ita ut mox id cibarij genus plericꝫ appeterent, ac propter iucunditatem mirarentur, quem (umbilicum) modò ut inutilem ex officinis euerrere consueuissent. Recentes pulpæ rectissimè coquuntur in uino Corsicano & oleo, pipere etiam cum cepis minutatim cæsis superaddito: quod genus condimenti Azeminum Ligures uocant, Iouius. Thynni sale reseruati pulmentorum uicem ieiunijs subeunt. Salitum eorum abdomen, & solidum, nec molle, (quod Tarentellum uulgò appellant, aqua & aceto, interiectis furfuribus, quò meliùs salsedinem relinquat, bene lotum & repurgatum in aqua non multùm coques: exemptum, & aceto bene maceratum, ubi uoles, edito. Sunt qui aromata dulcia inspergant. Ex eodem thynno fit salsamentum, quod

quod thynninam appellant. In aqua tepida horas sex hæc innatet oportet, si purgatam uoles. Elixam parum admodum ex aceto comedes. Hæc, ut omnia alia salsamenta, pessimi sunt alimenti. Recentem thynnum, pipere, cinnamo, coriādro tritis, cepa cocta & concisa, aceto, melle ac oleo condies, Platina. Recentium frusta (inquit Saluianus) contrito coriandro & sale priùs conspersa, & uerubus assata, continuaq́ dum assantur aceti & olei inspersione fœniculi umbella irrorata, sapidissima efficiuntur. Huic nostræ recentium thynnorum conditurae (qua locis plerisq; utunť) haud absimilem conscripsit apud Athenæum Archestratus, (*quos suprà in mentione de Horæis Græcos dedimus: hîc Latinos Natali de Comitibus interprete adscribemus:*

Postremam thunnæ partem, quam thunnida dico, Ingentem, cuius Byzanti est fertilis ora,
Concidens, rectè hanc assato prouidus omnem, Et sale conspergas tenui, hinc ungatur oliuo:
Tingito adhuc (*Tinge deinde*) acri calida in salsugine frusta, Nam (*Quòd*) si sicca uelis edere hæc generosa uidebis. Huic similis superis species naturaq́ thunnæ (*est*:)
Quæ mox deperijt, si conspergatur aceto.

Eorum uerò salitæ partes, siue pingues, (quos Itali Tarantello appellant,) siue pinguedinis expertes, (quas uulgò Tonina uocant,) fuerint, octo aut decē horis in aqua priùs maceratæ, (quò salsedinem deponant) in aqua elixantur: sicq́ elixæ & in parua frustula dissecatæ, aceto & oleo cōdiuntur, Hæc Saluianus. ¶ Apicius lib. 9. cap. 10. pelamidis & thynni salsi apparatū describit: & rursus libri 10. cap. 10. ius in thynnum.

Psilothrum est thynni sanguis, & fel, & iecur, siue recentia, siue seruata, Plinius. Ad pilos G palpebrarum pungentes, aliqui cicutæ semen tritum, ac thynnę sanguine exceptum, præuulsis pi- *Sanguis.* lis illeuerunt, Galenus de compos. sec. locos 4.7. inter Asclepiadæ oculares compositiones liquidas. Emendant palpebras psilothrum (*nimirum è sanguine thynni*) inutilibus pilis exemptis in uestigia euulsorum instillatum, Obscurus tanquam ex Plinio. Cardanus causam addit, quòd frigidus & crassus hic sanguis sit: & alibi quoq; illitum, idem præstiturum, ut in pube. Si quis qui nondum excesserit extremam pueritiam, thunni sanguine illinatur, non pubescet, Aelianus. Thynni sanguinem genis illitum, barbæ ac pilorum exortum prohibere aiunt, Symeon Sethi. ¶ Attalus thynni recētioris adipe ad ulcera usus est, Plinius: aliqui sic citant: Thynni adipe recen- *Adeps.* ti ad oris ulcera usus est Attalus. Scabies equorū linitur unguine ceti, uel quod in lancibus salitus thynnus remittit, Columella. ¶ Psilothrum est thynni sanguis, & fel, & iecur, siue recentia, si- *Iecur & fel.* ue seruata. Iecur etiam tritum, mixtaq́ cedria, plumbea pyxide asseruatum, ita pueros mangonizauit Salpe obstetrix, Plinius. Hepar thynni putrefactum aliqui medicamentis pilos disperdentibus addunt, Galenus de compos. med. sec. locos. Thynnæ fel & hepar tritū & mixtū præuulsis pilis palpebrarum inunctum, non sinit eos renasci, Kiranides. ¶ Ex omotaricho, id est sali- *Caro salsa.* ti thynni carne remedia à Dioscoride tradita, dedimus suprà in Salsamentis in genere G. pagina 986. Vt suggillata in oculis discutiantur, salsam thynni carnem, omotarichon Græci uocant, exprimito: deinde in uino odoro tritam imponito, Archigenes apud Galenum de compos. sec. locos 5.1. Ferunt carnes thynni salitas, hæmorrhoides inducere, Cardanus. Nephon medicus ueterinarius in Hippiatricis Græcis capite secundo, pro iumento arthritico præscribit potionem (ori) infundendam, in qua thynni carnem salsam cum alijs quibusdam decoquit.

Capitis mænarum cinis ad rhagades & ad condylomata utilis est, sicut pelamidum salsarum capitum cinis, uel cybiorum cum melle, Plinius. Cacoēthe & nomæ & putrescentia cybio ue- *Cybia.* tere sanantur, Idem. Et alibi: Purgant & cybia uetera, priuatimq́ cruditates, pituitas, bilemq́ trahunt. Plura è cybijs remedia indicauimus suprà elemento C. pagina 367. Ex pelamyde etiam priuatim, reperies suprà in Corollario 3. quod est de Pelamyde. Sarda priuatim contra prestēris morsum prodest, Vuottonus.

θύννου alicubi in nostra Aristotelis librorum æditione scribitur, perperam pro θύννοι. Apud *H.a.* Galenum alicubi & Herodotum θῦνοι pro θύννοι leguntur. Eustathius quidem & Athenæus admonent, à uerbo θύω, quod est ὁρμῶ, fieri uerbum θύνω, abundante nî litera, (Ionica uel Dorica epenthesi,) & rursus ab hoc duplicata eadem litera (quod Aeoles facere solent) nomen θύννος. impetu enim & furore quodam fertur & agitur hic piscis, œstro infestante (ut dictum est in C.) sub Canis ortum. Ad hanc etymologiam alludit Oppianus: θύννοι μὲν θύνοντες ἐν ἰχθύσιν, ἔξοχοι ὁρμὴν, κραιπνότατοι. Idem alibi: πάντοσε δὲ πνοιῇσιν ἐναντία καὶ ῥοθίοισι πλωτοὶ ἁλὸς θύνουσι. θύνειν, ὁρμᾷν, σπεύδειν, τρέχειν, ὠθεῖσθαι, φέρεσθαι, χαίρειν, Suidæ & Varino. Δελφῖνες τῇ καὶ τῇ ἰθύνεον ἰχθυάοντες, Hesiodus in Aspide. Videtur & ἰθύνειν pro ὁρμᾷν accipi in illo Oppiani, οἱ μὲν γὰρ σπεύδουσι καὶ ἰθύνουσι λαβέσθαι. Apud Varinum θύννω uerbum in eadem significatione per ν. duplex scribitur, nescio quàm rectè. ¶ A thynno diminutiuum fit θύνναξ, sicut ab orpho, orphax, Eustathius. ----- οὐκ ἔχοντες ἀγοράσαι ὑπογάστριον θύννακος, οὐδὲ κρανίον λάβρακος, Eriphus comicus. Videtur & θυννὶς diminutiuum, cum pro pelamyde capitur: θύννον τὸν ἄρρενα λέγουσι: τὴν δὲ πηλαμύδα, θυννίδα, Hesychius. alioqui thunnum fœminam significat, sicut & θύννη: aliâs thunnū simpliciter, ut in A. monuimus. ¶ Tigris pro thynno apud obscuros quosdam scriptores legitur.

Thynni pauidi, Ouidio. Oppiano νηλὴς & βαρύφρων dicitur, id est crudelis, & acerbi ani- *Epitheta.*

FF 2

mi, ab eo nimirum quòd ipsa suum fœtum deuorat. Idem πίονα θύννον dixit. Et, θύννοι μὲν θύνοντες ἐν ἰχθύσιν, ἔξοχοι ὁρμὴν Κραιπνότατοι. Θαλαμηΐδης, Matron. uide infrà in f.

Icones. De thunno nihil aliud inueni, quod hieroglyphicis inseri posset, nisi uel strabonem, uel limis oculis prospectantem, ex eo significari, Pierius Valerianus. De antiquissimo numismate, cuius in altera parte thunnus est, uide suprà in ijs quæ Bellonius de thunno scripsit.

Deriuata. Nomina. Θῦνος Hesychio & Varino significat bellum, impetum, cursum. Thynos nî simplici (θύνους) Lycophron nominat τοὺς κινδυνεύσαντας (ἐν Τροίᾳ) Ἕλληνας, ut Isacius Tzetzes interpretatur. A thunnorum salsamentis in cados componi, & ad diuersas regiones mitti solitis, Germani (ut coniicio) ipsos etiam cados Tonen uocant. ¶ Piscatio thynnaria nominatur ab Vlpiano in l. Venditor. ff. Communia prædiorum: ubi alij tignaria legunt. Thunnarij à Gaza dicuntur thynnorum piscatores, ex Aristotele: apud quem Græcè forsan θυννοθῆραι legitur: locus iam non occurrit. Abdomina thymnia (*lego thynnia uel thynnæa*) uenientibus priua dabo, Lucilius apud Gellium libro decimo. Thynnades (θυννάδες) sunt concisa è thynno salsamenta, τεμάχη ταρίχου, Hesychio: cui etiam θυννίδες sunt θύννων τεμάχη ὡσπεροειδῆ. ¶ Θύννια uel θυνναῖα, scilicet ταρίχη uel τεμάχη dicuntur frusta salsa è thynno, &c. Vide suprà in F. ubi de thynno salso et partibus eius agitur. Thynnæum sacrum: Vide inferiùs in h. Θυννῶδες ἐνθύμημα, Erasmus uertit Thunnicum enthymema: Quære mox inter uerba deriuata. Γρηνάδες, εἶδος θυννώδους ἰχθύος, Hesychius & Varinus. Θυννεῖα θερμὰ καταφαγὼν, κᾆτ' ἐπιπὼν ἄκρατον Οἴνου χοᾶ: κᾆτ' ἐλέβα σα (ἀντὶ τοῦ λοιδορήσω) τοὺς ἐν Πύλῳ στρατηγούς, Aristophanes in Equitibus.

Nomina composita. Θυννοθῆρας, apud Aelianum & Athenæum, thynnorum piscator est: Gazæ thunnarius, Varroni cetarius. Θυννοθηράια δὲ γαστὴρ ὑμέων καρχαρίας ὁ κάπηλος ἔδει, Sophron apud Athenæum, sed locus apparet corruptus. ¶ Θυννοσκόπος, θυννοσκοπία, & θυννοσκοπεῖον nomina, & uerbum θυννοσκοπεῖν, explicata sunt superiùs in E. Κἀκ τῶν πετρῶν ἄνωθεν τοὺς φόρους θυννοσκοπῶν, Aristophanes in Equitibus, Cleonem traducens, qui undecunque obseruet quod in suum commodum uertat, etiam publicum: sicut thunnariorum speculatores (σκοποὶ ἢ θυννοσκόποι) è loco edito thynnorum ad retia aduentum præuident, (σκοποῦσι, σκοπιωροῦνται, θυννοσκοποῦσι.) Fortassis & opsophagiam hominis notat, Scholiastes. Ἄνθρωπος οὐκ ἔχων εἰπεῖν ὄνομα πάππου, ἀλλ' οὐδὲ πατρός φασι, πλὴν ὅσον ἐκ θυννοσκοπείου ἐπὶ τὴν ἡγεμονικὴν ἁπλῶς ἁλάμενος, (fortè ἁλόμενος, uel ἁλάμενος in alterutro aoristo medio prima aspirata,) Innominatus apud Suidam de infimæ sortis homine ad summam dignitatem euecto. Θυννοσκοπεῖον est non procul Cossis oppido, Strabo libro quinto.

Verba. De uerbo θύνειν, à quo thynnus denominetur, ab initio huius segmenti a. diximus. Εἶτ' ἐπιστόμιδα θυννάζοντες εἰς τοὺς θυλάκους. Οἱ δ' ἔφλεγον τὰς γνάθους καὶ τὰς ὀφρῦς κἀντέμνει, Aristophanes in Vespis. Scholiastes θυννάζειν interpetatur pungere per metaphoram ab illis, qui thynnos (maiores, Suidas & Hesychius) fuscinis punctos capiunt. (sic enim & uespæ suis aculeis pungunt.) θυλάκους uerò anaxyrides seu brachas. Erasmus Rot. in prouerbijs θυννίζειν pro stimulare & pungere interpretatur, uel quòd hic piscis, inquit, quo sit palato gratior, pungi soleat, uel quòd ipse piscis adurat pungatquȩ cōtactu. (*Horum nihil à bonis authoribus tradi puto.*) Deinde addit, hunc piscem ab œstro pungi & exagitari: unde θύειν, id est, impetu ferri soleat, nomine etiam inde imposito.

(Thunnicū enthymema.) Tum Luciani uerba recitat è Ioue Tragœdo: Ἄπαγε, θυννῶδες τὸ ἐνθύμημα, ὦ Πόσειδον, καὶ κομιδῇ παχύ. id est, Apage, thunnicum enthymema Neptune, & supra modum pingue. Rursum (inquit) in eodem dialogo ad idem uerbum alludens, Εἰ τἀμὰ οὕτως ὑμῖν κατηθύννισται. id est, Si mea uobis ita expuncta sunt. Adagium recensetur à Diogeniano. A thynno pisce Lucianus ioco deduxit uerbum κατεθυννίζεσθαι, pro eo quod est contemni, tanquam hic piscis uilis ac parui precij sit, quanuis eum alij ualde commendent. Mihi non à piscis uilitate, sed potiùs ab eo quòd fuscinis punctus capi soleat, uel quòd œstro pungente exagitetur, uerbum hoc factum uidetur. Nostri etiam pungere dicunt, pro eo quod est occultè uel dissimulanter uerbis traducere, mordere. Θυννίζω καὶ κατεθυννίζω, τὸ κατεπέμπομαι καὶ παραλογίζομαι, Suidas & Varinus. Θυνάσαι, ἀπελαῦσαι, ἐνθουσιάσαι, Hesychius. lego, θυννάσαι, (ν. duplici,) ἀπελάσαι, &c. ¶ Θυννοσκοπεῖν, Vide paulò antè in nominibus compositis deriuatis à thynno.

Propria. Thynnus fuit filius Phinei ex Idæa Dardani filia, uel Scythica quadam pellice, Scholiastes Argonauticorum Apollonij. Thynni, Θύννοι, nomen gentis, Suidas. Thynia, Θυνία, regio Thynorum, Stephanus. Θυνίδα γαῖαν Apollonius nominat regionem circa Bosphorum, in qua Phineus habitabat, ut Thraciæ regio sit quæ Thynis, Θυνίς, appellatur, Varinus. Thyna est in Thracia locus, è quo thymum ab Hippocrate laudatur, ut scribit Galenus, Cælius. Thyni & Bithyni, Θυνοὶ καὶ Βιθυνοί, populi sunt uicini, sic dicti à duobus fratribus Thyno ac Bithyno filijs Phinei τῶν ποιητῶν, ἤτοι ποιητῶν καὶ θετῶν, id est adoptatis, ut Arrianus ait: qui eiusdem Phinei germanum filium facit Paphlagonem, à quo nominata sit Paphlagonia. Sunt qui Thynum & Bithynum Odrysi filios faciant, Eustathius in Dionysium. Et alibi: Arrianus tradit thynum & Mysum filios fuisse Arganthonæ formosæ mulieris: quorum alter Thyniæ, alter Mysiæ regioni nomen fecerit. Cæterùm Thunni (Θοῦννοι) uel potiùs Vnni (Οὖννοι) ut idem Eustathius scribit, Caspia seu Scythica gens est: quorum Simocatus in historia Oecumenica meminit his uerbis: Vnni

Vnni ad Septentrionalem tractum Orientis sunt, quos Turcas Persæ nominant, &c. Θυνιὰς, Apolloniatarum ager maritimus legitur apud Strabonem lib. 7. Stephano insula est iuxta fauces Ponti Thynias, (quæ alijs nominibus Thyne, Thynis, & Thyneis dicitur,) & promontoriũ. Gentile Thyniadius & Θυνιαδεύς. Straboni lib. 12. Thynia (Θυνία) insula est in fronte Bithyniæ. Νῆσον ὑπὲρ δολιχὴν Θυνηΐδα, Orpheus in Argonauticis. Placet autem per n. duplex scribi. Thyne urbs Libye, Stephano: unde Thynæus. Thynos, oppidum Ciliciæ, Plinio 5.27.

Aristoteles ait thynnidem esse ἀγελαῖον καὶ ἐκτοπιστικὸν, (subaudi ζῶον,) Athenæus. Θύννοι τε δὴ εἰσρήσσοντι Γαδείρων δρόμον, Theodoridas. Σφυρὰς δέχεσθαι κἀπιχαλκεύειν λέγω Μύδρους, ὃς ἀστρακτὶ θύννος ὣς ἤνυχετο (forte ἠνέχετο) ἄναυδος, Aeschylus apud Athenæum: uidetur autem loqui de homine duro & Stoico, qui instar incudis utcunque multos & magnos ictus experiatur, æquo animo patienter & tacitè toleret, & thynni instar (id est cuiusuis piscis, species pro genere) ne gry quidem contradicat. c.

Cetaria Plinio, locus ubi capiuntur thynni, uulgò ab Italis la tunnera uel tunnara, Scoppa. ᾇπερ τὼς θύννως σκοπιάζεται Ὄλπις ὁ γριπεύς, Theocritus Idyllio 3. Non animaduertis cetarios cum uidere uolunt in mari thunnos, ascendere in malum altè, ut penitus in aquam perspiciant (in aqua prospiciant) pisces, Varro citante Nonio. Thynno capto corium excludunt foras, occiduntque lupos, &c. Varro de lingua Latina. Quisquis aliquod scelus patrauit, obnoxius est iustitiæ: & eam quam ex improbitate percipit uoluptatem illico escæ alicuius instar consumit: relicta autem in animo conscientiæ pœna, θύννος βολαῖος πέλαγος ὡς διασροφεῖ, Plutarchus in libro De ijs qui tardè à numine puniuntur. In Lexico uulgari Græcolatino βόλαιον quidam interpretatur impetuosum, irretitum: ego in senario iam citato pro βεβλημένος, quod est ictus, percussus, acceperim. Thitini (*lego Thynni*) oculos, & pulmones marinos si quis triuerit, & consperserit in tecto domus serò, putabunt aspicientes se stellas uidere, (&c. Vide suprà in Corollario de Pulmone mar. pag. 896.) Kiranides. e.

Magna est diuersitas temporis, ἐνίοτε κρείττων γίνεται θύννος βόαξ, Coquus apud Nicomachum. ----ὥστε (de Congro loquitur) τοσοῦτον τῶν ἄλλων πάντων ὄψων κρατεῖ οὗτος, ὅσον περ θύννος ὁ πιότατος τῶν φαυλοτάτων κορακίνων, Archestratus. ὁ μὲν γὰρ αὐτῶν ἡσυχῇ τε καὶ ῥύδην θύννόν τε καὶ μυττωτὸν ἡμέρας πάσας, Lysanias apud Athenæum. In Cotyis Thracum regis conuiuio appositas legimus θυννίδας ὀπτάς. ¶ Πρόσεστι θύννου τέμαχος, Antiphanes. Θύννου κεφάλαιον, Callias. Οὐκ δ' αὖ θύννου κεφαλὴ Θαλαμηιάδαο Νόσφιν ἀφεστήκει, Matron Parodus in descriptione conuiuij Attici. quid autem sibi uelit patronymicum Θαλαμηιάδης, quanquam carmen non satis constat hoc posito, diuinent alij. an ita cognominatur thynnus, quòd in imis gurgitibus dormire sub saxo aut litore abditus, ni mirum ἐν θαλάμῃ, id est cauo aliquo, soleat: aut quòd multo tempore hyberno præaltis gurgitibus lateat? ¶ Κλεῖδες μὲν ὀπταὶ δύο παρεσκευασμέναι, Quidam apud Athenæum. & cum alius interrogasset, Ἄρα σὺ τὰς θύρας κλείσεις; respondit: Θύννου μὲν οὖν σεμνὸν βρῶμα. ¶ Μετὰ ταῦτα θύννων μεγαλόπλουτ' ἄττα σὲ πλεῖ ὑπογάστρι' ὀπτῶν, Eubulus. ὁ πρῶτος εὑρὼν πολυτελὲς τμητὸν μέγα Γλαύκου πρόσωπον, τοῦ τ' ἀκύμονος (malim ἀμύμονος) δέμας Θύννου, τά τ' ἄλλα βρώματ' ἐξ ὑγρᾶς ἁλός, Νηρεὺς κατοικεῖ τόνδε πάντα τὸν τόπον, Anaxandrides. Τῆς τε βελτίστης μεσαῖον θυννάδος Βυζαντίας Τέμαχος ἐν τεύτλου λακιστοῖς κρύπτεται στεγάσμασι, Antiphanes apud Athenæum. Idem alibi θυννίδος τὸ οὐραῖον laudat, his uerbis: ὃς δ' ἀγρῷ τρεφόμενος, Θαλάττιον μὲν οὗτος οὐδὲν ἐσθίει, Πλὴν (lego πλὴν) τῶν ποτὲ γῆν γόγγρον τινὰ, ἢ νάρκην τινὰ, Ἢ θύννης τὰ πρὸς τῇ ποίᾳ (fortè οὐρᾷ) τὰ κάτωθεν λέγω. Τούτους φάγοιμ' ἄν. τοὺς γὰρ ἄλλους νενόμικα Ἀνθρωποφάγους ἰχθῦς. f.

Apud antiquas gentes de thynno & de anguilla rem sacram faciebant: quod pluribus ostendit Athenæus in septimo. & apud Persium Flaccum Cornutus grammaticus, quem Probi nomine quidam citant. Persius enim ita ait, Cauda natat thynni. Thunnos salsos (Salsamenta simpliciter, Cælius) scribit Heropitus apud Phaselitas Cylabræ pastori sacrificari, Massarius. Antigonus Carystius author est, piscatores sacrum parantes Neptuno, quum tempestiua thynnorum captura est, si ea prosperè successerit, captum thynnum ei sacrificare: & hoc sacrificium thynnæum uocari, Athenæus. ¶ Amphilytus Acarnan uates ad Pisistratum accedens, hoc oraculum ei protulit: Ἔρριπται δ' ὀβολὸς, τὸ δὲ δίκτυον ἐκπεπέτασαι. Θύννοι δ' οἰμήσουσι σεληναίης διὰ νυκτός. Laur. Valla transtulit, Est nummus proiectus, item sunt retia tenta: Nocte meant thynni claro sub sydere Lunæ. nec animaduertit non esse legendum ὀβολὸς, quod genus est numismatis: sed ὁ βόλος: quod præter sententiam uel accentus ipse eum admonere debebat. ὀβόλος enim (sic nostri codices habēt paroxytonum nomen) nihil est: ὀβολὸς uerò numisma. ὁ βόλος, rete, & iactus retis. unde βόλον πρίασθαι apud Plutarchum. Hoc oraculũ acceptauit Pisistratus, & mox adortus Athenienses sibi subegit. h. *Sacrificium.*

Thunnissare: Vide suprà inter Verba deriuata, in H.a. Thunnicum enthymema, ibidem requires. Thynni more uidere dicuntur, qui limis aut altero oculo obliquè inspiciunt. Potest & ad eos referri qui acriter ac diligenter inspiciunt. Persius, Non secus ac si oculo rubricam dirigat uno, &c. Erasmus Rot. sed posterior interpretatio non placet: neque quòd in Aeschyli uersu παραβαλὼν interpretatur admoliens. παρὰ enim in hac compositione obliquum aliquid & detortum significat. Eustathius eundem Aeschyli uersum (Τὸ σκαιὸν ὄμμα παραβαλὼν θύννου δίκην) recitans, addit: Sic & λιτοὶ παραβλῶπες, ἤγουν στραβαὶ καὶ ὄμματα παραβάλλουσαι dicuntur. Vide suprà in c. ubi de migratione ipsorum scribitur. *Prouerbia.*

FF 3

COROLLARIVM V. DE ORCYNO.

A DE Orcyno dicta quædam in præcedentibus, fortè hic etiam repetentur, non tamen omnia. Quisquis sanè totam thynnorum historiam plenè perspectam habere cupit, non singula de singulis capita, sed omnia legat atque inter se conferat oportet. ¶ Oppianus & Aristoteles de thynno et orcyno diuersos'ne an eiusdem generis pisces existimarint, non satis declararunt, Saluianus. at quoniam idoneos alios authores habemus, ut Sostratum & Archestratum, qui harum rerum cognitionem professi, thynnum maiorem orcynum uocari disertè scripserunt, eis assentiendum arbitror. Orcynus nomen in plerisque codicibus Græcis uulgatis scribitur ὄρκυνος, per o. breue spiritu tenui: apud Athenæum uerò quanquam similiter scriptum reperitur semel aut iterum puto, frequentiùs tamen aspiratur. & sanè grammatici cum ο. ante ρ. attenuari doceant, cum alia quædam excipiunt, tum quæ κ. uel μ. post ρ. habent, ut ὀρκίζω, ὅρμος, ὁρμαθός, ὁρμῶ, &c. quibus etsi ὄρκυνος addendum coniicio, promiscuè tamen modò horcynum scribam, modo orcynum: hoc pro consuetudine & Aeolica dialecto, illud ut grammaticis etiam aliquid tribuam. in citandis quidem authorum uerbis, ut inuenero ubique, sic reddam. Apud Hesychium & Varinum aspiratur. Heracleon Ephesius thynnum ait ab Atticis horcynum dici. Θύννον, τὸν ὄρκινον, (meliùs per υ. in penultima:) τὴν δὲ πηλαμίδα, θυννίδα, Hesychius. Apud Aristotelem historiæ 5. 10. legitur ὀρκυνίδες (*ubi Gazæ translatio habet, Orcinæ*) paroxytonum, tanquam à recto in υν oxytono. quod si demus rectum bissyllabum in υν: nam & κήρυκας, μύας, ὄρκυνας Anaxandrides dixit, non tamen oxytonum illum, sed paroxytonum faciemus, ut φόρκυν. Archestratus horcynum ait esse thynnum magnũ, & alicubi etiam κῆτος nominari: Sostratus uerò κῆτος uocari thynnum qui iam horcyno maior ad summum peruenit incrementum. Κητῶν, θύννων φορά, Hesychius. Orcyno idem uidetur Apolectus aliâs dictus: item Melandrys, Melanthynus, Elacaten: de quibus omnibus leges suprà Corollario 1. de Thunnis. Gaditanum salsamentum Hippocrates nominans, ex Orcyno intelligit. Vide infrà in F. ¶ Lampugam, aliqui antiquo nomine orcynum appellant, Cardanus. Rondeletius lampugam uulgò dictam glaucum esse ostendit. Massilienses cetaceum quendam piscem uocant organam, quem cum non uiderim, iudicare (non) audeo esse orcynum, Gillius. Ego in Italia olim Borbor piscis cetacei uulgare nomen esse accepi, qui alibi l'organo, & Græcis hodie similiter, dicatur: delphino similem (*parem potiùs, quod ad magnitudinem*) esse. hic an sit orcynus quærendum. Ligures quidem cuculum piscem, organo uocitant: & channam Niphus scribit ab Italis uulgò dici orcana, (*prima nimirum syllaba abundante.*) ¶ Germanicum nomen quæres suprà in Corollario de Thynno.

Vulgaria nomina.

C Orcyni pisces sunt pelagij Oppiano. Orcynes in alto (in pelago) fœtificant, Aristoteles. Dorion author est orcynos è mari quod ad Herculeas columnas est, (*Oceano,*) in nostrum (*Mediterraneum, Græciæ*) mare uenire. ideoque plurimos capi in Iberico & Tyrrheno mari: & inde per reliqua maria dispergi, Athen. Idem de maioribus thynnis Oppianus canit: nempe quòd ex Oceano per fretum Gaditanum & columnas Herculis ingrediantur mare mediterraneum.

D Quomodo hamum euadant orcyni, proximè in E. dicetur.

E Orcynus cetaceus piscis prouidens est: & natura, non arte, quæ sibi maximè conducant, intelligit. Itaque quum hamo transfixus fuerit, in maris altitudinem seipsum impellens ac deprimẽs, ad solum allidit: & hamum oris pulsatione expellere cupit: quòd si id minùs fieri queat, ab hamo exceptum uulnus luculentius infert, dilatatque: atque exiliendo id quod sibi molestiam exhibet, expuit abiicitque. Sæpe uerò id non assecutus, inuitus ad piscatoris prædam subtrahitur, Aelianus de animalibus 1. 40. ex Oppiani Halieuticorum 3. Orcynus inescatur onisco, (id est asello,) Oppianus. Anthiam piscem captum hamo, qui funi alligatus fuerit, quanta ui & contentione piscatorum extrahi oporteat, in eius historia ex Oppiano diximus. Tale (inquit idem poëta) robur etiam Callichthys habet, & Orcynus, aliique pisces cetacei, & talibus capiuntur brachiis.

F De horcyno quædam quod ad cibum leges suprà etiam in Thynni Corollario. Anaxandrides in Cotyis Thracum regis conuiuij descriptione ὄρκυνας nominat. Horcynus cœnosus (βορβορώδης) est, & maior tam sicca est carne, quàm chelidonias. abdomen eius & clidium (ἡ κλεὶς) ori grata sunt, & tenera. quæ uerò costæ dicuntur (οἱ δὲ κοσαὶ λεγόμενοι) salitæ, mediocres sunt, Diphilus. Xanthias aliquatenus uirosus est & tenerior horcyno, Idem. Orcyni carnem tradit Xenocrates stomacho ingratam, malique succi & aridam esse: abunde nutrire, nec facilè per aluum excerni, Vuottonus. Orcynus an melior uetustate sit, quod Plinius scribit, Rondeletius & Saluianus non approbant, leges suprà in Thynno F. ubi etiam de Melandryis scripsimus. sic appellantur thynni partes concisæ, quernis assulis similes, quæ & ex orcyno fieri solebant. Hicesius tradit orcynos qui capiuntur in Gadiris, (*Gadibus,*) pinguiores esse: post hos autem, in Sicilia. qui uerò longè ab Herculis columnis, macros, (ἀλιπεῖς,) eò quòd magnum iam spacium natãdo confecerint, (ἐκνενῆχθαι, *lego* ἐκνενῆχθαι.) In Gadibus quidem clidia per se saliuntur, sicut & antacæorum maxillæ & palata. Melandriæ etiam dicti ex eis (orcynis) inueterantur. Hicesius abdomina eorum quòd pinguia sint, multò cæteris partibus suauiora esse inquit: clidiis tamen inferiora, Athenæus. ἰόνιον δ' ἀνὰ κῦμα φυγὼν γαδείραθεν ἄξει Βρέττιος, ἢ Καμπανός, ἢ ἐς ἀγαθοῖο Τάραντος ὀρκυνοῖο τρίγωνα, τάτ' ἐν στάμνοισι τεθέντα ἀμφαλλὰξ δ' εἰπνοισιν * ὀπυιδεῖ, Hesiodus apud Athenæum lib. 3. uidetur autem

autem de Archestrato intelligere, quisquis hunc poëtam Hesiodum appellauit, potiùs quàm Euthydemo ut Athenæus suspicatur, oblitus (quod alibi dixerat) Archestratum, Hesiodum opsophagorum uocari solitum. Est autem sensus iam citatorum carminum: Brutium, aut Campanum aut Tarentinum aliquem mercatorem è Gadibus per Ionium mare nauigantem triangula orcyni salsamentorum frusta cadis ritè (alternis) disposita, ad locupletanda & exhilaranda conuiuia afferre. Orcyni igitur cum per fretum Gaditanum aduehantur, atque illic habeantur optimi & pinguissimi, salsamenta ex eis Gaditana cognominari puto. Si hydrops à splene fuerit, æger obsonium habeat salsamentum Gaditanum, aut saperdam, Hippocrates in libro de internis affectionibus. Βυζάντιον τέμαχος ὑποβαπχυσάτω, Γαδειρικόν δ' ὑπογάστριον πρασιοίτω, Nicostratus. Τάριχος Ἀντακαῖον εἴτις βούλετ', ἢ Γαδειρικὸν, Βυζαντίας δὲ θυννίδος ὀσμαῖσι χαίρει, Antiphanes. *Salsamentum Gaditanum.*

ὄρκυνος aliquoties Oppiano penultimam producit, quam Archestratus corripuit. Θύννος ἀλισκόμενος απουδῆ μέγας, ὃν καλέουσιν ὄρκυνον: ἄλλοι δὲ αὐ κῆτος. τοῦτο (partem huius) δὲ θεοῖς χρὴ ὀψωνεῖν. Κασύας Pergæis orcynum significat, Hesychius & Varinus. H. a.

ὄρκυνοι μεγακήτεες, & ὑπόβροπλος ὀρκύνων γενεὰ, leguntur apud Oppianum. *Epitheta.*

Nomina aliquot sequentia ante Thunnos poni debuerant.

THEDO. Vide in Corollario de Capitone A. nam Bellonius Thedonē Ausonij putat esse piscem illum, quem nos Capitonem fl. nominauimus.

THETTA. Vide in Corollario Alausæ.

THRASSA uel Thratta. Vide in Corollario de Alausa.

THRISSA Græcis est is piscis, quē Latinè quidē clupeā uocāt, recentiores etiam alausam: de quo multa diximus elemento A. in Alausa. Thrissam aliqui uocant clupeam, alij dicūt quòd sit tricheus, Kiranides. Συμπαίζει καριδαρίοις μετὰ πρδικίων καὶ θεαπιδίων, Anaxandrides apud Athenæū. sed legendum est θραττιδίων, ut apparet ex alio loco, ubi Athenæus scribit Anaxandridē θραττίδιον diminutiuum facere à θρᾶττα. Haud scio an idem sit piscis qui Lopia (corrupto nomine forsan à clupea) ab Arnoldo Villanouano uocatur in Regimine Salernitano: Inter pisces (inquit) dulcis aquæ, consideratis prædictis conditionibus, perca & lucius mediocris primum gradum bonitatis obtinent, modò sint pingues: deinde uendosia, demum lopia. ¶ Thrissis omnino cognati uidentur pisces, qui à Germanis ad Albim fl. dicuntur Zigen, item qui Zerten, quorum icones & historias ad finem huius uoluminis dabimus. A

Clupea maior est in Oceano, in mediterraneo squatina, Scaliger. B

Clupea piscis quantū Romæ carnis & mollitudine & bonitate præstat, tantùm apud Venetos uilior, plebeiusq́; habetur, ut qui in eiusmodi stagnis minimè pinguescat, spinarum uerò multitudine atq; densitate fastidio sit, Pierius Valerianus. F

Thrissa passa in cibo sumpta, dysuriam sanat. cremata quoq; & cum unguento irino inuncta, capillos bonos & multos facit, cadentes sistit. Assa in cibo colicis & stomachicis prodest, Kiranides libro 4. G

In Arari Gallię fluuio crescente Luna candescit, decrescente nigrescit, &c. (*ut recitauimus in Corollario de Alausa A.*) Quòd si hic piscis Aegyptijs innotuisset, nimirum Lunæ eum hieroglyphicū posuissent, Pierius Valerianus. qui si sciuisset Græcè hunc piscem thrissam uocari, eoq́; nomine à Strabone inter Nili pisces censeri, Aegyptijs ignotum fuisse non existimasset. H. a.

THRYMIS, Θρυμίς, piscis quidam, Hesychius & Varinus.

THVRSIO, (uel, ut alij scribunt quod minùs placet, Tursio, sine aspiratione,) & THVRIANVS tomus quid sit, leges suprà in Corollario Gladij A. pag. 453. Huius piscis (*Canis Carchariæ*) pars est etiam qui à Romanis thyrsio (θυρσίων) uocatur, suauissimus ac lautissimus uel tenerrimus, ἥδιστος καὶ τρυφερώτατος, Athenæus lib. 7. Kiranidi memoratur etiam thyrsites piscis, similis pelamydi: is fortè Trichias uel Trichites dici debet: ut uocabulum in nostro codice sit deprauatum, sicut & thirsa, pro thrissa, & alia pleraque. ¶ Tursiones, delphini, & reliqua cetacei generis, corio duntaxat integuntur, non etiam pilo ut hippopotami, Plinius 9. 12. Et priùs capite nono: Delphinorum (inquit) similitudinem habent qui uocantur tursiones. ubi Massarius, Quidam (inquit) legunt torsiones: sed malè, cum legendum sit tursiones, cum ex uetustis codicibus, tum etiam Theodoro, qui pro phocæna apud Aristotelem (historiæ sexto & octauo) tursionem & tyrsionem conuertit. Isicia de tursione describit Apicius 4. 2.

DE (THYMALO SEV) THYMO,

RONDELETIVS.

TICINVS Italiæ fluuius Thymum spectatu dignissimum piscem procreat, à Thymi odore sic nominatum. Is cubiti magnitudinem æquat. Capite est paruo pro corporis ratione, uarijs coloribus distincto, quod recens Thymum odore refert. Ventre est prominentiore, corpore cæruleo. Pinnas duas habet ad branchias, duas alias inferiore in uentre, à podice unicam. In dorso prior magna est, quæ rubescit, punctisq́; nigris notata est. Cauda in duas latas deficit. A B

FF 4

Pro una Thymalli icone à Rondeletio exhibita, duas nostras posuimus, unius quidem piscis, sed à diuersis pictoribus non uno tempore nobis expressas. In utraque lineam quæ à branchijs ad caudam descendit, desidero, &c.

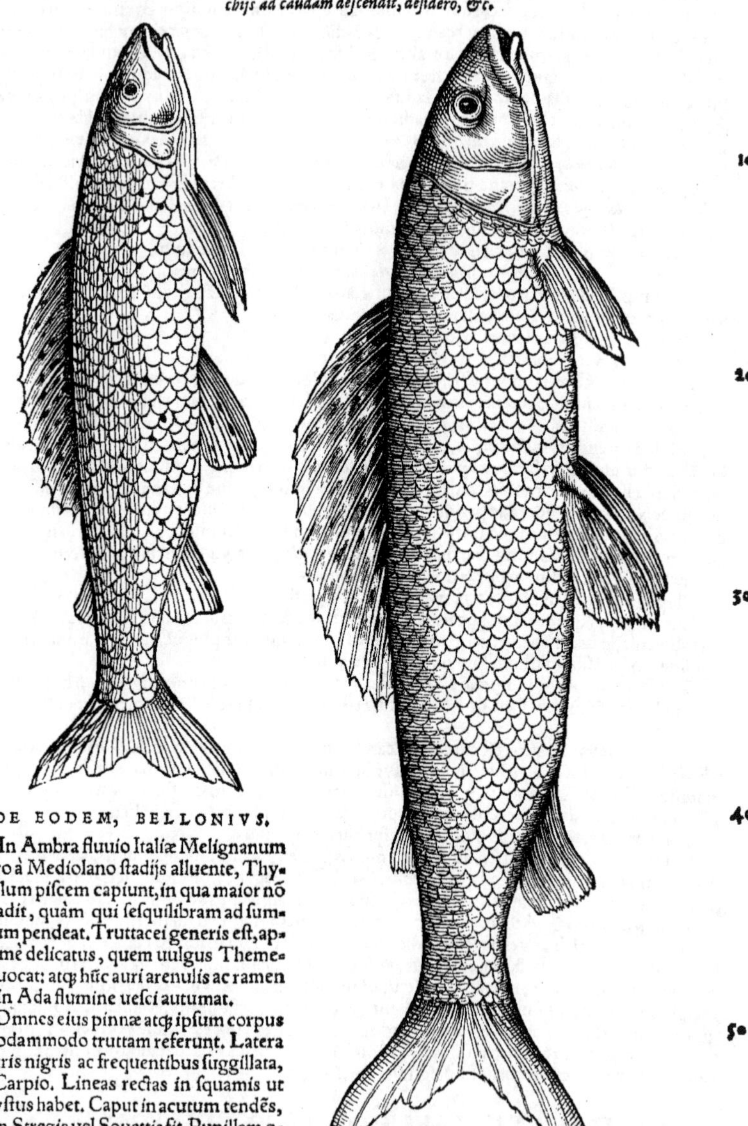

DE EODEM, BELLONIVS.

A B In Ambra fluuio Italiæ Melignanum octo à Mediolano stadijs alluente, Thymalum piscem capiunt, in qua maior nō euadit, quàm qui sesquilibram ad summum pendeat. Truttacei generis est, apprimè delicatus, quem uulgus Themerū uocat: atq; hūc auri arenulis ac ramen C tis in Ada flumine uesci autumat.

B Omnes eius pinnæ atq; ipsum corpus quodammodo truttam referunt. Latera lituris nigris ac frequentibus suggillata, ut Carpio. Lineas rectas in squamis ut Mystus habet. Caput in acutum tendēs, ut in Stregis uel Souettis fit. Pupillam oculi minùs rotundam: branchias ualde simplices, utrinq; quatuor. Linea quæ eius latera secat, à superiori branchiæ angulo spineo oritur, & rectà ad caudam prætenditur. Linguam ostendit albam: dentibus caret, imò ne ullis quidē ipsorum rudimentis præditus est. Pedis longitudinem non excedit, nec trium digitorum latitudinem. Mediocris magnitudinis Mystum refert. Pinnas habet subflauas, uentrem pallidum: tergus ex liuido in opacum tendens, branchias ut Harengus uel Sardina, solidioribus barbulis obseptas: quæ etiam ad fauces circa orificium Oesophagi asperitatibus horrēt, uncinatisq; ossiculis constant,

constant, ut in piscibus marinis dictum est, quibus cibum recipit, quem in stomachum demittat. Multa pinguedine omnia eius intestina obuoluuntur. Cor tam exiguum habet, ut ne quidem cor ei inesse credatur. unicus est hepati lobus, statim ubi gula finit stomachum amplectens, in quo exiguum fellis rudimentum uix apparet.

Vescitur non auro (ut plerique putant) sed (ut approbat Aelianus) insectis aquatilibus, delectamentis, millepedibus, pediculis, caridibus, pulicibus aquaticis ac terrestribus: ego scarabeum terrestrem aliás in eius uentriculi fundo reperi. C Cibus.

Apophyses plures ex pyloro dependent, à quo statim sequitur intestinum unum gracile, rotundum, quod ad rectum tendit, in quo excrementa recipiuntur, & ad anum deferuntur. Lien ei tam magnus ferè est, quàm hepar: quod in nullo alio pisce unquam uideram: oblongus, rubra pinguedine mixtus. Folliculum uerò piscium natationi accommodatum plenum perpetuò uidi in hoc pisce, ac per spinam delatum. B

COROLLARIVM.

Gillius ex Aeliano Thymum piscem nominat, non rectè. nam Aelianus de animalibus libro 14. cap. 22. Thymallum appellat, θύμαλλον. Piscem thymallum (inquit) sic nuncupatum Ticinus fluuius Italiæ procreat. is ad cubiti magnitudinem accedit, & lupi cephali'que communem & mediam speciem similitudinémque gerit. Eius capti odor non indignam admirationem habet. non enim ut cæteri pisces pisculentum quendam mittit odorem: immò uerò existimes te eius gentilem herbam, recentem ex terra lectam manibus tenere. Tanta sanè odoris suauitate fragrat, ut qui eum ipsum non uidet, gratissimam Apibus herbam, unde nomen duxit, in manu latere putet. De eodem diuus Ambrosius Hexaëmeron lib. 5. cap. 2. Neque te (inquit) inhonoratum nostra prosecutione Thymalle (*Erasmus Rot. ex Ambrosio legit Timalle*) dimittam, cui à flore nomē inoleuit, seu Ticini uada te fluminis, seu amœni Athesis unda nutrierit, flos es. Denique sermo testatior, quod de eo qui gratam redolet suauitatem, dictum facetè sit, Aut piscem olet aut florem: Ita idem pronunciatus est piscis odor esse, qui floris. Quid specie tua gratius? quid suauitate iucundius? quid odore fragrantius? Quod mella fragrant, (*Alludit ad hoc Vergilij, Redoléntque thymo fragrantia mella,*) hoc tu corpore tuo spiras. Branchijs thymum olet, Cardanus. Adipem piscatores seruant, quem suaue quiddam olere testantur, Gillius. Piscatores, noctu præsertim, cum in ripis aut nauiculis sunt, suaui quodam & singulari odore hausto, thymallos pisces priusquam uideant, adesse cognoscunt. Vt thymallus herbam à qua denominatur, sic epelanus à Gallis dictus uiolas redolet. Sunt & uiscera quorundam, quia pinguia, grata: uelut sturionum, balænarum, delphinorum. nam non solùm sapore, sed & odore quasi uiolæ commendantur, Cardanus. Nunc quidem thymallus piscis thymum redolere non uidetur: uerè tamen suauiùs quàm pisces reliqui olet, Saluianus. Thymalum Gillius l. simplici scribit: sed Græci codices Aeliani duplicant, sicut & diuus Ambrosius. Videri quidem poterat à thymo denominari thymalus: sicut à physa, physalus. in ίλος quidem per iôta, deriuata omnia l. simplex habere puto, ut ὀργίλος, ναυτίλος. per ypsilon uerò, alia simplex, ut ὀσμύλος, Σιμύλος: alia duplex, ut Βάθυλλος, Δάκτυλος. & similiter in αλος, alia simplici l. scribi, ut φύσαλος, ὕαλος, τιθύμαλος, (quanquam recentiores aliqui tithymallum scribunt:) Εὐγλαγέας θυμαλίδας Nicander dixit, pro τιθυμαλίδας: alia gemino, ut κρύσταλλος. ¶ Tunallus & Titimallus pro thymallo corrupta sunt nomina in Alberti & Isidori libris. Recentiores quidam scriptores, præsertim Itali, uulgare Italicum nomen tanquam Latinum protulerunt: temulum, temolum, & temelum scribentes, ut Platina, Sauonarola, Gainerius, & alij. Grapaldus nullam in ueterum scriptis memoriam extare temuli miratur. Ab Italis uulgò dicitur Temolo: sed per alias etiam uocales penultima ab eis effertur, locis nimirum diuersis, Temalo, Temelo, Temolo. & pro l. in ultima aliqui proferunt r. Ticini accolæ uulgò Temerum siue Temelum nuncupant, Gillius. Temaro quidam dictum conijciebat ab Italis, quòd stolidus sit piscis, ac temere facileque capiatur. ego prorsus à thymo uel thymallo sumpta uulgaria omnia eius apud Italos nomina arbitror. ¶ Sabaudis Vmbra, uulgò Ombre uocatur: & Anglis etiā alicubi, ni fallor, **an Omber**. Vide infrà in Anglici nominis mentione. Albertus Magnus etiā lib. 7. de animalib. Thymmallus (inquit) est qui uocat umbra. addit piscē esse salubrē, pinguē, & locis saxosis degere: quæ omnia thymallo nostro cōueniunt. Fluuiatilis quidē umbræ Ausonius tantùm meminit, hoc uersu: Effugiens oculos celeri leuis umbra natatu. Rondeletius et Bellonius Vmbrā fl. à thymallo diuersam faciūt: neque ullius inuicē similitudinis meminerūt. Mihi quidē si non unus est piscis, (aliā enim fluuiatilē umbrā præter thymallū nondū uidi, nec unū esse aio, sed inscitiā meā fateor) omnino specie naturaque cognati mihi uidenf: quod utriusque historiā cōferenti patebit. Referemus aūt illorū de Vmbra fl. scripta, quemadmodū & de marina, in V. elemento. Saluianus in marina umbra carmē Ausonij citans, Effugiens oculos c. l. u. n. Vmbra (inquit) uel à colore liuenti dicitur: uel quia celeri suo natatu oculos effugiens, umbra piscis potiùs, quàm uerus piscis intuentibus appareat. quæ quidem eius coniectura erudita est, sed ne marinam cum fluuiatili umbra confundamus cauendum.

Marginal notes: A (Odor thymi.) Vulgaria nomina. Vmbra fl.

Thymallum Germani uocant **ein Aesch**, uel **Asch**, eodem nomine quo cinerem: à colore, ut puto, qui in hoc pisce minus quàm cæteris plerisq; squamosis candidus aut argenteus est, sed magis cinereus, & punctis aspersus nigris, ut cinis carbonum particulis aut fauillis nigris. Nomina pro ætate mutant. Nostri primo anno nominant **Kreßling** uel **Greßling**: quod nomen etiam gobioni fluuiatili attribuũt, è quo thymallum fieri quidam falsò putant. discernitur quidem facile, cum aliâs, tum quòd thymallus utcunque paruus pinnulam in dorso posteriorem paruam ostendit, sicut truttarum genera: qua gobio fl. semper caret. Anno secundo, **ein Knab / ein Yser oder Jserle.** Tertio **ein Aesch.** In Rheno circa Scaphusiã anno tertio audio uocari **ein Mittler.** quarto demum **ein Aesch**, uel **Aescher**, cum parere incipit. Nostri quidam piscatores thymallum paruum etiam alio nomine appellant **ein Kötnling oder Churling.** Qui Germanicè dictum **Aeschen** piscem fluuiatilem, Phagron interpretantur, qui marinus tantùm est, longè aberrant. ¶ Est in Anglia piscis à trutarum forma non multùm abludens, quem à colore cinereo uocamus **a Graylyng.** eundem audio alicubi **Omber** nominari. idem, nisi fallor, piscis est, quem uos uocatis **ein Aesch**, Guil. Turnerus in epistola ad me. ¶ Thymalli Bohemicum nomẽ est Lipan, Polonicum Lipieñ.

B Thymallum Ticinus fluuius Italiæ procreat, Aelianus. Est apud nos frequens in Abdua (aliâs Addua) & Ambra fluminibus, quorum aquæ maximè pellucent. Ambra Mediolano proximus est fluuius, Cardanus. In Rheno pauci reperiuntur. in Limago nostro, & plerisque alijs qui ex Alpibus oriuntur fluuijs, satis frequentes. Floha fluuius in Misena abundat hoc pisce, Ge. Fabricius. ¶ De suaui huius piscis odore, leges superiùs in A. Thymallus, ut Aelianus scribit, lupi & mugilis communem & mediam speciem similitudinemq; gerit. Oblonga enim corporis forma, pinnarumq; numerus, & situs, ei, cum utrisque conuenit: etsi propiùs ad mugilem accedat. Estq; specie sua decorus, oculis nanque grata (subuiridis nempe ac subcœrulei) colorum uarietate, pulcherrimè depictus conspicitur. Ventriculum habet mediocrem: intestina crassiuscula, pinguedine multa conuoluta: hepar subalbidum, lienem subrubrum, felle caret. Cum maximè augetur, Aeliano teste, ad cubitalem magnitudinem excrescit: etsi, qui crebriùs capiuntur, minores sint, libramq; non excedant, Saluianus. Squamæ in hoc pisce, singulæ ferè ῥομβοειδεῖς sunt, hoc est rhombi figuram imitantur. latera enim earum utrinque, circuli segmentum referunt, suprà uerò infraq; in cunei acumen tendunt: quod in iconibus nostris non est expressum. Longitudo ad latitudinem ferè quincupla est, cauda etiam computata: hæc enim scribens in manibus habui huius generis piscem digitos longũ quatuordecim, latum tres. Rondeletius latiorem magisq; uentrosum pinxit quàm par est. Dorsum ei fuscum uel subcinereum. linea recta à branchijs ad caudam: & præterea per totum corpus lineæ multæ apparent, singulisq; inter singulos squamarum uersus, non rectæ, sed innumeris ueluti arcubus minimis triangulis undatæ: quod ueluti operosum pictores nostri non indicarunt. Os aperitur non longo, sed quadrato ferè hiatu. Pinna dorsi maculis multis puchrè uariatur: infrà partim nigris, partim subrubentibus, suprà rubicundis tantùm. Pro dentibus, inferius superiusq; labrum exasperatur, limæ instar, introrsum. Lauaretus Gallicè dictus piscis, ossicula ad fauces atq; œsophagi ingressum utrinq; habet, senis hinc inde denticulis, ut in Themolo communita, Bellonius. ego in nostris thymallis & lauaretis seu albulis nihil dum tale reperi. Branchiæ ei sunt quaternæ. Felle non caret thymallus noster, sed flaui uel subaurei coloris id habet: quanuis Saluianus felle carere hunc piscem putat: Bellonius exiguum fellis rudimentum in hepate eius uix apparere scribit. Splen nigricat ferè in nostro, Saluianus subrubrum facit. Latera modò pluribus, modò paucis punctis & lituris nigris temere asperguntur. uidi in fine decembris aliquando singulis tantùm utrinq; ad branchias lituris insignem: & dum hæc scriberem, alium initio Iunij, uno aut altero puncto uix apparente.

C Fallitur Albertus hunc piscem marinum esse scribens. Pisces lapidosi, pinguiores & salubriores sunt, ut thymallus, trutta, Albertus. lapidosos autem uocat, qui in aquis saxosis & puris degant. Apud nos in montanis & præcipitibus quoque fluuijs ac riuis (magis quàm ulli alij pisces, truttis tantùm exceptis) capiuntur plerisque, minoribus præsertim. puras enim (ut diximus) frigidas & saxosas, rapidasq; amant aquas. In magnis fluminibus rariores sunt: subeunt tamen hæc quoque è minoribus & riuis: ut & lacus quosdam, Larium, Lemannum, Acronium, ut audio: & nostrum quoque Tigurinum, ni fallor. In lacubus quidem circa saxa reperiuntur, præsertim minores huius generis pisces. Thymalus in fluminibus tantùm nascitur, degit, atque capitur: neque in eis quidem omnibus aut quàm plurimis: sed solùm in Ticino, in Athesi, in Addua (aliâs Abdua) ac aliquando in Pado, nobilibus Galliæ Transalpinæ fluuijs. unde mirari oportet, quòd præter diuum Ambrosium Transalpinæ Galliæ alumnum, atque Aelianum genere Italum, Prænestinum nempe, (etsi Græco usus sit sermone,) reliquorum ueterum nemo de hoc pisce pertractauerit, Saluianus. ¶ Piscis est uiuax & ualidus pro sua magnitudine, etiam extra aquam iam captus. ¶ Auro thymallum uesci aiunt, quod & de umbra fluuiatili scribit Rondeletius: & uulgò etiã de alijs quibusdã piscibus referũt, ut carpione Benaci, & truttis quibusdã lacustribus quas Vmblas uocant Sabaudi: & Galli de Lauareto suo: quibus etiam Emblonem quendam Gallis aut Sabaudis appellatum Bellonius adnumerat in Singularibus suis: Sed singulorum (inquit idẽ) uentriculis dissectis, inspectisq; curiosius interaneis, non auro, sed alijs (peculiaribus) cibis

Pisces chrysophagi.

cibis eos uiuere deprehendi: Sic ille. Fieri quidem poteſt ut aliquando minutulæ quædam auri micæ ab his deuorentur, appetentibus fortè propter ſplendorem: ſicut & calculi quidā ſplendentes & arenæ ab auibus deuorantur: imprimis quidem à thymallis, qui in fluuijs montanis & auriferis degunt. ego hos piſces alia ratione χρυσοφάγους, id eſt auriuoros putârim, quòd cum lautiores maioriꝗ́ in precio ſint, opſophagorum quorundam aurum conſumant, & loculos exhauriant. Aelianus negat alia quàm culice (quem Græci conopen uocant) eſca thymallum capi, ut in E. referemus. ¶ Piſcatores quidam hunc piſcem quarto demum anno, cum iam propriè **Aeſch** à Germanis uocatur (ut in A. dictum eſt) parere retulerunt, Martio menſe & paulò antè. Saluianus tamen Septembri menſe, libidine eum agitari ſcribit.

In Acronio lacu genus anatū aut potiùs mergorū eſt, ceruicibus proceris, pedibus nigris, domeſticis anatibus maius, quas à thymallis deuorandis, **Aeſchenten**, id eſt θυμαλλοβόρους appellant. D

Retibus facillimè capitur: non item hamatis eſcarum illecebris, non adipe ſuis, non ſerpho (*inſecto aut uerme ſimili formicæ uel culici,*) non chama, nō alterius piſcis inteſtino, non deniꝗ́ ſtrombi collo, (*στρόμβου τένοντι, callo uel ſpondylo ſtrombi,*) ſed ſolo culice (*κώνωπι*) improba ſanè beſtiola, & noctes dieſꝗ́ homini tum morſu tum ſtrepitu ſuo moleſta, quòd hac ſola delectetur eſca, comprehenditur, Aelianus. Solo culice, (&c.) Aeliano authore, capitur thymallus. Verùm cum id nec ſcriptores alij, nec noſtræ ætatis piſcatores afferant, nequeatꝗ́ culex ob ſuam paruitatem hamis affigi: quanta in hac re Aeliano fides habenda ſit, haud ſcimus. Nec etiam Raphaëli Volaterrano ſcribenti: Thymalus ad hamum non accedit, cum non alium ſanè cibum ſectetur quàm thymum herbam, qua uiuit: plenè credendum eſt: cùm falſum ſit quòd thymo, & non alio ueſcatur cibo, cum piſciculos etiam edat: quòd ue hamo capi non conſueuerit: cum (uti experientia ipſa edocet) & hamis & retibus capiatur: cæteris quidem anni temporibus rariùs, Septembri uerò menſe frequentiùs: propterea quòd eo tempore Venereo agitatus ſtimulo, huc atꝗ́ illuc imprudenter excurrat, Saluianus. Lampredis minimis, quibus uulgare nomen oculos nouenos tribuit, hamo infixis anguillas & thymallos capi audio. Plumis Meleagridum pro eſca additis hamo thymallum facilè capi, à uiro quodā erudito nuper cognoui: qui Italis etiam inde Temaro uulgò nominatum ſuſpicabatur, quòd facilè temereꝗ́ caperetur hic piſcis. Eſca ad truttas & thymallos abunde capiendos: Gallinam nigram excauabis, & immittes tria ouorum lutea, croci quantum eſt piſum: & foramine rurſus cōſuto gallinam in fimum equinum abdes per tres aut quatuor dies, donec putreſcat, & uermiculi flaui in ea appareant. De his unum cum piſcari libuerit, in hamum infiges: reliquos uaſculo incluſos ſeruabis. Rem miram experiêris, Ex libello Germanico De ineſcationibus piſcium. In piſcatorijs legibus noſtris cauetur, ne eo genere hami, quem **Polangel** appellant, thymalli capiantur. Piſcatores ex ſingulari quodam uel circa ripas odore thymallos præſentes noſſe, ſuprà in A. diximus. Callidi quidam piſcatores ex plumis auium diuerſis anni temporibus diuerſa uermium & uolucrium inſectorum genera mentiuntur, & hamis tanquam eſcam addunt: pro thymallis quidem genus muſcæ effingunt (Aprili menſe, puto) ex pennis perdicis, capite rubente: corpore & alis candidis, è pennis (itidem) perdicis de uentre. Maio autem menſe muſcam repræſentant corpore partim è candido partim nigro ſerico contexto alternis, capite cœruleo, alis uerò è dorſo cornicis uariæ, quam noſtri à nebula denominant. Iunio deinde effingunt de pennis è cauda ardeæ fuſcæ (*alas, aut caput, aut utrunque: non enim exprimitur in libello Germanico manuſcripto, cuius uerba interpretor:*) corpus uerò uiride de pennis è pectore anatis ſylueſtris. Iulio autem corpus è ſerico cœruleo formant, caput è nigro ſerico: & alas addunt de pennis è uentre cornicis uariæ quam à nebula denominant. Auguſto corpus faciunt de pennis alarum gruis, (*alas*) è pennis perdicum: caput uiride. Demum Septembri corpus è cœruleo ſerico concinnant, caput è rubro; & alas è pennis de dorſo cornicis uariæ (quam diximus) affingunt.

Ad Truttas & Thymallos eſca.

In Bauaria thymallos tredecim ferè digitis breuiores capi lex uetat. ¶ Sunt qui thymalli adipe ad piſces illiciendos ita, quemadmodum ardeæ, utantur.

Temulus piſcis eſt optimus, & is maxime qui ex Abdua (aliâs Addua) capitur, Platina. In citeriore Gallia prima ſiluro (*ſturioni*) Padano palma conceditur: ſecunda truttis & temolis è Ticino, Gaudentius Merula. In Ticino, in Atheſi, in Adduá ue captus (nam qui in Pado capitur, multò inferior eſt) tenerrimus ac ſapidiſsimus omnium ferè fluuiatilium piſcium cenſetur, uti diuus etiam Ambroſius teſtatur. unde non immerito pluris, quàm quiuis alius piſcis uenditur, ubi haberi poteſt. Et maxime Maio menſe, in quo quidem uti rarior capitur, ſic longe ſuauior exiſtimatur. Maiorem nonnulli, minorem uerò alij celebrant, Saluianus. An maiores, quia pinguiores, eo nomine ſuauiores quibuſdam uidentur? ego mediocres prætulerim. Circa Albim fluuium truttis eos præferri audio. Piſcium alij alijs partibus magis commendātur, thymalli uerò & truttæ undiquaque. Sunt tamen qui tunicam interiorem huius piſcis, ceu cibum ſumme Apicianum prædicent: de quo Antonius Schnebergerus meus ex Polonia me admonuit. ¶ Saluianus, ut proximè retrò dictum eſt, Maio menſe præcipue commendat: alij ab initio Martij uſque ad Septembrem: quo quidem menſe, ſecundum Saluianum, libidine accenduntur, alij Iulio menſe primùm laudare incipiunt, ita ut autumno deinde optimus ſit.

Pirûntes. Fuuiatilium piscium optimi sunt qui in rapidissimis degunt fluuijs, ut Pyrûntes. hi enim non nisi in rapida & frigida aqua uiuunt: & præ cæteris fluuiatilibus faciles sunt concoctu, Mnesitheus. quanquam autem pyrûntas pro truttis accipio: eadem tamen hæc de thymallis, & iustiùs etiam quod ad salubritatem, & concoctionis facilitatem, similiter accipienda censeo. Pisces lapidosi (inquit Albertus) pinguiores sunt & saniores, (*sanum pro salubri Albertus & eius seculi scriptores accipiebant,*) sicut trutta & thymallus. Nutriunt mediocriter thymalli, boni sunt succi, & facilè concoquuntur, Saluianus. Nostri etiam ægrotis hos pisces non denegant. De piscium usu in tenui uictu, præcipuè lucij, temoli, &c. quæ Aloisius Mundella literis mandauit, suprà in Lucio recitaui. Hecticis conceduntur pisces aquæ dulcis, parum petrini (*sic loquebatur illa ætas*) communiter uocati striguli, lucij, temuli, &c. sed raro, Gaynerius. Temali parui sine uiscositate sunt, plurimùm exercentur, olent & sapiunt optimè, ut saluberrimi sint habendi, Mich. Sauonarola.

Saxatiliû loco. Mihi quidem thymalli, saxatilium piscium marinorum loco præ cæteris aquarum dulcium pisci bus (uel omnibus, uel ijs qui apud nos sunt) in cibum dari posse uidentur: quòd carne similiter ut illi, neque dura, neque uiscosa sint, ac simul in saxosis aquis degant & plurimùm exerceantur, &c. Post eos albulas lacustres, præsertim quæ media magnitudine sunt, & albulæ priuatim à nostris uocantur: tertio truttas uel umbras illas lacustres quas à rutilo colore nostri denominant, saxatilium loco posuerim, ex nostris quidem piscibus. Sunt qui thymallos apud nos in urbe captos præferant: ego pinguiores quidem illos esse puto, non tamen salubriores: quod de Lupis Tyberinis etiam Galenus tradit.

Apparatus. Temulus quouis modo percommodè coquitur, fricturam tamen magis requirit, Platina. Mihi quidem elixi & simpliciter conditi placent: debent autem elixandi in uinum frigidum immitti. Pinguiores tamen meliùs sapiunt assi. Cùm thymali felle careant (*nos fel habere diximus, sed exiguum*) quando coqui debent, haud eis dissecto uentre eximenda sunt interanea, sed satis erit si exteriùs solùm purgentur. Maiores elixi, & maximè butyro conditi; minores uerò assi sapidiores creduntur, Saluianus.

G

Adeps. Adeps de intestinis thymalli collectus ad uarias affectiones salutaris creditur. Maculas aut cicatrices recentes cutis illitus, corpori concolores reddit. Igne uel aqua feruida deustis locis remedium est. Sunt qui eo perungant membra, quæ contabescere & alimentum non sentire uidentur, per se: uel cum unguento ab althæa denominato, & folijs solani tetraphylli, quam aliqui herbam paris uocant. simul autem etiam insessionem quandam seu balneum præcipiunt, & Luna crescente tantùm (si bene memini) perungunt.

Ad aures. Si pinguedo huius piscis Maio mense in uitreum uasculum coniecta Soli exponatur, id quod ex ea distillat, ac in uasculum residet, uulneribus salutare existimatur: auribusque instillatum, grauitatem auditus discutit, Saluianus. Multi piscatores Ticini accolæ adipem thymalli auribus salutarem conditum seruant, Gillius. Nuper amicus quidam ad me scripsit his ferè uerbis: Narrant piscatores ad Lemanum lacum, è senibus se audiuisse, sanguinem huius piscis si in aures infundatur, surditati prodesse, si modò uiuenti pisci sanguis detrahatur: Sic ille. ego hoc non de sanguine, sed adipe uerum esse puto. & quoniam, qui Gallicè loquuntur, hoc narrarunt: facili lapsu sanguinem pro adipe accepit, qui auscultabat: hunc enim Galli sain, quasi saginam uocant, illum sang.

Ad oculos. Ad oculorum etiam remedia commendatur idem adeps. Cum aliqua lippitudo, rubor, feruor, aut pterygia uel ungues (**flecken vnd nagel**) in oculis apparent, quotidie binas guttas cum penna instillari iubent aliqui, idque in pueris etiam, & equis consulunt. Vidi puellam chemosi affectam, quod malum aliquando exanthemata illa (quas papulas pueriles uocant Germani) sequitur, hoc remedio per septuaginta ferè dies continuato, (ut quotidie gutta instillaretur,) curatam, rubore mox primis diebus sublato. Si oculi in equo lunatici sint, foueam supra oculos adipe thymalli perfricato frequenter, ut eorum claritatem conserues, Ex libro Germanico manuscripto. Habent & pharmacopolæ apud nos hunc adipem: à quibus maximè ad oculorum remedia, ut maculæ in eis deleantur, peti solet: deinde etiam ad curandas igne uel aqua adustas partes. Plinius quidem omnium piscium adipem oculis salutarem facit. Dioscoridi uerò fluuiatilium duntaxat adeps, ad oculorum claritatem

Fel. inungitur: in quem usum liquatur in Sole, melque illi additur. ¶ Fel de anguilla, thymallo, tinca & porcello lactente misce, ad aurium remedia. hoc enim infuso, pelliculas rumpes, fluxiones curabis, uermes occides, Ex libro Germanico manuscripto.

H.a. Thymallus inter ioculares piscium nomenclaturas Comes seu Regulus Rheni, nuncupatur, **Ein äsch ist ein Rheyngraf**, fortè quòd inter pisces Rheni plerisque alijs lautior salubriorque, & principum mensis dignus iudicetur. sic & Salmonem propter saporis excellentiam, dominum cognominant, **Ein Salm ist ein herr.** ¶ Θυμὸς oxytonum apud Græcos, animum uel animos, (aliquando animam, aliâs iram) significet, & ypsilon semper producit: deducto ut suspicor nomine à uerbo θύω, τὸ σφάζω, quod est macto, occido: ut propriè sanguinem, & qui in sanguine est calorem spiritumque significet, iuxta illud poëtæ: Purpuream uomit ille animam. hinc etiam cauitas inter iugulos, (qua mactari animalia solent,) ab aliquibus θυμὸς, ab alijs σφαγὴ dicitur, authore Polluce. Θυμὸς, ἀδήν τις μεταξὺ τῶν κλειδῶν: id est, glandula quædam inter iugulos, Eustathius. Θυμὸς, παρὰ τὸ θύειν (ὁρμᾶν καὶ ζεῖν) τὸ αἷμα, θυαμός, Varinus. Cæterùm θύμος paroxytonum genere masc.

Atticis

Atticis etiam neutro, herbæ nomen est, & ypsilon corripit: Dumq́ue thymo pascentur apes, dum rore cicadæ, Vergilius: qui & alibi semper ypsilon huius nominis corripit, ut annotauit Nic. Erythræus. item Claudianus, - - - - credas examina fundi Hyblæum raptura thymum. Et Ouidius, Pars thyma, pars rores, pars meliloton amat. Et in Theriacis Nicander: βοσκόμεναι θύμα ποσσί, καὶ ἀνθεμόεσσαν ἐρείκην. Macer tamen, qui de herbis carmine scripsit, quem inter poëtas non annumero (inquit Erythræus) produxit: Si desit thymum, pro thymo ponere thymbram. Quo genere quidem thymum protulerit Vergilius non apparet: duos enim casus tantùm apud eum reperias, datiuum thymo, & accusatiuum thymum. A Dioscoride & Galeno gen. masculino effertur. ὦ πολλὰ δὴ δέσποτ' ἀπωλόμην τῶν τοῦ θύμου φαγόντων, Carion in Pluto Aristophanis, (est autem uersus iambicus tetrameter.) ubi Scholiastes: Thymum (inquit) herba uilis est, & profertur gen. neutro, penultima breui, barytonum. Videtur autem huius herbæ nomen factum à uerbo θύω, quod est θυμιάω, suffio, suffitum excito. est enim odorata & suaui odore. hinc & thymiama dictum, suffimentum: cuius tamen primam producit Sophocles in Oedipo Tyranno, hoc senario: πόλις δ' ὁμοῦ μὲν θυμιαμάτων γέμει. Ego ut in thymo herba, sic & in thymallo pisce, ypsilon semper corripuerim: quanuis miretur aliquis cum ab eodem uerbo θύω, (quod & sacrificare, mactare, occidere, ut Gallis quoq; tuer: & suffire significat. uetustissima enim sacrificia suffitu tantùm fiebant, unde & thuris factũ nomen,) utrunq; horũ nominũ deducat, θυμὸς pro animo, θύμος uel θύμον pro herba, alterius ypsilon produci, alterius corripi. ¶ Taxum arborem Dioscorides lib. 6. toxũ à Romanis dici credidit, nec thymalon ut hîc (lib. 4.) scribitur, sed thymilon scribendum, quod & Aëtius quoque sequitur, Paulus thymion, Hermolaus Corollario 695.

Prouerbium, Aut piscem olet aut florem, requires suprà in A, ubi de piscis huius odore diximus. h.

THYRSITES piscis est marinus, similis pelamidi, Kiranides. Vide Thursio suprà.

TIBVRONVS piscis est Noui Orbis, de quo leges suprà, in fine Corollarij De Gladio, pagina 457.

TIGRIS Marina Alberto & obscuris quibusdam scriptoribus Thynnus piscis appellatur.

TILONES (Τίλωνες) memorantur ab Herodoto libro 5. non multò post principium. Pæonum quidam (inquit) Prasiadem paludem incolunt, hunc in modum. In media palude compactæ erant sublicæ (σταυροί) altæ, tabulis seu plancis (ἴκρια uocat Græcè) super eas iunctis angustum à continente ingressum uno ponte habentes. Has sublicas tabulata sustinentes olim communiter omnes ciues statuebant. mox è lege hunc in modum statuendum censuerunt: ut pro singulis uxoribus quas quisque duceret (ducunt autem singuli multas uxores) ternas defigeret sublicas è monte sumptas, cui nomen est Orbelus. Hoc habitantes modo obtinent singuli super ea tabulata tugurium in quo degunt, & fores inter tabulata compactas (καὶ θύρην καταπακτὴν διὰ τῶν ἰκρίων) deorsum ad paludem ferentes. Paruulos liberos per pedem reste illigant, metuentes ne illi in aquam deuoluantur. Equis & iumentis pisces pro pabulo præbent. Porrò piscium tanta est copia, ut quoties quis ianuam compactam reclinauerit, (ὅταν τὴν θύρην τὴν καταπακτὴν ἀνακλίνῃ,) demissam fune sportam (σπυρίδα) uacuam, aliquantò pòst retrahat piscium plenam. quorum duo sunt genera, unum quod uocant Papraces, alterum Tilones. Hæc ille. Quænam uerò sit Prasias illa palus iam non habeo quod dicam. Tilloni & ballero (βαλλήρῳ καὶ τίλλωνι) lumbricus Canis exortu innascitur: qui debilitat, cogit'que ad summa stagni efferri, quà æstu intereunt, Aristoteles historiæ 8. 20. numerat autem utrunque inter fluuiatile & lacustre genus. Fullo piscis, Græcè chylon, Latinè tum tullo, tum fullo: hinc rusticè apud nos tylon appellatur, Niphus: Videtur autem hoc in loco totidem errores quot uerba scripsisse. Vide quæ suprà in Fullone, pagina 444. à nobis notata sunt. ¶ Quærendum an Papraces, lacustres illi pisces sint, qui à Germanis etiam Praß dicuntur. nam & hi magnis gregibus capi solent.

TILTON Græci uocant, τίλτον, genus salsamenti, Varinus. Vide suprà in Lepidoto, Elemento L.

DE TINCA, RONDELETIVS.

TINCAE nomen ab Ausonio usurpatum hodie quoque in Gallia & Italia seruatur. A
Piscis hic in lacubus stagnis & fluuijs, qui rapidi non sunt, uiuit. Vbi.
Ex uiridi flauescit, corporis specie, pinnis, & earum situ, palato carnoso Cyprinum B
imitatur: squamis autem differt. paruis enim admodum & tenuibus tegitur, muco semper obductis, quam ob causam Tincæ lubricæ sunt. Præterea circa oculos circulus in Tinca ruber est, in Cyprino flauescens. Linea à superiore branchiarum parte descendens corpus medium intersecat. Pinnas duas habet ad branchias, alias duas in uentre, unam à podice, aliam in dorso breuem sine aculeo. Cauda in pinnam latam desinit. Lapillos habet in capite Auratæ & reliquorum marinorum modo. In ima oris parte ossa serrata pro dentibus. Branchias quater-

GG

nas duplices. Ventriculũ paruum, fel aqueum in hepate, uesicam geminam aëre plenã in uentre, oua pauciora quàm Cyprinus.

C Nutritur aqua, luto, & muco, quam ob causam palustribus et lacustribus aquis, et fluuijs tarde fluentibus gaudet.

F Vilis est, & pauperiorũ cibus. Ausonius:

Et uirides uulgi solatia tincæ.

Crasso, glutinoso, excrementitioq; est succo.

A Sunt qui Tincam, Aristotelis ψύλωνα esse putent, quem Fullonẽ uertit Gaza, de quo hæc tantùm Aristoteles lib. 4. de hist. cap. 14. ὃν δὲ καλοῦσι ψύλωνα, πρὸς τοῖς αἰγιαλοῖς ἐν ὑπηνέμοις: ἀγελαῖος δ' ἐστὶ καὶ οὗτος. Id est, Fullo quẽ uocant, litora petit tranquilliora, sed is quoq; gregalis est. Præterea eundem esse cũ eo qui Dorioni γναφεὺς uocatur. Athenæus: Γναφεύς. Δωρίων ἐν τῷ περὶ ἰχθύων τὸ ἐκ τοῦ ἑψήσεως τοῦ γναφέως ὑγρόν φησι πάντα σπίλον καθαίρειν. Id est, Fullo. Doriõ in libro de piscibus, ait fullonis decocto maculã omnem elui. Alij (*ut Bellonius*) dubitãt sit'ne idem Fullo Aristotelis, & γναφεὺς Dorionis: cuius dubitationis causam nullã uideo, cũ Fullo Aristotelis lacustris sit uel fluuiatilis, (*Tillo potiùs, fluuialis & lacustris est Aristoteli: ψύλων autẽ quem Gaza fullonem uertit, cum litora petere dicatur, marinus uidetur. Vide quæ annotauimus in Fullone, Elemẽto F.*) Dorion uerò marinos duntaxat pisces numerasse uideat. Quod uerò Tinca et Fullo idẽ sint, nõ inde necessariò efficit, quia Tincę decocto sordes detergunt. Idẽ enim & Anguillarum, & Ichthyocollę, & aliorum pisciũ admodũ glutinosorũ decoctũ præstare potest: nã lento & glutinoso humori quod pingue est & sordidum hæret, atq; unà utrunque abluitur & tollitur. Tincæ quidem muco obducuntur, & sese mutuo lambunt, id quod aliquando obseruaui. His Lucios uulneratos sese adfricare, & muco uulnera conglutinare tradunt.

Ψύλων uel Γναφεὺς Græcorum an sit tinca.

Γναφεὺς, id est fullo unde dictus.

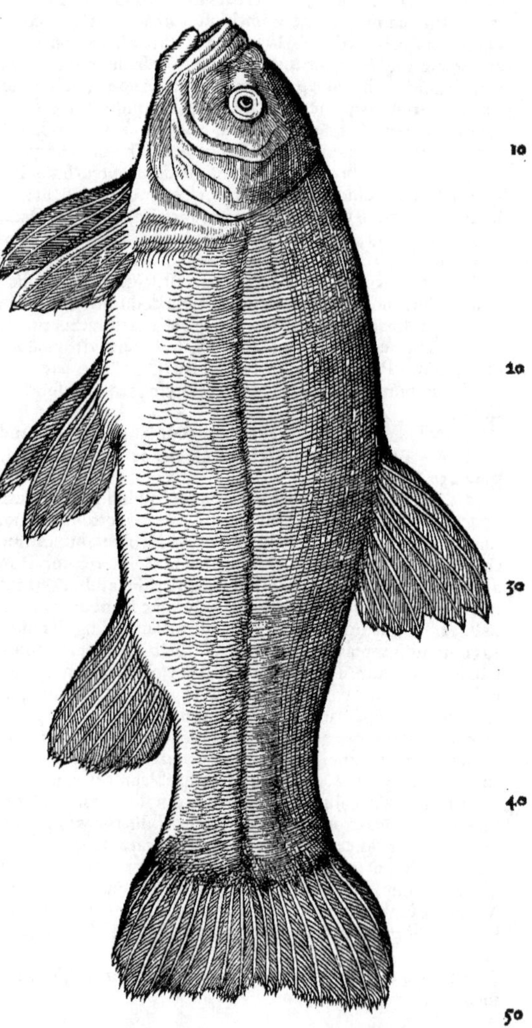

Tincæ hæc effigies à nostro pictore expressa est.

D

A Non immeritò à P. Iouio Platina reprehenditur, qui Tincas antiquitus Mænas fuisse existimauit, cùm Mænæ solùm sint marinæ, Tincæ palustres siue lacustres & fluuiatiles.

G Vidi Romæ Iudæos quosdam medicinam exercentes, qui carpo & plantis pedum Tincas, per dorsi longitudinem discissas, admouerent in febribus ardentissimis. Sed id nisi in tempore fiat, non modò nihil profuerit, sed maximè obfuerit: nam frigiditate intro repellente, ac magis constringente augetur incendium.

DE EA-

DE EADEM, BELLONIVS.

A Tinca Italis & Latinis, Gallis Tenche dicitur, nam ubique suam appellationem constantissimè retinuit. Popularis est piscis ac cœnosus: qui quum ubique frequens sit, mirum est, quòd à priscis Romanis nullum nomen habuerit. Fullonem Aristotelis esse crediderim. (*Fullo.*) Gregalis est Fullo (inquit ille) & partus tempore petit litora tranquilliora. Fullo autem dictus piscis, quòd eius decoctum detergendis lanæ sordibus inseruiat. Dorioni γναφεὺς uocatur: cuius decocto (inquit) macula omnis sordésue eluitur. quod nostri uulgi plerisque pro magno arcano habetur. (*Tincæ nomen uetus nullum certis argumentis ostendi potest. Nec idem esse potest γναφεὺς, qui ψύλωμ, quem Gaza fullonem uertit. Vide quæ nos elemento F. in Fullone scripsimus.*) Tinca Phycidi usqueadeò similis est, ut uulgus Phycidem Tincam marinam uocet.

B Viridanti est squamarum colore, quas olida uligine obsessas habet, seu mucore lento uiscosas: adeò tamen tenues, ut meritò ijs carere dixeris. Singularem in tergore pinnam habet, eamque paruam: quaternas sub uentre, & caudam rotundam. Os nulla dentium asperitate communitũ. Tergus & totum corpus diuerso modo fulgere comperies. In Tincarum porrò capitibus calculi duo admodum exigui reperiuntur.

COROLLARIVM.

A Ego palustres hos pisces nullo in precio apud antiquos fuisse putauerim, & propterea nullis literarũ monumẽtis fuisse celebratos, meque plurimùm mouet Ausonius, qui tincas & lucios ignobilissimis piscibus adnumerauit, Iouius. Veteres authores preciosos potiùs quàm uiles pisces literarũ monumentis celebrare consueuerunt. Vnde et Columella scribit: Viles pisces ne captare quidem, nedum alere conducit, Saluianus & Massarius. Idem Saluianus: Satis (inquit) mirari non possum, scriptores Ausonio uetustiores, tincam piscibus nunquam annumerasse: similiter coniectare nequeo, quamobrem mille ac centum deinceps annis nemo tincæ mentionẽ fecerit. nam post Ausoniũ (qui redemptionis nostræ annis circiter trecentis & septuaginta, sub Valentiniano ac Valente Augustis uixit) centum tantùm ab hinc annis nõnulli rursus tincæ meminere. Sic ille. atqui tincæ Albertus Magnus etiam meminit ante hæc tempora annis circiter trecentis. claruit enim circa annum Salutis M. CC. LVIII. ut in Chronicis reperio: quanquam Trittemius annum Domini quo floruit numerat M. CC. LXXX. hic libro 23. De animalibus, falconum remedia describens, secundum Guilielmum Falconarium regis Rogerij, (qui nimirum ante Alberti quoque ætatem uixit) tincham nominans, Germanicè etiam interpretatur Sligen. ¶ Nomen huius piscis à recentioribus uariè scribitur: Tinca, Tincha, Thinca, Tenca, Tencha, Tencon. ultimum uidetur diminutiuum. inter reliqua magis arridet ut Tinca scribatur, nimirum quasi tincta, quod Gallus diceret Teinte. colore enim à plerisque alijs piscibus multùm differt, & uiridi nigricante quasi tincta uidetur. Germani atramentum scriptorium etiam à nigro colore Tinten, quasi tinctum uel tincturam nominant. ¶ Alexander Benedictus uictum podagricorum describens orphos lacustres nominat pisces, qui uulgò tincæ uocentur, nescio qua ratione. mihi quidẽ minimè probatur. ¶ Merulam piscem turdo simillimum, (nisi quòd merula nigrior est,) quoniam tincæ formam habet, tincam marinam Veneti cognominant, Massarius. (*Tincæ marinæ.*) Merula piscis marinus tincæ fluuiatili similis est corporis habitu, Rondeletius. Ergò tincam quoque si quis merulam fluuiatilem aut lacustrem appellet, (Græcè κόσσυφον ποτάμιον ἢ λιμναῖον,) non ineptè fecerit. Ausonius sui temporis secutus plebem, usitatis nominibus pulcherrimum poëma nõ est ueritus inficere potiùs, quàm aut ipse in ambiguo iactari, aut iactare lectorem in obscuro. sic alosam pro clupea siue thrissa, tincham pro merula fluuiatili posuit, Scaliger. Hippolytus Saluianus Tenca marina Romæ uocari scribit, & alio nomine pesce Fico, piscem illum quem Rondeletius phycidem esse putat, ipse callariam asellorum generis. sed icon à Rondeletio pro phycide posita, ab ea quam callariæ nomine Saluianus dedit, diuersa uideri potest. Quære in fine huius uoluminis iconem illi, quam Saluianus dedit, similem. Bellonius in Turdo Phycidem, Tincam fl. interpretatur. Pierius Valerianus de tinca dubitat, sit'ne fuca (id est phycis) aut pholis ueterum. Atqui phycis piscis marinus est, tinca uerò dulcium aquarum. cum illa tamen aliquid commune habet: (nam, ut Bellonius scribit, Itali merulam æquè atque phycidem, tincam marinam uocant:) De pholide aliud nihil legimus, nisi quòd mucum quem ipsa emittit, sibi obducat, ita ut in eo quasi cubili quiescat. Vide suprà, elemento P. Iulidem quoque, aut similem ei piscem, alicubi tincam marinam uocari audio, fortè quòd magna ex parte uiridi sit colore. Puto & coracinum piscem nigricantem similiter nonnusquam uocari. ¶ Tinca Italicè & Hispanicè Tinca uocatur: Gallicè Tanche: uel etiam Tincke, si rectè scribit Carolus Figulus. (*Vulgaria.*) Germani plerique Schley à lubricitate, uel potiùs muco, quem nostri schleym appellant: ut Græcè myxonem, Latinè muconem interpretari liceret, nisi mugilum cuidam formæ iam priùs hoc nomen deberetur. Vir doctus quidam ut uim Germanici nominis exprimat, tincam uocat limariam. sed quoniam id potiùs Græcorum pelamydem exprimit, πηλὸς enim limus est: & tincæ apud Germanos à muco (ut dixi) nomen positum est, abstinere eo præstiterit. Muco quidem hunc piscem plenum esse uel tactus arguit, limosis etiam & sordidis locis degit, & in cœno alitur. Schley, ab alijs

GG 2

scribitur, Schleihe, à nostris Schlig, quod ita proferimus, ut sit i. breue, & g. molle in fine. uoco autem g. molle, sicuti ante e. & i. profertur. Rostochij & finitimis oris Slye. ad Albim Schleyn: alicubi etiã Gallico uocabulo ein Tinch, inferiores quidã Germani & Gallis uiciniores ut Flandri. Geldri Lauwen uel Louwen, & Seeld uel Zeeld appellãt. In Frisia, ni fallor, Müdthund, nescio qua uocabuli ratione. piscem aiunt esse in dulcibus aquis, lubricum, uocariq; aliter etiam medicũ omnium pisciũ, & sutorem nigrũ. Hollandi quoq; een Schoemacher, hoc est sutorem, ob cutis crassitudinem: & Graumacker, (nos Grabmacher diceremus,) id est uespillonẽ, quòd subinde in terra effossa aut sepulchris inueniatur. Saxones quidã tincã interpretant Stincks: nescio an tincam nostram intelligentes, an alium quendã pisciculũ qui in ora Germaniæ Stint & Stinckfisch à fœtore nominatur. ¶ Tincæ Anglicum nomen est Tenche. Polonicum, Lin uel Lijn. Bohemicum Linie, & Swecz quasi sutor.

B Capiũtur tincæ passim in omnibus ferè lacubus & stagnis. In Rheno etiã, præsertim inferiore ubi tardiùs fluit. In quibus Italiæ lacubus & quales inueniantur, dicemus infrà in F. Tinca in limo, sicut anguilla nutrit, unde & eius coloris est, scilicet lutei siue nigri, Obscurus. Tinca rostro breui ac retuso est: ore ferè rotundo, ad uentrem inclinante, ac prorsus edentulo. In utroq; latere, ubi labrũ superius inferiori cõmittitur, appendicem habet, cyprini instar, cutaceã, rotundã, breuem, mollẽ ac lubricam adeò, ut nunquam explicetur, conspicuá ue fiat, ni digitis comprehensa extendatur. Oculi magni sunt & aurei. Squamis minutis ac ualde cõnexis tegitur. Non idem tincis omnibus color est. aliquæ enim subalbidæ: plurimæ ex albo flauescentes, nõnullæ uirides, palustrium uerò subnigræ etiam aliquæ sunt. Viscido adeò muco exteriùs præditæ sunt, ut recẽs captæ, uix manibus detineri queant. Mirè pinguescunt. Quinq; aut sex librarum crebrò & ubiq; ferè reperiunt: alicubi uerò ad uiginti etiã libras aliquando excrescunt, Saluianus. ¶ Quæ in Albi maximæ capiuntur tincæ, duas circiter libras (id est uncias sexaginta quatuor) pendent. Piscis est breuis, crassus, longitudine ad latitudinem triplici: capite crasso & recurto: oculis magnis, nigris, multùm prominentibus, ut in passere fl. quem Halbfisch appellamus. Dentes habet paruos ad initium gulæ, in duabus utrinque mandibulis, ut capito & alij quidam pisces. Color ei undiquaque ad aureum uergens. Plenus est minutis & tenuibus squamulis, quæ de eo abradi, ut in cæteris piscibus non possunt. his superinducitur pellicula uiscosa, quæ piscem omnino lubricum reddit, &, si radatur, glutinum quoddam tenax & coagulatum præ se fert. eadem in causa est, ut hic piscis, si anteriùs aspicias, coloris appareat è fusco, nigro et uiridi permixti, ac flauo superinducti. Pinnæ ad branchias colorem è puniceo fuscum præ se ferunt: superior uerò cum cauda, fusca magis quàm punicea est, Io. Kentmanus. Ego etiam olim tincam contemplatus, iridem in oculis rubentem obseruaui, maxillas in faucibus dentatas, tergus crassum, in capite lapillos, caput & dorsum nigricabant: pinnæ subnigræ, cauda nigrior erat. Sub pinnis iuxta branchias eminebat caruncula rubicunda, crassiuscula. Ad pinnam uerò sinistram medij uentris cuneus quidam carnosus, subdurus, genitalis ferè specie, prominebat. ¶ Tinca lutea potiùs quàm uiridis est: at uiridem (dicere) maluit Ausonius, Scaliger.

C Tencha piscis est fluuialis uel stagnensis, qui in limo sicut anguilla nutritur, Obscurus. In stagnis & paludib. uictitat, locis ferè cœnosis, ut inter arundines & uluas. In quibus Italiæ lacubus habeatur, leges infrà in F. E riuis in Albim uenit, per totum annum: illic autem libentissimè in Albi degit, ubi maximè limosum est uadum, & flumen tardius, Kentmanus. Tincæ nusquam in mari reperiuntur. in lacubus autem ferè omnibus nascuntur. capiuntur & in Tyberi, nonnullisq; alijs fluminibus: in quibus cum perrarò tamen capi soleant, ex aliquo potiùs lacu ad flumina adnatasse, quàm in eis genitas esse crediderim. In lacubus ac stagnis ut frequentes, ita & omni anni tempore capiuntur, Saluianus. In Rheno etiam capi audio, cum alibi, tum circa Coloniam. ¶ Putrescentis limi sordibus uescuntur tincæ, Iouius: potiùs quàm carne, Saluianus. In limo sicut anguilla nutriuntur, Obscurus.

Pisces omnes strepitum extra aquam ædunt, seu concussi, seu concutientes celeriter branchias, ut tincæ, quæ stridorem quendam acutum emittunt, Cardanus in Varijs. Et rursus: Pisces pauci sunt qui non strideant: quod & tincæ faciunt, cum è uiuarijs educuntur. nec mirum, nam concutiuntur, & aërem pro aqua trahunt. ¶ Tincæ & lucij & absq; semine et ex semine generantur. nam in piscinis non sati inueniuntur, Cardan. Et mox, Lucios è tincarum semine generari creditum est, amicitiamq; inter illos intercedere. Item alibi: Cyprinos, tincas, anguillas, è putredine seu absque semine generari certum est. ¶ Alibi quoq; scribit tincam uisceribus etiam dissectis, diu superuixisse.

D Lucius ubiq; stagnis ac lacubus cum tincis frequentissimè reperitur, Iouius. Amicitiam lucio cum tinca esse ferũt: huius enim muco adfricare & illinere uulnera sua lucium, Rondeletius. Vide etiam suprà in Lucio C. Lucium quidem pisces omnes præter tincam uorare aiunt. Frisij tincam, medicum omnium piscium appellant.

E Cum spadernis capiuntur præcipuè tincæ, (*interpres Germanicus quidam legit tincæ. Lampetras, aliqui recentiores, tineas fontanas uocant.*) Sunt autem tres acus ex ære retortæ ac simul ligatæ, quæ quibusdam breuibus funiculis anneciuntur: ac ipsi omnes non multùm distantes

distantes cuidam funiculo longo, his apponitur caudarum cancrorum, uel lumbricorum crassiorum esca, & in aqua sero * extenso iactantur, & mane captæ tineæ (tincæ) tolluntur, Crescentiensis 10.39.

Tinca piscis quanquam semper uilis, insipidus & insalubris habeatur: nimis tamen malus putatur Iunio mense: à nostris circa Martium. F Fallitur, meo quidem iudicio, qui tincæ post troctā primas attribuit hoc disticho: Tinca uocor, quare? maculosum respice tergus. Coctaq; post troctam, gloria prima feror. Tinca (inquit Iouius) quanuis plebeius sit piscis, aliquando tamen in lautorum mensas uenit, & ex his Romæ præsertim Marsicana è Fucino lacu, qui nūc Celanus dicitur. Fucinianæ labrum inferius tritum habent, quod eius generis indicium est: quippe quæ plurimum saxoso eius in lacus uado uolutentur. Fert & laudatissimas paruus ille lacus quartodecimo ab urbe lapide apud Bacanam syluā, (quam Antonino Pio notā Itinerario esse uidemus,) quibus non modo plebeij, sed splendidi etiam optimates sæpius uescantur. Nobilis ille inter aulę proceres longè omnium ætatis nostræ popinalis lautitiæ studiosissimus, (qui ducenta milia aureorum nummûm, in uentrem se condidisse aliquando gloriatus est,) tincas Bacanianas autumno captas, allio laridoq; contritis, additisq; odoratis oleribus & multo aromate, in teganis ad uaporem tepidioris furni fœlicissimè percoquebat. Fert & tincas, quanquam minores, sapore tamen minimè contemnendo sanctæ Praxedis lacus, in Latij Sabinorumq; finibus, qui Regillus antiquitus fuit: sed eæ cum raijs & squatinis, cæterisq; uilissimis piscibus, apud Pantheon ignobili foro infimis hominibus uenundantur, Hæc ille. Tinca sapore dulcis est, sed malæ digestionis, Incertus. Reginæ, scardulæ, & huiusmodi, non uidentur reprobari sicut tincæ, anguillæ, & similes qui squamas non habent, Ant. Gazius in Corona florida. Tincæ impuri & damnati sunt alimenti, Alexander Benedictus de uictu podagricorum scribens. Piscis est totus excrementitius & lutosus: ac, nisi diligenter à sordibus & immunditie purgatus fuerit, noxius, Adamus Lonicerus. Medici tincis omnibus uim quandam inesse ad progignendam febrem existimant, quoniam maximè in cœnosis degant, & putrescentis limi sordibus uescantur, Iouius. Aegrè concoquuntur, & mali sunt succi. unde sicuti eis crebrò uesci non debemus: sic diebus canicularibus, quo præcipuè tempore maxime noxiæ creduntur, ipsis prorsus abstinendum est, Saluianus. Temali parui, & tencæ paruæ, quæ apud nos dicti (*dicuntur, fortè*) iaceoli, sine uiscositate sunt, plurimùm exercentur, bonoq; sapore & odore sunt, ut saluberrimi hi pisces uideri debeant, Michaël Sauonarola. *Iaccoli.* ¶ Tincæ nunquam bene sapiunt: sæpissime uerò lutum etiam redolent. quapropter uiles & plebeiæ censentur, præterquam à mediterraneis hominibus: Qui cum pelagios pisces nunquam gustauerint, in summo honore, & præsertim sacri ieiunij tempore, eas habent. Vnde cùm in cœna Leonis decimi Pontificis discumbentibus, pelagios pisces uario iudicio certatim atq; impense laudantibus, nobilis quidam Florentinus tincis solùm assuetus, diceret: Extollatis, ut lubet, conuiuæ marinos pisces, ego certe Trasymenam tincam cōditam leucophago, his uestris triglis, spigulis & rhombis prætulero: hoc suo insulso dicto lachrymas omnibus præ risu excussit. Illę autem quas lacus Trasymenus, uel Fucinus, uel paruus ille apud Bacanam syluam, uel à S. Praxedi appellatus, procreant, etsi cum marinis piscibus æquari non debent, contemnendæ tamen non sunt: quippe quas in marinorum piscium penuria, ne lautorum quidem mensæ aspernantur, Saluianus ex Iouio. ¶ Pessimum est cum pisces natura molles & uiscosi, etiam friguntur, ut tinchæ, gui, (*gobij,*) Ant. Gazius. *Apparatus.* ¶ Tinca si grossa erit, & elixam uoles, ex agresta, aromatibus, petroselino, minutim conciso, conditam comedes. Aliter: Si grossa erit, eam bene exquamatam, ac per mediam spinam incisam, ita inuertes, ut quod foris erat, intus demum fiat, infractis etiam costis, ac concisis interaneis, inditoq; rursum, cum ouis sex, petroselini concisi, piperis tunsi, allij diffracti, croci modico. Sunt qui Damascenas, aut cerasia acria, aut passulas cum pineis mundis cum ouo disfracto indant. Coquenda lento igne in craticula est: coctam salimola ex aceto, oleo, croco, sapa suffundes. Aliter: Si parua erit, eo modo scindes quo superiorem. & consperſam farina, oleo friges, frictam, aut agresta, aut succo malarancij suffundes. Hoc, etiam quouis modo cocto, nihil peius, Platina. Allio quidam laridoq; condiunt, &c. ut suprà ex Iouio dictum est. Sunt qui laridi ac allij uice oleum cepamq; concisam, ac uuam, quam passulam dicunt, inijciant, ac eodem modo coquant. alij in eam, primùm (ut par est) purgatam, ac interaneis exemptis, passulas, mentam, petroselinū, allium, atq; sal concisa, & in simul mixta, per sectionem quà prius interanea exemerant, infarciunt, cōsutaq; sectione, aut ueru infixam, aut craticulæ impositam torrefaciunt, oleo ac aceto cum saluiæ ramusculo, aut fœniculi umbella, assidue dum torretur, conspergentes. Plebeij uerò eam oleo in sartagine frictam, ac arancij mali succo consperſam comedere solent, Saluianus. Tinca primùm in aquam calidam ponatur, & per pannum asperum trahatur ut abstergatur à muco: deinde exenterata in uinum frigidum elixanda immittatur, Mangoldus. sunt qui non minùs diu elixari iubeant, quàm uitulinam. ¶ Coquendæ tincæ melioris saporis erunt, coniectæ in calidam aquam, aut calido cineri impositæ. Assandis cum limo cutis detrahitur, & mediocrem saporem habebunt, Innominatus. ¶ Hic piscis etiamsi aqua calida ablutus, & bene abstersus, rite coquatur, in aquam nempe cum primùm feruere incipit, iniectus, conditus salitusq;, ad iuris ferè consumptionem, adhuc insipidus est, quamobrem ad lau-

GG 3

tiores mensas rarò uenit, Kentmanus. ¶ Tincarum cutim detractam per se tanquam magnas delicias uel à diuitibus quibusdam in Italia appeti audio. Hunc piscem aliqui in gelu (uel gelatina, ut uulgò uocant) commendant: suauius nimirum quàm salubriùs.

G Tincas scissas per dorsi longitudinem, pedumq́ & manuum plantis (*uolis*) applicatas, ardentis febris feruoribus plurimùm aduersari quidam putarunt ex secta Iudæorum, qui quanquam sordidè admodum & ridentibus aliis talia experirentur, aliquando tamen ipsis æstuantibus exoptata blandimenta fœliciter attulisse comperti sunt, Iouius. Veteres medici ad capitis & artuũ dolores sopiendos torpedines admouebant: quarum loco à mediterraneis tincæ forsan usurpari poterunt. Sunt qui non febrientium modò æstus tincis pedibus subditis, seu alligatis uiuis, temperari, sed idem remedium aduersus arquatum etiam morbum proficere putent. Alij ictericorum iecori aut umbilico uiuam imponunt. Ictericis aliqui tincam uiuentem illigãt umbilico donec immoriatur, postridie rursus aliam illigant: idq́ etiam tertio die repetũt. tinca immortua intus ac foris ueluti croco tincta redditur: & pleriq́ hoc remedio restituuntur, Kentmanus. ¶ Fel de anguilla, thymallo, tinca & porcello lactente misce, ad aurium remedia. hoc enim infuso, pelliculas rumpes, fluxiones curabis, uermes (aurium) occides, Ex libro Germanico manuscripto. ¶ Equorum purgatio ex intestinis tincarum aut barbonum, à Rusio Hippiatro describitur. ¶ Contra accipitrum & falconum lumbricos remedia scripsi in Accipitre E. iis aliqui tincæ pellem ustam admiscent.

H.a. Mulier quædam Papiensis (quod uidisse me testor) putans se esse prægnantem, post duodecim menses emisit frustum unum carnis satis magnum, & multa alia parua: & simul cum illis peperit animal ad similitudinem tenconis piscis, colore uiridi obscuro supra tergum, infrà autem rubri coloris: corio tam duro, ut uix gladio scindi potuerit. moriebatur autem, & complicabat se sicut ericius, Marcus Gatinaria.

Epitheta. Tincas uirides Ausonius dixit. licebit etiam uiles, insipidas, uiscosas, & similibus epithetis eas cognominare.

Proprium. Celebratur apud Ciceronem quidam facetus orator Placentinus cognomine Tinca, fortassis ab hoc pisce cognominatus: quemadmodum Florentiæ Laurentius Medices senior, uti erat perurbanus, cuidam celebris familiæ ciui, se domi tincam ingentem exquisita arte coctam falsò iactanti, Tincæ cognomen, quod illi postea fuit æternum, indidit, Iouius.

TINEAE paruæ generantur in marinis stagnis, quales in aqua dulci reperiuntur, Rondeletius. Lampetras aliqui recentiores, tineas fontanas uocant, ut suprà in Corollario de Mustela indicauimus, pag. 199.

TIPVLAE quanquam leuitate sua super aqua ingredientes non mergantur, aquatiles tamẽ animantes non sunt, ad librum De insectis referendæ.

TIRSIO. Vide Phocæna.

TITTANES apud Athenæum in uersibus Numenij nominantur, deprauatis tamen, ut apparet, his uerbis: χαύνους τιττάνας, ἐγχελυάς τε, καὶ ψυνεχίλω πίτυωνον. Alia lectio habet, χαύνες τε, τιλίας τε.

TMETI, τμητοί, à Græcis uocantur pisces maiores, qui ab aliis pelagiis, ut auratæ, glauci, phagri, hoc genus difficiliùs concoquitur: concoctum uerò permultum alimenti præbet, Mnesitheus. τμητοί ab Athenæo uocantur (ut equidem arbitror) qui in partes dissecti, in patinis ministrantur: uel ut in salsamenta condiantur, Vuottonus.

TONSICVLA piscis nominatur à Cassiodoro Variarum 12. 4. Destinet carpam Danubius, à Rheno ueniat anchorago, ex Orimis tonsicula quibuslibet laboribus offeratur. Orimi qui sint, iam non inuenio. Nouaculæ quidem piscis Plinius meminit 32. 2. ab eo contacta ferrum olere scribens.

TORENTINA, piscis Trutta, ut scribit Scoppa grammaticus Italus, sine authore. Malim per duplex r. quasi à torrentibus, quòd in riuis montanis reperiatur.

DE TORPEDINE, BELLONIVS.

A TORPEDO, Græcis olim νάρκη dicta, utroque uocabulo re ipsa piscis naturam explicante, quòd sua frigiditate torporem manibus inducat. Græcorum uulgus Margotirem (*Narcoterem*) appellat. Venetis ferè ignotus piscis est: qui si nonnunquam illuc ueniat, Sgramphi nomen habet, Romæ non alio quàm Occhiatellæ nomine cognitus.

B (A) Litoralis est ac cœnosus, Gallico Oceano infrequens, Burdegalis notus, apud quos Tremble appellatur, quasi tremulam dicerent: quòd mucosa ac glabra cute, eaq́ molli ac frigida, contrectantium manus efficiat tremulas. Primo aspectu Ranam marinam uel Pastinacam refert, nisi multò esset rotundior. Huius pars prona ex cinereo albicat: supina magis canescit: rostrum nullum habet, sed eius loco crenam gerit, inter duo latera parte anteriori impressam: caudam breuiorem quàm Raia: atque ut in Mustelis dispositam, (sulcat enim æquor in contrarium,) ad cuius radices duæ pinnulæ enascuntur, multùm in natatione adiuuantes. Oculis est exiguis, parte supina, ut in Raia collocatis: sub quibus duo utrinque foramina in gyrum crenata sunt. Os habet prona parte na parte patulum, in crescentis lunæ figuram, dentibus obtusis, multiplici ordine dispositis, anteriori tantùm parte communitum. Branchias gerit duplices, utrinque quinas, fel pro corporis magnitudine maximum.

Torpedo supina.

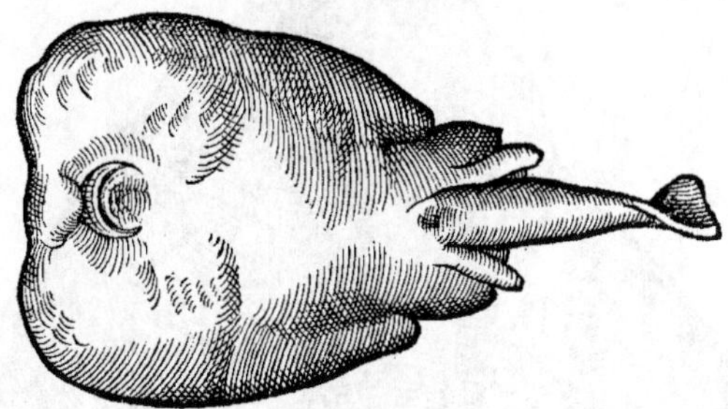

Tertia Torpedinum Rondeletij species, ut suspicor, maculosa, non tamen oculata.

Cæterùm usqueadeo est lenta carne, ut nisi frigatur, saporis sit admodum ingrati. Adhuc fricta, non indurescit, ægerrimeque coquitur. F

Febrem, extremis artubus admotam, expellere censent, ut & fluuiatilem Tincam. G

DE TORPEDINE OCVLATA, BELLONIVS.

Videtur hæc species prima Torpedinum Rondeletij.

Falluntur mirum in modum, qui Plinium reprehendunt, quòd Torpedinis id genus, quod in tergore sex, atque interdum septem, (*Saluianus in sua icone, quinque tantùm huiusmodi maculas pingit, ceu per angulos pentagoni digestas: & Rondeletius similiter in duabus suis primis,*) aut eo minus maculas, quosdam quasi oculos referentes gerat, Oculatam appellauit: atque id cognomen ad Melanurum potiùs referendum esse autumant. Verùm si ab oculorum pulchritudine & magnitudine Melanurus oculati apud Latinos nomen receperit, quid uetat quo minus à multorum oculorum specie, Torpedinis hoc genus, à superiore multùm distans, etiam oculatum appellemus? Ipsa enim dictio oculorum multitudinem potiùs quàm magnitudinem sonat: quanquam etiam utrumque significare posit. Ac, quantũ illi censores paulò (ut mihi uidetur) rigidiores fallantur, ipsum uulgus Romanum satis indicat; à quo adhuc hodie, nemine docente, Occhiatella dicitur. Verùm de hoc, in Melanuro latiùs. A

Cæterùm, hæc Torpedo non magnitudine ac specie tantùm, uerùm etiam carnis lentore alteram imitatur: solis quinque, sex, atque interdum septem oculorum maculis ab ea differt: quas ita exactè delineatas in medio tergore præ se fert, ut neminem pictorem iudices rectiùs aut exactiùs quicquam effingere potuisse: alioqui naturales oculos paruos habet, ad superius descriptam Torpedinem accedentes. B (F)

DE TORPEDINIBVS (IN GENERE, ET SPEcie prima priuatim,) Rondeletius.

Torpedinis maculosæ primum genus.

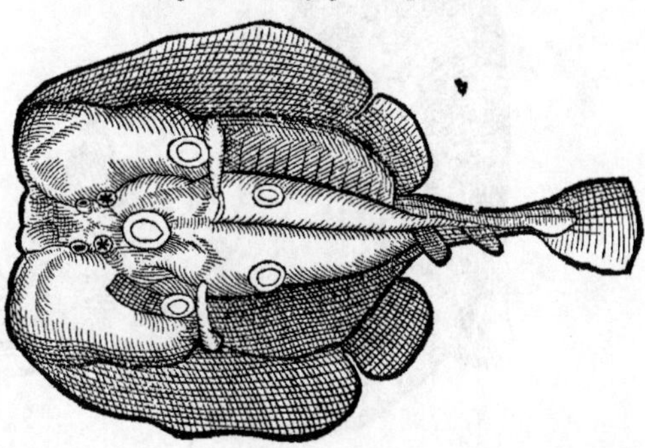

Figuram ſequentem Torpedinis à pictore Veneto habui, nulli illarum, quas Rondeletius pingit, ſimilem: non ſatis probè, ut ſuſpicor, expreſſam.

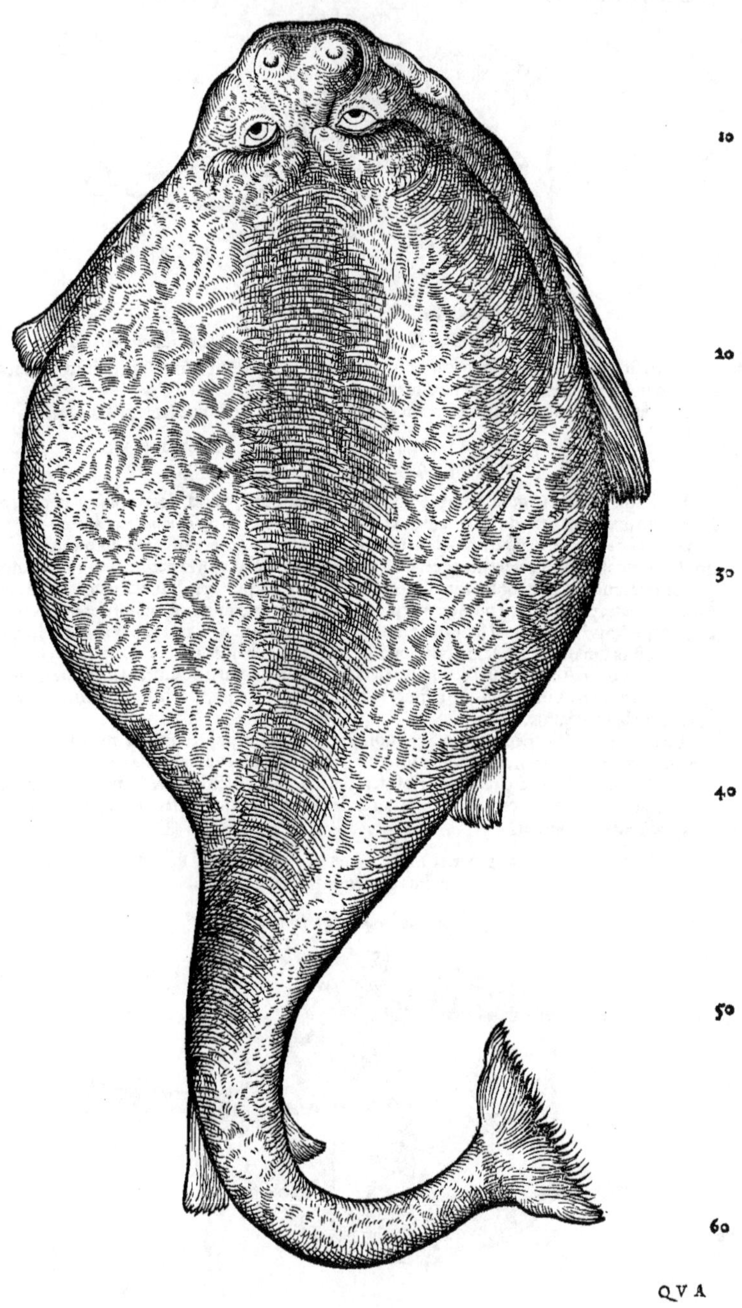

QVA

QVA ratione Græci ναρκην piscem, eâdem Latini torpedinem uocant: est enim νάρκη ἔκλυσις τῶν μελῶν, id est membrorũ debilitatio: & torpedo, idem quod torpor siue stupor. Huic pisci nomẽ datum est, quòd torporẽ & stuporẽ membris inducat. Menander, inquit Athenæus, νάρκαν per α extulit, quo nomine (*quo modo, ut α in fine scribatur*) nullus ueterũ usus est. Ligures à tremore tremorize appellãt. Massilienses dormiliouse, à stupore: pedẽ enim, uerbi gratia, torpidũ siue stupefactũ endormi dicimus. Galli torpille. Torpedinum genera quatuor facimus: tria earum quæ maculis notatæ sunt, quartum eius quæ maculis caret. Quę genera omnia hoc uno capite cõcludimus, quia uiribus & corporis specie non differunt, sed maculis tantùm, ut diximus. Quare quæ de unius facultatibus, & partium tum internarum tum externarum descriptione dicuntur, eadem etiã reliquis conuenire existimato.

A — *Libro 7.* — *Genera quatuor.*

Prima torpedinis species à nobis posita est ea, cuius maculas efficiunt circuli albo nigroq́ distincti, quorum medium oculi * pupillam, maculæ totæ oculos planè referunt. Quamobrẽ à Romanis hodie ochiarella, siue oculatella nominatur.

Genus primũ. A

Porrò maculæ pentagoni figura dispositæ sunt, reliquum corpus colore est ad rubricæ fabrilis, quam uulgo pro terra Armenia uendunt, colorem accedente. Piscis est planus cartilagineus, parte anteriore latus, lateribus rotundus, in caudam carnosam desinens: in cuius initio, partéque prona pinnulæ duæ erectæ sunt, prior maior est, altera minor. in extremo pinna est lata, ut caudam clauis nauium, quibus in Rhodano & Sequana utuntur, aptè comparare possis. Oculos paruos habet pro corporis magnitudine, post oculos foramina oculis maiora, quæ ad os usque patent: quorum ambitus ἐπιφύσεις sunt carnosæ, ἐπιφύσεσι cordis terrenorum animalium, quas Latini ualuulas interpretati sunt, similes. Os paruum in supina parte, dentibus paruis munitum, ante os foramina pro naribus. Branchias in medio ferè corpore: quia ob corporis tenuitatem ad latera, quemadmodum in galeis & squatina collocari non poterant. Cor depressum, uentriculum latum, intestina breuia & lata: hepar album, in quo latet uesica fellis.

B

In cœnosis litoribus degit torpedo, uescitur carne piscium, quos astu capit. Aristoteles lib. 9. de hist. anim. ca. 37. Ἡ νάρκη ναρκᾶν ποιοῦσα ὧν ἂν κρατήσειν μέλλῃ ἰχθύων, τῷ τρόπῳ ὃν ἔχει ἐν τῷ σώματι λαμβάνουσα, τρέφεται τούτοις. κατακρύπτεται δὲ εἰς τὴν ἄμμον καὶ πηλὸν. λαμβάνει δὲ τὰ ἐπινέοντα, ὅσα ἂν ναρκήσῃ ἐπιφερόμενα τῶν ἰχθύων: καὶ τούτου αὐτόπται γεγένηνταί τινες. ubi pro ἐν τῷ σώματι perperam legitur in uulgaribus codicibus, ἐν τῷ σόματι. Torpedo pisces, quos appetit stupore afficit, ea quã suo in corpore habet, facultate, atque ita tardos præ stupore capit, & uescitur. Abdit se in arena & limo, tum pisces, qui adnatantes obtorpuerint, corripit. Quam rem plerique à se conspectam retulerunt. Idem Plinius: Nouit torpedo uim suam, ipsa non torpens, mersaq́ in limo se occultat, pisces qui securi adnatantes (*aliâs, supernatantes*) obtorpuere, corripiens. Athenæus: Ἔστι δὲ ἡ νάρκη, ὥς φησιν Ἀριστοτέλης, τῶν σελαχωδῶν, καὶ τῶν σκυμνοτοκούντων. Θηρεύει δ' εἰς τροφὴν ἑαυτῇ τὰ ἰχθύδια προσαπτομένη, καὶ ναρκᾶν, καὶ ἀκινητίζειν ποιοῦσα. Δίφιλος δ' ὁ Λαοδικεὺς ἐν τῷ περὶ τῶν Νικάνδρου Θηριακῶν, μὴ πᾶν τὸ ζῶον φησὶ νάρκαν ἐμποιεῖν, μόριον δέ τι αὐτῆς διὰ πείρας πολλῆς φάσκων ἐληλυθέναι. id est, Torpedo, ut ait Aristoteles, ex cartilagineis est, ijsq́ quæ catulos non oua pariunt. Venatur autem pisciculos, quibus uescatur, quos attingens stupore afficit, immobilesq́ reddit. Diphilus autem Laodiceus in libro de Nicandri Theriacis, non totum piscem scribit stuporem inducere, sed partem eius tantùm, idq́ se experientia longa cognoscere. Quo loco pro εἰδέναι mendosè ἐληλυθέναι legitur. (*Ego nihil mutauerim: & διὰ πείρας ἐληλυθέναι τι, pro eo quod est, experientia aliquid comprobatum esse, eleganter dictum putarim.*) His adstipulatur Oppianus, qui cecinit torpedini molli, teneræ, debili, tardissimeq́ natanti pro robore uenenum à natura esse datum. Huius itaq́ latera, quæ utrinq́ ueluti alæ expanduntur, radijsq́ contexta sunt (ea enim intelligi puto per κερκίδας παρὰ πλευρὴν ἑκατέρωθεν ἀμφιδύμους) si quis attigerit, illico membrorum uires dissolui, concretoq́ sanguine artus præ stupore moueri non posse. Quam stupefaciendi uim cùm sibi inesse sentiat, resupinatam in arena iacêre immotam, mortuæq́ similem: cuius latera si piscis contigerit, stupore impeditum euadere non posse.

C D — *Lib. 9. cap. 42.* — *Lib. 7.* — *Lib. 2. ἁλιευτικῶν.*

Οἵην καὶ νάρκη τορπεινόχροι φάρμακον ἀλκῆς
Ἡ μὲν γὰρ μαλακή τε δέμας, καὶ πᾶσ' ἀμενηνή,
Νηχομένην ὁράαν: μάλα γὰρ δύσφραστα κέλευθα
Ἀλλ' ἅ οἱ ἐν λαγόνεσσιν ἀναλκείης δόλος ἀλκή
Ἀμφίδυμοι: τῶν εἴ τις ἐπιψαύσειε πελάσσας,

Ἕσσεται, αὐτοδίδακτον ἐν οἰκείοις μελέεσσιν.
Νωθής τε βραδυτῆτι, βαρύνεται, οὐδέ κε φαίης
Εἰλεῖται, πολιοῖο δ' ἴ' ὕδατος ἑρπύζουσα.
Κερκίδες ἐμπεφύασι παρὰ πλευρὴν ἑκάτερθεν
Αὐτίκα οἱ μελέων δεσμὸς ἔσβεσεν. Cætera ex ipso

authore petito.

Torpedines hoc piscatu uti, id argumento est, inquit Aristoteles, quòd capiantur, quæ in uentriculo mugiles habeant omniũ uelocissimos, cùm ipsæ sint tardissimæ. Neq́ uerò pisces solùm, sed homines etiam stupefaciendi ui afficiunt. Aristoteles: Ἡ δὲ νάρκη φανερά ἐστι καὶ τοὺς ἀνθρώπους ποιοῦσα ναρκᾶν. Plinius ex eodem: Maris torpedo etiam procul, & è longinquo, uel si hasta, uirgáue attingatur, quanuis præualidos lacertos torpescere facit, quamlibet ad cursum ueloces alligari pedes. Ego reuera torpedini pridẽ mortuæ, quæ domi asseruabatur, cùm in summis æstatis feruoribus manum aliquãdo admouissem, sensi frigescere, ut uerissimæ torpedinis uiuę contactũ, inter stuporis causas à Galeno numeratũ fuisse existimẽ, quod fortasse ex Platone hausit, qui cùm de torpedine loqueretur: Καὶ γὰρ αὐτή, inquit, τὸν πλησιάζοντα ναρκᾶν ποιεῖ. Hac arte piscatorum manibus euadit:

Lib. 9. de hist. anim. cap. 37. — *Ibidem.* — *Lib. 32. cap. 1.* — *Lib. 1. de symp. causis.* — *In Menone.*

cùm enim se hamo captam, uulneratamque senserit, lineam pinnis amplectitur, mox per lineã uirgamque stupor in piscatoris manum immittitur, ut piscatori suum instrumentum de manu excidat. *Lib. 3. ἁλιευτ.* Oppianus.

> Νὰι μὴν ἡ νάρκη σφετέρου νόου οὐκ ἀπολείπει
> Ὁρμιῇ λαγόνας περιπτύσσεται. αἶψα δὲ χαίτης
> Δεξιτερὴν ἔσκηψε φορώνυμον ἰχθύος ἄλγος.
> Τοῖος γὰρ κρύσταλλος φρίζεται αὐτίκα χειρί.
> Γλαγῦ (*uulnere ex hamo dolēs*) ἀνιάζουσα ἀντωνυμίην δ' ὀδύνῃσιν
> Ἱππεὺς δύνατός τε δέδραμεν, ὃν δ' ἅλιος
> Πολλάκι δ' ἐκ παλάμης κάλαμος πέσεν, ὅπλά τε θήρης.

Libro 7. Frigoris impatiens torpedo, ob id hyeme conditur terra, hoc est, uado maris excauato. Theophrastus citante Athenæo: Θεόφραστος ἐν τῷ περὶ φωλευόντων, διὰ τὸ ψῦχός φησι τὴν νάρκην ὑπὸ γῆς δύεσθαι. ἐν δὲ τῷ περὶ τῶν δακέτων καὶ βλητικῶν, διαπέμπεσθαί φησι τὴν νάρκην τὴν ἀπ' αὐτῆς δύναμιν, καὶ διὰ τῶν ξύλων, καὶ διὰ τῶν τριόδων (*τριοδόντων potius*) ποιοῦσαν ναρκᾷν τοὺς ἐν χερσὶν ἔχοντας. Theophrastus in libro de his quæ hyeme latent, scribit torpedinem ob frigus sub terra condi. In libro autẽ de ijs quæ mordendo & eiaculando uenenum infundunt, uim à se emittere, & per ligna, fuscinasque stupore, manu illa tenentes afficere.

C Circa autumnum parit, autore Aristotele lib. 6. de hist. anim. cap. 10. non oua, sed fœtus uiuos ex ouis, quæ intus excludit, hos in metu intra se recipit & emittit, eodem Aristotele autore. Et quidem, inquit, iam uisa torpedo est grandis, quæ fœtus intra se circiter octoginta haberet.

F Diphilus apud Athenæum ait torpedinem concoctu difficilẽ esse, demptis ijs partibus, quæ circa caput sunt, quæ teneræ sunt, uentriculo (*stomacho*) gratæ, & concoctu faciles, reliquas non. paruas autem meliores esse, præsertim simpliciter (λιτῶς) coctas. Hicesius ait parum nutrire, & pauci succi esse, aliquid tamen habere, quod stomacho ualde gratum sit, (χονδρῶδές τι διακεχυμένον, εὐστόμαχον πάνυ.) *Lib. 9. cap. 42.* Huius iecori teneritas (*quidam non rectè legunt, tenacitas*) nulla præfertur, ut scribit Plinius. Qui torpedinem in cibis damnarunt, ij mihi rectiùs iudicasse uidentur. est enim mali succi, insuauisque: humida, molli, fungosaque carne, ob id à nostris reijcitur: quòd si quando edatur, abiectis capite, partibusque quæ circa caput & branchias sunt, allijs cepisque condita editur. Et Venetijs, ne in foro piscario uendatur, autoritate præfecti sanitatis cautum est. Quare non possum non *Lib. 3. de alim. facul.* mirari quæ Galenus de torpedine scripsit. Mollẽ habent carnem torpedo & pastinaca, quemadmodum etiam iucundam, quæ modicè aluum subducat, & non difficilè concoquatur, quæque modicè (*mediocriter*) nutriat. Et in consilio pro Epileptico, torpedinem solam ex cartilagineorum genere, epilepticis conuenientem cibum esse. Et in libello de Attenuante uictu, saxatilibus in penuria substitui uult, præpararique cum beta, aut porro, admisto piperis tantillo, (*cum beta trita, aut albo iure, porrum prolixius miscendo, & piperis portiunculam.*) Et in libro octauo methodi medendi cùm saxa-G tilibus piscibus asellos substituerit, proximè asellos, inquit, sunt soleæ & torpedo. Idem (lib. 11. de fac. simplic. med.) literis prodidit, se experientia comperisse torpedinem marinam non mortuã, ut nonnulli existimauerant, sed uiuam admotam capitis doloribus mederi, sedemque euersam coërcere, idque eâdem ui efficere, qua alia medicamenta, quæ sensui stuporem adferunt. Quod quidem ego sic interpretor, torpedinem admotam capitis dolores leuare, stuporem inducendo, cuius stuporis causa sit frigiditas, id quod etiam de opio, mandragora, hyoscyamo uerè dicitur, sed *Lib. 1. de cau. sympto.* non ea solùm, sed & cæca quædam uis torpedini à natura insita. Nam idem Galenus hanc torpedinis uim nõ frigiditati solùm, uerùm etiam obscuræ eius facultati adscribere uidetur: cùm enim stuporis, qui ex difficili sensu motuque cõponitur, causas recenseret refrigerationi, partiumque neruosarum compresioni, torpedinis marinæ contactum adiungit. Paulus Aegineta oleum, in quo uiua torpedo decocta fuerit, ad acerbiores articulorum cruciatus leniendos prodesse scribit.

C De torpedine fluuiatili nihil hîc dicendum, à marina enim non differt. *Torpedo fl.* Fluuiatilis in Nilo reperitur, testibus Athenæo & Strabone. *Aetius quoque fluuialem torpedinem nominat.*

Maculosa secunda.

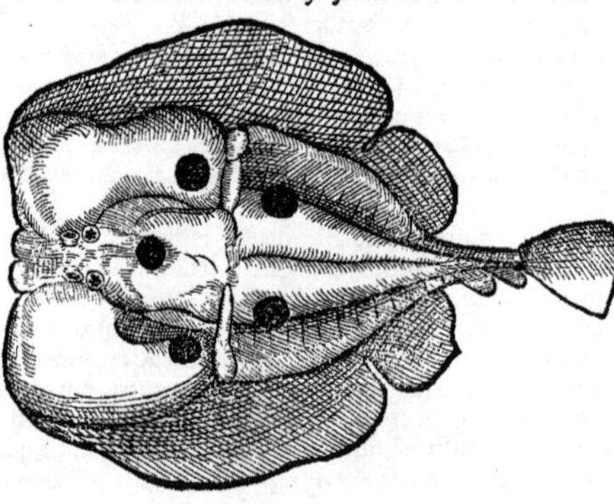

SECVNDA

SECVNDA Torpedinis ſpecies à prima differt, quòd maculas nigras, rotundas, circulis nō diſtinctas habeat, ſed eâdem pentagoni figura diſpoſitas. Eſt etiam primæ concolor.

Maculoſa tertia. Ego priores duas oculatas potiùs cognominârim, hanc uerò maculoſam.

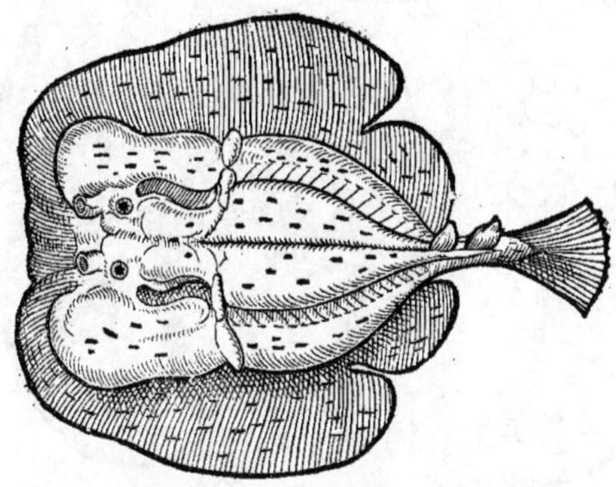

TERTIA Magis uaria eſt; habet enim maculas diuerſarum figurarum, huc & illuc ſparſas, & ſine ordine.

Torpedinis non maculoſæ icones duæ: quarum minor à Rondeletio exhibita eſt: maior à Cor. Sittardo quondam ad me miſſa.

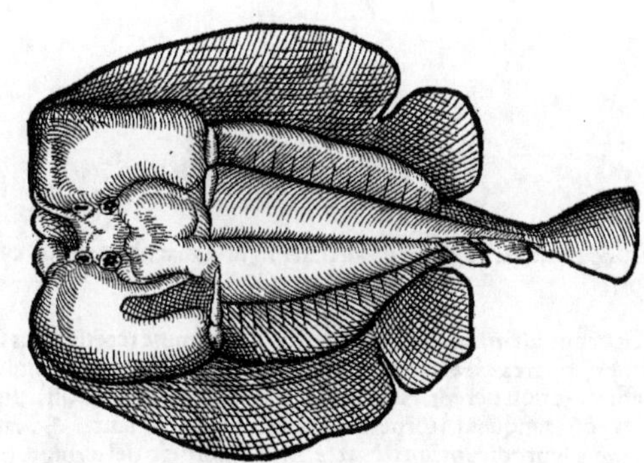

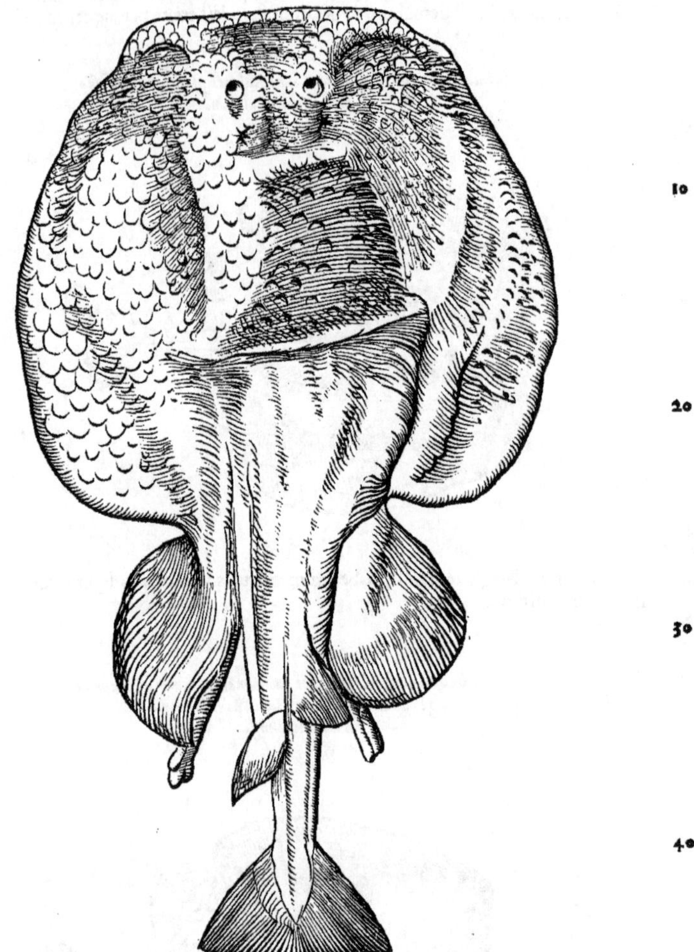

QVARTA & rotundis & cuiusuis alterius figuræ maculis prorsus caret. Est primæ & secundæ concolor.

COROLLARIVM.

A Torpedo Græcè quidem usitatiùs νάρκη, sed & alio nomine recẽtioribus Græcis usitato, quod à Latino deflexum apparet, τόρπαινα uocatur: id quod tum ex nominis similitudine, tum remedij ad podagras, affirmare non uereor. Hermolaus cum de torpedine dixisset, subdit: Est & turpæna piscis maritimus, &c. tanquam à torpedine diuersum esse sentiens. ¶ Narca & Narcon apud Syluaticum nomina sunt corrupta pro Narce: sicut & torpigo uel terpigo, pro torpedo. Piscium nomina quædam facta sunt à ui quadam, ut hæc: Lupus, canicula, torpedo, Varro. Albertus hunc piscem stupefactorem nominat: aliqui similiter mixobarbari, stuporem, stupefaciẽtẽ, stupescore ut Auicennæ interpres. Iorath obscurus scriptor rahas appellat, Arabico nomine, ut conijcio: Syluaticus rahadar. alij ex Auicenna citant rahadat. ego magis probo rahade scribi, (uel cum articulo alrahade, ut Bellunensis habet) sicut libro 2. Voluminis eius de medicina, capite 591. legitur. Harada quidem Hebræis stuporem significat, ut docet Munsterus in Lexico trilingui: à uerbo harad uel charad, חרד, quod est stupuit, horruit. Berulie, id est piscis stupefaciens, torpigo, Syluaticus. Thead, id est, torpedo, interpres Serapionis. Syluaticus legit fead per f. ab initio,

Vulgaria.

ab initio, non per th. ¶ Torpedinem Veneti Sgramsum, quod est torpescentis membri affectus, appellant. Romani autem modò Battipotam, modò Foterisiã, frequentiùs uerò Oculatellã dicunt, quòd in eius dorso quinque ocellos subnigros ipsa natura depinxerit, Iouius. Venetijs piscis hic ab effectu uulgò Tremolo appellatur: siquidem membro stupefacto subinde tremorem incutit. Romani uerò (me quidem latet, unde id nomen traxere) eundem uulgari nomine Batti potta, & Fotterigia dicere consueuerunt: & alijs in locis Itali, Torpedine, Matthiolus. Torpedinem piscem ab effectu nunc etiam Apuli torpedinem, Veneti tremulum cognominant, Massarius. Massilienses Turpilliam corruptè uocant: Ligures, Tremorizam, Gillius. Torpedo Romæ eò quòd in dorso quinque nigricantes notas, oculis simillimas, depictas habeat, Ochiatella uocatur. aduertendum tamen (ne homonymia decipiamur) Romæ alium piscem Ochiata uocari, Melanurum scilicet, Saluianus. Olim Cor. Sittardus ad me scripsit, torpedinem non maculosam, Romæ uulgò Motsargo, & Fumicotremula nuncupari. Oculatæ certè nomen non omnibus, sed primis duabus tantùm à Rondeletio exhibitis speciebus attribuerim. ¶ Torpedo ab Hispanis uocatur Tremielga, ut ab homine docto Hispano accepi, alibi Hugia ut Matthiolus scribit. ¶ Torpedo uulgò gramphus ab effectu dicitur, quod efficiat guttã grampham, la goutte grampe. nam leuem quendam torporem tangenti inducit. Dicitur etiam Torpin, Gallus quidam innominatus. sed gramphi nomen, ut diximus, Italicum potiùs est. Memini Gallum quendam olim mihi affirmasse torpedinem tum maculosam, tum sine maculis, in Prouincia uulgò Gallinam maris appellari: nescio quàm rectè, mihi quidem non probatur. Rondeletius cuculum suum piscem à Massiliensibus Gallinam uocari docet.

Germanica nomina fingemus, ad eorum quibus aliæ gentes utuntur, similitudinem: ein Zitterling oder Zitterfisch / à tremore: ein Schläffer / ein Krampffisch. Itali enim similiter (mutuati nimirum à nostra lingua) spasmum uocant gramphum, ut nostri krampf. ¶ Torpedinem neque spinosam esse, neque cum echino & echeneide confundendam, Scaliger ostendit de Subtilitate 218, 7.

Torpedo 1. Rondeletij.

Torpedinis primæ à Rondeletio propositę iconem olim à Cor. Sittardo accepi, huiusmodi ferè. Oculata est quinis maculis cœruleis, ambiente circulo nigro, & extra illum spacio rotundo crebris distincto punctis. Passim etiam maculis orbiculatis candidis uariatur. Prona pars russa est, partim ad luteum, partim ad puniceum inclinans. oculi exigui rubicundi. Appingitur & hirudo eam exugens.

Torpedo nigra priuatim ad dolores capitis commendatur. Vide infrà in G.

B

Torpedo piscis est cartilagineus, Aristot. & Plinius. Σελάχια sunt quæ squamis carent, nec oua (*sed catulos*) pariunt, Suidas. Torpedo subrufa est prona parte, supina autem candida, Iouius. Cerebrum etiam cartilagineis non deest. nam ex torpedinis cerebro remedia quædam pręscribuntur. Situs oris torpedinis idem est, qui in cartilagineis plerisque, (id est parte supina.) Duas iuxta caudam pinnas habet, pro reliquis latitudine utitur: & utroque sui corporis semicirculo, quasi geminis pinnis natat, Aristoteles de partibus 4.13. Cauda breuis carnosáque est: quoniam incrementum eius partis ad piscis latitudinem transit, Massarius. Piscibus καρχάροις, id est, serratos dentes habentibus torpedinem adnumerat Mnesimachus apud Athenæum. Huius iecori teneritas (Vuottonus legit tenacitas, non laudo) nulla præfertur, Plinius. Hepar habet tenerrimum, Albertus. Solo tactu omnia congelat. uis (ea) in alis, quæ etiam aculeis munitæ sunt, Cardanus Variorum 7. 37. sed neque alas neque aculeos torpedo habet: & uis hæc inferendi torporem à toto eius corpore manare uidetur. lege infrà in D. Fel ei in iecore positum est, Aristoteles. ¶ Planus & cartilagineus est piscis: cuius corpus, si caudam dempseris, uti planum & ualde depressum, ita etiam orbiculare est. Capitis nullum ferè uestigium apparet. Lingua in ore nulla. Ante os (quod inferiore parte est) olfactus gratia bina insculpta sunt foramina. Inferiore etiam parte branchias detectas, & utrinque quinas habet. in utroque enim uentris latere quina branchiarum orificia, parua, semicircularia, tenuíque quadam cuticula ferè contecta, conspiciuntur. Præterea hac eâdem inferiore parte, in caudæ exortu podex extat. Posterior corporis pars in caudam carnosam & breuem, in latiusculámque pinnam desinentem degenerat: etsi Aristoteles (de Partibus animal. 4. 13.) torpedini non secus quàm pastinacæ spinosam & longam caudam tribuat. Duas iuxta caudam pinnas gerit: utrinque scilicet, ad caudæ exortum, unam crassiusculam, & semicircularem. In medio uerò superioris partis caudæ, aliæ duæ eriguntur pinnæ, una superior & maior, altera inferior & minor. Partes quæ ad caudam sunt (teste Galeno) medijs partibus sunt corpulentiores. nam partes mediæ uidentur in seipsis habere uelut cartilaginem quandam tabidam. Molli & lubrica cute tegitur, uenter subalbidus est, dorsum uerò subflauum. quod quidem dorsum in nonnullis torpedinum (etsi nemo ueterum id notauerit unquam) quinæ maculæ rotundæ, nigricantes, oculósque egregiè repræsentantes, & pentagoni figura collocatæ: in alijs uerò aliæ minores, sed plures, albicantes, & nullo ordine digestæ, depingunt: cùm in reliquis subflauum dorsum his omnibus maculis careat. Magnum & carnosum habet uentriculum, intestinum uerò breue & amplum. hepar pallidum, in dextram & sinistram diuisum fibras. Fellis uesica, quæ pro piscis mole satis ma-

HH

gna est, iecinori committitur. dextræ enim fibræ annexa, in sinistram etiam meatus siue uenulas quasdam immittit. Lien paruus est, & subrubens. uterus oblongus & bifidus. Haud multùm excrescit, nullam enim hucusque, quæ senas excesserit libras, uidimus: etsi Aristoteles & Plinius grandem torpedinem, quæ fœtus intra se circiter octoginta haberet, iam uisam esse referant, Saluianus.

C Degit torpedo in cœno & paludibus (τενάγεσι) maris, Oppianus. ¶ Natat latitudine sua, & duabus iuxta caudam pinnis, ut in B. dictum est. quamobrem pigra est. ¶ Terra, hoc est, uado maris excauato condi per hyemes torpedinem, psittam, soleámque tradunt, Plinius. Theophrastus in libro περὶ φωλευόντων, torpedinem ait terram subire propter frigus, Athenæus. ¶ Circa æquinoctium (*autumno: uel, ut Massarius citat, circa autumnum paulò ante æquinoctium*) parit, Plinius. Torpedo octogenos fœtus habens inuenitur: eaq; intra se parit oua præmollia, in alium locum uteri transferens, atq; ibi excludens, Idem. Torpedo oua mollia intra se parit, (*fœtus autem uiuos in lucem emittit, ut & alia cartilaginea:*) nam si ouum foras prodiret, facile periret, carens putamine quod protegat duriore, Massarius tanquam ex Aristotele.

D Torpedo, sese supinam in terram abijcit, & humi strata iacet immobilis tanquam mortua: Ac si quis ex piscibus ad eam appropinquat, hic primum tanquam uinculis constrictus tenetur, & tanquam arctissimo somno opprimitur. Post uerò hæc quanuis non læuis sit, tamen celeriter ex latebris erumpens, piscem mortuo similem edit: Et sæpe ita in natantes pisces medijs fluctibus incurrens, eorum celeritatem tardat, & uel properantes suis uinculis astringit: ij debilitati, fugere obliuiscuntur. Illa uerò eos à fugiendo retardatos torpore, exedit & consumit, Gillius ex Oppiani Halieut. 2. Pastinaca etiam seipsam occultat, sed non simili modo, quo rana piscatrix & torpedo. argumentū sic uiuere hos pisces adduci potest, quòd sæpius habentes in uentre mugilē capiuntur uelocissimū piscem, cum tardissimi ipsi sint, Aristot. Torpedo quam uim habeat, nemo nescit: nempe qua non solum tangentes alligat, sed per ipsum etiam rete, obtorpefacientem grauedinem piscatorum manibus inducit. Ac narrant quidam periclitati sæpe, si quis cum uiua elabitur superne interea manibus agitet aquam, uim ad manus remeantem, & tactum obstupefacientem penetrare, aqua prius omni, ut uidetur, mutata infectáque. Hanc igitur uim suam quoniam exploratam habet, certamen quidem cum nullo suscipit, nec periculum adit: insidiatorem uerò circumiens, & tanquam spicula uim istam suam tacitè interim mittens, primùm aquas, mòx ipsum per aquas animal inficit, sic ut iam nec tueri se nec fugere possit, ceu uinculis constrictum alligatúmque, Plutarchus in libro Vtra animalium, &c. Si quis eam manu uiuam tenuerit, torporem brachio inspirat, Massarius. Huius piscis torporem meæ manus tactione periclitatus sum: sed haudquaquam mihi manus tantopere obtorpuit, quàm scriptores decantant. Torpor non modò letalis non est, sed non ita multò pòst euanescit, Gillius. Ea potentia torpedo prædita est, ut si fuscina attingatur à piscatore, transmissa qualitate per hastam ad manum, eam repentè obstupefacit, Galenus libro sexto de locis affectis. Theophrastus in libro de ijs quæ morsu uel ictu uenenum immittunt, torpedinem scribit uim suam transmittere etiam per ligna & fuscinas, ita ut manus tenentium obtorpescant, Athenæus. Non solùm si manu retineatur, sed è longinquo etiam torporem inspirat. nam & retis interuallo, ut inquit Auerroys octauo Physicorum, & secundo cœli & mundi, hunc affectum eam inferre certum est, Massarius. Idem Iorath quidam author obscurus scribit, & Andreas Bellunensis, Alrahade (inquit) piscis reti captus, cum ad piscatores rete trahentes appropinquat, stupefacit manus ipsorum. Scorpioni torpedo admota eum comprimit, Gillius ex Aeliano: non rectè. Verba enim Aeliani ex nostra translatione hæc sunt: Stellionem scorpius hostiliter odit: & eo admoto torpore afficitur. Vide in libro nostro de Quadruped. ouiparis in Stellione D. De therionarca & alijs herbis quæ admotæ scorpijs alijs'ue animalibus torporem afferant, abunde scripsi in Lupo quadrupede H. a. pagina 740. Torpedo tangentem, utcunque celeriter manum retrahat, stupefacit, adeò ut unus de socijs nostris, qui extremo digito punctim tantùm attigerat, uix intra dimidium annum lotionibus & unguentis calidis brachio sensum restituerit, Albertus. Manum hominis qui torpedinem contigerit, torpore affici, etiamnum puer à matre frequenter audiui. Præterea à uiris peritis accepi, illum qui rete in quo fuerit capta, attigerit, omnino passurum torporem. Item si quis eam uiuam in uas imposuerit, & marinam aquam infuderit, si quidem grauida fuerit, pariet suo tempore. Eam deinde aquam si ex uase in hominis aut manum aut pedem infuderit, membra hæc non dubitanter obtorpescent, Aelianus De animalibus 9.14. Si quis liquorem Cyrenaicum teneat, & torpedinem apprehendat, nihil ab ea patietur, Idem 5.37. Auerroës cæteri'que philosophi torpedinem ea qualitate manus adficere, qua ferrum à magnete lapide pertrahatur, existimarunt, Iouius. Idem Simocatus scribit, & addit: quoniam aër medius εὐπαθὴς, συνεχὴς, διαφανὴς & λίσσομος est: idq; Dei consilio, ut per aërem terra cœlestibus iungeretur. sic etiam contagia ophthalmiæ accidunt, &c. Plinius de echeneide loquutus, subdit: Quis ab hoc tenendi nauigia exemplo de ulla potentia naturæ atque effectu, in remedijs sponte nascentium rerum dubitet? Quin & sine hoc exemplo per se satis esset ex eodem mari torpedo; etiam procul & è longinquo, uel si hasta uirgáue attin-

Torpedinis in piscatione calliditas.

De torpore qui ex ea infertur.

attingatur, quanuis præualidos lacertos torpescere, quamlibet ad cursum ueloces alligari pedes: Quod si necesse habemus fateri hoc exemplo esse uim aliquam, quæ odore tantum & quadam aura sui corporis afficiat membra, quid non de remediorum omnium momentis sperandum est? Torpedo solo tactu omnia congelat. uis in alis, quæ etiam aculeis munitæ sunt, Cardanus. nos suprà in B. alas & aculeos ei negauimus. Vis sanè illa torporans, à toto huius piscis corpore emanare mihi uidetur. nam uel felli, quæ calidissima in animalibus pars esse solet, facultatem eandem inesse, ex eo coniicimus, quòd Plinius scribit, fel torpedinis uiuæ genitalibus illitum, Venerem inhibere. Remora tollit motum, torpedo non tollit, sed deprauat. non enim quiescit piscatoris, sed tremit manus, unde Tremulam uocant Istri. Quin in litore Britonum relabens æstus, cum unam in sicco reliquisset, & adolescens ut eam palpitatione tentantem abitum sisteret, pedibus inuasisset, ipso in uestigio totus tremuit, Scaliger. Zeilam insulæ fluuius Arotan piscosissimus est. cæterùm pisces illi neutiquam esculenti sunt. è quodam genere unum si quis manu capiat, continuò febre corripitur. amisso pisce, statim liberatur. idcirco eum febrium appellauimus, Idem. Torpedinem uiuam stupefaciendi facultate præditam esse, (inquit Saluianus,) extinctam uerò illa eâdem priuari, præter id quod reipsa experimur (uti enim uiuæ contactu torpescunt membra: sic demortuam citra omnem torporem contrectamus atque comedimus) authorum etiam testimonijs comprobari uidetur. (*Aeliani uerba iam suprà retulimus: Galeni uerò requires suprà in Rondeletij scripto de hoc pisce, segmento G.*) Præterea non manifesta solùm, frigiditate nempe, sed cæca etiam qualitate eam stupefacere, tum ratione, tum authoritate comprobatur. Cùm nanque uiua ea facultate polleat: mortua uerò, eâdem orbata sit: clarissima ratione intelligitur, eam stupefaciendi uim non à manifesta qualitate, frigiditate scilicet, quæ multò maior in mortua (extincto natiuo calore) dubio procul reperitur: sed à cæca & nobis incognita (cuius uiua solùm particeps est) emanare. Quod Galeni quoque confirmatur testimonio: qui cum torporis causas enarrans, inquiat: Torpor uerò, qui ex tam motus quàm sensus difficultate est compositus, in toto corpore, & maximè in artubus, manifestè uidetur à frigore, & compresione neruosorum corporum, incidere. ad hæc etiam à torpedinis marinæ contactu: si torpedinem frigiditate solùm sua torporem inferre arbitratus esset: cùm primo loco torporis causam frigiditatem posuerit: frustra rursus tertio loco ac ceu tertiam causam ipsius torporis, torpedinis contactum statueret. (*In libro quidem de usu respirationis Galenus disertè, occultam qualitatem facit, qua torpedo stupefaciat.*) Postremò, ut refert Athenæus, Diphilus Laodiceus in libro de theriacis Nicandri, scribit: Non totum hoc animal, sed partem eius quandam torpefacere. Cui non solùm subscribere, sed partem eam etiam explicare uidetur Oppianus, his uersibus:

Febrius piscis.

Torpedinem uiuam tantùm, nõ frigiditate, sed ui quadã occulta stupefacere.

Quòd non aliqua parte tantùm stupefaciat.

At duo se tollunt distenta per ilia rami,
Qui fraudem pro robore habent, piscemque tuentur.
Quos si quis tractat, perdit per membra uigorem,
Sanguine concreto, rigidos nec commouet artus,
Soluuntur subitò contracto in corpore uires.

Verùm cum hi rami, siue radij (ut magis Græca uox sonare uidetur. κερκίδων enim ab eo uocantur) nulli in torpedine appareant (nisi semicircularia eius latera, κερκίδας, id est, radios, uel ramos, ut uertit interpres, ab ipso impropriè admodum appellari credamus:) cumque reliqui scriptores omnes (ut qui nunquam alicui tantùm torpedinis parti illam uim inesse notauerint) torpedinem totam torporem inferre arbitrari uideantur: nos quoque non aliquam tantùm partem eius, sed ipsam totam torpefaciendi facultate præditam esse, censemus, Hucusque Saluianus. ¶ Vehemens torpedinis uirus insuperabili frigore præditum, ubi duriorem aliquam materiam nactum fuerit, quippe uel uimen, uel funem, illi pertinaciùs & copiosiùs adhæresit, circunfusumque aëra faciliùs contaminat, atque ita perrepit, non secus ac flamma ipsa per incensum filum uehementiùs transmeat, quàm si cum torre iactetur. Sic & aqua fluuialis capite uno in eam declinato sensim ascendit, & totum denique madefacit. quod tamen in crassiori elemento sensim atque contanter fit, in aërio quàm ocyssimè fieri contingit, Pierius Valerianus.

Torpedines quomodo capiantur ex Aeliano leges suprà, in Corollario de Passere E. pagina 794. ¶ Quomodo piscatorũ manus uel contactu, uel etiam absque illo, per quæuis piscatoria instrumenta, ut lineam, & arundinem, fuscinam, rete, torpore afficiat hic piscis, & ita aliquãdo euadat, in D. iam prædictum est. E

Torpedo Venetijs, Genuæ, Massiliæ, ac ubique puto gentium comeditur, Gillius. Strabo inter Nili pisces torpedinem suauissimam facit. Νάρκη βρῶμα χάριεν γίνεται, Plato uel Cantharus in Symmachia. Audio hodieque in Italia alicubi torpedinem inter delicias piscium haberi. Albertus de animalibus 24. 1. Quòd dicunt quidam (inquit) omnes pisces conuenire in cibo, falsum est: sicut patet in pisce stupefactore qui frigidi est ueneni, ita ut statim auferat sensum & uitam si diutius tangatur. Atqui in mortuo uim illam stupefaciendi euanescere Galenus monuit, & in cibo sine noxa sumi experientia docet. F

Hodie à plebe egentissimisque hominibus tantùm comeditur, Iouius. Torpedo (Diphili

HH 2

testimonio) concoctu difficilis est, præter partes eas quæ circa caput existunt: quę teneræ, stomacho gratæ, & concoctu faciles sunt: aliæ uerò minimè. Quod uti uerum esse experimur (inquit Saluianus) sic Galeno minimè aduersari censemus: quippe qui sicuti torpedinis partes medias cartilagineas & molles: inferiores uerò & ad caudam existentes, magis carnosas esse testatur: ita illas, teneriores concoctúque faciliores: has uerò minùs teneras, neque adeò concoctu faciles esse innuit. Archestratus torpedinem in oleo & uino cum bene olentibus herbis (σὺν χλόῃ εὐώδει,) & modico caseo trito incoquendam esse inquit. Nostris temporibus, si nulla tuendæ sanitatis habenda sit ratio, frixa, & arancij mali conspersa succo, suauior multò existimatur, Hæc ille. In torpedinem apparatus describitur ab Apicio, lib. 9. cap. 2. Νάρκην μὲν οὖν ὥς φασιν ἐνθυλακεμένην ὀπτᾶν ὅλην, Alexis. Et alibi: Ἔπειτα νάρκην ἔλαβον ἐνθυμούμενος, ὅτι δεῖ γυναικὸς ἁπαλοχρώτου δακτύλους ἁπαλοὺς ἀπ᾽ ἀκάνθης μηδὲ ἓν τούτους παθεῖν.

Psellus torpedinem cibis & multùm (*mediocriter, Galenus*) alentibus, & rursus attenuantibus, adnumerat, in libro de uictu, Ge. Valla interprete. Raia carnem habet sapore gratam, sed duriorem & concoctu difficiliorem quàm torpedo (*Vide Rondeletium in Raia læui F*) aut pastinaca, & quæ copiosius præbeat alimentum, Vuottonus ex Galeno. ¶ Aluum emollit torpedo in cibo, Plinius. ¶ Ex Hippocratis libro de affectionibus internis. Hepaticus quidam morbus est pleuritidi non dissimilis: in hoc æger ex piscibus uescatur galeo, torpedine, pastinaca, & raijs paruis, omnibus coctis, &c. Laborans tertio genere tabis, quarto mense edat torpedinẽ, squatinam, raiam, &c. Et rursus de eodem: Post reliquam rationem uictus, &c. obsonium habeat frustum torpedinis, aut squatinæ, aut galei. Item, Ab hepate laborans aqua intercute, &c. pisce utatur galeo, & torpedine assatis.

Mirum & quod de torpedine inuenio: si capiatur cum Luna in libra fuerit, triduóque asseruetur sub dio, faciles partus facere postea, quoties inferatur, Plinius: non alia ui fortasse, quàm quòd uelut inducijs dolorum datis, natura ad excludendum fœtum confirmatur, Hollerius. Torpedinis caro in aceto putrefacta & mento aspersa, fugam pilorum facere dicitur, Aelianus De animalibus 13. 27. Marina torpedo diuturnis capitis doloribus admota, cruciatus uehementiam mulcet. eadem apposita euersam sedem prociduámque coërcet, Dioscorides. Eadem Galenus, Paulus Aegineta, Aëtius, Auicenna & Kiranides, ex eo transcripserunt, addentes, ea uiua uti oportere. Capitis dolorem, quanuis ueterem & intolerabilem, protinus tollit, & in perpetuum remediat torpedo nigra, uiua imposita ei loco qui in dolore est, donec desinat dolere, & obtorpescat pars. quod cum primùm senserit qui dolet, remoueatur remedium, ne sensus auferatur eius partis. plures autem parandæ sunt torpedines eiusdem generis: quia nonnunquam uix ad duas três ue respondet curatio, id est, torpor, quod signum est remediationis, Marcellus Empiricus. Torpedo apposita procidentis interanei morbum ibi coërcet, Plinius. Imposita lieni medetur, Idem & Marcellus Empiricus. Est & turpæna piscis maritimus: à quo cerati quoddam genus ad duritias emolliendas appellatum est à medicis, ut est apud Paulum Aeginetam, Hermolaus in Corollario, & Massarius. qui non animaduertisse uidentur turpænam eandem torpedini esse. Torpedo tum marina tum fluuialis, iuxta alium quendam modum adhibita, (*articularijs doloribus*) non in paruis solùm, sed in magnis quoque inflammationibus congruit. naturali enim facultate quadam stuporem inducit, & dolores è corporibus tollit. quapropter ipsam uiuentem assiduè admouere inflammatis locis oportet. Cocta item adhuc uiua in oleo, deindéque extracta, ac modica cera cum oleo eliquata, commodissimum pharmacum omnibus dolore afflictis podagricis redditur, Aëtius 12. 35. Diaturpænes (Διατουρπαίνης) ceratum, ad podagram, dolorem leniens mirabiliter: Quinto Martij mensis die, olei communis sextarios duos lebeti in cella subterranea infundito, coquitóque lignis è uite: ubi inferbuerit, turpænæ marini piscis libram adijcito, asphalacis animantis (quod nonnulli madamudam uocant) sanguinis uncias quatuor. incoquitóq; dum carnes piscis dissoluãtur aut torrefiant. deinde exemptis illis (σηρώσας, colato, Fuchsius in Myrepso) olei & ceræ quantum satis est adijcito in spissitudinem, ut mollissimum fiat ceratum, quod linteolo illitum impones, Aegineta 7. 17. Idem ex eo repetijt Nic. Myrepsus inter emplastra, numero 172. & Trallianus lib. 11. apud quem legitur, ἀσφάλακος * τοῦ ζώου, ὃ τινὲς παλαμίδα καλοῦσιν. Andernacus uertit talpæ animalis, quod nonnulli calamitem uocant. sed pro παλαμίδα placet legi madamudam, μαδαμουδὰν, barbaræ nimirum alicuius linguæ nomen, sicut Aeginetæ & Myrepsi codices habent. Pro σηρώσας uerò habet ἐπάρας, &c. Idem Trallianus paulò pòst: Medicamentum præseruans à podagra & morbo articulario præscribit huiusmodi: Torpedinem uiuam in uas æreum aut cacabum cum oleo & aqua, (ne oleum ustum nidorem resipiat,) conijcito: ac herbam narcissum (*tanquam & narcissus ut nomine, ita & ui medica cum narce pisce conueniat, narcen scilicet, hoc est stuporem & indolentiam conciliando*) Luna desinente collectam adiungito, ipsamq; cum animali incoquens, usq; dum tota dissoluatur, & ossa nudentur. tunc tandem oleum ab aqua paulatim separabis. omnia facito Luna desinente, ungitóque ægrum ter die. & si quidem articuli dolent, patiuntúrque, curantur: si uerò non dolent, præseruat ea, ne unquam doleant. Id autem facito ungitóque ad dies tres,

tres, Luna omnino desinente. nam si in alio tempore hæc facias, non succedet. Ad utramlibet (siue calidam, siue frigidam) podagram, remedium sic: Torpedinem uiuam nigram, cum admonuerit dolor, subijci pedibus oportet in litore non sicco, sed quod adluit mare: & tandiu premi, donec sentiatur torpor per totum pedem & tibiam usq; ad genua. hoc & in præsenti tollit dolorem, & in futurum remediat. hoc modo Anteros Cæsaris libertus supra fidem remediatus est: Marcellus Empiricus, & Scribonius Largus. Noui podagricos, qui sæuiente malo dolentem pedem frigidissima perfundant. alij hybernas reponunt niues eidem remedio. Sed ubi frigore dolor obtorpuit, petrelæo fouent, & paroxysmis liberantur, Hollerius. In capitis fortè & artuum doloribus sopiendis, locisq; affectis refrigerandis, mediterranei tincas torpedinum uice adhibere poterunt. ¶ Aiunt torpedinis corium nuper decorticatum, si parti matricis prolapsæ inuoluatur, ipsam reducere, Aëtius 16.88. *Corium.* ¶ Ad oculos quos pili pungunt, probatum: Aluminis scissi, cerebri arces (*lege narces, id est, torpedinis*) marinæ uiuæ, (*nimirum portiones æquas,*) subigito simul, illinito, priùs euulsis pilis, Nicolaus Myrepsus. *Cerebrum.* Torpedinis cerebrum cum alumine illitum sexta decima Luna, psilothrum est, Plinius. ¶ Fel torpedinis potum, genitalis membri arrectionē prohibet, Galenus Euporiston 2.75. *Fel.* Fel torpedinis uiuæ genitalibus illitum, Venerem inhibet, Plinius. Est quidem fel calidissima animalium pars: & è torpedine non simpliciter, sed uiuente tantùm, id est recens exemptum, stuporem partibus quibus illinitur, inducere putarim: sicut & ipsa torpedo uiua tantùm id præstat quod nomine præ se fert. sed leporis quoq; fel uim soporiferam habere, à Nicolao Myrepso, traditur, è uino potum.

H.a. Νάρκη θαλασσία, id est, Torpedo marina à Platone, Dioscoride & alijs quibusdam cognominatur, siue ut à fluuiatili distinguatur: siue potiùs, ut discernendi causa ab affectione, quam eodem nomine & Græci νάρκην, & Latini torpedinem appellant: ut pulchrè innuit Oppianus, καὶ ἐτήτυμον ὄνομα νάρκη. ¶ Solus Menander νάρκα per alpha dixit pro νάρκη: Ὑπελήλυθε δέ μου νάρκα τις ὅλον τὸ δέρμα, (aliàs σῶμα,) Athenæus (& Varinus.) atqui & ipse mox è Diphilo hæc uerba citat, μὴ παῦ τὸ ζῶον νάρκαν ἐμποιεῖν, μόνον δὲ ἐ αὐτ. Apud Trallianum quoq; lib. 11. νάρκαν legimus. sic τόλμη etiam & τόλμα dicimus. ¶ Νάρκη & resolutio membrorum, μυρμηκίασις, ignauia, Suidas & Varinus. *Deriuata.* Ναρκάω uerbum ab hoc pisce factum est, Eustathio teste, pro eo quod est stupeo & torpeo: ut in hoc Homerico, --- νάρκησε δ' ἦ χεὶρ ἐπὶ καρπῷ. Plato in Menone dicit, ὅτι ἡ νάρκη τὸν πλησιάζοντα ναρκᾶν ποιεῖ. Νάρκωσις, ἔκλυσις, ἐκλυομένης, Varinus. Ναρκωτικὰ dicuntur à medicis soporifera pharmaca, & quæ sensum obtundant, à uerbo (ut apparet) ναρκόω, unde etiam nomina ναρκώδης, νάρκωσις. ¶ Ναρή, ἡ ἄφρων καὶ μωρά, Varinus: id est, stulta, fatua. Germani etiam Nar appellant stultum, ἤγουν τὸν τὴν ψυχὴν ἀναίσθητον καὶ ναρκῶντα: & à torpore Törpel. ¶ Ναρκίον diminutiuum, parua torpedo est, Philoxeno: torpedunculam dixeris. ¶ Torpedo Latinis idem est quod torpor aliquando. Si tanta torpedo animos obrepsit, Sallustius. Aliæ fuga se, aliæ occultatione tutantur, atramenti effusione sepiæ, torpore torpedines, Cicero 1. de Nat. Torporare uerbum, pro eo quod est inducere torporem, rarum est. Turpilius Hetæra: Stupidus astat, ita eius aspectus repens torporauit hominis (*hominem*) amore, id est, torpefecit, Nonius.

Epitheta. Torpedinem mollem, inertem, pigram, callidam dicemus. Miram Claudianus cognominat. Μαλακή τε δέμας, καὶ παῦσ' ἀμενηνή, Νωθής τε βραδυτῆτι, Oppianus de hoc pisce. Νάρκη τ' ὀρεινόχθοι, & φερώνυμον ὄνομα νάρκης, Idem. Πλατεῖα, Plato. Μαλθακή, Eustathius. Θαλασσία, id est marina, distinctionis potiùs nomen, quàm epitheton fuerit.

Icones. Aegyptij hominem multos in mari seruantem signare uolentes, torpedinem piscem pingunt, hæc enim ubi pisces multos uiderit, qui natare non possint, ad se trahit ac eos seruat, Orus in Hieroglyph. 2.105. Aliorum quidem authorum hoc nemo tradidit, sed uno ore omnes contrarium: quòd ipsa scilicet pisciculis insidietur, & torpore affectos ita ut natare nequeant, deuoret. Potest tamen de fœtu proprio intelligi, quem numerosum & uiuum parit, & in metu intra se recipit, ut suprà dictum est. Quinetiam (inquit Pierius Valerianus) unà cum piscibus alijs in uerriculo deprehensa, ut ipsi Aegyptij tradidere, omnes plerunque sospitat (*per accidens,*) cum ne uis quidem hominum innumera possit uerriculum educere, manibus & pedibus penitus obtorpescentibus, ueneno quod effundit per retia dilapso, &c. Si quando tamen piscibus alijs obuolutæ (*torpedines*) contrahuntur (*extrahuntur*) è mari, torporem experti sunt multi quamprimùm piscem uirga tangere uoluerint. quare in Anconitano mari maximè cauent ne rete in altum iaciant, piscatoribus ea incommoda sæpe subeuntibus. Quæ quidem uis torporem infundendi non attingentibus modò, uerùm etiam è longinquo, argumentum dedit ut hominem ignauia egregiè præditum, per hieroglyphicum eius indicari commodissimè posse plerique dicerent, Hæc ille. ¶ Ignaui ingenij piscis, & qui quam alij manifestam & generosam uenationem faciunt, clandestinis dolis & quasi ueneno quodam hæc sibi acquirat: quasi Maronis illud ad uitam magis laudauerit: Dolus an uirtus, quis in hoste requirat? Marcellus Vergilius. Poterit autem ad huiusmodi aliquid denotandum pictus hic piscis accommodari, item ad innuendum hominem in disputationibus & congressionibus acerrimum. Vide mox in D. ¶ Vt narce piscis, ita & narcissus flos τῆς νάρκης, id est *Narcissus.* torporis symbolum est, tradente Eustathio: quare & Furijs infernalibus è narcisso coronam attribuebant. νάρκισσός τε γὰρ ἐκ τοῦ ναρκᾶν ὠνόμασται: καὶ τὸ ναρκᾶν ἐριννύσι τοῖς κακούργοις παραίτιοι, Sic ille in

HH 3

Iliad. A Et rursus in T. ὡς δὲ σύμβολόν ἐστι τῆς νάρκης ὁ νάρκισσος, προδεδήλωται. Vide etiam mox in b.

b. νάρκη μαλθακὴ μὲν ἐπαφᾶσθαι, νάρκην δὲ τὸ πελάσαν ποιεῖ, Varinus ex Eustathio. Poterit hoc ad uoluptatis animum effœminantis & ratione ceu sensu motuq́ꝫ priuantis symbolũ trahi. Quidã apud Athenæum: Torpedinem (inquit) emi, cogitans quòd mulier (apparatura ad cibum) teneris eam digitis tractans, nihil ab ullis spinis lædi posset.

d. ἢ σαπρόν, ἢ ὄκκας (aliâs νάρκας) ἀγυλλίδας, ἢ ἀπὸ φάγρον, Numenius. uidetur autem de esca quapiam loqui. ¶ Tutantur se torpore torpedines, Cicero 2. De Nat. Quis non indomitam miræ torpedinis artem Audit, & emerito signatas nomine uires? Claudianus, cuius idyllion siue carmen de torpedine extare puto. Eleganter nimis apud Platonem Menon Socratem torpedini assimilem esse ait, quòd eos quibus cum disputaret, ita argumentationibus irretiret, ut tanquam stupidi facti, nihil omnino resistere possent. Et uideris mihi (inquit) si quid te cauillis perstringere licet, tum specie, tum alijs huic latæ marinæ torpedini simillimus esse, &c. Gaudentius Merula. Græca Menonis uerba hæc sunt: Καὶ δοκεῖς μοι παντελῶς, εἰ δεῖ τι καὶ σκῶψαι, ὁμοιότατος εἶναι τό, τε εἶδος, καὶ τἄλλα, ταύτῃ τῇ πλατείᾳ νάρκῃ τῇ θαλαττίᾳ. καὶ γὰρ αὕτη τὸν ἀεὶ πλησιάζοντα καὶ ἁπτόμενον, ναρκᾶν ποιεῖ. καὶ σὺ δοκεῖς μοι νῦν ἐμὲ τοιοῦτόν τι πεποιηκέναι ναρκᾶν. ἀληθῶς γὰρ ἔγωγε, καὶ τὴν ψυχὴν καὶ τὸ σῶμα ναρκῶ, καὶ οὐκ ἔχω ὅ, τι ἀποκρίνωμαί σοι. Huic modestissimè respondet Socrates. Ἐγὼ δὲ εἰ μὲν ἡ νάρκη αὐτὴ ναρκῶσα, οὕτω καὶ τοὺς ἄλλους ποιεῖ ναρκᾶν, ἔοικα αὐτῇ. εἰ δὲ μή, οὔ. οὐ γὰρ εὐπορῶν αὐτός, τοὺς ἄλλους ποιῶ ἀπορεῖν: (*hoc quidem sophistæ esset:*) ἀλλὰ παντὸς μᾶλλον αὐτὸς ἀπορῶν, οὕτω καὶ τοὺς ἄλλους ποιῶ ἀπορεῖν.

f. Torpedines cum alijs conuiuij cibis nominãtur ab Epicharmo in Nuptijs Iunonis: & narcion, id est torpedo parua, in conuiuio quod Philoxenus Cytherius describit: νάρκη πνικτή, ab Antiphane inter alias lautitias. ὁ μὲν ἀγρῷ τρεφόμενος, θαλάττιον μὲν οὗτος οὐδὲν ἐσθίει πλὴν τῶν προσγείων γόγγρον τινά, ἢ νάρκην τινά, Idem Antiphanes.

h. Clearchi Solensis peripatetici de torpedine liber ab Athenæo citatur.

TORSIO à quibusdam non rectè scribitur pro Thursio.

TRACHELVS quid sit in testaceorum genere Rondeletius explicat in Pinna, est autem aliâs partis in illo genere, aliâs conchæ nomen.

TRACHVRVS idem esse creditur, qui & σαῦρος (id est lacertus,) Rondeletius. Vide suprà, elemento L. Scithacus (Σκιθακός) piscis, idem est qui & trachurus, Hesychius & Varinus. Scribitur & Σκίθαρκος inferiùs apud Hesychium non suo loco. ¶ Diocles piscium recentium (νεαρῶν, *si rectè legitur*) carnes ait esse sicciores, ut scorpios, cuculos, (*mallem hæc nomina in genitiuis*,) passeres, sargos, trachuros. ¶ Ad trachuros & melanuros esca: Vrticas madefaciens cum succo uiridis coriandri, ex eisq́ꝫ cum simila pastas conficiens, utitor, Tarentinus Andr. Lacuna interprete.

TRAGI (id est, Hirci) nominantur ab Ouidio inter pelagios. Oppiano τράγοι pascuntur sub herbis in litore algoso, Halieut. 1. Chalcides, tragi, acus & thrissæ, pisces sunt acerosi, macri & minimè succulenti, Hicesius. Tragon alij mænam marem, alij pisciculum alium exocœto similem uocant, Rondeletius. Vide suprà de Hircis piscibus, pagina 503. Elemento H. item inter Asellos in Grillo uulgari Bellonij, pagina 106. Tragus Festo etiam conchæ genus est mali saporis: inde forsitan nomen, quòd oleat sapiát ue hircum. At in spongiarum genere tragis durities & asperitas nominis causa uidetur. Grillum uulgò dictum Mustelæ marinæ speciem si quis tragum putârit appellandum, mollem & in cibis delicatum piscem, barbulis fortè seu cirris arunci instar ab eius mento pendulis, nominis rationem imputabit. Pisces quidam ab Aristotele epitrageæ esse dicuntur, hoc est steriles. lege suprà in Balagro, pag. 143. ¶ Inter arbores aliqui tragum pro caprifico dixerunt.

TREBII Nigri authoris uerba de quibusdam piscibus à Plinio citantur: Albertus uerò imperitissimè Trebium piscem facit, attribuens ei quæ Plinius de piscibus diuersis, echeneide, phycide & gladio scripsit.

TRICHIS piscis (uel Trichias, uel Trichæus) non alius quàm thrissa uidetur quibusdam: alijs uerò potiùs sardina, quorum sententiæ nunc magis faueo. Vide iam priùs à nobis obseruata, suprà in Alausa, pagina 23. item in Sardina, pagina 992. Alia est trichiás (oxytonum) è thunnorum genere: de qua itidem in Sardina scripsimus. τριχίδα, χαλκίς, Callimachus in Nomenclaturis gentium. Vide suprà in Chalcide A. Scaliger clupeas siue thrissas (id est alausas) minores à Græcis trichides uocari putat. ¶ Apuæ, membrades, trichides, & alia quorum spinas simul ingerimus, omnia flatulentam concoctionem reddunt, & alimentum humidum præstant, &c. Elixa præferuntur, uentrem inæqualiter subducunt, Mnesitheus, ut recitaui in Apuis. Eritimos pisces memorat Dorion, chalcidibus eas idem facere dicens (κατὰ τὸ αὐτὸ ποιεῖν ταῖς χαλκίσιν,) esse autem suaues in hypotrimmate, Athenæus libro 7. sed quid chalcides quidem faciant, priùs non dixerat: trichides uerò saltatione & cantu delectari dixerat, ita ut cum audierint è mari exiliant.

Τριχίας ex Mnesimacho nominatur apud Athenæum libro nono. ¶ Τῶν οὖν κορακίνων πεῖραν οὐχὶ λαμβάνεις, οὐδὲ τριχίδων, οὐδ᾽ οἷον ἑψητῶν τινῶν, Alexis. ἑψητὸν λέπας, εὐτελές τι βρωμάτιον ὄν, ὥσπερ καὶ τριχίας, (τριχίαι,) Pollux 6, 9.

TRI-

TRIGOLAS, Τριγόλας. Quære suprà in Mullo H.a. inter deriuata.
TRINCUS uel TRYNCUS, uide Brincus, pag. 152.

DE TRITONE.

De Tritone pelamydum siue thynnorum generis pisce, (magno, sine squamis, orcyno simili, quem Græci quidam chelidoniam nominãt,) diximus suprà, Corollario I. de Thunnis. Hîc de Tritone siue fabuloso, siue mõstro & semihomine marino loquemur. De hominibus quidem marinis plura dedimus suprà, Elemento H.

Etsi non admodum explicatam rationem ad demonstrandam Tritonum formam piscatores afferre posse dicuntur: magna tamen fama est in sermone hominum sanè multorum, cete quædã à capite ad medium corporis humanam speciem, similitudinemq́ gerentia in mari nasci. Demostratus in libris quos de piscatu conscripsit, exiccatum Tritonem in oppido Tanagra spectatum fuisse, cætera quidem (inquit) fictis & pictis similem: eius uerò caput, quòd uetustate obscuratum esset, & euanuisset, non facilè intelligentia comprehendi & percipi potuisse: sed ad solam tactionem illius squammas asperas & præduras dilapsas fuisse. Idemq́ affert, quempiam ex magistratibus Græciæ, qui sortitione facta annuum magistratum gerunt, cum eius naturam exquirere expeririq́ uellet, paulum quiddam de corio detraxisse, atque in succensum ignem iniecisse. idq́ ambustum in circumstantium nares teterrimum odorem immisisse: Neque uerò, quemadmodum inquit, terrenúm ne an marinum esset animal coniectura assequi poteramus. Sed malè ei hæc curiositas cessit. Paulò pòst enim diem extremum clausit, cum è parua nauicula exiguum & angustum fretum traijciens, in mare incidisset: quod ei accidisse Tanagræi interpretabantur, propter impietatis crimen aduersus Tritonem, coniectura inde sumpta, quòd defuncti cadauer è mari reiectum sanie stillasset eiusdem odoris, qualem adustum ab ipso Tritonis corium emiserat. Ego quidem ut Tritones esse credam, Dei ueracissimi testis reuerentia moueor, is est Apollo Didymæus: qui Tritonem marinam pecudem (θρέμμα θαλάσσιον) cognominat, ubi cecinit: Ex Aeliano.

Θρέμμα Ποσειδάωνος ὑγρὸν πέρας, ἤπυτα Τρίτων, Νηχόμενον γλαφυροῖς ὁρμήμασι σωύτυχε νηός:

Dum uocale maris monstrum natat æquore Triton, Neptuni pecus, in funes fortè incidit extra Demissos nauim, Aelianus de Animalib. 13. 21.

Eundem Tritonem Pausanias in Bœoticis describit, his uerbis: Tanagræ in Bacchi templo simulacrum eius habetur spectatu dignum, quod & ex Pario est marmore, & à Calamide confectum. plus tamen admirationis Triton (*Tritonis cadauer*) meretur. est autem de eo sermo duplex: prior & honestior (σεμνότερος) eiusmodi. Tanagræorum aiunt primæ nobilitatis mulieres Bacchi Orgijs initiatas, lustrationum causa in mare descendisse. has natanteis aggressum esse Tritonem. itaque Baccho eas supplicasse ut auxilium ferret: qui mox exauditis earum precibus pugna Tritonem superârit. Alij uerò uerisimiliùs narrant: cum Triton omnia ad mare acta pecora per insidias raperet, & nauigia quoque minora inuaderet, Tanagræos craterem uino plenum exposuisse. hunc mox odore allectum aduolasse: &, ut bibit, sopore obrutum in litore procubuisse: & à Tanagræo quodam secûris ictu ceruicem ei præcisam. (*Similiter Satyrum libidinosum ab Apollonio deceptum uino, Philostratus refert. & Triton ceu Satyrus quidam marinus uideri potest.*) Propterea capite caret. Quia uerò ebrium uiderunt, à Baccho interfectum putant. Vidi etiam alium Tritonem inter Romanorum miracula, sed isto apud Tanagræos minorem. Figura autem eorum hæc est. (παρέχονται δὲ ἰδέαν οἱ Τρίτωνες, addo τοιαύτην.) Capillos habent in capite instar ranularum palustrium, (ἔχουσιν ἐπὶ τῇ κεφαλῇ κόμην, οἷα τὰ βατράχια ἐν ταῖς λίμναις. *non quòd ranæ etiam capillos habeant, sed fortè quoniam ad latera partes capitis in eis protuberant: & propter causas sequentes,*) tum quia colore eis respondent, tum quia discernere pilum unum ab alijs non possis. Reliquum corpus exiguis squamis horret, quæ duritie & asperitate limam referant, (φολίσι λεπτῇ πέφρικε σῶμα κατὰ ἰχθὺν ῥίνης. *Volaterranus primùm, deinde Massarius, Gillius, & alij huius loci interpretes, quos uiderim, ῥίνην hîc pro pisce accipiunt, quem squatinam Latini uocant, non rectè. Aeliano squammæ Tritonis sunt τραχεῖαι καὶ ἀντίτυποι μάλα, hoc est, asperæ & præduræ.*) Branchias (*Si naturæ cetaceæ sunt, & in terram prorepunt, & uocem edunt, branchiæ eis non conuenire uidentur: sed pulmo, arteria & respiratio, quibus & nasus congruit*) sub auribus habent, nasum humano similem: os uerò amplius, (εὐρύτερον, *rescissum & latum, Nic. Leonicenus, qui Variorum 2. 84. hunc Pausaniæ locum interpretatur:*) & dentes ferinos. Oculi glauci mihi uidentur. Manus quoque habent, ac digitos, & ungues cochlearum operculis, (τοῖς ἐπιθέμασι τῶν κόχλων: *quæ quidem in conchylijs & purpuris propter unguium similitudinem, ungues etiam appellantur, uulgò blattæ Byzantiæ. interpretes plerique hîc lapsi sunt.*) Sub pectore & uentre caudam pro pedibus habent, qualem delphini, Hucusque Pausanias. Idem in Arcadicis: Inter cætera fabulosa (inquit) audiui, Tritones uocem humanam edere: sunt qui etiam cochleam pertusam eos inflare dicant.

Alexander ab Alexandro Genialium dierum 3. 8. cum hominis marini & Nereidum mirabiles historias exposuisset, subdit: Sed super omnia nostro æuo haud absimile factũ comperimus in Epiro, pfectò exemplũ inter pauca memorabile, quod nõnulli, pdendũ posteris putarũt, Alexander ab Alexandro.

& actis quoq; publicis testatum est. Ad fontem iugis aquæ, ad quem mulieres ex oppidulo aquatum uentitabant, Tritonem seu marinum hominem è spelunca, quam forte ibi nactus fuerat, obseruare solitum, si quando solam ad aquas accedentem, aut per litus ambulantem mulierem uideret, ipsum ex undis & spelunca leni gressu tacitisq; uestigijs desilire, & à tergo accedere, ac ui compressam mulierem ex insidijs adoriri, & ad mare concubitus causa arripere, arreptamq; sub undis deferre consueuisse. Quod cum apud loci incolas percrebuisset, diligentiùs marinum hominem obseruasse, & cum diutule laqueos illi intendissent, haud multò post dolo captum & laqueis uinctum cepisse. cumq; cibo abstineret, extra aquas diutius uiuere nequisse, squaloreq; tandem & tædio ad extremam tabem uenisse. Tenet fama Venereos eos, & flagrantissimè mulierum amasios esse. propterea oppidi incolas edicto inhibuisse, ne qua deinceps ad fontem mulier, nisi uiris comitata accederet. Hæc nos & eiusmodi, ab his qui diuersa maria penetrarant, & eadem monstra placidis aquis colludentia uidissent, & in occursum nautis exertis capitibus ab undis, occurrisse, & uoces audisse referebant, plerunq; accepimus, Hactenus Alexander ab Alexandro. ¶ Plinij de Tritonibus uerba, suprà posuimus ad finem capitis Rondeletij, quod inscribitur De pisce monachi habitu, infima pagina 519. & deinceps. Massarius recitatis Plinij uerbis, de Tritone concha (*cochlea*) canente qua noscitur forma, addit: Ex his uerbis uidetur fabulam à uera historia originem duxisse. Tritonem poëtæ describunt corpore hispido, à capiteq; usq; ad ima latera hominem repræsentante, ac exinde in caudam oblongam deficiente, & in extremitate lunatam seu bifurcatam, ut Apollonius in Argonauticis tradit, concha ea canentem qua & homines canere solent turbinata, oblonga, clauiculatimq; intorta, quam buccinam uocamus, Massarius.

Plinius.

Per idem tempus apud Aegyptum in Nilo flumine Mena præfecto unà cum populo deambulante, in loco qui Delta nominatur, Sole orto animalia humanæ formæ apparuerunt in flumine, uir scilicet & mulier. Et uir quidem erat pectorosus, uultuq; terribilis, ruffa coma, canisq; permixtis, & usq; ad lumbos denudabat naturam, & cunctis demonstrabatur nudus: reliqua autem corporis membra cooperiebat aqua. Hunc præfectus iuramento constrinxit, ne destrueret aspectum, priusquàm omnes saturati fierent hoc inopinato spectaculo. Porrò mulier & mamillas habebat, & fœmineum uultum, cæsariesq; prolixas: & usq; ad horam nonam omnis populus mirabatur, uidentes hæc animantia, quæ hora nona in flumen demersa sunt. Sanè Menas imperatori Mauricio hæc scripsit: Ex uoluminis rerum Romanarum libro 17. quod partim Eutropio authori, partim Annalibus Constantinopolitanis adscribitur. Et superiùs in eodem libro: Cum imperator Mauricius ui uentorum inopinatè saluus ad locum qui dicitur Daonium uix uenisset: nocte illa muliercula peperit puerum oculorum & palpebrarum exsortem, manusq; ad brachia non habentem, à lumbo autem erat ei ut cauda piscis naturaliter hærens. quo uiso imperator, præcepit ut occideretur. Vide etiam suprà in Hominibus mar. pag. 251. uersu 13.

Triton fingitur filius Neptuni & Amphitrites, à capite ad umbilicum homo, inde delphinus: & tanquam ἰχθυοκένταυρος, id est ex pisce centaurus. Lycophron Neptunum, Tritonẽ uocat: Varinus, ex Isaacij commentarijs in Lycophronem. Triton secundum aliquos Scyllæ pater fuit, Eustathius. Ex Gyraldi de Dijs historia: Triton Neptuni filius & Amphitrites, ut canit Hesiodus: Seruius tamẽ Salaciæ, (ut eadem Græcè dicatur forsan Amphitrite, quæ Salacia Latiné.) Phurnutus Tritonem ita describit: Biformis (inquit) fuit, hominis partem habens, partem ceti, propter duplicem liquoris uim, alteram quidem utilem, alteram uerò noxiam. dictus Triton uel ἀπὸ ῥύσεως, id est, à fluxu, τ. litera superiuncta: uel ἀπὸ τοῦ τρεῖν, ut in Amphitrite dictum est, per antiphrasin. quòd non timeat. Triton elegantissimè ita in Metamorphosi ab Ouidio describitur: Cęruleum Tritona uocat, conchaq; sonanti Inspirari iubet, fluctusq; & flumina signo Iam reuocare dato, &c. Et ab huius forma Vergilius in decimo, nauem effinxit: Hunc (Auleten) uehit immanis Triton, & cærula concha Exterrens freta, cui laterum tenus hispida nanti Frons hominem præfert, in pristin desinit aluus. Spumea semifero sub pectore murmurat unda. Tubicen Triton à poëtis Neptuni fingitur. Huius Hyginus in Cãcro meminit, & poëta Claudianus. Dicimus & Tritones, numero plurium. Vergilius: Tritonesq; citi, Phorciq; exercitus omnis. Sanè sciendum, quòd Nilus Aegypti fluuius, Triton quoq; dictus est, Lycophrone teste. quo loco interpres ideo Tritonem illum appellatum obseruat, propter eius tria in primis nomina. primo enim Oceanus dictus est, deinde Aëtos, id est Aquila, ab eius cursus uelocitate: demum Nilus. Fuit & Triton fluuius alius Libyæ, seu palus: unde Tritonia & Tritogenia Pallas, Hæc Gyraldus Syntagmate 5. de Dijs. Tritonum cateruæ, hic concha sonaci leniter buccinat, ille serico tegmine flagrantiæ Solis obsistit inimici, aliâs sub oculis dominæ (Salacię) speculum prægerit, Apuleius in quarto de Asino aureo. Tritones & Amphitrite & triæna (id est tridens) Neptuni, sua nomina inuenerunt, quoniam mare triton, id est tertium locum obtineat post cœlum & aërem, Plutarchus in libro de Iside. atqui τρίτος numerale nomen, suum iôta corripit, Triton semper producit. Εἴδωλα dicuntur simulachra rerum non extantium, ut Tritones, Sphinges, Centauri, Suidas. Idem scribit Tritonis nomine aliquãdo Neptunum aut mare intelligi, ut in his uersibus: Καὶ βυθίῳ Τρίτωνος ἁλιπλάγκτοιο χαμεύνῃ Σπόγγον ἀκεσσαίην πλαζομένης κραδίης. ¶ Τρίτωνες πόντοιο βαθυῤῥόου ἐνναετῆρες Κόχλοισιν τενεοῖς γάμιον μέλος ἠπύοντες, Theocritus Idyllio 20.

Ἡ δὲ

ἡ δὲ φαληρικὴ ἦλθ' ἀφύη Τρίτωνος ἑταίρη, Matron Parodus. Sed tum fortè caua dum personat æquora concha, Aemulus exceptum Triton (si credere dignum est) Inter saxa uirum spumosa immerserat unda, Vergilius Aeneid. 6. de Miseno tubicine. Cymothoë simul, & Triton adnixus acuto Detrudunt naues scopulo: leuat ipse tridenti, Et uastas aperit Syrteis, &c. Idē Aeneid. 1. Armigeri Tritones eunt, scopulosaꝗ cete, Statius lib. 1. Achill. Triton à Vergilio nauis Auletæ, ut Tigris Massici, Apollo Abantis, &c. uidenť omnes à depictis seu sculptis, ut fit, in eis monstris uel dijs tutelaribus nuncupatæ, Nic. Erythræus. Nauis. Τριτὼ caput significat, Triton fluuius est Libyæ: Vide Indicem Græcum in Parecbolas Eustathij. Tritonem Germani uocare poterūt **ein Wasserman/ein Seeman**: id est, Aquatilem uel marinum hominem. Δικραίρα (nominatur) alcea, id est cauda duplex, qualis est Tritonis, in duas partes diuisa, apud Apollonium (in Argonauticis,) Varinus.

De Tritonum imaginibus, in præcedentibus nonnulla diximus: crebrò enim sculpi, fingi ac pingi solebant: unde & nauem Tritonem nuncupatam monuimus. Nicolaus Erythræus: Tritonem (inquit) eiusꝗ buccinam describit Ouidius Metamorph. 1. hodieꝗ uisuntur Romæ ea forma (qua à Vergilio & Ouidio describuntur) imagines pleræque. Icones. ¶ Illud non omiserim, Tritonas cum buccinis fastigio Saturni ædis superpositos, quoniam ab eius cōmemoratione ad nostram ætatem historia elata, & quasi uocalis est: antè uerò, muta, & obscura, & incognita, quod testantur caudæ Tritonum humi (*fortè, mari*) mersæ & absconditæ, Macrobius Saturn. 1. 8. In maxima dignatione operum è marmore Scopæ artificis, Cn. Domitij delubro, in Circo Flaminio, Neptunus ipse, & Thetis, atque Achilles: Nereides supra delphinos & cete & hippocampos sedentes. item Tritones, chorúsque Phorci, &c. Plinius 36. 5. Neptuni templo in Isthmo imminent Tritones ærei, &c. in ipso etiam templo præter cætera tritones duo uisuntur aurei, à lumbis infernè elephantini, Pausanias in Corinthiacis. Claudius Cæsar emissurus Fucinum lacum, naumachiam ante commisit. quo spectaculo classis Sicula & Rhodia concurrerunt, exciente buccina Tritone argenteo: qui è medio lacu per machinam emerserat, Suetonius.

Emblema Alciati, sub lemmate, Ex literarum studijs immortalitatem acquiri:

Neptuni tubicen, cuius pars ultima cetum, Aequoreum facies indicat esse deum:
Serpentis medio Triton comprenditur orbe, Qui caudam inserto mordicus ore tenet.
Fama uiros animo insignes, præclaraꝗ gesta Prosequitur, toto mandat & orbe legi.

PAN VEL SATYRVS MARINVS.

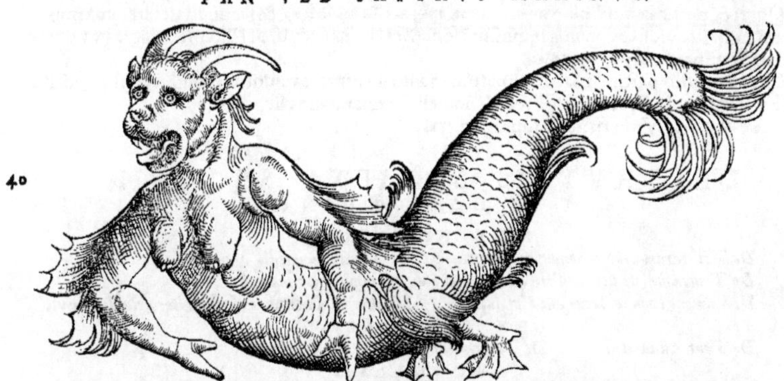

ICONEM hanc ichthyocentauri, siue dæmonis marini, ut ita dicam, à pictore quodam olim accepi: qui talis monstri sceleton Antuerpiæ depictū se accepisse aiebat. Alius etiam retulit simile monstrum aridum è Noruegia in Germaniā inferiorem aduectum, marem & fœminā. Fidem ei facere possunt similium monstrorū effigies, suprà in Homine marino à nobis exhibitæ: imprimis uerò illius quod Romæ uisum est, anno Salutis M. D. XXIII. ei quod hic proposuimus ferè simile, sed absꝗ cornibus. Hoc quoniā humana specie superiori, & cornutū est, Pâna marinū: aut Satyrum mar. quoniā simū quoꝗ est, appellabimus. Pâna (Πᾶνα) piscē quendā cetaceum uocari, in eoꝗ asteritem lapidē inueniri, qui à Sole accendatur, & utilis sit ad philtra, Aesopus Mithridatis anagnosta tradit, Suidas in ἰχθῦς. In mari circa Taprobanen insulam cete quædam Satyrorum speciem similitudinemꝗ præ se ferre tradunt, Aelianus. Eugenio quarto pontifice, apud urbem Sibinicum in Illyrico captus est marinus homo, qui ad mare puerum trahebat. Is à currentibus, qui rem aspexerant, lapidibus fustibusꝗ uulneratus, in siccum retractus est. Huius effigies penè humana, nisi ꝙ cutis anguillæ similis erat, & in capite duo parua habebat cornua.

Manus quoq; duorum tantùm digitorum formam exprimebant. pedes autem in duas ueluti caudas finiebant, à quibus ad brachia alæ, ut in uespertilione extendebant, Baptista Fulgosus. Quoniã uerò Pâna marinũ quod exhibuimus monstrũ, appellari posse diximus: libet recitare historiam sanè mirabilẽ, ex Eusebij de præparatione Euangelica lib. 5. cap. 9. quod inscribitur, Gentiliũ dæmones mortales esse, Geor. Trapezuntio interprete, quoniã alia translatio ad manũ non est. Sunt aũt Philippi cuiusdã uerba ex Plutarchi libro de Oraculis defectis: De morte dæmonũ (inquit) audiui ego ab Aemiliano rhetore uiro prudente simul atq; modesto, quem credo multos uestrum cognouisse: quòd cum in Italiã pater suus nauigaret, circa insulas quas Echinadas appellãt, flatu uentorum deficiente, noctu prope Paxas deuenerint: cumq; omnes penè qui simul nauigabant attentiores uigilarent, repente à Paxis insula uocem magnã auditam fuisse, qua Thamnus (Θαμνοῦς, Plutarchi æditio habet Θαμοῦς) quidã uocabatur. quæ uox nouitate rei omnes magno perculit miraculo. Thamnus enim ille qui uocabat, homo erat Aegyptius, eius ipsius nauis gubernator. bis uocatus nihil respondit. tertio demũ respondit. Illum uerò multò maiore uoce sic exclamasse: Quando iuxta paludem (ἐπὶ τὸ παλῶδες) fueris, annuncia tunc Pâna magnum mortuũ esse. Qua re audita magno, dicebat Epitherses (sic enim Aemiliani pater appellabatur) omnes terrore perculsos fuisse, &c. Cum igitur iuxta paludem essent, Thamnum in mare pronum respicientem (ἐκ τῆς πρύμνης βλέποντα πρὸς τὴν γῆν) magna uoce dixisse quæ audiuit, Magnus Pan mortuus est. qua re nunciata magnũ multorum gemitum, immò uerò innumerabiliũ miraculo quodã commixtum, subitò auditũ fuisse. Et quoniã multi ea in naui nauigabãt, citò ac facilè cum Romã uenissent, huiusmodi rei rumores uniuersam urbẽ repleuerunt: & à Tyberio Cæsare Thamnum accersitum fuisse. cui rei tantã fidem Tyberius præbuit, ut philosophis, qui tunc Romæ erant, accitis, diligenter quisnam esset ille Pan ac curiosè scrutaretur. omnes autem illos quibusdam in idẽ conuenisse coniecturis, ac dixisse de illo sibi uideri nunciatum fuisse, qui è Mercurio & Penelope natus fuit. Cum hæc Philippus dixisset, nonnulli eorum qui aderant, eadem ipsa ab Aemiliano sene audisse testabantur.

Veteres quidam circa Scythicas insulas monstrosas hominũ figuras reperiri tradunt, ut sunt Hippopodes, facie humana, pedibus equinis. Ego monstra marina ipsos uidisse arbitror, in Italia insuetos: quorum aliquot faciem hominis, immò & nonnihil uocem referunt, Iodocus Vuillichius in Germaniam Taciti.

TROCTAE Aeliani non alij sunt pisces quàm amiæ, ut in Amiarum historia Rondeletius docet. Homerus Odysseæ Ξ. nauclerum quendã Phœnicem τρώκτην uocat, hoc uersu: Δὴ τότε Φοῖνιξ ἦλθεν ἀνὴρ ἀπατήλια εἰδώς, τρώκτης: ὃς δὴ πολλὰ κάκ' ἀνθρώπους ἐώργει. Eustathius interpretatur, uoracẽ, auarum, lucri & pecuniæ auidũ: ἐκ παντὸς ἐθέλοντα τρώγειν, ὅ ἐστι κερδαίνειν: & secundũ ueteres etiã impostorem. (Trug quidẽ Germanis imposturã sonat.) et rursus Odyss. o. Phœnices mercatores τρῶκται cognominantur, ἤγουν κερδαλέοι.

Apud Borussos partim in lacubus, partim in æstuante mari capiuntur rhombi, trossuli, aselli, &c. Erasmus Stella. Puto autem Trossuli nomen Germanicum esse.

TRYNCVS. Vide Brincus suprà pag. 152.

DE TRVTTIS SCRIPTA SEQVVNTVR HOC ORDINE.

DE (TRVTTARVM VEL) SALMONVM generibus, Rondeletius.

Nos Truttæ potiùs quàm Salmonis uocabulo, eos quibus de proximè dicetur pisces, generali uocare uolumus.

MVLTA genera (*Truttarum uel*) Salmonum statui possunt: unum eorum qui in Oceano nati (*immò in fluuijs nati ad Oceanum descendunt: & postea rursus ascendunt*) flumina eodẽ influentia subeunt: alterum eorum, qui in Lemano lacu reperiuntur: aliud eorum, qui in Benaco: aliud eorum, qui in rapidis fluuijs & riuis è montibus ortis uiuunt, de quibus omnibus suis locis dicemus.

Fuisse

Salmo propriè dictus. Fuisse(*Esse*) Salmones fluuiatiles & marinos indicant Plinij uerba libro 9.cap.18. In Aquitania Salmo fluuiatilis marinis omnibus præfertur. Qui Plinij locus duplicem sensum habere potest, ut Salmo fluuiatilis marinis Salmonibus præferatur: de ijs enim piscibus loquitur Plinius, qui pro locorum uarietate principatum obtineant, uel ut Salmo fluuiatilis marinis omnibus præstet.(*Posterior interpretatio potior est.*) Sed Salmones marinos esse experiētia comprobat: in Ligeri enim, Garumna, Rheno, atq; alijs Galliæ & Germaniæ fluminibus certum est capi Salmones etiam nonnunquã miræ magnitudinis è mari illuc profectos, in quibus fluminibus aliquandiu enutriti, pinguissimi, suauissimi atq; lautissimi reddũtur. Qui in fluuijs reperiuntur aliunde nõ profecti truttæ uocantur. *Trutta fl.* Quòd si cui mirum id uideatur, contempletur quæso diligētius Salmonis ac truttæ speciē, ac notas singulas, is proculdubio eas omnes adeo consentire perspiciet, ut facilè mihi sit assensurus. *Salmonis & Truttæ, præsertim Salmonatæ, summa affinitas.* Hoc ego in salmone & trutta magna (quam salmonatã uulgus nostrum uocat) sum expertus, nec notam ullam qua distingui possent comperi. Idem periculum feci in salmone paruo, & eiusdem magnitudinis trutta, atq; eandem in his similitudinem comperi. Id omnibus cõmune est, quod posteriorem dorsi pinnam paruam habent & subrotundam, pinguemq;.

DE TRVTTA FLVVIATILI, RONDELETIVS.

A QVAM Galli Truitte uocant, nos inde mutuato nomine Truttam appellamus, non Troctam: est enim Aeliani trocta idem piscis cum amia, ut ex utriusque descriptionis collatione docuimus in Amiæ historia. Sunt qui maiorem truttam quam Salmonatam uocamus, Sarionem Ausonij esse credant, (*ut Bellonius.*) Aliorum iudicio trutta nostra Salar est Ausonij:

Purpureisq; Salar stellatus tergora guttis.

Truttarum differentiæ. Truttarum differentijs suprà explicatis aliquot alias addemus. Quædam sunt paruæ, & eæ quidem albæ, cuiusmodi multas Santonum & Boiorum fluuij alunt. Aliæ his maiores sunt & flauæ: quales in Erari capiuntur, quas uulgus ob auri laminulas, quas unà cum arena hauriunt, flauescere credit. Sunt quædam subnigræ maculis rubentibus notatæ. colorem illum ex senio contrahi existimo. eæ enim omnium maximæ sunt, & ijs similes quæ truttæ salmonatæ uocantur, quòd salmonibus magnitudine ferè pares sint: quæ in magnis lacubus Allobrogum, Italorum, & Germanorum capiuntur, (quas lacustres salmones optimo iure nuncupare possumus,) cute quidem nigricante, sed carne subrubra & sicciore in senectute.

B Sed de fluuiatilibus nunc agimus: ex quibus albæ cubiti magnitudinem uix attingunt, capite mugilem quodammodo referunt. sunt enim capite breui subrotundo, carnoso, uel potius pingui, coloris lactei. Dentibus acutis maxillæ & lingua armantur. Dorsum ex albo modicè flauescit. Corpus squamis paruis tegitur, & cute quæ facile rugatur, & à carne diuellitur, absceditq;. Guttis rubris eadem spargitur. Linea recta à capite ad caudam ducta est. Pinnis quatuor natant quemadmodum Salmo: duas itidem in dorso, à podice unicam habent. Corpore sunt spisso in caudam latam deficiente, eáque similiter in pinnam breuem sed latam. Hac maximè parte truttæ magnæ à salmonibus, & paruæ ab ijs quos Tacones appellari diximus discernuntur: in ijs enim cauda gracilescit, in truttis semper lata est: in illis pinna caudæ longa & bifida, ut in Alosis, in truttis breuis & non diuisa. His accedit rostrum acutius in salmonibus quàm in truttis. Partibus internis à Salmone & umbra fluuiatili non differunt, nisi quòd uentriculi appendices plures & euidentiores habent. Eas quæ flauescunt & nigricant ab albis differre comperio, quod illis rostrum sit acutius, & ueluti in fronte macula nigra. Præterea albæ minores sunt, & carne minus flauescente.

C Truttæ uescũtur piscibus, uermibus, arena. Aqua pura & frigida mirum in modum delectant: quã ob causam aquarum scaturigines miro desiderio conquirunt, & in fontes amnesq;, ex altis & præruptis scopulis proruẽtes incredibili impetu feruntur, id quod in Gardonis Galliæ nostræ Narbonensis fluuij præcipitijs fieri experientia compertum est. in ea enim subeuntes truttæ nonnunquam decidunt in disposita à rusticis retia, quarum temeritate admoneri nos oportet, potentiorum uiribus cedendum esse, ut illud prudentissimè dictum sit:

Fœlix qui nunquam direxit brachia contra Torrentem.

Ex his efficitur ut haud falsa esse credamus quæ de ijsdem scribit Paulus Iouius in libello de Romanis piscibus, eas aduersos amnes, uel è præruptissimis etiam cautibus decidentes incredibili impetu subire. Ab Nare enim fluuio in Velinum lacum, qui hodie Pedelucus est, stupenda uelocitate uolucrum modo ascendere credi: qui lacus ab altissimo montis uertice certis primò coarctatus angustijs, & mox tota aquarum mole præcipitatus, nec subiectis quidem cautibus madefactis, ueluti è cœlo in ipsum profluentem Narem effunditur.

A (F) Multis in locis Truttæ optimæ habentur. Vnde mirum non immerito eruditis hominibus uidetur, nullum, saltem nobis nunc notum, apud ueteres Romanos truttæ nomen Latinum fuisse, cùm truttarum magnam copiam, ut nunc, ita olim suburbanos amnes suppeditasse maximè uerisimile sit. *Trocta.* Solus ex Latinis Ambrosius Troctam nominauit, sed eam, ut iam monui, intelligere oportet, quæ à Trocta Aeliani diuersissima sit: ea enim marina est, delphinis infestissima. *Truttã nõ esse Lupum uariũ.* Non defuerunt (*ut Iouius*) qui Lupũ uariũ ueterũ fuisse censuerint ex Columella, quũ Lupos sine macula piscinis includi posse asseueret, aliosq; esse Lupos dicant, qui uarij appellantur, ut Lupi illi marini sint qui amnes subeunt: uarij autem fluuiatiles, qui sint Truttæ. Sed ea opinio ex eo facilè conuellitur, quòd de marinis tantùm mentionem faciat Columella, ijsq; qui in pretio haberentur. Postremò Lupos uarios ad eorum discrimen qui Plinio autore lanati à candore dicebantur dictos fuisse ostendimus libro nono operis nostri de piscibus marinis. Vtrunq; mare nostrũ nobis suppeditat, & utrunque illic expressimus.

F Truttæ, præsertim senioris, caro siccior est Salmonis carne, nec æquè friabilis, ideo concoctu difficilior. Sed quò puriores undas sectantur, eò meliores sunt, at quæ in lutosis & stagnantibus aquis degunt, deteriores. Medicos audiui qui saxatilium marinorum loco, Truttas febricitantibus, alijsq; ægris edendas apponi iuberent, quorum sententiam non probo. Quanuis enim Truttæ aduerso torrentium impetu fatigentur, & inter saxa degant, permultùm tamen earum caro à saxatilium carne distat, quæ tenera est, & friabilis, leuis: quæq; facilè & concoquatur, & distribuatur, deniq; optimi succi. Sunt tamen Truttæ sanis cibus gratissimus, & bonus, præsertim si calidè nec diu asseruatæ edantur. Sunt qui eas non probant nisi statim ac ex aqua eductæ sunt, atq; adeo uiuæ in feruentem aquam conijciantur. Alij in sartagine frigunt, & inter folia nucis iuglandis, aut alia odorata conseruant.

DE TRVTTA MAGNA, VEL lacustri, (quam aliqui Salmonatam cognominãt,) Rondeletius.

Pro icone à Rondeletio exhibita, aliam à nostro pictore factã, sculptamq; dudũ, supposuimus.

A TRVTTAS Salmones esse fluuiatiles uel lacustres nemo est qui negare possit, si has cũ Salmonibus marinis, qui flumina subeunt, diligentiùs contulerit: & partes omnes tum internas tum externas, uitam moresq; accuratiùs inspexerit. Sed ut Salmonũ, ita Truttarũ discrimina quædam sunt, à corporis colore uel maculis, & à loci uarietate sumpta. Quæ enim in fluuijs rapidis & limpidis inueniuntur, non sunt adeò maculosæ: & magnitudine, succo, carnis colore & substantia multò inferiores sunt ijs, quæ in magnis lacubus Italiæ, Germaniæ, Allobrogũ capiuntur: quæ Truttæ salmonatæ, id est in Salmonem uersæ, & eodem carnis rubore, (uocantur.) De his nunc agimus, quales nobis suppeditat Lemanus lacus, quas Salmones lacustres uocabimus.

B Huiusmodi igitur Trutta ad duûm triûm ue cubitorum magnitudinẽ accrescit. Truttis alijs similis uel Vmblæ (*simpliciter dictæ,*) uel Salmoni fœminæ, maximè rostro recuruo: squamis minoribus quàm Salmo minùsque argenteis, sed pluribus & frequentioribus maculis purpureis conspersa. Pinnis, earum situ, maximè pinna dorsi posteriore adiposa, partibus internis, carnis substantiâ & colore Salmoni simillima. Tales truttæ permagnæ è lacu Lemano Lugdunum deferuntur, quas primo aspectu nemo est uidendis Salmonibus assuetus, qui non Salmones esse contendat.

A Ausonius in Mosella Sarionem piscẽ medium facit inter Salmonem & eum qui Salar ab eo uocatur. Sit'ne Sario trutta nostra, dubito: solam enim in magnitudine differentiã statuere uidetur. Versus eius sunt:

Trutta Salmonata an Sario Ausonij sit, dubitat.

Teq; inter geminas species, neutrumq; & utrunque,

Qui

Qui nec dum Salmo, nec iam Salar, ambiguusq́;
Amborum medio Sario (al' *Fario*) intercepte ſub æuo.

In multis Galliæ fluminibus Truttæ cum ſenuerint, lacuſtres truttas æquant magnitudine. Aeſtate caro magis rubet.

Lacuſtribus & fluuiatilibus (*Truttis tum alijs tum Salmonatis*) pinguiores ſunt marini Salmones in amnium dulcibus aquis ſaginati, citiusq́; ſatiant. Illæ carne ſunt ſicciore, atq; hac maximè differentia inter ueſcendum ſecerni poſſunt.

DE SALMONE LEMANI LACVS SIVE Vmbla, Rondeletius.

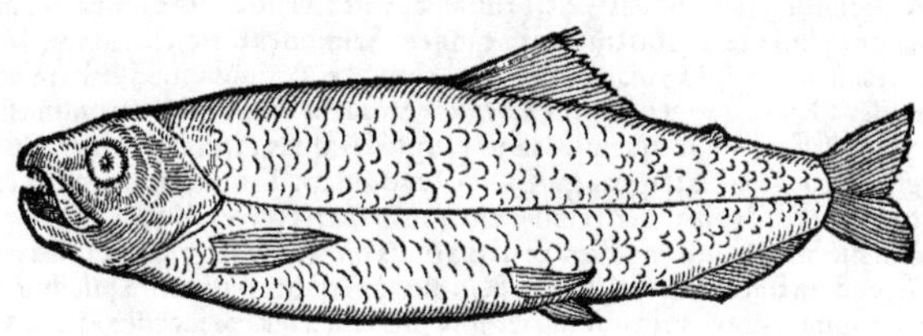

NVLLVM apud ueteres ſcriptores nomē reperi piſcis eius qui à Lemani lacus accolis Vmble dicitur. Ac ne quis nominis affinitate decipiatur, differt ab Vmbra piſce qui in Gardone Galliæ noſtræ Narbonenſis flumine capitur, quanuis ſit is quoq; in Truttarum ſiue Salmonum genere. Item ab eo eiuſdem nominis qui in Lado noſtro reperitur, qui Mugilis fluuiatilis ſpecies eſt. A *Vmbra aliuseſt piſcis, & ipſe truttis cognatus.* B. *Alius, ſpecies mugilis.*

Eſt igitur Vmbla, Lemani lacus Salmo, magno ore, non ſolùm in maxillis dentibus armato, ſed etiam ſex magnis in lingua. Corporis ſpecie, pinnarum numero ſituq́; partibus internis Truttis uel Salmonibus ſimilis. Caput liueſcit. Branchiarum opercula argentei ſunt coloris, in extremo aurei. Hepate eſt carnoſo, in quo fel ſitum eſt. Carne eſt ſuaui, ſicca & dura cum ſenuerit. Aliquando duos cubitos longi huiuſmodi piſces à Lemano lacu Lugdunum aduehuntur. (F)

DE ALTERO SALMONE LEMANI LACVS ſiue Vmbla altera, Rondeletius.

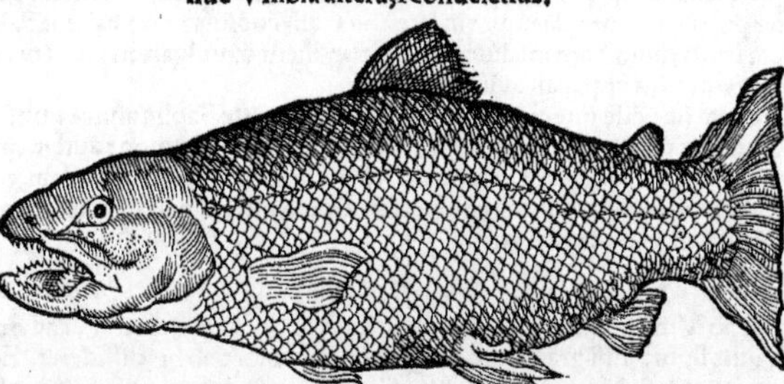

PISCES ualde inter ſeſe ſimiles non ſolùm tractatione, ſed etiam nomine coniunguntur, ut Thriſſæ, Trichides & Trichiæ: Sic ſimilis ſuperiori Vmblæ hic quem exhibemus, Vmbla etiam uocatur, ſed diſcriminis cauſa cognomen additum fuit. appellant enim Lemani lacus accolæ Vmble cheualier, fortaſſe ob magnitudinem, præſtantiam, & robur. neque uerò à ſuperiore ſolum differt uel ſexu, uel ætate, ut ex ſequenti deſcriptione perſpicuum fiet. A

Eſt igitur hic piſcis Salmonibus & Truttis, quæ uulgò Salmonatæ dicuntur, ſimilis: roſtro recuruo, (*Truttæ etiam lacuſtri ſcribit eſſe roſtrum recuruum,*) quo à ſuperiore differt: id enim longius habet & acutius. Maxillæ inferioris extremum incuruum in maxillam ſuperiorem, eius rei gratia excauatā, recipitur, ut in Salmonibus uidere eſt. Maxillæ lineis multis diſtinctæ ſunt. Dorſum ex cæruleo nigricat. Venter aureo colore eſt. Hepar flaueſcit. in eo eſt fel. ſplē nigricat. Ventriculus gulæ ſubiectus eſt, longus, ſpiſſus: cuius innumerabiles ſunt appendices, quemadmodū in ſuperiore. In inſignem magnitudinem accreſcit. B

Carne eſt ſicca & dura. in aſſulas diuiditur: quæ caryophyllis confixæ in craticula aſſantur, & oleo ſiue butyro irrigantur. Paratur etiam hic piſcis Truttæ modo. Caput maximè commendatur, ut Salmonis. F

II

DE TRVTTA FLVVIATILI, BELLONIVS. IPSE Salarem Ausonij nominat. Nos supra de Salare scripsimus suo ordine, quæ aliorum, quæ nostra sit sententia.

C Trutta est piscis fluuiatilis, Trocta uerò marinus. Trutta præterea eos riuos subit, qui magno impetu feruntur: unde sæpius miratus sum (cùm alpes conscendere) etiam in ipsis ferè montium Sanesij & Iuniperorum iugis, Truttas in torrentibus ab indigenis capi solere: nam eos pisces aduersos amnes scandere, uel è præruptissimis magno impetu decidentibus aquis delabi persępe uisum est: F quibus in locis rarò pedales fiunt, atq; illic castigatiores ad esum fieri, & ægrotorum corpora magis sana, ob agitationem atq; exercitationem reddere creduntur. At, quę stagnantibus aquis ac quiescentibus fluuijs degunt, in maiorem uastitatem extuberant.

B Porrò Saxatilium piscium classis est Trutta: habentq; Truttæ ferè omnes peculiarem appendicem siue apophysim iuxta caudam, quam eandem Salmones utriq;, Sariones, Vmbræ, Lauareti, Carpiones, Epelangi, Thymali, Emblones, Humblæ, & quidam alij habere conspiciuntur. Pinnæ sunt illis ad latera frequentissimis maculis conspersæ, nunc subluteis, nunc subliuidis, sed rarioribus quàm in Sarione, frequentiùs tamē purpureis: quas Ausonius etiam ei tribuit hoc uersu: Purpureisq; salar stellatus tergora guttis. *Colorum diuersitas.* Quod autem Trutta multigena sit, id quidem ex stellis statui uix potest: Nam diuersi amnes eiusdem generis pisces diuerso modo pictos habent. Ex Rilla enim flumine Neustriæ, Truttas uarijs notis pictas uideas, alijs atq; alijs multùm diuersas, tametsi in eodem tractu ceperis. Quod & in aliarum quoq; regionum piscibus obseruari potest. Trutta magnam non fert in summo tergore pinnā, sed ijsdem maculis, quibus corpus, conspersam. Pinnas duas sub uentre superiori tergoris oppositas, & duas ad radices branchiarum, unam iterum uersus caudam, proximè ad anum. Squamis integitur tenuibus: lineaq; multùm conspicua, à branchijs per latera medium corpus intersecat: oculos habet rubentes, linguam dentibus numero senis uncinatam, & oris rictum dentibus bene munitum, ut quinq; horum ordines in superiori parte palati facilè dinumerare possis: branchias utrinq; quaternas: Cor illi est trigonum, grandis stomachus. (C) Phryganijs, delectamentisq; uescitur. Pylorus tam multis apophysibus obsessus est, ut eas dinumerare non possis: tamen expertus ultra centum inesse comperies. Hepar habet pallidum & sine lobis. Intestina ter tantùm reflectuntur. *Vbi.* Aruernos, Burgundiones ac Picardos aut Belgas, adde etiam Gebennenses honorat, à quibus ad nos adfertur, magnisq; habetur in delicijs.

DE TRVTTA SALMONATA, BELLONIVS.

B Est & in Truttis (de quibus mox agemus) conspicua quædam differentia. Etenim qui huius generis piscium duos uel tres pedes excedunt, uarijsq; ac rubris lituris conspersi apparent, regales uel Francæ dicuntur: quas si cum paruis Salmonibus conferas, nihil discriminis interesse comperies, præter purpureas maculas, quas in lateribus tam copiosas non habent Salmones. Est ergo Salmonata trutta, quidpiam medium inter Salmonem & uulgarem truttam, quam non ineptè Sarionem Ausonius appellasse uidetur.

Itaq; Sarionem hoc esse interpretor, quòd Gallicè Truitte Saulmonnee nuncupamus. Truttis quidem grandior est, & copiosioribus maculis conspersus, Salmone autem minor: sed cuius caput ad Salmonem accedit, eandemq; caruncuIam carneam, eandem caudam, easdemq; pinnas ac squamas habet, sed pluribus lituris conspersas. Porrò internam Sarionis anatomen præcedenti, quod de Trutta est, capite uidebis.

DE VMBLA VEL HVMBLA, BELLONIVS.

A Diuersa est ab Vmbra, quæ etiam litera mutata, Vmbla uulgò dicitur, eademq; huius piscis B esset cum Truttis figura, nisi gracilitate, longitudine ac colore ab his dissideret. Eorundem lacuum est incola quorum & Vmbra. Nullis suggillatur lituris, quibus tamen uterq; Salmo, Trutta, Sario & Carpio uariantur. Colore est magis argenteo, quàm Vmbra. Vnica est & parua eius tergoris pinna. branchiam (*forte pinnam uoluit dicere: nam de branchijs infrà dicet.*) habet iuxta uentrem utrinq; unam: duas sub uentre huic oppositas, omnes sine aculeis. Vltimæ piscem in duas æquales partes intersecant: sed pars quæ ad caput uergit, paulò longior est. Eius cutis adeò glabra est, ut squamis carere uideatur. Tergus præ multo liuore opacum apparet: uenter prę albedine uti argentum micat. Eam apophysim etiam habet carnosam supra caudam, quam Vmbræ, Lauareti, Salmones, Sariones, Thymali, Carpiones, Epelangi & Truttæ habēt. Quaternis prædita est dentium ordinibus in palato, serpentium more. Linguam ostendit aduncis in gyrum dentibus, crenatis, exertis, & hamatis senis, uel eò pluribus communitam, prętet quos maxilla etiam inferior paruulis alijs exertis & parum falcatis in ambitum uallatur: branchias habet utrinque quatuor. Latera eius uirgula recta secantur utrinq; per medium corpus, parum repanda uersus uentrem, quam à capite ad caudam usq; protensam habet.

C Carniuorus est piscis: quisquilijs & phryganijs, pisciculis, caridibus & huiusmodi spurcitijs uescitur. Pinguis apud Allobroges capitur, ac pastitio includitur: tantiq; fit, quanti ditiorum bursa æstimare potest. Porrò interna eius anatome cum Trutta omnino conuenit.

TRV-

TRVTTARVM, (SEV FARIONVM, AVT PYrûntum) generis diuisio.

TRVTTARVM ALIAE SVNT

Fluuiatiles. Lacustres.

Fluuiatiles aliæ sunt:

- Paruæ, albæ, in Santonum & Boiorum fluuijs, cubiti magnitudinem uix attingũt, capite mugilis ferè, &c. Rondeletius. Bachforen.
- a. Maiores, flauæ, in Erari.
- b. Subnigræ, maculis rubentibus. colorem illum (inquit Rondeletius) ex senio contrahi existimo. eæ enim omnium maximæ sunt, & lacustribus illis similes quæ Truttæ salmonatæ uocãtur. Hæ in riuis Misniæ Lachßforen appellãtur, composito à Salmone & trutta uocabulo, carne rubente, maculis aureis: (unde alicubi, ni fallor, etiam Goldforen appellantur, alibi Schwartzforen) quæ in cęteris uulgaribus truttis nigricant, ut Misenus quidam ad me scripsit. Agricola truttas nigris maculis reperiri annotauit ad Suarceburgum Misenę oppidum in fluuio cognomento Nigro, &c.
- a. b. Eas quæ flauescunt & nigricant ab albis differre comperio, quòd illis rostrum sit acutius, & ueluti in fronte macula nigra. præterea albæ minores sunt, & carne minùs flauescente.
- Rottela uel Hucha dicta Germanis circa Augustam, eadem fortè alibi Teichforen dicta, id est, Trutta piscinaria.
- Salmo etiã fluuiatilis quædã Trutta uideri potest. Item Eperlanus. } Sed hi ambigunt inter fluuiatiles & marinos.
- Salmarinus circa Tridentum dictus proculdubio Trutta quædam fluuiatilis est.

Lacustres sunt, ut:

- Trutta magna uel salmonata, in magnis lacubus. Salmonem lacustrem dixeris. Seeförine { Grundförine, Schwäbförine }
- Carpio Benaci.
- Vmblæ uulgò dictæ { Minor, in lacu Tigurino, & alijs. Rötele. Media, in Lucernensi & Lemano, Rooten. Maior, quã in Lemano equestrẽ cognominant, groß Rooten. } Differũt hæ à cęteris truttis omnib. cũ alias, tum quòd carnẽ longè molliorẽ habent: in minore Vmbla, etiam lapillos in cerebro obseruaui.

Quæ diximus Truttarũ genera dentes habent. sunt aũt & alij pisces Truttis cognati, sed absque dentibus, ut Lauareti & similes lacustres, (nos Albulas nominauimus in A. elemento:) in fluuijs uerò Thymallus, et Vmbra fl. Lauareti quidẽ & thymalli carnis substantia quoque à Truttis multùm differunt, magis friabili, candidiore, salubriore: item squamis, & quòd lapillos in capite habent, Lauareti ac Thymalli.

Quòd Trutta multigena sit, id quidẽ ex stellis (*punctorũ uarietate*) statui uix potest. nam diuersi amnes eiusdem generis pisces diuerso modo pictos habent, quanuis in eodem tractu capiantur interdum, ut Rilla Neustriæ fluuius, Bellonius.

COROLLARIVM I. DE TRVTTA FLVVIATILI: ET quædam de Truttis simpliciter uel in genere.

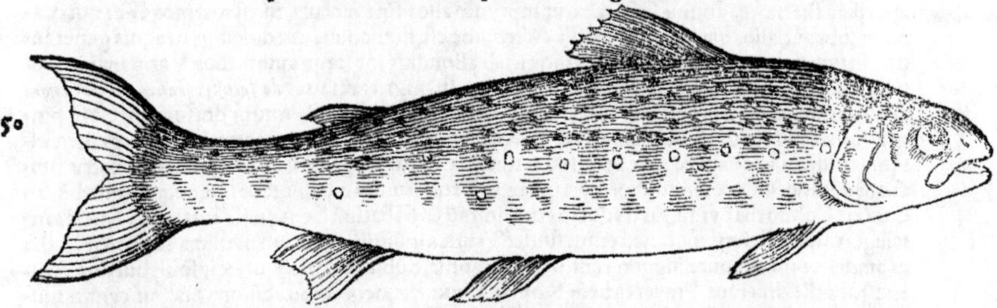

Truttam plerique t. duplici scribunt, sicuti Galli etiã Italique pronunciãt: Platina simplici. Truttas (inquit) à trudẽdo quasi trusiles lingua uernacula dictas puto. semper enim in aduersum & impetuosum flumẽ truta nitit, aduenientes undas superare cõtendens. Scoppa grãmaticus Italus torentinã nominat, sine authore, mallẽ r. duplici, ut à torrentibus nomẽ deducat. in his enim & riuis montanis abundat. Germanis trut, gratũ ac desideratũ significat: & quanquam ipsi aliud (ut dice- A

II 2

mus) huius piſcis nomē uſurpant, potuerūt tamen ab ipſis, ut & alia quædā olim, Itali & Galli hoc nomen mutuari, quo tempore Gothi præualebant. Noſtri ſpeciē truttæ lacuſtris, quā Galli Vmblam, à rubicundo colore, Roote nomināt: à quo colore, ſiue ſimpliciter, ſiue propter maculas in pleriſq;, aut carnē in aliquibus, rubentes, genus totū Rotta, uel t. præpoſito Trotta, ut Itali proferunt, denominari potuit. ¶ Trutæ nullam in ueteribus ſcriptis memoriā extare Grapaldus miratur. De truta non uideo quid ſit, niſi troctam quis uocet. ita enim piſcem nominat Ambroſius in Hexamero, itemq; Aelianus, ſed inter marinos, Hermolaus Barb. in epiſtolis Politiani. Verùm Ambroſius truttā nominat, non troctam. Aeliani uerò τρώκτης (troctes maſc. genere) nō alius eſt quàm amia. *Aurata.* ¶ Qui nuper ex Germanis truttā, ueterum auratam eſſe coniecerunt, ex ipſa auratæ hiſtoria manifeſtiſsimè redarguunt. *Perca fluuiat.* Aliqui percam fluuiatilē Auſonij, putarunt eſſe trutā, ꝙ & in delicijs habeatur, & phercha ferè à Germanis dicatur: ſed ij quidē decipiuntur, Maſſar. *Thedo.* Carolus Figulus ut Thedonem Auſonij (de quo ſcripſimus ſuprà in Capitone A.) ſuſpicaretur eſſe truttam, neſcio unde induci potuerit, niſi aliquam fortè literarum ſimilitudinem ſomniârit: quæ ut nulla eſt, ita ſi uel maxima eſſet, nihil concluderet. hoc etiam abſurdū ꝙ eundem piſcem, non modò Thedonem, (cuius tamen ſeorſim Auſonius mèminit,) ſed *Salar.* ſalarē quoq; & Farionē ab Auſonio uocari putat. Scio Gillium & alios quoſdā uiros doctos, ſalarē Auſonij pro trutta habere. ego omninò ſalarē pro ſalmone paruo accipio: ut cōueniat ei hic uerſus, Qui nec dū ſalmo, nec iā ſalar, ambiguuſq; Amborū medio fario (al' ſario) intercepte ſub æuo: & nomē Germanicū Sälmling. nā quod pro trutta argumentū ipſi adferunt, Purpureiſq; ſalar ſtellatus tergora guttis, nō minùs ſalmoni paruo quàm truttæ cōuenit: uterq; aūt in Moſella reperitur: etſi Saluianus dèmpta trutta, quæ in Moſella ſatis frequēs ſit, nullū reperiri piſcē in eo flumine dicat, cuius tergora ſtellata ſint purpureis guttis. *Fario.* Farionē quidē (uel, ut pleriq; legūt, Sarionē) truttā lacuſtrē uel ſalmonatā ut uulgò aliqui nomināt, Bellonius & Rondeletius eſſe ſuſpicant: ꝙ ea ut Auſonius ſcribit, magnitudine inter ſalarē & ſalmonē media ſit. ſed ſalarem nō rectè pro trutta fl. interpretant: & cogitare debebant Auſoniū de Moſellæ fluuij piſcibus loqui: truttā uerò ſalmonatā, piſcem eſſe lacuſtrē, non fluuiatilē. itaq; ego ut ſalarem, ſalmonē paruū interpretor: ita farionem, ſimpliciter truttā, ſiue truttam fluuiatilē. ex hac enim ætatis progreſſu ſalmonē fieri Auſonius exiſtimaſſe uidet, uulgarem quorundā perſuaſionē ſecutus. nam & obſcurus quidā author, cuius de animalibus ſcripta extāt: Trutta (inquit) ut fertur, quandiu minoris ætatis & corporis exiſtit, in aquis tantùm dulcibus nutritur: cum autem excreuerit, & deſcendēs uſq; ad confinia maris de ſalſedine eius biberit, ſalmo efficitur: quod tamen uerum eſſe nequaquam ab omnibus aſſeritur, Sic ille. Ergo ſi ſalarem & farionem, pro ijs quos dixi piſcibus accipiamus, ſimplex fuerit Auſonij error, è farione, id eſt trutta, ſalmonem fieri putantis, ut & alij quidam. Sin ſalarem, truttam: farionem uerò truttam ſalmonatam fecerimus, duplex illius error fuerit: tanquam è trutta fluuiatili, ſalmonata quæ lacuſtris eſt, naſcatur: & rurſus è ſalmonata, ſalmo: quorum utrunque ut falſum eſt, ita nec hodie à quoquam perito creditur, nec olim tam imperitos fuiſſe homines puto, qui ita iudicarint. Fario etiam (ſi ita potiùs ſcribendum eſt quàm ſario, ut Figulus & alij quidam rentur,) ipſo nomine ad uulgarem Germanis truttæ nomenclaturam accedit. *Varius.* Aliqui Truttā Latinè Varium uocant: quod nomen ſimiliter & cum Germanico facit, & punctorum in hoc piſce uarietatem denotat. alij maiorem Varium: ut alium diuerſi generis piſciculum, Variū minorem: de quo in Corollario de Phoxinis diximus. Galli enim Veronum nuncupant. Ab hoc etiam diuerſum piſcē, gobium fluuiatilem Auſonij, uarium & maculoſum, Placentini Varon, Mediolanenſes Vairon appellāt. Alius etiam Græcorum eſt pœcilias à uarietate dictus. Quamobrem ut declinemus homonymiam, *Turtur.* truttam Varij nomine uocare non placet: ut neque turturis: quod nomen recentiores quidam ei attribuunt, ſine authore: cum paſtinaca etiam marina ſuperioribus ſeculis turtur appellata fuerit. *Lupus uarius.* ¶ Iouius ſuſpicabatur luporum alios ſine macula, id eſt marinos eſſe: qui & amnes ſubeant: alios uarios à Columella dictos, hoc eſt, fluuiatiles, qui dulcibus in aquis generentur, Truttas nempe. unde & Truttā (inquit) ab aliquibus inglorijs authoribus Variū maiorē appellari uidemus. Certè trocta admodum uaria eſt, nigricantibus (*de lacuſtri ſentire uidetur: nam fluuiatiles raræ uel raris in locis maculis nigricantibus inueniuntur*) maculis totum dorſum ſpecioſè pingentibus. Spigolæ uerò (*uulgò dicti, id eſt, Lupi marini ſine macula*) unicolores potiùs atq; argenteæ eſſe uidentur. quanquam & ipſæ ueluti ad retinendam Lupini generis appellationem ſubatris punctis, ſed minoribus & languidioribus, quàm in Truttis uideamus, notatæ ſint. neq; enim arbitrandum eſt Columellā per lupos traductos in Ciminū & Sabatinū lacus, uel Truttas, uel Lucios intelligere uoluiſſe. ſuperuacaneū enim fuiſſet Truttas indidiſſe, quarum maximā copiam ſuburbani amnes omni tempore ſuggererent, ut ex Reatinis, Sublaqueaniſq;, ut ex ipſo Tyburtino Aniene quotidie uidemus. Præterea neq; Romanæ luxuriæ, neq; admirabilioris magnificentiæ fuiſſet alios quàm pelagios piſces illis in lacubus diſſeminaſſe. de marinis enim Columella loquebatur, et quidem nobiliſsimis, ut de auratis et murænis ſimul cū lupis ipſis clarè teſtatus eſt: quos tamē omnes deficiēte paulatim eorū ſobole, quū diu naturæ repugnare nequiuerint, penitus interijſſe manifeſtè uidem᷒. Improbūq; illud factū & dictū luxurioſum Philippi apud Caſsinatē hoſpitē, certiſſimā facit cōiecturā, lupū illū, quē ut inſulſiſsimi ſaporis expuerat, & probro ſubidè fuerat proſecutus fuiſſe

fuiſſe Truttam: quum in illis amnibus Caſsinatium, Soranorũ & Arpinatium Truttæ plurimæ capiantur, quas Spigolis Tyberinis pinguioribus minimè comparandas Philippus eſſe iudicabat. Plinius quoq; aliquos lupos à candore lanatos appellari dicit, & illud quidem propriè & eruditè. nam lupos, id eſt, truttas in uniuerſum ſecundum carnes rubeſcere: Spigolas autem pelagias pariter ac Tyberinas inſigni candore albicare clariſsimè conſtat. Cæterùm truttam non facilè in Tyberi reperies, ſicuti nec ipſam Spigolam alijs in amnibus urbi propinquis, Hucuſq; Iouius: cuius ſententiæ etiam Saluianus ſuffragatur.

¶ Truttæ piſcis Græcorum nemo (quod quidẽ ſciam) mentionem fecit, inquit Saluianus. Latinorũ uerò etſi nonnulli meminerint, non omnes tamen eodem eum uocarunt nomine. Columella enim inquiens: Tum ſine macula (nam ſunt & uarij) lupos includemus: Lupos uarios truttas noſtras uocare uidetur. Nam uti nullum luporũ maculis ita inſignitum uidemus, ut uarius dici poſsit: ſic piſciũ, qui macularum ratione, quibus depicti ſunt, uarij uocari merentur, nullus eſt, qui propiùs quàm trutta ad lupi accedat ſimilitudinẽ. Verùm ne ſolis uideamur coniecturis inniti, Iſidorum Hiſpalenſem, in recenſendis rerum nominibus, quibus tempeſtate ſua utebantur (uixit autem plus octingentis ab hinc annis) teſtẽ haud contemnendũ conſulamus. Cum enim ſcribat: Piſciũ nonnulli à colore appellantur, ut Vmbræ, quia colore umbræ ſunt: & Auratæ, quia in capite auri colorẽ habent: & Varij, à uarietate, quos uulgò Truttas uocant: apertiſsimè noſtræ ſubſcribit opinioni. Hîc tamen (ne quiſpiã nominum decipiatur ſimilitudine) animaduerti debet, piſcẽ etiam illum τῶν γαλεῶν, quem alij aſteriã, id eſt, ſtellarem uocãt, ποικίλον, hoc eſt, uariũ uocari ab Athenæo: (*cognominatur is potiùs, quàm uocatur uarius:*) Pauſaniãq; & Euſtathium piſcem quendã uocalẽ in Aorno fluuio repertũ, ποικιλίαν. i. uarium uocari, ſcriptum reliquiſſe: ut latiùs octogeſima prima pertractabimus hiſtoria. (*Atqui in ea historia Saluianus de turdo ſcribens, αἰολίαν cognominari meminit: ut & coracinum αἰολίαν, & ſcarum αἰόλον, id eſt uarium. de pœcilia nihil. nos de pœcilia ſuo loco, P. elemento ſcripſimus, & eum piſcem eſſe docuimus, quem Beiſcerum Germani uocant, &c.*) Præterea Plinius Valerianus ille qui librum de morbis atq; remedijs conſcripſit, lib. 5. de re. med. cap. 43. Truttum uocauit, dicens: Piſces de flumine, qui petram habent, ut Trutti, Squalei, comede. (ego Truttæ & Squali legerim.) Deinde D. etiã Ambroſius Truttam appellauit, ſimiliter ut Iſidorus, uulgarẽ nomenclaturã eſſe teſtatus, his uerbis: Piſcium alij oua generant, ut ij quos truttas uocant. (*Iſidori uerba iam antè recitata ſunt.*) Hæc Saluianus.

Truttæ nomen Iſidori Hiſpal. ſeculo.

Varius nomen, aut cognomen diuerſorum piſcium.

Alexander Benedictus tempore peſtis cõmendat labracem piſcẽ, quem uulgò (inquit) Variolum nominant. Et mox, In hoc genere & truttam fluuiatilẽ ob ſimilitudinem poſuerim. Nominârat autem priùs lupum tum marinũ, tum fluuiatilem, duplici errore. nam cum labrax Græcorũ non alius quàm lupus marinus ſit, ipſe diſiunxit: & Lucium uulgò dictum fluuiatilẽ piſcem lupum eſſe arbitratus. Lucium marinum etiã (neſcio quem piſcem, alij enim ſphyrænã, alij genus aſelli, alij fortè aliũ ſic uocant) uulgò dictum, Lupum marinũ appellauit.

¶ Truttas noſtras non eſſe lupos uarios, ſeu maculatos, Rondeletius docet, tum in Lupi, tum in Truttæ fluuiatilis hiſtoria, cuius ego ſententiam contra Iouium & Saluianũ defenderim. Saluianus Iſidori uerbis nititur, quæ ſunt: Piſcium nonnulli à colore appellantur, ut Varij à uarietate, quos uulgò truttas uocant. ſed aliud eſt uarios dicere, aliud Lupos uarios. Equidem Iſidori ſeculo piſces qui uulgò nominabantur Truttæ, ſicut hodieq; Gallis & Italis, à literatis hoc ceu barbaricum nomen aſpernatis, Varios uocari ſolitos credo, non tamen priſcis Latinis idem nomen pro hoc piſce in uſu fuiſſe. Aelianus tamen libri de animalibus 17. cap. 1. in Aſtræo Macedoniæ fluuio piſces colore uario diſtinctos, (τῶν χρόαν κατασίκτων,) nomine ab incolis Macedonibus interrogando, gigni referens: qui peculiares quaſdã illi fluuio muſcas, circa ſummã aquam uolitantes, appetant: truttas intelligere mihi uidetur: utpote piſces fluuiatiles, uarios, & muſcarum etiã, ſicut & aliorum uermiũ, appetentes. poſſunt autẽ facilè, cum ſaltu ualeant præ cæteris piſcibus, muſcas quoq; extra aquam uolitantes arripere. Addit Aelianus piſcatores pro his muſcis purpuraſcente lana hamum ueſtire, & gallinaceas pennas duas cerei coloris addere, ut piſces decipiant, ſicut referemus in E. qualibus dolis hodie etiãnum ad piſces quoſdam capiendos utuntur, thymallos præcipuè & truttas: Vide infrà in E. Græcũ equidem uetus truttæ nomen, tum Aeliano, tum uiris hactenus eruditis & ὀνοματοθήραις ignoratũ omnibus, primus ego noſtro ſeculo deprehendiſſe mihi uideor: ut ſuprà etiam oſtendi, elemento P. ſub finem paginæ 927. hîc aliqua ex parte repetam, non ſine auctario philologiæ. Mneſitheus apud Athenæum libro 8. truttas appellauit pyrûntas. Ex fluuiatilibus (inquit) optimi ſunt, qui in rapidiſsimis fluuijs uerſanẽ, ut pyrûntes, (οἱ τε πυρῶντες: malim ὡς οἱ πυρῶντες.) Hi enim non gignuntur niſi in rapidis ac gelidis fluuijs, & faciliùs quàm cæteri fluuiatiles concoquuntur, Hæc ille. Natalis de Comitibus, nimiùm plerunq; fidus interpres, οἱ τε πυρῶντες legit: & tranſtulit, quiq; rubeſcunt. mihi placet ſubſtantiuũ eſſe nomen, quo piſces quorum meminit, tanquã eorum qui uel præ cæteris præcipites ac gelidas aquas ſequantur, appellentur. meritò autẽ pyrûntas, id eſt, truttas præcipuè nominauit. has enim ſcio in fluuijs quibuſdam ſeu riuis montanis aſperioribus, ubi nullus alius piſcis uiuit, (ſiue propter locorum frigiditatem, ſiue potiùs præcipitia,) ſolas reperiri: ut dicam in C. Πυρόω uerbum actiuum, urere, incendere, uel igne examinare ſignificat. inde participium πυρῶντες formari poteſt, à recto πυρόων. Πυρῶντες uerò piſces nomen eſt ſubſtantiuum à recto πυρόεις, qui contractus effertur πυρῶς: & uel adiectiuè calidum, ignitum, rutilum ſignificat:

Pyrûs.

II 5

uel substãtiuè accipitur pro stella Martis, quæ rutilat colore: pro trutta pisce rutilo. pro stella enim subaudiri potest ἀστὴρ, pro pisce ἰχθύς. Sic & placentarum nomina in όεις, uel οῦς contractè, Græci habent: ut genus, πλακόεις: ut species, τυρόεις, πυραμόεις, σησαμόεις: subauditur autem ἄρτος, id est panis. Ὀπόεις ciuitatis nomen est, Σιμόεις fluuius. & hæc quidem contrahuntur ferè. alia non item, ut ὀρόεις, & ἱερόεις, ni fallor. ut neq; ea quorum antepenultima cum sit longa, in penultima quoq; pro ο. breui, ω. magnum accipiunt, quale est ὠτώεις, quod annotauit Eustathius. A masculinis in όεις, fœminina terminatio fit in όεσσα, contractè οῦσσα, uel Atticè οῦττα, ut μελιτοῦττα, οἰνοῦττα. quo exemplo truttam nostram non solum masculino gen. pyrûnta, sed etiam fœminino pyrûssam aut pyrûttam nominare licebit: & quidem ad Latinam inflexionem commodiùs. Videri sanè potest Germanicum etiam nomen **Főrine**/ quasi **Fürine** ab igne factũ, hoc est rutilãtibus igneo colore maculis: quanquam & caro in nonnullis eodem colore sit. Quòd si quis Germanicum nomen à Latino uarius deducere malit, non refragabor: hoc tamẽ audiet, præstare Germanicis nominibus de sua lingua originem petere, præsertim cum plerosque alios pisces proprijs suæ linguæ uocabulis Germani appellent.

Pyrutta.

Vulgaria.

Truttæ Italicum nomen est Trotta, uel Truta: Trutala, circa Larium lacum, ut audio, diminutiuum. Gallicum & Sabaudicum Troutte, uel potiùs Truitte. Rhæti qui Italica lingua corrupta utuntur, Criues appellant. ¶ Germani alijs in locis aliter atq; aliter proferunt, **ein Fore/ Forhen/ Főrine/ Forel/ Forell**: plerıq; primam per f. pauci per u. consonantem scribunt. Habent & composita nomina, **Bachforen**, à riuo: **Waldforen**, à sylua: **Schwartzforen**, à colore nigro. **Goldforen**, ab aureo, uel rubente, carnis & punctorũ nimirũ. **Lachsforen**, à media inter salmonem & truttã specie. Vide in B. **Seeforen**, à lacubus: in quibus alij profundiùs degunt, **Grundforen** uocant nostri: alij propiùs summam aquam, **Schwäbforen**. Videri autem potest (ut suprà dixi) **Foren** dictus quasi **Füren**, à colore igneo, uel origine Latina, quasi uarius aut uariolus: ut & lupi pisces uarij, à punctorum uarietate nominantur aut cognominantur. uel à uoracitate: unde & truttam aliqui, quasi troctam, quòd Græcis uoracem significat, appellatam putarunt. Aliqui **Vorhelle** scribunt, & per iocum etiam **Vorhenne** pronunciant, quod gallinis, quas **Hennen** Germani uocant, in cibo præferatur hic piscis ab ijs qui palato seruiunt. Inter ludicras piscium nomenclaturas, truttam nominis arguta allusione, & quoniam in montium ac syluarum fluminibus degit, inuenio cognominari **ein Forster. Ein Forel ist ein Forster.** nam ut Gallis Forest, sic **Forst** Germanis syluam significat: **Forster** uerò syluæ custodem aut præfectũ. Sigismundus Gelenius farionem interpretatur Germanicè **Pfarh**, nescio quàm probè, uel ubi usitato nomine. Cæterùm alius est piscis quem Germani quidam uocant **Furn** uel **Fürn**, nempe Capito fluuiatilis. Circa Acronium uerò lacum, leuciscum fl. illum, quem Gali Gardonem, nostri **Schwal** appellant, paruulũ adhuc uocãt **ein Fornfisch**, (alibi **Fürnling**:) maiorẽ **ein Gnitt**, tandẽ **ein Furn**.

Trutarum nomina & differentiæ apud Anglos.

Truttam Angli uocant **a Trute**, uel **Trowt**. Trutarum in Anglia (ut uir doctissimus Guil. Turnerus ad me scripsit) duo genera reperiuntur. Alterum, quod Ausonij salar (*nimirum & ipse, ut Gillius & alij, salaris nomine truttam fl. simpliciter accepit*) est, à Northumbriensibus meis uocatur **a Burutrout**, (*Germanico fortè* **Fore** *& Gallico Troutte, unius piscis nominibus in unum confusis. ex his enim duabus linguis Anglica ferè constat hodie.*) Ad hoc genus alia species referri potest, truta illa quæ uocatur **an Allerfanght**, hic piscis quàm alter (*superior*) uentre magis prominulo est, & per omnia crassior, & maxima ex parte, ut ille in locis uadosis & non ita profundis: ita hic in profundioribus torrentium & fluuiorum locis, sub alnorum radicibus, quæ ad ripas fluuiorum nascuntur, interdiu delitescit. Atq; ideo ab alno, quæ nostra lingua uocatur **alder** uel **aller**, nomẽ sibi sortitus est. Alterum trutæ genus in Northumbria uocamus **a Bulltrout**, hoc est trutam taurinam, ab insigni magnitudine qua alias trutas superat. cubito enim aliquando longior reperitur. crassior est salmone pro ratione suæ magnitudinis, sed capite, si rectè memini, breuiori. Caro est q̃ salmonis multò siccior, & friabilior, & multorum palatis gratior. Accepi eandẽ in alijs Britanniæ regionibus uocari **a Gray trout**, & alijs **a Skurf**. Est & in Anglia à trutarum forma non multùm abludens, quem à colore cinereo uocamus **a Graylyng**. Eundem audio alicubi **Omber** nominari. idem, ni fallor, piscis est, quẽ uos uocatis **ein Aesch**, Hæc Turnerus. ¶ A trutta longè differt piscis, quẽ Germani quidam **Rutte** uocant, nostri **Trüsch**.

Truttam Poloni indigetant Pstrak, Bohemi Pstruh. ¶ In Malaca Indiæ regione Truttam Caiuba uocant, Scaliger.

B

In Malaca Indiæ regione magna Truttarum copia est, Scaliger. In lacubus montanis quos Athesis facit, capiuntur truttæ nigricantes, & aliæ auricolores (punctis nimirum,) has **Goldförinen** uocant, illas **Schwartzförinen**. Salares (*Truttæ*) subnigris maculis reperiuntur in Misena, & in riuis ad Crotendorfum, (non procul ab Annebergo) & in fluuiolo quem Nigrã aquam appellant, (non procul à Zuicca,) qui Suarceburgum (Misenæ oppidum) præterfluens in Muldam infunditur, Ge. Agricola. Est & Rutlinga Sueuiæ oppidum: quod præterlabitur fluuius, qui Truttas nigricãtes, sed maculis rubẽtes alit, in cibo lautas. Símiles his sunt in riuo Martiæ syluæ prope monasteriũ S. Blasij. Apud Misenos Germanos **Lachsforen** appellãtur truttæ quædã, nomine ex salmone & trutta composito: quarum caro rubet ita ut salmonum, palato quàm cæterarum

terarum gratior. pinguntur autem maculis aureis, cæteræ uulgares nigris apud eos. Hæ sunt nimirum quas Rondeletius subnigras esse dicit, maculis rubentibus. sed colorem illum (inquit) ex senio contrahi existimo. eæ enim omnium maximæ sunt, & lacustribus illis similes, quæ truttæ salmonatæ uocantur. Eædem nimirum sunt quas Germani alicubi Goldforen appellant. In lacu Suerinensi Lachßforel dictos pisces punctis nigris notatos haberi audio: & apud Carinthios ipsos quoque salmones similiter appellari. Sunt sanè multa truttæ & salmoni communia: nempe forma tota, & corporis partes externæ internæque: caro rubicunda, squamæ exiles, maculæ seu puncta, magnitudo, formæ mutatio circa rostrum præsertim ac simul nominis, in truttis Salmonatis peculiariter:) ascensus ad summas aquas, saltuum uis & agilitas, suauitas in cibo. quamobrem non est mirum si ex truttis illis, quas Lachßforen appellāt, aliqui ætatis progressu salmones fieri putauerunt. ¶ De coloribus & alijs Truttarū differentijs, suprà etiā in A. quædā retulimus. Audio in Germania alicubi nuper Truttā flaui coloris captā plerisque admirationi fuisse. ¶ Fœminam aiunt in omni pisciū genere maiorem esse, excepta trutta. Piscium fœminæ, inquit Plinius, maiores sunt quàm mares. ¶ Trutta squamas habet ut salmo, & carnes simillimas, rubentes, idque æstate tantùm, uel potiùs à Iulio mense usque ad Nouembrē: hyeme uerò albas. Maculis in dorso (*lateribus*) croceis atque sanguineis (al' croceis, & ruffis & nigris) uariatur, Albertus & Author de Nat. rerum. Extrinsecus uaria est, intrinsecus rubet. Fertur autem quandiu minor ætate & corpore fuerit, in dulcibus tantùm aquis uiuere, & truttam uocari: adultam uerò ad cōfinia maris descendere, & salmonem effici: quod tamen uerum esse nequaquam ab omnibus asseritur, Innominatus. ¶ Forma omnibus truttis communis est: omnes etiam sex dentes in lingua habent, & certo ordine dispositos: scilicet duos antè, totidem in medio ad latera positos, reliquos iuxta radicem, Cardanus. ¶ Trutta (inquit Saluianus) corporis forma Lupo persimilis est: rostro tamen minùs extento, magis retuso, ac paulùm incuruo: ore etiam paulò minori, sed quamplurimis & acutissimis dētibus, tū in maxillis multiplici ordine, tum in lingua dispositis, dēticulato. Piscis totus ex albo flauescit: maculis modò purpureis, modò nigricantibus, dorsum ac latera speciosè pingentibus. ¶ Trocta (*Trutta*) maculis rubris passim uariegata, (inquit Syluius in libello De uariorum corporum dissectionibus,) ordines dentium habet sex: primum labris connatū, alios quinque à labro in pharyngē abscedentes: in quo tamen sunt dentes in contrariū hamati, & qui cibū ex uentriculo regeri prohibeant. Branchias utrinque quatuor dentibus hamatis, & asperis, & duris, cōtumaces habet: uentriculū magnum limacibus quibusdā fluuiatilibus & coloris herbacei plenum, quos aquæ fundū producit, squama admodū tenui & herbacea. Intestina habet in multas ecphyses exoluta, deinde rectum: cætera nota sunt. Pulmones (*Falsum hoc est: bronchias suprà hunc piscem habere dixit, quas partes simul & pulmonem nullum habet animal*) habet, & diaphragma, & inter hæc cor triangulum. sub diaphragmate uentriculum, & cæteras uentris inferioris partes. Lienem habet nigricantem, talpæ æmulum, hepar rubrum: id dextrum, illum sinistrum, animalium cæterorum modo, Hæc Syluius. ¶ Carne similis est salmoni, longus & non crassus piscis, Arnoldus Villanouanus.

Truttam in fluuijs minoribus, frigidioribus, saxosis & inter montes delabētibus, potiùs quàm contrà se habentibus nasci & degere constat, Saluianus. Viuit in torrentibus & fluuijs qui magno impetu ruunt de montibus, Albertus. In fluuijs quibusdā seu riuis montanis truttæ uel solæ reperiuntur, nempe asperioribus magisque præcipitibus: in minùs asperis paulò, præter truttas etiam thymalli inueniuntur: in alijs insuper gobiones fluuiatiles capitati. Pyrūntas in rapidissimis frigidisque fluuijs agere Mnesitheus author est. In altis montium riuis, etiam tenuibus & exiguæ aquæ, truttæ satis magnæ & pulcherrimæ reperiuntur. Ascendunt enim (ut dictum est) altissimè, cum & contra aquam luctari magna ui, & saltu se promouere, ad tres aut quatuor ferè cubitos interdum, in ascensu queant. semper enim loca sublimiora petunt. itaque iuxta diui Blasij cœnobium in Martia sylua, riuo aduerso tendunt ad lacum usque in monte situm (nigrum cognominant,) è quo riuus defluit. Commune est omnibus truttis aduersus fluminum cursus ferri, Cardanus. atqui lacustres truttæ, quæ in stagnantibus aquis degunt, non nituntur contra aquas. Qui truttas ad mare descendere, & in salmones mutari putant, falluntur. ¶ Vescuntur muscis quibusdam fluuiatilibus. uide inferiùs in E. ex Aeliano. Phryganijs & uermibus & locustis palustribus, Cardanus. Limacibus quibusdam fluuiatilibus, Syluius. Percarum fl. sobolem appetunt, aliosque pisciculos: apprimè uerò fundulos barbatulos, & phoxinos læues, quos Pfellen Sueui appellant. Truttæ & lucij dum pisces ab ima aqua ad summā persequuntur, nimio celeritatis impetu aliquādo supra aquā efferuntur, ut uel in scaphas interdū incidant. Truttas alicubi uulgus etiam auro uesci putat. degunt enim ferè in riuis montanis, in quibus & auri micæ reperiuntur, & punctis rubentibus aut aureis pingunt. Vide quæ annotauimus suprà in Thymallo C. ¶ Pariunt truttæ circa sancti Galli diem, (id est circa medium Octobris) cum partus instat, scrobes modicas facere dicuntur. ¶ Anguillæ optimæ ex troctis nascuntur. deteriores autem ex quodam pisce ignobili. hoc mihi non credenti, cum essem Pallantiæ, quod est oppidum Nouariensis agri in ripis Verbani lacus, piscatores, apud quos tessera amicitiæ usus hospitabar, ostendêre, Gaudentius Merula Memorabilium 3.35.

II 4

Tonitruis fluuiatiles truttæ perterrentur ualde & obstupescunt.

B Interdicunt apud nos piscatoriæ leges, ne qua in fluentibus aquis trutta, quæ nondum iustam ac designatam longitudinem attigerit, capiatur. Apud Bauaros præscripta est mensura ad digitos ferè quatuordecim. ¶ Tonitrua tanto metu & stupore truttas afficiũt, ut aliquando loco manentes & erectæ propemodum à piscatoribus aut alijs uulnerentur & capiantur. Pisces quidã instante partu scrobes in uado modicas excitant, ut truttæ & salmones: iuxta quas commorãtes, noctu adhibita face obstupescunt, neq; fugiunt: itaq; fuscinis feriuntur. Riui montani qui truttas alunt, à solitis alueis diuertuntur, ut aqua destituti & in sicco relicti pisces capiantur. Ab Anglo quodam accepi, truttas in Anglia uel manibus interdum comprehendi, dum sub radicibus alnorum & salicum stabulantur. piscator enim accedens palpat fricatq; uentrem: eaq; contrectatione delectari uidentur hi pisces, donec manum promouens branchijs iniecerit ac retinuerit. Trutta fricari se permittit in aqua, & sic capitur, Arnoldus Villanouanus. Escam ad truttas & thymallos abunde capiendos descripsimus in Thymallo E. Vermiculis quibusdam aquatilibus testa dura inclusis (Kerderle nostri uocant) præsertim qui in fontibus frigidis reperiuntur, inescantur truttæ. ¶ Ex libello quodam Germanico manuscripto de piscibus decipiendis, præsertim additis hamo figmentis, quæ muscas aut insecta quibus pisces quiq; delectantur, quàm proximè referant: ea autem pro diuersis anni temporibus uariãtur. Ad truttas: (Aprili mense, puto,) Muscam finges, cui corpus è serico rubeat, caput uirescat, additis alis gallinaceis ruffis. Maio mense, corporis alueum è serico rubro & auro (filis aureis) effinges, caput nigrum: alas uerò addes de pennis rubris caponum. Iunio, corpus formetur è serico cœruleo & auro, caput flauum esto, alæ uerò de pennis perdicum subalaribus. Iulio, corpus è serico uiridi & auro mentieris, caput facies cœruleum, alas autem è pennis flauis. Augusto, corpus fiat è pennis pauonum longioribus, (*Speculis fortè uel oculis, ut uocant in pennis caudæ pauonum,*) circumalligata penna aureola: caput flauum, alæ de pennis medijs inter alas gallinæ syluaticæ illius quam à corylis Germani denominant. Septembri, corpus fingatur de serico flauo & rubro, caput fuscum, cum alis de dorso lagopodis, quam perdicem albam nominant. ¶ Similem truttas piscandi rationem præscribit Aelianus de Animalibus 15. 1. Huiuscemodi Macedonicã piscandi rationem auditione comprehensam habeo: in fluuio nomine Astræo, qui inter Berœam & Thessalonicen medius fluit, distincti uarijs coloribus pisces (nomine ab incolis interrogando) gignuntur, qui indigenis muscis in fluuio uolitantibus pastum sibi comparant. Eæ nec simile de specie quicquam aliarum muscarum habent, quæ ubiq; sunt: nec ad Apum similitudinem accedunt, nec Vesparum, nec denique Anthedonum (Crabronum) speciem gerunt: harum tamen aliquam cuiusq; propriam particulam referunt. nam in audacia quiddam simile cæterarum muscarum habent, tum magnitudine Anthedoni similes sunt, tum Vesparum colorem reddunt, & similiter quidem atq; Apes bombis strepunt. eas Hippuros appellant indigenæ. eæ ad summam aquam uersantes sui gratia alimenti, Piscium nationem non latent. Nam ut ex his quispiam earum aliquam per summa apparentem conspexit, silentio summas aquas subiens, ne prædam aquæ agitatione loto moueat, proximè ad illius umbram accedit: & quemadmodum uel de grege ouem Lupus, uel anserem ex cohorte Aquila rapit, sic is ore hianti atq; imminenti eam deuorat. Quod quidem ipsum etsi piscatores haudquaquam ignorant, non ijs tamen muscis ad inescandos pisceis utuntur. simul enim ac hominis manu continguntur, & natiuum colorem perdunt, & pennæ euanescunt, & inepti ad escam piscium omnino redduntur. Quæ causa est, cur earum odio incensi, ipsas à se detestentur. Veruntamen qui piscandi scientiam cognitionémque prẹclarè tenent, captiosa quadam machinatione atq; solertia eiusmodi pisceis circumueniunt: Purpurascente enim lana hamum circumuestiunt, & ad eandem lanam gallinacei pennas duas è barba seu paleis cerei coloris speciẽ similitudinemq; gerentes, accommodant. quaternûm cubitorum est arundo, totidem est linea: has abstrusas insidias in flumen deijciunt: pisces colore illecti, cupidè pergunt contra uenire. ac nimirum lautum cibum se habituros ex pulchro aspectu arbitrantes, hamatis escis configuntur, ijsdemq; acerbis captiui fruuntur.

F Trutta, piscis longè nobilissimus omnium qui in dulcibus aquis generantur, æquali cunctarũ gentiũ iudicio censetur, Iouius. In citeriore Gallia, prima siluro (*sturioni*) Padano palma cõcedi-tur. secunda troctis & thymallis è Ticino, Gaudentius Merula. Expetitur trutta potissimùm Aprili & Maio mensibus. (Iouius lacustrem priuatim Maio commendat,) apud nos etiam Ianuario. Parit circa diui Galli diem, hoc est medium Octobris: quo tempore scilicet non conueniunt mensis. Carnem habet similem salmonum carni, sed longè suauiorem, æstate nimirum à mense Iulio usq; ad Nouembrem: hyeme uerò caro eius albescit, & minùs grata est, Author de nat. rerum & Albert. Plinius quidem salmonem fluuiatilem Aquitaniæ marinis omnibus prẹfert. Sunt qui truttam omni tempore bonam esse dicant. Truttæ quæ maculis purpurascunt, meliores existimantur, Gillius. Mihi non simpliciter uerum hoc uidetur: lacustres enim nostræ nigris insignes maculis, suauitate præcellunt. Quemadmodum purpureis depictæ notis, sic & in frigidioribus, saxosis & purioribus amnibus procreatæ, ab omnibus laudari solent, Saluianus. Aliorum piscium aliæ partes præferri solent, thymalli & truttæ undiquaq; placent.

Truttarũ in cibo præstãtia et delectus.

De truttis

De truttis lacustribus, quæ difficiles sunt cõcoctu, infrà dicemus. fluuiales quidẽ (inquit Iouius) quæ aduerso torrentiũ impetu fatigant, atq; occurrentibus inæqualiũ uadorum petris illisæ castigatiora sumina, & aridiusculas carnes ostendũt, medici blandiores ægris apponere cõmendareq; non dubitant. quas etiam in paralyticorũ cibarijs magnopere laudauit ille Plinius (Valerianus,) qui elegantẽ librũ de morbis atq; remedijs cõscripsit, Iouius. Plinius Valerianus salubribus cibarijs truttã fluuiatilem adnumerat, Saluianus. Commune est omnibus truttis aduersus fluminum cursum ferri: unde caro non solùm suauior, sed & salubrior, Cardanus. sed truttæ nec in fluminibus omnes sunt: & lacustres, cum pinguiores sint, suauiores uidentur, nõ autem salubriores. & fluuiatilium ipsarũ ut species diuersæ sunt, ita & sapores succiq; differunt. *Succus & salubritas.*

¶ Concisa truta in frusta, ac salita, in cacabo, ita ut sursumuorsum incisura uertatur, ex aqua & aceto ita moderatè imposito, ut neq; sal diluatur, neq; plus quàm duobus digitis aqua emineat, coqui debet. Vbi despumaueris, deinceps lento quoad fieri poterit igne, efferueat. Coctã & in pinace extensam, ut nonihil exiccet, aromatibus dulcibus insperges, ac cum leucophago bene gingiberato comedes. Paruam truttam exenteratã & bene squamatam, integram, hinc dextra, hinc sinistra, à capite ad caudam incides: incisuris salem indes, ac per horas duas inter duas tabulas opprimes. farina deinde inuolutam in oleo perlentè friges. Coctam hoc modo ad quatuor aut quinq; dies seruabis. Quouis modo edatur, grauis concoctionis est, Platina. Idem libro 7. cap. 35. ex intestinis truttæ cibarium describit: & mox sequenti capite, Oua truttæ condita ut pisa credantur. E trutta fiunt pastilli cum speciebus, Arnoldus Villanouanus. Truttæ eo condimento, quod uulgò Acarpionare dicunt, (quod historia 23. in Carpione Benaci) explicabimus, paratę, nõ solùm iucundissimè sapiũt, sed in multos etiã dies seruari possunt, Saluianus. puto aũt ad lacustrem truttam potius quàm fluuiatilem, huiusmodi condituram pertinere. *Apparatus.* In Malaca Indiæ regione tanta est truttarũ copia, ut salitas seruent ad commeatus, Caiuba uocant, Scaliger. Ego etiam fluuiatiles è Ticino truttas salsas gustasse me memini. saliuntur autem ferè capite amputato. *Salsæ.*

Ad mariscas seu ficus ani: Spongiæ portiuncula adipe truttæ madens, certo experimento imponitur, Ex libro manuscripto Germanico. G

TRVTTAM marinam Venetijs puto uocari piscem quendam: de quo tamen nondum mihi satis constat.

COROLLARIVM II. DE SALMARINO, EX Hippolyti Saluiani descriptione.

Videtur hic piscis multas ob causas Truttis esse cognatus: & Salmarinus fortè ab aliqua cum Salmonibus similitudine dictus. quoniã autem fluuiatilis est, communi fluuiatili truttæ subiungere eius historiam uolui.

Iconem ex Saluiani opere petes: nos omisimus, quòd ad reliquam Truttarum speciem satis accedat.

PISCIS quem Tridentini, apud quos reperitur Salmarino & Salamandrino appellant: cum dulcis aquæ alumnus sit, ac paucis quibusdam duntaxat locis nascatur, neq; Græci, neq; Latini scriptores ullam eius mentionem fecerunt. Quamobrem nos eum uulgarem secuti nomenclaturam, Salmarinum uocabimus. A

Salmarinus capite est rotundo, rostro breui & retuso: ore mediocri & robustis dentibus munito, oculis medijs & orbiculatis. Branchias utrinq; quaternas habet: & pinnas etiam utrinq; geminas, duas ad branchias, & duas circa medium uentrem. præter quas duæ aliæ in dorso eriguntur. prior & maior in eo medio: posterior uerò & minor, (*quærendum an hæc paruula & adiposa sit, sicuti in truttarum genere,*) prope caudam: è cuius regione alia etiam una, parua, imo uentri hæret. Cauda lata est & lunata. Squamis mediocribus & non facilè deciduis tegitur. Pinnæ & cauda rubræ sunt. Venter & latera ex albo rubescunt. Dorsum uerò ex rubro flauescit, ac luteis quibusdam maculis (Carpionis instar) notatur. Totius piscis figura rotunda (*teres*) est, & oblongiuscula. Ventriculum habet amplum & carnosum: hepar pallidum, à quo fellis uesica pendet: lienem subatrum, & intestina lata, ac plurima pinguedine conuoluta. Cum maximè excreuerit, duas libras non excedit: qui uerò crebriùs capiuntur, uix libram superant. B

Fluuiatilis hic piscis est, in frigidissimis ac saxosis fluminibus nascens. non tamen in ijs omnibus aut quamplurimis reperitur, sed in paucis solùm quibusdam. Nascitur enim in flumine cuiusdam loci uulgò Valdenon dicti, circiter uiginti millia passuum à Tridento distantis. atq; in alio fluuio, apud Priscinam, qui quadraginta millia passuum à Tridento distat, ubi etiam crebriores procreantur. Verno tempore coit: parit autem æstate, circa saxosa fluuiorum loca. Pisciculis uescitur, in quorum penuria quibusdam fluuiatilibus purgamentis & sordibus nutritur. Gregatim non admodùm degit: & perrarò copiosa eorum fit captura. C

Sicuti Benaci accolæ Carpionem, sic Tridentini Salmarinum, non fluuiatilium solùm, sed marinorum etiam omnium piscem nobilissimũ esse contendunt. Vnde non nisi lautiores diuitũ mensas dignatur. Carnem uti sapidissimam, ita teneram habet atq; pinguem, non tamẽ uiscidam, D (cuiusmodi pleriq; pinguium piscium habere solent,) sed satis friabilem. Quamobrem boni succi, & concoctu facilis est. Condiri uariè potest: & quouis modo condiat, suauissimus semper est.

COROLLARIVM III. DE TRVTTA seu Farione lacustri.

A De Trutta lacustri, deq; Truttis in genere suprà etiam in Truttæ fluuiatilis historia, sparsim quædam protulimus. Burgundi & Allobroges Truttas salmonatas uocant, quas nos lacustres, à similitudine quadam ad utrunq; piscem. mihi hoc nomine uti non libet, cum in fluuijs etiam inueniantur truttæ cæteris fluuiatilibus maiores, carne similiter ut in lacustribus rubēte, quas Germani similiter composito ab utroq; pisce nomine, Lachßforen appellant. ¶ Genus hoc truttæ cum sit lacustre, non esse simpliciter Farionem Ausonij, (contrà quàm Ge. Agricolæ & alijs quibusdam eruditis uidetur,) qui fluuiatilis est in Mosella, monui suprà in Trutta fl. si quis tamen farionem lacustrem nominare uoluerit, bene erit. Iouius truttam nigricantibus maculis describens, & lupum maculosum Columellæ esse coniiciens, non rectè tamen, de lacustri sensisse uidetur: quanquam & in fluuijs aliquando nigris insignes maculis truttæ quædam reperiuntur. Vide superiùs in Trutta fl. ¶ Per æstatem cum pulpæ huius piscis magis rubent, Goldförinen/ (id est chrysopyrûntes,) tanquam auricolores à quibusdam Germanis uocantur. Apud nos & circa Acronium lacum ex lacustribus quæ in profundioribus locis uiuunt, priuatim à fundo seu uado Grundförinen appellantur: quæ uerò circa summas aquas, Schwäbförinen. Vide infrà mox in C. In Rheno circa catarrhactam eius prope Scaphusiam, idem aut simile genus cum lacustribus, sed multò uilius in cibo, Weidfisch nominari audio. In lacubus montanis quos Athesis facit truttarum duo genera capiuntur, Schwartzförinen & Goldförinen uulgò dicta, hoc ab auri, illud à nigro colore. ¶ Vt salmones circa partum cum altiùs in fluminibus ascenderint, speciem & nomen mutant: sic etiam truttæ lacustres, cum relictis lacubus (ut Acronio, & Tigurino) flumina subierint ascendendo, rostrum similiter ut salmones incuruant, & nomine mutato Jinlancken (i. duplex scribo pro i. longo) appellantur. Cassiodorus uidetur anchoraginis nomine hunc piscem intellexisse. Vide suprà in Corollario De Salmone, pag. 972.

Anchorago.

B Trutta fluuiatilis cubitalem magnitudinem ferè non excedit. lacustris uerò maior reperitur. in Lario enim lacu ad quinquaginta, quinimmò, Iouio authore, ad centum etiam libras excrescere consueuit, Saluianus. In Rhodano circa Sedunum permagnæ sunt, quæ pondere aliquando ad triginta libras uulgares accedunt, Munsterus. has quidem uerno tempore è lacu Lemano ascendere audio: & pedes quatuor interdum longas esse, aut insuper semipedem. In lacu Tigurino nostro, ad uiginti libras (libra octodecim unciarum est) frequenter perueniunt. uenditur autem libra ferè dimidia drachma. Memini unam prægrandem drachmis quatuordecim uendi me uidisse. Lacus est iuxta Volturenam (Vallem Tellinam aliqui uulgò uocant) in quo truttas stellatas esse audio, in Lario albas: in lacu Lugani rubere, sed minùs sapidas esse. Initio æstatis caro in eis rubere incipit, duràtque is color usque ad Augustum, uel Augusti initium: post uerò diui Iacobi diem, partu iam absoluto, colorem rubicundum amittit. Cum omnes truttæ, salmonibus specie naturáque cognatæ uidentur: tum imprimis lacustres, quæ circa partum rostrum quoque similiter incuruant, ac nomen mutant, ut dictum est.

Olim cum diligentiùs hunc piscem intuerer, his uerbis describebam: Squamulis tegitur minimis, bene dentatus est, & lingua etiam utrinque dentibus munitur. caput colore nigro cœruleóque mixto: dorsum partim glauco, partim subnigro, partim cœruleo, partim subuiridi. In lateribus puncta nigra. Pinna in medio dorso multis nigris maculis uariatur, reliquæ albent. Habet & ultimam illam dorsi mollem pinnulam, ut reliquæ truttæ: branchias quaternas. Appendices non toto circuitu intestini, (ut Albula cœrulea nostra, & alij quidam pisces,) sed ab una tantum parte magnas, oblongas, bipartitas, utrinq; circiter octodecim habet: & alias sex separatim ex opposito, uentriculum seu maius intestinum uersus. Plura de uentre huius piscis leges in Capite de Albula lacustri, pag. 36.

C Lacustrium truttarum aliæ in fundo siue uado aquæ degunt, præsertim argilloso, ut recentior quidam scribit, quæ etiam magis pinguescunt, & sapidiores sunt palato: aliæ circa summas aquas, ubi muscas appetunt, minùs pingues & uilioris precij. Exit trutta è lacubus dulcium aquarum magnis (in his enim tantùm reperitur,) certo tempore, circa initium Iulij, ni fallor, & in flumina ascendit: & circa diui Iacobi, qui eiusdem mensis est dies uicesimus quintus, parit. E Lemano quidem in Rhodanum eas subire aiunt uère, ut & circa Sedûnum capi. at in nostro & Acronio lacubus neque tam procul, neq; eôdem tempore eas migrare puto. Trutta lacus Acronij paritura, ad Rheni influentis ostium ascendit: ubi cū pepererit, rursus descendit. Circa diui Iacobi diem, absoluto iam partu speciem ac nomen mutat. Confertur autem iunipero: nam sicut hæc tertio demum anno fructum perficit, ita etiam truttæ fœtus ad tertium usq; annum crescens perficitur. Parit plerunque medio Augusto, aliâs citiùs tardiùs ue, prout cœlum magis minùs ue calidum fuerit.

Truttas

Truttas maiores audiuimus in Larij ripis lasciuo excursu extremos harenæ margines aliquãdo iusti passus longitudine prosulcasse, Iouius.

Quod ad lineas & hamos, quibus truttæ in lacu capiuntur, lex quædam inter piscatorias nostras est, quæ lineas in altum demitti prohibet. B ¶ Trutta certo tempore, ut in c. præscriptum est, è lacubus in fluuios ascendens, (ex Acronio præsertim in Rhenum,) capitur miris sagenis: quæ in angulis riparum arte factis collocantur. nam cum per Rhenum rapidissimum flumen ascendunt, quærunt diuerticulum aliquod quietius, ubi respirent, quare piscatores ad ripam id arte faciunt. infigunt enim palos aliquot ex alno, & spacia lapidibus explent. in huius ualli (aut ueluti promontorij) quietiore loco sagenam pandunt, tantam ut longitudine non excedat ipsum uallũ lapidum. Sagenæ adhærent ligella supernatantia, quæ statim ut irretitus est piscis, deprimuntur uel demerguntur infra aquam parum: unde constat piscem esse captum.

Suauitas & delectus.

Truttæ lacustres, omnium delicatissimi pisces iudicantur à nostris. caro eis solida, rubicunda, & boni saporis est: & quæ ad carpionis Benaci naturam accedat. ea tamen aliquando prę pinguedine nonnihil fastidij mouet, ut & salmonum: quamobrem modicè sumenda est. opsophagi quidam salmoni etiam præferunt. libra apud nos (quæ octodecim unciarum est) dimidiâ drachmâ plerunq; uenditur. Qui delicias quærunt, pinnas earum, (sicut & in salmonibus,) & uentriculũ, seu intestinum superius præcipuè appetunt. Omnium qui dulcibus in aquis generantur hic piscis longè nobilissimus æquali cunctarum gentium iudicio censetur: Iouius, simpliciter quidem de trutta, uidetur autem de lacustri præcipuè sentire. Et quidem omni alio (inquit idem) uel marino etiam pisce sapidior, præsertim si Maio mense, & in Brescíæ torrentis ostio capiatur. mortua paucissimis horis summam illam saporis gratiam amittit: quoniam ob pinguem illam teneritudinem quàm ocyssimè computrescit. Soleo ego plerunq; mirari quosdam, qui, ut sapiẽtiores uideantur, Benacinum carpionem, Padanum silurum, & è mari plures pisces Larianis truttis uel anteponere, uel exæquare solent, & item Soranæ truttæ in eo genere principatum attribuant, quũ maximè fallantur. ¶ In Veneto lacu, id est, inferiore Acronij parte captæ, præferuntur ijs quæ in superiori parte capiuntur. Item quæ circa fundum seu uadum pascuntur, illis quæ circa summam aquam, utpote pinguiores. Maio mense præcipuè commendantur à Iouio: à nostris Februario: ab alijs simpliciter æstate, dum pulpæ earum rubent. eum enim colorem amittũt, ut diximus, cum flumina subeuntes pariunt declinante Iunio, simulq; speciem & saporem. itaq; autumno & hyeme non laudantur.

Succus & salubritas.

Truttæ pinguiores, ut sunt Larianæ, multo succo replere corpora, genitalemq; humorem copiosè suggerere dicuntur, (uti Auicenna de omnibus propè piscibus, si recentes & calidi comedanẽ, uno edicto pronunciauit.) ægris tamen euidentissimè nocent, utpote quæ tardè laboriosèq; in stomachis atterantur et secernanẽ. at fluuiales truttas (*ut in ipsarum historia dictum est*) medici blandiores ægris apponere non dubitant, Iouius.

Apparatus.

Coquuntur concisæ in tabellas in lebetibus lapideis torno fabricatis, simplici in aqua, multo sale indito, aliaq; subinde accersita condimenta penitus aspernantur. Musco enim quodam pruinæ simili paulò pòst sponte emisso rubentes pulpæ protinus efflorescunt, ita ut quum refrixerint multò gratiores esse uideantur. Morus tamen nobilis parasitus, truttam cubitalem in præpinguis capi iure coquendam esse censebat, Iouius. Truttæ elixandæ frusta macerentur priùs per dimidium horæ in frigida fontana aqua: deinde in feruens uinum æquali aqua dilutum iniectæ coquantur. Spina dorsi, & cauda assæ, uel principum mensis inferuntur, Mangoldus.

COROLLARIVM IIII. DE VMBLIS, SABAVdicæ dictis, Truttæ lacustris speciebus.

Eiusdem piscis, nempe Vmblæ minoris icones duas, ut à diuersis pictoribus non eodem tempore nobis delineatæ sculptæq; sunt, ponimus. Rondeletius maioris & maximæ Vmblarum imagines dedit.

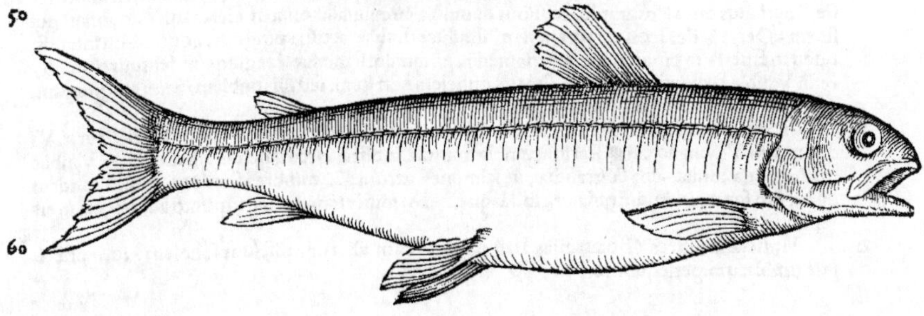

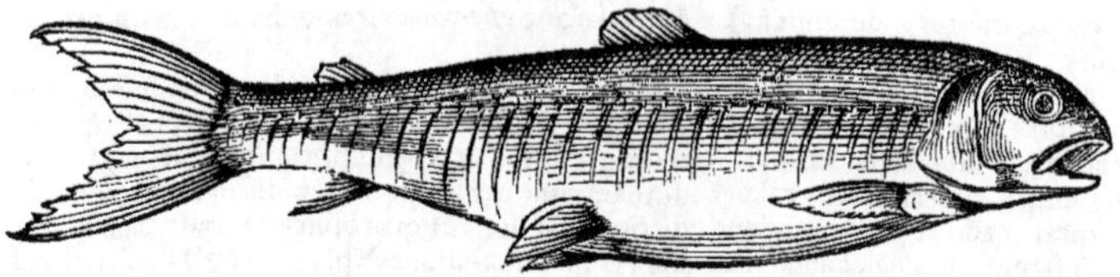

A VMBLA uulgò uocatur piscis in Lemano lacu, à quibusdam literatis uulgi appellationem sequentibus, umbilicus, sed umbla fortè dicta est, quasi umbra. habere enim eum aliquam similitudinem cum umbra fluuiatili puto, (Bellonius scribit Vmbræ fl. iconem idcirco se non apposuisse, quòd ad Vmblam proximè accedat,) & utrunque truttarum generi cognatum esse. à truttis tamen propriè dictis differunt mollitie & substantia carnis: & quòd lapillos in cerebro habent: quodque maculis seu punctis carent: fortè & alijs notis, si quis accuratè obseruet. A colore quidem rubicundo, circa uentrem præsertim, nomen eis indiderunt nostri **Rötele**: in lacu circa Bielam **Rottele** uocant: (sed alius est **Rottele** uel **Rottene** dictus à nostris, quem nos Rutilum nominauimus elemento R.) in Sueuia uerò & circa Augustam **Rötele** piscem alium fluuiatilem, non lacustrem uocant, & ipsum truttis affinem, de quo proximè scribemus. ¶ Est autem Vmbla alia

Vmbla maior. maior, alia minor. ¶ Maior **Roote** nominatur circa Bielam **Rott**: à Sabaudis Routte: circa Lemanum uerò Vmble. Rondeletius Vmblam uocauit, uel Salmonem Lemani lacus. Sed à salmonum quàm truttarum natura longiùs abest. In Lucernensi lacu species duæ sunt: minor, quæ **Rötele** diminutiuo nomine priuatim dicitur: & Sabaudicè circa Bielam Ronson, uel Bondelle: prius nomen à colore factum est, alterum fortè à bonitate: & maior. Est autem umbla maior piscis dentatus, tres aut quatuor dodrantes longus, uentre rubicundo, cætera salmoni aut truttæ similis. Vescitur pisciculis. In Lucernensi lacu brachij ferè longitudine excrescit, magis albicat quàm minor, debilis & infirmus piscis. nam si uel parum læditur, aut morsu ab alijs piscibus sauciatur, mox ueluti moribundus supernatat. Est etiam lacus in Tuginorũ Heluetiorum ditione, quem **Aegeresee** nominant, profundissimus, in quo montes & recessus quidam sunt, ubi pisces latère possunt. in eo quoque Vmblæ maiores inueniuntur. Genus quidem illud quod Vmblam equestrem à Sabaudis ad Lemannum Rondeletius uocari ait, non agnosco: neque in lacubus nostris reperiri puto. Germanicè circũscribi potest, **ein andere Rooten art.** ¶ Vmblas nuper quidã à colore uulgò à nonnullis rubeculos appellari scripsit: quod ego nomen non approbo. ¶ Piscis qui in lacu Bauariæ **Ammersee**, uocatur Germanicè **ein Pitzling**, non alius quàm Vmbla minor mihi uidetur. conferunt enim salmoni paruo: & à dorso usque ad media latera coloris lutei esse aiunt: adeò tenerum, ut statim extra aquam expiret: nec in alio ullo eius regionis lacu inueniri.

B Ad hoc segmentum pertinentia quædam in A. prædicta sunt. In nostro lacu, (& similiter Acronio, in quo abundat circa Bodman & Argen) minor tantùm umbla (in Lucernẽsi & minor & maior) capitur: dodrantalis plerunque aut breuior. pedem raro excedit: aut si ampliùs increscat, (uidi enim aliquando palmos quinque longum, Octobri mense in lacu nostro captum, corpore latiusculo. maximi sesquidrachma ferè uæneunt, sed rarissimi) nunquam tamen umblæ maioris magnitudinem attingit. Ventre turgidulo aliquando spectatur, propter uesicam nimiùm inflatã. est autem uesica ei oblonga, ut Albulis, non distincta per medium. Is quem olim descripsi, huiusmodi erat: Dorsum totum cum dimidia laterum parte subroseum: inferiora latera albicabant. uenter albissimus erat. caudę color idem qui dorsi. pinnulam mollem & paruam, ut truttæ, dorso extremo gerit. Maxillis est dentatis. spinas etiam ceu dentes in lingua habet. Pinnæ omnes partim subalbent, partim crocei coloris sunt. Branchiæ quaternæ. Lapillos in cerebro habet. Mares uentre, pinnis & cauda magis rubent, fœminæ candicant. eædem capite superiùs & dorso magis ui-

Eperlanus. rent. ¶ Vmblæ minori nostræ cognatus uidetur Eperlanus Oceani piscis, figura, magnitudine, colore, pinnis, dentibus, mollitie & suauitate carnis, lapillis in cerebro. Est etiam, Bellonio teste, Eperlanus oris rictu amplo, dentibus ut umbla circunuallato: ita ut Germanicè nominari possit, **ein Meerrötele.** Icon quoque eperlani similiter umblæ lacustri pingitur. hoc tantùm interest, quòd in Eperlano pinnæ binæ uentris medij, pinnæ dorsi mediæ è regione uidentur respondere: in Vmbla Bellonij posteriores sunt, Rondeletij non item. sed illi umblam maiorem pingunt, nos Eperlanum comparamus minori.

C Vt truttas & alios quosdam pisces, sic & Vmblas Lemani uulgus alicubi auro uesci putat. Vide suprà in Thymallo C. ¶ Pariunt umblæ minores nostræ circa sancti Galli diem. ¶ Vmblæ maiores oua multa, alba & grandia, ut salmones gerunt: & minores similiter, multò quidem quàm pro sua magnitudine maiora solidáque. Memini etiam Ianuarij quinto adhuc oua in eis reperisse.

D Mustelæ lacustres (Botatrissias Itali uocant) cum aliorum piscium sobolem, tum præcipuè umblarum persequuntur.

Vmblę

Vmblæ tum paruæ, tum maiores, (hæ etiam magis puto,) captæ ut primùm reliquerint aquas, sicut & albulæ, expirant.

In lacu nostro umblæ retibus capi prohibentur à paschate usq; ad diui Galli diem: & extra illud tempus capiendis certa præscripta est mensura. B Retia ad hos pisces capiendos fune demittuntur ab uno latere ad quadraginta passus, ea ab umblis nostri denominant Rötelegarn: quanquam & alij quidam pisces ijsdem capiantur, ut albulæ minimæ, mugilis fluuiatilis genus quod Haselam uocant, gobiones capitati, & mustelæ lacustres. Lineis ad LX. passus longis per interualla singulorum passuum singuli hami adduntur, infixis pro esca gobionibus (seu mustelis) minimis barbatulis aut gobijs capitatis, ijs mustelæ lacustres imprimis, hyeme uerò etiam umblæ capiuntur. ¶ Commendatur à nostris Nouembri mense, quo tempore elixos, molles & suauissimos edere memini: & aliâs circa initium Decembris, quo tempore oua habent bona & solida, tardiùs uerò, (præsertim post Ianuariũ, ni fallor,) caro earum insulsa, pinguiuscula & flaccida apparet, & oua dilutiora fiunt. Circa S. Galli diem cum pariant, mensis eo tempore inepti sunt, usq; ad Nouembris medium, ut conijcio. In alimenti ratione ad asellorum marinorum naturam hos pisces accedere iudicârim: & pro saxatilibus aliquãdo poni posse, &c. lege in Thymallo F. ¶ Elixandi uino feruido inijciuntur, ne nimis molles reddantur.

COROLLARIVM V. DE ALIA SPECIE TRVTTAE fluuiatilis, quam Germani HVCH, uel Hüch appellant.

Pinnulam in dorso posteriorem, & minorem esse puto, & nullis interceptam fibris, qualis in Truttarum genere est.

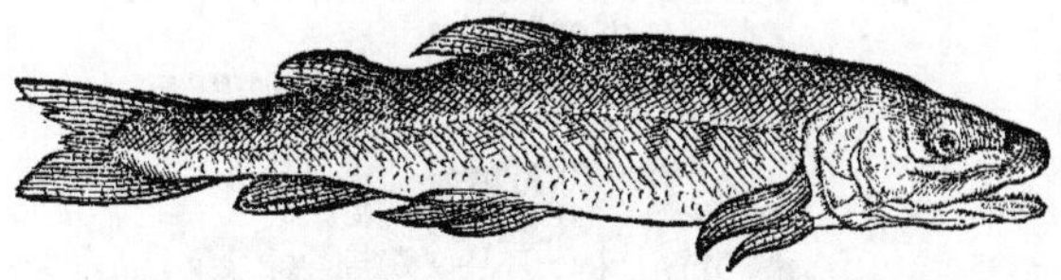

HVCH, Hüch uel Hüch apud Bauaros nuncupatur piscis, boni saporis, truttis nonnihil cognatus, cum aliâs ut pictura ostendit, quã ad uiuũ expressam Achilles Pyrminius Gassarus, præstantissimus Augustæ Vindelicorũ medicus ad me misit, tum quòd pinnulam illã adiposam similiter in fine dorsi habet, & punctis uariatur: sicut & icon nostra, & quæ in libro Bauaricarũ constitutionum publicato habetur, præ se ferunt. In quo etiã mensura huius piscis proponit, duodecim aut xiij. digiti, quibus breuior uendi non debeat. Augustæ, ut audio, hic piscis uocat ein Rot uel Röttle, à colore rubicundo, quæ nomina nostri umblis (ut Sabaudi nominant) lacustribus tribuunt. Voracem esse aiunt, in cibo truttis inferiorem. In Carinthia Huchæ rubræ (Rot Huechen) quædam cognominantur, in fluuijs, eas salmoni comparant: carne etiam rubra & boni saporis esse aiunt, & saliri ut inueterẽtur solere: quod quomodo fiat Baltasar Stendelius ad finẽ libri 4. Opsopœiæ suæ Germanicæ docet. Colores huius piscis in pictura nostra huiusmodi ferè apparent: Aureolus color passim aspersus est, copiosiùs tamẽ circa branchias & oculos. Pinnæ circa branchias rubicundæ sunt: cæteræ omnes, sicut & cauda, fuscæ & maculosæ punctis partim nigricantibus, partim aureis. Dorsum fuscũ est, utrinq; ad Indicũ uel cœruleũ colorem uergens, ubi et punctis nigris creberrimis distinguitur. Linea nigra & recta ferè à brãchijs ad caudam fertur. Latera media maculis quibusdã subcœruleis per interualla distinguunt. Venter candicat. Circa rostrum & branchiarũ opercula roseus ferè color, &c. in capite etiã uiridis aliqua ex parte.

APVD Misenos Truttas quasdam uocari Teichforen, (hoc est, piscinarias,) easq; piscinæ fundum glareosum requirere, & riuulos fluidos qui se in piscinas infundant, ex Ge. Fabricij literis cognoui. hæ an forsan Huchis proximè dictis, aut alijs iam priùs descriptis truttis cædem sint, inquirendum. Huchas quidam icone nostra inspecta in quibusdã Germaniæ locis ali in piscinis nobis referebat: & in Traga flumine Carinthiæ reperiri: ætatis progressu in Salmones cõuerti, (specie rostri nimirũ,) sicut & lacustres truttæ: quanquam & aliæ Truttæ omnes salmonum speciem præ se ferunt.

TVBERA. Vide Tethya.

DE TVRDO, BELLONIVS.

VARIA auium nomina piscibus indiderunt Græci, pro colorum, quibus ipsas referrent uarietate, utq; hoc pacto singulos rectiùs distinguere possent. Parum enim, aut ferè nihil Turdus piscis à Turdo aue distat: de quo sic Oppianus:

Iulides & Percæ, Channi, Turdiq; uirentes.

Et Ouidius:

KK

Tum uiridis squamis paruo saxatilis ore.

Sed est in uulgari Turdo magna hallucinatio: à qua tibi magnopere cauendũ est. Neq enim Glaucus piscis (quem Massilienses falsò Vmbrinam, Veneti Turdum nominant) uerus Turdus marinus dici debet. Vndantes enim in tergore ac transuersas lineas gerit: & coruum duabus, quas in tergore & circùm sub mento gerit, pinnis refert. Sed qui inter Genuensium Lagionos peculiariter Turdus dicitur: certè is quidem meritò turdus est, ex eo potissimùm uocatus, quòd cùm eius color ex rufo in melinum uergat, ad uiridem tamen inclinet.

B Squamas habet tenues & frequentes, geminantibus in medio punctis nigris, rubris, & alijs per totum corpus distinctas: Pinnam in tergore continuam, mollem, & ut cardui folium laciniatam, neruis octo bene fultam: Caudam longiusculam & subrotundam. Os aspectu paruum: quod tamen dum aperit, grandem ostendit capacitatem. Lingua ei alba est. Maxillas habet dentium loco asperas atq horrentes. Primo aspectu Phycidem, hoc est tincam fluuiatilem refert. Pinna quæ huic ab ano ad caudam protenditur, tribus aculeis obfirmata est. Quæ autem sub uentre sunt, forti utrinq aculeo rigent.

C Locustas, Carides, Sparos, Crangines, Sargos adhuc paruos uenatur.

B Stomachum habet figura oblongum, per uentrem extensum, pylorum permultis apophysibus obsessum: intestina nodis distincta, & ter ut tuba quædã reuoluta. Hepatis lobos habet utrinque æqualiter dispositos.

F (A) Carne constat molli & laxa, aliàs tamen sapida. Plinio medico lib. 5. cap. 13. Cyclas (*meliùs cichle, κίχλη, Græco nomine dicetur*) appellari mihi uisus est, quem ait pleuriticis maximè conuenire. Est enim piscis molli carne & natura humidus & digestibilis, inquit, quem & Ptisanã marinã uocant.

DE TVRDORVM GENERIBVS, Rondeletius.

Turdus I. Varius admodum, minùs tamen quàm tertius.

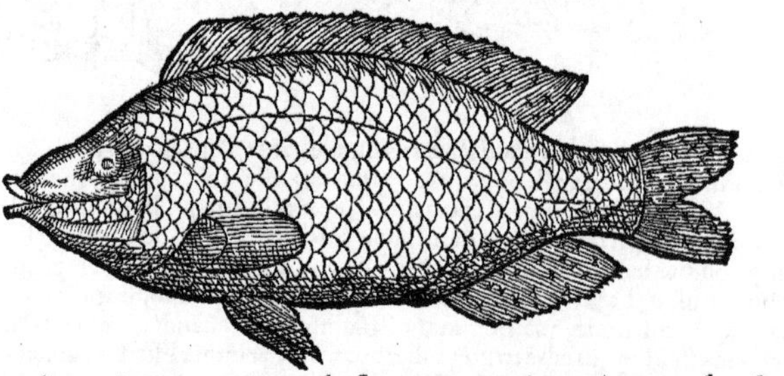

Turdorum genera esse multa NVNC ad turdos ueniamus, quorum multa sunt genera, uaria nomina, tantaq colorum uarietas, ut in ijs creandis lusisse uideatur natura. Turdorum complura esse genera, ut inquit Columella, & eorum uarios admodùm colores esse ex singulorum descriptione, perspicuum fiet.

A Pancrates apud Athenæum lib. 7. author est, multis nominibus appellatum fuisse turdum, & Nicander πολυώνυμον uocat, (*cognominat hoc uersu: Ἢ σκάρον, ἢ κίχλην πολυώνυμον:*) etenim κίχλην, σκάρον, αἰολίαν nuncuparunt: Athenæus ex Aristotele μελανόστικτον, id est, nigris maculis insignem: sed potiùs ποικιλόστικτον dixerim, id est, uarijs notis distinctum, & sic apud Athenæum legisse uidetur Phauorinus, (& Eustathius.) κίχλη nomen frequentius fuit, ut auis, ita & piscis. κίχλη ab Atticis & non κίχλα dicitur, ita suadente ratione, inquit Athenæus lib. 7. fœminina enim in λα ante λα, alterum λ habent, ut σκίλλα, σκύλλα, κόλλα, βδέλλα, ἅμιλλα. quæ uerò in λη desinunt non item, ut κίχλη, τρίγλη, ὁμίχλη. *Κίχλη, non κίχλα.* Latini turdum nominant. Nostrates, Prouinciales, Itali, Hispani turdo, Galli Vielle. (*Infrà, duodecimum turdi genus priuatim Vielle nominat: undecimum uerò peculiariter à quibusdam Durdo uocari scribit.*)

Iam turdorum qui solo ferè colore differre uidentur, omnes species ordine recenseamus.

A. Turdus primus. Primi generis eum fecimus, qui à pluribus turdo dicitur: qui notas etiã insigniores habet, quibus à quouis nullo negotio discerni poterit.

B Est autem non admodũ dissimilis cynædo, (*cinædo,*) minor paulò & latior, ad auratæ figuram accedens, dentibus recuruis, pinnarũ situ, numeroq cæteris saxatilibus similis: labra habet crassa & rugosa, cauda nõ in duas pinnas sed in unã latam desinit, quę maculis nigris et rufis insignis est. In reliquo corpore colore est uario, unde αἰόλος dictus. (*Priuatim infrà undecimũ uulgò in Prouincia Auriol, quasi αἰόλον uocari scribit.*) Dorsum fuscũ est, uenter ex albo liuescit. Pinnæ ad brãchias aureæ sunt, ad podicẽ et in tergo flauę, nigris cęruleisq maculis aspersæ. Oculi magni sunt, rotũdi, pars oculis subiecta uarijs coloribus est illustris. Partibus internis ab alijs saxatilib, nõ multùm differt.

Carne

Carne est tenerrima & friabili. Ob insignem teneritatẽ à multis negligitur. Optimus assus in craticula uel in sartagine coctus. Refrigeratus firmiore est carne. Ex aceto uel mali arantij succo edendus; priusquam coquatur sale conspergendus, ut gratioris sit saporis. F

Turdus II. Pauo, colore ex uiridi cæruleo.

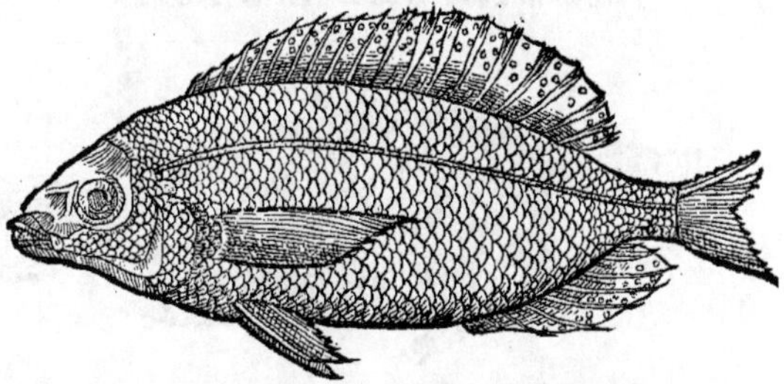

SECVNDI generis turdorum is rectè censebitur, qui à nobis distinctionis gratia Pauo nuncupatur. Hic priori similis est, maior tamen plerunque. Colore ex uiridi cæruleo, uel indico, colorem colli pauonis referente in pinnis omnibus, & in cauda. Hinc pauonis nomẽ posuimus ueteres imitati, qui merulas & turdos auium nomina piscibus dederunt, cùm liceat cuiuis rebus anonymis & nouis noua nomina ponere. A B Pauo.

Carne est molli, friabili, tenera. Viscidi aliquid habere uidetur inter saxatiles. F

Turdus III. præcipuè uarius, uiridis magna ex parte, &c.

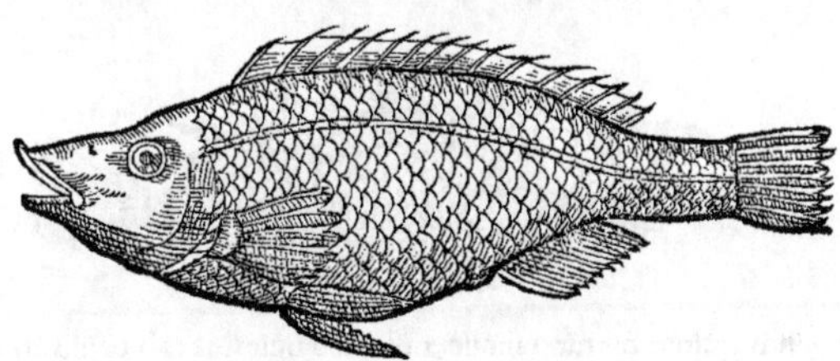

TERTII generis est is, qui Minchia di Re (*id est, ferculum regium*) à nonnullis appellatur. A

Superioribus similis, colore uerò dispar. Est enim uarius admodùm, uixq; ullus est, qui plures colorum differentias habeat. Viridis est magna ex parte, sed punctis purpureis, cæruleis, indicis, & alijs confusis coloribus conspersus. Pinnæ ad branchias flauæ siue rufæ sunt, aliæ omnes partim cæruleæ sunt, partim uirides, partim rufæ. Cauda rufa punctis cæruleis notata. Branchiarum opercula punctis & lineis rufis, sinuosis, certis spatijs dissitis distincta. Adeò uarijs & iucundis coloribus ornatus est, ut pulchri nomine sit dignissimus. B A Pulcher.

Carne tenera, friabili, delicata alijs non cedit. F

Frequens est Romæ & Antipoli & in Lerino insula. C

Turdus IIII. Psittacus uulgò quibusdam, à simili coloris uarietate.

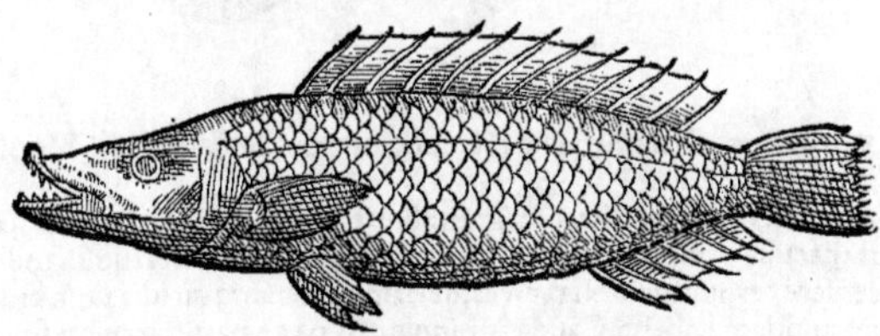

QVARTI generis turdus uarius etiam est, dorso nigrescente, pinna eius uirescente. Ventre & lateribus flauescentibus. A branchijs ad caudam lineæ uirides ductæ sunt. Pinnarum quę in uentre infima cærulea sunt. B

KK 2

A Hunc nonnulli ex piſcatoribus noſtris Perroquet, id eſt pſittacum, uocant, quòd ea ſit coloris uarietate qua auis illa Indica.

F Similem ſuccum gignit cum cæteris ſaxatilibus. Facilè concoquitur, quòd tenera ſit ſubſtantia & friabili.

Turdus V. colore aureo, linea alba ab oculis ad caudam.

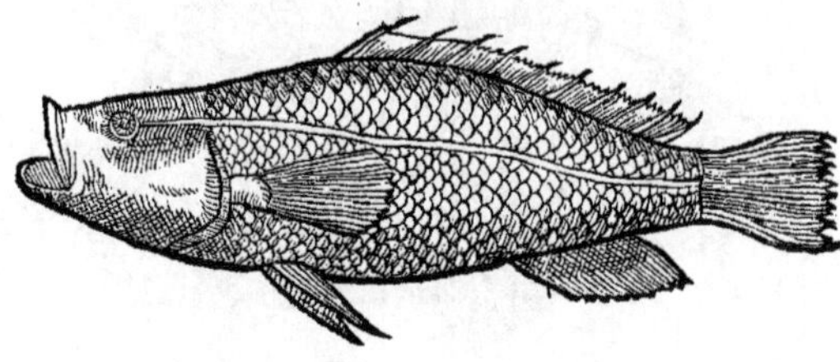

B QVINTVM genus turdi gobionem flauum refert, hoc ab eo diſcrepans, quòd lineam albā ductam ab oculis ad caudam habet. Deinde maculis nigris, quibus aſperſus eſt gobius, caret. Pinna quoque unica in uentre, neque diuiſa, quam habet gobius.

F Turdus iſte colore aureo eſt, nec differt ab alijs carnis teneritate.

Turdus VI. ſimilis quinto, ſed linea cærulea ab oculis ad caudam, roſtro à cæteris diuerſo.

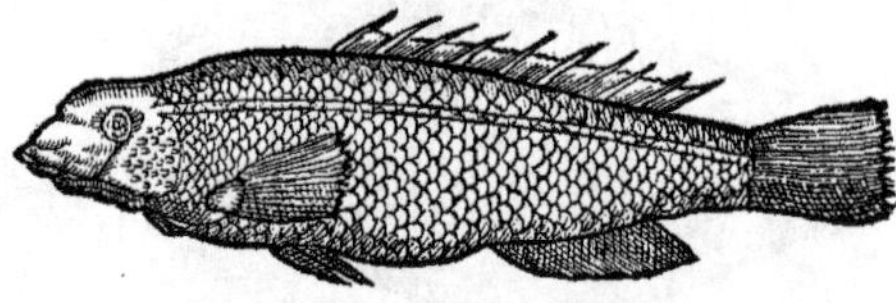

SEXTVM genus quinto omnino ſimile, niſi quòd huic linea ab oculis ad caudam ducta, non alba eſt, ſed cærulea: roſtroq; eſt longiore & aquilino.

Turdus VII. Cero dictus in Prouincia, dorſo aureo uiridibus maculis conſperſo, &c. κνεὶς Athenæi uidetur. Ab hoc undecimus colorum uarietate duntaxat differt.

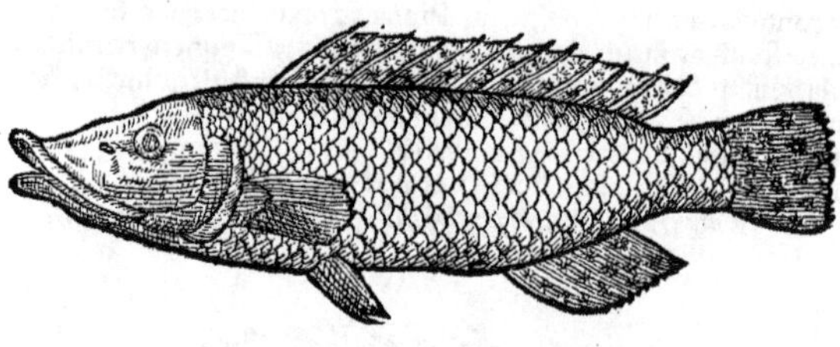

A SEPTIMVM genus à Prouincialibus cero dicitur, maximè Antipoli, & noſtri ſpeciem unā turdi cero uocant.

B In ſaxis degit, præſertim litoralibus. magnitudine eſt cubitali, coloribus uarijs inſignis, dorſo aureo, uiridibus maculis conſperſo, uentre candicāte, lineis rufis & tortuoſis, nullo ordine diſpoſitis notato. Tales ferè cernuntur buxi radices, uel iaſpides. Labra uiridia ſunt, branchiarum opercula purpureum quiddam habent. Cauda & pinnæ magna ex parte cæruleæ ſunt.

A. Κνεὶς. Septimum hoc genus eſſe puto, quod κνεὶς ab Athenæo dicitur, unde cero fecerunt noſtri. Suſpicatus ſum aliquādo locum hunc mendoſum eſſe, & pro κνεὶς legendum κίχλη: ea ratione adductus, quòd neminem unquam ex his qui de piſcibus ſcripſerunt, piſcem ſic nominaſſe meminiſſem. Tum quia hoc loco cùm de ſcaro dixiſſet, cōmodè κίχλην, id eſt, turdū ſubiūxiſſe uideret.

His

His inquam rationibus motus, diu in ea sententia permansi, ut κίχλην legendũ existimarem. Cùm uerò quæ sequuntur, accuratiùs considerarem, omnia, quæ hîc dicuntur, parum turdis omnibus conuenire animaduerti, quæ causa mihi fuit mutandæ sententiæ. Locus sic habet apud Athenæũ lib. 8. ἡ δ' ἡ καλουμένη κηρὶς ἁπαλόσαρκος, εὐκοίλιος, εὐστόμαχος, ὁ δὲ χυλὸς αὐτοῦ παχύνει καὶ σμήχει. Ceris quæ dicitur F teneræ est carnis, aluo facilis, stomacho grata, succus ipsius incrassat & abstergit. Præterea obseruaui Athenæum de multis piscibus mentionẽ facere, de quibus alij omnino tacuerunt: ut τοῦ κόρακος, de coracino albo, de melanderino. Item Plinium de ichthyocolla, de lucerna, de cornuta, de quibus nulli alij meminerunt. Idem fecisse Aelianum constat. Porrò multa ab ijsdem esse omissa, quæ à nobis diligenti dissectione & experientia, & à peritis piscatoribus percepta, literis mandamus: quod etiam spero multos post me facturos esse. Quare, ut ad rem redeam, κηρὶς legendũ, non κίχλη: eamq́ue esse putamus, cuius eiconem præfiximus.

Turdus VIII. septimo (id est Ceridi) ferè similis.

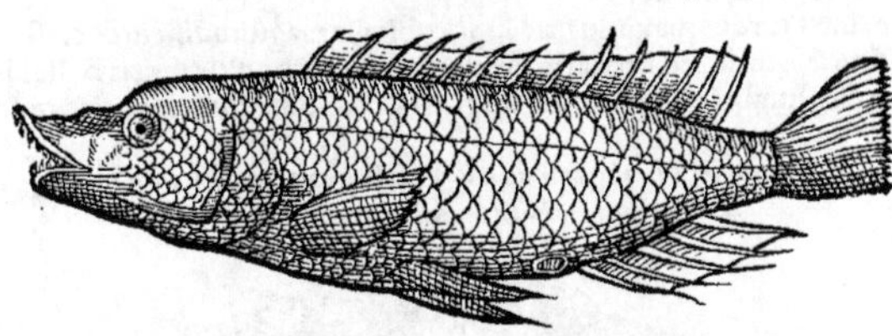

OCTAVUM genus à septimo non admodũ differt: est enim eodem ferè modo uarium, sed lineas multas habet in uentre sese intersecantes. Carne est alijs similis. B F

Turdus IX. octauo ferè similis.

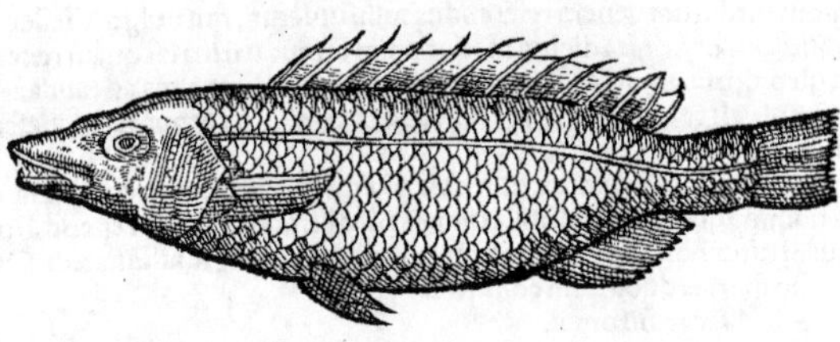

NONUM genus superiori simile est, nisi quòd lineam candidam habet à branchijs ad caudã, alias multas confusas, obliquas, ut ceris, quæ aurei sunt coloris: alioqui colore est uario, uiridi & flauescente. B

A quibusdã gaian (*sicuti & undecimũ genus à quibusdam*) dicit, ab alijs bille, à nostratib. menestrier, hoc est, tibicen: quia uarijs est coloribus tibicinum ritu, qui uersicolori habitu uti apud nos solẽt. A

Carne est tenera & friabili. B

Turdus X. Viridis.

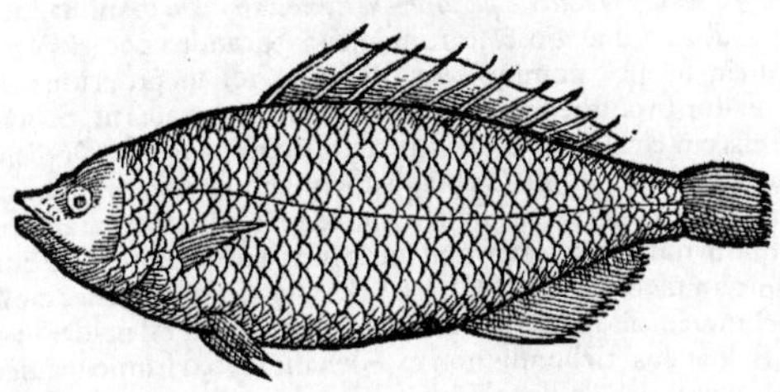

DECIMA Turdorum species colore est uiridi, extrema operculi branchiarum & pinnarum B

KK 3

uentris purpurascunt: oculi rufi: uenter ex albo flauescit: ore est paruo labrisque paruis. Eiusdem substantiæ est cum alijs.

Turdus XI. colore rubricæ. Colorum uarietate tantùm à septimo differt.

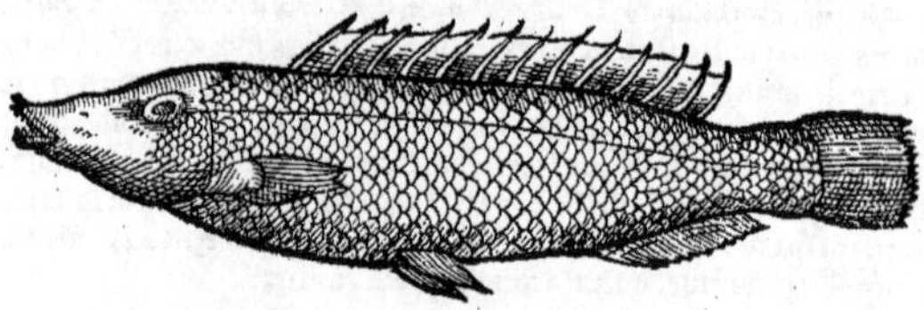

A VNDECIMVM Turdorũ genus est, quod auriol (*fortè quasi aureolum*) nostri uocant, quasi αἰόλον, id est, uarium, (*Turdum primum suprà priuatim αἰόλον nominat:*) alij gaian, (*quod nomen etiam nono generi quidam attribuunt:*) alij durdo.

B Est autem inter turdos maximus, ad lupi cubitalis magnitudinem & crassitudinem accedit. Colore est rubricæ, qua nostri pro terra Armenia utuntur, multis nigris & liuidis maculis respersus est, uentre est plumbei coloris, labris magnis. Colorum duntaxat uarietate à turdo septimi generis differt.

Turdus XII. in Prouincia uulgò Vielle: capite cæruleo, dorso uirescit, linea uiridi à branchijs ad caudam, &c.

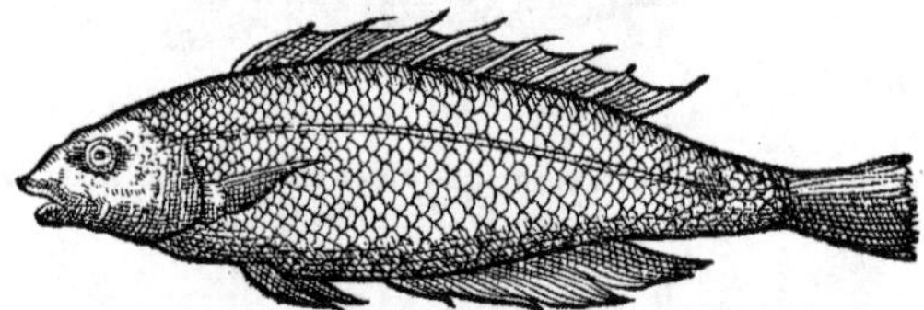

A SED & hic in turdorum genera referendus mihi uidetur, qui uulgò Vielle (*Suprà Turdum in genere, à Gallis Vielle uocari scripsit*) dicitur: neque enim minùs uarius est quàm cæteri iam descripti. Capite est cæruleo, dorso uirescēte. Linea uiridis & tenuis à branchijs ad caudam ducta est, in cuius extremo macula est rotunda, paulò supra caudam. reliquo corpore est rubescente. pinnæ uariæ, sed maiori ex parte purpureæ.

Turdi genus multiplex cur fecerit. Hos omnes turdos appellauimus, tum quia Columella turdorum complura esse genera scripsit, tum quia nomina quibus à ueteribus omnes isti distincti sint, non reperio. Postremò nunc alio nomine quàm turdi non appellantur propter magnam inter se affinitatem. Quibus adductus generis turdorum species duodecim constitui.

TVRBINES. Lege Strombi.

COROLLARIVM I. DE TVRDO SIMPLICIter, & in genere.

A Piscem asellum non à corporis similitudine, sed à colore dicimus, ut umbram atque turdum, author M. Varro. Quanquam autem turdi aues præcipui sunt saporis: & pisces quoque turdi, ut saxatiles plerique cõmendantur, non tamen à saporis, sed coloris ac punctorũ similitudine piscis hic nominatus est, sicut & merula, quod Iouius annotauit. κίχλη, piscis marinus, & auis, Hesychius & Varinus. Turdus piscis ab Atticis κίχλη: Eustathio uerò teste lingua Dorica κιχήλα uocabatur: quam linguam Syracusani imitati etiam κιχήλα dixerunt. Pancrates hunc piscem aliter etiam σαῦρον & αἰωλίαν dici scribit. sed notandum est σαῦρον alium quoque piscem ab hoc longè diuersum esse ac dici. (*Vide suprà in Sauro, & in Lacerto, suo utrunque elemento initiali.*) Animaduertendum item Coracinum quoque αἰωλίαν à Numenio, & scarum αἰόλον à Nicandro uocari: & propterea κίχλην cognomine potiùs quàm proprio nomine αἰωλίαν dici: idque non ineptè, cum uarius piscis sit: unde & turdus Latinè dicitur, propterea quòd aluo uarius, ut turdus auis sit, Saluianus. ¶ Merulam in eodem genere marem, cichlen uerò (id est, turdum) fœminam esse, Oppianus tradit. Vide suprà in Corollario de Merula. Nos Oppiano assentiendum non credimus. nam præterquàm quòd authores omnes, hos pisces non solùm sexu, sed specie etiam separant, reipsa quoque ita esse demonstratur: quum tum merularum, tum turdorum, alios semine, alios ouis refertos esse uerno tempore conspiciamus, Saluianus. ¶ Ciclas est piscis quidam carnes molles habens & humidas, facilis concoctu: quem aliqui ptisanam marinam uocant, ut Alexãder in capite de cibis pleuriticorum scribit, Syluaticus. Bellonius non ex Alexandro, sed Plinio medico lib. 5. cap. 13. eadem uerba citat, & cyclas per ypsilon scribit. sed utrobique legendum est cichle, à Græco κίχλη. Sic enim habet Alexander Trallianus lib. 6. capite de uictu pleuriticorum: Si æger infirmus sit, &

(F) *Ptisana marina*

& cibum fastidiat, assumat licebit de pisce, præsertim turdo, uirium ratione habita. est autẽ hic piscis & tener, & humidus, concoctu facilis: & si fortè ipsam ptisanam marinã nomines, non erraueris: adeò recrementi expers est alimentum, quod ex ea capitur.

Itali, Hispani, & pleriq; alij Tordo appellant, Saluianus. Veneti nunc piscem merulam falsò nominant, Massarius. Turdũ piscem Ligures asellum, Romani scarmũ & merluzum appellãt, Niphus in secundum historiæ Aristotelis, turdum cum asello imperitissimè confundens. Turdum & Merulam Massilienses promiscuè Roquaudos uocitant: Hispani & Sardi adhuc utriusque nomen Latinum retinent, Gillius. Roquaudum autem deflexit à Gallico Rochau, communi (ut Rondeletius scribit) saxatilium nomine. Merulam piscem piscatores nonnulli Galliæ tourd appellant, non distinguentes turdum à merula, Rondeletius. Idem in Gallia Narbonensi coracinũ quosdã durdo uocare tradit: Bellonius etiã chromin suũ à Venetis falsò Turdũ (un Tordio) nominari scribit. Gallicũ nomen Vielle, à Græco cichla uel cichela non abludit. ¶ Cobitin fluuiatilẽ barbatulam (quã inter Gobios descripsimus) quidã non probè turdũ faciunt. neq; enim macularũ uarietas ad imponendũ hoc nomen satis est, & turdũ constat marinũ esse piscem. Nos Germanicũ ei nomen fingemus, Punterfisch, à punctis & maculis quibus distinguit̃. sic & Puntermollen, & alia quædã animalia Germanicè denominant̃, nominibus cõpositis à punctorũ uarietate. Vel Krametfisch. nã Krametuogel, turdus est. Vel Meertrostel: nã turdũ minorẽ alterum Germani trostel uel trossel appellãt. (Trossuli ab Erasmo Stella nominati, qui apud Borussos partim in lacubus, partim in æstuante mari capiant̃, qui sint ignoro.) Vel, Seepfawen, id est, Pauones marini. Rondeletius quidẽ speciẽ secundã de suis turdis priuatim pauonẽ nuncupat. Romani genus omne pisciũ coloratorũ, nomine psittaci, pauonis, turdi, uel merulæ (minus tamẽ rectè) uocare consueuerũt, Bellon. Nos plura de pauonis inter pisces nomine dedimus suprà, elemento P. pag. 811. Vel communi saxatilium nomine, Steinling: ein art der Steinlingen: ut etiam Galli Rochau. *Vulgaria nomina.* *Pauo.*

Turdus & merula (pisces) in Põto desunt, Plin. ¶ Pisces ex alio colore in aliũ mutabiles sunt, ut turdi, merulæ, Aelian. Turdi, merulę et squillæ nigrescũt uẽre: post uer albedinẽ suã recipiũt, Aristot. Sunt quædã μελανόστικτα, ut turdus, Aristoteles citãte Athenæo. κίχλη auis est, & piscis ποικιλόστικτος, ὥσπερ ὁ κόσσυφος μελανόστικτος, Varinus. Αἰολίαν hunc piscẽ uocari, aut potiùs cognominari à coloris uarietate, iam suprà dictũ est. Numenius turdis à colore epitheton fecit ἀλιειδέας, id est, purpurei: Eratosthenes περκάδα κίχλην dixit: id est, nigricantẽ, uel uariam. Pancrates οἰνώδεα, nimirũ ut Homerus οἴνοπα πόντον. ¶ Turdo quaternæ branchiæ duplici ordine sunt, nouissima excepta, Aristot. Turdi sunt subuiridi colore & frequentibus guttis (ut in uolucribus uidemus) uariegati atq; insignes, Iouius. Turdus pedis longitudinẽ non attingit, branchijs quaternis, nouissima excepta, forma tincæ proxima: colore subobscuro, sed guttis purpureis & albis in uentre distinctus, ut turdus auis, à cuius colore piscem hunc dictũ M. Varro putauit, Massarius. B

Aristoteles cũ marinos pisces in pelagios et litorales diuidat, inter litorales turdũ, gobionẽ, &c. & omne saxatile genus cõnumerat. Et rursus cũ marina litora aut cœnosa, aut arenosa, aut saxosa sint: in saxosis solũ litoribus, turdus nascit̃ & degit. Vnde iure saxatilis esse dicit̃: ut author est idẽ Aristoteles alibi, inquiẽs: Saxatiles, ut turdi, merulæ et percæ. et Columella dicẽs: Saxatiles dicti sunt, ut merulæ, turdiq;. et Plinius: Saxatiliũ turdus & merula. et alibi: Turdus inter saxatiles, Saluianus. Diocles etiã apud Atheneũ turdos saxatiles facit. Oppianus nõ circa quęlibet saxa, sed muscosa (algis et musco repleta, Lippius interpres μυία, nõ rectè murices conuertit) eas uersari canit: et ῥαδινὰς cognominat, id est, leues & celeres. ¶ Turdus non solùm alga pascitur: sed carniuorus etiam est. pisciculis enim, sepiolis, loligũculis, atq; minoribus crustatis uescit̃. Vagabũdus nõ est, neq; lõgiùs à saxosis domicilijs suis recedere solet, Saluian. ¶ Coniugatim mares cũ fœminis conduntur, (*latent hyeme: quo modo etiam fœtificare solent, ut & cæteri saxatiles, Aristoteles.*) C

Oppiani uerba (ex Halieuticorum quarto) quomodo capiantur merulæ & cichlæ, recitaui suprà in Merula E. sed cichlas ipse eo loco merulas fœminas appellat, nõ speciẽ propriam. ¶ Saxosum mare optimè saxatiles pisces nutrit, ut sunt merulæ turdiq;, Columella de piscinis loquens libro 8. cap. 16. Et mox cap. 17. Turdi complura genera merulasq;, &c. includemus. E

Merulis & turdis cõmunia multa, quod ad alimenti rationem, protulimus suprà in Merula F. pagina 644. Galeni de his alijsq; saxatilibus sententiam integram reperies in Perca marina F. Diocles turdos merulasq;, saxatiles pisces & μαλακοσάρκους, id est, mollis carnis esse scribit: Mnesitheus distinguere uidetur, ut in Merula recitaui. Alexandri Tralliani super alimento ex turdo sententiam, quære superiùs in A. Turdus non solùm mollem siue teneram, sed friabilem etiam carnẽ habet, uti experientia monstrat, atq; Galenus edocet, dicens: Saxatilibus omnibus caro inest q̃ alijs piscibus mollior atq; friabilior. itaq; boni succi est, & cõcoctu facilis: & ualetudinarijs, atq; ipsis etiam ægrotantibus, sicut & reliqui saxatiles, cõcedendus. Saporis etiam suauitate apud ueteres cõmendabat̃ turdus: quod innuit Columella, inter pisces præstantiores, (quorũ precia, inquit, uigent,) piscinis includẽdos eum adnumerans. et Plinius cõfirmat, his uerbis: Turdus inter saxatiles nobilis. Idem cõprobare uidet̃ apud Athenæũ Nicander turdũ cognominans πολυώνυμον, i. multi nominis; (*Hoc epitheto nõ ad famã aut gloriã piscis pertinet: sed simpliciter piscẽ multis nominibus* F *Sapor & salubritas.*

KK 4

appellari ostendit, ut & Pancrates Arcas interpretatur, scribens πολλοῖς ὀνόμασι καλέουσι τὴν κίχλην, *&c.*) Hac uerò ætate nostra nullibi ferè admodum suauis est, aut multæ existimationis, Saluianus. Et merulæ & turdo mollis caro est, quæq; probum creat succum: qui tamen per halitum facile digeritur, neq; copiosè admodum nutrit, Vuottonus ex Oribasio forsan aut Xenocrate. Scari, turdi & gobij, tenerrimi quidem sunt, & facillimè secedunt: alimentum autem plurimum roburq; corpori addunt, Aëtius in curatione colici affectus à frigidis & pituitosis humoribus. uidetur autem legendum cum negatione: non tamen multum alimentũ nec robur corpori addunt. Gariopontus inter alios pisces hydropicis turdos quoq; concedit. In epilepsia ex piscibus exhibeantur, qui superfluitate uacant, ut psetta, turdus, (κίχλη: interpres Latinus non bene transtulit, sturnus,) Trallianus.

Apparatus. ¶ Turdum marinũ quouis modo coques. Assus, sinapium requirit, Platina. Aegrotantibus in aqua, uel albo iure, elixus aut assus apponi debet: sani uerò eo etiã frixo uti solẽt, Saluian.

H.a. Circa piscis huius uocabulum & Latinum Turdus, & Græcum κίχλη, Philologiam dedimus in Turdo aue. ¶ Turdus piscis nominatur etiam à Quintiliano libro 8. & ab Ennio in carminibus, quæ citat Apuleius Apologia 1. ubi codices nostri deprauati sunt: nec expressum habent nomen regionis in qua piscis hic lautior inueniatur. ἰχάλη, ἡ πάρυος ἀνκυδασμένος ἰχθῦς, ἢ κίχλη τὸ ὄρνεον, Hesychius & Varinus. Κόχλη apud Pollucem 6.9. nomen corruptum pro κίχλη. uide suprà ad initium Corollarij de Elope, pag. 429. Βεμβρὰς, εἶδος ἰχθύος ἀνπλοῦς καὶ βράδυνος. ὁμοίως καὶ βράδυνος κίχλαι, Varinus. sed primùm pro Βεμβρὰς, lego Μεμβρὰς. deinde Βράδυνος nomen corruptum mutilúm ue suspicor: aut si corruptum non sit, (Βράδων quidem infirmum & imbecillem significat Hesychio,) piscem tamen à turdo diuersum significare. nam apud Athenæum (unde nimirum Varinus aut alius quispiam desumpsit) Epicharmi uerba hæc legimus: Βαμβαδύνος, κίχλαι τε καὶ λαγοί, δράκοντές τε. alia lectio, & ea melior, habet Βεβραδύνος. Vide suprà in Bambadones, pagina 143. Berziticon, piscis dictus turdus, Syluaticus. à quo etiam Verziticon pro eodem pisce, in V. elemento scribitur. id uocabulum cuius dialecti sit nescio. Romani quidem speciem Turdi Verdone à uiridi colore uocitant.

Epitheta. Turdum à colore ἀλιειδέα cognominat Numenius: περκάδα, Eratosthenes: Pancrates, οἰνώδεα. ¶ Nicander κίχλην πολυώνυμον dixit, quòd pluribus nominibus appelletur, siue quis uni speciei nomina plura, siue diuersis potiùs turdorum formis plura diuersaq; nomina tribui interpretetur. Oppianus ῥαδινήν: Lippius uirentem uertit: meliùs leuem interpretaturus: siue leuem quod ad motum & agilitatem piscis, siue quod ad nutrimenti rationẽ accipias. Κίχλας δ᾽ ἐξῆς ἡβήτορας ὑψιπετῆας Καὶ πέτρας καταβοσκομένας, θυάδας θ᾽ ὑδατίνας, Matron Parodus in descriptione conuiuij Attici: ubi ὑψιπετῆας uidetur positũ pro ὑψιπετέας carminis causa: ut turdos pisces dicat, qui leuibus, uarijs & celerrimis in mari circa saxa natationibus ueluti uolare, & Thyadum (id est Baccharũ) instar discurrere uideantur. ἡβήτορας interpretor iuueniles & uiribus uigentes.

f. Τρίγλας καλὰς ἠγόρασα, καὶ κίχλας καλάς: Ἔρριψα ταύτας ἐπὶ τὸν ἄνθραχ᾽ ὡς ἔχει, Ἅλμη τε λιπαρᾷ πασπατίδην ὀρίγανον, Coquus apud Sotadem Comicum.

De Turdorum generibus è lib. 1. Saluiani.

COROLLARIVM II. DE TVRDIS DIVERSIS.

TVRDORVM plura esse genera, (inquit Saluianus,) res ipsa declarat: licet solus antiquorũ Columella (quod sciamus) id notauerit, inquiens: Turdi complura genera includemus. Quot autem & qualia sint, uti nemo (*ueterum*) explicat, ita haud facile est explicatu. quamobrem id nunc operam dabimus, ut quò faciliùs atq; clariùs effici potest, explicentur. Primùm igitur præcauendum est, ne omnes picturatos pisces (quod ichthyopolæ ubiq; ferè faciunt) Turdos uocemus, nõ solùm Turdos ipsos (qui uerè, ut mox dicetur, picti sunt) sed Percas etiam, Hiatulas, Fucas, Merulas, Pauones, atq; reliquos depictos pisces, Turdos perperã appellantes. Hunc autem errorem facilè euitabimus, si ueterum authorum testimonio (ut infrà patebit) Turdi piscis aluum Turdi auis instar, uariam siue maculosam esse animaduerterimus. Quamobrem qui uariam aluum non habent, Turdi non sunt. Verùm cum piscium, qui aluo sunt uaria, quiq; uerè Turdi dicunt, plura (ut diximus) sint genera: ut quot sint, & quomodo internosci debeant nobis innotescat: commonendum est, primariã eorum distinctionem ex corporis figura atq; magnitudine desumi. Vnde duo eorum prima constituuntur genera. Nam aut minor est & latus Turdus, cuius effigies octogesima sexta nostra est: aut maior & oblongus, cuius imago est octogesima octaua. (*Hæ duæ à Saluiano propositæ turdorum icones, quibus cum ex duodecim illis Rondeletij turdis conueniant, considerandum lectori relinquo.*) Et quemadmodũ maioris distinctionis gratia hunc maiorem, illũ uerò minorẽ turdũ appellare possumus: ita non solũ uterq; proprijs pingitur coloribus: sed rursus etiã maior (ut in eius descriptione demonstrabitur) colorũ uarietate subdiuiditur in uiridem, & rubrum: ita ut tria sint turdorum genera, minorum unum: maiorum uerò duo, uiride scilicet & rubrum.

Minoris Turdi descriptio, ex eodem. Porrò cum minorum turdorum genus à maiorum genere non solùm colorũ uarietate, sed etiam figurã & magnitudine (ut diximus) differat, seorsim utriusq; descriptionem tradendam duximus, à minori exordientes. Minor igitur Turdus rostro est satis acuto, ore mediocri, dentibus ualidis, recuruis atq; serratis, labijsq; crassis: oculis magnis, & aureo circulo pupillam ambiente insignitis. Pinnæ utrinq; binæ cõspiciunt, duæ ad brãchias, & aliæ duæ in uẽtre, una scilicet utrinq;.

In dorso

In dorso una singularis erigitur pinna, ferè usque ad caudam deducta. Imo etiam uentri alia una singularis & minor à podice subnectitur. Cauda quoque in unicam & latam pinnam degenerat. Ventriculus carnosus est & amplus. Intestina etiam crassa & lata sunt. Hepar pallet, eiq; assuta est fellis uesica. Squamis mediocribus tegitur: & latiusculus piscis est, minori tincæ non absimilis, atque totus picturatus. Caput enim, dorsum, cauda atque pinnæ, ex cineraceo nigricant: latera uerò cineracea, & uenter subalbidus liuentibus maculis nullo ordine inter se permistis Turdi auis modo, consperguntur. Vnde iure diuus Ambrosius turdum aluo uarium appellat: atque ab Isidoro Hispalensi Turdus albouarius uocatur: ni forsan, ut arbitror, ad diui Ambrosij censuram, aluo uarius, corrigendum sit. His testimonijs piscem nostrum, ueterum Turdum esse, clarè satis constat. Nec Aristoteles dicens: Mutantur colore pisces qui Merulæ & qui Turdi appellantur: uêre enim nigrescunt, post uerò albedinem suam recipiunt, huic nostræ repugnat opinioni, ut alicui uideri posset: propterea quòd hic noster piscis toto anni tempore nigricat. nam haudquaquam aliquo anni tempore turdos pisces albos reperiri, credendus est arbitrari Aristoteles: quum hoc falsum esse experientia & piscatorum consensu deprehendatur. sed id solùm intelligit ipse, quòd cum Turdi reliquo anno subnigri, siue ex albo nigricantes appareant, uerno tempore nigriores conspiciuntur: quod uti uerissimum est, ita non dedecet illam subnigredinem huic nigredini collatam, largo loquendi modo, albedinem appellari ab eo. Magnus piscis non est Turdus iste. rarò enim palmi mensuram excedit.

Alter uerò Turdus, quem distinctionis causa maiorem uocamus, sicuti ore, dentibus, labijs, oculis, branchijs, pinnis, cauda atque interaneis descripto minori simillimus est: ita ab eo corporis figura, colore atque magnitudine plurimùm differt. Non enim tincæ instar latæ figuræ est, ut ille, sed oblongæ: nec eisdem depingitur coloribus. Nam cum hic maior coloris ratione duplex (ut diximus) sit, neutri cum minore conuenit color. horum nanque unus (quem Romæ & Tordo & Verdone appellant,) totus uiridis est: alter uerò subrubet. Et ueluti hi duo maiores rebus reliquis simillimi sunt, nec nisi uiriditate & rubedine internoscuntur: ita utriusque dorsum maculis paruis, rotundis atque cæruleis conspersum est. Venter uerò & latera liuentibus maculis confusè permistis (Turdi auis more) insignita conspiciuntur: qua una nota minori Turdo similes sunt, atque Turdi dicuntur. Differunt postremò à minori & magnitudine, nam cum ille (ut dictum est) palmi mensuram non excedat, hi ad cubitalem aliquando excrescunt magnitudinem. Hæc omnia Saluianus. *Maioris Turdi descriptio, ex eodem.*

De Turdis Rondeletij, secundo, quarto, septimo, decimo & undecimo.

Rondeletius secundam Turdorum suorum speciem, Pauonem nominat. Bellonius piscem quem in Gallico libro Pauonem uocârat, in Latino suo de Aquatilibus opere, simpliciter turdum nominat: & Romæ Papagallum (id est Psittacum) uocari scribit. Rondeletius uerò Turdum quartum suum in Prouincia uel circa Monspelium, uulgò Perroquet (id est Psittacum) appellari meminit. Super Pauonis quidem nomine uide quæ scripsimus paulò antè, Corollario I. de Turdis, ad finem segmenti A. Saluianus piscem Romæ uulgò Papagallum dictum ob oculorum uarietatem, à diuo Ambrosio & Isidoro Hispalensi Pauonem uel Pauum uocari putat, &c. (Cuius corpus ferè totum uiret, sed inæquali uiriditate, maculis passim, rubentibus, & cœruleis nonnullis quàm plurimis distinctum: figura tincæ lacustri non absimili.) Lege suprà in Scaro uario, ad finem paginæ 1003. Bellonij quidem turdus, idem cum Saluiani Papagallo, uel planè similis uidetur. *Secundus.* *Quartus.*

De quarto Rondeletij Turdo, iam proximè quædam diximus, quod ad Psittaci nomen ei attributum. Huic autem cognatus uidetur piscis, cuius imaginem, qualem Venetijs (ubi Porga, si bene scribo, uulgò uocatur) nactus sum. Colores in pictura ad me data, huiusmodi ferè sunt: Dorsum & laterum dimidia pars superior, fusci sunt coloris, maculis crebris subnigris uariantibus. Lineæ tres aut quatuor cœruleæ à branchijs ad caudam tendunt. In oculis circuli duo aurei pupillam ambiunt, inter quos medius unus fusci coloris est. Cauda etiam maiori ex parte cœruleus est: qui color etiam initio pinnarum ad branchias, & in capite circa infráque branchias apparet. Eodem dimidia pars dorsi pinnæ anterior pulchrè pingitur: posterior uerò pars cum flaua sit, cœrulei coloris maculis distinguitur. Laterum pars dimidia inferior flaua est, & maculis subruffis uariatur. Pinnæ ad branchias fuscæ; binæ in uentre, & una à podice, flauæ sunt. Reliqua apparent. *Quartus.*

Vide iconem Rondeletij Turdo quarto similem, pagina sequenti.

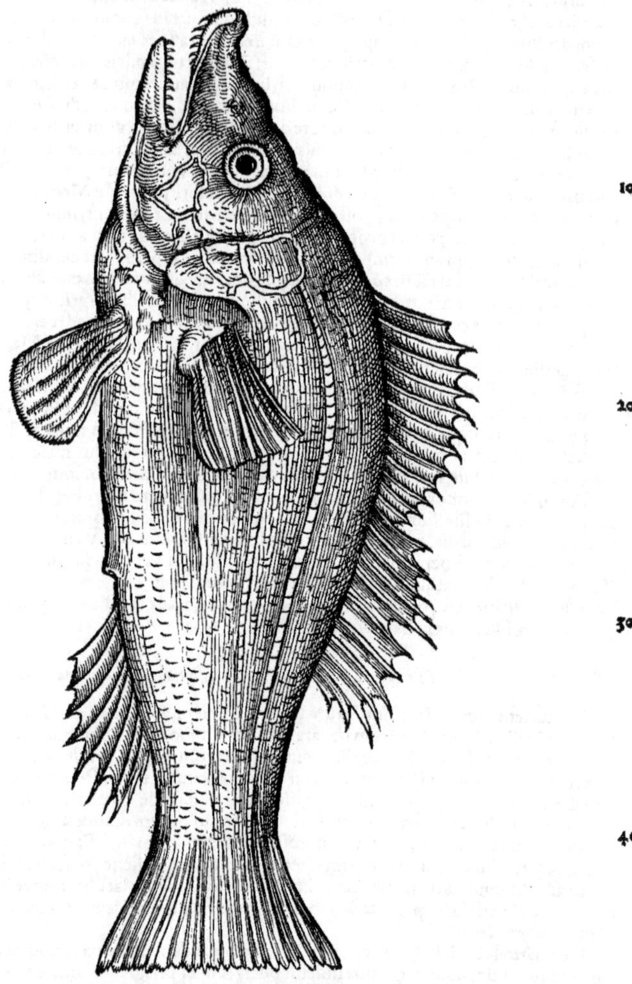

Septimus. Septimum Turdum ſuum Rondeletius, ut uulgò in Prouincia cero dicitur: ita eundem eſſe ſuſpicatur ceridem (κηρίδα) Athenæi: quem ſolum huius piſcis hoc nomine meminiſſe putat. Sed alios etiam authores ceridis mentionem facere: & diuerſis modis hoc nomen ſcribi, indicauimus nos in Ceride, elemento C. pagina 216. Plinius etiam medicus uictus rationem præſcribens ijs, qui intemperie calidiore hepatis laborant, coſſyphum & ceredam piſcem eis offert, citante Bellonio. Legendum eſt autem non ceredam, ſed ceridem. nam Trallianus in eiuſdem intemperiei curatione: Qui uerò (inquit) calorem habent leniorem, ualidaſq; uires, ijs lupus, orphus, ceris, & iſicium ex ea paratum exhiberi debet, &c. Item in hepatica dyſenteria ex frigida intemperie: Ex piſcibus (inquit) utiliter datur turdus, coſſyphus, ceris, chryſophrys, & omnium maximè mullus. Idem nimirum eſt piſcis Scirrhis Vuottono dictus, circa nuda ſaxa degens, inter ignotos ab eo numeratus.

Decimus. Decimus Rondeletij Turdus, uiridis, Teragus Ouidij forſan fuerit: de quo ille in Halieutico ſcripſit: Tum uiridis ſquamis paruo ſaxatilis ore. uidetur autẽ pro ſquamis legendum Teragus. Vide ſuprà in Terago, ſuo loco. Eſt quidem tertius etiam Rondeletij Turdus magna ex parte uiridis, ſed ore maiuſculo, duodecimi etiam dorſum uireſcit, & linea uiridis à branchijs ad caudã tendit,

tendit. Bellonius quoque iam citatum Ouidij uersum de turdo interpretatur. Saluianus Turdi genus unum à uiridi colore, Romæ uulgò Verdone uocari docet, &c. ut suprà scriptum est.

Vidi ego aridum, uel hunc ipsum, uel persimilem ei pisciculum, uiridem, tenuem; ore paruo, per margines dentato. inferior pars oris ultra superiorem parum prominebat.

Vndecimus.

Turdo undecimo Rondeletij specie similem cognatumq; piscẽ esse coniicio, cuius figurã hîc, qualem amicus quidam Venetijs depictam ad me dedit, apposui. Bellonius hunc piscẽ suis coloribus expressum apud me cũ uidisset, Hepatum suũ esse affirmabat: (est aũt Hepatus eius, alius q̃ Rõdeletij:) cuius iconem ipse non posuit, descriptionem uerò reperies suprà, pag. 488. Venetijs uulgò aliq Lucium marinum uocant, ut audio: sed cum sphyrænæ etiam id nomẽ tribuatur, & asellus quoq; merlucius, quasi marinus lucius nominetur, & reipsa naturã à lucio fl. lõgè diuersam hic piscis habere uideat, nõ placet eum hoc nomine appellare. Bellonius à uulgò Venetorũ Sachetum, ut etiam Chanadellam, indifferenti nomine appellari scribit. solo enim (inquit) colore, qui paulò magis in Hepato fuscus est, inter se differunt. Ego cum in Bellonij scriptis (anteq; cum ipso collocutus essem) legissem, Venetijs Saccheti nomine tum hepatum, tum chanadellã, uocari, & hepatũ magis fuscum esse: piscem, cuius iconem exhibui suprà cum Channa & Chanadella (pag. 262.) ꝑ Saccheto Venetijs ad me missum, q̃ subfuscus appareret, hepatum Bellonij esse suspicabar: quam ipse suspicionem posteà (ut dixi) mihi excussit. Pisces quidem hi duo & specie & natura lõgè diuersi sunt. Sed dicamus de illo, cuius hîc imaginẽ proponimus. Piscis est undiquaq; fermè rubicundus, magis quidem circa dorsum, circa uentrem albicat. Dorsum dimidia sui posteriore parte tribus maculis atris deinceps notatur, ita ut macula ultima caudam attingat. Oculorum pupillam nigram circulus ruber ambit: isq; rursus includitur cœruleo, uti pictura nostra præ se fert. Reliqua ex Hepato Bellonij petes. An uerò turdorum generis uerè sit hic piscis, non habeo quod affirmem: Rondeletij tantùm Turdo undecimo similem aut cognatum esse ut putarem, similitudo aliqua effecit, ut prominentia labra, color rubricæ, pinnæ consimiles. Noster tamen latior uidetur, Rondeletij oblongior: qui etiam (inquit) multis nigris & liuidis maculis aspersus est: quas in nostro non uideo, nisi quòd dorsum ternis (ut dixi) atris maculis notatur. Itaque iudicium illis relinquo, qui pisces ipsos tractandi ad mare & quantum uoluerint contemplandi occasione & commoditate non destituuntur.

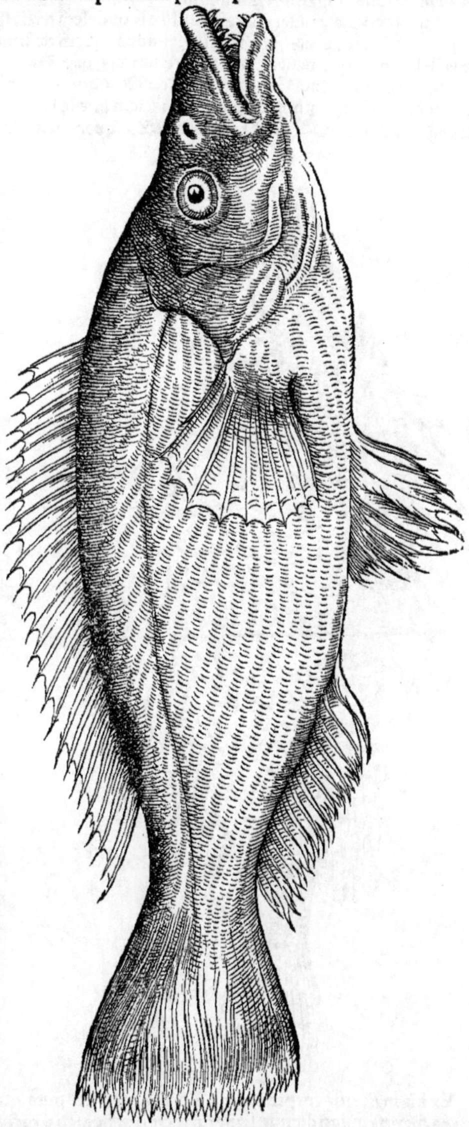

De alijs quibuſdam Turdorum generi affinibus.

Turdi nomen aliquos è uulgo Gallico Italicó ue ad alios etiam quoſdam piſces, (ut merulam, coracinum & chromin Bellonij) imperitè referre, annotauimus ſuprà, Corollario 1. De Turdis A. in mentione uulgarium nominum.

Turdis cognata uideri poteſt Anthiæ Rondeletij tertia ſpecies, exhibita in A. elemento, pag. 64. Item Scarus αἰόλος, id eſt uarius, eiuſdem: quem dedimus ſuprà, pag. 1002. Fortaſsis & Picus Bellonij, de quo pauca eius uerba retulimus, pag. 860.

Sunt & piſces duo Venetijs mihi depicti, quorum icones hîc ſubiungere Turdorum hiſtoriæ uolui: quòd utriq; horum piſcium ſpeciem præ ſe ferant aliquam, (ex qua etiam ſaxatilem utrunq; eſſe conijcio,) & colore ſint uario: & alia eorum uetera nomina ignorem.

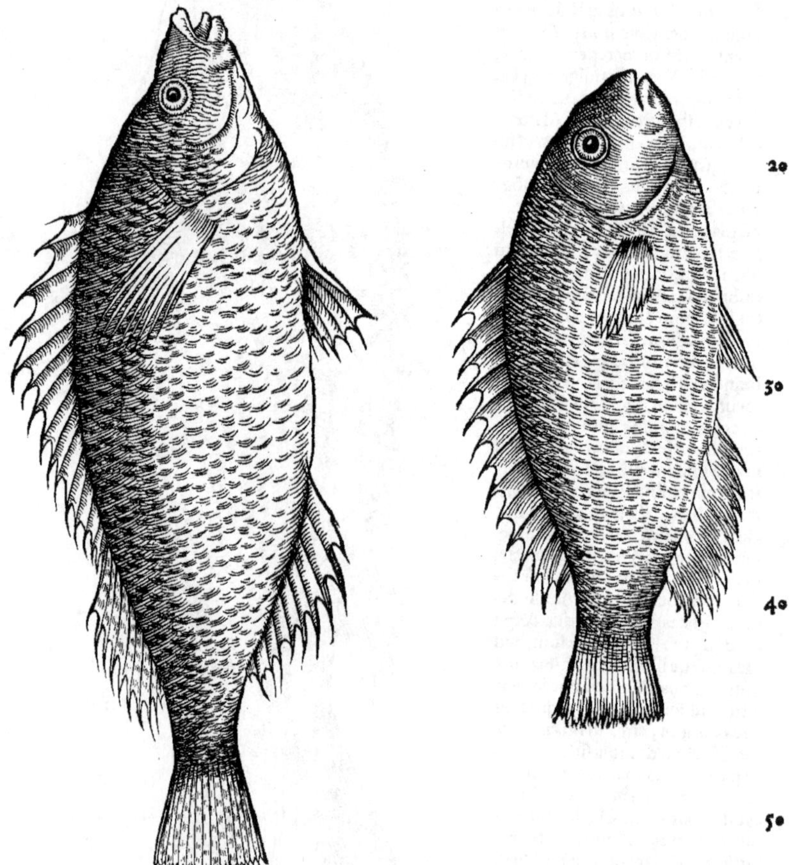

Ex his maior (quem propiùs ad Turdos accedere puto, quàm minorem) Raina de mer, id eſt, carpa marina uulgò dicitur, ſi modò rectè hoc nomen à pictore adſcriptum eſt. mihi quidem nõ placet. In eo cauda, & poſterior pinnæ dorſi pars rubicunda & punctis uaria eſt. anterior uerò & maior eiuſdem pinnæ pars, è fuſco albicat. Dorſum ipſum cœruleo uiridiq; colore mixtis tinctum apparet: uenter candicat: pars ad caudæ initium nigricat. Punctis toto corpore ſubnigris aut fuſcis uariatur. In oculis pupillam nigricantem circulus aureus uel croceus ambit: quem alius fuſcus, hunc deniq; ſubflauus circundat. ¶ Minor uulgò Venetijs Luiſolo dicitur, ſi bene lego adſcriptum à pictore nomen; in quo plus cœrulei eſt, præſertim in cauda extrema, & parte prona

prona tum corpore tum pinnis: cuius etiam coloris in oculis circulus apparet, medius inter alios duos albicantes. Corpus ferè fuscum apparet, sed aliis coloribus passim modicè admixtis, & punctis quæ magis fusca aut subnigra sunt uariantibus. Hæc ad picturas. Eundem aut similē in Oceano ab accolis Germanis, præsertim Flandris, audio Posten uocari, à uelocitate. sic enim propriè appellamus nuncios principū, (astandas siue angaros Persicè uocant,) qui equis dispositis itinera accelerant.

TVRESVLE, genus piscium, Syluaticus.

TVRNES uulgò dicti pisces in Strymone fluuio Thraciæ, nominantur à Bellonio in Singularibus.

TVRSIO. Quære Thursio.

TVRTVRES pisces nominantur ab Americo Vespucio. Recentiores quidam Latini scriptores, ut d. Ambrosius, pastinacas pisces, turtures appellarunt, quos & Græci trygones eiusdē auis uocabulo. Eum qui nostra ætate turturem pro trutta pisce dixit, non laudo.

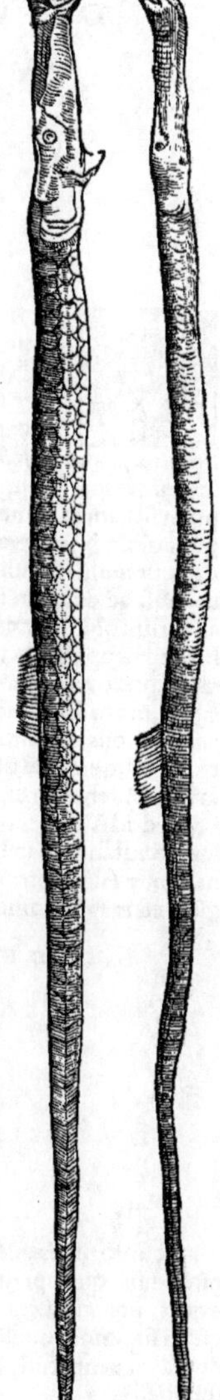

TYPHLE ab Atheneo nominatur inter Nili pisces, τύφλη. Hesychio & Varino Typhlinus dicitur (τυφλῖνος) piscis Nili, & genus serpentis. Apud Aristotelem τυφλῖναι ὄφεις nominātur, Gaza cæcilias serpentes uertit, à recto singulari τυφλίνης, ut κεγχίνης. Puto & typhlænā pro serpēte dici: Nicander Typhlôpem nominauit. ¶ Spondyle Plinii, (*non probo,*) Typhle uel Typhline antiquis, Bellonio est, quæ acus Aristotelis Rondeletio. Vide suprà in Corollario Acus A. ad finem ferè pag. 13. Ego cum à solo Athenæo & Hesychio, ut dixi, piscem hunc nominari inueniam, nō tanquam marinum, sed Nili incolam, in fluuiis, non in mari quærendum dixerim. Et cū in fluuiis reperiamus cæciliæ serpenti (sic enim Columella lib. 6. nominat) non dissimilem, ni fallor, piscem, de genere mustelæ siue lampredæ uulgò dictæ, minimū: quem nostri Nünoug, id est Enneophthalmum appellant: Typhlen aut Typhlinum appellari eundem quid uetat? quem si in Nilo etiam degere scirem, planè hoc nomine appellandū contenderem. Hoc si admittant eruditi, Mustelas quoq; siue Lampredas maiores, Typhlas aut Typhlinos maiores appellabimus. Acus quidem Aristotelis, ut Rondeletio uidetur, icones duas, quales à Cornelio Sittardo olim Cæciliæ nomine accepi, hîc exhibeo. Maiori similem sceleton à doctissimo medico Michaële Parisio mihi donatū seruo, ea propè qua hîc pingitur longitudine & forma, digiti ferè crassitudine: sed rostro multò tenuiore, nec ita aperto ore, (sed ita ferè ut in minore, uel ut Rondeletius in historia Acus aperiri pingit: minori tamen & angustiori longè, inferiore parte leuiter sursum recurua,) solido, perspicuo. Nulla sicut hîc pingitur, infra oculos prominente parte. Post oculos laminæ ceu branchiarum opercula apparent. Striæ (in sceleto, puto etiam uiuo pisce, quòd sicca & ossea ferè substantia constet) eminent septem, parte corporis superiore, quæ supra podicem est: inferiore, quaternę tantùm: squamis (aut potiùs corticibus) quibusdam eleganter striatis & undiquaq; annexis, ut nusquam dehiscant, integitur. Hanc si quis Typhlen marinam nominare uoluerit, esto: dummodò ueteres nullam eius hoc nomine mentionem fecisse constet. Aliqui in Italia homines literati hunc piscem, ut Sittardus scribebat, remoram esse coniiciebant: alii musculum siue iulum. Neutrū probârim. Huic similem alteram speciem (Rondeletius quoq; duas pingit) corpore & rostro minore, uulgò in Italia Arzinarello uel Coaliotto nominari, idem Sittardus monuit.

TYPHLINIDIA, Coracidia, Abramidia, Collia, & Boridia nominat Xenocrates, citante Oribasio, in Capite de Salsamentis fluuiatiliū & palustrium. Sunt autem omnia hæc nomina diminutiua. unde & pisciculos paruos esse apparet, & fluuiatiles seu lacustres, & sale condiri solitos. Vuottonus Græcè nominat, τυφλινίδια, κόλλια, βωρίδια, κορακίδια. Hæc omnia (inquit Xenocrates) stomacho aliena sunt, difficulterq; corrumpūtur, & aluum subducunt: ut & Vuottonus, & Rasarius transtulerūt. mihi quidem pleraq; aluum subducentia alimenta, facilè corrumpi uidentur. Addit Vuottonus cum acrioribus oleribus ea comedi. quæ Xenocratis uerba Rasarius, non ad pisciculos iam nominatos, sed ad Aurem aquatilem refert. hæc enim (inquit) aruinam peculiarem quandam inducit, & idcirco cum acribus oleribus ea uescuntur.

LL

DE AQVATILIBVS QVORVM NOMINA V. LITERA INCHOAT.

VACCA marina à recentioribus quibusdam dicta. Vide suprà in Boue, paginis 151. & 152.
VENENATI pisces. Quære suprà in Nigris.

DE VERME MICRORHYNCHOTERO, RONDELETIVS.

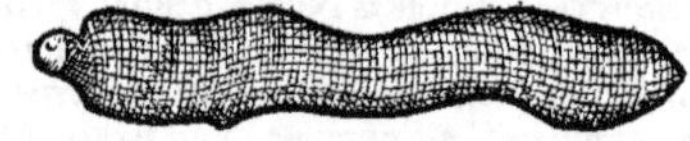

B VT IN terra, ita in mari uermium nulla (*multa*) sunt genera. Sed in mari nonnulli uermes sunt huiusmodi, ut nulla alia pictura, quam linea una cõtinua exprimi possint. Nam adeò indiscretas partes internas & externas habent, ut pili tantùm crassiores siue carnosi esse uideantur, quos animalia esse neges, nisi motu cieri agitarię conspexeris, (*Sic & in fontibus, quos Setas uel Vitulos aquaticos aliqui uocant: de quibus scripsimus suprà inter Insecta aquatica, pag. 547.*) Nos de duobus generibus tantùm hîc agimus, quos sæpe inter maris purgamenta reperimus. De quibus etiamsi nihil, quod sciam, à ueteribus scriptum sit, tamen committendum non est, ut silentio prætereantur. Etenim existimare debemus permulta adhuc superesse in rerum cognitione, quæ ueteres latuerint, quod natura tam fœcunda sit, ut multis sæculis omnia humano ingenio comprehendi nullo modo possint, qua maximè de causa ad diligentem rerum inuestigationem incitari debent præclara ingenia, plurimúmque ab eorum opinione dissentire, qui ueterum inuentis nihil addi posse credentes, ad ea tanquam ad sireneos scopulos consenescentes, nihil unquam laude dignum præstare possunt, neq; bonas literas ulla ex parte promouent. Ab horum opinione alienissimus, cùm experientia ipsa me docuerit, in anatome corporis humani, in plantarum stirpiumq; cognitione, in marinis terrenisq; animantibus, atq; alijs plurimis rebus esse quædam adhuc penitus incognita, quædam non satis explicata, quicquid otij per docendi, medendiq; munus nancisci possum, id omne ad ea perscrutanda & literarum luce illustranda confero.

Veteres multa præteriisse digna inuestigatu

Redit ad B. Sed ad Vermes redeo, quorum prior quem hîc exhibemus, cute molli contegitur, tota incisuris constante: os uel rostrum obtusum est, parúmque prominet, unde μικρορυγχότερον cognominauimus. Alijs rostrum deest, sed foramẽ tantùm habent, capessendi cibi gratia. Totus uermis digitali est magnitudine, minimi digiti crassitudine.

DE VERME MACRORHYNCHOTERO, Rondeletius.

C B IN luto maris, & marinorum stagnorum uiuere comperimus eum uermem, quem hîc depinximus, qui superiore multò longior est. nam aliquando duorum cubitorum magnitudinem æquat, pollicisq; crassitudinem. Farciminis longi figuram refert. Rostro est multò longiore quàm superior, simili hippocampi rostro, unde μακρορυγχότερον nuncupauimus. Intus longum duntaxat uentriculi, uel intestini ductum habet, aqua & luto pleni. unde perspicuum est his tantùm uesci.

DE VER-

DE VERMIBVS IN TVBVLIS DELItescentibus, Rondeletius.

NASCVNTVR in saxis marinis, & super concharum uetustarum testas, tubuli uel siphunculi testacei, rotundi, (*teretes*,) asperi, candidi, intus læuissimi, quorum alij recti sunt, alij contorti & replicati. In his procreantur & uiuunt uermes, qui foras se exerunt hauriendæ aquæ gratia. Hi colore, substantia, scolopendræ rubræ similes sunt, figura & magnitudine nonnihil differunt: longissimi enim digiti magnitudinem non excedūt. Pars posterior folij myrtei modo in acutum desinit. Priore parte utrinque pedes habent, ueluti scolopendræ, unde fistula prominet in extremo obtusa tubæ modo, & perforata, qualem in asilo marino depinximus: eā aquam trahit. C B

Horum uermiculorum testa pharmacopœi nostri utuntur, in compositione unguenti citrini pro dentali. Huic similem testam etiam dentale uocant, quo in eodem unguento utuntur. Huiusmodi aliquot picturæ superiori aspersimus. G *Dentale.*

COROLLARIVM.

De Vermibus Aquatilibus nonnullis iam suprà elemento I. inter Insecta aquatica diximus. ¶ Aetatis nostræ quidam Latini scriptores Mustelas siue Lampredas uulgò dictas Lumbricos fluuiatiles nominarunt, (Lampredæ nomē à Lumbrico detortū fortè suspicati:) mihi quidem nō placet: & eandem opinionem à Rōdeletio reprehensam inuenies suprà in Mustela fl. Ausonij A. pag. 697. ubi Castellani etiam episcopi Matiscon. sententiam explicat, qui uermem aquatilem, qualem in Gange Plinius describit, lampetrā esse putauit. In Gange esse Statius Sebosus haud modico miraculo affert uermes binis brāchijs, LX. cubitorum, cæruleos, qui nomen à facie traxerunt: his tantas esse uires ut elephantos ad potum uenientes, mordicus comprehensa manu eorū abstrahant, Plinius. Longitudo illa (inquit Massarius) sexaginta cubitorum, nō ad branchias, sed ad uermes referenda est. Nam branchias sexaginta cubitorum longitudine constare præter ueritatem, & dictu incredibile esset, cum neq; longas, neq; breues brāchias ab aliquo dictas reperias. Verùm & simplices & binas quaternás ue branchias piscibus Aristoteles contribuit, quod item Plinius cōmeminit hoc libro. Solinus uerò in Polyhistore, nō branchijs sed brachijs, nec sexaginta cubitorum sed senûm cubitorum scribit, longitudinem illam cubitorum ad brachia non ad uermes referens, hoc modo. Aquæ etiam gignunt miracula non minora. Anguillas ad tricenos pedes longas educat Ganges, quē Statius Sebosus inter præcipua miracula ait uermibus abundare cæruleis nomine & colore. hi bina habent brachia longitudinis cubitorū nō minus senûm, adeò robustis uiribus, ut elephātos ad potum uentitātes, mordicus comprehensos ipsorū manu rapiāt in profundū. Nescio an à Statio Seboso an potius à Plinio hęc Solinus excerpserit: sed si à Plinio illud sanè nō omiserim, quo minùs dixerim eum ipsum uerba Plinij perperā interpretatū fuisse, ac uermes nomine meliùs & ueriùs, q̄ cæruleos nomine prodidisse: cū Plinius à facie, hoc est forma corporis, nō colore uermes huiusmodi nomē attraxisse scribat, licet sint colore cærulei. nā uermibus corpore similes sunt: quos cum talē figurā habeāt, uerisimilius est brachijs carere, q̄ eadem posidere. nā si brachia obtinerēt, non uermes sed monstra appellasset, ut neq; credendū sit huiusmodi animalia brachijs prædita esse. ex eo quod inter præcipua miracula hæc prodiderit, cum & anguillas ad tricenos pedes lōgas inter nō minora miracula in Gange reperiri Solinus ipse tradiderit, quibus neq; brachia, neq; crura tribuerit. Non igitur ob hanc causam, sed ob longitudinem eorū ac fortitudinē admirandam, quod elephantes in profundū per proboscidem abstrahāt, hæc inter miracula cōmeminerit, ut Plinij lectionē magis q̄ Solini probandā existimauerim. Qui error (si error est) hinc proficisci potuit, ut reor, quod Solinus longitudinē illam ad branchias, nō ad uermes referēs, in Plinio branchijs sexaginta cubitorū longitudinis non modò mendosè legi, uerùm & ridiculū esse putauerit. quippe cū brachia quoq; hæc cubitorū sexaginta longitudinis esse incredibile admodū existimaret, longitudinis cubitorū non minùs senûm statuit describendum. Hucusq; Massarius. Vide etiā suprà, elemento C. in fine paginæ 303. de his Cæruleis uermibus.

Vermis cœruleus in Gange.

De eodem Solini locus perpensus.

LL 2

Vermis Indi fl. Idem fortè eſt Indicus ille uermis de quo Aelianus ex Cteſiæ libris ſic ſcribit: Indus fluuius beſtiarum ferarum expers eſt, ſolum in eo naſci uermẽ aiunt, ſpeciemq́ eorum qui ex ligno (*qui in ficubus*) gignuntur, & aluntur, gerere: ad ſeptem cubitorum longitudinem & eo amplius procedere. eius craſsitudinem decem annos natus puer, manibus uix complecti queat. Iis in ſuperiori oris ſede unus dens ineſt, in inferiori alter, ambo quadranguli cubiti ferè longitudinẽ habent: tam ualidi, ut quodcunq; animal, ſiue cicur, ſiue ferum, ijs comprehenderint, facillimè cõterant, (συντρίβειν, Aelianus. κατεσθίει, Cteſias.) Interdiu ima in ſede fluminis uerſatur, cœno gaudens, & latitans. noctu uerò ad terrã procedit, & in quodcunq; inciderit uel Equum, uel Bouẽ, uel Aſinum, cõficit, atq; in ſuas ſedes trahit, & in flumẽ abſtruſus, mẽbra omnia, excepto uentre, exedit. de die etiam, ſi fame premitur, & ſiue camelus ſiue bos in ripa bibit, uiolentiſſimo impetu ſumma labra mordicus comprehẽdit, & robuſto tractu in aquam abreptum edit. Eius pellis duorũ digitorum craſsitudine eſt, eiuſmodi autem machinatione capitur: Hamum robuſtum ad ferream catenam alligant, adiuncto etiam fune ex albo latoq́ lino. Lanis aũt & hamum & funẽ inuoluunt, ne à uerme præmordeat. Tum agnum aut hœdum ad illecebram in hamum implicant: deinde in fluuiũ demittũt. Triginta uiri, ſinguli cum iaculo loro inſerto: & enſe accincti, & è corno ſudibus inſtructi bene robuſtis, ſi percutere ſit neceſſe, adſunt: deinde hamo captum trahunt, & abſtractum, interficiunt. Triginta dies appenſum ad Solẽ ſinũt: atq; ex eo in fictilia uaſa craſſum oleũ ſtillat. ſinguli uermes quinq; olei ſextarios (*cotylas decẽ Atticas*) reddũt, quod quidẽ ipſum regi Indorũ apportant, uaſis obſignatis. neq; enĩ alij cuiq; uel guttã illius poſsidere licet. Corpus reliquũ inutile. Huius ea eſt uis olei, ut ſine ullo igne eius infuſa hemina quẽcunq; lignorũ aceruũ cõburat. Ac ſi uel hominẽ uelis uel aliud animal exurere, primũ ut hoc infuderis, funditus ſtatĩ deflagrauerit. Eodẽ ipſo Perſarũ regẽ aiũt capere hoſtiũ urbeis: neq; arietes, teſtudines, aliaq́ bellica tormẽta ad eas capiẽdas opꝰ eſſe. nã cũ fictilia uaſa unius heminę capacia, eo impleta & obſtructa in portas iaculanť, uaſa qdẽ ad portas alliſa rũpunť: at oleũ delapſum ignẽ circũfundit, ut reſtingui nõ poſsit: & flãma inſaturabilis cõburit hoĩes pugnãtes pariter cũ armis. Reſtinguiť aũt multa inutili cõgerie qualis ꝑ terrã & uicos congeriť, (πολλῷ φορυτῷ καταχυθέν, Aelian. οὐ σβέννυται εἰ μὴ πηλῷ πολλῷ καὶ παχεῖ: id eſt, Nõ extinguiť niſi luto copioſo & craſſo, Cteſias.) in eũ iniecta: Hæc Aelian. de animal. 5.3. authorem citans Cteſiã, et eadẽ leguntť in Eclogis Indicorũ Cteſiæ nuper Geneuæ publicatis, ſed multò breuius.

Plinij uermem Gangis, & Cteſiæ uel Aeliani & Philoſtrati uermem Indi fl. eundem uideri. Videri aũt poteſt, ut dixi, idẽ hic Indi fluminis uermis, cũ illo quẽ Plinius in Gange fluuio deſcribit. Primùm enĩ uterq; Indicus eſt: & cõuenit forma, à qua uterq; uermis (σκώληξ) appellať. deinde Gangeticus elephãtos ad potũ uenientes apprehenſos promuſcide in fluuiũ abſtrabit; Indicus, camelũ uel bouẽ in ripa bibentẽ, ſumma labra mordicus apprehendẽs, in aquã abripit. Sed magnitudo Indici, cubiti circiter ſeptẽ ſunt: Gangetici, ſexaginta; huic brãchiæ binæ, uel brachia bina: illi dentes bini tribuunť. obijciat aliqs. reſpondeo, locũ Plinij mihi corruptũ uideri, primũ circa numerũ, nimia enĩ ad uermẽ hæc magnitudo eſt: & Solinus (qui ſua ex Plinio trãſcribit) nõ ſexaginta, ſed ſex (ſenûm) cubitorũ eſſe memorat: q̃d conuenit etiã Indico ſeptem cubitos plus minùs lõgo: qui ſi ſexaginta cubitorũ eſſet, olei uerò ſextarios tantũ quinos redderet, nimis hoc parũ ad tantã molẽ eſſet. deinde neq; brachia, neq; branchiæ cõueniunt uermi: et ea quoq; ratione ꝙ noctu in terrã exeat. Solus enim aquatiliũ cordylus, authore Ariſtotele, cũ branchias habeat, cibi tamẽ gratia in terrã exit, & quadrupes idẽ eſt ut ad ambulandũ idoneus. Et ſi branchias ei demus, piſcis, nõ uermis erit. & binæ ſolùm tanto animali refrigerãdo (qui uſus branchiarũ eſt) nõ ſufficient, cũ pleriſq; piſcibus etiã minimis, plures inſint: qui tamen frigidioris ſunt temperamenti, ꝙ probabile ſit uermẽ hunc eſſe, cuius adipi ignea nõ ſimpliciter ignis, ſed fulminea quædam uis eſt, incẽdio eius ſimiliter ferè inextinguibili. Brachia uerò propriè dicta nullũ animal habet, quod nõ oſſa: quæ omnia uermibus neganť. poſſunt tamẽ per metaphorã aut catachreſin brachia appellari binę illę ueluti forcipes ab ore uermiũ (præſertim coſſorũ, quib. Indicus uermis cõparať, & cantharorũ) utrinq; enaſcentes: nã & mutuo occurſu inflexa brachia referũt, & ijs tanq; brachijs aut forcipibus quæ libet apprehendũt: & accedente magnitudine, ſicut in Indicis cubitali ferè, (quæ proportio ad longitudinẽ totius uermis moderata eſt,) brachia nõ ineptè uocari poſſunt, propter figuram, magnitudinẽ, uſum. Eadẽ dentes ſi quis appellet, quoniam ab ore prominent, & figura ferè denticulata eſt, & ijs, ſicut reliqua animalia dentibus, aliquid corripiunt, reprehendi nõ poterit. Sed bina hæc brachia ſeu dentes bini, in uermibus cantharisq; noſtris à lateribus oris procedunt, inde in circulum inflexa, mucronibus cõcurrunt: in Indicis aũt uermibus nõ idẽ ſitus eſt, cum dens alter ſuperior, alter inferior ſit: ut ſolo duntaxat ſitu differre uideanť. Has equidẽ partes ego forcipes aut chelas potiùs uocárim, ſicuti in brachijs cancrorũ, à ſimili motu et apprehenſione: quàm dentes, uel cornua. nã ceraſtes uermis ab his partibus ceu cornibus appellatus mihi uideť à uulgò Græcorũ olim. de quo Theophraſtus de Cauſis plantarũ 5.14. Ceraſtam uermẽ (inquit) & in olea creari, & in fico parere aſſeuerãt. Habet ficus & ſuos uermiculos, & illos quoq; enutrit, quos alienos receperit. omnes tamẽ in ceraſten figuranť, & ſonũ ædunt paruuli ſtridoris. Videť aũt Cteſias magnũ illum Indicũ uermem comparãs uermi in fico naſcenti, de hoc ceraſte ſentire.

Philoſtratus. ¶ Meminit eiuſdẽ uermis Philoſtratus etiã de Vita Apollonij libro 3. In Hyphaſide (inquit) Indię flumine bellua gigniť albo uermi ſimilis (σκώληκι λευκῷ ὅμοιον θηρίον:) ex qua capta oleum

oleum fit ad usum ignis accõmodatum, quod nisi uitro contineri possit. capitur aũt regi tantũmodò eiuscemodi bellua, qua ille diruendorũ mœniũ causa utitur. nam ubi muros eiusmodi pinguedo tetigerit, ignis accenditur inextinguibilis, omniũ maximè quæ pro excitandis incendijs ab hominibus inuenta sunt: Sic ille Alemano Rhinuccino interprete. sed ultima uerba Græcè sic sonant: πῦρ ἐκκαλεῖται κρεῖττον σβεστηρίων ὁπόσα ἀνθρώποις πρὸς τὰ πυρφόρα εὕρηται. hoc est: ignis excitatur, ualidior quàm qui ullis hactenus ad restinguenda incendia inuentis instrumentis extingui possit: ut πυρφόρα sint uasa uel instrumenta ad inferendũ incendium comparata, σβεστήρια uerò ad extinguendum: hæc extinctoria, illa incendiaria dixeris. Σβεστήρια κωλύματα, machinamenta ad restinguendum ignem, quidam interpretatur. Hoc animaduertendum, non idcirco diuersum genere statuendum hunc uermem esse, quòd à Philostrato uermi albo comparetur: à Plinio color cœruleus ei tribuatur: sed potiùs in solo colore discrimen ponendum, sicuti & alia pleraq; animalia coloribus diuersis reperiuntur: uel generis eiusdem proximi species diuersas, utpote in fluuijs etiam diuersis genitas, existimandum.

Vermibus aquatilibus illos etiã qui piscibus innascunt̃ adnumeremus. Gignuntur uermiculi (σκωλήκια) quidam in uulua mulli piscis, postq̃ tertio peperit, qui sobolẽ (γόνον τὸν γινόμενον) nascentẽ cõsumunt: itaq; sterilescit, Athenæus. Semini carperę (*carpis seu cyprinis paruulis*) nõnunq̃ in anno primo natiuitatis niger uermiculus quidã post aurẽ (*aures uulgus pro brãchijs dicit*) suã tabificus innascitur, & hoc sæpius post Augustũ, eaq; tabe morit̃. remediũ eius est aqua dulcis & fluuialis, Author de nat. rerũ. uidetur autem in stagnantibus aquis hoc malũ eis accidere sentire. Memini audire affirmantẽ, de muliercula quadam, quòd cum de cyprino ingessisset partẽ circa branchias, et simul album quippiã pisi magnitudine, (uermẽ, aut ouum animalis uenenati fuisse suspicor,) mox animi deliquio correptã, corpore toto intumuisse, diuq; postea malè affectam, tandẽ sanitati restitutam esse, non tamen nisi annis octo euolutis peperisse, cum priùs fœcunda esset. Aristoteles ballero & tilloni ex fluuiatilibus ac lacustribus uermẽ (helmintha, lumbricum) innasci ait sub Cane: quo illi infirmati ad summũ aquæ efferantur, ubi æstu (ui Sôlis) intereant. Duodecim ueluti uniones, erui magnitudine, carnosos tamen, candidos, & calli duritiẽ habentes, in quibusdam Cernuis (*sic uocat Percas fluuiatiles minores illas, quas à rotunditate Saxones* **Kulparßen**, *alij* **Kutten** *nominant*) conspexi: quorum unusquisq; uermẽ inclusum, gracilẽ, oblongum ac teretem contineret: qui ex uenis mesaraicis dependerent inter colon & ileon, ad eos anfractus, in quibus lactes esse solent. nam etiam Lumbricos, Ascarides (*Ascarides uox uidetur abundare*) in sesquiulnam longos aliquando comperimus, Bellonius. Gobionem paruum pisciculũ fl. (**ein Greßling**) æstate dicunt uitiari uermiculis quos in uentre gestat, Albertus. Hos piscium lumbricos, quos ex illis ueluti unionibus (id est, erui magnitudine tanq̃ ouis, ut ex Bellonio memorauimus) nasci puto, nostri **Nestel**, id est, Ligulas appellant: à figura tenui, oblonga, latiuscula, ligulæ uel tæniæ instar: ipsos uerò pisces lumbricosos **Bendig**, quasi ligulatos. nã **band** & **bendel**, uinculum, fasciam, aut tæniam significat. Alia aũt significatio est uocis **Bännig**, quæ prohibitũ & uetitum significat: itaq; **Bännig fisch** dicunt de piscibus certo anni tempore uetitis, & lege ne capiatur exceptis. Lumbricos autem innasci aiũt omni generi piscium nostrorũ, (id est dulcium aquarum: imprimis quidem leuciscis illis, quos **Schwalen** & **Laugelen** uocãt: & Balleris, quos **Blicken**: & Rutilis nostris, quos Vengerones Sabaudi nominãt:) exceptis Lucijs, Cyprinis latis & Albulis lacustribus quas à cœruleo colore denominamus. Sic affectos pisces, tanquã noxios, uendere lex uetat. Deprehenditur autem etiã foris hoc uitium, cum uenter maior, durior & albior apparet. Aestate tantùm accidit, putrescẽte nimirum aliqua materia. Vermes ipsos aliquoties reperi, modò uiuentes, modò extinctos. albi sunt, graciles, longi, & cõuoluti. In Leucisci secunda specie (ut Rondeletius nominat, nostri **ein Laugelen**) lumbricos quatuor inueni nuper, decimo Augusti, uiuos, candidos, latos, exigua crassitudine, circunuoluẽtes se uisceribus & intestinis forinsecus. Maior ex illis quatuor, digitos ferè decem lõgus erat, latus dimidium. Aliâs uerò in Cyprino lato fœmina, sub finem Maij, lumbricos aliquot ad digiti longitudinem reperi: unum albicantem, &c.

DE Lumbricis seu uermibus maris & stagni marini, Rondeletij & Bellonij scripta inuenies suprà, elemento L. pag. 597.

VERTEBRAM recentiores aliqui interpretantur Spondylum: de quo leges suprà, elemento S. est autẽ concha duabus ualuis cõstans, quæ ex posteriori parte duabus uertebris cõtinentur.

VERTIBVLA Theodorus Gaza modò pro Holothurijs, modò pro Tethyis posuit, ut in utrorumq; historia indicatum est. Iouius ab Vrticis non distinxit, ut apparebit infra in Corollario de Vrticis.

VESPERTILIONES marini pisces uolant & natant, Niphus. uidetur autem Hirundines, aut similes pisces Miluos aut Lucernas, Vespertiliones uocasse: quòd ita pinnis suis, ut illę alis cuteis uolent, utræq; glabris. Hirundinem piscẽ (inquit Rondeletius) Galli quidam Ratepenade, id est, Vespertilionem uocant: quòd colore, alarum magnitudine, maculisq; uespertilionem æmuletur, &c.

VISAS, aliâs Bisas, pagurus uel cancer marinus est Kiranidæ. Vide in Locustæ Corollario A. pagina 575.

LL 3

VITVLVS marinus, & aliquãdo Vitulus absolutè, qui Græcè Phoca, Latinis etiam recepto uocabulo dicitur. Quære supra in Phoca. Audio nuper hoc animal utroq; sexu Frãcfordiæ ad Mœnum à circunforaneo ostentatum esse. Maris tergum maculis asperſum fuiſſe, fœminæ non item: coloris fuliginis, rubro etiam plurimo insperſo: in uentre autem, lutei fermè, albo permixti. Non auriculas, sed meatus auditorios paruos prope oculos habere: collum longè extẽdiſſe: & ad magiſtri imperium in partes diuerſas ſe obuertiſſe, ut pleniùs ſpectandũ ſe præberet. Maris pondus libras (nimirum xvj. unciarũ) centum & uiginti ſuperaſſe. fœminã paulò leuiorem fuiſſe. Apprime obeſum eſſe animal, larido ad duos digitos craſſo luxuriãs, corpore hirſuto, ut Benedictus Martinus Bernenſis ad nos ſcripſit. ¶ Populi Ichthyophagis Adipſis uel Apotis (qui potu non utuntur) uicini, fœdere quodam arctiſsimo cum Phocis cõiuncti uidentur. itaq; nec ipſi phocas lædunt, neq; ab eis læduntur: & ſi quam ipſi prædam priores fuerint conſecuti, nihil contrà molientibus phocis retinent: & ediuerſo etiam phocæ. Deniq; ea ſecuritate familiariter inuicem degunt, ut uix homines magis inter ſe familiares inuenias, Agatharchides in libro de Mari rubro. ¶ Teſtudines marinæ coëunt ueluti phocæ, et in terra canes. hęc enim ſingula diu immorantur in coitu à parte poſteriore cõnexa inuicem, Oppianus. ¶ Praxagoras in epilepſia cum acceſsionẽ uiderit cõmoueri, deprimit partes quæ fuerint in querela, atq; defricat caſtoreo, & uituli marini ueretro: Cælius Aurelianus, hæc ipſum facientem improbans.

VMBILICI marini è cochlearũ genere ſunt. Vide ſuprà in Cochleis in genere, ex Rondeletio, ad finem pag. 171. & in proximè ſequente Corollario noſtro. Ex Rondeletij quoq; libris icones & deſcriptiones, Vmbilici uarij ac parui: & Cochleæ umblicatæ duorum generum, dedimus ſuprà, pag. 287. inter Cochleas marinas diuerſas.

VMBILICI uel VMBLAE uocantur à nonnullis hodie piſces quidam lacuſtres, ad uulgaris uocabuli Sabaudici imitationem, quos inter Truttas locauimus.

DE VMBRA MARINA, BELLONIVS.

A ΣΚΙΑΙΝΑΝ Græci uel σκιαίνας, Latini Vmbram marinam dicunt, quod quidpiã habeat inter coruum & lupum adumbratũ: uel quòd, dum mouetur, adumbrantẽ quendam oculis colorem iridis in morẽ rutilet. Vmbrinã Romanorũ uulgus nominat, atq; huius quidẽ minorẽ ſpeciẽ quæ argentei eſt (coloris) Vmbrinottum. Pariſinis non alio, quàm macri nomine cognitus piſcis, du maigre, à carnis (quæ in tranſuerſas taleolas (ut Sturionis & Salmonis) diſſecta uenundari ſolet) candore atq; albedine, quam uulgus maciem appellat. nullo enim eſt ea ſanguine colorata, neque etiam ruffa apparet, quemadmodũ Salmonis. Mediterranei maris incolæ, apud quos magis nigricat, Damam appellant, un Daing.

C Inter ſaxatiles à Galeno & Oppiano connumeratur: Sunt udæ cautes, herbis à frõte uirẽtes, Hîc domus eſt Sargis, hæc ſtatio (*ſtatio primam corripit*) læta Sciænis.

B Cetaceus eſt piſcis, ſexaginta plerunq; librarũ ponderis, quatuor plus minùs cubitos longus, ſquamoſus, pro quo Glaucum Romani ichthyopolæ plerunq; ſupponere ſolẽt. Sed hoc à Glauco differt, quòd hic dentes habet in oris ambitu raros, firmos, acutos, prominẽtes, teretes, caninis longiores, graciliores: quorũ ſuperiores, inferioribus maiores, ſic maxillæ inhærẽt, ut ipſius pars eſſe uideatur. Glaucus autem labra tantùm habet aſpera: præterea Vmbra in ea pinna quæ ano proxima eſt, aculeo caret, caudamq; ueluti in angulos deſinentem gerit, ut Scaro & Iulidi, nõ autem bifurcam ut lupi, nec circinatam ut rhombi. Cæterùm huius piſcis ſquamæ ueluti obliquæ apparẽt, in Oceano nigriores, & ueluti opacæ: in Mediterraneo argẽtei, aurei, atq; interdum ab his uarij coloris, iridẽ, dum piſcis circumagitur, imitãtes. Duabus in tergore pinnis præditus eſt, quarum anterior octonis præmunitur ſpiculis, poſterior nullis: alas (*ad branchias, non alas*) uerò utrinq; unam, & duas ſub uentre, ut in lupo.

G Calculos hic piſcis in capite gerit prægrãdes, quos aurifices noſtri argẽto incluſos uulgò diuendere ſolẽt, appellãtq; Pierre de colique. Aiũt enim geſtatos ac collo appenſos nõ ſolùm colicum dolorem abigere, ſed etiã uetare, ne illa amplius redeat: atq; hoc etiam, ſi dijs placet, cõminiſci ſolent, nullas eos calculos uires habere, ſi empti fuerint, ſed dono datos eſſe oportere.

DE EADEM, RONDELETIVS.

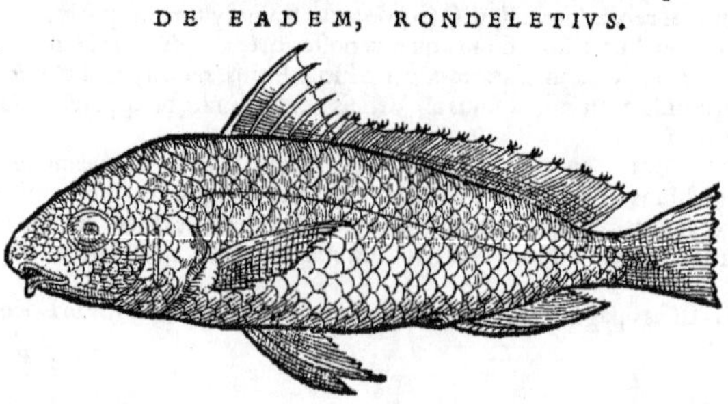

VMBRA

VMBRA Coracinum sequitur, nec meliùs certè umbra corporis sui habitũ refert, quàm umbra coracinum. Ob quam similitudinem piscatores, & ichthyopolæ tam Romæ, quàm in Montepelio coracinum pro umbra, & umbrã pro coracino uendunt: existimãtes umbrã, coracinum, Latum, sola ætate differre, ut coracinus paruus sit, umbra maior, Latus uerò maximus. B *Vmbræ cũ Coracino & Lato similitudo.*

Σκίαιναν Græci uocãt, quam Latini umbrã, seruata Græci nominis ratione. Græci quidam hodie corrupto uocabulo σκίον uocãt, alij μυλοκόπιον: (*Myllus uulgò Myllocopion à Græcis dicitur, Hermolaus. Myllum autem Rondeletius eundem coracino putat.*) ab Italis & Massiliensibus, denique à toto illo tractu, qui à Massilia est Neapolin usque, umbrino uocat: Baionæ borrugat, quasi uerrucatus, à uerruca quã in mento habet, à Gallis maigre: in Gallia nostra Narbonẽsi daine, nõnullis peis rei, id est, piscis regius: sed peritiores dainam à pisce regio & coracino sic distinguũt, ut peis rei sit is, qui latus dicitur. Daina uerò σκίαινα: postremò coracinus corp, ut dictum est priùs: minùs corruptè pro daine dicitur à quibusdam caine, omisso σ, id quod Galli plerunque faciũt in nominibus, quorum initium est s. hac aũt sublata, & κ in d mutando, daine fecerunt. Nomen habet σκίαινα, uel umbra, à colore nigrescente. Ouidius: Tum corporis umbræ Liuentis. Siue potiùs à lineis quibusdam obliquis, à dorso descendentibus aureis & obscuris, quæ aliarũ uidentur umbræ. una enim manifesta est, sequens obscura: & sic deinceps, à capite ad caudam usque. A *Vmbra unde dicta.*

Vmbra in multis coracino similis est, uerùm ab eo differt magnitudine. Coracinus enim ad cubitalem, aut paulò maiorẽ magnitudinem peruenit, umbra in multò maiorẽ molem accrescit, præsertim in mari Oceano: habet & uerrucã in mẽto, qua nota à coracino & lato facilè distinguetur. Cæterùm foramina duo ante oculos habet, coracini modo, in summo rostro, & inferiori maxilla foramina aliquot parua, sed manifesta, quæ partes has asperas reddũt: dentibus caret. pinnas quoque similes habet, sed minùs nigras & breuiores, maximè quæ in uentre sunt & dorso, caudam similem. Vmbræ alius est color, quàm coracino ob lineas obliquas, quasdã aureas manifestas, alias aliarum, ueluti umbras, ut dictum est: corpore quoque est minùs lato, sed longiore, dorsum minùs repandũ. Oculi in utroque similes. In umbra squamæ capitis multæ & paruæ. Operculi branchiarum extrema nigrescũt. Partibus internis coracino similis, uentriculum similẽ habet, totidem appendices, splenẽ, hepar, fel, similia. Insunt & in capite lapides. B *Cum Coracino similitudo & differẽtia, &c.*

Oppianus umbrã saxa frequentare scribit, ijs uersibus qui capite de Sargo citati sunt. Verum tamen in ueris saxatilibus nõ habetur: neque enim molli est carne & friabili. Est tamen in pretio, & diuitum mensis apponitur. Nam quamuis sicca sit carne, & concoctu nõ admodùm facili, tamen suaui est, & candida. C F

Apud Athenæũ breuis admodùm de hoc pisce fit mentio. Epicharmus, inquit, σκιαθίδια, Numenius σκιαδέα uocat. Sunt qui σκίαιναν & σκινίδα diuersos esse pisces credant, quòd alter uera umbra sit, alter piscis umbræ similis. Sed scrupulum hunc adimit Galenus libro 3. de Aliment. facult. οὐ μὴν ὁμοίως μαλακὴν ἔχουσι σάρκα τούτοις καὶ τοῖς πετραίοις ἰχθύσιν οἱ κωβιοί, καθάπερ οὐδὲ σκινίδες, ἢ σκίαιναι· διττῶς γὰρ ὀνομάζονται. Cæterùm gobiones non perinde mollẽ carnem habent, ac isti (*aselli*) & saxatiles pisces: ueluti nec umbræ, quæ scinides aut sciænæ duplici nomine appellantur. Ausonius umbræ meminit, sed ea planè fluuiatilis est: neque enim marina fluuios unquã subit. Duas igitur umbrarum differẽtias statuimus, marinã & fluuiatilem, quæ in montium amnibus, unà cum troctis, à quibus plurimùm dissidet, capitur: de qua suo loco plura. A *Lib. 7.* (F) *Vmbra fl.*

Hodie umbra marina Romæ maximè cõmendatur, & triumuiris rei Romanæ cõseruatoribus, capita dono dantur, quemadmodũ apud nos delphinorum & glaucorum capita Episcopo Monspeliensi tributi nomine penduntur. Recitat non illepidam historiã de T. Tamisio parasito Romano Paulus Iouius, uir doctus & elegans. Is Tamisius Romanis aulicisque salibus erat insignis, sed gulæ adeò prostitutæ, ut infamis haberetur. Is cùm per seruũ, qui in foro piscario in eam curam intentus, excubare solebat, ingentis umbræ caput, triumuiris delatum esse cognouisset, in Capitolium protinus ascendit, ut simulato apud magistratum negotio, sermoneque de industria protracto, prandium captaret. Sed misero huic res longè aliter cecidit ac sperabat, eoque die magno illi gulla constitit. Nam triumuiri ad Riarium Cardinalem dono miserunt, hic ad Cardinalem Federicum Sanseuerinum: is rursum ad Chisium Publicanum ditissimum: Postremò Chisius ad scortum quod amabat. Intereà parasitus pertimescens, ne bolus is è faucibus eriperetur, ac ueluti coruus hians, per singulorum ædes prædam auidè consectatur, huc, illuc, sursum, deorsum cursitans, modò trans Tyberim, modò cis Tyberim. Tandem fessus, anhelãs, totusque sudore diffluens, huic enim pinguis aqualiculus propenso sesquipede extabat, cum scorto noui hominis aduentum admirante discubuit. F

Ex umbra ius album optimũ paratur, & quæ gelatina uulgò dicitur, quemadmodum ex lupi carne. Præparatur coracini magni modo. Caput in aqua & uino decoctum ex aceto editur. In sartagine frigunt alij, & cum succo mali arantij edunt. Diuisa etiã in assulas & caryophyllis transfixa, in craticula assatur, oleo frequenter irrigata. Farina probè subacta conclusa, caryophyllis, cinamomo, sale condita seruatur. Apud Pictones elixa ex aceto, & cepis minutim concisis editur. F

Sciænæ interanea, & squamæ combustæ, panos discutiunt, autore Plinio lib. 32. ca. 9. Lapides qui in umbræ capite sunt, eandem facultatẽ quam coracini lapides habere creduntur. G

LL 4

COROLLARIVM.

A Vmbram piscem à colore nominatum author est M. Varro. Coloris est umbrosi, Isidorus. A Latinis (plerisq;) Græcam significationẽ æmulatis, umbra uocatur: uel quòd liueat colore, ut canit Ouidius: uel quia celeri suo natatu oculos effugiens, umbra piscis potiùs q̃ uerus piscis, intuentibus appareat, ut innuere uidetur Ausonius inquiẽs: Effugiens oculos celeri leuis umbra natatu, Saluian. sed Ausonius umbræ fl. tantùm meminit, toto genere diuersæ. Plinius Græcũ uocabulum Sciæna retinuit. Græci σκίαινα scribunt proparoxytonũ, ut τρίαινα, ὕαινα, σύαινα. est aũt syæna piscis à sciæna diuersus, Oppiano etiam distinguente. Vocatur & σκιαδεὺς, ut βασιλεὺς, à Xenocrate: & apud Varinũ. Numenius σκιαδέα dixit, hoc uersu: Ἠὲ φάγρον λοφίην, ὅτε δ' ἀγρόμενον σκιαδῆα, Athenæus. Aduertendũ est sciænam atq; sciadeum (etsi utriusq; ceu diuersorũ in suo piscium catalogo meminerit Plinius lib. 32. cap. 11.) unum atq; eundẽ piscem esse, Saluian. Epicharmus sciathidem appellat, cuius hæc uerba recitat Athenæus: Αἰλίας, (al' Αἰολίας,) πλωτάς τε, κυνόγλωσσοί τε· ψυλλίδας (al' ψύλλῳ δὲ καὶ, quod placet) σκιαθίδας. ego sciænidem dicere malim, ut à sciæna deriuetur sciænis, ut à τρίγλη, τριγλίς: πόρκη, πορκίς: ὕαινα, ὑαινίς, &c. Rursus à σκιαινὶς per syncopen factum uidetur σκινίς. nam apud Galenum li. 3. de alimentis, σκινίδες leguntur. A Saluiano nõ rectè σκινίδας in recto singulari profertur. ¶ Vmbram Græci etiam nunc Scion nuncupant, Gillius. Rondeletius umbram à Græcis huius temporis μυλοπόπολον uocari scribit, alibi uerò ouem marinam. De Ouibus marinis plura nos suprà, elemento O. ¶ Ab Italis Vmbrina uel Ombrina uocatur, ut eruditi aliquot uiri testantur. A Platina Lumbrina dicitur. Venetijs, ut audio, Nembrella. ¶ Glaucus pusillus chromidi adeò similis est, ut pro ea plerũq; diuendat. prouectior autem adeò umbram marinã refert (præsertim cirro, quem sub labro inferiore erectum habet) ut à plerisq; alter pro altero assumatur. quare etiam Massilienses & Romani, glaucum umbrinã nominant, Bellon. qui & chromin similem piscẽ ab aliquibus cum umbrina cõfundi tradit. ¶ De Coracini, Glauci Bellonij, Lati & Vmbrę pisciũ confusione, ac distinctione, & nominibus Germanicis, diximus suprà in Corollario ad Chromin Bellonij, pag. 267. ubi Vmbræ nomen Germanicũ finxi, ein Seerapp. Licebit autem etiam Gallicum uocabulum Maigre (quod macrum significat) interpretantes nominare ein Mager oder Magerfisch. uel à uerruca menti, ut Baionenses Galli, ein Wertzer.

Sciadeus. Sciathis. Scienis. Scinis. Vulgaria.

Palmitas ego paruas lumbrinas crediderim. neq; enim nisi quantitate tantùm differunt. nam & oblongæ hæ sunt, & subnigræ, & caudam habent subtilem, acutam & bifurcatam. sunt item sine squamis, Platina. ego palmitas uel palamitas uulgò Italis dictas, pelamydes esse puto: lumbrinas uerò umbras, pisces toto genere diuersos.

B Vmbra dicitur à colore. uide suprà ab initio huius Corollarij. Vmbra lapidem in capite continet, quare frigus ei infestũ est, Aristoteles: & Plinius qui sciænæ nomine utitur: item Aelianus. ¶ Vmbra tota latioribus squamis integitur, Iouius. Plinio squamæ sciænæ combustę panos discutiunt. ¶ Dentibus caret, ut Rondeletius scribit: eosdem Bellonius ei adtribuit, & in icone etiam pingit satis magnos. Iouio quoque & Saluiano denticulata est: quanquam in exhibita à Saluiano icone dentes mihi non apparent. ¶ Verrucam sub mento Rondeletius & Saluianus exprimunt, Bellonius omisit. ¶ Vmbrina (inquit Saluianus) rostrum habet incuruum & retusum, potiùs quàm extentum & acuminatum: os mediocre & denticulatum: caput satis magnum. In dorso duas gerit pinnas: priorem octonis aculeis, alteram nullis, munitam. Ad branchias etiam (quas utrinq; quaternas habet,) una utrinq; enascitur pinna, duæq; aliæ in uentre conspiciuntur: & postremò imo quoq; uentri ab ano, una alia hæret. Cauda lata est, & non falcata. Squamis latioribus & obliquis tegitur. Totius piscis figura paulò longior est, quàm lata sit aut crassa. Ventriculum magnum habet & carnosum, intestina mediocria & pinguia: iecur pallidum, ex quo fellis uesica pendet: lienem subatrum. Dum parua est, argentea ferè tota apparet: maior facta, uentre argenteo: dorso uerò & lateribus subliuentibus ac ueluti opacis conspicitur. Ad multam molem excrescit: sexaginta enim libras crebrò excedit.

C Marinus piscis est umbra. ad flumina autem adnatare nõ solet, Saluian. Oppianus sciænã πετραίην, id est saxatilẽ cognominat, & saxa herbosa eam frequentare tradit. Galenus sciænã minùs mollem q̃ saxatiles carnem habere scribit. Ouidius pelagias facere uidetur, sed dubitari potest. Arenosi gurgites, planos quidem non pessimè, sed pelagios meliùs pascunt, ut auratas ac dentices, umbrás ue, Columella de piscinis loquens. Capitur circa ostia fluuiorum frequenter, & in alto etiam, Iouius. ¶ Vmbra piscis est agilis & plurimùm uorax, Iouius: carniuorus, Saluianus. ¶ A frigore læditur propter lapidem in capite, ut in B. prædictum est.

D Solíuaga est potiùs q̃ gregalis: perrarò enim plures unà capiunt, Saluian. In uersibus Numenij, apud Athenæũ, Τοῖσί κε θηρήσαιο λαβεῖν ἁλιηϊάδος ἰχθῦν, Ἠὲ φάγρον λοφίην, ὅτε δ' ἀγρόμενον σκιαδῆα: quoniã de escis piscium eum loqui apparet, ἀγρόμενον, non tam gregalem, quàm qui ad escam colligitur, interpretari licebit. ¶ Cum metuit, capite & oculis absconditis, totam se latere putat, sicut & bubalus & struthio Africani. uide mox in E.

E Vrinator aliquis peritus in mari facilè etiã manibus capit sciẽnã. hæc ẽm in metu ad saxa festinans, cauũ aliquod quęrit, aut scissurã, aut herbas marinas subit, cõtenta est autem capite tantùm occultato,

occultato, de reliquo corpore non solicita: tanquam si suis ipsa oculis non uideat, ab alienis quoq; non uideatur. itaq; stolida facilè comprehenditur, Oppianus Halieut. 4. Capitur cum siluris (*sturionibus*) frequenter circa ostia fluuiorum, quod siluris non contingit, Iouius. ¶ Arenosi gurgites planos quidem non pessimè, sed pelagios meliùs pascunt, ut auratas, ac dentices, umbrásue, Columella de piscinis loquens.

Ipsa (*Ipsis*) quoq; diebus canicularibus pinguescit, pariq; ferè pretio cum siluris (*sturionibus*) æstatis tempore uenundatur, Iouius. Et rursus: Secundum Siluros (*sturiones*) sciæna è grandibus primam saporis obtinet claritatem. ¶ Ennius umbram nobilioribus piscibus cōnumerat: & nostris quoq; temporibus ubiq; ferè multi æstimatur. Romæ uerò, dempto Sturione, piscium omnium cōmuni ferè consensu sapidissimus atq; nobilissimus censetur. et licet omni anni tempore, quo capi solet, suauis sit, canicularibus tamē diebus, uti pinguior capit, ita suauior degustatur. Et quanuis qualibet sui parte celebris sit, abdomine tamen & capite maximè cōmendatur. Vmbrarū autem atq; sturionum (ubi ad cubitalem molem excreuerint: nam in minoribus id non obseruatur) capita Triumuiris tributi nomine dantur, Saluianus. F Vt sapiat.

Gobionis, aselli & umbræ à Philotimo apud Galenum (de Aliment. 3.30.) piscibus mollis carnis adnumerantur: quem Galenus hos pisces cum saxatilibus nō cōfundere debuisse ait. hi enim semper sunt optimi. aselli uerò si probo utātur alimēto & mari puro, cum saxatilibus cōferri possunt: sed uariāt pro locorum diuersitate non mediocriter. cæterùm gobiones non perinde mollē ac isti (aselli) & saxatiles pisces, carnē habēt: ueluti nec scinides (ut Philotimus appellat) sciænæ ue dictæ. ¶ Sciadeus, inquit Xenocrates, bonum gignit succū, facilè in corpus digerit, saporis est iucundi, nutrimentū præbet non admodum copiosum, Vuottonus. eadē Saluianus comprobat, & addit non admodū excrementitiam esse. ¶ Eadē propè umbrinæ ac sturioni carniū cōditio est. utræq; enim nō mediocre imbecillioribus stomachis negotiū facere consueuerunt, Iouius. Vt nutriat.

Quouis modo condiatur, suauis est: elixa tamen ac cum leucophago comesta, aut transfixa caryophyllis ac uerubus assata, frequente olei & omphacij cōspersione, dum assat, irrigata, suauior gratiosiorq; multò redditur, Saluian. ¶ Capita umbrarū, sicuti & sturionum, triumuiris rei Rom. cōseruatoribus, dono dant: qui piscatores inuetarata quadam cōsuetudine eorū capitū tributi nomine uectigales fecerūt. capiti ēm summa inest gratia, autoritate etiā Archestrati: qui umbrini capitis nobilem quandā condituram, ut apud Athenæū uidere est, multis carminibus expresit, Iouius. mihi apud Athenæū locus is nō occurrit. nam septimo libro in mentione sciænæ ex ordine literarum instituta nihil tale reperias. sed neq; Rondeletius & Saluianus huiusmodi quicq; citāt, ut memoria fortè lapsus sit Iouius, aut aliter deceptus: quod equidē suspicor, nō aio. ¶ Lumbrina coquitur & cōditur eo modo quo stirio: minus tamē cocturæ, quia tenerior est, requirit, Platina. Vt condiatur.

Vt calculo de capite umbræ marinæ, sic etiam corui uel coracini, aliqui etiam conchæ porcellanæ (ut uulgò nominant) candidæ minimæ, si gestetur, uim quandam efficacem ceu amuleto cōtra colicam, aut etiam uteri in fœminis pœnas, uulgari credulitate quidam attribuunt. unde nostri omnes hos calculos Grieſſtein, Galli pierre de colique, nuncupant. & quod ridiculum est, non emptum sed dono datum huiusmodi calculum esse uolunt. Licebit autem sciæniten è sciæna calculum appellare: è chromide, chromiten: ut è synodonte, synodontites uocatur. Vide quæ annotauimus in Corollario de Coracino B. & G. G

Ennius in carminibus, quibus qui pisces ubi lautiores reperiātur, explicat: melanurum quoq; nominat, & turdum, merulamq;, umbramq; marinam, citante Apuleio Apologia 1. sed codices nostri sunt deprauati, nec expressum regionis nomen. H.a.

Corporis umbræ Liuentis, Ouidius. Vmbra agilis est & uorax, Iouio. Δειλὴ, πετραίη, ἀταλὴ, Oppiano. id est, timida, saxatilis, stolida. Epitheta.

Maurus episcopus in libello quē patris Dei Conuiuiū inscripsit, Lazarū Vmbrā sumpsisse fingit, &c. nimirū quoniā is iam triduū umbra & mortuus à Seruatore nostro in uitā reuocatus est. E.

DE VMBRA FLVVIATILI, RONDELETIVS.

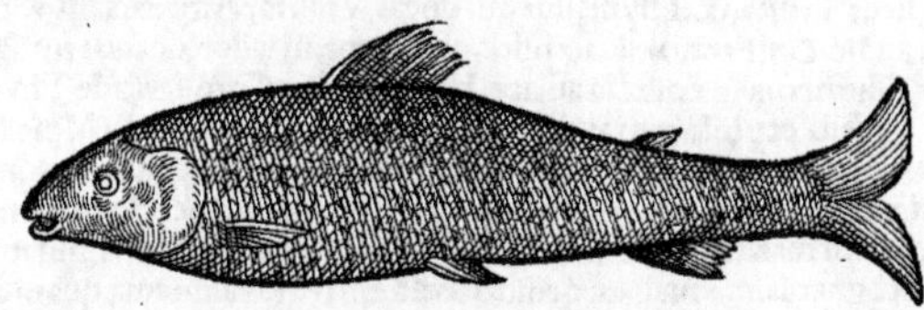

QVI citra diorismum de piscibus loquuntur, Vmbram marinam cum fluuiatili perperā confundunt, cum hæc ab illa permultùm differat. De marina ueteres multi locuti sunt. De fluuiatili solus, quod sciam, meminit Ausonius in Mosella: A

Effugiens oculos celeri leuis umbra natatu.

B Vmbra fluuiatilis non solùm nomine, sed & colore, marinis similis est, à quo utriq; nomen: corpus enim est opaci loci modo subfuscum & subobscurum, cubitalem magnitudinem nō excedens. Galli Narbonenses, demptis Monspeliensibus, Vmbram uocāt. Piscis est ex Truttarum genere, Carpioni Italico corporis aspectu affinis. Pinnis & earum situ à Trutta nō differt. Duas itaque ad branchias habet, duas in uentre, ab ano unicam, in medio dorso priorem maiorem, posteriorem minorem, subrotundam & pinguē, squamas paruas & maculosas similiter habet. Carnis substantiam, partesq; internas omnes easdem habet. Capite uerò à Truttis differt, quo Carpioni (*Italico*) similis est: capite enim longiore est quàm Trutta, ore minore, nec tam hiante, rostro nō acuto, sed obtuso, maximè in maxilla inferiore, sine dētibus, & sine magna maxillarum asperitate. Oculis est patulis, cornea tunica aurea, pupilla nigra. Corpus à medio sensim gracilescit, in caudā tamen latiusculam & pi...am bifidam, latissimam deficit. A branchijs ad caudam linea recta (*non est in pictura*) per mediu... corpus producta est. Branchiæ intus sunt quaternæ, uentriculus longus & spissus, pinguitudin... quæ lacte candidior est, obductus, à quo multæ apophyses pendent. Hepar rubet, cui alligata est fellis uesica: fel nigerrimum est, splen longus & niger. Intestina sine gyris ullis ad anum demissa sunt.

C Vescitur terra, aqua, limo, unàque cum his & cum arena auri laminulas haurit: ob id uulgus auro nutriri Vmbram credit: & reuera in uentriculo & intestinis aurum reperiri certissimum est.

F C Carne est sicca & alba, qualis est Truttarum paruarum caro. Hyeme latet. æstate cum Truttis capitur: cui cum in succo & substantia, permultisq; alijs, similis sit, Truttarum generi, & tractationi subiecimus. Pura aqua maximè delectatur.

DE EADEM, BELLONIVS.

A F Vmbra Allobrogibus nostris ualde cognita ac familiaris, Vne Vmbre, delicatissimi sapo-
C ris piscis, ac nutrimenti peroptimi, Truttarum ac Lauaretorum generis, auro uesci credita, in fluminum ac lacuum uorticibus degens.

B Pedem non excedit. squamas habet tenues, uentrem elatiusculum: caput, quàm Trutta oblongius, tota sub uentre argentea. Dorsum tersissimum habet, ex liuido opacum: Caudam bifurcam, tenuem in tergore pinnam, quaternas sub uentre: duas priores non in lateribus (ut quibusdam alijs) sed multùm inferiùs ad uentrem sub branchijs, carunculam supra caudā, ut in Truttis & Salmonibus diximus. Lacus, quē Allobroges uulgo d' Aiguebelette nuncupare solent, affatim Vmbras promit. Fel Vmbræ paulò amarius sentitur, quàm Lauareti. Eius autem iconem non apposui, quòd ad Vmblam proximè accedat.

COROLLARIVM.

A Vmbra fluuialis Græcis ignota est, Lotharingis ac Lugdunēsibus peculiaris, Bellonius. Vmbra marinus piscis est, qui ad flumina adnatare haud solet: Vnde cū Ausonius (*Ausonius tamen cū*) fluuiatilibus suæ Mosellæ piscibus Vmbram adnumeret, inquiens, Effugiens oculos c.l.u.n. (tanquam innuat celeri suo natatu oculos effugientem, umbrā piscis potiùs q̄ uerum piscem intuentibus apparere,) marinā Vmbram subire aliquando solere Mosellam, arbitratū ipsum credimus: potiùs q̄ aliquē fluuiatilium pisciū, Vmbræ nomine ab eo celebrari, Saluianus. Atqui Sabaudi Vmbram hodie appellāt (Vn Vmbre) thymallum Aeliani, suprà à nobis descriptum: nec equidē alium piscē, quem Vmbrā fl. rectiùs appellemus, hactenus cognoui: neq; marinā Vmbram fluuios subire uel ipse putārim, uel Ausoniū putasse crediderim. Rondeletij certè & Bellonij Vmbra si thymallus nō est, adeò tamē similem ei speciē naturamq; habuerit, ut nullus pisciū magis, quod utriusq; historias conferenti patet. Thymallis ut Germania abundat, ita Gallis etiā eos non ubiq; deesse omnino uerisimile est: & cū Sabaudi siue Allobroges Gallicè loquentes thymallum (ut dixi) Vmbrā appellēt, eodē etiā Gallos (ut Lugdunenses & Allobroges, quibus peculiarē esse Vmbram Bellonius tradit) thymallū nominare crediderim. Pisces in aquis saxosis pinguiores & salubriores sunt, sicut Trutta, & Thymallus qui uocat Vmbra, Albertus lib. 7. de Animalib. In Anglia alicubi audio Omber nominari piscē, quem uos, ni fallor, uocatis ein Aesch, (*sic autem thymallum uocamus,*) Turnerus in epistola ad nos. Vide suprà in Corollario de Thymallo A. Accedit q̄ thymallū in Mosella copiosè capi audio: imprimis uerò abundare ubi Mosella exonerat in Rhenum, ubi uix alij pisces capiant. Itaq; eundē Ausonij Vmbrā esse cōijciemus, ne Ausoniū tam nobilis Mosellani piscis, cum uiliores plerosq; omnes nominārit, mentionem prætérijsse miremur.

Vmbrarum species. Itaq; Vmbram aliam marinam esse dicemus, Græcorū scianam: aliam fluuiatilem, eandem thymallo, aut certè cognatissimam: aliam deniq; lacustrem truttis affinem, quam Sabaudi Vmblam uocitant: quam rursus in duas aut tres alias species, cum alias tum magnitudine differentes, diuidemus. De lacustribus autem dictum est superiùs inter Truttas.

Lauaretus piscis Lugduni satis cognitus est, Vmbrę simillim⁹, nisi simus esset, dentibusq; omnino careret, Bellonius. uidetur autem de umbra fl. sentire: quoniam eidem lauareto appendicē glabram & carnosam esse scribit caudæ insidentem in Vmbræ modum: quod non de marina sed

ſed fluuiatili umbra accipiendũ conſtat. Addit eidem Laureto oſſicula utrinq; ad fauces & œſophagi ingreſsũ eſſe, ſenis hinc inde dẽticulis, ut in Themolo, cõmunita. ego neq; in Laureto neq; in Thymallo oſsicula hæc aut dentes ullos reperi. Memini equidẽ præſentẽ mihi Belloniũ, umbram à thymallo differre aſſeruiſſe: cuius authoritati ut nõ diffido, ita rem in medio relinquo, donec ipſius & Rondeletij umbrã à Thymallo noſtro diuerſam uidere mihi liceat.

C Vmbra fl. in montium amnibus capitur, Rondeletius. Innominatus quidã in libello de Nomenclaturis animaliũ & ſtirpium Lutetiæ ædito: Vmbra (inquit) Grecè ſciæna, uulgò Vmbrina, frequens eſt piſcis in Ligeri, marinam cum fluuiatili confundens.

DE VNGVE SEV DACTYLO MAre & fœmina, Bellonius.

Bellonij Dactylum marem, Rondeletius concham alteram longam nominat; (quam nos ſuprà inter Conchas exhibuimus, elemento C.) & Dactyli ſpeciem eſſe negat.

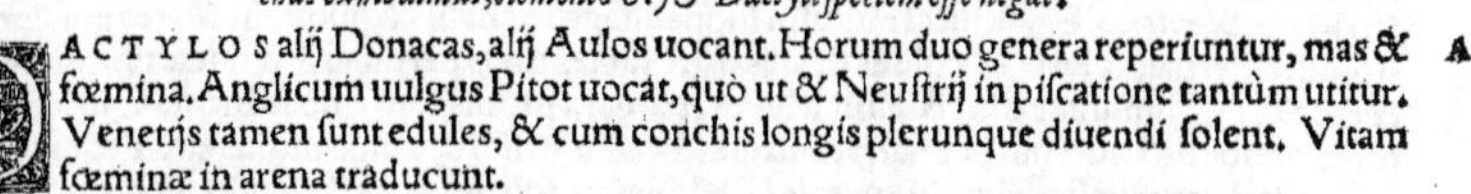

A DACTYLOS alij Donacas, alij Aulos uocant. Horum duo genera reperiuntur, mas & fœmina. Anglicum uulgus Pitot uocat, quò ut & Neuſtrij in piſcatione tantùm utitur. Venetijs tamen ſunt edules, & cum conchis longis plerunque diuendi ſolent. Vitam fœminæ in arena traducunt.

B Mares. Mares in eo lapidis genere quem Glaſtrum uocant, nec unquam alibi uiſuntur, qui etiam nonnunquam oblongi eſſe ſolent. Auidiſsimè hunc appetunt reliqui piſces. Quamobrem natura munitiſſimo uallo eum occultauit, ut inde niſi ualido ligonis mucrone aut pala ferrea effodi aut auelli poſsit: unde Oceani piſcatores in receſſu maris, palis ad id dedicatis utuntur. Veneti Cappas longas nominant. Mares autem ualuas utrinque cluſiles ac reſeratiles (fœminis [*fœminarum*] modo) longas, ſed craſsiores habent, duabus extremitatibus detectas, ex uno tantùm latere connexas. Promuſcidem ex conchis exerunt. duram, craſſam, & ferè cartilagineam, qua terram arrodunt: quam (dum timent) in concham retrahunt, porrò ijdem ualuas interna parte glabras, foris uirgatas, & multa ſcabritie horrentes, ea longitudine qua fœminæ, gerunt: ac parte anteriore qua promuſcidem exerunt, apophyſibus ex concha eminentibus, ſeu aculeis ordine deinceps diſpoſitis horrent.

B Fœminæ. Fœminæ ſinuoſam ea parte concham habent, & foramẽ amplum: poſteriore autem (qua conchæ cardinibus ſeu neruis inuicem fulciuntur) aliquid gerunt, muliebri pudendo ſimile. Multam arenam deglutiunt: quamobrẽ niſi ab ea bene repurgatæ uix edi poſſunt.

F

A Porrò dactyli, etiam Solenes à Latinis dicuntur. Galli des Couſteaux, ꝙ cultri manubriũ referant, Cappæ longæ Italis, Conchæ longæ Plinio. Harum duo etiam diſcrimina uulgo Veneto agnoſcuntur, quorum alterũ Capa da ferro: alterũ Capa da deo uel da detto (quòd ex ſua theca ſolo digito ſine ferro eximi poſsit) cognominat. (C) Solenes enim fœminæ rectæ in arena ſtare ſolent; cumq; omnia ſilent, ſurſum è profundiſsimo foramine emergunt: in quod (*tanquã* ſtrepitũ audientes) protinus ſeſe abdunt: unde niſi pala ferrea in tranſuerſum ſuppoſita, ac profundiſsimè impacta auelli poſſunt. Id eſt quod Plinius (Ariſtotelẽ ſecutus) intellexit, Solenes fugere admoto ferramento. Subtrahunt enim ſeſe inferiùs, & ſubſidunt ad ima. Vngues ex hoc dicti ſunt, quòd ad ſimilitudinem unguiũ læues ſint. Auli uerò, quòd binis quidem cõcluſi ualuulis uno tantùm latere conuexis, tereti tamen & fiſtulæ modo oblongis, intuſq; concauis, ſpectentur. Donaces quoque, quòd arundinis modo uacuum intra ſe ſpatium obtineant.

B Fœmina ergo à mare hoc differt, quòd conchis includatur albis, glabris, fragilibus, nullam habentibus partem quæ prona aut ſupina dici poſsit.

A His quinq; uocibus, Aulo, Dactylo, Solene, Donace & Concha lõga Plinius ſeorſim ad hunc piſcem ſignificandum utitur.

DE (VNGVE SIVE) SOLENE (IN GEnere,) Rondeletius.

A INTER Conchas longas, aliæ ſunt ſcabræ & aſperæ, de quibus iam dictum eſt: aliæ læues & tenues, quales ſunt σωλῶνες qui aliter à Græcis uocantur αὐλοί, δόνακες, ὄνυχες, atque etiam Plinio authore δάκτυλοι. (Lib. 32. cap. 11.) Eius uerba ſunt: Solen, ſiue aulos, ſiue donax, ſiue onyx, ſiue dactylus. Dicitur σωλὼν à canalis ſiue tubi ſimilitudine, αὐλὸς tubæ modo excauatus. δόναξ à figura harundinis craſſę, cõcauæ, apud amnes naſcentis, quæ δόναξ & Cypria harundo nominatur, teſte Dioſcoride: (Lib. 1. cap. 115.) ὄνυξ uerò, id eſt, unguis ab extremis, tenuitate & figura unguibus ſimili uel à teſtæ colore & ſubſtãtia unguibus noſtris non diſsimili. Pro re longè diuerſa ſumitur ὄνυξ apud Dioſcoridem libro 2. de quo ſuo loco dicemus. Dactyli uerò cur dicantur tradit Plinius: (Lib. 9. cap. 61.) Concharum è genere ſunt Dactyli ab humanorum unguium ſimilitudine appellati. Ab Italis cape longe uocantur, à Gallis couteaux, quod capulis cultrorum ſimiles ſint, ab Anglis pirot.

B. Sexus diſcrimen. Horũ duę ſunt formę ſic diſtinctę, ut alij mares alij fœminę nominentur à Plinio & Athenęo, nõ ꝙ ad procreationẽ ſemẽ fœtificũ hic emittat, ille recipiat. Nã Cõchæ, Chamæ, Solenes, Pectines

Perpensus Plinij locus. locis arenosis sponte proueniunt. Plinius lib.32.cap.9. Ex his mares alij Donacas, alij Aulos uocant, fœminas Onychas. Vrinã mares mouent. Dulciores fœminæ sunt, & unicolores. Quo

(F G) in loco nonnihil desyderari facilè perspiciet, qui præcedentia connectere uoluerit, quæ sunt. Purgatur uesica & Pectinum cibo. Quibus nulla Solenum mentione facta, subiunxit. Ex his mares, & cætera. Quare conijcio legendum esse. Purgatur uesica & Pectinum cibo & Solenum; ex his mares, & cætera. Sequitur enim Solenes mares urinam mouere. Et Athenæus eosdem calculosis, & difficilè meientibus utiles esse tradit, aliaque eadem quæ Plinius, ut ex eodem autore uterque sua transcripsisse uideatur. οἱ δὲ σωλῆνες μὲν πρός τινων καλούμενοι, πρός τινων δὲ αὐλοί, καὶ δόνακες, καὶ ὄνυχες, πολύχυλοι καὶ κακόχυλοι, κολλώδεις. καὶ οἱ μὲν ἄρρενες αὐτῶν ῥαβδωτοί εἰσι, καὶ οὐρανοχρώματοι· εἰσὶ δὲ τοῖς λιθιῶσι, καὶ ἄλλοις δυσουροῦσιν εὔθετοι. οἱ δὲ θήλεις, μονοχρώματοί τέ εἰσι, καὶ γλυκύτεροι. λαμβάνονται δὲ ἑφθοί, καὶ τηγανιστοί, κρείττονες δ᾽ εἰσὶν οἱ μέχρι τοῦ χανεῖν ἐπ᾽ ἀνθράκων ὀπτώμενοι. Σωληνισταὶ δ᾽ ἐκαλοῦντο οἱ συνάγοντες τὰ ὄστρεα ταῦτα, ὡς ἱστορεῖ Φανίας ὁ Ἐρέσιος ἐν τῷ ἐπιγραφομένῳ, Τυράννων ἀναίρεσις ἐκ τιμωρίας, γράφων οὕτως. Φιλόξενος ὁ καλούμενος σωληνιστὴς, ἐκ δημαγωγοῦ τύραννος ἀνεφάνη· ζῶν τὸ μὲν ἐξ ἀρχῆς ἁλιευόμενος, καὶ σωληνοθήρας ὤν· ἀφορμῆς δὲ λαβόμενος, καὶ ἐμπορευσάμενος, βίον ἐκτήσατο. Id est, Solenes à quibusdam uocati, à nonnullis δόνακες, & αὐλοί, & ὄνυχες, succi multùm suppeditant, sed mali & glutinosi. Mares quidem uirgati sunt, & cærulei coloris, calculosis & alijs ægrè meientibus perutiles. Fœminæ unicolores sunt, & dulciores. Sumuntur frixi & elixi. Meliores sunt in prunis tosti quoad hient. Qui hos piscantur solenistæ dicti fuerunt, ut narrat Phanias Eresius in libro, cuius titulus est, Tyrannorum in quos uindicatum est cædes, his uerbis: Philoxenus solenistes ex Tribuno plebis factus est tyrannus, initio piscatione uictitans, & Solenas uenari solitus, occasione uerò data mercaturam exercens, facultates sibi parauit.

DE SOLENE MARE, RONDELETIVS.

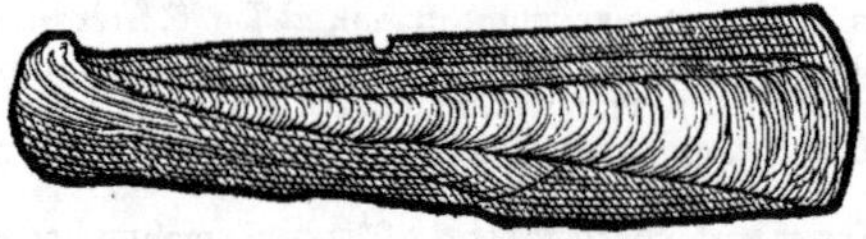

B SOLENEM marem hodie nulla natio à fœmina distinguit. Athenæus utrunque ijsdem nominibus appellat: Plinius lib.32.cap.9. inter nomina discrimen facit: nam mares Solenes, Aulos, Donacas uocat, fœminas Onychas, quam differentiam non negligimus. Est igitur Solen mas ex Concharum longarum genere: duplici constans testa, læui, tenui, alterâ tantum parte colliga-

Contra Aristotelem. ta nigro uinculo, etiam si aliter scribat Aristoteles libro 4. de Histor. cap. 4. Cum enim δίθυρων alia sint altera parte ligata, altera soluta, ut claudi & aperiri possint, alia utroque latere connexa, in his postremis Solenas numerat: cùm cõtrà semper altera parte solutos uideas, neque in ea aut uinculi aut articulationis ullius uestigium. Dodrantali sunt longitudine, pollicis crassitudine, harundinis modo caui, extremis duobus semper apertis: anteriore caput exerunt & retrahunt testudinis ritu. Secundùm testæ longitudinem carnem protensam habent. Testa cæruleo est colore, lineas euidentes habet per transuersum ductas: qua parte colligatur crassior est, alijs partibus in tenuem substantiam desinit sicuti Mytuli.

C Aqua & arena uiuit. Mira quæ de Dactylis siue Solenibus scribit Plinius: Concharum è genere sunt Dactyli, ab humanorum unguium similitudine appellati. His natura in tenebris remoto lumine, alio fulgore, clarere, & quantò magis humorem habeant, lucere in ore mandentium, lucere in manibus atque in solo, atque ueste, decidentibus guttis: ut procul dubio pateat, succi illam naturam esse, quam miremur etiam in corpore. Hactenus Plinius. Huius splendoris causam esse puto glutinosum Solenis succum: quæ enim tenacia, & ueluti glutino compacta, ea læuia, æqualia atque perpolita esse solent, atque ob id relucentia, ueluti pix, asphaltum, albumen oui.

F Solenes cum sale & aceto edendi, ut minùs noxij sint: uel cum sale, aceto & oleo: quod tamen quidam improbant, quòd oleum lentorem habet, cùm contrà ad glutinosi Solenũ succi attenuationem acetum & sal, multò magis conferant. (*Eadem ferè Vuottonus, à Xenocrate forsan uel Oribasio mutuatus.*) In prunis tosti deteriores sunt, quia magis exucci, duriores & sicciores.

G Mirum quod tradiderunt Athenæus & Plinius, Solenes utiles esse in cibo calculosis, & urinas mouere, cùm Athenæus ipse scripserit, multi succi esse, sed mali, & glutinosi, atque id experientia confirmet: succus uerò is calculo efficiendo, & urinæ retinendæ potiùs quàm promouendæ aptior sit, nisi de iure id accipiendum sit, quod ob salsuginem & acrimoniam hac ui præditum sit. Ego testarum cineribus ad idem malum uti mallẽ, insigniter enim attenuant, incidunt & exiccant, quòd si timeatur in exiccando morsus aliquis, priùs sunt lauandi.

Solenem

Solenem marem uerè à nobis repræsentatum fuisse clarè ostendunt Athenæi uerba iam citata. Eadem illos apertè refellunt, (*Bellonium notat,*) qui Conchæ alterius longæ speciem pro Solene mare depinxerunt. Ea enim tota candida est, at ex Athenæo Solen mas cærulei est coloris. A. *Quòd uerū solenem marē exhibuerit.*

DE SOLENE FOEMINA, RONDELETIVS.

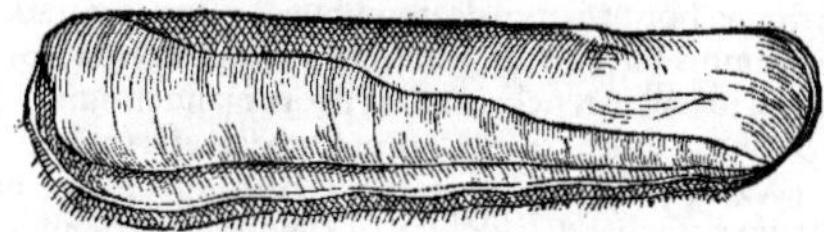

ONYCHAS appellat Plinius Solenes fœminas, quæ colore, sapore, magnitudine à maribus differunt, in alijs omnibus similes. Testa lineis cæruleis distincta non est, ob id Plinio unicolores dicuntur. Caro dulcior est, maribus minores esse solēt. Solenes utrique in arena defixi uiuunt: ferreo instrumento ex ea eximuntur.

COROLLARIVM.

Iconem hanc cappæ longæ, ut uulgò Venetijs uocant, nomine, Venetijs olim pingendam curaui.

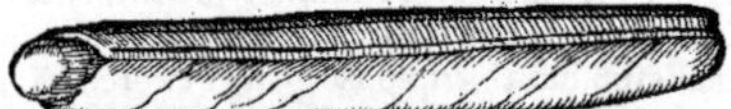

A In conchylijs quædam uocabula Græca sunt, ut peloris, ostreæ, alia uernacula, ad similitudinem (dicta,) ut pectunculi, ungues, Varro. Plinius Solênes Græco nomine appellat, alibi dactylos. Theodorus modò ungues, modò digitos, in utroque Plinium secutus, Hermolaus. Σωλὼ modò uas seu instrumentum quoddam significat, modò marinum animal: quod & αὐλὸν & δόνακα uocant, (id est, fistulam, & cannam,) à figura fortè angusta, & oblonga, (*& caua:*) & ὄνυχα, (id est, unguem,) πρὸς τὸ στεγανὸν, ἔτι δὲ καὶ τὴν χρόαν τοῦ πορφύροντος, Eustathius in quartum Odysseæ: cuius postrema uerba sic accipio, ut unguis dictus sit παρὰ τὸ στεγανὸν, à soliditate, quæ tamen conchis omnibus cōmunis uidetur: Vngui uerò soli inter conchas præter substantiam ungui (humano) similem, ac soliditatem, figura quoque similis & imbricata accedit, quod non satis expresit Eustathius. item color ipsius testæ, quam τὸ πορφύρον nominat. Μακραὶ κόγχαι σωλῆνες, id est, Longæ conchæ solênes, à Sophrone dicuntur, per appositionem: sicut & à Venetis hodie Cappæ longæ. Τούς τε μακρογογγύλους (*fortè μακροκογχύλους, ut sit compositum à μακρὸς & κογχύλη*) σωλῆνας, Epicharmus apud Athenæum. Sed aliæ sunt Conchæ longæ Plinij, ut Rondeletius docet. Digiti ex eo appellantur, quòd speciem similitudinemque humani digiti gerant, Gillius. Ostrei genus inuenitur in mari Italico, quod uocatur canna, propter suæ conchæ similitudinem ad cannam, Albertus.

Vngues nostræ ætatis Græci antiquo nomine seruato, etiam nunc Solênas appellant, Gillius & Massarius. *Vulgaria.* Qui accolunt Adriaticum sinum, Cappas longas nominant, Gillius. Conchas longas Veneti, Massarius. longæ enim & teretes instar cylindri sunt. Apuli ideo uulgò Imbrices appellant, quia quodammodo imbricibus horum testæ similes uidentur, Gillius. Puto & Dotoli nomen, à Græco Dactyli, alicubi in Italia usurpari. Genus id concharum quod à nostris spoletta uocatur, aliqui spondylos, alij dactylos marinos esse uolunt, &c. Brasauolus in Aphorismos. uide suprà in Spondylo, circa medium paginæ 1063. Spoletta quidem uocabulum, accedit ad Germanicum Spülen, quod cannam, uel arundinem significat; propriè quidem internodium, quo filis agglomerandis utuntur textores: cuius figuram planè reddit qua describimus concha.

Germanica nomina facilè & uaria fingentur, eorum quibus in alijs linguis utuntur interpretatione: uel simplicia, Nagel/ Finger/ Känel/ Spülen/ Heffte: hoc est, Vnguis, Digitus, Canalis, Manubrium: uel addito conchæ nomine, composita, Nagelschalen/ Fingerschalen/ Langschalen, &c. pro schalen quod testam seu concham significat, Muscheln ponet qui maluerit.

Vnguis concha ab anglis Pirot uocatur, ut Rondeletius scribit: uel Pirot, ut Bellonius. Sed Io. Fauconerus Anglus aliud Anglicum nomen indicauit, an Hagfyso: à Vuallis in Anglia Thymby uocari audio. ¶ Longè alius est Vnguis odoratus, conchylij purpuræue operculum, de quo abunde in Conchylio & Purpura leges.

B Vngues sunt è concharū genere, læues, digitalis longitudinis, tenuesque, (*Leues & fragiles, Vuottonus*) ab humanorum unguium similitudine sic appellati, Massarius. Lege etiam superiùs in A. Συμφυὲς δὲ, μῦς: μονοφυὲς δὲ καὶ λειόστρακον, σωλὼ καὶ βάλανος: κοινὸν δ' ἀμφοῖν, κόγχη, Athenæus ex Aristotele. Vngues uelut igne lucent in tenebris, etiam in ore mandentium, Plinius.

MM

Harena pascuntur, ut testatur Oppianus, Massarius.

C Vngues locis arenosis sui ortus initia capiunt, Aristoteles. Nulla innitentes radice permanent, Idem. Ad strepitum se subtrahere, inferiusq; subsidere cernuntur, quoties ferramentum sentiunt admoueri, exiguo nanq; extant: reliquo autem toto corpore, perinde ac in cubili occuluntur, Aristoteles. Idem historiæ 9.1. euulsos non posse uiuere scribit, ex arena nimirum: Vuottonus uerò si testa euellantur: utrunq; uerum putârim. sed quod Vuottonus dicit, conchis omnibus commune uidetur, ut hoc priuatim de unguibus Aristotelem tradere uoluisse non putem.

E Solênes fugiunt admota ferramenta, Plinius. Aristotelis uerba leges in C.

F Vngues uelut igne lucent in tenebris, etiam in ore mandentium, Plinius. Cibus est pauperum ferè, ut audio. Sophron dulces & uiduarum cupedias esse scribit. Μακρὰι κόγχαι σωλῆνόσ, τουτί γε γλυκύκρεων Κογχύλιον, χηρᾶν γυναικῶν λίχνευμα. Boëthius Scotus conchas margaritiferas in Scotia uulgò uiduarum cupedias dici scribit. Galenus lib. 3. de alimentorum facult. dura carne esse tradit ungues, & ob id difficulter concoqui. ¶ Proprium hoc solenibus atq; purpuris est, quòd cum in iusculo coquuntur, id crassius reddant, Hicesius. Quò grandiores, eò præstantiores sunt; uigent æstate maximè, Vuottonus.

G Vegetius in suffitu contra languorem morbi pestilentis, inter alia unguem marinum admiscet, de odorato nimirum (id est, conchylij purpuræ'ue operculo) potiùs quàm de hac concha intelligens.

H.a. Κόγχαι τε, καὶ σωλῆνες, Archippus author apud Athenæum. Σωλὴν Græcis propriè fistulam seu tubum significat: item canalem, qui ueluti dimidius tubus est, & imbricem similiter, tanquam per synecdochen. Quod si p. literam addas post sigma, efficies ferè Germanicum nomen Spülen, quod cannam significat. In trilingui Lexico Munsteri, pro fistula & solene Hebraicum nomen inuenio silon סילון: at in Hebraico dictionario סלון interpretatur spinam, aculeum. Dicta est autem concha solen, à canalis similitudine: quod eleganter expressit Oppianus, --- καὶ ἀτρεκὲς οὔνομα σωλήν. Σωλῆνες, conchylia quædam testata, & στεγαστῆρες, & μόρια aliquando, Hesychius: interpretor autem μόρια pudenda: quanquam pro uirili tantùm pudendo seu cole, σωλὴν accipi posse uideatur. Στεγαστῆρες uidentur significare imbrices, (à uerbo στεγάζειν, quod est tegere,) hoc est tegulas canaliculatas, quibus ædificiorum tecta muniuntur: nostri Holziegel, hoc est, tegulas cauas uocant. nam & Apuli solenas conchas uulgò (ut dictum est) Imbrices appellant. De imbricũ nomine plura leges suprà, in Concha imbricata Rondeletij, pag. 312. Σωλὴν apud Eustathium dicitur ἐκ τοῦ σέω καὶ τοῦ ὅλος, σοωλὴν, & per crasin σωλήν. ¶ Δόνακες dicuntur arundines, præsertim minores, παρὰ τὸ δονεῖσθαι, quòd facilè uentis commoueantur. ab arundinis autem internodij similitudine ut diximus, conchis etiam impositum est nomen. Onychis poculi lignei meminit Athenæus undecimo. sed onychinum poculum si dicas, ex onyche gemma intelligetur. de ea simul & onychino colore, aliquid diximus suprà, in Corollario de Purpura B. pag. 906. Σωλὴν etiam pro spondylorum (uertebrarum dorsi) meatu ponitur, qua residet medulla. Σωληνάριον diminutiuum est, pro canalicula, Aëtio, & Galeno Methodi 14. Σωληνοειδὴς, nomen adiectiuum, ad fistulæ modum factus. Solênas Græci uocant instrumenta quæ cruribus supponuntur. lege Galenum sexto Methodi. ¶ Onychites gemma (alia quàm onyx) memoratur à Ge. Agricola, dicta à similitudine quadam Vnguis odorati, tum colore, tum figura: nascitur in lapidicinis Hildesheimij.

Epitheta. Σωλῆνες μακροκόγχυλοι, Epicharmo. sic enim lego apud Athenæum. Latinè teretes, longi, & uiles cognominari possunt.

VOCA à Theodoro ex Aristotele uertitur, pro Græco βῶξ: de quo pisce actum est suprà, elemento B.

VRSAM testacei generis, primùm inter Cancros, deinde inter Squillas requires. ¶ Vrsa dulcem succum facit, nutrit, facilè distribuitur, & facilè excernitur; atq; ita quidem de pelagia censendum est. At quæ in piscinis degit, omnia habet contraria, quemadmodum in alijs quoq; piscibus usu uenit. Ori nanq; insuaues sunt ij, qui conclusi uiuunt. quæ uerò in fluminibus degit, eò quòd ex mari frigidam aquam subit, ori grata teneraq; est. quæ uerò in portus transit, limosa, & coangustata, & pinguis reddita, ori ingrata est, Xenocrates apud Oribasium Rasario interprete.

DE VRTICA MARINA, BELLONIVS.

VIDETVR AVTEM HOC CAPITE VRTICAM paruam tantùm Rondeletij, & eius species duas describere.

A VRTICAM inter molles ob hoc recensui, quòd mollium modo in obsonijs edatur: alioqui certum est ancipitem naturam habere, atque inter zoophyta (quæ plantanimalia à Theodoro appellantur) apud Aristotelem connumerari. Hanc Normanniæ littus obscœno uocabulo Cul d'Asne, à cirrhorum cõtractione atq; explicatione appellauit. Græcum uulgus quum terrestres urticas Zuchindas uocet, marinas tamen Colycenas nominat, antiquum uocabulum imitatũ, quo ipsas etiam marinas urticas colycia uel coryphia uocitabant,

Maris

Maris est potiùs delectamentum, quàm ut magni fieri debeat.

Vrtica explicata. *Vrtica contracta.*

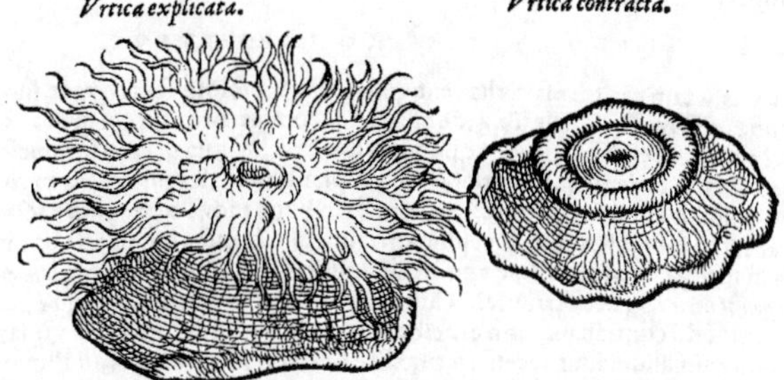

Plures eius obseruantur species. Quædam enim rubro colore suffusa est, altera magis cærulea B
granulis in gyrum circumsessa. Vtraq; marinum tuber contracta refert: explicata, cæsariem, totũ
corpus rotundum ambientem. nam infinitis cirris antennarum in papilionibus, aut Scarabeis
crassitudine constat. Contracta porrò Vrtica, orbicularis est aut teres. Scopulis litoralibus (ijs po (C)
tissimùm marinis tractibus, qui uentorum impetum minùs sentiunt) tam pertinaciter inhęret, ut
nisi primò impetu diuellatur, uix postea nisi in frusta cõcisa dirimi possit, adeò suas trichas arctissimè contrahit. Certum est Vrticas, Cochlearum modo, in mari serpere ac moueri, sed id quidem
parcius. Porrò utriusq; moles magnitudinẽ iuglandis rarò exuperat. Cirros habet molles, duos
digitos oblongos, tenerrimos, gracillimos ac fragiles, insigni hac dote à natura præditos, ut quicquid attigerint, suis acetabulis retineant.

Has Exocœti ac mulli auidissimè appetunt. D

Græcis edules sunt ob lentam ac copiosam mucilaginem, quam limacum modo emittunt. F
Quamobrem illi plurimas urticas ligneo ueru transfixas, & aliquantulum assatas, primùm ex sale & aqua feruefaciunt: deinde farina conspergunt, & ex oleo uel butyro in sartagine frigunt. Hy
bernis mensibus carne sunt constante, atq; rigidiuscula: æstate autem deteriores sentiuntur. (Vis (B)
quidem in his mordax, eundemq; ferè quem terrestres urticæ pruritum excitant.) Stomacho &
uentri (ut Diphilus author est) gratæ sunt. Aluum atq; urinam cient, quæ præsertim scopulis perpetuò infixæ sunt, parciusq; nutriunt. Xenocrates tradit, has quidem gustui suaues, sed stomacho ingratas esse: uerùm quæ passo aut uino mulso condiuntur, facilè concoqui, aluumq; mouere, sed propter sequacem ac uiscosum lentorem sæpius iteratas fastidire. Quapropter pauperum
alimentum esse solet.

DE POTA MARINA, VT ITALI OBSCOENA uoce nuncupant, Bellonius.

Rondeletius Vrticæ marinæ genus hoc facit, semper solutum, cuius species duas pingit & describit. Bellonij uerò sententiam, Pulmonem mar. hunc facientis, reprehendit.

Pulmonem marinum Itali uoce obscœna Potam marinam, ut & Græcum uulgus, Mogni uo A
cant, quòd partibus uerendis admotus, pruritum ac Venerem, imò etiam ampullas excitet.

Mediterraneo atque Adriatico copiosissimus, mollis quidem & albus, corpore cartilagineo B
ac crystalli in morem pellucido, quod in mucorem facilè resoluitur. Huius autem ea est natura, ut (C)
mari commoto ac spumantibus procellis irritato, deorsum ad imum feratur: pacato uerò ac bene
tranquillo passim solutus diuagetur. Gibbã habet instar dimidiatæ sphærę figuram, glabram, pol
licis crassitudine: cuius pars interna neruis rectis à medio incipientibus, quasi strijs fului coloris
in gyrum radiatur, quibus se diffundit ac constringit: qua corporis commotione aquam concutit, & nunc in pronum, nunc in supinum effertur. Pinnarum uice fibris tenuibus atque ægrè con
spicuis in orbem communitur, ut Lepus marinus. Cruciformes quoque cirros, striatos, crassos,
in modum stellæ radiatos, numero quaternos, parte interna natationi accõmodatos habet: quos
ut exactè conspicias, erit in lebetem aquæ synceriorís conijciendus: qui si supinus deuoluatur,
multas fissuras in radice cirrorum ostendet. Os quoque habet parte prona situm, quo ea quæ uenatur absorbet, in quem usum quatuor cirri ad eius latera subiacent, coloris sinopidis, quasi eius
branchiæ essent, uel intestina. Hinc fit ut intuentibus pulmonem in mari pabulandi gratia diua-
gantem, grandis uideatur quasi pituitę globus: qui unicum tantùm colorem referret, nisi rubris
illis quatuor circulis sugillaretur, & ea cruce, qua interna pars striata est, distingueretur.

Eum si in frusta discissum in mare reieceris, uiuere nihilominus ac moueri comperies: extra C
mare autem exanimis apparet. Cæterùm marinus pulmo dentibus attritus nihil præter aquam
resipit: os tamen leui calore incendit. Naribus quoque admotus marinum uirus olet: Sargi, Me- (D)

MM 2

Ianuri, Scari, Spari, Auratæ, & id genus piscium esca. Emortuus in alto mari, fluctibus expuitur in litus, transparentis glaciei similis.

DE VRTICIS, RONDELETIVS.

Vrticā animal esse imperfectū ex genere molliū: nō, ut Plinius dixit, zoophytum.

VRTICAS tam eas, quæ saxis hærent, quàm eas quæ solutæ saxis errant, in animalium numero censendas esse ex Aristotele lib. 4. de hist. cap. 6. constat. Sentit enim urtica, & manum admotam corripit, adhærescitq; perinde ac polypus suis brachijs, ita ut caro intumescat: os in medio corpore habet, & de saxo quasi de testa uiuit, & præternatantes pisciculos excipit retinetq;, sicut de manu hominis admota dictum est, deuoratq; in hunc modū quæcunq; nacta est esculenta. Genus alterum è saxis soluitur, & echinos pectunculosq; quos offenderit, uorat. Nullum excrementum in urtica esse uidetur, hac tantùm re similis est stirpibus, (*Imò hoc etiam quòd adhæret, alterum scilicet genus urticæ,*) Hæc Aristotel. Cum igitur urticæ frondem suam, quæ pedum uice est, modò dilatent, modò contrahant, cùm ore cibum accipiant, id est, cum tactu gustatuq;, qui duo sensus ad uitam animalium sunt necessarij, præditæ sint, non inter ζωόφυτα, ut Plinius, sed inter animalia non omnino perfecta, eas numerabimus. Polypis autem & leporibus marinis subiungimus, quòd ex mollium sint genere: quòd etiam modò fronde expansa polyporum instar pedes multos habere uideantur, modò fronde contracta, massa tantùm carnosa, informi (ueluti lepores marini) constare uideantur.

Lib. 9. cap. 45.

A Dicitur à Gręcis ἀκαλήφη, à Latinis urtica, nomine herbæ ab utrisque imposito ob uredinem & pruritum, quem tacta immittit, terrestris urticæ modo: unde & urtica ab urendo Latinè dicitur, ita ἀκαλήφη, παρὰ τὸ μὴ ἔχειν καλὴν ἁφὴν, quòd tactu sit insuaui: folia enim eius tacta acriter urunt. sic & pisci huic uis pruritu mordax. Vel dicitur ἀκαλήφη κατ' εὐφημισμὸν τῆς ἀντιφράσεως, ut ait Athenæus, quasi ἀπαλὴ τῇ ἁφῇ, cùm contrà aspera sit & iniucundissima, tactu lædens & urens. Eodem autore Eupolis ἀκαλήφας marinas uocauit κνίδας, nisi mendosus sit locus. (*Non est: Vide in Corollario.*) Nam κνιδᾶν & κνίζειν uellicare & pungere significat.

Libro 3. ibidem.

Genera duo secundū ueteres.

Aristoteles duo urticarum genera fecit, ut ex uerbis initio citatis constat: unū quod saxis hæret, alterum solutum. Et eodem in loco (lib. 4. de hist. cap. 6.) Duo sunt urticarum genera. sunt

(F) quædam minores cibo aptiores: aliæ maiores & duriores, quales circa Chalcidē nascuntur. Hyeme densa sunt carne, ideo eas uenantur, quia esculentæ sunt. Aestate pereunt: frondes enim glabrescunt: et, si tetigeris, facilè discerpuntur, nec totæ auelli possunt. Aestu afflictæ saxa interiùs subeunt. Vidi equidem urticas sagena captas cum alijs piscibus: qua ratione, quæ saxis hærent, capi non possunt. Quare necesse est aliquas esse, quæ sedes mutent, & in mari uagentur.

Species plures.

Cùm uerò plures urticarum species compertas habeamus, eas sic diuidemus, ut urticarum aliæ uel saxis uel cuilibet alteri rei in mari adhæreant, aliæ minimè. Rursus earum, quæ saxis uel alteri rei hærent, aliæ perpetua stabiliq; sede illic degunt, quæ sunt, Vrtica parua in rimis saxorum latitās: quæ purpuris & buccinis adnascitur: quæ cinerea est, longisq; cirris constat. Aliæ sedes mutant, & liberè per mare feruntur, natantq;, (*& cum libet saxis hærent,*) ut purpurea urtica. Semper solutæ liberæq; sunt eæ, quas uulgus potes appellat: (ex his) una est, quæ quatuor pedes siue brachia habet: altera, quæ octo, polypi brachijs non ualde dissimilia. De his omnibus ordine dicemus.

DE VRTICA PARVA, RONDELETIVS.

A VRTICA hæc nucis iuglandis magnitudinem uix superat, ob id parua à nobis dicitur. Massilienses urtigo uocant. Græcorum uulgus κωλικάναν (*quod nomen fortè non intellectum Galli sua lingua in cul d' ane, id est culum asini transformarunt*) uel κωλικίναν, Normani cul d' asne. Burdegalenses cubaseau.

B Tota carnosa est, cirros breues habet, contracta recti intestini extremum speciem refert, colore uario est. Quędam enim est uiridis, alia cærulea, alia subnigra, sed punctis aliquot cæruleis, uel flauis, uel rubris notata.

F (*Vbi.*) Hæc esculenta est, in Oceani saxis & maximè in Santonico sinu frequens, & apud Santones Burdegalenses que in delitijs habetur. eas diligenter ablutas & leuiter coctas in sartagine frigunt. De urtica hæc Diphilus apud Athenæum: ἡ δὲ ἀκαλήφη φησὶν ἐστὶν εὐκοίλιος, οὐρητική, εὐστόμαχος· κνησμὸν δὲ ποιεῖ τοῖς συνάγουσιν, ἐπειδὰν μὴ προαλείψωνται. οὕτως γὰρ ἀνιᾷ τοὺς θηρεύοντας αὐτήν. Vrtica, inquit, aluo facilis est, urinam mouet, stomacho grata: pruritum mouet ijs qui eam capiendo manum contrahunt, (*τοῖς συνάγουσι, simpliciter uerterim colligentibus,*) nisi pręunxerint. reuera enim eos qui uenantur dolore afficit.

DE VR-

DE VRTICA CINEREA, RONdeletius.

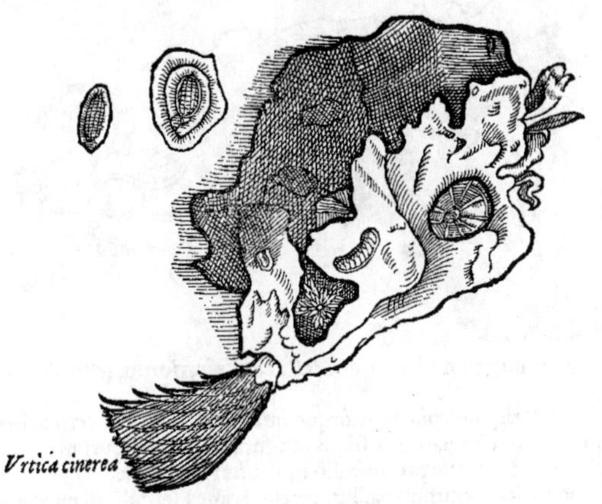

Vrtica cinerea

CINEREAM uoco urticam à colore, quæ tenuis est admodum: quia frondem magnam siue cirros multos habet, carnis parum. In saxorum rimis uiuit, comam semper explicatam habet, nec unquam contrahit, reuera tamen urtica est: acriùs enim pungit ac mordet, si paulò diutius manibus contrectetur. A B (C)

Huiusmodi urtica in scopulis Fresconijs Agathensis sinus reperitur, integra à saxo euelli non potest, tum quia tenaciùs hæret, tum quia mollior facilè discerpitur. C

DE VRTICA RVBRA, (VEL PVRpurea,) Rondeletius.

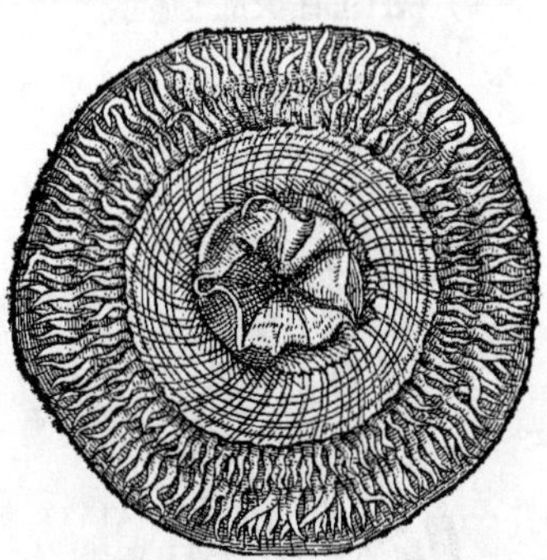

HOC tertium urticæ genus nostri ob colorem purpureum siue phœniceum, rosam appellant: alij posterol, quòd contracta recti intestini extremum cum musculo sphinctere siue podicem referat, quem posterol nomine intelligunt, quòd posteriore loco situs sit: alij pousseple Britannorum: alij cul de cheual uocant. A

Est autem hæc primæ similis, nisi quòd frondem & longiorem & copiosiorem habet, rubra est. B

Saxis aliquando hæret, aliquando soluta uagatur, uidi enim huiusmodi urticas retibus cum alijs piscibus captas, quod non contingeret, si saxis perpetuò affixæ essent: quoniam cum hærent, potiùs discerpuntur, quàm auelluntur. C

Eædem esculentæ sunt, sed prima urtica duriores. F

DE VRTICAE QVARTA SPECIE, (QVAE PVRpuris & buccinis adnaſcitur,) Rondeletius.

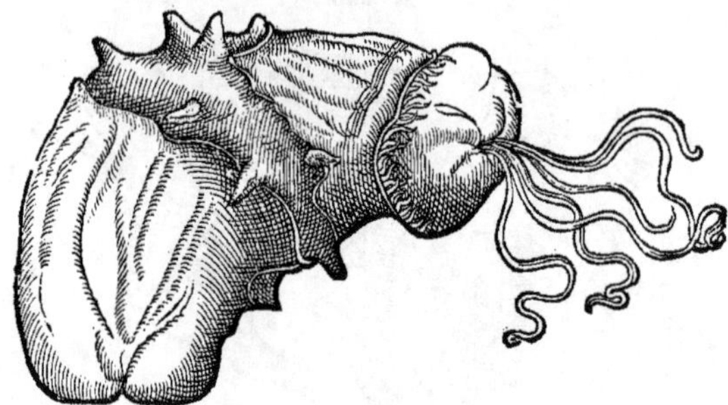

C QVARTVM Vrticarum genus id erit, quod inſtar holothuriorum teſtis alienis adnaſcitur, & maximè purpuris.

B Pars exterior dura eſt & rigidiuſcula, ſpiſsiórque quàm in alijs urticis. cirros breuiſsimos in ambitu habet. ex interioribus eius partibus filum longum deducitur purpureo colore tam iucundo tamq́ florido infectum, ut cum precioſo illo purpuræ ſucco certet.

H *De purpuræ inuentione.* Veriſimile eſt hanc urticam purpuræ adhærentem à cane Herculis demorſam fuiſſe, quæ tam excellenti ſuauiq́ colore rictum denteſque canis illeuerit, ut negârit puella quam deperibat Hercules, fore unquam eum optati compotem, niſi priùs eo colore infectam ueſtem dediſſet. Inde purpuræ colorem inuentum fuiſſe. Etenim ſi mortuam purpuram dentibus arripuit canis, iam unà cum uita ſuccus ille euolârat: ſi uiuam, ea undique ita munita eſt, tum teſta clauata, tum capitis operculo, ut undique ab omnibus iniurijs tuta ſit. Præterea purpura tanta eſt duritie, ut dentibus canis robuſtiſsimi minimè cedat. Sed de ea re ſiue fabuloſa ſit ſiue hiſtorica, ſtatuat quiuis pro arbitrio.

F Hæc urtica de qua nunc agimus, duriore eſt carne, quam ob cauſam à noſtris reijcitur.

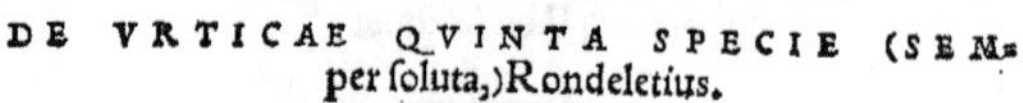

DE VRTICAE QVINTA SPECIE (SEMper ſoluta,) Rondeletius.

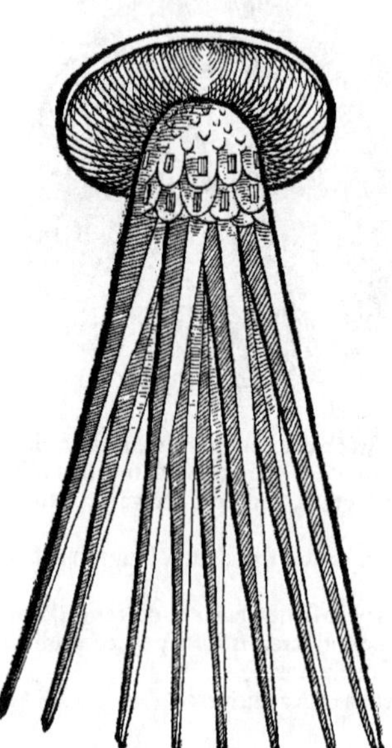

VRTI-

VRTICAS solutas diximus uulgi lingua potes nuncupari, ex ijs est quæ à Liguribus capel A
lo di mare, à Massiliensibus capeau carnù uocatur, quasi dicas pileum marinum, & pileum carnosum à figura.

Etenim pars una ueluti fungosa quædam massa, rotunda, caua, in medio perforata, purpu- B
rea ueluti fasciola ambiente, pileum planè refert: altera parte polyporum pedibus similis est: o-
cto enim pedes habet crassiusculos, extremis partibus quadratos, in acutum desinentes. Nullas
interiores partes distinctas habet. Corpore est adeò pellucido & splendido ut oculos offendat &
hebetet. Circa Magalonam plurimæ reperiuntur, maximè æstate, quæ tum dissoluuntur & in li- (C)
quorem abeunt diffluuntq́ glaciei modo, si diutius manibus tractes. Ad eam magnitudinem accrescunt, ut pileos quibus uiatores uti solent, superent.

Pruritum in pudendis & uredinem in manibus & oculis mouent, atq; acrimonia sua uenerẽ C G
sopitam uel extinctam excitant, qua maximè de causa cum urticis numerandæ sunt.

DE ALIA VRTICA SOLVTA, RONDELETIVS.

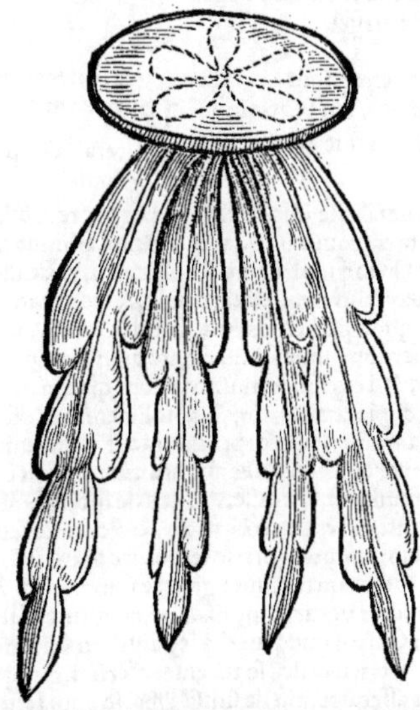

IN sinu Agathensi uidimus eam quam hîc exhibemus urticæ speciem, quæ supradictis sub- B
stantia, uita, uiribus similis est. Quatuor duntaxat pedes habet, seu frõdes potiùs, longiores quàm
ullæ aliæ urticæ, quæ satis aptè folijs achanti comparari possunt: in altera parte lineas aliquas habet stellatim dispositas.

Quàm procul absint à ueritate qui hanc urticam & superiorem pro pulmonibus marinis u- A
surparunt, suo loco demonstrauimus. Nec minùs errant qui urticas cum holothurijs & tethyis
confundunt, cùm toto genere differant, quamuis Aristoteles holothurijs & tethyis urticas sub- *Lib. 4. de hist. anim. cap. 9.*
iunxerit.

COROLLARIVM I. DE VRTICA marina in genere.

Vrticarum species duæ, quas in Italia pictas à Cornelio Sittardo accepi.

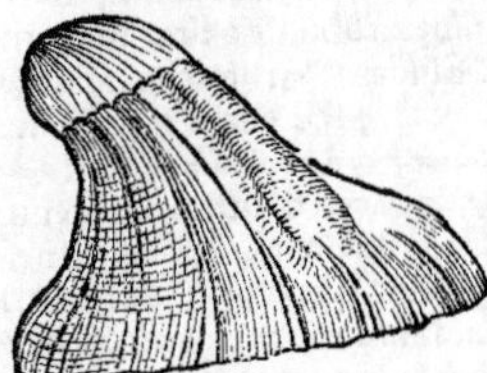

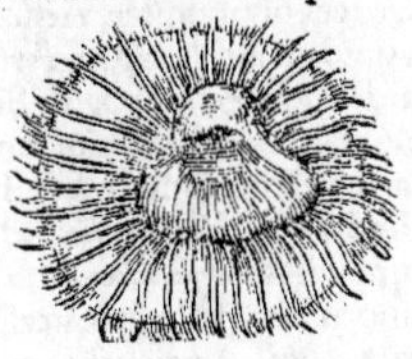

VRTICARVM DIVISIO, EX RONDELETII SENTENTIA: cui conficta etiã singularũ Germanica nomina addidimus.

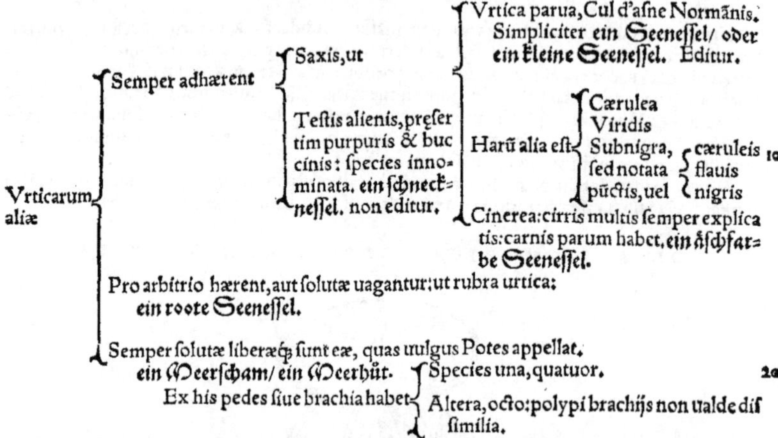

Vrticæ ad quod genus referendæ.

A Rondeletius Vrticam animal esse imperfectum, ex genere mollium, nõ zoophytum, ostendit: cuius nos sententiam libenter sequimur: quanquam non Plinius tantùm zoophytum eam fecerit, sed ante eum Aristoteles. Plinij uerba sunt libro 9. cap. 45. Equidem & his inesse sensum arbitror, quæ nec animalium, neq; fruticum, sed tertiam ex utroq; naturam habent, urticis dico & spongijs. Hinc est fortassis quòd pediculos eius, frondes quàm cirros appellare maluit. Aristoteles uerò libri quarti De partibus animalium capite quinto: Quas (inquit) autem urticas appellant, non testa operiuntur, sed exclusæ omnino sunt ijs quæ in genera diuisimus. ancipiti natura hoc genus est, ambigens & plantæ & animali. absolui enim & escam petere nõnullas, & sentire occurrentia posse, atq; etiam asperitate corporis uti ad se tuendum, animalis est. at uerò quòd imperfectum sit, & saxis celeriter adhæreat, nec aliquid excrementi emittat manifestè, quanquã os habeat, plantarum generi simile est. Hæc ille. Nos de spongijs aliâs diximus, nullum eis sensum inesse, ideoq; zoophytis inferiores haberi: urticæ uerò cum & sentiant, & insuper eorũ quæ mollia uocant in mari animalium naturam præ se ferant, zoophytis superiores perfectioresq; existimari debent, quanquam in suo etiam mollium genere imperfectæ. Aelianus etiam de Animal. 11.37. Mollia (inquit) ex aquatilibus uocant, quę ossibus, sanguine & uisceribus carẽt, ut polypus, sepia, loligo, urtica. Eadem Galeni quoq; uerba leguntur in Glossis, ubi μαλάκια quæ sint exponit. Bellonius inter mollia iccirco urticã se recensere scribit, quòd molliũ modo in obsonijs edatur: quod ego sanè non satis assequor, nisi de simili cibario apparatu fortè sentiat: uerùm id parùm efficax argumentum est. Vrtica marina genus quoddam conchylij est, κογχύλιόν τι, aliâs κογχυλίδιόν τι, Suidas & Aristophanis interpres. Aristoteles quidem historiæ animaliũ lib. 8. ca. 2. uidetur urticam testaceis adnumerare. nam de testaceorum uictu agens, inter cætera de hac quoq; ait: Ἔχει δὲ ὥσπερ τὰ ὄστρεα ᾗ ὑποχωρεῖ ἔξω ἡ τροφὴ (id est, τὸ περίττωμα) πόρον. ἔστι δὲ αὐτὸς ἄνω. ἔοικε γὰρ ἡ ἀκαλήφη ὥσπερ τὸ ἔσω ἐστὶ τῶν ὀστρέων τὸ σαρκῶδες· τῇ δὲ πέτρᾳ χρῆται ὡς ὀστρέῳ. Est igitur ei urtica, ceu inclusa ostrei caro: testam uerò non habet, sed caro nuda est, & pro testa saxum cui adhæret. Hinc aliquis forsan inter mollia & testata urticas ambigere coniecerit: illas dico quæ saxis hærent aut semper aut aliquando: nam semper solutas, μαλάκια semper dicemus. Vrtica secundum aliquos est εἶδος μυίας: de qua Aristoteles dixit, hyeme eam edulem esse, &c. Mihi is locus suspectus est. μύες quidem conchæ sunt (aliqui mytilos interpretantur:) μυῖαι uerò muscæ insecta: quanquam Rondeletius μύιας in eodem concharum genere uocari putat.

Μητρίδια.

Ἀκαλῆφαι Græcè communiter, Atticè κνίδαι, dicuntur urticæ, tum herbæ, tum animalia marina. Ἀκαλήφας quidem marinas tum Aristoteles nominauit lib. 1. de animalibus, tum Theophrastus libro 7. de Plantis, Aristophanis Scholiastes & Suidas. Aristoteles modò ἀκαλήφας uocat, ut Historiæ 4.6. modo κνίδας, ut eiusdem operis 5.16. Μητρίδια etiam appellantur urticæ marinæ, haud scio an ab aliqua similitudine figuræ πρὸς τὴν μήτραν ἢ γυναικεῖον αἰδοῖον: καὶ γὰρ καὶ παρὰ τὴν πρὸς ὄνον ἀρχὴν ὁμοιότητα οἱ Γάλλοι τὴν ἀκαλήφην ὀνομάζουσιν, ὡς εἴρηται: & urticarum genus semper solutum similiter impudico τοῦ γυναικείου μορίου uocabulo Galli uocitant. Matriculi nescio qui nominantur ab Ennio in Phagiticis, hoc uersu, ut citat Apuleius Apologia 1. Purpura, matriculi, mures, dulces quoq; echini. A primitiuo quidem matrix, diminutiuum matricula fœmin. genere, & i. antepenultimæ producto deducitur. Ἀλλ' ὦ τηθῶν ἀνδρειοτάτη, καὶ μητριδίων ἀκαλήφων, iocus est Aristo-

Aristophanis in Lysistrata: de quo dictum est suprà, in Corollario de Tethyis A. pag. 1145. Μεμνηται δὲ κωμῳδικῶς πρὸς τὴν τηθὴν καὶ μητέρα, Athenæus. Vrticas marinas antiqui colycia uel coryphia uocitabant: Bellonius, sed absque authore, nos colycia, (alia lectio, corycia, uel corythia, uel corophia) inter Murices esse ostendimus. ¶ Vrticā Græci hac ætate uulgò colizanā uocant, quòd (*colis, id est*) pedunculis suis firmiter polyporum more adhærescit, Gillius. Bellonius colycenam scribit, Rondeletius colycænam. Colybdęnam quidem aliqui ueterum pro pudendo marino interpretantur. Vrticam in Italia multi antiquo nomine Latino appellant, alij flammam maris. Germanica nomina quæres suprà in Tabula diuisionis urticarum. *Vulgaria nomina.* ¶ Duplex genus percipitur urticarum, alterum corpore paruo quod cibo aptum est. Alterum maiusculo duroque, quale circa Euboiæ Chalcidem gigni scimus, Arist. *Species duæ.* Et primo de Historia: Sunt item quæ adhærere soleāt, &, quoties libuit absolui: ut genus quoddam eius quam urticā uocamus, quippe cum nōnullæ ex ijs noctu absolutæ pascantur. Et libro quarto: Vrtica etiam sui generis cernitur, quippe quæ & adhæreat saxis, more nonnullorum intectorum testa, & interdum abiuncta uagetur. Et libro quinto capite 16. interprete Gaza: Genus duplex urticæ est: aliæ enim sinuosis (ἐν τοῖς κοίλοις, *in cauis*) adhærent, quæ nunquam à saxis absoluuntur: aliæ plana & littora amant, (αἱ δὲ ἐπὶ τοῖς μείζοσι καὶ ἐπὶ τοῖς πλαταμώδεσι: *malim, ut Athenæus citat,* αἱ δὲ ἐν τοῖς λείοις καὶ πλαταμώδεσιν; *hæc duo enim opponuntur* τοῖς κοίλοις: *ut utrunque non ad litora, sed ad saxa referatur. Vuottonus uertit, in saxorum planis marginibus.* ---- οἱ δὲ φύονται ἐν νεάτοις πλαταμῶσιν ἀρηρότες ἐν σπιλάδεσσιν, *Oppianus de Spongijs*) quæ suis abiunctæ sedibus uagantur.

Quidam (*Iouium notat*) urticas cum uertibulis easdem esse tradunt, sed error est, Massarius. Contra eos qui urticas cum holothurijs & tethyis confundunt, uide quæ scripsit Rondeletius in fine historiæ de Vrticis, & nos superiùs in Corollario de tethyo A. duobus in locis.

Maris spuma. Nonnulli pharmacopolæ pro spongia, re quadam utuntur intus lanosa, quam aliqui maris spumam arbitrantur: quoniam apud Dioscoridem halòs achne, id est maris spuma, spumosa maris lanugo dicatur. at reuera non est maris spuma, quam pro illa sumunt. Suspicatus sum aliquando urticam marinam esse: quoniam, si aperiatur, internæ partes manum urunt ueluti in urtica herba, quod in uetustiori obscuriùs, in recenti uehementiùs fit, sicut & in herba urtica. sed re accuratiùs perpensa inueni hoc ueterum alcyonium esse, &c. Ant. Musa Brasauolus. Nos de hac spuma, déque alcyonio, in Alcyonis auis historia prolixè scripsimus. ¶ Caro marina apud Trotulam, quantum coniectura assequor, urtica est. *Caro marina.*

B

Iam in A. quædam exposita sunt, quæ ad B. etiam pertinent. Vrtica tota ex carne constat, nulla clauditur testa, Gillius. Carnosum corpus habent, Aristoteles. Et rursus, Caro carum quasi ostreorum caro esse uidetur, inclusa saxo, perinde ut testa. Os medio in corpore continent: quod in maioribus euidentius est. meatum etiam, ut ostreæ, quo excrementum secedat, habent parte superiore. Plinius quoque, Ora urticæ (inquit) in radice esse traduntur: excrementa per summa tenui fistula reddi. Alibi tamen Aristoteles: Excrementum (inquit) nulla in urtica esse uidetur, sed hac re similis stirpibus est. Vuottonus excrementi meatum in maioribus duntaxat apparere putat.

Vrticis natura est carnosæ frondis, Plinius. ¶ Vis eis pruritu mordax, eademque quæ terrestris urticæ, Plinius. Non ore, sed tactu totius corporis mordent, (& pruritum excitant instar herbæ urticæ,) quod & scolopendræ marinæ faciunt, Aristoteles. Pruritum mouent, & uredinem concitant, sed non tam acrem quàm scolopendra, Aelianus.

C

Vrticæ adhærent cochleis, aut saxis: mutantque colorem statim dum abrūpuntur, ut Cornelius Sittardus indicauit. Verùm ita hærent (sicut in A. præscriptum est) ut genus earum unum nunquam absoluatur: alterum uerò noctu absolutum pascitur. ¶ Licet uictum in humore exerceant, nec foris uiuere queant, nihil tamen uel aëris uel humoris recipiunt, Aristoteles. Et alibi: Sentit urtica, & manum admotam corripit: adhærescitque perinde ac polypus suis brachijs, ita ut caro intumescat. Os medio in corpore continet, & de saxo quasi de testa uiuit: & præternatantes pisciculos excipit, retinétque, sicut manu admota hominis agi dictum est, deuorátque in hunc modum quæcunque nacta est esculenta. Absolui etiam saxis (*noctu*) genus quoddam urticæ notatum est, quod & echinos, & pectunculos, in quos offenderit, corrodit. Plinius quoque Aristotelem sequutus: Vrticæ (inquit) noctu uagantur, noctúque mutantur. carnosæ frondis his natura, & carne uescuntur. contrahit ergo se quàm maximè rigens, ac prænatante pisciculo frondem suam spargit, complectens'que deuorat. aliâs marcenti similis, & iactari se passa fluctu algæ uice, contactos pisces, attritúque petræ scalpentes pruritum, inuadit. Eadem noctu pectines & echinos perquirit, dum admoueri sibi manum sentit, colorem mutat & contrahitur. Tacta uredinem mittit, paulumque si fuerit interualli, absconditur. ¶ Vrticæ pisciculis fortè incidentibus uescuntur, Aristoteles.

Excrementi aliquid, aut eius saltem meatus, in maioribus apparet, in minoribus non item. lege suprà in B.

Modus idem gignendi ijs etiam est, quæ nulla testa integuntur, ut urticis & spongijs, qui testa inclusis: per rimas enim, & cauernas, & fauces saxorum oriuntur, Aristoteles.

Sunt omnes hybernis mensibus carne constante atque rigidiuscula: at æstate rarescunt, & resoluuntur. præmadent enim & marcent, ut si tetigeris, facilè discerpantur atque dispereant. denique nulla tantisper euelli integra potest: ac æstus impatientia saxa subire interiùs solent, Idem.

E Capiuntur hyeme. Vide in F.

F Duplex genus percipitur urticarum: alterum corpore paruo, quod cibo aptiùs est: alterũ maiusculo duroque, quale circa Euboiæ Chalcidem gigni scimus. Sunt omnes hybernis mensibus carne constante atque rigidiuscula, quamobrem per id tempus capiuntur, ciboque idoneæ sunt. At æstate rarescunt, & resoluuntur, Aristot. ¶ Vrtica, & oua echinorum, & huiusmodi, succum alimenti parcum & humidum præbent: sed qui aluum soluat, & urinam moueat, Mnesitheus. Vrticæ (inquit Xenocrates) gratæ sunt ori, & stomacho non mediocriter ineptę, (*gustui suaues, sed stomacho admodùm ingratæ sunt, Vuottonus ex eodem authore. Diphilus tamen* εὐστομάχους, *id est stomacho aptas facit:*) sed assatæ elixis accommodatiores. (*Assæ elixis ad aluum mouendum magis idoneæ, Vuottonus. non probo.*) Aluum cient, urinãque magis mouent, quæ post purgationẽ exortæ iuxta calculos, (*Quæ lapillis adhærent, urinam magis cient, Vuottonus:*) lotæ, & perexiguo sali mixtę, atque ita parum aspersæ sunt, ut mediocriter mandi possint, & assatione concretæ aut uerubus, aut surculis super carbonibus maluæ, aut sarmentorum, ut ualenter soluant. Cum passo autem aut uino mulso gustum excitantes facilè concoquuntur, facileque excernuntur. quæ uerò ex passo & oleo elixantur cum alio etiam condimento, (*fortè, sine alio condimento,*) id quidem seruant ut lubricæ sint, atque attrahant: sed & explent, & difficulter concoquuntur, & aluum magis relaxant, (*Quæ autem coquuntur in passo unà cum oleo, lubricum quidem illud retinent, aluumque cient: sed uentrem replent, & difficulter in uentriculo conficiuntur, Vuottonus:*) Hæc Xenocrates apud Oribasium interprete Io. Bapt. Rasario. ¶ Alex peruenit ad ostreas, echinos, urticas, cammaros, Plinius. Apicius libro 4. in apparatu apuæ sine apua, Desuper (inquit) leuiter compones urticas marinas, ut non cum ouis misceantur: impones ad uaporem, ut cum ouis bullire possint, &c. ¶ Estur & in Italia hodie urtica marina elixa primùm, mox cum oleo frixa, ut audio.

G Vt pilos disperdant aliqui medicamentum componunt ex marinis scolopendris, urticaque marina, & stellis marinis, nitro ac amurca ad hæc ammixtis, Galenus libro 1. de Composit. secund. locos. Psilothrum est urtica marina trita ex aceto scillite, Plinius. In oleo coquuntur urticæ, quo, ne pili renascantur, nonnulli sunt usi, Vuottonus. Ante nos medici quidam usi sunt urticis marinis pilos perdendi causa, Galenus de Simplic. medic. 11. 46. Aiunt urticam marinam in uino potam calculosis prodesse, Idem. Caro marina à Trotula in libro Muliebrium cap. 29. miscetur medicamento ad maculas oculorum. fuerit autem fortasſis hæc urtica marina, quæ testam non habet, sed carnem nudam, interiori ostreorum carni similem. Massilienses etiam urticæ speciem semper solutam Capeau carnu, id est pileum carnosum appellant, ut Rondeletius tradit.

H.a. Vrticam marinam Plautus in Rudente nominat cum conchis & musculis. Rondeletius

Ἀκαλήφη unde dicta. ἀκαλήφην dictã suspicatur παρὰ τὸ μὴ ἔχειν καλὴν ἁφὴν, quod tactu sit insuaui, ut ipse loquitur. uel per antiphrasin, quòd minimè sit ἁπαλὴ τῇ ἁφῇ, id est, mollis & placida tangenti, Sic ille Athenæum citans. atqui nec Athenæus, nec alius quòd sciam, originem illam affert, παρὰ τὸ μὴ ἔχειν καλὴν ἁφήν. καλὸν enim uisus obiectum est, potiùs quàm aliorum sensuum: & κα syllabam producit, quæ in ἀκαλήφη corripitur. Athenæus certè unam solùm quæ per antiphrasin est, etymologiam affert. οὐ γὰρ πραεῖα (inquit) καὶ ἁπαλὴ τῇ ἁφῇ, τραχεῖα δὲ καὶ ἀηδής. in quibus uerbis pro ἁπαλὴ malim ἀκαλή, uocabulo diuerso, sed eâdem ferè significatione. Sicut ἀκαλήφη, sic & Ἀσκάλαφος (abundante sigma) deduci uidetur παρὰ τὸ ἀκαλὸν καὶ τὴν ἁφὴν, (quasi) ἀκάλαφος, ὁ τέρην τὸν χρόα, καὶ εὐαφής. ἀκαλὸν δέ φασι πραῢ, μαλθακὸν, ἄψοφον, ἥσυχον, ὅθεν καὶ ἀκαλαρρείτης ποταμός, Eustathius in Iliados ο. Et rursus in Odysseæ Δ. ἀκαλῆφαι (εἴρηνται) κατ' εὐφημισμὸν ἀντιφράσεως. οὐ γὰρ ἔχει τι ἀκαλὸν αὐταῖς, ἤγουν πραῢ καὶ ἁπαλὸν ἡ ἁφὴ, τραχεῖα οὖσα καὶ ἀηδής: quem locum ex Athenæi Dipnosophistis eum transcripsisse non est mihi dubium. Sunt qui ab ἦκα aduerbio, quod est ἠρέμα, ἡσύχως, nomen ἀκαλὸς deducant, ut Varinus.

Ἀκαλήφη & herba est, & θαλάσσιον ὄρνεον, Scholiastes Nicandri: in cuius uerbis pro ὄρνεον repono ὄστρεον: non quòd urtica uerè ostreum sit, sed quòd ostreum fortè aliqui esse putarint, & si testam haberet, ostreum esset. sic etiam Aristophanis interpres urticam marinam conchylium quoddam esse scripsit. Κνίδαι uulgò dicuntur urticæ, Aristophanis Scholiastes. Atticè uerò ἀκαλῆφαι, Athenæus libro 2. Nomen cnide, quo & Plinius utitur, à uerbo κνίζειν, quod est pruritum mouere, factum apparet. Νὴ τὴν Δήμητρ', ἀνιαρὸν ἦν τὸ κακῶς ᾄδοντος ἀκούειν. Βουλοίμην γὰρ κἂν ἀκαλήφαις τὸν ἴσον χρόνον ἐστεφανῶσθαι: Pherecrates Automolis, ut Suidas, Athenæus, & Aristophanis Scholiastes citant. Εἶπ' ὅς δήπου πρῶτον ἁπάντων ἔφυσα φῦναι, εἶθ' ἑξῆς τὰς κραναὰς ἀκαλήφας: Aristophanes in Phœnissis, ut Athenæus, Suidas, & Aristophanis Scholiastes citant. Ἀκαλήφη est etiam marinus piscis, idem Scholiastes: sed piscis nomen ampliùs quàm par sit extendit. Τῶν ἀκαλήφων genitiuus pluralis paroxytonus legitur in nostra æditione operum Aristotelis Historiæ anim. 4. 6. & de Partibus 4. 5. ubi Michaël Ephesius ultimam circunflectit, quod huius apud Græcos inflexionis proprietas requirit.

Aristopha-

Aristophanes in Vespis iubet ἀπὸ τῆς ὀργῆς τὴν ἀκαλήφην ἀφελέσθαι: hoc est, ab ira auferre urticam: Scholiastes interpretatur asperitatem & mordacitatem.

Quo die Lentulus flamen Martialis inauguratus est, cœna hæc fuit: Ante cœnam, Echinos, pelorides, balanos, urticas, murices, &c. Macrobius. --- mihi festa luce coquatur Vrtica, & fissa fumosum sinciput aure, (&c. id est uilis cibus paretur,) Iuuenalis Sat. 6. ubi urtica pro animali'ne an herba accipiatur, quærendum. f.

ὄρφ', ἀκαλήφας, λεπάδας ἠρίθηκέ μοι, Philippides. Chrysippus dicebat suē non aliā ob causam à Deo factum esse, quàm ut mactaretur (in cibum homini:) ut uerò iuris etiam & ueluti obiter accedentium ciborum (τῶν παραδειπνίων) copia nobis non deesset, omne genus ostrea esse facta, item purpuras, urticas, & uarias auium formas, Porphyrius libro 2. de abstinendo ab animatis. ¶ ὥσπερ ἀκαλήφας ἐσθίων πρὸ χελιδόνων ἐκλεπτες, id est, Veluti urticas ante hirundines furabaris: Chorus in Equitibus Aristophanis ad allantopolam: Vbi Scholiastes: Ante hirundines dixit, quoniam post hirundinem (*uêre exacto*) urticæ non sunt edendo. Sensus est, Acutissimo solertissimoq́ ingenio (ac si urticas primo uêre edisses: tanquam & illæ sua acrimonia ingenium, sicuti & nasturtium, acuant) furatus es: hoc est, callidissimus fur es. quanquam autem scholiastes tum pro herba urtica, tum pro marino animali acalephas hîc interpretetur, de herba tamē omnino sensisse uidetur comicus. hæc enim dum tenera est, uêre primo editur, urtica uerò marina hybernis mensibus in cibo præfertur. ¶ Vide etiam mox in h.

Vrticam quoque marinam non edendam præcipiebat Pythagoras, quòd ea Veneris stimulos afferre dicitur: alij, quòd Hecatæ sacra sit, ut trigla quoque, Gyraldus in libro de Pythagoræ symbolis. ¶ Chrysippus apud Athenæum libro decimo περὶ τοῦ καλοῦ, tradit huiusmodi sententiam: Μή ποτε ἐλαίαν ἔσθι' ἀκαλήφην ἔχων χειμῶνος ὥρᾳ. id est, Ne quando comederis oleam, quum habeas urticam, hyberno tempore. Opinor illum sentire de herba non de pisce. Nec usum adagij uideo, nisi si quando significabimus extremam uictus parsimoniam, ut nec urticæ quidem adhibeatur aliquid condimenti, Erasmus Roterodamus. Mihi quidem de urtica marina, potiùs quàm de herba sentire uidetur prouerbium. Herba enim hyeme uel non extat, uel inepta est cibo per id tempus. marina autem hyeme commendatur, æstate marcescit, ut indicauimus: & pro paradipnio seu condimento quodam, sicut & oliua, habetur. h.

COROLLARIVM II. DE VRTICIS MArinis diuersis.

Vrticam rubram suam Rondeletius scribit à nonnullis uocari Poussepie Britannorum. cæterùm Bellonius Pollicipedes, uulgò Poulsepieds, nominari tradit eos, quos Rondeletius balanos facit, quòd pollicum in pedibus similitudinem habeant, racematim Oceani cautibus adhærentes, &c.

Vrticæ semper solutæ species duas Rondeletius facit: quarum secunda frondes ostendit quaternas, pennis ferè similes, ut pictura præ se fert. Alia tamen est Penna marina ab eodem Rondeletio exhibita: quam reperies suprà pag. 818.

Vrticæ quinta species Rondeletij semper soluta, honestiùs à nobis Meerschām, id est, Pudendum marinum uocari poterit, quàm à Gallis Pota marina dicitur. Hanc non esse Pulmonem marinum Rondeletius in capite de Pulmonibus marinis docet, contra Massarium, Gillium & Bellonium. A Germanis Oceano finitimis, Meerschum, id est, spumam marinam uocari audio. Suprà quidem in Corollario de Lepore marino, pagina 566. scripsi me nihil asserere, sed inquirendum alijs diligentiùs proponere, ut quænam ex nominatis Germanicè animalibus Meerschum / Schnottolf / & Seequapp, cum pulmone, uel urticis, uel lepore marinis conueniant, indagent. Ad eum locum lectorem hinc remitto. Lepus quidem marinus Bellonij, plurima cum Pulmone eius marino communia habet, ut species duæ unius generis uideantur. ¶ Qui autem pulmones marini uocantur, sponte proueniunt, & carne ueluti chartilagine quadam translucida constant, forma rotunda supernè concaua, ut conchæ uideri possint: cum natāt, cirros emittentes ex imo, ad modum polypi. uulgò nunc potæ marinæ appellantur, Massarius. Eadem Gillius: & insuper Pulmones marinos (inquit) quòd speciem quandam mulieris uuluę repræsentant, tota iccirco Italia eos turpibus nominibus appellat, ut nulla ratione scriptis honestè mandari queant. Ligures nominant, Capellos marinos: Massilienses, Carneos pileos. Cum iacent, omaso similes sunt: cum eriguntur, Pulmones uidentur: tanquam uitrum translucent: cum suspensi tenentur, quandam imaginem Polypi gerunt, nisi (*quòd*) brachia breuissima & crassa habent: Cum autem eos secuissem, nihil in ea parte quæ Polypi uentri respondet reperi: ubi uerò membratim dissecuissem, in ijs partibus unde pedes exoriuntur, quosdam meatus harenarum plenos uidi. Adeò omnino lucidi, & tanquam uitrei sunt, ut sine sectione interiora omnia uidere possis: ac quanuis fluctibus in littus expulsi, nullo negotio capiuntur, tamen cum non sint esculenti, à prætereuntibus præclarè contemnuntur.

DE VVA MARINA, RONDELETIVS.

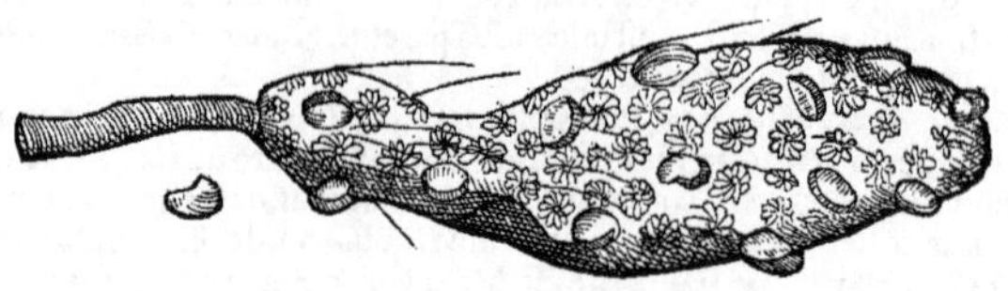

A NOSTRI piscatores oua Sepiarum racematim compacta, à pediculo uno dependentia, earundem atramento asperso, Vuam marinam nominant, de qua re dictum est, quum de sepijs ageremus. Sed de ea Vua non loquitur Plinius lib. 9. cap. 20. quum scribit: Rerum quidem non solùm animalium simulachra (mari) inesse, licet intelligere intuenti-
B bus Vuam, Gladium, Serras. Sed eam Vuam intelligi opinor, quæ hîc depingitur, quæ externa in parte uuæ flores optimè expressos refert. Est autem oblonga quædam & informis massa, ex uno pediculo dependens. Partes internæ indiscretæ sunt, inter quas aliquando reperiuntur ueluti glandulæ paruæ, cuiusmodi unicam seorsum depinximus.

G Vua marina in uino putrefacta, ijs qui inde biberint tædium uini affert, ait Plinius: cuius rei
Lib. 32. cap. 10. causam fœtori & marino odori attribuo.

COROLLARIVM.

A Vua piscis (*nimium extenditur hîc piscis nomen*) est, ita appellatus, quòd botryonis, id est, racemi uuæ similitudinem habeat, Massarius.

Haffguffe in Oceano Germanicè dictum, magis refert fructum quàm piscem, ut audio, nimirum ut Cucumis & Vua Plinij. Ego uocis huius etymologiam non assequor: ut neque multorum aliorum quibus maritimi Germani utuntur, plurimùm à nobis diuersa dialecto, uocabulorum. Vnde fit ut Latina uel Græca quorundam aut indicare uetera, aut noua fingere nomina minùs possim.

B Malum insanum marinum à figuræ similitudine dictum Rondeletio, forma naturaque ad eiusdem Vuam marinam accedere mihi uidetur. Facultate etiam (ut ipse inquit) ab Vua marina non differt.

G Vua marina in uino putrefacta, ijs qui inde biberint tædium uini affert: item mullus in uino necatus, uel piscis rubellio, uel anguillæ duæ, Plinius. Vuam marinam tusam & madefactam cũ uino sufficienti da bibendam clam ieiuno cum uino tribus diebus, & efficies uini fastidium: Nicolaus Myrepsus, qui è testudine etiam simile remedium, cuius uim inquit esse diuinam, præscribit. Vide suprà in Testudine. Aliqui ranis in uino suffocatis idem moliuntur: cuius remedij historiam suprà in Corollario de Ranis dedimus. ¶ Vegetius Veterinariæ medicinæ 4. 12. inter diuersas res marinas uuam quoque adhibet in suffitu contra languorem morbi pestilentis.

h. Vuam seu ampelon Græcè aliqui uocant genus algæ in aquis dulcibus, quod florem fructũque βοτρυδὸν, id est, racemi instar congestum habet. Ampelis quidem & botrys Aeliano inter algas sunt.

DE VVLPE MARINA, BELLONIVS. IPSE QVIDEM SIMIAM MARINAM APPELlauit, in quo à Rondeletio notatur. Vulpem uerò facit, genus illud galei, quod centrinen cognominat Rondeletius.

CARTILAGINEI generis est, quæ Latinis à uultus similitudine Simia marina: Genuensium uulgo à falcata duorum cubitorum cauda, Pesce Spada dicitur: Galeo, Libellæ, Hinnulo, ac reliquis galeis ipsa pellis forma ac constitutione ferè respondens, ingrati alioqui saporis est. Branchias habet Galeis persimiles: pinnásque in tergo, & ad latera satis conspicuas, cutem ad Galeos accedentem, sed magis læuem. Hanc Romæ aliquando, tum etiam in Ligustico litore uidimus.

DE EADEM, RONDELETIVS.

VVLPES

VVLPES Galeus, ἀλώπηξ & ἀλωπεκίας à Græcis dicit, à Plinio lib.9.ca.43. uulpes, ab alijs uulpecula: à nostris à caudæ lōgitudine, figuraq; ensi simili pesce spaso, ab alijs à caudæ longitudine ramart (*Galli uulpē quadrupedē uocant regnard,*) ut enim uulpes inter quadrupedes longā, densamq; caudam habet, ita piscis hic inter galeos caudæ pinnā longissimam. A

Vulpes piscis est cetaceus, ex galeorum genere, corpore rotundo spissoq;, ore paruo, nō multùm infra rostrum, dentibus acutis. Branchijs & pinnis alijs galeis & lamiæ similis. Pinnæ quę ad branchias sunt, & ad anum longiores sunt ijs quæ in dorso. Caudæ pinna quæ sursum abit, toto corpore longior est, falcis formam referens, altera multò minor. Internis partibus à canicula feroci non differt. B

Eodem modo concipit, paritq; quo galeus acanthias. C

Vt terrena uulpes πανοῦργος est καὶ κακοῦργος, ut uerbis Aristotelis utar, id est, calida & malefica, D ita marina uulpes astuta est eodē autore lib.9. de hist. anim. ca.37. Τῶν δ᾽ ἰχθύων αἱ ἀλωπεκες, ὅταν αἴσθωνται ὅτι τὸ ἄγκιστρον καταπεπώκασι, βοηθοῦσι πρὸς τοῦτο, ὥσπερ καὶ ἡ σκολόπενδρα· ἀναδραμοῦσαι γὰρ ἐπὶ πολὺ πρὸς τὴν ὁρμιὰν, ἀποτρώγουσιν αὐτῆς. Quæ sic expressit Plinius li.9.ca.43. Vulpes marinæ hamo deuorato glutiunt amplius usq; ad infirma (*malim infima, sicut & Oppianus dixit ἄκρας χαίτας: & iccirco hami ceruicē longiorem fieri*) lineæ, quæ (*al', quam*) facilè prærodant.

Qui uerā esse uulpem marinā quam ostendimus negârit, eum morbo aliquo, uel sensus stupore grauē illum & ingratū uulpis terrenæ odorē non sentire dixerim, à quo odore nomē pisci positum. Atheneus, ὁ δ᾽ ἀλωπεκίας ὅμοιός ἐστι τῇ γεύσει τῷ χερσαίῳ ζώῳ, διὸ καὶ τοῦ ὀνόματος ἔτυχε. His accedit quòd uiuū animal parit uelutí acanthias. Aristoteles lib. 6. de hist. anim. ca.10. cùm exposuerit quo pacto ex ouo fœtū procreent galei acanthiæ, subiūgit: Τὸν αὐτὸν δὲ τρόπον συμβαίνει ἡ γένεσις, καὶ ἐπὶ τῶν ἀλωπέκων. Postremò fœtus suos intra se recipit, cuius rei testes sumus oculati. Quū enim aliquādo in litore dissecaret, in eius uentriculo catulos uidimus, quos pro cibo deuorasse piscatores existimabant: sed cùm uiui atq; illæsi inuenti essent, eos in metu intro receptos à parente dubitandū non est. Neq; obstat caudæ lōgitudo: etenim quū adhuc parui sunt, & tenelli fœtus, mollis ea est & flexibilis. Id igitur cùm uulpes faciat, paucíq; alij galei qui certissimis notis à uulpe distāt, dubiū nemini esse debet, quin marinā uulpem uerā repræsentauerimus. Vnicus est Athenęi locus, qui nobis obijci potest: Ἀριστοτέλης δ᾽ εἴδη αὐτῶν φησιν εἶναι πλείω, ἀκανθίαν, λεῖον, ποικίλον, σκύμνον, ἀλωπεκίαν, μίαν ἔχειν φησὶ λοφιὰν πρὸς τῷ οὐρανῷ, ἐπὶ δὲ τῆς ῥάχεως οὐδαμῶς. Aristoteles galeorū plures esse species tradit, acanthiam, læuē, uariū, catulum, uulpem, unā habere pinnā in οὐρανῷ, in dorso uerò nullam. At locum hunc mendo non uacare cōstat. Nā si ad omnes galeos qui hîc numerant, postremā sententiā referas, nullā scilicet eos habere in tergo pinnā (λοφιᾶς enim nomine metaphoricῶs pinnā significari in Mustelo Centrina docuimus) id procul à uero abesse, omnibus qui uel galeos uiderunt, uel de galeis aliquid legerunt notissimū est. Si soli uulpi id tribuas, quid id sibi uult unicam habere pinnam πρὸς τῷ οὐρανῷ? Nam οὐρανὸς in animantibus dicitur palatū quasi oris cælum, quod etiam οὐρανίσκος & ὑπερῴα appellatur. quòd si dicas pinnam in palato esse, quid absurdius? legendum itaq; puto πρὸς τῷ οὐραίῳ, id est, ad caudam. Cæterùm nullam in tergo pinnam esse, neq; de uulpe, neq; de ullo alio galeo uerè possis dicere, præterquam de zygæna, quæ neq; in ceruice, neq; in dorso, sed πρὸς τῷ οὐραίῳ λοφιὰν ἔχει, id est, ad caudam pinnam habet, quò fit ut in galeorum enumeratione post ἀλωπεκίαν, ζύγαιναν addendum putem, ad quam referantur ista, μίαν δ᾽ ἔχειν φησὶ λοφιὰν πρὸς τῷ οὐραίῳ, ἐπὶ δὲ τῆς ῥάχεως οὐδαμῶς. Id de uulpe adijciendum, appellatam fuisse κύνα πίονα, id est, canem pinguem à Syracusijs, ut profert Athenæus ex Archestrato.

A. Veram hāc iconē esse Vulpis.

Animal parit.

Fœtus uentriculo recipit.

Libro 7.

Zygænæ pinna ad caudam.

A B

Libro 7.

Ἐν δὲ Ῥόδῳ γαλεὸν τὸν ἀλώπεκα κἂν ἀποθνήσκειν
Μέλλῃς, ἂν μή σοι πωλεῖν θέλῃ, ἅρπασον αὐτόν·
Ὃν καλέουσι Συρακόσιοι κύνα πίονα.

Cum tamen neq; adipem, neq; pinguedinem ullam galei habeant, quòd cartilaginei sint, ut idem Athenæus autor est. (*An κυναπήστερα uel ἀκιπήσιερα? nam supra dixerat Athenæus Archestratum asserere mustelum Rhodium esse ἀκκιπήσιερα. Vulpis piscis odor grauis & ingratus est, ut etiam terrenæ. Ergo acipenser non erit hæc uulpes mustelorum generis, de qua Archestratus scribit, sed alia quædam nisi fortè alicubi non talis sit.*) Ibidem.

NN

COROLLARIVM.

Imago hæc Galei centrinæ eſt, à noſtro quodam ſculptore olim facta ad picturam, cuius archetypũ Cornelius Sittardus pro Vulpe mar. miſerat. Suprà in Muſtelorum hiſtoria, pag. 719. aliam eiuſdem iconem minorem è Rondeletij opere dedimus: & ſeorſim Bellonij de eo ſcriptũ, ſeorſim Corollariũ noſtrũ.

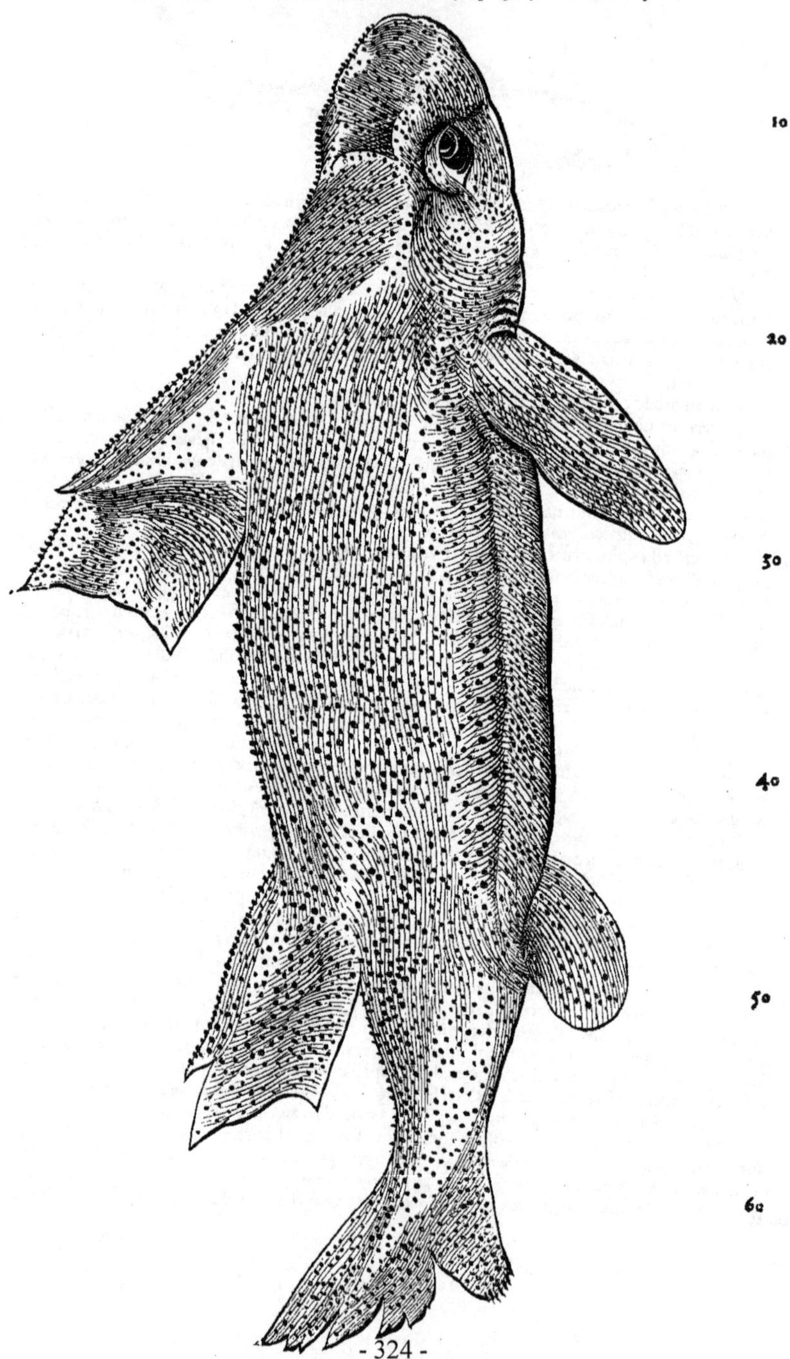

Piscis hic, cuius picturam damus, à quibusdam non rectè Vulpes marina existimatus est, cum proculdubio Galeus centrines sit. Errant etiam qui aprum mar. esse putarunt, propter corij nimirum asperitatem, quę tanta in hoc pisce est ut limam referat. Sittardus cum icone quam mittebat, hæc etiam adscripsit: Vulpeculam hanc uocauit Gisbertus Horstius: ac dicebat hepar eius resolui in oleum, & totum piscem esse oleosum ac pinguem. carnem eius proximè sapore accedere ad uulpinam: edi, sed rariùs capi Romæ. Hunc postea frequenter (inquit) uidi Venetijs in foro piscario, triplo & quadruplo maiorem: ibidem cattus (*immò porcus, ut Bellonius scribit: qui Guatta Venetijs, Massiliæ Gatto, galeum stellatum suum, quem Rondeletius Caniculam Aristotelis facit, appellari tradit*) marinus uulgò uocatur: & copiosè capitur estutcp. Totus pinguis est, & ideo facilè excoriatur pellis. postea capulos gladiorum uestit eleganter & commodè. est enim aspera, & exiccata pulcherrimè splendet: estcp admodum durabilis. Vidi ego principum uaginas superinductas hac pellicula. nam & in Germaniam eius usus gratia importatur. quanquam credã hunc piscem in nostro Oceano quocp capi: nihil tamen certi habeo: Hæc ille.

Galeus centrines.

Vulpecula (ἀλώπηξ,) mustelini generis est, Aristoteles. Vulpes marinæ quæ Græcis alopeces uocantur, pisces è galeorum genere sunt, inter cartilaginea, caniculis similes, Massarius. Aristoteles hunc piscem uulpis quadrupedis nomine appellatum innuit ab ingenij calliditate, (uide inferiùs in D.) Diphilus à gustu ingrato & graui, tanquam quadrupedis: Rondeletius à caudæ longitudine. Oppianus modò ἀλώπεκα, modò ἀλωπεκίαν (ubi γαλεὸν subaudimus, tanquam substantiuum adiectiuo addendum, sicut etiam nebrias, acanthias, & asterias galei dicuntur) nominat. ¶ Archestratus apud Athenæum ἀλώπεκα piscem circa Rhodum, omnium sapidissimũ esse tradit, & alio nomine κύνα πίονα, id est, canem pinguem appellari. Cum igitur uulpes nostra ubicp uilis ac plebeius piscis existimetũ: Archestrati uulpẽ (inquit Saluianus) aut apud Rhodũ solùm eiusmodi esse: aut, præter aliorum antiquorum morem, quod magis credimus, alium ab hoc nostro piscem, tenerum & pinguem, uulpem ab eo uocari arbitrandum. Sed nos Rhodij galei iconem & historiam ex Rondeletio posuimus suprà inter Mustelos, pagina 720. ¶ Vulpeculam uespertilioni adnumeratam ab Aristotele lib. 1. historiæ anim. aliqui interpretantur Vulpem marinam, quam cuteis alis uolare dicunt, Niphus. Mihi uerò Aristoteles omnino de aue quadam uespertilioni aui cognata sentire uidetur. ¶ Vulpes marina Germanicè dici potest, **ein Meerfuchs / ein Fuchßhund**: uel à cauda longa & ensiformi, **ein Schwertschwantz: ein Schwerthund**. nam alius est xiphias, **ein Schwertfisch**, qui ad huius discrimen dici potest, **ein Schwertschnabel**.

Vulpes.

Galeus Rhodius.

Indigenæ Comasci exocœtum piscem, Vulpem uocant, Bellonius. In Caspio mari Caniculæ sunt, non ut istæ nostræ, sed canino planè capite, cauda, pedibus: cuiusmodi suo loco descripta est à nobis marina Vulpes, Cæsar Scaliger in opere de Subtilitate: in quo nusquam alibi Vulpis mar. mentionem inuenio; ut alio quopiã in libro ab eo descriptam suspicer.

B

Vulpes piscis rostrum acutum habet, inquit Saluianus: os mediocre, acutissimis dentibus munitum, &, ut galei reliqui, in supina parte positum: etsi non adeò infra rostrum, ut in cęteris galeis, esse solet. Oculis, foraminibus auditui & olfactui inseruientibus, branchijs atcp pinnis, cum cane galeo conuenit. Corpore autem & cauda, tum à cane galeo, tum à galeis alijs differt. Corpus enim crassius atcp breuius, caudam uerò longiorem multò habet, quàm reliqui: ita ut cauda eius (quæ, ut diximus, falcata & quodammodo ensiformis est) corpus reliquum magnitudine (*longitudine*) nõ solùm æquet, sed superet etiam: in cuius quidem caudæ exortu, supina parte, pinnula conspicitur. Cute tegitur. Ventre est candido, dorso uerò cineraceo. Ventriculum habet amplum, intestina lata: iecur in duas fibras diuisum, & pallidum, cui fellis commissa est uesica: splenem subatrũ. Non minùs quàm canis galeus augetur, adeò ut aliquando, non secus quàm ille, uel ad centenas libras excrescat, Hæc Saluianus.

C

In solis salsis aquis nascitur & degit. Loca autem maris cœnosa potiùs quàm saxosa, & litoribus remota potiùs quàm eisdem proxima, incolit. Aristotele autem teste, oua ad præcordia continet super mammas: quibus, ut descenderint, iam absolutis, fœtus innascitur. Vnde, eodem authore, Vulpecula (quemadmodum & reliqui cartilaginei tum longi tum plani) gignit animal, cum intra se oua pepererit. Soliuagus piscis est: & propterea non gregatim, sed singulares capi conspiciuntur. Carniuorus est & satis ferox: piscibus enim uel grandioribus uescitur, Saluianus. ¶ Cute uolant, ut uulpecula, uespertilio, Aristot. in quibus uerbis aliqui ἀλώπεκα (id est, uulpem) marinam accipiunt. nam hanc cuteis alis uolare dicunt, Niphus. ego omnino de aue Vespertilioni cognata philosophum sentire puto.

D

Vulpes piscis ab astutia sic dictus uidetur. lege suprà in A. Galeos quidem omnes, pisces perquàm astutos esse, apud Stephanum Grammaticum Græcum legimus in Γαλεῶται. Pisces qui uulpes nuncupantur, cum se deglutisse hamum senserint, sibi opitulantur, ut centipedes, (*scolopendræ.*) longiùs nancp sese efferentes hami lineam abrodunt. capiuntur enim locis nonnullis hamo multiplici, gurgite præalto & fluctuoso, Aristoteles interprete Theodoro. Vbi hæc uerba, Capiuntur enim locis nõnullis hamo multiplici, ad scolopendras marinas retulerim, non ad uulpes ut Niphus; sicuti pluribus exposui in Corollario de Scolopendris marinis C. Deinde hæc uerba,

NN 2

Longiùs nanque sese efferẽtes, hami lineã abrodũt, de uulpibus priuatim acceperim, quæ lineã præmordeant. nam scolopendræ alio ingenio se liberãt, seipsas inuertendo. quæ autẽ de Vulpibus dicuntur, ceu per parenthesin accipienda fuerint. Astipulatur sententiæ huic nostræ etiam Saluianus. Aristotelis (inquit) de Vulpis & scolopendræ marinarum in sese liberandis ingenio uerba, Plinius transcripsit: quibus cum & Oppianus sentit. Vnde cum Aelianus scribat, quemadmodũ Vulpes terrena animal fraudulentum existimatur, ita etiam marinæ Vulpi machinatio quædam atque solertia ad declinandas insidias attributa est. Principio enim ad hamum non accedit, aut simul ut hunc deuorârit, statim se tanquam uestem inuertens, & interiora sua euomit, & ad hunc modum ferrum expellit. Hæc inquam cum Aelianus scribat, Vulpi ab eo tribui, quæ centipedi tribuerat Aristoteles, ea potiùs ratione factum suspicor, quòd ipse Aristotelis locum nõ rectè intellexerit, quàm quòd Vulpi etiam id conuenire, experimento obseruauerit. nam cum dixerit Aristoteles, Vulpes cum se deglutisse hamum senserint, sibi opitulantur ut centipedæ, non debet intelligi, quòd eodem astutæ modo utantur: sed quòd simili in periculo (ut interpretatus est Plinius) utraque constituta, utraque suo astu ad euitandum hamum utitur. Hæc Saluianus. Cæterùm Plutarchus in libro Vtra animalium, &c. Vulpes (inquit, interprete Grynęo) ad hamum quidem temerè haud accedit, callida uitans dolum: capta uerò auertitur subitò. potest enim ob natiuã corporis tenacitatem (εὐτονίαν) mollitiemque mutare & inuertere sese. ergo postquam intestina foris omnia effudit, hamus ultro decidit. Aelianus in Varijs (aliter quàm in Animalium historia) libro 1. cap. 5. Vulpes (inquit) non solùm illa terrestris bestia calliditate pollet, sed etiam marina uersutijs plena est. Nam escam quidem non suspectam habet, nec cauet eam propter intemperantiam: sed hamum prorsus etiam contemnit. priùs enim quàm hamiota arundinem trahat, illa prosilit, & funiculum abrodit, ac rursus natat. Sæpe igitur duos aut tres hamos deuorat: nec tamẽ piscator eam uel comedit, uel è mari extraxit. Vulpes marinæ cum se deglutisse hamum senserint, hoc modo sibi opitulantur: transglutientes magnam lineæ partem usque ad tenuiora fila, lineam abrodunt, Vuottonus ex Aristotele: & in Scholijs: Hoc in loco (inquit) libentiùs sequuti sumus ueterem Aristotelis interpretem, quàm Theodori uersionem, ex Oppiani quoque & Plinij authoritate. ¶ Porrò Variæ historiæ 1. 5. aliter Aelianus: Vulpes marina (inquit) escam quidem non suspectam habet, nec cauet eam propter intemperantiam, & hamum contemnit. priùs enim quàm hamiota arundinem trahat, sursum exiliens lineam abrodit, ac rursus natat. Sæpe itaque duos aut tres hamos deuorat: neque piscator ea è mari extracta ad cœnam fruitur. Oppianus 3. Halieuticorum similiter:

Λαιψηραὶ δ' ἀμίαι καὶ ἀλώπεκες, εὖτ' ἂν ἔχωνται,
Ὁρμιὴν ὑπ' ὀδοῦσι διέτμαγον, ἠδὲ καὶ ἄκρας
Καυλὸν ἐπ' ἀγκίστρῳ δολιχώτερον.
Εὐθὺς ἄνω προθόρωσιν ὑποφθάδιοι· αἶψα δὲ μέσσην
Χαίτας. τούνεκα τῇσιν ἐχαλκεύσαντ' ἁλιῆες

Lippius interpretatur, piscatores de cuspide nectere plumbum, quòd pisces cruciet dente remoto: sed aliud est dicere plumbum, aliud καυλὸν ἐπ' ἀγκίστρῳ δολιχώτερον, hoc est, longiorem hami ceruicem. Hanc piscium (ut amiarum & uulpium) in hamo prærodendo astutiam Horatius quoque intellexit: apud quem Sermonum 2. 5. sic legimus: ---- captes astutus ubique Testamenta senum: neu si uafer unus & alter Insidiatorem præroso fugerit hamo, Aut spem deponas, aut artem illusas omittas.

E Vulpis in prærodenda linea astutiam, & quomodo id caueant piscatores, proximè in D. exposui.

F Lynceus Samius pisces aliquot Rhodios Atticis comparans, glaucisco Attico ellopem ac orphum Rhodios opponit: psettis uerò & scombris Eleusiniacis, ac si ullus alius nobilissimus in Attica piscis sit, uulpem in Rhodo dictam. Vide suprà in A.

Marina uulpes tale nomen sortita est, quoniam gustu uulpi quadrupedi assimuletur, Diphilus. Duram, excrementitiam atque concoctu difficilem carnem habet: & non solùm insipidam, sed etiam uirosam. grauem enim adeò atque ferum odorem resipit dum manditur, ut uerè terrestris uulpis saporem redolère uideatur. & propterea ubique uilis atque plebeius piscis existimatur: nec nisi ab infimæ plebis hominibus in cibum admitti solet, Saluianus. Et rursus: Ingrati & ferini saporis est, atque omnis pinguedinis & teneritudinis expers.

H Philologiam requires in Vulpe quadrupede. Gaza alicubi apud Aristotelem pro ἀλώπηξ, quod est uulpes, de pisce, uertit uulpeculam. sed cum ad tantam magnitudinem, ut dictum est, perueniat, diminutiuum nomen non probo.

DE PISCI-

DE PISCIBVS QVORVM VOCABVLA AB X. LITERA INCIPIVNT.

XANTHIAS, Ξανθίας, aliquatenus uirosus est, & tenerior horcyno, Diphilus Siphnius apud Athenæum. Rondeletius pro xanthia mauult xiphian legere, quòd xanthiæ nomen pro pisce, apud nullum alium authorem inueniatur. Ego rem in medio relinquo.

DE XIPHIA, ID EST, GLADIO PISCE.

Xiphiæ iconem elegantissimam Saluianus exhibuit libro 1. suo De piscibus. Pinnas in parte supina aliter quàm Rõdeletius pingit: in descriptione uerò nõ meminit nisi earũ quæ in parte prona sunt.

GLADII piscis, quem Græci xiphiam uocant, effigiem atque historiam copiosam dedimus suprà, elemento G. pagina 452. Hîc Græci eius nominis occasione ἐπίμετρον addemus. Xiphias ab Epicharmo, ni mendum sit, σκιφίας etiam dicitur, Saluianus. ego mendum esse non puto. nam & apud Hesychium idem uocabulum legitur, & σκίφος pro ξίφος: & xiphydria conchæ, aliter sciphydria dicuntur. ¶ Xiphias (inquit Saluianus) à Strabone etiã galeotes uocatur. Verùm cum Strabo de thunnis loquens, inquiat: Ἐκ δὲ τῆς θήρας αὐτῶν πιαινομένων τοὺς γαλεώτας (οὓς καὶ ξιφίας λέγουσι) καὶ κύνας φασίν. hoc est, Ex uenatione autem eorum pinguescere galeotas (quos & gladios appellari) & canes ferunt: ab eo galeotas uocari tum gladios, tum canes, Eustathius, Hermolaus Barbarus, & P. Gyllius arbitrantur: quorum nos repudiamus sententiam. nam cum canis à gladio diuersus piscis sit, haud credendum est eundem piscem, galeotam, gladium, & canem à Strabone appellari: sed potiùs uerba illa [οὓς καὶ ξιφίας λέγουσι] id est [quos & gladios appellari] parenthesi includi, ipsaq; sola ad galeotas referri debent, ita ut eius sententia, galeotes, xiphias etiam dicatur. ex sequentibus uerò καὶ κύνας φασίν: hoc est, & canes inquiunt: illud, & canes, non ad λέγουσι, sed solùm ad πιαίνεσθαι, φασὶ uerò ad utrunq; referendum est. Idem piscis authore Plinio, secundum Hermolai Barbari correctionem, Tomus Thurianus etiam dici uidetur. nam cum in ueteri Pliniano impresso codice, in piscium catalogo legatur: Tynnus, Tranus quem alij xiphiam uocant: Hermolaus sic emendauit, Tomus Thurianus quem alij xiphiam uocant. Verùm si rem diligentius perpendamus, non solùm Hermolaus locum non emendauit, sed (quod pace tanti uiri dictum sit) deprauauit etiam magis. Thynnus enim corrigi debebat, & non Tomus: quando præter id quod nemo Tomi nomine pro pisce usus est unquam, si Tomus legatur, Thynnus piscis adeò notus & celebris in Pliniano catalogo non haberetur. Tranus deinceps cum uerè mendosè legatur, eius loco non Thurianus, sed Thoreneus restitui oportebat. etenim Hesychio quoq; & Varino Θορηνεὺς est ξιφίας ἰχθύς, Hucusque Saluianus. ego pro Tranus apud Plinium, ut ueteres aliqui codices habent, non Thoreneus ut Saluianus, sed Thranis reposuerim: quod & uicinius est, & à Xenocrate usurpatum uocabulum apud Oribasium. Thranis aut Xiphias (inquit) cetaceus est piscis, & in frusta secatur: ori autem ingratus est, scaber, difficilis ad conficiendum, ualenter nutriens, graue olens: quamobrem & cum sinapi comeditur, & in olla paratur: eiusq; præstantior pars est imus uenter. De Tomo quidem Thuriano (*sic ex Athenæo uertit Barbarus, pro Græco nomine* Θυρσίων, *quod Romanis partem canis carchariæ suauissimam significare scribit Athenæus*) plura diximus in Corollario de Gladio, elemento G. de Thursionis autem uocabulo, in T. Galeos à Plinio dictus, idem uidetur qui Galeotes Strabonis, hoc est, gladius, Saluianus. Galeos (inquit Plinius) persequitur & alios quidem pisces, sed pastinacas præcipuè.

Perpensus Strabonis locus. | Plinij locus emendatus. | Galeos. | A

Xanthias aliquantulum uirosus est, & tenerior horcyno, Diphilus. Rondeletius pro xanthia, xiphiam legendum suspicatur, nescio quàm probè. Iouius xiphias interpretatur spathas pisces. uulgò quidem Itali spadam pro gladio dicunt, à Græco spathe. Romæ & plerisque alijs Italiæ locis pesce Spada appellatur. aduertendum tamen in nonnullis locis, non hunc nostrum, qui rostro, sed alium ex galeorum genere Vulpem uocatum, ut qui cauda ensem repræsentet, pesce Spada uocari, Saluianus. Tænia prior etiam Rondeletij, à quibusdam Spase, id est, gladius uocatur, à totius corporis figura.

Habet Gladius utranq; maxillam rostratam: inferiorem tamen breuem & triangularem: superiorem uerò magis osseam, duriorem, longissimam, (bicubitalem nempe aliquando,) atq; ensiformem. Corpore tereti est, à capite statim ualde crasso, deinde ad caudam usque tenuiori sensim facto: in cuius extremo ante caudæ exortum non secus quàm in Thynno, utrinque eminentia quædam extuberat. caudam thynni etiam instar falcatam habet. Non squamis, sed cute tegitur, manibus caudam uersus contrectata, læui: caput uerò uersus, aspera. Ventre est argenteo, tergo ex cineraceo nigricante. B

C Asilo Canis exortu thunni & gladij agitantur. infestat is tanto dolore, ut non minùs interdũ gladius, quàm delphinus exiliat, &c. Aristoteles. Et ab Aristotele mutuatus Plinius: Hoc animal (*Asilus*) se & thynno, & ei qui gladius uocatur, crebrò Delphini magnitudinem excedenti, sub pinna affigit aculeo, &c. Videtur autem Plinius (inquit Saluianus) Aristotelici loci sententiam assecutus non fuisse, quod magis suspicor: aut locus esse mendosus, ad Aristotelicamq́ censuram corrigendus, (*ut non quidem delphini magnitudinem crebrò gladium excedere, sed non minùs delphino interdum eum exilire, legamus.*)

D Ferox & robustissimus piscis est: ac ut diuus Basilius testatur, immanis & horribilis, Saluianus. ¶ Irrumpunt thynni Maio mense in mare nostrum ab Atlantico Oceano, cogentibus Xiphijs piscibus, qui telo à rostro prominente instructi, eos toto mari persequuntur, Iouius.

F Natu grandiores xiphiæ, non secus quàm reliqui cetacei pisces, duram atque insipidam carnem habent: iuniores uerò, teneriores & sapidiores sunt. unde cum omni tempore teneros atque gratos esse testetur Aelianus, de his minoribus intellexisse credendum est: quippe qui sapore uel nobilioribus piscibus comparari possint: etsi carnis teneritudine atque friandi facilitate cum salubrioribus non sint conferendi. eam enim duritie atque mollitie mediocrem, friabilem uerò haud multum habent. & propterea neque admodum facilè concoquuntur (concocti tamen multùm nutriunt) neque undiquaque optimum succum gignũt. Archestratus in Byzantio eum celebrem esse, caudaq́ maximè commendari testatur: nostro uerò iudicio, & experientia, caput eius atque abdomen partibus cæteris dubio procul præferri debent. Elixus gladius (quo etiam modo paratus, suauior est) comedi consueuit. Alicubi autem grandiores, non secus quàm thunni, in frusta dissecti saliri solent, Saluianus.

H Maurus episcopus in libello quem Conuiuium patris Dei inscripsit, Caino (tanquam fratricidæ) gladium piscem apponit.

XIPHYDRIA, uel Tellinæ, conchæ quædam sunt. aliqui xiphidia, alij sciphydria scribunt. Vide suprà in Cochleis in genere, H. a. pag. 278.

XITOS apud Kiranidem. Vide in Smaride cum Mæna.

XYLITES, ξυλίτης, piscis quidam, Hesychius & Varinus.

DE PISCIBVS QVORVM NOMINA AB VLTIMA LITERA INCHOANTVR.

ZIDRACH, aliàs Zydeath, obscuris authoribus dictus, non alius quàm hippocampus uidetur. Vide suprà in Equo marino, pag. 433.

ZMYRAENA, ζμύραινα, pro smyræna, ueteres Græci scribebant. Vide Indicem Eustathij in Homerum, in ζμ. & ζβ. Kiranides etiam Zmyræna scripsit.

DE ZYGAENA, RONDELETIVS.

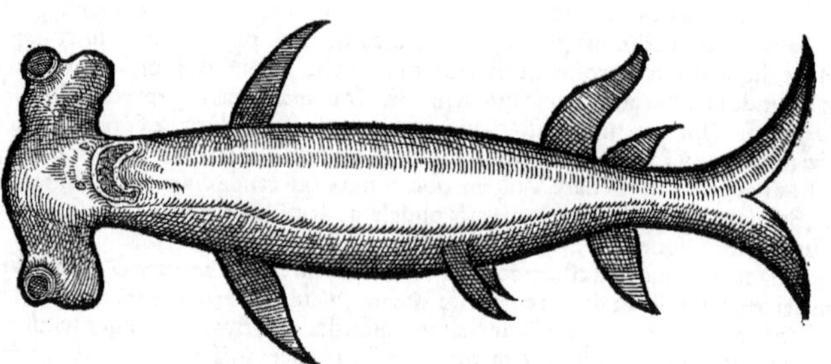

GAZA

ZAZA ζύγαιναν libellam interpretatur. Est autem libella fabrorum lignariorũ, cæmentariorumq; instrumentum, quo, non rectæ parietũ lignorumq; facies, ut inquit ille qui de aquatilibus nuper scripsit, sed rerum in plano positarum æquilibriũ siue libramentum, & neutram in partem propendens situs exigitur. Gallis niueau dicitur. Quo uerò rectæ parietum, lignorumq; facies oculorum nictu pernoscuntur, perpendiculum uocatur, à Gallis le plomb. Quo anguli diriguntur, norma, l'equarre. Quo longitudines, regula siue linea, la regle. Vitruuius: Longitudines ad regulam & lineã, altitudines ad perpendiculum, anguli ad normam respondentes exigantur. Libella igitur ligno transuerso constat, in huius medio aliud erectum est, è cuius summo filum annexo plumbo demittitur. H. a. *Libro 7.*

Hanc figuram piscis iste capite transuerso, & reliquo corpore in huius medio sito aptè refert, quamobrem libella meritò dicitur. ζύγαινα uerò quia ζυγὸν transuersum librile significat, ex quo lances dependẽt. Vel simpliciter ζύγαινα ἀπὸ τοῦ ζυγοῦ, id est, à iugo nũcupatur, quod ut transuersum boum ceruicibus imponitur, ita in zygæna caput ex transuerso situm est. Eadem de causa balista ab Italis uocatur, ab alijs pesce martello, quod malleum etiã referat: eamq; ob causam quidã (*Gilliũ notat*) sphyrænã esse crediderũt, quòd σφῦρα malleus sit, unde sphyræna piscis. Sed hanc opinionẽ improbauimus, quũ de sphyræna tractaremus, ubi docuimus sphyrænã acui similẽ esse, cùm zygæna sit ex galeorum cetaceorũ genere. Massilienses peis iouziou appellãt, non à feritate, sed à tegumenti capitis similitudine, quo olim Iudæi in Prouincia utebãtur. Hispani peis limo, limada, toilandalo. Non desunt qui lamiam dentium similitudine decepti, esse putent. A *Sphyræna.* *Lib. 8. cap. 1.*

Est igitur zygæna piscis cetaceus, galeodes. Brãchias detectas habet in lateribus (*utrinq; quinas, cæterorũ galeorum instar, Saluian.*) os in supina parte. Capite ab omnibus differt, quod ex transuerso situm est, libellæ uel mallei, uel arcus balistæ figura. In utroq; capitis extremo positi sunt oculi. Os magnum est, dentibus triplici ordine dispositis munitissimum, latis, (*planis, Saluian.*) acutis, firmissimis, ad latera (*serræ instar, Saluian.*) uergentibus. Lingua lata humanæ linguæ instar. Dorsum colore est nigro. Venter albo. Pinnæ duæ ad branchias, in dorso nulla, prope caudã duæ sunt exiguæ. Cauda in duas desinit inæquales. Ceruicem, gulamq; habet zygæna. B

Aspectu est horribili truciq;, ac eius occursus nauigantibus & natantibus infaustus inauspicatusq; est. E

Carne est dura & insuaui, feriniq; odoris: ob id Galenus li. 3. de alim. fac. inter cetaceos numerandam censet, qui carne sunt dura, insuaui, mucosa, excrementitia, maliq; succi. Quamobrẽ dissecti sale cõdiendi sunt in uulgi cibum. F

DE EADEM, BELLONIVS.

Zygænam Græci, Libellã Latini uocauerunt, fabrorũ lignariorum & architectorũ instrumentum, è quo dependente perpẽdiculo, rectas (*immò planas, Rondelet.*) parietum ac lignorum facies oculorum nictu pernoscunt: cui instrumẽto quòd is piscis (cuius hîc picturã uides) ueluti adamussim respondeat, Oppianus, Galenus, Aëtius, Plinius, cæteriq; doctiores, Zygænæ ac Libellę (*Gaza tantùm Libellã dixit*) nomen indiderũt: nos uulgò Niuellum appellamus: quod instrumentũ inuersum, quia ad arcus & tormenti bellici similitudinem accedat, Itali Balistã nominare maluerũt. Massilienses à dentium sæuitie Cagnolam, atq; à feritate Iudæum, (*Vide Rondeletiũ in A.*) & fortassis à deceptione Baratellã incerta nomenclatura dicunt. A

Cetaceus est piscis, cartilagineus, rotundus, oblongus, horridus, ac planè monstruosus, Mediterranei (ad Smyrnã maximè) incola, mustelini generis, damnosus magis quàm utilis. Quamobrem natura carnem insipidam, & humanis corporibus noxiã illi tribuit: dentesq; (quos in quinque ordines digestos, numerosissimos, planos, ut Carcharias gerit,) sub cute ad prædã recõditos, atq; oculos prẹter aliorum morẽ in pronã capitis partem excauatos, ut deorsum potiùs, quàm sursum leonina quadam uoracitate conuertat. Cætera pinnis, cute, ac branchijs planè mustelam refert, sed tanta asperitate non horret. B (E) (F)

COROLLARIVM.

Zygæna Romæ (inquit Saluianus) Ciambetta, & in aliquibus Italiæ locis pesce Martello, in alijsq; pesce Balestra, eò quòd sua figura utrunque repræsentet. aduertendum tamen est, non hunc sed Aprum seu Caprum piscem, Romæ pesce Balestra uocari. Græcè ζύγαινα dicitur, ἀπὸ τοῦ ζυγοῦ. nam cum ζυγὸς boum iugum, & libram siue bilancem, significet: his omnibus sui corporis forma zygæna piscis simillimus est. Cum uerò nullus Latinorum (quod quidem sciam) eius meminerit, Latino nomine caret. Quamobrem Theodorus Gaza in Aristotelis uersione, ζύγαιναν, libellam interpretatus est. Verùm cum libella fabrile instrumentum sit, ab Italis Arcopendolo uocatum, ad cuius similitudinem nequaquam piscis iste accedit, Theodorum (ignorata nominis libellæ proprietate) uti libra bilancem significat: ita Libellam, paruam bilancem significare ratum, ζύγαιναν, libellam uertisse suspicor: cum libram potiùs librile ue, aut iugum (*iugariam*) uertere oportuisset, Hæc ille. ¶ Germanicè hunc piscem Massilienses imitati, Iudæum uocare poterimus, ein Jud: nominis rationem reddit Rondeletius: uel malleum, ein Schlegel: uel compositis nominibus, à malleo & capite, ein Schlegelkopff, à malleo & cane (est enim de genere malleorum siue canum) ein Schlegelhund. A

NN 4

Caput hoc Zygænæ depictum Cor. Sittardus ex Italia olim ad me dedit.

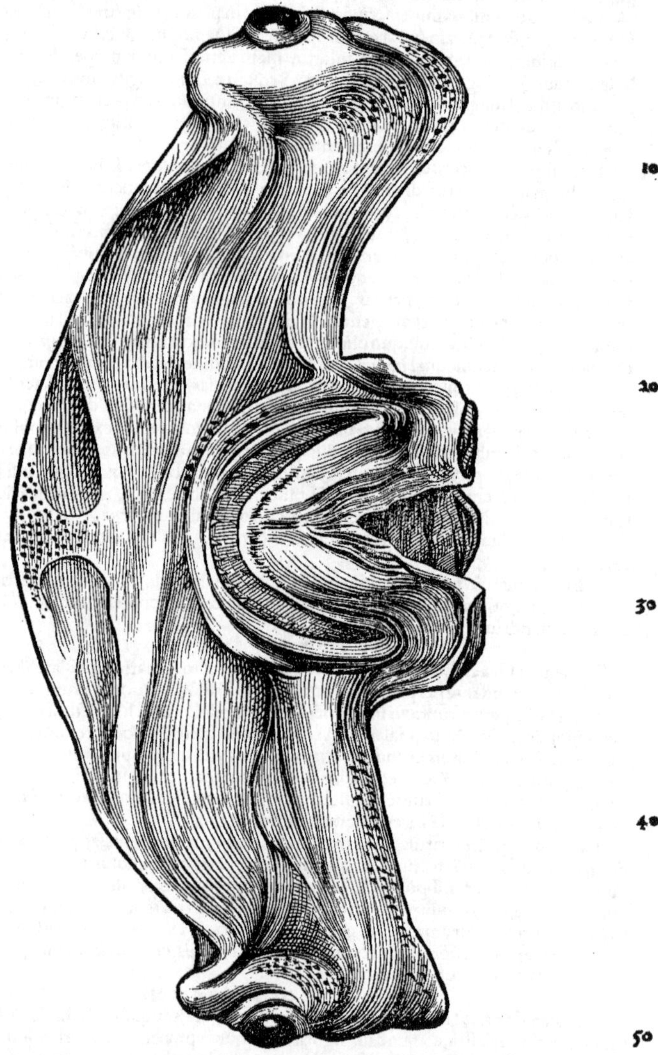

B Zygæna ab Oppiano & Suida cetis adnumeratur: ſed præſtat cartilagineis piſcibus longis eum adſcribere. Propter magnitudinem tamen à Galeno, Aegineta & Aeliano inter cete recenſetur. ¶ Magnus eſt piſcis. editur Romæ, rarò capitur. Venetijs capita in pharmacopolijs quibuſdam uidi, ut credam in mari Adriatico frequentiorem eſſe, Cor. Sittardus in epiſtola ad me. Nullam in tergo pinnam habet ut alij galei, ſed unam ad caudam: qua de re Athenęi uerba à Rondeletio citata & inſtaurata, leges ſuperiùs in Vulpe marina. Zygænæ fel in iecore poſitum eſt, Ariſtot. hiſt. 2.15. Fel iecori adiunctum habent piſces γαλεώδεις, &c. & è longis, anguilla, acus, zygæna, Ariſtoteles hiſtoriæ 2.15. Rondeletius pro ζύγαινα, mauult σφύραινα. ego potiùs σμύραινα. uide in Sphyræna B. Saluianus tamen in Zygæna: Fellis (inquit) ueſica, iecori adnectitur, ut Ariſtoteles etiam notauit. ¶ Zygænæ caput (inquit Saluianus) non rotundum, non roſtratum, non faſtigiatum, neque in latera compreſſum, quale in piſcibus reliquis eſſe ſolet; ſed (quod ei pecu-

ei peculiare est,) in latera extensum, atque transuersum habet. Cuius quidem frons anterior ue pars(quæ utroq; clauditur oculo) uti anterius in semicirculum ferè exuberat: sic ita in aciem acui tur, ut dum celeriter piscis natat, obuios pisces secare posse credatur. In medio extremæ utriusque lateralis partis, oculi sunt magni, rotundi, deorsum potius, quàm in latus aut sursum spectantes. In utraq; præterea ultima frontis parte, oculis proxima, oblongum insculptum est foramen, auditui olfactui'ue, aut utrique (ut arbitror) subseruiens. Os subtus inferiore parte permagnum habet. In dorso pinnas duas, unam capiti proximam & maiorem, (*aliter de pinnarum situ Rondeletius scribit:*) alteram prope caudam & minorem: binasq; alias utrinq;, priores & maiores ad branchias, posteriores uerò & minores in medio uentre: post quas rursus alia unica & parua, prope caudã, è regione alterius minoris in dorso existentis, imo uentri subest. Cauda pinnis duabus inæqualibus constat: quarum superior uertebris fulcitur, ac multò longior est: inferior uerò uertebris caret, breuiorq; extat. Corpore rotundo est & oblongo. unde iure ab Aristotele inter longos pisces numeratur. Non squamis, sed corio tegitur. Venter albus est, tergus (*tergum*) uerò cineraceum. Pro spinis cartilagines habet.

Oppianus ab initio Halieuticorum quinti, terrestres cum aquatilibus animantes, quod ad magnitudinem & uires comparans, leoni zygænam opponit & præfert. -- τίς δὲ λέοντος ἐνὶ φρεσὶν ἀεθεῦσαι ἀλκῇ, ὅσσῃ ῥιγεδανῇσιν ἀνισώσαιτο ζυγαίναις; Idem in primo zygænam βλοσυρὴν cognominat. C

Libella cum sit aspectu infausto, infeliciq;, non est prospera nauigantibus, Aeliano de animalibus 9.49. οὐκ αἴσιον ὁρᾶν, οὐδὲ ἐργάζεται τοῖς ναυτιλομένοις αὐτή γε. Vuottonus ferocissimam esse tradit. (E)

¶ Zygæna uti cetaceus piscis est, ita etiam pelagius & non litoralis: quod Aelianus & Oppianus comprobãt. Quamobrem cum haud longè à litore piscari soleant piscatores, eas perrarò, & minores solùm (ut quæ fortuitu ad litus adnatarint) capi uidemus, Saluianus. Terribilis est, ut Oppianus & diuus Basilius asseuerant: & robustissima. non solùm enim pisces reliquos, etiam magnos, atq; natantes homines, si qui obuij occurrant, suæ frontis acie uulnerare ac subuertere: sed amplo etiã ore & ualde denticulato dilaniare solet, Idem. (E)

Inter duræ carnis pisces à Philotimo numerantur zygænæ, apud Galenũ de alim. facult. 3.30. F

ζύγαινα, uacca, & piscis quidam, Hesychius. Ex instrumentis quorum fabris lignarijs & cæmentarijs usus est, ut meminit Rondeletius, libellam nostri uocant, **ein Bleywaag**. Insubres circa Mediolanum Liuella. Perpendiculum nostri **ein Senckel**, ad rectitudines explorandas, Insubres Piombin: Normam, simile instrumentum, nonnihil uarians, pro angulis dirigendis, nostri **ein Setzwaag/ein Winckelmäß**, Itali similiter Piombin. deniq; lineam siue regulam, nostri **ein Linier/ein Richtschnůr/Richtscheit/Linial.** ¶ De Libella (ut Rondeletius nominauit) fluuiatili insecto, dictum est suprà, in L. elemento. H.a.

Ἦν δὲ νάρκαι, βατίδες, ζύγαιναι, πρῖστιν, Epicharmus in Nuptijs Iunonis. F.

ZYGNIS piscis idem uidetur Cælio Rhodigino 19. 10. qui alio nomine chalcis dicatur, sine authore. apparet autem eum deceptum inde, quoniam lacerta quædam est Chalcidica cognomine, quæ & chalcis aliter dicitur, & zygnis quoque Aristoteli. De chalcide quidem pisce, suo loco scripsimus.

F I N I S.

PARALIPOMENA.

AD LECTOREM.

DVM DE Aquatilibus animantium ordinem literarum sequutus hunc librum condo, multa mihi cognitu digna, præsertim Germanis meis, tum aliunde communicata sunt, tum obseruata per me: quæ olim forsan seorsim complectar. In præsentia quoniam & Volumen hoc nimium excreuit, & ego defessus ad metam anhelo, pauca addam, partim quæ præcedentibus accedere potuissent, si maturius mihi missa aut obseruata fuissent: partim uerò consultò ad finem operis reseruata, ut quorum Latina aut Græca nomina ignorarem.

Numerus prior paginam, posterior uersum indicat. L. legendum. A. addendum. Sunt autem paucæ quædam emendationes, etiam Additionibus admixtæ, & contrà.

Pag. 1. 17. L. Videtur autem uel glaucus, uel canum, &c. 20. Abramis uel Abramis fluuialis) A. per parenthesin (Vide infrà in Cyprinis.)

2. 22. A. Germanicè circunscribatur, ein Meerbrachsmen art. nam & cum erythrino & phagro confunditur.

6. 60. A. Hysca etiam Symeoni Sethi non alius piscis uidetur. Vide in Hycca.

9. 35. A. Zucca Caffæ idẽ aut similis est, cuius in Ichthyocolla meminit Bellonius, z. pro d. per mutato: ut contrà t. pro s. inferiores Germani ponũt, tok quidem per aphæresin ab antacæo factũ uidetur nomen. 58. post hæc uerba, uocat Albertus, A. Vide etiam infrà in Pungitio. 61. à Vergilio descriptum, A. uel à spina factum sit nomen, quam Germani torn appellant.

10. 5. Squamas non habent. A. circa branchias tantùm utrinque tres magnæ squamæ apparent, in sceleto quem habeo, illius quem priore loco pinxit Rondeletius.

13. 23. lemmati COROLLARIVM adscribatur: Quære etiam infrà in Typhle icones ij. & historiæ nonnihil.

13. 28. debet coria. A. Ῥαμφησαὶ pisces quidam sunt Hesychio, fortè acus. 35. uel Pyperfisch. A. Acus Aristotelis trompette Gallis dicitur à rostri figura in fistulam desinentis: unde etiam Germanicè uocari poterit ein Trummeeter. 53. inter pisces nusquam. notetur hîc comma, & A. (nisi quòd inter Nili pisces Athenæus typhlen nominat, Hesychius typhlinum.)

14. 9. uel contrà. A. Chalcides etiam quæ thrissis conferuntur, Hicesio pisces sunt ἀχυρώδεις, ἀλιπεῖς, καὶ ἄχυλοι. 18. post, belonen, notetur geminus: & A. uel potiùs legendum percæ.

16. 45. qui & ophidion, A. (Plura quære infrà in Ophidio, elemento A.) 54. à uarietate pœciliæ, A. (Vide etiam infrà in P.)

18. 10. Liparim A. (ut Bellonius infrà in L. elemento.) 54. rotundis ac nigris, A. (ut thrissæ nimirum.)

19. 22. infra in Ch. A. item de Celerinis Oceani, siue Sardinis mediterranei, quas Chalcides putauit Bellonius. 46. ALABES A. (Ἀλάβης: uidetur autem flecti ut Thales, Thaletis, & μύκης, μύκητος.)

21. 30. A. Vide etiam infrà in Pauone pisce, circa finem.

22. 61. Harengus A. (infrà in Chalcide Harengo etiam asperam illã sub uentre lineã attribuit)

23. 3. L. COROLLARIVM de Alausa. Vide etiam in Thrissa. De Trichide & similibus uocabulis plura dedimus infrà in Sardina: item in Trichide.

24. 2. L. (κλουπαῖα, uel [ut Plutarchus habet in libro de Fluuijs] σκολόπιδος) 25. Capitur in Albi. A. Quære infrà inter Paralipomena, cum Capitonibus fluuiatilibus. 56. A. ¶ A pylcher uel Pylcharde Anglis est Alausa minor, Pucelle Gallorum. Harengo enim similem esse aiunt, sed minorem.

25. 19. post chalcides, distingue, & A. larimos & trachuros.

ADDITIO AD ALAVSAM, CVIVS COrollarium incipit, pag. 23.

ALAVSAE pisces anadromi Argentinæ à Maio mense denominantur, Meienfische (quod nomen alibi in Rheno Leucisci fl. generi, Haselam nostri uocant, tribuitur,) quòd eo tempore in Rheno apparere circa ea loca incipiant. Ab alijs ibidem uocantur Mannemer hengst, quoniam à Mannis (von Mannen) ex Oceano ascendentes ueniant. Alibi Lüßfisch, id est, Pediculi appellantur, nescio quam ob causam. malim ego Laußfisch, per aphæresin ab Alausa. Basileæ Alsen: eum certissimum copiæ salmonum prænuncium esse aiunt, harengo similem, sed multò maiorem. ¶ Piscis est latus (ut piscator peritissimus Argentinensis retulit) instar Cyprini lati. Maio mense migrant, & natandi labore ad tantam rediguntur maciem, ut corpus eorum tantùm non perspicuum euadat. Eodem mense retibus capiuntur, nec aliter. Ad cibum elixantur in aqua primùm, deinde demùm uino affuso perfectè coquuntur.

A pylcherd

Apylcherd Anglis est alausa minor: quæ non ætate tantùm differt (ut quidam putant) à piscibus Herring & Sprat Anglicè dictis, sed prorsus diuersi est generis.

Qui Ziege uel Zige uulgò uel Goldfisch in Albi uocatur piscis, uel ipsa alausa est, uel adeò similis natura ac specie, ut meritò eodem nomine appelletur: id quod cum ex icone eius, hîc ad-

dita, tum historia à Io. Kentmano descripta, liquidò apparet. Zige (inquit) piscis est tenuis & siccus, paucæ carnis: colore pulchro, argenteo, dorso tamen subfusco. oblongus est, non ita latus ut solent esse pisces Goldfisch dicti, qui in Marchia capiuntur: longitudo enim eius ad latitudinem quintupla est. Caput eius, si foris aspicias, harengi capiti non dissimile est, nisi quòd in parte superiore oris scissuram habet. Lingua ei parua, quæ colore nigricat. Dentes utrinq; ad latera in faucibus, mandibulis duabus duris adnati, sicut in eiusdem fluminis piscibus (*de capitonum fluuiatilium genere,*) Ieseno & Dibelo, ut uulgò nominant. Caput & oculi ad aureũ colorem, pauco uiridi permixtum, accedunt. In summis lateribus utrinq; maculæ quaternæ nigræ digeruntur, quarum prima ad summas branchias est, ultima paulò sub initio pinnæ dorsi. Ex Oceano in Albim subit hic piscis, & paulatim consumitur ac deficit. Capitur ut plurimùm in hoc flumine, à festo Pentecostes usque ad diui Iohannis diem, quo tempore Sturio migrat. à Sturione enim è mari in Albim pellitur. Quanquam autem ad uelocitatem & fugam, præ omnibus in Albi piscibus, comparatus sit, mollis est tamen, & quàm primùm ex aqua in aërem subductus perit. Maximi huius generis in Albi apud nos (Misenos) à duabus cum dimidia libris (*sedecim unciarum puto*) ad tres cum dimidia (quod tamen rarum est) perueniunt. Siue assus, siue elixus, non boni saporis est. Si tamẽ præparatum, sale intus aspergas, tum in fumo aut sole leuiter sicces, & ita butyro inunctum super craticula asses, meliùs (ut in hoc genere) sapit. Et quoniam aridi hi pisces sunt, sunt qui in aqua elixant: deinde exemptos condiunt iure è butyro, zinzibere, aqua, & modico aceti: sicuti etiam alios quosdam pisces siccatos condire solent, ut truttas, thymallos, lucios, & cyprinos latos. Quomodocunq; paretur, nullus tamen in Albi piscis æquè ferini aut uirosi saporis est: à quo etiam nomen ei impositum conijcio: ut Zige, id est, hircus dicatur. hircum enim, præsertim insolatus, olet. Hæc Kentmanus. Ab alio etiam accepi Zieg piscem in Albi, alio nomine ab aureo ferè colore (circa caput) Goldfisch appellari. album esse, (*carne nimirum,*) & ita distincta ceu per laminas carne, sicuti salmo. ferinum quid & ingratum olere, ut nisi egregiè aromatibus condiatur, in cibum non admittatur. Capitur etiam in lacu Suerinensi. Aduentantis Sturionis comitem aut ducem esse aiunt. Sed Argentinæ alius etiam piscis, nempe perca fl. minor, (non ætate minor, sed species peculiaris,) Goldfisch appellatur. ¶ Quòd si piscis hic, ut omnino conijcio, alausa est: non rectè quidam alium piscem in Albi, quem Jesen uulgò nuncupant, alausam interpretantur.

27.3. post, confundant, A. ¶ Alburno Ausonij cognatus est Oberkóttichen dictus apud Misenos piscis, quem in Phoxinis describam. coloribus tantùm differt. quanquam & ipsi oculi rubescunt. 25. post simplices, A. (aliquid deesse apparet, pinnarum nempe situm & numerum.) 31. A. Apparet autem non alium hunc piscem, quàm qui Bambele à nostris uocatur, Argentinæ Riemling, de quo plura leges in Phoxinis.

28.40. post Balagro, signa geminum punctum: & A. & in fine Elementi G. in Gustero.

ADDITIO INSERENDA PAGINAE 33. post uersum 17.

Idem piscis est qui Hasele, quasi Lepusculus à nostris, Heßling uel Häßling in Albi à Mi- A
senis uocatur, ut ex descriptione huius fluminis piscium Io. Kentmani facilè conijcio.

Heslingus (inquit) piscis argentei nitoris, oblongus & crassiusculus est. dorsum ei fuscum, & B
crassum, (unde etiam Dickruck, id est παχύνωτος à nonnullis uocatur,) & similiter caput. Squamis mediocriter magnis tegitur. Intestinis, corde, uesica & dentibus, (quos intra fauces occulit,) Coruum uulgò Misenis dictum refert: fel tantùm rotundius habet. Linea utrinq; albicans nigris distincta punctis, à branchijs ad caudam pertinet. Cauda & pinna dorsi, colore sunt subfusco: cæteræ autem quinq;, subcœruleo, (*in nostris, rubicundo.*)

Anno toto in Albi reperitur, nec aliũde immigrat. Circa Annunciationem diuæ Virginis pa- C
rit, eodem tempore quo & Coruus in Albi uulgò dictus: tunc quidem & plurimi capiuntur, & sa
pidiores habentur. Muscis & uermiculis uictitant: & in horum penuria, etiam pisciculis. E F

Raro hi pisces uncias quatuor ponderis excedunt; maximi quidem interdum uncias senas ponderant.

Toto anno capiuntur hamo, uermiculis inescati: item retibus, tempore partus, & extra.
Bonus & satis suauis piscis est, præsertim in aqua (cui feruenti immittatur) conditus, elixusq; ad iuris ferè consumptionem: uel elixus & conditus iure ex aceto, zinzibere, croco, & minutim incisis cepis: uel iure quod à butyro denominatur uulgò. Cum grauidus ouis, in butyro liquato frigitur, optimè (meo quidem palato) sapit.

ALBVS in Thrasymeno Italiæ lacu dictus piscis, Capitoni fl. cognatus uidetur.

39.50. A. ¶ Halecula diminutiuum, semper pro pisciculo accipitur. Alex, unde casus alecē, alece, generis fœm. est, sine aspiratione: etsi in Geoponicorum fine ἅλιξ aspiratum legitur. Halec genere neutro, aspiratur Horatio & Plauto: aliâs non aspiratur, ut Horatio: Siser, alec, fæcula Coa.

40. 12. post hæc uerba, pro pisce uile, distingue: & A. ut Hermolaus accipit, sed pro liquore forsan meliùs. 19. post hæc uerba, inferiùs in Garo, A. ubi hæc ab Hermolao non rectè distincta reperies.

44.4. post amiam A. non rectè.

ADDITIO AD PAGINAM 45. POST uersum 5. inserenda.

DE AMMODYTE PISCE, VT NOS VOcauimus, pro Anglico Sandilz.

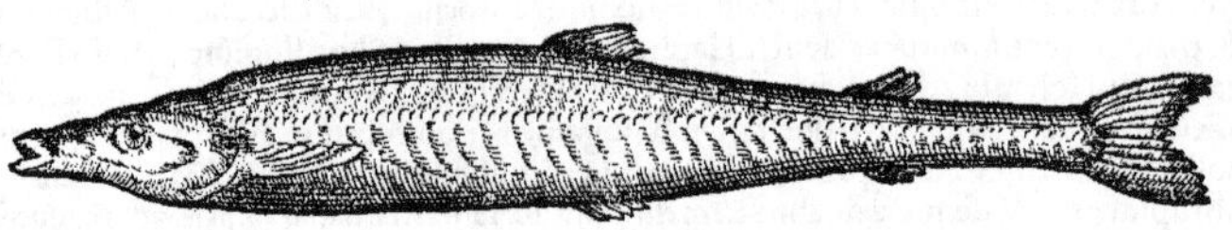

A PISCIS hic, inquit Saluianus, (cuius expictam formam, ac historiam uniuersam, Daniel Barbarus, non solùm quia Aquileiensium designatus sit patriarcha, reuerendissimus: sed splendore etiam Barbaræ familiæ, præclaraq; eruditione atq; doctrina, nec non uirtutum omnium probitate illustrissimus, perbenignè mihi impertiuit.) ab Anglis, apud quos frequens reperitur, Sandilz appellatur, hoc est, De arena anguilla: & Walmester, id est De ponente monasterio. Huius autem piscis mentionem nullam apud Græcos Latinos ue scriptores factam reperimus, reperiri ue posse credimus: cùm Septentrionalis solùm Oceani alumnus sit.

Daniel Barbarus.

B Capite est tenui & rotundo, rostro longiusculo & acuminato, ore paruo: corpore reliquo oblongo, si latitudini conferatur. Nam cum eius medium (caput enim & cauda arctiores sunt) pollicis crassitudinem non superet, longitudo ad palmi mensuram extenditur. Quamobrem sicuti longis, sic etiam et paruis annumerari piscibus debet: cũ neq; pollicis latitudinem, neq; palmi longitudinem excedat unquam. Dorso præterea, (in quo pinnæ duæ reperiuntur, in eo medio una, ac prope caudam altera,) subcœruleus. Ventre uerò, (in quo præter binas, quas utrinq; habet pinnas, una etiam alia post excrementorum orificium subsistit,) argenteus conspicitur.

C Septentrionalis Oceani piscis est Sandilz. frequentissimè enim in Britanniæ (quam nunc Angliam dicimus) litoribus capitur: reperiturq; & in Bononiensi litore, ubi Sandilz quoque uocatur.

D Quibusdam anni temporibus hi pisces, siue maiorum piscium iniuriam fugientes, siue suopte naturæ impulsu, aqua derelicta, sub arenam ipsam penetrant. Quod cum nonnullæ longioris rostri aues aduertant, ad illa litora aduolantes, eos ex arena expiscantur. Quibus accolæ illorum locorum admoniti, lineis sacculis, aut ligneis uasculis, in quibus captos pisces condant, acceptis, ad litora frequentes ueniunt: ibiq; singuli suum quoddam pedale lignum pectinatim incisum habentes, pariq; interuallo, ac certo ordine, per rectam lineam omnes collocati, pectinata ligni parte in arena defixa, eam, paulatim semper retrocedentes subleuant, piscesq; unà cum arena subsilire, co actos (*copiose*) capiunt, &c. Hic piscis si ex piscatorum manibus in arenam fortè delabatur, celerrimè ac profundè adeò sub arenam penetrat, ut nullo prorsus modo capi rursus queat. Quam sub arenam penetrandi facilitatem, etsi Aristoteles serpenti marino tribuit, non ob id tamen hunc marinum serpentem esse arbitrari possumus: cum congro corpore ac colore proximus non sit: sicuti, eodem Aristotele teste, marino serpenti cum congro conuenire debet.

F Piscis est Sandilz sapidus satis: & sua copiosa captura haud mediocriter pauperum necessitatibus succurrit. Hactenus Saluianus.

A Ego Ammodyten hunc piscem Græco nomine uocare uolui, ab eo quòd arenas subeat: sicut & serpens

& serpens quidam ammodytes, ab eadem nimirum natura appellatur: & Callionymus piscis, Hesychio teste, alio nomine Psammodytes appellatur, quòd in arena se occultet. felicius quidē Angli eodem nomine Anglico, siue potius Germanico, & hanc eius naturam, & formam Anguillæ similem exprimunt. Cognatus huic uidetur piscis, qui alicubi in Anglia **Spꝛall oyle** nominatur. *Spꝛall oyle.* hunc enim similem anguillæ esse aiunt, sed caput habere ut piscis fundulus, colore cinereo, maculis nigris, dodrantalem. Eundem Flandri **Pymper ele** (aliqui **Pype oyle**) uocitāt. è Flandria *Pymper ele.* in Angliam importari audio: à pharmacopolis aliquando seruari in uitreis uasis aqua repletis: longum esse dodrantem, toto corpore nigris maculis refertum, ore lampetræ simili, barbato: pinnato dorso, & alecis cauda simili. Sed hi fortè pisces illi uocales sunt, quos Pœcilias ex Pausania appellauimus, &c. Ego hæc, ut à peritioribus, quibus uernaculæ hæ uoces, res'q; ipsæ cognitæ sunt, iudicentur, propono. quid enim ipse statuerem? qui à diuersis hæc auditione accepi, à quibus aliqua esse confusa, aut non rectè exposita, fieri potest. Videtur & Piballa hîc non ommittenda, *Piballa.* de qua Cæsar Scaliger: Santonica (inquit) uox est Piballa: pisciculus tenuis, uermiculi specie, anguillarum more natans, colore candido. Maritimæ naturæ consulti, aiunt, esse Anguillarum prima rudimenta. quod si ita est, eadem in hisce proportio fuerit, quæ in Thynno describitur apud Plinium, &c. ut ætatis initia Piballa sint: adultiores Pimperneaus dicantur à Francigenis: perfecta communi nomine agnoscatur. Eadem diligentia etiam apud Adriaticos, certis nominibus attributis. ¶ His scriptis occurrit mihi in Kentmani piscium Albis descriptione, is qui **Spirahl** apud Misenos uocatur, idem fortè cum eo quē paulò antè ab Anglis **Spꝛall oyle** nominari diximus. Piscis (inquit) est longus, subfuscus, specie qua reliquæ anguillę: lubricus, absq; squamis, rostro & capite acuminato, spina dorsi (simplici) ut in cęteris anguillis, absq; aliis spinis. E mari in Albim ascendit, nec durat, sed cōtabescens & pallore affectus moritur. Anno toto capitur. Vere circa mediū quadragesimalis ieiunii gregatim migrat. Maximi dodrantes duos longitudine nō excedunt, neq; digitum crassitudine. Nō admodum sapidus est piscis, siue assus, siue elixus: Recentes aliqui super craticula assant, sicuti lampredas illas, quas Miseni enneophthalmos nominant, (*alii Germani priccas:*) alii iure acidulo cōdiunt, quod constat aceto, croco, pipere, & cepis minutatim incisis. Saxones, apud quos magna eorū copia capitur, infumatos per annum seruant, & cum ad cibum eos parare uolunt, in aqua feruida modicè coquunt, tum corio detracto super craticula assant. Sunt qui minutatim cōcisos cum olere acido (*aceto condito, ut brassica capitata ferè condiri solet,*) coquant, uel cum pastinacis, brassicá ue recente pro familia.

45.21.A. Vide etiam mox quæ post Andromidem Bellonii annotauimus.

ADDITIO AD PAGINAM 45. POST uersum 21. inserenda.

DE ANARRHICHA, VT NOBIS VOCARE libuit, Oceani pisce.

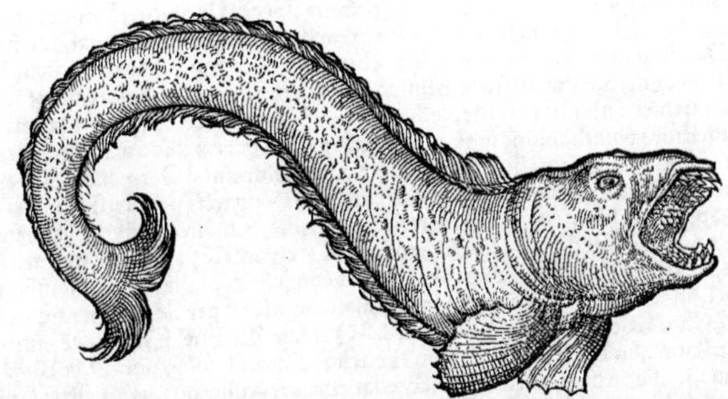

KLIPFISCH est piscis magnus Oceani Germanici, cuius iconem Ge. Fabricius ad me misit, & descriptionem adiecit. Hic piscis (inquit) à Balthicis populis suo nomine Σκώπελος dicitur. **Klip** enim ipsorum lingua scopulum significat. Vnde **Klipfisch** dictus, uel quòd scopulos ascendat, id enim facere dicitur: uel quòd in scopulis latitet. E naribus paruæ quasi fistulæ, quas ex auenis rustici faciunt, eminent: & propter superiores dentes in capite tuberculum est. Dentibus imprimis terribilis, quos non solùm usitato animalium more, in superiore & inferiore mandibula, sed in faucibus quoque gestat, & in ipsa lingua. Anteriores rotundi & acuti, reliqui molaribus humanis similes, nisi quòd in media fauce (*palato medio*) nostris sunt grandiores. Positi autem sunt duplicata serie omnes, in inferioris mandibulæ parte una octo, & in altera annexa quinq;: neque aliter in parte è regione opposita: Superior mādibula plures acutos habet propter fauces, in quibus tres duplicatæ series, media præcipuè decē grandibus molaribus munita, quin in lingua ipsa molares sunt. De utraq; maxilla infra branchias pinna propendet, capitis altitudinem, si erigatur, æquans. Dorsum pariter & uenter à fine capitis usq; ad caudæ extensionem pinnas habent, quæ secundum corporis quantitatem ipsæ quoq; (*ut corpus*) paulatim minuuntur: hæc Fabricius, ex sceleto, ni fallor. Cauda est bifurca, æqualis utrinq;. Voracem & ualidum esse apparet, tum aliâs, tū caudæ ictu. Ego Anarrhicham nominare uolui, (id est, Scansorem) à Græco uerbo ἀναῤῥιχᾶσθαι, quod propriè manibus pedibusq; nitentem & prensantē (hoc est, omni ui corporis) sursum scandere significat: nostri dicunt kletteren. Ἐπειδὰν τῶν μὲν ἄλλων οἱ δὲ σοὺς ἱστοὺς ἀναῤῥιχῶνται; Gaza ex Cicerone, ubi is dixerat: Cum alij malos scandant.

45.31. A. Hæc Bellonius. Ego uerò nō dubito, quin andromis Plinij, corruptū sit uocabulū, ab anadromis. anadromos enim Græci uocant generis nomine, pisces è mari subeuntes fluuios. nam & nomen accedit, & salubritas, proxima post saxatiles: & in eodem morbo conceduntur. Porrò Dromillā Bellonij, circa lacum Lemanū Dormille uocant: eandem, ut audio, mustelæ minimæ, id est, fundulo nostro, ut in epistola ad me scripsit Io. Ribittus.

51.25. post, capiant, distingue, & A. Athenæus.

52.40. post, claram, A. (quod etiam de congris quidam tradunt,) 41. post Elluchasem. A. Congros Hicesius scribit σκληροτέρους εἶναι ἀγκλαίων (aliâs ἐγχέλεων, quod placet) καὶ ἀραιοσαρκοτέρους τε καὶ ἀτροφωτέρους, εὐχυλίᾳ τε πολὺ λειπομένους: δυσστομάχους δὲ εἶναι.

ADDITIO AD ANTACAEOS, PRO pagina 61. uel 62.

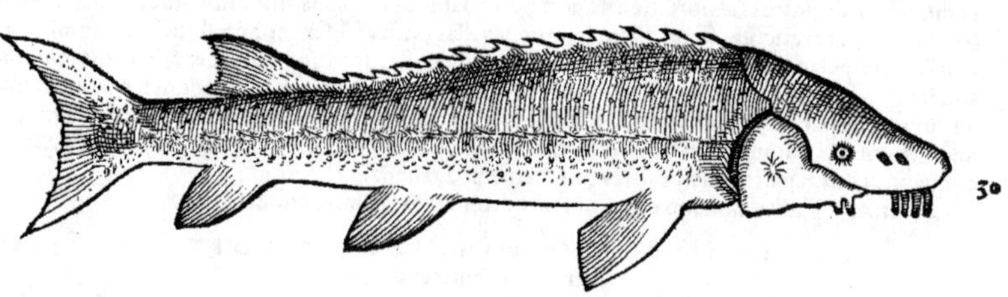

ANTACAEI speciem esse hunc piscem, primus aspectus loquitur. Iconē eius Geryon Seilerus summus & celeberrimus Augustanæ Reip. medicus ad me dedit, sine aliquo nomine. Straubichij in Danubio captū aiunt. Hunc Antacæum, stellarē cognominare libet: sicut & galeus quidam stellaris cognominatur. Pictura in linteo satis magno expressa, colorē ubiq; ferè cœruleum ostendebat: uenter candidior est ad roseū inclinans. Spinæ in dorso, & stellæ (quæ spinis delapsis relictæ uidentur) pallidi coloris sunt: puncta etiā passim uel è pallido albicantis, uel fusci Indiciue coloris sunt. ¶ Cognatus huic fuerit, qui in eodem flumine à Germanis Tick appellat, quod nomen ab Antacæo uideri potest per aphæresin factū: Vngari Tock uel Tück, uel Tockhal (hal piscis est) appellant. Idem aut similis fuerit Zucca Caffæ, cuius in Ichthyocolla meminit Bellonius, z. pro t. posito. Vide suprà in fine Corrollarij ad Acipenserē pag. 9. Alius puto, sed similis est, quem ijdem Vngari Schwreg (ab oxyryncho, ut coniicio deprauato nomine) uocitant: aliqui recentiores Latino nomine ad uernaculum formato Scurionē per Sc. non per St. de quo plura leges suprà, Corollario II. ad Silurū, pag. 1048. Quidam Tick uel Sick piscē mihi retulit in Danubio capi, non quidē Viennæ, sed inferiùs circa Pestum, ut uulgò uocant, & Budā: mole corporis quæ ad xxv. libras (sedecim unciarū) accedat, cute uaria undiquaq;, & stellata similiter, ut in exhibita hîc à nobis icone: sed rostro differre: quod longius & gracilius sit q̃ uel in hac nostra icone, uel in Husone, anserino ferè simile: cætera Husoni similem esse, sed minorem: ideoq; ab imperitis Husonem paruum esse putari. Hic an sit Galeus Rhodius, quærendum. Viennæ audio piscem illum, quem nos Silurum fecimus, paruum adhuc, ut pedem aut cubitum non excedat, appellari ein Sick: adultiorem uerò ein Schaiden.

Antacæus stellaris.

Tick.

64.48. Labra habet, A. (*prominentia nimirū, sicut Turdi quidam, quibus cognatus uidetur hic piscis.*)

66.22. ex Eustathio, A. Varinus. 55. λύνων A. (carmen hîc non admitteret λύκων.) In fine paginæ A. Is Tænia est Rondeletij.

68.20. post, authores sunt. A. Sed χονδρώδη omnino legerim. quoniā & scorpios χονδρώδεις esse, eodem authore legimus. 46. A. Turdis ex aspectu picturæ cognatus mihi uidetur.

70.26.

70.26.post, reponendum sit. A. (*Pro σκάφρου legendum σκάρου cum Eustathio. fluuiatilem autem pro apro Acheloi accipio. Vide infrà in Porcis.*)

Pag.72. Ad iconem Aporrhaidis Rondeletij, adscribe: Accedere uidetur ad pentadactylum Purpuram Bellonij.

77.52. ad lemma COROLLARIVM, adscribe: *Plura uide infrà in Corollario Gobij A.* 59. post hæc uerba, separari non debet. A. Alij cottum nominant gobij fl. genus, ex Aristotelis historia 4. 8. ubi Græcè βοῖτ☉ legitur. uide infrà in Gobijs.

82.49. post nomen sumpsit, distingue, & A. ut quidam scribunt. Verùm natex, non narica, apud Festum, nomen à natando sumpsisse uidetur. 57. post hæc uerba ἐν τεύτλοις ἦν, A. Διὰ δὲ λωτὶ κάτης ἑψόμενον ἡμέρας ἤδη.

88.26. Lemmati A. Nomina Germanica uide infrà in Corollario de Pastinaca.

89.17. post, interpretatur, punctum geminum nota, & A. de eo pisce sentiens, qui ex asellorum genere Eglefin uulgò à Gallis nominatur, à rostro opinor aquilino, quale ei tribuit Rondeletius, egle enim Gallis aquilam sonat.

89.58. post, excauati. A. (*Aristoteles historiæ 9.37. idem de serpente marino scribit, quem Congro similem facit.*)

93.16. post adieci, A. superiùs pag. 90. ¶ 42. Torpor A. dicitur. Et mox eodem uersu, post factum A. fuerit.

Cancellus, quē aliqui uulgò Auenā uocant. Scaliger Squillā minimam à Vasconibus Ciuadā uocari ait: id est, Auenā. pugillatim enim (inquit) deuorant, sicut auenā ueterinæ.

95.56. expressit. A. Effigies eius hæc est.

96.8. A. Vide quæ scripsi in Rota. 14. L. inter cete pelagia & terribilia numerat, κερὼς cognominās ἀργαλέας. 16. A. Nō probè igit̃ Lippius uertit arietes marinos mitiores esse terrestribus: tanq̃ à mansueto huius pecoris ingenio nomen eis positū sit: quod ego à formæ aut cornuū aliqua similitudine eos inuenisse putârim. ¶ Inter uersum 9. & 10. hæc insere. ARGENTILLVS nominatur à Mauro episcopo, in Conuiuio patris Dei, ubi hunc piscem Iudæ apponit, ut Vmbram Lazaro, Serram Isaiæ, & alios alijs singulorum historiæ conuenientes. Ponit autem ea tantùm pisciū nomina quæ ab authoribus usurpata sunt: unde et Argentilli nomen nō fictum ab eo, sed uel uulgò, uel etiam literatis suo seculo de pisce aliquo in usu fuisse iudico, nam apud scriptorē alium hactenus nō reperi. factum autem id esse à colore argenteo, apparet: unde & alburnū piscem Ausonius, & leuciscos quosdam tum marinos tum fluuiatiles appellarunt Græci.

100. Sub lemmate DE tertia asellorum, &c. A. *Quidam hunc nō rectè hepatum esse putarunt: quod in Hepato reprehendit Rondeletius.*

106. iconi superscribe: *Vide scripta ab initio huius capitis super hac icone.*

25. post hæc uerba, *in Corollario primo. A. De Gryllo lege infrà nonnihil, Corollario tertio de Asellis, &c. & de Ophidio plura in O. elemento.*

107.6. post hæc uerba, ut banchus A. (*Atqui pro illo etiam in Athenæi codicibus βάκχ☉ legitur. & banchus, βάγχ☉, nusquam apud Græcos reperiri puto.*

ADDITIO AD ASELLVM CALLARIAM, DE quo scripsi Corollario I. de Asellis, pag. 107. uersu 5. & deinceps.

ICON hæc (à Cornelio Sittardo mihi communicata) piscis est, quem descripsi in Corollario de Phycide A. Vide etiam in Corollario de Tinca A. pagina 1179. uersu 44. & deinceps. A

Piscem nostrum (inquit Saluianus) qui Romæ Tenca marina & pesce Fico uocatur, ueterum Græcorum φυκίδα esse contendit Rondeletius, ea coniectura (uti arbitror) persuasus, quòd uulgari Romanorum appellatione pesce fico appelletur. Verùm præter id quod friuola & uana hæc coniectura est: (quum hic piscis propterea quòd maturissimi & passi fici instar, mollis, flaccidus, & non succi plenus sit, Romæ fico uocetur, & non quia hæc eius uulgaris nomenclatura ex ueteri Græca deducta sit:) id etiam opinari rationi dissonum est. Nam cum Athenæus, Aristotelis authoritate, phycidem ποικιλόχροα καὶ ἀκανθοστεφῆ: id est, uarij coloris, & spinis uallatam uel coronatam appellet: Speusippus uerò (apud eundem Athenæum) Percam, Channam & Phycidem similes faciat: quo pacto hic piscis noster, qui neque uarijs depictus est coloribus, neque spinis uallatus: quicq; nil minùs quàm Percæ & Channæ similitudinem repræsentat, Phycis dici poterit? Propterea non Phycidem, sed Callariam hunc esse asseueramus. neq; id temere. Nam cum inquiat Plinius: Callarias asellorum generis, ni minor esset: uti Callariā Asellis congenerem & minorem esse testatur: ita nos hunc piscem nostrum, quippe qui Asello similis est atq; minor, Callariam esse iure censemus, &c.

OO 2

B Callarias ad minoris aselli similitudinē proximè accedit, capite enim lato est, & presso ore magno, & ualde denticulato: atq; oculis etiam magnis & aureis. Vix pedalem excedit mensuram. Lapillos duos in capite habet. Color ei cineraceus, ut Asello. Squamis minutis contegitur. Corpus totum oblongum & latiusculū est. Ventriculum habet amplum, intestina lata: hepar magnum & subalbum, cui fellis hæret uesica.

C Marinus piscis est, & litoralis potiùs quàm pelagius, in cœnosisq; litoribus degens.

F Piscis est haud suauis, & propterea ubiq; ferè plebeius, & parui precij esse solet. Carnem habet satis mollem, sed non friabilem, concoctu facilē, sed excrementitiam. Frixus aut assus palato minùs ingratus est, quàm elixus.

113. 61. A. (*Vide infrà in E. elemento de Elephanto.*)

115. 17. A. (*Bellonius picturas suas à librarijs transpositas conqueritur, nempe locustam in astaci locum.*)

117. 20. post, dixit, A. (*In nostra Athenæi æditione libro 7. κάμμαροι legitur per duo α.* 28. L. camarus (per m. simplex, et A. in aconito autem κάμμορος legitur. 33. post Macedones, distingue, & A. Varinus. apud Hesychium κομμάραι tribus syllabis legitur.

132. 22. L. uide in Corollario 1. de Asello, et in Mugilis labeonis Corollario. 32. post uerba, *diuersas habes*. A. *Idem est cetus Britannicus infrà exhibitus, pagina 251.* Descriptiones enim conueniunt, cũ aliàs, tum quod ad laminas in ore corneas, dentes nullos, etc. Vide quæ scripsi infrà, pag. 252.

138. Supra primam picturam, adscribe. *Videtur Olaus has picturas effinxisse, scriptoris cuiusdam obscuri uerbis (quæ infrà in Cetis in genere E. referemus) commotus. Cetos quidem* Nonwersfrack *&* Nußwal *Germanicè dictos, priuatim naues subuertere legimus.* Tertiæ uerò et infimæ eiusdem paginæ iconi adscribe: *Vide Aspidochelone inter cete. An crustas quasdā habet scuti, uel chelonij, id est, testudinis corij instar?*

140. 40. post, Athenæum. A. Hippuris inescãtur iuli, Oppianus.

142. 35. post, Poulsepieds, A. (*Rondeletius Vrticã rubram suam ab aliquibus Poussepie Britannorum uocari scribit.*)

143. 4. A. Plura uide inferiùs in Cōcha rhomboide, seu Balano Bellonij, ex Xenocrate et Galeno, quæ huc relata oportuerat, in F.

146. 6. A. Hi an Alaudis Rondeletij sint cognati, quærendum. 25. A. Vide etiam in Glanide B. in Corollario. 37. post, cothus A. (*cottus.*)

149. 32. post, nō item. A. *Rotoneti Romæ quòd corpore sint rotundiore. Vide infrà in Smaride post Mænam: ubi horum etiam piscium affinitas & differentia pluribus explicatur.*)

152. inter lineam 28. et 29. interscribe: BRACHYCEPHALI et Siones mali succi sunt, et grauis odoris: segnem materiam trahunt et gignunt, Xenocrates apud Oribasium. ¶ 30. post, Membrade, distingue, et A. et infrà in Corollario de Turdo H. a.

Eâdem

Quam Saluianus exhibuit Callariæ iconem Historia 87. huic satis similis est: sed dorsi pinnam, & quæ à podice incipit supinam, digitum ferè citra caudã terminat.

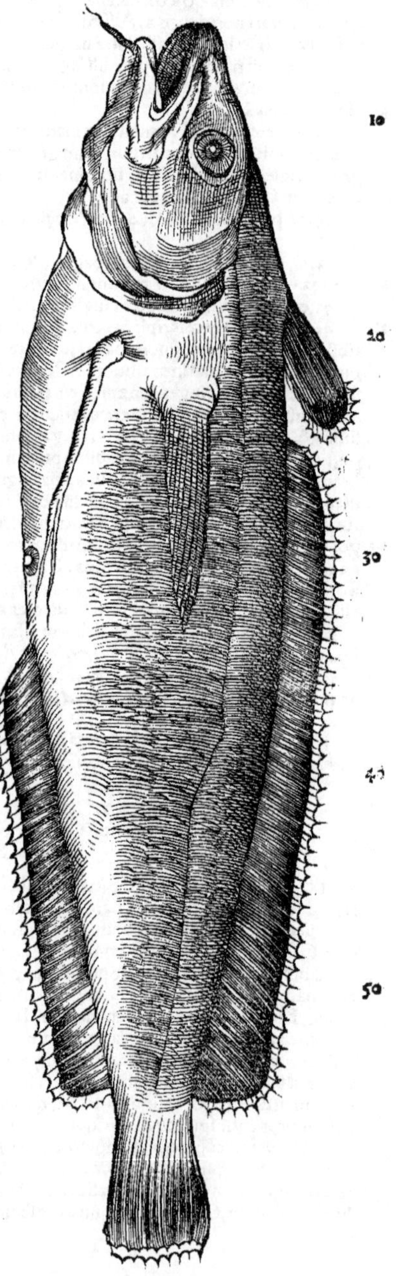

Eâdem pagina inter lineam 30.& 31.A.BRETHMECHIN(Arabico uocabulo,ut conijcio) nominari aiunt belluam, cuius iconem hîc damus, cuius nobilis & doctissimus uir Theodorus

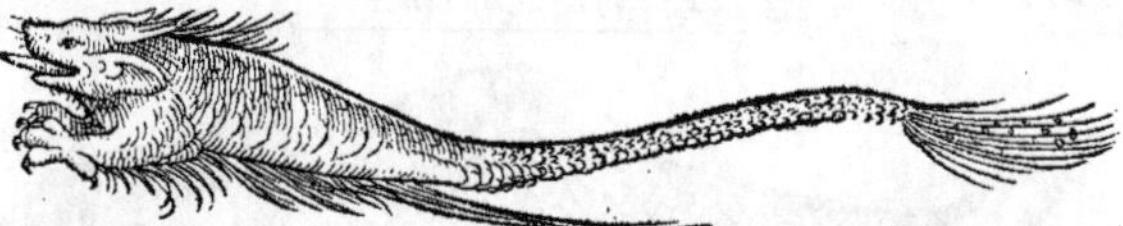

Beza participem me fecit,& addidit (nimirum ut à mercatoribus accepit,) inuentam esse in Iaua insula, nostro tempore, anno Domini 1551. Aprilis die 14. longam circiter decem cubitos fuisse inter caput & caudam:altam cubitos duos cum dimidio:animal esse amphibium, ad uiuum depictum. Pictura magna ex parte rubri coloris est,quibusdam in locis cœrulea,&c.Cauda ubi instar equinæ diffunditur, diluti coloris cœrulei est, punctis distincta rubris. Vngues leonini ferè aut pantherini uidentur:ut cauda quoq; pantheræ caudam referre.

154.20.Margini adscribe: *Recitat hæc Bellonij uerba Rondeletius in Purpura C.& refutat.*

155.46.Initio segmenti G.adscribe: Galeni de eis uerba ex libro 11. de Simplicibus ponam in Purpuris. Remedia quæ infrà Muricibus attribuuntur, buccinis quoq; conuenient. nam Plinius ceryces modò buccina,modò murices conuertit. Idem remedia plurima muricibus & buccinis ustis communia facit. Vide infrà in Muricis Corollario G. 60.uetustis A.parotidum.

160.14.post,spinula,Syluaticus.A.Spinula quidem scorpius est.

177.60.nominetur.A.Iconem adiunximus,qualis olim ad missam à Sittardo imaginem sculpta est,licet à Bellonio posita satisfacere potuisset.

Gallus marinus uulgò.Cancer Heracleoticus Bellonij.

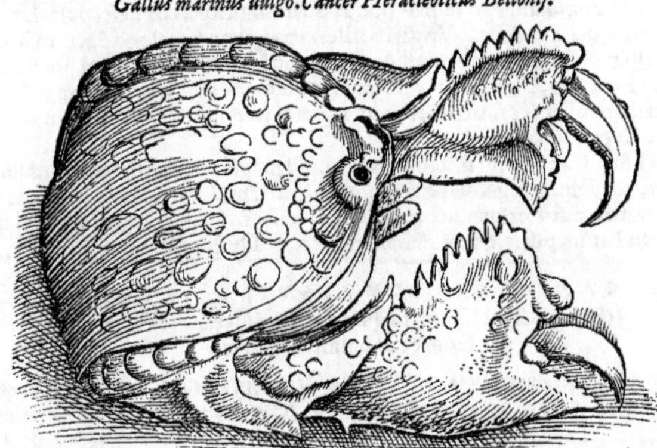

178.Sub lemmate de Cancro Mæa,&c.A.*Vide Scaligerum in libro de Subtilitate.* Eadem uerba A.pag.181.sub lemmate de Paguro.

189.21.A. Rõdeletius in Squilla parua scribit σκύλλαρον genere neutro per y. in prima.sed scyllaros mihi genere masculino dicendum uidetur. Τῶν ῥ̓ ἣ καλῶσι σκύλλαρον, Aristoteles historiæ 4.4. Σκυλλάρων generis neutri sit oportet:sed ubi Aristoteles eo sit usus non occurrit. In ima pagina ad concham quæ è regione dextræ est,adscribe: Testa hæc Neritæ uideri potest, quòd buccino similis sit:ampla tamen,&c.

199.49.post, Athenæo A.(*& Oppiano lib.1.*) Deinde in fine eius historiæ A. hunc uersum à nouo initio:

BELLONIVS hunc piscem Mustelum uarium seu stellarem nominat: cuius uerba ponam infrà cum Mustelis.

Deinde sub lemmate de Canicula Saxatili,subscribe: *Gillius & Bellonius galeum stellarem hunc esse putabant,sed reprehendit eos Rondeletius.*

201.6.post,rhina.distingue,& A.ut neq; Aelianus. 35. post,musteli A. nam κεντρίναι absolutè uocantur,tanquam genus à galeis diuersum,quamuis & ipsi pisces sint γαλεώδεις.

210.11.πύρπνος,A.(al' πυρπνόος.)

214.Caprisci historia post capitonis fluuiatilis historiam poni debuerat, ex ordine literarum. Eâdem pagina sub lemmate COROLLARIVM, adscribe: Vide infrà in Mure pisce, elemento M.

217.26.ab initio uersus,adscribe: In piscatorijs Bauarorum legibus,interdicitur, ne breuiores duobus palmis,uel septem digitis,capitones fluuiatiles capiantur.

OO 3

ADDITIO AD CAPITONES FLVVIATIles, pag. 217. post uersum 45. inserenda.

Capito fl. simpliciter dictus.

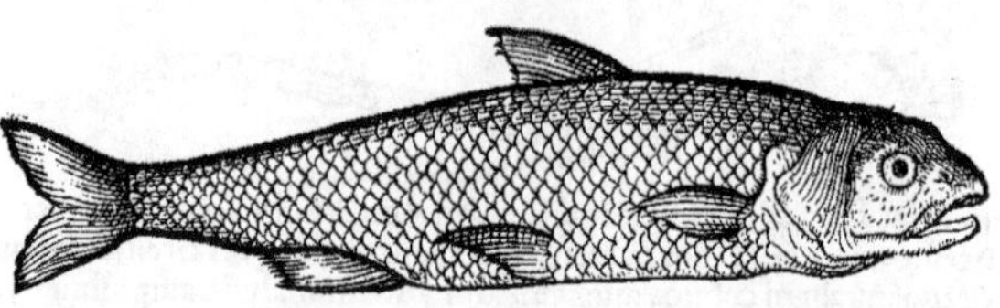

CAPITONIS fluuiatilis genus unum tantùm descripsimus suprà elemento C. ubi etiam iconem eius ex Rondeletij libro apposuimus. (is Coloniæ Munne nominatur.) Hic aliam eiusdem piscis exhibemus à Io. Kentmano missam, Germanico nomine Siebel inscripto, sine alia descriptione. itaq; dubius, cum hoc nomen nobis & uicinis Germanis inusitatum sit, rursus eundem piscem, diuersum esse suspicatus, sculpendum curaui. Eundem autem esse puto ex Ge. Fabricij ad me literis, quarum hæc sunt uerba: Siebel piscis in Misena montana Elte (*ab alijs* Alte, *à nostris* Allet) uocatur. Capitur in Albi, teres (ferè) & crassus: squamis obsitus albis: inter eos qui assari solent non postremus. Dobula à Baltasare Trocho dicitur, uocabulo Germanico, quo etiam in Marchia utuntur. Hæc ille. Christophorus Salueldensis Murilegulos pisces Latinè nominat, qui Germanicè Seueln dicantur. Vorant (inquit) aquaticos mures. ¶ Circa Argentinam quidem uulgò Müsesser, id est Muriuori dicuntur. quod si uerum est, Græcè myotheras appellâris, sicuti & serpentes quosdam. ego muscis potiùs quàm muribus eos uesci putârim. ¶ Bohemi nominant Tlausie, uel Tlauslie. Vngari Szeleskezeg, ut in Catalogo piscium Vngariæ reperi: sed alius catalogus ad aliud capitonis fl. genus, quod Nerfling Germani uocitant, id nomen refert. ¶ Idem Encelius ab his piscibus, & alijs quibusdam, oua anguillarum & lampredarum, branchijs interdum suscipi & foueri scribit, ut recitaui in Anguilla C. ¶ Alius est Polonorum Dubiel, nempe Cyprinus latus.

Sed præter hunc Capitonem fl. alios etiam quosdam pisces, similiter & fluuiatiles, & forma non dissimiles, ad idem ceu genus referre libet: ut sunt apud Saxones & Misenos dicti, Jesen / Rapp / Zerte, nostris piscatoribus (sicut & Gallis & Italis, ni fallor) incogniti, & alij quidam: & lacustris apud Saluianum piscis, quem Album nominat. De singulis nunc dicemus.

DE CAPITONE FLVVIATILI ILLO, QVEM Jesen appellant Germani quidam: nos differentiæ causa, cœruleum cognominemus licet.

Iconem hanc piscis è Danubio, quem accolæ circa Viennam Jentling *appellant, à Stephano Lauræo medico Ferdinandi Augusti accepi: nec alium esse puto, quàm* Jesen *à Saxonibus & Misenis dictum.*

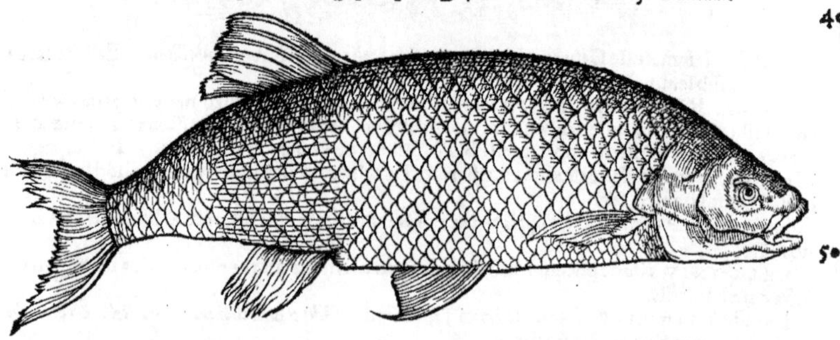

Recentiores quidam piscem Saxonicè dictum Jesen, alausam interpretantur. is (inquiunt) habet lucentes squamas argenteo fulgore: estq; ex eorum numero, qui apud Saxones assati gratiores sunt. Capitur in Albi. Ego quoniam è mari non ascendit, alausam esse negârim. Quoniam uerò cum capitone fluuiatili similitudinem habere, (non tamen ad eam magnitudinem peruenire, cum rarò duas libras, xvj. unciarum, excedat:) & insuper cœrulei coloris (*aliqua ex parte*) esse fertur, qualem etiam esse uideo Danubij piscem Jentling, ex icone à doctissimo Lauræo missa, in quo

quo dorsum præsertim cœruleum est, & aliquæ capitis partes, (latera & uenter argentei coloris sunt, pinnæ fermè ruffi, sicut & cauda,) qui & ipse præfertur assus, inde adducor ut uocabula hæc duo piscis unius & eiusdem esse statuam. Germani ad Viadrum Jesitz appellant: Dantiscani Jesus: Marchici ad Viadrum Jese scribunt. sed e. ultimum non proferunt, & primum obscuriùs instar æ. diphthongi ferè. Aliqui Bratfisch, hoc est piscem assari solitum, per excellentiam. Poloni Iaiz, uel Iésieñ. ¶ Ex epistola Lauræi: Jentling uel Bratfisch non est in magno precio: neutiquam salubris, quòd pinguiusculus sit, & non saxatilium modo friabilis: suauis tamen satis, quantum ad gustum. Estur frigidus, assus potissimùm, quanuis & elixus, & alijs modis. Longitudo eius cubitum non excedit, nec latitudo tres aut quatuor digitos. Post Pascha potissimùm capitur. ¶ Haud scio an idem sit piscis, quem apud inferiores Germanos Macrell uocari, ab alijs Bratfisch, Adamus Lonicerus tradit. & in aquarum fundis latêre addit, noctu cum face à piscatoribus capi. Eum quidam Lucium Ausonij esse non rectè conijcit. ¶ Cronenburgius medicus pereruditus, Macrill piscem in catalogo Rheni piscium mihi nominauit. Sed longè alius est qui eodem nomine in mari dicitur, uidelicet Scomber. ¶ Vngari Capitonem fl. cœruleum Czompo appellant, ut ex duobus meis Vngaricis piscium catalogis alter habet: in altero meliùs (ut suspicor) ad tincam hoc nomen refertur: Bratfisch uerò transfertur Sylewhal. hal quidem eis piscem significat. ¶ Idem fortè piscis est, qui Bratkarpfe ab accolis Poloniæ Germanis uocatur: à Polonis Glowacz ob magnitudinem capitis: (de quo plura leges inferiùs in Paralipomenis ad Cyprinum.) sed aliud Polonicum nomen huius piscis iam antea diximus: quamobrem in dubio sum.

DE CAPITONE FLVVIATILI, QVEM CORuum Miseni nominant, ein Rappe, nos rapacem cognominabimus.

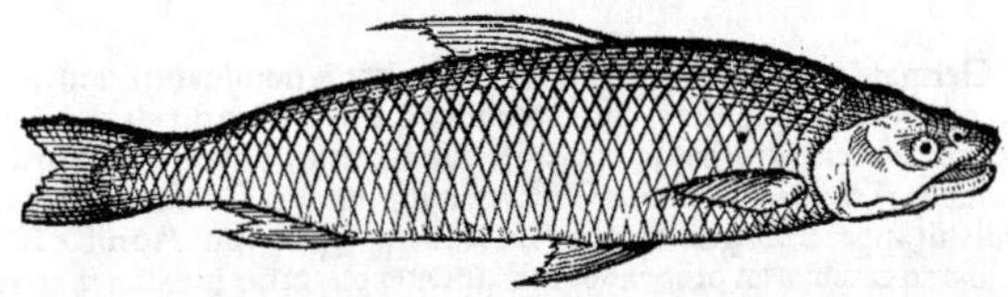

RAPPE uocatus (inquit Kentmanus: qui & iconem misit: id est, Coruus, quòd eius uolucris instar rapax uoraxq́ sit) piscis est candidus, argentei splendoris: dorso tamen fusco & subcœruleo. Squamis tegitur latiusculis, tenuibus & perspicuis. quibus pellicula tenuis argentei nitoris substernitur: quæ per squamas translucens, piscem ueluti argento illitum ostendit, quales etiam cæteri pisces, quos communi nomine albos cognominamus (Weyßfisch) apparent. Piscis est longus, crassus & carnosus: caro aristis plena. Longitudo ad latitudinem quintupla. Dentes ei non in ore, sed in faucibus sunt, (ut alijs quoque huius generis,) longiusculi, utrinque septeni è mandibulis prognati. Ventriculus & intestina simul, piscis longitudinem non æquant. Reuolutio eorum triplex est, ita ut in summo uentriculus sit, inde tenuius intestinum incipiens reuolui, duas sub eo hélicas efficiat. Tegit hæc dextro latere iecur, (in quo uesica fellis longa conspicitur:) altero lien. (*Branchias molles esse audio, ut in Salmone: pinnas coloris è fusco punicei.*) Vesica in eo aëre plena, oblonga est, ut in Lucio, Cyprino, &c. Maximi qui apud Misenos capiũtur, ad sex aut septem libras (xvj. unciarum) accedunt. D

Nomen à rapacitate tulit. est enim ueluti prædo uehemens in aquis: nec minùs ferè quàm Silurus & Lucius, aut etiam ampliùs, damnosus est uorandis piscibus. quos dum persequitur, in ripam aliquando expellit, & simul etiam ipse interdum impetu in siccum elatus relinquitur. Hic piscis in Albi nascitur, non aliunde subit: & toto ferè anno (sed rariùs & per interualla quædam) capitur. A partu ualde augetur & pinguescit. Parit autem circa Annunciationem diuæ Virginis: quo tempore è stationibus suis cateruatim procedunt, magni & parui: duobus aut tribus diebus ante aut post illum diem: idq́ ita fore certum est. Quòd si nihil impediat, sexaginta, plus, minùs, uno retis tractu interdum capiuntur. Piscis est callidus, & extra hoc tempus quo propter partum gregatim natat, difficilis captu: nisi uel nimij uentorum flatus, quo minùs piscatores & retia trahenda audiat, efficiant: uel aqua perturbata uisum eius impediat: aliàs enim inter scamna, quæ arenæ accummulant, manet: nec facilè retibus includitur. Cæterùm extra pariendi tempus hamo ferè capitur, hoc modo: Quoniam uorax est piscis, phoxinus alius ue pisciculus hamo infigitur, & sic linea per aquam ultro citroq́ agitur, eo in loco ubi huius generis pisces degere coniectura est, hi cum pisciculo pariter hamum deuorant, & capiuntur. (A) C E

OO 4

F Piscis est admodum laudatus & boni saporis, tum assus, tum elixus. A plerisque tamen parui æstimatur, quòd idoneum coquendi modum nesciãt. nam nisi ritè coquatur, siue asses, siue elixes, in partes aliquot dilabitur: quòd si integrum seruare uelis, non in feruidam, ut alios plerosque pisces solent, aquam, sed ab initio statim in frigidam præparatũ immittes, ut pariter cum aqua concalfiat: tum condies, saliesque, & ad iuris ferè consumptionem coques. Assandum uerò, desquamabis, exenterabisque similiter: deinde sale diligenter consperges & perfricabis, & per duas horas in sale relictum, tandem assabis: ita bonus & grati saporis piscis erit. Sunt qui pisces assari solitos, simpliciter assent, ouis (aut lactibus) solùm non exemptis: & saluia inferta. alij oua seu lactes, cum hepate & liene exempta minutatim concidunt: adduntque multum piperis ac caryophyllorum, salẽ, uuas passas minores, uitellum oui, hanc impensam in piscem infarciunt, & assant: putantque ita salubriores fieri. Hucusque Kentmanus.

DE CAPITONE FLUVIATILI SUBRUbro, quem Germani Orsum appellant.

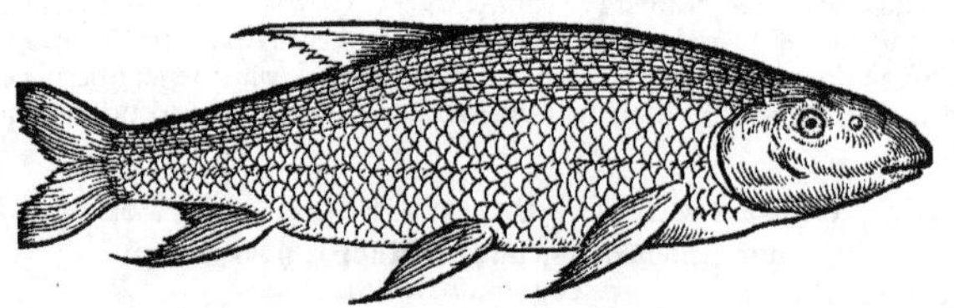

ORFUM Germani uulgò, *ein Orff*, genus hoc Capitonis nominant: quod mihi uidere nondum contigit, præterquàm Augustæ Vindelicorum olim in piscina quadam, ubi mihi intuenti, cyprini colorem præ se ferre uidebatur, aqua fortè uisum meum mutante. Ibidem depictam iconẽ clarissimus medicus Achilles Pyrminius Gassarus mihi curauit. Dorso est rubicundo, uentre albicante, squamis (ut apparet) magnis & latis. Assi laudantur, præcipuè Aprili & Maio mensibus. Linea à branchijs ad caudam an probè adeò recta (præter plerorũque piscium morem) expressa sit, inquirendum. Germanicus liber qui Bauaricas constitutiones continet, eadem forma piscem hunc delineatum proponit, digitos xij. aut xiij. longum, qua longitudine inferiorem capi non liceat: cum uulgarem Ausonij Capitonem uel nouem digitos longum capere concessum sit: unde hunc (Orfum dico, qui tamẽ ab orpho marino pisce toto genere differt) ad molem multò maiorẽ excrescere coniecerim. ¶ In diuersis Germaniæ partibus aliter atque aliter (proximis tamen inter se uocabulis) nominatur: Orff/Erfle/Nörffling/Würffling/Würffling: alicubi etiã Elst, idem, ni fallor: unde extat dicterium in hominem delicatum, Man muß dir ein Elst kochen. Intempestiuè captum, spinulis seu aristis redundare aiunt. Duorum generum esse hunc piscẽ audio: assatos alios carne alba esse, qui Augustæ uulgò Weyßfisch appellentur: alios rubicunda uel flauescente, truttæ salmonatæ instar. Piscem Norimbergæ quoque in Begniza fl. frequentẽ esse aiunt: præferri genus illud cuius caro rubeat: in superficie discrimen non apparere: squamas paulò latiores esse quàm in thymallo, carnem siccam & friabilem, salubrem, ut uel puerperis concedatur: minùs suauem quàm Truttarum. ¶ Bellonius quoque uisa apud me huius piscis effigie, forma ad Squalum (id est, Capitonem fluuiatilem) eum accedere fatebatur. ¶ Piscem audio lautum & in precio esse, muscis uesci: Cyprino minùs latum esse, sed crassiorem: non in aquis fluentibus, nec in lacubus, sed in piscinis fermè reperiri, apud Vindelicos, & Norimbergæ, & alibi. Sunt qui pigo picó ue pisci Larij & Verbani lacus, (de quo inter Cyprinos scripsimus,) eum comparent: & similiter certo anni tempore è squamis ceu clauos quosdam emittere mihi retulerint. Ad Cyprinos'ne igitur magis an Capitones pertineat, iudicandum illis relinquo, quibus in promptu hi pisces sunt.

DE CAPITONE LACUSTRI, QUEM ALbum piscem Saluianus nominat:

Iconem non posui, quòd ad alios Capitonum formas quàm proximè accedat: eam qui desiderat è Saluiani de Piscibus libro 1. petat.

A CUM hic uigesimus noster piscis, (inquit Saluianus,) locis plerisque Albo uulgò uocetur, à Petro Gillio Ausonij Galli Alburnus esse creditur. (*Atqui Petrus Gillius Alburnos, non quos Itali, sed quos Galli uulgò Ablos uocitent, esse indicat. Vide in Alburno, elemento A.*) Verùm Ausonij Alburnus fluuiatilis est, cum Mosellæ tantùm fluminis pisces ab eo describantur. hic uerò noster, lacustris. Quòd si aliquis alicubi in fluminibus etiam eundem reperiri obijciat: sicut id fieri non posse non contendi-

contendimus: sic cum in Mosella (ut à quàm plurimis illorum locorum accolis accepimus) non reperiatur, Alburnus esse non poterit. (*Post hæc coniecturas suas profert, Alburnum Ausonij eum esse piscem, quem Galenus Leuciscum uocârit, eundemq́; squalum esse, nempe illum quem nos simpliciter Capitonem fluuiatilem fecimus. Ego Rondeletij sententiam potiùs sequor. Et mox subiungit:*) Hunc igitur uigesimum piscem nostrum, uulgò loquentium more Album, & non Alburnum, uocandum censemus, (etsi sub piscis icone incisoris incuria Alburnus nomen excusum legatur: *atqui idem error in Tabulis Saluiani piscatorijs est:*) eiusq; antiquorum Græcorum Latinorúm ue neminem, mentionem fecisse scimus.

Albus quanuis Squalo Alburno'ue appellato pisci persimilis sit, ab eo tamen euidentibus B
quibusdam notis facilè internosci potest. Primùm enim etsi uterque latitudinis ratione oblongus appareat, eâdem nihilominus utriusque existente latitudine, Albus paulò longior Alburno conspicitur. Deinde rostro acutiore, oculis maioribus, ac dorso magis repando Albus est. Nam cum Alburni sensim atque modicè, Albi repente ac plurimùm à capite extuberat dorsum. Pinnarum autem tum in lateribus, tum in dorso ac in imo uentre existentium, situ ac numero cum Alburno conueniente, earundem colore abinuicem discrepant. subnigras enim Albus: subrufas uerò Alburnus eas habet. Postremò amplioribus squamis Albus tegitur: uentreque atque lateribus, æquè atque Alburnus, candidus & argēteus est: capite uerò ac dorso magis quàm ille subuiridis. Magnitudine non differunt: uti enim Alburnus, sic & Albus, pedalis, frequens: bipedalis uerò aliquando tantùm reperitur.

Lacustris piscis est Albus, non tamen in lacubus omnibus, aut in eorum quàm plurimis, ut C
Tinca, Lucius, Squalus ac Barbus: sed in eorum nonnullis solùm reperitur. in Trasymeno enim lacu, ubi etiam Albo uulgò uocatur, frequens satis in fine uêris capitur. In fluminibus eum reperiri hucusq; non obseruauimus: estq; aduertendum, ne quispiam eum in fluminibus etiam reperiri contendens, Squalum pro Albo nobis ostendat. In mari nec nascitur, neq; ex lacubus fluminibús ue ad id descendit.

Duram carnem habet Albus, & propterea ægrè coquitur. Insipidus adeò est, ut piscium ferè F
omnium iure uilissimus censeatur. nec enim ulla condiendi ratione sapidus effici potest. Torrefactus tamen paulò minùs ingratus est palato, solumq; in aliorum piscium penuria eo uesci solemus.

DE CAPITONE ANADROMO ILLO, QVEM Miseni Zerte uel Blicke nominant.

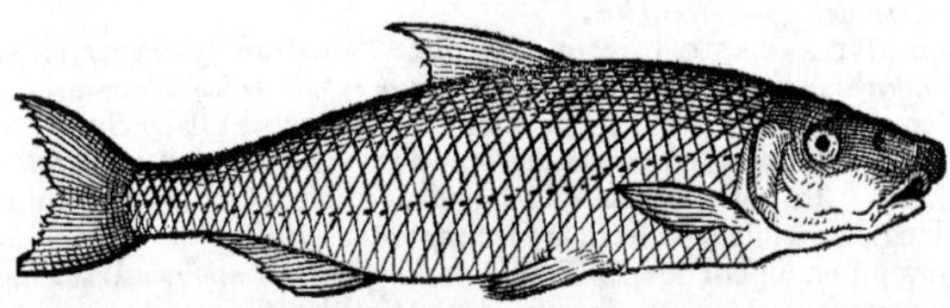

CAPITONIBVS hunc piscem adnumero propter similem, ut ex pictura (quam Kentmanus A
misit) conijcio, corporis formam: differentiæ uerò causa anadromum cognomino, quòd ex Oceano Albim subeat, ut cestreus seu mugil ex mediterraneo Nilum. Nasutus uidetur, prominente & carnosa superiore oris parte, ut in nostris fluminibus, is quem Nasi nomine descripsimus suprà, pagina 731. N. elemento: cui etiam reliqua corporis specie per omnia adeò similis est, ut discrimen nullum animaduertam, ne colorum quidem ferè, nisi quòd Albinus hic Nasus magis albicat, noster uerò magis fuscus est. Sed noster planè fluuiatilis est, Albinus è mari ascendit: quem uel ab Albi ein Elbnasen, uel à mari ein Meernasen appellari licebit. Præterea noster uilis & plebeius est, Albinus uerò inter laudatos, præsertim assus. Hoc etiam notandum, cum Albinus alio nomine Blicca dicatur, longè alium piscem eodem nomine à nostris uocari, de quo egimus inter albos pisces elemento A. pagina 27. Zertæ quidem nomen etiam Polonis usitatum audio. Pleriq; Germani Zerte per e. aliqui (ni fallor) etiam Zorte per o. proferunt.

Zerta (inquit Kentmanus) piscis est longiusculus, argentei nitoris, squamis paruis tegitur: dor B
so subfusco: pinnis quæ ad branchias sunt & parte supina rutilis, pauco cœruleo admixto. Linea utrinque à branchijs ad caudam tendit, in qua puncta fusci coloris digeruntur. Caput ei crassiusculum, oculi pulchri, magni, albicantes: nares magnæ non procul ab ore. Os molle prorsus, in quo nec dentes sunt, nec alia asperitas: sed ab initio gulæ seu faucium, maxilla utrinque

ualida, dentibus senis oblongis uallata. Maximi huius generis pisces qui apud Misenos capiantur, bilibres sunt: libram xvj. unciarum dico.

C Anno toto ex Oceano in Albim ascendit hic piscis: maximè uerò circa Pentecosten, quo
(F) tempore parit, migrare solet: tunc etiam ad cibum præfertur, quòd fœminæ ouis plenæ sint. Manent & pariunt in Albi, proficiuntcꝫ ipsi ac soboles: augentur enim & pinguescunt. Vescitur omne genus pisciculis, qui nullis præsertim spinis & aculeis rigeant: item muscis alijsqꝫ insectis, quibus intra aut proximè supra aquam potitur.

F Habetur inter optimos qui in Albi sunt assari solitos pisces. caro enim eius optimi saporis est. Ritè etiam elixus non malè sapit. Desquamatus nempe, exenteratus & elutus, in aquam feruere incipientem immittitur: conditúsque ac salitus ad iuris ferè consumptionem coquitur. quo modo permulti etiam alij fluuiatiles pisces elixari solent: (uulgò dicunt **Treuge sieden / oder heisse fisch.**) Sunt qui iuri iam ferè consumpto copiosum butyrum addunt, eóque liquato piscem inferant: sic paratas à butyro cognominant **Butterfisch**. Potest & aceti aliquid affundi, & zinziber aspergi, pro cuiusque palato. Assus uel simpliciter, uel cum embammate è cepis minutatim concisis, uino, croco, saccharo & zinzibere, sapidissimè estur. Nec displicuerit desquamatus, in frusta concisus, quæ in polenta aut secalis polline uoluantur, atque ita in butyro siue crudo siue liquato frixus. Hęc omnia Kentmanus. Non in Albi tantùm, sed Sala etiam apud Misenos flumine Zertam capi audio. Alius quidam narrauit, Zertam piscem esse tenuem, oblongum & latum: similem Gustero (**einem Geuster**) uulgò dicto: nisi quòd hic subcœruleas squamas habeat, Zerta uerò albiores. Est & **Schneppelfischgen** in Albi piscis paruus, quem zertæ aliqui comparant, nescio quàm rectè. mihi **Schneppelfischgen** Phoxinus quidam uidetur, qui cum zerta nihil ferè commune habeat.

225. Inter uersum 45. & 46. hunc inseres, nouo initio: CENTRISCVS. Vide in Pungitio.

226.21. post, Idem, A. Plinius medicus de diæta distemperantiæ hepatis, (ut Bellonius citat,) Merulam, cossyphum, et ceredam, offerendos ijs, qui hepate sunt calidiore, recenset. Trallianus uerò ijsdem consulens κιχλίδα, ἢ τὸ ἐξ αὐτῆς ἰσίκιον nominat.

227. lemmati COROLLARIVM, adscribe: Vide plura in P. elemento, in Perca fl. minore. Eadem pag. quæ minoribus literis sub altera icone scripta sunt, dele.

229.54. Antacei A. (*Nos hoc suprà reprehendimus in Antacæorum historia:*)

232.59. post, Massarius. A. Vide plura infrà in Physeteris historia, elemento P.

240.24. A. Porphyrion, πορφυρίων, auis quędam & piscis, Hesychius.

245. uersu 57. uacuo, hæc adscribes: *Contra picturas Olai magni, lege animaduersiones Rondeletij, in historia monstri Leonini, pag. 491. Balænæ fistulam unicam habent, Rondeletius. Cete omnia squamis, auriculis, (pedibus) & branchiarum scissura carent, Idem.*

246. Lemmati DE CETO barbato, subscribe: *De hoc sentit Rondeletius, ubi picturas Tabulæ Olai reprehendens, scribit, Scolopendram cetaceam, monstrosam ab eo pictam esse, quadrato capite, promissa barba.*

247. sub lemmate, DE Hyæna cetacea, subscribe: Improbat Olai picturas plerasque Rondeletius, ceu non consentaneas naturæ, ut alias complures ab eo exhibitas, Vaccæ & rhinoceroti similia monstra. 42. post auricula) A. Cadamustus tradit in Oceano meridionali piscem sui ferè similem, longis auriculis, reperiri: ut in Orthragorisco scripsi.

249. Picturæ primæ superscribe: *Ex Testudine marina finxerunt monstrum, à quo Vitulus marinus (auriculas habens præter ueritatem) deuoratur, Rondeletius. atqui hîc pictus Vitulus oculos tantùm, non auriculas uidetur ostendere.* Secundæ picturæ adscribe: *Vide infrà in Hippopotamo B. de bellua Morß, è Sigismundi Liberi Moscouia pulchram descriptionem.*

250.12. spati. L. stang. ¶ Versum 18. sic L. **Daß ich im meer nit bin beliben.** ¶ Versum 21. et 22. sic L. **Zwentzig acht schůch man mich außmaß / Wiewol ein klein Rußor ich was** ¶ 23. mögen L. söllen. ¶ Ad finem uersuum Germanicorum hos quatuor adde:

Zů Straßburg hatt man den auch gsähen:
Tausent fünffhundert ists beschähen /
Vnd neünzehen jar vmb Weynacht zeyt /
Mein starck gbisß hatt mich gholffen neüt.

252.6. pilosæ: A. (*Vide suprà circa initium pag. 133. & circa finem ferè Corollarij de Physetêre, pag. 858.*
¶ 20. post pristis. A. (Indico Oceano pristes attribuuntur à Plinio.

254.22. post zytyron A. (*Vide infrà in Testudine.*)

257.48. adposui. A. (*Iconem dabimus infrà cum Harengi historia, elemento H.*)

258.15. post, Athenæo, A. non rectè. Vide infrà in Eritimo. 49. post, generis. signa geminū: & A. Lupo excepto, qui solus τῶν χυτῶν bis anno parit. 57. post, uænisse. A. (*Athenæus tamen ex Aristotele Lupos μονήρεις, id est, solitarios esse scribit.*)

259.19. post, uocabulum sit, A. Aelianus de Animalibus 46. scribit rhyades pisces hyeme simul manentes quiescere, & se inuicem tepefacere: uerno autem longiora itinera ingredi: & cibis non modò obuijs, sed inuestigatis uesci. ubi Gillius uertit aspargos. 41. post,

retulimus

retulimus. A. Vide quæ annotaui in Mullo c. Locus est apud Aristotelem 9. 37. Græca aliter habent, &c. 58. L. κιδύλῳ. Archestratus apud eundem in Buglossi mentione, lib. 7. sed pro καὶ lego παῖ, ut in eiusdem libri fine habetur, in Χαλκίδι: unde Chalcidem hîc loci nomen esse apparet, non piscis.

262. post uersum 30. inserenda fuerat icon hæc Canadellæ uulgò apud Ligures dictæ.

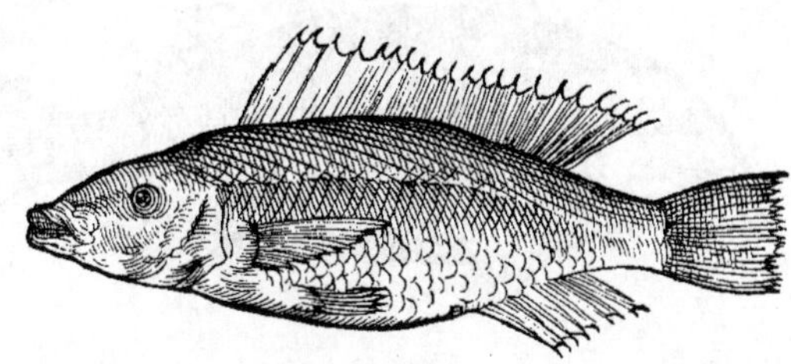

263. 8. A. Sed Bellonius inspectis meis iconibus, piscem quendam rubicundum, quem Turdo undecimo Rondeletij cognatum esse suspicor, hepatum suum esse dicebat: & eum quoque Venetijs Saccheto uocari indifferenti nomine. Vide Corollarium ad Turdos Rondeletij. uidetur enim Bellonij Hepatus, undecimo Rondeletij Turdo cognatus. 32. Lemmati DE CHELIDONIA. A. Vide etiam in Hirundine, Corollario A. 37. post, sydera L. iuxta Andromedam hirundinis piscis præferre. 38. post, Rhodig. A. ex Theone in Aratum.

267. 19. A. Ex hoc pisce puto esse Coruinam uulgò dictum lapidem: de quo nonnihil scripsi infrà, in Perca fl. B. nisi fortè è Coracino sit. uterque enim in capite lapides habere proditur. Vide etiam infrà, pag. 354. in Corollario de Coracino B.

269. Lemmati, DE CITHARO, Rond. A. Vide an hæc sit Tænia Bellonij, infrà inter Passeres, pag. 789.

270. 52. post, Oppiano. A. Inter pisces Nili numeratur à Strabone κίθαρος, mâlim proparoxytonum.

288. Lemmati DE COCHLEIS Stagni, &c. subscribe: *Concharum hæc genera, non cochlearum uidentur.*

305. 49. post, anim. 5. 9. A. piscibus fusaneis (χυτοῖς, qui retibus fusim capiuntur,) adnumerantur: alibi gregalibus. Semel anno pariunt, Idem. ¶ 50. A. Subeuntes Pontum capiuntur, exeuntes autem, minùs, Idem alibi. ¶ 51. Ab initio uersus A. Optimi in Propontide sunt, antequam pariant, Aristoteles.

306. 5. post, intelligens, distingue, & A. (uel potiùs Orcynum. uide infrà inter Thunnos;)

311. 34. A. Vide etiam in Ostreis H. c.

312. 44. post, Tridacnam. distingue, & A. (*ut annotauit Bellonius.*) ¶ 49. A. *Hæc Rondeletius.* At quæ Plinius Tridacna nominat, non est necesse de Indicis intelligi: sed de genere altero potiùs, quę uel apud Italos reperiantur: quoniam, inter nos, inquit. Vide infrà in Ostreis diuersis Bellonij uerba, & nostra in Corollario.

314. 5. post, Arabicis A. (margaritis.) ¶ 6. post, inferiùs A. in Corollario. ¶ 7. post, Rubri, distingue, & A. pag. 327. item in Corollario de Margarita A. ¶ Iconi ad imam paginam, Corollarij lemmati subiectam, superscribe: *Hanc (si bene memini) Bellonius cum apud me uidisset, Pinnam fl. uocandã putabat, quòd & erecta stet, & margaritas contineat.*

317. 24. post, dicemus, A. elemento P. ¶ 59. post, Galenus A. (*Vuottonus hæc etiam cum præcedentibus Xenocrati adscribit. Galenum nusquam puto balanorum meminisse.*)

319. 40. post, διαφόρους, àufer distinctionem, & A. τῶν τῆς ἡμῖν. ¶ 64. A. (*Vide infrà in ijs quæ de Margarita scribit: & ibîdem in Corollario A.* ¶ 62. post, interpretari A. (Boëthius Scotus conchas margaritiferas in Scotia, uulgò Viduarum cupedias dici scribit.)

326. 18. A. Angli Chamam læuem uocant a Clamme.

327. 27. post, Rondeletij. distingue, & A. pag. 313. Margaritiferas etiam conchas manus piscantium præsecare aliquando traditur.

330. 29. post audeo. distingue, & A. Gillius. 32. post Bellonio. A. eorum icones in fine huius Corollarij dabimus.

332. 47. post, mytulos A. (*Alij uitulos legunt, Rondeletius lepores, neutrum probo.*)

335. post, esse A. (Melius sic: Mutianus, inqt, Echeneidẽ ꝓdit esse muricẽ latiorẽ purpura, &c.)

337. 35. post Persiã. A. De murrhinis uasis plura reperies infrà in Purpura H. a.

339. 27. post, θαλάσσιαι. A. Vide etiam infrà in Porco pisce.

341. Sub lemmate DE Operculo, &c. adscribe: *Icones iiij. oblongæ & strictæ, Conchylij operculum repræsentant: unum in medio rotundius, Buccini & Purpuræ.*

343.50. ab initio lineæ A. Vide infrà in Muricibus. uires enim eædem uidentur.
348.29. post, mediocres A. Vide in Muræna A.
352. Inter primum & secundum uersum, adde hanc iconem, & adscribe; *Piscis hic à Bellonio*

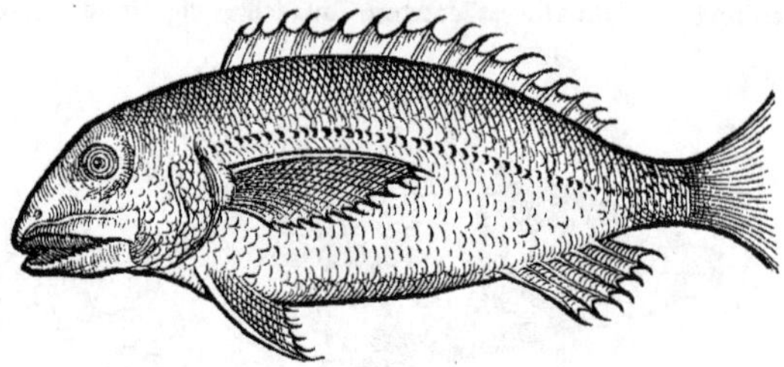

pro Coracino exhibitus, Cantharus uidetur. nam & Rondeletius Cantharum esse docet piscem à Liguribus Tanado dictum, non Coracinum, & Gillius piscem Massiliæ à colore castaneæ nominatum, Coracinum Neapoli uocari, audiuisse se ait: quæ nimirum errandi occasio fuit Bellonio: qui Cantharum bis pinxisse uidetur, primùm pro Coracino, ubi dentes non expressit: deinde pro cantharo, dentatum.

Eâdem pagina sub Lemmate Corollarium addito tres sequentes icones, cum suis inscriptionibus.

Venetijs pictum hunc piscem quondam Tincæ marinæ nomine accepi: sed falso, ut admonuit Bellonius: qui uisa hac effigie, statim Coruum marinum siue Carpam marinam (id est, Coracinum) esse pronunciauit. Colore magna ex parte nigricat tum corpore, tum pinnis: sed per latera fusco colori aliquid subuiride admixtum est. unde coloris nimirum ratione, Tincæ marinæ nomen (quod alij uulgò merulæ tribuunt, Romani etiam phycidi Rondeletij, id est, callariæ Saluiani) imperitior aliquis ei attribuit.

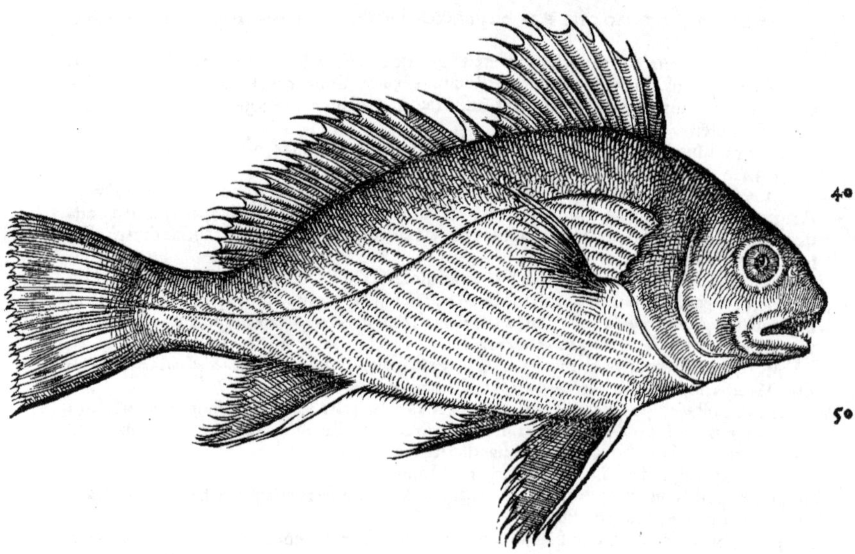

Hæc

Hæc quoq; Coracini species uidetur, colore ferè tantùm à præcedenti differens. est enim candidior: reliqua uerò specie similis, oris nempe & caudæ, item latitudine, ac pinnis & aculeis in uentre.

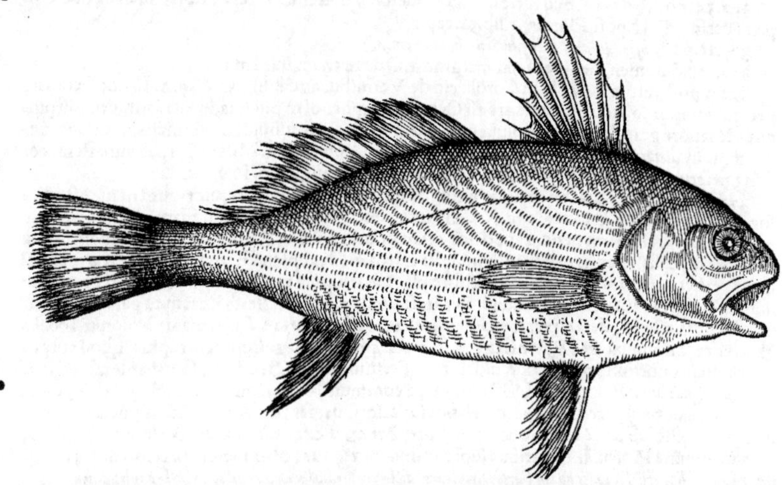

Piscem hunc Coruuli nomine in Italia pictum, Cor. Sittardus misit, colore rubicundo, &c.

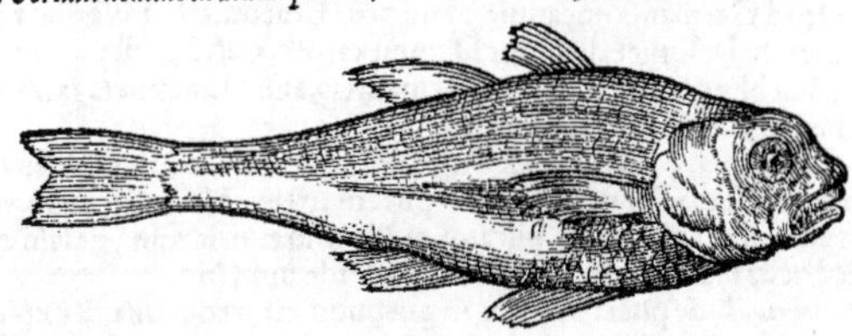

352.46.post, ut A. ibidem. ¶ 57.post, reperio. punctum geminum nota, & A. & alibi in eiusdem loci recitatione μύλος, paroxytonum, lambda simplici.

353.post, causetur. A. Vmbram piscem Rondeletius scribit Græcos hodie μυλοπόποιον uocare: esseq; Vmbræ & Coracini tantam similitudinem, ut alter pro altero uendatur.

354.16.scribunt. A. Nos in Paralipomenis Rab piscem inter Capitones fluuiatiles exhibebimus ac describemus. ¶ Deinde sequentia uerba: Ego piscem hunc, &c. usq; ad saporis D. ¶ 48. A. Legẽ etiã infrà in Corollario de Perca fl. B. Alius est synodontites, è synodonte pisce: de quo infrà in Synagride dicemus. Qui è coracino est, coracinites uocari potest: qui è chromi, chromites: è sciæna, sciænites, quem Bellonius pierre de colique uulgò Gallis nominari scribit.

358.Lemmati COROLLARIVM, adscribe: Vide etiam infrà in Scordylo. ¶ post, Quadrupedibus A. ouiparis. ¶ 25.post, μυτίλος, A. πομπίλος, ζωίλος, τρωίλος, & pro fœtido ὀσμίλος apud Io. Tzetzen. ¶ 27.post, δρύκυλλος. A. à physa physalus fit, à thymo uerò thymallus per l. duplex.

360.3.post, cordylus. A. σκορδύλος Oppiano libro 1. amphibius, in cauernis maris habitans cum polypis & scolopendris nominatur: nec alius quàm Aristotelis cordylus uidetur: quanquã hic suum cordylum non facit marinum. ¶ Inter uersum 46. & 47. hunc interpone: CORIAX salsamentum, uide suprà in Corace.

361.Inter uersum 9. & 10. hunc insere: CORYDELIS. Vide superiùs in Cordylo.

364.36.L. similis Lucernæ Venetijs dictæ. ¶ 38.post, adscribit: A. Lucernæ iconem in L. elemento dabimus.

366.2.post coloris, distingue, & A. quanuis & Lyra Rondeletio rubeat: & Galli Rouget ab hoc colore promiscue appellant, Cuculum, & Lyram, & Mullum: quoniam & colore, & corporis ferè figura similes sunt. ¶ In fine sexti uersus, distingue post pisciculus, & A. ut nõ rectè Germanicè etiam Gaernart dici illic adijciatur. Et mox L. in quibusdam Angliæ locis, huius generis fusco colore piscem, Curre indigetant. ¶ 11.post, sonabat, A. Est autem hic colore fusco,

P P

cum **Gornard** rubeat. ¶ 20. post, corporis sui. A. Alibi etiam lepores maris inter pisces litorales Germaniæ nominat. ¶ 36. A. Io. Caius de hoc nomine aliquid sibi constare negat.

367. 34. post, ὄρκυνοι. A. Sed rectè quidem uidetur Vuottonus dicere, non tamen ex hoc Oppiani uersu. ¶ 45. post, Plinius, A. lib. 32. cap. 7.

369. 25. post, *obseruauimus* A. *in faucibus, sicut & tinca,*)

370. 30. ad nomen, Lepidotus, in margine A. Quære etiam infrà in L.

372. 2. post, rerum. A. Vide in Corollario de Vermibus aquatilibus. ¶ 39. A. In hoc seculo nostro gulæ obnoxio, etiam inuenta ars est Cyprinos saginandi in piscinis, ut euadant admodũ pingues & sapore grati. Inseruntur pilulæ ex furfuribus, & alijs quibusdam adiunctis, in os: aut conijciuntur in uiuaria ad pastum, Ge. Fabricius. ¶ 51. Lonicerus A. Miseni Carpas ante Pentecosten præferunt: & postea rursus post diui Michaëlis diem, usq; ad S. Ioannis.

Cyprinorum species. 373. post uersum 54. A. hæc à nouo initio: Nuper è Polonia quidam, uir rerum naturæ studiosus, de Cyprinorum in ea regione & Germania differentijs, sententiam suam his uerbis ad me perscripsit: Cyprinorum genera apud nos quatuor inueniuntur, ut nominibus, sic etiam forma & sapore diuersis. Genus primum simpliciter Carpam (**Karpfen** Germani, Poloni Karp) appellant. Alterum corpore multò angustiore est, ita ut supina pars in latitudinem circa medium minimè protuberet, sed ab ore caudam uersus secundum rectam (ferè) lineam ea pars protendatur. Ineptus est hic piscis elixari: melior, si assetur: quamobrem à Germanis Poloniæ accolis **Bratkarpfe** nominatur: à Polonis uerò Glowacz, propter magnitudinem capitis, quod corporis reliqui proportione prægrande uidetur. Tertium genus **Brachsme** Germanis est, (*Cyprinus latus Rondeletio:*) Polonis Dubiel: latior carpa communi, & squamis albior: & quia pinguior, sapidior, maiorisq; precij. Quartum latius superioribus, ferè ut **Karas** dictus piscis: unde etiam composito ab eo & carpa uocabulo **Karpkaraß** dicitur Germanis, & Polonis similiter, uel alio nomine Piotruss. Hic tribus superioribus præfertur, & in maiori precio est. (**Karaßkarpf**, *candidior est squamis quàm Carpa simpliciter dicta, in medio latior, nec ad eandem magnitudinem peruenit, Ge. Fabricius.*) Lege etiam paulò inferiùs in Additione ad **Karaß** piscem. Cæterùm qui **Spiegelkarpfen** à Germanis uocantur, apud nos (Cracouiæ in Polonia) non sunt. Qui **Setzlinge** Germanicè, hi Polonicè dicuntur Dlonnij karpik, (*uel*) Sprall piotink. Hactenus ille.

374. 14. A. Beichlingi in Turingia in piscina arcis, anno Domini 1552. Augusti die 20. captus est Cyprinus hermaphroditus, Ge. Fabricius.

375. 46. A. Scardua, & Incobia ex Pigis, & Plota, Salena, Benedictus Iouius de Piscibus Larij. Ab alijs profertur Engobia, quem piscem in lacu Verbano capi æstate tantùm, pedalem aut maiorem: è mari ascendere, piscator quidam ad eum lacum, nescio quàm rectè, mihi retulit. ¶ Est & Picus marinus quidam Bellonio. Vide infrà in P.

377. 16. A. Προτομὴ huic pisci tanquam in præputio est, reductilis & explicatilis, ut & Cyprino puto. Spina est à principio pinnæ dorsi, sed totam membrana abscondit. Iecori color pallidus uel subflauus: bili cœruleus. In Maij mensis fine obseruaui in Scardula fœmina lumbricos ad digiti longitudinem, unum albicantem. In ore intus ossa duo superiùs prominent: & alia inferiùs, quæ eis utrinq; (iuxta mandibulas) occurrunt.

A In eâdem pagina, ad finem Corollarij de Cyprino lato, A. à nouo initio. BLEHE uel **Plötze** (inquit Kentmanus: *utuntur autem his nominibus Miseni de Cyprino lato*) piscis est latus, argentei nitoris: dorso parum fusco, cui aliquid cœrulei admixtum est: corpore tenui, squamis tegitur ut Cyprinus. Ab initio dum digito breuiores sunt, à figura nominantur **Weidenbletter**, id est, Salicum folia: deinde aliquanto maiores **Windtbleben**: iam uerò ad libræ pondus aucti & maiores, **Bleben** uel **Plötzen**. Tandem bilibres aut trilibres (rarò enim tres libras in Albi superãt,)
(F) **Brossen** uel **grosse Bleben**. Hi cum copiose capiuntur, incisis uentribus saliti conduntur in uasa ut uendantur. **Plotzen** autem uocantur quòd figura referant usitatum antiquitus gladij genus ualde latum, breue ac tenue, eodem nomine dictum.

Piscis hic latus ac tenuis, ore est acuto, capite paruo, oculis pulchris: naribus utrinque geminis. Dentibus, corde & intestinis non dissimilis est Coruo (*uulgò dicto pisci,* **einem Rappen**:) nisi quòd fellis folliculum habet rotundum: & uesicam magnam, aëre plenam, duplicem: quarum utraque cordis figuram præ se fert. E maiori uenula ad pulmonem (*branchias puto dicere uoluit*) fertur. Corui autem uesica oblonga est, ut in Lucio, Cyprino, alijsq; Albinis piscibus.

C E E piscinis aut stagnantibus aquis in Albim uenit: in quo parit, proficit & pinguescit. Capiuntur autem subinde & magni & parui: sed non priùs quàm aqua uehemente uentorum ui commoueatur, aut tempestatibus ac pluuijs turbetur: tunc enim è uado ascendit. Parit circa medium Maij: eoq; tempore præcipue & plurimi capiuntur. Amant uadum herbosum: ut plurimùm enim herbis et uermibus pascuntur. quare cum Albis inundat, è profundo ad plana riparum se recipiunt: in quibus, extra illud tempus quo pariunt, capi solent.

Bonus et boni saporis est piscis, siue recens assus, aut in aqua ad iuris ferè consumptionẽ elixus: siue infumatus similiter elixus. Hæc Kentmanus.

Sunt

Sunt qui Brosen aut Prossen piscem, à Blahe (uel Blehe) distinguant: quòd hic candidior, tenuior, sicciorq́; sit: ille nigrior, crassior, pinguiorq́;. ego cum Kentmano senserim, ætatis tantùm differentiam esse. Christophorus Encelius hunc piscem Plocenum nominat, Germanico uocabulo ad Latinam terminationem deflexo: Obseruaui (inquit) anguillas, & lumbricos aquaticos, quos à nouem oculis uulgò denominant: & murænas, (die Pricken,) cum hi pisces ex ouo gignuntur, (ut fit aliquando,) ut primùm exclusi fuerint, suscipi in branchias & foueri, modò à pisce Ploceno, modò alijs quibusdam. A

ADDITIO AD PISCEM Karaß: DE QVO PRIVS SCRIPSIMVS AD FInem pag. 377. & sequēti mox pagina iconē eius rudē exhibuimus: hîc meliorem damus, qualem Stephanus Lauræus, Ferdinandi Augusti medicus, misit: piscis scilicet simpliciter Karaß dicti: ei similem minoris Karaß effigiem à Io. Kentmano missam, nō posui. differt autem ab hac, quòd caudam extremam ferè arcuatam, & in medio re ductam habeat, &c.

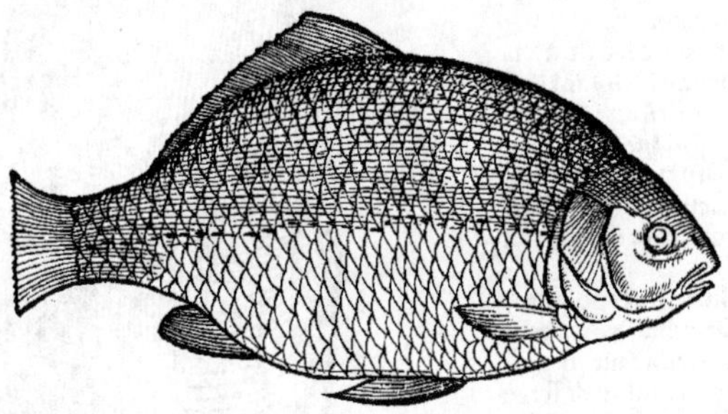

KARAS piscem Germani uocant, alij Kares, uel Karaussen. Genera eius tria in Albi repe riuntur. Primi generis pisces, sunt parui, tenues, lati, colore subaureo, cui circa dorsum fuscus admiscetur. dupla eis ad latitudinem longitudo: caput paruum. Pinna dorsi & cauda, fusci coloris sunt: reliquæ uerò quinq; pinnæ, è fusco punicei. Squamæ ut in Cyprino. Genus hoc Misenı paruum cognominant, klein Karaß: uel (à colore) Giblichen. Viuaces sunt admodum, (Sind eines sehr harten lebens.) E piscinis & stagnātibus aquis in Albim ueniūt: in eoq; augent & pariunt. Rarò octo digitos longitudine excedunt. Vescuntur gramine & argilla, ut & reliqui huius generis pisces. quamobrem magis amant piscinas, quàm fluentes & lapidosas aquas, propter uadum (herbosum & argillosum.) Itaq; rariùs in Albi reperiuntur. In piscinis quidem eos multiplicari non patiuntur domini: impediunt enim incrementa & saginationes Cyprinorum, quos à pabulo depellunt. *Genus I.*

Alterius uerò generis Karas, aliquanto crassiores & longiores sunt. squamas similiter ut prædicti, uel ut Cyprini, è giluo seu flauo nigricantes habent. Vocantur autem Halbkaras, id est dimidij Carási: (*ab alijs* Karpkaraß,) quoniam è Caráso & Carpa ueluti compositi uidentur. Hi quoq;, ut primi generis Carási, è piscinis aut stagnantibus aquis Albim ingressi, pariunt in eo & crescunt. Vtrisq; caro est subflaua, & in cibo uiscosa, quomodocunq; parata. Quò diutiùs uerò in Albi immorantur, eò sapidioris, solidiorisq; carnis euadunt. (*Quære etiā paulò superiùs circa finem Additionis ad paginam 773.*) *Genus II.*

Tertij demum generis Carási tenuiores & latiores sunt, quàm dimidij nunc dicti: similes primis, sed maiores, & pulchri candoris argentei: habentq; pinnas parte supina rubentes: superior uerò pinna cum cauda obscurius è fusco punicea est. Hi pisces in Albi nascuntur, non aliunde (ut prædicti) ingrediuntur. Pariunt primùm Iunio mense, secundò Ianuario: sicut & superiores: quibus temporibus etiam præcipuè capiuntur. Mediocriter augentur, ut sesquilibres aliquando aut bilibres capiantur. Assari solent, & in precio habentur. Fœminæ ouis grauidæ, elixæ etiam in aqua ad iuris ferè consumptionem, uel copioso butyro ad ius sub finem adiecto, non displicuerint, Hucusq; Kentmanus. ¶ Karás etiam Polonicè nominatur: & multùm, ut ferunt, à Cyprino differt, nisi quòd squamis eum æmulatur. ¶ Ex epistola Stephani Lauræi: Caraus piscem ad uiuum depictum mitto: in quo totus uēter inferior, subfului quodammodo coloris est. talis enim reperitur in lacubus & aquis stagnantibus: in recentibus uerò & fluentibus aquis, ea pars est albi coloris. ¶ Ex epistola Guil. Turneri: Cyprinum cum Bellonio Carpionem (*Carpam*) uulgarem esse faterer, si uspiā tam fœcundi reperirentur, qui sexies aut quinquies in anno parerent. Verùm *Genus III.*

PP 2

de tam frequēti partu Carpionis dubito. Est piscis in Frisia orientali, quem Carutʒ appellant, Carpione minor multis partibus, tergo magis arcuato, ut ita dicam, & gibboso, cætera illi similis: quem omnes qui ipsum in uiuarijs seruant, constanter affirmant sexies in anno parere. quare si Carpio, Cyprinus non sit, hic meritò esse potest. sed nihil definio.

379.54. post dascillum, distingue, & A. dixisset.

380. 6. post, gratificaberis. A. Est autem Lebias Athenæo marinus piscis, qui aliàs Hepatus dicitur. uide in Hepato.

388. sub titulo COROLLARIVM. adijciatur hæc Delphini imago, his uerbis adscriptis: *Delphini hanc picturam à Cor. Sittardo habui.*

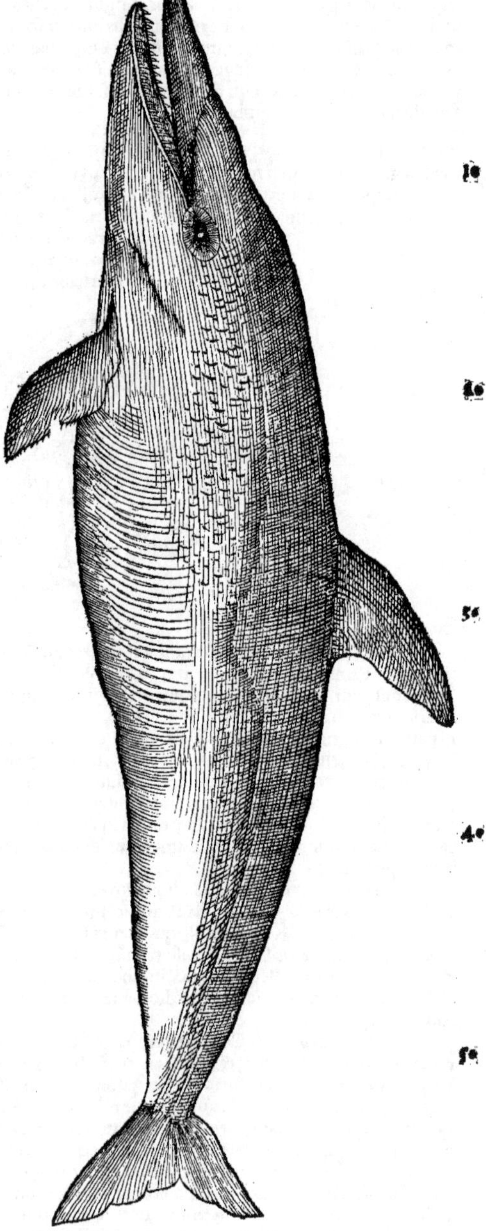

458.14. duarum, A. aut trium, ¶ 28. propenacuto: A. (Sic Historiæ 1.5. de cordylo: Ἔχει δὲ ὅμοιον γλαυκῷ τὸ οὐραῖον:)

459.36. Siluri A. (ut ego puto) ¶ 40. post, Danubio. A. (aliamq; ei similem ex Albi. ab utroq; magnitudine ferè tantùm differre puto illam è Rauenspurgensi lacu.) ¶ 44. A. Species autem ex prædictis picturis non pauciores tribus esse uideo. nam & è Murtio lacu, & Argentina missus, species duas peculiares indubiè constituunt: reliquæ tres ad speciem unam pertinere uidentur.

466.49. ἀκύμονος A. (fortè ἀμύμονος)

477.44. Ghiozzi, A. (*Ionctium alicubi pro Phoxino Hetruscis dictum interpretatur Bellonius, nimirum à iuncis*, ein Pfrill:)

389.62. post, laus, A. Aelianus quidem de Animalibus 9. 59. ex Aristotele φώκης legit, non φωκαίνης, similiter Plinio.

393. 14. Hirci pisces in Cyrenaico & Sardoo mari oberrant cum delphinis, Volaterranus ex Aeliano: apud quem non hirci, sed arietes legitur.

407.11. post, commotus est. A. Scio Plinium libro 21. cap. 4. ubi de rosarū generibus agit, sic scribere: Est & quæ Græca appellatur à nostris, à Græcis lychnis, nō nisi in humidis locis proueniens, nec unquam excedens quinq; folia, uiolę magnitudine, odore nullo. Hæc ille: unde aliqui herbam Italis Rosete dictam, lychnidem esse putant, ut scribit Bacchanellus.

410.15.

410.15. A. Vide etiam Rondeletium infrà, in Capite de Vermibus in tubulis delitescentibus, elemento V.

411.22. post, magnæ A. (*cochleæ nudæ, Aelianus.*)

412.17. post, Mutianus A. (prodit echeneidem) ¶ Ibidem margini adscribe: Mutiani murex: de quo leges etiam infrà in Corollario de Murice.

424.44. post, apparebant, A. Vide infrà ubi de anguibus scripsi in Hydri historia.

428. inter decimum & undecimum uersus, hæc interscribe: ELEGATRUS nominatur ab Ausonio in carmine ad Theonem: Corrhoco letalisq́ trygon, mollesq́ platessæ: Vrentes thynni, & malè tecti spina elegatri. Quærendum an scorpius uel araneus sit.

432. ad iconem piscis in medio paginæ adscribe: Pictor omisisse uidetur pinnas medij uentris, quas Bellonius expresit, is quidem figura hac apud me uisa, omnino Epelanum fl. suum esse aiebat. ¶ 61. A. Hispani scombrum uocant cauallo, Rondeletius.

433.11. post, squamis.) A. Hippus piscis qui sit Atheneo & Plinio, nondum planè scio: nisi idem sit cum hippocampo, Rondeletius. Deinde L. Plura de Hippocampo, &c. ¶ 16. post, Albertus, distingue, & A. et Author de Nat. rerum, apud quem Zidrach scribitur.

434.9. post, appellat. A. hæc Athenæus: ego sardinas ab Aristotele (in his quæ extant) nusquã nominari puto.

436.37. post, ὕκκης, nota punctum. et A. Vide infrà in Hycca, elemento H.)

437.10. post, Ruburnus A. (duo nomina de uno pisce.)

438.16. post, Varium, A. (Germani ein Pfrill uel Bambele,) ¶ 17. A. Vide Rubiculus in R. elemento. ¶ 32. post, faueret, A. (quanquam proprius Rheno non est, cum è mari ascendat, sicut & salmo. ¶ 41. ad iconem Escharæ adscribe: *Vide an Auris marina Bellonij (in Patellis, quanquam longè diuersa, nobis reposita) huic cognata sit.*

441.29. post, Petri, A. (Orphum etiam Græci multi hodie Petropsaro, id est, piscem sancti Petri nominant.) ¶ 32. post, sum. A. Pierius Valerianus idem de Squatinæ piscis capite scribit.

443. post, acutum, distingue, & A. (*à quo fortè etiam nomen ei factum.*) ¶ 60. post, palmi, D. cõma, et A. (*scilicet maioris,*)

444.16. post, fossilem A. (*Vide etiam infrà inter Mustelas, ad finem historiæ illius quam Lotam Galli nominant: item in Pœcilijs.*) ¶ Deinde D. hæc uerba, Ge. Agricola, &c. usque ad Peißker. ¶ 18. post, crassiores. A. (Meliùs Erdtputten uel Erdttrüschen dicerentur.) Ad eiusdem lineæ finem A. cui similem quoque Nicolaus Speicherus peritissimus Argentinæ pharmacopœus misit, unà cũ sceleto piscis è Marchia: in qua regione (præsertim Francoforti ad Viadrum & Zulchi) communem uilemq́ esse ait: alibi nusquam à se uisum. Corpus in pictura frequentibus punctis nigricantibus pingitur. Dorsum nigricat, uenter subluteus est: latera per longitudinem alternis eosdem ferè colores habent, &c. ¶ 27. post, ratione, signa geminum punctum: & A. Pful Misenis palus est, uel palustris lacus.

452.53. post, ferunt. A. (Vide infrà in Xiphia Saluiani sententiam, super hoc Strabonis loco.) ¶ 10. post, diximus: A. (quanquam ueteres Canem potiùs faciunt genus ad Mustelum, quàm contrà.) ¶ 23. post, ultimo. A. (*sed θυρσίων tantùm ab Athenæo dicitur, non τόμος θυρσιανός. Vide infrà in salsamentis H. a. pagina 987.*) ¶ 24. post, Hic A. (Canis marinus) ¶ 31. post, tirsio A. (aliâs tyrsio.) ¶ 36. post, dicitur, A. (*Verùm Græci τέμαχος potiùs quàm tomum dicunt de parte piscis.*)

457. Lemmati DE GLANIDE, Rond. subscribe: *Glanis esse non potest, cum Glanis Siluro similis describatur, ad quem hic nequaquam accedit.*

477.44. Ghiozzi, A. (*Ionctium alicubi pro Phoxino Hetruscis dictum interpretatur Bellonius: nimirum à iuncis*, ein Pfrill.)

479.23. *candido.* A. *Pinnis albicat, similis ferè capitoni fl. minori, quem Haselam nostri uocant. Latera eius lineæ distinguuntur.* Quærendum an Sueta Bellonij idem hic piscis sit, in Naso nobis descripta: nam peritonæum etiam Rislingo nostro ut Suetæ nigricat: & magnitudo Suetæ magis quàm Nasi ei conuenit. ¶ Ibidem, capitur A. (*sed rarò.*)

480.26. conijcio. A. (*His scriptis audiui piscem quem alij Germani* Steinbyß *uocant, à Misenis* Steinschmerlin *appellari, Pœciliæ Pausaniæ, id est Peiscero uulgò dicto, planè cognatum. quare utrunq, gobium pœciliam, sed alterum barbatulum, alterum imberbem, nominare & cognominare licebit.*

482.2. A. Plura quære infrà in Corollario de Phoxinis F. ¶ 35. A. Poloni Pstranik appellant: aliqui recentiores Latini Saxatilem, ineptè. ¶ 39. post, branchijs A. (*In sceleto uestigia quidem branchiarum foris mihi apparent, sed locus clausus & solidus est.*) ¶ Post uersum 57. A. Titulum hunc: COROLLARIUM III. De Aspero pisciculo, Gobioni persimili. Sub titulo A. hanc iconem. Iconi subiunge descriptionem ut sequitur.

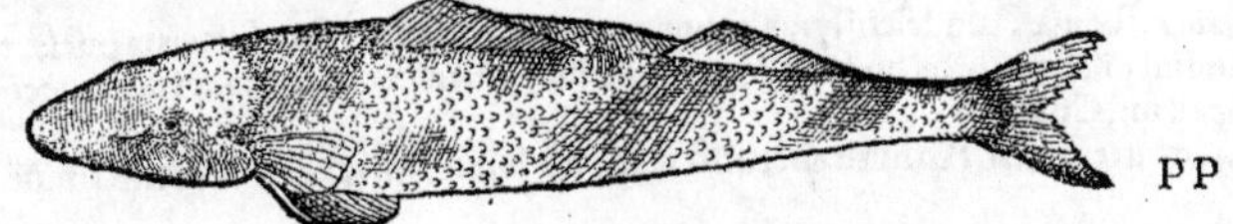

PP 3

PICTVM hunc è Danubio piscem Iulius Alexandrinus præstantissimus Ferdinandi Augusti medicus ad me dedit. Suspicor ferè eundem esse cum Aspero pisciculo Rhodani, à Rondeletio suprà inter Gobios fl. descripto. forma quidẽ tota & singulæ fermè corporis partes in utriusq; pictura cõuenire uidentur, nisi quòd pinna ab ano in nostra icone nulla est, pictoris fortè incuria. Nulli enim pisciũ opinor hæc pinna deest. Rondeletius Lacertũ peregrinũ suum sine ea pinxit: quam Saluianus eidem addidit. Bellonius in sola Tænia hanc pinnã se nõ reperisse mihi retulit. ¶ Piscis quẽ exhibemus Germanicũ nomen est **Zindel**: uel, ut alij scribũt, **Zinde/Zundel/Zinne/Zingel**. Vngari Kolcz appellant. Icon ad me missa, digitos xij. longa est: quam longitudinem in hoc pisce mediocrem esse audio. Colore est partim è fusco ruffescente, partim nigris maculis satis magnis per interualla distinctus: quarũ aliquę à dorso ad uentrẽ (qui cinereus est) obliquę tendũt. Oculis color Indicus: & aliquid sub eis rubri. Audio eum ad libræ pondus (.i. unciarũ xvj.) accedere: (alij etiã trilibrem fieri retulerunt:) caudã adeò durã habere, ut uix amputari possit: pinnas in dorso aculeatas percæ fluuiatilis instar: (*icon nostra pinnas molles, nõ aculeatas, præ se ferre uidetur:*) rostrum acuminatũ: carnem candidissimã. Sunt qui forma & colore Cani marino cõparent: alij Lucio, præcipuè quidẽ capite, absq; squamis esse aiunt, instar anguillæ. (*Rondeletius Asperũ suum à squamarum asperitate uulgò Gallicè Apron dictum ait.*) Lautissimum esse addunt simul & saluberrimum, omnium Danubij pisciũ, ita ut uel puerperis apponatur, & diuitũ duntaxat mensas oneret: quod equidem miror, si squamas nõ habet. ferè enim omnes qui squamis carent, minùs salubres existimantur. Ferũt eum Danubius & Tibiscus. In Danubio prope Bosoniã magna eius copia capitur. Viennæ etiã non deest: et in Bauariæ fluuijs, ut Isera, & Loisaca: hic quidẽ è lacu **Ammelsee** fluit in **Kachelsee** lacũ, & inde rursus in Iserã fluuium. In piscinis seruari nõ potest. ¶ Eiusdem piscis effigiẽ illi quã dedimus, similẽ, coloribus tantùm diuersam (uentre & pinnis albicantibus) Raphaël Seilerus (iurisconsultus doctissimus, Comes Palatinus, clarissimi Augustanæ Reip. archiatri Geryonis filius) ad me misit, in qua similiter nulla ab ano pinna, nullæ squamæ apparent. ¶ Alius ab hoc nimirũ est piscis apud Borussos **Zanz** dictus: quanq; & illũ audio Lucio comparari, rostro esse acuminato, sed minùs quàm Lucius: maculosum, carne solida: sed marinũ esse, Lucij magnitudine, squamis etiã Lucij instar paruis tegi. De eo an sit asellorum generis, ut suspicor, quærendũ. Eundem puto alibi aliter nominari, **Zandet/Zandel/Sandat/Sant.** (*Videtur ab arena nomen habere, nam & in litoribus capitur.*) Hunc in Borussia & Dania capi audio: & dolijs inclusum magna copia ad mediterraneos (Noribergam usq;) exportari. magnitudine esse instar mediocris Merlucij, (**wie ein mittelmessiger Stockfisch**,) supina parte albũ, prona nigricantem: capite nõ magno. Salsi carnẽ, tenaciorem fieri. Aliqui longũ esse narrarunt ad dodrantes ferè tres cum dimidio: flumina subire: in cibo laudari. alij insipidũ esse dicunt, quia nihil pinguedinis habeat: cyprini magnitudine, minùs latum, sed crassum, album: specie truttæ salmonatæ similẽ, squamis cyprino. capi etiam in lacu Suerinensi, per quadragesimam maximè.

ADDITIO AD PAGINAM 484. POST VERSVM 31. ad finem Elementi G.

DE GVSTERO VVLGO MISENIS DICTO PISCE.

Iconem à Io. Kentmano missam non posui, quòd omnino piscis idem mihi uideatur cum illo quem nostri Bliccam uocant: quemq; Rondeletius Ballerum facit, &c. de quo scripsimus suprà pagina 27. A. Elemento inter Albos pisces.

Geuster uulgò à Misenis in Albi uocatur piscis, qui Blicca à nostris, ut iam dixi. sed alium Miseni Bliccã, quem & Zertã, appellant, anadromum piscẽ: de quo paulò antè inter Capitones fluuiatiles scripsimus. Christophorus Encelius, deflexo Germanico uocabulo ad Latinã terminationem Gusterũ dixit. Anguillæ & lampredarũ species (**Pricken & Neüneügen**) aliquando (inquit) ex ouo generantur: quamprimùm uerò exclusæ suscipiuntur in branchias & fouentur à Gusteris & alijs quibusdã piscibus. Piscem hunc aiunt assari solere, paruũ, crassum & breuem esse. Aliqui Zertæ comparãt, (nescio q̃ rectè:) ea enim à Kentmano oblongior angustiorq; pingitur: in hoc differre, addunt, quòd squamas habeat subcœruleas, quæ in Zerta albiores sint.

502.44. deprimantur, A. (*aut potius firmentur, ita ut innatent tamen, & per mare ferantur, non ad fundũ mergantur.*) ¶ 45. gaudentes A. sub eis.

503.8. post Rondeletij. distingue, & A. et infrà elemento T. in Tragis.

504.20. perforatam A. (τὰ βραγχία κατατετρημένα, id est, branchias perforatas.)

514.37. hoc libro A. (*nos hunc ordinem non seruamus.*)

515. Sub lemmate, DE EADEM, Bell. subscribe: *Mugilem alatum Rondeletij uidetur pro hirundine pingere.* ¶ 46. in fine lineæ A. Immò libro 2. inter pisces, quorum uenenati sint aculei, hirundines recenset.

516.20. A. Romæ Rondeletij lyras, capones uocant. Miluus siue Lucerna piscis, tam similis est hirundini pisci, ut Græci hodie falsò eum chelidonem uocent: Adriatici sinus accolæ Lucernam appellant, Gillius.

517.4. arbitrentur, A. Ab horũ alterutro iconẽ hîc subiunctã accepi: & rursus similẽ ferè à Sitardo.

tardo. Species hîc proposita piscis est uolantis, pinnis nempe in transuersum extensis, eædem demissæ, natantis speciem præbebunt.

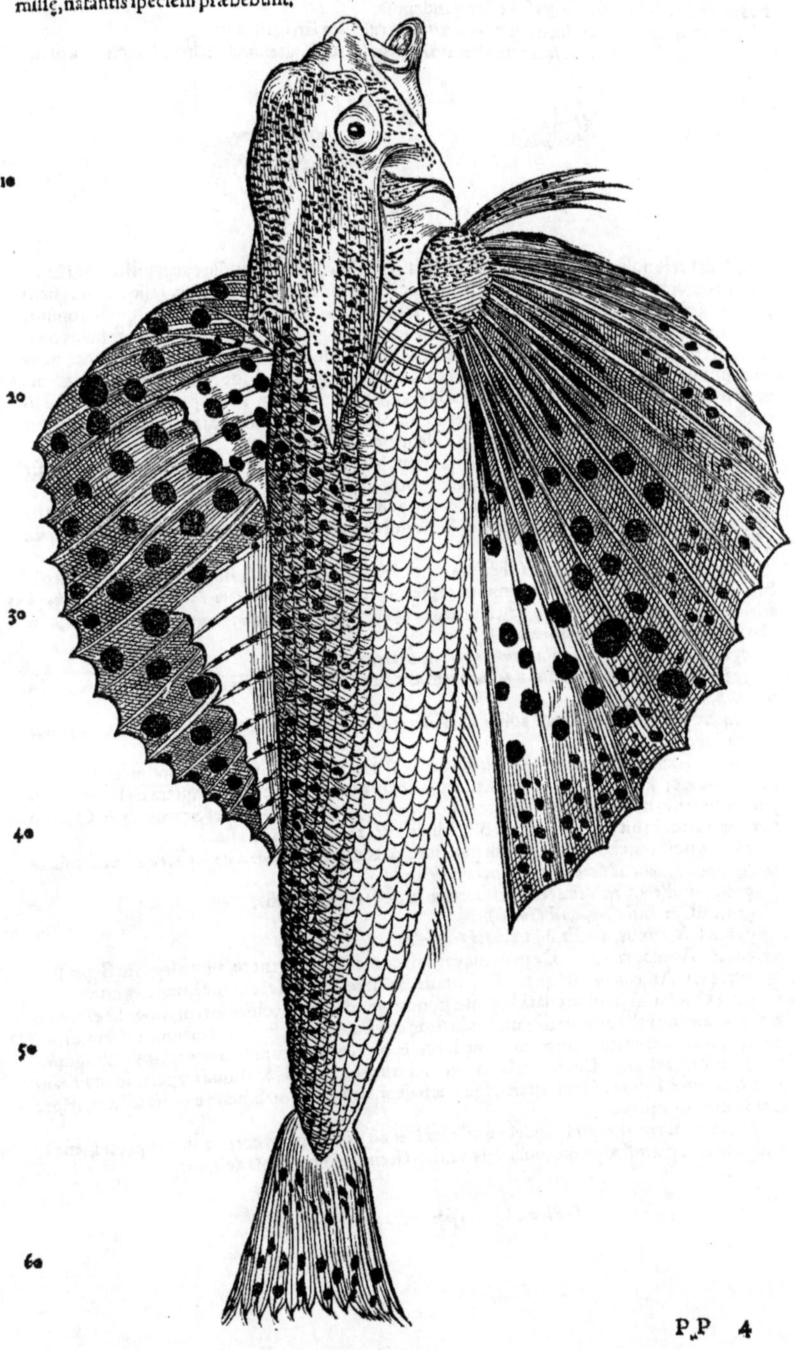

520.10. puto. A. (Meliùs explicatum hunc Pausaniæ locum dabimus in Tritone.)

521.32. Plinium. A. Oppianus Syænam circa petras leprades degere meminit. ¶ 33. laus. A. nos inter Mustelos infrà diuersos esse ostendemus.

531.43. A. ¶ Enhydridis iecur uesicæ uitia, & calculos sanat, Plinius.

Phryganium Bellonij. 546.33. A. Icones hîc adiecimus, alteram Phryganij nudi, alteram sua theca intecti, è lacu no-

stro: Kärderle nostri nominant. Theca est quasi bombycina, longitudine articuli humani in digito, parte una aperta. Ei includitur uermis pedibus senis & capite eminens, reliqua pars, nempe alueus oblongus, intus conditur: supra infráque cirris albicantibus hirsutus, quibus opinor thecæ suæ adhæret, adeò tenaciter, ut ui euelli uix queat. pars extrema, utrinque eminens paucis & breuibus pilis insignitur. Cum in sicco seruassem duos aut tres dies, & caput prominens emortuum uideretur, euulsi, & posteriora etiamnum uegeta uiuáque inueni. sed & caput rursus leuiter mouebatur. Thecæ illi foris adhæret, quicquid leuius appropinquârit, cortices lignorum, fremia seu phrygana (unde phryganium Bellonius nominauit) quibusdam & conchulæ patellarum instar, magnitudine & figura lentis: & aliæ quisquiliæ.

Eâdem pagina uersu 58. Plinius. A. Hermolaus lampetras uocat, fontanas tineas. ¶ Et mox pro has, L. ego uerò has Plinij tineas esse puto, &c.

548.30. A. ¶ Reperiuntur & in mari uermes aliqui huiusmodi, ut nulla alia pictura, quàm una linea continua exprimi possint, &c. Vide infrà elemento V. ab initio Capitis Rondeletij de Verme microrhynchotero.

549.4. A. ¶ Qui intemperie hepatis calida laborant (inquit Trallianus) si ea leuior fuerit, & uires calidæ, sumere poterunt lupum, orphum, ceridem, καὶ τὸν δὲ αὐτὸν ἰσικὸν, μὴ μέντοι γάρον, ἢ κνίσσης (Andernacus legit κνίδης, id est urticæ) ἢ ἄλλων τινῶν. ὁ γὰρ ἰσικὸς ὄντως μετὰ τοῦ μηδὲν ὠφελεῖν, ἔτι μᾶλλον βλάπτει τὰ μέγιστα τοὺς ἐσθίοντας.

552.35. Egau, A. (*nostri ferè lacertum terrestrem sic uocant.*)

553. sub lemmate, DE EODEM Lacerto, &c. subscribe: *De Trachuro leges pauca etiam in T. elemento.*

554. Lacerti peregrini iconi, adscribe: *A Saluiano meliùs pingitur hic piscis, & σαῦρος uocatur. pinnula etiam à podice additur.*

560.13. saxatiles A. (*hoc non conuenit phycidi.*) ¶ 17. Idem omnino, aut maximè D. hæc uerba. Et mox L. ¶ Cognatus huic mihi uidetur Scarus uarius Rondeletij, quem Bellonius simpliciter Scarum nominat. sed differt dentibus, quos planos (suprà) habet Scarus, & in Oceano non capitur: cùm hic, quo de agimus & mediterranei et Oceani piscis sit.

563.37. post, *inuenio*, nota geminum punctum, & adde: *quisquis autem ita sensit, ex Plinij de piscibus catalogo malè distincto ad finem libri 32. deceptus uidetur.*)

566.57. iudicent. A. Vide etiam in Corollario de Vrticis diuersis.

572.62. Cor (*fortè Corpus, uel Crusta.*)

578.46. Varinus. A. Et alibi, Σμαρίδων, γρᾶδων.

584.61. Apologia I. A. De pedibus earum, & mollium in genere, plura leges in Sepia B.

585.46. L. Athenæus quoque & Eustathius Aristotelis uerba recitantes, νέουσι legunt.

593.32. luceat. A. In uiuo etiam squamæ quodammodo aureo colore lucent, singulæ extremo margine medio: reliquum enim cute obductum est. Pantheram fluuiatilem hunc piscem dicas, cum propter rapacitatem: tum quoniam maculis plurimis albicantibus latera eius distinguuntur, plerisque oblongis. Lingua in Lucio grandi satis euidens est, & aliqua ex parte soluta: branchiæ quaternæ. In fine Martij reperi sesquicubitalem, ouis plenum. Squamæ ei peculiares, tripartitæ à posteriore parte.

612.32. A. Lyræ alterius Rondeletij effigies hæc est, (quanquam cornua ab ore prominentia, tanquam in Lyra instrumento, nulla ostendit,) ad sceleton olim nobis delineata.

Icon huius Lyræ in sequenti pagina expressa est.

618.inter uersus 57.& 58.hæc interscribe: MALTHAE icō & descriptio ex Rondeletij opere, hic omissa, posita est infrà inter Mustelos.

637.1.papaueres A. ¶ Vide etiam infrà in Polypo B. & in Rondeletij Pinna magna F.

639.4.post,*facta est*,distingue, & A.nescio quàm rectè.

Ad iconem Merulæ è Bellonij libro, adscribe: *Icon hæc persimilis est Phycidis ab eodem Bellonio exhibitæ iconi.*

642.58.post,χρύσοφρυν,nota punctum geminum: & A.*in calida uerò intemperie,ex piscibus concedit psittam,mullum,scarū,chrysophryn: &,si calor sit leuior,ualidæq́ uires,lupum,orphum,ceridem)*

644. ad F. in margine adscribe: Vide etiam in Turdo aliquid.

¶ 19.κοσσύφους A.καὶ κίχλας.

647.20.μύρος,A.(*scribendum fortè μῦρος,penanflexum)*

659.26.Καλυδῶνι A.(fortè Καλυδῶν' ἔνι)

662.27.A. Hinc & Plato Comicus apud Athenæum:Σκορπίος οὖ παύσει γε σὺ τὸν πρωκτὸν ὑπελθών.

670.12.sagittarius A.(*Hunc alibi Scolopacem uocans, Sagittarius, inquit,esse non potest.nam sagittario plures sunt aculei ad herinacei speciem)*

683.37.apparet.A. Fel iecori adiunctum habet zygæna, Arist. historiæ 2.15.lego smyræna.uide in Corollario sphyrænæ B. 46.piscium.A. Cuias flumen rectà ad Oceanum tendit:cuius accolæ donarunt nobis murænas ducenta habentes pondera, (*malim pondo, id est,libras:*)affirmantes in mari Oceano,quod erat ad milliarium tertium & uigesimum,maiores esse, Alexander Magnus in epistola ad Aristotelem.

698.29.spinam A.intelligo.)

AD PAGINAM 705. POST VERSVM 27.

ADDITIO DE LAMPREDA, EX IO. Kentmani Catalogo piscium Albis.

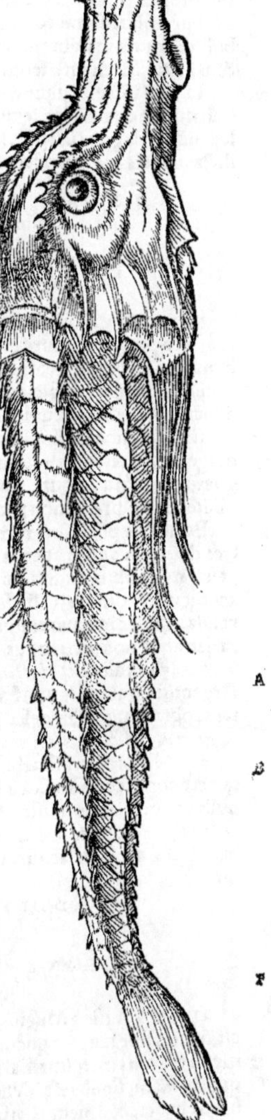

Lampreda piscis similis est ei quem Enneophthalmū uulgò Miseni uocant, (gleych einer Neunaugen oder Pricken,(sed maior.) unde imperiti aliqui putarūt Steinbeiß/Neunaug & Lampred, unum esse piscem,qui pro ætate ac magnitudine nomina mutet. A

Lampreda dorso est è fusco puniceo,(breunlacht:)uentre candido.Pellem sine squamis habet,satis crassam & lubricam. Sunt quæ ulnæ longitudinē attingāt,plus,minus,satis crasso corpore. Caput est lōgiusculum:os rotundum,subflauum, satis amplū seu latum in rotunditate: quo sicuti enneophthalmus maior ac minor (wie ein Steinbeiß oder Neunaug) suctu se affigit. Felle caret, & iecur pulchrū ac uiride habet. Maximæ in Albi libras ij. cū dimidia pendent,aut tres ad summum: & grosis (ut uocant) nummis, sedecim uel octodecim ueunduntur. B

Piscis hic apud nostros(quanq;,nisi magnis impensis paret, non admodū sapit,)pro lautissimo habet,& preciosissimo,si pro pondere,ut fieri solet,preciū æstimet. Huius aūt nobilitatis forsitan causa est,quoniā felle caret:uel quoniā iuris apparatus, sine quo nihil sapit,preciosior est, quàm ut à plebeijs aut mediocribus hominibus confici posit. F

E mari in Albim ascendit unà cū salmonibus. cū enim per se inepta sit ad natationē,salmonibus affigens se ab ijs pertrahitur, per præcipitia etiā fluminis interdū,si quæ obstiterint. Sugit aūt tam ualidè, ut signa aliquando instar argentei numi semuncialis in cute & carne salmonum relinquantur. Sic in Albim aut Mildam aducctæ, ad riuos properant: ubi,eo tempore quo Salmones migrant,maximè capiuntur. qui capturā subterfugiunt, pereunt & contabescunt. Quòd autem salmoni potiùs, quàm sturioni aut alteri cuipiam anadromo adhæreseat,carnis salmonum dulcedinem in causa esse puto. C

Assus aut elixus simpliciter hic piscis, ut alij pisces, planè uilis est, & nullius egregij saporis: ita uerò, ut nunc dicetur, paratus, principum mensas ornat. In uas uinarium aliquod impositus, uino Maluatico, aut alio quod haberi optimum potest, abunde perfusus, id ipsum in corpus attrahit, citiùs quidem quod dulcius fuerit: unde inflatur ac distenditur, donec expiret. Sunt qui ut sumptum declinent, quoduis uulgare uinum adfundant. Ita extinctum piscem incidunt: & uinum quod attraxerat, cum sanguine colligunt. Ipsum uerò in frusta E pro arbitrio diſſecant: quæ, ut reliquos piſces, in aqua bene elixant. elixa eximunt, & ſanguini cū uino pro condimento adijciunt, cinnamomum, caryophyllos, ſaccharum, zinziber, uuas paſſas minores: & confriatæ melituttæ (Pfefferküchen) plus, minùs, prout ius craſſius aut tenuius parare libuerit, hæc ſimul coquunt: deinde fruſta piſcis iam elixa inijciunt, & aliquantiſper cum iure bullire ſinunt, ut odorem ſaporemq́ attrahant. Hoc modo parata Lampreda principum cibus eſt, &, ſi libeat, in tali iure ſeptimanas aliquot bona ac ſapida ſeruari poteſt. Hæc Kentmanus.

Vermis Indicus fluuiatilis. In India Cluias flumen rectà ad Oceanum fertur: cuius accolæ nobis donarunt uermes ex ipſo flumine extractos, femore humano craſsiores, omni generi piſcium ſapore præferendos, Alexander Magnus in epiſtola ad Ariſtotelem. Fuerint autem hi uermes forſitan lampredæ uulgò dictæ, aut eis cognati piſces.

ADDITIO AD ALTERVM GENVS LAMPREDAE, minus, pagina 706. poſt uerſum tertium inſerenda.

DE LAMPREDA MINORE, VEL ENNEOPHTHALmo maiore, ex eodem Kentmani Piſcium Albis Catalogo.

A B NEVNAVG (id eſt, Enneophthalmus uulgò dictus) piſcis eſt, longi & anguſti corporis, dorſo è fuſco puniceo, uentre candido, (ſicut & Lampreda:) quam cute etiam, & oris forma refert, & branchijs utrinq; ſeptenis detectis, ocellorum quadam ſpecie, unde nomen ei impoſitum. ab utrouis enim latere inſpiciatur, ſeptenis branchiarum foraminibus, ſi oculi bini ueri adnumerētur, nouen ocellos habere uidetur.

C Ex Oceano in Albim uenit: ex Albi ad riuos tendit: in quibus plurimi circa medium Qua(E F) drageſimalis ieiunij capiuntur: quo tempore etiam plenæ ſunt ouis fœminæ, & (*in utroq; ſexu*) pingues optimiq́ ad cibum. nam qui reliquo anni tempore capiuntur ſicciores tenacioresq́ ſunt. Similiter ut lampreda, non proficit in dulci aqua, ſed contabeſcens moritur.

F Bonus eſt piſcis tum recens, tum infumatus. Recens ſimpliciter in aqua elixatur, ſicut alij piſces. deinde ius aromaticum (è uino, ſaccharo, cinnamomo, caryophyllis, & zinzibere cum uuis paſsis minoribus) affunditur. coloris autem gratia, uel defrutum ceraſorum (gegoſſne kirſe:) uel modicum melituttæ, (Pfefferküchen:) uel amylum cum croco additur. Infumatus uerò in aqua calida medicè præmaceratus, ſuper craticula aſſatur. quod ſi recenter infumari cœperit, præmacerari in aqua non fuerit opus.

706.30. Adſcribe: *Hæc fortè eſt Typhle, Nili piſcis. Vide in T.* ¶ 39. Naſinog. A. Miſeni & circa Argentinam aliqui (puto) Steinbeiß nominant, quod nomen nobis uſitatum eſt de alio piſce inter Gobios fluuiatiles deſcripto. Luſitani Engie.

707.1. Adſcribe: *Vide ne ſquamæ nimis manifeſtè ſint pictæ.*

712.60. uoraces. A. Barbulæ in ſuperiori maxilla geminæ: unica à mento pendet. Fel in lacuſtri genere cœruleum. Veſica ad promouendam natationem aëre plena, (plerisq; alijs piſcibus data, nulla in hoc genere muſtelarum eſt, quod ſciam.

713.37. refutauimus. A. In fœminis oua ſunt plurima, congeſta, minima, inſtar lendium, alba. ¶ 40. A. ¶ In lacuſtri aliquando grandines aliquot in iecore inueni, tum in ſuperficie, tum interius.

ADDITIO AD PAGINAM 714. POST uerſum 18. inſerenda.

RVRSVS DE EADEM MVSTELA FLVVIAtili, ex Catalogo piſcium Albis Io. Kentmani.

B OLRVPA (ſic à Miſenis uulgò dicitur, ein Olruppe, genere fœm.) longus & lubricus piſcis eſt, ſepties ferè longior quàm latior. non ſquamis, ſed læui pelle fuſci coloris, uariantibus paſsim nigris maculis integitur. Pars poſterior planè anguillam refert. Quod ad colorem, & partim quoque formam, ſimilis eſt Velſo piſci, (*ut Miſeni nominant: id eſt, Siluro:*) ſed caput & os minus acutiúsque habet, & à mento barbulam unicam: Velſus uerò quaternas ea parte: in ſuperiori autem labro binas. Pinnis etiam differunt. Olrupa enim binas gerit ad branchias, utrinque ſingulam: & infra in medio aliam, omnes molles: Silurus uerò binas ſolùm illas iuxta branchias habet, quibus aculei duri inſunt. Spina quidem una & ſimplex per dorſum Olrupæ extenditur, ſimiliter ut in Velſo. Pro dentibus labra habet aſpera. Cor ad initium gulæ dependet, ut alijs pleriſque piſcibus. Iecur ei proportione maximum. nuper cum pondus iecoris unius examinare liberet, quatuor ferè uncias cum dimidia pendebat. Gula anguſtior eſt: uentriculus uerò longus & craſſus: circa cuius medium enaſcitur inteſtinum paruum, è quo ſtatim ad utrunque latus appendices uel ramuli undecim ſparguntur, ita ut ueluti manu quadam utrinque uentriculus comprehendi uideatur: ſunt autem omnes caui & ſucco cibario pleni. Ab hoc inteſtinorum initio meatus rectà deſcendit paulò ultra uentriculum: inde dupliciter reuolutus, iterum rectà extenditur uſque ad anum. Hinc aliqui nugatores hunc piſcem medicum

Muſtelæ fl. & Siluri collatio.

(Doctore

(Doctorsfisch)nominant,quòd uentriculum(qui matulam siue ampullam, in qua medici urinas contemplantur)manus ueluti matulam tenentis, complectatur. Maximi in Albi bilibres ferè sunt:hoc est,unciarum xxxij.

Piscis hic anno toto è riuis in Albim migrat.Circa brumale solstitiũ & natiuitatẽ Domini pa- C
rit:quo tempore,nisi glacies impediat,plurimus capitur,& in cibo tunc optimus est.

Bonus & sapidus est piscis. Simpliciter quidẽ in aqua fontana(cui cũ primùm feruere occœpe F
rit,inmittitẽ & cõditur)ad iuris ferè consumptionẽ elixus:affuso demũ etiã uino, (mit einẽ weyn abgekület,)optimè sapit.Iecur eius imprimis inter delicias censet:& omniũ qui in Albi piscium iecori præfertur.Alios etiam pisces,quibus cum elixatur Olrupa,sapidiores reddit.

Spina huius piscis arida cõtrita,drachmæ unius aut dimidiæ(pro ætatis ratiõe)põdere,infanti G
bus & pueris aduersus comitialẽ morbũ,miro successu propinat ẽ stillatitio liquore florũ tiliæ, ut à præstantissimo Haldẽsis episcopi medico Georgio Laurea accepimus:qui & seipsum frequenter hoc remedio usum,& alios subinde feliciter utentes obseruasse retulit.

719.Sub lemmate,DE CENTRINA,Rond.subscribe: *Aliam eiusdem iconem magnã à nostro pictore expressam,inuenies infrà cum Vulpis mar.Corollario.*

721.6.L.(acipenser scilicet,)& parenthesi include.

723.32.Lemmati adscribe:*Duas eius icones Bellonius posuit:unã simpliciter Vulpeculæ nomine: alterã Italicæ Vulpeculæ,quæ à Venetis Porco marino dicatur.atqui in descriptione discrimen nullum facit.*

728.1.Lemmati adscribe:*Vide etiam infrà,ab initio Corollarij de Vulpe.*

730.16.Iliad.N.Adde:sed pro ὑπὸ τῇ μύτιδι,ut apud Aristotelẽ habet,non rectè legit ἐν τῇ μύτιδι. Vide Rondeletiũ in Sepia,ubi mytidẽ iecori respondere ostendit, & atramentũ in ea non cõtineri:Quære plura in Corollario de Sepia B. ¶ 22.masculino.A.Sepia quidẽ, quæ mytin habet, ut & alia mollia,dicitur nõ sola,sed coniugatim,mas cum fœmina,natare.

732.14.Sueta:A.Nasi enim extremitas crassiuscula prominet:os reductũ est,latum:quodq; ueluti labra habere uideat,ut labeo fluuiatilis dici mereatur.Dentes in ore nõ habet. Pinnæ omnes, & cauda quoq;,perpulchrè,minij ferè instar rubẽt:ea quæ in medio dorsi est excepta, quæ fusca ferè est.In medijs etiam branchijs ruboris nonnihil est.Fell pallidum,dilutum,in folliculo tres digitos longo,qui intestino annectitur.

736.28.Bellonius.A.¶ In India Cuias flumẽ rectà ad Oceanũ fertur: in quo Scari ingentes uasis eburneis capiebant,ne arundines morsu cõfringerent,aut à capillatis mulieribus(quę pisce uiuebant aquis immersæ)prenderent.quæ quidẽ mulieres ignaros regionũ homines in flumine natantes aut tenendo gurgitibus suffocabãt,aut in arundineta tractos,cũ essent specie mirabiles, affectu suo auidè uictos rũpebant, aut Venerea examinabãt uolũtate.Quarũ nos duas modò cepimus,colore niueo Nymphis similes,diffusos post terga capillos habentes,Alexander Magnus in epistola ad Aristotelem.

741.38.A. Tonsicula quidẽ ex Orimis celebratur à Cassiodoro,non describitur.

ADDITIO AD PAG. 741. POST VERSUM 51. INSERENDA.

DE EODEM PISCE, EX HIPPOLYTI SALVIANI LIbro 1,qui Romæ uulgò Pesce Pettine uocari scribit,&c.

Piscis huius effigiem suprà etiam,elemento N.ex Rondeletio, Nouaculæ nomine dedimus. Hic aliam à sculptore nostro iam priùs elaboratam,(ad picturã à Cor.Sittardo missam,sed quæ tum nos subterfugerat,)damus. qui elegantiorem requirit,è Saluiani libro petat.Nostra quidem hæc,sicut & Rondeletij,si non satis accurata, ad piscis tamen cognitionem satisfecerit.

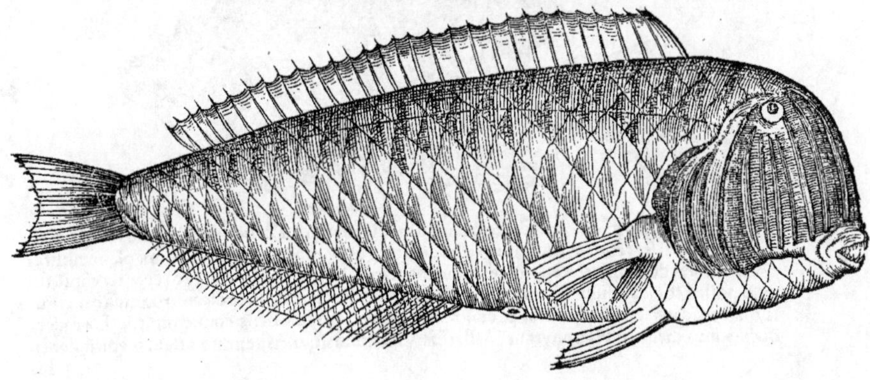

A Piscis huius (quem Romæ Pesce Pettine, & in plerisque alijs locis Rason uocant) Græcum & Latinum Nomen priscum inuenire nobis hucusque non licuit.

B Peculiarem adeò figuram habet hic piscis, ut nulli alij piscium similis uideatur, ab omnibusque internosci facilè possit. Capite enim permagno est, ualde tamen (non secus quàm corpore toto) compresso, & omni prorsus rostro carente. Linea nanque anteriorē capitis, siue totius corporis partem terminans, longa satis & recta, atque ferè ad perpendiculum è summo capitis uertice ad inferiorem usque maxillam defertur. In infimo cuius anterioris atque ferè perpendicularis partis loco os positum est paruum, dentibus acutissimis & paruis, præter quatuor anteriores & longiores, munitum. Oculi parui sunt, & in superiore capitis sede collocati. Branchias utrinque quaternas habet: & binas etiam utrinque pinnas, duas latiores ad branchias: & duas alias angustiores in uentre. In dorso unica erigitur pinna, non multùm lata, sed satis longa. à primo nanque dorso exorta, per dorsum totū ferè usque ad caudam extenditur. Imo præterea uentri alia una singularis pinna ab ano (qui in hoc pisce propiùs ad caput quàm ad caudam accedit) nata, & usque ferè ad caudā producta subditur. Cauda in unam & latam pinnam degenerat. Ventriculum habet mediocrē: intestina pinguedine plurima obducta, & multis gyris circumacta: hepar pallidum, & in fellis uesicā iecinori annexam. Piscis est latiusculus ualdè, Fabri instar compressus, squamis magnis contectus, & uarijs atque pulcherrimis coloribus egregiè depictus. Caput enim, maxillæ, & branchiarū opercula, plurimis cœruleis lineis insignita apparent. Imi uentris & caudæ pinnæ subflauis & uirentibus lineis inter se cancellatim cōmissis, decenter admodum depictæ sunt. Pinna dorsi rubra est, nonnullis cœruleis conspersa maculis. Corpus reliquum ex albo flauescit. Ad multā molem non excrescit: palmi nanque mensuram excedere non solet.

C Piscis est marinus, litoralis, & non pelagius: ac litorum, maximè quæ saxis abundant, incola. Nec omni mari communis est. In quàm plurimis enim marinis locis ne reperitur quidem: in nōnullis uerò rarus habetur. In nostro nanque Romano foro piscatorio uix deni aut duodeni quotannis conspiciuntur. In Rhodio tamen, in Siculo, atque in Hispano mari frequentior gignitur. Soliuagus piscis est, imbellisque & infirmus: carniuorus tamen. Vnde cum ob imbecillitatem corporis ac paruitatē oris, maiores aggredi non audeat pisces: paruis loligunculis, Sepiolis, Apuis, atque reliquis minutioribus pisciculis uescitur.

F Carnem habet teneram & friabilem, boni succi, atque concoctu facilem: unde in saxatiliū penuria, ipsis substitui, atque ualetudinarijs apponi potest. Nullis ferè alijs spinis, præter eas quæ dorsi spinam constituunt, interciditur. Gustui suauissimus est: & propterea ubi ubi capi solet, in maxima habetur existimatione.

742.12. post dicam. signa punctum geminum: & A. ubi rursus etiam de ouis tarichis.

743.22. ἰχθύδιον. A. Petropsaro, Christopsaro, & similia, non à psaro, sed ab opsario composita mihi uidentur. ¶ 50. Iliad. Λ. Adde; ὀψωνεῖν cum accusatiuo: *ἁδροὺς ὀψωνοῦσι μεγάλους τε φάγρους*, Strattis apud Athenæum.

ADDITIO AD PAGINAM 748. POST uersum 23. inserenda.

RVRSVS DE LVMPO ANGLORVM, DE QVO etiam proximo Corollario retrò in A. & B. nonnihil diximus.

Iconem hanc inter alias picturas à Io. Kentmano missas reperi.

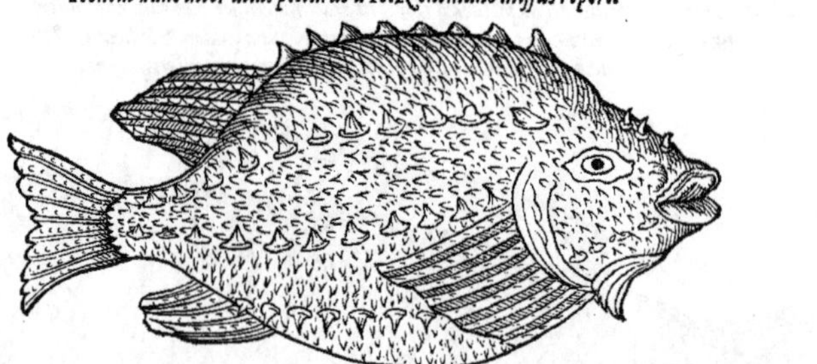

Picturam huius piscis cum ad excellentem medicum Guil. Turnerum Anglum misissem, eius super eadem sententiam sciscitatus, respōdit: Imago quam ad me misisti, Lumpi planè nostratis est: uerùm duæ posteriores pinnæ abundant. nam tales in pisce, quem ego recenter captū uidi, & postea comedi, nullæ comparebant. Deest etiam sub mento, ut ita dicam, rotunda cauernula, quam ego in meo Lumpo uidi & contrectaui. Cætera omnia bene conueniunt. De eadem doctissimus medicus Hieronymus Massarius Vicentinus, qui Argentinæ artem medicā docet, his

his ferè uerbis ad me scripsit: Angli quidam, uiri non mediocris doctrinæ, inspecta piscis pictura quam ad Turnerum mittis, retulerunt, piscem huiusmodi reperiri iuxta Cornubiæ (postremum Angliæ) promontorium, & ab incolis uocari Lump: prominentias autem illas, quæ osseæ fortè ab aliquibus putari possent ex pictura, callosas esse, quibus scopulis adhæreant, quod piscatores testantur. dorsum rubicundum, uentrem album haberi. Piscem ipsum in magnis delicijs reputari.

Rursus in alia epistola ad me Turnerus: Lump piscis (inquit) apud nos nomen habet ex rudi & informi frustulo, quod nostra lingua Lump nominamus. Plinij Orchin esse posse commoda adhibita interpretatione non diffiteor. uerùm Bellonij Orbis, quem ipse pingit, esse nequit, nam piscis edulis est Lumpus noster, absque squamis, cartilagineus. uera enim ossa aut spinas intus nō habet, sed eorum loco cartilagines. Eiusdem est saporis, cuius Squatina. Duas tantùm habet pinnas, & eas infra branchias. In singulis lateribus ternos habet aculeorum aut recuruarum spinarum ordines, à capite ad caudam usque porrectos. In summo tergo unicam talem habet spinarum seriem. Verùm aculei illi rari sunt, intercedentibus interstitijs non paruis seiuncti. Spinæ iam commemoratæ rubi spinas mirè referunt, (*Inde Batum rotundum appellare licebit,*) (A) nisi quòd non ita recuruæ sunt. Vmbilicus ei prominet in uentre portentosæ magnitudinis. Sub mento rotundum quiddam circuli instar apparet: quo se solo aut lapidibus affigere interdum uidetur. Caput habet ranæ simile, & oculos admodum paruos. Tota cutis summa, tactui aspera est. Ex nostris non desunt, qui hunc piscem nominant a See oul: (*uel*) ut Scoti uocant, a Paddel.

DE ORBE GIBBOSO.

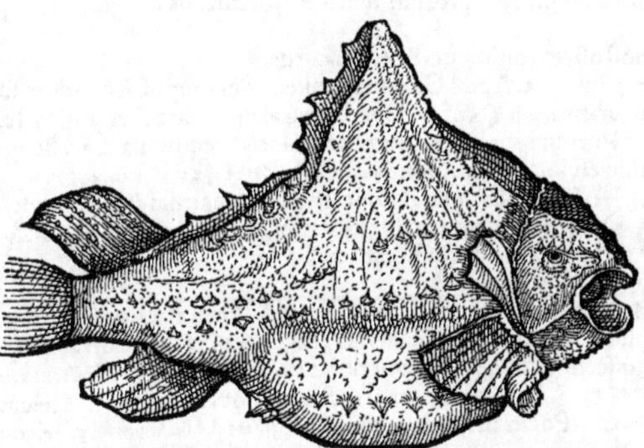

PISCEM hunc præcedenti ferè similem, nisi quod in dorso gibbus attollitur: ab eo ipso Orbem gibbosum nominare libuit: Græcè νωτιδανὸν dixeris, à noto, id est dorso eminente: sic νωτιδανὸς galeus nominatur ab Aristotele libro quinto de Animalibus: quem Epænetus ἐπινωτιδίας uocat, authore Athenæo. Qui piscem ipsum uiderit, nominabit fortè commodiùs. Delineatam eius iconem Georg. Fabricius olim communicauit, absque nomine. in Balthico Oceano reperiri aiunt. Corij portiuncula quam misit Fabricius, crassiuscula & tenax est. multis punctis seu tuberculis potiùs exasperatur. eminent etiam spinæ quædam ceu rubi, sed mucrone recto, pyramidis forma, aliæ magnæ, aliæ paruæ, è fusco albicantes. Missa ad me pictura à capite ad extremam caudam longa est palmos circiter quatuor, id est, digitos sedecim: lata uerò ab imo uentre ad summum dorsi acumen, totidem digitos, nempe sedecim, & ampliùs unum. Hanc magnitudinem uiuum ipsum piscem adultum, latam manum non excedere, scripsit Fabricius: & prætereá: Huic pisci (inquit) ut pictura indicat, non planè duplo maior dorsi altitudo, quàm uentris est profunditas: sed uenter de more laxus, dorsum in aciem est acuminatum, in carinæ modum. Superior corporis pars figuram triangularem efficit, uenter rotundus & amplus. Os minutum nec prominens: cauda parua, & pro reliqui corporis modo, satis crassa. Corpus munitum spinis osseis, præduris & acutis, quæ Amazonicæ peltæ contractæ, sed eminente umbone, formam præ se ferunt. Earum in utroque latere spinarum sunt tres ordines. Imus infra pinnas initium sumens, unà cum uentre terminatur: medius, à branchijs ad caudæ usque extremitatem extenditur: superior à dorsi latere sursum incuruatus, ad caudæ finem prorsum reflectitur. Similes spinæ supra oculos incipientes, per dorsum & dorsi acumen pinnatum tendunt, & à pinna suprema geminantur ad usque proximam pinnam, quæ caudæ est initium. Ipsæ pinnæ punctis albis ex eadem ossea materia, ordine dispositis, ceu margaritis, cum distinguuntur,

QQ

tum ornantur, nec non reliquum corpus cum uentre, eiusmodi punctis asperum, sed neque eodem ordine, nec ornatu, nec densitate. Spinæ albæ, & minutulis punctis asperæ, umbo læuigatus. Corpus in mortuo pisce nigrum, cutis dura & aspera, uenter flauicans.

756.4. post, *pinnas*, nota geminum punctum: & A. *sed si cetus est, ut uidetur, branchias non habet,)* ¶ 7. A. Vide etiam infrà de Porcis marinis circa finem, elemento P. item circa finem Corollarij de Polypis.

757.16. ὀστρακίων. A. Bellonij Holosteon, Cardanus libro septimo De uarietate rerum, his uerbis describit: Pisces aliqui osse teguntur, ut Holostei. Vidi enim apud Emarum Ranconetum præsidem senatus Lutetiæ, piscem spithamæ longitudine, osseum totum: uenterque dorso committebatur, serratis suturis, quæ à capite ad caudam utrinque extensæ erant. Cauda, gallinæ rostro persimilis erat. nam in mucronem acutum inflexúmque desinebat. Caput maius latiusque quàm pro corporis ratione: oculique grandes: color glaucus, qualis siccæ arundinis, nisi quòd iuxta caput & caudam nigrescebat. nullæ ei pinnæ erant, seu quòd ita natus esset, seu quòd decidissent. Forsan hic Niloticus est, quem prisma referre dicunt. Hæc Cardanus: cuius uerba, quem prisma referre dicunt, quid sibi uelint, non uideo: nisi fortè, quia suprà dixit serratas in eo suturas esse: πρίων quidem serra est, πρίσμα scobem à serra decidentem interpretantur.

Ibidem ad finem historiæ Ostracionis A. Alius est Ostracion, cuius Andreas Theuet monachus Gallus in Descriptione Americæ capite 24. icone etiam adiecta meminit, his ferè uerbis: Flumina quædam Americæ mirè limpida & piscosa sunt. Est autem inter alios aquarum dulcium pisces unus, cuius forma mirabilis est: magnitudo paulò infra harengum nostrum. à capite ad caudam usque instar paruæ quadrupedis (in eadem regione) quam Tatum appellant, armatur (laminis quibusdam.) Caput reliqui corporis respectu prægrande est. ossa intra spinam dorsi tria. Editur ab incolis locorum illorum syluestribus & ipsorum lingua uocatur Tamuhata.

763.54. post ostreæ, distingue, & A. Obscurus.

769.31. amplius. A. Apud Galenum quidem de compos. secundum locos 1.5. inter pilos attenuantia numerantur. ¶ 51. A. De colore Calaino apud Aegyptios, lege Hesychium in Κάλλαιοι: & infrà in Purpura H. a. ubi de purpurei coloris nominibus diuersis agitur. ¶ 62. A. Κόντυλος Eustathio est εἶδος ὀρνέου, (non ὀστρέου,) κόνδυλος δὲ ἄξ τῶν δ., ὁ κόλαφος.

770.15. A. Alias huius uocis significationes, leges infrà in Spondylo, S. elemento.

776.41. A. Vide etiam infrà in Spongia A. pag. 1070. ¶ 44. ἰχθῦς. A. Vide infrà in Tritone. ¶ 56. Valla. A. Vide etiam infrà in Tilonibus.

788.21. supina A. *(prona potiùs)*

789.33. Bellonius. A. Videtur hæc Citharus, siue primus, siue secundus Rondeletij. De Tænia quidem plura dabimus infrà Elemento T. ¶ 34. ante, Alexandriæ, incipe parenthesim, quam claudes post, piscem, & in margine adscribes: *Parenthesi intercepta Vuottonus de Tænia scribit, nescio ex quo authore.* ¶ 56. Adscribe lemmati: Auctarium inuenies infrà in R. elemento.

792.12. πλήξας. A. Poëtæ uerba sunt: Στρόμβον δ' ὣς ἔσσευε βαλών, περὶ δ' ἔδραμε πάντῃ, de Aiace lapidem proijciente.

810.34. urna. A. Leprades petræ: uide in Tænia H. a.

811.5. L. Volaterranus ex Isidoro & Ambrosio puto. Vide infrà in Corollario ad Scarum uarium. ¶ 13. descripsimus. A. pectinem puto Saluianus uocat. Rondeletius secundam Turdorum suorum speciem, pauonem nominat.

813.38. A. *(Hæc uerba Bellonij non intelligo.)*

818.33. penicilli. A. In spongijs uocabuli huius philologiam quæres.

816.51. PHILOMELA. A. uel Philomeda.

844.55. pertinent, A. *(aut potiùs ad Ausonij alburnum, coloribus tantùm diuersis: oculi tamen utrisque rubent,)*

845. Phycidis iconi inscribe: *Phycidem Rondeletij Saluianus facit callariam: quanuis icon mihi diuersa uidetur.*

847.37. describam: A. *(Iconem ipsam dabo in fine Voluminis.)*

860.9. uarium, A. *(ποικίλον. an inde Pici nomen? Turdorum generis fortè,)* ¶ 11. reperitur. A. Alius à Bellonij Pico, ni fallor, is est, quem Becasse à rostro prælongo Galli Narbonenses uocant, Rondeletius Scolopacem. ¶ Inter uersum duodecimum & lemma sequens, hæc insere: PILA marina. Vide infrà in Spongia A. pag. 1070. & suprà in Palla marina.

863.55. sub lemmate COROLLARIVM, appone hanc iconem, quæ expressa est in sequenti pagina.

Hanc

Hanc à Cor. Sittardo missam ex Italia Pinnæ effigiem ab ea quam Rondeletius dedit nonnihil diuersam etsi minùs (ut arbitror) accuratam, cum priùs sculptam haberem, apposui.

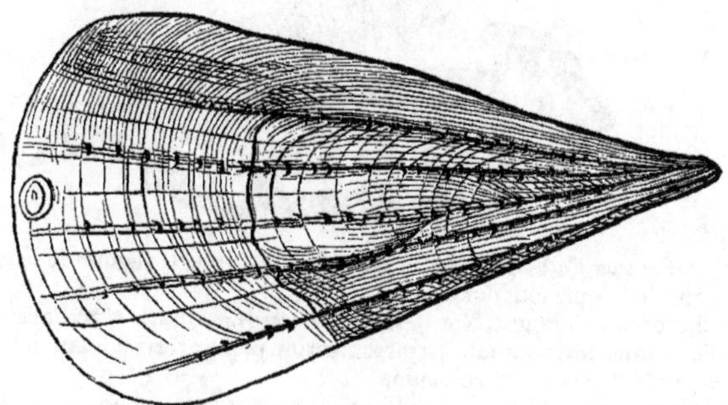

865.32. urticis A. magnis. Et mox, post, *filis subtilissimis*, L. solidis, quæ nunquam in lanuginem resoluuntur ut bombycis & lanæ xylinæ: unde fit, &c. ¶ 34. post, transpareant, signa punctum geminum, & A. colore subluteo. Præfertur serico.

890.9. Plinium. A. Oppiano libro 1. σύαινα inter petras leprades degit. ¶ Hyscam quidem aliqui pro sturione accipiunt: quem Romæ etiam lupum uocari à piscatoribus, refert Iouius.

891.53. post πελωάδων distingue, & A. (aliâs πρημνάδων, in uetustissimo codice, Saluianus,)

894.30. A. Iconem requires in Paralipomenis P. Est autem hæc:

Epipetrum quorundam descriptum à nobis in Pulmone marino.

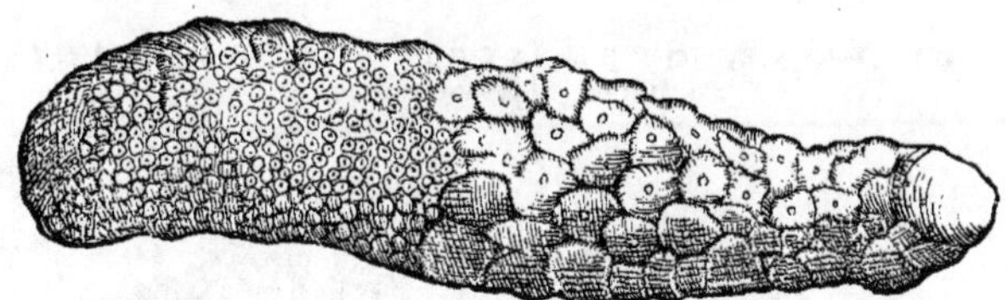

895.30. Aristoteles A. (Historiæ 5.10. ¶ 31. est. A. (*Nos in spongijs A. de pulmone marino, cuius densa & tenax sit substantia, Aristotelem hîc potiùs quàm de uiscere sentire, coniecturam nostram proferemus.*) ¶ 51. A. *Nos plura de Pila marina infrà in Spongijs A.*

896.59. pungat. A. Minutuli cum fundulis pisciculi, spinis in dorso acutissimis, in uentre rubentes capiũtur, quos Germani Stachelfisch, quasi aculeatos, & Ohrlitzen appellant, Adamus Lonicerus. Frisij, ut audio, Thornfisch. Pariunt Maio mense.

904. Ad iconem adscribe: *Vide infrà elemento V. Caput Rondeletij, quod inscribitur, de Vermibus in tubulis delitescentibus.*

953. in fine paginæ A. Nicolaus Myrepsus è testudine remedium ad eundem effectum præscribit, cuius uim, inquit, esse diuinam.

970.60. præfert, A. (*Quidam hodie truttam lacustrem salmoni præferunt, Author de Nat. rerum truttam simpliciter.*)

984.8. autem A. (puto.)

1004. ad finem uersus 34. A. Cuias Indiæ flumen rectâ ad Oceanum tendit: cuius accolæ nobis dederunt Scaros pondus centenum & quinquagenum habentes: qui in gurgitibus uasis eburneis capiebantur, ne arundines morsu confringerent, aut à capillatis mulieribus (quæ pisce uiuebant aquis immersæ) prenderentur, Alexander Magnus in epistola ad Aristotelem. ¶ 50. morantur. A. Saluianus priore loco non scari, sed spari legit, ex antiquo codice manuscripto: cui assentior.

1040.37. post, longi: distingue, & A. coloris lutei:

1070.35. plura A. tum suprà in Palla marina, tum quæ in Alc. &c.

QQ 2

1126.25.simoq́;.A.Pafferis quidem genus uideri poffet, fi pinnæ extenderentur: & oculi ambo, ita ut in paffere, uno latere prono apparerent. Iconem eius olim à Cor. Sittardo, qualem accepi, appono.

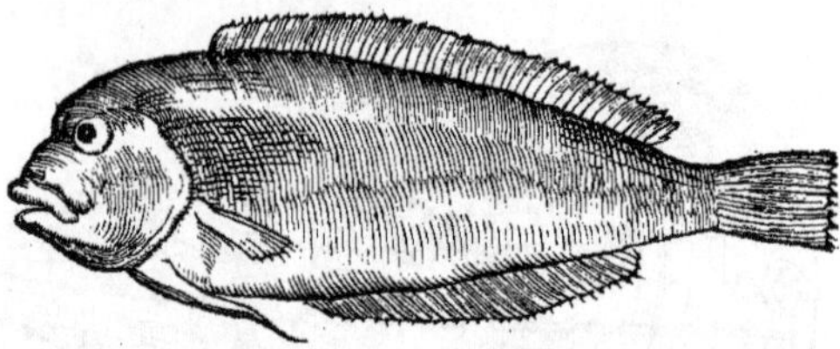

1129.53. A. Κύβας τεμαχιζομένους καὶ ταριχευομένους, legimus apud Galenum de Facult. aliment. lib.3. capite 30. quod eft de pifcibus duræ carnis.

1144.8.poft, croceum. diftingue, & A.(*fed hoc tegitur membrana alba.*) ¶ 39. Specie, A. ab odore aromatico; fic enim aromata uocant. Et mox L. earum pictura foris fufca uel fubuiridis, hirfutaq́;, &c. ¶ 40, rubra. A. Saxis adhærere aiunt.

1147.39.L. Eft nummus. ¶ Et in fine eiufdem lineæ A.(*Nihil hæc ad nummum. Vide in Corollario de Thynno H.b.*)

1174.36.introrfum. A. Lapilli in capite funt, fed exiles, ut non facilè deprehendas.

1181.inter lineas 41. & 42. A. TOMVS Thurianus. Vide in Gladio.

SEQVVNTVR ADDENDA QVAEDAM AD FINEM OPERIS, POST Z. ELEMENTVM: QVAE EXtra ordinem alphabeti effe uoluimus, quòd nulla eorum pifcium Latina Græcáue nomina habeamus: nec fingere in præfentia libeat, donec plenius eorum nobis perfpecta fuerit natura.

DE PISCE, QVEM SCHILLVM GERMANI uocant, alij Nagemulum.

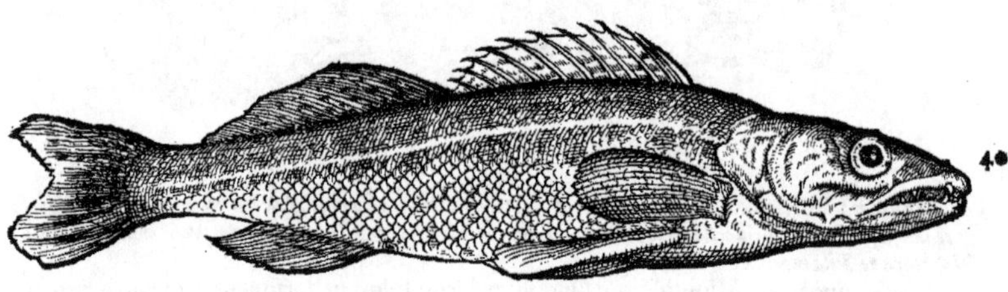

ICONEM hanc Iulius Alexandrinus, præftantifsimus Ferdinandi Augufti medicus, è Praga Bohemiæ mifit, nefcio ex quo flumine aut lacu, nomine Germanico Schill uel Schilln adfcripto: & aliam eidem per omnia fimilem Achilles Pyrminius Gafferus Auguftanæ reipub. medicus clarifsimus, è lacu quodam Bauariæ, Nagmaul nomine adfcripto. ego neutrius nominis rationem uel originem affequor. ¶ Nagmaul (inquit Gafferus) pifcis eft in Ambronis lacu (im Amberfee uel Ammerfee) Bauariæ: qui raro capitur, quoniam raro altius natando euehitur. Longifsimus ulnam æquat. Forma non difsimilis eft Lucio, nifi quòd in aqua fubuiridis, extra aquam uerò dilutior (liechter) apparet: oculis albicantibus, (mit ftarweiffen augen:) ore (*roftro, uel rictu*) retro iuxta maxillas minus lato. Squamarum magnitudine, ordine & afperitate percam refert. Pinnæ dorfi erectæ, aculeis tres ferè digitos longis rigent. Præter dorfi fpinam paucas alias & paruas habet. Parit Martio. In cibo quidem optimus eft Maio & Iunio. Elixari, affari, & fruftatim concifus etiam frigi folet. Pinguis eft admodum, & carnem etiam coctus albifsimam feruat: Hæc ille.

Ab

Ab alio quodam accepi, hunc piscē non dissimilem esse zinnæ (de qua suprà scripsimus in Paralipomenis de Gobio:) partim etiā Percæ fl. Quinq; libras sedecim unciarū plerunq; ponderare, aliquando sex septem ue: perrarò libras decē excedere. carne candidissima, ut uel cretā prouocet: tam pinguē, ut intestina occultentur. ¶ Icon quam habeo suis depictā coloribus, digitos longa est xxij. lata ferè quaternos. Maculosa non solùm cauda, & pinnis dorsi punctis nigris: sed multis etiā per latera, dilutioribus tamen punctis insignis. In summis lateribus dorsum uersus, plurima etiam aurei coloris puncta apparent in una icone, in altera non item. dentes mediocres in labijs apparēt, sed pauci & rari. A summo dorso latera uersus maculæ nigricātes satis magnæ transuersæ (ut in Perca fl. ferè) uisuntur. Reliqua ex icone satis clara sunt. Quibus in Bauaria & circa Danubiū pisces obseruandi occasio est, diligentiùs inquirent idémne Schillus Danubij sit, qui in *Schill.* Ambronis lacu Bauariæ Nagmulus. mihi quidem diuersi uidentur, & is quem pictū exhibui, nō Schillus, sed Nagmulus esse: quem à similitudine quadā ad duos diuersos pisces Lucium & Percam composito ex his nomine Luciopercam fortè non ineptè nominabimus. Alius nobis re- *Lucioperca.* tulit, Schill uel Schilln piscem in Danubio capi circa Viennā, Badā & alibi: ad libras sedecim unciarum decem (ad summū) excrescere. Vilis esse precij, carne molli, absq; dentibus: barbulas habere infrà supraq; stylo ferreo, qui ensium uaginis apud Germanos addi solet, crassitudine pares, interdum etiam longitudine. Sed hæc siluro potiùs conuenerint, qui tamen multò maior fit: Nagemulo minimè, qui ut dentatus est, ita barbulis caret, contrà quàm silurus. Quòd si Nagemulus piscis in Danubio quoq; reperitur, non Schill fortassis, sed Schaidle in eo fluuio dictus fue- *Schaidle.* rit: hunc enim aiunt bonū in Danubio piscem esse, Lucio non dissimilem forma, pinnis uerò dorsi aculeatis Percæ fl. Alicubi in Bauaria suspicor etiam Schedel dici, quem non suprà quatuor palmos minores crescere audio: & deuorare alios pisces. Schaid quidem in Danubio dictum à noxa, quam piscibus uorandis infert, diximus esse Silurum. nostri non Schaid, sed Scheid proferunt, quod nomen uaginam significat. Schedel craneum est, ut fortè à capitis magnitudine nomē pisci sit impositū. Schill unde dicatur nescio: sicut & Schied (per ie. diphthongū Germanis *Schied.* peculiarem,) à superioribus omnibus, ni fallor, diuersum. Iconem eius ex Germanico libro Bauaricarū Constitutionum addidi: in qua an pinna posterior rectè sit expressa, dubito. in Thymallo quidem eandem malè pinxit Bauarus pictor, maiorem scilicet quàm anterior in dorso pinna sit, & specie ueris pinnis similem, (cum adiposa sit, & fibris careat,) quemadmodum & in trutta.

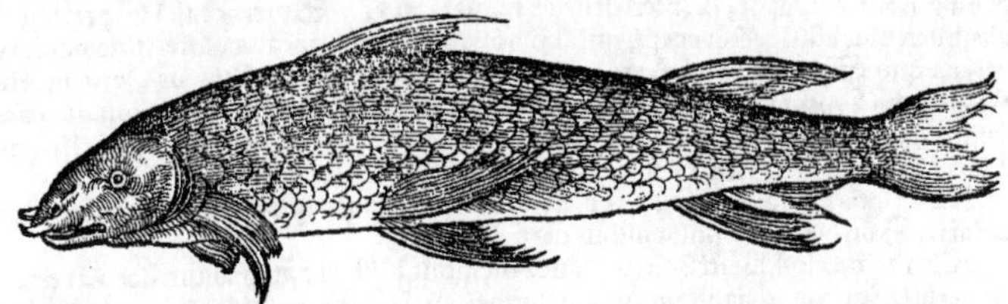

Squamæ in eo satis magnæ apparent. Hoc ei fortè peculiare, quòd appendices geminæ breues, ceu cornicula, à labro superiore prominent. Mensura, qua nullus minor in hoc genere piscis uenum exponi debet, quindecim ferè digitorum est, similiter ut Lucij.

DE PISCE DANVBII, QVEM Schröll VEL Schrölln Germani eius fluminis accolæ nuncupant.

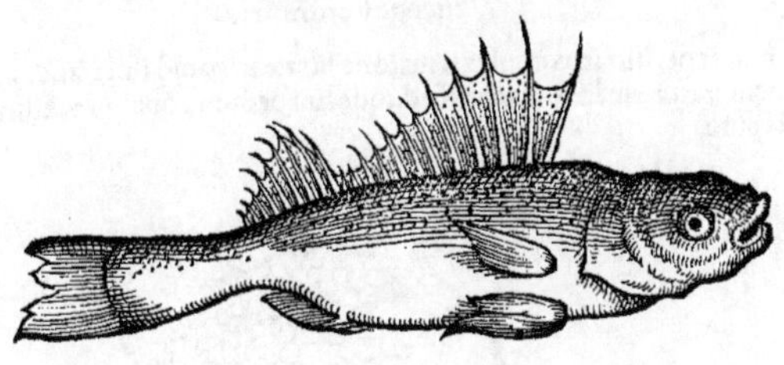

Effigiem hanc piscis, quem in solo Danubio capi quidam aiunt, à nobilissimo I. C. Raphaële Seilero, Com. Pal. accepi. Rarò longior fit quàm figura ostendit: similis Percę fl. (pinnis & aculeis dorsi.) Quoquo modo paratus, in cibo optimus est. Color in icone nostra, dorso fuscus est, lateribus subuiridis, plurimis punctis fuscis interuenientibus: quales etiam, in pinna dorsi (cuius aculei albicant) conspiciuntur. Venter candidus est. Initium pinnarum ad branchias rubet, &c. Quærendum an hic uel idem uel cognatus sit Percæ fl. minori: etsi enim colores differre uidentur, ætati aut regioni id imputari potest: ut aliqua formæ differentia, pictoribus. In Catalogo Danubij piscium quem habeo, **Schrellelen** scribitur. quod si hic alius quàm Perca fl. minor est, genus hoc Percæ in Danubio non reperiri putârim.

SEMEI uernacula lingua dicti pisces apud Samogetas Septentrionales populos in Oceano capiuntur, Sigismundus Liber Baro.

DE SPIRINCHO, ET STINCO, VT VVLgò Germani nominant.

FRISII & Germani plerique ad Oceanum pisciculum quendam nominant **Spirling / Spierinch / Spirinck** / Angli **Sperling**. Murmellius in Pappa Spirinchū interpretatur **ein Spirinch** uel **Stint**. Prioris equidem nominis rationem nescio: posterius à fœtore factum est: nam & recens captus, & si aliquandiu seruetur, fœtere uidetur, assus tamen in cibo commendatur. Nominatur autem hic pisciculus circa Rostochium & alibi **Stint**: alicubi **Stinckeling** uel **Stinckfisch**. coctum salicis fœtentis odorem referre aiunt. Pisces multi (*Verba sunt Alberti Magni, si bene memini*) fugiunt alios propter fœtorem: sicut apparet in mari Flandrico & Germanico, ubi paruum piscem & gregarium accolæ **Spirinch** uocant, alij **Stinc**. hunc omnes alij etiam magni, fugiunt, tanquàm magnum ex odore eius malum sibi timentes, cum tamen idem piscis hominibus in cibo salubris existimetur: Sic ille. Albissimum esse aiunt, paulò longiorem digito seu palmo minore, dodrantalem aliquando, similem Eperlano, uulgarem, uilem. Huic similem alium, sed minorem ac breuiorem, Hollandi **Pen** appellant. qui & ipse candidissimus est, non maior minimo digito, oblongo strictoque corpore, in cuius medio spina est tanquam in anguillis: similiter gregarius: & pariter cum spirincho capitur. Stinci (**Stint**) infumati adferuntur ex Liuonia in maritimas ciuitates, duos palmos longi, alibi dimidio breuiores aut amplius, ouis multis & pinguibus abundant, & inter delicias numerantur. **Spirinck** uel **Sperling** dictus Anglis, pisciculus est, si rectè accepi, qui alio nomine **Sprat** uocatur, interstitio oculorum uiridi, uel, ex quo **Spratta** apud Anglos dicta conficitur. Sed cum Stincus Germanorum fœteat, Angli suum **Sprat** boni odoris & saporis esse aiunt. Non est autem harengus hic paruus, ut quidam putant. nunquam enim maior fit. Sardinis uel Apuis cognatus uidetur. Errant etiam qui Tincas Germanicè **Stincks** interpretantur: cum hi marini sint, illæ fluuiatiles.

His scriptis ex epistola Guil. Turneri ad me cognoui, apuam ab Anglis Cantabrigiensibus uocari **a Spitlyng**, à Londinensibus uerò **a Sprote**.

Alius etiam est Alberti Stincus, cuius meminit Historiæ animalium libro 4. tract. 1. cap. 8. his uerbis: Stincus ad naturam animalis lignei (*zoophyta sic uocat*) uidetur accedere: nisi quod mollitiem carneam habet quandiu siccus non est, reperitur abunde in arenis marium nostrorum: & nullum uitæ signum præbet cum de aqua leuatur, mox uerò ut redditur aquæ, motum ædit dilatationis & constrictionis, nec habet os, neque uestigium alicuius organi sensibilis in corpore suo. Hæc ille. Ego genus hoc Vrticæ marinæ solutum esse puto.

SEQVVNTVR E TABVLA OCEANI SEPTENTRIOnalis, &c. Olai Magni icones piscium anonymorum & incognitorum tres.

ICON hæc reperitur in complexu maioris literæ B. paulò infrà B. C. in Oceano picta, nec aliud de ea memoratur, quàm piscem esse duodecim pedum, quam mensuram ad eius longitudinem referri puto.

QVAE sequitur pictura in eâdem Tabula habetur, elemento A. paulò sub A. M. similiter in Oceano: nec quicquam de ea traditum reperio. Videtur autem piscem uolantẽ exprimere uoluisse.

VLTIMA hæc pingitur in eiusdem Tabulæ Lacu albo, (qui maximus remotissimusque ad Septentrionem est, & partim ad Moscouitas, partim ad Suecos uel eis subditas gentes pertinere uidetur:) nec aliud additur, nisi in eo lacu piscium auiumque species innumeras reperiri.

FINIS.

Superiùs hæc ponenda fuerant.

146. post uersum 4. A. In Rheno circa Scaphusiam **Weidfisch** appellantur pisces, qui per hyemem in libero flumine uagantur & pascuntur, quod præcipuè Barbi faciunt: quanquam & Truttæ & alij quidam pisces per hyemem interdum uagantes capti eodem nomine uocant. Barbi quidem huiusmodi meliores sunt: capite minore, corpore rotundiore & obesiore, quàm qui in latibulis se continent, quos **Lägerbarben** appellãt. Ex his uagantibus aliqui reperiuntur steriles, in quibus nec genitura nec oua inueniuntur: eos **Jünckerlin**, id est nobiles appellant: & quouis anni tempore in cibo cõmendant. Cõmuni quidem nomine **Lägerfisch** dicuntur, qui in cauis, sub petris aut in petrarum scissuris, collecti latitant: quod ferè faciũt gregatim, & inuicem superincumbentes porcorum instar. Sic Barbi innumeri, milleni aliquando, sub hyemem, in unum sub petra aliqua latibulum coëunt. quod cognoscentes piscatores, uerno tempore cum prodituros eos expectant, nassas opponunt: & ita maximum eorũ numerum aliquando capiunt: qui tamen, utpote macilenti, nõ magni fiunt in cibo. Hæc à doctissimo & nobili Scaphusiæ ad Rhenum medico Cosma Holzachio accepi. Ego Græcis nominibus, quibus etiam Latinis uti liceat, pisces quosuis liberè pascentes per hyemem, nomades appellârim, (νομάδας, sicuti & ῥυάδας ἰχθῦς apud Aristotelem legimus:) Latinè pascales. nam & Festus pascales oues nominat quæ passim pascuntur, à uerbo pasco: uel à pascuis, quasi pascuales. Latitantes uerò pholades, φωλάδας, τοὺς φωλεύοντας: quasi latibulares. Steriles uerò quosuis epitrageas. nam & Aristoteles ex fluuiatilibus cyprinos & barinos, ἐπιτραγίας facit, hoc est, steriles: qui nec ouum, nec semen ullum prolificum unquã habeãt: sed qui solidiores pinguioresque (inquit) in eo genere sunt, ijs intestinum paruum est, & laus præcipua in pastu. Videtur autem non omnes cyprinos et barinos steriles facere, sed aliquos in eo genere: qui præ nimia obesitate nimirum sterilescant: quod & tragis, id est hircis accidit: & uitibus nimia alimenti copia luxuriantibus, quod uocant τραγᾶν. Barînus igitur Aristotelis an Barbus sit, quærendum. nam & nomen alludit: & aliud uetus Barbi nomen ignoratur: et fluuiatilem esse piscem, et præ obesitate sterilescere ei conuenit. Gazæ interpretatio apud Aristotelem pro κυπρῖνος καὶ βαρῖνος, non rectè habet, Balagrus et Carînus. Cyprinos quidẽ seu carpas nostras in piscinis aliquando steriles reperiri, in quibus neutrum sexum agnoscas, in cibo suauiores, ex piscatore fide digno accepi. Βαρισίκται, οἱ μὴ γονῶντες, Hesychius et Varinus. ego ex Aristotele reposuerim: Βαρῖνοι, ἰχθῦς οἱ μὴ γονῶντες.

Nomades. Pholades. Epitrageæ. Barinus.

EMENDANDA.

Emendationibus inſeruntur etiam Additiones (Paralipomena) quædam, ſed paucula: ſicut etiam contrà. L. Lege. A. Adde. D. Dele. Numerus cum duplex eſt, prior paginam, poſterior uerſum notat: cum ſimplex, uerſum paginæ prænominatæ ad paragraphum. ¶.

8.18. Pro his uerbis (morona potiùs.) L. (Murænæ nomine lampredæ ſpeciem intelligit, quæ uulgò Germanis Pricke nominatur) ¶ 23.27. L. Amatus Luſitanus trichias ſcribit, &c. 49. Trichiarum) L. Trichidum. ¶ 25.25. In piſcatorijs Bauarorum, &c. uſq; ad, capiantur, D. ¶ 30.25. D. hæc uerba, Polonicè Ploczicza. ¶ 36.54. poſt, poſitu uariant, diſtingue, & L. ſicut & in cæteris huius generis piſcibus. In omnibus etiam linea illa à branchijs ad caudam ferè recta eſt. In omnibus multum cœrulei, præſertim circa caput, apparet. Deinde, eodem uerſu, pro his uerbis: Dentes non habet, ſed linguam aſperam. L. Pro dentibus labra utrinq; modicè exaſperātur, quod tactu (inſerto digito) magis quàm uiſu apparet. locus etiam linguæ, limæ inſtar aſperiuſculus eſt. In labro ſuperiori utrinq; eminent ceu puncta quædam ſolida, ſiue anguli: in Albulis non item. ¶ Pag. 39. in icone deſyderatur pinnula extremi dorſi. ſquamæ etiam addi debuerant, & linea aliter notari. ¶ 40.3. Pro his uerbis: Hinc equidem coniecerim, &c. uſque ad, garum purius, L. Hinc apparet garum purius, &c. ¶ 53.16. pro quibuſdam L. aliquot. ¶ 59.24. L. τρέφει. ¶ 65.53. L. Nos de ſingulis iſtis in Glauco. ¶ 78.52. in lemmate, L. DE EISDEM. ¶ 98.60. pro tergore L. tergo. ¶ 103.42. anteà L. alibi. ¶ 105.52. L. *Barbatum duplex: nempe maculoſum, uel ſine maculis: tertium imberbe & flauum.* ¶ 107.13. L. Aſelli. ¶ 108.1. Margini adſcribe C. literam. ¶ 143.24. L. BANCHVS. Vide in Corollario de Mugile labeone. ¶ 145.3. D. hæc uerba, Parma Illyricè. ¶ 152.58. L. ſicuti alibi docuimus. ¶ 155.18. L. Dercylus. ¶ 158.5. L. κάλλιχθυν. ¶ 162.24. qui uerſus incipit [Aeliânus,] abundat hic uerſus, cum ſequentibus quatuor. Omnia enim mox breuiùs in Corollario exponuntur. ¶ 168.17. L. Cancri (inquit Ariſtot. 4.11. de Partib. animalium) ſuperiorem ſui forcipis partem mouent, non inferiorem. habent enim pro manu forcipem. illum utique utilem ad capiendum non ad mordendum, forcipem eſſe oportet. ¶ 200.57. L. ἐπώνυμοι. ¶ 228.21. Pro, Quærendum an idem &c. L. Idem eſt qui Kutt/Kautt/&c. ¶ 259.14. cap. 17. L. cap. 11. ¶ 271.59. ſuperioribus D. ¶ 303.56. L. Minimæ, non rotundæ. Et mox, Minutæ et longæ. ¶ 320.28. D. hæc uerba, non rectè. ¶ 333.35. poſt apparet: L. id ſerua. & adde zinziber & chalcanthum, pares ſingulorum portiones. ¶ 342.55. L. genere H. a. pag. 278. ¶ 343.6. L. onychem. ¶ 345.21. L. ἥδιον. ¶ 348.8. L. à uicte ſui uicto (id eſt, ab alio, qui inferior ſit illo quem ipſe uincere ſolet aut poteſt) uincitur. ¶ 28. pro his uerbis, ut quidam &c. uſq; ad, habet: L. Athenæus. Et alibi: ¶ 353.6. Pro his uerbis: Sed Figon &c. uſq; ad, facit: L. De piſce Figon Italicè dicto, plura leges infrà in Corollario de Hepato. ¶ 354.24. Pro his uerbis, Circa operis finē, &c. uſq; ad Kentmani. L. Circa operis finem de utroq; plura dicemus, & icones exhibebimus. unde neutrū eſſe coracinū apparebit, ſed Karaß piſcem (de quo etiam infrà leges, pag. 378.) cognatū cyprino: Rab uerò Capitoni fl. ¶ 359.1. L. ordine uſq;. ¶ 366.33. L. marinum. 34. L. Gylden=polle. 35. L. Polle eſt caput. ¶ 367.48. Et cybia uet. &c. uſq; ad 52. dele, & pro ijs adſcribe. Vide & alia in Thunno G. 53. pro S. lege P. & in fine lineæ A. inter Paſſeres. ¶ 372.22. modò praſini in eam ſint &c. L. ſic enim praſini minores ea quæ conceditur magnitudine, euadere poſsūt. Vide infrà in Cyprini lati Corollario E. 42. Parca L. Carpa. ¶ 378.3. L. fine meliorem exhibiturus. ¶ 379.26. coracino fortè cognatum: Dele hæc uerba. & mox L. quē exhibebimus ad finem hiſtoriæ Turdorum. ¶ 410. in lineis 26. & 27. D. hæc uerba: uide in E. elemento. ¶ 437.10. poſt idem, claude parentheſin: & D. ſequētia uerba, De Rupurno ſentiens puto) 13. D. hæc uerba, cuiuſcunque piſcis, & poſt fictum A. qualis in infumatis uidetur, ¶ 444.39. L. tillo. ¶ 447.27. poſt, poſtridie, nota geminum punctum & L. legit enim τῇ ὑστεραίᾳ, & ad ſequentia retulit) ¶ 452.16. margini adſcribe B. ¶ 453. θράνις uocem &c. uſque ad legendum. D. ¶ 456.55. lege οὐραίῳ τ'. ¶ 458.46. potiùs D. 47. pro his uerbis: à quibus hyænam quoque differre oſtendemus infrà. L. de hyæna non item. Vide infrà elemento H. ¶ 459.14. poſt, contenderim, ſigna punctum. 39. in margine pro quinque, L. aliquot. ¶ 465.7. Athenæus L. Athenienſis. ¶ 484.39. L. GYLLISCI. ¶ 487. Duos ultimos uerſus D. ¶ 488.2. L. Canadellam, ¶ 517.60. in margine L. Lib. 32. cap. 9. ¶ 522.15. L. Thunno. 31. Verba parentheſi incluſa D. ¶ 546.12. hæreat, A. (*quæ Phrygania Bellonius nominat, non ipſa hærent phryganis, ſed phrygana ipſorum thecis.*) ¶ 555.34. Haud ſcio an idē ſit, &c. D. uſque ad à ſplene. ¶ 556.44. pro *fortè L. nimirum.* ¶ 565.45. ad me D. ¶ 566.27. ante Idem, ſigna notam parentheſis, quam claudes ſequente linea, poſt, appellant. & addes: Eiuſdē etiam alibi meminit Albertus, libris. Hiſtoriæ cap. 16. ubi de ſpongijs loquitur, hanc eſſe aplyſiam putans, imperitè. aplyſias enim hærere puto, ut reliquas ſpongias. Deinde delebis hæc uerba: Gemma maris alicubi &c. uſq; ad G. Gemma. ¶ 571.60. λιπαρὸν A. (*meliùs λιπαρείδα*) ¶ 579.32. κατίδετ' A. (κατίδετ' legerim: quoniam κατακλιθῇ mox ſequitur) ¶ 666.23. alit D. ¶ 668.33. poſt

refert

refert,geminum punctum nota,& claude parenthesin. 34.post,πνεῦσι D. punctum. ¶ 693.25. post,flore,claude parenthesin. ¶ 730.19.L.θήλεια. ¶ 737.5.L. delubro. ¶ 747.13.L. uel hunc, uel similem,aut eiusdem,&c. ¶ 753.54.in margine adscribe F. ¶ 755.59. Cadamusti. ¶ 768. 10.pro Puto etiam &c.L.ὀστρακηρὰ etiam idem genus animalium à Græcis uocantur,&c. ¶ 792. 11.L.Στρόμβον,) ¶ 794.35.atque A.(*malim,neque*) 36.erectis A.(*Videtur conchylia,iacentia animalia dicere:planos uerò pisces,prostratos & cubantes,non etiam iacentes:quanquam & hoc fortè defendi poterat.*) ¶ 826. 12.D.hæc uerba,quæ in exhibitis,&c.usque ad sunt. ¶ 841. 4. Quæ ad icones binas Phoxinorum scripta sunt, sic L. Omnino inuersæ sunt figuræ à Rondeletij pictore. nam figuram Rose, &c. ¶ 843.23.Rubelli L.Rutili. ¶ 844.52.Pro uerbis parenthesi interceptis sic L. (cuius paulò antè in nomine Riemling meminimus:) ¶ 845.49.L.pars. ¶ 864.17.L.ἐμβύθιον. ¶ 867.9.margini adscribe H.a. ¶ 878.49.illinuntur, A.(*malim,induntur,*) ¶ 880.30.Πηγαὶ A.(*malim* Πλαγαί) ¶ 881. 8.Abundant hæc uerba,Pro musca igitur in disticho Eobani Centipedam pone, & uiceris infinities. ¶ 883.52.pro alicubi,L.in Sermone Menelai ac Protei. ¶ 890.20. nominat. A. Quòd si legas ὀρύκτην paroxytonum,masculinum erit actiuæ significationis, à recto ὀρύκτης, ut χρύσης: & sic equidem legere malim, quanquam ψαμμῖτιν fœmininum obstare uidetur. ¶ 904.paginæ numerus hoc loco sic est signandus. ¶ 915.43. Aeginetæ A.lib.3.ca.36. Et mox 51.uerba Aeginetæ D. ¶ 927.42.pro,Diphilo L.Mnesitheo. ¶ 951.59. L. rubetæ species, eademque ambigua sit. ¶ 953.44.uiridem A.(aiunt) ¶ 956.31.hæc uerba,defendi potest D. ¶ 981.51.ἰσομήκειον &c.omittantur hæc.meliùs enim è Saluiani libro explicantur in fine B. ¶ 995.25.post D.in margine punctum signa.& aliud post E. ¶ 1048. 46.D.hæc uerba. quanquam præter hæc aliud nihil addidit. ¶ 1093.6.L.abuti pro genere:species uerò significare adiectis differentijs. 36.L.κόρκον: 51. cæteros A.pedes. ¶ 1113.20.L.quidam. ¶ 1114.52.pro alibi,L.albi. ¶ 1125. 19. L. rotundas, ¶ 1134. 6.longius, A.(*Hippopotamum dixeris,aut aliud cognatum animal,*) ¶ 1210.21.in Rheno circa &c.D.usque ad audio.

F I N I S.

QQ 5

GVILIELMVS TVRNERVS ANGLVS MEDICVS, CONRADO GESNERO S. P. D.

Huius epistolæ quædam hic omisi, quæ suis locis commodè poni potuerunt: quorum uerò iam cum acciperem, impressæ erant historiæ, de ijs Turneri scripta, tanquam Paralipomena, huc retuli.

ACTVS tandem libellum tuum, (quo Halieutica Ouidij, & è Plinio Aquatilium catalogum interpretaris & emendas, & Germanica atque Anglica nomina recenses,) nescio an maiori cum auiditate aut utilitate, sine ulla ferè intermisione, perlegerim. Multùm enim per ipsum in historia piscium me profecisse fateor. Qua de causa, cum innumeris alijs philosophiæ, & medicinæ studiosis, ingentes habeo tibi gratias, & perpetuam tibi mentis & corporis sanitatem precor. Sed bene tantum tibi precando, honesti uiri & beneficij accepti memoris, officio non satis perfungor, nisi quo animi mei erga te gratitudinem testificer, aliquid tibi beneficioli protinus insuper contulero. Illud autem, aliqua ex parte, mihi facere uidebor: si piscium aliquot mihi notorum nomina Britannica, & descriptiones tibi communicauero, & quid de eis, quæ iam ad maiora ueluti præludens conscripseris, sentiam, meam tibi sententiam aperuero. Ne igitur præfando tempus inutiliter teram, rem ipsam statim aggredior.

Solea. Schull. Etiam atque etiam nunc tibi uidendum censeo, ne illi, qui Soleam, Scollam interpretantur, sua ignorantia tibi imponant. Solea enim, ut optimè nosti, à similitudine plantæ humani pedis, ut buglossus à bubulæ linguæ similitudine nomen habet. Porrò piscis qui à Germanis maritimis Scholl aut Schull nuncupatur, ab Anglis a Place, à Flandris ein Platdice, nullam neque cum humani pedis planta, nec cum ulla lingua similitudinem habet. Proinde Solea, siue Buglossus, qui à Germanis inferioribus nominatur ein Tunge, à nostris a Sole, non potest esse ein Scholl siue Schulla, (ut quidam interpretantur,) quum Schullam Passerem esse constet, non Soleam. *Butt.* Quanquam tu etiam ab Anglo quopiam non satis diligenter in historia piscium uersato, ut suspicor, edoctus, libelli tui folio 106. Buttum Anglis & Flandris Passerem significare doces. Verùm errauit, quisquis ille fuerit, qui te hoc docuit. Nam licet in nominibus compositis Butti nomen non rarò à Germanis mutuati sumus: ut in Turbut, & in alijs similibus, quæ memoriæ meę in præsentia non occurrunt: in Meridionali tamen Britannici maris littore, perpetuo *Rhombus. Flounder. Flüke. a Place.* Rhombum marinum uocamus a Flounder, & fluuiatilem a freshwater Flounder, ut eundem piscem in Septentrionali littore perpetuo Flüke uocamus. Passerem uerò per totam Angliam a Place nominamus.

Angli iudicant etiam Passeres esse Rhombis multò candidiores, quod an Ouidius in sequenti disticho confirmet, nec ne: penes te iudicium esto.

> Fulgentes Soleæ candore, & concolor illis
> Passer, & Adriaco mirandus littore Rhombus.

Citharus. Iam quoniam in mentionem piscium huius generis incidimus: libet piscem tibi obiter describere, qui mihi apud Galenum Citharus esse uidetur. is Rhombo minimo similis est, sed candidior, & circa caudam, & summas oras, quæ piscem totum ambiunt, rubescit. *a Dab. ein Sandling.* Ab Anglis uocatur a Dab, à Frisijs Orientalibus ein Sandling. Saporis est non iniucundi, utcunque apud Londinenses in paruo precio habeatur.

Phocæna. Porpess. Brunfisch. Phocænam quam Angli in Northumbria, ubi ego primos edidi uagitus, uocant a Porpess: in Orientali Frisia, in qua ad integrum degi quadriennium, quo tempore duas integras emi phocænes: & emptas, certioris cognitionis causa, dissecui, scio uocari ein Brunfisch. Verùm an ita quoque ab alijs Germanis maritimis nominetur néc ne, & an hoc nominis alij, Balenæ tribuant etiam néc ne, incertus sum.

Quoniam de generibus Asinorum in libro tuo, crebra fit mentio, & ab illis, quos citas, incerta subinde pro certis referuntur, gratum imprimis officium me hominem ad littus Brittanici maris natum, tibi Mediterraneo & penè alpino, facturum iudico, si quæ de Asinorum generibus obseruaui, tibi communicauero.

Asini. Asinorum duo genera apud antiquos inueniuntur, quorum alterum ὄνος, & asinus: alterum ὀνίσκος & asellus, appellatur. Dorion enim onon ab onisco, distinguit: Athenæus & Plinius etiam duo faciunt asellorum genera. Tot me nouisse puto, quæ ueterum descriptionibus con- *Onos. a Haddok. ein Schelluisch.* ueniant. Onon siue asinum iudico esse piscem, qui ab Anglis uocatur an Haddok, à Germanis ein Schelluisch. Caro huius crassior & durior est carne Vuhytingi, & apud Frisios Orientales,

entales, ubi mare ualde limosum & uadosum est, febres excitare creditur. Verùm in mari Northumbrico, quod ualde profundum, undosum & clarum est, piscis satis est innocens. Oniscon siue Asellum, piscem esse censeo, quem Angli uocant a Whytyng: Frisij Orientales non ultra spithamen longum ein Gad, ubi adoleuerit ein Witling. Vulgus ibi Latinè loquentium, uocat Gemmam maris. Piscem eundem Angli Occidui, postquam exiccatus fuerit, uocant a Bukhorn, à duritie cornu damæ masculi, quem simpliciter buckum uocamus, utq; caprum masculum siue hircum nominamus a gotebuck. Ad hoc genus pertinere puto piscem, quem nostra littora nominant a Marling, aut (ut puto rectius) a Mereling. Is forsan est, qui Bellonio Marlangus dicitur. Rarus est apud nos piscis, cum Vuhitingo tamen, multorum iudicio, carnis bonitate certare potest. Vuhitingorum per totam Northumbriam tanta fuit, me puero, copia, ut sæpe 20. adultos nummo Henriciano, qui quatuor Heidelburgenses ualet nummulos, emptos uiderim. Hunc piscem omnes gentes & iudicant & sentiunt esse saluberrimum.

Oniscos. a Whytyng. ein Gad. ein Witling. *Gemma maris.* a Bukhorn. a Marling.

Præter hæc genera quæ ueterum scriptis nobilitantur, alia adhuc supersunt quinque Asinorum genera, si qua fides recentioribus scriptoribus sit adhibenda. Horum primum genus est, (*Bellonio nimirum*) uentricosus ille piscis, cui in labro inferiori, barbula est. Hunc Angli Boreales uocant a Keling, Meridionales a Cod, Occidentales a Melwel. Frisij Orientales ein Cabbelow, Rheni accolæ salsum, ein Bollich. Huius sobolem non uocant Gadden, ut quidam referunt. Nam ideo rarior est præda, quod maxima ex parte in mari profundiori, & non in littore, ut Aselli tenelli, degat. Si barbatus Asinus, fit quatuor pedes longus (multò enim longior reperitur) caput quod ualde crassum est, magnopere tamen à diuitibus, propter suauitatem saporis, expetitum, à summo rostro ad extremas usque branchias, ad longitudinem pedis unius extenditur. Ventrem habet impensè prominentem, dorsum (si sic loqui liceat) latum & crassum: linea alba à capite usque ad caudam per medium piscem intercursat. Ventriculum habet longum & insigniter capacem, quem Northumbrienses mei uocant a Gutpoke. Vesiculam quandam ouis refertissimam, ijdem kelke, hoc est testiculos nominant. Folliculum uerò glutinosum unde ichthyocolla conficitur, ijdem nominant a sound. Multi non indocti palati hunc cæteris omnibus partibus huius piscis longè præferunt.

Alia quinq; Asinorum genera. a Keling. a Cod. ein Cabbelow. ein Bollich.

Secundum genus ab insigni nigrore tergoris nostri nominant a Colefishe. Nobis hic peregrinus non est, ut scribit Bellonius, sed lippis & tonsoribus ita notus, ut Delia non sit canibus notior. Idem non est Asinorum uilissimus, ut alius scribit, sed recens captus, tam iucundi saporis est, ut cum Vuhytingo & Merlingo propemodum certare possit. Ego Haddoko, si quid meo palato tribuendum sit, multum præfero. Verùm non diffiteor, quin Carbonarius ille exiccatus, omnem saporis sui gratiam amittat. Quare ex eorum piscium albo esse crediderim, de quibus Plautus ad hunc modum loquutus est: Quasi piscis, itidem est amator lenæ, nequam nisi recens.

a Colefishe.

Tertium genus Asini uocamus a Leng (e. in hac dictione non aliter atque in plerisque merè Anglicis, ut alij iôta, pronunciamus. Nam leng longum significat, unde lengthe, id est longitudo, deducitur.) Hic igitur piscis à longitudine sua nomen habet. Est enim reliquis omnibus Asinorum generibus, longior: primo aspectu, Asinum barbatum refert, sed multò tenuior & longior, capite non ita crasso, nec uentre tam prominente. Caro huius, saporis est iucundissimi, dum adhuc recens est. Cutis illi densa est & glutinosa. Quare post coctionem glutinosus humor in patinis reperitur, qui ab artis popinariæ magistris gelu, aut gelatinum appellatur.

a Leng uel Ling.

Quartum genus nusquam in tota Anglia, nisi in Northumbria uidi, ubi a Codlyng appellatur. Piscis est Haddoko multò maior, sed Coddo multò minor. forma Coddum & sapore Lengum, nisi me mea fallat memoria, refert. In littore Northumbrico prope oppidum Beduel, in copia multo maxima capitur.

a Codlyng.

Quintum genus in nostro mari nunquam cernitur, sed in illo quod Galliam respicit, piscis est ualde frequens, Haka uocatur. Forma piscis, hoc est longitudine & tenuitate, ad Lengi similitudinem ferè accedit. colore & sapore Coddum, utcunq; exprimit. Hæc quæ iam scripsi, non ex aliorum relatu didici, sed præsens uidens & contrectans.

Haka.

Sed iam inuestigandum est, quis'nam piscium, Gobio marinus sit, è cuius cognitione in fluuiatilis cognitionem peruenire faciliùs possimus. Duo tantùm Gobionum genera (quod reperire possum) Aristoteles statuit. Alterum obiter tantùm attingens, Gobionem paruum, & ignobilem uocat, & eundem terram subire tradit, & Apuam gobitim gignere. Non autem ex Apua, ut malè in translatione Theodori habetur, gignitur, sed Apuam gignit. Hoc genus Gobionis, nisi coniectura fallar, est littoralis pisciculus, quem Northumbrienses, Cumbrienses & Caletienses uocant a Sandele. pisciculus est albus, tenuis, capite pusillo, forma aliqua ex parte Anguillam referens. Et licet φαῦλος ab Aristotele dicatur, non est tamen omnino iniucundi saporis. Nunquam aut rarò extra arenam, in qua post recessum maris ad eiusdem usque reditum, delitescit, conspici potest. Et ad hunc modum à nostratibus capitur.

Gobiorum genus I. a Sandele.

Recedente mari, utriusq; sexus iuuentus ad littus se confert, & falcibus denticulatis, quibus segetes demetuntur, ex harena pisciculos in magna copia eruit.

Alterum. Smelta. Nobile illud & tantopere à priscis scriptoribus decantatum alterũ genus, Anglorũ esse smeltã puto. Est eñ Smelta nostra piscis littoralis, gregatilis, & circa littora parit, & in fluuios subit, ubi pinguescit. Nec perpetuò in fluuijs degit. Nam uère tantùm, quo tempore copia longe omnium maxima, ultra Londinum, ad Kewam usq; & Brentfordam aduerso flumine natitat. Rarò, aut nunquam ultra spithames longitudinem excrescit. Quæ omnia, quũ Aristoteles suo gobioni tribuat, & nec magnitudo quam Galenus ab eo requirit, nec carnis bonitas desit: non uideor mihi temere iudicare Smeltam nostram Aristotelis esse Gobionem.

Gobio fl. Ausonij, ein Creßling. Porrò huic non est dissimilis pisciculus ille fluuiatilis, quem nos uocamus **a Gudgiou**, uos **ein Kreßling**, inferiores Germani prope Coloniam **ein Güukim/ oder ein Guum.** Si liceret ex nominibus regionum uariarum argumentum ducere, (quod aliqui hodie frequenter faciunt) concluderem ex tot nominibus, reliquias antiquas Latinitatis adhuc retinentibus, nostram gudgionem esse Ausonij gobionem fluuiatilem. Pisciculus ille, quem tu **Cressel** Germanicè uocas, ut rectè diuinasti, ab Orientalibus Germanis uocatur **ein Grundling**. Nam Stickhusæ in Orientali Frisia, nostra gudgioua uocatur **ein Grundlin.**

Locha marina. a Gunding in mari. Est apud Anglos in littore Cumbrico pisciculus lochæ nostræ tam similis, quàm ficus ficui, aut ouum ouo, nisi quod quum locha sit fluuiatilis, hic sit marinus: & hic paulò uiridior & maculis magis respersus. Post maris recessum, in eius reliquijs, sub lapidibus delitescit. Quibus motis statim exilit, ut boitus, & à pueris capitur. Hic an sit aliqua species gobionis uiridis nec ne, non pronuncio, sed alijs coniectandum relinquo: hoc enim uarijs de causis asseuerare non audeo. Cumbrienses uocant piscem illum etiam **a Grundling.**

a Burutrout. an Allerfanght. Truttarum in Anglia duo genera reperiuntur. Alterum quod Ausonij Salar est, à Northumbriensibus meis uocatur **a Burutrout**. Ad hoc genus alia species referri potest Trutta illa, quæ uocatur **an Allerfanght.** Hic piscis, altero (*quàm alter superior*) uentre magis prominulo est, & per omnia crassior, & maxima ex parte ut alter in locis uadosis, & non ita profundis: ita iste, in profundioribus torrentium & fluuiorum locis, sub alnorum radicibus, quæ ad ripas fluuiorum nascuntur interdiu delitescit. Atque ideo ab alno, quæ nostra lingua uocatur **Alder** aut **Aller**, nomen sibi sortitus est.

a Bulltrout. Alterum Trutæ genus in Northumbria uocamus **a Bulltrout**, hoc est, Trutam taurinam, ab insigni magnitudine, qua alias Trutas superat. cubito enim aliquando longior reperitur. Crassior est Salmone, pro ratione suæ magnitudinis, sed capite, si rectè memini, breuiori. Caro est, (quàm) Salmonis multò siccior, friabilior, & multorum palatis gratior. Accepi eundem in alijs Britanniæ prouincijs uocari **a Gray trout**, & in alijs **a Sturf**. *a gray trout. a Sturf. a Graylyng. Omber.* Est & in Anglia piscis à Trutarum forma non multum abludens, quem à colore cinereo uocamus **a Graylyng.** Eundem audio alicubi **Omber** nominari. Idem, nisi fallor, piscis est, quem uos uocatis **ein Aesch.**

Gurnardi. a Gurnard. a gray gurnard. a Rochet. a rede Gurnarde. Gurnardorum habemus duo genera, quorum alterum quod cinerei ferè coloris est in occiduis & meridionalibus Angliæ prouincijs appellatur simpliciter **a Gurnard**, apud Boreales Anglos **a gray Gurnard.** Alterum genus, quod rubrum est, à Meridionalibus nostris uocatur **a Rochet**, ab Aquilonalibus **a rede Gurnarde.** In littore Orientali Angliæ, ut in Essexia, hoc est Orientali Saxonia, & Norfolcia & Sudfolcia, fieri potest, ut Gurnardus **Curre** appelletur. at in alijs omnibus Angliæ prouincijs nomen hoc prorsus ignotum est. *Locusta mar. a Lobster.* locustam marinam nusquam audiui uocatam **a se Creuis**, sed perpetuo **a Lobster.**

a loug Oister. Est alius huius generis piscis in Northumbrico mari nusquam uisus, sed in Occiduo frequens, qui uocatur **a loug Oister**. cornicula habet, cubito subinde longiora.

Polypus. a Pour cuttel. Mullus. a sore Mullet. Polypus à piscatoribus, qui Vectam insulam incolunt, uocatur **a pour Cuttel.** In Portlandia peninsula, mullus mihi uerus conspectus est, quem piscatores uocant **a sore Mullet.**

Merula. a Cookefishe. Merulam in littore Occiduo me uidisse puto. hanc piscatores illic uocabant **a Cookefisshe.** Qui rogati nominis causam, responderunt hinc hoc nominis esse consecutam, quod nautarum coci iure quodam suo propter delicatum saporem, apud se retineant & coquant, quum reliquos omnes facile ad quæstum distrahi patiantur.

Phoxinus. Anglorum **Menau** cum Bellonio Aristotelis Phoxinum esse consentirem, si ἐν ταῖς πελιμνάσι τῶν ποταμῶν καὶ τῶν λιμνῶν πρὸς τὰ καλαμώδη οἷον πόρκαι, pareret. Verùm quum extra omnem controuersiam sit Menowas nostras nunquam in πελιμνάσι fluuiorum & lacuum parere: sed semper in saxosis uadis aut sabulosis, ubi rapidiores sunt aquæ decursus: ipse in hac re subscribere non audeo.

Apua. a Spirlyng. Apua quæ à Cantabrigensibus uocatur **a Spirlyng**, à Londinensibus, dum recens est, **a Sprote,** a Sprote, & infumata a rede Sprote, aut a dryed Sprote, non est Harengæ soboles, ut quidã affirmant, sed sui generis piscis, à parente nullo ducens originem.

a Sprote.

Araneum Plinij nostri piscatores uocant a qua wyuer, hoc est malam uxorem. nusquam in Anglia audiui aliter uocari. Araneum marinum alium in Frisia uidi, ita similem domesticæ, ut in sola magnitudine à terrestri differret.

Araneus piscis, & male castra- cus puto.
a qua wyuer.
Araneus mar. insectum.

Pectinum in Anglia duo summa genera habemus, quorum maius uocatur a Scallop. minus uerò nominatur prope Portlandiam a Cok, à forma gallinacei capitis, quam piscis apertus exhibet. Sub hoc genere continetur pectunculus ille per omnia littora frequens, Cokle, id est gallulus, per totam Angliam dictus. Concha quam pro pectunculo Bellonius ostendit, non per omnia pectunculi nomen meretur, quod strigiles & strias non rectas pectinis more, sed transuersas habeat. A pectunculorum tamen generibus non omnino separo.

Pectines.
a Scallop.
a Cok.
Cokle.

Hæc sunt doctissime Gesnere, quæ omnibus auxilijs commentariorum meorum destitutus, sola adiuuante memoria, de historia piscium colligere in præsentia potui. Quæ si boni consulueris, quicquid mihi huius generis obtigerit, haud grauatim tibi communicabo. Vale. Vuissenburgi, Calendis Nouembris, anno 1557.

VNI
ET SOLI
DEO DEORVM,
REGI REGVM, O. M.
INFINITO VNDIQVAQVE,
INCOMPARABILI, CONDITORI,
MOTORI, CONSERVATORI, PRIMO ET
VLTIMO, PER VERBVM SPIRITV'MQVE
SVVM, RERVM VNIVERSARVM ET SINGVLA-
RVM: QVAS OMNES PROPTER HOMINEM, HVNC VE
RO PROPTER SEIPSVM, CREAVIT: LAVS OM-
NIS, HONOR ET GLORIA, IN OMNE AE-
VVM: A PIIS ET SANCTIS ANIMIS, MI
RABILIA EIVS OPERA CONTEM
PLANTIBVS, PRO THVRE,
PRO VICTIMIS,
OFFERA-
TVR.

♣

ICONES ANIMALIVM

QVADRVPEDVM VIVIPARORVM ET OVIPARORVM, QVAE IN HISTORIAE ANIMALIVM CONRADI GESNERI LIBRO I. ET II. DESCRIBVNTVR, CVM NOMENCLATVRIS SINGVLORVM LATINIS, GRAECIS, ITALICIS, GALLICIS, ET GERMANICIS PLERVNQVE, ET ALIARVM QVOQVE LINGVARVM, CERTIS ORDINIBVS DIGESTAE.

EDITIO ſecunda, nouis Eiconibus non paucis, & paſſim nomenclaturis ac deſcriptionibus auctior.

LE Figure de gl' Animali quadrupedi d' ogni ſorte.

LES Figures & pourtraictz des beſtes a quatre piedz de toute ſorte.

Die Figuren vnd contrafacturen von allerley vierfüſſigen Thieren.

Accedunt & Indices ſecundum diuerſas linguas in fine libri.

CVM Priuilegijs S. Cæſareæ Maieſtatis, & Chriſtianiſſimi Regis Galliarum.

TIGVRI EXCVDEBAT C. FROSCHOVERVS
ANNO M. D. LX.

SERENISSIMAE ELIZABETHAE, DEI GRATIA REGINAE ANGLIAE, FRANCIAE ET HYBERNIAE, etc. DOMINÆ suæ clementissimæ, S. & Fœlicitatem à Deo Opt. Max. precatur Conradus Gesnerus Tigurinus.

HVNC librum, cùm ante septennium ferè primùm ederetur, serenissima Regina, illustrissimi Suffolchiæ ducis Henrici Gray piæ memoriæ fratribus inclytis, dedicabam. Sed tum temporis non placuit Deo, ut ad eos in Anglia adhuc uiuentes perueniret. Quamobrem hanc secundã editionem, multò iam locupletiorem, ne sine illustris alicuius nominis patrocinio, ceu posthuma quædã pupilla appareret, tuæ Maiestati offero atq; consecro. Tanta enim est uirtutum tuarum gloria, tantus pietatis syncerae ardor, tanta ingenij dexteritas, eruditio, & in linguis diuersis, Græca etiam Latinaq;, peritia singularis: quibus cunctis non solùm omnem nostri sæculi muliebrem sexum, sed ipsos etiã reges atq; principes, & ex priuatis plerosq; doctrina celebres uiros, summa omnium admiratione, antecellis: Tantus inquam gloriæ ac famæ tuæ splendor est, ut librum hunc Angliæ omnino à me destinatum (propter gentis uestræ multorum hominum multa ac recentia in me beneficia, ac meum erga illos, ut merentur, amorem, officiumq; gratitudinis) non debuerim alteri, quàm totius Regni supremo capiti, hoc est, Maiestati tuæ nuncupare. Sic enim uniuersis & singulis quodammodo aliqua ex parte satisfacere mihi uideor. Scio autem omnes bonos & eruditos uiros, quorum Dei gratia ingens in regno tuo numerus est, Maiestatem tuam adeò amare, uenerari & colere, sicuti par est, ut ab externis etiam hominibus laudes tuas celebrari, ac tui honoris famam illorum lucubrationibus per orbem terrarum diffundi, libentissimè cognoscant. Suscipe igitur serena hilariq; fronte, clementissima Heroina, hos Quadrupedum animantium Ordines: quibus aliquando inspiciendis animum grauissimis Regni negotijs intentũ remittas, & iucundissimo hoc Naturæ spectaculo oblectes. Quod quidẽ non per se modò honestũ & liberale est: sed ad Dei etiã optimi maximi, nostriq; & aliorũ hominũ pleniorẽ cognitionẽ nõnihil cõducit. Nam ad Dei notitiã in nobis excitandã atq; promouendã, ex omniũ & quarunuis huius Vniuersitatis rerũ inspectione, pia de opifice cogitatio animos nostros subire & debet & solet: inprimis uerò cum Hominis (qui ueluti exiguus quidã Mundus est, & ut corpore terræ, aliorũq; tum elementorum, tum ex eis constantiũ rerum, ita animo Dei imaginem repræsentat) naturam consideramus. Itaq; huius etiam parentem dicimus Deum: cæterorum opificem tantùm. At inter hominem & cætera Dei opera, medium ferè locum animantibus quæ ratione carent attribuimus: harum autem præcipuæ sunt Quadrupedes: adeò ut illis inter ea quæ ex elementis mixta sunt, ita primum tribuamus ordinem: quemadmodum inter ipsa elementa aut simplicia corpora cœlo. Fecit autem hæc omnia Deus in usum hominis, ut seruiant aut subijciantur ei omnia, siue natura & iussu Dei perpetuò, ut elementa, cœli, & corpora inanima: siue sensu aliquo: idq; uel sponte, ut animalia quæ cicurari possunt: uel per aliquam uim, ut reliqua, quæ uarijs modis capere, uenari, & in usus suos conuertere solet: quemadmodum etiam puri tum spiritus tum homines ultro seruiunt Deo, impuri uerò coacti & renitentes. Iam cum Deus non hæc solùm, quæ in hoc uisibili mundo sensibus nostris se ingerunt, in solius hominis gratiam fecerit omnia: sed spiritus quoq; & angelos inuisibiles, hominibus præsertim pijs custodes ac tutelares, impijs uerò ultores constituerit: deniq; unigenitum filium suum in generis humani salutem, hominis formam assumere, & acerbissimam mortem subire uoluerit: decet omnino & par est, ut Deum etiam solũ, in omnibus actionibus & cogitationibus suis sibi proponat homo, eumq; unicum pro summo & incomparabili bono tum suo tum rerum omnium, agnoscat, adoret, inuocet, amet, & collaudet perpetuò: nec ullas prorsus res creatas ullo modo diuini honoris, inuocando uel adorando, participes faciat. Nam sicut unus in cœlo Sol est, dictus ab eo quòd solus sit, & una eius imago Luna, non suo,

Dedicationis occasio.

Naturæ, præsertim Quadrupedum, consyderationem, cum per se honestã esse: tum uerò utilem.

1. Ad cognitionem Dei.

A ij

sed Sôlis lumine lucida: ita solus idemq; summus cœlorũ & uniuersæ Naturæ dominus, Deus est, à quo uim suam, quãcunq; habet, omnem mutuatur Natura, hoc est, quicquid factum, natum aut creatum est: proprium uerò nihil habet. Hæc qui non agnoscunt, Deum profectò non agnoscunt. Præterea cum tot animalium generibus à Deo conditore tam pulchrè & abunde prospici uidemus, ut quantum natura & necessitas singulorũ postulat, nulli eorum inter tot myriades, quod ad cibum, potum, uestitum, habitationem, & alias res, quicquã desiderari possit: an non existimabimus (non iam uerisimiliter, ut uulgus hominum, sed firma & indubitata quam à nobis requirit fide) eundem qui suis operibus tam benignè prospexit, multò magis hominibus, quos filiorum nomine dignatur, quantumcunq; eis utile aut necessariũ sit, consulturum ac suppeditaturum? At miseri mortaliũ plurimi non pro uictu tantùm & uestitu suo anxij solicitiq; sunt, hoc est, Deo non satis confidunt: sed insuper auari, & alijs hominibus iniurij, ipsis etiam bestijs hac parte ut deteriores, ita infeliciores. quanuis enim harum nonnullæ sui uictus causa noceant alijs, præsentem tamen solùm famem explere, non in multos dies aut annos aliquid reponere cupiunt. Illi uerò cum Deo suo non fidant, & ipsa solicitudine dubitationem suam ac diffidentiã prodant, digni sunt qui quandoq; rebus necessarijs priuentur, aut (quod Tantalo accidit) præsente etiam copia non fruantur. Hactenus dixi, (& quidẽ prolixiùs quàm institueram,) Animantium naturæ consyderationem, ad uberiorem Dei notio-

II. Ad notitiam sui cuiq;, & uirtutũ exempla. A corporis forma seu capitis situ.

nem deducere nos posse. Restat, ut quomodo nostri quoq; & aliorum hominũ cognitio inde in animis nostris promoueatur, ostendã. Primùm igitur quod ad nos, quoniã per comparationẽ omnia magis innotescunt, cõferamus nos ipsos cum cæteris animalibus. Corpus igitur hominis, quod ad materiam, partes & organa, id est, actionum instrumenta, nihil ferè ab alijs differt: unde colligimus, mẽtem (qua proximè ad angelos accedimus, & post illos rebus omnibus præstamus: & cuius ratione ad conditoris nostri exemplar facti sumus) uim esse multò præstantiorẽ illis animæ uiribus, quæ organo indigent, & corpori alligantur, adeò ut separari nõ possint. Ipsa uerò corporis nostri forma & statura, quoniã erecta est, à plerisq; omnibus differt: ita ut caput sursum ad cœlũ, hoc est, summã Vniuersi partem spectet: (id autem propter oculos & uisum maximè factũ est,) admonet nos officij nostri, cuius pulchrè meminit poeta his uersibus:

Pronaq; cum spectent animalia cætera terram:
Os homini sublime dedit, cœlumq; tueri
Iussit, & erectos ad sydera tollere uultus.

Non solùm autem corporis oculos ad cœlum, sed multò magis contemplantem omnia animi aciem à terris auersam, ultra ipsos etiam cœlos adusq; conditorem, primumq; motorem eorum, extendere oportet. nam corporeis oculis cæteræ quoq; animantes cœlum aliquando aspectant,

A moribus, ingenij, & actionibus aliorum animalium.

piscis quidẽ Vranoscopus semper. Deinde si uirtutes, aut potiùs mores & actiones aliorũ aliquot animalium cum humanis comparemus, imbecillitatẽ nostram & degenerẽ naturam facilè agnoscemus. Multæ enim animantium, bonas & secundum naturam laudabiles actiones, (quæ in homine à ratione consilioq; profectæ uirtutes appellantur,) ipso naturæ instinctu, multò perfectiores plerisq; hominibus edunt. In contemplandis certè animalium moribus, ut scribit uir doctissimus Theodorus Gaza, exempla nobis suppetunt omnium officiorum, & effigies offeruntur uirtutum, summa cum authoritate naturæ omnium parentis, non simulatæ, non commentitiæ, non inconstantes & labiles: sed uerè ingenuæ atque perpetuæ. Nec ulla pars

Circa prudentiam aut prouidentiam, industriam, docilitatem.

uitæ humanæ est, quæ non suorum officiorũ exempla commodissimè hinc accipiat. Iubet nos dominus Christus prudentiam serpentium, simplicitatem uerò Columbarum miscere: ne illa nimirum in astutiam, hæc uerò in stoliditatem abeat. Insignis est Gruum, Apicularum, Murium alpinorum, Melium, Sciurorum, Castorum, & aliorum animalium ingenij uis, qua uictum sibi cõparant aut recondunt, loca & regiones mutant, domicilia parãt, insidias struunt aut fugiunt, & alia quædam cautè prouideq; agunt. Mira auium quarundam ad uocis humanæ imitationem: Canum uerò & Simiarum, ad uarias hominis actiones, docilitas. Disci-

Circa iustitiã, & eius partes.

plina & eruditio Elephanti, quem non faciat studiosiorem? Quis tam peruersa natura hostis sui generis est, quin emendetur & mitigetur, cum nullũ animal occidi à sui generis bestia uideatur? Magnus in plurimis suorum gregalium amor est, tum mansuetis, ut Bobus, Ouibus: tum

tum ſylueſtrium plurimis in omni animalium genere: mirus præcipuè in Elephantis. Quid de iuſtitia Apum dicam, quæ colligunt quidem ex iȷs quibus aliquid dulcedinis ineſt, ſed ſine ullo fructuum detrimento? Quæ fides, quis amor in Canibus? agnoſcunt nomina ſua, aduolant, ſeruiunt, faciunt imperata, ad mortem uſque domino, (à quo ne uerberibus quidem aut iniurijs repelli queunt,) aliquando etiam funeri, fideles. Fideliſsimi (inquit Plinius) ante omnia animalia homini Canes atque Equi. Quis principem bonum non colat atque obſeruet, cum ſi rex Apum in itinere aberrauerit, omnes eum inquirere, odoratuq́ ſagaci perſequi, donec inuenerint, cognitum habeat: geſtari etiam regem à plebe, cum uolare non poteſt: & ſi perierit, omnes diſcedere? Nunquid parum hinc exempli ad boni principis ſiue deſiderium, ſiue obſeruantiam datur? Quis tam in parentes impius, ne cũ Ciconiæ auis aut Meropis, ſicut & Leonum ac Elephantorum, pietatem erga parẽtes intelligat, pientior efficiatur? Quis adeò inhumanus illiberalisq́ eſt, quem Oſsifragæ benignitas in pullos alienos (ut nihil dicam de omnium in prolem propriam amore) ab Aquila eiectos, non faciat benigniorem? Percelebris eſt Elephanti caſtitas, & adulteriorum deteſtatio: ſicut & in Porphyrione. Columbarũ & Cornicum fida coniugia quis neſcit? Anſeris quædam uerecundia commendatur. Mite eſt ingeniũ Boum, remiſſum, & minimè peruicax: agnoſcunt uocem bubulci, uocatiq́ nominibus proprijs intelligunt, & iuſsis parent. His etiam mitiores Oues: quarũ ſimpliciſsima innocentia, & ad parendum facilitas, admirationem homini mouet. Sed magis mira ſit in Elephantis tanto robore, & Camelopardalis tanta excelſitate, eximia manſuetudo. Strenuum & animoſum iumentum Equus eſt: ſed rectoris imperio ſe ſubmittit. Iracundior Canis: ſed in eos qui ſe ſubſidentes demiſerint, clemens. Quis princeps non ad clementiam facilè inuitetur, cum reges Apum armari quidem aculeo, ſed eo nunquam uti intelligat? Quantum ſtudium ornatus ac polituræ in Pauone? Quanta opera uocis amœnæ ſuauisq́ in Luſcinia? Quem non pudeat per metũ peccare, cum non ſolùm Leonis animum inuictũ cogitat: ſed etiã Reguli auiculæ, quæ cum Aquila pugnat, certatq́ de imperio? Leo forte magis, & animoſum, quàm crudele eſt animal: magnanimum, liberale, ingenuum, & (ut authores quidam referunt) mite, iuſtum, nec expers amoris erga illos quibus cum uerſatur. Quis tam piger, iners & ſegnis eſt, quin excitetur ad uitæ munera, cum Formicarum aut Apum labores atque induſtriam intuetur? Sed hæc & huiuſmodi ſingillatim enarrare, nimis prolixum foret. Satis hoc eſto, natiua uirtutum officiorumq́ omnis generis exempla (& ueluti naturalem quandam de moribus philoſophiam) hominem in diuerſis animalibus reperire: quibus ſeipſum corruptæq́ naturæ ſuæ infirmitatem agnoſcat, pleriſq́ brutorum inferiorem ſe animaduertens: hoc uno forſan plerũq́ ſuperiorem, quòd ſua ipſe uitia noſcens fateatur. Agnita autem & damnata infirmitate atque corruptione ſui, Dominum Deum, unum omnium bonorum (ſiue per naturam, ſiue per uoluntatem, ſiue etiam abſque omni medio) authorem, ut primæ conditioni, hoc eſt, perfectioni, in qua primus homo creatus eſt, ipſius gratia (quæ per ſolum dominũm Ieſum Chriſtum nobis præſtatur) ſe reſtituat, toto animo aſsiduè orabit.

Circa tẽperantiam libidinis, & iræ ferociæq́.

Circa fortitudinem & laborũ tolerantiam.

Cæterum quod tertio loco propoſitum erat, alios etiam homines, hoc eſt, diuerſa hominum ingenia, collatione ad beſtias facta, magis dignoſci: eâdem ferè uia & ratione intelligi poteſt, qua quiſq́ ſeipſum ex illorum naturæ cõtemplatione meliùs agnoſcit. Nam ſiue ſeipſum, ſiue alios uideat bonos alicuius animantis mores referre, ut manſuetudinem Ouis, caſtitatem Elephanti, pietatem Ciconiæ, laudabit: ſin malos, uituperabit: ita ut ſtolidos, inertes ac ſocordes homines, Aſinis: libidinoſos & uoraces Porcis: aſtutos & uerſipelles, Vulpibus, Felibus: inſidioſos et crudeles, Pantheris: timidos Ceruis, impudentes Canibus, & alios alijs comparet. In beſtijs quidem iſtis uitiorum turpitudinem nobis Deus, tanquam in ſpeculo, Vt noſceremus ac fugeremus, propoſuit: ſicuti liberis ſuis ebrietatem in ſeruis Lacedæmonij ſolebant. Phyſiognomones certè prout animantium quorundam ſimilitudo, & eædem corporum notæ, in facie aliáue parte hominis apparent, de moribus quoq́ & ingenio cuiuſq́ coniecturam faciunt, eamq́ ut plurimùm non uanam, niſi doctrina & diſciplina naturam, ſicuti in Socrate, uicerit. Hæc & huiuſmodi, optima & doctiſsima Regina, picturis hiſce Animalium contemplandis, Maieſtati tuæ in mentem uenire poterunt. Mores quidem & ingenia pingi non poſſunt: ſed corpus cuiq́ adeò ſuis moribus & ingenio aptum appoſitumq́,

III. Ad alios quoq́ homines noſcendos ac dignoſcendos.

Phyſiognomonia.

A iij

per naturã largitus eſt Deus: ut plerunq ex ipſa facie, aut ſpecie corporis eiusq́ partibus, qualis cuiusq natura ſit, coniectare liceat. Quod ſi etiam Anglica nomina adſcribi ſingulis uoluerit M. T. uiro alicui erudito id cõmittet. Inter cæteros autem mihi notos facillimè id præſtiterit Iohannes Parkhurſtus, (qui perſæpe mihi uirtutum tuarũ laudes amplißimè prædicauit:) aut Guilielmus Turnerus, Io. Caius medicus longè doctißimus, Io. Falconerus, uiri ut omnibus bonis artibus & ſcientijs, ita naturæ cognitione præclari. Nam Guilielmus Cecilius, qui à ſecretioribus libellis M. tuæ eſt, uir prudentia, grauitate alijsq́ uirtutibus illuſtris, ac omnium literarum genere literatißimus, maiora & ad Regni totius adminiſtrationem pertinentia negocia ſubinde tractat, quàm ut ad hæc rerum Naturæ ſtudia, utcunq pulcherrima, diuertere poßit. Porrò ne quis inconſtantiæ me accuſet, & ut meus erga heroes illos, illuſtrißimi Suffolchiæ ducis piæ memoriæ fratres, ac totam illam familiam, animus appareat, epiſtolam in ipſorum olim nomen inſcriptam, uirtutis & honeſtißimæ ipſorũ famæ teſtimonium, ad huius Libri finẽ retuli. VALE ſerenißima Heroina. Dominus noſter Ieſus Chriſtus, æternus Dei filius, M. tuam cum toto Regno, ſpiritu ac uerbo ſuo incolumẽ perpetuò conſeruet ac gubernet. Tiguri Heluetiorum urbe primaria. Idibus Iunij.

Anno Salutis noſtræ M. D. LX.

Viri eruditi in Anglia.

ΕΙΣ ΕΛΙΖΑΒΕΤΗΝ τῶν μεγαθύμων Ἄγγλων Βασίλισσαν τὴν πάνυ.

Οἵη Ἄρτεμις εἶσι κατ' οὔρεος ἰοχέαιρα:
Τῇ δέ θ' ἅμα Νύμφαι κοῦραι Διὸς αἰγιόχοιο:
Πασάων δ' ὑπὲρ ἥγε κάρη ἔχει, ἠδὲ μέτωπα:
Ῥεῖα δ' ἀριγνώτη πέλεται, καλαὶ δέ τε πᾶσαι.
Ὣς καὶ Ἐλιζαβέτη Ἄγγλων Βασίλισσα φερίστη,
Πασάων ἄλλων νικᾷ Βασιλήϊον εὖχος.
Ταύτῃ παμβασιλεὺς ΘΕΟΣ ὄλβια πάντα διδοίη,
Εὐτυχίην, νίκην τε, καὶ εὐσεβίην διὰ μακροῦ
Ἀσκῆσαι βιότου: τὸν νυμφίον ἄνδρα θεουδῆ,
Εἰνάρετόν θ' ἥρωα, πολέων ἀντάξιον ἄλλων,
Καλῶν τε ῥητῆρα λόγων, πρηκτῆρά τε ἔργων:
Ἀσκηθῆ τ' ὑγίειαν ἔχειν ψυχήν τε δέμας τε:
Καὶ παῖδας παίδων πολλαῖς γενεῇσιν ἀνάσσειν:
Καί ποτε ἀθάνατον ζωὴν μετὰ Χριστοῦ Ἰησοῦ,
Ἐν γενετῆρος ἑοῦ μεγάροις ὑπερουρανίοισι.
Τὸν καὶ δοξάζειν θνητοὺς διὰ παντὸς ἔοικε,
Καὶ μεγαλοσθενέτην ἀναμέλπειν ποιμένα κόσμου:
Ὅς γαῖαν χλοεράν τε, καὶ οὐρανὸν εὐρὺν ἔτευξε:
Δένδρα τε τηλεθόωντ', ὀρέων τε ἀγάννιφον αἴγλην:
Κέδρους ὑψιτενεῖς, καὶ ἀκρόδρυα, πᾶσαν ὀπώραν:
Τετράποδων τ' ἀγέλας, μήλων γένος, ἠδὲ λοφούρων:
Καὶ βοῦς εἰλίποδας, καὶ ὀρέστερα θηρία γαίης:
Εὐκεράους τ' ἐλάφους. καὶ δορκάδας, ἠδὲ λαγωούς:
Ἀρκτόμυάς τε, καὶ ἄλλα τὰ μείονα κνώδαλα γαίης:
Ἑρπετά, καὶ πτερύγεσσι μεταΐσσοντα ποτητά,
Ἔντομα πολλά: γένος τ' ὀφίων θνητοῖσιν ἀπηνές:
Ἠερίους τ' ὄρνιθας, ἰδ' ὑδατοθρέμμονας ἰχθῦς.
Τῷ καὶ κυδαίνειν αὐτὸν χρὴ πάντοτε πάντας.

CON.

CON. GESNERVS LECTORI S.

AD SECVNDAM hanc editionem, optime Lector, tum Icones Quadrupedum nouas non paucas, addidi, tum nomina & descriptiones: & priùs etiã publicatis Iconibus multa passim adscripsi, pleraq; noua: pauca uerò ex ijs quæ in Historia eorum cõtinentur, repetiui: idq; certam ob causam: sicuti pluribus indicaui in præfatione libri Nomenclatoris Aquatilium: cuius editio prima hoc tempore prodit. Velim autem ab harũ rerum studiosis in unum Volumen coniungi Iconum Quadrupedũ & Auium editiones secundas, Aquatiliũ uerò primã ac nouam: qui tres libri omnes hoc anno Salutis Christianæ M. D. LX. typis excusi sunt. Rarioribus quidem & peregrinis Quadrupedum, descriptiones copiosiores adieci: communioribus nihil aut parum plerunq; (nisi prorsus noui aliquid esset) præter ipsa nomina. Asino tantùm & Sui Hieroglyphicas quasdam interpretationes addidi, spacia chartæ replendi consilio, cum ijs omnino locis, non priùs aut posteriùs, horum Quadrupedum figuras collocari uellem. Hieroglyphicæ autem significationes ipsis animalium Iconibus cõmodissimè adduntur: &, si non data opera breuitati studuissem, singulis, aut plerisq; animantium, ex doctissimis huius argumenti Pierij Valeriani commentarijs, summatim Hieroglyphica quædam adscripsissem. Sed isti superioribus annis Basileæ Isingrinij prælo excusi, hominis philologi Bibliotheca dignissimi, facilè ab omnibus haberi possunt.

Quòd ad Icones: agnosco non omnes optimè pictas: non mea tamen culpa: qua de re nunc dicere tempestiuum non est. Mediocres quidem sunt pleræq;, & tolerabiles: quandoquidem his meliores (De quadrupedibus loquor) hactenus publicatæ non sunt. Fictitiæ uerò, ut quidam suspicatur, nullæ sunt: uel si quæ sunt, non approbantur à me, sed notantur aut reprehenduntur: ut Olai Rangifer, aliaq; pauca in Quadrupedibus, in Aquatilibus plura: & Salamandra quorundam, &c. Quòd si quæ ipse non pinxi (id est, pingenda curaui) ad uiuum, authores citaui à quibus acceperim, aut quorum è libris mutuatus sim. Paucas quasdam in hac editione accuratiores dedi, relictis tamen etiam ueteribus: ut ex collatione appareat illas quoq; non omnino malas neq; fictitias esse: ut Alcis, Lyncis, Felis Zibethi. Obijcit mihi bonus quidam uir, (bonum appello, animi & habitus, quem in eo esse non dubito, respectu: neq; enim statim malus est, qui alicui iniuriã facit præ iracundia, aut uindictæ studio, aliáue causa quæ ueniam mereatur, si nõ ut plurimùm & consultò talis sit:) obijcit inquam, Gulonem, Lupum Scythicum, Camelopardalin, Cricetum. Atqui authores unde acceperim nominaui in singulis, si non in prima editione Iconũ cum nomenclaturis editarum, saltem in Historia priùs euulgata, ad quam Lector in ipso Libri titulo remittitur. Ponticum etiam Murem fictum à me dicit: cum ego pro Mure Pontico Sciurum me posuisse, colore tantùm differentem, profitear. Sciurum uerò frequentissimum nobis animalculum, fingi quid opus erat? Putorius forsan non qua debuit aut fieri potuit diligentia & arte à pictore sculptoreq; nostris expressus est: idcircò ne fictus erit? nõ magis puto quàm homines deformes, ficti non sunt. Sphingem quoq; finxisse me ipse sibi fingit: in libris enim nostris nulla reperitur. Deniq; Damam Plinij: cuius imaginis authorẽ nominaui Io. Caium Anglũ medicũ, uirum doctrina, iudicio, fide & diligentia summum. Quòd si is ipse nullas herbarũ imagines ab amicis missas ponere uoluisset, in suis quibus Dioscoridis libros illustrat cõmentarijs, plurimis & rarissimis sanè destituerentur. Fieri nõ potest ut unus homo diuersas Orbis regiones adeat, & quę singulis peculiaria sunt ipse uideat. Acquiescendum est illis quæ miserint amici: quãuis non optimè aliquando expressis. Falsas etiã uel prorsus uel aliqua ex parte imagines, illarũ rerum, quarum ueras adhuc nemo dederit, exhibere, modo nominato authore & nulla dissimulatione id fiat, non est inutile: sed occasio ad inquirendas ab aliquibus, aut cõmunicandas ab ijs qui iam habent, ueras. Hoc consilio, & hac confessione, si Aconiti primi & Siluri sui icones nobis dedisset ille, nihil dubitatione aut reprehensiõe nostra opus fuisset. Hæc equidem inuitus publice scribo: neq; de rebus ipsis adeò contenderem, (quanquã harum etiam ueritas mihi homini naturæ cognitionem ex professo indaganti curæ est,) nisi honoris etiam mei, & librorũ quos edidi authoritatis, habenda esset ratio. Cœperam priuatis epistolis cum illo agere, sed frustra. Itaq; publicis eius calumnijs, respõdeo publicè. Fateor me priorem de Aconiti ipsius imagine, an uera esset, dubitasse: cuius dubitatiõis causas, quas multas & graues habeo, hîc exponere nõ conuenit. Sed dubitare non est calumniari. Ipse plurimas in meis libris fictas imagines reperiri, nulla dubitatione & simpliciter ait: quàm uerè, quo candore, ipse uiderit: idq; nõ in secũda solùm Dioscoridis sui editione Latina: sed nuper etiã tertia, ut audio (neq; dum enim uidi) Venetijs excusa. Potest sanè calũnia, etiam cum ueritate, aut potiùs ueritatis parte, coniungi: cum id quod uerum est, non integrum, sed ex parte tantùm, in alterius detrimentum aut infamiam dicitur. Posuit Gesnerus icones fictitias. Fatetur, sed ita ut agnoscat, authores nominet, sæpe etiã reprehendat. Horum ille censor meus nihil dicit: sed primã solùm partẽ. Ignosco tamen (quod, ita me Deus amet, candide, & nullo scõmate dico) illi bono eruditoq; uiro, tum aliarum ipsius uirtutum & doctrinæ, tum meæ tranquillitatis, officijq; hominis Christiani causa. Hæc hactenus satis, & quidem prolixiùs quàm uolebam. Porrò si quis aliud quippiam hîc dicendũ aut excusandum à me fortè expectat, quæ in alios huius argumenti libros præfatus sum, legat.

A iiij

ENVMERATIO ORDINVM, QVIBVS HOC IN LIBRO ANIMANTES QVADRVPEDES DIGESSIMVS.

QVADRVPEDES aut ſunt uiuiparæ, aut ouiparæ. Illas in ſex Ordines diſtribuimus: has propter paucitatem non libuit diuidere.

Continet igitur Quadrupedum uiuipararum manſuetarum

ORDO I. beſtias manſuetas, quæ armenta uel greges conſtituunt: cornutæq; omnes & biſulcæ ſunt, & ruminant, non utrinq; dentatæ. Vt ſunt Boues, Oues, Capræ. Pagina 10.

II. ex manſuetis iumenta, quæ ſine cornibus & ſolipeda ſunt: (aliqui ueterina animalia uocant, quòd ad uecturam idonea ſint: uel quaſi uenterina: quod ad uentrem onus religatum gerant: Græci ὑποζύγια, & λόφουρα:) Vt Equum, Aſinũ, Mulum, Camelum. Et reliqua manſuetorum, ut Sues, Canes domeſticos, & Felem domeſticam. Pag. 19.

Ferarum uerò Quadrupedum uiuipararum, quæ omnes utrinq; dentatæ ſunt

ORDO I. complectitur feras cornutas: Vt Boues, Capras & Oues ſylueſtres: Camelopardalin, Allocamelum, Ceruos, Capreas, Alces, Rangiferum ſeu Ceruum Scythicum, Rhinocerotem ſeu Taurum Aethiopicum: Elephantum, (in hoc enim cornua eſſe qui dentes uulgò appellantur, doctorum teſtimonijs conſtat.) Poſtremò Monocerotem: & Leporem cornutum: qualis prodigio potiùs quàm ſecundum naturam naſcitur.

II. non cornutas maiores: quæ hominem aut alia animalia unguibus & dentibus lædunt, multifidæ omnes, præter Aprum biſulcũ. Vt ſunt, Vrſus, Leo, Tigris, (quam Canario generi quidam adnumerant:) Pantheræ, & ſimiles eis ſed minores, (quæ magnitudinis ratione ad ſequentem Ordinem referri debebãt,) Genetha, Felis Zibethi, & Lynx. item Hyæna, Lupus, Lupus Scythicus, Lupus marinus quadrupes, Aper ſylueſtris, Hippopotamus. Horũ genus cõmune nullum eſt, niſi Pantheram ceu genus unum ſtatuas, quo comprehendas Leopardum, Lynces, Thoës, Pantheria, Genetham, & Feles tum alias tum Zibethi cognominatam. Scaliger Canario generi ſubijcit Canes domeſticos & feros, Lupos, Hyænam, Vulpem & Tigridem: nos hęc magnitudinis ratione ad diuerſos Ordines retulimus. Pag. 65.

III. eiuſdem naturæ reliquas mediæ magnitudinis, minusq; noxias: Vt ſunt Caſtor, Lutra, Melis, Hyſtrix, Vulpes, Pithecalopex, Simiarum genera, Sagoinus Americæ, & ex eadem Arctopithecus quidam. Muſtelæ diuerſæ, Ichneumon, Mus Indicus, Tatus, Lepus. Inter has Simia, generis nomen eſt, quod ſpecies plures continet, deinde Muſtela, tertiò Lepus. Huc etiã Canes & Feles ſylueſtres pertinent. Pantheræ ſimiles quãuis minores feras, ſimilitudinis magis quàm magnitudinis merito, ad præcedentem ordinem retuli. Pag. 83

IIII. minimas & Murium ferè generis: quorum ea quæ per arbores aut parietes repere & ſcandere poſſunt, Græci aliquando ἑρπετὰ nominant, nimis communi uocabulo: & quod depedibus magis debeatur. Vt ſunt, Cuniculus: quem à cognato ſibi Lepore (ultimo præcedentis Ordinis) propter magnitudinem minorem, ſeiunximus: Cuniculus Indus, Echinus, Mus alpinus uel Arctomῦs, Glis, Sciuri, Cricetus, Mures diuerſi, Talpa. Pag. 105.

Animalium Quadrupedum ouipararum

ORDO I. & ultimus, complectitur Chamæleontem, Teſtudinem terreſtrem: Lacertarumq; & Ranarum terreſtrium genera. Nam Crocodilum, Ranas & Lacertas aquatiles, Aquatilium libro ſubiunximus. Pag. 117.

In Libri fine ſequuntur

ADDITIONES quædam omiſſorum, &c.

ANI-

ANIMALIVM DIVISIO, SECVNDVM ELEMENTA, IN QVIBVS HABITANT.

ANIMALIVM tria summa sunt genera: Aues, Pisces, & Terrestria. Piscium nomine nunc communiùs sumpto, Aquatilia omnia comprehendimus. Terrestria dicimus, quæ Aristoteles πεζὰ: Theodorus malè pedata. nam Angues etiam πεζοὶ sunt, cum pedibus careant. Insecta ambigunt. plurima enim terrestria sunt: sed & aquis sua non desunt insecta: & quædam eorum in aëre uolitant. ¶ Singulorum autem multæ sunt uariæq; differentiæ. A forma: unde sunt genera & species. A materia, ut à partibus. Ab accidentibus, ut à moribus, à uictu: ab usu, qui ad homines pertinet, Et aliæ quædam. Nos hic de ijs præcipuè dicemus, quæ ab elementis in quibus degunt, sumuntur differentiæ, ex Scaligeri ferè cõmentarijs. Alia enim in uno: alia in duobus elementis uiuunt, quæ amphibia dixeris, multò latiùs patente hoc uocabulo, quàm uulgò accipiatur. Deinde etiam quomodo secundum refrigerationem caloris natiui differant, ex Aristotelis sententia.

TERRESTRIVM ALIA

1. In terra degunt, & è terra uiuunt, ut Buffones.
2. E terra, non de terra, ut quæ frugibus uescuntur.
3. Ab aqua, ut Lutræ: quæ & in terra & in aqua uictum capiunt. Quædam piscium auidissima, aquarum contactum exhorrent, ut Feles.
4. Ex aëre, ut Canis læuis: quem rore uiuere aiunt.

AVIVM ALIAE

1. In solo aëre, & ex eo, nempe aëre, Manucodiata dicta. Hirundo uerò non in solo aëre, sed à solo.
2. In sola aqua: ut in Oceano Brasiliæ marini Anseres, colore atro: qui nunquam euolant, & in Oceano Sur, Chinam uersus, aues apodes, quæ nunquam exeunt è mari, &c.
3. In sola terra, Struthiocamelus.
4. In terra & aqua, Ardea.
5. In aëre & terra, Vespertilio: qui & in aere Culices uenatur, & in terra suillas pernas populatur.
6. In tribus elementis uitam, sed non uictum habet, Cycnus. Sed & quæcunq; animalia in duobus sunt, ut terra & aqua: sunt etiam in tertio, nempe aere. in terra enim esse nequeunt extra aerem.

PISCIVM SEV AQVATILIVM ALIA

1. In sola aqua degunt & uiuunt, ut Pisces propriè dicti pleriq;: sed plurimi ab aqua: Apua ex aqua tantùm.
2. In aqua & terra, ut Polypus: qui ad fructus arborũ, & ad salsamenta exit. est enim omniuorus. Et Vitulus marinus, qui tum piscibus uescitur, tum uastat uineas. Tiburo depascitur herbas, quæ in ora sunt maris, exerto ab aquis ore.
3. In aqua & aere: non ad solùm uictum, sed usu uario. quidam enim aere utuntur tanquam instrumento, aut (ut ita dicã) sequestro ad motum uolatus instar, cum fugiunt instantem hostem: ut Loligo, Hirundo, Miluago, Pecten. Alij ad spirandum, ut Delphini. Nonnulli ad cibum consequendum, ut Cancri. Aliqui ad teporem: ut Polypus, Exocœtus, Testudo, Muræna coniugij cum Serpente gratia.

A REFRIGERATIONIS MODO *Animalium differentiæ.*

VITA in calore consistit: qui in uiuentibus omnibus nisi temperaretur ac refrigeraretur mediocriter, non duraret. Refrigeratio aũt hæc contingit alijs forinsecus tantùm ambiente elemento refrigerante: ut plantis, partim ab aere, partim à terra: & insuper alimento. nam alimentum quoque primum refrigerat. Et similiter animalium exanguibus, ut in terra insectis: quorum quæ minus calida sunt, simpliciter aere externo temperantur: quæ uerò calidiora sunt, & longioris idcirco uitæ, corpus sub diazomate sectum apertumq; habent, ut aer illic magis penetret per tenuem diazomatis membranam. Et spiritus etiam intrinseci motu, nonnihil refrigerantur, quem quidem in eis moueri uel sonus testatur. huiusmodi enim omnia bombum aut sonum aliquem ædunt, ut Apes, Vespæ. Ex aquatilibus exanguia sunt, Malacostraca, Ostracoderma, Mollia. Malacostraca ut Cancri, & Mollia ut Polypi, aquam necessariò admittunt, dum cibum capiunt, obiter, non ut refrigerentur: & eam mox reddunt, ne in uentrem illabatur: hæc quidem per foramina dicti capitis: illa uerò per partes quas λοβία uel βραγχιοειδῆ in eis appellant. Ostracoderma fortè corpore toto compresso astrictoq;, aquam exprimunt ceu per spongiã aut meatus quosdam latentes. His omnibus, quoniam parum caloris habent, elementum ambiens sufficit. At quorum copiosior calor est, recepto intra se aeris aut aquæ portione refrigerantur, ut sanguine prædita omnia: quibus cunctis etiam hepar inest, prima sanguinis officina: & cor caloris uitalis fons. Quorum autem sanguis calidior est: ea recreantur hausto aere, perq; os uel nares in arteriam ad pulmonem & cor inspirato. Cæterum pulmonem alia habent sanguine imbutum abundantiore, ut Quadrupedes uiuiparæ, quæ necesse habent perpetuò per interualla crebrò inspirare, id est, aerem recentẽ haurire: & expirare, id est, crassiorẽ ueluti fuliginosum sanguinis halitũ expellere. itẽq; Cete propriè dicta, ut Balæna, Delphinus: quæ aquam non admittunt, nisi cibi capiendi gratia, quam pleraq; mox per quandã in capite fistulã, reddunt, paucæ alio quodam rostri meatu. Hæc idcirco, capita subinde extra aquas exerunt, ut Ranæ in nostris aquis. Aliorũ pulmo minus sanguineus est, ut Quadrupedum ouipararum, (& ex uiuiparis Lutræ etiam, & Phocæ, puto,) Serpentium, Auium. hæc aliquandiu spiritum cohibere possunt, & sine respiratione durare, alia longiore, alia breuiore tempore: quòd & minùs opus eis sit refrigeratione: & in uacuis pulmonũ meatibus aerem extrinsecus haustum retineant. itaque urinari aut inclusa latère possunt. Postremò ea quorum minùs calidus & dilutus est sanguis uniuersus, ut Piscium propriè dictorum, refrigerantur aqua per branchias (arteria enim aspera & pulmone carent) ad cor deducta. Aquam uerò obiter per os ingressam dum cibũ capiunt, ijsdẽ branchijs reijciunt: Lampredæ fortè ac similes etiam per fistulam, ut Cete: quoniam ore adhærere solent. Branchiæ alijs spineo operimento teguntur, ut Piscibus simpliciter dictis: alijs ceu foramina aperta sunt, ut Galeis & Cartilagineis omnibus præter Ranam piscatricem.

QVADRVPEDVM VIVIPARORVM ORDO PRIMVS, QVI CONTINET ANIMALIA MANſueta: & primum armenta ac greges.

LATINE Taurus. GRAECE Ταῦρος.
ITALICE Toro. GALLICE Toreau.
GERMANICE Stier.

VARIA inſtrumenta rei ruſticæ, ſicut excuſa ſunt cum Græcis in Heſiodi libros interpretationibus.

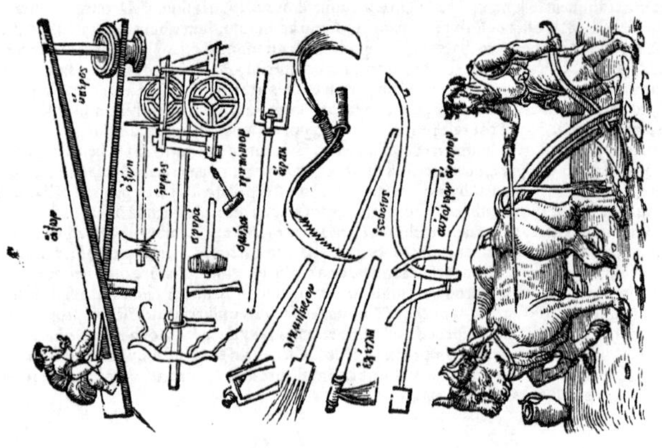

LAT.

Ordo primus.

LATINE Vacca. **GRAECE** Βοῦς fœm. genere.
ITALICE Vacca. **GALLICE** Vache.
GERMANICE Kū.

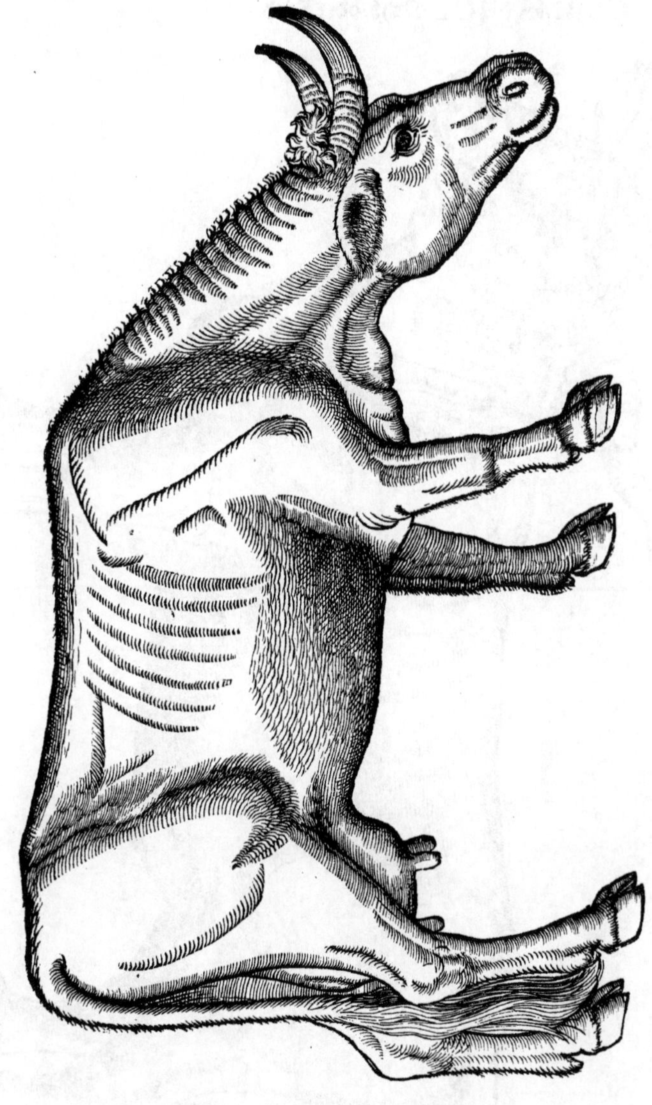

LATINE Bos(Grecè Βοῦς, generis cõmunis in utraq; lingũa)Taurum & Vaccam comprehendit: ſed propriè Bos dicitur qui caſtratus eſt. Græcè βοῦς maſc. genere.

ITALICE Bue. **GALLICE** Beuf.

GERMANICE Ochß/oder Rind.

LAT.

LATINE apud recentiores Bubalus. nam alius est ueterum Bubalus. uide ordine 1. ferarum.

ITAL. Bufalo. **GAL.** Beuffle. **GERM.** Büffel

Bufalus uulgò dictus Italis (inquit Cæsar Scaliger) est Bouis genus atri, maximi roboris: depressiore quàm Bos magnitudine: sed corpore compactiore, latiore, pleniore, firmiore. Cornua nõ tã teretia, quàm pressa: nec surrecta, sed deorsum uersũ retroflexa. Etiã domitis maxima ferocia: quæ corrigitur, uitulis annello ferreo pridem naribus inserto: cui funiculus inditus pro habenis est. Hunc neque Bubalin (ueterum) esse, neque Vrum scio. Calcibus non cornibus (ut Bubalus Aristoteli) pugnat: inepta enim sunt ad pugnam cornua, quia retrorsum auersa ac demissa cuspide.

B

LATINE Ouis. **ITALICE** Pecora.
GALLICE Brebis. **GERMAN.** Schaaff.

Indicam ouem, quæ uictu ſeu loco fera uidetur, ingenio & moribus manſueta, ſicuti & Camelopardalis, unde óuis nomen utricꝫ obtigit, non à formæ ſimilitudine, exhibebimus infrà, Ordine primo ferarum.

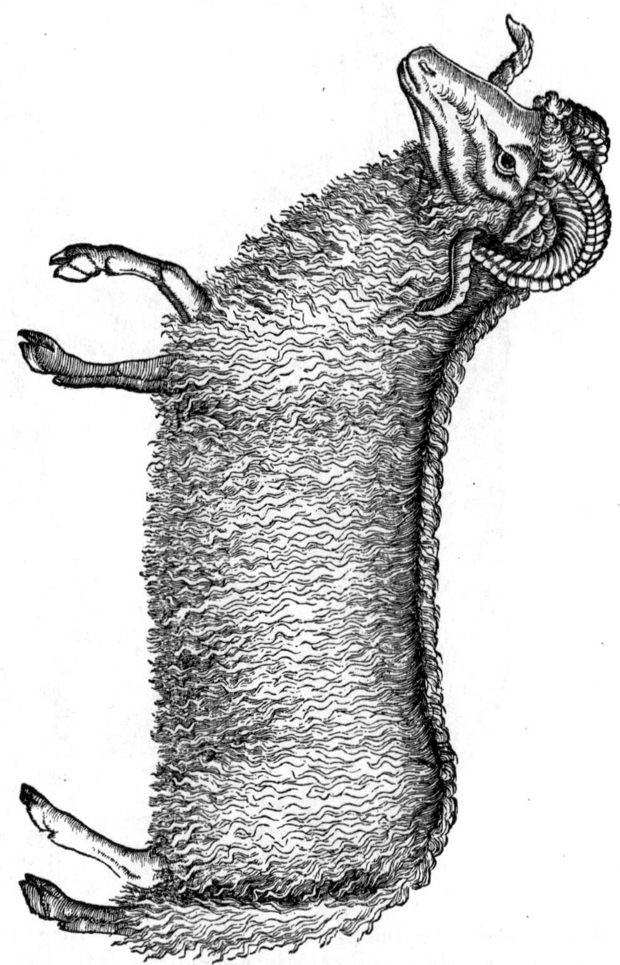

OMNIVM Hebridum poſtrema inſula eſt quæ Hirtha appellatur, polarem habens eleuationem ſexaginta trium graduum. Nomen autem huic ab Ouibus, quas priſca lingua Hierth uocamus, inditum eſt. ſiquidẽ Oues fert uel maximos hircos altitudine exuperantes, cornua bubulis craſſitudine æqua, ſed longitudine aliquanto etiam ſuperantia. caudis in terram uſcꝫ promiſſis. Cæterùm in Orchadibus Oues penè omnes geminos, immò trigeminos pleræcꝫ partus edunt.

Ouis

OVIS Arabica (inquit Io. Caius Anglus, qui etiam eicones duas, quas subijciemus, misit) paulò maior est uulgari, eodem tamen quo illa uellere, figura corporis, & colore. Tantum tibiæ & prima facies ruffescunt modicè. cauda lata est in summo cubitũ unum, paulum modò in descensu se coarctans leniter, quousque tandem desinat in eã figuram, qua est aliarum ouium cauda. Vescitur herba, carne, pisce, pane, caseo, & quibusuis, id docente fame in naue, cum aduecta ad nos est in Britanniam. Herodotus in Thalia scribit, non alibi uisum hoc, aliudque genus μακρόκερκον (quod hic unà subijciam) quàm in Arabia. Sũt (inquit) in Arabia duo Ouiũ genera, admiratione digna, neque alibi usque uisa. Alterum, caudam gerit tricubitali longitudine: alterum, cubitali latitudine. Hæc ille. Hæc dum scriberem, uir quidam fide dignus mihi retulit, uisam sibi Francfordiæ olim huius generis ouem cauda lata, non ut hîc pingitur: sed simpliciter marsupij seu peræ alicuius instar latam, ita ut non attenuaretur deorsum: siue natura ea talis fuerit, siue aliter. Iohannes Leo Africanus hoc genus Africæ attribuit. His arietibus (inquit) nullum ab alijs discrimen est, prætereque in cauda, quã latissimam circumferũt: quæ cuique quò opimior est, eò crassior obtigit, adeò ut nonnullis libras X. aut XX. pẽdat, cum sua sponte impinguantur. Verùm in Aegypto plurimi farciendis ueruecibus intenti, furfure hordeóque saginant: quibus adeò crassescit cauda, ut seipsos dimouere non possint. itaque qui eorum curam gerunt, caudã exiguis uehiculis alligantes, gradum promouere faciunt. Vidi in Asiota Aegypti ad Nilum ciuitate, centum & quinquaginta passuum milibus ab Alcairo sita, huiusmodi caudam libras octoginta ponderare, alijs se uidisse affirmantibus quæ semiducentas (*sic habet codex impressus*) libras expendissent. Omnis itaque horum animalium pinguedo in cauda consistit: nec usquam nisi Tuneti & in Aegypto reperiuntur.

LATINE Ouis Arabica, cognomine Græco πλατύκερκος, hoc est, latæ caudæ.

ITAL. Pecora d' Arabia con la coda larga.

GAL. Vne Brebis d' Arabie, à queue large.

GERM Ein Schaaff vß Arabia/ mit einem breiten schwantz.

LATINE Ouis Arabica altera, Græco cognomine μακρόκερκος.

ITALICE Pecora d' Arabia con la coda longa.

GALL. Vne Brebis d' Arabie à queue longue.

GERM. Ein anderley Schaaff vß Arabia/ mit einem langen schwantz.

LATINE Hircus. **ITALICE** Beccho.
GALLICE Bouc. **GERMAN.** Bock.

Latine

LATINE Capra. **ITALICE** Capra.
GALLICE Cheure. **GERMAN.** Geiß.

B iij

LATINE Capra Indica, ad uiuum depicta.
ITALICE Capra de la India. **GALLICE** Cheure d'India.
GERMAN. Indianiſche Geiß.

Eiuſdem ex libro quodam impreſſo Icones.

Capra Indica à recentioribus quibuſdã Mambrina cognominatur, fortè à Mambre, qui mons eſt iuxta Hebron. Capra Mambrina in regione Damiata dicta, fert equitantẽ, ſellam, frenũ: & cætera quibus equi inſtrui ſolent, admittit. auriculas ad terram uſq; demiſſas habet: cornua deorſum reuoluta ſub ore. haud ſcio an ſit ex capris ſylueſtribus illius regionis, Italus quidam innominatus in deſcriptione terræ ſanctæ. Hanc capram Io. Leo Africanus in Africæ deſcriptione Adimain uocat, ut coniicio. Adimain (inquit) animal domeſticum, arietem forma refert, ſtatura aſinum. Aures habet oblongas & pendulas. Libyci his animalibus pecoris uice utuntur: quorum lacte maximam caſei & butyri copiam conficiunt. Lanã tametſi curtam gerant, habent mediocrẽ. Fœminæ ſaltem cornua geſtant. Ego quondam iuuenili feruore ductus, horum animalium dorſo inſidens, ad quartam miliarij partem delatus fui. In deſertis Libyæ frequenter reperiuntur, alioquin rari: licet plerunq; in agris Numidiæ uideantur, quod prodigij loco habent. Sic ille. Aelianus ſcribit, Oues Indiæ & Capras ad maximorum magnitudinem aſinorum accedere.

Latine

Ordo ſecundus.

QVADRVPEDVM VIVIPARORVM ORDO SECVNDVS, QVI EX MANSVETIS IVMENTA complectitur, cum Canibus & Fele.

LATINE Equus. **ITALICE** Cauallo.
GALLICE Cheual. **GERMAN.** Roſſʒ.

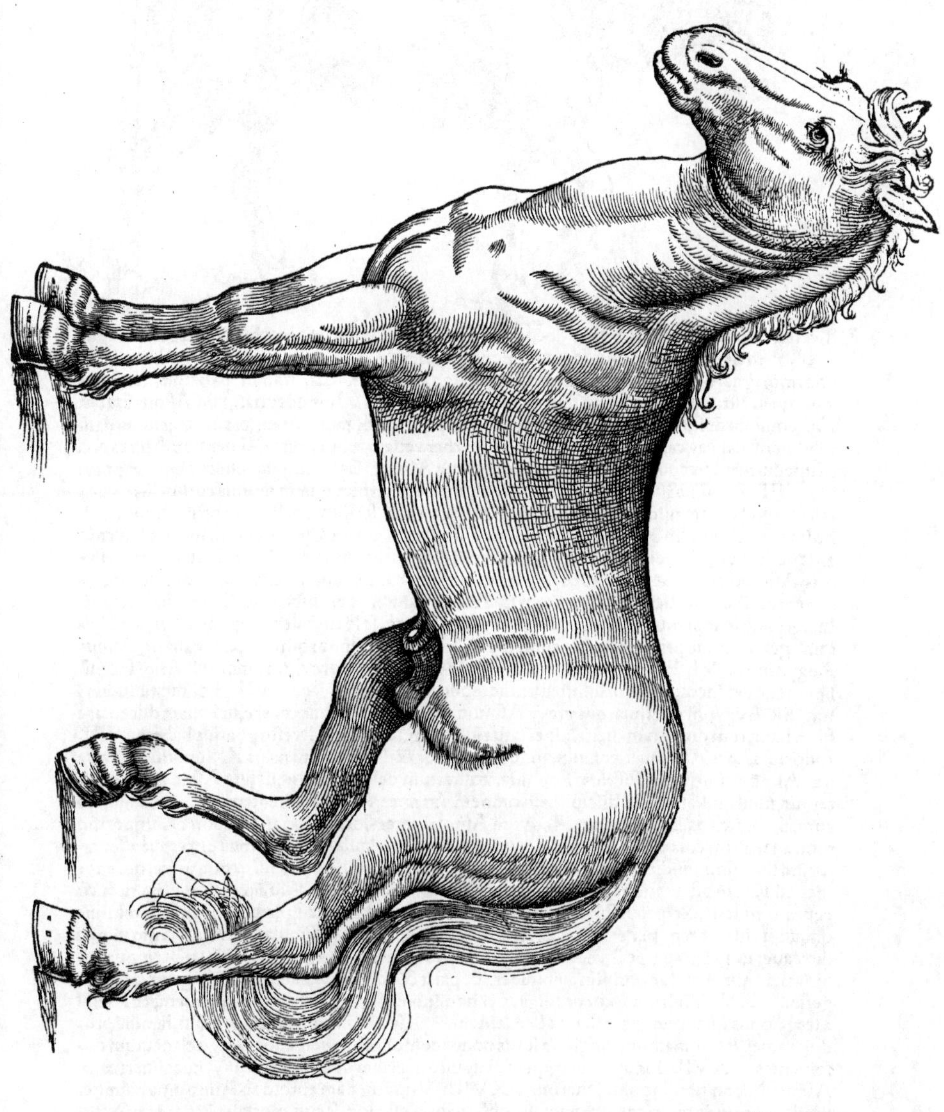

LAT. Aſinus. ITAL. Laſino. GAL. Aſne. GERM. Eſel.

VT Pierius Valerianus in uario & doctiſsimo ſuo Hieroglyphicorum uolumine docet, per Aſini effigiem denotabantur olim, denotariue poſſunt hæc. I. Rerum omnium, hominumq́ locorumq́ ignarus per Aſellicipitem hominem ſignificabatur. II. Immodica petulantium hominum luxuria, per Aſinum in diuinis literis notatur. III. Impudentia: quòd Aſinus ſua tantùm comoda deſtinatiſſimo quodam animo proſequatur: & modò ſuæ morem gerat uoluntati, nihil penſi habeat, caſtigationes contemnat, uerbera etiam nihili faciat. Xenephon Aſinos quadrupedum inuerecundiſſimos dixit. Ioſippus cor Aſini & Canis impudentiam obijcit Appioni. IIII. Populus Iudaicus: utpote qui ſublimioris doctrinæ, quæ in diuinis eorum literis deliteſcit, intellectum minimè percipiunt, ſimplicitatemq́ ſcriptorum tantùm proſequuntur, ob huiuſmodi ſtuporem & imperitiam Aſinæ aſſimilatur, quam Chriſtus poſthabuerit inſcenſo eius pullo, qui factus eſt ea doctrina dignus quã ille nos docuit, &c. V. A Deo & ſacris alienus. Aſinum enim Aegyptij adeò impurum exiſtimabant, ut animal etiam dæmoniacum arbitrarentur, &c. Erat uerò apud eos mos ut Aſinum ludibrijs omnibus inceſſerent, luto ceſpitibusq́ paſſim impetitum, contis etiam ſtimularent, quaq́ ſe locus offerret opportunus, præcipitem agerent. unde prouerbium in contemptibiles deſpicatiſſimosq́ homines emanârit, Aſinus Aegyptius. VI. Egregium principium citò deſtitutum. In ore enim omniũ eſt Aſini ſuccuſſationem (uel incœptum curſum) parum admodum procedere, &c. VII. Stoliditatis ludibrium. Sic Aegyptij in Simiarum grege Aſinum uel ſaltare uel tibijs canere, uel etiam diſceptare fingebant, rem quidẽ tam dictu q́ ſpectatu ridiculam, ſed quæ in receſſu pondus habeat. VIII. Indocilitas, per Aſinum frænatum, apud Aegyptios & Mathematicos. IX. Sophiſtarum nugæ. Aſinũ enim (inquit Pierius) Sophiſtæ noſtri ita in delicijs habent, ut ſine Aſino nihil meditentur, nihil moliantur, & diſciplinam omnem ſuam περὶ ὄνυ σκιᾶς oſtentent, &c. X. Adulatorum illecebræ. Sacerdotes enim Aegyptij Aſinum inter flores & unguẽta ſtatuebant: quorum nihil ad ſenſum eius pertineret: ex hoc ſcilicet perniciem, quæ potentioribus præcipuè aſſentatorum machinis inſidiatur, indicantes, cùm inde riſui & ludibrijs omniũ exponantur, qui enormes adulatorũ aſſentationes aucupantur. XI. Ignauia. XII. Mulier male morigera & cõceptum euitans, &c. per Aſinam & fuſtem inhærentem tergo, deſignatur: ut uir etiam minimè officioſus in uxorem, per Aſinum, &c. XIII. Prægnantiæ diſſimulatrix. Aſina enim impendio cauet ne uel in conſpectu hominum, uel in luce pareat. XIIII. Solſtitium uel tempus annuũ, per Aſinæ pullum. Solſtitio enim ferè & parit & admittitur: annumq́ integrum omnino geſtat. XV. Vir frugi, uxor prodiga, per hominem ſparti funiculum torquentem, & Aſellũ à tergo opus quantumcunq; fieret, abrodentem. XVI. Patremfamiliâs parcum, familiã prodigam, per Aſinum unum longioris funis nodos complicantem, ac alios à tergo clanculum diſſoluentes. XVII. Bonum omen, quod Auguſto in aciem deſcendenti Eutychus aſinarius, & Aſinus Nicon nomine obuij fuerint. XVIII. Vinitor. nam abroſo ab Aſino uitis palmite, uindemiam inde feraciorem proueniſſe obſeruatum eſt: idq́ ſecuti mortales lætiorẽ ſibi quotannis prouentum compararunt. XIX. Ochus ab Aegyptijs, quem tanq́ tyrañum oderant. XX. Labor indefeſſus atq; ſeruilis. Eremitam diuinæ literæ per Onagrum intelligunt. hoc enim animal in ſolitudinarijs locis uitam degit. Latine

LATINE Mulus. ITALICE Mulo.
GALLICE Mulet. GERMAN. Multhier oder Mulesel.

LATINE Camelus, uel Camelus Bactriana. **ITALICE** Camello.
GALLICE Chameau. **GERMAN.** Kämelthier.

Latine

LATINE Camelus Arabica, uel Camelus Dromas.

ITALICE Dromedario. **GALLICE** Dromedario.

GERMAN. Dromedari.

LATINE Sus uel Scropha.
ITALICE Scrofa uel Troiata.
GALLICE Truye uel Coche.
GERMAN. Mor oder Loos.

LATINE Verres.
ITALICE Verro.
GALLICE Verrat.
GERMAN. Eber.

Suis Icones apud ueteres.

SVS Aeneæ Lauini (ut ſcribit Varro) triginta porcos peperit albos, itaq; quod portenderit factum, ſcribitur, triginta annis ut Lauinienſes conderent oppidũ Albam. Huius ſuis ac porcorum etiam nunc ueſtigia apparent. Iã ne (*Nónne*) ſimulacra eorũ ænea etiam nunc in publico poſita: & corpus matris ab ſacerdotibus, quod in ſalſura fuerit, demonſtratur? Porci (Apri, Plinius) effigies inter militaria ſigna quintum locum obtinebat. quia confecto bello, inter quos pax fieret, cæſa porca fœdus firmare ſolebant, Feſtus. Samiorum naues Suis typum in proris prætendebant: unde & prouerbium natũ eſt, Συὸσ τύπον, Varinus. Samæna (adiectiuũ nomen fœmininũ à Samo) nauis, cuius inſigne fuerit Porci caput, (προτομὴ) apud eundem & Heſychium legitur. Veteres numos pecudum effigie ſignabant, Ouis, Bouis, Suis, Plutarchus in uita Publicolæ. Porcam auream & argenteam dici ait Capito Atteius: quæ etſi numero hoſtiarum non ſit, nomen tamen earum habere, (&) alteram ex auro, alteram ex argento factam adhiberi ſacrificio Cereali, Feſtus.

Emblema Alciati: loquitur autem Mediolanum ciuitas.

Bituricis Veruex, Heduis dat Sucula ſignum.
His populis patriæ debita origo meæ eſt.
Quam Mediolanum ſacram dixere puellæ
Terram: nam uetus hoc Gallica lingua ſonat.
Culta Minerua fuit, nunc eſt ubi numine Tecla
Mutato, matris uirginis ante domum.
Laniger huic ſignum Sus eſt, animálq; biforme,
Acribus hinc ſetis, lanitio inde leui.

Quadrupedum

LATINE Canis. **ITALICE** Cane.
GALLICE Chien. **GERMAN.** Hund.

SEQVVNTVR *tria canum genera, quæ Hector Boëthius Scotis peculiaria eſſe ſcribit: ſed ut Io. Caius Anglus nos monuit, non minus frequentes in Anglia ſunt. Effigies eorum Heinricus à S. Claro Metropolitanæ Eccleſiæ Glaſguenſis in Scotia decanus, uir nobilitate & eruditione præclarus, per doctiſsimum uirum Io. Ferrerium Pedemontanum nobis transmiſit.*

CANIS Britannicus ſiue Scoticus alius, furũ deprehenſor, Scotis uocatus ane Sluth hownd. Conferatur hic cum Anglorum Bluthunde/id eſt, Cane ſagace ſanguinario. Similem quidem huic Canem ſagacem ſanguinarium pictum Io. Caius miſit, cuius effigies mox ſequetur cum loro, ſed hoc & ſequente ſagacibus ſuum maiorem eſſe ſcribit. Canis hic (inquit Hector Boethius) haud maior eſt odoriſequis: ſed ut plurimum ruffus, nigris inſperſus maculis: aut niger ruffis. Tanta uero his ſagacitas ineſt, ut fures furtoq; ablata perſequantur, & deprehenſos continuò inuadant. Quod ſi fur, quò fallat, fluuium traiecerit, quo loco fluuium ingreſſus eſt & ipſi ſe præcipitant, & in aduerſam deuenientes ripam, in gyrum circunquaq; procurrere non ceſſant, donec odoratu ueſtigia aſſequti ſunt, &c. GERM. Schlatthund/ Blůthund.

C

CANIS Britannicus ſagax: qui in Scotia, ut quidam retulit, uocatur ane Rache. Genus hoc (inquit Hector Boëthius) odoriſequū eſt: feras, aues, imò & piſces quoq; inter ſaxa latentes, odoratu inueſtigat. Io. Caius Anglus tamen nos docuit, Canem uenaticum omnem qui feras perſequatur, Anglicè uocari a Hunde. in eoq; genere qui feras uiuas tantùm odore ſequatur, ſimiliter nomine generis a Hunde dici: fœminam uerò eius, Anglis a Bracke: Scotis ane Rache.

GERMAN. Ein Brack / ein Schottiſcher Waſſerhund.

CANIS Britannicus uenaticus, celerrimus audaciſsimusq; non ſolùm in feras, ſed in hoſtes etiam latronesq;: præſertim ſi dominum ductorémue iniuria affici cernat, aut in eos concitetur. Leporarius.

SCOT. Ane Grew Hownd/id eſt, Canis Græcus, ut quidam interpretantur. Angli ſcribunt a Grehunde: quod nomen Io. Caius deducit uel à gret/id eſt, magnitudine, quòd cæteros uēaticos magnitudine excedit: uel à gre / hoc eſt, gradu, quòd in Canum uenaticorum genere præcipui gradus eſt & generoſitatis.

Sequuntur

SEQVVNTVR ALIA CANVM BRITANNICORVM GENERA: quorum eicones ad uiuum factas Io. Caius Anglus misit: ut etiam Getuli Canis. Idem Caius Tractatum De differentijs & moribus Canũ Anglicorum, pereruditum in nostram gratiam conscripsit: quẽ primo quoq; otio unà cum alijs quibusdam in lucem dabimus.

CANIS sagax sanguinarius, apud Anglos.

ANGLICE A Bludhunde. Eadem huius natura uidetur, quæ Canis Scotici furum deprehensoris, proximè descripti.

CANIS Auiarius Campestris, quo Falconarij (id est, qui cum Accipitribus aucupantur) ad Perdicum aut Phasianorum ferè aucupium utuntur. Sunt huius generis omnis ferè coloris (inquit Caius) sed magna ex parte candidi: & si quas maculas habeant, rubræ sunt, raræ & maiores. Peculiare nomen Anglis non habet, nisi ab aue, ad cuius uenationẽ natura est propẽsior.

GERM. Ein Vogelhũd / wirdt zů dem fäderspil gebrucht / räbhüner oder Phasanen / ꝛc. zů fahen.

CANIS Auiarius aquaticus. Qui per aquas uenatur (inquit Caius) propensione naturali, accedente mediocri documento, maior his (*auiarijs qui in sicco uenantur*) est, & promisso pilo naturaliter per totum corpus. Ego tamen ab armis ad posteriores suffragines atq; extremam caudã depinxi detonsum, ut usus noster postulat, quò pilis nudus expeditior sit, & minùs per natationes retardetur.

ANG. A Waterspagnelle.

CANIS Getulus. GERM. Ein art der hünden vß Affrica.

Canis Getulus(inquit Caius)iam apud nos eſt in Britannia: corpore coacto, curto & recuruo naturaliter, etiam quum ingreditur, pariter & collo breui aut nullo: cruribus longioribus ꝙ pro corporis proportione, cauda breuiſſima & penè nulla: facie, ut herinaceo terreſtri, acuta atq; nigra. Voce canis, greſſu ſimiæ, &c.

LATINE Feles, uel Catus. ITALICE Gatta uel Gatto.
GALLICE Chat. GERMAN. Katz.

Domeſticorum felium pellibus fœminæ Moſcouitæ ueſtes muniunt aduerſus hybernum gelu. Aiunt enim nullius æquè pili calore foueri corpora. Peſſetz animal hoc uocant illi, haud procul à noſtratium Dalmatarum appellatione, Scaliger.

Quadrupedum

QVADRVPEDVM VIVIP. FERORVM
ORDO I. QVO CONTINENTVR FERAE CORNVTAE.
Cornuum differentiæ.

CORNVTARVM animantium cornua, alia simplicia sunt, alia ramosa. Simplicia decidere nō solent: cauitatem enim aliquousq; habent, & alimentum perpetuò recipiunt. Hæc rursus uel bina sunt, ut in armentis & pecore, alijsq; cornutorum plerisq;, (Ouem Creticam Oppianus quadricornē facit:) uel singula, idq; in paucissimis, & orbi nostro peregrinis, ut monocerote, oryge. sed monocerotis ita singulare est, ut geminum uideatur, nempe è binis quæ funalium instar spiratim contorta inuicem coaluerint. Orygis cornu nondum uidimus. Rursus bina uel inflexa sunt, ut plerorunq;: uel directa, ut Strepsicerotis Bellonij, Camelopardalis. Flexus quidem uarius est, antrorsum, retrorsum, in obliquum: uel in eandem partem, sed alijs plus, alijs minus. Situ etiam differunt bina, tum simplicia, tum ramosa. rhinoceroti nasus uidetur insigni cornu præditus: aliud uerò paruum ad initium dorsi corniculum eminet. Alce in supercilijs sua gerit cornua. Elephanti cornua dentes uidentur. quoniam deorsum uergentia superiorem maxillā penetrant. Cæterū ramosa omnia, ni fallor, quotan̄is decidua sunt: quoniā cauitatē qua enascū-tur nullam habent, & cū prorsus solida sint, alimento repleta, obstructis meatibus, exiccatóq; principio cadūt. Hæc rursus uel rotunda ferè sunt, ut in Capreolis & Ceruis simpliciter dictis: uel lata, idq; uel per totam longitudinē, ut Alces: uel aliqua ex parte, maiore, ut Platycerotis: minore, ut Cerui palmati. Nos in his animalibus proponendis, ea ferè coniungemus, quorum similia sunt cornua.

LATINE Vrus ueterum. Est autem hæc eius icon ad uiuum reddita: sequentem ex Tabula quadā Geographica mutuati sumus. Plura leges cū Icone proxima.

GERMAN. Wisent / recht conterfeetet: sollt billicher ein Awerochs oder Aurox (Vrochs) genennt werden / als etlich meinend.

POLONIS & Lithuanis Thur.

C iij

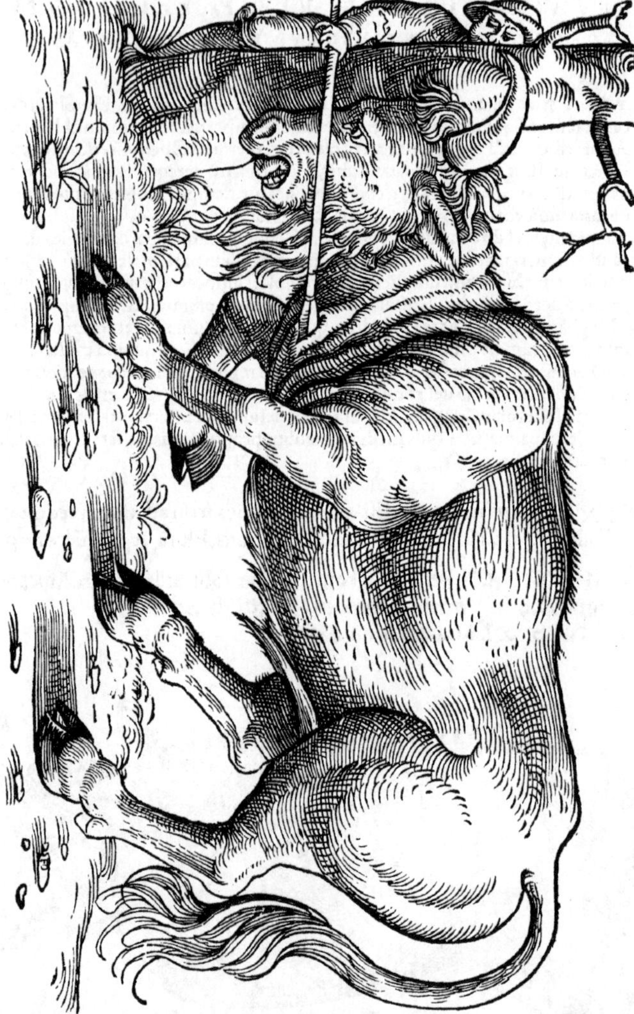

LATINE Vri alia icon (non proba, ut mihi uidetur,) ex Tabula quadam Chorographica, olim nobis desumpta. De Vri forma apud ueteres hæc ferè solùm legimus: Bouem esse ferum in sylua Hercynia, specie, colore & figura Tauri: magnitudine paulò infra elephantum. cornuum amplitudine, figura, specieq;, multùm à nostrorum boum cornibus differente: quorum pro poculis usus esse possit. Latisq; feri cornibus Vri, Seneca in Tragœdijs dixit: non quòd cornua lata habeant, sed quod latissime ad latera ea extendant. Vi & uelocitate insignem esse. Vergilius Vrorum nomen simplicium pro bobus syluestribus posuit, abundante etiam epitheto Syluestrium: neq; enim Vri ulli mansueti sunt. Seruius interpretatur boues syluestres qui in Pyrenæo mõte inter Galliã Hispaniãq; nascatur, interpretatur, sic dictos ἀπὸ τῶν ὀρῶν, id est, à mõtibus. Sed boues feri in alijs atq; alijs regionibus diuersi sunt: Vri uerò propriè dicti speciem unam constituunt, nomine, ut ego coniecerim, non Græcæ originis, sed ab illis gentibus sumpto apud quos nascitur. nam & Germani Vrochs (id est Vrum bouem, quanquam non hunc sed Bisonem) appellant: & Poloni Thur, literati Thuronem, maior is est mansueto, Bisone autem minor: cornibus extrema parte præacutis: robustum & uelox animal ut aiunt. Germania Scythiæ contermina insignia boum ferorum genera gignit, iubatos Bisontes: excellẽtiq; & ui & uelocitate Vros, quibus imperitũ uulgus Bubalorum nomen imponit, Plinius. Plura uide mox in Bisone: & in Censuris ad finem huius libri adiectis. Basileæ nuper apud egregium pharmacopolam Hummelium uidi cornu oblongum, nigrum: ab uno latere nodis, ferè ut Ibicis cornu, distinctum: Bubali esse aiebat. sed inquirendum diligentiùs. Vros (inquit Sigismundus Liber Baro) Germani Bisontes uocant: Lithuani Thur. reperitur autem in sola Mazouia: forma bouis nigri, longioribus cornibus quàm Bison. Nec te moueat dictio Germanica, quæ Vrum Bisontem uocat: & Bisontem, Aurox, (id est, Vrum.) Nam Cæsar in Commentarijs tradit, Germanos Vrorum cornibus pro insignioribus poculis quondam usos fuisse: quem usum etiam hodie Samogithæ (proximi Lithuanis) obseruãt. Vrorum porrò cornua, quæ etiam nostro tempore in quibusdam templis

templis auro & argento exornata, ueluti rara quædam monimẽta reperiuntur, & longitudine & colore à Bisontis cornibus aliquanto breuioribus, poculisq; minimè aptis, facilè discernuntur. Vrus (inquit Scaliger) à uulgari Tauro nihil differt, nisi magnitudine, & utribus, quibus illum superat. cornibus uastißimis.

GERMAN. Ein Vrochs oder Awerochß / nit conterfectet / sunder vß einer Mappa deß Moscowiter lands genommen.

LATINE Bison ueterum. nã recentiores aliqui Germanici uocabuli imitatione, Vrum ueterum, nominãt Bisontem. Nos huncuerum Bisontem existimamus, ut ante nos uir doctissimus Nicolaus Hussouianus, cuius carmẽ extat de Bisontis statura, feritate ac uenatione: & similiter Sigismundus Liber Baro, & Iulius Scaliger. Lege etiam quæ proximè cum Vro scripsimus.

GERMAN. **Awerochs/Vrochs: solt billicher ein Wisent geneñt werden/ als etlich meinend.**

LITHVANIS Suber, Polonis Zuber, unde aliqui Latina inflexione Zubronem nominant.

Bison à Pausania Taurus Pæonicus nominatur. Aristoteles Bonasum etiam, Taurum Pæoniæ ferum esse tradit. Bison, Bisonis, inflectitur à Græcis: Latini in obliquis proferunt cum t. bisontem. obtigit autem ei hoc nomen à Bistonia, quæ est Thracia, uel Thraciæ regio, quanuis in ipsa Thracia & Pæonia fortè nõ reperitur, sed alijs ad occidentẽ magis remotis regionibus, & Græcis Latinisq; olim incognitis. Apud authores cognominatur turpis, uillosus, & iubatus Leonis instar describitur, barbatusq; cornibus acutis admodum, mucrone recuruo & sursum spectante. Albertus Bisontis nomine etiam Vrum complectitur: nam **Wisent** uulgo nominatis alta longaq; cornua esse ait: alijs uero breuia, crassa & ualida. Bisontis apud Iul. Cæsarem descriptio, planè falsa est, (& ad Tarandũ magis q̃ Bisonem accedit,) sicut & Alces. Bisontis (inquit Antonius Schnebergerus meus in epistola ad me) quem Poloni Zubr nominant, imaginem mittam tibi ubi accuratam nactus fuero: nam Sigismundi Baronis neutra mihi probatur. Mittam etiam cornu. Nullum equidem noui animal cuius aspectus tam atrox sit. nuper duos uidi in amplissimo roborario, quod duarum horarũ itinere Vilna distat. æstate sicut & aliæ quadrupedes, pilos breuiores rarioresq; habet: hyeme cõtra. uescitur fœno. Hæc ille. Nobilissimus Io. Bonerus, in epistola qua me dignatus est: Ex cornibus (inquit) quæ mitto, quanuis non iustæ magnitudinis, uastitas huius beluæ considerari potest. nam in capite ubi applicantur ossibus & pelli, interuallum ad minus duos pedes Romanos æquat.

C iiij

LAT. & Græcè Bonaſus uel Bonaſſus: reperitur & n. geminato ſcriptū. alio nomine Monops à Pæonibus uocatur.

GERM. Ein wilde Büffel oder Wiſenten art.

BOHEMICE Loni.

ICONEM exhibitam tanquam Bouis feri alicuius olim Cor. Sittardus Norimberga ad me miſit, neſcio unde nactus. nihil enim præterea ſcripſit, & paulo poſt ſuum diem obijt. Ego cū in Europa poſt Vrum & Biſontem nullum aliū Bouem ferum nominatum inueniam quàm Bonaſſum, hunc Bonaſſi nomine proponere uolui: non quidem ut affirmarem, ſed ut ſtudioſis harum rerum diligentiùs inquirendi occaſionem præberem. Bonaſſum Ariſtoteles nominat ac deſcribit. nam Aelianus & Plinius ex Ariſtotele repetierunt: ex Plinio Solinus. Tauri eſt magnitudine, ſed latior, breuior & in latera auctior. Tergum eius diſtētum locum ſeptem accubantium occupat. Ceruix armorum tenus iubata eſt, ut equi, ſed uillo molliore & compoſitiore. Caproneæ ad oculos uſq; (ſed magis ad latera) propendēt. Color toto ferè corpore flauus. Villus ſuprà ſqualidus, ſubter lanarius. Cornua adunca in ſe flexa, & pugnæ inutilia, dodrātalia aut paulò maiora, trium ſextariorum ferè (aut dimidiati congij) capacia, pulchrè & ſplendidè nigra. cauda minor quàm pro magnitudine. in fuga dum urgetur, fimum feruidum & adurens ad quatuor ferè ulnas (orgyias) remittit. Tergus contra ictus ualidum eſt. Hæc ferè Ariſtoteles. in Mirabilibus narrationibus, Tauro multò maiorem eſſe ſcribit. Apparet autem eum hæc ita ut à narrantibus acceperat, hominibus diuerſis, nec uno tempore, annotaſſe: & fieri poteſt ut duorum ſyluestrium boum hiſtorias confuderit. Cornua dicit eſſe γαμψὰ πρὸς ἄλληλα (Paraphraſtes quidam, ἀντινεύοντα ἀλλήλοις) Gaza orbē inflexu mutuo colligere interpretatur. quaſi ambo pariter incuruata (ut ſi quis brachijs ante pectus extenſis in circulum coniungat manus) in orbem colligantur, neſcio quàm rectè, in ea quam Sittardus miſit effigie, cornu utrunq; per ſe ſubtus aures curuatum, γαμψὸν, id eſt, aduncum potiùs quàm orbiculare apparet. Pleraq; ſanè huic Tauro cū Biſonte communia ſunt, ut uel idem uideatur, niſi cornuum figura obſtet: uel omnino cognatus. authores qui Biſontis meminerunt, nihil de Bonaſſo: & contrá. Vide etiam ſequentes cranei figuras.

BONASSI, ut conijcimus cranei figuram, cornibus à ſuperiore differentem, ni fallor: quam Io. Caius ex Anglia ad me miſit, hîc ſubijcere uolui. Mitto ad te (inquit in epiſtola ad me) caput uaſti cuiuſdam animalis: cui nudum os capitis, unà cum oſsibus quæ cornua ſuſtinebant, grauiſsimi ponderis ſunt, & iuſtum ferè attollentis onus. Cornuum curuatura ita ſe promittit, ut non rectà deorſum uergat, ſed obliquè antrorſum. quod quia uideri nequit in facie proſpiciente, curaui ut appareret in auertente in latus. Spatium frontis inter cornua, palmorum Rom. trium eſt cum ſemiſſe. Longitudo cornuum, pedum eſt duorum, palmorum trium, & digiti ſemiſſis. (*Bonaſſus Ariſtotelis dodrantalia habet cornua, uel paulò longiora.*) In ambitu ubi capiti iungūtur, pedis unius & palmi ſemiſſis ſunt. Huius generis caput aliud Varuici in caſtello uidi: cuius cornuum oſsibus ſi ipſa cornua addas, multò fierent longiora, & alia figura atq; curuatura. Eo in loco etiam uertebra colli eiuſdem animalis eſt, tanta magnitudine, ut non niſi longitudine trium pedum Rom. & duorum palm. cum ſemiſſe circundari poſsit, &c. *Cranei huius iconem à pictore noſtro inuerſam eſſe, Io. Caius poſtea per epiſtolam ſignificauit. ego qualis reuera cornuum in eo ſitus ſit, non ſatis aſſequor.*

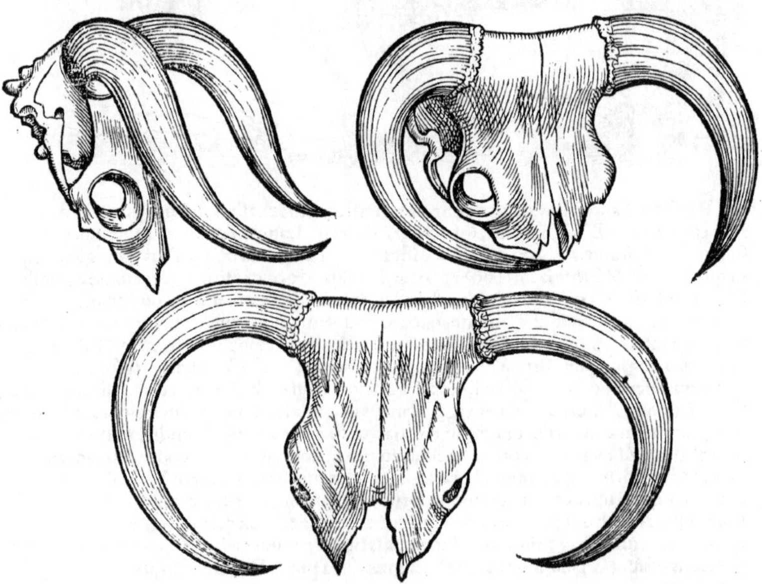

Bubalus

BVBALVS Africanus Bellonij. Vidimus(inquit)in Cairo paruum bouem Africanum, forma corporis plena, parua, in se conferta, crassa, sed scitè expressa. Hunc statim Bubalum ueterum Græcorum esse conieci, notis omnibus. Aduectus autem erat Cairum è regione Asamiæ: quamuis in Africa quoq; reperiatur. Aetate iam prouectus erat, corporis mole Ceruo inferior, plenior autem & maior Capreolo: membris omnibus tam scitè in se confertis & compactis, ut iucundissimum sui conspectum præberet. Pilus etiam cũ coloris subflaui esset, præ splendore politus uidebatur. idem sub uẽtre magis ruffus est ad subflauũ inclinans colorem, quàm in dorso, ubi ferè bæticus apparet. Pedes eius bubulis similes sunt, crura compacta & breuia. collũ crassum & breue, palearia uix modicè præ se ferens. Caput, bouis: in quo cornua prominent à summo uertice, nigra, sursum erecta, & ualde mucronata, (sicut in Gazella,) & arcuata instar Lunæ crescentis: quibus non admodum defendere se posset, eò quod mucrones introrsum uersi se inuicem spectent. Auriculæ uaccinæ. Cauda pilis nigris uestitur, duplò maioribus quàm setæ in cauda equi. Mugitus qui bouis, sed minùs altus. Sic ille. Nescio an idẽ fortè animal sit, quod nuper quidam ex Italia rediens, Florentiæ sibi uisum referebat, Bouis Indici nomine, magnitudine iuuenci, colore flauo ferè ad ruffum inclinante: capite magno pro portione reliqui corporis, oblongo: cornibus non altis, rectis, modicè suprà intortis quasi in spiras. parte circa lumbos multò humiliore. Sed fieri potest ut ille, cum obiter tantùm spectârit, non rectè omnia meminerit. Mansuetum hoc animal an ferum sit, non expressit Bellonius: ferum tamen esse hoc ipso, quòd Bubalum ueterum esse conijcit, insinuat. Io. Leo in descriptione Africæ: Lant(inquit, capitis quidem inscriptio haber Lant uel Dant)similitudine Bouem refert: sed minor est, cruribus cornibusq; elegantior: colore albo: unguibus nigerrimis, tantæq; uelocitatis ut à reliquis animalibus, præterquàm ab equo Barbarico superari nequeat. Facilius æstate capitur. Eius tergore clypei ualidissimi conficiuntur: quos nulla ratione prẽterquàm sclopeti ictu traijcias. sed carè admodum uæneunt. Sic ille: & mox de alio boue syluatico, cuius aliud nomen non exprimit: Bouem(inquit)refert domesticum, tametsi statura minor, leucophæi coloris, ipse etiam uelocissimus. In desertis solùm, uel desertorum confinijs reperitur. Carnem aiunt absoluti saporis esse. Quòd si color conueniret, alterutrum istorum animalium, prius præsertim, Bubalũ Africanum Bellonij esse diceres. Sed si aliud nihil obstet, color solus hoc non efficiet, ut speciẽ diuersam statuamus. Fortasse Lant Bubalis sit (inquit Scaliger) nam Plinius ambiguè Vitulo Ceruóue similem facit. Ego sanè hũc Bubalum esse facilè persuadeor, quoniam aliũ hactenus non noui cui ueterum descriptio æquè conueniat: præsertim Oppiani lib. 2. de uenatione: etiamsi minorem eum facere uideatur: nempe dorcade platycerote corpore inferiorem. Cornua quidem eius ita describit, ut non ramosa, sicut ceruis & capreis: sed Rupicaprarum nostrarũ cornibus similia, tum situ, tum in auersam partem retortis mucronibus, esse uideantur, ad pugnam ferè inutilia. Author innominatus cuius Græcum de animalibus libellum manuscriptũ habeo: Bubalum in Libya, inquit, partim boui, partim ceruo similem esse: non dormire: & aliũ ultra alpes prope Rhenum fluuiũ Bubalum esse, colore albo, sæuũ, uel, ut ipse loquitur, φόνιον.

Cornu incertum cuius bestiæ, catena suspensum ad columnam in æde summa Argentinæ: longũ (filo ducto secundum hemicyclium à principio ad finem) quatuor ferè cubitos Romanos. Cultro cum raderem, cornu uerum esse apparebat. fuere nimirum Vri alicuius uastissimi, ætate multùm prouecti. illic quidem cuius sit animalis nemo scit. Crassitudinem siue circunferentiam basis oblitus sum metiri. Apparet ante annos quàm plurimos (duo aut tria sæcula forte) propter admirationẽ magnitudinis illic suspensum fuisse. Philippus rex Macedonum ad pedem Orbeli montis in Macedonia iaculo confodit Taurum ferum, & cornua eius, orgyiæ uel (ut alij) sedecim palæstarum longitudinis, in uestibulo templi Herculis consecrauit. Plura leges inferiùs in Monocerote.

GERMAN. Ein groß horn/hanget zů Straßburg in dem Münster an einer saul/yederman vnbekant/kläffterig: vilicht von einem grossen alten Aurochsen.

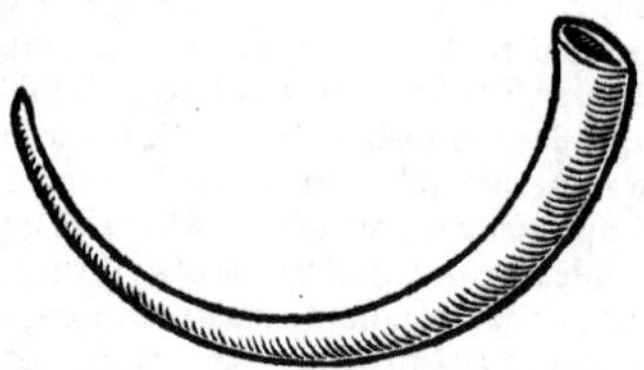

In hac icone cornuum Ibicis interstitium meliùs exprimitur quàm sequente.

Latine

LATINE Ibex, uel Capricornus apud recentiores. Capra fera Varroni. ἴξαλος αἴξ Homero. ἴξαλον autem interpretantur πηδητικόν, ὁρμητικόν, &c. è cuius cornibus ſedecim palæſtarum, areum Pandari Lyciorum ducis factum meminit. ἄξ ἄγριος Aeliano lib. 14. cap. 16. qui in ſummis Libycorum montium uerticibus eos commorari ſcribit, & ad boum (ſunt autē boues in Africa parui, ut lo. Leo teſtatur) magnitudinem accedere, &c. Reperiuntur etiam in Creta, Agrimia uulgò. Quærendum, an idem ſit animal, cuius meminit Strabo ſub finem libri quarti, his uerbis: Habent alpes Equos agreſtes & Boues: utq; memoriæ tradidit Polybius, peculiaris formæ belluam gignūt: figura quidem ad ceruū accedente: collo duntaxat excepto & uillis, in quibus capro (id eſt hirco: Græcè quidē legitur κάπρῳ, quod eſt, uerri: ſed Polybium hæc à Latinis hominibus audiuiſſe, & caprum Latinis aliud q̃ κάπρον Græcis ſignificare, nō obſeruaſſe conijcio) ſimilis eſt: ſub mento autem carnis globum (πυρῖνα) gerit, dodrantalem, in ſummo piloſum, craſſitudine pro equini pulli cauda.

ITALICE Stainboch, quæ uox eſt Germanica.

GERMAN. Steinbock: & fœmina priuatim Ybſch uel Ybſchgeiß: ut apud Rhætos qui Italice loquuntur Veſina.

Rupicapra Plinio dicta. Poteſt & Capra fera uel alpina minor dici, ad differentiam. Ab Oppiano Ἀίγαγρος dici uidetur, uel potiùs Ἀίγαγρος. Albertus Capram montanã nominat. Hæc aut ſuperior eſt Cretica illa capra, quæ dictamni pabulo ſagittas quibus percuſſa fuerit, expellit. Ad has prouerbium mala remittit, execrationem aliquã auertens κατ᾽ αἶγας ἀγρίας. Bellonio Cemas Aeliani hæc uidetur, quã deſcribit lib. 14. cap. 14. Libycę cognomine, celerrimam, pilis ruffis & denſiſſimis ualde hirſutã: oculis cyaneis, cornibus antrorſum tendentibus, ſpecioſis, in fluuijs & aquis aliquando natantẽ, & in locis paluſtribus paſcentẽ. Sed hæc Dama Plinij potius, aut aliud ſaltem ꝙ Rupicapra animal fuerit. Rupicapra autem, uel potiùs cognata & coloribus differens, quam eodem in capite Dorcadẽ Libycam nominat: celerrimã, ſed quæ equũ Libycum non effugiat, capitur etiam retibus. Vẽtre albo (locus hic non eſt integer:) nigris per latera uittis, reliquo corpore ruffo aut flauo. pedibus longis, oculis nigris, (Rupicapræ rubros tribuit Albertus,) capite cornuto, auriculis prælongis. Sic ille. Dorcadi quidem, id eſt Capreolo, non cornibus, ſed pilo, ſtatura, habitúq; corporis cognata uidetur. colore quidem etiam noſtræ non omnes nec ſemper eodem ſunt, rariſſimæ albæ.

ITAL. Camuza uel Camorcia. HISP. Capra montes. GAL. Chamois. Rex Franciſcus ueteri Gallico nomine uocabat un Yſard, Bellonius. uidetur autem id nomen Germanicum eſſe, à glacie factum. Scaliger in Pyrenęis ſic uocari ait.

GERM. Gemß oder Gamß. POLON. Dzyka koza, id eſt fera capra. Bohemice Corytanſky kozlik, id eſt, Carnicus uel Carinthiacus hirculus.

Dama Plinij. Hæc icon Damæ eſt (inquit Io. Caius, qui eam ex Anglia ad me tranſmiſit,) quam ex caprarum genere eſſe, indicat pilus, aruncus, figura corporis, atq; cornua: niſi quòd his in aduerſum adunca, cũ cæteris in auerſũ acta ſint. Capræ magnitudine eſt, & colore Dorcadis. Sic ille. & rurſus in epiſtola ad me: Eſt amicus quidã meus Anglus, qui mihi certa fide retulit, in partibus Britanniæ Septentrionalibus reperiri Damas illas, quarũ effigiem ad te miſi. Plinij & Romanorum eſſe indicio eſt, quòd Romæ in columna quadam marmorea & triumphali ſuperſtite adhuc inſculpatur, & cum Pliniana deſcriptione conuenit. Et rurſus in alia: Conueni tertiò amicum meum ſuper Dama Plinij: qui reſpondit certum eſſe in partibus Britañiæ Septentrionalibus eã reperiri, ſed aduentitiam. Vidit is apud nobilẽ quendam, cui dono dabatur. Accepi à quibuſdã, eã in Hiſpania naſci. Plinius Damam & Pygargũ ex Caprarũ ſylueſtriũ genere è regionibus transmarinis mitti ſcribit. Recentiores Damã uocant Dorcadẽ ſeu Capreã platycerotẽ ueterum. Videtur eadem Cemas Libyca, ut in Rupicapra dixi.

GERM. Ein frömbde art wilder geiſſen / mit fürſichgebognen hörneren. Etliche ſagend ſy werdind in Hiſpanien gefunden.

Strepſiceros

Strepſiceros Bellonij, uel Ouis Cretica, ut Io. Caius conijcit. Oppianus Capras & Oues feras reperiri ait, non multo maiores manſuetis, curſu ueloces, & ualidas ad pugnandum: capitibus armatis στρεπτοῖσι κεράεσσιν, id eſt, cornibus tortis, Strepſicerotes nimirum intelligens. ¶ Ex Caprarum ſylueſtriũ genere Strepſicerotes ſunt. mittunt eos tranſmarini ſitus. Cornua eis erecta, rugarumq; ambitu contorta, & in leue faſtigium exacuta, (ut lyras diceres.) Addaces Africa appellat. ¶ In Creta (inquit Bellonius) præſertim Ida monte, genus Ouis reperitur, quod paſtores Strepſicerotem nominant: cui cornua non ut Ouibus communibus reflexa, ſed omnino recta erectaq; ut unicornis, ſpiris canaliculatis capreolorum inſtar intorta. nec aliud à noſtris Ouibus differt, ne magnitudine quidem: & ſimiliter, ut noſtræ, gregarium eſt, & in magnis gregibus degit: cuius figuram nos primi, à nemine alio excerptam publicamus, Hæc ille. De Strepſicerote alio, proximè leges.

Strepſicerotis cornuũ effigiem aliam Io. Caius ex Anglia pictã ad nos miſit, cum deſcriptione eorundem, quam hîc adijcio. Strepſicerotis cornua (inquit) tam graphicè deſcripſit Plinius, atq; lyris tam appoſitè comparauit, ut longiore uerborum ambitu opus non ſit. Ergo hoc tantum addam: ea eſſe intus caua, ſed longa pedes Romanos duos, palmos tres, ſi recto ductu metiaris: ſi flexo pro natura cornuũ, pedes tres integros. Craſſa ſunt ubi capiti committuntur, digitos Rom. tres cum ſemiſſe. deſcribuntur in ambitu palmis Rom. duobus & dimidio, eo ipſo in loco. In ſummo, leuore quodam nigreſcunt, cum in imo fuſca magis & rugoſa ſint. Iam inde à primo ortu ſenſim graciléſcunt, & tandem in acutũ exeunt. Pendunt unà cum facie ſicca per longitudinem dimidiata, libras 7. uncias 3. & ſemiſſem. Facies, quæ adhuc ſupereſt iuncta cornibus, & frontis ceruiciſq; pilus, loquuntur Strepſicerotem animal eſſe magnitudine ferè ceruina, & pilo rufo ad inſtar ceruini. Sed an nare & figura corporis ceruina ſit, ex facie nihil habeo certi dicere, cũ nares diuturni temporis uſu detritæ ſint, & facies eadem de cauſſa hincinde glabra ſit. conijceres tamen ex eo quod ſupereſt eum propius accedere ad ceruum aut platycerotem. Hinc pictor ceruinas adiunxit nares Strepſicerotis faciei, exiguas ſcilicet & breuiores, quàm pro facies magnitudine. Quod inter radices cornuum uides, pars colli eſt. Hæc Caius. Idem poſtea in Epiſtola ad me: Si Ouis Cretenſis (inquit) ſeu Idæa, Strepſiceros ſit, propter erectorum cornuum figuram, eadem opera & Monoceros erit Strepſiceros. At non propter uerſuram erecti, ſed flexuram indirecti cornu uocatur Strepſiceros. Ita enim flexa utraq; ſunt, ut eorum curuaturæ faciant imaginem lyræ, ut rectè ſcripſit Plinius. Quamobrem imaginem adiunxi, ut inter Strepſicerotem & Ouem Cretenſem, non tu ſolùm, ſed & omnes qui eam uiderint dijudicent. Talem autem antiquorum lyram eſſe uiciſſim & ex hac cornuum curuatura, & ex cœleſti lyra ſcire licet (etſi in chartis aſtronomicis aliter depingatur) ſi dempto manubrio, aut pro manubrio ſuppoſito animalis capite, ſpacium inter cornua corpus eſſe lyræ, animo conceperis. ¶ Subus appellatur ab Ariſtotele (*Oppiano di*

D

cere debuit) qui à Plinio Strepiſceros, inquit Io. Bodinus enarrans librū 2. Oppiani de Venatione: mihi hoc ſimpliciter affirmari poſſe non uidetur: quando alijs uerſibus Oppianus, ut ſuperius citaui, Strepſicerotis meminit. Subus quidē ei amphibia quadrupes eſt, piſcibus uictitans. uideri autem poteſt ad ſylueſtre Ouium genus referri poſſe. nam ſtatim ante hiſtoriam eius Oppianus de Ouibus feris Creticis egit, quas colore flauo uel purpuraſcente eſſe ſcribit, quadricornes: non lana, ſed uillo ferè caprino tectas. Et mox addit: Quinetiam Subus colore flaueſcit ſplendido, ſed non æquè uillis hirſutus eſt: & duo tantùm ualida cornua ſupra latā gerit frontem. Quòd ſi non congeneres beſtias iſtas exiſtimaſſet, conferre inter ſe atque diſtinguere opus non fuiſſet. Sed coniectura hæc tantum noſtra eſt: quam certioribns aliorum ſcriptis aut confirmari aut infirmari uelim.

GERMAN. **Ein gehürn võ eim frömbden gewild/ welches mir der hochgeleert Jo. Caius vß Engelland conterfetet zůgeſchickt. Die hörner ſind alſo gekrümmet vnd geſtaltet/ dz ſy anzeſähen/ als ob die wyte darzwüſchend grad von einer violen vßgefüllt wurde.**

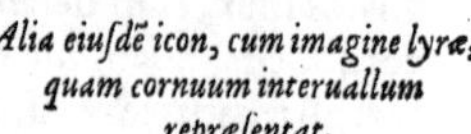
Alia eiuſdē icon, cum imagine lyræ, quam cornuum interuallum repræſentat.

Strepſiceros Io. Caij.

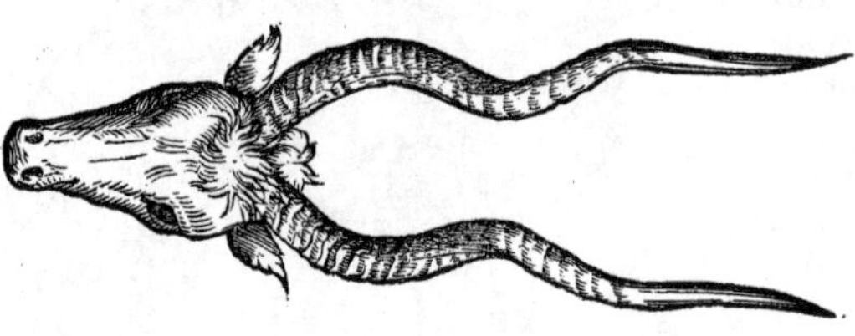

Beſtiæ cuiuſdam mihi incognitæ cornu quale hîc exhibeo, uidi in arce generoſi domini Guilielmi Vuernheri Cimbrorum comitis, longitudine brachij, colore nigricans, baculi uel coli craſſamento, leue, cauum ad dimidiam partem aut amplius. Addebat, ex fama nimirū, animalis bicornis eſſe: & bina huiuſmodi inter anathemata rariora Ferdinandi Auguſti extare.

GERMAN. **Ein horn von einem vnbekanten gwild/ welches ich geſähen in deß wolgebornen herr Wilhelmen Werners Graffen vnd herren zů Zimbern ſchloſſz (ein halb myl von Rotwyl) ſampt vil andern antiquiteten/ vnd ſeltzamē wunderbaren dingen.**

TRAGELAPHVS Bellonij. Tragelaphus (inquit in Singularibus lib. 1. cap. 53. cuius nomen Gallicum non habeo) quod ad pilos Ibicem refert, ſed barba caret. Cornua ei caprinis ſimilia, ſed aliquanto retorta ſicut Arieti. ea nunquā amittit. Roſtro fronte & auriculis ouem refert, ut ſcroto etiam pendulo & admodum craſſo. Crura eius albicant, ouillis ſimilia. Cauda nigra, coxæ (femora) ſub cauda albæ ſunt. Pilos tam longos habet circa ſtomachum & colli prona ſupinaque parte, ut barbatus uideatur. Pili etiam armorum (ſcapularum) & pectoris, longi ac nigri ſunt, cum duabus maculis cinereis (griſeis) utrinque ad ilia. Nares nigræ, roſtrum album, ut etiam totus uenter infernè. Sic ille. Sed doctiſſimus Io. Caius noſter hanc picturam cum nulla ueterum Tragelaphi deſcriptione congruere iudicat. Mihi quidem Pygargus potius quàm

quàm Tragelaphus uidetur. Sunt enim Pygargi, teſte Plinio, ex Caprarum ſyluestrium genere, quas tranſmarini ſitus mittũt. Deuteronomij cap. 14. Diſchon Hebraicã uocem, Septuaginta & D. Hieronymus interpretantur Pygargum, inter quadrupedes puras. Obſcurus quidã author animal cornutum, & inſtar hirci barbatum eſſe tradit, magnitudine inter ceruum & hircum, ſimile Hircoceruo. In eo certe q̃d Bellonius deſcribit animali, partẽ ſub cauda & clunes coxáſue albi coloris eſſe, Pygargi nominis interpretatio uidetur. Nihil aut parũ ab hac quadrupede differre uidetur Muſmon Sardiniæ, de quo ꝓxime.

GERMAN. **Ein frömbde art wilder böcken/mit langem haar vm̃ die bruſt: von den alten Griechen Weyßarß genañt.**

MVSMONIS effigies ad uiuum expreſſa: quam à Genuenſi quodam mercatore acceptam Theodorus Beza nobis cõmunicauit. Vocant autem in Sardinia uulgò Muflonem. Eſt in Hiſpania, ſed maximè Corſica, non maximè abſimile pecori (id eſt Ouibus) genus Muſimonum, caprino uillo quàm pecoris uelleri propius, quorũ è genere & Ouibus natos priſci Vmbros uocauerunt, Plinius. Strabo quidem Græcè Muſmon (Μούσμων) duabus ſyllabis ſcribit, non tribus ut Latini quidam. Muſimon, aſinus, mulus, aut equus breuis, Nonius. Dicti ſunt autem iſti forſitan Muſimones, quòd iiſdẽ ex locis haberentur, unde Muſimones oues uel capræ ſyluestres, nempe ex Hiſpania, uel Sardinia. ¶Hirci ſyluestres Sardiniæ, magnitudine ſunt qua hirci aliarum regionum, (pectore perquàm hirſuto.) Cornua eis non protenduntur à capite à ſe inuicem diſſita, ſed ſtatim iuxta aures reuoluuntur. Celeritate quidem beluas omnes ſuperant, Pauſanias. In Sardinia & Corſica naſcuntur Arietes, qui pro lana pilum caprinum producunt, quos Muſmones uocitant, Strabo. Capris Sardiniæ cubitales innaſci pilos Nymphodorus tradit: uidetur autem Muſmones intelligere. Ophiona quoq; Plinij, cuius mentionẽ ſe apud Græcos reperiſſe ſcribit, non alium quàm Muſmonem eſſe, planè aſſeruerim, cum Sardiniæ peculiaris ſit, ceruo minor, pilo demum ſimilis. Hodie quidẽ, nomine etiã congruente Muflo (uel, ut alij ſcribunt Mufron) nominatur. Interijſſe cer-

D ij

tè ſuſpicari, ut Plinius, abſurdum dixerim. Idem aut proximum Muſimoni uidetur animal, cuius Hector Boëthius in Deſcriptione regni Scotiæ meminit his uerbis: Hirthæ inſulæ Hebridum poſtremæ adiacet alia quædã ſed inhabitabilis inſula. In ea animalia quædam ſunt, Ouibus forma haud diſſimilia: cæterum fera, & quæ niſi indagine capi nequeant: pilos medios inter Oues & Capras ferentia, neq; molles ut Ouium lanam, neq; ut Caprarum duros. Nec alterius in ea generis ullum pecus uiſitur. ¶ Tragelaphus Bellonij proximè exhibitus, perparũ à Muſimone differre uidetur: ut, ſi quid intereſt, ſpecies duæ unius generis proximi uideantur.

GERM. **Ein art wilder Böckẽ oder Schaaffen vß Hiſpanien oder Sardinien/ dem nächſtgemälten gantz gleych/ wo es nit äben einerlei iſt.**

Apud Scythas & Sarmatas quadrupes fera eſt, quam Colon (Κόλον) appellant, magnitudine inter ceruum & arietem, albicante corpore: eximiæ ſupra hos leuitatis ad curſum. Naribus potans trahit ad caput, hinc poſtmodum complures ad dies ſeruans, adeò ut per carentes aquis agros facilè pabulum carpat, Strabo lib. 7. Sniatky (*melius Sulac, à quo literis tranſpoſitis nomen Colus factum uidetur*) apud Moſchobios uulgò nominatur animal ſimile Oui ſylueſtri candidæ, ſine lana, capitur ad pulſum tympanorum, dum ſaltando delaſſatur, ut doctiſſimus Sigiſmundus Gelenius nobis retulit. Colos quidem nomen à Moſcouitico neſcio quid ſignificante factũ apparet. Callixenus Rhodius in deſcriptione pompæ Ptolemæi Philadelphi in Alexandria exhibitæ, inter cætera memorat συνωρίδας τράγων ἑξήκοντα, κώλων (fortè κόλων) δ᾽ ἑκαδύω. κόλον quidem etiam grammatici Hircum mutilum interpretantur. Apud Tar-

taros (inquit Matthias à Michou) reperitur Snak animal, magnitudine Ouis, in terris alijs non uiſum, lana (*pilo dicere debuit*) griſeum, duobus paruis cornibus præditum, curſu uelociſſimum. Carnes eius ſuauiſſimæ. Horum animalium grex cum alicubi inter gramina in campo conſpicitur, imperator Tartarorũ cum equitibus ſuis eum circundat, in altiſſimis graminibus deliteſcentem. Et cum equites tympana incipiunt ſonare, Snaccæ tanquam metu perculſæ rapidiſſimè huc illuc ab una parte circunſtantium ad alteram procurrũt, idq; toties donec præ laſſitudine deficiant, & ita ab irruentibus Tartaris cum clamore occidũtur. ¶ Ex epiſtolis Ant. Schnebergeri, quas Cracouia ad me dedit: Magnificus dñs Io. Bonar de Balice, liber Baro, &c. in ædibus ſuis mihi oſtendit duo cornua pellucida ferè inſtar laminæ corneæ, (*præſertim ſuperiore ſui parte,*) cornibus Ibicis non diſſimilia. Animal dicebat forma & magnitudine Oui ſimillimum, maximæ celeritatis, inueniri in finibus Podoliæ principatus: neq; capi, niſi multitudine militũ includatur ut effugere non poſſit. Et rurſus: Vocatur hoc animal à Tartaris Akkijk albo Vwana, à Turcis Akoim, Turci è cornibus

cornibus aurifcalpia & dentifcalpia faciunt, & cultellorum capulos. Inuenitur circa Neprum fluuiũ, Negeiska terra, in Tartaria, Polonis Nehiska dicta, femper in campo agit, nifi alta nix fit: tunc enim fyluas fequitur, ubi facillimè capitur, atq; etiam baculo occiditur. Gregatim degunt circiter quingentos: à pafchatis fefto interdum ad duo millia congregantur. coloris funt cinerei, pulli uerò eorum fului: roftro in acutum porrecto ut porci. Pariunt plerunq; gemellos poft pafcha: famis patientiffimi, frigoris non item. Lupi niuis tempore plurimum eis nocent. Cornibus equũ perforant, fi uentrem attigerint. Martio menfe effodiunt radicem quandam, quæ uel odore fuo libidinem eis excitat, & uim genitalem adauget. Cornu raro duobus digitis quàm id quod ad te mittitur, longius reperitur. Cornua etiã fœminæ gerunt. rariffima funt recta nec circuntorta. quòd fi diutius folem & pluuiam ferãt in agris iacentia, lignefcunt. In Turcia cornu unum quatuor folidis Cracouienfibus uænit. Qui hæc mihi dictabat, propria manu ad ducentos interfeciffe fe affirmabat. ¶ Ex epiftola, qua me dignatus eft illuftris uir dominus Io. Bonar de Balicze, liber Baro, etc. uir ut auita nobilitate, ita eruditione uaria, & omni uirtutum genere fummus, à quo etiam cornu dono accepi. Cornu miffum à me gratum tibi fuiffe gaudeo: ipfius uerò feræ iconem integram non facile tibi polliceri aufim: conabor tamen quantũ potero ut haberi poffit. In campis Ponticis, ubi funt maximæ planicies, in quibus præter cœlum & terram nihil cõfpici poteft, ifti Sulaci gregatim agunt, uelocitatis ac libidinis immenfæ: itaq; aliquando Venere exhaufti, contractis (*aut refolutis*) omnibus neruis, per horas 24. femimortui, amiffo pedum ufu, humi proftrati iacent, neq; ante horas uiginti quatuor liberantur, nifi herba quadã guftata. quam fi in proximo fortè nafcentem repẽdo cõtigerint, illico fibi reftituuntur. Sic affecti interdum deprehenduntur. Quòd fi aliquando turmæ equitum fereniffimi regis noftri, (quæ cuftodiam agunt, & per illos campos qua tranfire Tartari folent, obequitant, ut eos à prædatione arceant, uel infidijs uenientes excipiant,) gregem iftorum animalium circundare poffunt, nonnulla ex eis conficiunt fagittis, cornuaq; (rariffimum etiam inter nos munus) acquiruntur. Quòd fi quando animal uiuũ capiatur, omnis manfuefactionis impatiens eft. Hæc ille. Cornu autem quod ab eo accepi, tale eft: Longum digitos 16. id eft, palmos quatuor: cum aliâs modicè inflexũ, tum mucrone retorto. Solidum eft totũ, craffitudine baculi inferiùs, (fex pollicum ambitu,) quæ mucronẽ uerfus magis magifq; attenuatur. Vncias appendit nouem. Corneæ laminæ inftar translucet ad folem aut lumen, præfertim circa medium & inde ad fummũ ufq; qua candicat: inferior enim pars craffa & fufca non translucet. Circulis uel nodis in orbẽ eminentibus liratim, non fpiratim, tredecim aut 14. ambitur, quorum tres fummi imperfecti funt: fuperficies læuis & fplendida eft, fumma præfertim quæ per 4. aut 5. digitos nodis uacat. Cornuũ fitum & corporis iconẽ fecundum defcriptiones propofuimus ex coniectura.

GERMAN. **Ein art gewilds/einẽ schaaff glych/ wirt gefunden in Tartaria/bey den anstössen an Poland/äschenfarb/an gestalt vnd grösse einem schaaff geleych/ in Poland genennt Sulac.**

LATINE Camelopardalis, uel Camelopardus, uel Camelus Indica, uel Ouis fera. Giraffa (aliâs Gyrapha, Girapha) recentioribus: aliquibus Zirafa, Orafius, Oraflus, Anabula. Animal eft (inquit Io. Leo Africanus) adeò fyluaticum ut rarò uideatur. in fyluis ac defertis latet. hominem confpectum fugit, quanquam non eft magnæ uelocitatis. capite Camelum refert, auribus bouem, pedibus *. Parua tantùm & recens nata à uenatoribus capitur. ¶ Georgiani regni incolæ afferunt Camelopardalim in uallibus quibufdã fuæ regionis inueniri, Paulus Iouius. ¶ Ab Aethiopibus Nabis dicitur, à Perfis Girnaffa. Nihil habet Cameli præter collum. Non unus omnibus color, &c. Caput ceruinum, cornicula Capreoli. Lingua purpurea, penè tripedalis, teres. hac herbas & frondes legit tanta celeritate, ut oculos penè fallat. Collũ ad 15. pedum pertingit altitudinem. anteriora crura aliquanto proceriora, quàm quæ Equi maximi. posteriora ualde breuia, ut ei dorsum decliue sit ad clunes, quas astrictas habet, ut Asinus: cuius etiã caudã sua cauda refert. Cõtrà latissimo pectore est. Hæc Scaliger. Oppianus caudã Dorcalidis, id est, Capreoli, ei tribuit, nigris in extremitate pilis hirsutã. Aures exiguas. Cornua exilia, rectà procedentia. Icon quã exhibemus sumpta est ex Italico libro, typis uulgato, authoris innominati, quo Terra sancta describitur. Strabo hoc animal non ἄγριον, id est, ferã, sed βόσκημα, id est, pecus uel pecudem esse tradit: quod ita accipio, moribus eam pecudũ instar placidis, earumq́ ritu βόσκεσθαι, hoc est, herbis & frondibus pasci, homini & alijs animalibus innoxiũ. Diuersum confusa genus Panthera Camelo, Horatius. ex recẽtioribus etiam Græcis innominatus quidam scribit nasci hoc animal ex parentibus genere diuersis: quod mihi non uidetur, &c. Nabim Aethiopes uocant, collo similem Equo: pedibus & cruribus Boui, Plinius. qui & Camelopardalim dictam scribit, ab albis maculis rutilum colorem distinguentibus.

Cameli Indicæ iconem hanc mutuati sumus olim ex libro quodam typis impresso innominati authoris qui Terram sanctam Italicè descripsit. Aliam meliorem quæres in fine huius libri.

ARABICE Serapha, unde cæteræ gentes pleræq; omnes Giraffam, uel Zirafam nominant.

GERMAN. **Giraff/ ein frömbd thier vß India/ꝛc. Mag ein Kämelpard genennt werden: darumb daß es mit dem kopff vnd halß eim Kämelthier glych ist/ mit den fläcken aber einem Leopard: vornen gar hoch gesetzt/hinden nider.**

ALLOcamelus Scaligeri. Animal est (inquit) in terra Gigantum, capite, auriculis, collo Mulæ: corpore Cameli, cauda Equi. Quamobrem ex Camelo & alijs compositũ Ἀλλοκάμηλον appellauimus. Sic ille. Apparet autem hoc ipsum esse, cuius figurã proponimus, ex charta quadã typis impressa mutuati, cum hac descriptione: Anno Domini 1558. Iunij die 19. animal hoc mirabile Mittelburgum Selandiæ aduectum est, antehac à principibus Germaniæ nũquam uisum, nec à Plinio aut alijs antiquis scriptoribus cõmemoratum. Ouem Indicam esse dicebant è Piro (*fortè Peru*) regione sexies mille miliaribus ferè Antuerpio distante. Altitudo eius erat pedum sex, longitudo

gitudo quinq;: collum cygneo colore candidissimum: corpus (reliquum) ruffum uel puniceum, pedes ceu Struthocameli: cuius instar urinã quoq; retro reddit. Hoc animal (erat autem mas, ætatis annorum quatuor) Theodoricus de Neus ciuis Coloniensis ad Rhenum, Cæsareæ maiestati adduxit & obtulit. Hæc hactenus ut in Scheda illa leguntur, Noribergæ, ut conijcio, excusa. in qua ciuitate hanc bestiam sibi uisam amicus quidam nobis retulit. Eam quanuis non cornutam, hoc loco post Camelopardalim dare uolui, quòd quàm plurima ei communia habeat: & nomen Ouis similiter, non ab aliqua corporis similitudine, ut apparet, sed ob similem morũ mansuetudinem in tanto corpe miram.

LATINE Ceruus. **ITALICE** Ceruo.
GALLICE Cerf. **GERMANICE** Hirtz.
Fœmina uero **LAT.** Cerua. **ITALICE** Cerua.
GALLICE Biche. **GERMAN.** Hinde/oder Hindin.

Ceruum recens natum νεβρὸν dixerim, adultiorem paulò κεμάδα, deinde πατταλίαν, postea ἔλαφον, postremo κεράστην aut ἀχαίνην, &c. ¶ Vidi hodie in regio conclaui maxima cornua cerui ex quercu arbore egredientia seu enascentia miro modo. in altera (posteriori) nanque parte prima uertebra colli adhuc eminet: antrorsum nihil nisi utrinq; duo infimi rami cornuum egrediuntur, reliqua pars sursum tendit, &c. Curabo depingi, & ad te mittam cum diligenti descriptione. est enim res admiranda: Antonius Schnebergerus in suis ad me literis è Vilna Lithuaniæ datis, quarto Augusti anno 1559. Cornua Ceruo post annũ sextum nihilò numerosius ramificant. Quin senibus duo desunt rami, qui prima statim prodeunt ætate, quos ἀμυντῆρας Græci, Latinè minus bene adminicula, melius prosubulas dixeris: quia & alijs surrectis prostant: & primorum faciem gerunt, quas Latini subulas in anniculis appellant: unde & ipsos, Subulones, Scaliger. Vide cum sequente figura.

D iiij

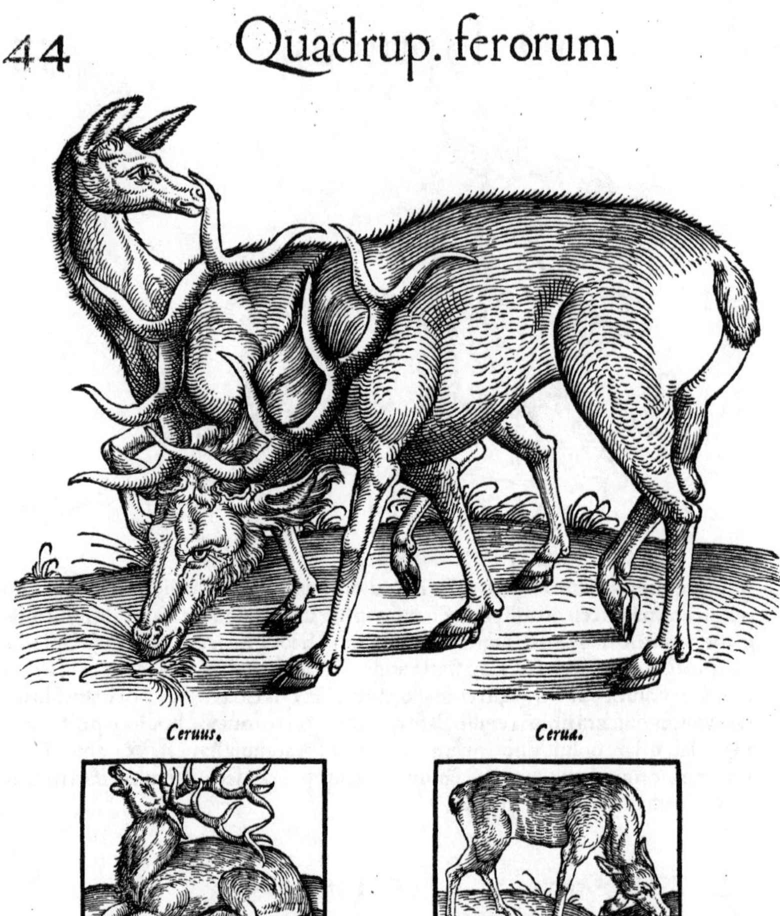

Ceruus. Cerua.

Ceruis bimis cornua primùm oriuntur ſimplicia & recta, ad ſubularum ſimilitudinem, quamobrem Subulones (πασσαλίαι) per id temporis eos uocant, Ariſtoteles. Ego ſubulonis cerui cornua uidi dodrantis circiter longitudine, nullis adminiculis, (lege quæ proximè retrò ſcripſi de Ceruo,) noſtri uocãt ein Spiſſʒ: Furcarij uerò uulgò dicti, hoc eſt, trimi (eins Gablers) duorum & amplius dodrantum. quadrimum demum, Ceruum appellant, ein Hirtʒ. Sed ſpecies alia Ceruorum reperitur, qui ſemper Subulones ſunt: hoc eſt, directa ſimpliciaq́ & ſine ramis cornua gerunt. Ego cum aliquando putarem, ita ut in ueterum libris legeram, Subulones non alios eſſe quàm Ceruos bimos, ea de re cum Sabaudo quodam Seguſiano, uiro literato, diſputaui, rogauiq́ ut ad ſuos reuerſus rem omnẽ diligẽtiſſimè mihi perſcriberet, id quod is paulò poſt præſtitit, his uerbis: Superioribus diebus, cum noſtræ diſceptationis de Ceruis in mentẽ ueniſſet, ſtatim ad eos qui ab ineunte ætate in uenatione conſenuerant, me contuli, quos aliquando ſuper hac re audierã, ut iterũ eos ſedulò cõſulerem, cum etiã ex ipſis quoſdã habeam familiariſſimos. Quibus perſuadere adnixus ſum, Brocardos ceruos eſſe, ceruorũ hinnulos, ut tandẽ noſtra altercatione huius rei clarior pateſieret ueritas. Sed rationibus utrinq́ agitatis, omnes qui uenationis ſunt peritiſſimi, Brocardos ceruos alterius generis eſſe aſſerunt, præſertim in mõte Iura. Nam in ſyluis Galliarum nunquam tales inueniuntur, quamuis Galli ceruorum hinnulos, Brocardos uocare ſoleant. In monte uerò Iura ad lacum Lemanum Brocardi ab alijs ab alijs ceruis genere differunt: quod hisce rationibus probant. Primùm tales cerui nunquam habent ramosa cornua, neq; senes, neq; iuuenes: sed in quolibet cornu unus est ramus, satis longus, gracilis tamen, & unius digituli crassitudine, & uno acumine. quare alios ceruos ramosos (qui cornua ramosa seu bifurcata habēt) facile uincunt, cum ceruæ sunt in amore. Deinde ubi cōsenuerint ex dentibus dignoscuntur. Nam uenatores, seniores ceruos, ex dentibus cognoscunt: qui, ubi cōsenuerint Brocardi, non tamē cornua mutantur. Præterea cum sint alijs ceruis magnitudine æquales, tamen corpore sunt graciliori, & cursu perniciores. Adde etiam, quòd cum uenatores persequuntur, non sæpe latitant, sed penè continuum faciunt cursum, aliquando tamen aduentum uenatorum auribus obseruant. Et si sint plures cerui simul (ut sæpe fit) cum uenatores sequuntur, si quis sit Brocardus, cerui ramosa habentes cornua fugiunt simul, deinde auribus aduentum uenatorum obseruant, & latitant in opacis. Quòd si uenatores prætereant ramosos ceruos, dum latitant, illi statim fugientes retia, retrocedunt, & relictis uenatoribus, canibus ac retibus euadunt. Sed Brocardi fugiunt quidem, uerum alios ceruos ramosos non diu comitantur in fuga aliorum more, nec sæpius latitant ut retrocedant, sed pedibus & fugæ fidentes ad retia facilius adiguntur, quocirca facilius capiuntur, nisi saltu transiliant sæpes, alijs euadentibus. ¶ In syluis nostris quæ sunt ad Romanū Monasteriū & Orbam & iuxta lacū Lemanū in uia quæ ducit in Burgundiam uersus oppidulū Pontali Burgundicum, cerui ramosi frequentius unum Brocardum secum habent, quem nostri uenatores ceruorum scutiferum appellant, eò quòd per ipsum cerui ramosi euadant: quia cerui Brocardi fugiunt nec latitant sæpe, quocirca canes uenatitij facilius Brocardū sequūtur, relictis ceruis ramosis latentibus, & sic Brocardus capitur, & ramosus euadit frequentius. Postremo uenatores asserunt carnes Brocardorum, ramosorū carnibus esse multò suauiores atq; delicatiores. Istis rationibus, & alijs multis facile est iudicare, duas apud nos, id est, apud Segusianos, (qui supra Lacum Lemanum habitamus) esse ceruorum species. De cerua autem Brocardi fœmina nihil inuenio, nisi quod inueniuntur ceruæ cornutæ cornua bifurcata minimè habentes aut ramosa, sed unius digituli longitudine: quas quidem ceruas Brocardorum fœminas esse putarim. Sed istuc asserere non audeo. Id tamen scio, ceruas minime cornutas fugere Brocardos solitas. nam lubentius cum ramosis coëunt: quo fit ut Brocardi sint rariores: primùm quòd facilius capiuntur: deinde quòd non tam libenter in coitu admittuntur. Anno 1553. iuxta Romanum Monasterium uenatores æstate uiderunt ceruum ramosum, ceruam, & Brocardum simul: sed cum Brocardus ultra fluuiū per saxa saltare tentasset, ob fractam tibiam, captus est. Hactenus Segusianus ille. Misit autem nuper ad me huius Ceruorum generis cornuum tria paria Gilbertus Cognatus Ecclesiastes Nozerethi, uir undiquaq; doctissimus. quorum effigiem in fine huius uoluminis ponemus, maxima duos dodrantes longa sunt, minima unum. omnium pars capiti uicina inæqualis & tuberosa est. maxima in processu magis diuaricantur, in summo rursus mucrones ad sese recuruantur, ut species tota modicè instar arcus inflectatur. Minima non diuaricantur, & cum propemodum rectà procedant, superius perquàm modicè curuantur. Omnia post initium (quod tuberosum esse dixi) prorsus lęuia sunt, non solum absq; ramis, sed tuberculis etiam prorsus uacua: quo nomine à Caprearum & Ceruorum cornibus facilè discernuntur. Hoc etiā interesse opinor, quòd cornuum radices osseæ intra cutem latentes, in hoc genere q̄ Ceruorum simpliciter dictorum longiores sint: & quòd cornuum basis, hoc est proxima supra cutim pars, in Ceruis tanquam circulus magis prominet, à superna parte distinctus: in his non item, sed paulatim sursum attenuatur. Sed hæc melius distinguent, qui cornua plura utriusq; generis inter se contulerint: quod nobis non licuit. Nos interim Burgundicos istos ceruos, anamyntas cognominabimus, quoniā non solum cæteris ramis, sed ijs etiam quos amynteras uocant, carent: donec aliud commodius antiquiúsue nomen docuerit alius.

In arce generoſi Cimbrorum comitis Guilielmi Vuernheri, cornua hæc uidi quorum effigiem pono, nullis præter amynteres ramis: unde monamyntas cognominare licebit, pars ſupra amynteres brachij longitudine erat, tanquam Cerui ferè adulti. An uerò peculiare aliquod genus hoc Ceruorum ſit, & ramos alios nunquam producat: an potius ſubulo grandis, quantus rarò inueniatur, non facilè dixerim. His ego ſimilia domi habeo: ſed in alterius tantum cornu parte inferiore, ſupra adminiculũ, ramus paruus eſt.

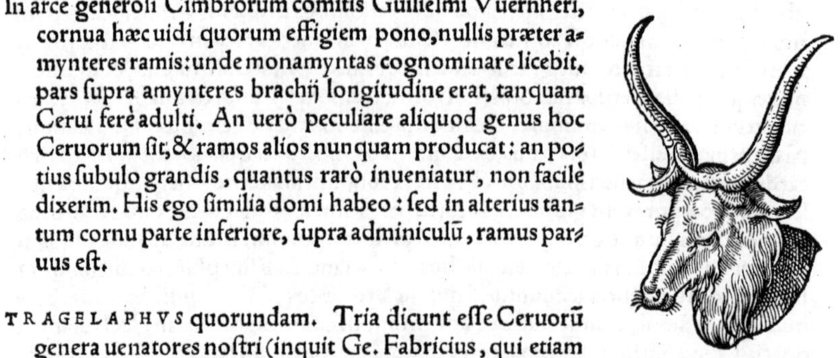

TRAGELAPHVS quorundam. Tria dicunt eſſe Ceruorũ genera uenatores noſtri (inquit Ge. Fabricius, qui etiam iconem hanc miſit) non ſingulari quidem naturæ diſcrimine: ſed aliquo tamen, nominis, formæ, uirium. Primum illud notum omnibus, diligenter ab authoribus deſcriptum. Alterum ignotius, quod Græco nomine Tragelaphus dicitur: priore maius, pinguius, tum pilo denſius, & colore nigrius: unde GERMANIS à ſemiuſti ligni colore **Brandhirtz** nominatur. Hoc in Miſenæ ſaltibus Boëmiæ uicinis capitur. Tertium genus quod reliquorum ceruorum more non amittit cornua: hoc caſtratis accidere ait Plinius. (*Cerui, ſi, cum per ætatem nondum cornua gerunt, caſtrentur, non ædunt cornua: ſed ſi cornigeri exciduntur, non decidunt cornua, & magnitudine eādē ſeruantur, Ariſtot.*) ſed & uitio accidere affirmant qui feras apud nos conſectantur. Ceruo enim fuga ſitiq; feſſo, & flumini ſe committenti, in ipſoq; anhelitu auidiùs bibenti, pinguedinem qua abũdat reſolui & diffundi aiunt: ex eoq; aut mori eum, aut ſuperſtes ſi ſit, cornua ei nũquam decidere. idq; fieri eo maximè tempore, cum ardentiſſimè fœminã appetit. Hoc genus Cerui proprio nomine **ein Kumerer** appellant. Hæc Fabricius: qui ſimul etiam eruditiſſimi uiri Ge. Agricolæ literas ad ſe mihi communicauit: quibus ille ſuam de Tragelapho ſententiam exponit, his uerbis. Tragelaphus ex Hirco & Ceruo nomen inuenit. nam Hirci quidem inſtar uidetur eſſe barbatus, quòd ei uilli nigri ſint in gutture & in armis longi: Cerui uerò gerit ſpeciem. eo tamen multo eſt craſſior & robuſtior. ceruinus etiam ipſi color inſidet, ſed nonnihil nigreſcens, ueruntamen ſuprema dorſi pars cinerea eſt: uentris, ſubnigra, non ut Cerui candida: atq; illius uilli circa genitalia nigerrimi ſunt. Cæteris non differunt. uterq; eſt in noſtris ſyluis. Sic ille. Ego in huius Cerui cornibus, apud ciuem quendam noſtrum, mucrones ſiue ramulos ſupremos (qui bini alioqui plerunq;, aut terni ſpectantur) ſeptenos obſeruaui: & eâdem parte ſtipitis latitudinem ſex digitorum. inferius autem erant & alij bini rami & adminicula. unde hunc Ceruum palmatum eſſe, cuius mentionē fecit Capitolinus, ſuſpicabar. Sed plura de Ceruo palmato cum proxima icone dicemus. In Anglia ceruos nigricantes reperiri audio: qui an ijdē ſint cum illo, cuius effigiem hîc poſuimus, non ſum adhuc certus. Britannicos à Capitolino nominari coniecerim albos ceruos: nam hoc etiã colore in Anglia haberi aiunt: & Pauſanias albos Romæ ſibi uiſos ſcribit, (in ſpectaculis nimirum è Britannia aduectos.) ¶ Tragelaphus eâdem eſt qua Ceruus ſpecie, barba tantùm & armorũ uillo diſtans, (*Ariſto teles etiam cornibus diſtinguit,*) nõ alibi quàm iuxta Phaſin amnem naſcens, Plinius. at Diodoro Tragelaphi & bubuli naſcuntur in Arabia. exhibitus quidem hîc Ceruus, quamuis circa guttur & armos, uillis tegitur longis, non tamen barbatus uidetur, ut neq; Bellonij Tragelaphus, quē potius Pygargum eſſe diximus ex Caprarum ſylueſtrium genere. Hunc uerò Ceruum, quoniam cæteris maior eſt, Achainam cognominemus licet: ſic enim ueteres ceruorum maiorum genus ab Achæa Cretę ciuitate nominarunt. Non deſunt Grammatici eoſdem ceruos Σπαθηναίας dici interpretantes. Ceruorum fœtus νεβροὶ dicuntur: paulò adultiores κεμάδες: poſtea ἔλαφοι.

ἔλαφοι. Fortè uerò etiã ἀχαΐναι & σπαθίναι dicti aliquo ætatis, aut ſpeciei, aut magnitudinis diſcrimine differunt. grammatici quidem ut ἀχαιΐνέην ἔλαφον quis ſit interpretentur, multum ſunt occupati, Euſtathius in Iliad. θ. Quærendum autem an eadem ratione Spathinæ cerui à Grçcis dicti cognominatiue ſint, qua apud Latinos palmati. quoniã ſpathe, ut Pollux teſtatur, pars palmæ eſt à qua fructus dependẽt: & ſpathæ inſtrumẽta quædam, altera parte latiuſcula, nominãtur: itẽ textoria & gladij. eandem partem Dioſcorides elaten uocauit: quod nomen etiã latiori remorum parti tribuitur, quam Latini palmulam dicunt. Aliqui Achainen deducunt παρὰ τὸ ἄχος: id eſt, à mœrore: & interpretantur triſtem propter fœtus adhuc paruos & nondum exire ualentes è latibulo. quòd ſi proba hæc deriuatio eſſet, congrueret cum Germanico Cerui nomine **Kummerer**, ſimiliter à mœrore dicti, quanquam aliam ob cauſam, ut dictum eſt.

¶ Tragelaphum ab Ariſtotele Hippelaphum dici apparet: ut Raphaëli Volaterrano etiam uidetur: quoniam & peregrinum facit, & eadem quæ Plinius Tragelapho tribuit: barbam nempe, & armos uilloſos, & cerui ſimilitudinem tum corporis magnitudine, tum quòd fœmina in eo genere cornibus caret. Hippardium (inquit) & Hippelaphus tenuiſſimo iubæ ordine à capite ad ſummos armos crineſcunt. proprium Hippelapho uillus, qui eius gutturi modo barbæ dependet. Gerit cornua utrunq;, excepta fœmina Hippelaphi: & pedes habet biſulcos. Magnitudo Hippelaphi non diſſidet à ceruo. Gignitur apud Arachotas. Et alibi, Satis iubæ ſummis continet armis, forma partim equi, partim cerui. Cornua ei Capræ proxima. Sic Ariſtoteles. Cerui quidem ſimilitudinem utriq; in hoc animali uiderunt, tum qui Tragelaphum uocarunt, id eſt, Hircoceruum, propter barbam & cornua hircina: tum qui Hippelaphum, id eſt, Equiceruum, propter iubam. Volaterranus non rectè (puto, in Aeliano enim meo non reperio) ex Aeliano citat, Tragelaphum cætera ſimilem Ceruo eſſe, barba tantùm & armorum uillo propiorem Hirco: quod ſolus, ni fallor, Plinius ſcripſit. Albertus ramoſa & ceruinis ſimilia cornua Tragelapho tribuit, ſed ſine authore. Recentiores quidam obſcuri Pygargum aiunt animal cornutum & barbatum eſſe Hirci inſtar, minus Ceruo, maius Hirco, ſimile Hircoceruo, ſed longè minus. Bellonius cum Platycerotem deſcripſiſſet, eiusq; cornua magna in aſcenſu arcis Ambausij in Gallia spectari dixisset: addit, ibidem etiam alterius bestiæ huius generis effigiem uideri in lapide sculptam, cum cornibus ueris, quæ animal uiuum gestauerat, adiunctis, barbatam ibicis instar: quæ forsan Aristotelis Hippolaphus sit. Ergo Cerui species quam hic proponimus, non uidetur esse Tragelaphus: sed Ceruus Achaines aut spathines, Latinè forsan palmatus. Grammatici Ceraften, Ceruũ interpretantur, magnis præditum cornibus; sed non puto authorum quenquam absolutè hoc uocabulo uti. nos apud Pollucem κεράστην inter epitheta Cerui pro cornuto legimus. κατ' ἐξοχὴν quidem accipi nihil prohibet.

GERMAN. Brandhirtz.

Caput hoc Io. Caius in Anglia depictum ad me dedit. Videtur autem (inquit) eius animalis esse, quod Iulius Capitolinus Ceruum palmatum ex argumẽto uocat. Eius si non est, alicuius ex genere Platycerotum fuerit. Verùm quòd cornua hæc aut æquant aut superant & longitudine & crassitudine ceruina, & latitudine excedunt Platycerotis cornua, consonum est corpus animalis Cerui potius, quàm Platycerotis simile esse. Hæc ille. Ego Ceruos palmatos, quorum solus Capitolinus meminit, aliquando esse conijciebã quos uulgò Damas uocãt, (aliæ enim sunt ueterum seu Plinij Damæ,) Græci Dorcades platycerotes. nã cum platycerotes Cerui (Ceruis quidẽ Oppianus adnumerat) Latinum

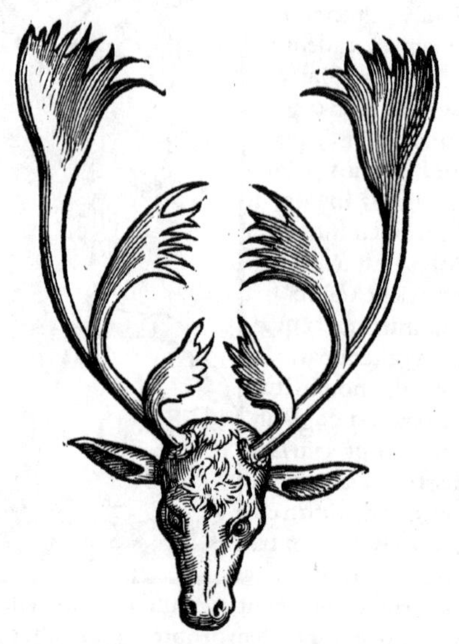

nomen aliud non habeant, & cornua eorum (ut Plinius scribit) natura in palmas finxerit, digitosq; emiserit ex ijs, Cerui palmati meritò appellari poterunt. Tragelaphus etiam quorundam de quo proximè retrò dictum est, cum summa cornua lata, & ueluti digitata habeat, & à Græcis (ut conijcio) σπαθίνης cognominetur, spatha autẽ arboris palmæ pars quædam est (unde & alijs quibusdã in latitudinem ex angusto diffusis nomen) Cerui palmati nomine dignus uidetur: sicuti & Tarandus siue Scythicus ceruus, de quo sensisse uidetur Cæsar lib. 6. de bello Gallico, cum scribit: Est (in Hercynia sylua) bos cerui figura, cuius à media fronte inter aures unum cornu (*falsus est: sunt enim bina*) existit, excelsius magisq; directum his, quæ nobis nota sunt cornibus. ab eius summo sicut palmæ ramiq; latè diffunduntur. Præ cæteris tamen exhibita nobis à Caio cornua Cerui palmati per excellentiam dicendi esse uidentur: non enim superiore solum parte palmata sunt, ut Achainæ & Platycerotis: sed ramis omnibus, nempe tribus, similiter: sicut & Tarandi ferè, cuius cornibus paulò post exhibendis, qui hæc contulerit, cognationem aliquam esse animaduertet.

GERMAN. Ein gehürn eins frömbden gewilds / welches contrafactur mir vß Engelland zůgeschickt ist: von der art der Hirtzen / dem Renner ãnlich / rc.

CAPREA, Capreolus & Dorcas, tria nomina animal unum denotant, quanquam non indocti quidam, inter quos etiam Scaliger omnis doctrinæ exemplar, Capream à Capreolo distinguunt: ita ut hic sit qui Italicè etiamnum Capriolo dicitur, Gallicè Cheureul,

Cheureul, cornibus ramosis: Caprea uerò, Capra syluestris alpina, quam Plinius priuatim Rupicapram dixit. quod nomen Scaliger cõmune facit ad Capream suam & Ibicem, sed sine authore. Plinius certè Capreis cornua ramosa esse tradit, sed parua, nec decidua: (ego uerò non soli ceruo, ut Aristoteles tradit,) sed etiam cæteris quorũ cornua sint ramosa, decidere puto omnibus. Idem tamen ubi Aristoteles Capras syluestres in Africa reperiri negat, Capreas (simpliciter) interpretatur, oblitus nimirũ sui: alibi quidem πρόκα uidetur Capream interpretari. Martialis etiam cum canit: Pendentem summa Capream de rupe uidebis: Casuram speres, decipit illa canes, de Rupicapra sentire uidetur. Ego omnino inter Capream & Capreolum, non aliam quàm uel ætatis, uel sexus differentiam, si propriè loquamur, admiserim. nam apud Græcos etiam inter Dorcem, Dorcum, Dorcadem, Dorconem, Dorcadium, & Dorcalidem nihil interest. apud Strabonem Zorces pro Dorces leguntur, nisi uitium sit in exemplari, Hermolaus. Plinius modò Capreæ Latino nomine utitur, modò Dorcadis Græco, sicut & alij quidam Latini scriptores, tanquam nullum apud Latinos uocabulum ei responderet. Græcè legitur etiam ἴυρξ, ἴορξ, & ἰόρκος pro capreolo: quanuis aliqui Hinnulos aut Capras syluestres interpretentur. Capreolus quidem Hinnulo similis est: quare & Germani aliqui utrunq; **Reech** appellando non distinguunt. Sic próca (πρόκα) etiam alij Ceruũ tenerũ, id est, Hinnulũ interpretantur, alij Dorcadũ speciem. Gaza Damã, (aliubi uerò δόρκα, Damam.) Idem & Hermolaus Dorcadem Capream. Aristoteles Ceruo & προκὶ fel negat: & sanguinem eorum non spissari ait: Plinius utrunq; de Ceruo & Caprea (*corrupti codices Capram habent*) scribit. Archilochus πρόκα pro Ceruo dixit, Eustathio teste. Similiter & κεμάδα Hinnulum

Alia icon utrunq; Capreolorum sexum repræsentans.

E

aut Dorcadem interpretãtur, ſed κεμὰς Libyca Aeliani ab utroq; differt, ſicut & Dorcas Libyca.

GRAECIS hodie Zarchadion.

ITALICE Capriolo uel Cauriolo.

HISPAN. Zorlito, Cabroncillo montés.

GALLICE Chieureau, uel Cheureul, uel Cheureul ſauuage.

GERMANICE Reech/oder Reechbock/vnd das weyble Reechgeiß.

Cornua hæc uidi nuper apud generoſum Cimbrorum comitem Gulielmum Vuernherum, qui ea Capreoli fœminæ fuiſſe (cum fœminæ cornutorum, quorum ramoſa ſunt cornua, ſine cornibus eſſe ſoleant) aſſerebat.

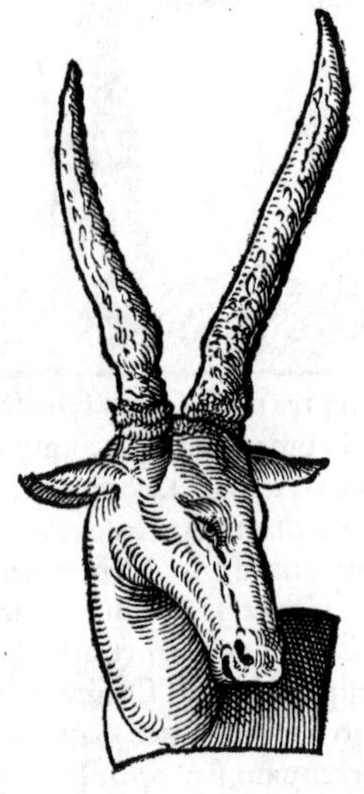

GERMANICE Ein gehürn von einer Reechgeiß / die ich geſähen hab in dem ſchloſſz deß wolgebornen herren / herr Wilhelm Wernhers Graue zů Zimbern/ꝛc.

Platyceros, ut Plinius nominat: Oppiano Euryceros. Poterit & cum ſubſtantiuo ſui generis Ceruus platyceros, uel Caprea aut Dorcas platyceros nominari. Dama recentiorum. nam de ueterum & Plinij Dama ſuprà diximus. Fortè etiam Ceruus palmatus Iulij Capitolini: ſed alios quoque palmatos Ceruos indicauimus ſuprà. Gaza ex Ariſtotele Próca uertit Damam, platycerotem nimirum intelligens, non ueterum Damam. In Samothrace Capræ ſunt feræ, quas Latinè Rotas appellant, Varro: Hermolaus legit quas Platycerotas appellant. ſed Strepſicerotes potiùs Capris feris adnumerandæ ſunt, Platycerotes Ceruis. ¶ Nos plura de Platycerote ſcripſimus, libro primo De animalibus pag. 335. & rurſus in Appendice, pag. 11.

¶ Γρόνα

¶Πρόκα Damã docti putant omnes. alij acutiores ſibi uiſi, malunt eſſe Platycerotem: quia hic ſit Ceruo ſimilior, & in inſula Proconneſo frequens, quæ uocata ſit etiam Elaphonneſus, Scaliger.

GRAECI hodie Platogni uocant, Bellonius.

ITALI Daino uel Danio.

GALLI Dain uel Daim.

GERMAN. Dam/Dämlin/Damhirtz.

Hanc effigiem tanquam animantis è qua moſchus precioſiſſimum odoramentum habeatur, Antonius Muſa Braſauolus ad nos miſit Ferraria: quã licet abſq; cornibus, cornutis inſerere mox poſt Capreas uolui, quoniam etſi in animali è quo Moſchus habetur deſcribendo authores uariant, plerique tamen cornutum faciunt, & Caprearum generi adſcribunt. Gazella illa uel Caprea Moſchi quam Bellonius Cairi ſibi

E ij

uisam describit, omnino alia uidetur. Lege quæ scripsimus lib. 1. De animalibus, & in Appendice.

ITALICE Capriolo del musco.

GALLICE Cheureul du musc.

GERMAN. Bisemthierle oder Bisemreech.

ALCE, Ἄλκη Pausaniæ. Cæsar Alces numero plur. dixit, tanquam à recto Alx. Est autem omnino id animal, quod Ellend Germani uocant, alij Elend uel Elch uel Elg/ quæ duo postrema ad Alcis aut Alces uocabulum propius accedunt: Iulij Cæsaris quidem descriptio ei non conuenit: sed neque ulli alteri animali crura sine iunctura habere: & nihil mirum est Cæsarem ex auditu falsa quædam scripsisse. A Polonis & Moschis Los uocatur, quasi Alx, literis transpositis. Nec aliud in Hercynia aut alijs ad Septentrionem syluis reperitur animal, quod Alce ueterum esse possit. Cornua in hoc genere (inquit Pausanias) mares habent, fœminæ carent, quod indicio est, naturam ueluti ceruorum esse cornibus, solidam nimirum, & quotannis ea decidere. An uerò in superciliis Elendi nostri cornua sint, nondum habeo quod affirmem. ea quidem huius animalis icon, quam à Io. Pontano: & altera quam à Io. Kentmano, doctissimis medicis accepi (utraque ad uiuum facta, & accuratius quàm quæ hîc exhibetur,) in fronte huius animantis cornua collocat. Magnitudo etiam & species huic nostræ fauent. est enim Alce Pausaniæ specie inter Ceruum & Camelum. & nostra Alce, quam Equiceruam

Alces icon, qualem olim à pictore quodam accepi, non optima ut audio: cornuum pictura separatim subijcietur. Meliorem ponam in fine huius libri.

quiceruā Albertus nominat, Equo ſimilis eſt, ſed altior. Generoſus & illuſtris in regno Poloniæ uir Io. Bonerus de Balicze, &c. non politicæ tantum adminiſtrationis, ſed uariarum inſuper naturalium rerum peritus, de Alce ita ad me ſcripſit: Mitto tibi Geſnere Cornua Alcis, talia ut uix pulchriora poſſint reperiri: & fruſtum ungulæ. ego enim pedem integrum (*integram tibiam nuper mihi donauit Auguſtæ Chriſtophorus Vuirſungus, uir doctrina & pietate eximius, præſtantiſsimi medici Philippi parens: & dum hæc ſcribo alteram longè maximam è Vilna Lithuaniæ ab Antonio Schnebergero meo accepi*) unà cū ungulis ſeruo, de fera quā ego ipſe in uenationibus Lithuanicis (præſente ſereniſſimo Sigiſmundo Auguſto ſecundo rege Poloniæ) uno uenabuli ictu mirandæ magnitudinis confeci. eſt enim ut uaſtæ magnitudinis ita mollis ad uulnera, & impatiens: nec aliud periculum uenatori, niſi is à fronte & non à latere impetat. fortiſſimo enim ictu anterioris pedis tanquam telo traijcit uenatorem. Eius magnitudo ferè duos ceruos adæquat: ſicut ex pede integro iudicari facilè poteſt. Verùm hæc & alia quæ ad me dono mittebat, neſcio quo infortunio hactenus ad me non peruenerunt: & quoniā nuper maximo bonorum omnium mœrore, fatis conceſſit, ſpem planè omnem hæc & huiuſmodi rara è Sarmatia acquirendi abijcerem, niſi Antonius Schnebergerus meus, (cui longam & felicem in Polonia uitam opto, ut uirtus & doctrina eius merentur,) mei curam ſuſciperet: aut Georgius Ioachimus Rhæticus, aut alius quiſpiā in illis regionibus, mihi ſimul gratificari ſimul, Naturæ hanc partem illuſtrare, & honorificam eo nomine ſui memoriam in libris noſtris poſteritati relinquere uellet. ¶ Plinius Alcen, ni proceritas aurium diſtinguat, iumento ſimilem facit: is quidē hac in re fide dignior quàm Cæſar, ſpectatis iam aliquoties Alcibus Romam adductis. Præterea ut Pauſaniæ ſæculo, ita hodieꝗ rarò capitur hæc fera: quod uel ex pedis ungulæúe pretio cōſtat: quæ quoniam amuletum eſſe cōuulſionum & morbi comitialis creditur, in magno eſt precio, non tanti æſtimanda ſi frequenter caperetur. Vngula Alcis (ut ſcribit Bonerus) habetur apud Polonos geſtata in digito uel brachio pro ſingulari remedio contra ſpaſmum aut morbum caducum. Obſeruatur autem tempus ungulis abſcindendis, poſt medium ſcilicet Auguſti, uſꝗ ad finem Septembris. quo tempore, ut aſſerunt, hoc animal patitur hunc morbum: per quem cum proſternitur, perfricat dextram auriculā dextro poſteriore pede, & liberatur. is pes uiuo animali abſcinditur, & ungula detracta ſeruatur pro certiſſimo horum morborum remedio: quod utrū ſuperſtitioni an rationi naturali adſcribendum ſit, relinquo aliorum iudicio. Hæc ille. Velocitas etiam animalis, ut rarius capiatur in cauſa eſt, & loca ſyluarum uaſta deſertaq́ꝫ quæ incolit. Hæc omnia animal Elend dictum, ut Alcen eſſe credam, mihi perſuadent. Sed adhuc obijcit quidam Iul. Cæſaris uerba: Harum eſt cõſimilis Capris figura, & uarietas pellium: crura ſine nodis articuliſq́ꝫ. Mirum uerò cur non cornibus etiã mutilas eſſe Alces ex eiuſdem uerbis obijciat. atqui Pauſanias cornutas fecit, cui maior fides. eius enim ſæculo regiones ubi hæ feræ capiuntur, Romanis ſubiectæ erant: & ipſæ in Romanorum ſpectaculis aliquoties uiſæ. Fieri quidem poteſt ut Cæſari Alcen aliquis deſcripſerit, qui eam nondum adultam, & uel adhuc ſine cornibus, uel ijs nuper amiſſis uiderit. Paruas enim adhuc Alces, Capris (Capreisue) ſimiles ferè putârim, caudæ præſertim breuitate, & barba, ac pellium uarietate. (Si Capris legas, ſimilitudo erit in barba: ſed Capreis legendum ſuadet uarietas pellium.) Hoc etiam uériſimile eſt, in unam feram ab imperitis relata, quæ ad diuerſas pertinebant: uel contrà interdum. Pauſanias Alcen marem cornua in ſupercilijs habere ſcribit. Cæſar feræ in Hercynia ſylua innominatæ id attribuit: Eſt Bos (inquit) Cerui figura, cuius à media fronte inter aures unum cornu exiſtit, excelſius magiſq́ꝫ directum his quæ nobis nota ſunt cornibus. ab eius ſummo ſicut palmæ ramiq́ꝫ latè diffunduntur. Eadem eſt fœminæ mariſq́ꝫ natura, eadem forma magnitudoq́ꝫ cornuũ. His uerbis Tarandum ſeu Rangiferum feram inſinuat, quod ad cornuum figuram, fortaſſis etiam ſitũ. At unicorne animal in Europa (ni fallor præter Capras quaſdam feras in Carpatho monte, ſi uera eſt fama) nullum inuenitur: & cum ceruina ſpecie animal ſit, fœminas quoq́ꝫ cornibus, ijſq́ꝫ forma & magnitudine nõ aliter quàm mares, armari, uix mihi uerìſimile fit. Plinius Alcen & Machlin diſtinguit: hãc illi ſimilem faciens, ſed nullo ſuffraginũ flexu &c. Alci igitur Plinius articulos tribuit, Cæſar negat. an habet quidem tum Alce, tum Machlis, (ut cunctæ animantes quibus pedes ſunt.) ſed propter nimiam uelocitatem uel habere, uel flectere eos non ſatis apparet? Sed hæc an alia cauſa ſit huius falſæ perſuaſionis, uiri docti, quibus animal ipſum eiuſq́ꝫ greſſum aut curſum aſpicere datum fuerit, obſeruabunt. Quod uerò addit Plinius Machlin uelociſſimam eſſe, & labrũ ei ſuperius prægrande, in Scandinauia notam eſſe, hæc etiam Alci conueniunt: ut eam à Machlide non rectè diſtinxiſſe uideatur, præſertim cum apud nullum alium authorem Machlis nomen legatur.

GERM. Elend/Ellend/Elch/Elg.

Cornu Alces, quale pictum olim amicus miſit.

Eiuſdem

Eiusdem, ut uidetur, effigies alia, ad cornu quod domi meæ habeo, delineata. longitudo eius dici non potest, propter situm partium eius distortum. latitudo decem ferè digitorum est, si à mucrone longissimo ad partem oppositam metiaris. Est autem mucro longissimus, digitorum 15. breuissimus, septem. Principium siue radix cuti proxima

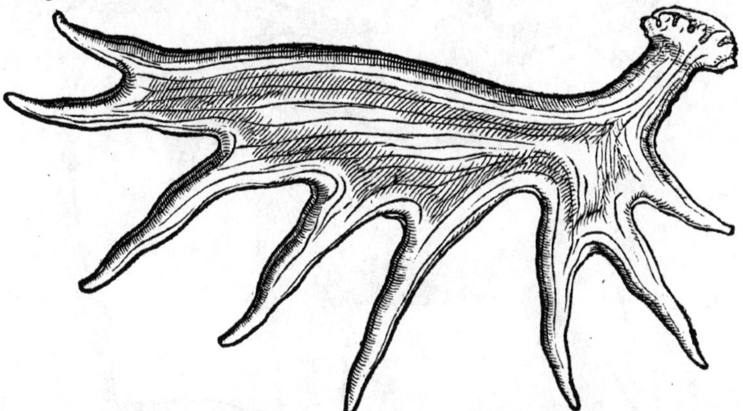

qua enascitur, paulò crassiore est ambitu quàm manus mea amplecti queat. Cornu totum bipartitum uidetur, ut icon præ se fert: conijcio autem latere sinistro feræ additum fuisse, quoniam partes ferè omnes introrsum uergunt, si ita colloces, ut pars altera, quæ tribus mucronibus distinguitur antrorsum spectet. Totum est solidum. Pondere librarum medicinalium 15.

Hippelaphus Aristotelis, ut Io. Caio Anglo uidetur: à quo & iconem, & descriptionē, quam subijciam, accepi. ¶ Noruegia (inquit) in nostrā Britanniā animal quoddam transmisit, sui quidem generis, sed mixtæ formæ. Nam corpore compacto, crure longo atq; gracili, ungula bifida, cauda breui, ceruū esse diceres: capite & aure mulum, cornu dorcadem, labro superiori propenso alcē ferè, iuba equum, nisi quòd tenuior & erectior ea est quàm equi. Peculiariter habet ab armis ad caudam per omnē spinæ longitudinē pilum eleuatū leuiter, aruncū sub fauce promissum, & in eo palear pendulum, pilum per armos longiusculum obliquo ascensu, collum breuius quàm pro corporis modo. Eam ob rem cum uel herbam carpit, uel panem proiectum tollit, uel potum ex uase aut uado sumit, in genua procumbit. Cornua in hoc genere mari tantum, non è summo capite erecta, sed è medio ferè capite ex utroq; latere paulò supra oculū enata, & in latus exporrecta, aspera & tuberosa ut ceruis, nusquā læuia, nisi in summis processuū fastigijs, & qua decurrunt uenæ, ad tegumentū uillosum in teneritudine nutriendum per longitudinem productæ. Minus tamen aspera sunt à primo processu ad secundum in anteriori parte, & rugis potius quàm tuberculis conspicua. Eadem ad dimidiam sui longitudinem, rectà tendunt, inde, in sublime sensim recuruantur. Vtrūq; processus tantum tres facit, quorum humiliores bini in aduersum spectant, sublimiores singuli cœlum. Euenire tamen solet, ut uel inopia pabuli, uel morbo, (ut custodes retulerunt & ipse uidi,) sinistrum cornu duos tantū exigat processus. Longa ea sunt pedem Romanū unum cum semisse, & digitū unum cum semisse. Crassa ad radicem, palmos Romanos duos integros. Summus unius cornu processus, distat à summo alterius, ped. Romanis tribus, & digit. tribus: ut & infimus ab infimo, pedibus duobus. Metior à fastigijs. Colore sunt & densitate substantiæ, ceruinis quàm simillima. Pendunt unà cum sicca, dimidiata, rupta, & spongiosa fronte, libras quinq; cum semisse & unciæ dimidio. Cum libram dico, uncias sede-

E iiij

cim intelligo. Decidunt quotannis ut ceruis, aprili mense. Caua enim nõ sunt. Frontis spacium inter cornua, palmorum duorum Romanorũ cum semisse est. Eminens caluæ pars, quæ inter cornua est, à posteriori parte caua est. In ea cauitate cerebrum erat positum, descenditq; ea ad mediam oculorum regionem. Eam in sceleto a & b literæ (*In pictura nostra hæ literæ per incuriam omissæ sunt*) indicant. Dens ut ceruis, sed equino maior, & in maxillaribus per interiores sulcos, sed summa sua parte, denticulus acutus assurgit, ne quid eò cibi inconfectum delabatur. Colore id animal est per adolescentiam, murino aut asinino: per prouectam ætatem, fusco, sed magis per extremas totius corporis margines: pilo lęuissimo, cruris maximè, nisi sub uentre, in intimo & summo crure, imò & supremo collo, pectore, armo, atq; spina. Proceritate est, duodeuiginti palmorum uulgarium & digitorum trium. Multò uelocius equo est. Fœmina singulos peperit in Britannia: aiunt tamẽ geminos parere. Caro illi nigra est, & fibra crassa atq; longa uti bubus: præparata tamen ut ceruina, atq; in furno cocta, in cibo ceruina est suauior. Vescitur herba, sed rariùs apud nos, eo credo ingenio quo equi, qui cum panem possunt, fœnum nolunt. folio, cortice ex arbore, pane & auena lubentius. Priora uel ad triginta palmos uulgares excelsa, naturali corporis positura carpit. Si quid sit eò excelsius quod affectat, erigit se in posteriores pedes, & prioribus in arborem aut maceriem innixum, ut solent capræ, uel supra fidem extenta ore detruncat: tanta est animalis proceritas & altitudo. Bibit aquam, bibit & alam ceu ceruisiam auidissimè pariter & copiosissime, idq; sine ebrietate. Sunt qui uinum dedêre, sed id si prolixius hauserit, imitatur uitium ebrietatis. Placidissimum animal est, si cicuretur: alioqui ferox admodum, & humanum genus persequens, si non aspectu, at odore, quo maximè pollet & cane certius. Quamobrem qui per uiuaria regia illi præficiebatur, singulis annis serra dissecabat cornua. Quem comprehendit, calcibus deturbat, &, si eques est, etiam equum. Quem non ante conspectum odore præsenserit,

senserit, uoce prodit propemodũ clarè grunnientis suis. Orbũ sua fœmina, mulieres ualdè affectat, & quasi sexum nosset, pudendũ denudat. Id habet instar ceruini. Vngulam eius aduersus morbum caducũ ualere creditur. Hoc animal Noruegia Elend & Elke nominat, si benè externa uocabula nostri sonant. Equidẽ Hippelaphũ, seu equiceruum cum Aristotele & Alberto Magno dicerem. Hic enim muli caput atq; aures habere dicit equiceruũ. Ille iubam tenuem à capite ad armos protensam, aruncum peculiarem à gutture pendulum, & dorcadis cornua gestare scribit Hippelaphum. Alcem esse non putem: cum Alci nec crura flexa, sed rigida, nec cornua his similia, nec in armis iuba sit apud ueteres authores, si bene memini. Minus Hippardium crediderim, cum præsertim fœmina cornibus careat, & mari aruncus sit: quæ in Hippardium non cadunt. Tragelaphum esse dicere, uetant & dorcadis cornua, & muli caput. Adiungam ueram imaginem, & seorsum capitis sceleton unà cum suturis, ut erant naturaliter, quò certius quæ ad caput pertinent cernantur omnia. Hæc omnia Caius. Apparet autem omnino animal hoc Alces esse speciem, eandem per omnia illi quam nos exhibuimus, exceptis tantum cornibus: quæ certè Dorcadis seu capreoli in Alcium genere inueniri ab alio nemine hactenus cognouerã. nam Alce nostra, quæ similiter à Noruegis Elent uel Elke nominatur, semper magna & lata admodũ (qualia pinximus & uidimus ipsi, & Albertus q̃q; describit) cornua gerit: ut testes oculati non pauci mihi asseruerunt. & ex Prussia Poloniaq;, ubi capiuntur, depictas icones cum eiusmodi cornibus miserunt amici, Io. Kentmanus, Io. Pontanus, & Ant. Schnebergerus, omnes medici doctissimi. Aristoteles quidem historiæ lib. 2. cap. 2. dorcadis cornua Hippelapho tribuit, id est, capreæ: & iubam in summis armis, & in capite descendentem tenuem: animal bisulcum esse dicit, non maius ceruo: fœminam cornibus carere. proprium ei quòd barbam gutturi annexam habeat. nasci apud Arachotos (est autem Arachosia regio maioris Asiæ, in qua Alexandria & Arachotos ciuitates sunt) ubi etiam Boues feri inueniantur. Quæ omnia uidentur Alcæ nostræ conuenire, nisi quòd Ceruo multo maior est, duplo plerũq;: & cornua non dorcadis simpliciter, sed eius quæ platyceros cognominatur, quanuis adminiculis (quæ uocant) caret, longè maioribus, &c. Quare duplex, opinor, Hippelaphus fuerit: unus uidelicet Alce nostra cornibus latis: alter uerò, Hippelaphus Aristotelis seu Arachosius, cornibus dorcadis, qui apud Noruegos etiam reperitur, eadem magnitudine qua Alce nostra platyceros: quanquã Aristoteles apud Arachotos Ceruo magnitudine parem esse dixit, siue deceptus, siue quòd reuera illic minor nascatur. duæ unius generis proximi species: utraq; inter equum & ceruum ferè ambigente natura: barba non à mento, ut cæteris, sed à larynge (id est gutture) dependente. Equiceruus noster, inquit Albertus, cicuratur etiam ad equitandi usum. tantundem enim uno die spacij, quantum Equus triduo perficit. An Hippelaphus Caij cœlo uictuq; mutato, etiam cornua mutauit? Videtur autem idem Tragelaphus ab alijs dictus, qui ab Aristotele Hippelaphus. Vide quæ notauimus suprà in Tragelapho quorundam, cui cornua ceruina. ¶ Alces audio Rigæ in Liuonia nutriri in domibus, & per uicos urbis cicures obambulare.

TARANDUS ueteribus Græcis. Recentioribus Latinis, ut Alberto Magno Rangifer, alijs Raingus, uocabulis à Germanico aut Scythico detortis, ut fortè etiã Tarandi nomen: quoniam aliam eius originem aut significationem non uidemus. Idem animal Ceruum Scythicum appellauerim. De eodem etiam Iulius Cæsar fortè intellexit libro 6. belli Gallici his uerbis scribens: Est (in Hercynia sylua Germaniæ) Bos Cerui figura: cuius à media fronte inter aures unum cornu existit, excelsius magisq; directum his quæ nobis nota sunt cornibus, ab eius summo sicut palmæ ramiq; latè diffunduntur. eadem est fœminæ marisq; natura: eadem forma magnitudoq; cornuum. Petrus Gillius hoc loco non rectè legit: Est Bison in Hercynia sylua, &c.

Tarandi seu Rangiferi effigies uera.

Ego planè Rangiferum à Cæsare descriptũ puto, sed parum rectè ut etiã Alcen. est enim Rangifer ueluti Bos quidam, Cerui figura. huius enim cornua gerit, magnitudine uerò superior ad Bouem accedit: & cicuratus etiã mulgetur. Cornua bina (non unum ut ipse scribit) excelsiora cæteris quæ nobis nota sunt cornibus supra caput erigit, quæ in summo palmata & ramis uel mucronibus aliquot tanquam digitis diffusa sunt. An uerò etiam fœminæ huius generis cornutæ sint, nondum mihi constat. opinor autem fœminas omnes, quorum mares ramosa habent cornua, cornibus carêre, nisi rarissimè forsan præter naturam aliter eueniat. Quòd si à Rangifero discesseris, nullum aliud animal in remotis Hercyniæ syluæ saltibus reperias, cui Cæsaris uerba conueniant. Tarando (inquit Solinus) magnitudo quæ Boui est: caput maius ceruino, nec absimile: cornua ramosa, ungula bifida, &c. In Scythia Ceruos ita cicurari, ut equitandos se præbeant, ueteres quidam & recentiores prodiderunt, de Rangiferis proculdubio fama accepta. Quamobrem Ceruum Scythicum rectè cognominabimus: &, si libuerit, etiam palmati cognomen addemus, ut Ceruum Scythicum palmatum dicamus, propter cornuũ speciem. Sed de Ceruo palmato plura superiùs indicauimus. De Rangifero etiam accipiendum puto quod Io. Boëmus scribit, in Polonia Equum syluestrẽ ceruino cornu reperiri, & sanè posset Hippelaphus dici, nõ indigniùs quàm Alcen Albertus sic nominat. sed alius Solini Hippelaphus est, ut

est,ut in Alce docui. ¶ Rangifer (inquit Albertus) reperitur in regionibus ad Septentrionem uersus Polum Arcticũ sitis, ut Noruegia, Suecia & alijs. Dicitur autem Rangifer, quasi Ramifer. tres enim ordines cornuum gerit in capite, ita ut in singulis bina sint cornua, & caput eius uirgultis (*aliâs uirgulis*) circũpositum uideatur. Ex his duo cæteris maiora sunt,in loco cornuum cerui, quæ ad perfectam magnitudinẽ augentur, adeò ut quinq; cubitorum mensuram aliquando attingant,& ramis conspiciantur uigintiquinq;. Duo etiam in medio capitis, lata ut Damarum habentur, mutilis & breuibus ramis mucronata. Deniq; alia in frõte antrorsum uersa, ossibus similiora,quibus in pugna potissimùm utitur. Hæc ille. Videtur autem tres cornuum ordines fecisse hoc modo,ut primum ordinẽ faciant cornua ipsa quà in sublime porriguntur, in quorum medio rami seu mucrones parui spectantur, superiùs autem palmæ mucronatæ. Secundi uerò ordinis sint rami maiores,proximè supra amyntêres(seu adminicula ut in ceruis nominant)positi. Tertij deniq;, amyntêres ipsi, quibus præcipuè pugnat,uti etiam Cerui. ¶ Lappi siue Lappones Equorũ loco utuntur animalibus, quæ Raingi suo sermone uocant. quibus magnitudo & color asini est,pilus hirsutus,ungulæ bifidæ,forma atq; cornua ceruorum. sed cornua lanugine quadam obducuntur. eadem tenuiora,longiora, & ramis rarioribus quàm ceruina sunt:Damianus à Goës & Munsterus. Gregarium est animal. cicuratum triginta miliaria Germanica uno die emetitur. Per niuem Equis celeriùs currit. In Scandinauia metallis præfecti quadringẽtos aut quingentos Rangiferos alere solent ad uehicula,currus,traheas quoq; ualde onustas,& equitandi usum. Mulgentur etiam, & omne genus lactarij operis ex ipsorum lacte conficitur. In eadem regione Tengillus Scricfinnorum rex equitatum habet Rangiferis insidentem: & uincit interdum Helsinglandiæ regem Argrimum, cuius equites Equis utuntur: Olaus Magnus. ¶ Ex Antonij Schnebergeri Tigurini,doctissimi in Polonia medici ad me literis: Ex magnifico quodam uiro,qui olim legatione ad regem Sueciæ functus est, & Moscouita quodam, de Rangifero hæc cognoui:animal esse gemino cornu, ceruini instar, sed magis ramoso,(*ramos intelligo mucrones ramorum propriè dictorum: nam ramos ipsos rariores quàm ceruus habet,*) ramis introrsum cõuersis, maiore,candidiore, fragili & cauernoso. in rupibus Lapporum degere:non feræ,sed placidæ naturæ,mulgeri. triginta aut ampliùs miliaria uno die conficere. pabulũ cũ eo uehi non opus esse, quòd sub niue quærat radices quibus uescatur: & maiori ex parte musco piceastri (quam **Forhen** Germani dicunt) uiuat. Vngulam bisulcam habere, acutam & ualidam ac si ferrea esset:ideoq; in glacie uelocissimum esse. liberè ad pastum dimitti ac facillimè reduci. Moschouita addebat in magnis campis circiter centũ aut ducẽtos greges integros Rangiferorũ reperiri. gramine saltem uesci: eandemq; rationẽ ipsis utendi ad uecturã exponebat,cuius uir illustris Sigismundus Liber Baro in **Herberstein** meminit in Cõmentarijs Moschouiticarum rerum. Pellem eius ostendebat undiq; albam, nisi quòd parum in dorso glauca erat. In oppido Bietz ecclesiastes quidã idemq; medicus,narrauit mihi in Massouia Rangiferos ad quadraginta tantùm adhuc superesse: eosq; ita cicures,ut inter alia armenta pascantur. Hæc ille. Sunt qui Ceruo minorem esse dicant Rangiferum, & Asello conferant. uehiculi quod trahit fundũ triangulum & carinatum fabricari solere,ut ita cõmodius sit ad sulcandum iter. non ferre calorem. in Bohemiam adductum uiuere non potuisse. Lappum qui adduxerat ſub finem Decembris, nunquã ſe maiorem cœli caloris uim ſenſiſſe teſtatũ. Cornua huius quadrupedis Bernæ in curia uiſuntur. nos etiam Auguſtæ in ædibus ampliſſimi uiri Ge. Fuggeri uidimus. GALLICE Rangier, Ranglier.

GERMANICE Rein/Reen/Reyner/Rainger/Reinßthier. Wirt mit groſſen ſcharen gefunden in Nortwegen vnd anſtoſſenden landẽ: auch in Maſſouia/welches iſt ein gegne im künigrych Poland/aber zů vnſerer zeyt vaſt wenig. Ich halt daß ſein nam ein Teütſchen vrſprung habe von dem rennen har: dañ diß thier iſt alſo ſchnäll/daß es eins tags vff xxx. Teütſcher meylen louffen mag/rc. POLONICE Renſcheron.

RHINOCEROS, uel Taurus Aethiopicus Pauſaniæ: nam alij ſunt Aethiopici illi tauri, quorũ Plinius & Aelianus meminerunt. Rhinocerotis nomen Græcum in linguis alijs pleriſq; ſeruatur. Latinè dici poſſet Naricornis. ¶ Rhinocerotis eius picturã uidimus, cuius cadauer è naufragio eiectum eſt in Tyrrhenum litus. Capite eſt ſuillo, tergore munitus ſcutulato. cornu gemino, altero puſillo in fronte, altero in nare robuſtiſſimo, quo audaciſſimè pugnat ac uincit Elephantum, Scaliger. Indorũ lingua hoc animal Sandabenamet uocat. ¶ Rhinoceros magnitudine par eſt Equo fluuiatili.

Degit

Degit autē iuxta Nilum, ab Oceano ascendens: & cum apud Indos Bouis nomine dicatur, apud Nilū nominatur Rhinoceros, Scriptor Græcus recentior innominatus. Oppianus hoc animal Oryge non multò maius esse scribit. Strabo magnitudinē Tauri ei tribuit. Plinius Elephanto longitudine propè parem facit: alij uel parem, uel paulò longiorem, humiliorē tamen, & breuioribus cruribus. ¶ Pictura quā exhibeo, Alberti Dureri est, qua clariss. ille pictor Rhinocerotē Emanueli Lusitaniæ regi anno Salutis 1515. è. Cambaia Indiæ regionę Vlysbonā aduectum, perpulchrè expressit.

GERM. Ein groß frömbd thier vß India/mit einem kleinen hörnle/vff dem halß oben: vnd einem anderen starcken horn vff der nasen/mit welchem er fräfenlich wider den Helfanten streyt/reyßt jm den bauch auf/vnd überwindet jn. Mag ein Naßhorn genen̄t werden.

ELEPHAS Græcum uocabulum, Latinis etiam receptum est, dicitur & Elephantus à Cicerone

F

ac aliis bonis authoribus. Barrus, ut Grammatici quidam annotant, lingua Sabina Elephas dicitur: unde & ebur appellatum putat Seruius, tanquam è Barro. Barrire etiam Elephanti dicuntur à sono, ut Festus scribit, per onomatopœiam. Elephantes Italia in Lucanis primùm bello Epirotico uidit, & Boues Lucas inde dixit, Plinius & Solinus. Amat insani Bellua Ponti, Lucaeq; boues, Seneca in Hippolyto. ITAL. Leofante.
GALL. Elephant. GEMAN. Helfant.

MONOCEROS, hoc est, Vnicornis à recentioribus nominatur, ut subaudiatur, fera, bestia, aut quadrupes: quod ab antiquioribus Asinus uel Onager uel Equus Indicus appellatur. ab Indis Cartazonus, ut Aelianus tradit. Quòd si quis Hippelaphū Indicū nominare uoluerit, nō fecerit absurdè, propter similitudinem ad utrunq; animal: quanquam alius est Hippelaphus Aristotelis. Orsei Indi uenantur asperrimam feram monocerotem, reliquo corpore equo similē, capite ceruo, pedibus elephanto, cauda apro, mugitu graui, uno cornu nigro, &c. Plinius: qui Rhinocerotis quædam, Monoceroti attribuere uidetur, & in unam descriptionem feras diuersas confundere. Authores certè & ueteres & recentiores in describenda hac fera uariant: ita tamē ut omnes de eodem animali sentire uideantur. Color quidem cornu, & fortè etiam corporis, non conuenit: siue reuera, siue quia à scriptoribus erratum est. Sed color speciem aliam non facit. Maius ex pedum differentia discrimen fuerit. nam Aristotelis Asinus Indicus solipes est: nostra uerò icon (talis, qualis à pictoribus hodie pingitur, certi quidē nihil de ea habeo) animal ostendit bisulcum. Solinus & alij pedes Elephanti ei attribuunt. Ludouicus Romanus patritius unicorne animal Mechæ (quod Arabiæ oppidum est, sepulchro Mahometis insigne) se uidisse scribit, ungulis anteriorum (*quasi non similes etiam posteriorum sint*) pedum bifidis, caprinos pedes fermè referentibus. ¶ Monocerotis figuram (inquit Scaliger) ex Vartomani facetissima narratione adscribemus. Vnicornibus Equi magnitudo: crura, pedes, caput, Cerui. pili color balius. Equi iuba, rarior, breuior. Coxæ uillosæ. Cornu unum integrum Niceæ uidimus: alia alibi. Suffuluū unum: unū subluteum, accedens maximè ad buxeum: unum subpuniceū. Etiam habemus frustū candidū. ¶ Nos multa de Monocerote primùm in eius integra historia scripsimus: deinde in Paralipomenis libri De quadrupedibus, & rursus in eiusdem Appendice.

Reperiuntur frequenter in Polonia cornua quædam, quæ Monocerotis esse conijciunt quidam, duplici argumento: primùm quòd singula reperiri soleant, nunquam bina quod hactenus sit auditum, quanuis aliquando cum ipso craneo & reliqui corporis ossibus inueniantur: deinde quòd uis eorum cōtra magnos & difficillimos morbos explorata sit. qua de re diligentissimè Antonius Schnebergerus olim discipulus meus, nunc magnæ doctrinæ apud Sarmatas medicus, & summus naturæ perscrutator, ad me perscripsit ante quinquennium ferè, ad cornua aliquot huiusmodi spectanda, clarissimi hoc tempore in Sarmatia medici, & mathematici nostra ætate incomparabili Ioachimi Rhætici, summi amici mei, opera admissus. Primum istorum cornuum

nuum (inquit) uidi longitudine orgyiæ meæ, colore subcinericeo uel subnigro: mucrone acutissimo, terete. Diameter circa radicē cornu sesquidodrantem excedebat. Superficies erat plana, nullis spirarum uersuris; substantia friabilis, figura incurua: interius colore candidissimo: qui fuscum colorem contrahit, si uinū imbiberit. Octo tales coniunctæ ei erant scissuræ (*laminæ*) quales in maiori parte quam mitto uidebis. est autem illa pars non de cornu, sed uel palati os, uel alia quæpiam ut coniicio. Inuentum est hoc cornu sub terra, non profundius pede, loco solitario, & excelso ut hîc sunt: inter duos colles sito, per quem torrens fluit, à rusticis fodientibus propter iacienda ædificij fundamēta. Percussum quidem securi cornu, in minimas partes dissectum est: generosus autem & magnificus uir Io. Frikasz (in cuius agro duo miliaria distante Cracouia, inuentum est cornu) qua potuit diligentia ne particulæ disgregarentur, è terra eximi curauit. A radice ad apicē usque totum rotundū (teres) fuit. linguę contactu adhæret. dens tantus erat, quantum complecti manus potest, suprema (uel extrinseca) parte osseus, intus cauus, in medio albus, in fine subruffus. Inuentum est autem totū animal: & ut ex magnitudine ossium facilè perspicitur, maius equo fuit. Quadrupes fuisse certum est ex humerorum, tibiarū & costarum ossibus. Quòd si dens Elephantis esset hoc cornu, ut quidam suspicantur, mireris cur nunquā (quod audierim) bina reperiātur. (*Sed neque adeò curui sunt Elephanti dētes, seu potius cornua, ut ad semicirculum ferè accedant, quemadmodum ista.*) Huius cornu uires, denario eius exhibito cum uino aut aqua borraginis, in febribus inueteratis, tertiana triū annorum, quartana, & alijs mirabiles sum expertus, &c. uomitum nonnullis mouet, & aluum deijcit. Hactenus de primo ex quatuor illis quæ uidi cornibus. Alterum huic simile erat, sed minus integrū: colore foris nigerrimo, intus candidissimo, in torrente inuentum. Tertium & quartum durissima, ita ut uel saxum & ferrum eis cedere potuisse existimem, solida usque ad mucronem. integra tamen non uidi: sed unius partem cubitalem, alterius sesquicubitalē: colore fusco, crassitudine eâdem ferè, qua præcedentia duo. Verùm priora duo cum nullas habeant rimas aut scissuras, hęc habent per longitudinem instar striarum in caulibus herbarum. Horum alterū in agro quodam repertum est, ita prominens, ut palum esse rustici existimarēt. Horum etiam ui medica multi à febribus liberati sunt. Quòd priora minùs dura fuerint, causam arbitror quoniā alterum eorum in aqua tanto tempore latuerit. alterū uerò sub terra uix bene absconditū. Vidi postea quintū simile primo. nullum ex eis directum, sed omnia curua, quædā ad semicirculū ferè. Hactenus Schnebergerus meus: qui hoc etiā addit plurima huiusmodi inueniri in Polonia, & idcirco ferè cōtemni. Reperta sunt autem apud nos quoque, in Heluetijs dico, mea memoria aliquot huiusmodi cornua: unum in Arula fluuio iuxta Brugam oppidum: alterum superiore anno Basileæ in Birsa flumine; quod ipse uidi, sed fractum. sicuti etiam tertium apud illustrē Cimbrorum comitem Guilielmum Vuernerum in arce prope Roteuillam, qui magno fragmento me donauit: quod quia iam diu non reperio, furto mihi subtractum suspicor: sed aliud mediocre à chirurgo & tonsore Basiliensi, qui in Birsa dum piscatur, reperit, accepi. In torrentibus quidem & fluuijs singula reperiri minus est mirū, ubi multo tempore partes separatæ aquarum ui in loca diuersa rapiuntur. An uerò in terra etiam semper singula reperiantur, considerandum est diligentiùs: & quærendum an de eodem animali sit cornu illud maximū, quod singulare in templo maiori Argentinæ ad columnā plurimis, ut apparet, annis iam pependit. uidetur enim eadem planè magnitudo, crassitudo, & figura, qua Schnebergerus sua descripsit. id superius post Boues feros exhibuimus. Cornua singula ueteres Monoceroti tantùm tribuerunt, quem alij alijs nominibus appellarunt, ut dictum est, & præterea Orygi (feræ nostro sæculo ignotæ ni fallor,) quem Aristoteles & Plinius unicornem faciūt: Aelianus quadricornem: Oppianus non exprimit, uidetur tamen bicornem facere. Symeon Sethi Capream etiam quæ Moschum gerit, monocerotem esse scribit, &c. Re-

F ij

centiores quidam (ut Scaliger repetit) in Aethiopia alicubi Bobus unicum è fronte media cornu prodire tradunt, pedali maius, curuitate ſupina, cuſpide retrorſum deuexa: eoſdemq́ pilo ruffo ueſtiri. Vnde non omnium unicorniũ cornu rectum eſſe colligimus. Sed cur in Polonia frequentius huiuſmodi cornua reperiuntur quàm alibi? an inde ſuſpicabimur, Vrorum quorundam ea fuiſſe? qui ut hodieq́ in Sarmatiæ ſyluis ſunt, ita olim nimirum longè plures fuerunt: & cum in maioribus magisq́ deſertis ſyluis uiuerent, nec tam aſſiduis uenationibus occiderentur, eorum aliquos ad grandæuam ætatem maioribus ſubinde cornibus inſignem perueniſſe uериſimile eſt. Nos hæc alijs conſideranda proponimus. Pharmacopolæ nuſquam opinor ueri Monocerotis cornua habent: ſed alij adulteratum quippiam, alij cornu illius maximi & ignoti, de quo diximus, fragmenta: & non ſolum de cornu, ſed etiam de oſſibus capitis: quorum nonnulla temporis longinquitate ita affecta ſunt, ut triplicem in eis ſubſtantiam deprehendas, ſuo quanq́ interſtitio diremptam, unam ferè corneam, & pallidam: alteram albiorem, molliorem q́: tertiam, lapideam, candidiſſimam. Audio & ex nouis inſulis Monocerotis nomine cornu adferri, cõtra uenena laudatum: quod quale ſit nondum reſciui. quærendũ autem an ſit Rhinocerotis. nam & ueteres & recentiores quidam hunc cum Monocerote confundunt. Vires quidem utriuſq́ cornibus propè eaſdem eſſe conijcio. ¶ Rupicapræ genus unicorne, Polonice Skalna koza, quaſi rupea capra, inuenitur in monte Carpatho, & ſæpe ex uenatione Cracouiam in aulam adfertur: ut retulit Albertus Moſcenius Polonus, eximiæ doctrinæ iuuenis, ipſum ſe non ſemel uidiſſe aſſerens.

ITALICE Alicorno uel Vnicorno.

GALL. Licorne. GERMAN. Einhorn.

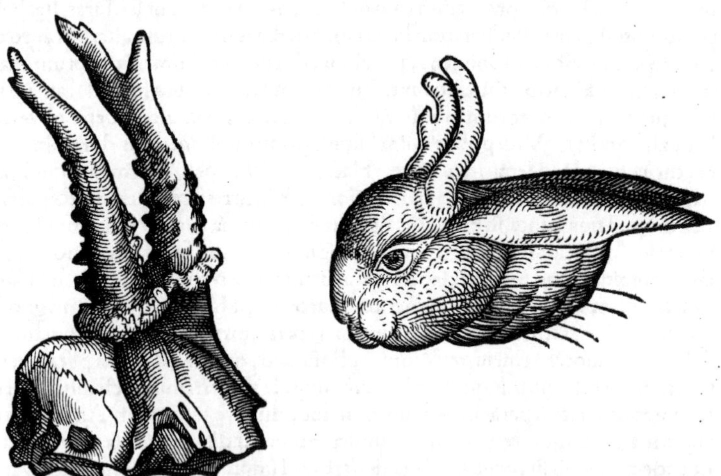

Leporis effigiem collocauimus infrà in fine Ordinis III. Quadrupedum ferorum. At hoc in loco feris cornutis ſubiungere libuit monſtroſa leporũ capita cornuta in Saxonia (ni fallor) repertorũ: quorum icones à Io. Kentmano Miſeno medico accepi. Cornua hæc (inquit) ab amico mihi donata, cùm prius à Saxoniæ principibus ſeruata fuiſſent, Leporis capiti adnata fuiſſe, uel ipſum cranium cui etiamnum hærent, arguit. ſex ferè digitos longa ſunt. Vidi & alia bina capita leporum ſimiliter cornuta, ſed nullum maioribus cornibus. Sic ille. Nos & maiorum & minorum cornuũ quæ miſit figuras expreſſimus. QVAD.

QVADRVPEDVM VIVIPARORVM FERORVM ORDO SECVNDVS, COMPLECTENS feras non cornutas maiores.

LATINE Vrſus. ITALICE Orſo.
GALLICE Ours. GERMAN. Bär.

Vrſam non parere fœtum prorſus informem, quem poſtea lambendo figuret atq; perficiat, argumento eſt fœtus ex utero matris in uenatione captæ exciſus in Polonia: quem Georgius Ioachimus Rheticus, medicus doctiſſimus, & Mathematicorũ noſtri ſæculi facilè princeps, è Cracouia dono ad me miſit. Is paulò longior digito eſt, pollicis craſſitudine, corpore pulchrè articulato, diſtinctoq; perfectè, niſi quòd poſteriora crura imperfecta adhuc retrò extenduntur à corporis trunco rectà ferè. anteriora uerò perfecta ſunt, ita ut manus etiã in palmam ſeu uolam, digitos ac ungues diſtinguantur. thoracis etiam coſtæ conſpicuæ ſunt: oculi, aures & dentes nondum.

F iij

LATINE Leo. ITALICE. Leone.
GALLICE Lyon. GERMAN. Löw.

LEO animalibus cunctis robore, animo, & crudelitate antecellit: nec feras tantùm, sed homines etiam deuorat. Nonnulli quidem multis in locis uel ducentos equites inuadere audent. Armentorum greges intrepidè aggreditur, & quos capit in proximum nemus suis catulis defert. Equites, ut dixi, est qui quinos aut senos interficiat. Quicquid apprehendit, etiamsi Camelus foret, rictu aufert. Qui montes frigidos incolunt Leones, minus habẽt atrocitatis & ferociæ: quantò feruidioribus uerò locis degunt, tantò maior eorum rabies & audacia est: uelut in Temesnæ & Fessæ regnorum confinijs, Angad deserto iuxta Telensinum, quiq; inter Hipponam & Tunetũ degunt, quos inter celebriores & truculentiores totius Africæ Leones referunt. Vêre dum in Venerem propensi sunt, cruentam inter se exercent pugnam, octo aut duodecim unà (*unam*) Leænam insequentes, Io. Leo Africanus.

LATINE Tigris. ITALICE Tigre, uel Tigra.
GALLICE Tigre. GERMAN. Tigerthier.

Tigres uulgò dictas non uerè Tigres, sed Thôas maiores esse aliqui putant, &c. Arrianus.

Dicta est Tigris à uelocitate. hoc enim uocabulum Armeniorum lingua sagittam significat. ¶ Indi Tigrim Elephanto robustiorem multò existimant. aiunt autem eam maximi Equi magnitudine esse, uelocitate & uiribus tantis, ut nullum ei animal conferri possit. nam si quando cum Elephanto pugnat, insilire in eius caput, & facilè suffocare. Quas uerò nos uidemus & appellamus Tigres Nearchus scribit Thôas uarios & maiores esse, Arrianus in Indicis. Recentior quidam Græcus, qui sub Constantino Monomacho uixit, (cuius de natura animalium libellum manuscriptum habeo,) de Tigride & Hippotigride capita separata habet. Hippotigris (inquit) similis est Ona-

eſt Onagris, animal perniciſſimum, pelle maculoſa, colore cinereo. Huius generis fe ræ Romæ in Theatro exhibitæ ſunt currum trahentes agente auriga, mirabili ſpecta culo: & talis currus (Tigribus iunctus) regiam ſponſam uexit.

LATINE Panthera, Pardalis, Varia, Africana, Leopardus. Pardum Plinius à Pan thera ſexu tantùm differre putat, quanquam dubitat.

ITALICE Leonpardo. **GALLICE** Leopard.

GERMAN. Leppard. Sind klein vnd groß. Vide ſequentes duas figuras.

PARdalium duplex genus eſt, inquit Oppianus. ſunt enim aliæ maiores, ſed cauda mi- nore, aliæ minores, cauda maiore, robore non inferiores. Eandem coloris uarij, & fi guræ corporis ſpeciem ſimilitudinemq́ ambæ, præter caudam, gerunt, &c. Alne- mer (inquit Andreas Bellunenſis) eſt animal minus Lynce, id eſt, Lupo ceruario,

F iiij

Leopardo ſimile figura & colore: ſed aliquanto maius, pedibus quoq; & unguibus maioribus & acutioribus; oculis obſcuris & terribilibus, ut ipſe uidi. Idem Leopardo (qui Arabicè nominatur alfhed) fortius, ferocius, & audacius eſt. Inuadit enim & dilaniat homines. Sic ille: ex cuius uerbis conijcias alnemer, Pantherum ſeu Pardalin Oppiani maiorem eſſe: Leopardum uerò ſeu alfhed, minorem. ¶ Alius eſt Græcorum Panther, maſculini tantùm generis, qui Lupis adnumeratur. alij enim hunc ceruarium Lupum eſſe uolunt, qui uulgò Lynx nominatur: alij canarium, (ut Theodorus & Niphus ex Ariſtotele uertunt,) quem Græci etiamnum Pantherem uulgò appellant, Arabes Lupum Armenium, Turcæ Cicalum, animal uile, minus Lupo, & cætera longe degenerans. Idem animal Pantherion & Lycopantheros nominatur, &c. Qui hunc Lupũ canarium dicunt, ex Lupi Canisq; coitu natum inſinuant: quale animal nos non rarò uidimus, Cani domeſtico perſimile, nulla cum Pantheris ſimilitudine. Qui uerò Lycopantherum nominant, Lupi & Pantheræ ſobolem faciunt: qui Leopardum, Leonis & Pantheræ. Sunt qui ut Pantheræ, Pardalidis, Pardiq; nomina non diſtinguant, (niſi quòd Pardalis uſitatius eſt Græcis, Panthera Latinis: Pardus Latinis frequens, in Græcis libris qui extãt ſemel tantùm legitur, quod ſciam, apud Scholiaſten Pluti Ariſtophanis, ſexu tantùm, teſte Plinio quanquam dubitante, à Panthera differre uidetur:) ita ne Leopard quidem. Leopardi certè nomẽ apud Græcos, Latinosq; ueteres hactenus non legimus, præterquàm recentiorem quendam Græcum innominatum, qui Conſtantini Monomachi ætate in libro De animalibus caput unum περὶ παρδάλεως inſcripſit, alterũ περὶ λεοπάρδου. Leæna (inquit) cum conceptum è Pardalide fœtum ediderit, ne Leo inuentum dilaniet, ſe unà cum illo abſcõdit, & plurimis aquis adulterij odorem abluit. Deinde tertium περὶ πάνθηρος: Pantherem, inquit, mater è multorum animalium coitu grauida parit. Indicus uerò Panther odoris ſui fragrantia feras ad latibulum ſuum allectas deuorat. Sic ille. Et debebat ſanè Leopardus propriè dici id tantùm animal, quod Leonis Leænæ'ue cũ Pardo coitu naſcitur. Sed obtinuit ferè conſuetudo, ut Leopardus ſimpliciter pro Panthera ponatur: unde & uulgares linguæ ſua mutuantur nomina, peregrinũ animal omnes uno ferè peregrino nomine uocitantes. Græci Grammatici annotant Pardalis per a. ſcribi pro fœmina, Pordalis uerò per o. pro mare. ſed authores hoc diſcrimen obſeruare non uidentur. Pardalis quidem dicta uidetur ab Hebraico Pardes, quod eſt hortus: quòd macularum oculis tanquam floribus, pellis eius pulcherrimè ornetur. Ariſtoteles ſcribit chamæleontem habere pellem pallidam nigris diſtinctam maculis, ut Pardalia, παρδάλια, τά. ¶ In aula regis Galliarum Leopardos duorum generum ali audiuimus, magnitudine tantum differentes: maiores uituli corpulentia eſſe, humiliores, oblongiores: alteros minores ad canis molem accedere.

ITALICE Lonza. GALLICE Vnza, uel Vncia.

GERMAN. Ein Vntz/ oder kleiner Leppard. mag ein Hundlep-pard/(oder Hundpard/Wolfpard/)genennet werden / dann er iſt von gröſſe wie ein Rüd/ꝛc.

PANthera Pardaliſue minor uidetur, quæ à recentioribus Vncia uocatur: quanuis improprié, ut conijcio. uidetur enim Vnciæ nomen à Lynce corruptũ. Eſt autẽ Lynx diuerſa quidẽ & ſui generis fera, Vnciæ tamen dictæ tum corporis ſpecie, tum natura & moribus ſimilis. ¶ Vnciæ effigiem hîc exhibitam Io. Caius (qui & alias multas rariſſimorum animalium icones deſcriptionesq; mihi communicauit, eo nomine de hac parte naturæ & eius ſtudioſis optimè meritus) ex Anglia ad me miſit cũ hac deſcriptione. Vncia (inquit) fera eſt ſæuiſſima, canis uillatici magnitudine, facie & aure leonina: corpore, cauda, pede & ungue felis, aſpectu truci: dente tam robuſto & acuto, ut

to, ut uel ligna diuidat: ungue ita pollet, ut eodē contra nitentes in aduersum retineat: colore per summa corporis pallescentis ochræ, per ima cineris, asperso undiq; macula nigra & frequenti, cauda reliquo corpore aliquanto obscuriori & grandiori macula. Auris intus pallet sine nig o, foris nigricat sine pallore, si unam flauam & obscuram maculam è medio eximas. Ea è duplici pelle (ea uidelicet quæ è regione exteriori maxillæ assurgit, & quæ à summo capite conuenit) in summa aure coeunte, constituta est, facileq; in sicco capite (quale domi meæ habeo) & uideri & separari eædem possunt. Reliquum caput totum est maculosum frequentissima macula nigra, (ut & reliquum corpus,) nisi ea parte quæ inter nasum & oculum est, qua nullę sunt, nisi utrinq; duæ, & eæ paruæ: quemadmodum & cæteræ omnes in extremis & imis partibus, reliquis sunt minores. maculæ in summis quidem crurū partibus & in cauda, nigriores sunt & singulares, per latera uerò compositæ, quasi singulæ maculæ ex quatuor fierent. Ordo nullus est in maculis, nisi in labro superiori, ubi ordines quinq; sunt. In primo & superiori, duæ discretæ: in secundo, sex coniunctæ, ut linea esse uideantur. Hi duo ordines liberi sunt, nec inter se commisti. In tertio ordine, octo coniunctæ sunt, sed cum quarto ubi finit commiscentur. Quartus & quintus in suo principio (quod ad nasum habent) tenui admodum discrimine separati, statim se committunt, & unà decurrunt per totum superius labrum, faciuntq; non maculam per totum id, sed latam lineam. In mortuo animali ita se habent maculæ, propter cutis (puto) cōtractionem. In uiuo maculæ istæ in suis quæq; ordinibus uidentur separatæ. In ipso medio inter hos utrinq; ordines, aliæ minores sunt exactè per quincuncem dispositę. Sed in imo labro maculæ, etsi magnitudinē, non tamen ordinem seruant. Nasus nigrescit, linea per longitudinem perq; summam tantum superficiem inducta leniter. Oculi glauci sunt. Dentes illi anteriores hinc inde sex sunt, humanis non absimiles, nisi quòd ex his, qui in medio collocantur, minores: qui per extrema, maiores sunt, ut & superiores imis. His utrinq; dens grandis, acutus, atq; longus est, in ima maxilla cæteris iunctus, in superiori, tanto spacio disiunctus, quanto dens inferior capi possit. Hi labris uelantur in uiuo animali, sed in mortuo non item, reductis præ siccitate labris. Grandis ille dens, longus est digitos Romanos duos, in ambitu ad radicem non nisi digitis duobus cum semisse comprehensus. Denti inest cauitas quædam exilis per totam longitudinem, quæ tamen non apparet nisi rumpatur dens. Inferior maxilla durum os est & rigidū, tres dentes habens magnitudine inæquales, ut & superior, quatuor. Caua etiam ea est intus per longitudinem. Inter magnum dentem & maxillariū primum inferioris maxillæ, spacium est unius digiti uacuū, à quo positus statim est primus, cæteris duobus minor. huic contiguus alius est grandior, & post hunc tertius etiam, secundo maior. In summa maxilla, in medio illo spacio (quod digiti unius Romani esse dixi) inter dentem grandem & primum maxillarem, dens est exiguus admodum & informis, demittens se tantum leniter è maxilla, nullo inferiore, qui illi respondeat, existente. Dimidiati digiti post eum spacio, secundus est, cui iunctus tertius est, & post hunc quartus. Inter se ita superiores & inferiores maxillares morsu cōmittuntur, ut pectinatim coeant. Duo priores in inferiori, & secundus & tertius in superiori maxilla dentes, eius sunt figuræ, cuius est iris in summo diademate coronatorum aureorum regis Angliæ atq; Franciæ. Eius etiam figuræ tertius est in inferiori, & quartus in superiori, nisi quòd interior utriusque ala, quæ gulæ propior est, natura demitur. His coniuncti nulli erant alij in utraque maxilla. An post interuallum unius digiti, finita dentium serie, relictum integrū, alij erant inserti, nescio. Illud scio, non nisi post id spacij amputatas maxillas, quasi studio monstrandi dentes id esset factum, indicioque nullos superfuisse. Viuit ex carne. fœmina mare crudelior est & minor. Vtriusque sexus una, ad nos ex Mauritania est aduecta naue. Nascūtur in Libya. Si quod illis coeundi statum tempus est, hic mēsis Iunius est. nam hoc mas fœminam superuenit. Leones cicurari possunt, id quod ex hoc intelligo, quòd in urbe Londino, & in arce Londinensi Leones custodum suorum oscula excipiunt, cōtactum admittunt, & colludunt. Ipse uidi. ista animalia, tam ferocia sunt, ut custos cum primo uellet de loco in locum mouere, cogebatur fuste in caput acto (ut aiunt) semimortua reddere, atque ita in capsa lignea ad hoc facta, & respirationis gratia perforata reponere, atque transportare. Post horam reuiuiscebant tamen hæc, ut cati, non nisi extremis iniurijs obnoxia morti. Itidem fecit custos cum è capsa exemit. Iam uerò nouas rationes inuenerūt reponendi & eximendi, trahendo ea in capsam fune, & eam promouendo. Aiunt hæc animalia sæpe cum Leone contendere. Paruū canem non lædunt, nisi fames urgeat: magnum uel satiati lacerant. Iratum, uocem ædit irati canis, r. literam geminantis, sed quàm quiuis canis maiorē, ex amplo pectore & arteria ductam; qualemque canis uillaticus redderet, si in cupa grandiori inclusus, ad iram stimularetur. Quod scribunt esse cane longius, id mihi non uidetur. nam sunt apud nos multi canes uillatici, qui longitudine æquent. pecuario tamē & maior est & longior, ut & uillatico humilior. Vanum est: quem Vncia uulnerauerit, eum murium con cursu permictū interire. Nā nos uidimus duos custodes ab una Vncia uulneratos, nec tamen mures accurrerunt, nec perminxerūt, neque ex uulnere grauius quid est insecutum, quàm si ex sano cane, aut incisione leui uulnus esset. Quem ferit, caput petit si possit, idque aut ex insidijs, si imparem se putet: aut simulata beneuolentia. Ita enim canem uillaticū (sic M. Varro & Columella eum nominant, quem hodie Molossum uocant: cuius generis præcipui pugnacesque apud nos sunt in Britannia, ut si uspiam terrarum, adeò ut ne cum urso quidē certare singulari certamine uereantur) dudum interfecit intromissum. primo enim conspectu, caudæ motu applaudebat: mox se ꝓsternebat tanquā supplex, tum appropinquabat uelut ludibunda, exporrecto pede uno, ut feles solent cum ludere gestiunt. tandem ubi securū putabat canem, ac de uita parū sollicitum, nacta opportunitate, impetu insultabat, ac morsu iugulū petijt, nec nisi mortuū dimisit. à morte, ungue lacerando, pectus aperuit, & cor eduxit, primūque uorauit, crudeli more. Hucusque Caius. ¶ Alphec (*meliùs Alphed, quod nomen Andreas Bellunensis simpliciter Leopardum interpretatur. Vide supra in Panthera*) animal est perquàm ferox & noxium: multi in Italia, Gallia & Germania Leunzam (ma lim Vnciam) uocant, Albertus. Vncia (inquit Isidorus, neque apud antiquiorem Isidoro ullum hoc nomen legi puto) est animal sæuissimum, non altius cane, sed longius corpore. canibus ualde infensum. prædam non edit nisi in sublimi. & sæpe cum ad arborem uenit, à summo ramo suspensam uorat, &c. Aliqui corruptius Lauzanum pro Vncia scripsisse uidentur.

LATINE Genetha, uel potiùs Genetta, aut Ginetta apud Albertum & recentiores. Forsan genus quoddam Pantherij, seu Pantheris Thoisue minoris. ¶ Genetha ardua non ascendit, sed in humilibus locis & iuxta riuos degit, Isidorus: quo nemo antiquior puto hoc nomine usus est. Ginettas Hispania mittit, forma & moribus domesticis Mustelis, quas Itali Foinos uocant, similes, pelle uaria, ac nigro & cinereo alternantibus maculis distincta, Cardanus. Cōtra quem Scaliger: Quū domestica Mustela (inquit) perpusilla bestiola sit, quomodo Ginettarū speciem ei attribuere au sus es?

Ginettæ pellis, qualis apud pelliſices ſpectatur.

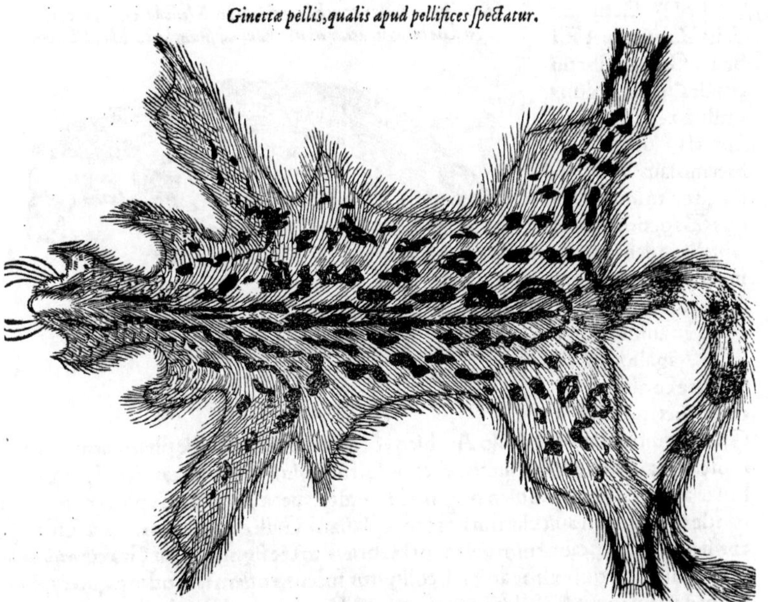

ſus eſt. Vnius Ginettæ corium ampliùs tricenas continet Muſtelinas pelliculas. Lutram enim maximam æquat. Deniq; Muſtelæ nihil, præter auriculas, Pilo uerò longè diuerſa. Si tam eſſet inuentu rara, quàm admirabili pulchritudine eſt: ſine controuerſia, præter cæteras ſummo in precio futura erat. Macularum crebritas, ordo, uegetus ſplendor nulli cedit. Idem in Hiſpania hoc animal generari ſcribit. ¶ Geneſthas Conſtantinopoli per domos, cicures uagari ſinunt, tanquam Catos, Bellonius.

Ginettæ icon à Bellonio exhibita, neſcio quàm accuratè facta. macularum quidem ſpecie pellis differt ab illa, quam nos probè ſciteq; à pictore noſtro expreſſam dedimus.

GALLICE Ginette. GERMAN. Genithkatz.

Hanc iconem doctus & nobilis quidam uir Mediolani nobis olim pingendam curauit. accuratiorẽ aliam ad finem huius libri dabimus.

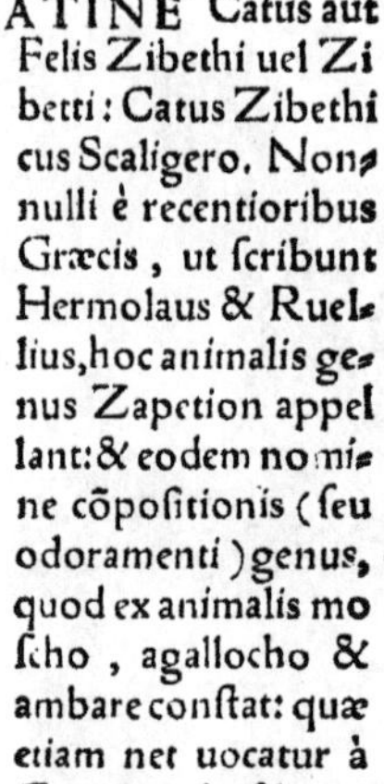

LATINE Catus aut Felis Zibethi uel Zibetti: Catus Zibethicus Scaligero. Nonnulli è recentioribus Græcis, ut ſcribunt Hermolaus & Ruellius, hoc animalis genus Zapetion appellant: & eodem nomine cõpoſitionis (ſeu odoramenti) genus, quod ex animalis moſcho, agallocho & ambare conſtat: quæ etiam net uocatur à Græcis quibuſdam uocabulo Arabico, & aliter algalia: hodie pharmacopœis galia moſchata: Gallis uulgo ciuetta. Aëtius ſuffumigium regiũ uocat: ſed ſtyracẽ addit. Fortè autem Zibetti nomen originis Hebraicæ fuerit, ſicut & Cyphi medicis notũ, (unde Cypriarum auicularum nomen ſeplaſiarij Galli detorſerunt,) & à ſuffitu (ut coniicio) dictum, caua enim uel cauot Hebræis urere ſignificat, ut Græcis καίω καίσω: nimirum quod qui ex hoc animali colligitur ſuccus, eodem ferè odore, quo cyphi ſuffitum percipiatur. ¶ Aliqui hanc feram ad Pantheræ uel Pantheris genus pertinere coniiciunt: Bellonius Hyænam eſſe ſuſpicatur. ego uerò ſui generis Indicum Aethiopicúmue animal eſſe dixerim. ¶ In animalis huius, tam maſculi quàm fœminæ genitalibus folliculum odorati humoris feracem gigni Cardanus tradit: diſtinctiùs uerò Alexander Benedictus: Odoramentum (inquit) ex hoc animali colligitur, in fœmina inter genitale & aluum, in mari inter genitale membrum ac teſtes. ¶ Zibeth (inquit Scaliger) uocatur odoramẽtum quoddam pingue, craſſum, nigri ſaponis facie: quod ſudor eſt animalis, & ſtrigmentum quoddam: non ſemen, ut quidam putant, nec humor exactus è loculis genitalibus. extergitur autem cochleario argenteo æreóue, aut quod nonnulli magis probant, corneo. neq; uerum eſt, quod aliqui aiunt, nullo unquã tempore miteſcere. Tres Romæ uidimus apud Cardinalem Galeottum. Vnum Mantuæ. Romanenſes illos pipionum carne ad ſucci prouentum ali uidebamus. nõ niſi irritatis peti atq; diſtringi. quoniam & plus materiæ cieretur, & odoratius eſſet uirus illud. Tantumq; abeſt ut eſſent implacabiles, ut unus eorum humeris geſtari ſe pateretur. Ab Alexandria aduectos illos aiebant Cardinali. neq; enim in Hiſpania gignuntur, ut aliqui fortè putant. Ladanũ & Zibeth maximè ſunt affinia. Collectum Ladanum (quippe è Creta quàm recentiſſimum allatum habuimus) tam malè olet, quàm Zibeth, cum detergitur. Tempore & arte purificatum deponit uirus, & fit ſuaue. ſic & Zibeth. ¶ Ex literis Io. Caij Angli ad me: Nuper fortuna mihi Zibettum animal ex Africa obtulit. Id curioſius ad uiuum atq; diligentius depictum ad te mitto, ut non ſit ouum ouo ſimilius. Id fele quouis maius eſt, & taxo paulò minus, facie acuta ut taxi aut martis, aure breui obtuſa & orbiculari, intus pallida, foris nigra, niſi in marginibus, ubi palleſcit. Oculo cœruleo & cœleſti, crure & pede nigro, explanatoq; magis quàm feli: ungue item nigro, nec in pede abdito, nec ita adunco ut feli, dente magis quàm ungue timendum. Totum eſt maculoſum. Etenim naſus illi niger eſt, ima pars maxillæ ſuperioris palleſcit, media nigreſcit: inde ad uerticem melino colore eſt. Inferior maxilla nigra eſt tota. Setæ in labro ſuperiori albæ ſunt in pallida cute, ut & paulò ſupra oculum duæ aliæ albæ, in cute nigra. Guttur nigreſcit. Paulò infra ſupraq; aurem lineæ tres nigræ oriuntur, quarũ prima, recta de ctà descendit ad guttur: secunda, obliquè defertur ad mediam colli longitudinē: tertia obliquè item ad armum ferè pertinet. Paulò infra id loci, contrario ducto, aliæ lineæ exorsæ, semicirculari penè modo ascendunt ad spinam per armū, idq; per armi tantum regionem. Nam cæterum corpus macularum lineas (seu ordines) abruptas aut continuas, per corporis longitudinem dispositas, aut productas habet. Etenim quæ per spinam tenditur una, longa est & cōtinua, ab armis incipiens: secunda una item, sed abrupta ut & tertia. Quarta & quæ deinceps sunt, maculæ discretæ sunt, sed ita ut in longitudinem porrigatur earum positio. Cauda illi ex dimidio priori maculata, ex posteriori nigra ex toto est. Pilus per faciē, tibiam, atq; pedē, mollis est & sessilis: per reliquū corpus, profundus, rigidus, & erectus. Maculæ penitus descendunt, non per summa tantum incūbunt. Lingua non scabra, sed læuis est. Sub cauda meatus est, ut cæteris animalibus, per quem alui excrementum egerit. Paulò inferius, ciuettæ receptaculum est. Pari post spacio pudendum masculinum est, in corpore abditum. Iratum, uocem edit irati canis r. literam geminantis. Aliter affectū, felis, cum adhuc sit iuuenis, sed submissam. Longum est zibettum à capite ad caudam, pedem unum, palmos tres, & digitum unum Romanum. Crassum, sub uentre maximè, quà maximū est, pedem unum, palmos duos, & digitos tres Romanos. Mansuetum animal hoc nostrum est, & tractabile. Vendebatur libris octo nostratibus, hoc est coronatis Gallicis uiginti quatuor, aut florenis rhenensibus quadraginta octo. Hæc omnia Caius. ¶ Tua Zibethici Cati imago (inquit Io. Kentmannus ad me) non probè expressa est: ea quam mitto (*misit autē illi quā à Io. Caio accepi undiquaq; similem*) accuratè depicta est ad huius generis animal uiuū, quod illustrissimus Saxoniæ dux elector Io. Fridericus septuaginta taleris (*taleri precium est circiter denarios argenteos octo cum dimidio*) emptum habuit, anno Domini 1545. Animal est mundiciæ studiosum. locus in quo degit, euerri debet quotidie, & uasa elui. longum erat ulnam communem, dentibus instar Canis armatum. Succus odoratus quo turget, bis in septimana ei demebatur: secus enim affricabando se ad quæuis pxima, eum exprimebat. Cibi auidissimum & uorax est. consumebat enim quotidie oua elixa dura numero quindecim, singula decorticata singulis bucceis: aut carnis libras (*16. unciarum nimirum*) duas, aut pipiones duos, aut duos gallinaceos pullos. Omnem eius cibum in aquam imponebat minister. Postea cum is princeps amico cuidam hanc felem donasset, negligentius tractata breui interijt. Quanquā autem sumptuosa sit eius nutritio, pretio succi qui ex eo colligitur, sumptus pensatur non sine lucro. Hæc ille. ¶ Zibethi feles, (inquit Io. Leo Africanus) naturæ syluaticæ sunt, atq; in Aethiopiæ syluis reperiuntur. Mercatores catulos saltem cōparant: quos lacte, furfure & carne nutrientes in caueis alunt. excrementum uerò bis uel ter singulis diebus excipiunt, quod quidem animalculi sudor est. nam uirgula crebris ictibus percussum frequenter per caueam agitatur donec erumpat sudor: quem sub coxis, brachijs, collo & cauda excipiunt: quod quidem excrementum uulgò Zibethum dicitur.

LATINE Lynx uel Lupus ceruarius, uel Chaus, uel Raphius, & Thos secundum aliquos. Chaus animal (inquit Plinius) quod Galli Raphium uocant Lupi effigie, Pardorum maculis. ¶ Vnciæ nomen quanquam recentiores Leopardo seu Pantheræ minori tribuunt, à Lynce tamen corruptū uidetur. est autem & ingenio & corporis effigie simile animal. cauda breuior Lynci, illi longior, &c.

ITAL. Lupo ceruero. GALLICE Loup ceruier.

GERM. Luchs oder Lux. ANGLICE Luzarne.

G

Icon hæc proba est, excepta facie, qua Felem referre debebat. meliorem quæres sub finem huius libri.

Est in arce Londinensi (inquit Io. Caius) animal carniuorum, agni bimestris magnitudine, corpore toto, capite, ore, pede & ungue felis. Sed sua barba atque cauda, illa, utrinque dependente, ex dimidio anteriori nigra, posteriori alba: hac, breui atque crassa, ex dimidio superiori ruffa, inferiori nigra. Oculo flauescente, cilio obscurè albicante. Aure, ut cati, erecta, pilo intus albo & tenui repleta, foris albo & nigro uestita, sed ita ut summa pars nigro, media, triangulari ferè modo, candido, & ima nigro uestiatur. Nec est ea contenta suo orbe finiri, nisi etiam & anterior eius pars seu extrema margo & posterior etiam, eo modo recuruetur in auersum, quo modo margines galeri sacerdotis Græcæ apud Venetos ecclesiæ ad superiora replicantur. Summis auribus insident pili aliquot nigri, ueluti cristæ. Color animali est in extima parte, ruffus, in intima albus, sed respersus hîc fuscis & ferè per quincuncem dispositis, illic sui coloris obscurioribus maculis, singulari pilo candido & item frequenti per uniuersum corpus præter cætera conspicuus, ut est in quibusdam cuniculorum nigris pellibus. Ex utraque nasi parte, maculæ quatuor sunt, ordine recto positæ. In utroque labro, ut nunc dicemus. In superiori labro, quinque sunt macularũ ordines æquidistantes. In primo ordine & summo, quatuor: in secundo, quinque: in tertio, octo: in quarto, quinque: in quinto, quatuor sunt, & hæ etiam in suo quæque ordine æquidistantes. In imo labro, septem sunt tantũ insigniores, duobus ordinibus collocatæ. In primo, quatuor, ad ipsam labri oram: in secundo post eas, tres aliæ: post has, aliæ minores, sed non ita certa lege dispositæ ut superiores. In superiori labro, utrinque extant pili quidam rigidiores atque albi, ut in catis & leonibus. Nasus illi ruffescit pallidè, distinctus à cætera facie undequaque linea nigra. Extremum nasum per longitudinem alia linea (ut in Vncia) diuidit, sed per summa tantum leuiter ducta, non per ima altiùs impressa. Pes illi callosus est, & unguis, ut Feli & Vnciæ, in pede abditus, nec nisi appetendo prætendit, ut illæ. Scandit mirum in modum, ita, ut, ea in re quid possit, ipsa natura uel in cauea docet. Mobile animal est, & loco stare nescit, adeò ut nisi fortè fortuna Pici martij uox ex corbe cuiusdam rustici, (qui tum Leones uidendi caussa uenerat) quietum reddidisset & attentũ, nulla fuisset spes exquisitioris delineamenti. Eo præsente, quietissimum erat: illo discedente, nusquam consistebat. Quamobrem coactus eram misso post rusticum famulo, uocalem illum emere, quo præsente, mirabundum tantisper constitit, dum confecto negotio atque absoluto opere discedendũ fuit. **Luzarne** nostri uocant, Leunciámne an Lyncem ex uocum symphonia dicturi, ambiguum est. Pellis in usu est magnatum, & precijs uenditur amplioribus. Nõ excandescit

candeſcit niſi in iniurioſos. Vocem reddit qualem felis, cum ſuccenſet ſocio cibum prærepturo. Cuſtodi blandum eſt & mite, nec in quenquã ſæuum. Hactenus Caius. ¶ Inuſitatæ formæ animal anno Domini M. D. XLVIII. menſe Maio è ſylua Aureliana in agrum Bituricenſium impetum fecit, tanta feritate, ut nemo agricolarum aut uiatorum tutus ullis armis eſſet. Mediæ inter Lupum & Ceruũ naturæ fuit, (*dicere forſan uoluit Lupum ceruariũ fuiſſe,*) antea illis in locis ignotum. Hæc ex Chronicis cuiuſdam, qui addidit Paralipomena hiſtoriæ Carionis. Ego, ſi bene memini, non in Gallia natum animal ita graſſatum eſſe accepi, ſed Leopardum, qui ex aula Regis, ubi alebatur, euaſerat. & hoc alicubi in Hiſtoria quadrupedum à me literis mandatũ puto, locus iam non occurrit. id cũ legiſſet Io. Caius, ſic ad me ſcripſit: Quod ſcribis de Leopardo regis Galliæ, poteſt etiam ſcribi de quodam quem habuit Angliæ rex Henricus octauus, uti mihi retulit nobilis quidam ſeptuagenarius eius olim familiæ. Sic ille: & certè uerisſimilius eſt, Pantheræ quàm Lyncis tantum robur & tantam ſæuitiam fuiſſe. ¶ Cæſar Scaliger libri de ſubtilitate ad Cardanum, Exercitationis 210. prima parte, ſentire uidetur feram quæ Luberna uulgò dicatur, fœminam eſſe: Lyncem uerò marem, Lupũ ceruariũ ſcilicet. Huic. n. (inquit) breues, orbiculares, diſtinctæ maculæ: illi productæ, & admodum continuæ pleræq;. Lupi autem dici uidentur ab auiditate. uicina enim omnia populantur. quocirca in Scandinauia ubi Lyncum frequentia, aliarum ferarũ inſignis raritas. ad uictum maxima ex parte agreſtiũ felium prædam faciunt. Ceruorum eſſe hoſtes acerrimos (unde ceruarij nimirum cognominantur) ex Oppiano diſces: qui luculentiſſimis uerſibus eiuſmodi pingit uenationem, qualem pugnam Delphinis & Amiarũ: ac Thoas uocat. Sic ille. Sed cum Lynces etiam alibi ab Oppiano nominentur, quorum genera duo facit, Thós ne an Lynx ſit Luchſa noſtra, conſiderandum eſt.

ALIA Lyncis effigies (ex tabula regionum Septentrionalium Olai Magni) Felem ſylueſtrem perſequentis. GERMANICE **Der klein Luchs/ wirt in Gottland gefunden/ jaget die wilden katzen.**

Hanc imaginem Hyænæ *in ueteri Græco codice manuſcripto poematum* Oppiani *reperi. mihi quidem non placet.*

LATINE Hyæna uel Belbus: cuius hæc imago eſt, qualem in uetuſto codice Græco poëmatũ Oppiani manuſcripto reperimus. Vomitionẽ hominis imitari traditur ad ſolicitandos canes, quos inuadat, ut ex Ariſtotele Plinius repetit. Hyænæ aũt nomen factum eſt, ab eo quòd eius dorſum ſeta duriore & longiore tanquam ſuilla rigeat: corpus reliquum, quod cærulei coloris (ut Oppianus tradit) tęniæ

diſtinguunt, non item. Phryges & Bithyni Hyænam Ganon uocitant, Heſychius:

G ij

ſed Glanon uidetur legendum ex Ariſtotele: quanquã Auguſtinus Niphus etiam Hyænam Epheſiȷ Gannum (n. duplici) uocari, ex Philopono annotauit. Et nimirum etiam Glanis piſcis graſſator ac uoraciſſimus (Siluro opinor cognatus) ab hac quadrupede ſuum nomen accepit. Arabicè Zabo uel Dabu nominatur. Syriacè Dabha uel Dahab. In ſacris literis bis legimus Zeebe ereb, & ſemel Araboth: interpretes uariant, nam Lupos Arabiæ, aut ſolitudinum, aut ueſpertinos interpretantur. ego Hyænas eſſe crediderim: quæ ueſperi & noctu graſſantur, Lupis alioqui ſimiles in multis: ſed magis quàm illi aſtuti, malefici, uoraces atq; crudeles. ¶ Dabuh (inquit Io. Leo Africanus) Arabica appellatione, Africanis Ieſef dicitur. Animal id & magnitudine & forma Lupum refert, pedes & crura homini ſimile. Reliquo beſtiarum generi non eſt noxiũ, ſed humana corpora ſepulchris euellit ac deuorat, abiectum alioqui ac ſimplex animal. Venatores antrum in quo degit edocti, tympanũ cantantes pulſant: cuius harmonia demulſum, nõ animaduerſis technis, ſolido fune crura conſtrictum extrahitur ac interficitur. Sic ille. quibus perlectis ſtatim animaduerti animal quod uulgò Papionem uel Babuin aliqui nominãt, omnino Hyænam eſſe. Olim Arctopithecum eſſe ſuſpicabar, (propter informem & urſinam ferè corporis craſſitiem, & ceu manuũ pedumq; cum eiſdem in Simia aut homine partibus ſimilitudinem, quodq; arbores ſimiliter aſcendit, & ȷſdem ueſcitur cibis:) quæ omnia tamen non ſolum cum Simia, ſed etiam Vrſo ferè, ut & pili colorem, communia habet, tanquam Arctocyon quidam, hoc eſt ex Cane & Vrſo compoſitum animal. Bellunenſis Cani ſimile eſſe dicit, medium inter Lupum & Canem, noctu latrare: in Syria abundare inter Damaſcum & Berytum. Eius figuram hîc adȷcio, qualem reperi in charta quadam typis excuſa.

In eadem charta deſcriptio Germanica continebatur huiuſmodi: Hoc animal Papio (Pauyon Germanicè ſcribitur) à frequente populo ſpectatum Auguſtæ Vindelicorũ, anno Salutis 1551. in magnis Indiæ ſolitudinibus, & rarò quidẽ, reperitur. Veſcitur malis, pyris, & aliȷs arborum fructibus: apud nos etiam pane. in potu uinum amat.

amat. Eſuriens conſcendit arbores, easq; concutit, ut fructus decidant. Quòd ſi Elephantum ſub arbore uiderit, nihil curat: alia uerò animalia cum ferre non poſſit, omnibus modis repellere conatur. Natura alacre eſt, & præcipuè cum mulieres uiderit (ad libidinem pronum) alacritatem ſuam oſtendit. Digitos in pedibus quatuor humanæ manus digitis ſimiles habet. Fœmina in hoc genere ſemper geminos parere ſolet, marem ſimul & fœminam. Hæc ad uerbū ex charta illa reddidimus. Papionem quē pingis (inquit Petrus Coudenbergius, pharmacopola Antuerpienſis eximius, in epiſtola ad me) uidi uiuū: nec ineptè depictus eſt anum oſtentans, nam ad nutum, haud ſecus atq; caput reliqua animalia, eum uertebat, frequentiùs populo oſtentans. ¶ Sub genere uno cōmuni, ſed quod noīe uacat, ſunt Lupus, Canis, Tigris, Vulpes, & Hyæna, Scaliger. ¶ Ego aliquando Simiarum generis cum propter cauſas prædictas hoc animal eſſe conijciebam: tum quia Babuini nomen, ad Papionis nomen alludit. Sunt autem Babuini (ut Io. Leo Africanus ſcribit) Simiæ non caudatæ. uerùm Papio (ut apparet) caudam breuem gerit. qui ſi non Arctopitheci, Lycopitheci tamen nomen ex Lupo & Simia compoſitum, corporis ſimul & morum ratione meretur. Quòd ſi Hyæna hæc eſt, ut omnino perſuaſus ſum, (nam & Arabes medici, ut Auicenna de animali Dabha nomine, eadem ſcribunt, quæ de Hyæna Græci,) nō erit Lupus aureus Oppiani (is enim Hyænæ ſeorſim meminit) ut Bellonius conijcit in Singularibus ſuis libro 2. cap. 108. Paruus quidam Lupus (inquit) in Cilicia & tota ferè Aſia reperitur, qui rapit & aufert quæcunq; inuenerit noctu circa dormientes, (ad quos proximè accedit) ut pileos, ocreas, frenos, calceos, & huiuſmodi. Forma ei inter Lupum & Canem eſt. Multi eius ueteres tum Græci tum Arabes (Arabicū nomen non exprimit) meminerūt. Græci hodie uulgò appellant Squilachi (σκύλακοι nimirum multitudinis numerò pro σκύλακες:) & hic eſſe uidetur quē Græci authores Lupum chryſeon, id eſt, aureum, cognominant. Non multò minor eſt Lupo. Noctu incluſus, Canis inſtar latrat. Nunquam ſolus reperitur. eſt enim gregarius, adeò ut aliquando ducenti in unum gregē coëant, & nihil per Ciliciam hoc animali frequentius ſit. Vociferantur autem in grege alius poſt alium, ac ſi Canis uocem hau hau repeteret. Color eis egregiè flauus eſt: quamobrem pellis eorum ueſtibus fulciendis deſtinata non paruo illic in precio eſt. Hæc ille. Atqui ſolus Oppianus Lupi aurei meminit: qui in altis montibus degat, Lupo præſtantior fera ac robuſtiſſima, præſertim ore & dentibus, ita ut æs & ſaxa aliquando perforet. at Papio inferior uiliorq; eſt Lupo. quamobrem Papionem, Hyænam eſſe concludimus, multis hactenus ſeculis re, nomine & figura doctiſſimis etiam uiris ignotam. ¶ Quod ad nomen Dabha, Syriacum illud uel Chaldaicum eſſe apparet. Deeba Chaldæis Lupus eſt, Hebræis Zeeb uel Seb. ſolent autem Chaldæi z. in d. mutare. Alſebha (inquit Andreas Bellunenſis) nomen eſt cōmune ad omnes quadrupedes, quæ hominem dentibus & unguibus inuadunt, mordent, lacerant, & aliquando interimunt, ſicut Leo, Lupus, Tigris, & ſimiles. inde mores alſebhaie dicuntur, ferini ſcilicet, immanes, crudeles, belluini: quales huius generis animalium ſunt. Sic ille. Vt Dabha Hyænā Syris & Aſſyrijs, ſic Dob Vrſum ſignificat. eſt autem, ut prædiximus, aliqua inter has feras ſimilitudo. Lupi quidem aurei, de quo diximus cognomen, ab Hebræis ſeu Syris ductū uidetur, qui aurum nominant ſahab, uel ſehab, & dahab uel dehab: Lupū uerò ſeeb, deeb, deeba. Circa Hyænæ tamen colorem non omnibus conuenit. Ariſtoteles Lupi ferè colorem ei tribuit, quanquā non omnes Luporū ſpecies eodem colore ſunt: Andreas Bellunenſis Vrſi: Bellonius aureum: Oppianus frequentes utrinq; cœrulei coloris tænias. ¶ Coït Hyæna cum alijs etiam ſpecie diuerſis animalibus. nam ex Leæna Aethiopica Crocutam parit, ut Plinius ſcribit. Heſychius Thôes ex Hyæna & Lupo generari ſine authore tradit. Thos (inquit Euſtathius in librum XI. Iliados) animal eſt Leonibus inimicum, & Lupo ſimile, ſecundum uetere, unde & uulgò fortè Lycopanther uocatur. Et rurſus in lib. XIII. Veteres (inquit) Thôem tra-

G iij

dunt Hyænæ ſimilem eſſe, & cum ſaltu ingredi, idq; ſtatim ut natum eſt: (οὐ ἡ βάδισις μετὰ ἅλματος, ὃ τεχθὲν ἅμα βαδίζει.) quamobrem erramus qui uulgò Lycopantheres feras degeneres (ἀγεννεῖς) & fructibus ueſcentes, putamus eſſe Thôes, qui uel aduerſus Leonem audacia præditi ſunt. Hæc Euſtathius. Homerus quidem libro XI. Thoes Ceruum (ſagitta percuſſum, cum iam ſanguine exhauſtus fugere amplius nequit) lanîantes, ſuperuentu Leonis diffugere canit. Hyænam, Crocutam (fœminino genere, uel Crocottam maſculino,) Leucrocutam & Manticoram ſeu Mantioram ueteres in ſuis deſcriptionibus confundere uidentur. Porphyrius Hyænam dicit ab Indis appellari Crocutam. Videtur autem ut Pantherarum genus eſt duplex, ita & Hyænarum genus unum in Syria eſſe, minus & innocentius: alterum uerò maius & pernicioſius apud Indos ac Aethiopes, quod illorum lingua Crocuta nominetur, & ab imperitis cum Leucrocuta, cui acies dentium perpetua eſt, confundatur, eò quòd ſimiliter homini inſidietur, &c. hanc Indicam Aethiopicámue Hyænam cognominare licebit. Qui in Aethiopia uocatur Crocottas (inquit Agatharchides) tanquam ex Lupo & Cane compoſitum animal, hoc nomen accepit. utroq; tamen ſæuius eſt, & multò grauius (βαρύτερον) facie ac ſummis pedibus. robore admirandus, dentium ui præcipua, & uentris (omnia concoquentis.) facilè enim omnium oſſium genus frangit, cōminuit, deuorat, & incredibili concoctione conſumit. Eundem aiunt ſermonē humanum imitari, quod nobis quidem non perſuadent: & nominatim uocatos nocte, accedentes ad ſe tanquā hominē, deuorare. ¶ Hyæna ex Lupo concipit & parit Onolycum (lego Monolycum) dictū, qui non in grege, ſed ſolitarius degit, inq; homines & pecora graſſatur, ut ſcribit Græcus recentior, qui etiam pilum acutū ac denſum (τρίχα ὀξεῖαν καὶ πυκνὴν) ei tribuit: & ſine uertebris collum, uno rectoq; oſſe rigens, ſicuti Plinius quoq; & Solinus. quod de Lupo etiam Aelianus ſcribit, & aliqui de Leone. ego omnium animaliū, quæ collum propriè dictum habent, uertebris id conſtare puto. Scaliger Leonis collum uertebris conſtare affirmat, contra quàm proditum ſit ab antiquis. ¶ Hyænæ forſan cognatum eſt animal quod aliqui Gulonem uocant, de quo proximè dicemus.

ITALI, GALLI, & GERMANI Papionem appellant, uel Babionem potiùs, neſcio qua de cauſa: Babion, Babuin, **Babian**: quāquam aliqui Babion Gallicè, Germanicè & Illyricè dictum animal, Cynocephalum interpretantur. **Diß thier hat ein frömbden namen Babian/ mag ein Nachtwolff/ Hundswolff/ Bärwolff/ oder Affewolff genennet werden: oder ein art deß Vilfraſſen/ von welchem hernach volget.**

GVLO dictus ab Olao magno, ex cuius Tabula Septentrionalium ad Europam regionum iconem hanc qualemcunq; mutuati ſumus. Idem in regionum iſtarum hiſtoria, qua parte de animalibus earum ſcribit: Inter omnia (inquit) animalia quæ immani uoracitate credūtur inſatiabilia, Gulo in partibus Suetiæ Septentrionalis præcipuè memorabilis eſt, ubi patrio ſermone Ierff dicitur, & lingua Germanica **Vielefraß**, Sclauonicè Roſſomaka à multa comeſtione: Latinè uerò non niſi fictitio, Gulo, uidelicet à guloſitate appellatur. Magnitudo eius, quæ magni Canis: aures & facies Cati: pedes & ungues aſperrimi. corpus uilloſum, prolixis pilis ſubfuſcis. cauda Vulpis, (*Corpus & cauda Vulpis, inquit Matthias à Michou, qui in Lithuania & Moſcouia hoc animal inueniri tradit,*) ſed breuior & pilis denſior: unde optima conficiuntur hyemalia capitum tegumenta. Hoc animal reperto cadauere tantùm uorat, ut uiolento cibo corpus inſtar tympani extendatur. inuentaq; anguſtia inter arbores ſe ſtringit, ut uiolentiùs egerat: ſicq; extenuatum reuertitur ad cadauer, & ad ſummum uſq; repletur, iterumq; ſe ſtringit anguſtia priore, repetitq; cadauer, donec eo conſumpto aliud ſolicita uenatione inquirat. Caro eius omnino inutilis eſt ad humanam manã escam: sed pellis percõmoda atq; preciosa. Cãdet enim fuscata nigredine instar pãni Damasceni, diuersis ornata figuris: eadẽq; eo pulchrior aspectu redditur, quò magis artificum diligentia & industria, colorum conformitate, in quocunq; uestium genere fuerit coniuncta. Soli principes & magnates eo indumento tunicarum more confecto hyemis tempore utũtur: quia calorem concipit citiùs, & diutius seruat cõceptum: idq; non solùm in Suetia & Gothia: sed & in Germania, ubi raritas harum pellium maiorem sortitur æstimationem. Et huius causa sagittis à uenatoribus hoc animal petitur. Hæc ille. Rosomachæ nomen Sclauonicum est, inquit Scaliger: nos iocò Vulturem quadrupedem consueuimus appellare. cadauera nanq; miro certoq; odore sectatur. ¶ An Hyæna quædam Scythica hoc animal sit, uel potiùs sui generis, quærendum. ¶ Pileo ex huius feræ pelle confecto uel Polonorum reges aliquando utuntur. Pili in ea (ut Schnebergerus meus ad me scripsit) sunt longi, sed nõ admodũ densè dispositi, nigri, splendẽtes, ut Zobellæ uideri possint: minoris tamen quàm Zobella uenditur. Alitur hoc animal apud Lithuanos (ut audio) in principum aulis propter admirandam uoracitatem: tantumq; robore pedum ualet, ut arborem in duas partes diuidat, & aluo per medium districta se exoneret, ita ut tu uerẽ scribis. Iam scripsi ad CL. V. Ioachimum Zĩmermanum, qui Vilnæ (quæ urbs Lithuaniæ caput est) medicum agit illustrissimi principis, utq; curet mihi depingi hanc feram, & certam eius historiam perscribat tuo nomine rogaui. Hæc ille.

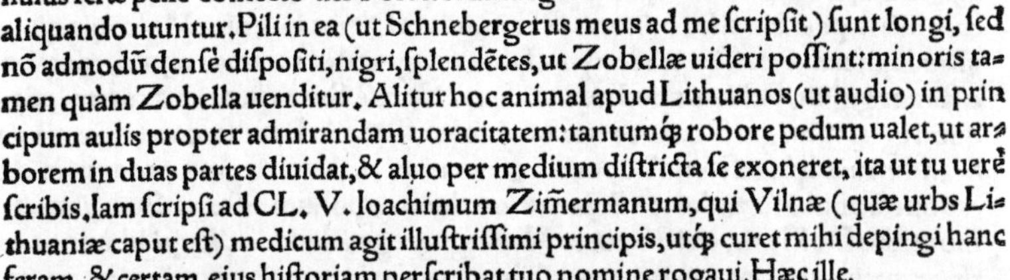

GERMAN. Ein Vilfraß/wirt gefunden im künigreych Schweden: auch in der Littaw/vnd bey den Moscouiten oder Rüssen. Frisset sich so voll an andern abgestandnen thieren/dz er vor völle vnd verstopffung ein enge zwüschend zweyen böumen sůcht den bauch zů streiffen/vnd das gefür außzetrucken.

LATINE Lupus. ITALICE Lupo.
GALLICE Loup. GERMAN. Wolff.

LVPORVM genera quinq; Oppianus describit: quorum primus ab eo uocatur τοξευτής, id est, sagittarius, (à celeritate fortassis: qua tamẽ non hunc, sed secundum inter Lupos præstare ait,) perq; audax, toto corpore rufo seu fuluo, membris rotundis, capite præ cæteris Lupis grandiori, ut cruribus etiã maioribus & uelocibus. Venter eius canis aspersus maculis albicat. Vlulat horrendùm, & sublimi impetu fertur. Caput assiduè concutit, igneis oculis. II. Circus (nimirum à simili ingenio Circi auis in Accipitrum genere) uel Harpax, id est, Raptor, corpore maior & longior, omnium uelocissimus, ar genteo per latera & caudam colore. Hic montes habitat: & magno cum impetu summo mane uenatum exit, perpetuò famelicus: Cum montes niuibus replentur, interdum ad urbes per famem impudentissimus accedit, furtim omnino & placide, donec in propinquo alicubi Capram corripiat. III. Aureus cognomine, præcipua pulchritudine spectabilis, multis comatus pilis resplendet. is niuosos Tauri scopulos, Ciliciæ rupes, & Amani iuga incolit, non Lupus, sed Lupo præstantior, ardua fera. Robustissimus est: præcipuè autem ore & dentibus ualet, æs, ferrum & saxa aliquando perforans. Sirium orientem metuit, & mox in aliquem terræ hiatum aut obscuram speluncam se abdit, donec Solis æstus imminuatur. IIII. & V. communi nomine Acmones nuncupantur, (nescio quam ob causam: nisi acmonis, id est, incudis aliqua in corpore eorum similitudo reperiatur: aut ab Acmone forsan aue rapace Aquilarum generis:) utrique paruo sunt collo, humeris latis, hirsutis femoribus & pedibus, rostro minore, oculis paruis. sed differunt, quòd alteri dorsum argenteū & uenter albus splendeant, ac soli pedes imi nigricēt. hanc aliqui Ictinū (id est Miluum) cânum (ἰκτῖνον πολιότριχα) nominarunt. Alter colore niger, corpore minor, non tamen infirmus, Lepores in primis inuadit, & rectis undique pilis riget. Hæc Oppianus. Videtur aūt primum Luporū genus esse, quod plerisque regionibus, præsertim planis, communius est. secundum uerò, montanum siue alpinum. in Rhætia quidem nostra magni Lupi nigricantes reperiuntur, robustiores, & maioris precij: audio tamen cum illis sæpe etiam alios minores & communes Lupos inueniri. Moscouia qua iungitur Lithuaniæ, passim in Hercynia sylua, prægrandes ac atros Lupos, eosque ferocissimos gignit. Pellium apud nos artifices Lupos è Suetia in primis commendant: quòd egregij, magni & cinereo siue cano colore sint. In Landserucca (quæ maxima Scandinauiæ sylua est) tria Luporum genera capi, Olaus Magnus prodidit in explicatione Tabulæ suæ. Idem in Septentrionalium regionum historia: Sunt (inquit) in montibus Doffrinis, qui Suetiæ ac Noruegiæ regna diuidunt, Lupi albicantis coloris, gregatim ut pecora, partim in uallibus, partim in montibus uagantes: quorum esca sunt animalia imbecilla, ut Mures, Talpæ, & huiusmodi. Syluestres uerò & communes Lupi, armentis & pecoribus incolarum mira importunitate insidiantur. contra quos uenatio publica instituitur. non uerò tam curam habent ut ueteres Lupi interimantur: quàm ut tollantur catuli ne adolescant. Quidam ex catulis sic interceptis etsi domestici fieri uideantur uinculis clausi, sæuitiæ tamen suæ non obliti, qui busuis alijs, etiam uolatilibus, insidiantur. Fœtus quidem ex ijs & Cane domestica procreatus, ualde inimicus efficitur omni reliquo Luporum generi, quod gregibus insidiatur. Est & genus Luporū Thoës dictum, cæteris longitudine procerius, sed breuitate crurum dissimile, uelox saltu, &c. Sed hæc ueteres de Thôe scripserunt: quæ ab Olao non simpliciter repeti oportebat. ¶ Genus unum anonymū est, quod continet Lupum, Canem, Tigrem, Vulpem, Hyænam, Scaliger Exercitatione 202. ubi contra Cardanum scribit Luporum & Canum species esse diuersas, nec inuicem transire: & Lupum nō sola feritate à Cane distare, sed tota specie. Reperiuntur enim (inquit) Canes feri, qui neutiquam Lupi sunt. In latibulis montis Falconi multis iam sæculis agitant Canes absque ulla hominum societate: cui tantum abest ut sese accommodent, ut maxima ex parte carnibus uescantur humanis. Lupi tamen neque habent faciem, neque uocem, neque uocis modum, neque mores. Non enim eos exigit inde fames ad uastandos greges.

LVPVS

LVPVS Scythicus, ſi libet, appelletur fera illa, quæ in ultima Scandinauia poſt Noruegiam & Sueciam reperitur: quam Olaus magnus in Tabula regionum illarũ depinxit: unde nos hanc effigiem qualemcunq; mutuati ſumus. appellat autem Germanico nomine **Grimſklaw** ab unguium acie, quòd illis præcipuè ſæuiat: animal Lupi magnitudine, perpetuò iracundum. In ipſa quidem hiſtoria Regionum illarum, ne uno quidem uerbo huius feræ mentionem ab eo factam reperio: ſed neq; ab alio quoquam.

LVPVS marinus (inquit Bellonius) non cognitus, quod ſciam, ueteribus fuit, amphibium animal, piſcibus magna ex parte famem exaturans: in Oceani Britannici litore aliquando conſpectum, ſic terreſtrem Lupum referens, ut non immeritò Lupi nomẽ apud uulgum retinuerit. Cicurem diu uixiſſe aiunt, capite enormi, oculos permultis undecunq; pilis adumbratos gerens, nare ac dentibus caninis, robuſtisq; barbis ore

obſeſſo: pelle uillis erectioribus hiſpida: nigris maculis undiq; (ut & totum corpus) diſtincta: cauda oblonga, craſſa, uilloſa ac ſpiſſa, cætera Lupum referens, quemadmodum in pictura propoſita apparet. Sic ille. Ariſtoteles hiſtoriæ animalium lib. 9. cap. 36. Lupi (λύκου, id eſt, Quadrupedis Lupi, non Labracis piſcis) piſcatoris meminit: qui cùm piſcatoribus ſocietatem ineat, ac niſi prædæ particeps fiat, retia diſcerpat. Sed id animal Lutra fortè potius, quàm Lupus aliquis fuerit.

GERMAN. **Ein Meerwolff / gleych einem rechten Wolff / ſol vff dem land wonen / aber fiſch vß dem meer fräſſen / am Britanniſchen meer gegẽ Franckreych etwan gefunden vnd zam gezogen.**

LATINE Aper ſimpliciter, uel Aper agreſtis: Sus ferus uel ſyluaticus.

GRAECE uulgo Agrimochthera.

ITALICE Porco ſyluatico, uel Cinghiale, quaſi Singularis.

GALLICE Sanglier uel Pore Sanglier.

APRVM Græci Syagron uocant, & Capron: ſed hoc poſterius nomen etiam manſueto Sui mari tribuunt. Sciendum eſt (inquit Cælius Rhodiginus) Chlunem (χλούνην) dici ab Græcis entomian, id eſt, exſectum eunuchumq; Aprum. Id quod Aeſchyli doctrina comprobat, atque Aeliani. Fiunt uerò eunuchi attritis arbori (*ut Aristoteles prodit*) aut saxo testiculis usque ad affectionem pruritu. Alij chlunen Suem interpretantur χλοεύνην, id est, in herbis fœnóue dormientẽ. alij magnitudine uisenda chlunem accipiunt. Aristophanes grammaticus: Sunt ex Suibus (inquit) qui dicuntur monij, quibus similis forsan fuerit, quem uocãt chlunem, sæuitia & uiribus. Moniũ

sunt qui monolycum interpretentur: alij Suem ferum, qui cum alijs minimè aggregetur. Cyrillus in Oseam prophetam, Asinũ eo nomine intelligit. Thomas Magister chlunen ac monion & chauliodonta, esse putat poëticas uoces. ¶ Hispani in quadã parte noui Orbis Apros inuenerunt nostris minores, caudis breuissimis, adeò ut abscissas fuisse arbitrarentur: pedibus etiam nostris dissimiles. posteriores enim pedes aiunt una ungula solida constare, anteriores bisulcos esse. Aristoteles sanè author est Sues solipedes gigni in Illyria, Pæonia, & Macedonia: quales etiam nostro tempore in Anglia repertos accepi, & Albertus in maritimis locis Flandriæ reperiri testatur. Agatharchides ait Sues in Aethiopia cornutos esse. ¶ Aprum habet Regulus Saluimontis ingenti magnitudine: qui cum hero & Canibus ad cornuum concentum exit in uenationẽ: certatque cum cursoribus Leporarijs ad prædarũ adeptiones: Scaliger.

HIPPOPOTAMVS, id est, Equus fluuiatilis, turpissima quadrupes, Nilo ferè peculiaris est, ambiguæ uitæ: cui Aristoteles iubam & uocem equi attribuit. ¶ Capite Bouem aut Vitulum refert, inquit Bellonius: reliquo corpore ad Porci figuram magis accedit. Quamobrẽ Byzantini, apud quos mihi aliquãdo uiuus Hippopotamus cõspectus est, uulgari lingua modò Porcum, modò Bouem marinum appellarũt: quæ res nonnullos, eosque paulò eruditiores, cõmouit ut dicerent nostris temporibus uisum nunquam fuisse Hippopotamum. Cui sententiæ, nisi ego rerum potiùs quàm uocabulorum essem studiosus, facilè subscriberem. Verùm in diuersum me pertrahit antiquorũ numismatũ atque Hippopotamorum figura: quæ certè plurimum acce-

dit ad eam, quã ante uiuum animalis corpus Byzantij delineare iussimus. Hæc ille. Imaginem quidem illam ad uiuum ab eo expressam nondum uidi. Volui autem hoc libro inter Quadrupedes uiuiparas Hippopotamum proponere, quòd non solùm pariat educetque in sicco, sed noctu etiam relictis agris fruges & fœnum depascatur, ac proximas

proximas agrorũ messes populetur: & ad ingrediendum magis quàm natandum à natura factus uideatur. PHOCAM uerò quanuis quadrupedem, oblæsam tamẽ & imperfectam: somniq; tantum causa, non etiam cibi in litora exeuntem, ad hunc librum non pertinere iudicaui. Sed de Hippopotamo quoq; in Libro qui aquatiliũ icones cum nomenclaturis exhibet, plura dicemus.

TVRCAE & GRAECI hodie, utriq; uocabulis suæ linguæ, Porcum marinum uocant. etenim uetus Hippopotami nomen, prorsus ubiq; hodie obliteratum est, & ne in Cairo quidem Aegypti cognitum amplius, Bellonius.

ITALI, præsertim qui Constantinopoli degunt, Bo marin, id est, Bouem marinum nominant, Bellonius.

GERMANICE **Ein frömbd thier / wonet im Nilo dem fluß in Egypten: mag von siner gestalt ein Wasserochs / oder ein Wassersau genennt werden: dann es mit dem kopff einem Ochsen oder Kalb gleych ist / mit dem übrigen leyb einem Schweyn: wirdt von den Türcken vnd Griechen diser zeyt ein Meerschweyn genennt / wiewol es nienan im meer gefunden wirt: von den Italiänern ein Meerochs. Jst den menschen auffsetzig / vnd frisset sy.**

Hippopotami in præcedente pagina icon, sumpta est ex Colosso, qui Nilum Aegyptium Romæ in Vaticano refert.

QVADRVPEDVM VIVIPARORVM FERORVM ORDO TERTIVS, DE FERIS NON CORnutis mediæ magnitudinis, minusq; noxijs.

GRAECE Castor, quod uocabulum Latini etiam receperunt, quanuis aliud proprium habeant, Fiber: quod fibras amnium, id est, ripas incolat.

ITALICE Biuaro, uel Beuero.

GALLICE Bieure, Bifre. GERMAN. Biber, Piber.

Castoris fœminæ supinæ icon, à Rondeletio exhibita. Nostra Castoris icon proxima pagina sequetur.

GERMAN. **Biber das wyble.**

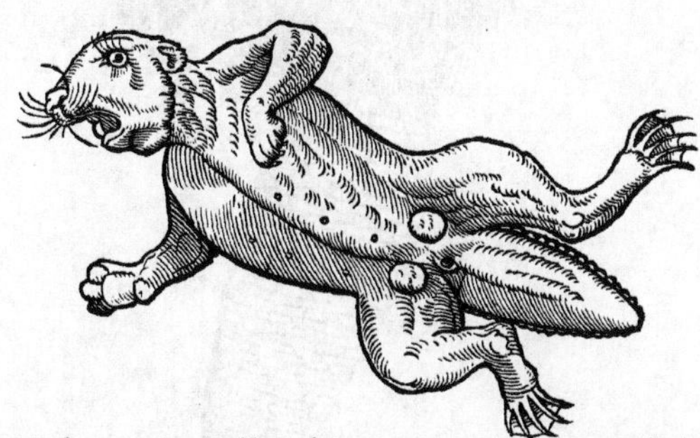

FIBRI in inguinibus (ut inquit Rondeletius) geminos tumores habent, utrinq; unicũ, membrana sua cõclusum, oui anserini magnitudine. inter hos est mentula in maribus, in fœminis pudendum. Hi tumores, testes non sunt, sed folliculi membrana cõtecti, in quorum medio singuli sunt meatus, è quibus exudat liquor pinguis & cerosus:

quem ipſe Caſtor ſæpe admoto ore lambit & exugit, poſtea hoc ueluti oleo quas poteſt corporis partes contingere, oblinit. Hos tumores, teſtes non eſſe, hinc maximè colligas, quòd ab his nulla ſit ad mentulam uia, neq; ductus quo humor in mentulæ meatum deriuetur & foras emittatur. Præterea quòd teſtes intus reperiantur. Leporibus etiã ſimiliter in utroq; inguine tumor eſt. Eoſdem tumores Moſcho animali eſſe puto, à quibus odoratum illud pus emanat. Fœminæ, quam hîc depinximus, unicus eſt meatus & ad excernenda excrementa, & ad pariendum. Hæc ille.

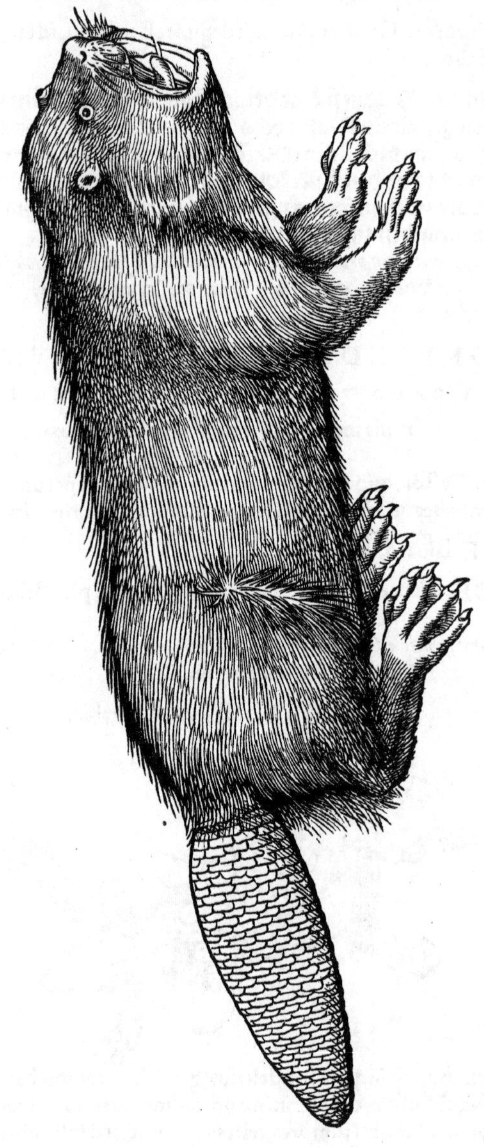

LAT-

LATINE Lutra. Lutras etiã Lytras dici posse Varro docuit: quia radices arborum in ripa succidere atq; dissoluere (quod Græcis est λύειν) dicũtur, potest tamen & à luendo uideri nominata, quòd in aquis se lutet, sicut & Græcè Enhydris, Hermolaus. Sed Varro Lutram cum Enydride confundit, teste Scaligero. Ab Aristotele ἐνυδρὶς uocatur uocabulo oxytono, à quo gignendi casus ἐνυδρίδος: Herodoto proparoxytonum est ἔνυδρις, ἐνύδριος. ἔνυδρος, ὁ, Hesychio est animal fluuiatile simile Castori. Scribit autẽ Herodotus libro 2. Enydrias in Nilo nasci, & sacras existimari. quo loco Enydrium nomine Ichneumones aliter dictas, peculiares Nilo quadrupedes, intelligere mihi uidetur, nam Ichneumones quoq; sacros Aegyptijs esse legimus: & Marcellinus eosdem Hydros uocat, Isidorus Enydros. Alibi uerò cũ scribit: In maximo apud Gelonos lacu capi Enydrias, & Castores, & alias feras τετραγωνοπροσώπους, (*id est, forma oris quadrata, nimirũ qualis Felium ferè est, aut Simiarum: ut fortè Satyria Aristotelis hæc sint, Castori Lutræq; cognata: nam Satyri etiam Simiarum generis existimantur:*) quorum (*omnium scilicet ex æquo*) pelles circa sisyras pro fimbrijs assuuntur: testiculi uerò uteri remedijs apti sunt. In his uerò Enydriũ nomine nõ Ichneumones Nili, sed Lutras ꝓpriè dictas intelligo. Apud Gelonos quidem & Scythas omnes, Lutræ abundant: quòd in regionibus eorũ flumina stagnaq; permulta sint. & Lutræ testes non secus ferè quàm Castoris (quanuis impropriè testes dicuntur, ut in Castore indicatũ est) ad uterum remedijs pollent. Aelianus & Aëtius Græci scriptores Lutram nuncupant Canem fluuiatilem, κύνα ποτάμιον: Seruius Castorem quoq; Canem Ponticum nominat. Bellonius Lutræ caput caninũ, & dentes ferè Canis attribuit. ¶ Tanta est Lutræ sagacitas, ut ex aqua per riuulum effluente, per aliquot procul miliaria; piscium odores excipiat è uiuarijs: quæ subiens uastet. Simul facilius haurit auram secũdo fluuio delatam: simul inanis superare cursum potest: quo satura sine labore atq; negotio unà cum ipso fluxu rursum delabatur, Scaliger. ¶ Lutræ (inquit Olaus Magnus) quadrato ore mordaces, ut Castores: quibus similes pelle, sed triplo longiores sunt, in Septentrionalibus aquis, præsertim Suetiæ superioris, &c. reperiuntur. pelles earum cum alijs mira multitudine ad Moscouitas & Tartaros pro tegumentis & uestibus exportantur, &c.

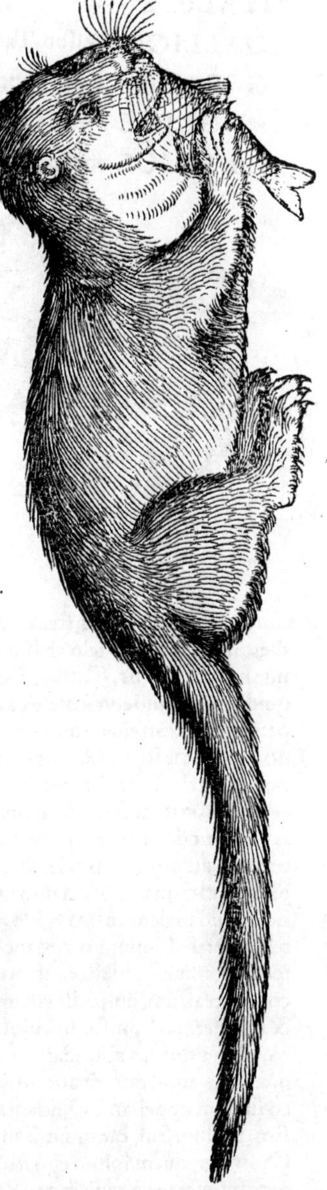

ITALICE Lodra, Lodria, Lontra. GALL. Loutre, Leurc.
GERMAN. Otter.

H

ITALICE Taſſo. **HISPANICE** Taſúgo, Texón.
GALLICE Taſſon, Taixon, Griſart, Blaireau, Bedouo.
GERMAN. Tachs/oder Dax.
ANGLICE Brocke/Bagert/(aliâs Badger/)Bauſon/Deer/Gray.
ILLYRICE Gezwecz.

MELES, uel Melis potiùs, fœm. gen. Varroni, Samonico, & Gratio, qui lucifugæ epitheton ei tribuit. Melo ab Iſidoro, & ineptiùs etiam Melotus, à recentioribus dicitur: ſicut & Taxus, Taſſus, Taxo, Daxus, à Germanico eius nomine Tachs. Melis quidem dicta uidetur à mellis auiditate, cuius gratia aluearibus inſidiatur, & fauos petit. Græcum eius nomen uetus non inuenio, neq; à noſtri ſæculi Græcis quomodo appelletur ſcio. Galenus (de alimentorum facult. lib. 3. cap. 1.) ſcribens apud Lucanos in Italia animal reperiri medium quodãmodo inter Vrſum & Suem (μεταξύ πως ἄρκτου τε καὶ συός) de Mele forſitan intellexerit. abundant. n. hoc animali, ut audio, non Lucani modò, uerùm etiã Siculi, & reliquæ regni Neapolitani partes: eoq; ueſcuntur, per autumnum præſertim, quòd tum maturis uuis & reliquis fructibus maximè pingueſcat. quamobrem uno nomine σύαρκτος uel σύαρκος Græcè uocari poterit: niſi quis apud Galenum pro συός legat μυός, ut Arctomys animal, hoc eſt, Mus alpinus intelligatur: ſed animus magis inclinat ad Melem: & Murem alpinũ nõ puto frequentem Lucanis eſſe. Habet autem cum Vrſo cõmunia quędam Melis, ut crura humilia, corpus craſſum, auriculis etiam & pedibus nõ diſſimilis: & quòd ijſdẽ ferè ueſcitur, & in cauernis degit, ſomniculoſus adeò ut magna hyemis parte dormiat: cum Sue uerò, pinguitudinis abundantiam. Melium genera duo faciunt: unũ Canis inſtar digitatum, quod caninũ uocant: alterum ungulas, ut Sues, biſulcas habet, quod idcirco ſuillum appellant. Quidam non unguibus tantùm, ſed ore etiam, ſiue naſo & roſtro, ſuillum Sui, caninum Cani ſimilem faciunt: (ut in Erinaceorũ quoq; genere.) Caninum (quem ſolum ego hactenus uidi) cadaueribus ueſci, & ijs cibis quibus Canes: ſuillum uerò radicibus, & ijs quibus Sues, Normannus quidam mihi retulit: qui utrũq; genus aliquando ſe cepiſſe aiebat. ¶ Antiquis fuerat perſuaſum, promiſcuum eſſe utrũq; in Hyæna ſexum. eos caſtigat Ariſtoteles. Negat enim in maſculo eam rimam, quæ ſub excrementorũ exitu eſt, peruiam introrſum eſſe. De Melibus hoc item dictum à nobis eſt, Scaliger. ego alium, in quo de Melibus hoc dixerit, locum iam non reperio.

ITA-

ITALICE Histrice, uel Porco spinoso. **HISPAN.** Puérco espin.
GALLICE Porc espic. **ANGLICE** Porkepyre.
GERMANICE Meerschweyn/ Dornschweyn/ Stachelschweyn/ Porcopick/ Taran.
ILLYRICE Porcospino.

HYSTRIX subijciatur Meli, quòd & naturam partim similem habeat, partim magnitu dine non multum absit. Eas generat India, Aethiopia, Africa (præsertim circa Afros

H ij

paſtorales, teſte Herodoto:) & Tartaria. Hyſtrix quem ipſe uidi, tres circiter pedes longus erat. Agyrta qui circunducebat, os eius leporino conferebat, aures humanis: pedes anteriores Melis, poſteriores Vrſi pedibus. At Hieronymus Cardanus in opere de Subtilitate hac facie animal deſcribit, quod non ſit Hyſtrix, (quoniam ſpinas immobiles habeat, non emiſſarias ut Hyſtrix,) ſed bigener fortè animal, quodq; ex Hyſtrice, alioq; uelut Vrſo, natũ uideri poſſit: [*Sed hoc diligentius conſiderandũ eſt.*] Hyſtricem (inquit idem) Africam mittere proditum eſt, ſed nunc & Gallia habet, & Italia. ¶ Similiter ut Herinaceus ſpinis cõtegitur: ſed multò maior eſt, rictuq; & pedibus differt. digitati enim Erinaceo ſunt, illi biſidi. quanquam & Erinaceorum ſpeciem biſulco eſſe pede tradunt: mihi ut uiderem nondum contigit: quod & Scaliger de ſe teſtatur. ¶ Hyſtrix ut in pleriſq; uulgaribus Porcus ſpinoſus hodie nuncupatur: ſic & à Græcis recentioribus (ut Suida) Acanthochœrus, idem ad uerbũ ſonante uocabulo uocatur: ſed & uulgarem Echinum terreſtrem eodem nomine uocitant, ut ſcribunt Etymologus & Varinus. quòd uerò Hyſtricẽ quoq; Echinum terreſtrẽ Suidas interpretatur, falſum eſt. Albertus cum Hericium alium marinum, aliũ porcinũ eſſe dixiſſet, ſubdit: Et ſimiliter animal quod uocatur Succa (*neſcio qua lingua*) cuius itidem duæ ſpecies ſunt, quarum altera pedes Porci habet, altera Canis: eſt autẽ idem qui Porcus ſpinoſus. Scribitur Græcè ὕστριξ, ὕστριχος: uel ὕστρυξ, ὕστρυγος. Sic autem dictus uidetur à ſetis ſiue aculeis potiùs, quibus multò magis horret, quàm ſetis ſuis rigere Sues ſoleant. Plinius Hyſtrices fœminino genere protulit, Oppianus maſculino. ¶ Animal fœtidũ eſſe audio, & in ſyluis cauernas fodere Melis inſtar. Quatuor hybernis menſibus (inquit Ariſtoteles) ſe condit ut Vrſa: & triginta diebus uterum fert, ut Vrſa: & reliqua facit perinde ut Vrſa. Hinc eſt fortè quòd Ἄρκηλα à Cretenſibus nominatur.

ITALICE Volpe.	**HISPAN.** Rapóſa, à rapiendo nimirum.
GALLICE Regnard.	GERMAN. Fuchß.
ANGLICE Foxe.	ILLYRICE Liſſka.

VVLPES, apud Grãmaticos etiam Volpes ſcribitur: ſic dicta, ut Aelius dicebat, quòd uolat pedibus. Vulpecula diminutiuum eſt. Apud Græcos ueteres ἀλώπηξ dicitur, hodie ἀλωπὼ. κίναδος, τό. ſunt qui beſtiam omnem appellari uelint, peculiariter uerò Vulpem: & Siculos priuatim Vulpem κινάδιον appellare. Vſurpant hoc nomen Demoſthenes, Sophocles, ſed & Ariſtoteles. ſunt qui non ipſam Vulpem, ſed Martem à Martiale dictã, eſſe putent. ¶ Sunt in Septentrionalibus ſyluis (inquit Olaus Magnus) Vulpes nigræ, candidæ, rubeæ, crucigeræ in dorſo, aliæq; cœruleo colore aſperſæ: omnes quidem ex æquo malignæ atq; aſtutæ. Nigræ pelles precioſiores cæteris æſtimantur: quia Moſchouitarũ principes frequentius his utuntur. deinde crucigeræ, hoc eſt, quæ nigra cruce dorſo tenus à natura ſignantur, propter maiorem ornatum & pellium magnitudinem: quam non niſi in maturiore ætate Vulpes conſequitur. Hæ etiam pelles, uti nigræ, propter cõmercia Moſcouitarum, Ruſſorum & Tartarorum, magno in precio ſunt. Candidæ minoris æſtimantur, & quæ coloris cœrulei ſunt, propter earum copiam, & quòd pilos faciliùs amittant. Nigræ aliquando adulterantur, atro colore fumo picearum tædarum inducto. Rubeæ Vulpes omnium frequentiſſimæ ubiq; reperiuntur. ¶ Germani Vulpes quaſdam uillo denſiore & nigricante, à colore Brandfüchß nominant: noſtri Kolerle. ſunt autem minoris precij, & magnitudine etiam ut plurimum minores. ¶ Vulpium (ut ſcripſit Ge. Fabricius ad me) magnæ ſunt in coloribus differentiæ. Vnũ genus notiſſimũ, quod in regionibus frigidis nobilius coloratur. nam in ijs quæ ad meridiem & occãſum pertinent plagis, colore eſt cinereo, & quaſi lupino, & pilos fluxos habet, ut in Italia

Italia & Hispania. Hoc genus apud nos duobus nominibus, propter gutturis uarietatem, distinguitur: nam **Köler** appellantur, quibus guttur quasi carbonum puluere conspersum, in albo nigricat. Rursus **Berckfuchse**, qui candido sunt gutture: quod quò magis candet, eò est preciosius. Alterum genus est primo simile, sed nota insigni differens. nam ab ore per caput, tergum, caudam, recta nigri coloris linea ducitur: tũ

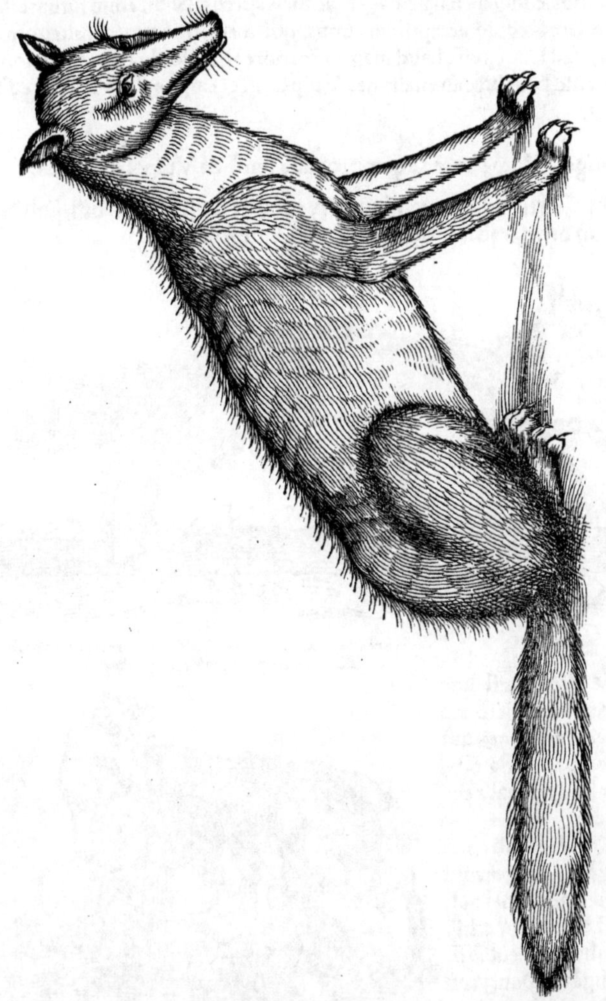

per reliquum corpus & pedes anteriores, transuersa: ita ut utraq; crucis exprimat similitudinem, unde & nomen illis est **Krützfuchse**, quasi crucigeræ. Gutture hoc genus nigriore est, & ex aliis ad nos importatur regionibus. Tertium genus est quod colorem isatidis uel cœli sereni refert, **Blauwfuchse**, id est, cœrulei coloris, sed diluti. Vulpes pili rutili capiũtur apud nos, **Brandfuchse**: candidi in Suetia & Noruegia, licet rarius. ¶ Vulpium pelles nigerrimæ, nuper à mercatoribus in Galliam allatæ sunt, ad usum uestium non uulgarem, sed alia re admirabiles. Quippe rarissimis, & quasi ordine dispositis pilis candidis, singularibus uariæ. Vulpes accepimus amaris

H iij

amygdalis esitatis interire. nos Vulpeculam aloë cum carnibus deuorata, uidimus extinctam, Scaliger. Vulpes in Arabia (inquit idem) & Syriæ Palæstina, pilo fœdo, audacia insigni, uespere mutuis ululatibus quasi signo dato ad nocturnam condictam prædam conuenire. Gregatim prædari. Omnia surripere, etiam calciamenta, atque in sua lustra comportare. Ergo incolæ, incolarumque monitu uiatores, auditis earum gannitibus, colligere uasa ex agris ac locis apertis. Nihil enim tutum esse. Hæc cum ex quodam Regulo accepissem: unus, qui in eodem fuerat comitatu, negabat esse Vulpes: sed Lupos esse haud magno corpore: neque fœdo pilo, sed colore luteo nitido. Hæc ille. Nos hæc animalia nec Vulpes, neque Lupos, sed Hyænas esse suprà ostendimus.

VVLPES crucigera. Lege inter ea quæ proximè retrò de Vulpe scripsimus.

GERMAN. Kreützfuchß. man bringt sy gwonlich vß Schweden / sind die köstlichisten nach den gar schwartzen frömbden Füchsen.

Simiuulpa caudam Cercopitheci habet, quod hæc icon non ostendit: ut inde cætera etiam non probè expressa aliquis suspicetur.

SIMIVVLPA dici potest hoc animal peregrinum ficto nomine: Græcè πιθηκαλώπηξ, aut ἀλωπεκοπίθηκος: propter ambiguam inter hæc animalia corporis speciem.

GERM. Diß frömbd thier mag ein Fuchßaff genennt werdẽ: dañ es mit dem kopff gestaltet ist wie ein Fuchß / hindẽauß aber wie ein Aff / mit einẽ langẽ schwantz wie ein Meerkatz: wiewol das in der beygesetzten figur / die wir vß einer getruckten Mappen der wält / nachgemacht / nit angezeigt wirt. Arbores in Pariana regione ingentes sunt, (inquit Petrus Martyr, Oceanæ Decadis 1. lib. 9.) inter quas repertum est animal monstrosum, uulpino rostro, Cercopitheci cauda, uespertilionis auribus, manibus humanis, pedibus Simiam æmulans: quod natos sibi catulos circunfert, quocunque proficiscatur, utero exteriore in modum magnæ crumenæ (dependente.) Id, licet mortuũ, ipse uidi, conuolui, crumenamque illam nouum uterum, nouum naturæ remedium, quò à uenatoribus aut aliâs à cæteris uiolentis ac rapacibus animalibus natos liberet, illos secum

ſecum aſportando admiratus ſum. Nunquã autem illos emittere dicitur, niſi aut recreandi aut lactandi gratia, donec ſibi uictum per ſe quæritare didicerint. Cum catulis animal ipſum deprehenderant: ſed in nauibus catuli intra paucos dies perierunt: mater per aliquot menſes ſuperfuit. ſed & ipſa tandem tantam aëris & ciborũ mutationẽ ferre nequiuit. Hæc ille. ¶ Cardanus in opere De ſubtilitate hoc animal Aethiopiam mittere ſcribit. Mittit & India occidentalis (inquit) Chiurcam è muſtelino genere, quæ eodem modo filios ſecum fert. Et rurſus in opere De rerum uarietate: Chiurcam (inquit) ſeu Chuciam noua Hiſpania mittit. ea minor Vulpe eſt, collo oblongo, pedibus breuibus, capite uulpino, colore cinereo, uelociſſimè currebat, cum ſeptem filios in crumena deferret. Videtur autem hoc animal medium eſſe inter Leporem ac Vulpem: ſed alterius generis ab utroq;, ob crumenam. Chiurca (inquit Scaliger) Viuerræ facie ac magnitudine eſt, capite uulpino. ſub terra habitat. fœcundiſſima eſt. duodenos parit exiguos. Cauda ei tenuis, penè glabra. Ipſa pilo atro. Catulos in burſa ſub aluo obtenſa ſecum fert. In America uulgò uocatur Seruoy (inquit Io. Stadenius Hombergenſis, qui Americam à ſe uiſam deſcribit: ipſe u. duplici Germanicis literis Serwoy ſcribit) magnitudine Felis animal, & cauda eiuſdem: pilis aliјs ex albo fuſcis, aliјs ex nigro. Catulos parit quinos aut ſenos. Locũ in uentre ad ſex digitos ferè ſciſſum gerit: et intra ſciſſurã illã mamillas habet: eidemq; incluſos catulos circunfert. Sed forſan idem animal fuerit Alopecopithecus & Chiurca, etſi pro diuerſis à Cardano & Scaligero memorẽtur: cum utrũq; capite ſit uulpino, & in alui ceu burſa ſuos catulos geſtet. hæc enim utriq; conueniũt: cætera quæ in alterutro deſcribendo addunt, ſaltem nõ aduerſantur. Itaq; animal unum eſſe ſuſpicabor, donec aliquis certiora docuerit. Hoc fortè intereſt, quòd Alopecopithecus lactandi gratia catulos è burſa ſua emittit: & icon (ſi quid ei credendum) burſam illam anteriore uentris loco, mamillas poſteriùs oſtẽdit. Chiurca uerò mamillas intra burſam (quanuis non burſam ſed ſciſſuram in uentre eſſe ſcribit Stadenius) habet. Coniјcio & Cynocephalis cognatum eſſe: quoniã Agatharchides author eſt Cynocephalum fœminam uterum per omnem uitam extra corpus geſtare.

LATINE Simia.	ITALICE Simia, Bertuccia.
HISPANICE Ximio.	GALLICE Singe.
GERMAN. Aff.	FLANdris Simme/Schemmikel.
ANGLIS Ape.	ILLYRICE Opicze.

SIMIA dicitur, ut grammatici annotant, quòd ſima ſit & naribus depreſſis: uel quaſi mima & imitatrix. Simius maſculino genere apud poëtas aliquot legitur, Simiolus apud Ciceronem. Græcis πίθηκος, & rariùs πίθηξ: recentioribus μιμὼν & ἀρκοΐζιανὸς uel ἀρκοβιζανός. Africa diuerſis in partibus & India Simiarũ genera uaria ferũt. Indi ad regẽ ſuum afferunt Simias albas & nigras. nam rufas ideo in urbem non adducũt, quòd Veneris libidine inflammentur in muliebrem ſexum, Aelianus. Differunt inter ſe Simiæ cauda & barba, quòd aliæ habeant, aliæ careant. Deinde magnitudine, colore. Item faciei figura, qua uel hominẽ, uel Canem, uel Porcum repræſentant. Primæ ſimpliciter Simiæ dicuntur, alteræ Cynocephali, tertiæ Chœropitheci, id eſt, Simiæ porcariæ, ut Gaza apud Ariſtotelẽ uertit: Qui uno tantùm in loco hoc animal nominat, Chamæleontem ſcribens roſtrum ei ſimillimũ habere. Differunt autem inter ſe Simiæ, non ſolùm ut nominibus diſtinctæ ſunt, ut ſimpliciter dictæ Simiæ, Cercopitheci, Cepi, Callitriches, Cynocephali, Satyri, Sphinges: ſed etiam quæ unius ſunt generis & nomẽ cõmune habent, nõ omnes ſunt ſimiles. nã ex ſimpliciter dictis Simiјs, aliæ ſua facie hominem, aliæ Canem magis referunt. Sunt & Cynocephalorum di-

H iiij

uersa genera, nec unum genus caudatarũ. ¶ Simiarum (inquit Io. Leo Africanus) uariæ sunt species, quarum quæ caudam gerunt, Monæ (*Hispanico uel Africano uocabulo*) dicuntur: aliæ uerò Babuini. Reperiuntur in Mauritaniæ syluis Bugiæ & Cõstantinæ montibus. Humanam faciem nõ pedibus modò & manibus, sed uultu etiam referunt, admirando ingenio astutiaq; à natura dotatę. Herbis & grano nutriuntur, & spicas pasturæ magno comitatu incedũt. Earum una ad limites campi excubans, si percepto agricola clamorem ediderit, reliquæ in fugam maximis saltubus in proximas arbores insilientes aguntur. Fœminæ catulos humeris gestant, cum quibus pariter ex arbore in aliam desiliunt. Quæ ex ijs edoctæ sunt, res patrãt incredibiles: uerûm iracũdæ sunt & crudeles, tametsi facilè placentur. ¶ Sine cauda (inquit Scaliger) Simias plures uidimus, quantus puer est annorum octo. Marem quoq; ac fœminam cum prole. Filiolus si quid uideretur desiderare: manu, pugnoq; fœminam à marito, tanquam malæ tractationis ream, etiam addita uultus acerbitate, castigari, nempe supercilio, rictu, murmure, irati patris, atq; reprehensoris mariti animum præ se ferre. Multa leguntur in libris itinerarijs: sic enim inscribuntur. In India mediterranea ingentes corpore, audacia ciuiles, ultro citroq; non solùm per agros, sed etiam per oppida in mercatibus, sine maleficio aut offensione ciuium cõmeare. Tot earum sunt species, forma, colore, cauda, iubis, magnitudine differentes: ut non parum negocij facessat historiæ ordinem meditanti. In Troglodytica iubatæ sunt Leonum modo, maximi Veruecis proceritate. Simiam Mauri Bugiam uocant, nos Monam, (*Mona uocabulum Hispanicum aut Africanum uidetur pro Cercopitheco.*) Et rursus: Simiarum genera quædam uiriditate conspicua sunt: aliarum color luteus. Hæc omnia Scaliger.

GALLICE Magot, Tartarin.

GERMAN. Ein bsundere art groſlachter Affen: welcher månnlichs gelid anzeſåhen/als ob es von natur beſchnitten wåre.

CYNOCEPHALVS, ut uidetur, Græcè & Latinè dictus. Gaza Canicipitem transfert. Genera eorum plura sunt, Arriano teste. Figura quam damus Simiæ cuiusdam est ad uiuum expressæ, quam Theodorus Beza ad nos misit, qui uiuam sibi talem Lutetiæ uisam ait, Tartarinum uulgò dictam. Ego (inquit) ex Cynocephalorum genere esse arbitror, quod uel ex pudendo natura circunciso (nam Cynocephalum circuncisum gigni author est Orus) animaduerti potest. Magnitudo est ut Canis leporarij. Bipes plerunq; obambulat, & uocem penè articulatã habet. Videtur & hoc conuenire, quòd legimus Cynocephalos Simijs maiores esse, minùs erectos: rostro longiore, ferè canino. Caudas quidem alia etiam Simiarum genera habent. ¶ Simiæ quoddam genus (inquit Bellonius) Galli Tartaretum uel Tartarinum, & in alijs locis Macis Magot nominant, uidetur autem eadē esse quæ ab alijs populis Maimon appellatur, & * Aristoteli Simia porcaria. Sunt tamen qui Tartaretum Simiam ab illa quæ Magot uel Maimon dicitur, diuersam esse defendant. ¶ Cynocephalum unum barbatum uidimus (inquit Scaliger) fœdum aspectu, nigrum, maleficū, moribus infamem. Magot genus illud maximū Galli uocant. In aula Regis unus fuit, qui diu bipes deambulabat, amictus sagulo militari, ensiculo accinctus. In sella iussus, continuit sese pernox, aut perdius publico spectaculo: ita ut non deessent, qui homuncionē putarent uerum. ¶ Quærendum an Cephus, de quo mox in Cercopitheco dicemus, cum Cynocephalis potius quàm Cercopithecis censeri debeat. ¶ Cynocephalus fœmina uterum perpetuò extra corpus gerit, ut scripsimus suprà in Simiuulpa: nescio an mas quoqꝫ suum genitale, ita semper, ut hîc pingitur, exerat.

¶ Cynocephali uocis expertes strident acutum. Descendit autem eis barba sub mento (ὑπὸ τὴν ὑπήνην γένειον) ut Draconibus hac in parte conferri possint. Edunt autem tum alias animantes, tum homines, prout contigerit, Græcus quidā innominatus. Agatharchides eos ex Troglodytica uel Aethiopia mitti scribit: corpore hominē deformem, facie Canem referre. uocē edere mygmi instar, (μυγμῷ παραπλησίαν. *Grāmatici* μυγμὸν *interpretantur suspirium aut Muris sonum. Eustathius à uerbo* μύζειν *deriuat, id autem mi. literam sonare interpretatur, uel clausis labijs per nares sonum quempiam edere:*) ferum omnino animal & quod mansuefieri nequeat: uultum à superciliјs & oculis præsertim austerum ostendens.

GRAECE & LAT. Cercopithecus, id est, Simia caudata.
ITALICE Gatto Maimone. GALLICE Marmot.
GERMAN. Meerkatz. ANGLICE Marmoset: & species alia Munkai. Hispani uel Afri puto, Monas appellant Simias caudatas.

SIMIAE quidem caudatæ inueniuntur etiam aliæ: sed huic q̄d exhibemus generi priuatim hoc nomen cōtigit, siue per excellentiam, siue quòd aliæ minùs cōmunes sint. ¶ Aethiopia generat Cercopithecos nigris capitibus, pilo asinino, & dissimiles cæteris uoce, Plinius. Indiæ sylua supra Emodos montes abundat ingentibus Cercopithecis. Onesicritus scribit in India Cercopithecos esse, qui per præcipitia uaden-

tes, petras contra insequentes deuoluant, Strabo. Ex quibusdam Noui orbis regionibus Cercopithecos pulcherrimos aduehi aiunt. Cêbus (Κῆβος, Gaza Cæbum interpretatur per æ,) Aristoteli Simia caudata est. nam Cercopitheci nomen in eius libris non reperitur. at Strabo, Aelianus, Plinius, Cephum (sic enim scribunt) à Cercopitheco distinguunt. Pompeij Magni ludi ostenderunt ex Aethiopia quos uocant Cephos: quorum pedes posteriores pedibus humanis & cruribus, priores manibus fuêre similes. hoc animal postea Roma non uidit, teste Plinio. Cepus (Κῆπος) faciem habet Satyro similẽ, cætera inter Canem atq; Vrsum. in Aethiopia nascitur, Strabo: qui & alibi tradit in Arabia reperiri Cepum, cui facies sit Leonis, corpus reliquum Pantheræ (πάνθηρι, Agatharchides.) magnitudo Dorcadis, id est, Capreæ. Cepum autem dictum uolunt, Græca origine, quòd horti instar uarietate colorum insigne sit animal: siue uarietas illa, non aliter quàm in Pantheris, cui confertur eius corpus, maculis intelligatur: siue aliter, ut Aelianus tradit. Cêpus (inquit) circa mare rubrum cum cõfirmata ætate est, pari magnitudine est cum Eretriensibus Canibus: coloribus uarium. eius enim caput & dorsum & spina ad caudam usq; prorsus ualde igneo colore sunt: tum aurei quidam pili disseminati spectãtur. Facies alba ad genas usq;. inde ad collum aureæ uittæ pertinent. Collum & pectoris inferiores partes, & anteriores pedes omnino albi coloris sunt. Mammæ duæ manum implentes cœruleo colore uisuntur. Venter candidus, pedes posteriores nigri sunt. Rostri forma Cynocephalo rectè comparari potest. Hæc ille. Hebræi quidem Simiam Koph appellant: à qua uoce Græcos Cepum, uel Cebum denominasse aliquis conijciat. Videtur autem Cêpus, Strabonis præsertim & Aeliani, tum ab Aristotelis Cebo, id est Cercopitheco differre, tum ad Cynocephalos referri debere: sed nihil pronuncio. Nam & authores inter se non satis conueniunt: & natura sæpe ceu ludens inter duo genera medium aliquid producit. Hoc saltem dixerim, Simias caudatas alias concolores esse: alias uerò uarias, & his Cepi nomen meliùs cõuenire: præsertim si παρὰ τὴν κήπου ποικιλίαν deriues. ¶ Cercopithecorum (inquit Scaliger) tanta uarietas est, ut memoriam confundat. Catos Maimonos, appellamus subuirides, malignos. Hos uidimus sibiipsis caudarum exedere extremas partes. Hoc, aiebant, ab ijs solis committi, qui gustassent aliquando carnes. Albi dicuntur esse alicubi. Nos nigros cum maculis albis uidimus, sono uocis grauiore: croceos, fuluos, furuos, paruos, magnos, mediocres: agiles omnes, atq; maleficos. Imitatores maximi, ingeniosissimiq; omnium ij, qui bene olent. ¶ Angli Cercopithecum tum maiorem tum minorem, **Marmoset** uocant. Et rursus **Munkai** ijdem appellant, aliud Cercopithecorum genus barbatum, minus priore. idq; similiter in maius & minus diuidunt: ita ut ex magnitudinis differentia genera eorum quatuor sint: quorum minimum instar Sciuri ferè est. Habemus Cercopithecum seu Mamonetum (inquit Io. Caius Anglus in epistola ad me) colore dorsi & lateris uiridi, frequenti inserto hinc inde pilo melino: uentre, mento, & barba (quam habet Turcicam) candidis: facie & tibijs nigris, naso albo. ex minore eius animalis genere est, magnitudine uidelicet Cuniculi. Si placet, eius imaginem mittam. quanquam opus non est. Nam moribus, corporis figura & lineamentis, per omnia similis est cæteris Cercopithecis. Sic ille. hunc quidem meritò, propter colorum uarietatem, Cepum appellaueris. ¶ Megasthenes author est (inquit Strabo) apud Prasios gigni Cercopithecos maximis Canibus maiores, & totos albos, præter faciem quæ nigra est: apud alios uerò ecõtra: caudæ longitudine supra duos cubitos: eosq; mitissimos, nec inuadendo & furando malignos. Aelianus etiam barbam eis tribuit, & comam ex fronte propendentem, caudamq; leoninæ similẽ: mansuetudinem insignem, & sensus propè humanos. Et quanquam syluestres sunt (inquit) ad suburbium tamen Latagis urbis frequentes quotidie proficiscuntur. quibus coctam oryzam rex comedendam obijcit. expletæ ad domesticas sedes magna moderatione reuertuntur, nec obuium quenquam lædunt. ¶ In ora Cariai (inquit Petrus Martrus Martyr in Nauigationum hiſtorijs) animal inſolitum repererunt. Id eſt grandi Cercopitheco par, cauda longiore, proceriorecꝙ: qua & feras ſtrangulat, & in arbore ſuſpenſus, uim tercꝙ quatercꝙ ſeſe deuoluens capiendo, ex ramo inſilit in ramum, & ex arbore ſeſe proijcit in arborem ac ſi uolitaret, &c. ¶ Callitriches toto penè aſpectu differunt (à cæteris Simijs) barba eſt in facie, cauda latè fuſa priori parte. Hoc animal negatur uiuere in alio quàm Aethiopiæ quo gignitur cœlo, Plinius. Callitriches quidem Hermolao à barbitio dictæ uidentur, quod Græci tricha uocant: atqui thrix Græcis pilum omnem ſignificat: & hæ Simiæ non tam barbæ, quàm caudæ extremę pilis latiùs fuſis à reliquis differunt.

CERCOPITHECI ſeu Cepi Satyriue genus, (nam & Satyri inter Simias ſunt, & Cepi faciem eſſe tanquam Satyri Strabo ſcribit,) cuius imaginem ex Germanico quodam libro deſcriptionis Terræ ſanctæ mutuati ſumus.

GERMAN. Ein wunderbare Affen oder Meerkatzen art/welche wir alſo conterfetet gefunden habend in einem Teütſchen getruckten bůch von dem Heiligen land/ꝛc.

De hac aut ſimili beſtia ſenſiſſe uidetur Cardanus, cum ſcribit: Eſt & formæ raræ Cercopithecus, magnitudine & forma hominis. cruribus ſiquidem, uirili membro, facie, dicas hominem agreſtem, quia totus eſt pilo obſitus. Nullū animal perſeuerat plus ſtando illo, homine ſolo excepto. amat pueros & mulieres, non ſecus ac homines ſuæ regionis: conaturcꝙ cum uincula effugerit, palàm cum his concumbere, quod nos uidimus.

MONSTRVM Satyricum captum anno Salutis M. D. XXXI. in ditione Epiſcopi Salceburgenſis, in ſaltu quem Hanesbergium uocant.

GERMAN. Ein wunder von einem thier/gefangen im jar von der geburt Chriſti M. D. XXXI. in dem Hanſperger wald/in dem gebiet deß Biſchoffs von Saltzburg.

ANIMALIS quod Sagoin uulgò appellant (nomine forſan Breſiliæ incolis uſitato, unde nuper aduectum eſt) iconem perpulchrè & accuratè expreſſam, Petrus Coudenbergius doctiſſimus celeberrimusq; Antuerpiæ pharmacopœus mihi communicauit. Sagoini animalis (inquit in epiſtola) imaginem mitto ad uiuum delineatam ſecundũ omnes dimenſiones. (*Pictura quam miſit magnitudo, undique tripla ferè ad noſtram erat: an uerò animal ipſum quàm pictura exprimitur maius non ſit, ignoro.*) Viuidum admodum erat, agile ac timidum. Pilis erat mollibus admodũ. Vuis paſſis ueſcebatur Sole ſiccatis, & pane albo modico. Coronatis hîc quinquaginta diuenditum eſt, aduectũ ex Breſilia. forſan ex Simia parua & Muſtela procreatum. miſcentur enim ibi uaria animalia, propter regionis caliditatem. Nuſquam de eo quicquam legi. Sic ille: nos eius uerbis & ſpecie ipſa animalis inuitati, Galeopithecum nominabimus.

GERMAN. **Ein frömd thier/ kurtzlich vß dem nüwen land Breſilia gen Antorff gebracht/ anzeſähen den Meerkatzen etwas gleych.**

IN America (inquit Andreas Theuetus) reperitur animal corpore ſupra modũ deformi. incolæ nominant Haüt uel Haüti, magnitudine Cercopitheci Africani (quem Galli uulgò Guenon appellant) ſatis magni. Ventre ad terram ualde demiſſo, capite & facie ferè infantis, ut appoſita pictura ad uiuum facta oſtendit. Captum quoq; ſuſpirare dolentis infantis inſtar ſolet. Pellis ei cinerea, & parui Vrſi modo uilloſa. Pedibus terni ſolùm ungues hærent, quatuor digitos longi, ſimiles magnis Cyprinorum ſpinis: quibus per arbores repit. in his enim frequentius quàm humi degit. Cauda tres digitos longa, paucis & raris pilis. Hominis uiui carnem nunquam guſtare uiſum eſt: quanquam incolæ aliquando longo tempore (abſq; alio cibo) ipſum retinuerint, experiundi gratia. Galli quidam aliquando per ſyluam deambulantes, duo huius generis animalia in excelſæ arboris cacumine, ictu ſclopeti deiecerunt: ex quibus alterum ualde læſum fuit: alterum attonitum duntaxat, & mihi donatum. quod cum ad dies ferè uiginti ſex ſeruarem, cibo & potu omni abſtinuit, in eodem ſemper ſtatu: & tandem à Canibus noſtris occiſum eſt. Putant aliqui hoc animal uiuere ex ſolis folijs arboris cuiuſdam, quam uernacula lingua Amahut uocant. ea præ cæteris excelſiſſima eſt, folijs perexiguis ac teneris. in hac quoniã ut plurimùm degit hoc animal, ab eius nomine Haüt appellatum eſt. Si manſuefiat, hominem deamat: & in humeros eius aſcendere ſubinde cupit: quod ferre nequeunt incolæ nudi: cum ungues eius peracuti ſint, & longiores quàm Leonis aut ullius alterius feræ nobis cognitæ. Toto hoc tempore quo ipſum ſub dio retinui, quanuis multoties plueret, à pluuijs nunquam madefactum eſt. Hæc ille. Nos Arctopitheci nomen huic animali ponemus: nam Papio dictus uulgò, hoc eſt Dabha Syrorum (quem olim Arctopithecum poſſe dici ſuſpicabar) Hyæna nunc mihi uidetur.

CATI

CATI syluestres(Wild katzen) in Heluetia multi capiuntur, in syluis præcipuè & arbustis, iuxta aquas interdū: similes domesticis per omnia, (quamobrem effigie alia opus non est,)maiores tantùm, densioreq; & maiore pilo, fusci coloris,&c. sed fortè ut domestici coloribus uariant,ita etiam feri non uno colore reperiuntur, in diuersis regionibus præsertim. ¶ Feles Scythica uel Moscouitica,(fera an domestica nescio. Scaliger quidem, domesticorū Felium pellibus tradit fœminas in Moscouia uestes munire aduersus hybernum gelu: quòd nullius æquè pili calore foueantur corpora) cuius pellem nuper Ant. Schnebergerus ad me misit, longa est duos dodrantes cum dimidio, Felibus nostris similis, sed colore diuerso, nempe nigricante, uel, si propiùs & ad lucem inspicias, è nigro ruffescente: undiquaquaq; ferè concolor. Cauda decem digitos longa, terete, nigra. Sed unam tantùm pellē uidi, nec scio an omnes eiusmodi sint. ¶ In Malabar prouincia (inquit Scaliger) Feles sunt agrestes in arboribus agitantes. De eorum celeritate in cursu nihil memorabile proditum est. Saltu ualere potiús. Peculiaris uerò uolatus. Idq;, quod mirum magis est, sine alis. Membranam ab anterioribus pedibus ad posteriores usq; productam tendi, quam, dum quiescunt, ad aluum contrahunt. Vbi uolare instituunt, pedū crurumq; agitatione protenta, collectaq; membrana, tum sustinentur, tum feruntur: mirabilisq; est eorū, tanquam per aërem currentium species. Sic ille. addit autem uerisimilius hoc nobis fieri ex Vespertilionis natura. De Mure Pontico uolante dicemus suo loco.

¶ Ad Feles fortè referri potest etiam Heyrat in America dictum animal, cuius iconem (non satis explanatam tamen) Andreas Theuetus posuit, Genethæ cato nō dissimilem, & similiter maculosam. Heyrat(inquit) uocatur animal, uocabulo bestiam mellis significante: eò quòd passim desiderio mellis certas arbores (quas Vhebehason incolæ uocant, è quarum fructu apes mellificant) perquirat. Colore est castaneæ ferè, magnitudine Felis. mel tanta solertia suis unguibus extrahit, ut Apes neq; lædat, nec ab eis lædatur.

MARTES, ut uidetur, à Martiali(nullus enim alius ueterum, quod sciam, hoc nomine usus est) dicta, (à recentioribus Marta, Martarus, Marturus, Marturellus, & Mardur fœm. genere,) nomen seruat apud plerasq; gentes hodie, Italos, Gallos, Hispanos, Germanos & Anglos, terminationibus tantûm diuersis.

ITALICE Foina uel Fouina, fortè à fago, quam Galli fau appellant.

GALLICE Foyne, Foing.

GERM. Marder / Tachmarder / Hußmarder / Steinmarder / Büchmarder. Sunt apud Borussos nemora plena animalculorum, quæ indigenæ Gaynos, Germani Marter appellant, Erasmus Stella.

MARTEM sic dictam conijcio, quòd Martia, id est, pugnax & ferox bestia sit. iugulat enim Mures, Gallinas, & aues cæteras. Species eius apud nos cognitæ duæ sunt: una nobilior, cuius pars prona magis flauescit: altera ignobilior, parte prona albicans. huius nomina in diuersis linguis paulò pòst seorsim referemus: illius iam diximus. Nobilior, magis syluestris est, & circa syluarū arbores, præsertim abietes, reperiri solet. Retulit mihi aliquando rusticus quidam, se initio Aprilis in præalta abiete Martem cepisse cum quatuor catulis: & in abietibus eas Sciurorum instar nidificare. Ignobilior circa fagos & saxa degit, & ad domos accedit, ubi ferè sub tectis latitat: noctu grassatur. hæc domestica dici ad illius differentiam potest. In syluis supra Brigantium ad Brigantinum seu Acronium lacum, Martis genus inueniri audio, cuius pili noctu luceant, Zündmarder. ¶ Inter eruditos ferè hactenus conueniebat, Martem & similem ei bestiam Putorium, ad Mustelarū genus pertinere: id quod doctissimo

I

Scaligero non probatur. Sic enim ſcribit contra Cardanum. Muſtelam domeſticā eſſe, quæ ab omnibus hactenus ſic uocata ſit: ſylueſtrem uerò, Ictidem Græcè dictam, non magnitudine aut ſpecie corporis, ſed loco tantùm differre. nam & ſylueſtres Muſtelas (inquit) familiaribus ſimiles, ſicut & Mures, uidemus. A Muſtelis uerò differre Viuerrā, quam Furonem uulgò nominant: cuius nomen Græcum non ponit: & qui Ictidem interpretantur Viuerram, reprehendit. Sicut & illos qui Putoriū, Iltis Germanice dictum, Ictidem arbitrantur ob ſimilitudinem uocabuli: hunc enim ſicut & Mardurem aquaticam (ſic Galli uocant) eſſe ex genere illorum quinq; quæ ab Ariſtotele nominantur, Enydris, Caſtor, Latax, Satherion & Sathyrion. Deniq; Mardurem quoq; ſui generis eſſe: aliam (ut diximus) aquaticam: aliam terreſtrem. Terreſtrium excellentiſſima Sebellina, (inquit,) dilutior & ſplendidior, piliſq; raris, ut ita dicam, argētata. Noſtratis color fuluior. Tertiam uocant Calabram, colore longe minus ſaturo. Domitius Martē uult eſſe Vulpis genus, quod ſit κίναδος Ariſtotelis. Audiui à Germanis noſtratibus, qui in Ruſſia ſiue Rutenia fuerant, Mardures Sebellinas tribus dotibus cōmendari: pilorū nigritia, denſitate, prolixitate. Conueniunt hæc poſtrema duo cum Gallorū æſtimatione, de nigritia non item. Hilariorem pilum eligunt, reſperſum ea quam dicebamus, candicantium raritate. Hæc Scaliger. ¶ Marduri ac Zebelli (inquit Olaus Magnus) frigidarum regionū animalia ſunt, agiles curſu, & ſaltu eximij. Ferè enim ut Sciuri, cauda quaſi pro temone utentes, de arbore in arborē, ramos unguibus apprehendo ſaltant, morſu terribiles pro ſua magnitudine. Dentes enim natura eis quaſi nouaculas dedit: & ungues ſubtiles acutoſq;. Caro inutilis: pellis magno in precio eſt, apud remotas præcipuè nationes. Earum diſcrimen in hoc eſt, quòd mardurinæ craſſioris pili ſunt: à uertice ad caudam, non autem econtrà, contrectatæ, pulchrum ordinem habentes: non item zebellinæ. nam à cauda ad uerticē contrectatæ, æqualem ſeruant decorem, quia uilloſiores ſunt, & denſioris pili. quæ ob id citiùs uermibus cōſumuntur, quàm reliquæ pelles, niſi ſint in continuo motu, aut abſinthij ramis interpoſitis cōſeruentur. Quòd ſi ſub dio Soli ſiccandæ exponantur, plus uno die conſumuntur, quàm ſi toto anno tritæ uel geſtatæ forent. Viuens enim beſtia ſemper latitat in umbroſo ſaltu, ubi auiculis inſidiatur. Libidinoſum eſt animal, & ualde fœtidum libidinis tempore. Vtriuſq; tamen (Marduri & Zebelli) pelles, pili tactu ſunt molliores: & ingenti luxui deditorum hominū precio emptæ, à uermibus tandem conſumuntur. Naſcitur Zebellus (Zobel dicunt Germani) in extremis

tremis Moschouitarum syluis, & magno terrarum mariumq́ spacio deportatur ad exteros. Hæc Olaus. ¶ Martium genera inter se miscentur, & Martes fagi ferè sequitur Martem abietum, tanquam nobiliorem, ut ex ea fœtum nobiliorem acquirat, Albertus. ¶ Martes hæc à nõnullis Fuina uel Foinus dicitur, Gallico Italicóue nomine, ad Latinam terminationem deflexo.

MARTIS altera species, nobilior, solo colore à præcedenti differens: quare iconem eius propriam dare non opus fuit. Mardur Calabra, ut uidetur, Scaligeri. Vide plura retrò cum Marte simpliciter scripta.

ITALICE Marta, uel Martore, Martorello. GALLICE Mardre.

GERMAN. Marder/ Fäldmarder/ Wildmarder/ Baummarder/ Tannmarder/ Fiechtmarder.

PVTORIVS, uocabulo à Gallis & Italis sumpto: qui à tetro odore, quo putet fœtetq́, hoc animal denominarunt. Scaliger (ni fallor) Catum fœtentem uocat: & alio nomine Fuinam, Exercitationis De subtilitate 210. parte 2. Quidã è recentioribus (inquit) Ictidem Fuinam esse uoluit: quoniam Germanice dicatur Iltis. (Ego Fuinam, Martem ignobiliorem, non Iltissum Germanorum à Gallis & Italis dici existimo.) Et mox: Inter quinq́ amphibia ab Aristotele memorata, (quę sunt, Castor, Latax, Enydris, Satherion & Satyrion,) est etiam Catus fœtens, pilo obscuriore, tetro odore.

Huius figura capitis, ab illorũ (*amphibiorum scilicet quæ diximus*) capitibus abscedit ad domestici Felis formam. Scandit arbores in fuga, quarum præsidio saluti consulat. ¶ Putorius an ad Mustelas referri debeat, leges in ijs quæ de Marte scripsimus suprá. ¶ Catiuare dictum animal in America, cuius Io. Stadenius Hessus meminit, an ad amphibia illa quinq́ quæ diximus, pertineat, quærendum.

ITALICE Foetta, quod uocabulum ne cum Foina ab Italis dicta, id est, Marte subtus albicante, confundatur, cauendum. Liguribus Taurinis Put.

GALLICE Putois, Pouttet. Picardis Catharet, teste Scaligero.

GERMANICE Iltis/ Ult/ Büntsing.

LATINE Mustela, Græcis γαλῆ. Obuersatur hæc circa domos: & similis reperitur ei syluestris, ita ut loco uictuq́ tantum differre uideatur, Ictis à Græcis dicta: alia quàm Viuerra, ut dictum est suprà: ubi etiam Scaligeri sententia explicata est, qui Martem & Putorium, à Mustelarum genere prorsus separat.

I ij

ITALICE Donnola, Ballottula, Benula.

GALLICE Belette uel Belotte. **GERMAN.** Wisele.

MVSTELA alba, specie corporis nihil prorsus à superiore differt, sed colore tantùm, quo tota est alba. Hermelinum uocant recentiores. Aliqui uiri docti Murem Ponticum ueterum hunc esse putant. Mihi animus magis inclinat, ut Sciurus Ponticus (is enim de Murium genere est) Mus Ponticus sit. ¶ Cōduntur (ut Plinius scribit, inquit Olaus Magnus, qui hoc animal Murem Ponticum esse putat) in hyeme Pontici mures, & ij duntaxat albi. Atqui si hyeme perpetua clauderentur, nunquam appareret albior pellis huius bestiolæ, quæ æstate subrufa uidetur in fine Maij: quando deposita albedine proli propagandæ certis diebus operā dat inter nouas herbas, prout obiter inter equitandū uidi apud Helsingos populos Septentrionales: ita ut in congressu propter nimiam cōiunctionem (*multitudinem earum confertam*) in cursu uelocissimo cohærerent, atq; dentibus striderent, tantum fœtorē in magna parte syluæ diuersarum arborum relinquētes, ut uix meminerim me deteriorē sensisse unquam. Singulo quoq; triennio ut plurimùm, copia alimenti, maximo mercatorū lucro, ampliatur & extenditur earum pellis, quod hoc modo non in Noruegia solùm, sed & in Helsingia & uicinis regionibus, accidit. Bestiolæ quadrupedes Lemar uel Lemus dictæ, magnitudine Soricis, pelle uaria, per tempestates & repētinos imbres è cœlo decidunt: incompertum unde, an ex remotioribus insulis, & huc uento delatæ, an ex nubibus feculentis natæ deferantur. Id constat, statim atq; deciderint, reperiri in uisceribus earum herbas crudas nondum concoctas. Hæ more Locustarum, maximo examine cadētes, omnia uirentia destruunt: nam quæ uel morsu attigerint, perdunt. Viuit hoc agmen, donec non gustauerit herbam renatam. Conueniunt gregatim quasi hirundines euolaturæ. sed stato tempore aut moriuntur aceruatim cum lue terræ (ex quarum corruptione aër fit pestilens, & afficit incolas uertigine & ictero:) aut his bestijs dictis uulgariter Lekat, uel Hermelini, (*uocabulo non tam Italico quàm Gothico*) consumuntur. unde ijdem Hermelini pinguescunt, & reddunt pellium mensurā longiorem. Horum pelles (ut cæteræ etiam) uenduntur decadum munero, quadraginta præsertim in quolibet fasciculo : & in regiones longinquas nauigijs exportantur. Hæc Olaus. deinde uenationis eorum tribus aut quatuor modis expositis, per decipulam, foueas, canes, & sagittas, subdit: Caro eorum contemnitur: pellis sola in precio est propter candidissimum colorem, in summis principum utriusq; sexus aulis. Solent autem his pellibus interponi raræ caudæ nigræ, maximè in amplissimis uestium fimbrijs, antiqua honestate seruatis. ¶ Varius, Mus est Ponticus & Sarmaticus: Hermellinus, Sueticus: quem Aristoteles Murem album appellat, Scaliger. Recentiores aliqui Latini scriptores Armelinum uel Armillinum nominant.

GERMAN. Hermelin / Ein wyß Wiselin: in Norwegen Lekat. Hermelini nomen etiam GALLI & ITALI usurpant.

LAT.

LAT. Viuerra, apud recentiores Furo, Furus, Furetus, Furunculus: quę nomina à uetere Viuerræ uocabulo per aphæresin facta uidẽtur. ad id quidem propiùs accedunt Angli Ferret, uocantes. Ictis Græcè dicta, Mustela syluestris est. Theodorus Latinè Viuerram transtulit: nullo, ut opinor, (inquit Scaliger) alio argumento, quàm quòd Plinius aiebat genitale esse osseum Mustelis & Viuerræ. id enim de Ictide Philosophus in secundo. Cæterùm de Ictide loquens ipse Plinius, Græca uoce nominauit: neq; Viuerræ naturam descripsit cum propensione ad depopulanda mella, sed ad Cuniculos tantùm debellandos. & Mustelas numero plurali cum posuisset, addidit: Viuerræ, in singulari. Tum autem Viuerra non solùm mel non appetit, sed oblatum & respuit et fastidit. Vna etiam eo gustato cõtabuit: atq; in eo fuit, ut penè moreretur. Hæc ille, ut Viuerrã neq; Ictidem, id est, Mustelam rusticam esse, neq; omnino Mustelarum generis, sed sui, ostẽderet. Ictidẽ animal mellis auidum esse, & aluearibus officere, Aristoteles prodidit. Gręcum quidem Viuerræ nomen nullum indicat Scaliger. At Strabo libro 3. de Cuniculis Hispaniæ loquens, & uenatricibus earum Viuerris, Ictides nominat, ex Africa importatas scribens: quo argumento & Mustelarum generis eas esse, & Ictides rectè nominari fortè aliquis asserat, sed ita ut Ictidum species non sit una. Mauritania Mustelas alit Felibus pares ac similes, nisi quòd rictus eis eminentior & oblongior est, Strabo. sunt autem hæ nimirum Viuerræ. φερέοικος ab Arcadibus appellari animal album, simile Mustelæ: quod sub quercubus & oleis nascatur (aut uersetur,) & glandibus uescatur, apud Etymologum & Hesychium legimus. & conuenit quidem Furonis q̃d ad literas φερεοίκου nominis pars prior: significatio (Latinè enim domiportam sonat) nõ conuenit: sed Cochleæ & Testudini. ¶ Viuerra sub terra tanta est ferocia, ut sexcuplo ac decuplo se maiorem Cuniculum superet atque interficiat. extra latebras illam deponit ferociam, Scaliger.

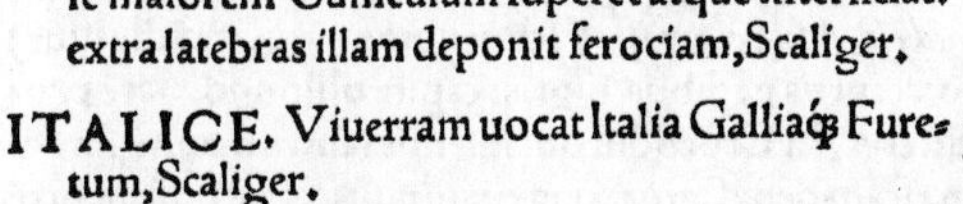

ITALICE. Viuerram uocat Italia Galliaq; Furetum, Scaliger.

HISPAN. Hurón, Furam. Hispanum uulgus nunc φωλεύτας uocat: quoniam iniiciunt eas in multifores Cuniculorum specus, Hermolaus Barb. & φωλεὸς quidem specum significat: sed Hispanicum nomen non uidetur accedere, nisi Furam nomen à foramine factum putemus.

GALLICE Furon uel Furet.

GERMAN. Frett/Frettel/Furette. ANGLICE Feret/Ferrette.

I iij

Ichneumonis picturam hanc desumpsimus ex uera eius effigie cum Crocodilo nobis conspecta, Bellonius. Ex eodem postea cognoui dorsum in hac pictura nimis eleuari, & planius esse debere: rostrum paulò magis acuminatum, crura minùs crassa. Colorem, talem ferè esse, qualis hîc nigro alboq; distinctus conspicitur.

Ichneumonis alia imago, ex ueteri manuscripto Oppiani poëmatum codice.

LATINE & Græce Ichneumon, ἰχνεύμων. Nicandro etiã ἰχνευτὴς, id est, inuestigator. Inuestigat enim & obseruat cum aues & animalcula quæ deuoret: tum Crocodilum, & Aspidem, eorumq; oua, &c. Aegyptij hodie Murem Pharaonis appellant, Bellonius. Est autem Hydri siue Enydri, id est, Lutræ species in Aegypto. quanquã Marcellinus & Solinus non Ichneumonem Hydri, sed Hydrum Ichneumonis speciem faciunt: quasi Hydrus latiùs pateat, quod non placet. Hydrus enim plerisq; in regionibus reperitur: Ichneumon ùerò Lutra quędam est Aegypto peculiaris iuxta Nilum, amphibium & ipse animal. Latino nomine caret: nam quòd Suilis & Suillus ab Isidoro & Alberto uocatur, quoniam setas pro pilis habeat, bonis authoribus receptum non est. Ab Auicenna Alcasim dicitur: uel, ut Bellunensis legit, Harimun. Ichneumoni magnitudo Felis est, species Muris: uulgò nunc Murem Indicũ uocant, aliqui Damulam, [*uel potiùs Donolam, id est, Mustelam.*] ¶ Ichneumon (inquit Bellonius) est corpore Melis, eodemq; pilo: recurtis pedibus, nigris: capite oblongo, nare prominula, Mustelam iratam esse diceres. In Crocodili dormientis fauces magno impetu irrumpit, ut ab eo deuoratam escam depascatur: qua exaturatus, Crocodili uentrẽ erodere atq; ipsum enecare traditur. Magnus est etiam Aegypti serpentium depopulator. Aues in primis appetit, & præ cæteris gallinas ac pullos. Iratus pilos erigit: qui duplici in eo colore uisuntur, nempe albicantes uel subflaui per interualla, & leucophæi, duri asperiq; ceu lupini. Corpus ei quàm Feli longius & cõpactius est. rostrum nigrum & acuminatum instar Furonis dicti in genere Mustelarum, absq; barba. Digiti in pedibus posterioribus quini: quorum postremus ab interiore parte perbreuis est. Cauda longa, & crassa ab ea parte qua lumbos attingit. Lingua, dentes & testiculi Felis. Hermaphroditus nõ est, ut quidam putarunt: sed uidetur, propter meatum

tum undiq; pilis cinctum extra meatum excrementi, genitali muliebri non dissimilē. Agilis & animosus est, ita ut magno etiā Cani se opponere nō dubitet. in primis uerò Catum si inuenerit, tribus dentiū ictibus strangulat. Et q̄niam rostrum ei nimis acutum est, ægrè crassiusculum aliquid mordere potest, & ne hominis quidem pugnum clausum. Aegyptij eum in priuatis domibus, ut nos Felem, educant: nam similiter Mures captat. Hæc ille. Vide etiam superiùs in Lutra.

GERMAN. Ein Indianische Mauß / oder Egyptischer Otter: mag ein Wasserfuret / oder Egyptische Wasserkatz genennt werden.

MVS Indicus alius, ut uidetur. Misit ad me aliquando Ant. Musa Brasauolus Muris Indici (sic enim appellabat) effigiem: quam ego priusquam ueram à Bellonio ex-

hibitam uidissem, Ichneumonis esse conijciebam: & rostro quidē (si barbā adimas) & auriculis ferè conuenit: sed differt cauda, qua Felem magis refert: & alijs pluribus, quæ facile conferendo est obseruare. Eam, ut accepi, posui.

GERMAN. Ein andere Indianische Mauß.

TATVS quadrupes peregrina. Cum iter facerē per Turchiam (inquit Bellonius) apud agyrtas & uagos pharmacopolas inueni animal quòd uulgò nominant Tatu, (Tato Scaliger:) quod è Guinea & Orbe nouo adfertur: cuius mentio nulla apud ueteres. Facilè autem in longinquas regiones transfertur: quoniam natura munitū est duro cortice, & testa squamata ueluti loricatū, (*testis scutulatis loricatum ad uentrem*

usq;, Scaliger:) & quia facile potest caro eius intrinsecus eximi absq; ulla noxa natiuæ eius figuræ. Videtur autē esse Herinacei species Brasiliæ insulæ. retrahit enim se intra corticem suum, ut intra spinas Herinaceus. Magnitudine non excedit Porcellum

I iiij

mediocrem:& porcino generi affine uidetur: quod cruribus, pedibus & rostro refert, (*rostro paulò contractiore & latiore quàm Porcellus: cauda longissima ac ueluti lacertacea, tessellis item incrustata, Scaliger.*) Iam enim in Galliam quoque allatum est hoc animal uiuum, ubi seminibus & fructibus uesci uisum est. Sic ille: qui etiam quadrupedis huius figurã proponit, bisulcis pedibus ut in Sue, & cruribus quàm in nostra figura altioribus, rictu etiam alio. Nostram quidem Adrianus Marsilius à Dongen, pharmacopola Vlmensis egregius, ad me misit, unà cum cortice ipso, cauda & cruribus huius animalis: unde picturam quoque rectissimè opera eius expressam omnino apparet. pedes in ea non bisulci, sed multifidi sunt: quinis in posterioribus digitis, quaternis ante. duo quidem extremi utrobique breuissimi sunt, & introrsum ita reducti ut ferè lateant, unguibus omnes satis ualidis muniti. Sceleti nostri longitudo duos dodrantes (absque cauda) æquat. Latitudo cum sit conuexa non rectè mensuratur: ad 7. tamen digitos accedit. Crusta illa dorsi non ad caudam usque pertingit: sed uacuum quatuor ferè digitorum locum relinquit, &c. ¶ Huic cognatũ uidetur Aiotochtli dictum animal peregrinũ, de quo Cardanus: In noua Hispania (inquit) iuxta Aluaradum flumen, animal quadrupes est Aiotochtli, Fele non maius, rostrum habens Anatis, pedes Ericij, collum longũ. tegitur phalerati Equi instar corticibus inuicem insertis, non una, ut Testudines. Differt & ab ipsis, quòd collum & caput testis eisdem contectum habet, ut solæ aures promineant. unde ab Hispanis armatum aut cõtectum appellatur. Aiotochtli nomen Indorum lingua Cuniculum cucurbitalem sonat. Sunt qui referant grunnire ut Suem: rostroque Suis esse, & ungula bifida, sed quasi equina.

GERMANICE dici potest ein Schaligel/von wägen der schalen/mit welcher es wie einem harnisch über den rucken/seyten vnnd vmb den gantzen schwantz gewapnet ist. Ein frömbd thier vß Bresilien.

LEPVS L. Aelio dictus uidebatur, quasi leuipes. ego (inquit Varro) arbitror à Græco uocabulo antiquo (sic dictum,) quòd eum Aeoles Bœotij Leporẽ (λέπορίν) appellant: sicut & Siculi. sed hi Roma orti, fortasse hinc illud nomẽ tulerunt. Græcè λαγὼς dicitur, uel λαγός, uel λαγωός. uulgò etiã hodie λαγός. Dasypus quoque Lepus est, à pedibus suprà infraque hirsutis dictus: quanquã Aristoteles alicubi cõiungit λαγώῳ & δασύποδα: ut Plinius Leporem & Dasypodem: ubi Gaza Leporem & Cuniculum uertit. Strabo Cuniculos λαγιδεῖς γεωρύχους, id est, Lepusculos terræ fossores nominat. Plutarchus Dasypodum catulos, λαγιδεῖς (à recto λαγιδεὺς) uocat: (Eustathius ipsos Cuniculos simpliciter:) Cicero & alij Lepusculos. Græcè etiam λαγίδια & λάγια legimus. ¶ Leporum species & differentias uarias, ut Chelidonias, Elymæos, Italicos, Gallicos, Candidos, explicauimus in Quadrupedum historia. ¶ Apud Moscouitarum oppidum Mosaiscum, Leporum multitudo multorum diuersorumque colorũ habetur, Scaliger. Leporem aliquando aluimus (inquit idem) qui adultus cum Cane leporario, etiam interdum à recenti cruento uenatione, liberè ac securè lusitaret. Alium Leporem domesticum in arce Montispesati memini, posterioribus pedibus terram bis, ter, quater supplodentem, quo quasi sese acueret, belli cientem simulacra, ultro Canes prouocare.

ITAL.

ITALICE Lepre uel Lieuora. HISPAN. Liebre.
GALLICE Lieure. GERMAN. Haß/Haas.
ANGLICE Hare. ILLYRICE Zagicz.

POST Leporis mentionem non uiſum eſt prætereundũ animal Noui orbis, de quo Cardanus: Guabiniquinax (inquit) quem alij Guadaquinaium uocãt, Lepore maius paulò eſt, colore roſeo, piloq; ut Taxus oblongo, pedibus Cuniculi: collo & reliqua corporis parte inferiori Vulpi non abſimili: capite Muris: carne iucunda, guſtui & ualetudini commoda, eſt autem animal agreſte.

ANIMALIVM QVADRVPEDVM FERORVM ORDO QVARTVS, NON CORNVTA & minima complectens.

LEPORVM generis eſt, & quem Hiſpania Cuniculum appellat, teſte Plinio. ſed quoniam magnitudine differũt, hunc primum inter Quadrupedes minimas feci, Leporem uerò ex mediocribus ultimum. Lepus hic uel Lepuſculus Hiſpanicus cognominari poteſt. Eſt Leporum genus Hiſpanum (inquit Hermolaus) Adapis nomine. Cuniculus autẽ nominatur, quòd ſub terra cuniculos ipſe faciat. Strabo Leberides (quod à Latino Lepores corruptum iudico) à quibuſdam nominari tradit ipſos Cuniculos. De Græcis uocabulis Daſypus & Lagides, in Lepore iam dictum eſt. ¶ Apud nos habentur Cuniculi albi, nigri, uarij ex utroq;, fului, cinerei, Scaliger. Cuniculi ſunt in Thracia ac Macedonia, (inquit idem,) qui iuxtà ac noſtri, ſub terra agitant: leporino pilo, breuioribus auriculis; curto corpore, craſſo, cõpacto: qui maximi Gliris haud excedunt magnitudinem: cauda longa & ad ſciurinam quàm proximè accedente. ¶ Τὸ τοῖς λαγωοῖς ὅμοιον ζῳΰφιον, ὃ καλοῦσι κουνικοῦλον, Galenus de medic. fac. lib. 3.

ITALICE Coniglio. HISPANICE Conejo.
GALL. Connin. GERM. Küngle/Künele/Künlein.

CUNICULUS Indus, ante paucos annos primùm in Europã inuectus ex Nouo orbe: nunc ubiq; frequens, eſt enim fœcundiſſimum animal, cum octonos uel plures uno partu edat. Magnitudine ferè Cuniculi noſtri, minor plerũq; ſed corpore breuiore. Crura ei breuia: digiti ſeni anteriùs, quini poſteriùs. dentes ut in Muribus. caudæ ueſtigium nullũ. Color alijs alius. Vidi ego totos candidos, & totos ruffos: & utroq; colore diſtinctum. Vox nonnihil ad Porcellorum uocem accedit: unde aliqui uulgò Porcellum Indicum appellare malunt. Veſcitur omne genus herbis & fructibus, pane, auena. Parit hyeme etiam, & catulos uidentes, non ut Cuniculi cæcos. Superfœtare ſolet. Potu opus non habet: niſi modico fortè, ſi cibo ſicciore utatur: alioqui facilè hydrope tentatur. In cibo ſatis ſuauis eſt, & pinguis multo ſubflauo adipe, aut lardo ferè ſuilli inſtar, carne minùs alba quàm Cuniculi noſtri & humidiore.

GERMAN. Ein Jndianiſch Künele/oder Jndiſch Seüle.

LATINE & GRAECE Echinus, ἐχῖνος, (ἀπὸ τοῦ συνέχειν ἑαυτὸν στρογγυλούμενον; uel per antiphraſin quòd teneri manu non poſſit.) Vocatur & Herinaceus Latinè: quod nomen ſunt ex recentioribus qui ſine aſpiratione ſcribant, (in penultima etiam, i. uocalem pro e. ponit Eucherius:) ego ſemper aſpirare malim, ſiue ab horrendo deriues, quoniam ſpinis horret: ſiue ab hærendo, quòd fructus & alia ſpinis eius infixa hæreant. Theodorus Echinum marinum non aliter quàm Echinum interpretatur, Plinium fortè imitatus: at eum qui terreſtris eſt, Erinaceum conuertit. Ego aquatilem Echinum, à Latinis Erinaceum appellari, authorem non inuenio. quamobrem Hermolaum miror Echinum piſcem (ſic enim loquitur) Erinaceum Latinè uocari ſcribere. Legitur & Hericius apud Eucherium, Ericius apud Varronem, & Herix apud Perottum. Implicitumq; ſinu ſpinoſi corporis Erem, Nemeſianus dixit. Ἀκανθόχοιρος (id eſt Porcus ſpinoſus) recentioribus Græcis Herinaceus eſt, aut etiam Hyſtrix, uide ſuprà in Hyſtrice, Ordine III. Ferorum. Græci recentiores Scanzocheron dicunt. ¶ Erinacei ſpecies duæ traduntur à recentioribus, una quæ roſtro & pedibus biſulcis Porcis Porcum referat,(nondum mihi uiſam, ut neque peritiſſimo harum rerum Scaligero:) Sew‿igel Germanis dictam. alteram pedibus multifidis & roſtro ſimilem Cani, Hunds‿igel Germanis.

Icon hæc eſt Herinacei quem caninum Germani cognominant.

ITALICE. Riccio,Rizo. HISPAN. Erizo. Luſitanice Ouriſo: uel Orico cachero, eò quòd corpore contracto ſeſe occultet. GALLICE Heriſſon. GERMAN. Igel.

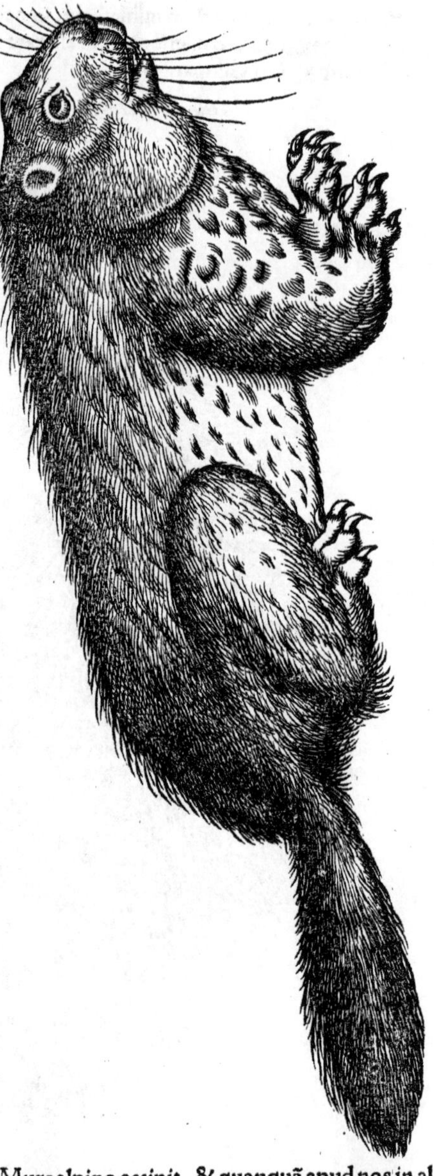

MVS Alpinus. Conduntur hyeme (inquit Plinius) ut Vrſi, & Pontici mures, ita & alpini: quibus magnitudo media eſt. [*Atqui Alpinos in Murium nobis cognitorum genere maximos eſſe, Albertus teſtatur. Hermolaus in Corollario hos Mures magnis oculis eſſe ſcribit, prominentibus media magnitudine: quaſi in Plinio legerit, quibus magnitudo media oculorum extat. Scaliger Marmotæ ſuæ, quam tamẽ Murem alpinum eſſe negat, Melis magnitudinẽ tribuit.*] Sed hi pabulo antè in ſpecus conuecto: cum quidam narrent alternos marem ac fœminã ſupra ſe complexo faſce herbæ ſupinos, cauda mordicus apprehenſa, inuicem detrahi ad ſpecũ: ideoq; illo tempore detrito eſſe dorſo. Sunt his pares & in Aegypto: ſimiliterq; reſidunt in clunes, & binis pedibus gradiũtur, prioribusq; ut manibus utũtur. Hæc Plin. Ex cuius uerbis quin Mus mõtanus ille hîc exhibitus, Plinij Alpinus ſit, non eſt dubitandum: quãuis Scaliger Pliniũ nullam eius mentionem feciſſe ſcribat, & nouo tantùm nomine Marmotam appellet. Emptra uel Enitra apud Albertum & huius farinæ ſcriptores, neſcio cuius linguæ ſit. Germanicũ fortè fuerit, quaſi Embder, id eſt, fœni cordi collector. ¶ Arctomys (Ἀρκτομῦς) à diuo Hieronymo nominatur, animal (ut inquit) in Palæſtina abundans, à ſimilitudine Muris ac Vrſi nominatũ. Hoc Gelenius noſter Murem uulgò Cricetũ dictũ, interpretabatur, eruditus uerò quidã apud nos pro Mure alpino accipit. & quanquã apud nos in altis tantùm ac niuoſis alpibus degat, fieri tamen poteſt, ut in Palæſtina quoq;, hoc eſt, in regionis illius mõtibus inueniatur. Vrſo quidẽ & Muri cõmunia quædã habere uidetur, tum corporis ſpecie, tum aliâs. Galenus apud Lucanos ait reperiri animal μεταξύ πως ἄρκτου τε καὶ συός. ubi ſi μυός legeretur, Arctomyn intelligerẽ. nũc uerò de Mele potius accipio. uide ſuperiùs in Mele. Græcus quidã recentior, cuius de animalibus aliquot libellũ manuſcriptũ habeo: Arctomys (Ἀρκτόμυς, paroxytonum, inquit) unus cuſtodit cæteris paſcentibus: & ſinguli partem pabuli ad eum deferũt. at ſi negligengligentior fuerit in custodia, & (homo) aliquis subitò superuenerit, (*cuius scilicet aduentum ille non prodiderit uoce,*) à cæteris occiditur. Sic ille. Ego hæc alpino Muri tantùm conuenire puto: non etiam Criceto. ¶ Marmotæ (inquit Scaliger) Melis sunt magnitudine (*nostræ minores sunt, inter Leporem ferè & Cuniculum*) & pilo: cauda itē nulla pené. [*Nostrarum cauda ad sex plerunq; digitos accedit.*] Eundem quoq; ad modum crura breuia, aures breuissimæ, auriculis curtissimis, atq; ad aspectū nullis. Vngues longi, acuti, firmi, unci, robusti, nigri. Inter Mures quidam cōnumerarunt: cum quorum natura nihil habent cōmune, præterquàm quòd, sicuti Sciuri, sedentes, pedibus anterioribus utuntur ad officia manuum. At hoc etiam Leporum genus utrūq; facit: quorum capita non malè suis capitibus Marmotæ quoq; referunt. Cum Gliriū specie conueniunt in somno. hybernos enim totos menses transigunt sopore. Cum Leporum Muriumq; dentibus eorum dentes multam habent affinitatem. Non nisi irritatæ sæuiunt, postquam cicures factæ sunt. Vnam aluimus in Taurinis mansuetam: quæ laneam lineamq; omnem supellectilē dentibus absumebat. Hoc etiam domestici solent Cuniculi. Earum uox à leporina recedit in soricinam, aut potiùs in cercopithecinam. Hæc Scaliger. Ego cum Plinio, & Alberto, Murium generi adnumeraui, multas ob causas. astipulantur & uulgaria nomina, quæ nunc exponemus.

ITALICE Murmont, id est, Mus montanus: Marmota, Marmontana, Montanella, Varoza.

GALLICE Marmote, ni fallor.

GERMAN. Murmelthier/Murmentle/Mistbellerle. postremum hoc nomen ab acuta & tinnula eius uoce factū est, qua Caniculas domesticas sic propriè dictas quodammodo refert & superat.

GLIS à pinguitudine dictus uidetur. gliscere enim crescere & pinguescere significat. pinguescit autem somno hoc animalculum, tota hyeme dormiens. Albertus Magnus hunc Murem uarium nominat, eò quòd dorso fusco sit, uentre autem albo: sed breuioris (inquit) pili est, & tenerioris corij quàm animal quod uerè Varium (*Mus Ponticus nimirum, siue Mustela alba*) appellatur. Græci μυοξὸν uocant, ut ex Oppiani & Epiphanij scriptis cōstat. recentiores aliqui Myoxum, malè Bufonem interpretantur. μυωξία per o. magnum in antepenultima, Murium cauernam significat. Μύξος

(malim Μύοξος, à quo fortè per syncopen factus est Myxus) est qui apud nos uulgò Λαγόγηρος (Λαγόνηρος, Varinus) dicitur, Suidas. ego non aliud quàm Glirem intelligo: quem uulgus Italorum hodie multis in locis Galerū uocat, nomine ad Lagonerum accedente, literis trāspositis. De Myxo incantatio legitur apud Suidam ad Asini dysuriam: Gallus bibit & non meijt: Myxus non bibit, & meijt. An uerò Glires non bibant, affirmare non possum. Νιτξὶς quoq; uox detorta uidetur à Myoxo: Varinus Camers interpretatur Murem Cappadocem, qui alio nomine Sciurus dicatur: deceptus nimirum, sicut & illi qui ἐλιὸν pro Sciuro acceperunt, ut mox dicemus. Oppianus Myoxos & Sciuros disertè distinguit: ut Plinius Glires & Sciuros. Apud Aristotelem nec Myoxi nec Sciuri nomen extat: sed ἐλειὸς, oxytonum: Gaza Glirem uer-

K

tit. Ge. Agricola Sciurum esse putauit: deceptus nimirũ Hesychij uerbis: apud quem legimus, corrupta, ut suspicor, hæc: ὄλιος, σκίουρος, ἔλιος. aliqui enim nimirũ ἐλειὸν Sciurum esse putabãt. quorũ sententiam ipse in uocabulo ἐλειὸς reijcit. nam cũ ἐλειὸν dixisset uermi simile animal esse, quo pisces inescentur, subdit: οὐκ ἔστι γὰρ ζῶον τετράπουν ὁ ἐλειὸς καλούμενος μῦς ὁ σκίουρος, (lego σκίουρος:) hoc est, Neq; enim ἐλειὸς est animal illud quadrupes è Murium genere, quod Sciurum uocant. Doctissimus Scaliger etiam ἐλειὸν & μυοξὸν, diuersa nomina unum Glirem significare existimat. Cui aliquis obiecerit locum Galeni lib. 3. de aliment. facult. ubi scribit singulis regionibus suas quasdam peculiares animantes esse: ut Cuniculum Hispaniæ: animal inter Vrsum & Suem ambigens, Lucanis: sicut & illud quod in medio sit τῶν ἀρουραίων μυῶν, καὶ μυοξῶν καὶ τῶν καλουμένων ἐλειῶν, (à recto ἔλειος proparoxytono,) quod in illo Italiæ tractu & alijs multis estur. Ego hæc uerba, καὶ μυοξῶν, abundare puto, & fortè interpretandi gratia dictionem ἐλειῶν, utpote antiquiorẽ aut obscuriorẽ, in margine ab aliquo adscripta, postea in contextum irrepsisse. accedit, quòd ferè cum animal unum inter alia quædam ambigere dicimus, duo nõ tria nominamus. Medium autem illud inter Murem aruensem & Glirem animal, apud Lucanos edi solitum, mea quidem coniectura Sciurus fuerit. ¶ Sciurum Glirem'q; (inquit Scaliger) temere quidam cõfudêre. Sciurus cauda tegit se: fuluo colore est. Mansuescit: scurriliter & gannit, & ludit. Glis cinereus est, & esculentus. Nunquam placet, nisi inter patinas. Nihilo uerius quod aiunt, ἐλειὸν ab Aristotele dici, quem nos Sciurũ, quòd caudam inuertat. hoc enim est κάμπτειν, id est, flectere: non autem ἑλίζειν, id est, uertere aut uoluere. Sed quia in cauis arborum inuoluit sese, ubi dormiens pinguescat. Sciurus autem ab umbra caudæ, & à flexu, Campsiurus. ¶ Lardironus à Cardano dictus libro 10. de Subtilitate, non alius mihi quàm Glis uidetur: & nomen fortè ab eo confictum, propter lardum, hoc est, pinguitudinem qua gliscit hoc animal. Lardirolum Scaliger putat esse Lombardã uocem, neq; cuius animantis ea sit intelligere uidetur.

ITALICE Galero, Gliero, Ghiro: & in Lombardia fortè Lardirono, ut diximus.

GALLICE Liron, Rat liron, Loir, Rat ueul.

GERMANICE Greul/Rell/Rellmuß/grosse Haselmuß.

¶ Gliri congenerem puto Murem Bilchmuß dictum, &c.

SCIVRVS Græcum est uocabulũ, quo tamen ueteres Græci non usi sunt: sed primus, quod sciam, Oppianus, Antonini Cæsaris tempore. Latini nomẽ eius non habent, sed Græco utuntur: à quo aliarum etiam gentiũ aliquot deducta sunt nomina, quæ-

dam adeò distorta, ut originem uix agnoscas. Sic autem Græci uocarunt à cauda, qua supra dorsum reflexa se tegit & inumbrat. Alio nomine à flexu caudæ καμψίουρος dicitur, apud Hesychium: & ab eiusdem magnitudine ἵππουρος. Cæterũ ἐλειὸς & μυοξὸς Græca uocabula, Glirem potius quàm Sciurum significant: ut supra in Glire ostendimus, simul'q; eius à Sciuro differentiam. Recentiores quidã, qui Latinè ineptius scripserunt, Pirolum & Spiriolum aliquando uocitant. Ineptè etiam Vincentius Belluacensis: Scurulus, inquit, à currendo dictus est. Reperiuntur apud nos tum rutili, tum nigri.

tum nigri. Albertus intra primum ætatis annum nigros esse putat, deinde rutilos fieri. ¶Scythicus à nostris colore tantùm differt: de quo proximè.

ITALICE Schiriuolo. HISPAN. Hárda, Esquilo.
GALL. Escurieu uel Escureau. GER. Eichorn/Eychhorn/Eichhermlin.
ILLYRICE Vueuuercka: à quo nomine nostri forsan Sciuros Scythicos Veeh/ & Werck appellant.

Sciuri Scythici iconem non damus, quòd solo colore à nostrate differat.

SCIVRVS Scythicus fortè non alius est, quàm Mus Ponticus olim dictus: à recentioribus (ut Isidoro, Alberto, alijs) Varius, ob colorem. Aliqui Fennicum aut Venetum murem nominant: Hermolaus Muris Pontici nomine tum Varios, tum Hermelinos accipit: cum hi omnino Mustelæ albæ sint, illi Sciuri uarij aut cinerei. Sciurus Fennicus (inquit Agricola) solo colore differt à nostrate Sciuro. nam in candido cinereus est. in Polonia inuenitur cui rutilus color mistus cinereo. Græci hodie uulgò etiam domesticum Murem, Ponticũ ineptè uocant. Venetis (Muribus) in dorso color (*uarius*,) à quo dossuariæ (*Italis uulgò Dosse*) pelles uocantur: quandoque ferrugineus, deterior priore, Hermolaus. Venetorum autem nomine in eius uerbis Septentrionalem gentem intelligo. Conduntur hyeme & Pontici Mures, hi dũtaxat albi: quorum palatum in gustu sagacissimum authores quonam modo intellexerint, miror, Plinius. Vide superiùs in Mustela alba. ¶ Sciurorum (inquit Olaus) infininita est multitudo in Septentrionalibus syluis, pilorũ densitate & colore distincta. Eorum pelles tanto pulchriores sunt, quanto remotiùs ad Septentrionẽ capiuntur: deteriores, quò propiùs Austrum. Caro huius bestiolæ assa uenatoribus est pro esca suaui, & cætera.

ITALICE Vare, à uario colore. Pelles priuatim Dosse uocantur. nam uenter albicat: dorsum duntaxat propter uarium aut cinereum colorem in precio est. Varum uentris pellem uocat Venetus: dorsum, Dossum, Scaliger.

GERMAN. Feeh oder Veech/ quasi Venetus aut Fennicus Mus. Vide superiùs etiã in Sciuri simpliciter nominibus Germanicis. Punden/Pundtmuß: nõ à Ponto opinor: sed à decadibus pellium, quæ in fasciculos (Bündt uocant Germani) colligantur. Werck/Grauwerck.

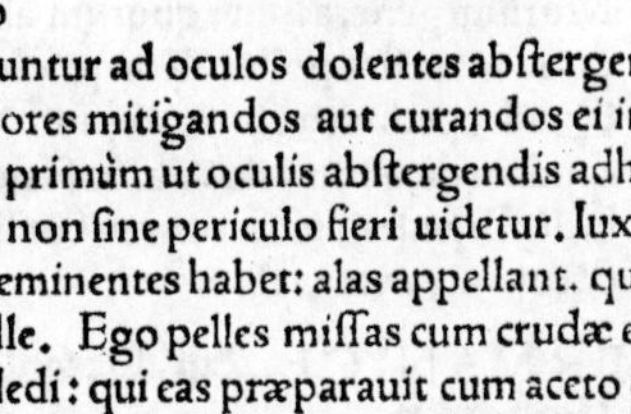

MVS Ponticus aut Scythicus, Sciurúsue, alius, quẽ uolantem cognominant. licebit & Sciurum latum nominare. Huius pelles duas Antonius Schnebergerus meus è Lithuaniæ Vilna ad me misit. Mitto tibi (inquit) pellem paruam, superficie pilorũ cinerea siue albicãte: radice uerò (.i. parte interiore) è fusco nigricante. Popyelycza latayacza, id est, Murem Ponticum uolantem, à celeritate cognominant. Semper humidior apparet. non potest à pellionibus præparari. Vtuntur ad oculos dolentes abstergendos, uim quandam singularem ad oculorũ dolores mitigandos aut curandos ei inesse persuasi. ego mollitiem eius puto inuitasse primùm ut oculis abstergendis adhiberetur. sed cum pili non firmiter cuti hæreant, non sine periculo fieri uidetur. Iuxta uel supra anteriores pedes, pilos ferè in orbem eminentes habet: alas appellant. quidam de arbore in arborem uolare putant. Sic ille. Ego pelles missas cum crudæ essent, & à tineis ne perirent periculum, pellifici dedi: qui eas præparauit cum aceto & fæce uini, &c. unde egregiè remollitæ & extensæ sunt. earum nunc utraque longa est palmos duos (id est digitos octo) capite & cauda exceptis, latitudo eadem: ut Mus

K K ij

uel Sciurus quadratus uocari mereatur. Cauda quatuor aut quinque digitorum est: similis cæterorum Sciurorum caudis, densis hirsuta pilis, albo nigroque distincta. Ventris & totius pronæ partis color candicat, pilis interiùs fuscis. Pilorum mollities summa est, & ad oculos aliámue partem demulcendã lenissimo ductu tanquam holoserici, sed multò mollior, idonea. Auriculæ breuiores rotundioresque quàm in Sciuro. Pedes non satis apparent: Prona pars à supina distinguitur ceu linea quadam, à qua prominentes pili densiores solidioresque sunt: &, ut conijcio, ad uolatũ promouent: sicuti etiã ipsa corporis prætenuis latitudo: ut pisces lati sua latitudine natant. Aiebat pellifex uidisse se apud Silesios uestes etiam his pelliculis (quibus nihil tenerius) præparatis subduci.

GERMAN. Fliegend Vech.

Lineas caudæ pictor non expreßit corporis lineis respondentes.

SCIVRVS Getulus (inquit Io. Caius, qui hanc eius iconẽ misit) coloris est mixti ex rufo & nigro. Eum ab armis ad caudam per latera albæ fuscæque lineæ, alternatim certis distinctæ interuallis, decentissimè depingunt. Idem aliquibus fit in colore ex albo & nigro, respondentibus etiã in cauda lineis: nisi si quando expansa cauda propter pilorum raritatem eædem dispareant. Venter illi cœruleum colorem imitatur in albo positum. Paulò minor is est uulgari Sciuro, nec aures extantes habet, ut ille: sed depressas magis & ferè capiti æquas, orbiculares, & per cutis superficiem deductas in longum. Caput, Ranæ ferè est. Cætera similis uulgari Sciuro. Nam figura corporis eadem, eadem natura pili, mos idem, & uiuendi ratio. Cauda se contegit more cæterorum Sciurorum. Hæc Caius. Et rursus in alia epistola: Sciurum Getulum ad uiuum depinxi. Nam è Getulia (quam hodie uocant Barbariam) à mercatore quodam aliquot uiui ad nos allati sunt, utriusque, quem dixi, coloris. Eos ad delicias uiuos alimus, & extra omnem controuersiam Sciuri sunt. Nam (ut dixi) & mores, & magnitudo, & uiuendi genus, & uox, & agilitas, & usus caudæ, & erecta insessio quãdo est, & cætera respõdent: etsi ego depingendum curaui extenta cauda, ne corpus adumbraretur, caudáque, qualis esset & colore & figura, ostenderetur. ¶ Hic nimirum ex Aegyptiorum seu Africanorum Murium genere est. In Africa (inquit Herodotus) tria Murium genera sunt: quorum alij bipedes uocantur: alij Zegeries Punica lingua, quod in nostra pollet idem quod colles, (βουνοί,) alij Echines, &c. Plura leges in nostra Quadrupedum historia, capite De Muribus diuersis secundum regiones. Echines quidam dicuntur pilos duros sicut Herinacei habere. Zegeries nomen ad Sciuros alludit. Bipedes dicti feruntur (similiter ut Sciuri) prioribus pedibus pro manibus uti: & cum urgentur, salire.

GERMANICE Ein Africanischer Eichorn: ein sundere art der Eichornen vß Barbaryen.

Effigies

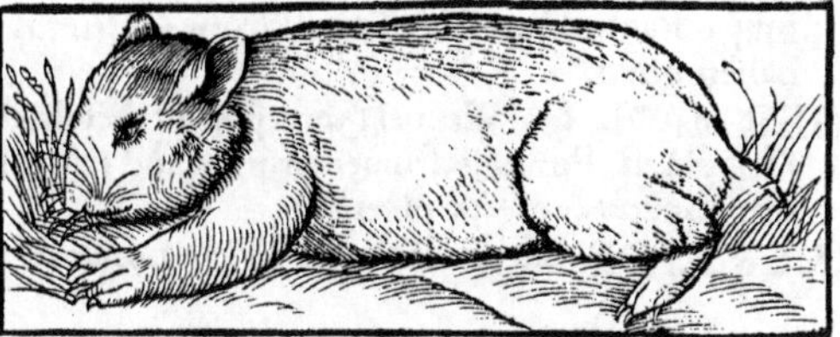

Effigies Criceti hæc sumpta est ex Germanico libro De quadrupedibus Michaëlis Heri.

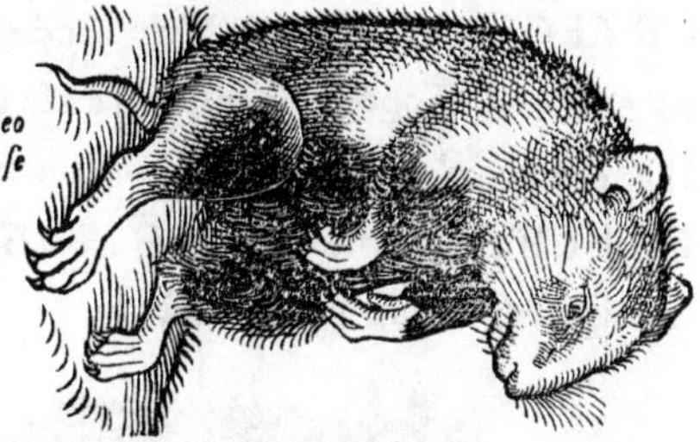

Alia eiusdem accuratior, quam à Io. Kentmano accepi, eo corporis habitu, quo per iracundiam esse solet, aut cum se comprimit, ut color eius (nam pictum cum coloribus ad uiuum misit) in parte prona supinaq; & in lateribus appareret.

CRICETVS, ut dicunt quidam, (inquit Albertus,) animal est paruulum, dorso rubro, &c. quod de antro suo non facilè extrahitur, nisi aqua feruente, uel alioquin humore infuso: in quo ei conuenit cum Cuniculo & Citello. Germanice uocatur Hameſter, Albertus. Coniicio autem idem esse animalculum, quod alibi ab eo Traner, nescio qua lingua, uocatur. Id (inquit) animal est paruum, speciosum, rubri coloris, Cuniculi magnitudine: mirum in modum pugnax & animosum: in cuius signum ad protectionem capitis & cerebri à natura galeam osseam accepit. ¶ Criceti quidem nomen nouum est, & ab Illyrico Skrzeczieł, ut coniicio, factum. Vetus quidē eius Latinum aut Græcum nomen, nullum scio: quanquam aliqui hunc Arctomyn diui Hieronymi esse putarunt: quem nos potiùs pro Mure alpino accipimus. ¶ Mustelarū generis (inquit Ge. Agricola) est etiam Hameſter, quem quidam Cricetū nominant. Etenim existit iracūdus & mordax adeò, ut si eum eques incautè persequatur, soleat prosilire, & os equi appetere: &, si prehenderit, mordicus tenere. In terræ cauernis habitat, non aliter atq; Cuniculus, sed angustis: & idcirco pellis, qua parte utrinq; coxā tegit, à pilis est nuda. Maior paulò quàm domestica Mustela existit. Pedes habet admodum breues. Pilis in dorso color est ferè Leporis: in uentre, niger: in lateribus, rutilus. Sed utrūq; latus maculis albis, tribus numero distinguitur. Suprema capitis pars, ut etiam ceruix, eundem, quem dorsum, habet colorē: tempora rutila sunt: guttur est candidum. Caudæ, quæ palmum longa est, similiter Leporis color. Pili autem sic inhærent cuti, ut ex ea difficulter euelli possint. Ac cutis quidem faciliùs à carne auellitur, quàm pili ex cute radicitus extrahantur. Atq; ob hāc causam, & uarietatem, pelles eius sunt preciosæ. Multa frumenti grana in specum congerit, & utrinq; dentibus mandit. Ager Turingiæ eorum animalium plenus est, ob copiam & bonitatem frumenti: Hucusq; Agricola. Sed inter Mures potiùs quàm Mustelas numerandum hoc animal mihi uidetur: quod ex dentibus maximè confirmari posset: qui tamen quales sint, adhuc ignoro. ¶ Mus Noricus quoq; uel Citellus dictus, (inquit idem Agricola) in terræ cauernis habitat. Ei corpus, ut Mustelæ domesticæ, longum & tenue. cauda admodum breuis. Color pilis, ut Cuniculorum quorundam pilis, cinereus, sed dilutior. Sicut Talpa caret auribus; sed non caret foraminibus, quibus sonum ut auis recipit. Dentes habet Muris dentibus similes. Ex huius etiā pellibus, quanquam non sunt preciosæ, uestes solent confici. Hæc ille: qui & Germanicè Pilc interpretatur: Albertus Zysel uocabulo in Austria usitato. aliqui, ni fallor, Bilch-

K iij

muß uocant: alij grosse Zißmuß/grosse Haselmuß. Huius Muris iconem nondum habere potui.

GERMAN. Hamster uel Hamester, ut dictum est. Circa Argentoratum Kornfärle, id est, Porcellus frumentarius, quòd cauernas in aruis frumento consitis fodiat. Græcè μῦν σιτολόγον dixeris.

ILLYRICE Skrzecziek: unde Criceti nomen ductum uidetur.

MVS domesticus communis uel minor.

GRAECE μῦς, μῦς κατοικίδιος. Vulgò hodie ποντικός.

ITALICE Topo, (Hispani Talpam sic uocant:) Sorice, Sorgio di casa.

HISPAN. Rat, nam Murem maiorem uocant Ratón.

GALLICE Souris. GERM. Mauß/Haußmauß.

ANGLICE Mows/Mouse.

MVS exiguum est animal, incola domus nostræ (ut Plinius loquitur) rosor omnium rerum. Ruinis iminentibus (inquit idem) Musculi præmigrant. ¶ Soricem cum Mure communi aliqui confundunt, ut Galli & Itali uulgaribus uocabulis. alij Murem maiorem interpretantur: alij Araneum murem. Plinius manifestè distinguit, Soricem syluestrem faciens, & maiorem, auriculis etiã caudaq́ pilosis: qualem mox exhibebimus. μῦν ἀρουραῖον, id est, Murem aruensem Aristotelis, Gaza Soricem uertit. ¶ De Muribus diuersis Americæ, lege Andream Theuetũ in eius descriptione Gallica, cap. 67. ¶ De Muribus uulgò Lemmer dictis, qui in Nortuegia è nubibus cadunt, uide suprà in Hermelino, id est, Mustela alba.

MVS domesticus maior, quem Rattum appellârim cum Alberto, quoniam hoc nomine non Germani tantùm: sed Itali etiam, Galli & Angli utuntur.

ITALICE Rato di casa, Pantegana, (quod nomen sumptum uidetur à Græco uulgari Ponticus, quo tamen Murem simpliciter, etiam minorem appellant:) Sourco.

HISPANI Murem minorem Rat uocant, maiorem Ratón.

GALLICE Rat. GERMANICE Ratz.

ANGLICE Rat/Ratte.

MVRIS huius distinctam à minore mentionem apud ueteres non inuenio. Gelenius noster in Lexico symphono suo tria hæc uocabula, Sorex, Ratz, ῥατής, Latinũ, Germanicum, & Græcum, tanquam idem significantia coniungit. Græcũ fortè apud recentiores aliquos reperitur. nam in ueterum libris nusquam mihi occurrit, sed ne in Lexicis quidem. Cynoraistes Græcè, Croton seu Ricinus est, dictus quòd Canes perdat, ῥαίειν enim interpretantur φθείρειν. Hyrax quidẽ (ὕραξ) quo pro Mure Nicander utitur, prima syllaba omissa, satis cum Germanico cõgruit: ut & cum Latino Sorex, aspiratione in s, mutata, ut fieri solet, sed & ῥίσκος fortassis, q̃d Muris genus facit Hesychius.

ſychius. ¶ Ge. Agricola Rattum putauit eſſe Mygalen, id eſt, Araneum murem quòd magnitudine ferè muſtelina, Muris autem ſpecie ſit. Aëtius certè contrà, Mygalæ magnitudinem Muris tribuit, colorem autem Muſtelæ. Nos uerum Araneum murem mox dabimus.

SOREX Plinij. nam & ſylueſtris eſt, & cauda piloſa, & per hyemē dormit: quæ omnia Sorici Plinius adſcribit. an uerò Sorex hic noſter etiam aures piloſas habeat, ut Plinius uult, non ſatis memini. Videntur tamen aliquando etiam pro domeſtico Mure Soricis nomen uſurpare ueteres. Domeſtico quidem, ſed maiori, ſimilis eſt ſylueſtris ille, quem hîc pingimus. Vide ſuperiùs in Mure minori. Græcè forſitan ὕραξ, ut iam in Ratto dixi. Recentioribus Mus corylorum uel auellanarum. Poteſt & Mus ſyluaticus dici.

HISPAN. Sorce, uel Raton pequenno, ni fallor.

GALLICE Lerot.

GERMAN. Haſelmuß/kleine Haſelmuß/Schlafratz.

ILLYRICE Niemegka myß/ni fallor.

MVS aquatilis quadrupes Bellonij, ultimo Aquatilium Ordine inter amphibia nobis exhibitus eſt.

K iiij

MVS agrestis maior, Μῦς ἀρουραῖος Aristoteli, hoc est, Mus aruensis. Gaza Soricem transtulit: Plinius Murem agrestem, quod magis probo, distinctionis causa. Alius & minor, quàm hic, est agrestis Mus ruffi coloris: quem in agris frumentarijs aliquando abundare, terrę scilicet putredine in Mures conuersa, existimo.

GERMAN. Erdmuß / Nülmuß / Schormuß / Stoßmuß / Luckmuß / grosse Ackermuß.

Mus Araneus.

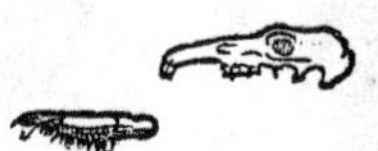

Eiusdem maxillæ cum dentibus.

MVS araneus, Mus cæcus, Mygale. Vide superiùs in Mure domestico maiore.

ITALICE apud Rhætos Musseraing.

GALLICE Muserain, Muzeraigne, Muset, Musette, Sery.

GERM. Mützer / Spitzmuß / Zißmuß. Silesijs Bisem muß, siccatus enim in furno mirè moschum olet: ut inde meritò Μῦς μοσχίας dici queat. Sed est aliud etiā Muris genus, (quod recentiores aliqui Latinè Citellum,) Zißmuß Germanis dictū, sed differentia ferè maioris adiecta: Die grosse Zißmuß / Pile / Bilchmuß / Büchmuß.

LATINE Talpa. ITALICE Talpa.
HISPANICE Tópo. GALLICE Taulpe.

GERM. Maulwerff / Moll / Mollmuß / Schermuß.

ANI-

ANIMALIVM QVADRVPEDVM VIVIPARORVM ICONES ET NOMENCLATVRAE.

CROCODILORVM Fluuiatilis & terreſtris : & PHATTAGAE, id eſt, Caudiuerberæ uulgò dictæ, icones & nomenclaturas dedimus ſub finem Libri De aquatilibus.

Chamæleontis icon, quam Venetijs olim à Petro Gillio accepi. Ioanni Caio Anglo tum hæc tum à Bellonio poſita imago, ad ſceleton potiùs, quàm ad uiuū aut recens corpus depictæ uidentur.

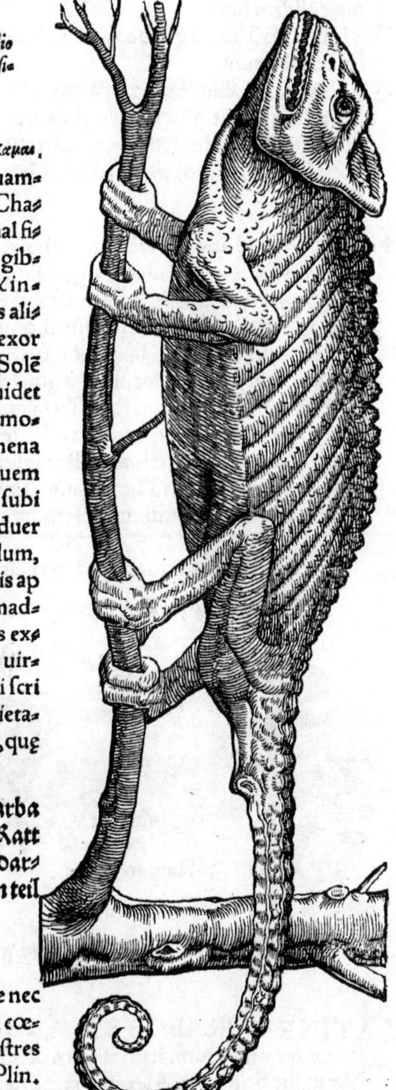

LATINE & GRAECE Chamæleo, χαμαιλέων. Animal eſt peregrinū ex Africa, quamobrē nomen in alijs linguis nō habet. ¶ Chamæleon (inquit Io. Leo Africanus) animal figura & magnitudine lacertæ, deforme, gibboſum ac macilentum, cauda prǽlonga & inſtar Muris tenui, lentè ꝑgreditur. Aëris alimento ac Solis radijs nutritur, ad quorū exortum rictu diducto ſe uoluit, corpuſcꝙ ad Solē gyrat ac flectit. Colorem pro loci quem uidet uarietate facilè commutat, modò uiridis, modò niger, quod & ipſe uidi, effectus. Venenatis ſerpentibus admodū inſidiatur: & ſi quem ſub arbore dormientem conſpiciat, eam ſubitò conſcendit, & locum capiti ſerpentis aduerſum diſpiciens, ex oris rictu mucoris filum, cuius extremitati guttula margaritę ſimilis appendet, uibrat; quē ſi obliquè cadere animaduertat, loco pedes amouet, donec mucoris extremitas ſerpentis caput contingat, cuius uirtute penetratus eueſtigio moritur. Noſtri ſcriptores plurima de huius animalis proprietate occultiſcꝙ uirtutibus in ſcripta retulere, quę memoria nobis exciderunt.

GERMAN. Ein frömbd thierle vß Barbareyen / Chameleo genannt. Mag ein Rattader / oder Katzegochs genennt werden. darumb daß es zum teil einem Katzen / zum teil einem Heidox ſich vergleychet.

TESTVDO terreſtris (χελώνη χερσαία) eſt, quæ nec in dulci, nec in ſalſo humore degit, nec in cœno & paludibus, ſed locis ſiccis. Terreſtres in operibus Cherſiuæ uocantur, inquit Plin. Nicander οὐρείην, id eſt, montanam cognominat, Oppianus οὐρεσίφοιτον. Videntur autem montanæ (ὀρειναὶ, Arriano) cæteris terreſtribus maiores fieri. Differunt terreſtres colore, (nam & albæ reperiuntur,) teſtæ craſſitudine, & aliter. In Africa et inſulis quibuſdam Rubri maris, laudatę & pre cioſæ reperiuntur earũ teſtæ. ¶ De Teſtudinibus quidẽ in genere, & marinis priuatim, diximus in Libro iconum Aquatilium, ad finẽ Ordinis XII. qui eſt De cetis. De lutaria uerò, inter Amphibia, eiuſdem libri.

Teſtudinis terreſtris putamen tantùm hoc tempore habuimus.

GALLICE Tortue des boys, id eſt, Teſtudo ſyluarum.

GERMAN. Ein Erdſchiltkrott: wonet allwäg oder allermeeſt vff der erden: wie die Tällerkrotten (welche ein ähne ſchalen / gleych einem täller / oben vnd vnden hand) im mür: vnd andere im meer.

TARTARVCAE, id eſt, Teſtudines plurimæ (*inquit Io. Leo Africanus, amphibijs eas adnumerans: quanuis inter terreſtria etiam referri poterant ex ipſius ſententia, quòd in deſertis uitam degant*) in deſertis Libyæ reperiuntur, quæ ad magnitudinem dolij accedant. Tradit Bicris geographus, hominem itineris tædio defatigatum, ſub ueſperam eminens in deſerto ſaxum, ne à uenenoſis animalibus infeſtaretur, cõſcendiſſe. qui ad lucem grauiter dormiens, tribus ferè paſſuum milibus à quo reclinauerat loco traductus, intellexit quod ſubijſſet ſaxum Teſtudinem fuiſſe: quæ interdiu firma, noctu rependo pabularetur, uerùm adeò lentè, ut uix percipi poſſet. Huiuſmodi Teſtudines uidi quæ mediocris uaſculi amplitudinem attingerent, nullas autem tam prodigioſæ magnitudinis. Carnes aiunt lepram curare, ſi ſeptennium non excedant, quibus ſeptem diebus continuò ueſcendum ſit.

LATINE Lacertus aut Lacerta uiridis.

GRAECE Σαύρα χλωρά: & recentioribus χλωροσαύρα, κολισαύρα.

ITALICE. Ramarro, Gez.

GALLICE Lyſarde uerde.

GERMANICE Grüner Adex / grüner Egochs.

LATINE & GRAECE Scincus, Σκίγκος, κίγκρος, κροκόδειλος χερσαῖος, Crocodilus terreſtris, minor nimirum. nam alium maiorẽ cum amphibijs poſt Aquatilia poſuimus. Verus hic Scincus ex Alexandria, noſtra memoria adferri cœpit: cũ priùs Salamandra aquatica quæ apud nos reperitur, pro Scinco: hoc eſt, prǽſentiſſimo ueneno pro remedio uterentur pharmacopolæ. Scinci nomen ab Aegyptio Suchus (ſic enim Crocodilum in Aegypto uocari author eſt Strabo) deflexum coniecerim.

ITA-

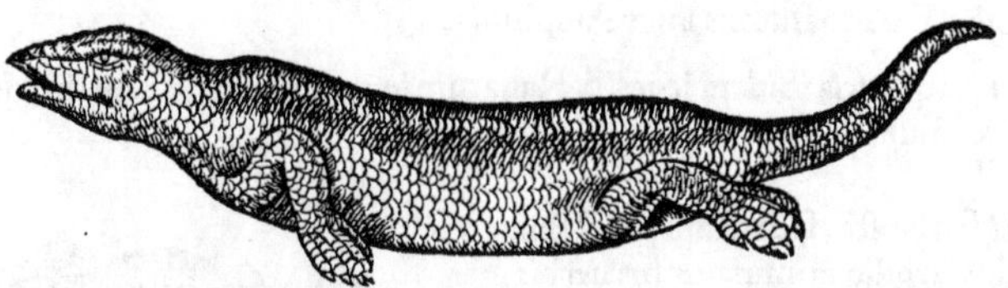

ITALICE Scinco uel Stinco.

GERMAN. Ein Egochsen art vß Aegypten/in den Apotecken bekant vnd Stinck genennet.

LATINE Lacertus uel Lacerta simpliciter. Kiranides Lacertæ tria genera facit: heliacam, omnibus notã, ut inquit: Χαλκῆν, id est, æream: & chlorân, id est, uiridem. Ego uulgarem nostrum Lacertũ pro heliaco (cuius etiã Epiphanius meminit) acceperim: cui nomen forsan ab eo factũ est, quòd Sole & apricatione gaudeat. ærea uerò seu chalcidica cognomine, à colore nimirum, (quæ & Chalcis & Zignis & Seps uocatur,) peregrina & alterius orbis, multoq́; magis uenenata mihi uidetur: quam Ge. Agricola Germanicum eius nomen finxit, Kupferader, id est, ærea Lacerta.

ITALICE Liguro, Leguro, Lucerta, Lucertula. & fortè etiam Ramarro: Vide in Italicis nominibus Buffonis.

GALLICE Lysarde. GERMAN. Ader/Egles/Egochß.

LATINE & GRAECE Salamandra, Σαλαμάνδρα.

ITALICE Salamandra.

GALLICE Sourd, Blande, Alebrenẽ, Arrassade, That, & Normannis (ni fallor) Muron.

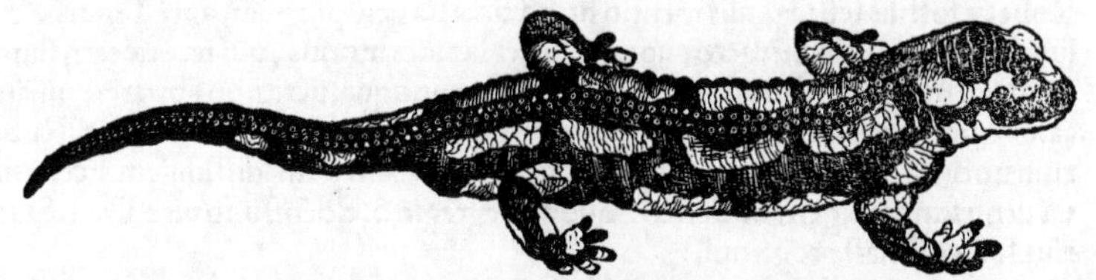

GERM. Maal/Moll/Molch/Moldwurm/Olm/Puntermaal/Quattertetsch.

Salamandræ figura falsa: quam addidimus reprehendendi tantùm causa illos qui eam publicarunt. Apparet autem confictam eam esse ab imperitis, ne dicam impudentibus quibusdam, Salamandram & Stellionem unum animal esse arbitratis: & cum à stellis Stellionẽ dictum legissent, dorsum eius stellis insignire uoluisse. Pilos etiam addiderunt contra huius generis naturam: quoniam amiantum, alumen plumæ uulgò dictum, pilorum quadam specie, Salamandræ pilos aliqui nominant.

LACERTI Aquatici,ſeu Salamandræ aquatilis, imaginem & nomina dedimus ſub finem Libri De aquatilibus inter Amphibia.

DE RANIS aquaticis ibîdem leges,& Ranarum in genere diuiſionem. hîc de Terreſtribus dicendum.

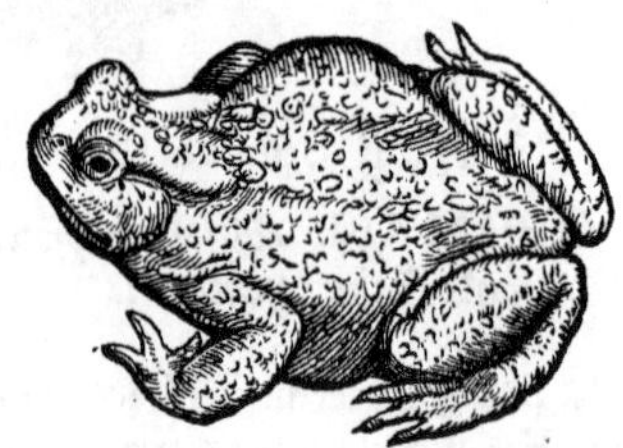

BVFO(ſeu Buffo, ſed malim per f. ſimplex) à Vergilio nominatur his uerbis, Inuentusq́ȝ cauis Bufo. Rubeta(inquit Hermolaus)inflat ſe irata,tam proteruè audax,ut inſiliat quoqȝ proximū,quanquam ſuſpirio ſe frequētius quàm morſu uindicans: Buffo inde, ut arbitror,à Vergilio & uulgo dicta. Sic ille. Qua uoce Græci Buffonem appellarent,fruſtra quæſiui diu. Qui Μυοξόν ab illis nominatum arbitrātur, à ueritate abſunt tantum,quantum diſtat à Glire Buffo, Scaliger. Ego omnino φρῦνον Græcorū eſſe puto.nam quanuis aliqui φρῦνον & βάτραχον ἕλειον, id eſt, Rubetam, & Ranā paluſtrem(uenenatam ſcilicet)non diſtinguant:alij tamē manifeſtè diſtinguunt, ſiue quòd ſpecies ſeparatæ ſint:ſiue quòd relictis paludibus, aut eis deſiccatis,ex paluſtri Rubeta terreſtris fiat.Ego ſpecies duas conſtituo,terreſtrem perpetuò: & aquaticam:quę ſi aquas deſerat,aut deſeratur,propter elementi mutationem,ſpeciem ferè immutat,(ut tertia hæc ſit Bufonis ſpecies,) & multò pernicioſior redditur: ſicuti Hydrus etiā in Cherſydrum cōuerſus. Accedit, quòd ſimiliter turgere per iracundiā,& inflare ſe dicitur, apud Aëtium:ut Buffo à noſtris:& afflatu quoqȝ ſimiliter malefica eſſe. Sed Κάρφυκτος quoqȝ Rhodijs uſitatum nomen pro Phryno (teſte Heſychio) cum Gallico Crapaude fermè conuenit. φρῦνος maſc. genere frequentius eſt, Aelianus etiam fœminino φρύνην dixit. Phryganium Plinio memoratū non aliud quàm Rubeta mihi uidetur. ¶Rubetam terreſtrem trium generum obſeruaui: unam maiorē, quam Rondeletius ſimilem eſſe ait paluſtri Rubetæ(quam inter Amphibia in Aquatiliū libro ab eo mutuati ſumus)ſed maiorem. alteram minorem, quæ ſub terra uel ſtercore inuenitur, oculis multum prominentibus & uireſcentibus: cuius iconem hic exhibemus.Et huius (minoris)alteram ſpeciem,oculis aureolis:quam deſcripſi cum aquatilium Ranarum iconibus in diuiſione generis Ranarum ad numerum 5. Ibîdem ad numerū 6. Rubetæ foſſilis ſeu ſaxatilis mentio fit:Ea circa Regenſpurgum, agri Tigurini caſtellum,reperitur(Steinkrotten uocant,)inter lapides montis, qui ferè calcarij ſunt: in quorum rimis & fiſſuris latet,nulla in propinquo aqua.uêre non apparēt, niſi inſtet calor cum primum incipiunt apparere. Vocem edit per interualla,aliarum Rubetarum uoci(de qua Mönen dicunt,per onomatopœiam puto)diſſimilem. Fœmina oua uentri annexa gerit ut Cancri: quod ex egregio & doctiſſimo uiro Con. Sutore, eius loci eccleſiaſte cognoui.

ITALICE Roſpo,Botta,Boffa, (Babi etiam, Scaligero:) alicubi Chiatto (ut apud Rhætos qui Italicè loquuntur Chatt)uel Zatto. item Buffo,Buffa,Buffone,Ramarro.ſed poſtremum hoc nomen Lacerto minori potiùs deberi puto.

HISPANICE Sápo eſcuérco.

GALLICE Crapault: circa Neocomum Boug. Scaliger ſcribit Crapaud. unde (inquit)lapidem Buffonitem,Crapaudinam uocant.

GERM. Krott/Krote/Quapp: Gartenkrott/Erdkrott: Flandris Padde.

RANA

RANA uel Rubeta gibbosa, ut nos cognominauimus. Lurida hæc terrestris Rana, & (ut ex ipso colore apparet) uenenosa, mutaq́ (nisi uox ui aliqua exprimatur) in hortis & syluis inter frutices reperitur apud nos: magnitudine qua uulgares aquaticæ Ranæ, dorso gibboso utrinq; ad latera eminentibus ossiculis. Color ei uiridis ferè, sed

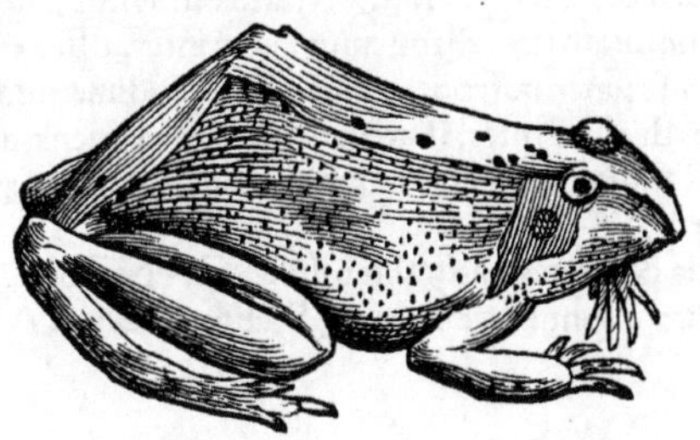

obscurus & subfuscus est. latera maculis ruffis scatent. sunt & digiti pedum ruffi. De mutis quidem Ranis non satis sibi constant ueteres, & species diuersas confudisse uidentur.

GERM. Grafffrösch/Gartenfrösch/Holtzkrott.

RANVNCVLVS seu Ranula uiridis, Rana calamites aut dryopetes cognomine: quòd inter arundines aut arbusta degat. Veterum aliqui hanc mutam dixerũt: sed cum uoce sua pluuias præsagiat, unde & Mantis appellata uidetur, nõ est muta: nec adeò uenenosa, arbitror, ut Rubetæ & mutæ ab eis dictæ Ranæ. ego nullã prorsus mutam esse puto Ranarũ speciem: sed si fluuiatilibus & coaxantibus Ranis conferantur terrestres, mutæ uideri possunt, in primis uerò gibbosa, ni fallor.

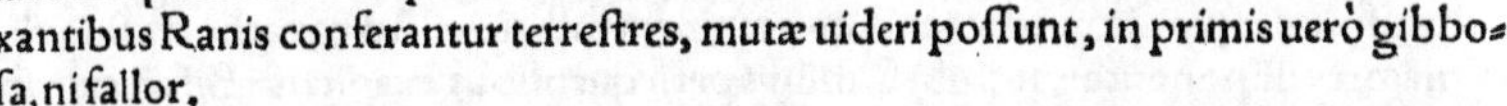

GRAECE βάτραχος καλαμίτης, βάτραχος χλωρὸς ἢ μικρὸς ὁ ἐπὶ τῶν καλάμων γινόμενος. Βρέξας (ut Aïas) aliquibus, Galeno teste, per onomatopœiam fortè: aut à præsagio pluuiæ. Βρέχειν enim Græcis pluere est: quasi diceret Βρέξει, Βρέξει, id est, pluet, pluet. Βρεκεκεκὲξ, κοὰξ, κοὰξ, Aristophani fictitia de Ranarum uoce nomina sunt. Germanicum etiam Ranæ fl. nomen ad Græcum Brexas accedit. ¶ Vbi manum inijcit benignè, ibi onerat aliquam zamiam, Plautus de homine auaro blandiente: ubi Scholiastes: zamiam (inquit) id est, damnum. nam zamiæ dicuntur Ranulæ in arbore, quæ nisi detrahantur, alios lædunt. Sic ille: sed absq; authore. ego ζημίαν Græcè damnum significare scio, pro quo Doricum est ζαμία, (cui simile Germanicum jamer, id est, calamitas:) qui tamen uel Latinè uel Grecè hoc uocabulum pro Rana usurpauerit inuenio neminem.

ITALICE Racula, Ranocchio, Verdacula, Ranauoto, Ranonchio de rubetto.

GALLICE Renogle, Graisset, Croisset, Verdier.

GERMANICE Laubfrösch.

FINIS.

L

ADDITIONES QVAEDAM.

AD ORDINEM II. QVADRVPEDVM MANSVETORVM.

HINNVLVS ex Tauro & Equa generatur. Multos uidimus, inquit Scaliger, duos olim habuimus: nunc unam fœmellam; cuius aures inter, ossea tubercula duo semiiuglandis magnitudine paternæ frontis præ se ferunt rudimentum. Huic generi aiunt quidam superiores deesse dentes. Illud in ijs uitium frequens, quòd inferior mandibula porrectior est superiore: quod in multis conspicitur piscibus. Besi dicuntur à Gabalis & Aruernis.

Constat in Cozumella & Iucatana atque alijs insulis, CANES altiles haberi ad uescendum: quos latratum ullum edere negant, Scaliger. De CANIBVS feris leges in Lupo.

AD ORDINEM I. QVADRVPEDVM FErorum, qui est De feris cornutis.

BISONTEM Lithvuani (inquit Sigismundus liber Baro in Herberstain, &c.) lingua patria uocant Suber: Germani impropriè Aurox uel Vrox: quod nominis Vro conuenit, qui planè bouis formam habet, cum Bisontes specie sint dissimillima. Iubati enim sunt Bisontes, & uillosi secundum collum & armos, barba quadam à mento propendente: pilis moschum redolentibus, capite breui: oculis grandioribus & toruis, quasi ardentibus, fronte lata, cornibus plerunque sic diductis & porrectis, ut interuallum eorum tres homines bene corpulentos insidentes capere possit: cuius rei periculum factum perhibetur à rege Poloniæ Sigismundo, (huius qui nunc regnat Sigismundi Augusti patre,) quem bene habito & firmo corpore fuisse scimus, duobus alijs se non minoribus sibi adiunctis. Tergum ipsum ceu gibbo quodam attollitur, priore & posteriore corporis parte demissiore. Qui uenantur Bisontes, eos magna ui, agilitate & solertia præditos esse oportet. Deligitur locus uenatui idoneus, in quo sint arbores iustis diremptæ spacijs, truncis nec crassis nimis, ut facilè circumiri possint: nec paruis, ut ad tegendum hominem sufficiant. Ad has arbores singuli uenatores disponuntur, atque ubi Canibus persequentibus exagitatus Bison eum in locum propellitur: qui primus ex uenatoribus sese profert, in eum magno impetu fertur. At is obiectu arboris sese tuetur, & quà potest percutit uenabulo feram: quæ ne sæpius quidem icta cadit, sed incensa magis ac magis rabie, non tantùm cornua, sed etiam linguam uibrat: quam ita scabram & asperam habet, ut uenatorem solo uestis eius attactu cõprehendat & attrahat: nec antè relinquet, quàm occidat. Quòd si quis fortè circumcursitando & feriendo delassatus respirare cupit, is feræ obijcit pileum rubrum, in quem & pedibus & cornibus sæuit. Si uerò alteri in idem certamen non confecta fera descendere libet, ut fieri necesse est, si salui illinc abire uelint: is eam facilè in se prouocat, si uel semel sono barbaro Lululu succlamârit. Sic ille in Commentarijs suis Rerum Moscouiticarum, editione secunda, ubi imaginem quoque huius feræ, qualem nos etiam ab ipso nacti sumus, exhibet.

BISON albus Scoticus. Calydonia Scotiæ sylua gignere solet boues candidissimos, in formã Leonis iubam ferentes, cætera mansuetis simillimos: uerum adeò feros indomitosque, atque humanum refugientes consortium, ut quas herbas arboresque aut frutices, humana contrectatas manu senserint, plurimos deinceps dies fugiant. capti autẽ arte quapiam (quod difficillimum est) mox paulò præ mœstitia moriantur. Quum uerò sese peti senserint, in obuium quencunque magno impetu irruentes eum prosternunt, non Canes, non uenabula, nec ferrum ullum metuunt. Carnes eius esui iucundissimæ

dissimæ sunt, atq; in primis nobilitati gratæ, uerùm cartilaginosæ. Cæterũ quum tota olim sylua nasci ea solerent, in una tantùm nunc eius parte reperiuntur, quę Cumirnald appellatur: aliȷs gula humana ad internecionem redactis. Hæc ille. Mihi quidem genus hoc Bouis uidetur rectè appellari posse Bison albus Scoticus uel Calydonius: eò quòd Leonis instar iubatus sit, ut de Bisone Oppianus scribit: sed non etiam barbatus, ut Bison simpliciter dictus eidem.

GERMAN. **Ein art wilder Ochsen / findt man in dem wald Caldar oder Callendar genañt / im künigreych Schottland / gantz weyß von farw / mit langẽ haar vmb die schultern vnd brust wie ein Löw.**

VROS (inquit Sigismundus Liber Baro) sola Masovuia Lithvuaniæ cõtermina habet: quos ibi patrio nomine Thur uocant, nos Germani propriè **Vrox** dicimus. Sunt enim uerè Boues syluestres, nihil à domesticis bobus distantes, nisi quòd omnes nigri sunt, & ductum quendam instar lineæ ex albo mixtum per dorsum habent. Non est magna horum copia: suntq; pagi certi, quibus cura & custodia eorum incumbit: nec ferè aliter quàm in uiuariȷs quibusdam seruantur. Miscentur Vaccis domesticis, sed non sine nota. Nam in armentum postea, perinde atq; infames, à cæteris Vris non admittuntur: & qui ex eiusmodi mixtione nascuntur Vituli, non sunt uitales. Sigismundus Augustus rex mihi apud se oratori donauit exenteratum unum, quem uenatores eiectum de armento semiuiuum confecerant: recisa tamẽ pelle quæ frontem tegit. quod non temerè factum esse credidi: quanquam cur id fieri soleret per incogitantiam quandam non sum percontatus. Hoc certum est, in precio haberi cingula ex Vri corio facta: & persuasum est uulgò horum præcinctu partum promoueri. Atq; hoc nomine regina Bona, Sigismundi Augusti mater, duo hoc genus cingula mihi dono dedit: quorum alterum serenissima domina mea Romanorũ regina, sibi à me donatum, clementi animo accepit. Hæc ille. Ego etiam ex Vri pelle cingulũ ab Antonio Schnebergero meo ex Polonia missum accepi: cuius corium duriusculum ualidumq; est, pili uerò (quod mireris) mollissimi, instar pecoris lanæ, densi, coloris nigri, sed ruffo modicè admixto, si propiùs spectes. ¶ Icon quã suprà posuimus pag. 30. tanquam Vri, cum uenatore post arborẽ stante & uulnerante, ipsum uenabulo,

L ij

Bisontis est potiùs secundum Sigismundum Baronem, (quanuis non satis probè facta,) qui hoc modo Bisontes (quibus & barbam tribuit) non Vros capi scribit. ¶ Plinius alicubi Bouem syluestrem nigrum nominans, Vrum intellexisse uidetur. Sunt & apud Arachotos Boues feri, colore atro, corpore robusto, rictu leuiter adunco, (ἐπίγρυποι,) quorum cornua resupinantur, ἐξυπτιάζουσι: qui ad Bisontes potiùs quàm Vros accedere uidentur.

INTER Floridam peninsulam Noui orbis & Palmam flumẽ, (inquit Andreas Theuetus) ferarum monstrosarum formæ diuersæ reperiuntur: & inter alias Taurus quidam grandis, cuius cornua sunt pedalia tantùm. dorso imminet tumor sicut in Camelo, pilus toto corpore prolixus est, colore Mulæ flauæ aut ex ruffo nigricantis, eaximè parte quæ sub mento est. Huius generis duo uiui aliquando in Hispaniam aduecti sunt, (quorum alterius pellem solùm uidi,) sed uiuere diu non potuerũt. Aiunt hoc animal perpetuum esse hostem Equi, nec ferre posse ut in propinquo sit. Sic ille, qui iconem etiam eius in Gallica sua descriptione Americę proponit. Carici Boues Plinio in parte Asiæ, fœdi uisu, tubere super armos à ceruicibus eminente, luxatis cornibus, excellentes in opere narrantur. Idem memorat Scythicos, in quorum dorso, similiter ut Camelorum, gibber sit, & eos quoq; cùm dorso clitellæ imponuntur, perinde ut Camelos genu flectere, &c. Quin etiam Syriacis gibber in dorso esse scribit, palearia negat. Sed hi omnes mansueti uidentur: Theueti uerò Bos ferus est: quem idcirco Bouem camelitam ferum nominabimus. legitur autem camelitæ nomen apud Suidam, his uerbis: Καμηλίτης βοῦς οὕτω καλούμενος.

Pag. 36. uersu 11. post hęc uerba, animal fuerit, notandus est punctus geminus, & addendum: aut fortè Subus Oppiani, qui similiter amphibius eodemq; colore est.

Pag. 38. uersu 7. post hæc uerba, caprino tectas, addendum: In Rupicapra etiam paulò antè diximus, Cemadẽ Aeliani, uideri posse Oppiani Subum.

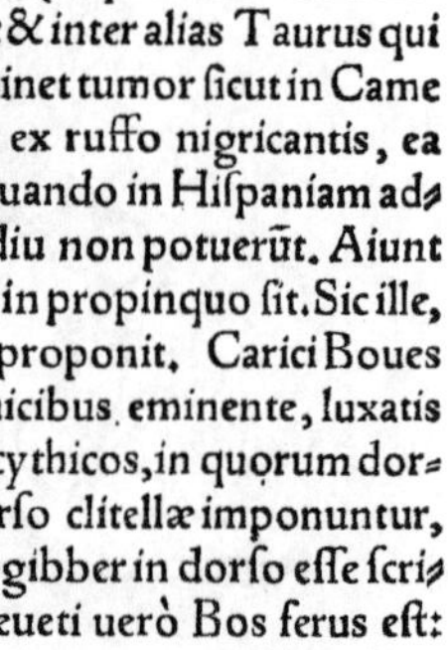

COLI (ut nos appellauimus ex Strabone) caput cum suis cornibus, cuius picturã à generoso uiro Sigismundo Libero Barone in Herberstain, accepi. Ego superiùs (pag. 40.) eiusdem ferè cornua satis rectè quidẽ picta exhibui, (nam corpus reliquum ex coniectura ad descriptionem expressum est,) quantũ imitari meus pictor cornu uerum, quod habeo, potuit: flectuntur enim ita in diuersas partes hæc cornua, ut pictura nõ satis assequatur. at situm eorum inter se, (qui ad Strepsicerotis Caij cornua ferè accedit) & elatam sublimitatem, non rectè.

¶ In desertis campis circa Borysthenem (inquit idem Baro in Commentarijs rerum Moscouiticarum) Tanaim & Rha, est Ouis syluestris, quam Poloni Solhac, Mosci, Seigak appellant, magnitudine Capreoli, breuioribus tamen pedibus: cornibus in altum porrectis, quibusdam circulis notatis: ex quibus Mosci manubria cultellorum transparentia faciunt: uelocissimi cursus, & altissimorum saltuum.

CAMELOPARDALIS icon accuratior (quàm exhibita sit suprà pag. 42.) ex charta quadam nuper impressa Norimbergæ, ubi hæc etiam uerba leguntur: Rarum & admirabile animal, nunquam priùs uisum (*in Germania*) Surnappa nomine, altitudine ad summum uerticem supra quinq; orgyias, corniculis duobus ferrei colors, pilo læui (& cõposito,) colore pulchro: diligenter & probè depictũ per Melchiorem Luorig

Luorig Conſtantinopoli, (ubi Turcarum imperatori hoc animal donatum fuit,) & amico cuidam in Germaniam trāſmiſſum, anno Salutiferi partus M. D. LIX.

CERVI Burgundici, ſeu Subulonis, aut ſemper Subulonis (de quo ſcriptum eſt ſuprà in Ceruo, paginis 44. & 45.) caput ad ſceleton expreſſum.

GALL. Brocard in Burgundia. idem quidem nomen Galli cæteri Ceruo communi bimo attribuunt.

GERMAN. **Ein Spiſs od Spiſs-hirtz/der von natur ein Spiſs-hirtz iſt vñ bleybt: dañ ſunſt nennet man die zwey-järigen Hirtzen auch alſo. wirdt in Burgund gefangen.**

ALCES figura accuratior quàm ſuperiùs (pag. 53.) exhibita. Hanc quidē ceu ad uiuum pictam Io. Kentmanus & Io. Pontanus, excellentiſſimi medici, ad me dederunt: nec diſſimilem, ſed breuiore & magis cōpacto corpore Ant. Schnebergerus.

Quę fera Lithuanis (inquit Sigiſmundus Liber Baro) ſua lingua Loſs eſt, eam Germani **Ellend**, quidam Latinè Alcen uocant; Poloni uolunt Onagrum, hoc eſt, Aſinum agreſtem eſſe, nō reſpondente for-

L iij

ma. Sectas enim ungulas habet: quanquam & quæ ſolidas haberent, repertæ ſint, ſed id perrarum eſt. Animal eſt altius Ceruo, auribus & naribus prominulis, cornibus à Ceruo nonnihil diuerſis, colore item magis ad albedinem tendente. Curſus eſt uelociſſimi: non quo cætera animalia modo, ſed (Equi) gradarij inſtar. Vngulæ, tanquam amuletum, contra morbum caducum geſtari ſolent.

AD QVADRVPEDVM FERORVM ORDINEM II.

DE Pardalide ſeu Leopardo diximus pag. 67. cui hæc addes. Pardalin Perſæ (inquit Scaliger) Barbuct uocant: Leænæ ſimilem pilo ruffo, maculis oblongis picto, nigris ex tranſuerſo. Faciem habet ſubrubram, nigris uariam maculis, & candidis: uentrem album, caudam Leonis. Sunt & quædam dorſo minùs fuluo, & maculis minùs uegetis. Oculos eis glaucos eſſe ſcit, qui uidit, ut nos. ¶ Pardalis (ſeu Panthera) Oppiano, maior & minor eſt. hæc quidem uiribus & animo nihil inferior maiore. unde apparet Pantheras minores, alias eſſe quàm Pantheres (πάνθηρας) ab eo dictos ſub finem ſecundi de uenatione: [ubi eos θῆρας οὐτιδανούς, id eſt, nullius precij uel nullarum uirium feras: & χαροπούς nominans, cum Felibus & Gliribus numerat.] Cæterum ut Thoês, ſic etiam Pantheres duorum generum ſtatuuntur: & forſan Thos minor, Panther minor fuerit: qui & Lycopantheros, Pantherium, & Lupus canarius dicitur. ¶ Leopardi (inquit Io. Leo Africanus) degunt in ſyluis Barbariæ, neque homini, cum robuſti ſint & crudeles, nocent: niſi alicui (quod raró contingit) in anguſto calle obuij, illi aut cedere non poſſint, aut redarguantur, faſtidioq́ afficiantur. in hunc enim irruentes unguibus uultum comprehendunt, tantumq́ carnis auferunt, quantũ prendunt: & plerunq́ cerebrum homini perfringunt. Gregem inuadere non ſolent: Canibus alioqui infeſtiſſimi, quos occidunt ac deuorant. Monticolæ Conſtantinæ regionis equeſtrem uenationem aduerſus illos inſtruunt, exitus uiarum occludentes. Leopardus autem hac illac fugiens, dum uia equitibus obſeſſa ſe nequaquam euaſurum perſpicit, in crebros flexus gyros confodiendum ſe præbet. At ſi Leopardum effugere contingat, qui incautiùs eam partem obſeruauit, conuiuium cæteris uenatoribus, recepta conſuetudine, præparare tenetur. Sic ille.

Pag. 72. iconem Felis Zibethi dedimus, non ita accuratè expreſſam atq́ hæc eſt, à doctiſſimo diligentiſſimoq́ uiro Io. Caio ex Anglia ad me miſſa. Alteram quoq́, huic

per omnia ſimilem Io. Kentmanus medicus eximius ad me dedit. Zibetti liquorem, umbilico impoſitum uteri ſtrangulationibus mirum in modum mederi, alijsq́ multis remedijs pollere aiunt.

Pag. 74. Lyncis imaginem propoſuimus, nõ inſcitè factã, capite excepto. quamobrem aliam à Io. Caio mihi cõmunicatam, & probè expreſſam, hîc adijcere uolui. Vngues Lynx

Lynx modò occultat, ut hîc: modò exerit, pro arbitrio, ut cum irascitur, pugnat, scandit aut se retinet, & quidem præ- longos, ut illic.

GERMAN. Ein Vntz / ist ein Luchß oder Luchsen art.

Lyncum genera duo solus Oppianus facit (lib. 3. De uenatione) maius & minus. Lynces paruæ (inquit) Lepores uenantur: maiores uerò in Ceruos atque Oryges facilè insiliunt. Ambę corporis figura similes: & similiter oculi utrisque suauiter fulgēt, &c.

NOVI Orbis regionem quandam Gigantes dicti (lingua ipsorum Patagones) incolunt. & quoniam cœlo non admodum calido fruuntur, uestiunt se pellibus animantis illius, quam Su appellant, id est, aquam: ab eo nimirum, quòd magna ex parte circa fluuios degat. Est autē omnino rapax hæc fera, & formæ monstrosæ, qualem hîc exhibeo. Cum à uenatoribus urgetur, suæ pellis gratia, catulos suos in dorsum admissos cauda ampla longaque tegit, & fuga elabitur. Itaque dolo scrobe effossa, & frondibus obtecta, unà cum catulis capitur. Cum autem ita inclusam se uidet, rabie quadam suos catulos obtruncat & occidit: & clamore horribili ipsos etiam uenatores terret: à quibus tandem sagittis confossa excoriatur, Andreas Theuetus cap. 56. Descriptionis Americæ.

AD ORDINEM IIII. DE QUADRUpedibus feris minimis.

ASPREOLUM in Germanicis cōmentarijs lego: & quid legam, nescio, Scaliger. Ego Sciurum Ponticum, siue Varium esse conijcio. Quoniam Sigismundus Liber Baro in Cōmentarijs rerum Moscouiticarum, ubi de pellibus diuersis è Moscouia adferri solitis mentionem facit, Sciuros Ponticos prætererit, quorum pelles inter pręcipuas sunt, nisi Aspreolorum nomine eos intelligamus. Aspreolorum pelliculæ (inquit) ex diuersis partibus adferūtur, &c. ex nōnullis semper decem numero colligatę, quarum in singulis fasciculis duæ sunt optimæ, quas Litzschna appellant. tres aliquanto deteriores, quas Crasna uocant: quatuor, quas Pocrasna: & ultima Moloischna dicta, omnium uilissima. Harum singulæ una aut duabus dengis emuntur. Meliores & selectas in Germaniam & aliò mercatores magno suo cōmodo portant. Sic ille. Aspreoli quidem nomen, ad Pirolum uel Spiriolum (sic enim barbari quidem scriptores Sciurum uocant) accedit.

FINIS.

INDICES NOMINVM OMNE GENVS QVADRVPEDVM IN DIVERSIS LINGVIS. I. LATINORVM. II. GRAECORVM. III. ITALICORVM. IIII. Hispanicorum. V. Gallicorum. VI. Germanicorum. VII. Anglicorum. VIII. Illyricorum IX. Hebraicorum, Arabic. X. Aethiopic. Indic. Punicorum, Persicorum, Phrygum, Turcicorum, Americæ.

LATINA ET GRAECA QVAEDAM QVAdrupedum nomina: & barbara etiam Latinis terminationibus prolata aliquot.

aaa

Index.

GRAECA VETERA *& recentiora: quibus* R. *literam addidimus. Veterum quidem multa Latinis characteribus scripta, Latinis permixta sunt.*

Ἐλα-

Index.

aaa 2

Index.

Nacht-

Index.

MVTANDA ET ADDENDA QVAEDAM.

L. lege. A. adde.

Pag. 14. uerſu 7. poſt omniũ Hebridum, A. inquit Hector Boethius. 19. 3. l. cũ Suibus, Canibus & Fele. 30. 1. l. Vri uulgò dicti (id eſt, Biſontis ueterum, ſecundum Sigiſmundum Baronem) alia icon non proba, ex tabula Chorographica Lithvuaniæ Antonij Vuied, olim nobis deſumpta 35. 4. l. Αἴξ. 37. 6. poſt, appellat. diſtingue & A. Plinius. & uerſu 15 poſt miſit, A. (quã pag. ſequenti dabimus,) Ad eiuſdẽ paginæ iconẽ adſcribatur Strepſiceros Bellonij. 38. poſt uerſum 11. A. GERM. Ein art wilder ſchaaffen in den bergen der Inſel Candia. mag ein Wundhorn oder Straubhorn genennt werden/darum̃ dz ſeine hörner gleych als ein ſtraubẽ gewunden ſind. Et qui mox ſequuntur uerſus Germanici quatuor, imagini Strepſicerotis Io. Caij ſubijciantur. 43. 14. l. [illegible]. 54. 32. poſt Germanicum nomen Elg/diſtingue & A. von welchem die hörner hernach volgend vff zweyerley geſtalten. 56. 10. l. imò. 57. poſt uerſum 41. A. GERM. Ein ander geſchlecht deß Elends / vß Nortvuegen in Engelland gefürt. 63. 38. l. Vuernherum. 64. ad finem paginæ A. GERM. Gehürn an etlichen Haſen gefunden: welcher contrafactur mir zügeſchickt hat ein glaubwirdiger glerter mañ vß Meyſſen. 68. 4. l. Putherã. 75. poſt uerſum 39. A. ITALICE Gatto de Zibetto. GALL. Chat du Zibeth. GERM. Zibethkatz vß Africa. 76. 5. l. & ſemel Zebee araboth. & uerſu 15. l. Babuinum. 81. in Italicis nominibus Apri, l. Singularis in Gallicis, Porc. 86. in Mele. pro canino & ſuillo, l. canariũ & ſuarium. Ibid. uerſu 25. l ſimile, & 26. pro quem l. quod. 98. 21. l. Satyrion. 110. 23. A. Gallicum nomen Gliris, Muret. 117. 39 l. cherſinæ. 118. 16. l. Tartarucæ, minoribus literis: cohærent enim hæc adhuc præcedentibus. 125. poſt uerſum 6. A. GERM. Ein frömbd thier Giraffa genañt/od Surnappa/wol vnd eigentlich conterfeet. 127. poſt uerſum 34. A. GERM. Ein wild vnd gantz reübig thier in America od nüwen India Su genañt/das iſt/waſſer: dañ es gern bey dem waſſer wonet.

aaa 3

AMPLISSIMIS HEROIBVS, D. THOMAE ET D. IOANNI ILLVSTRISSIMI AC POTENTISSIMI

Principis Henrici Gray Suffolchiæ ducis fratribus, Conradus Gesnerus Tigurinus S. D. P.

LVCVLENTVS *ille uirtutum uestrarum, Heroes præstantissimi, splendor à Britannis (ut ille inquit) penitus toto orbe diuisis, tanto maris terræq; interuallo, ad nos usque diffusus, ut hasce Quadrupedum animantium Icones, omnigenorum Dei & mirabilium operum umbras, Eminentiæ uestræ dedicarem, facile mihi persuasit. Siquidem amplissimæ familiæ uestræ diuinas planè uirtutes & regia ornamenta, quibus illa iam inde à maioribus magnifice tanquam hæreditaria successione, animi corporumq; & fortunæ bonis resplendet, nemo nõ bonus & egregius uir, qui semel cognouerit, laudare, & in donis suis Dominum Deum prædicare pergit. Neque uerò id mirum: in hac enim nunc frater uester illustrissimus Suffolchiæ dux, uir nunquam satis laudatus, instar Solis inter minora sydera elucescit. Qui non ipse tantum omnibus boni & felicis Principis laudibus gloriaq; absolutus est: sed pleriq; omnes qui in eius aula & familia uiuunt (plurimi quidem illi & nobiles uiri) uirtutum optimi Principis æmuli, in bonarum literarum ac pietatis studio tum sponte sua, tum doctrina & pietate præstantium uirorum, præcipuè uerò Iacobi Haddoni, Thomæ Hardingi, & Io. AElmeri concionibus exhortationibusq;, subinde exercentur. Quid dicam de filiabus Principis, Ioanna, Catharina? quæ ut præcipuis sui sexus ornamentis pudicitia ac modestia insignes, ita supra sexus conditionem doctrina rerum linguarũq; cultiorum Latinæ & Græcæ, & (quod præcipuum est) diuino syncerae ueterisq; religionis Christianæ studio instructæ excellunt. Has quidem ut Deus omnipotens, pulcherrimum humano generi propositum exemplar, quàm diutissime pro sua ineffabili benignitate incolumes conseruet, ac in illustre fastigium, ubi quàm plurimos ad felicem sui imitationem mouere, & ad uitæ sanctimoniam Christiq; nostri gloriam promouere & allicere uelint ac possint, maturè euehat, toto equidem pectore opto & oro. Iam uerò de uestris laudibus, inclyti uiri, quæ non paucæ in uobis Dei liberalissimi munere conspicuæ sunt, longior mihi instituenda erat oratio: quam ego, tenuitatis in dicendo meæ cõscius mihi, illis relinquere, qui propius uos uestraq; omnia perspecta habent, quàm pauca forsitan & minora duntaxat afferendo multa magnaq; præterire, posteris tradendam malui. Hoc unum dicam, magna apud nos per homines fide dignos de uestro in ueram pietatem bonasq; artes & literas studio, ac homines earum studiosos fauore, præconia iam in plurimorum animis certa confirmataq; esse. His accedit mirifica cum prudentiæ uestræ in rebus domi ac in pace Regni gerendis, tum foris & in bello circa rem militarem peritiæ ac fortitudinis, ut multis hactenus periculis declarastis, laus & prædicatio. Quibus in uobis diuinitus collocatis bonis ut Anglia uestra diu & prosperè fruatur faxit Deus opt. maximus. Hæc ita se habere cum mecum æstimarem, animi uestri celsitudine fretus, has Animalium picturas sub nominis uestri patrocinio ædere non dubitaui. Quanquam enim insula uestra, uiros multos incomparabilis doctrinæ subinde producat: spero tamen magnum & excelsum animum uestrum nullis locorum finibus includi aut cohiberi posse, quò minùs se qualis quantusq; sit erga exteros etiam declaret: idq; diuina quadam Dei omnium patris imitatione, qui beneficentiam, ita ut Sol suam lucem, æquè in omnes partitur. Accipite igitur, magnanimi uiri, hoc ceu anathema uirtutum uestrarum ueluti templo consecratum, in quo per otium aliquando uarias & admirandas Animalium species contemplemini: ex qua contemplatione tũ oblectemini obiter, tum in meditationẽ Dei omniũ opificis (per quem est, mouetur & uiuit quicquid in rerum natura extat, suo quodq; modo & quodam diuinitatis uestigio) animis prouehamini. Spectabitis hîc uelut in theatro bestias, non uulgares tantum, quarum si nõ raritas, pictura saltem delectabit, ars semper liberalis & nobilis iudicata: sed peregrinas etiam, quas uel Asia, uel mirabilium ferarum mater Africa, uel ad extremam meridiem remotus orbis nouus, uel ad ultimum Septentrionem diuersæ regiones alunt. Spero autem nõ pictoribus tantum alijsq; artificibus, qui rerum imagines quoquo modo exprimere conantur, propter artem cuiq; suam, sed alijs etiam plerisq; propter uoluptatem quam rerum naturæ admiratio parit, institutum hoc nostrum approbatum iri. Nam licet eædem ferè imagines in magnis Voluminibus nostris, cum prolixis singulorum descriptionibus reperiantur: iucundius tamen & cõmodius pro multorum conditione fore uisum est, si separatim æderentur: & uobis quoque non ingratum, quibus propter grauissima Reipub. negotia, magna Volumina uersare nõ uacat. Valete. Tiguri in Heluetia, Anno redempti orbis* M. D. LIII. *quinto Calendas Augusti.*

Hanc epistolam cur hîc in uoluminis calce posuerim, in Præfatione ad Serenissimam Angliæ Reginam exposui.

AD

AD LECTOREM.

IN LIBRVM, qui Auium eicones & nomenclaturas continet, emendationes & additiones pauculas, quæ ad eius finem ponendæ fuerant, incuria quadam omissas: huc referre libuit.

Pagina 44. post Fringillæ iconē & nomina, hæc subijciantur. Aues insolitæ Salodori uisæ per hyemē anni 1559. fuerunt auiculis, quas Fringillas uocant, magnitudine æquales, & omnino ijsdē quoq; cum illis (præsertim fœmellis) coloribus, sed paulò explicatioribus: & rostro subflauo, in extremitate tantùm nigro. Vox non eadem, sed magis incondita, & rauca quodammodo. In summa, ita repræsentabant Fringillas nostras pulchriores, ut dubitare aut negare nullus fuisset ausus, quin essent de illarum genere. Multitudine autē uolabant incredibili. solas syluas frequentabant, & præcipuè fagorum: tribus aut quatuor mensibus conspectæ. Hæc ex literis præstantissimi Salodorensis medici Apollinaris Burcardi.

Pag. 67. uersu 1. ut Rondeletius conijcit, dele hæc uerba.

Pag. 68. 3. esse, lege etiam.

Pag. 71. ad uersum 7. adde, Vide infra pag. 101. in Gallinula Serica.

Pag. 74. 4. diuersam, adde exhibet.

Pag. 75. penultimo uersu, pro Rondeletius scribe Bellonius.

Pag. 77. 6. post uocatur, adde, quasi Costée. (nam costam pro latere dicunt, s. non proferūt) Ibidem uersu 8. Iconem Bellonius non apponit. Gallicè circunloquitur, petit plongeon espece de canard, hoc est, Mergus paruus species Anatis. Nos Mergum ab Anate specie distinguimus: & hanc auem Anatum potiùs quàm Mergorum generi adnumeramus. Capitur etiā in nostro lacu. in uentriculo dissectæ cochleas & strombos reperi. Nostri uocant Vollentle, à pleno & probè cōpacto parui corporis habitu: & alio nomine Muggentle, uel klein Muggent: id est, Anatem muscariam minorem, sed nomen Muscariæ ad duas aut tres species referunt. quare magis probârim alterum. nam & aliam quandam Anatem maiorem, per omnia huic similem, & similiter cirratam, sed crista maiore, Vollent appellant, pondere unciarum 33. plerunq; minor, hoc pondere uncijs 10. plerunq; leuior est, crista tam parum eminente, ut non nisi ab attento animaduertatur, &c.

78. 1. post uocant, adde, ein Muggent.

90. 3. dele hæc uerba, Ortygometra fortè Bellonij. & ad finem uersus noni, adde: De nomine Ralli plura leges in Ortygometra pag. 71.

100. 5. plumbino, lege piombino.

Pag. 130. post ea quæ de Caprimulgo scripsi addantur hæc: His scriptis, doctissimi uiri Guil. Turneri ex Anglia literas accepi: in quibus præter alia de hac ipsa aue ita ad me scribit: De Caprimulgo, tam in Anglia quàm in Germania mihi sæpissime uiso, nisi tardius tuas accepissem, plurima scripturus eram. nam lacte diu alui. Gulam habuit longè proportione capacissimā. Prope Bonnam uocatur ein Nacht-rap, in Anglia an Euechur & an Horsik.

Ad finem pag. 131. De Passere solitario, hæc addantur. Alius est Passer solitarius, sic dictus circa Geneuam: cuius (maris in eo genere) picturam summa arte & elegantia factam Claudius Textor Benedicti uiri doctissimi & præstantissimi Geneuæ medici, summæ spei filius, nuper ad me dedit: capitis, colli dorsiq; colore cœruleo, sed maculis subruffis inspersis: uentre ruffo: cauda nigro & ruffo distincta. pennis alarum fuscis, marginibus tamen subruffis, aut subflauis. macula ad alarum initium candida & transuersa, dorsum uersus, ubi punctis etiam candidis uariatur. Crura fusca sunt. rostrum longiusculum, directum, & acutum, nigricat. Hæc ego ad picturam, ipse uerò in epistola: Aliquando (inquit) misisti ad patrem Rubeculæ saxatilis (ut uocas) iconem, quæ prorsus consentire uidetur cum fœmina Passeris soliuagi maris. Hæc auis, mas præsertim, si edocta fuerit canere, suauissimè uarias uoces imitatur: quas etiam in syluis admodum sonoras summa gutturis contentione acutissimè eiaculatur. Mas & cicur qui canere nouerit, numo aureo uænit his in locis. nam & propter egregiū cantum, & insignes colores, cœruleum præsertim ac puniceum, quibus ornatur, maximo est in precio.

Ad finem pag. 132. adijcienda sunt hæc. Sic ille. Sed alius Passer canarius nominatur Geneuæ, (cuius iconem doctissimus iuuenis Claudius Textor mihi donauit,) non Citrinellæ nostræ dissimilis, similis uerò Passeri spermologo illi, quem Emberizam flauam (propter partis supinæ colorem,) nostri nominant, ut ex primo picturæ aspectu iudicaui.

ICONES AVIVM OMNIVM, QVAE IN HISTORIA AVIVM CONRADI GESNERI DESCRIBVNTVR, CVM NOMENCLATVRIS SINGVLORVM LATINIS, ITALICIS, GALLICIS ET GERMANICIS PLERVNQVE, PER CERTOS ORDINES DIGESTAE.

EDITIO *secunda, nouis aliquot Eiconibus aucta.*

I Ritratti e le figure de gli ucelli.

LES Figures & pourtraictz des oiseaux.

Die Figuren vnd contrafacturen der vögeln.

CVM Priuilegijs S. Cesareæ Maiestatis ad annos octo, & Christianissimi Regis Galliarum ad decennium.

TIGVRI EXCVDEBAT C. FROSCHOVERVS, ANNO M. D. LX.

GENEROSO ET MAGNIFICO VIRO VLRI-CHO FVGGERO, KIRCHBERGAE ET VVEISSENHORNI Comiti,&c. domino & Mœcenati ſuo bene merito Conradus Geſnerus Tigurinus S. D. P.

QVOT homines tot ſententiæ, & ſuũ cuiq; pulchrum. Et ut circa cibũ ac potum Tres mihi conuiuæ prope diſſentire uidentur Poſcentes uario multum diuerſa palato: ſic ingeniorum quoq; (uir nobiliſſime) mira uarietas eſt, non modo alijs alia ſtudiorũ genera probantibus, ſed in eodem etiam genere alium atq; alium modũ. Plerunq; tamen ita cõtingit, ut illi qui certa ratione & aliquo fine ſibi propoſito in literis uerſantur, quod ex profeſſo ſtudiũ delegerint, in eo prolixè ac diligentiſſimè ſeſe exerceãt: in ꝓximis mediocriter, remotiora uel deguſtaſſe contenti. Quod cum animaduerterem in illuſtranda Animalium hiſtoria triplicem modum mihi propoſui. Primum enim omnia huius argumenti ſcriptorum (niſi prorſus falſa aut barbara eſſent) omnium collegi, & de proprijs obſeruationibus nõ pauca adieci, in libris duobus de Quadrupedibus uiuiparis ac ouiparis, & nunc tertio de Auibus à me æditis. Quod ſi uixero, eorundem Cõpendia breui publicanda curabo. Deinde icones cũ ſolis nomenclaturis (in quibus præcipua difficultas eſt) ſeparatim exhibui, Quadrupedum antehac, nunc etiam Auium, in illorũ gratiam qui hæc tantum deguſtare, & picturis ſpectandis ſe oblectare potius, ac ſola tenere nomina, quàm prolixiori lectione animalium naturas cognoſcere uoluerint. Eſt autem honeſta hæc oblectatio ingenuis animis, ab altioribus ſtudijs & cõtemplationibus aliquãdo ſe demittentibus: quemadmodum oculis cœlos eorumq; ſplendorem contemplatis, deorſum ad terram & ſtirpium uirorem ſeſe reuocare & ita recreare iucundũ eſt. ſic enim nimium lucis obtutu diſperſa ac hebetata oculorũ acies colligitur. Et ſanè animus quoq; res maximas & diuinas contemplantis, in earũ amplitudine & excellẽtia ueluti diſpergitur, & immẽſa luce percellitur: inde ad res inferiores demiſſus ad ſeſe redit, ſeq; iterum colligit. quandiu enim in hoc corporis tanquam carcere animus noſter coercetur, nihil ſine phantaſia agere & concipere poteſt, atq; ea ex parte paſſibilis eſt, & recreatione per interualla indiget. Cum igitur te quoq; uiderem VLRICHE FVGGERE Mecœnas optime, in magnarum & ſacrarum rerum lectionumq; ſtudijs ſubinde exerceri, atq; adeò tempus omne quod huc non collocaueris, tibi perire arbitrari: has Auium icones ſupra ducentas, ſuis depictas coloribus, quibus ſpectandis & oculos & animum aliquando recreares, grauioribus ſtudijs & curis intermiſſis, Excellentiæ tuæ offerre ac dedicare uolui. Nam & tua & gentiliũ tuorũ (patraui imprimis ANTONII, & fratris IOAN. IACOBI clariſſimorum heroum) liberalis in me beneuolentia, aliquod à me gratitudinis officiũ poſtulat. Et inſuper meretur illuſtris nobilitas & excellẽs doctrina tua, claris publicisq; teſtimonijs celebrari. Tu enim inter nobiles noſtri ſeculi doctiſſimus, inter doctos nobiliſſimus es. Tu utriuſq; linguæ & optimarum ſcientiarũ cognitione tantum profeciſti, ut eruditiſſimus quiſq; ad hoc ſapientiæ ſimul & eloquentiæ faſtigium in hac ætate & hoc ſplendore fortunæ te perueniſſe miretur. Non uerò eruditas tantum illas, ſed etiam uulgares linguas, in quibus ego animalium nomenclaturas propono, Germanicam, Italicam & Gallicam, egregiè diſerteq; calles, adeò ut uel Italus uel Gallus Germanũ te eſſe ex ſermone non facile deprehendat. Suſcipe igitur hunc librum ſerena fronte, ut partim in Auibus ſpectandis delectère, partim Platonis illud ex Phædro tibi in mentẽ ueniat, uiri etiam boni & ſapientis animã, quæ relictis humanis curis ſurſum ad cœlos ſubinde euolet, uolucrem & alatam eſſe. Sic einim ait Plato: Πέφυκεν ἡ πτεροῦ δύναμις τὸ ἐμβριθὲς ἄγειν ἄνω μετεωρίζουσα, ᾗ τὸ τῶν θεῶν γένος οἰκεῖ, κεκοινώνηκε δέ πῃ μάλιστα τῶν περὶ τὸ σῶμα τοῦ θείου ψυχή. Τὸ δὲ θεῖον, καλόν, σοφόν, ἀγαθόν, καὶ πᾶν ὅ,τι τοιοῦτο. Τούτοις δὴ τρέφεταί τε καὶ αὔξεται μάλιστα τό γε τῆς ψυχῆς πτέρωμα. αἰσχρῷ δὲ καὶ κακῷ καὶ τοῖς ἐναντίοις, φθίνει τε καὶ διόλλυται.

Vale Tiguri, tertio idus Martij
anno Salutis M. D. L V.

ORDINVM *ſingulorum argumenta in fine libri poſuimus.*

AVIVM ORDO PRIMVS, QVI CONTINET AVES RAPACES, QVAE OMnes rostris ac unguibus aduncis, & carniuoræ sunt, & interdiu uolant.

F. litera præfixa nomen à nobis fictum significat, quoties uetus nullum inueniebamus.

LATINE Aquila. ITALICE Aquila.
GALLICE Aigle. GERMAN. Adler.

Figura hæc aquilæ est, quæ in montibus Rhætiæ & Heluetiæ capitur.

A ij

Aquilæ genus, cuius picturam ab Argentinensi quodã pictore sum nactus, qui se eandem ab alijs ceu uerã accepisse aiebat. Nos hoc in ea præcipue miramur, quòd crura coloribus diuersis insigniantur, sinistrum cœruleo, ut rostrũ quoq;: dextrum fusco albicante, &c. Ergo si quæ huiusmodi aquila est, heteropus cognominari poterit.

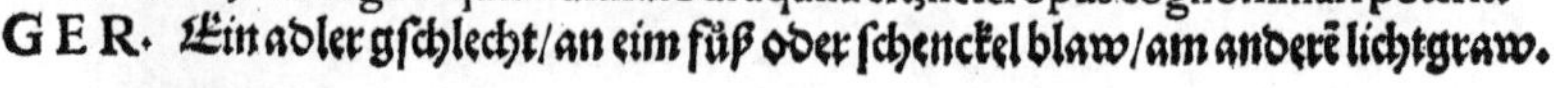
GER. Ein adler gschlecht/an eim fuß oder schenckel blaw/am anderẽ lichtgraw.

Aristoteli auis Scythica magnitudine Otidis. Circa Scricfinniam regionem Septentrionalem remotissimam aquila grandis detracta leporis pelle oua sua inuoluit, cuius fœtifico calore pulli educũtur, ut scribit Olaus Magnus, ex cuius Regionũ Septentrionalium tabula hanc figurã mutuati sumus. Omne genus aquilarum (inquit Albertus) partes uulpinæ pellis colligere solet, ut oua in eis reponat, uel in alijs mollibus & calidis pilis. Quod autem Plinius prodit aquilam aquilonarem oua in pelle uulpis inuoluta à ramis arborum suspendere, donec Solis calore perficiantur, expertus sum esse falsissimum, &c. Vide in Historia Aquilæ C.
GERM. Ein ander groß adler geschlecht in Mittnächtischen landẽ hinder Gottland/ welcher einem hasen sin balg abzücht vnd wicklet sine eyer dryn/ daß sy von der werme deß balgs vßschlieffen/als etlich schryben.

Figura hæc siue aquilæ, siue maioris cuiusdam auis, quæ propter magnitudinem non in unius sed duarum aut plurium arborum uicinarum ramis nidificat, ex Tabula Regionum Septentrionalium Olai Magni desumpta est. Sed ipse in Tabulæ & picturarũ explicatione, nullam huius auis mentionem facit. Nos in Capite de Aquilis diuersis apud recentiores, talem auem ex Ge. Fabricij ad nos epistola descripsimus.

Aristotelis Hypæetus, id est Subaquila, ut Gaza uertit: uel potius Gypæetus, id est Aquila uulturina. uidetur enim & corporis specie, & animo seu moribus, ex uulture & aquila mixtum hoc genus. Vocatur & Oripelargus, id est Ciconia montana, quòd albicante & nigro coloribus ferè ut Ciconia distinguatur. & percnopterus, à nigro pennarum (in alis) colore. Hæc cuius iconem exhibemus auis, (quæ si Gypæetus non est, planè ei cognata & fortè magnitudine tantum diuersa fuerit,) semel tantum nostra memoria Basileæ capta est, omnibus ignota. Hebræis & Arabibus Racham & Alrachme dicitur.

GALLICE percnopterum Bellonius interpretatur Boudrée.

GERMAN. Ein frömbd Adler geschlecht/mag genennt werden Ein Geyradler.

LATINE Aquila anataria, Clanga, Planga, Percnus, Morphnus. Omnia enim (inquit Turnerus) quę Aristoteles & Plinius percno tribuerũt Anglorũ balbushardo (is aũt est cuius picturã damus, ut facile ex Turneri descriptione conĳcio) conueniunt, si solam magnitudinem exceperis, &c. Ego an Harpe Aristotelis sit hæc auis dubito, cognatam saltem ei esse putauerim.

ITALICE Aquilastro. **GALLICE** Huart, ni fallor.

GERMANICE Moßwy / Fischer / Entenstöβel. hoc est, Miluus palustris, Piscator, Anataria uel Anaticida.

LATINE Accipiter absolutè, uel Accipiter maior. Firmico & recẽtioribus Astur. Pinximus autem fœminam, quòd in rapacium genere fœminæ maribus præstent. Tertiolus (aliqui tercellinum, uel tricellum, uel trizolum scribũt) uocatur mas in accipitrum & falconum genere, quia simul tres in nido nascuntur, duæ fœminæ, & tertius mas: qui fœmina minor est, minusꝗ audax & fortis. Fœminæ quidem simpliciter accipitres aut falcones dicuntur, Crescentiensis.

ITALICE Astur, mas, Terzolo. GALLICE Austour, mas, Tierzelet.

GERMAN. Habich/Hapch. Das männle/Ein Häpchle.

LAT. Accipiter minor, Nisus recentiorũ. (nam Nisus Ouidij Haliæetus est, id est Aquila marina,) Accipiter fringillarius Aristotelis, ut Alberto & nobis uidetur: etsi Turnerus accipitrem palumbariũ hunc esse conijciat. Mas recentioribus appellatur Muscetus.

ITAL. Sparuiero, Sparauier, Sparauiero, Loyetta.

GALL. Esperuier, Esparuier. mas, Muschet.

GERM. Sperber/Sperwer. Frisijs Wickel / ni fallor. Das männle/Ein Sprintz/Sprintzel.

A iiij

LATINE Tinnunculus Cōlumellæ & Plinio, (quidā apud Plinium nō rectè tristunculū legunt,) Cenchris.

ITALICE Canibello, Tristinculo, Tristarello, Gauinello.

GALLICE Cercerelle, Quercerelle. In Narbonensi Gallia Siricach.

GERMAN. Wannenwäher/ Wandwäher/ Wanntwehen/ Wiegwehē. Saxonib. Steingall/ Steinschmatz.

LAT. Miluus, Miluius.

ITALICE Nichio, Miluio, Nibbio, Niggo.

GALL. Milan, Escorffle.

GERMAN. Weye/ Wy/ Weiher/ Hünerarh/ Hünerdieb. Flādris Wüwe.

LATINE Buteo, Triorches. Lanarius apud recentiores, & Villanus. Alberto etiam Buteus & Butherius.

ITALICE Aieta, circa lacũ Verbanũ. alibi, nisi fallor, Poyana, Bucciario, Lainero.

GALLICE Buysard, Buzart, Bousant, Lanier. Subaudis Bousat, Bose, Lanoy. Faciunt autem Sabaudi genera busati quatuor. primum cognominant nobilẽ, alterum cõmunem, tertiũ albũ aut caligatum, (blanc ou chaulsé,) quartũ marinum.

GERMANICE Bußhart/Busant/Busarhn/ Buse. Saxones Rüttelwy. Germani inferiores Broburen. Sunt qui genus quoddam buteonis impropriè nominent Moßwy/Moßhuw. Albertus & Murmellius Lanarium Germanicè interpretantur, Lanete/Sweimer/Swemer.

LATINE Falco, apud Firmicũ, Suidam & recentiores. Aquila, Theodotion & Symmachus omnia accipitrũ genera, uel omnes aues rapaces, quarũ usus est in aucupio, falcones uocant. Accipitrem palumbarium Michaël Ephesius falconem gentilem (id est generosum) interpretatur, Niphus Italus. Accipiter palumbarius est falco tertiolus dictus, Idem.

ITALICE Falcon. **GALLICE** Faulcon.

GERM. Falck. Belgis Valke. Est autẽ figura falconis, quam exhibemus, nigri: quem Germani priuatim Kolfalck, id est carbonariũ falconem uocitant.

AEſalon Ariſtotelis, ut eruditi quidam conijciũt. Recentioribus Smerillus, Smerla, Smerlus, Merlina, Iſmerlus, Merillo, Meriſtio.

ITALICE Smerlo, Smeriglio.

GALLICE Emerillon, Eſmereillon.

GERMAN. Mirle/Smirlin.

F. Dendrofalcus. Falco arborarius Alberto. Fortè accipiter fringillarius ueterum.

GERMAN. Baumfalck/Baumfelckle.

VVLTVR Alpinus, uel aureus (à colore) ut Heluetij cognominant. Tota pars supina, id est, colli inferius, pectus & uenter, & pedes quoque, ruffo colore sunt, dilutiore quidē caudam uersus; rubentiore autem uersus caput, &c. Ossifraga. *Iacobus Dalechampius, medicus Lugduni longè doctissimus, Ossifragā ueterum hanc auem esse iudicat. Pelliones (inquit) nostri adhuc uocant un Freneau, quasi Feneau, ad æmulationem Græci nominis φήνη. Sequani uocant Briseos, Ossifragam exprimentes. In uentriculo dissecti repertus est Bouis pes. Ex inferiore rostri parte, barbæ nonnihil propendet. quamobrem Aquilam barbatam olim uocauerunt. Hæc omnia monstrant Ossifragam esse, non Vulturem, cuius exuuiæ frequentes hîc in tabernis pellionum uisuntur, à Vulturis pennis magnopere diuersæ. Hæc ille. Bellonius Ossifragā suam longè aliter pinxit. Phenæ suæ Aristoteles colorem cinereum tribuit: qui Vulturi aureo à nostris dicto non conuenit. Ossifragam habere barbam, colligimus ex uerbis Plinij: Sex Aquilarum generibus (inquit) quidam adijciunt genus Aquilæ quam barbatam uocant, Thusci Ossifragam. at φήνην barbatam esse, Græcorum (quod sciam) nemo scripsit. Oppianus tamen* Harpe. *Harpæ suæ ceu barbam attribuit: & alia quædam quæ alij authores Latini Ossifragæ, Græci uerò Phenæ, τῇ φήνῃ. & Grammatici quidam Græci, Harpen interpretantur Phenen. Quamobrem Dalechampij sententiæ acquiescemus, donec aliquis meliora proferat.*

GERMANICE Goldgeyr.

LATINE Vultur.
ITALICE Auoltoio.
GALLICE Vautour.
GERMAN. Geir/Aßgeir/ Hasengeir.

F. Lanius (ſolet.n.dilaniare cæteras quas poteſt auiculas) cinereus mediꝫ magnitudinis. Bellonio eſt Collurio Ariſtotelis, minor: quanquã Ariſtoteles nullã magnitudinis differentiã facit. Collyrion (inquit) auis eſt ſimilis Merulę, & eiſdẽ cibis uescitur: magnitudine uerò Pardali & Mollicipitis. capitur potiſſimùm hyeme.

GER. Thornkreßer/Thorntråer/Nünmörder.

ITAL. Regeſtola falconiera. Gaza ſperuiera. Gaza marina, Paſſera gazéra.

GALL. & Sabaudice Matagaſſe. Pie griayche, uel Pie Grieſche, ut Bellonius ſcribit. Pie eſcrayere. Pie ancrouelle. Arneat.

F. Lanius maior. Collurio Ariſtotelis maior, ſecundum Bellonium. Vide quæ minori huius generis formæ adſcripſimus.

GERMANICE Warkengel.

Italica & Gallica nomina eadem ei conuenire uidentur, quæ ſequenti.

B

ORDO SECVNDVS DE AVIBVS RAPACIBVS CARNIVORIS NOCTVRNIS.

LATINE Bubo. ITALICE Duco, Dugo, Bufo.
GALLICE Chathuant, Hibou. Duc Bellonio, uel grand Duc: nam alium minorem, quem Otum facit, Gallicè nominat Duc moyen, ou Hibou cornu. SABaudice, Duc, Chaſſetont, Lucherant.
GERMANICE Franck/Hertzog/Berghuw/Hürü.

LATINE Vlula. Bellonius Vlulam auritam pingit ſimiliter ut Bubonem, & Græcè Aegolium nominat.

ITALICE Vlula.

GALLICE Grimauld, Machette. Bellonius (ut dixi) auritam pingit Vlulam, & Gallicè nominat Hulote, uel Huette.

GERMAN. Vl/ Eül/ üwel/ Huhu.

LATINE Noctua, uel potius noctuæ genus paruum. Bellonij Noctua digitos binos prorſum, & totidem retrorſum uertit.

ITALICE Ziuetta, Zueta, Ziguetta.

GALLICE Souette, Siuette, Zoëtta, Chouette. Bellonius Noctuam aliam, ut dixi, pingit, & Gallicè Cheueche nominat. **GERMANICE** Kutz.

Auritæ Bellonio aues nocturnę ſunt, Bubo, Otus, Vlula: Gallicè, Grand duc, Hibou cornu, Huette.

Cruribus hirſutis, Bubo, Aluco (id eſt, Hibou Gallicè, uel Chahuant) Vlula.

Digitis antrorſum binis, & totidem retrorſum, ſimiliter ut Pici, Aluco, Noctua, Vlula.

B ij

Vlulæ genus alterum, quod quidam flammeatum cognominant. Hæc fortè est aut cognata auis, quã pro Caprimulgo Bellonius pinxit, & Gallicè ab horribili clamore, quem inter uolandũ ædit, Effraye aut Frezaye uocari scribit: & alio nomine petit Chahuant. nam Chahuant simpliciter Aluconem suum appellat. Sed idem Caprimulgum alium & ueriorem, postea ad nos misit.

ITALICE Barbaiano.

GALLICE. Lege proximè retro scripta. Gallis Cisalpinis Dama, hæc uel simillima auis.

GERMAN. Schleierül / Kirchül / Ranfulle. Crura paucis raris'ue pilis uestiri debuerant.

Noctua quam saxatilem Heluetij cognominant: Latinè Lagopodem cognominare licebit, ꝓpter digitos pedũ similiter ut Lepori uel Lagopodi aui alpinæ, hirsutos.

GERMANICE Steinkutz.

LATINE Vespertilio. ITALICE Nottola. Notula, Sporteglione, Ratto penago, Barbastello, Pipistrello, Vilpistrello.

GALLICE Souris chauue, id est, Mus glaber: uel Rattepenade, id est, Mus (pennatus.

GERMANICE Flädermuß/Speckmauß.

B iij

Nycticorax, non ueterum, sed uulgò sic dictus circa Argentinam & alibi circa Rhenum, auis pisciuora.

GERMANICE Nachtram/Nachtrabe.

ORDO TERTIVS DE CAETERIS AVIBVS AEREIS SEV VOLACIBVS, QVAE RAPACES NON sunt, & primum de maioribus, deinde de reliquis mediæ magnitudinis. Minores ad Ordinem quartum differuntur.

LATINE Grus. **ITALICE** Gru, Grua.
GALLICE Grue **GERMAN.** Kran/Kranich/Krye.

Paradiſi auis, uel Paradiſea, ex Nouo orbe, noſtri tantum ſæculi ſcriptoribus commemorata.

ITALICE Manucodiata: quod uocabulum Indicum uel Noui orbis eſt, ubi Mamuco diata, id eſt Auicula Dei nominatur.

GEMANICE Paradyßuogel/Lufftuogel.

LATINE Coruus. **ITALICE** Coruo, Corbo.
GALLICE Corbeau. **GERMAN.** Rapp/Rab.

Cornix cærulea apud Misenos.

GERMAN. Wilde Holtzkrae/Galgenregel/ Halckregel/Teutscher Pappagey.

F. Coruus sylvaticus, Ibis nigra secundum Bellonium, ni fallor. quanquam imago ab ipso exhibita, non satis cum hac nostra conuenit. Ibidem albam Herodoti, Ciconiam esse putat: cui Strabo Ciconiæ colorem attribuit, non ipsam Ciconiam esse dicit.

ITAL. Coruo seluatico, Coruo spilato, Coruo Marino.

LOT Haringis Corneille de mer.

GERM. Waldrapp / Steinrapp / Clausrapp.

Cornix uaria uel cinerea, marina, hyberna, apud recentiores: uel cognata ei species, colore nonnihil differens.

ITALICE Mulacchia uel Munacchia.

GALL. Corneille sauuage, Corneille emmantelee.

GER. Näbelkrae / Schiltkrae / Pundterkrae / Aßkrae.

Eiconem huius auis accuratiorem dedit Bellonius: qui docet aliam Cornicis speciem esse, maiorem, quæ rostro longiore, albo, in locis cultis grana & uermes eruat: uulgò dictam à Gallis Graye, (ab Anglico noĩe Craye/ *quod Cornicem etiam Germanis significat,) uel Grolle, (aliqui scribunt Graille, Graillat:) & Freux, ueluti corrupto nomine à Frugilega. sic enim Latinos eam uocare, Græcos Spermologum. Eadem à Germanis* Rüch *uocatur.*

LATINE Cornix. **ITAL.** Cornice, Cornacchia, Gracchia.

GALLICE Corneille, un petit Corbin. qui hanc auem Graye uel Grolle nominant Gallicè, cum Cornice uaria eam cõfundunt, ut admonet Bellonius.

GERMANICE Kräe/Krahe/Hußkräe/Schwartzkräe.

Pyrrhocorax alpium peculiaris eſt, luteo roſtro, niger, Plinius.

ITALICE Speluier, Taccola, Paſon, Zorl.

GALLICE Chouette, ou Chouca rouge.

VALESIJS qui Sabaudicè loquũtur, Choquar, Chouette: quæ tamen communia gracculorum generi nomina ſunt.

GERMAN. Alprapp/Alpkachel/Wildetul/Bergtul/Steinhetz/Beena.

LATINE Gracculus, Monedula, Lycos Ariſtotelis.

ITALICE Ciagula, Tatula, Taccola, Cutta, Pola.

GALLICE Chouchette petite, Chouca, ou Chouëtte, ut Bellonius habet. aliqui ſcribunt Chucas, Choca.

GEMANICE Tul/Dole/Aelke/Kaycke/Gacke/Tahe.

F. Caryocatactes uel Nucifraga.

GALLICE Casſenoix.

GERMAN. Nußbrecher/Nußbretſcher/Nußbicker/Nußhäher.

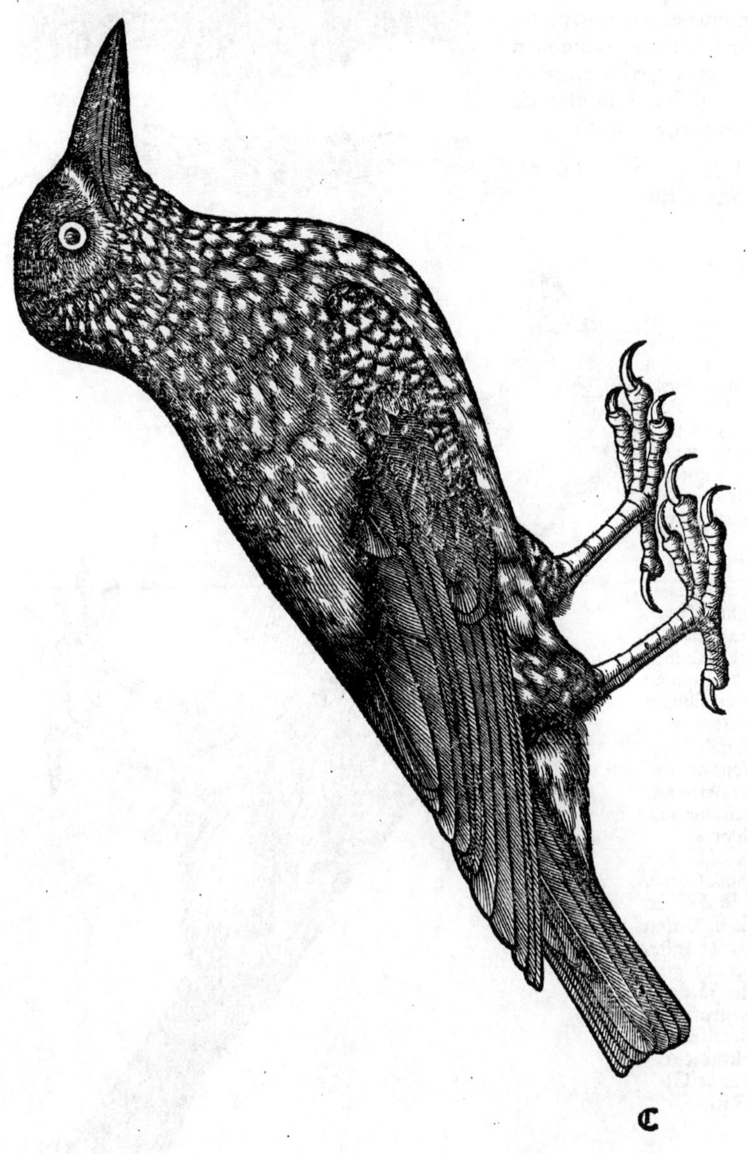

C

LAT. Gracculus coracias, rostro & pedibus rutilis. Bellonius Pyrrhocoracem nostrum & Graculũ Coraciam eundem facit: nos distinguere uoluimus, pręser tim colore rostri admonente: qui in Pyrrhocorace luteus est Plinio: in Coracia puniceus, Aristoteli.

GERM. Steintahen/ Steintulen.

LATINE Pica glandaria. Pica quæ glande uescitur, Plinio. Garrulus recentioribus. Molliceps Aristotelis an sit, quęrendum. Colios, ut quidam putat, κολιὸς ἢ κολοιὸς, esse nõ potest.

ITALIC. Gaza ghiãdaia uel ghiandara. Gaza uerla. Berta. Ab incolis Chij, qui ex Genuensibus et Græcis mixti sunt, uulgò omnibus nominatur Bertina, hoc est cinerea, Bellonius.

GAL. Gay. Sabaud. Gaion.

GER. Häher. Hätzel/ Baumhätzel/ Hätzler/ Herrenuogel/ Här/ Jäck/ Margraff/ Marcolfus/ Holtzschreier. Brabantis Girau, Richau.

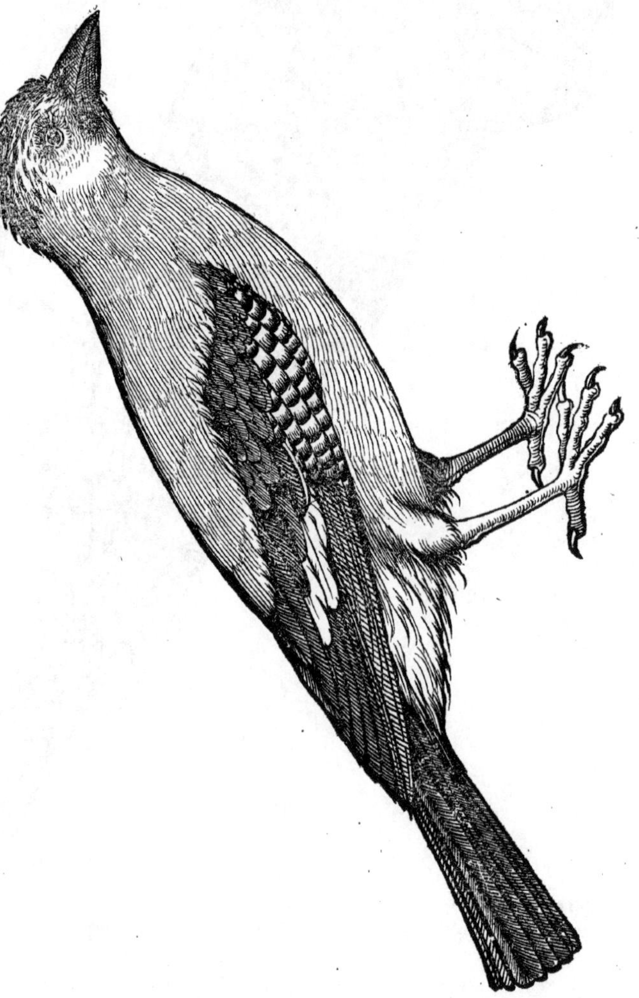

Garruli uel Picæ glandariæ genus alterum, quod GERMANI circa Argentoratum Roller appellant per onomatopœiam. Ein andere art deß nächstgemälten Hähers.

F. Garrulus Bohemicus, uel Picæ glandariæ genus tertium. Quærendũ an hęc sit Hercyniæ syluæ auis, noctu ignium modo collucens.

GERMAN. Behemle / Beemerle / Zinzerelle / Seidenschwantz / Wipstertz.

LATINE Pica uaria uel caudata, longa insignis cauda.

ITALICE Gazza, Regazza, Putta, Picha, Gazzuola, Gazzara, Ghiandara.

GALL. Pie, Iaquette, Dame, Agasse.

GERM. Aegerst/Aglaster/Elster/Atzel.

LATINE Turdus minor, quem illadem uel tyladem cognominãt, Gaza Illiacum uertit.

ITALICE Maluizo, Cion, Cipper.

GALLICE Mauuis, Griuette, Trasle, Touret.

GERMAN. Wintzel/Wintze/Bergtrostel/Behemle/Bömerle/Beemer ziemar/Wyntrostel/Rot trostel.

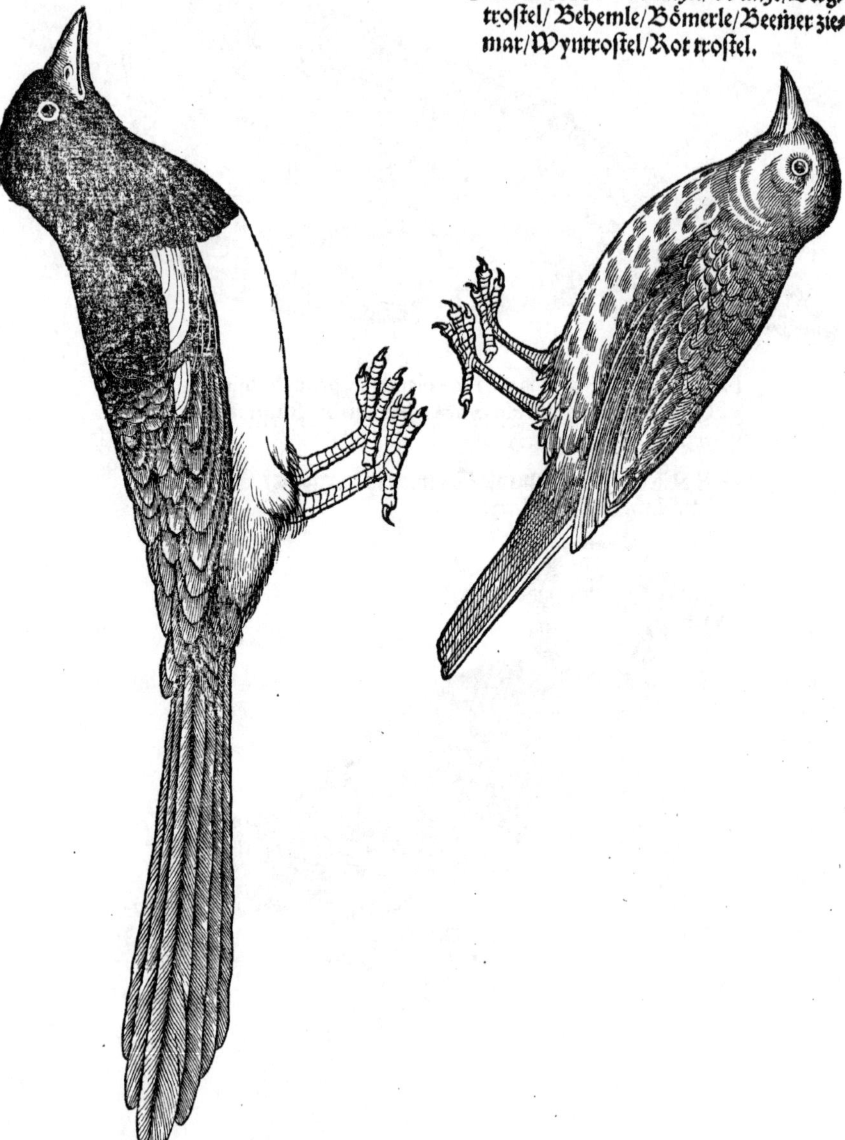

LATINE Turdus ſimpliciter dictus, mediæ magnitudinis, Trichàs Ariſtotelis, Gaza Pilarem uertit.

ITALICE Tordo.

GALLICE Tourd, Litorne, Oiſeau de nerte.

GERMAN. Krametuogel/Reckolteruogel.

C iij

LATINE Turdus uiſciuorus, uel maior, turdela quibuſdam recen-tioribus.

ITALICE Turdela, Drexano.

GALLICE Griue. Siſerre Lugduni. Sabaudis Griue ſiſalle.

GERMAN. Miſtler/Miſtelfinck/Ziering/Zerrer/Schnerrer.

Eſt & altera ſpecies minor: Germanis ein Troſtel, Gallis Griue petite.

LATINE Vpupa,Epops.

ITALICE Buba,Vpega,Gallo de paradiſo,Galleto de Magio,Pupula.

GALLICE Hupe,Huppe,Putput,(uel, utBellonius habet,Puput,per onomatopœiam,)Lupoge.

GERMANICE Wydhopf/Kathan.

C iiij

LATINE Merula, quòd mera & ſolitaria ferè uolet.

ITALICE Merlo, Merulo.

GALLICE Merle, Merle noir.

GERMANICE Amſel/Merl/Lyſter Hollandis.

Merula torquata, ut nos appellauimus à re ipſa, & Germanici Gallicíq; uocabuli imitatione. Bellonius aliam Merulam torquatam pingit, torque (quam tamen pictura nõ exprimit) in collo fuſci coloris: quam Ariſtotelis bæum eſſe ſuſpicatur. ſed in eo torquis Ariſtoteles non meminit, & Gaza non bæum, id eſt, paruam: ſed phæum, id eſt, fuſcam legit, quod laudamus. Noſtri id genus à montibus ſæpibus'ue **Birgamſel** uel **Hagamſel** denominant. Sed conſiderandum an potius Paſſer ſolitarius uulgò dictus, Merula fuſca Ariſtotelis ſit, quemadmodum Aug. Nipho placuit: & ante eum, Alberto Magno ut uidetur.

ITALICE Merulo alpeſtro.

GALLICE Merle au collier.

GERMAN. **Ringamſel/ Waldamſel/ Steinamſel/ Kureramſel/ Roßamſel/ Birgamſel.** Sed poſtremum hoc nomen frequentius tribuitur merularum generi fuſco, non canoro.

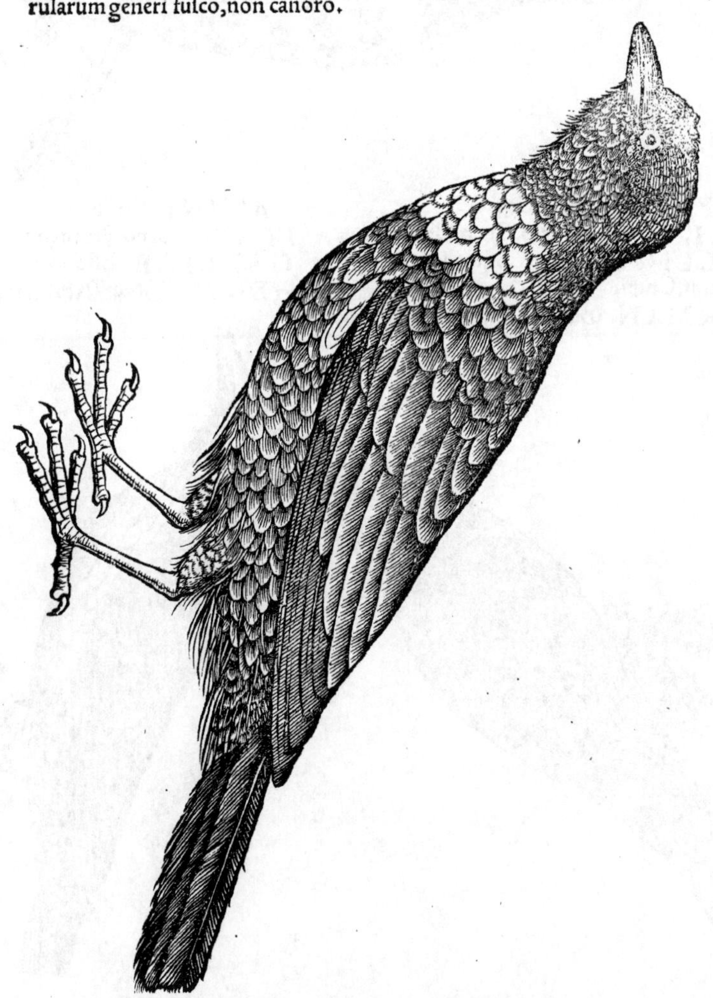

F. Rubecula uel potiùs Merula saxatilis. Natura & specie ferè, cantusq́ suauitate Merularū generi, aut Passeri solitario, cognata uideri potest: necnon Cyano Aristotelis, quam Græci hodie Petrocossyphon, id est, saxorū incolam Merulam uocant: Italicè quidam, ut Ragusij, Merlo biauo. Germani Blawvogel. colore differt.

ITALICE Crosseron circa Bellizonam, alibi (ni fallor) Corossolo, quod nomen ruticillæ seu phœnicuro alioqui tribuitur.

GALLICE dici potest Merle de Rochiers.

GERMANICE Steinrötele/Steintröstel.

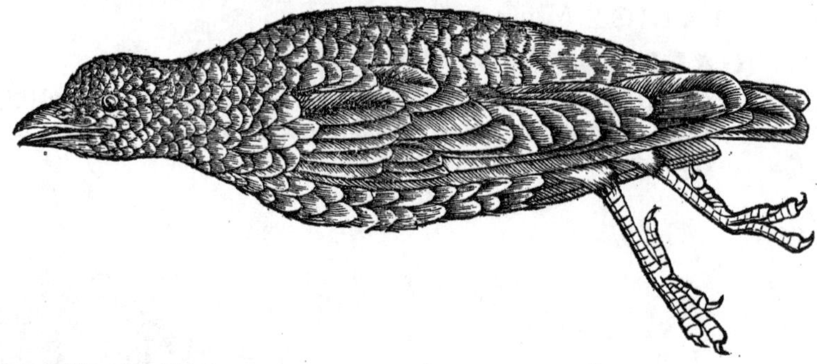

LATINE Cuculus, Coccyx.

ITAL. Cucculo, Cucco, Cuco, Cucho.

GALLICE Cocou, Coquu, uel ut quidam scribit, Coqu.

GERMAN. Gucker/Guggauch/Kukkuck.

LATINE Sturnus.

ITAL. Storno, Stornello, Sturnello.

GALLICE Estourneau.

GERM. Staar/Rinderstar/Sprehe.

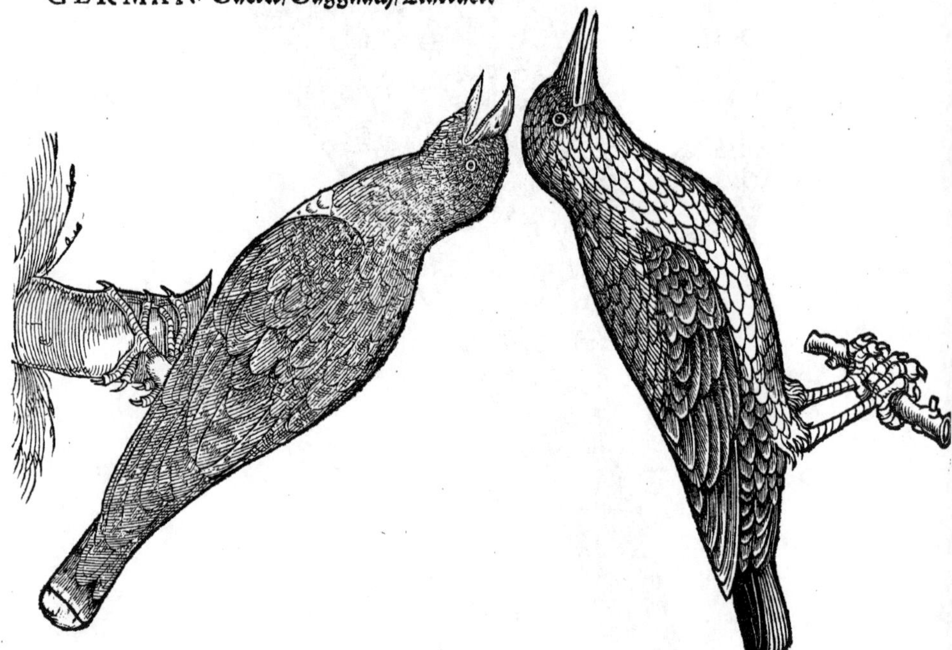

LATINE Picus maximus, uel niger. Tertia species Pryocolaptæ Aristoteli.

ITALICE Pico, Picchio.

GALLICE Pic, Pimar, Pieumart: Le plus grand Pic uerd. abutuntur enim nomine Pic uerd ad quosuis Picos.

GERMANICE Holtzkrâe/ Holkrâe/ Krâspecht/ Ein grosser schwartzer Specht.

LATINE Picus uiridis. Picus arborarius uel arborum cauator, Picus Martius maior, Bellonio.

ITALICE Pigozo.

GALLICE Piuert, Pic uerd, uel Pic iaulne.

EERMANICE Grünspecht.

LATINE Picus uarius, albo nigroq; distinctus. Bellonio Pipra, Pipo, & Picus Martius minor.

GALLICE Epeiche, Coul rouge, uel Pic rouge.

GERMAN. Aegerstenspecht / Elsterspecht / Bunterspecht / Wyßspecht. Minimus inter uarios, à nostris uocatur Spechtle / Graßspecht.

Oriolus apud recentiores quosdã. Plinio picus qui nidum suspendit in surculo primis in ramis cyathi modo. Bellonio Galgulus, Icterus, Chlorion, Colios.

ITALICE Becquafiga, Brusola, Galbedro, Garbella.

GALLICE Loriot, Orio.

GERMAN. Wittewal/Widwal/Bierolff/Brůder berolff/Gerolff/Byrolt/Tyrolt/Kersenrysse/Goldmerle/Olimerle.

F. Picus cinereus uel subcæruleus. Sitta fortè Aristotelis.

ITAL. Ziollo circa Bellizonam prope Alpes.

GALL. Torche pot, ab artificio nidi è terra pingui tanquam à figulo facti: uel grand Grimpereau. Bellonius alteram quoque speciem eius minorem inueniri tradit. Vide mox in Certhia.

GERMAN. Chlän/Tottler/Kottler/Nußbicker/Nußhäcker/Blauwspechtle/Baumhecker/Kläber/Meyspecht.

Certhias uel Certhius Aristotelis, nisi quis Cnipológon eiusdẽ esse malit. Scandulaca Latinè uel Reptitatrix uocari potest. Turnerus uidetur Cnipológon lyngem nostram facere. Præsentem uerò auiculam, Picorum formæ respõdere negat, & rostri teneritudinem ut Picorum albo adscribatur, non pati.

GALLICE dici potest petit Grimpereau: quanquam Bellonius auiculam sic dictam Gallicè aliter pingit, Certhiam Aristotelis & ipse faciens. Proximè quidẽ antè exhibitam auem Galli grand Grimpereau uocant.

GERMAN. Baumkletterlin/Rinnenkläber: melius fortè Rindenkläber dicenda, quod corticibus arborum adhæreat.

D

LATINE Iynx, Torquilla, Turbo.
ITALICE Collotorto, Stortacoll, Capetorto, Vertilla, Formicula.
GALLICE Tercot, Turcot, Torcot, Tercou, Torcou.
GERMAN. Windhalß / Naterhalß / Naterwendel / Naterzwang / Träehalß / Krinitz.

F. Picus muralis. SABAVDIS circa Neocomum Pitſchat.

GALLICE Pic de muraille: uel Eſchelette, Ternier, apud Aruernos.

GERM. Murſpecht / Klättenſpecht.

Pſittacus quem erythroxanthum diſtinguendi gratia cognominare uiſum eſt.

GERMANICE Ein rotgelber Sittich.

LATINE Psittacus,Psittace. Sunt autem species huius generis diuersæ. Psittacum illum cuius hęc figura est erythrocyanum nos à præcipuis coloribus cognominamus.

ITALICE Papagallo.

GALLICE Papegay,Papegaut,Perroquet.

GERMAN. Sittich/Sickust/Pappengey.

ORDO QVARTVS DE AVIBVS VOlacibus siue Aëreis minoribus,frugiuoris primum,deinde uermiuoris.

D ij

Coccothrauſtes Græcè, Latinè Oſſifragus dici poterit, quod oſſicula ceraſorum cõfringere ſoleat ut nucleis ueſcatur. Sed longè alia eſt Oſſifraga Aquilarum generis. Hic fortè eſt Pardalus Bellonij, quamuis colore differt. ſed ipſe etiam pro ætate colores eum uariare ſcribit.

ITALICE Friſon, Fruſone, Griſon, Franguel montagno.

GALLICE Choche pierre: eadem fortè quæ Grosbec & Pinſon royal à Bellonio dicitur.

GERMAN. Steinbyſſer/Klepper/Kernbeiß/Kirßfinck/Kirſeſchneller/Bollebick.

F. Loxias uel Curuiroſtra.

GERMAN. Crützuogel/Krumſchnabel.

LATINE Paſſer.

ITALICE Paſſara, Celega.

GAL. Moineau, Moucet, Paſſe, Paiſſe, Moiſſon, Paſſereau, Paſſerat.

GERMAN. Spar/ Spatz/ Hußſpar/ Sperck/ Sperlinkg/ Lüninkg.

Paſſeris ſpecies quã GERMANI uocãt Gaulammer/ Gollammer: aliqui Emerling ſimiliter ut ꝓximè ſequentem auem.

Paſſeris ſpecies alia, fortè paſſer ſpermologus ueterum, nos Germanici uocabuli imitatione Emberizam flauã nominauimus. Vide mox in Gallicis nominibus.

ITALICE Cia, Megliarina, Verzerot, Paierizo, Spaiarda.

GALLICE Bruyan, Verdun, Verdrier, Verdereule, Verdere. Sed hoc poſtremum alĳ chloridi noſtræ attribuunt. Bellonĳ Anthus hic uidetur, quem à Græcis hodie Latino nomine Florum appellari ſcribit. Gallicum nomen unum duntaxat ponit, Bruant, à uoce factum.

GERMAN. Embritz/ Emmeritz/ Emmering/ Emmerling/ Gilbling/ Gilberſchen/ Kornuogel/ Geelgorſt. Aliqui hanc quoq; (ut alĳ ſuperiorem) uocant Goldãmer.

D iij

F. Emberiza alba, uel potius Spermologus albus. ſuperiorem differentiæ gratia flauum cognominabimus.

ITALICE Cia montanina, ni fallor.

GERMAN. Wyſſe Emberitz.

F. Emberiza pratenſis.

ITALICE Ceppa, circa lacum Verbanum.

GERMAN. Wiſemmertz.

F. Prunella.

GALL. Hæc fortè eſt auicula, quam Bellonius Gallicè uocat petit Mouchet aut Moucherelle, & Latinè Paſſerem rubi (aut ſepiũ) uocari poſſe putat.

GERM. Prunell.

LAT. Carduelis, Thraupis Ariſtotelis: & fortè Acanthis recentiorum Græcorum, quam et Phœcilida (id eſt, Variā) uocāt. Zena, & Aſtragalinus Græcis uulgò. Ariſtoteles Pœcilides & Alaudas inimicas facit, et oua in uicem deuorantes. Noſtra quidē Chloridis ueterū ſpecies altera, Bellonij Thraupis uidetur.

ITAL. Raparino, Rauarino. Vel potius Gardello, Gardellin, Gardelino, Cardellino, Carzerino.

GALLICE Chardonneret. Sabaudis Charderaulat.

GERMAN. Diſtelfinck/Diſteluogel/Stigelitz. Friſijs Petter.

F. Linaria. Ruellius Miliariam uocat. Columellæ quidē et Varronis Miliaria, alia maior uidetur auis fuiſſe, milio ſaginari ſolita: ea (ut conijcimus) quam Itali Bononiæ Hortulanū uocant. Linariam noſtram Bellonius Aegithum Græcorū eſſe putat, Salū Latinorum: alij uerò ſequentem ꝓximè auiculam.

ITALICE Fohonello, Fanello, Canuarola.

GALLICE Linotte, uel Picaueret. Sabaudis Lynnette.

GERMANICE Lynfinck/Schöſſzlin/Henffling/Flachßfinck. Friſijs Rubin.

F. Linaria rubra. Aſter fortè Oppiani, niſi ea Carduelis ſit.

ITALICE Finett, circa Lacum Verbanū.

GALLICE dici poterit, Linotte rouge.

GERMAN. Schöſſerle / Stockhenffling/Tſchütſcherle. Eruditi quidam hāc ueterum Aegithon ſeu Salum eſſe putant: & Germanicè interpretantur Zötſcherlin. Bellonius uerò auiculam proximè retrò poſitam, Aegithum facit.

LATINE Fringilla uel Frigilla.

ITALICE Franguello, Frangueglio, Fringuello.

GALLICE Pinſon, Grinſon, Quinſon.

GERMAN. Finck/ Rotfinck/Büchfinck.

LATINE Fringilla montana.

ITALICE Franguel montagno, quod tamen nomen alij etiam alijs auibus attribuunt.

GALLICE Montan, Montain, Pinſon d' Ardenne. Aliqui nō rectè Paſſerem ſyluaticū uocant, Paiſſe ou Moineau de bois.

GERMANICE Waldfinck/ Thañfinck/Schneefinck/ Winterfinck/Rowert.

Acanthis Ariſtotelis, Gaza Spinum & Ligurinum tranſtulit.

ITALICE Lugaro, Lugarino, Legora, Legorin, Luganello.

GALLICE Scenicle, Cerifin, Cinit.

GERMAN. Zinfle/ Zeiſel/ Zyſele/Zyſchē/Gäluogel/ Siſgen.

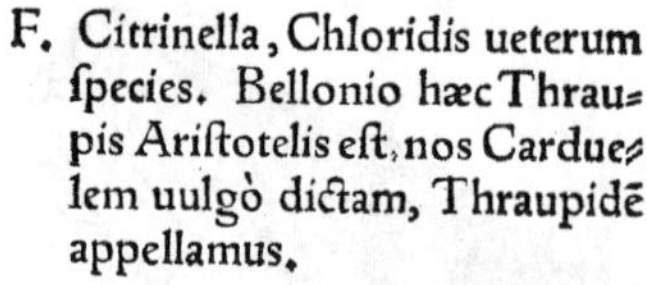

F. Citrinella, Chloridis ueterum ſpecies. Bellonio hæc Thraupis Ariſtotelis eſt, nos Carduelem uulgò dictam, Thraupidē appellamus.

ITALICE Citrinella, Lequila.

GALLICE Tarin, per onomatopœiam, Tirin.

GERMAN. Citrynle.

F. Serinus, Chloridis ueterum species alia: quæ Gallis & Italis Serin, quasi Siren quædam, à dulcedine cantus uocatur. Bellonius hanc Acanthidem, hoc est, Spinum seu Ligurinũ facere uidetur.

ITALICE Serin, Scartzerino.

GALLICE Serin, Cedrin.

GERMAN. **Fädemle/Schwäderle/Girlitz/Grill/Hirngrill.**

Chloris Aristotelis. Gaza Luteã & Luteolam uertit, malim ego Viridiam.

ITALICE Verdon, Verderro, Verdmontan, Zaranto, Tarãto, & Frinson circa Tridentum.

GALLICE Verdier, Verdier de haye, Serrant, ut Græcis alicubi uulgò Asarandos. Sabaudis Verdeyre: quod nomen etiã passeri spermologo nostro à Gallis attribui puto.

GER. **Grünling/Grünfinck/Kuttuogel/Tutter/Rappuogel/Hirsuogel.**

LAT. Parus uel Aegithalus maior, Fringillago Gazæ.

ITAL. Parisola, Parussola, Parisola domesticha, alicubi capone gro, & circa Alpes tschirnabò. Priora duo ex his nomina parorum generi cõmunia sunt: Capo negro atricapillæ seu ficedulæ potius attribuendum est.

GALL. Mesange, uel Nonnette. Sabaudis Maienze.

GERM. **Spiegelmeiß/Grosse meiß/Brandtmeiß/Kolmeiß** aliquibus. nostri enim de minore paro uerticis nigri hoc nomẽ efferunt.

Parus cæruleus uel minor hic cognominari potest. Aegithali tertia species Bellonio.

ITAL. Parussolin, Parozolina.

GALL. Marenge, uel Mesange bleue.

GER. **Blawmeiß/Bymeisse/Pimpelmeiß/Meelmeiß.**

Parum atrum appello, quem plerique Germani Kolmeiß, id est parum carbonariũ nominãt: quanquam etiam parũ maiorem Saxones & alij quidam similiter appellant.

Parus syluaticus hic à nostris dicitur.

GERMAN. Waldmeißle/Thañmeißle/ & à uoce Zilzelperle. Aliqui minus propriè Waldzinßle uocant.

Parus palustris uulgò dictus, nostri hunc carbonarium uocant: quod nomẽ alij paro maiori, alij minori, quẽ paulò antè atrũ appellauimus, attribuunt.

GALL. Videtur hæc etiã auicula post cæteros paros à Bellonio describi, sed nullo peculiari nomine Gallico.

GERMAN. Murmeiß/Rietmeiß/Reitmeiß/Aeschmeißle/Kaatmeißle. Nostris Kolmeiß.

Parus cristatus uulgò.

GALLICE Mesange hupée.

GERMAN. Kobelmeiß/Strußmeißlin/Heubelmeiß/Heidenmeiß.

Parus mõticola Ariſtotelis, ut cõijcio. noſtri caudatũ nuncupãt, quod caudæ lõgitudine paros cęteros excedat.

GALLICE Meſange a la longe queue.

GERM. Schwantzmeißle/Pfannẽſtil/Berckmeißle/Zagelmeiß/Pfãnenſtiglitz.

LATINE Curuca, uel Curruca per duplex r. Sub hoc genere etiam ficedulas & atricapillas comprehendo. Bellonius Ficedulam facit.

ITALICE Pizamoſche, Becqueſigo, Piccafiga, Capo nero, Teſta nera, Sartagnia.

GALLICE Becqueſigue, Papafigho.

GERMANICE Graßmuck/Schnepffli/Wüſtling. Es ſind jren IIII. oder V. vnderſcheid/vnder welchen ſunderlich der Schwartzkopff oder Münchlein (in Saxen) genennt wirt.

Currucis ſeu ficedulis cognatam hãc quoq; auiculam dixerim, quã circa Argentoratũ uocãt ein Bürſtner.

LATINE Luſcinia, Philomela etiam Latinis quibuſdam. Nam Græci pleriq; Philomelæ nomine hirundinem intelligunt.

ITALICE Roſignuolo, Roſcignolo, Ruſcigniuolo, Luſigniuolo.

GALLICE Roſſignol, Rouſſignol.

GERMAN. **Nachtgall.**

Erithacus Ariſtoteli, Rubecula Gazæ. Hanc auem hodie pleriq; à rubicundo pectoris colore denominant.

ITALICE Petto roſſo, & per ſyncopen petuſſo: Peccietto, Pechietto, Ferbott.

GALLICE Rubeline, Gorge rouge, Berée: aliquibus etiam Gadrille, Roupie. Saubaudis, ni fallor, Rouge bourſe.

GERMAN. **Rötele/Winterrötele/Rotbrüſtle/Waldrötele/Rotkröpfflin/Rotkelchyn.**

Phœnicurus Ariſtoteli, Ruticilla Gazæ.

ITALICE Reuezôl, Coroſſolo.

GALL. Rouſſignol de mur, Roſſignol de muraille.

GERM. **Hußrötele/Summerrötele/Rotſchwenzel/Rotzägel/Rotſtertz/Wynvögele.**

Phœnicuri ſpecies altera: Pyrrhulas fortè Ariſtotelis, quam Gaza Rubicillam interpretatur.

GERMANI circa Argentoratũ uocant **Rotſchwenzel**/quod tamen nomẽ ab alijs pleriſq; ſuperiori tribuitur.

F. Rubrica. Pectore inter aues hæc una maxime omniū rubet. Bellonio hæc est Sycalis seu Ficedula, & alio nomine Melancoryphus, id est, Atricapilla.

ITAL. Suffuleno, Franguello montano, (quāuis & aliæ quædam fringillæ montanæ uocantur,) & alicubi circa Alpes Franguel inuernengk, id est fringilla hyberna.

GALL. Piuoine, Sifleur, & Groulard. sed postremum hoc potius debetur alteri auiculæ, quam Batidem Aristotelis Bellonius putat. Lotharingis Pion.

GERMAN. Gügger / Blütfinck / Goldfinck / Gütfinck / Brotmesser / Bollenbysser / Rotuogel / Hail / Goll / Gympel / Gumpel / Thumherr / Thumpfaff / Pfäfflin / Quecker / (Das wyble / Quetsch /) Pilart.

LATINE Regulus, Trochilus, Rex, Senator, Basiliscus. Bellonius Troglodyten nostrum, cuius icon statim sequitur, pro Trochilo & Rege auium pingit: & Roytelet quoque nominat Gallicè. hunc uerò nostrum Regulū, facit Aristotelis Tyrannum: quem Aristoteles paulò maiorē cicada esse scribit, crista punicea. noster hic non cristam, sed maculā auream, nō puniceam, in uertice gerit.

ITALICE Reillo, Regillo, Scricciola, Rectino, Reatin, Fior rancio.

GALLICE Rottolet, Roytolat, Petit roy, id est Regulus. ab alijs Poul, quòd propter paruitatē semper pullus appareat. alijs Sourcicle, uel melius Soulcie, quòd plumas nigras supra oculos ceu supercilia gerat.

GERMAN. Goldhendlin / Strüßle / Ochsenengle. Sed pleraq; hæc nomina in diuersis linguis à rege denominata, passerē troglodyten potius significant, quem cum regulo multi confundunt.

LAT. Passer troglodytes. Bellonius quidē lōgè aliū Troglodyten facit, auiculā Phœnicuro ualde similē, multò minorē, corpore oblongo: Gallicè dictam Fouette rousse, ab eo quòd foueas intret, & ruffo colore sit. Sed nostrum Troglodyten uerū esse ex Aëtij descriptione perspicuum est.

ITALICE Reillo, &c. uide superius in Regulo. Perchia chagia (ni fallor) Siculis.

GALL. Beurichon, Farfonte, Contafasona, Rebetre, Roy, Rezeto, Redoyell. uide supra in Regulo. Bellonio Roytelet, Bœuf de Dieu, & Berichot.

GERMAN. Zunschlipffle / Thurnkönick / Schnykünig / Zunkünig / Nesselkünig / Winterküninck / Meußkönig / Dumeling.

E

Passerculi genus solitarium, cuius nomen nobis incognitum est, nisi quod aucupes quidam nostri nominãt **Todtenvögele/ Flügenstäckerle**, id est, Myiocopõ. In arboribus & syluis semper irrequietum muscis uictitat. Batidem Aristotelis esse cõiectat Bellonius, cui à batis, id est uepribus nimirum impositum est nomen.

GALLICE Traquet, Groulard, Tarier. Nomen quidem Groulard, etiam proximè antè depictæ Atricapillæ Bellonij quidam tribuunt.

Auicula Argentorati dicta **Wydengückerle** / minima est: colore partim fusco, partim subflauo, &c. Nostris **Wyderle**/ quòd salices amet, quãuis aquatica non sit: & **Zilzepfle**/ à uoce. Latinè Salicariam dixeris.

Ibidem auiculam muscis uictitantem appellant **Guckerlin / Gickerlin/ Grienvögelin**. Latinè si libet, Glareanã uocemus. Est enim glarea Latinis, quod **grien** Germanis: hoc est minutissimi lapilli & arenæ in ripis ac litoribus.

Est & quæ **Güntel** dicitur ibidẽ, gregaria auis, & seminibus uicti tans, pectore rubicundo uel rubricæ colore: ad Passeres nimirum referenda, uel rostri specie.

Auis quam circa Argentoratum Wegflecklin nominant, magnitudine & specie Phœnicurũ seu Erithacum referens, sed pectore cæruleo, &c.

LATINE Hirundo.

ITALICE Rondine, Rendena, Rondena, Rondinella, Cesila, Zisila.

GALLICE Harondelle, Hirondelle petite.

GERMAN. Schwalm/Schwalbe/Hußschwalm.

LATINE Cypselus, Apus: Gaza apedes & depedes dixit.

ITALICE Rondone, Biui, Dardano.

GALLICE Martinet, Martelet, La grande hirondelle, grand Martinet, Moutardier.

GERMAN. Spyr/Spyrschwalb/Gerschwalm/Geyrschwalb.

E ij

LATINE Hirundo ruſtica cognomine, uel agreſtis, uel ſylueſtris. Drepanis uel Riparia Bellonio, ut ſuſpicor. Poteſt & Apus minor uocari, uel Cypſelus minor. nam ſuperior, maior eſt.

GALL. Petit Martinet, Hirondelle de riuage Bellonio ni fallor.

GERMAN. Murſpyr / Münſterſpyr / Kirchſchwalb / Murſchwalb / Bergſchwalb / Wyſſer ſpyr.

ORDO QVINTVS DE TERRESTRIBVS SEV HVMIuolis auibus, quæ puluerratrices ſunt: & primum de manſuetis: quibus & columbas adnumeraui ex ſententia Ariſtotelis, etſi Gyb. Longolius columbas inter aues puluerratrices rectè numerari non putat.

LATINE Gallus, uel Gallus gallinaceus, & Gallinaceus ſeorſim. **ITAL.** Gallo.

GALL. Cocq, Gau, Geau, Gal, Cog. **GERM.** Han / Haußhan / Gul / Güggel.

LATINE Gallina, Gallina uillatica uel uillaris.
ITALICE Gallina.
GALLICE Geline, Poulle.
GERMANICE Henn/Hün.

E iij

LATINE Capus, Capo.
ITALICE Capon, Capone.
GALLICE Chappon.
GERMAN. Kappun/Kapaun/Kaphan.

Gallina lanigera, in regno Mangi, ex Charta quadam Cosmographica.
GERMAN. Ein frömbder Han/hat wullen nit fädern.

LATINE Pauo, Pauus: fœmina priuatim Paua Ausonio. Iunonis auis, ales Iunonia.

ITALICE Pauon, Pauone, Pagone.

GALLICE Paon.

GERMAN. Pfaw. Saxonicè Pagelūn.

E iiij

F. Gallopauus. Auis est Gallinacei generis, non pauonini: neq; aliud cum pauonibus commune habet, quàm caudæ explicationem. quare aliqui non rectè pauonem Indicum uocitant. Aelianus de animalibus 16, 2. Indicum gallinaceum nominat. Meleagridum generi cognata uidetur àuis. Bellonius hanc ipsam, Meleagridem putat: uel Gibberam (gallinam) Varronis. Meleagrides, hoc est, gallinarum genus gibberum, uarijs sparsum plumis, &c. Plinius. Nos paulò post aliam Meleagridē dabimus, (quam Bellonius Gallinam Africanam seu Numidicam facit,) cui crura sine calcaribus, & alia ex Clyti descriptione conueniunt. Bellonius huius generis marem cum calcaribus pingit, fœminam absq; illis: & à Ptolemæo in penultima tabula Asiæ, Pauonem Asiæ nominari scribit. Varro & Plinius Gallinam Africanam à Meleagride non distinguūt. Grandes, uarias, seu uarijs sparsas plumis, & gibberas esse scribunt. Columella uerò distinguens: Africana Gallina est (inquit) quam pleriq; Numidicam dicunt, Meleagridi similis, nisi quòd rutilam galeam (*fortè paleam*) & cristam capite gerit: quæ utraq; sunt in Meleagride cærulea. Tranquillus etiā Meleagrides à Numidicis separat. Martialis Numidicas guttatas dixit. Clytus scribit magnitudinē ei esse gallinę generosæ. caput paruū & glabrum: in quo crista carnea, dura rotundaq; claui aut paxilli instar emineat, colore lignū referens. Ad malas ab ore orta caruncula longa, barbæ (palearū) loco dependet, rubicundior quàm in genere gallinaceo. barbam autē mentúmue in gallinis dictum, quod rostro adhæret, non habet. Corpus nigrū, maculis plumarum candidis, frequentibus, lente maioribus, distinguitur. sunt autem orbiculi isti in rhombis nigris. Crura sine calcaribus: fœminæ maribus tam similes, ut uix dignoscas. Sic ille.

ITALICE Gallo d' India.

GALLICE Coc d' Inde.

GERMAN. Ein Indianischer oder Kalekuttischer han.

LATINE Columba uulgaris, uel domestica. Albæ propriè sunt domesticæ: illę uerò quibus niger color in alis accedit, turricolæ uel saxatiles cognominãtur, in quo genere etiam Oenades seu Vinagines sunt, maiores albis: eas Galli Pigeons Fuyards appellant. Rondeletius aliam auem Oenadem facit, de qua infra. Tertium genus ex duobus superioribus mixtum, Misellum aut gregale cognominari potest, Bellonius.

ITAL. Columbo, Columba, Colomba, Puniono, Palumbo etiam aliquibus.

GALLICE Coulon, Columbe, Pigeon priué.

GERMAN. Tub/Taube/Zametaube.

Columba Anglica uel Russica, Palumbus cicur.

GALLICE Pigeon paté.

GERMAN. Zame schlagtub/Welsche tub/Gehöflete tub.

ORDDO SEXTVS DE PVLVERATRICIBVS FEris seu syluestribus, maioribus primum, quæ ferè gallinacei generis sunt: deinde minoribus.

F. Vrogallus ſimpliciter, uel Vrogallus maior. Videtur autem Tetraon Plinij. Bellonius etiam Tetraonem uel Erythrotaon nominat. Otidem uerò uel Tardam, facit alteram Tetraonis ſpeciem hanc. Gallus ſylueſtris uel montanus maximus.

ITALICE Cedron, Gallo Cedrone, Gallo ſeluatico: Stolzo, Stolgo, Stolcho.

GALL. Apud Sabaudos & Aruernos, Coc de bois, Faiſant bruyant.

GERMAN. Orhan/Vrhan/Awerhan/Pirckhůn/Groſſer bergfaſan.

Vrogalli minores in Septentrione duobus aut tribus menſibus ſub niue ſine cibo latitant, quod Olaus Magnus teſtatur, ex cuius Tabula Oceani Septentrionalis hanc iconem mutuati ſumus olim, priuſquam Vrogallum utrūq; ad uiuum depictum haberemus.

F. Vrogallus minor. Tetraon minor.

ITALICE Faſàn négro, Faſiano alpeſtre, Gallo alpeſtre.

GERMAN. Laubhan/in Heluetia: alibi(ni fallor) Brombhan. Kleiner bergfaſan.

F. Grygallus maior, ut nos uocamus per onomatopœiam, & Germanici uocabuli imitatione. Eadem aut prorſus cognata uidetur Bellonij Attagen.: ipſa etiam in altis tantum montibus degens, apud Hiſpanos, Aruernos, in alpibus & alibi, maior quàm Gallina ruſtica: ſimilis feræ Canæ petieræ Galloru͞, ſed minor. Colore ut plurimum eodem eſt, (illum quidem non exprimit:) inuenitur tamen etiam tota candida, ita ut à Lagopode ſola magnitudine diſcernatur. A Græcis hodieq; Taginari uocatur.

GALL. & ITALICE Francolino: quanquam id nomen Itali quidam etiã Gallinæ ruſticæ tribuunt, ut circa Brixiam.

GERMAN. Grügelhan/in Alpibus Heluetiæ.
Ab hoc non differt Grygallus minor, quem Alpium noſtrarum incolæ uocant ein Spilhan: niſi quòd dimidio ferè minor eſt, nempe ſeſquialter ad Gallinam ruſticam, quam à corylis Germani denominant, comparatus: ad quam Grygallus maior triplus eſt.

L A T. Meleagris, Gallus Numidicus uel Mauritanus ſylueſtris. Afra auis, Horatio. Gallina Africana ſeu Numidica Bellonio. Plura lege ſuprà in Gallo Pauo, pag. 56.
G A L L I C E Poulle de la Guinoe.
G E R M. Ein frem̃der wilder han vß Africa oder Barbarijen.

Aliud Galli ſylueſtris genus in Scotia, quod indigenæ uocant ane blak cok, hoc eſt gallum nigrum: fœminã uerò quæ magnitudine inferior & colore dilutior eſt, ane grey hen, hoc eſt gallinã fuſcam. Eadem fortè auis eſt quam Turnerus uocat Anglicè Morheñ, & Hethcok.

Scoti hunc Gallum paluſtrem uocant: ſua lingua, ane mwyr cok: quod nos ꝑferremus ein Mürhan. Haud ſcio an eadem ſit Gyb. Longolij Gallina paluſtris quã Germanicè uocat Kürhenn.

S

LAT. Phasianus. ITAL. Fasan,Fasano,Fagiano.
GALL. Faisant. GERM. Fasan/Fasian/Fasant.

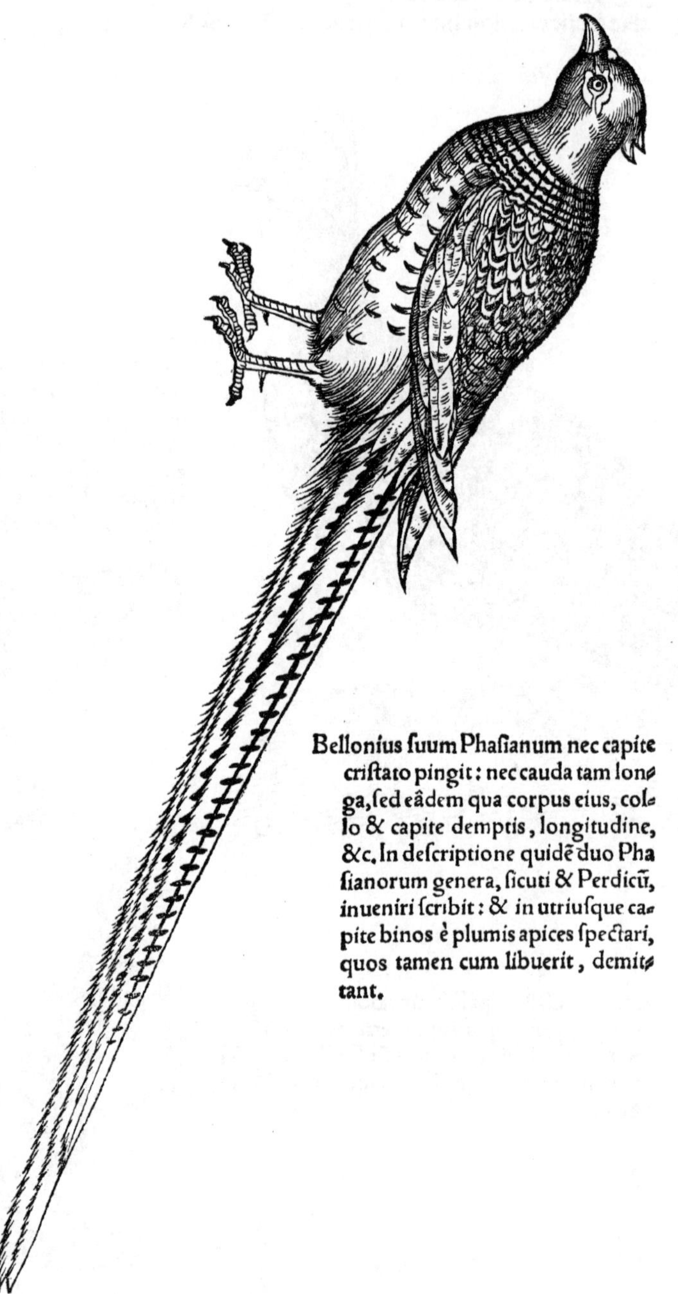

Bellonius suum Phasianum nec capite cristato pingit: nec cauda tam longa, sed eâdem qua corpus eius, collo & capite demptis, longitudine, &c. In descriptione quidē duo Phasianorum genera, sicuti & Perdicū, inueniri scribit: & in utriusque capite binos è plumis apices spectari, quos tamen cum libuerit, demittant.

LATINE Attagen,ut quidã putant,Recentioribus qui Latinè balbutiuerunt Bonoſa, Alberto etiam orix,ineptè. Bellonius aliam Attagenẽ facit,eam ſcilicet auem aut cognatam, quam ſupra Grygallum appellauimus. Hanc uerò Gallinam ruſticã uocat, de qua ſcripſerit Varro: Gallinæ ruſticæ ſunt in urbe raræ,nec ferè manſuetæ ſine cauea uidentur Romæ: ſimiles facie non his uillaticis gallinis noſtris,ſed Africanis aſpectu & facie contaminata. In ſeruitute non fœtant,ſed in ſyluis. Ab his Gallinaria inſula in mari Liguſtico dicta eſt.

ITALICE Francolino, ut circa Brixiam uocant: Pernis alpedica, Perdice alpeſtre,Faſanella. Sed Francolini nomen alteri potius aui debetur,nempe Attageni.

GALLICE Gelinette ſauuage, Perdris de montaigne: Lutetiæ (quò aliquando ex Arduenna ſylua adfertur, Gellinote de bois. Præfertur Phaſianis; & una auis aliquando duobus numis aureis uænit.

GERMAN. Haſelhůn.

F ꝫ ij

L A T. Perdix maior, roſtro & cruribus rubris: Perdix Græca.

I T A L. Coturnis, Chotroniſſe, Perniſo, Perniſa. Græci etiam hodie Italos imiti Cothurno uocant.

SABAVDIS, Perdris gaye, uel gaille, uel gaule. Perdris aux pieds rouges, Perniſſe. Eadem uideretur Gallorum Perdris cognomine franche uel rouge, niſi duplo ferè minor eſſet.

G E R. Rothůn/ Rotrábhůn/ Weltſch rábhůn/ Pernijſſe/ Parnijſſe.

L A T. Perdix minor (uel fulua, Bellonio.) Auis externa Plinio.
I T A L. Perdice, Perniſette, Pernigona, Starna. G A L L. Perdris, Perdris gringette ou grieſche, Perdris des champs, Perdris griſe, Perdris goache, (aliâs gouache, uel goiche.)
G E R M A N. Rábhůn/ Váldhůn.

L A T. Lagopus uaria, colore tantum (ut uidetur) à ſequente differens. Perdices alpinæ etiã uocari poterunt, hæc uaria: quæ ſequitur, candida.
I T A L. Otorno (ni fallor) circa Tridentum, circa Verbanum lacum Colmeſtre.

GERMAN. Steinhůn.

Eſt præterea Perdix Damaſcena (quã Bellonius pingit ac deſcribit,) uulgari Perdice noſtra minor: cruribus hirſutis uſq; ad digitos pedum, ut Tetraon & Attagen. colore per collum ac dorſum gallinaginis ſiue ſcolopacis. alarum uerò color uarius eſt, &c. ſub alis & uentre albicat. cauda breuis eſt. torques diuerſis coloribus in pectore. Alia denique eſt Syroperdix, nobis adhuc ignota, corpore nigro, roſtro rubro.

LATINE Lagopus, cui pedes leporino uillo insignes nomen hoc dedêre, cætero candidæ, columbarum magnitudie, teste Plinio. Inuenitur & Attagen totus candidus, ita ut sola magnitudine à Lagopo de discernatur, ueluti minore, ut refert Bellonius.

ITALICE Vrblan, Rhoncas, Herbey, Perdice alpestre, Perdice bianche de la montaigne. **GALLICE** Perdris blanche de Sauoie, Arbenne.

GERMAN. Schneehůn / Schneeuogel / Berghůn / Wyß räbhůn / Wyß wildhůn / Steinhůn / Schratthůn Hæc auis Attageni congener est, ut Bellonio uidetur.

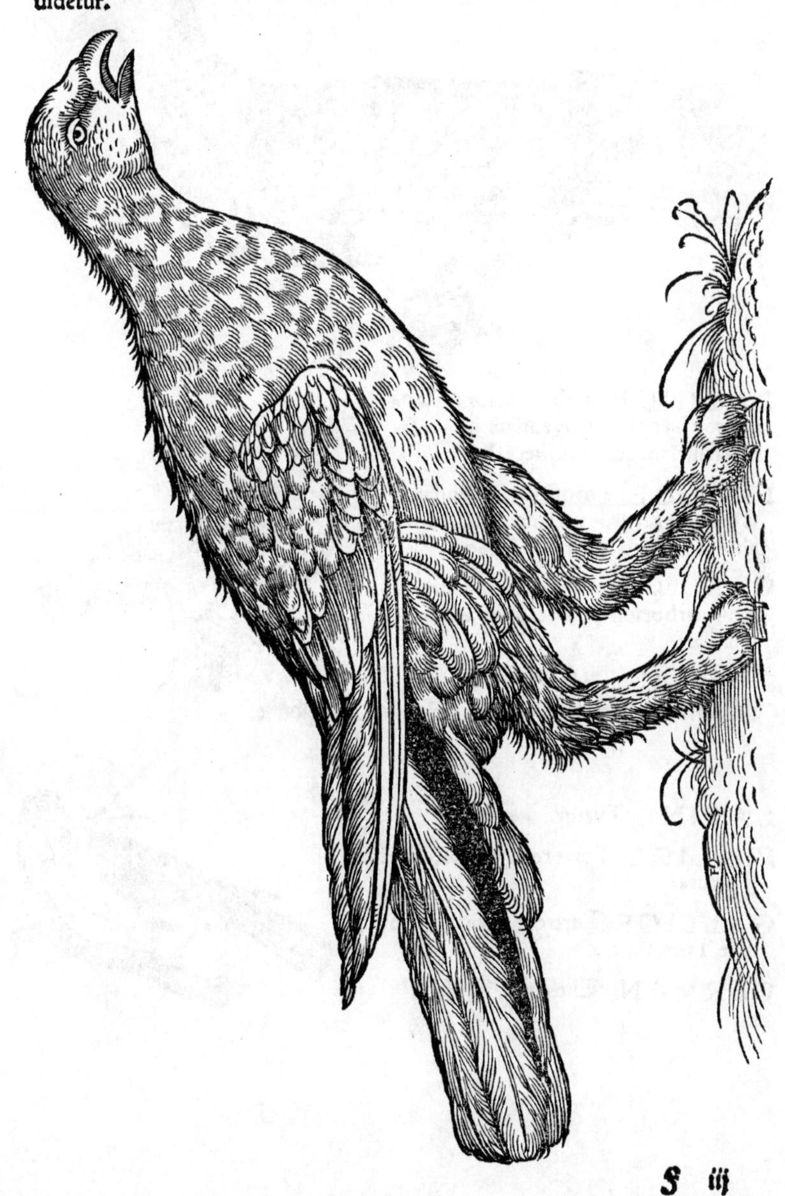

S iij

LATINE Palumbus uel palumbes minor. Liuia columba, ut Gaza ex Ariſtotele uertit. Græce Phaps, uel Pelias oxytonum.

ITALICE Palumbella.

GALLICE Croiſeau, à cauernis: & Biſet à colore, ut pain bis.

GERMAN. Lochtub/Kleine wilde tub/Holtztaub.

LATINE Palumbus maior (quanuis icon hæc per negligentiam minor facta eſt) uel torquatus. Græce Phatta.

ITALICE Torquato, Ghiandaria, Colombo fauaro, uel fauacco: Tudon, alibi Colombo butaracco, à uoce.

GALL. Coulon ou pigeon ramier, (à ramis arborum puto quibus inſidet:) Manſart.

GERMAN. Ringeltub / Schlagtub/Groß Holtztub/Plochtub. Flandris Kriesduue.

LATINE Turtur.

ITALICE Tortore, Tortole, Tortora, Turtura.

GALLICE Turtrelle, Tourte, Tourterelle, Tortorelle.

GERMAN. Turteltub/Turtel.

Oenas Aristoteli, Gazæ Vinago, ut Rondeletius conijcit. Alchata Arabicè. **Rondeletio** ἶνας **potius nominanda** *uidetur hæc auis quam exhibemus, à fibris quas Græci* ἶνας *nominant. ita enim fibrosa & dura est, ut neq; edi, neq; ad cibum parari, nisi detracto tergore, commodè possit. gregalis est, simillima Perdici, &c. cruribus, ni fallor, anteriori parte tibiæ ad pedem usq; hirsutis, ut pictura præ se fert. Bellonius aliam Oenadem facit, ut suprà in Columba domestica dictum est. Similis huic aui & cognata, Cana petiera uulgò Gallis appellata, uidetur: colore differt. Canam quidem illam Bellonius pingit ac describit, putatq; Otidi siue Tardæ aui affinem esse, ita ut magnitudine ferè tantùm differre uideatur. quamobrem Otis minor appellari poterit: hæc uerò Rondeletij Inas, Otis minor altera.*

GALLICE Angel circa Monspessulum.

GERMAN. **Ein vogel im Tütschland vnbekannt: bedunckt mich der art der Trappen etwas ånlich/möchte ein kleiner Trapp genennt werden.**

Otis Aristotelis. Recentiorum Tarda uel Bistarda. Nemesiani Tetrax uel Tarax. Tetraonis altera species Bellonio. sed multùm sanè differt à Tetraone uero, hoc est, Vrogallo nostro. Huic Canam petieram uulgò à Gallis dictam, cognatam esse conijcit Bellonius: uide quæ annotauimus ad auem proximè præcedentem.

ITAL. Starda. GALL. Oustarde, Ostarde, Houtarde, Bistarde.

GERMAN. **Trapp/Trappganß/Ackertrapp.**

F iiij

F. Trochilus terrestris (uel Rallus terrenus) ad differentiam eius qui circa aquas uictitat, nomen Trochili à celeritate cursus indidimus: alius quidem longè est Trochilus, qui alio nomine Regulus dicitur, &c. Alius esse uidetur Rallus terrenus Bellonij, ut supra in Ortygometra diximus.

GALLICE Vne sorte du Rasle.

GERMAN. Heggeschär/Eggenschär.

LATINE Struthio, Struthocamelus, Struthio Africa, Struthio Libycus, Struthiocamelus.

ITALICE Strutza.

GALLICE Auſtrouche, Autruche.

GERMAN. Struß/Strauß.

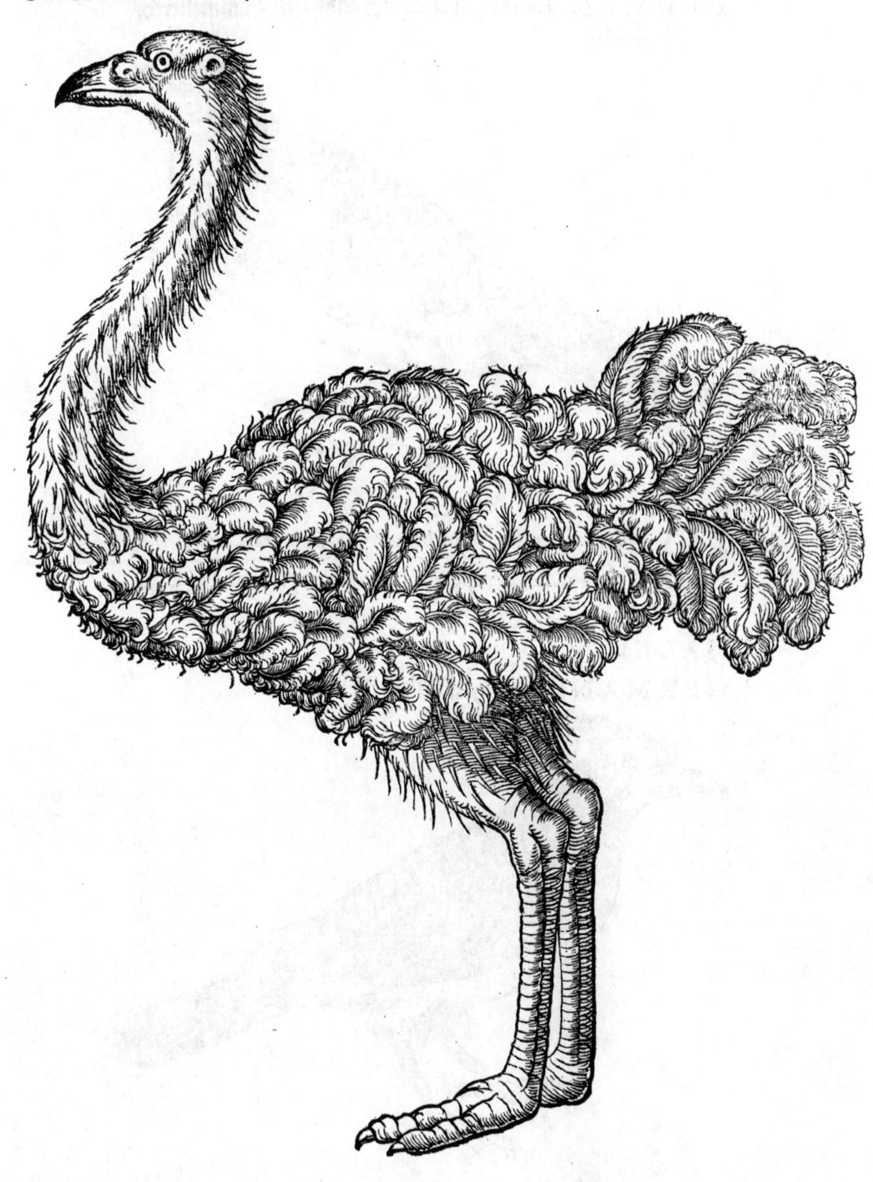

LATINE Alauda, Alauda non cristata uel gregalis.

ITALICE Allodola, Allodetta, Lodola, Lodora.

GALLICE Alouette. Quæ Calandra apud Gallos uulgò dicitur, Alauda nõ cristata maior est, nomine (ut uidetur) à Græco Corydalus detorto.

GERMAN. Lerch/Heidlerch/Sanglerch/ Himmellerch/ Holtzlerch.

LATINE Alauda cristata uel terrena, Galerita, Cassita.

ITALICE Lodola capelluta, Chapelina, Couarella, Cipperina.

GALLICE Cocheuis.

GERMANICE Heubellerch/Wäglerch.

LATINE Ortygometra: cuius iconem à clariſſimo medico Aloyſio Mundella ex Italia accepimus. Bellonius quanuis auē Italis Re de qualie dictā Ortygometram eſſe putat, paulò aliter tamē eam pingit: roſtro præſertim longiore & directiore, &c.

ITALICE Re de qualie, id eſt, Rex coturnicum.

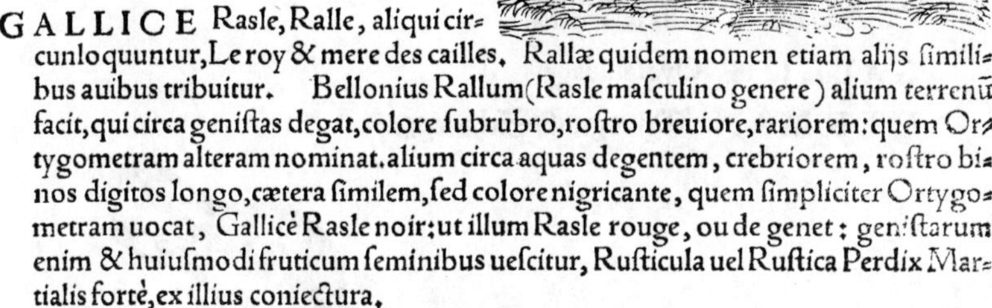

GALLICE Rasle, Ralle, aliqui circunloquuntur, Le roy & mere des cailles. Rallæ quidem nomen etiam alijs ſimilibus auibus tribuitur. Bellonius Rallum (Rasle maſculino genere) alium terrenū facit, qui circa geniſtas degat, colore ſubrubro, roſtro breuiore, rariorem: quem Ortygometram alteram nominat. alium circa aquas degentem, crebriorem, roſtro binos digitos longo, cætera ſimilem, ſed colore nigricante, quem ſimpliciter Ortygometram uocat, Gallicè Rasle noir: ut illum Rasle rouge, ou de genet: geniſtarum enim & huiuſmodi fruticum ſeminibus ueſcitur, Ruſticula uel Ruſtica Perdix Martialis fortè, ex illius coniectura.

GERMAN. **Der Wachtlen künig in Italia genent. Ein frembder vogel den Waſſerhůneren glych: flügt im Herbſt mit den Wachtlen hin.**

LATINE Coturnix. Recentioribus Qualea & Quiſcula.

ITALICE Quaglia, Quallia.

GALLICE Caille.

GERMAN. **Wachtel.** Flandris **Quackel.**

ORDDO SEPTIMVS DE AVIBVS AQVATICIS

Palmipedibus: quæ uel in aquis natant, ut Anatum & Mergorum genera: uel circa aquas uolitant, ut Lari & aliæ quædam. His adduntur etiam non palmipedes, sed circa aquas uolare solitæ, ut ripariæ.

PARS I. De palmipedibus, quæ in aquis natant.

LATINE Anser ferus, eius generis quod sub initium hyemis sublimi uolatu gregatim migrat.

ITALICE Ocha saluaticha.

GALLICE Oye sauluage.

GERMAN. Wildegans/Schneegans.

LATINE Anser.

ITALICE Papara, Ocho, Ocha.

GALL. Oye, Iars.

GERM. Ganß.

LATINE Anas.

ITALICE Anatre, Anadre, Anitra.

GALLICE Canard, Cane.

GERM. Endt/Ent/Ant/Antvogel.

Anas Indica mas.

ITALICE Anatre d' India.

GALLICE Canard d' Inde.

GERMAN. Ein Indianischer Entrach.

G

Anas fera torquata maior. Boſcas maior Athenæi. nam Boſcas minor, uidetur Querquedula, quam pag. 77. pictã dabimus. Periezoſmenen hanc Græcè dixeris, ut etiam ſequentem: quanquam Bellonius ab utraq; diuerſam, Anatem marinã à Gallis uulgò dictam, quæ cum coloris ruffi ſeu caſtaneæ ſit, alba circa collum torque inſigniatur: [ſicuti etiam ſequens,] ſed roſtrum quale pingit, cum uerbis in deſcriptione eius poſitis parum conuenit. Aliam marinam Anatem, pagina ſequente dabimus.

GERMAN. Stoꝛtzent/Stoꝛent/Groſſe ente/Mertzent. Alicubi, ni fallor, etiam Muggent/Moſent/Mürent.

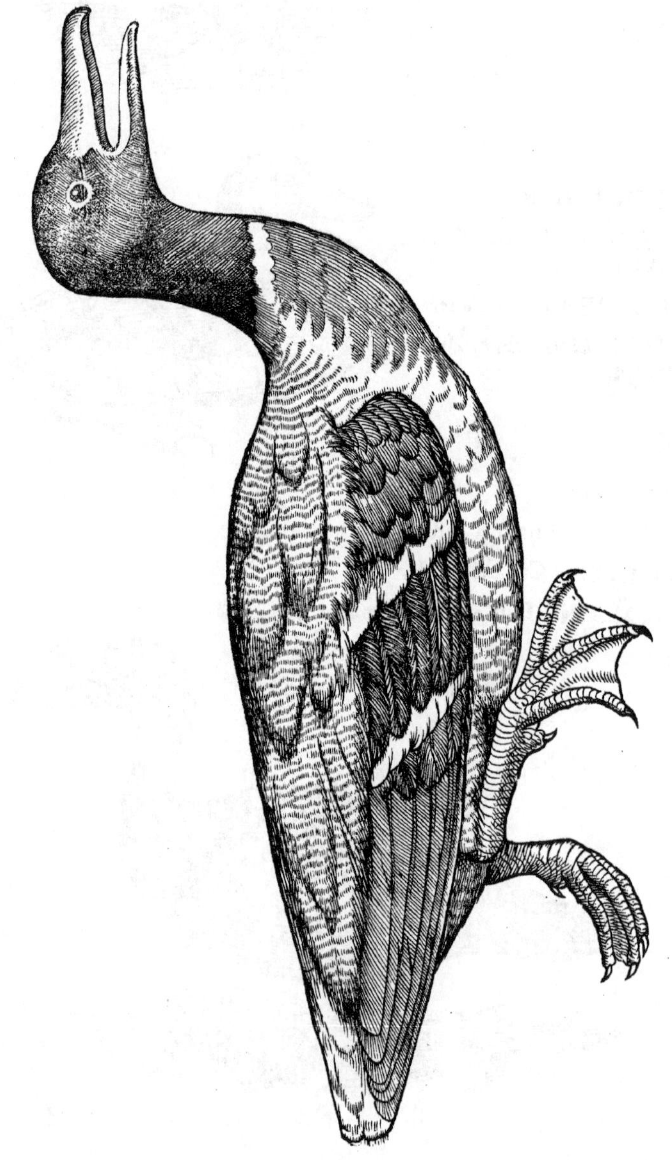

Anas fera torquata minor. Lege quæ cum antecedente ſcripſimus.

ITALICE Circa lacum Verbanum Ceſon, ni fallor. nam ali bi cygnum ſic appellant.

GERMAN. Retſchent/Blaſſent/Spiegelent/Wilde blaw eent/Hagent

Anas fera quædam marina, quam inter platyrhynchos, id eſt latiroſtras, in opere noſtro deſcripſimus. Huic cognata fortè eſt, quam Miſeni Caudacutam cognominant, ein Spitzſchwantz. longior enim acutiorq́ eius cauda uidetur, quàm pleriſq́ huius generis. Aliam quidē marinam Anatem Rondeletius pingit.

GERMAN. Ein ſeevogel/Ein meerent.

Anas fera fuſca uel media,id eſt mediæ magnitudinis. Penelops ueterum uidetur: quanquam Bellonius hanc aut ſimillimam; Glauciū ueterum facit: quæ à Gallis Morillon dicatur,libro 3.De auibus, cap.10. Deinde cap.18.aliam ei ſimilem eſſe dicit,capite ruffo,&c. quam Gallicè circunloquitur, Cane a la teſte rouſſe. Idem fortè Penelops ueterum eſt,ſimiliter puniceo uarioq́ collo,&c.

GERMAN. Wilde grawe ent/ Rothalß/ Mittelent.

LATINE Querquedula, per onomatopœiam. Græcis Boscas minor aut Phascas, sicut etiam Bellonio uidetur, (qui tamen Latinum eius nomē nullum posuit,) lib. 3. De auibus, cap. 21. Descripta ab eodem Anas parua, capite 07. eiusdem libri, rostro cæterisq́ partibus anatinis, sed capite cirrato, oculis fuluo colore splendidis: capite, collo toto, & anteriori pectoris parte nigris: linea per alas candida trāsuersa (unde à Gallis Cotee uocatur,) Querquedula cristata dici posse uidetur: uentre plumbei coloris. Colymbis quidem ea non est, ut ipse putat, cum rostro sit lato, quod Colymbidi Athenæus acutum tribuit. Quæ Anas Circia à Ge. Fabricio nominatur, Germanicè ein Birckilgen, à sono uocis: Querquedula fusca est. Quæ uerò circa Argentinam Kernell uocatur, à coloribus diuersis Querquedula uaria cognominetur.

ITALICE Cercedula, Cerceuolo, Scauolo, Garganello, Garganei, Sartella.

GALLICE Cercella, Cercerella, Sarcelle, Alebranda, Halebran, Garsote.

GERMAN. Kleine ent / Grawentle / Mürentle / Sorentle / Tröſſel / Socke / Krichentlein / Krigente / Kruckentle.

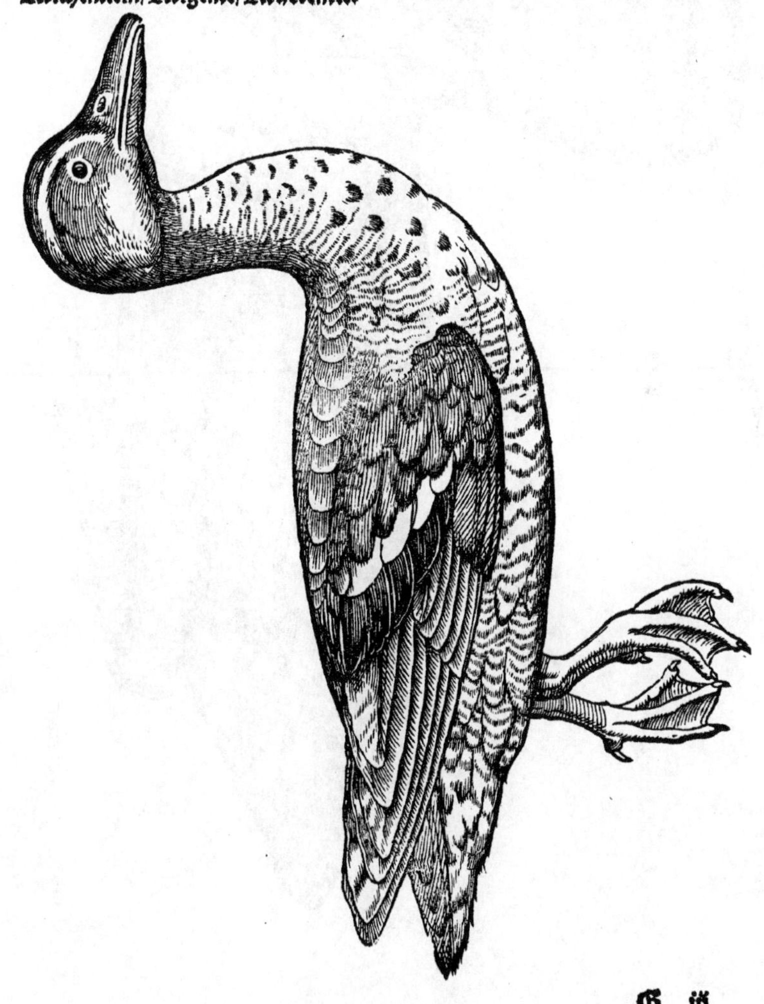

G iij

Anas muſcaria, ut noſtri uulgò uocant, quanquam & torquatam maiorem alibi muſcariam cognominari audio. Magnitudo ei & figura ferè quæ manſuetæ Anati. peculiare ei dentes utrinq; ſerrati, latiuſculi, & quodammodo membranacei, flexiles. Color plumarum per totum ferè corpus uarius eſt, ex nigricante, charopo, albo & muſtelino alicubi mixtus: qualis Perdicum ferè, hoc eſt, κεραμνοῦς. Huic congener uidetur Anas ſtrepera à Ge. Fabricio nominata, Miſenis, **ein Leiner**, à uocis ſtrepitu grauiore.

Anatis platyrhynchi, id eſt latiroſtræ ſpecies, quam noſtri **Schellent** appellant: uel à roſtri figura. roſtro enim genus crepitaculorum ex ære, quod ſchellas nuncupant, fermè refert. Vel potius quoniam inter uolandum alis ſuis ita perſtrepat, & crepitaculorum huiuſmodi ſonum repræſentet. Figura hæc roſtri latitudinem non ſatis exprimit.

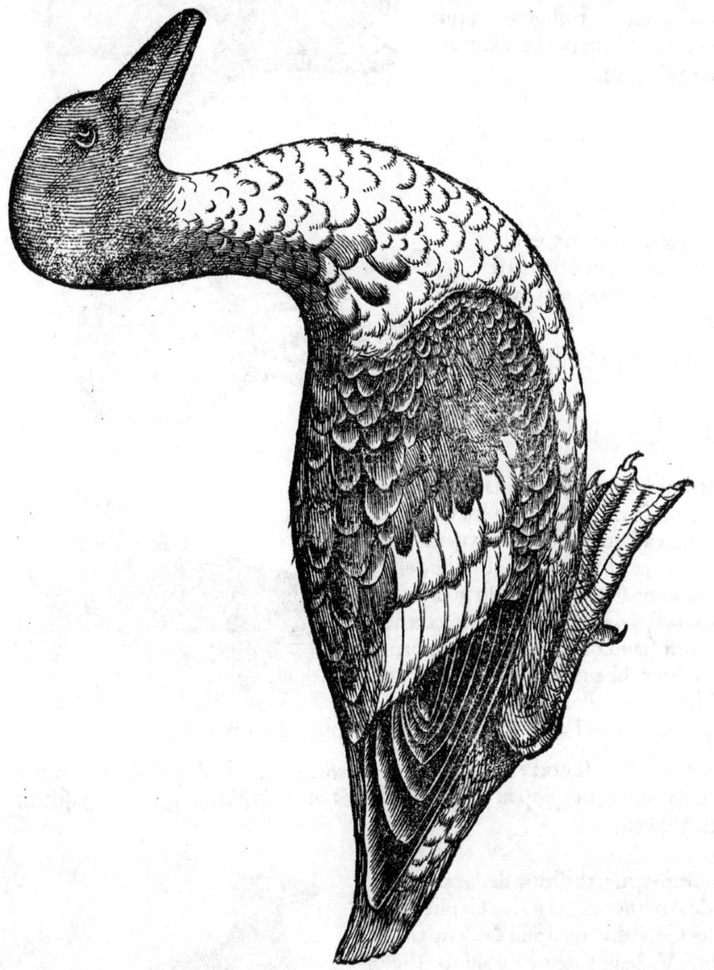

Caput Clangulæ. Sic autē hanc anatem appellare uoluit Ge. Fabricius, nam & Miſeni uocant **ein Klinger**/ab alarum clangore, quæ firmiſſimæ ſunt, nec ſine ſono in uolatu mouentur. Mihi uel eadem, uel omnino congener ſuperiori uidetur.

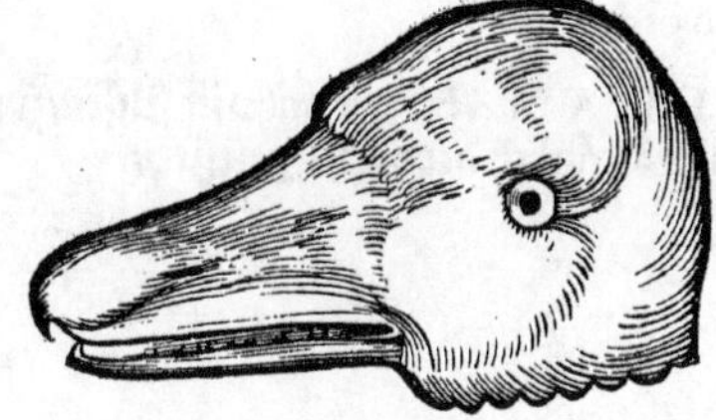

Caput Fuligulæ. Sic enim hanc quoque G. Fabricius nominat, à fuligineo totius corporis colore: unde & Germanicum nomen **ein Rüsgen.**

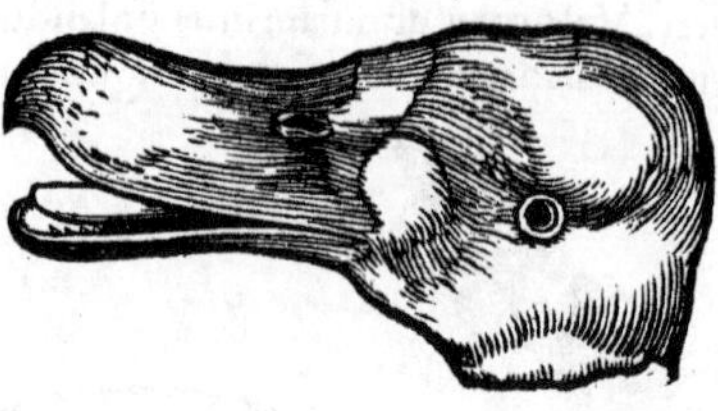

Caput Latirostræ maioris, ut idem Fabricius appellat, quòd rostrum ei duplo ferè (inquit) quàm cæteris latius sit.

GERMAN. **Ein breitschnabel.**

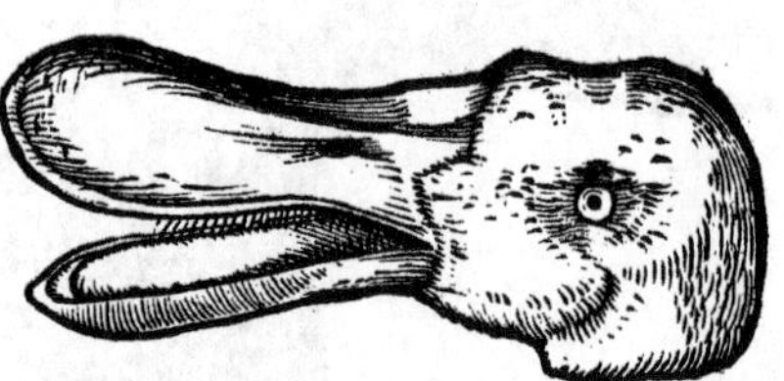

Puphinus uulgò ab Anglis dictus, auis marina, cuius iconem & descriptionem Io. Caius medicus Anglus ad nos misit, anatis paruæ magnitudine. Vox illi naturalis, Pupin, est: à qua Pupinus melius diceretur. In piscis usu est, apud Anglos, uel in solenni ieiunio: carne & gustu Phocæ haud dissimilis. gregalis, carne, si domi nutriatur, libentius quàm pisce uescitur, &c. Hanc priùs adhuc incognitam, ficto Picæ marinæ nomine in Paralipomenis Historiæ auium descripsimus.

GERMAN. **Ein sundere gattung der Meerenten/ wirt in Engelland ein Puffin genant/ vnd ouch in der Fasten für fisch geässen: mag ein Fischuogel oder Fischent geheissen werden.**

Anas quadrupes, cuius historiam dedimus in Volumine de Auibus pagina 117. in Capite de anatibus quas Ge. Fabricius apud Misenos nobis descripsit. Videtur autem à Puphino Anglorum proximè exhibito nihil ferè differre, nisi numero pedum.

GERMAN. **Ein ent mit vier füssen/ sunst in allwäg änlich der nächstgesetzten.**

LATINE Cygnus, Cycnus, Olor.

ITALICE Cino, Cigno, Ceſano.

GALLICE Cyne uel Cygne.

GERMAN. Schwan/Oelb/Elbs.

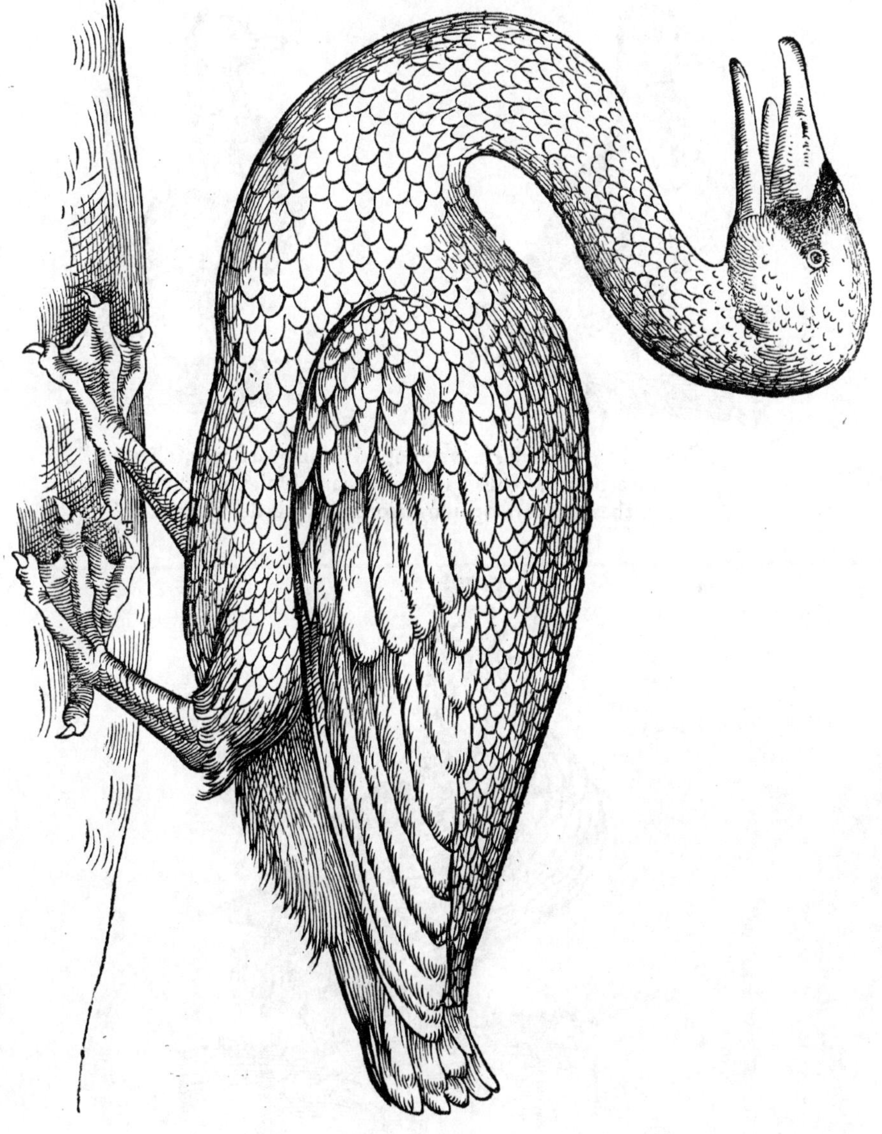

Anſeres marini, quos Scoti Clakis appellant, quæ ex putreſcentibus in mari lignis naſci creduntur. Recentiores quidam Brantas & Bernicłas appellant, ut Albertus & alij. In nonnullis codicibus ſcribuntur etiam Barliatæ, Bernecæ & Barbates, corruptis (ut conijcio) uocabulis.

Capercalze, id eſt ſylueſtres equi appellati uulgò à Scotis, ſolius pinus arboris extremis flagellis uictitant, Hector Boëthius. Aiunt has aues coruis paulò maiores eſſe, ac in delicijs haberi.

Guſtarda auis uulgò apud Scotos dicta, ni fallor, à tarda uel biſtarda, id eſt otide, longè diuerſa.

Anſer Baſſanus uel Scoticus, auis marina.

SCOTICE uulgò à Solendguſe.

GERMAN. dici poteſt Solendganß/ oder Schottenganß.

Coruus aquaticus (aut Graculus palmipes) Aristotelis fortè, nisi is idem cum Phalacrocorace est. Carbo aquaticus Alberto, & Mergus magnus niger. Bellonius Phalacrocoracem aliter pingit: rostro penitus recto, non unco parte extrema. Aristoteles Coruum aquaticum solum palmipedum in arboribus consistere & nidulari scribit. Bellonius præter Phalacrocoracem, etiam Mergi speciem (quam Galli Fibrum nominent) in genere Palmipedum id facere tradit. Facit hoc quidem & hîc exhibita auis, ut hoc quoq; nomine (sicut & magnitudine, coloreq;) Phalacrocoraci cognata uideatur: & Anseris genus ferum (ni fallor) quod arboreum Germani cognominant, quanuis non unam speciem, sed alijs in locis aliam.

GERMAN. **Scharb/Nezescharb.**

F. *Merganser, Mergus anseri magnitudine figuraq́; similis. Cognatus omnino huic uidetur Mergus ille quem Bellonius describit uulgari Gallico nomine, Herle uel Harle, ad Ligerim fluuiũ usitato. sed is Ansere fero minor est. Specie (inquit ipse) Anatem magis quàm Anserem refert. Circa collum & in uentre pomi Nerantij colorem habet. Plumæ supra collum & capitis nigræ sunt. alæ prorsus albæ forent, nisi partes illæ quas diminutiuo nomine Galli allerons uocant nigricarent. Rostrum longum digitos tres, in hoc ab anatino differt, quia teres est, & mucrone reflexo, colore subrubro, ut etiam crura & pedes. Idem Morillono (id est, Anati feræ fuscæ uel mediæ nostræ, aut maximè simili) in eodem Capite coniungit aliam ueluti affinem, quam Gallicè uocat un Tiers, quod tertia mediaq́; sit inter alias duas Anates, nempe cicurem & syluestrem illam quam Morillonum uocant. ego inter Anatem & Mergum, mediam facerem. huius enim rostrum habet, illius autem corpus feré, &c.*

ITALICE circa lacum Verbanum, Garganéy: Bellonius tamen Querquedulam nostram Mediolani sic uocari tradit.

GERMAN. Meerrach/Weltsche ent: & in Acronio lacu Seefluder/ni fallor.

Anſer arborum uulgò dictus Germanis circa Argentoratũ, Baumganß. Anſere paulò minor eſt, & in ſalicibus moratur infra ſupraq́ aquam.

F. Mergi longiroſtri minoris caput. Ipſe mediocri anate paulò minor eſt, corpore nigro præter alas, in quibus paucæ tantum pennæ candidæ & collum ſubrubrum, &c.

GERM. Langſchnabel/ *à roſtri longitudine:* Schluchtente/ *à gemitu uocis. Eſt & alius apud nos Mergus longiroſter maior, criſtatus & ipſe, ſimili roſtro, & ruffo capite: quem Bellonius quoniam* GALLICE *Bieure dicitur, id eſt, Caſtor, Latinè Fibrũ nominat, quoniam (inquit) ut Fiber quadrupes maxima pernicie in piſces graſſatur (Rondeletius Caſtorem corticibus ramisq́; arborum & folijs, & fructibus potiùs ueſci quàm piſcibus docet:) ita hæc auis in ſtagnis & piſcinis piſcium uoraciſsima eſt. Idem hunc Mergorum maximum facit, magnitudine mediocris Anſeris feri. nos præcedenti pagina ficto Merganſeris nomine, maiorem dedimus: hunc, Merganſerem minorem cognominabimus. Eiuſdem generis eſt quam Miſeni uocant,* ein Rogio, *Ge. Fabricius Anatem raucedulam: cui itidem caput criſtatum eſt, corpus & alæ cinereæ, &c.* GERM. Gann/ Ganner/ Merg/ Kleiner Meerrach: *quem ueterum Hipparion eſſe conijcio.*

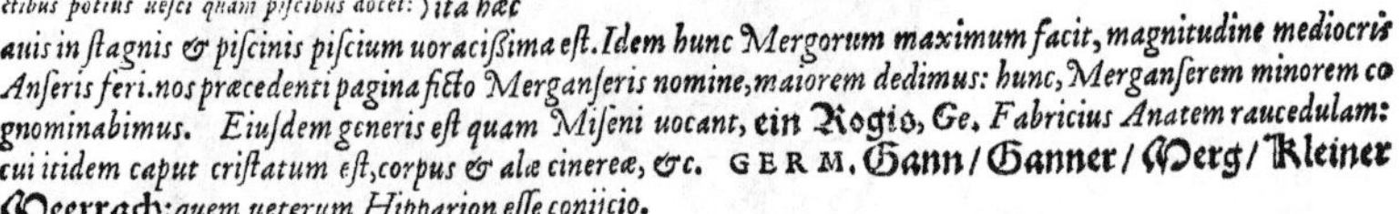

Caput anatis ſeu Mergi quē uulgò Miſeni muſtelarem appellant, Ein wiſelgen: quòd muſtelã ruffo capitis colore referat. Cognatus hic eſt ſuperiori.

GALL. Caſtagneux, ni fallor, à caſtaneæ colore. Noſtri eandem aut ſimillimam & eiuſdẽ omnino ſpeciei auem Yſentle/ hoc eſt anaticulam glacialem appellant. Ego hanc ipſam cum præcedente & ſequente, mergi uarij uel glacialis nomine cõmuni appello. nõ enim tam ſpecie, quàm cirrho capitis, coloribus & magnitudine differunt. omnium quidem corpus albo & nigro colore diſtinguitur. Kernella tantum uulgò Germanis dicta in hoc genere nõ ſimiliter ut cæteri his coloribus pingitur.

Mergus uarius maior, uulgò Mergus Rheni, & Monialis alba à colorum uarietate. Bellonius hanc ueterum Phalaridem esse suspicatur. mihi nõ uidetur. Constat quidem ex ueteribus Phalaridem palmipedem esse, circa lacus & amnes degere: & sparsis ad stagnorum fluminúmue margines frugibus, illaqueari. rostrum habere angustum, caput rotundius, uentrem & dorsum cinerei coloris. Cremonensis Kiranidæ interpres, Phalaridem interpretatur auem quę uulgò dicatur Alba frons, tota nigra, fronte tantùm alba. ea quidem ab Italis Folega quasi Fulica dicitur.

GALLICE Piette, quòd albo nigroq́ Picæ instar distinguatur ut plurimùm.

GERMAN. Rhynent/Nunn. Aliqui hanc quoq́, ut superiorem, Anatem glacialem nominant, Ysente. Eiusdẽ generis est mergus qui albus cognominatur uulgò, Ein wysse tuchent / magnitudine paulò inferior. caput collumq́ extra candidius habet, ac dorsum totum nigrũ. Idem Italis non procul Alpibus appellatur Morgon, Gyuen, Polono, Garganello. Sed postremum hoc nomen etiam aliis anatibus seu mergis tribuitur.

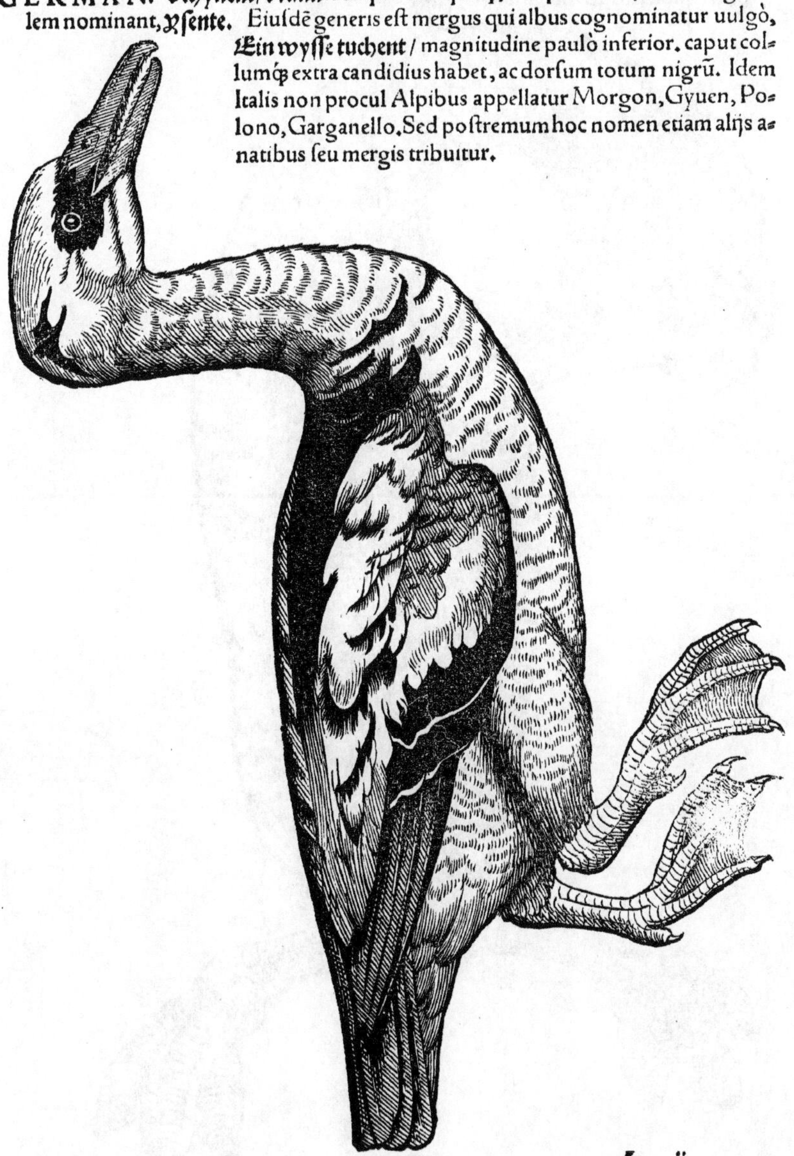

H ij

Colymbus maior. Vria uel Vrinatrix maior. (*Bellonius quoq; Vriam nominat, οὐρίαν, ex Athenæo.*) *Pygoſcelis maior. Species huius generis tres aut quatuor ſunt, quidam criſtas habent, quos mergos cornutos ex Seuero Sulpitio appellare licebit (quanquam & de mergis uarijs & longiroſtris ſupra dictis aliqui cirrhati cornutiue ſunt:) alij non habent. Magnitudine etiam differunt: & colore, & punctis. eſt enim genus unum, prona parte nigricans, candidis punctis uarium: membranis pedum integris, non diſſectis ut in reliquis huius generis. pondere ſex librarũ feré. Reliqua ſpecie, præcipuè roſtri & pedum, conueniunt. in lacubus degunt.*

ITALICE Sperga, lurár. SABAVDICE Loere, ni fallor.

GALLICE Grand Plongeon de riuiere.

GERMAN. Dúcchel / & Fluder / ni fallor, in Acronio lacu. Hollandis Arſevoet / quod nos ſcriberemus Arſfůß.

Colymbus minor, Colymbis. Vria uel Vrinatrix minor. Pygoſcelis minor. Mergulus. Bellonio Mergus minimus fluuiatilis: quanquam in mari etiam eum uiuere ſcribit.

ITALICE Trapazorola, Arzauola: & circa Lacum Verbanum Piombin, id eſt Plumbina, quod nomen aliĳ iſpidæ aui melius, ut puto, attribuunt.

GALLICE Petit Plongeon, Caſtagneux, Zoucet.

GERMAN. Düechelin/Hürchelin/Duchentlin/Rüche/Rüggele/ Tüchterlin/Pfurtzi/Käferentle/Arßfüß der klein/Mirgigeln quaſi Mergulus.

Eiuſdem genus alterum, aliquanto maius & nigrius. Mergulus niger.

GERMAN. Ein anders Düechele/Schwartz düechele.

H iij

Rallus hæc auis circa Venetias appellatur, palmipes, aquatica, & in delicijs habita. Ortygometra fortè Bellonij. Refert ferè fulicam nostrã corporis specie; sed in alis & circa oculos plus albi coloris habet, rostrum nigrum, crura subuiridia, membranas inter digitos non ita dissectas, caluitium nullum, quantum ex pictura assequor.

GERMAN. Ein Welsch wasserhůn.

LATINE Fulica. Pullus aquæ Alberto. Phalaris Kiranidæ. De Phalaride plura leges superius in Mergo uario, pagina 87. Quærendum an hic sit κολοιός, id est, Gracculus palmipes ille Aristotelis, quem circa Lydiam & Phrygiã reperiri scribit, (nimirum quia in illis regionibus plures & maiores sint lacus,) potius quàm Phalacrocorax Plinij, quẽ Aristoteles alio in loco Coruum (aquaticũ) nominare uidetur, & Ciconiæ magnitudinẽ ei tribuit, sed crura breuiora: Gracculis quidẽ ad summum Cornicis magnitudo tribui potest, quæ huic potius aui ꝗ̃ Phalacrocoraci conuenit.

ITALICE Folega. (sed audio Italos duplicẽ facere folegam. minorẽ, cuius hæc icon est: & maiorẽ, quã phalacrocoracẽ esse conijcio, & eundẽ apud Holãdos dici Meercoot uel Marcol. nec displicuerit si quis etiam fulicã nostrã, phalacrocoracem minorẽ appellet.) Polun, Pullon, alibi ei nomẽ à fronte alba, ut Kiranidę interpres scribit.

GALLICE Pulle d'eau, Foulque, Foucque, Foulcre. Diable Parisijs ab atro colore. Iodelle, Ioudarde, Belleque. Bellonius Gallus fulicam Italis dictam, gallinam aquaticã esse ait. GERM. Belch/Böllhinen/Belchinen/Florn/Pfaff/Bleß/Blessing/Wasserhün/Rotheüle/Zapp. Sunt qui Fulicã ueterum non hanc auem, sed Aristotelis Cepphum esse existiment, quemadmodũ etiam Gaza transtulit, præsertim cum marinas fulicas Vergilius dicat, nostra uero palustris seu lacustris tantũ sit. Quæ apud Misenos Wasserhün, id est gallina aquatica, nominatur, fulicæ nostræ per omnia similis est, nisi quod caluitiũ in fronte (seu maculam glabrã & albam) non habet, infra oculos uerò utrinꝗ alba macula in plumis rotunda apparet, si rectè pictura repræsentat.

Pelecânus, ut uulgò à pictoribus effingitur.

h iiij

LATINE Pelecanus, Platea uel Platalea, auis ad uiuum expressa. Bellonius Pelecanum uel Plateam auem, eandem Onocrotalo facit, (quod non laudamus:) hîc uerò depictam, Ardeolam candidam, uel Albardeolam nominat. Nos Ardeam albam, à cæteris Ardeis rostro non differentem, exhibebimus infrá.

ITALICE Becquarouegliá.

GALLICE Pale, Truble, Poche, Cueillier.

GERMAN. Löffler/Löffelganß/Lefler/Lepler.

F. Recuruiroſtra uocari poterit hæc auis, donec aliud aptius nomen inueniatur. Sola enim roſtrum neq; rectum habet, neq; deorſum flectit, ſed ſurſum.

ITALICE Auoſetta, Beccoſtorta, Beccoroëlla, Spinzago d' aqua.

GERMAN. Ein frembder waſſeruogel / wirdt ſelten by vns geſehen / aber offt in Italia: mag genennt werden ein Vberſchnabel / darumb daß er den ſchnabel überſich bügt.

LAT. Onocrotalus Græcis & Latinis, Truo apud Festum. Bellonius hanc auem eandem Pelecano uel Plateæ (aut Plataleę) facit: quod nos non probamus.

ITAL. Grotto, Agrotto, Grotto molinaro, Grotto marino, Ocello d'el ducha.

SABAVD. circa lacum Lemannum Gouttreuſe, id eſt, Gutturoſa. **GALLI** quidam, pręſertim Brabanti, Liuane uel Libane uocant.

GERM. Onuogel/ Meerganß. Quidã interpretatur Schneeganß/ neſcio quã rectè: nam noſtri tantũ anſeri fero cuidam paruo id nomẽ tribuũt. Poſſent etiam fingi nomina, Kropffelb / Eſelſchreyer/ Kropfgãß/ Sackganß.

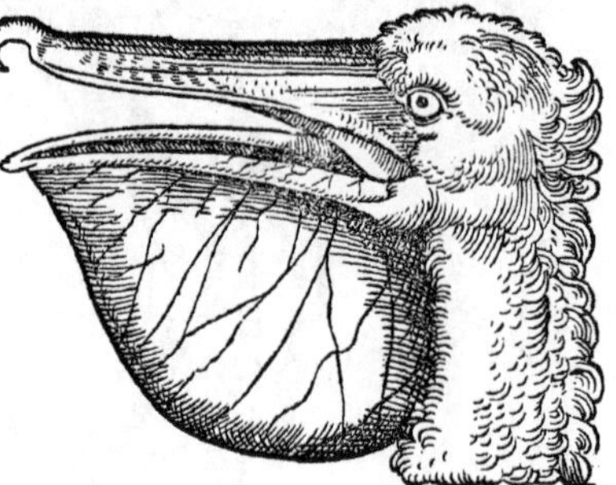

Onocrotali caput à pictore quodam olim nobis communicatum.

GERMAN. Deß Onuogels kopff.

Eiuſdem figura ex tabula Septentrionali Olai Magni, in qua quid malè expreſſum ſit præcedentium collatione intelligi poteſt.

GERMAN. Ein Onuogel / wie jn etlich malend / aber nit recht.

ORDINIS SEPTIMI PARS II. DE PALMIPEDIBVS quæ circa aquas uolitant, & piscibus magna ex parte uiuunt. Ex his quatuor priores laros uel gauias generali nomine appello: qui omnes circa dulces aquas degunt, maritimi enim adhuc nullius iconem habere potui.

LATINE Larus cinereus Aristoteli, Gauia cinerea, ut Bellonius etiam appellat. Larus tum cinereus tum albus (inquit ille) à mari ad loca mediterranea, dum amnes & lacus sequuntur, satis altè ascendunt. Albi species duæ sunt: Vna, maior, candida instar niuis, nisi quòd parum cinerei in alis habet: rostro & pedibus rubris, Altera minor, capite nigro.

ITALICE Galedor, Galetra, Gauina.

GALL. Gauian, Mouette cendree, Glaumet, Maulue. SABAVDIS Grebe uel Griaibe, Beque, Heyron. sed hoc postremum nomen ardeæ potius debetur.

GERMAN. Meb/Mew/Mieß/Alenbock/Holbrot/Holbrůder.

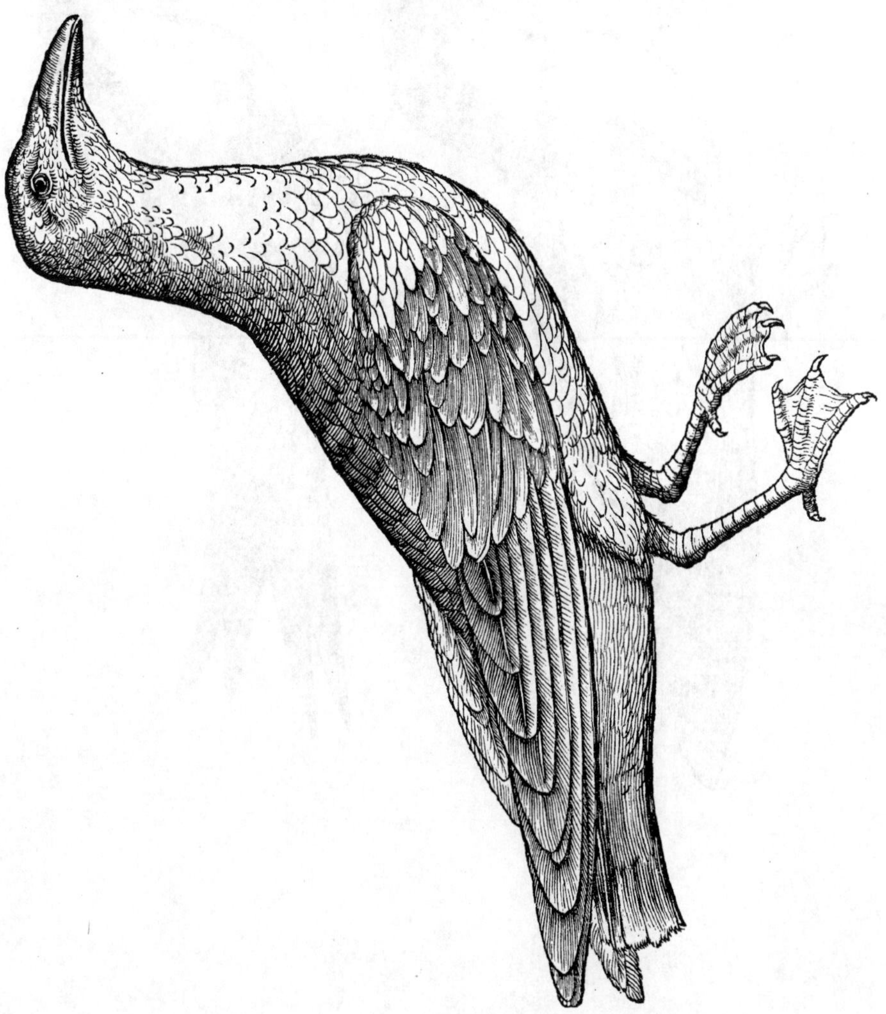

Larus minor, Sterna uel Stirna ut Britãni & Frisij nominãt. A marinis sola magnitudine & colore differt. Rostro & cruribus rubet: capite nigro, collo & pectore albo: dorso & alis cinereis.

GERMAN. Stirn/Spyrer/Schnirring.

Larus quem piscatorem cognomino, imitatione Germanici uocabuli circa Argentinam usitati. Caput nigrum est, rostrum pallidum: collũ anterius & pectus albent: dorsum cum alis cinereum est.

GERMAN. Fischerlin/Fel.

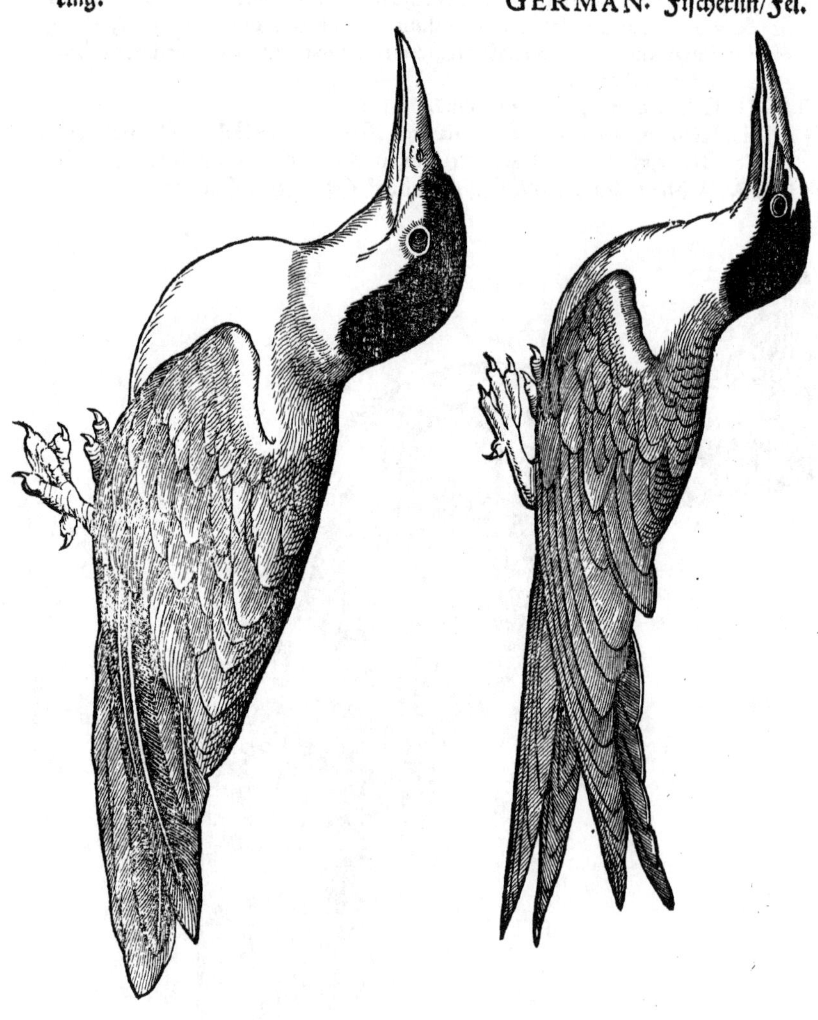

Larus niger, pleraeque enim eius partes nigrae sunt, (rostrum, caput, collum, pectus, &c.) alae tantum cinereae, crura leui rubore notantur. Albertus Fulicae & Mergi nigri appellatione non Fulicam nostram, sed Larum nigrum intelligere uidetur.

GERMAN. Meynögelin/Schwartzer mewb: & Brandvogel/ ni fallor, circa Gandauum.

ORDINIS VII. PARS III. DE AVIBVS NONNVLLIS quae circa aquas uolitare solent quanquam non palmipedes.

LAT. Hirundo syluestris uel riparia, Ripariola, Drepanis: ut à Bellonio etiã nominatur, qui tamen iconem nõ exhibuit.

GAL. dici potest Hirondelle de riuage.

GERM. Rynuögele / Rynschwalme/ Wasserschwalme/ Feelschwalm / überschwalbe: nõnusquam Spyr/ sed nostri apodem sic uocant.

LATINE Merops, Apiaster, Flôrus, (sed alia est Anthus Aristotelis quam Gaza Flôrum reddit.) Iconem hãc Bellonius nobis exhibuit, eiusdem (ut conijcio) uel parum diuersae auis ab illa quam subijciemus statim.

ITALICE Dardo, Gaulo, Ieuolo, Lupo de l'api (Italus quidam hoc nomine in Italia auem, rostro flauo esse mihi retulit: Bellonius suo nigrum tribuit) Picciferro : alicubi etiam Grallo, ut Niphus scribit: qui tamen alibi Galgulum quoque grallum interpretatur.

GALLICE dici posset Guespier, ab eo quòd apiculis & uespis uescatur, Bellonius,

GERMANICVM nomen fingere licebit, Jmbenwolff/ Jmbenfraß.

Lege quae cum sequente mox icone annotauimus.

J

F. *Merops alius, uel cognata auis, Hirundo marina, ut quidam Germanicè nominant. Iſpide noſtræ, quæ paulò pòſt ſequetur, cognata eſt auis. Merops (inquit Bellonius) Italis rarus, Gallis nullus. apiculis & ueſpis ueſcitur, quas ſequitur ad latera montium uolitando gregatim, ſicut & Græcè hodie uulgò in Creta, ubi frequens eſt, Meliſophago dicitur, Latine Apiaſter. Magnitudine eſt Merulæ, in cibum non uenit, ut nec Iſpida à quibuſdam dicta auis, cui perſimilis eſt, & ſimiliter terram excauat: plumis & coloribus tam eleganter ueſtitus quàm Pſittacus: pedibus etiam ſimiliter digitatis, ita ut digiti bini retrorſum, & totidem antrorſum tendant. Lingua ei longa & gracilis eſt. Roſtrum nigrum, oblongum, & falcis inſtar inflexum, quaſiq; triangulū. cauda prorſus cærulea, ultra alas extenſa. Crura breuia, ut ægrè ſuper terra conſiſtat, ut plurimùm uolans. Pars ſub roſtro & pectore pulchrè flaua eſt: & utrinq; linea nigra diſtinguitur. Magnitudo ei quæ Merulæ, quanta ferè hic pingitur. Hæc certè deſcriptio, eam ipſam auem, quam nos hic pinximus, eſſe arguit. digiti quidem pedum in ipſius etiam pictura ſimiliter ut hic collocati ſunt. Vox Meropi (inquit idem Bellonius) clara, & tam alta ut Orioli, ſimilis ferè ſibilo hominis, qui ore in rotundum aperto (lingua ad palatum reflexa) editur, ac ſi cantillaret Grulguruurul. Ab ea fortè Meropis nomen Græci ei fecerunt.*

GERMAN. Seeſchwalm/circa Argentinam, quanquam rariſſimè illic conſpicitur.

Capra uel Capella (Αἲξ) Aristotelis, ut Bellonius coniicit, quòd uocem instar Capræ ædere uideatur, eam ipsam scilicet qua nominatur Aex, Aex. Sunt qui Parcum Plinii esse putent. Plinius semel tantũ non Parci, ut quidã legunt, sed Parræ meminit, cornicula ei tribuens. Albertus & alii Vanellum nominant.

ITALICE Pauonzino, Paon, Paoncello, Paonchello: id est, Pauo, uel Pauunculus: sicut & à Græcis hodie Taos agrios, id est, Pauo syluestris. nam & cristata hæc auis est, ut Pauo: & collum, quà capiti iungitur, similiter gracile habet: & plumarum colores similiter uario pro diuerso ad lucem positu splendore ostendit.

GALLICE Vanneau, Papechieu: uel per onomatopœiam Dixhuit.

GERMAN. Gyfitz/Gyuitt/Gybytz/Kyuütz/Zweiel.

I ij

Iſpida apud recentiores. Italis Plumbina, quod plumbi & perpendiculi inſtar rectà deorſum, dum piſcibus inhiat, feratur. Galli quidã, Angli, & Italorum etiam multi piſcatorem appellant, uel ſimpliciter, uel Martinum piſcatorem, uel regium. Sunt qui Alcyonem fluuiatilem appellandam cenſeant: cuius ego olim ſententiæ author fui, ſed nihildum affirmo. Bellonius Alcyonem duplicem facit: unam, Iſpidam noſtram: quam áphonon, tanquam ex Ariſtotele, id eſt, mutam, (non ſimpliciter, ſed comparatione alterius,) uel maiorem cognominat: (cuius & ſpecies & natura ferè ad Meropem accedit, ut in Merope diximus: pedibus etiam ſimiliter breuibus, quare in terra non inſiſtit.) Alteram uerò minorem & uocalem nominat, quæ in locis paluſtribus omnium ſuauiſsimè cantillet: unde à quibuſdam Roſsignol de riuiere appelletur, id eſt, Luſcinia fluuiorum: quoniam & ſuauiſsimo cantu, eoq; dies ac noctes perpetuò, audientes oblectet. Scandit per arundines ita ut Picus per arbores. quanuis digitos pedum non ut Pici, ſed ut Merula & pleræq; aues habeat. Colore & cauda iyngen refert, magnitudine auem Proyerum à Gallis dictam, (Miliariam Latinè uocat Bellonius, & Alauda criſtata maiorem facit.) Roſtrum ei quodammodo ad Picæ Græcæ (id eſt, Lanij noſtri) roſtrum accedit. Videtur eſſe criſtata, quoniam capitis eius plumæ longiuſculæ ſunt. Crura & pedes mediocri longitudine, colore cinereo. Hanc, inquit, Galli uocant Rouſserole, nimirum à colore ruffo uel infumato: alij Roucherole, quoniam interdiu in carectis degat: ubi etiam nidificat ex paruis arundinum ſtipulis. Oua ut plurimum quinq; aut ſex parit. Hyeme non recedit. Hæc Bellonius. mihi quidem inter duas has aues cognatio nulla eſſe uidetur: & neutrius hiſtoria congruere cum Alcyone ueterum, multò minus autem poſterioris.

TALICE Plumbino, Vcello del paradiſo, Peſcatore, Peſcatore del re, Martino peſcatore, Vcello di ſanta Maria, Vitriolo à colore chalcanthi.

GALLICE Peſcheur, Martinet peſcheur, Tartarin per onomatopœiã. Artre quòd tineas abigere credatur eius ſceletos. Mounier, ni fallor, circa Lutetiam: & à nonnullis impropriè etiam Piuerd, id eſt picus: cui ſi Aquatilis differentiam addas, non erit ineptum nomen.

GERMAN. Yſuogel/Eiſuogel/Yſengart.

Digiti pedum, neq; in noſtra, nec in Bellonij pictura (quanquam uerbis ipſe probè deſcripſerit) probè expreſsi ſunt. habet enim illos peculiari quodam modo, ut nulla alia auis, &c.

ORDO OCTAVVS DE AVIBVS AQVATICIS illis quæ non in aquis, ſed circa aquas degere ſolent, & circuire potius quàm circumuolare. ſunt aũt fidipedes omnes, non palmipedes, & pleræq; cruribus longiuſculis. Et poſtremò de motacillis quibuſdam.

IN HOC ORDINE PRIMVM ILLAS PONAM, QVAS Generali uocabulo Gallinagines uel Gallinulas aquaticas appello, uel Trochilos aquaticos. ITAL. Giarioli, Girardelli. GERM. Waſſerhũnle. Germanica quidem nomina ſingulis adiecta, circa Argentinam in uſu ſunt.

ARISTOTELES *Hiſtoriæ* 8.12. *ubi Ortygometram ſcribit* παραπλήσιον εἶναι τὴν μορφὴν τοῖς λιμναίοις: *hoc eſt, ſpecie ſimilẽ paluſtribus auibus: (& in Phyſiognomonicis,* τοὺς ὄρτυγας *(malim* ὄρνιθας*)* τῶν λιμναίων στενόποδας εἶναι: *hoc eſt, Aues paluſtres, pedibus anguſtis eſſe, digitis nimirum anguſtè coniunctis, & naturæ timidæ, unde homines etiam timidi eſſe conijciantur illi, quibus digiti pedum ſimiliter* συμπεφραγμένοι *fuerint:) de hoc genere auium proculdubio ſenſit. Gallicè Raſles omnes hæ aues dici poſſe uidentur, (& Italicè fortè Ralli.) differentia aliqua adiecta, Bellonius. Bellonius duas tantum huius formæ aues deſcribit & pingit: nempe Rallum nigrum Gallicè dictum, quem Ortygometram facit: & Rallum rubrum uel à geniſtis cognominatum: quam Perdicem ruſticam ſeu ruſticulam eſſe conijcit.*

F. Gallinula Serica dici hæc auis poterit, quòd color ater in ea holoserici instar splendeat. Quærendum an hęc sit Ortygometra Bellonij.

GERmanicũ etiã nomen similiter finxerim Samethünle.

F. Erythropus maior, à rubro colore crurũ. An hæc sit Erythropus cuius Aristophanes meminit, dubito. Minoris iconem requires inferius.

GERMAN. Rotbein.

J iij

F. Phæopus, à pedibus fuſcis.

GERMAN. Brachuogel. alia etiam auis maior Brachuogel uocatur, quam nos Arquatam maiorem uocauimus.

F. Phæopus alter, Arquata minor.

ITALICE Tarangolo.

GERMAN. Kägenuogel. sed Arquatam maiorem quoque (ni fallor) nõ desunt qui eodem nomine appellent.

F. Ochropus magnus, cruribus pallidis. Medij minorisq́ icones sequentur inferius.

GERMAN. Schmitring.

J iiij

F. Poliopus, à cruribus incanis.
GERMAN. Deffyt.

F. Glottis, fortè Aristotelis Glottidi congener. quam Gaza Lingulacam interpretatur. Ea linguam exerit prælongam, & ducem se præbet abeuntibus Coturnicibus, sicut & Ortygometra, &c. non plus tamen uno die pergit, &c. Elaphis Oppiani pennas in dorso ceruinæ pelli colore similes habet: & lingua longissima in aquam protensa, sensim ad fauces deceptum aliquem piscem attrahit: Ardeolarum generis potius quàm Gallinularum fuerit. hæ enim (opinor) piscibus non uescuntur.

GERMAN. Glutt.

F. Rhodopus, à roſeo colore crurum.

GERMAN. Steingällyl.

F. Hypoleucos, à colore partium ſupin (colli, pectoris, uentris,) qui purè candi & abſq; maculis eſt: reliquũ corpus fu crura quoq; fuſca cũ modico colore ru Roſtrum nigrum, modicè flexũ anteriu

GERMAN. Fyſterlin.

F. Melampus, cruribus nigris.

GERMAN. Rotknillis.

F. Ochropus medius, cruribus pallidis. Minoris icon sequetur, magni præcessit.

GERMAN. Mattknillis.

F. Erythra, à colore rubro. Totū enim ferè corpus ei rubicundum est. Venter quidem albicat, sed rubro colore suffunditur. crura leucophæa sunt. Obscurior hic rubor in dorso est, & maculis nigris interceptus: clarior in alarum aliquot pennis: in quibus longissimæ ad rubricæ fabrilis colorem accedunt. Rostrū nigricat non absq; rubore, breuius q̃ plerisq; in hoc genere.

GERMAN. **Mattkern.** Audio ab alijs etiam **Rynuogel**/hoc est auem Rheni appellari paruam quādam in gallinularū genere, colore uariā, subfuscā, & alio nomine **Mattkern** dici.

F. Ochra, à totius ferè corporis colore subuiridi, sed sordido & obscuro: prona parte magis fusco. Caput, collum, pectus & alæ, punctis & maculis cādidis insigniuntur. cauda aliqua ex parte albicat. Rostrum partim nigricat, partim puniceum est. Crura, ut in Ochropodum genere, lutea.

GERMAN. **Wynkernnell.**

F. Erythropus minor. Maioris iconem superius habes.

GERMANICE Koppriegerle.

F. Ochropus minor, cruribus pallidis. Magni & medij icones præcedunt.

GERMANICE Riegerle.

K

LATINE Rusticula uel Perdix rustica maior. Aristoteli Ascolopas: uel ut alibi melius legitur, Scolopax, ut Herodianus etiã habet. Gallinago, ut Gaza transfert. Auicæca Gallis quibusdam hodie ficto nomine, quoniam panthero retis genere tam facile capiatur, ut aliqui auem cæcam esse existimarint. GRAECIS hodie Xylorintha. Alia est Gallina rustica, ut Bellonius docet, quã nostri à corylis denominant: quæ tamen Perdicum potius generi, quàm Gallinarum cognata uidetur, & syluatica quædam aut montana Perdix esse.

ITALICE Gallina arcera, Arcia, Pola, Gallinaza, Gallinella, Beccassa.

GALLICE Becasse (alij c. geminant, Beccasse,) ac si rostricem Latine dicas, Becasse grande, Bequasse: alijs Videcocq, uel Vitcoc, ab Anglico nomine Wodcoc. quod Gallum syluestrem sonat.

GERMAN. Schnepf/Schnepfhün/Rietschnepf/Grosser schnepf. Flandris Sneppe. Brabantis Neppe.

Versus Nemesiani.

Cum nemus omne suo uiridi spoliatur honore,
Fultus equi niueis syluas pete protinus altas
Exuuijs. præda est facilis & amœna scalopax.
Corpore non Paphijs auibus maiore uidebis,
Illa sub aggeribus primis, qua proluit humor,
Pascitur, exiguos sectans obsonia uermes.
At non illa oculis, quibus est obtusior, etsi
Sint nimium grandes, sed acutis naribus instat,
Impresso in terram rostri mucrone sequaces
Vermiculos trahit, & uili dat præmia gulæ.

Martialis distichon, sub lemmate Rusticulæ.

Rustica sum perdix. Quid refert, si sapor idem est?
Carior est perdix, sic sapit illa magis.

Alia est quæ simpliciter Rusticula dicitur, uel Rusticula palustris maior, cuius icon præcedit: alia uerò Rusticula syluatica, cuius hæc figura est, syluatica potius quàm palustris: unde & à Germanis uocatur Waldschnepf/ Holtzschnepf: maior superiore, cum Gallinam ferè æquet: & colore simili quidem, sed saturatiore, cruribus cinereis, uentre albicante, rostro minus longo, ut pictura ostendit, quam ab Argentoratensi aucupe eodemq; pictore accepi.

K ij

LATINE Gallinago uel Scolopax minor, siue Rusticula minor. Bellonius Ascolopacion etiam appellat, ficto nomine diminutiuo ab Ascolopace.

ITALICE Piczardella.

GALLICE Becasson, Becasse petite, Becassine, Becasseau. Vocantur & aliæ duæ auium aquaticarum species à Gallis eodem nomine Becassine. quarum prior ea uidetur esse, quæ à nobis Samethünle nominata est supra pagina 101. ipse Cinclum Aristotelis esse suspicatur. posterior Gallicis tantùm nominibus ab eo uocatur Becassine la plus petite, id est, Gallinago minima: et Deux pour un, quòd cum dimidio minor sit Gallinagine maiore, duæ huius generis precio unius maioris uæneant: & obscœniùs Fouton, nomine Oceani accolis usitato, quoniã caudã præ cæteris ferè auibus subinde agitet: unde Cinclum minorem appellare licebit: & Germanico nomine ein Halbschnepflin. Vtraq; à Bellonio describitur, sed non pingitur. Lege etiam infra in fine paginæ 123. in Motacillæ genere, &c.

GERM. Herrschnepf/Hårsneff/Harschnepf/Grasschnepf/Schnepflin.

Numenius ueterum, uel ei cognatus. Arquata maior, ut nos uocamus. Bellonius Elorium Aristotelis esse conijcit: & aliam quoq; eius speciem paulò minorem inueniri ait, quæ Gallicè petit Corlieu uel Barge uocetur, (& ab aliquibus ab hac maiore non discernatur:) uidetur autem ea esse, cuius icon proximè sequitur, rostro nõ arcuato, sed recto, &c.

ITALICE Arcase, Torquato, Charlot, Tarlino uel Terlino, Spinzago: uel, ut Bellonius habet, Caroli, Insubribus.

GALLICE Corlis, uel Corlieu per onomatopœiam.

GERM. Brachuogel/ Rägenuogel/ (nos suprà Arquatam minorem etiã ijsdem nominibus appellari diximus,) Wetteruogel/ Winduogel/ Grüy. Frisijs Schrye. Frisijs Orientalibus ein Wallop. Hollandis Hanikens. Anglis a Curlew uel a Whaupe.

A iij

Gallinulæ maritimæ genus, quod Venetijs uulgo Limosam uocant. Limosa & Totanus Venetijs dictæ aues, ut lac. Dalechampius medicus rerũ naturæ peritissimus ad me scripsit, non sunt Ardeolarum generis, (pisces enim minimè captant:) sed Gallinulis aquaticis potiùs adnumerandæ. Bellonius pro Calidri scitè depinxit. Galli Equites (Cheualiers) uocant, ob crurum longitudinem: earumq́ colore distinguunt alteram ab altera, eam cuius pedes rubent & crura, uocantes Cheualier aux piedz rouges: alteram cuius è uiridi pallent, Cheualier aux piedz uerds. Sic ille. Colorem quidem rostri & crurum in Calidri suo rubere ait Bellonius: & in altera eius specie utrobiq; nigrum esse. At in nostris, non idem est rostri qui crurum color, &c. Sed cum reliqua ferè congruant, color non poterit genus diuersum facere. cuius species etiam una uidetur quæ Barge Gallicè à Bellonio uocatur, Latinè Aegocephalus: quam imperiti quidam, ut proximè retrò monuimus, cum Arquata confundunt.

ITALICE Limosa Venetijs, Girardel ad lacum Verbanum, Leuersina circa Neapolim.

GALL. Cheualier. Vide in Latinis nominibus.

GERM. Ein meerhůn.

Gallinulæ maritimæ genus aliud, Venetis Totanus. Vide quæ cum præcedenti adnotauimus.

ITALICE Totano Venetijs, alibi Charlot: quod nomen potiûs ad Arquatam proximè dictam referendum est.

GALLICE Cheualier aux piedz rouges.

GERMANICE Ein ander meerhûn.

Falcata Latinè dici poteſt à roſtri figura. Ibidi cognata uidetur. Italis circa Ferrariam Falcinellus uulgò dicitur, ab aliјs Ardea nigra, ſed impropriè. nã ardearũ generi illæ tantũ aues collo & cruribus proceris adnumerãdæ uidentur, quibus roſtrum eſt longiuſculũ & directũ. Color etiam huic aui niger nõ eſt, ſed uiridis ferè, pro diuerſo ad lucẽ poſitu uarians, ut in Vannello.

ITALICE Falcinello, Ayron negro.

GERMAN. Ein Weltſcher vogel/ wirt offt vm̃ Ferrar gefangen/ mag geneñt werden Ein Sichler od Sägiſer/ võ der geſtalt ſines ſchnabels.

LATINE Ardea uel Ardeola pulla uel cinerea, Aristoteli pella.

ITALICE Airon, Anghiron, Garza.

GALLICE Heron gris ou cendre. Sabaudis Airon uel Heyron.

GERM. Reiger/Reigel/Ein grauwer oder blauwer(äschfarber)reigel/ Reiher/Rayer/Heerganß. Frisijs Karg. Flandris Riegher.

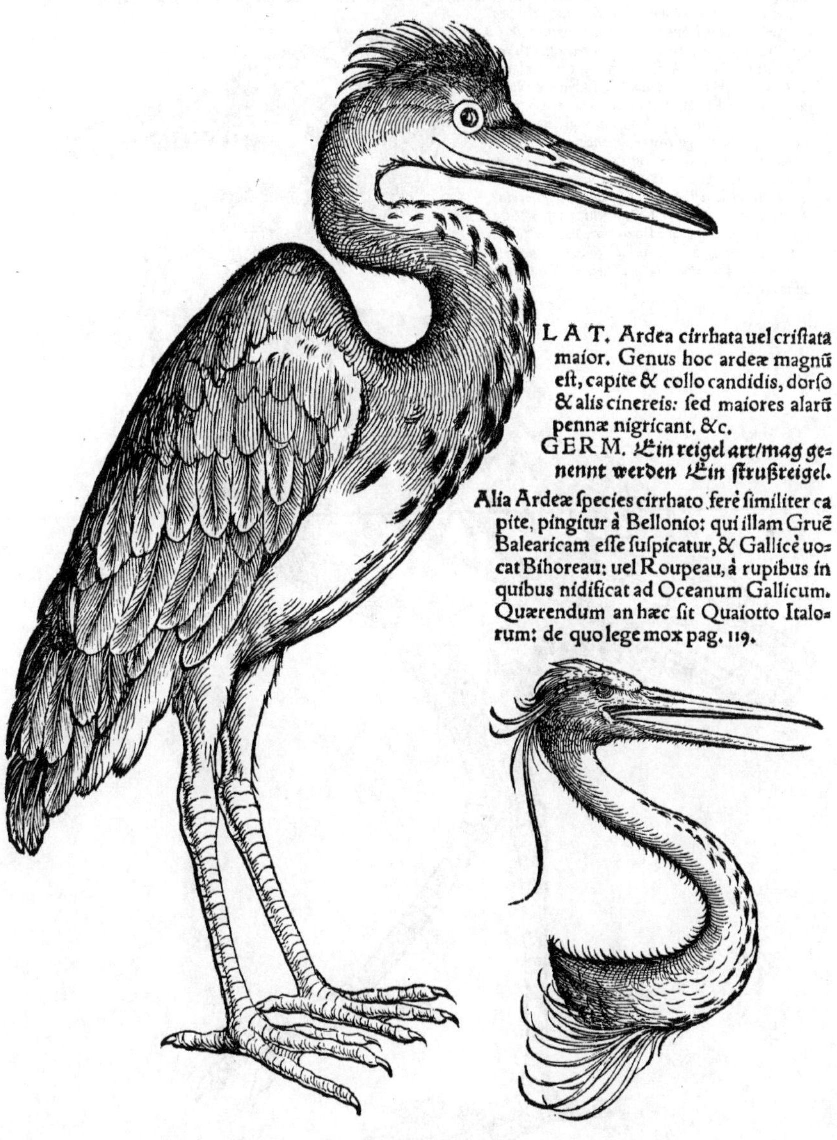

LAT. Ardea cirrhata uel cristata maior. Genus hoc ardeæ magnũ est, capite & collo candidis, dorso & alis cinereis: sed maiores alarũ pennæ nigricant, &c.

GERM. Ein reigel art/mag genennt werden Ein strußreigel.

Alia Ardeæ species cirrhato ferè similiter capite, pingitur à Bellonio: qui illam Gruẽ Balearicam esse suspicatur, & Gallicè uocat Bihoreau: uel Roupeau, à rupibus in quibus nidificat ad Oceanum Gallicum. Quærendum an hæc sit Quaiotto Italorum: de quo lege mox pag. 119.

LATINE Ardea alba, Albardeola. ITAL. Airon bianco, Garza biancha: alicubi Agroto, ut Bellonius putat. ſed hoc nomen Onocrotalo noſtro debetur, quem Itali corrupto ſcilicet antiquo nomine Onocrotali ſic uocitant.

GALLICE Heron blanc, Aigrette à uoce clara & magis ſonora quàm Ardeæ.

GERMANICE Wyſſer reigel.

IN Italia Ardeam albam duplicem obſeruaui, unam fuſca ſeu cinerea maiorem, Itali Girono uocitant: alteram minorem, quæ iiſdem Garzetto uel Garietto, uel Gargea nominatur. hæc etiam cirrho ſeu criſta uerticis aliquando inſignis reperitur. Bellonius Pelecanum noſtrum, uel Plataleam, quã dedimus ſuprà pag. 92. Ardeolam candidam facit, quoniam Ariſtot. libro 8 cap. 3. roſtrum latum porrectúmq; ei tribuit: eam uerò quam hic exhibemus Ardearum quoq; generi adnumerans, eam eſſe ſuſpicatur, quam Gaza Albiculam nominauerit ex Ariſtotele, alio nimirum uſus codice quàm Aldus & alij quidam, in quibus Græcè nullũ nomen Albiculæ reſpondet Ego Ardeæ albæ nomen commune fecerim ad ſpecies tres, quarũ una alio nomine Platea uel Pelecanus dicatur: altera quæ pullæ uel cinereæ æqualis aut etiã maior eſt, generis tantùm nomine uocetur, Ardea alba: de qua ſcribit Bellonius lib. 3. cap. 3. Hiſtoriæ auium, nec pingit: quòd ſolo colore, ut inquit, à pulla differat tertia minor, quam hîc exhibemus, quæ rectè Ardeola alba uocabitur: quamuis ueteres nõ ita exactè diſtinxerint.

LATINE Ardea ſtellaris maior. Hoc genus compoſitum uidetur ex ardea fuſca & ſtellari minore, quæ propriè ueterũ ſtellaris uidetur. Elaphis Oppiani fortè, aut cognata. Vide quæ ſcripſimus ſupra inter Gallinulas aquaticas, pagina 105.

ITALICE Ruſſey, circa lacum Verbanum, fortè à colore ruffo colli & uentris.

GERMANICE. Groſſer roꝛreigel.

Cognata huic & ſimilis eſt ardea Quaiotto dicta circa Adriaticum mare, iride oculorũ ſimiliter flaua: quæ cum ad ætatem peruenit cirrhos à capite retro oblongos tendit, albos, in extremitate nigros, &c. Vide caput Ardeę cirrhatum ſuperius pagina 117.

LATINE Ardea ſtellaris Plinio & Ariſtoteli, quòd punctis tanquam ſtellis eleganter picta diſtinctaq; ſit. Vocatur & Ocnus. Bellonius eandem Taurum à Plinio dictam eſſe conijcit. Butorius uel Botaurus (quaſi Bos taurus) recentioribus à mugitu quem ædit roſtro in terram paluſtrem inſerto, uel inter harundines.

ITAL. Trumbono, Tarabuſſo, Terrabuſa, Aigeron. **GALL.** Boutor. Armoricis Galerand. **GERM.** Vrrind/Meerrind/Moſkũ/Moſochs/Rortrum̃/Rordump/Rordumpf/Rordum̃el/Rorreigel/Moſreigel/Lorrind/Waſſerochs/Mor/Dompshorn/Erdbüll/Hortybel/Pickart/Fauſer. Friſijs Reidommel/Roſdam. Sunt qui Gallico nomine corrupto Pittouer appellent.

LATINE Ciconia, Ibis alba Herodoto, ut Bellonius suspicatur. Vide supra Ordine III. in Ibide.

ITALICE Cigogna, Zigognia.

GALLICE Cigogne.

GERMANICE Storck/ Storch. Saxonibus Ebeher. Rostochij & alibi Adebar uel Odeboer. Flandris Houare.

L

Ciconia nigra, cuius ueterum nemo meminit præter Albertum Magnum. Genus ciconiæ (inquit) dorſo omnino nigrum (ſi eminus uideas: ſin propius, in nigro ſubuiride apparebit, cum cœruleo & pauco purpureo mixtum, ut in Coruo ſyluatico & Vanello ferè,) uentre ſubalbum: quod non in locis habitatis ab hominibus, ſed in paludibus deſerti nidificat. Reperitur multis Heluetiæ locis deſertis & montanis.

GERMANICE Schwartzer ſtorck.

LAT. Cinclus, ut Turnero placet. Auicula (inquit) quam ego cinclũ eſſe puto, galerita paulò maior eſt, colore in tergo nigro, uentre albo, tibijs longis, & roſtro neutiquam breui. Vêre circa ripas fluminum ualde clamoſa eſt & querula. breues & crebros facit uolatus. Aliã auẽ Cinclum eſſe ſuſpicatur Bellonius, de qua ſcripſimus ſuprà in Gallinagine minore pag. 112.

GERM. Lyßklicker / circa Argentinam. alibi Steinbicker / & Steinbeyſſer. Noſtrates hoc poſtremo nomine Coccothrauſten noſtrum appellant.

F. Mer.

F. Merula aquatica uel riualis.

ITALICE Folor uel Folun d' aqua, Lerlichirollo, circa lacum Verbanum.

GERMAN. Wasseramsel / Bachamsel. Cæterum Eberus & Peucerus in Saxonia etiam palmipedem auem minimam in mergorum genere, quam Vrinatricem ueterum esse putant, Germanicè nominant Wasseramsel / & Schwartztücherlin / id est merulam aquaticam, & mergulum nigrum. Georgius Agricola merulam interpretarur Amsel & Sehamsel / marinam quoq; uel maritimam quandam merulam esse aut dici insinuans.

Motacillæ genus, fortè Tryngas Aristotelis, aut Schœniclus, id est iūco, ut Gaza uertit.

GERM. in Misnia Pilwenckgen / uel Pilwegichen / nomine composito à sono uocis, et ab agitatiōe caudæ. uel Pilente / à quadā similitudine cū anate. quanq; palmipes nō est, & rostrū longū, (molle et colore cinereū) ac alta crura habet. Eius duo genera sunt, maius & minus. Minus est cuius picturam damus, magnitudine merulæ, tergum ei cinereum, uenter albus. alæ & cauda superiore parte cinereæ, inferiore cum albo distinctę.

Quærendū an aliqua Gallinaginis minoris aquaticæ species Bellonij, (de quibus suprà scripsimus pag. 112.) cū harum alterutro genere conueniat.

L ij

Motacilla quam noſtri albam cognominant. Albicula uel Albicilla uno nomine uocari poterit. Legitur quidē Albiculæ nomen inter aues caudam motitantes in Gazæ tranſlatione ex Ariſtotele, ſed quod ei reſpondeat nomen Græcum nullum reperio. Bellonius in Hiſtoria auium hanc auiculam non ſolùm Motacillam, ſed & Culicilegam (Cnipologon) Ariſtotelis nominat, cognomento cineream, ut à ſequente diſtinguat: addit & Suſuradam uocari, nec exprimit qua dialecto. in Singularibus Obſeruationibus à Græcis uulgò Culicilegam non hanc, ſed ſequentem ſic nominari ſcribit. Eſt & altera Motacillæ huius cinereæ ſpecies minor, eodem teſte.

ITALICE Balarina, & circa lacum Verbanum Geron.

GALLICE Lauandiere, quòd circa aquas iuxta mulierés lotrices uerſetur, uel quòd ſimiliter ut illæ podicē aſsiduè agitet. Enguane paſtre, circa Monſpeſſulū, niſi id nomen ſequenti potiùs debeatur. Sabaudis Colapa.

GERMAN. Wyſſe oder grauwe waſſerſteltz oder bachſteltz/ Quickſtertz/Wegeſtertz: alicubi Kloſterfreuwle/ id eſt Monialis, ab albi & nigri colorum diſtinctione.

Motacilla flaua, quā aliqui Florum eſſe putant. Huic quoq; nomina conueniunt quęcunq; ſuperiori, flauæ tantum differentia adiecta. Sed habet etiam peculiaria ſua nomina. Bellonius hanc Culicilegam (Ariſtotelis) alteram nominat, ſuperiorem diſtinguendi cauſa cineream cognominans.

ITALICE Cotremula.

GALLICE Bergerette, uel Bergeronnette iaulne, ut Bellonius ſcribit: quod paſtorum inſtar pecora frequentet. Battequeue, Batteleſſiſue, Battemara. Sabaudis Auſſecue uel Hauſſequeue.

GERMANICE Gälbe waſſerſteltz.

Charadrius, ni fallor, Aristotelis hæc auis est: Gaza Latinè hiaticolam dici posse scribit, quod circa fluminum alueos & riuorum charadras, siue hiatus riparum uersari soleat. Alibi Rupex ab eodem transfertur. Alia eius nomina nescio: nisi ITALICE Coruz: & GERMANICE alicubi **Triel** uel **Griel** nominetur, ut quidam nobis retulerunt.

PORPHYRIONIS ET HORTVLANAE PICTVRAS SERO *nacti sumus, quare extra suos Ordines positæ sunt. Hæc ad Ordinem sextũ post Alaudam referri poterit, ille ad Ordinem tertium post Gruem.*

Porphyrion HISPANICE Telamon.

GERMAN. Ein frembder vogel / möchte in Tütsch genennt werden ein Purpurvogel: darumb daß er die füß vnd schnabel purpurfarb oder rotlacht hat / die fädern am̃ gantzen lyb sind blauw.

Hortulana, ut circa Bononiam uulgò uocatur. Fortè Miliaria ueterum.

ITALICE Ortolano. GER. Ein frömbder vogel/in Italia gemein vmb Bononi: mag in Tütsch genent werden ein Weltscher gilbling.

AVIVM ORDINES OCTO fecimus: qui sunt,

PRIMVS, De auibus rapacibus carniuoris diurnis.

II. De rapacibus carniuoris nocturnis.

III. De cæteris auibus aëreis seu uolacibus, quæ rapaces non sunt: & primũ de maioribus, deinde de reliquis mediæ magnitudinis. Minores ad ordinem quartum differuntur.

IIII. De generis eiusdem auibus minoribus (siue auiculis,) frugiuoris primum, dein uermiuoris.

V. De terrestribus seu de humiuolis auibus, quæ pulueratrices sunt: & primũ de mansuetis, quibus etiam columbas adnumeraui ex sententia Aristotelis, etsi Gybertus Longolius columbas inter aues puluera trices rectè numerari non putat.

VI. De pulueratricibus feris seu syluestribus, maioribus primũ, quæ ferè gallinacei generis sunt: deinde minoribus.

VII. De auibus aquaticis Palmipedibus: quæ uel in aquis natant, ut Anatum & Mergorum genera: uel circa aquas uolitant, ut Lari & aliæ quædam. His adduntur etiam non palmipedes, sed circa aquas uolare solitæ, ut ripariæ.

VIII. De auibus aquaticis illis, quæ non in aquis, sed circa aquas degere solent, & circuire potius quàm circumuolare: ut cum aliæ quædam, tũ gallinulæ aquaticæ uel trochili aquatici à nobis in genere dicti. sunt autem fidipedes omnes, non palmipedes, & plerêq; cruribus longiusculis. Postremo de motacillis quibusdam.

FINIS.

L iiij

CL. V. IOHANNI PARKHVRSTO.

ECCLESIAE CLIVIENSIS IN ANGLIA

ANTISTITI, DOCTRINA ET PIETATE INSIGNI,

Conradus Gesnerus Tigurinus S. D.

SVauissima illa recordatio raræ benignitatis et iucundissimæ comitatis tuæ, aliarumq; uirtutū ac eruditionis eximiæ, (quibus mihi etiam inter cæteros qui hîc sunt eruditos postremo, dū in clarissimi theologi Rod. Gualtheri ædibus per años quatuor & amplius, affatim frui licuit,) vt sæpissime in animū mihi subit, ornatissime Parkhurste, ita mirificū tui desideriū subinde excitat. Atque hoc ipsum est, quod nunc te, quanuis tanto terræ marisq; interuallo remotum, ac dulcissimæ patriæ Dei gratia restitutum, aliquo munusculo vt salutem, & memorem tui futurum perpetuò animum declarem, inuitat simul ac impellit. Accipe igitur lætissima illa candidissimaq; fronte, (qua uiros bonos & amicos tuos exhilarare soles: quam ne exilium quidē illud, quod Verbi Dei gratia fortissimè tandiu sustinuisti, tibi excussit,) hanc de aliquot Auibus quantulamcunq; Accessionem, argumentum doctrina & præstantia tua longè inferius, non iniucundum tamen spero tibi futurum. memini enim te aliquid nostris aliquando siue Musis siue nugis tribuisse. Quod si authoritate tua effeceris, vt viri aliqui docti apud vos, illarum auium quæ in Anglia reperiūtur vltra eas quas hîc exhibui, effigies mihi communicent, librum hunc aliâs ijs ipsis iconibus, & alijs forte (si quas aliunde interim nanciscar) Domino Opt. Max. vitam largiēte, augendum curabo. Hoc autem fœlicissimè omnium præstare mihi poterit Gulielmus Turnerus vester, vir multijuga eruditione insignis: qui primus ferè nostro seculo (ceu Phœnix quidam è cineribus eruditæ antiquitatis enatus) Auium historiam suis scriptis magna cū laude illustrauit. Poterit & Io. Caius, medicus ille & philosophus summus: à quo imagines tū Auium tum aliarū animantium, vnà cum descriptionibus accuratè ab eo perscriptis, hactenus permultas accepi. sed neq; Io. Falconerus, vt spero, theologus simul & medicus præclarus, mihi deerit. His Angliæ vestræ ornamētis vt me meaq; studia etiam atq; etiam commendes, vehementer te rogo. Sic enim fiet vt Bellonio Lutetiæ apud Gallos, Benedicto Textore Geneuæ inter Sabaudos, Gesnero autem tuo in Heluetijs, Auium historiam excolentibus, Dei architecti & creatoris omniū bonitas ac sapientia immēsa, in hac tāta varietate naturæ, hoc in genere vel maximè vocaliusq; se exerentis, plenissimè cognoscatur. Nec est quòd aliquis metuat vel obijciat, multis & magnis libris ingenia obrui. quò studiosius enim hæc inquiruntur, eò magis subinde, & nomina singulis conuenientia, et naturæ deprehenduntur: vnde fiet, vt exoriatur proculdubio breui aliquis, qui nostris hisce præuijs laboribus adiutus, veriora vtilioraq; quàm breuissimè omnia complectatur: ad quod efficiendum ego viam & aditū alijs sternere ac præparare, quoad vixero, non desinam. vtinam verò hoc breui ac bonis auibus aliquis perficiat. VALE vir clarissime, cum vxore honestissima & amicis omnibus. Saluere cupio apud vos, præcipuos doctrina, pietate authoritateq; viros, dominos mihi honorandos, Robertum Horn, Io. Iuellum, Thomam Samsonum, Iacobum Pilkintonum, Richardum Chambers, Thomam Leauer, Thomam Spenserum, Laurentium Humphrydum: & quos iam prius nominaui: & insuper alios pios ac eruditos viros, qui me nouerunt aliquando. nomina enim singulorū iam non occurrunt. Salutant te & illos omnes ecclesiæ nostræ antistites et ministri, imprimis Rod. Gualtherus hospes tuus, et Heinrychus Bullingerus cum tribus generis, Ludouico Lauatero, Huldrico Zuinglio, et Iosia Simlero: itē Petrus Martyr, Io. Vuolphius, Io. Frisius, & alij viri boni. Iterum Vale. Tiguri, quinto Kal. Martias, Año salutis M. D. LX.

AD LECTOREM.

HACTENVS, benigne Lector, Auium Eicones prius etiam editas, dedimus: nomenclaturas tamen aliquot addidimus aut emendauimus, (ex collatione præſertim noſtrarum Iconum cũ ijs quas Bellonius in Gallica ſua Auium hiſtoria dedit, quantum per anguſtiam temporis licuit,) & alicubi breuiſsimas deſcriptiones, ne nimium chartæ uacaret. Deinceps aliquot nouas non editas hactenus à nobis aut alijs, per amicos nacti, ſubijciemus: & deſcriptiones quibuſdam addemus uberiores paulò, quod eæ in uolumine Auium hiſtoriæ non reperiantur.

AD ORDINEM I. DE AVIBVS rapacibus carniuoris, diurnis.

HALIAEETVS, *id eſt, Aquila marina: quæ plurimum damni adfert ſua piſcium uoracitate, in aquis marinis præſertim. Eſt genus Aquilæ paruum, inquit Albertus, quod Aquila piſcium uocatur (à Germanis.) Huius pes alter digitos membranis iũctos habet, ad natandum idoneos: alter fiſſos, ad apprehendendum, &c. Idem recentiores quidam parum Latini de Aurifrigio aue ſcribunt: quod nomen ab Oſsifrago corruptum ſuſpicor, (ſicut & Gallicum eius nomen,) non quod auis eadem ſit, ſed quia ſimilis. Memini & Burgundum audire, qui idem de Coruo piſcatore Burgundis dicto referebat. Sed an Haliæetus in Burgundia inueniatur, dubitari poteſt. In eicone quam damus à Io. Caio Anglo medico præſtantiſsimo communicatam, ſimiliter in utroq; pede fiſsi ſunt digiti, nullis iuncti membranis: quod itidem in Bellonij pictura apparet. ¶ Haliæetos (inquit Io. Caius) id genus aquilæ eſt, quod ex mari lacubusq; prædam quærit, unde nomen inuenit. Is magnitudine Milui eſt, capite albis & fuſcis diſtincto lineis, ut merlino: roſtro aquilino: oculis in medio nigris, in ambitu aureis: lingua ferè humana, niſi quòd ad radicem utrinq; habet appendicem: colore per ſumma aſturis, per ima albo: gutture maculis notato ruffis ut & uentre, pectore medio purè candido: crure craſſo & ſquamoſo: pede uncungui & cœruleo. digitis quatuor per ſuperna ad dimidiam longitudinem etiam ſquamoſis, ad reliquam inciſis, per inferna aſperis & aculeatis tenacitatis cauſa: & his tam ualidis, ut flexos uix ulla ui extendas. Prædator is eſt piſciũ, diſcuſsis decidentis corporis impetu aquis, ex eisq; uiuit. & quamuis ex piſce uiuit, fidipes tamen eſt utroq; pede, non altero palmipes ut uulgus putat. Supra magnitudinem corporis alæ longitudo eſt, quæ ad pedes Romanos duos & digitos undecim extenditur. Inoleuit opinio iſtic apud noſtrum uulgus in Britannia, eam ineſſe uim naturalem huic aui, ut quem conſpexerit piſcem, eum ſe quàm mox re ſupinare & conuertere, atq; ad ſummam aquam aſcendere, in eaq; fluitare ut ſopitum, quò facilior præda ſit uolanti. ideoq; eius adeps ſtudioſius aſſeruatur à noſtris piſcatoribus, quòd eandem uim habere creditur. frequentes ſunt apud nos in maritimis locis & Vecti inſula. Noſtri an Oſprey uocant. Moribus placidus eſt & tractabilis, & famis patientiſsimus. uixit enim ſeptem dies ſine cibo, & in alta quiete: niſi ſi hoc non mos fecit ſed fames, quæ omnia domat. Carnem oblatam recuſauit: piſcem non obtuli, quòd eum ex hoc uiuere didici. Caro illi nigra eſt.*

ITALICE Aguiſta piombina, id eſt Aquila plumbina, ab eo quod è ſublimi in aquam præceps plumbi inſtar rectà feratur: quod in mediterraneis etiam circa ſtagna facit Aquila anataria dicta.

GALLICE Orfraye uel Offraye, ab Oſſifrago nimirum corrupto nomine ſicut diximus. Poterit etiam Aigle de mer uocari. A Burgundis audio Crot peſche rot, id eſt, Coruum piſcatorem dici.

ANGLICE Oſprey, corrupto nimirum Gallico nomine.

GERMANIS maritimis Viſchärn / noſtri ſcriberent Fiſchärn / Fiſchadler / id eſt Aquila piſcium. Mag auch ein Meeradler genennt werden.

AD ORDINEM II. DE AVIBVS NOCTVRNIS.

Caprimulgus, Aegothelas, depictus ad sceleton à Petro Bellonio nobis donatum, magnitudine ferè Merulæ, hoc est, dupla quàm hîc exprimitur. Rostrum ei breue, exiguum, tenue, superiori eius parte leuiter adunca. extremitas acuta & angusta est, ad caput ualde latũ. fauces amplæ. Crura ad pedes usque hirsuta. Digiti pro portione perparui & tenues. Vnguiculi illius qui medium digitum prælõgum armat, squamæ ab altera parte serratæ sunt. Cauda, ut apparet, longa. Color toto corpore uarius, partim fuscus, partim maculis ruffis distinctus: in cauda dorsoque, & minoribus alarum peñis admodum uarians & punctis notatus. Species tota nonnihil ad Apodem uel Cypselum accedere uidetur. In libro quidem de auibus Gallicè edito, aliam auem Vlularum opinor generis, pro Caprimulgo exhibuit Bellonius: de qua leges suprà pag. 16. postea uero illum, quem hîc damus, ceu ueriorem agnitum ad me misit: cuius antea etiam peñas, Caprimulgi nomine à doctissimo Turnero acceperã. Horũ ego auctoritati facilè acquiesco.

GER. Mag ein Milchsuger / oder Geißmelcher genẽt werden / den Teütschen (so vil mir ietz zů wüssen) vnbekãt: wirdt etwan in Franckrych gefunden.

AD ORDINEM III. DE AVIBVS VOLACIBVS, QVAE rapaces non sunt, maioribus ac medijs.

PICA Bresillica, cuius rostro Io Ferrerius Pedemontanus summæ eruditionis uir me donauit, quod hîc expresi, reliquum corpus ex Galliæ Antarcticæ descriptione Andreæ Theueti Gallicè edita adieci. Rostrum hoc permagnum (inquit Ferrerius) auis est cuiusdam ex Bresilla regione allatum: non maioris (ut referunt qui ex illis locis ad nos reuertuntur) Pica nostra. Is qui mihi hoc rostrum pertulit, eam auem refert nutriri pipere: quo quidem uoracissimè repletur, & non digerit, sed statim egerit. atque eius piperis egesti magnum apud illius regionis incolas esse usum, potiùs quàm alterius ex arbore recenter collecti. Persuasum etenim habent, uim piperis illic maximam, sic ab auicula domari, ut minùs utentes eo lædat. Et pleraque alia de eadẽ aue referunt, quæ omnia an uera sint, non facilè dixerim. Hæc ille. qui postea etiam pellem de pectore cum plumis aureo uel croceo colore splendidissimo pulcherrimoque insignibus, (reliquum corpus nigrum est, nisi quod caudæ initium & extremitas rubent,) ad me misit. Rostrum ei ferè crassius & longius esse quàm reliquum corpus tradit Andreas Theuetus: quod eò faciliùs credimus, quoniã tenuissimũ instar membranæ, & ferè pellucidum, leuissimumque & cauum est, aërisque interni capax: quamobrem hoc etiam ei peculiare, quòd odorandi meatu careat. in tanta enim tenuitate ut facilius penetrant odores: ita si quid apertum fuisset, facilè frangi potuisset rostrum. quod idcirco etiam denticulatum à natura factum uidetur, ut minore ui aliquid secaret. An uerò etiam aër obiter circa hos ueluti dentes, quibus rostrum penitus claudi prohibetur, se insinuat ad fauces & arteriam? Auis ipsa ab hac rostri magnitudine Burhynchus aut Ramphestes (sicut & pisces quidam) appellari poterit. Toucan ab Americæ incolis uocatur. Lege Theuetum cap. 47. libri iam citati.

GERM. Ein Indianischer vogel / glych vnseren Aegersten / vßgnomẽ den schnabel. Ein Pfeffervogel / Pfefferfraß.

Morin-

Morinellus Anglorũ, cuius effigiem & descriptionem Io. Caius Anglus ad me dedit: Mitto (inquit) ad te etiam Morinellum auem, nobis cum Morinis comunem. Stulta admodum est, sed in cibis delicata, & apud nos in summis delicijs. Capitur noctu ad lumen candelæ pro capientis gestu. nam si is expandit brachium, extendit & illa alam: si is tibiam, & illa itidem. Breuiter quicquid gerit auceps, idem facit & illa, ita humanis gestibus intenta auis, ab aucupe decipitur, et rete obuelatur. Auis parua est, magnitudine sturni: tribus tãtum digitis anterioribus, posteriori nullo, uertice nigro, genis candidis, Coturnicis ferè colore, si cinericei parum admisceas, potissimum circa collum. Morinellũ uoco duplici de causa, & quod auis est apud Morinos frequentissima, & quòd auis stolida est, quæ stultitia Græcis μωρότης dicitur: eã ob rem nostri **Doterelle** uocant.

GERMAN. **Ein vogel gmein in Engelland/ Doterelle genannt: möchte von siner thorheit wägen ein Thor genannt werden/ꝛc.**

Passer solitarius à recentioribus, Alberto magno & alijs, hodieq́; uulgò Germanis, nominatur Merulæ genus fuscum, minus Merula, suauissimè canorum: cognatum, ni fallor, Cyano, hoc est Merulæ cœruleæ, tũ genere & magnitudine, tum cantus suauitate, tum loco: quoniam similiter in saxis, præsertim montium, degit. unde Cyanũ Græci hodie uulgò Petrocossyphum uocant, Germani à colore **Blawvogel.** Merula hæc fusca, quoniam super tectis & saxis solitaria cantillat, Passeris solitarij nomen aliqui indiderunt: ex sacris literis nimirum: quoniã Psalmo 102. Passer solitarius in tecto nominatur. sed rectiùs Merulam solitariam, q̃ Passerẽ solitariũ appellaueris: quanq́; Merulæ omnes ab eo denominantur, quòd meræ, id est, solæ uolitent. Aristoteles Merulam fuscam appellat, nos aliud quoq́; genus Merulæ fuscũ habemus, montanum uulgò cognominatum, quod cantus gratia nemo alit. Non reperitur in nostra regione Passer hic solitarius: sed ab Italis aut Rhætis, qui nobis transalpini sunt, mittitur. Mediolani & Geneuæ in foro aliquando magno precio uendi audio. Falconarius Friderici imperatoris ad remedia quædam utitur fimo passeris Indici siue solitarij: uel eius loco, passeris comunis. Iconem eius ab Aloisio Mũdella medico eximio missam, in Auium historia etiam posui, quæ in prima Iconum editione nescio quomodo nos subterfugit.

ITALICE Circa Tridentum Merulo solitario nominatur. Albertus Romæ Merulum stercorosum uocari scribit, quòd in latrinis antiquis & rimosis degat. Iuxta Larium lacum uel hanc, uel Cyanum potiùs, Passerem montanum uocant.

GERMAN. **Passer solitari**/ nomine ab Italis, à quibus petunt hãc auem, accepto. Posset autem uocari **ein Steinamssel**: uel **ein grawe Steinamssel**/ Cyanus uerò **ein blawe Steinamssel.**

Cyani Aristotelis hæc dum scribo, iconē Godefridus Seilerus Augustanus, admodū adolescens & supra ætatem eruditus, (Geryonis Seileri nobilissimi medici & Archiatri Augustæ, maximæ spei filius, & Raphaëlis I. C. præstantissimi, Comitisq; Palatini frater,) ad me misit, ad uiuū depictā, unà cū descriptione, quam hîc subijcio. Cœrulea auis (der Blawuogel/ oder Eysvogel: sed posterius nomen, Alcyoni fl. ut quidam uocant, potiùs conuenit) uescitur grossiori illo & minus contrito quod à farina hordeacea seiungitur, ac cum lacte recenti commixto. Cantu suaui admodum atq; iucundo, uarijq; generis. multos enim maximeq; uarios sonos à cæteris auibus, quibus cum fuerit, exiguo temporis spacio, si præcipuè tenella ac nuper è nido recepta sit, discere solet. atq; ita cantus eius multiplex est, ut ad certum quoddam genus referri nequeat. Qui pullos è nido suffurari conantur, obuelare penitus faciem coguntur propter parentes: qui suos tueri strenuè conseruareq; student, cui rei dum intenti omni studio sunt, & hostem depellere conantur, oculos tantummodo eius obseruant. quos si uel minimum attingere liceat, gaudēt ac uictores sese agnoscunt. oculos enim hominis confodere rostro conantur.

AD ORDINEM IIII. QVI EST DE AVICVLIS.

Godefridus Seilerus Augustanus, unà cum Cyano superiùs exhibito, CHLORIDIS peregrinæ etiam, quæ è Canarijs insulis aduehitur, imaginem dedit: quam hoc loco posuissem, nisi per omnia Chloridis illam speciem, quam uulgò Citrinam nostri cognominant, suprà à nobis positam, coloribus, figura, magnitudine, & (ni fallor) etiam uoce cantuq; ita referret, ut uix distinguas. Vescitur (inquit) auicula hæc semine lini uel papaueris apud nos: in natali autem solo, saccharo incocto pascitur. Cantus ei omnium dulcissimus: uox ualde canora, ac mirum in modum sonora: qua inter omneis alias similes excellit.

Ad Ordinem

AD ORDINEM VII. DE AVIBVS AQVATICIS PALMIPEDIBVS.

Anatis Indicæ rara quædam species, cuius eiconem Io. Thannmyllerus F. chirurgus egregius, Augusta Vindelicorum ad me misit. Caput ei albicat, ut pictura ostendit. Rostrum, crura, cauda, & extremæ longissimæ alarum pennæ, atri coloris sunt. reliquum corpus, concolor fermè, ruffum aut rubricæ fabrilis colore, (non qui rubricæ est, sed lineæ ex ea ductæ,) alarum tamen partes quædam albicant: in masculo aliquid etiam punicei & uiridis coloris per alas spectatur. Collũ supremum angusta linea nigra ambitur.

GERMANICE Ein bsundere frömbde art der Indianischen Enten.

m

Anas Indica alia, cuius picturam doctissimus Cardanus misit.
Corpus undiq; nigris pennis integitur, candidis alarum maculis exceptis per transuersum & secundum longitudinem: & candidis in capite, collo ac pectore punctis: sicut in icone à prælo statim apparet, nullis à pictore coloribus inductis, sed crurum & rostri color cinereus uel corneus est. Pars oculis subiecta, & rostri posterior pars cum tuberculo illo rotundo, ut apparet, egregiè rubent. Anatis iam descriptæ figuram integram posui: alterius uerò quam Rondeletius misit, caput duntaxat cum collo expressi. Maritima est (inquit ille in epistola ad me) in stagnis degẽs, & cristata, satis rara apud nos, nec aliud addit, nisi quòd ex Anatum genere esse suspicatur. in quo facile ei assentior, cum palmipes Anatum instar sit, & rostrum simile habeat: cui hoc peculiare in Anatum genere quòd resimum est: tuberculum rotundum cum Indica ei adiuncta commune habet, à quo globirostram aut sphærorhynchum cognominare licebit, distinguendi causa ab alijs Anatibus. Crura etiã ei pro portione q̃ alijs proceriora uidentur. ea roseo (rosæ syluestris) ferè colore rubent, sicut & rostrum cum tuberculo. Caput nigricat, non sine uiridibus exiguis maculis. In pectore color rubricæ fabrilis est: albus in collo: reliquum corpus albo fuscoq; distinctum.

Bernicla

Bernicla uel Branta Anglorum, quam pulchrè depictam nobilissimi medici Io. Kentmannus Torga Misenorum, & Io. Caius Londino Angliæ ad me miserunt. De ueteri eius nomine non constat. Eliota Anglus Chenalopecem suspicatur esse Barnaclam (sic ipse scribit) Anglorum. Turnerus uerò (cuius maior apud me authoritas) aliam auem mediæ inter anserem anatemq; magnitudinis, alis ruffis, in cuniculorum foueis more uulpium nidulantem, **Bergander** (quasi montanam anatem, quòd in excelsarum rupium cauernis nidificet) uulgò in Anglia dictam, Chenalopecem esse credit. Chenerotẽ uerò Plinij (si rectè Chenalopeces & Chenerotes apud Plinium leguntur: alia enim lectio est, Penelopes & Chenalopeces, quibus lautiores epulas Britannia non nôrit) uel Berniclam, uel Anserem Bassanum Scoticúmue (quem exhibuimus suprà, pag. 83.) esse conijcit. Berniclæ uocabulum quid sibi uelit non habeo quod dicam: conijcio quidem è ueteri Britannica lingua, quæ hodieq; Vuallorũ in Anglia, Britonum uero in Gallia est, relictum esse: quoniam Armorici, id est, Britones, eo etiamnum utuntur. At Brantæ nomen (Caius Brendinum anserem mihi uocauit) originis Germanicæ uidetur, Anglosaxonibus in usu, ab atro ceu titionis colore factum: qui & ceruis & uulpibus quibusdam apud Saxones nomen fecit. Ater enim hic color in capite eius, rostro, cruribus, collo, dorso, pectoris parte caudáq; insignis est: in alarum parte & uentre cinereus: post oculos maculæ albæ sunt: pectoris etiam pars & laterum interior candicat. Albertus Magnus de his auibus scribens, ut ex descriptione liquet: Falsò (inquit) quidã dicunt eas idcirco nominari **Baumgenß**, (id est Anseres arborum,) eò quòd ex arboribus nascantur, uel putridis in mari lignis, asserentes à nemine unquam has aues uisas coire uel oua parere. sed hoc omnino absurdum est. ego enim & alij complures mecum uidimus eas coire & oua fouere, ac pullos alere, & cætera. Ego in historia Auium Turneri uerba copiosè retuli, quibus ut persuadear has aut similes aues è putredine gigni aut quomodocunque ex arboribus aut lignis posse, ferè inducor. Idem in epistola ad me: Branta (inquit) Anserem palustrem ualde refert: differt tamen, quia breuior est. à collo, quod rubescit nonnihil (in nostris quidem picturis nihil ruboris apparet) ad medium usque uentrem, qui candicat, nigra est. Anserum more segetes populatur. In Vuallia (quæ pars est Angliæ) in Hybernia & Scotia aues istæ adhuc rudes & implumes in litore, sed non sine forma certa & propria auis, passim inueniuntur. Est autem præter hanc alia etiam auis, quæ originem suam arbori ad litus Scotici maris refert acceptam. Sic ille. est autem altera hæc auis, quam Scoti Clakis uocant, suo loco à nobis exhibita: quam in mari è ligno nasci Hector Boethius (cuius uerba in Auium historia recitaui) tanquam testis oculatus planè affirmat. Anates Oceani Britannici (inquit Iulius Cæsar Scaliger, enarrans librum primũ Aristotelis de plantis,) quas Aremorici partim Crabans, partim Bernachias uocãt. Eæ creantur è putredine naufragiorũ, pendentq; rostro à matrice, quoad absolutæ decidant in subiectas aquas, unde sibi statim uictum quærant: uisendo interea spectaculo pensiles, motitantesq; tum crura tum alas. ¶Non uerò in maritimis tantùm tractibus Berniclæ inueniuntur, sed in mediterraneis quoq;: ut Sonneuualdi in ditione illustris comitis Sulmensis, sex miliariũ interuallo distante Torga Misenorũ: ubi in arborib. nidulantur, ut doctissimus Kentmannus noster obseruauit. ¶Bellonius Historiæ auium lib. 3. cap. 5. eandem auem describit, quanquam rostrum longius pingit, & an sit Crauant Aremoricorũ dubitare uidetur. ego omnino eãdem esse auem absq; dubio dixerim, cõueniẽte prorsus descriptione, &c. (Nomen quidem Crauant, Germanicum uideri potest, quasi **Grau ent**, id est, Anas fusca.) Qua tamẽ eas parere et pullos excludere se obseruasse ait, & falsam esse persuasionem, quod ex malis nauium putrescentibus oriantur. à ueteribus quidem Chenalopeces, id est, Vulpanseres dictas putat, cum in Singularibus Mergi genus quod Galli Fibrum nominant, (ipse in Historia auium Vriam,) Chenalopecem appellauerit. Est autem Chenalopex, ut emaculatiores (ni fallor) Plinij codices habent, in summis Britannorum delicijs: Bernicla (Turnero teste) insuauior est, & diuitibus parum expetitur. ¶Quæ Io. Caius de Bernicla seu ansere Brendino ad me scripsit, nunc non occurrunt. Hoc animaduertendum, aliud etiam Anseris syluestris genus circa Argentinam similiter **Baumgãß** nominari, cuius iconem dedimus suprá.

GALLICE apud Armoricos Crabant, Crauant, & Bernachia, ut dictum est.

GERMAN. **Ein Baumganß/wiewol auch ein andere art wilder gensen an etlichen orten also geneñt wirt.**

ANGLICE. **Bernacla/Bernicla/Branta/Brendin.**

Phœnicopterus, qualem doctißimus Rondeletius mihi transmisit, degit in medijs stagnis marinis. Vescitur cochleis, pisciculisq́; , &c. ¶Mirum est huius tam pulchræ & eximiæ auis nomen ab Aristotele taceri, cum Aristophanes, qui uixit eadem ætate, meminerit. sed Græcis etiam raram esse hanc auem puto. Nam Heliodorus Nili incolam eam facit. Bellonius quidem eandem Aristotelis Glottidem esse suspicatur: ego uerò ijs quas Gallinulas aquaticas nostri uocant auibus Glottidem adnumero, quæ omnes fidipedes sunt.

GALLICE Flammand, Flament, Flambant: à corporis proceritate, quali solent esse Flandri, uel à colore flammineo.

GERMANIS ignotam puto auem, sicut & Gallis ad Oceanum Bellonio teste, quare fingo nomen interpretatum ex uetere Græco eius, Latinis etiam recepto nomine: Mag ein Rotfeck oder Rotuogel genennt werden/dann er rot ist am schnabel/schencklen/vnnd fecken/außgenommen die schwingfädern/ welche schwartz sind/rc.

AD OR.

AD ORDINEN VIII. DE AVIBVS AQVATICIS FIDIPEDIBVS.

HAEMATOPVS, quem pingendum curaui ad sceleton, à præstantissimo Lugdunensi medico Iacobo Dalechampio, omnibus ingenij & doctrinę uirtutibus ornatissimo uiro mihi donatum. Mitto (inquit) & do auem non admodum frequentem, à te nusquam memoratam in copiosissimo uolumine De auibus, palustrem & aquas etiam profundas adeuntem, quod ex crurũ altitudine intelligi potest. Hæmatopoda siue Himantopoda (nam utroq; modo apud Plinium in alijs atque alijs exemplaribus legitur) censet esse Benedictus Textor: nomine conuenienti, siue crurũ sanguineum colorem, siue obsequiosam ferè lori modo flexilitatem spectemus. Hæc ille. ¶ Porphyrionibus rostra & prælonga crura rubent. hęc quidem & Himantopodi multò minori, quanquam eâdem crurum altitudine nascitur in Aegypto. insistit ternis digitis. præcipuum ei pabulum muscæ. uita in Italia paucis diebus, Plinius lib. 10. cap. 47. quæ descriptio ei quam exhibemus aui omnino fauet. quod ad nomen, meliores codices non hæmatopodi, ut alij quidã, sed himantopodi habent. aliqui Hæmantopodi, quod ab Himantopode corruptum facile apparet: nã si ab hæma, quod est sanguis, deriuetur, n. literam habere non potest. Nos etiam in Paraphrasi Ixeuticorum Oppiani Himantopodes legimus. ἱμαντόποδες aues (inquit) nomen à crurũ tenuitate habent. hoc nouum in eis, quòd maxilla inferiore fixa, superior solùm in ipsis moueatur, Sic ille. sed in aue hic proposita maxillarũ motus nihil ab aliarum auiũ natura uariat, ut ex articulis in sceleto apparet. Himantopodis quidem (hoc est Loripedis) nomen probo, rei etiam ipsius argumẽto: uix enim alius auis tam procera crura cum tanta exilitate reperias: sanguinea uerò plurium. ¶ Quod ad partiũ magnitudinem & colorem, sceletos sic se habet: Rostrum digitos ferè quatuor longũ est, caput paruum: collum digitorum V. reliquum corpus (quod leue & gracile est, instar auium palustrium ferè quas Gallinulas aquaticas uocamus) digitorum VI. cauda IIII. crura XV. Alarum longitudo parũ excedit dodrantẽ. Color rostri nigricat. in capite & collo prono fuscus: dorso et alis niger, pauco subuiridi admixto, si diligentiùs intuearis. cauda cinerea. Partes pronæ omnes, & latera quoq;, albi coloris sunt. Crura sanguinea: digitis dũtaxat ternis, (sicut in Bistarda, Oenade Rondel. Morinello Caij, Struthocamelo, Pluuiali, et Cana Petiera Bellonij, eiusdemq; Pica marina:) quorũ medius longissimus est, breuissimus interior: iũgitur aũt medius cum exteriore breuissima membranula tanquam palmipedũ. Poplitum cauitas insignis est, articulo tam flexili ut in sceleto etiam tibia ad femur tota facillimè reflectatur. Videtur sanè non cursu tantùm ualere, sed etiam uolatu hæc auis: quoniam oblongę eius alæ sunt, ita ut longissimæ earum pennæ caudam seu orrhopygium duobus aut ampliùs digitis excedant. ¶ Alia auis est, quam pro Hęmatopode Bellonius exhibet lib. 4. cap. 11. De auibus: quam à Gallis Pie uel Becasse de mer, id est, Picam uel Scolopacem marinam uocari scribit: quòd rostrum instar Scolopacis habeat: in alis uerò transuersam maculam albam ut picæ, &c. cruribus rubentibus quidem, sed breuioribus crassioribusq; quàm Himãtopodis nostræ.

GERMANICVM nomen fingendum est, utpote auis peregrinæ. Ein frömbder vogel/ wirt etwan ĩn Franckreych gefangen/ doch seltẽ: mit roten/ langen vñ gar tüñen schencklen: mag ein Riemling genennet werden.

In Himantopodem Tetrastichon nostrum.

Loripedem Graio uocitant me nomine: quanquam
In ripis celeri curro citata gradu.
Hæmatopun alij: nullo quæ nomine mallem
Nota, ornithophagis uiuere sola mihi.

FINIS.

M iij

INDEX IN AVIVM NOMINA, QVARVM PICTVRAE HOC IN LIBRO EXHIBENTVR, O. LITERA ADIECTA MENTIONEM alicuius auis, sed absq; icone, significat.

LATINA.

A.

B.

C.

D

E.

F.

frons

Index.

Index.

cipper

Index.

M v

Index.

Index.

GERMANICA: quibus etiã Anglica pauca inse runtur, A litera notata.

Index.

hertzog

Index.

Index.

CONRADVS GESNERVS ÆTATIS SVÆ . XXXIX . AN·DOM·M·D·LV·

NOMENCLATOR
AQVATILIVM ANIMANTIVM.

ICONES ANIMALIVM Aquatilium in mari & dulcibus aquis degentium, plusquàm DCC. cum nomenclaturis singulorum Latinis, Grȩcis, Italicis, Hispanicis, Gallicis, Germanicis, Anglicis, alijsq; interdum, per certos ordines digestæ.

EXPLICANTUR autem singulorum nomina ac nominũ rationes, præsertim in Latina & Græca lingua uberrimè: & nominum confirmandorum causa descriptiones quorundam, & alia quædam, præsertim in magno nostro De aquatilibus volumine non tradita, adduntur: deq́ singulis Rondeletij, Bellonij, Saluiani, & nostræ sententiæ explicantur breuißimé.

PER CONRADVM GESNERVM TIGVRINVM.

Le Figure de pesci e d' altri animali, li quali uiuono ne l' acque salse e dolci, piu che DCC.

Les Figures & pourtraicts de plus de DCC. poissons & autres bestes aquatiques tant de la mer, que des eaux doulces.

Figuren vnd Contrafacturen von allerley fischen vnd anderen thieren/die im meer vnd süssen wasseren gefunden werdend/mee dañ DCC.

CVM Priuilegijs S. Cæsareæ Maiestatis, ad annos octo, & potentissimi Regis Galliarum ad decennium.

TIGVRI EXCVDEBAT CHRISTOPH. FROSCHOVERVS, ANNO M. D. LX.

SERENISSIMO AC POTENTISSIMO REGI BOHEMORVM D. MAXIMILIANO, ARCHIDVCI AVSTRIAE, DVCI BVRGVNdię, &c. Domino suo clementissimo Conradus Gesnerus S. P. D.

CAESAREAE *Maiestati (Celsitudinis tuae pareti Augusto) serenissime Rex, ante biennium ferè Historiam animalium aquatilium nostram consecraui: eamq; non ingratam illi fuisse, cum ex ipsius benignissimo sermone, tum alijs argumentis liquidò cognoui. Quamobrem hoc tempore eiusdem libri Compendium quoddam, quod ad nomenclaturas praecipuè, in lucem editurus, tuae Maiestati meritò multas & graues ob causas inscribi dicariq; debere, existimaui. Tu enim cũ aliorum maiorum tuorum, quorum perillustris ad omnẽ posteritatem gloria pertinget, tum imprimis sacratissimi parentis, praeclaras & uerè regias virtutes, ac raram in principibus viris doctrinam, summa cum laude adeò faeliciter aemularis, paternisq; vestigijs insistis tam luculenter, vt haec honoris tui elogia nemo omnium ignorare posit. Mihi quidem frequentem, & pleno omnium ore de virtutibus tuis doctrinaq; celebrem famam, Paulus Scalichius Comes Hunnorum, (antiquissima generis nobilitate illustris, et eruditione multijuga, sacrarum maximè literarũ, excellentissimus vir, idemq; dignitatis tuae obseruantissimus assiduusq; praedicator,) verissimam esse iampridem asseruit: & eandem nuper cum alij quidam non vulgares & fide digni viri, tum praecipuè Ioannes Sambucus, (vir multarũ linguarum cognitione, & eruditione varia summus, deq; omnibus bonis literis optimè meritus,) planè confirmarunt. Itaq; confidentius ad hanc dedicationem accessi: & librum hunc qualemcunq;, ad optimum maximumq; patrocinium tuum, omnino pertinere iudicaui. Sed dicat aliquis: Quò maior Celsitudinis tuae in omni virtutum doctrinaeq; genere praestantia est, eò minùs audere me debuisse de rebus huiusmodi, nec magnis per se, nec satis pro dignitate à me tractatis, ad te scribere. Huic ego responderim: Virtutum & eruditionis comitem perpetuò esse humanitatem atq; benignitatem erga inferioris conditionis non improbos homines, & ad ignoscendum facilitatẽ: quam in M. tua quoq; mihi nõ defuturam: eamq; animum meum, voluntatem, studium ac obseruantiam tui, magis quàm reipsa quid praestiterim, aestimaturam, indubitata spe memet mihi promisisse. Fateri me & agnoscere ingenij mei angustiam, doctrinae tenuitatem, et eloquentiae inopiam: sperare tamen haec omnia rerum ipsarum, quas tractãdas suscepi, raritate, varietate, & admiratione, operisq; magnitudine ac difficultate, siue compensatum siue excusatum iri. Res autem illas nec magnas esse, nec regum & principum virorum fauore & contemplatione dignas, haudquaquam concesserim. Neq; id pluribus probandum mihi existimo: qui minimè dubitem, M. tuam, si quis alius, probè intelligere, cum aliarum rerum (quae à DEO O. M. ad suam gloriam & hominis usum conditae sunt) omnium, tum verò illarũ quas naturales appellamus, sciẽtiam, planè liberalem, & animis bene institutis, familiaritate quadam inuitante, prorsus iucundam esse: nec priuatos duntaxat homines, aut ex professo philosophos, sed principes etiam viros mediocrem earum cognitionem decere: idq; adeò, ut post pietatis officia, & in moribus actionibusq; hominum positas virtutes, non aliunde maius ornamentũ eis accedere posit. Quis enim varias illas et admirabiles corporum in mari agitantium formas non libenter agnoscat: ac inde immensam Naturae vim, nullo in elemento satis adhuc, ne diligentissimis quidem mortalium, perspectam & exploratam, miretur? Quis inde, nisi stupidus & tantis indignus spectaculis, non secum superiorem aliquam & principem omnium rerum causam ratiocinando inquirat? Si enim tam multiplex, admiranda, & infinita hactenus homini, circa centrum hoc mundi Natura est, (cuius nos quoq; pars sumus, et quidẽ praecipua,) infinities & incomparabiliter maiorem esse oportet uim conditoris, motoris primi, & conseruatoris omnium: qui vt ineffabili numine, ac praesentis ubiq; sapientiae suae operibus omnia replet: sic caelos omnes & omnem loci temporisq; conditionem solus excedit. quamobrem omnis & in-*

Dedicationis huius occasio.

Rerum Naturae cognitionẽ aliquam, Reges etiam decere: & his contemplandis animos ad DEI notitiam euehi.

aa 2

finita ei soli gloria, ac veneratio perpetua debetur: ut prorsus impietatis & læsæ maiestatis diuinæ incusandus sit ille, qui ullum comparationis modum aut gradum (ita vt in regno dignitatum deinceps ad proregem, & regem deniq; sui gradus sunt) hîc constituerit. Nam & ipse de sese clarissimè testatur, se vnum ac solum esse, cui diuinus honor vniuersus sit deferendus: &, tanquam æmulatione quadam afficiatur, honorem eundem, aut eius partē aliquam, alteri cuicunq; cōtribui, ferre non posse. Diuinus autem honor est, quicunq; confertur propter vniuersale aliquod bonum: vt sunt, cognoscere & posse omnia, facere & conseruare cuncta, propitium & benignum esse omnibus, & huiusmodi. In ipso certè solo omnis per vniuersa se èxtendens absoluta perfectio est: cætera vt in suo genere ac sibi perfecta sint, (quanquam hoc etiam Deo omnium principio debent,) non tamen alijs rebus, aut certè non semper, non ubiq;, non omnibus prodesse, aut de suo, cum nihil eis abundet, largiri possunt. Res conditæ quantumcunq; excellant, comparationem aliquam admittunt: ita vt scintilla aliqua, si ad Solem conferas: guttula aquæ ad Oceanum & vniuersam aquarum vim, aliquid & aliquota pars sint, & communis aliqua definitio (vt luminis aut aquæ) eis accommodari poßit. Solus cōditor & architectus, tum infinitus vndiq;, tū ab omni comparatione alienus est.

Gradus ad DEI cognitionem.

Ad huius igitur summi, æterni, infinitiq; boni notitiam, amorem & cultum, præparantē animos nostros quācunque cognitionem, nō aspernabimur: sed ea ceu gradibus quibusdam vtemur: in quibus tamen non insistamus diu, & semper altiùs animis enitamur. Frustra gigantes olim montes montibus imponebant, vt corpore in cœlum quod oppugnabant, ascenderent. Animo & mente, amore non odio accensa, conscenditur, idq; per gradus quosdam ceu colles montesq; exaggeratos.

Res inanimatæ

Incipiamus ab infimo gradu, qui Terra est, ceu fundamentum & basis Mundi inferioris. In ea gigni videmus pulchras plurimasq; rerum variarum species, quæ anima carent, lapides, metalla, & gemmas: quarum aliquæ ceu stellæ quædam terrestres, & cœli stellarum, vt ita dicam, ἀπεῤῥῶγες, materiæ suæ puritate, simplicitate, aut etiā splendore videri possunt. Magnes etiam motu suo polum sequitur. Horum omnium (sicut & cæterarum vbiuis Naturalium rerum) Natura tam mira ac multiplex est, vt cognosci tota adhuc nōdum potuerit, ne nominibus quidem & historia: quanuis ingeniosi aliqui homines acerrimè in harum rerū cognitionem incumbere, vt olim ita hodieq;, voluerint: nedū interiori causarum exploratione. Quòd si rebus inanimatis tanta cum cœlo cognatio & similitudo est: animatis certè corporibus maiorem multò cum eodem coniunctionē intercedere existimandum est: et sicut corporeæ res à perfectißimo corpore (cœlo) ceu principio sui dependent, mouentur, regūtur: ita incorporeas substantias esse aliquas, quæ à prima, optima maximaq; aliqua causa gubernentur ac moueantur, omnino statuendum.

Stirpes.

Altior deinde sequitur gradus, Stirpium genus uniuersum: quod Solis Lunæq; imprimis vires et effectus recipit. in his primus animæ gradus, primùm vegetat & alit, deinde auget, tertio sibi simile procreat. Rectè autem comparatur cœlesti, ea quæ in singulorum (plantarū & animalium) seminibus inest formandi & effingendi corporis organa virtus aut facultas.

Animalia.

Tertium supra hæc gradum animantibus terrestribus tribuo: quibus etiam volucres adnumero. In his anima melior, nempe cognoscens, per sensus exteriores interioresq; se prodit, (plus minus in alijs:) atq; talis ferè quodammodo humanæ animæ similitudo in illis est, qualis in homine DEI. aliud autem similitudinis nomine hîc intelligo, quàm suprà comparationis. Similitudo enim aliqua esse potest in ijs etiā quæ toto genere differunt, comparatio non potest.

Homo.
DEVS.

Aqua.
Animalia aquatilia.

Et hi ferè gradus in Terra reperiuntur: alij in aquis. In his enim post res marinas inanimas, animalia primùm occurrunt, piscium aliorumq; in humore viuentium innumeræ formæ: imprimis verò Cete & stupendæ tum figuræ tum magnitudinis belluæ.

Aer.
Meteora.

Tertio, in Aere, per ea quæ vocāt Meteora siue Sublimia, ab exhalationibus aut vaporibus nata, prout inferiùs aut in medio summóue aere consistunt, quodammodo ascendimus. horum enim superiora, vt igneo fulgore coruscant, ita & stellas magis referunt, mouenturq; similiter in orbem, & durant plerunq; diutius: & maiori animos hominum, tanquam Domini DEI grauiter succensentis minantisq; signa, horrore percellunt.

Ignis.

Postremò per ignis elementum, quod omnibus corporibus reperit vacuum, (propter nimiam fortè substantiæ suæ subtilitatem seu raritatem, & caloris vim omnia consumentis, ac perpetuæ vertiginis velocitatem,)

Cœlum.

tem,) veluti saltu transilit animus: quanquã in igne etiam multa diuinæ potentiæ argumenta sunt, & inter elementa hoc maximè DEUM nobis refert. Et sic ad ipsum deniq; cœlum peruenit: in eoq; alias materiæ, loci, tẽporis motusq; sui & ordinis rationes, quàm in propriè dictis naturalibus rebus deprehendit: omnia nempe magis diuina, certa, pura, simplicia, lucida, pulchra, & omnis ferè mutationis immunia: ac primas omnium rerum corporearum inde scaturientes causas, ceu quosdam Naturæ fontes.

Planetarum orbes.
Cœlũ stellatum
Primũ mobile.
Primus motor.

In hoc miratur deinceps septemplici gradu Planetarum orbes: inq; summo ceu vertice cœlum stellatum: deniq; primum mobile, vt vocant, non sensu iam hoc vt inferiora omnia, sed ratione deprehensum. Inde quid aliud cogitet mens pia quàm primum illum ex quo cœlum vniuersum, & tota Naturæ series dependet, motorẽ? Nam vt singulæ res animatæ suam in se habent incorporeã causam à qua mouẽtur: ita vniuersus mũdus cum moueatur (nihil enim seipsum mouet) principium aliquod & causam sui motus habeat oportet: non similiter tamen inclusam: ne vis illa terminis vllis circunscripta finiatur, (nam corporis finiti vis etiam intrinsecus mouẽdi finita est,) & temporis longinquitate defatigetur. Defessum autem quod est, primùm inæqualiter mouet: deinde demum omnino cessat. Quamobrem vis infinita, & vltra supraq; omnia se diffundens, nullis organis, nullo medio, solo nutu (vnde & numen dictũ) & imperio cœlum supremũ mouet: à quo deinceps ordine suo inferiora cientur omnia, suis temporibus, vicibus, ordinibus, locis. Atq; ita, vt plurimũ, motus rerum secundum Naturam procedit. at quoniam idem & cœli opifex, & Naturæ Dominus est: potest, cum poßit omnia, sine cœlo, sine Natura, aut etiam contra Naturam, nullo medio, quemadmodum cœlum primum mouet, sic res alias quascunq; pro sua statim voluntate agere & mouere.

Aquatilia animantia.

Porrò, ne longiùs abeam, cum multi sint gradus, (siue corporum, siue animorum discrimina spectes,) ad DEI notitiam euehentes, is qui ab Aquatilium animantiũ contemplatione petitur, præteriri aut negligi nullo modo potest aut debet. Talia enim tantaq; in aquis, & earum alumnis animalibus miracula sunt, vt ea nõ philosophorũ modò libri, sed sacræ literæ etiã nostræ multoties demirẽtur.

In gradibus nõ immorandum.

Cæterũ vt necessarij ferè (nisi diuiniore modo ad DEI notitiã trahamur) sunt omnes isti, quorũ mẽtio facta est, gradus: ita, vt cuiq; vel tardius uel acrius ingeniũ contigerit, aut alia quæpiã causa impedierit, plus minúsue in eis immoratur: hic fœlicior, infœlicior ille. infœlicißimus omniũ qui ne ascẽdere quidem cogitat aut incipit. fœlicißimus qui quàm citißimè gradus omnes peruolitat, aut etiam si fieri potest, transilit.

Ascensus iterũ atq; iterum perpetuò tentãdus

Et quoniam corporis quo coercemur infirmitas magna est, & grauia perturbationum cupiditatumq; in nobis momẽta, vnde fit vt sæpius ab isto diuinæ contemplationis ceu vertice, deturbemur, & ad inferiorem deterioremq; statum relabamur: iterũ atq; iterum perpetuò ascẽdere, & vires diuino auxilio, quotiescunq; deiecti fuerimus, renouare conabimur. Quotidie quidem quasi à nouo principio multi nostrum viuere incipimus: tanquã quæ priùs didiceramus obliti, vt socordes aut indociles discipuli solent: & vt ij qui se in speculo cõtemplati, tanquam non ampliùs satis memores suorum vultuum, subinde ad se contemplandos redeunt.

In rerum naturalium contemplatione diutina tædium oriri, & uanitatis sensum animo bene affecto, &c.

Iam qui diutius quàm par sit in rerum naturalium cõsyderatione hæserit, ut eo nomine infœlicior est: ita si tædium aliquod eius & fastidium obrepat, de meliore & perfectiore aliquo inquirendo (modò non prorsus à Deo alienus, hoc est, miser & infœlix sit homo) hac occasione cogitat. Quanuis enim plurimũ temporis in his noscendis insumat, semper tamen eadem atq; eadem ei recurrunt, quibus animus minimè satiatur aut acquiescit: ut sunt materia, forma, oriri, augeri, declinare, occidere, moueri, & quoquo modo mutari: et easdẽ temporum, ac rerum quæ eis circunscribuntur omniũ, uices perpetuò redire. Vnde tædio exorto nil mirum sapientem illum Ecclesiasten exclamasse: Omnia omni tempore obnoxia esse vanißimæ vanitati. Quem enim stabilẽ fructum (inquit) referet homo ex ijs quæ sub Sole sunt: etiamsi multis modis se torqueat in hoc, vt fructum aliquem inueniat? Quicquid olim fuit, nunc est: et simile est illi, quod paulò pòst erit. quicquid factum est olim, nunc est, & aliquantò pòst simile illi fiet. In summa, nihil omnino est sub Sole nouum, quod huic vicißitudini obnoxium non sit. Ego quanuis rex essem totius populi Iudaici, toto pectore in hoc incubui, vt sapienter inuestigando, perdiscerem quicquid sub Sole fit. Hoc molestum cognoscendi studium immisit Deus in animos hominum, vt eo se torqueant, &c.

Epilogus cũ excusatione.

Sed hæc apud M. T. prolixiùs tractari non

decet: quare finem faciam. Hoc tantum superest mihi roganda M. T. ut si non per omnia tibi & doctissimis hominibus, quorũ consuetudine frueris, tot rarissimis animalibus ad uiuum pingendis, ac nominandis diuersarum linguarum antiquis & recentioribus nomenclaturis, deniq; describendis satisfecero: ipsa rei difficultas, & laborum sumptuumq; magnitudo, me excuset. Feci quod potui, & quantumcunq; in me fuit, in præsentia præstiti. Quòd si ueniæ facilitate, ubi ea opus fuerit, me plurima (fateor) ignorantem, uultusq; tui serenitate librum hunc uerecundè & ægrè ad M. T. accedentem, tuumq; patrocinium suppliciter expetentem, dignaberis: animum multis iam laboribus fessum ac labantem, mihi reddes & recreabis, ut alacriùs alia quoq; in posterum, quæ ad illustrandam rerum Naturam diu iam meditor, perficere & in lucem edere cogitem. VALE. Tiguri Heluetiorum Idibus Iunij. anno Salutis Christianæ M. D. LX..

CONRADI GESNERI AD LECTOREM PRAEFATIO.

ANIMANTIUM Quadrupedum, Auium, & Aquatilium historias quatuor libris copiosè descripsi: ita ut quæcunq; de illis uel ipse obseruassem, uel apud alios ueteres ac recentiores innumeros diuersis in linguis scripta legissem, omnia diligentissimè complecterer: singulorum ferè historijs in octo capita diuisis: quorum primum nomina continet in uarijs linguis. Secundũ species aut differentias unius animalis, si quæ sunt: tum corporis eiusq; partium descriptiones. Tertium actiones & passiones uarias naturales & contra naturam. Quartum animi affectus, mores, ingenia, consensiones & dissensiones naturales. Quintum uarios ex animalibus usus ad hominem pertinentes, præter cibum & remedia. Sextum alimenta ex eis, & ad cibum apparatus. Septimum remedia ex ipsis aut eorum partibus: & si quæ homini morsu ictúue nocent, contra illorum uenena. Nam de ipsorum animaliũ morbis, ijsq; curandis, tertio semper capite agitur. Octauum philologiam & magnam uarietatem tractat, ijsdem ferè ordinibus. Est autem Liber primus De quadrupedibus uiuiparis conditus, satis magnus per se. Secũdus De quadrupedibus ouiparis: qui cũ exiguus sit cum tertio de Auibus coniungi & uno uolumine ligari potest. Quartus De Aquatilibus: in quo Rondeletij etiam & Bellonij libros de ijsdem complexus sum. In omnibus autẽ illis libris Ordinem alphabeti magna ex parte secutus sum, ut quilibet faciliùs statim quæsita inueniret. In Iconum uerò libris, qui imagines cum nomenclaturis tantũ continent, ordines siue classes à natura institutos sequi uolui: ita ut quæ unius naturæ essent animalia, siue unius generis proximi species, siue aliter multa haberent communia, quoad eius fieri potuit, coniungerem. Comprehendi autem uno libro Quadrupedum uiuipararum simul & ouipararum effigies: altero Auium: tertio Aquatilium. Et priores quidem duo libri hoc anno denuo editi, multò auctiores prodeunt: tertius uerò de Aquatilium nomenclaturis nunc primũm. Hi omnes (tres inquam Iconum libri) commodè uno uolumine ligandi iungentur. Tertius quidem copiosiùs multò cæteris conscriptus est: quoniam simul argumenti uarietas & difficultas ita postulare uidebatur: simul harum rerum studiosis hac diligentia gratificaturum me sperabam, ijs omnibus quæ in maiori uolumine nostro De Aquatilibus, quod ad nomẽclaturas maximè, in Bellonij, Rondeletij & meis scriptis, partim in suis locis, partim in Paralipomenis, sparsa & fusiùs tradita leguntur, ueluti in compendium redactis. Saluiani De piscibus librum nuper Romæ editum, cum nostra Aquatilium historia iam prælo ferè absoluta esset, accepi. itaq; eius sententias, & nomina ab eo posita, nõ potui eo in libro cõplecti: quę nunc in hoc Nomenclatore posui: quanquã ea omnino paucissima sunt, quæ à me & alijs priùs non sint dicta: quod ad nomina dico. Fuit quidẽ hoc præcipuum meũ institutũ, ut ea quæ ad nomenclaturas pertinent, imprimis traderem: id quod (ut dixi) copiosiùs & maiore apparatu faciendum fuit hoc in libro, quàm cæteris Iconum libris. Nam & maior piscium numerus est: & nomina sæpe confunduntur: & unus plerunq; multis uarijsq;, etiam in eadem lingua nominibus appellatur. neq; enim Turdus piscis solùm πολυώνυμος est, qui priuatim etiam sic nominari solebat apud ueteres Græcos, sed profecto alij etiam plurimi pisces. Volui autem non ipsa simpliciter nomina, sed etiam etymologias plerunq;, rationes & significationes scrutari: ac ijs quæ exhiberentur, animalibus, ea deberi ostendere, & quæ obijci possent argumenta, diluere. Rei difficultatem auxit, quòd Aquatilium historia intra paucos annos nuper, & à paucissimis excoli cœpit, plurimis adhuc controuersijs & dubitationibus intricata. Græca nomina nõ semper fortè characteribus Græcis adscripsi, quod mihi non difficile fuisset, sed aliquando Latinis tantùm. Fluuiatilium & lacustrium multi antiquis nominibus Græcis & Latinis carent: quos ad genus aliquod simile retulimus, aut fictis nominibus nouis nominauimus: ita tamen ut ficta aut noua quilibet statim ab usitatis & antiquis discernere queat. F. litera etiam si quando ponitur, nomen fictum indicat: quod imprimis in Germanicis mihi faciundum fuit. Veteres enim de solis ferè marinis in mediterraneo

diterraneo piscibus scripserunt, nulla plerorunq; fluuiatilium & lacustrium, ac plurimorum qui in Oceano reperiuntur mentione facta. Multi etiam (non dubito) pisces Germanica sua nomina habent, accolis Oceani Germanis probè cognita: mihi uerò mediterraneo homini, cui oras illas adire nondum licuit, hactenus ignota: quanuis non adeò multa superesse puto, quæ ab amicis nõ acceperim. Licere autem ab homine in rerum natura exercitato, nomina, ubi desunt, aptè & significanter confingi: quoq; modo id fieri debeat, cũ in Historiam Aquatilium præfarer, & partim in hoc ipso Iconum libro post Cyprini lati mentionem, ostendi. Theodorum Gazam laudant eruditi quidam, quod fictis aliquot nominibus Latinis, linguam Latinam locupletârit, ac illustrârit: qui tamen hoc fecit uocabulis Græcis cónuersis: quorũ pleraq; à Latinis authoribus, Plinio imprimis & alijs, iam recepta erant, aut recipi poterant, propter magnã & omnibus ferè familiarem Latinæ Græcæq; linguarum in rerum nomenclaturis affinitatem. At Germanicæ nulla ferè cum alijs linguis cognatio, nec usus externorum uocabulorũ receptus est: & Belgarum aliorumq; maritimorum Germanorum uocabula, à nostra dialecto plerunq; adeò abhorrent, ut nouis & aptè fictis uti, quàm apud illos receptis, nostris hominibus commodius existimem. Sed de nominibus satis.

Est ubi præter institutum, corporis etiã notas, (insigniores præsertim: pro reliqua enim descriptione icõ ipsa satisfecerit ferè:) & partium descriptiones, aut alia quædam adtuli: præcipuè si quæ noua essent, & in Volumine maiore priùs non scripta. Aliubi ipsum chartę spacium, uacuum alio qui relinquendum, ad quædam addenda inuitabat. Descriptiones multas, sed breues, eo consilio posui, (cum aliorum, tum exanguium imprimis, ut Concharum, Cancrorum, Insectorũ, Zoophytorum,) ut ad oblatum aliquod animal cognoscendum, hic liber satisfaceret, nec opus esset in maiori uolumine perquirere. Nolim tamen his compendijs (propter nomina tantũ & animalium ipsorũ simpliciter cognitionem, inq; illorum gratiam qui libros maiores emere aut legere fortuna aut negocijs alijs, diuersoq; uitæ instituto, prohibentur, à me perscriptis,) quenquam ab Historijs integris, ubi non solùm nomina & descriptiones, idq; uberiùs, sed alia etiam quàm plurima, sicut dixi, pertractantur, auertere. doctiores quidẽ spero hoc ueluti gustu & specimine percepto, ad Historias ipsas legendas magis allectũ iri. Iconum alias ipsi nouas & nostras dedimus: alias (& quidem plurimas) ex Rondeletij opere mutuati sumus: & à Bellonio quoq; nonnullas, ita ut plerunque ad quem authorem cuiusq; imaginis primùm exhibitæ gloria pertineat, non sit obscurum.

Tabulam qua Animalium marinorum diuisio continetur secundum loca in quibus degunt, in fine primi Toni huius libri posuimus, ex Oppiani Halieuticis. Ante singulos etiam Aquatilium Ordines, de singulis in genere aliqua præfati sumus.

ENVMERATIO ORDINVM, QVOS HOC IN LIBRO SEQVVTI SVMVS.

Libri huius Tomi sunt II. prior, De animalibus mar. posterior, de ijs quæ in dulcibus aquis degunt.

Tomi I. Ordines XVII. quibus continentur hæc.

aa 4

Ordinum enumeratio.

TOMI II. QVI EST DE ANIMALIBVS AQVATILIbus Dulcium aquarum Ordines II.

ORDINIS I. QVI EST DE PISCIBVS FLVVIAtilibus, Partes sunt V. quibus continentur hæc.

ORDINIS II. PARTES SVNT V. QVIBVS TRACTANTVR HAEC.

FINIS.

INDICES NOMINVM AQVATILIVM. I. LATINORVM, QVAE PRIMO LOCO POSVIMVS PROPTER QVAERENTIVM COMMODITAtem. II. Hebraicorum & Arabicorum, &c. III. Græcorum. IIII. Italicorum. V. Hiſpanicorum. VI. Gallicorum. VII. Germanicorum. VIII. Anglicorum. IX. Vngaricorum. X. Illyricorum.

LATINA TVM ANTIQVIS RECEPTA: TVM quædam recentioribus ſolum uſurpata, quanuis barbara, Latinis tamen literis & terminationib. ſcripta, &c.

A.

B.

Index.

dæmon

Index.

Index.

pardalis

Index.

bb

Index.

HEBRAICA, ARABICA et Phœnicum nomina. Eorum aliqua etiam in Latinorum Indice permixta reperies, quæ hîc deſiderantur.

AETHIOPICA.

AFRIS VSITATA nomina.

GRAECA

Index.

GRAECA VETERA & recentiora. In Latinorum etiam nominum indice Graecis hodie usitata quędam reperies, quae hic desiderantur.

bb 2

Index.

Ταινία

Index.

bb 3

Index.

pic

Index.

HISPANICA ET *Luſitanica.*

bb 4

Index.

Index.

bb 5

Index.

brao

Index.

Index.

moſſeln

Index.

Index.

T.

V.

vrff

Index.

Index.

FINIS.

ANIMANTIVM MARINORVM ORDO PRIMVS, QVI CONTINET PISCES MINORES, NVLLO CERTO GENERE aut forma comprehensos.

APVARVM SPECIES DIVERSAE.

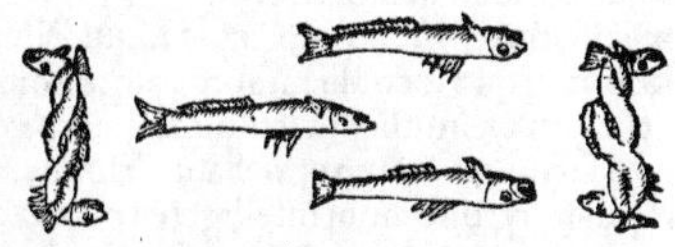

APVA uera, Aphye, ἀφύη. Ex aphyis (inquit Rondeletius) ea uerè aphya dicitur, quæ ab Aristotele ἀφρὸς, ab Athenæo ἀφρῖτις, à nonnullis ἀφρύη, à spuma maris, unde oritur, nominata est: uel à candore, si Suidę credamus, qui etiam ἐγγραυλιν à multis dictam fuisse scribit, sicut & Oppianus. Sic ille. Sed engraulis magis propriè uocatur alia Apuæ species maior, quæ & Encrasicholus. Apuam Latini uocant, quoniam is pisciculus è pluuia nascitur, Plinius.

ITALICE. A Liguribus Non nata appellatur, Rondeletius. Nonnatos uel Nonnados uulgus Genuense nominat, quasi nō adhuc prouectos dicere uellet, quorum duæ sunt insigniores differentiæ: peculiari autem nomine alij ab albedine Biancheti, alij à rubedine Rosseti: & Romæ Pesci noui appellantur, omnium quos aqua producit piscium minimi, (*ut Aphya non ab aphro, id est spuma: neq; ἀπὸ τοῦ ὕειν, ut Plinius insinuat: sed à paruitate quasi ἀφυὴς & μικροφυὴς dicta sit,*) Bellonius. Idē rursus Apuas aphritides Genuæ tradit Rossetos nominari, Cibotides uerò (*lego Cobitides*) bianchetos.

GERMANICE hos pisciculos Meerseelen nominare licebit: quoniam & lacustres pisciculos diuersorum generum confertis agminibus natantes, Seelen/ (id est, animas, à paruitate) nostri appellant. ¶ Apua quæ à Cantabrigiensibus (IN ANGLIA) uocatur a Spirling: à Londinensibus, dum recens est, a Sprote: & infumata a rede Sprote/ aut a dryed Sprote: non est harengæ soboles, ut quidā affirmant, sed sui generis piscis, à parente nullo ducens originem, Turnerus. Sed an alia fortè quædā Apuæ species sit, non uera, qui Spyrling Anglis uocatur pisciculus, quærendum. Frisij & Germani pleriq; ad Oceanum, pisciculum quendā nominant Spirling/ Spierinch/ Spirinck: Angli Sperling. Murmellius spirinchum interpretatur ein Spirinch uel Stint. Prioris equidē nominis rationem nescio: posterius à fœtore factum est. nam & recēs captus, & si aliquandiu seruetur, fœtere uidetur. Circa Rostochiū et alibi nominatur Stint: alicubi Stinckeling/ uel Stinckfisch/ coctum salicis fœtentis odorem referre aiunt. Huic simi lem alium, sed minorem ac breuiorē Hollandi Pen appellant, &c. Io. Echtius, præstantissimus Coloniæ medicus, inter alias Oceani Germanici piscium picturas Spierinck piscem pictum misit ad me, septem ferè digitos longum, dentatum, &c. Apuæ ueterum omnes (opinor) dentibus carent.

APVA COBITIS Aristoteli à Gobionibus paruis qui terrā subeunt, (uel ut Athenæus habet, qui in arena degunt,) creatur. Ἀφύη κωβῖτις. ¶ Hæc nunquam ad gobionum magnitudinem accedit, simillima alioqui gobionibus marinis, &c.

GALLICE Loche de mer uocatur circa Monspeliū. est enim ijs pisciculis (*fluuiatilibus*) quos Galli Loches uocāt, tam similis, ut uix ab his distinguatur. Eadem in stagno marino frequentissima est, & Loche uocatur, Rondeletius. Bellonius aliam Cobitidem ostendere uidetur: Qui Venetis (inquit) in piscaria diuenduntur pisciculi, quos uulgus Marsiones uocat, hi sunt Cobitæ & Hepseti. hos à gobijs nasci putauerim, & uulgo nostro uocari Menuise. Terentius minutos pisciculos nominauit. Et rursus Cibotides Genuæ scribit nominari bianchetos, &c. ut iam in Apua uera recitaui. Marsioni Venetijs dicti iconem subijciemus proximè.

GERMAN. uocabimus ein Meergrundel/ Meersmerlin. Nam & Angli in litore Cumbrico uocant a Grundling, Lochæ pisciculo undiquaq; similem.

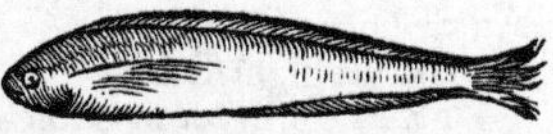

PISCICVLVS qui Venetijs Marsio nominatur: (*Vide paulò antè in Apua cobitide uerba Bellonij.*) Petrus Gillius ueterum Cottum esse putabat. Pisces quosdam (inquit) Gobioni saxatili propemodum similes, Aristoteles Cottos nominat, quos adhuc nonnulli Coranos nuncupant. Sic ille. Sed Cottus Aristotelis (in Græcis nostris codicibus legitur boithus) fluuiatilis est, Marsio au

A

tem marinus. Vide mox in Encrasicholo.

GERMAN. Ein fischlin von dem geschlächt der Meerseelen/ zů Venedig Marsion genannt.

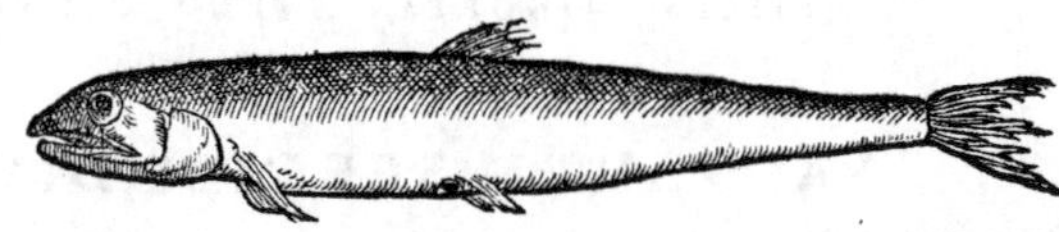

ENCRASICHOLVS uel Engraulis, ἐγγραυλίς, (quanquã & Apuæ sim pliciter aliqui hoc nomen tribuũt,) Apuę species: quę & Lycostomus ab oris forma dicitur. De hoc pisciculo loqui Plinium autumant, quum garum fieri ex † mutilato pisciculo scribit: quo loco alij minuto, alij minimo pro mutilato legunt, Rondeletius. Cœpit garum priuatim ex inutili pisciculo minimoq; confici, Apuam nostri uocant. Foroiulienses piscem ex quo faciunt, Lupum appellant, Plinius. uidetur autem Lupi nomine eundem piscem, nempe Apuam lycostomum intelligere: cum & nomen conueniat, & genus Apuæ, & garum similiter optimum ex eo fiat. ¶ Cum Græco cuipiam eas quas Anchoias siue Amploias littus Ligusticũ & Gallicum nominat, ostendissem, summa asseueratione appellabat Lycostomos, Gillius. Recentiores quidam uulgaris apud Italos uocabuli imitatione Ancludas nominant, Bellonius nimis generali nomine Haleculas.

† *Ego inutili legerim, ut alibi etiam habetur.*

ITALI cum alijs in locis tum circa Genuam, item HISPANI & GALLI Anchoy, (Anchioe, Anchoies Rondeletius) nominant. Veneti (inquit Bellonius) Sardonos, ad Chalcidum differentiam, quos Sardellas uocant: Sed Romani pro Sardonis Sardas intelligunt. Tractus litorum Liguriæ incolæ, Cueuri, Cueunari, uel Cueuneuri appellitant: sicq; Genuenses. Romanum uulgus Aliczi nominare malũt, quasi Haleces dicerẽt. ¶ Cueunari nomine ad Coranos (Vide in præcedente pisciculo) accedunt. sed Atherina quoq; Genuę Quennaro uocatur Bellonio.

GERM. circumscribatur, ein kleine Hering art/ ein Spiring art: uel nominetur ein Onhopt/ id est Mutilatus, acephalus. caput enim amarum & ueluti bile infectũ habet, quod uel Græcum Encrasicholi nomen arguit: unde & mutilari solet, ein Meerlaugele.

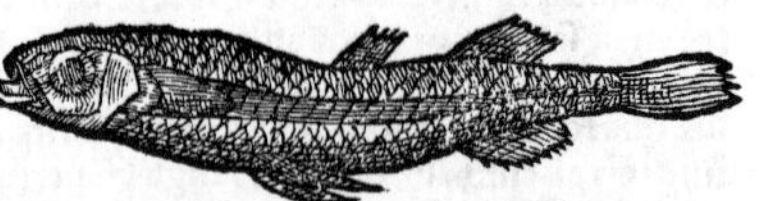

HEPSETVS pisciculus sui generis Rondeletio, ut ex his Dorionis uerbis cõijcit: Aphyæ generis quæ alba est, Cobitis uocatur: & Hepsetus paruus pisciculus eiusdẽ generis est. Hunc pisciculum (inquit Rondeletius) esse opinor, qui à nostris Iuoil dicitur. Bellonius Hepsetum à cobitide Apua non distinguit: Dorion certè, ut iam recitauimus, distinguit. Gaza ex Aristotele uidetur Naricam transtulisse. Grammatici quidã Naricam apud Plautum piscem minutulũ interpretantur. Hepsetus alioqui cõmune est nomen multorum tenuium & exiguorum pisciculorum, ut Encrasicholorum, Iôpum, Atherinarum, Gobionum, paruorũ Mullorum, Sepiolarũ, paruarũ Loliginum, paruorum Cancrorum.

GALLICE, Iuoil, ut dictũ est. GERM. F. Ein gar kleines meerfischle/ mag ein Meerpfrille/ oď Meerbambele genẽnt werdẽ: wirt vnder die Meerseelen oder Spirinch gezellet.

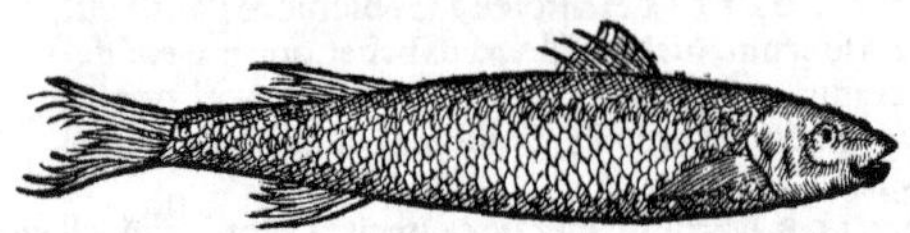

APHYA (Apua) Mugilum, cuius Aristoteles meminit. Aphyam Mugilum (inquit Rondeletius) nihil aliud esse puto, quàm Mugilũ speciẽ eam, quæ sponte sine maris & fœminæ coitu nascitur ex terra arenosa uel limo: cuiusmodi ea est, quam habemus, quæ nascitur in fossis, non procul à uicino nobis (*Monspeliensibus*) eoq; antiquissimo oppido Latera uocato. Eiusdem generis est quæ in Lado nostro capitur, & Athelan nuncupatur.

GERM. circumscribatur, ein kleine art der Meeraleten / welche von jr selber wachßt vß dem můr vnd sand.

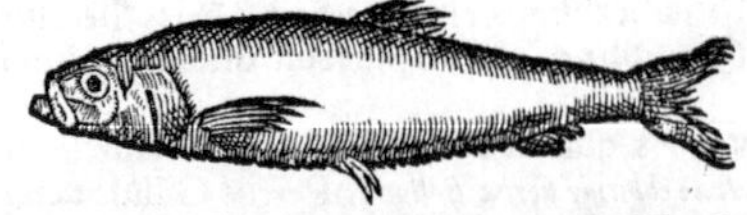

APVA Phalerica Rondeletio. Sic autẽ uocat Aristoteles (à Phalereo Atticæ portu) piscẽ, è quo Membrades gigni scribit.

ITALICE. Vide in Gallicis. GALLICE Nadelle uel Melete circa Monspelium, ut Rondeletius iudicat. At masculino genere Melet, Atherina est. Bellonius quidem Membradem esse putat, quæ uulgò dicatur Meleta Massiliæ: circa Rothomagum uerò & in litore Oceani ubi Sequana

quana in mare influit, un Crado. Italice circa Genuam Arachia. ¶ Huius piscis uenter ita linea quadam à squamis exasperatur, ut in Alosis & Sardinis, Rondeletius. de piscibus etiam alijs similem hanc lineam habentibus, leges in Sardina.

GERM. circumloquor, **ein meerfischle von der art der Spirlingen: gantz lind vnd fett: hat ein rauchen strich am bauch wie ein Häring.** Idem fortè est qui ab Anglis in Essexiæ comitatu uocatur **a Smie**: qui si diu seruetur, in aquã resoluitur. nam & Rondeletij Meleta adeò mollis est & pinguis pisciculus, ut si aliquandiu digitis tractetur, liquefiat, &c.

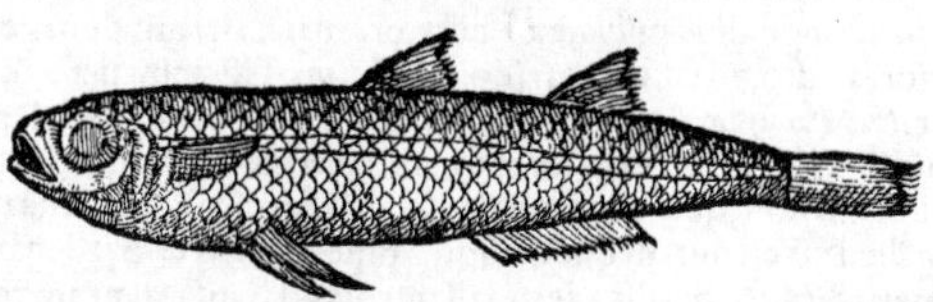

ATHERINA, Ictar. apud Pliniũ medicũ perperã Acerina legitur. Gaza Aristã uel Aristulã conuertit. atheres Græcis aristæ sunt, unde uerbum ἀθερίζειν, quod est contemnere. Vilis autẽ & contemptus hic pisciculus est: & paruis spinis tanquã aristis, durioribus quàm reliqui huiusmodi pisciculi, abundat. GRAECI hodieq; Atherinam uocitant.

ITAL. Latharina Romæ: aliqui tamen hoc nomen cum alio pisce, quem Lauarolum nominant, confundunt. Genuæ Quennaro: Venetijs Angoëlla, Bellonio teste.

GALLICE. In litore nostro rarò capitur: diciturq; Melet (*masculino gen. nam Meleta gen. fœm. Apua Phalerica est:*) Massiliæ & in stagno quod Martegue uocatur, frequentissimè, & Sauclez (Senclez, Bellonius) nominatur. Pro Encrasicholo sæpe uenditur, Rondeletius. Gregales illos pisciculos, quos Sancletos Massiliæ uocant, Græcis innumeris Genuæ & Massiliæ ostendi: qui omnes statim atherinas appellarunt, Gillius.

GERM. F. **ein art der Spirinchen oder Meerseelen: ein kleine raane Hering art.**

EGO aliã atherinam (ut Gillius mihi ostendenti uocabat) Venetijs olim pingẽdam curaui: ubi Anguello nominatur uulgò: quod nomẽ fortè ceu diminutiuũ ab anchoia factũ est. anchoię enim (id est, encrasicholo) persimilis est.

GERM. F. **ein ander geschlecht der Meerseelen.**

Icon hæc non Celerini Oceani est: sed illius piscis qui Massiliæ Harengade uocatur, &c. ut Rondeletij uerbis recitauimus. nam Celerinus lineã in uentre spinosam habet, & quidem asperiorem quàm Harengus.

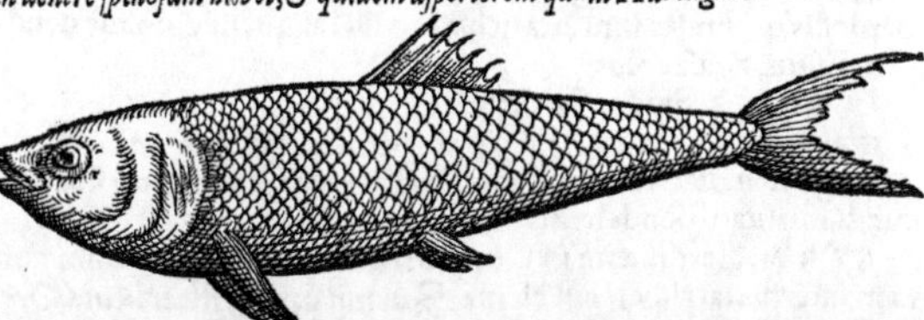

MEMBRAS, Bembras, Bebras, Bebradon.

GALL. Mẽbrades sunt, quantũ coniectura assequi possum, hi pisciculi, quos Galli Celerins uocant. Vel qui Agathopoli magna copia sæpe capiuntur, paruis Alosis similes, uocanturq; illic Calliques uel Lasches, Massiliæ Harengades, Rondeletius. Bellonius tũ Celerinũ Oceani, tũ Sardinã mediterranei maris, Chalcidẽ interpretatũ, magnitudine tantùm distinguẽs. Quòd si Oceano peculiaris Celerinus est, non fuerit membras Græcorũ. ¶ Plura de Celerino & cognatis ei piscibus leges in Sardina.

GERM. circumloquemur, **ein kleine Hering art.**

Sardinæ icon à Rondeletio posita, tam similis est Agono, (quem inter Lacustres dabimus,) ut discerni uix possit. Nostra uerò Sardina hæc Venetijs depicta, lineam asperam in uentre non ostendit: & squamas non bene, ut puto, dispositas habet.

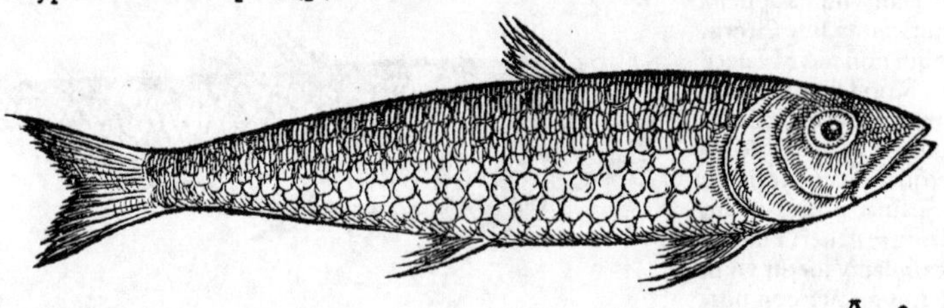

A 2

TRICHIS uel Trichias, τριχὶς, ἡ: τριχίας, ὁ. Rondeletio unus est piscis, sic dictus ob spinarum copiã & paruitatẽ: sicuti & Thrissa. nam & θρὶξ rectius per θ. in singulari num. reliqui casus per τ. scribuntur. exiguæ enim spinæ ueluti pili sunt, quos Græci τρίχας uocãt. Latinè Sardina dicitur à Columella: sicut etiam hodie uulgò à Gallis & Italis. In Gallia nostra Narbonensi, (inquit Rondeletius,) Prouincia, & Italia, Sardine dicitur, minor adhuc: deinde maior Sarde. Et fortè etiã ex Græcis uocabulis Trichias ad maiorem, Trichis ad minorem pertinet: quod & Gaza sensisse uidetur: qui cum animaduerteret Aristotelem Trichiam à Trichide distinxisse, illã Sardam, hanc Sardinam interpretatus est: uulgi nimirum nomenclaturas secutus. nam Sarda ueterum, ut Plinij & Athenæi, longè alius piscis, ex Lacertorum uel Pelamydum genere est. Pisces tum molliores tum sicciores iusto, ad saliendum idonei nõ sunt. Coracini uerò & Pelamydes, & Mylli, Sardæ & Sardenæ, (Σάρδαι καὶ Σαρδῆναι,) &c. ad salsuram sunt appositi, Galenus De alim. facultatibus lib. 3. cap. penultimo. Et mox: Præstantissima autem omnium, quæ mihi experiẽtia cognoscere licuit, salsamentorum sunt, quæ à ueteribus medicis Sardica salsamenta nuncupantur, hodie Sardas uocant. Sic ille. Nõ est autem quòd aliquis putet Sardas & Sardenas, quoniã simul nominauit, eum pro cognatis duxisse. Sardica certè salsamenta ad Sardas tantùm retulerim, ad Sardenas minime: quamuis tum Sardas, tum Sardinas à Sardinia insula, unde primum nimirum mittebantur, nominatas fuisse, uerisimile est. ¶ Chalcides etiã olim ab aliquibus Σαρδῖνοι (masculino genere) nominabãtur: (& Callimachus Trichidium interpretatur Chalcidem.) Sic & Agonos lacustres pisces, Romæ nomẽ mutare audio, postquam salsi sunt, & uocari Sardenas. Fracastorius distinguit: Sardellarumq́ cateruæ: His est maior Aquo. Benedictus Iouius in Larij descriptione Aquonis tantùm meminit. nam quæ Salena ab eo nominatur, (hoc uersu: Scardua, & Incobia ex Pigis, & Plota, Salena,) alia quàm Sardena uidetur. Sardellæ ex Benaco admodum laudãtur, Platina: qui hos pisciculos ab Agonis diuersos, assimiles tamen facit. Quærendum an Sardellæ & Aquones (seu Agoni,) ætate tantùm differant. hos enim maiores esse Fracastorius canit. ¶ Thrissis sanè, id est Alausis & Trichidibus, multa sunt communia: nominis ratio, ut dictum est: quodq́ pisces sunt parui, aristosi, uiles: quòd gregatim capiuntur, & quidem utrinq́ cantu saltationeq́. Linea quidem illa spinosa in uentre, in Alausis & Sardinis, tum marinis tum lacustribus, conspicitur: item in Celerino Gallis ad Oceanum dicto, quem Rondeletius Apuam Membradem facit. Eidem Apua Phalerica piscis est Sardinæ similis, minor, tenuior: uentre similiter exasperato. Bellonius tũ Celerinũ Oceani, tum Sardinã mediterranei maris, Chalcidẽ interpretatur, magnitudine tantũ distinguens: Celerinus (inquit) asperiorem sub uentre ex aristis lineam habet, quàm Harengus. Ab eodem Liparis nominatur pisciculus lacustris in Macedonia: qui Sardinam toto habitu refert: sed uentre est latiore, & lineam sub uẽtre asperam habet. Idem aut simillimus uidetur, qui Agonus in Verbano lacu dicitur, alibi in Italia Sardanella, à maxima cum Sardinis similitudine, spinosa illa uentris linea & ipse insignis. Ancludes uulgò dictæ (Apuæ Encrasicholi Rondeletij) Sardinis Sardellis'ue similes sunt, ita ut hæ pro illis aliquando dolosè uendantur. Ancludes enim maioris precij sunt, Brasauolus.

Sardinæ lacustres. *Similitudo.*

ITALICE Sarde, Sardelle.

GALLICE similiter, ut in præcedentibus dictum est. Sardinæ nomen Oceanus Gallicus non agnoscit, ut scribit Bellonius: qui tamen Celerinum à Gallis Oceani accolis dictum, piscem eundem putat: Rondeletius distinguit.

GERM. Sardinæ an in Oceano nascantur, nondum mihi constat. Germanicè tamen Sardinam interpretari libet, ein kleine Häring art im meer: ein Meeragune. quæ interpretatio etiã Atherinæ & Membradi Rondeletij conueniet. Chalcides uerò & similes in lacubus dulcibus, Seeagunen / Häring arten im süssen wasser. Vel Sardinam faciemus Alausæ speciem: ein art der Zigen oder Goldfische im meer. ¶ Bellonius Trichidem facit Alausam ætate minorem: quæ Gallis Pucelle dicitur: Anglis a Pylcher / uel Pylcharde. ¶ His scriptis piscem Sardeyn nominatum à Germanis ad Oceanum, Io. Echtius pictum misit.

Icon Haringi, partim ad Rondeletij, partim ad Bellonij iconem expressa.

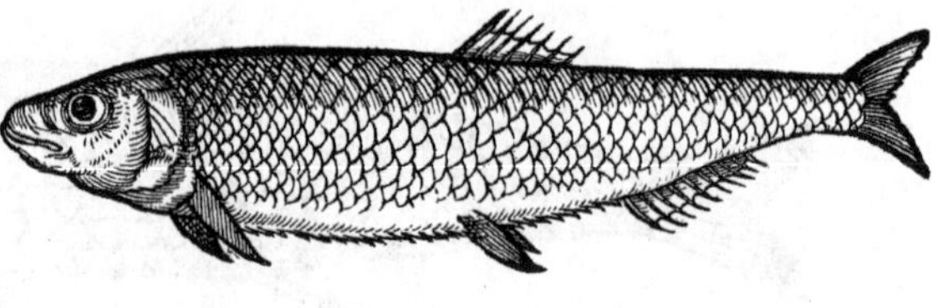

HARENGI nomẽ barbarũ est: neq́ ulla est, quod sciam, huius appellatio siue Latina, siue Græca. Sunt qui non rectè Halecẽ uocẽt, Rondeletius. Chalcidum generis hũc piscem Bellonius putat, neq́ id temere: quanquam Rondeletius Alausæ potius quàm Chalcidum generi Harengũ attribuat. Videtur enim Chalcidis nomen commu- nius

Chalcis.

nius esse: cum Oppianus Chalcides marinas fecerit, Aristoteles fluuiatiles aut lacustres: (sicut & Sardinæ hodie tum lacustres, tum marinæ dicuntur.) & ex ueteribus aliqui Trichides (uel Trichades, uel Trichiades) interpretantur Chalcides: Heracleon, Membrades. & rursus Chalcides, Sardinos. Coniicio autem ab æris colore nominatas Chalcides, (Aericas Gaza transtulit, nomine ab eo conficto quidem, quod tamen ad nostrum Häring alludat:) non quòd iis uiuis (opinor) is esset color, sed inueteratis: sicut in Harengis aliisq́; infumatis maximè, apparet. Esto igitur Harengus, Chalcis aut Trichis Oceani maior: Celerinus uerò eiusdem, Chalcis Trichis'ue minor. In hoc tamen falli puto Bellonium, quòd Sardonum uulgò Romæ dictum, non modò congenerem Harengo, (qui in mediterraneo nullus est,) sed eundem putauit. ¶ Harengi uocabulum est Germanicum. Germani plerique Hering scribunt & efferunt e. obscuro, ad æ. diphthongum accedente: Flandri Harinck. Galli aspiratione, ut sæpe solent, omissa, per a, un areng: unde Latinum uocabulum alii aliter formant & scribũt. Ego quoniam Germanicam dictionem esse agnosco, Haringus, uel Heringus scripserim, ut suam orthographia originem fateatur. uidetur autem à Græco τάριχος deductum nomẽ, quod salsamentum significat, ut haringus, quasi harichos, pro tarichos, appelletur. nullum enim salsamenti genus usitatius per omnem Germaniam reperias. ¶ De cognatis Harengo piscibus, & similiter spinosam in uentre lineam habentibus, diximus in Sardina. ¶ Sale fumoq́; inueteratum hunc piscem, recentiores aliqui Haringum passum appellant: alii Ruscupam & Ruburnum, fortè à rubente ob fumum colore. Germani Bockling / Bücking / Bucking / Buckling. & eundem piscem muria seruatum, Pickelhering / Roschering. Aqua maceratum, ein gewässerten Hering / ein Braathering.

ANGLICE. Heryng / Hearynge / Hearing. Infumatus uerò a redde Heryng.

ILLYRICE & Polonicè, Herynk, Sledz, Sliedz. infumatus uerò Platanii Sliedz, uel Bydlinek.

Alia eiusdem inueterati figura.

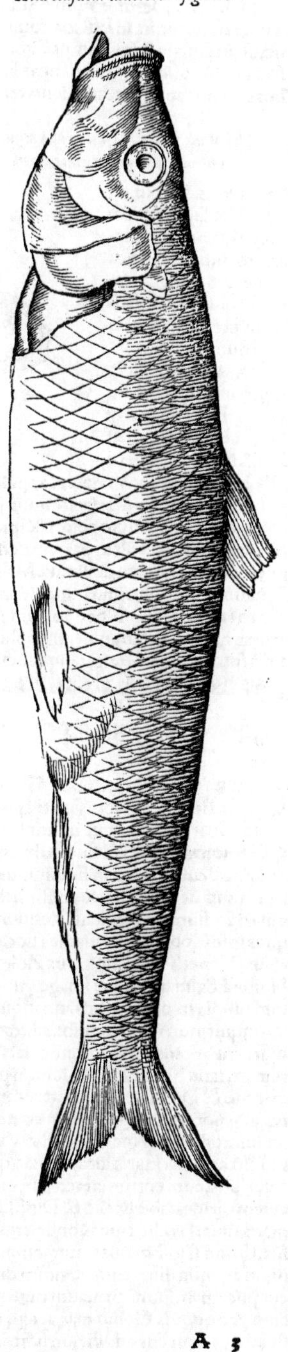

LIPARIS (marina) Rondeletii. Piscem hunc rarũ (inquit) & spectatu dignissimum, cùm aliquandiu seruare uellem, totus in oleum abiit: qui euentus me impulit, ut Liparim (*Liparidem potius, à recto oxytono fœminino λιπαρίς*) quasi λιπαρὸν, id est, pinguem, nominem. Capite terrestrem cuniculum refert: ore est paruo, sine dentibus, &c. Adeò pinguis est, ut non uentri solũ intestinisq́; infarcta sit pinguedo, ueluti in Mugilibus & Lupis: sed etiam sub cute carnis loco nihil aliud uideatur esse quàm pinguedo. Idem Rondeletius Agonum quoq́; lacustrem piscem Liparin (*Liparidem*) à nonnullis appellari scribit, à pinguitudine: quòd cum in craticula assatur, pinguitudo uelut oleum destillet. ¶ Alia

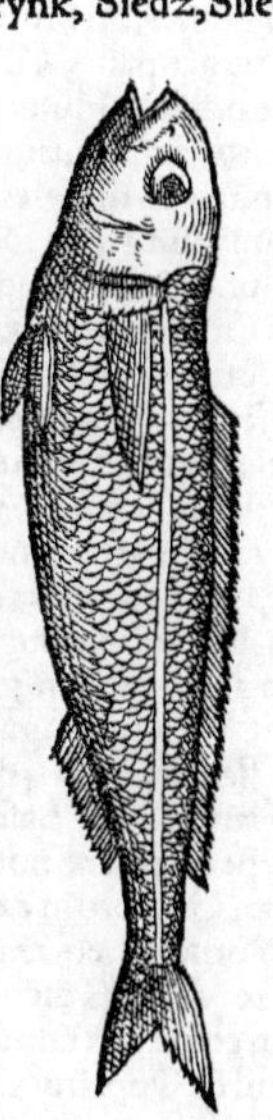

est Liparis lacustris in Macedonia, Bellonio descripta.

GERM. F. Ein Schmeltzling/ein Feißling. Cæterùm ut hic piscis(teste Rondeletio)in oleum resoluitur:sic in Essexia comitatu Angliæ habetur piscis,qui uocatur a Smie:qui si diu seruetur,in aquam resoluitur,ut Eliota Anglus scribit. Apua Phalerica quoque,Sardinis atque Alausis non dissimilis,& linea uentris similiter aspera insignis,in pinguedinem fermè resoluitur. ¶ Alius est ab accolis Oceani dictus een Smelte,cuius iconem Io.Echtius ad nos misit.

Bellonius figura Variatæ apud me uisa,omnino Epelanum fl.suum esse aiebat.Icones quidem utriusque conueniunt,nisi quòd pinnæ uentris non similiter positæ sunt,pictorum fortè culpa.Vide inter Fluuiatiles.

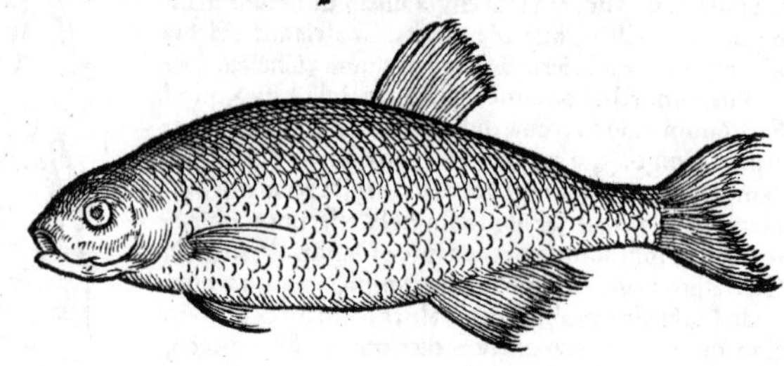

THRISSA,id est Alausa,quamquam post Apuas cum Harengo inter marinos censeatur à Rondeletio,à nobis ad fluuiatiles referetur.procul enim flumina subit.

VARIATA ficto nomine. Epelano fluuiatili Bellonij perque similis est piscis,quem Io.Caius medicus Angliæ ornamentum,Variatam appellauit,& his uerbis mihi descripsit, delineata etiam quæ hîc apposita est figura. Variata(inquit)piscis est marinus,illustris,aureus & resplendens magis,uersicolor tamen,ut si multo colori & splendescenti exiguum purpureum admisceas.Is color,prout ad Solem in hanc aut illam partem uerses piscem,ita alius atque alius est,ut in collo columbino: unde pisci Variatæ nomen dedimus.Magnitudine est Alburni,cute & carne Percæ: in australi nostræ Britanniæ mari plurimus,inter scopulos atque saxa frequens.Mortuo marcescit color,& ad pallorē degenerat.Sic ille. Nos quoniam Alburno maior non est,quamuis Saxatilem hunc pisciculum, primæ huic Classi adnumerare uoluimus. Idem uidetur à Io. Echtio pictus ad me missus piscis, adscripto nomine Voꝛe, tanquam accolis Oceani Germanis usitato.

GERMANICE F. ein Meerbambele:uel à coloris uariatione,ein Schiler.

DE GOBIIS MARINIS, ET PRIMVM in genere quædam.

GOBIVS,Gobio,Cobio. Gouius in Halieut.Ouid.Græcè κωβιός,κῶθος,aliquib.κώθωρ,σωρίκ-ϐιος.Pisces Gobioni saxatili propemodū similes,Aristoteles Cottos(*imò Cothos,κώθας Athenæus*)nominat, quos adhuc nonnulli Coranos nuncupant, Gillius. Lege suprà in Encrasichelo. ¶ Gobiones marini & fluuiatiles toto genere distant. Fluuiatiles nunc appellamus non è mari in flumina deuectos,sed in fluminibus ipsis genitos,à marinisque corporis etiā figura differentes. Horum apud ueteres Græcos nulla habetur mentio. Aristoteles nanque & Galenus de ijs tantùm qui è mari ad flumina annatant, loquuntur. & nimirum etiam Dorion apud Athenæum: sin minùs, quos ipse Gobiones fluuiatiles uocauerit,ignorare nos fatendum est, Saluianus. ¶ Gobius marinus, Venetis Go.Liguribus Zolero.Gallis Gouion de mer.Plinio modò Cobio,modò Gobio. Huius à Saluiano posita imago, nostris omnibus dissimilis est,tum forma ferè, præsertim capitis: tum pinnis in dorso tribus. quanquam in descriptione author duarum duntaxat meminit. Color(inquit)non idem omnibus.hæc tamen colorum siue picturę uarietas,non species diuersas,sed differentias tantùm Gobionum facit.non secus enim quàm Anguillæ & Tincæ, loci ratione colorem uariant. Nam qui Gobionum puriorem maris partem incolunt,minùs picturati sunt: eoque ab Hicesio & Diphilo,nō quia uerè candidi sint,sed quia minùs colorati, ac ex albo leuiter flauescentes,albi uocantur.Qui uerò in cœnosis atque paludosis marinis locis degunt, cū ex flauo nigricent, (cuiusmodi noster hic piscis est à Venetis Go appellatus,)nigri dicuntur ab Hicesio. Qui postremò circa saxosa maris loca uictitāt(quales sunt Venetijs Paganelli appellati)etsi uarijs depicti sint coloribus,cum eorum tamen partes plurimæ flauescant,χλωροὶ(id est pallentes siue flauescentes,nō autem uirides)ab Hicesio & Diphilo iure uocantur.Hæc Saluianus. Ego sanè species Gobiorum maris diuersas esse cum Rondeletio putārim:neque temere nomina etiam diuersa à uulgo eis imposita.Quòd si ipse genus unum omnium in mari Gobiorum existimauit,hoc est speciem unam: cuius indiuidua differentijs tantùm differant colorum, (neque enim differentias alias ullas exprimit:) cur piscem 81.suum,priuatim nigrum facit,Go Venetijs dictum,à Paganello alijsque distinguens: cum pro quouis Gobio mar.accipi queat,si in coloribus tantùm discrimē est:ij uerò libris impressis,ad nos aduectis additi non sunt. ¶ Aeliani & Oppiani Gobius mar. noxijs aculeis armatur, quòd

quòd in cognitis hodie non deprehenditur. ¶ Gobionum (marinorũ, inquit Rondeletius) multæ sunt differentiæ, à loco uiuendiq́ ratione, à substantia, à magnitudine, à colore. A loco quidẽ & uita, quòd Gobiones quidam litorales sint: alij saxatiles, alij in fluuiorum ostijs aut marinis stagnis uiuunt. alij fluuiatiles. Substantia, quòd alij alijs præferãtur, uel quòd ad palati gustum, uel quòd ad salubritatem. Colore: quoniam alij albi sunt, alij nigri, alij flauescentes siue pallidi, quos uirides non rectè appellant. Magnitudine: sunt enim alij magni, nimirum flauescentes: alij parui, albi: alij inter hos medij, nigri.

GERMANICVM nomẽ fingo ein Meergob. quoniam & Gobij fluuiatilis genus Kop uel Cab Germani uocant, nostri Gropp. Sed Blennum interpretor ein Meergropp, quòd fluuiatili persimilis sit: Gobium uerò differentiæ causa ein Meergob, alludendo simul ad Latinum uocabulum.

ANGLICVM Gobionis nomen ignoro. neq́ ad hoc genus referendas puto duas piscium species, quarum alteram Angli Sandele, uel Sandil (composito ab arena & anguilla uocabulo) appellant: quæ in Mediterraneo mari an reperiatur dubito. alteram, Smelte, quam Eperlani nomine Gallico descripsimus.

GOBIOS marinos in hũc Ordinem potiùs quàm Saxatiliũ asciui, quòd & omnes parui sint: et una tantùm ex eis species saxatilis, quam primo nunc loco describemus.

Gobij saxatilis effigies à Rondeletio exhibita.

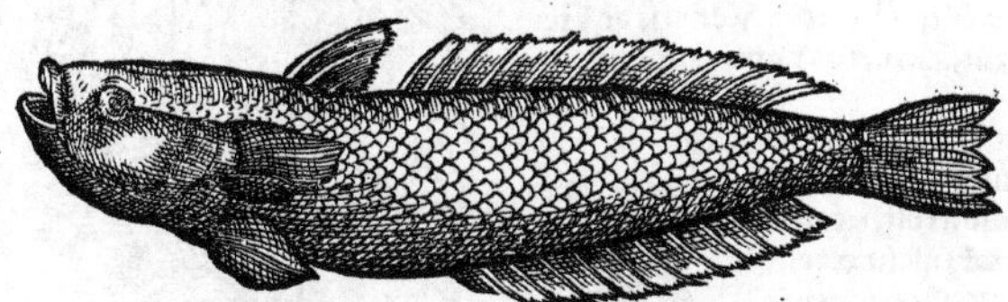

Alia eiusdem Venetijs delineata, maior quàm uellem.

GOBIVS marinus maximus, flauescẽs, & uerè saxatilis. Græcè κωβιὸς καυλίνης, ἢ χλωρός: hoc est, Gobius caulines, uel subflauus. errant enim qui uiridẽ interpretantur: cũ χλωρὸς nõ modò uiridem, sed aliquãdo etiam pallidum uel subflauum significet. ¶ Bellonius hunc Gobium album facit: Rondeletius album diuersum exhibuit.

ITAL. Venetis Paganello. Vercellenses rustici Gobium fl. quoq́ (quem alij Chabotum) Paganellum uocant, Rondeletius. Paganellò autem nomen fortè à rubro colore impositum fuerit, quo ad Pagrum accedit.

GALL. Massiliensibus Gobio. Circa Monspelium Boulerot, teste Rondeletio: qui tamen Gobionem nigrum ibidem priuatim Boulerot dici scribit. ¶ Gobij saxatiles, uulgò Goatæ uocantur, Gillius.

GERM. Ein Steingob im meer: ein gälblachter Meergob.

Gobio niger Rondeletij.

GOBIO Niger, (qui in litoribus & stagnis seu paludibus marinis degit) magnitudine inter subflauũ & albũ mediocri. Κωβιὸς μέλας. Similis est priori, (inqt Rond.) sed minor: coloris nigri, maximè parte anteriore. Loco binarũ pinnarũ, quę cęteris sunt in uentre, unicam habet nigrã, barbam esse

A 4

diceres. Quę nota facit, ut credam hunc eſſe piſciculum, quem Athenæus libro 8. Τράγον uocat, id eſt, Hircum, cui Exocœtum cōfert, his uerbis. Exocœtus omnino ſimilis eſt piſciculo qui Hircus dicitur, præter nigrū illud quod uentriculo ſubeſt, quod Hirci barbam uocant. Sed etiam Mæna mas, quum fœmina fœtu impleri incipit, Hircus uocatur Ariſtoteli. *Tragos.*

ITAL. Venetis Go, Guo, Gobi.

GALL. Circa Monſpeliū Boulerot: quod nomē Rondeletius ſaxatili etiam uel ſubflauo adſcribit.

GERM. F. **Ein ſchwartzer Meergob.**

Gobius niger Bellonij, ab omnibus Rondeletij Gobijs diuerſus uidetur, etiam à nigro ipſius Gobio. Gobiones marini (inquit) Venetis Goi, Genuenſibus Guigiones, Romanis Miſſori uocātur: quanquam Miſſoris uox ad pleroſq; alios piſces trāsferatur. Incolæ urbis de le Specie, & qui Portum Veneris ac Genuam inhabitant, Zozeros nominant.

Eiuſdē alia icon Venetijs picta, licet maior quàm Paganelli, id eſt Saxatilis, qui maximus Gobiorum à Rondeletio dicitur.

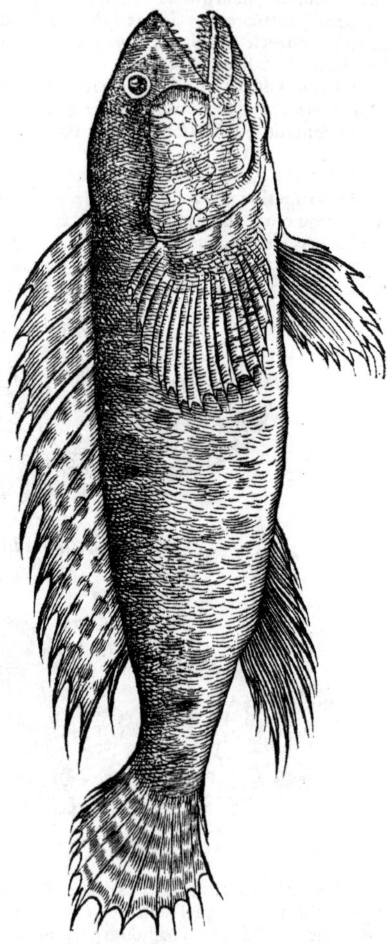

GOBIVS Albus, Κωβιὸς λευκὸς, omnium minimus, nō ita quidem cādidus eſt, ut cum aliorum multorū piſcium candore poſsit contendere: cæteris tamen Gobionibus candidior, Rondeletius. Bellonius Gobium ſaxatilem & flaueſcentem Rondeletij, album cognominat.

GERM. F. **Ein wyßlachter Meergob.**

DE ALIIS QVIBVSDAM paruis piſcibus, ut Blennis, Alaudis, & ſimilibus: Item de Scolopace.

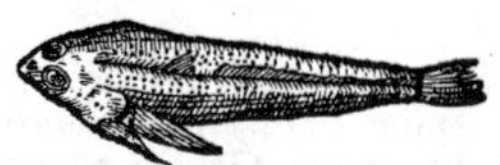

BLENNVS, Belennus, Bæon, Rondeletij. (nam alius eſt Bellonij Blennus.) Βλέννος, Βέλεννος, Βαιών. Piſciculus eſt (inquit) ſimilis ei, qui à Tholoſatibus Peis de menage uel Grauan dicitur: Cotto etiam fluuiatili piſciculo tam ſimilis, ut uix diſcernatur, niſi ab eo qui nouerit; hunc in fluuijs, illum in alto mari degere. Pelagius eſt & rariſsimus. corporis ſpecie Ranam piſcatricem refert: colore & carnis ſubſtantia Aphyam Cobitidem. Sic ille. Non ineptè etiam Cottus marinus uocabitur. Plura leges mox in Blenno Bellonij.

GERM. F. **ein Meergropp.**

Vilis, humida carne, & planè inſipidus eſt piſciculus: à blenna fortè, id eſt, muco, nomen ſortitus: nam & Βλέννος, & Σιαλὶς uocatur: & Lycos quoq; Diophani in Geoponicis 18.14.

BLENNVS Bellonij & Saluiani. Nomina diuerſa leges ſuprà cum Rondeletij Blenno, qui pelagius eſt, hic enim ſaxatilis eſt, non tamen dignus qui ſaxatilibus adnumeretur. nam propriè dicti ſaxatiles circa ſaxa frequenti natatione exercentur: eoq; ſicciorem, friabilem & ſalubrem in cibo carnem habent: Blennus autem & ſimiles, in petris ſtabulantur, & propter ignauiam minimè exercentur, ideoq; mucoſa ſunt carne: & ferè figura etiam à propriè dictis ſaxatilibus differunt.

Et quan-

¶ Et quanquam Blennum hunc esse ex ijs quæ authores tradiderunt, prorsus affirmari non possit: uidetur tamẽ is esse: cum βλεννα mucum significet, βλεννὸς ignauum & segnẽ. est enim hic piscis præ cęteris mucosus, ignauus, timidus, segnis ac tardus. & in herbosis litoribus uiuit: & Cothio siue Gobio absimilis non est: hoc enim de Belẽno Athenæus:

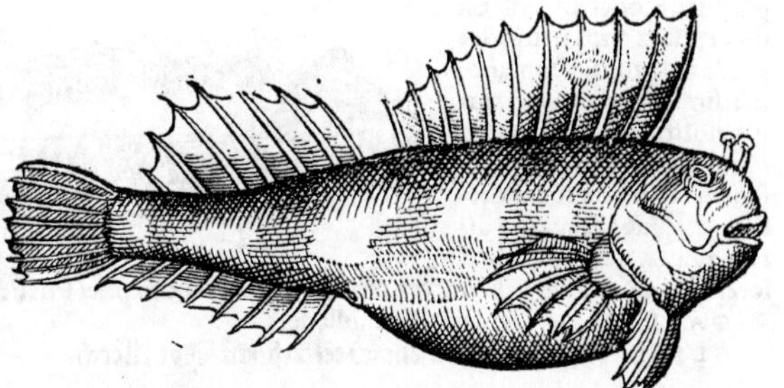

illud de Blenno Oppianus tradit. Fortassis autem idem etiam Epicharmi Bæon (Βαίων) fuerit. paruus enim est, id est, βαιός Græcè: & simul malus ac uilis piscis Epicharmo teste. Hæc ferè Saluianus. Varino quidem Βαίων non alius est quàm Βλέννος: sic enim apud illum scribitur. Vide etiam infrà in Exocœto Bellonij. Belennum dici non laudo, nisi fortè carminis gratia. ¶ Hunc piscem (qui Scorpioidi Rondeletij mox exhibendo idem aut planè cognatus uidetur) ego quoq; olim in Italia Blenni nomine pictum, à Cor. Sittardo accepi.

CORCYRENSES & Zacynthij Cæpolam à cepæ similitudine uocant. Capite est grandi, spiculato, &c. Totus quadrantalem non excedit longitudinem: crassitudo eius ut cepa mediocris esse cõsueuit. quin & ita flauus est ut cepa, & Scorpænam colore refert. Quosdam audiui qui hunc Boacem perperam uocarent, Bellonius.

ITALICE Borrebotza. Pesce de petre, quòd semper inter petras agat. Pesce de fortessa. ¶ Romæ non secus quàm Vranoscopus & Citus (*sic Cottum fl. seu Gobium fl. capitatum uocat*) Messore dicitur, Saluianus.

HISPAN. Cagador (ni fallor) Lusitanis.

GALL. In Narbonensi Prouincia à nonnullis Lebre de mar dicitur, Saluianus. Rondeletius Scorpioidem suum uulgò Lebre de mar uocari scribit. est autem is idem cum Blenno Saluiani & Bellonij: nisi duæ species unius generis proximi alicui uideantur. Vide in subsequente pisce.

GERM. F. **Ein andere Meergroppen art: ein Schleymling / ein Zwibelfisch.** Leporem mar. Germanicè interpretari non libet propter euitandam synonymiam.

Blenno Bellonij & Saluiani, & Rondeletij Scorpioidi, Galerita utraq; eiusdem & Pholis, cognati mihi uidentur. item Galetta Venetijs dicta, & Gutturosula: cognati inquam tum inter se, tum Gobijs, uel potiùs Mustelis marinis: unde & Galetta fortè diminutiuè dicta. hæc tum corporis specie, tum pinnis & læuitate cutis, & molli mucosaq; carne, ad pisces prædictos accedit. Gillio cum ostendissem Venetijs, Gobij genus pessimum esse dicebat.

SCORPIOIDES Rondeletij: idem ut uidetur, uel cognatissimus Blenno Bellonij, &c. de quo proximè retro dictum est. Vulgò à nostris (inquit Rondeletius) Lebre de mar: id est, Lepus marinus dicitur. quia rostrũ terreni Leporis πρόσωπον admodum simile habet. Lepori quidem marino uerũ omnino dissimilis est. Scorpioidem nõ ineptè appellabimus: est enim capitis forma Scorpioni marino similis, totidemq; supra oculos apophyses molles habet. dentibus differt. Præterea differt à Scorpione & Galerita pinnæ dorsi magnitudine, duabusq; maculis nigris eiusdem pinnæ. Cutis læuitate Galeritæ similis est, & carnis substantia, non autem Scorpioni. Litoralis est: muco & aqua uescitur.

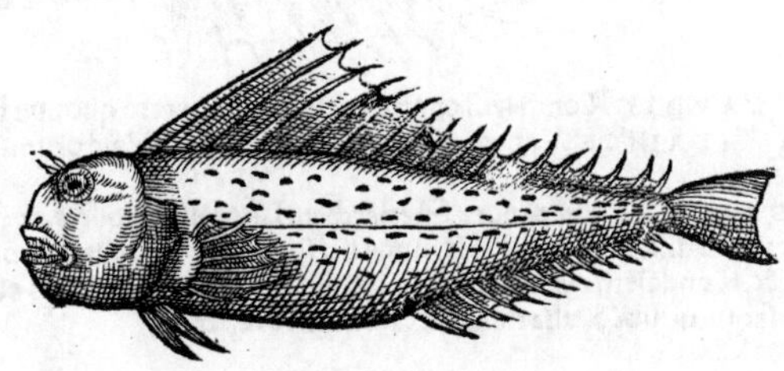

GALL. Lebre de mar, ut prædictum est.

GERM. Vide cum præcedente pisce. Poterit etiam **ein Schneckling**, id est, Cochlioides appellari: quoniam Cochlearum seu Limacum instar cornicula protendat.

ALAVDA cristata uel Galerita piscis, ut à Rondeletio uocatur. In saxis uiuit, & naturam formamq; saxatilium imitatur, in saxatilibus tamen non habetur (à medicis.) In uertice cristam erigit (Alaudæ auis instar) mollem, & cœruleam dum uiuit. Carne est molli, & ob paruitatem ne-

Basiliscus. gligitur, Rōdeletius. ¶ Basilisci pisces circa petras lepades degunt Oppiano: uerisimile autem est Alaudas nostras à crista, à qua et regulis auiculis nomen, Basiliscos ab eo dictos. Poterunt & Pauones marini dici hi pisces. nam & uersicolores sunt, & cristam habent cœruleam, qualem Pauoni pisci Phasidis Philostratus attribuit.

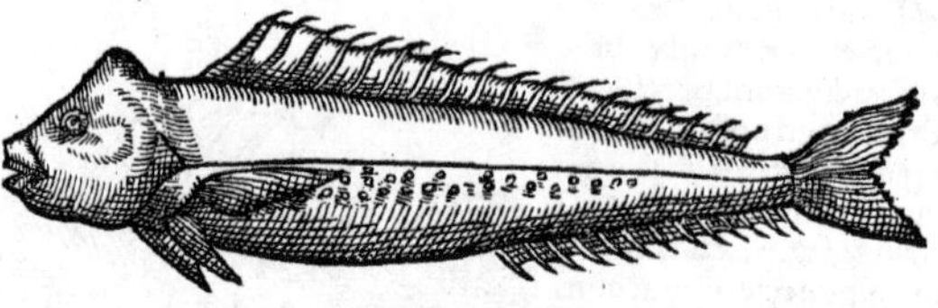

GALLICE. Percepierre, Coquillade.

GERMANICE uocetur **ein Seelerch/ein Kobellerch.**

ALAVDA non cristata Rondeletij, similis superiori, crista excepta. Posis etiam (inquit) optimo iure Simiam appellare, *Simia.* quia capite Simiam refert, paruo scilicet & rotūdo. uel si nostrorū appellationē sequi uelis, qui Percepierre nominant, non absurdè Empetrum uocaueris. in petrarum enim cauernulis degit, inq; abditissimis earum rimis se occulit.

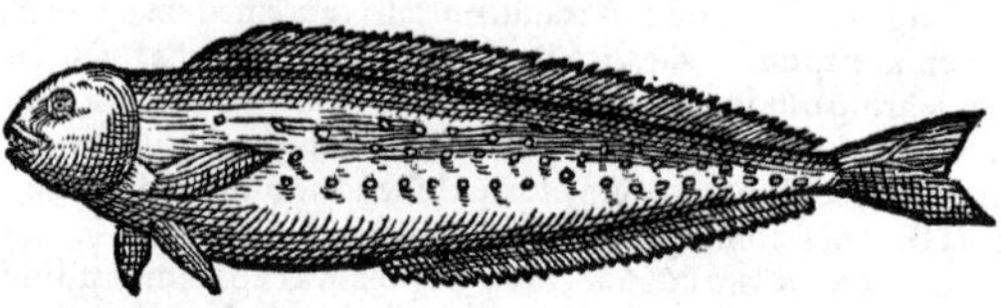

GALL. Percepierre, ut prædictum est.

GERMANICE circunscribo, **ein Seelerch on ein kobel/on ein kamp.**

Mordet hæc quidem, sed morsu innoxio; quamobrem Iulis non est.

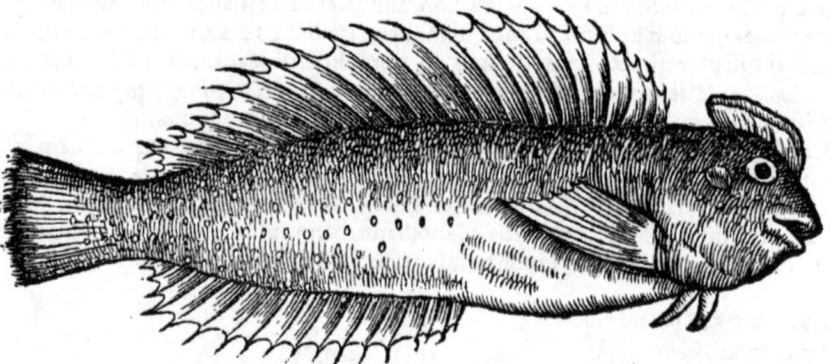

ALAVDIS Rondeletij cognatus piscis: Exocœto quoque Bellonij idem, aut eius species.

ITALICE Venetijs Gotorosa uel Gutturosula, à prominente nimirum sub faucibus tumore.

GERMAN. F. **ein art der Seelerchen.** Litoralis est piscis, & ferè subit foramina lapidum, aut *Troglodytes.* parietum ædificiorum in litore: unde nō ineptè Troglodytes appellabitur; uel à crista, Basiliscus, *Basiliscus.* sicut & Rondeletij Alauda cristata. ¶ Idem uel cognatissimus est piscis Exocœtus Bellonij, qui mox sequitur; ubi & alia nomina Germanica reperies.

EXOCOETVS Bellonij. (Alius est Rondeletij Exocœtus, saxatilis.) In saxis degit: non tamē est propriè saxatilis, ut medici nominãt. Idem aut eius species cognatissima est piscis proximè retro positus.

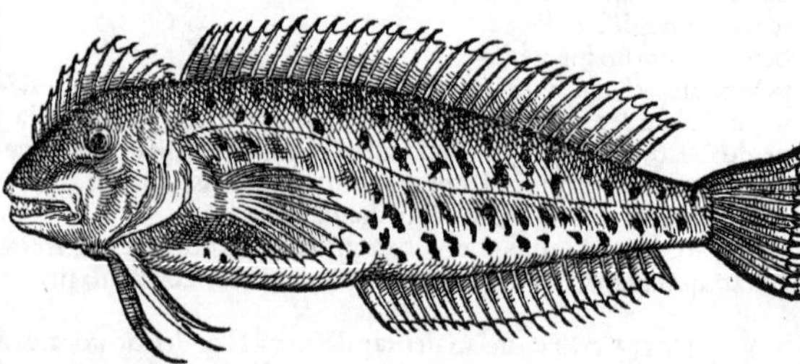

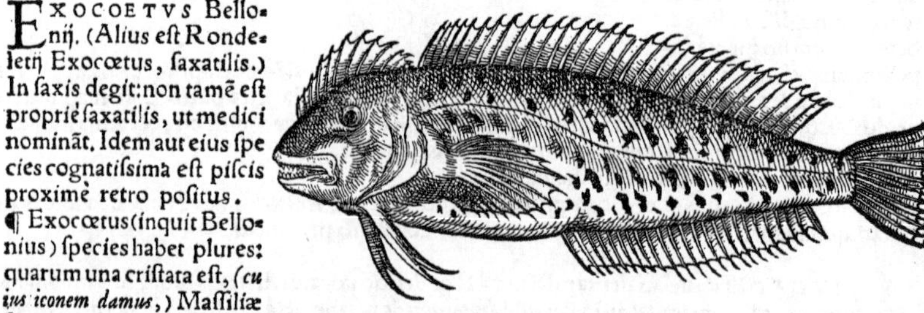

¶ Exocœtus (inquit Bellonius) species habet plures: quarum una cristata est, (*cuius iconem damus*,) Massiliæ frequens; primo aspectu aliquatenus gobium referens, cute glabra & lubrica; unde uulgus Græciæ

ciæ glinon nominauit. Tertium Exocœti genus etsi Byzantinis piscatoribus nō alio quàm Glini nomine pernoscatur, ac nonnullis Chelidonius appelletur, tamen à Glino ac cristato Exocœto differt, &c. Hæc ille. Quærendū an hic fortè ueterū Blēnus sit, quoniā & mucosus est, opinor, & lubrica cute, unde hodie Græcis Glinos nominatur, ut olim Blennus uel Blinnus. ¶ Exocœtum in Arcadia Lychnon modò uocitant, Massarius. Plinius Exocœtum cum Pœcilijs Arcadiæ piscibus confudisse uidetur. *Blennus.* *Lychnus.* *Pœcilias.*

Quærendum an Adonis alius quàm uel Rondeletius uel Bellonius proposuere, piscis sit: quoniam apud Kiranidem Edone piscis (idem nimirum Adonidi) alio nomine Ophidion dicitur. Ophidij autem species una Rondeletio flaui coloris est: qui color à ueteribus Adonidi tribuitur, unde & Cirrhis Cerisq́; uocatur, &c. ut non tres pisces diuersi, Adonis, Ceris & Ophidion sint: sed unus, tribus diuersis nominibus indicatus, & pro Ophidio rectè à Rondeletio demonstratus. Adonis quidem Rondeletij, Turdorum generi adnumerandus mihi uidetur. *Adonis.* *Ophidium.* *Cirrhis.* *Ceris.*

GRAECI Constantinopoli uulgò Glinon uocant.

ITALI circa Genuā Bauecqua. Romani cum alijs minutis piscibus confundunt, modò Cernam, modò Missorem (aliàs Messore: uagum nomen ad Vranoscopum, Blennum & Cottum fl.) appellantes. Indigenæ Comasci Vulpem uocant, una Folpe, Bellonius.

GALLI circa Massiliam Gabot uel Gauot.

GERMANICVM Exocœti Bellonij nomen ignoro, quanquam in Oceano frequentissimum esse tradit, & in rupibus Boloniæ penè innumeros reperiri. fingamus igitur nomen, **ein Punterhan**, à maculis & crista: uel **ein Steinrup**, quòd ueluti Gobius aut Mustela saxatilis sit. Vel eadē nomina quæ præcedenti ponamus. idem enim uel cognatissimus esse uidetur.

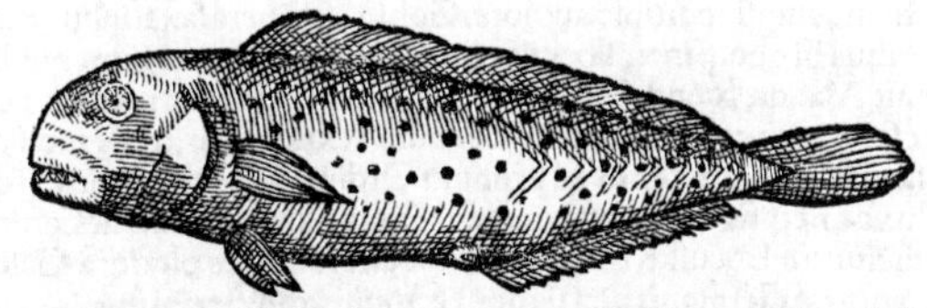

PHOLIS Rondeletij. φωλίς. Superioribus (*inquit, de Alaudis autem & Scorpioide proximè scripserat*) & maximè Alaudæ similis est piscis, qui Antipoli à muco Bauosa dicitur. Mollissima est carne & glutinosa. Piscis hic (inquit Aristoteles) mucum quem ipse emittit, sibi obducit, ut in eo quasi cubili quiescat. Cubile autem Græci θαλάμην aut φωλεὸν appellant: inde nomen.

GALL. Bauose, ut prædictum est.

GERMANICE nominabimus **ein Schleymlerch / ein Meerlerchen art.**

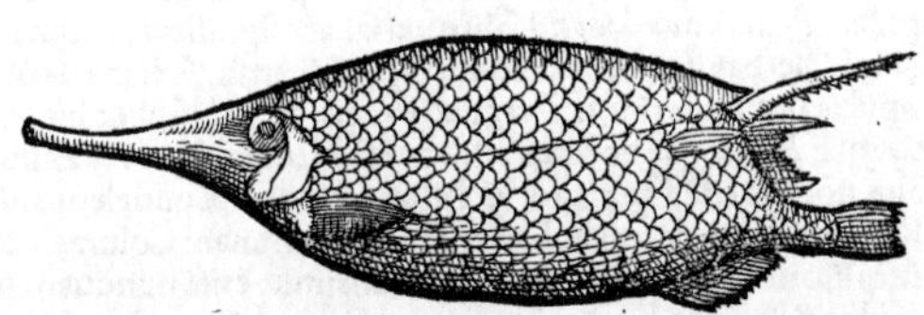

SCOLOPAX Rondeletij, (ficto nomine Græco à rostri longitudine, quod scolopis, id est paxilli instar productum habet, sicut & σκολόπαξ uel Ascolopas, auis, quam aliqui recētiores Rostricem nominant,) haud scio ad quem Ordinem referri mereatur. Rondeletius piscibus peregrinis adnumerauit: quos cum ego plerosq́; omnes ad suas classes retulerim, & hic unus superfit: in fine Ordinis primi, propter paruitatē, collocare uolui. Peregrinus (inquit) & rarus est piscis: semperq́; paruus, ut arbitror. Aliqui Elephantum, tanquam à proboscide, sed rostrum proboscidis instar flexile non est: alij Ibidem uocare uoluerunt. Sic ille. Ego hunc piscem Serram Plinij potiùs dixerim, (ab aculeo serrato:) quàm Cetum illum quem Rondeletius Pristin appellat. Licebit & Rhamphestem appellare. ῥαμφησαὶ enim Hesychio pisces quidam sunt, à rostro nimirum dicti, quod in auibus, præsertim maioribus, Græci rhamphos appellant. *Elephantus.* *Ibis.* *Serra.*

GERM. F. **Ein Sagfisch**, id est, Serra piscis: uel **ein Meerschnepf**, id est, Scolopax marinus.

ORDO II. PISCIVM MARINORVM, QVI CONTINET SAXATILES, ET ALIQVOS EIS PROXIMOS, MAGNA ex parte latos & compressos.

DE SAXATILIBVS QVAEDAM IN GENERE.

SAXATILES pisces à ueteribus, non in dulcibus aquis, sed in mari tantum appellati sunt: qui nimirum in litoribus, non impuris & cœnosis, non terreis & arenosis: sed qui in puris & saxosis locis & circa promontoria degant. Quòd si quis tamē in dulcibus etiam aquis saxatiles aliquos contra ueterum consuetudinem nominare uellet, non ij qui sub lapidibus stabulantur & latent plerunq;, qui & squamis carēt, & humidiori sunt carne minimeq; friabili: sed illi potiùs qui in saxosis fluuijs & riuis degunt, exercenturq; subinde contra aquam natando: ut præcipuè Thymalli, qui saxatilibus mar. conferri possunt (quanquam & alij quidam minus laudandi, in saxosis fluuijs reperiuntur: qui tamen cæteris eiusdem generis in alijs aquis degentibus collati, multò præstantiores sunt) sic uocari poterunt. ¶ E saxatilibus marinis Galenus nominat præcipuè Scarū, Merulā, Turdū, Iulidem, Phycidem & Percam. Hi (inquit) nec alimenta, nec loca mutant, nec dulcibus aquis utuntur, ob eamq; causam omnes perpetuò sunt inculpati: & nullum in eis discrimen manifestum reperitur, ut qui perpetuò in purissimo mari degant: aquamq; dulcem, & eam quæ ex dulci & marina mixta est fugitent. Itaq; illos (inquit Saluianus) qui non perpetuò, neq; omnes eiusdem generis in saxosis locis uictitant, cuiusmodi (ipso authore) Gobio est, à uerè saxatilibus excludit: etsi à plerisq; antiquis scriptoribus hi quoq; inter saxatiles censeantur. ¶ Saxatilium quidam naturam formamq; imitantur, ut Alaudæ Rondeletij: qui tamen inter saxatiles à medicis non habentur. immorantur enim ferè saxis, nec ita circumnatando subinde exercentur, unde molliori sunt carne, aliqui etiam mucosa ut Blenni: quare nos ad primum Ordinem eos reiecimus. ¶ Sunt qui in saxis quidem degant: sed neq; figuram, neq; naturam saxatilium referant: ut Canicula illa quæ Gallis Cato rochiero dicitur: ut Locustæ, Murænæ. Saxatiles pisces pleriq; à Gallis communi nomine Rochiers uocantur, à Germanis dici possunt Steinfisch/Steinling.

Scari iconem quæres ad finem libri.

SCARVS, σκάρος, inter saxatiles omnes principatū tenet. Genera eius duo sunt, ὀνίας, de quo hic agimus, (qui propter latitudinem corporis, & cum Sargo similitudinem, ad quartum Ordinem referri poterat:) & alter αἰόλος, id est, uarius cognomine. Vtriq; multæ communes sunt notæ: sed sunt etiam propriæ. A uerbo σκαίρειν (id salire uel saltare significat: aliquando etiam pasci. piscis quidem hic algam & herbas depascitur) fiunt σκάρος & σκαρὶς, Athenæus & Eustathius. sed fortè duo hæc nomina piscis unius fuerint: ut Perca & Percis, &c. Nō alius hic piscis uidetur, quàm qui alibi Meryx (Μήρυξ) ab Aristotele uocatus est, hoc est, Ruminalis. solus enim hic piscium ruminare creditur: & solus uocalis esse Oppiano. ¶ Nostris (inquit Rondeletius) diu incognitus fuit: neq; mirum, cum Romanis olim & toti Italiæ serò uisus fuerit. nam Columella: Scarus (inquit) qui totius Asiæ Græciæq; litoribus Sicilia tenus frequentissimus exit, nunquam in Ligusticum, nec per Gallias enauit ad Ibericū mare. Et Plinius: Scarus Carpathio mari maximè freqūes, promontoriū Troadis Lecton spōte nunquā transit. Inde aduectos incredibili multitudine nauibus, Tiberio Claudio principe, Optatus è libertis eius, præfectus classis, inter Ostiensem & Campaniæ orā sparsos disseminauit. Quinquennio ferè cura est adhibita, ut capti redderentur mari. Posteà frequentes inueniuntur Italiæ in litore, non antè ibi capti. In nostro mari (inquit Rondeletius) capiuntur non procul à Massilia, & maximè circa Stœchadas insulas. Rhodi maximam esse copiam à Rhodijs accepi. Idem apud Athenæum perperam scribi ait, hūc piscem dentibus serratis, & carniuorū esse, & Lepore mar. uesci: omnia enim hæc falsa esse. ¶ Colore ex cæruleo nigrescit, uentre est candido: Sargo similis, corporis forma ad rotundam accedente, aculeorum pinnarumq; situ & numero, &c. Dentes planos hominis modo maxillasq; habet: immò propriè solus latos habet, (Plinio teste.) atqui Sargi etiam dentes, & Picij seu Melanderini, & Auratæ, plani humanisq; similes uidentur. Aristoteles hunc piscem ut solum ruminare, ita etiam non utrinq; dentatum esse scribit, & superioribus dentibus carere.

GRAECI etiam huius temporis σκάρον nuncupant, Massarius.

ITAL. Nonnulli existimant Scarum Romæ inter Auratas à piscatoribus uendi: qui similitudine (quod facilè credo) decepti, neq; animaduersa saporis nobilitate, in foro piscario eum Auratis & Sargis commisceant. consensu tamen piscatorum, Zaphirus piscis, (sic à cyaneo eius gemmæ (*sapphiri*) colore dictus,) inter Auratas longè sapidissimus existimatur: qui fortasse Scarus antiquis

quis fuerit, Iouius. Romanis noſtriſq; non planè notus eſt, Rondeletius.

GALL. Romanis noſtriſq; non planè notus eſt. alij enim ob ſimilitudinem Dentè, alij Sargo, alij Cantheno uocant. à noſtris piſcatoribus pro Sargo uenditur.

GERM. In Oceano Germanico an reperiatur hic piſcis nondum mihi conſtat. (Scarum quidem uarium in Oceano non capi Bellonius teſtatur.) quamobrem nomen eius Germanicum fingo: **ein Mewer oder Mewling**: id eſt Ruminator: **ein Mewbrachſme/ein Steinbrachſme. ein Zänbrachſmen art.**

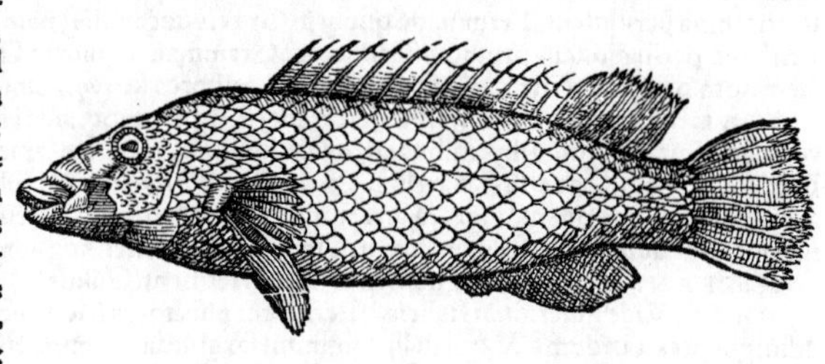

SCARVS uarius, Σκάρος αἰόλος. Αἰόλος quidem, id eſt, uarij cognomen, multis etiã alijs piſcibus eſt commune: ut Percis, Coracino: & multis alijs ſaxatilibus epitheton hoc cõuenit, Rondeletius. Superior Scarus (inquit idem) ferè concolor eſt. hic uerò, oculis, uentris inferiore parte, in qua podex, purpurei eſt coloris: cauda coloris Indici: reliquum corpus partim ex uiridi, partim ex nigro, cæruleum eſt: ſquamæ ueluti notis obſcurioribus aſperſæ. In medio uentris notas duas purpureas habet: formoſiſsimus ſanè piſcis, ſi quis alius. Romæ per ſemeſtre ſpatium unus tantùm mihi uiſus eſt. Capitur aliquãdo in noſtro mari, è regione Magalonę, & nõ procul à Maſsilia, & Antipoli: circa Stœchades inſulas ſæpius. ¶ Bellonius ſuperioris non meminit: & hunc ſimpliciter Scarum nominat. Nullus (inquit) eſt in Propontide, Ponto, & Helleſponto: in Creta plurimus. ¶ Piſcem corporis forma Scaro uario ſimilem, totum purpurei coloris, Rondeletius tertiam Anthiæ ſpeciem facit. Vide infrà in hoc Ordine.

GRAECVM in Creta uulgus hodieq; antiquam appellationem retinuit, Bellonius.

GALL. Aliqui eum communi ſaxatilium nomine Rochau nuncupant: alij Aiol, alij Auriol: ſeruatis, ut credibile eſt, nominis αἰόλος ueſtigijs, Rondeletius.

CANARIARVM inſularum incolæ, ut ferunt, Brechos appellant, Rondeletius.

GERM. In Oceano reperitur circa Canarias: fortè & alibi: quanquam Bellonius in Oceano reperiri negat: de Gallico nimirũ Oceano tantùm ſentiens. Nomen fingemus, **ein Puntermewling**, hoc eſt, Ruminator uarius: uel circunſcribemus, **ein ſchöner geteilter Mewer.**

Merula Rondeletij.

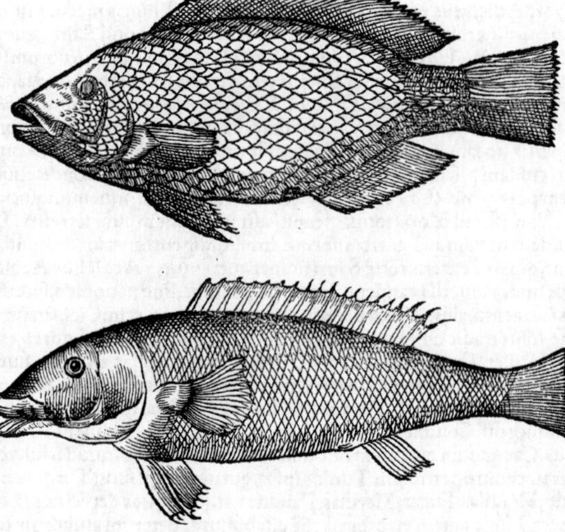

Bellonius aliam Merulæ iconem quàm Rondeletius exhibet, neſcio an diuerſi piſcis. Suum quidem Rondeletius Tincæ fl. corporis habitu ſimilem eſſe ſcribit: & ſuũ Bellonius ab Italis Tincam mar. appellari, &c. ſed corporis ſpecies differt, ut apparet. Saluianus etiam Callariam ſuum, id eſt, Phycidẽ Rondeletij, Romæ Tincam mar. uocari ſcribit: & aliqui (ni fallor) Coracinum ſimiliter uocant.

B

MERVLA piscis, dictus est à colore auis eiusdem nominis: sicut & κόσσυφος uel Atticè κόττυφος Græcè: quanquam in aue color niger est, in pisce ad uiolaceum accedit, ex indico nigrescens. sed ueteres etiam indicum aut purpureum exaturatum colorem, nigrum uocabãt, ut in purpura, uiola. Isidorus Hispalensis masc. genere Merulum dixit. Merulæ, Turdi, Squillę, uêre nigrescunt, posteà candorem suum recipiunt, Aristoteles: hoc est, suum quidem colorem seruant: sed is magis exaturatus fit circa uer, æstate uerò magis diluitur, minusq; niger est, Rondeletius. Idem etiam aliud Merularum genus obseruauit, dorso nigro, uentre indico, quibusdam partibus cœruleis, ut pinnis, cauda & circa branchias. ¶ Oppiano Merula mas est, Turdus (κίχλη) uerò fœmina. quod fortè nonnullis persuasit formæ similitudo: quæ facit ut hodieq; nonnulli horum piscium nomina permutent. Terminatio quoq; in Græcis uocabulis (nam apud Latinos contrà se habet) hanc persuasionem promouisse uidetur. Grammatici quidam Græci etiam κόψιχον hunc piscem nominant, sicuti auem. ego pro pisce apud authores κόσσυφον tantùm reperire memini.

Turdus an mas Merulæ.

ITAL. Piscatores maris Ligustici, Adriatici & nostri quoq;, hoc est, Mediterranei, ad unũ Merulã agnoscũt, quã cum Phycidibus etiam confundunt. Romani tamen peculiariter speciẽ unam Merlo nominant. sæpe etiã Canarellas, Canadellas & Phycides Merulæ nomine uocant. Merulã, Itali æquè atq; Phycidem, Tincam mar. nominant, Bellonius. Merula Turdo simillima est, sed nigrior. eam quia Tincæ formam habet, Tincam mar. Veneti cognominant, Massarius.

HISPANI & Sardi adhuc nomen Latinum retinent, Gillius.

GALL. Vide superiùs in Italicis. Peritiores piscatores Merle uocant: nonnulli Tourd, non distinguentes Turdum à Merula: alij communi saxatilium nomine Rochau, Rondeletius. Cauendum ne quis Merlu dictum à Gallis piscem (Merlucium recentiores quidam Latinè efferunt, quasi marinum Lucium) pro Merula accipiat.

GERM. F. Ein Merlefisch, uel Amselfisch: Germani quidem inferiores Merulam auem uocant Merle, ut etiam Galli, qui & auem & piscem ita nominãt. uel ein Meerschlye, id est, Tinca mar. quanquam & Phycis quibusdam Italis eodẽ hodie nomine uenit, & fortè alij etiam pisces, ut genus quoddam Iulidis. Ein Meerschlyen art.

ANGL. Merulam (inquit Turnerus in epistola ad me) in litore Angliæ occiduo uidisse me puto. hanc piscatores illic uocabant a Cookefishe: quòd nautarum coci iure quodam suo propter delicatum saporem apud se retineant & coquant, quum reliquos omnes facile ad quæstum distrahi patiantur.

DE TVRDIS IN GENERE: IN GENTIVM TAMEN NOMENclaturis quædam ad species aliquas Turdorum priuatim pertinere uidentur.

Κίχλη. Σαῦρος. Αἰολίας.

TVRDORVM multa sunt genera (inquit Rondeletius,) uaria nomina: tantaq; colorum uarietas, ut in ijs creandis lusisse uideatur natura. Pancrates apud Athenæum author est, multis nominibus appellatum fuisse Turdum, & Nicander πολυώνυμον cognominat. etenim κίχλην, σαῦρον, αἰολίαν, nuncuparunt: ex quibus nomen κίχλη frequentius est: & ita potiùs scribendum quàm κίχλα. Athenæus ex Aristotele μελανόστικτον, id est, nigris maculis insignem facit: sed potiùs ποικιλόστικτον dixerim, id est uarijs notis distinctum: & sic apud Athenæum legisse uidetur Phauorinus, & Eustathius. Hæc ille. Addit, multas illas à se positas Turdorum species, solo ferè colore differre. ¶ Turdus piscis à colore dictus est, ut tradit M. Varro: non à sapore simili, ut forsan aliquis suspicaretur. Atticis κίχλη, Doribus & Siculis κιχήλα dicebatur. Πολυώνυμα recentiores Græci philosophi uocãt, quæ Grammatici synonyma: unde & hic piscis Polyonymus cognominatur, quòd diuersis uocabulis rem eandem significantibus appelletur. Σαῦρος quidem nomen frequentiùs alteri cuidam pisci attribuitur: siue illi quem Acui similem Rondeletius exhibuit: siue Lacerto eiusdem peregrino, (Græcè enim σαῦρος lacertum sonat:) quem (inquit) aliqui propter uiriditatem iucundam, simul & oris totiusq; capitis similitudinem cum terrestri, Lacertum uocant. In Turdis quidem nullam ad Lacertos formæ similitudinem reperio: sed quidam ex eis planè uiridi colore sunt, qui præ cæteris fortè Sauri nomen merentur. Aeoli siue Aeoliæ nomen, uarium significãs, alijs quoq; diuersis eandem ob causam piscibus, siue ut nomen, siue ut epitheton tribuitur: ut Scaro, Coracino, alijs. ¶ Merulam in eodem genere marem: Cichlen uerò, id est, Turdum, fœminam esse, solus tradit Oppianus: necdum inuenit (puto) qui consentiret: ex uulgi nimirum opinione.

Κιχήλα.

Alexander Trallianus medicus: Turdus (inquit) piscis est tener, humidus, concoctu facilis: & si fortè ipsam Ptisanam marinam nomines, non erraueris: adeò recrementi expers est alimentum quod ex ea capitur. ¶ Turdorum plura esse genera (inquit Saluianus) res ipsa declarat: licet solus antiquorum Columella (quod sciamus) id notauerit, inquiens: Turdi complura genera includemus. Cauendum est autem ne omnes picturatos pisces (quod ichthyopolæ ubiq; ferè faciunt) Turdos uocemus: non solùm Turdos ipsos, qui uerè picti sunt (Turdorum auium instar:) sed Percas etiam, Hiatulas, Fucas, Merulas, Pauones, atq; reliquos depictos pisces, Turdos perperam appellantes. Hunc autem errorem facilè uitabimus, si ueterum authorum testimonio, Turdi piscis aluũ

Ptisana marina.

Turdi

Turdi auis instar, uariam siue maculosam esse animaduerterîmus: quamobrem qui uariam aluum non habent, Turdi non sunt. Hæc ille. Veteres quidem illi, quorum testimonio Turdorum aluum uariam esse comprobat, non alij sunt, quàm diuus Ambrosius, qui Turdum aluo uarium appellat: Isidorus Hispalensis albouarium dixit, [*fortè quòd in uentre candido uarij coloris puncta sint:*] sed horum scriptorum in hoc argumẽto non magna est authoritas: ego Turdos pisces non in uentre tantùm, sed alijs etiam partibus maculosos, & uarijs coloribus insignes esse uideo: quod nimirum cum alijs multis saxatilibus commune habent. Rectè igitur dixerit Saluianus, aluo uarios esse Turdos: sed addendum, alijs etiam nonnullis partibus. Post hæc, Turdorum species tres describit: quas nos suis locis cum Rondeletij Turdis componemus: generibus summis hic indicatis: Turdus (inquit) aut minor est, & latus: aut maior, & oblongus, qui rursus subdiuiditur in uiridem & rubrum, nulla alia quàm coloris differentia distantes.

ITALI, Hispani & plerique alij Turdum (Turdo) appellant, Rondeletius & Saluianus. Glaucum piscem Massilienses falsò Vmbrinam, Veneti (eundem uel Chromin Bellonij) Turdum nominant, qui uerus Turdus non est. sed qui inter Genuensium Lagionos peculiariter Turdus dicitur, is meritò Turdus est, ab eo potissimum uocatus, quòd cum eius color ex rufo in melinum uergat, ad uiridem tamen inclinet, &c. Bellonius. ¶ Papagallo: Vide inferiùs inter Germanica.

HISPANI & alij plerique etiamnum Turdo appellant.

GALL. Nostrates, Prouinciales, Itali, Hispani Turdo nominant: Galli Vielle, Rondeletius. qui tamen rursus duodecimum Turdi genus priuatim Vielle nominat: undecimum uerò peculiariter à quibusdam Durdo uocari scribit. alibi etiam Coracinum in Gallia Narbonensi quosdã Durdo uocare testatur. ¶ Vielle nomen ad Græcũ Cichla uel Cichela ferè accedit.

GERMANICVM nomen fingimus **Punterfisch**, à punctis & maculis quibus distinguitur. Vel **Krametfisch**: nam **Krametuogel**, Turdus auis est. Vel **Meertrostel**. nam inter Turdos aues minorem alterum Germani **Trostel** uel **Trossel** appellant. uel **Seepfawe**, id est, Pauo marinus. Rondeletius quidem genus secundum de suis Turdis mar. priuatim Pauonem nuncupat. Bellonius in Gallico libro de piscibus, piscem Romæ Papagallum dictum, Pauonis nomine exhibuit: quem Turdum postea in libro Latino nominauit. is uel idem cum Saluiani Papagallo est, (quem infrà post Turdos collocabimus,) uel planè similis. Vel communi Saxatilium nomine uocamus **Steinling/ein art der Steinlingen**: ut etiam Galli Rochau.

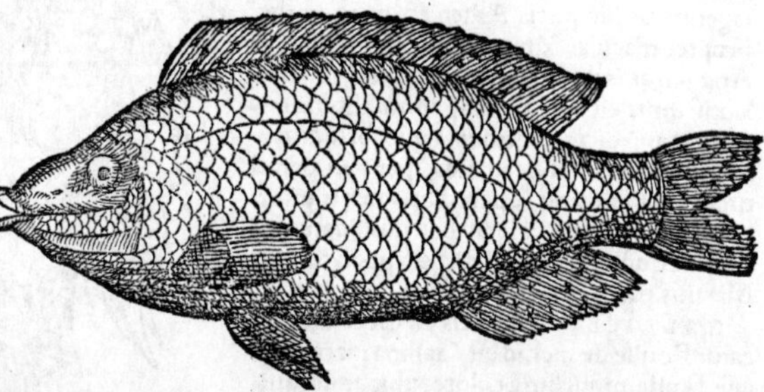

TVRDVS I. Rondeletij. Non admodũ (inquit) dissimilis est Cinædo, minor paulò & latior, ad Auratæ figuram accedens, dentibus recuruis: pinnarũ situ numeroque cæteris saxatilibus similis. Labra habet crassa & rugosa: dorsum fuscum est, uenter ex albo lincescit, &c. ¶ Idem est Turdus minor Saluiani, ut conijcio: quem & latum facit. Rondeletij quidem effigies proportione latiorem ostendit: & caudæ pinnam aliquousque bipartitam, cum in descriptione aliter dicat, Cauda non in duas pinnas, sed in unam latam desinit: (qualis nimirum in cæteris etiam Turdis & saxatilibus plerisque spectatur.)

ITAL. HISPAN. Vide Gallicum nomen.

GALL. A pluribus (simpliciter) Turdo dicitur, sicut & apud Italos, & Hispanos.

GERM. F. **Die erst art der Krametfischen/Meertrosteln/oder Meerpfawen.**

Lepras Bellonij.

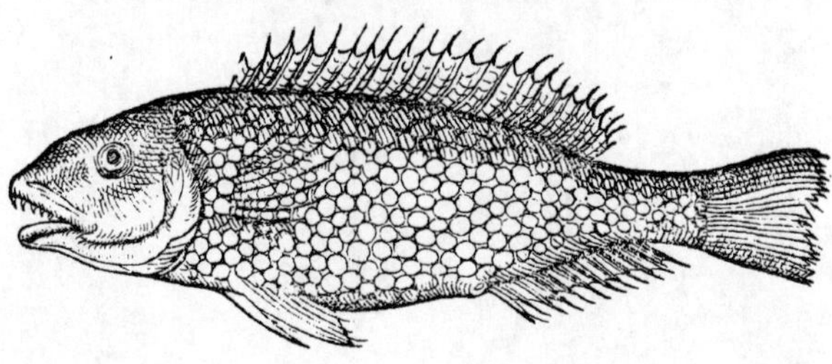

Scarus. *Eiusdem alia icon, Venetijs facta pro pisce nomine Marzapan: quam apud me uisam Bellonius, eandem suæ Lepradi esse asserebat. Cognatus huic uideri potest Scarus uarius Rondeletij, quem Bellonius simpliciter Scarum nominat, sed differt dentibus, quos planos (suprà) habet Scarus, & in Oceano non capitur: cum hîc exhibitus & Mediterranei & Oceani piscis sit.*

LEPRAS Bellonij, (ficto nomine,) piscis saxatilis, qui ab Oceano ad mediterraneos deferri solet. Mihi quidem Turdis cognatus hic piscis uidetur. Lege mox in Gallicis eius nomēclaturis. Bellonius hunc Psorum & Lepradem Græcorū esse putat, Leleprin uerò Latinorum, in lemmate historiæ huius piscis. Sed leuis est coniectura, eaq; ex solo nomine, Psorum hunc piscem idcirco facere, quòd eædem in ipso suggillationes, quales in psora uel lepra laborantibus, uisantur. atqui psora uel lepra affectus est turpissimus, & fœda cutis asperaq; facies: huius uerò piscis colorum uarietate (ut Bellonius ipse refert) nihil pulchrius. Hoc etiam non animaduertit huius piscis nomen (ψόρος) per o. breue scribi, psora (ψώρα) cutis uitium per o. longum. Preterea Athenæus significare uidetur, Melanderinū à Speusippo ψύγρου, à Numenio ψόρου dictum: Melanderinum autem longè diuersum Rondeletius exhibet. Sed Athenæi locus aliquid dubitationis habet. Porrò Lepradem piscem nullus quod ego sciam authorum nominauit: & Lelepris Græcum, non Latinum uocabulū est, sed diuersi piscis, qui aliter Phycis dicitur, teste Hesychio in λελεπρίς. ¶ Quid si Attagenus sit hic piscis Athenæo memoratus, propter maculas & pūcta, quibus similiter ut Attagen auis distinguitur: similiterq; in cibo lautissimus est? Scio Attagenum alio nomine Scepinū dici à Dorione, à quo fortè diuersus fuerit Oppiani Scepanus, (per a. in penultima,) qui in cœno & paludibus maris uiuit.

Psorus. Lepras. Lelepris. Attagenus. Scepinus. Scepanus.

ITAL. Venetijs Marzapan nominatur: nimirum quòd æquè in delicijs appetatur, ac Martius panis uulgò dictus.

GALLICE. Armoricis ad Oceanum uocatur Poulle de mer, id est, Gallina marina, ab alijs Rosse, nimirum à colore rubicundo, quibusdam Vieille, circa Lutetiam. at Rondeletius Turdum suum à Gallis Vielle uocari author est, in primo Turdorum genere, & rursus similiter duodecimū atq; ultimum. Videtur autem hic quoq; piscis Turdis cognatus, tum specie corporis, tum colorum uarietate insigni, primo præsertim generi quod Rondeletius ponit.

GERM. F. Ein rooter Punterfisch: uel ein rooter Krametfisch, hoc est, Turdi genus rubicundum.

TVRDVS

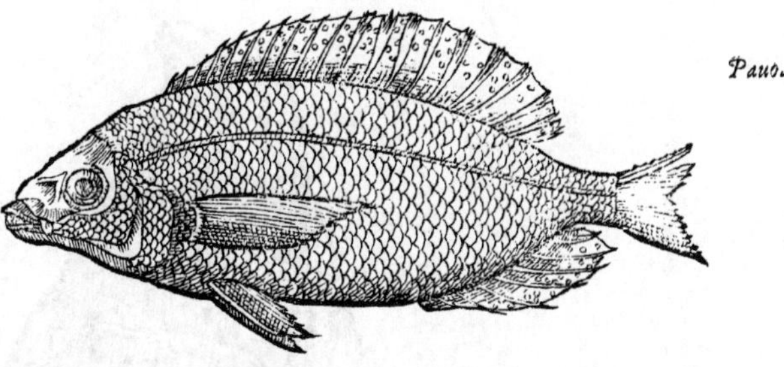
Pauo.

TVRDVS II. Rondeletij. Hic (inquit) à nobis diſtinctionis gratia Pauo nuncupatur, priori ſimilis, maior tamen plerunq;, colore ex uiridi cęruleo uel indico, colorem colli Pauonis referente in pinnis omnibus, & in cauda. ¶ De Pauonis nomine lege ſuprà in Germanicis nominibus Turdi in genere: Saluianus Pauonem alium, & ipſum tamen, ni fallor, Turdis cognatum exhibuiſſe uidetur: cuius uerba recitabimus infrà.

GERM. F. **Die ander art der Krametfiſchen oder Meerpfawen/von farben añ floßfädern vnd am̃ ſchwantz blawgrün/wie ein Pfaw am̃ halß.**

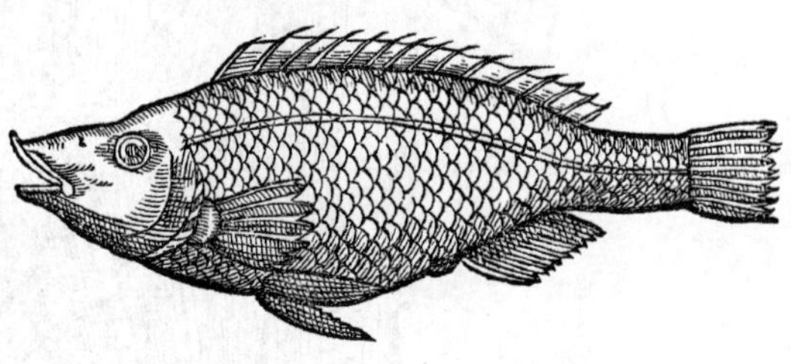

TVRDVS III. Rondeletij. Superioribus (inquit) ſimilis eſt, colore uerò diſpar. eſt enim uarius admodum: uixq; ullus eſt qui plures colorum differentias habeat. Viridis eſt magna ex parte: ſed pũctis purpureis, cæruleis, indicis & alijs confuſis coloribus conſperſus, &c. Frequens eſt Romæ, & Antipoli, & in Lerino inſula. Vide in decimo Rondeletij Turdo inferiùs.

GALLICE (*circa Monſpelium puto*) Minchia di Re à nonnullis uocatur, ut Rondeletius ſcribit. at Saluianus Iulidem Romæ & Neapoli obſcœna uoce Menchia di Re (*id eſt, Mentulam regis*) uocari tradit.

GERM. F. **Die dritte art der Krametfiſchen / iſt am̃ meerern teil ſeins leybs grün / mit mancherley tüpflinen/roten/blawen vnd andern geſpreckelet.**

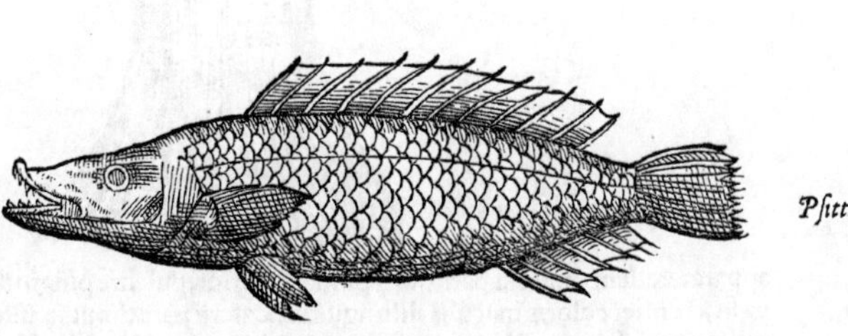
Pſittacus.

TVRDVS IIII. Rondeletij. Hic etiam (inquit) uarius eſt, dorſo nigreſcente, pinna eius uireſcente, &c. Nonnulli ex piſcatoribus noſtris Perroquet, id eſt, Pſittacum uocant, quòd ea ſit coloris uarietate, qua auis illa Indica. ¶ Alius opinor, ſed cognatus eſt, Pauus Saluiani, quem Romæ uulgò Papagallum (id eſt, Pſittacũ) uocari ſcribit, ob oculorum uarietatem: de quo inferiùs poſt Rondeletij Turdos leges.

GALLICE Perroquet, ut iam dictum eſt.

GERM. F. **Die vierdte art der Krametfiſchen/am̃ ruckẽ ſchwartzlacht/mit einer grünlachten floßfädern darauff. wirdt bey Monpelier von ettlichen ein Pappegey genennt / von wägen ſeiner farben.**

TVRDO Rondeletij quarto cognatus uidetur piſcis, cuius imaginem, qualem Venetijs (ubi Porga, ſi bene ſcribo, uulgò uocatur) nactus ſum, hîc exhibeo. Colores in pictura noſtra, huiuſmodi ferè ſunt: Dorſum & laterum dimidia pars ſuperior, fuſci ſunt coloris, maculis crebris ſubnigris uariantibus. Lineæ tres aut quatuor cœruleæ à branchijs ad caudam tendunt. In oculis circuli duo aurei pupillam ambiunt, inter quos medius unus fuſci coloris eſt. Cauda quoque maiori ex parte cœrulea eſt; idemq; color initio pinnarum ad branchias, & in capite circa infraq; branchias

B 3

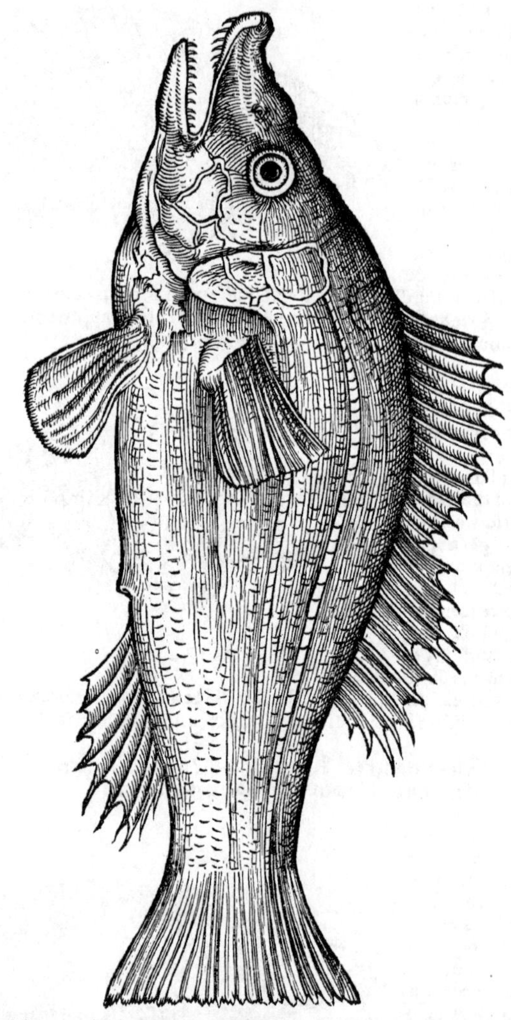

apparet. eodem dimidia pars dorsi pinnæ anterior, pulchrè pingitur: posterior uerò pars cum flaua sit, cœrulei coloris maculis distinguitur. Laterũ pars dimidia inferior flaua est, & maculis subruffis uariat. Pinnæ ad brãchias fuscæ; binæ in uentre, & una à podice, flauescũt. Reliqua apparẽt.

GERM. F. Ein art der Krametfischen/der yetz gemelten vierdten art ãnlich.

TVRDVS V. Rondeletij. Hic (inquit) Gobionem flauum refert, hoc ab eo discrepans, quòd lineam albam ductam ab oculis ad caudam habet: & maculis nigris, quib. aspersus est Gobius, caret. colore aureo est, &c.

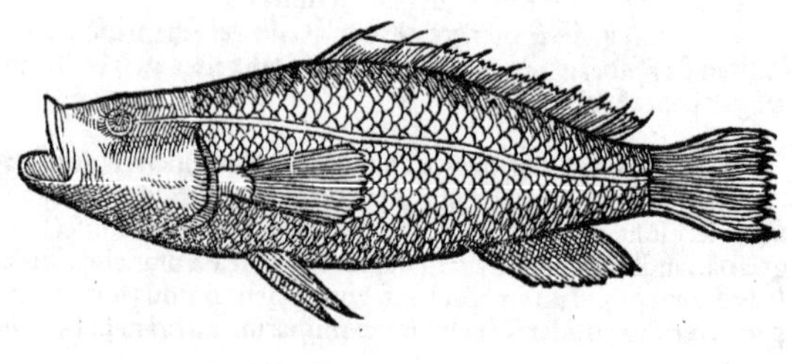

GERM. F. Die fünfft art der Kramerfischen/ist gold=

goldfarb/mit einer weyssen linien von den augen biß zů dem schwantz.

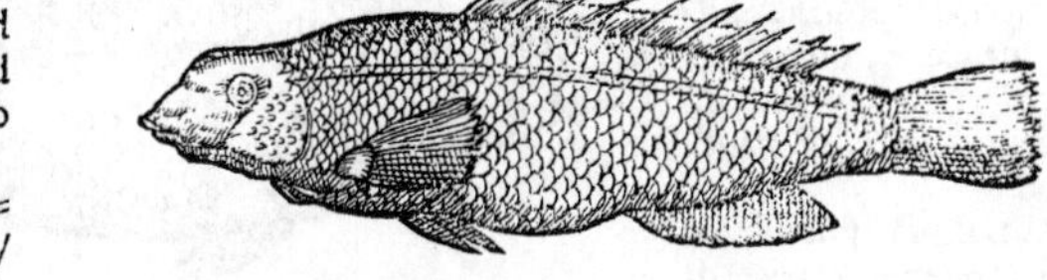

TVRDVS VI. Rondeletij: quinto omnino similis. linea ab oculis ad caudā ducta, nō alba est, sed cerulea: rostroq́ꝫ est longiore & aquilino.

GERM. F. Die sechßte art der Krametfischen/der fünfften ånlich/hat aber nit ein weysse/sunder ein blawe linien von den augen biß zum schwantz: vnd am schnabel ein vnderscheid.

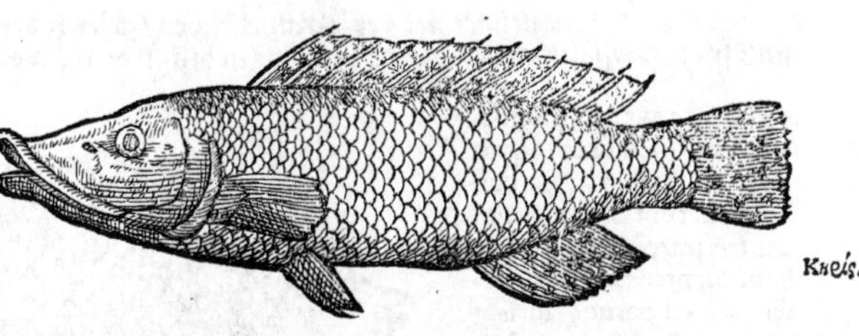

Κνεὶς.

TVRDVS VII. Rondeletij. Magnitudine (inquit) est cubitali, coloribus uarijs insignis, dorso aureo, uiridibus maculis consperso, uentre candicante: lineis rufis & tortuosis, nullo ordine dispositis. Hoc genus esse puto, quod Κνεὶς ab Athenæo dicitur, (unde Cero fecerūt nostri:) quam facit teneræ carnis, aluo facilem, stomacho gratam: cuius succus incrasset & abstergat. Sic ille. ¶ Meminit eius aliquoties Trallianus inter salubres pisces: apud Plinium medicum Cereda pro Ceris legitur. Idem uidetur esse Cirrhis (Κιῤῥὶς, ἡ) Oppiani, quem circa petras leprades degere scribit: & alibi eundem, ut puto, cirrhadem uocans, à Perca deuorari refert. Ceris quidem à ceræ colore uocatur: cirrhis uerò ab eodemq́ꝫ: Græci enim giluum uel subflauum (citrinum aliqui uulgò uocant) colorem κιῤῥὸν appellant. Hæc coloris similitudo fecit, ut aliqui hunc Turdorum generis piscem, cum Adonide seu Exocœto cōfunderent. sic enim in Phauorini Lexico legimus. Κιῤῥὶς ὁ ἰχθὺς, ἐπειδὴ κιῤῥός ἐστι τὴν χροιάν. ὁμοίως δὲ λέγεται παρὰ Κυπρίοις Κίῤῥις, ὁ Ἄδωνις: παρὰ Λάκωσι δὲ ὁ λύχνος. in quibus uerbis Lychnū quoq́ꝫ pro pisce acceperim: etiamsi ab Adonide seu Exocœto distinguere eum uideatur: nisi deprauata est lectio, & sine articulo legendum, παρὰ Λάκωσι δὲ λύχνος. Lychnum in Arcadia modò uocitant, ut nos interrogauimus Exocœtum olim dictum, Massarius. Verisimile est autem Lychnum dictum similiter ut Ceridem à cereo colore: quoniam & lychni seu candelæ è cera fiebant. (Alius uidetur Dilychnus Nili piscis, memoratus Straboni.) Oppianus quidem Adonidem seu Exocœtum & Cirrhidem planè diuersos facit. Inuenio in Græcorum Lexicis nomen hoc uariè scriptum, Κνεὶς, Κίῤῥις, Κιῤῥὶς, Κίρυλος, Κιῤῥὰ, Κίῤῥυλος. ex quibus ultimum fortè tantùm probari poterit: reliqua perperā mihi scribi uidentur. Apud Vuottonum etiam Scirrhis legitur: abundante nimirum σ. ut in Scordylo & Scolijs.

Cirrhis. Κιῤῥάς.

GALLICE ad mediterraneum Cero, à Græco uocabulo Κνεὶς.

GERM. F. Die sibende art der Krametfischen/mit einem goldfarben rucken mit grünē flåcken besprengt: mag ein Wåchßling genennt werden/dann er wachßfarb ist.

TVRDVS VIII. Rondeletij. A septima (inquit) nō admodum differt, est enim eodem ferè modo uarius: sed lineas multas habet in uentre sese intersecantes.

GERMAN. F. Die achtende art der Kramet fischen/dem sibenden beynach geleych: hat aber vil übertwåre striche durch einander am bauch.

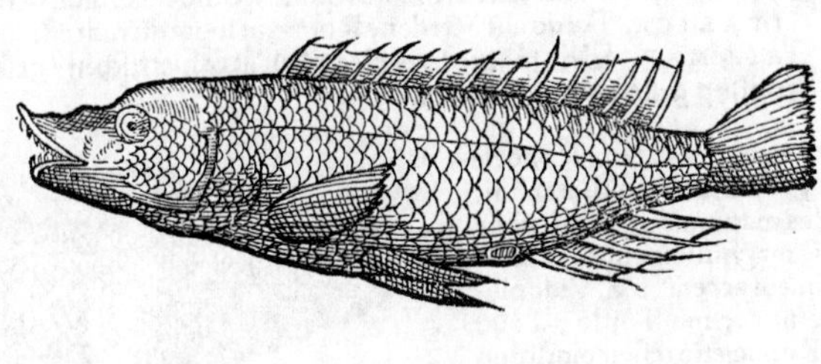

TVRDVS IX. Rondeletij: ſimilis ſuperiori, niſi quòd lineam candidã habet à branchijs ad caudam: alias multas confuſas, obliquas, ut Ceris, quæ aurei ſunt coloris. alioqui colore eſt uario, uiridi, & flaueſcente.

GALL. A quibuſdam Gaian (*ſicut & undecimus*) dicitur, ab alijs Bille: à noſtratibus Meneſtrier, hoc eſt, Tibicen: quia uarijs eſt coloribus tibicinum ritu, qui uerſicolori habitu uti apud nos ſolent, Rondeletius.

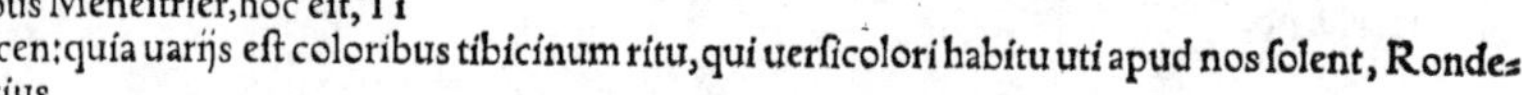

GERM. F. **Die neünte art der Krametfiſchen / geleych der achtenden / außgenommen daß ſy ein weyſſe linien hat von den orwangen biß an den ſchwantz.**

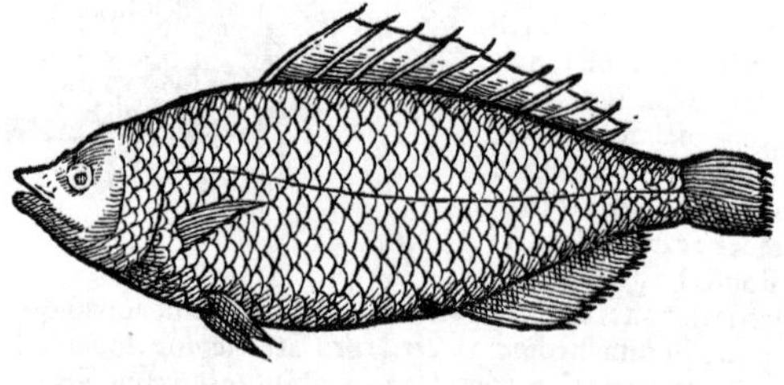

TVRDVS X. Rondeletij. Colore (inquit) eſt uiridi. extrema operculi branchiarum & pinnarum uentris purpuraſcunt. oculi ruſi. uenter ex albo flaueſcit. ore eſt paruo, labriſq; paruis. ¶ Idem hic Saluiani Turdus maior uidetur, etſi latior proportiõe quàm à Saluiano pingitur. Turdus maior (inquit) etſi partibus externis interniſq; (ferè) omnibus, minori (*primo nimirum Rondeletij*) ſimillimus eſt: tamen ab eo corporis figura, colore & magnitudine plurimũ differt. Nõ enim Tincæ inſtar latæ figuræ eſt, ut ille, ſed oblongæ: nec eiſdẽ depingitur coloribus. Nam cum hic maior coloris ratione duplex ſit, neutri cum minore cõuenit color. horum nanq; unus (quem Romæ & Tordo & Verdone appellant) totus uiridis eſt: alter uerò ſubrubet: cætera ſimillimi. Vtriuſq; dorſum maculis paruis, rotundis atq; cæruleis conſperſum eſt. uenter uerò & latera maculis confuſè permiſtis, Turdi auis more, inſignita conſpiciuntur: qua una nota minori Turdo ſimiles ſunt. qui etiam palmi menſuram non excedit: hi ad cubitalem aliquando excreſcunt magnitudinem. ¶ Aliqui Turdum ſimpliciter alio nomine χαῦρον uocant: quod nomen ſi à colore, ut aliquis conijciat, impoſitum eſt, non omnibus, ſed huic præcipuè, utpote uiridi: aut etiam tertio, qui magna ex parte uiridis eſt, conuenire uidetur. Saluianum quidem, Turdi maioris uiridis nomine, (qui Romę Verdone uocatur,) non tertium Rondeletij Turdum, ſed decimum hũc intellexiſſe animaduerto uel ex eo, quòd à Turdo ſubrubro, colore ſolùm eum ſeparauit: quemadmodum Rondeletius quoq; decimum ſuum ab undecimo, colorum tantùm uarietate diuerſum facit. ille enim uiridis ei eſt, &c. ut diximus: hic uerò colore rubricę, multis nigris
Teragus. & liuidis maculis reſperſus. uentre plumbei coloris. labris magnis. ¶ Idem, ut ſuſpicor, Teragus Ouidij fuerit: de quo ille in Halieutico: Tum uiridis ſquamis, paruo ſaxatilis ore. ego pro ſquamis, Teragus legendum cenſeo, ex Plinio Ouidium citante. Quòd ſi quis pro Terago, Turdum legere maluerit, parum refert: Bellonius quidem eundem Ouidij uerſum de Turdo interpretatur.

ITALICE. Tordo aut Verdone Romæ, ut ſuprà dictum eſt.

GERM. F. **Das zähende geſchlecht der Krametfiſchen / grün von farben / darumb es Grünling genennt mag werden.**

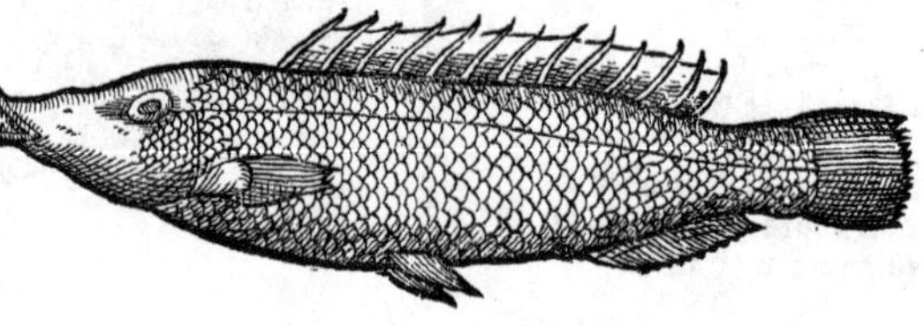

TVRDVS XI. Rondeletij. Hic (inquit) inter Turdos maximus, ad Lupi cubitalis magnitudinem & craſsitudinem accedit, &c. Vide plura in decimo Turdo: à quo (Rondeletio teſte) colorũ duntaxat uarietate differt, picturę quidem ab eo exhibitæ alias

etiam

etiam differentias ostendunt: Saluianus pro utroque unicam iconem exhibuit, cum in colore duntaxat discrimen esse admonuisset.

GALL. Auriol nostri uocant, alij Gaian, alij Durdo, Rondeletius. suspicatur autem Auriol, quasi αἰόλον dictum, cùm suprà Turdum primum priuatim αἰόλον nominârit. Gaian quoque nonum Turdum suum à nonnullis uocari dixerat.

GERM. F. Die einlifte art der Krametfischen / ein rotlacht geschlecht der Steinlingē.

TVRDO undecimo Rondeletij specie similem cognatumque esse conijcio, cuius figuram hîc, qualem amicus quidā Venetijs depictam ad me dedit, apposui. Bellonius hunc piscem suis coloribus expressum apud me cum uidisset, Hepatum à se descriptum (nam iconem non dedit) esse affirmabat. Piscis est undiquaque fermè rubicundus, magis quidem circa dorsum, circa uentrem albicat. Dorsum dimidia sui posteriore parte, tribus maculis atris deinceps notatur, ita ut macula ultima caudam attingat. Oculorum pupillam nigram circulus ruber ambit: isque rursus includitur cæruleo, uti pictura nostra præ se fert. Turdorum quidem generis uerè esse hunc piscem, non habeo quòd affirmem: Rondeletij tamen Turdo undecimo similem aut cognatum esse ut putarem, similitudo aliqua effecit, ut prominentia labra, color rubricæ, pinnæ consimiles. Noster tamen latior uidetur, Rondeletij oblongior: qui etiam (inquit) multis nigris & liuidis maculis aspersus est: quas in nostro non uideo, nisi quòd dorsum ternis (ut dixi) atris maculis notatur.

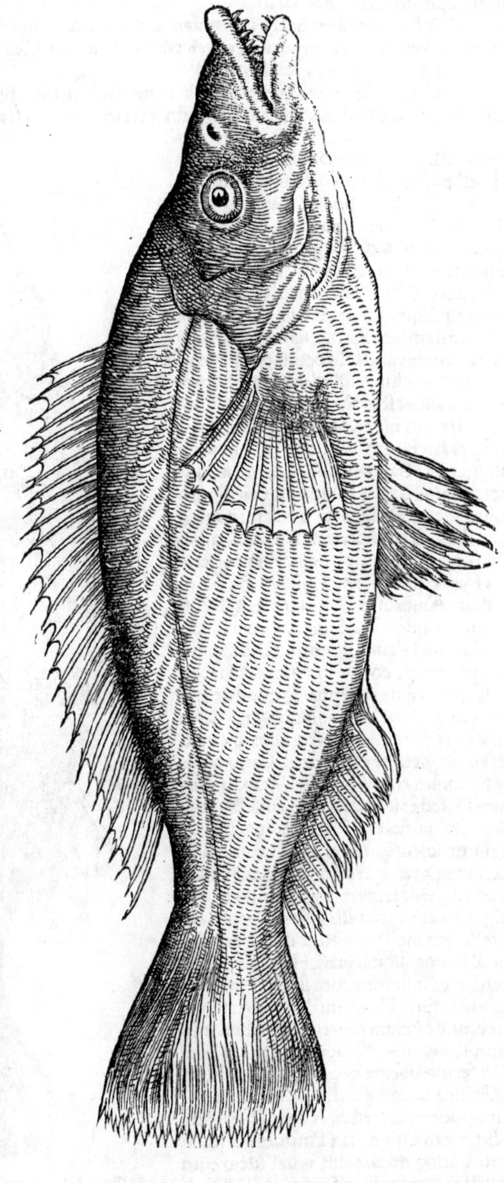

ITAL. Venetijs uulgò aliqui Lucium marinum uocant, ut audio. sed Sphyrænæ etiam id nomen tribuitur: & Asellus quoque Merlucius, quasi Lucius marinus appellatur. Bellonius à uulgo Venetorum Sachetum, ut etiam Chanadellam, indifferenti nomine appellari scribit. solo enim (inquit) colore, qui paulò magis in Hepato fuscus est, inter se differunt.

GERM. F. Ein rotlachte art der Steinlingen oder Krametfischē / beduncket mich der nächstgesetzten einlifften art änlich vnnd gleych / wo es nit äben der selbig fisch ist.

TVRDVS XII. Rondeletij. Et hic (inquit) in Turdorum genera referendus mihi uidetur, qui uulgò Vielle (*suprà Turdum in genere à Gallis Vielle uocari scripserat*) dicitur: neq; enim minus uarius est, quàm cęteri iam descripti. Capite est cæruleo, dorso uirescente. Linea uiridis & tenuis à branchijs ad caudam ducta est, in cuius extremo macula est rotunda, paulò supra caudam. reliquo corpore est rubescente. Pinnæ uariæ, sed maiori ex parte purpureæ.

GALL. Vielle, ut suprà dictum est.

GERM. F. Die zwölffte art der Krametfischen/mit einem blawen kopff/vnnd grünem rucken. es streckt sich auch ein enger grüner strich von den floßfädern/an den schwantz zů.

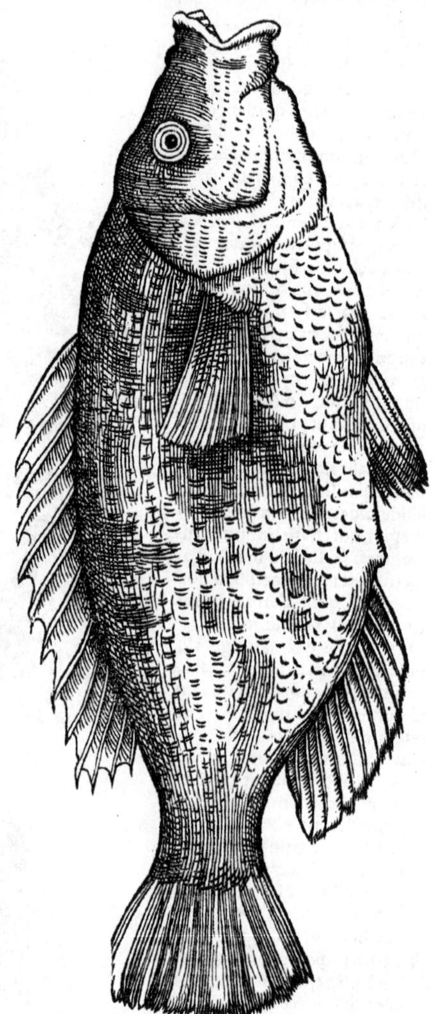

TVRDIS uel Scaro uario fortè affinis est piscis, cuius picturam, ut olim Venetijs accepi, huc apposui. Lusitanos Bodian uel Ruijo uocare audio, Illyrios Cany. Coloribus uarijs eleganter depingitur ac uariatur: fusco præsertim, seu nigricante & rubro. Pinnæ ad branchias flaui coloris sunt: reliquæ fuscæ, sed fibris spinis'ue (ad picturam hæc scribimus) rubris distinctæ, uti etiam cauda. In oculis pupillam nigrā circulus è luteo subuiridis ambit: quo exterior alius est uiolaceus, sequitur luteus, postremus niger. Maculæ quædam magnæ per latera nigricant, &c. ¶ His scriptis incidi in Saluiani piscē 94. quem uulgari nomine Papagallum nominat, figura nostro hîc exhibito planè similem: quanquam coloribus ab eo descriptis nonnihil dissidet. Romæ (inquit) ob oculorum uarietatem Papagallo uocant, Lusitani Budiam. A diuo Ambrosio & Isidoro Hispalensi propterea quòd Paui auis colorem imitetur, Pauo uel Pauus uocatur. (Descriptionem prætereo. conuenit enim cum icone nostra, coloribus exceptis: & quòd dentes nimis magni nostro adpinguntur.) Circa saxosa maris litora atq; scopulos uictitat: ubi etiam ineunte ęstate parit. Carniuorus est. nō solùm enim alga atq; alijs maris purgamētis, sed minoribus etiam piscibus uescitur. Solitarius est: & ferè semper singuli capiūtur, solentq; uerno ac autumnali duntaxat tempore capi: eò quòd forsan æstate caloris, hyeme frigoris impatientes lateāt. Insipidus atq; ignobilis piscis habetur. carnem habet mollem potiùs quàm duram, cui & lentor aliquis inest. Hæc ille. Vilis quidem & insipidus cum sit, Scari nomen non meretur. Romani (Bellonio teste) genus omne piscium diuersis coloribus insignium, nomine Psittaci, Pauonis, Turdi uel Merulæ uocare consueuerunt. Idem in Gallico libro de Piscibus Pauonis nomine piscem, ut scribit, Romæ Papagallū dictum exhibuit: quem Turdum postea in libro Latino nominauit. is uel idem cum Saluiani Papagallo est, uel planè similis. Sunt & Rondeletij quidam Turdi eidem similes.

Alius

Alius ab hoc est, opinor, quartus Rondeletij Turdus, quem circa Monspeliũ à nonnullis Perroquet (id est Psittacum) uocari scribit. Idem etiam Turdum secundum suum, Pauonem uocare uoluit.

ITAL. Romæ Papagallo, ut supra dictum est.

LVSITANICE Bodian, Budiam, Ruijo.

ILLYRICE. Cany.

GERM. F. **Ein art der Steinfischen / wirdt zů Rom ein Pappegey genannt / von wägen daß er so mancherley farben in den augen hat.**

TVRDORVM etiam generi planè cognatus uidetur, quem pro Anthia tertio, Rondeletius ponit.

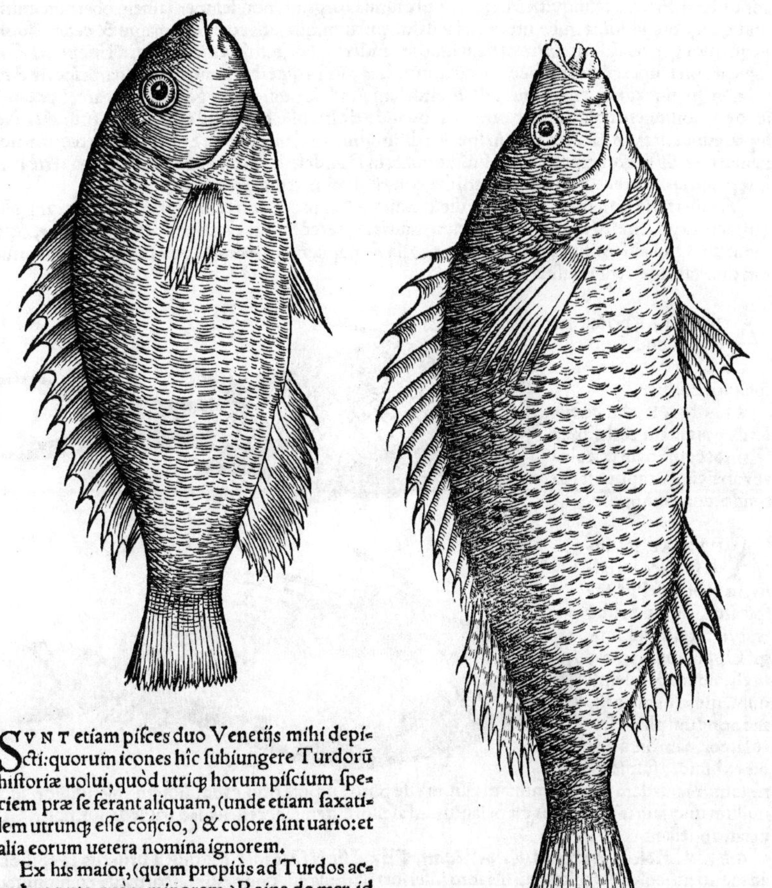

SVNT etiam pisces duo Venetijs mihi depicti: quorum icones hîc subiungere Turdorũ historiæ uolui, quòd utriq; horum piscium speciem præ se ferant aliquam, (unde etiam saxatilem utrunq; esse cõijcio,) & colore sint uario: et alia eorum uetera nomina ignorem.

Ex his maior, (quem propiùs ad Turdos accedere puto quàm minorem,) Raina de mer, id est, Carpa marina uulgò dicitur, (si modò rectè hoc nomen à pictore adscriptum est,) mihi quidem nõ placet. nã & Coracinus Bellonio Massiliæ alibiq; pesce Carpa uel Scarpa dicitur: Raina autem Italicè Carpam sonat: & Rondeletio Coracinus à Gallis quibusdam ad mediterraneum Durdo.) In eo (ut pictura præ se fert) cauda, & posterior pinnæ dorsi pars, rubicunda & punctis uaria est, anterior uerò & maior eiusdem pinnæ pars, è fusco albicat. Dorsum ipsum cœruleo uiridiq; colore mixtis tinctum apparet: uenter candicat: pars ad caudæ initium nigricat. Punctis toto corpore subnigris aut fuscis uariatur. In oculis pupillam nigricantem circulus aureus uel croceus ambit: quem alius fuscus, hunc deniq; subflauus circundat. M.

Minor uulgò Venetijs Luisolo dicitur, si bene lego adscriptum à pictore nomen: in quo plus Minor.

cœrulei est, præsertim in cauda extrema, & parte prona tum corpore tum pinnis. cuius etiam coloris in oculis circulus apparet, medius inter alios duos albicantes. Corpus ferè fuscum, sed alijs coloribus passim modicè admixtis, & punctis quæ magis fusca aut subnigra sunt uariantibus. Hæc ad picturas. Eundem aut similem in Oceano ab accolis Germanis, præsertim Flandris, audio **Posten** uocari, à uelocitate. sic enim propriè appellamus nuncios Principum, (astandas siue angaros Persæ,) qui equis dispositis itinera accelerant.

DE ANTHIIS IN GENERE.

ANTHIAS ut Aeneas dicitur: Græcè ἀνθίας, ὁ. Oppiano ἀνθιεύς. Huius quatuor genera Rondeletius libro sexto De piscib. mar. inter Saxatiles descripsit. Oppianus piscibus uagis eos adnumerat. Præcipuè (inquit) circa petras profundas degunt: non semper tamen. oberrant enim undiquaq;, pro libidine gulæ, utpote edacissimi piscium, quanuis edentuli. magni & cetacei sunt, in quatuor genera distincti. Primi flaui sunt, secundi candidi, tertij punicei: quarti Euopi uel Aulopi, propter superciliorum speciem dicuntur. Lege infrà quæ scripsimns cum quarta specie Anthiæ. Quanquam autem quatuor illi Rondeletij Anthiæ omnes toto genere differant: hoc tamẽ loco eos cõiungere uolui, donec certius aliquando de his piscibus aliqd cõstet. ¶ Aristoteles Aulopiæ eundem Anthiã facit, neq; in species distinguit: fortè quòd nulla præterquàm colorum notabilis esset differentia: quæ si tanta fuisset, quãta in Rondeletij Anthijs apparet, nomina certè cuique propria deberentur, non unum tribus, coloris duntaxat differentia expressa.

Anthias alio nomine Callichthys dicitur. aliqui Callionymum & Ellopem quoq; uocant. aliqui sacrum piscem: sed hæc appellatio cum multis alijs ei cõmunis est. aliqui Leucum, λευκὸν, (qui nimirum Oppiani Anthias candidus fuerit.) alij Aulopiam, αὐλωπίαν. Oppianus Aulopum priuatim quartam speciem Anthiarum facit.

ANTHIAE prima species, Rondeletio.

GALLICE circa Monspelium Barbier.

GERMANICE circũscribi potest: **ein rotlachter Rundtkopff**. nam & colore rubescit, & capite est rotundo, non compresso.

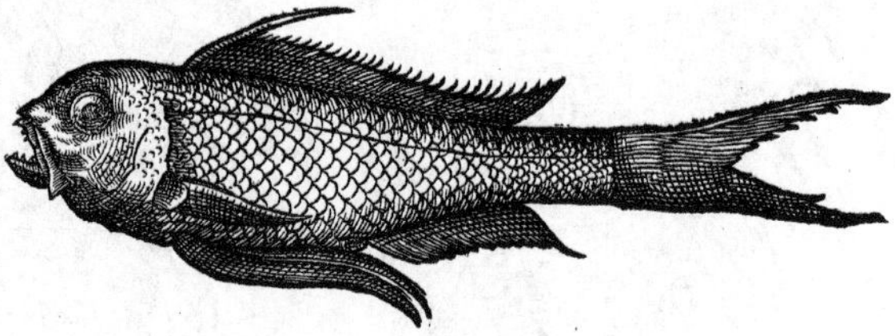

ANTHIAE secunda species fortassis, ut Rondeletius suspicatur. Anthiæ rubescenti (inquit) subiungit Oppianus ἀργυννὸν, id est, album & splendidum. quis autem is sit, me nondum planè scire fateor. nam hîc à nobis exhibitũ, suspicione tantùm quadam motus, anthiam album esse puto: utpote quo candidiorem splendidioremq; nullum unquam uidi. Piscis est pelagius, ad asellorũ genus accedens, sed paulò latior. nostri Capelan appellant.

Aselli.

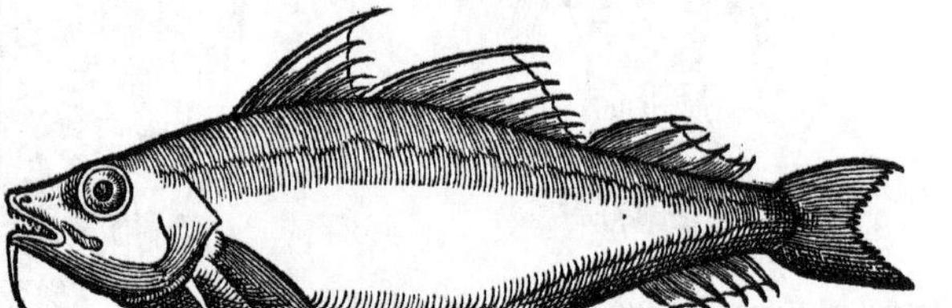

GERM. **Bolck/Kableau/Capellegau.** ¶ Ex Asinis Oceani est (inquit Turnerus in epistola ad me) uentricosus ille piscis, cui in labro inferiori barbula est, unde Asinus barbatus cognominari poterit. Hunc Angli Boreales uocãt **a Keling**, Meridionales **a Cod**, Occidentales **a Melwel**: Frisij orientales **ein Cabbelow**: Rheni accolæ salsum, **ein Bollich**.

ANTHIAE tertia species Rondeletio. Tertium Anthiæ genus (inquit) Oppianus nigrum (αἷμα κελαινὸν, purpureum exaturatum) facit. cuius generis piscem esse eum, quem

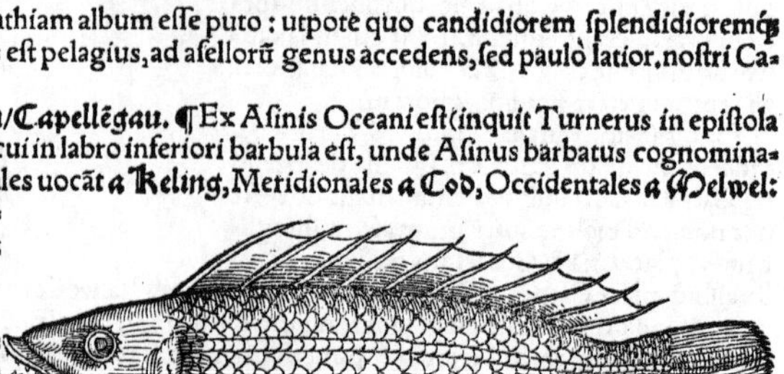

quem hîc exhibemus, affirmare ausim. est enim saxatilis, totus purpurei coloris uel indici, corporis forma Scaro uario similis. ¶ Turdorum generi forma naturaq; cognatus hic piscis uideri potest.

GERMANICE circunloquemur: ein schwartzbrauner Steinling oder Steinfisch.

ANTHIAE quarta species, Rôdeletio. Quarta Anthiæ species (inquit) Oppiano dicitur Euopus, Εὔωπος, quòd bonis sit oculis, & optima uisus acie, (*uel à pulchris uel magnis oculis:*) & Aulopus, Αὐλωπός: nimirum quòd oculi in orbem ueluti supercilio rotundo, obscuro uel nigro, cincti sint & coronati: quo fit ut caui & sint & uideantur, cernantq; acutius. Hæc nota cum huic, quem oculis subijcimus maximè conueniat, quin Anthias sit quarti generis non dubitamus. ¶ Aelianus (inquit idem Rondeletius) Aulopiam alium uidetur descripsisse, magnitudine maximum: qui magnos etiam Thynnos, etsi mole inferior, robore uincat. Cum captus est (inquit Aelianus) eximia forma spectatur. oculis est patulis, rotundis, magnis, cuiusmodi Homerus bubulos canit. maxillæ non solùm robustę, sed etiam pulchræ sunt. dorso est cœrulei coloris saturati. uentre candido. à capite ad caudam pertinens aurea quædam linea in orbem desinit. Ex his (inquit Rondeletius) colligunt nonnulli, Aulopion esse quem lingua uernacula uocamus Boniton, nos Amiam esse demonstrauimus. Hæc ille. Ego Aeliani Aulopiam, utpote magnum piscem, &c. ab Anthijs diuersum non fecerim. nominat enim Oppianus ἀνθιέων μεγακήτεα φῦλα: & quas earum species facit, omnes edentulas, non tam forma quàm colore aut specie oculorum distinguere uidetur: at Rondeletij Anthię, siue omnes, siue pleriq;, minores sunt, dentatiq; omnes, & genere toto inter se differũt. ¶ A Neapolitanis de piscatore quodam probo uiro accepi, piscem quendam uocari Aulopenam uulgò, quem uidere mihi nondum licuit, Gillius.

GERMANICE. Ein Seebrachsmen art mit einem schwartzlachten kreiß oder ring vm die augen.

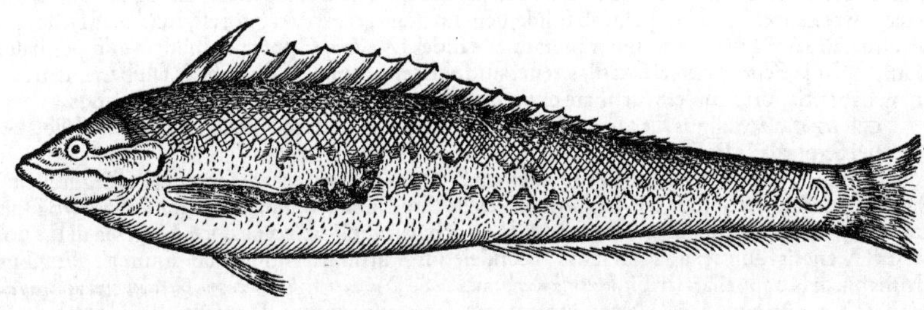

IVLIS, ἰουλίς. Gaza Iuliam conuertit. Piscis uix digito (*palmo, Bellonius. dodrantem interpretor*) longior, uarius: nimirum dorso uiolaceo: à capite ad caudam, subaureã lineam ductã habet, hinc & inde rostri modo dentatam: cui pars quæ subest, colore est cœruleo, uenter candido flauescente, &c. Rondeletius. Hi pisces frequentes inuadere muscarum instar, & mordere solẽt illos, qui in mari urinantur aut natant: nec ueneno caret morsus eorum. ¶ Idem fortè est Teragus, Ouidij hoc uersu celebris: Tum uiridis squamis paruo saxatilis ore, ut nostri codices habent. ego pro squamis repono Teragus, è Plinij catalogo piscium, qui Teragum paruum ex Halieutico Ouidij nominat. sed est etiam in Turdorum genere (decimus Rondeletio) uiridis quidam, & paruo ore. Iulidem quidem magna ex parte uiridẽ uidisse memini. Non est una Iulidum species (inquit Bellonius.) euariant enim colore: sed semper reuertuntur ad suas notas, quibus ab inuicem discernuntur. Lege mox in Italicis nominibus. Sed magis placet, ut Turdum uiridem, de quo suprà scri- *Teragus.*

C

psimus, Teragum Ouidij faciamus. ¶ Hyccam pro Iulide Hermippus Smyrnæus accipit. Synesius in epistolis Iulum pro Iulide dixisse uidetur. Hycca fortè, id est Sucula, à uoracitate dicta fuerit: Iulis uerò dicta uideri potest, quòd similiter, ut Iulus insectum, suo morsu pruritum in corpore excitet. Oppianus certè de uenenosis morsu piscibus agens: primùm Scolopendras mar. suo morsu in corpore pruritum & calidum ruborem tãquam ab urtica herba excitatum inducere ait. deinde, Iulides simile illis ore uenenum continere. Est autem Scolopendra mar. insectum à similitudine terrestris sic dictum: terrestri rursus similis est qui Iulus uocatur uermis multorum pedum, ita ut nauim longam referat, unde Lycophron νῆας ἰουλοπέζας dixit: & Synesius nauim quæ remis impellitur ζώῳ πολύποδι comparat: Nicander Scolopendræ: Aelianus cetaceam quoq; Scolopendram naui remis impulsæ confert. Aut fortè Iulis dicta est, quòd ut eruca maior lanuginosa, (nã & alij uermes multipedes, iuli dicũtur, ut Scolopendræ: licet pilos non habeant. quòd plurimi pedes fortè in eis quasi pili quidam sint,) uarietate colorũ insignis sit. ¶ Colore est tam uario, ut pulchritudine cum Pauone pisce contendat: pisciumq; omnium formosissimus uideri possit. Palmi magnitudinem non superat. Iulis Aristoteli gregalis est: nostra in Romano maris tractu rarissimè, & sola semper capitur. Hermippus quidem captu eam difficilem scribit. Aelianus & Oppianus tradũt Iulides pisces saxatiles esse, quibus os ueneno refertum sit, adeò, ut quemcunq; piscem degustarint, inhabilem cibo & perniciosum reddant. easdem hominem urinantem aut natantem infestissimè persequi, & Muscarum in terra instar, frequentes incurrere & morsu affligere. Hæc Saluianus Iulo pisci diuerso, non autem Iulidi adscribenda putat. Oppianum ait diuersis in locis utriusq; meminisse: qui tamen piscis sit Iulus, nondum constare. Neq; enim Hermolao (inquit) subscribendum censemus, qui Balænæ ducem, quem alij Musculum uocant, Iulum uocari testatur. atqui hic pisciculus ab Oppiano ὁδηγός, id est, dux, nõ autem Iulus uel ab illo, uel ab alio quoquã, quod compererim, nominatur. ¶ Iam cum non Aelianus modò & Oppianus, Iulidem, non Iulum, piscem morsu infestum & uoracem appellent, sed Numenius quoq; ἰουλίδα μάργον unà cum uenenata Scolopendra nominet: Iulum autem uenenatum esse nemo dixerit: est quòd diligentiùs hac de re cogitet Saluianus. Natantes quidem ab hoc pisce morderi & infestari Rondeletius suo experimento testatur: qui etiam incuruos eius dentes esse tradit. Os paruum apparet: quare cum escam uorare nequeant, præmordent: unde captu difficiles sunt. Ego ita uenenatum morsum earum esse puto, ut punctura Apum & Vesparum uenenata traditur, hoc est, magis propter dolorem quem excitat, quàm periculum. Exesos uerò ab eo pisciculos uenenatos reddi, non simpliciter crediderim, ex illa quam recitat Aelianus historia: piscatores cum Squillam media ex parte ab Iulidibus exesam gustassent, uehementes alui cruciatus sensisse. Piscem enim nõ recentem quemuis, aut à quouis alio aliqua ex parte exesum, nemo tutò ingesserit: & qui fame coactus id fecerit, periclitabitur. An Iulides quia panphagi sunt, noxijs etiam circa saxa animalculis, ut Scolopendris alijs'ue non abstinent: & inde morsus earum nocentior redditur? quamuis simpliciter etiam paruis & recuruis dentibus uulnuscula inflicta noceant. an à Scolopendris marinis, quos etiam Iulos dixeris, exesa, potiùs quàm ab Iulide, ueneno non carent? Vtcunq; est, Iulidem à Bellonio, Rondeletio & Saluiano exhibitam: ueram, & eandem Aeliani Oppianiq; Iulidem esse persuasus sum. ¶ Iulis, sicut & cæteri saxatiles, teneram, friabilem, concoctu facilem, & saluberrimam carnem habet. Saporis quidem suauitate cum sapidissimis minimè conferri debet, Saluianus.

GRAECVM uulgus Illecam uocat, uel Iglecquam. Rhodium Asdellos. nonnulli Zillo, (ζῆλον,) uel Sgourdelle, Bellonius.

ITAL. Veneti & Massilienses Donsellam & Domisellam uocant: Genuenses Zigurellam, hoc est, puellam, Bellonius. A Liguribus Girello siue Girella nominatur, à nonnullis uerò Donzella: ab alijs Iurela, Iula, Rondeletius. ¶ Romæ & Neapoli obscœna uoce Menchia di Re uocatur, Venetis Donzella, Saluianus. Rondeletius Turdum tertium quoq; suum ab aliquibus Minchia di Re appellari scribit, ἴσως δὲ διὰ τὸ τὴν κεφαλὴν καὶ σῶμα τοῦ ἰχθύος τούτου, βάλανον καὶ οὐρήθραν ἀνδρὸς μορίου μιμεῖσθαί πως δοκεῖν. Nos alium quoq; piscem rubicundum, Donsellæ nomine alicubi (in Italia puto) dictum, descripsimus in Corollario de Alpheste. Rondeletio Ophidion Plinij (Asellorum generis pisciculus ut uidetur) circa Monspelium uulgò Donzelle uocatur. eius quidẽ species una Rondeletio flaui coloris est: qui color etiam Adonidi pisci tribuitur, quem alio nomine Ophidion dictum Kiranides tradit. ab Adonide quidẽ Donzellæ nomen deduci potuit; quanquã à Græcis hodie nonnullis ζῆλος appellatur: quod nomen fortè per aphæresin à Donzella factum est. ¶ Ex picturis Cor. Sittardi habeo, non forma, sed coloribus, ab ea, quam hîc exhibeo, Iulide, nonnihil differentem: quæ & dentes ore aperto ostendit. Tincam marinam ab aliquibus uocari adscriptum erat, nimirum quòd magna ex parte uiridi colore sit Iulidis illa species, sed Itali Merulas ac Phycides in mari, Tincas mar. uocitant, ut scribit Bellonius.

Hycca. *Iulus.* *Tinca marina.*

GALL. Massilienses, sicut Veneti Donsellam & Domisellam uocant. Lege plura in Italicis nominibus. Nostris (inquit Rondeletius) incognita est, quia uix in toto nostro litore reperiatur.

GERMANICE & ILLYRICE. Sclauonicè (ut Sigismundus Gelenius ad me scripsit) dicitur Knezik: quod nomen significatu ab Italico non discrepat, nisi quòd hoc masculinum est, æquè ut illud diminutiuæ formulæ à Knez primitiuo. Germanicè diceres **Jüncklerlin**. Videtur enim

enim hic inter pisces cultior, nimirum prasinatus, ceu quispiam aulicus, aut puella aulica. ¶ Licebit & à pulchritudine **Schönling** appellare.

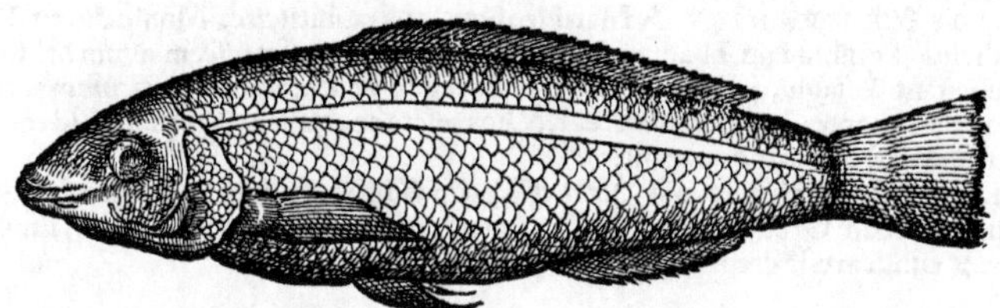

ADONIS seu Exocœtus Rondeletij. nam alius est Bellonij, Ordine I. inter Gobios. Hic & Cirrhis apud quosdam à cirrho, id est, subflauo colore dicitur: aut Lychnus, à colore ceræ ce reiue. Vide suprà quæ cum Turdo Rondeletij VII. annotauimus.

GALLICE. Nullum huius (inquit Rondeletius) uulgare nomen comperi, sed cõmuni tantùm Saxatilium nomine (Gallico, Rochau scilicet) uocatur.

GERMANICE circunscribatur: **ein gälber oder goldgälber Steinling.** Nomine quidem **Steinling** communi uti licebit ad omnes saxatiles. Lege scripta ad finem Exocœti Bellonij, Ordine I.

ALPHESTES Rondeletij: quem eundẽ Cinędo statuit: quod ueterum nullus (puto) expresit. erudita tamen hæc Rondeletij coniectura est, quòd utriq; cereus color tribuatur: & Alphestæ ueluti libidinis causa, quod cinædorum est, κατὰ πυγὴν alter alterum sequantur. Bellonius quoq; hũc piscem Cynædum (per y.) nominat.

Cinædus.

GALLICE. Rochau, communi saxatilium nomine. Peritiores piscatores uocant Canus, Massilienses Canudo, (un Sanut, Bellonius,) corrupto uocabulo cinædum uolentes dicere, Rondeletius.

GERMANICE. **Ein art der Steinlingen oder Steinfischen/auff dem rucken purpur farb/am übrigen leyb gälblacht.**

Quærendum an Adonis, qui & Ophidion & Cirrhis dicitur, cognatus sit Alphestæ. est enim Ophidion ueluti Mustela quædam marina: sunt autem Mustelæ quædam colore luteo, omnes quidem μονάκανθοι, ni fallor, &c. ut alius fortè sit, quàm Rondeletius putauit, Alphestes: quem tamen cinædum esse non dubitârim. Bellonius pro Alpheste eundem quidem piscem pingit: sed minùs latum, crassioribus labris, bene dentatis: corpore maculoso, & punctis distincto, non expressis squamis. ¶ Alphestes ab Aristotele, ut citat Athenæus, monácanthus dicitur. Dorion scribit fluuiatilem Mitrænam (Lampredam nimirũ) spinam unicam solùm habere, Onisco galariæ similẽ.

CHANNVS uel Channa piscis est sic dictus ἀπὸ τοῦ χάνειν, hoc est ab hiando, liquida Aeolicè duplicata. χάννος, χάννη. Non probo eos q χαύνη per αυ. diphthongum in prima scribũt, &c. Gaza Hiatulam interpretari uoluit: sed quoniam

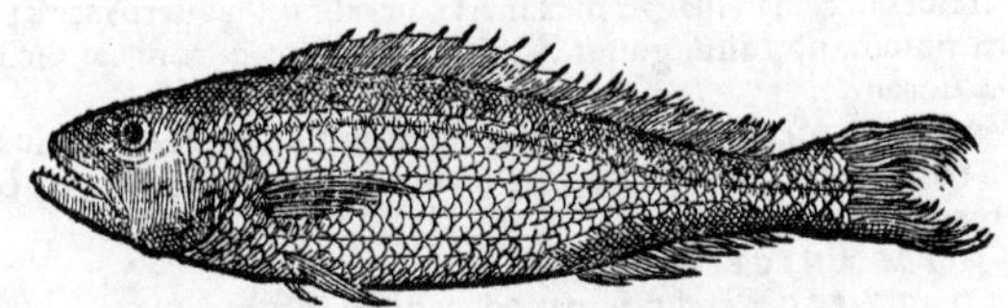

& Chamam concham alicubi similiter interpretatur, præstiterit nos Græca retinere uocabula, ne res diuersæ confundantur. ¶ Channa piscis moriens perpetuò hiat ac rictum ædit. ¶ Hunc piscem Aristoteles inter pelagios numerat: ipsa tamen experientia in saxosis potiùs litoribus reperiri demonstrat: quod & Oppianus testatur, non uerè tamen saxatilis est, Saluianus.

C 2

GRAECORUM uulgus adhuc Channo uocat, Bellonius. Chane, Gillius.

ITAL. Genuenses Bolassos uocant, incolæ portus Veneris, Barquetas, Bellonius. Græci etiam hac ætate & Veneti uocant Chanen, Gillius. Romæ, Sopracielo. Genuenses & Hispani, Serran, Saluianus.

GALLICE & HISPANICE. A Massiliensibus, nostratibus (circa Monspelium) & Hispanis Serran dicitur, à quibusdam Thanna, Rondeletius. Massilienses piscem alium isti similem, Channam uocitant: & stagni, quod lingua nostra Martegue dicitur, accolæ, pisciculum alium Canadelle: quod fieri propter similitudinem reor, & hos pisces cum Channis confundi, Idem. Massilienses Serranos uel Serratanos uocant.

GERM. F. Ein fisch gleych dem Meerbersich/ein Meerbersich art. Tanta est (inquit Bellonius) huius piscis cum Orpho, Hepato & Perca mar. (cum qua publicè diuẽdi solet) similitudo, ut piscem penè eundem esse credas, &c.

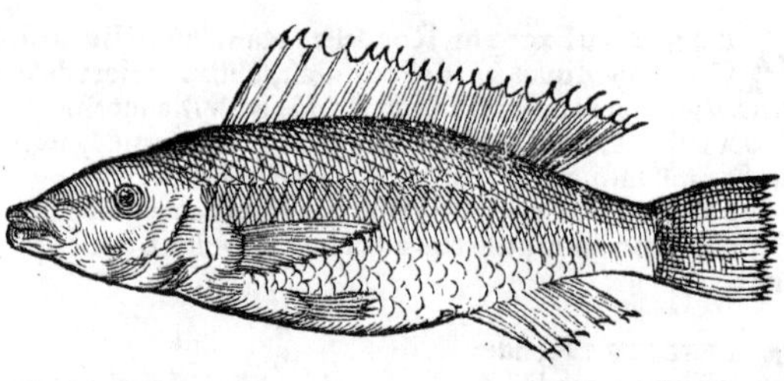

CANADELLA uulgò dictus piscis à Gallis ad Ligusticũ mare, nunquam ad eam magnitudinẽ extuberat ad quam alij pisces saxatiles, Bellonius.

ITAL. Veneti Sacheto uel Saccheto uocãt: quod nomen etiam Hepato nostro tribuunt (inquit Bellonius) à quo, solo colore differt.

GALLICE. Chanadelle: quòd fortè tanquam diminutiuum à Channa nomen est. ¶ Massilienses alium piscem Channæ similem, Channam uocitant: & stagni, quod lingua nostra Martegue dicitur, accolæ, pisciculum alium Canadelle: quod fieri propter similitudinem reor, & hos pisces cum Channis confundi, Rondeletius.

GERM. F. Ein besundere vnd kleine art der Meerbersichen/oder Seeparsen.

Perca marina Rondeletij.

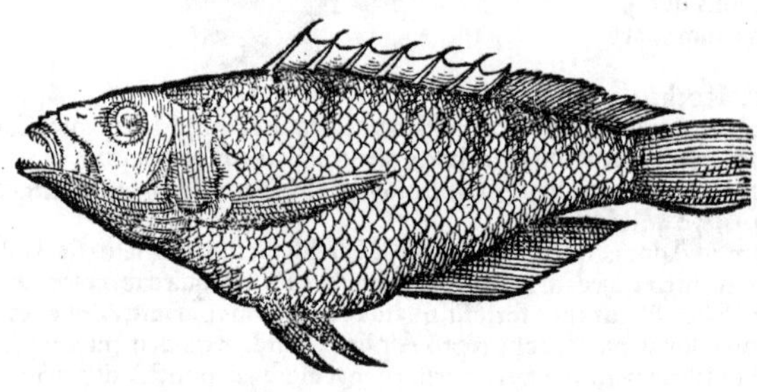

PERCA marina, tenera & friabilis est: fluuiatilis uerò, de qua suo loco dicemus, dura & glutinosa. Græcè πέρκη dicitur, aliquando περκὶς, Rondeletius. Etsi Plinius eodem capite Percas & Percides nominat, illas amni & mari communes: has uerò maris peculiares faciens: Græci tamen hæc nomina non distinguunt, Saluianus. Percam conijcio dictam à colore, quem Græci περκνὸν uocant.

GRAECI etiam hodie antiquo nomine utuntur, Rondeletius.

ITALICE. Romæ Perchia dicitur, quanquam & Phycis eodem nomine ibidem sic appellatur.

HISPANICE Percha.

GALLICE Perche de mar, ad mediterraneum.

GERMANICE ut fluuiatilem nominamus Bersich/Barß: ita marinã nominabimus Meerbarß/Meerbersich. Apud Borussos Bertschge uocatur marinus piscis, subfuscus, dodrantalis, gratus in cibo, & solidę carnis: non alius puto quàm Perca: etsi Bellonius Percam ex Oceano nunquam se uidisse scribat. Albertus Percam mar. piscibus, qui circa litora maris Germanici capiantur, adnumerat.

ANGLI

ANGLI similiter Gallis nominant Perche.

Hanc quoque iconem Venetijs olim cum alijs ad me missam, Percæ mar. esse conijcio, cum aliâs, tum propter maculas transuersas, fuscas, punctis nigrioribus notatas, ut pictura præ se fert, interuallis rubicundis. ad latera ex ruffo subflauus color est, &c. sed aculeus ab ano, non uidetur conuenire Percæ: nisi hæc proximæ pinnæ pars est, à pictore imperito diducta.

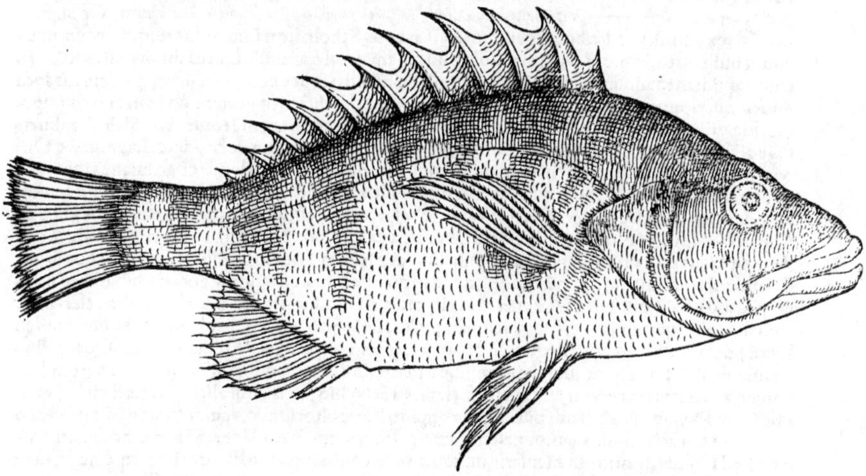

Vt Bramæ marinæ species multas feci, non quòd reuera generis unius species sint: sed similitudine quadam formæ inter se conuenientes pisces diuersos, Germanis ita interpretari uolui: sic ab aliqua cum Perca similitudine, alios quoque diuersos pisces ceu species eius interpretari nobis licebit, ut Channam, Phycidem, Hepatum Bellonij, & eiusdem Canadellam, &c.

Phycis Rondeletij, picta pro pisce quem Phyco (aliâs Figo) Romæ uocant: cuius aliam imaginem Ordine V. dabimus. neq; enim saxatilis is piscis est.

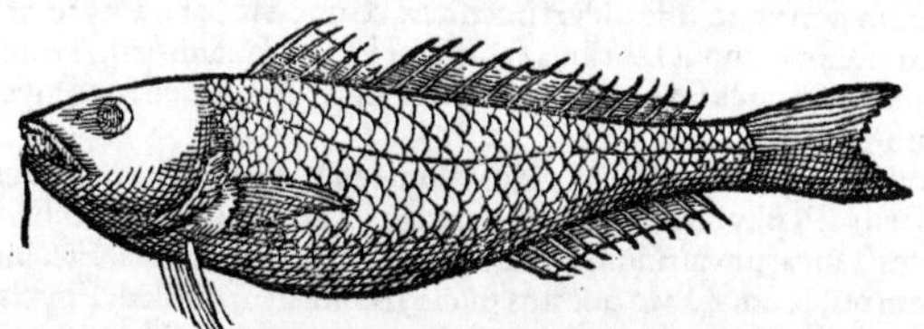

Phycis Bellonij, Merulæ cognata.

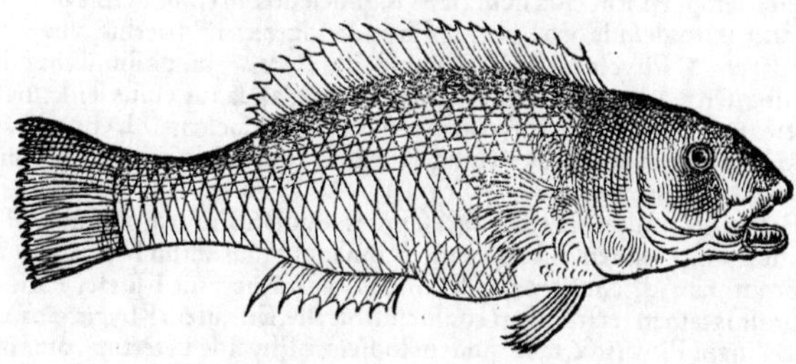

Phycis uera Saluiani, pingitur ab eo pag. 227.

PHYCIS. Græcè φυκὶς & φυκίου dicitur: à Gaza Phuca uel Fuca uertitur. Phycidion Aristotelis, nihil aliud est quàm parua Phycis. Phycis ita dicitur, quoniam pisciũ sola nidificet ex alga,

C 3

quam Græci phycon uocant. Phycis etiam phycos Aristoteli dicitur, ut recentiores quidam scri bunt. mihi φυκὶς oxytonum genere fœm. per iôta, solùm rectè scribi uidetur, (non etiam φῦκος aut φύκιον) sicut & apud alios authores inuenio: nec aliter apud Aristotelem in præsentia. apud quem tamen libro 6. historiæ cap. 13. φύκης paroxytonum per η. reperio, de Phycide mare. A Diphilo nominãtur ὁ φυκὴν, καὶ ἡ φυκὶς, siue specie diuersi pisces, cognati tamen inter se: siue sexu tantùm, ut ὁ φύκης καὶ ἡ φυκὶς ab Aristotele, sexu solùm differentes. φυκὴν (inquit Saluianus) fortè corruptum pro φύκης est. ¶ ——— καὶ φυκίδες ἇος', ἁλιῆες ἀνδρὸς ἐπωνυμίην θηλύφρονος ηὐδάξαντο, Oppianus. pro ἇος', ex uetustis codicibus, legendum ἃς θ'. Græcus Scholiastes: His uerbis (inquit) poëta notat eunuchum quendam: qui patrem ipsius apud regem detulerat: unde is in exilium missus fuit. In tribus quidem manuscriptis codicibus (inquit Saluianus) super nomen φυκίδες, glossematis loco

Λεπῖναι. λεπῖναι inscriptum reperiri: quasi Phycides λεπῖναι fuerint dictæ, eo nomine ab eunucho eis imposito, Hæc ille. mihi poëtæ uerba clariorem expositionem requirere uidentur. Rondeletius diuersos à Phycidibus pisces, Alphestas siue Cinædos interpretatur: sicut & Brodeus. Lippius ex Oppiano uertit, Phycides eunuchi uero de nomine dictę: quem Rondeletius & Saluianus reprehendunt, nescio quàm rectè. mihi quidem meritò hi pisces, Eunuchi nominari posse uidentur: quoniam pisciũ soli εὐνὰς, siue (ut Aristoteles loquitur) στιβάδας, hoc est, lectos potiùs quàm nidos, ut quidam uertunt, sibi construant, inq; eis pariant. Alga uelut nido constructa fœtus circundant, & contra tempestates tuentur, Plutarchus. Eunuchus sanè lecti custodem significat, ut poliûchus urbis. Confirmat sententiam Lippij & nostrã, quòd in quatuor manuscriptis Vaticanæ bibliothecæ exemplaribus (Saluiano teste) legitur ἃς θ', id est, quas, fœminino genere: ut ad Phycides referamus: nam si de alijs quibusdam piscibus sensisset poëta, οὓς θ' masc. genere prolatum ab eo oportuisset. Idem poëta hos pisces canit degere circa petras φύκιοιν, id est algis, & musco plenas. Quare Phycis siue à cubili suo algario, ut ita dicam: siue à petris, ubi degit, algosis dicta fuerit. λεπῖνις quidem nomen ad Leleprim accedit: est autem Lelepris Hesychio piscis, qui aliter phycis dicitur, λελεπρίς. Cum Phycida Massiliensi piscatori ex oppido Neapoli oriundo demonstrarem, dixit Neapoli Leprem uocari, Gillius. Rondeletius etiam Phycidem suam Venetijs Lepo nominari scribit. Sed Gillius de quo pisce senserit, nondum mihi constat: qui tamen cum hodieq; Græci, ut ipse testatur, Phycida nominẽt: & Neapolitani Lepre (tanquam Leleprin) ueram Phycidem cognouisse uidetur. Veneti (inquit idem) quendam piscem falsò Phycum uocant. is enim squamis caret, & paruulæ Pelamydis similitudinem gerit. Phycis squamosus est, & saxatilis, trientalis longitudinis. Sic ille. Puto autem eundem piscem quem Phycum Venetijs uocari scribit, Romæ Figo dici: & squamis carere. sic enim & Tincæ mar. quod ei tribuunt nomen conueniet. Saluianus in icone squamas paruas addere uidetur: quarum in descriptione non meminit. mea etiam, quam ex Italia accepi, huius piscis icon squamis caret. Rondeletius magnas & manifestas suæ Phycidi attribuit, quam Romæ Phyco uocari scribit. Quamobrem diligentius expendenda res est. Rondeletius certè Phycidem ueram non agnouisse uideri potest, ex eo quòd Romæ Phyco nominari scribit: qui piscis, Saluiano teste, in cœnosis litoribus capitur: at Phycis saxatilis est, Aristoteli, Diocli, Galeno, Plinio. Oppianus eam circa saxa muscosa degere canit. ¶ De Bellonij Phycide, leges inferiùs in Italicis nominibus.

GRAECOS hodie uulgo Phycida (Phocida Rondeletius) antiquo nomine uocare Gillius tradit: Phyceam, Massarius: Pephycarismenam, Hermolaus. Lampinam uel Lambenam, Bellonius.

ITAL. Phycides Tincarum uiridium colorem atq; effigiem referẽtes, Fici uulgò nuncupantur, Iouius. Est autem qui Romæ Fico uocatus piscis, Rondeletij quidem Phycis, Saluiani uerò Asellus callarias. De Italicis nominibus Lepre & Lepo, leges suprà: ad uetus enim Græcum Lelepris accedunt. ¶ Audio à Neapolitanis piscem quendam ostendi, nomine Pittara, pro Phycide, quem Græci huius temporis Phocida nominent, Rondeletius. in cuius uerbis pro Pittara primùm Lepre legendum puto: deinde pro Phocida, Phycida: idq; ex Gillij uerbis, quæ imitatum esse Rondeletium apparet. ¶ Phycidem uti Romæ unà cum Percis, quibus simillima est, uendũt: sic à Percis non distinguẽtes, Percia (etsi perperam) appellant, Saluianus. cuius sententiam approbat Speusippus, Percam, Channam, & Phycidem similes inter se faciens. Lepo nomen Venetijs usitatum, tum ad Leleprin alludit, ut dixi: tum ad Elepoca, quem Hesychius Phycidi similem

Elepox. facit, his uerbis: ἐλέποξ, ἰχθὺς, ὅμοιος φυκίδι.

Phycis Bellonij. Phycis (inquit Bellonius) multorum colorum est piscis, fluuiatili Tincæ persimilis. Hunc Veneti promiscuè Lambenam, Genuenses Lagionum, Romani ut plurimùm Merlinum (*Merlo cum icone scriptum erat*) uocant. nam id genus omne piscium coloratorũ, nomine Psittaci, Pauonis, Turdi uel Merulæ illis (minùs tamen rectè) uocari consueuit. Sic ille. Est autem Phycis eius alia quàm uel Rondeletij uel Saluiani Phycis: &, meo quidem iudicio, à Phycide ueterum, omnino diuersus piscis, Merulæ potiùs quàm Percæ similis & cognatus. Itali quidem Merlo, Merulam piscem uocant, Saluiano teste. Lambenæ nomen Venetijs usitatum, à labijs crassis & carnosis factum uideri potest, etsi Bellonius Græcis quoq; uulgarem eam uocem esse scribit.

HISPAN. Vide in Gallicis.

GALL. Phycidis Saluiani, quam ueram existimo, Gallicum nomen non habeo. ¶ Rondeletius

letius suam Monspessuli Mole uocari ait, fortasse ob carnis mollitudinem, Hispanis Molere. ¶ Bellonius suam Massiliæ Roquau: quod nomen Saxatilibus omnibus commune est.

GERMANICE circũscribemus, Ein art des Meerbersichs / ein Meerfisch oder Steinling/ dem Meerbersich an der gestalt vast änlich / hat aber keine übertwäre mackeln wie der Bersich. ¶ Rondeletij Phycis: Ein Meertrüschen art. ¶ Bellonij Phycis, Ein Steinling/ änlich dem Merlefisch.

SCORPII quanquam à quibusdam Saxatiles dicuntur: à nobis tamen Ordine quinto positi sunt, &c.

ORDO III. DE LYRA ET SIMILIBVS PISCIBVS, QVOS LYRIFORMES (ΛΥΡΟΕΙΔΕΙ͂Σ) APPELLAMVS: QVI CORPORE SVNT TERETI, capite crasso: plerique rubescunt, &c. Horum alij sunt squamosi, alij squamis carent.

Bellonius piscem quendã huius generis Cuculũ simpliciter nominat, uel minoris cognomen addit. maiorẽ enim illum facit, quem Rondeletius Lyram: cui pinnas cœruleas tribuit, minori rubentes. Icon quidem Bellonij Cuculum repræsentans, omnino alia quàm Rondeletij est, similis Lucernæ Venetijs dictæ, (ubi nos aliquando pingi curauimus, quanquam cœruleis ad branchias pinnis, quem colorem maiori Cuculo suo Bellonius adscribit,) nisi quòd tres utrinque infra branchias cirros ostendit: quales in Rondeletij Cuculo, ab altera tantùm parte terni spectantur.

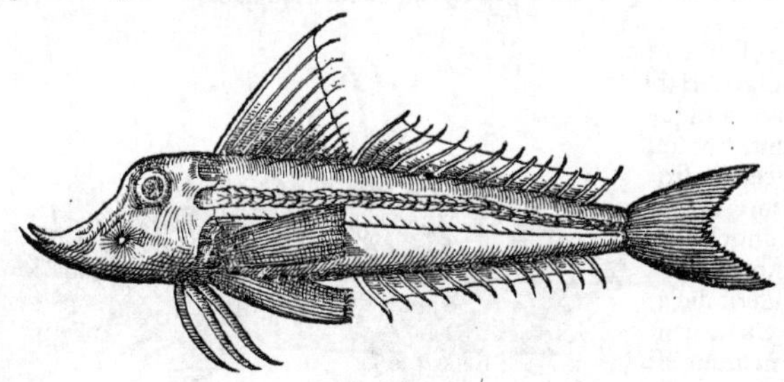

CVCVLVS piscis à uoce dictus est, κόκκυξ. Coccyx similis est Triglæ, id est, Mullo: & Typhon in libris de animalibus author est, putare aliquos Trigólan (τριγόλαν) eundem esse Cuculo piscem, propter similitudinem formæ, & partium posteriorum siccitatem, Athenæus. ¶ Cuculi caput grandius, & alæ breuiores (si Hirundini & Miluo præsertim conferas) quàm ut uolare posse uideatur. Massarius hunc Miluũ facere uidetur, sed falsò. in Miluo enim Ouidius tergus nigrum requirit: huic rubet, Saluianus.

ITAL. Neapolitani Græci nominis uestigia seruantes Cocchou, quasi Coccygem, (*Cœchum, Siculi uerò Cochum, Gillius. Itali quidam el Cuccho*) uocant: Maris Illyrici accolæ Organo à uoce, Rondeletius. sed Lyram quoq; similiter à uoce Organo uocari scribit apud Ligures. ¶ Romæ pesce Capone dicitur. Neapolitanis & Siculis Cocco. Liguribus Organo. Venetis Lucerna, Saluianus.

GALL. A nostris (*circa Monspelium*) Morrude dicitur ab ore: quia morre uocant os cum prominentibus labris. Galli à Mullis non distinguentes, quòd eiusdem sint coloris Rouget uocant, (*ut Lyram quoque:*) Santones hunc & similes Perlon. Massilienses Galline, (*Corax etiam similis piscis à Romanis Gallina dicitur, Rondeletio teste.*) Agathenses Rondelle, à corporis rotunditate.

GERMANICE & ANGLICE. Aut Cuculus est, aut Cuculo simillimus, magnitudine solùm fortassis, aut colore differens piscis, quem inferiores Germani Gornart, uel Gaernaert appellant: Angli Gurnarde, à crasso naso fortassis. omnibus enim huius generis piscibus capitis magnitudo communis est. Galli quidam Gronau proferunt: tanquam à grunnitu uocis, ut Rondeletius conijcit. Redfisshe, id est, piscem rubentem Angli Gurnardo suo similem esse aiunt. quare Cuculum, cui color rubicundus in hoc genere maximè conuenit, Numenio teste, Redfisshe appellârim: Lyram uerò Rondeletij, Gurnardum. (Alius est Rotfisch Anglorum, inter Oceani Asellos à Bellonio nominatus.) Licebit & Redfisch nomen (aliqui Germanorum Rotahert uocitant: Adamus Lonicerus scribit Rodtbart. Ab authore Regiminis Salernitani Galbio uel Rogetus nominatur) ceu genus ad species aliquot inter se similes extendere. nam & Galli Rogeti (Rouget) nomine similiter à rubore facto, Mullum, Cuculum & Lyram comprehendunt. Græcè λυροει-

C 4

δεῖς, id est, Lyriformes, huiusmodi pisces appellârim: ut Hirundinem, Miluum, Coracem, Lyram utranque, Cuculum. hi enim omnes multa habent communia. Mullus quoque parum ab eorum forma recedit: longiùs aliquanto Vranoscopus. Omnes ferè corpore tereti sunt, capitibus crassiores, &c. Itaque genus unum commune statui poterit, cuius species Germani differentijs expressis circunloquentur. Cuculus generis nomine appelletur ein Redfisch, ob excellentiã nimirum rubicundi coloris, quem tamen cum Lyra & Mullo communem habet. Hirundo & Miluus, fliegende Redfische, id est uolantes Lyriformes. Corax, ein schwartzlachter Redfisch. Mullus, ein Rotbart. Lyra, ein Gornart, uel Seehan: uel Seehaß ut quidam putat. Lyra altera, ein geharnischter Redfisch. In quibusdam Angliæ locis huius generis fusco colore piscem, Curre, à sono quem ædit, indigetant. Gurnardorum (inquit Turnerus) habemus duo genera: quorum alterum, quod cinerei ferè coloris est, in occiduis & meridionalibus Angliæ prouincijs appellatur simpliciter a Gurnard, apud boreales Anglos a gray Gurnard. Alterum genus quod rubrum est, à meridionalibus nostris uocatur a Rochet, ab aquilonalibus a rede Gurnarde. In littore orientali Angliæ, ut in Essexia, hoc est, orientali Saxonia, & Norfolcia & Sudfolcia, fieri potest ut Gurnardus Curre appelletur: at in alijs omnibus Angliæ prouincijs nomen hoc prorsus ignotũ est. ¶ Antuerpiæ piscem toto genere diuersum Leporem marinum (uulgò Seehaß) nominant, qui totus est mucosus, & Orbis scutatus à Rondeletio uocatur. ¶ Gyldenpolle piscis apud Anglos alicubi dictus: similis est Lucernæ (uel Cuculo, ut audio) mixti coloris ex cinereo & rubro. Polle caput eis significat, quo lucet (nimirum etiam noctu) ut aurum, quod Angli Gylde, nostri Gold appellant.

Est & alius piscis (inquit Bellonius) Romæ tritissimus, quem piscatores Griczo uel Riczo uocant, hic squamis obducitur crassissimis & tangenti asperulis, uelut in Galeorum pellibus uidemus. Rougetum Gallicum, atque etiam Grundinum (*Lyram Rondeletij*) capite, pinnis, cauda, & toto corpore habitu refert, unde piscatores plerique Caponem nominant.

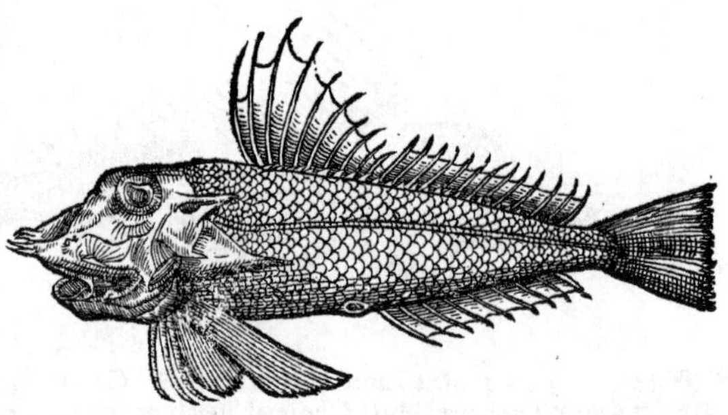

LYRA, λύρα, sic dictus est piscis, quia rostri (bifurci) cornua Lyrę antiquę figuram referunt. Sonum quidem hic piscis seu stridorem edit, quem ei Aristoteles tribuit, Rondeletius. Sed fortè ab ipso quem edit sono, Lyra fuerit dicta, per onomatopœiam. nam & Lyra instrumentum est sonorum: & sonus talis est, ut ab Aristotele γρυλλισμός appelletur: quod uocabulum literis quibusdam partim omissis, partim transpositis, cum Lyra colludit. ¶ Bellonius hunc piscem Coccygem (id est, Cuculum) alterum seu maiorem nominat. ¶ Ab huius piscis similitudine alij non pauci forma ei consimiles, λυροειδεῖς appellari poterunt, hoc est, Lyriformes, ceu generis uocabulo: Vide superius in Germanicis Cuculi uocabulis.

λυροειδεῖς.

ITAL. A Liguribus uocatur Organo, ob sonum quem edit, Rondeletius. (Idem Cuculum quoque ad mare Illyricum Organo uocari scribit, à uoce.) Genuenses Orgam uel Organum uocant, (*nomen accedit ad Gornart Gallicum, per metathesim:*) alij Canistrum, un Cofano, Bellonius. Romani Caponem, Iouius. sed Caponis nomen communius est: & Miluo quoque tribuitur. Saluianus Cuculum quoque Romæ sic uocari tradit.

GALL. Circa Monspelium Gronau, uel Grougnant, quòd grunniat more suis, (*aut fortè tanquam à naso grosso.*) A Gallis Rouget, à rubro colore, Rondeletius. Gournautum (uel Grundinum, à grunnitu, nostri simul & Angli uocant: Rothomagenses Tumbam: (*origine fortè Germanica, à pollice. nam & Gobium fl. capitatum Angli* Myllerßthombe *uocant, & pisci* Curre *λυροειδεῖ conferunt.*) Bellonius.

GERM. Seehan, id est, Gallus marinus, Rondeletius. (Albertus quidem hunc piscem pro Lepore mar. accipit, qui Germanicè diceretur Seehaß.) De Germanicis nominibus Lyræ & similium piscium plura scripsi in Cuculo. Color quidem rubicundus non in Cuculo tantùm excellit, sed in Lyra etiam: ut uterque simpliciter Redfisch Germanis ab eo colore denominari uideatur, sicuti Gallis etiam Rouget. cæterùm Curre Anglis quibusdam dictus, quoniam fusco colore est, non rubro, ut Gornard eorundem, nec Lyra, nec Cuculus fuerit, sed alia eiusdem generis species, Corax ne, an alia, dubito. ¶ Germanicum nomen Seehan, quo Pomerani utuntur, uel à rostri figura factum fuerit, quod durum corneumque in hoc pisce prominet: tanquam in uetere gallinaceo, ut Io. Kentmanus ad nos scripsit. Vel ab eo quod inueteratus in aëre suspensus, cauda unde uentus

uentus spiret, indicet, (quod de Lyra altera Rondeletius scribit,) ut cantu suo tempestatis mutationem Gallinacei. Vel à sono quem edit in hoc piscium genere Cuculus, quo Gallinæ aut Pulli uocem quodammodo imitatur: translato postea ad alios similis formæ pisces nomine. Quare & **Walkus** piscis, uel **Wolkus** à Danis & Pomeranis dictus, alio nomine **Meerhan** uocatur, cuius ad sceleton iconem idem Io. Kentmanus ad me misit: qui uiuum uiderint, ad aliquem ne ex illis quos hîc proponimus, referri debeat, an sui generis piscis sit, iudicabunt. Lyriformem quidem esse dubium non est. Branchiarum oræ multis aculeis horrent. os studio diductum, & maximè hians, ueluti orbem, nulla parte prominente efficit: maxillis intus asperis dentium loco. Pinna caudæ & reliquæ rotundæ apparent, præter binas oblongas quæ infra branchias dependent, in dorso geminæ sunt.

Lyræ alterius Rondeletij effigies (quanquam cornua ab ore prominentia, tanquã in Lyra instrumẽto, nulla ostendit) ad sceleton olim nobis delineata.

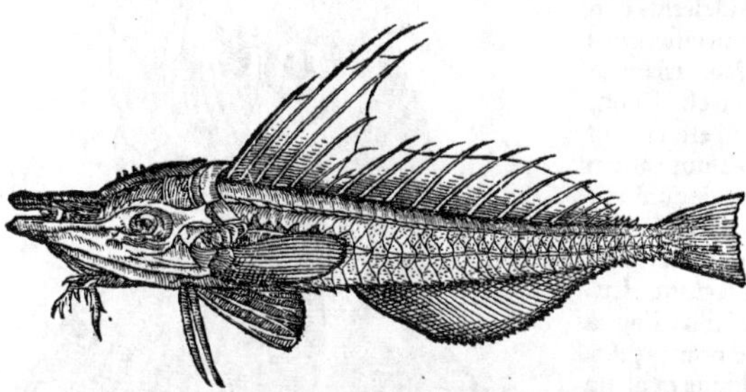

LYRA altera siue Cornuta Rondeletij. Plinius (inquit) duobus locis Cornutæ meminit: priore, cùm de uolantibus piscibus loquitur, (lib. 9. cap. 27.) altero, cum de cetaceis, (lib. 33. cap. 11.) De Cornuta cetacea aliâs: nunc de pisce qui cornua attollit è mari, quiq; uolare nititur. Eum esse existimo, quem hîc exhibeo. Nonnulli Lyræ superioris marem esse arbitrantur, sed falsò. Octagonus est, colore phœniceo, totus squamis osseis contectus, &c. Hanc aliquando Lyram putauimus: sed cùm uocalis non sit, (*Bellonius Lyram appellat, & uocalem esse insinuat,*) etiamsi cornua maiora habeat, Cornutam rectiùs dici nunc arbitramur. Plinius sesquipedalia eius cornua dicens, de maximis Cornutis intelligit: quæ uerò sæpius capiuntur, semipedalia ferè, uel etiam minora cornua habent, ut fortasse apud Plinium semipedalia pro sesquipedalia legere oporteat, Rondeletius. qui etiam Cataphractum hunc piscem uel Holosteum, se primum nominasse scribit, quòd undiquaque armatus, totusq; osseus sit. Bellonius etiam in Nilo quendam piscem Holosteum uocauit, quem nos Ostracionem ex Strabone. ueteres holosteum tantum herbam quandam dixerunt. Fallitur autem in hoc Rondeletius, quòd Plinium lib. 9. cap. 27. Cornutæ tanquam piscis uolantis meminisse scribit. Volantes quidem Hirundinem & Miluum capite 26. proximè nominârat. hîc uerò Lucernam primùm, non uolare, sed in summa maria subire dicit. Et mox subdit: Attollit è mari sesquipedalia ferè cornua quę ab his nomen traxit. Sesquipedalia quidem cornua, ceto magis quàm pisci conueniunt: sicut & hoc, quòd è mari ea attollit, siquidem aëris inspirandi causa ceti plerunque capita ad summam aquam efferunt. & libri 32. cap. ultimo Plinius Cornutas cum beluis numerat. Cæterùm Cornutæ beluæ nusquam alibi Rondeletius, ut hîc pollicetur, mentionem facit. Eam tamen Gillius descripsit. Apicius ius seu condimentum Cornutæ describens, piscem intellexisse uidetur.

ITAL. A Liguribus uocatur Malearmato pesce: à Romanis Forchato & pesce Forcha, à duobus cornibus. Nonnulli Lyræ superioris (quam Caponem nominant Romæ) marem esse arbitrantur, Rondeletius. A Genuensibus pesce Armato, Bellonius.

GALLICE circa Monspelium (& Massiliam, Bellonius) Malarmat, id est, Malè armatus, per antiphrasim, Rondeletius.

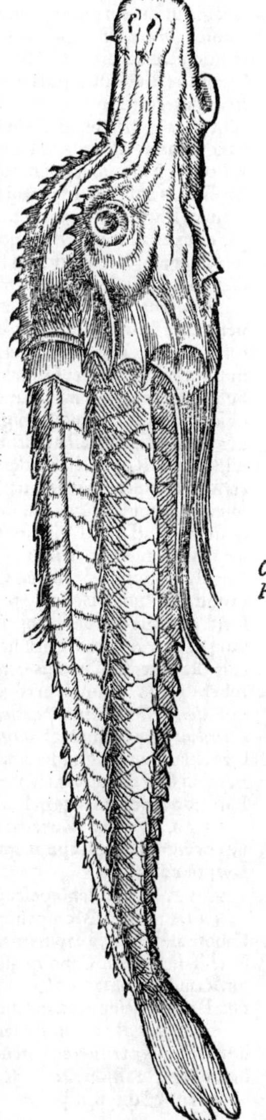

Cataphract. Holosteus.

GERM. F. Ein gebarnischter Redfisch, hoc est, Lyriformis armatus: uel ein Gable / ein Gabler, à rostro præ cæteris huius generis piscibus bifurcato.

Pleraque ex prædictis uulgaribus nominibus, alijs etiam eiusdem generis piscibus adtribuuntur, quare cauenda est confusio. nam ne eruditi quidem in hoc argumento species huius generis omnes, etsi non multas, satis adhuc distinxerunt. Venetijs quem hic exhibemus Lucernam uulgò uocant: uel potiùs similem ei alium, nigriorem, cæruleis ad branchias pinnis: cuius ego recens extincti oculos noctu lucere obseruaui.

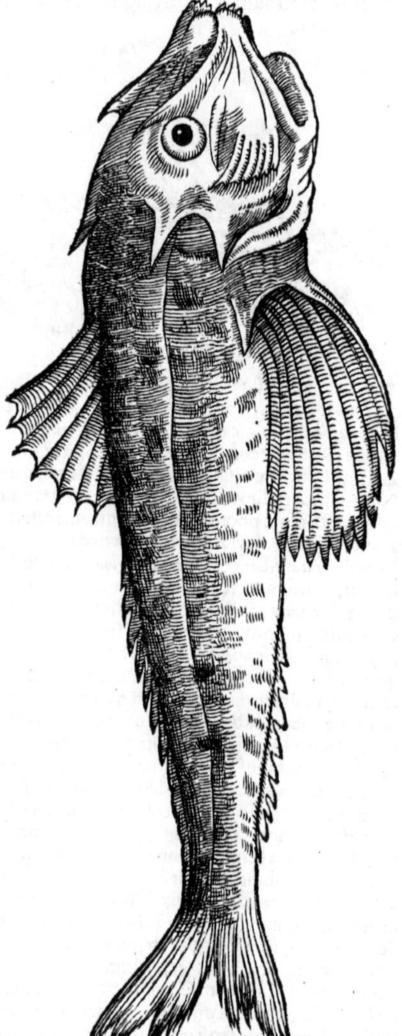

LVCERNA piscis olim à Plinio dictus, & hodie Venetijs. Subit in summa maria, piscis ex argumento appellatus Lucerna: linguaq; ignea per os exerta, tranquillis noctibus relucet, Plinius. Rondeletius conijcit Hirundinem piscem eundem esse, qui à Plinio Lucerna sit appellatus: Lucernam uerò hodie uulgò dictam, Miluum esse Plinij, ἱέραξ, (uel ἴρηκα, ut Oppianus) id est, Accipitrem Græcorum. quanquam Miluum auem Græci ἰκτῖνον nominant. Vide quæ cum Hirundine annotauimus: nobis enim distinguere libuit. Miluum quidèm eundem Lucernæ Gillius quoq; & Massarius faciunt. Lucernam Plinius tranquillis noctibus lingua per os exerta lucere ait: id quod omnes piscatores negant: & sanè piscium lingua explanata & mobilis ut exeri queat, nō est. Fortè potiùs Lucerna appellata fuit, uel quòd pinnæ uersicolores noctu fulgorem quendam mittunt, uel quia antiquæ Lucernæ speciem similitudinemq; gerit, Gillius. Nos oculis hunc piscem recens mortuum noctu fulgere obseruauimus. Ouidius nigro tergore Miluos dixit. Eadem est nimirum Miluago Plinij, (sicut & Rondeletio uidetur:) ea quoties cernatur extra aquam uolitans, tempestates mutari, Trebius Niger author est. ¶ Cuculū nostrum Massarius Miluum facere uidetur, sed falsò, Saluianus. Vide in Cuculo. Idem Cuculum suum à Venetis Lucernam dici prodit. Miluus à Bellonio pictus, squamosus, &c. Hirūdo Rondeletij est. Aliqui Coruum (Coracem) nostrum Cuculum faciunt: cum ille niger sit: Cuculus uerò ἐρυθρός, id est ruber dicatur. Miluum uerò, quem nos Coruum (*fortè Hirundinem: huic enim longissimas pinnas tribuit*) appellamus, ob pinnarum quæ ad branchias sunt longitudinem, Rondeletius. Bellonij sanè & Saluiani Miluus, Rondeletij Hirundo uidetur. Lege in Hirundine.

Miluus. *Hiérax.* *Miluago.*

ITAL. Venetijs Lucerna antiquo nomine uocatur. Romę Capo, uago nomine, ut in Lyra prædiximus.

HISP. A Lusitanis pesce Cábra.

GALL. Circa Monspelium Gabot, uel Cabote aliquibus, à capitis magnitudine: ut fortè Italicè etiam Capo quasi Capito dicatur. Rondeletius tamen Coruum (in hoc genere nigerrimum) Cabote uocari scribit à suis. ¶ Massiliæ Beluga. Vide mox in Lucerna Rondeletij.

GERMANICE nominari posset ein Meerwye, id est, Miluus marinus, nisi id nomē ad Haliæetū potiùs pertineret. Circūloquemur igitur, ein art vō Gornard / oder Currfisch / oder Seehan / oder Redfisch: ein fliegende Redfisch art / die bey nacht scheynet. uel uno nomine appellabimus ein Scheynfisch.

ANGLI

ANGLI Redfisch uel Gurnarde uocăt: & similem huic, sed nigriorem, minorem, Rotchet.

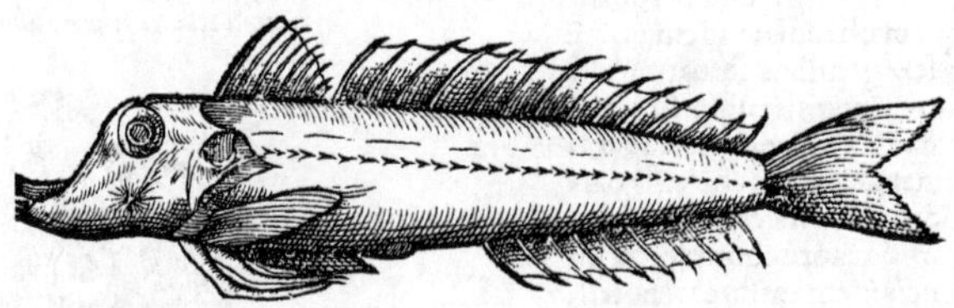

LVCERNA seu Miluus Rondeletij. Piscis est (inquit) corporis forma coruo persimilis, colore magis rubro, capite minùs lato, utrinque compresso: pinnarum numero caudaq; similis, magnitudine & colore dissidens. Parti pinnarum quæ ad branchias sunt externæ, nullæ maculæ rubræ insunt: interna ex uiridi non nigricat: sed pinnæ istæ partim flauescunt, partim nigricant, &c. Vide mox in Gallicis nominibus.

GALL. A nostris Lucerna, quòd noctu splendeat. eâdem de causa à Prouincialibus Belugo: nam Belugnez fauillas appellant, Rondeletius. Gillius Lucernam ab accolis Adriatici sinus uulgò dictam, (quæ à Rondeletij Lucerna uulgò circa Monspelium dicta, nonnihil distare uidetur, coloribus saltem,) Massiliæ Belugam *(nomine nimirum facto à Græco φλόγα)* nominari scribit. Generis quidem unius species duæ proximæ uidentur.

GERM. F. Ein andere art des obgesetzten Seehanens oder Scheynfischs.

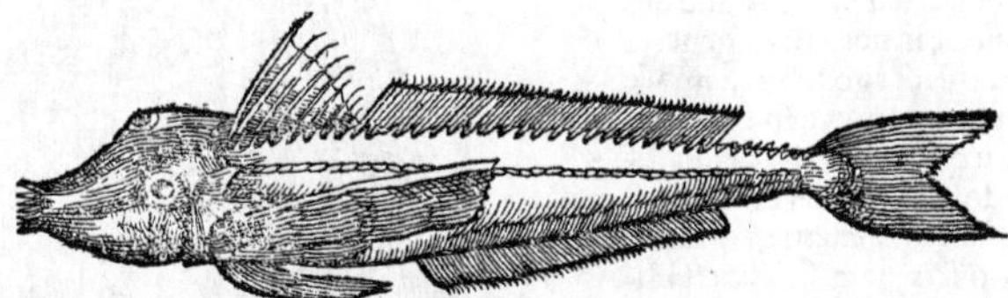

CORAX piscis, id est Coruus Rondeletij. Corporis forma Miluo similis est. dorsum ei ex cœruleo nigricat, &c. ¶ Græcè Κόραξ, Latine Coruus à Plinio, Celso & Isidoro Hispalensi uocatur, Saluianus.

Qui Coruus piscis & apud Latinos ueteres quosdam uocatur, ut Celsum: & hodie uulgò apud Italos, non alius quàm Coracinus est. Rondeletius diuersum ut faceret, uno (opinor) Athenæi loco commotus est: ubi is scribit Corui carnem, duriorem esse quàm Milui: insinuans speciem reliquam esse similem, carnem duntaxat in cibo duriorem. Xenocrates Coraxum (Κόραξον) scribit piscem esse prædurae carnis: qui & in maiorem auctus magnitudinem durior euadat, sapore uiroso, Vuottonus. Coriax uel Coriaxus salsamentum non semel à Tralliano memoratur.

ITAL. Romæ Gallina uocatur, Rondeletius. Sed Cuculus quoq; piscis (eiusdē generis species) à Massiliensibus Galline dicitur. ¶ Romæ communi nomine cum Lyra & Cuculo, Capone uocatur, Saluianus.

GALL. A nostris *(circa Monspelium)* Cabote uocatur, à capitis magnitudine, Rondeletius. (Ab eadem & Lyram Rondeletij, cognatum piscem, aliqui Caponem uel Capitonem uocant.) Burdegalenses Perlon, ut reliquos similes.

GERM. Ein schwartzlachter Redfisch. Quære in Cuculo.

Hirundo Rondeletij: eam Miluus à Bellonio pictus propiùs refert, quàm Hirundo ab ipso picta: quæ ad sceleton fortè facta est, non ad uiuum piscem. Miluus autem Rondeletij, diuersus est.

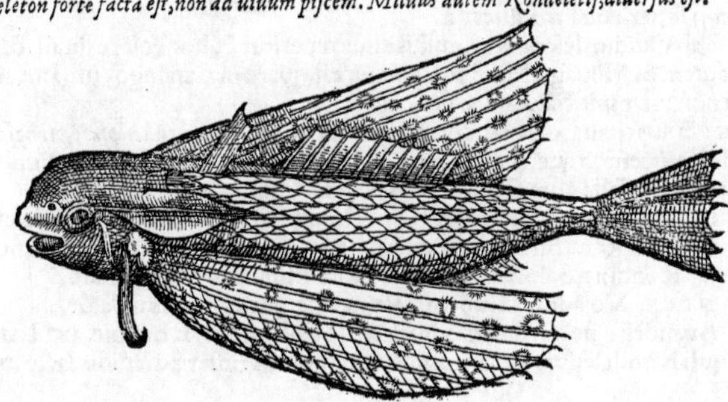

Hirundinem ad sceleton effictam cum iam olim haberem, hîc etiam apponere libuit.

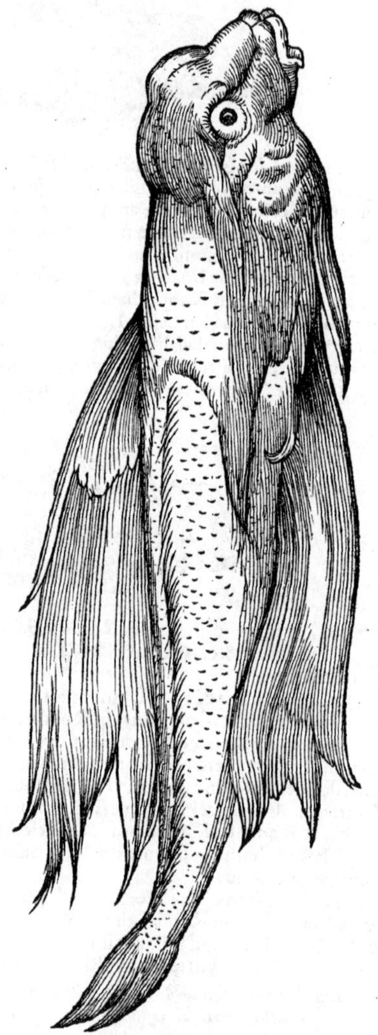

HIRVNDO, Græcè χελιδὼν dictus piscis, uolucri hirundini perquam similis est. quam ob causam idem nomē ab omnibus ferè gentibus seruatum est. Oris eius partes internæ rubræ sunt, coloris iucunditate & splendore sandaracham uel cinnabarin superantes. ijs partibus Hirundo noctu lucet, uidetúrque candentes carbones ore cōtinere. quam ob causam piscis idem existimari potest, qui à ueteribus Lucerna appellatur: ut Plinij super hoc pisce locus inemendatus sit, &c. Rondeletius. Sunt qui piscē, quem Veneti Lucernam uocant, Miluū esse credant, Bellonius. ipse uerò Lucernam Venetorum, Cuculum facit. Equidem Plinij locum non mutârim: & Hirundinem à Lucerna distinxerim. nam & hodie uulgò Venetijs alium piscem Hirundinem uocant, (Rondola uel Zisila uulgus dicit) aliū Lucernam. Hirundinem noctu lucere, ita ut Rondeletius scribit, non dubito. sed non cōtinuò qui noctu lucet piscis, in hoc etiam genere, Lucerna fuerit. Vidi ego Lucernam Venetijs, ut illic uocant, noctu in cubiculo meo, mortuam quoq; recens, oculis lucere. Hirundo piscis Lucernæ ualde similis est, Massarius Venetus. Miluus siue Lucerna piscis, tam similis est Hirundini pisci, ut Græci hodie falsò eum Chelidonem uocent: Adriatici sinus accolæ Lucernam appellant, Gillius. ¶ Cuculo mulloq; colore & corporis specie similis est Hirundo, longissimas latissimasq; pinnas habet, uolat extra aquam, cuius rei testes sumus oculati. sunt & testes qui ad Herculis columnas nauigarunt: ubi tanta aliquando uolantium hirundinum turba conspicitur, ut non pisces sed aues aquatiles esse credantur, Rondeletius. Oppianus lib. 2. inter pisces quorum uenenati sint aculei, hirundines recenset. ¶ Hirundinis piscis, quē Chaldæi uocant ἰχθὺν χελιδονίαν, caput habere fertur piscis cœlestis iuxta Andromedam, Theon in Aratum. Alius uerò piscis est Chelidonias ille, qui Pelamydi comparatur. ¶ Cum Miluus (Hirundo Rondeletij) super aquam uolitet, & nigro tergore ab Ouidio describatur: nullus alius reperitur & hoc colore simul, & ad uolandū idoneus. Idem autem & Miluago Plinij & Lucerna est. quare in Catalogo cum Lucernam connumerasset, Milui non meminit, Saluianus.

Lucerna. *Chelidonias.*

GRAECI huius ætatis χελιδόνα uocant, addita uoce ψάρο, (*meliùs opsaro, pro opsario, id est pisce*) ad distinguendum piscem ab aue, Rondeletius. Miluus seu Lucerna piscis tam similis est Hirundini pisci, ut Græci hodie falsò eum Chelidonem uocent, Gillius.

ITALICE. Adriatici maris accolæ Rondela uel Rondola uocant, Rondeletius. Rondola uel Zisila Venetijs uocatur: in Sicilia Rondine, quæ tria nomina etiam aui hirundini tribuuntur. ¶ Romæ, pesce Rondine, Saluianus. Vide quæ scripsimus in Mugile alato.

HISPANICE. Voladór. Lusitanis Peixe uoatór, uel potiùs uolatór.

GALL. Arondelle, uel Arondelle de mer. Massiliensibus Rondole, uel Lendole. Gallorū nonnulli (inquit Rondeletius) Volant appellāt, quòd auis instar ad lapidis iactū extra aquā uolet. Alij

Alia Hirundinis imago, quam ex Italia accepi, piscis uolantis specie: pinnis nempe in transuersum extensis. eædem demissæ natantis speciem præbebunt.

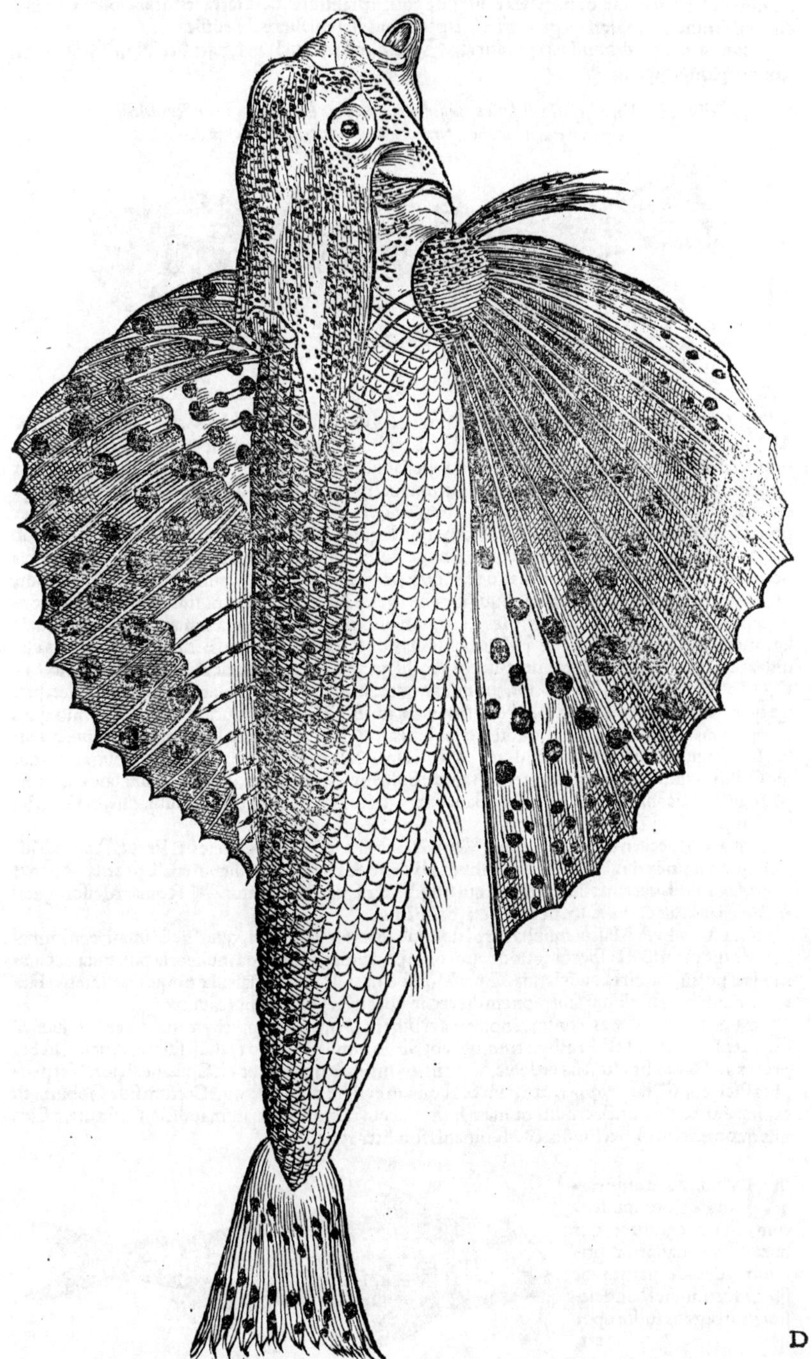

D

Alij Papilionem. Alij Rate penade, id est Vespertilionem: quòd colòre, alarum magnitudine maculisq́ Vespertilionem æmuletur. Quæ tamen si attentiùs cōsideres, tum etiam uolatum (demissè enim uolat, quemadmodum aues è flumine aquam hausturæ, uel à terra festucas cibúm ue collecturæ) Hirundini uolucri magis quàm Vespertilioni assimilaueris. Hæc ille.

GERMANICE nominari poterit **ein Schwalmfisch** : uel **ein fliegender Rotfisch** : uel **ein art der Zündfischen.**

Pictura hæc Venetijs facta est: satis bona, sed minùs elegans & accurata quàm Rondeletij: quæ cirrhum etiam à medio inferioris maxillæ propendentem ostendit.

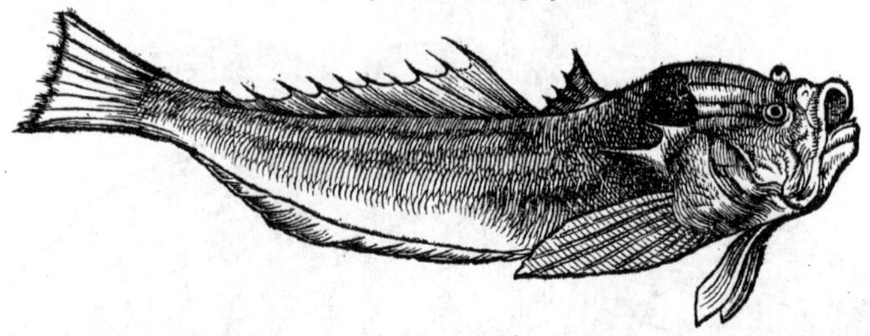

Anodorcas. Bricchus. Pulcher.

CALLIONYMVS, Vranoscopus, Agnus. Καλλιώνυμος, οὐρανοσκόπος, Ἀγνός. Agnus quidē castum significat; nihil autem de huius piscis castitate legitur. Vranoscopus Cœlispicem significat: Galeni interpres Cœli speculatorem appellauit. oculi enim eius supra caput siti, rectà cœlum intuentur. Latino nomine caret. Idem nimirum fuerit Anodorcas à Thebanis dictus, teste Hesychio: & alio nomine Bricchus. Ἀνωδόρκας, Βρίκχος ὁ ἰχθῦς, ὑπὸ Θηβαίων. Gaza Pulchrum piscem interpretatur, tanquam Callichthyn, nō Callionymon legisset. Atqui tum ob fuscum colorem, tum ob capitis totiusq́ corporis speciem, fœdus est aspectu. & Callionymus, id est, pulchri nominis piscis nominatur, ob Vranoscopi appellationem, quæ pulcherrima est, & homine quàm pisce dignior, ut Rondeletio uidetur. Sed an ab aliqua membri genitalis similitudine potiùs, ita uocatus sit, considerandum est. nam callionymus Hesychio, non piscem modò, sed etiam utriusq́ sexus genitale significat. & Tapecon hic piscis à Massiliensibus nuncupatur, quòd pessi instar conformatus esse uideatur, &c. (Hicesius diuersum piscem Anthiam ab aliquibus Callionymum uocari scribit.)

Hemerocœtus. Nycteris. Psammodytes. Sabot.

Oppianus Hemerocœtū (Ἡμερόκοιτον) nominat, quòd interdiu in arena dormiat, noctu uigilet, prædæ quærendæ causa: unde & Nycteris (Νυκτερίς, id est Vespertilio) uocatus est. & Psammodytes (Ψαμμοδύτης) apud Hesychium, quòd arenas subeat. ¶ Hic an Gobius ille Oppiani sit, quem aculeis suis uenenatum facit, quærendum. ¶ Piscem Arabicè dictum Sabot, uel Alsabut, aliqui hodie Callionymum Græcorum interpretantur: Syluaticus Spinulam (uulgò dictam: hoc est, Scorpium piscem.) at hi marini sunt pisces; Sabot uerò (teste Andrea Bellunensi) fluuiatilis, in Fora Persiæ flumine.

ITAL. Bocca in ca, Boca in capo. Venetis Bec in cauo. Genuæ Prete uel Preue. Romæ Missore, quod nomē etiā alijs piscibus attribuūt, (Belēno & Cotto fl.) Alicubi etiā Lucerna de petre: id est, saxatilis Lucerna. alius enim est qui simpliciter Lucerna uocatur. ¶ Romæ Messoro (*sicuti & Blennus mar. & Cottus fl.*) & pesce Prete, Saluianus.

GALLICE. A Massiliensibus turpi nomine uocatur Tapecon, quòd pessi instar conformatus esse uideatur: & Raspecon, quòd caput ob asperitatē ad scalpenda muliebria pudenda accommodari possit, inquit Rondeletius. Circa Monspelium, Rat. ¶ Massiliæ (inquit Bellonius) Rascassa bianca, quasi album scorpionem dicerent, uocatur. Alibi Responsadoux.

GERMANICVM confingi nomen licebit, **ein Pfaff**, id est presbyter uel sacerdos. nam & Genuenses Prete (id est Presbyterum) uocant, ab eo nimirum quòd cœlum suspiciat, ut solent qui preces ad Deum fundunt sacerdotes. Vel, **ein Himmelgugger**, hoc est Cœli spectator. Vel periphrasticè, **ein Meergroppen art.** nam & Romani eodem nomine, quo Cottum siue Gobium fl. capitatum nominant: & eruditi quidam hunc piscem Blenno cognatum iudicant. est autem Blennus quoq́ Gobio fl. persimilis, & à Romanis similiter appellatur.

MVLLVS nomē traxit à colore mulleorum calceamentorum, quibus reges Albanorum primùm, deinde patritij usi sunt. Hos (inquit Rondeletius) purpureos fuisse oportet,

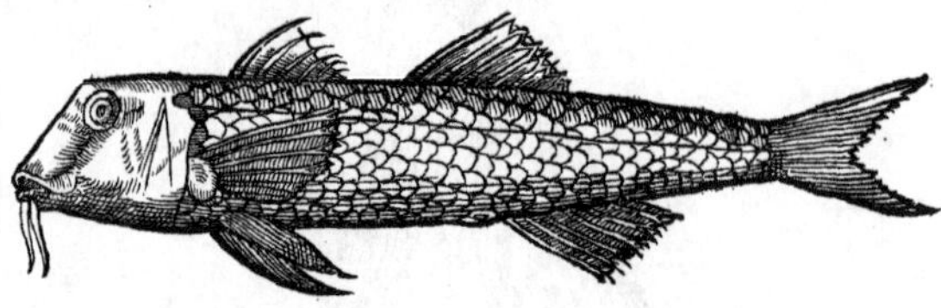

tet, cũ Mulli sanguinei, id est, purpurei sint, uel uarios: Mulli enim magna ex parte purpurei sunt, aliqua parte candidi, alia liuidi: habent & lineas aureas parallelas. Maximè cum expirant, colorem mutant. Sic ille. Sunt qui Mullum à mollitie deriuent, ut Isidorus: quòd mollissimum hoc genus piscis sit, non quidem in cibo, sed seruitutis indignantissimum, Columella teste. quare in piscinis non crescit. Non laudo qui Mulum l. simplici scribunt, sicut iumentũ quadrupes. Græcè τρίγλη *Trigle.* dicitur, idq; rectiùs quàm τρίγλα per α. quamuis sunt qui hoc commune, illud Atticum putent. Oppianus (carminis causa fortè) τρίγλα trochaicum usurpauit. Aristoteles hunc piscem ter parere scribit: & inde forsitan nomen habere. id confirmat Oppianus. à quo etiam τριγλίδες pisces luta- *Triglis.* rij nominantur, cùm paulò antè Triglam dixisset tanquam diuersum piscem in litoribus arenosis uersari. Dorion Triglides paruas, Hepsetis pisciculis connumerat: unde conijcio eandem esse Tri glitidem Apuarum generis. Si quis tamen Triglidem, Mullum Lutarium à Plinio dictum esse uo *Triglitis.* luerit, & eundem fortè imberbem, esto. ¶ Mulli quidem in mari species quędam sunt: in fluuijs nulla: & qui Barbum fluuiatilem piscem, Mulli fl. nomine dignantur, non parum aberrant. ¶ Tri gla & Trigola an ijdem sint pisces, difficile est explicatu, Saluianus. Nos in recto casu Trigolas, *Trigolas.* ut Aeneas, dicimus. quem piscem à Trigla Sophron disertè distinguit. Typhon aliquos Cuculum putare scribit, propter similitudinem (formæ) & partium posteriorum siccitatem. Porrò cum Trigla similis sit Cuculo: eidemq; Trigolas tam similis ut pro Cuculo à quibusdam accipiatur, ipsum quoq; Trigolan, similem Triglæ esse oportet, ut non temere nomen ab ea sit mutuatus, ac si Mullastrum Latinè dicas. Et probabile est eundem esse Mullum imberbem: quoniam idem Sophron alibi de barbato loquens, cæteris (nimirum imberbibus) eum præfert.

Plinius (inquit Saluianus) eorum plura genera facere uidetur: sed quæ non uerè genera aut species sint: sed leues quædam differentiæ ex alimenti uarietate desumptæ: quibus tamen non perpetuò Mulli differunt, quippe quorũ haud perpetuò hi alga, illi ostreis, alij limo, aliqui uerò aliorũ piscium carne uescantur: sed quilibet horum quolibet sibi obuio indifferenter pascatur.

GRAECI etiam nunc rectè antiquo nomine Triglam uocant, Gillius. Cretenses nomine composito ex Græco corrupto, & Veneto, Στριγλημπαρπόυνι. ij enim β. per μπ. efferunt.

ITAL. A Romanis Trigla, (Triglia, Saluianus) à Venetis Barbono, à nonnullis Treglia uel Triglia: Liguribus Triga.

HISPANI Mullum Salmonetum appellant, Amatus Lusitanus. Aliqui, ut audio, Báruo de la már, id est, Barbum marinum.

GALL. Burdegalenses Barbeau, Galli Surmulet: (*fortè quòd Mugilem, quem Mullet uocant, precio superet*:) aliqui Barbarin, alij Moil, id est, maris Perdicem, Rondeletius. sed nomen Moil à Mullo detortum uideri potest. Parisienses uulgò Rougetos barbatos, uel Surmuletos appellitant. Burdegalenses & Baionæ Barbarinos dicunt, Bellonius. Massilienses & Ligures, Trigam: qui Nice am incolunt, Strilham, Gillius. Galli Cuculum Rouget uocant, non distinguẽtes à Mullis, quòd eiusdem sint coloris, Rondeletius. qui alibi etiam Mullum, Cuculum, Lyram, à Gallis indistinctè Rouget uocari scribit. Et in Erythrino: Obseruandum (inquit) diligenter est Cuculum, Lucernam, aliosq; rubros pisces Gallis, & maximè Parisiensibus dici Rougetz: nobis autem Monspeliensibus Mullos, Rougetz nuncupari: ne quis Gallica nomina cum Græcis temere confundens, illos Erythrinos esse putet.

GERMANICE Mullum nominabimus ein Meerbarbel, id est, Barbum marinum: quanq; Bellonius etiam Mystum piscem mar. Barbo fl. comparat. ual ein Redfisch art/ ein Rotbart/ ein gebarteter Redfisch.

ANGL. In Portlandia peninsula Mullum uerum uidi, quem piscatores uocant, *a sore* Mullet, Turnerus in epistola ad me. Mullet quidẽ Anglis, sicut & Gallis Mugilem significat. sed Galli etiam aliqui Mullum Surmulet appellant: ab eo fortè quòd Mugilem precio superet. à Gallis Portlandi suum nomen mutuati uidentur. Plinius: Septentrionalis tantùm hos (inquit) & proxima Occidentis parte non gignit Oceanus. In Gallico quidem Oceano Mullos capi, Bellonij authoritate constat: in Britannico, Turneri.

Mulli imberbis (inquit Saluianus) solus Athenæus meminit: reuera quidem nullus eorum imberbis reperitur. Duplex tamen Mullorum genus esse nos primi notauimus: quæ nõ solùm magnitudine (unum enim maius est, alterum minus:) sed colore etiam manifestissimè distinguuntur, utrunque barbatum, &c. Hæc ille. At secundũ Rondeletium, Mullorũ alij imberbes sunt: species una barbata, quam semper intelligi puto cum Mullus simpliciter nominatur. sunt enim Mulli bar bati, τρίγλαι γενειάτιδες, multò suauiores.

MULLUS imberbis (inquit Rõdeletius: Saluianus enim dissentit, ut proximè indicauimus) is est, qui à nostris Imbriago, (*sic etiam Lepus mar. quòd expressus succum, remittat instar rubri uini*) dicitur, ab insigni rubore. ebriosis enim, quos imbriagos nostri uocant, sępius rubet facies. Ab hoc igitur exaturato & splendido rubore, (quo similes sibi figura pisces Cuculum & Hirundinem uincit,) nomen ei à nostris datum est. Caput ei magnum, stellulis cælatum. A capite ad caudã dorso medio duo sunt officulorum acutorum ordines, cauum efficientes, è cuius medio pinna rubra

D 2

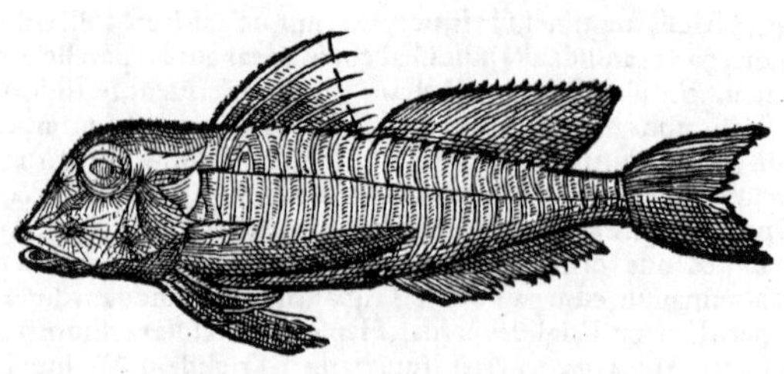

aculeis cõstans erigitur: cuius pinnæ aculei parum ferrati uidentur, &c. Hic piscis ueteribus (inquit idem) parũ notus fuisse uidetur, qui de solo Mullo barbato uidentur scripsisse. Atqui Sophronis apud Athenæum uerba paulò antè recitauerat, hęc: Mulli barbati longè suauiores sunt cæteris: hoc est, imberbibus. ¶ An Triglis Oppiani hic Mullus sit, quærendum. Vide supra in ijs quæ de Mullo simpliciter scripsimus. Sed Trigolas potiùs Mullus imberbis mihi uidetur, ut suprà scripsimus. ¶ Piscem Caponẽ uulgò Romæ dictum, (Venetis Lucernam,) Mullum imberbem sibi uideri, eundemq́; Alutarium (*meliùs Lutarium*) Plinij, insinuat Iouius. ego Rondeletij magis sententiam circa hos pisces probo.

GALLICE Imbriago, ut superiùs indicatum est.

GERM. F. Ein glatter Rotbart/ein Onbart.

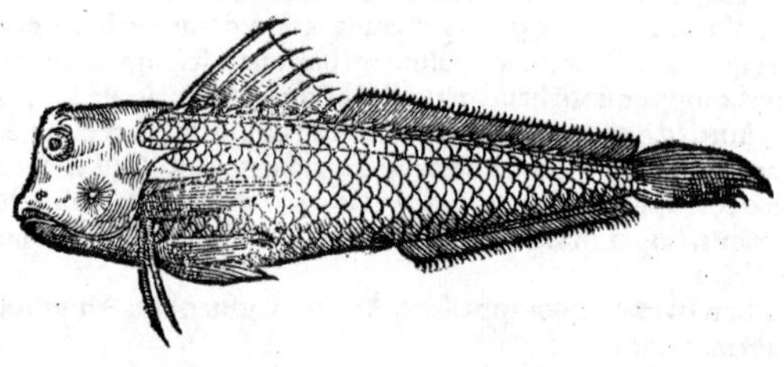

MVLLVS imberbis alius, asper cognominandus, Rondeletij. Hunc piscem (inquit) ob similem corporis figuram, similem colorem, Mullorum generi subieci: & à squamarum asperitate Mullum asperum nominaui: cùm nullum aliud nomen, immò ne mentionem quidem ullam piscis istius, apud antiquos scriptores legerim.

GALL. A nostris Cauillone dicitur, à claui lignei, qui cauille à nostris uocatur, similitudine.

GERM. F. Ein raucher Rotbart/mit rauchen schüppen/dem gebarteten Redfisch änlich/aber on ein bart.

QVAE sequitur pictura piscis incogniti nobis, exhibetur in Tabula Septentrionalis Oceani Europæi per Olaum Magnum, qui aliud nihil de eo tradidit. Videtur autem piscem uolantem exprimere uoluisse.

ORDO

ORDO IIII. DE PISCIBVS LATIS ET COMPRESSIS, SQVAMOSIS, VT SVNT AVRATA, ERYTHRINVS ET SIMILES, LITORAles ferè, &c. Item De Apro, Caprisco, Stromateo, Nouacula, Fabro, Seserino.

Latis & squamosis huius generis piscibus, Anthias quartus Rondeletij etiam adiungi poterat: & Scarus is, quem idem Rondeletius Auratæ comparat. Nos eos inter saxatiles posuimus, &c.

Iconem hanc dedi, ut Venetijs expressam habui. Rondeletij meliorem esse puto: quæ & dentes in ore, & toto corpore squamas ostendit. & pinnam dorsi non undiquaque similem: sed anteriore dimidia parte spiculis distinctam per interualla spinosis, posteriore non item.

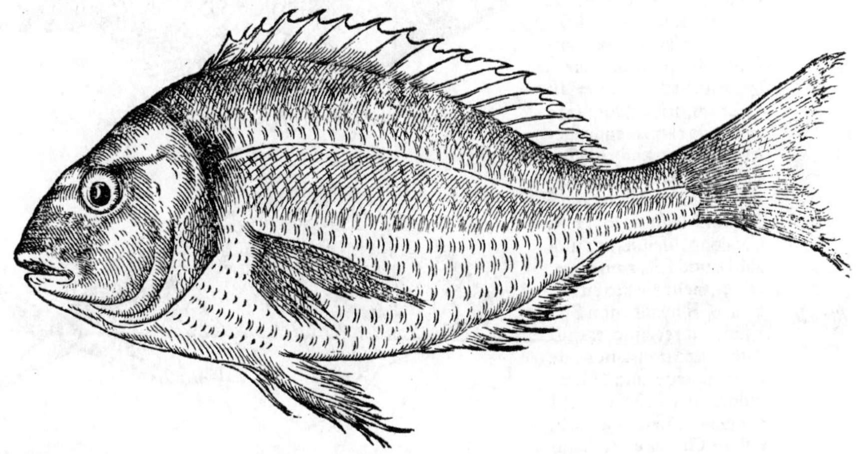

AVRATA uel Orata, ab auri colore. Græci meliùs à parte, superciliis scilicet aureis, χρύσοφρυν appellarunt; non solùm tamen piscem hunc, sed etiam Pompilum eodem nomine.

GRAECI hodieq; nomen uetus seruant.

ITAL. Orata Romæ, Saluianus.

HISPAN. Dorade. Vide mox in Gallicis.

GALL. Prouinciales & Hispani (*à quibus alicubi Doradilla dicitur*) Dorade uocant. In Gallia Narbonensi pro ætatis differentia, quæ magnitudine definitur, diuersa nomina habet. Quæ palmi magnitudinem nondum attigit, Sauquene dicitur: quæ cubiti est magnitudine, Daurade: quæ inter illas est, Meiane, quasi dicas mediam. Piscatores nostri maximam Auratam Subredaurade uocant, id est Supra Auratam. Galli Dauree, quem nos Fabrum esse dicimus, uocant: Auratam uerò nostram, Brame de mer: quo nomine etiam Sparum, Cantharum, & similis figuræ pisces nuncupant, Rondeletius. Video Sargum, Melanurum, Auratam, Sparum, Synodontem, Dentalē, ita similes esse, ut uix ab oculatissimo distingui possint, Bellonius. Bramæ seu Bremę mar. nomē nō solùm Gallis, sed Anglis etiam & Germanis latè patet ad pisces diuersos, qui omnes tamē squamosi latiq; sunt, & Cyprino, præsertim lato (ut Rondeletius cognominat) aliqua ex parte similes, quanquam certis in regionibus fortè speciem unam quampiam sic appellant. alicubi enim marinum piscem Bremæ lacustri similem, sed crassiorem & maioribus oculis, priuatim sic nominari audio. ¶ Aurata mari mediterraneo cognita, Gallis ignota est. nihil enim habet cum Dorada Massiliensium commune, Bellonius: qui alibi Piscem S. Petri à Gallis Dorade uel Doree nominari scripserat.

ANGLIS Giltheade, uel Gyldenpole, piscis est sic dictus ab aureo capitis colore: uel Goldeneie, quasi Aureum dicas oculum, habet is in fronte, ut ferunt, aliquid concretum, quod auri

D 3

instar in aquis lucet,&c. Hunc aliqui Auratam, alij Scarum esse putant. Sed Auratam in Britannico Oceano esse Iul. Cæsar Scaliger negat.

GERM. F. Ein Goldbreme/oder Goldbrachsme/oder Meerbrachsmen art.

SPARVS (Σπάρος) Auratæ tam similis est, ut ob coloris lineamentorũq; corporis similitudinem, aliquando à piscatoribus ipsis primo aspectu nõ internoscatur, Rondel. Paruæ Auratæ tam similis est, ut Romæ persępe pro ea uendatur, Saluianus. Sargo etiam simillimus est, & solo ferè colore distinguitur, teste Bellonio. Sparulus apud Ouidium & Martialẽ dicitur. Isidorus sic dictũ ait à sparo lancea (uel iaculo) missili, quòd eiusdem figuræ sit. Sed cum nomẽ sit Grecum, origo quoq; Greca potiùs ei quærenda fuerit. Eustathio σπάρος dictus uidetur à uerbo σπαίρειν, q̃d est palpitare. Sparus apud Plinium legitur lib. 32. in Catalogo piscium, nec usq; alibi quod sciã. nam lib. 9. cap. 51. melior lectio est Sargus. ¶ Rhyades non Spari sunt, ut recentiores quidam, Gazę translatione decepti, putauerunt: (Gaza quidem uariè cõuertit:) sed generalis differentię uocabulum. Gillius ex Aeliano Rhyades interpretatus est Aspargos, quod non probo. Ex eo quidem quod de eis scribit Aelianus, per hyemem eos quiescẽtes simul manere, seq; mutuo tepefacere: uerno autem tempore longiùs migrare, gregarios pisces esse intelligitur. & quoniam longiùs abeunt, ita fit, ut non obuijs modò, sed & inuestigatis cibis uescantur, quæ omnia arbitror in uniuersum ad gregarios pisces complures pertinere: ut generale quoddã hoc uocabulum sit, &c.

Sparulus. *Rhyades.* *Aspargi.*

Iconem hanc Rondeletius dedit. à Saluiano exhibita, maculas quasdã transuersas, latiusculas ostendit, quatuor aut quinque, quæ piscis latera supernè distinguunt, ut in Mormyro ferè. Nigram in cauda maculam, similiter ut in Melanuro, Rondeletius pingit: eandem Saluianus neque pingit, nec in descriptione eius meminit.

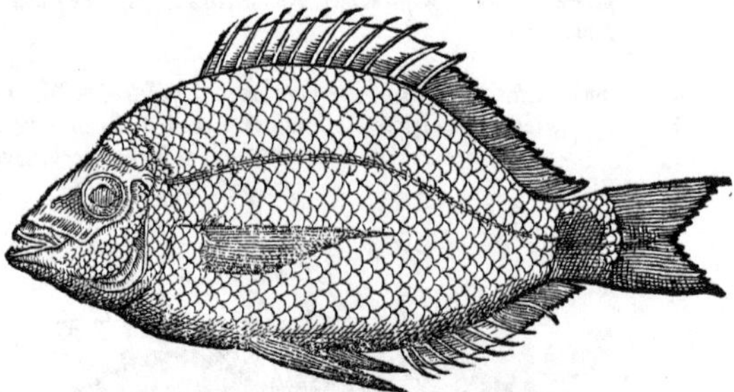

Alia Spari effigies, Venetijs mihi depicta.

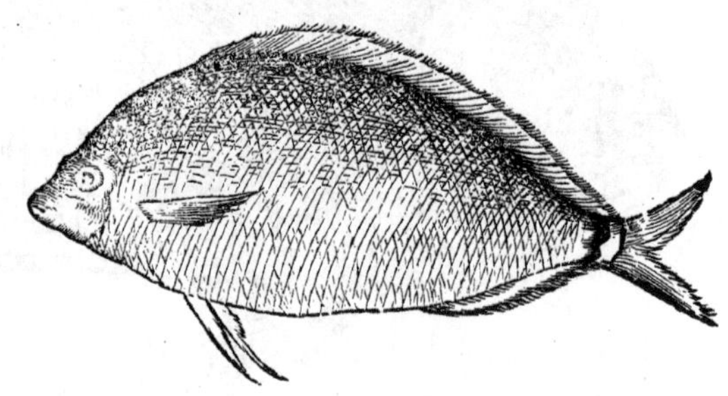

Sparus qui in stagnis marinis degit, inquit Rondeletius: marino planè similis, & specie, & cæteris corporis partium, tum internarum tum externarum, differentijs. Quod cum ita sit, cur nouam eius iconem dare uoluerit, mireris.

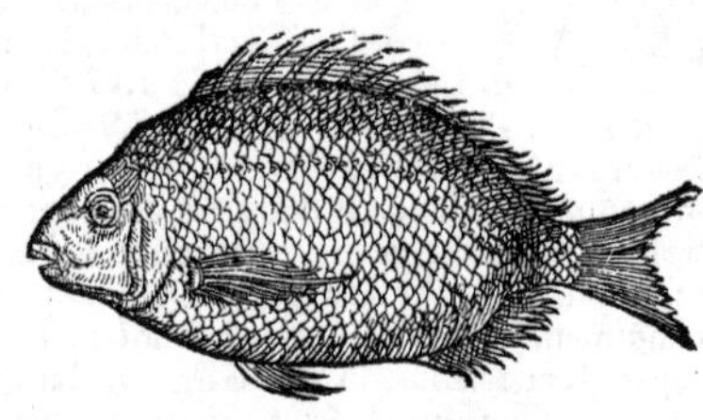

ITALIS Sparlo uocatur, aliquibus Carlino & Carlinoto, Rondeletius. Romæ Sparo, Genuæ (*& in Portu Veneris, Bellon.*) Sparlo, Saluianus. Tametsi quotidie Romæ ex mari in forum piscarium Spari adferuntur, tamen piscatorum nemo piscem hunc Spari nomine agnoscit. promiscuè autem cum Auratis & Sargis diuendi solet, Bellonius. Spari nunc quoque Spari appellantur, Massarius Venetus. Aliqui r. geminato el Sparro proferunt.

HISPAN. Spargoil, Rondeletius.

GALL. Circa Monspelium Sparallon. Massilienses corruptè Sparlum appellant, Gillius.

GERM. F. Ein Sparbrachsmen: uel per circunloquutionem, ein kleine Meerbrachsmẽ art/hat ein schwartzen flecken am schwantz/wie auch der Sargus vñ Melanurus, von welchen harnach.

PISCIS

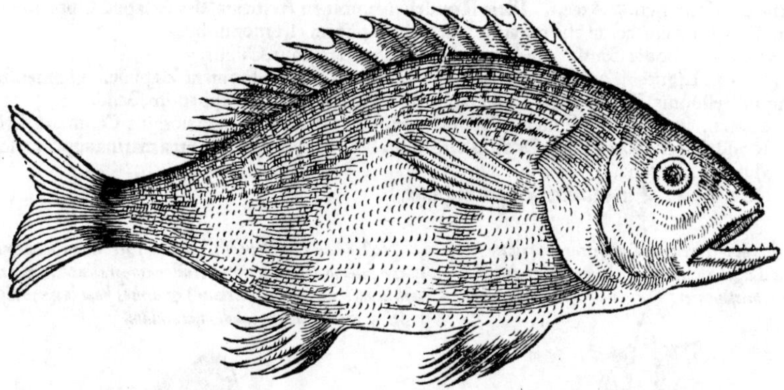

PISCIS marinus, de cuius antiquo nomine dubitamus. Coloribus pingitur uarijs: pinnæ ad branchias & cauda flauescunt. sed cauda innumeris etiam maculis ruffis distinguitur. pinnę binæ in uentre Indici coloris sunt: illa quæ podicem sequitur, primùm Indica, deinde flaua, in extremo rubicunda, &c. Venetijs audio Saccheto uocari, aliqui Sparo congenerem esse putant. Bellonius quidem Canadellam piscem hodie uulgò dictum à Gallis ad Ligusticum mare, à Venetis Saccheto uocari tradit, ut etiam Hepatum suum, qui undecimo Rondeletij Turdo cognatus uidetur: ab his uerò omnibus, quem hîc exhibemus, differre. *Saccheto. Sparo cognatus.*

GERM. F. Ein kleine art der Meerbrachsmen/oder Sparbrachsmen.

Iconem hanc Canthari ex Italia accepi. ea quam Rondeletius exhibet, corpus ostendit latius: & si caudam excipias, infra supraq; rotundius. os minùs prominens, & denticulatum, &c.

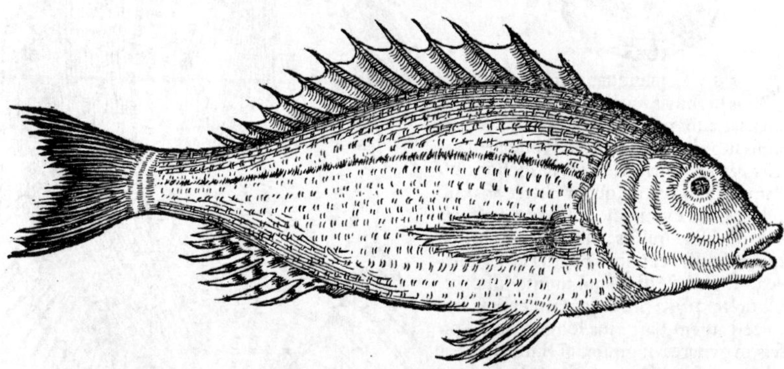

Piscis hic à Bellonio pro Coracino exhibitus, Cantharus uidetur. nam & Rondeletius Cantharum esse docet piscem à Liguribus Tanado dictũ, non Coracinũ. & Gillius piscẽ Maßiliæ à colore castaneæ nominatum, Coracinum Neapoli uocari, audiuisse se ait. unde nimirum deceptus Bellonius, Cantharum bis pinxisse uidetur, primùm pro Coracino, non expreßis dentibus: deinde pro Canthcaro, dentatum.

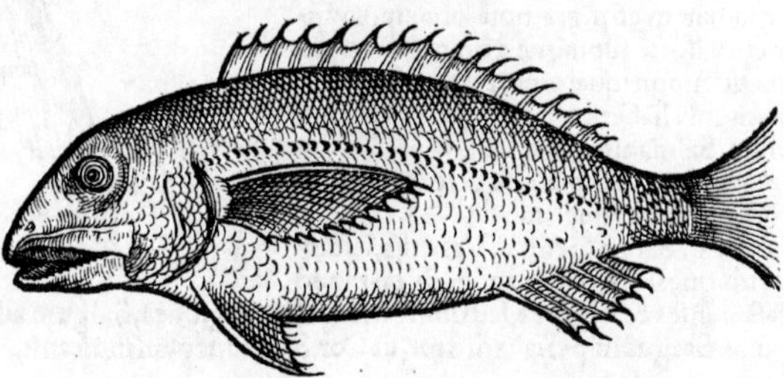

CANTHARVS (Κάνθαρος) à similitudine canthari terreni dictus mihi uidetur. Vt enim hic fimo delectatur, & in eo hyeme conditur: sic Cantharus piscis in luto & sordibus libẽter uersatur. quare in litoribus & portubus degit, Rõdeletius. ego à colore dictũ existimârim. Profertur &

Cantharis fœm. gen. Κανθαρὶς, ἡ. Idem Rondeletius, nomen Aetnæus (Αἰτναῖος) apud Oppianum, Canthari piscis epitheton esse putat: nos sui generis piscem esse monuimus.

GRAECI hodie Cantharum corruptè Scatarum nominant, Gillius.

ITAL. Ligures Tanada à colore pullo. Quidam Cantara, Romani Zaphile. Genuenses (inquit Bellonius) Tanna uocant, alij Daphanum, Dephanum uel Tephanum, Bellonius.

GALL. In Gallia Narbonensi, Prouincia, Hispania, parum mutato nomine Cantheno dicitur, Rondeletius. Lutetiæ ex Oceano tritissimus hic piscis, uulgò Bremma marina appellari solet, Massiliæ Cantena.

GERM. F. Ein braune Meerbrachsme.

Hanc picturã olim Cor. Sittardus misit: quæ Sargi (si bene memini) caput, os & dentes, repræsentaret.

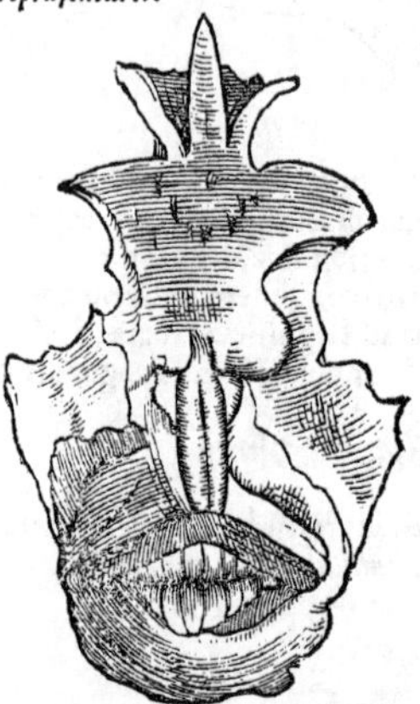

Nostra hæc Sargi icon est: Rondeletij accuratior. nam & lineas à summo dorso descendentes octonas repræsentat, (quæ tamen in mortuis ferè euanescunt:) & dentes humanis non dissimiles: & nigram, iuxta caudam, maculam.

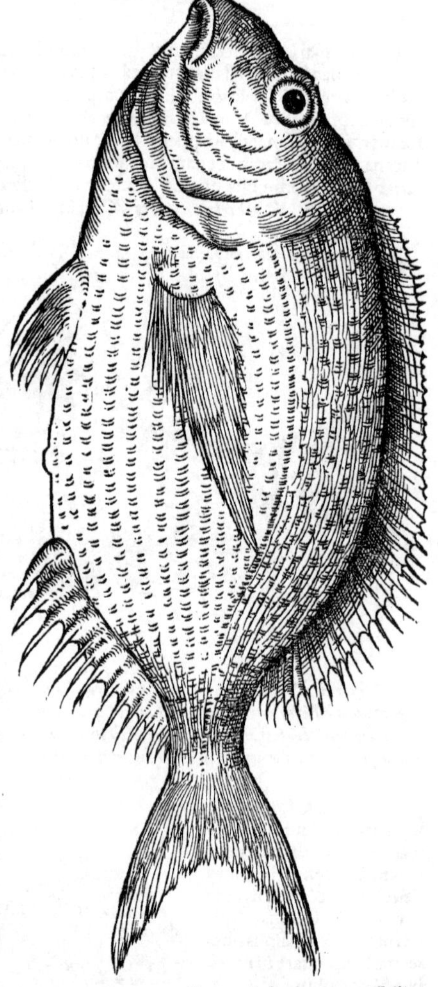

SARGVS quanquam ab Oppiano petras herbidas incolere dicitur, piscis tamen saxatilis non est, sed litoralis, & in cœnosis litoribus frequentior, Rondeletius. Græcè Σαργὸς dicitur, oxytona dictione: uidetur autem à carne (quam Græci σάρκα nominant) sic dictus, est enim pro corporis magnitudine spissus, plusq; carnis habet, quàm similes ei pisces Sparus & Cantharus. Apud Aristotelem quinto historiæ, bis uel ter Σάργος pro Σαργῖνος mendosè legitur. est autem Sarginus longè diuersus piscis, in genere Mugilum.

Sarginus.

¶ Similis est Sargus prędictis piscibus, (à Sparo ferè solo colore differt,) item Melanuro, macula quoq; similiter ad caudam nigra: sed corpore est rotundiore, compresso, spissiore, &c. item Scaro: Lege mox in Italicis nominibus, et Apro, uide in Illyricis. ¶ Circa branchias & caudam in eo nigra nota satis ampla apparet: & lineæ subnigræ à branchijs ad caudam ducuntur: quæ omnia cum Melanuro communia habet, atque insuper corporis figuram, Saluianus.

GRAECI etiam hodie ueterem eius appellationem retinuerunt.

ITAL. Sargo Genuæ. Venetijs, alibiq; ferè ubique: Romæ Sargono. Non modò Massilienses & Ligures, sed omnes quas obiui regiones, Sargum adhuc uulgò nominant, Gillius. Romæ Sargus imperialis dicitur, ut Cor. Sittardus olim indicauit. ¶ Scarus Romanis nostrisq; non

non planè notus est. alij enim ob similitudinem Dente, alij Sargo uocant. à nostris quidem piscatoribus pro Sargo uenditur, cui similis est corporis forma subrotunda, & aculeorum pinnarumq́ situ ac numero, Rondeletius.

HISPAN. Lusitanis Sargo.

GALL. Circa Monspelium & Massiliæ, Sargo. Oceano quidem Gallico ignotus est piscis, mari rubro & Nilo peculiaris, Bellonius: qui pro peculiari frequentem dicere debuerat.

ILLYRII piscium affinitate decepti, Aprum Chergnier uocant. sed uox ea Sargo debetur. Aper enim Sargi modo corpus tornatum habet, Bellonius. *Aper.*

GERMANICVM nomen fingendum est. nam cum in Oceano Gallico ignotus sit piscis, teste Bellonio: in Germanico etiam deesse uerisimile est. appelletur igitur **ein Geißbrachsme**, ut & corporis eius speciem (Bramis uulgò dictis piscibus similem) & occultum cum genere caprino cõsensum indicemus. Vel, **ein Brandbrachsmen art im meer**: id est, Melanuri species in mari. Vel describatur: **Ein Meerbrachsmen art/mit übertwären schwartzen streymen von dem rucken hinab/wie an eim Bersich/oder auch an dem** Mormyro: **hat auch ein schwartzen flecken gägen dem schwantz.**

MELANVRVS (Μελάνου-ρος) Sargo similis est, caudæ nigra nota insignis, ut nomen etiam præ se fert. at nota hæc illi cum alijs quibusdam, (ut Hepato, Sparo & Sargo,) communis est: à quibus alijs notis secerni debet. Gaza Oculatam uertit. Plinius Melanurum & Oculatã ueluti diuersos nominauit: sed is in alijs quoq; multis similiter diuersa aliquãdo res unius nomina, ad res quoq; diuersas pertinere putauit. Nec de alio pisce sensisse uidetur Plautus Ophthalmiam nominans, (nimirum à recto masculino Ophthalmias.) Vulgaria quidem hodie pleraq; huic pisci nomina ab oculis facta sunt. hos enim ratione reliqui corporis admodum magnos habet, ex cœruleo nigrescentes, &c. ¶ Veterum Oculatam Melanurum esse Saluianus negat comprobari posse. Plinium manifestè distinguere. Celsum sic scribere: Deinde qui quanuis teneriores, tamen duri sunt, ut Aurata, Coruus, Scarus, Oculata, ex quibus uerbis (inquit) haud ulla uerisimili coniectura Melanurum ab eo Oculatam appellari, conijcere possumus: ut neq; ex Plauti uerbis: alius uerò ueterum nemo Oculatæ meminit. *Oculata.* *Ophthalmias.*

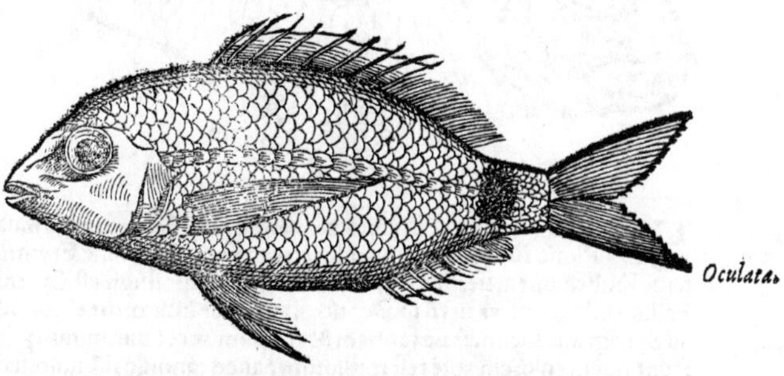

ITAL. Romani Ochiado nominant, uel Ochiata: Torpedinem uerò oculatam, Ochiatellam. Veneti Ochia, (uel Ochiada: proferunt autem ac si nos scriberemus Otschada:) Siculi similiter, uel Okada, uel Marilia, si bene memini, à Melanuro nimirũ deprauato nomine. Genuenses, Oia.

GALL. Massilienses Oblado, uel Olhada. Monspelienses Nigr' oil, id est, Nigrum oculum. Nicenses Iblada, uel Auguyata, Oyata.

ANGLI. **Seebreme**: quod GERMANICE nostra dialecto diceres **Meerbrachsme**, nimis generali nomine: quare cõtractiùs dixerim **ein Brandbrachsme**, à titionis extincti colore nigro. nam & Græci quidam similiter à titione Melanurũ, Δαλὸν appellant, Hesychio teste. **Ein Meerbrachsmen art mit einem schwartzen flecken am schwantz/wie auch der** Hepatus, Sparus, **vnd** Sargus: **welche drey man nennen mag Läberbrachsme/Sparbrachsme/Geißbrachsme.** Oceano Gallico perrarus est, Adriatico & Mediterraneo frequentissimus hic piscis, Bellonius. *Δαλὸς*

MELANDERINVS Græcis à nigrore dicitur, Μελανδέριν☉. Meminit eius Athenęus duntaxat. qui significare uidetur Melanderinum à Speusippo Psygrum, à Numenio Psorũ appellari. (*Athenæi quidem uerba dubia sunt, ut nos in Corollario ad Lepradem seu Psorũ Bellonij ostẽdimus.*) Melanuro similis est, sed corpore paulò rotundiore. Toto ferè corpore nigrescit: circa caput ex nigro purpurascit, sicuti uiola, &c. Rondeletius.

GALL. In nostro mari reperitur, & Sargi nomine uenditur, ob similem corporis figuram, Rondeletius.

GERMANICE circunloquemur: Ein schwartzlachte Meerbrachsmen art/ründer dann der meerteil andere Meerbrachsmē. Ein runde Brandbrachsme/ id est, Melanurus rotūdior.

Pro Rondeletij icone nostram iam olim Venetijs pictam exhibuimus, etsi minùs accuratè.

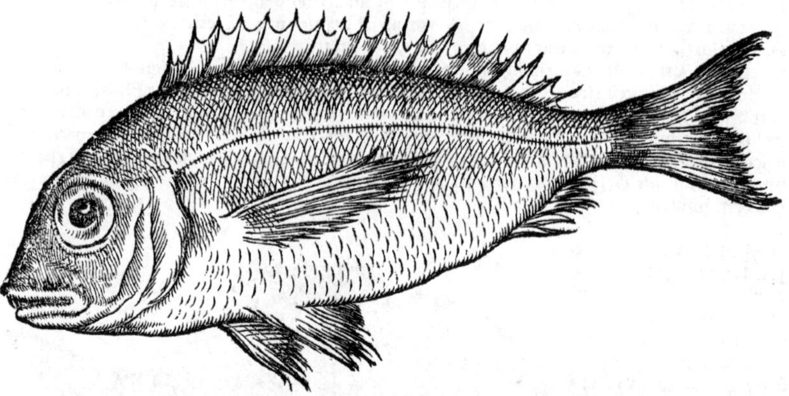

Rubellio. Hycca. Dyca. Dentices.

ERYTHRINVS uel Erythînus. ἐρυθρῖνος, ἐρυθῖνος. Erythrinus (inquit Rondeletius) aliquādo à Plinio Rubellio, aliquando seruato Græco nomine Erythrinus dicitur. Gaza Pliniū imitatus Rubellionem uertit. Nomen à rubro colore positum est. Cyrenæi ὕκκην uocabant, uel δύκην. Falsum est hos pisces uerti in Dentices. qui error inde ortus est, quòd cum maiores fiunt, propiùs ad Synagridis Denticis'ue formam & colorem accedunt, minusq́ solito rufi sunt, ac ueluti canescunt. quem colorem aptè refert minium pauco candido dilutum. sed facilè periti maculis & dentibus à Synagride distinguent. ¶ Recentiores quidam Rufcupam & Ruburnum pro Harengo infumato accipiunt. ¶ Erythrinus Pagro simillimus est, (differentiam eorum leges inferiùs in Pagro:) unde diuersæ gentes à Pagro diminutiuo nomine denominarunt. ¶ Apud Aristotelem de generat. animal. lib. 3. cap. 1. ubi Erythrini fl. nominātur, ut qui sine mare concipiant, Phoxini legendum uidetur, Saluianus.

GRAECI hodie Lethrinum nominant.

ITAL. Romæ Phrangolino uocant uel Fragolino, quasi paruum Pagrum. confundunt enim Pagros cum Erythrinis. In Liguria & quadam Italiæ parte, Pagro. Veneti Arboro uel Lalboro uocant, Siculi Sarosano. Arborem Michaël Sauonarola tanquam Latinè nominauit. Qui Istriā incolunt, Illyrij puto, Rybon. Acarnan Romæ frequens, inter Erythrinos & pro Erythrino uenditur: eodemq́ nomine (Phragolino) nuncupatur, Rondeletius.

HISPANI (ut & Galli Narbonenses) Pagel. Lusitani, Pargo.

GALLI Narbonenses, ut & Hispani, Pagel uocant. Massilienses Pagium intelligunt ad discrimen Pagri, quem etiam Pagre nominant. Cæterum Rougets Gallicè dicti à rubro colore pisces, longè alij sunt.

GERMANICE circunloquemur, die kleiner rote Meerbrachsmen: hoc est, Bramæ marinæ genus rubicundum minus. Pagrum enim ei similem, sed minorem esse aiunt. Vide in Cyprino lato inter fluuiatiles. Qui à rubro colore Germanis denominantur marini pisces Rotfäder & Rotbart, non Erythrini, sed λυχνοειδεῖς pisces sunt. Rotfisch, id est, piscis ruber, in Noruegia piscis est marinus (ut audio) Bramæ nostræ magnitudine & figura ferè similis, minoribus pinnis, totus rubens intus & foris: laudatus in cibo. Hic Pagro aut Erythrino cognatus fuerit, si non alteruter est. Sed cauenda est homonymia: quoniam Angli alium quoq́ piscem λυχνοειδῆ, hoc est Lucernis aut Miluis congenerem, Redfisshe uocitant: & Rotfisch Anglorum inter Oceani asellos à Bellonio nominatur.

PHAGRVS (φάγρος) Græcè dictus piscis, apud Latinos & multos alios populos nomen retinuit, φ. litera in π. mutata. Pagrus enim Latinè dicitur, Græcè Phagrus tantùm. Phagrus autem uocatus est quasi φάγος à uoracitate, ad quam dentibus bene instructus est, adeò ut echinos etiā frangat & pascatur. Vnde & recentiores quidam (ut Albertus) hunc piscem cum Dentice confudērūt. Apud Strabonem Phagrus in Nilo alio nomine Phagorius dicitur, ut interpres Latinus habet: in Græco codice nostro φαγρώει© legitur, cū rhô in penultima simul & antepenultima: unde & Phagroriopolis Aegypti ciuitas apud eundē. φάγως© est in Hesychij & Varini Lexicis. Pagur in Halieutico

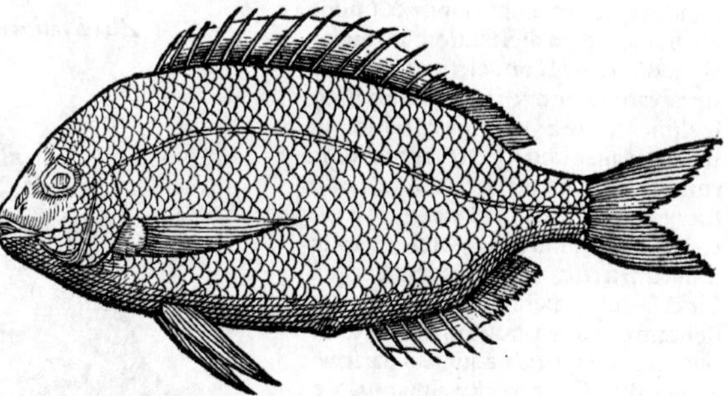

euticoOuidij, nisi mendum subsit. Phagri ab Oppiano nominantur, simul & ἀγειόφαγροι, tanquam duæ unius generis species. Phagrus fluuiatilis marino inferior est, authore Diphilo. is an è mari flumina subeat, ut Nilum: an à marino specie differat, quærendum. Rondeletius è mari subire putat. ¶ Phagro quanta cum Rubellione similitudo sit, leges mox in Italicis nomenclaturis. ¶ Pagurum ne quis cum Pagro confundat, cauendum.

GRAECI Phagrum adhuc uulgò nominant, Gillius & Massarius. uel, ut Bellonius scribit, Fangro. ¶ Pagri similitudo cum Dentice, tanta est, ut aliqui ætate tantùm differre putent. Vide mox in Synagride.

ITALI Pagro, nonnulli Phagorio, Rondeletius. sed Phagorij nomen potiùs Græcum fuerit, ut prædictum est. Romani Erythrinum Phragolino, quasi Phagorino à Phagorio, id est, Pagro, diminutiuo nomine appellant, Massarius. Inter Rubellionem & Pagrum (inquit Gillius) tanta est similitudo, ut eadem magnitudine inter se collati, non ab imperitis internoscantur, ut Ligures Rubelliones etiam Pagros imperitè uocent, & tota Prouincia Narbonensis atque Hispania Pagellos, quòd Pagri longè maiores euadunt. Sed à piscatoribus facilè distinguuntur. nam Pagrus capite est rotundiori, Rubellio longiori. tum hic tenuiori est habitu, & cauda longiore: ille crassiori, & cauda breuiore. Huius extrema pars magis attenuatur, illius multùm larga & crassa. Pagri pinnæ in imam uentris partem magis inflexæ, Rubellionis uerò magis in dorsum eminent.

HISPANI quidam Bezogo nominant: Dalmatæ & Lusitani Phagro, Rondel. Dalmatæ, Hispani ac Lusitani Pagro, Massarius. Hispani Erythrinos, quoniã sunt Pagris similes minoresque, Pagellos uocant, Idem.

GALL. In toto litore Galliæ nostræ Narbonensis Pagre dicitur, Rondeletius. Galli Oceani accolæ, ut etiam Angli, proprium eius nomen non habent, sed communi etiam alijs quibusdã piscibus nomine Bremmam marinam uocitant.

DALMATAE. Vide supra in Hispanicis.

GERMANICE circunloquor, **Die grösser rote Meerbrachsme.** Vide in Erythrino.

ANGLI. Lege in Gallicis.

Iconem hanc Rondeletius dedit: qua cum satis conuenit à Bellonio exhibita: pinna dorsi excepta, quam Bellonius uniformem (qualis & in nostra icone apparet) & pluribus aculeis munitam ostendit.

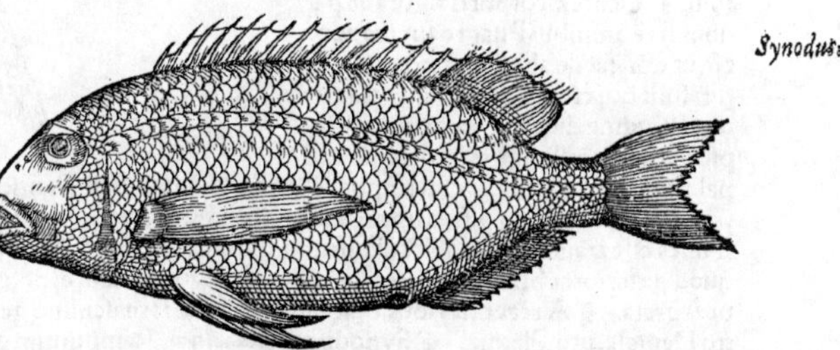

SYNAGRIS & Synodus (Συναγρὶς, Συνόδους) duo nomina apud Aristotelem, recentiorum alijs pisciũ simpliciter specie diuersorũ, ut Gillio & Bellonio, alijs ætate tantùm differentium: alijs unius eiusdemque piscis uidentur. Gaza piscẽ unum ratus, pro utroque Latinum nomen Dentex posuit, à Columella sumptum. Synodus.

¶ Quod ad nomina: Synagrides quidem cur appellentur aliqui pisces, non facilè dixerim: nisi forte quia gregales sint, sicut & Synodontes: διὰ τὸ συναγείρεσθαι καὶ συναγελάζεσθαι, ἢ καὶ ὁμοῦ ἀγρεύεσθαι. Synagrides uerò, alij nimirum pisces (Epicharmo memorati) ab aliqua ad syagrum, id est, aprum similitudine dicti fuerint. Synagridi quidem hodie apud Græcos dictæ, dentes quatuor, teste Bellonio, cæteris longiores eminent: quod cum uerre & apro ei commune est. Idem Synodonti dentes omnes caninos exertosque esse scribit, sicut & Cinædo: unde Synodontem quoque tanquam Cynodontem dictum conijcias: & Cinædi quoque nomen inde detortum. Scribitur autem Synodus per ypsilon in prima syllaba, & sic à Diphilo nominatur, ab Aristotele Synodon, (Συνόδων,) & alibi apud eundem prima syllaba per iôta, Σινόδων. quo modo scribi à Dorione & Archestrato, Athenæus etiam admonet: παρὰ τὸ σίνεσθαι καὶ βλάπτειν τοῖς ὀδοῦσι, mordaces enim & noxios dẽtes habet. ¶ Ego Syagris. Synodon. Sinodon.

Alia Denticis imago Venetijs picta.

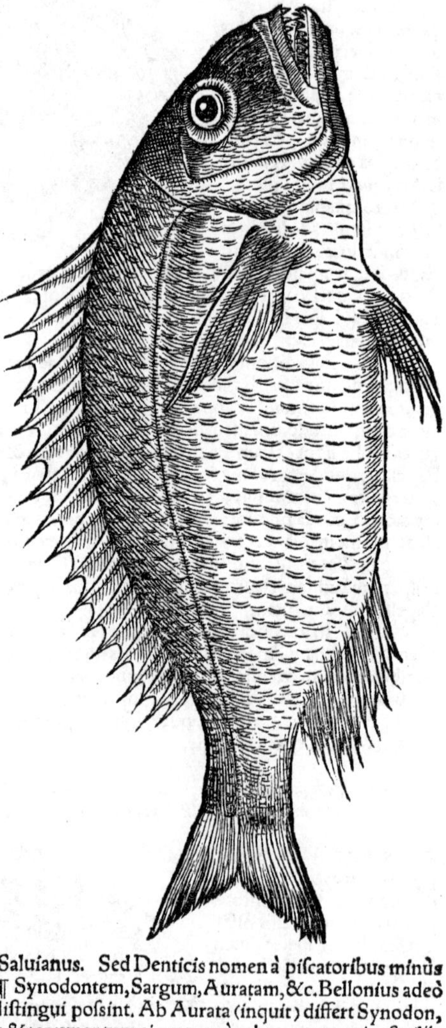

eundem piſcem, cum minor & iunior eſt, Synagridem dici ſentio: cum maior Synodontem, Rondeletius: ſed nulla firma ratione innixus. Hiceſius ſimile alimentum è Synagride & Synodonte haberi ait: quod ſi ætate tantùm differunt, ut Rondeletius putat, ſimile non fuerit, pro ætate enim id uariat. at ſi ſpecie differunt, ſimile eſſe poteſt, in eadē nimirum ætate. Synagridem hodie à Græcis uulgò dictam, omnino Synodontem eſſe, neq; notis ullis (niſi fortè quas ętas, temporis'ue aut loci uarietas attulerint) differre ſentit Saluianus. Veterum autem Synagris (inquit) quinam piſcium ſit, quò ue Latino nomine aut uulgari uocetur, haud nobis hucuſque notum eſt: ſuſpicamurq; in poſterū etiam cognitum non fore, quòd nec nomen eius, nec quæ ei authores tribuūt, ullam ad id coniecturam afferant. ¶ Synagridē (inquit Bellonius) uulgus Græcum optimis notis à Synodonte diſtinguit. hic enim magis recurto eſt corpore: Synagris Cyprini in modum, ueluti circino ita circunductus, ut pro longitudine ac latitudine magis craſſus appareat, &c. Idem Synodontem tantùm Denticem interpretatur: Synagridi Latinum nomē eſſe negat: nec ullum eius uulgare nomen profert: Synodontem uerò ſeu Denticem, genuinam & antiquam appellationē ubiq; retinere ſcribit, huius etiam iconem dat, illius nullam. ¶ Phragolinos (*ſic puto uocant tum Phagros tum Erythrinos*) quum ſeſquipalmi magnitudinem exceſſerunt, in Dentices ſiue Synodontes euadere, cōmunis piſcatorum conſenſus exiſtimauit, Iouius. Dentex corporis figura ac partibus ferè omnibus Phagro ſimilis adeò eſt, ut non facilè ab inuicē internoſcantur. ſunt qui credant eos ætate ſola atq; magnitudine differre, ita ut unus idēq; piſcis, minor adhuc, Phagrus: ad ſeſquipalmum uerò auctus, Dentex appelletur, Saluianus. Sed Denticis nomen à piſcatoribus minùs peritis, ad alios etiam piſces transfertur. ¶ Synodontem, Sargum, Auratam, &c. Bellonius adeò ſimiles eſſe tradit, ut uix ab oculatiſsimo diſtingui poſsint. Ab Aurata (inquit) differt Synodon, quòd exteriores branchias ſpinoſas habet: & tegumentum ei perpetuò rubet, nec aureis eſt cilijs ut Aurata. ¶ A recentioribus quibuſdam Dentalis maſculino genere profertur: uel etiam neutro Dentale, ut à Platina. ¶ Synodontis (Συνοδοντὶς, fœmininum oxytonum) alius piſcis eſt, nempe Pelamys magna.

GRAECI hodieq; Synagridis nomen habent: ſiue id Synagridis ueterum quoq; ſit: ſiue Synodontis ut Saluianus putat, Synagris autem ueterum ignota nobis eſt. ¶ Synagris & Synodon tam ſimiles ſunt, ut Græci utroſq; Synagrides nominent, Gillius.

ITAL. Dentale. Synagris & Synodon tam ſimiles ſunt, ut Ligures ac Maſsilienſes utroſq; Dentices appellent, Gillius. Sunt qui à Phagro ætate ſolùm diſtinguant, ut ſuprà dictum eſt.

GALL. A Maſsilienſibus Dente dicitur hic piſcis. in Gallia noſtra Narbonenſi Marmo pro Mormyro enim oſtenditur uenditurq;, Rondeletius. (Vide proximè retro in Italicis.) Idem admonet Scarū etiā ab ichthyopolis circa Monſpelium Dentē uocari, à dentibus magnis latiſq;: Et alibi, Scarū ob ſimilitudinem ab alijs Dente, ab alijs Sargo nominari. Synodon ſiue Dentalis noſtro litori (*Oceano Gallico*) admodum rarus, aut eo nomine ignotus eſt, Bellonius.

GERM. F.

GERM. F. Ein rotlachte Meerbrachsmen art: ein Zanbrachsme/ein Zanfisch.

ACARNA, Acharnas, Acharn⁹, Græcis & Latin.

ITAL. Hunc piscē nec in Prouincia, nec in Gallia Narbonensi, nec in Hispania uidere potuim⁹: sed Romæ tantùm, ubi inter Erythrinos & pro Erythrino uēditur, eodemq́ nomine (scilicet Phragolino) nūcupať. Idē est fortasse qui Albores etiā diciť Venetijs, quòd albus sit, Rondeletius.

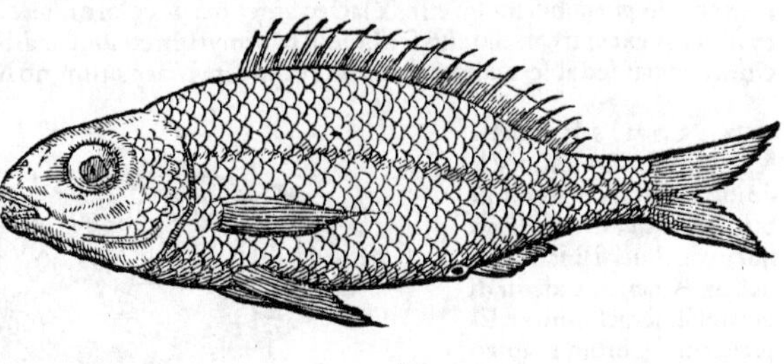

GERMANICE. Ein Meerbrachsmen art/wyß von farben/hat ein schwartzrote mackel am anfang der floßfädern by den orwangen.

Figura hæc non Rondeletij est, sed nobis adumbrata Venetijs. Ea quam Rondeletius ponit, denticulos labris diductis ostēdit: et à superiore labro per breuem sursum eminentem cirrum. Bellonius angustiorem hūc piscem pingit, nec satis latitudinis proportionem seruat.

MORMYLUS uel Mormyrus, Μορμύλος, Μορμύρος: à uerbo μορμύρειν, ut Eustathius annotat, nescio qua ratione. quanquam id uerbum producit suum ypsilon, quod in pisce corripi solet à Græcis: Ouidius quidem produxit, à quo etiam Mormyr in recto singulari dicitur. Et rarus Faber: et pictæ Mormyres, & auri, &c. Videtur autem meliùs paroxytonum hoc nomen scribi, quàm proparoxytonum. & duplici quidem ρ. Μορμύρ☉, magis propria primariaq́ ratione: Μορμύλος uerò propter euphoniam: quare & posteriori hoc Græci poëtæ in carminibus utuntur. Idē puto Μύρμας Epicharmi fuerit. A Theodoro Mormur cōuertiť. ¶ Piscis est litoralis Auratæ similis, sed minùs rotūdus: colore argenteo. lineas habet transuersas à dorso ad uentrem, nigras uel pullas æqualibus spatijs distantes, &c. Rondeletius.

GRAECI hodieq́, ut Byzantinum uulgus, Mormyrum nominant.

ITAL. Romę Mormillo, Venetijs Mormiro. In toto Ligurię sinu, (ut & Massilię,) Mormo, Rondeletius. Massilienses & Ligures, Mormurum uocant, Gillius. Rusticè Marmur dicitur, Niphus Italus. Romæ & Venetijs Mormoro, Saluianus.

HISPANI Marmo.

GALL. Massilienses Mormo uel Mormuro. Vide proximè retrò in Italicis. ¶ In Gallia Narbonēsi, Morme. Nostri ichthyopolæ quandoq́ Synagridem (Marmo nominantes) pro Mormyro uendunt: qui admodum frequens apud nos nō est, sed Romæ & Neapoli frequentissimus, Rondeletius.

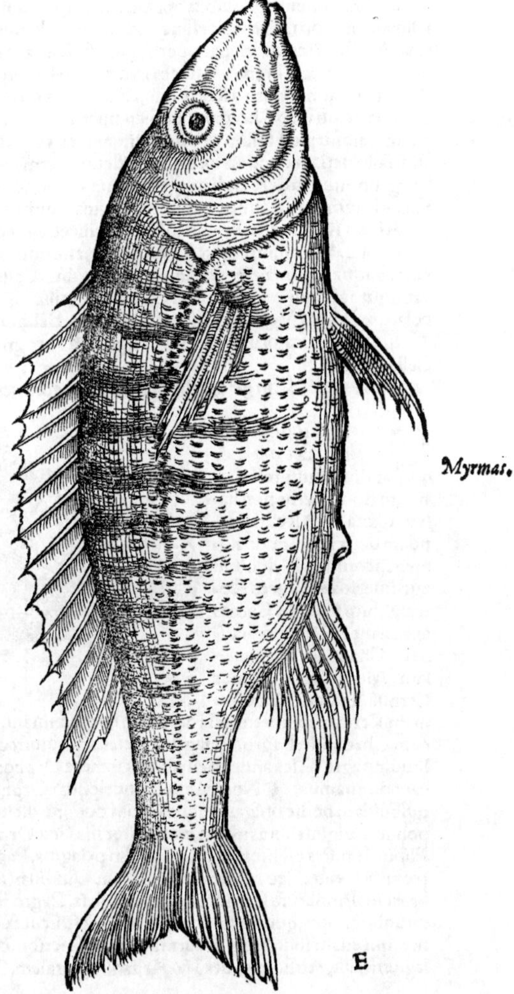

Myrmas.

E

GERM. F. Ein Meerbrachsmen geschlecht/langlecht/nit also breit wie der meerteil andere. Vel ein Malbrachsme: nam & Ouidius pictas cognominat. Vel, ein Marmelbrachsme: nam corpus eius albissimum esse, & lacteo argenteó ue colore nitere, (maculis tantùm seu lineis transuersis exceptis,) Bellonius scribit: qui Mormyrum etiam, à marmoris maculis & albedine dictum conijcit: sed absq; authore, à marmore quidem Marmarum, nō Mormylum, dici oportuisset.

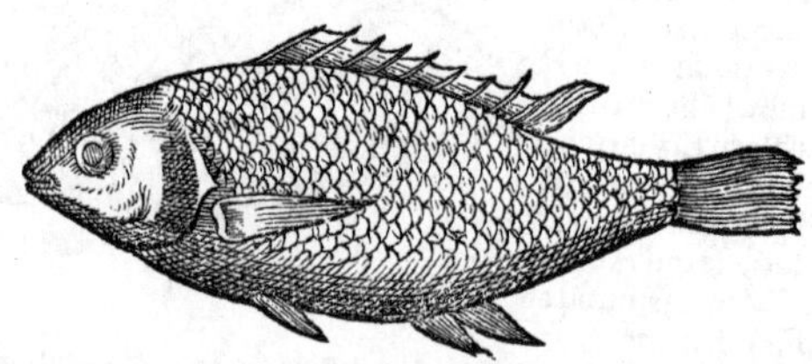

CHROMIS Rondeletij, piscis litoralis. Vide mox in Italicis nominibus. ¶ Χρόμις & Κρέμυς an ijdem, an diuersi sint pisces, nescio. Athenæo uidētur diuersi esse. semel enim ex Epicharmo Chromis ab eo nominatur: & alibi ex Aristotele Κρέμυς, cui lapidē in capite tribuit, (quem in hac nostra etiam Chromide inuenimus,) Rondeletius. Nós Cremyn & Chromin diuersos esse pisces liquidò ostēdimus. uidetur autem Cremys piscis unus, uarijs quod ad terminationem nominibus appellari: nempe Cremys, Chremys, Chremes, & Chremps: & Asellorum minorum generis esse, quod etiam Aelianus insinuat, sicuti & Hepatus Aeliani & Mustela. Mustela (inquit) Hepato persimilis est, sed barbam quàm is maiorem habet, minorem uerò quàm Chremes. Chremes quidem in ueterum Comicorum fabulis, senex, nimirum barbatus, inducitur: nomine forsan à screatione, ad quam hæc ætas procliuis est, facto: ut inde etiam piscis barbatulus ueluti ioco Chremetis nomen tulerit. Cæterùm Chromis ab Hicesio, Pagro & Synodonti comparatur: non solùm quòd ad alimenti ex eis rationem, de qua is author præcipuè tractat: sed (nisi fallor) etiam quod ad formam. Videtur autem per onomatopœiam dictus Chromis, quòd ueluti grunnitum ædere audiatur. Chromis immunda in Halieuticis Ouidij legitur gen. fœm. nos masculinum potiùs esse ostendimus, declinandum ut ὄφις, ιος, non per d. in obliquis.

Cremys alius q̃ Chromis

Chromis.

Alius est Bellonij Chromis, Vmbra scilicet, uel cognatus piscis: de quo infrà.

ITAL. Chromin (inquit Rondeletius) esse puto, quæ in ora Liguriç, Antipoli, & in insula Lerino, fraquentissima est: uocaturq; à Liguribus Castagno, à castaneæ colore. corpore toto nigricat: figura alioqui Melanuro uel Cantharo similis. ¶ Vulgò Genuensium, Massiliensium, & incolarum Portus Veneris, Castagnola dicitur, Bellonius.

GALL. Piscatoribus circa Monspelium incognita est, Rondeletius. Castagnola Massiliæ, Bellonius.

GERM. F. Ein geschlecht der Meerbrachsmen/überal schwartzlacht.

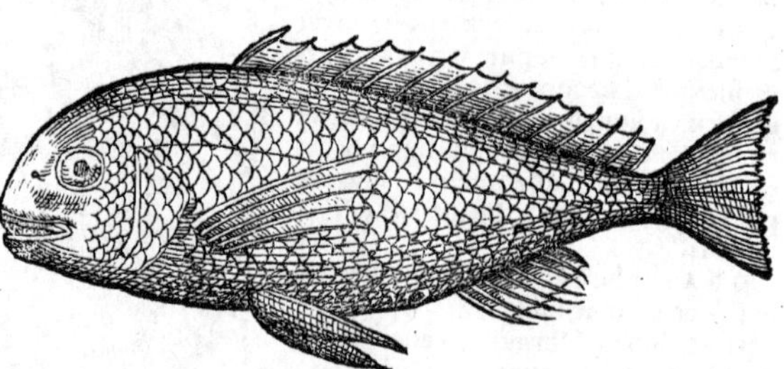

ORPHVS Rondeletij. ὀρφός, Atticè ὀρφώς. ὀρφακίνης diminutiuū est. Latinum nomē uetus non habet. Gaza & eū secuti Cernuam uerterunt: quod nomen inconstans & dubium est: diuersos em̄ pisces Romæ alibiq; in Italia Cernas appellant, ut Percam marinam, Channam, Canadellam, Merulam. Bellonius Cernuā fl. uocat, quā Germani Percam minorem uel rotundam cognominant. ¶ Orphum Hicesius eiusdem generis esse cum Chromide, Pagro, Synagride, cæterisq; huiusmodi. Verùm is de nutrimenti non formæ similitudine agit. Alexander Benedictus temere Orphos lacustres appellauit pisces, quos uulgò Tincas nominamus. ¶ Nos (inquit Rondeletius) Orphum hîc non depingimus eum, qui à Græcis quibusdam hodie uulgari lingua Orphi nomine dicitur. est enim nostro longè maior, utpote qui pondere uiginti libras æquet, nec sit litoralis. Sed Orphum depingimus ex Aristotele, Athenæo, Plinio. Is piscis est litoralis magis, quàm pelagius, Pagro quodammodo similis, colore ex purpureo rubescente, ideo rubentem appellauit Ouidius: (*Verùm hæc apud Plinium ex Ouidio non rectè citata leguntur.*) Pinnarum situ numeroq; & aculeis, Pagro similis est. podice admodum paruo. seminis meatibus nullis, quod huic pisci proprium est: sicut & hoc, quòd dissectus diutius uiuat, Rondeletius: qui etiam solitarium & carniuorum esse scribit, & breui è paruo magnum fieri. Ouidius pelagium facit, Aristoteles uerò & Aelianus litoralem. Oppiano degit in petris cauernosis, quæ plenæ sunt næ ſunt chamis & patellis, (quibus nimirum ueſcitur.) Amipſias quoq; carniuorum eſſe inſinuat. Errat Plinius, quum ſolum Ouidium huius piſcis meminiſſe ſcribit.

GRAECI hodie, ut dictum eſt, alium piſcem uulgo Orphum uel Rophum appellant: quem Bellonius Orphum facit.

GERM. **Ein rotlachte Meerbrachſmen art/in welcher man zů keiner zeyt milchen findt.**

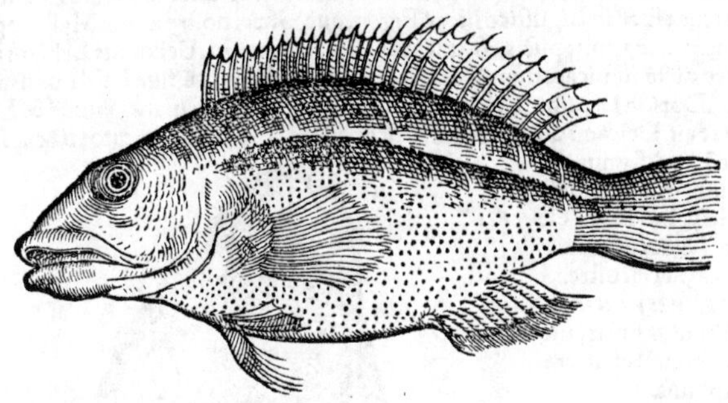

ORPHVS Bellonij: quem is Orphum ideo eſſe putauit, quoniam uulgò hodie apud Græcos adhuc Orphos uel Rophos uocatur: ſicuti etiam Gillius. ſed cum ueterum deſcriptione non conuenit, ut Rondeletio uidetur. ¶ Vulgus Græcorum (inquit Bellonius) multa ei nomina imponit. Lemnij Rophum uocant, Cretenſes Cheludam, alij Acheludam, plerię; Petropſaro nominant: (*id eſt, Petri piſcem: Romæ etiam Fabrum, piſcem S. Petri uocitant.*) Colore rubet, quamuis etiam aliorum colorum uideri poſsit. magis compreſſus eſt quàm teres, hoc eſt, plus in latum quàm in longum effuſus. os habet paruum, (*icon ſatis magnum oſtendit,*) ſquamas aſperas & firmiſsimè inhærentes. Pinnę eius uarijs coloribus inſignes ſpectantur. Labra, ut Scarus, carnoſa habet: (*ab ijs fortè Cheluda in Creta uocatur:*) dentes quoq; Scaro perſimiles, minores. A media ſui corporis parte ſecundū dorſum liuet ac nigricat, albicat ſub uentre. Caput eſt illi penè rubeum, ut Channæ. Maculam in radice caudæ, ut Melanurus, nigrā gerit. Apud Græcos magno eſt in precio. Herbis ueſcitur, (*Veterum Orphus carniuorus eſt,*) ut Salpa & Sparus.

GALLICVM nomen non inuenit, quia in litore Gallico uideri non ſolet.

GERM. **Ein frömbder fiſch bey den Griechen bekant / mag vnder die Meerbrachſmen gezellt werden.**

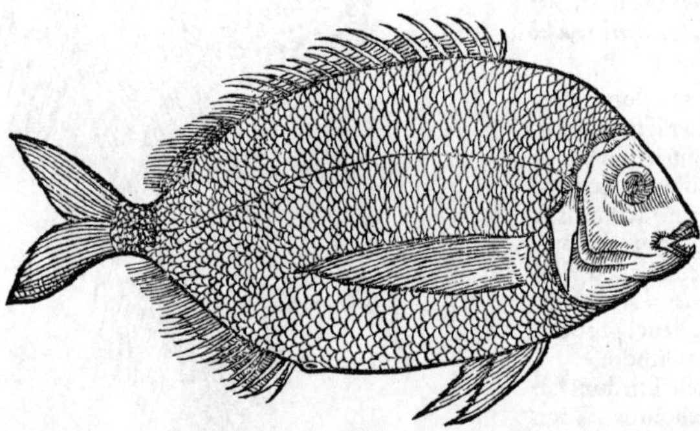

HEPATVS Athenæi & Ariſtotelis, Rondeletio. Hepatus (inquit) ſimilis eſt Pagro & Erythrino, teſte Speuſippo. Ἥπατος aut λεβίας Græcis dicitur. Gaza uerbum è uerbo exprimens, Iecorinum interpretatus eſt. Hermolaus modò Iecur marinum, modò Hepatum appellat. Huius piſcis nullum uulgare nomen neq; in Gallia, neq; in Hiſpania, neq; in Italia, potui à piſcatoribus extorquere. A ſolis Græcis huius temporis didici Σέπυρον hodie uocari. Cęteri omnes anonymum eſſe dicunt, ob raritatem: & pro Mæna uendunt, à qua tamen plurimùm oculorum magnitudine, corporis latitudine, colore, differt. Hæc ille. ¶ Sed alius eſt Bellonij Hepatus. Hepatis color (in- Σέπυρος. *Mæna.* *Bellonij Hepatus.*

E 2

quit)ac magnitudo Hepati pisci nomen dedit. Vulgus Venetorũ Sachetum,ut etiã (alium piscem) Canadellam,indiffereti nomine appellat.solo enim colore (qui paulò magis in Hepato fuscus est), inter se differunt. Sic ille. Videtur autẽ hic piscis undecimo Rondeletij Turdo cognatus.quęre inter Turdos. Idem Bellonius deiectaměti cuiusdã marini genus,Hepatis nomine describit. ¶Hepar pro pisce legitur apud Pliniũ in Catalogo.à Græcis semper tribus syllabis Hepatus nominat: quanquam & Kiranidæ interpres Cremonensis Hepar dixit. Cauendũ ne quis cum Hepato confundat pisces,quos Itali hodie ab hepate denominare uidẽtur,ut sunt Figo dictus Venetijs piscis,qui forte Stromateus est:& in Ligustico litore Figon,quẽ Græci nostrę ætatis Myllocopion appellãt.

Figo Ital.

¶Lebias Athenæo marinus piscis est,qui aliàs Hepatus dicitur. Bellonius Lebiam à rutilo & sub obscuro colore dictũ suspicatur,tanquam à lebete nimirũ. sed Hepatũ siue Lebiã illius iam diuersum esse diximus. Dorion Leptinũ,Lebianũ(τὸ λεπτινὸν, λεβιανὸν)nominans, eundẽ & Delcanum esse quosdã asserere ait.Delcanũ quidẽ piscẽ à Delcone fluuio nominari,in quo etiã capiatur, & salsus stomacho quàm cõmodissimus sit, author est Euthydemus. Delcus quidẽ Hesychio lacus est piscosus circa Thraciam:& Lebia(λεβία) pisces qdã lacustres.

Lebias. *Lebianus.* *Delcanus.*

AB ITALIS, HISPANIS & GALLIS,nullũ huius piscis, utpote rarissimi, nomẽ resciscere Rondeletius potuit.

GERM. F. Ein Läberbrachsme. Ei schwartzblawe Meerbrachsmẽ art/mit einẽ schwartzẽ fleckẽ am schwãtz/wie auch der Melanurus. Sed alius est Aeliani Hepatus:paruus(inqt) piscis est Mustela nomine,&c. Hepatũ esse diceres.nam piscis est breuis,oculis cõniuentibus. Eius barba quàm Hepati maior est, & minor quàm Chremetis. Ein Meertrüschen art.

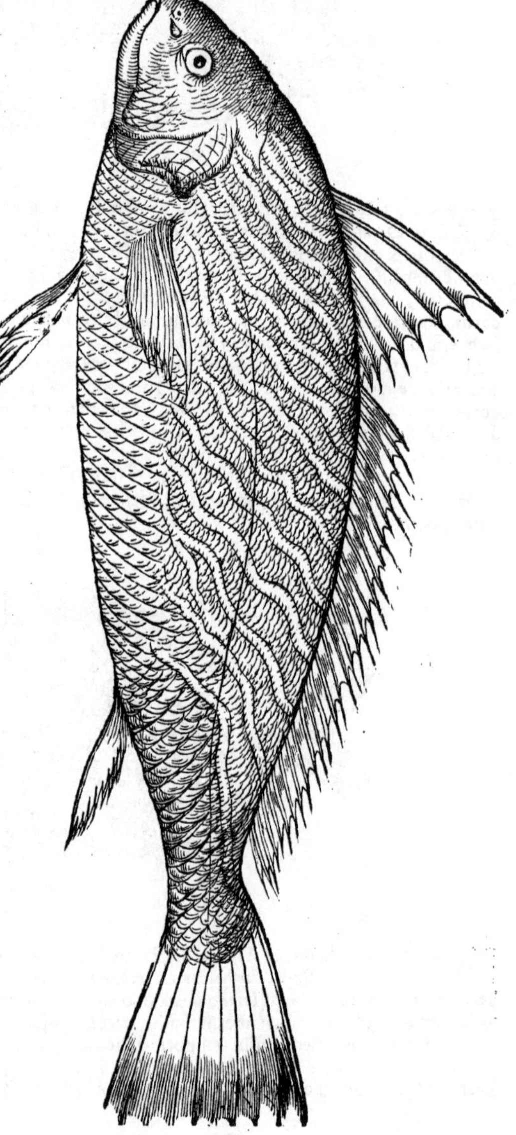

Piscis huius, quem Chromin uocat Bellonius,icon hæc Venetijs mihi expressa est:differt aũt ab ea quã Bellonius dedit, in hoc,quòd cirrũ sub mento seu inferiore labro nõ ostendit: nec caput,præsertim labro superiore,adeò simum & obtusum,&c.

CHROMIS Bellonij, Vmbra Rõdeletij, ut uidetur. Alium ab hoc diuersum Chromin Rondeletij (cuius sententiæ magis fauerim)dedimus suprà.Magna est(inquit Bellonius)Chromidis cũ Glauco(*Rondeletius Glaucum longè alium facit*) pusillo, ut & Glauci prouecti cum Vmbra similitudo.

ITAL. Veneti Turdum falsò appellant,Bellonius. Ligures Chro, (al' Chrõ, uel Chrau) Veneti falsò Coruum, Gillius.

LVSITANI Celema.

GALL. Massiliẽses Vmbrinã(à similitudine cũ Vmbra)falsò appellãt,Bellon. qui & Glaucum ab eadẽ simliitudine falsò Vmbrinam uocari tradit.

GERMANI Vmbrã & cognatos

gnatos ei pisces Corui marini nomine circunscribere poterunt, adiecta magnitudinis differentia: ita ut Vmbra simpliciter dicatur, **ein Seerapp**, à colore, qui Græci etiam & Latini nominis causa fuit: Látus, **ein grosser Seerapp**: Coracinus inter hos minimus, sed corpore latiusculo, **ein kleiner Seerapp: ein Meerbrachsmen oder Meerkarpfen art.** *Latus. Coracinus.*

Ex hoc pisce esse puto lapidem, quem uulgò Coruinum appellant, uel lapidem Colicæ, Germani **ein müterstein**, nisi fortè è Coracino sit. utercꝫ enim in capite lapidem habere proditur.

Gillium & Bellonium ut hunc piscem, Chromin existimarent, nominis Chro uel Chrau, quo Ligures utuntur, similitudo mouisse uidetur. Rondeletius Vmbram hunc piscem uocat, & dentibus carere ait, cum suæ Vmbræ dentes Bellonius appingat, nomina interim eadem quæ suæ Vmbræ Rondeletius tribuens. Danda igitur est opera, ne pisces diuersos confundamus: Vmbram dico, Coracinum & Latum: qui tres tam similes sunt Rondeletio, ut magnitudine potiùs quàm alijs notis discernantur: & piscatores aliqui ætate tantùm (sed non rectè) eos differre existiment. Coracinus ad cubitalem peruenit magnitudinem: Vmbra ad multò maiorem, præsertim in Oceano: Látus maximus est. Vmbra uerrucam seu tuberculum in mento habet, Coracinus & Latus carent. Lineas siue lituras illas obliquas, (quæ à dorso descendunt, partim aureæ, partim obscuræ & aliarum ueluti umbræ,) Rondeletius Vmbræ tantùm attribuit.

Distinctionis horum piscium gratia quosdam ueluti aphorismos subijcere libuit.

1. Glaucus Rondeletij, toto genere à Chromi & Vmbris diuersus est.
2. Glaucus Bellonij, Vmbræ cognatus est, uel species Vmbræ, à Rondeletio non descripta, quod sciam: quanquam à Venetis Corbetum quasi Coruulum uocari scribat: Rondeletius uerò Coracinum (inquit) Italia ferè tota Coruum nuncupat.
3. Vmbra Rondeletij & Bellonij unus est piscis, & ijsdem nominibus ab utrocꝫ nominatur: sed non similiter describitur. Rondeletio enim dentibus caret: Bellonio dentes habet in oris ambitu raros, firmos, acutos, &c.
4. Coracinus Bellonij longè alius est quàm Rondeletij, ut & figuræ & descriptiones ostendunt: unde non specie modò, sed toto genere diuersos esse pisces apparet.
5. Chromin & Vmbram confundere uidetur Bellonius.
6. Chromis Bellonij, Coracinus est Saluiani.
7. Chromin & Coracinum ut confunderēt aliqui, occasionem fecit uicinitas nominum, tum ueterum, tum illorum quibus hodie quidam utuntur.

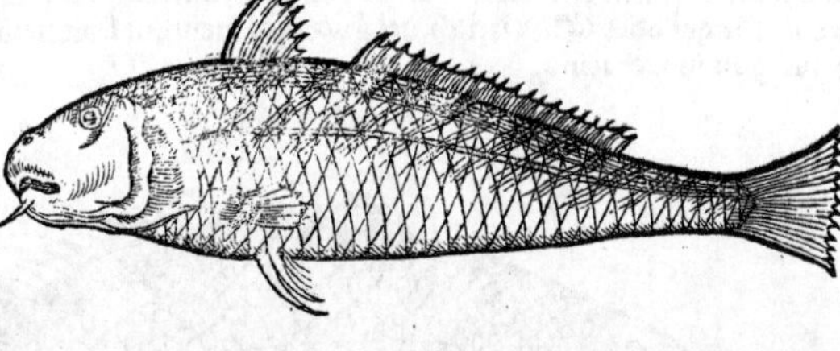

GLAVCVS Bellonij Vmbræ cognatus est, ut apparet. A Rondeletio quidem descriptum nusquam reperio, nec Vmbræ, nec Coracini, nec Lati nomine: quos pisces tres cognatos & simillimos facit. Glaucus (*inquit Bellonius, qui Coracino cognatum Glaucum esse putat, ego Rondeletij potiùs sententiam sequor*) pelagius piscis, à squamarum colore dictus, ex eorum piscium numero est, qui in partes diuiduntur, pluresq́ꝫ patinas implent. Chromidi (*sed alius est Rondeletij Chromis*) adeo similis est, ut pro eo plerunqꝫ diuendatur.

ITAL. Lutetiæ inuisus, Genuensibus frequens est, apud quos Fegarus appellatur: Venetis Corbetus, quasi Coruulum dicerent. Masilienfibus & Romanis nullo alio quàm Vmbrinæ nomine cognoscitur: quanuis ab hac quibusdam notis dissideat, Bellonius.

GALL. Vide in Italicis nomenclaturis.

GERM. F. **Ein geschlecht der Seerappen.** Vide in Chromide Bellonij, proximè retrò.

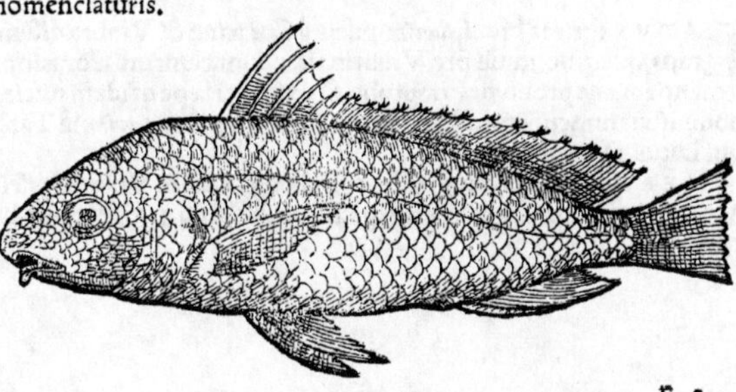

VMBRAM piscē à colore nominatum author est Varro: & Isidorus colorem umbrosum ei tribuit. A Latinis plerisque Græcā significationē æmulatis, Vmbra uocatur: uel

E 5

quòd liueat colore, ut canit Ouidius: uel quia celeri suo natatu oculos effugiens, umbra piscis potiùs quàm uerus piscis, intuentibus appareat, ut innuere uidetur Ausonius, inquiens: Effugiens oculos celeri leuis Vmbra natatu, Saluianus. Sed Ausonius Vmbræ fluuiatilis tantùm meminit, toto genere diuersæ. Rondeletius cum de Coracino scripsisset, subdit: Vmbra Coracinum sequitur, nec meliùs certè umbra corporis sui habitum refert, quàm Vmbra Coracinum. Ob quam similitudinem piscatores & ichthyopolæ tam Romæ, quàm in Montepelio Coracinum pro Vmbra, & Vmbram pro Coracino uendunt: existimantes Vmbram, Coracinum, Latum, sola ætate differre, ut Coracinus paruus sit, Vmbra maior, Latus uerò maximus. Vmbra (inquit Bellonius) nomen sortita est, quòd quidpiam habeat inter Coruum & Lupum adumbratum: uel quòd, dum mouetur, adumbrantem quendam oculis colorem iridis in morem rutilet. ¶ Græcè dicitur Σκίαινα *Sciæna.* proparoxytono nomine: ut etiam Σύαινα, qui diuersus est piscis. Item Σκιαδεὺς Xenocrati. *Sciadeus.* Saluianus monet Sciænam & Sciadeum unum atque eundem piscem esse, etsi utriusque ceu diuersorum in suo piscium catalogo meminerit Plinius. Epicharmus Sciathidem appellat, Σκιαθίδα: ego Sciænida (Σκιαινίδα) potiùs legerim, ut à Sciæna deriuetur Sciænis: à quo rursus per syncopen fiat Scinis, Σκινὶς, quod nomen Galenus usurpat, & Sciænam interpretatur. *Sciathis. Sciænis. Scinis.* ¶ Coracini cum Vmbra similitudinem, & ab ea differentiam, graphicè explicat Rondeletius.

GRAECI hodie corrupto uocabulo Scion uocant, alij Μυλλοκόπιον, (*Myllus uulgò Myllocopion à Græcis dicitur, Hermolaus. Myllum autem Rondeletius eundem Coracino putat,*) Rondeletius. Idem alibi Ouem marinam à Græcis hodie hunc piscem nominari scribit.

ITAL. Vmbrinam Romanorum uulgus nominat: atque huius quidem minorem speciē, quæ argentei est (coloris) Vmbrinottum, Bellonius. Ab Italis & Massiliensibus, denique à toto illo tractu qui à Massilia est Neapolin usque, Vmbrino uocatur, Rondeletius. Vmbrina, à Platina Lumbrina dicitur: aliqui Ombrina proferunt: Veneti Nembrella, ut audio. Bellonius Glaucum etiam suum prouectiorem propter similitudinem cum Vmbra confundi, eodemque nomine, Massiliæ & Romæ nominari scribit: similem autem esse imprimis cirro labri inferioris.

GALL. Massiliæ Vmbrino, ut in Italicis dictum est. Baionæ Borrugat, quasi Verrucatus, à uerruca quam in mento habet, Rondel. Gallis & Parisinis Maigre uocatur, à carnis candore atque albedine, quam uulgus maciem appellat, quòd nullo sanguine colorata sit, Bellonius. In Gallia Narbonensi Daine, nonnullis Peis rei, id est, Piscis regius: sed peritiores Dainam à Pisce regio & Coracino sic distinguunt, ut Peis rei sit is qui Latus dicitur. *Latus.* Daina uerò, Sciæna. postremò Coracinus, Corp. Minùs corruptè pro Daine dicitur à quibusdam Caine, omisso f. id quod Galli plerunque faciunt in nominibus quorum initium est f. Rondeletius. Mediterranei maris incolæ, apud quos magis nigricat, Damam appellant, ung Daing, Bellonius.

GERM. F. Ein Seerapp. Licebit & Gallicum uocabulum Maigre interpretantes nominare ein Mager oder Magerfisch. uel à uerruca menti, ut Baionenses Galli, ein Wertzer. Lege paulò pòst in Coracino.

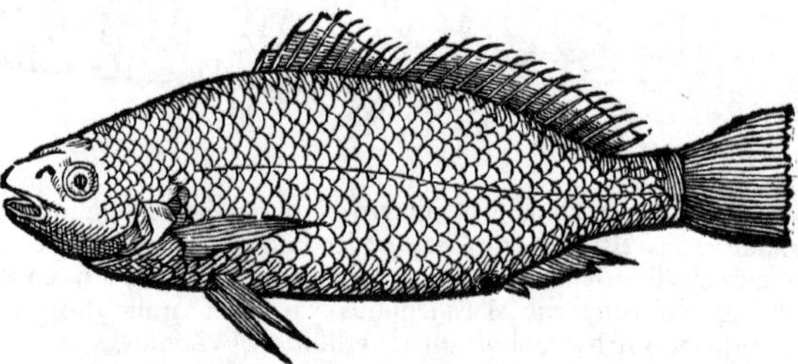

LATVS (prima breui, Λάτος) piscis à Coracino & Vmbra disiungi non debet. Eum esse putamus, quem nonnulli pro Vmbrina uendunt. Sunt qui Coracinum album esse credant: quorū sententiam nec probo, nec improbo. fit enim persæpe ut idem piscis, diuersis in litoribus, diuersis nominibus nuncupetur, Rondeletius. Latilus piscis (Λατίλος) à Tarentino nominatus, idem ne sit qui Latus, quærendum.

GERM. De Coracini, Glauci Bellonij, Lati & Vmbræ piscium confusione distinctionéque & nominibus Germanicis, lege superiùs paulò in Chromide Bellonij. F. Ein grosser Seerapp.

Coracinum

Coracinum nigrum Rondeletius maiorém ne an minorem hîc pictum intelligat, nescio. in descriptione non explicat: sed simpliciter tanquam de uno loquitur, nisi quòd ex Athenæo coloris differentiam affert: qui uerò hîc pingũtur, magnitudine etiam, & reliqua specie, differunt.

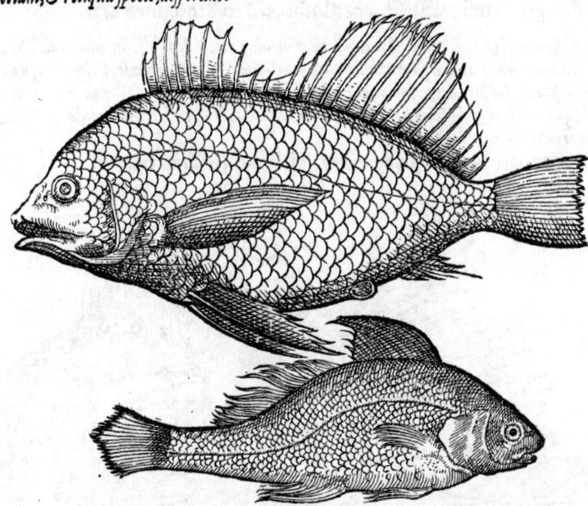

CORACINVS piscis (Κορακῖνος) nomine Græco meliùs uocabitur à Latinis, quàm Coruulus uel Graculus, ut Gaza conuertit. neq; enim apud omnes constat à Corui Graculi'ue, id est, à nigro colore dictum esse Coracinum, ut docet Athenæus libro 7. nominatum esse scribens διὰ τὸ δινεκῶς τὰς κόρας κινεῖν, καὶ οὐδέποτε παύεσθαι: id est, quia perpetuò oculos moueat, & nunquam mouere desinat. Contrà Cælius Rhod. παρὰ τὸ κορόν, id est, à nigro colore dici putat. Et Oppianus: Καὶ Κορακῖνον ἐπώνυμον αἴθοπι χροιῇ. Non omnes tamen coracini nigri sunt. Κορακῖνος ὁ ἐκ τοῦ Νείλου: ἥττων (uel potiùs κρείττων, ut iudicat Rondeletius) ὁ μέλας τοῦ λευκοῦ. hoc est, Coracinus ex Nilo: minor autem (uel præstantior) niger est albo, Athenęus. qui & κηροειδέας cognominatos coracinos tradit, hoc est, cerei coloris. Eodem authore Coracinus etiam Saperda & Platistacus (Σαπέρδης καὶ Πλατιστακός) *Dorion Myllum inquit, Platistacum uocari cum auctior est, non Coracinum)* dictus fuit. Nili incolæ Peltam (Πέλτην) uocant, Alexandrini Heminerum, uel Platacem, [Ἡμίνηρον ἢ Πλάτακα.] Sed quod in Aurata, idem in hoc pisce usu uenit, ut pro ætatis ratione, diuersa nomina sortiatur. nam maiores Coracini, Platistaci: qui medię ętatis sunt, Mylli (Μύλλοι:) minimi, Gnotidia (Γνωτίδια) nominãtur, Rondeletius. ¶ Coracinus à nonnullis Aeolias uocatur, aut potiùs cognominatur. ¶ Saperdam aliqui Apuam salitam interpretantur. ¶ Coracinus à nõnullis Saperdes dicitur, Dorion. Aristoteles Saperdam inter fluuiatiles ac lacustres numerat. Coracinus uerò tum marinus, tum fluuiatilis est. & Aristoteles fortè (inquit Saluianus) marinum simpliciter Coracinum, fluuiatilem uerò Saperdam uocauit. Coracinum autem fluuiatilem dico, in fluuijs natum, eisq; peculiarem: non qui è mari ascendat: ut species duæ sint diuersæ. Et rursus in fluuijs (ut Nilo) alius albus est, præstantior: alius niger: quæ coloris differentia marinis etiam conuenit: & si id ueterum nemo quod sciam notauerit unquam. Albus autem est, *(is quem Bellonius Chromin facit.)* Niger, qui Romæ Coruo di fortiera uocatur. Corporis quidem forma conueniunt, ut ambos eiusdem generis esse dubium nõ sit. Hæc Saluianus. ¶ Rondeletius Coracinum Nili, è mari subire putat: Massarius uerò specie à marino differre: sicut Perca etiam marina & fluuiatilis differunt. Capitur apud nos Coracinus (inquit Rõdeletius) in mari, & in stagnis marinis, in fluuijs minimè. Aelianus Coracinos & Myllos etiam in Istro, id est, Danubio reperiri ait. Mihi quidem ubi & quo nomine in eo flumine capiantur, nondum innotuit. ¶ Coracino idem uidetur Κορακεὺς & Κορακινίς: unde diminutiuũ formari potest Κορακινίδιον. At alius piscis est Corax ueterum, à quo diminutiua fuerint Κορακίδιον, Κοράκιον, Κορακίσκος. ¶ Bellonius Cantharum, de quo suprà diximus, pro Coracino accepisse uidetur. ¶ Vmbra Coracino simillima est: quamobrem ichthyopolæ tam Romę quàm in Montepelio Coracinum pro Vmbra, & Vmbram pro Coracino uendunt, Rondeletius.

Coruulus. Graculus. Saperda. Platistacus. Myllus. Heminerus. Niger mar. Coraceus. Coracinis. Corax.

GRAECI quidẽ hodie Coracinum, Córaca (ut Massarius:) uel Κόρακον (ut Rondeletius) Carakidia (ut Bellonius scribit) nominant. ¶ Coracinus à Græcis uulgò nunc Mylocopi dicitur, Saluianus. Hermolaus Myllum, hodie Mylocopion uocari annotat.

ITALICE uulgò Carbo, Coruo, Corso, uel Córf appellatur, Venetijs & alibi. (Corbetto autẽ Venetijs dictus, Bellonij Glaucus est.) Romæ Coruo & Corueto: & in plerisq; Italiæ locis pesce Coruo, Saluianus. qui etiam Coracinum fl. nigrum, Romæ Coruo di fortiera uocari ait.

E 4

GALL. Nostra Gallia Narbonensis Corp (per apocopen) uocat: alij Durdo, alij Vergo, alij Corbau.

GERM. F. Ein kleiner Seerapp. (Rab quidem uel Rapp piscis fl. apud Saxones dictus, Capitoni fl. cognatus est.) Ein schwartzlachte Meerbrachsmen art.

Venetijs pictum hunc piscem, quondam Tincæ marinæ nomine accepi: sed falsò, ut admonuit Bellonius: qui uisa hac effigie statim Coruum mar. siue Carpam mar. id est, Coracinum esse pronunciauit. Colore magna ex parte nigricat tum corpore, tum pinnis: sed per latera fusco colori aliquid subuiride admixtum est. unde coloris nimirum ratione, Tincæ mar. nomē (quod alij uulgò Merulæ tribuunt, Romani etiam Phycidi Rondeletij, id est, Callariæ Saluiani) imperitior aliquis ei adtribuit.

GERM. Ein andere figur deß obgenanten fischs/des schwärtzeren.

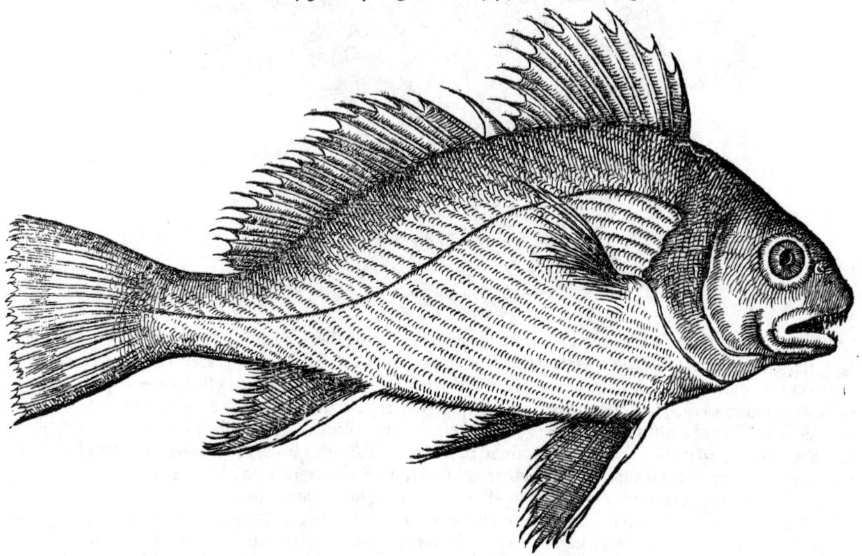

Hæc quoq; Coracini species uidetur, colore ferè tantùm à præcedenti differens. est enim candidior: reliqua uerò specie similis, oris nempe & caudæ, item latitudine, ac pinnis & aculeis in uentre.

GERM. Ein weyssere gattung deß obgenanten fischs.

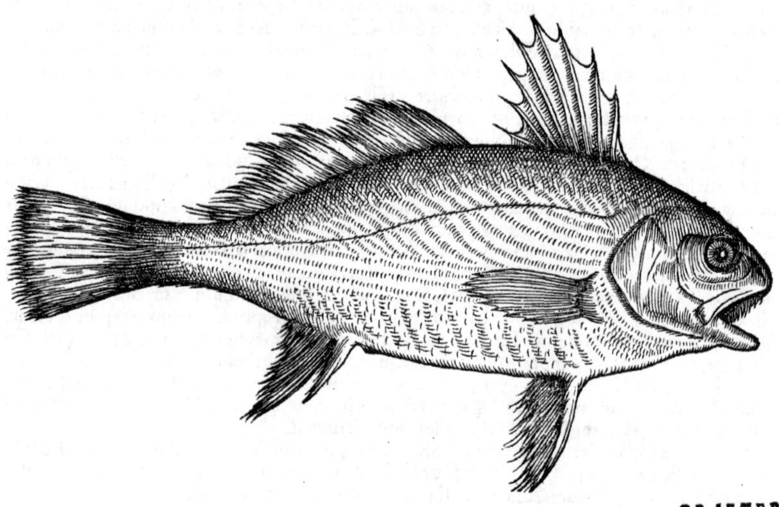

PRAETER

Piscem hunc Coruuli nomine in Italia pictum Cor. Sittardus misit, colore rubicundo, &c.

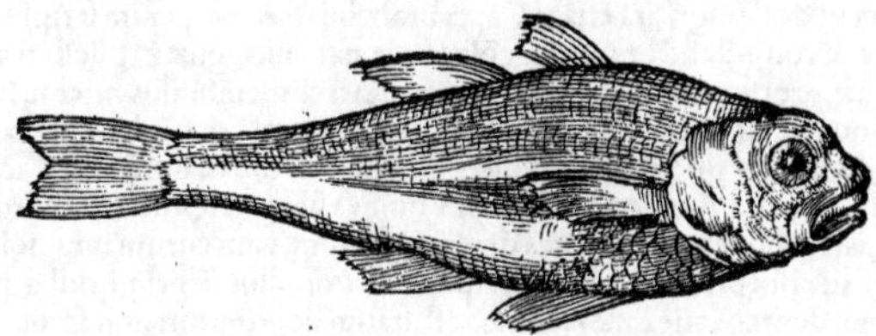

PRAETER album & nigrum Coracinum, fuerit fortè etiam tertia quædam species, minor, rubescens: quam alicubi in Italia Coruulo uocant: & alijs nominibus Guarracino, (quasi Coracinum,) Capo grosso, Coruasili.

GERM. F. Ein rotlachter Meerfisch/Großkopff/Räpplin.

SEQVVNTVR LATI QVIDAM PISCES NON SQVAMOSI: qui nihil ferè cum præcedentibus latis commune habent, excepto Apro Bellonij, quem Sargo comparat, &c.

CAPRISCVS (Καπρίσκος) piscis à Græcis dicitur, & Μῦς, Athenæo & Oppiano: & à Strabone lib. 17. inter Nili pisces Χοῖρος, (id est, Porcus,) Rondeletius. Ego non Capriscum hunc, qui marinus est piscis, sed alium fluuiatilem (quem Percam rotundam Germani plerique nominãt) Porcum Nili esse suspicor. ¶ Aprum suum Bellonius squamas habere negat: Rondeletij uerò tũ Aper tum Capriscus squamosi sunt. In cæteris plerisque descriptio Apri Bellonij, & Caprisci Rondeletij, ferè conueniunt: ut uel ijdem, uel omnino cognati inter se pisces uideri possint. Vtrique pellis dura & aspera, qua ligna expoliri possunt: duæ in tergo pinnæ: quarum prior fortibus aculeis obfirmatur. branchiæ non detectæ. corpus rotundum ferè. lineæ cancellatæ in cute. una utrinque in lateribus pinna. Oculi sursum in capite. Os paruum: in quo dentes acutissimi & ualidissimi, Rondeletio: humanis æmuli, in gyrum siti, Bellonio. Hactenus descriptiones conueniunt. Icones uerò ab utroque positæ, multùm dissimiles sunt.

E libro Saluiani. Piscis Græcè dictus Κάπρος, Καπρίσκος, Χοῖρος, Ὗς & Μῦς. Latinè Caper, Aper, Porcus, Sus & Mus. Κάπρον Aristoteles & Athenæus nominant: Plinius Græcam uocem imitatus, Caprum: Gaza Aprum. Eundem hunc esse Caprisco piscem, non solùm ex maxima nominũ affinitate: sed ex eo etiam intelligi potest, quòd uterque duram pellem habere traditur. quòd præterea Κάπρος, Χοῖρος etiam (cuius apud Strabonem & Atheneum habetur mentio) sit, & dicatur. Athenæus enim Aristotelis Κάπρον, Χοῖρον uocat. Ὗς uerò apud Athenæũ: licet is dubitare uideatur an Capros sit: unum tamen & eundem piscem esse, eadem nominum significatio insinuat. accedit, quòd quemadmodum alij Καπρίσκον & Χοῖρον ferum esse tradunt: ita Ouidius Sues diros appellat. Postremò quòd Μῦς etiam (cuius Aelianus atque Oppianus mentionem fecere) & Καπρίσκος, unus sit piscis, apertissimè declarat Athenæus, his uerbis: Capriscus uocatur etiam Μῦς, (id est Mus.) nec est, ut unà cum Hermolao Barbaro, Ὗς hoc Athenæi loco, pro Μῦς restituendum cõijciamus: quando quæ Μυΐ ab Aeliano & Oppiano tribuuntur, Caprisco optimè respondent. Interim non negandũ etiam alios dici Sues marinos, ut Thynnos, quòd glandibus uescantur. Isidorus Hispalensis Sturionem, Suem uocat. Marini Mures etsi non magno corpore, (*nec magnis uiribus, Oppianus:*) inexpugnabili tamen septi sunt robore atque muniti: quippe qui ad propugnandũ duplici confidunt armaturæ, prædurae nimirum pelli & dentium robori. cum ualentibus enim piscibus & rei piscatoriæ peritissimis hominibus pugnant, Aelianus: ex quo & Oppianus transcripsit. Aristoteles Ca-

Χοῖρος. Ὗς. Μῦς.

pri singulas utrinque branchias esse tradit, easq; duplices. Congro binas, alteras simplices, alteras duplices. Verùm ut de Congri, ita etiam Capri branchijs hæc perperam scripsit. Vtrinq; una tantùm pinna parua & rotunda ad branchias cõspicitur. nam illis, quæ in piscibus alijs utrinq; in uentre sunt conspicuæ, prorsus caret. In dorso ferè medio tres membranis inter se iuncti reperiuntur aculei robustissimi & magni: quorum prior reliquorum duorum triplus est: eosq; omnes non solùm ubi uult deprimit (hic piscis:) sed in sulcum etiam osseum in dorso ob id sculptum recondit. Depressi autem & reconditi, uti quàm facillimè omnes simul eriguntur, ita eorum unus duntaxat erigi nequit. Et pari ratione erecti omnes deprimi possunt, cum eorum unus solus nequeat. suntq; ea arte fabrefacti, ut cum prior & maior quantumuis impulsus deprimi nullo prorsus pacto possit: postremi tamen depressione quæ facillima est, statim deprimitur: non secus quàm in arcubalistis uocatis accidit: in quibus paruo ac inferiori ferreo uecte compresso, tensus illico remittitur arcus: ob cuius similitudinẽ hic piscis Romæ pesce Balestra uocatur, &c. Horum aculeorũ meminit Strabo, his uerbis: Χοῖροι, id est, Porci, cũ rotũdi sint, & spinas ad caput habeant, periculũ Crocodilis afferunt. Et Plinius hisce: Inter uenena sunt piscium Porci marini spinæ in dorso, cruciatu magno læsorum, &c. Corio tegitur squamoso, (cuius tamen squamæ serpentis potiùs quàm piscis uidetur,) ita duro & aspero, ut uix dissecari queat, atq; lignum & ebora eo poliri possint. Totius piscis figura ualde cõpressa & lata, atq; ferè orbicularis est. Pondere duas libras rarò excedit: (quanquam Plinius scribat: Appion maximum piscium tradit esse Porcum, quẽ Lacedæmonij Orthragoriscum uocãt.) Reperitur in plerisq; maris locis, etsi ferè nullibi admodum frequens. Aelianus quidem & Oppianus Murem, marinum faciunt: Ouidius etiam Suem: & Archestratus Caprum: Aristoteles uerò & Plinius Caprum in Acheloo amne reperiri testantur: Strabo & Athenæus Χοῖρον inter Niliacos pisces connumerãt. Hucusq; Saluianus. Ego Plinij Porcum aculeis uenenatis Galeum centrinen esse potiùs suspicor: qui & uulgò hodie Italis Porcus dicitur, & eius aculeos ueneno non carere Oppianus cecinit. Nili etiam Χοῖρος, id est Porcus, alius fortè fuerit: ego Percæ similem piscem minorem & rotundum, capite aculeato, unde à Lucijs non deuoratur, & Porcellio apud inferiores Germanos uocatur, Nili Porcum esse conijcio. sed hic an in Nilo reperiatur, non constat mihi: ut nec Saluiano, an Caper eius usquam in ullo flumine. ¶ Vide mox in Capro Rondeletij.

Plinij Porcus.

ITAL. GALL. A nostris (circa Monspelium) & Siculis Porco dicitur, Rondeletius. Romæ Pesce balestra. Saluianus: propter causam suprà expositam.

GERM. F. Ein Sauwfisch im meer. quanquã etiã Delphini & Phocænæ uulgò Meerschweyn uocantur: sed ij cete sunt, non pisces.

CAPROS, Κάπρος, ab Aristotele dictus piscis, à Gaza Aper conuertitur: à Plinio non rectè Caper. hoc enim Latinis hircum significat, cápros uerò Græcis aprum.

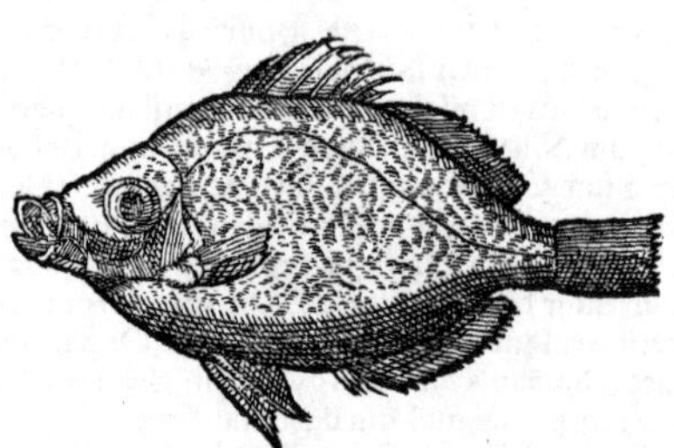

An piscis (inquit Rondeletius) quem hîc exhibeo Aper sit, pro certo nondum habeo: sed cum rarus admodum sit, & notas insignes habeat, studiosos, proposita pictura, ad rem diligentiùs expendendam, inuitare uolui. Τραχύδερμος est κάπρος Athenæo, & noster hic duris asperisq; squamis tegit. Sed noster marinus est, Aristotelis uerò fluuiatilis, nempe in Acheloo amne, idemq; uocalis. Alius est Capriscus dentibus acutis & ualidis, uirus olens, durus. Capros uerò dentibus caret, & ab Archestrato laudatur. Hæc ille. qui etiam rostrum oblongum & obtusum, Suis modo, in eo quem exhibet pisce, haberi scribit: multos firmosq; aculeos in pinnis uentris: à podice etiam tres, breues & acutos. Idem præterea Aprum suum à figura rostri aculeorumq; setas referentium sic appellandum censuit: cum ueterum Aper à uoce & grunnitu hoc nomen tulerit. ¶ Cápron aliqui recentiores cũ Caprisco cõfundere uidentur. Aprũ piscẽ (inquit Gillius) uidi Venetijs in foro diui Marci conditum in opificis cuiusdam officina pendere: quem cum Thraci cuipiam ostendissem, Capriscum dixit appellari: cumq; huius pictam effigiem Siculis piscatoribus ostendissem, Porcum esse affirmarunt. Sic ille. Venetijs quidem Porcum appellant Mustelum centrinen, quem aliqui Vulpem ueterum esse putarunt. & Bellonius cum scribit: Piscis quem antehac aliqui pro Apro descripserunt, Vulpes marina est: Gillium notare uidetur. ¶ Equidem Rondeletij Aprum Hyænæ, uel Caprisci (quo cum plurima habet communia) speciem esse coniecerim. ¶ Plura lege superiùs in Caprisco.

GERMANICE circunscribo: ein seltzamer Sauwfisch im meer/mit gantz rauchen schüppen: vnd mit scharpffen dörnen in den floßfäderen am bauch vnd nach dem weidloch.

APER

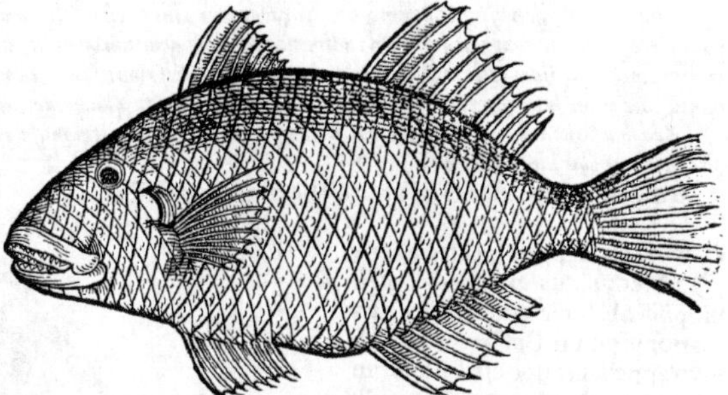

APER à Bellonio exhibitus, à Rondeletij Apro differt, cum aliàs, tum quòd ſquamas ei negat: dentes albos & humanis æmulos tribuit, &c. Illyrij (inqt) piſcium affinitate decepti, piſcem iſtum Chiergner uocant: ſed uox ea Sargo debetur. Aper enim Sargi modo corpus tornatum habet. Erit forſan is quem Athenæus Porculum fluuiatilẽ uocat: quem etiam ex Ariſtotele uocalem eſſe tradit, Hæc ille. Plinij quidem Porcus aculeis in dorſo noxijs, Galeus centrines (meo iudicio) fuerit. ¶ Lege etiam quæ proximè retrò de Capro Rondeletij ſcripſimus.

GERM. **Ein vnbekannter frömbder fiſch/ einer Geißbrachſmen gleych.**

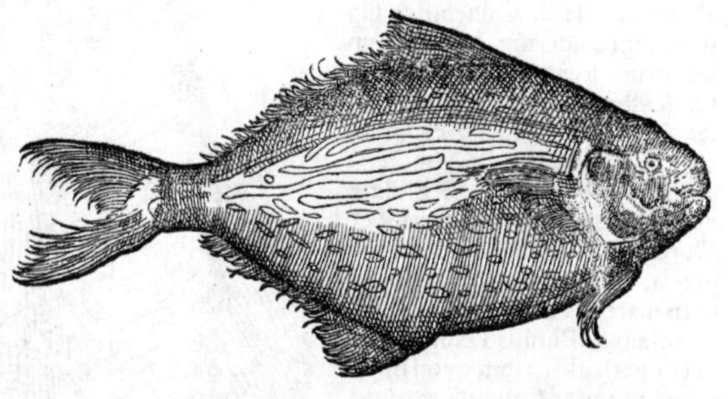

STROMATEVS, Στρωματεύς. Naſcitur Salpæ ſimilis piſcis in mari Rubro, qui Stromateus appellatur, per cuius totum corpus lineæ ſeu uirgæ aureæ extenduntur, Athenæus ex Philone. Stromata Gręcis ſunt ſtragula & tapetes elegantiores, uarijs colorum imaginumq́ʒ differentijs ſpectabiles: unde & piſci nimirũ nomẽ. Plura leges cum ſequentibus tribus Eiconibus ſcripta.

ITAL. Piſcis hic ſi in aliqua maris mediterranei parte reperitur, nec mari Rubro tantùm proprius eſt, forſan is fuerit qui Romæ Fiatola nuncupatur, eo à Salpa diſsidens, quòd lineas aureas breuiores habeat, nec ad caudam uſq; productas, (*atqui Philo requirit in Stromateo ῥάβδους δι' ὅλου τοῦ σώματος πεταμένας, χρυσιζούσας: hoc eſt, per totum corpus tendentes lineas aureolas: ut etiã in Salpa, cui confertur:*) Rondeletius. Idem piſcem alium, de quo proximè agemus, in fine octaui libri cum peregrinis deſcribens, Romæ uulgò, ſimiliter ut hunc quoq;, Fiatolam nuncupari ſcribit: tanquam uterque in Mediterraneo mari iuxta Romam capiatur.

GERMANICE F. **Ein Teppicher/ oder Teppich fiſch: zů Rom bekannt / mit ſchönen goldfarben ſtreymen durch den leyb wie ein Goldſtreymer: gleych als ein Teppich die von farben ſchön iſt.**

Fiatolæ (alterius) eiconem à Bellonio exhibitam omiſimus: quòd forma & circunſcriptione corporis, ac pinnis, cum ea, quam Rondeletius dedit, conueniat. Lineæ tamen ſeu ſtriæ & maculæ, longè aliæ ac aliter in utriuſq; pictura ſunt: ut piſces eſſe diuerſos aliquis exiſtimaret: ſicuti etiam ex utriuſque deſcriptione idem non uidetur. Rurſus uerò propter formam & pinnas, ut dixi: & quoniam uterque circa Romam frequentem eſſe, & Fiatolam uocari, ſcribit, unus uideri poteſt.

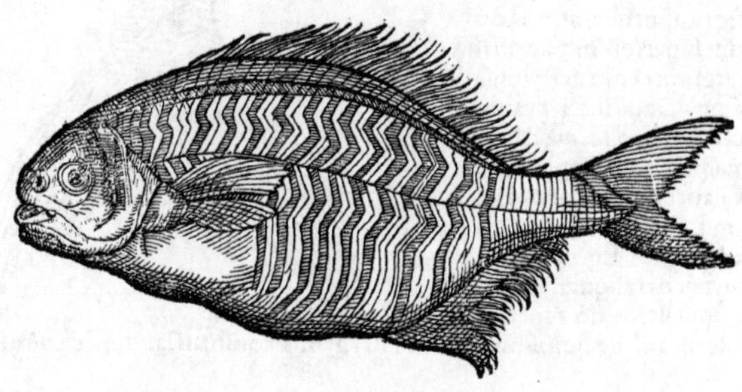

Alia eiusdem piscis effigies, quam à Cor. Sittardo cum alijs piscibus Romæ depictis olim accepi. Hæc cum Bellonianа ferè per omnia congruit, nisi quòd rudimenta quædam dentium ostendit, cùm Bellonius omnino edentulam faciat: & lineam mediam rectam à branchijs ad caudam non exprimit, (cuius tamen in descriptione Bellonius non meminit:) nec aliam superiorem Bellonio memoratam, incuruam & squamosam, cum reliquum corpus squamis careat. Addebat (Sittardus) non excedere hanc magnitudinem. erat autem missa ab eo pictura uno alteró ue digito longior, quàm à nobis hic proposita est.

GERM. Ein andere figur des obgenannten fischs.

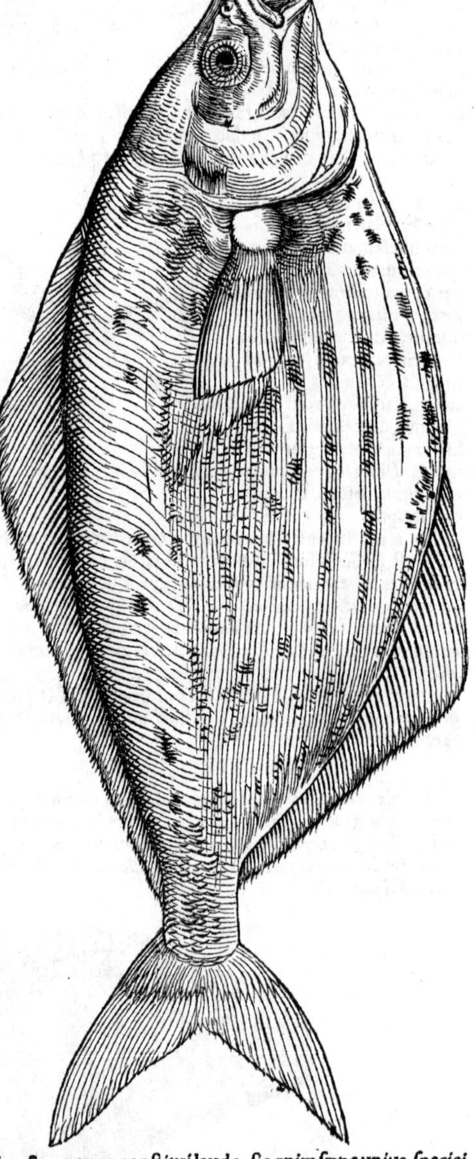

STROMATEI species altera, uel cognatus ei uideri potest hic piscis. Rondeletius nullũ ei uetus nomẽ posuit. Bellonius Callichthyn appellauit: hoc est, Pulchrum piscem, quod nomen (inquit) nulli pelagio pisci rectius conuenerit, quàm huic: ut qui totus ferè sit argenteus ut Lampuga, ac præterea multis aureis lituris uariegatus.

Callichthys.

Sed nihil tale de Callichthye suo ueteres prodiderunt. Hæc tantùm ex eorum scriptis obseruauimus: Callichthye piscem Anthiam esse, (ex Athenæo: sed meliores authores distinguunt:) gregarium, cetaceum, dentibus serratis, & è Thunno esca gaudere. Aristoteles & Oppianus, ubi Anthias piscis appareat, nullum animal noxium illic in mari esse tradunt, ideoq; sacrum haberi. Plinius (lib. 9. ca. 47.) ubi de periculo scribit, quod urinãtibus imminet à Canibus marinis: Certissima (inquit) est securitas uidisse planos pisces: quia nunquam sunt, ubi maleficæ bestiæ: qua caussa urinantes, sacros appellant eos. Hoc in loco pro planos reposuerim Anthias. Plinium enim ab Aristotele mutuatum, ut alia pleraq;, nõ dubito. Bellonius fortè hinc occasionẽ cepit, ut latos pisces, (qualis est Faber, Fietola, Lampuga,) eosdem Anthias faceret, cõstituto hoc quasi genere ad pisces forma plurimùm differentes. Latos enim pisces, quanquam à planis distinguit, quòd non sua latitudine natẽt sicut plani: uideri tamẽ & ipsos planos ait, si super solo collocẽtur. Sed hanc sententiam eius, nemo (quod sciam) doctorũ approbauit. ¶ Rondeletius cum superiorem piscem libro 5. in Latorum censu descripsisset: hũc in fine octaui inter cyaneos (id est cœruleos) collocat, cũ diuersis forma piscibus Hippuro, Seserino, & Glaucis ipsius, (quos Bellonius etiam Lãpugę nomine Anthijs suis adiungit.) Ego à ueteribus pisces cyaneos tanquam generis nomine appellatos nõ reperio: neque à colore alió ue huiusmodi adiuncto, genus constitui laudo. sic enim sæpe unius speciei pisces,

Anthias.

Plani pisces.

Cyanei.

pisces, ad genera diuersa trahentur: (Anthiæ Oppiano alij flaui sunt, alij niuei, alij atro sanguine fu sci:) & species generis unius proximi, nihil ferè præter colorem aut ta'e quippiam commune habebunt. Nos igitur neq; latos pisces adeò anguste ad tres aut quatuor spec ies infimas cõtrahemus: neq; ab accidente genus propriè uocandum statuemus. ¶ Dorsum lateraq; in hoc pisce cœrulea sunt, uenter candidus, labra purpurea. ferè rotundus & compressus est, Seserino non ualde absimilis, nisi quòd lineas duas à branchijs ad caudam ductas non habet: sed unicam duntaxat. A dorso autem ad hanc lineam, & ab hac ad uentrem lineæ demissæ sunt, perbellè inflexæ, Rondeletius. ¶ Præter omnium piscium morem, pinnis sub uentre caret, estq; prorsus inermis: Cantharo quidem similis, sed eo maior euadit, non tamẽ æquè crassus. Lineam habet à capite sub uentre ad umbilicum extensam, atq; utrinq; in ceruice nigram maculam. Squamis undecũq; caret: præterquàm in eo lineæ ductu, qui piscis huius latera distinguit, &c. Bellonius.

GRAECI uulgò Gofidaria uocant, ni fallor.

ITAL. Romæ uulgò nuncupatur Fiatola, quemadmodum Stromateus ob similitudinem quandam, Rondeletius. Romæ ac Neapoli Fietola: Tyrrheno familiaris, Adriatico non itẽ, Bellonius. ¶ De hoc pisce, missa eius icone, doctissimus Sittardus sic ad me scribebat: Fetolo uulgò dicitur, Romanis Lampeca, delicatissimus piscis, (*atqui Bellonius: Nullũ, inquit, inter apprime delicatos pisces nomen retinet:*) fertur nasci ex Pulmone marino. Ego ex Pulmone alió ue zoophyto marino piscem nasci, non temere crediderim. Lampecæ uel potiùs Lampugæ nomen, alijs piscibus (quos Glaucos Rondeletius facit) debetur. ¶ Quærendum an hic Venetijs à quibusdam Figo, ab alijs Truellia nominetur. *Pulmo mar.*

HISPAN. A Lusitanis Pampano, ut audio.

GALLICVM nomen non habet, ut neq; superior. in nostris litoribus (inquit Rondeletius) nunquam uisus.

GERM. F. **Ein andere art des Teppichers/zů Rom bekannt vnder einem namen mit dem nächstgemelten.**

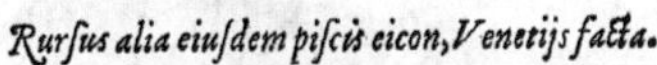

Rursus alia eiusdem piscis eicon, Venetijs facta.

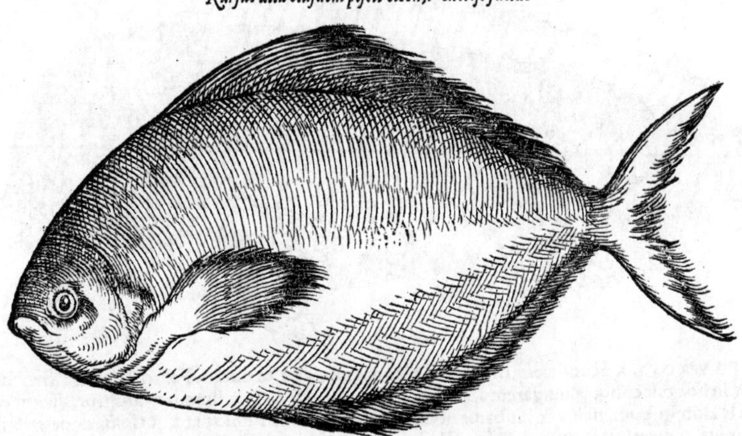

Hunc primùm Hepatum esse conijciebam, quoniam à Venetis Figo nominatur: & Italicè iecur quoque Figato: & figura Hepati à Rondeletio posita, ad hanc proximè accedere uidebatur. Color etiam nigricans conueniebat. Postea me admonuit Bellonius, piscem hunc potius esse Callichthyn suum, (seu Stromateum Rondeletij:) quanquam non sint eidem colores & maculæ. idq; animaduerti cùm ex figura eius, tum quòd solus hic piscium pinnis sub uentre careat, nec aliam parte supina habeat, quàm quæ ab ano est. Hepatus squamosus est, &c.

GERMAN. **Nach ein andere figur des selbigen fischs.**

SESERINVS Rondeletij. Σεσερῖνος. Sola (inquit) corporis latitudine à Glaucis discrepat. est enim corpore breuiore quidem, sed latiore, compresso: sine squamis, cute læui, dorso cœruleo, uentre argenteo. Lineas duas à branchijs ad caudam ductas habet, superiorem curuam, inferiorem rectam. ob quam notam in isto pisce manifestissimam, in eam adducor sententiam, ut existimem Seserinum esse, cuius ex Aristotele περὶ ζώων meminit Athenæus, his uerbis: Duas uir

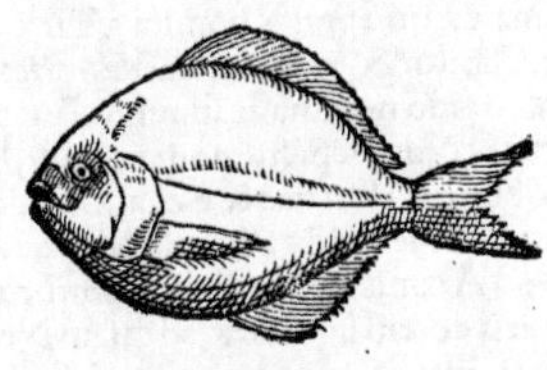

F

gas siue lineas habent alij pisces, ut Seserinus: alij plures & aureas, ut Salpa. ¶ Idem Rondeletius in Orthragorisco pisce recitatis Aeliani de Luna pisce uerbis, descriptionem eius Seserino conuenire coniectat. ¶ Illum cuius eiconem damus, Rondeletius inter pisces Cœruleos ponit: & in eodem genere Stromateo non ualde absimilem facit.

GALL. Circa Monspelium Tronchou, Rondeletius.

GERMANICE circumloquemur: Ein besunderer breiter meerfisch / on schüppen: mit zweyen strichen von den orwangen gägen dem hinderen teil.

Nouacula Rondeletij.

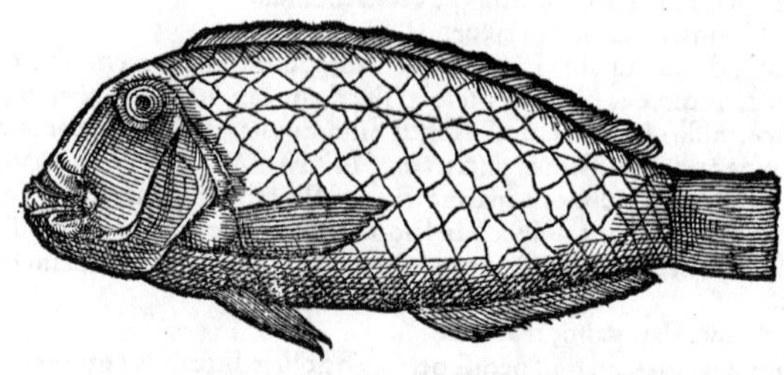

Eiusdem alia icon, qualis Romæ olim depicta est, à Cor. Sittardo nobis communicata.

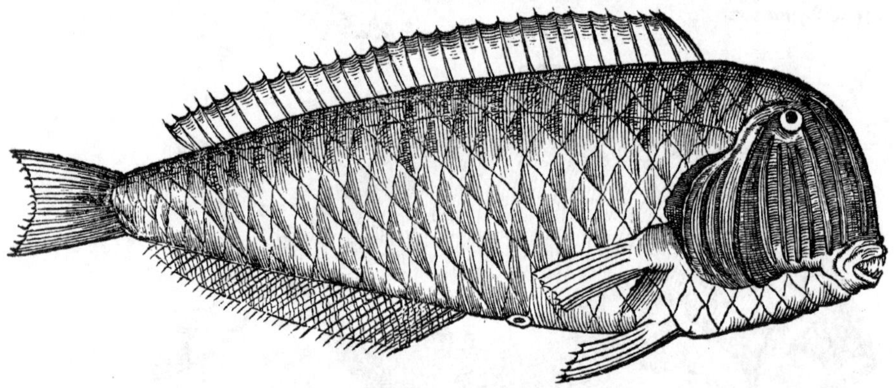

NOVACVLA Rondeletij, (inter latos planosq; ambigit, ut mox in Fabro dicetur.) Sequor in hoc pisce (inquit) uulgarem appellationem, quam ex Latina sumptam arbitror. dicitur enim Rason: quę uox nobis & Hispanis nouaculam significat: à Plinio uerò, qui solus ex ueteribus piscis huius meminit, Nouacula piscis. Eius uerba sunt: Nouacula pisce quæ tacta sunt, ferrum olent. nam in uulgaribus codicibus perperam locus hic legitur, eò quo citaui modo restituendus. Et meritò quidem Nouacula dicitur. est enim dorso cultellato, (*atqui Plinius à ferri odore Nouaculam dictam insinuat,*) quo maiorem nouaculam aptè repræsentat. piscis est marinus, palmi longitudine, tres digitos latus, unum spissus. capite Pagrum quodammodo refert, posteriore corporis parte Buglossum. Ore est paruo: dentibus acutis, magnis & recuruis. Oculis est paruis, à quibus descendunt ad os lineæ obliquæ, purpureæ & cœruleæ. Squamis tegitur magnis, rubescentibus: (unde aliqui pro Erythrino perperam hunc piscem acceperunt.) Piscis est Rhodo frequens, & in Melita insula, ex quo post Rhodum à Turcis expugnatam illuc migrarunt milites qui Rhodij appellantur. Capitur & in Maiorica Minoricaq; insulis. Carne est tenera, & delicatissima, ac in illis insulis, quas modò nominaui, summo est in precio. Sic ille. ¶ Eundem piscem postea Cor. Sittardus me-
Pauo. dicus Romæ depictum ad me misit, Pauonis nomine. sed nomen hoc alijs quoq; diuersis piscibus attribuitur. Varietas & elegantia colorum Stromatei nomine dignum hunc piscem faceret: sed alius est Athenæi ex Philone Στρωματεὺς in mari rubro, ῥάβδους ἔχων δι' ὅλου τοῦ σώματος πεπυκμένας χρυσι-
Stromateus. *Aconias.* ζούσας. Aconias pisces quosdam Numenius apud Athenæum nominat duntaxat. acóne autem
Tonsicula. Græcis cotem significat, ad quam Nouaculæ exacui solent. Tonsicula ex Orimis celebratur nomine tenus à Cassiodoro, non describitur. ¶ Saluianus nullum adhuc Græcum aut Latinum nomen

men huius piscis inuenisse se profitetur. Peculiarem (inquit) adeò figuram habet hic piscis, ut nulli alij piscium similis uideatur, ab omnibusq; internosci facilè possit. Capite enim permagno est, ualde tamen (non secus quàm corpore toto) compresso, & omni prorsus rostro carente. Latiusculus ualde est, Fabri instar compressus. Squamis magnis tegitur: & uarijs atq; pulcherrimis coloribus egregiè depingitur. Palmi mensuram excedere non solet. Soliuagus, infirmus & imbellis, carniuorus tamen. In Romano foro piscatorio uix deni aut duodeni quotannis conspiciuntur. In Rhodio, Siculo & Hispano mari frequentior gignitur. Carnem habet teneram atq; friabilem: boni succi & concoctu facilem. Vnde in Saxatilium penuria ipsis substitui potest. Gustui suauissimus est, & in maxima habetur existimatione. Incola est litorum, maximè quę saxis abundant. Nullis ferè alijs spinis, præter eas quæ dorsi spinam constituunt, interciditur.

ITAL. Romæ pesce Pettine uocatur, (*fortè quasi Pecten, propter parallelas capitis lineas,*) & in plerisq; alijs locis Rason, Saluianus.

GALL. Rason: quæ uox nobis & HISPANIS nouaculam significat, Rondeletius. Causa nominis exposita est suprà.

GERMAN. **Ein seltzamer fisch/wirt im meer vmb die inseln Sicilia vnd Malta gefunden: mit mancherley schönen farben gezieret. Die Frantzosen vnnd andere völcker am meer vor Africa über in Europa/nennen jn ein Schärsack/rc.**

Χαλκεύς.

FABER. Græcis Ζεὺς, id est Iupiter: uel Χαλκεὺς, id est, Faber ferrarius. alius omnino piscis est Chalcis. Ζεὺς nomen fortè ex posteriore nominis Χαλκευς sylla ba factum fuerit. Putauerunt aliqui Fabrum dictum à similitudine fabri ferrarij qui fuliginosus est: (qui etiam cum Coracino hunc piscem confuderunt:) macula quidem insignis est nigra.

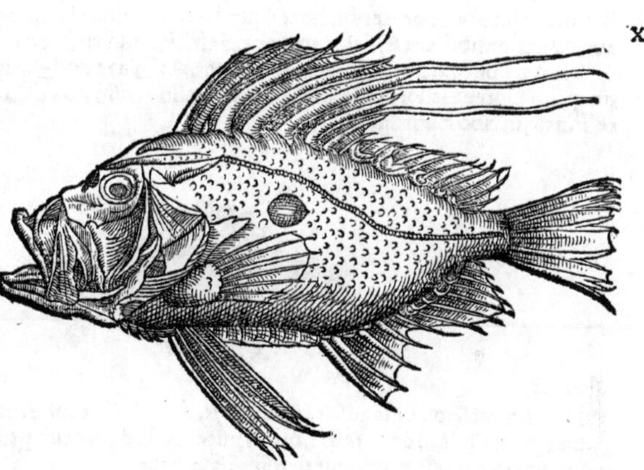

¶ Multæ in eo partes nigricant: ut à colore forsan Fabri nomen inditū ei aliquis coniiciat: quanquam simul & hunc & Coracinum nominans Oppianus: non utrunq;, sed Coracinum tantùm à nigro colore denominatum ait, Saluianus. Dalmatæ etiam hodie Fabrum uocant: qui cū ex eis percunctarer (inquit Gillius) cur sic nominarent, mihi pulchrè responderunt, se ideo ita nuncupare, quòd omnia instrumenta fabrilia in ipso reperiantur: quod quidem ipsum statim uerum esse periclitatus sum.

Cyttus. *Acanthias.* *Porcus mar.* *Piscem hunc inter planos & latos ambigere.*

¶ Non est hic Cyttus Athenæi, ut quidam suspicati sunt, quoniam à Romanis Citula nominetur. ab Athenæo quidem Cyttus nominatur tantùm, inter pisces, tanquam Dionysio sacer. Neq; Acanthias, ut propter spinas dorsi aliqui putarunt: is enim Mustelorum generis est. Neq; Orthragoriscus, uel Porcus marinus, quanuis dum capitur, grunnit. ¶ Dubitaui aliquando (inquit Rondeletius) in quam piscium classem piscem hunc referrem. neque enim inter squamosos, neque inter cartilagineos, neque inter beluas collocari potest. neque inter ψηττοειδεῖς recensendus: quippe qui una parte candidus, altera nigricans non sit, sed corpore concolore, dempta unica macula. A planis uerò oculorum situ differt. At cum exigua sit hæc differentia, corporéque plano sit, & figurà Rhombo capite tenus quodammodo simili, non ineptè planis piscibus adnumerari posse uidetur. Sic ille. Bellonius latis piscibus adnumerat, contracta latorum appellatione ad paucos, Fiatolam, Lampugam, &c. ut paulò antè in Stromateo altero diximus. Nos latis simpliciter piscibus adnumerare uoluimus: quoniam à planis & oculorum situ, pinnisq; plurimùm differt: & non ut illi sua latitudine in aqua natat: Natura quidem, ut plerunque solet inter duo genera, quædam ita ambigua producere, ut ad utrum referas, dubites: sic Fabrum etiam & Nouaculam inter Latos planosq; ἐπαμφοτερίζοντας nobis genuit. refert enim Nouacula posteriori parte Buglossum: & latiuscula ualde est, Fabri instar compressa, Saluiano teste.

GRAECI hodie Christopsarum (nomine composito à Christus & opsarium, quod piscem significat) appellant: aiuntq; Christophorum, dum Christum humeris gestans mare traijceret, piscem hunc apprehendisse, & impressa digitorum uestigia reliquisse. ¶ Hodie forsan ideo Christopsaron nominant, quia olim Ζεὺς, id est, Iupiter nominaretur, Gillius.

F 2

ITALICE. Romæ Citula uel Cetola uocatur: hoc quidem nomen ceu diminutiuum à Ζεύς fortaſsis factum fuerit, à Gillio Situla ſcribitur. Item Piſcis S. Petri, Peſce ſan Pietro. ferunt enim hunc piſcem fuiſſe, quem iubente Christo diuus Petrus, ut in eius ore numiſma pro tributo reperiret: unde digitorum impreſſorum ueſtigia in medio corpore relicta fuerint. (Sed Orphum etiam Græci multi hodie Petropſaro, id eſt piſcem S. Petri nominant.) Genuenſes ab orbiculari eius forma Rotulum nominant: Dalmatæ Fabrum. ¶ Ligures Zaphirum appellant, Iouius: alibi tamen Scarum, Zaphirum uulgò nominari inſinuat.

HISPANI, ut & Galli Narbonenſes, Gal, id eſt Gallum uocant. cauſam leges mox in Gallicis nomenclaturis.

GALL. A Maſsilienſibus Trueie uocatur: ſiue ab inſigni uoracitate, ut Bellonius putauit: ſiue ab aculeis dorſi ſetarum inſtar erectis: unde & Hyſtricis ſimilitudinem Iouius ei aſsignat: ſiue potiùs, quia dum capitur ſuum more grunnit, quod Rondeletio placet. In Lerino inſula & Antipoli Rode uocatur, id eſt, Rota: quia rotæ modo rotundus ferè ſit, & in medio corpore maculam nigram habeat ueluti centrum. alia quidem Rota eſt Plinij inter beluas. Galli (ad Oceanum) Doree uel Dorade uocant, ab aureo laterum colore, quaſi Auratam: nam antiquorum Auratam ignorant. In Prouincia Gal, ſicut & Hiſpani: id eſt Gallum: ut & Santones & Baionenſes Iau, id eſt, Gallum, à dorſi pinnis ſurrectis, ueluti Gallorum gallinaceorum criſtis: uel (ut Bellonius conijcit) ab aureo atque micante colore, quem habet cum adulti Galli ruſtici maioribus plumis communem appellauerunt un Iau, uel un Cocq.

Rota.

GERMANICE nominemus licet S. Peters fiſch, ut & Romani appellant. (Gallum enim & Porcos marinos uocare non libet: quòd hæc nomina alijs quoque piſcibus attribuantur.) uel ein Meerſchmid, hoc eſt, Fabrum mar. uel ein Rad, id eſt, Rotam.

ANGLI piſcem quendam Doree uocant, alij Dare uel Dorry pronunciant: qui alius uidetur quàm Doree Gallorum, hoc eſt, Faber. Praſino enim non diſsimilem eſſe aiunt, latiorem, colore Tincæ, in cibo lautiſsimum.

ICON hæc neſcio cuius piſcis reperitur in Tabula Oceani Septentrionalis ab Olao Magno edita: qui nihil aliud de ea refert, quàm piſcem eſſe duodecim pedum. Mihi quidem huiuſmodi pinnarum in eo poſitus, minimè uerisimilis uidetur.

GERMAN. Ein vnbekannter Meerfiſch/ in der Tafel des mittnächtiſchē hohen meers/ von dem Olao Magno beſchriben: ſol zwölff ſchůch lang ſeyn.

ORDO

ORDO V. DE PISCIBVS SIMPLICITER DICTIS: QVI FERME ROTVNDI, (MINVS TAMEN QVAM LYRIFORMES,) NON compresſi ſunt: alij ſquamoſi, alij læues.

Mænæ hæc imago Venetijs facta eſt. macula in medio latere talis eſſe debet, qualis in Smaride mox ſequente cernitur: & pinna à podice longior quàm ſit.

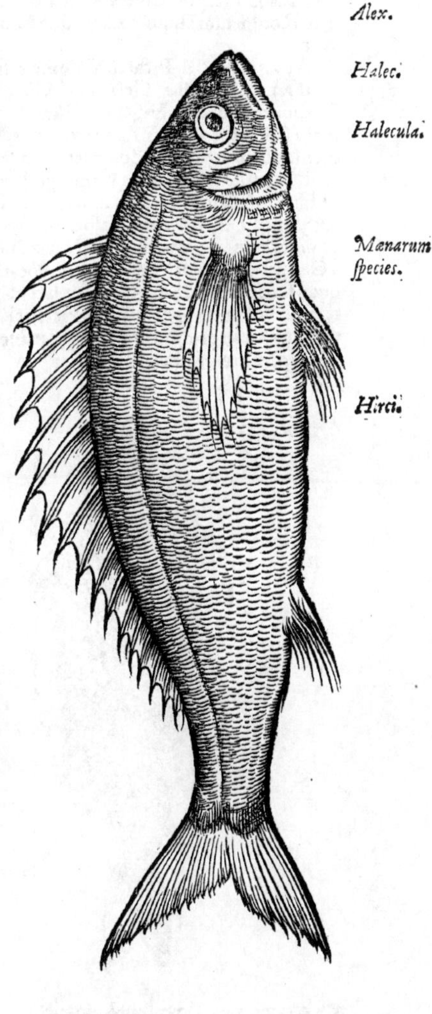

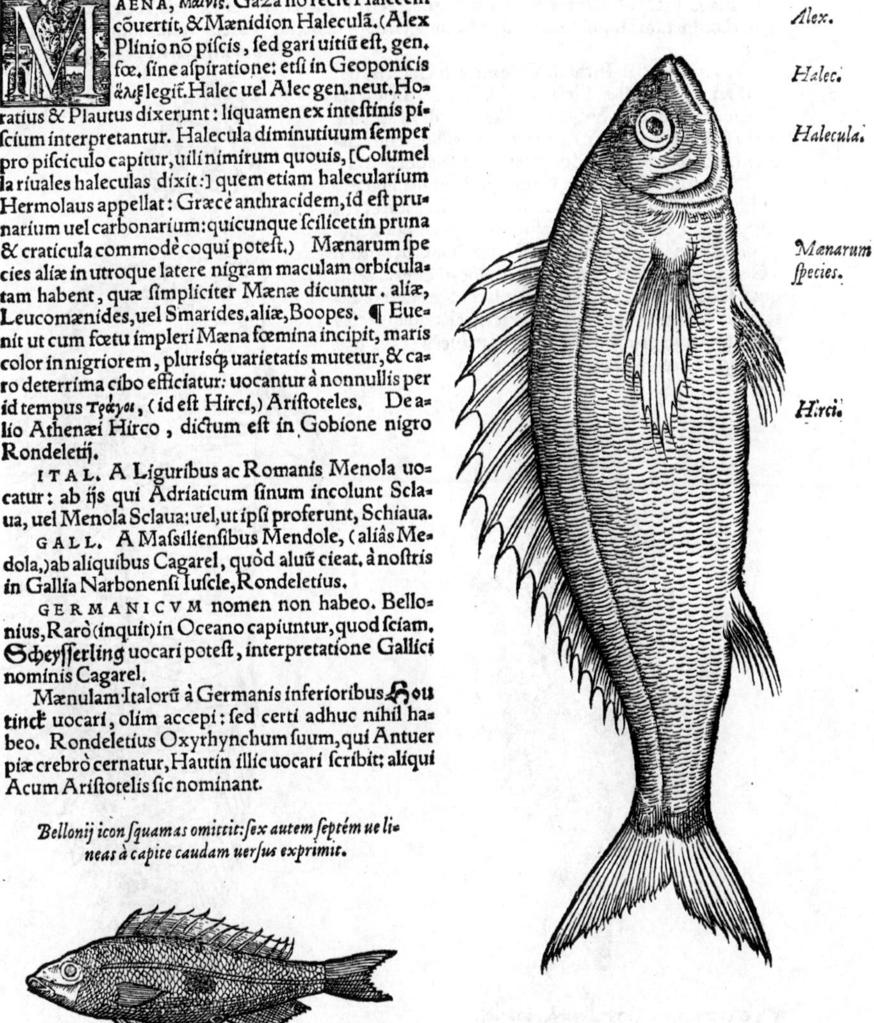

MAENA, Μαινίς. Gaza nō rectè Halecem cōuertit, & Mænidion Haleculā. (Alex Plinio nō piſcis, ſed gari uitiū eſt, gen. fœ. ſine aſpiratione: etſi in Geoponicis ἅλιξ legitur. Halec uel Alec gen. neut. Horatius & Plautus dixerunt: liquamen ex inteſtinis piſcium interpretantur. Halecula diminutiuum ſemper pro piſciculo capitur, uili nimirum quouis, [Columella riuales haleculas dixit:] quem etiam halecularium Hermolaus appellat: Græcè anthracidem, id eſt prunarium uel carbonarium: quicunque ſcilicet in pruna & craticula commodè coqui poteſt.) Mænarum ſpecies aliæ in utroque latere nigram maculam orbiculatam habent, quæ ſimpliciter Mænæ dicuntur. aliæ, Leucomænides, uel Smarides. aliæ, Boopes. ¶ Euenit ut cum fœtu impleri Mæna fœmina incipit, maris color in nigriorem, pluriſq; uarietatis mutetur, & caro deterrima cibo efficiatur: uocantur à nonnullis per id tempus Τράγοι, (id eſt Hirci,) Ariſtoteles. De alio Athenæi Hirco, dictum eſt in Gobione nigro Rondeletij.

Alex. Halec. Halecula. Mænarum ſpecies. Hirci.

ITAL. A Liguribus ac Romanis Menola uocatur: ab ijs qui Adriaticum ſinum incolunt Sclaua, uel Menola Sclaua: uel, ut ipſi proferunt, Schiaua.

GALL. A Maſsilienſibus Mendole, (aliâs Medola,) ab aliquibus Cagarel, quòd aluū cieat. à noſtris in Gallia Narbonenſi Iuſcle, Rondeletius.

GERMANICVM nomen non habeo. Bellonius, Raro (inquit) in Oceano capiuntur, quod ſciam. **Scheyſſerling** uocari poteſt, interpretatione Gallici nominis Cagarel.

Mænulam Italorū à Germanis inferioribus **Houtinck** uocari, olim accepi: ſed certi adhuc nihil habeo. Rondeletius Oxyrhynchum ſuum, qui Antuerpiæ crebrò cernatur, Hautin illic uocari ſcribit: aliqui Acum Ariſtotelis ſic nominant.

Bellonij icon ſquamas omittit: ſex autem ſeptém ue lineas à capite caudam uerſus exprimit.

SMARIS & Græcis (Σμαρὶς) & Latinis dicitur. Gaza Cerrum Latinè uertit, (ob id fortaſſe quòd Neapoli Smarides uulgò dicuntur Cerres, Maſsiliæ Gerres:) mirum cur non potiùs Plinij & Cerrus.

F 3

Gerres. Martialis appellatione usus, qui Gerres dixerunt. Est autem Smaris ea Mænæ species, quæ Leu- *Leucomænis.* comænis etiam à Græcis dicitur, id est, Mæna alba, quia semper alba remanet, cùm Mæna prior *Garus.* colorem mutet. Eundem piscem Garum esse, nominis affinitas facit, ut suspicer, cum pro Garo Cerrus dicatur: & à Plinio & Martiali multitudinis numero Gerres, & Antipoli hodie Garon. præterea ex hoc pisciculo optimum fieri garum experientia docet. ex Garo uerò pisce optimum fieri garum testis est Plinius, Rondeletius. Leucomænides aliqui Boaces nominãt, Athenæus. Smarides uocantur etiam Marides Athenæo.

Smaridem, Bocam & Mænam cognatos pisces, sic distingues. Boca lituris caret, quibus Smaris prædita est. Smaris quoq; asperiores fert squamas: lineasq; rectas, serie quadam in lateribus dispositas, quales & in Mæna cernimus: sed Mæna nullo seruato ordine confusas, Bellonius.

GRAECI hodieq; Marides aut Smarides appellant.

ITAL. Neapoli, Cerres. Venetijs, Giroli, Gerruli, alijs etiam Giri, Zerli, Romæ Spigaro: ubi & Rotonetum aliqui uocant, quod nomen Boopi debetur. Siculi etiamnum Smaridas uocant.

Bôcis alia effigies Venetijs expressa.

HISPANICE Picarel. Vide mox in Gallicis.

GALL. Massiliæ, Gerres uel Giarets. In Gallia Narbonensi, ut & in Hispania, Picarel: ob id fortasse quòd salitus hic piscis & fumo exiccatus, linguam acrimonia quadam pungit & mordet, Rondeletius.

GERM. F. **Ein wysser Scheysserling.** uel imitatione Hispanis & in Prouincia usitati nominis Picarel, **ein Bitzling.** **Bitzelen** enim nostris de sapore pungente & mordente linguam in usu est. Mænulam Italorum à Germanis inferiorib. **Houtinck** uocari olim accepi. quod si uerum est, Smaridem seu Leucomænidem interpretabimur **ein wysser Houtinck**: Et Boopis species duas aut tres, **geschlächte des Houtincks / oder des nächstgemelten fisches.**

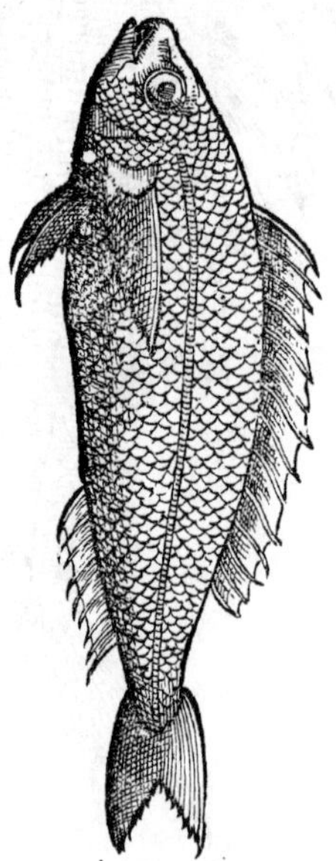

BOOPS, Box, Boax. Βόωψ, Βῶξ, Βόαξ.

Hic piscis litoralis est, ex Mænarum genere: in Gallia nostra Narbonensi, Italia, Hispania, & re & nomine notissimus. A Plinio Box dicitur, uel (ut alij legunt) Boca. Gaza Vocam conuertit, Rondeletius.

GRAECI hodieq; Boopa nominant.

ITAL.

ITAL. Venetijs Booba. in reliqua Italia, Liguria, Gallia Narbonenſi, Hiſpania, Bogue uel Boga nominatur. Romæ etiam Boga uel Rotoneto, quòd corpore ſit rotundiore.

GALL. Bogue, ut in Italicis nominibus dictum eſt. Sunt qui cum Leucomænide (quæ potiùs Smaris eſt) confundant.

GERM. Ein geſchlecht des Houtincks. Lege ſuperiùs in Smaride.

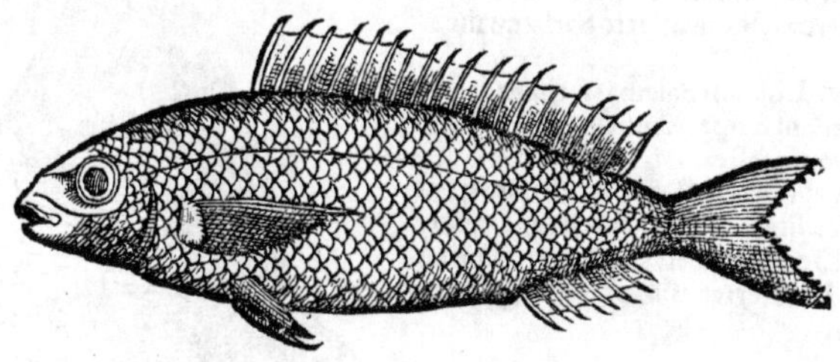

BOOPIS ſecũda ſpecies Rõdeletio. Ex ueteribus ſolus Oppianus Boopis ſpecies duas facit. Piſcem hunc (inquit Rondeletius) in multis ſuperiori ſimilem, Bogue rauel appellant. quid uerò iſtud rauel ſignificet, non potui omnino aſſequi: niſi quòd peritiores piſcatores ſic dictum eſſe putant, quia capiatur & uendatur cum piſcibus, uulgò raualle appellatis, id eſt, minutis, quiq; ſimul elixantur & apponuntur, nec propter paruitatem ſeliguntur, Rondeletius. Haud ſcio an idem ſit, (uidetur autem eſſe,) piſciculus litoralis, qui à Bellonio Bogue reneau nominatur.

GERM. Ein ander geſchlächt des Houtincks / ein rotlachter Houtinck. Lege ſuperiùs in Smaride.

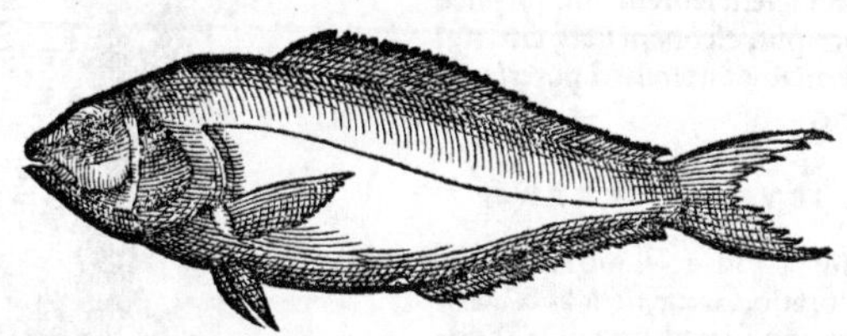

BOOPIS tertia ſpecies Rondeletio.

Rarus eſt hic piſcis (inquit) cuius nomen neque à piſcatoribus noſtris, neque ab alijs potui unquam extorquere propter raritatem.

GERM. Das dritt geſchlächt des Houtincks. Vide ſuprà in Smaride.

SALPA, Σάλπη. Græcum Salpæ nomen Latini retinuerunt: & hodie plerique Europæ populi retinent. Hunc piſcem alio nomine Bouem (Βοῦν) appellãt, ut eſt apud Heſychium. ſed nos alium dabimus magis propriè Bouem dictum in planorum cartilagineorum genere. ——Σάλπαι τ' ἰσομήκεϊς ἰχθῦς, Ἅς τε Βόας πόρκηες ἁλίζωνοι καλέουσιν; Οὕνεκα γαστέρι φῦκος ἀεὶ ἀλέγουσιν ὀδοῦσιν, Antiphanes. hoc eſt: Et Salpæ, quas Halizonorũ piſcatores nominãt Boues, ab eo quòd dentibus ſemper algẽ ſuis uentribus molant. Cognominãtur aũt fortè ἰσομήκεϊς, quòd in nullo alio piſciũ genere, æquè atque in Salpis, eadem ferè ſemper ſeruari magnitudo uideatur. ad ſummum quidẽ bilibres fiunt, aut ſemper ad librã auctæ apparent, Saluian. Pro πόρκηες, lego πορκῆες, id eſt, piſcatores retiarij. nam πόρκος genus retis eſt. Halizoni populi ſunt Aſiæ minoris. Pro ἀλέγουσι, quod eſt, curant, malim ἀλέουσιν, id eſt, molunt. Eſt autem Σάλπη apud authores ſemper fœminini generis. Archippus per iocum maſculino genere protulit, tanquam de uiro tibicine, propter alluſionem uocabulorum. ---- κῆρυξ μὲν ἦν Βόαξ, Σάλπιγξ δ' ἐσάλπιγξε. ¶ Chriſopleurus, piſcis dictus Salpa, Syluaticus; ſcribendum autem Chryſopleurus, ab aureo per latera colore. Bos.

F 4

Salpæ ſimilis eſt piſcis in mari Rubro, Stromateus nomine, Athenæus.

GRAECI etiamnunc nomen antiquum uſurpant.

ITAL. Romæ & apud alias pleraſq; gentes (quæ Græcæ aut Latinæ linguæ ueſtigia retinent) nomẽ ſeruat, Gillius & Saluianus. Veneti Salpam proferunt, Romani ferè Sarbam: alicubi Salpono.

HISPAN. Luſitani Salema uocitant.

GALLI etiam Salpa nominant, Maſsilienſes Sopi, Bellonio teſte.

GERMANICVM fingo, **ein Goldſtreymer**, à ſtrijs ſeu lineis aureis: uel circunloquor, **ein art der Meerberſichen mit etlichen gälbẽ ſtrichen durch die ſeyten / vom kopff gãgẽ dem hinderen teil.**

Effigies hæc Salpæ Venetijs efficta eſt, ei quã Rondeletius dedit, ſatis ſimilis: niſi quòd uirgas à capite ad caudam tendentes nõ exprimit: quæ à pictore colores inducente addi poſſunt.

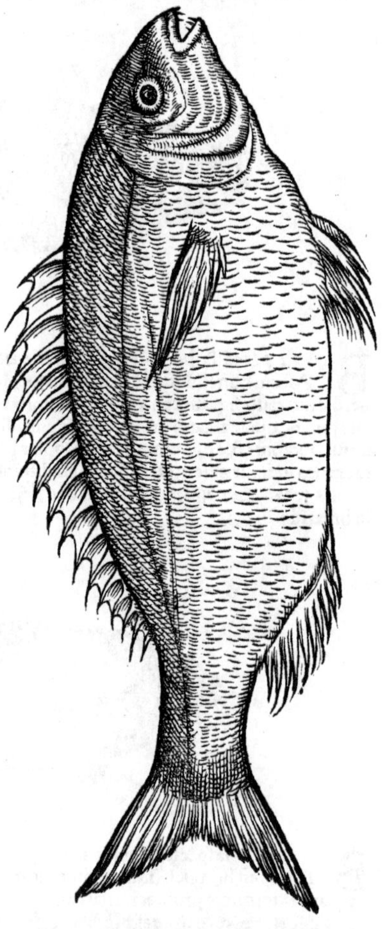

SALPA minor eſt, ætate tantùm differens: uel potiùs ſpecies ei ſimilis, qui in Gallia Narbonenſi Vergadelle uocatur piſcis, hoc eſt Virgatus, à uirgis ſiue lineis parallelis, quibus diſtinguitur, omnino ſimiliter ut Salpa: qua cũ etiam partibus internis, ſaporis inſuauitate, carnis mollitie, & uictus ratione conuenit. Rurſus autem ab ea differt figura: eſt enim tenuior, breuior, rotundior, Sparis uel Auratis quàm Salpis ſimilior. ad Salpæ magnitudinem nunquam accreſcit. reperitur in ſtagnis marinis tantùm: Salpa uerò tum in mari tum in ſtagnis. quamobrem, ut diximus, ſpecie potiùs quàm ætate differt, contra Rondeletij ſententiam: qui piſcẽ hunc in Salpa deſcripſit, eiconem uerò eius nullam dedit. ¶ Germanicè nominari poterit **ein Streymbrachſme.**

DE MVGILIBVS IN GENERE.

MVGIL dicitur Ouidio, Plinio: Mugilis, Iuuenali, Horatio, Gazæ, ſicut as & aſsis. Mugil dictus eſt, quòd ſit multùm agilis, Iſidorus.

MVGILES frequentiſsimi (inquit Rondeletius) & uulgò notiſsimi ſunt piſces: ſed in eorũ generibus diſtinguendis difficultas eſt. Sunt enim qui Cephalum (κέφαλον) genus Mugilum omnium ſiue marinorum, ſiue fluuiatilium conſtituunt, ut Galenus. alij Leuciſcum, λευκίσκον, ut Hiceſius. Galenus quidem Leuciſcum, fluuiatilem tantùm Mugilem facit. Ariſtoteli Cephalus ſpecies eſt, quæ cum alijs (Chelone, Sargino, & Myxone) κεστρέως nomine continetur. ¶ Dorion κεστρέας marinos & fluuiatiles facit: & rurſus marinorum ſpecies duas κέφαλον & νῆστιν, nimis conciſè. Hiceſius ſpecies Leuciſcorum quatuor nominat: Cephalum, in cibo optimum: deinde Ceſtreum: tertiò Myxinum: poſtremò Chelonẽ, (qui & Bacchus dicatur: Rondeletius tamen Bacchum, potiùs Myxonem eſſe putat:) ex quibus tres etiam Ariſtoteles nominat: quartum uerò non Ceſtreum, ut Hiceſius, ſed Sarginum, σαργῖνον: (alij qui Sargonem Latinè uertunt. Sargus alicubi pro Sargino perperam legitur apud Ariſtotelem.) Ego Chelonem non Mugilis ſpeciem proximam fecerim, ſed Cephali. Docet enim Ariſtoteles Cephalorum ſpeciem unam litoralem eſſe, quam Chelôna nominat: alteram tranſlitoranam, quã adiectiuo nomine περαίαν cognominat, & muco ſuo nutriri dicit, ecq; ſemper ieiunum eſſe. unde quoniam, cum quatuor Mugilum ſpecies faceret, Chelonem nominauit, Peræam omiſit, uel Cephalum ſimpliciter dictum, uel Sarginum pro Peræa eum nominaſſe probabile eſt. Rondeletius Cephalum Peræam, eundem Ceſtreo (Hiceſij) Neſtidi, id eſt, Ieiuno, & Sargino facit. Quòd ſi quis

Cephalus. *Leuciſcus.* *Ceſtreus.* Νῆστις. *Peræas.*

quis(inquit Rondeletius)Peræam cum Myxino(quoque)eundem esse uelit,non repugno, præsertim cum dicat Aristoteles muco(myxa)tantùm suo uesci. Sic ille. Hicesius Myxinum tum à Chelone,tum à Cephalo diuersum facit: & Rondeletius quoque in sequentibus distinguit, quanuis dubie. Ieiuni quidem epitheton (& prouerbium κεστρεὺς νηστεύει) Rondeletius Mugilibus omnibus conuenire posse fatetur,cùm omnes carne abstineant, imprimis tamen Cephalo translitorano cõgruere id uidetur,qui suo tantùm muco uictitat,cæteri enim algis & limo uescuntur: ut hic præ cæteris sicut est,ita etiam dicatur νῆστις. Aristoteles cum Mugiles aliquot locis recenset, tribus,scilicet Myxoni,Cheloni,Cephalo,Sarginum Ieiuni loco annumerasse uideri potest, Cestreo pro genere posito:quibus in locis mendose Σάργος pro Σαργῖνος in uulgaribus nostris codicibus legitur. Omnes autem hæ Mugilum quatuor species in mari marinisque stagnis nascuntur. Sunt & fluuiatilium non pauciores differentiæ,Rondeletius. ¶ Mugilum in fluuijs alij è mari subeunt: alij in eis geniti paruis & numerosis spinis abundant,Galeno teste. ¶ Vocantur & πλῶτες à nonnullis. sed Oppiano pisces omnes πλῶτες ἁλὸς dicuntur. ¶ Aristophanis Scholiastes Cestreum cum Cephalo confundit. Cestreas apud Aristophanem Murænas aliqui interpretantur. Cestram Dorion & Pollux eandem esse cum Sphyræna uoluerunt. ¶ Inter Mugilum species legimus etiam Σφηνέα, à figura cunei dictum,quadratum & λαγαρὸν,id est,gracilem uel uacuum.& Δακτυλέα uel Διδακτυλαῖον,à magnitudine. ¶ Aristotelis Historiæ 8.2.uerba: Τρέφεται δὲ πᾶς κεστρεὺς φύκει καὶ ἄμμῳ. ἔστι μὲν ὁ κέφαλος,ὃν καλοῦσί τινες χελῶνα, πρόσγειος: ὁ δὲ περαίας.οὐ βόσκεται δὲ ὁ περαίας,ἢ τὴν μύξαν τὴν ἑαυτοῦ:διὸ καὶ νῆστις ἐστὶν ἀεί.οἱ δὲ κέφαλοι νέμονται τὴν ἰλύν.διὸ καὶ βαρεῖς καὶ βλεννώδεις εἰσί. Gaza uertit: Vescitur Mugilis unusquisque alga atque arena. Capito quem aliqui labeonẽ uocant,litoribus gaudet.alter generis eiusdem translitoranus est: qui non nisi mucore uescitur suo.quamobrem semper ipse ieiunus est. pascuntur limo omnes(*in Græco non est,omnes*)capitones:quo fit ut graues & sordidi sint. Rondeletius nõ rectè uertit,Capito quem alij Labeonem uocant: sic enim aliquis duo hæc nomina pro una specie accipere posset:cum Aristoteles hoc ipso capite disertè distinguat, species Cestrei quatuor nominans,Chelonem,Sarginum,Myxonem,& Cephalum.Quare ita mecum statuo, Aristotelis hanc sententiam fuisse:Cephali tres esse species, unum simpliciter cephalum dictum, (quem Hicesius etiam à Myxino & Chelone separat:)alterum cognomine chelonem: & tertium cognomine peræam uel ieiunum.longius enim hic à litore degit:quare limum & algam non inuenit, & muco suo pasci uidetur,unde & Myxinus nimirum idem fuerit. Sunt igitur tres istæ species Cephali,ceu generis proximi: Cestrei uerò tanquam remotioris. Restat Sarginus,nõ iam Cephali,sed Cestrei tantùm species: & hic aliquando Cestrei nomine (ut Hicesio præsertim) absolutè uenit : nihil enim quàm κεστρεὺς est,non etiam Cephalus. Hanc sententiam pleraque & clariora authorum loca confirmant: quòd si pauca quædam & dubia,opponi possunt: cogitandum ipsos etiam ueteres fortè aliquando non omnia satis distinctè,sed quædam ita ut acceperant,tradidisse. ¶ Ibidem Aristoteles scribit: Cestreum gulosum & insatiabilem esse: quare uentrem eius distendi: & quãdo ieiunus fuerit,inertem aut uilem esse.(in Græcis abundat negatio, καὶ ὅταν ᾖ μὴ νῆστις,φαῦλος. Aldina editio & Athenæus,negationem non habent.)Et possunt hæc quidem omni Cestreo conuenire , Myxino uel Ieiuno excepto. is enim semper ieiunus est. Athenæus libro 7.ex Aristotele recitans, quædã non mendosa,ut Saluianus suspicatur.sed distinctius certiusque quàm nostri Aristotelis operũ codices habeant,exponit.ut, ἔστι δὲ ὁ μέν τις κέφαλος, ὁ δὲ χελών, ὁ δὲ φεραῖος,(lego περαίας,non φεραῖος, ut Saluianus:) καὶ τροφῇ χρῆται ὁ μὲν φεραῖος, τῇ ἀπ᾽ αὐτοῦ γινομένῃ μύξᾳ: ὁ δὲ χελὼν ἄμμῳ, καὶ ἰλύϊ. ¶ Cestreus dictus est à figura,nempe à cestra,quod teli uel missilis genus est,Latini uiriculum uocant,)*Veruculum alij scribunt.*)teli enim modo publica Atheniensium pœna intrabat adulteros,&c.

Myxinus.

Ieiunus.

Πλῶτες.

ITAL. Veneti omne Mugilum genus Cephalos nominant,Gillius. Vulgus circa Venetias profert,Cieualo,Scieuolo,Sebolo.aliqui etiam Tragono.

GERM. Mugil uel Cephalus à nostris Germanicè appellari poterit **ein Meeralet**.nam & eũ piscem,quem nostri uocant **Alet**, Ausonius Capitonem uocat , Itali Squalum , quasi Cephalum. Scio Anglos à Gallis mutuatos,Mugilem uocare **a Mullet** , & Albertum Germanico nomine **Harderen**:(Flandros **Mullenaer**:)sed illud nobis insolens & ignotæ significationis est,hoc originis Latinæ & Gallis usitatum. Albertus quidem perperam Mullum pro Mugile nominauit. Inter icones Oceani Germanici piscium , quas à Io. Echtio accepi , **Molenaer** & **Herder** nomina non uni sed diuersis piscibus adscribuntur.

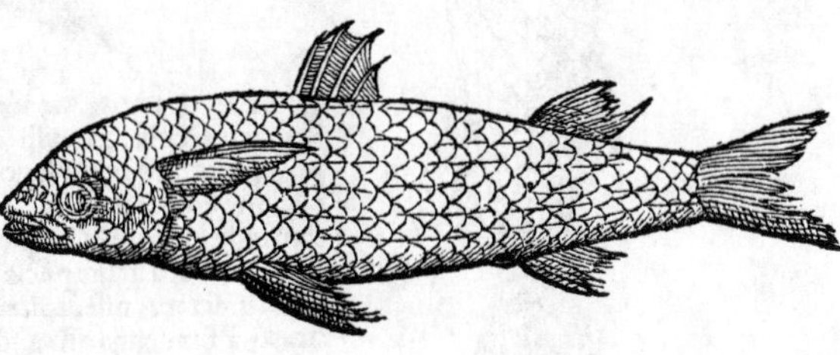

CEPHALVS, Κέφαλος, species Mugilũ, a Theodoro cõuertitur Capito. est autẽ capite magno, crasso,latoque. Degit maxime in marinis stagnis & fluminibus: cubiti magnitudinem aliquando superat. Alius est Capito fluuiatilis Ausonij. ¶ Vide suprà in ijs quæ de Mugilib. in gen. scripsimus.

GRAECVM uulgus Cephalum maiorem, ex quo botargę fiunt, Coclano uocat, Bellonius: minimos uerò, Gillaros.

ITAL. Romæ & in tota ferè Italia Grȩco nomine Cephalo uocatur, Rondeletius. Venetis Ceuola. Qui ad oras Padi agunt, Cephalos uarijs nominibus pro magnitudine appellant: Canestrellos nempe minimos, quos in canistris ferre solent. Alios quoque Bastardos, medios inter maiores & minores. Alios Letreganos, cæteris paulò latiores. Boseguas alios, mediam magnitudinem inter Letreganum & Miesine sortitos, Bellonius. Priuatim Cephalum grandem, Miesine, quasi Myxinum, uocant Padi accolæ, Idem. Capitones in sinu Adriatico Capitellos uocant, siue Capistellos, Gillius.

GALL. Circa Monspelium Cabot, quasi Capitatus: à Gallis Mullet, Rondeletius. Bellonius scribit, un Mulet, & Massiliæ un Muge uocari. Cephalum autem grandem, à uulgo Stœchadum Vergado nominari addit, (Rondeletius à piscatoribus se accepisse ait, Samez uulgò dictos Monspelij de Mugilum genere, ipse priuatim Cestreos facit, in eos quos Vergadelles uocant, mutari: ut Capitones in Mugiles.) Massiliæ Calug. Gillius simpliciter Capitones, Massilię Calugos uocari tradit.

ILLYRICE Czypo.

GERMAN. Das erst geschlecht des Meeralets. Vide superiùs cum Mugilibus in genere.

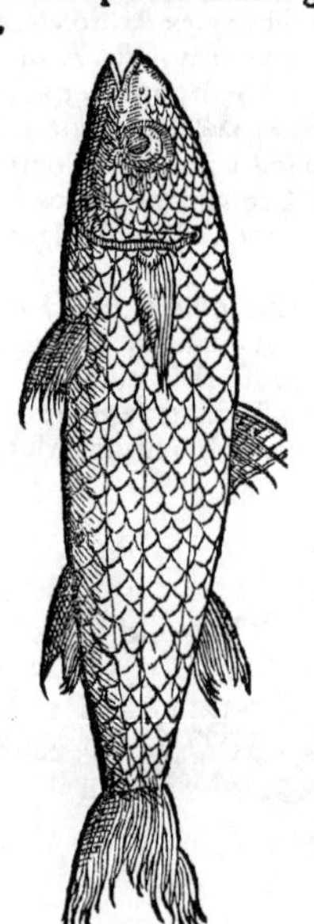

Alia eiusdem eicon, Venetijs olim nobis picta.

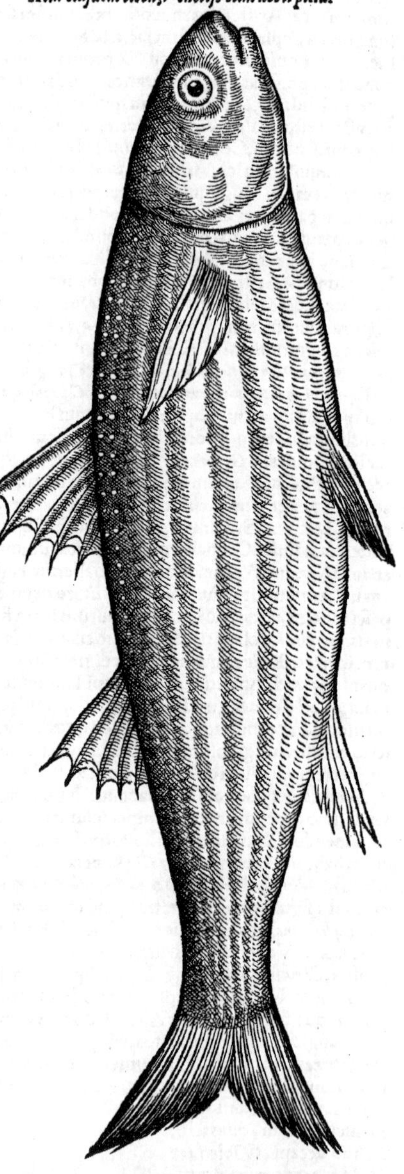

CESTREVS, Κεστρεύς, Rondeletio, Leuciscorum seu Cephalorum species altera. Aristoteles semper opinor pro generis nomine accipit, Hicesius Leuciscum genus constituit, cui inter alias species Cestreum subijcit. Vide in ijs quę de Mugilibus in genere scripta sunt. ¶ Est hic piscis Cephalo similis omnino, & idem uideretur nisi capite esset minore, & acutiore: lineasq; à branchijs ad caudam ductas breuiores haberet, Rondeletius.

GALL.

GALL. A nostris Same dictus est. Piscatores hunc piscem cum senuerit in piscem Vergadelle dictum, mutari aiunt, Rondeletius.

GERM. F. Das ander geschlecht des Meeralets. Vide suprà in Mugile in genere.

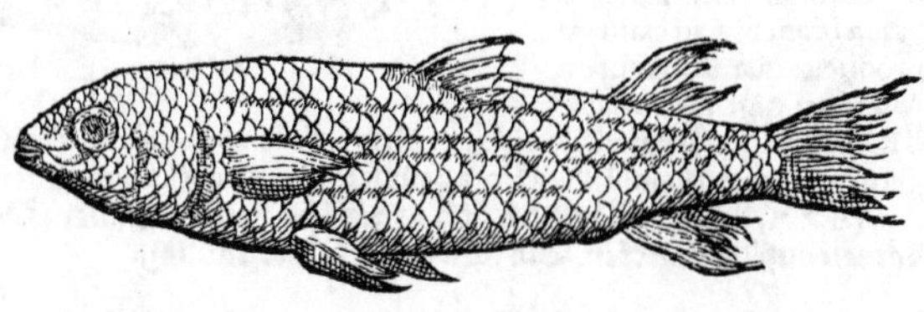

MYXON Rondeletij, Mugilum species altera. μύξων (inquit) uel μύξινος appellatur, à myxa, id est muco & pituitoso humore: Cestreo omnino similis, sed magis mucosus: capite minùs acuto. ¶ Est hic Cephali species, qui & peræas & nestis cognominatur. Lege quæ suprà de Mugilibus in genere scripsimus. ¶ Dorion Cephalum tradit differre à Cephalino, qui & Blepsias uocetur: Rondeletius quoniam nulla Blepsiæ uocabuli ratio appareat, (tanquam id necesse sit,) pro Blepsia, Blennum uel Blennodem legendum putat, ut idem sit qui Myxinus: quoniam blenna idem quod myxa significet. Sed longè alius est Blennus marinus. quare Blepsiam si quis mutare uolet (ego quidem non laudo) in Blenniam potiùs quàm Blennum aut Blennodem mutet: nullius equidem piscis nomen in ώδης terminari puto. ¶ Chelônes, Hicesio teste, etiã Bacchi nominantur. Plinio non hi, sed Myxones Bacchi uel Banchi appellãtur. Sed hic in ijs quæ à Græcis mutuatur sæpiusculè errat. maior fides Hicesio, Græco scriptori in Græcis nomenclaturis: ut Chelon alio nomine Bacchus dicatur. quanquam hoc etiam considerandum est diligentiùs. Suspicor enim Bacchi nomen ad Aselli tantùm speciẽ minorem pertinere, quæ Oniscus & Chellares uel Callarias uocatur, ex Athenæi authoritate. (nam hîc etiam Plinius aberrauit, Asellos maiores, Bacchos appellans.) ab Aselli autem nomine Chellares, Hicesius ad Chelonem, uel (ut alicubi scribitur) Chellonem, facilè transierit. Bacchus quidem non Banchus legendum, tum ex uetustis Plinij codicibus, tum ex Græcorum scriptis apparet. Et ut Asinus quadrupes Libero, id est Baccho consecrabatur, ita piscem quoque Asellum minorem, eiusdem nomine appellatum uerisimile est. ¶ μύξος & μύζων pro hoc pisce scribi, non probo. *Bacchus.*

ITAL. GALL. Prouinciales & Ligures Maxon uocant. nostri communi uocabulo Muge, Rondeletius. Mugilum genus etiam hac ætate Græci Myxones appellant: qui Niceam accolũt, Massones nuncupant, Gillius. Saluianus Cephalum simpliciter Senis Mazone dici scribit. ¶ Padi accolæ Cephalos grandes Miesine uocant, uoce ad Myxinum accedente, (fortè quasi μείζονας,) Bellonius. Eustathio μυξῖνος (penanflexum) est parui Mugilis genus.

GERM. F. Das dritt geschlecht des Meeralets. Vide suprà in Mugilibus in genere. Ein Schleymharderen/ein Schleymling.

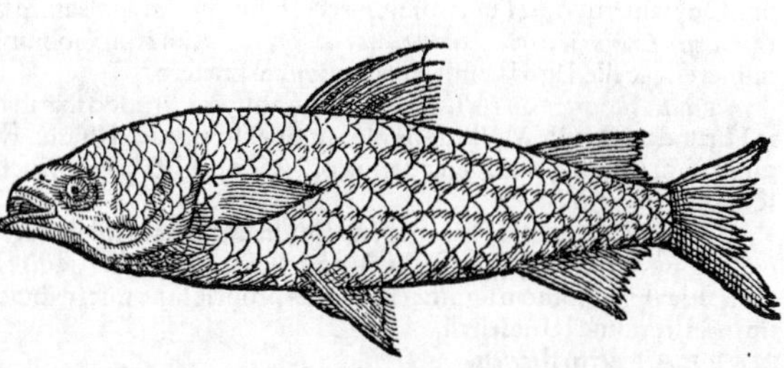

CHELON Rondeletij, Mugilum species quarta. Græcè scribitur χελὼν uel χειλὼν, κελὼν & χελλὼν & χάλλων, uocabula sunt corrupta. Gaza Labeonem uertit. Labrum cauda placentẽ nominauit Plinius inter Ouidianos pisces: sed Melanurum legi oportet, non Labrũ. Piscis est (inquit Rondeletius) Cephalo similis, capite paulo minore, oculis prominentioribus, sine pellicula illa molli, ueluti pituita concreta, quam ueluti palpebram habet Capito. Lineas nigricantes à branchijs ad caudam æqualibus spatijs distantes, protensas habet, unde Vergadelle à quibusdam (circa Monspelium) uocatur. Labra crassa, spissa, prominentia. Chelônes Hicesio teste, etiam Bacchi nominantur: de quo leges superiùs in Myxone, & plura de hoc pisce inter ea quæ de Mugilibus in uniuersum annotauimus.

GALL. Circa Monspelium, Chaluc: à quibusdam Vergadelle, quoniam lineis seu uirgis quibusdam nigricantibus, à branchijs ad caudam distinguitur.

GERM. F. Das vierdt geschlecht des Meeralets. Ein streymharderen, id est striatus Mugil: Vel, ein Maulharderen/ein Harderen art mit grossen läfftzen.

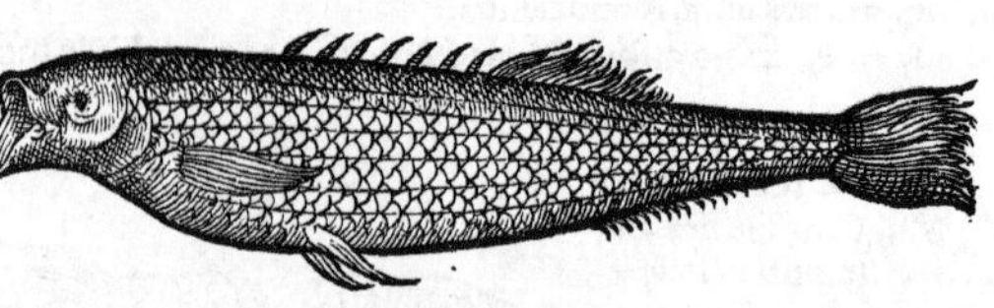

MVGIL niger Rondeletij. Vndis nostris (inquit) incognitus est quē hîc expressimus: Mugili corporis specie ualde similis, sed totus ater: lineasq́ nigras à branchijs ad caudam producit: quam ob causam Mugilem nigrum uocaui. Maxillam inferiorem ualde diducit, ob id ualde hiante est ore. Septem octó ue aculeos in dorso gerit, ut effigies (quam Pisis à Portio philosopho accepi) ostendit.

GERM. F. Ein frömbder schwartzer fisch von der art der Meeralete/mit siben oder acht dörnen auff dem rucken. Ein schwartzer Meerstichling.

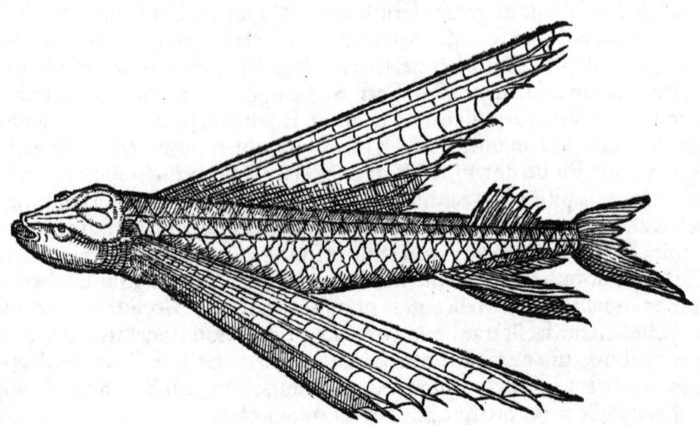

MVGIL alatus Rondeletij. Hic piscis (inquit) alatus & uolans, cum Hirundine & alijs uolantibus collocari posset. sed quia & corporis figura, (pinnis, caudaq́ exceptis,) & uictus ratione planè Mugil est, (& internas partes reliquis Mugilibus omnino easdem habet, carne quoque & succo similis,) ideo Mugilibus alijs subiunxi. Bellonius hunc pro Hirundine descripsit: nos aliam Rondeletij Hirundinē dedimus. ¶ Mugilem alatū Rondeletij, Saluianus quoq́ Hirundinē facit: Hirundinem uerò Rōdeletij, Miluum, ne Mugil hic alatus, ueteribus indictus relinquatur, &c. Speusippi uerba, quibus duros stimulos Hirundini tribuit, & Cuculi Mulliq́ similitudinem, ei suspecta sunt: cum Mullus etiam Cuculusq́ (inquit) præterquam colore nonnihil, similes non sint. Oppianus quoq́ ei uidetur non rectè hunc piscem aculeatum facere, cum alibi mitem uocet, *(hoc tamen Lippius interpres, non Oppianus fecit:)* præsertim cum Gobium quoq́ non rectè aculeatis adnumeret. Sic ille. Ego Rondeletij opinionem præfero.

ITAL. Romæ non rectè Rondola uocatur, & Hirundo marina creditur: nostra autem & uera Hirundo (Cuculo, Mulló ue similis, ut Speusippus ait) Miluus Romæ creditur, & uulgò dicitur Miluo, (Nibio.) ¶ Depictus hic piscis Romæ, & plerisq́ locis Italiæ, Saluiano teste, pesce Rondine uocatur.

GALL. Agathenses Falconem marinum uocant, Rondeletius. Bellonius, qui pro Hirundine hunc piscem descripsit, à Gallis Arondelle de mer uocari tradit, Massiliæ Landola. Sed ea nomina cum Hirundinem significent, minùs propriè huic pisci tribuuntur. Vide suprà Ordine tertio in Hirundine Rondeletij.

GERM. F. Ein fliegender Meerfisch: der gestalt nach (außgenom̄en die fecken vñ schwantz) vō der art der Meeralcten.

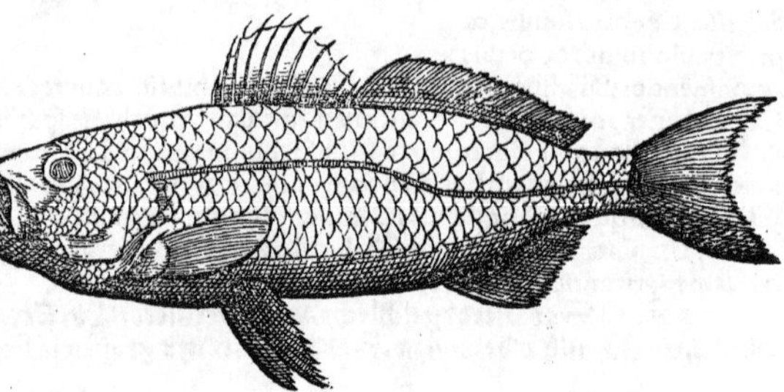

Icō prior, maioris Lupi et lanati est: posterior uarij et minoris.

LVPVS piscis Latinè, Græcè λάβραξ (nam Lycos

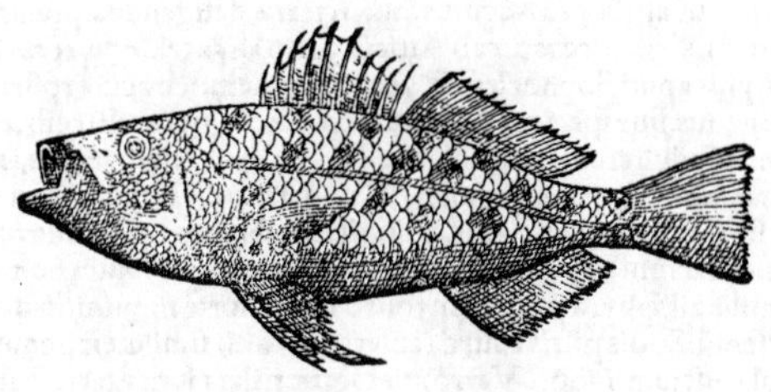

cos alius est: Vide in Lucio inter fluuiatiles) dictus est à uoracitate, os enim illi hiat, & repente ac cum impetu uorat glutitq; escam: qua de causa facilè capitur. ¶ In tāto honore apud antiquos fuit, ut per excellentiam Piscis nomen adeptus sit. Lucilius poëta Catillonem pro Lupo dixit. ¶ Luporum duo uidentur esse genera, alius enim uarius est, teste Columella, id est, cuius dorsum ex albo cœruleum est, uenter candidus, nigris maculis conspersus. Alius sine maculis, qui appellatur (*cognominatur*) laneus siue lanatus, à candore mollitieq; carnis. Vterque in mari, marinis stagnis, fluuiorum ostijs, & fluuijs reperitur; non quòd in fluuijs nascatur, sed quòd è mari marinis'ue stagnis fluuios subeat, Rondeletius. *Piscis. Catillo.*

Alia Lupi effigies, Venetijs quondam nobis depicta.

Columella Lupos alios uarios, alios sine macula nominat. Neq; uerò est (inquit Saluianus) q; paruulos Lupos, nigricantibus notis insignes, uarios ab eo uocari arbitremur. nam hi ab illis qui sine macula sunt, ætate sola ac magnitudine differunt: grandioresq; facti, nigris illis deletis notis sine macula apparent. Hæc ille: qui Lupum uarium Columellæ, piscem fluuiatilem, uulgò Truttā dictum esse arbitratur, ut etiam ante ipsum Iouius, à Rondeletio ob id reprehensus.

GRAECI hodieq; Lábraca appellant, Gillius.

ITAL. Hodie à Romanis Lupasso & Spigola (aliàs Spicola) dicitur, à Liguribus Louuazzo. Venetis Varolo (uel Vairolo, quasi Varius.) à solis Hetruscis, Araneo, (Ragno, Saluianus,) Rondelet. Paruus adhuc Venetijs, Baicolo dicitur.

HISPAN. Lupo, Robalo.

GALLICE. Lubin. Apud nos Loup: minor uerò, Loupasson, Rondeletius. Oceano finitimi Var uel Bar, siue à Græco Laurace corrupto nomine, siue à uario colore facto. Burdegalenses Lubinam nominant, Bellonius.

GERMANI eodem quo ANGLI nomine uti poterunt: (uocant autem Angli a Base, nimirum à Gallico nomine Bar:) aut fingere proprium, ein Fräßling/ein Röubling.

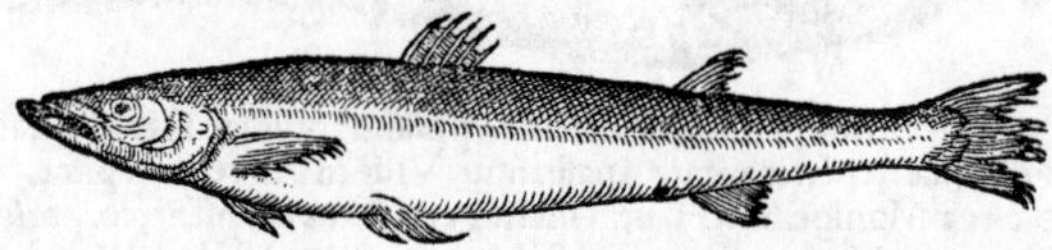

SPHYRAENA (Σφύραινα) piscis est, quem Attici plerunque Cestram nominant, Dorione teste. Plinius Sudim. Sunt præterea (inquit) à nullo authore nominati: Sudis Latinè appellata, à Græcis Sphyręna, rostro (*nauis nimirum*) similis nomine, magnitudine inter amplissimos, rarus, sed tamen non degener: & Pernæ Concharum generis, &c. Atqui meminit Sphyrænæ Aristoteles *Cestra. Sudis.*

G

(semel quod sciam lib.9.hist.cap.2.) & è recentioribus Græcis Oppianus, Athenæus. Sudis teli militaris genus est: & palus acutus, qui in terra defigendus præurebatur. Ob eandem formæ similitudinem, Κέστρα dicebatur ab Atticis, (nam κέστρα teli (σφύρας σιδηρᾶς, Pollux) genus est: aut stimulus siue stylus apud Sophoclem & Aristophanem:) ab acuta rostri figura: ut Cestreus etiam Mugilum siue genus, siue species, dictus uideri potest, quia teli (cestræ) modo, publica Atheniensium pœna, intret adulteros, Hermolao teste. Sphyra etiam (*σφῦρα, oxytonum, ut differat à plurali σφυρὰ, quod est, malleoli*) teli genus significat, Rondeletius. Sphyra quidem Græcè sudim sonat, ut arbitror: cui simile & eiusdem significationis uocabulum nostri usurpant, ein Schwire. A sphyra autem nomen factum apparet Sphyrænæ pisci: qui non solum nomine, ut Plinius scribit, sed reipsa etiam similis est sphyræ, nimirum rostro suo: ut fortè nomini (in dandi casu) legi debeat apud Plinium, hoc sensu: Sudis piscis rostro (auferendi casu) similis est nomini suo, hoc est sudi seu sphyræ. Vocabula piscium (inquit Varro) pleraq; translata sunt à terrestribus ex aliqua parte similibus, ut Anguilla, Sudis. Ab eadem rostri figura, Hispani, & Itali, & ad mediterraneum Galli aliquot,

Spettus. Spettum (hoc est, ueru) hunc piscem appellant. Est enim piscis longus, & acuto rostro. qua de causa Speusippus Acui assimilauit.

Zygæna alius piscis. ¶ Errant qui piscem Iudæum Massiliæ uulgò dictum (is Zygæna ueterum est, & capite suo libellæ aut mallei speciem repræsentat) Sphyrænam interpretantur.

Malleolus. Malè etiam Gaza Sphyrænam transtulit Malleolum: cum mallei forma Zygænæ tantùm capiti conueniat (unde & pesce Martello à quibusdam Italis uocatur) Sphyrænæ uerò sudis pali'ue. ¶ Dubium quidem mihi non est, quin exhibita à Rondeletio & Bellonio Sphyræna, uerè sit ueterum

Magnitudo. Sphyræna: quanuis de eius magnitudine nihil tradiderint: (nisi quòd Rondeletius Sphyrænam suam primam corpore longo & tenui esse scribit: alteram, minorem esse prima, & palmi longitudinem non superare:) & Plinius inter amplissimos piscem hunc rarum esse prodat.

Species. ¶ Species eius duas Rondeletius facit, de quarum altera mox dicetur. Saluianus unicam tantùm hucusq; se reperisse fatetur. Bellonius duarum, ætate solùm differentium, meminit: Sphyræ (inquit) duæ obseruantur species, quæ inter se minimè dissidere comperirentur, nisi uetustas indicio esset. siquidem harum altera Trachurum colore refert: atq; eodem modo sub uentre albicat. altera autem senescens Mormyri laterales picturas colore assequitur, &c. Hoc eis peculiare, quòd inferiores eorum maxillæ, in Pelamydis modum, superiorem magnitudine uincant, &c. ¶ Vtraq; Sphyræna Lucio pisci fl. corporis figura tam similis est, ut qui proprium nomen ignorant Romæ & Montepelio, Lucium marinum appellent, Rondeletius. Venetijs etiam alium piscem Lucium mar. nominari quidam aiunt: undecimum scilicet genus Turdi Rondeletij, uel omnino cognatum piscem, sed minùs aptè.

Merlucius. Alius est, qui à Gallis Merlu, quasi Lucius mar. uocatur, ex Asellorũ genere. ¶ Sphyræna utraq; squamis caret: nisi quòd per medium ferè corpus prioris linea ducta est ex squamis cõtexta.

Sphyræna fl. ¶ Mugilis fl. genus illud, quod à rostri figura Rondeletius Oxyrhynchum cognominat, Sphyrænam fl. quoq; dici posse arbitratur, à quadam similitudine.

GRAECI huius temporis Σφύραιναν adhuc nominant, Gillius & Massarius. ¶ Græcorum uulgus, quod ab Italis uoces mutuatum est, Lucios mar. nominat. Lesbij Sphyrnam. Græci qui in Asia agunt, Zarganes: uoce quidem falsa, quæ Belonæ pisci debetur.

AFRICANI Scaumè, Rondeletius: ut & Massilienses ferè. lege mox in Gallicis.

ITALI & HISPANI Spetto uocant, Galli circa Monspelium, Spet, id est ueru: ut dictum est suprà. Italorum aliqui (ut Romæ) Lucium marinum, Lucio de mare.

GALL. Circa Monspelium Spet, ut iam dictum est: uel Brochet de mer, id est, Lucius mar. Massiliæ pes Escomè nominatur, quòd Scalmo multùm affinis sit, id est, utrinq; fastigiatus, Bellonius, ab Africanis Scaumè, Rondeletius.

GERMANICVM nomen non facile erit inuẽtu, cum in Oceano deesse uideatur hic piscis. In Gallia ex Oceano nunquam habetur, quod sciam, Bellonius. Quamobrem fingo, ein Meerhecht, id est, Lucius marinus: ein Spißfisch/ein Schwirefisch, hoc à pali, illud à ueru figura.

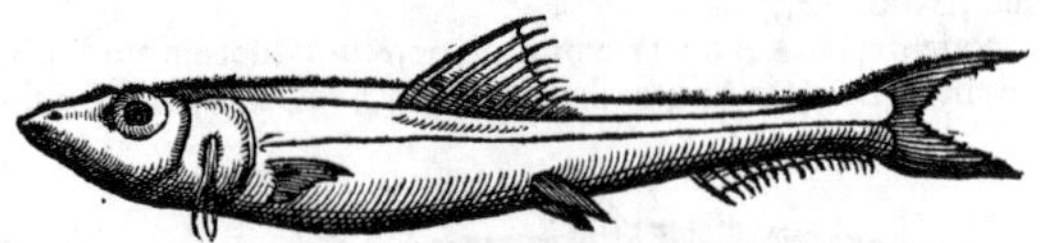

SPHYRAENA altera, siue parua Rondeletij. Oppianus quidem species duas huius piscis reperiri author est, quæ in petris arenisq; pascantur. Vide in præcedenti pisce.

GALLICE circa Monspelium Hautin dicitur exhibitus hic piscis, corporis specie superiori ualde similis: rostro tenui & acuto, &c. quare Sphyrænam alteram Rondeletius esse conijcit. Eodem nomine Antuerpiæ uocant fluuiatilem piscem, qui Sphyræna fl. dici posse uidetur: & Germani aliqui Acum Aristotelis Hautin.

GERM. F. Ein ander geschlecht des Meerhechts/Spißfischs oder Schwirefischs.

PISCIS

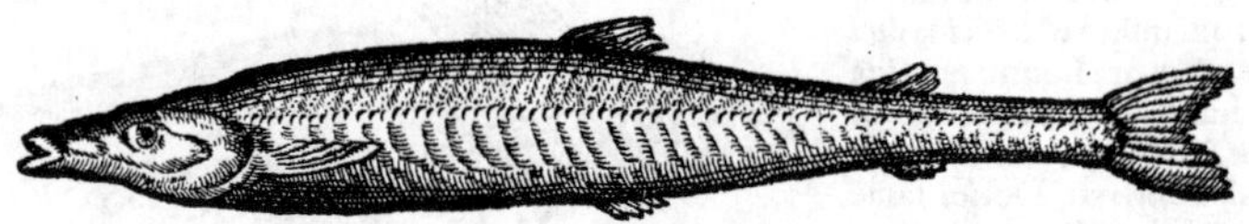

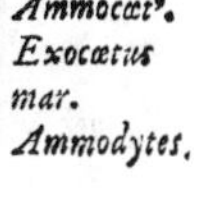

PISCIS huius iconem ex primo Saluiani libro mutuati sumus: qui nullam eius apud ueteres scriptores mentionem se reperisse scribit, cum Septentrionalis tantùm Oceani alumnus sit. Quamuis enim arenam subiens facilè penetret, quod serpenti mar. Aristoteles tribuit, (Plinius Draconi marino, quem Rondeletius Araneum interpretatur) Serpentem tamen marinum non esse constat, cum is Congro corpore coloreq; conferatur. Sed neq; Gobio ille paruus & ignobilis fuerit, quem terram subire tradit Aristoteles, & ex Apua gobitide gigni. nihil enim cum Gobijs commune eius forma ostendit. Quamobrem nos nouo nomine uocabimus Ammocœtũ, Exocœti exemplo: nam & ipse Exocœtus quidam marinus est: ut qui extra mare in arena se condat. Aut Ammodyten, ab eo quòd arenas subeat: sicuti & serpens quidam Ammodytes uocatur: & Callionymus piscis, alio nomine Psammodytes. *Ammocœt'. Exocœtus mar. Ammodytes.*

ANGLICE Sandilz appellatur, hoc est, De arena anguilla: & Walmester, id est, De ponente monasterio, Saluianus: nescio quàm rectè quod ad nomẽ Walmester pisci attributum. ¶ Pisciculus est litoralis (inquit Turnerus in epistola ad me) quem Angli Northumbrienses, Cumbrienses & Caletienses uocãt a Sandele: (*composito nimirum ab arena & Anguilla uocabulo:*) albus, tenuis, capite pusillo: forma aliqua ex parte Anguillam referens. Is nunquam aut rarò extra arenam, in qua post recessum maris ad eiusdem usq; reditum delitescit, conspici potest. Eruitur autem magna copia ex arena, falcibus denticulatis quibus segetes demetuntur. ¶ Si ex piscatorum manibus in arenam fortè delabatur, celerrimè ac profundè adeò sub arenam penetrat, ut nullo prorsus modo capi rursus queat, Saluianus. Idem longis & paruis piscibus annumerari eum debere scribit: cum neq; pollicis latitudinem (in medio,) neq; palmi longitudinem excedat unquam. Qua ratione nos eum primo Ordini, hoc est, Pisciculis marinis adscribere poteramus: propter aliquam tamen cum Sphyrænis similitudinem, ipsis statim subiungere eum uoluimus. cum altera quidem Rondeletij Sphyræna, in multis conuenit, rostri figura & tenuitate, ore paruo, sine dentibus, cute glabra, magnitudine. differt pinnis & alijs fortè, quæ iudicabunt qui inspexerint.

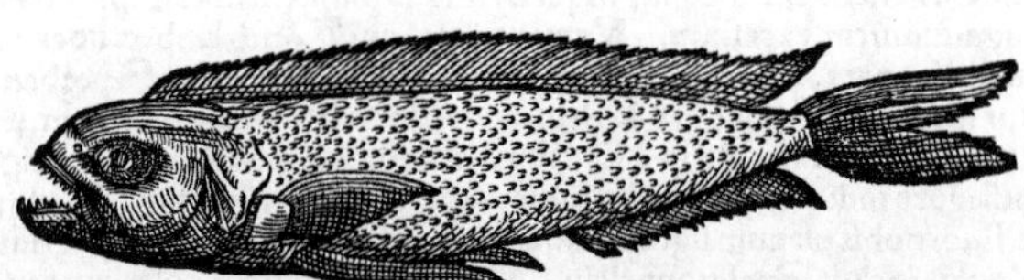

HIPPURUS, ἵππουρος. Gaza Equiselem uertit. Plinius Græco nomine uti maluit. Dorion & Epænetus Κορύφαιναν etiam uocari scripserunt. Hicesius ἱππουρίαν nominat. Numenius ἵππουρον ἀρνευτὴν uocat, (*meliùs, cognominat,*) Rondeletius. Vocatur autem (inquit) Hippurus à cauda equina, quòd pinna à capite incipiens caudæ equinæ simillima sit, id est, longa, continens, uillisq; multis constans, cuiusmodi in nullis alijs piscibus reperitur. Præterea Κορυφαίνης nomen ad id alludit. nam à pinna, quæ à uertice incipit, in eoq; ueluti crista erigitur, Κορύφαινα dicitur. est enim κορυφὴ, uertex, pars capitis inter occiput & sinciput: & per metaphoram cuiuslibet rei summum & extremum. Hæc ille. Hippurum fortè aliquis dictum coniecerit, διὰ τὸ ἵππῳ δίκην ὀρχεῖν καὶ ἐξάλλεσθαι, unde & ἀρνευτὴς uocatur. ¶ Rondeletius hunc piscem cœruleis adnumerat. Glauco (*inquit, cui à colore suo glauco, id est, cœruleo nomen impositum est,*) colore internisq; partibus similis est: ab eo dissidens, quòd hic à capite sensim tenuior fit strictiorq;, ille à podice tantùm, donec in latam caudã desinat. Nos Cœruleis piscibus genus peculiare statui, in Stromateis improbauimus. Quantus quidem hic piscis sit, à Rondeletio non exprimitur: quamobrem ad Pisces simpliciter eum retulimus.

HISPANICE. Lampugo, teste Rondeletio: qui alibi Glaucum maiorem quoq; à quibusdã Lampugo perperam uocari, scribit.

GERM. F. Ein Federkopff, id est, Pinniceps: quoniam pinna dorsi à capite ei incipiat. ein Meerfisch in Hispanien Lampugo genannt.

G 2

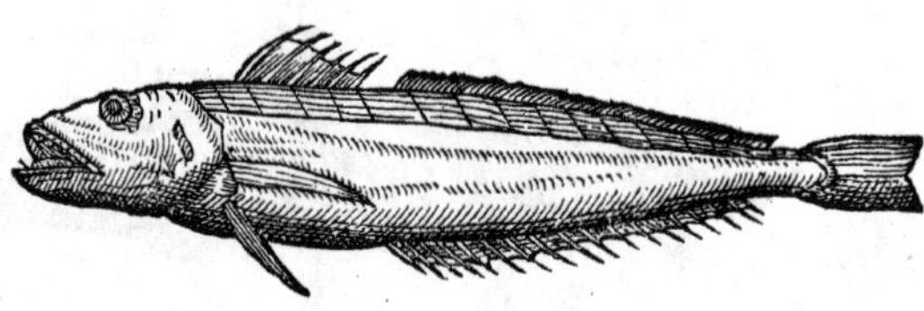

ASELLVS piscis à colore dictus est, aut pigritie: qui uulgò Merlucius dicitur, tanquam Latino nomine ab Italico & Gallico detorto. ὄνος Aristoteli, alijs etiam (ut Galeno) ὀνίσκος. Dorion tamẽ onon esse tradit, quem aliqui gádon uocent: alium ab onisco, qui & galleridas & galarias, uel gallarias, (clarias Oppiano per syncopen) & μάξεινος, & χελλάρης dicatur. Oppianus etiam distinguit. ὄνους enim in alto mari collocat: ὀνίσκους uerò in cœno lutulentisq; litoribus. Plinio duo Asellorum genera sunt, callariæ, minores: & bacchi, qui non nisi in alto capiuntur, ideoq; prælati prioribus. ¶ Dorionis Oniscum gallariam, & Galeni galaxiam, esse Sturionem Rondeletius sentit. mihi non uidetur. Gallariæ nomen etiamnum in Græcia uulgare esse Gillius à nauta quodam Massiliæ cognouisse se scribit: sed incertum de quo pisce. Bacchi Plinio maiores Aselli sunt: Callariæ, minores: Athenæo uerò Bacchus, Oniscus & Chellares idem est piscis. Oniscon equidem minorem esse puto quàm sit Onos, cum pro diuerso pisce accipitur, (quod & forma diminutiua innuit,) cum Plinio, quanuis aliter Rondeletio uideatur.

GRAECE hodie Gaidaros, Arabico asini nomine: uel quasi Gados, ueteri Græco.

ITALICE. Ligures hodie quoq; Asello nominant, alij Asino, alij Nasello. Romæ (inquit Niphus) Scarmus & Merluzus dicitur, Merluzo, Saluianus. ¶ Venetijs Mollo. Vide mox in secunda specie Asellorum.

HISPAN. Merluza. Lusitanis Pescada, Saluianus. malim Pes Gada, hoc est, Piscis Asinus.

GALL. Merlus, quasi maris Lucius. huic enim oris scissura caudaq; ualde similis est, Rondeletius. Corcyrenses & Cretenses Sphyrænam hodie, impropriè Lucium marinum nuncupant, Bellonius.

Stockfisch. Salpa. Rodtser. Rotscher. Törtsch. Dorsch. Capito. Sporten. Pomuchell. Stockfisch. Rauchfisch. Flachfisch. Dorsch. Flitten. Vrwegelein. Sporden. Nopsen. Strumulus.

GERM. **Ein Wytling** uel **Wyßling/ ein Gad**. Vide mox in Anglicis. Vel **ein Stockfisch**: quod tamen nomen nimis commune est ad omnes Asellorum (quæ diuersę sunt in Oceano) species. Merlucius fortè fuerit, qui priuatim ab accolis Oceani Germanis **Zandet/ Sandat**, uel **Sant** appellatur. ¶ Nomine **Stockfisch** Galli etiam & Angli utuntur. id à trunco factum est, quem Germani **Stock** nominant. huic enim aridus hic piscis tundendus imponitur. quoniam ariditate adeò riget, ut nisi præmaceratus aqua aut prætunsus, coqui non possit. At longè alius piscis est Salpa, qui recens etiam ferulæ ictibus ad coctionem præmollitur. Erasmus Rot. in epistola quadam fustuarium piscem hunc uocat, à baculo quo contunditur, cum à trunco potiùs denominari deberet. ¶ Partes circa uentrem & pinnas resectæ, seorsimq; salitæ, **Rodtser** (uel **Rotscher**) à Germanis nominãtur, carne aliquanto molliori suauioriq;. Aliqui **Stockfisch** & **Törtsch** uel **Dorsch** eiusdem generis esse dicunt. Aliqui Latinè Capitonem uocant, propter capitis ad reliqui corporis magnitudinem, excessum. Venter piscis, qui **Törsch** Lubeci uocatur, aptus est cibo. delicatior uerò eius pars, rostrum & pinnæ: **Sporten** appellant, uel **Sporden**. ¶ **Pomuchell** piscis uocatur in Dania, ubi abundat, & Prussia: cui caro est mollis, caput magnum, iecur quale in Mustela fluuiatili & similiter suaue. E maioribus in hoc genere sunt, qui uulgò **Stockfisch** & **Rauchfisch** (frigore indurati, uel infumati) dicuntur. è mediocribus fiunt **Flachfisch** dicti (nescio qua ratione. **flach** nobis planum significat, quare pisces planos ego **Flachfisch** interpretor.) Parui saliuntur, & dolijs inclusi **Dorsch** appellãtur. Minimis uescuntur incolæ, quas ita coquunt ut Mustelas fl. solent mediterranei. Capitibus mutilati pleriq; omnes exportantur. Capita enim, maiorũ præsertim, caudas & abdomen (**flitten** uocitant, id est, partes uentris inferiores) abscindunt: & pulpas (**die vrwengelein**) ac si quid esui est, separant: & Sole tostas has partes dolijs cõdunt, & **Sporden** appellant. cibus hic delicatissimus est. Hoc piscium genus quo remotius ad septentrionem capitur, eò melius pinguiusq; habetur. Aliqui **Nopsen** uocant, si bene memini. Murmellius Latino nomine ficto Strumulum nuncupauit, haud scio quamobrem. Capiuntur hi pisces uigente frigore duntaxat, ut mense Ianuario. calor enim eos laxat & emollit, ut exportari non queant: frigus uerò indurat.

Allica. Gemma maris.

ANGLICE. **Wyting**, quo nomine etiam Germani quidam ad Oceanum utuntur. Albicam uocat recentior quidam. Germani & Angli, alij aliter scribunt, **Whyting / Wytink / Wittig/ Wittling**. Germanis inferioribus **Wyt** album est. ¶ Eundem piscem non ultra dodrantem longum Frisij orientales uocant **ein Gad**: ubi adoleuerit, **ein Witling**. Vulgus ibi Latinè loquentiũ uocat Gemmam maris, (ut etiã Albertus Magnus.) Angli Occidui iam exiccatũ uocant **a Bukhorn**, à duritie cornu, ut nos docuit Turnerus Anglus, uir ut eruditione clarus, ita fide dignus: qui non ex lectione uel auditu, sed quæ præsens uisa & contrectata à se obseruauit, præsertim circa Asellorum Oceani Britannici genera, cõmunicare mihi dignatus est. ¶ Qui **Wyting Schellfisch/** & **Cableau** uel **Bolch**, nõ tres diuersas esse species putãt, sed ætate tantũ ac magnitudine (ut primus sit paruus, secundus mediocris, tertius magnitudine ferè hominis) inter se differre, fallunt.

ASEL-

ASELLORVM species secunda: Merlanus Rondeletio, Marlangus Bellonio ad Gallici nominis imitationem.

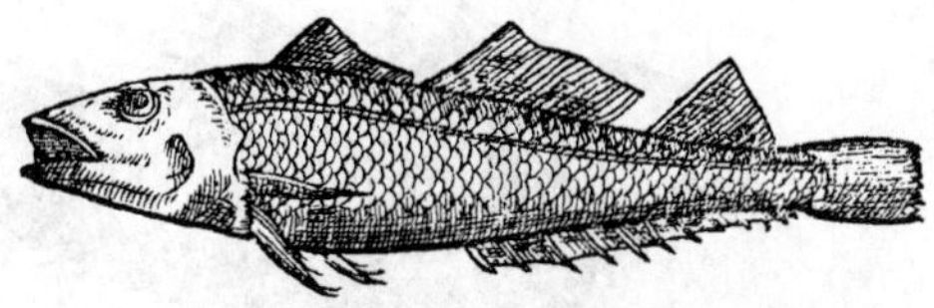

GALLICE. Qui uulgò à nostris Merlan dicitur, Asini species est minor: multumq; ab eo pisce differt, qui à Venetis pesce molle, à Romanis Phyco nominatur, qui est antiquorum Phycis, Rondeletius. Dubiũ est mihi an is sit piscis, qui à carnis mollitie & candore antiquis GRAECIS γεόβατον, hoc est Ouis seu Pecus dici cõsueuerat. Hoc asseuerare possum, Venetis piscem mollem, Byzantinis Muzum uel Mazum, (*Dorion Oniscum, etiam* μάξεινον *uocari scribit,*) uulgo Romano Ficum appellari, quanquã etiam hoc uocabulum ad permultos alios Asellos transferant, quemadmodum Græci uulgares suum Gaideropsarum. Est etiam Phycus alius ab hoc, ut orthographia, sic natura longè diuersus, de quo in Phycide agemus, Bellonius. *Ouis.*

GERM. F. Ein andere art des Stockfischs.

ANGLICE. Britanniæ litora uocant a Marling: uel rectiùs, a Mereling. Rarus est tamen apud Britannos piscis: & Vuitingo carnis bonitate conferri potest, Turnerus. Ab Arnoldo Villanou. Merlengus dicitur: & Rogeto Gornatoq; exceptis, salubrior alijs plerisque piscibus marinis iudicatur.

ASELLORVM species tertia Rondeletio. Egresin (inquit) uel Eglesin uocamus piscem: cui ANGLI Scotiq;, qui hoc piscis genere abundant, nomẽ dederunt. est is ex Asellorum genere, Græcis (ut arbitror) incognitus. Hunc salitum (*à Gallis Hadou*) à Britannis Hadock quidã uocari existimant, at mihi aliũ ab Egresino pro Hadock ostenderunt aliquando ichthyopolæ: qui latior erat, et ad eum quẽ Goberge uulgò uocant, propiùs accedebat, Rondeletius. Quidam hunc piscem non rectè Hepatum esse putarunt: ut alij Ouem marinam, aut Arietem marinum. ¶ Oceano Gallico peculiaris est, reliquis litoribus infrequens. Rostrum aquilinum ei tribuit Rondeletius: unde forsan & Eglesin nomen ei factum est. nam Egle Aquila est Anglis, ut Gallis Aigle. sed illud fin quid sibi uelit, non assequor. malim Eglefisch, id est, Aquila piscis. quanuis longè alia est ueterum Aquila.

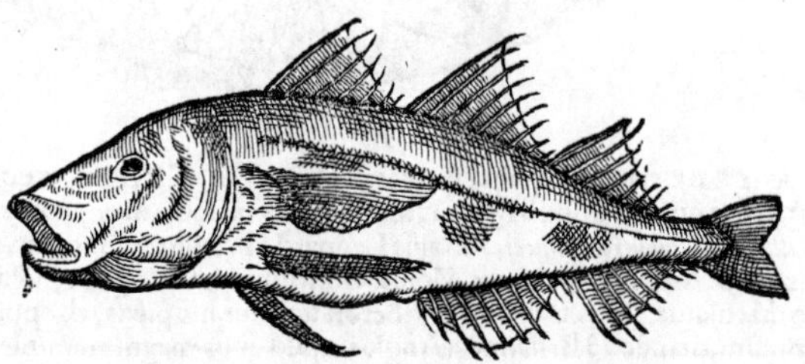

Eicon Aselli cuiusdam ex Oceano, ad salsum hunc piscem delineata olim Francfordiæ, ubi eum Rheynfisch appellant salsamentarij.

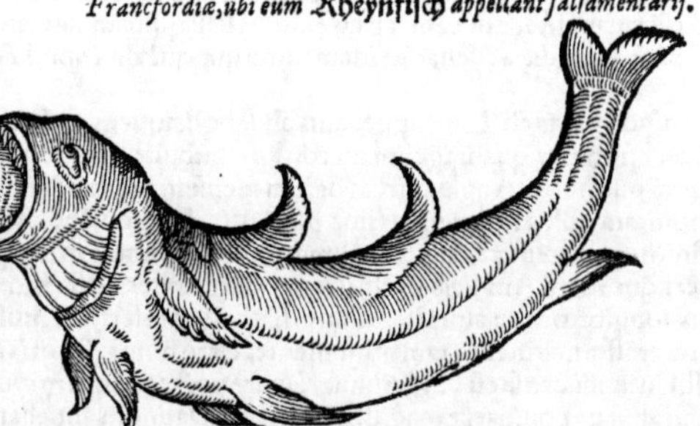

GERM. Piscis qui ab Anglis uocatur an Haddok, à Germanis dicitur ein Schellfisch, Turnerus. Audio Schellfisch Coloniæ & alibi Rheynfisch appellari, id est, Rheni piscem, pedalem plerunq;. Murmellius Latinè ficto nomine piscem Capitosum uocare uoluit. Scalda, siue Scaldis flumen est apud Antuerpiam profluens in mare, in quo capi hunc piscem aiunt quidam, & nomẽ ab eodem mutuari: (nisi ab Asello ita dicatur, quasi Sellfisch.) Ego neq; in Scaldi neq; in Rheno capi existimo: sed quoniam per ea flumina ad diuersos mediterraneos uehitur, ab ijs denominari. ¶ Caro huius piscis crassior & durior est carne Vuhytingi, & apud Frisios orientales, ubi mare ualde limosum & uadosum est, febres excitare creditur. Verùm in mari Northumbrico, quod ualde profundum, undosum & clarum est, piscis satis est innocens, Turnerus.

G 5

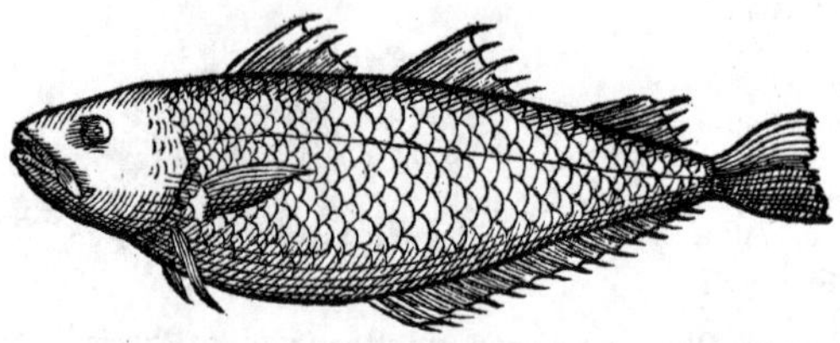

ASELLORVM ſpecies quarta, Rondeletio. Maris Oceani piſcis eſt (inquit) qui uulgò Goberge dicitur, & ex terræ parte nuper reperta ſalitus ad nos aduehitur, Morhua ſiue Molua latior & maior, &c.

GERM. Ein andere art der Stockfiſchen. Goberge nomen à Rondeletio poſitum, loci alicuius uidetur. Stockfiſch appellantur etiam Bergerfiſch, Eberus & Peucerus.

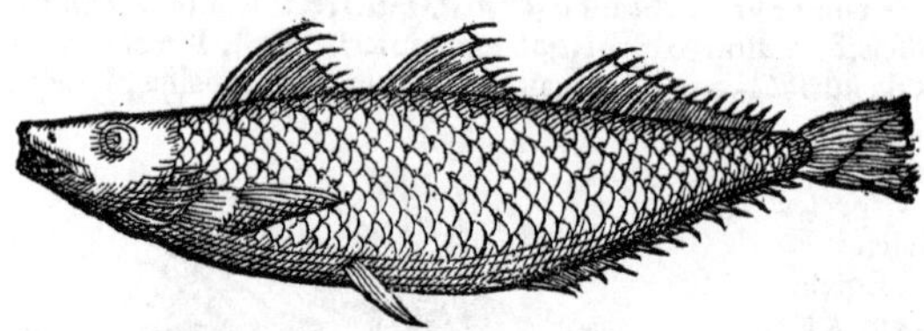

Molua. Leopardus. Aſinus uarius.

ASELLORVM quinta ſpecies, Rondeletio. Eſt etiam (inquit) inter Oceani Aſinos, is piſcis qui à nonnullis Molua, ab alijs Muſchebout (*nimirum à maculis ſeu punctis. nam mouſcheter Gallis ita diſtinguere ſignificat,*) ab alijs Leopard à maculis nominatur. nos Aſinum uarium appellabimus, & Moluam maiorem. Moluæ enim ſimilis eſt hic piſcis, (ſicut & Gobergo,) & eodem modo maculatus. ¶ A Bellonio Heberdū uocatur hic piſcis, ab oppido Islandiæ, à quo ad Scotos primùm, deinde ad Britannos (Anglos) apud quos magni nominis eſt, perueniat. ¶ Hic piſcis puto à Germanis Oceano uicinis nominatur Labordeau / & Laebberdane Angli proferunt Habberdyne: Galli aſpiratione neglecta, l. pro articulo addunt. Ego Leouardiā oppidum eſſe audio uel pagum prope Groningam Friſiæ, à quo fortaſsis nomē piſci factum fuerit: aut à iecore forſan, quod Germani låber uocant, ab eo enim Aſelli quidam laudantur. Alicubi Yßfiſch uocari audio, quòd ex Islandia aduehatur: idem nimirum qui alibi apud Anglos groß Jßlandfiſch dicitur.

Idem, opinor, piſcis eſt Ling appellatus ab Anglis: quem meliorem & delicatiorem eſſe audio quàm Stockfiſch: per quadrageſimam edi loco bubulæ. capi etiam circa Angliam, ſed paucos. quamobrem piſcatores Anglos circa Maium menſem in Islandiam ſe conferre, ubi magnam copiam conquirant. ſolos ferè Anglos hoc piſce uti. De hoc doctiſsimus Turnerus ita ad me ſcripſit. Aſini (inquit) genus quoddam à longitudine uocamus a Leng, e. in hac dictione non aliter, atq; in pleriſque merè Anglicis, ut alij iota pronunciantes. Eſt enim reliquis omnibus Aſinorum generibus longior. primo aſpectu Aſinum barbatum refert, ſed multò tenuior eſt & longior, capite non ita craſſo, nec uentre tam prominente. Caro huius, ſaporis eſt iucundiſsimi, dum adhuc recens eſt. Cutis illi denſa eſt & glutinoſa. Quare poſt coctionem glutinoſus humor in patinis reperitur, qui ab artis popinariæ magiſtris gelu, aut gelatinum appellatur.

Memorato iam piſci, quem Angli Leng uel Ling appellāt, forma ſimilis eſt piſcis Haka ab eiſdem dictus: ut ſapore alius, quem Codlyng appellant: de utroque quæ ex Turneri epiſtola cognoui, adſcribam. Aſini genus (inquit) quod Codlyng appellant, nuſquam in tota Anglia, niſi in Northumbria uidi. piſcis eſt Haddocco multò maior: ſed Coddo multò minor. forma Coddum & ſapore Lengum (niſi me mea fallat memoria) refert. In littore Northumbrico prope oppidum Beduel in copia multò maxima capitur. ¶ At qui Haka uocatur (inquit idem Turnerus) in noſtro mari nunquam cernitur: ſed in illo, quod Galliam reſpicit, piſcis eſt ualde frequens. forma, nempe longitudine & tenuitate ad Lengi ſimilitudinem ferè accedit. colore & ſapore Coddum utcunque exprimit. Sic ille. Haka nomen unde ſit inditum neſcio. Germani uncum uocant Haggen uel Hacken: & forſan aduncum huic piſci roſtrum eſt, quale & Haddocco Rondeletius tribuit.

ASEL-

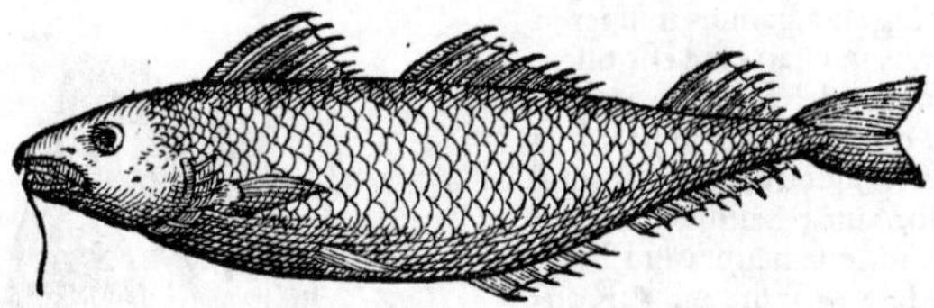

ASELLORVM sexta species Rondeletio, Molua simpliciter, uel Molua minor. Molua (inquit) uel Morhua à Gallis nominatur, ab Anglis Morhuel: piscis Oceani, magis corporis figura quàm carnis substantia Asinis similis: minor superiore Moluâ. ¶ Bellonius tamen hanc Asellorũ speciem præter cæteros maximam esse scribit. ¶ Fit ex hoc etiam pisce, ut alijs quibusdam ichthycolla. non ideo tamen (ut Ruellius putabat) hic ipse piscis ichthyocolla (per synecdochen à parte dictus) ueterũ est, cum hunc etiã ut & reliquos Oceani pisces, ueteribus ignotos fuisse existimemus. Molua à carnis mollitie dici potuit, ut Merlucius Italis Mollo, Gallis Mole. Morhua uerò à Germanico uocabulo, quo & Angli utuntur, Morhuel, quanuis Germani primam syllabam per e. longum potiùs efferũt, Meerhüel: quod marinam Vlulam sonat, fortè quòd oculi eius hebetiores sint. *Ichthyocolla.*

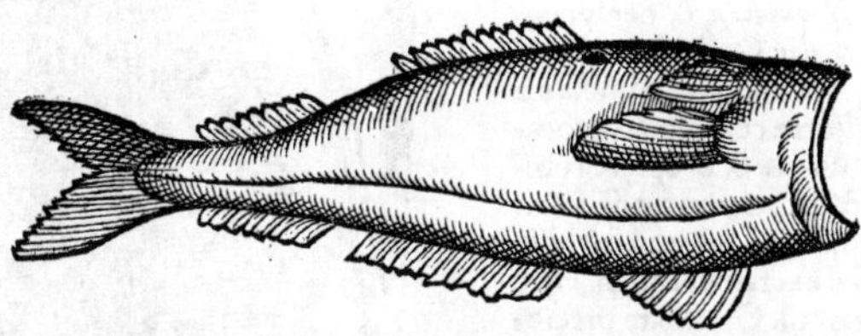

ASELLORVM alia species, quam Colefisch appellant Angli, id est, Carbonarium, à nigricante colore. Col enim carbonem sonat Anglis, sicut & nobis. Caput huius piscis non ostendimus (inquit Bellonius) quòd id ne apud Anglos quidem (apud quos sanè peregrinus est hic piscis,) nobis usquam fuerit compertum. Defertur ad nos ex eo tractu Britannico, qui ad Hollandiam spectat. Cauda ei lunata ac bifurca: quæ cæteris (in hoc genere) rotunda est. Sic ille. Anglis non est peregrinus hic piscis, sed lippis & tonsoribus notus, inquit Turnerus: neque Asinorum uilisimus, ut alius scribit: sed recens captus, tam iucundi saporis est, ut cum Vuhytingo & Merlinga propemodum certare posit. Ego Haddoko, si quid meo palato tribuendũ sit, multùm præfero. Verùm non diffiteor, quin Carbonarius ille exiccatus, omnem saporis sui gratiam amittat.

EST præterea Asellorum Oceani generis proculdubio Anthias secundus Rondeletij: de quo leges suprà, Ordine 2. pag. 24.

Callarias Saluiani: qui eiconem exhibuit nostræ huic à Sittardo missæ, satis similem: nisi quòd dorsi pinnam, & quæ à podice incipit supinam, digitum ferè citra caudam terminat: & squamas ostendit hîc omissas. Eadem est Rondeletij Phycis, quanquam eicon eius, suprà (pag. 29.) posita, diuersa uideri potest.

ASELLVS Galarias, apud Græcos diuersis modis scribitur, γαλαρίας & γαλαξίας, tanquam à lacte: à nonnullis per λ. duplex γαλλαρίας. Et à lacte forsan dictus fuerit, quòd iecur lacteum habeat: (Callariæ suo subalbum id tribuit Saluianus) sicut etiam Germani inferiores Mustelæ fl. genus Milcher appellant. ego à γαλῆ potiùs siue γαλέα, quod est Mustela, γαλερίας, id est Mustelaris, uel Mustelæ cognatus deduxerim. nomina quidem in ίας ueluti adiectiua quædam sunt, & habitum quendam significant. sic ab αὐθός, ὠχρός, fiunt αὐθίας, ὠχρίας, &c. Dorion O'non ab Onisco distinguit, ut O'nos sit prima species Asellorum de qua diximus. Oniscus uerò (ὀνίσκος) alio nomine Galleridas (malim Galerías) & Maxinus (Μάξινος) uocetur. Idem alibi tradit Murænam fluuiatilem unicam solùm spinam habere, Onisco galariæ similem. Arbitrantur aliqui Oniscum siue Asellum minorem, genere non differre à maiore. ego uerò ut nomine Oniscus galerias dicitur, sic etiam reipsa genus esse medium in O'non & Galen siue Mustelam crediderim. appellari autẽ Oniscon forma diminutiua, quòd magnitudine minor sit. Aristoteles quidem Onon semper nominat: alij Oniscon absolutè dictum pro Ono accipiunt. ¶ Hæc cum ita se habeant, sententiæ *Galaxias. Gallarias. Galerias.*

G 4

Clarias. Saluiani Callariam ſiue Clariā (ſic enim per
ſyncopen carminis gratia, gamma inſuper in
κ. mutato, Oppianus uocitat) eum eſſe piſcē,
Phycis Rondeletij. qui pro Phycide à Rondeletio deſcriptus ſit,
facilè aſſentior. is quidem piſcis in litoribus
cœnoſis agere dicitur, quod conuenit illi quē
hîc exhibemus: non autē Saxatilis eſt, ut ueterum Phycis. Vide etiam ſuprà in Phycide Rōdeletij, Ordine 2. pagina 29. ¶ Rondeletius (inquit Saluianus) Phycidem eſſe cō
tendit hūc piſcem, inde nimirum perſuaſus,
quòd uulgò Romæ peſce Fico appelletur.
Verùm is non Gręca origine ſic nominatur:
ſed quòd maturiſsimi & paſsi fici inſtar, mol
lis, flaccidus, & non ſucci plenus ſit. Athenæ
us Phycidem uarij coloris facit, & ſpinis ual
latam uel coronatam: & Percæ, Channæq́ſ ſi
milem: quorū nihil huic piſci quadrat. Nos
Callarias. Callariam eſſe aſſeueramus, Aſello congene
rem, ſed minorem: non quòd ſimpliciter minor Aſellus ſit, ſed ſimilis. Dorion γαλλαρίαν
uocauit: Oppianus καλλαρίαν, & per ſyncopen metri ratione κλαρίαν. Quòd ſi fortè in hi
ſtoria undecima: hęc ita abſolutè diſtincta nō
ſunt, ea ad huius hiſtoriæ cenſuram reuoca-
mus. Piſcis eſt haud ſuauis: & propterea ubique ferè plebeius & parui precij eſſe ſolet.
carnem habet ſatis mollem, ſed non friabilē:
concoctu facilem, ſed excrementitiam. Hæc
ille. Atqui Galenus tradit Galaxiam precio-
ſiſsimum Romę piſcem è genere Galeorum,
(id eſt, Muſtelorū,) γαλεῶν, uel Galeonymo-
rum eſſe, & in Græciæ mari fortè non inueniri. ſed fieri poteſt ut Muſtelarum Muſtelo-
rumq́ſ genus non rectè diſtinxerit Galenus:
hos γαλεοὺς, illas γαλᾶς uel γαλέας Græci appel-
Galeonymus lant. Galeonymus quidem ex Galeni uerbis
uidetur aut idem eſſe qui Galaxias, aut genus ad eum ceu ſpeciem: ut lōgè alius ſit qui
Callionymus uocatur, & alio nomine Vra-
Muſtela fl. noſcopus. Bellonius Muſtelam fl. (Lotam
Gallorum) Clariam fluuiat. uocat, pro Callariam: & ſimilem ei in Nilo quendam piſcem
Clariam Niloticum: & in mari Muſtelā Maſ
ſiliæ dictam. ¶ Aſellus minor Athenæo li.
7. os habet magno rictu diſſectum ὁμοίως τοῖς
γαλεοῖς, hoc eſt, Muſtelis ſimiliter, Ariſtotelis
teſtimonio. Sed hoc (inquit Saluianus) apud
Ariſtotelem non legitur, neq́ſ Galeis huiuſmodi os eſt. Sic ille. Ego pro τοῖς γαλεοῖς, legerim ταῖς γαλέαις uel γαλαῖς, id eſt, Muſtelâbus
ſimiliter. Idem Saluianus, Aſellus minor
(inquit) eſt πελογάστρων, id eſt, uētrioſus, Athe
næo (lib. 7. fol. 163. uerſu 33.) etſi alibi apud
Athenæum, eâdem Epicharmi ſententia repetita ποικιλογάστωρ mendoſè legitur, &c. Ego
πελογάστρων uocabulum corruptum ac minimè Græcum eſſe dixerim. & in hoc etiam fal
li Saluianum, quòd Athenęum de Aſello mi
nore hoc ſcribere dicat: cum is nihil quàm E-
picharmi uerba referat hęc: Μεγαλοχάμμονάς τε
χάννας, ποικιλογάστοράς τ' ὄνους: ſic enim & in Ono, & in Channis legi debet lib. 7. Athenæi: ut carmen
ſit

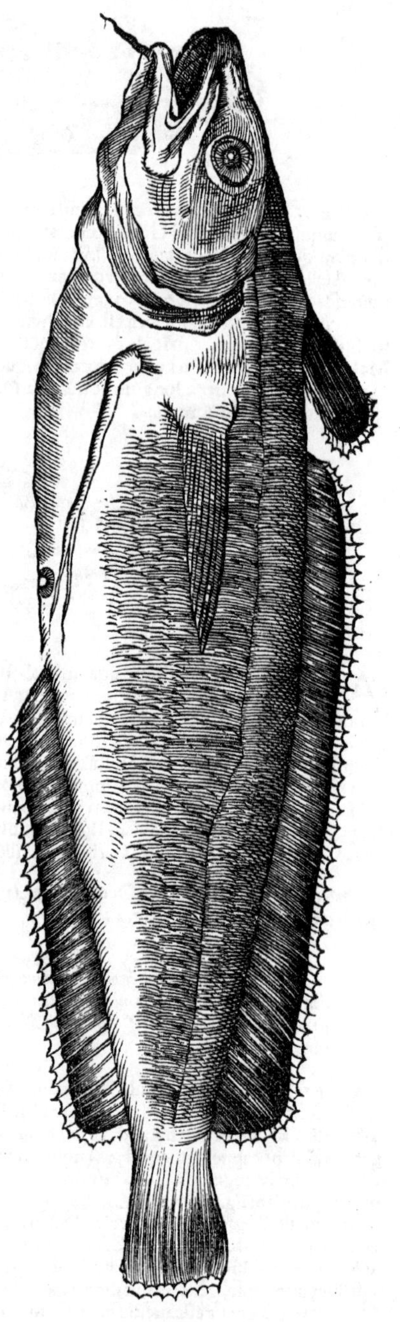

sit trochaicum, tetrametrum, catalecticum. non constabit autem Trochaici, sed neque alterius puto carminis ratio si πιλογάσορας legas. ὄνους certè Asellos minores interpretari ineptum est.

ITAL. Romæ hic piscis Tenca marina uocatur, & pesce Fico, (alij Figo scribũt,) propter causam suprà expositam: à nonnullis Mesanca, ut audio. Venetijs etiã Figo: uel, ut alij dicunt, Lepo: Neapoli Lepre.

HISPAN. Vide mox in Gallico nomine.

GALL. Circa Monspelium Mole, fortè ob carnis mollitudinem, ut & Hispanis Molere.

GERM. Ein fisch den Trüschen oder Alputten ånlich im meer: sol zum teil einem Wytling/zum teil einer Meertrüschen sich vergleychen.

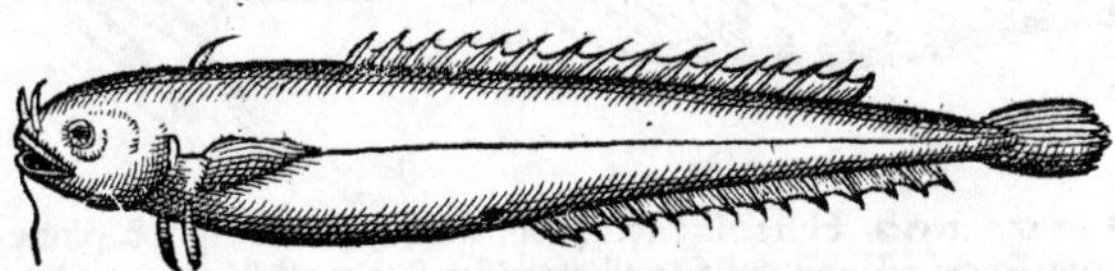

MVSTELA uulgaris Rondeletij. Sit'ne hæc Plinij & Ausonij Mustella, magna inter doctos contentio est. Mihi uerior eorum sententia uidetur, qui Mustelam illorũ (Plinij & Ausonij) Lampetram nostram interpretantur. Quare piscis quem hic oculis subijcimus, à ueterũ Mustela procul abest. Ob id Mustelam uulgarem cognominauimus: quam ex Asellorum genere esse puto, ut fortasse Callarias sit, Asellus minor Plinij, Rondel. Ego hunc piscẽ à ueterib. etiã Mustelam dictum arbitror: & Græcos Italosque hodie Mustelæ nomen ab antiquis accepisse. talis enim ferè describitur ab Aeliano libri 15. de animalibus cap. 11. ¶ Dux ceti, quem Oppianus describit, est piscis quem uulgò γαλῆν (hoc est, Mustelam) nuncupant, Paraphrastes Græcus innominatus Halieuticorũ Oppiani. ¶ Porrò Callariã & Gallariã unum & eundẽ piscem puto, Asellorũ seu Mustelarũ generis, ab Acipensere seu Sturione diuersum: Mustelæ marinæ, quam hic Rõdeletius exhibet, cognatum: siue is Grillus hodie dictus sit, siue Phycis Rondeletij, ut Saluianus putat. Horum enim uterque Mustelæ fluuiatili isti, quam Lotam Galli nominant, similis est. Mihi Mustelæ marinæ nomen latiùs extendere placet, ut species aliquot complectatur: quarum tamen una quæpiam priuatim nomine generis appelletur. Hæc quidem à Rondeletio exhibita, si non ipsa priuatim dicta Mustela, Chremes Aeliani forsitan fuerit: qui & barbatulus, & generis Asellorum describitur: & cum Mustela mar. comparari ab Aeliano uidetur. alius autem piscis Chremes est quàm Chromis, ne quis decipiatur.

GRAECI hodie Gaideropsaro (*id est, Asinum piscem*) appellant.

ITALI, ut Adriatici accolæ & Ligures, Galeam: alij pesce Moro.

GALLI circa Monspelium, Mustellam.

GERMANICVM F. Ein Meertrüsch: ein art der Ruppen/ oder Alruppen/ Rutten/ Rufelcken/ Putten oder Quappen im meer.

Cirrus à maxilla inferiore simplex & singularis dependere debet, ut in Bellonij figura.

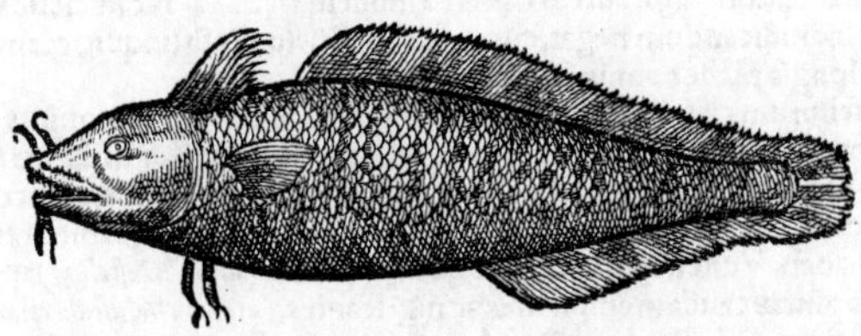

MVSTELAE uel Galeæ marinæ species altera: quam Rondeletius similiter non simpliciter Mustelam, sed uulgarem (id est, uulgò tantùm sic dictam) facit. Lege quæ cum superiore annotauimus.

Piscem hunc apud nos rarissimum, comperi eum esse qui à Massiliensibus (& Genuæ, Bellonius) Mustella uocetur, ob similitudinẽ quã cum superiore habet: ab Illyricis (indigenis ad Portum Veneris) Pegorella: à Græcis huius ætatis etiã (ut superior) Gaideropsaro, id est, piscis Asinus. Notæ quidẽ aliquæ insignes, quę Asino uel Asello tribuunt ab Aristotele, huic magis competere mihi uidentur quàm Merlucio, (quẽ omnes hodie Asellum ueterum esse iudicãt,) maximè uirgulæ ad alliciendos & capiendos pisces, quibus prorsus caret Merlucius: quòd lapides molares in capite habeat, quòd lateat, Rondeletius.

Bellonius Aristotelis & Galeni Callariam hunc esse putat.

GERM. F. Ein andere Meertrüschen art/ etc.

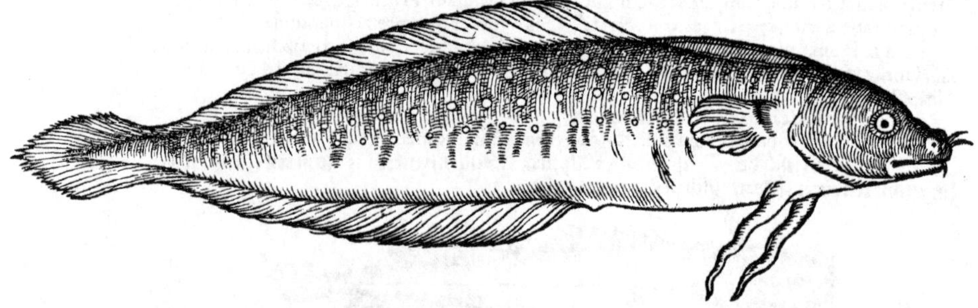

MVSTELA mar. tertia. Huic pisci nota peculiaris est, quod inter caput & pinnę dorsi principiũ, media dorsi pars, ad longitudinẽ pollicis trãsuersi caua est, & albicantẽ intus lineã ostendit. in superiori labro duo ceu pili breues nigricantes eminent, ab inferiori unus albicans dependet. à quibus fortè Musculi nomen ei factum est, quòd pilis istis barbulas murium repræsentet: quanquam alijs quoque mustelarum generibus ijdem non desunt. Caput ceu serpẽtis denticulos habet, &c.

ITAL. Venetijs Sorce, quasi Sorex uel Mus. unde Musculum à Plinio dictum, Balænarum ducem, esse coniicio. nam & Oppiani Paraphrastes, Cetorum ducem, uulgò γαλῆν, hoc est Mustelam nuncupari scribit.

GERM. F. Das dritt geschlecht der Meertrüschen/ rc. ein Walfürer/ ein Walleiter.

Icon hæc non est, quam Rondeletius dedit: sed nostra Venetijs picta: eadem prorsus, ut iudico: nisi quòd innumeris illis & rotundis ferè maculis caret, quas in sua ostendit Rondeletius, Bellonius omittit. Quare genera Ophidij tria statuerim: Barbatum maculosum: alterum sine maculis: & tertium imberbe, idemque flauum.

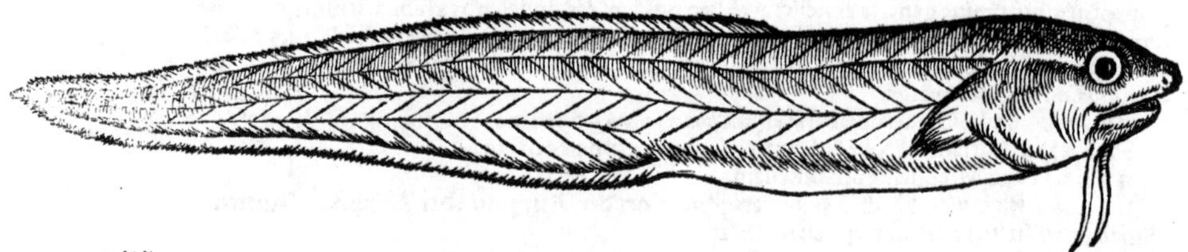

Ophidion. MVSTELA marina quarta. Ophidion Plinij, secundum Rondeletium: quem Plinius semel nominat tantùm, alibi autem Congro similem facit. ¶ Rondeletius hunc piscem Asellis (*& Mustelâbus*) adiudicandum negat, cum planè eis dissimilis sit (inquit) corporis habitu, capite, pinnis: atque cum longis planè connumerandus.

Mollium Asellorum classis est Italorum plerisque Grilli nomine cognitus piscis, palmum ex mediterraneo non excedens, carnis admodum delicatæ, Romanis antistitibus in delicijs habitus: à quorum uulgo pro Congro accipitur, atque interdum ab ichthyopolis eius loco supponitur. Sed à Congro longè diuersa est huius capitis ac pinnarum effigies, &c. quamobrem quid de hoc pisce statuam non habeo. Veneti quidem hunc quoque Galeam (*id est Mustelam*) appellant: sed quòd Mustela sit, ipsius pinnæ caudam ambientes ac nigricantes, (*atqui in Musculo etiam nostro, & in Mustela altera Rondeletij, pinnæ caudam ambiunt:*) ipsaque carnis in manducando iucunditas plurimùm reclamant. Audio qui Tragum antiquorum esse iudicent, Bellonius. Sed præstãtia saporis à ueteribus, quod sciam, Mustelarum generi non negatur. quamobrem forma tantùm à Mustelabus nonnihil diuersa obstiterit: quæ cum rursus in Grillo uulgari aliqua ex parte similis sit Mustelabus, cum aliâs, tum gemina ceu barba è maxilla inferiore: & longitudo palmum nõ excedens ad Mustelas potiùs quàm longos pisces accedat: ambigere (ἐπαμφοτερίζειν) inter utrunque genus potiùs dixerim, quàm ab alterutro excluserim. Tragum quidem esse hunc piscem, nullis ueterum testimonijs comprobari potest: & barbulæ illæ à mento dependentes, à quibus forsan tanquam arunco Tragum, id est Hircum, aliquis uocandum censuerit, non huic tantùm pisci peculiares sunt. Gryllus Nicandro idem qui Cõger est. Diphilus distinguere uidetur. anguillæ enim similem facit, & insuauem, cum congros iam priùs nominasset. Rondeletius piscem circa Antipolim & Lerinum insulam, frequentem, reperiri tradit, corporis specie carnisque substantia Ophidio suo similem, sed flaui coloris, & imberbem, id est, nullis è maxilla inferiore propendentibus cirrhis. Hic nimirum potiùs Ophidion

Tragus. *Gryllus.*

Ophidion fuerit, utpote similior Congro, cum barbulis careat: idemq; Alphestes Athenæi, quem *Ophidion.*
flauum (κιῤῥὸν) & μονάκανθον facit. nam & Kiranides Hedonen (Ἡδονὴν) piscem memorat, qui alio no *Alphestes.*
mine Ophidiō dicatur. Fuerit autem Hedone, idem qui Adonis piscis, cui flauus color tribuitur, *Adonis.*
unde & Ceris nomen. Quòd si Grillus uulgaris Asellorum aut Mustelarū generis esse posset, ille
forsan potiùs quàm ulla alia Mustelæ species Callarias seu Galarias fuerit, cum saporis bonitate an *Galarias.*
tecellat: nomine etiam nonnihil alludente. Nihil definio: in medium propono.

ITALIS plerisq; Grillo dicitur: Venetijs Galea uel pesce Galia (ut secunda etiam species Mustelæ,) Bellonius. Aliquibus Cepolla marina.

GALL. Circa Monspelium Donzelle, Rondel. sed hoc nomen alij etiā alijs piscibus tribuunt.

GERM. F. Das vierdt geschlecht der Meertrüschen/rc. ein lange Meertrüsch.

Aranius Rondel. *Aranei aliæ icones nostræ, quas Venetijs accepimus.* *Maioris.* *Minoris.*

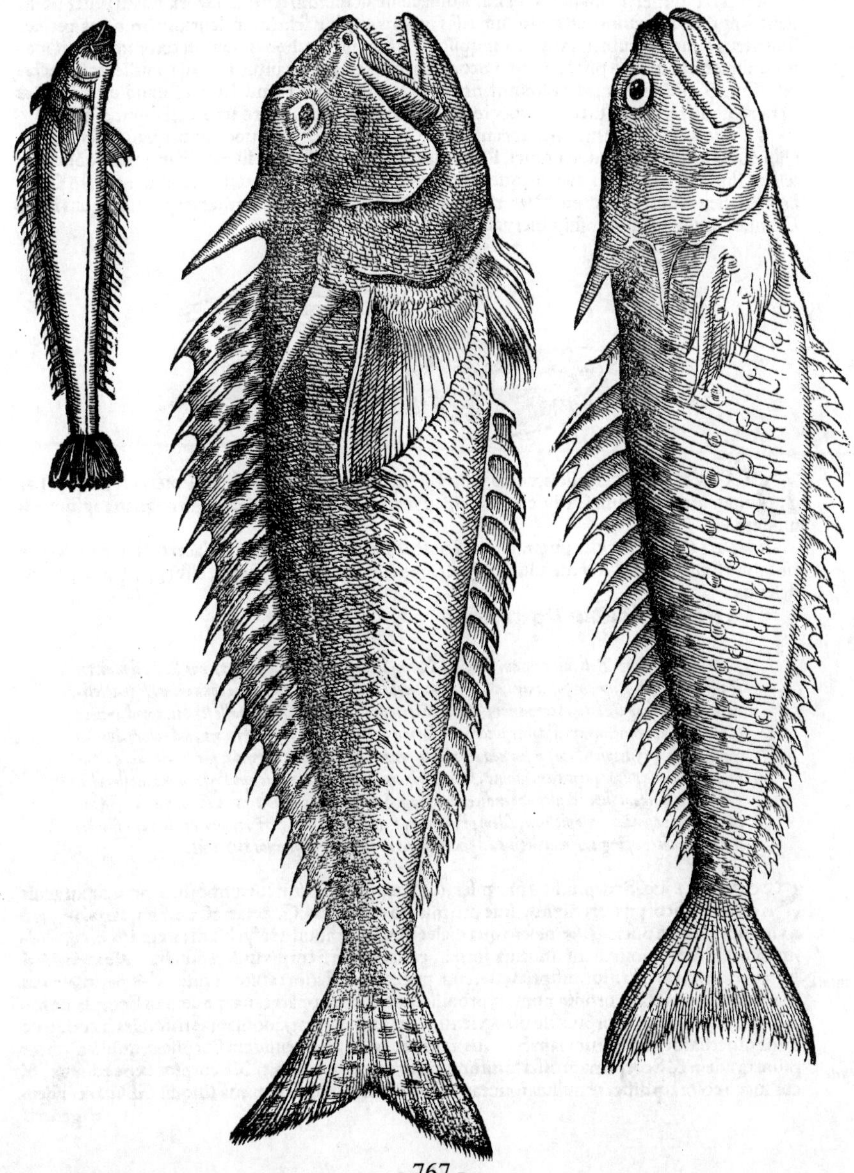

DRACO Aristoteli, Plinio alibi Draco, uel Draco marinus: alibi Araneus. Δράκων θαλάσσιος. Aranei appellationem retinuerunt Galli circa Monspelium, Massilienses, Ligures & Hispani. ¶ Genera Aranei (inquit Saluianus) duo sunt, (quod tamen neque ueteres, neque recentiores animaduerterunt,) maius & minus. ¶ Aculeorum eius ictus uenenatus est: quare & à uenenatis animalibus nomen tulit.

GRAECI huius ætatis Dracænam dicunt.

ITAL. Siculi, & Neapolitani, & Genuenses, Tragina, corrupta uoce, pro Dracæna proferunt. alij Trachina, Tratzeina, Intrassine. ¶ Romæ maiorem & minorem speciem, Tragina nominant, Saluianus. Venetijs minorē in hoc genere, pesce Ragno: maiorē, pesce Ragno pagano.

GALLICE. Viue. Viua aut Viuio Gallis dicitur, quòd præter aliorum piscium naturam, captus diu extra aquam uiuat: Massilienses Areigne uocant, Bellonius. Ego maiorem in hoc genere à Gallis alicubi Tumbe uocari audio.

ANGLI Viuer, ut Galli Viue: siue à uiuacitate ut dictum est: siue à febri, quam Fiuer nominant Angli. aculeo enim uenenato cum aliâs noxius est, tum febrim ac delirium protinus excitat. Turnerus tamen alicubi in Anglia hunc piscem a qua wyuer, hoc est malam uxorem uocari monuit. nimirum autem ut pisces Aranei Scorpijque tutò non attrectantur: sic malæ mulieres intractabiles sunt: &, nisi cautissimè tractentur, noxiæ. Qua pro malo Flandricum esse audio, ut & Wyuer pro muliere. Angli plerique uocem Qua non agnoscunt, & pro uxore scribunt a Wyfe.

GERMANI Petermanche uocant, nescio an corrupto Italico uocabulo, quasi Pesce ragno, alibi Torpot, ut audio: quod nomen fortè à Scorpio insecto factum fuerit. quanquam & alius piscis est similiter uenenatis aculeis, quem ueteres Scorpium appellarunt, Germani quidam Postken: Araneum uerò minorem Pietersfisch, ut in picturis Oceani Germanici piscium, quas Ioan. Echtius communicauit mihi, obseruaui.

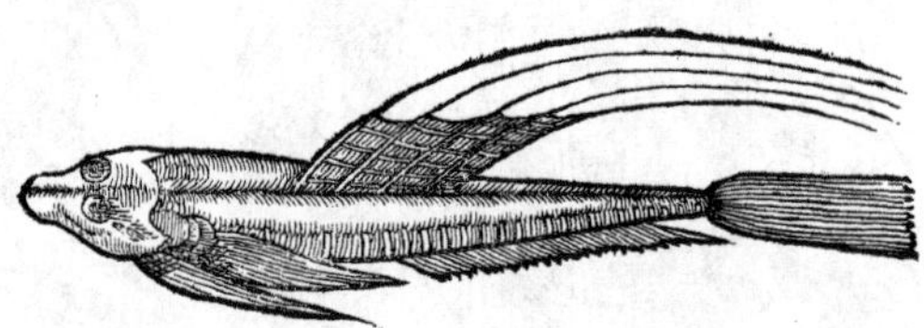

DRACVNCVLVS piscis, cuius solus Plinius, quod sciam, meminit. Poterat is propter paruitatem ad primum Ordinem referri. sed malui alijs nomine & ueneno cognatis ipsum adiungere.

GALLICE. Hunc esse putamus qui à nostris Lacert uocatur, quòd lacertis terrenis corporis figura similis sit: & Dracunculum, ut à dracone maiore distinguatur, esse appellatum, Rondeletius.

GERM. F. Ein kleiner Petermanche.

Rondeletius & Bellonius unam tantùm Scorpij iconem dederunt: pro qua nos Scorpij maioris Venetijs depicti effigiem posuimus, quanuis cum neutra illorum undiquaque conueniat. Rondeletius quidem in fine Capitis, Scorpænam (id est, Scorpium minorem) se effigiasse scribit: quod annotatum ab eo superuacaneum uidetur, si corporis forma non differunt, ut ipse sentit, sed colore duntaxat. Idem à syncipite Scorpij sui ceu cornicula quædam in summo trifida produxit. de quibus in descriptione puto sentit, cum inquit, superciliorum loco cartilagineas apophyses duas molles esse. Bellonius quidem super oculis appendices quasdam Scorpioni esse scribit, ut in Exocœto suo: sed nihil tale repræsentat eius pictura. Idem pinnam quæ ab ano proximè est, tribus aculeis exasperari scribit, non item pingit. Rondeletius ad pinnæ illius initium aculeos duos expreßit.

SCORPIVS uel Scorpio, siue pro pisce, (qui pungit & ferit, uenenumque suis circa caput aculeis effundit, Scorpij terreni ritu,) siue pro insecto uenenatis, Græcum est nomen, Σκορπίος, paroxytonum. Idem piscis ἴζελος, nescio qua dialecto, dicitur apud Hesychium: item ἔξειρα. ¶ Psel-
ἴζελος. lus Scorpidium nominat diminutiua forma, cuius etiam Scorpis uideri potest. Αἱ σκορπίδες ἐν
ἔξειρα. τῷ πελάγει τίκτουσιν, Aristot. historiæ 5. 10. cùm præcedenti statim capite dixisset: ὁ δὲ σκορπίος τίκτει
Scorpidium. δίς. unde Scorpidis Scorpijque nomen, promiscuum ei esse apparet: ita quidem ut Scorpis de fœ-
Scorpis. mina potiùs dicatur, Scorpius de utroque sexu. Athenæus tamen, quoniam Aristoteles hæc duo nomina diuersis locis (nimirum iam recitatis) usurpat, an unius & eiusdem sint piscis, dubitat. Scorpium quidem & Scorpænam disertè distinguit. Scorpænas (inquit) & Scorpios sæpe edimus, &
Scorpæna. eos succo coloreque differre nullus ignorat. Cum Scorpio & Scorpæna (inquit Gillius) eiusdem generis

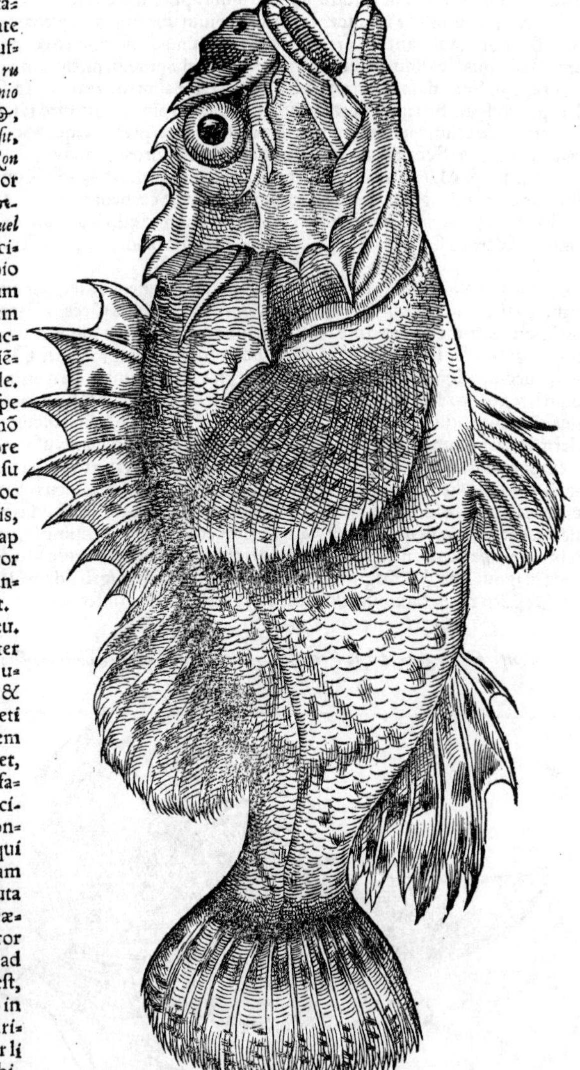

generis sint, multùm tamen & colore & bonitate differũt. nam Scorpio ruffus (πυῤῥὸς *Hicesio, Plinio rufus, Diphilo* κιῤῥὸς, *Numenio* ἐρυθρὸς: *Epicharmo* ποικίλος, *quòd maiori ex parte rufus sit, aliqua ex parte nigrescat, Rondelet.*) & pelagius est: Scorpæna nigra & litoralis (τεναγώδης, *id est, palustris uel in cœnosò litore degens,*) & cibi suauitate longè Scorpione inferior: quod ipsum nõ modo ex antiquorum (*Hicesij*) conscriptione accepi, sed certa palati sapiẽtia expertus sum. Hęc ille. Quæ cũ ita se habeant, specie hos pisces differre, nõ uerò solùm colore, sapore loco'q;, ut Rondeletius suspicatur, crediderim. Hoc uel ex eiconibus nostris, utrisq; ad uiuum factis, apparet. Plinius quoq; Scorpænam & Scorpium tanquam diuersos numerat. Oppianus primo Halieu. etsi Scorpionis simpliciter genera duo esse dicat, utrunq; tamen in petris & arenis collocat. quod si etiam loco dissideant, quemadmodum Hicesio placet, (cui hac in parte magis faueo,) multò iustiùs species duæ statuentur: ut longè fallatur Eustathius, qui Scorpium & Scorpęnam sexu tantùm differre putauit, sicut Leonem & Leænam. Ambigit autẽ Scorpius uterq; Oppiano ad petras & arenas: hoc est, modò in saxoso, modò in arenoso litore degit. Aristoteli Scorpiones inter litorales ac pelagios ambigunt: qui nimirum speciẽ unam tãtùm existimauit, loco dũtaxat differentem. Hicesio (ut diximus) alius in pelago, alius in cœnoso litore pascitur. Mnesitheus Scorpios saxatiles facit: Philotimus duram carnem eis tribuit, quod approbat Galenus, in saxatilium penuria eos substituens. saxatiles quidem duræ carnis non sunt. ¶ Quod ad magnitudinis differentiam, Bellonius rufum, qui pelagius quoq; & saxatilis ei est, multò maiorẽ facit: fuscum uerò, (quam priuatim Scorpænam nominandam & ipse & Rondeletius putant,) minorem. id quod mihi quoq; uidetur, & nostræ icones præ se ferunt. Rondeletius differẽtiæ ex magnitudine non meminit, sed Diphili tantùm uerba recitat: qui contrà, non pelagios & rufos, sed illos qui in cœnosis litoribus agunt, magnos facit. ¶ Scorpius apud recentiores quosdam Spinula uocatur, nimirum à spinis capitis. Vide mox in Italicis nominibus. Sabot nomen est piscis, & est Spinula, Syluatico. nos super Arabico hoc nomine aliquid in Callionymo annotauimus.

Quòd non sit propriè saxatilis.

Magnitudo.

Scorpæna.

Spinula.

Sabot.

GRAECI hodie Scorpidi; Scorpænam uerò, Scorpinam nominare solent, Bellonius. Græ-

H

ci à uero nomine aberrantes, utrunque Scorpium appellant, Gillius.

ITAL. Nonnullæ regiones Italiæ Scorpium utrunque Scorpænam appellant, Gillius. Romani Scorfano, Saluianus. Genuenses Scorpium, ad discrimen Scorpænæ, quam Strasinam dicunt, Bellonius. Aliqui pesce Spin uel Spino, uel Spinoso, præsertim Scorpænam, nuncupant. Aggregator Spinulam piscem à Galeno libro 3. De alimentis memorari scribit. nominatur autem Scorpio eodem libro inter duræ carnis pisces. Scorpio, piscis nostro idiomate Doracæna dicitur, Syluaticus. sed alibi meliùs Draconem marinum interpretatur, qui hodieque à Græcis uulgò Dracæna dicitur. ¶ Scorpæna Romæ Scrofanello dicitur, Saluianus.

Spinula.

GALL. A Massiliensibus Scorpeno dicitur, à nostris Rascasse, Rondeletius. Et rursus: Massilienses eum qui niger est, Scorpeno: qui flauus est, Scorpena uocant. ¶ Scorpionem Massilienses Scorpænam uocant: Scorpænam autem ueterum (id est, Scorpium minorem) Rasquessa, Bellonius. Idem & Callionymum Massiliæ Rascassam biancam, quasi Scorpionem album appellari prodidit.

GERMAN. Bellonius Gallico Oceano Scorpionem infrequentem esse tradit: quare Germanico etiam Balthicoque rarum existimârim. In picturis Oceani Germanici pisciū, quas Echtius Coloniensis medicus ad me misit, inuenio unum Scorpio (minori) similem, quem Germanicè Postken appellat. Licebit nobis fingere nomen, ein Scorpion oder Scorpfisch, id est, Scorpionem piscem: uel ein Meerscorp, id est, Scorpionem marinum. Priuatim quidem ruffum circunloqui licet, der grösser rotlach Scorpfisch: fuscum uerò, der kleiner graw Scorpfisch. ¶ Scorpius ei'ue cognatissimus uidetur piscis, quē à Io. Echtio Coloniēsi medico pictū accepi, adscripto Germanico nomine Postken, tanquam accolis Oceani Germanis usitato. capitis, quod magnum ei est, & multis aculeis (qui branchiarum operculis & reliquo capiti hærent) infestū: ac reliqui corporis magnitudine, proportione, forma, Callionymum refert. fuscus est colore, & maculosus, prę sertim cauda (quæ subrotunda est) & pinnis. Hæc ad picturā. ¶ Audio Frisios appellare a Storme piscem ferè similem Rochetto Anglorum, colore Scombri: pinnis, ut Perca, aculeatis in dorso. binis prope nares in capite aculeis. opercula etiam branchiarum aculeata esse. Caput proportione magnum, oculos magnos, caudam rubram, maculis nigris. Idem hic uel simillimus illi quem iam Postken nominauimus, uidetur: colore forsan solùm differens.

Scorpij minoris eicon, & ipsa Venetijs ad uiuum effiċta: à qua nonnihil diuersam exhibuit Saluianus.

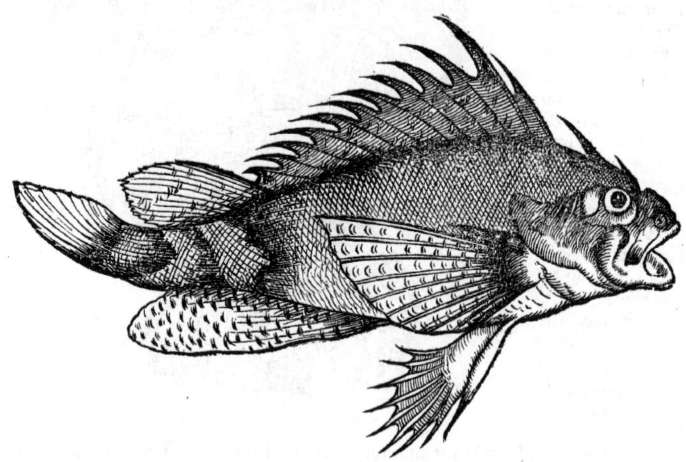

Scorpæna.

SCORPIVS minor, qui priuatim Scorpæna dicitur. Scorpioni (maiori, inquit Saluianus) simillimus est, ut colore tantùm & magnitudine differre uideatur. Falluntur qui ætate tantùm eos distinguunt: item qui solo sexu: & qui Aristotelem quoque eius meminisse putant: cum Plinius tantùm & Athenæus eius meminerint. ¶ Plura leges supra in Scorpio maiore, proximè retro. ¶ Athenæus Scorpium à Scorpæna colore tantùm & succo differre scribit, Rondeletius: (sed dictio tantùm apud Athenæum non legitur.) Nos Scorpænam (inquit idem) eam esse credimus, quæ nigrescat, quæque insuauior sit, minusque boni succi, & litoralis, lutoque gaudens.

ITALICA & GALLICA nomina Scorpij utriusque, leges proximè superiùs in Scorpio maiore.

GERM.

GERMAN. Das kleiner vnd schwärtzer geschlecht des Scorpfischs/welchen fisch etliche Teütschen ein Postken nennend/als ich acht: die Frießländer a Storme.

SCORPIOIDEM Rondeletij, Blenno Bellonij simillimum, nisi idem est, Ordine primo collocauimus.

Ab ano etiam pinnula exprimi debuerat, quam Saluianus non omisisset qui piscem hunc accuratiùs depinxit.

LACERTVS peregrinus uel maris Rubri. Piscem hunc, tum à coloris uiriditate iucunda, tum ab oris totiusque capitis similitudine cum Lacerto terrestri, multi Lacertum uocant, Rondeletius. Est autem (inquit) Lacertus maris Rubri ab Aeliano descriptus.

Saluiano hic Saurus uel Sauris (Σαῦρος, Σαυρὶς) Græcorũ est, diuersus aliquantulum ab eo qui in Rubro mari reperitur, ab Aeliano descriptus. Sauri (inquit) Latinorum ueterum nemo meminit. Theodorus in Aristotele non rectè Lacertum conuertit: quanquam σαῦρος quadrupes, Latinis Lacertus est. at eorundem Lacertus piscis, Græcorum κολίας est. Nos hunc piscem Græco uocabulo Saurum appellabimus. Esse autem hunc Saurum Græcorum, tum ex eo conijcitur, quòd ad terrestris Lacerti similitudinem, propiùs, quàm quiuis alius piscis accedat: tùm quòd ea omnia quæ Sauro ueteres tribuunt, huic nostro perbellè conueniant. Is qui Romæ hodie Suaro appellatur, Trachurus potiùs fuerit, quàm Saurus. Oppianus Τραχούρους & Σαύρους manifestè distinxit. Aduertendum præterea Turdum etiam, Σαῦρον à nonnullis appellari. Non in omnibus aut plerisque maris locis, sed in quibusdam duntaxat reperiri solet: cœnosoque loco delectatur, Oppiano teste. Hæc ille.

Lacertus Latinis priscis, alius quàm Saurus Græcis.

Trachurus.

ITAL. Romæ pesce Tarantola, Saluianus.

GERM. F. Ein frömbder Meerfisch/mag seiner gestalt vnd schöne der grünen farb halben ein Meerheydox genennet werden.

ORDO VI. DE PISCIBVS LONGIS, SPINOSIS, QVORVM SPECIES FERE SERPENTINA EST.

Longi pisces (inquit Rondeletius) ferè omnes cartilaginei sunt, (sed à cartilagineis illis, quæ Græci Σελάχη nominant, diuersi.) Dicuntur autem longi à corporis specie, qua à Galeis, qui longo etiam sunt corpore, differunt, quòd rotundiores sint: quodque, illi Mustellis, hi Serpentibus similiores sint. Præterea Galei neque seuum neque pinguedinem habent, ut Athenæo placet, ex longis autem sunt qui pinguedinem habent.

Bellonij Muræna flexuosa pingitur, sicut & Saluiani: maioribus per interualla maculis: & à superiore labro duo ceu cornicula protendit, ut Saluiani quoque: & rostrum longius latiúsque, superiore eius parte ultra inferiorem prominente, &c.

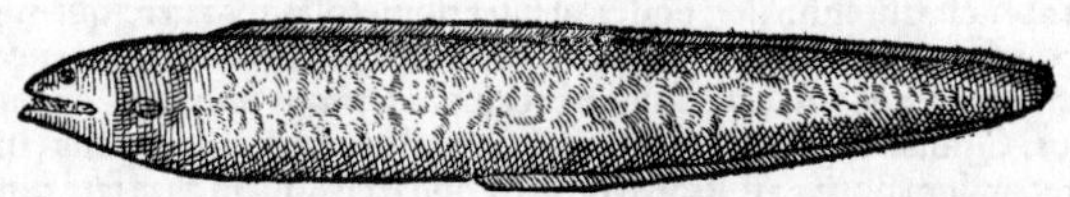

MVRAENA, Græcè Μύραινα, uel Σμύραινα: Massarius hoc Doricum esse putat, cum tamen apud Platonem legatur. apud Kiranidem Ζμύραινα. Eustathius docet multas dictiones ab σμ. incipientes, olim per ζμ. scribi solitas. Eidem Μύρος, Μύραινα, ut & Μορμύρος, pisces, à uerbo μύρειν uel μύρεσθαι deducunt, quod fluere significat, unde & μύρον unguentum liquidum. est quidem Myrænæ, cuius mas Myrus dicitur, cutis læ-

H 2

uis & lubrica, ueluti unguento oleóue delibuta, sicut & aliorum læuium: & motus eorum flexuosus uelutiq; undosus ut fluere uideatur, sed horum neutrum Mormyro conuenit: in quo nomine etiam ypsilon corripi solet à Græcis, (Ouidius produxit:) in Μύρ@, Μύρειν, μύρειν, μυρίδια, semper producitur, quare Μῦρ@ etiam penanflexum scripserim, non ut pleriq; omnes solent, paroxytonum. ¶ Muræna corporis habitu Lampetræ affinis est: Anguillæ etiam aspectu proxima, sed latior, Rondeletius. Anguillam (inquit Bellonius) magnitudine ac figura refert: sed recurto & crasso est magis corpore: & adulta Anguilla omnibus modis Murænam magnitudine exuperat. ¶ Morsis à Muræna eadem accidunt quæ à uipera morsis, & similia remedia adhibentur, Aëtius. In cibo quidem expetitur, & à Galeno commendatur. Imprimis placebant flutæ cognominatæ, à Græcis plotæ, (πλωταί,) quòd præ pinguedine in summa aqua fluitantes, cute iam Sole adusta mergi amplius non possent, præcipuè in Siculo freto: & similiter anguillæ. ¶ Sphyræna & Smyræna piscium longè diuersorum uocabula ab imperitis librarijs aliquoties permutata deprehendimus. Aelianus etiam Myrum, uel ut ipse uocat, Myronem, non agnouit. Muræna, ut & Alosa, quanquam marini pisces, paruis ac numerosis spinis consperſi sunt: quod non animaduertit Galenus, qui pisces tantùm in fluminibus ac stagnis genitos huiusmodi spinis abundare scribit: marinorum uerò nullum.

Fluta.

GRAECE uulgò, ITALICE, HISPAN. GALL. Vbique gentium in hunc diem Murena nuncupatur, ut docet Massarius Italus, & Gillius Gallus. A nostris, ab Italis & Hispanis Mourone dicitur, Rondeletius. Ab Italis profertur Murena, uel Morona, sed cauendum, ne Antacæus piscis cetaceus, quem recentiores aliqui, (& Itali uulgò,) Moronam uocant, cum Muræna confundatur. ¶ Myrum piscatores nostri (inquit Rondeletius) peculiariter non agnoscentes, Serpentem uocant. Sed alij sunt serpentes marini magis propriè nominandi.

LVSITANIS Moreia.

GERMANICVM nomen ignoro: & sanè Bellonius nihil Muræna in Oceano rarius esse tradit. & alibi, Murænas in Gallia esse negat: nam oràm fortè Mediterranei maris, ut Prouinciam, Galliæ nomine non est complexus: ubi Murænas reperiri non dubito. In Gallia Septentrionali (*inquit Plinius, de Oceano nimirum sentiens*) Murænis omnibus dextra in maxilla septenæ maculæ. In Hispanico etiam Oceano circa Tartesum & Carteiam, Murænas maximas, minarum aliquando suprà octoginta reperiri legimus. Circunloqui licebit, **ein Meerschlangen art**: hoc est, Serpentis mar. genus. Vel nomen fingere, **ein Muraal**, à Latino Muræna, & Germanico **Aal**, quod est Anguilla, compositum. Non probo quidem composita ex diuersis linguis uocabula: sed ea quoq; tolerantur, cum meliora desunt.

MYRVS, hoc est, maritus Murænæ, Latinum nomen non inuenit. Græcè Σμύρος uel Μῦρ@. Vide superiùs in Muræna. Gaza Murum interpretatur. Apud Plinium alicubi Myrinus pro Myro mendosè legitur: apud Aristotelem Μύξιν@ pro Myxino Mugile. ¶ Dorion author est Myrum per carnem sparsas spinas non habere, totumq; utilem esse, & supra modum tenerum. Genera eius duo esse: unum nigrum, præstantius: alterum, ruffum. ¶ Smyrus etiam apud Plinium legitur: apud Aelianum Μύρων. Myron (inquit) piscis est, nescio unde dictus: Serpentem marinum esse aiunt. ¶ Mirum hoc, si Myrus & Muræna sexu tantùm differunt, fœminam spinas habere, marem non item: cum hic robustior, illa imbecillior prædicetur. & hunc concolorem esse, illam uariam, cum in plerisque, ubi colorum differentia est, uel pulchrior uel magis uarius in masculis sit. ¶ Myrus serpenti similior est, quàm Muræna: rostro acuto, longo corpore, nigricante, tenui, rotundo, sine maculis, &c. Rondeletius. ¶ Murænam fœminam esse, Murum uerò marem, Aristoteles non asserit, sed aliorum opinionem refert: quæ quidem (inquit Saluianus) uerisimilis non est. quî enim fieri posset, ut inter numerosas toto uère quàm plurimis marinis litoribus captas Murænas, aliqui etiam non caperentur Myri: cum tamen neque nos multis iam annis id summopere contendentes, ullum prorsus uiderimus unquam, ab alijs'ue alicubi uisum audiuerimus. Quòd si caperetur, facilè ex scriptis de eo à ueteribus notis, internosceretur. Quamobrem credendum potiùs arbitror, Murænas non secus, quàm alias ferè omnes piscium species, in mares & fœminas diuidi. neque si quis eas omnes ouis grauidas capi assereret, ob idq; fœminini solùm sexus esse contenderet: ad Viperæ (ut ueteres quidam faciunt) aut Myri concubitum confugiendum esset: cum & alij quidam pisces memorentur ouis grauidi omnes capi, ut Erythini, Channæ, &c. Hæc ille. ¶ Serpens marinus rubescens, (qnem pictum dabimus sub finem huius Ordinis,) Myrus alter fortè fuerit, cuius Dorion meminit tanquam ὑποπυῤῥίζοντ@, id est, rufi coloris.

GALL.

GALL. Circa Monspelium Serpentem uocant. Vide suprà in Muræna.
GERMAN. Das männle (als etlich meinend) von der obgesetzten Meerschlangen art.

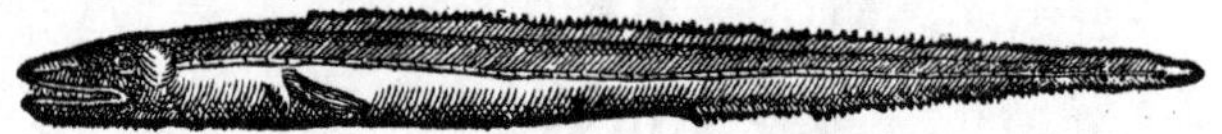

CONGER uel Congrus. γόγγρος Græcis, non etiam κόγγρος per κ. ut nuper quidam somniabat. Nicander Epopœus Congros aliter Gryllos uocari scribit, id est Porcos, à uoracitate nimirum, &c. Conger, quem & Gongrum Plinius 32. uolumine appellasse uidetur, Plinius. *Gryllus. Gongrus.*

Duo Congrorum genera sunt: unum albicat, & pelagium est: alterum nigricat, & litorale magis est quàm pelagium, Rondeletius.

Duo breuia cutaceaque cornicula in extremo rostro tum Congri (tum Murænæ) existunt, Saluianus.

GRAECIS nostri temporis Cauorosas, Saluianus: composito nimirum nomine ab ophis, & nescio quo alio.

ITAL. Romæ Drongo uel Brongo (Bronco, Saluianus) uocant. Veneti Grongo. Antiates Brunchum appellant, Platina. ¶ Græcum Latinumque uetus huius piscis nomen pleræque gentes retinent, Itali, Hispani, Galli pleriquę & Angli.

HISPAN. Lusitanis Cromgo, Saluianus.

GALL. Congre. Massilienses nominant Filat (Fiela, Fielaz, Bellonius) quia instar retis pisces inuoluit & implicat, Rondeletius. Massilienses planè barbarè Phialassum appellant, Gillius.

GERM. Ein Meeraal: id est Anguilla marina. Quidam in parte Germaniæ inferioris, Palen uocari mihi retulit, nescio quàm rectè. Palynck quidem Flandris Anguilla est.

ANGLICA sunt a Conger/a Congre/a Congerele. Dicuntur & Eluerz ab Anglis Congri pusilli (nomine, ut apparet, ab Anguillarum similitudine facto) in fluuio Sabrina prope Glocestriam: in quem paruuli duntaxat è mari subeunt.

Pictura à Rondeletio posita.

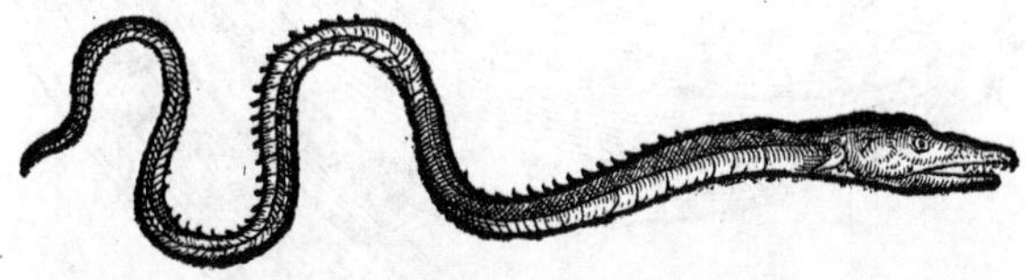

Picturam à Bellonio exhibitam omisimus: similem ferè ei quam Rondeletius dedit, sed multis implicitam spiris, (non quòd in mari adeò inuolutus sit hic Serpens, sed ad longitudinem eius exprimendam:) uentre crebris uelut internodijs crispo. qualem ego etiam, hîc adiunctam, ab amico ex Italia missam Serpentis marini imaginem olim accepi. corpore ubique plano, non tanquam aculeis quibusdam eminentibus aspero, quales in Rondeletiano uisuntur: quanuis eorum in descriptione non meminit.

SERPENS marinus, ὄφις θαλάττιος, similis est terrenis, dempto capite quod magis ad Congri accedit, Aristoteles: qui tamen alia etiam multa serpentium marinorum genera esse tradit, quę in gurgitibus seu prætalto mari nascantur, alia alijs coloribus omnis generis, χρόαν δ' ἔχουσι παντοδαπήν. Is quem depinximus (inquit Rondeletius) terreno uel fluuiatili serpenti simillimus est. ad trium uel quatuor cubitorum longitudinem accedit. corpore rotundiore quàm Anguilla, capite Congro similis: colore fuluus, sed uentre & rostro cinereus, &c. ¶ Ab Ophis diminutiuum est Ophidion, quo nomine piscem appellat Plinius: quem nos dedimus suprà Ord. v. cum Mustela- *Ophidium.*

H 3

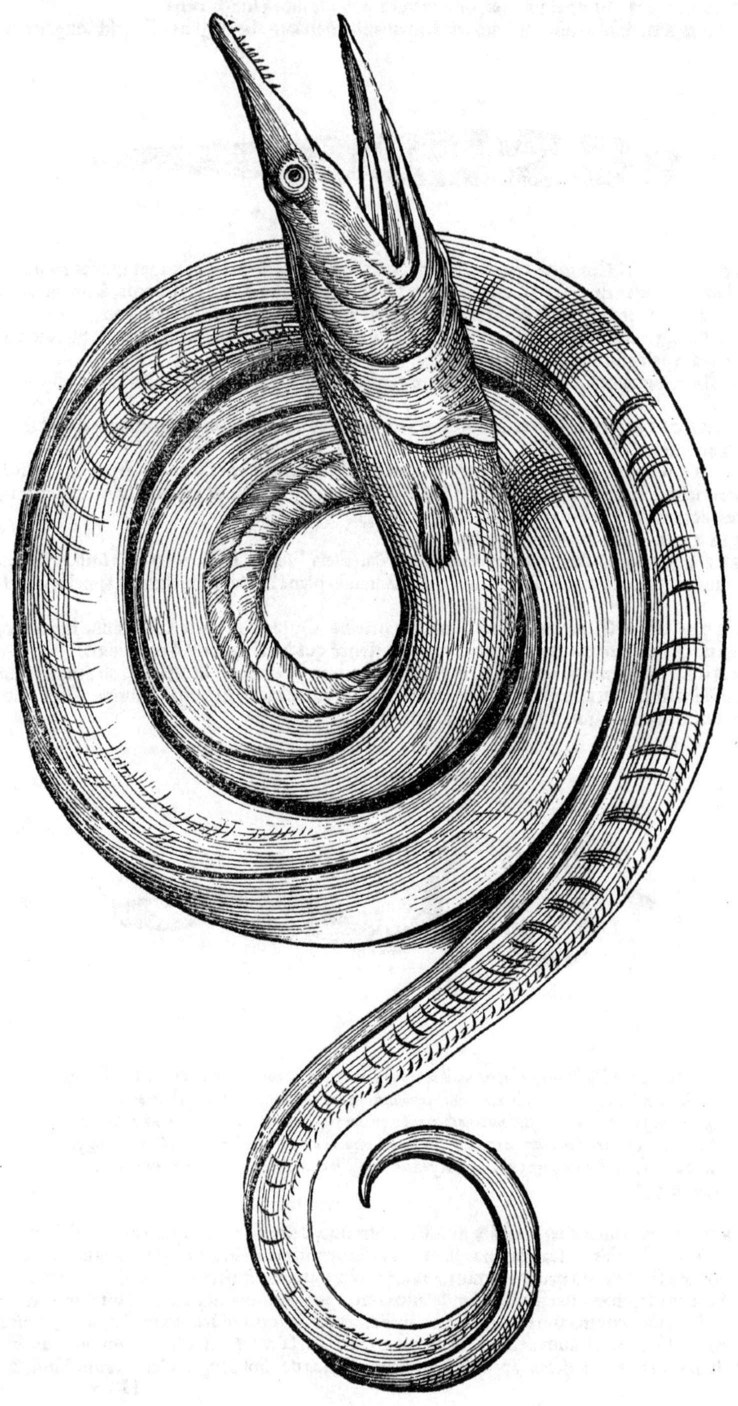

bus mar.

bus mar. Bellonius quidem & Saluianus Ophidion Plinij ab Ophi (id est, Serpente mar.) non distinguunt. nos Rondeletium distinguentem sequimur, cum aliàs, tum quia maior est hic serpens, quàm ut Ophidium, id est, Serpula diminutiuè nominari debeat. Hydrus dici potest omnis aquaticus serpens, tum in dulcibus tum in salsis aquis. nam & marinos serpentes Hydros nominat Aelianus, (quos alij ὄφεις θαλαττίους:) eosq; asperum potiùs serratis dentibus quàm uenenosum os uideri habere. Idem Aelianus alibi de Myrone pisce, (quem Myrum esse, id est, Murænæ marem ignorasse uidetur:) eum ipsum (inquit) esse dicunt marinum Serpentem. ¶ Alius est Draco marinus Aristotelis, quem non à corporis figura, sed ueneno Græci sic nuncuparunt, ut Latini Araneum. ¶ Vide infrà penultimam huius Ordinis imaginem, & quæ adscripsimus. *Hydrus.*

ITAL. Serpe marina, Saluianus.

GERM. Ein art der Meerschlangen / mag ein Kongerschlang genennt werden: dann sy von leyb vnd gestalt ist wie ein schlang: mit dem kopff aber geleychet sy baß einem Meeraal / oder Kongeraal.

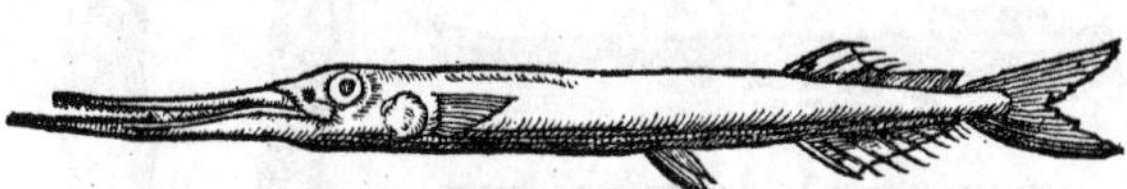

ACVS (prima species,) Aculeatus, Belone. his tribus nominibus utitur Plinius. Græcè Βελόνη, ῥαφίς. habet enim rostrum acus aut subulæ instar. item ἀβλεννής, ab eo nimirum quòd siccæ sit carnis & minimè mucosæ. ¶ Rondeletius Acum lib. 8. descripsit, cum Lacerto siue Colia & similibus piscibus: mihi illis qui Serpentem corpore quodammodo referunt, adnumerare libuit.

GRAECE uulgò Βελονίδα, Zargane, Aiulone.

ITALICE Arguzella, Acucella Romæ, Acicula, Acusigola, Angusigola.

HISPA. Aguilla, (Agulia, Saluianus:) Aguia pescado.

GERMANICE. Hornfisch / Snacotfisch: Tobias / Sobias / Topeiaß / Gebbei: & alicubi (ni fallor) Gerfisch.

ANGLICE. Hornekek / Garrefysshe / Pyper fysh / Hornebeacke.

* *Quærendum an hæc sit Acus Bellonij, quæ proximè ponetur, maximè propter pinnas illas paruas uersus caudam, &c. Sed cognatus uidetur potiùs piscis, quàm idem. Suum ex Oceano Bellonius habuit, hunc ex Mediterraneo Rondeletius.*

† *Acus minor Bellonij: quæ magnitudine tantùm (inquit) à priore differt, &c. Hic fortè Saurus Rondeletij, proximè retro exhibitus fuerit. Lege quæ cum illius eicone scripta sunt.*

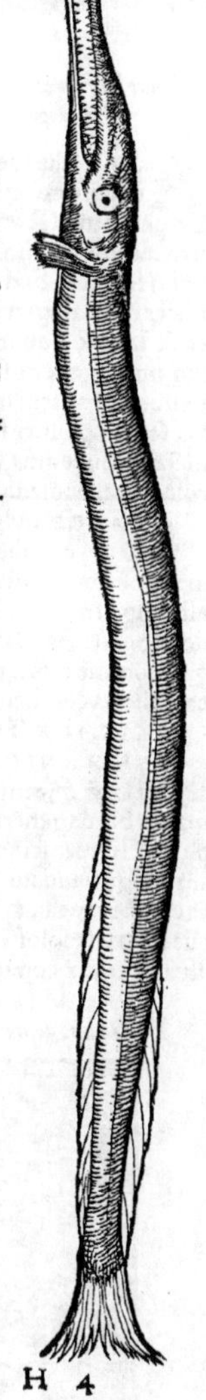

Hanc Acus figuram Venetijs accepimus.

SAVRVS (alius à Trachuro quẽ aliqui Saurũ nuncupant) Acubus similis, breuior & crassior, &c. ea uerò corporis parte quæ à podice ad caudã est, caudaq; ipsa, Scombrum refert: siue partis huius caudæq; figuram, siue eiusdem pinnulas spectes. & similiter carnis substantia. Rondeletio hic potiùs, q̃ Trachurus, Saurus appellatur: & diminutiuè etiam Sauris: σαῦρος, σαυρίς. Sed Sauri fortè communior

H 4

Trachurus. est appellatio, & hunc & Trachurum comprehendens: ut ex uulgaribus Trachuri nominibus cōijci potest: Sauris uerò priuatim qui hîc exhibetur: Sauridem enim, Acum, & Sphyrænam similes esse Speusippus prodidit. Præstat autem Græcum Sauri nomen retinere, quàm ex uocabuli significato, Lacertum Latinè interpretari. *Lacertus.* Lacertus enim Latinorum ueterum, κολίας Græcis dicitur. Σαῦρος uerò uel Sauris Græcorum, is piscis est Saluiano, quem Lacertum peregrinum Rondeletius nominat, in fine Ordinis V. à nobis propositus.

GALL. A quibusdam circa Monspelium Aiguille uocatur, ab alijs Beccasse.

GERM. F. Ein Macqueralse. Vide infrà in Trachuro, Ordine 8. Ein kleiner Hornfisch.

A Rondeletio propositæ figuræ.

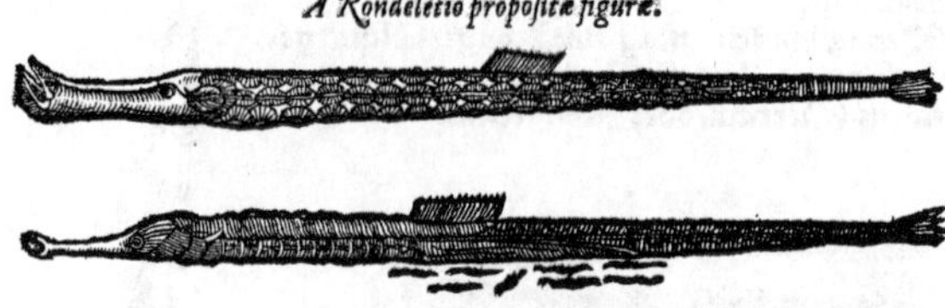

Duas has eicones (ut scripsi) Cor. Sittardus misit. Magnitudinis quidem inter ipsas proportio non eadem seruatur, quæ in Rondeletianis apparet.

ACVS (alia species.) Acus seu Belone Aristotelis, secundū Rondeletium. Sunt qui Serpentem mar. esse credant, sed falsò, ut in Serpente mar. Rondeletius arguit. *Typhle. Typhline mar.* Bellonius Typhlen uel Typhlinen marinā nominat, à similitudine cum Typhlope seu Typhline serpenti terrestri. Sed Typhle Athenæo, Typhlinus Hesychio, inter Nili pisces est, Lampetra parua fl. nimirum. Saluianus hunc piscem Græco & Latino nomine carere putat. Ego huius piscis eicones duas, ueluti unius generis species, à Cor. Sittardo Cæciliæ nomine olim accepi. uocatur autem hoc nomine piscis quidē apud ueteres Latinos nullus: sed Typhlines serpēs, &c. Easdem ex Rondeletio, breuiori spacio pictas, exhibemus, &c. ¶ Qui Remoram esse conijciunt hunc pisciculum, uel Musculum Iulúm ue, falluntur.

GRAECE uulgo Nerophidion.

ITALICE alicubi Diauolo. sed alij Ranam piscatricem Diabolū mar. uocant. Priuatim speciem alteram, quæ corpore rostroq; minor est, uulgò in Italia Arzinarello uel Coaliotto nominari, Cor. Sittardus nos docuit. Saluiano utraq; species, ut Græco Latinoq;, ita etiam uulgari nomine caret. pauci enim (inquit) temere potiùs, quàm comprobata aliqua consuetudine, Serpente marino uocari aiunt.

GALLICE Trompette. Massiliensibus Gagnola.

GERMANICE dici potest ein Trommeter: uel circunscribi, ein art deß Hornfischs. ¶ Inter eicones piscium Oceani Germanici, maiori huius generis (cui os ferè rotundo hiatu, tubæ instar aperitur,) picto, Germanicum nomen Hautinck adscriptum est: quod tamē etiam Mugili cuidam Oxyrhyncho Antuerpiæ tribuitur, & Sphyrænæ alteri Monspelij. ¶ Knakfisch audio esse piscem, qui sola cute & ossibus cōstet, (Holosteum dixeris,) *Holosteus.* inutilis cibo, & captus abijci solitus in litus: ubi mox corrugatur. Hic an Acus sit, quærendum.

Figura hæc desumpta est ex tabula quadam descriptionis Orbis terrarum.

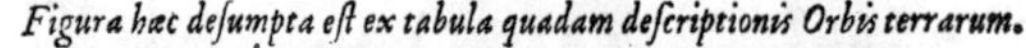

GVAICA.

GVAICANVS uel Reuerſus piſcis Indicus. De nouo piſcationis genere Petrus Martyr Oceaneæ Decadis primæ libro 3. Non aliter (inquit) ac nos canibus Gallis per æquora campi lepores inſectamur, illi (*piſcatores Cubæ inſulæ in Nouo Orbe: in cymba, id eſt caua arbore piſcantes, Chriſt. Columbus*) uenatorio piſce piſces alios capiebant. Piſcis erat formæ nobis ignotæ: corpus eius anguillæ grandiori perſimile: ſed habens (caput grandiuſculum, &) in occipite pellem tenaciſſimam, in modum magnæ crumenæ. Hunc uinctum tenent in nauis ſponda funiculo, ſed tantum demiſſo, quantum piſcis intra aquam carinæ queat inhærere, neq; enim patitur ullo pacto aëris aſpectum. Viſo autem aliquo piſce grandi aut teſtudine, quæ ibi ſunt magno ſcuto grandiores, piſcem ſoluunt. ille quum ſe ſolutum ſentit, ſagitta uelociùs, piſcem aut teſtudinem, quà extra teſtam partem aliquam eductam teneat, adoritur: pelleq; illa crumenaria iniecta, prædam raptam ita tenaciter apprehendit, ut exoluere ipſam eo uiuo nulla uis ſufficiat, niſi extra aquæ marginē paulatim glomerato funiculo extrahatur. Viſo enim aëris fulgore ſtatim prædam deſerit. Præda igitur iam circa aquæ marginem euecta, in mare ſaltat piſcatorum copia tanta, quanta ad prædam ſufficiat ſuſtinendam, donec è naui comites eam apprehendāt. Præda in nauim tracta, funiculi tantum ſoluunt, quantum ſatis eſt uenatori ut ad locum ſuæ ſedis intra aquam redeat, ibiq; de præda ipſa per alium funiculum eſcas ei demittunt. Piſcem incolæ Gaicanum, noſtri Reuerſum appellant, quòd uerſus uenetur.

GERM. **Ein wunderbarer fiſch in dem Indianiſchen meer/mag ein Meerſeckel/oder ein Seckler genennt werden.**

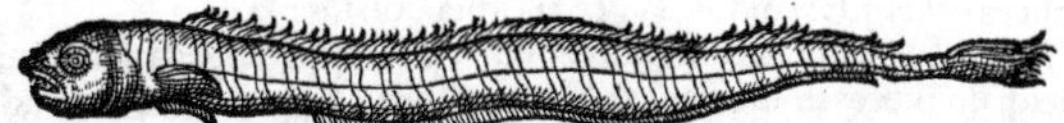

SERPENS marinus rubeſcens, rarus: quē Rondeletius exhibuit. Hunc (inquit) nonnulli Myrum eſſe putauerunt, ſed falſò. nam branchias oſſeo operculo ſquamoſorum modo intectas habet: pinnasq; ad natandum maiuſculas, quibus Muræna & Myrus carent. ſed Dorionis Myrū alterum eſſe ὑποπυῤῥίζοντα, id eſt, ruſeſcentem, non abſurdè quis exiſtimauerit. *Myrus.* *Myrus alter.*

GERM. **Ein ſeltzame rotlachte Meerſchlang. ein Schlangfiſch im meer.**

Hic fortè Serpens iſte marinus fuerit, cuius meminit Ariſtoteles, capite Congro quàm Serpenti ſimilior: nam is quoque fului coloris eſt. non mirum autem ſi in Oceano longè maior euadat.

IN Balthico uel Suecico Oceano, flaui quidam ſerpentes marini reperiuntur, triginta aut quadraginta pedes longi: qui, niſi irritati, neminem lædunt. Quorum iconem Olaus Magnus in Tabula regionum Septentrionalium Europæ iunctarum, dedit huiuſmodi.

IN eadem Tabula alius Serpens marinus, ad centum aut ducentos pedes longus, (ut descriptio habet: uel etiam trecentos, ut numerus iconi adiunctus præ se fert,) circa Noruegiam interdum apparet, mari tranquillo infestus nautis, adeò ut homines quandoque è naui abripiat. Nauim ab eo inuolui aiunt tantam, quantæ ferè in nostris fluuijs aut lacubus maiores fieri solent, quæ mercium uecturæ destinantur, inuolutam subuerti. Spiras supra mare tantas aliquando erigere, ut nauis per unam transire posset. Figuram, qualis in Tabula illa est, apposui.

GERM. Die groß Meerschlange in Norwegischen landen/ welche die schiffleüt schediget/ wenn der wind still ist.

ORDO VII. DE PISCIBVS MARINIS SPINOSIS, PLANIS.

PLANOS pisces non cartilagineos, sed spinosos, Græci ψηττοειδεῖς, Latini Passerinos uocant. Multa sunt huius generis apud nostros Gallos nomina, multoq; plures species quàm apud antiquos, Bellonius. Aristoteles ψηττοειδεῖς dixit: recentiores quidam Passerina specie pisces & Psettaceum genus. Vt Passer auis prona parte fuscus est, supina albus: ita in hoc genere non solum priuatim ab hac aue denominatus piscis, sed etiam reliqui omnes. Omnes situm corporis & oculorum (Tæneijs exceptis) aliter quàm reliqui pisces habent. Eorum alij læues, alij squamosi sunt, &c.

GERMANICE Plani pisces communi nomine Plattfisch appellari poterunt: ut species una Plateyßle: ciq; similiores in suo genere Plateyßfisch. Communius uerò ad pisces latos planosq; omnes (tum cartilagineos, ut Raias: tum spinosos, ut Passeres) nomẽ fuerit Flachfisch: quanuis idem nomen Saxonibus Asellorum quoddam genus significat. ¶ Halbfisch priuatim dicuntur Passerini generis quidam pisces in Albi fl. ex Oceano subeuntes: cuius nominis significationem si respicias, (sonat autem dimidiatum, ἡμίτομον, à corporis specie ueluti per medium dissecta,) pro generis uocabulo usurpari posse uidetur.

Rhombi effigiem, quæ hic collocari debuerat, cum spacium desit, in sequentem paginam retulimus.

RHOMBVS aculeatus Rondeletij. Rhombi uocabulum Græcum Latini retinuerunt, Aristoteli & reliquis Græcis piscis hic ψῆττα est. Romani (inquit Athenæus) Psettam, Rhombũ appellant, nomine Græco. Rhombi quidem nomen apud Aristotelem non extat. Sumitur etiam Passer siue Psetta pro diuerso pisce à Rhombo. Marinorum (inquit Plinius lib. 9. cap. 20.) alij sunt plani, ut Rhombi, Soleæ, ac Passeres: qui à Rhombis situ tantùm corporum differunt. Galenus etiam & Diphilus Psettas à Rhombis manifestè seiunxerunt. Rhombus piscis à Rhombo figura (turbinata, Bellonius) nomen habet, quæ quatuor æqualibus lateribus constat, non autem rectis angulis, Rondeletius. Syacion nominatum animal, id est, Porculum apud Symeonem Sethi, aliqui pro Rhombo accipiunt.

Psetta. *Syacion.*

GRAECI huius temporis adhuc ψῆτταν uocant, teste Gillio.

HISPANI Rodouállo.

ITALI omnes, Ligures & Massilienses Rhombum uocant, ut Gillius & Rondeletius scribunt.

GALL. Circa Monspelium Romb appellant, Massilienses Rombo (ut etiam Rhombum læuem:) Galli Turbot (quasi turbinatum, Bellonius:) Normani Bertoneau, Rondeletio & Gillio authoribus.

ANGLI similiter ut Galli Turbot uel Turbut.

GERMANI Tarbutt: Frisij Terbut/ Terbot. Possunt autem uideri hæc nomina deriuata uel à Latino Turbo, idẽ quod rhombus Græcis significante: uel ab origine Germanica Thornbut. compositum enim hoc uocabulum, aculeatum Passerem significat. Arnoldus Villanouanus etiam Turbotum Latina terminatione dixit. Butt quidem inferioribus Germanis Passerem significat: (alij enim quidam Germani fluuiatilem quendam pisciculum, Phoxinum, ei'ue cognatum, Butt appellant. Putt uerò Mustelæ fluuiatilis species est.) Inde compositæ sunt uoces Tarbutt/ Heiligbutt/ Steinbutt. Ex his Steinbutt, ni fallor, non alius est quàm Tarbutt: nomen hoc partim à lapidibus factum, illud à spinis. quoniam corpus eius acutis eminentijs osseis & lapillorum instar duris (basis quidem singularum instar calculi rotundi est) ceu rubi spinis, ut Raiarum quoq;, exasperatur.

Icon

Icon hæc non à Rondeletio poſita, ſed à Veneto pictore nobis efficta eſt.

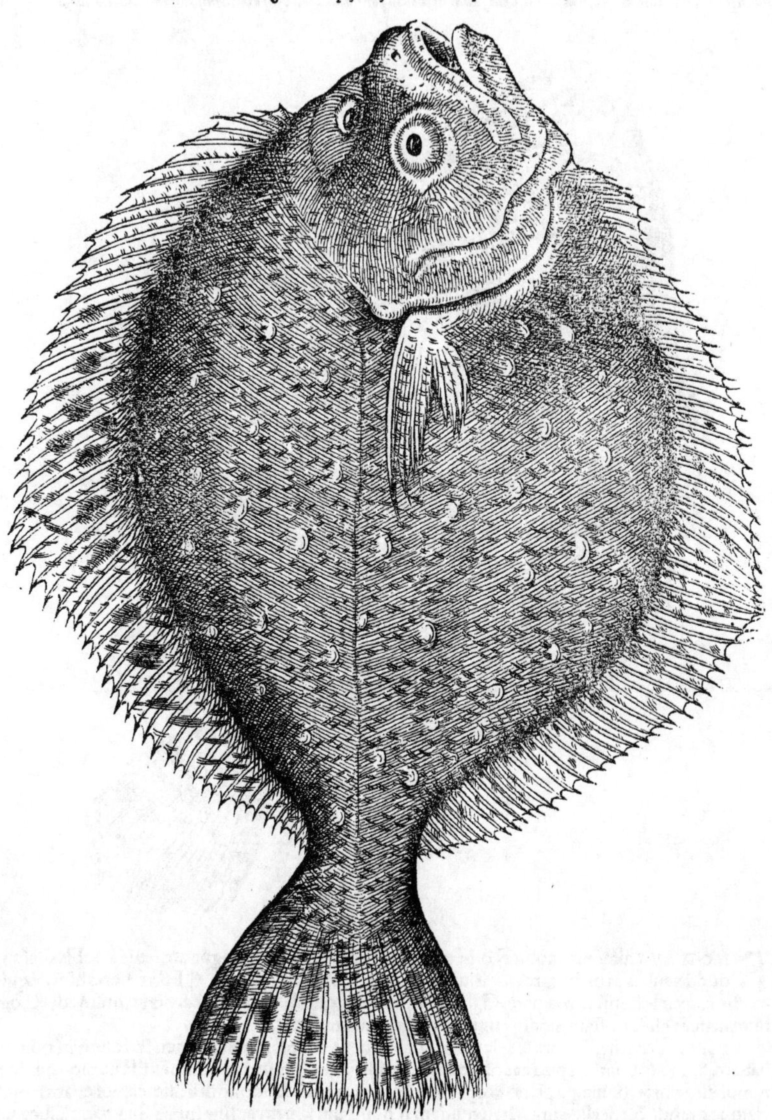

ANGLICE. Rhombum marinum in meridionali Britannici maris litore uocamus a Flounder, (& fluuiatilem a freſhwater Flounder,) ut eundem piſcem in Septentrionali litore Fluke uocamus, Turnerus. Bellonius non Rhombum, ſed Paſſerem fluuiatilem, Gallicè Flez, Anglicè Flonder uocari tradit.

Rhombi læuis species, ab amico Venetijs ad nos missa, alia quàm à Rondeletio posita: cuius iconem addere ideo minus necessarium uisum est, quoniam læuem suum aculeato per omnia parem facit, dempto quòd aculeis caret.

Rhombus alter.

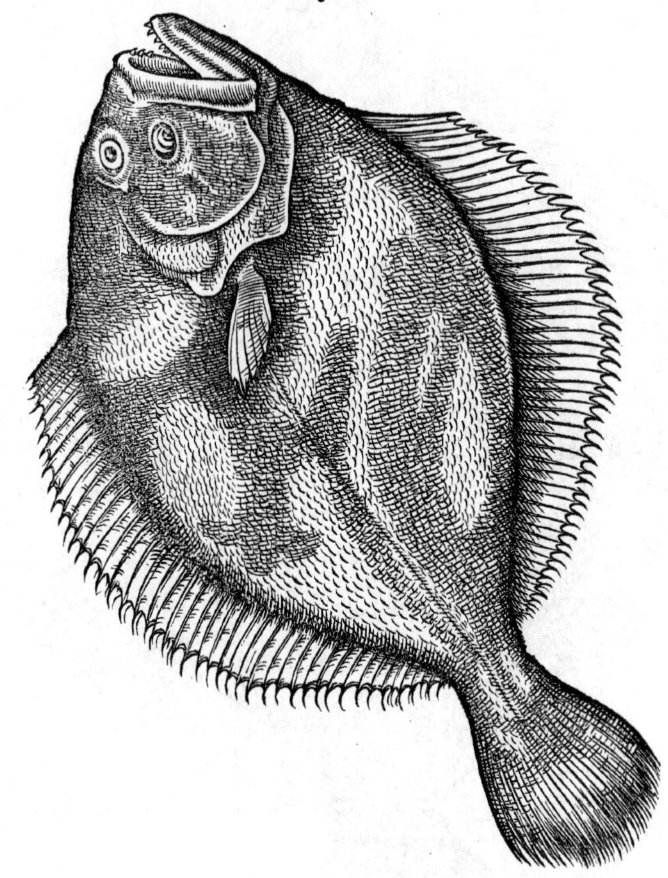

RHOMBVS alter est (inquit Rõdeletius) qui ut à superiore distinguatur, lęuis à nobis dicitur, quòd aculeis prorsus careat. Plura lege in nominibus Gallicis. ¶ Fortè non absurdè quis existimauerit Rhombum læuem, Galeni Citharũ esse: quòd is mollis sit carnis, cuiusmodi Rhombum læuem esse constat: quodq́ eum Rhombo similem faciat. *Citharus.*

ITAL. Venetijs, Romæ & Massiliæ, etsi frequenter reperiri solet, tamen & Rhombi nomen habere, & pro Rhombo apud eas nationes diuendi solere, frequenter conspexi. Rhombo quidem minor est, læuior, & magis plano corpore, minusq́ carnoso, solido ac delicato: capite etiam magis elato ac grandi, &c. Bellonius. Itali quidam Rhombum læuem ac sine spinis Suazo uel Cuco uocitant. aliqui (Itali an Galli nescio) Soagia.

GALLIS Barbue dicitur. à nostris (inquit Rondeletius) per similitudinem Passar, quasi Passer: à nonnullis Pansar, id est, uentriosus. nos enim Panse uentrem appellamus. Sed Passar, meo quidem iudicio, rectiùs dicitur: quanquam uerus Passer seu ψῆττα non sit, sed ei figura duntaxat similis, situ uerò dissidens. huic enim dexter resupinatus est, Passeribus læuus, Rondeletius. [Si Rhombum sic in latus componas, ut oculi cœlum suspiciant, & mentum deorsum spectet, pars supina, erit dextra. sed si similiter Passerem constituas, supina pars erit læua, Gillius & Massarius.] Massilienses Rombo. uide suprà in Italicis. ¶ In Gallia quidam (etiam ex coquis) hunc piscem sexu tantùm à Rhombo aculeato differre rati, Rhombi fœminam temere appellant.

GERMANOS Meerbutten uocare puto, ut ab ijs (conijcio) qui flumina subeunt, distinguãt. Sunt

Sunt & alij quidam marini duntaxat generis pisces Meerbutte (aut potiùs Meerputten. Mustelarum forte cognati) dicti, prorsus læues, ut Anguillæ, carne etiam simili, ut audio.

RHOMBOIDES Rondeletij. Romæ (inqt) piscē sæpe uidimus, qui ab ichthyopolis Rhombi nomine uenditur: quem tamē à superioribus Rhombis diuersum esse sensus ipse doceat, etiamsi figura Rhombum imitetur. Quare hunc Rhomboidē appellauim⁹, ut tantùm à Rhombo pisce differat, quantū figura rhōboides à rhombo figura. est enim rhomboides figura, quæ neq; latera æqualia, neq; angulos rectos habet. Huius mentionem nullam à ueteribus factam fuisse comperio. ¶ Vide an hæc sit Tænia Bellonij.

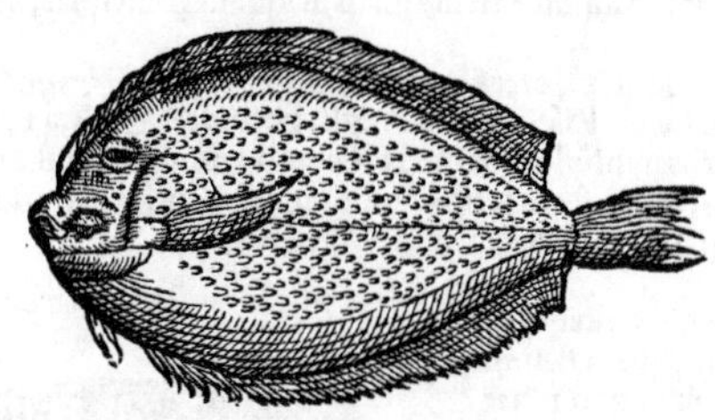

ITAL. Romæ cum Rhombo confundunt, ut iam dictum est.

GERM. Ein kleine Tarbutten art zů Rom / wirt niemer über ein spann lang.

Citharus Rondeletij.

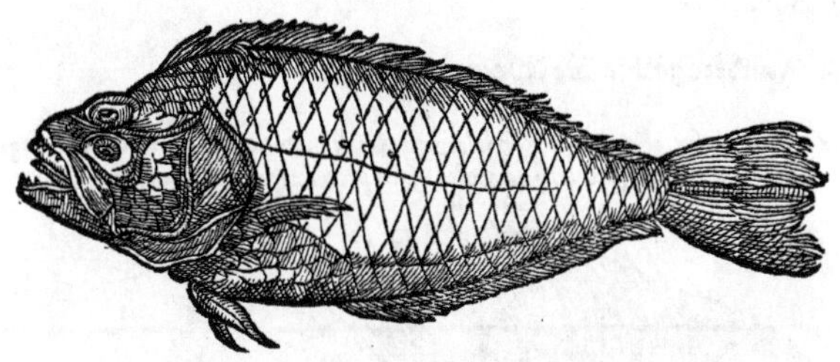

Alia eiusdem piscis (ut uidetur) eicon, à Corn. Sittardo missa, pro pisce qui Romæ uulgò Pecten uocetur. sed Saluianus Nouaculam Rondeletij, Pectinem Romæ uocari scribit. Differt quidem hæc imago à superiore, cum aliâs nonnihil, tum pinnis.

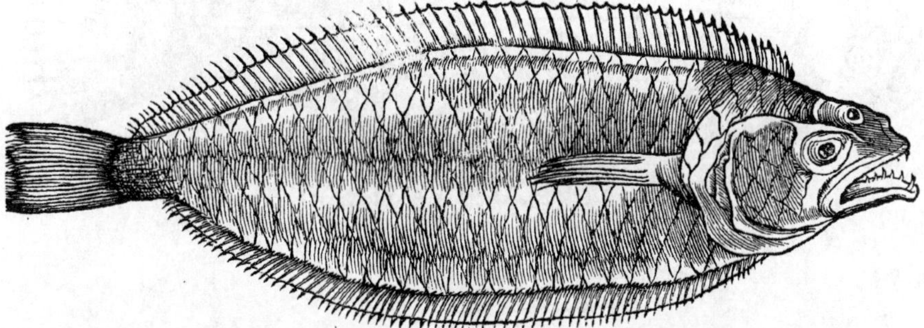

CITHARUS Rondeletij. Κίθαρος uel Κιθάρα Varino. Oppiano Κιθάρη. Gaza ex Aristotele Fidiculam conuertit. ¶ Citharœdus Aeliani, piscis est, cuius ille in mari Rubro genera duo describit, solis corporum pigmentis à Citharo nostro diuersa, Rondeletius. Latitudine (inquit Aelianus) Buglossum præ se fert, lineis à summo capitis uertice ad extremam caudam nigris sic distinguitur, ut eas citharæ fidiculas cōtentas esse dicas: unde & Citharœdus appellatur. ¶ Quidam hunc piscem Tæniam esse putauerunt, quæ Romæ uulgò Pecten uel Pectenorzo dicatur. *Tænia.* Nos alias Tænias Rondeletij dabimus. ¶ Rhombum alterum siue læuem Rondeletij, Galeni Citharum esse non absurdè quis existimauerit: quòd is mollis sit carnis, cuiusmodi Rhombum læuem esse constat: quódq; eum Rhombo similem faciat Galenus. ¶ Citharus à Strabone inter

I

Nili pisces recensetur.

ITAL. Romæ satis frequens est, & Folio nominatur. Bellonio Tænia ibidem Sfolia, uel Sfolio: quo & Veneti nomine (inquit) Soleam uocare consueuerunt. Buglosso quidem, id est Soleæ, quàm Rhombo similior est hic piscis, si squamas excipias, quæ in Citharo sunt magnæ, rhombi figura.

GERM. Ein Plateyßle oder Zungē art. Ein Sandling: Vide mox in Anglico nomine.

GALLICE. Piscis qui ab Anglis uocatur a Sab, à Frisijs Orientalibus ein Sandling, Galeni Citharus mihi esse uidetur. Is Rhombo minimo similis est, sed candidior: & circa caudā summasq; oras, quæ piscem totum ambiunt, rubescit. Saporis non iniucundi, utcunque apud Londinenses in paruo precio habeatur, Turnerus.

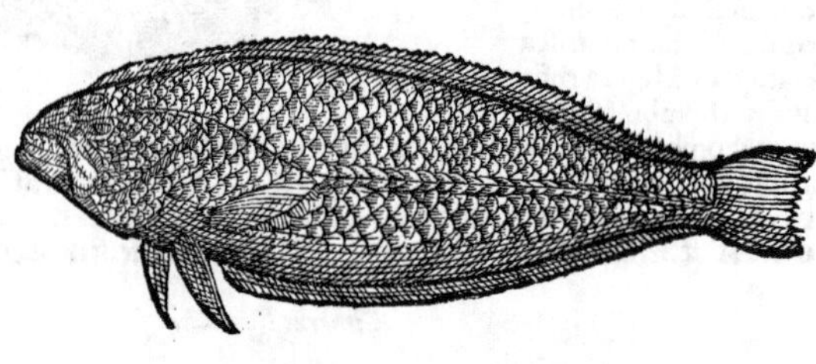

CITHARVS alter Rondeletio, quem flauum siue asperum cognominat. Athenæus quidem ex Archestrato Citharum unum λευκὸν, alterum πυῤῥὸν facit. ¶ Sunt (inquit Rondeletius) qui uerum Buglossum esse credant, nec sine ratione: non ob figuram solùm, sed etiam ob asperitatem. est enim bouis lingua, magna & aspera.

GERM. Ein andere gälblachte Meerzungen art.

Passeris effigies Venetijs facta, ab ea quam Rondeletius dedit, differens, cum aliâs nonnihil, tum quòd pinna superior in pictura Rondeletij ad oculos usque procedit, paulatim humilior, &c.

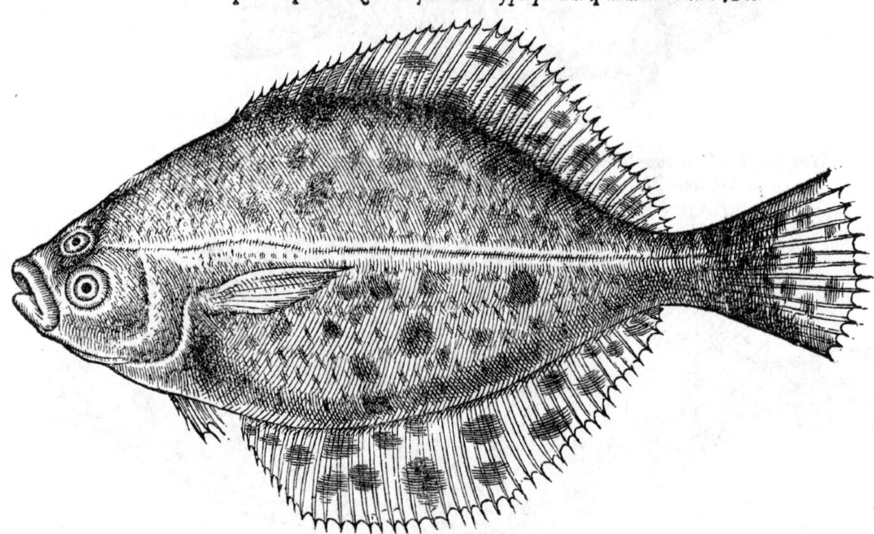

PASSER. Piscis Ψῆτα à Græcis, à Latinis Passer dicitur, Rondelet. A colore Passerum auium Passeres dicti sunt. parte enim supina candidi, prona uerò terrei coloris, ut Passeres aues

Psetta. sunt, Massarius. Psetta Græcis genus uidetur esse ad Rhombū & Passerē: (lege suprà in Rhombo:) Itaq; & Rhombus aliquando Psettæ nomine uenit: & Buglossum Athenæus Atticè Psettam uocari scribit. Ψίτ7αι pisces leguntur apud Suidam: ego Ψῆτται scripserim per η. circunflexum.

Στρουθός. Στρουθὸς Græcis Passer auis est. Aelianus (De animalib. 14.3.) piscem quoq; Passerem scilicet, uel aliquam eius speciem similiter nominat, unà cum Rhombo, Psetta & Torpedine. quare apud Aristotelem quoq; Historiæ 2.15. idem nomen pro pisce rectè legi aliquis coniecerit, quanuis diuer-

Ψιτίον. sum sentiat Rondeletius. Ψιτίον quoq; apud Symeonem Sethi & Psellum De diæta, non aliud quàm

quàm Passer piscis mihi uidetur. Pectinem (qui ueteribus in Testaceo genere est) Alberti Magni ætas imperitè pro Passere accepit: inde forsan, quòd spinæ huius generis piscium rectæ & parallelæ, pectinis instrumenti speciem præ se ferant. Eundem piscem Ausonius Platessam nominat, & mollis epitheton attribuit. uidetur autem factum nomen à Græco πλατύς: est enim de genere planorum & latorum: à qua origine forsan & Gallica quædam & Germanica nomina mox dicenda deriuantur. Plagitia barbarum nomen est, Arnoldo usurpatum pro Latino.

Pecten. Platessa. Plagitia.

ITAL. Ab Italis nostrisq; Plane dicitur, Rondeletius. Passer hodieq; nominatur Romæ, & in multis Italiæ litoribus, (uulgò Passaro,) Iouio & Gillio testibus.

GALL. Ab Italis nostrisq; Plane dicitur, ab alijs Platuse, à Gallis Plye. Passerū species multæ sunt. maxima à Gallis Plya, nescio qua ratione uocatur: quæ à Quadratulo sibi congenere pisce (uulgò Carlet) non nisi ipsa forma ac magnitudine differre uidetur. est enim Plya Quadratulo tantùm maior: qui ad quadrangulum proximè accedit. uterq; flauis lituris in tergo cinereo suggillatur: subtus, ut & reliqui huius generis, albicat, Bellonius. Sunt inter Gallos qui Passerem cum Solea confundant, Gillius.

Quadratulus.

GERM. Nostri uocant Platyßle, alij Plateyse/Pladyß: cuius nominis & similium in alijs linguis etymon esse Græcum paulò antè monuimus. Plattgin, Flandricum nomen est. Bot uel Butt, unde diminutiuum Bütch, inferioribus Germanis, Flandris & alijs, Passerem sonat. Inde nomina composita, quæ in Rhombo diximus. Bot tamen & Pladyß aliquos distinguere uideo. Butt (ut audio) in lacubus seu stagnis dicitur, marinis crassior, pinguior ac nigrior: in mari Schollen, qui ad nos uehuntur. capiuntur enim maiore copia. A nomine Schollen, speciei unius nomen Platyßscol compositum apparet. Scholl quidem uel Schull Germanis quibusdam maritimis usitatum nomen, quanquam ipso sono ad Soleam accedit, & quidam non indocti nuper Soleam interpretati sunt, non aliud tamen quàm Passerem populis eo nomine utentibus significat: eundem scilicet piscem quem Flandri ein Plattdice nominant, Angli a Place, ut Turnerus me monuit. ¶ Gantzfisch & Halbfisch, hoc est, integri & dimidiati pisces, genera quædam Passerum nominantur apud inferiores Germanos: sola (ni fallor) magnitudine diuersa: ut ille maior sit, hic minor: quem etiam è mari in Albim uenire audio. Lege quæ scripsimus suprà de planis spinosis in genere, initio huius Ordinis. ¶ Plye Gallica Passeris nomenclatura est: sed eodē nomine Germani in lacubus aquarum dulcium ad Septentrionem, piscem, haud scio an Passerini generis, appellant. ¶ Est & Plaetkens Passeris parui (opinor) nomen.

ANGLICUM nomen Plase uel Playse, uidetur per syncopen factum à Germanico Platyßle. Turnerus Anglus scribit a Place.

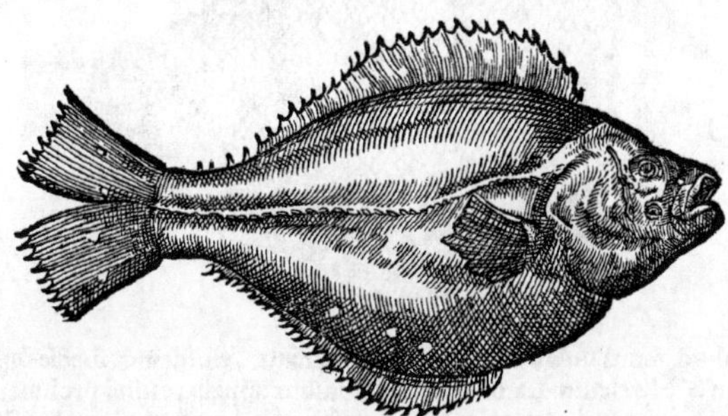

PASSERIS alia species. Planum hunc piscem Quarrelet uocant, hoc est, Quadratulum. Sunt qui eum hoc tantùm nomine appellent, cùm minor est: cùm uerò senuit, Plye. Ego uerò specie hunc ab illo differre existimo. magis enim quadrata est forma, unde Quadratuli nomen: maculasq; rufas siue subflauas plures habet. Totus læuis est, carne candida, molli, ualde humida. Magna eius copia in Oceano capitur, Rondeletius. A Passere quid differat, leges suprà in Gallicis nominibus Passeris.

GALL. Quarrelet, ut prædictum est: uel Carlet, Garlet.

GERMAN. Ein kleine Plateyßle art / ein gefierts Platyßle. Quærendum an idem sit, qui à nonnullis Oceani accolis Scherren uocatur Passer, deprauato forsan Gallico nomine.

PASSEREM Asperum siue Squamosum cognominare licebit, quem Galli uocant Limandam. Flauas maculas in pinnis quæ corpus ambiunt, & in reliquo corpore habet. Linea corpus intersecans sinuosa, in Passere nostro rectior est. Antuerpiani exiccatos uendunt, Rondeletius.

I 2

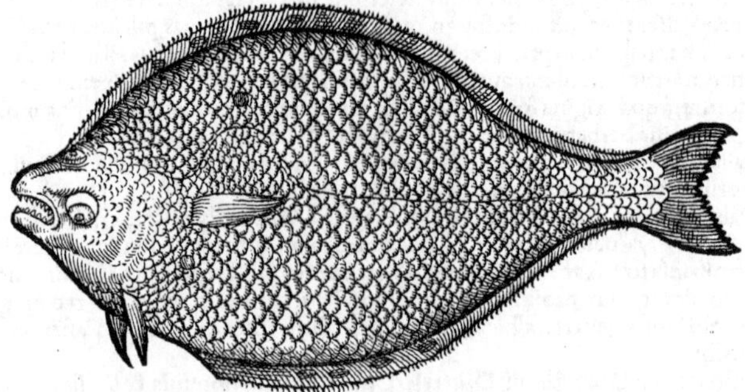

ITALIA hunc piſcem ignorat, Bellonius.

GALL. Ob tenuitatem corporis, quam cum aſſeribus dolabra in laminas diffiſis commune habet (eas laminas uulgus limandas uocat) Limandæ nomen adeptus eſt, Bellonius.

ANGLIS admodum uulgaris eſt, & Brut appellari ſolet, Rondeletius & Bellonius. Ego Anglos proferre audio Burte, uel Birte, uel Brette: fortè à latitudine plana. (ſic enim noſtri quoque aſſes ſiue aſſeres & tabulas ligneas uocant: & inde piſci huic nomen aptum fingemus, ein Brettfiſch.) Vocatur & Burtcock Anglis, eiuſdem generis piſcis, mas, ni fallor. Cock quidem gallinaceus eſt. Bellonius in litore Angliæ exiccatum hunc piſcem ad Germanos transferri ait: Ioannes Caius uerò Anglus, nunquam in Anglia ſiccatum ſe uidiſſe, etiamſi uulgaris ſit piſcis, mihi teſtatus eſt.

GERM. Vide in Anglicis.

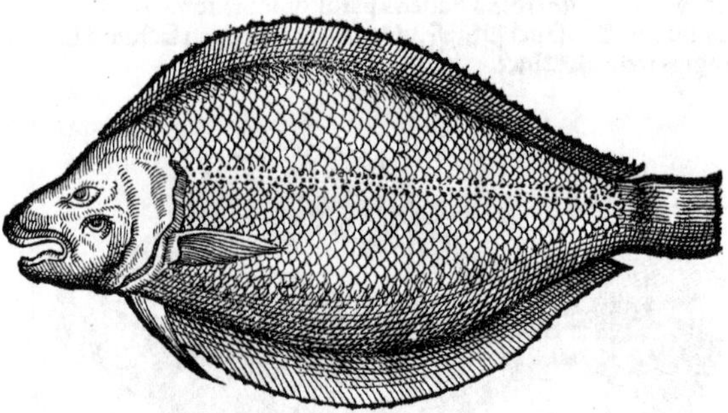

PASSERIS aliud genus uulgò à Gallis Flez nominatur, eiuſdemq́ ſpecies, alia maior Fletelet. nos Fleſum & Fleteletum Latinis terminationibus appellare nihil prohibet. Fleſus ſquamis paruis integitur, colore eſt nigro. In corpore pinniſq́ id ambientibus maculas rufas habet. Hoc piſce mare noſtrum caret: ac fuiſſe utranq; eius ſpeciem ueteribus incognitam affirmare auſim, quòd Oceani piſces ignorarint. E mari flumina ſubit, ut aliæ etiam Paſſerum ſpecies: non autem naſcitur in eis, Rondeletius. Fleſo corpus eſt paulò longiùs quàm Paſſeris: cumq́; adoleuit, craſsius. Fleteletus Fleſo ut plurimùm maior (etſi nomen eius diminutiuum eſſe uideatur) ab Anglico tractu ad Gallos adfertur, Bellonius.

ITALI hos piſces Oceano peculiares ignorant.

GALLI, ut dictum eſt, ſpeciem minorem Flez: maiorem Fletelet nominant.

ANGLI ſpeciem minorem, Bellonio teſte, Phlonder uocitant: maiorem Helbut. Ego Anglos uideo ſua lingua ſcribere Flunder, uel Flonder/Flownder. in Tameſi capitur. Maioris nomen Eliota Anglicè ſcribit Hallibutte, Caius Holybut. Heiligbutt (ſic enim nomen integrum Germanicè ſcribitur) Paſſerem ſacrum ſignificat, fortè à magnitudine. Audio piſcem in ora Germaniæ dictum Quep uel Heiligbutt, ſimilem Paſſeri, pedes circiter xij. longum, ualidiſſimum eſſe in aqua, ſegmenta eius oblonga indurari ad ſolem, & uocari Raff uel Regling: quæ aliò deportata in delicijs habeantur. Idem piſcis (ni fallor) alicubi Elenbot uocatur.

GERM. Vide in Anglicis.

Icon

Icon à Rondeletio exhibita.

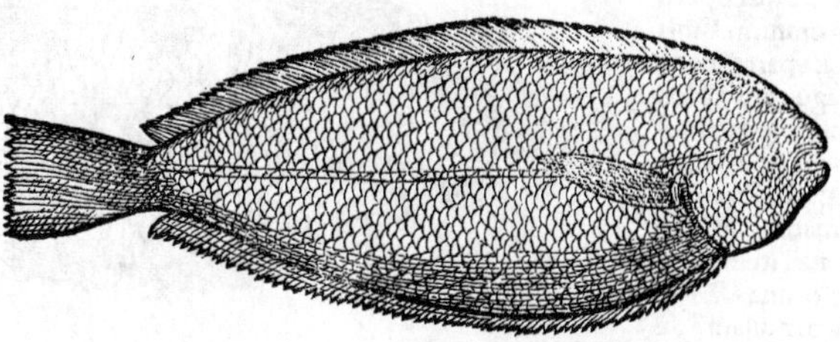

Alia, quam Venetijs nacti sumus, ijs quas Rondeletius pingit, omnibus dissimilem.

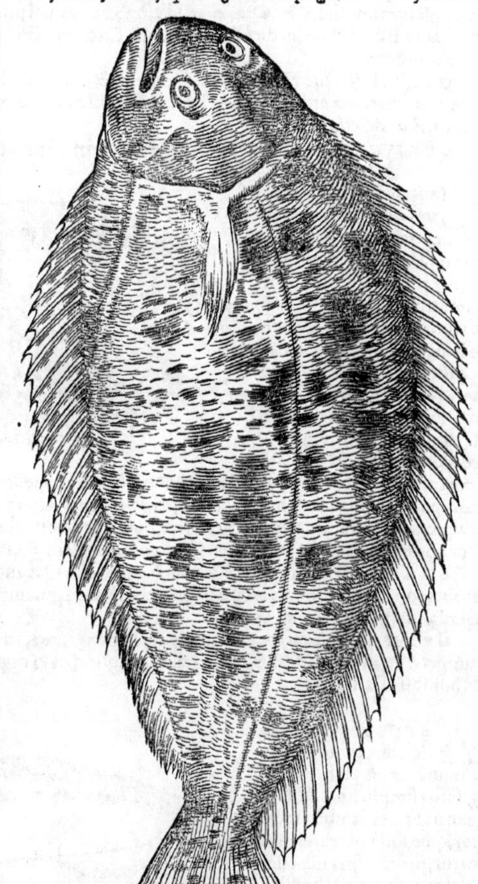

BVGLOSSVS uel Buglossum (Βούγλωσσος ἢ Βούγλωσσον) genus est piscis, Psettæ & Tæniæ similis, authore Speusippo. A Varrone & Plauto Lingulaca dicitur, à linguę figura, quæ Græcis est γλῶττα: cui βου particulam additam fuisse puto, ut magnitudinem potiùs, quàm bubulæ linguæ figuram significet. A Plinio Ouidioq́ꝫ Solea: à figura Soleæ, quæ solo pedis subijcitur. Galenus Philotimum reprehendit, quòd Passeris aut Psettæ uocabulū ad Buglossum, nulla speciei habita ratione, temere transtulerit. Buglossum Attici Psettam uocant, Athenæus. Psetta pisciculus planus est: uel is quem nonnulli Sandaliū (Σανδάλιον) aut Buglossum nominant, Varinus. ¶ Citharum asperum sunt qui uerum Buglossum esse credunt, nec sine ratione, &c. ¶ Saxaulis uel Saxaulus piscis Arnoldo est Solea, nescio cuius linguæ uocabulo.

Lingulaca. *Solea.* *Sandalium.* *Citharus asper.*

GRAECIS hodie γλῶττα dicitur.

ITAL. Romę Linguata uel Leguata. Venetijs Sfoia uel Sfoglia, uel Sfolia, à maioris alicuius folij forma, ut Bellonius scribit. Sed Romanū uulgus aliud quoq; Passeris genus, (alteram Soleę speciem,) quod Bellonius Tæniam facit, Sfolia nuncupat.

HISPANI Lenguado, Lusitani Linguado uocitant.

GALLI Sole. Aliqui à carnis delicata (solida tamen & candida) iucunditate, Perdicem marinam.

ANGLI similiter ut Galli nominant a Sole.

GERM. Piscis quē inferiores Germani Scholle / Schulle uel Scolle indigetant, Solea non est, etsi illā nomine præ se fert, sed Passer ut prædiximus. Soleam uerò Frisij & alij quidam nominant Tonge uel Tunge, id est, linguam, nos Zunge proferimus.

I 3

SOLEA oculata Rondeletij. Est(inquit) aliis Soleis corporis habitu & partibus internis omnino similis: sed in prona parte maculas habet magnas, oculorũ effigiem cum iride & pupilla referentes. unde Soleam oculatam appellandam esse censeo: quemadmodũ Torpedinis oculatæ, item Raiæ oculatæ species una est. Huius mentionem nullam à ueteribus factam fuisse comperio: nisi quis Athenæi Escharum aut Corin esse putet. Hæc ille. Corin quidem apparet de genere planorum esse: & παρὰ τὰς κόρας, id est, ab oculis, uel pupillis dictum aliquis coniecerit. Eundem autem & Escharum dici Dorion tradit. Cæterùm Eschara Rondeletij, planta quædam marina esse uidetur.

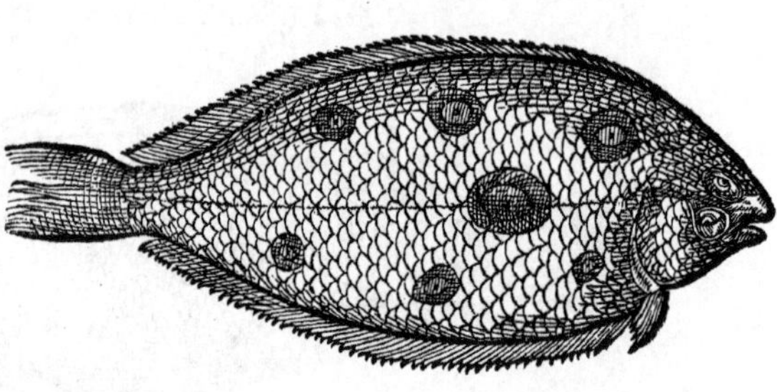

Coris.

Escharus.

GALL. Piscis hic Massiliæ satis frequens & apud nos, Pegouse dicitur, à squamarum (ut arbitror) tenacitate. ita enim tenaciter hærent, ut nisi diu in aqua calida maduerint, desquamari non possit, Rondeletius.

GERMANICE uocetur **ein Spiegelbot/ein Spiegelzunge**, uel **ein Augebot/rc.**

CYNOGLOSSVS. Hũc inter Buglossi species numerare necesse esse, forma ipsa satis arguit, qua Buglossi planè similis est. Est tamen corpore spissiore & breuiore. Squamis tegitur paruis, in ambitu serratis. Colore est fusco. Vt Rhombus à Passere, ita hic à prima Buglossi specie differt situ corporis, nec non sapore. Eundem fortè Epicharmus apud Athenæum Cynoglossum (Κυνόγλωσσον) appellauit. Vel si is non sit (nihil enim certi ex tam paucis uerbis Epicharmi ab Athenæo citatis colligi potest) optimo tamen iure, ut à cæteris Buglossi generibus distinguatur, Cynoglossum nuncupabimus: neq; aliud est genus, cui nomen hoc aptiùs quadret, Rondeletius. Bellonius Soleam alteram nominat.

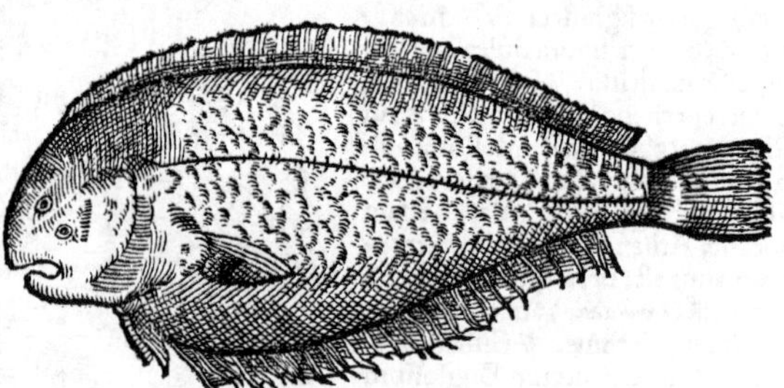

GALLI Pole nominant. est autem frequens in Oceano piscis. Similitudine decipiuntur, qui in mari nostro (Mediterraneo ad Monspelium) capi putant: eumq; esse piscem, quem Massilienses Seruantin uocant, Rondeletius.

GERMANI uocare poterunt **ein Hundes zunge**, id est, Canis linguam: uel **ein verkeerte zunge/Letze zunge**, id est, Soleam inuersam, quòd os ei oppositum ostendat, quemadmodum & Rhombus Passeri.

ARNOGLOSSVS Rondeletij. Arnoglossus (inquit) læuis, siue Arnoglossus simpliciter, ea Buglossi species à nobis uocatur, quæ squamis carere uidetur, prorsusq; læuis esse. Nam ut plantagini herbæ à figura uel foliorum læuitate, arnoglossi, id est, agninæ linguæ nomen positum est: ita species hæc Arnoglossus à læuitate uel figura rectè nominabitur. eum ex Buglossorum genere reuera esse, corporis habitus, figuraq; indicat. à cæteris differt, quòd multis squamis tenuissimis & statim deciduis integatur, ut meritò læuis dici possit,

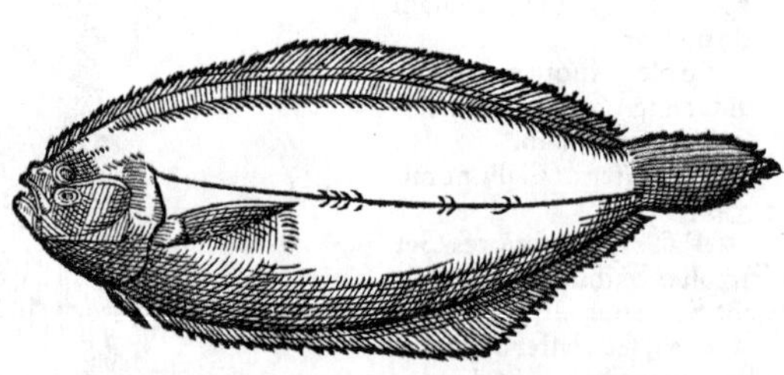

posit, tenuisq; tantùm cute opertus esse uideatur. Corpore est ualde gracili, pellucido, candido. Tænia non est, ut quidã existimarunt, cum pinnas quatuor habeat, Aristoteles uerò Tæniæ duas duntaxat attribuat, Rondeletius. *Tænia.*

GALL. Perpeire circa Monspelium.

GERMANICUM nomen fingimus, Arnoglosi significationẽ interpretantes, **ein Schaafzunge.** uel circũloquimur, **ein glatte art der Merzungen: hat wol vil schüppelen: die sind aber gar klein/vnd fallend flux ab.**

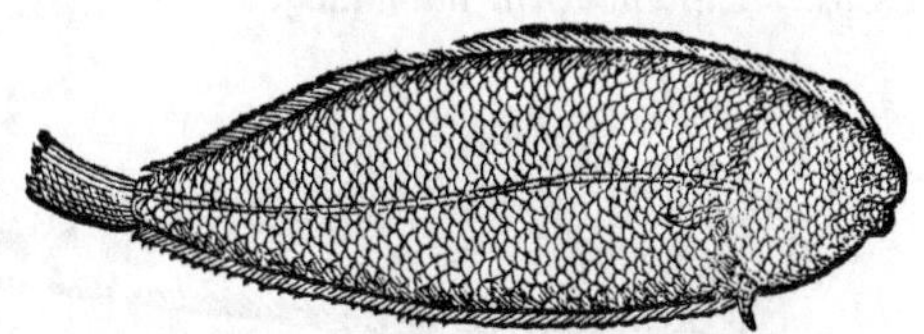

SOLEA parua, Lingula Rondeletij. LinguIã (inquit) appellamus, quòd sit Buglossorum omnium, quæ à linguæ figura nomen traxerunt, minima. Dodrantalem magnitudinem nunquã excedit. Linea quæ corpus dirimit, spinamq; firmat uel tuetur, ex squamis contexta est longè eminentioribus quàm in toto corpore, dempta ea parte quæ circa maxillam inferiorem est. Satis rarus est piscis, & ob corporis tenuitatem uilis.

GERM. **Die aller kleinste art der Meerzungen/ein Zünglin/Meerzünglin.**

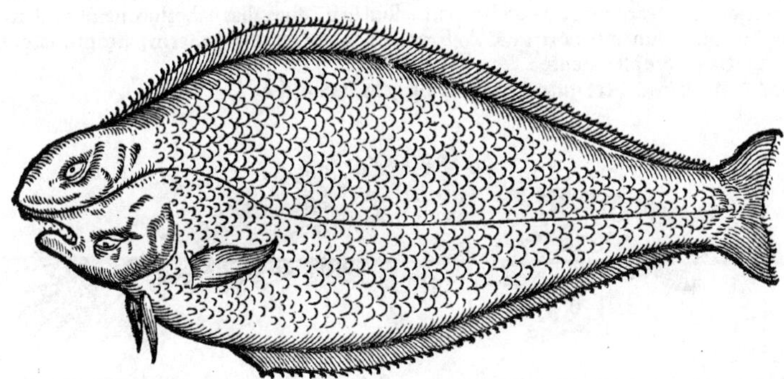

HIPPOGLOSSUS Rondeletij. Hippoglossum (inquit) Buglossi speciem, (Oceani tantùm accolis notam, ueteribus incognitam,) sic uocauimus, quòd Buglossa omnia magnitudine superet. Græci enim rei magnitudinem indicant *βου* & *ἵππο* particulis.

GALLI Flettan appellant, quòd fluitando natet, ut opinor, Rondeletius. Hæc etymologia si proba est, Fleso quoq; & Fleteleto piscibus, à Gallis ita dictis, in eodem Passerum genere nomẽ dedisse uideri potest.

GERMANICE uocetur, **ein Vrzunge: das gröst geschlecht der Meerzungen.**

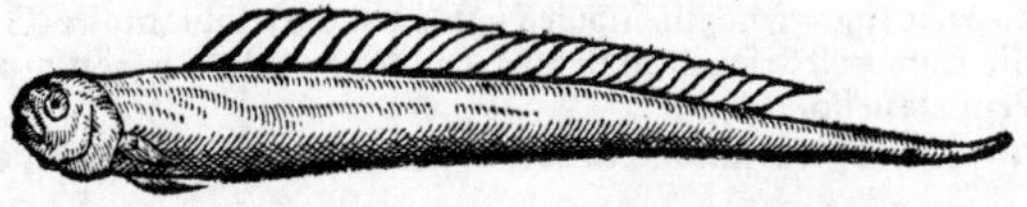

TAENIA (*ταινία*) piscis quanquam corporis specie, pinnis & oculorum situ à **cæteris** planis spinosis differt; à Rondeletio tamen, propter corporis tenuitatem opinor, planorum historiæ additur. & Speusippus Passerem, Buglossum ac Tæniam, similes facit. Corpore est oblongo, candido, & tenuissimo, fasciæ instar, (quam Græci tæniam uocant, sicut & uittam seu redimiculum et cingulum,) unde nomen inuenit. Tenuitatis quidem tantæ est, ut ossa uertebrarum spinæq;, carne (ceu) non tecta appareant. Oculos habet magnos: nõ in prona parte ut plani, sed utrinq; unum. Corporis tenuitate, carnis (quæ dura & glutinosa est) sapore candoreq; Buglosso similis, Rondeletio teste. ¶ Is quem Arnoglossum paulò antè nominauimus, non potest esse Tænia, ut quidam *Arnoglossus.*

Vitta. putarunt, cum pinnas quatuor habeat. nam Tæniæ Aristoteles (apud quem Gaza Vittam interpretatur, Plinius Tæniæ uocabulum retinuit) binas tantùm iuxta branchias attribuit. Aliqui etiam Citharum Rondeletij, qui Romæ Pecten (*quo nomine Saluianus Nouaculam Rondeletij Romæ uocari tradit*) uel Pectenorzo dicatur, Tæniam esse suspicati sunt.

Citharus Rondeletij.

GALLICE. Circa Monspelium Flambo uocatur, id est, flamma, quia colore est rufo siue flammeo: uel quia cum natat, flammæ modo moueatur & flectatur. A quibusdam Spase, id est, ensis nominatur, à figura. capite enim lato est, reliquo corpore in acutum paulatim desinente, Rondeletius.

GERM. F. Ein Binde/ein Flämmling.

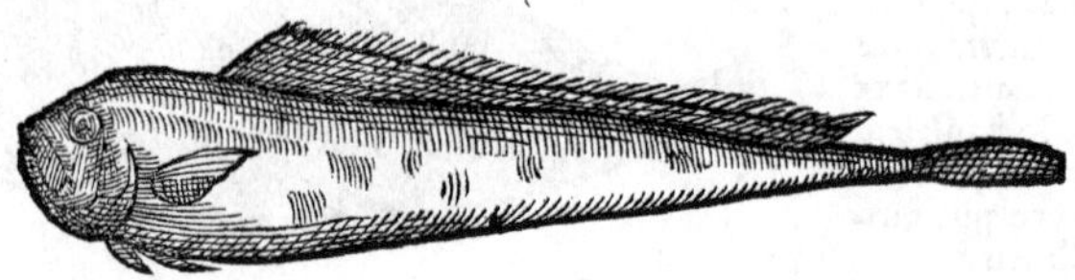

TAENIA altera à Rondeletio, propter similitudinem superioris, (quæ uera Aristotelis Tænia est,) uocata. Et huic (inquit) tæniæ, id est, fasciæ nomen aptissimè quadrat. est enim tenuis & longissima, quippe quæ ad duûm triûm ue cubitorum longitudinem excrescat. Differt tamen à priore, quòd præter pinnas quæ ad branchias sunt sitæ, duas alias habet sub maxilla inferiore rufas, cuius coloris sunt uilli dorsi caudaq́. Præterea quinq́ maculas habet in parte prona, purpureas, rotundas. colore est argenteo, &c.

GERM. Ein andere gattung des nechstgemelten fischs.

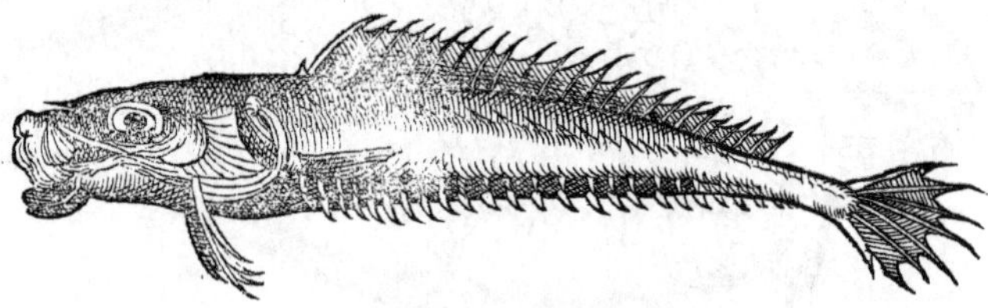

TAENIAE genus tertium, ut uidetur, quod Bellonius Falcem usitato Venetis nomine appellauit. Exhibita quidem ab eo figura, propter illas ueluti crenas, quibus, inquit, in gyrum serrata est, & asperam in lateribus lineam, cum Rondeletianis duabus non conuenit. Tenuis (inquit) est adeò ut penè transpareat. Quòd si caudam diligentiùs inspexeris, uitrarij penicillum refert: quoniam sicca cum fuerit, equinas imitatur setas. Argentei coloris est arida. Ea quam uidi, digitos lata sex, quinque palmos longa erat: ore prægrandi, sine dentibus: nulla subtus (*ab ano*) pinna, quod in alio piscium nullo obseruaui. Hæc ille. Tæniam autem alium piscem, quandam Soleæ speciem appellat, quæ Rondeletij Citharus siue primus, siue secundus, uideri potest.

GRAECE uulgò apud Tenedum Anthias, sed falsò.

Falx. *Simia.*

ITALICE. Mollis est piscis (inquit Bellonius) ita ut perfrixus uel assus, in quoddam ueluti glutinum resoluatur. unde ab omnibus ferè mensis explosus, nullum præterquàm formæ (qua rusticam falcem aliquo pacto imitari uidetur) nomen uulgo Italico retinuit. nostro (Gallico) autem litori planè inuisus est. Capite est deformi, ut Simiam esse dicas, unde Marmotum plerique uocãt. alij in Italia Colpiscem: alij ut libuit.

GERM. F. Ein Meeraff: ein sundere art der obgenennten Flämmlingen. ein Leimfisch.

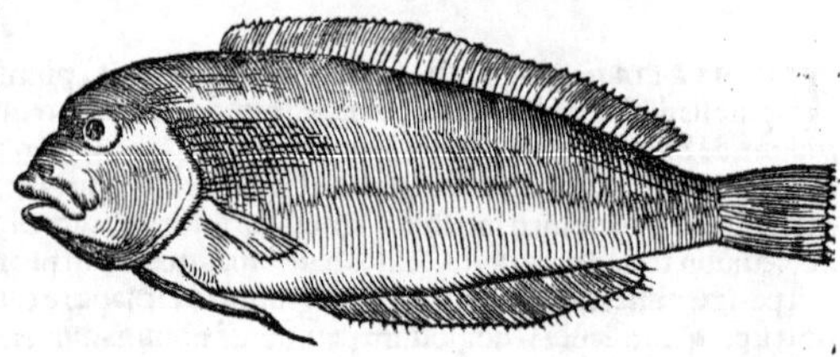

PASSERINI generis uideri posset hic etiam piscis, si pinnæ extenderentur, & oculi ambo una parte, prona scilicet, apparerent. Iconem eius olim à Corn. Sittardo qualẽ accepi, apposui. color est rubicundus, &c. (Sunt qui Pectinem in Italia uocari dicant. Saluianus Romę Nouaculam Rondeletij ita

nominari

nominari author est. alij alium piscem Pectenorzo, quasi Pectinem, Romæ uocari mihi retulerūt, qui Citharus Rondeletij uidetur.) Hunc ultimo loco posui: quòd super eo incertior sim.

ORDO VIII. DE LACERTIS, SIMILIBVSQVE PISCIBVS, ET ALIIS QVIBVSDAM MAXIMIS, NON TAMEN CETIS, VT sunt Pompilus, Gladius, Glauci.

DE LACERTIS IN GENERE.

LACERTORVM nomen communius est, aut esse potest, & plures Coliæ similes pisces compectitur. Colias enim Græcorum, Latinis propriè Lacertus est. huic & similibus plerisq; omnibus, appendices quædam pinnularum uersus caudam spectant, ut Scombro, Acus generi uni alteri'ue, & inter maiores Pelamydi, Thunno, Orcyno, Amiæ. Sed Acus Ordine VI. cum Longis piscium numerauimus, qui serpentium ferè speciem referunt, unà cum simili illis, rostro præsertim, Rondeletij Sauro siue Sauride. nam alius est Saluiani Saurus, Lacerto terrestri similis rictu, capite, colore, & ferè corporis figura, quem ad finem Ordinis quinti retulimus. Et quanquam Saurus Græcis Lacertum quadrupedem significet, Latinè tamen Saurum piscem non interpretabimur Lacertum, ut caueatur homonymia. (Latiùs enim Lacertus patet Latinis: Saurus uerò Græcis species una est, nec huius generis.) Siquidem Lacertus Latinorum, ut diximus, propriè Colias Græcorum est: non à quadrupedis similitudine: sed ob similitudinem, quam habet cum musculis nostri corporis, qui lacerti etiam dicuntur, ut Saluianus scribit. sed an Latini ueteres Lacertos pro Musculis posuerint, ut superiori seculo rei medicæ scriptores parum Latini soliti sunt, nescio an ulla authoritate cōstet: fieriq; potest ut à Lacertorum quadrupedum aliqua simili specie, Coliæ etiam suum obuenerit nomen: quoniam ut quadrupedum illorum corpus in caudam attenuatur, uel ut cauda illorū crassior primo, in magnam exilitatem colligitur, (καὶ μυουρίζει, quod uocabulum idem significans à Muris cauda tractum est Græcis,) καὶ κολούεται, hoc est, imminuitur: unde & de Latina & Græca horum nominum origine constare nobis potest: ut Gręcè etiam κολίας dicatur διὰ τὸ κολοῦσθαι καὶ ἐλαττοῦσθαι πρὸς τὴν οὐράν: non ab aue quam Græci κολοιὸν, Latini Graculum uel Monedulam uocant, ut perperam Gaza Coliam piscem apud Aristotelem Monedulam uerterit. nihil enim his animalibus commune: etsi κολοιὸς auis ab eodē uerbo κολῳᾶν denominetur, sed propter aliam eius significationem, quę est turbare, tumultuari. Bellonius tamen ab auis Coliæ similitudine hunc piscem eodem nomine uocatum putat: quòd eius latera similiter multis coloribus uariegata conspiciantur. sed Colœus (Κολοιός) Græcè scribitur pro Graculo: Colias nullius auis nomen est. apparet autem ipsum eo nomine auem illam intellexisse, quæ genus Picarum est, & ab Italis uulgò Glandaria uocatur: à Plinio modò Pica simpliciter, modò Pica quæ glandibus uescitur: quam à Græcis Κολοιὸν dici nemo (opinor) eruditus asseruerit. ¶ Videtur ex Plinio Lacertus genus esse, quod species aliquot contineat: & in his Colian esse minimum. Hicesius tamen Scombrum Colia minorem facit. Elacatenes sunt Lacertorum genera Plinio. sic enim uidetur legendum. ¶ Scombrum nostri Lacertum appellant, & Celsus etiam eum pro Lacerto accipere uidetur, Iouius. Pelamydes, Thynnum, Scombrum, Coliam & Lacertum, habitu figuraq; conuenire Bellonius obseruauit: corpus eodem modo efformatum habere: pinnis etiam, cauda, tergoris appendicibus inuicem persimiles. His addo Amiam Rondeletij. Pancrates Arcas Turdum piscem alio nomine Saurum uocari scribit. Rondeletius piscem Lacertum uulgo dictum circa Monspelium, Dracunculū Plinij facit.

LACERTVS siue Trachurus, Scombro similis. Trachurus (τράχουρος) idem esse creditur, qui & Saurus, (Σαῦρος:) cui opinioni uulgaris appellatio consentit. à nostris enim Saurel, uel Sieurel dicitur. Aristoteles Trachuri nusquam meminit, sed Sauri tantùm, &c. Athenæus diuersis locis de Sauro & Trachuro loquitur, ut diuersos existimasse uideri posit. Oppianus proculdubio diuersos fecit. sed siue eundem cum Sauro, siue alium Trachurum existimes, haud equidem ponam in magno discrimine. nam, utut res habeat., uerum Trachurum nos certè depingimus, Rondeletius. ¶ Trachurus (inquit Saluianus) etsi Romæ Suaro dicatur, ut Massiliæ Suuereau, non tamen est ueterum Saurus. nam Saurus aliquam similitudinem, ut nomen præ se fert, terrestris Lacerti habere debet. Is autem qui Romæ Tarantola nominatur, colore ac uniuersa corporis forma, similis adeò terrestri Lacerto est, ut dubio procul Σαῦρος censeri debeat, ut historia 92. docebimus. τράχουρος proparoxytonum apud Athenæum bis: apud Galenum semper

Trachurus. Saurus.

τραχοῦρος penanflexum. Hæc ille. Scombrũ nostri (Itali hodie, circa Romam) Lacertum appellant. Celsus quoq; eum pro Lacerto accipere uidetur: & interpres Galeni antiquior Saurum, Lacertum appellauit, Iouius. Idem Dracones uel Araneos pisces non recte Trachuros uocat. Trachuro nomen inditum à reflexis uersus caudam quadragenis utrinq; uncinis, (quibus exasperatur, & præcipuè cauda,) Bellonius.

ITAL. A Romanis Sauro dicitur, Rondeletius. Romani Suuarum uocant, quem Veneti un Suro. Genuenses un Sou uel Surelle nominant. Mediolanenses alijq; Longobardi missos ad se hos pisces, Argẽtinos, à colore quem sale conditi præ se ferunt, appellant, Bellonius. Saurus Romæ antiquũ nomẽ retinet. minores Fricturę nomine ueniunt, (nimis communi.) multa enim pisciũ genera ob paruitatem frigi solita, sic appellantur, Iouius. Olim Cor. Sittardus de Lacerta pisce, ut ipse nominat, sic ad me scripsit: Lacerta rarò capitur. uagatur enim in alto mari. Pellucida est. estur. uulgò (in Italia) Racanus dicitur. Lacerta autem uocatur, quòd caput eius quandam cum Lacerta similitudinem habeat. Dentes omnes habet mobiles. Sic ille. De quo autem pisce loquatur, mihi non liquet.

GALL. Massilienses maiorem huius generis piscem Suueram, un Suuereau: minorem uerò un Egau, (*Germani ferè Lacertũ terrestrem sic uocant,*) uel un Coquin appellant. ¶ Circa Monspelium Saurel uel Sieurel dicitur. ab aliquibus Gascon. à Santonibus Cicharou. à Gallis Maquereau bastard, id est, Scomber spurius.

GERM. Ego Lacertorum genera, donec certius aliquid cognouero, Germanicè sic nominabo, plerosque à similitudine, quam cum Scombro habent, (Scombrum autem Germani & Angli uocãt **Maccarell/Macrell/Macrill:**) Lacertum simpliciter, **ein Macrellen geschlächt.** Trachurum, (qui Scombrum figura, colore, & sapore refert: & à Gallis quoque Maquereau bastard dicitur,) **ein bastard Macrell / oder ein raucher Macrell.** Sauridem, **ein Macqueralse**, composito ex duobus piscibus quos refert nomine, Scombro inquã & Acu. [Scio **Alsen** à quibusdam Germanis Alausam uocari: sed quoniam eadem uox subulam quoque, quæ ueluti acus ansata est, significat, accommodare ad hoc nomen libuit: cui componendo cæteræ Acus piscis usitatæ Germanis nomenclaturæ ineptiores sunt.] Coliam Rondeletij, **ein grosse Macrellen art.** Coliam Bellonij, **ein kleine Macrellen art.** Denique Lacertum peregrinum, qui toto genere à prædictis differt, **ein Meerheidoy/ein Heidoyfisch auß dem Rooten meer.** ¶ Qui Lacertum Germanis **Alrupen** (quod Mustelæ fluuiatilis genus est) interpretantur, prorsus aberrant. ¶ **Grossen** in Germaniæ maritimis uocari audio piscem Lacerto Trachuró ue similem, qui hamum ex ore emittat.

Lacertus. *Trachurus.* *Sauris.* *Colias.* *Lacertus peregrinus.*

Effigies hæc est Trachuri, Venetijs olim mihi delineata. Rondeletij icon pinnas duas dorsi contiguas ostendit: & lineam per medium utrinq; corpus serratam meliùs exprimit, circulis perexiguis in medio cohærentibus deinceps, eminentibus sursum ac deorsum spinis.

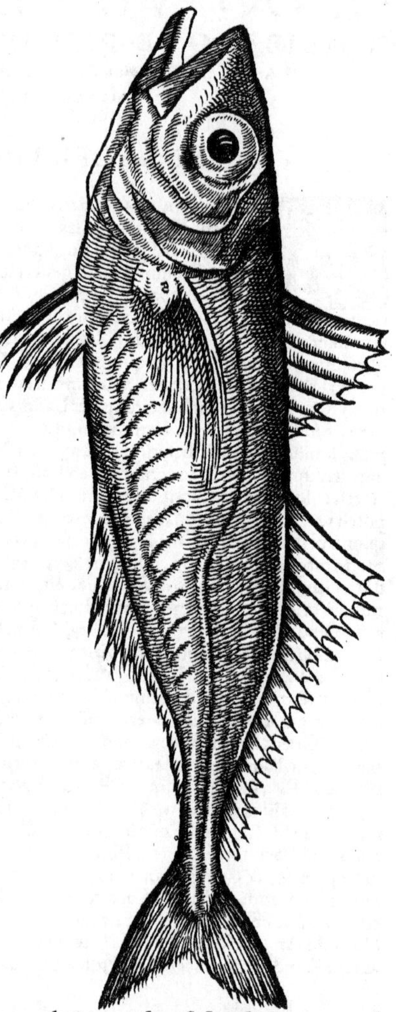

COLIAS

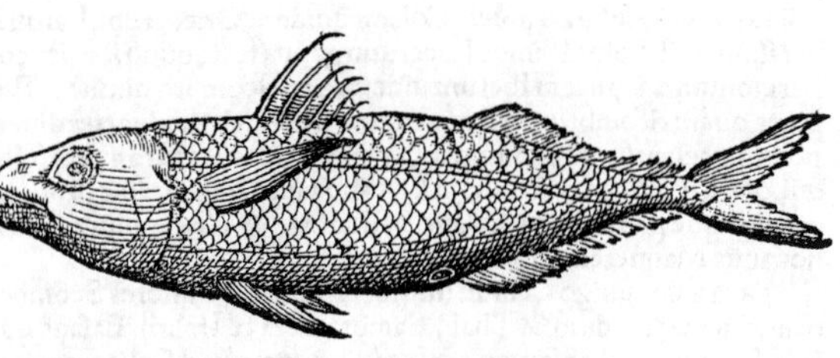

Colias minor.

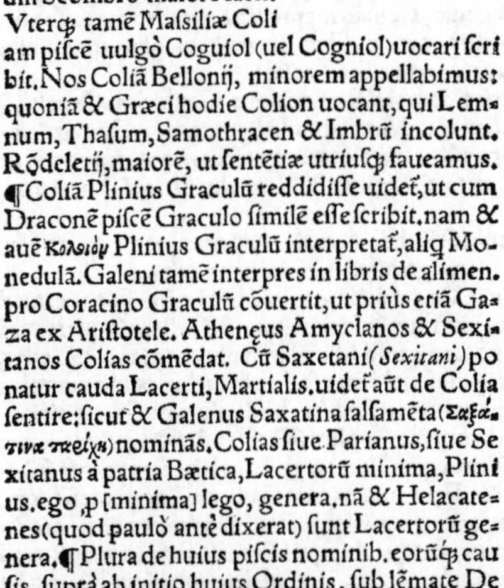

COLIAS piſcis à Græcis dicit̃, (Κολίας:) quē Gaza Monedulã interpretatur, parũ rectè, ut opinor. Monedula enim auis Κολοιὸς ab Ariſtotele & alijs nominatur, Rondeletius. Alius eſt Colías Bellonij, nempe Scomber minor, ſiue ætate tãtùm, ſiue etiã ſpecie ab eo differẽs. Rondeletius ſuum Scombro maiorē facit. Vterq; tamē Maſsiliæ Coliam piſcē uulgò Coguiol (uel Cogniol) uocari ſcribit. Nos Coliã Bellonij, minorem appellabimus: quoniã & Græci hodie Colion uocant, qui Lemnum, Thaſum, Samothracen & Imbrũ incolunt. Rõdeletij, maiorē, ut ſentẽtiæ utriuſq; faueamus. ¶ Coliã Plinius Graculũ reddidiſſe uidet̃, ut cum Draconē piſcē Graculo ſimilē eſſe ſcribit. nam & auē Κολοιὸν Plinius Graculũ interpretat̃, aliq; Monedulã. Galeni tamē interpres in libris de alimen. pro Coracino Graculũ cõuertit, ut priùs etiã Gaza ex Ariſtotele. Athenęus Amyclanos & Sexitanos Colias cõmẽdat. Cũ Saxetani (*Sexitani*) ponatur cauda Lacerti, Martialis. uidet̃ aũt de Colia ſentire: ſicut & Galenus Saxatina ſalſamẽta (Σαξάτινα ταρίχη) nominãs. Colias ſiue Parianus, ſiue Sexitanus à patria Bætica, Lacertorũ minima, Plinius. ego ꝓ [minima] lego, genera. nã & Helacatenes (quod paulò antè dixerat) ſunt Lacertorũ genera. ¶ Plura de huius piſcis nominib. eorũq; cauſis, ſuprà ab initio huius Ordinis, ſub lẽmate De Lacertis in genere, ſcripſimus. Καὶ σκολιάς, σκυτάλαι τε, &c. Oppianus inter pelagios, ubi ꝓ σκολιάς, malim Κολίας.

A GRAECIS etiã hac ętate Colios (uel Σκολιός, ut Rondeletius habet in Scombro) pro Colias effertur.

GALL. A Maſsilienſibus Coguiol uocat̃, Rondel. Qui Niceã incolũt Coguiol corruptè uocãt, quaſi Coliã, Gillius. Rõdeletius Coliã piſcē Scõbro maiorē facit, Bellonius minorē, &c. uterq; tamen ſuum Maſsiliæ Coguiol uocari tradit.

GERM. F. Bellonij Coliã nominabimus ein kleiner Macrell, id eſt Scombrũ paruũ. Rondeletij uerò, ein groſſer Macrell: id eſt, Scombrum magnum, uel potiùs magnã Scombri ſpeciē, ne quis magnitudine tantũ aut ætate differre putet.

Colias maior.
Graculus.

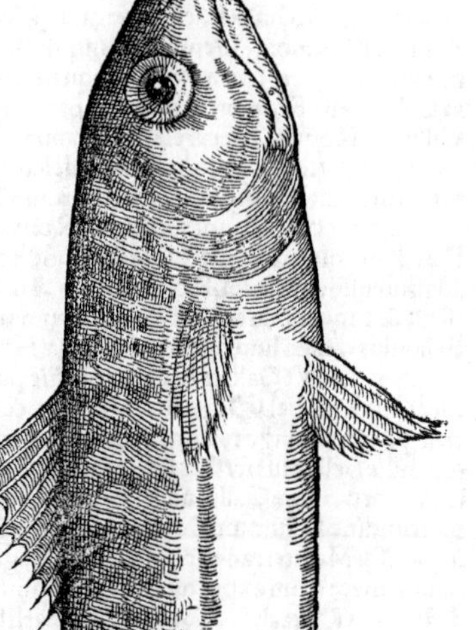

Lacertus.

Scombri hæc effigies Venetijs facta, non ſatis probè exprimit pinnulas illas uerſus caudam. nam & plures, & ſuprà infraq; eſſe debebant: tales omnino, quales in Amia, Colia, & Thynnorum genere ſpectantur.

SCOMBER ſiue Scombrus à Plinio & Latinis omnibus dicitur piſcis, qui Græcè Σκόμβρος. Scombros etiam Lacertos nonnulli uocant, à figuræ muſculorum noſtrorum ſiue lacertorũ, potiùs quàm terrenorum Lacertorum ſimilitudine: (*Vide quæ ſcripſimus ſuprà De Lacertis in genere ab initio huius Ordinis:*) niſi quis ob uiriditatem quæ in Scombris exigua eſt, eos terrenis Lacertis com=

parare malit, Rondeletius. Non est hic ueterũ Lacertus: an uerò ex Lacertorum sit genere, quod Gillius asserit, dubitari potest. Coliam quidem Græcorum, Latini Lacertum dixerunt: cui Scomber similis est, Solus Plinius Lacertum genus fecit, quod species contineat, Saluianus. Horatius Sermonum 2.8. piscem Iberum uidetur pro Scombro dixisse. Bellonius Coliam non alium esse putat, quàm Scombrum ætate paruum: (Rondeletius species diuersas facit:) Vide mox in Græco nomine uulgari. ¶ Scombros per omnia maria affatim capi solere, uel hoc argumenti esse potest, quòd ubiq; cognoscatur. in Oceano tanta crassitudine proficiunt, ut pari cum Pelamydibus crassitudine plerunque euadant, Bellonius. ¶ Macarellum Albertus nominat, Arnoldus Villanouanus Maquerellum, barbaricis uocabulis.

GRAECE uulgo Lemnij (inquit Bellonius) minores Scombros, Colias, aliàs Colios nominant, quemadmodum & Thasij, Samothraces & Imbrij. Et sanè quid inter Scombrum & Coliam intersit, nihil aliud obseruari posse puto, quàm quòd Colias magis paruus sit: Scomber uerò, paulò maior. Aiebant quidem Lemnij quidam indigenæ, Coliam idem cum Scombro non esse: sed quum nullam uiderem notam, qua utrunque distinguere possem, totam in magnitudine posui differentiam. Hicesius tamen Scombrum Colia minorem esse affirmat.

ITAL. Ab Italis Lacerto uocatur, à Venetis Scombro, Rondeletius. Genuæ, un Oreol: Vide in Gallicis mox. Genuenses (inquit Bellonius) quoddam Scombri genus uulgò Lacertũ nominant, cuius tergus multò magis quàm alijs Scombris uiret, & uenter est uariegatus: quem re uera Coliam esse Scombrini corporis paruitate liquet. ¶ Ligures & Neapolitani uocãt Lacertum, Gillius. Romani Macarello, Saluianus.

HISPAN. Cauallo, teste Rondeletio, alicubi Aláche, ut audio: quo nomine etiam pro Harengo utuntur. Massilienses Clupeam, similem Harengo piscem, Halachiam uocant.

GALLICE. A nostris (inquit Rondeletius) Veirat dicitur, quòd uitri instar splendeat. uel Peis d'auriou, id est, piscis Aprilis, quòd eo potissimùm mense capiatur. A Gallis Maquereau, à Massiliensibus Auriol, Rondeletius. Aurioli nomen, quod Massiliæ in usu etiam Gillius refert, (sicut & Ligures Oreol uocitant,) factum uideri potest uel à mense Aprili, uel ab oculis aureolis. Bellonius tamen hunc piscem Massiliæ Horreau nominari scribit. Vide plura in Germanicis.

GERM. Vt Gallicè Maquereau hic piscis dicitur: sic Anglicè Mackerel/Macrel. & Germanicè Makrell uel Macrill. Vocatur & in Noruegia Maccarel, & in lacu Suerinensi Macrill, piscis Harengo maior aliquanto: ut aiunt, &c. Fortè autem non Gallicum hoc nomen fuerit, (quanuis Bellonius scribat Macareos, hoc est, lenones uocari hos pisces, quòd uerno tempore Alausas paruas quæ Gallis uulgò Virgines uocantur, statim subsequi soleant:) sed Germanicum à macritudine factum. in Oceano enim durior sicciorq; capitur, & ob id deterior hic piscis, quàm in plerisq; Mediterranei locis. Cæsar Scaliger nomen hoc Græcæ originis esse iudicat, nescio qua ratione: neq; enim exprimit. ¶ Est & alius piscis fluuiatilis apud inferiores Germanos similiter dictus ein Macrel, & alio nomine Bratfisch: quem ego Capitoni fl. cognatum esse suspicor.

ANGLICE. Vide in Germanicis.

Pelamydis ueræ, seu Thunni Aristotelis eicon, secundum Rondeletium. ueram autem Pelamydem uocat, ad discrimen Sardæ nimirum: & Thunnum Aristotelis, quoniam circa Monspelium Orcynus Thunni nomine uulgò uocatur, Ton: & à Santonibus Athon.

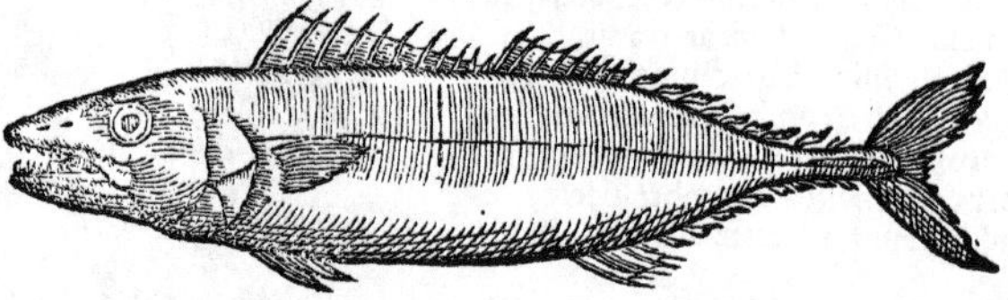

PELAMYS (πηλαμύς) Græcum nomen est, oxytonum, & per ypsilon in ultima plerunq; à doctioribus scribitur: generis fœm. sic dicta, ut Varinus docet, παρὰ τὸ ἐν πηλῷ μύειν. Sic & Festus: Pelamys (inquit) genus est piscis, dictum quod in luto moretur. Gaza modò Limosam, modò Limariam (apud Hermolaum Lutariam legimus) conuertit. In his uerbis Plinij: [Cordyla appellatur partus, qui fœtas (*Thunnas partu liberatas, è Ponto*) redeũtes in mare autumno comitatur. Limosæ uerò à luto Pelamydes incipiunt uocari: & cum annuum excessere tempus, iam Thunni:] pro Limosæ legerim maiores: hoc sensu, Cordylæ maiores factæ, incipiunt Pelamydes uocari à luto. sic enim ordinis & magnitudinis ratio disertiùs fuerit explicata. Limosæ quidem uocabulum alibi nusquam, neq; apud Plinium, neq; authorum quenquam pro pisce inueniri puto. Legerim igitur, uel maiores: uel deinde: & pro uerò coniunctione: uêre, hoc est, uerno tempore, ex Aristotele. ¶ Plutarchus non παρὰ τὸ ἐν πηλῷ μύειν, hoc est, ab eo quòd in cœno se occultet: sed à grege illi nomen

Alia Thunni imago: qualem olim Venetijs missam accepi.

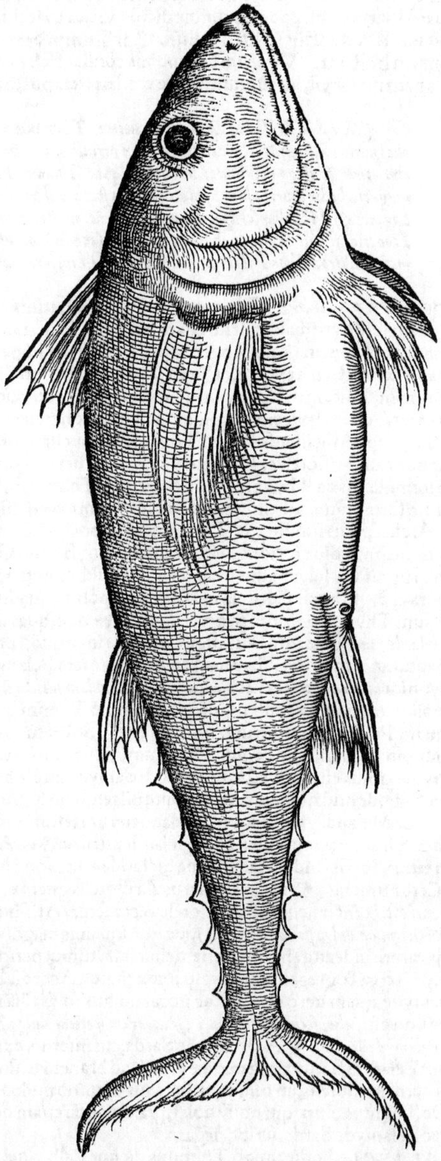

nomen datum innuere uidetur, διὰ τὸ πέλειν ἅμα: sicut & Amijs παρὰ τὸ ἅμα ἰέναι, ego eam quæ à luto est etymologiam præfero. ¶ Pelamys uel Thynnus aliquando genus sunt ad plures species. ¶ Pelamydes mutato nomine Thunnos fieri aut uocari, contra Gillium Belloniumq́; Aristotelis sententiam Rōdeletius & Saluianus defendūt, ego in medio relinquo. Rondeletius ita sentit: eos qui Aristotelem reprehendunt, quòd dixerit Pelamydes in Thunnos mutari: non rectè Thunnum uulgarem (Orcynum nimirum, quem uulgò Ton uocari scribit alibi) pro Thunno Aristotelis usurpare: & Aristotelem non mutari hos pisces dixisse, sed cum ætate nomē uariare. ¶ Pelamydum generis maxima Apolectus uocatur, durior Tritone, Plinius. Hermolaus neutro genere Apolectum legit. ego pro ipso pisce masculinum fecerim: pro parte autem concisa, neutrum, ut τέμαχος subaudiatur. Sic etiam Melandrys & Cybeas, (Μελάνδρυς, Κυβέας,) pisces mihi uidentur: Melandryum uerò & Cybium, partes ex eisdem concisis. Pelamides in Apolectos, & particulatim consectæ dispertiuntur in genera Cybiorum, Plinius. Apolectum (*id uocabulum Græcis cum adiectiuum est, eximium electumq́ significat*) esse Synodontidem Athenæi Hermolaus ait, & Rondeletio quoq; pbabile est. Συνόδοντις (inquit Athenæus) est maior Pelamys, durior quàm Chelidonias. Plinius pro Synodontide uidetur Apolectū dixisse: pro Chelidonia Tritonē. Athenæus Orcynum cum magnus est, Chelidoniæ similem facit: eundē (Orcynum) Plinius & Xenocrates Tritoni comparant. Chelidonias fortè à colore dictus fuerit: ut & ficus quædam & lepores. Chelidon uerò, id est, Hirundo, piscis diuersus à uolatu proximè aquam. Tritonem legimus Pelamydum generis magni esse: sine squamis, Orcyno similem, ex quo uræa (siue horæa) Cybia fiant. ¶ Pelamys à Symeone Sethi dicitur φιλομύδα, (aliâs φιλομῆλα,) corrupto nimirum Pelamydis nomine.

Apolectus. *Cybeas.* *Cybium.* *Synodontis.* *Chelidonias.* *Triton.*

ITAL. Ab antiquo Pelamydis uulgaria quædam hodie, quanquā aliorum piscium, sed similium, nomina, detorta uidentur: ut sunt Polauda, Lopida, Lampugo. his enim uocabulis Romani & Illyrij, Glaucos Rondeletij nominant, pisces cœruleos: quorum alteram speciem Galli quoq; in Prouincia Palamide uel Vadigo nuncupant uulgó. ¶ Palami piscis, id est, lo Palamodo, Syluaticus. A Platina uidetur Palmita dici, tanquam Latino uocabulo. Venetijs Thynnum uocari audio el Ton: eiq́; similes pisces, alterum la Palamida: alterum el Sgompha diggio. Saluianus etiam Pelamidem apud Italos nomen seruare tradit. Vide mox in Gallicis.

GALLICVM nomen nullum peculiare Rondeletius ac Bellonius adferunt, nam Palamide

K

uulgò dictum in Prouincia, secunda Glauci Rondeletiani species est. Quidam circunscribit, **Le petit Thun.** Pelamidi uulgò ab Italis & in Prouincia, dictus piscis, Thũnus Aristotelis est. in Gallia uerò Narbonensi eodem nomine dictus, Glaucus secundus Rondeletij.

GERMAN. Ein Mitteltunijn. Ein Tunijn der nit mee dann ein jar alt ist/doch älter dann ein halb jar. Veterum testimonijs constat Pelamidem uocari Thunnum, qui uti sex mensibus natu maior est, sic annuum non excesserit tempus, Saluianus. Vide mox in Thunno.

ARISTOTELES & alij ueteres Thunnum à Pelamyde, ætate tantùm secernunt: quos nimirum secutus Rondeletius, unam utriusque iconem dedit. nos quidem de Thunno priuatim etiam scribere uoluimus: non solùm quia Thunni Pelamydisque nomina tum uetera tum uulgaria hodie diuersa sunt: sed etiam quia specie differre à nonnullis existimantur. Piscatores Ligures & Massilienses apertè mihi ostenderũt, ex Pelamidibus nunquã fieri Thunnos, Gillius. Hoc itidẽ scribit Scaliger: ac insuper: Et sanè (inquit) corpulentia diuersa est aliquãtùm, subtiliùs intuenti: Productior Pelamys, & linearum filamentis tæniatim uaria, quæ in Thynno sunt nulla.

Thunnus. THYNNUS (θύννος) Græcum uocabulum, à Latinis plerisque seruatur. Gaza Thunnum (y. in u. uerso) dicere maluit: sicuti etiam Horatius & Varro. Sic autem uocatur ἀπὸ τοῦ θύνειν καὶ ὁρμᾶν, ab impetu & concitatione, Rondeletius. Piscis certè impetuosus est, eo præsertim tempore, quo agitatur œstro, Canis exortu. Quòd si hoc nomen non Græcæ originis est à uerbo θύνειν, (ν. per *Tannin.* epenthesin Ionicam uel Doricam abundante:) ab Hebraico Tannin seu Thannin, quod Cetum interpretantur, uel piscem magnum, factum uideri poterit.

Thynnis. Thynnos Athenienses solent Thynnides appellare, ut Athenæus notat. diligentiores ferè distinguunt, ut Aristoteles, Thynnum in genere, uel pro mare duntaxat usurpantes, Thynnidem *Thunna.* pro fœmina. Gaza Thynnidem interpretatur Thunnam. Est quando pro Pelamyde Thynnis ac*Thynnax.* cipitur, forma nimirum diminutiua: cuius etiam θύνναξ est. Oppianus fœminam θύννην nomi*Cordyla.* nat. Archestratus similiter, & Thynnidem quoque. ¶ Cordyla dicitur Thynnorum fœtus: qui à capitis magnitudine fortè nomen inuenit. Cordyla enim Græcis clauæ caput, hoc est, partem crassiorem significat. solent autem capita in animalibus nuper natis, piscibus præcipuè, proportione maiora esse. Alia est Cordyla uel Cordylus potiùs, quadrupes amphibium.

Scordyla. Cum Thynni in Ponto pepererint fiunt ex ouo, quas uocant alij Scordylas (Σκορδύλας: *sunt qui* *Auxis.* *Cordylas legant:*) Byzantij Auxidas, (Αὐξίδας,) ideo quòd paucis diebus augescunt: & Ponto exe*Pelamys.* unt autumno unà cum Thynnis, remeant uère iam Pelamydes factæ, Aristoteles. Et rursus: Cũ *Thynnis.* Thynnides (θυννίδων, *Gaza* πηλαμύδων, *id est, Pelamydes legit, & uertit: quod Rondeletius approbat*) anno uno aliquando nullæ fuissent, insequente anno Thunni quoque nulli fuerunt. uidentur enim Thunni quàm Pelamydes anno uno maiores esse. Sostratus author est Pelamydem uocari Thynni*Orcynus.* dem: postea Thynnum, deinde Orcynum, postremò Cetum. Orcynus Plinio Pelamydum ge*Cetus.* neris maximus est, similis Tritoni. ¶ Pelamyda siue Thunnum ueluti genus esse, quod Tritonem, Synodontida, (aliam à Synodonte pisce, quem supra inter Latos posuimus,) Sardam, Pompilum & Melandryam comprehendat, ueterum testimonijs comprobat Rondeletius. De Pom*Melandrys.* pilo & Sarda, dicemus inferiùs. Melandrys (Μελάνδρυς) Athenæo maximorum Thunnorum species est: unde Melandrya salsamenta dicta: idem hic fortè Melanthynus Oppiani fuerit: quem inter Cete numerat. ¶ Thunnus uerus Aristotelis quem exhibemus (inquit Rondeletius) cute planè læui est, & inter læues ab Aristotele recensetur. At Thunnus noster, id est, is qui à nobis Ton (*alibi Orcynum uulgò sic uocari scribit*) uocatur, squamis magnis tegitur, sed ita ad amussim compactis, ut ijs carere uideatur. hæ coctione dehiscunt, tumque perspicuè apparent tenui membrana contectæ. præterea & gregalis est, & œstro concitatur. Accedit Italiæ Prouinciæque uulgaris appellatio, Pelamyde. quam uerò eo nomine uocat uulgus in Gallia nostra Narbonensi, ex Thunnorum genere non est: (*alibi secundam Glauci à se uocatam speciem uulgò Palamide uocari scribit, & Pompilum quoque pro Pelamyde uendi.*) ¶ A Pelamyde Sarda, cui internis externisque partibus simillimus est, discernitur: Pelamys Sarda partem quæ pinnis ad branchias sitis subest, squamis tectam habet: Thunnus uerò Aristotelis, ab omnibus squamis omnino nudus est, cute læui & tenui, Rondeletius. ¶ De Thunnis plura qui nosse uolet, præcedentia etiam de Pelamyde uera, & sequentia de Orcyno ac Pelamyde Sarda, scripta legat.

GRAECIS hodie uulgò Thunnus dicitur Pallax uel Pallacis, πάλλαξ, παλλακὶς, Niphus. uidentur autem hæc nomina à Græco uocabulo antiquo Pelamys corrupta.

ITALICA Thynni nomina inuenio, Ton, Tonno, Tonnine. Massarius Venetus eos uulgò nomen seruare testatur: quod quidem in alijs etiam plerisque linguis uerum est. Italia tota cũ Prouincia Pelamyde uocat, Rondeletius.

HISPAN. Atun. Lusitanis Bonito, ut audio, sed Rondeletius Amiam Gallicè ab aliquibus Boniton uocari scribit.

GALL. Orcynum Rondeletius scribit in Prouincia uocari Ton, à Santonibus Athon. Gallus quidam anonymus interpretatur la Thunnine: sed id nomen uidetur magis propriè dici de carne

carne Thunni, præsertim salsa. Vide proximè retrò in Italicis.

GERMANI omnes eodem quo Flandri & Angli nomine appellare poterũt. est autem Flandricum Tünijn: Anglicum Tuny uel Tunie. Licebit & pro ætatis ac magnitudinis differentia recepto Thunni uocabulo, epitheta adijcere: ut Cordyla, id est fœtus Thunni, dicatur ein junger Tunijn: uel diminutiuo nomine uno, Tunijnle. deinde Pelamys, ein Mitteltunijn/ od Halb tunijn: tertio Thunnus, ein Tunijn. quarto Orcynus, ein grosser Tunijn. quinto Cetus, ein Waltunijn. Bellonius Thunnum in alto degere tradit, Tyrrheno ac Mediterraneo frequentẽ, Oceano atq; Adriatico non item. proinde non mirum si Germanis propè incognitus sit.

THVNNI genus aliud Cretensium uulgus appellat Lissam uel Glissam, à glabra ac squamis carente cute: bicubitalis longitudinis, humaniq; corporis crassitiei. Eundem extra Cretam, Copanum uocant. Pelagius est, ac delicatissimi saporis. A maiori ac uulgari Thynno differt, quòd teretior est, brāchiasq; Pelamidis habeat, ac dentium loco rugosas atq; asperas maxillas, &c. Bellonius.. Vocātur etiam Lisses nescio qui pisces apud Barbaros & anthropophagos quosdam Americæ incolas, Bratti ab alijs dicti.

Lissa. Glissa. Copanus.

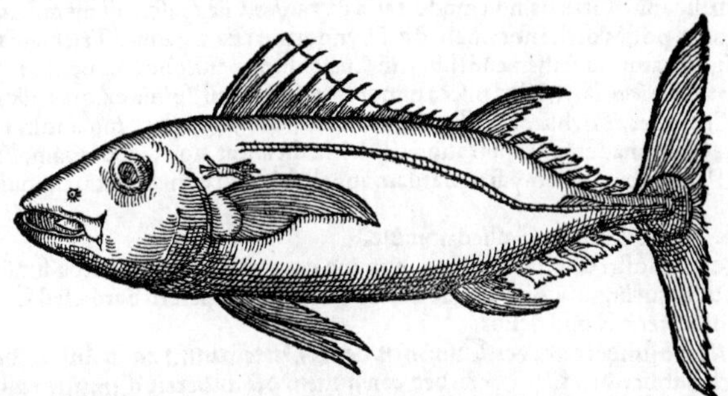

ORCYNVS nomen Grecum, in plerisq; codicibus Græcis uulgatis scribitur per o. breue, spiritu tenui, ὄρκυνος. apud Athenæum frequentius ei aspiratur: & sanè Grammatici o. ante ρ. attenuari docentes, cum alia quædam excipiunt, tum quæ κ. uel μ. post ρ. habent, ut ὀρκίζω, ὅρμος, &c. quibus nimirum etiam ὄρκυνος adscribi debet. nos quidem promiscuè modò Horcynum, modò Orcynum scribimus: hoc pro consuetudine & Aeolica dialecto, illud ut grammaticis etiam aliquid tribuamus. Heracleon Ephesius Thynnum ait ab Atticis Horcynum dici. Videtur & ὄρκυν in recto singulari efferri posse, sicut φόρκυν. Archestratus Horcynum ait esse Thynnum magnum, & alicubi etiam κῆτος nominari. Sostratus uerò κῆτος uocari Thynnum, qui iam Horcyno maior ad summum peruenit incrementum. Orcyno idem uideri potest Apolectus ab alijs dictus: item Melandrys, Melanthynus, Elacaten. Sed Oppianus solus Melanthynum nominat, idq; inter cete, cum Orcynos iam antea piscibus pelagijs adnumerasset, uerùm ipse etiam Orcynus iam summi incrementi κῆτος dicitur, tunc etiam, ut uerisimile est, nigrior. Penultimam uocabuli Orcynus, Archestratus corripit, Oppianus producit. A Pergæis Κασσύας uocatur, teste Hesychio. ¶ Capitur in Hispania, præsertim ad Herculis columnas: item in nostro mari & Tyrrheno, Rondeletius. Plura diximus suprà in Pelamyde uera, & in Thynno.

Horcynus. Orcyn. Κῆτος. Apolectus. Melandrys. Melãthynus Elacaten. Cassyas.

ITALICE. Vide mox in Gallico nomine.

GALL. A nostris Ton uocatur, à Santonibus Athon. Membratim & in assulas dissectum, sale condîtum, nostri Tonnine appellant, Itali Tarantella à Tarentino, unde aduehitur, sinu, Rondeletius. Lege etiam suprà in Thunno.

GERM. Ein grosser Tunijn/mag ein Waltunijn genamset werden. Vide in Thunno superiùs.

Pelamydis Sardæ iconem simpliciter dictæ Pelamydi non statim subiunximus, quoniã tres superiores unius speciei esse, & ætate tantùm differre, ab Aristotele alijsq; eruditis existimantur: Sardam uerò alterius speciei esse nemo negat.

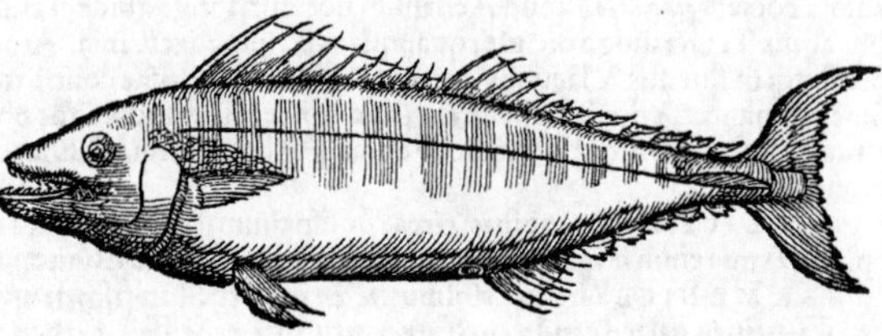

K 2

PELAMYS Sarda, uel Sarda ſimpliciter Rondeletio. Inter Pelamydas (inquit) Sardā numerat Plinius: & Pelamydem longā interpretatur. Ea quidem quam exhibemus, Pelamydi tam ſimilis eſt, ut eadem planè eſſe iudicetur. qua autem nota ab ipſa (Pelamyde uera, ſeu ſimpliciter dicta) Thunnó ue diſtinguatur, iam indicatum eſt in Thunno. Trichiades & *Premades.* Premades (aliâs Premnades) Thynnides (τὰς θυννίδας) uocabant, Athenæo teſte. Apud Ariſtotelem *Primadiæ.* ſemel tantùm αἱ πριμαδίαι legūtur: ubi Gaza conuertit. Primadæ (tribus ſyllabis) hyeme in cœno ſe abdunt, &c. πρημάδες & πρῆμναι, piſces ſunt Thynnis cognati, εἶδος θυννώδους ἰχθύος, Heſychius. Primadias Ariſtotelis Vuottonus Pelamydes eſſe conijcit: nam & Thūnis cognatæ ſunt, & ſimiliter infeſtantur aſilis, & in cœno (à quo Pelamydi nomen) deliteſcunt. adde quòd Thynnides etiam alio nomine dicantur Athenæo, quæ ex Ariſtotele Pelamydes eſſe uidentur. Verùm Oppianus lib. 1. Halieut. Pelamydes primùm litorales facit, deinde Prenades (πρηνάδας) pelagias. *Sarda.* Conſiderandum igitur an piſcis hic non ſimpliciter ſit Pelamys, ſed ſpecies illa quæ Sarda cognominatur: cuius aliud uetus nomen Græcum non habemus: etſi Galenus ſcribat præſtantiſſima omnium eſſe ſalſamenta, quæ Sardica (Σαρδινά) à ueteribus dicta ſint: ſuo tempore Sardas uocari: Diphilus etiam Sardam nominans, Coliæ eam magnitudine confert. Sanè ut Latinis Sarda Pelamydum Thynnorúm ue generis eſt, Sardina uerò, Σαρδίνη Galeno, nouo ſimiliter nomine, piſciculus plebeius: ſic apud Græcos, non modo τριχὶς & τριχίας, uiles piſciculi memorantur, (antiqua *Trichias.* uidelicet Sardinæ poſtea dictæ nomina) ſed è Thynnorum etiam genere Trichias (τριχιὰς oxytonum) ſemel duntaxat apud Athenæum lib. 7. in Chalcidum mentione, his uerbis: τριχιάδας δὲ καὶ τὰς πρημάδας, τὰς θυννίδας ἔλεγον. Sed piſces minores ariſtoſi, id eſt, ſpinis exiguis pilorum inſtar referti, ut ſunt Trichides, Trichiæ, Thriſſæ, non temere ἀπὸ τῶν τριχῶν denominantur. maiores uerò, ut Thynnides & Premades ſunt, qua ratione Trichiæ dicantur, non uideo. quamobrem non Trichiadem, ſed Premadem, Pelamydem Sardam appellabimus: donec certius aliquid cognouerimus.

HISPAN. Vide ſtatim in Gallico nomine.

GALLICE. Noſtri & Hiſpani Bize, nomine communi cum Amia, ob ſimilitudinem uocant. at piſciculus qui lingua noſtra Sarde nominatur, minimè ueterū Sarda, ſed Græcorum Trichis aut Trichias fuerit, Rondeletius.

GERM. Ein bſundere art der Tunijnen/dem Mitteltunijn gantz ånlich/ dann daß ſy etliche ſchüppen hat bey den floßfädern der orwangen. die anderen Tunijnen all ſind überal glatt/wiewol der Waltunijn ſchüppen hat/ſind aber mit einer glatten haut überdeckt.

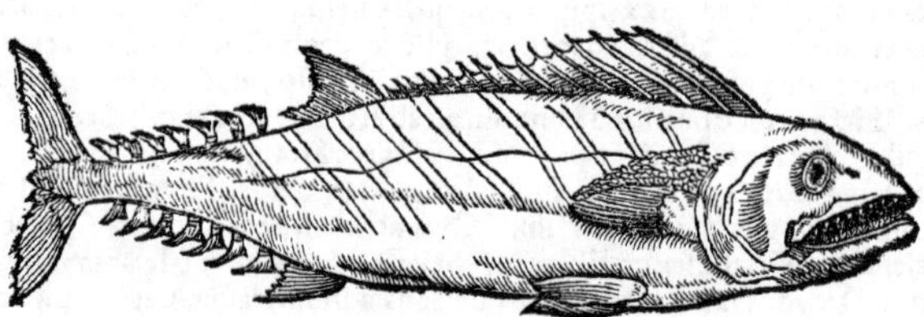

AMIA, Ἀμία, Græca piſcis nomenclatura eſt, quam & Latini retinuerunt. eſt autem gregalis, atque inde nomen, ὅτι οὐ κατὰ μίαν φέρεται, ἀλλὰ παρὰ τὸ ἅμα ἰέναι, ut ex Athenæi & Plutarchi uerbis apparet. Pelamydi corporis ſpecie, pinnis & cauda ſimilis eſt: (ab Ariſtotele quidem Pelamydi comparatur.) Cutis læuis, dempta ea parte quæ circa branchias eſt, ſimiliter ut in Sarda. Ἀμία ἡ, genere fœm. inflexione 1. apud Matronem Parodum tamen maſculinè ponitur, Κυανόχρως δ' Ἀμίας ὢν τοῖς μέγας, &c. eſt enim dorſo cœruleo, eoq́ ſplendente dum uiuit, uentre argenteo: corporis magnitudine Thynno inferior, Oppiano teſte: carne infirma & molli, ſed dentibus acutiſsimis. Carniuora tantùm eſt Ariſtoteli: (quanquam & algis eam paſci alibi ſcribit:) unde à uoracitate nimi*Trocta.*rum Trocta (Τρώκτης, ὁ,) apud Aelianum uocatur. longè quidem alius piſcis, quàm quæ in dulcibus aquis Trutta uulgo dicitur, quanquam & ipſa edaciſsima. Amia etiam è mari fluuios ſubit, præſtatq́ in fluentis & lacubus Ariſtoteli. Plures collectæ contra unum Delphinum pertinaciſsimè pugnant. A dorſo ad uentrem in hoc piſce lineæ ductæ ſunt obliquæ, nigricantes, certis interuallis à ſeſe diſtantes, Rondeletio teſte. ¶ Alia eſt Amia Saluiani, uide mox in Glauco primo Rondeletij.

GALLICE. Byza à noſtris (circa Monſpelium) & HISPANIS dicitur, quaſi Byzantia, ut opinor. Amia enim Byzantia in precio habebatur. Ab alijs Boniton, Rondeletius.

GERMANICE circunſcribimus: Ein art der blawfiſchen im meer / den Macrillen oder den Tunijnen geleych: mag ein Streymtunijn geheiſſen werden / vonn wågen der ſchelwen ſchwartz-

schwartzlachten streymen/welche von seinem rucken gegen dem bauch sich streckend.

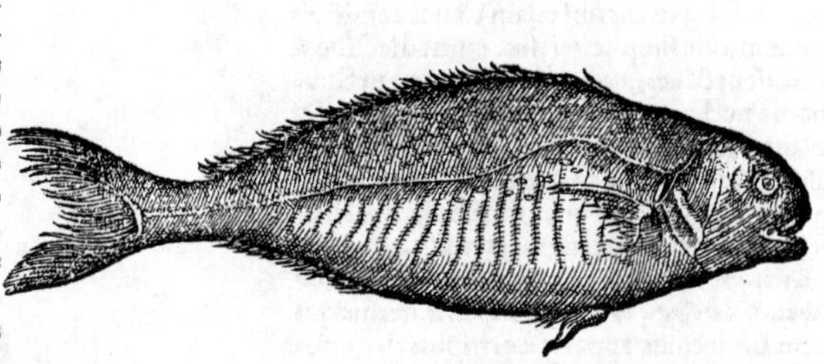

POMPILVS, Πομπίλος, dicitur piscis ab Athenæo, Aeliano, Oppiano, aliisque Græcis: & inter Latinos Plinio: qui à quibusdam inter Thynnos eum numerari scribit. Verùm hi, meo quidem iudicio (inquit Rondeletius) similitudine decepti fuerũt. Pompilus enim alius est à Thynnis & Pelamydibus, etsi eis quodammodo similis est. ¶ Thynni (inquit Plinius) sæpe nauigia uelis euntia comitantes, mira aliqua dulcedine per aliquot horarum spacia & passuum milia à gubernaculis non separantur, ne tridente quidem in eos sæpiùs iacto territi. quidam eos qui hoc è Thynnis faciant, Pompilos uocant. ¶ πέμπειν Græcis mittere & deducere est: unde nomen πομπός, uiæ deductor, & ab hoc rursus Πομπίλος piscis, qui nauigia usque in portum comitari & deducere perhibetur. Gregatim quidem naues circunsiliunt, & cursum earum sequuntur miro studio. ubi terram præsenserint, relictis nauibus in pelagus redeunt. hinc nautæ terram propè esse certò cognoscunt: & ex eorundem comitatu, placidum tranquillumque mare futurum sibi promittunt. Itaque pro pisce sacro habetur. alij tamen alium sacrum piscem (ab Homero dictum) interpretantur. *Sacer piscis.*

Quæcunque de Pompilo ueteres tradiderunt, (ut sunt, naues in pelago comitari, uarium esse, superciliis aureis, Pelamydi similem,) ea omnia pisci à se exhibito conuenire, Rondeletius asserit. Penultimam in Pompilo Græci omnes corripiunt, Ouidius in Halieutico produxit.

GALL. Massilienses piscatores corruptè Pampalum uocant, Gillius.

GERM. F. Ein Leitfisch/ein Schiffleiter/oder Schiffgsell.

In hac icone Gladij piscis rostrum expressum est ad imaginem à Io. Caio Anglo nobis missam: reliquum uerò corpus, ut à Rondeletio exhibitum est.

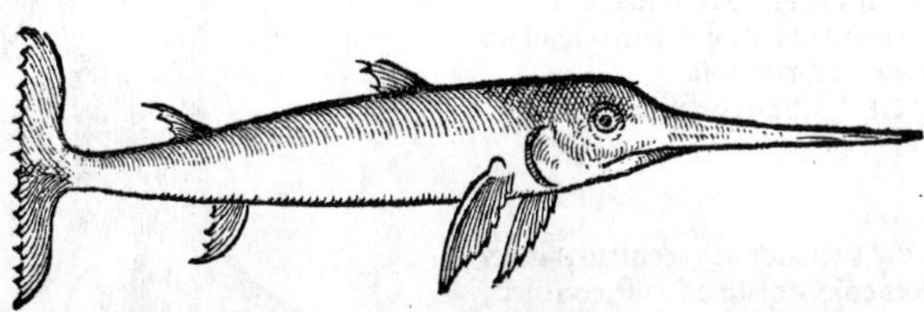

GLADIVS à Plinio & Gaza uertitur Græcorum Xiphias, qui & Galeotes alio nomine dicitur. Ξιφίας uel Σκιφίας, ut Αἰνείας. Γαλεώτης ut Χρύσης. Rostrum eius oblongum gladij figuram præ se fert. Tomus Thurianus, quem alij Xiphiam uocant, Plinius: ut Hermolaus emendauit, cũ uetus lectio esset Tynnus, Tranus, quem alij Xiphiam uocant. ego legerim, Thynnus, (ne piscis tam nobilis Pliniano catalogo desit:) Thranis, &c. nam & Xenocrati Thranis, idem qui Xiphias est. Græci de parte piscis concisi τέμαχος potiùs quàm τόμον dicunt. Carchariæ canis pars est qui à Romanis Thursio uocatur, suauissimus ac tenerrimus, Athenæus. Græcè θυρσίων legitur: Hermolaus tomum seu pulmentum Thurianum transtulit. Cauendum igitur ne cum Gladio confundamus Phocænam, quam Latinè Gaza interpretatur Tursionem, (aliâs Tirsionem, uel Tyrsionem. Item ne cum Cane carcharia, aut Galeo. Ex Thynnorum uenatione pinguescere aiunt Galeotas, quos & Xiphias uocant, & Canes, aiunt, Strabo lib. 1. Græcè scribitur, ἐκ δὲ τῆ θήρας αὐτῶν πιαίνεσθαι σὺν γαλεώτας, ὃς καὶ ξιφίας λέγεσθαι καὶ κύνας φασίν. Eustathius legit, ὃς καὶ ξιφίας φασὶ καὶ κύνας καλοῦσιν, inuersis nimirum uerbis, pro ὃς καὶ ξιφίας καλοῦσι, καὶ κύνας φασί. Saluianus hæc uerba ὃς καὶ ξιφίας λέγεσθαι parenthesi includit, ut uerbum φασί, non solum ad πιαίνεσθαι, sed etiam ad ξιφίας λέγεσθαι referatur, non autem ad κύνας. ut sensus sit, ex uenatione thunnorum tum Galeotas (aliâs Xiphias dictos) pinguescere, tum etiam Canes, nimirum Carcharias. Φορκυνὺς, Xiphias piscis, Hesychius.

K 3

Fieri quidem potest ut Xiphiæ alio nomine ideo Galeotæ dicti sint, quòd sicut Galei canes (id est, Mustelæ,) cæteros pisces persequãtur, & forsitan alicubi etiam Canes eandẽ ob causam, siue simpliciter, siue cum adiectiuo ξιφίαι: sicut & καρχαρίαι κύνες dicuntur: ut Strabonis uerba non eo quo diximus modo accipiantur, sed sicut Eustathio placuit, Galeotas alijs nominibus tum Canes tum Xiphias appellemus. Aelianus de animalib. 13.4. è Messenia Menandri hos uersus recitat: Ἐάν με κινῇς, καὶ ποιήσῃς τὴν χολὴν ἅπαξ ἂν, ὥσπερ καλλιωνύμου ζέσαι, ὄψει διαφέρων τοῦ ἐγξιφίου κυνός. uersus quidem postremus apparet corruptus, legi potest, ὄψει διαφέρειν με ξιφίου μηδὲν κυνός. ¶ Aelianus Xiphiam inter Istri pisces numerat: in quo flumine hodieque hunc piscem capi circa Gomorrham (Komaram fortè) oppidum, supra Budam, rarò tamen, & paruum, uix tribus dodrantibus longiorem, testis quidam oculatus mihi affirmauit.

Alia minus accurata Gladij effigies, qualem olim ab amico accepimus.

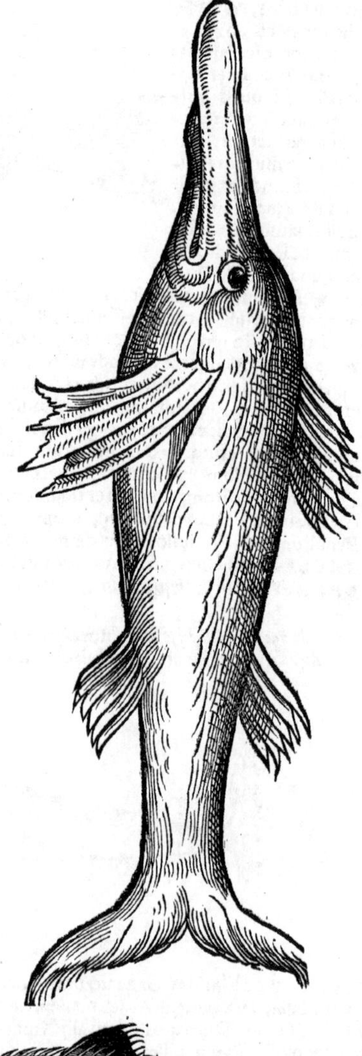

GRAECIS hodieq; ξιφίας appellatur.

ITAL. Venetis Spada, Genuensibus Imperator.

GALL. Ab accolis Oceani Heron de mer, id est, Ardea marina. Burdegalẽsibus Grand Espadas. Massiliensibus (ut Italis) pesce Spada. Circa Monspelium Emperador, ut Genuensibus, quôd gladium, ueluti imperatores picti, gerat. Alius uerò est piscis ex Galeorum genere, Vulpes nimirum, quem in Prouincia & circa Monspelium Spatam uel Peis Espase uocant, cuius cauda gladij similitudinem præ se fert.

GERMANICE. Schwertfisch. Nostrates Militem uocant, Albertus: qui alibi Testudinem mar. aut eius speciem quandam uulgò Militem uocari scribit.

ANGLICE Schwerdefisshe.

GLAVCVS (maior hexacentrus,) Rondeletio: à colore glauco, id est, cœruleo, dictus, γλαῦκος. Dorso est planè cœruleo. Statim à capite aculeos habet, quorum primus in anteriorem partem uergit: quinque alij ad caudam spectant, breues, sed acuti, nulla membrana connexi, Rondeletius. Glaucidiũ, Glaucus est paruus: (Glauciscus uerò alius uidet esse quàm Glaucus,) Rondeletius speciem alteram priuatim sic nominat. ¶ Cæterùm quòd Aelianus scribit, Glaucum piscem fœtus suos timentes ore admittere, quod propter dorsi aculeos non est probabile, Rondeletius nõ de hoc Glaucorum genere sed de Canicula glauca accipit. Aristoteles Galeos & Torpedinem hoc facere scribit. Solus (inquit)

Glaucidium.

quit) ex Galeis Acanthias non recipit propter spinam, &c. Omnia quidem (inquit Saluianus) quæ à ueteribus Amiæ tribuuntur, huic pisci probè conueniunt: nec obstat, ut sibijpsi obijcere uidetur Iouius, quòd cum gregalis sit Amia, iste noster Romæ sæpe solitarius capiatur: quando uti non omnis maris locus singulis piscibus accommodus est, sic haud ubique gregales appellati pisces, gregatim reperiuntur: nec eorum qui in congruis sibi locis gregales habentur, in locis alijs solitarios nonnullos reperiri inconuenit. Verùm cum Amiæ à ueteribus attributa (si earum cum Delphinis pugnam, cuius Aelianus & Oppianus meminerunt, quam neque hunc nostrum, neq; ullum alium piscem cum Delphinis committere, obseruare potuimus, exceperis) eiusmodi sint, ut plerisq; etiam alijs piscibus cõuenire possint, haud solùm ex eis hunc piscem nostrum, Amiam esse fatendũ est. Sed si præter hæc animaduertatur, ab Aristotele & Plinio (Amias cum Thynnis & Pelamidibus Pontum intrare, ęstatemq; ibi traducere asseuerantibus) & ab Oppiano (eas cum Thynnis in robore conferente) Amias Thynnis & Pelamidibus similes esse innui: uti nulli piscium quæ Amiæ attribuuntur, & Thynno similem esse, magis quàm huic nostro respondent, ita ipsum, Amiam esse, asserere possumus. Hæc ille. Sed alia est Rondeletij Amia, uerior, ut mihi uidetur.

ITAL. Romæ & in Liguria Lechia uel Leccia uocatur, Rondeletius (& Saluianus.) Idem mox in Glauco secundo à Romanis Lopida uocari dicit hunc piscem. Laccia quidem est Thrissa. ¶ De genere Anthiarum sunt (inquit Bellonius) pisces plani & lati, quos uulgus Romanum Lopidas & Lezcias appellat: quorum ut rariores quidem Lopidæ, sic etiam maiores: Stellæ uerò, minores, non usqueadeò frequentes: Lecziæ frequentissimæ sunt, quas cum his piscibus libenter contulerim, quibus Massilienses Lampugarum (*sed falsò, Rondeletius*) nomen indiderunt.

GALL. Circa Monspelium, Derbio. A Prouincialibus Biche, & Cabrolle, & Damo, (*quasi Capreolus & Dama, nescio quam ob causam.*) A quibusdam Lampugo, sed falsò, uocatur, Rondeletius. Lecziæ Romæ frequentissimæ sunt, quas cum his piscibus libenter contulerim, quibus Massilienses Lampugarum (*sed falsò, teste Rondeletio*) nomen indiderunt.

ILLYRICE Polauda.

GERM. Glaucis Rondeletij tribus, unum commune Germanicum nomen finxerim, **Groß Meerstichling.** uel à colore **Meerblawling.** Sunt enim magni pisces marini, & in dorso aculeos habent, similiter ut fluuiatiles pisciculi, quos **Stichling** Argentinæ nominant.

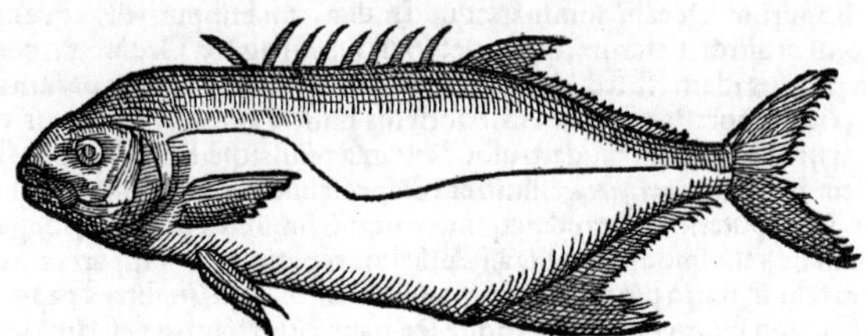

GLAVCI species II. quæ superioris magnitudiem nunquam attingit, unde Glaucidium forma diminutiua dici potest.

ITAL. Romanis piscatoribus Stella dicitur.

GALL. Circa Monspelium Palamide uel Vadigo.

GERMAN. F. **Die ander art der grossen Meerstichlingen.**

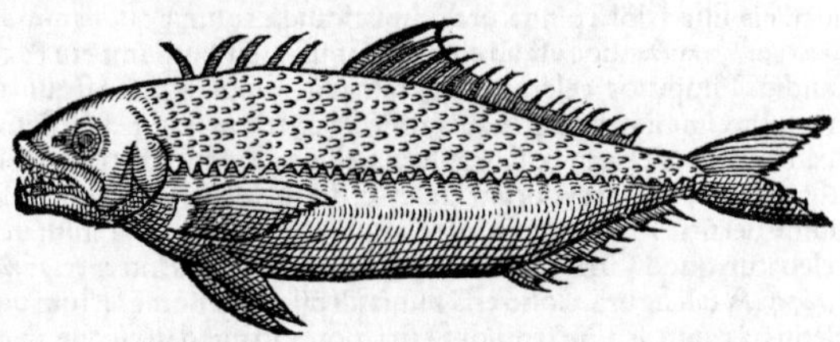

GLAVCI species III. à secunda non multùm differt, nisi quòd huic dentes sunt acuti, linea à branchijs ducta, longè magis flexuosa tortuosaq; est: à qua (distinctionis gratia) Glaucum sinuosum appellabimus, Rondeletius.

GERM. **Das dritt geschlecht der Meerstichlingen.**

K 4

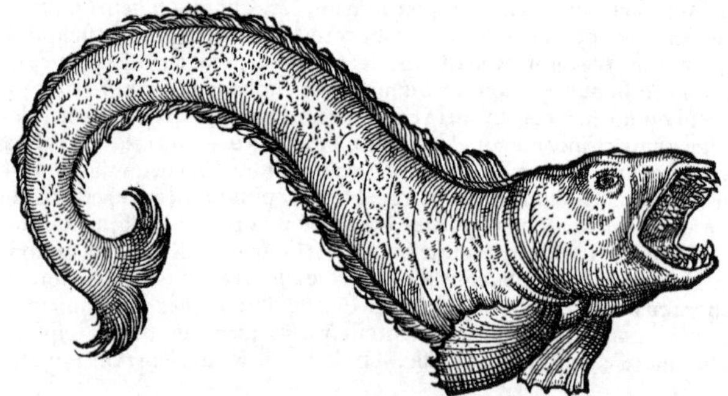

ANARRHICHAS, Oceani Germanici piſcis magnus, à nobis uocatus. Huius iconem ad
ſceleton Ge. Fabricius ad me miſit, & deſcriptionem adiecit. Hic piſcis (inquit) à Balthicis populis ſuo nomine Σκόπελος dicitur. Klip enim ipſorum lingua ſcopulum ſignificat. Vnde
Klipfiſch. Klipfiſch dicitur, uel quòd ſcopulos aſcendat: id enim facere fertur: uel quòd in ſcopulis latitet. E
naribus paruæ quaſi fiſtulæ, quas ex arenis ruſtici faciunt, eminent: & propter ſuperiores dentes
in capite tuberculum eſt. Dentibus imprimis terribilis, quos non ſolùm in mandibulis, ſed faucibus quoq; & lingua geſtat. anteriores rotundi & acuti, reliqui molaribus humanis ſimiles, niſi
quòd in media fauce *(medio palato)* noſtris ſunt grandiores. poſiti autem ſunt duplicata ſerie omnes, in inferioris mandibulæ parte una, octo, & in altera annexa quinq;: neq; aliter in parte è regio
ne oppoſita. ſuperior mandibula plures acutos habet propter fauces: in quibus tres duplicatæ ſe-
ries, media parte præcipuè decem grandibus molaribus munita: quin in lingua ipſa molares ſunt.
Reliqua ex pictura apparent. Voracem & ualidum eſſe apparet, cum aliâs, tum caudæ ictu. ¶ E-
go Anarrhicham uocare uolui, (id eſt, Scanſorem,) à Græco uerbo ἀναῤῥιχᾶσθαι, quod propriè ma
nibus pedibusq; nitentem & prenſantem, hoc eſt, omni ui corporis, in ſublime ſcandere ſignifi-
Hippurus. cat. Licebit & Hippurum Oceani nominare: quòd multa cum Hippuro illo, quem Rondeletius exhibuit, (uero, ut arbitror, ueterum, quem dedimus ſuprà pag. 75. Ordine V.) communia habeat: ſi modo non prorſus idem eſt, ſed in Oceano maior: quanquam eicones parum ſimiles uideantur. ad ſceletum enim expreſſa eſt, quam G. Fabricius miſit. Primùm communis eſt utriq; oblonga & continens una à capite ad caudam uſque extenſa pinna: quam in Hippuro ſuo notâ præ
alijs omnibus piſcibus *(Tænias excipimus)* illuſtrem & ſpectabilem eſſe ſcribit: & ab hac ipſa Hippuri nomen impoſitum putat: quòd caudæ equinæ (inquit) ſimillima ſit, id eſt, longa continens,
uilliſq; multis conſtans, cuiuſmodi in nullis alijs piſcibus reperitur. ¶ Apparet autem in noſtra
pictura, non ſolùm talis in dorſo pinna, ſed etiam alia in uentre, quæ ſimiliter à capite ad caudam
uſque producitur, ut non ſolum pictura oſtendit: ſed Fabricius etiam in deſcriptione his uerbis,
ſuprà omiſsis: Dorſum pariter & uenter à fine capitis uſq; ad caudæ extenſionem pinnas habent:
quæ ſecundum corporis quantitatem, ipſæ quoq; paulatim minuuntur. Hoc ſi uerum eſt, & non
in ſceleto aliquid aliter quàm reuera ſe habeat apparuit, planè mirum & ſingulare fuerit. in Rondeletiano quidem, pinnæ ad branchias, illis quæ in uentre ſunt, proximæ apparēt. hæ rurſus, cum
oblongæ ſint, extremitate ſua podicem, & quæ ab eo ſequitur pinnam, ferè attingunt. Habent aūt
piſces omnes pinnas parte ſupina diuerſas. binas primùm (ſi Hepatum & Tæniam Ariſtotelis ex
cipias:) deinde unam à podice, Tęniarum genere excepto. Quamobrem uiros literatos, qui iuxta
Balthicum mare habitant, ut diligentiùs in hanc rem inquirant, adhortor. ¶ Hippurus quidem
dictus fuerit hic piſcis, ſiue à dorſi pinna (ut diximus) caudæ equinæ quodammodo ſimili: ſiue ἀπὸ
τὸ ἵππου δίκην ὀρύειν καὶ ἐξάλλεσθαι: hoc eſt, ab eo quòd Equi inſtar cum impetu & celeritate, uelutiq;
ſaltu feratur. Ouidius Hippuros celeres cognominauit. Oppianus eos ſi quid in mari uagum &
fluctuans uiderint, maximè ſi naufragæ nauis, diſiecta oberrent fragmenta, ſtatim frequentes pro
Coryphæna. ximè comitari canit, &c. Vocatur & Coryphæna, ſiue ut Rondeletius putat, quòd pinna dorſi
mox à uertice (quem κορυφὴν Græci uocant) ueluti criſta incipiens, erigatur: ſiue, ut nos conijcimus, à magnitudine uerticis ſeu capitis ſui ad reliquum corpus. à cauda enim uerſus caput paulatim augetur & eleuatur, quod Græci dicerēt κορυφοῦται, Heſychius interpretatͣ αὔξεται, ὑψοῦται: &
κορυφὴν, κεφαλὴν, λόφον. A tali figura, Cotto etiā fluuiatili piſciculo nomē factum uidetur. Hippurus
(inquit Rondeletius) à capite ſenſim tenuior fit ſtrictiorq;: id quod in eicone ab eo poſita, nō tam
clarè, ut in noſtro Anarrhicha apparet: fortè quia noſter ad inueteratum expreſſus eſt: caput autē
Ἀρνευτής. uetuſtate non ita contrahitur, ut reliquæ partes quæ carnoſæ ſunt. Ab eadem nimirum figura, Ἀρ
νευτὴς appellatur: quòd urinatorum, uel agnorum (ἀρνῶν) ſalientium inſtar, in caput pronus feratur, ſiue per ludum, ſiue dum perſequitur piſces; carniuorus enim eſt. quamobrem naufragia ſe-
ctatur.

ctatur, ad talem quidem motum saltumq; corpus egregiè compositum habet. ¶ Dentes etiam in maxillis, palato, & lingua, ut noster habet, ita suo Hippuro Rondeletius tribuit: sed exiguos tantùm & acutos, ut os etiam mediocre. ¶ Ad quam magnitudinem noster perueniat, certi nihil habeo: Eicon à Fabricio missa, dodrantem ferè trium mensuram æquat. Aristoteles Hippuri ex ouis fœtus è minimis celerrimè in maximos euadere scribit. ¶ Hippurus ueterum in speluncis latet, hyeme præsertim: noster etiam in scopulis latitat. Sed scopulos etiam scandere, de suo ueteres non prodiderunt: unde uel naturam eius nondum plenè ueteribus exploratam fuisse: uel nostrum hunc non eundem, sed cognatum esse piscem, suspicor. ¶ Hippurus ueterum pingui, suaui & dura est carne: qualis Thynnorum Glaucorumq; est. Hæc præter propositum prolixiùs exponere uolui: ut hominibus eruditis Oceani accolis (quales iam non paucos Germania nostra habet) certiùs omnia indagandi occasionem præberem.

ORDO IX. DE PISCIBVS CARTILAGINEIS PLANIS: PRIMVM DE RANA PISCATRICE, PASTINACIS, TORPEDINIBVS, SQVATINA: deinde de Raijs diuersis.

DE PISCIBVS CARTILAGINEIS QVAEDAM IN GENERE.

CARTILAGINEA nominamus Aquatilium quæ neque spinas, ut propriè dicti pisces: neque ossa, ut Cete habent, sed cartilaginem duntaxat: & nec seuum, nec adipem, ut Athenæo placet. itaque differunt à longis quibusdam piscibus, qui quanuis Galeorum generis non sint, cartilaginei tamen uidentur: sed pinguedinem habent, ut Rondeletius annotauit. Aristoteles σελάχη (τὰ) hoc genus nominat, (παρὰ τὸ σέλας, ut Aëtius docet, quòd noctu splendere uideantur: uel παρὰ τὸ ἔσω λεχάζειν, ut Suidas quoniam oua concepta intra se excudunt, & fœtus uiuos pariunt:) & alibi χονδρακανθα, σελαχώδη: ut Oppianus, σελάχεα. A piscibus quidem propriè dictis discernit, cum scribit: inter pisces, fœcundissima Mænis est: cartilagineorum autem Rana. Alibi non distinguit: ut, Squamosi omnes ouipari sunt: cartilaginei uerò, τὰ σελάχη, omnes uiuipari, excepta Rana. ¶ Cartilagineorum rursus, alia plana sunt, de quibus in præsentia dicemus. alia longo corpore, de quibus postea. & ex longis maiores ad Cete accedunt, ut Canicula, Lamia. Et ita quidem ueteres diuiserunt. Sed uidetur inter duo hæc genera, etiam medium quoddam esse, quod species aliquot piscium rotundæ seu sphæricæ figuræ comprehendat: de quibus etiam seorsim agemus. Bellonius ex Cartilagineis quosdam ouiparos facit: Attilum, Collanum, Silurum, Sturionem: quibus & Lampetra addi poterit. qui omnes è mari flumina subeunt: & non propriè σελάχη dicuntur: pinguedinem enim pleríque habent. ¶ Ex propriè cartilagineis, sola Rana, ut diximus, Aristoteli uiuipara est. quare eam primo loco posuimus, ut piscibus hactenus descriptis, qui omnes oui pari sunt, uicinior esset, ueluti ἐπαμφοτερίζων.

CARTILAGINEA (inquit Saluianus) in Aquatilium duntaxat genere inueniuntur. Græci σελάχη uocant, ἀπὸ τοῦ σέλας ἔχειν, Galeno teste: quoniam cutis eorum (aspera) noctu splendicat. Et hæc quidem omnia squamis carent: & insuper pleraq; cute aspera sunt. quoniam enim spina cartilaginea constant, terrenam portionẽ natura inde ad cutẽ transtulit, inq; eius asperitatẽ absumpsit. Nonnulla uerò læui cute teguntur, ut Rana marina, Torpedo, Pastinaca, Aquila, Læuiraia, & Læuis Mustelus. Os plerisque antè & supinum est. quamobrem nisi conuersa resupinentur, cibum corripere nequeunt: qua re nõ solùm aliorum piscium saluti cõsulitur, (rapina enim piscium omnia hæc uiuunt,) qui dum illi se cõuertunt effugere possunt: sed etiam ipsorum, ne nimia uoracitate pereant. Aliquibus tamen in extremo rostro os positum est, ut Ranæ marinæ, Squatinæ, Lampetræ. ¶ Branchias detectas omnia habent: spinea enim aliorum integumenta sunt, hæc autem spina carent. Habentur autem branchiæ cartilagineis planis quidem parte supina: longis autem ad latera: utrisq; duplices & quinæ utrinq;. Iecur duplicatum habere uidentur, idq; adipeum. adipe quidem discreto, qui carni uentri'ue hæreat, nullo pinguescunt. Fœminæ uuluas habent ea specie, qua aues. In hoc genere nec fœminæ suos conceptus, neq; mares suum semẽ spargere uisuntur. semine enim minimè abundant. Superfœtant. Vterum mensibus complurimũ senis ferunt. Sub partum repetunt litus & uada, relicto pelago, &c. Hæc omnia Saluianus. Etrursus: Plani pisces dicuntur (inquit à Columella prostrati & cubantes, qui non ut cæteri, erecti, sed ueluti prostrati atq; iacentes (sua latitudine) natant. Horum alij spinosi sunt, ut Passeres; alij cartilaginei, ut Raiæ: Aristoteles πλατεῖς κερκοφόρους, id est, latos & caudatos nominat.

Imago à Rondeletio proposita.

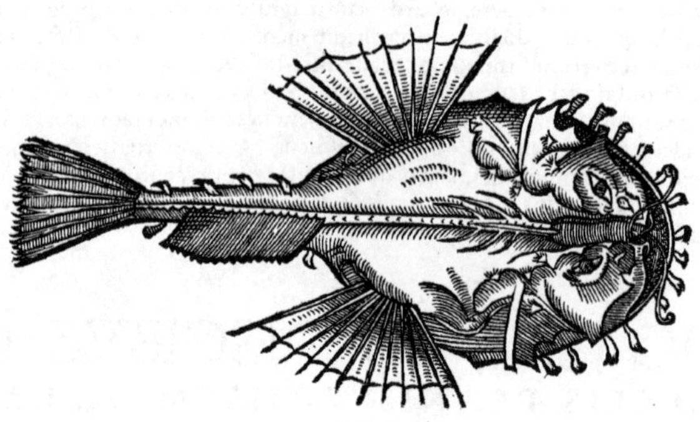

Alia eiusdem pictura ad sceleton: in quo nimirum quædam, partim arte distorta sunt: partim ariditate, &c. Hanc misit Ge. Fabricius, qui ab eo quòd capite tantùm & cauda constare uideatur, Cephalurum appellari posse, ad nos scripsit.

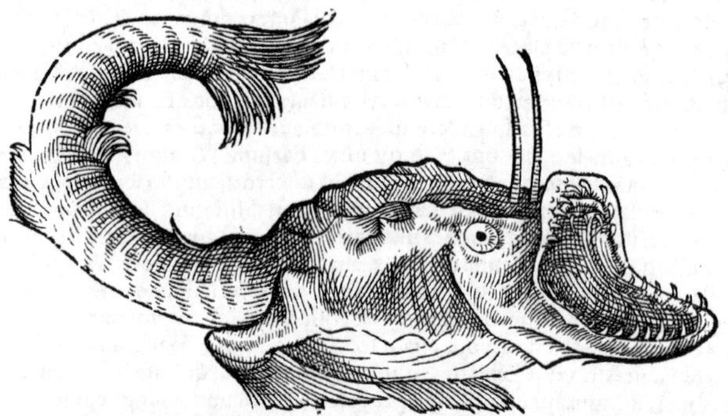

RANA piscatrix, uel marina, aliquando simpliciter Rana, ubi scilicet de marinis sermonem esse constat, Plinio, Ciceroni. Græcis βάτραχος simpliciter, uel cum epitheto ἁλιεὺς, id est piscatrix: nam ἁλίας non placet: ἅλιος quidem dici posset, sicut & θαλάττιος in Admirandis narrationibus Aristotelis. ¶ Piscatricis nomen (inquit Rondeletius) à piscandi solertia inuenit: Ranæ uerò à Ranæ palustris nuper natæ (quam Græci Gyrinum uocant, priusquam cauda siue posterior pars in posteriores pedes degeneret) similitudine. capite enim caudaque tantùm constare uidetur, ut etiam Cottis fluuiatilibus piscibus aptissimè comparari possit. ¶ Cum cæteri cartilaginei animal pariant, Rana sola, Aristotele teste, ouipara est. caput enim multò maius reliquo corpore habet, idque aculeatum, ualdè asperum. quamobrem neque postea catulos suos recipit, neque initio animal parit. ¶ Non minor quàm Torpedini solertia Ranæ quæ in mari piscatrix uocatur. eminentia sub oculis cornicula turbato limo exerit, assultantes pisciculos pertrahens, donec tam prope accedant, ut assiliat, Plinius.

ITAL. Hodie quoque à Neapolitanis Rana piscatrix dicitur, Rondeletius: uel Piscatrix (tantùm,) Gillius. Romæ Martino piscatore. A Liguribus, piscis piscator, (pesce piscatore, Saluianus,) Gillius. Epidaurij (Ragusini) ob deformitatem & fœdum horridumque corporis aspectum Diabolum marinum (Diauolo marino, Saluianus) uocarunt, Bellonius: eodem nomine aliqui Acum Aristotelis nominant. Hodie ab incolis Istriæ piscis Rospus appellatur, Massarius. sed Itali etiam Aquilam piscem Rospum, id est Bufonem, uocant, ut tradit Bellonius. Siculi uocant Lamiam, Gillius: nescio qua ratione, nisi ab ore admodum hiante, uel à uoracitate. Lamiam quidem hodie aliqui Canem carchariam nominant, &c.

HISPAN. Lusitani Xarocho: uel, ut Saluianus habet, Emxarroco.

Rursus

Rursus alia, qualem Venetijs aliquando depictam ab amico accepi. conijcio autem ad piscem aridum factam esse.

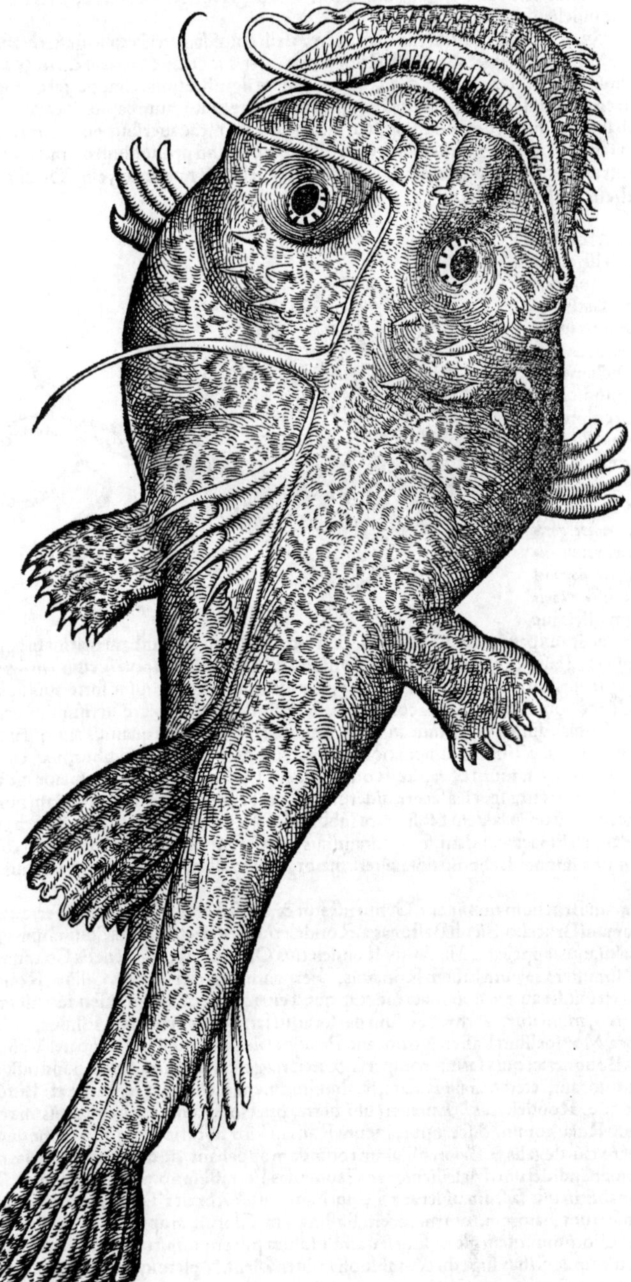

GALLICE. Masilienses Bodroyum, (Baudroyum, Bellonius) hoc est Batrachum, corrupte uocant, Gillius. uel, ut Rondeletius scribit, Baudroy, à lato & amplo oris rictu, quo marsupium refert, quod baudrier uernacula lingua nominatur. Burdegalenses, Pescheteau, quasi Piscatorem paruum. Monspelienses, Gallanga.

GERMANICE, ut accepi, Törsch: nisi id nomen Aselli cuiusdam in Oceano generi capitato potius tribuendum sit. ¶ Seetode, id est, Rubetã mar. ANGLICE: (Germanus diceret Meerkrott,) à rictu nimirum similiter patente, GALLICE eâdem significatione Crappe uel Crappaude, uocatum piscem se uidisse aridum, uir doctus quidam mihi retulit: totum capite & cauda constare, triplicem habere ordinem dentium, linguam quoq; dentatam. cadaueribus hominum uesci & hominibus natantibus insidiari, quos membro uirili apprehẽsos ad profundum detrahat ac deuoret. ¶ Licebit aliarum gentium uocabula interpretando sequi & nominare, ein Meerkrott/ ein Meerteüfel/ ein Täschemaul.

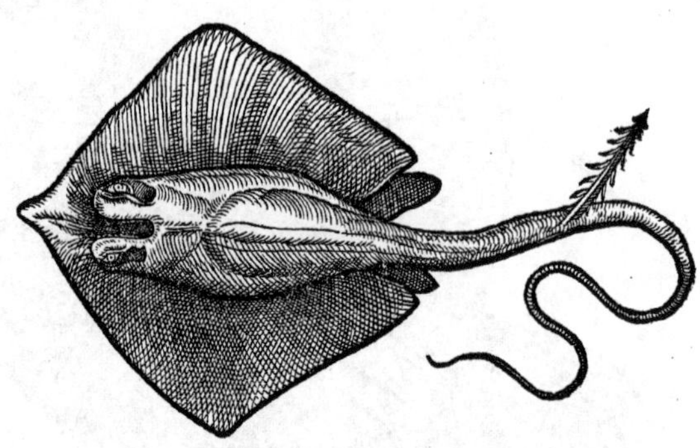

PASTINACA dicitur à Plinio & Celso: quæ *Turtur.* Græcè τρυγών, tanquã Turtur. quo nomine Latino ꝑ Pastinaca Ambrosius in Hexaëmero, & recẽtiores quidam usi sunt. Dictam autẽ Pastinacã puto (inquit Rõdeletius) à caudæ colore rotũditateq; (& longitudine, Saluianus,) Pastinacæ radice simili. Τρυγόνα uerò non à colore, ut quidam (*Bellonius & Saluianus Turturem à tergoris colore, ac quibusdam ueluti expansis alis, in eiusdem nominis auis similitudinem, dictam conijciunt*) scripsit: nam piscis hic *Colũba mar.* flauescit, sed ab alarum expansarum similitudine tantùm. Sunt qui Columbam marinam appel*An uolet.* lent. Vide in Italicis. Pastinaca cum natandi est cupiditate affecta, natare potest: cum rursus uolandi studio tenetur, sursum uersus sublimis uolat, Aelianus. unde à similitudine fortè auis uolantis, Turturem Græcè nominatam aliquis coniecerit. sed Saluiano eam uolare uerisimile non sit, *Species duæ, aut plures.* quòd grauis & ad uolandum inepta uideatur. ¶ Eius species duæ sunt: quanuis antiqui unius duntaxat meminerint, uel ob similitudinem non distinxerint. neq; enim facultatibus, neq; caudæ aculeo differunt, sed rostro tantùm & capite, Rondeletius. De harum altera, quæ maior est, agemus proximè. Bellonius tres species facere uidetur. Maiorem primùm, quam Aquilam nominat. deinde minorem, quam in læuem & asperam subdiuidit. Nos mox in Aquila (Pastinaca altera) asperæ cuiusdam Pastinacæ caudam, sex dodrantibus longiorem exhibebimus: ut aspera etiam forsan duplex sit: una minor, Bellonio nota: altera maior, eidem alijsq; scriptoribus hactenus incognita

ITAL. Romani Bruchum nominant, Genuenses (ut & Masilienses) Ferrassam, (Ferrazza,) Bellonius. Romani Bruccho, Siculi Bastonaga, Rondeletius. Veneti piscem Columbum (pesce Palombo, Saluianus) appellant, Massarius. Rondeletius Orbem piscem, Venetis Columbam uocari scribit: & similiter Galeum læuem Romanis. Ferrasam Ligures uocant, Gillius. Rondeletius Ferrazam scribit. sic autem nominata uidetur, quòd eius cauda mucrone osseo ad uulnerandum, ut hasta ferreo, muniatur. Arma ut telum perforat, ui ferri, & ueneni malo, Plinius.

GALL. Circa Monspelium Pastenago uocant. Prouinciales nonnulli Bastango uel Vastango, Masilienses Bougnette: quia farina conspersa & in sartagine fricta, itrij genus quod uulgari lingua bougnette uocant, referat. Galli Raiam, ob similitudinem, quam cum Raijs habet. Burdegalenses Tare ronde, Rondeletius. Lutetiæ (ubi uerno præcipuè tempore frequentissima est) nullo præterquàm Raiæ nomine discernitur, ac cum Raijs in foro piscario nullo discrimine diuendi solet. quanquam Burdegalis & Baionæ Taram rotundam appellant: ad discrimen Aquilæ, cui Taræ francæ nomen indiderunt. Masilienses ac Genuenses Ferrassam nominant, Bellonius. Taræ nomen Aquitanis in usu, factum uidetur à Turture aue: quæ Hebraicè Tor, Italicè Tortora dicitur. Masilienses tum maiorem, tum minorem Pastinacam, Glorinum appellant, Gillius. Dicunt autem fortè Glorinum, quasi gloriosum seu ambitiosum piscem: nimirum quòd caudæ radium erigat, ut ceruicem ac cristas superbi & ambitiosi milites solent: & plerosque cæteros pisces facilè præ se contemnat.

DALMATAE Laccizza, Rondeletius.

ANGLICE

ANGLICE A Poffen, ut audio.

GERMANICE Ein schwartzer Roche, hoc est Raia nigra, ut Valerius Cordus interpretatur. Raiæ enim (inquit) figura non admodum dissimilis est, nigrior, & longiore cauda. Germani inferiores quidam uocant een Peilstert: quæ uox sagittæ caudam significat. Stert quidem cauda est: & piscis huius nomen Flandris sua lingua caudam muris significare, author est Rondeletius. Flandri fortè pronunciarent een Ratte point. Genuenses quoque Aquilam pesce Ratto uocant. Hortedauben (id est, Turtur) alicubi ad oram Germaniæ dictus piscis, Pastinaca fortè, aut eiusdem generis fuerit, eum aëre durari solere aiunt. Ego Germanicum regioni nostræ conueniens huius piscis nomen confinxerim, Gifftroche, id est, Raia uenenata, uel Stachelroch/uel Angelfisch, ab aculeo siue radio in cauda uenenato. Sic & Pastinacam maiorem, (quam aliqui Aquilam marinam uocant,) interpretari licebit Adlerfisch, uel Krotteroch, (capite enim bufonem refert,) uel grosser Angelfisch. (quò minùs enim Meeradler interpreter, Haliæetus auis facit: quam Angli uocāt an Osprey.) Quanquam autem & alij multi pisces in diuersis corporis partibus aculeati sunt, nihil uenenatius tamen Pastinacæ aculeo: ut meritò per excellentiam illa à ueneno aculeó ue factum nomen sibi uendicet. quod si quis Venetorum nomen interpretari, & Columbam marinam appellare uoluerit, ein Meertaube, per nos licebit.

Pastinacæ alterius, (uel Aquilæ,) eicon à Rondeletio exhibita.

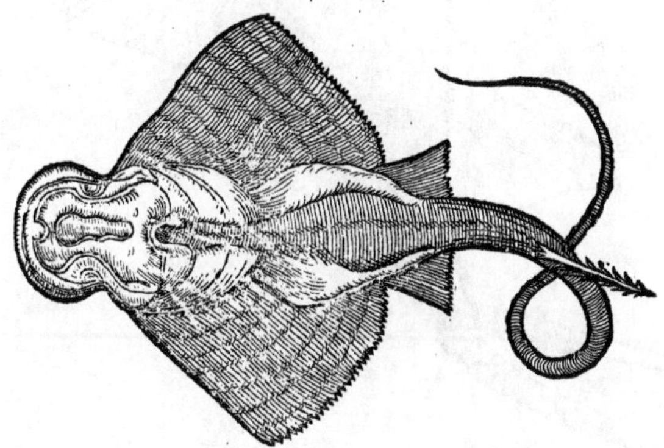

Alia eiusdem effigies, à Bellonio exhibita.

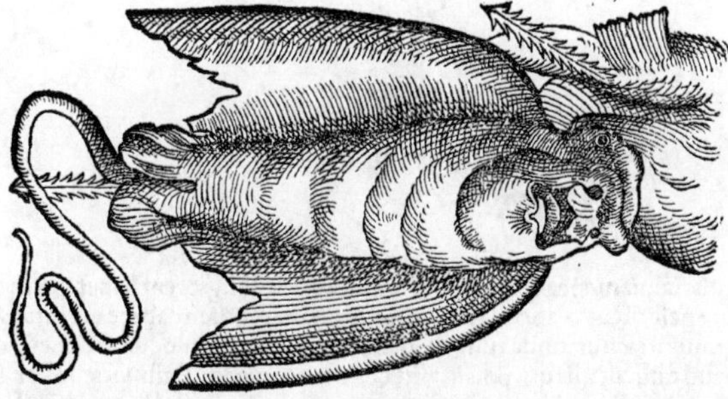

PASTINACAE species altera, Pastinaca maior. Aquila, Ἀετός, ut Bellonio placet: quanquam Rondeletius Aquilam esse negat, & simpliciter secundam Pastinacæ speciem facit. Aquilam uerò esse suspicatur, non affirmat, Raiam clauatam suam. ¶ Aquila hic piscis est, inquit Saluianus. nam præter nomina uulgaria, quæcunq; ueteres Aquilæ tribuunt, respondent: et alis suis expansis uolantem aquilam imitatur, nec propterea quòd proximè ad Pastinacæ accedat similitudinem, eius species altera (ut falsò arbitrantur nonnulli) censeri debet: quando manifestis adeò notis ab ea distinguitur, ut diuersa species statui, atq; Aquila appellari iure possit & debeat, Saluianus. Ego simul Aquilam hunc piscem appellare, simul alteram Pastinacæ speciem statuere minimè absurdum censeo.

L

Rursus alia eiusdem pictura, à Cor. Sittardo nobis communicata.

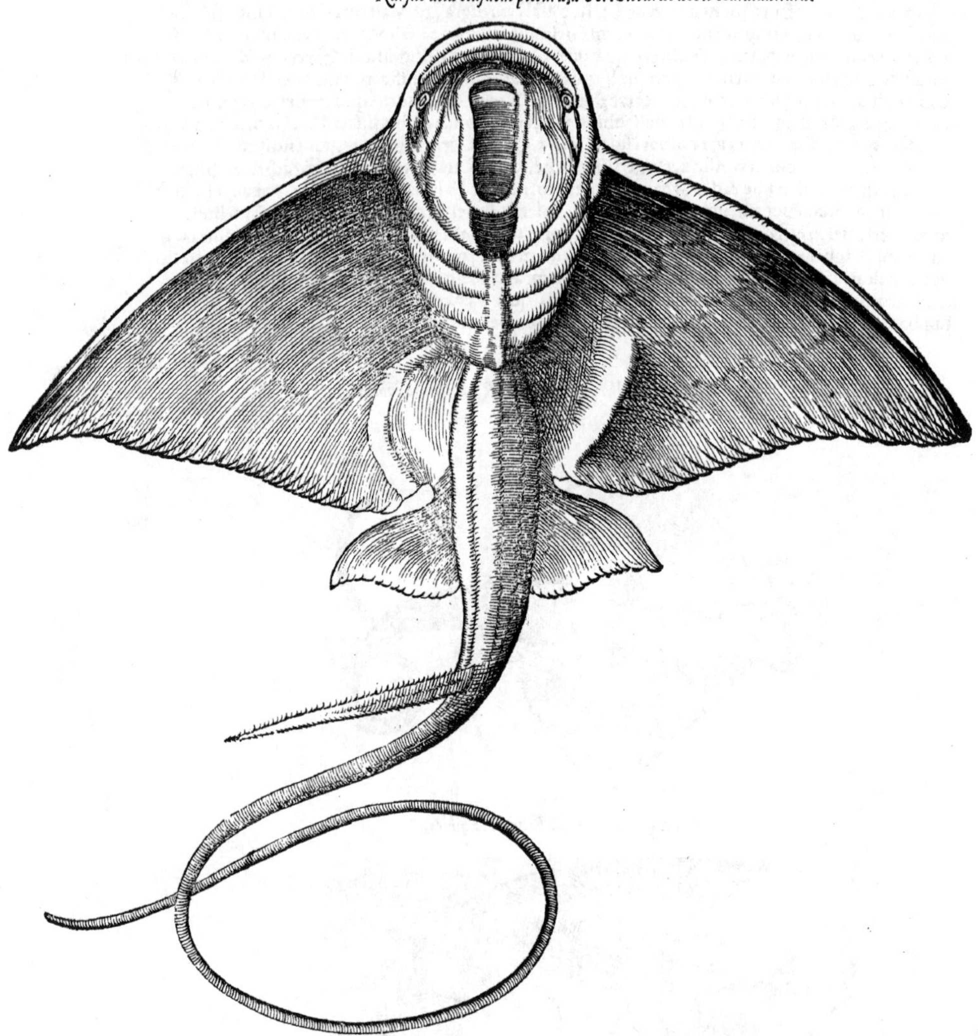

Aquila (inquit Saluianus) caudam multò tenuiorem & longiorem habet quàm Pastinaca: unde forsan Genue pesce Ratto appellatur, quia murinam caudam habere uideatur. Os subtus habet, nec nisi supinus uescitur: unde tum ob id, tum quia haud admodum celer est, cum pisces, quibus uescatur, haud difficilè assequi possit, astu eos uenatur. nam Pastinacæ instar latrocinatur ex occulto, transeuntes radio caudæ figens. quem quidem radium non secus quàm Pastinacæ perniciosum atq; pestiferum non solùm piscibus, sed & hominibus esse arbitrantur. unde ubique captis Aquilis, non minùs quàm Pastinacis, cauda statim à piscatoribus abscindi solet.

ITALICE. Romani & Neapolitani Aquilam uocant, Rondeletius. Romanorum uulgus Aquilonem: Genuenses ab oblonga & ferè murina cauda, duarum ulnarum longitudinem interdum excedente, pesce Ratto nominant. ILLYRII lingua utentes Italica, Rospum (hoc est Bufonem) marinum, à capitis bufonem referentis similitudine uocauerunt, Belonius. A Genuensibus Rospo & pesce Ratto uocatur: à nonnullis Rate penade, Rondeletius.

GALLICE. Ab Aquitanis Tare franke. ab alijs Falco, ab alijs Erango & Ferraza, Rondeletius.

GERM.

GERM. Ein grosser Peilstert/ein grosser Angelfisch/oder Stachelroch/Gifftroch/ꝛc. Vide paulò antè in Pastinaca simpliciter dicta.

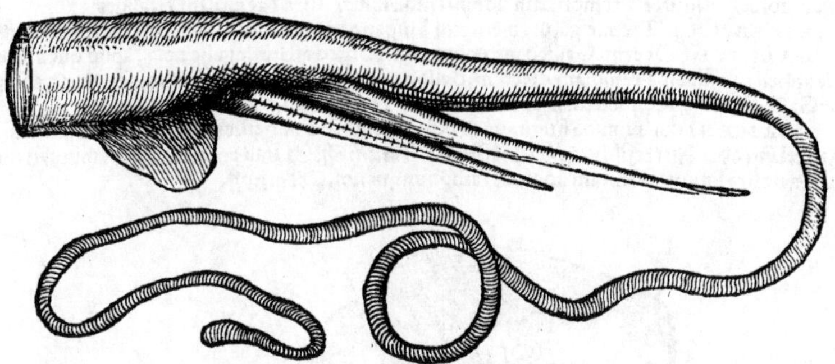

SVNT qui Aquilam (Pastinacam maiorem) in cauda non unicum ut Pastinaca, sed binos radios habere putent, ut in figura præposita à Cornelio Sittardo transmissa apparet.

GERM. Das hinder teil oder Stert von einem grossen Peilstert oder Gifftroch.

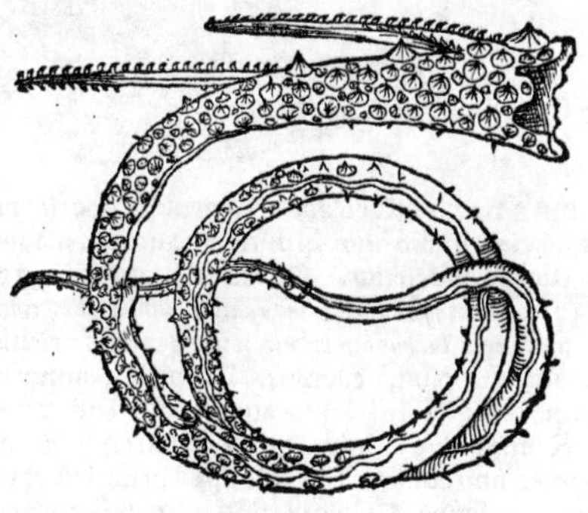

HVIVSMODI quoque caudam Cremonæ in cœnobio diui Petri iuxta Padũ se uidisse amicus quidam mihi retulit, Pastinacæ scilicet maioris, &c. Longa est hæc cauda in pictura quã habeo, dodrantes sex cum palmo: lata circa initium, digitos ferè tres. Radius maior, longus palmos duos, uel paulò plus. Bellonius quoque hanc picturam apud me contemplatus, permultas huiusmodi caudas Pastinacarum asperarũ, clauis quales in Raia sunt, armatas, Arimini apud Iulium Moderatum, pharmacopolam doctißimum, se uidisse aiebat: addebatque Burchi illic uocari has Pastinacas: aculeos in cauda geminos habere, eosque contiguos, ita ut breuior sequatur, (si bene memini,) longior præcedat, contrà quàm hîc expressum est.

DE TORPEDINE IN GENERE.

TORPEDO nominatur à ui sua, Varrone teste: & ab eadem Græcis Νάρκη. torporem enim siue stuporem contactu suo inducit membris, ui quadam occulta: nõ frigiditate, ut quidam putarunt. uiuæ enim duntaxat hæc uis est, extinctæ non amplius. Τόρπαινα etiam pro eodem pisce apud Aeginetam medicum legitur, quod à Latino deflexum apparet. Albertus hunc piscem Stupefactorem nominat: ut alij similiter mixobarbari Stuporem, Stupefacientem. ¶ Vi quidem sua non solùm tangentes alligat, sed per ipsum etiam rete obtorpefacientem grauedinem piscatorum manibus inducit. Procul etiam & è longinquo, (inquit Plinius,) uel si hasta uirgá ue attingatur Torpedo, quanuis præualidi lacerti torpescunt, quamlibet ad cursum ueloces alligantur pedes. ¶ Nec ipsa hanc uim suam ignorat. supinam sese in terram abijcit, & humi strata iacet immobilis tanquam mortua: & ita appropinquantes ad se torpore correptos, inuadit. Sæpe etiã in natantes medijs fluctibus pisces incurrens, celeritatem eorum sistit, & stupore astrictos deuorat. ¶ Torpedinum genera quatuor facimus: tria earum quæ maculis notatæ sunt: quartum eius quæ maculis caret. De fluuiatili (*cuius in Nilo Athenæus & Strabo meminerunt*) nihil hîc dicendum: à marina enim non differt, Rondeletius. *Turpana.*

ARABICE Rahade, uel cum articulo Alrahade uocatur. harada Hebræis stuporem significat. aliqui imperitiùs scribunt Rahas, Rahadar. ¶ Berulie, Thead aut Fead, Torpedinis apud barbaros quosdam nomina, nescio cuius linguæ sunt.

GRAECORVM uulgus Margotirem (*Narcotèrem*) appellat, Bellonius.

ITAL. Veneti (*apud quos rarißimè capitur, Bellonius*) Sgramfum à torpescentis membri affectu

L 2

appellant. Romani modò Battipotam, modò Foterisiam, frequentiùs uerò Oculatellam dicunt, Iouius. sed Oculatæ nomen primis tantùm duabus à Rondeletio exhibitis speciebus attribuerim. ¶ Venetijs uulgò Tremolo appellatur, à tremore: Romani uerò (me quidem latet unde id nomē traxêre) Batti potta, & Fotterigia dicere consueuerunt: & alijs in locis Itali, *(ut Apuli)* Torpedine, Matthiolus. Ligures Tremorizam nominant, Gillius. Istri Tremulam, Scaliger.

HISPANICE Tremielga, ut ab erudito Hispano accepi. alibi Hugia, ut Matthiolus scribit.

GALLICE. Oceano Gallico infrequens est Torpedo: Burdegalis nota, apud quos Tremble appellatur, quasi Tremulam dicerent, Bellonius. Massilienses Dormiliouse uocant, à stupore: Galli Torpille, Rondeletius. Gillius Massiliæ Turpilliam uocari scribit.

GERMANICA nomina fingimus ad eorum, quibus aliæ gentes utuntur similitudinem, ein Zitterling oder Zitterfisch/ein Schläffer/ein Krampffisch. Itali enim similiter (mutuati nimirum à nostra lingua) spasmum uocant gramphum, ut nostri krampff.

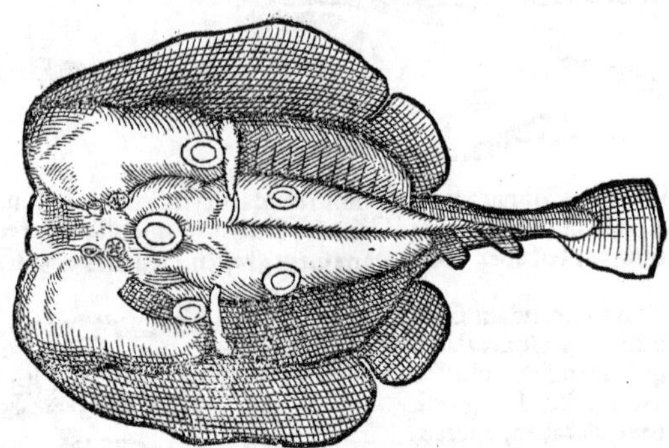

TORPEDINIS (Oculatæ uel maculosæ) species prima à nobis posita est ea, cuius maculas efficiunt circuli albo nigroq; distincti: quorum medium oculi pupillam, maculæ totæ oculos plane referunt, Rondeletius. ¶ Plinius Torpedinis id genus quod in tergore sex, atq; interdum septem, *(Saluianus in sua icone, quinq, tantùm huiusmodi maculas pingit, ceu per angulos pētagoni digestas: & Rondeletius similiter in duabus suis primis,)* aut eo minùs maculas, quosdam quasi oculos referentes gerat, Oculatam appellauit, Bellonius. Torpedo à quinq; in dorso nigricantibus notis, Romæ Ochiatella *(aliqui Ochiatello scribunt)* uocatur, (quasi Oculata, uel Oculatella, ut Iouius habet:) sed alius piscis est Romę uulgò Ochiata, (id est, Oculata) dictus, nempe Melanurus, Saluianus. Verùm Oculatæ nomen non cuilibet Torpedini, sed primis duabus tantùm à Rondeletio exhibitis speciebus conuenire uidetur. ¶ Colore est ad rubricæ fabrilis colorem accedente.

ITAL. Romæ uulgò Ochiatella, ut iam diximus.

GALLICA & GERMANICA nomina eadem conueniēt, quæ Torpedini simpliciter, huic & sequentibus speciebus, aliqua differentiæ, à maculis præsertim, nota adiecta. hanc igitur & secundam speciem uocabimus, Spiegelschläffer, uel gespieglete Zitterling/rc.

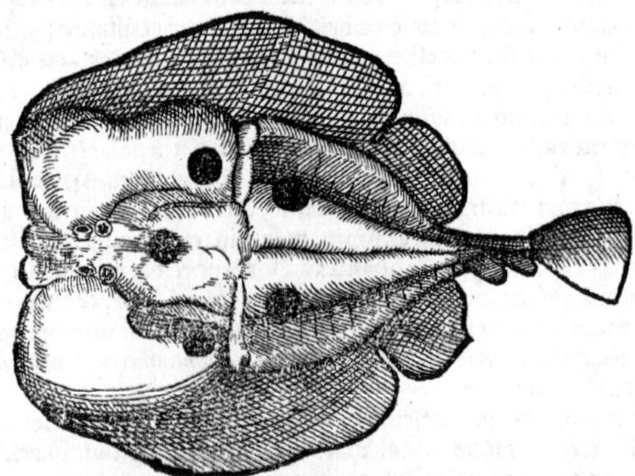

TORPEDINIS Oculatæ uel maculosæ species altera: quæ à superiori differt, quòd maculas nigras, rotundas, circulis non distinctas habeat, sed eâdem pentagoni figura dispositas. est etiam am primæ concolor, Rondeletius. Plura lege in prima specie.

ITALICE, GALLICE, GERMANICE: Lege quæ cũ superiori adnotauimus. Ein anderer Spiegelschläffer.

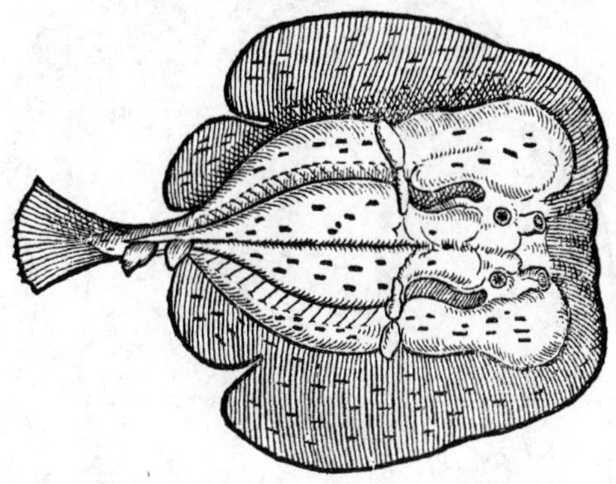

Eiusdem Torpedinis maculosæ, ut suspicor, pictura supina, à Bellonio exhibita.

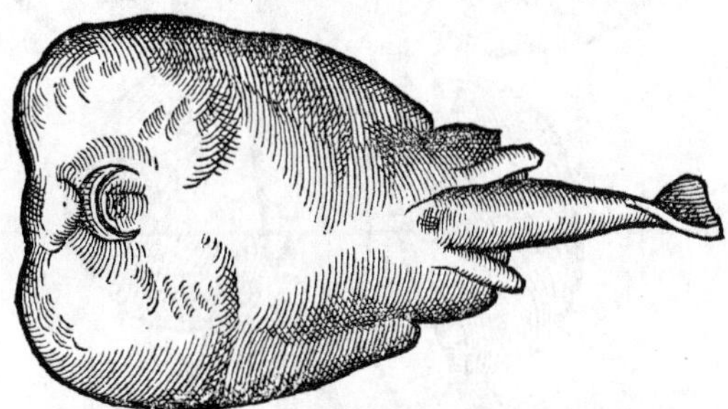

TORPEDO tertia, non oculata, sed maculosa tamen: magis uaria est quàm præcedentes. habet enim maculas diuersarum figurarum, huc & illuc sparsas & sine ordine, Rondeletius.

ITAL. GALL. GERM. Vide quæ annotauimus cum prima specie. Ein gefläckete art des Schläffers oder Zitterlings/hat keine spiegele wie die zwey ersten geschlecht.

Iconem hanc Rondeletius exhibuit: ut & superiores, supina excepta.

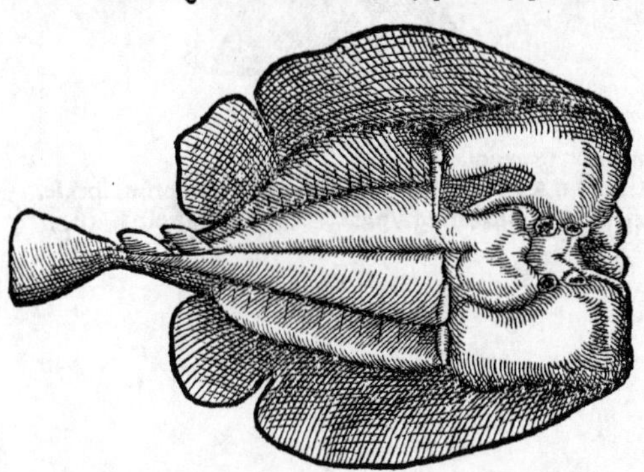

L 3

Eiuſdem alia imago, à Cornelio Sittardo olim ad me miſſa. eam Romæ uulgò Motaſargo & Fumicotremula nuncupari addebat.

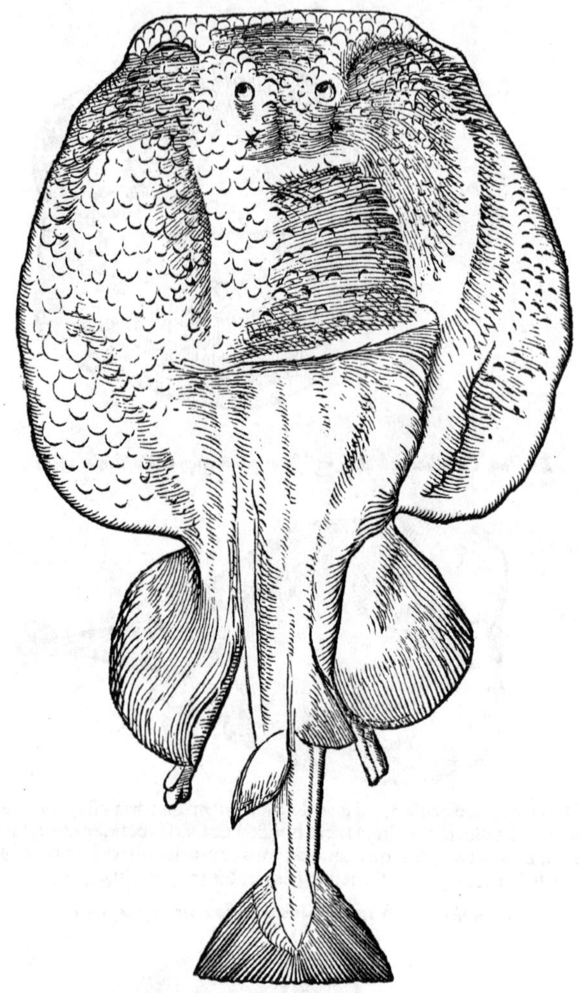

TORPEDO quarta non maculoſa.

ITAL. GALL. GERM. Lege annotata ſuperiùs cum prima ſpecie. Das vierdt geſchlächt eins Schläffers oder Zitterlings/hat weder ſpiegele noch fläcken.

TORPE-

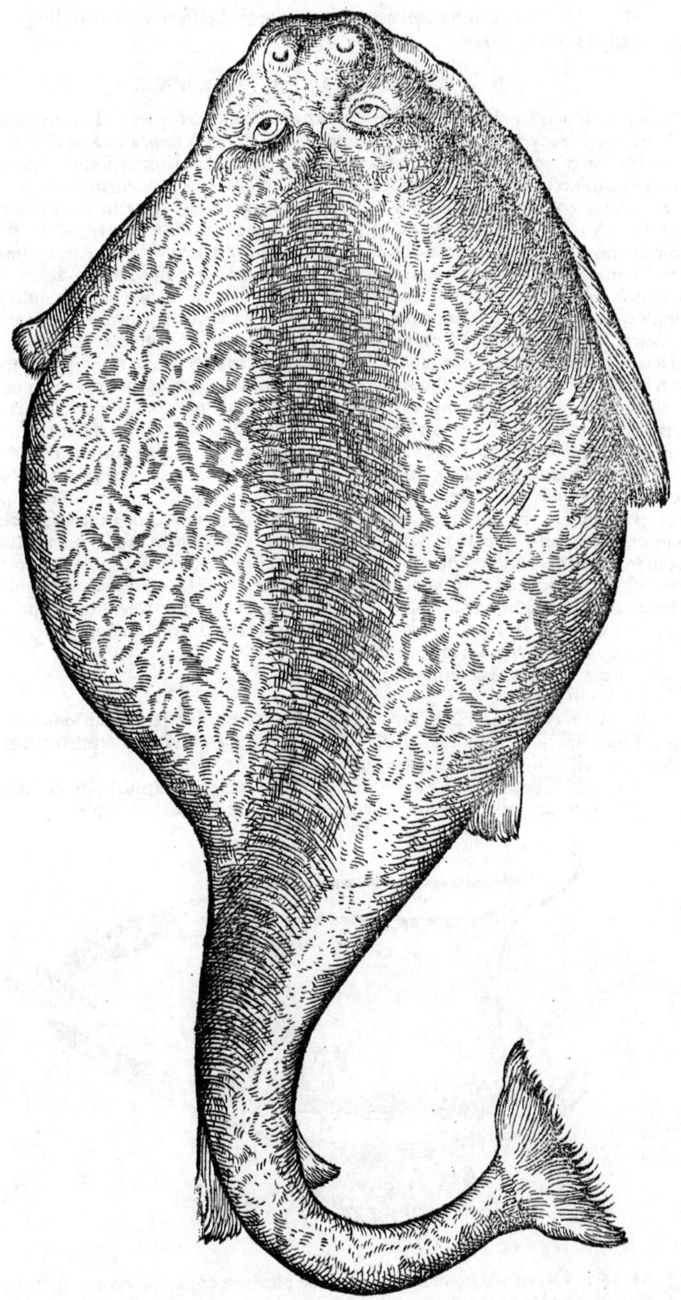

TORPEDINIS cuiusdam figura à pictore Veneto depicta, nulli illarum, quas Rondeletius pingit, similis; nec satis probè, ut suspicor, expressa.

GERMAN. Ein gattung von den obgenanten Schläffern oder Zitterlingen: vilicht nit beym besten contrefeetet.

DE RAIIS IN GENERE.

RAIAE sunt inter planos cartilagineos notissimæ, maximeq́ʒ uariæ. Latini nominis etymū, nisi fortè à radendo Raia dicatur, nullum reperi. Βάτος & Βατὶς à Græcis dicitur, (utroq́ʒ nomine Plinius etiam utitur, ut & Raia Latino,) à rubi quem bάton uocant similitudine. quemadmodum enim spinosus aculeatusq́ʒ est rubus: ita Raiæ omnes aculeos uncos in cauda gestant, aliquæ etiam reliquo corpore, Rondeletius. D. Ambrosius non rectè ad uerbum transtulit Rubum. Arnoldus Villanouanus Regem appellauit, nulla ratione, à Gallico Raye. ¶ Aristoteles Βάτον nomen præcipuè ponit, ubi de his loquitur, quæ ad utrunq́ʒ sexum pertinent: quum uerò de eo quod fœmine tantùm proprium est, Βατίδα dicit. Raiæ omnes aspectu ipso deformes sunt: sed rusticis & ijs qui corpus graui labore fatigant, in cibo sunt utiles, plurimumq́ʒ nutriunt. Carent pinnis quibus natent, latitudine enim sua natant. ¶ Raiarum genera ueteres tria tantùm fecerūt: Raiam scilicet simpliciter dictam, Raiam læuem, & asteriam. Nos (inquit Rondeletius) diligentiùs clarioris doctrinæ gratia, in multò plures species distribuemus. Raiam igitur primùm in læuem & asperam diuidimus: deinde in Raiam stellulis notatam, & ijs carentem. sunt enim & læues & asperæ stellulis uariæ, aliæ minimè. Asperarum aliæ tactum modicè solùm uellicante lanugine: aliæ aculeis robustis, sed raris: aliæ aculeis robustissimis & densissimis asperantur. Rursus earum quæ stellulis notantur, aliæ binas duntaxat maculas habent, aliæ plures. Illæ binis maculis circumiectos oculos habent, ut in Buglossi & Torpedinis specie. Harum nonnullæ rotundæ, stellisq́ʒ pictis similes notas multas habent: quædam à bis nigrisq́ʒ prona parte conspersæ sunt. Aculeis etiam uariè à sese differunt. aliæ in prona supinaq́ʒ parte aculeis armatæ sunt, aliæ in prona tantùm, aliæ in rostri supina parte: aliæ in nulla parte præterquàm in cauda: quorum ea est diuersitas, ut in alijs triplici ordine dispositi sint, in alijs simplici. Præterea ipsorum aculeorum plures sunt differentiæ. Sunt quidam molles & imbecilli, pilorum uel lanuginis modo: nonnulli paulò ualidiores: alij robustissimi ex ossea planè substantia. Rursus alij longi & tenues, alij parui & uix supra cutem extantes, alij medio modo se habent. omnes ferè ad caudā spectant, longi ferè ad caput.

Rubus. *Rex.* *Raiarū genera.* *Aculeorū differentiæ.*

ITAL. Raia Venetijs Raggia nominatur.

HISPANI, ut Latini, & scribunt & pronunciant, Raia.

GALLI Raye.

GERMANI & Flandri Roch / uel Rocch potiùs. ab ea asperitate forsan indito nomine: nam Ruch nobis asperum est. Gothi Rocka. Haud scio an idem sit marinus piscis qui circa Rostochium in ora Balthici maris Ruch uocatur.

ANGLI A Thornebacke, à tergo spinoso. Eliotæ tamen Raia piscis Anglicè uocatur Raye aut Skeat: quorum prius nomen Gallicum est; posterius Squatinæ debetur.

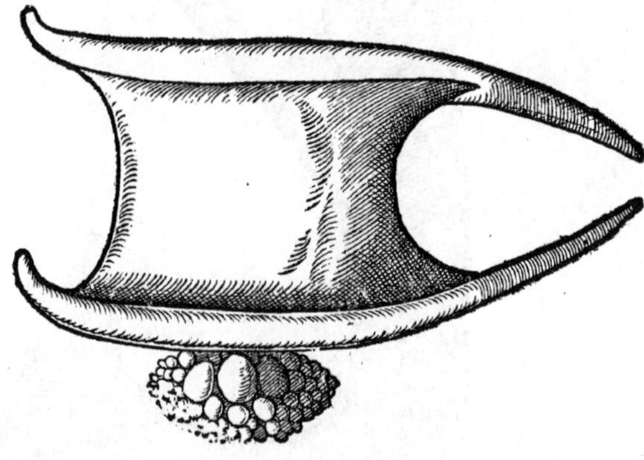

RAIAE in Oceano & in mari mediterraneo plurimæ apparent. earum autem fœcunditatis causa (inquit Rondeletius) hæc est. Fœtum quidem unicum aut summùm duos uno partu edunt, sed præter ouum testaceum (unum,) quod hîc depingendum curaui, aut duo, quæ perfecta in inferiore uuluæ parte cernuntur, ex dissectione comperi permulta alia, & ferè infinita in superiore uuluæ parte haberi, quæ tempore perficiuntur: ex quibus, sæpius iteratis partubus, fœtus excluduntur.

cluduntur, atq; hæc fœcunditatis causa est eadem quæ in Gallinis, &c. Oua quidem in superiori uuluæ parte sine testa primùm concipiuntur, alia gallinaceorum magnitudine, alia minora, quædam uix ciceris. equidem plura centenis aliquando in Raiis singulis numeraui. Ex his quæ à perfectione propiùs absunt, in inferiorem uuluæ partem demissa, testa operiuntur: in quibus albumen primùm cum uitello confusum est, &c.

GERM. Die Bärmůter/oder der Bärdarm in den Rochen/sampt den eiern/wie die erstlich oben an der Bärmůter wachsend: darnach laßt sich ye das reyffest eins oder zwey hinab dareyn/vnd bekumpt ein schalen.

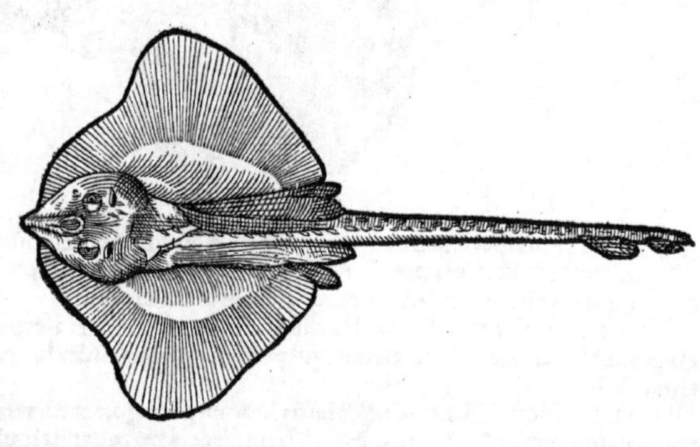

RAIA læuis, λειόβατος (Gaza Leuiraiam uertit) corpore est tenui, & in amplissimas alas expanso: cute glabra læuiq;, id est ab aculeis nuda: præterquàm in locis prope oculos, quorum uterq; aculeo munitus est: itē excepta media dorsi linea, & cauda, &c. ¶ Bellonius (quem & Saluianus sequitur) Raiam læuem facit illam, quæ Massiliæ Flassada dicatur: eam Rondeletius Oxyrhynchum alteram facit. ¶ Quòd apud Athenæum λειόβατος, ῥίνη (id est, Squatina) uocatur, mendum uidetur, Saluianus.

HISPANICE Liuda, à cute læui & pellucida. sunt qui Rasam uocent à glabra cute, Rondeletius. qui tertiam quoq; Raiæ læuis speciem (id est, Oxyrhynchum minorem) ab Italis Perosam rasam uocari scribit.

GALL. Nostri à colore fusco Fumat & Fumado appellant, Rondeletius.

GERM. Ein glatter Roch: mag ein Röuchling geheissen werden/darum̃ daß er rouchfarb ist.

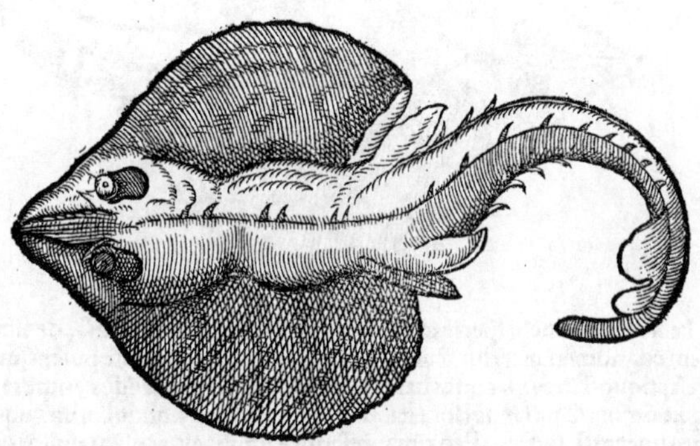

RAIA læuis secunda: quam (inquit Rondeletius) à colore cineream: à maculis undarum modo flexuosis undulatam uocamus. Corpore ad oui potiùs figuram accedit, quàm rhombi ut reliquæ. Aculeis caret: nisi quòd in linea dorsi pauci sunt, parui, rari; & circa oculos nonnulli. in cauda triplici ordine disponuntur, maiores & densiores.

GALL. Quidam Coliart appellant, Rondeletius.

GERMAN. F. Ein Aeschroch/ein Schammlotroch/ein äschfarber glatter Roch.

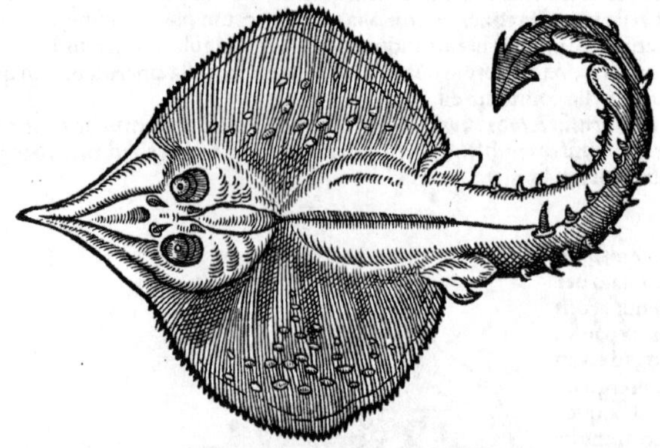

Oxyrhynch⁹. RAIAE læuis species tertia: quam à rostri longitudine & acumine Raiam oxyrhynchum (mi norem) appello. Corpore est maximo, maculis multis lentis specie in parte prona notato. Ad oculos, quatuor habet aculeos, in cauda tres eorum ordines, &c.

ITALICE Perosa rasa, nam Raiam aculeatam simpliciter Perosam uel Petrosam nominant. Aliĳs Sot, aliĳs Gilioro, Rondeletius, qui primam quoq; Raiam læuem ab aliquibus Rasam uocari tradit.

GALL. Nostri Eleno (*id est, subulam*) uocant, à longo, acuto, tenui, latiusculo & non rotundo (qualis est cerdonũ subula) rostro. aliĳ Lentillade, à maculis illis multis in ea lentis specie, Rondeletius.

GERMAN. F. Ein Spitzroch/Alsenroch/oder Linseroch/der kleiner.

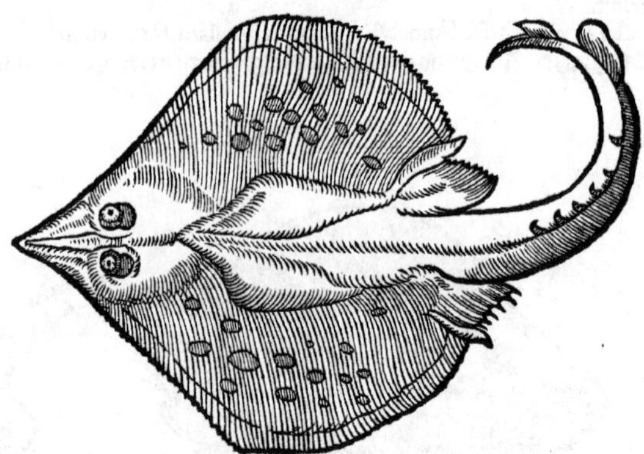

RAIAE læuis oxyrhynchi species altera, à superiore multùm diuersa, dempta rostri figura, à qua idem cognomen meretur. Sunt qui Bouem antiquorum esse putent, quòd in maximam molem accrescat: quòd in ore latentes habeat dentes, paruos, inualidos, utpote qui mobiles esse uideantur: quæ omnia Oppianus Boui tribuit. His consentit nonnullorum uulgaris appellatio: Vaccam enim uocant (Ligures.) Proximæ descriptæ similis est: aculeos nullos omnino habet, prę terquàm in cauda, in qua unicus est eorum ordo, Rondeletius. Bellonius & Saluianus hanc Raiam læuem faciunt, sed diligentiùs considerandum est quid Bellonius senserit. seorsim enim describit Bouem, Vaccam à Liguribus dictum, in Raiarum genere uastissimum, (quem Oppianus homicidam uocet, quòd undis immersos ac natantes homines, sua mole obruens suffocet: eandem Parisĳs notam esse scribens, sed non alio quàm communi nomine Raiæ:) seorsim uerò Raiam læuem suam, quam Masiliæ Flassadam nominari tradit: cum Rondeletius Vaccam à quibusdam (Ligures quidem non nominat) dictam, eandem Masiliensium Flassadæ faciat. Gillius etiam discernere uidetur. Lege mox in Italicis. Vtcunq; est, in Raiarum genere maximam hanc esse apparet: & Bouis nomen à magnitudine, (quam in compositione plerunq; Bouis uocabulum, ut etiã Equi

Bos. *Vacca.* *Flassada.*

Hanc quoq; Raiam depictam Venetijs accepi, corpus ferè cinereum maculis distinguentibus fuscis: ambitu corporis subruffo. Ad Raias oxyrhynchos Rondeletij accedit. Normannis audio uocari Hal, Lusitanis Huga, Venetis Stramazo.

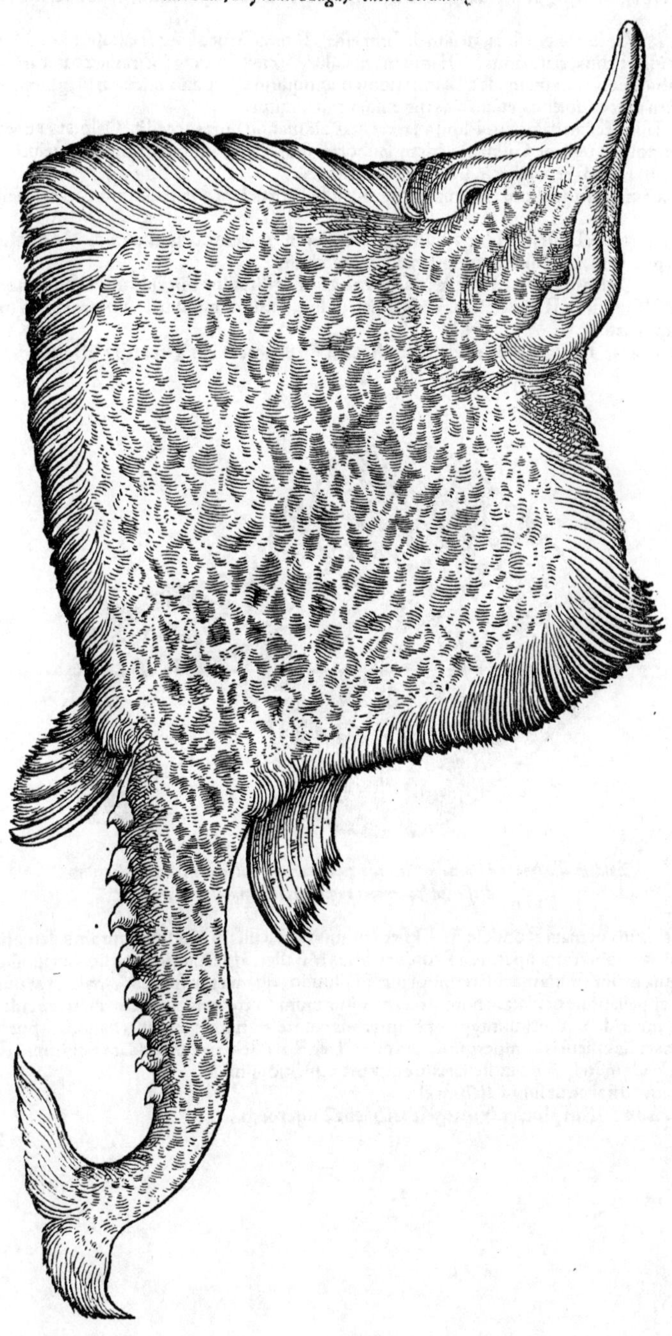

Equi, Græcis significat,) non à figura, neque cornibus attributum. Bouis quidem uocabulum etiam alijs piscibus attribui scimus, ut Salpæ: & Cornutam Plinij binis cornibus armari, ut & Vaccam Olai Magni. ¶ Qui alteram speciem Raiæ clauatæ Bouem putarunt, à Rondeletio redarguuntur.

ITAL. Vacca à Liguribus, ut iam dictum est. Romæ Mucosa siue Bauosa, eò quòd muco sordida eius sit cutis, Saluianus. Eandem, ni fallor, Venetijs, uulgò Stramazo uocari, olim accepi: ab aliquibus Lamiam. sed Lamiæ nomen antiquum est de alio pisce cartilagineo longo: quanquam à recentioribus, etiam alijs quibusdam attribuitur.

Bos planus & cartilagineus Plinij ad trecentas aliquando libras accedit. Dalmatæ etiam nostra ætate Bouem uocant, Gillius. Idem Bubosam siue Mucosam uulgò dictum, ueluti diuersum piscem, Raiam læuem facit, sicut & Saluianus, &c.

Flassadam Massiliensium, Romani nominant Falsam uelam à carbasorum forma, Bellonius.

HISPAN. A Lusitanis Huga, hunc aut simillimum piscem uocitari audio. Matthiolus tamen Torpedinem, ab Hispanis Hugiam uocari prodidit.

GALL. Quidam ex nostris (ut & Massilienses) à magnitudine Flassade uocant: quæ uox stragulum lecti significat, Rondeletius. Vide superiùs in Latinis nominibus. A Normannis (ni fallor) Hal appellatur.

GERMAN. F. Ein grosser Aeschrocch/ oder Spitzrocch. ein Vtrocch/ Walrocch/ Kůrocch.

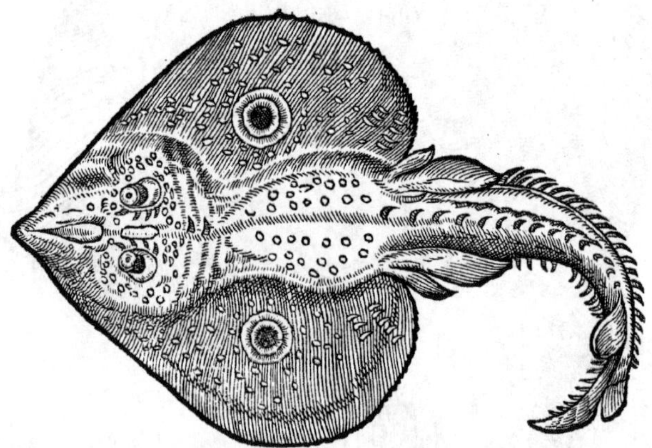

Eiusdem alia imago à Cornelio Sittardo: quam cum hîc collocari deberet, & spacium deesset, in sequentem paginam retulimus.

RAIA læuis oculata Rondeletij. Hæc (inquit) à maculis oculorum figuram referentibus, oculata à nobis nuncupatur: à Prouincialibus Mirallet, à speculorum paruorum similitudine. sed quia maior est his maculis cum oculis similitudo, quàm cum speculis, maluimus uulgari neglecta appellatione oculatam nominare. medium enim cœruleum pupillam refert: circulorum duorum, qui iridem constituunt, prior & internus colore est nigro: externus flauo. Corpus fusco colore, maculis obscuris conspergitur. Non est hæc Raia stellaris, ut quidam putarunt, Rondeletius. Vide in Italicis Raiæ stellaris (de qua proximè) nominibus.

GALL. Mirallet, ut suprà dictum est.

GERM. F. Ein glatter Spiegelrocch/ ein Augerocch.

Raia

Raia oculata à Cornelio Sittardo missa.

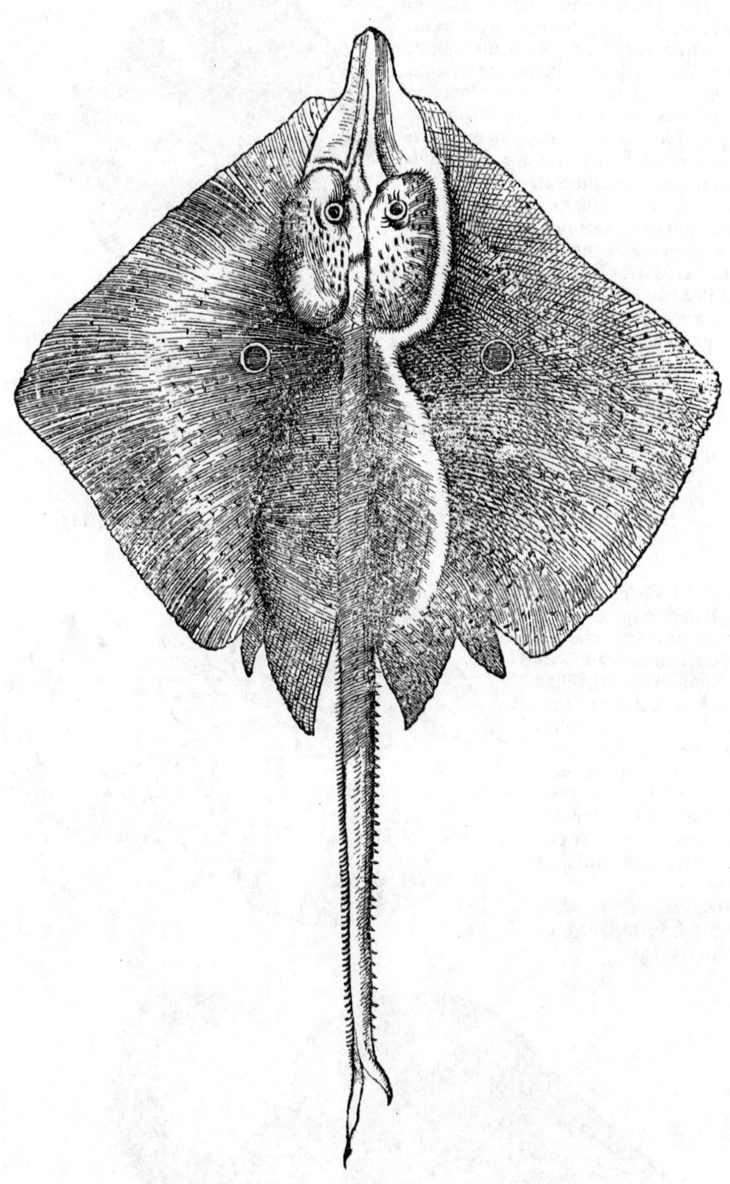

M

RAIA Asterias (id est, stellaris) & ipsa læuis. Rarior hęc est (inquit Rondeletius) ideoq; multis minùs cognita: degit enim in alto mari, & puriori aqua, litoribus minùs frequens. ab alijs Raijs distinguitur aculeis quos in dorso habet, mox à capite incipientes, & in priorem caudæ pinnulam desinentes. præter hos nulli alij sunt in toto corpore. Dorsi pars prona, alæq; expansæ, stellulis pereleganter sunt depictæ, à quibus asteriæ nomen inuenit.

ITAL. Raia stellaris Athenæo memorata (inquit Saluianus) non solùm piscis noster LI. (qui Romæ dum minor est Arzilla, maior uerò factus Raia uocatur:) sed & qui Massiliæ Mirallet (Vide proximè antè in Raia læui aculeata Rondeletij) dicitur: nec non quiuis alius ex Raiarum genere, cuius dorsum maculis quibusdam insignitum apparet. Secundum aliquos hic piscis Romæ uulgò Arsilli dicitur. differt autem ab Arzinarello dicto (quem secundam Acus speciem Rondeletius facit) ut Cor. Sittardus indicauit.

GALLICE Raye estelée uocari potest: quanquam id nomen Galli, Stellari asperæ priuatim tribuunt.

GERMAN. F. Ein Sternroch.

HACTENVS DE LAEVIBVS RAIIS: DEINCEPS VIII. earum genera aspera proponemus.

RAIA Oculata aspera Rondeletij. Hæc (inquit) oculatæ læui maculis similis est: aculeis autē differt, quos in alis expansis è regione macularum utrinque habet, alios in lateribus capitis utrinq;, alios in dorso: alios in cauda, maiores, ualidiores & frequentiores. Falluntur qui sexu tantùm ab oculata læui differre putant. colore quidem eodem est.

GERMAN. F. Ein raucher Spiegelroch oder Augeroch.

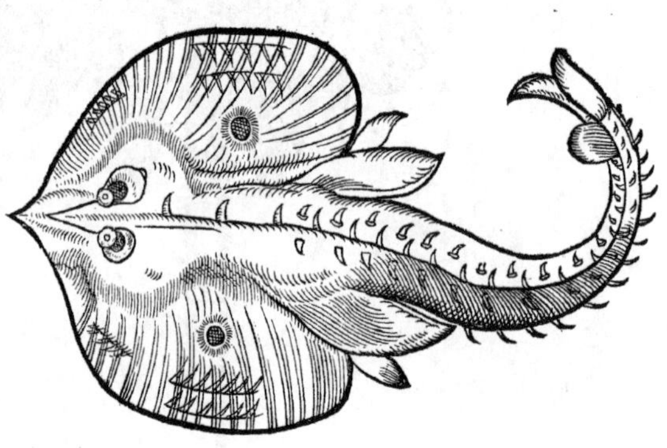

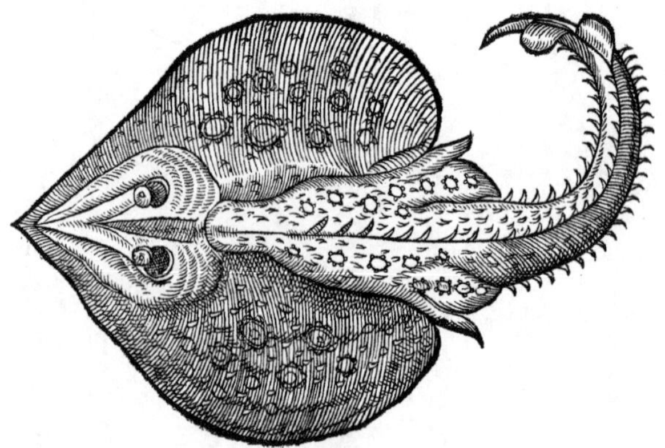

RAIA Stellaris aſpera Rondeletij. Aſterias(inquit) hæc etiam appellabitur à ſtellulis multis quas habet in lateribus & caudæ principio depictas: aſpera uerò, ab aculeis plurimis quibus tota horret, &c. Huius generis ſpecies duæ eſſe uidentur: una, quæ ſtellulas habet in medio albas, ſed quas ambit circulus ex nigris punctis conſtans, totumq; corpus aculeis horridũ eſt. altera ſtellulas prorſus candidas cum multò paucioribus aculeis.

ITALI (Romani, Bellonius) Rometam uocant, Rondeletius.

GALL. Raie eſtelée, Rondeletius & Bellonius.

GERM. F. Ein raucher Sterneroch.

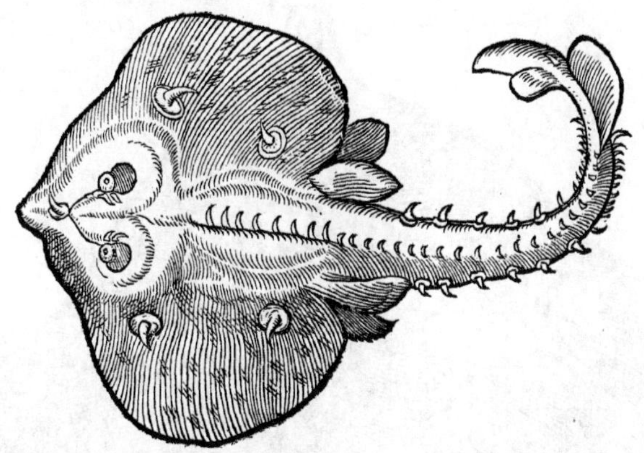

RAIA Clauata Rondeletio dicta, ab aculeorum magnitudine & ſimilitudine cum clauis æreis ſiue ferreis. Vidi(inquit) huius generis Raias, quibus poſteriore tantùm parte corporis aculei illi magni eſſent, nulli uerò parte anteriore; ſed horum ſitus diuerſus ſpeciem non mutat, cum alia omnia reſpondeant. Poſſet hæc Raiarum ſpecies Aquila antiquorum exiſtimari, (nihil enim hîc affirmo.) colore enim nigricante eſt. incurui aculei uncis unguibus reſpondent. alas ualde expanſas habet ueluti Aquila: quam inter cartilaginea plana numerarunt antiqui. Poſtremò carne eſt dura, qualem Philotimus Aquilæ eſſe ſcripſit, & approbauit Galenus. Hæc ille. Bellonius quidem & Saluianus hanc propriè dictam & ſimpliciter Raiam faciunt. nos Aquilam aliam ſuprà in hoc ordine dedimus, quam Rondeletius Paſtinacæ genus alterum facit. *Aquila.*

ITAL. Peroſa ſiue Petroſa, Rondeletius. Saluianus iiſdem nominibus eam appellari ſcribit Romæ, ob aculeos lapideos.

GALL. A Maſsilienſibus & noſtris Clauelade (*Clauellata, Bellonius*) à ſimilitudine quam aculei eius cum clauis habent: à Gallis Raie bouclée, quia aculeos habet fibularum ſpecie, uocatur, Rondeletius.

GERM. F. Ein Nagelroch.

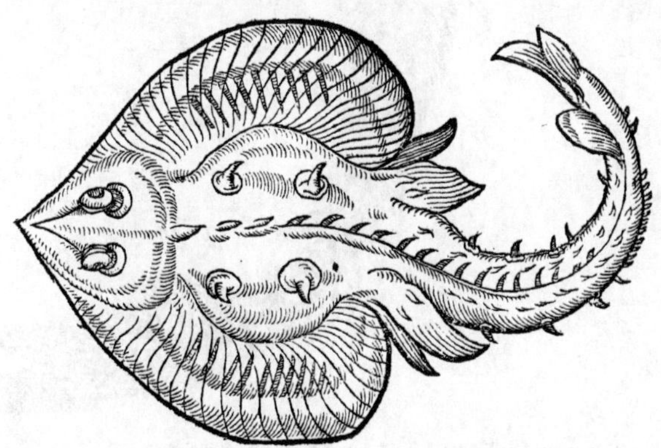

M 2

RAIAE Clauatæ species altera Rondeletio. A superiore (inquit) differt, quia rostro est acutiore, aculeoq; illic caret. Colore est cinereo. Pro dentibus maxillas asperas habet. quare falluntur qui speciem hanc Raiæ, Bouem esse credunt. Boui enim Oppianus dentes tribuit.

GALL. Nostri Ronse (Ronce) uocant, id est, Rubum, Rondeletius.

GERM. F. Ein anderer Nagelroch.

Huius generis Raiæ iconem amicus quidam Venetijs ad me misit. Videtur autem cognata Clauatis Rondeletij. Maculis distinguitur fuscis. reliquum corpus obscurè subluteum est. cætera apparent.

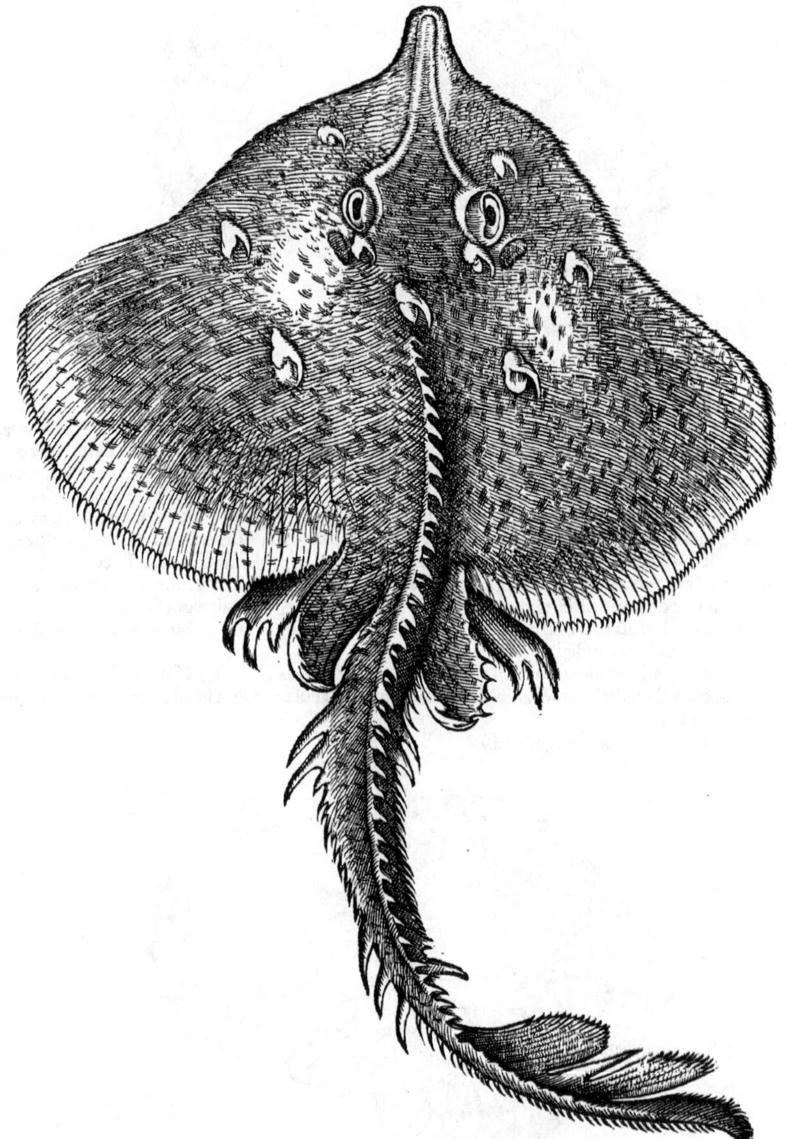

GERM. Ein andere art der Nagelrochen/als mich bedunckt.

RAIA

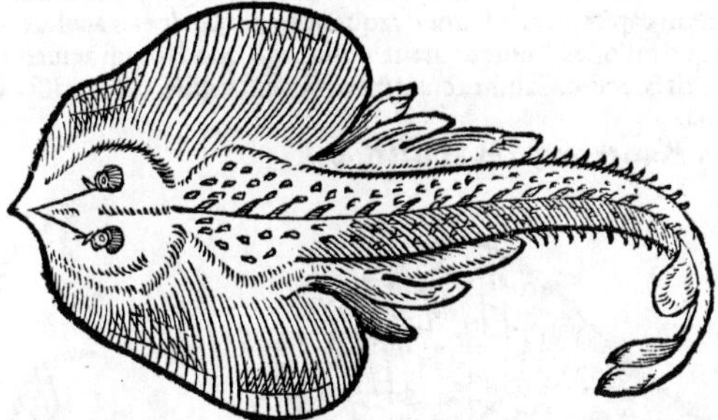

RAIA Spinosa Rondeletij. Raiæ læui(inquit)similis est, si longas cutis spinas excipias: à quibus nostri eam Cardaire, id est, Lanificam uocant: à spinis illis siue aculeis, cuiusmodi multi infixi sunt instrumentis ijs, quibus lanifici lanas carpunt. Nos ab his spinis Spinosam appellamus: quas non in alis solùm habet, ut superior(Clauata,)sed etiã in lateribus circa caput. Oculis præfixi sunt alij duo. In media dorsi linea, & ad priorem usq; caudæ pinnulam, continuus est aculeorum ordo unicus.

GALL. Cardaire, ut dictum est.

GERM. F. Ein Thornroch/oder Hechelroch.

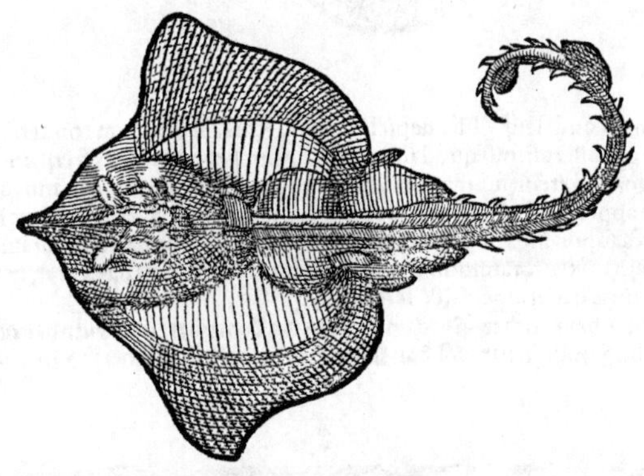

RAIAM Asperam(inquit Rondeletius)particulatim hic appellamus, quæ ab alijs eo differt, quòd aculeis paruis latera cõspersa habeat, corporis ipsius truncum nullis. In cauda tres sunt longorum & firmisimorum aculeorum ordines ad extremum usq; caudæ. Rostro est acutiore.

GERMAN. F. Ein Rüchling oder Rauchling.

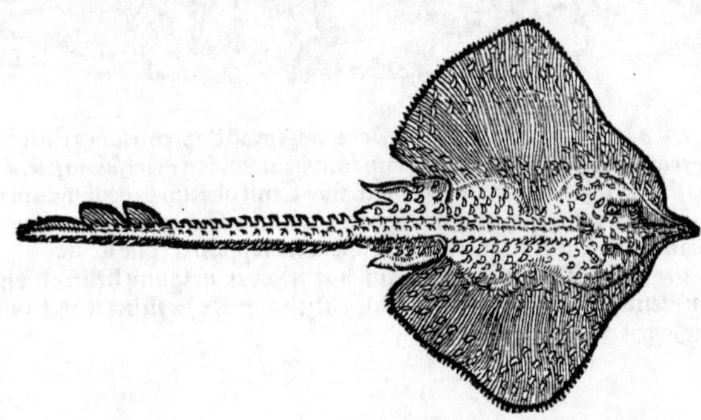

M 3

RAIA Fullonica Rondeletij. Hanc (inquit) Fullonicam cognominauimus, eò quòd ubiq; in alis, in corpore, in capite, in cauda, tota frequentissimis & asperis aculeis conspersa sit, instar instrumenti eius quo fullones pannos curant poliuntq;, quod totum aculeis ferreis consertũ est. Rostro satis longo est & acuto. Caudæ aculei incurui sunt, triplici ordine dispositi. Pugnacissima & rara est hæc Raia.

GERM. F. Ein Kartenrocch/ein Kartertsche.

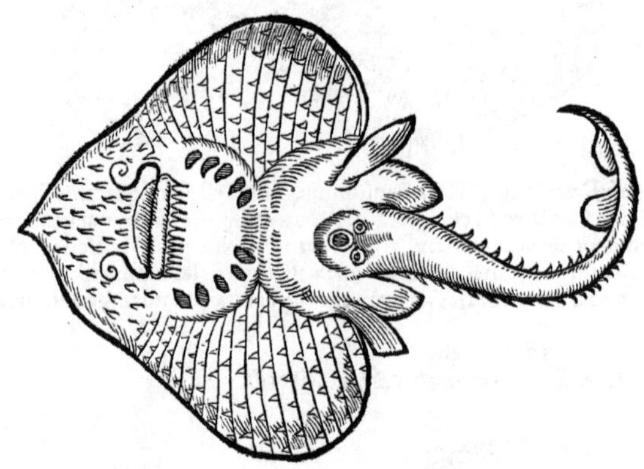

RAIA asperrima Rondeletij. Hic depicta (inquit) Raia, in supinum conuersa, proximè descriptæ omnino similis est: nisi quòd illa parte tantum prona aculeos frequentissimos habet: hæc non solùm prona, sed etiam supina, tota aculeis peracutis ita horret, ut manu tolli non possit, nisi pinnulis caudæ apprehensis. Hæc causa fuit cur supinam depinxerim: tum, ut huius, ita aliarum Raiarum partes supini situs cognoscerent studiosi, scilicet, oris, narium, foraminũ branchiarum, podicis, duorum uuluæ foraminum, formam & situm. Dentibus hæc caret, ut aliæ plurimæ: sed horum uice maxillas habet asperas, & ferè osseas.

GERM. F. Ein überraucher Rocch/nit allein an dem oberen teil/sunder auch dem vnderen des leybs/also daß man jn nit wol kan in die hend nemmen/anderst dann bey den floßfädern am schwantz.

OLAVS Magnus in Tabula qua Oceani oram ad Septentriones Europæ ob oculos ponit, in Oceano pingit Raiam, quæ hominem natantem, *(uel etiam submersum, ut in Latina Tabulæ explicatione scribit,)* qui à multitudine Canum siue Canicularum in profundum rapi periclitatur, naturali quodam affectu aliquandiu defendat ac tueatur. Cuius rei typum (quanquam neque Canes nec Raiam probè exprimi curauit) ex Tabula eius apponere huc libuit.

GERMAN. Wie die Rocchen auß natürlicher neigung helffend vnnd beschützend den schwümmenden menschen (im hohen Teütschen meer) welcher vonn vile der Hundsischen vndergezogen wirdt.

PHAR.

PHARMACOPOLAE, & alij quidam, Raias exiccare, & sceletos earum in uarias admirabilésque uulgo figuras effingere solẽt, cum alias, tum quæ Serpentem aut Draconem alatum præ se ferant. Corpus enim inflectunt: caput & os distorquent: aliqua incidunt, aut circuncidunt. laterum anteriorem partem aliquousq; rescindunt: reliquum erigunt, ut alas simulet: & alia pro arbitrio comminiscuntur. Talem sceleton olim mihi depictum qualemcunque huc apposui.

GERMAN. Die cörpel von todtnen Rocchen werdend vff dise vñ andere mancherley wyß seltzam zügerüst vnnd gedeert.

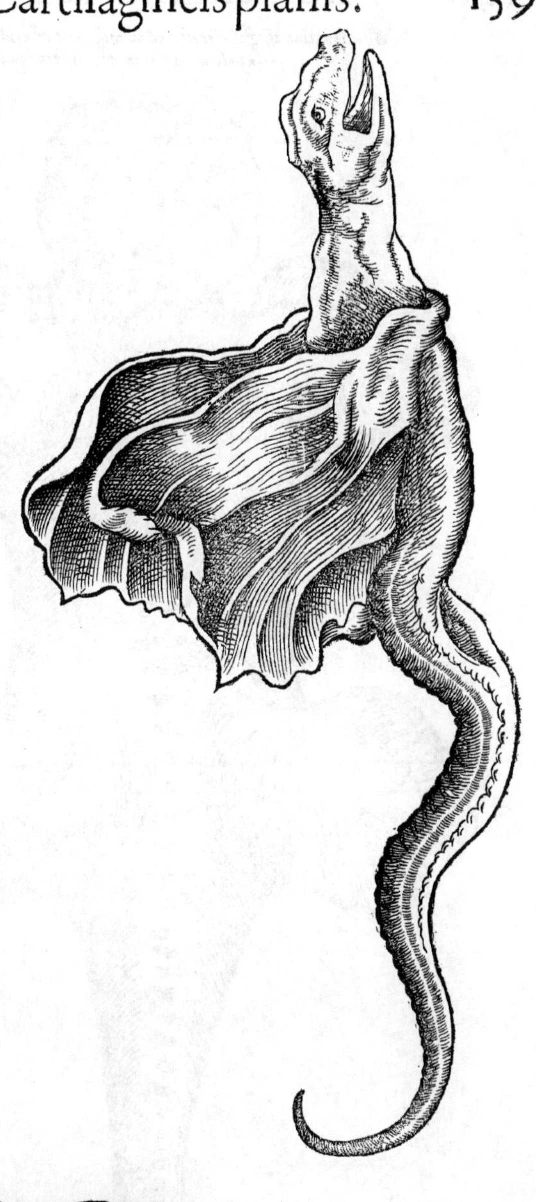

Squatina à Rondeletio exhibita.

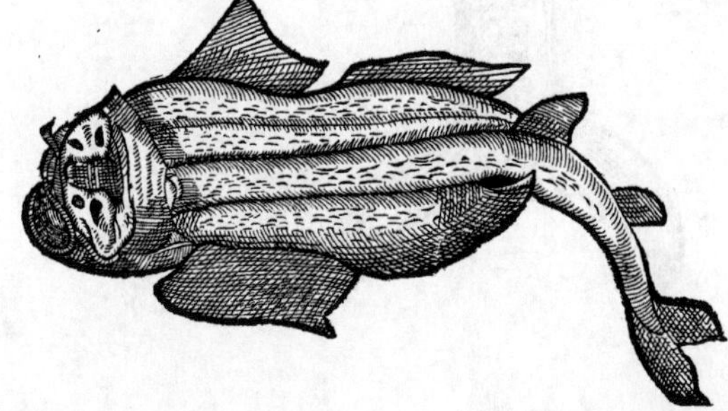

Alia Squatinæ effigies Venetijs ad me missa, quæ ad aridum piscem extensum facta uidetur: uiuo enim non probè respondet.

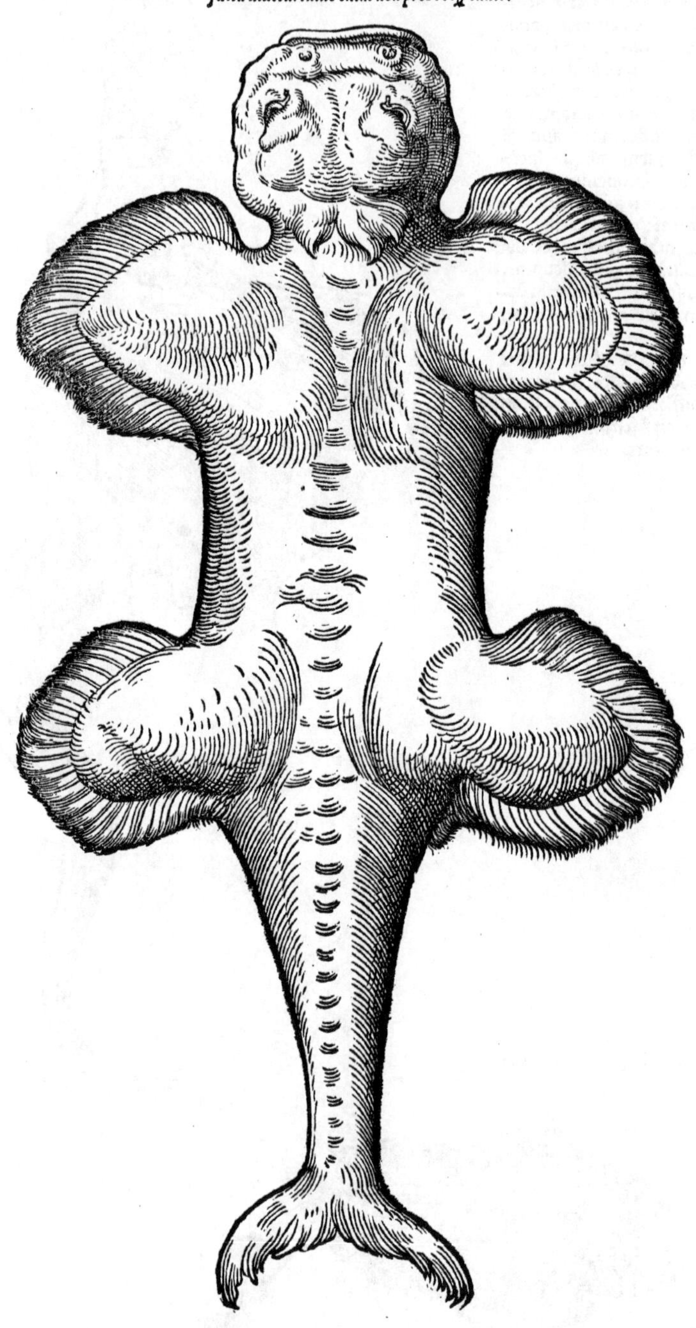

SQVA.

SQVATINA Plinio & Gazæ, is piscis est, qui Græcis Rhina dicitur, forsan à squalore & asperitate cutis. Vocatur & Squatus apud Plinium duobus in locis: & ita rectè legi nos ostēdimus. Squatinæ cute ligna & ebora poliri testis est Plinius: quamobrem Græci ῥίνην, id est, limam uocarunt hunc piscem. quod nomen cum fabrile instrumentum significat, oxytonum esse: cum piscē, paroxytonum, à Cyrillo quodam annotatum est, nescio quàm rectè. neque enim ab authoribus obseruatur. ¶ Athenæus λειόβατον, id est, Raiam læuem, tradit etiam ῥίνην, hoc est, Squatinā appellari: quos tamen pisces diuersos esse, ex utriusq; historia liquet. Rhinobatum uerò à uulgo Græcorum, etiam Rhinam uocari author est Gillius. ¶ Oppianus inter Galeorum genera, qui pisces sunt cartilaginei longi, Squatinas quoq; numerat. Hinc fortè est quòd Rondeletius scribit, eruditum quendam uirum, Galeum Cato rochiero uulgò dictum Gallis, pro Squatina habuisse: qui piscis est longus, Galeis reliquis similis: Squatinam uerò uulgò existimatum pro Squatoraia, utpote latiorem, & Raiæ aliqua ex parte similem. Plinius tamen Squatinas cum planis cartilagineis numerat. Squatina quomodo sit media inter planos & longos cartilagineos, à Rondeletio ab initio Capitis de Raia pisce exponitur. Nos quoniam inter duo hæc genera ambigere uidetur, ultimo inter planos loco, hoc est, inter eosdem & longos medio, reposuimus. ¶ Oppianus scribit Squatinam non recipere (intra se) fœtus, sed in hiatum seu rimam sub pinnis utrinq; subiectam fœtus suos in metu à matre occultari. ¶ Pisciculis similiter ferè ut Rana piscatrix insidiatur. ¶ Rhinobatus hucusque à nobis uisus non est. nemo quidem ueterum præter Aristotelem, & interpretem eius Plinium, ipsius meminit, Saluianus.

Rhina. *Squatus.* *Liobatus.* *Rhinobatus.* *Squatinā inter Cartilagineos planos et longos ambigere.*

GRAECI nostræ ætatis & Rhinam, & Rhinobatum, uocant Rhinam, Gillius.

ITALI hodie Squatinam siue Squadram uocant, Gillius. Squatina uulgò nomen seruat, Massarius Venetus. Scoppa Italus interpretatur lo pesce Squatro. Veneti Squaquam uocant, alij Squaiam, alij Squadram, Rondeletius. Romani Squadro di mare, Saluianus. Ligures Angelum: Vide mox in Gallicis.

HISPANI Lyra, ut audio, à specie corporis: sed alia est ueterum Lyra. Lusitani Lamio, Saluianus.

GALL. Nostri, Massilienses, Galli, Ligures, Angelum (*uel Angelotum, Bellonius: Peange, Saluianus*) uocant, à similitudine angeli picti cum alis expansis. Burdegalenses Creac de buch.

GERMANICE **Ein Huyghe.** hoc enim nomen Squatinæ eiconi ab Echtio missæ adscriptum reperi. Huga quidem uel Hugia Hispanis Raiæ quædam species est, uel (ut Matthiolus scribit) Torpedo. Poterit etiam uocari **ein Engelfisch oder Meerengel.** Albertus Squatinam Germanicè Catulam maris uocari scribit: qui piscis (inquit) quinque pedes longus est, & insuper caudа pedem unum. Et alibi: Lignum raditur corio quorundam piscium arido, ut eius qui dicitur ad mare Flandriæ **Seerohe**, quod est Canicula marina. Ego Germanicum hoc nomen non agnosco, deprauatum fortè à librarijs.

ANGLICE dicitur **a Skate**, ut audio: uel **Skeat.** ¶ Piscem Raiæ similem, qui in cibo Venerem iritet, apud Scotos audio nominari **a Scat of Koy.**

ORDO X. DE PISCIBVS CARTILAGINEIS LONGIS.

DE GALEIS SIVE MVSTELIS ET CANIBVS AC SIMILIBVS IN GENERE: QVI OMnes Græcis γαλεοὶ uel γαλεώδεις dicuntur.

GALEI, quos Mustelos uertit Gaza, sunt pisces longi, cartilaginei. Nomen à corporis habitu Mustelis terrenis simili datum est. γαλεὸς uerò siue γαλεώδης, generis nomen est apud Aristotelem: cui epitheta, ut formas quæ generi subsunt, distinguat, adijcit. dicitur enim Galeus acanthias, Galeus asterias, Galeus læuis. Plinius lib. 9. cap. 24. Squalorum nomine Galeos intellexit, ubi Massarius Galeos legit, quòd ita uocārit Aristoteles, ex quo Plinium sua hæc mutuatum constat. Atqui alibi etiam Plinius (inquit Rondeletius) nominat Squalos: ut eiusdem libri cap. 5. Rectè uerò Galei Squali uocantur, quasi squalidi, id est, horridi asperiq;. sunt enim omnes aspera cute. Sic Rondeletius. Ego in citato utroq; Plinij loco, nec Squalos, nec Galeos legendum uideo, sed Squatos, ex diligenti uerborum Aristotelis, unde sua Plinius transtulit, inspectione. Squatos autem appellat Squatinas. In Catalogo piscium, quem confecit Plinius ad finem libri 32. Galeos nominatur suo ordine; Squa-

Squali Plinij *Squati.*

Squalus Ouidij,&c. lus nusquam: Rhinam uerò (id est, Squatinam) ibidem Squatum interpretatur. Ouidius in Halieutico Squalum nominat inter pisces, qui in herbosa arena degunt uidetur autem Squalum pro Cephalo, id est Capitone dixisse, per syncopen. quanquam Cephali mare uicinum fluuijs & stagnis amare dicuntur, & limo uiuere. Capitones fl. quoq; in herbosa arena degunt Ausonio. Varro etiam lib. 3. de re rustica, de piscinis loquens, Squalos cum Mugilibus nominat. sunt autem Capitones Mugilum species. Vulgus in Italia hodieq; Squallum uel Capitonem nominat piscem fluuiatilem, quem nostri Alet. nam qui Schwal, quasi Squalus à nostris uocatur, longè alius est, ex Leuciscorum fl. genere. Columella etiam ubi de esca piscium, qui in piscinis aluntur, uerba facit, Squalorum branchias nominans, Cephalós fortè intellexerit. Squalorum autem eo in loco legendum, nō Scaurorum, rectè animaduertit Rondeletius. ¶ Piscem γαλεώδη Gaza alicubi Musteligenam, id est, Mustelorum generis interpretatur. Oblongi & cartilaginei omnes, Galei uocantur, minores præsertim: nam maiores & cetacei, Canes Caniculæ'ue, aut alijs nominibus suis *Galeonymi.* appellantur. Philotimus nominat Galeonymos inter pisces duræ carnis, & qui ægrè conficiūtur, &c. Latinus interpres Mustelos uertit, nimirum quia Galenus monet, lectionem aliam esse, Galei: hoc est, in Græcis Philotimi uerbis, aliâs γαλεώνυμοι, aliâs γαλεοὶ legi. Callionymus quidem lon*Galaxias.* gè alius piscis est. Idem Galenus Galaxiam Romæ dictum, & maximi precij piscem, Græco mari ignotum, in γαλεῶν genere collocat, & molli carne esse prædicat, cum reliqui Musteli dura magis sint carne. Mihi uerò γαλαξίας, uel potiùs γαλαείας, non ad Galeos, sed ad γαλέας uel γαλᾶς, referēdus uidetur, id est, non ad Mustelos, sed Mustelas. Toto enim genere hi pisces differunt. communia tamen quædam habent, quæ ut ab eadem quadrupede nomen utrisque inditum sit, in causa fuere: quanquam Aelianus, γαλῆ marina (inquit) nullam cum Galeis communitatem habet, &c. sic autem uocata est, quoniam similiter, ut terrena, omnium cadauerum in quæ incurrit, oculos exest & conficit. Mihi uerò communia uidentur hæc: Vtriq; oblongo (& maculoso ferè) corpore sunt: sicut & terrestres quadrupedes cæteris comparatæ, longiusculæ sunt, respectu ad crassitiem habito. Vtriq; parte supina albicant, sicut & terrestres, prona fusci sunt. Iecur utrisq; dulce & adiposum, quodq; facilè in oleum resoluatur. Mustelos priuatim aliqui ore parere fabulantur, sicut et Mustelam quadrupedem. Catulos quidem suos ore recipiunt ac gestant interdum, tum Mustelæ terrestres, (unde orta fortè credulitas quòd ore pariant,) tum Mustela quadrupes, tum Galei mari*Canes.* ni, præter eos quos catulorum asperitas prohibet, ut Acanthiam. ¶ Canum nomen Oppiano Aelianoq; communius est quàm Galeorum. nam Canum alios magnos & pelagios esse dicunt, (ut Carchariam:) alios, minores quidem, sed piscibus præstantissimis adnumerandos, in cœno profundo degere: omnes specie corporis, moribus & uictu inuicem similes: uocariq; minores priuatim Galeos, præter Centrinas: tanquam Centrinæ genus proprium constituant, & Canes quidem minores sint, Galei autem non sint, aut saltem uulgò non ita uocentur. Galeorum species faciunt σκύμνους, λείους, ἀκανθίας, ἀλωπεκίας, ποικίλους. ¶ Galei omnes litorales sunt, Bellonius. Oppianus etiam & Aelianus, Canem maiorem (id est, Carchariam) pelagium faciunt: minores uerò Canes, id est, Galeos & Centrinas, in cœno profundo degere scribunt. Omnes ex ouis, quæ intus concipiunt, uiuos postea fœtus emittunt. Differunt inter se figura, magnitudine, corporis constitutione, atq; internis partibus, præsertim utero, Bellonius. ¶ Galeorum differentiæ cōstitui possunt, ut alij Galei simpliciter, alij Galei cetacei sint: cui generi Galenus Canes (*nimirum Carcharias*) & Libellas subijcit. His Vulpes, Malthas, aliosq;, qui in magnam molem accrescunt adiungere possumus, Rondeletius.

GALL. Galeos omnes nostri nullo discrimine marinos Canes (Chien de mer) appellant, Bellonius.

GERMANICE Hundfisch appellantur, id est Canes pisces, omne Canum & Galeorum genus: ANGLICE Doggefische: POLONICE Morski pies: uel Psia ryba. Licebit autem differētię causa cetaceos appelare grosse Hundfisch: Galeos uerò priuatim dictos, kleine Hundfisch.

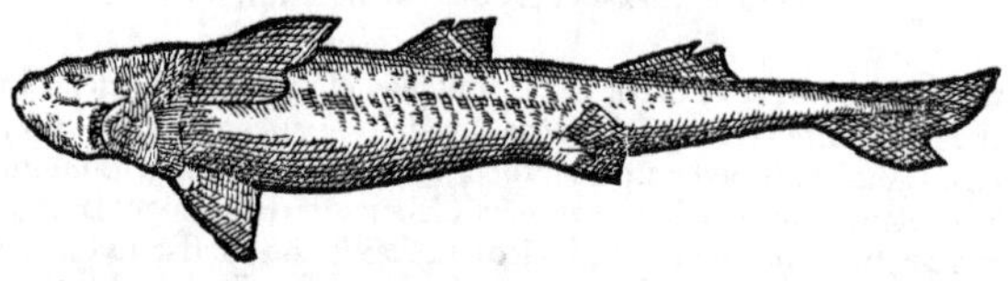

GALEVS acanthias, γαλεὸς ἀκανθίας, nomen tulit ab aculeis, quos in tergo gerit, spinacem conuertit Gaza. Coloris est cinerei: duos aculeos in dorso habet, quibus pinnæ innituntur, detectos, firmos, acutos, non admodum latos ueluti in Centrine.

ITAL. Azio à Venetis dicitur, quasi aculeatus. ea enim uox illis stimulum significat, quo punguntur boues, à Liguribus Aguseo, Rondeletius & Bellonius. Veneti Asilato uocāt, quasi aculeatum

aculeatum. nam ſtimulum, quo animalia punguntur, Veneti, præcipuè Patauini, à ſimilitudine proboſcidis aſili tergora animalium penetrantis, aſilum nominant, Maſſarius. Ligures Aguſeo. Romani peſce Palombo, communi alijs quoque Galeis nomine: alij Scazone, Saluianus.

HISPANI Muſole uocant, ut audio. Vide mox in Gallicis.

GALL. A noſtris & Maſſilienſibus Aguillat, ab aculeis, nominatur. acus enim à Gallis Eguil le dicitur. A Gallis Chien de mer, Rondeletius. Maſſiliæ Egullat. Lutetiæ & reliquis litoribus Oceani particulare nullum nomẽ habet: cùm unico, ut dictum eſt, nomine Canis omnes Galeos comprehendant, Bellonius. Galli quidam hunc piſcem Aguillade uocant: alij Ferran, quòd aculei nimirum ceu ferrei quidam mucrones emineant: unde & Paſtinacam aliqui Ferraza uocitant. Hiſpani Muſole, ut audio: quod nomen à Muſtelo corruptum uidetur. Rondeletius tamen non hunc, ſed læuem, circa Monſpelium Emiſſole uocari ait.

GERMA. F. Ein Thornhund/ein äſchfarber Hundſiſch/ mit zweyen dörnen auff dem rucken.

Galeus ſtellaris Rondeletij.

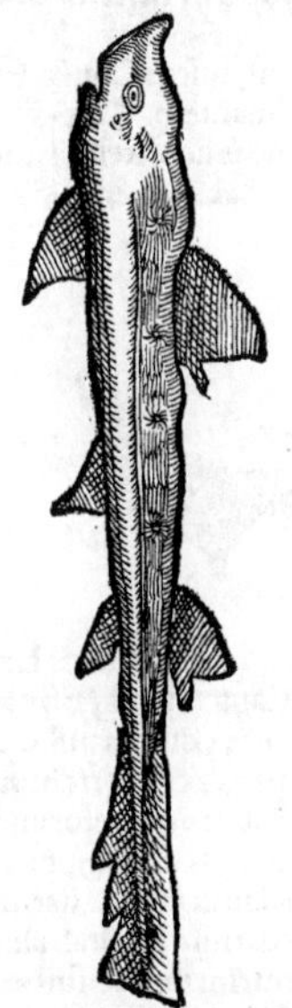

Hæc etiã icõ Venetijs effícta, ad Galeũ ſtellarẽ pertinere uidetur. Is piſcis colore è ſubruffo pallet: maculiſq́ crebris in dorſo nigricantibus, alibi fuſcis, diſtinguitur. Pinnæ ei in dorſo, tres: poſt branchias, binæ: nec alias pictor oſtendit: qui (ut ſuſpicor) neque brãchias, neq pinnas rectè expreſſit. Roſtrũ etiã latius obtuſiusque, quàm in cæteris apparet: & ad Muſtelã magis accedit.

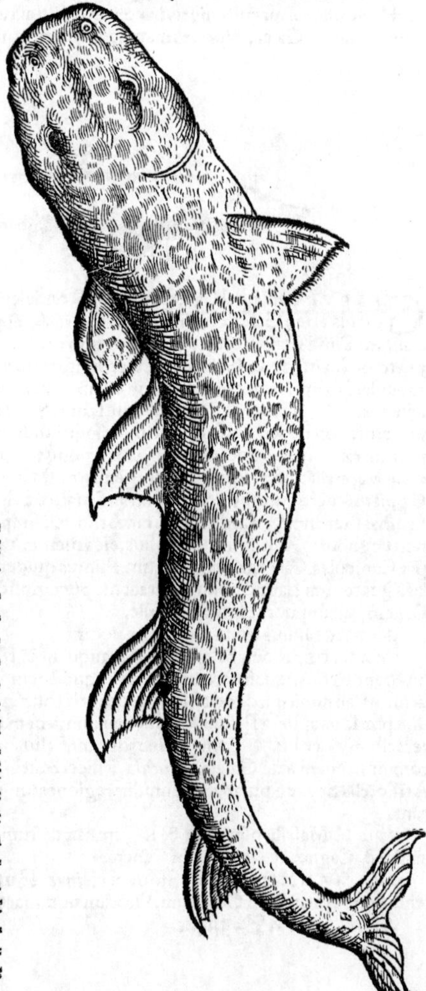

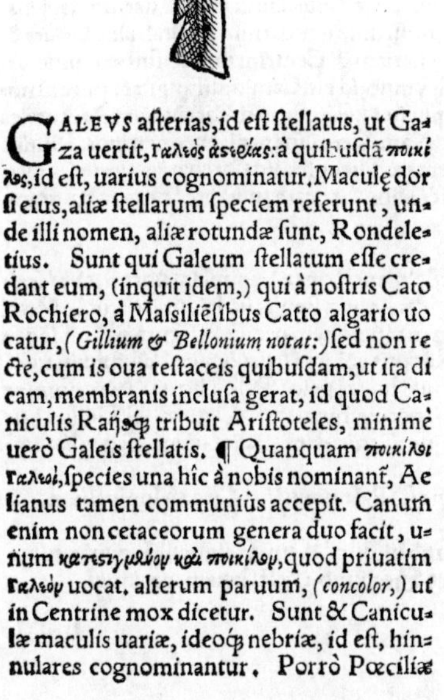

GALEVS aſterias, id eſt ſtellatus, ut Gaza uertit, γαλεὸς ἀστερίας: à quibuſdã ποικίλος, id eſt, uarius cognominatur. Maculę dorſi eius, aliæ ſtellarum ſpeciem referunt, unde illi nomen, aliæ rotundæ ſunt, Rondeletius. Sunt qui Galeum ſtellatum eſſe credant eum, (inquit idem,) qui à noſtris Cato Rochiero, à Maſſilieñſibus Catto algario uocatur, (*Gillium & Bellonium notat:*) ſed non rectè, cum is oua teſtaceis quibuſdam, ut ita dicam, membranis incluſa gerat, id quod Caniculis Raijſque tribuit Ariſtoteles, minimè uerò Galeis ſtellatis. ¶ Quanquam ποικίλοι γαλεοί, ſpecies una hîc à nobis nominant, Aelianus tamen communiùs accepit. Canum enim non cetaceorum genera duo facit, unum κατεστιγμένον καὶ ποικίλον, quod priuatim γαλεόν uocat. alterum paruum, (*concolor,*) ut in Centrine mox dicetur. Sunt & Caniculæ maculis uariæ, ideoque nebriæ, id eſt, hinnulares cognominantur. Porrò Pœciliæ ſui generis piſces fluuiatiles ſunt. ¶ Fallitur qui hunc Galeum, Oppiani Pardalim putat: ea enim inter Cete & belluas marinas Oppiano eſt. ¶ Galeus Aſterias (inquit Saluianus) non eſt piſcis noſter 45. et 46. ut Gillius & Maſſarius ſuſpicati ſunt, propterea quòd ualde maculoſi ſint. Nã cũ ouum teſtaceo quodam inuolucro, figura tibiarum ligulis ſimili, contectum (quale ouum tum Catulorum ſeu Scylioru..., tum Raiarum eſſe, notauit Ariſtoteles) non niſi hi noſtri ex Galeis piſcibus habere reperiantur: hos Catulos, & non aſterias eſſe, fateri oportet. Iam cum Galeorum piſcium (qui Romæ peculiari nomenclatura peſci Palombi uocantur) duo ſint genera, ita inter ſe conſimilia: ut cum rebus omnibus prorſus conueniant, ſolis quibuſdam albis atq; rotundis maculis diſtinguantur: has enim qui non habet Galeus, λεῖος, id eſt, læuis, cognominatur: qui uerò habet, ἀστερίας, id eſt, ſtellatus aut ſtellaris, ut Theodorus uertit: Oppiano γαλεὸς ποικίλος, id eſt, Muſtelus uarius. Cuius nos iconem non exhibuimus: propterea quòd tum internis, tum externis partibus, ſimillimus adeò læui Muſtelo eſt (ſolis dorſi maculis ab eo differens) ut facillimè ex illius expicta icone, hic etiam cognoſci poſsit. Hæc Saluianus.

GALL. A noſtris Lentillat dicitur, à maculis albis, lentis magnitudine, quibus depictus eſt, Rondeletius.

GERM. F. Ein Sternhund/ein Fläckhund/ein Punterhund: ein geſtirnter oder gefläcketer Hundſiſch.

ANGLICE A Sonehownd (ſicut audio:) uel Sonecow: id eſt, fuſcus Canis. Sone enim Anglis ſignificat colorem fuſcum, ad cinereum uel cœruleum inclinantem. Cowe ijſdem Vacca eſt. Hunc piſcem maculis nigris in cœruleo diſtinctum aiunt. Sit'ne is uerè ſtellaris, uel alia quædam Caniculæ Galei'ue ſpecies maculoſa, uiderint qui ad Oceanum habitant eruditi.

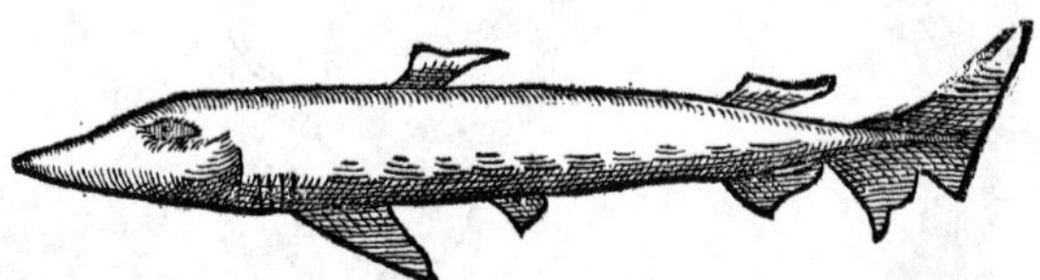

GALEVS Canis, uel Canicula Plinij, Rondeletio, γαλεὸς κύων. Longè alia eſt hæc Plinij Canicula ab eo Galeo quem Ariſtoteles Σκυλίον appellat, Gaza Caniculam. Eſſe autem hanc noſtram, Plinij Caniculam, confirmatur tum à nube oculos operiente, (quæ in nullo alio Galeo, præterquàm in hoc, & Galeo glauco, reperitur:) tum ob id quòd partes corporis humani nudas candidasq; appetat. quam ob cauſam etiam ab his qui nunc in mari uerſantur, reformidatur, Rondeletius. ¶ Quod ad Canem Galeum (inquit Saluianus) licet Oppianus Aelianum tranſcribere uideatur: non tamen ambo de uno piſce loqui uidentur. Aelianus enim colore uarium faciens, non hic exhibitum à nobis piſcem 41. ſed potiùs 45. noſtrum, uerè uarium, atq; ab alijs Σκύλιον & σκύμνον appellatum, tertium Canum genus (poſt Carchariam & Centrinem) conſtituere uidetur. Oppianus uerò cum ſuum uarium non faciat, & à Scymno, id eſt, Catulo, diſtinguat, piſcem noſtrum 41. tertium Canum genus f. cit. Ariſtoteli ſimpliciter Κύων eſt. (nam Carchariam Ariſtoteles
Canicula Plinij. non cognouit.) At Latinorum nullus, eius meminit. Nam Vergilius per Canes marinos, Plinius per Caniculas, Carcharias intelligunt. Plinius quidem ex Theophraſto Carcharias uertit Caniculas. Quare cum Latino nomine careat hic piſcis noſter, nos Græcam imitantes nomenclaturam, Canem galeum uocabimus. Hæc ille.

GRAECI huius ætatis Σκυλόψαρο uocant.

ITALICE. Romani Lamiola, (quanquam & Maltham Romæ Lamiolam uocari, alibi ſcribit Rondeletius,) quaſi paruam Lamiam, quòd dentibus Lamiæ ſimilis ſit. Ligures (ſicut & Maſsilienſes) Pal: nimirum quòd oblonga corporis roſtriq; in mucronem producti figura palum ſeu ſudim præ ſe ferat. uel à Palumbo: nam Galeum læuem à cutis colore Maſsilienſes Palumbum uocare Bellonius ſcribit. ¶ Canis Galeus (inquit Saluianus) Italicè peſce Palombo uocatur, nomine communi etiam alijs Galeis, acanthiæ ſcilicet & læui: peculiariter uerò, Canoſa. ¶ Gillius hoc Ariſtotelis Scylion putabat: Nonnullæ regiones (inquit) Caniculam (Italicè uulgò Caneglia) uocant.

GALL. Maſsilienſes (ſicut & Ligures, ut dictum eſt) Pal nominant. Circa Monſpelium Milandre & Cagnot, id eſt, paruum Canem.

GERMAN. Ein Hundſiſch/ein kleiner Hundſiſch: uel F. ein Hündle. Hoc animaduertendum, Germanos ad Oceanum, Phocam nominare Seehund, id eſt Canem marinum.

ANGLICE. a Dogfiſſhe.

Canicula

Canicula Aristotelis. Testaceum ouum (inquit Rondeletius) separatim depingendum curauimus: & in dissecta canicula mammas illas candidas, bifidamq́, uuluam, &c.

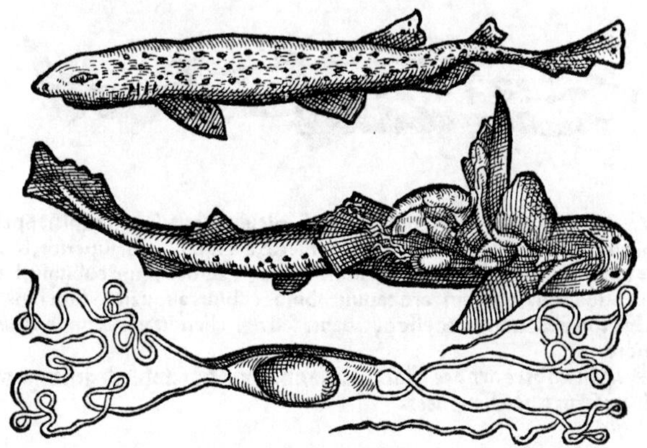

Galeus stellatus Bellonij, quem Rondeletius Scylion Aristotelis, id est, Caniculam facit: quanquam eicones parum conueniunt.

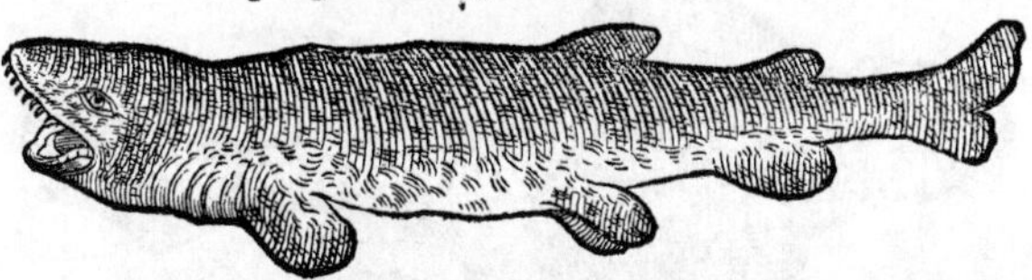

CANICVLA Aristotelis. (Vide quædam proximè retrò in Canicula Plinij annotata.) Σκύλιον, Gaza Caniculam interpretatur. Eundem (Galeum) nebriam, γαλεὸν νεβρίαν, appellari idẽ Aristoteles testis est: hoc est hinnularem, à maculis uidelicet. est enim colore ruffo, nigris maculis aspersis, cute peraspera, &c. Athenæus σκύμνον appellat, id est, Catulum. ¶ Bellonius Nebriæ maculas albas tribuit: & Massiliæ Nissolam uocari scribit: ut fortè hic sit ille Galeus leuis, quem Rondeletius docet in Prouincia Emissole uocari. Idem Bellonius hanc Pardalim Oppiani esse putat; cum is poëta inter Cete numeret. Nec alium Galeum ποικίλον, id est, uarium: quem alij asteriam dixerint. addit dentium eius morsum non secus lethalem esse, ac Draconis aculei puncturam. Tres (inquit idem Bellonius) huius piscis species animaduerti possunt. alius enim est crassus, niger, & recurtus: quem uulgus Massiliensium Guattum auguerum uocat, [*Cattum algarium uidetur interpretari Rondeletius, etsi icon ab eo posita, cum illa quam Bellonius dedit, non conuenit.*] Alius uulgaris, & paulò magis candidus. (*Huius etiam iconem addit, similem ferè iconi Caniculæ saxatilis Rondeletij: & similiter, ut ille, Roussetam nominat.*) Tertius Tyrrheno tantùm (quod sciam) litori cognitus, carnis iucunditate ac redolentia cæteros exuperat. Quamobrem Romanum uulgus Guattum muscarolũ nominauit. nunquam is sesquilibram exuperat, stellulisq́ ut & toto corpore candidioribus est conspicuus. Hæc ille.

Catulus maior, (inquit Saluianus: utitur autem Catuli nomine pro Canicula,) Romæ Scorzone, Massiliæ Guat aughier: Gallis Roussete: Item alius, (*simpliciter Catulus,*) Romę pesce Gatto, *Scylia 2.* Massiliæ Gatusio: Gallis Roussete, sicuti & prior: Vterq; ab Aristotele ἀπὸ τοῦ σκυλακίς (per syncopen Σκύλιον, id est, Catulus (uel paruus Canis, uel Canicula, ut uertit Theodorus,) uocatur. eodẽq; Aristotele authore νεβρὸς (id est Hinnulus,) appellatur à quibusdam. ab Oppiano atq; Athenæo, *Nebrius.* Σκύμνος, id est, Leonis catulus. ab Aeliano uerò Galeus nuncupari, tertiumq; Canum genus constitui uidetur. Latinorum nemo horum piscium mentionem fecit. nam Vergilij Canis marinus, ut & Plinij Canicula, Carcharias est. Gaza ex Theophrasto Carchariam rectè Caniculam uertit: at Scylion ex Aristotele, similiter, non rectè. Nos Scylia catulos appellabimus, ne homonymis utamur: & species duas faciemus, etsi ueterum nemo notauerit: quòd utrisq; quæ Scylijs ueteres tribuerunt, conueniant: sed ex his prior, Maior est: alter, Minor. Massarius & Gillius hos pisces, quòd colore uarij sint, asterias esse, falsò crediderunt. Hæc Saluianus.

ITALICE. Gatta. Veneti Guatta, &c. Vide in Latinis. LVSITANIS Cassaun, ni fallor.

GALL. Chat circa Monspelium; Roussete Gallis, nimirum à ruffo & subflauo colore. Massiliæ Gatto. Plura lege in Latinis.

GERMAN. F. Ein Fläckhund/ein gefläckter rotlachter Hundfisch.

CANICULA saxatilis à Rondeletio dicta. Caniculam saxatilem (inquit) appellamus eam, quæ à nostris (circa Monspelium) Catto Rochiero: à GALLIS, ut superior, Roussete uocatur. Aristotelis quidem Canicula in cœno & litoribus degit, ad summum cubitalis: hæc in saxis & alto mari frequentiùs, (quamobrem rarò capitur,) binos cubitos aliquando superans. ¶ Gillius & Bellonius Galeum stellatum hunc esse putabant, sed reprehendit eos Rondeletius. Vide scripta cum superiore.

GERM. F. Ein andere art des Fläckhunds/mag ein Steinhund genennt werden: daß er wonet vmb die stein im tieffen meer.

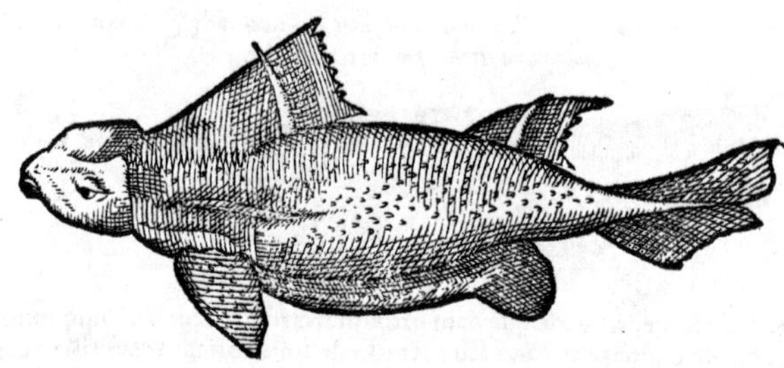

Alia Centrinæ galei imago, à Corn. Sittardo quondam missa: quam, cum hîc spacium non haberet, in sequentem paginam retulimus.

GALEVS Centrines (Rondeletij,) γαλεὸς κεντρίνης, Latino nomine caret. Aristoteles & Plinius nusquam eius meminêre: quanquam Athenæus hæc tanquam Aristotelis uerba citet: καὶ κεντρίνην φησί τινα γαλεὸν εἶν, καὶ Νωτιδανόν. Ἐπαινεῖται δὲ Ἐπινωτίδια καλεῖ χείρονα ἢ εἶν τὴν κεντρίνην καὶ δυσώδη. Sic Rondeletius. Notidanus quidem ex Athenæi uerbis diuersus à Centrine uidetur: nomen tamen ei à dorso, nimirum eminentiore factum apparet: quod in Centrine etiam præ cæteris Galeis, præcipuè circa ceruicem seu potiùs summam tergi partem, prominet. λοφιὰ propriè dicitur in Suis ceruice surrecta seta: & hunc piscem Athenæus centrum (unde ei nomen) habere scribit πρὸς τῇ πρώτῃ λοφιᾷ, Rondeletius in ceruicis pinna interpretatur. At Galeus acanthias in dorso potiùs, quàm in ceruice, aculeos gestat, Rondeletio teste. Hoc etiam differunt (inquit idem) quòd Acanthias ex ouo uiuum fœtum parit, Centrines uerò oua duntaxat. ¶ Centrinæ Aeliano parui & pelle dura sunt, & capite acutiore, & coloris albedine à Galeis priuatim dictis, differunt. Eisdem innati sunt aculei duri, & aduersus omnia resistentes: quorum alter ad capitis (*immò dorsi*) summum uerticem alter in cauda est. hi uenenatum quiddam habent. Sic ille, & partim Oppianus. Inde conijcio eundem esse Porcum mar. Plinij, de quo ille: Inter uenena sunt piscium porci marini spinæ in dorso, cruciatu magno læsorum. Quin & Massiliæ alibiq́ hodie adhuc Porcus uocatur. ¶ Hyænam piscem nonnulli Centrinam esse putant, non rectè. Hyænæ enim belluæ sunt marinæ, unde ἀπαλώτερον ἰχθὺς ὑαίνης Oppianus dixit: Centrinæ uerò, inter Galeos seu Canes minimi, locis etiam nominibusq́ diuersis ab Oppiano nominantur. ¶ Cur Canum genus à Galeis, id est Canibus minoribus, diuersum & peculiare Centrinas quidam fecerint, inducti uidentur à corporis specie nonnihil uariante. sunt enim cæteri Galei uarij, (maiores.) pelle molliore, capite latiore. ¶ Bellonius Centrinam pro Vulpecula pinxit, duabus eius iconibus exhibitis: quarum unam simpliciter Vulpeculam nominat: alteram Italicam Vulpeculam, quæ à Venetis Porco marino dicatur. atqui in descriptione discrimen nullum facit.

Porcus mar.

Hyæna.

ITALICE Porco marino, Bellonius.

GALLICE. Alij Bernadet, alij Renard, alij Humanthin uocãt. Nostri & Massilienses Porc- nec

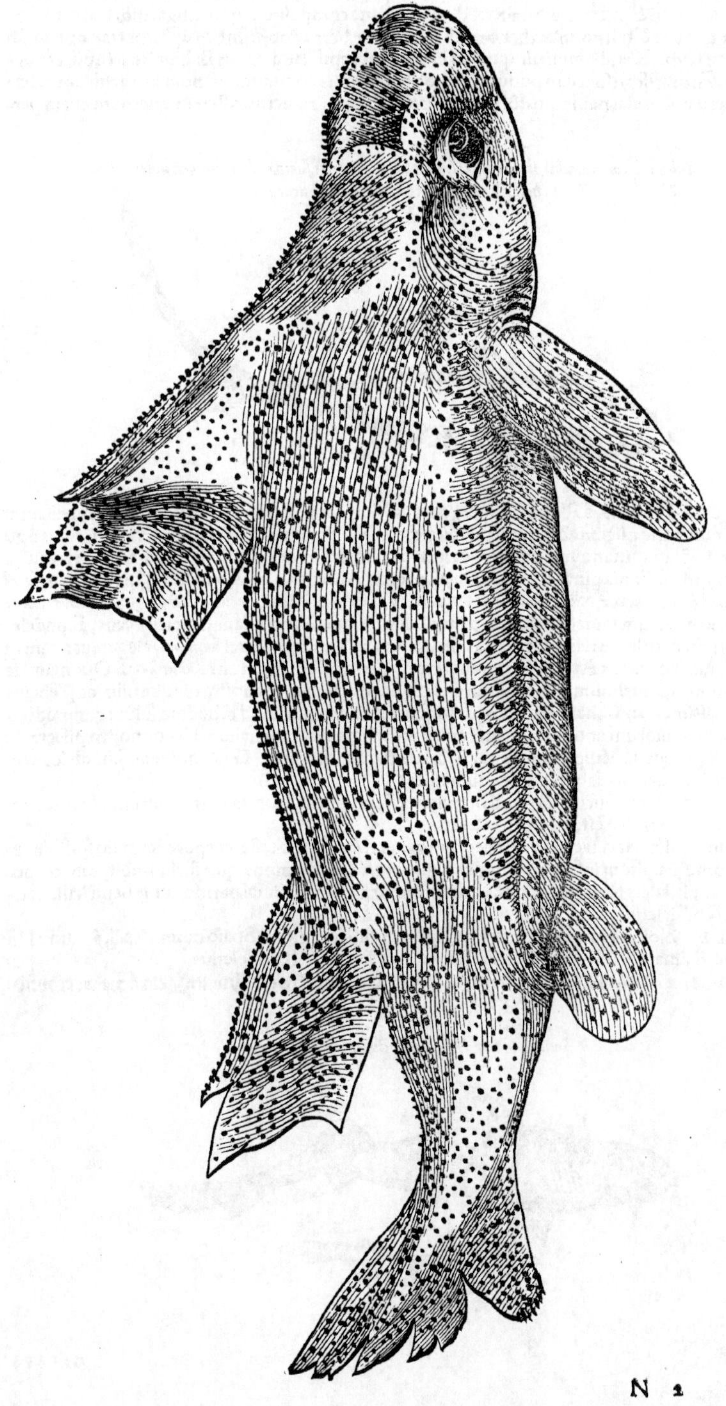

N 2

nec id ineptè, uel quia speciem Porci referat, uel quia Porci mòre in cœno se uolutet, Rōdeletius.

GERM. F. **Ein Sauwhund**, ex Porco & Cane composito nomine: **hat auch dorn auff dē rucken wie der Thornhund: aber den oberen nåher beym kopff: sind grösser/herter vnd schåd licher im stich.** Retulit mihi uir quidam literatus, accepisse se à nautis Balthici maris, piscem uocatum **Hundfisch**/(speciem potiùs eius: hoc enim nimis commune est nomen,) aculeum in tergo habere, quo lædat naufragos: & captus fortè in nauim proiectus, asserem quernum etiam perforet.

Saluiani icon nonnihil ab hac differt: nam pinnam partis supinæ ultimam non uidetur habere: & caudam in extremo magis acutam.

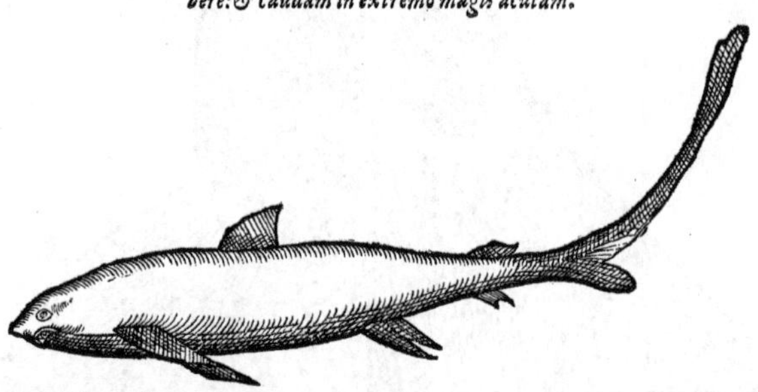

VVLPES Galeus, à Plinio Vulpes, ab aliis Vulpecula dicitur. Aristoteles sic appellatum innuit hunc piscem ab ingenij calliditate, qua Vulpem quadrupedem referat: Diphilus à gustu ingrato & graui, tanquam uulpinæ carnis: Rondeletius à caudæ longitudine. A Syracusijs

Κύων πίων. Κύων πίων, id est Canis pinguis uocabatur, ut profert Athenæus ex Archestrato, his uersibus: Ἐν δὲ Ῥόδῳ γαλεὸν τὸν ἀλώπεκα, κἂν ἀποθνήσκειν μέλλῃς, ἂν μή σοι πωλεῖν θέλῃ, ἅρπαζον αὐτόν: Ὃν καλέουσι Συρακόσιοι Κύνα πίονα. cum tamen neque adipem, neque pinguedinem ullam Galei habeant, Rondeletius. An uerò in illis Archestrati uerbis pro Κύνα πίονα, Κυνακπώνστρα, uel Ἀκιπήνστρα legemus? nam suprà dixerat Athenæus Archestratum asserere Mustelum Rhodium esse Ἀκκιπήνστρα. Quoniam uerò omnium sapidissimum hunc piscem esse tradit, Vulpes autem nostra ubique uilis ac plebeius piscis existimetur: Archestrati Vulpem (inquit Saluianus) aut apud Rhodum solùm eiusmodi esse: aut præter aliorum antiquorum morem, quod magis credimus, alium ab hoc nostro piscem, tenerum & pinguem, Vulpem ab eo uocari arbitrandum. Sic ille. Galei quidem Rhodij iconem aliam ex Rondeletio dabimus inter fluuiatiles.

Aper mar. Errant qui hunc piscem, Aprum marinum esse putarunt, propter corij nimirum asperitatem: quæ tanta in hoc pisce est, ut limam referat.

Vulpes piscis est cetaceus, ex Galeorum genere, Aristotele teste: corpore rotundo spissóque, ore paruo, non multùm infra rostrum, dentibus acutis. Caudæ pinna, quæ sursum abit, toto corpore longior est, falcis formam referens, altera multò minor. Animal parit. Fœtus uentriculo recipit, &c. Rondeletius.

GALL. Nostri à caudæ longitudine, figuráque ensi simili, peis Spaso nominãt: alij à caudæ longitudine, Ramart, (*Galli Vulpem quadrupedem uocant Regnard,*) Rondeletius.

GERM. F. **Ein Meerfuchs/ein Fuchshund: ein Schwertschwantz/ ein Swwerthund.**

Solus hic inter Galeos umbilico matri adhæret, &c.

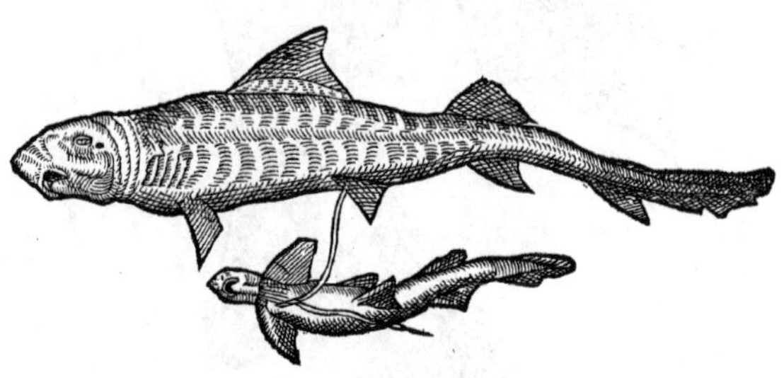

GALEVS

GALEVS læuis, γαλεὸς λεῖος, hic uidetur (inquit Rondeletius) ex ipsa generandi ratione, quam ei Aristoteles adtribuit, & nos pictura expressimus. Fœtum enim cũ umbilico matri adhærente pingendum curauimus, ut à Caniculis, Vulpibus, alijsq; Galeis discerneretur: cũ nullus ex Galeis alius sit, cuius fœtus secundis membranisq; inuoluatur, uteroq; matris per umbilicum alligetur. Interim non me latet alium esse Galeum, in quo cutis quàm in hoc sit læuior: quem tamen, cum eodem generationis modo non procreetur, Aeliani Glaucum esse asserimus. ¶ Bellonius Galeos læues nominat, quicunque aculeis dorsi carent: ex ijs uerò priuatim illum qui à cutis colore Massiliæ Palumbus uocatur, ab Aristotele lęuem dictum tradit. Læues quidem Galei non à cutis læuore dicuntur: omnes enim Galei aspera cute sunt, alij magis, alij minus: sed quoniam aculeis carent, ut opponantur acanthijs. ¶ Saluianus ob id læuem dici opinatur, quòd non aspera (ut reliqui ferè Galei) sed læui tectus sit cute. Latinorum (inquit) nemo eius meminit.

Icon hæc, non memini ubi olim mihi expressa, eiusdem Galei læuis, uel saltem ei coniungenda uidetur.

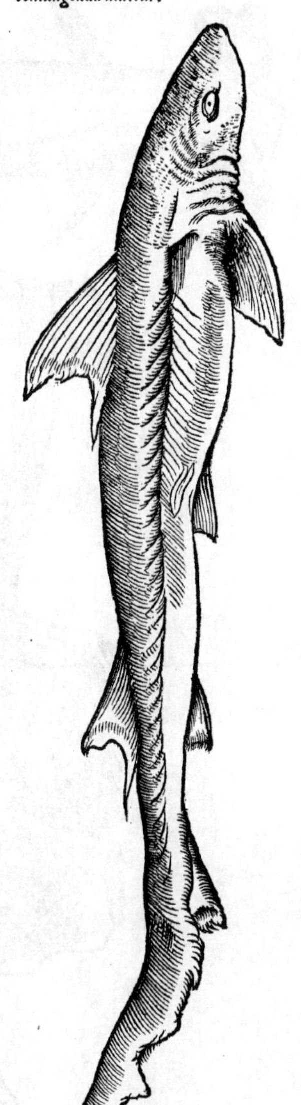

Glaucus Aeliani.

ITAL. A Romanis pesce Columbo dicitur, Rondeletius: qui alibi Orbem piscem Venetis Columbum uocari scribit: Massarius uerò Pastinacam Venetijs sic nominari. ¶ Romæ non secus quàm Asterias, peculiariter pesce Palombo uocatur. (nam Canes galeus atque spinax communi, & non peculiari nomine, pesci Palombi appellantur, Saluianus.

GALL. A nostris Emissole uocatur, Rõdeletius. Massiliensium uulgo à cutis colore Palumbus, Bellonius.

GERMANICE circunloquemur: Ein glatte art der kleinen Hundfischen / hat wol auch ein rauche haut / wie die Hundfisch überal: aber keine dörn auff dem rucken.

GALEVS glaucus Aeliani, quatuor aut quinque cubitorum magnitudinem attingit. Dorsum cœrulei est coloris exaturati, unde illi cognomen, uenter candidi, &c. Color quidem hic cœruleus in nullo alio Galeo spectatur: unde & Cagnot blau, id est, Canis glaucus siue cœruleus à nostris appellatur, Rondeletius. Hunc igitur Galeum, Aeliani glaucum arbitramur: qui catulos suos ore receptos abscondit. qui tamen ab Aeliano (& Io. Tzetze) simpliciter γλαῦκος dicitur, non γαλεὸς γλαυκὸς, ut Rondeletius nominat. Alius quidem fuerit Aristotelis & aliorum Græcorum Glaucus: qui cum aculeos multos, præacutos, ualidósque in dorso gerat: ab illis prohibetur soboles ore parentum recipi. Plinius Caniculis nubeculam quandam attribuit, qualis est in planis piscibus: quæ ex omnibus Galeis in hoc solo, & in Cane galeo comperitur. hic quidem Cani galeo sæuitia audaciaq; non cedit. humanas enim carnes eodem modo appetit, cuius rei ipse oculatissimus sum testis, Rondeletius.

N 3

GALL. Cagnot blau, circa Monſpelium, ut ſuprà dictum eſt.
GERM. F. Ein Blawhund/ein blawer Hundfiſch.

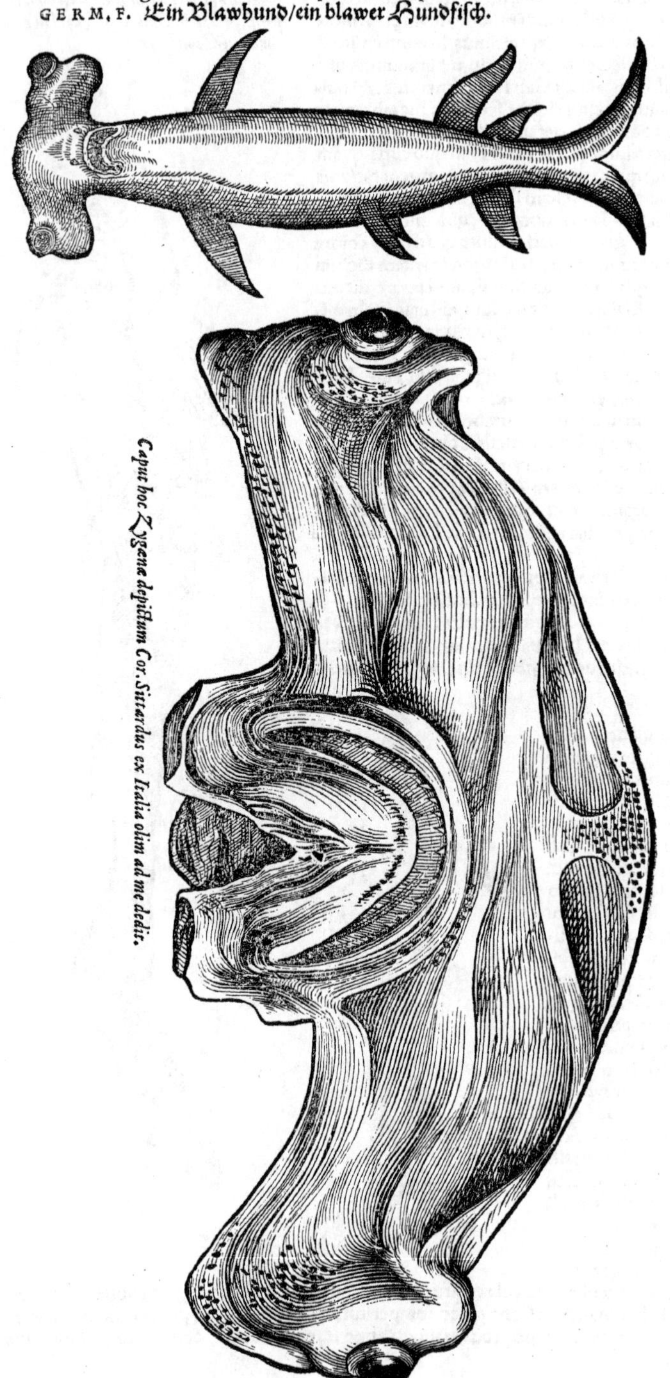

Caput hoc Zygenæ depictum Cor. Sittardus ex Italia olim ad me dedit.

ZYGAENA

ZYGAENA piscis è Galeorum cetaceorum genere, sic dictus est à Græcis, (ζύγαινα,) à similitudine figuræ, quia ζυγὸν transuersum librile significat, ex quo lances dependent: uel simpliciter ἀπὸ ζυγȣ̃, id est, à iugo: quod ut transuersum boum ceruicibus imponitur, ita in Zygæna caput ex transuerso situm est, Rondeletius. Latino antiquo nomine caret. Gaza Libellam transtulit: *Libella.* meritò (inquit Rondeletius:) est enim libella fabrorum lignariorum, cęmentariorumq́ instrumentum: quo rerum in plano positarum æquilibrium siue libramentum, & neutram in partem propendens situs exigitur. id ligno transuerso constat. in huius medio aliud erectum est, è cuius summo filum annexo plumbo demittitur. Hanc figuram piscis iste capite transuerso, & reliquo corpore in huius medio sito, aptè refert. Sic ille: cuius sententiam potiùs quàm Saluiani (qui ad huius instrumenti similitudinem hunc piscem accedere negat: & Gazam, qui Libellam uerterit, reprehendit) equidem approbârim. ¶ Qui hunc piscem Sphyrænam esse falsò putarunt, quòd ca- *Sphyræna.* pite malleum referat, Italico eiusdem nomine (Martello) malleum significante, (nam σφύρα etiam Græcis malleus est,) decepti uidentur: ijs uerò qui Lamiam arbitrati sunt, dentium similitudo im- *Lamia.* posuit.

ITALICE Ciambetta dicitur: alicubi pesce Martello (*id est, Malleus, ut dictum est:*) alibi pesce Balestra: utrunque à similitudine figuræ. Aduertendum tamen est, non hunc, sed Aprum seu Caprum piscem, Romæ pesce Balestra uocari, Saluianus.

HISPANICE. Peis Limo, Limada, Toilandalo.

GALLICE. Massilienses peis Iouziou appellant, non à feritate (*ut Bellonius scribit*) sed à tegumenti capitis similitudine, quo olim Iudæi in Prouincia utebantur, Rondeletius. Massilienses à dentium sæuitie Cagnolam, & fortassis à deceptione Baratellam incerta nomenclatura dicunt: item Iudæum, Bellonius.

GERMAN. F. Ein Jud/ein Schlegel/ein Schlegelkopff/ein Schlegelhund.

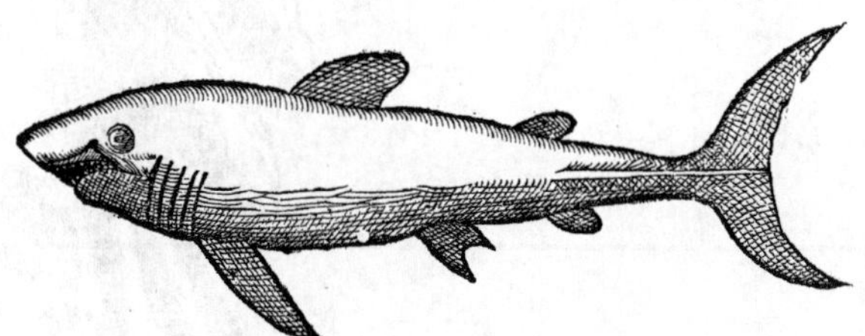

CANIS Carcharias. κύων καρχαρίας. A Theophrasto simpliciter etiam καρχαρίας dicitur. Mare rubrum (inquit) belluis refertum est, plurimosq́ Carcharias habet, in tantum ut nare tutũ non sit. Quem locum interpretatus Plinius: In mari rubro (inquit) fruticum magnitudo ternorum est cubitorum, Caniculis referta, uix ut prospicere è naui tutum sit, remos plerunq́ ipsis inuadentibus. ¶ Dictus est autem Carcharias, quòd præ cæteris piscibus asperos, acutos, ualidosq́ dentes habeat. Rondeletius & Gillius Carchariæ eandem faciunt Lamiam, Nicandri Colophonij Glossas secuti, qui Lamiam etiam Carchariam & Scyllam uocari scribit. Ego cum Oppiano potiùs distinxerim. hic enim poëta aliquoties Canes numerat inter Cete: de Lamijs uerò priuatim agit, &c. Fieri quidem potest, ut in nonnullis locis Carcharias alio nomine Lamia dictus sit, propter similitudinẽ: ab alijs uerò exactiùs suo discretus nomine. Bellonius in hoc potissimùm hos pisces distinguit, quòd Lamiæ os in anteriori capitis parte tribuit: Carchariæ uerò rostrũ in mucronẽ exporrectum. Lamia quidẽ (λάμια, λάμνη: quod nomen Grãmatici παρὰ τὸν λαιμὸν [id est, à gula, quã prægrandẽ hic piscis habet,] deducunt) à Plinio inter planos pisces numerat̃. Atqui Lamiã (inquit Rondeletius) cæterorũ Galeorum instar longũ esse spissumq́ piscẽ, ac rotundum, sensus ipse docet, dempta sola dorsi latitudine, qua à cæteris Galeis differt: quæq́ Pliniũ impulit, ut cum planis cartilagineis numeraret, cũ proculdubio in longis cartilagineis & cetaceis censendus sit. Plura de nomine Lamiæ in Italicis mox leges. ¶ Canis Carchariæ pars est etiam qui à Romanis Thyrsio (Θυρσίων) uocat̃, suauissimus ille & delicatissimus, siue tenerrimus, Athenęus lib. 7. Plinius Phocænam, Tursionẽ interpretat̃. Gladiũ quoq́ piscẽ, Canẽ & Galeoten uocari testis est Strabo. ¶ Carchariam Aristoteles non cognouit. nam qui simpliciter Canis ab eo uocatur, κύων γαλεὸς est, Saluianus. Vide etiam in Cane Galeo. In Sicilia hodie Raiam piscatricem uulgò Lamiam uocari, Saluianus author est: item Squatinam à Lusitanis Lamio.

ITALICE. Lamiæ nomen uetus in Italia, Prouincia & Hispania seruatum est, Rondeletius. Genuæ & Neapoli uetus Lamiæ nomen notissimum est, Bellonius.

GALL. A nostris (circa Monspelium) Lamio uocatur, Baionæ Frax, Rondeletius.

Hæc pictura Carchariæ Canis ad sceleton olim nobis facta est.

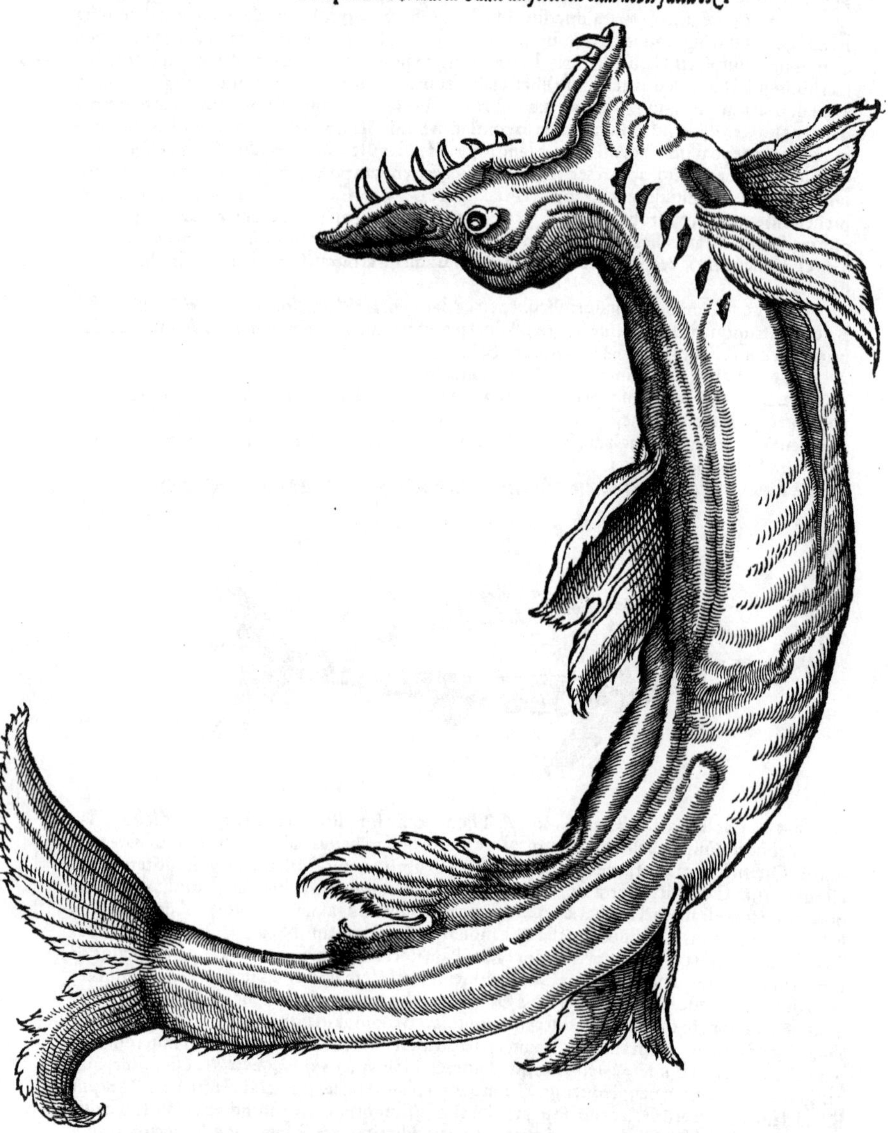

GERM. Carcharias & Lamia siue unus, siue duo sunt pisces, propter generis tamen naturęq; cognationem uno nomine à Germanis appellari potest, ein Fraß oder Fraßhund, à uoracitate. uel à magnitudine ein Vrhund/ein grosser Hundfisch/ein Walhund. Bellonius apud Noruegos Perkfisch uocari scribit, quasi montanum piscem.

ANGLI nimium communi ad Canes & Galeos nomine Doggefishe nuncupant.

GLOSSO-

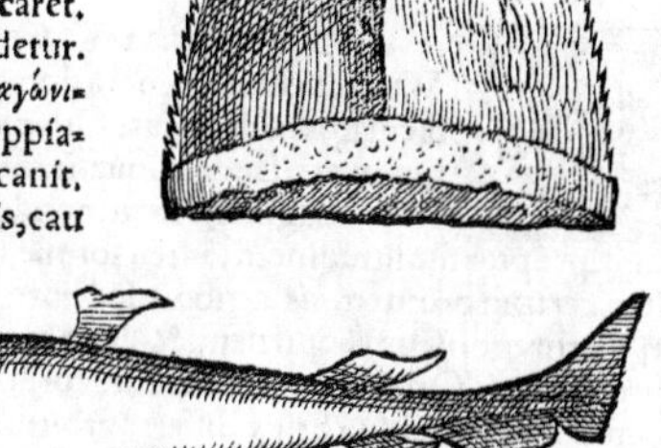

GLOSSOPETRA Plinij, ut uidetur, è lapidum genere: quam aliqui uulgò hodie Dentem Lamiæ nominant, alij Serpentis linguam.

GERMAN. Ein Stein / welchen etliche nennend Schlangenzungen: andere aber ein Hundzan võ dem grossen Hundfisch Lamia genannt.

MALTHA Rondeletij, μάλθη. Latino nomine caret. Suidas cum Prestide seu Pristi confundere uidetur. Oppianus apertè distinguit. Maltha cetus est δυσανταγώνιστος, id est, inexpugnabilis, uel difficilis expugnatu. Oppianus ab infirma corporis sui mollitie denominari eam canit. Μάλθη δ', ἡ μαλακοῖσιν ἐπώνυμος ἅψεσι κῆτος. ¶Pinnis, cauda, internis partibus à Cane non differt, nisi quòd alba oculorum nebula caret. Caro ei est laxa mollisq́, non sensu modò, sed & facultate. aluum enim mollit cietq́ succi lentore: inde etiam nomen habet, Rondeletius.

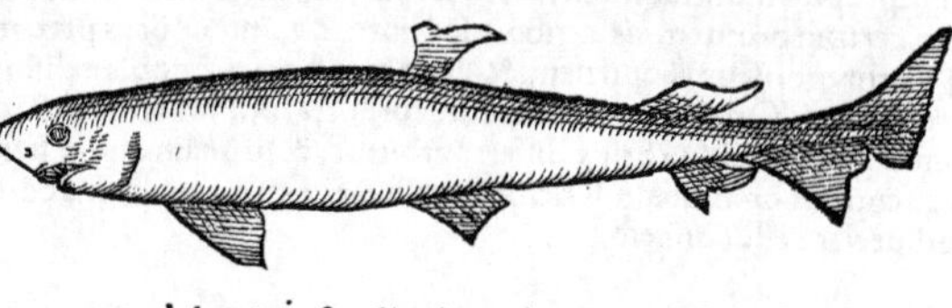

ITAL. Romani Lamiolam uocant, à dentium similitudine. dentes enim latos & acutos Lamiæ modo habet, Rondeletius. qui alibi quoque Caniculam Plinij à Romanis Lamiolam uocari scribit.

GALL. Nostri Sorrat uocant, Rondeletius.

GERM. Canem carchariam siue Lamiam interpretamur ein Fraßhund: Maltham uerò, ein kleiner Fraßhund, id est, Lamiam minorem: uel, ein art des Fraßhunds, id est speciem Lamię: uel, ein Blutthund, à mollitie corporis.

SIMIA marina quædam, cuius iconem qualem à Ioan. Kentmanno accepi, hîc exhibeo. Is Simiæ marinæ nomine è Dania sibi allatam scribit. Pinnas tanquam uolans extendit, ut pictura præ se fert: & inter duas in summo dorso pinnas aculeum retrò tendit, ceu Galeus centrines. os simum habet, non ut Galei in longitudinem protensum rostrum. branchiarum foramina quina apparent, obliquo inter os & oculos descensu. Color ei uiridis toto corpore: sed in dorso magis fuscus, ad latera pallidus. dentes lati & continui. Reliqua satis apparent in icone: quæ cum ad sceleton facta sit, in uiuo animali non omnia similiter se habere suspicamur. Testudineũ inuolucrum si accederet, Aeliani hanc Simiam facerem: quam in Mari rubro cartilaginei generis describit.

ORDO XI. DE PISCIBVS ORBICVLATIS.

DE ORBICVLATIS CARTILAGINEIS IN GENERE.

De CARTILAGINEIS omnibus in genere diximus suprà ab initio Ordinis IX. Veteres eorum genera duo tantùm agnouerunt, Planorum & Longorum, nos Orbiculatos addidimus. Orbem certè Britannicum, cartilagineum esse, ossibus & spinis carere, sapore Squatinæ, à Turnero didici: an uerò is etiam adipe, ut propriè dicti cartilaginei, careat, nondum mihi constat. Reliqui si qui fortè cartilaginei non sunt, propter similitudinem tamen formæ, eodem Ordine collocandi uidentur. Rondeletius nullum certum ordinem eis attribuit: sed libro XV. inter pisces peregrinos, hos quoque numerat. ¶ Orthragoriscus Rondeletij, & altera eius species à nobis exhibita, etsi commune aliquid cum prima specie Orbis habere uidentur, corporis rotunditate ferè, & dentibus latis planisq́;, &c. ego tamen genere toto prorsus differre arbitror. & primam quoq; hanc Orbis Rondeletij speciem à sequentibus omnibus (nisi Echinatum fortè excipiamus, cuius os dentesq́; similes apparent) genere diuersam esse conijcio.

Orbis Aegyptius Rondeletij.

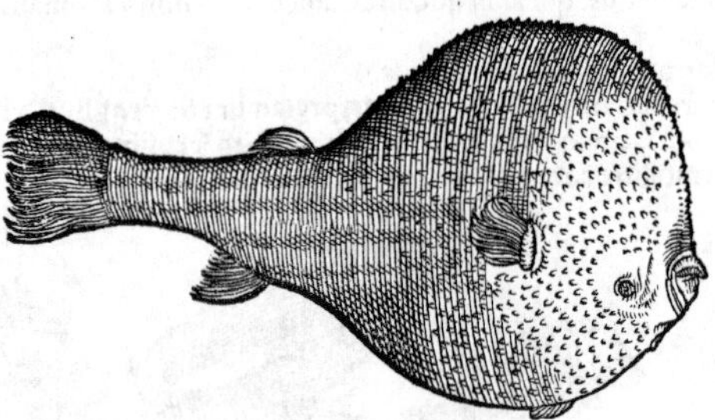

Eiusdem alia effigies rudior, ad sceleton inueteratum olim nobis effi︠cta: quam, cum hîc poni deberet, & spacium deesset, in sequentem paginam posuimus.

ORBES uel Orbiculatos pisces appello, (inquit Rondeletius,) quòd in orbem & rotundã figuram circumacti sint. Horum aliquot sunt genera, quorum primum ex Orientis, alia ex Septentrionis plaga delata uidi.

Orbis primus Aegyptijs ex Nilo familiaris est. Capitur circa Saiticam præfecturam. genera eius duo sunt, ambo rotunda, corio duro contecta, ut lagenam imitari uideantur. Capitur uerò non ob aliud, quàm ut eius pellem tomento impletam, exteris uendant. Plinius Orchin, id est Testem, ob rotunditatem uocauit, alij uerò Orbem appellauerunt. Durissimum esse piscem constat, qui Orbis (*aliâs Orchis: sed Isidorus, qui plus quàm 900. ab hinc annis uixit: & alij, ut Aggregator, legerunt Orbis*) uocetur. Rotundus est & sine squamis, totusq́; capite constat, Plinius. Hęc omnia nostro Orbi conueniunt. est enim durissima, & propter aculeos aspera cute, cui cuticula alia tenuis subiacet. E mari Nilum subire constat: aiuntq́; uniones ex rore ore excepto concipere, & parere, quod falsum esse existimamus, Rondeletius. Aristobulus quidem apud Strabonem tradit nullum ex marinis piscibus in Nilum ascendere, præter Thrissam, Mugilem & Delphinum: eiusq́; rei causam addit. Quamobrem diligentiùs inquirendum fuerit, an Orbis quoq;, ut Rondeletius tradit, anadromus sit, hoc est, è mari subeat. ex tribus quidem iam nominatis piscibus, nullus idem qui Orbis esse potest: nec uerisimile est tam raræ in Nilo formæ piscem, & Nili accolis satis familiarem uulgoq́; notum, inter alios Nili pisces à ueteribus non esse cõmemoratum. quamobrem Physam Nili piscem Straboni & Athenæo nominatum, nõ alium quàm Orbem esse coniecerim. nomen enim Physæ ab inflatione factum apparet: & Orbis noster uesicæ instar inflatæ in globum tumere uidetur. Grammatici physan interpretantur follem, utrem, ampullam, uesicam, flatũ, aërem, pharetram, & Nili piscem: & Physcam crassius intestinum, quod inflari à coquis solet, ut farciatur. Idem fortè & Caluaria marina Ennij fuerit. neq; enim alium inuenio piscem, qui ad cranij formã magnitudine, rotunditate, & dentibus humanorum similibus, magis accedat. Lusitanicum quoque nomen Talpaire, inde corruptum uideri potest.

Orchis. *Physa.* *Caluaria marina.*

GRAECVM

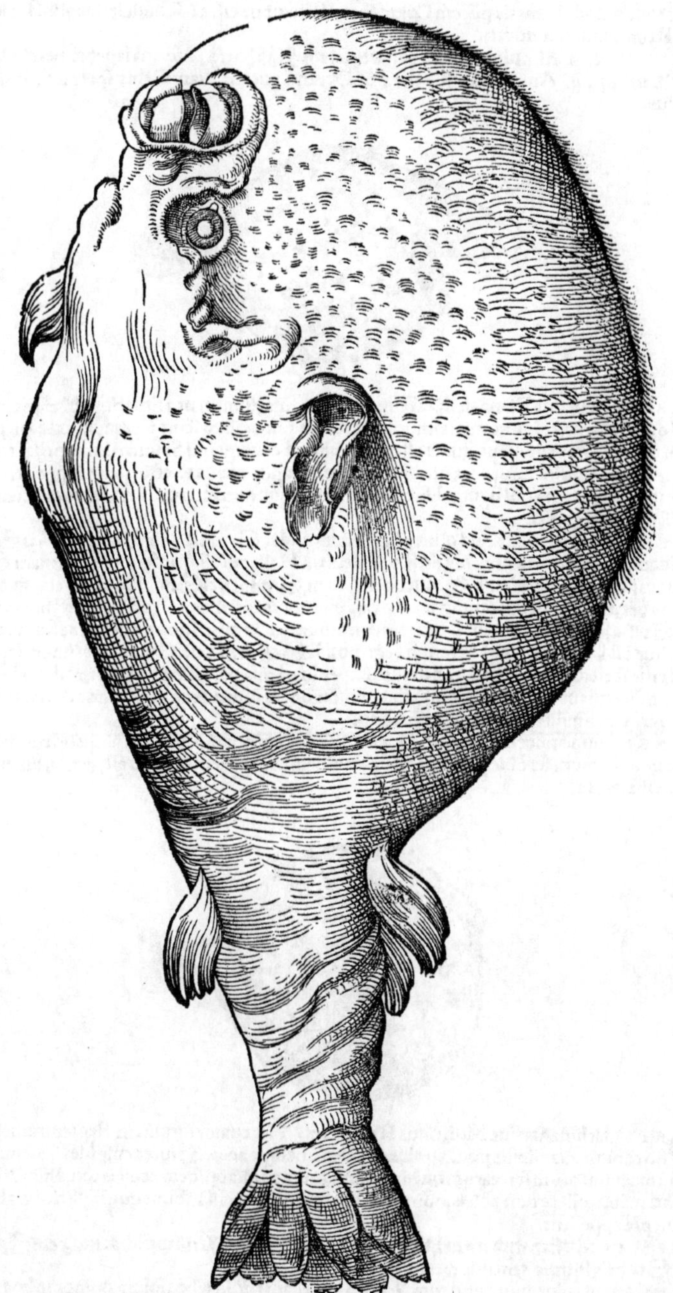

GRAECVM uulgus Flaſcopſarum, id eſt Lagenam piſcem nominat: propter rotunditatem corio duro contectam, Bellonius.

ITAL. Venetum uulgus perperã Columbum (peſce Colombo) nominauit, Bellonius. Maſſarius Paſtinacam Venetis piſcem Columbum dici author eſt. & Rondeletius alibi Galeum læuem Romæ ſimiliter uocari.

GERM. Ein Ründling, à rotunditate: uel ein Flåſchling, à forma lagenæ. uel ein Egyptiſcher Lumpfiſch. Angli enim Lumpe in Oceano uocant aliam Orbis ſpeciem, de qua mox agemus.

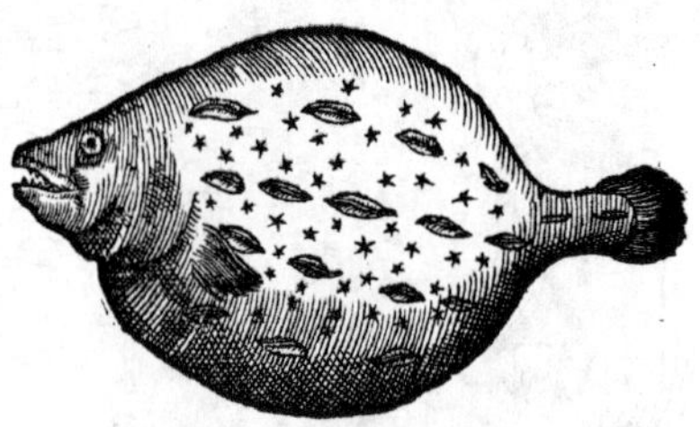

ORBIS Scutatus Rondeletij. Hunc ita uocamus (inquit) ut à ſuperiore & alijs orbiculatis diſtinguatur. cuius nominis imponendi cauſa fuit os illud ſcuti forma, quod ea in parte, in qua in terrenis animalibus pectus eſt, ſterni uicem habet. Sunt qui Scutiferum appellant, (*recentiores fortè aliqui & indocti.*) Corpore eſt terete, mucoſo, capite magis exerto quàm ſuperior. A capite ad caudam uſque oſſa oui figura diſpoſita ſunt, inter quorum interualla aculei interiacent. Rarus eſt piſcis & non edulis.

GERMA. Hollandi, apud quos piſcem hunc uidi, Suetolt / alij Bufolt (*melius* Snotolſ) nominant, à muco quem ore emittit, Rondeletius. Hollandi alijq́ inferiores Germani Schnotolf uocant, quaſi Myxinum & Muconem. nam Schnot uel Snot illis idem eſt, quod nobis Schnuder, id eſt, mucus & pituita. In alijs maritimis Germaniæ tractibus, uel hunc, uel ſimilem, Seehaß appellant: id eſt, Leporem marinum, neſcio qua ratione, niſi fortè à forma oris. (ſed lōgè alius eſt Lepus marinus ueterum.) ego potiùs Seehan, id eſt, Gallum marinum appellârim, quòd eius ſceletos, ut ſcribit Rondeletius, ſuſpenſus, à qua parte uentus ſpirat, roſtro ad eam conuerſo, indicet: ſicut Gallus auis tempeſtatis mutationem cantu denunciat. unde & Lyram Rondeletij, Germani ſimiliter uocant ein Seehan.

ANGLI hunc piſcem a Lumpe uocitant: & eodem nomine maſſam aliquam rotundam, informem, cuiuſmodi ferè hic piſcis eſt. noſtris quidem Lump eſt ῥάκος, id eſt, cento, linteum attritum, ueſtis lacera.

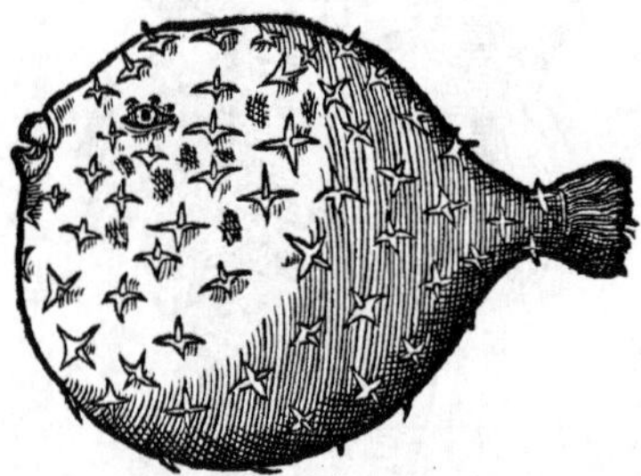

ORBIS Echinatus ſiue Muricatus Rondeletij. Hic etiam (inquit) in Septentrionali Oceano capitur, manifeſtis notis ab alijs diſsidens, nempe aculeis plures cuſpides habentibus, muricum (machinularum ferrearum quadam ſimilitudine.) His quidem aculeis totus hic Orbis adeò riget, ut manu tollere non poſsis, niſi cauda extrema apprehenſa. Sunt qui Hyſtricem ab aculeis non ineptè appellent.

Hyſtrix.

GERMAN. Ein andere art des Schnottholſen/oder Lumpfiſchs: mag ein Jgelflåſch oder Stabel_lumpe genennt werden.

ANGLI, ni fallor, hunc priuatim Lump appellant: & in cibo (ſolum opinor in hoc genere) commendant, ueluti pinguiſsimum lautiſsimumq́, cute detracta. Audio frequentem eſſe in Anglia: rubentem colore infantis recens nati, laudari: album non item, ſanguine abundare.

ORBIS

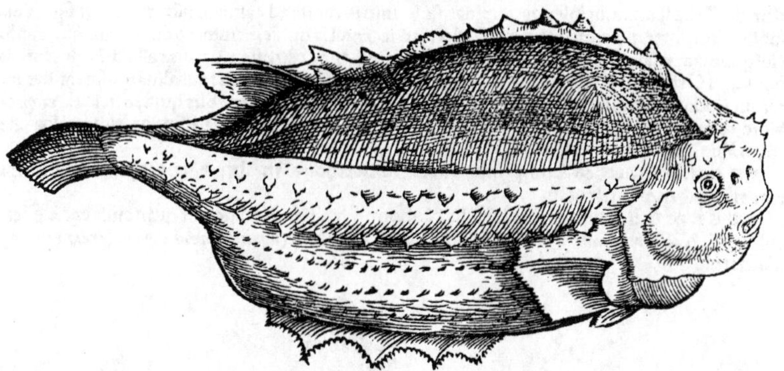

ORBIS Oceani ſpecies alia, cuius picturam, ut ab amico quondam accepi, Germanico Leporis marini nomine, hîc appoſui. Lepus quidem marinus Apuleij uideri poteſt: de quo leges mox in Orbe Britannico.

GERM. Ein andere art des Schnottfischs oder Seehasen.

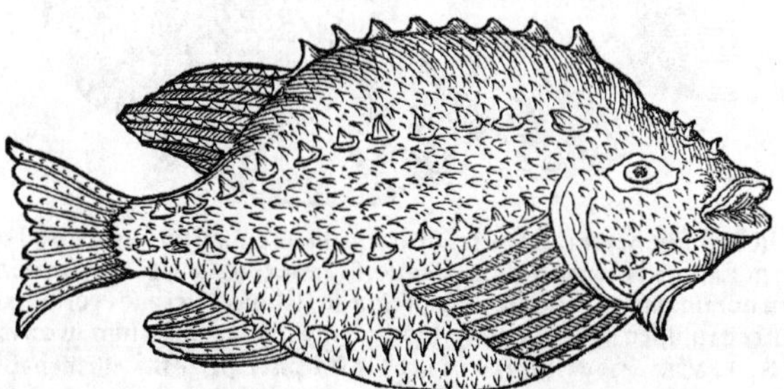

ORBIS Britannici ſiue Oceani ſpecies, neſcio an præcedentium alicui eadem, cuius picturam ut accepi quondam, appoſui: quam cum ad Guil. Turnerum Anglum miſiſſem, ut ipſius audirem ſententiam, his uerbis reſcripſit: Imago hæc Lumpi planè noſtratis eſt: uerùm duæ poſteriores pinnæ abundant. nam tales in piſce, quem ego recenter captum uidi, & poſtea comedi, nullæ comparebant. Deeſt etiam ſub mento, ut ita dicam, rotunda cauernula, cætera omnia bene conueniunt. Et alius quidam Anglus, indicauit hunc piſcem, Lump nomine, reperiri iuxta Cornubiæ (poſtremum Angliæ) promontorium. prominentias autem illas, quæ oſſeæ fortè alicui uideri poſſent ex pictura, calloſas eſſe, quibus adhæreat ſcopulis, quod piſcatores teſtantur. dorſum rubicundum, uentrem album haberi: piſcem ipſum in magnis delicijs reputari. ¶ Et rurſus in epiſtola ad me Turnerus: Lumpus noſter (inquit) non poteſt eſſe Orbis (Aegyptius) Bellonij. eſt enim edulis, cartilagineus. nam oſſa aut ſpinas intus non habet, ſed eorum loco cartilagines. eiuſdem eſt ſaporis, cuius Squatina. Duas tantùm habet pinnas, & eas infra branchias. In ſingulis lateribus ternas habet aculeorũ aut recuruarũ ſpinarũ ordines, à capite ad caudam uſq; porrectos. In ſummo tergo unicam talem habet ſpinarũ ſeriem. Spinæ iam dictæ rubi ſpinas mirè referunt, (*inde Batum rotundum appellare licebit,*) niſi quòd nõ ita recuruæ ſunt. Vmbilicus ei prominet in uentre portentoſæ magnitudinis. Sub mento rotundum quiddã circuli inſtar apparet: quo ſe ſolo aut lapidibus affigere interdum uidetur. Caput habet Ranæ ſimile: & oculos admodum paruos. Tota cutis ſumma, tactu aſpera eſt. *Batus rotundus.*

Lepus marinus Apuleij in Apologetico (quanquam dubitat an ſic ſit uocandus) cum cætera ſit exoſsis inquit, duodecim tamen numero oſſa ad ſimilitudinem talorum ſuillorum in uentre connexa & catenata gerit. Vnde apparet eum non eſſe Leporem marinum, ueterum Græcorum, is enim in genere Mollium eſt, quæ omnia oſsibus carent. Conijcio autem hunc eſſe piſcem, qui à Germanis quoq; ad Oceanum Seehaß uocatur, id eſt, Lepus mar. neſcio qua ratione, niſi forma oris, qualis unus potiſsimum eſt, proximè ante hunc exhibitus: cui os fermè Ranæ eſt, non prominens ut cæteris, nec denticulatum. item Orbis Britannicus à nobis dictus. In his enim propter orbiculatam figuram ſpina dorſi per uentrem nimirum tranſire uidetur, cuius uertebræ ceu Orbiculi quidã (ſiue oſſei, ſiue cartilaginei potiùs) inuicem catenæ inſtar nectuntur. Rondeletius qui- *Lepus marinus Apuleij.*

O

dem de Orbe ſcutato, ut ipſe cognominat, ſic ſcribit: A capite ad caudam uſque oſſa oui figura diſpoſita ſunt, inter quorum interualla aculei interiacent. Ea quidem numero duodecim eſſe conijcio: quoniam etiam foris per medium corpus prominentię ceu oſſeæ, ueriùs calloſæ in duobus ijs quos dixi Orbibus, totidem uiſuntur. Sed hæc doctiſsimus Turnerus: aut alius quiſpiam harum rerum ſtudioſus in Angliæ Germaniæ'ue ora, diligentiùs perpendet. Sus quidem talo caret probiore, cum inter ſolipedes & biſulcos ambigat, authore Ariſtotele. quare fœdos Suum talos eſſe etiam Plinius ex philoſophi uerbis repetijt.

GERM. **Ein art des Lumpfiſchs oder Schnottholfs/ möchte wol über ein komme mit einem auß den vorgeſetzten.**

ANGLICE **A Lump**, à ſpecie rudis & informis fruſtuli. Non deſunt qui nominent **a Seeoul** *(id eſt, Noctuam marinam.)* SCOTI uocant **a Paddel**, *(nimirum quòd capite Ranam referat,)* Turnerus.

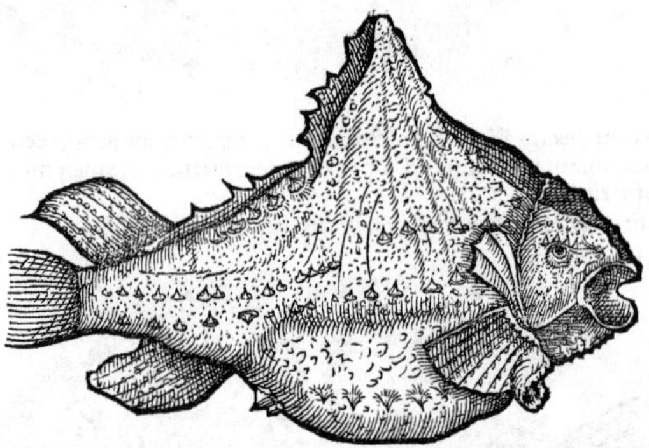

ORBIS Gibboſi, ſiue natura, ſiue arte aut ui: qualis ab amico uiro erudito ad me miſſa icon eſt, talem poſui. Græcè Νωτολαινὸν dixeris à dorſo eminente, ſicut & Νωτιδανὸς uel Ἐπινωτιδεὺς Galeus quidam nominatur apud ueteres. Reperitur in Balthico Oceano, corio craſſo & tenaci, &c. Spinæ ſunt ceu rubi, ſed mucrone recto. Dorſum in aciem acuminatum in carinæ modum.

GERMAN. F. **Ein Hogerlump/ein art des Schnottholfs mit einem hohen rucken.**

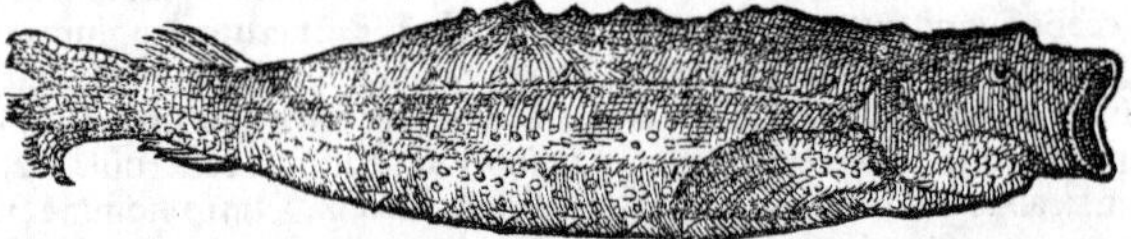

ORBIS oblongus. ſic enim appellare libet, quòd cæteris, rotunditate tantùm excepta, ſimilis uideatur, eodemq́ue nomine à Germanis Snotolfi nomine appelletur. Hunc amicus quidam ad ſceleton depictum miſit: fieriq́ue poteſt ut quædam ui aut arte in eo à naturali habitu deprauata ſint. Mucoſus eſt admodum, (ut monuit, qui miſit:) nec oſſeum, nec carneum quicquam habet, mucoſo tantùm lentore expletur. Captu difficillimus. nam ubi hamum uel retia ſenſerit, ſuum illum mucum euomendo, lubrica reddit omnia, contractoq́ue in orbem exuuio proſilit.

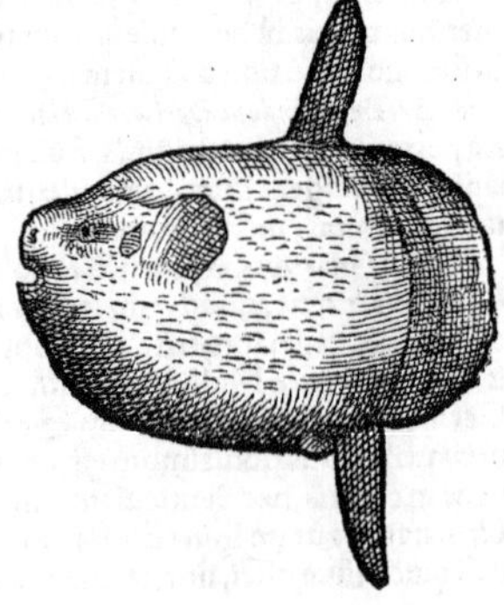

ORTHRAGORISCVS, uel Luna piſcis, Rondeletij. ὀρθραγορίσκος. Piſcis hic Luna uocatur à noſtris (inquit Rondeletius,) quia extrema corporis parte, quæ pinnis ſubeſt, Lunę creſcentis figuram aptiſsimè refert: uel quia demptis pinnis toto corpore rotundo eſt, Lunæ plenę inſtar: uel quòd noctu ſplendeat: Sed longè alius piſcis eſt Aeliani Luna, hodie ignotus, niſi fortè Seſerinus ſit. Sed neque Rota Plinij eſt, ut Gillius putauit, quanuis Maſsiliæ Mole uocetur à rotunditate. At Plinij Orthragoriſcus uidetur, de quo ille ſic: Appion maximum piſcium *(non quidem cetorum)* eſſe tradit Porcum, quem Lacedæmonij Orthragori-

Rota. Orthragoriſcus.

thragoriſcum uocant. grunnire eum cum capiatur. Noſter certè hic piſcis (piſcis inquam, non cetus) admirandam in molem excreſcit, utpote qui quatuor uel quinq; uel ſex cubitorum molem æquet. & dum capitur, Porci modo grunnit, cuius rei ego auritus ſum teſtis. eius ſoni cauſa rima eſt branchiarũ ſtricta. neq; ſolùm Porco grunnitu, ſed etiam aſpectu, cauda Porci pedibusq; dempτis, ſimilis eſt, Rondeletius. ¶ Orthragoriſcus pro porcello, Lacedæmoniorum gloſſa ſeu dialectus uidetur, ſiue de quadrupede, ſiue de piſce dicatur. ¶ Caro eius cocta glutinum ex tergoribus boum confectum refert, uel Sepiarum ſalſarum & coctarum carnem. præter carnem, adipis multum habet Porci modo. In noſtro mari aliquando capitur, ſed rariſsimè. ¶ Huius piſcis (inquit Saluianus) à ueteribus Græcis atque Latinis ſcriptoribus mentionem nullam factam credimus: quare cum uulgo Molam uocamus, à figura ferè rotunda. Ea quidem quæ ueteres Rotæ piſci tribuunt, huic non conueniunt. Piſcis eſt cartilagineus, uiuiparus, ouis intra ſe conceptis. *Mola.*

ITAL. Bota uel Bottaccio uocatur. hoc uocabulum eis dolium ſignificat, ſiue labrum aut lacum. Talis quidem forma etiam Orcæ inter Cete nominis cauſa fuit: ut hic ſit Orca piſcis: ſicut ueterum Orca, Orca cetus. ¶ Saluianus Italicè etiam, ut Maſsiliæ, Mola uocari ſcribit.

HISPAN. Bout. Vide mox in Gallicis.

GALL. Circa Monſpelium Lunam uocant, ut dictum eſt. Maſilienſes Mole (*Rotam quoq; puto Molam uocari alicubi: ſed hæc non eſt Rota*) uocant à rotunditate, quòd molæ molendinariæ ſimilis ſit. Hiſpani Bout appellant. Nonnulli ex noſtris, qui Prouinciam Hiſpaniamq; frequentarunt, utraque coniuncta appellatione Molebout nominant, Rondeletius.

GERMANI Mon uocare poterunt, quod uocabulum eis Lunam ſignificat. uel Monfiſch: quoniam & Galli circa Monſpelium ſic appellant. uel Sauwfiſch, id eſt, Porcum piſcem, ut differat à Delphino, qui ſimpliciter Porcus marinus dicitur à Germanis, ein Meerſchweyn. piſcis enim non eſt, ſed cetus.

ORTHRAGORISCI alia ſpecies: quam Venetijs depictam uir quidam nobilis Gallus ad me miſit, unà cum deſcriptione: Piſcis Cal. Martij, anno Salutis 1552. non longè à Venetiarum ciuitate captus eſt: qui primo aſpectu maſſa carnea potiùs exiſtimabatur quàm piſcis. forma in orbem uergebat. corio ſine ſquamis & pilis tegebatur. Os in arctum colligebatur, ut pro beluæ magnitudine miraculo fuerit. Oculi patentes, prominentes, & ampliores quàm bobus. Branchiæ dectæ, carnoſæ, læuesq;. Pinnæ in lateribus dodrantales. Tuberculum habebat in fronte duriſsimum. Maxillæ utrinq; dentium uice continui oſsis ſoliditate armabantur, &c.

GERMAN. Ein andere art des Monfiſchs/zů Venedig gefangen.

O 2

ORDO XII. DE CETIS PROPRIE DICTIS.

DE CETIS IN GENERE.

Cete propriè. CETE (Κήτη) ex aquatilibus propriè dicuntur, quæ perfectum animal ex semine, non ex ouo, gignunt, ut Delphini, Balænæ, Phocæ. Et hæc pleraque omnia prægrandi sunt corpore: quod sanguine alitur, ossibusq; fulcitur, similiter ut terrestrium respirantium. & cum multo calore natiuo abundent, cordis refrigerandi gratia pulmones etiam hæc omnia habent. Minimum in hoc genere Phoca uidetur: inde Phocæna, Delphinus. maxima uerò, Balæna, Physeter, Pristis. *Impropriè.* Impropriè uerò aliquando Cete dicuntur, alia etiam aquatilia animalia grandiora: ut ex piscibus cùm alij maiores, ut τεμαχῖται cognominati, quòd in tomos segmentáue scissi uendantur: *Thynnus.* tum præcipuè Thynnus: qui aliquando etiam simpliciter Cetus dicitur, præsertim ubi ad summum incrementum peruenerit. hinc Thynnopolæ, à Latinis Cetarij dicuntur. *Cartilaginea maiora.* Ex Cartilagineis longis Canem siue Lamiam magnitudine præcipua esse puto. inter planos uerò eiusdem generis Bouem: quanquam & alius Bos esse uidetur generis Cetorum propriè dicti. *Testudines.* Testudines etiam aliqui Cetis adnumerāt, impropriè, ut ego iudico. quadrupedes enim ouiparæ sunt. Verùm hæc omnia ferè Cetacea cetariáue, seu pisces cetacei, potiùs quàm cete uocari debebant: Κητώδη ζῶα, ἢ ἰχθῦς κητώδεις μᾶλλον ἢ κήτη. Pisces propriè dicti omnes, branchias habent, & ouipari sunt.

Cete cuius inflexionis & generis. Cete plurali numero, genere neutro, Latini ueteres ferè dicunt, Græcos imitati: nec alium ferè casum Græcæ declinationis apud Latinos reperias. Celsus quidem Cêtos in singulari numero, genere neutro dixit: & similiter Plinius, accusandi casu singulari. Cetarij dicuntur à cete, qui maiores sunt pisces, Massarius. Græca declinatio τὸ κῆτος, κήτη: ut βέλος, βέλη. nam Latinè sic declinari non potest, Seruius. *Cetus, hic.* Plautus & Festus Cetum in accusandi casu singulari, genere masculino dixerunt, declinatione secunda Latinorum more, in qua casus formari omnes possunt. *Pistrix.* ¶ Quoties Aratus κῆτος habet, à Cicerone semper uertitur Pistrix, Perionius. Vide infra in Serra. ¶ Omnibus maximis beluis dux est exiguus, oblongo corpore, cauda tenui. Κήτεσιν δ' ἐκπάγλως κεχαρισμένος ἔσσεται ἰχθύς, Oppianus libro 5. ubi Κῆτος generis nomen pro specie posuit, Balæna forte. nam & Festus: Balænam (inquit) beluam marinam, ipsam dicunt esse Pistricem, ipsam esse Cetum. Et uulgò quidam Cetum pro Balæna accipiunt, excellentia quâdam, quòd hæc in cetaceo genere fera maxima sit.

Beluæ mar. Cete Latini Beluas marinas etiam uocarunt, ab immanitate, opinor, & magna cum terrestribus beluis similitudine. nam eodem modo concipiuntur & gignuntur: & pulmones habent, renes, uesicam, testes, mentulam. fœminæ uuluam, testes, mammas. Carnis quoque substantia non multùm à terrenis discrepant. Externis uerò partibus mutilatæ sunt, naribus carent: item pedibus (*præter Phocas, Hippopotamos, & alia fortè*) auriculis, mammæ papillis, Rondeletius. Beluam (*alij l. duplici scribunt belluam*) pro Ceto Plinius dixit, Festus beluam marinam, Horatius belluam Ponti, Ouidius feram. *Θῆρες.* Græci etiam θῆρας aut θηρία uocant Cete, præsertim homini noxia. θῆρες πόντιοι quidam. Monstra Vergilius dixit, pro cetis raræ & inusitatæ formæ.

Hebræis Thannin, Thannim, & Leuiathan nominantur. ¶ Cete, ut diximus, omnia respirant: aquam uerò non refrigerationis gratia, ut pisces, sed obiter dum cibum capiunt, ore coguntur accipere: *Fistula.* camq; mox respuunt per fistulam (αὐλόν, φυσητῆρα,) quæ eis ante cerebrum sita est. Edita etiam per summa æquoris fistula dormiunt & spirant. Hanc Cete maiora omnia habent usque ad Delphinum: Phocæ uerò pro fistula foramina duo sunt ante oculos narium loco: & similiter Testudinibus, quæ tamen Cete propriè non sunt.

Dentes. Dentibus ita differunt. Truculentos habet Orca: Delphin multos quidem, sed paruos & minùs noxios: Phoca Luporum terrestrium dentibus similes. Testudines dentibus carent: sed pro his maxillarum pyxidatas commissuras habent.

Victus. Victu etiam differunt. nam Balænæ aqua & spuma maris uescuntur: Orca & Phoca piscibus. Cætera, ut diximus, animal uiuum concipiunt pariuntq;. Testudines uerò ob integumenti duritiem, & compressius latiusq; corpus, uiuum animal in utero gestare non possunt, ut Rondeletius scribit.

GERMANI Cêtos omne Wallfisch appellant: quod nomen à Balæna factum uidetur, & ad illam propriè pertinere.

ANGLI similiter Whale / Whalefishe.

ILLYRII Sum, ut quidam aiunt: ego Silurum propriè Sum ab eis appellari puto.

Delphinus

Delphinus fœmina cum fœtu masculo, ut Rondeletius exhibuit.

Alia Delphini pictura, quam à Corn. Sittardo habui.

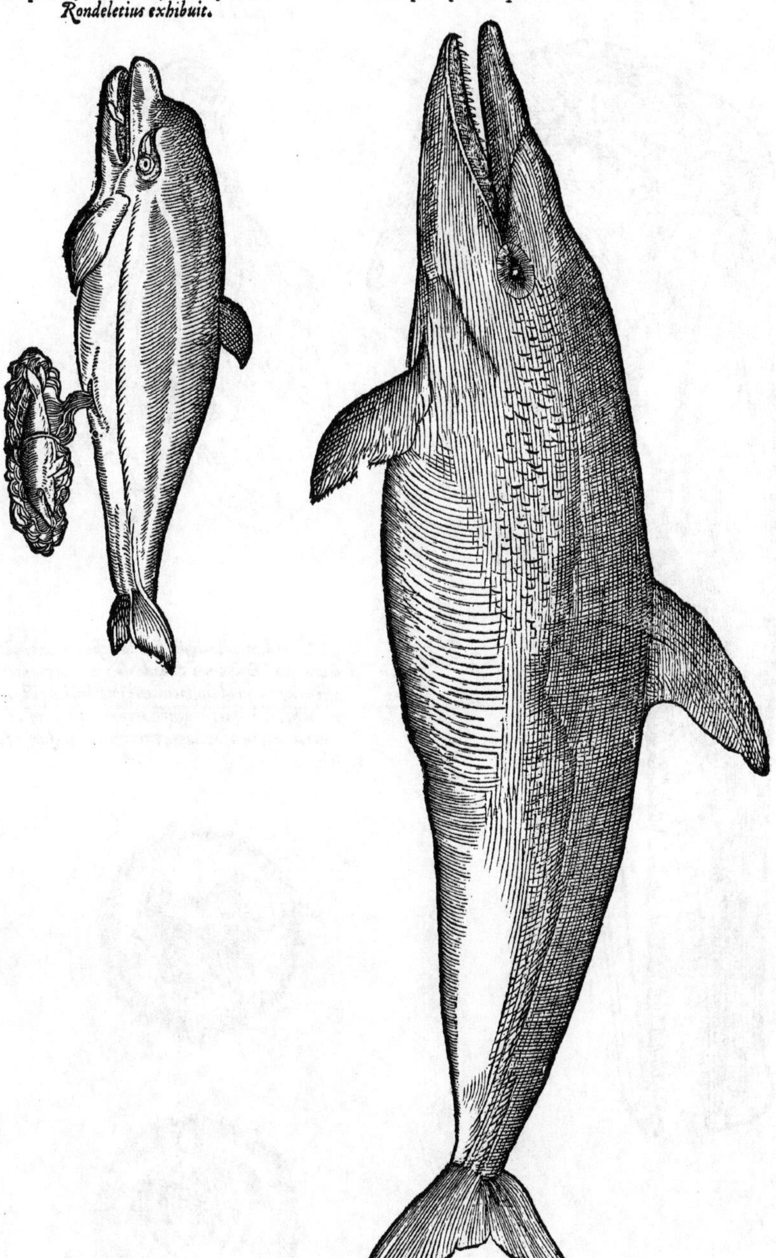

O 3

Delphini Caluaria è libro Bellonij

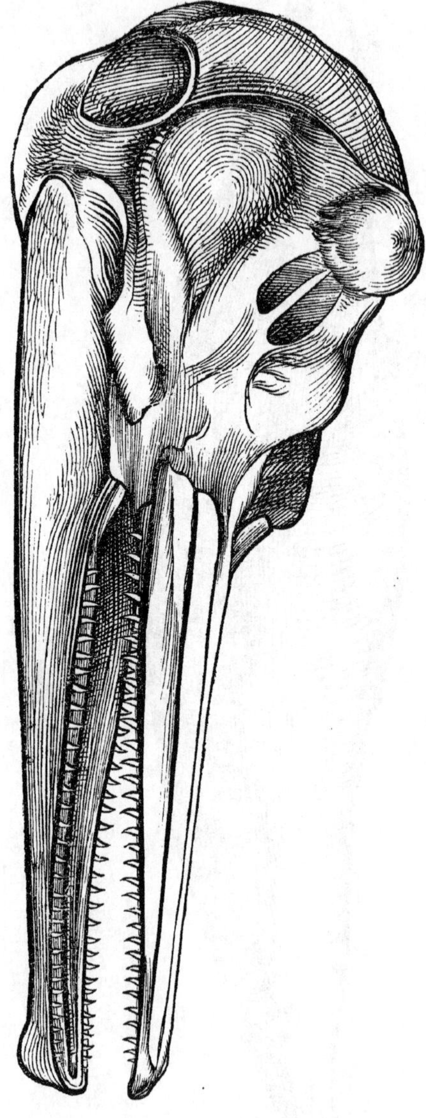

Ex eodem, Delphini matricis cum fœtu efformatio: quæ Phocænæ etiam conuenit.

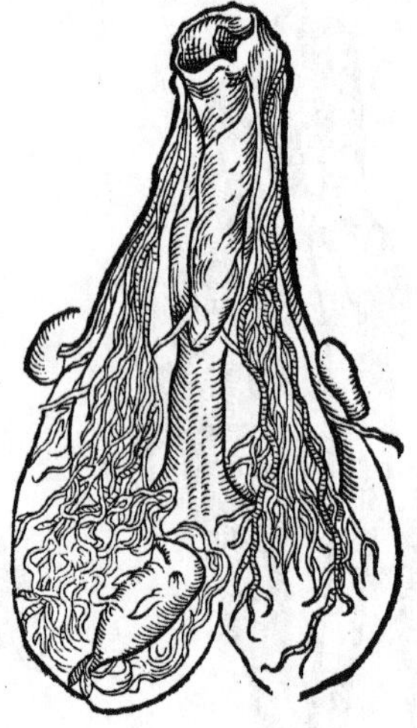

Ex eodem, Antiquiſsimi numiſmatis æréi pictura: quod Delphinos duos dorſo repando curuos oſtendit, non quòd eiuſmodi uerè ſint: ſed ita pictores aliiq́ue, ad impetum opinor eorum, ſagittæ inſtar è neruo ſeſe iaculantium, exprimendum, fingere ſolent.

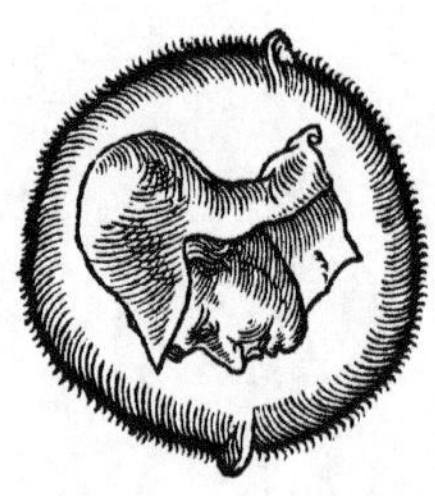

DELPHINVS

DELPHINVS uel Delphin. δελφίν, δελφὶς. Cognominatur ἱερὸς ἰχθὺς, & παιδεραστὴς, & φιλάνθρωπος, ab amore quo pueros & homines prosequitur: & Simo, quòd hoc nomine delectetur. Nonnulli Delphinos, Berellos uocant: eò quòd (ut Alberti uerbis utar) ante naues aquã euomant. Delphinus tanquã genus Phocænam sub se comprehendit, teste Aristotele: qui scribit Phocænam Delphino similem esse, sed minorem: & à compluribus Delphini genus esse existimari. Et Aelianus de Taprobanæ insulæ piscibus loquens, Balænas Thynnis insidiari scribit: atq; horum duo genera illic nasci: alterum ferum, dentibus serratis, & inexorabili immanitate piscatoribus infestum: alterum natura mansuetum circum homines natare, & more canum blandiri, & se contrectari sustinere, atq; obiectum cibum sumere. *Simo.* *Berellus.* *Phocæna.*

GRAECIS hodieq; nomen retinet.

Apud plerasq; Europæ gentes etsi Delphini nomen passim audiatur, & à pictoribus alijsq; figura eius effingatur, in Oceano tamẽ eo nomine piscem nullũ norunt piscatores. alijs enim nominibus barbaris, singulæ suis, Delphinum nuncupant. In hoc pleræq; gentes cõueniunt, quòd Porcum mar. Suis uocabulis appellãt: & sanè Græca etiam Delphini nomenclatio, ad Delphacem, id est, Porcum in eâdem lingua sic dictum, accedit. pinguissimum enim animal est: & Porco terrestri pinguedine lardoq; non cedit: cui & interiora similia habet, costas, iecur, intestina, & reliqua pleraque. Porci quidem marini, pisces diuersi, à ueteribus dicti, longè alij sunt.

ITAL. Delfino.

GALL. Vulgus nostrum marinum anserem appellat, Oye de mer: quoniam rostro tereti, tenui, & oblongo Anseris in modum conspicitur Bellonius. Ab accolis maris mediterr. Delphin uel Dauphin uocat, à quibusdã Oceani accolis Marsouin uel Mersouin *(uocabulo Germanico)* quasi maris suem dicas: à Gallis Becdoye, quòd prominentiore sit rostro, Rondel. ¶ Britanni & Armorici in Gallia Morhouch uel Morho appellãt, uocabulo similiter Porcum marinũ significante.

GERM. Meerschweyn à Germanis dicuntur circa Suerinum & alibi, cõmuni nomine Phocæna & Delphin. Sunt enim inter se similes: nisi quòd rostro porrectiore & anserini instar prominẽte Delphinus est: & ut plurimùm gracilior. magis carnosus, minùs pinguis, maior alioqui. Phocæna, minor: sed dorso latiore, rostro obtuso. Orcæ etiam, quam Oudre Galli uocẽt, Bellonius cõmune nomen Gallicum Marsouin (à Germanis acceptum) facit: quum ea Delphino nõ parũ maior sit. Nos distinctionis causa nomina imponemus, ut Delphinus dicat ein Ganßschweyn, composito ab Ansere & Porco nomine: uel, ein Meerganß, quod est Anser marinus: nã & Galli quidam sic uocant. Phocæna simpliciter ein Meerschweyn, uel ein klein Meerschweyn, id est Porcus marinus minor. Orca uerò, maior: ein groß Meerschweyn. ¶ In Frisia orientali Phocænam uocant ein Brunfisch: quod nomen eadem ratione, qua Meerschweyn, Delphino etiam & Orcę accommodari poterit.

ANGLI Phocænam præcipuè, sed etiam Delphinũ, ut puto, Porpose (in Northumbria Porpeß) appellant, Gallico nomine (ut apparet) ex Porco & pisce composito, quanquam Gallis ipsis non usitato.

POLONI Morska swinia.

PHOCAENA (φώκαινα) Delphino similis est, nascens in Ponto. sed interest, quòd Phocæna minor est, dorso ampliore, colore cœruleo. plures genus Delphini esse aiunt, Aristoteles. Gaza pro Phocæna interpretatur Tursionem siue Tyrsionem, motus nimirum Plinij uerbis, qui Delphinis similem facit Tursionem, ut Aristoteles Phocænam. Delphinorum similitudinem habent qui uocantur Tursiones. distant & tristitia quidem aspectus: abest enim illa lasciuia: maximè tamen rostris, *(ego hîc distinguo: quod Iouius & Rondeletius non faciunt)* Canicularum maleficentiæ assimilati, Plinius. Idem Aristotelis uerba, ἔξω γὰρ φαλαίνης καὶ δελφῖνος οὐδὲν ὄθηρ ἐν τῷ Πόντῳ· καὶ ὁ δελφὶς μικρός: sic transtulit: In Pontum nulla intrat bestia, præter uitulos & paruos Delphinos. quo in loco pro φαλαίνης, φώκης eum legisse apparet. Ephesius φωκαίνης legit. ¶ De uocabulis Tursio, Torsio, Thurio, Thursio, θυρσίων, Tomus Thurianus: leges suprà in Gladio. ¶ φῶκος cetus est marinus, Delphini similis, Varinus. Phocænæ nomen fortè à Phoca factum fuerit, quòd similiter præpinguis sit, lardoq; abundet. *Tursio.*

O 4

Phocænæ nomina diuersis in linguis tribui possunt, quæcunque in Delphino recitauimus, minoris tantùm differentia adiecta: & similiter Orcæ, epitheto maioris expresso.

GALLICE Marsouin: id est, Maris sus, ob corporis crassitudinem (obesitatem:) Delphino is similis est, sed differt tristi corporis habitu gustuq́;: maximè uerò rostrum Canicularum rostris simile habet, ut in Galeis uidere est, Rōdeletius. Meduli & Baonenses, Delphinos minores, Marsupas uocāt: alios Marsuinos, quasi marinos sues. Duo genera: alteri rostrum porrectius: alterum minus, simum, Scaliger. Plura lege in Delphino.

GERM. Meerschweyn das kleiner/ ein Brunfisch in Frießland: Süch im Delffyn.

ANGLICE. Phocænam, quam Angli in Northumbria uocāt a Porpess, in Orientali Frisia, in qua ad integrum degi quadrienniū, quo tempore duas integras emi Phocænas, & emptas, certioris cognitionis causa, dissecui, scio uocari ein Brunfisch, Turnerus.

Phocæ icon qualem ab amico olim accepi. Aliam accuratiorem, à Rondeletio exhibitam, reperies in fine libri: & alteram quoq; Phocæ Oceani.

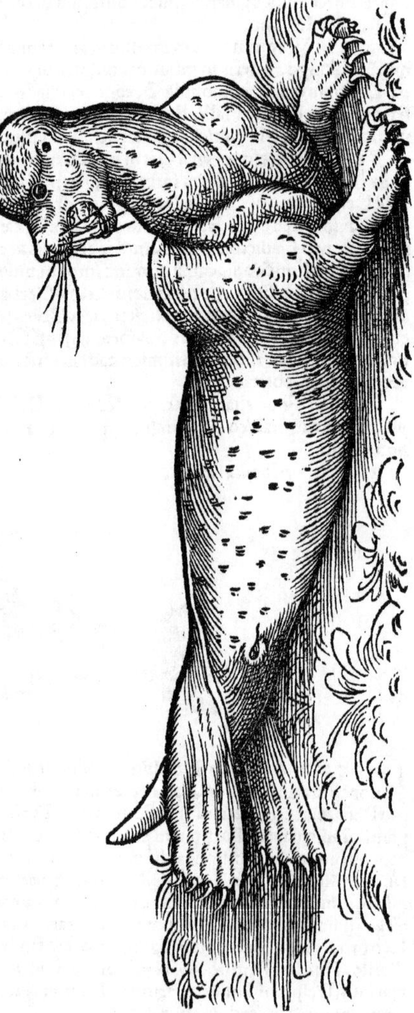

PHOCA (mediterranei maris.) φώκη à Græcis dicitur, ducto nomine ex βώκη, ob boatum siue mugitum quem edit. Phocam appellauit Vergilius. à Plinio, Gaza & alijs Vitulus marinus uocatur: *Vitulus mar.* cuius nominis rationem secutæ sunt gentes multæ, Rondeletius. Phoca cētus est, etiamsi ossa cartilaginosa & molliora cæteris cetis habeat. εἰναλίου κῆτος, Phocā significat (Homero) non quoduis cetaceum animal, Varinus. Plinius modò Vitulos marinos nominat: modò Vitulos simpliciter: cum de marinis sermonem esse ex argumento uel adiunctis constat. Ipsis in somno (Vuottonus legit sono) mugitus, unde nomē Vituli. Non uerò mugitu solùm, sed & maxilla superiore, & naribus, Vitulum terrestrem refert: &, si aures excipias, Vitulo terrestri ualdè similis est, ut Rondeletius obseruauit. Pierius Valerianus à specie tergoris, Boum instar uillosi, nomen inditum putat. ¶ Bocas genus piscis à boando, id est, uocem *Bocas.* emittendo appellatur, Festus. Hermolaus hunc esse suspicatur piscem, qui Box à Græcis appelletur, sed eum uocalem esse nemo tradidit. quare Phocam potiùs intellexerim hoc nomine, quæ boat mugitq́ue: etiamsi piscis ea non est, sed cetus. Box quidem Græcè dictus piscis, à Theodoro Voca conuertitur. ¶ Phocæ sunt marini boues, Seruius & Isidorus. Massilienses uulgò Boues marinos appellant, *Bos marin.* Gillius. Scriptor de nat. rerum alicubi etiam Vaccam marinam uocat. Alius est Bos marinus plani & cartilaginei generis. ¶ Albertus Phocam, etiam Lupum marinum nuncupat: & alibi Canem marinum, *Lupus mar. Canis mar.* quoniam Germani similiter appellant. Quanquam autem dentibus ac maxilla superiore Lupū refert, authore Rondeletio: & rapax uoraxq́; est Lupi terrestris more, (unde & Hispani Lupum marinum uocitant:) mihi tamen hoc nomen non placet, cùm ut retineamus uetera potiùs, tum ut homonymiam uitemus. nam & piscis quidam rapax, Lupus appellatur: & à Bellonio quadrupes quędā perfecta. Eisdem de causis, Canis etiam marini ac Bouis mar. nomina non probo: ne

cum

tum Canibus Galeis & Bobus diuersis consundantur. ¶ Barbarica sunt apud Albertum, Isidorum & similes scriptores, Koky, Helcus, Felchus, Kochi, pro Phoca. In Abinsceni libris translatis Cokium legebatur: Bellunensis restituit Chuchi, & alibi alchusi. Isidorus quidam Caab animal memorat, cui attribuit quædam Phocæ, quædam Elephanto propria.

Animal est amphibium, nam in mari degit, & aërem haurit spiratq;, & dormit in terra. egressusq; in eam parit in litore. diutius tamen in mari quàm in terra immoratur, cibumq; ex humore petit.

ITALI Vechio marino uocant, Rondeletius: id est, Vitulum mar. Alij, præsertim Genuenses, Buo uel Boue marino, hoc est, Bouem marinum.

HISPANI Lóbo marino, id est, Lupum marinum.

GALLI Veau de mer, hoc est Vitulum marinum. Masilienses Bouem marinum. aliqui Lupum marinum.

GERM. Quem uulgus Germanicum uernacula lingua nunc Lupum marinum, nunc Canē nominat, Phoca est, Sig. Gelenius in epistola ad me. Lupus marinus, Germanicè Meerwolff dicitur: Canis marinus, Meerhund, Flandri pronunciant Seehond. quo nomine de Phoca Germani etiam circa Suerinum utūtur. Canes Galeos uocant Hundfisch, id est, Canes pisces: Phocas uerò simpliciùs, Canes marinos. Pleriq; inferiores Germani non Seehund, quod nomen à mari & Cane probè compositum est: sed Selhund uel Sälhūd pronunciāt, nescio qua ratione, nisi quòd Angli hanc bestiā a Sele uel Seale nominant. sed l. litera fortè abundat: nā & Cochleā marinam Seelolecke appellant. E Phoca propriè esse puto lardum illud, quod Salspeck uocatur, non è Delphino, ut quidam rentur: nisi ex eo quoq; impropriè sic uocetur. Frisij Phocam ein Rub indigetant. Audio & Seekalf nomen, quod Vitulum marinum significat, alicubi in usu esse: nos Meerkalb diceremus. Süch wyter in der nachgenden figur.

ANGLI nominant A Sele uel Seale, ut dictum est: uel a Sea caulfe.

POLONI Morskieciele, id est, Vitulum marinum.

SCYTHAE. Ex Scythis circa finem Asiæ Septentrionalis duci Moscouiæ subiectis, propiores Oceano sunt Iuhri & Coreli: qui capiūt Balęnas seu Vitulos & Canes marinos, quos ipsi Vorsuol appellant, Matthias à Michou.

PHOCA alia Oceani. Hoc animal etsi paulùm diuerso sit corporis habitu à superiore, nihilominus tamen Vitulus est marinus qui nascitur in Oceano, corpore crassiore est, magisq; in se collecto, &c. Rondeletius.

ITALICVM, HISPAN. GALL. & aliarum gentium nomina prædicta sunt in Phoca mediterranei maris. distinctiùs quidem nominaturi, illam simpliciter Phocam, uel potiùs cum adiectione mediterranei maris Phocam: hanc uerò Oceani nominabunt.

GERMAN. Ein Seehund/Selhund/Sel/oder Rub im hohen meer (Oceano:) dann die obgesetzt figur ist von einem Sel/wie er im kleinen meer (mediterraneo) gefunden wirt.

PHOCAE Oceani cognata uidetur bellua, quæ à Moschis appellatur Mors, à quibusdam Rosmarus. Vide infra inter Cete ex Olai Magni Tabula.

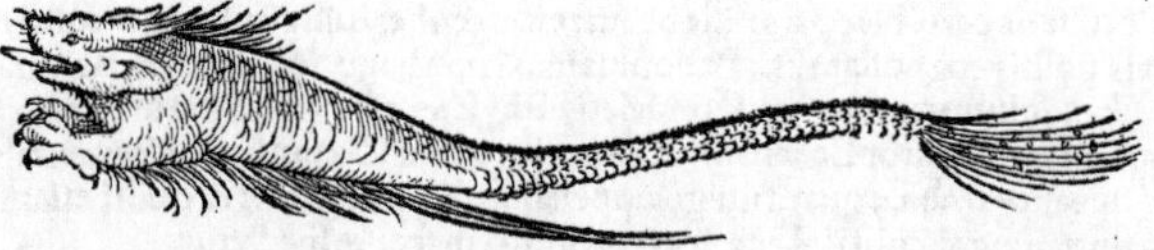

BRETHMECHIN (Arabico uocabulo, ut conijcio) nominari aiunt belluam, cuius iconem hîc posui, à nobili & doctissimo uiro Theodoro Beza mihi communicatam: addebat ille, nimirum ut à mercatoribus acceperat, inuentam esse in Iaua insula, nostro tempore, anno Domini 1551. Aprilis die 14. longam circiter decem cubitos fuisse inter caput & caudam: altam cubitos duos cum dimidio: animal esse amphibium, ad uiuum depictum. Pictura magna ex parte rubri coloris est, quibusdam in locis cœrulea, &c. Cauda instar equinæ diffunditur: diluti coloris cœrulei est, punctis distincta rubris. Vngues leonini ferè aut pantherini uidentur: ut cauda quoque pantheræ caudam referre.

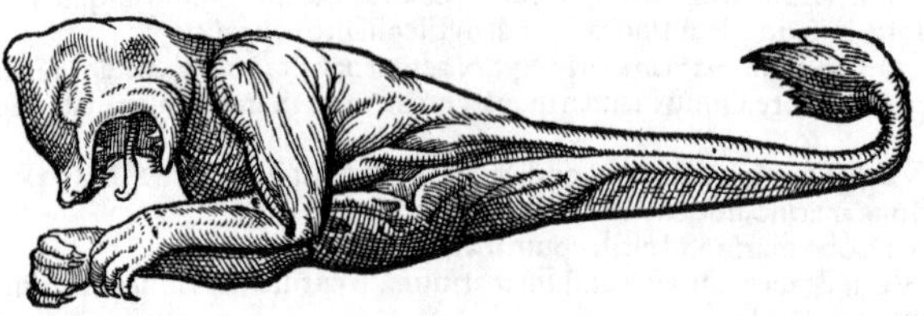

SERPENTIS Indici nomine, monſtri huius eiconem Hier. Cardanus olim ad nos miſit, Mediolani in macerie quadam reperti. nec aliud addidit. Sed cauda uidetur animalis aquatici eſſe: caput πιθηκοειδὲς, id eſt, Simijs cognatum aliquid prę ſe fert: ut & digiti pedum, quos binos tantùm oſtendit, manuum inſtar oblongi. Vix equidem auſus hoc animal proferre fuiſſem, niſi à tanto uiro accepiſſem.

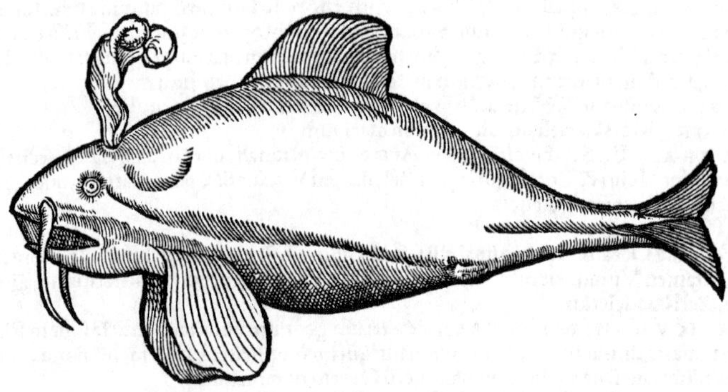

BALAENA uera Rondeletio. Græcis Phalæna, φάλαινα.

GALLI Santones beluarum piſcatores hanc beluam uocant Gibbar, à gibbero dorſo, id eſt, in tumorem eleuato, in quo eſt pinna. ea Balænis uulgò dictis minor non eſt, ſed minùs ſpiſſa, minusq́ obeſa. longiore eſt & acutiore roſtro, ob id fiſtulam habet, Rondeletius. quem miror de barbis illis à maxilla ſuperiore pendentibus, ut poſita ab eo figura oſtendit, nullam facere mentionem: Bellonium uerò etiam magis miror, in deſcriptione quidē earū meminiſſe, in icone uerò præterire. Peculiaris certè hæc pars huic belluæ eſt, nec alteri ulli cōmunis, quantū ex deſcriptionibus & figuris poſitis cognoſcimus. Bellonius tamā non hanc, ſed aliā uerā Balænā facit, quę uulgò ITALIS Capidolium uocatur, ea Rondeletio Phyſeter eſt ex Balænarum genere. Ego (inquit Gillius) Capitoleum arbitror Balænam ex eo potiùs quàm Orcam (*contra Iouium*) eſſe, quòd Græci etiam nunc uocant φαλαίνην, quam uulgò appellamus Capitoleum: & quòd etiam in Capitoleo, & non in ea quæ nunc alicubi Balæna uocatur, fiſtula in fronte ſpectetur. *Capitoleus.*

GERM. Ein Wallfiſch inſunderheit alſo von den alten genannt/ ꝛc. mag vonn vns ein Hogerwal genannt werden / von wägen ſeines hohen vnnd hogerachten ruckens: oder ein Bartwal/ dieweyl wir kein anderen gebarteten Wallfiſch erkennend. Etlich nennend diſen fiſch ein Braunfiſch/ welcher nam auch den Meerſchweynen (Delphino & Phocænæ) zůgeben wirt. Sic Galli etiam Marſouin nomen Gallicum (ſed originis Germanicę, Meerſchwyn) commune faciūt Phocænæ, Delphino & Orcæ. Ego ſimilem ferè à Rondeletio exhibitæ pro Balæna uera figuræ olim ab amico accepi, ad Oceanum Balthicum depictam, ubi capta eſt talis bellua, anno Salutis 1545. ad locum quem uocant Gripſwald, longa ſupra 24. pedes. Verùm ea dentes oſtendit inuicem contiguos & latos tanquam hominis: caudam magnam, reliquo etiā corpore latiorem. corpus pelle nigra undique tectum, niſi quòd maculæ duæ magnæ candidæ utrinque ſupra medium oculi incipiunt, & retrò tendunt, &c. Nomina adſcripta erant hæc: Germanicum, Braunfiſch: Gallicum & Hiſpanicum Tinet: Anglicum, Hoꝛe. ¶ Porrò cum nullum alium cetum dorſo ſimiliter gibbero & eleuato pictum deſcriptúmue nouerim, eundem hunc eſſe puto, qui à Balthici Oceani accolis Springwal ab agilitate uocatur: quem Olaus Magnus Orcam (perperam, ut puto) interpretatur. huic enim altum & latum ſupra dorſum mucronē eminere ſcribit:

scribit: atque ita depingit. (**Springwal** inquit, Noruegi uocant, quam alij Balænam, alij Orcam existimant.) Pleræque tamen ab eo positæ cetorum figuræ, non uerè nec ad uiuum factæ uidentur.

Balæna cum fuscina, qua confixa capitur, &c.

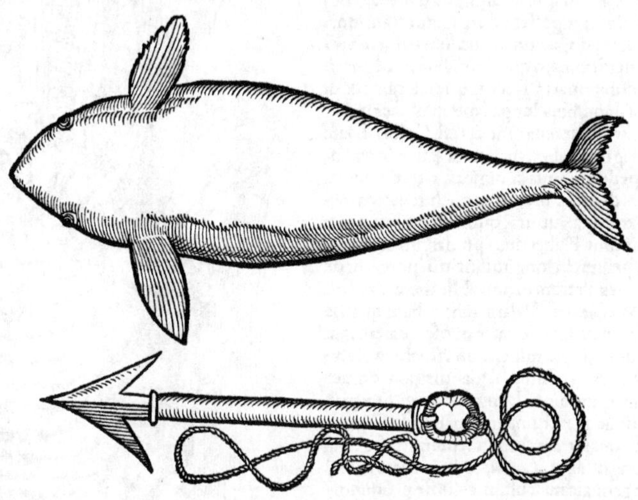

BALAENA uulgò dicta, sed cum fistula careat hæc belua (ut Rondeletius scribit) non Balæna uera, sed Mysticetus Aristotelis, aut Musculus Plinij uidetur. Plinius tamen Musculũ belluam & piscem Balænarum ducem, confundere uidetur. ¶ Fistula animantibus quibusdam aquaticis, non solùm ad reijciendam aquam, sed ad respirandum data est. cuius uice hæc bellua rimas seu foramina habet, quòd rostro sit non oblongo, sed obtusiore quàm cæteræ belluæ, Rondeletius. At qui cetum Britannicum descripsit, (cuius mox iconem subijciemus, non alium ab hoc Rondeletij ceto, quantum uideo. descriptiones enim conueniunt, cum aliás, tum quod ad laminas in ore corneas, dentes nullos, &c. etsi icones ipsæ plurimùm dissideant,) tribuit ei foramina duo magna in capite: per quæ, inquit, putatur belluam plurimam aquam ueluti per fistulas eiectasse. ¶ Orca cum in nullis scriptis, quod iam mihi ueniat in mentem, tradatur habere fistulam in fronte, mihi tam diu apud nonnullos regiones Italiæ peruulgata Balæna uidebitur, quoad totam rem meliùs inquisiero, Gillius. *Mysticetus. Musculus.*

ITAL. Balena, Valena.

HISPAN. Vallena.

GALL. Balene.

GERMAN. **Ein Wal/Wallfisch oder Waller/insunderheit zů vnseren zeyten genannt: wiewol man sunst alle grosse meerfisch/die iren aaten durch die lungen ziehend/Wallfisch nennet.**

BALAENAE uulgò dictæ icon alia, longè quidem diuersa, quàm Rondeletius dedit: animalis uerò eiusdem, ut facilè descriptionem utriusque conferenti patebit. Item ex eo quòd Rondeletius reprehendit illum (Gillium) qui oculos bubulis non maiores ei tribuit: quod de hoc ipso ceto Gillius scripsit.

Effigies ceti huius (quem Britannicum cognominare licet, quòd in Oceano Britannico nostra memoria inuentus sit) publicata est in charta typis excusa, Londini primùm in Anglia, deinde in Italia: inde nos desumpsimus, cum corporis eiusdem ac partium descriptione huiusmodi:

Apographum ex literis ad Polydorum Vergilium, ex urbe Tynemutho in partibus Angliæ Borealibus.

Proiecit in arenas apud Tynemuthum mare hoc nostrum mense Augusto (anno Domini 1532.) mortuam beluam, molis & magnitudinis ingentissimæ: quæ iam magna ex parte discerpta est: remanet adhuc tamen quantum centum fermè ingentia plaustra auehere uix poterunt. Aiunt qui primùm beluam uiderunt, & uti poterant diligenter perscripserunt, longitudinis illam fuisse

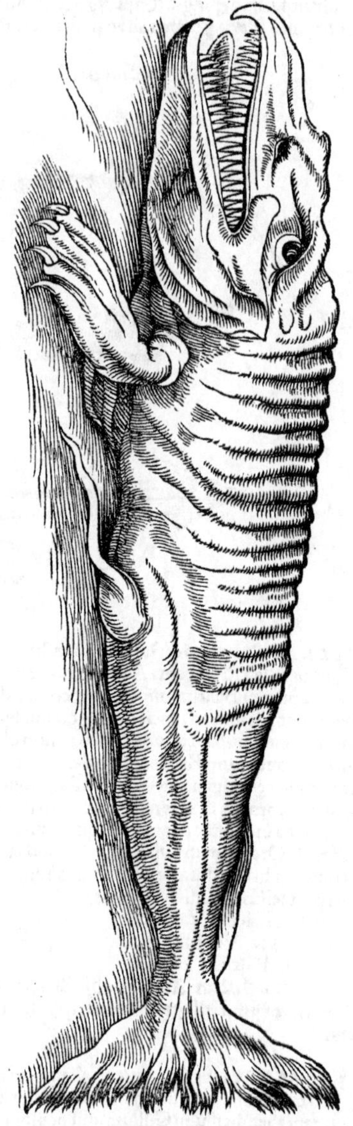

triginta ulnarum, hoc est, pedum nonaginta. A uentre ad spinam dorsi, quæ arenis profundè immersa iacet, spaciũ esse circiter octo aut nouem ulnarum: certum non habetur. nam 27. die Augusti ipse ibi affui, fœtente iam belua, ut uix ferri posset odor. Coniectant dorsum ipsius ad spacium trium ulnarum in arena immersum. nam quotidie alluitur & operitur fluctibus maris. Rictus oris sex ulnæ & dimidia. Mandibula longa septem ulnas cum dimidia, sicut quercus grandis est. Costas in lateribus triginta habet, magna ex parte longitudinis pedum unius & uiginti, circuitu unius pedis & dimidij. Tres uẽtres ueluti uastos specus: & triginta guttura, quorum quinque prægrandia sunt. Habet duas pinnas, utrãq; quindecim pedum in longitudine. uix poterant decem boues alteram earum abstrahere, *(trahendo è corpore auellere.)* Palato adhærebant quasi laminæ corneæ, una ex parte pilosę, qualem iam unam uides, supra mille: (non est fabula Polydore, sed res uerissima,) quanuis non omnes unius magnitudinis. Longitudo capitis à principio usque ad rictum, septem ulnę. De lingua uariatur. maior pars censet septem fuisse ulnarum longitudine, *(uiginti pedes latam, Gillius.)* Aiunt genitale masculum ei fuisse prodigiosę magnitudinis. Spacium inter oculos sex ulnę. Oculi & nares tanto corpori ualde impares, quales bobus esse solent, *(bubulis non maiores, Gillius.)* Cauda bifurcata & serrata, latitudine septem ulnarum. In capite duo magna foramina erant: per quæ putatur beluam, plurimam aquam ueluti per fistulas eiectasse. Nulli illi fuẽre dentes. unde colligitur non fuisse Balænam. nam Balænis aiunt maximos esse dentes, exceptis laminis aliquot corneis, quæ in ore huius piscis erant. Hucusque author epistolæ ad Polydorum Vergilium: ex qua etiam Gillius uidetur mutuatus in Aelianum suum transtulisse: sed quædam parum bene. Nares huic beluæ, non rectè forsan pictor addidit: cum foramina (ut dictum est) in capite habeat: quæ narium loco cetaceo generi data esse, testis est Aristoteles. ¶ Laminæ illæ corneæ, quibus os dentium loco exasperatur, quandã serræ speciem præ se ferunt: ut ab ea fortè Pristis appellari posit. nam & ingens & oblongo corpore belua Pristis est. alia quidẽ à Rondeletio exhibetur, & Plinius Oceano Indico Pristes attribuit.

Pristis.

GERM. Ein andere contrafactur des Walfischs/der in Welschen landen gmeinlich Balena genennt wirt/auß Engelland.

ORCA Rondeletij. Nomen (inquit) ei positum est à uasis olearij siue uinarij similitudine, quod tereti *(rotundo)* est & informi specie. Talis & huius beluæ est figura. nam toto corpore est ualde crasso ac rotundo, extremis nõ ualde prominentibus & tenuioribus. Rostro, fistula, pinnis & cauda Delphino similis: corpore uigesies *(quater aut quinquies, Bellonius in libro Gallico)* crassiore, potissimùm circa uentrem. Dentes habet ualde latos, in acutum desinentes, serratos. his Balænam persequitur, quam quum mordet, ueluti mugitum Tauri à Canibus comprehensi cogit edere. Quam ob causam nautæ qui piscatus causa in nouum Orbem nauigant, Barbaros rogant, uel (si liceat) imperant, ne Orcas lædant aut uenentur: quoniam Orcarum opera Balænas, Phocas, aliasq;

Oryx.

aliasq́ beluas capiunt. Orcæ enim truculentis dentibus alias beluas impetentes, maris gurgites cogunt relinquere, & ad litora confugere, quas illic sagittis telisq́ alijs interficiunt. Orcarum aduersus Balænas pugnam eleganter describit Plinius. Ab huius belluæ similitudine, puto prægrãdes Oceani naues, Ourchez uocari. Hæc ille. Orca à Strabone Græcè ὄρυξ dicta uidetur. In mari extero (inquit) cete & plura & maiora fiunt: circa Turditaniam uerò imprimis, ubi fluxus atq; refluxus augentur: (quæ causa nimirum & multitudinis & magnitudinis est, propter exercitationẽ), ut Oryges, Balænæ & Physeteres. Porrò Orcynus Græcorum aliud animal est, non propriè cetus, sed Thunnorum piscium generis. ¶ Gillius & Bellonius Capitoleum uulgo dictam beluam, Balænam potiùs quàm Orcam (contra Iouij sententiam) esse arbitrantur: Rondeletius uerò eandem nec Orcam, neq; Balænam, sed Physeterem. Capitoleus.

Hyrcha Græcis, præsertim Aeolibus, similiter ut Latinis Orca, uinarium & salsamentarium uas significat: à cuius similitudine Græcè etiam ὕρχην hanc belluam uocare licebit. Suidas id genus uasis duas ansas (δύο ὦτα) habere scribit. Orcæ teretes sunt atque uniformi specie, unde & uasa dicta, Festus. De Orca ingenti in portu Ostiensi uisa & oppugnata à Claudio principe, apud Plinium leges. Tanta uerò cum sit in mediterraneo hæc bellua, multò maior in Oceano fuerit, quod uel Strabonis testimonio credẽdum est. Quamobrem Rondeletij potiùs Orcam, quàm Bellonij pro uera ueterum Orca admiserim, utpote multò maiorem. Etsi enim scribat Bellonius Orcam reliqua cetacea, quæ in Oceano Gallico appareant, præter Balænam, facilè excedere: non maiorem tamen se uidisse refert, quàm pedes octodecim (uel paulò plus) longam, crassam per medium decem & ampliùs: quæ mille libras pondo excesserit. Hæc (inquit) Delphino ac Tursioni ita similis est, ut non solùm Marsuini nomen sibi uulgò uendicet: sed etiam pro eo publicè exponatur. Cute quasi corio integitur, admodum glabra ac politissima, ad dorsum liuente, ad uentrem albicante. Rostro est simo, sursum repando, &c. Interiora omnia (dempto liene) Delphino & Tursioni similia habet. Hyrcha.

Vidi etiam (inquit idem Bellonius) numos Claudij Cæsaris, in quibus exprimitur Neptunus cum tridente insidens pisci Delphino simili: mihi tamẽ Orcam potiùs uoluisse repræsentare Claudius uidetur. is enim (teste Plinio) in portu Ostiæ Orcam expugnauit. *Talis numi effigiem suprà in Delphino posuimus.*

HISPANICE puto Tinet uocari, tanquam à tine, id est, solij forma. alij tamen Balænam ita interpretantur.

GALL. Santones Espaulars uocant, ab humerorum seu potiùs scapularum latitudine & crassitudine, Rondeletius. Bellonij Orca ad Oceanum Gallicum, similiter ut Delphinus & Phocæna, Marsuin uulgò uocatur: priuatim uerò à peritioribus Oudre, quod est, Vter, à crassa nimirum & informi utris specie.

GERMANICE Orcam Rondeletij interpretor, **ein Vaßzwal/ein Zuberwal.** Bellonij uerò Orcam, quanquam similiter ferè utris aut uasis urinarij forma appareat, à similitudine quam cum Delphino & Phocæna habet, ijsdem nominibus appellabimus, expressa maioris differentia, **ein groß Meerschweyn/ein grosser Braunfisch/ein Walschweyn.** Vel ab utre facto nomine, **ein Vterwal/ein Schlauchwal.** Olaus Magnus Orcam usitato Germanis Noruegis nomine **Springwal** interpretatur: id nomen sonat salientem cetum, à uelocitate: eamq́ pingit alto quodam & lato supra dorsum eminente mucrone seu gibbero: unde hanc Balænam ueram Rondeletij esse conijcias, quam Gallicè Gibbar nominat, à gibbero & in tumorem eleuato dorso: qui piscis si agilis & uelox est, & Balænas persequitur, ut tradit Olaus, Balæna ipse non fuerit. Springwal.

P

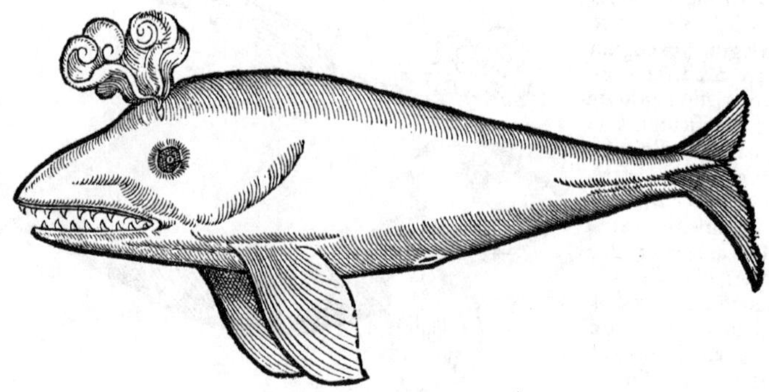

Pistris aut Physeter, horribile genus cetorum, & ingens, ex capite multum aquæ in naues efflat, & aliquando submergit, Olaus Magnus in Tabulæ suæ explicatione: absurdissimè autem hunc cetum capite equino depinxit, &c.

Flator. PHYSETER (φυσητὴρ) Græco nomine uocatur, quasi Flator, hæc belua: quòd nimbosam quandam alluuiem aquarum efflando sua fistula emittat, adeò ut plerunque etiam alueos nauigãtium deprimat. Esse autem quẽ hîc proponimus uerum Physeterem, maximè indicat fistula, multò amplior quàm in cæteris, quam notam, & totius beluæ figurã, ex ijs qui beluas ucnantur, didici, Rondeletius. *Physalus.* Dicitur alio nomine etiam Physalus, φύσαλος, Aeliano & Oppiano. Sed alius est Rubri maris Physalus, pisciculus informis, non maior Gobio, &c. (eodemq́ nomine Rondeletius Erucam marinam quandam nominat:) quem qui gustauerit, uentre intumescit, & ipse etiam cum primùm extra aquam est, inflatur. Physeter Aristoteli non animal, sed fistulam significat: qua aquam reijciunt Cete & Mollia: alio nomine μυκτὴρ. ¶ Maximum animal in Indico mari Pristis & Balæna est: in Gallico Oceano Physeter, ingentis columnæ modo se attollens, altiorq́ nauium uelis diluuiem quandam eructans, Plinius. *Prestis.* Videtur & Prestis, eadem uel prorsus cognata Physeteri bellua. Vide mox in Viuella uel Serra.

Capitoleus. ITALICE. Capidolio, Rondeletius. Itali uulgò Capodoglio proferunt: aliqui Capitoleum scribũt. Is piscis Iouio Orca est, Gillio Balæna potiùs quàm Orca. Vide superiùs in Balæna uera.

HISPANICE Marsópa uocari quidam nobis retulit: ego id nomen Phocænæ deberi existimo: quam à Santonibus Marsupam uulgò nominari Cæsar Scaliger author est.

GALLICE. A nostris peis Mular, à Santonibus Sedenette, Rondeletius. ¶ Physeterem existimo esse, quem uulgò uocant Calderonem: quòd hunc ex omnibus beluis maximam diluuiem aquarum eructare dicunt. hunc quidam arbitrantur esse quem Massilienses uocant Mulassum, nondum à me uisum, Gillius. Bellonio Cetus, qui Calderonus uulgò dicatur, Pristes est.

GERMAN. F. Ein Sprützwal/ein Wetterwal.

ANGLI quidam eruditi Physeterem interpretantur a Whyrlepole, (alij scribunt Whirlepoole/alij Horlepole/) quòd lacũ (id est, mare & undas) uertat, excitatis uorticibus, uel quòd undas capite emittat & eiaculetur. Non ita pridem tres huius generis in Thamesi fluuio Angliæ captos esse, Ioan. Caius indicauit. ego Physeterem multò maiorem esse puto, quàm qui fluuios intrare possit, nisi prima ætate forsan. Physeterem nostri uocant a Whorpoul: qui licet portentosę magnitudinis, ad Balænæ tamẽ magnitudinẽ nunquam accedit. Huius generis quatuor aliquando uidi, quorum singuli tantum aquæ è fistulis capitum eiaculabantur, ut singulas naues aquarum copia in profundum submergere sufficerent, Guilielmus Turnerus.

Rostrum

Rostrum uel os à capite prominens, satis commodè exprimi uidetur: reliquum uerò corpus ad coniecturam à Rondeletio effictum.

Eiusdem animalis rostrum siue serra, seorsim.

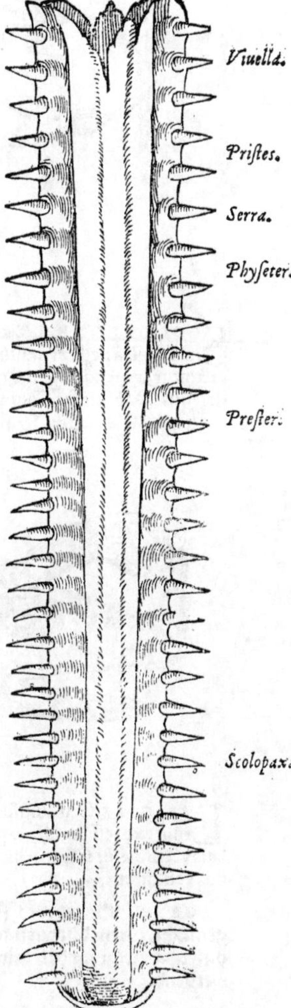

INDI Cetaceum quendam piscem norunt (inquit Rondeletius) quem Viuellam nonnulli appellant, insuaui carne, cibo inutilẽ, mirabili forma, maximè ob rostrum: quod ualde longum est, osseum, utrinque aculeatum. eius aculei ualidi sunt, & Delphinorum dentibus similes, sed longiores. Os, cui infixi sunt, latum, tenue, cute aspera, cinerea. Hanc antiquorum Pristen esse opinor, πρίστιν: (quo uocabulo Plinius etiam & Gaza usi sunt:) ἀπὸ τοῦ πρίειν, id est, à secando nominatum, ac si Latinè Sectorem aut Serram diceres, à rostro simili serræ utrinq; secanti: ut forsan idem sit, quem Plinius uno loco Serram uocauit. Hæc ille. Mihi Prestis eadem uel prorsus cognata Physeteri bellua, tum à nomine, tum ab ipsorum animalium natura petitis uerisimilibus argumentis uidetur. Scribitur à Græcis uariè, πρίστις, πρίσις, & πρῆστις. apud Latinos Pristes, Pristis, uel Pistris & Pistrix. Græcè πρῆστις (flectendum ut Paris, sed fœmin. genere) optimè uocabitur, à uerbo πρήθειν uel πρῆσαι: quod non solùm urere, sed etiam flare & spirare, sicut φυσᾶν, significat. quamobrem & fulminis genus physiologi Græci πρηστῆρας nuncupant. quod semper & præcedere, & comitari & sequi uentum Olympiodorus docet. quidā pro turbine & uento uehementiore hoc nomen usurpant. Dicit Nearchus, ὀφθῆναι ὕδωρ ἄνω φυσώμενον ἐκ τῆς θαλάσσης, οἷά περ ἐκ πρηστήρων βίᾳ ἀναφερόμενον, Arrianus de cetis loquens, &c. ¶ Plinium Serræ nomine aliud animal quàm Pristin Prestidém ue accepisse coniecto. Libro 9. enim cap. 2. de rerum uarietate loquens: Rerum quidem (inquit) non solùm animalium simulacra (in mari) esse, licet intelligere intuentibus gladium, uuam, serras. Mox autem sequenti capite: Plurima & maxima in Indico mari animalia, è quibus balęnæ quaternûm iugerū, Pristes ducenûm cubitorum. ¶ Video Rondeletium exhibuisse cetum rostro serra insigni, quem Pristin interpretatur. sed Pristin tale habere uel rostrum, uel partem aliam serræ similem, nullus authorum scripsit. De Serra etiam Plinij neque an cetus sit constat, (Pristin quidem Aristoteles cetum esse testatur:) neque an uel corpore toto, uel parte duntaxat aliqua serram referat. Scolopax Rondeletij radium caudā uersus planè serratum habet: eumq; ego potiùs Serram appellârim, quàm eiusdem Pristim, &c. Rondeletius rostrum in bellua quam pingit serræ figura esse scribit. Gillius uerò os ensiforme, in modum serræ dentatum, à fronte prominere. Lusitanus quidam uisa apud me icone, pesce Serra mihi appellabat: addebatq; spinam dorsi esse: quod non crediderim. alius Balænæ linguam nominabat. In Medera insula Noui Orbis aquaticæ serræ sunt, quibus in assamenta secantur ligna, Aloysius Cadamustus. Scio Aelianum, Oppianum & Suidam Physalum (id est Physeterem) & Prestin ceu diuersos pisces, simul inter cete

P 2

nominari. ego interim, ut suprà dixi, si animal non idem est, maximè tamen cognatum esse putare pergo. & fortè Physeter in Gallico Oceano, non alius quàm in Indico Prestis fuerit. Ad hæc è Balænarum genere Physetêras esse Rondeletius assentitur: quibus si Prestis etiam, ut mihi uidetur, affinis est, non erit cetus uel piscis ille, quem rostro oblongo serratoq; longè dissimilem Balænis pro Prestide pingit. ¶ Quoties Aratus κῆτ⊕ habet, à Cicerone semper uertitur Pistrix, Perionius. ¶ Bellonius Serræ quam exhibemus (ossis dico) substantiam per medium ferè cartilagineam esse scribit, & flexilem: unde nimirum piscem etiam ipsum cartilagineum esse conijcit, sed cetaceum, & Serræ nomine antiquis uocatum.

GERMAN. Ein frömbder Walfisch oder sunst grosser fisch auß India: sol ein schnabel haben/oder ein bein/von der stirnen hinauß/gleych einer sagen/ mit zänen an beeden seyten. F. Ein Sagfisch.

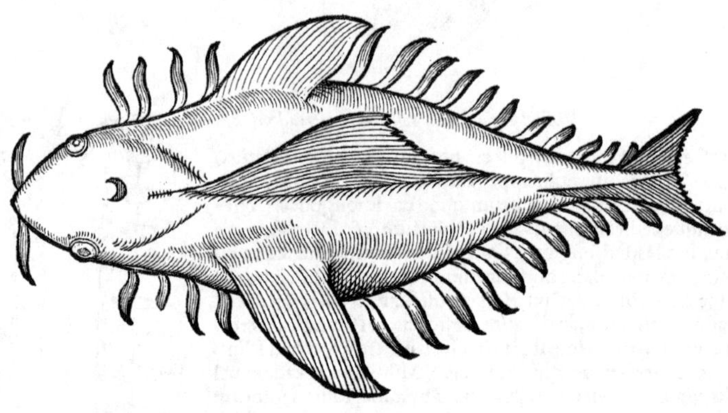

SCOLOPENDRA (Σκολόπενδρα) cetacea (nam & insectum marinum eodem nomine est) nomen tulit à pedum multitudine. nam Scolopendras terrestres, Centipedes appellant. qui pedes dicuntur, appendices sunt, quibus tanquam remis corpus impellit. Meminit eius Aelianus, Rondeletius. Vide infrà Cetum barbatum, inter Cete ex Olai Magni tabula.

GERM. F. Ein Walnassel. nam & terrestre insectum uocant ein Nassel.

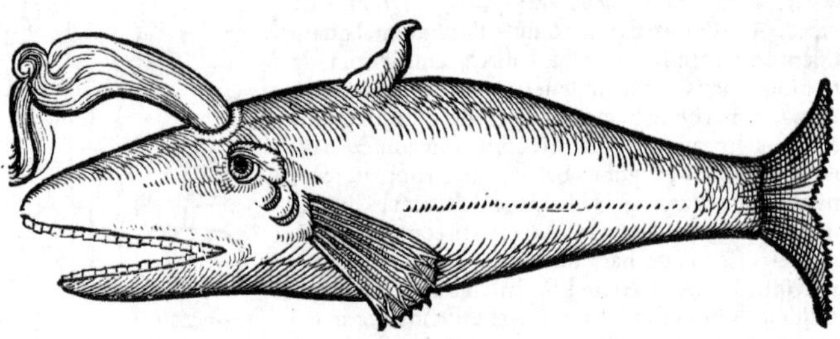

EFFIGIES Ceti cuiusdam ex Oceano Germanico, quam ab amico accepi, ad sceleton nimirum expressam, idq; capitis duntaxat, ut conijcio: reliquo corpore pro coniectura appicto, nō satis accuratè, ut suspicor: præsertim cum scissuræ post oculos tanquam branchiæ appareant, quibus ceti carent.

GERM. Ein art der Walfischen auß dem Teütschen meer. Der kopff/ acht ich/ seye wol gemacht/einem dürren nach: der übrig leyb beduncket mich nit vast recht/ insunders auß dem daß er anzeigung der oxwangen hat / welche doch in den rechten Walfischen nit gefunden werdend.

MACVLO

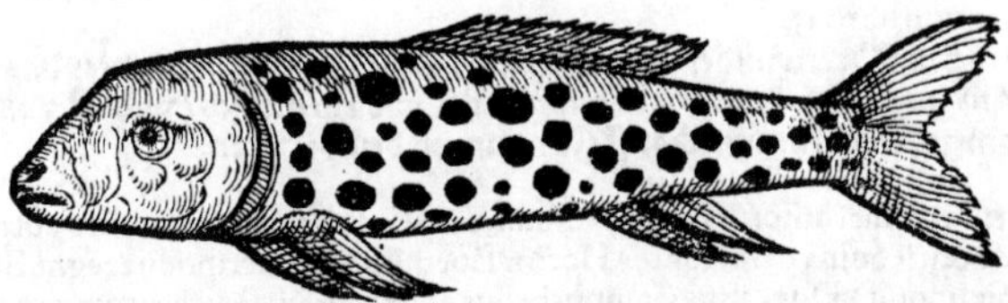

MACVLO, Anglicus cetus. Anno à nato Christo M. D. LV. autumnali tempore, Lynni (quod oppidum est Norfolciæ in Anglia portuosum) piscis hic maculosus rudi figura depictus (ut charta typis impressa per Angliam publicatus est) in siccum à piscatoribus deductus fuit, longus amplius pedes LX. carne pingui, clara & candicante, gustus suauitate ceruinam referente. Nomen nostrates nesciuere piscatores: nos Maculonem uocitemus, Io. Caius Anglus in epistola ad me. Branchiæ quidem, si rectè additæ sunt, piscem, non propriè cetũ esse ostendunt, quemadmodum & pinnarum figura situsq́: & caudæ species. Propriè uerò dictum piscem ad tantam longitudinem peruenire miraculum est.

GERM. Ein wunderbarer fisch/im jar M. D. LV. in Engelland gefangen bey der statt Lynne/zů Herpstzeyt/lenger dann LX. schůch/den Engellåndischen fischeren vnbekannt. mag ein Flåckfisch genennt werden.

SEQVVNTVR MONSTRA QVAEDAM CETACEA, Belluarum terrestrium aut hominis aliqua specie.

MONSTRVM Leoninum. Monstrum est id quod hîc exhibemus, (inquit Rondeletius,) & pefectum animal, partibus nullis ad natandum aptis præditum. Quamobrem cum dubitarem extitisset'ne reuera aliquando monstrum istud marinum, Gisbertus (*Horstius*) Germanus, (qui Romæ medicinam facit, uir proculdubio in rerum cognitione pręcellens & minimè uanus) omni asseueratione affirmauit, certò se scire, non diu ante obitum Pontificis Pauli III. Centucellis captum in medio mari fuisse. Quare ex illius fide, quale fuerit hoc monstrum describere non dubitaui. Id (ut referebat) magnitudine & figura Leonis erat: quatuor pedes habebat, non mutilatos nec imperfectos ut Vitulus marinus, non membranis mediis iunctos, ueluti Fiber & Anas, sed perfectos, in ungues & digitos diuisos: caudam longam, tenuem, in pilos desinentem: aures ualde patentes, squamas in toto corpore. Non diu uixit proprio naturaliq́ loco & alimento destitutum. Hæc quanuis bona fide mihi narrauit Gisbertus medicus, tamen existimo pro pictoris arbitrio quædam detracta, quædam addita fuisse: ut pedes longiores factos, quàm aquatilibus bestiis esse soleant, uel omissam membranam digitos coniungentem, aures patentiores contra aquatiliũ naturam: squamas præter ueritatem additas pro cute aspera & rugosa, quali cute pedes & alæ Testudinum marinarum conteguntur. neq; enim squamas habẽt quę pulmonibus spirant, & ossibus sustinentur. Hucusq; Rondeletius. Ad Castrum oppidum in mari Tyrrheno captus piscis est, Leonis forma, anno Domini M. CC. LXXXIIII. (*aliâs anno 1274. aliâs 1295. mense Februario, Seb. Francus. ego Martinum IIII. pontificem ad quem allatus est, electum inuenio anno 1281. & quinto deinde anno successisse ei Honorium V.*) is clamorẽ hominis ululatui similem edidit, & cum admiratione in urbem mis-

P 3

ſus eſt, ſpectaculi cauſa, ad Martinum IIII. Pontificem: Author innominatus, & Philippus Foreſtus Chronicorum libro 13.

GERM. Ein Meerwunder einem Löwen gleych/gefangen im meer das vnden an Italiam ſtoßt/im jar M.CC.LXXXIIII. hat gebület wie ein menſch/ vnd iſt von wunders wägen gen Rom gebracht für den Bapſt Martinum den vierdten.

LEONINI monſtri hiſtoriæ ſubijcere libuit, eã quæ de ſimili ferè monſtro (utpote alcæa, hoc eſt, cauda ceu leonina uerberante) Hector Boëthius in Deſcriptione regni Scotiæ tradidit. Retulit nobis (inquit) Duncanus Campusbellus eques auratus, ex lacu quodam Argadiæ, *(quæ quidem regio lacus plures habet, dulcis an marinæ aquæ, neſcio)* cui Garloil nomen eſt, prodijſſe ſub aurorã ſolſtitij æſtiui anno partus uirginei M.D.X. animal quoddam uenatici Canis magnitudine, pedibus anſerinis, robora ingentia nullo negocio caudæ ictu proſternens: ac ſtatim pernici curſu uenatores impetens, tres tribus ictibus deieciſſe, reliquis in arbores euadentibus: nec diu cunctatum, protinus ſeſe in lacum recepiſſe. Magno *(Magnum)* malum regno portendere id monſtrum dum apparet, uolunt. nam & aliâs, ſed raro, uiſum eſt.

MONSTRVM hoc marinum noſtra ætate in Nortuegia captum eſt, mari procelloſo, ia quotquot u derunt, ſtatim Monachi nomẽ impoſuerunt. ¶ Apparent interdum in æſtu Forthiæ, malo omine, ingentiq́ hominum metu portenta quædam facie humana, cucullos ad modum monachorum, ut apparet, induta, ac umbilico tenus aqua extantia, Baſſinatis *(fortè* Waſſermane, *uel* Waſſermünch, *ut Germanus diceret)* uernacula lingua, Hector Boëthius in Deſcriptione regni Scotiæ.

GERM. Ein Meerwunder einem München geleych/ gefundenn zů vnſeren zeyten in Nortwegen.

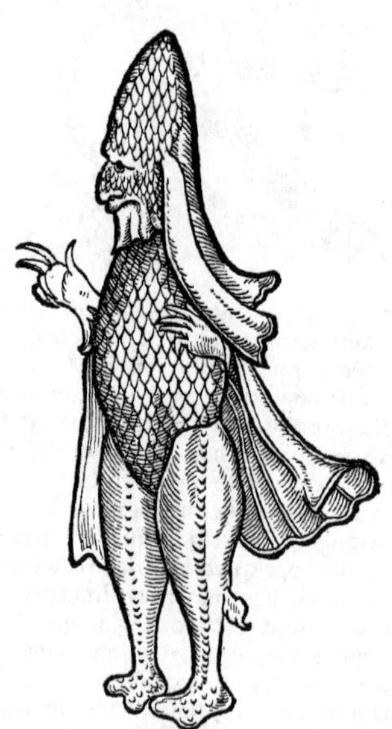

MONSTRVM aliud marinum, anno Domini 1531. in Polonia uiſum, Epiſcopi habitu.

GERMAN. Ein ander Meerwunder in Poland gefunden/im jar nach Chriſti geburt 1531.

MON-

MONSTRVM marinum ex tabula quadam excusa in Germania olim. Visum hoc aiunt esse Romæ in Ripa maiore, tertio die Nouembris, anni Salutis M. D. XXIII. magnitudine pueri quinquennis, ea omnino specie qualis hic exprimitur.

GERMAN. Ein Meerwurder zů Rom gesähen / im jar M. D. XXIII.

MONSTRVM marinum quod hic pingimus, sicubi extat, Pan uel Satyrus marinus, aut Ichthyocentaurus, aut Dæmon marinus appelletur. Iconem à pictore quodam olim accepi: qui talis monstri sceleton Antuerpiæ depictum se accepisse aiebat. Alius etiam retulit simile monstrum aridum è Noruegia in Germaniam inferiorem aduectum, marem & fœminam. Fidem ei facere possunt similium monstrorum effigies, proximè à nobis exhibitæ. Hoc quoniam humana specie supra lumbos & cornutum est, Pâna marinum, aut Satyrum marinum, quoniam simum quoque est, appellabimus. Pâna piscem quendam cetaceum uocari, in eóque asteritem lapidem inueniri, qui à Sole accendatur, & utilis sit ad philtra, Aesopus Mithridatis anagnosta tradit, Suidas in ἰχθῦς. In mari circa Taprobanen insulam cete quędam Satyrorum speciem similitudinémque præ se ferre tradunt, Aelianus. Eugenio quarto Pontifice apud urbem Sibinicum in Illyrico captus est marinus homo, qui ad mare puerum trahebat. Is à currentibus, qui rem aspexerant, lapidibus fustibúsque uulneratus, in siccum retractus est. Huius effigies penè humana, nisi quòd cutis Anguillæ similis erat, & in capite duo parua habebat cornua. Manus quoque duorum tantùm digitorum formam exprimebant. Pedes autem in duas ueluti caudas finiebantur: à quibus ad brachia alæ, ut in Vespertilione, extendebantur, Baptista Fulgosus. Plura leges in Historia Aquatilium nostra in Tritone.

Pan uel Satyrus mar. Ichthyocentaurus. Dæmon mar.

GERMAN. F. Ein Meerteüfel.

P 4

SEQVVNTVR CETE QVAEDAM EX OLAI MAGNI SEptentrionalis Oceani Europæi in Tabula Descriptione.

ICONVM quas subijciemus fides penes Olaum authorem esto. nos enim eas omnes ex Tabula ipsius depingendas curauimus. Apparet autem eum, ex narratione nautarum, nō ad uiuum, pleraque depinxisse. Vix probârim capita quorundam nimis ad terrestrium similitudinem efficta: ut neque pedes unguibus armatos, & fistulas binas (Rondeletius quidem Balænæ fistulam unicam tribuit) adeò prominentes, cum Balænarum, tum Pristis seu Physeteris, &c.

Harum belluarum nomina quædam consingemus, à similitudine terrestrium, ut Apri, Hyænæ, Monocerotis, Rhinocerotis, &c. Extare quidem in immensitate illa Oceani quàm plurimas diuersas & inusitatis formis belluas, quis dubitet? Et, si non temere est, quod uulgo dicitur: nomina etiam illa accolis Oceani Germanis & Gothis cognita, testari hoc possunt: qualia sunt, Wangwal/Andwal/Schwynwal/Rauēwal/Wittewal/Schiltwal/Hanetkeit/Nonwarsrack/Trolwal/Springwal/Gerwal/Blotewal/Hill/Herill/Karckwal/Rußwal/Nachtwal/Nordwal/Wintinger/Fischskeeke/Schellewyncke/Roze/Rostinger/Schlichtback/ꝛc.

Volgend etliche Figuren auß der Tafel der beschreybung mittnächtischer landen des Olai Magni: wie wol vnd recht aber die selben conterfeetet syend/lassend wir den Olaum verantwoꝛten.

Balæna erecta grandem nauem submergens. Videntur & alia quædam Cete ex eâdem Tabula Balænis adnumeranda, quæ ipse simpliciter Cete nominat, cum præter magnitudinem Balænis præcipuè conuenientem, nullam in se corporis partem raram aut monstrosam habeant: ut sunt quæ sequuntur aliqua.

Cetus ingens, quem incolæ Faræ insulæ ichthyophagi, tempestatibus appulsum, unco comprehensum ferreo, securibus dissecant, & partiuntur inter se.

Nautæ

Nautæ in dorsa Cetorum, quæ insulas putant, anchoras figentes, sæpe periclitantur. Hos cetos **Troluual** *sua lingua appellant, Germanicè* **Teüfelwal.**

Similis est & illorum icon apud eundem, capite, rostro, dentibus, fistulis: quos montium instar grandes esse scribit, & naues euertere, nisi sono tubarum aut missis in mare rotundis & uacuis uasis absterreantur. Idem in Balthico mari circa Balænam fieri aiunt.

ZIPHIUS (Ziphio simile, in libello Germanico) monstrum marinum horribile, Phocam nigram deglutiens. Monstrum etiam aliud innominatum terribile Ziphio ad latus insidiatur, ut Olai pictura repræsentat. Ziphij quidem nomen recentius est, non multò ante Alberti sæcu culum, ab Authore libri de nat. rerum usurpatum: id an à Physetere corruptum atq; transpositum sit, quærendum. Aries quidem ueterum & ingens est bellua, & similiter Phocas appetit. ¶ Ex Testudine mar. finxerunt monstrum, à quo Vitulus mar. deuoretur, Rondeletius.

GERMAN. Zyffwal dici poterit; uel Sauffwal, à deglutiendo, quòd etiam magna animalia, ut Phocas, deuoret.

ROSMARI uulgò à quibusdam dicti figura ab Olao Magno exhibita. Rosmarus (inquit) est bellua marina, ad magnitudinem Elephantis. Litorum montes scandit, & gramine pascitur. Somni gratia dentibus se à rupe suspendit, & adeò profundè dormit, ut piscatores laqueis & funibus uinctum comprehendant. Sic ille.

Eiusdem ceti pictura Argentinæ etiam in Curia spectatur, sed in ea caput tantùm ad sceleton ueri capitis factum audio, reliquum corpus ex coniectura aut narratione adiectum. Possunt in sceletis, præsertim maiorum piscium pinnæ, ad aliquam pedum unguiumq; speciem, arte formari. Dentes quidem in Olai icone sursum tendentes, minùs placent, quàm qui in capite Argentinæ picto, (cum Romam ad Pontificem Leonem tale caput è Scandinauia mitteretur, ut audio,) deorsum è superiore mandibula uergunt, sicut in Elephantis, siue dentes siue cornua potiùs. sic enim commodiùs à scopulis & rupibus se suspendent. Author qui Chorographicam Moschouiæ tabulam nostra memoria addidit, Mors hanc belluam nominat: & similiter dentes exertos binos à superiore mandibula descendẽtes ei appingit. Dentibus (inquit) suspensa, gressum per altas rupes promouet in uerticem usque, unde citiùs se demittit per subiectos campos grassatura. Libet etiam uersus Germanicos, qui in Curia Argentinæ leguntur super huius monstri effigie hîc adscribere.

Icon hæc Argentinæ in Curia uisitur, in panno expressa.

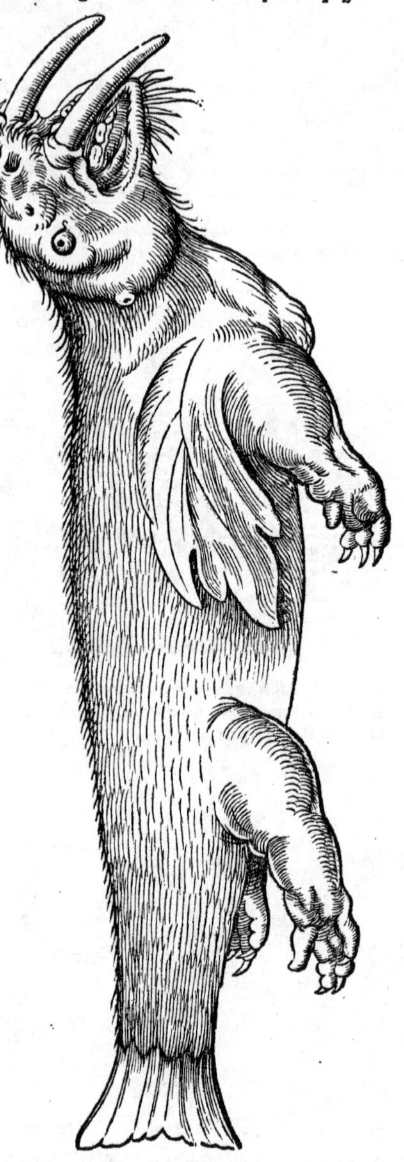

Rußor in Norweg nẽnt mã mich/
Cetus dentatus bin doch ich.
Mein weyb† Balena ist genannt/
Im Orientischen meer bekannt:
Macht vngewitter groß im meer/
Schreckt Alexandrũ vnd seyn heer.
Dem kalten meer streych ich nach/
Zũ streyt vnd fechten ist mir gach.
Mã findt vil tausent meinr genossẽ/
Die so läg zän hand auß ď maßen:
Sie sind v. vij. viij. elen lang/
Vnd so dick wie ein zilig stang.
Da ist ein fechten vnd ein reyssen/
Mit den walfischẽ wir vns beyssen.
Vnd all fisch die wir kummen an/
Die mögen vor vns nit bestan.
Doch hand mich etlich so getriben/
Sunder müßt weychen an den staden/
Daß ich im meer nit bin beliben:
Da nam ich mein tödtlichen schaden.

† Indocto alicui Cet⁹ masculus est, Balæna fœmina: cum Cetus totius generis nomen sit, Balæna speciei in utroque sexu.

Zwentzig

Zwentzig acht schůch man mich außmaß/
Solt ich mein zeyt auß söllen läben/
Von Nidrosia der Bischoff hat
Bapst Leo meinen kopff geschickt
Zů Straßburg hat man den auch gsähen/
Vnd neunzehen jar vmb Wienacht zeyt/
Wiewol ein klein Rußor ich was.
Ich hett nichts vmb all walfisch gäben.
Mich stechen lassen an dem gstad:
Gen Rom/da mich manch mensch anblickt.
Tausent fünffhundert ists beschähen/
Mein starck gbissz hat mich gholfen nit.

A Germanis ad Oceanum, Noruegis & alijs, belluam hanc Rostinger appellari audio: ab alijs Rusor: à quo fortè Rosmari uocabulum aliqui fecerunt: quanquam & Scythicum Morsz, literis transpositis accedit. ¶ Ceti quidam habent rictum oris dentatum prægrãdibus & longis dentibus, ita ut plerunq; inueniantur cubitales: aliquãdo duorum aut trium aut quatuor cubitorum. Inter cæteros longius prominent duo canini: & sunt subtus sicut cornua, instar dentium Elephantis & Apri, qui culmi uocantur, Albertus Magnus. Et rursus: Ceti hirsuti & alij longissimos habent culmos, & illis ad saxa in rupibus se suspendunt dormituri. ¶ Quòd si idem Elephas ueterum non est, rectè tamen, & magnitudinis ratione, quam parem Elephanto Olaus ei attribuit: & dentium siue cornuum quæ similia exerit, ac similiter, & ad eosdem usus, Elephantum hunc cetum appellabimus. ¶ Circa ostia Petzoræ fluuij (inquit Sigismundus Liber Baro in Commentarijs rerum Moscouiticarum) uaria magnaq; in Oceano dicuntur esse animalia. Inter alia autem animal quoddam magnitudine Bouis, quod accolæ Mors appellant. Breues huic, instar Castorũ, sunt pedes: pectore pro reliqui corporis proportione aliquanto altiore, latioreq;, dentibus superioribus duobus in longum prominentibus. Hoc animal sobolis ac quietis causa cum sui generis animalibus, Oceano relicto, gregatim montes petit: ubi antequam somno, quo natura profundiore opprimitur, se dederit, uigilem, gruum instar, ex suo numero constituit. qui si obdormiscat, aut fortè à uenatore occidatur, reliqua tum facilè capi possunt. sin mugitu, ut solet, signum dederit, mox reliquus grex excitatus, posterioribus pedibus dentibus admotis, summa celeritate, tanquã uehiculo, per montem delapsi, in Oceanum se præcipitant: ubi in supernatantibus glacierum frustis pro tempore etiam quiescere solent. Ea animalia uenatores, solos propter dentes insectantur: ex quibus Mosci, Tartari, & imprimis Turci, gladiorum & pugionum manubria affabre faciunt. Hæc ille. Coniecerit autem aliquis ex hac descriptione nonnihil huic ceto cum Hippopotamo cõmune esse: nempe uitã ambiguã, magnitudinẽ Bouis, pedes quaternos, eosq; breues, dentes eminẽtes: quæ omnia etiã, prçter dentes, cũ Phoca ei cõueniunt, & insuper mugitus, & uita in mari, nõ in aqua dulci: & pectoris altitudo: (est enĩ Phocæ Oceani elatũ pectus, ut Rondeletius pingit, species à Phoca maris mediterranei diuersa, & multò nimirũ maior:) & q; in glaciei frustis aliquantisper immoret. Considerandũ sanè diligenter est, ne quis cũ Phoca aut cognato ei animali quadrupede, cetũ quempiã longè diuersum, ingẽtem & depedẽ (qualis Rusor uel Rostinger uulgò dictus uidet) cõfundat. ¶ Est in Orchadibus (inquit Hector Boëthius in descriptione Scotiæ) ingens quidam, mole sua uel maximum equum excedens cetus, portentosa quadam somniculositate. Is in cotem aliquam aqua extantem exiliens, dentibus (quos maximos robustissimosq; habet) partem aliquam cotis extantem atq; asperam comprehendit, ac mox in grauissimum soluitur soporem. Tum nautæ, si qui fortè præteruecti pendentem eminus cernunt, appellentes, anchorã iaciunt, ualentissimo ad eum rudente religato, ac scapha ad beluam adnauigant, circa caudam eius cutem atq; carnem aliquantùm excauantes, quò firmiùs adligatus rudens mox salientem retinet. quo facto strepitum clamoremq; continuò nautæ omnes extollunt, lapidibus in eum plurimis coniectis. Tandem uix somno excitus, ut consueuit, mare saltu repetit. sed cum se impeditũ ac cõprehensum percipit, totis uiribus ac ingẽti impetu uincula rumpere nitit. Verùm quũ se frustra conari sentit, uictum fassus, ac uelut manus dans, cutem ob quam se peti nouit, exuit: ac mox & ipse quoque moribundus resupinat. Eum nautæ extractum pingui spoliãt, oleum inde conficientes. est enim ingenti quantitate. Cute ad retinacula utuntur: quippe cum fortissima sit, ac rumpi perdifficilis, nec longissimi attritu temporis deteratur.

Hippopotamus.

Phoca.

Effigiem monstri Porco similis sequens pagina exhibet.

HOC monstrum marinum Olaus Porco simile esse ait, & apparuisse in mari iuxta Thylen insulam, (quæ supra Orchadas Septentrionem uersus sita est,) anno Domini M. D. XXXVII. Ego Hyænam uoco, à similitudine siue Suis, siue Hyænæ, quadrupedum. Auriculas equidem animali marino appictas, non laudo. rostrum quoque nimis porcinum uidetur, &c. Ingens esse scribit, & dentibus truculentis excelsisq;. nos à dentium figura situque Aprum nominauimus: sed cetaceum, ut à pisce eiusdem nominis discernatur.

Quærendum an eadem sit Herill Germanicè dicta bellua: qualis anno Salutis M. D. XXII. postridie paschatis, eiecta ad litus in Selandia, reperta est inter Vuikkam & locum (uel oppidulum) qui à diuo Vuerpio denominatur, longitudinis pedum LXXII. altitudinis uerò pedũ XIIII. interstitio ab oculis ad rictum pedum VII. de quo conciso dolia, quæ ab Harengis denominãt nostri, centum & quadraginta auecta sunt. iecur etiam dolia quinque repleuit. Capitis figura tam quam Apri fuit, corium munitum ueluti conchis pectinum.

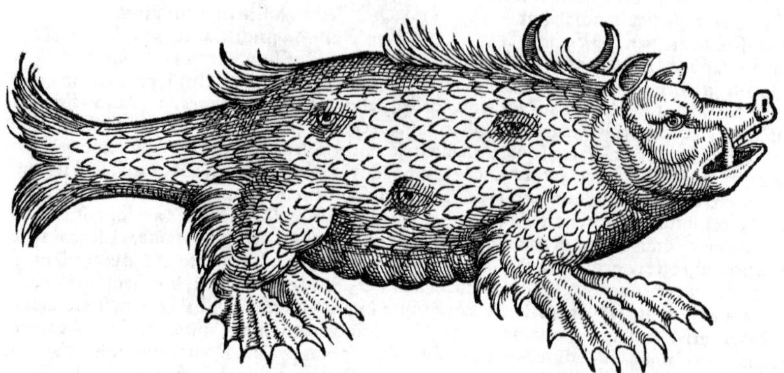

GERM. Wo diser Walfisch nit ein Herill ist/von den Teutschen in Seeland vnnd anderschwo genannt/so mag er genamset werden ein Wal_äber/oder ein Schweynwal. Der nam Schweynwal sol sunst gebraucht werden vonn einem Walfisch/der auff xxx. klaffter lang vnd nit zeessen ist.

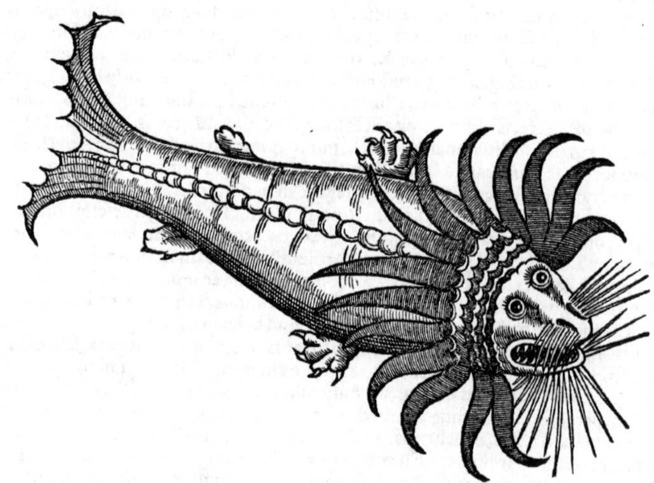

MONSTRVM hoc (inquit Olaus) maximum est, & cornibus, & uisu flammeo horrendum. Oculi circunferentia sedecim uel uiginti pedum mensuram continet. Caput (quadratum, Cardanus) in quatuor mucrones diuiditur. Barba prolixa est. Pars posterior parua existimatur. Nos Cetum barbatum appellauimus, &c. Quatuordecim cornibus radiatum caput apparet. cornua utrinq; ab oculo incipiunt, & per occipitium transeunt: nescio quàm recte. Albertus enim cetis nostrorum marium appendices quasdam esse scribit (circa oculos) ciliorum instar, corneas, octo ferè pedes longas, plus minùs, pro magnitudine beluæ, specie magnæ falcis fœnisecum, ducentas & quinquaginta super oculum unum, & totidem super alterum, ex lato in acutum desinentes, non rigidas, sed iacentes, & dispositas uersus tempora, ita ut ueluti os unum latum magni uanni instar efficiant, quo belua aduersus tempestates oculos muniens operiat. Oculi unius foueam homines quindecim, aliquando uiginti capere. ¶ De hoc Ceto sentit Rondeletius, ubi picturas Tabulæ Olai reprehendens, scribit, Scolopendram cetaceam monstrosam ab eo pictam esse, quadrato capite, promissa barba. Mihi hac ratione non recte à Rondeletio reprehendi uidetur, &c.

Scolopendra marina.

GERMAN. F. Ein Bartwal.

CETVM

CETVM Capillatum uel Crinitum hanc belluam nomino, cuius caput tantùm Olaus delineauit in Tabula.
GERM. F. Ein Haarwal.

Cetus iubatus Olai Magni.

Monoceros Olai Magni.

MONSTRVM hoc iubatum simul barbatumq́ in mari glaciali pingit Olaus, paulò infra Gruntlandiam, remotissimam ad Septentriones regionem: facie humana quodammodo. In explicatione quidem Tabulæ nusquam eius meminit: ut neque MONOCEROTIS illius, id est, Vnicornis: cuius caput in eadem Tabula exhibuit.

GERM. Zwey seltzame vnbekannte Meerwunder/söllend im Hochteutschen meer ettwan gesähen werden. Das mit dem horn auff dem kopff/so es natürlich also ist/sol billich ein Einhorn genennt werden.

MONSTRVM Rhinoceroti simile (inquit Olaus) naso & dorso acutis, deuorat Gambarum (*Astacum potiùs*) duodecim pedum.
GERMAN. F. Ein Naßwal/ein Spitzwal.

VACCAE marinæ (*aut potiùs Bouis marini cetacei*) caput, ut ipse nominat, in Oceano Septentrionali, pingente Olao, prominet huiusmodi. Plinius Cornutam inter belluas maris nominat, nec ullam eius descriptionem addit. Nos hâc Olai Vaccam sic nominare poterimus. neque enim cornutum alium piscem scriptores memorant, nisi Arietem.
GERM. F. Ein Meerochs/ein Meerkü.

HACTENVS ex Olai Magni Tabula animalium quidem in Oceano uerorum, & uiuentium: sed non satis ueras aut ad uiuum depictas, ut facilè suspicor, eicones aliquot exhibuimus. His fabulosa prorsus, Equi Neptunij effigies subiungatur, &c.

Q

EQVVS fabulosus Neptuni pro ueterum pictorum arbitrio depictus. Neptunū tridente insignem (inquit Bellonius) fingebāt ueteres à quibusdam ueluti Hippopotamis per aquas deduci præeuntibus Nereidibus. Horum autem Hippopotamorum ac Nereidum formam pro pictorum libidine in magnam spectantium admirationem sic commenti sunt, ut Hippocampi cuiusdam potiùs, quàm Hippopotami rationem habuisse uideantur.

GERM. **Ein erdichtet Meerrossz: auff welchem die alten Heidnischen maaler den Neptunum / als ein gott deß meers / zů maalen pflägtend.**

TESTVDINES AQVATICAS LIBVIT HOC LOCO POST Cete collocare, &c. Terrestrem inter Quadrupedes ouiparas ponimus: Lutariam post animalia fluuiatilia

TESTVDINVM genus omne unum in Ordinem referri facilè non potest. Nam quæ terrestris est, Aquatilibus adnumerari non debet. Et inter Aquatiles, quæ in dulcibus aquis degunt, non possunt cum marinis describi. Terrestris aquam non ingreditur: aquatiles omnes in terram exeunt, saltem propter partum, &c.

DE TESTVDINIBVS IN GENERE.

Testudinum differentiæ.

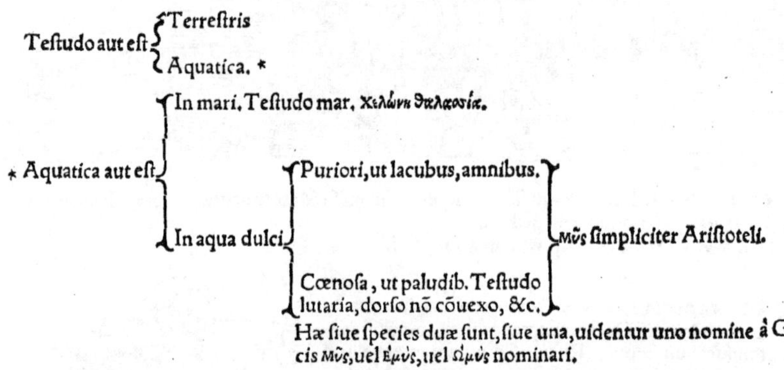

Testudo aut est { Terrestris / Aquatica. *

* Aquatica aut est { In mari. Testudo mar. χελώνη θαλασσία. / In aqua dulci { Puriori, ut lacubus, amnibus. / Cœnosa, ut paludib. Testudo lutaria, dorso nō cōuexo, &c. } Μῦς simpliciter Aristoteli.

Hæ siue species duæ sunt, siue una, uidentur uno nomine à Græcis Μῦς, uel Ἐμύς, uel Ἁμύς nominari.

TESTVDINIS uocabulum uidetur ampliùs patêre Latinis, quàm χελώνης Aristoteli. hic enim χελώνην terrestrem & marinam tantùm facit: alias, Μῦδας appellat, à recto Μῦς. Archigenes ἀμύδα (si rectè scribitur) interpretatur χελώνην λιμναίαν. apud Hesychium legitur, ἐμύς, ζῶον ἐν λίμνῃ καὶ ἐν πηγῇ γινόμενον: οἱ δὲ, χελώνην τὴν ἔχουσαν οὐράν. Murem marinum ex Latinis Plinius tantùm dixit semel aut iterum, ubi Aristoteles Μῦν uel Μῦδας nominat, de Testudinibus tamen in dulci aqua degentibus loquens. Μῦς Oppiani, non Testudinum generis, sed piscium esse uidetur. Rondeletio uidetur ἐμύς potiùs quàm μῦς legendum apud Aristotelem; uel utrunque legi posse. (Vide inferiùs

Mus mar.

ferius in Testudine mar.) ¶ Mixobarbari quidam scriptores Tortucam & Tartarucam pro Testudine dicunt. ¶ Dubitant nonnulli ad quod Aquatilium genus Testudines referri debeant. Cortice teguntur Plinio: & Aristoteli quoque: sicuti Lacertæ, Crocodili, & reliquæ quadrupedes quæ oua pariunt, & genus omne serpentum. Corticem hîc dicimus, quod simile uel ἀνάλογον squamæ sit, Græci φολίδα. Idem Plinius Testudines alicubi inter Testacea posuit. Et Aristoteles octauo historiæ: Exuunt (inquit) senectutem ea quibus cutis mollis, nec prædura & testacea quædam est, qualis Testudini (nam & Testudo inter cortice intecta enumeranda est, & Mus aquatilis:) sed qualis Stellioni, Lacerto, & præcipuè Serpentibus est. Sed quanquam Testudines à testa denominentur, & corticem eorum aliqui testam appellant, non tamen propriè dicta testata animalia sunt: quæ omnia sanguine carent, & testam figlinæ instar fragilem siliceám ue habent. Porrò genus animalium, quæ φολιδωτὰ Græci nominant, latiùs patet: cum & Serpentes qui pedibus carent, & Lacertos ac similes Quadrupedes contineat. Distinguendum hîc etiam corticis uocabulum: quod Latini quidam aliquando pro Testudinis tegumento accipiunt: Gaza alijq́ eruditi recentiores, φολίδας ab Aristotele dictas, quæ ueluti squamæ sunt, cortices uel corticem uocant. Ego proximum Testudinis genus aliud non inuenio, quàm ut sit Quadrupes ouipara: quo genere Testudinum species omnes comprehenduntur. Rondeletius inter Cete adnumerat Testudines: sed hoc marinis tantùm côuenerit: quæ, ut ipse inquit, mediæ sunt magnitudinis inter Cete. Aut potiùs, ut mihi uidetur, ne marinæ quidem cete appellari debent, si propriè loquamur, utcunque grandes. nam ad essentiæ ac generis rationem magnitudo non est adferenda. Quòd si cete rectè definiuntur animalia aquatilia (amphibiá ue) spirãtia & uiuipara: (nam cete omnia tum intra se, tum foras, animal generant Aristoteli:) Testudo autem omnis ouipara sit, cêtos eadem non erit. quanquam & Rana inter cartilaginea numeratur, sola ex eis ouipara: cum reliquis tamen commune hoc habet, quòd omnia ouum concipiant. Si quis tamen propter magnitudinem Testudines marinas, non quidem cete, sed cetaceas & κητώδεις appellare uelit, permittemus. Oppianus lib. 1. Halieuticorum cum cete enumerasset, subdit: Cæterùm quædam è mari in litus exeunt, ut Anguilla interdum & scutata Testudo. neque hæc cete esse uult, sed de amphibijs diuersorum generum agere incipit. Quòd si naturæ rationem in eis spectemus, quoniam cum Serpentibus quædam communia habent, (lege mox in Italicis nominibus,) & prætereà pedes, Lacertis potiùs quàm Cetis cognati fuerint. nam & Lacerti ferè Serpentes uidentur, pedibus additis: & similiter terreni aquatilesq́ Lacerti reperiuntur. Sed peculiaris est eis latitudo corporis, & testa à qua denominantur. ¶ Testudines omnes dentibus carent, &c.

Testudinum genus.

ITAL. Gallana uel Galana, corrupto nimirum Græco nomine Chelone. Taurini Serpentem cuppariam uocant à cuppa, alij Itali Serpentem (Biscam) scutellariam, à scutella. Serpentis quidem facies, sibilus, oua, cutis, (φολίδες) cum ijsdem in Testudine affinitatem habent. ¶ Inuenio & hæc Italica: Testuma, Testudine, Testugine, Tartuca, Cusuruma, Tartugella.

HISPAN. Calandra, Tortuga.

GALL. Tortue, Tortugue Monspelij.

POLONICE Zolw.

GERMAN. Ein Schiltkrott: quòd ueluti buffo quidam scutatus sit: ut Itali Serpentem scutellariam uocant. Tällerkrott / Gschertzenfider.

TESTVDINVM MARINARVM GENERA DVO.

TESTVDO marina prima, quam corticatam (inquit Rondeletius) uocamus, siue corticosam: quia cortice, id est, duro & crustoso ac aspero integumento operta sit. Ea terrestribus ac luta- 1.

Q 2

tijs similis est capite ac testa, sed maior: caput nunquam in testa condit, sed semper exertum habet: ac ceruicem tantùm pro arbitrio modò extendit, modò contrahit, &c. Capta est immanis in mari nostro, anno 1520. quæ bigis uix trahebatur, &c. Rondeletius. ¶ Χελώνη θαλαττία Græcis. et
Mus mar. quanquam μῦς Aristoteli semper Testudinem in dulci aqua significet, Plinius tamen Murem marinum dixit. Et Eustathius: ὁ θαλάττιος μῦς (inquit) à uulgò perperam ὁμύδιον (malim cum tenui ὀμύδιον) uocatur. Nos de uocabulis μῦς, ἐμύς, ἀμύς, multa protulimus in Commentario nostro De quadrupedibus ouiparis. Mus aquatilis Plinio, testudo lutaria est. Idem Murem marinum modò pro
Omys. eadem Testudine lutaria, modò pro marina uertit. Legitur & Omys (ὠμύς) apud Aristotelem De partibus 3. 9. Omis marina apud Kiranidem legitur. quidam (inquit) ὠμίδα uocant: eò quòd in humeris magnam uim habeat, nam ὦμος est humerus. Inuenitur & Omidium, diminutiué.

ITAL. HISPAN. GALL. Vide mox in secunda specie.

GERM. Ein Meerschiltkrott.

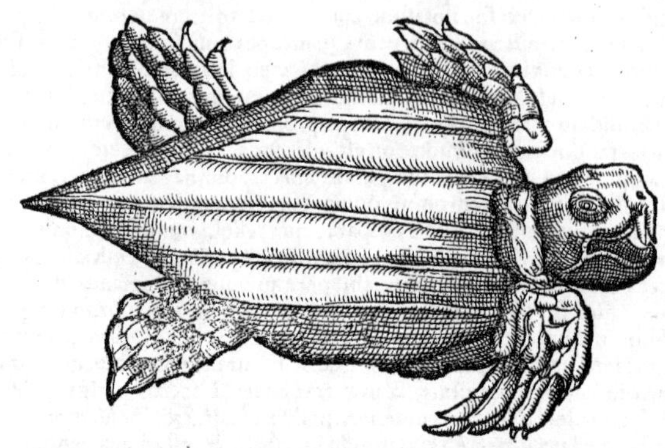

Testudinis (marinæ nimirum) hæc icon Venetijs effícta est: nulli illarum quas Rondeletius exhibet, similis. Dentibus quidem Testudines omnes carere Rondeletius docet: ut suspicer pictoris culpa non rectè dentes huic nostræ attributos. GERM. Ein andere figur einer Meerschiltkrott.

TESTV-

TESTVDO marina altera Rondeletij. Hanc (inquit) coriaceam appellamus, quòd integumentum habeat non tam cortici simile, quàm corio bubulo, duro nigroq́ue, & iam concinnato ad calceos, equorúmque frenos, & sellas, cæteraq́ue ornamenta conficienda. Eandem Mercurij Testudinem appello: quòd eam esse existimem, à cuius similitudine Mercurius musicum instrumentum à Gallis Luc uocatum excogitârit. Hæc fortè ab Aeliano Simia maris rubri appellatur. *11. Coriacea. Mercurij. Simia maris rubri.*

ITALICE, HISPANICE, GALLICE], ijsdem quibus Testudo simpliciter, nominibus appellatur: sed meliùs adijcietur differentia marinæ: sicut etiam primæ.

GERMANICE. Ein andere art der Meerschiltkrotten.

ORDO XIII. DE MOLLIBVS DICTIS IN MARI ANIMALIBVS: VT SVNT SEPIA, LOLIGO, POLYPI, LEPVS marinus, Vrticæ.

DE MOLLIBVS (ET ALIIS QVOQVE EXANGVIBVS) IN GENERE.

ANIMALIVM alia sanguine prædita sunt, ut omnia hucusque proposita Aquatilium genera. Alia exanguia, ut quæ deinceps sequuntur ex marinis Aquatilibus omnia. ea humore siue sanie quadam, qui sanguini proportione respondeat, nutriuntur. Sepiæ in mari, inquit Plinius, sanguinis uicem atramentum obtinet, Purpurarum generi infector ille succus. Sed sanguis, aut qui eius loco sit humor, corpore toto diffundi debet: non uno in loco seorsim esse, ut Sepiæ atramentum & succus ille preciosus in Purpuris. ¶ Exanguium plura sunt genera: primum, quæ Mollia appellamus: quæ foris carne molli obducta, solidum intus, modo sanguinei generis, continent. Secundum, quæ crustis tenuibus operiuntur: hoc est, quæ partem solidam foris, mollem carnosamq́ue intus continent. durum illud eorum tegmen non fragile, sed collisile est: quale Cancrorum genus & Locustarum est. Tertium, quæ silicea testa conclusa muniuntur: hoc est, quibus pars carnea intus: solida foris, fragilis, non collisilis: quale genus Concharum & Ostrearum est. Quartum, insecta omnia, quorum multa sunt genera. ea incisuras parte sui uel supina, uel prona, uel utraque habent: nec osseum quicquam discretum aut carneum, sed quiddam inter hæc ipsa continent: quippe quæ corpore pariter intus forisq́ue duro constent. Sed de alijs suo loco: nunc de Mollibus. *Exanguia. Mollia. Crustacea. Testacea. Insecta.*

Quæ nos Plinium secuti Mollia uocamus, Græci μαλάκια appellant. foris enim, ut diximus, carne (tactu) molli obducuntur, tota ferè carnosa, & tactui cedentia: sine squamis, sine omni asperitate duritiéue cutis, instar humanæ. Ab his toto genere differunt pisces μαλακόσαρκοι dicti, ut saxatiles, quorum mollis est caro: cum Mollium durissima sit, (tenax & difficilis concoctu.) Μαλακόδερμα, τά. Aristoteli De generatione animal. 1. 10. dicuntur oua Cartilagineorum & Viperarum, ubi Gaza non rectè uertit, Cute molli intecta, generant oua: & tanquam à nouo capite incepit, cùm præcedentibus cohæreant. ¶ Pisces propriè dicti omnes, sanguinei sunt, & branchias habent: Mollia uerò cùm utrisque careant, impropriè à Plinio inter pisces numerantur. ¶ Mollium (inquit Aristoteles) exteriores partes hæ sunt: primùm & anteriùs, pedes. deinceps his coniunctũ caput, postremò alueus siue sinus. Πόδας, pedes (qui ab eodem πλεκτάναι etiam, & à Plinio brachia dicunt) octonos, binis acetabulorum ordinibus instructos habent, excepto genere uno Polyporum. caput inter pedes & uentrem. in superiore capitis parte, oculos: in inferiore uerò, atque in medio ipsorum pedum, os. in quo ossicula duo nigra, incurua, & Psittaci auis rostrum ęmulantia, dentium uice extant. Inest etiam in ore caro quædam exigua, qua uice linguæ utuntur. lingua enim nullis hoc in genere data est. Habent & cerebrum, similiter ut sanguinea: cum reliqua exanguia eo careant. A capite sequens alueus uel sinus (τὸ κύτος) continet totum corpus & interiora. Hunc ambiunt pinnulæ. Postremò mollia fistulam ante alueum positam supra brachia (inferiore parte sub brachijs potiùs) gerunt, cauam: qua mare transmittunt, quantum suo admiserint alueo, quoties aliquid ore capiunt: eamq́ue modò in dextram partem transferunt, modò in sinistram. hac eâdem fistula suum quoq́ue atramentum fundere solent. Quod ad colorem, Mollia omnia subalbida sunt. Hæc ferè Saluianus de partibus Mollium externis obseruauit. De internis breuitatis causa nihil dicemus. ¶ Mare dum cibum capiunt, obiter ore admittunt, (non refrigerationis gratia, ut pisces suis branchijs:) idemq́ue mox per fistulam ut cete reddunt. Aristoteles Polypum per appellatam fistulam (physeterem,) fœtum ædere tradit: quod & Rondeletius comprobat. ¶ Polypus & Sepia non sine ueneno, sed exiguo mordent, Oppiano teste. ¶ Aristoteles Mollibus omnibus τὸν θολόν, id est atramentum, tribuit: quod in metu effundũt, ut eo infuscata aqua abscondantur: id Sepiæ & Loligini nigrum est, Polypo purpurascit. hoc pro sanguine mollibus esse non re- *Mollia.*

Q 3

ctè sensit Plinius. sanguinis enim loco humor seu uitalis succus is est, qui per totum corpus dispergitur. atramentum uerò excrementitius humor, continetur in quadam ueluti uesica, quam Græci μήκωνα, id est, papauer uocant. *Papauer.* Alia uerò in eis pars est μύτις, mutis: quæ non excrementum continet, ut quidam putarunt: sed hepati respondet, non (ut Aristoteles existimabat) cordi. *Mutis.*

GERMAN. Kuttelfische. Vide inferiùs in Germanicis nominibus Loliginis & Polypi.

SEPIA, Σηπία, nomen apud Græcos tulit, quòd atramento, ueluti putrida quadam sanie, quam Græci σηπεδόνα uocant, abundet. Græcum nomen Latini retinuerunt. *Sepium.* Sepium (Σήπιον) uocat Aristoteles, solidum quod intus est, nostri aurifabri Fischbein: Athenæus ὄστρακον ἐπὶ τοῦ νώτου, Columella Sepię testum. Atramentum in metu effundit: & sic infuscata aqua absconditur. *Sepidium.* Sepidium, Σηπίδιον, diminutiuum est.

GRAECI hodie, ut audio, Calamariam uocant: quod nomen Lolligini magis conuenit, tribuitúrque apud nonnullos.

ITAL. Vbique in Italia uetus nomen retinet, Matthiolus. Genuenses & alij quidam Sopi nominant: Veneti & Romani prisco nomine Sepiam, (Sepio, Saluianus.) Scoppa grammaticus Italus interpretatur la Seccia, Calamarro. Venetijs Seppa dicitur, alibi Scepa: uel Cepia, ut circa Ligusticum.

HISPAN. Xibia.

GALL. A nostris Sepio, à Gallis Seche (uel Secche) dicitur, Rondeletius. Seiches uocantur exiccatæ: recentes uerò nullius sunt precij in Oceano, Bellonius. Genuæ Sopi, ut & Massiliæ. Sunt qui Seiche uel Boufron interpretentur, Sepiolam uerò Casseron. sed posterius hoc nomen Loligini paruæ debetur.

ANGLIS Sepia est a Cuttel/Cuttle. quod nomen Germanicū est, & propriè intestinum significat.

GERMANI superiores aliqui uocant ein Meerspinn, id est, Araneum marinum: quod nomen ad Pagurum potiùs retulerim. Marium accolæ mollia omnia uidentur Blackfisch appellare. Vide mox in Loligine minore. Nostræ quidem dialecto nomen Kuttelfisch ab Anglis sumptum, magis congruit.

Sepiæ hæc icon est Venetijs facta. Rondeletius ei pedes octonos tribuit: nostra hæc plures habet, pictoris nimirum negligentia.

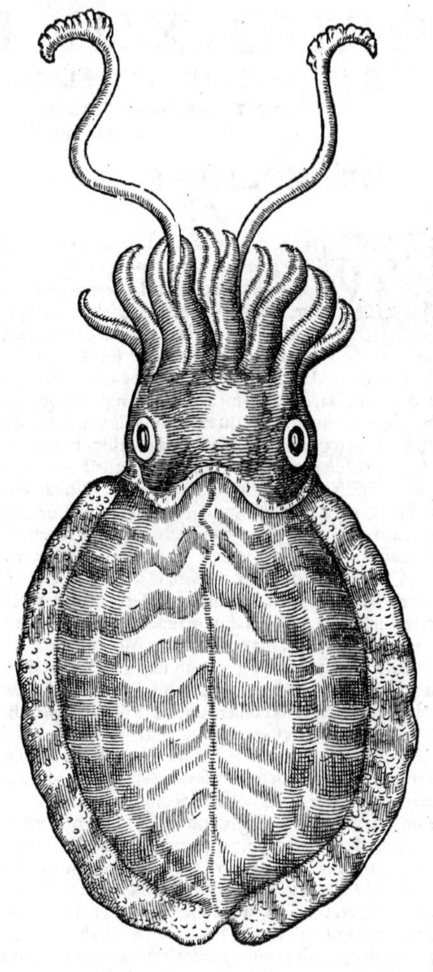

SEPIA.

SEPIARVM oua seorsim hîc (inquit Rondeletius) qualia à mari reijciuntur, depingenda curauimus: ut melius intelligantur quæ de his ab Aristotele literis prodita sunt.

GALL. Nostri Racemum marinum uocant, à similitudine racemi uuæ uitis, Rondeletius. Alia est Vua Plinij inter zoophyta.

GERM. Rogen oder eyer von Kuttelfischen. F. Ein Meertraub.

SEPIOLAM hanc nomino, inquit Rondeletius: cuius nullam, quod sciam, mentionem fecerunt ueteres. corporis quidem forma Sepijs similior est, quàm Loliginibus uel Polypis. Sepię nascenti similis est: pollicis crassi magnitudinem non superat. Sepiaria uulgò uocatur. colore est uario. Vêre maxima copia capitur cum reliquis piscibus: & quanuis suauissima, ob paruitatem negligitur. Ex Polyporum genere non est: & errant qui hunc Polypum paruum uariumque Aristotelis faciunt. ¶ Sepidium nomine diminutiuo Græco dixeris. Dorion Sapidia inter hepsetos, id est, pisciculos minutos elixari solitos, numerat.

GERMAN. Ein kleine art der Kuttelfischen/ wirt nit über ein dicken thumen groß.

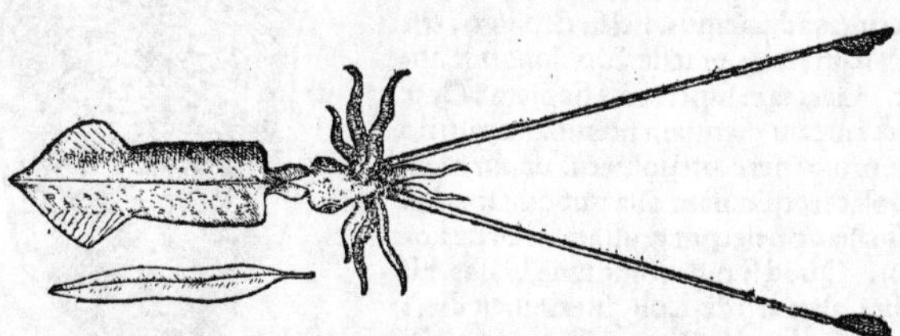

LOLIGO magna. τεῦθος, (penanflexum: reperitur & oxytonum, quod minùs placet,) Teuthus. Gaza Lolium uertit nouo uocabulo. Teuthis, τευθὶς, Loligo minor est. Plinius tum Teuthum, tum Teuthidem, Loliginem cōuertit. Non uerò magnitudine tantùm differunt: (nam etiam Teuthi quidam parui sunt, sui generis:) sed etiam figura. Pars enim Teuthorum quæ exit in acutum, latior est. præterea pinnulæ totam aluum (*totum alueum, Gaza*) ambiunt, quæ in Teuthide sunt minores, (*ἔλαττον Græcè, quod referendum uidetur potiùs ad τὸ ὀξὺ, quàm ad pinnas.*) Mollia quidem omnia τευθώδη uocantur apud Athenæum.

Loligo sic dicta est, quasi Voligo, quòd subuolat, Varro. sed hæc origo primam breuem requireret, quæ tamen produci solet, ab Horatio, Ouidio: & per l. duplex à Gaza alijsq; recentioribus ferè scribitur: doctiores plerique l. simplici scribunt. Vligines indocti quidam, ut Syluaticus, pro Loligines dicunt.

ITAL. Romanis ac Venetis (ut & Prouincialibus) Totena dicitur. alij Totano scribunt. Genuenses tamen & Masilienses Loliginem minorem, Totenam uocant. Rursus Italis (plerisque) Calamaro, Loligo minor est: Gallis autem Calamár, Loligo maior.

HISPANI Calamár, Lusitani Chocco uocitant.

GALL. Calamár nostri uocant, à thecæ scriptoriæ similitudine: siue quòd in ea reperiantur quę ad scribendum necessaria sunt, uidelicet atramentum & gladiolus, qui altera parte cultrum, altera calamum refert. Prouinciales Tothena corrupto nomine pro Teutho uocant. (*Vide paulò antè in Italicis nomenclaturis.*) Baionenses Cornet. Vide in Gallicis nominibus Loliginis minoris. Lollium Masilienses nuncupant, quasi Latinè, Gillius.

GERMAN. Sepias & Loligines Germani unò nomine uocant **Blackfisch**, ab humore atramento simili, quem habent loco sanguinis. eum enim humorem Germani **Black** appellant, Eberus & Peucerus. Anglis **blak** nigrum significat. Adamus Lonicerus Sepiam duntaxat **Blackfisch** appellari scribit. Quòd si generale nomen hoc ad Mollia faciamus, species sub eo contentas differentijs adiectis, Germanis nostris ita interpretabimur: Loligo maior, **ein grosser langer Blackfisch**. Loligo minor, **ein kleiner langer Blackfisch**. Sepia, **ein breiter Blackfisch. Dise drey habend all kurtze füß/ ein großlachten leyb/ könnend nit gon.** Polypus, **ein Blackfisch mit einem kleinen leyb/ vnnd langen füssen/ darauff er auch gon kan.** Sepiam quidem Angli uocant **Cuttel** uel **Cuttle**: quòd carnis mollitie & substantiâ, intestina quadrupedum referat. inde genus omne Mollium Germanicè rectè nominabimus **Cuttelfisch**, (uocabulo nostræ dialecto magis conueniente, quàm **Blackfisch**,) & differentias præscriptas adijciemus. uel sic, Lolligo, **ein Raankuttel**: nam **raan**, gracile & oblongum nobis significat. Germani superiores Sepiam **Meerspinn**, id est, Araneam marinam nominant. quo nomine si quis pro genere uti uoluerit, utatur. mihi quidem non placet: quoniam alia quoque marina quædam animalia, præsertim crustata, araneæ nomine ueniunt. Quòd si quis commune Gallis, Hispanis & Italis Calamarij de Loligine nomen Germanicum facere uoluerit, & expresso magnitudinis discrimine, duo eius genera distinguere, sic efferat licebit: **kleiner Schreybzeüg/ grosser Schreybzeüg.**

Loliginis maioris hanc quoq; formam, etsi minùs exquisitam quàm Rondeletij opinor, ut Venetijs olim mihi confecta est, addidi.

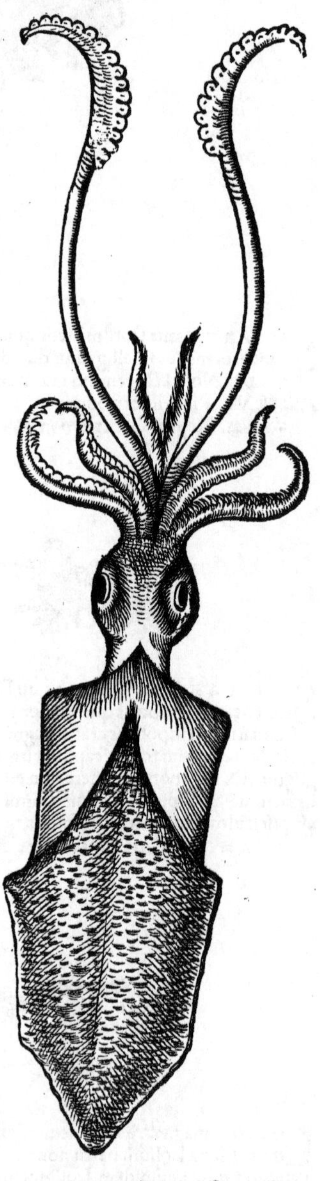

ANGLICE. **Sleue**, ut Ioannes Fauconerus me docuit. Posset etiam **Blakefisshe** (opinor) dici.

LOLIGO

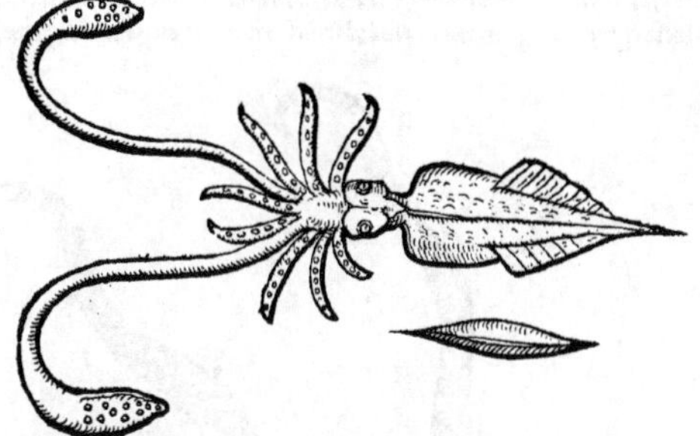

LOLIGO minor, τευθίς. Plura leges superiùs annotata in Loligine magna.

ITAL. Romanis, Venetis ac Neapolitanis Calamaro. Genuensibus & Massiliensibus Totena, Bellonius. Vide suprà in Loligine magna.

GALL. Massiliensibus (ut & Genuensibus) Totena. ijs uerò qui Baionam incolũt, Cornet uel Corniche, Bellonius. At Rondeletius Baionenses (inquit) Cornetz & Corniches uocant, magnã Loliginem à parua distinguentes. Gallis, præsertim Santonibus, Casseron dicitur. à nostris (*circa Monspelium*) Glaugio, corrupta uoce, opinor, ex Gladiolo. quanquam Monspelienses nostri Calamar & Glaugio sæpe confundant. alij magnitudine distinguunt.

GERMAN. Ein kleiner langer Blackfisch. Quære suprà in Loligine magna.

DE POLYPIS IN GENERE.

POLYPI uocabulum Latini non habent, sed acceperunt à Græcis, Varro. Græci à pedũ multitudine nominarunt: cirros enim octonos habet, quibus ut pedibus ac manibus utitur: quare & pedes & brachia uocant. ¶ Polypus masc. genere efferri solet: Lucilius tamẽ apud Noniũ, etiã in fœminino ponit. Syllaba prima quanquam natura breuis, plerunque producitur à Grçcis, præsertim epicis, assumpto y. more Ionũ. Latini etiã producũt, ut Ouidius, Martialis, Horatius, alij. Inflexio eius apud Grçcos usitatior est crescentibus obliquis, sicut in nomine πούς unde componit: apud Latinos uerò parisyllaba. πολύπους paroxytonũ Atticũ est: πώλυπος uerò (uel πωλύπους) Doricũ & Aeolicum. cui & πώλυψ simile est: πώλυπος Ionicũ, (quanquam & hoc aliqui Atticũ faciunt:) aut πουλύπους. πούς accusandi casum facit πόδα, cõposita ab eo in ουν tantùm, ut πολύπουν, Eustathio teste: sed πολύποδα quoque reperiri author est Athenæus. πουλυπόδης, ὁ. Antiphili Byzantij est. πολυπόδια Aristoteli sunt parui & nuper prognati Polypi. ¶ Ἀνόστεος apud Hesiodũ, id est, exos, pro Polypo accipit, epitheton loco substantiui: Lacedæmonij tamen Polypũ substantiuè & simpliciter Ἀνόστεον uocant. Onos, id est, Asinus mar. quem quidã Polypũ dicunt, Kiranides. Alius, quod sciã, nemo Asini nomen Polypo attribuit. nos ὄνους, id est, Asinos Asellós ue sui generis pisces, nõ Mollia, suo loco dedimus. Pulpũ aliqui recentiores indoctè nominãt, uoce Italis uulgari ad Latinã terminationẽ deflexa. Albertus Multipedẽ nominat, Grçco nomine simpliciter translato. Octapodia pro Polypis apud Psellũ legunt, diminutiuo nomine. ¶ Polypi proboscidibus carent, qua nota à Sepia Loliginéque distinguunt. sed harũ defectũ natura pedum ad eosdẽ usus commodorũ longitudine pensauit. Supra uentriculũ uesiculã habent, & in ea attramentũ, sed nõ ita nigrũ ut in Sepijs & Loliginibus, uerùm purpurascẽs. Vesiculã hãc μήκωνα uocat Aristoteles, è qua atramentũ per fistulã effundit ante aluũ sitam. De partu eorũ per fistulã, fœtu, incubatione: & à partu debilitatione fœminç: à coitu uerò maris: uitæ breuitate, coloris mutatione: Brachia sua an arrodãt ipsi: Quòd in siccum exeuntes, oleam, ficum, & salsamenta appetentes: item de ingenio astutiáque ipsorum, &c. copiosè in Historia Aquatilium scripsimus.*

Genus. Prosodia. Inflexio. Orthographia. Ἀνόστεος. Onos. Pulpus. Multipes. Octapodium. Pedes. Atramentũ.

GRAECI uulgò Octapoda dicunt, quidam ineptiùs Catapoda.

ITAL. Vbique gentium ferè nomen retinet, Gillius. Polpo Romæ & alibi in Italia uocatur: à Venetis similiter uel Folpo. Genuæ Porpo.

HISPAN. Pulpo.

GALL. Nostri per syncopen Poulpe uocant, Galli Pourpe, (aliàs Poupe) Rondeletius. Galli Pourpre, Massilienses Secche poupe, Bellonius.

ANGLI qui Vectam insulã incolunt, uocant a Pour cuttel, ut Turnerus me docuit: alij quidam, ut à Io. Fauconero accepi, a Preke. Iidem Sepiã Cuttel uel Cuttle uocitant Germanico nomine intestinum significante. uidẽtur autem Malacia omnia Germanicè rectè posse uocari Kuttelfisch: ut si Polypum interpreteris, ein Kuttelfisch art.

GERM. F. Ein Vilfüß/ Polfisch uel Polkuttel, nomine composito à Polypo & Kuttel, quod est Sepia. nam & Massilienses Polypum nominant Secche poupe. Vel circunscribatur, Ein Blackfisch mit acht langen füssen/ vnd einem kleinen leyb.

Icon hæc noſtra Polypum parte prona repræſentat: ea verò quam Rondeletius dedit, partem quæ cirros continet ſupinam, geminis acetabulorum ordinibus eleganter exprimit.

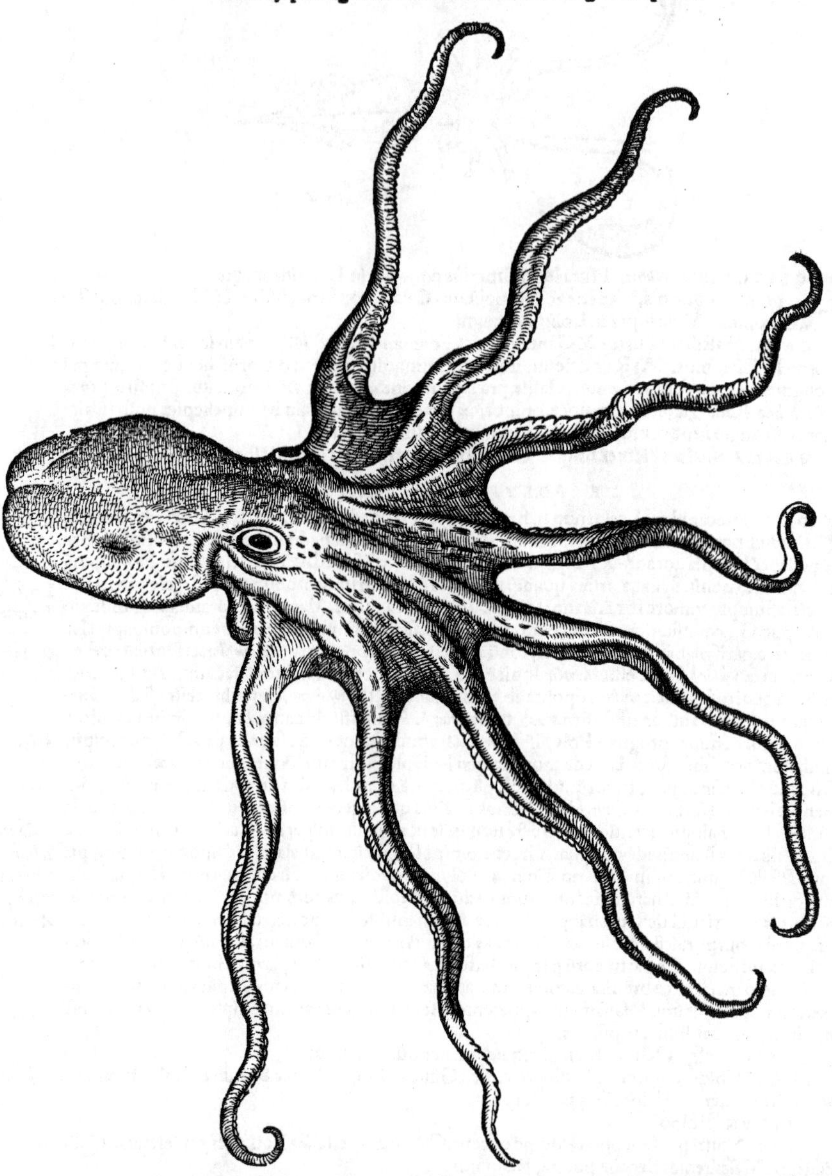

POLYPVS quem hîc depingimus (inquit Rondeletius) omnium maximus eſt & notiſsimus. eius differentiæ duæ ſunt. alter enim litoralis eſt, alter pelagicus, uita ſolùm, ſpecie nullo modo diſsidentes, &c.

ITAL. GALL. GERMANICE & ANGLICE nomina eadem omnia, quæ iam in Polypo ſimpliciter diximus, maximi differentia addita, ei conuenient. Ein groſſer Polkuttel/ꝛc.

POLYPORVM genus ſecundum ſatis ex primo cognoſci poteſt: hoc tantùm differens, quòd paruum uariumq́ eſt, ciboq́ ineptum. quare ſeparatim non depinximus, Rondeletius.

POLYPVS

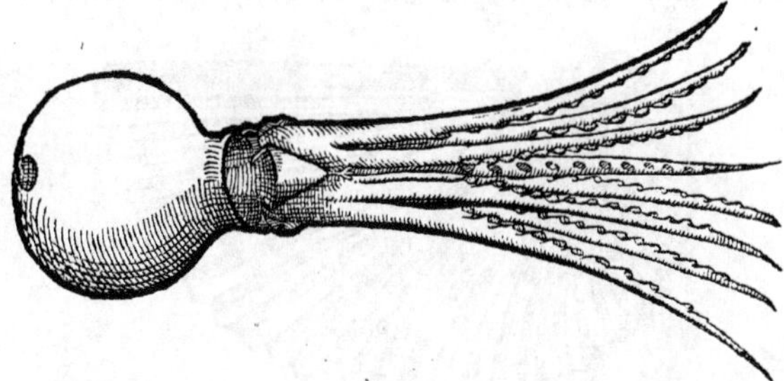

POLYPVS tertij generis est, qui dicitur diuersis nominibus (inquit Rondeletius) Eledona, Bolitęna, Ozolis, Ozæna, Osmylus. Plinius lib. 9. cap. 30. Ozænam à graui capitis odore dici tradit, ob hoc Murænis maximè eam consectantibus. ego uerò quòd eo sit odore, qui grauitatem capitis inducat, dictam fuisse puto. Aristoteles quidem Historiæ 4. 1. Eledonam & Bolitænam siue Ozolin, manifestè distinguit. At rei ipsius ueritas paulò aliter quàm Aristoteles Polyporũ genera partiri nos coëgit. cum enim eundem semper Polypum uiderim & odore esse graui, & longissima brachia habere, simplicemq; acetabulorum ordinem, non potui non existimare Bolitænam siue Ozolin siue Ozænam, ab odore nominatum, & Eledonam, eundem esse Polypũ. Hæc Rondeletius. ¶ ὀσμύλος paroxytonum, ὄζαινα & ὄζολις (Gaza Ossolem uertit) ab odore facta sunt nomina, sicut & à moscho recentioribus. Et fortè etiam βολίταινα ab eodem odore dicta fuerit. βόλιτον enim uel βόλβιτον Græci fimum bouis appellant: qui arefactus, præsertim in Sole, moschum subolet. Osmylium & Osmylidium diminutiua sunt. Legimus & Bolbotinen & Bolbidium, pro eodem pisce nimirum. & Polypodine Athenæo memorata, nisi Polypi genus secundum, paruum uariumq; est, Osmylus fortè fuerit, patronymico nomine fœminino, tanquam diminutiuo dicta. Athenæus quidem ab Eledona distinguit. Eledona Aristoteli à cæteris differt crurum prolixitate: & quod una ex Mollium numero simplicem acetabulorum ordinem agat, (*quod ei etiam quem exhibemus conuenit,*) non ut cætera duplicem. Reperitur autem uarijs modis scriptum, ἐλεδώνη, ἑλεδώνη, ἐλεδόνη, δελιδώνη. Suidas ἀπὸ τοῦ ἑαυτὴν ἕλειν deriuat, ac si ἑλεδόνη diceretur. ¶ Quis non miretur Polyporum uarietatem? nam horum alius tetram odoris fœditatem habet: alius nomine Osmylus bene olet, & nihil muscosius (*propiore moscho odore*) sensi. Muscum enim non leuiter, non modò uiuus, uerùm mortuus etiam olet. Is qui eum uel occultissimum fert, circunstantes suauissimè permulcet. In arcis ad imbuendas grato odore uestes reponitur, Gillius: qui hunc piscem à Græcis hodie Moschiten uocari tradit: Heledonam uerò ab ijsdem corruptè Halidonã, ut pisces duo diuersi sint, ita ut Aristoteles existimauit. Qua de re diligentiùs inquirent, uel hodie eruditi, uel olim posteri. Bellonius exhibitum à Rondeletio piscem Eledonam facit: Ozęnam uerò, quẽ Itali Moscarolum uocent, Polypo per omnia similem, &c.

Osmylus. Ozæna. Ozolis. Bolitæna. Polypodine. Eledona.

GRAECI hodie Moschiten appellant: aliqui, ni fallor, Gopos.

ITALI Moscarolum & Moscardinum, nonnulli Muguetinum, Bellonius. sed Muguetini nomen Gallicum potiùs uidetur. Ego Moscharolo Venetijs uocari didici, circa Genuam Muzaro.

GALL. Massilienses Muscum nominant, Gillius. Muguetinus, ut iam in Italicis dixi, Gallicum eiusdem piscis nomen uidetur.

GERMAN. F. Ein Bisemer/Bisemling/Bisemkuttel.

Nautilus Aristotelis: uel Polypus testa inclusus, prior.

Pronus. *Supinus.*

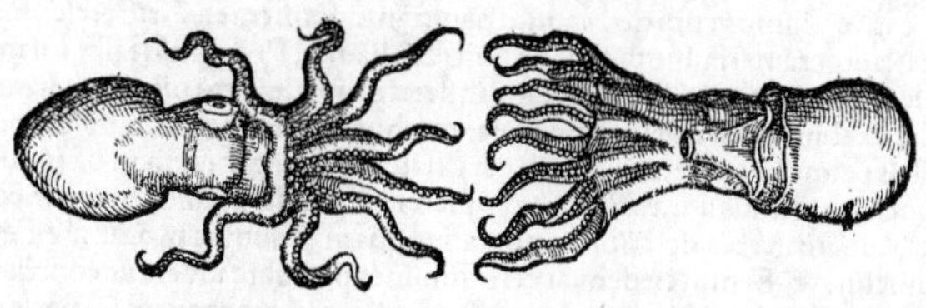

Eiusdem testa, acatij modo carinata, inquit Plinius, puppe inflexa, prora rostrata.

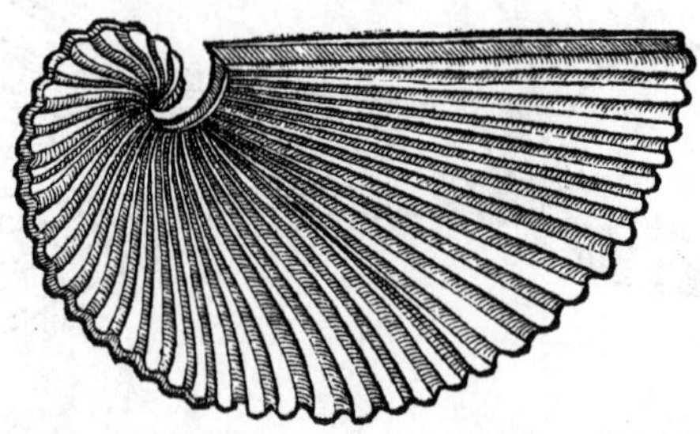

Testam Nautili Bellonius huic similem pinxit: & conditum in ea Polypum, extantibus cirris omnibus, multò (proportione testæ) longioribus, nempe triplo & ampliùs quàm Rondeletius pingit: ita ut terni eorum utrinque crispati demittantur, bini in obliquum erigantur, nulla intermedia membrana. eam enim ueli loco ad planam testæ extremitatem siue proram erexit. Oppianus binos pedes erigi ait, interq; eos tenuem membranam, ueli instar. binos uerò utrinque demitti, gubernaculis (οἰήκεσσι) similes. Sed Bellonij icon, & quam ex Anglia accepi, ternos utrinque demittit. uidentur autem remis, non gubernaculo, comparandi ij. Plinius solus cauda media ut gubernaculo hunc piscem uti scribit, nescio quàm rectè. quæ enim pars caudæ nomine in Polypo appellari possit, & extra testam emitti, non uideo.

Nautili à Bellonio exhibita icon.

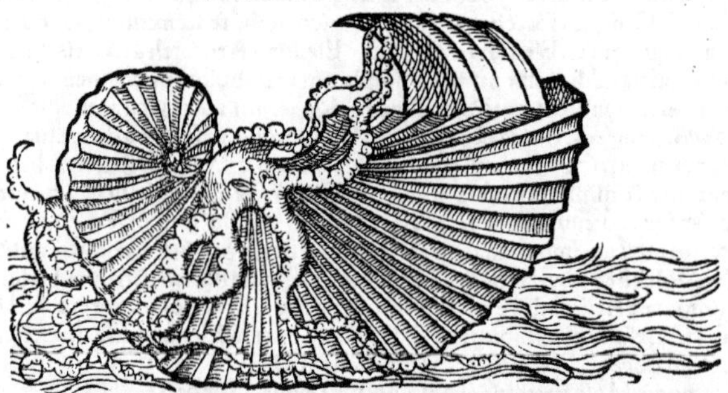

NAVTILVS, uel Nauticus, uel Ouum Polypi, (Ναυτίλος, Ναυτικός, ᾠὸν πολύποδος:) uocatur Polypi species. eius testa Pectinis testæ similis est, cauæ, non cohærenti uel adnatæ. ipse paruus est, & facie similis Bolitænæ. Altera species Cochleæ modo testa munitur, quam nunquã desErit, sed brachia duntaxat interdum exerit, Aristoteles. Apud Plinium inter huius piscis nomina pro Pompilo, legendum est Polypi ouum, ex Aristotele. Inter præcipua miracula est (inquit Plinius) qui uocatur Nautilus. Supinus in summa æquorum peruenit, ita se paulatim subrigens, ut emissa omni per fistulam aqua, uelut exoneratus sentina, facilè nauiget. Posteà duo prima brachia retorquens, membranam inter illa miræ tenuitatis extendit, qua uelificante in auras cæteris subremigans brachijs, media cauda ut gubernaculo se regit. Ita uadit alto Liburnicarum gaudens imagine: &, si quid pauoris interueniat, hausta se mergens aqua. ¶ Gaza Nautilum, uertit Nautam. nec rectè tria huiusmodi Polyporum genera facit, cum ex recitatis uerbis duo tantùm ab eo memorari appareat. ¶ Plinius cùm de Nautilo paulò antè dixisset, (ex Aristotele:) mox tanquam de altera specie: Nauigeram similitudinem (inquit) & aliam in Propontide sibi uisam prodidit Mu-
Nauplius. tianus: Concham esse acatij modo carinatam, inflexa puppe, prora rostrata. in hanc condi Nauplium, animal Sepiæ simile, ludendi societate sola: duobus hoc fieri generibus. Tranquillo enim uectorem demissis palmulis ferire, ut remis: si uerò flatus inuitent, easdem in usu gubernaculi porrigi, pandiq; concharum sinus auræ. Huius uoluptatem esse ut ferat, illius ut regat, &c. Mihi Nauplius à Plinio Mutiani uerbis descriptus, non alius quàm Nautilus proximè ex Aristotele ab eo memoratus uidetur. ¶ Si non eædem, at certè similiter nauigare uidentur conchæ, quæ Veneriæ dicuntur, de quibus Plinius: Nauigant Veneriæ: præbentesq; concauam sui partem, & auræ opponentes, per summa æquorum uelificant. ¶ Rondeletius reprehendit Bellonium, qui Conchã Margari-

Margaritiferam uulgò dictam, secundam Nautili speciem esse putârit.

ITAL. Nautilum uulgus Neapolitanum Muscardinum & Muscarolum nominat: quod etiam nomen Osmylo commune est, Bellonius.

GERMAN. Ein Farkuttel / oder Schiffkuttel: ut simul è mollium genere eum esse, simul & nautam, indicetur. Reperitur quidem in Oceano Britannico quoq;, unde eius picturam Io. Fauconerus medicus olim ad me dedit, ANGLICUM eius nomen ignorare se confessus.

Leporis marini prima species Rondel.

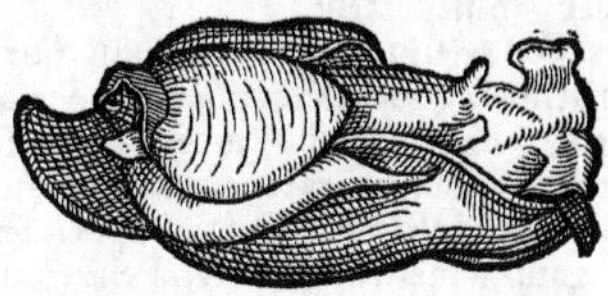

EIUSDEM *species secunda, substantia, atramento, partibus internis, superiori similis est, differt autem partibus externis, &c.*

GERMAN. F. Ein andere art der Schiffkuttel.

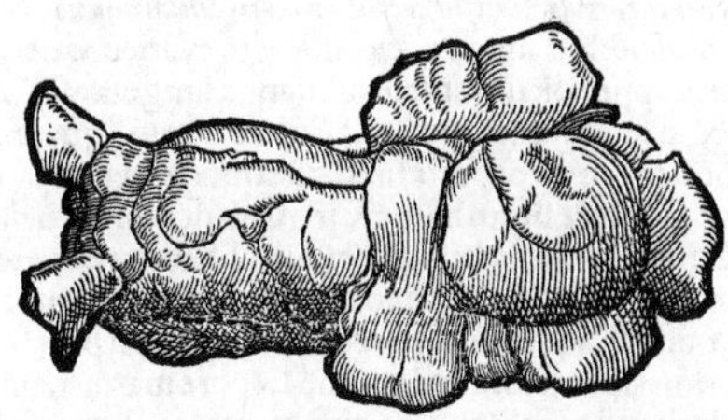

LEPUS Marinus (λαγὼς θαλάσσιος) è Molliū numero est. quanquā sanguis eius (quo Mollia carent) inter remedia ab Archigene, Plinio et Marcello nominatur ꝓ atramēto forte. Is (inquit Rondeletius) hactenus à paucis cognitus fuit, tum ob raritatem, tum ob uariam à ueteribus traditā eius descriptionē. Plinius offam informem uocat. Aelianus Cochleæ exenteratę similem facit, Dioscorides Loligini paruæ. Sunt qui (*ut Albertus*) Gronaut uulgò dictum, Leporem marinum esse putent (*quem pisce Rondeletius Lyrā facit:*) Piscatores nostri eum qui Phœlis à nobis existimatur, Leporis nomine uendunt: alij Liparim esse credunt. Quæ omnia unica ratione falsa esse conuincuntur. nam modò nominati pisces frequentissimè mensis apponuntur, ijsq; sine ullo periculo uesci omnibus licet: cùm ueterum omnium testimonio Lepus marinus maximè sit uenenatus. Hæc ille. Germani uulgò Orbem marin. uocant Seehaß, id est, Leporem marinum. uidetur autem is Lepus marinus Apuleij, ut supra dixi inter Orbes. Huius genera aliquot reperimus: quę causa esse potuit cur diuersæ ab authoribus traditæ sint eius descriptiones. Primum genus, quod hîc exhibemus, maximè letale est, ex Mollium genere. Cochleæ exenteratæ ualde simile, maximè posteriore corporis parte, &c. Rondeletius.

HISPAN. Liebre de la mar: quod an uulgò in usu sit de hoc pisce, an ab erudito aliquo positum, ignoro.

GALLI circa Monspeliū Imbriago uocant, (*ut Mullum imberbem quoq, ab insigni rubore,*) Rond.

GERMAN. Ein Schiffkuttel / ein Rotkuttel / ein kleiner ghifftiger Kuttelfisch.

Pronus. *Supinus.*

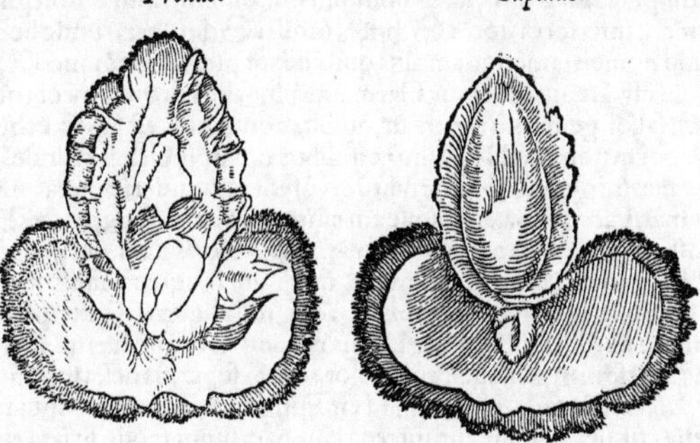

EIUSDEM species tertia. Hoc genus (inquit Rondeletius) præcedentibus substantiâ, uiribus & facultatibus simile est. Hîc partem pronam & supinam repræsentamus. Quod in partis supinæ, ferè medio, uides, est os; supraposita ori pars, alueus: qualis in sepijs, oui figurâ, sed in ambi

R

tu crenatus. Ori subiecta pars, membrana est tenuis, carnosa, magis expansa in rotundum: cuius ora fimbriata est, fimbriæ nigræ sunt, &c. Intus cerebri nigri parum est, gulam excipit uentriculus, ex quo oritur intestinum conuolutum. In medio substantia quędam est fungosa, succum fuscũ continens: fortasse μήκων cum attramento suo, (*Hæc ad Bellonij Leporem accedunt.*) Toto corpore est splendido: crystallum, uel pituitæ massam concretam congelatamq́ esse dicas, &c. Iisdem uiribus cum primo, sed imbecillioribus eũ esse cẽseo. hic in alto mari, ille in cœnosis locis maris, stagnis ue lutulentis degit.

GERMAN. F. Das dritt gschlecht der Schiffkutteln.

BELLONII Lepus marinus ab ijs, quos Rondeletius exhibet, omnibus diuersus uidetur, nisi cum postremo conueniat. Ego (inquit) ut liberè quod de hoc pisce comperi affirmem, dicam Leporem marinum, animal paruum esse: inter Loligines, Lollios aut Sepias, nonnunquam etiam unà cum Apuis capi solitum: odore tetro, nullam aliam habẽs formam, quàm (ut scribit Plinius) offæ cuiusdam informis: cuius inter Cyclades magna est copia. Fuluũ Leporis terrestris colorem imitatur. Pulmonis mar. more per mare diuagatur, tametsi pĩnis careat. Pellucidum habet corpus, oui anserini crassitiem non excedens. Gibba est illi forma parte externa, qua etiam glaber est. Conuexam internam partem ostendit: qua eàdem parte nerui permulti, recti atq; obliqui apparent: quibus eo modo ferè striatus est, ut cõuexa fungi pars: ijsdemq́ adstrictũm corpus diffundit, diffusum uerò contrahit. sese enim astringendo aquã percutit, ut in ipsa natatione fungi figurã referat. (*Inde cõijcio eũdem Venetijs Fongo marino uocari. hunc.n. Alunnus Italus tradit, esse materiam quandam, (ueluti) è spuma marina coagulatam: quæ quidem uiuat, moueatur, & sentiat: sed corpus membris distinctum non habeat.*) Septem habet appendices, innumeris promuscidibus stipatas, ex Indico in cyaneum uergentes: quibus sugendo alimentum corpori suggerit. appendicum autem substantia fungosa est. Cæterum ex aqua emergens, suam figuram amittit, & in seipsum concidit, ut Pulmo marin. quapropter in uase aquam habente hunc contemplari oportet. Tota corporis substantia mucosa est, ac ueluti cartilaginosa. Os ad cirrorum radices in concaua parte situm habet. Linguam demorsus uellicat, ut Ari radix, paulò tamen remissius. Quinetiam in tenuia frusta discissus, & in mare coniectus, uiuit tamen ac mouetur. Marinam Squillam si quando suis cirris contigerit, eam non secus atq; Vrtica marina retinet. Liberè uagatur in mari, nullisq́ flatibus aut procellis ad litus eijci potest. Hæc Bellonius. Pulmo marinus Bellonij plurima habet communia cum Lepore marino, ut species unius generis uideatur. Pulmo quidem Bellonij à Gallis uulgò obscœna uoce Pota marina dicitur Rondeletius non Pulmonem marinum, sed Vrticæ genus hoc facit. (Germanicè honestius dicetur Meerschaum.) Aliqui Meerschum, ut audio, uocitant, hoc est, Spumã maris. edendo esse negant, ferri in summa aqua. radijs ab uno quodam cẽtro striatam esse: colore candido, nec uiuere extra aquam. (Holothurij etiã Rondeletij prima species, non minus ingratũ odorem redolet, quàm Lepus marinus.) Lepus marinus ueterum, massa quædam siue offa carnea informis, Rondeletio teste, ne oculos quidem habet. Idem uidetur animal, quod Albertus Magnus sine nomine describit, his uerbis: Animal quoddam abundat in maribus Germanię & Flandrię, oui albo substantia simile, figura hemisphærij: in extremis tenue, & in medio circa polum sui hemisphærij substantiæ est crassioris: ubi etiam lucent duo quasi oculi (*Non oculos dicit, sed quasi oculos*) magni, intra superficiem sphæræ cõtenti. Membrum in eo nullum est distinctum. Extra aquam immobile est, & omnino non diffunditur, amissa figura sua, sicut album oui, & concidit totũ. Rursus aquæ immissum, paulò pòst recipit figuram suam, & mouetur (sicut antè) motu dilatationis & constrictionis. Eiusdem & alibi meminit Albertus: ubi de Spongijs loquens, hoc animal esse Aplysian putat, imperite. Aplysię enim hærent nimirum ut reliquæ Spongiæ, nõ soluti errant. Hoc idẽ alibi uocat animal phlegmaticum, phlegmati uiscoso, & albumini oui, omnino simile. Phlegma quidem & mucũ pituitosum Germani inferiores uocãt Schnot, (nostri Schnuder,) unde hoc animal Schnottolf appellatur. quod nomen tamen etiam alijs quibusdam pituitosis & mucosis piscibus attribuitur. (nam Seehaß, id est, Lepus marinus Germanorum [alius quàm Græcorum & Latinorum] duorum aut trium, ni fallor, generum reperitur, quibus communis est figura orbicularis.) est & alius piscis oblongus, eodem nomine. De quibus omnibus nos post Orbes Rondeletij scripsimus. Mustelæ Musteli'ue marini genus, nomine tantùm cõsyderato, uideri poterat animal, quòd Seequapp nuncupant maris accolæ Saxones. ijsdem enim uocabulũ Quapp (& Alquapp) Mustelam fl. nostram significat. sed audio animal esse marinum, coloris flaui, oui propè uitello simili substantia, glabra, molli, & quæ ictibus cedat, tenui, & instar oui in aquam effusi: moueri, contrahi, dilatari, instrumenta corporis nulla habere. eximi ab aqua, nisi aliquo uase excipiatur, non posse: exemptum protinus motu destitui. Hic fortè Lepus marinus Bellonij fuerit. Germanicè nominari poterit Gälber Meerschum, à flauescente colore. nam superiùs descriptum cognatum ei animal, colore albo est. Licebit & Meerschwum, id est, Fungum marinum nominari, à substantia fungosa & molli: & quia conuexa etiam siue interna eius pars fungi modo striata est, & in natatione fungi figuram refert, ut de suo Lepore marin. Bellonius scribit. Quòd si rectè Leporibus adnumerari poterit hoc animal Seequapp dictũ, id est, Rubeta marina: (Saxones enim et Rubetã, et Mustelã fl. Quapp uocant:) alterum etiam illi maximè cognatum, sed albi coloris, quòd Meerschum nomina-

Italicè. *Pulmo mar.* *Vrtica.* *Holothuriũ.* *Albertus Magnus.* Seehaß. Seequapp. Meerschwum.

nominauimus, id est, Spumā marinam, Leporum aliquod genus fuerit. Rubetæ quidem nomen uel à ueneni, uel alia similitudine indi potuit. Hæc pluribus exposui, ut qui non procul Oceano habitant eruditi, hæc animalia cum ueterum atq; recentiorum scriptis conferant studiosius: & ne Leporis, Pulmonis ac Vrticæ marinæ historiæ confundantur, caueant. ¶ Pharmacopolæ aliqui maris spumam appellant materiam quandā concretam, intus lanosam & tactu urentē: quam ueterum Alcyonium esse Brasauolus conijcit. Lyram piscem Rondeletij, uulgò Gallis Gronaut (alijs Gornart,) dictum, aliqui Leporem marinum esse putant, ut Albertus: Germani quidam melius Seehan, id est, Gallum marinum, appellant. *Seehan.*

APVLEIVS in Apologetico, Leporem marinum putat esse animal, cætera exosse: sed quod duodecim numero ossa ad similitudinem talorum suillorum in uentre connexa & catenata gerat. An propriè tamē Lepus marinus hoc animal uocari debeat, dubitat. *Lep. marin. Apuleij.*

Lepus dirum & uenenatum animal, in nostro mari offa informis, colore tantùm Lepori similis: in Indis & magnitudine & pilo, duriore tantùm: nec uiuus ibi capitur, Plinius. *Indicus.*

DE VRTICIS IN GENERE: ET PRIMVM AD QVOD genus animalium referri possint.

VRTICAS tam eas quæ saxis hærent, quàm quæ solutæ saxis errant, in animalium numero Aristoteles recenset. Sentit enim Vrtica (inquit) & manum admota corripit, adhærescitq; perinde ac Polypus suis brachijs, ita ut caro intumescat: os in medio corpore habet: & de saxo, qua si de testa uiuit: & præternatantes pisciculos excipit retinetq;, deuoratq; in hunc modum quæcunque nacta est esculenta. Genus alterum è saxis soluitur, & Echinos Pectunculosq;, quos offenderit, uorat. Sic ille. Cum igitur Vrticæ (inquit Rondeletius) frondem suam, quę pedum uice est, modò dilatent, modò contrahant: & ore cibum accipiant, ceu tactu gustatuq; præditæ, duobus ad uitam (animalis) necessarijs sensibus, non inter Zoophyta, sed inter animalia non omnino perfecta eas numerabimus. Polypis autem & Leporibus mar. subiungimus, quòd ex mollium sint genere: quòd etiam modò fronde expansa Polyporum instar pedes multos habere uideantur: modò fronde contracta, massa tantū carnosa, informi (ueluti Lepores marini) constare uideantur. Hæc Rondeletius. ¶ Equidem & his inesse sensum arbitror, quæ nec animaliū, neq; fruticum, sed tertiam ex utroq; naturam habent, Vrticis dico & Spongijs, Plinius. hinc est nimirum quòd pediculos earum, frondes quàm cirros appellare maluit. Aristoteles etiam De partib. animalium 4. 5. Quas (inquit) Vrticas appellant, non testa operiuntur, sed exclusæ omnino sunt ijs quæ in genera diuisimus. Ancipiti natura hoc genus est, ambigens & plantæ & animali. absolui enim & escam petere nonnullas, & sentire occurrentia posse, atq; etiam asperitate corporis uti ad se tuēdum, animalis est. at uerò quòd imperfectum sit, & saxis celeriter adhæreat, nec aliquid excremēti emittat (emittere uideatur) manifestè, quanquā os habeat, plantarum generi simile est. Hæc ille. Nos de Spongijs aliàs diximus, nullum eis sensum inesse, ideoq; Zoophytis inferiores haberi: Vrticæ uerò cùm & sentiant, & insuper eorum quæ Mollia uocant in mari animalium naturam præ se ferāt, Zoophytis superiores perfectioresq; existimari debent, quanquam in suo etiam Mollium genere imperfectæ. Idem Aristoteles Historiæ 8. 2. uidetur Vrticam Testaceis adnumerare: nam de Testaceorum uictu agens, inter cætera tradit Vrticam, esse ueluti inclusam Ostrei carnem: quę testam non habeat, sed nuda sit: pro testa autem (*ab altera parte, ut & Patella*) utatur saxo cui adhæret. *Frōs earum. Vrticas animalia esse, sed imperfectiora. Mollia esse. Zoophyta esse. Zoophytis perfectiores. Mollia imperfecta: Testacea sine testa.*

Hinc aliquis fortè inter Mollia & Testata Vrticas ambigere coniecerit: illas præcipuè quæ saxis semper hærent: nam semper solutas, Mollia semper dicemus: ut rursus in earum medio ponemus illas quæ modò adhærent, modò solutæ uagantur. *Ambiguæ inter Mollia et Testata naturæ.*

Qui Vrticas cum Vertibulis siue Holothurijs & Tethyis confundunt, ex Historia nostra redargui possunt.

Ἀκαλῆφαι Græcis communiter, Atticè κνίδαι, dicuntur tum herbæ, tum animalia marina: quæ Latinis etiam communi nomine Vrticæ appellantur. eàdem nominis causa, quoniam uredinem & pruritum tactu immittant. Ἀκαλήφης nomen Grammatici Gręci deriuant, παρὰ τὸ μὴ ἔχειν καλὴν ἁφὴν: uel per antiphrasin παρὰ ἔχειν ἀκαλὴν ἤτοι ἁπαλὴν τὴν ἁφήν: κνίδης uerò παρὰ τὸ κνίζειν. Μητρίδια etiā, id est, Matriculę, dicūtur Vrticę mar. ab Aristoph. fortè ab aliqua similitudine figurę πρὸς τὴν μήτραν ἢ γυναικεῖον αἰδοῖον. ¶ Caro marina apud Trotulam, quantum coniectura assequor, Vrtica est. *Ἀκαλῆφαι κνίδαι. Μητρίδιον.*

GRAECVM uulgus quum terrestres urticas Zuchindas uocet, marinas tamen Colycenas nominat, Bellonius. Græci hac ætate Colizanam uocant, quòd (*colis, id est*) pedunculis suis firmiter Polyporum more adhærescit, Gillius. Rondeletius Colycęnam (per æ diphthong. in penultima) uocari scribit, non quamuis, sed primam duntaxat speciem Vrticarum. Colybdænam quidem aliqui ueterum pro pudendo mar. interpretantur.

ITALORVM multi antiquo nomine Vrticam appellant: alij Flammam maris.

GALL. Normanni Cul d'Asne uocant, Bellonius. sed Rondeletius priuatim primā tantùm speciem sic uocari docet: quā Massilienses Vrtigo nominant: quòd nomē ceu generale melius usurpabitur. Tertiā quoq; speciē Gallicè quidā Posterol uocant, quòd contracta podicē referat, &c.

R 2

GERMANICE qiudam interpretantur Sehefla͂m/ Mehrfla͂m. Licebit etiam Seenessel appellare.

VRTICARVM DIVISIO EX RONDELETII SENTENTIA: cui consicta singularum Germanica nomina addidimus.

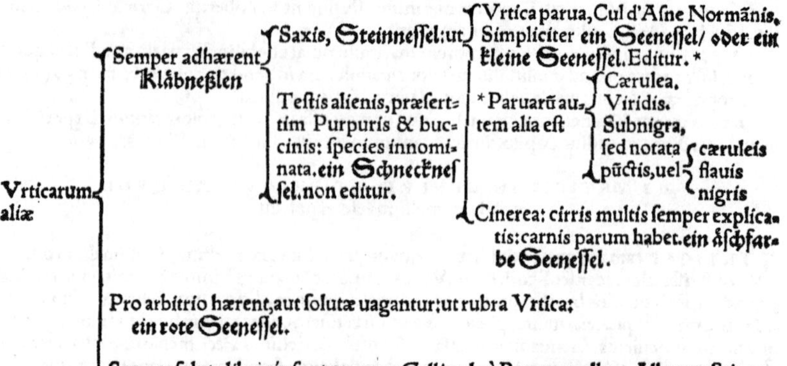

Vrticarum aliæ
- Semper adhærent, Klåbneßlen
  - Saxis, Steinnessel: ut
    - Vrtica parua, Cul d'Asne Norma͂nis. Simpliciter ein Seenessel/ oder ein kleine Seenessel. Editur. *
    - * Paruaru͂ autem alia est
      - Cærulea.
      - Viridis.
      - Subnigra, sed notata pu͂ctis, uel
        - cæruleis
        - flauis
        - nigris
    - Cinerea: cirris multis semper explicatis: carnis parum habet. ein åschfarbe Seenessel.
  - Testis alienis, præsertim Purpuris & buccinis: species innominata. ein Schneckn essel. non editur.
- Pro arbitrio hærent, aut solutæ uagantur; ut rubra Vrtica: ein rote Seenessel.
- Semper solutę liberęq; sunt eæ, quas Galli uulgò Potes appellant, Albertus Stincos. Ein Meerschan/ ein Meerhůt. Ex his pedes siue brachia habet
  - Species una, quatuor.
  - Altera, octo: Polypi brachijs no͂ ualde dissimilia.

Vrtica parua Rondeletij.

VRTICA prima seu parua Rondeletij. Nucis iuglandis (inquit) magnitudinem uix superat, ob id parua à nobis dicitur. Harum aliæ uirides sunt, aliæ cęruleæ: aliæ subnigrę, sed punctis aliquot cęruleis, uel flauis, uel rubris notatæ. In Oceani saxis frequentes sunt, apud Santones ac Burdegalenses in delicijs. ¶ Scopulis litoralibus tam pertinaciter inhæret, ut nisi primo impetu diuellatur, uix postea, nisi in frusta co͂cisa dirimi posit, adeò suas trichas arctissimè contrahit, Bellonius.

GRAECIS uulgò Colycæna. Vide superius in Vrticis in genere.

GALL. Massilienses Vrtigo uocant, Rondeletius. Normanni Cul d' Asne, (id est, Podicem asini,) à cirrorum contractione atq; explicatione, Bellonius.

GERMAN. Ein kleine Seenessel oder Seefla͂m. ein Arßnessel. ein kleine Steinnessel/ von farben grůn/ oder blaw/ oder schwartzlecht.

Eiusdem alia eicon à Bellonio proposita dupliciter: maior explicatam Vrticam, minor contractam repræsentat.

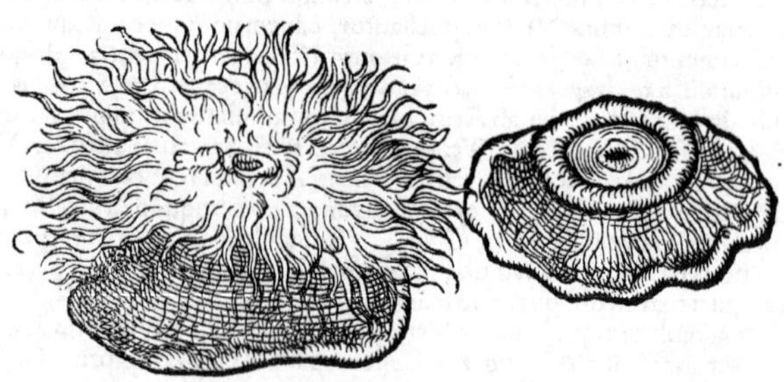

VRTICA

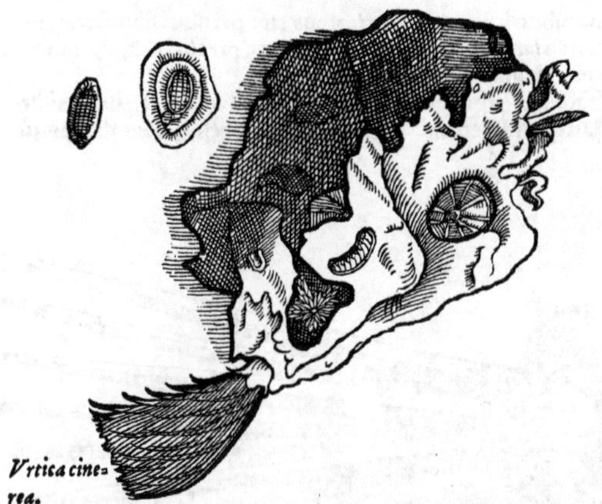

Vrtica cinerea.

VRTICA II. siue cinerea Rondeletij. Cinerei (inquit) coloris est, tenuis admodum, quia frondem magnam siue cirros multos habet, carnis parum. In saxorum rimis uiuit, comá semper explicatam habet, nec unquam contrahit, à saxo euelli nequit.

GERMAN. Ein äschfarbe kleine Seenessel/oder Steinnessel: mag vom felsen nit gätz gezogen werden. hatt jr haar oder flamen allwegen außgespreitet/ niemat zůsamen gezogen.

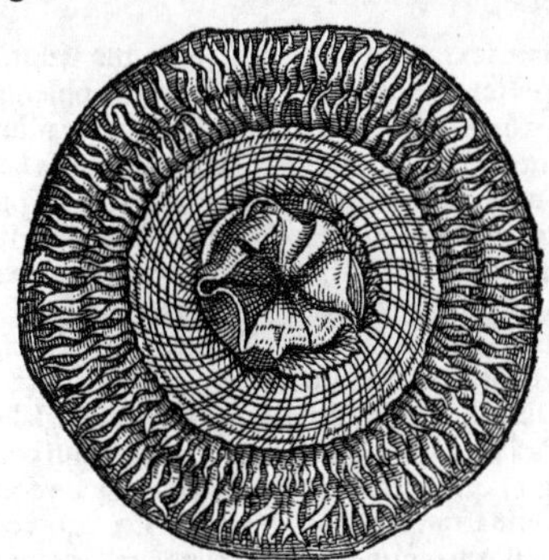

VRTICA III. siue rubra purpureáue Rondeletij. Primæ (inquit) similis est, nisi quòd frondem & longiorem & copiosiorem habet. Saxis aliquando hæret, aliquando soluta uagatur, esculenta est, sed durior quàm prima.

GALL. Nostri ob colorē purpureum siue phœniceum, Rosam appellant. alij Posterol, quòd contracta recti intestini extremum cum musculo sphinctēre, siue podicem referat. alij Pousse pie Britānorū: alij Cul de cheual. ¶ Bellonius Pollicipedes, (quod nomen ipse fingit à uulgari Poulsepieds,) nominari tradit eos, quos Rondeletius Balanos facit: quòd pollicum in pedibus similitudinem habeant, racematim Oceani cautibus adhęrentes, & cætera.

GERMAN. Ein roote Seenessel/mag von der farb ein Meer-roose genamset werden. Ein roote grosse Artznessel. ist nitt allwägen an die felßen gehefft wie die zwo vorgemelten/ sunder fart auch ledig vmbhin im wasser jre speyß zů süchen. so sy das haar zůsamen zeücht/so hat sy ein gstalt deß hinderen/wie auch die erst.

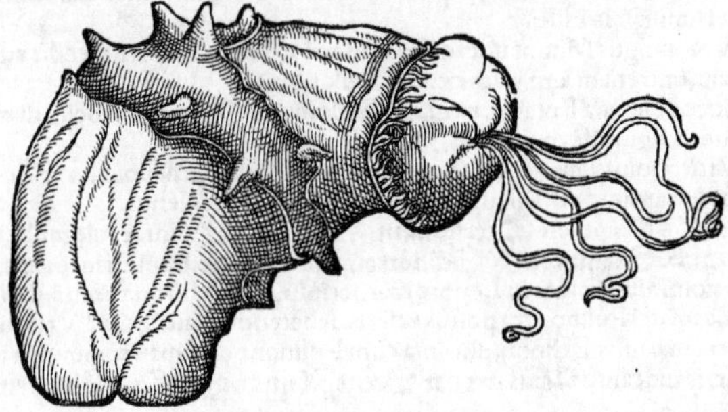

VRTICA IIII. Rondeletij. Hæc (inquit) instar Holothuriorum testis alienis adnascitur, & maximè Purpuris. Pars exterior dura est, & rigidiuscula, spissiorq; quàm in alijs Vrticis.

R 3

Cirros breuissimos in ambitu habet. ex interioribus eius partibus filum longum deducitur, purpureo colore tam iucundo tamq; florido infectum, ut cum precioso illo Purpuræ succo certet. Carne est duriore, eamq; ob causam à nostris reijcitur.

GERM. F. Ein Schnecknessel/klåbt oder wachßt allwåg an ettlicher Meerschnecken schalen / sunderlich der Purperschnecken: wirt von wågen deß herten fleischs zů der speyß verworffen.

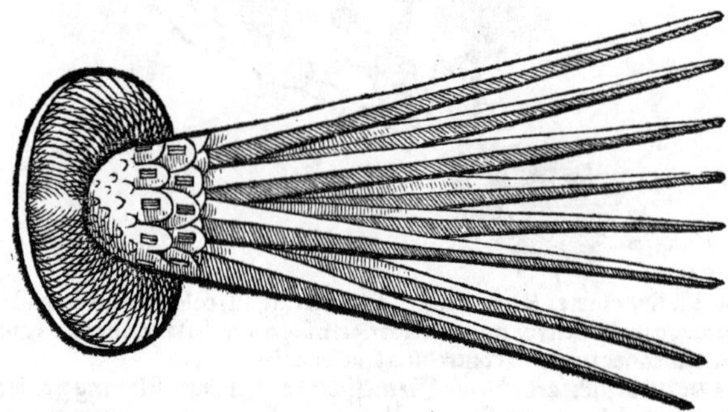

VRTICA V. Rondeletij, semper soluta, ut etiam sexta. Huius (inquit) pars una, ueluti fungosa quædam massa, rotunda, caua, in medio perforata, purpurea ueluti fasciola ambiente, pileum planè refert. altera parte Polyporum pedibus similis est, octo enim pedes habet crassiusculos, extremis partibus quadratos, in acutum desinentes. Nullas interiores partes distinctas habet. Corpore est adeò pellucido & splendido, ut oculos offendat & hebetet. Circa Magalonam plurimæ reperiuntur, maximè æstate: quæ tum dissoluuntur & in liquorem abeunt, diffluuntq; glaciei modo, si diutius manibus tractes. Ad eam magnitudinem accrescũt, ut pileos, quibus uiatores uti solent, superent. Pruritum & uredinem in manibus oculisq; mouent. ¶ Bellonius Pulmonẽ marinum hunc faciens (quam eius, similiterq; Gillij et Massarij sententiam Rondeletius reprehendit:) Huius, inquit, ea est natura, ut mari commoto, deorsum ad imum feratur: pacato uerò ac bene tranquillo, passim solutus diuagetur. Gibbam habet instar dimidiatæ sphæræ figuram, glabram pollicis crassitudine: cuius pars interna neruis rectis à medio incipiẽtibus, quasi strijs fului coloris in gyrum radiatur, quibus se diffundit ac constringit, qua corporis commotione aquam concutit, & nunc in pronum, nunc in supinum effertur. Pinnarum uice fibris tenuibus atq; ægrè conspicuis in orbem communitur, ut Lepus marinus. Cruciformes quoq; cirros, striatos, crassos, in modum stellæ radiatos, numero quaternos, (*talis est sexta Rondeletij Vrtica, huic cognata,*) parte interna natationi accommodatos habet: quos ut exactè conspicias, erit in lebetem aquæ syncerioris conijciendus, &c. Cum in mari diuagatur, grandis uidetur quasi pituitæ globus: qui unicum tantùm colorem referret, nisi rubris illis quatuor circulis sugillaretur, & ea cruce, qua interna pars striata est, distingueretur. Eum si in frusta discissum, in mare reieceris, uiuere nihilominus ac moueri cõperies: extra mare autem exanimis apparet. Emortuus in alto mari, fluctibus expuitur in litus, trãsparentis glaciei similis. Hæc ille.

GRAECVM uulgus Mogni uocant hoc animal, quòd partibus uerendis admotum, pruritum ac Venerem, imò etiam ampullas excitet, Bellonius.

ITALI uoce obscœna Potam marinam, Bellonius. Ligures Capello di mare, quasi dicas Pileum marinum, à figura, Rondeletius.

GALL. Vrticæ solutæ, hæc & sexta, uulgari lingua Potes nuncupantur. Hęc priuatim à Massiliensibus Capeau carnu, id est, Pileus carnosus, à figura, Rondeletius.

GERMANICE dici potest Meerschaam/Meerhůt. Oceani accolę multi, ni fallor, Meerschaum appellant: & Seequapp/& Schnottolff: quod postremum etiam pisci cuidam attribuitur. Nos de his nominibus plura in Lepore mar. scripsimus in Historia nostra, dubitãdo an ad Leporem, uel Vrticam uel Pulmonem potiùs referri deberent: sed uidẽtur ad Vrticas potiùs pertinere. Lepus quidem marinus Bellonij, plurima cum Pulmone eius mar. communia habet, ut species duæ unius generis uideantur. Ein art der Seenessel mit viij. füssen/klåbt niemar an / ist allwåg ledig.

VRTICA

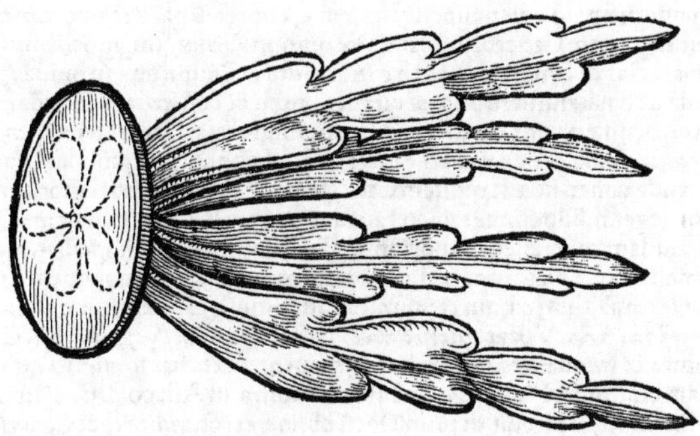

VRTICA VI. Rondel. altera species semper solutę. Supradictę (inquit) substantia, uita, uiribus, similis est. Quatuor duntaxat pedes habet, seu frondes potius, longiores quàm ullæ aliæ Vrticæ: quæ satis aptè folijs acanthi comparari possunt. In altera parte lineas aliquas habet stellatim dispositas. ¶ Frondes huius Vrticæ uidentur pennas referre: sed alia est Penna marina, quã inter Zoophyta dabimus. ¶ Reprehendit Rondeletius illos, qui hanc & superiorem Vrticam, pro Pulmonibus marinis usurpant.

ITAL. ET GALL. Pota marina, ut superior quoq;.

GERMAN. Ein andere art der nächstgemelten Seenessel/mit iiij. füssen.

Vrticarum species duæ, quas in Italia pictas à Cor. Sittardo accepi: quarum altera (rotundior) uidetur species prima esse ex illis quas exhibuimus. altera an Vrticarum generis sit, quærendum.

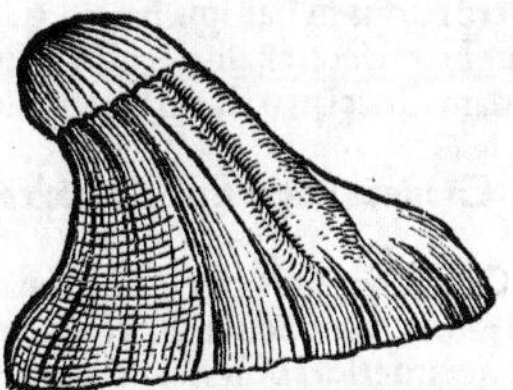

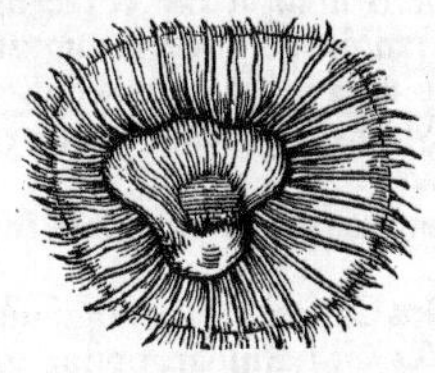

ORDO XIIII. DE CRVSTATIS SEV CRVSTA TENVI CONTECTIS IN MARI ANIMALIBVS: VT SVNT CANCRI, Cancelli, Locustæ, Squillæ.

DE CRVSTACEIS IN GENERE.

ANIMALIVM Exanguium differentias exposuimus suprà, initio præcedentis ordinis de Mollibus: quod primum in mari Exanguium genus est. Secundum, de quo nunc agendum, Crustata à Plinio dicta, uel Crustis intecta: à Græcis Μαλακόστρακα, id est, molli testa operta, tegmentũ enim non æquè durum densumq; habent ac ὀστρακόδερμα, quæ ostraco, id est, testa dura siliceaq; integuntur. Hæc partem solidam foris, mollem carnosamq; intus continent. Solidum illud fragile, non collisile est. ¶ Huius generis species uariæ sunt, quę magnitudine, specie, figura, asperitate, læuitate, nec nõ uita distinguuntur. ¶ Crustatis inest salsus succus, suntq; omnia duræ carnis, & concoctu difficilia: multumq; nutriunt, prius in aqua dulci elixa. Caro eorum, quemadmodum & Ostreorum, uentrem sistit, quando in aqua prius elixa succum salsum deposuerint. ¶ Cancri nomen ueteres aliter atque aliter usurparunt. Plinius pro genere sic usus est: Cancrorum genera (inquit) Carabi, Astaci, Mææ, Pagu Cancer.

R 4

ri, Heracleotici, Leones, & alia ignobiliora. Aristoteles eos tantū Cancros (καρκίνους) uocat, quib. *Cauda.* rotundū est corpus, quibusq; cauda deest, ut ipse ait. Reuera tamē Cancri omnes caudā habēt, sed corpori applicatam: quam nō extendunt nisi fœminæ, cum eam partem ouorum copia distentam habent. Componitur autem Cancrorum cauda ex quinq; tabellis, (sic appellamus quas Aristoteles πλάκας, crustas sectas & congestas:) sed hæ in acutum desinunt, non in pinnas, ut in Locustis, quia Cancri cauda non natant: uerùm in ea oua deponunt & conseruant. in eâdem est excrementorum exitus. At Locustæ natant, caudæ, ut palmulis innitentes. Cancri terrenam potiùs uitam agunt (*in mari reptantes, potiùs quàm natantes*) cauernasq; subeunt. Squilla lata quidem pedes habet & graditur: cauda tamen non caret. item Cancellus purpurarum, buccinorum & cochlearum testas subit, illicq; deget, nihilominus tamen caudam longam habet & extentam. Quare rectiùs dicemus Cancros caudam habere: sed corpori appressam, ne ingressum impediat. Hæc ferè Rondeletius. *Refrigeratio Crustatorū.* ¶ Calor natiuus Crustatorum recreatur ambiente aqua: quam quidem etiam necessariò, non refrigerationis causa, dum cibum captum, ore admittunt: eandemq; mox reddunt, ne in uentrem illabatur, *Δασέα.* παρὰ τὰ δασέα. Vocat autem δασέα Aristoteles, alibi βραγχιοειδέα in Crustatis, partes *Βραγχιοειδέα.* illas circa os hirsutas & frequentes, quas celeriter mouent. iuxta has foramina quædam, ut Bellonius scribit, aquam emittunt. Plura leges in Historia nostra, in Astaco fl. B. *Ordinis ratio* ¶ In Crustatis proponendis, hunc ordinem sequi placuit: ut primū locū obtinerēt rotundiores et Cancri priuatim dicti, eisq; similes, καρκινοειδεῖς. deinde oblōgi, interq; hos primū Carabi, & similes, ab Aristotele καραβοειδεῖς dicti, forcipibus insignes: tum quæ illis carent, Squillæ. Cancellum siue Scyllarum, ceu ambiguæ inter Cancros & Carabos eisq; similia naturæ, medio inter utraq; loco posuimus. *Cancrorū genera.* ¶ Cancrorum genus (inquit Aristoteles) multiplex est, nec facilè enumerandum: maximum, quas Mæas appellant. Secundum Paguri, & quos Heracleoticos uocant. Tertium fluuiatiles, cęteri minutiores, & nullis penè nominibus annotati. Et genus Cancrorum litorale Phœnice fert, tantæ uelocitatis, ut eos consequi facile non sit: unde ἱππεῖς, hoc est, Equites appellant. Genus item aliud est, quod *Differentiæ.* magnitudine Cancrum non excedit, facie Astacis simile. Hæc ille. Nos plura genera numerabimus, (inquit Rondeletius:) quæ inter se differunt magnitudine, colore, pedum longitudine: & oculorum situ, quòd ij uel contingant se ferè, uel magno interuallo à se disiungantur. Omnibus pedes sunt deni cum chelis: cornua tenuia, parua & pauca. Corporis totius alueum atq; caput indiscretum omnes habent. Quam nos caudam appellauimus, Aristoteles ἐπικάλυμμα πτυχῶδες uocat. Per transuersum & in latus progredi uidentur, in pauore etiam retrorsum pari uelocitate redeūt.

Cancri nomen Plinio, ut dixi, & recentioribus quibusdam, ad Crustata omnia extenditur. Aristoteli speciem tantùm rotundorum significat. Iam uerò rursus in hac ipsa specie, quidam simpliciter Cancri dici uidentur: alij cum epitheto aliquo, ut Heracleotici: alij peculiari quodam nomine, ut Paguri, Maiæ. Paguros tamen recentiores quidam Græci pro Cancris promiscuè accipiūt: sicut & Palladius.

ITALI Cancros uulgò mutatis & inuersis literis Grancos uocant, tam fluuiales, quàm marinos, Platina.

GERM. Nos Cancros (ut communiùs accipiam Cancri nomen pro quouis malacostraco) Locustarios, καραβοειδεῖς, nominare possumus **lange Krebs**/ uel simpliciter **Krebs.** Angli **Creuise** dicūt Astacum tum mar. tum fluuiatilem: Hollandi alijq; inferiores Germani **Kreeft** uel **Creeft.** alterum uerò genus quod Cancrarium propriè appellatur, **kurtze Krebs/ runde Krebs**: uel uno uocabulo **Täschenkrebs**/ à similitudine marsupij subrotundi: uel **Meerspinnen**/ id est, Araneos mar. quanquam & Sepiam aliqui sic uocāt ineptiùs. Vel **Krabbe/ Krab/ Krabe/ Seekrabbe**: quo nomine Angli, Germaniq; ad Oceanum, (ut Galli etiam aliqui Chabre uel Crape) priuatim Pagurum uocitant.

Iconem hanc in Italia nactus sum, persimilem illi quam Bellonius exhibuit.

Hanc Rondeletius posuit, primùm lib. 18. cap. 21. deinde Tomo 2. in libro de piscibus stagni marini, cap. 12. utrobiq; Cancri anonymi nomine.

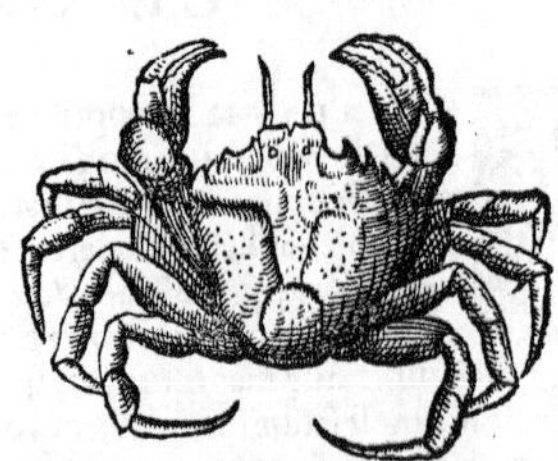

CANCER simpliciter & generis nomine dictus, cum sit species quædam infima, anonymus à Rondeletio cognominatur. Hoc (inquit) frequentius in Gallia Narbonensi uescimur. nascitur

ſcitur in ſtagnis marinis, inter fluuiatilem & marinum medius: quo in fluuiatilium penuria aduerſus Canis rab. morſum utendum cenſeo. ¶ Idem uidetur, qui à Bellonio ſimpliciter Cancer marinus (Καρκίνος θαλάττιος) nominatur. Hos Cancros (inquit) à Paguris eiuſdem magnitudinis (cum quibus ſæpe ab ichthyopolis permiſcentur) ipſa glabritie primùm diſcernere oportet. Paguri prętereа tibias habent hirtas, et brachia grandibus forcipibus uallata, atq; (quæ) in nigrum colorem abeunt, in extremo liuent. Cancri omnino glabri ſunt, eorumq; anterior corporis pars, poſteriore latior eſt. Hæc ille. Videtur autem ſpecies hæc ſemper minor eſſe Paguris.

ITAL. Venetis Granceolo dicitur. Ferrariæ mas Granzo, fœmina Grancella, Bellonius. In hoc genere (inquit idem) Veneti Mazanetas (*Infrà etiam Cancrum paruum latipedem, Mazenetam ab Italis uocari ſcribit*) nominant, Molecis ſimiles. hos mares eſſe, molleſcere, ac uernationem exuere ferunt: illas fœminas putant, & perenni contegi cruſta. ¶ Maia etiam Italis Granceola dicitur: & ne quis confundat cauendum.

GALL. A noſtris generis nomine Cancre appellatur, Rondeletius.

GERM. **Ein art der Meerkrabben. F. ein Minderkrabb/ iſt kleiner dann die rechten Meerkrabben.**

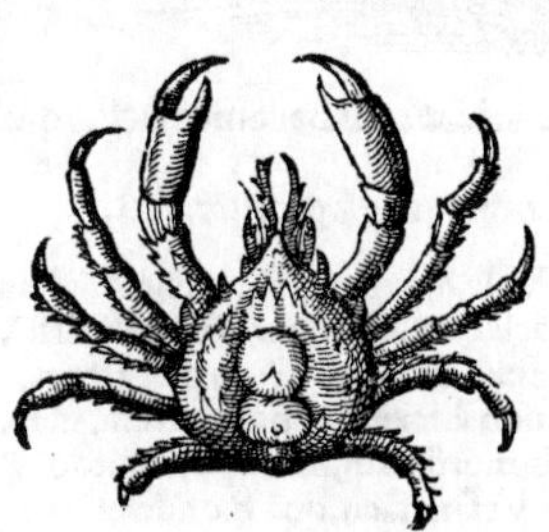

CANCER Heracleotic. (Καρκίνος ἡρακλεωτικός), Rõd. cognominatus inquit, ab Heraclea illuſtri urbe ad Pontũ Euxinũ, potiùs quã ulla alia. plures enim alibi Heracleæ fuerunt. Paguro tã ſimilis eſt, ut uix diſcernas, ueruntamen ſpecie differt. Colore eſt fuſco, &c. rarior in noſtro mari. ¶ Heracl. Cãcer (inquit Scaliger) grandiſsimus eſt in genere Pagurorum, cruribus breuibus, forcipibus admodum ualidis: quem pro Vrſo Rondeletius pinxit. Heracleoticus uerò ipſius, parua Maia omnino eſt, ſiue adhuc adoleſcens, ſiue adulta in ſua ſpecie: nihil enim refert, &c. Plura leges exercitationum eius De ſubtilitate 245. 2.

GERM. **Ein gſchlecht der Meerkrabben/ oder Meertäſchen.**

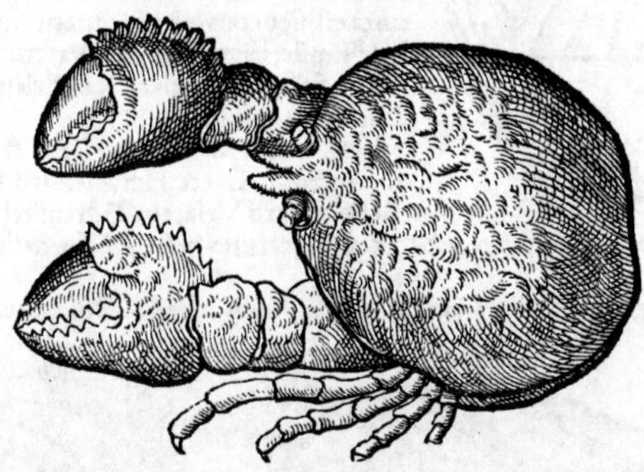

CANCER Heracleoticus Bellonij. nam Rondeletij hoc nomine Cancrum iam proximè exhibuimus. Cum Heracleas urbes (inquit) uiderem adiacentes litori, unam Ponti, alteram Propontidis, ab eis id Cancri genus denominatum eſſe, facile mihi perſuaſi. Plurimus eſt in Siciliæ litore, quanquam & Romæ aliquando uenditur. Multi Gallum marinum ea tantùm ratione uocant, quòd eius brachia uideant in criſtæ Galli modum tornata eſſe. Hæc ille. Rondeletius hunc Vrſum ueterum facit, & iconem ab hac nonnihil diuerſam ponit. Vide paulò poſt.

GALL. Migrane, id eſt, Malum Punicum uulgò uocant circa Monſpelium, à figura & colore ualde ſimili.

GERM. **Ein andere art der Meerkrabben: etlich nennẽd die ein Seehanẽ/ von der ſchären geſtalt: etlich ein Granatöpfel/ von der geſtalt vnd farb.**

RVRSVS Galli mar. uulgò dicti, (quem Cancrum Heracleoticum Bellonius facit,) qualem olim ex Italia Corn. Sittardus nobis attulit, alia eicon.

GERMAN. Neben der selbig Meerkrabb/auff ein andere weyß gecontrafeet.

Eiusdem Cancri icones alias duas aliter expressas, proximè retrò posuimus.

VRSVS (uel Vrsa, ἄρκτος ἡ.) Rondeletij: idem qui Cancer Heracleoticus Bellonij (& Scaligeri: Vide superius) proximè exhibitus: quo cum plura leges. Vrsi nomen (inquit) non à forma impositum est, ut Locustis: sed ab actionib. moribusq́, ut Lupo, Cinædo. ¶ Bellonius Vrsum seu Vrsam facit, quã Rondeletius Squillarum generis esse ostendit, & latam cognominat: quam nos etiam ex Italia olim Vrsi nomine à uiro quodam erudito missam accepimus. Crediderunt nimirum hunc esse Vrsum aliqui à corporis forma: quæ crassa ei & recurta est, sicut terrestri, & quia genus alterum per omnia huic simile, Ligures uulgò Vrsetam appellant: quæ an eadem sit Squillæ cælatæ Rondeletij, quærendum. Vide infra inter Squillas.

GERMAN. dici poterit ein Bärenkrabb: uel alijs nominibus in Cãcro Heracleotico Bellonij iam positis. [Bellonij uerò Vrsa, ein Bärenkrebs. hic enim longus & caudatus est, ille rotundus.] Ein andere contrafeetung deß nächstgemelten Seekrabben.

Icon Paguri ueluti in dorso iacentis, expressa Venetijs: similis à Bellonio exhibitæ.

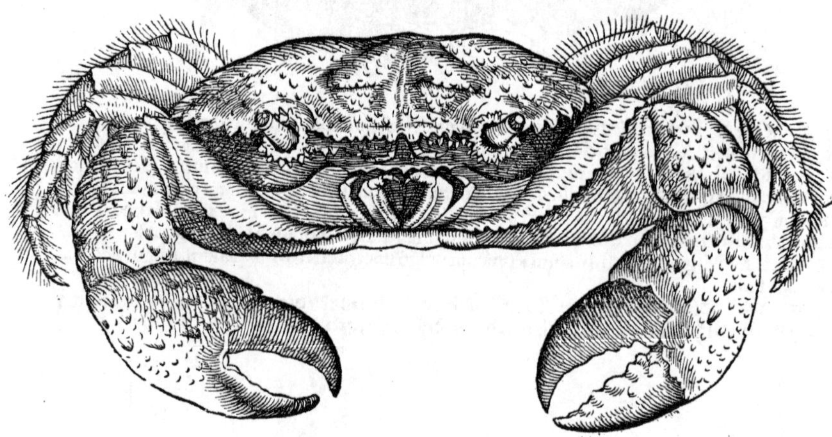

PAGVRVS

Eiusdem alia quam Rondeletius pro Maia dedit effigies. Nos proximè Maiam aliam dabimus.

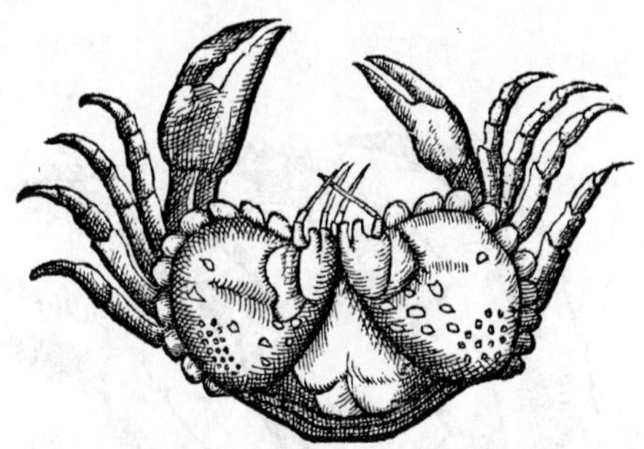

PAGVRVS (πάγουρος) genus est Cancri Hesychio. Recẽtiores Græci pleriq; Pagurũ pro Cancro simpliciter & in genere usurpant. sic Pagurum fluuiatilem dixit author Euporistωn, quæ inter notha Galeni sunt. Idem à Palladio Cancer marinus uocatur. παγούρους, τοὺς παρ' ἡμῖν καράβους, Scholiastes in Equit. Aristophanis. Bisas, Pagurus est marinus, qui uocatur Carabus, Kiranides. *Bisas,* Vocatur autem à Græcis Pagurus, παρὰ τὸ ἐν τοῖς πάγοις ὀρούειν καὶ ὁρμᾶν: ἢ παρὰ τὸ τοὺς πάγους οὐρεῖν καὶ φυλάττειν. solet enim ἐν πάγοις, hoc est, asperis & petrosis locis uersari. Prima huius nominis syllaba Oppiano & Nicandro corripitur. Latinum nomen non inuenit. Græco usi sunt Plinius et Gaza. Heracleotici suprà dicti his omnino cognati uidentur. ¶ Pagurum eundem quem Bellonius pingit Cancrum, in Italia ab eruditis nominari audiui. nec alium ad me pictum Fracastorius dedit. de eodem etiam Gillius sensit. Attestantur & nomina, tũ alia quę Bellonius recenset: tum Porri uel Pori nomen usitatum Italis per syncopen à Paguro cõtractum uidetur. quanquam hoc nomen Rondeletius suæ Maiæ attribuit, Porroni quidem ille, non Porri scribens. ¶ Negat Rondeletius (inquit Scaliger, nomen quidem eius supprimens) Maiam esse Cancrum illum longicrurem, horridum: propterea quòd Maia sit Cancrorum maxima. At, inquit, hæc quam Prouincia Squinado uocat, nõ est maxima. Maximum enim fert Oceanus Cancrum, Squinado quadruplo maiorem. Vbi non animaduertit Aristotelem de suis Paguris atq; Maijs scribere, non de Oceanicis. Quippe etiam Rhombi nostrates parui, Oceanici decuplo ampliores. At in toto Aegæo, Ionio, Adriatico Granceolæ (sic enim dicuntur ab illis Maiæ) sunt omnium maximę Cancrorum. Hæc ille. Idem Scaliger: Pagurorum (inquit) duas noui differentias. alter & orbiculatior, & fuscior, & maior. *Species duæ.* Alter est quadratior et minor, colore dilutiore, ac penè pallida uiriditate. Poressas hos uocat Venetus. ¶ Pagrum piscem (φάγρον) per imperitiam cum Paguro cancro facilè confuderit aliquis. ¶ Paguri quando à Cancris simpliciter dictis discernantur, suprà expositũ est in Cancro simpliciter uocato.

GRAECI hodie ubiq; uetus Paguri nomen retinent.

ITAL. Cancer hic (inquit Rondeletius) à nonnullis Carabo dicitur, ab alijs Porroni, à Venetis Granci porroni (al'. Granci porri,) ab alijs Cancharo de Barbarie, Rondeletius. Venetijs Poressa, Scaliger.

HISPAN. Lusitani Aranha (ut audio) nuncupant.

GALLI un Chabre uel Crape nominant, Normanni à rubro uel ruffo, quem eius testa præ se fert, colore, un Rousseau appellant. alij quod coctus in pastilli modum pulmentũ ferat, un Tourteau. Massilienses Carbasse & Fagule, Bellonius. Nostris est anonymus: quia rarissimè in nostro litore capitur, Rondeletius.

ANGLI A Punger.

GERM. Krabbe/Seekrabbe. Eadem quidem nomina quæ Cancro simpliciter, Paguro etiam alijsq; speciebus, magnitudinis aut alia quapiam differentia simul expressa, conuenient.

MAEAE (Μαῖαι) Cancri dicuntur ab Aristotele, à Gaza Maiæ, fortasse à magnitudine. nam Μαῖα quæ amitam significat & nutricem, aliquando etiam pro grandiore natu sumebatur, Rondeletius.

Maiæ, quia maximè Cancrorum, ita quasi obstetrices appellantur: quæ cum Pagurorum paruitate, tanquam cum infantibus comparentur, Scaliger. Massarius in nono Plinij Mæa potiùs Græco nomine scribendum ait, ut codices antiqui habent: quàm Maia, ut Gaza uertit, quasi ita apud Plinium legerit. Aristoteles Mæę crura tenuia tribuit: non etiam parua seu breuia, ut Rondeletius scribit: nam Heracleoticis cancris mox eadem parua esse subijcit. item oculos parum inuicem distantes. ¶ Cancrum illum, quem repræsentamus Maiam esse, Iouio, Gillio, & Bellonio cõ

Iconem hanc pro Maia fœmina Venetijs pictam accepi: illi quam Bellonius dedit picturæ similem.

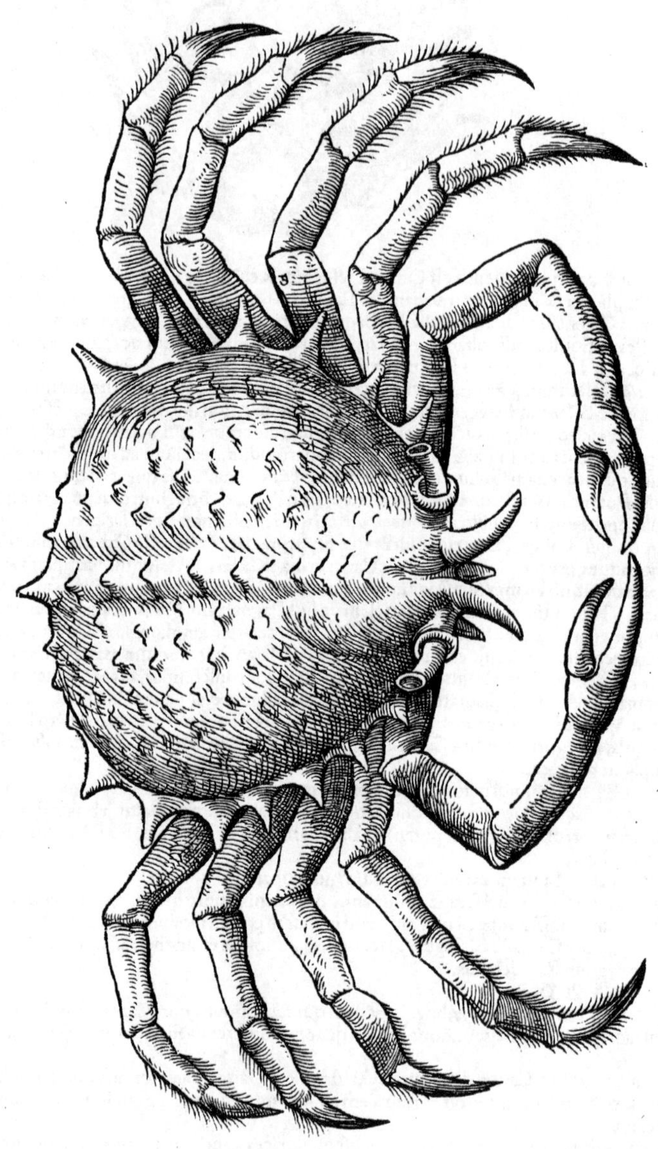

Eiusdem

Eiuſdem alia imago à Rondeletio accuratiùs expreſſa, & maſculi forſitan in hoc genere.

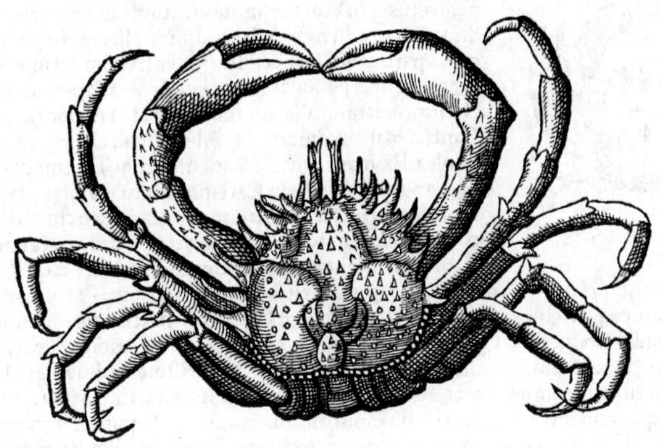

uenit, quibus contradicit Rondeletius. Lege ſuperiùs in Paguro. Ego pleroſq; in Italia eruditos hanc Maiam facere animaduerti: & ſimilem illi quam poſui iconem, Maiæ nomine ab Hieronymo Fracaſtorio accepi, ſed magis pyramidata parte anteriore, &c. & ſanè ut in Paguris anterior pars latior eſt, ſic in Mæis poſterior. Maiæ corporis figura, inquit Gillius, poſterior rotundior eſt, anterior pyramidatior. extremæ partes aculeorum ſerie circumuallantur: quorum duo ex fronte tanquã cornua eminent. cru(a quibuſdã ſpinulis horrent. Longè omnium maximum (inquit Scaliger) Cancrorũ genus eſt Maia: tota cuppa aſperũ, cuſpidata fronte horridum, prælongis cruribus, exilibus, ac propterea imbecillis. ¶ Rondeletij Cancer Heracleoticus, omnino parua Maia eſt, ſiue adhuc adoleſcens, ſiue adulta in ſua ſpecie, Idem Scaliger. De hac fortè ſenſerit Gillius, paruum genus Maiæ Maſsiliæ inueniri ſcribens, ut corpore multò minore, ita pedibus multò longioribus. *Maia parua*

ITALICE. Granceola, corrupto nimirum nomine à Cancro. Vulgò Cancreolas cognominãt, Maſſarius. Sed Cancrum marinum etiam paruum uel ſimpliciter dictum, Venetijs Granceolum nominari Bellonius tradit: uideturq; ei nomen hoc ceu diminutiuum meliùs quadrare. Veneti ac Genuenſes à ſpeculis, in Maiarum corticibus elegãter incluſis, Specchio, hoc eſt, ſpeculum dicunt: (Romanum uulgus Grancitellas:) ſupinam enim ſi contempleris, tria parte anteriore breuia ſpecula ab ipſius cruſtæ tegmine continuata cernes, inter quæ prætenturæ duæ deliteſcũt, Bellonius. Iouius aliquos Maiarum rotundioribus teſtis ſpecula ad elegantiam includere ſolere tradit.

HISPAN. Chabro, Rondeletius. id ad Germanicum Crabe accedit. Luſitanice Cangreia, uel Cangreiola, uel Centola, ut audio.

GALLICVM uulgus ob ſimilitudinem quam cum Araneo habet, Iraigne de mer. (*Eſt & Araneus, Cancellus quidam, de quo infrà.*) Maſsilienſes ab aculeis infinitis, quibus in tergore more Locuſtæ horret, & uillis quibus undiq; eſt circunſeptus, Squinaude (*Squinadam Gillius: nimirum quaſi Echinatam*) uocant, ad pectinem, ad quem linum attenuatur, alludentes, Bellonius. In Prouincia Squinado uocatur, ab alijs Gritta (Bellonio Cancer latipes Maſsiliæ Gritta dicitur.) Squaranchon, Grampella.

ANGLI A Fryll: quanquam idem nomen etiam Pectinum generi cuidam aculeato tribui inuenio.

GERM. Ein groſſer Seekrabbe/mit langen dünnen füſſen/voll raucher ſpitzẽ. ein groſſe Meerſpinnen art/ die gröſte vnder den Krabben. mag ein Vrkrabb / Hechelkrabb/ oder Spiegelkrabb genent werden.

CANCER Latipes Bellonij: quem Græcè Platypun, uel Platypoda cognomines licet. Paruus quidam (inquit) & ignobilis Cancer apud nos frequentiſsimus eſt, nomine tamen caret ob uilitatem. Paruus eſt, nucis iuglandis magnitudine, aliquãdo paulò maiore, &c. Pedum

S

postremus & minimus (utrinq; præter ali rum Cancroru͂ naturam, unde Latipedem cognominauimus) in latitudinem desinit osseam. E frôte extant cornicula quatuor. Cum maris purgamentis in litus eijcitur, & cum piscibus alijs sagena capitur: neglectusq; in litore relinquitur, unde magna celeritate regreditur in mare, beneficio latitudinis postremoru͂ pedum. ¶ Carcinus paruus aut Cancellus (inquit Bellonius) inter pisciculos reperitur: qui pedes extimos latiusculos habet, (quibus ad natandum ceu pinnulis aut remis utitur:) & hac nota tantùm à Cancro marino differt. ¶ Alios etiam Carcinis aliquo pacto similes, Romani rustici frequenter cum Tellinis & Conchulis diuendunt. qui tamen Carcinis multò maiores (*fortè minores*) sunt, &c. hi quoq; nouissimos pedes in extremo latos habent. eorum magnitudo pollice operiri potest: uiuaces tamen admodum sunt: Nautæ crudos cum pane edunt, &c. ¶ De huiusmodi Cancris (inquit Rondeletius) locutum puto Aristotelem, ubi scribit: Parui Cancri qui capiuntur inter paruos pisciculos, postremos pedes habent latos, ut ad natandum sint utiles, & pinnarum uel palmularum uice. ¶ Quærendum an hic Cancer sit, quem Cursorem cognominant.

Alius latipes

Cursores. Bellon. Cursores câcros, eosdê Equitibus facit, nescio quâ rectè. Aristoteles diuersis in locis, nominibus quoq; diuersis eos commemorat. Cursores enim esse arbitror, quamuis ipse non nominat,

Equites. Latipedes illos quorum meminit De partibus animalium lib. 4. c. 8. Equitum uerò mentionem facit Historiæ 4. 2. Genus est quoddam Cancrorum (inquit) in litoribus Phœniciæ, tantæ uelocitatis, ut uix quisquâ consequi possit. unde ἱππεῖς, id est, Equites appellantur. ijs nihil ferè intus pro pter inopiam pabuli est. Δρόμων est paruus Cancer, Hesychius. Cancri δρομίαι (inquit Aelianus) longè lateq; uagantur. modò circùm litora errant, ubi & nati sunt: modò longiùs proficiscu͂tur: & uel in loca saxosa, uel cœnosa, cibum perquirentes, sæpe perueniunt. Bellonius in Singularibus scribit hos Cancros non multò maiores esse castanea.

ITAL. Romæ Grancetto uocant, (forma diminutiua nimirum à Cancro.) Veneti ac Ferrarienses Mazenetam, (*Hoc nomen etiam simpliciter Cancro marino paruo attribuunt, ut suprà dictum est,*) Bellonius.

GALL. Massilienses Grittam genuina uoce nominât, Bellonius. Sed Maia etiam in Prouincia aliquibus Gritta uocatur.

GERM. F. Ein breitfüß/ Ein Leuffer/ Ein kleiner Meerkrabb/ hat die ij. letsten füß breitlacht/ laufft schnell.

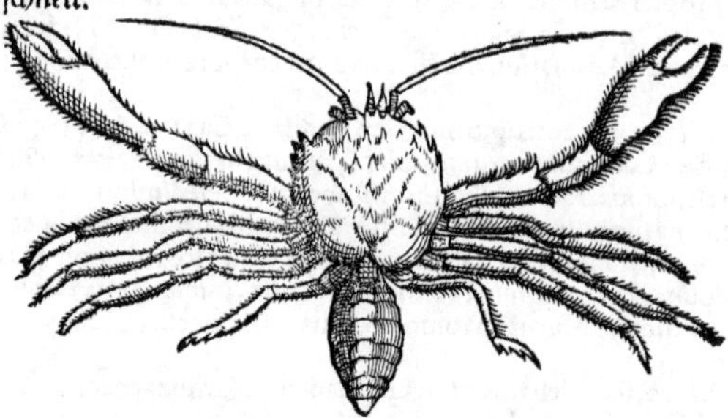

CANCER Flauus siue Vndulatus Rondeletij. Cancer hic (inquit) inter anonymos & ignobiles magnus est, Cancris stagni marini uel fluuiatilibus æqualis. Flauum à colore nominauimus: Vndulatum à lineis quæ in prona parte sunt sinuosæ undarum modo, non aliter quàm in cameloto uulgò nuncupato. Capitur circa Antipolim & Lerinum insulam, nec uspiam similes uidi. Caudam extentam depinximus, &c.

GERM. F. Ein Schamlot krabb/ ein gälber Meerkrabb.

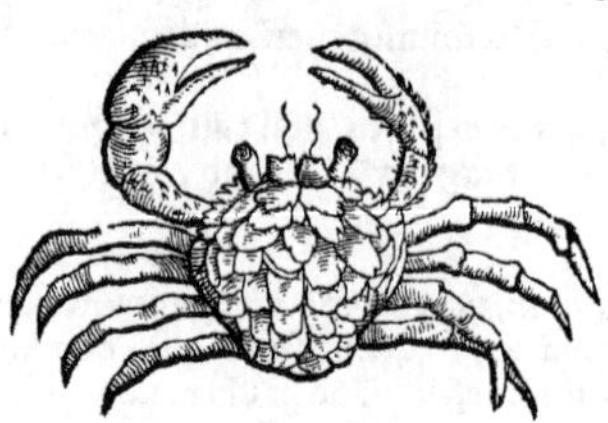

CANCER Varius siue Marmoratus Rondeletio dictus. Hoc Câcri genus (inquit) in saxorum cauernulis degit, non alibi quàm in Agathensis litoris scopulis à me uisum. Testa est læui ac perpolita, duriore quâ in cæteris. coloribus maculisq; uarijs (uiridibus, cœruleis, albis, nigris, cinereis,) conspersa, marmor uarium siue iaspidem pulchrè referente. Hæ maculæ in mortuo maiori ex parte euanescunt, quod si in Sole

Sole exiccetur, totus ſit flauus.

GERMAN. Ein Punterkrabbe/hat ein glatte glitzerende ſchalk/mit mancherley flecken beſprẽgt/grün/blaw/weyß/ſchwartz/äſchfarb/dieweyl ſy läbẽ: wie ein ſchöner gefleckter marmel oder iaſp. ein Marmelkrabb.

CANCER Brachychelus Rondeletij. Cancer hic (inquit) alibi rariſsimus, in Lerino inſula frequens, ex rubro nigricat, paruus. eius corpus poſteriore parte, contrà quàm in cæteris, latius eſt, anteriore acutius. Chelas duas habet ualde breues, & tenues: unde βραχυχήλου nomen dedimus, &c. ¶ Hic Cancer an Eques ueterum ſit conſiderandum. longiſsima quidem pro reliqui corporis magnitudine crura, ſublimem ipſum, ἔποχον, & ueluti equitem oſtendunt: & chelarũ breuitas nihil celeritati ingreſſus officere uidetur. De Equite quidẽ cancro plura ſcripſi ſuprà in Cancro latipede ſiue dromia: quem ad celeritatem nõ quidem pedum longitudo, ſed poſteriorum (opinor) latitudo promouet: ſicut & in mari ad natationem. *Eques.*

GERM. Ein kleine art der Meerkrabben/mit kurtzen ſchären/langen füſſen: vnd dem leyb hinden breit/vornen geſpitzt.

CANCRI Quædam ſpecies, cuius picturam Io. Kentmãnus medicus ad me dedit. Eum Macrochelum uel Leptochelum cognominare licebit, quòd inter Cancros longiſsimæ ei tenuiſsimæq́ ſint chelæ.

GERMAN. Ein Meerkrabbe mit gar lãgen vnd tünnen ſchären.

CANCRI Hirſuti Rondeletij. Paruorum (inquit) Cancrorum qui hirſuti ſunt, differentias tres obſeruaui. Prima eſt eorum qui chelas aculeatas habent, & in extremo nigreſcentes. Cornicula duo: quæ ſequuntur utrinque partes, ſerratæ ſunt. In teſta media cordis humanę figura expreſſa cernitur. Chelis pedibusq́ omnibus hirti ſunt. Huic generi ſimile aliud eſt ęquè hirſutum: ſed minus, & chelarum extrema nigricantia non habet. Tertia differentia eorum eſt, qui ſecundis ita ſimiles ſunt, ut eoſdem cum ijs planè eſſe diceres, dempta ſola magnitudine: quare horũ pictura ſeparata nihil opus fuit. Tria hæc genera cum reliquis piſcibus euerruntur, & ob exiguitatem prorſus negliguntur. 1. 2. 3.

GERM. Kleine vnd harechte (beſunder an füſſen) Meerkrabben.

S 2

CANCRIS Hirsutis Rondeletij adnumerandus uidetur ille, quem Lupum marinum uulgò Romæ, alij Somniolo uocant: quòd eius crusta in puluerem redacta somnum inducat. alijs Papilla pilosa uel Castrangiolo dicitur. Huius iconem à Cor. Sittardo missam apposui.

GERM. F. Ein Schläffer: dann sein schal zů puluer gestossen/soll schlaffen machen. Ein andere art der (kleinen) harechten Meerkrabben.

CANCER hic corporis trunco (inquit Rondeletius) cordis figuram omnino refert, cum pelagicis piscibus pana gro extrahi solitus: sed rarò, propter paruitatē enim è retium maculis facilè elabitur.

GERMAN. F. Ein Hertzkrabble.

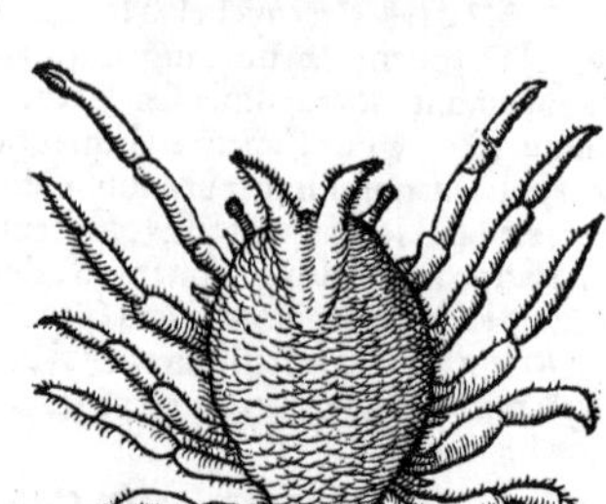

CANCER qui ab ITALIS uulgò Folia uel Folca (circa Romam præsertim, ni fallor) nominatur, eius effigiem ut à Cor. Sittardo meo felicis memoriæ accepi, posui. Folca dicta (addebat is) parum à Maijs differt, nisi quòd asperitatem in testa tomentosam habet. ¶ Quòd si pictura bene se habet, ut puto, leptochelum hunc Cancrum, à chelarum exilitate cognominaueris.

GERM. Ein besunderer Meerkrabb/ in Italia bekañt/mit gar kleinen schären.

ARANEA Crustata Rondeletij: de qua sensisse putat Aristotelem, cum scribit: Cancellus forma similis est araneis, nisi quòd partem capiti & pectore subiectam araneo maiorem habeat. Sed forsan terrestri araneę Aristoteles cācellum comparauerit. inter crustata enim alibi nusquam araneum numerat, ut neq; alius ueterum. Interim tamen hunc quem Rondeletius exhibet, sic nominari propter formę similitudinem nihil prohibet: imò multò magis propter paruitatē hunc ita uocari cōuenit, quàm paguros uel maiores cancros, quos Meerspinnen, id est, Araneos marinos Germani uocant: ad quorum differentiā, diminutiuo nomine araneum istum Meerspinnle, appellabimus. Araneum marinum in Frisia uidi ita similem domestico, ut sola magnitudine à terrestre differret, Turnerus.

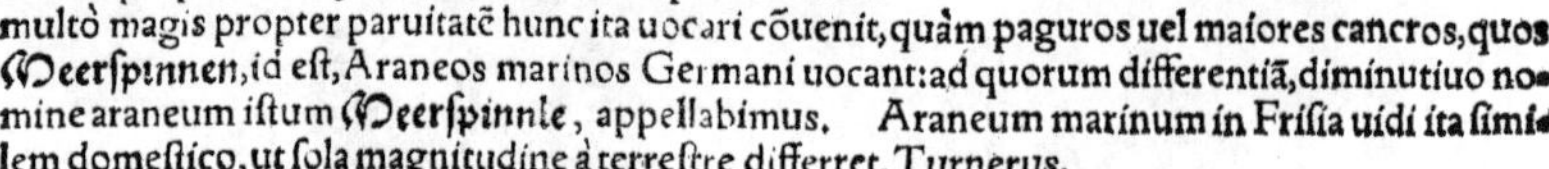

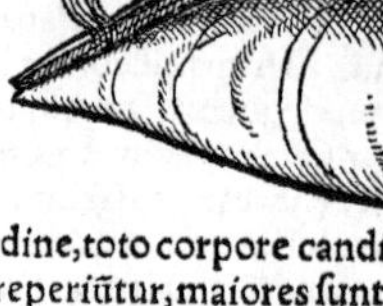

CANCER paruus (Καρκίνος μικρὸς) semper in alienis testis hospitari solet, non tamen quibuslibet: sed præcipuè in Mitulis gurgitum, Pinnis, Pectinibus atq; Ostreis. Piscatores putant Cancros unà cum illis, quorū testam inhabitant, nasci: Rondeletius ex coitu procreari ostēdit. Dicā (inquit idem) quod sæpissime uidi. Cancri parui qui in Ostreis reperiuntur, minores sunt, paruę scilicet fabæ magnitudine, toto corpore candidi, præterquā in pronæ crustæ medio quod rubescit. Qui uerò in Pinnis reperiūtur, maiores sunt, & magis rubri quā albi: alioqui chelis, pedibus, toto denicq; corpore tum inter se, tum alijs omnibus cancris similes.

Pinnoteres. pinnophylax ¶ Cancer paruus cum Pinnam subit, priuatim Pinnoteres aut Pinnophylax, ut Oppiano in carmine, (πιννοτήρης, πιννοφύλαξ) uocatur, quòd seruet custodiatq; Pinnam. est autem Pinnoteres, masculinum primæ inflexionis, ut Anchises. Minùs probo quòd à recentioribus quibusdā Pinnother scribitur. apud Aristotelem de Hist. 5. 15. πιννοθῆραι multitudinis numero legitur, tanquam à recto πιννοθήρας ὁ, ac si Pinnæ uenatorem dicas: quoniam in Pinna in suum illiusq; commodū pisciculos uenari soleat. sic enim quidam putarunt: quos redarguit Rondeletius. Pinnæ enim aqua tantùm & luto uiuunt, non pisciculorum carne ut crustata omnia. Nunquam nascitur Pinna *Squilla parua.* (inquit Plinius) sine comite: quem Pinnoterem uocant, alij Pinnophylacem. is est Squilla parua, alibi Cācer dapis assectator. Sic ille. Sic aūt accipi debent eius uerba, ut Pīnoterę duo intelligātur, unus Squilla parua, καρίδιον Aristoteli: alius uerò Cancer paruus. nam quia hęc etiam (Squilla parua) in Pinnis reperitur, aliqui fortè confundunt. Cicero quidem ea Squillæ paruæ in Pinna attribuit, quæ Græci Cancro paruo. *Cancri parui cur in alienis testis degant.* ¶ Inueniuntur autem hi Cancri in alienis testis, non quòd in ijs nati sint, nec aliqua societate aut uictus communis ratione, ut diximus: sed quia molliore testa tecti sunt, & ideo iniurijs magis opportuni, Concharum caua subeunt, ut illic tanquam in specubus & antris

& antris tutiùs degant. Quare non solùm in testis, (inquit Rondeletius,) sed etiã in Spongiarum cauernulis, in saxorum, rimis, in externis testarum, quibus Ostrea tecta sunt, cauis sæpisime Cancros paruos reperi. ¶ Alius quàm hic est Cancellus siue Scyllarus, qui corpore oblongo Locustis non Cancris similis est, & inanes tantùm turbinatasq; testas subit: de quo proximè agemus. Cancellus.

GERMAN. hic Cancer paruus uocari poterit ein kleiner Meerkrabb: ein Meerspinnle/ wonet in Schneckenschalen im meer inn den schalen etlicher läbenden Schnecken oder Muscheln. ein Muschelgast. Cancellus uerò, de quo mox dicetur, uoce diminutiua ein Meerkrable: ut eadem sit horum nominum ratio ac differentia in sermone nostro, quę Græcis inter καρκίνου μικρòυ & καρκίνιου, id est, Cancrum paruum et Cancellum. Vel potiùs Cancer ille paruus utroq; modo ex iam dictis Germanicè appelletur: Cancellus uerò ein Meerkrebßle, ut non solùm paruitas eius, sed etiam corporis figura oblongior, qua Astacum refert, simul indicetur.

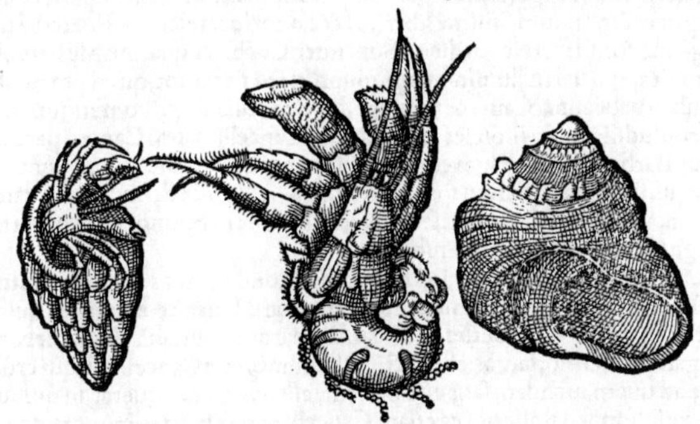

Cancellus in testa. *Cancellus nudus.* *Testa uacua, quæ Neritæ uideri potest, quòd Buccino similis sit, ampla tamẽ, &c.*

Cancelli in Buccino effigies: quam olim Cor. Sittard. mihi communicauit.

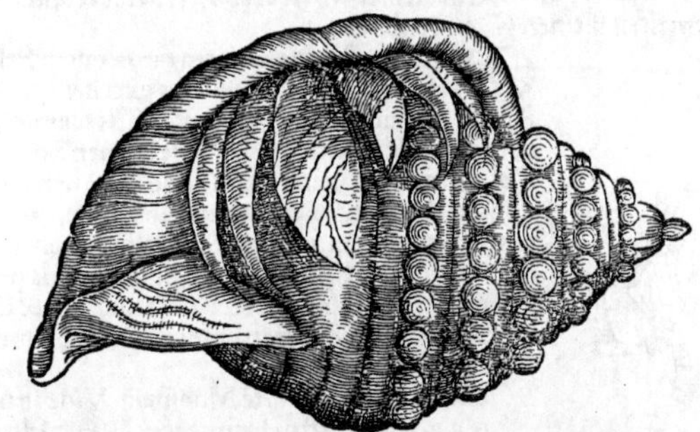

Scyllarus siue Cancellus in Nerite concha, Venetijs ad me missus.

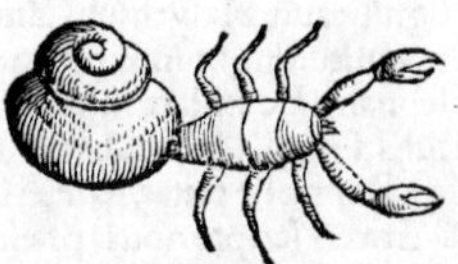

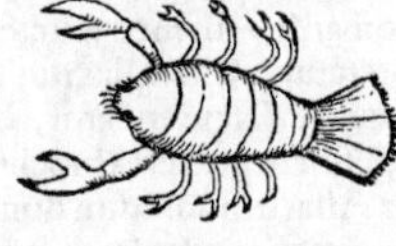

Cancellus alius oblongus, Astaco fl. similis, quem et ipsum Sittardus misit: referendus ad tertiũ genus Cãcelli à Rond. memorati.

CANCELLVS, Aristoteli καρκίνιον τò: Oppiano, Aeliano, Galeno, καρκινὰς ἡ. differt à Cancro paruo, quem proximè retrò dedimus: quòd ille reuera Cancris specie similis sit: hic uerò Locustis teste Aristotele. Inest quidem in eo, Rondeletio authore, quod & Locustis & Cancris simile sit: quare hoc etiam loco ceu inter utrosque medium reposuimus. Aristoteles alicubi inter Crustata & Testacea eum ambigere scribit: quòd & Locustis cognatus sit suo corpore: et testas in

S 3

grediatur. uerùm cum alienas ingrediatur testas, (uacuas duntaxat,) inter Testacea rectè censeri non potest. quin & Spongias aliquando subit, si quando foramē in eis capax nanciscatur. ¶ Cancellus (inquit Aristoteles, à quo etiam forma eius diligentissimè describitur) initio gignitur ex terra & limo. deinde in uacuas testas ingreditur: ubi cum accreuerit, in ampliorem testā subit, uidelicet aut Neritæ, aut Turbinis, & aliorum huiusmodi: sæpe etiam parua Buccina: ingressusq; eam circunfert: ibidem nutritur & augetur: deinde capaciorem petit. ¶ Idē philosophus species Cancelli duas statuit: unum in Turbinibus, longiorem: alterum in Neritis Conchisq;, breuiorē, & cætera ferè similem, sed dextro pede paruo, sinistro magno: qui priuatim Scyllarus (Σκύλλαρος ὁ.) dicatur. At Rondeletius: Liberè (inquit) dicam, quod diu multumq; obseruaui. sola corporis longitudine duo hæc Cancellorum genera differre puto: ut Cancellus Turbinatorum hospes longior sit: Neritarum breuior: quia Neritarum testa est læuis, ampla & rotunda. Quantum ad pedum bisulcorum longitudinem attinet, in omnibus Cancellis, quos plurimos uidi, semper sinistrum pedem crassiorē dextro perspexi, quod non fortuitò, sed certa ratione mihi uidetur contingere. cum enim uiuant in testa circa corporis medium complicati, quantum dextræ parti compressæ alimenti incrementiq; decedit, tantum sinistræ liberiori & laxiori accrescit. Præterea uidetur Aristoteles tertium genus constituere, cum dicit: Sunt inter Cochleas quæ intra se bestiolas habeant Astacis paruis similes, qui uel in fluminibus gignuntur: sed differunt, quòd præmollem intra suam testam carunculam habeant. ¶ Cancros paruos cum Cancellis aliqui confundunt. uidetur quidem etiam Plinius confudisse: et Aristoteles semel alicubi Cancellum pro Cancro paruo impropriè posuit. Hermolaus Barbarus Cancellum cum Squilla parua confundit. Nos Pinnoteren duplicem esse monuimus, unum Cancri exigui specie: alterum Καρίδιον, id est, Squillā paruam. Non cancer paruus solùm, ut Aristoteles tradit: sed Cancellus quoq; in Spongiarum cauernulis latet & uiuit. Plura lege mox in Gallicis nominibus.

Species duæ Aristoteli.

Scyllarus.

Species tertia

ITAL. Ligures Brancha uocant, uel Branchna, Rondel. HISPANI, ut audio, Cangréio.

GALL. Prouinciales Bious Cambus. nostri Bernard l' ermite. eremitam quidem, quòd alios fugiens, in testa perinde ac in solitudine uiuat. Bernardum autem, quòd plebs nostra Bernardos, etiam uulgari prouerbio, fatuos esse dictitet: fatuumq; esse Cancellum, qui crusta tectus, chelas habens, quę ad uitam tuendam satis esse possent, alienas domos quęrat, in quibus latens uiuat. Quòd si non hæc solùm, sed posteriores etiam Cancelli partes spectaueris, prudentem esse iudicaueris, qui nudas & iniuriæ ualde opportunas partes, dura & firma testa muniat.

GERMANICE uocari poterit Ein kleiner Meerkrebs / Meerkrebßle. ein Einsidler. Süch im nächstgemelten kleinen Meerkrabben.

Auena.

CANCER Paruus quidam rarus: quem Sebastianus Buotzius Argentinensis medicus excellens, mihi olim ostēdit. Auenā nominari uulgò addebat, si satis memini, ceu usitato circa Monspelium uocabulo. Scaliger tamen Squillam marinam à Vasconibus Ciuadam uocari ait, id est, Auenā: pugillatim enim (inquit) deuorant, sicut auenam ueterinæ. ¶ Partes eius omnes perexiles erant: caput ut in locustario genere prominēs. cauda breuis & ad uentrem reflexa, ut in Cancris propriè dictis: ita ut ambigere inter hæc genera uideatur, sicut & Cancellus priuatim dictus. Pedes forcipati omnes, nō chelę tantùm: si pictor rectè expressit, ut arbitror.

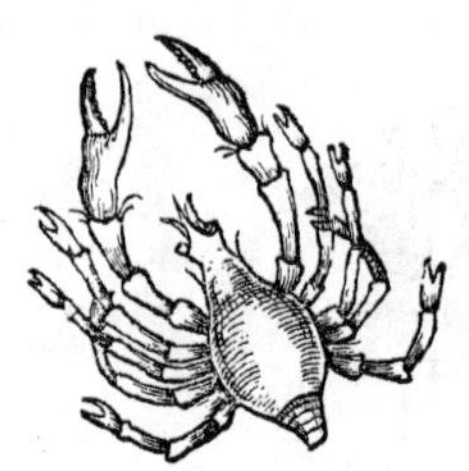

GALL. Auena fortè Monspelij. Vide in præcedentibus.

GERMAN. Ein besunderer kleiner seltzammer Meerkrebs / hat das vorderteil wie die Lobster oder Krebs: den schwantz aber zum teil wie die Krabben: die füß alle gescharet.

ASTACVS, Ἄστακός communiter Græcis, Attice ὄστακός. Gaza Gammarum conuertit, uulgi nimirum Italici appellationem secutus, cum Græcam retinere præstitisset. nam Gammarus ueteribus Romanis, Athenęo teste, Squillæ speciem significauit. Hesychius Cāmaros, Squillas rubras interpretatur. ¶ Elephantus Plinio dictus, à magnitudine opinor pedum ac brachiorum, non alius quàm Astacus uidetur, Rondeletius. Elephanti Locustarum generis, nigri, pedibus quaternis, bisulcis: præterea brachia duo, binis articulis, singulis forficulis denticulatis, Plinius. Bellonius Astacum adultum duntaxat, Elephantum Plinij esse putat. nam Astaci (inquit) quantò maiores exeunt, eò nigriores euadunt. Eundem à Græcis scriptoribus, præsertim Aeliano, Leonem dictum conijcit. Rondeletius diuersum quidem Leonem exhibet ac describit. apparet tamen eum non contradicere, quin idem sit Aeliani Leo, & Plinij Elephantus: Plinij uerò Leonem & Elephantum diuersos esse liquidò ostendit.

GRAECI & accolæ Adriatici maris, etiamnum nomen antiquum retinuerunt. Constantinopoli Liczuda uel Lichuda uocant.

ITALICE Romæ Gammaro uel Cambaro (Gambaro) di mare. nam fluuiatilem Astacum simpliciter Gambaro nominant. Venetijs Astase uel Astese. Genuæ Lumbardo. ¶ Illyrici, Larantola. HISPANI Camarón.

Forma

Forma hæc Aſtaci eſt, quem Venetijs Aſteſe uocant, ubi & depicta eſt: ſed minùs accuratè, ut apparet, quàm à Rondeletio.

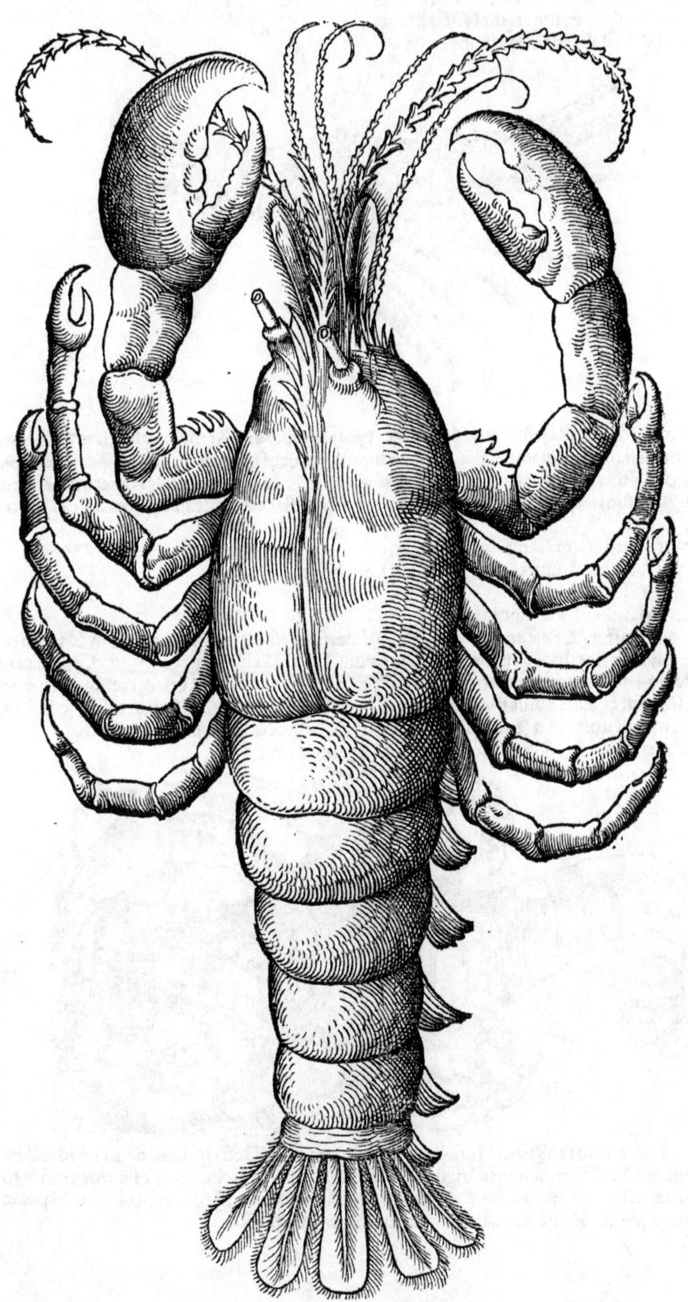

S 4

GALLI & Normani Homar, Massilienses Ligumbault: circa Monspelium Langrout ule Escreuice de mer. ¶ Massilienses & Leonem & Astacũ, ex Plinio diuersos pisces, uno eodemq́ nomine Ligombaudos nominant, Gillius.

GERMANICE Humer/ein Meerkrebs.

ANGLICE A Creuyse of the sea.

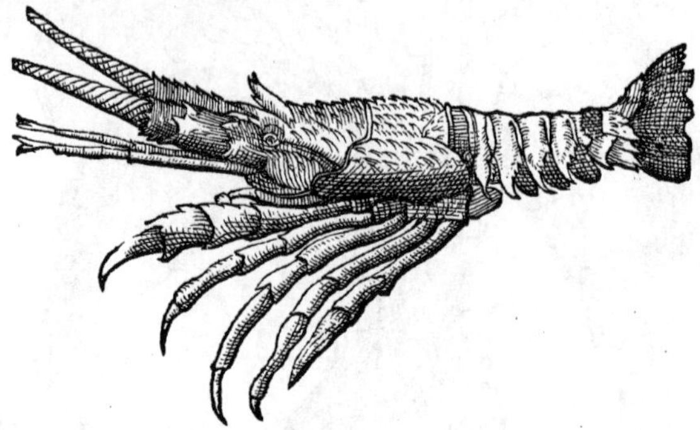

LOCVSTA Marina, Κάραβος, Καραβίς. Aliqui γραψαῖον uocant: Archestratus etiam Astacum, nos alium Astacum priuatim sic dictum dedimus. Locustarum marinarum species esse plures ex Aristotelis quarto de partibus animalium apparet. Idem Aristoteles quæcunq; ex crustatis oblongiora sunt Καραβοειδῆ nominat, Gaza uertit locustacea: ut rotunda cancros, uel cancrarij generis.

GRAECI nunc etiam Cárabon nominant.

ITALI Locusta. Ligures Alagousta, alij Lanchrina.

HISPANI Logusta.

GALL. Massilienses Langouste.

ANGLI Lopster/Lopstar. Eliota Anglus diuersis locis Astacum, Locustam & Leonem interpretatur a Lopster. Io. Caius Creuise Anglorum, Locustã esse, indicauit. At Guil. Turnerus in epistola ad me: Locustam mar. (inquit) nusquam audiui uocatam a See, creuis, sed perpetuò a Lobster. Est & alius huius generis piscis in Northumbrico mari nusquam uisus, sed in Occiduo frequens, qui uocatur a Longoister, is cornicula habet cubito subinde longiora.

GERMANICE F. Ein Meerkrebs oder Humer art.

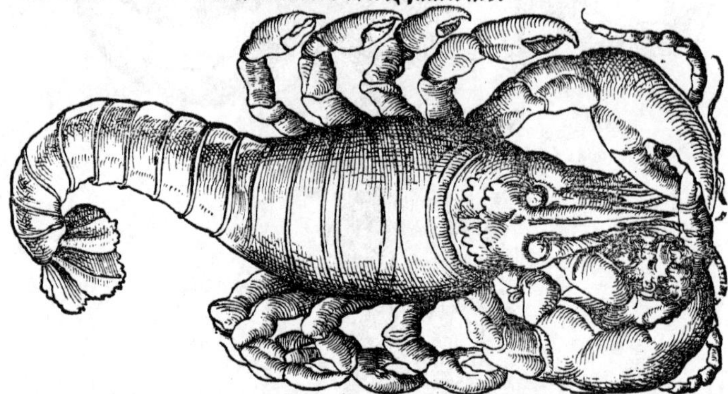

ASTACI MARINI Quem Humer uocant Germani, ex Descriptione Septentrionalium regionum Olai Magni, effigies. Ingẽtem esse scribit, (inter Orchades & Hebrides insulas,) & tam ualidum ut hominem natantem chelis apprehensum suffocet. Sed non probo, quòd pedes omnes bisulcos pinxit; & caudam tabellis tam multis construxit, &c.

CHELA ASTACI Marini ex Oceano.

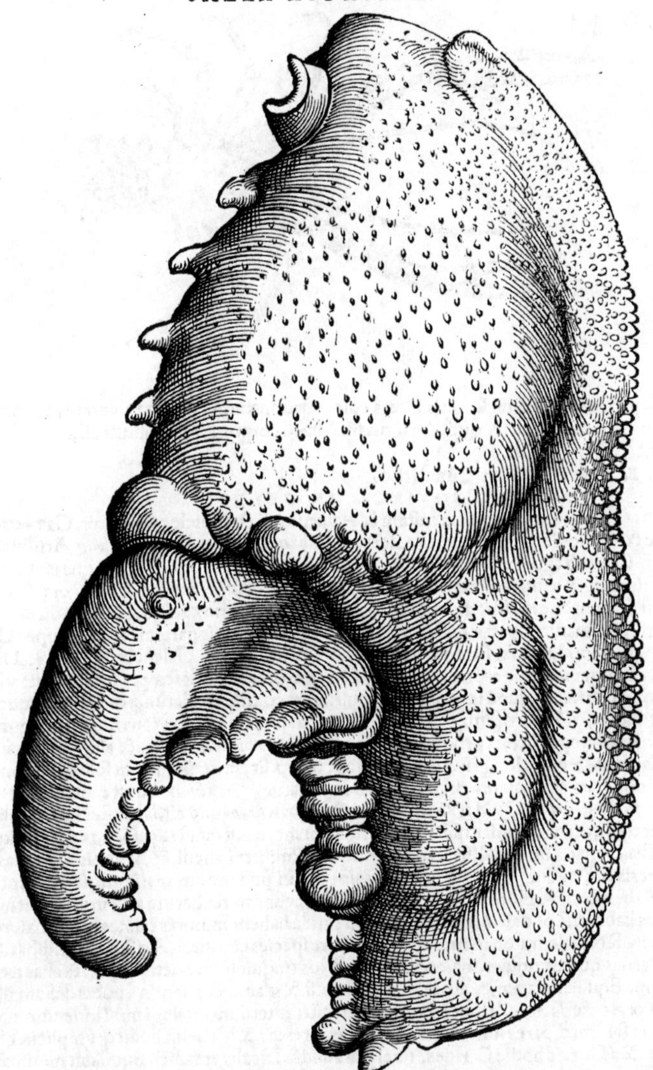

IN EADEM tabula Magnus depingit Astacum XII. pedum, qui deuoratur à monstro marino simili rhinoceroti; cuius rei typum requires suprà inter Cete ex Tabula Olai.

ASTACVS paruus marinus, sui generis. semper enim paruus est, nec unquam ferè magnitudinẽ picturæ nostræ superat, Rondeletius.

GERMAN. F. Ein kleiner Humer/ ein kleiner Meerkrebs.

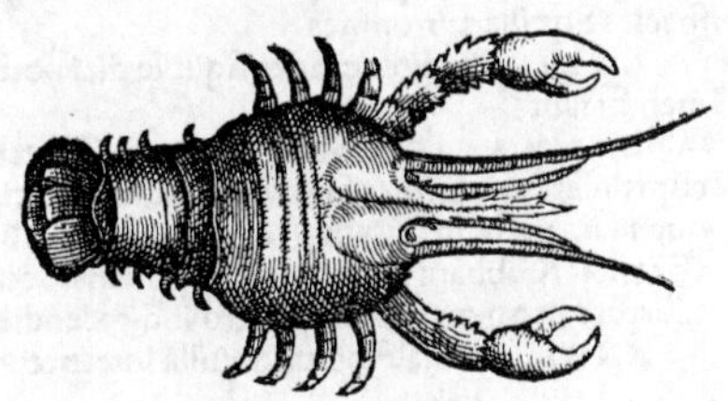

LEO Rondeletij. Plinius Leonem nominat tantùm inter Cancrorum genera cum Carabis, Astacis, Mæis, &c. Diphilus A-

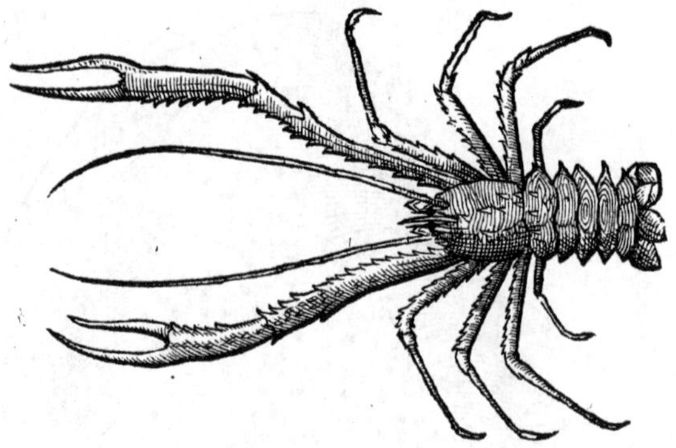

ſtaco. ¶ Λέων à Græcis dicitur, Latinis Leo, à colore flauo, ut arbitror, quo coloratus eſt dum uiuit, & è mari captus educitur: & quòd hirſutus ſit. Aſtaco corporis ſpecie affinis eſt, ſed brachia lõgiora habet, &c. Rondeletius.

GERM. F. Ein Löw / ein Löwkrebs.

DE SQVILLIS IN GENERE.

Καρίδες. ΚΑΡΙ΄ΔΩΝ genus tertium poſt Locuſtam & Aſtacum ab Ariſtotele numeratur. Gaza cum Cicerone & Plinio Squillas conuertit. Cicero Squillam paruam uocat τὸ καρίδιον Ariſtotelis. Plinius lib. 11. Cruſta fragili (inquit) incluſis rigẽtes oculi: Locuſtis Squillisq́; magna ex parte ſub eodem munimento præduri eminent. Et lib. 9. Coëunt Locuſtæ, Squillæ, Cancri ore. Athenæus author eſt à Sophrone *Κουρίδες.* κουρίδας dictas, à Simonide & Epicharmo *Κωρίδες.* κωρίδας. Idem tradit καρίδας à capitis magnitudine nuncupatas: quòd maximam eorum corporis partem caput occupet. Quod etymum (inquit Rondeletius) ſi uerum eſt, non poſſum non mirari Galenum: qui libr. 8. De uſu *Proſodia.* partium Malacoſtraca omnia capite truncârit, &c. ¶ Prima in καρὶς ſemper producitur: ultima uerò recti, quæ iôta habet, quod in obliquis penultimam conſtituit, plerunq́; quidem producitur, & circunflectitur: rariùs corripitur & acuitur. Nomina quidem in ις oxytona biſſyllaba, quorum penultima natura longa eſt, iota producere ſolẽt, ut κρηπίς: excipitur Τευθίς, & alia fortè pauca per ίδος declinata: in ινος enim longa ſunt omnia. Hoc cum ita ſit, mireris quòd in ſoluta oratione, iota huius nominis καρὶς nunquam circunflexum reperiatur. A κάρη quod eſt caput, ita fit καρὶς: ut à βολὴ, γραφὴ, βολὶς, γραφίς. Quid ſi καρίδες dictæ ſint, quaſi ἀκρίδες, id eſt, Locuſtę: nã & Galli quidam Saulterelles uocant, quoniam ſaliant Locuſtarum more, aut quaſi καραβίδες, propter aliquam cum Locuſtis cruſtatis ſimilitudinẽ, caudas enim ferè ſimiliter habent: & Bellonius Squillas Lo*Colybdæna.* cuſtarij generis eſſe tradit. ¶ Colybdænæ nomine aliqui pudendum marinum intelligunt: uel *Chelis carẽt.* Squillam, Athenæus. ¶ Hoc Squillis proprium eſt, chelis carere: harum autem uice brachia maiora pedibus habere, Rondeletius. Aculeos in cauda habent minores omnes puto: maiores, ut *Species ſex.* Lata et Cęlata Rondeletij, non item. Squillarũ tres ſpecies conſtituit Ariſtoteles: Gibbas, Crangones, & Paruas quæ nunquam maiores fiunt. Nos (inquit Rondeletius) ſpecies alias tres ad*Gibbæ.* dimus: nempe Squillam latam, & aliam quæ cælata eſt & glabra: & Mantin à nobis dictam. ¶ Gibbæ quidem præ cæteris Squillarum nomine ſimpliciter interdum intelligi mihi uidentur. nam & *Squilla minima.* magnitudine ferè mediocres ſunt inter maiores minoresq́;: & Venetijs hodieq́; ſimpliciter Squillæ dicuntur, & à Græcis hodie Carides, (uel Caramidia.) Scaliger tamen Squillam minimam ab Adriaticis generis nomine uocari ſcribit.

GRAECIS ueteribus καρίδες dicuntur Squillarum ſpecies proximè enumeratæ, ceu generis nomine. at hodie uulgò Gibbas priuatim Caridas ſeu Caramidia uocant, ut diximus.

ITALICE Squille uel Schille (Veneti quidẽ Gibbas priuatim ita nuncupant) dici poſſunt ſpecies Squillarum omnes.

GALL. ſimiliter omnes Squille dici poterunt: etſi Burdegalẽſes Crangis peculiare hoc nomen faciant.

GERMANICE Squillas omnes Meerkrebßlin rectè appellabimus: ſiue ſimpliciter: ſiue cum differentia ſunder ſchären, id eſt, ſine forcipibus. Germani ad Oceanum Squillæ ſpeciem quandam paruam uocant Garnart/Gernard/ (Gornard uerò piſcis eſt lyriformis,) Gernier/Garnole/ Gibbam ut puto. licebit autem hoc unius ſpeciei nomẽ (à Gammaro fortè corruptum) uſurpare pro genere, ſpecies uerò indicare adiectis differentijs.

ANGL. Eliota Anglus Squillã interpretatur a Schrympe. ego ab Anglis accepi Schrimpe ſpecipe ſpeciem eſſe Squillæ uel Cammari maiorem: & aliam minorem uocari a Pzan: aut fortè cōtrà, non enim ſatis memini.

Squillarum generis diuiſio, ſecundum Cæſarem Scaligerum.

Squillarum aliæ ſunt

- Maiores
  - Vrſa, magnitudine Aſtaci.
  - Crange: magnitudine tantùm à ſuperiore differens, & lineamentis quibuſdam, quibus teſſellatę lamellę pictę ſunt. [Hæc puto Rondeletij Squilla cælata eſt. nam aliam fecit Crangen.]
- Minores, gibbę omnes, uix alio quàm magnitudine differentes: Locuſtæ ſimiliores ſi frontis ſpectes cuſpidem, quàm ſupradictis Squillis. Omnibus pinnata cauda pinnis latis, dempta media acuta.

Ex his minoribus

1. Maxima eſt in Oceano Gallico, [circa Vaſconiam. Crangon puto Rōdeletij.]
2. Minima, Vaſconibus Ciuada: è Garumna excipitur caniſtris. hæc etiam in mari agitat, nec rubeſcit cocta. ab Adriaticis generis nomine dicitur.
3. Mediæ magnitudinis, Gambarellus appellatus ab Iſtris. [Simpliciter Gibba alijs.]

Itali quidam, etiam minimam Gambarellum uocant.

¶ Præter has eſt Squilla mantis Rondeletij. Item καρίδιον, id eſt, Squillula conchas quaſdam inhabitare ſolita: de qua ſuprà inter Cancellos diximus.

Squilla lata Rondeletij.

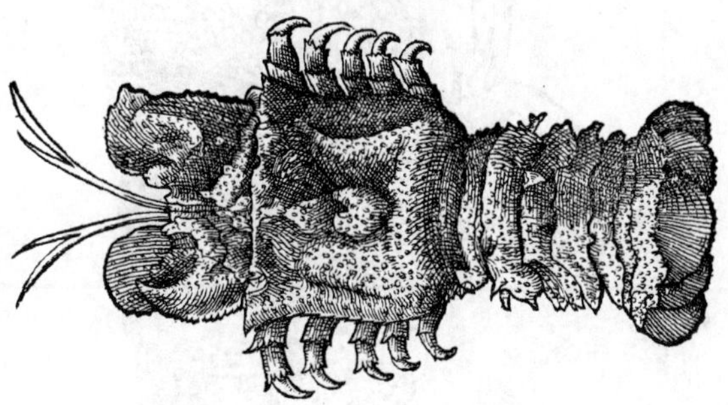

SQVILLA lata Rondeletij. Latam (inquit) cognominamus ut ab alijs diſtinguatur: nec id ſine exemplo. nam Archeſtratus (authore Athenæo) πλατείας καρίδας appellauit: quanquam is Locuſtas, Aſtacos & Carides confundere uidetur. [*Ariſtophanes in Teſmophoriazuſis, non Archeſtratus, apud Athenæum, πλατειῶν καρίδων, id eſt, Squillarum latarum meminit: quo nomine de Aſtacis eum ſentire Athenæus libro 3. conijcit.*] Locuſtarum eſt magnitudine, ſed latior multò & magis depreſſo corpore hirtoq́. Quòd ſi quis eam ob ſimilem corporis ſpeciem, cum Locuſtis potiùs quā cum Squillis annumerandam cenſeat, uel hoc uno refelli poterit, quòd Locuſtis pedes ultimi in forfices terminantur: quos chelas uocant, quibus Squillæ carent, authore Ariſtotele. Hæc ille. ¶ Bellonius hanc Ariſtotelis ἄρκτον, id eſt, Vrſam facit. Terreſtris (inquit) Vrſi in morem craſſo ac recurto eſt corpore, eiusq́ colorem habet, unde illi nomen. Hanc eius ſententiam Rondeletius explodit: & alium ipſe Vrſum Cancris, non Squillis cognatum, exhibet. Sed Vrſum Rondeletij Scaliger Cancrum Heracleoticum eſſe aſſerit. Squillarum maxima (inquit idem Scaliger) Aſtacum æquat magnitudine, alicubi etiam ſuperat: uulgari Gammaro (*fluuiatili nimirum ſiue Gammaro ſiue Aſtaco*) ſimilis, certis tamen ab eo notis diſcreta. Vrſa hæc eſt Ariſtotelis. ubi enim porrecta iacet, Vrſi corium extenſum repræſentat. Ariſtoteles cum ei & Locuſtis pariendi tempus idem aſsignat, Locuſtaceis eam annumerat, (*annumerare uidetur,*) ſub Squillæ quidem nomine eam non nouit.

Vrſa.

Cācer Heracleoticus.

ITAL. Siculum ac Neapolitanum uulgus Maſſacara nominat, Bellonius. Meſſacara dicitur à Neapolitanis & Meſſanenſibus, ut idem in Singularibus ſcribit. Mihi hoc nomen deprauatum uidetur, ueluti à Græco, μείζων ἢ μάσσον καρίς, hoc eſt, maior Squilla. A Liguribus Orchetta uocatur Rondeletio teſte: ſiue tanquam Arcetta, à Græco Arcos, quod eſt Vrſus: ſiue potiùs ab Vrſeta corruptum. Vrſetam enim Ligures generis huius ſpeciem minorē, per omnia huic ſimilem (Bellonio teſte) appellant. Romæ etiam utranq́ ſpeciem nomine uno Mazzacara uocari audio.

Eiusdem pictura alia, quam Romæ depictam Vrsi nomine, Corn. Sittardus nobis donauit.

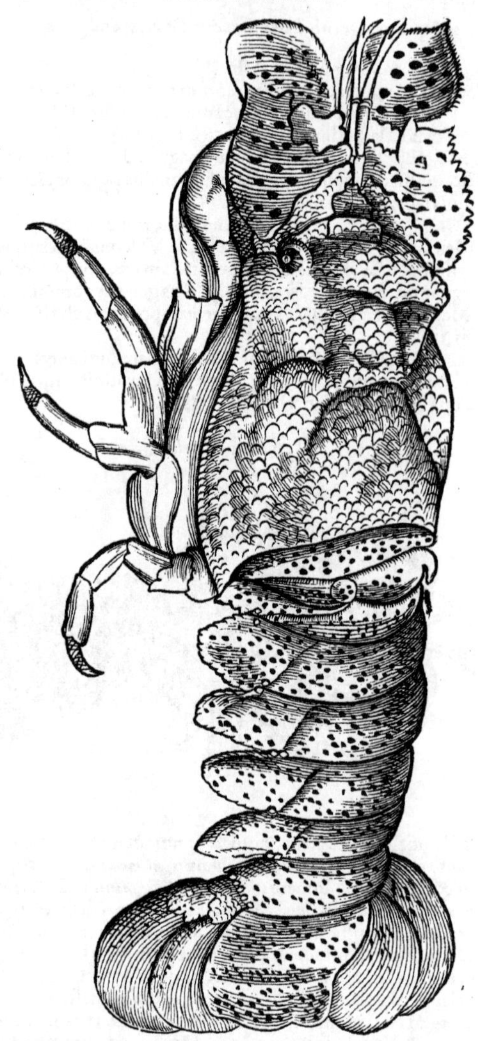

GALL. Nostris litoribus incognita est, & ob id anonymos, Rondeletius.
GERMANICA nomina fingo, ab Vrso quadrupede: ein Bår/Meerbår/Bårenkrebs.

Vrsa minor. Cicada mar. SQVILLA cælata Rondeletij, Vrsa minor Bellonij. Quam hîc proponimus (inquit Rondeletius) nostri Cicadam mar. uocant. alij Cicadam mar. (Æliani) eam esse opinantur, quam nos Mantin nominamus. Eã quidẽ de qua nunc agimus Cicadã potiore ratione nominandã esse censuimus, ob maiorem cum Cicadis terrestribus similitudinem: Squillam uerò, tum quòd supra dictę similis sit, tum quòd braciha priora indiuisa habeat, qua nota Squillas à Locustis & Cancris secerni diximus. Cælatam uerò, ut ab alijs internoscatur. nam quinque tabellis constat, & dorso, egregio naturæ artificio uariè cælatis et sculptis. Tota rubet, idque magis quàm ullũ aliud crustatum, siue cruda, siue cocta. *Cammarus. Gammarus.* Hanc Squillæ speciem esse puto, quam antiqui Cammarum (Latinè quidam etiã Gammarũ uocauerũt, authoribus Athenæo, Plinio, Columella. Hæc Rondelet. A Græcis Κάμμαρος uel Καμμαρὶς scribitur; de quo plura Rondeletius in historia Astaci scripsit; & nos in eiusdem

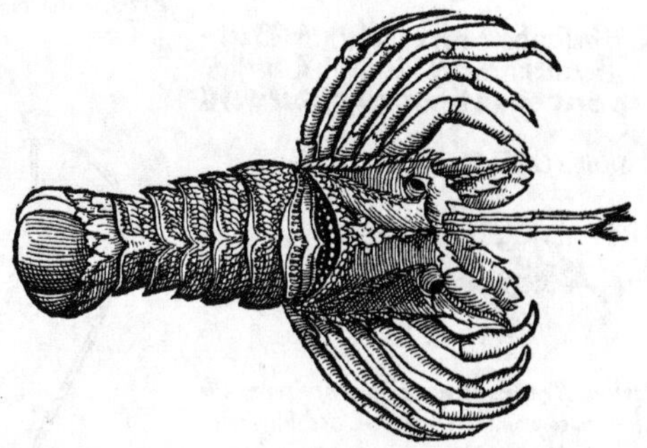

eiuſdem & Squillæ huius hiſtoria. ¶ Minor Arctos per omnia maiori reſpondet, Bellonius. ¶ Cæſar Scaliger Cicadam marinam eam eſſe putat, quæ etiam uulgò à piſcatoribus (*Vaſconum*) ſic appelletur: ſentiens omnino, ut coniicio, de illa quæ Mantis Rondeletij eſt: quam Bellonius Maſsiliæ & Genuæ Cicadã mar. uocari tradit. ego huic ſententiæ uel hanc ob cauſam magis faueo, ne Squillæ id genus alio antiquo nomine careat, & fingendum ſit nouum quod Rondeletius fecit. Aelianus certè cum Romæ uixerit, & harum quidem rerum ſtudioſus, non potuit ignorare Cammaros Romæ uulgò dictos, è genere Squillarum, ut Athenæus lib. 7. ſcribit: quod ſi eoſdem Cicadas marinas putaſſet, non tacuiſſet opinor, præſertim cùm alius nemo hoc nomine ſit uſus. Scaliger hanc Ariſtotelis Crangen facit: Rondeletius aliam. *Crange.*

ITAL. Mazzacara Romæ uocatur, ut audio, hæc etiam, ut ſuperior. Ligures Vrſetam appellant. Vide ſuperiùs in Squilla lata.

GALLI circa Monſpelium Cicadam marinam. Maſsilienſes, ut & Genuenſes, Rondeletij Mantin, ſic uocant: &, ni fallor, etiam Vaſcones.

GERMANICE appellare licebit iiſdẽ nominibus, quibus & Vrſam maiorẽ, hoc eſt, Squillam latam proximè dictam, magnitudinis tantùm differẽtia expreſſa: **Ein kleiner Meerbär: ein rootes Meerbärlin**: uel priuatim **ein Puntergernier**, id eſt, Squilla uaria.

Crangon Rondeletij.

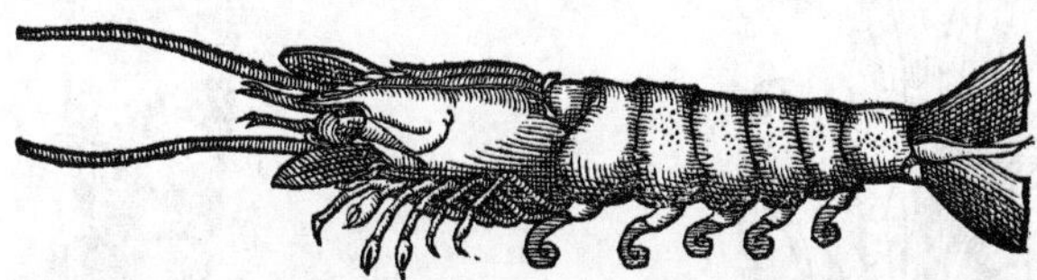

CRANGONES (Κράγγονες, αἱ) leguntur apud Ariſtotelem Hiſtoriæ 4. 2. deinde bis, Crange, ἡ κράγγη, quod magis placet: quanquam Gaza in omnibus his locis uertit Crangînes, ut Delphînes. Κραγγὼν oxytonum pro ſpecie Squillæ apud Heſychium legitur gamma ſimplici, mallem duplici. ¶ Eſt hæc Squilla (inquit Rondeletius) palmi maioris longitudine. Cruſta contegitur tenui, læui, candida, nonnunquam ex albo parum rubeſcente. Pedũ alij in calcar terminantur indiuiſi, alij parum diuiſi ſunt, &c. Exhibitum quidem à nobis animal, omnino Squillarum generis eſſe apparet. nos Squillam Crangonẽ eſſe coniicimus, propter Ariſtotelis uerba hæc: Squilla gibba caudam habet & pinnas quatuor: quas & Crange in utraque caudæ parte habet. earum medium in utriſque ſpinoſum eſt, ſiue aculeatum: ſed in crangone latum, in gibba acutum. Hæc ille. *Crange.*

ITALICE. Gambaro di mare: à nonnullis Camarugia & Parnochia dicitur, Rondeletius. Sparnochia, Bellonius. aliqui Spernotza ſcribũt, aut ac ſi ita ſcriberetur, proferunt. Squillas Romani hodie Cammerugias (Gammaruſios, Niphus) & Pernocias uocant, Iouius. Itali quidam mihi Vallopa nominarunt, neſcio quàm rectè: cum alij idem nomen ad Mantin Rondeletij retulerint. ¶ Scaliger quidem Squillam cælatam Rondeletij ſiue Vrſam minorem, Crangen facit. hanc uerò Rondeletij Crangen uidetur inter Squillas minores collocare, quæ in Oceano Gallico maxima naſcatur.

GALL. A noſtris Caramote, (*ut parua Squilla Caramot:*) ab alijs Longouſtin, à Burdegalenſibus ſeruata ueteri appellatione Squilles dicuntur, Rondeletius.

T

GERM. Ein besundere art der kleinen Meerkrebsen/die man Gerniet neñet/söllend im Teütschē meer zimlich groß werden: an d' farb weyß oder weyß root.

Squilla Gibba Rondeletij.

Iconē hanc eiusdem, ni fallor, Squillæ, Venetijs accepi: picturam minorem esse uoluissem, & caudam minùs directam, ut cognomini responderet. Sed diligentius considerari debet. nam Rondeletius Gibbæ suæ pedes omnes in summo diuisos facit: hæc suis pedibus ad Crangonem propiùs accedit.

Eiusdem alia icon à Cor. Sittard. ad nos missa.

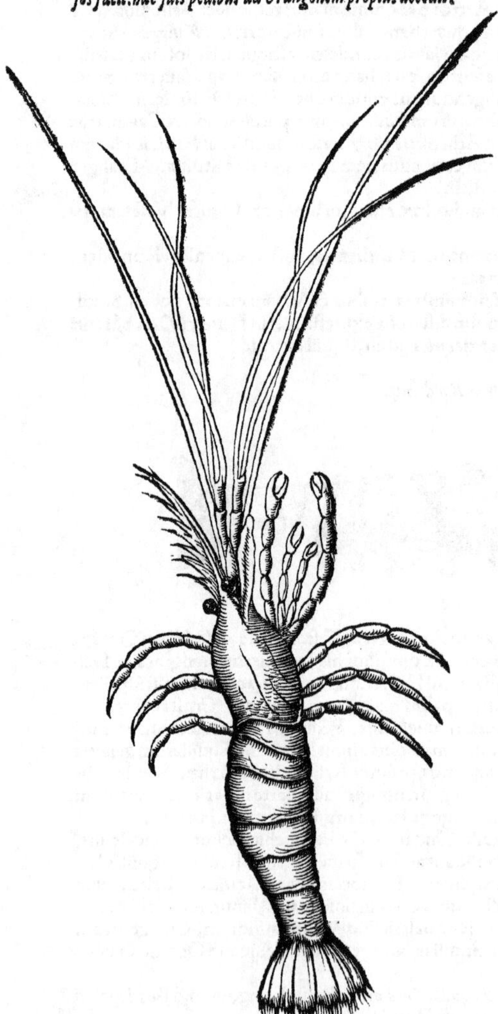

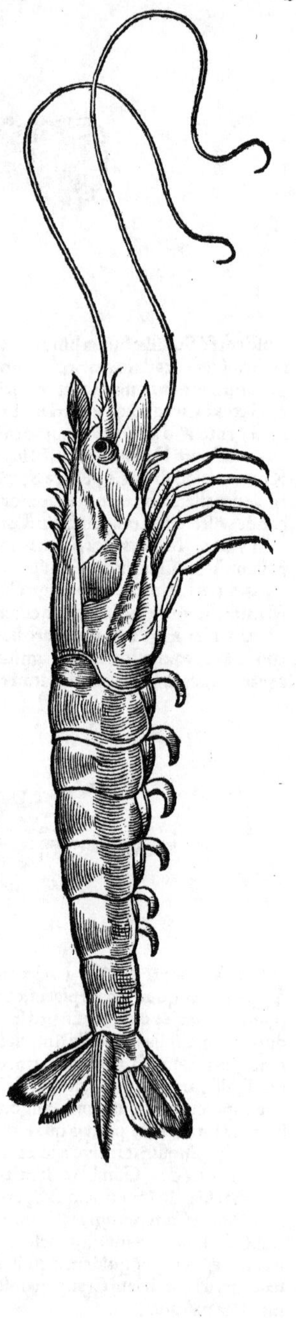

SQAIL.

SQVILLAE Gibbæ, ut rectè Gaza interpretatur: Græcis καρίδες κυφαί: ſuo gibbo (caudæ ini tio in tumorem ſe erigente) facilè ſe produnt. Viuæ colore ſunt fuſco, minusq́ albo quã Crangones, coctę rubeſcunt. Verè quidem has Ariſtotelis gibbas eſſe, cõuincit etiam medius inter cau dę pinnas aculeus, acutior & anguſtior quàm in Crangone, item magnitudo, qua paruas Squillas ſuperat, à quibus etiam cornu frontis diſcernitur, Rondeletius. Squillæ gibbæ ab authoribus aliquando ſimpliciter Squillæ dictæ mihi uidẽtur. uide ſuprà De Squillis in genere. Cæſar Scaliger Squillarũ minorũ ſpecies tres facit, omnes gibbas. uide ſuperiùs in Tabula diuiſionis Squillarum de ſententia Scaligeri. mihi quidem ueteres Gibbarum nomine ſpeciem unam κατ᾽ ἐξοχὴν intellexiſſe uidentur: cui Scaliger inter minores mediam magnitudinem aſsignat. ¶ Quomodo Squillæ exiguæ fortiſsimum hoſtem in eas graſſantem Lupum piſcem dolo perimant, Oppianus canit: nempe quòd deuoratę ab eo, acuto frontis cornu medium palatum ita uulnerent, ut etiamſi initio id negligat Lupus, tandem tamen moriatur. ſed cum Squillæ minimæ cornu careant, à gibbis hoc fieri intelligendum eſt: quod Rondeletius obſeruauit. *Squillæ ſimpliciter.*

GRAECVM uulgus Caridas & Caranidia uocat, Bellonius. ſed Aſtacus fl. etiam, ut idem alibi ſcribit, à uulgò Græco Caranis uel Caranidia dicitur.

ITAL. Romani à gambis, id eſt, tibijs, quòd ijs multiplicibus conſtent, Gambarellas uocant, (*aut fortè quaſi Cammarellas.*) Veneti uulgò Squillas, Bellonius. Marini minutiores Gammaruli, ut ita dicam, quos uulgò Gambarelli & Gambaruſoli appellamus, non ſunt Cancelli Ariſtotelis, ut quidam arbitrantur, ſed Squillæ paruæ Ariſtotelis. ſiquidem ij qui in hoc genere nunquam rufeſcunt, (*de gibbis ſentit,*) Venetis alijsq́ quàm plurimis populis, proprium adhuc Squillę retinent nomen. uulgò enim Schille dicuntur, Matthiolus Senenſis. Romæ tũ gibbas tum par uas Squillas, uulgò Gambarellas uocari, author eſt Bellonius.

HISPAN. In Hiſpania, præſertimq́ in Cantabria, omnes hi Gammaruli, *Squillæ tum gibbæ, tum paruæ,*) Squillæ nulla differentia uocitantur, Matthiolus Senenſis. Luſitani, ut audio, Squillam gibbam uocant Camaran de Lyſboa.

GALL. A noſtris (inquit Rondeletius) Caramot nuncupatur, ad diſcrimen Crangonis quã Caramote appellant. A Santonibus De la ſantè, quòd ægris plurimum ſoleant apponere. Sic ille.

Armorici (inquit Bellonius) des Saulterelles uocitant. ſaliunt enim Locuſtarum more. Maſsilienſes uulgò Carambotos, quaſi à Caride deducto nomine. Qui uerò Galli litus Oceani incolunt etiam à ſaltatione nominant Cheurettes, quaſi Capreolas dicerent. Pariſienſes corruptè des Guer uettes, (*fortè Guernettes, ut nomen id à Germanico Gernart deductum ſit,*) Rothomagenſes Salicoquas, uel Salcoquas nominant: quarum quę uaginis adhuc incluſę ſunt, Bouquetæ: ijs autem exutę des Creuettes appellantur. Hæc Bellonius. In Neuſtria Bouquet, hoc eſt, Hirculum uocant, ſi bene intrrpretor. Rupellæ quidẽ Cheurette, id eſt, Hœdus dicitur. ſalit enim, non incedit, nec repit.

GERM. F. Ein Springkrebßle/Seegitzle/Meergeiß/Böckle. uel à gibbo ein Högerling/ein Hogergernier.

Squilla parua Rondeletij.

SQVILLA Parua, (καρὶς μικρὰ, Ariſtoteli καρίδων γένος μικρόν,) ſpeciei, non ætatis nomen eſt. nunquam enim maior efficitur. Καρίδες, καρίδες: ἢ (fortè ὧν) τὰς μικρὰς, ἐγχλώρους: τὰς δὲ ἐρυθρὰς, καμμάρους (addo καλοῦσιν,) Heſychius. hoc eſt, Curides ſiue Carides, Squillę ſunt: in quarum genere rubras, Cammaros uocant: paruas autem, Enchloros: à colore nimirum, quem eis uiuis obſcurum Rondeletius tribuit, Bellonius ſubfuluum. χλωρὸς quidem modò uiridem, modò luteum colorem Græcis ſignificat. Eædem & χλωροκυρτίδες fuerint: ſic enim apud eundem He *Enchlori. Color.*

Eiuſdem, ut reor, icon alia, Venetijs olim mihi facta.

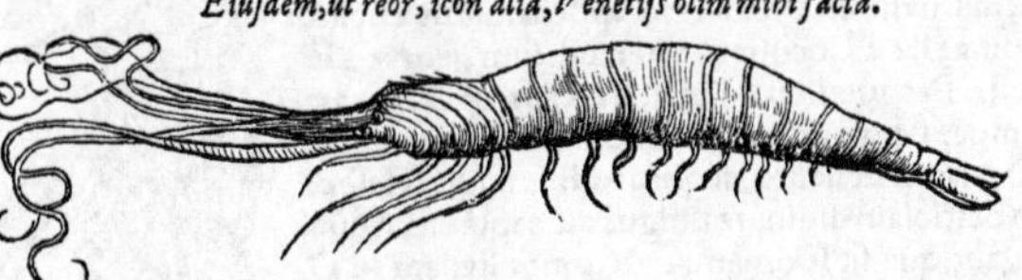

ſychium legitur pro genere Squillarum. malim χλωροκαρίδες: niſi à cyrtis ſeu naſsis quibus capiantur, Chlorocyrtides dicere malis. è Garumna quidem caniſtris excipiuntur. Nec aliæ Μελικαρίδες nominatæ in ſympoſio quodam apud Athenæum, his uerbis: ξανθαὶ Μελικαρίδες αἱ κῦφαι. nã & flauus color eis conuenit, & leuitas utpote minimis. à melle autem denominantur, quoniam carne dulciſsima ſunt. & (ut Rondeletius teſtatur) ob nimiam dulcedinem quibuſdam faſtidio: uix enim ullum aliud cibi genus his dulcius guſtaueris. ¶ Bellonius Squillam paruam Ariſtotelis, fluuiatilem cognominat: marinæ per omnia ſimilem, niſi quòd multò minor eſt. Longiſsimo, inquit, à mari interuallo proueniunt hæ Squillę: quod argumentum eſt eas originem à mari minimè traxiſſe. Flumina noſtra has delicias non alunt, (*ſed Italiæ quædam, ni fallor: Scaliger è Garumna caniſtris exci-* *Chlorocarides. Melicarides Squilla fl.*

T 2

pi scribit, sed agitare etiam in mari.) At Rondeletius, Hyeme (inquit) in stagnis marinis capiuntur, & in magnorum fluuiorum ostijs. è mari etiam extrahi sæpe uidi, ne quis ob carnis succum dulcissimum, in dulci aqua gigni tantùm existimet. in stagnis quidem marinis frequentiores multò sunt quàm in mari. Sic ille. Aristobulus tradit in Indum flumen Squillas paruas usque ad montem ascendere, magnas uerò usque ad Indi & Acesinæ ostia. Tarentinus etiam Squillas fluuiatiles nominat, & Nebrissensis. ¶ Cęterùm ut suprà docuimus aliud esse Καρκίνιον, id est, Cancellum,

Καρίδιον. aliud Καρκίνον μικρόν: ita hîc etiam aliud uidetur esse Καρὶς μικρὰ, id est, Squilla parua: aliud Καρίδιον, quod, si libet, Squillulam Latinè dicamus. Ostendimus enim Pinnoteren, modò Cancrum paruum esse, modò Caridion, ex Aristotelis sententia: Plinius & Gaza Squillam paruam interpretantur. sed uerisimile est, genus id peculiare esse, à Squilla parua de qua hîc agimus, diuersum: quod idcirco Pinnæ hospitium requirat, quoniam per se uiuere tutò aut commodè non possit, sicut & Cancer paruus: quoniam is molliore testa tectus, iniurijs magis opportunus est. Idem Ga-

Scyllarus. za Scyllarum etiam (qui Cancellus est, præcipuè in Nerite.) Squillam paruam interpretatur, tria (ut apparet) diuersa animalia, uno nomine confundens.

Magnitudo & partes. Squilla parua (inquit Rondeletius) digiti minimi est magnitudine: capite pro corpusculi magnitudine crasso & lato: sine cornu, quo à Gibba differt: alioqui cauda tenui, paruo gibbo, oris appendicibus, caudæ pinnis, internis partibus, Gibbæ persimilis. punctis aliquot uariatur. colore

Coctæ color. est dum uiuit obscuro: cocta, tota rubescit. Sic ille. Bellonius quoque coctam ruffescere scribit, Scaliger negat: & fortè in Oceano si non alia species talia tamen qualitas aut natura Squillæ minimæ fuerit. Scaliger quidem de illis quæ in Gallico Oceano sunt præcipuè loqui uidetur.

Imago hæc Venetijs picta, Mantin Rondel. minus acuratè, quā ab ipso exhibita, repræsentat.

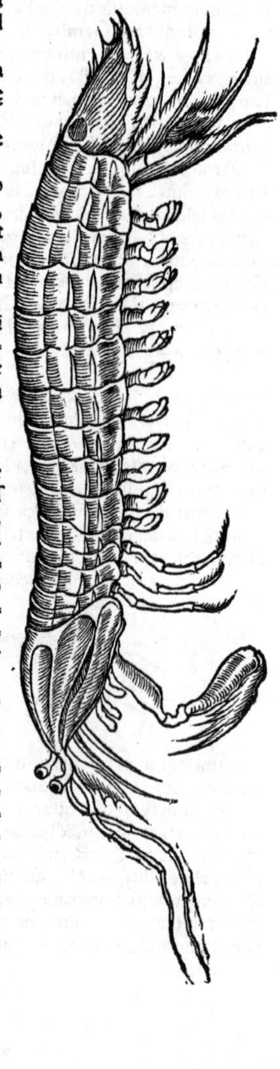

ITAL. Gambarellā uulgò uocant Romani, aliqui Gambarozolam: nomine fortasse à Gambaro (*Gammaro*) detorto. Quęre superiùs in Squilla gibba.

HISPAN. Lusitanis Camaran de Villa franca. Vide suprà in Squilla gibba.

GALL. Circa Monspelium Ciuade uocant, Rondeletio teste. Vascones etiam (inquit Scaliger) Ciuadam nominant, ob exiguitatē, id est, Auenam. pugillatim enim deuorant, sicut auenam ueterinæ. Aliqui Cancellum quendam, proximè ante Locustam superiùs nobis descriptū, uulgò (ni fallor) Auenam uocitant.

GERMANICE appelletur **Ein Zwergkrebßlin/ein kleiner Gernier.** Gedani in ora Germaniæ audio Squillas quasdam cochlearibus edi, integras, quòd crustam duram non habeant. has minimas esse puto, quas Rondeletius etiam cum crusta & pedibus integras frigi tradit.

MANTIS à Rondeletio dicta nouo nomine. Crustatū hoc (inquit) ad nullū aliud quā Squillarum genus referre possum. chelis enim caret, quibus à Locusta et Astaco distinguitur. aculeos in cauda habet, Squillarū modo: corporis specie Squillis simili, longa, quo à Cancris differt. Ex ueteribus quidem nul-

Mantis Locusta. lus, quod sciam, eius meminit. Nos Μάντιν appellauimus à bestiolæ similitudine, quæ est ex Locustarum terrestrium genere. Eam bestiolam nostri Preguedious, id est, Precantem Deum appellant, quòd semper ueluti manus iunctas teneat. Pręterea corpore est ualde tenui & macilento, ut qui assiduis ieiunijs sese cōficiunt. Eandem bestiolam diuinare uulgus ait: captā enim pueri nostri interrogant, qua sit Romam, uel Compostellam ad D. Iacobum proficiscendum. ea, perinde ac si intelligeret, altero brachio extento iter monstrat. Ab huius igitur bestiolæ diuinantis similitudine, Squillæ hanc speciem Μάντιν nominauimus. nam utraque corpore est longo, gracili, circa caudam latiore: brachia duo prima, longa admodum. Sic ille. Μάντιν quidem hanc ipsam bestiolam terrestrem, etiam ueteres appellarūt.

Cicada mar. ¶ Nonnulli Cicadam marinam (Aeliani) hanc esse uoluerunt. nos potiùs Squillam cælatam nostram, cui maior est cum Cicada terrestri similitudo, Cicadam nominauimus, Rondeletius.

Nos

Nos cum Gillio, Bellonio, alijsq́ uiris doctis, Cicadam Aeliani hanc ipſam facimus: cui ſententiæ plura uulgaria gentiũ nomina aſtipulantur. Vide ſuprà in Squilla cælata. τέττιγας ὀπτούς cum alijs aquatilibus, Anaxandrides apud Athenæũ nominat. Bellonius hanc Speuſippi Nympham eſſe ſuſpicatur, nullo quidem ualido argumento. ſemel enim tantùm Nymphæ nomen duntaxat apud Athenæum legitur, Speuſippo inuicem comparante Aſtacum, Nympham, Vrſam, Cancrum, Pagurum.

ITAL. Romani & Genuenſes Cicadam marinam uocant. quæ autem Venetijs Cicadę nomine diuenditur, ea quidem adulterina eſt. Quanquam autem Cicadæ ut plurimùm ſuo nomine à piſcatoribus Romanis uocentur, tamen in earum applicatione Parnochijs abutuntur. etenim Parnochiæ Cicadis ſapidiores ſunt, cariusq́ diuenduntur, Bellonius. Aliqui Vallopa, ni fallor: Rondeletius quidem hoc nomen Crangoni ſuæ adſcribit.

GALL. Maſsilię Cigale de mar. & ſimiliter (ni fallor) etiam Vaſcones. Circa Monſpelium uerò Squillam cælatam Rondeletij, uocant Cicadam marinam.

GERMAN. **Ein bſundere art der Gerniern / hat ettwas gleychnuß mitt einem Höwſtöffel / mit den vordern langen füſſen / auch mit dem langen vnd ranen leyb. mag ein Meerſtöffel genam̃ſet werden.**

HACTENVS propoſuimus Cruſtatorum genera tria, Cancros, Locuſtas, Squillas, & quæ propter naturæ cognationem ad ea referuntur. Rondeletius quidem Pulicem quoq́ & Pediculum marinos, quòd tenui cruſta integantur, Malacoſtracorum generi adnumerauit. nobis hæc animalcula, (ſicut & Erucam mar. quæ & ipſa tenui cruſta tegitur,) ad Inſecta potiùs referre libuit, quoniam forma eorum tota à cruſtatis plurimùm differre uideatur, magisq́ ad Inſecta accedere. ¶ Idem Rondeletius Echinos cruſtaceis adnumerat, potiùs quàm teſtaceis ut Ariſtoteles. uide infrà Ordine ſequẽti, ubi de Echinis in genere dicetur. ¶ Stellas Cruſtaceis ſolus Aelianus adnumerauit: nos poſtremo inter Teſtacea loco de Stellis agemus; ubi etiam huius rei rationem reddemus.

Pulex mar. Pediculus marinus. Eruca mar. Echini.

ORDO XV. DE ANIMALIBVS TESTACEIS, VT SVNT PATELLAE ET OMNE GENVS CONCHARVM, MVRICES, STROMBI, VENEREAE, Cochleæ, Vmbilici, Balani, Item Stellæ, Tethya, Echini.

DE TESTACEIS IN GENERE.

DE TESTACEIS alijsq́ exanguibus animalium diximus nonnihil ſuprà, principio Ordinis XIII. ¶ Animalia marina teſtis duris concluſa, ὀστρακόδερμα à Græcis dicũtur, per analogiam: quoniam operimentum corporis ipſorum, quod cutis in alijs animalibus dicitur, in his oſtraco, id eſt, teſtę aut lapidi ſimile eſt, ut ſcribit Galenus. In ijs (inquit Rondeletius) tanta naturæ ludentis uarietas eſt, tot colorum differentiæ, tot figuræ, ut uix numerari poſsint. Vocantur à Græcis quæ duro ſilicioq́ tegmine fragili, non colliſili muniuntur, partem uerò intus mollem continent, uniuerſę quidem ὀστρακόδερμα atque ὄστρεα. Ariſtoteles: ἄλλο δὲ γένος ἐστὶ τὸ τῶν ὀστρακοδέρμων, ὃ καλεῖται ὄστρεον. Latini Oſtreorum nomẽ retinuerunt, Oſtreas etiam dicunt: ¶ Oſtrea genere neutro apud Græcos Latinosq́ dicuntur, tũ de ſpecie peculiari, tum in genere de oſtracodermis ſeu teſtatis omnibus. Oſtreæ uerò fœminino genere Latinis tantùm, de ſpecie una. Græcis quidem ὄστρεον per e. breue, & ὄστρειον per diphthongum, diuerſas plerunq́ ſignificationes habent: (hoc enĩ adiectiuè idem quod teſtatum omne ſeu oſtracódermon ſignificat, illud ſpeciem peculiarem, Galeno teſte:) aliquando tamẽ promiſcuè ponuntur. Veteres oſtrea per ει dicebant: recentiores per ε. Plato dixit ὀστρεῖνα, τά. ¶ Concha quoq́ et pro teſta omni, & pro teſta læui ſiue æquabiliter rugata ſumitur, Rondeletius. Sæpius quidem ad biualuia contrahi Conchæ uocabulum ſolet. ¶ Conchylium apud ueteres Latinos ac Græcos nomen eſt Conchis omnibus commune, & per excellentiam aliquando pro Purpura ponitur.

Concha. Conchylium.

¶ Omnia generatim à Latinis Teſtæ dicuntur, à duritie operimenti: & Teſtacea, Rondeletius. Teſta quidem propriè ipſum oſtracum ſiue operimentum dicitur: per ſynecdochen tamen pro toto accipi poteſt, præſertim in carmine. Sed non omne mare eſt generoſæ fertile teſtæ, Horatius 2. Serm. Tum Teſtulæ uel Conchæ, quaſi ſedes in ſingulis ſubiectæ ſeminibus adobruuntur, Columella. Inſectorum omnium, & quibus teſtacea operimenta, oculi mouentur, Plinius.

Teſtæ. Teſtacea.

Ex his alia ab alijs teſtæ duritia ſuperantur: ut Stellæ, Pulmones, Holothuria, Echini (omnia enim iſta Oſtracodermis ſubijcit Ariſtoteles) longè minus dura teſta conteguntur, quàm Purpurę & Buccina: imò Holothuria & ſimilia, non tam teſta quàm corio duro integi uidẽtur, & uix propriè teſtacea dici. ¶ Alia undiq́ duabus teſtis circunteguntur, ut interioris teſtæ nihil cerni poſ-

Differentiæ. Teſtæ duritas. Contectio.

T 3

sit, δίθυρα uel δίπτυχα uocant: ut Ostrea, Tellinæ, Pectines, Mytuli, Pinnæ, Pernæ, (Chamę, Dactyli.) Biualuibus ualua uel utraq;, uel altera tantùm conuexa est. Aristoteles Biualuium quæ-dam anaptycha cognominat, ut Pectunculos & Mytulos, quæ ab una tantùm parte claudi reserariq; solent: alia utrobiq; similiter claudi scribit, ut Vngues, quos utroq; latere connexos esse scribit: cùm contrà semper altera parte solutos uideas, Rondeletio teste, neq; in eis aut uinculi aut articulationis ullum uestigium. Alia altera tantùm parte testam habent, alteri parti testæ loco est scopuli pars cui hæret, ut Lepas, Auris marina. ἐπιπολάζοντα dicuntur Aristoteli quæ summis petris adhærent: ut prædicta, item Nerites, Aporrhais. Chamæ & Dactyli utrisq; extremis non integuntur, per quæ caput & posteriorem partem exerunt. [*Atqui Chamas ab initio libri de Turbinatis simpliciter undique duabus testis contegi scribit. An Chamas dicemus semper quidem hiare, unde & nomen eis factum: sed aliâs exerere partem aliquam: aliâs nullam, & tunc prorsus clausas apparere? & similiter fortè etiam Dactylos. Hoc illis qui ad maria habitant, discutiendum relinquimus.*] Rursus eorum quę undiq; integuntur, sunt quæ testa continua penitus inclusa sint, ut nulla ex parte carnem detectam habeant: ueluti Holothuria, Tethya, Echini. Alia similiter testa continua inclusa, nulla ex parte conspiciuntur, dempto capite, quod tamē semꝑ operculo tegitur, ut Purpura, Buccina, Cochleæ: deniq; turbinata omnia. Alia testa undique conglobata quidem, non tamen turbinata, nec in gyrum conclusa sunt, quæ rimam habent sine operculo: ut Conchę Venereæ, quæ uulgò Porcellanæ uocantur. ¶ Alia

Cōcha j. uel ij unica Concha constant, ut Lepades: alia duabus, ut Mytuli. ¶ Testarum aliæ læues, ut Vnguium,

Læuitas, asperitas. Mytulorum. aliæ asperæ, ut Purpurarum, Buccinorum, Ostreorum. Harum rursus permagna est in asperitate uarietas. Sunt quædam pectinatim diuisa uel striata. Labris alia tenuibus, alia crassis.

Color. ¶ Colore etiā distinguuntur: quod hæc unius coloris sit, ut Mytulorum testa nigra est: aliæ flauæ,

Motio. aliæ rubræ sunt, aliæ uarijs coloribus depictæ. ¶ Differunt & motione. nam quædam in stabili sede manent: ut pholades, quæq; in saxorum cauis & alijs in locis degunt, ut Ostrea, Pinnæ. Mouentur Purpuræ & Turbinata: & Chamæ læues, quas in gyrum uerti in aqua uidimus. Quædam in uado soluta degunt, alia scopulis affixa sunt. Mobilia modicè, plures partes habent, quàm immobilia: quanquam utraq; paucis constent partibus. Mouentur autē (præcipuè turbinata) parte dex

Adhæsio. tra, non ad clauiculam, sed in aduersum. ¶ Differunt etiam testarum adhæsione. etenim alia uinculis ualidioribus alligantur testis: ut Mytuli, Pinnæ, Vngues. Quæ uerò in turbinatis testis sunt, nullo eis uinculo annexa sunt: sed posterior tantùm pars circa testæ uolumen clauiculatim intorquetur. ¶ Sunt & aliæ (inquit Rondeletius) ferè infinitę ostracodermorum differentiæ, quemadmodum ipsa infinita ferè sunt: quæ ex singulorum historia petendæ sunt. ¶ In Concharum genere (inquit Plinius) magna ludentis naturę est uarietas: tot colorum differentiæ, tot figuræ, planis, concauis, longis, lunatis, in orbem circumactis, dimidio orbe cæsis, in dorsum elatis, læuibus, rugatis, denticulatis, striatis: uertice muricatim intorto, margine in mucronem emisso, foris effuso, intus replicato: iam distinctione uirgulata, crinita, canaliculatim, (*aliâs cuniculatim,*) pectinatim, imbricatim undata, cancellatim reticulata: in obliquum, in rectum expansa, densata, porrecta, sinuata: breui nodo ligatis, toto latere connexis, ad plausum aptis, (*aliâs apertis,*) ad buccinam recuruis.

Cōmunia eis. His quædam in uniuersum communia sunt, ut testa intus æqualis & læuis. operimentum carnis tenue. sensus saporū & odorū. Omnib. etiam in medio aliquid cordis loco habetur, ut et Crustatis, Bellonius. Omnia μήκωνα habent, sed non loco eodem, neq; æqualem, neq; ex æquo manifestum, Rondeletius. ¶ Omne testatorum genus plantis simile est, respectu gradientium animali-

Coitus. um. Nullum in eis sexus discrimen, nec exploratum est an ortus eorum per coitum sit: Cochleas tantùm coire perspicuum est. Sed quanquam nullum eorum coitum uel partum uidemus, grauida tamen dicuntur: & uerno tempore autumnoq; ouorum quædam rudimēta habere cernuntur: quo tempore cibis gratiora sunt ac delicatiora. Caro non æquè omnium esculenta est: & excrementum, (quod papauer uocant) quibusdam cibo idoneum, alijs multò minus. ¶ Nautilorū genera duo, quanquam conchis indita, ad Ordinem Mollium retulimus. quòd si quis ad Testata etiam referre uelit, post Pectinem ponat. huic enim Nautili testam similem facit Aristoteles: quam tamen Rondeletius simplicem esse conijcit, non duplicem, quòd eam aqua modò impleat, modò uacuet. Est & Polypi species, in testa cochleæ simili, cui adhæret: Nautilus non adhæret. ¶ Testacea omnia Angli communi uocabulo uocāt Shelfisch, nos Schalfisch proferemus, uel Schellfisch. sed priori nomine uti præstiterit ad uitandam homonymiam: quoniam Aselli quoq; species quędam Schellfisch dicitur inferioribus Germanis à Scaldi fl. Muscheln quidem Germanicum nomen, Mosseln Flandricum, Conchas omne genus significat, sed præcipuè biualues: & uidetur ea uox à Musculis facta, specie una concharum. Cochleas & turbinata, Schnecken appellant, & Rinckhorn. Schal Germanis testam sonat, siue simplicem, siue ex binis ualuis alteram. ¶ Hęc in genere de Testatis: nam de Turbinatis priuatim plura dicemus infrá. Nunc singula, & primùm uniualuia, utpote simpliciora in hoc genere, proponamus.

DE CON-

DE CONCHIS VNIVALVIBVS, GRAECI MONOTHYRA uocant: ut sunt, Lepas, & Auris mar.

Infra A. proximè est Echinus paruus.
Iuxta B. Vrtica cinerea.
Iuxta C. Lepas maior adhærens, è regione.
Supra D. Lepas inuersa.
Supra E. Lepas parua.

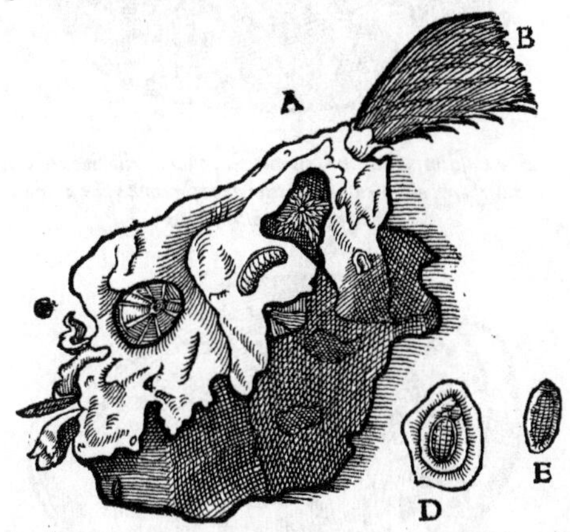

Alia Lepadis icon, Venetijs expressa.

LEPAS Græcorum (λεπὰς ἡ.) à Gaza conuertitur Patella, à uasis escarij similitudine. Lopas à Plauto dicitur (in Parasito medico, citante Nonio) nisi locus mendosus sit. Diphilus Lepadis species duas facit, unam minorem, alteram maiorem ostreis similem. Minor (inquit Rondeletius) è cuius libris picturã utriusq; exhibuimus, semper parua manet: nec unquam ad alterius etiam mediocris magnitudinem accedit. Est insuper Patella fera: de qua mox seorsim dicemus. Item Patella rubri maris. Ea (inquit Bellonius) tabellis corneis numero octonis, transuersis, loricę modo contegitur, atq; undecunque cartilagine obsepta est: multis spinulis horrida, ijs persimilibus, quæ in Stellis marinis uisuntur. Sesquidigitum lata, ternos longa. Estur cocta, ut Patella uulgaris. ¶ Omnes uniualues sunt: parte inferiore caro nuda cautibus adhærescit, et difficulter auellitur: unde & prouerbium natum est, ὥσπερ λεπὰς προσίσχεται, Aristophani usurpatum: Hoc est, Lepadis uel Patellæ instar adhæret: pro eo quod est, tenaciter & omni studio alicui rei deditus est, & immoratur asiduè. *Patella. Lopas. Rubri maris Patella. Prouerbiũ.*

GRAECORVM uulgus hodie Petaglida appellat.

ITAL. Veneti parum mutato nomine Pantalena, Rondeletius: uel Petalide, Bellonius. Ligures & Massilienses etiam hac ætate Patellas uocant, Gillius.

HISPANIS Almeia dicitur: Lusitanis Bregigam.

GALL. Lapedo à Massiliensibus & à nostris (circa Monspelium) uocatur, Rondeletius. Ligures & Massilienses hodieq; Patellas uocãt, Gillius. Massilienses Lepada nominant: Galli apud Deppam, Berdinum, (Normani Berdin & Berlin, Rondeletius:) alibi Oeil de bouc, id est, Hirci oculum, Bellonius.

ANGLICE A Lympyne uel a Lempet.

GERMANICE Bocksaug, id est, Hirci oculum appellare poterimus. nam & Galli sua lingua sic uocant: uel, Einschale, id est, Vniualuem. Ein Muscheln art/an dem oberen halb teil mit einer schalen bedeckt: vnden bloß/an ein felsen geheffe.

AVRIS Marina, (θαλάττιον οὖς,) quæ & λεπὰς ἀγρία (id est, Patella fera) ab Aristotele dicitur, non satis rectè à recentioribus quibusdam Patella maior uocatur. Quum enim maior dicitur, magnitudine tantùm à minore Lepade iam descripta differre intelligitur. at magnitudine solùm non differunt, sed etiam forma. Hoc tantùm utrisq; commune est, quòd unica testa constant, carnosa parte saxis affixa. differt etiam excrementi meatu. parte enim ima testæ, quà foramen habetur, Aristotele teste, excrementũ egeritur. Falluntur qui Aporrhaidem putant. ea enim Mu- *Patella fera. Aporrhais.*

T 4

Icon à Rondeletio posita.

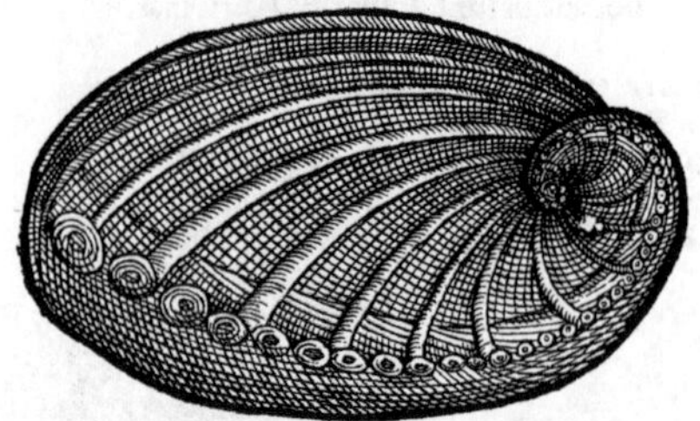

Alia eiusdem, ut uidetur, animantis, quam Bellonius dedit: etsi diuersa appareat, cum aliâs, tum quòd foramina plura quinis Rondeletius ostendat, &c.

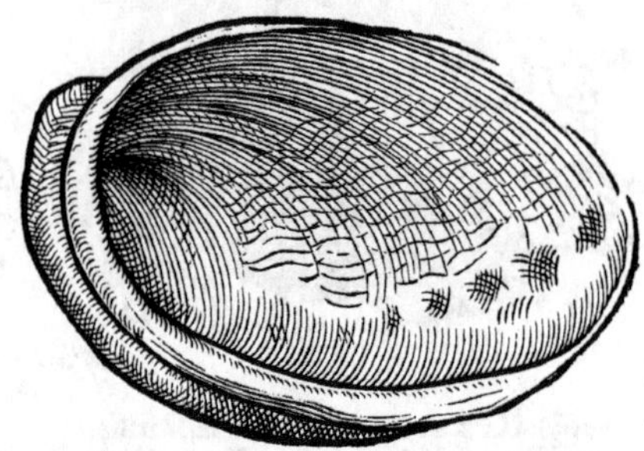

ricum potiùs generis uidetur, Rondeletius. Nicandri Scholiastes Tethea (τήθη) interpretatur Patellas feras: quæ nos (inquit) ὦτια, Aristoteles autem ὄςρεα. Sed ὄςρεον nomen ad omnia testacea pertinet, & Tethea propriè dicta speciem à Patellis feris diuersam constituunt. Zoophytorum generis Patella hæc uidetur: à quo tamen diuersum Zoophytum, & ab animaliũ natura remotius Marinæ auris nomine Bellonius nuncupat, nulla eius icone expressa; quod an Escharæ Rondeletij cognatum sit, inquirendum. ¶ Testa Auris mar. caua est, argenti uel unionum colore: foris gibba, lineis multis depicta. parte una cochlearum modo clauiculatim contorta, à qua foramina incipiunt, initio parua, quæ deinde magis ac magis augẽtur, Rondeletius. Concha eius aurificum officinas illustres reddit. eam enim pellucidam ac perpolitam in tenues laminas dissecant, ut inde elegantissima uasa incrustent, Bellonius.

GERMANICVM nomen fingatur, **Ein wildes Bocksaug/ ein grosse art der Einschalen/. zc**

DE CONCHIS BIVALVIBVS, GRAECI DITHYRA VOCANT: NEMPE Ostreis, priuatim dictis, Musculis & similibus, Tellinis, Chamis, ac similibus Pectinibus & similibus, Conchis diuersis, Pinnis, Vnguibus.

Conchæ nomen commune est ad omnia Malacostraca: contrahi uerò plerunque ad Biualuia solet: quæ omnia ferè à Germanis communi nomine **Muscheln** *appellantur. Vide infrà in Pectine.*

OSTREA uocãtur ab antiquis ostracoderma omnia, ut iam diximus in mentione eorũ uniuersali: priuatim uerò species una biualuium, quam nunc proponemus.

C. ico-

Caramis.

A. B.

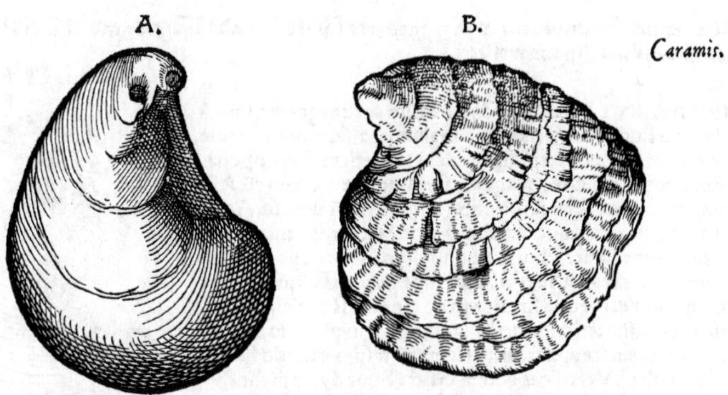

A. iconem Rondeletius exhibuit: cui nos adiunximus B. oſtrei Venetijs expreſsi effigiem.

OSTREA (priuatim dicta) Pelagia uel marina (uel ſimpliciter Oſtrea) dicimus, quæ neq; in ſtagnis, neq; in fluuiorum oſtijs, ſed procul ab aquis dulcibus inueniuntur: in Oceano maiora, quàm mediterraneo mari: Indis pedalia, aliquando multa ſimul connexa, & ſu pra ſeſe poſita, teſtæ foris ſordidæ & luto obductæ, cruſtis multis ſiue laminis conſtant, intus læues & albæ. Circa Monſpelium pallida ſunt teſta, alibi colore differunt. Variant coloribus (ait Plinius,) ruſa in Hiſpania, fuſca in Illyrico, nigra & carne & teſta Circeis.

GRAECI uulgò ὀςρίδια nominant: Pſellus Oſtridia interprete Valla.

ITAL. Oſtreghe.

GALL. Des Huiſtres, Ouitres, Oeſtres: Ittre alle calle. Maſsilięſibus Hoſties: circa Monſpelium, Peires Oſtres.

HISPAN. Oſtia de la mar.

ANGLI An Oyſter.

GERMANI ad Oceanum, ut Flandri, &c. Een Oeſtre/Oſter.

LIMNOSTREA (Λιμνόςρεα) ab Ariſtotele dicta in ſtagnis marinis, & in aquis ex marina dulciq; commiſtis procreantur: atque illic primùm naſcuntur ubi cœnum eſt. Gaza ſimpliciter Oſtrea uel Oſtreas conuertit, cum ſtagnorum Oſtrea dicere debuiſſet. Ineſt in eis humor quidã candidus, quẽ lac appellat Plinius. Notandũ hoc, Oſtrea marina, teſta quidem longè maiora eſſe ijs, quæ in dulcibus aquis reperiuntur: carne uerò interna, minora.

ITALI, GALLI, alijq; non alijs nimirum nominibus quàm Oſtrea ſimpliciter nuncupant. Athenæus Oſtrea in fluuijs, & ſtagnis, & in mari gigni ſcribit. In Lemano quidem lacu Oſtrea paſsibus ferè ducentis à ripa capiuntur, quæ uulgò Quaras uocant, à Mytulis quantitate & qualitate diuerſa.

GERM. Ein gſchlecht der Oeſtern/ inn den ſehen deß meers/ welche von ſüſſem vnd geſaltznem waſſer vermiſcht ſind: an den ſchalen kleiner/ am̃ fleiſch aber gröſſer dann die Meeroeſtern die im̃ lautern meer ſind.

OSTREA quædam in mari prope Monſpelium capiuntur: quæ teſta conſtant pellucida, partibus quibuſdam flaueſcẽte, alijs purpuraſcente, foris crinita & criſpa, intus ſplendida, læuiſsima, candidiſsima. Caro ſalſa, amara atq; inſuauis eſt. Hanc Oſtreorum ſpeciem eſſe puto ſimilem ijs, quę tradit Plinius (lib. 32. cap. 6.) gigni in petroſis, carentibusq; aquarum dulcium aduentu, uel potiùs Oſtrea illa ἄγρια, id eſt, ſylueſtria, quæ Athenæus ſcribit eſſe multi alimenti, ſed uirus olentia, & ori ingrata, Rõdeletius.

GALL. Circa Monſpelium Scandebec uocantur, propterea quòd ſapore ſunt acri. ob id delicatorum labra nimiùm calefaciunt et ulcerant. nam Scandebec idem eſt quod roſtrum urẽs.

GERMAN. Ein andere art d' Oſtern / die mã zů Mom

pelier nennet Scandebec / von wägen jrer schärpffe vnd rässe/mögend in Teütsch Brenner oder Brennling genent werden.

Gaidaropoda à Bellonio exhibita.

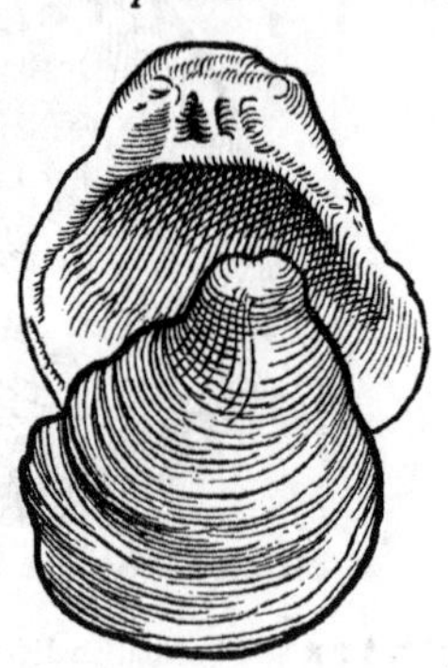

SPHONDYLI uel Spondyli ex Ostreorum genere sunt illa, quæ hodie à Græcis uulgò Gaideropa, seu potiùs Gaideropoda uocãtur, hoc est, Asini pedes: (aut etiam Acynopoda, ut Bellonius scribit:) ob magnam similitudinem quam cũ Asini ungula habent. Gaidaron enim hodie Asinũ uocant. Athenæus Trachelos ab asperitate, mea quidẽ sententia (inquit Rõdeletius) appellauit. Plinius Spondylum in catalogo piscium nominat duntaxat. Videtur autem hoc nomen factum huic ostreorum generi, quòd firmior in eo (inquit Rondeletius) & magis exquisita testarum articulatio, quàm in ullo alio ostracodermorum genere appareat, uertebrarum spinæ modo firmissimè articulata. Vertebras autem Græci Spondylos dicunt. Galeni interpres pro Spondylis ostreis, Vertebras conuertit. nos Plinij & Macrobij exemplo Græcum nomen potiùs retinebimus. ¶ Saxis adnascitur Sphondylus, (rarus & minor in in Gallico mari,) quibus ita hæret, ut non nisi malleo, aut fracta

Alia eiusdem icon è Rondeletij libris.

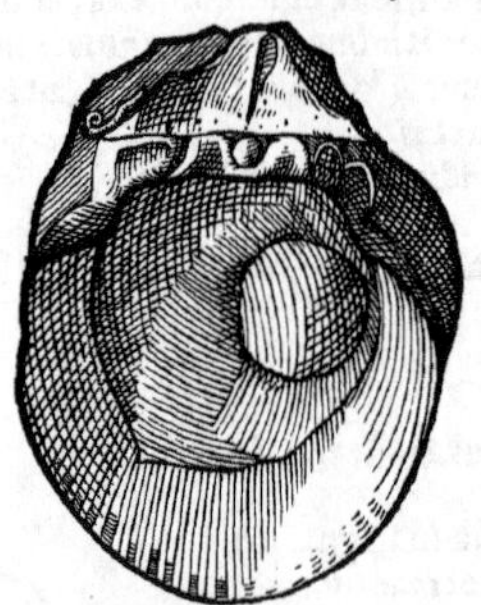

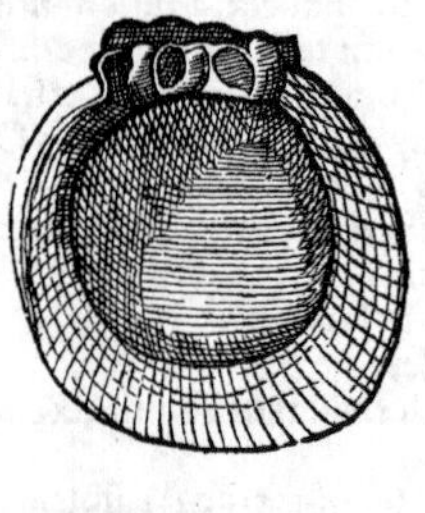

saxi parte auellatur. Testa duplici constat, intus caua & lęui, foris scabra, &c.

GERM. dici potest Eselshůb, ab ungulę asininæ similitudine: uel Steinoestren, id est, Ostreum saxatile, quòd saxis hæreat.

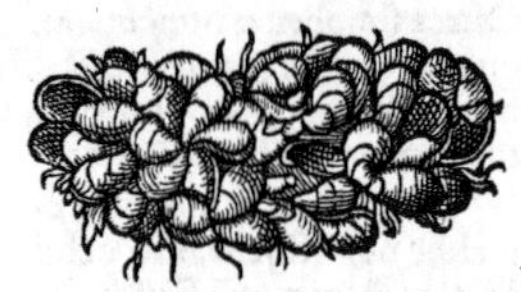

MVSCVLVS simpliciter, uel minor: Plinio Myia, (id est, Musca) aliâs Mysca uel Myscus, ut Rondelet. annotat. Vniones reperiri solebant in Conchis quas myas appellant, Plinius 9. 35. Aliqui Myias cum yi diphthongo scribunt, & Muscas interpretantur. quod equidẽ non probârim: quoniam ea uox Græca est, & Græcorum nemo sic usurpauit. Athenæus enim Myas de paruis musculis fœminino quidẽ genere extulit, sed sine diphthongo, inflexione tertia, quare & Myiscam proferentibus non assenserim. Μῦες an dicti παρὰ τὸ μύειν; συμφυὲς δὲ μῦς: μονοφυὲς δὲ σωλὴν, Athenęus ex Aristotele: an quòd muris quadrupęde instar quodammodo hirsuti sint? Aristoteles historiæ 5. 15. Cancros colore albido plurimos in Mytulis foliatis innasci scribit, sic enim Gaza conuertit, ubi Græcè legitur, ἐν τοῖς μυσὶ τοῖς πυελώδεσι, à figura nimirum, non quidem solij seu labri, cuius fundum æquale & planum est: sed aliorum uasorũ quæ inæquale fundum & in medio profundius habent, oblongiore figura: ut μύες πυελώδεις maiores potiùs Musculi quàm minores sint, &c. ¶ Græci hodie Midia uocant, Rondeletius: melius Mydia, Gillius Musculos & Cuniculos Venetijs dictos, à Græcis hodie Mydia nominari tradit.

ITAL. Musculos paruos & rotundos Veneti Conchole uocant, Rondeletius. Videtur & Cuniculi nomen Italicum & Gozonelli, à Conchula fortè detortum.

GALLI Moules. nostri (*circa Monspelium*) Mousches de mar.

GERM. F. Mießmuscheln oder Barmuscheln: kleine runde schwartze Müschele.

MYTVLVS,

Bellonius huic perſimilem ſuum Mytulum pingit, cum Cancello intra ualuas apparente: cum nomina & reliquam deſcriptionem, Mytulo minori conuenientia, ponat.

MYTVLVS, ſeu Muſculus maior, Myax Dioſcoridis, à Rondeletio exhibitus.

ITAL. Cum Græcis hominibus eos, quos uulgò Veneti uocant Muſculos & Cuniculos, oſtenderē, dixerunt eſſe Mydia, hoc eſt, Muſculos, Gillius. Conchas illas quas Rhomboides Rondeletius cognominat, Veneti Muſſoli nominant: hoc eſt, Muſculos aut Mytulos ſunt enim his ſatis ſimiles, teſte Bellonio. Mutilum Aggregator uulgò Venetijs ait Gozonello dici: quod nomen idem forſitan fuerit cū Gillij Cuniculo concha. Mexilam LVSITANI uocant.

GALL. Mytulos noſtri (*circa Monſpeliū*) Muſcles uocant, & Conſalmes de mar, ad differentiam fluuiatilium uel paluſtrium Mytulorum, quibus figura tantùm ſimiles ſunt, Rondeletius.

GERMANICVM nomen **Muſcheln**, à Muſculo Latinorum factum uideri poteſt: ſed ad cōchas biualues omnes extenditur. quamobrem circumloquemur, ita ut Mytilum ſiue Muſculum maiorem nominemus **kleine ſchwartze Muſcheln**. minorem uerò **Mießmuſcheln/ Harmuſcheln/** à muſco. quoniam, ut ſcribit Rondeletius, teſta eorum ferè ſemper uel muſco uel lanugine obducitur.

ANGLI **Muſcle** non communiter ut nos Concham omnem biualuem, ſed propriè & peculiariter paruam hanc nigricantem appellant; & Germani etiam Oceani accolæ **Möſcheln/** ut audio, priuatim uocant Muſculos.

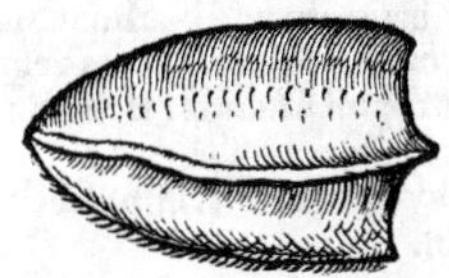

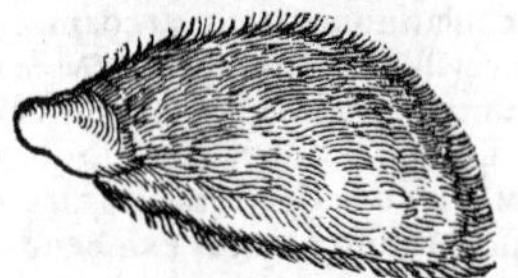

GENERA Concharum duo, quas Veneti uulgò Muſculos nominant. alterum muſco prorſus hirſutum eſt. Ea Venetijs mihi olim depicta ſunt: & forſan rotundiora pingi debuerant. Maſſarius Myas, interpretatur Mytulos: quos nunc (inquit) Muſculos appellant. Huic proximum genus eſt, quas Myias (hoc eſt, Muſcas) uocant. differunt à Mytulo rotunditate, minores aliquanto atq; hirtæ, tenuioribus teſtis.

GERM. **Zwey andere gemäl der Meermuſcheln/ welcher das ein gar voll mieß iſt.**

CONCHA Rhomboides, uel Muſculus ſtriatus Rondeletij. Hanc (inquit) falsò quidam Balanum uocant: (*Bellonium notat.*) nam nihil ſimilitudinis cū quernis glandibus habet: neq; in ſaxorum rimis naſcitur, &c. Opinionem etiam eorum qui Spondylum appellant, ſatis ipſe teſtarum cōnexus refellit. Nullū equidem apud ueteres nomen eius reperi: quare Muſculum ſtriatum rectè dici poſſe puto, quòd teſta ſit Muſculorum marinorum teſtæ ſimili, &c. Concha tota nigricat, rara eſt, & in alto mari degit.

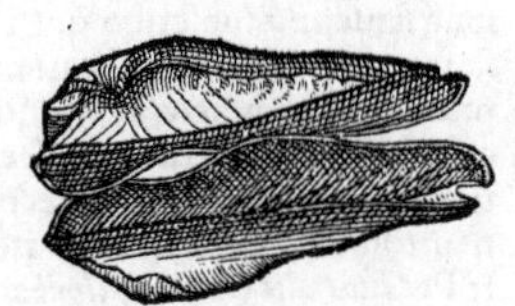

Balanus non eſt.

Neq; Spōdylus.

GRAECI uulgò Calagnone uocant.

ITAL. Veneti Muſſolo, quaſi Mytulum: cui ſatis ſimilis eſt.

GALL. Apud noſtros (circa Monſpelium) nomine caret.

GERMANICE circumſcribere licebit: **Ein langlechte Streim_muſchel/ ſchwartz: ligt im tieffen meer.**

EIVSDEM cum ſuperiore generis hanc quoq; Concham eſſe putat, Venetijs depictam.

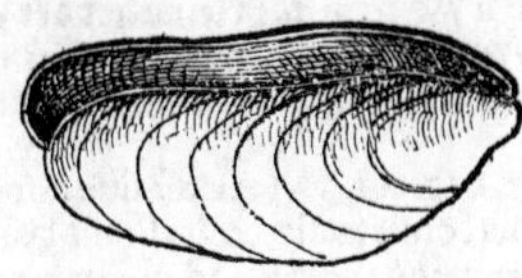

GERM. **Ein andere Muſcheln art/ der nächſt obgeſetzten änlich.**

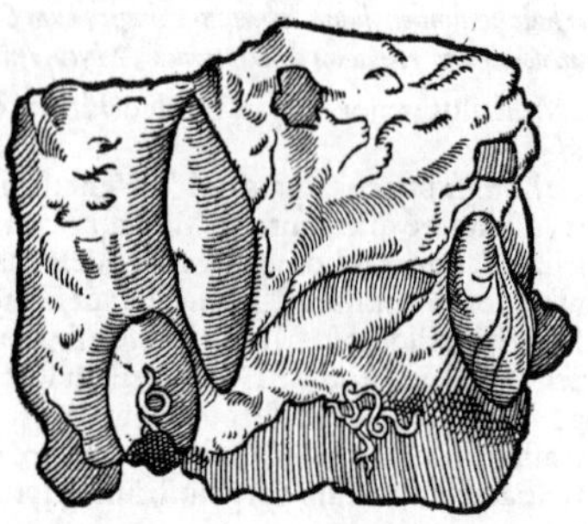

Balani.

PHOLADES Conchæ, φωλάδες Athenæo, apud Hesychiũ φωλαίδες. Vidi huiusmodi Conchas (inquit Rondeletius) in portu Veneris. Missum est ad me alio ex litore saxum, cuius partem hîc expresi, in quo nullæ rimæ, nullæ cauernæ, sed foramina tantùm apparebant tam exigua ut uix acum admitterent. Eo igitur ictibus multis confracto, cauitates internæ multæ erant, uario situ & diuersę magnitudinis: in quibus Conchas istas reperi, quas cum saxo depictas exhibeo, quarum figuram diutius contemplatus, antiquorum Balanos non esse iudico, sed Pholades. quadrat enim primùm nominis ratio. nam ut φωλάδες dicuntur feræ, quæ in lustris degunt, ἐκ τοῦ φωλεύειν, quod latêre significat: ita nihil in marinis rebus reperias, quod penitus in saxo lateat, sicuti Conchæ quas proponimus. Deinde notæ Athenæi (qui solus opinor earum meminit) his proprię sunt. nam uirus olent, & mali succi sunt. Hæc ille. Et alibi de alio quodam genere Conchæ scribens: Conchula (inquit) uaria quædam reperitur frequens, haud procul à Narbone, tota luto obsita, uocaturq́ illis Pholado, quasi φωλάδα dicas. nam Conchæ istæ in luto latentes degunt, sæpius ad pedem unum depressæ, &c. Earum iconem dabimus infrà post Chamas. Bellonius Pholades Patellis congeneres esse putat, nescio qua ratione.

GERMANICE Conchas illas quæ in saxis latitant hîc depictæ, **Steinmuscheln** appellabimus: quæ uerò in luto, inferiùs exhibendas, **Mürmuscheln.**

DE TELLINIS IN GENERE.

μύτλος.

TELLINAE, τελλῖναι, nomen Græcum retinuerunt Latini. Athenęus tamen à Romanis sua ætate Tellinam, μύτλον uocatam fuisse scripsit, quo Loco Hermolaus μύτιλον legendum putat, ut Mytilus & Tellina idem sint, Rondeletius. Atqui Hermolaus: Qui Tellinas (inquit) interpretãtur in Martiali poëta Mitulos, improprìe locutos arbitror: cũ aliud genus esse Mitulos, aliud Tellinas, Dioscoridis authoritate constet. ¶ Aristophanes grammaticus Tellinas dicit Patellis similes esse, eisdemq́ pueros pro cornibus (uide in Tellina altera) uti solitos fuisse: à quibus longè diuersæ Sole clariùs uidentur eæ, quæ uulgò Tellinæ nuncupãtur, Gillius. Ego Rondeletij & Bellonij sententiæ subscribo, qui Tellinas faciunt, quas & Galli Narbonenses & Romani etiamnum sic uocant. ¶ Tellinæ alio nomine Xiphydria, ξιφύδρεια, (aliâs Sciphydria, σκιφύδρεια) dicuntur apud Oribasium, nescio quã ob causam. ¶ Sunt qui Tellinas et Crenia, id est, Pectunculos, idem esse iudicent, à celeritate crescendi nominatas: ὅτι τάχιστα γίνονται τέλειαι, hoc est, ocyssimè perficiuntur: quod Aristoteles tam Pectunculis quàm Purpuris tribuit commune. anno enim magnitudinem totã implent. Plinius certè medicinas, quę à Dioscoride de Tellinis redduntur, ad uerbum ferè Pectunculis (*quos à Pectinibus distinguit*) adscripsit, Hermolaus. Obseruauit hæc eadem Massarius: & Hippocratem quoque Tellinas à Pectunculis distinguere addit.

Xiphydria. Sciphydria. Pectunculi.

Genera duo. Basilicæ. Fluuiatiles.

¶ Tellinarum genera duo Diphilus facit. Tellinæ (inquit) in Canopico ostio & sub Nili inundationem, abundant: quarum quæ tenuiores sunt, regiæ (βασιλικαί) uocatæ, aluum cient, uentriculo graues non sunt, præterea bene nutriunt: fluuiatiles autem dulciores sunt. Nos (inquit Rondeletius) in Agathensi sinu differentias duas inuenimus: unam earum quæ minores sunt: alteram earum quæ maiores, & rufi coloris.

GERM. **Ein gar kleine art der Muscheln/mit zwo schalen bedeckt: die sind ein anderen gleych/glatt/starck/zimlich dick/ringßweyß mit zänlinen/darumb sy fast wol beschliessend. mögend Tellmuscheln genant werden.**

Basilica.

TELLINARVM prima siue minor species Rondeletio, duplici constat testa, utraq́ simili, læui, ualida & satis spissa, in ambitu serrata: qua de causa ad unguem coniunctæ sunt. ¶ Concharum omniũ minima hæc est: & à Romanis Tellina regia uocatur, Bellonius. hinc Basilica Diphili uideri posset: Vide mox in secũda specie.

specie. ¶ Romæ circunferuntur pusillæ quædam Conchulæ. quas qui uendunt Tellinas prædicant. Hæ uulgaribus Conchis minores & læuiores sunt, & candidæ, nec striatæ, Hermolaus.

In arena uiuunt: & nisi priusquam coquantur diutius in aqua agitentur, ut arenulæ excidāt, uescentibus molestæ sunt, Rondeletius.

GRAECI hodie, ut Lesbi incolæ, Chinades uocant, Bellonius.

ITAL. Tellina Venetis, Romanis Tellina regia dicitur: Anconitanis Calcinello, idq́ ad discrimen alterius Conchæ, quæ ab ijs Chalcene appellatur, Bellonius. Veneti piscatores à capparis similitudine Capparoculas (*siue Capparolas, Rondelet.*) appellant, Hermolaus.

GALL. Nostri, ut Romani, Tellinas uocant, Rondeletius. Galli (Normani, Rondeletius) Flion, Bellonius.

GERM. **Das erst vnd kleiner geschlecht der Tellmuscheln/ rc. Süch nächst hindersich.**

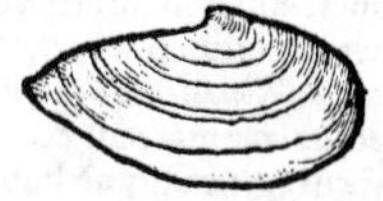

TELLINARVM genus alterum (inquit Rondeletius) in litore Agathensi ad ostium Eraris fluminis inueni, superiori simile, nisi quòd testa sit maiore, tenuiore, minusq́ spissa, & ex rubro flauescente: parte qua testæ colligantur in acutiorem angulum desinente. Hanc Tellinam esse puto, quam βασιλικὴν, id est, regiam appellat Diphilus: uel fluuiatilem, quia nō nisi in fluminis ostio reperi, Rondeletius. Atqui Diphilus, cuius uerba recitauimus, marinas & tenuiores, Basilicas nominat. Forsan autem regiæ dictæ fuerint, nō ut alia quædam à magnitudine in suo genere: sed quia gustui gratæ sint, & mirum in modum expetantur, Bellonio teste qui Tellinæ regiæ nomen Romæ etiamnum in usu esse scribit. ¶ Quemadmodū Athenæus scribit pueros Lepadibus & Tellinis in os sumptis ludere, tubæ sonum imitantes: ita etiam hodie nostri Tellinæ testa altera dentibus admota, diductis labris sonos eosdem edunt, Rondeletius.

GERM. F. **Die ander art der Tellmuscheln: hat ein tünnere vnd gälroote schalen/ rc.**

TELLINAM Tertij generis eā meritò esse dicemus, quæ figurâ superioribus Tellinis tam similis est, ut inter Tellinas numerandam esse, nemo negare posit. his tantùm differt: Colore est candido, testa perspicua & pellucida, ex additamentis multis conflata, intus læuissima. Tenuis est admodum, & ambitu magis rotundato.

GERM. F. **Das dritt gschlecht d̕ Tellmuscheln/ weyß vnd durchscheynend/ tüñ vnd etwas ründer vm̃sich.**

A. B.

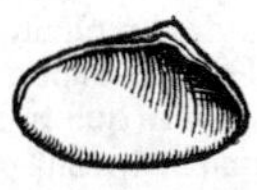

Has Concharum icones Venetijs accepi, quas puto Tellinarum generis esse: & magis quidē illam quæ A. literæ subijcitur: quamuis eam aliqui pro Conchæ peloridis specie accipiant. Alterā, sub litera B. Veneti Peuerazam à pipere cognominant.

GERM. **Mich beduncki das auch dise zwo figurē zū den obgenañten Tellm̃uscheln dienend/ sunderlich die vnder dem bůchstabē A. Die ander neñet man zū Venedig Peueraza/ das ist/ Pfeffermüschele.**

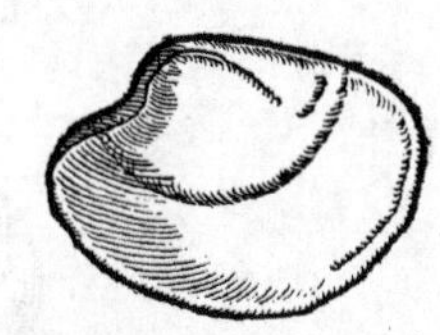

CHAME uel Chama læuis. Χήμη λεία.

Similis hæc est (inquit Rondeletius) Conchis læuibus, quæ galades dicuntur: sed fragilior est, cum uel digitorum compressu facilè frangatur, quod Conchis & Pectinibus non euenit. Intus & foris candidissima est.

Chamæ omnes nominatæ sunt ἀπὸ τοῦ κεχηνέναι, id est, ab hiando: unde Gaza hiatulas conuertit: sed quoniam eodem nomine Channas etiā pisces interpretantur, præstiterit retinere Græcum.

Chamas easdem esse cum læuibus Conchis, quæ Galades dicuntur, falsum est. nam Aristoteles Chamas à Conchis diuersas sentit, Rondeletius. At Aristotelem aliquis dixerit Conchas à Chamis distinxisse quidem, sed specie potius quàm genere: & nihil

V

prohibere idem nomen tum generi toti, tum speciei sub eo uni attribui: ut inualidum hoc Rondeletij argumentum sit. ¶ Conchas rotundiores esse Chamis solere, neq; hiare, Rondeletius scribit.

ITALI quidam Caparozas uel Caparozolas uocant, Bellonius. Vide inferiùs in Concha rugata. ¶ In Chamis nominandis (inquit idem) uulgus Gallicum cum Italico conuenit. Siquidem nostri, maiores Chamas, des Flammes: minores uerò, des Flammettes nominant: quòd cum iure incoctę, nō secus ac piper fauces & os inflammare soleant. Italicum uulgus maiores Chamas, Peuerazas, quasi Piperatas, nominat: minores uerò, Peueronos, quòd piper haud tantopere redoleant. (*Rondeletius Conchulas rugatas suas, à Venetis Piueronos dici scribit.*) Sic ille. Et rursus: Chamam piperatam (maiorem) Veneti Beueraza uel Peueraza uocant: Anconitani uerò & Rauennates Chalena uel Chalcena, nomine à Chamula detorto: (*Vide ne potiùs à calce, ut & Calcinella Venetijs.*) Palustris est, & in cœno degit. Minores Biueroni dicuntur: uel quòd ob piperis saporem sitim excitent: uel quòd perpetuò bibant, neq; diu sine aqua seruari possint: atq; in forum allatæ, & aquæ immersæ, geminam atq; oblongam exerant ligulam, ut Cochleæ modo perpetuò sitientes moueri percipiantur. Supra modum fragiles habent testas (*Piperatæ maiores scilicet: nam minores, Pelorides nuncupat: Rondeletius Conchulas rugatas:*) læues ac compressas, non ut aliæ cōchæ orbiculares: tenues adeò, ut transpareant, &c. Has quidem è genere læuium esse scribit: mox autem priuatim de Chama læui agit, eamq; ab Italis Caparozola uocari ait, ut suprà scripsi.

GALL. Flamme: & minor Flammette. Vide proximè in Italicis nominibus.

GERMANICE. F. Pfeffermuscheln/Ghimmuscheln, à uerbo Ghinen quod hiare significat, χαίνειν Græcis. Flammuscheln.

ANGLI, ut audio, Chamam uocant a Clamme. quod nomen uel à Chama ductum uideri potest: uel potiùs à Gallico Flamme.

CHAMA Peloris Rondeletij, χήμη πελωρίς. Pelorides apud Athenæum alicubi nominantur, ueluti genus proprium à Chamis diuersum, & maius, παρὰ τὸ πελώριον, hoc est, ab ipsa magnitudine dictum, idem alibi Pelorias crassarum speciem facit, quas et regias seu basilicas appellat, à magnitudine nimirum. Pelorides quidem non à magnitudine, (ut Grammatici putant, licet Chamis maiores sint) sed à Peloro Sicilię promontorio, ubi optimè proueniant, dictas esse, Archestratus, Pollux & Clemens theologus referunt. Pelorides simpliciter, an Chamas Conchásue Pelorides dicas, parū refert. Pelorias dici non probo. Pelorinas apud Pollucem legimus. Conchæ (inquit) præstant Pelorinæ, unde fortè nomen adeptæ sunt quæ nunc Pelorides uocantur. Quòd si à luto denominatæ essent, ut quidam nuper conijciebat: primā per η, scribi oporteret. Aristoteles author est Conchas, Chamas, Pectines, Vngues, locis arenosis prouenire, non cœnosis.

ITALICVM nomē nō inuenio: ut neq; Gallicū: nisi Conchas Chamásue piperatas maiores, quas Itali uulgò Beuerazas nominant, Galli Flammas, (de quibus plura protulimus in Chama lęui,) Pelorides esse dicamus. Minores enim, quæ uulgò Biueroni dicūtur Italis, Gallis autē Flammettes, Pelorides, (quæ Chamis cæteris maiores prædicantur,) esse nequeunt.

GALLICE. Flammes forsitan. Lege in Italico nomine. Santones (inquit Rondeletius) Conchę strictę & nō hiātis speciē, Palourde: quę uox à Peloride deducta esse uideri potest. sed ea Chama Peloris non est, cū magna non sit, neq; hiet. Sic ille: qui hanc Conchulam rugatam uocauit. Alia est etiā Pelourde à Gallis ad mare mediterraneum dicta, Rondeletio Conchula uaria.

GERM. F. Grosse Flammen/Grosse Chlamuscheln oder Ghimmuscheln.

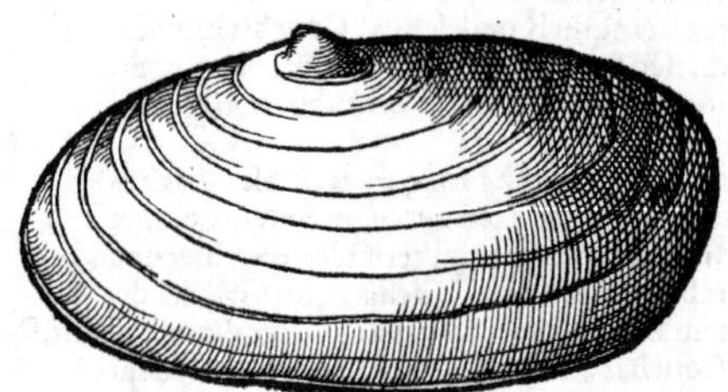

CHAME

CHAME Glycymeris Rondeletij. γλυκυμερὶς, etſi apud Græcum authorem legere nõ meminerim. Plinius Chamas glycymeridas nominans, addit maiores eſſe quàm Pelorides: tanquam his alioqui cognatæ ſint. Macrobius etiam Pelorides & Glycymerides ſeparatim nominat. Videtur autem Rondeletio Glycymeris dicta à dulcedine, quòd ſapore ſit dulci minusq́ ſalſo quàm reliquæ. Eandem ab Athenæo Peloridem maiorem uocari, putat idem Rondeletius.

Teſta (inquit) ei oblonga, Mytulorum fluuiatilium modo, ſed durior & ſpiſsior, rugoſa, non tamen ob id aſpera, ex albo ruſeſcens. ¶ Bellonius Chamam nigram, Glycymeridem facit. Rondeletius eum Concham nigram pro Chama nigra poſuiſſe ait.

GERM. F. Vrklaſſe. Claſſe enim Anglis Chama aut Peloris eſt. Glycymeris uerò inter Chamas maxima.

CHAMA aſpera. Χήμη τραχεῖα. Aſpera à teſtarum externa parte dicta eſt, ob lineas trãſuerſas, obliquas, multas, cauas, eámq́ ob cauſam muſco ſæpe oppletas, Rondeletius. ¶ Chama trachéa ualuas eodem modo (inquit Bellonius) quo lęuis, tornatas habet: eſtq́ rotunditate penè orbiculari conſtructa. teſta ei aſpera, & Pectinis modo ſtriata eſt. ſed Pecten rectas habet ſtrias: illa uerò tranſuerſas, crebras & profundas. Dura adeò teſta eſt, ut non niſi ualido ictu perfringatur, cum læuium ferè omnium debili digitorum compreſſu aperiri poſsit. Labra in gyrum, Mytulorum more, læuia habet.

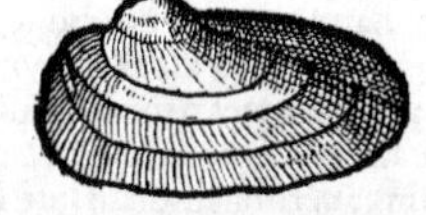

GERM. F. Ein rauch geſchlecht der Gimmuſcheln oder Clammen. die übrigen all habend glatte ſchalen.

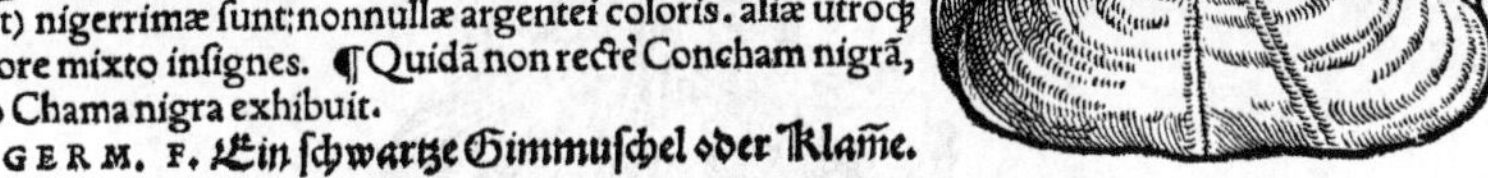

CHAMA nigra Rondeletio. Aelianus (inquit) Chamas marinas uarias eſſe tradit. nam quædam ipſarũ (inquit) nigerrimæ ſunt: nonnullæ argentei coloris. aliæ utroq́ colore mixto inſignes. ¶ Quidã non rectè Concham nigrã, pro Chama nigra exhibuit.

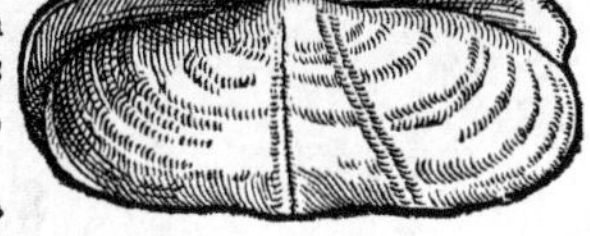

GERM. F. Ein ſchwartze Gimmuſchel oder Klaſſe.

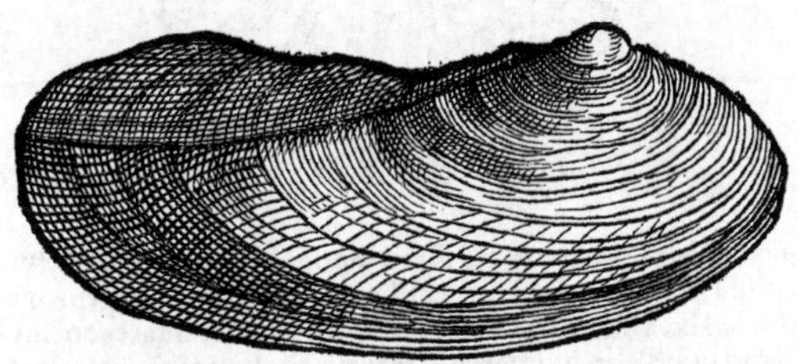

CONCHA Longa Rondeletij. Duabus magnis (inquit) & longis conſtat teſtis: Chamæ glycymeridi ſimilis eſt, ſed teſtæ multò ſpiſsiores, magis rugatæ, colore uario, in ambitu rubeſcente, in medio albeſcente, intus candido cum læuitate. Calx ex ea conficitur. item è cinere dentifricia optima.

GERM. F. Ein Langmuſcheln.

CONCHA altera longa Rondeletij.

Sunt qui hanc Concham eandem faciant cum Dactylo (id eſt, Digito, uel Aulo, Solene, Donace,) cum Plinius lib. 32. cap. 9. diuerſis locis de his loquatur, ut de diuerſis rebus. Nos hãc Concham longam Plinij eſſe affirmamus, quòd nulla ſit hac longior & ſtrictior, Rondeletius. Dactylus.

V 2

GALL. Cullier.

GERM. F. Ein andere Langmuſcheln/ lenger vnd ſchmäler dañ kein andere. ein Löſfelmuſchel.

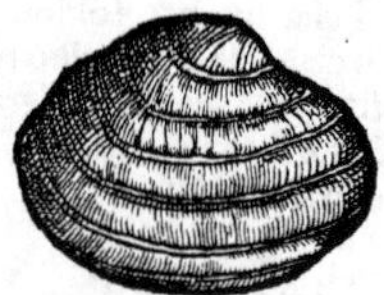

CONCHVLA uaria Rondeletij. Ad fauces Malgurianas (inquit) capitur frequenter Concha parua, teſtis ſpiſsis & depreſſis: quæ lineolis multis & admodum uarijs diſtinctę ſunt: Chamę aſperæ non ualde diſsimilis, ſed minùs aſpera. Vocant uulgò noſtri (GALLI *circa Monſpelium*) Pelorde: (*Hoc nomen etiam Conchulæ rugatæ Rondeletij Bellonius tribuit:*) quæ uox etſi Peloridi affinis ſit, tamen longè alia eſt Concha à Chame Peloride: dictamq; puto à noſtris à luto & ſordibus, quas lordes appellant. Reperitur eadem frequens haud procul à Narbone, tota luto obſita, uocaturq; illic Pholado, quaſi φωλάδα dicas, quæ appellatio aptè cōuenit. nã Conchę iſtæ in luto latentes degunt, ſæpius ad pedem unum depreſſæ. Quamobrem Pholades Athenæi eſſe putauerim. Quòd ſi cui hæc ſententia non probetur, eaſq; tantùm Pholades eſſe uelit, quæ in ſaxorum cauernulis, non in luto lateant, non ualde repugno.

Peloris. *Pholas.*

GALL. Pelorde, Pholado: ut iam expoſitum eſt.

GERM. F. Ein Kaatmuſcheln/Mürmuſchele. ligt vnder dem kaat oder mür: darauß man ſy grabet: mag daruon ein Grebling genent werden.

Pectinis Concha quam priùs expreſſam habebamus: à Rondeletio quidem exhibita, accuratior elegantiorq; eſt.

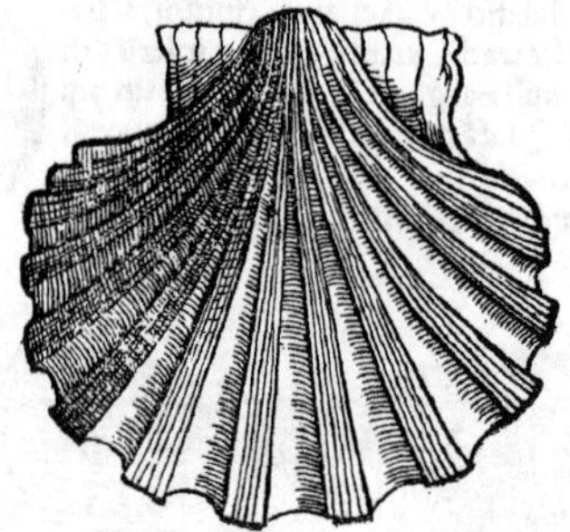

Pectunculus. PECTEN. Qui à Græcis κτὶς uocatur, à Gaza modò Pecten, modò Pectunculus conuertitur. Sed Pectunculi à Pectinibus differunt: et Plinius manifeſtè diſiungens, uidetur Pectunculos pro Tellinis uſurpaſſe. Ex Athenæo liquet Pectinem duabus conſtare conchis ſtriatis, & utraque parte auritum eſſe: id quod non huic tantùm ſpeciei, ſed alteri etiam conuenit. Pectinũ genus ſtriatum, id eſt, pectinatim diuiſum, à rugis illis ſiue imbricaturis, nuncupatur, Gillius. Magno in errore uerſatur Albertus & recentiores, qui Pectines pro Paſſeribus (id eſt, planis piſcibus illis quos uulgus noſtrum Plateſſas nuncupat) accipiunt. Pectinis teſtæ non ſemper eiuſdem ſunt coloris. quædam enim rubeſcunt, quædam albicant, aliæ nigricant, Rondeletius. hinc ſucci etiam ſaporiſq; differentiæ habentur.

Colores.

ITAL. Cape ſante.

GALLICE Circa Monſpelium Larges Coquilles uocantur: alibi Coquilles de ſaint Iacques, Rondeletius. Pectinum generis quidam arbitrantur eas eſſe, quas uulgò appellãt Conchas S. Iacobi: ſed aliæ Oceani littoribus Gallicis cognitæ habentur, Gillius. Author Pandectarũ medicinalium, Venereas interpretatur Cochleas quæ afferuntur à S. Iacobo. uerùm hæ Porcellanæ ſunt, &c.

Venerea.

GERM. ANGL. Germani Conchas biualues omnes generali uocabulo uocant Muſcheln/Moſcheln: Pectines uerò priuatim diui Iacobi Conchas, Jacobs muſcheln. Angli uerò Muskels peculiariter nominant Conchulas illas, quas Bellonius Mytulos: Pectinem autem a Scalop. Eoſdem audio Pectinum genus quoddam aculeatum appellare a Fryll: & ſimiliter è Cancrorum genere Maiam, teſta aculeata. ¶ Pectinum in Anglia (inquit Turnerus) ſumma genera duo habemus: quorum maius uocatur a Scallop. minus uerò nominatur prope Portlandiam a Cock, à forma gallinacei capitis quam piſcis apertus exhibet. Sub hoc genere continetur Pectunculus ille per omnia littora frequens, Cockle, id eſt, gallulus per totam Angliam dictus. Concha quam pro Pectunculo Bellonius oſtendit, non per omnia Pectunculi nomen meretur quod

quod ſtrigiles & ſtrias non rectas Pectinis more, ſed tranſuerſas habeat. A pectunculorum tamen generibus non omnino ſeparo.

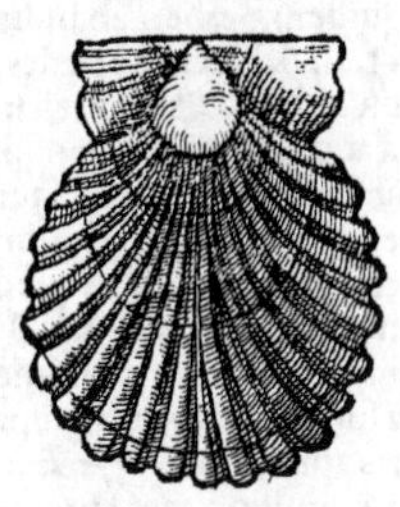

PECTEN alter: quem cum ſuperiore eundem planè eſſe, facilè exiſtimabit is, qui non diligentiùs circumſpexerit: ſed reuera differt. nam latiores & ampliores aures habet: eſtq; toto corpore longiore ſtrictioreq; quàm ſuperior. Præterea hic teſtam utranq;, Pectunculorum Burdegalenſiũ modo, cõcauam habet: ſuperior alteram duntaxat concauam, alteram planam. hic ſtrias ſimplices, prior ſingulas ternis aut quaternis lineis à ſummo ad imum ductis ornatas, Rondeletius.

ITAL. Romiam uocant, quòd qui è Compoſtella redeunt (quos etiam Romious lingua noſtra uocamus) Pectines huiuſmodi multos pileis affixos geſtant, Rondeletius.

GERM. Ein ander geſchlecht der Jacobs muſcheln.

ANGLICE A Cok, lege ſuperiùs in Pectine primo.

Nomina quidem eadem Bellonius Pectunculo ſuo attribuit, quæ Rõdeletius ſuo, ſed picturæ ſunt diuerſæ: Rondeletij ab una parte aurita, Pectini ſimilior. Bellonij, neutra: capite teſtæ ita ferè ſe colligẽte, ut in Tellinis & Chamis. Eam omiſimus.

Alia Pectunculi icon, ſiue eiuſdem, ſiue cognatæ ſpeciei. quam unde ſim nactus, non ſatis memini.

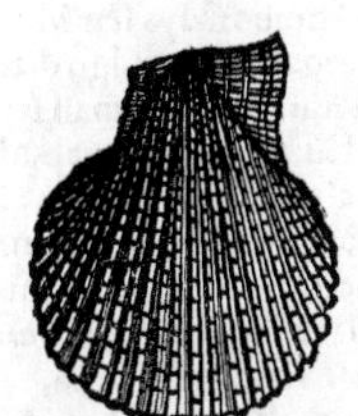

PECTVNCVLI rectè dici poſſe mihi uidẽtur Pectines exigui, qui in ſinu Aquitanico & in Normania frequenter capiuntur. Hi Concham ſtriatam habent, utrãq; cauam, aculeis aliquot paruis armatam, altera duntaxat parte auriti ſunt, aliquando dextra, aliquando ſiniſtra. Horum alij candidi ſunt, alij rubeſcunt, Rondeletius. ¶ Trallianus Κτένια diminutiuo nomine appellans, ipſos ſimpliciter Ctenas, id eſt, Pectines intelligere uidetur. ¶ Contra eos qui Pectunculos cum Tellinis confundunt, dictum eſt ſuprà in Tellinis.

ITAL. Romæ Gongole, quaſi Conchulæ uocantur. ſunt enim ſemper parui, præſertim in Mediterraneo mari, in Aquitanico litore maiores, Rondeletius.

GALL. Vulgò Petoncles uocantur, in Normania Hannons, Rondeletius. Pariſienſes & Rothomagenſes Petoncles uel Hannons appellant, Bellonius. Aliqui Coquilles de ſaint Iacques, (ſicut & Pectines ſimpliciter,) Rondeletius.

ANGLICE Cochle, Bellonius. Meliùs Cockle, id eſt, Gallulus, lege ſuprà in Pectine primo.

GERMANICE nominemus licet, Kleine Jacobs muſchel/oder S. Michels muſchel.

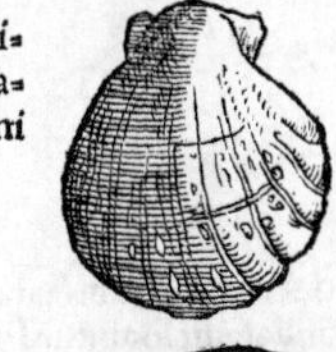

CONCHA Corallina à Rondeletio cognominata. Conchæ pictorum (inquit) ſimilis hæc eſt colore. rubra enim eſt, corallũ planè imitata, unde Corallinam nominauimus. at figura pectinem refert, niſi quòd ſtriata non eſt, &c.

GERM. F. Ein roote Muſchel oder Corallmuſchel.

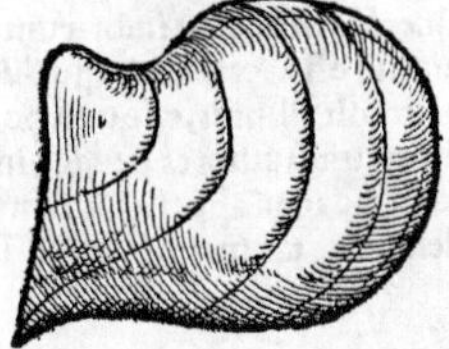

CONCHA uulgò Mater unionum dicta. Pulcherrima Concha & margaritifera (inquit Rõdeletius) lingua Indica Berberi dicta fuit. à Gallis Nacre de perles, pro Matre perlarũ: (nos enim Perlas uocamus, quas Græci Margaritas, Latini Vniones:) quòd frequentiores & meliores uniones in his, quã in alijs Conchis uel Oſtreis inueniantur. Figura Pectines æmulatur. ¶ Vide quædam annotata inferiùs cum Concha Echinata.

V 3

Cinædus. Indorum gentes de Hercule affirmant, (inquit Arrianus in libro de rebus Indicis) quòd cum mare & terram undiq; peragrasset, in mari inuenerit Cinædum (Κίναιδον. *Facius interpres Margaritam uertit: sed Indi fortè Margaritam, Cinædum uocant, ut ex sequentibus colligimus*) ornatum muliebrem, margaritam scilicet è mari, quam Indorū lingua sic nominat, &c. Et nihil sanè prohibet, Concham quidem Berberi ab Indis uocari, unionem uerò Cinædum ab ijsdem.

GALL. Nacre de perles, ut dictum est.

GERMAN. Ein Perlemůter/Perlemuschel.

MARGARITA quanquam in Conchis diuersis reperiatur, hoc potissimùm loco mentionem eius faciendam existimaui, quòd in proximè exhibita Concha frequentiores melioresq; gigni soleant. *Quid sit.* Margarita igitur alia partus est suæ Conchæ, iuxta Plinium, alia abortus, sed hoc Rondeletius refutat: & neque ossiculum, neque partem aliquam Conchæ, uel quasi nucleum, uel excrementum, uel morbum, Margaritam esse docet: sed in ostrei (margaritiferi) carne Vnionem ita gigni, ut in Suibus grandinem, in renibus calculum. *Figura, &c.* ¶ Pro figura & alijs differentijs, nomina diuersa sortitur: ut sunt, Tympanum, Elenchus, Crocalium, Physema. Margarita à Græcis & Barbaris appellatur, μαργαρίτης ὁ, μάργαρος ὁ uel μάργαρον, ἡ μαργαρῖτις λίθος. A Latinis plerunq; Margarita fœminino genere profertur, rarò Margaritum neutro. *Lapillus.* Comprehenditur & lapilli nomine, & lapillus quandoq; per excellentiam uocatur. *Vnio.* Item unio Latinis: non quòd in unica tantùm concha, uel nunquam duo simul reperiantur, (falsa enim hæc sunt:) sed quòd nulli duo indiscreti, qui non inuicè differant, magnitudine, figura, orbe, lęuore, pondere, candore: aut fortè quòd nunquam concreti cohæreant. Inueniuntur autem in Conchis tantùm: & falluntur Aegyptij, qui Orbem piscem rore concepto uniones parere aiunt. *In quib. Conchis gignatur.* Ex conchis quidem uado infixis, Pinna solùm margaritifera est: ex cæteris diuersæ, biualues præsertim: Vt sunt, Concha rugata, Concha echinata: Concha Berberi dicta Indicè, Pectini altera aure similis, Concha similis ostreæ: & alia Pinnæ similis, alia Strombo: Mys seu Mitulus tum in mari, tū alicubi in dulcibus aquis: Cochlea quidem quædam margaritifera uulgò dicta est ab unionum colore, nō quòd eos ferat, nec scio an ulla non biualuium ferat: quanquam in Muricis genere quodam ad Orientem gigni audiui. *Cinædus.* ¶ Vnio Indica lingua Cinædus dicitur apud Arrianum: in Paria & Curiana regionibus Noui orbis Tenoras. *Eceola.* ¶ Conchas Margaritiferas aiunt noctu litora appetere, & ex cœlesti rore margaritam concipere, unde & Eceolæ nominentur, Isidorus. uidetur autem fictum hoc nomen quasi è cœlo à sua concha concipiantur. apud alium quidem scriptorem hactenus nullum id reperi.

GRAECIS hodie μαργαριτάρη.

ITAL. Perla uel Perna.

GALLIS, GERMANIS ET ANGLIS Perle. Concham ipsam Margaritiferam, si de genere biualuium sit, Germanicè uocabimus Perlemuschel: sin Cochlearum generis, Perleschneck: qualis est Cochlea margaritifera uulgò dicta: quam tamen uniones ferre Rondeletius negat, in biualuibus tantùm gigni asserens. Aelianus uerò in India Margaritiferas Conchas magnis Strombis similes facit.

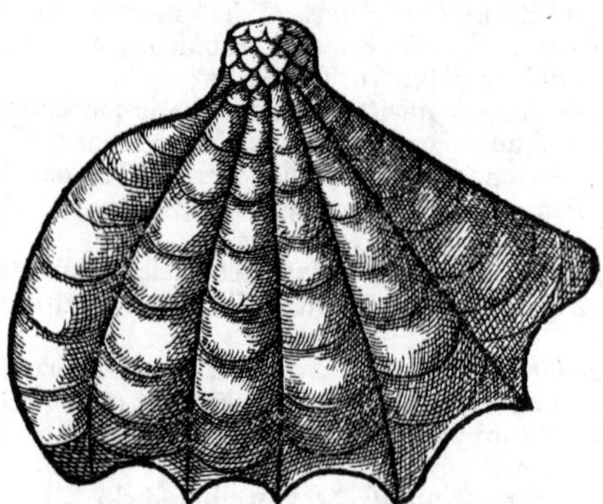

CONCHA Imbricata Rondeletij. Concha (inquit) hæc est distinctione testæ imbricatim undata, ut loquitur Plinius, ad undarum sese attollentium similitudinem, ita ut distinctiones aliæ alijs insideant imbricum modo. A Græcorū uulgo Aganon uocari audio, & à Caloieris Arabiæ (id est, Cœnobitis qui illic sunt) Tridacna, (*ut annotauit Bellonius.*) Verum Tridacna, quorum meminit Plinius, esse non possunt. Sic enim ille quum de ostreis loquitur: In Indico mari Alexandri rerum authores pedalia inueniri prodiderunt. Nec non inter nos nepotis cuiusdā nomenclator Tridacna appellauit: tantæ amplitudinis intelligi cupiens, ut ter mordenda essent. Hæc Rondeletius, tanquam Plinius Tridacna Indica ostrea esse dixerit: quod non dixit: sed ita de Tridacnis tannis tanquam de altero genere quod in Italia etiam reperiatur, loquutus eſt. quoniam, inter nos, inquit, &c.

GERM. Ein groſſe art der Oſtern oder Muſcheln im meer/ ſunderlich im Rooten meer: da ſy die münchen Tridacna nennend/das iſt Trymümpfelig.

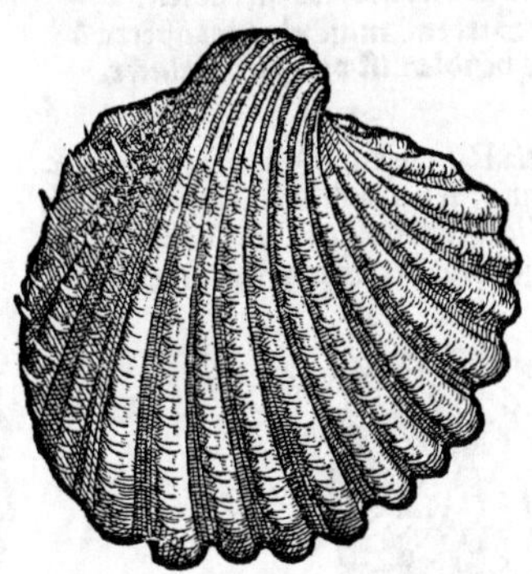

CONCHAM echinatam (inquit Rondeletius) ab aſperitate uocamus, ſicut aculeatam ab aculeis uocare poſſumus. In hac uniones reperiri teſtatur Plinius. Nam & Iuba tradit Arabicis (*margaritis*) Concham eſſe ſimilem Pectini inſecto, hirſutã echinorum modo: ipſum unionem in carne ipſa eſſe grandini ſimilẽ. ¶ De hac Aelianus ſentire uideri poteſt lib. De animal 10. c. 13. ſcribẽs in Mari rubro Conchas quaſdã naſci, quarũ teſtæ ſecturas quaſdã, et cauitates et labra acuta habeãt, quę cũ coẽũt inter ſe ſic, alterno incurſu cõiungantur, ut tanquã duarũ ſerrarũ coeuntiũ dentes uideantur inter ſe conuenire; unde fit ut piſcatoris natantis quancunq; partẽ, etiamſi ſub eã os ſubeſt, mordicus apprehenderint, amputent. ¶ Ego in Plinij uerbis Pectini inſecto, interpretor, non ſecto, non cęlato. οὐ διέγλυπται γὰρ, ἀλλὰ λεῖον τὸ ὄστρακον ἔχει, inquit Androſthenes, καὶ δασύ. addit & unionem in carne ipſa eſſe grandini ſimilem. Vnde de eadem Concha eos (Plinium & Androſthenem) loqui apparet: non, ut Rondeletius putauit, diuerſa. Fortaſsis autem eadem teſta & læuis dici poteſt, quod ad ſuperficiem: & hirſuta, propter enaſcentem materiam. Androſthenes apud Athenæum Berberi nominat hoc oſtreum: id Rondeletius ad matrem perlarum uulgò dictam refert: & δασὺ, ſpiſſum interpretatur. Ego rem in medio diligentiùs æſtimandam relinquo. ¶ Hæc eadem forte fuerit Concha illa aſpera, Κριός, id eſt, Aries ab Athenienſibus dicta: Corycus uerò à Macedonibus, à figura nimirũ fere globoſa: ut Aries ab aſperitate aculeorũ, qui ceu cornicula prominent. Κόγχη τραχεῖα. Meminerunt Athenæus & Heſychius.

GERM. F. Ein rauche Muſcheln art/ein Stahelmuſcheln.

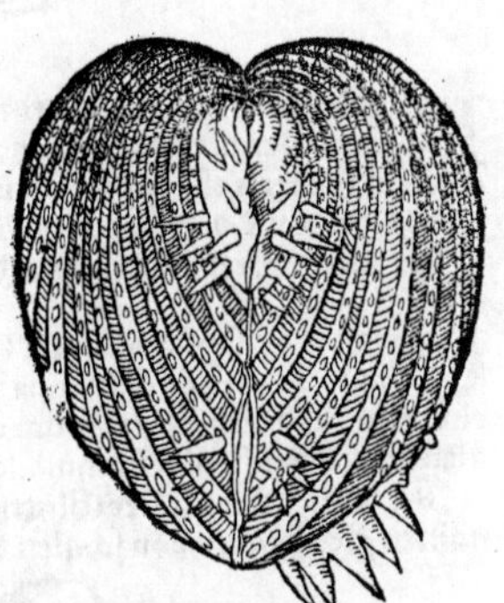

CONCHAE echinatæ Rondeletij ſpeciem aliam ſimilem, quam Venetijs olim accepi, (nõ puto tamẽ in Adriatico aut Mediterraneo inueniri, ſed orientali Oceano, adiungere uolui. Teſtæ utræq; figura tũ foris, tũ cauitate interna, quę caput uerſus recurua eſt, inuicẽ ſimiles ſunt. hoc pulchrũ in eis, tribus in ſummitate articulis ginglymo iunguntur, ita ut eminentes utrinq; mucrones, mutua inſertione, uterq; in oppoſitæ teſtæ acetabula, cohæreant.

GERMAN. F. Ein andere Stahelmuſcheln.

Angli Pectinum genus quoddam aculeatum appellant a Fryll: ut & Maiam in Cancrorum genere, teſta aculeata.

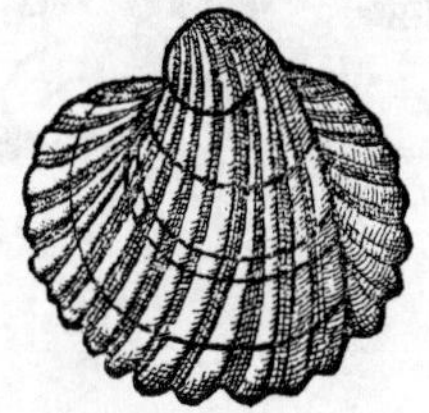

CONCHA ſtriata prima Rondeletij.
ITAL. Capa tonda, à rotunditate.
GALL. Communi nomine Coquille.
GERM. F. Ein Streym muſcheln/ mit übertwären linien. ein runde Muſcheln.

V 4

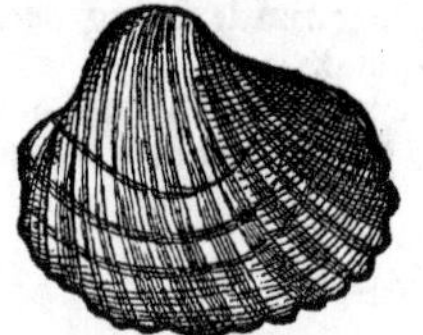

CONCHA striata altera Rondeletij, similis priori: nisi quòd illa aliquot lineas tantùm à latere ad latus per striarum transuersum ductas habet. hæc non lineas simplices, sed uirgas latas sicuti fascias per transuersum ductas habet. est etiam rufa: unde Concha striata, fasciata, & rufa dici potest.

GERM. Ein andere Streym-muscheln/mit übertwären breitlachten gleych als bendlen. ist von farb rotlacht.

CONCHA striata tertia Rondeletij. Hæc (inquit) cæteris longior est, oui figura: testis multùm cauis, canaliculis parum profundis, aliquot lineis per transuersum ductis.

GERM. Das drit geschlecht der Streym-muscheln.

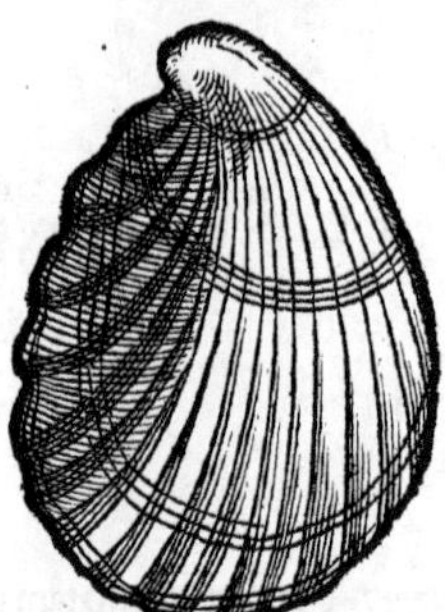

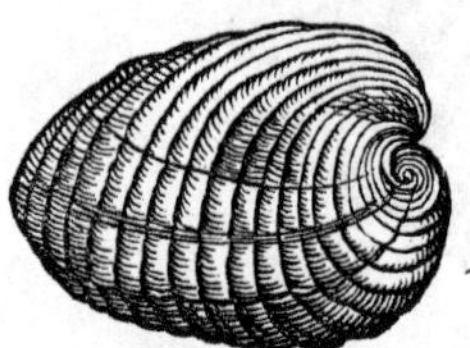

CONCHIS striatis Rondeletij subieci speciem illam, quã Venetijs rotundæ nomine pictam accepi. Rondeletius primam è tribus striatis suis rotundam uocat.

GERM. Widerumb ein Streym-muschel/ hat vilicht kein vnderscheid von der vorgesetzten ersten oder andern.

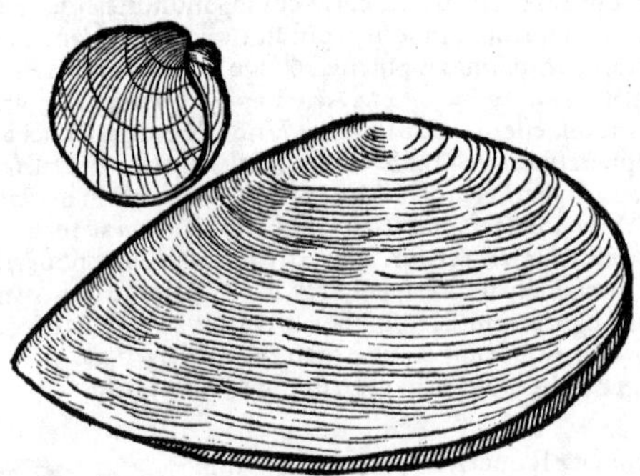

IN stagnis quoq; marinis reperiuntur Conchæ nonnullę, & Cochleæ: ea maximè rotunda & striata, quam hic expressimus, Rondeletius. atqui positas ab eo figuras duas Concharum, non Cochlearum generis esse apparet, ut in uerbis eius sic legendum conijciam: In stagnis quoque marinis reperiuntur Cochleæ nonnullæ, & Conchæ, &c.

GERM. Seemuscheln/wie die im gesaltznen sehen bey dem meer gefunden werden.

CONCHA Crassæ testæ, & Conchulæ uariæ Rondeletij. A Galade & Chama aspera (inquit) hæc Concha crassitudine tantùm testarum differt. Hæ lineis aliquot à latere ductis distinctæ sunt, nihilominus tamẽ læues sunt.

GERM. Ein art der Glattmuscheln/ den nächstgenañten gleych/aber von schalen dicker.

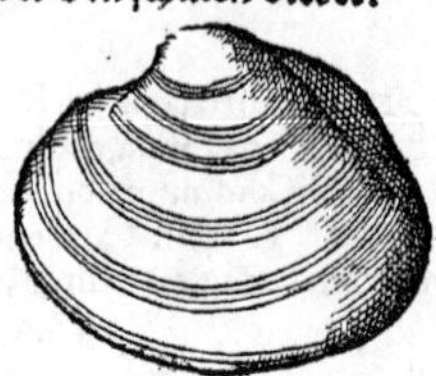

CONCHA

CONCHA Faſciata à Rondeletio dicta. Superiori Galadi ſcilicet,(inquit) ſimilis eſt Concha hæc,niſi quòd paulò latior eſt,quod læuibus uidetur peculiare. Præterea quinque ueluti faſcias latas à latere ad latus ductas habet, ijs ſimiles quibus puellæ noſtræ capillum redimire ſolent:quas Vettes appellant, id eſt, Vittas.

GALL. Coquille Vettade,id eſt,Concha faſciata.

GERM. F. Ein glatte Bendelmuſchel. ¶ Huic ſimilem planè adiungimus,quam ob id peculiariter non depinximus. differt tantùm lineis purpuraſcentibus, quas per tranſuerſum ductas habet à ſummo ad imum,alias partim flaueſcentes,partim albas,intus tota uiolacea eſt.

CONCHA galas, & Concha nigra Rondeletij. Conchæ galades (γαλάδες,inquit) Latinum nomẽ nullum inuenerunt,has inter læues numerat Ariſtoteles.Dictę autem fortaſsis galades fuerint à lacteo colore. ſunt enim candidiſsimæ, maximæ, & læuiſsimæ.Nonnullæ parum purpuraſcentes,quædam flaueſcentes reperiuntur; ſed intus omnes candidiſsimæ ſunt.

His Conchas nigras opponimus, quas propria pictura nõ egere exiſtimauimus,quòd ſuperioribus planè ſimiles ſint, niſi quòd intus & foris nigricant.

Bellonius Galades eſſe putat illas quæ alio nomine Chamæ læues dicuntur.

GERM. Ein art der Glattmuſcheln/von farben an der ſchalen ſchön weyß: doch findt man auch roſenfarb/vnd gälblacht:ſind doch all iñwendig gar weyß.Aber die ſchwartzẽ von diſem gſchlecht ſind innen vnd vſſen ſchwartz.

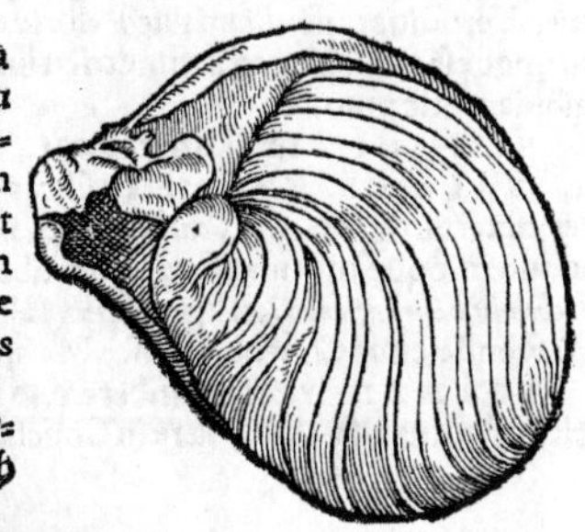

CONCHA rugata Rondeletij. Magna hæc Concha (inquit) & lineis multis & elatis per tranſuerſum ductis ualde rugata eſt:teſtis ualde ſpiſsis,intus læuib. & ſplẽdoris argentei, per ginglymum & ueluti dẽtes articulatim coëuntes articulatur. Teſtæ ob ſpiſsitudinem in laminas et fruſta diſſecantur: ex quibus ſphærulæ precum conficiuntur, & dentiſcalpia, quemadmodum ex uulgò dicta matre Perlarum,ſed nõ adeò ſplendida. In hac Concha uniones reperiri non dubito. Vide etiam ſequentem iconem.

GERM. F. Ein Runtzelmuſcheln/mit vil überzwären hohen liniẽ oder ſtreymen. Haltet vilicht auch Perle. Liß weyter bey der nachuolgenden figur.

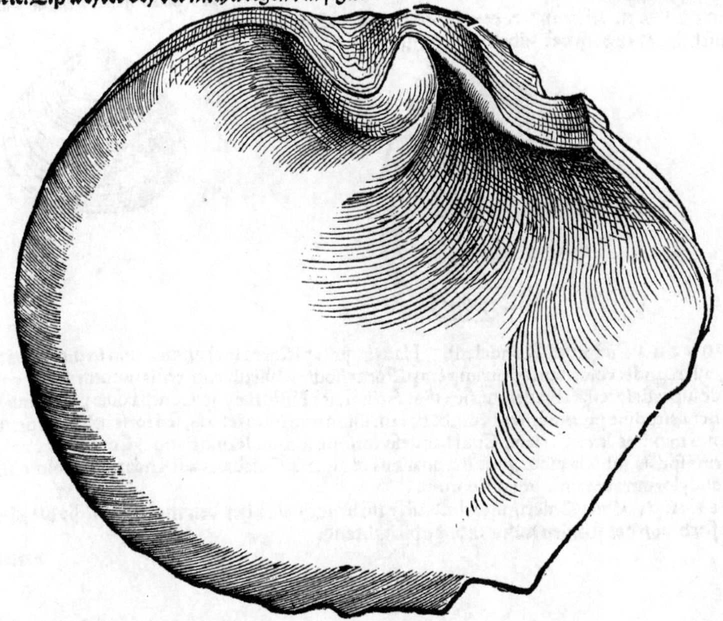

CONCHAE rugatæ Rondeletij similis est, aut eadem fortè hæc, quã Venetijs olim Matrem Perlarum nominari audiui: hac ferè ualuarum alteriùs magnitudine specieꝗ.

GERM. Ein andere contrafactur einer schalen von der yetz genañten Runtzelmuscheln/ oder doch jren gar ähnlich: wirt von etlichen auch Perlemüter geneñt. Auß der poliertẽ schalen macht man Pater noster ringle/zängrübel/vnnd andere schöne arbeit: doch nit so schön als von der rechten Perlemüter.

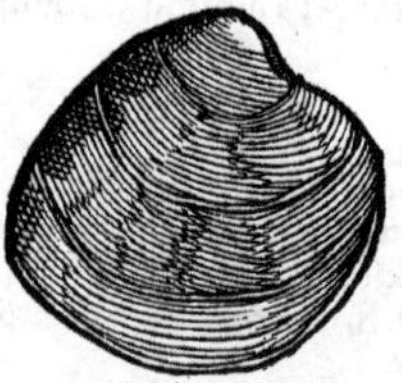

CONCHVLA rugata Rondeletij. Non ab imo ad summum (inquit) lineas ductas habet hæc Conchula, sed à latere ad latus multas ueluti rugas sparsim & sine ordine. Testę non sunt tumidæ & in dorsum elatę, quemadmodum striatæ omnes, sed depressæ: colore uario. sunt enim ex albo cinereæ, & ad liuidum accedentes. Labra testarum crassa sunt: & tam arctè connexa, ut sine ui non aperiantur, faciliusꝗ rumpantur testæ, quàm patefiant, quod à Chamarum natura prorsus alienũ est, quarum testæ hiant. Vnde eos errare constat, (*Bellonium notat,*) qui hanc Conchulam pro Chama peloride exhibent.

ITAL. Veneti Biueronos uocant, uel Piueronos. Genuenses, Arsellas. Anconitani, Rauennates & Ariminenses, Pouerazos, quasi Pauperculos nominant, quòd illic nimiũ populares pauperibusꝗ offerri solitæ sint. (Aliæ quidem sunt Beueraze uel Calcinellæ, uulgò Italis dictæ Conchæ, forma compressiore, testa translucida, &c.) Alibi in Italia Caperozoe dicuntur, à colore nimirum, quòd ex rubro subfuluę sint, inquit Bellonius. idem tamen Chamam læuem quoꝗ Caporozolam uulgò dici, alibi scribit. Quæ quidem Venetijs Cappæ rozæ, uel rozzolæ uulgò dicuntur, ab eruditis quibusdam illic Pelorides existimantur: & à Græcorum uulgò hodie ὀρυκτὰ dicũtur, hoc est, fossiles. nam in fundo seu limo maris à fodientibus eruuntur. testam earum læuem & albidam esse puto.

HISPANI Armillas nominant.

GALLICE. Regias aut Basilicas Chamas Galli Pelourdes, ad Peloridum uocem accedentes, dixerũt. (*Rondeletius Conchulam uariam suam Gallicè Pelourde nominat, & è luto erui scribit, &c.*) A luto autem, è quo tum manibus tum retibus euerruntur, nomen habent. πηλὸς enim lutum est. (*Reprehendit hanc etymologiam Rondeletius.*) alij dictas à Peloro monte Siciliæ uolunt, Bellonius. Idem & Rondeletius Conchulas hasce Massiliæ Clonissas uocari tradunt.

GERMAN. F. Ein andere vnd kleinere art der Runtzelmuscheln. Minder Klamen/ klein Flammuscheln. Quære in Concha Peloride.

Hæc quoque aut Conchulæ rugatæ Rondeletij eadem est, aut planè similis.

GERMAN. Ein andere contrafactur der nächstgesetzten Muscheln/oder doch der selben gantz änlich.

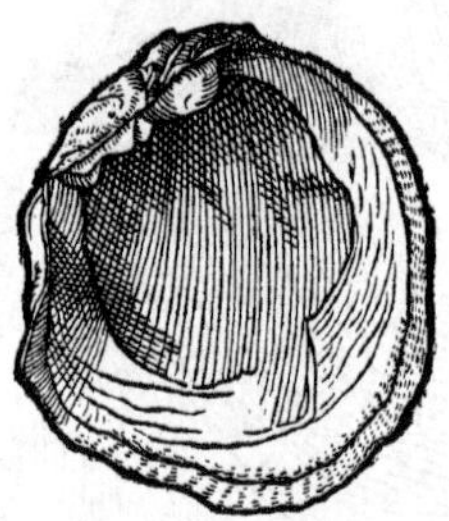

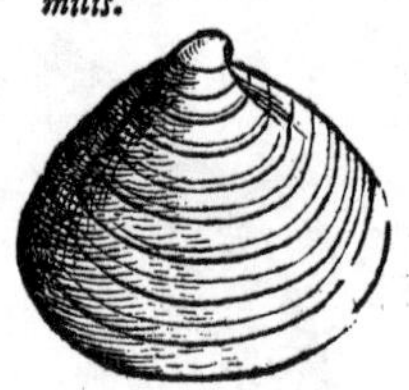

CONCHA Pictorum Rondeletij. Hac (inquit) pictores utebantur, non in diluendis aut asseruandis coloribus, ad quam rem pictores hodie Musculorum testis utuntur: sed ut colorem de superficie testæ abraderent. sic enim Aristoteles Historiæ 5.15. Concha quæ pictoribus utilis est, crassitudine plurimùm excedit, & florem illum non intra testam, sed foris habet. reperitur id genus maximè circa Cariam. Cum hac descriptione (inquit Rondeletius) Concha hæc conuenit: testis spissis, intus læuibus, foris inæqualibus & asperis, Cinabaris aut sandarachæ colore, figura spondylorum aut minorum ostreorum.

GERM. F. Ein Malermuscheln. dañ sy im brauch was bey den malern/welche die schön root farb von der schalen außwendig abschabtend.

PINNA

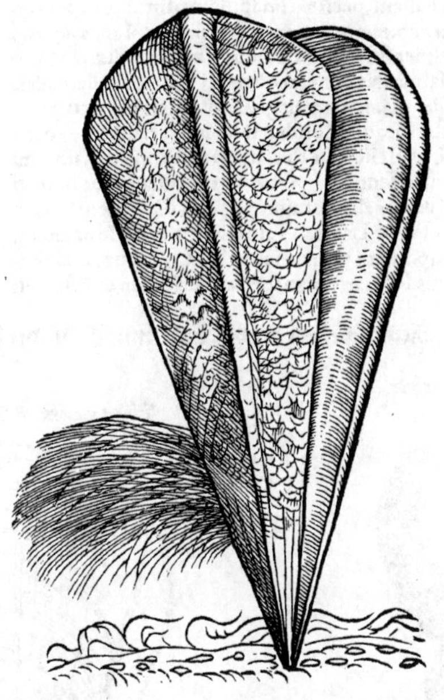

PINNA magna Rondeletij. Conchæ (inquit) biualues sunt Pinnæ & Pernæ, à Mytulorum figura non multùm alienæ. Cancri etiam (parui) in his nascuntur (Pinnoteræ seu Pinnophylaces dicti) de quibus suprà scripsimus. Pinnam Latini uocant, seruata Græcorum appellatione, à quibus πίννη (rariùs etiam πίννα, ut Isidoro apud Athenæũ) dicitur, fortasse à sordibus, quibus semper obducta est: πῖνος enim sordes significat, ut scribit Varinus, Rondeletius. πηνίον quidem etiam filum Græcis significat. sunt autem fila quædã Pinnis adnata, uilli alicuius seu bysi instar. unde & à Genuensibus Pinna lana uocatur. ¶ Concha Aegyptia paralios cognomine, quam & Pinnam uocat Democritus, Hermolaus. ¶ Aliquando ad cubiti magnitudinem accedit: in nostro litore pedales sunt. Mytulis quodammodo similis est, nisi quòd strictiorem partem multò magis acutam & longam habet: quoniam in arena uel cœno, affixa uiuit. ubi bysso sua proximis corporibus, ut firmiùs subrecta semper stet, alligatur. Intus multum est carnis, cuius omnes ferè partes indiscretæ sunt, ueluti in Mytulis. Pinnarum byssus (quæ mollissima & delicatissima lana est) à Mytulorũ bysso tã differt, quã stuppa cañabina à tenuissimo & delicatissimo serico. eius magnitudo Pinnarũ magnitudini respondet, in maximis enim pedẽ unũ longus est. Testę Pinnarũ omniũ eã dẽ cũ Mytulorum testis facultatem habent, Rondeletius. ¶ In Pinnis uniones reperiuntur in Acarnania, authore Plinio, sed non laudati. Est inter fluuiatiles Concha quædam oblonga: quam Bellonius apud me cum uidisset, Pinnam fluuiatilem appellandam censebat, quòd & erecta stare, & margaritas continere soleat. *Pinna fl.*

GRAECI Pinnas uulgari nomenclatura, antiquæ ferè persimili nuncupant, Gillius.

ITAL. A Genuensibus Pinna lana uocatur, ob byssum, à Venetis Astura (*Nastura, Massarius*) nomine communi alijs multis conchis, Rondeletius. Pinnam Neapolitani Pernam appellant, Siculi Lanam pinnulam, Gillius.

GALL. Massiliæ Nacre, Rondeletio teste: qui aliam quoq; Concham superiùs exhibitã, Pectini similiorem, à Gallis Nacre de perles, pro Matre perlarum uocari tradit.

GERMAN. F. **Ein Steckmuschel**, quòd acutior eius pars fundo infixa sit, uel **Hammemuschel**, à similitudine pernæ, uel circunloquor, **Ein Perlemuscheln art. ein grosse Hammemuschel.** In Oceano fortè rara, aut nulla est, præsertim nostro. Lutetiæ quidem nunquam haberi Bellonius refert.

PINNA altera, quæ priuatim Perna dicitur: cuius meminit Plinius libro 32. capite ultimo, inter ea quæ à nullo authore nominata scribit. Pernæ (inquit) Concharum generis, circa Pontias insulas frequentissimæ, stant uelut suillo crure (*unde & nomen acceperunt*) longo, in arena defixę, *Perna.*

hiantesq; qua limpitudo est, pedali non minùs spacio cibũ uenantur. dentes in circuitu marginum habent, pectinatim spissatos. Intus pro spondylo (*sic uocat callum seu carnem duriorem & interiorem ostreorum, quã alij τράχηλον*) grandis caro est. ¶ De his sensisse uideri potest Theophrastus, in libro de Lapidibus scribens: Margaritas generat ostreum Pinnis simile, (*Athenæus hunc locum citans, addit, sed minus,*) tam magnas, quàm est magnus piscis oculus. ¶ Pinna hæc parua (inquit Rondeletius) in mari nostro reperitur, & in ea uniones parui. ¶ Bellonius Pernam facit Pinnam maiorem: Rondeletius, minorem, cui assentior. Græcum peculiare eius nomen non inuenio, nam πίννη & πίννης εἶδος communius est. dici autem poterit πτέρνα, eâdem ratione qua Perna Latinè. Plura lege mox in Pinna altera.

ITAL. Pinnam Neapolitani Pernam appellant, Gillius. quærendum autem, totúm ne genus Pinnarum, an speciem priuatim unã sic nuncupent.

GERM. F. Ein Hamemuschel. ein art der Steckmuscheln oder Perlemuscheln.

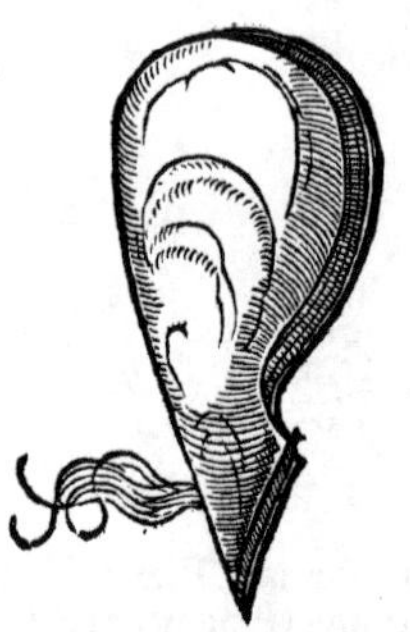

Pinna minor.

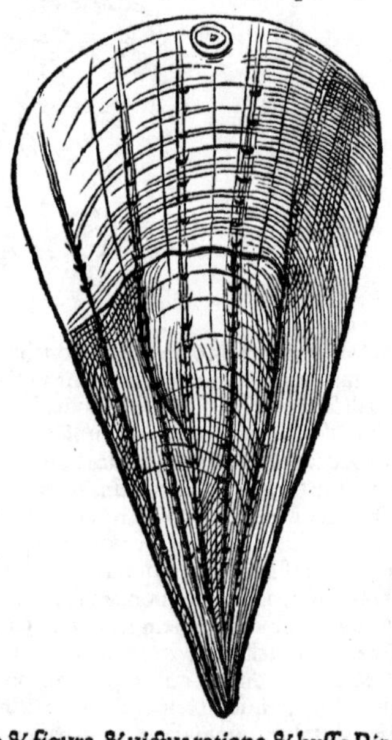

Pinnæ maioris, ut uidetur, alia pictura.

Perna. PINNA parua Rondeletij. Concha hæc (inquit) & figura, & uictus ratione, & bysso Pinnę species est: magnitudine differt, & eo quòd antequam ex acuta & stricta parte in amplitudinem extendatur, excauata est. ¶ Pinna minor Venetijs non uisitur, in Propontidis sinu illo qui Nicomediam fertur, frequens, Bellonius. Hanc Pinnæ speciem, ne quis cũ Perna confundat, quæ & ipsa Pinna quædam minor est, cauendum. differentiæ quidem gratia, hanc simpliciter Pinnam minorem, aut Pinnam minorem læuem; Pernam uerò pectinatam cognominare licebit. Pectinũ enim speciem proposita à Rondeletio icon præ se fert: & dẽtes in circuitu marginum pectinatim spissatos esse Pernis Plinius author est.

GERM. F. Ein andere kleine art der Hammemuscheln oder Steckmuscheln/glatt an den schalen/nit gehölt oder kânelet wie die nächstgemelt.

BELLONII Pinnam minorem, nescio quam ex tribus Rondeletij Pinnis esse dicam: uidetur enim ab omnibus differre. Icon quam exhibet, ad Pinnam magnam Rondeletij accedit: nisi quòd in summa concha, qua latissima est, paruus quidam circulus conspicitur, quem alius paulò maior ambit: & ab eadem parte ad imum lineę aliquot rectæ descendũt. per media uerò linearum interstitia, multi exigui circuli, o. uocalis qua scribi solet circunferẽtia paulò maiori, deinceps per interualla digeruntur. Huic picturæ ego similem ferè à Cor. Sittardo olim missam, hîc exhibeo.

GERM. Ein ander gemâl der ersten oder grossen Hammemuschel/als mich beduncket.

DE VN-

DE VNGVIBVS IN GENERE ET priuatim de mare.

Solen mas Rondeletij.

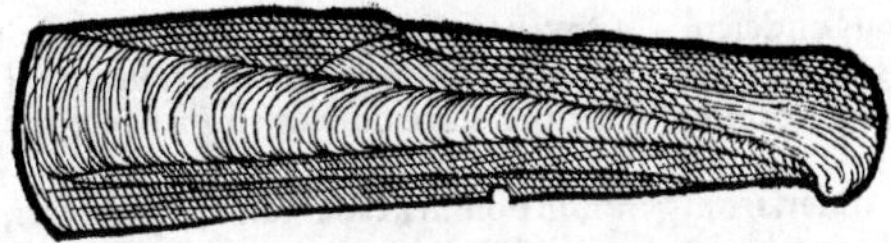

VNGVES inter Conchylia à Varrone numerantur: quos Plinius ſemper Græcis uocabulis nominat. Hæc enim eius uerba ſunt, lib. 32. Solen, ſiue Aulos, ſiue Donax, ſiue Onyx, ſiue Dactylus. at lib. 22. ſexu diſtinguit, his uerbis: Purgatur ueſica & Pectinum cibo, (*Rondeletius probè addit*, & Solenum, *idq́; Athenæi teſtimonio confirmat.*) Ex his mares alij Donacas, alij Aulos uocant, fœminas Onychas. Vrinam mares mouent: dulciores fœminæ ſunt, & unicolores. Græci ſexu quidem diſtinguunt, non uerò nominibus, ut Diphilus apud Athenæum: οἱ δὲ σωλῆνες μὲν πρός τινων καλούμενοι: πρός τινων δὲ αὐλοὶ, καὶ δόνακες, καὶ ὄνυχες, πολύχυλοι, καὶ κακόχυλοι, κολλώδεις: ὧν οἱ μὲν ἄρρενες αὐτῶν ῥαβδωτοί εἰσιν, &c. Videntur autem pleraq; hæc nomina, à figura præcipuè facta, quæ oblonga, teres & caua his Conchylijs eſt. Solen quidem Græcis propriè ſignificat fiſtulam, tubum, canalem, imbricem. aulos, fiſtulam ſiue tibiam. dónax eſt harundo (quæ & Cypria cognominatur Dioſcoridi) παρὰ τὸ δονεῖσθαι dicta, quòd facilè uentis commoueatur. refert autem hæc Concha arundinis internodium. Dactyli, authore Plinio, ab humanorum unguium ſimilitudine appellantur: melius autem dixiſſet, digitorum. digitos enim referunt figura, plerunq; & longitudine, (quanquam & longiores inueniantur, interdum dodrantales,) & craſsitudine. Ab humanorum tamen unguium ſimilitudine ut Græci Onyches, ſic Latinè Vngues dicuntur. partes enim extremæ præcipuè, tenuitate (læuitate) & figura unguibus ſimiles ſunt: uel à teſtæ colore & ſubſtantia unguibus noſtris non diſsimili. Longè uerò alius eſt Vnguis odoratus, Conchylij Purpuræ'ue operculum. Gaza ex Ariſtotele modò Vngues, modò digitos interpretatur. ¶ Differt ab hac Cõcha lõga Plinij, ut Rondeletius docet: quanquam & Solenes μακραὶ κόγχαι à Sophrone dicatur, & μακροκόγχυλοι ab Epicharmo cognominentur. ¶ Solen ex Concharum longarum genere (inquit Rondeletius) duplici teſta conſtat, altera tantùm parte colligata nigro uinculo, (etiamſi aliter ſcribat Ariſtoteles Hiſtoriæ lib. 4. cap. 4.) ab altera uerò parte ſoluta, ita ut nullum uinculi aut articulationis ullius ueſtigium cernatur. Extrema duo ſemper aperta ſunt: anteriore caput exerunt & retrahunt Teſtudinis ritu. Teſta cæruleo eſt colore, lineis euidentibus per tranſuerſum ductis. Aqua & arena uiuunt. ¶ Vitam fœminæ in arena traducunt: mares in eo lapidis genere, quem Glaſtrum uocant, nec unquam alibi uiſuntur, Bellonius. ¶ Dactylis natura in tenebris, remoto lumine, alio fulgore clarere: & quanto magis humorem habeant, lucere in ore mandentium: lucere in manibus atq; in ſolo, atq; ueſte, decidentibus guttis, Plinius. ¶ Vnguium alij mares, alij fœminæ dicuntur, Plinio & Diphilo: quanquã nõ procreant, ut quæ propriè ſexu diſtinguuntur: ſed (ſicuti & aliæ quædam Conchæ) locis arenoſis ſponte proueniunt.

Solen. Aulos. Donax. Dactylus. Onyches. Concha lõga. Sexus.

GRAECI etiamnunc Solênas appellant, Gillius & Maſſarius.

ITALI (ut Veneti) Cappas, id eſt, Conchas longas. Apuli Imbrices à ſimilitudine. Puto & Dottoli nomẽ (à Græco Dactyli) alicubi in Italia uſurpari. [Gillius Balanos mar. à Venetis non rectè Dactylos uocari ſcribit.] Genus id Concharũ, quod à noſtris Spoletta uocatur, aliqui Spõdylos, alij Dactylos mar. eſſe uolunt, &c. Braſauolus. Spoletta quidem uocabulum, accedit ad Germanicum **Spülen**, quod cannam uel arundinem ſignificat. ¶ Duo earum diſcrimina uulgo Veneto agnoſcuntur: quorum alterum Capa da ferro, alterum Capa da deo uel da detto (quòd ex ſua theca ſolo digito ſine ferro eximi poſsit) cognominat, Bellonius.

GALLI des Couſteaux (uel Couteaux) quòd cultri manubrium referant.

ANGLI **Pitot**, uel **Pitot**. ſed Io. Fauconerus aliud Anglicum nomen indicauit, **an Hagfyſh**. A Vuallis in Anglia Thymbi uocari audio.

GERM. F. **Nagel / Finger / Känel / Spüle / Heffte /** uel **Nagelſchale / Fingerſchale / Lãgſchale:** uel **Nagelmuſcheln / das mãnle / rc.**

Solen fœmina Rondeletij.

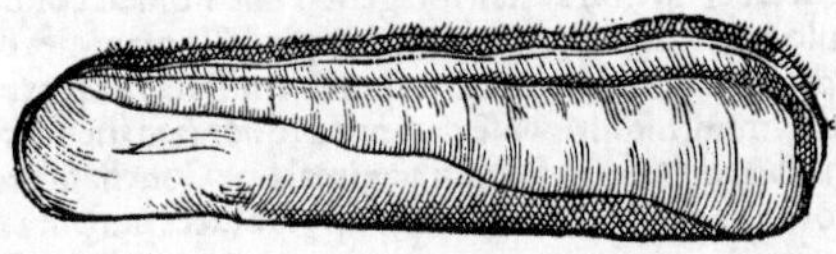

X

Alia Solenis icon, Venetijs olim nobis depicta.

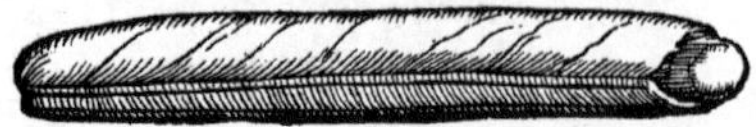

SOLEN fœmina Rondeletij. Onychas (inquit) appellat Plinius Solenes fœminas: quæ colore, ſapore, magnitudine à maribus differunt, in alijs omnibus ſimiles. Teſta lineis cæruleis diſtincta nõ eſt, ob id à Plinio unicolor dicitur. Caro dulcior eſt. maribus minores eſſe ſolent. Plura lege ſuprà in mare.

VVLGARIA diuerſarum gentium nomina, eadem huic, quæ mari, attribui poterunt, aliquo (ſi uidebitur) differentiæ nomine adiecto.

GERM. F. Nagelmuſcheln das weyble/ꝛc. iſt kleiner dañ das obgemält männle/vnnd ſüſſer/ꝛc.

DE CONCHIS TVRBINATIS IN GENERE.

TVRBO propriè dicitur figura quæ ex amplo & lato paulatim in mucronẽ deſinit, ut de Buccina ſcribit Ouidius: caua buccina ſumitur illi Tortilis in latum, quæ turbine creſcit ab imo. Huius figuræ etiam turbo luſorius, Quem pueri magno in gyro uacua atria circum Intenti ludo exercent. Ab huius ſimilitudine dicuntur Turbinata oſtracodermorum genera, Στρομβώδη Ariſtoteli, quæcunq; in uolutas & anfractus, ſeu ſpiras, quales in prælis & torcularibus uiſuntur, (ἕλικας Græci dicunt, unde ἑλικοειδῆ fortè eadem quæ στρομβώδη uocari poſſunt,) teſtas ſuas quoquo modo reflectunt: ſicut & Cochleæ. hę enim omnes turbinatę ſunt, ſed breuiores rotundioresq;: nec exeunt in mucronem ſuo turbine, ut Strombi, id eſt Turbines, propriè & priuatim dicti, qui in longum protenduntur. Heſychius non diſtinxit, Strombum ſimpliciter Cóchlon interpretatus, neq; Maſſarius: qui, Aquatiles Cochleæ, inquit, ſunt quæ Græcè Strombi, Latineq; Turbines communi nomine nuncupantur, quòd ex amplo in tenue deficiant, in uertiginem tortę. Theocritus quoq; ſtrombum & cochlon ceu ſynonyma nominat, ita nimirum ut genus ac ſpeciem. Ariſtoteles alibi Echinos etiam Turbinatorum nomine complectitur, alibi non. Turbinatis certè hoc peculiare eſt, ut teſtæ poſtrema à capite clauiculatim intorqueantur: & operculũ omnia iam inde ab ortu naturæ gerant: quę echinis nullo pacto conueniunt, &c. Vide Rondeletium lib. 2. De aquatilibus cap. 1.

Cochleæ.

ITALI Turbinata omnia, ni fallor, Porcellanas uocant: aliqui priuatim Venereas tantùm Conchas.

GERM. Cochleas & Turbinata quoquo modo nominabimus Schnecken: Strombos uerò priuatim, Straubſchnecken/Straubenhorn/Spitze Kinckhorn: Schmale langlachte vnd geſpitzte Schnecken.

Purpura cum operculo, quam Rondeletius exhibuit, qui & aliorum picturas reprehendit, in quibus uel roſtrum tubulatum, uel turbo non exprimatur.

Alia Purpuræ effigies, noſtra: ex Adriatico.

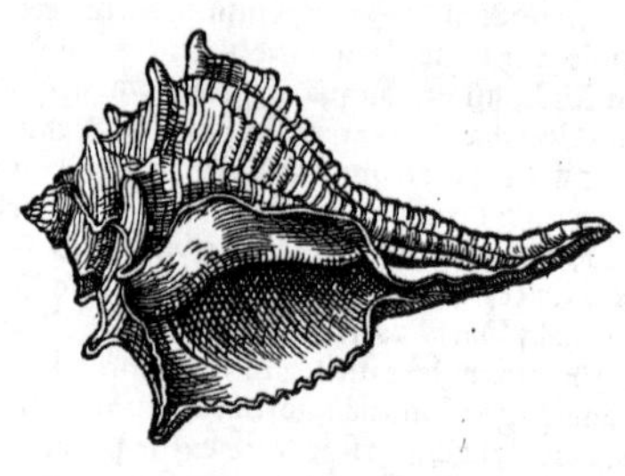

PVRPVRA Turbinatorum generis nobiliſsima concha, à Græcis πορφύρα dicitur: cuius diminutiuum eſt πορφύρειον. Murex etſi ſpeciem unam ſignificet, ſcilicet Buccinum: generale tamen eſt uocabulum, (ſicuti & Conchylium, per excellentiam,) Purpurã comprehendens & alia. Κογχύλη, Conchyle, Heſychio & Suidæ Purpuram ſignificat: Conchylia uerò oſtrea. Purpuræ nomine alio Pelagiæ uocantur, Plinius. Maſſarius quidem & Rondeletius, Pelagias loci ratione Purpuras quaſdam eſſe docent, non autem toti generi hoc nomen conuenire. fieri tamen poteſt ut uulgus Plinij ſeculo eas ſic appellârit κατ' ἐξοχὴν, quod illę maximè requirerẽtur, utpote & maiores, & quæ magis probatũ florem haberent: quũ etiam Pelagium pro colore ſeu flore Purpuræ Plinius dixerit. Buccinum (inquit) per ſe damnatur, quoniam fucum remittit: pelagio (*id eſt, Purpuræ flore*) admodum alligatur, &c. Purpura animal ſiue Concham proprie ſignificat, accipitur autem etiam pro colore ex eo facto, ei'ue ſimili. Violę ſublucet purpura nigrę, Vergilius. item

Murex. *Conchylium.* *Pelagiæ.*

Purpura

Purpura pentadactylus Bellonij (atqui dactyli ſex pinguntur) prona. Videtur autem ad Aporrhaidem Rondeletij propius accedere. Turbinem quidem pentadactylum Rondeletij, infrà dabimus. *Eadem ſupina.*

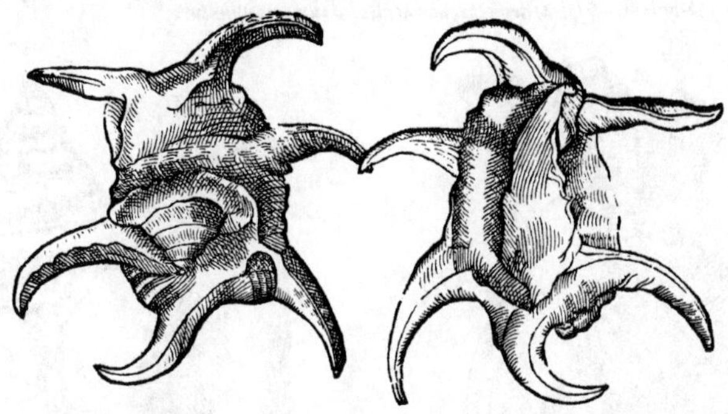

pro ueſtimento eo colore tincto. Cruor ille qui parciſsimus in ſingulis reperitur, flos, fucus, pelagium, ſuccus, medicamentum, pharmacum, nominatur: color ipſe purpureus, Puniceus, Coloſsinus, Calainus, & alijs fortè nominibus. ¶ Purpurarum genera plura ſunt. earũ differentiæ ſumuntur à loco, magnitudine, paruitate, floris ſiue ſucci uarietate. is enim alijs nigricat, alijs rubet. Earundem plura genera tradit Plinius, pabulo & ſolo diſcreta. Lutenſe, putri limo: & Algenſe, enutritum alga, uiliſsimum. Dialutenſe, uario ſoli genere paſtum, &c. Phœnices piſcem, cuius ſanguine ſericum in purpuram tingebatur, Sar appellant, Seruius.

GRAECI etiam hac ætate antiquum nomen retinent, Gillius.

ITAL. Genuenſes quòd muricatis aculeis in orbem circũuallettur atq; horreat, Ronceram uocare ſolent. Venetorum & Romanorum uulgus ab ungue odorato (quo iam inde ab ortu naturæ ſeſe quaſi concludendo tuetur) Ognellas nominat. Teſtas priuatim Porcellanas uocat Italia, eodemq; nomine Conchylij genus omne intelligit, Bellonius. Purpura mar. id eſt, Cetula marina, Syluaticus.

GALL. Noſtri Curez uocant, quaſi Murex, Rondeletius. Has & Murices & Buccinos, Maſsilienſes Bios uocant, Gillius.

GERM. F. Ein Nagelſchneck, ab unguis ſimili operculo. Ein Purpurſchnecken art, ut eo nomine Buccinum quoq; & Conchylium includamus. Ein Stachelſchnecken art. uide infra in Muricibus.

ANGLICVM nomen eſt Purple, neſcio an uulgare, an effictum imitatione Latini.

DE MVRICIBVS IN GENERE.

MVREX aliquando ſumitur pro Purpura: ſic Muricem Tyrium Vergilius dixit. Nonnunquam generis nomen eſt, cui ſubijciuntur Concha Venerea & Buccinum. Muricum generis ſunt quæ uocant Græci Colycia, alij Corythia, turbinata æquè: ſed minora, Plinius. Quare cum Muricis nomen pluribus accommodatum ſit, Gaza Plinij (*in cæteris plerisq;*) imitator κήρυκας nõ Murices conuertit, ſed Buccinos. Plinium quidem κήρυκας nõ ſemel Murices interpretatum conſtat, Rondeletius. Nos Plinium κήρυκα modò Muricem, modò Buccinum uertiſſe obſeruauimus.

Firmioris iam teſtę murices & concharum genera, Plinius: cum proximè de quibuſdam fragilioris teſtæ dixiſſet. Apparet ſanè Latinum nomen Murices, à Græco κήρυκες deſumptum: à Muricibus autem metaphoricè tum tribolos (ut Græci uocitant) ferreos: tum ſimiles in ſaxis alibi'ue mucrones duros & acutos prominentes. Rondeletio Murices propriè dicũtur, qui turbinati ſunt, & lõgos firmosq; aculeos ſiue clauos habẽt. Hos Germanicè Stachelſchalẽ uel Stachelſchnecken nominabimus commodè, nomine ab aculeis & concha compoſito. nam & aculeatos piſciculos fl. aliqui Stachelfiſch appellant.

Mutianus prodidit Echeneidem eſſe Muricem, latiorem purpura, &c. Rondeletius Veneream hanc Concham nuncupat; uulgus Porcellanam, &c.

X 2

A. iconem Rondeletius exhibuit: cui nos ſimilem alteram B. adiunximus, Conchæ cuiuſdam ſeu Muricis orientalis, quam Venetijs nacti ſumus. in ea margaritas quoque gigni quidam nobis retulit, neſcio quàm uerè. Color forinſecus palleſcit, intrinſecus cum pulcherrimo ſplendore ex albo roſeus eſt. Labrum exterius protendit ſe & dilatat in marginem. Mucrones infra caput ſeu conum teſtæ duo magni, ſed obtuſi, prominẽt. in ipſo cono parui admodum & ſubrotundi, per ſpiras deinceps, non aculei ſed tumores uiſuntur.

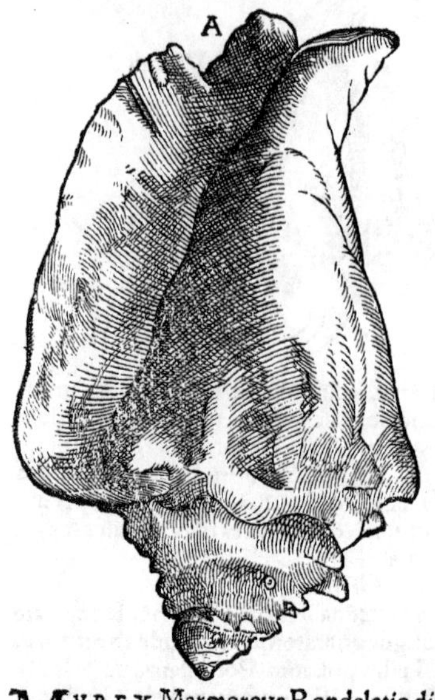

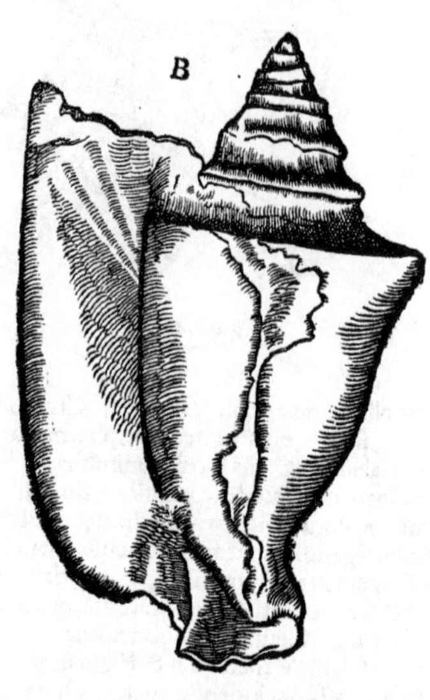

MVREX Marmoreus Rondeletio dictus, à candore duritiaq́, qua marmor (inquit) candidũ æmulatur parte externa: parte interna ex albo purpuraſcit.

GERM. Ein art d Stachelſchneckẽ/außwẽdig weyß wie ein marmel/iñwẽdig leybfarb.

MVREX Triangularis Rondeletij. Hic altera parte (inquit) Murex planus eſt, altera ferè rotundus: ſed ita ut utrinq; duo ſint latera, tertiũ plana pars efficiat: à qua figura, quæ huic propria eſt, triangularis iure dicitur. Vario eſt colore. Foramen duplex habet, rugoſum: quo ob teſtę amplitudinẽ et breuitatẽ, ſonus editur grauis et triſtis. Teſta tota ad Conchylij teſtã magis accedit.

GERM. Ein andere art der Stachelſchneckẽ mit try ecken an d ſchalẽ.

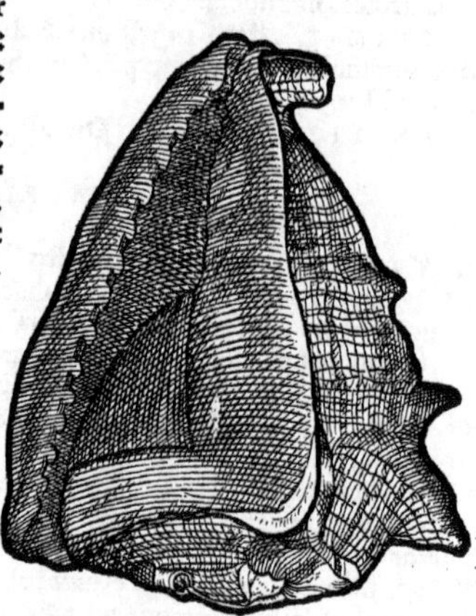

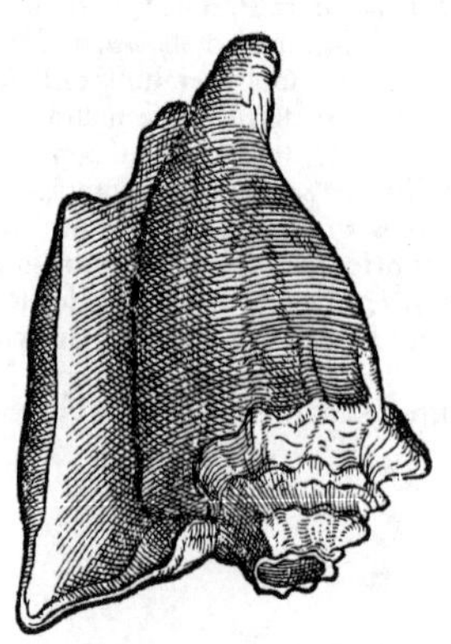

MVREX lacteus Rondeletij, à lacteo colore nuncupatus. Hic (inquit) exochas & tubercula potiùs habet, quàm clauos ſiue aculeos.

GERMAN. Ein ſchön weyſſer Stachelſchneck.

MVREX Coracoides Rondeletij. Vt anatomici (inquit) omoplatæ appendicem à roſtri coruorum ſimilitudine coracoidem appellarunt: ita nos Muricem hunc ab aculeis incuruis, & roſtris Coruorum ſimilibus.

GERMAN. Ein andere art d' Stachelſchneckē / mit krūmlachten ſpitzen / gleych wie die ſchnäbel der rappen.

Lege ſcripta ſuperius cum Purpura pentadactylo Bellonij.

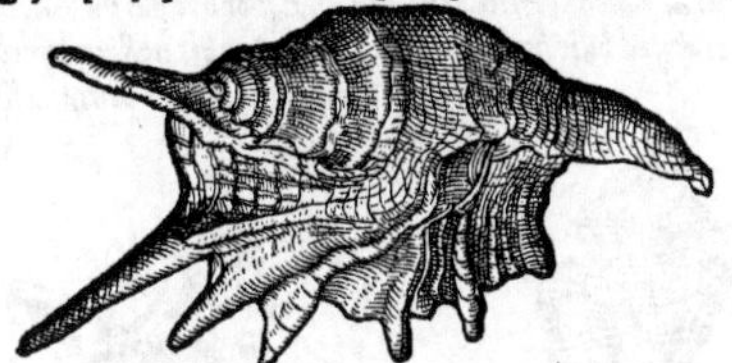

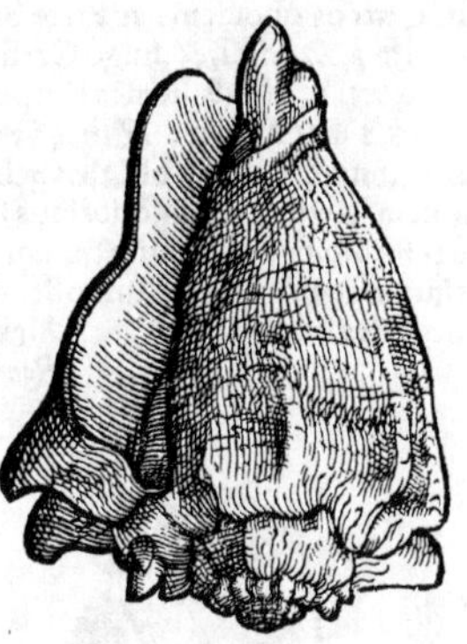

APORRHAIS muricum generis Concha, ut Rondeletio uidetur, qui Pliniū etiā de hoc genere ſenſiſſe ſuſpicatur, his uerbis: Muricū generis ſunt quæ uocant Græci colycia, alij corythia, (*al' coryphia,*) turbinata ęquè, ſed minora multò. ¶ Gaza aporrhaidē, muricem interpretatur apud Ariſtotelem.

GERM. Ein art der Stachelſchnecken oder Purpurſchnecken im̄ meer.

Buccinum Rondeletij.

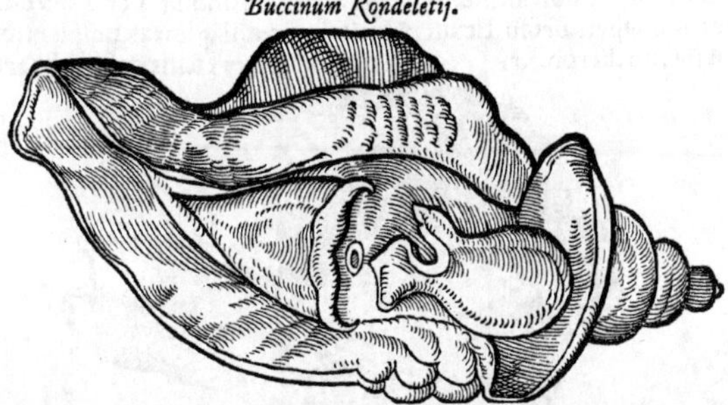

Icon hæc noſtra eſt, ſiue Cochleæ, ſiue Buccinæ: quam apud ciuem quendam noſtrum uidimus, mucrone pertuſo, circulo ſtanneo ambiente, ut apta eſſet inflari. A Rondeletio pro Buccina exhibita effigies, noſtræ quidem ſimilis eſt, ſed tuberculis rotundis ſcitè clauata.

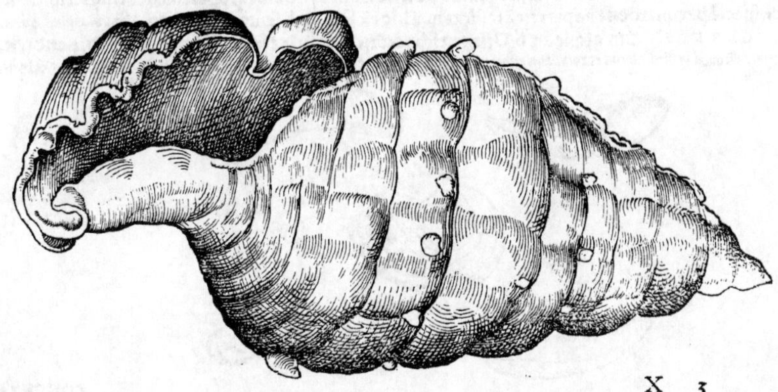

X 3

KHPYKA Aristotelis, Buccinũ Gaza semper interpretatur: Plinius Buccinum. Buccinum (inquit) minor (*aliâs melius, maior*) concha, ad similitudinem eius Buccini, quo sonus editur: unde & causa nomini, rotunditate oris in margine incisa. Genus alterum (*Conchylij*) Purpura uocatur. Aliquando Muricem uocat, Rondeletius. φούκινον hodie à Græcis appellari audio. Gillius Græcos quosdam hac ætate Strophilidas uocare scribit.

ITAL. Ligures uulgò Cornetos nominant. (Bios cornetos, Gillius.

GALL. Massilienses Purpuras & Murices & Buccinas, Bios appellant: Buccinas priuatim

GERMAN. F. **Ein Hornschneck oder Blaaßschneck im meer/größer dann ein Purpurschneck: mag zů blaasen gebraucht werden wie ein horn. Ein Kinckhorn geschlecht.** Est autem **Kinckhorn** inferioribus Germanis nomen generale ad omnes cõchas turbinatas, factum à remedio. prodesse enim putant aduersus tussim siccam, (in qua tussientes parũ excreant, & spiritu tanquam reciprocante offenduntur, quod **Kinckhen** appellant,) si cereuisiã aliúmue potum è cochlea bibant.

Figura hæc ad nostras conchas efficta est, aliã Rondeletius posuerat, sed huic simillimam.

Est et hoc paruũ Buccini genus, ex conchis nostris depictũ. accedit aũt ad Turbinẽ pentadactylũ, Rõd.

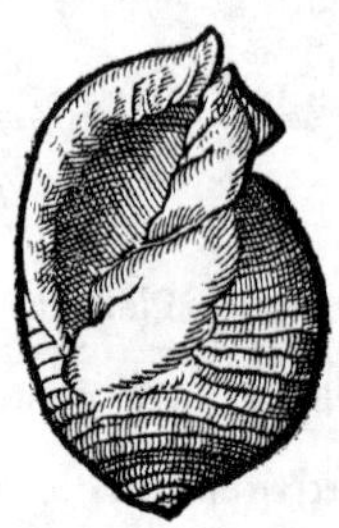

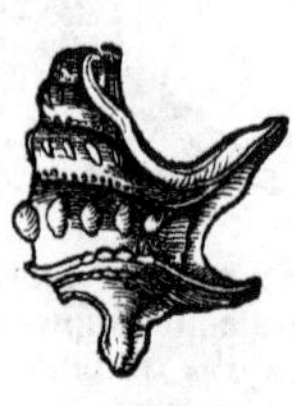

BVCCINI species duę minores. Inter Buccinorũ genera (inquit Rond.) hæc duo reperi: paruũ, lineis frequentib. asperiusculũ. Et alterũ huic simile, nisi quod lineas ꝓminentiores habet, & trãsuersas, ut striatũ meritò dici posit. GERMAN. **Zwey kleine geschlecht der Kinckhornen.**

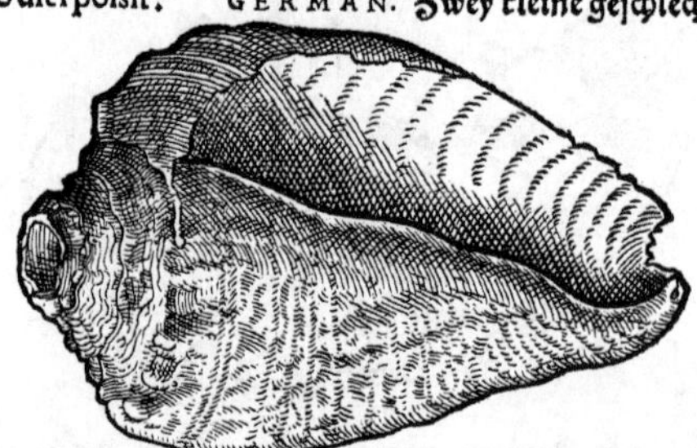

CONCHYLIVM apud ueteres Latinos & Græcos nomen est conchis & cochleis omnib. commune, & per excellentiam aliquando pro purpura ponitur. Dioscorides quidem cum dixisset de Purpura & Buccino, aliquantò pòst de Conchylio eiusq; operculo seorsim scribit: unde speciẽ peculiarẽ esse apparet: eã scilicet quã hîc ex Rondel. sentẽtia exhibeo. Κογχύλιον, κογχύλη.

GERM. F. **Ein gschlecht d Purpurschnecken/hat keine spitz od buckeln wie die andern.**

Operculũ quod in medio latius et rotundius exhibetur, Buccini aut Purpuræ est: cætera uerò quatuor angustiora lõgioraq;, Cõchylij.

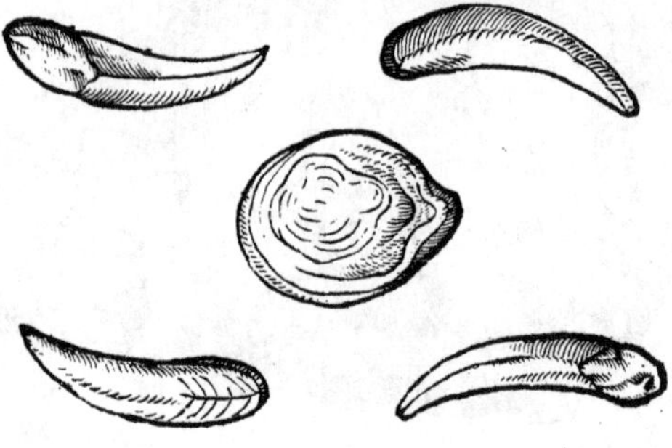

CONCHY-

CONCHYLII operculum. Purpuræ operculum (inquit Rondeletius) βλάττος siue βλάττιον βυζάντιον uel βύζαντος appellari debebat. Blatta uerò Byzantia Arabum nihil aliud est quam Conchylij operculum. Pharmacopolæ nostri Conchyliorum Buccinorumque opercula permista uendentes, Blattas Byzantias uocant: has rotundas, illas longas. Dioscorid. Onychem (ὄνυχα) id est, Vnguem, uocat, Conchylij tegumentum, (πῶμα τοῦ κογχυλίου) à figura nimirum, qua auium carniuorarum unguibus simile est. aliqui etiam ostracium, ut refert Plinius, uel ostracon. Onychem Paulus Aegineta testam uocari dicit Conchylij, duntaxat Indici: quod & Condylion appellat. ¶ Est & Onyx sui generis Concha integra, alio nomine Dactylus.

Blatta Byz. *Vnguis.* *Ostracium.*

GERM. **Das teckele von der nächstgesetzten art der Purpurschnecken.**

Ex duabus his Strombi magni iconibus, minor à Rondeletio exhibita est: maior ad Strombum quendam peregrinum (quem domi habeo) expressus.

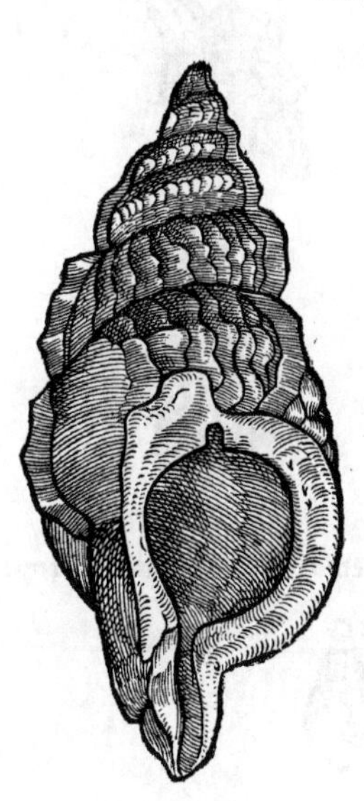

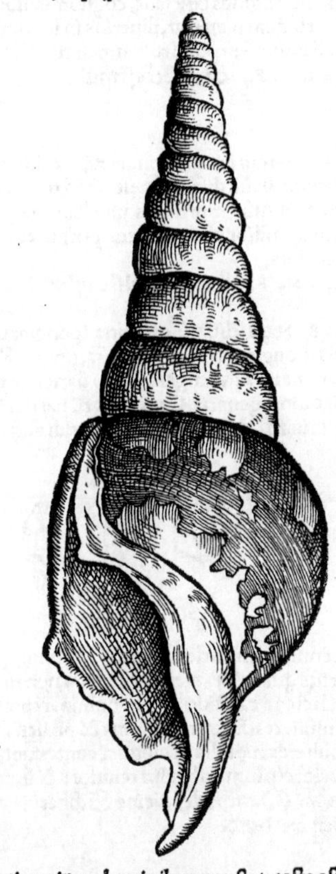

TVRBO longus & magnus Rondeletij. Multis (inquit) uoluminibus constat: testa est alba, lineis tuberculisque multis scabra & aspera.

GERM. **Zwo lange vnd grosse arten der Straubenschnecken.**

X 4

TVRBO tuberosus Rondeletio à tuberculis multis cognominatus: inter cæteros qui hîc exhibentur, maior. Longus est, (inquit,) tenuis, in mucronem desinẽs. Huiusmodi sunt quidam albi, quidam nigri, quidam uarij. Pollicis magnitudinem nũquam excedunt. In his Cancelli cùm parui sunt uiuunt, longiores ijs qui Neritarum sunt hospites. ¶ Huius generis Turbines in terra etiam reperiuntur. ¶ Eiusdem Turbinum generis sunt aliquot species diuersæ: quædam longæ, tenues, acutiores, læues: cuiusmodi tres sunt tuberoso propiores. alij, postremi scilicet duo in pictura, inæquales, tuberosi, scabri, uirgati. Vita, moribus, substantia non differunt.

Terrestres species.

GERM. Etliche besundere kleine Straubenschneckle/dergleychen auch im erdtrich auff trochnem land gefundẽ werdẽd: der gröst auß jnen mag ein Eychelschneckle genẽnt werden.

TVRBO angulatus Rondeletij. Hic Turbo (inquit) Buccinis satis similis, quia testæ uolumina ita à se discreta sunt, ut in medio angulos efficiant, cognominatur angulatus. Inferiùs in Turbinem tenuatur, superiùs in lõgum & acutũ rostrum: nam & Plinius Purpuræ rostrum dixit. Colore est marmoreo.

GERM. F. Ein Eckestraub.

TVRBO muricatus Rondeletij. Aspectu quidem (inquit) Buccino haud dissimilis est: sed à tuberculis multis, breuib. quidem & obtusis, muricatus appellatur, (*appellari potest.*) Superiore parte tumidior est. Intus testa purpurea est, foris alba & ueluti calce illita.

GERM. F. Ein Buckelstraub.

TVRBINES diuersi, qui intra spongias uiuunt. Cùm sæpiùs spongias secarem in frusta, (inquit Rondeletius,) ut penitus earũ naturã puestigarẽ, in ijs uarietatẽ maximã reperi Cõchularũ omnis generis, Conchyliorũ paruorũ, Buccinorũ, Turbinũ, Neritarũ, Vmbilicorũ, cuiusmodi aliq̃t hîc exhibeo: omnes enim persequi, infiniti esset ope

ris. Dicemus tantùm de eo paruo Turbine, qui dextræ manui proximus est: rimamq́ longiusculam ueriùs quàm foramen habet, testa non intorta: qui & intra Spongias, & extra reperitur: Conchulaq́ lactea à candido colore nominari potest: uulgò petite Porcelaine dicitur. Hac in fucis utuntur mulieres. Equorum frenis & phaleris nonnulli accommodant. ex eisdem & gagatarũ globulis mulieres monilia & cingula contexunt, &c. Sed quæ equorum ornamentis adduntur, crassiore durioreq́ sunt testa: aliæ tenuiore & fragiliore, utraq́ & candore & figura similes.

Conchula lactea.

GERM. Mancherley kleine Schneckle vnd Straubenschneckle/ wie die inn schwümmen gefunden werdend.

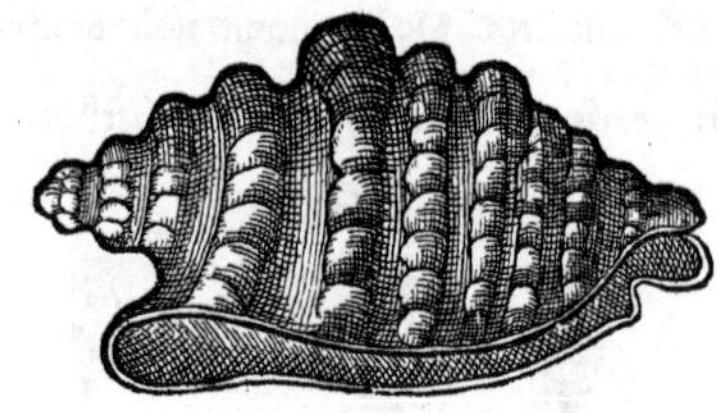

TVRBO

TVRBO auritus Rondeletij. Sic autē uocamus (inquit) ob extremi alterius turbinatæ parti aduerſi latam utrinq; appendicem. perelegans eſt, & rarus in mari noſtro: extantibus pulchro ordine tuberculis diſtinctus, horum imaginem imitantur aurifices in urceis efformandis, addita baſi.

GERM. F. **Ein Dorſtraub/ſchön mit buckeln. die goldſchmid formiered etliche geſchirr als ſchalen auff diſe weyß/machend füßle daran.**

TVRBINES duo digitati Rondeletij. Inter Cochleas (inquit) Plinius Pentadactylos quoſdam nominans, de hisne Turbinatis intellexerit (quę proponimus) neſcio. Dicitur autem Pentadactylus Turbo, quòd quinq; habeat appendices longas & acutas, ſi extremum Turbinis annumeres. Alius eſt Turbo Teſſaradactylus, cui quatuor duntaxat ſunt dactyli. Ex his alij albi ſunt, alij nigricant, alij ſunt uarij. Sic ille. Bellonius Purpuram quandam Pentadactylum nominat & pingit: quam ſuperiùs exhibuimus: ſicuti etiam poſt Buccina genus quoddam paruum, Pentadactylo Turbini Rondeletij perſimile.

GERM. F. **Zinckeler/Zinckeſtrauben/ einer mit vier/ der ander mit fünff zincken oder enden.**

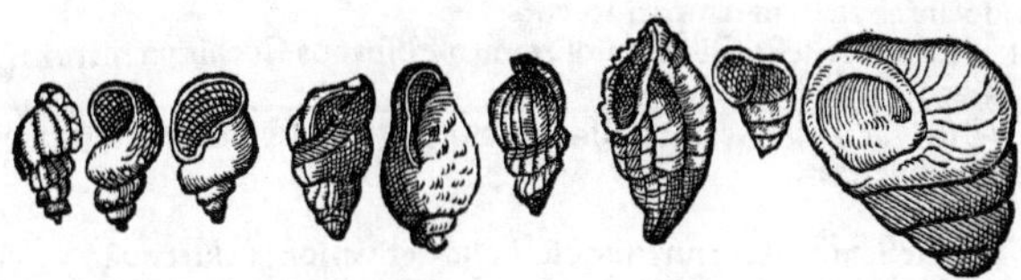

TROCHI à Rondeletio dicti, & alij quidam Turbines. Hoc Turbinum genus (*inquit, ſentit autem de duobus tantùm hîc depictis, nempe maximo, & paruo ei adiuncto*) à ſimilitudine inſtrumēti quo luſitant pueri, Trochos appellamus. [*Trochi, id eſt Rotæ, Aeliano belluæ quædam marinæ ſunt.*] Horum alij ſunt parui: qui à ſuperiore amplaq; parte, ſtatim in breue acumē deficiunt. Alij longiores. Omnes læues ſunt & uarij. Teſta ueluti cruſtis duabus conſtare uidetur: externa minùs nitet, quæ ſubiacet unionum eſt ſplendore. Præter uerò Trochos duos, adiecimus aliquot diuerſas Strombo rum formas: quarum aliæ ad Buccinorum, aliæ ad Conchyliorum ſpeciem accedunt.

GERM. **Mancherley kleine Straubenſchneckle.**

DE NERITIS, QVI INTER TVRBINES & Cochleas ferè ambigunt.

Concha eſt ampla & capax: nos imaginem eius ueram, non magnitudinem, expreſſimus, Rondeletius. In lacu noſtro Tiguri ſimiles ferè Conchæ reperiuntur, ſed perexiguæ, candidæ, fragiles.

NERITES Ariſtotelis, νηρίτης ὁ. Quas Ariſtoteles (inquit Rōdeletius) νηρίτας uocat, Gaza Natices conuertit, à natando, ut opinor. ¶ Natex quidem Latinis à natãdo dictus uidetur, ut Græcis etiam νηρίτης à νέω, νήχω. Naticem piſcē leges apud antiquos, et uidetur à natando dictus, Feſtus. Teſta quidem Neritæ Ariſtotelis, cum cauitatem amplam & rotundam habeat, ut natet & quodammodo nauiget, idonea uidetur. poteſt enim aërē copioſum capere, & innatare faciliùs, uentoq; impelli, uti conijcio. neq; enim hoc authores tradunt: ſed grammatici tantum in etymologia: circa quam tamen uariant. Hoc primùm monuerim Nerites ſemper maſculino genere proferendū, ſicut Anchiſes, ſyllabis omnibus longis, ſiue νηρίτης per ι *Orthographia.*

ι. in medio scribatur: siue Νηρείτης per ει. ut in Oppiani Halieuticis. apud Hesychium Νήειτος scribitur, ut ἄνθρωπος, terminatione & accentu: quod uocabulũ alioqui adiectiuum est, & significat magnum, copiosum, excellens, incomparabile, quo cum nihil aliud in eodem genere conferatur aut contendat, à νη. priuãte particula et uerbo ἐρίζειν. (sed ꝓ copioso et innumerabili usitatius est scribere νήριθμον, à νη & ἀριθμός.) Ergo si quis Neriten cochleam à magnitudine uel pulchritudine qua alias eiusdem generis excellat, nominatã uelit, bene est. sin minus, Grammaticos audiat, Suidam & Varinum. A uerbo νέω, νῶ, quod est, nato, (*inquiunt, cuius futurum est νήσω, unde & νῆσος dicta,*) fit νηρός, quod concauum aut humidũ significat, inde fit νηρίτης. Quidã tamen à Νηρεὺς deducunt. Quòd si à Nereo fieret, Νηρείτης scribendum foret. & sanè à Nereo deo marino deductum huius Cochleę nomẽ ratione non caret, (quod & Aelianus innuit, Neriten filium Nerei in hanc Cochleam conuersum tradens,) quòd is fortè tali Concha tanquam elegantiore Buccinę loco uti fingeretur: quę ad inflandum inepta non est, utpote ampla & Buccinæ similis.

Etymologia.

Anarites.

Non alius uidetur qui Anarites & Anartas (Ἀναρίτης, Ἀνάρτας) apud Athenæũ dicitur: de quo scribit: κογχώδης δὲ ὤν τὸ ὄστρεον προσέχεται ταῖς πέτραις, ὥσπερ αἱ λεπάδες. id quod similiter de Nerite Aristoteles tradit. Apud Phauorinum scribitur etiam Ἀνηρίτης. alpha quidem à principijs dictionum non rarò abundat. quòd si quis Anartam dictum coniecerit, à uerbo ἀναρτᾶσθαι, quod est pendere, quasi pendulum: è saxis enim dependet, non temere fecerit. Προσφὺς ὅκωσ τις χοιράδων ἀναρίτης, Herondas. Simile prouerbium est, Patellæ modo adhærere.

Ordinis ratio

Neritæ Turbinatis ab Aristotele disertè adnumerantur: nam cum à Strombis, id est, Turbinibus (quorum longa & stricta est testa) eos separat, unius generis duas species facit. quod & Rondeletius approbat: Si quis (inquit) Neritam inter Cochleas reponere uoluerit, non ualde refragabor. Mihi Nerites primus ab eo exhibitus, ad Turbinata referendus uidetur: secundus uerò, sicuti & Bellonij Nerites magis ad Cochleas accedit. propter nomen tamen unum, cum genere etiam non multùm differant, coniungere hîc omnes uolui. Grammatici Neriten κόχλον, κοχλίαν, κοχλίδιον, aut Conchylium, cochleæ simile esse dicunt: Athenæus Anariten κογχώδες ὄστρεον facit.

Aristoteles: Neritas (inquit) testa est læui, ampla & rotunda, forma Buccinis proxima: papauer tamen non nigrum ut Buccina, sed rubrum habet. Pascitur in mari tranquillo à saxis solutus, quibus aliâs Patellarum instar adhæret, tegmine seu operculo dimoto, &c. Testam eius uacuam Cancellus subire solet. ¶ Hesychius Neriten uarium esse scribit, colore nimirum.

ITAL. Neriten qui accolunt sinum Adriaticum etiam nũc antiquo nomine appellant, Gillius. ego Naridolam ab Italis nuncupari accepi.

HISPAN. Caragólo, teste Gillio. audio tamen Hispanos Cochleam mar. in genere uocare Alméia, uel Caracól de la mar.

GERM. **Ein Meerschnecken art/ hat ein runde grosse schalen/nit schmal vnd langlacht wie die Straubschnecken.**

NERITES Aeliani. Aelianus (inquit Rondeletius) longè aliter quã Aristoteles Neritẽ describit, his ferè uerbis: Cochlea est marina, magnitudine exigua, formæ pulchritudine eximia spectatur, mari puro & tranquillo saxis adhærens. ¶ Paruitate igitur & formæ pulchritudine ab Aristotelis Nerite differt. Punctis nigris eleganter distinguitur, testa intus purpurea, in margine candida, Rondeletius.

GERM. **Ein kleine schöne Meerschnecken art/ mit schwartzen tüpflinen besprengt an der schalen/welche innwendig rotlacht ist: an den borten weyß.**

NERITES Bellonij: qui à primo Rondeletij Nerite planè diuersus est: ad secundum autem accedit, tum paruitate, tum figura. Et cum paruus sit, non erit Aristotelis Nerites, nisi alius quidam Aristotelis Nerites sit quàm Rondeletius exhibuerit, ab hoc Bellonij Nerite magnitudine tantùm differens. ¶ Turbinati (inquit) generis hæc Conchula est. Testam habet læuem, rotundam, exiguam, ut neq; in Oceano, neq; in Mediterraneo pollicis crassitudinem excedat. Carnes eius uulgus Græcum crudas edit, quibus appetentiam maximè excitari ait. Pulmenta quæ ex his conficiuntur, minio tincta esse dixeris: quod à rubro ipsarum papauere (quale et Aristoteles Neritę tribuit) prouenit.

GALL. Virlis Lutetię, Armoricis Bigornet et Bigorneau uocari solet: apud quos maxima est harum Conchularum copia, Bellonius.

GERM. **Ein andere kleine Meerschnecken art/mit einer glatten runden schalen/rc.**

Similis

DE COCHLEIS.

COCHLEAE quænam propriè dicantur, leges ſuprà ab initio huius ordinis.

Similis ferè huic Cochleæ eſt, Margaritifera uulgò dicta, quæ proximè ſequitur.

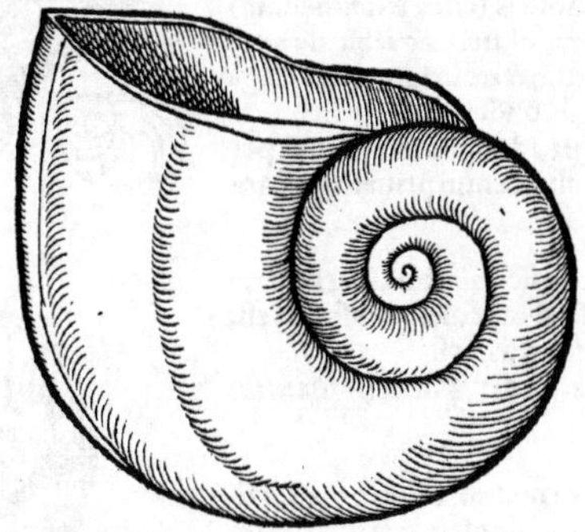

COCHLEA quæ in oleario uſu erat.

Cochlea hæc (inquit Rondeletius) rotunda eſt, & teſta intorta & magna admodum, adeò ut ſit quæ aquæ quatuor libras capiat. Ob id eam eſſe puto, quam Plinius memoriꝗ mandauit in oleario uſu fuiſſe, quòd ea oleum decapularent. Huiuſmodi Cochleam etiam aurifices, additis anſa et baſi, in urceos efformant eleganti artificio, quòd eam contra uenena aliquid ualêre credant.

GERM. Ein Meerſchneck mit einer runden vnd weyten ſchalen / möchte öl dareyn vñ auß zů gieſſen gebraucht werden.

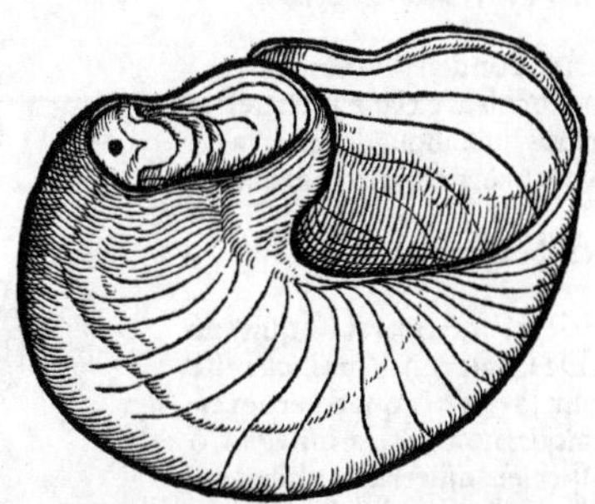

COCHLEAM hanc Margaritiferam, quę ex India & ſinu Perſico adfertur, uulgus appellat: quia unionum colore ſit & ſplendore: nam uniones quidem in ea non reperiuntur. Auro argentoꝗ includitur in poculorum ſpeciem. Ex eadē in fruſta diſſecta imagunculæ, globuli ad nuncupandas preces, monilia conficiuntur. Sunt qui hanc ſecundam eſſe Nautili Conchæ ſpeciē tradunt, ſed falſò, Rondeletius. ¶Porcellanam uocant, quòd Muricis conchę formam habeat. eam enim etiam Porcellanam nominant: ex qua antiquis uaſa quæ murrhina dicebantur, fieri ſolita cō ijcio, Bellonius.

GALL. Coquille de pourcelene: Groſſe Coquille de nacre de perle.

GERM. Ein Meerſchneck auß India oder Perſia / iſt gefarbt vnd glitzert wie bärle / (Perle) dannen jn etlich ein Bärleſchnecken nennent: wiewol man kein Perle in jnen findet. die ſchal wirt mit gold oder ſilber eyngefaßt zů trinckgſchirren.

COCHLEA cælata, (cum ſuo operculo,) Rondeletio. Ad Turbinis (inquit) ſpeciem accedit. Cælatam cognominauimus, quòd teſta cælaturis inæquali & ſcabra conſtet. Sunt qui Vmbilicum appellent, ſed non ſine errore. ¶Bellonius Vmbilicum marinum, aut Fabam marinam nominat: & ab Ariſtotele ſimpliciter κόχλον uocatum putat.

Quum turbinatum genus omne prætenui cruſta carnem patulam ambiente, operculi loco ſe-

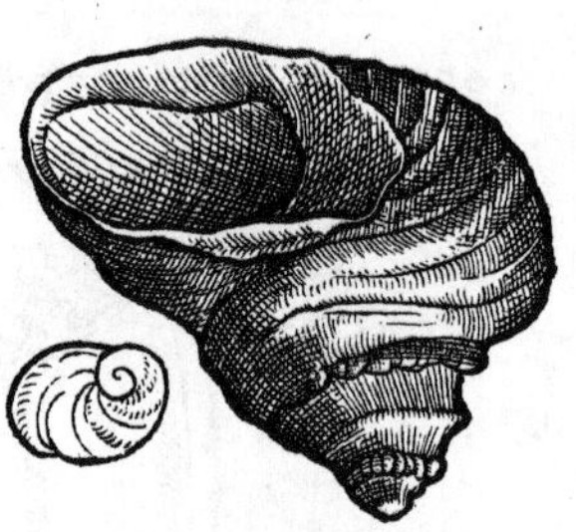

ſe tueatur: hæc una lapidi rubro perſimili tegumento occluditur. Rotunda eſt eius forma, umbilicum planè referens, unde ei nomen. Aurifices lapidem eſſe putant. Huius teſta ſola inter noſtri Oceani turbinata politiē admittit, Bellonius.

GALL. HISPAN. A noſtris (circa Monſpelium) Prouincialib. & Hiſpanis Scaragol, uel Cagarolo de mar. nominatur, quòd ad Cochlearum terreſtrium, quas Cagaroles uocant, formam accedat, Rondeletius.

GERM. Ein Meerboone, id eſt, Faba marina: per ſynecdochen nimirū. operculum enim priuatim fabam aliqui uocant.

COCHLEA Echinophora, ſic enim ab aſperitate nominamus, tota tuberculis ſiue aculeis conſperſa eſt, Buccinis figura ſimilis, Rondeletius.

GERM. F. Ein rauche art der Rinckhornen. ein Igelſchneck.

COCHLEA Cylindroides nominari hęc poteſt, à figura cylindro proxima. Pyramidem etiā refert, pyri modo turbinata, punctis uarijs notata. pollicis craſsitudinem uix unquam ſuperat, Rondeletius.

GERM. F. Ein Sinwelſchneck. nam ſinwel nobis teres eſt.

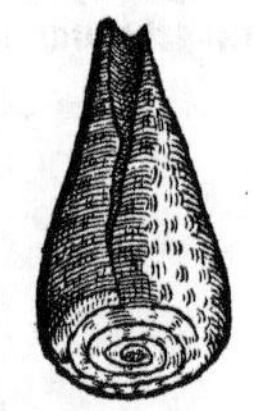

LAEVIS eſt & polita admodum Cochlea iſta, atq; in turbinem longiuſculum deſinens, ſed obtuſum. operculo tegitur: circa Lerinum inſulam frequens, Rondeletius.

GERM. Ein glatte art der Meerſchnecken.

COCHLEA depreſſa, ut Rondeletius nominat. Operculum (inquit) Cochleæ cælatæ refert: eſtq; ſimillima Cochleis terreſtribus quæ aliquādo in terra effoſſa reperiuntur. Altera parte plana eſt, altera excauata in uoluminibus.

GERM. F. Ein Flachſchneck.

VMBILICVS Rondeletij. Apparet (inquit) ex Ciceronis loco (lib. 2. De Oratore,) Vmbilicos eſſe Concharum ſiue Cochlearum ſpecies: id quod uerum eſſe indicat ipſa rerum natura: quæ nobis, à Turbinatis, Cōchis, Cochleiſq; omnibus ſpeciem diuerſam exhibet earum, quæ præter foramen illud, quo Cochleæ ſaxis inhærent, quoq; corpus exerunt, alterum habent, umbilico ita ſimile, ut nullus ſit qui has uiderit, qui negare poſsit Vmbilicatas meritò uocari. Id foramen profundum, conuolutionum ueluti centrum eſt, uel circa quod anfractus Cochleæ conuoluuntur, ueluti circa περικόχλιον, &c.

Κόχλος & κοχλίας Theodorus nonnunquam Vmbilicos uertit. Sed Vmbilicus Latinis ſemp uidetur certam ſpeciem ſignificare. cóchlos uerò Græcis nonnunquam generale eſt. ¶ Eſt cóchlos apud Ariſtotelē animal teſtaceum, & aliud quàm limax: Theodorus Vmbilicum uertit. hoc etiam Cochleam eſt ubi Ariſtoteles appellet, ſicut limacem quoq; Cochlon, Maſſarius.

Cochleam cælatā Rondeletij Bellonius Vmbilicum facit: Rondeletius reprehendit.

Sunt qui Vmbilici ceu generis uocabulo, Cochleam marinam omnem comprehendant, inter recētiores: quorum ſententiam non probo. Alij ſpeciem unam intelligunt,

gunt, quæ & ipſa alias ſub ſe complectatur, turbinati & Cochlearum generis, ut Rondeletius. Sed Arnoldus Villanouanus, Aggregator & alij, Porcellanas uulgò dictas, (quarum læuis eſt, nō turbinata concha,) Vmbilicos uocant. aliqui corrupta uoce Belliculos, quaſi Vmbiliculos. Sunt poſtremò qui Vmbilicum mar. & Fabam marinam nominent, non animal aliquod integrum cum teſta, ſed operculum duntaxat Cochleæ illius, quam cælatam Rondeletius cognominat. *Belliculi.*

GERM. F. Ein Nabelſchneck.

VMBILICI duo alij à Rondeletio exhibiti. Maiorē, Varium cognominat: mira uarietate à natura diſtinctū, ſcilicet nigris, rubris & albis tuberculis, coralliorum omnium colorē & naturam referentibus. Alter Vmbilicus eſt ualde exiguus, ciceris magnitudine, uel paulò maior. reperitur in ſpongijs, ueluti granulis rubri corallij æmulis conſperſus, &c.

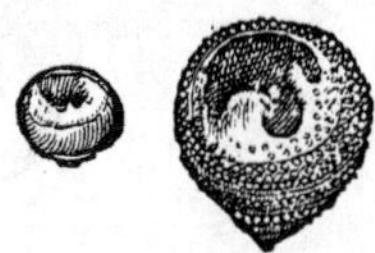

GERMANICE maiorem circumloquemur, ein geſpreggleten oder teilten Nabelſchneck. Minorē, ein klein Nabelſchneckin/wirt iñ den ſchwiiñen gefunden.

COCHLEA Vmbilicata Rondel. cū operculo ſuo. Cochlea hæc (inquit) in magnitudinem ſatis inſignem accreſcit. aliæ huius generis nigricant, aliæ cornei ſunt coloris, aliæ maculoſæ. Proximè autem accedunt ad formam Cochlearum terreſtrium paruarum, quæ conglomeratæ fœniculi craſsioribus caulibus adhærent: quæ etiam præter reliquarum Cochlearum terreſtrium naturā umbilicatæ ſunt: carneꝗ; ſunt bona.

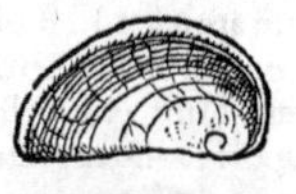

GERM. Ein andere art der Nabelſchnecken.

COCHLEIS Vmbilicatis adnumeranda etiam hæc eſt, longior, & multis anfractibus contorta: quorum longitudo & obliquitas in cauſa eſt, quò minùs umbilici extremum perſpici poſsit. Teſta læuis eſt, & quaſi cornea, uel unguium ſubſtantiæ ſimilis.

GERM. Ein anderer Nabelſchneck.

COCHLEA rugoſa & umbilicata Rondeletij. Tota (inquit) huius Cochleæ teſta rugas per tranſuerſum ductas habet, ita elatas, ut ſtriata dici poſsit. Colore intus eſt albo, foris flaueſcēte. Hāc

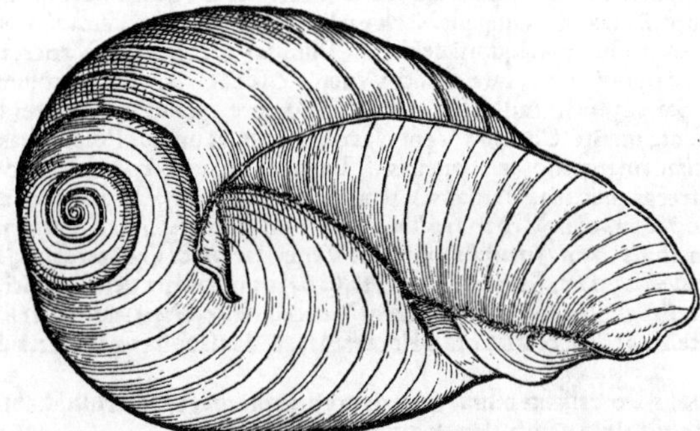

tertiam eſſe Nautili ſpeciem, quidam falſò tradidit.

GERM. Ein Nabelſchneck/voll übertwären runtzlen vnd ſtreymen.

CONCHA Veneris, uulgò Porcellana: quanquam Itali (puto) Conchas turbinatas quaſuis Porcellanas nominant. Hermolaus Barbarus Plinij locum libro 32. emendans, pro Veneri cymbia, legi poſse cenſet, Veneriæ, Senecam citans: Veneriæ, (inquit,) Spondyli, & Oſtrea. Eandem eſſe puto quæ apud Gnidiorum Venerem colebatur, unde Cōcha ſiue Cochlea Venerea dicta ſit: quam deſcribit Plinius ex Mutiano, qui Muricem appellabat. Mutianus (inquit) Echeneidem prodit eſſe Muricem, latiorem Purpura: neꝗ; aſpero, neꝗ; rotundo ore: neꝗ; in angulos prodeūte roſtro: ſed ſimplice Concha, utroꝗ; latere ſeſe colligente. quibus inhærentibus plenam uen- *Echeneis.*

Y

Icon hæc non est Rondeletij: sed similis, ad unam è nostris Porcellanis conchis depicta. Ea in hoc genere maxima est, & rúffa cognominari potest.

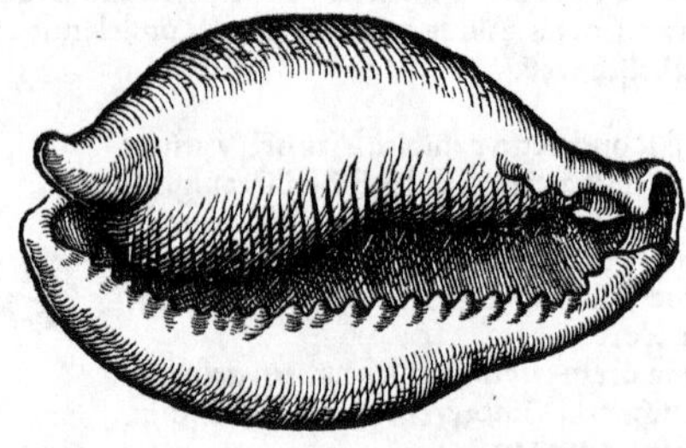

tis stetisse nauem, portantem nuncios à Periandro, ut castrarentur nobiles pueri: Conchasq́ quæ id præstiterunt apud Gnidiorum Venerem coli, Rondeletius. ¶ Bellonius Concham læuigatoriam appellat. In Rubro mari (inquit) capiuntur. Earum apud Græcos & Turcas quoq; chartis expoliendis usus est. Chartarum scabritia (inquit Plinius) læuigatur dente, concháue: sed caducæ literæ fiunt. Aliqui hodie ad suspendendas claues uel conficienda cochlearia utuntur. His & Aegyptij sua lintea glutino imbuta læuigare atq; expolire consueuerunt. Mulieres nostræ (inquit Rondeletius) ornamenta quędam sua linea in amylo aqua multa diluto lota, deinde exsiccata, po-

Porcellanæ. liunt, adeò ut splendeant. ¶ Porcellanas recentiores quidam Latinè uocant, Italis & Gallis usitato nomine, facto fortasis à quadam oris suilli specie, quam parte sui inter labra denticulata dehiscēte, uel potiùs altero extremo testæ, nempe acutiore & eminentiore rostri suilli instar, quodammo-

Χοιρίναι. do referunt. unde & Græci à porco χοιρίνας uocarunt. ᾗ δὲ τὸ μορίῳ γυναικείῳ πῶς ἐοικυῖαι, unde & uterinos calculos, qui in hoc genere candidi & minores sunt, uulgus nostrum appellat. & quòd figura quodammodo uterum referant, corpori appensas uteri morbis salutares esse aliqui mentiuntur. Mulieres (inquit Varro) nostræ, nutrices maximè, naturā qua fœminæ sunt, appellant porcum: & Græci eâdem significatione chærō, siue delphaca. Bellonius Porcellanæ nomen à Purpura detortum uidetur innuere. Purpurarum testas (inquit) Itali Porcellanas uocant, quo etiam

Matriculi. nomine Conchylij genus omne intelligunt. ¶ Ab Ennio nominantur Matriculi, citante Apuleio, inter res marinas, de quibus, nisi Conchæ Venereæ species sunt, non habeo quod diuinem. ¶ Bellonius in Gallico uolumine De piscibus, conijcit murrhina uasa olim ex Porcellanis maioribus Concharum generis, facta fuisse, quę Muricibus quodammodo similes sint. nostro quidē tempore ad eorum imitationem figlina parari, uocariq́ Concharum (quas colore splendoreq́ æmulantur nomine Porcellanas. ¶ Nauigant Neritæ (al' Veneriæ,) præbentesq́ concauā sui partem & auræ opponentes, per summa æquorū uelificant, Plinius 9.33. Gelenius Venereæ legi mauult. Sunt enim Conchæ (inquit) non gratæ modò Veneri, sed etiam cognatæ ob communem è mari originem, &c. Sanè à pulchritudine, splendoreq́ & læuore, quæ dotes Venerei formosiq́ corporis præcipuæ sunt, meritò Conchas Venereas dixeris, quas uulgus Porcellanas: & quas eodem nomine uocitant margaritoideis conchas. Læuis ab æquorea cortex Mareotica concha Fiat, inoffensa curret arundo uia, Martialis. Vocatur & Erythræa & Erycina concha: illud à rubro mari: hoc, quòd & Erycina Veneris epitheton sit. quin & ipsa Venus è concha mar. prodijsse dicitur, item Amathîtis (nam Amathûs insula est Veneri sacra:) & Cytheriaca. ¶ Eadem nimi-

Otaria. rum sunt, Otaria (ὠτάρια, id est, Auriculę,) uel Otia (ὦτια) à quibusdam ueterum dictę conchæ. Otarium genus ostrei Antigonus Carystius aurem Veneris (οὖς Ἀφροδίτης) nominari scribit.

ITAL. Porcellana: sicut & GALLICE Porcelane. ¶ Saxis adhæret in mari rubro & Oceano, Rondeletius.

A GERMANIS Porcellanæ omnis generis uocari poterunt **Mütermuscheln/Venusmuscheln**: uel **Glettmuscheln**, à uerbo **gletten** quod est læuigare.

CONCHAE Venereæ secunda species, Rondeletio. Hæc quoq; (inquit) uaria est, ut superior: maculas tamen ita inspersas non habet, sed pro his lineolas. testa est tenuiore & minore, magisq́ perspicua. At de superiori dixerat: eam totam intus candidam esse, foris uarietate colorum insignem, in diuersis conchis.

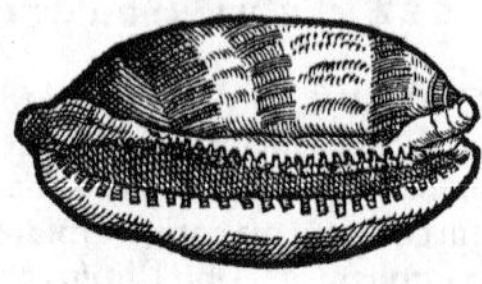

GERM. **Ein kleiner geschlecht der Mütermuscheln.**

CONCHAE

CONCHAE Venereæ tertia ſpecies Rondeletio. Hæc (inquit) parte qua plana eſt, compreſſa eſt magis quàm ſupradictæ, altera magis rotũda. Maculis rotũdis notata eſt, durior & ſpiſsior ſecũda, colore cãdido.

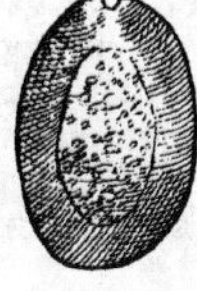

GERM. Ein andere art ð kleinerẽ Mũtermuſchelen/weyß võ farb/ doch nit der kleynſten.

Icon quæ dorſum oſtendit, à Rondeletio exhibita eſt. altera quæ rimam, à nobis adiecta.

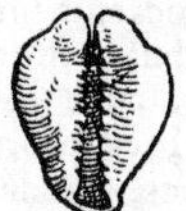

CONCHAE Venereæ quarta ſpecies, Rondeletio. Parua (inquit) ſemper manet hæc Concha. Parte altera plana eſt, altera in tumorem elata: in qua circulus eſt aurei coloris: alioqui tota foris candida eſt, intus cęrulea. ¶ Aethiopes quidam conchulas porcellanas albas, quas Buzios nominant, adeò expetũt, ut pro ijs uel aurum quandoq; copioſe, aut etiam filias ſuas permutent. Eiſdem loco monetæ utuntur. ¶ Multi apud nos ephippiorũ loris ornatus gratia affigunt. Conchylia minuta & candida, umbilicosq; quidam funda claudunt, Ge. Agricola. ¶ Belliculos marinos (ut medici quidam recentiores nominant,) aliqui pro his Conchulis interpretantur: cum ij potius Vmbilici marini uideãtur, hoc eſt, opercula Cochlearum quarundam mar. umbilicis ſimilia. ¶ Pharmacopolæ quidam Dentale hanc Conchulam uocant, quòd rimam ueluti dentatam habeat. ¶ Conchula lactea etiam à Rondeletio dicta, exhibita ſuperiùs cũ Turbinibus qui in ſpongijs uiuunt, Venereis cognata uidetur. *Conchula lactea.*

ITALICVM & GALLICVM nomen Porcellana omnibus, nimirum huius generis ſpeciebus, attribuitur. differentia à magnitudine & colore adijci poteſt.

LVSITANICE & AETHIOPICE Buzios.

GERM. Mũterſtein/id eſt, Calculus uteri uel matricis. ſilicea enim eius teſta uidetur. Das allerkleinſt Mũtermũſchele.

EIVSDEM Conchæ Venereæ alia ſpecies: quam Ruffam minorem appello.

GERM. Ein andere art der Mũtermuſcheln/ von gſtalt vnd farben (dunckelrot oder rauchfarb) gleych der erſten/aber kleyner.

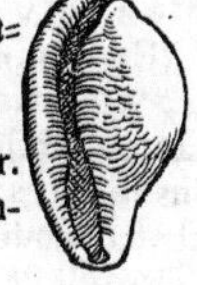

EST præterea quam STELLATAM cognomino, primæ ſimilis, ſed paulò minor. Plurimæ in ea ſtellæ ſeu maculæ ſunt conſpicuæ, ſingulæ in medio ſui atræ, ambitu ruffæ, pleræq; rotundæ, &c.

DE ALIIS QVIBVSDAM ANIMALIBVS MARINIS, QVAE AD ſuperiora referri non poſſunt.

BALANVS marina à ſimilitudine balani, id eſt, glãdis in quercu nominatur. Gaza Glandem conuertit. Duo mea quidem ſententia (inquit Rondeletius) Glandiũ genera ſunt: unũ quod in Gallia & Britannia noſtra (ad Oceani litora. in Mediterraneo an reperiantur, quęrendum) Pouſſe piez appellant: Pollicipedes nominant quidam, quod pollicum in pedibus ſimilitudinem habeant, quod nomen eiusq; interpretationem nõ probo. Id genus glandem eſſe colligimus, quòd illi cum glandibus magna ſit ſimilitudo, &c. Cæterum genus illud Muſculorum, in Liguſtici litoris ſaxis latens, quod nõnulli Glandes ueterum eſſe putant, Pholades eſſe potiùs exiſtimauerim, ſi quis tamen nimis præfractè defenderit Glandes eſſe, non refragabor. Hæc ille.

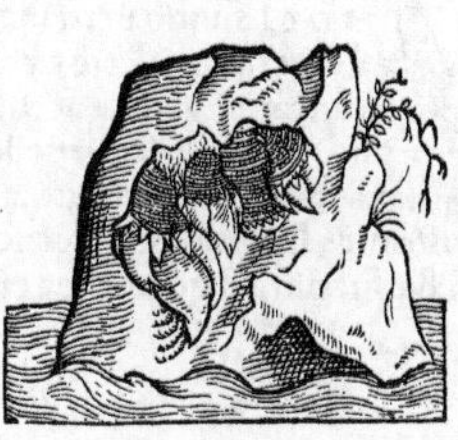

Conchas illas quas Balanos Bellonius facit, Rondeletius Conchas rhomboides appellat. ¶ Genus Concharum eſt, quod Græci noſtræ ætatis, adhuc antiqui nominis retinentes, Balanos uulgò nominant. Plautus & Columella etiam Balanos à glandium ſimilitudine. ſunt enim læues, ut uidimus. in cauernis ſaxorum ſtabulantur. Veneti non rectè Dactylos appellant, Pet. Gillius.

GERMANICE nominari poſſunt Meereicheln/lãbend in den felſen.

Y 2

BALANI genus aliud.
Si cui superiores Glandes non placent, alias propono quæ glandibus fructibus similiores sunt. Nascūtur in saxis & in rimis nauium, quæ diutius immotæ uno in loco manserint. adnascuntur etiam Mytulis, Rondeletius.

GERM. Ein ander gschlecht der Meereichlen.

PENICILLVM marinum uocamus (inquit Rondeletius) à similitudine penicillorum quibus pictores utuntur. Tubulus est testaceus, molli quadam & laxa substantia saxis alligatus, ita ut aquarum undis cedat & agitetur. In cauo carnosum quiddam continetur, quod cum se exerit, frondem expandit, ut in pictura exprimi-

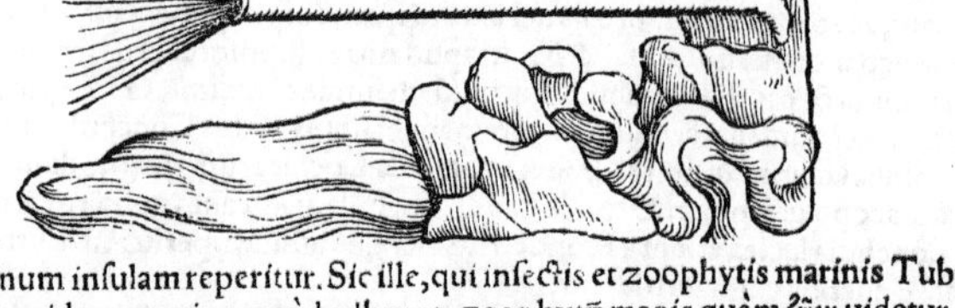

tur. In saxis circa Lerinum insulam reperitur. Sic ille, qui insectis et zoophytis marinis Tubulum hunc adnumerauit, eo quidem nomine, quòd adhæret, zoophytū magis quàm ζῷον uidetur. quoniam tamen testaceus est, & si laxæ substantiæ, & propter similitudinem sequentis Tubuli silicei, hoc loco reponere uolui.

GERM. F. Ein Meerbensel/ist ein kånele oder rôrle von einer lucken schalen/ in deren etwas fleischachts ist: welches so es sich herfür laßt/ist es einem bensel gleych.

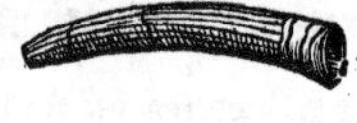

TVBVLVS marinus alius, quem Pharmacopolæ uulgò Antale (Enthalium aliqui, ut Dentale Concham Veneream paruam) nominant, à quadam dentis similitudine. Is candidus est, teres, striatus, una aut altera linea transuersa inæquali ambiente, præsertim in minoribus. maiores ad quatuor digitos accedunt. longitudo non omnino recta, sed modicè inflexa est, dentis canini instar. substantia prædura & silicea est, ut in plerisq; testatis. ¶ In Italia pharmacopœi Purpuram & Buccinum, Dentale & Antale appellant, ut Brasauolus tradit. ¶ Eosdem hos Tubulos ex Rondeletij libris dabimus mox ordine XVI. inter Insecta, propter uermes in eis delitescentes.

GERM. Ein Meer rôrle/in den apotecken Antale genañt.

Epilogus.

VT NOBIS uitio uerti meritò posset, (inquit Rondeletius) si quę in hoc genere illustria sunt, & à ueteribus disertè expressa, prætermitteremus: ita curiosiùs certè facere uideremur, atq; superuacaneæ diligentiæ accusandi essemus, si omnia & minuta Conchularum, Turbinum, Cochlearum genera persequi uellem. Si quis enim ocio abundans in marinis litoribus spaciari uelit, & in saxa maris penetrare, totam istam rem in infinita uarietate uersari uidebit. Genera igitur & illustriores species cognoscendæ: atq; ut quæq; uel minutæ uel neglectæ, uel nominibus non expressæ fuerint, ad genera sua erunt reuocandæ.

DE ECHINIS MARINIS, ET primùm in genere.

ECHINVS (ἐχῖνος) duplex est: terrestris & marinus. terrestrem Gaza Erinaceum interpretatur: aquatilis nomen Græcum, Plinium nimirum secutus, retinuit. Est sanè Echinus Græcis commune tum terrestri, tum aquatili nomen: Latini uerò ueteres Ericium & Erinaceum de terrestri dicunt: de marino uix unquam, sed Græcum Echini nomen seruant. ¶ Plinius (inquit Gillius) Echinorum tegmentum uocat crustam, aliâs testam: cum tamen Aristoteles, religiosè semper Echinos inter Testacea numeret, & tegmentum eorum testam appellet. Rondeletius crustatis potius Echinos adnumerat: & integumentum earum non durum, neq; siliceū esse ait, sed fragile crustæ tenuioris modo. Verùm etiam dura & silicea, si tenuitas accedat, planè fragilia sunt, & magis etiam quàm minus dura: flexilia autem, ut crustatorum corium, præsertim recens, non sunt. Conchulas quoque multas testam tenuem prorsus & fragilem habere uidemus, neq; à testatorum genere excludimus.

Testati ne an crustati sint.

GRAECIS

GRAECIS Echinus hodieq; nomen antiquum retinet.

ITALI Riccio marino nominant, Ligures & Genuenſes Zinzin. Niphus uulgò Cardum (*id eſt, Carduum*) marinum appellari ſcribit. In diuerſis quidem Italię locis uocatur Riccio, Rizzo de mare, Zino, Incino. Scoppa grammaticus Italus Echinum interpretatur Lincino de mare, Bogancitola.

HISPANI Erizo di mar, uel de la mar.

GALLICE uocantur Echini (inquit Rondeletius) à noſtris Vrſins corrupto ex Erinaceis uocabulo: ab alijs Caſtagnes de mar, quòd ueluti caſtaneæ echinato calyce contecti ſint. A Maſsilienſibus Vrſins & Doulcins, qui ſint edules, etiamſi dulces non ſint, ſed ſalſi & ſubamari. maiores, quiq; edendo non ſunt, Raſcaſſes ab iJſdẽ appellantur. hos noſtri Migranes uocant, quia cum detriti aculei deciderint, putaminibus malorum Punicorum ſimiles ſint. Hæc ille. Accolæ quidam Oceani Heriſſon de mer, hoc eſt, Erinaceum marinum uocitãt: quòd terreſtris Erinacei modo in orbẽ contractus, undiq; aculeis circunualletur. Maſsilienſes à dulcedine ſaporis Dulcinum, un Douſſin: eumq; qui magis eſt albus ac pelagius, addito cognomento, Douſsin raſcas nominarunt, Bellonius.

GERMANICE Seeapffel, id eſt, Malum marinũ, circa Daniam, Noruegiã, & alibi: quòd & rotunditate figuræ & magnitudine ferè mâlum referat. Quòd ſi quis aliarũ plerarunq; gentium imitatione, ein Meerigel, id eſt, Echinum marinum appellare uoluerit, reprehendi non poterit.

Echinus maior uel ouarius & eſculentus, integer.

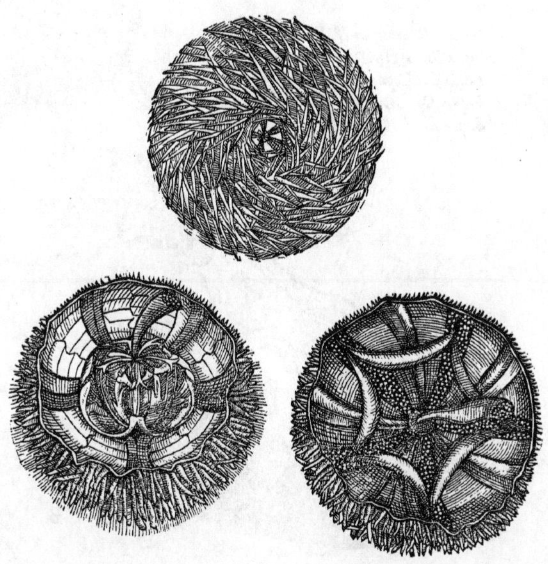

Echinus idem in duas partes diſſectus.

ECHINI ſpecies prima, cibo idonea: in quo oua multa & magna ſunt, eſculentaq;, non ſolùm in maioribus, ſed etiam in minoribus: quare ouarium hunc echinum appellat Hermolaus.
¶ Echini edules, uix grandis gallinæ ouum magnitudine excedunt. Diuerſa in his colorum uarietas, & mutatio multiplex. Alij enim omnino nigri, alij albi, quidam uitrei, alij ruffi, aut flaui, alij gemmarum nitore conſpiciuntur, quidam ſunt cyanei, alij purpura ſplendent, ſubinde circumagentibus ſe igniculis micantibus ad aculeos, ſcintillæ modo, Bellonius.

GERM. Die grӧſſer art des Seeapfels/wirt in der ſpeyß gebraucht.

ECHINORVM ſecundi & tertij generis, Ariſtoteles breuiter meminit his uerbis: alia duo genera Echinorum ſunt, Spatagi (aliâs Spatangæ) & Briſsi, pelagia ac rara. Is quem hîc exhibemus (inquit Rondeletius) cum pelagius & rariſsimus inuẽtu ſit, Ariſtotelis uel Spatagus, (Spatanges melius ſcribitur,) uel Briſſus (aliâs Brittus uel Abrytus, corrupto fortè uocabulo ab ἄβρωτος, quod cibo ineptum ſignificat) uidetur. *Spatanges, Briſſus.*

Y 3

GERM. Ein ander geschlecht des Meerapfels / vntauglich zů essen.

ECHINOMETRA (quartum Echinorum genus) uocatur, quasi mater aut matrix Echinorum. est enim Aristotele teste omnium maxima. Plinius hanc magnitudinem non ad corpus siue calycem, sed ad spinas refert. Echinometræ (inquit) appellantur, quorum spinæ longissimæ, calyces minimi: cui Gillius subscribit. Ego uerò (inquit Rondeletius) à corporis siue calycis potiùs, quàm aculeorum proceritate, Echinometras dici existimo. cur enim Echinorum matrem ab aculeis longis nominassent ueteres, cum sit aliud, quintum scilicet genus, paruo calyce, spinis longis durisq́; hoc quidem genus pro Echinometra usurpasse uidetur Plinius & eum secuti, contra Aristotelis mentem, cùm perspicuè utrunq; genus separet.

GALL. Echinos maximos minimis aculeis, Massilienses uocant Rascassos, Gillius. Vide suprà in Gallicis nominibus Echinorum in genere.

GERM. Die aller gröste art der Seeapflen.

Infra A. proximè est Echinus paruus.
Infra B. Vrtica cinerea.
Iuxta C. Lepas adhærens è regione.
Supra D. Lepas inuersa.
Supra E. Lepas parua..

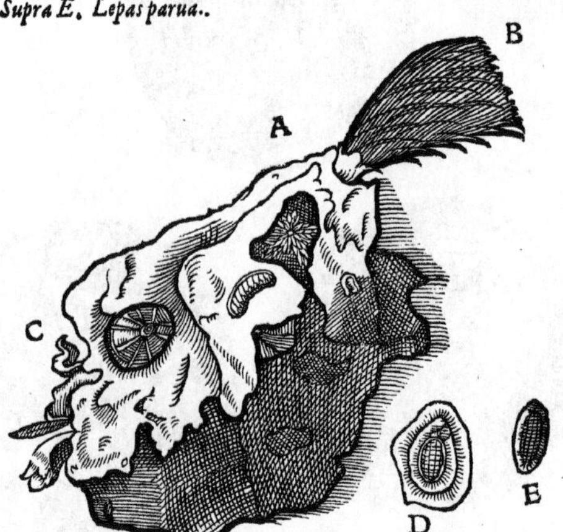

ECHINI genus quintum. Hoc (inquit Rondeletius) saxo inhærens repræsentamus, calyce paruo, spinis longis pro corporis ratione, & duris. Vide superiùs in Echinometra.

Echinos inspexi calyce exiguo, longitudine aculeorum (ut qui digiti longitudinem superarent) præstantes: à SICVLIS Masculi appellantur, Gillius. Genus hoc πόντιον cognominat Aristoteles, (Gaza pelagium uertit,) alibi uerò in alto gurgite id gigni solitum scribit.

Vulgus GRAECVM, ut ITALICVM quoque & GALLICVM, Iudæum uocat, quòd perpetuò nigrescat, sordescat, & gustus ingrati percipiatur, Bellonius.

GERM. Die kleinste art der Seeapflen / des leybs halb: sunst hat sy die lengisten thörn.

ECHINI superficies Venetijs picta: primi ni fallor à Rondeletio positi generis: sin minus, quinti.

DE STELLIS ET PRIMVM IN GENERE.

Id quod genus referendæ.

ASTER (Ἀστὴρ) ab Aristotele uocatur marinũ animal: à Plinio Stella, à similitudine stellarum pictarum. Asterium mar. recentioribus Græcis. ¶ Stellas Arist. Hist. 5.15. Testatis adnumerat. cæterùm De partibus

tibus animalium 4.5. mediam inter plãtas & animalia naturam eis attribuit, ſicuti & Vrticis: & ſimiliter Plinius. Aelianus uerò Cruſtaceis connumerat. Stellæ Plinius extrà callum duriorem (*corium durũ, ſiue callum, ut Holothurijs, Rondelet.*) eſſe ſcribit: is quidem tam durus eſt (Gillio teſte) ut uix gladij mucrone perfringi poſsit. radiorum anguli ad ſilicum duritiem accedunt: nec minùs ab ictibus inuictos quàm ferrum ipſum ſe præſtant. Huius tam duræ ſubſtantiæ ratione forſan Ariſtoteles Oſtracodermis eas adnumerauit. Oppianus Stellas ἑρπυστῆρας εἰναλίους cognominat. Nos (inquit Rondeletius) inter Inſecta & Zoophyta reponimus. inciſuras enim multas in radijs habent: & uix perfecta animalia dici poſſunt. Nos ad poſtremum Teſtaceorum locum, ueluti ambiguę inter ipſa & Zoophyta naturæ, eas retulimus. Cum Echinis certè quædam communia habent, eaq́ plura quàm ullo alio animalium genere, ut deinceps dicetur. ¶ Stellis omnibus communia ſunt hæc. Radijs (*quos quidam etiam cirrhos nominat, non laudo: & brachia, Oppianus κῶλα*) quinque conſtant, qui ex multis particulis, tanquam ex multis uertebris componuntur, ut in aqua mobiles eſſent, in quorum medio oris ſitus eſt, & quinq; dentium, ut in Echinis. Excrementorum nullus exitus. Ore igitur Vrticarum more excerni quæ ſuperuacua ſunt arbitror, Rondeletius. ¶ Stellarum mar. caro brachijs incluſa (inquit Bellonius) rubra uel lutea, edulis eſt: (*quædam tamen ſpecies edendo non ſunt:*) quarum permultas in litore Epiri tantæ magnitudinis cepimus, ut ſeſquipedem latæ eſſent, &c. Natura ijſdem armaturis, hoc eſt, promuſcidibus, eas muniuit, quibus Pudendum et Echinum. Extra aquam omnino immobiles apparent, ſed ſi eas quiſpiam in aquam immergat, & ſupinas inſtrauerit, promuſcides acetabula in extrema plus quàm quinq; millia exerere cernet, atque in pronam partem moueri. Os etiam uerſus terram ut Echini habent, in medio radiorum. Suctu quoq; acetabulorum, Echini modo, lapidibus adhærent. ¶ Spinulis etiam horret Echini ferè modo, Maſſario teſte. Rondeletius priuatim ſpeciem unam, echinatã cognominat. ¶ Stellæ tam feruidam naturam eſſe tradunt, ut quicquid ſumpſerit, (*deglutierit,*) id licet illico ab ea (eius uẽtre) extrahatur, diſcoctum appareat: Ariſtoteles, ut nos interpretamur. non enim ſimpliciter contactu ab ea hoc fieri ſcribit, ut Plinius & Gaza uerterunt, & Plutarchus etiã tradit. ¶ Genus quoddam earum in Euripo Pyrrhæo maximum eſſe ferunt, ut idem Ariſtoteles tradit: Gaza longè aliter legit & uertit, &c. ¶ Differunt Stellæ magnitudine: quædam enim magnæ ſunt, aliæ paruæ, quæ nũquam magis accreſcunt: & quòd aliæ aculeatæ, aliæ læues ſunt: item radiorum breuitate ac longitudine. Aliæ etiam radiorum appendices & quaſi ramos multos habent, aliæ ijs carent. Poſtremò aliæ rubeſcunt, aliæ flaueſcunt, aliæ nigricant, aliæ cinereæ ſunt. alijs brachia uidentur quadrangula, alijs admodum plana. nõnullas uidimus (inquit Bellonius) in brachia XII. extendi, alias in quatuor tantùm. Sunt quibus tantùm tria ſunt, alijs ſena uel octona. Idem genus unum, maximũ nimirum, edule facit, alias omnes non edules.

Cõmunia omnibus.

Differentiæ.

GRAECI hodie Scauron nuncupant, Gillius.

ITAL. Stella omnibus nota, ſuum adhuc nomen retinet, Maſſarius Venetus.

GALL. Maſsiliæ etiam adhuc Stella dicitur.

GERMANICE nomino ein Meerſtern.

ANGLICE. Eliota Anglus interpretatur a Sterrefiſhe.

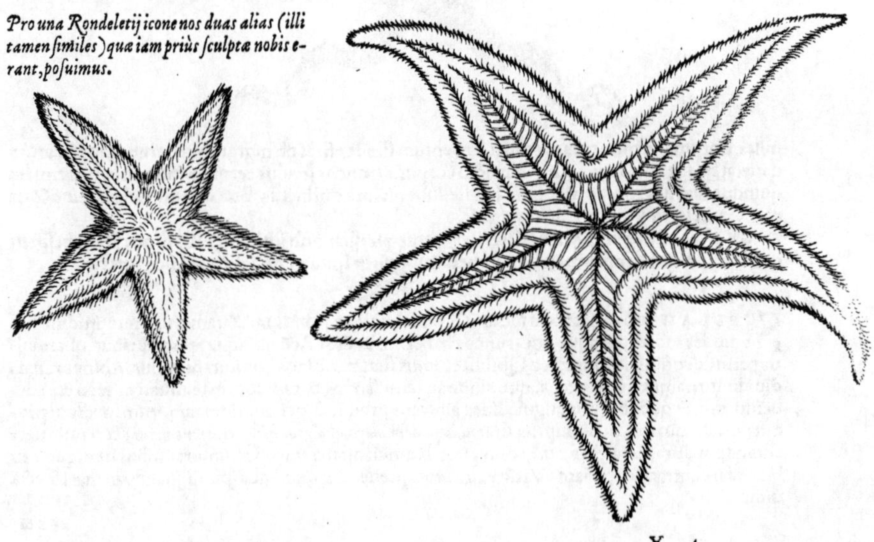

Pro una Rondeletij icone nos duas alias (illi tamen ſimiles) quæ iam priùs ſculptæ nobis erant, poſuimus.

Y 4

STELLAE primæ non magnitudinem (inquit Rondeletius) sed figuram ueram repræsentamus. eius enim radij pedis longitudinem æquant. Corio duro integitur ut Holothuria, sed aspero. radij enim undiq; aculeis muniuntur mobilibus, quales in Echinometra uidere est. Iidem radij excauati sunt: ex quibus carnosæ appendiculæ dependent, æquales in Vrticis quibusdam cernuntur. In medio radiorum os est siue gula: inde alimentum in quinq; partes distribuitur, ut in Echinis. Internæ partes omnes indiscretæ sunt, ut in Vrticis. Hæc Stella & parua Echinata, aspectu pulcherrimæ sunt, potissimum corio suo spoliatæ, ob exquisitam & miram partium compagem. Ex his quædam cinereæ sunt, aliæ flauescunt. Virus olent. Sola mollis internaq; pars edendo est, à nostris tamen negligitur, nec unquam in mensas admittitur. Nullus etiam ueterum eam pro cibo habuit.

GERM. Ein Meerstern / das erst geschlecht / ist grösser dañ die anderen: hat zincken eines schůchs lang.

STELLA pectinata Rondeletij. Inter Stellas magnas (inquit) hæc quoque reponenda est, utpote cuius radij ad pedis longitudinem attingant. Superiori similis est, ijs demptis quæ sequuntur. Radij circa rotundum corpus dispositi, in exortu suo angulum acutũ non constituunt, sed obtusum. Aculei quibus latera muniuntur, rari & recti, pectinatim disponuntur; unde cognomen ei fecimus pectinatæ, &c. Rara est hæc species.

GERM. Ein andere art der grossen Sternen / mag von den spitzẽ oder zänen an den seytẽ / ein Käpstern / oder Strålstern genañt werden.

STELLA læuis Rondeletij. Prorsus (inquit) læuis est, aculeisq; omnib. atq; asperitate destituta. Radij longi sunt, rotundi, flexibiles, Murium caudis persi-

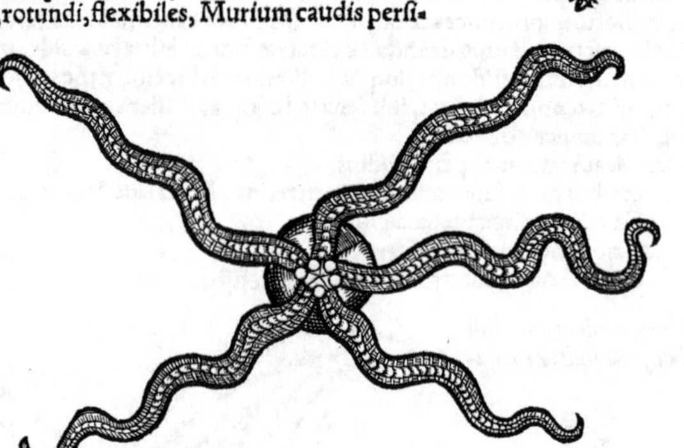

miles. Eorum integumentum cortici serpentum simile est: & ob nigrarum albarumq; macularum uarietatem spectatu iucundum. In medio corporis trunco circulus cernitur, intra circunferentiam quinque maculis rotundis, & inter has stellulæ picturâ distinctus. Brachiorum longitudine & uario flexu celerrimè natat. Edulis non est.

GERM. Ein gar glatter Meerstern / mit weyssen vnd schwartzẽ tüpflinen schön besprenget. Er schwümmet im̃ meer vast schnell mit seynen langen vnd glidweichen zincken.

STELLAM arborescentem (inquit Rondeletius) à frondium & ramorum multitudine nomino. Ea radios quinque siue truncos habet: in medio os, cũ quinque appendicibus, quæ multis paruis dentibus horrent, &c. Quilibet radius statim in binos finditur: hi rursus in binos ramos diuiduntur: atque ita deinceps, quousque ad tenuissimos & capillorum tenuitatem referẽtes deuentum sit. A quolibet oris angulo linea albicans prodit, & per omnium ramorum medium producitur: alioqui tota Stella nigricat: (*Stellas quidem marinas nigras Hippocrates nominat*) & tenui, neq; admodum dura, sed aspera, cute contegitur. Ramuli omnes introflectuntur: quibus undique (ceu brachijs) contractis prædam (Vrticæ ritu) comprehendit: quod nos ipsi aliquando in mari spectauimus.

GERM.

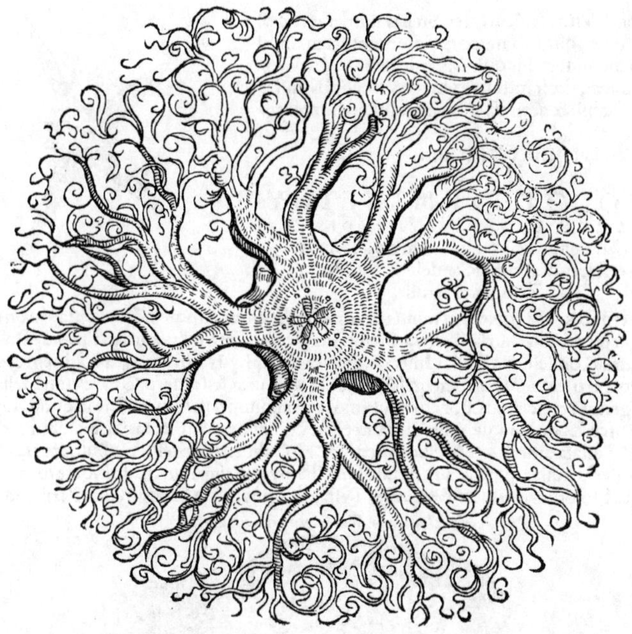

GERM. F. Ein Staudenſtern/wirt gar ſelten im̃ Teütſchen meer gefunden.

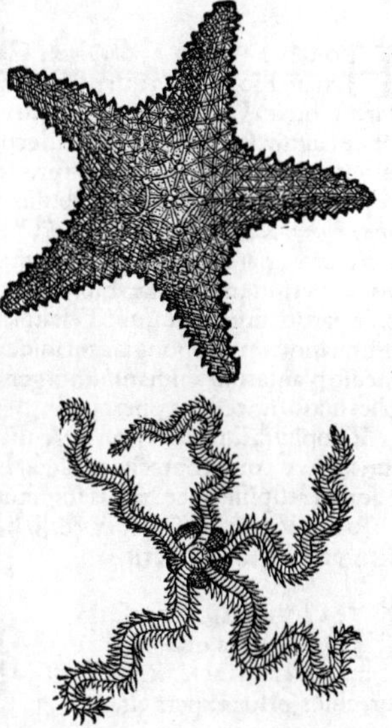

STELLA reticulata ſiue cancellata Rondeletij. Inter diſtinctiones (inquit) retibus uel cancellis eleganter ſimiles extant tubercula quædam rotunda, à quibus etiam tuberoſa cognominari poſſet. Brachia eius ad pedalem longitudinẽ perueniunt, (quare inter maiores Stellas reponenda eſt,) craſsiora aliarum Stellarum radijs. Aculeis paruis utrinq; eadem munita ſunt.

GERM. F. Ein Netzeſtern/iſt geteilt wie ein garn oder netze: mit zincken eines ſchůchs länge.

STELLA echinata Rondeletij. Inter ſaxa uiuit: corpore exquiſitè rotundo paruoq; conſtat: & radijs quinque, ſed breuioribus, unde fit ut minor ſit cæteris. Illi è paruo circulo, in quo crucis figura delineata eſt, ueluti è centro exoriuntur, tenues, frequentiſsimis aculeis horrentes: qua de cauſa (inquit) Echinatam nominauimus, in lateribus diſpoſitis. Radiorum flexuoſo motu ſerpentum ritu repit hęc Stella: et in ſicco poſita eos mouere nunquam deſinit, quouſq; in partes diſiecerit: quæ ſeparatæ etiam mouētur per flexus, ut uermium partes & Lacertorum caudæ abſciſſæ. Cochleis paruis Cancriſq; ueſcitur. In ſcopulis Agathenſis ſinus reperitur.

GERM. F. Ein Wurmſtern/kleiner dann die anderen/voll ſpitzen an den zincken/ welche er on vnderlaß bucket vnnd bewegt.

SOL marinus (inquit Rondeletius) uocari poteſt quem hîc depingimus. differt enim à Stellis: quòd in his è medio corporis trunco, ueluti è centro, radij enaſcuntur: in hoc uerò ex corporis rotundi circunferentia, breues, minimè aſperi ſuperiore in parte, ſed ueluti ex ſquamis compoſiti, in lateribus uerò paruis aculeis rigentes, albi, ad extremum uſque graciləſcentes. Corpus illud rotundum, in medio roſæ pictæ figuram expreſſam habet. Ore, uictu, facultate à Stellis non differt.

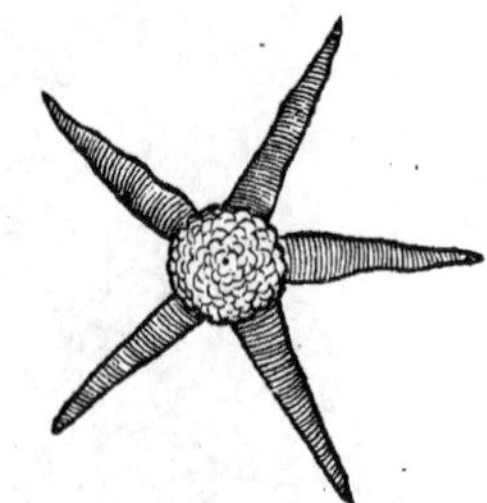

Luna. ¶ Vt Rondeletius Solem inter Stellas numerat: sic & LVNAM maris olim ab amico (ut ipse nominabat) mihi ostensam memini: radijs quinis, geniculatis ferè ut Cancrorum caudæ, substantia ferè testacea, molliori, instar testæ oui, friabili & arenosa dum manditur: cinerei coloris.

GERM. F. Ein Meersonn.

DE HOLOTHVRIIS, TETHYIS, PVLMONIBVS ET PVDENDIS MArinis. Quæ omnia communi nomine Zoophyta testacea dixerim: Rondeletius quidē ad Zoophyta retulit.

TESTATORVM quædam minus propriè sic dicuntur, utpote nō tam testa, quàm corio duro intecta: ut Holothuria, Tethya, Stellæ, Pulmones. De Stellis iam diximus, de Pulmonibus mox dicturi. Rondeletius Stellas Insectis, cætera Zoophytis adnumerauit. Idem Stellam primam corio duro *(callo, Plinius)* integi scribit, ut Holothuria, sed aspero. Quare cum Stellas ad Testatorum genus retulerimus, hęc etiam ultimo loco eis subijcere uisum est: non quòd cum illis qui uel simpliciter Zoophyta, uel ambiguæ inter hæc & Testata naturæ, ea esse maluerint, cōtendere uellem. ¶ Testata omnia ferè in cibum ueniunt, Holothurijs & Stellis quibusdam exceptis. Zoophyta & Insecta nulla (quod sciam) edulia sunt: Tethya, ut dicemus, edūtur. quæ fortè iustiori ratione quàm Holothuria, utpote ζωπιώτερα, Testatis potiùs quàm Zoophytis adscribentur.

Holothuriorum Rondeletij prima species.

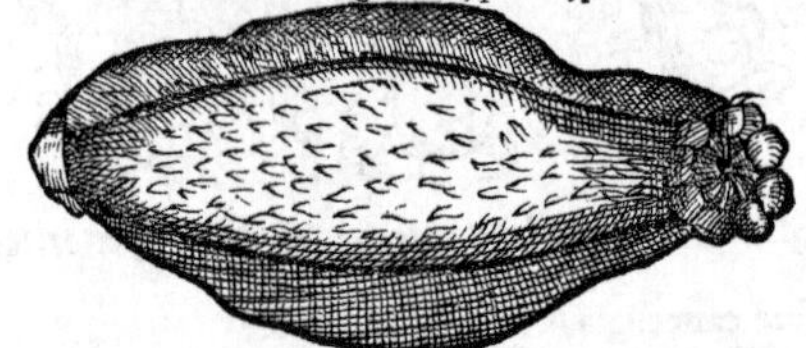

HOLOTHVRIA, ὁλοθέρια. Gaza Vertibula uertens tum hæc tum Tethya confundit: alibi etiam Holothuria interpretatur Tubera & Callos &c. (Mihi tria hęc nomina Latina Tethyis meliùs quàm Holothurijs conuenire uidentur.) præstiterit igitur nomen Græcum retineri: quod unde factum sit, non satis uideo. Secunda quidem eorum species à Rondeletio exhibita, genitalis uirilis quandam similitudinem præ se fert: ut Holothurium dictum uideri posit, quasi toto corpore ad huiusmodi speciem uel libidinem conformatum. θέρον enim interpretantur libidinosum: θορὴ τραν, ὀχέιαν: & θορὸν, genituram. ¶ Quæ Holothuria uocant, & Pulmones, & complura eiusmodi alia in mari, parum à plantis differunt, sua ipsorum absolutione. Viuunt enim sine ullo sensu, *(& motu,)* perinde ac plantæ absolutæ, (quæ aliquantisper superuiuere possunt,) Aristoteles lib. 4. c. 5. de partib. animalium, ubi Testatorum differentias explicans, ipsorum quoque inter alia meminit: quanquam & Spongiarum ibidem, non tanquam eiusdem generis, sed quòd similiter ferè in medio plantarum animantiumq; generis ambigant. Gaza quidem interpres illic de suo addit, simplici mitiori q; testa ea operta esse.

Zoophyta sunt saxis non hærentia, (primum genus aliquando acetabulis suis hæret, sed soluitur,) aspero corio contecta: nec inter cibos habentur, sed in litoribus neglecta iacent. Pisculentum odorem resipiunt, nec minus ingratum & insuauem, quàm Lepus marinus, Rondeletius.

GERM. Ein Meergewechß/ hat kein sunderlich läben noch beweglikeit/ auch iñwendig kein vndſcheid d̕ glidern.

HOLOTHVRIORVM secūda species, quæ motum aliquem habere uidetur, cuius p̄rsus expers est, primum genus.

GERM. Ein andere art deß yetzgemeltē meergewechßes.

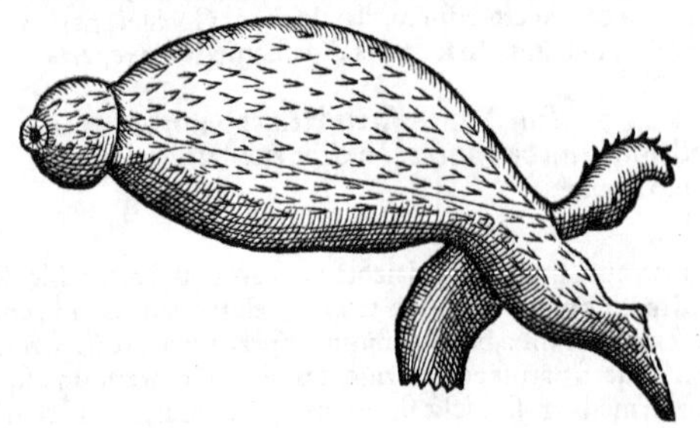

Tethya

Tethya à Rondeletio propoſita corio ſuo tecta: & unum eo nudatũ, ut caro interior uentriculi formam referens, appareat.

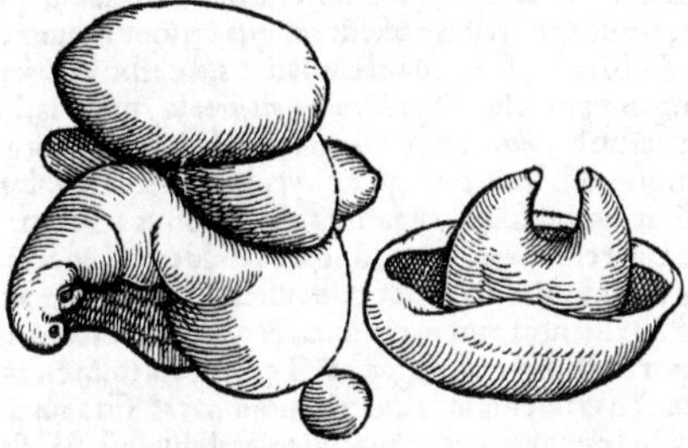

Aliæ icones à Bellonio exhibitæ, una integri, altera aperti Tethyi: quæ an eædem ſint cũ illis quas Rondeletius dedit, conſiderandum.

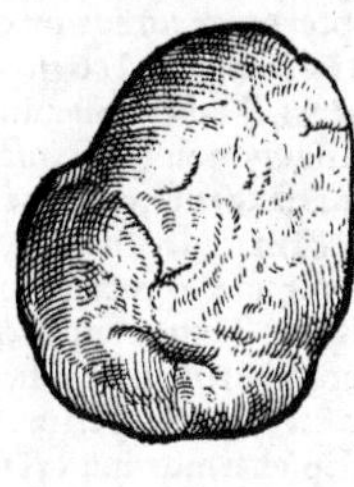

Picturas quatuor ſequentes, olim Cornelius Sittardus miſit: quæ uel Tethya eſſe uidentur, uel eorũ naturæ propinqua. Duas maiores Fungos marinos eſſe aut uocari in Italia, addebat, teſtæ duræ incluſos. Colore, ut pictos accepi, uario ſunt, ſed magna ex parte fuſco. quæ uerò in maxima uirgæ, contextu quodãmodo reticulato (eæ continuæ eſſe debebant) uiſuntur, rubræ. Si Tethya non ſunt, an Fungi mar. Xenocratis ſint, quibus Tethya comparat, quærendum. Minores duas uulgò nominari Specie, ab odore aromatico, earum pictura foris fuſca uel ſubuiridis, hirſutaq́, apparet: ſubſtantia (ut aliquis coniecerit) coriacea. intus autem caua & rubra. Saxis adhærere aiunt. His ferè ſimiliter ſua Tethya Bellonius pinxit.

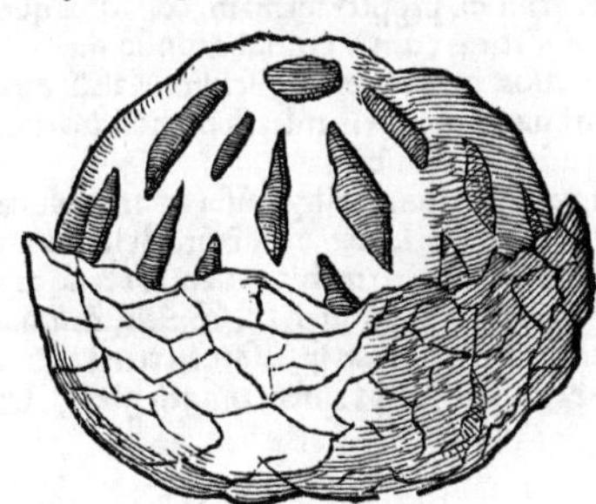

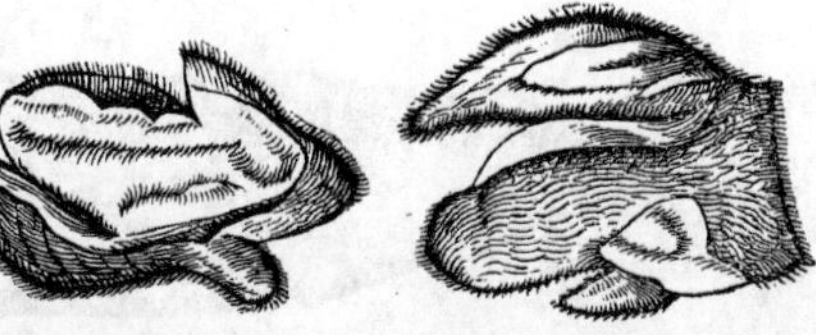

TETHYA uel Tethe Græcis dicũtur, (τήθυα ἢ τήθη, ut κρόμμυα κῆτη,) plurali numero neutri generis: non placet quod apud Plinium alicubi Tetheæ legitur fœminino genere. Gaza cum Holothurijs cõfundens, Vertibula, Callos & Tubera interpretatur, ut proximè in Holothurijs diximus. Tethya fungorum ueriùs generis quàm piſcium ſunt, Plinius: hoc eſt, Zoophyta potiùs quàm ζῶα. (Similia ſunt fungo, plantæ marinæ, Xenocrates.) Ariſtoteles Teſtatis adnumerauit Hiſtoriæ lib. 4. cap. 6. ubi cum qualis ſit eorum teſta, quoq; modo ſaxis adhæreant, expoſuiſſet, fuſiùs reliquas pattes perſequitur. Duo (inquit) foramina habent, à ſeſe diſtãtia, ualde exigua, ita ut ferè oculorum aciem fugiant, quibus humorem reddunt & accipiunt. Corio ſpoliatis primùm apparet membrana neruoſa, corpus ambiens, carnemq; ipſorum totã continens: nulli è cæteris teſtaceis ſimilis, &c. ¶ Tethya (inquit Rondeletius) non ſolùm petris, ſed etiam Oſtreorum noſtrorum teſtis affixa ſunt, & in iiſdem ueluti tumores duri eſſe cernuntur. Oui figura ſunt, aliquando longiore. Teſta extra fuſca, inæqualis & rigida, (*tota occuluntur teſta læui, Ariſtot.*) intus argentea, læuis. Eorum caro membrana alba inuoluta, uentriculi formam refert, rotundam ſcilicet & oblongam: meatus craſsior & amplior, gulæ pro portione reſpõdet: alter minor, podici. uterq; colore eſt rufo: reliquum corpus croceum. quum digitis premitur, aqua per meatus exilit, alioqui ſenſum fugientes. ¶ Venetijs in foro uendi ſolent Tethya, inquit Bellonius, magnitudine oui gallinacei: quæ ſi manu paulò uiolentiùs comprimas, ſyringis modo aquam longiſsimè ex foramine parum ad latus ſito eiaculantur. Sic ille: & forſan inde dicta fuerint τήθυα uel τήθη, quòd ſicut τίτθοι, id eſt, mamillę, (uel τῆθαι, id eſt, nutrices ſuis mamillis,) lac emittunt meatu uix apparente: ſic & illa humorem ſi comprimantur. uel quòd ceu ma-

Fungi.

Tethya unde dicta.

millares quidam tumores petris Ostreisue adhæreant. Τήθεα λιφῶν, Homerus dixit Iliad Π. de urinatore Tethya in fundo maris ad cibum conquirente. ubi Eustathius Tethya scribit Ostreorū generis esse, sic dicta à terra quam Tethyn nominant. sunt enim (inquit) præ cæteris marinis natu ræ terrenæ, propter ambientis testæ duritiem. aut fortè denominantur à nutrice infantū, quæ Τήθη dicitur, propter tenerum eorum corpus, uelutiq; lacteū & roscidum: qua ratione huiusmodi (Ostrea) etiam ἐρσήεντα quidā cognominat. Alibi (Odyss. Δ.) idem Eustathius, à uerbo θῶ, θήσω, quod est lacto, deriuat. Tetheæ inueniuntur sugentes in folijs (*Rondeletius legit scopulis*) marinis, Plin. insi nuans fortassis etymologiam ipsorum à uerbo θῶ, θήσω, quod est, lacto uel sugo. Tethya gignuntur in cauernis saxorum, maximè uerò in cœno & litoribus, quæ phyco algáue marina abundant. inueniuntur & in musco marino, aut alijs in herbis folijsúe marinis: Vuottonus è Xenocrate ferè. unde folijs apud Plinium (in loco proximè citato) rectè legi apparet. Idem Xenocrates (interprete Rasario) Tethya scribit qualitatem manui indere, quæ difficulter abstergatur, maximè uerò (inquit) coria eorum non cōficiuntur. auxiliantur autem renibus, &c. ¶ Motu, & fortè etiam sensu carent, tactum exceperim. olfactum Aristotele eis negat. ¶ Tethynacia (diminutiuum id nomen est) Epicharmus apud Athenæum cum testatis alijs diuersis nominat. ¶ Grammatici quidam Græci Tethe interpretantur Ostrea, uel genus Ostreorū; quod tolerabilius est, si Ostreū pro ostraçodermo in genere accipiant; ineptius Nicandri Scholiastes Patellas feras, quæ nos (inquit) Otia, id est, Aures, uocamus. Tetheæ similes ostreis, Plinius.

Tethynacia *Patellæ feræ*

GRAECVM uulgus Spherdoclos nominat, Bellonius: fortè à sphærica figura.

ITAL. Venetorum uulgus Sponghas, hoc est Spongias nominat, Bellonius. Adriatici sinus accolæ ex eo Spongias nominant, quia cum premuntur, tanquam Spongiæ, sic aquam fora minibus reddunt. Sunt qui uulgò Spongiolas marinas putent uocitari, Brasauolus. Sfunge (Sphunge) uulgò scribunt ac proferunt, fortè nō à spongia, sed à fungo, facto nomine. Fungorum quidem generis ea esse, ut Plinius: aut fungo plantæ mar. similia, ut Xenocrates tradit, dictum est suprà. Vulgò apud Tarentinos dicitur Verticillum, propter formam, & paruos quosdam anfractus quibus describitur, Niphus: qui alioqui Vrticas cum Vertibulis confundit.

GALL. Nostri Bechus uocant, Rondeletius. Hoc genus piscium Massiliæ paucissimis cognitum senes quidam (cùm eius descriptionē multùm ipsis inculcassem) nominarunt mihi Vichonos, Gillius. Vide etiam mox in Germanicis nominibus.

GERM. In Oceano ad litus Gallicum frequentia sunt Tethya: alibi autem nusquam (quod sciam) edulia: persæpe quidem Ostrearum testis adhærere Lutetiæ uidetur, Bellonius. qui tamen Gallicum eorum nomen nullum depromit. Nos inde Germanico etiam Oceano ea non deesse facilè conijcimus: quia uerò nomen nullum habemus, fingimus hæc. **Sprützling/darum̄ das von jnen wasser scheüßt gleych wie von einer sprützen so man sy zůsamen truckt. Oder Mägling: dann das fleisch das in der schalen eynbeschlossen/sicht einem magen gleych. Schwümling/Brüstling/ꝛc.**

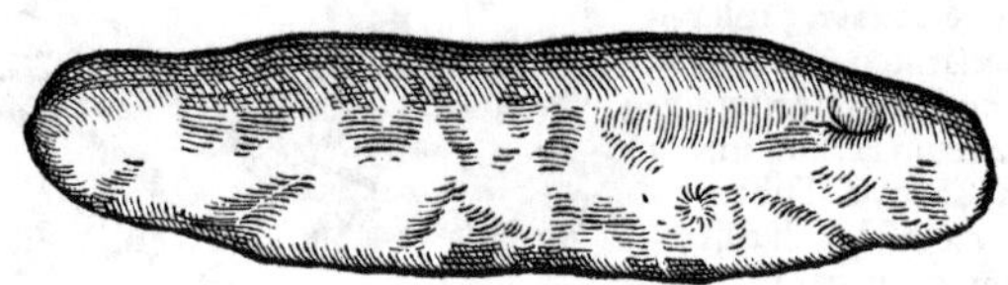

PVDENDVM mar. uirile. Mentulam mar. (inquit Rondeletius) Zoophytum hoc uocamus, eius figura et specie maximè nos ad id impellente: atque etiam uulgari appellatione, qua Massilienses & nostri utuntur. Corio duro constat, ut Tethya. quum uiuit, intumescit ac distenditur: post mortem flaccescit. Foramina duo habet, quibus aquam trahit & reijcit. Partes internæ, indiscretæ sunt. Multa huiusmodi circa Stœchades insulas capiuntur. Varia sunt, alia uiridia, alia nigricantia, alia flauescunt. ¶ Colybdænæ nomine Epicharmus (citante Athenæo) intelligit θαλάττιον αἰδοῖον, id est, Pudendum marinum: uel, ut Heraclidæ placet, Squillam. Colymbænæ cum Gammaris, Squillis, Sepijs, &c. stomachicis in cibo conueniunt, Galenus de composit. med. sec. locos 8.4. per Colymbænas nimirum Crustata quædam & cibo apta intelligens. Rondeletius Vrticam paruam hodie à Græcorum uulgo Colycænam dici scribit, à Gallis Culum Asini. ¶ Piren (πειρήν) Numenij, Pudendum marinum masculum, aut aliquam eius speciem significare uidetur. ¶ Halesurion (aut fortè meliùs Halosurion) pro genitali marino accipi uidetur, quasi ἁλὸς οὐρά, id est,

Colybdæna. *Colymbæna.* *Colycæna.* *Piren.*

id eſt, marina cauda. Vegetius quoque Zoophytis quibuſdam marinis Caudam adnumerat. *Cauda.*

Eſt & piſcis (*communius accipit piſcem pro aquatico animali*) nomen Aedœon: quod & nos Genitale nuncupamus marinum, à nonnullis Haleſurion Grçcè dictum: quanquam Haleſurion ſunt qui pro Callionymo piſce capiant, Hermolaus Barb. ¶ Pudendi marini utriuſque ſexus meminit Apuleius, nominat autem Virile, Veretillum: & muliebre, Virginale: quod etiam ab indocto quodam interſœmineum appellatum reprehendit. Hæc friuola (inquit) pleraq; in litoribus omnibus aceruatim iacent. ¶ Holothuriorum ſecunda ſpecies paulò antè exhibita, genitalis uirilis quandam ſimilitudinem præ ſe fert. ¶ Oſtreum quoddam unius conchæ inuenitur, quod habet ſpeciem uirilis uirgæ inferiùs: & aliud eiuſdem generis, quod habet ſimilitudinem uuluæ muliebris. Huius oſtrei concha refert Cochleam: & eſt ſpinoſa extrinſecus, in cibo gratæ & delicatæ carnis. in eodem ſæpius margaritæ reperiuntur. abundat autem in litore maris Germanici & Flandrici: uocaturq; ab accolis **Billegen**, Albertus. eſt autem fortè idem hoc genus, quod Pulmonem marinum ueteres uocarunt. is enim & teſtaceus eſt, & formam Pudendi repræſentat: quamobrem Itali uoce obſcœna Potam marinam uocant, ut Bellonius tradit: quanquam Pulmonem marinum illius, Rondeletius Vrticæ genus facit.

Aedœon. *Veretillum.* *Virginale.* *Holothuriũ.* *Oſtrea quædã ἀιδοιοειδῆ.* *Pulmo mar.*

GALL. Propoſitam à ſe iconem Rondeletius Maſsiliæ & circa Monſpelium, Mentulã marinam uocari inſinuat. Ab hac uerò diuerſam, quam nos Pennam marinã, piſcatores noſtri (inquit) Mentulam alatam uocant.

GERMANICE tum eam Vrticæ ſpeciem, quam Itali Potam, tũ exhibita à Rondeletio Pudenda, & ſi quid aliud in mari eandem ſpeciem præ ſe fert, **Meerſchaam** uel **Seeſchaam**, id eſt, Pudendum marinum nominabimus: uirile priuatim **Seeſtert**. ¶ De Germanico nomine **Billegen** paulò antè inter Latina diximus.

ANGLI Pudendum mar. maſculum **Pyntylfiſhe** appellant.

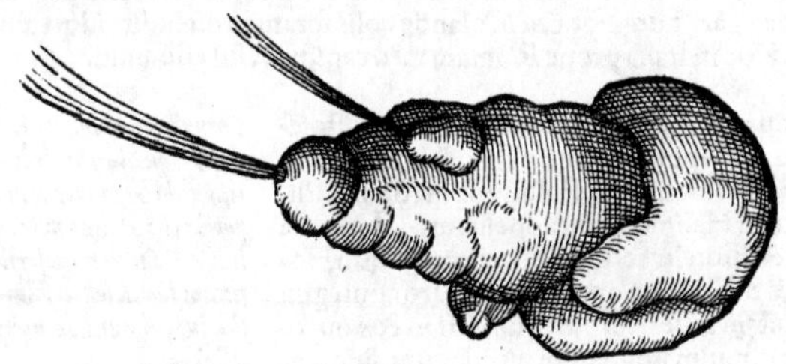

PVDENDI marini altera ſpecies. Zoophytum iſtud (inquit Rondeletius) à mentulæ contractæ forma non multùm diſtat, ſi eam cum ſcroto accipias. Ex dura quidem teſta conſtat, ſed ueluti cartilaginea, ſpiſſa, rugoſa, perſpicua. Foramina à ſeſe ſeiuncta duo habet, quibus aquam reijcit, quum comprimitur. Partes internas indiſcretas habet, ueluti reliqua Zoophyta. Sic ille.

De eodem ſentire uidetur Bellonius, quum ſcribit: Alia ſunt purgamenta marina, quæ genitale uiri imitantur, tum ſpecie, tum magnitudine, pinnis etiam ſubnexis binis loco teſtium. niſi fortè potiùs hęc ſit Penna mar. Rondeletij: quam piſcatores circa Monſpelium, formę extremi alterius ſimilitudine inducti Mentulam alatam uocãt. Cuius etiam Albertus meminit, loco teſtium in his Zoophytis alas prominere ſcribẽs: tardè moueri ea, nec uiuere niſi in aqua. ¶ Longè aliud ab hactenus memoratis Pudẽdum illud marinum eſt, quod ſic nominauit Bellonius: cui ſenſum tactus, & motum Lumbrici uel Hirudinis, (tum contrahendo ſe, tum ſerpendo de loco ad locum:) & partes internas diſcretas, os cum dentibus, gulam & ſtomachum attribuit. Genitale (inquit) dicitur, quòd teres ſit, pedem longum, & mediocris brachij craſsitudinis, &c. rufi coloris, aſpectu toroſo, Nymphææ radicis ſimilitudine. ſemper ad ima ſidit, nunquã natat: contrectatumq; in ſeipſum contrahitur, ac cornu duritiem habet, uixq; acuta cuſpide pertundi poteſt: alioqui permolle, dum ſua ſponte mouetur. Suas promuſcides quando uult exerit, atque ita conſtringit, ut ex pedali longitudine uix ſex digitos longum appareat. acetabulis quæ in promuſcidibus habet, lapidibus hęret: in quibus plus quàm quatuor millia nonnunquam annumeres. Ex anteriori capitis parte crinitas emittit ueluti arbuſculas, acetabulis plenas: quibus quicquid palpat, ad os adducit: quod tam amplum aperit, ut uel integram conchulam admittat. ueſcitur enim omni Conchyliorum genere. Eius recrementa uiſcida, copioſa, & albiſsima ſunt: quæ ita tandẽ indurantur, ut cum fidibus neruea firmitudine certare poſsint. Oſsibus & ſanguine caret, exceptis dentibus. Hoc maris purgamentum à piſcibus alijs minimè tentatur, nec à quoquam in cibo expetitur. Litorale eſt: nec alibi reperitur quàm ubi Patellæ & Vertibula. Vulgus Italicum Cazo marino nuncupat, Græcũ Pſoli. Sic ille, nulla eius icone appoſita. Mihi certè plus quàm Zoophytum hoc animal uidetur: quod non uideo quò referri poſsit, niſi fortè ad Mollium genus, quum animal ſit exangue, ſine oſ-

Penna mar. *Mentula.* *Pudendum mar. aliud à Bell. dictum.*

Z

ſibus, non teſtaceum, non cruſtatum, non denicꝫ inſectum. Quòd modò ſolutum uagatur, modò acetabulis ſuis adhæret: id etiam cum Mollibus, præſertim Vrticis in eo genere, commune habet.

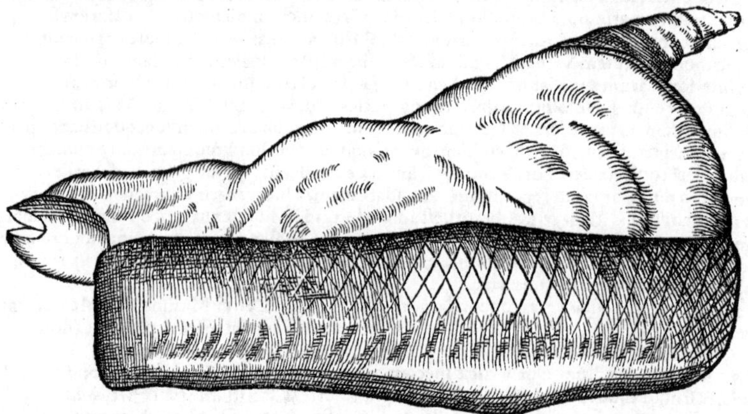

PVDENDI mar. alia ſpecies, cuius picturam olim Cornelius Sittardus ad me miſit. Id aliqua ex parte ſimile eſt illi, quod ſecundo loco Rondeletius propoſuit, colore è luteo ſubuiridi. Maſſa quædam informis uidetur. retrorſum ubi craſsior altiorcꝫ eſt, ueluti cornu paruum, rugoſumcꝫ extenditur. oppoſita pars humilior ceu in glande colis foramen oſtendit: idcꝫ rubicundi coloris, ſi pictor non fallit. Hoc in Italia prope Romam rarò capi, nec eſui eſſe aiunt.

PVLMO marinus, (πνεύμων uel πλεύμων Attice Ariſtoteli,) Zoophytum eſt ſponte proueniens. Multis eadem natura quæ frutici, ut Holothurijs, Pulmonibus, Stellis, Plinius. à quo alibi etiam Halipleumon appellatur. Inter Teſtacea habetur ab Ariſtotele; eodem ſcilicet modo quo Holothuria, Tethya & Stellæ; quę omnia corio duro conteguntur. Pulmonis uitam uiuere, prouerbium eſt in eos, qui otioſam & ſecuram nimiùm ſtolidamcꝫ uitã degunt, ſine ſenſu ferè, & temporis ratione. Plato in Philebo: λογισμοῦ δὲ στερόμενον, μηδὲ εἰς τὸν ἔπειτα χρόνον ὡς χαιρήσεις, δυνατὸν εἶναι λογίζεσθαι: ζῆν δὲ οὐκ ἀνθρώπου βίον, ἀλλά τινος πλεύμονος, ἢ τῶν ὅσα θαλάττια μετ' ὀστρεΐνων ἔμψυχά ἐστι σωμάτων. Hinc & πλευμονία, οἱονεὶ βλακικόν τι πάθος apud Suid. in βλάκα. ¶ Pulmo mar. id eſt, Cunnus marinus, Interpres Kiranidis. ſed obſcœno hoc nomine Italis dictum Zoophytum, (Pota mar.) Vrticæ genus potiùs fuerit: quamuis etiã Bellonius pro Pulmone mar. accipiat. Veteres quidem Pulmonem marinum ceu uulgò notum nõ ſatis deſcripſerunt. ¶ Conijcere autẽ licet Pulmones, uel à pulmonum noſtrorum figura, uel ab eorundem ſubſtãtia laxa, molli, foraminibus plena, nominatos fuiſſe, inquit Rondeletius: unde Ariſtoteles Spongias aplyſias Pulmonibus cõparauit. Eo quidem in loco de marinis potiùs (utpote quorum denſa & tenax ſit ſubſtantia,) quamuis dubitat Rondeletius, quàm de uiſcere animalium ſenſiſſe mihi uidetur. ¶ Pulmone marino ſi confricetur lignum, ardere uidetur, adeò ut faculam ita præluceat, Plinius. qui etiam pſilotri uim ei attribuit, &c. ¶ Nos (inquit Rondeletius) cum illa quæ ſaxis affixa ſunt, diligentiùs rimaremur & contemplaremur, inuenimus ſubſtantiam quandam illis hærentem, corio duro & nigro intectam, intus mollem, fungoſam et fiſtuloſam, Spongiarum aplyſiarũ modo. Ea in ſaxorum rimis naſcitur, cuius imaginem non exhibemus, quia commodè pictura exprimi non poteſt.

Halipleumō.

Prouerbium.

Corpus quoddam rotũdum, pilæ mar. modo, &c. quod an Pulmo mar. ſit, Rondeletius dubitat: uidetur autẽ hoc ipſo ſaltem potiùs eſſe Pulmo mar. quàm quod priore loco à Rondeletio deſcribitur. quòd non affixum ſaxis, ſed abſolutum eſt, &c. aplyſiæ quocꝫ ſimilitudo, non minus huic quàm illi fauet.

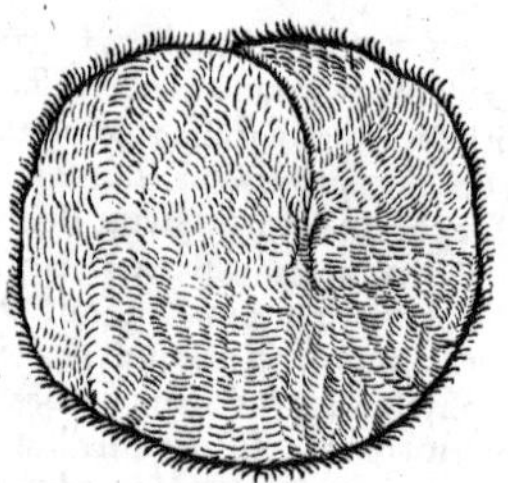

Vel Pulmo marinus dici poteſt corpus quoddam rotundum, pilæ marinæ modo, uireſcens, foris ſubſtantia feltro ſimile, intus totum fiſtuloſum ueluti Spongia aplyſia. id in mari aqua plenum eſt & graue, extra mare in ſe concidit & flacceſsit. In ſaxorum rimis deliteſcit, et inter algas. quum uerò per mare fertur, tempeſtatis ſignum eſt, quod de Pulmone marino ſcripſit Plinius. Hęc Rondeletius. Pulmones quanquam zoophyta, non adhærent, ſed abſoluta ſunt, Michael Epheſius.

GERM. Ein ſunderlich Meergewechs / von den alten Griechen ein Lunck / oder Meerlunck genañt / außwendig mit einer herten haut gleych als läder (wie auch die obgenannten Sprützling

Sprützling vnnd andere) bedeckt. so man ein holtz mit reybet/soll es scheynẽ als ob es brün-ne. Man zweyflet ob es dises gewechs sye/welliches hie fürgestelt wirdt/wie ein kugel/grün-lacht/vnd wie filtz außwendig/ iñwendig aber gelöcheret wie die gar groben schwüm̃ die sich nitt bereiten lassend/vnd allweg vnreyff beleybend.

ZOOPHYTA reliqua ordine XVII. requires, quæ scilicet non corio aut testæ instar calloso operimento, sed alio quopiam suo integuntur, &c. Rondeletius aptiùs hæc & illa coniunxit. nos dum Aristotelem, qui hæc Testaceis apponit, sequimur, incommodè diuulsimus, Ordine insectorum interposito.

ORDO XVI. DE INSECTIS MARINIS.

DE MOLLIBVS in mari alijsq́ exanguibus animalium, scripsimus suprà in genere, à principio Ordinis XIII. ¶ Pulicem & Pediculum marinos, quanuis tenui crusta integantur, Insectis potiùs, quàm ut Rondeletius Crustaceis, adiunximus, quòd forma eorum tota à Crustatis plurimùm differre uideatur, magisq́ ad Insecta accedere. ¶ Ad Insecta referri potuissent etiam Stellæ. nam incisuras multas in radijs habent: sed ultimo Testatorum loco, ueluti ambiguæ naturæ, eas referre maluimus. ¶ De insectis in genere hoc in loco nihil differimus: quoniam longè plura insecta terrestria sunt: quorum historiæ tractatio aliqua his atq; illis communis præmittenda est.

Icon hæc Venetijs facta est, minùs accurata quàm Rondeletij: quæ & pilos ab eminentibus singulis in capite dorsoq́ partibus singulos ostendit, & pinnulam in extremo dorso.

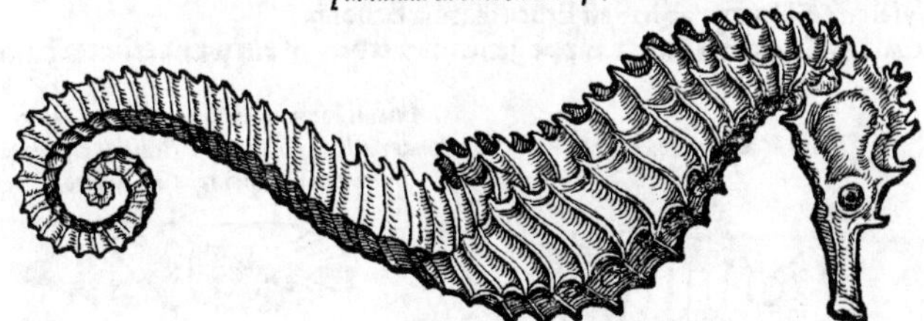

HIPPOCAMPVS, ἱππόκαμπος, à Græcis dictus, apud Latinos idem nomen retinuit, ab hip-
pos quod est equus, & campe quod est, flexura, uel eruca, compositum. capite quidem & iuba equum æmulatur: corpore autem est repando, & in arcum se curuante: præterea uilloso & incisuris multis disiuncto, quemadmodum quæ in arboribus & oleribus reperiũtur erucæ. Ergo cum
erucas, maximè cauda referat, reliquo corpore equum, Hippocampus *(quasi Equerucus)* optimo iure uocatus est, Rondeletius. Plinius Hippum, ut Oppianus uocauit, Athenæus Hippidiũ, Bel- *Hippus.*
lonius. sed hæc eius coniectura incerta est, cum authores illi Hippum & Hippidium nominarint *Hippidium.*
tantùm. Videtur autem potiùs sui generis piscis esse Hippus, ut & Hippidium, siue idem cum illo, siue diuersus. Campas *(Melius, Hippocampos)* marinos equos Greci à flexu posteriorum partium appellant, Varro. Hippocampi, equi marini, à flexu caudarum quæ piscosę sunt, Nonius.
at ueri Hippocampi cauda piscosa (id est, piscium caudæ similis) non est: sed fabuloso Neptuni e-
quo, (quem falsò quidam Hippocampum & Hippopotamum appellarunt,) talem affingebant o-
lim pictores. Caballiones marini pro Hippocampis nominantur à Vegetio in Hippiatricis. *Caballio*
Albertus barbaro nescio cuius linguæ uocabulo Zydeath dixit. ¶ Fel & sanguinem ei attri- *mar.*
buunt, Rondeletius etiam hepar & cor: quare non erit forsan propriè Insectorum generis, ut ex *Zydeath.*
corporis eius segmentis uideri posset, sed ambiguæ inter sanguinea animalium & Insecta quę sanguine uacant, naturæ. Rondeletius tamen, quem sequimur, Insectis eum adnumerauit.

GRAECI hodie ἀσπίδα uocant, quidam Salamandram marinam, Rondeletius.

ITAL. Romani, Illyrici, Genuenses, Chaual nuncupant. Veneti Draconem. quidam Gallum marinum, Rondeletius. At Bellonius à Venetis Faloppa dici scribit: [*Rondeletius Crangonem è Squillis Vallopam nominari:*] Genuæ & Massiliæ Gaballum (*quod malim quàm Gallum*) marinum. ¶ Sunt qui Caualin marino, Caualin ritorto, uel Dragonetto uocẽt: hoc est Equiculum marinum uel Dracunculum, ut Matthiolus interpretatur: alij il Dracone marino.

HISP. Caulinho marino.

GALL. Massilienses & circa Monspelium Cheual & Cheualot, Rondeletius. Massilien-

Z 2

ses Gaballum mar. Bellonius. Galli Draconeto, Amatus Lusitanus.

GERMANICE nominetur ein Meer-rossz/ein Seerössle. Aspidis quidem, Dracunculi & Salamandræ nomina à diuersis populis, si formam respicias, ineptè ei attribuuntur: at quoniam uenter eius, Aeliano teste, uenenatus est, uenenatorum quoque animalium nomina ὁμωνύμως fortè in ipsum translata fuerint.

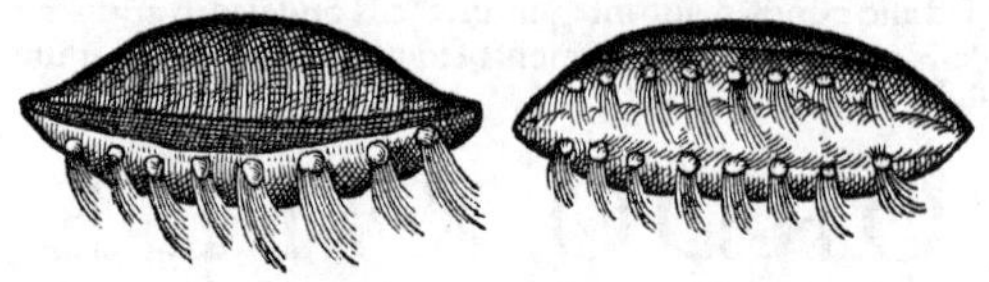

ERVCA marina Rondeletij. Ore (inquit) & oculis caret. in medio latior est, extrema gracilescunt & incuruantur. In uentre siue in supina parte, rugosus est, pudendi muliebris speciem referens. in prona parte, siue in dorso tumores parui eminent (Verrucas piscatores nostri uocant,) è quibus pili uirides existunt. Ad contactum intumescit & supernatat, ut Aelianus de Physalo scripsit. prætereà uenenatum esse in Cane experti sumus. cum Physalo tamen Aeliani idem esse hoc animal, non affirmamus, ei tamen certè non ualde dissimile fuerit: uel Erucarū marinarum generi rectiùs subijcietur. Sic ille. Aelianus certè φύσαλον suum piscē facit maris Rubri: sine ore & oculis, & brāchias ei tribuit: Rondeletij uerò Physalus circa Monspelium in mediterraneo notus, insectorum generis est. quoniam tamen hic quoque uenenatus est, & tactu inflatur, Physalum appellari non prohibebimus. Aeliani quidem Physalum pleraque cum Lepore marino communia habere obseruauimus, ut species eius uideri queat. Est & inter belluas mar. Physalus, alio nomine Physeter. ¶ Diuersa ab hac est Eruca marina Bellonij. *Physalus.*

GERM. Mag ein Meer-rauppe genennt werden. ist ein wunderbarer haarwurm im meer.

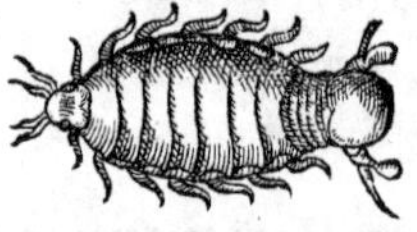

Icon à Rondeletio exhibita.

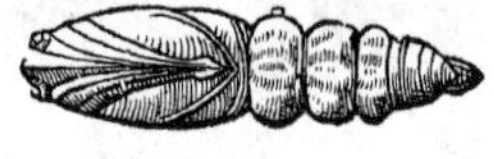

Animal hoc marinum cuius iconem (nescio unde nactus) hîc pono, si Pediculi mar. species non est, quò referam dubito.

PEDICVLVS marinus, (φθεὶρ θαλάττιος Aristoteli,) cum Pulice conspirat ad infestandos pisces & tenui crusta integitur: (unde à Rondeletio crustaceis adnumeratur, ut scripsimus initio huius Ordinis.) maioris fabæ magnitudine & latitudine est, Scarabeo terrestri similis, corpus ex aliquot tabellis constat. Piscibus ita hæret, ut eripi non possit. Sugit ut hirudo: nec prius abscedit quā tabidum & exuccum piscem reddiderit. Errant qui Pediculum marinum, Asilum siue Oestrum Aristotelis faciunt, Rondeletius. qui in stagnis etiam marinis Pediculos nasci scribit, ita conglomeratos, ut pisces uel hamo iam captos absumant. Vide mox etiam in Pulice mar. ¶ Est & Pediculus piscis Aristoteli: qui omnium pinguissimus fit pabuli copia, quæ Delphini (quem sequitur) opera suppeditatur, in mari quod est à Cyrena ad Aegyptum.

ITAL. Pedozo marino. Idem fortè est Prusa Genuæ dictus, non Asilus ut Gillius putabat.

GERMANICE interpretor Wasserlauß, uel potiùs Meerlauß. nam in dulcibus etiam aquis insecta quędam appellari audio Wasserleüß. Vel Meeresel. Asellis enim multipedibus (qui sub aquarijs uasis stabulantur) simile hoc animal facit Aristoteles: nisi quòd caudam latam habet.

PVLEX marinus Rondeletij. ψύλλος θαλάττιος: sic dictus est nimirum non tam à formæ, quàm saliendi similitudine, & similiter pisces in mari infestandi natura, ut Pulices in terra molesti sunt animalibus. Hîc exhibitus facie homunciones ridiculè pictos uel Simiam repræsentat: alijs partibus Locustæ similis est, tam exiguis quidem ut nisi ab oculato discerni non possint. Tenui crusta integitur: quamobrem à Rondeletio cum Crustaceis describitur, sicuti ab initio huius Ordinis dixi. Pisces (inquit Aristot.) uel manu facilè caperentur dum dormiunt, nisi à Pediculis & Pulicibus uexarentur. nunc uero si somnum diutius capiāt, noctu ab innumera multitudine bestiolarum istarum occupati absumuntur. Gignuntur eæ in pro fundo

fundo mari tanta fœcunditate, ut escam ex pisce confectam, si diu in imo manserit, totã corradant: atque piscatores sæpe escam demissam, glomeratis undique his bestiolis, perinde ut globum recipiant. ¶ Niphus Scolopendras mar. uulgò Pulices marinos dici scribit, quòd pisces eodem modo infestent. nos Scolopendras mar. longe alias dabimus inferius. *Scolopendræ mar.*

GERM. F. **Ein Meerflohe.**

OESTRVS uel Asilus marinus, qui similiter in mari pisces quosdã (præsertim Thynnos & Xiphias) stimulat & exagitat, ut Asilus terrestris.

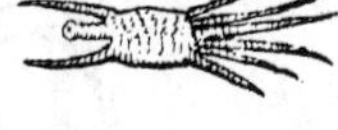

ITAL. Prusam uocant Ligures, Gillius. is (inquit) quem uidi albus erat, & ad piscem Pagrum inhęrescebat. Piscatores affirmant maximos etiam pisces ab eo confici. Sic ille. sed an Pediculum mar. pro Oestro acceperit, inquirendum.

GERM. F. **Ein Meerbrãm: stupft vnd treybt die fisch im meer / wie ein brãm die thier auff erden.**

HIRVDO marina. Viuit hæc (inquit Rondeletius) in mari & marinis stagnis, ei quæ in aquis dulcibus nascitur, persimilis. Licebit & Lampetrã piscem, Hirudinem marinam uocare, Strabonis exemplo: qui scripsit in quodam Libyæ fluuio nasci βδέλλας septenûm cubitorum, quæ branchias habeant perforatas, ita ut per eas respirare possint. Lampetræ quidem ore, similiter ut hirudines, ueluti sugentes adhærent. ¶ Hirudinem fl. quæres infrà.

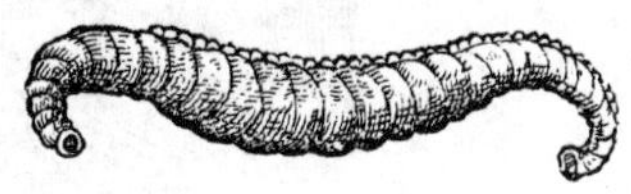

GERM. **Ein Meerãgle / Meerãgel.**

VERMIS Microrhynchoteros Rondeletij. Vermium (inquit) ut in terra, ita in mari diuersa sunt genera. (De Seta marina in fluuiatilibus dicetur.) hîc duos tantùm proponemus quos sæpe inter maris purgamenta reperimus, ueteribus (quod sciam) indictos. Eorum prior cute molli contegitur, tota incisuris constante: os uel rostrum obtusum est, parumq́ prominet, unde μικρορυγχότερον cognominauimus. Alijs rostrum deest: & foramen tantùm habent capiendi cibi gratia. Totus uermis digitali est magnitudine, digiti minimi crassitudine.

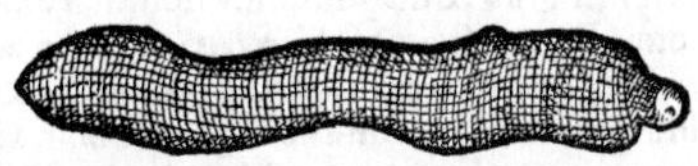

GERM. **Ein Meerwurm eines fingers lang / des kleinsten fingers dick / mit einem kurtzen kumpfen schnäbele: etlich habend nur ein löchle an statt des schnabels. ich halt er sye der natur der Mettlen / wie auch der nachuolgend.**

VERMIS Macrorhynchoteros Rondeletij. Hic (inquit) multò longior est superiore. nam aliquando duorum cubitorum magnitudinem æquat, pollicisq́ crassitudinem. rostro etiam multò longiore, simili Hippocampi rostro, unde μακρορυγχότερον nuncupauimus. Farciminis longi figuram refert. Intus longum duntaxat uentriculi uel intestini ductũ habet, aqua & luto pleni. unde perspicuum est his tantùm uesci. Viuit in luto maris & marinorum stagnorum: Sic ille. Videntur sanè ex ijs quæ scribit Lumbricis cognati hi uermes.

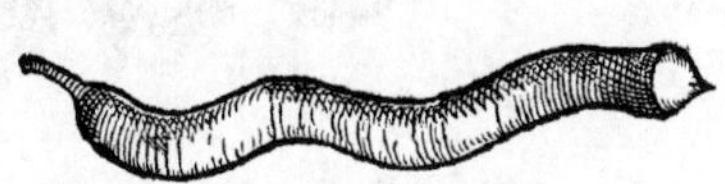

GERM. **Ein anderer Meerwurm grösser vnd dicker / mit einẽ lengeren schnabel. Süch im nächstgemelten.**

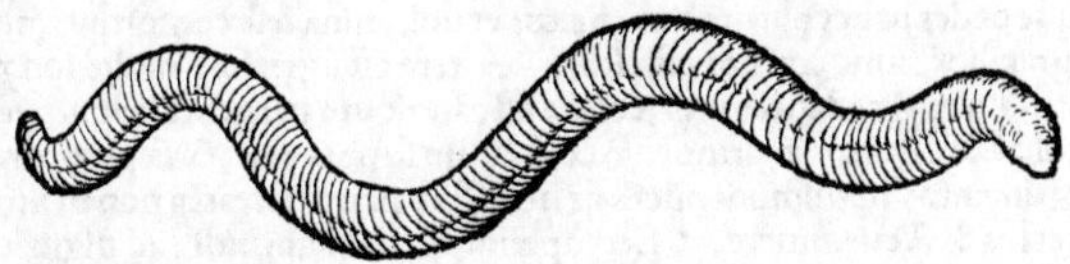

LVMBRICVS longus, ijs qui in corpore humano procreantur, similis, in mari etiã & stagnis marinis prouenit. est autem inter alios stagnorum mar. uermes hic frequentior, binûm cubitorum longitudinem non superat, Rondeletius. Lumbricus mar. terrestri maior, stabulatur in litore intra arenam, in eo potissimùm tractu, quem æstus alti maris contegit: unde interdum discedens siccum relinquit. Piscatoribus ad escam plurimùm confert, &c. Bellonius. ¶ Aliqui Lampredam, Lumbricum aut Vermem marinum uocauerunt.

GERM. Ein Meermettel.

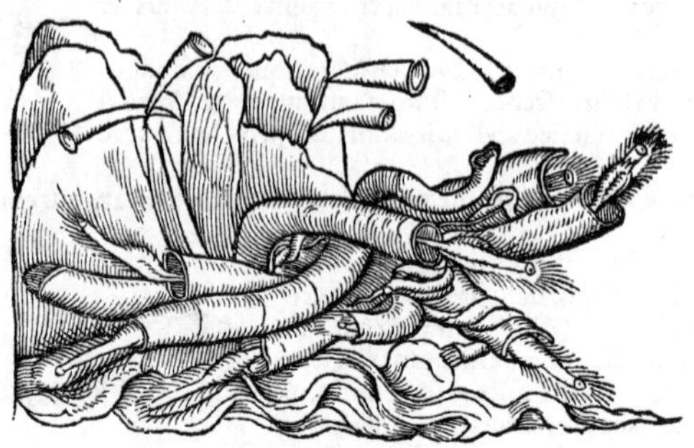

VERMES in tubulis delitescentes à Rondeletio exhibiti. Nascuntur (inquit) in saxis marinis, & super Concharum uetustarum testas tubuli uel siphunculi testacei, rotundi, (*teretes*,) asperi, candidi, intus læuissimi, quorum alij recti sunt, alij contorti & replicati. In his procreantur & uiuunt uermes, qui foras se exerunt hauriendæ aquæ gratia. Hi colore & substantia Scolopendræ rubræ similes sunt: figura & magnitudine nonnihil differunt. longissimi enim digiti magnitudinem non excedunt. Pars posterior folij myrtei modo in acutum desinit. Priore parte utrinq; pedes habent ueluti Scolopendræ, inde fistula prominet, in extremo obtusa, tubæ modo, & perforata, qualem in Asilo marino depinximus. eâ aquam trahit. Horum uermiculorum testa Pharmacopœi nostri utuntur in compositione unguẽti citrini pro Dentali. Huic similem testam etiã Dentale uocant, (*Antale legerim, acuminatam nimirum instar cornu*,) quo in eodem unguẽto utuntur. Huiusmodi aliquot picturæ superiori aspersimus. Sic ille. Nos eundem hunc Tubulum marinum, utpote testaceum, sine uerme proposuimus suprà, Ordine XV. proximè ante Echinos, qualem à pharmacopola accepimus.

Dentale.

GERM. F. Kånelwürm / Kånelnasseln / rotlacht / mit vil füssen / in etlichen kånelschalen / die auß den felsen des meers wachsend (Dentali von ettlichẽ Apoteckern genañt) verborgen.

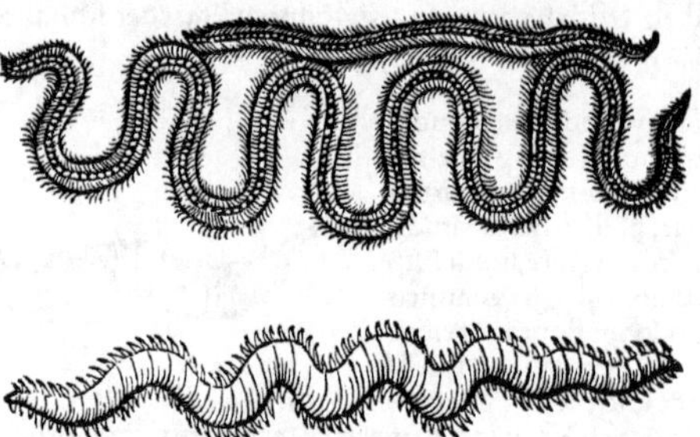

SCOLOPENDRAE marinæ (inquit Aristoteles, σκολόπενδραι θαλάττιαι) aspectu terrenis similes sunt, magnitudine paulò inferiores. gignuntur in saxosis locis. colore magis rubro sunt. Pedum numero terrestres superant. ¶ Nos (inquit Rondeletius) species duas hîc proponimus. Prior minor est, colore planè rubro, dodrantali magnitudine. in saxosis locis degit. A capite ad caudam utrinque pedes habet plurimos. in flexus et uolumina sese contorquet, nunc longior, nũc breuior: nunc gracilior, nunc crassior efficitur. Altera est superiore multò longior, utpote quæ ad cubiti longitudinem accedat, tenuior, colore ad candidum uergente. Huius generis Scolopendras in uentriculo Lacertorum marinorum & Acuum sæpe reperi, & sæpe ex ore extraxi: quod maximo est argumento, huiusmodi pisces ijs uesci sine pernicie: easq; non in litoribus, sed in alto mari, ut Lacertos & Acus, uiuere. ¶ Scolopendra mar. quam uidi, ad digiti longitudinem & crassitudinem accedebat, Gillius. Marcellus Vergilius marinas terrestribus longiores facit. ¶ Hamo demo deuorato Scolopędræ omnia interanea euomũt, donec hamũ egerãt: deinde resorbẽt, Plin. ex Aristot. Mordet (*Pruritum facit*) non ore, sed tactu totius corporis, similiter ut quæ Vrticæ uocantur, Aristot. Morsus quidẽ Scolopendrę, tũ terrestris, tũ marinæ, ueneni nõ expers est: cuius & notas ferè & remedia paria medici tradunt. Sunt qui Scolopendras mar. à Pulicibus marinis per imperitiam non distinguant. ¶ Proximè retrò uermes in tubulis delitescentes Scolopendris similes, descripsimus. Scolopendram cetaceam suo loco dedimus.

GRAECI hodie Scolipetras corruptè nominant, Gillius.

GERM. F. **Meernasseln / geleych den Nasseln auff der erden genañt: welches sind langlachte / rotlachte / tünne würm / mit unzalbaren füssen / ꝛc.**

PHRYGANIVM à Bellonio dictus fluuiatilis uermiculus, quamuis marinus quoque est, inter Insecta fluuiatilia referetur.

ORDO XVII. DE ZOOPHYTIS MARINIS QVIBVSDAM: QVAE NON CORIO DVRO SIVE TESTACEO INTEGVNTVR, (EA ENIM ultima Testatorum fecimus,) sed sui generis operimento.

HOLOTHVRIA & Tethya, quæ Rondeletius Zoophytis attribuit, ultimo Testatorum loco (ubi etiam eius facti rationem reddidi) recensui. ¶ De Spongiarum natura alij aliter senserunt: nos in earum historia non sentire eas ostendimus. Sunt sanè gradus quidam naturę, ut alibi, mirificè semper τὰ μέσα καὶ ἐπαμφοτερίζοντα appetentis, ita in transitu à frutice ad animal. Post inanimata corpora, media quædam fortè sequuntur, (ut si quæ inter lapides & metalla crescẽdi uim fortè habent:) tertio animata, ut Plantæ. In plantarum fine, Zoophytorum initio, Spongię sunto, primùm simpliciter dictæ: deinde aplysiæ: mox Pulmones, Holothuria, Tethya, ac multa deinceps Zoophyta, alia ferè alijs perfectiora, usque ad Conchas, quas superant Cochleæ, &c. donec ad Hominem usque conscenderit. ¶ Zoophyta uocamus (inquit Rondeletius) quæ nec animalium nec fruticum, sed tertiã ex utroq; (genere) naturam habent: quę Latinè nominare non possumus, nisi Plantamines, aut Plantanimalia dicamus. Horum nonnulla Aristoteles inter Testacea recenset, ut Tethya & Stellas: quæ quoniam duro corio integuntur cum Testaceis: quoniam uerò naturâ inter plantas et animalia ambigunt, cum Zoophytis explicari possunt. Nos eodẽ libro utrunque genus coniungimus: quòd quædam sint Zoophyta quæ ad Insectorum: & quædam Insecta, quæ ad Zoophytorum naturam accedant. Sic ille.

Holothuria. Tethya. Spongiæ. Gradus naturæ.

ESCHARA, ἐσχάρα, ut Rõdelet. suspicatur: à figuræ forsan similitudine aliqua. Quod hîc repræsentamus (inquit) nostri piscatores Giroflade appellãt, à similitudine pulchri & boni odorati floris, quem nostri Giroflade, Galli Oeillet uocant. Suspicor tantùm necdum pro certo habeo, sit ne ueterum Eschara, cuius mentionem à solo Athenęo fieri comperio ex Archippo. Super saxa enascitur, ex pediculo exurgẽs, aliquãdo supra ligna in mare deiecta, nonnunquam pediculo caret. Ex dura terreaq; substantia constat: cute rubra contegitur, qua sublata totum corpus spectatur cribri instar perforatum, lactucæ crispæ siue capitatæ folijs simile. In cibis inutile prorsus est. Aduersus ulcera maligna prodest. Vehementer enim siccat, & superuacuam carnem absumit. Hæc Rondeletius. Archippi uerba sunt: λεπάσιν, ἐχίνοις, ἐσχάραις, βελόναις τε, τοῖς κτένεσί τε. Videtur aũt ille in ueteris comœdię fabula, in qua opsophagos pręcipuè traducit, de ijs tantùm piscibus & aquatilibus loqui, quæ cibo apta sunt. Rondeletij Eschara cibo inepta est. quare Archippum de illo pisce potiùs, qui masculino genere Escharus à Dorione nominatur, sensisse coniecerim: eum alio nomine ψῆτταν appellat, de genere latorum piscium. Rondeletius dubitat an hæc sit species illa Soleæ, quam ipse oculatam cognominat: & sanè habet illa maculas tanquam oculos pupillis (quas Græci κόρας uocant) insignes. Cæterùm Eschara Rondeletij planta quædam marina fortè fuerit, fuco bryóue marino cognata. describitur enim hoc lactucæ folijs, rugosum, ueluti cõntractum, sine caule, plusculis ab ima radice exeuntibus folijs. nascitur in lapidibus testaceisq;. præcipua ei siccandi spissandiq; uis, &c. Aetius lib. 12. cap. 35. Lactucæ (inquit) in mari, sunt germina lata & oblonga, ac uiridiora, tenuia & subrugosa, ac ueluti conduplicata, ad litora maris per fluctus eiecta.

GALL. Giroflade, ut iam dictum est.

GERM. F. **Ein Meernägele / wachßt an den steinen im meer.**

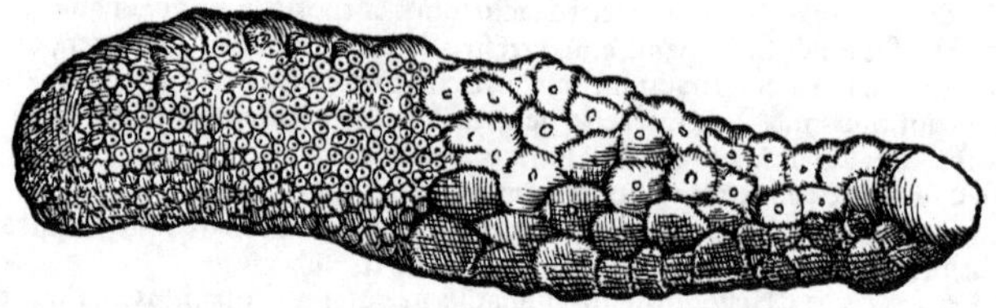

EPIPETRVM Cornelij Sittardi, quod pictū ad me misit. Massa quædam informis uidetur, spongiosæ & cauernosæ substantiæ, sex digitos longa, sesquidigitum lata, inæqualis & tuberosa, multis ceu acetabulis compacta: colore partim nigricans, partim rubescens. Hanc apud me picturam cum Bellonius uidisset, Pudendum marinum sibi uideri dicebat. Nasci puto circa petras maris, eisq; hærere, ut inde aliqui Epipetron nominare uoluerint. sed zoophytum hoc est. Veterum uerò Epipetron herba est, quam Aristoteles etiam suspensam, multo tempore uigere tradidit, &c.

Epipetrō herba.

GERM. Ein besunder luck vnd schwumachtig meergewechs/rc.

CVCVMIS marinus: quem Plinius colore & odore similem facit terrestri.

GERM. F. Ein Meerkukumbre.

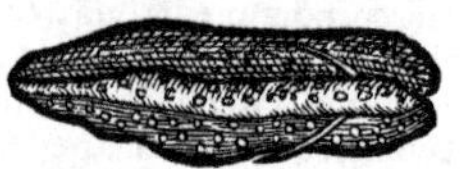

ZOOPHYTI huius nomen apud scriptores nullum reperio, quare à similitudine Malorum insanorū, (quæ Albergaines nostri uocāt, alij Pommes damours,) Mali insani nomen ei accommodare uisum est. Vuæ marinæ species quibusdam uideri posset: sed quia flores uuæ nullos refert, uerùm foliorum potiùs uel plu-

Vua mar.

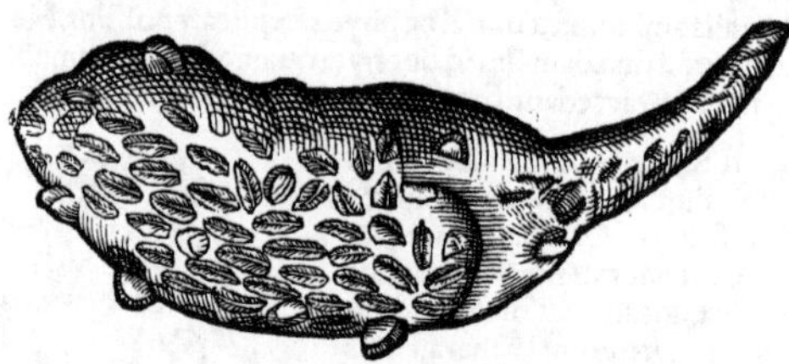

marum formam: quia etiam pediculo differt: dilucidioris distinctionis gratia ab Vua mar. secreuimus: & à similitudine mali illius terrestris, quod oblongius est (nam est & alterū rotundius) Mālum insanum appellauimus. Facultate ab uua mar. (quam mox subijciemus) non differt, Rondel.

GALLICE. Albergaine uel Pomme damours de la mer.

GERM. F. Ein sunderlich Meergewechs: dollöpfel oder öpfel der liebe im̄ meer.

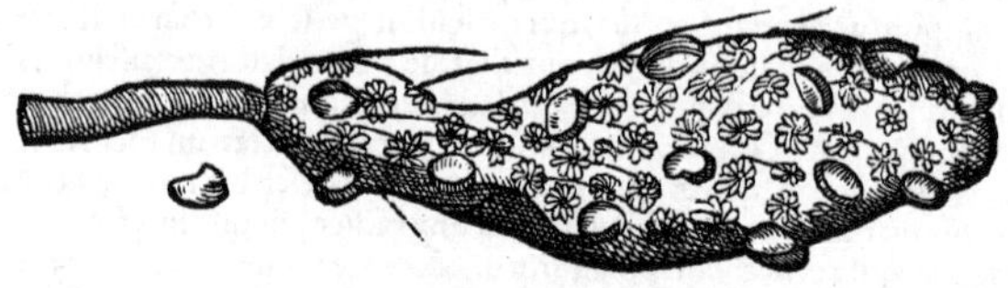

VVA marina Plinij. Rerum quidem, non solùm animalium simulacra mari inesse, licet intelligere intuentibus Vuam, Gladium, Serras, Plinius. Intelligit autem opinor (inquit Rondeletius)

deletius) eam Vuam quæ hîc depingitur, externa in parte uuæ flores optimè exprimens. Est autem oblonga quædam & informis massa, ex uno pediculo dependens. Partes internæ indiscretæ sunt: inter quas aliquando reperiuntur ueluti glandulæ paruæ, cuiusmodi unicam seorsum depinximus. ¶ Vua marina in uino putrefacta (*tusa & madefacta in uino sufficienti, Nicolaus Myrepsus*) ijs qui inde biberint tædium uini affert, ait Plinius: cuius rei causam fœtori & marino odori attribuit Rondeletius. Vegetius in Veterinaria medicina inter diuersas res marinas Vuam quoque adhibet in suffitum contra pestilentem morbum. Vuam seu Ampelon Græcè, aliqui uocant genus algæ in aquis dulcibus, quod florem fructumque racematim digestum habet. Ampelis et botrys Aeliano inter algas sunt. *Vua alga.*

GALL. Nostri piscatores non hoc Zoophytum, sed oua Sepiarum racematim compacta, à pediculo uno dependentia (ut suprà exhibuimus) Vuam mar. nominant, Rondeletius.

GERM. F. **Ein Meertreübel: ein Meergewechs / an welchem außwendig geleych wie traubenblůmen gesåhen werdend.** Id quod in Oceano Germanico **Haffguffe** uocant, magis fructum quàm piscem referens, simile quid esse suspicor.

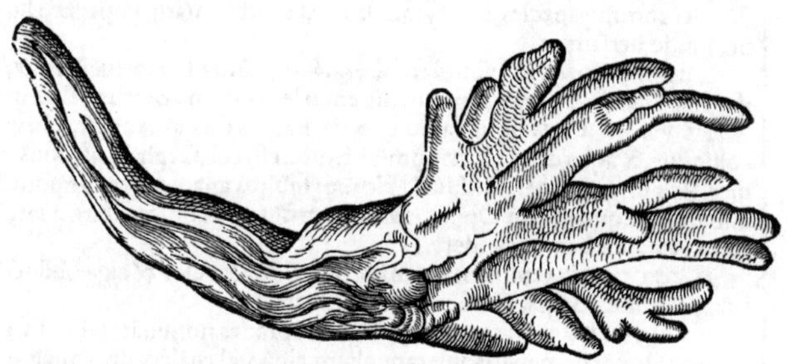

MANVS marina, dicta à similitudine quadam.
GERM. F. **Ein Meerhand.**

Penna marina Rondeletij.

Alia à Cor. Sittardo communicata.

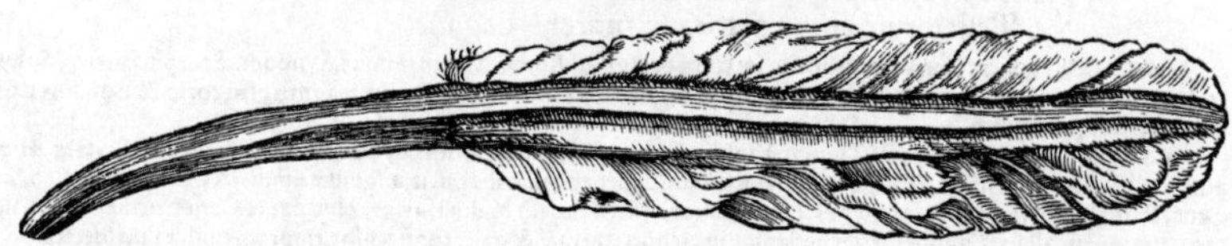

PENNA marina, ut Rondeletius nominat. Est enim (inquit) pennis magnis ijs quæ in pileis gestari solent, persimilis, &c. Noctu maximè splendet, stellæ modo. Est inter Vrticas quoque à Rondeletio exhibitas, species una quæ frondem pennæ fermè instar explicat. Pennã marinam aliam rubentem, frõde simili ferè, nulla cum glande similitudine, Cor. Sittardus olim ad me misit. ¶ Penicillum mar. suprà cum Testaceis inuenies.

GALL. Nostri piscatores, formæ extremi alterius similitudine inducti, Mentulam alatã uocãt, est enim ea pars peni sine præputio, id est, glandi, similis: altera uerò parte pennã refert. Rõd.

FINIS ORDINIS XVII. ET VLTIMI DE ANIMALIBVS MARINIS.

AQVATILIVM ANIMANTIVM DIVISIO SECVNDVM LOCA IN QVIBVS DEGVNT, ex Oppiani primo Halieuticorum.

PISCES MARINI ALII SVNT

1. LITORALES: & horum alij pascuntur in litore, uel

ARENOSO: arenis & rebus quę in eis nascũtur uescẽtes, ut Hippus, Cuculus, Erythinus, Cithari, Mullus, (hunc etiam infra cũ genere Saxatilium nominat:) Melanurus, Trachurus, Buglossus, Platyurus, Tænia, Mormylus, Scomber, (sed hunc infra quoque nominat, cum ijs qui circa petras conchis plenas degunt:) & si qui alij litorales sunt, φίλοι αἰγιαλοῖσι. item Nautilus polypo cognatus: qui tamen etiam in summa aqua nauigat. ¶ Testaceorũ alia in petris, alia in arenis degunt: ut Neritæ, Strombi, Purpuræ, Buccina, Mituli, Solenes, Ostrea, Echini.

COENOSO, & in paludibus, quæ τενάγη uocant: τεναγώδεις pisces, lutarios uertũt aliqui, ut Raia, Bos, Pastinaca, Torpedo, Passer, Clarias, Triglis, Onisc, iSaurus, Scepanus, & alij quidam. ¶ De Canum genere carcharię pelagij sunt: centrinæ uerò & galei eorumq́ species, ut Scymni, læues, acanthiæ, uarij, alopeciæ, rhinæ, in cœno profundo uersantur.

HERBOSO uel algoso: (θῖνα ἀνὰ πρασόεσσαν) inter herbas: ut Mænis, Tragus, Atherina, Smaris, Blennus, Sparus, (sic enim legendũ, nõ Scarus:) Box uterq;, & alij.

FLVVIORVM hostijs adiuncto, uel stagnis dulcioris aquæ, (ubi multus limus colligitur, & aqua dulcis marinę miscet:) ut Cestreus, Cephalus, Lupus, Amia, Chremes, Pelamys, Conger, Olisthus. [Horum multos anadromos esse puto, hoc est, flumina subire: quanquam Oppianus Lupum dũtaxat amnes subire dicit, Anguillam contrà ex amnibus descendere.]

2. SAXATILES. Multò latiùs accipit Saxatiliũ nomẽ quã medici. Et hi degunt in saxis, uel

MVSCOSIS, (eminentibus nimirum altiùs,) musco & alga obductis: ut Perca, Iulis, Channus, Salpa, Turdus, Phycis, (& alij.)

HVMILIBVS in arenoso mari, quę Leprades nominãt: [aliqui Lepradem interpretantur petram maris asperam, altam, albã, uel cui lepades adnascantur: sed Oppianus distinguit. Aelianus, ni fallor, aspra nominat:] ut Cirrhis, Syęna, Basilisci, Myli (uel Mylli,) Mullus, quem etiam suprà cum primo genere Litoralium recenset.

Hi præcipuè à medicis saxatiles dici uidentur, quanquam & sequentium quidam.

HERBOSIS (sub aqua nimirũ:) ut Sargus, Vmbra, Faber, Coracinus, Scarus.

CONCHIS aut patellis plenis, cauernosisq́, ut pisces subire poſsint: ut Phagri, et Agriophagri, Cercuri, Opsophagi, Muræmę, Scombri, [hos supra quoq; primo generi litoralium adnumerauit:] Orphi.

RIMOSIS, siue rimas & fissuras quasdam (Græci χεράδρας dicunt) & ueluti specus habentibus: qui in suis latibulis manent, & præternatantibus piscibus infirmioribus insidiantur: ut Ouis, Hepatus, & Prepontes magni quidem corpore, sed ignaui: & Onos, id est, Asinus.

Saxatilium solus Adonis siue Exocœtus dictus, relicto mari undas secutus in petram aliquam se recipit quietis causa.

Locusta etiam & Astacus in finibus maris petras incolunt. Astacus etiam procul abstractus, semper ad suam sedem redit.

Testatorum alia in petris, alia in arenis degunt.

3. AMBIGVI ad petras uel arenas: in utrisq; enim degunt: ut Aurata, Draco, Simus, Synodon, Scorpius uterq;, Sphyræna, Acus, Charax, Gobius; Mys (id est, Mus, Capros alio nomine Athenæo,) non magnus, sed corio & dentibus ualidis, ut uel homini resistat.

4. PELAGII, procul à terra: ut Thynni, Xiphiæ, Orcyni, Prenades, Cybeæ, Scoliæ, (Coliæ nimirum:) Scytalæ, Hippuri, Callichthys sacer piscis, Pompilus comes nauium. Echeneis cubitalis piscis, anguillæ similis, &c. Item cete, ut Leo, Zygæna, Pardalis, Physsalus, Melanthynus, Prestis, Lamne (uel Lamia,) Maltha, Aries, Hyæna: & Canes, nempe cetacei uel carchariæ. (nam aliæ 2. Canum species uersantur in cœno, centrinæ, & galei cognomine, quorum multæ sunt species.

5. VAGI, qui certam sedem non seruant: ut Chalcides, Thrissæ, Habramides, qui modo ad saxa, modo ad pelagus, modo ad litus feruntur, semper peregrini & errones. Anthiæ præcipuè circa petras profundas degunt: non semper tamen: oberrant enim undiquaq;, pro libidine gulæ: sunt enim edaciſsimi piscium, quanuis edentuli: magni & cetacei, in quatuor genera distincti, &c. Primi flaui, secundi candidi, tertij punicei, quarti Euopi uel Aulopi propter superciliorũ speciem. Item Delphini, qui modò circa litora, modò in pelago sunt: nec usquam in mari desunt.

6. AMPHIBII: (ut è saxatilibus fortè Adonis:) Cancri, Squillæ, & Paguri. Item qui in receſsibus aut cauis locis maris habitantes pedibus præditi sunt: ut Polypus, Osmylus, Scordylus, (nimirum Cordylus:) & Scolopendra. Egrediuntur & cete quædã è mari, (ut Phocæ, propter somnum: Balæna, propter Solis calorem.) Diu in terra uiuunt Anguillæ, Testudo & Castorides, quarum dirus in litore ululatus est. Sunt & aues amphibiæ, quæ ex aere in mare se demittũt, cibi causa: ut Lari, Alcyones, Haliæeti. & contrà pisces aliqui præ metu in aerẽ euolãt, &c. Loligo longiùs, & altius: minùs altè Hirũdo: ἱέραξ uerò, id est, Miluus siue Lucerna, proximè aquas, ita ut aquam contingat, & partim uolare, partim natare uideatur.

FINIS.

TOMVS II. LIBRI NOMENCLATORIS AQVATILIVM ANIMANTIVM IN SVOS ORDINES DIGESTORVM, CVM PICTVRIS EORVNDEM AD VIVVM EXPRESSIS.

CONTINET AVTEM VT PRIOR TOMVS MARINA, ITA HIC QVAE IN DVLCIBVS AQVIS (FLVuijs, Lacubus, & alijs) degunt animalia.

ORDINES HI SVNT.

I. DE Piscibus fluuiatilibus: Cuius Partes sunt 5.

1. De Pisciculis.
2. De Saxatilibus.
3. De Piscibus latis.
4. De Piscibus simpliciter.
5. De Piscibus anadromis, id est, è mari subeuntibus amnes.

II. DE reliquis in dulcibus aquis animalibus: Cuius Partes sunt 4.

1. De Piscibus lacustribus.
2. De animalibus Crustatis.
3. De Testaceis.
4. De Insectis.
5. De Amphibijs uiuiparis ouiparisq́.

AMPLISSIMIS AC PRVDENTISSIMIS VIRIS, COSS. AC SENATVI ILLVSTRIS REIPVB. BASILIENSIS, DOMINIS SVIS HONORANDIS, CONRADVS GESNERVS Tigurinus S. D.

FLVVIATILIVM Piscium effigies ueras ac uiuas cũ in unum librum seorsim redegissem, & uarijs diuersarum gentium linguis eorum nomina explicassem, amplissimi uiri, Patres conscripti, cui primùm potissimumq́ hoc muneris offerrem, cogitare cœpi. Mox autem ipsum argumentum suggerebat, honestissimum Ordinem uestrum, hoc qualicunq́ dono dignissimum, simul etiam patronum mihi meoq́ huic operi futurum, imprimis mihi deligẽdum, quoniam inclyta urbs uestra ad maximum nobilissimumq́ nostrarum regionum & fermè totius Europæ flumen Rhenum condita, summum Heluetiæ nostræ decus & ornamentũ existit. Is fluuius ab Helueticis (aut Rhæticis potiùs) iugis duplici capite ortus, ubi ueteris Rhætiæ limites primùm superauit, & maximum nobilissimumq́ lacum Acronium permeauit, breui Heluetiorum fines emensus, per omnem deinceps Germaniam (cuius & Galliæ terminus olim statuebatur: nõ quòd Germania non semper, ut hodieq́, ulteriùs se extenderit: sed quia termium alium satis insignem tam longo tractu nullum inueniebant Geographi) multas regiones & plurimas celeberrimas urbes præterlapsus, & amnibus innumeris auctus, tribus ostijs Oceano se infundit. In Heluetia quidem urbis uestræ ad pulcherrimum hunc amnem, quo media interluitur, situs longè amœnissimus est: et talis, ut aduena aliquis nondum perlustrata urbe, dubitare possit plùs ne gloriæ fluuio ab urbe, an urbi à fluuio accedat. At is qui omnia urbis ornamẽta perspecta habuerit, cum pleraq́ alia longè inferiora oppida idem hoc flumen alluat, ea plus gloriæ à fluuio accipere, quàm dare: uestram uerò plus dare quàm accipere fatebitur. Nam & magnitudo Basileæ uestræ mediocris est, (laudanda autem uidetur mediocritas, ut plerisq́ in rebus cæteris, ita & urbium magnitudine:) & munitiones itidem mediocres: situs uerò cum aliâs tum propter Rhenum, ut dixi peramœnus: ædificia publica augusta, & priuata quoq́ non contemnenda. Ager etiam circuniacens planicie, collibus, syluis amœnus: idemq́ annona, arboribus & uinetis fertilissimus. Aer non insalubris: eiusq́ temperies non adeò inclemens. Ciues diuitijs mediocres: humanitate, benignitate alijsq́ uirtutibus excellentes. Non desunt egregij mercatores, non artium mechanicarum & aliarum quibus iuuatur et ornatur ciuitas omne genus opifices. His accedunt quæ optima maximaq́ sunt in rebus humanis: primùm ueræ religionis ac pietatis erga Deum synceritas, cui tanquam columnæ æneæ omnis omnium rerumpub. status, qui ad felicitatem aspirat, inniti debet. deinde huius propagandæ conseruandæq́ instrumentum philosophia: quam in Academia uestra optimè constituta permulti doctissimi clarissimiq́ uiri, in tribus illis antiquissimis linguis Latina, Græca et Hebraica, felicissimè docent ac profitentur. qui omnes (sicuti etiam literati aliquot in ipso Senatu uestro uiri) iudicare de hoc opere meo poterunt: id quod ut faciãt cupio, quanquam uerecundiùs, tenuitatis meæ mihi conscius. Certè ut nihil suauius, nihil gloriosius contingere potest homini bene sentienti, quàm approbari à uiris bonis & eruditis: ita ab eisdem doceri ac emendari proximus ad gloriam gradus fuerit. Ego mea omnium doctorum hominum iudicijs ac censuris submitto. Erunt autem illi mihi æquiores, cum secum reputarint, quàm difficile fuerit fluuiatilibus piscium inuenire nomina antiqua, Latinis aut Græcis, uel utrisq́ usitata. quoniã ueteres huius historiæ conditores de solis ferè marinis mentionem fecerunt: de fluuiorum uerò et dulcium aquarum alumnis quàm paucissimis. Quare cum pleraq́ eorum nomina uera hactenus à literatissimis etiam uiris (absit inuidia dicto) ignorarentur, ac ueterum de eis scripta, tanquam de rebus peregrinis, nulloq́ fructu legerentur: ego quam potui lucem, multis sanè uigilijs & laboribus diuturnis, magnoq́ sumptu, his tenebris intuli: & illis, quibus rerum Naturæ contemplatio cordi est, ut unum omnium Architectum in suis operibus magis magisq́ ad-

a 2

mirari, agnoscere, venerari ac celebrare pergant, quoad eius potui, viam patefeci. Hoc autem quicquid est, inclyto nomini vestro, ornatissimi & prudentissimi viri, dico atq; dedico, cum ob causas iam expositas, (fluminis inquã Rheni plurimis optimisq; piscibus abundantis magnitudinem, et adiacentis ei vrbis vestræ maiestatem: ciuium virtutes, & doctorum hominum, qui hæc ut spero legere & iudicare dignabuntur, præstantiam:) tum propter reuerentiam & amorem singularem, quibus erga vrbem vestram, tanquam alteram patriam meam, afficior: idq; meritò. in celeberrima enim Academia vestra adolescẽs olim bonarum artium elementa hausi: deinde iuuenis medendi methodum in eâdem à præceptoribus imbibi, ac mei profectus honestum testimonium publicum accepi: et hodieq; plurimorum doctrina præstantium in ea hominum, quæ ipsorum virtus & humanitas est, amicitijs fruor. Vos igitur me clientem vestrum, & almæ Academiæ Basiliensis veluti filium obseruantissimum, ac multis nominibus Reipub. vestræ deuinctum (quod hac dedicatione, ceu aliquo animi grãti monumento, testari ac profiteri uolui) agnoscere, et vnà cum hoc libro vobis commendatum habere, grauissimoq; patrocinio vestro tueri dignabimini. VALETE domini ac patres mihi nunquam non obseruandi. DEVS O. M. pater Domini nostri Iesu Christi vos omnes & Rempub. vniuersam cum sancta apud vos Ecclesia sua perpetuò tueatur & seruet. Tiguri. pridie Kal. Maias, anno Virginei partus M. D. LX.

DE FLVVIATILIVM PISCIVM DIFFERENTIIS ET ORDINIBVS.

FLVVIATILES pisces priùs quàm Lacustres describemus: quoniã lacus plerique omnes à fluuijs efficiuntur, ubi aqua fluminum humiliore & profundiore loco stagnat: maiores quidem à maioribus. Fluuiatilium numerus maior est. Qui lacubus & fluuijs communes sunt, illos fluuiatilibus quàm lacustribus adscribere malui: lacubus quidem peculiares pauci sunt, quos seorsim dabimus Ordine sequẽte. Rondeletius Lacustribus quosdam adnumerauit, quos nos fluuiatilibus: ut ex latis Cyprinum, Tincam, Ballerum. quanuis hi non in omnibus fluuijs reperiantur: sed maioribus tantùm ferè, pręsertim qua longiùs à montibus & origine sua distãt, fluuntque tardius. (Cyprini quidem in Rheno Basileæ etiam capiuntur.) Idem fluuiatiles paulò minùs accuratè quã nos distinxit. primum enim locum tribuit anadromis, qui ultimi esse debebant, utpote aduenæ: ijsque Vmbram fl. & Glanin intermiscet: hunc quidem ratione Siluri cui confertur, illam nescio qua. Saxatiles nullos facit: nam propriè dictos, marinos tantùm existimat: impropriè uerò dictos paruis adnumerat, ut latos Lacustribus. ¶ Ego cum fluuiatiles similiter ac marinos diuidere cuperem, Ordines aliquos prorsus non inueniebam, nisi aliqua similitudine uel analogia tantũ: aut inueniebam fortè, sed uix unum & alterum ei subijciendum piscem: eumque fortè non proprium fluuijs, sed è mari aduenam. Litorales, Saxatiles, Pelagij in mari dicuntur, à differentijs locorum in quibus degunt: quas in dulcibus aquis non item reperias, nisi comparatione quadã. Sunt enim ueluti litorales, qui in ripis maiorum fluminum aut lacuum uiuunt, ut minores quidam pisces: & qui in lacubus paruis inueniuntur, aut in riuis præsertim cœnosis. Qui uerò in lacuum maiorum ac profundiorum gurgitibus aluntur, ut Albularum genera, Pelagiorum instar, tum loci tum facultatis in nutriendo ratione mihi uidentur litoralibus non parum anteferendi. Saxatiles in lacubus opinor nullos dixeris: nam in mari sic appellantur qui in litoribus puris et saxosis circa petras natant: quamobrem & loci purioris ratione, & exercitationis cõtinuæ propter undarum circa saxa agitationem perpetuam, salubriores existimantur. at qui in ipsis saxis delitescunt, & parũ exercentur, non propriè dicuntur saxatiles, & succũ minùs salubrem gignunt. Fluuiatiliũ quidem Saxatiles appellemus licet, illos qui amnes aut riuos puros, lapidosos, & rapidos, ut ferè sunt in locis montanis aut propius montes, incolunt: ut Thymallum pręcipuè & Pyrũnta, id est, Truttam riualem. Impropriè autem illos, qui cum sub lapidibus delitescant, & non exerceantur, hypópetri potiùs quàm petręi Græcè uocari possunt: ut minuti quidam & sine squamis pisces, Mustelę minimę, & Cottus fl. qui etiam solus, quod sciam, fluuiatilium, nõ alimenti ratione, sed corporis forma, marinorũ illis quos λυροειδεῖς (id est, Lyriformes) appellauimus, conferri potest, ceu capite magno, osseo, aculeato: cauda exili, corpore tereti: Vranoscopo præcipuè: quanquam etiam similior ei marinus ille est, qui Blennus dicitur. Plani spinosi in dulcibus aquis nulli sunt, præter Passeres illos qui è mari subeunt, longissimè (puto) post Salmones et Clupeas. At cartilaginei plani nulli unquã (puto) in fluuijs uel nati uel subeuntes deprehenduntur, in eo genere quidem Rana piscatrix est, quæ similitudinis nonnihil cum Rana palustri nostra habet, præsertim uerò eius fœtu, quem Gyrinum uocant, caudato. Sed neque Cartilagineum piscem longum, unquã in aqua dulci captum audiuimus. Habent illi simile quippiam Mustelarum nostrarum generi: sed differunt cum aliter, tum quòd uiuipari omnes, & os (præter Squatinam) parte supina, non in promptu habent. Græcè communi uocabulo γαλεοὶ uel γαλεώδεις dicuntur, Latinè Mustelos & Musteligenas dixeris. Mustelæ uerò fœminino genere Latinis, & Græcis similiter γαλαῖ, siue ab illorum aliqua similitudine dictę sunt, ut ego coniecerim: siue, ut Aelianus, ab eo quòd similiter ut cadauerũ oculos exedant.

Rõdeletij diuisio. *Fluuiatilium cum marinis comparatio.* *Litorales.* *Pelagij.* *Saxatiles.* *Hypopetri.* *Petræi.* *Λυροειδεῖς.* *Plani spinosi* *Plani cartilaginei.* *Cartilaginei longi.* *Mustelæ.*

Verùm ille de marinis loquitur: quibus tum fluuiatiles, tum lacustres, adeò similes sunt, ut meritò nomen commune habeant. At Musteli marini cartilaginei sunt, Mustelæ autẽ dulcium aquarum spinosæ: quare piscibus simpliciter à nobis adnumeratę sunt. Antacæi igitur ex anadromis dicti, ut Sturio & cognati, item Lampreda, Silurus, cartilagineis longis in mari similiores sunt, tum cartilagine, tum oris situ. differunt tamen hi quoque, quòd ouipari sint, & pingue discretum habeãt, Antacæi præsertim. In mari etiã Conger cartilagineus est, huic tamẽ generi (quod σέλαχος nominãt Græci) non adscribitur, partu, oris situ, & pingui differens. Postremò, quanuis prægrandes quidam in fluuijs & lacubus pisces inueniantur, ex anadromis maximè, ut Antacęi, Siluri, Salmones: è fluuiatilibus uerò propriè dictis Lucius, Trutta, Cyprinus: quos κητώδεις ferè, id est, cetaceos appellare licebit: cete tamen propriè dicta in nostrarum regionum, & totius Europæ, ni fallor, fluuijs neutiquam sunt. nam in Nilum ascendit Delphinus: et Crocodilus in eodem flumine, ut et Hippopotamus, ueluti cete sunt: quanuis in siccum exeant, ut Phoca & Testudo è mari. Rana palustris, ridiculum quoddam ceti rudimentũ uideri queat, ut Simia Hominis: sed hæc cartilaginem pro ossibus habet, & fistula cetorum propria (si phocam & Testudinem demas) caret. quare propius ad cetorum naturam accesserit. Testudo aquatilis, quæ ossibus prædita est: differt tamen rursus quòd ouipara sit, quodque fistula caret: mediæ ferè inter serpentem & cetum naturæ: ut Castor inter Quadrupedes & cetum. Ergo cum eosdem Ordinis, quos in marinis instituimus, seruare

Antacæi &c. *Cete.*

a 3

Ordo I. hîc omnes non liceret: quoad tamen fieri potuit, illos sequutus sum. Itaque primum Ordinem piscibus fluuiatilibus attributum, in partes quinque secui: quarum prima pisciculos continet, tum squamosos, tum absque squamis. Secunda saxatiles, tum illos qui propriè (quanquam ueteribus nulli fluuiatilium saxatiles cognominentur) tum qui impropriè, ut suprà diximus, ita uocari possunt.

Tertia latos, ut Cyprinos ac similes: qui omnes squamosi sunt, Tinca excepta. Phoxinos latiusculos propter paruitatem ad primum Ordinem retulimus. Quarta, Pisces simpliciter, ut Leuciscorum genera, & similes aliosque teretes ferè & squamosos: dempto Mustelarum genere, quod lubricum & ferè sine squamis est. Vltimo huius partis loco Anguillam posui: quæ ut sui planè inter pisces generis est: ita cũ Mustelabus uidetur aliquid commune habere: & sola, quod sciã, piscium, ex amnibus in mare descendit, ut ij qui proximè describentur contrà è mari in flumina ascẽdunt. Quinta pisces anadromos, hoc est, illos qui è mari fluuios subeunt: ex quibus primũ feci Salmonem, quoniã non modò ascendit, ut sequentes: sed fœtus eius etiam descendit ex amnib. & breui tempore in mari adultus fluuios natales repetit: ut, sicut sequentes anadromi tantũ sunt, Anguilla quæ præcessit, catadromus: Salmo mixtæ uel ambiguæ sit naturæ, καὶ κατανάδρομός τις. Anadromos quidem ueteres, simpliciter etiã uocarunt fluuiatiles, ut Murænam fl. (id est, Lampredam) Dorion, alij Silurum & alios. Hoc animaduertendũ, in fluuijs quosdã & nasci & manere pisces, qui tamẽ eadem marinis nomina habent, nõ quòd è mari aduenerint, sed propter similitudinẽ aliquam, ut Percæ, Leucisci, Mustelæ: & Barbi uel Barbatuli, si ita etiã Mullos uocare libet. Ex anadromis longissimè ascendit Salmo. deinde Alausa, quæ Basileæ etiã in Rheno inuenitur. tertio Passeres, qui in Rheno Coloniæ capiuntur, & fortè etiam altiùs. quarto, ni fallor, Sturio & Antacæi cognati. Lupi minùs longè à mari discedunt. Postremò Congrorũ fœtus in Anglia, minùs etiam Lupis. Cæterùm ut è mari flumina quidam subeunt, & stagna marina: ita è riuis etiam in flumina intrant quidã, parui præsertim ac sine squamis pisciculi: & è lacu cũ parturit Trutta lacustris.

Ioãnes Kentmanus doctissimus Torgæ medicus, pisces in Albi flumine, his ordinib. distinxit.

1. E mari ascendentium alij proficiunt & pariunt in Albi, ut Silurus, & **Spirall** uulgò dictus, & Zerta uel Plicca.

2. Alij paulatim contabescentes moriuntur: ut Sturio, Salmo, Alausæ species **Zige** uel **Goldfisch** dicta, Passeris genus **Halbfisch**, Lãpreda maior & media cui à nouẽ oculis compositũ est nomẽ.

3. Sunt qui è riuis in Albim migrant, manent, & crescunt: ut Thymallus, Trutta, Mustela illa quã **Olruppen** appellant, Gobius capitatus seu Cottus, Lampreda minima: Smerla uulgò dicta, (è Mustelarum genere minima,) & eiusdem species saxatilis cognomine: Phoxinus læuis, Pœcilias.

4. Alij è stagnis & stagnantibus aquis in Albim tranant: ut Albi pisces (**Weyßfisch**) uulgo dicti, Rutili, Bramæ seu Cyprini lati, Gusteri uel Plestyæ, Tincæ, Characis uulgò dicti species duæ minores, Centrisci.

5. Alij in ipso Albi nascuntur, manẽt & ꝓficiunt: ut Lucius, Cyprinus, Charax (uulgò dictus) maior, Barbus, Capito Ausonij, & ei cognati (ut conijcio) quos Rappos & Iesos nominant: Capito fl. minor, uulgò **Hesling**: Perca, & Percæ similis ille quẽ nos Porcum Nili interpretamur: Anguilla. & ex minutis Erythrophthalmus, Phoxinus squamosus, Alburnus Ausonij: & qui uulgò dicũtur **Ockele/Schneppelfisch/Wetterfisch**.

6. Postremò est qui in Albi nascitur & manet, non tamen proficit, ut qui **Canitzle** uocatur, quem Geor. Agricola Salarem nanum interpretatur.

Ordo II. Ordo III. ¶ In Ordine secundo Pisces lacustres primum exposui: deinde etiam reliquas dulcium aquarum alumnas animantes: primo Crustata: ab eis Testacea, & Insecta: ultimò Amphibia, tum Quadrupeda uiuipara aut ouipara, tum quæ pedibus carent, ut Hydros. Zoophytum quidem propriè uocandum in dulcibus aquis nullum adhuc inuenimus.

ANIMALIVM IN DVLCIBVS AQVIS ORDINIS I. PARS I. DE PISCICVLIS FLVVIATILIBVS.

Phoxini læuis icon ex opere Rondeletij. *Alia à Bellonio exhibita, maiuscula quàm par sit.*

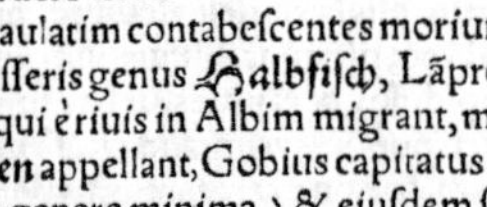

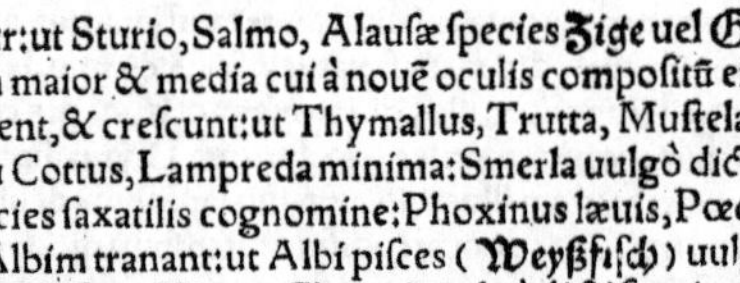

Alia, quam amicus è Sueuia misit.

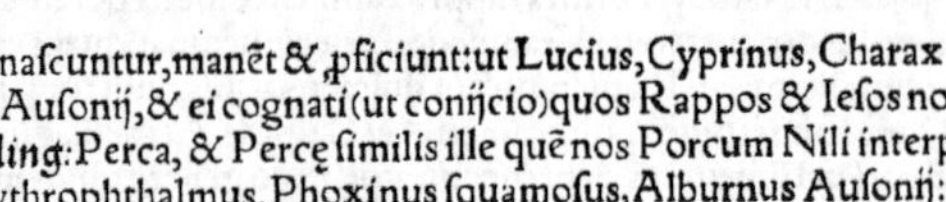

PHOXI-

PHOXINUS læuis hic cognominetur, ad squamosorum differentiam. φόξινος dictus fortè à capite acuminato, quod Græci φοξὸν appellant. Phoxinus piscis statim natus (propè dixerim) oua habet. parit aũt in stagnis (ἐν ταῖς προλιμνάσι) fluuiorum, Aristoteles: argumentum hoc faciens, etiã sine coitu oua consistere fœcunda. nec aliud de eo proditũ reperimus, nisi quod semel año pariat. Non rectè quidã scribũt, Aristotelẽ Phoxinos omnes fœminas facere. Quòd si Phoxini, pisciculi minimi sunt, ut uidentur: nil mirum, si propter paruitatẽ mediocres etiam ex eis nuper nati uideantur. Verisimile est aũt tantillos pisciculos, sicut & Mures inter quadrupedes, breui tẽpore perfici & generare posse. ¶ Pisciculus quẽ hîc exhibemus, ex Phoxinorũ genere uidetur esse. quantumuis enim paruus capiatur, ouis plenus reperitur. cute læui integitur punctis notata, &c. Rond. ¶ Phoxinorũ, quos Rond. & Bellon. sic uocant, alij læues sunt, ut species ea quã hîc ꝓponimus: alij squamosi, ut species duæ mox sequentes, ex quib. minoris nomina cũ lęui cõfundi uideo, non solũ apud nostros Germanos, sed alijs etiã in linguis. Pinnas quidẽ numero situq́ similiter habent: utriq́ amariusculi, & minimi etiam ouis plerunq́ pleni sunt.

GRAECI quidam ab oculorũ rubore ἐρυθρόφθαλμον uocant, Rondel. apparet aũt eum de Græcorum lingua hodie uulgari sentire. Oculi quidẽ etiam alijs quibusdam pisciculis rubẽt: ut Alburno Ausonij, quem potius erythrophthalmon dixerim. Phoxino læui an rubeant, considerandum est diligentius. apud nos hîc rarus est, & hæc dum conderem, nullus erat.

ITAL. Florentia à maculosa cute Pardellum nominat, Bellon. quia nimirũ ut Pardalis uarius est. Itali Pardillã, Rond. Insubres Sanguinerol, à rubore. Mediolanẽses Esbreuon. Romani Morellã (uel Morellum, Morelle) à nigrore: albus quidẽ esset, nisi punctis nigris & tenuissimis lituris suggillaretur. Sed pisciculorũ minutorum (inquit Bellon.) Romæ nullum habent discrimen, omnesq́ promiscuè Morellos nominant. Aliqui Freguereul & Freguen uocant hunc Phoxinũ, eò fortassis quòd semper ouis pręgnans sit, Bellon. uel quòd frigi pisciculi isti oleo butyróue soleant. Hetrusci Ionctium, (ut scribit Bellonius in Gobio fl.) nimirum quòd inter iuncos & harundines uersetur.

GALLI Veron uocãt, quasi uarium. At is quem Itali quidam Varon aut Vairon uocant Gobius fl. Ausonij est. GERM. Pfrill, uel ut Bauari Lechpfrill, Augustæ: ubi minimos huius generis Weyßle, i. orphanos nuncupant. Pfell/Pfäl Sueui. Milling uel Mulling, circa Argẽtinã. Alibi Wettling. item Orlen uel Erling/ab alnis forté. Apud nostros Harlüchle, (quod nomen fortè factum fuerit à Gallico Locha, quod est Fundulus, cui similis est: uel à Saxonico Elritz, literis transpositis & forma diminutiua facta: uel ab Erling, aspiratione pręposita, &c.) uel Bachbambele: & Bützle, fortè quasi Bintzle à iuncis: uel diminuto nomine quo circa Acroniũ lacum utuntur, Butt/Bott/Baut/Bintzbaut. Saxones & Miseni uocãt Elderitz/Elritz/Eldritz. Hunc aiunt alibi Pfell uocari, è riuis in flumina maiora intrare, & singulis mensib. parere. Phoxini quidẽ Aristoteli semel anno pariũt. In Kinzetala regione Hägener appellatur, & minimi huius generis Brechling. A Rhetis circa Velcuriam Bambele: quod nomen nostri squamoso tantùm attribuunt.

ANGLI A Menoy/uel Menow: quòd minutus, imò pisciũ minimus sit. Videtur is quidẽ Bellonio Phoxinus. cui equidem (inquit Turnerus in epistola ad me) consentirẽ, si in προλιμνάσι fluuiorum & lacuũ circa arundineta pareret, ueluti Percæ: hoc enim Aristoteles de Phoxino scribit. nunc cũ semper in saxosis uadis aut sabulosis, ubi rapidiores sunt aquę decursus, pariat, ipsi hac in re subscribere non audeo.

PHOXINUS squamosus minor, Rondeletij. Phoxini (inquit) nota ab Aristotele posita, quòd minimi etiam (& recens nati) ouis grauidi reperiantur, cum multis alijs communis est: quos quantumuis paruos capias, semper ouis plenos reperias: sed ei uni ex omnibus maximè conuenire uidetur, quem sæpe in Picardia uidi obseruauiq́. illic uocatur Rosiere. dimidiati pedis longitudinem nunquam superat. Corpore est lato & compresso: oculis magnis pro corporis ratione. Bramis minimis corporis specie simillimus est: colore luteo. Quamlibet parui capiantur, semper ouis grauidi sunt, adeò ut periti piscatores cũ ouis nasci affirment. Hæc Rondeletius. Idẽ planè, aut cognatus est piscis Bellonij Bubulca, (fictum ab eo nomẽ è Gallico Bouuiera: nam Bouuier bubulcum significat: nimirum per contemptum,) nisi colore forsan differat. Videtur etiam Alburnus Ausonij ei cognatus.

ITALI quidam, ut audio, eodem quo Gobium fl. nomine appellant, Varon. Verbani lacus accolæ circa Lucarnum, Stornazzo uel Sterniculo.

GALL. In Picardia Rosiere, ut dictum est. Et, si eadem est Bellonij Bubulca, alijs apud Gallos nominibus Bouuiera, id est, Bubulca: & Peteuse, etymologia à bombis obscœnis tracta.

a 4

GERM. A nostris Bambele seu Pambele uocatur: (ut læuis Bachbambele:) Rheti circa Velcuriam id nomen etiam læui attribuunt. Argentinæ Riemling.

PHOXINVS squamosus maior Rondeletij. Superiori (inquit) non multùm abſimilis eſt piſcis, qui Gallicè Roſe uocatur à rubore caudę, reliquo corpore cœruleo eſt, paulò maior, minùs lato corpore, ouis ſemper plenus eſt, etiam minimus. Sic ille. Mihi certe incognitus hic piſcis eſt: niſi fortè ſit ille, quem idē Rondeletius inter lacuſtres Lemano lacui proprios, ut ipſe putabat, Vangeron appellauit, huic enim cauda & uentris pinnæ rubent: & in Normannia (ut accepi) Roſſe uocatur. Non tamen in lacubus tantùm capitur, ſed etiam fluuijs, præſertim tardioribus. in quibus fortè non eandem magnitudinem quam in lacubus attingit: & fieri poteſt ut Rondeletius minùs adultum uiderit. Quòd ſi piſcis idem eſt, ut ſuſpicor, figura eius non ſatis probè expreſſa à Rondeletio fuerit. Vide in Rutilo, mox Partis tertiæ antepenultimo piſce.

GALL. Roſe uel Roſſe, ut prædictum eſt.

GERM. Es beduncket mich ein Rottine seyn/aber nit wol gemaalet vom Rondeletio/rc. Ein andere vnd bessere contrafactur findest du vnden.

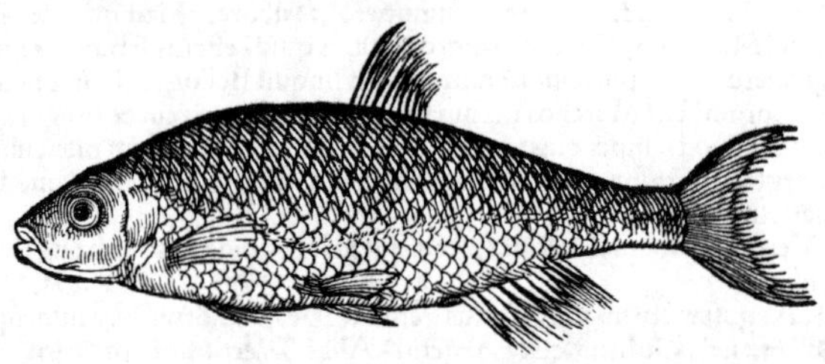

EPELANVS Sequanæ uel Fluuiatilis Bellonij, toto genere à marino (uel potiùs anadromo: Vide infrà Parte V.) differt. nomen uerò idem ſortitus eſt, ſiue quòd odore cum eo conueniat: ſiue quòd ut ille inter cæteros piſces excellat. Piſciculus (inquit Bellonius) eſt odoratus, de bonitate & principatu cum alijs omnibus contendens: Alburno ſimillimus, atque hoc tantùm ab eo diſsidens, quòd ruffas radices pinnarum Gardonis & Veronis modo habet: ac lineam, quæ latera eius ſecat uerſus caudam admodum inflexam & uelut arcuatam, quinq; digitorum longitudinem pollicis latitudinem interdum exuperat, marino craſsior eſt ac breuior. Hæc ille. Videtur autem PHOXINVS uel Phoxinis (& Bubulcæ Bellonij) cognatus piſciculus. ¶ Alius eſt Epelanus mar. uel anadromus, de quo infrà. ¶ Variata piſcis marinus ſaxatilis, quem ſuprà Ordine I. Marinorum exhibuimus, pag. 6. idem Epelano fl. Bellonij, aut planè cognatus uideri poteſt.

ITAL. Ferrarienſes Borbolum uocant.

GALL. Epelan Lutetiæ. Rothomagenſes Ouellam eo argumento nominant, quòd ſemper ouis prægnans ſit, Bellonius.

GERM. Ein geschlecht der Bambelen oder Riemlingen.

ACVLEATVS piſciculus, ut Rondeletius nominat. Pungitius Alberto Magno: & alijs quibuſdam obſcuris Spinachia, Turonilla. Centriſcus Theophraſti. Aculeati piſciculi genera ſunt duo: Maius, quod tribus tantùm aculeis in dorſo munitur, tribus in uentre, coniunctis: Alterum minus, ſenos aculeos rigidos in dorſo habet, &c. Rondeletius. Vilisſimi ſunt. E ſtagnatibus aquis in amnes ueniunt, in quibus manent & proficiunt.

ITAL. Stratzarigla.

GALLICE Epinoche uel Epinarde, ab aculeis quales cernuntur in ſemine eius generis bliti quod uulgò Spinaceum uocant.

GERMANICE Stichling/Stachelfisch/Stechbüttel/Thornfisch. Adamus Lonicerus ſcribit etiam Ohrlizen alicubi uocari.

ANGLICE. Scharplyng/Schaftlyng/Sticling/Sticlebak/Banstikle.

ALBVR-

ALBVRNVS Ausonij.

ITAL. Arbolino, uel Arborino: alibi Scauardino, Agulla (at Placentini Leuciscum fl. primum Agullam uocant) Pesquerel: alibi Stregia: cum tamen Stregia alibi sit idem quod Leuciscus, (fl. secundus.) inquit Bellonius.

GALLICE Able, Ablette.

GERMANICE Albe uel Albele, ab accolis Rheni: (nam nostri alium piscem in lacubus sic uocant.) Alffe/ Able/ Zwibelfischle/ Weißfischlin: Blieck/ Bliegge/ Schneiderfischle. Circa Acronium lacum ab oculis rubicundis nominatur Roteügle: quod nomen alij diuerso pisci tribuunt. Cognatus est Alburno Ausonij Oberköttichen dictus in Albi pisciculus, coloribus tantùm differt: quanquam & ipsi, oculi rubescunt.

ANGLICE Bleis uel Bleke.

Gobius fl. à Rondeletio exhibitus.

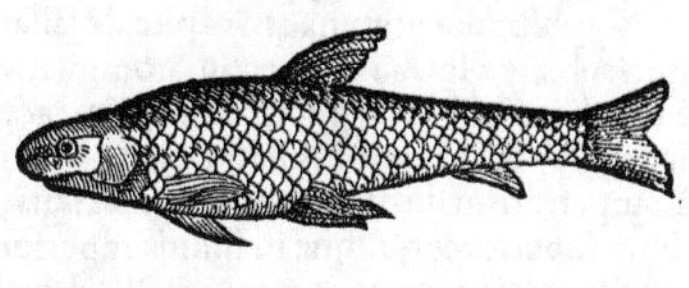

GOBIO Fluuiatilis Ausonij, figura marino similis, non æquè tamen in cibo laudandus. Græci Latiniq; ueteres marini duntaxat meminerunt, Rondeletius. In fluuijs etiã Cobiones pinguescere Aristoteles testatur, & Dorion quoque fluuiatilium meminit: uidentur autem marinos qui fluminum ostia subeant, intellexisse. non puto tamen altiùs flumina subire Gobiones marinos, sed parum supra ostia. De Gobijs in genere quædam diximus in Gobionibus marinis.

Eiusdem icon alia meliùs expressa, sed maior iusto.

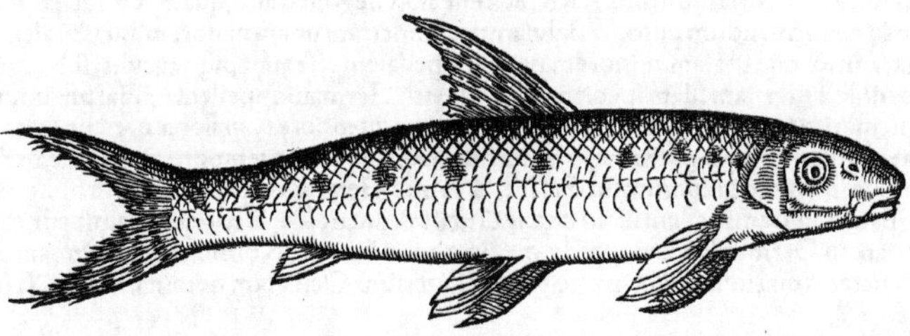

ITAL. Mediolani Vairon dicitur, (*alius est Veron Gallorum, nempe Phoxinus Aristotelis, ut conijcimus:*) uel Varon, à uarietate nimirum. utrinque enim latera eius maculis rotundis nigris pinguntur. ¶ Romani pisciculorum minutorum nullum habent discrimen, omnesq; mixtim conchulis exceptos diuendunt, & Morellos nominant, Bellonius. Saluianus hunc piscem Italię fluminibus ferè insolitum esse scribit, & innominatum.

GALLICE. Gouion, Lugduni Goifon.

GERM. Greßling/ Kreßling/ Greß/ Kressen/ Bachkressen/ Gob/ Cob/ Göbe/ Gufe/ (Guuin uel Guukin circa Coloniam,) Leüteßer, id est, Anthropophagus, quòd cadaueribus uescatur. Argentinæ Gobiones paruos Sandkressen appellant. Grundele uel Grundlin, propriè est Cobitis barbatula Rondeletij, aliqui etiam Gobionem fl. sic uocant. Kreßling aliqui etiam Thymallos paruos imperitè nuncupant: ut Laugelam nostram, Gallorum Vendosiam, (Leucisci fl. speciem,) Gräßig piscatores Acronij lacus circa Lindauiam.

ANGLICE. Goion/ Gougeon/ Gogion/ Gudgione.

LAMPREDA (uulgò dicta) minima. Sunt enim alia duo genera maiora: quæ quoniam è mari subire flumina cõstat, Ordine quinto inter Anadromos pisces de eis agemus. De hac quidem an è mari ueniat, dubitari potest, ut mox pluribus dicetur: quoniam tamen pleriq; in fluuijs & gigni & manere eam putant, hoc in loco eius mentionem facere uoluimus. ¶ Nomina ei eadẽ quæ cæteris duobus generibus, (de quibus Ordine v. leges,) attribui licebit, expressa minimæ differentia. ¶ Typhle Athenæo, τύφλη: Typhlinus Hesychio, τυφλῖνος, inter Nili pisces nominantur, nimirũ à similitudine aliqua serpẽtis qui Græcè Typhlines uel Typhlops, Latinè Cæcilia dicitur, & quoniã species hæc Lamprede serpẽti cæco à nostris appellato (quãuis an idẽ ueterũ sit Cęcilia, *Typhle.*

Icon à Rondeletio exhibita.

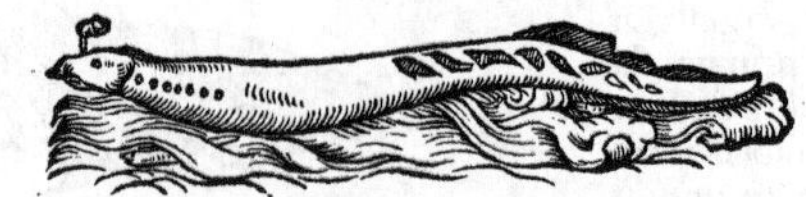

Alia à nostro pictore effícta.

Itali Orbisolam uel Orbolum uocant, nescio,) non est dissimilis, Typhlen aut Typhlinen appellari eundem quid uetat? quod si in Nilo pisciculum hunc reperiri mihi constaret, planè hoc nomine appellandum contenderem. Hoc si admittant eruditi, medias quoque et maiores Lampredas, Typhlas aut Typhlinos Typhlinásue, expressa magnitudinis differentia, nominabimus. Xenocrates Typhlinidia nominat, in capite de salsamentis fluuiatilium & lacustrium. unde & paruos esse pisciculos (ex forma diminutiui nominis,) et fluuiatiles lacustrésue, et sale condiri solitos, apparet. Scio aliquos Typhlē piscem marinum facere illum quem Rondeletius Acum Aristotelis uocat: sed nullus hoc nomine inter marinos à ueteribus memoratur. ¶ Rondeletius (sicut & Bellonius) Lampetrarum duo tantùm genera faciens, hanc paruam & fluuiatilem cognominat. quanquam enim superiores quoque in fluuijs reperiuntur, è mari tamen ascendunt. minima hæc in fluuijs & riuulis nasci uidetur: utpòte quæ illic capiatur (inquit Rondeletius) quo nullus marinis aditus patere potest: cum neq; illi in mare confluant, neq; mare cum ijs ulla parte sit coniunctum. tales in Aruerniæ riuis inueniuntur. Sic ille. Sed fortè riui omnes fluminibus miscentur, flumina demum mari. & Salmones non ideo è mari subire negamus, quoniam in montium etiam riuis inueniantur. Fluuiatiles quidem tantùm hos pisciculos esse non nego: sed alio, quàm Rondeletius fecit, argumento id confirmandum puto. Saluianus Lampetram unam maiorem, bicubitalem semper inueniri tradit, & maculosam. minorem uerò uix pedalem esse ait, absq; maculis, subcineraceam: (ab utraq; differre tertiam illam speciem, quam Prick Germani appellent:) Harum utranq; reperiri tum in mari, tum in fluminibus. minores nanq; frequentiores, maiores uerò rariores (inquit) ineunte uêre flumina mari proxima subeunt: in illisq; toto uerno tempore cōmoratæ, in mare deinceps æstate incipiente reuertuntur. Sic ille. ¶ Apud Germanos literati quidam hunc piscē, aut fortè cognatum ei Lampredam illam quam Prick uocant nostri, Oculatam nominant, ea ratione scilicet quam in Germanicis Lampredæ mediæ nominibus exposui. nos homonymiam uitamus: quoniam ueteres marinum piscem toto genere diuersum, Oculatam nominarunt. ¶ E riuis amnes subit.

Oculata.

HISP. Lusitani uocant Engie, ut audio.

GALL. Lamproyon, Lamprillon. Tholosæ Chatillon.

GERM. Ein Neünaug / id est, Enneophthalmus. Lege infrà in Lampreda media inter anadromos. Miseni & alij quidam Steinbeyß nominát, uocabulo nobis de alio pisce (quem mox parte II. describemus) usitato. ¶ Audio alterū quoq; genus huius pisciīj reperiri, cui à cœno nomē nostri piscatores fecēre, Mürneüneugen: nigriores esse aiunt, nec admitti mensis: sed infigi hamis ad inescandos Thymallos, Anguillas, &c.

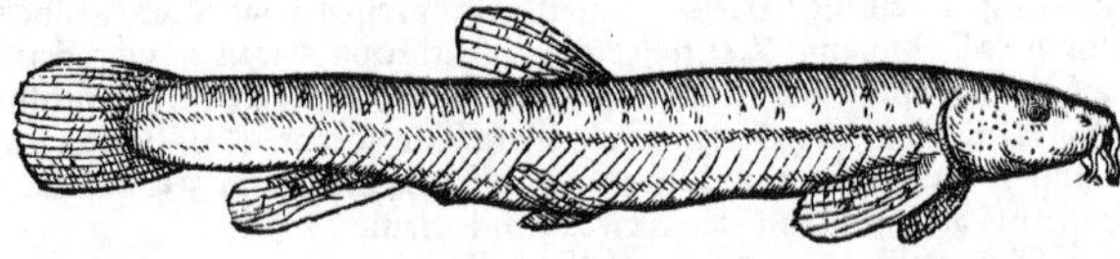

POECILIAS piscis, ποικιλίας: eruditi quidam hodie Mustelam fossilem aut uariam nominant. In Aroanio Arcadiæ fluuio (*In Aorno per Pheneum fluente, Athenæus*) pisces sunt tum alij, tum qui à uarietate Pœciliæ appellantur. hos uocem emittere tradunt Turdi uolucris similem. Captos equidem uidi: sonum autem nullius audiui, quanquam in ripa usque ad Solis occasum permanserim, quo potissimum temporis uocem ædere dicebantur, Pausanias. Plinius Exocœtum cum Pœcilia confundit. ¶ Pisces fossiles (inquit Georg. Agricola) duorum generum inueniuntur, sed intra terrā, nonnihil teretes ut Anguillæ: sed pelle carēt tenaci, squamis etiam, ut & Gobij, duráq;, nec admodum iucundam gustui habent carnem. Maiores crassi sunt ferè duos digitos: minores, digitum. illi longi, circiter palmos quatuor: hi, tres. Sonum edunt acutum. Eos pharmacopolæ in uitrum

uitrum inclusos de trabe suspendunt, ut spectaculum hominibus præbeant, longoq; tempore alūt pane & alijs quibusdam. Ex fluminibus autem quæ currunt in locis paludinosis egressi per riparum uenas longiùs penetrant in terram, & interdum in proximi oppidi cellas usque subterraneas, Hæc ille. Pisces fossiles (ut Georgius Fabricius ad nos scripsit) qui à nostratibus Peißker nominātur, sunt longitudine palmi (maioris,) crassitudine digiti: quanquam maiores etiam multò reperiuntur. Dorsum coloris cinerei cum punctis multis, maculisq; transuersis, partim nigris, partim cœruleis, (*hinc Pœciliæ nimirum, hoc est, Varij dicti sunt.*) In lateribus linea utrinque nigra & alba. Venter flauus cum maculis albis, & punctis rubris ac nigris, ita paruis, ac si acu factæ essent. Ab ore carneæ particulæ eminent, quas nando extendunt, extra aquam contrahunt. In Misena trans Albim duobus locis, quod scio, fodiuntur: ad Pelnitium amnem prope Ortrantum, & ad Dobram riuum prope Hanam oppidum. Item in pratis ad Rederam fluuium copiosè effodiuntur, si flumen inundet. Ex terræ cauernis ingrediuntur etiā lacus & paludes. Cùm aquæ extra ripas excrescunt, è terra prodeunt. Aquis autem residentibus, in pratis campisue relinquūtur: & ubi greges sunt, relicti uorantur à suibus. Sordes amant: & in cloacas, quæ alia purgari ratione nequeunt, iniecti, omnia consumunt. Cum in riuis paludibusue capiuntur recētes, solent à tenuioribus, etiam mensis adhiberi. Seruiunt imprimis fraudi agyrtarum, qui eos alunt, & uitris inclusos multitudini ostentant pro serpentibus: quia à paruo serpente non multū figura differunt. Sunt qui eos spirare putant. ubi enim plures huius generis pisces simul sunt, spuma supra eos effertur. Vitro inclusi ore angusto, crescunt, & suo quodam succo uiuunt usque ad semestre. Hæc ille. Troglodytam fortè hunc piscem aliquis non ineptè dixerit, quòd terram & caua subeat ac penetret. E riuis fluuios intrare solet.

GERMANICVM nomen Peißker uel Beißker, quanquam ad Græcum Pœcilias uidetur accedere, per onomatopœiam potiùs factum uidetur: nam & Poloni similiter ferè appellant. Aliqui uocāt Meerputten/ (nos Meertreüschen diceremus,) qui sunt crassiores, sed meliùs Erdtputten uel Erdtrüschen dicerentur. aliqui Meergrundel, à corporis specie, maculis & barbulis, quibus fundulum nostrum (id est, Gobij fluuiatilis speciem) refert. sonum acutū ædit. Alij Meerkutt, id est, Mustelam marinam: quanquam (Argentinæ) etiam alius quidam piscis Kutt, à Germanis dicitur. Hunc maculis aureis distingui aiunt. sonum ab eo cum tangitur, uel premitur, ceu felis ædi. In cibis à paucis admittitur. Diu seruatur in uitreo uase, si aqua mutetur tertio quoq; die.

Aliqui Pfülfisch appellant. Pful quidem Misenis & alijs quibusdam palus est, uel palustris lacus. ¶ Pœcilias minor dici poterit, quem Germani Steinbyß uel Steinschmerling appellant, &c. ¶ Idem aut simillimus fuerit qui ab Anglis Sprall oyle nominatur, à Flandris Pymper ele/ ab aliquibus Pype oyle. è Flandria quidem in Angliam importari audio. Cognatus fortè etiā qui à Misenis Spirabl uocatur. Piballa nomē quo Galli Oceani accolę utuntur, à Germanico Pymper ele corruptum uidetur: sic autem uocitant uel Anguillarum uel Lampetrarum fœtus.

POLONICE Koza: uel Pescur, Piskors per onomatopœiam. Abijcit eum uulgus in latrinas ne obstruātur: nam piscis hic omnia permeare conatur. Si uiuus in Capræ os immitatur, quod uulgò ludentes facere solent, uiuum aluo reddi aiunt.

VNGARICE Zick per onomatopœiam.

Percæ fl. minoris icon Argentinæ expressa.

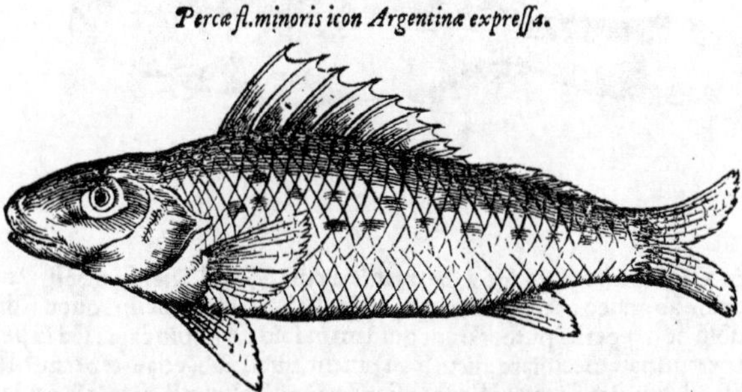

PORCVS Nili, χοῖρος, Straboni lib. 17. Crocodili (inquit) abstinent à Porcis, qui cum rotundi (Sρογγύλοι) sint, & spinas ad caput (ἀπὸ τῇ κεφαλῇ) habeant, periculum beluis afferunt. Rondeletius quidem Capriscum suum, Porcum Strabonis facit, uerùm is marinus est piscis. quamobrem fluuiatilem illum, quem Germani pleriq; Percam rotundam (teretem meliùs) nomināt, Porcum fl. Strabonis esse coniecerim. quem et Percam fl. minorem appellare licet. nam & circa caput ac brāchias spinosus est: abstinentq; eo Lucij propter spinas: & Frisij Porcea cum nuncupant: unde aliqui Latini Porcellionis nomen fecerunt. Saluianus Caprum & Capriscum unius piscis nomina facit, (Rondeletius distinguit,) nec aliū Porcum Nili esse arbitratur, lege suprà Ordine IIII.

Alia eiusdem accuratior, quam Io. Caius ex Anglia misit.

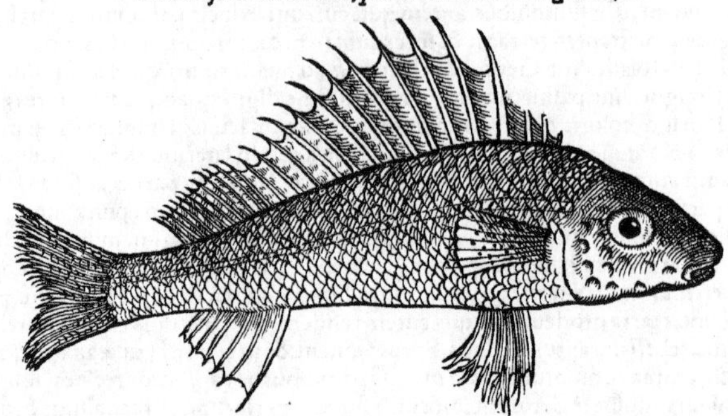

pag.57.&58. ¶Non probo quòd Bellonius Cernuam fl. hunc piscem appellauit. Gaza ex Aristotele Orphum piscem marinum interpretatur Cernuam, Siculos nimirum secutus, qui eundem Cernham nominant, ut monet Gillius. Cernuæ etiam Ausoniũ inter fluuiatiles meminisse qui dã scribunt: ego apud Ausonium non inueni. Habet hic piscis (inquit Bellonius) similitudinem aliquam cum Perca mar. & partim etiam cum Channa: quorum utrunque piscatores aliqui Italiæ Cernam uel Cernuam uocant, ut alij Exocœtum quoque & Percam fl. quod animaduertit Bellonius. Idem Plinij medici Acerinam, recentiorum Cernuam esse putat: ego corruptum pro Atherina uocabulum dixerim. ¶Ioannes Caius medicus Anglus, Aspredinem hunc piscem ab asperitate commodè appellauit. Falluntur qui Melanurum putant. marinus enim is est.

ITALIS & GALLIS ignotum puto.

GERMANI uariè appellant: Kutt/ Kaut/ Kaulbarß/ (id est, Perca rotunda:) Kaulpersich/ Kulbersing: Goldfisch: (Sed alius etiã piscis, è mari flumina subiens, Sturionis comes, quẽ Miseni Zige, id est, Hircum uocant, nõnullis Goldfisch nominatur.) Circa Coloniam Pösch. Frisij Porces.

ANGLI Ruffe, ab asperitate.

POLONI Iesch, uel Iazdz.

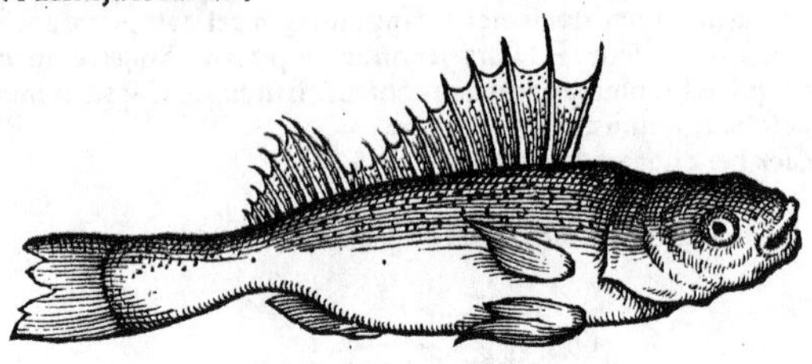

PISCIS in Danubio hodie uulgò à Germanis dictus Schröll uel Schrölln / uel Schrellele/ cuius iconem ab amico accepi, idem aut persimilis superiori uidetur. quod si differt, superiorem in Danubio non reperiri puto. Aiunt quidem in solo Danubio capi: sed sæpe fit ut homines non longiùs peregrinati, peculiare alicui loco putent, quod alibi etiam reperitur. Raró (ut indicauit à quo missa est) longior fit quàm figura ostendit, similis Percæ fl. pinnis & aculeis dorsi. Quoquo modo paratus, in cibo optimus est. Color in icone nostra, dorso fuscus est: lateribus subuiridis, plurimis punctis fuscis interuenientibus: quales etiam in pinna dorsi (cuius aculei albicant) conspiciuntur. Venter candidus est. Initium pinnarum ad branchias rubet, &c.

GERM. Schröll/&c. ut iam dictum est.

LEVCISCI seu Mugilis fl. species prima, Rondeletio. A quodam recentiore non rectè Sargus uel Sargon & Cephalus appellatur: Gardus nonnullis, Gallici nominis imitatione.

ITALICE Lascha uel Lasca. Placentinis Agulla, quanuis alibi Alburnum sic nominent.

Mediolani

Mediolani Oladiga, alibi Ocradiga, Oradiga, Orada ab aureo capitis fulgore. Circa Verbanum Italiæ lacū Trull uel Troy. Paruus in hoc genere Romæ à piſcatoribus Reuiſſano dicitur.

GALLICE Gardon. circa Monſpelium fortaſsis Siege. nonnihil enim diuerſus eſſe uidetur, Rondeletius. In lacu Lemano Trouette, ni fallor.

GERMANICE **Schwal/ Furn/** (quanquam nōnulli Capitonem fl. **Furn** appellant:) **Rettel/ Rotaug/ Roteügle/** (quod nomen etiam Alburno Auſonij tribuitur:) Ad Acronium lacum circa Lindauiam, hunc piſcem **Fornfiſch** uocant primo anno, deinde **ein Gnitt/** tertio **ein Furn.** Sunt qui **Blieck** uel **Roteüglin** nuncupent ab initio, (neq; diſtinguāt ab Alburno Auſonij: quē ſui generis piſcem ab hoc ſemp diuerſum, ut ego ſentio, noſtri **Blieck**, alij **Roteügel** uocant:) poſt annū **Fürnling**, demū **Furn** uel **Schwal.**

Figura hæc maiuſcula eſt quàm par ſit.

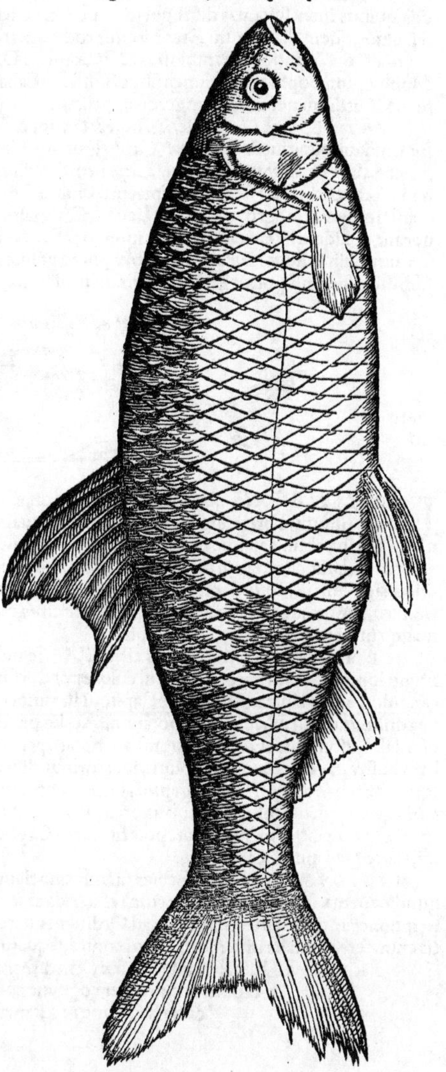

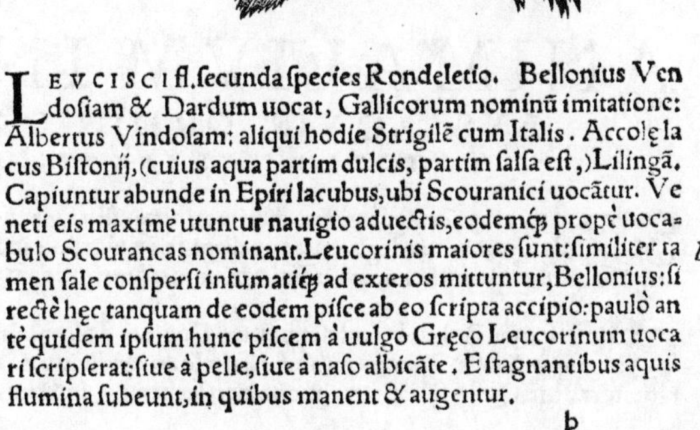

LEVCISCI fl. ſecunda ſpecies Rondeletio. Bellonius Vendoſiam & Dardum uocat, Gallicorum nominū imitatione: Albertus Vindoſam: aliqui hodie Strigilē cum Italis. Accolę lacus Biſtonij, (cuius aqua partim dulcis, partim ſalſa eſt,) Lilingā. Capiuntur abunde in Epiri lacubus, ubi Scouranici uocātur. Veneti eis maximè utuntur nauigio aduectis, eodemq; propè uocabulo Scourancas nominant. Leucorinis maiores ſunt: ſimiliter tamen ſale conſperſi infumatiq; ad exteros mittuntur, Bellonius: ſi rectè hęc tanquam de eodem piſce ab eo ſcripta accipio: paulò antè quidem ipſum hunc piſcem à uulgo Gręco Leucorinum uocari ſcripſerat: ſiue à pelle, ſiue à naſo albicāte. E ſtagnantibus aquis flumina ſubeunt, in quibus manent & augentur. *Leucorini.*

b

ITALICE, Streia apud Insubres: alibi Strigio, Strilato, uel Stria dicitur: fortè à strijs illis rectis, quibus inter squamas distingui uidetur. Ferrarienses quidem Stregiam uocant etiam illũ pisciculum, quem Alburnum Ausonij esse eruditis placet.

GALL. Vandoise: Santonibus & Pictonibus Dard, quòd sagittæ modo sese uibret. Circa Monspelium Sophio, Lugdunensibus Suiffe. Sabaudis circa Neocomum Vengeron: at in Lemano Rutilium nostrum Vengeron appellant.

GERM. Lauck/Laugele/Winger/Onhopt. Acronij lacus accolę nominibus uariãt: Gräsig Lindauiæ uocant: Vberlingæ Laugele ut nos: Constantiæ dũ parui sunt, Zienfische uel Gräsing: adultiores, Agonẽ, Agunen/Lagenen. Sed alius est Agonus in lacubus Italiæ: & Gräsing nomen cauendum est ne quis accipiat pro Gobio fl. illo, quem multi Greßling appellant. In Dunensi Bernensium agro, genus hoc Leucisci Blawling dicitur: nostri Bezolam Sabaudorum sic uocant. Iidem hi Leucisci, cum minimi, densis agminibus natãt, Seelen, id est, animæ à nostris uocantur. alij similiter Bezolas lacustres pisces adhuc pusillos, Misenis, ni fallor, priuatim Weyßfisch dicuntur: nisi potiùs Ockeln ab eis dicti, hi sint.

Icon hæc ad Riselam nostram facta est.

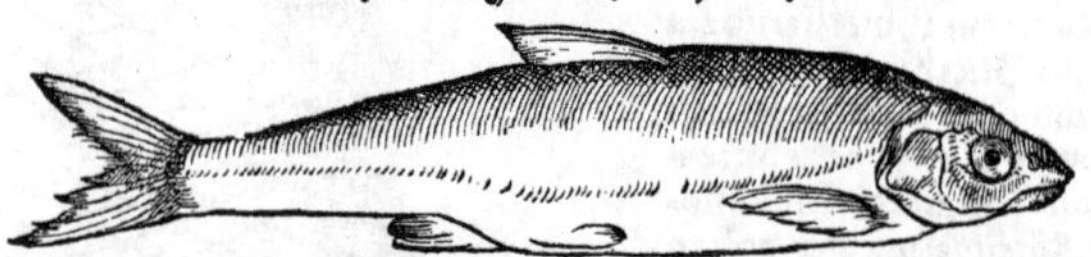

LEVCISCI fl. species quædam esse uidetur, quæ Italico nomine Sueta nominatur à Bellonio. Sueta (inquit) Ferrariensis Leucisco quàm Squalo similior, semipedalis est: rostro uel ore Lauareti, sed subobtuso, neque ut Squalo in gyrum grandi: capite acuminato, cauda & branchijs ut Leuciscus. Branchias enim habet paruas, tenuibus fibris constantes: sub quibus mox in ingressu œsophagi, seni utrinque dentes comperiuntur. Squamis est paulò latioribus quàm Leuciscus. Peritonæum interna parte ei nigerrimũ est ut in Salpis. cor spongiosum, &c. Adamat flumina quæ magno impetu ex montibus deuoluuntur.

GERM. Idem, ut conijcio piscis est, qui Risele/uel Ryserle/ uel Ryßling à nostris uocatur. Digiti longitudinem parum excedit, colore per dorsum è cœruleo uirescẽte, per latera & uẽtrem candido. Pinnis albicat, similis ferè Capitoni fl. minori, quem Haselam nostri uocant, latera eius linea distinguuntur. Hæc olim annotâram. Audio præterea squamosum esse, non dissimilem Gobioni fl. Ausonij, lituris etiam quibusdam notari: peritonæum ei nigricare. In Silo torrente ad urbem nostram, circa lapides capitur, locis profundioribus circa cataractas manu factas, sed raro: (quamobrem hoc tempore diligentiùs intueri non licuit.) uermiculis uesci. è torrente aliquando Limagum nostrum subire. inter lautiores pisciculos haberi.

LEVCISCVS maior uocari poterit, quem Capitonem fluuiatilem minorem uocabimus infrà, Parte IIII. huius Ordinis.

MVGILVM fluuiatilium species duas Rondeletius describit: quarum altera cum palmi longitudinem uix superet, ad hunc locum referenda erat: sed quoniam utriusque icones simul & descriptiones Rondeletius coniunxit, ad Ordinem quartum differemus: ut minor potiùs maiorem (is enim ferè cubitalis inuenitur) quàm contrà, sequatur.

TRVTTAE Riuales uulgò dictæ, Bachförinen. quanquam pisciculis adnumerari poterant, propter cognationem tamen, cum Truttis cæteris Ordine IIII. memorabuntur.

ANIMALIVM IN DVLCIBVS AQVIS ORDINIS I. PARS II.

DE PISCIBVS SAXATILIBVS.

SAXATILES pisces à ueteribus dicti marini tantùm sunt: nos fluuiatilium etiam illos qui in saxosis fluuijs aut riuis degunt, sic appellamus, ut pluribus indicaui superiùs ubi de Fluuiatilium differentijs (ab initio huius Ordinis) in uniuersum quædam protuli.

COTTVS seu Boitus Rondeletij: quem Gobium fl. alterũ ab Ausonij Gobio diuersum, Bellonius appellat. ¶ Piscem qui ab Aristotele βόττος dicitur, Gaza Cottum cõuertit, nescio qua ratione motus. Quòd si Latinum hoc nomen seruemus, interim meminerimus diuersum esse piscem

Eicon hæc Cotti nostri est, diuersa nonnihil ab illa quam Rondeletius exhibuit, pinna dorsi singulari, & cauda penicilli instar lõgiuscula, &c. ut genus aliud Cotti circa Monspelium haberi suspicer. Lacustres quidem hi pisces apud nos, à fluuiatilibus specie differunt.

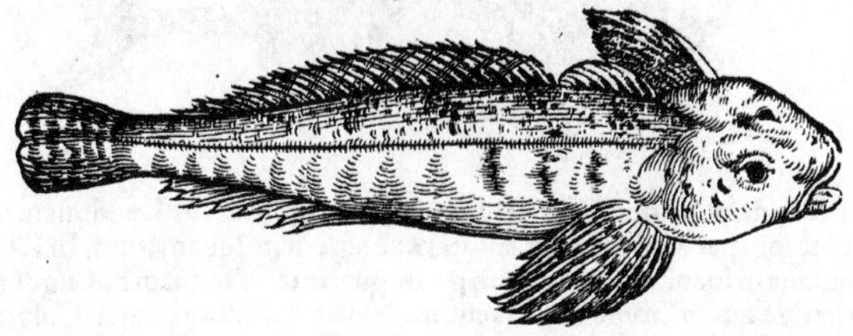

scem ab eo qui à Numenio ex Atheneo κῶθος dicitur. sic enim ille Gobionem appellabat, Rond.
Pisciculus est fl. Ranę piscatrici similis, si parua magnis cõferre licet, corporis figura et colore, etc.
Idem. Apud Aristot. historiæ 4.8. Boitus semel legitur, βοῖτος, duabus syllabis in nostra editione,
non tribus, ut alij quidam legunt: & per τ. non per θ. Gaza uidetur κόττος legisse, quoniam ita tran
stulit. Pisciculum qui Venetijs Marsio nominatur, Petrus Gillius Cottũ esse putabat. Pisces quosdam (inquit) Gobioni saxatili propemodũ similes, Aristoteles Cottos nominat: quos adhuc nonnulli Coranos nuncupant. Sed Cotti (ut dictum est) nulla apud ueteres mentio: Boiti apud Aristo
telem tantum, tanquam fluuiatilis, cum Marsio marinus sit. Est sanè piscis hic noster Blenno ma *Blennus fl.*
rino simillimus, ut æquiùs ferè Blennus fluuiatilis, quàm Gobius fluuiat. dici mereatur. ¶ Aristo
teli (βοίτος inquit Saluianus:) uel ut in uetustissimo manuscripto Vaticanæ bibliothecæ exempla
ri uidimus, κοίτος. (*Si bissyllabum est uocabulum, κοῖτος penanflexum scribi debet.*) quam quidem lectionem ueriorem putamus, tum propter codicis uetustatem, tum ratione etymologiæ, ἀπὸ τοῦ κοίτου, id
est, à cubili, quoniam sub saxis stabulantur & cubant. Diuersus ab hoc uidetur Athenæi κύττος, de
quo nihil aliud affert, quàm Baccho sacrũ esse. Simillimus est hic piscis marino Gobioni, unde meritò fluuiatilis Gobio appellari potest: quãuis nemo ueterũ eo nomine eũ appellârit. Hæc ferè Salui
anus, qui etiã Citum Latinè scribit, cũ Græcè κοῖτον legerit, unde Cœtũ per œ. diphthongum dice
re debebat. Cottus quidem à capitis magnitudine dici potuit. κόττη & κόττις Grãmatici caput interpretantur: unde προκόττα, &c. Capitonem recentiores quidam Latinè uocant: (sed alius est Capi *Capito.*
to fl. Ausonij, alius Cephalus uel Capito marinus ueterum, de genere Mugilum:) alij Capitellum
minus probando uocabulo: Alberti Magni ætas Capitatum. Nos differentiæ causa Gobionem fl.
capitatum uocabimus. ¶ Quòd si quis etiam Vranoscopum fl. nominauerit, aut Lucernam fl. à
marinorum similitudine, non poterit opinor reprehendi. quin etiam noctu oculis eũ lucere aiunt,
eoq; in partes duas dissectum nassis imponi, ad inescandas Truttas. E riuis fluuios subire solet.

ITAL. Romani Misoris nomine appellant, Mediolanenses Scazot & Bot. hic enim est cui
propriè uox Botoli adscribi debet: quo nomine eum Ferraria quoq; uocare consueuit, alludit hoc
nomen ad antiquam Boitorum nomenclationem. Vercellenses Bouteiolum uocant, rustici uerò
Paganellum, Bellonius. In alijs Italiæ partibus aliter nominatur, Capitón, Capidono, Marsón,
Chiozzo, Iozzo, Ionctio, Scazón, Scazion, Maieron, Botto. &, nisi fallor, etiam Iouian, Go, La-
giono. Michael Sauonarola Latinè etiam Marsiones dixit, Italicum uulgare nomen sequutus. sed *Marsio.*
alius est in mari Marsio. Romæ Messore dicitur & Capo grosso, Saluianus. Messore quidem
nomen non huic solùm Romæ, sed etiam Vranoscopo, & Blenno mar. tribuunt.

GALL. Chabot, & circa Monspelium Teste daze, utroque nomine à capitis magnitudine
facto. Cenomani (inquit Bellonius) Musnier appellant, quòd in riuis pistrinorum aquaticorum
uersetur. Sabaudi circa Neocomum Chasso uel Chassot, ut Itali Scazon. Galli circa Tolo-
sam Caburlaut. Capito Ausonij etiam à capitis magnitudine Gallicum nomẽ Testart adeptus
est, quod quidam Gobio capitato non rectè adscribunt: quanquam idem Capito Ausonij Lugduni appellatur un Musnier: quo nomine Cenomanis etiam Gobius capitatus uenit, ut Bellonius
refert.

GERM. Gropp/ Cop/ Kab/ Kopt/ Kaulrapp/ Babst/ Mull/ Thollman/ Keuling/
Kulingk/ Kuling/ Kulheit/ Kaulheupt. Ex his nominibus pleraq; à capitis magnitudine facta sunt: alia ab eiusdem rotunditate.

ANGL. A Bulhed, id est, Bucephalus: ob capitis magnitudinem, non similitudinem formæ.
nam Bul Anglis taurus est: nisi fortè corruptum hoc nomen est à Saxonico Kulheit. Alibi a
Gulle uel a Myllersthombe, hoc est, Molitoris pollex.

ILLYRICE Glauoche, id est, Capitatus: Polonis Glouuacz.

b 2

ASPER à Rondeletio nominatus uel cognominatus pisciculus. Lugdunenses (inquit) pisciculum Gobioni persimilem Apron uocant ab asperitate squamarum. In Rhodano tantū inuenitur, non quouis in loco, uerum ea ferè in parte, quæ inter Viennam & Lugdunum est interiecta. Capite est latiore quàm Gobio (fl.) in acutum desinente. dentibus caret. Colore est ruso, maculis nigris, latis, à dorso ad uentrem obliquè descendentibus uariato. Vulgus eum auro uesci putat. ¶ De eodem Dalechampius medicus Lugduni clarissimus, his uerbis ad me scripsit. Piscatores aiunt hos pisces non nisi noctu in tenebris capi, nunquam secūda aqua descendere. semper aduersus rapidissimi fluentis s cursum obniti: Rhodanum amare: fugere Ararim. in alueo tantum glareoso natare, nunquam in cœnoso aut sabuloso. aurum persequi & eo uesci. certissimum signum esse auri inueniendi, si piscem hunc alicubi reperiant. Suauissima & delicatissima carne est: nonnihil solida, quę tamen digitis facilè teratur & frietur: nihil uiscida aut glutinosa.

GALLICE Apron, Lugduni, ut dictum est.

GERM. Ein Rüchling: wirt in der Rotten bey Lyon gefangen/ vnd daselbst Apron genent von wägen der reiihe seyner schüppen. Persimilis est piscis qui Germanicè Zindel nominatur, Vlmę & alibi in Danubio capi solitus, sed maior, de quo leges infra Ordine IIII. et iconem atque descriptionem conferes: uideri enim potest idē aut omnino cognatus piscis: sed quia nondum satis mihi constat, Asperum Rhodani hoc loco proponere uolui, quòd in glareosis seu saxosis locis uiuere eum constet. Siccos duos Dalechampius ad me misit, paruum utrunq;, & quatuor digitis paulò longiorem. Danubij quidem Zindelus multò maior est.

COBITES (masc. genere, ut subaudiatur piscis: uel Cobîtis fœminino, ut subaudiatur Apua) fluuiatilis à Rondeletio dictus, simpliciter, uel læuis cognomine: ueteribus indictus. Hunc pisciculum *(inquit Rondeletius)* Cobitem fl. nominamus, quòd marinæ *(Apuæ cobitidi marinæ. nō hic exhibitus primus Cobites fl. sed tertius, qui mox subijcietur, Cobîtidis barbatulæ nomine, similis est, tum specie corporis, tum quòd squamis caret. hic uerò exhibitus fortè cum Gobio fluuiat. Ausonij aliquid commune habuerit)* persimilis sit. Primum genus Loche franche uocant Galli: uel quòd totum læue sit, *(an totum læue dixit, quòd etiam squamis careat? has tamen pictura repræsentat, descriptio non meminit,)* & aculeis careat: uel quòd mollior sit & salubrior. In riuulorum & fluuiorū ripis degit, digitali magnitudine rostro satis prominente. Corpus flauescit, & maculis nigricantibus notatur: subrotundum est & carnosum. Carne est humida & uiscida.

Bellonius & Rondeletius quod ad nomina & descriptiones huius generis pisciculorum, non satis inter se conueniunt: ego quem potui delectum feci.

GALL. Loche franche, ut dictum est. Vide mox in Gallicis nominibus Cobitidis fl. tertiæ.

GERM. Videtur esse species pisciculorum quos Germani Pfellen uel Pfrillen nominant.

Cobites fl. aculeatus Rondeletij.

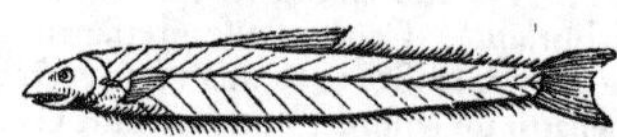

COBITES fl. Rondeletij secundus, quem aculeatum cognominat. Supradicto (inquit) similis est, ni paulò maior esset & latior, nō rotundus, sed compressus. in branchiarum operculis aculeum utrinq; habet. Spina interna dura rigidior est, quo fit ut pisciculus iste inter edēdum molestior sit quàm cobites læuis. Sæpius ichthyopolæ parū cautis imponunt, & pro læuib. uendūt. Hęc ille. Mihi quidē tantùm huius & superioris pisciculi in exhibitis ab eo picturis discrimen uidetur, ut cuiuis uel primo intuitu internoscere sit facillimū. hic longus & gracilis est, absq; squamis, aculeatus, pinnis in uentre nullis, pictoris fortè incuria. ille breuior crassiorq;, squamosus, absq; aculeis, pinnis in uentre ita ut pleriq; omnes pisces præditus, & ore minùs acuto. Ego Cobitidum generi hunc minimè adnumerârim. Plura lege cum proximè sequenti icone.

GALL. Loche simpliciter, (nam superiori cognomen franche additur;) uel Perce, ab aculeis: aut quòd lapides penetrare mordereúe uideatur.

GERM. Ein art der Smerlen oder Steinbyssen.

Eiusdem

Eiusdem, ut uidetur, icon accuratior.

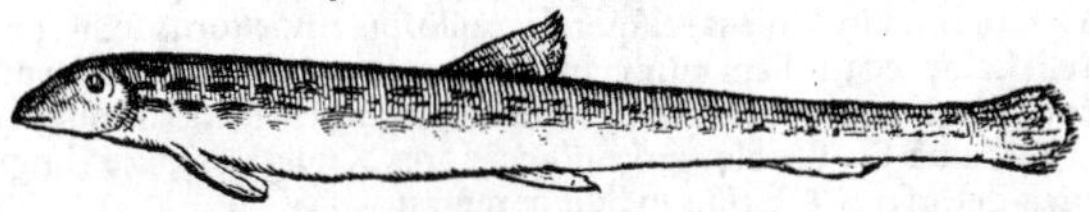

Quòd si idē piscis est, sicuti suspicor, qui **Steinbeyß** à nostris dicitur, melior à nostro pictore facta eius icon, quam hic apposui, fuerit: etsi hæc quoque nō satis perfecta mihi uideatur, oris præsertim specie.

Cobites hic rostro acutiore est, à quo si quis oxyrynchum cognominet, non fecerit inepté. Et quoniam pisci fossili illi quem Pœciliam ex Pausania nominauimus, tum specie, tum natura cognatus est, Pœciliam minorem, uel imberbem, uel oxyrynchum appellare licebit: (Sed alius Pœcilias seu Fossilis minor Georg. Agricolæ uidetur, magnitudine tantùm, specie neutiquam à maiori differēs) Cobitem uerò minimum, qui & ipse barbatulus est, Pœciliam minimum. Albertus Magnus nullo alio nomine hunc piscem nouit quàm Germanico: Vulgò (inquit) Mordens lapidem uocatur: GRAECE eâdem significatione Dacolithum dixeris. nam & GALLIS Perce uocatur, quòd rostro penetret uelut perforaturus, & à Sabaudis circa Neocomū Mort pierre. (At qui Perce pierre à Gallis uocatur, piscis marinus est, Alauda Rondeletij.) Foragua circa Vincentiam Venetorum, quòd reticulo (Guam uocant) contineri nō posit, sed foras euadat. In alijs locis Italiæ Grisella, Vsella uel Vrsella dicitur, corruptis à Mustela nominibus, sicuti & Cobitis fl. minima. Latinè etiam Mustelam fl. uocare licebit, aliqua ex prædictis differentia adiecta: Vel Echeneidis fl. speciem: non quòd reuera ui retinendi naues aut aliud quicquam polleat: sed quoniā ore mordens, sugénsue ut Lampetræ, retentionem minatur. Germani hunc pisciculū, ut dixi **Steinbeyß** appellant, à morsu lapidum. & forte Pœcilias etiam Pausaniæ (quem huic cognatum esse diximus, alterum barbatulum, alterum imberbem cognominauerim) **Beißker** à morsu dictus fuerit. Miseni circa Albim **ein Steinschmerlin**, hoc est, Fundulum saxatilem. [Fundulum enim, hoc est Mustelam seu Cobitidem fl. minimam, **Schmerlin** appellant.] Sunt hodie qui simpliciter Saxatilem appellent, quod non probo. ¶ Rondeletius & Bellonius aculeos huic pisciculo in branchijs attribuunt. Albertus branchias omnino ei negat. Mihi in sceleto uestigia quidem branchiarū foris apparuerunt, sed locus ipse clausus & solidus. Georgius Fabricius nuper foramina parua circa oculos ei sicut in Lampredis, esse nos monuit. Non est rotundus (inquit Albertus,) sed quasi columnalis compressus: & spinam acutam iuxta os habet, quæ, capite recuruato, uulnerat manū tangentis: colore eodem quo Fundula. ¶ Dacolithus è riuis in fluuios transit.

Dacolithus. *Perce.* *Mustela.* *Echeneis fl.* *Saxatilis.*

ITALICE. Bellonius de hoc pisce scribens: Mediolanenses (inquit) Vsel uocant, Placentini & Parmenses Gousangle: Locham Romani piscatores, alij Morellam, quod postremum nostro Veroni fl. magis debetur: Lodenses Zedola, Ferrariēses Squaiola: aliqui Lopola. ¶ Plura lege in præscriptis. Stracciasacco uocant Pedemontani, à distrahēdo, id est, dilacerando sacco siue reticulo. Rostro inhærere aiunt arenæ, ut à reti uix capiatur.

GALL. Perce, Mort pierre. Vide præscripta.

GERM. **Steinbeyß/Steinschmerlin**, ut præscriptū est. Circa Albim fl. quidem, etiā Lampredam minimam **Steinbeyß** uocant.

POLONICE Pstranik.

Cobitis barbatula Rondeletij.

COBITIS fl. tertia Rondeletij, barbatula ab eo cognominata. Nomen (inquit) dedimus à cirris tenuib. è rostro barbæ modo pēdentibus, quemadmodum in Barbo. ¶ Nos Mustelam fluuiatilem

Eiusdem alia icon à nostro pictore effecta, maiuscula quàm uellem, sed plenior accuratiorq́.

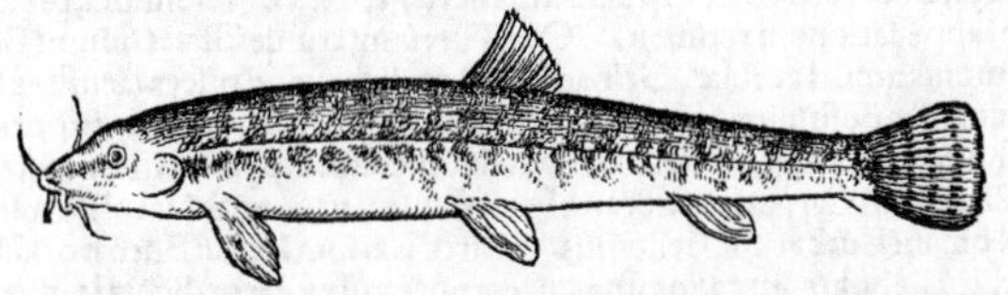

minimam, uel Pœciliam minimum nominari posse, proximè in Rondeletij Cobitide fl. altera monuimus. Hic quidem pisciculus præcipuè Cobitis fl. dici meretur: siquidem Apuam cobitidē marinam præ cæteris refert. Bellonius Lochiam Gallici nominis imitatione uocat: aliqui Germanicum nomen **Grundele** interpretantes, Fundulum nominant: Albertus fœm. genere Fundulam, sed cauendum ne cum alio pisciculo squamoso (quem Phoxinorum generis esse putant) quem si-

Fundulus.

b 3

Thedo. militer Germani quidā appellant, confundatur. Sunt qui hūc pisciculū, Thedonē Ausonij existimēt, de q̄ unicū hūc uersum in Mosella reliquit: Et nullo spinæ nociturus acumine Thedo. Quòd si diuinandum est, Lampredam illam minimam, quam enneophthalmō nominant nostri, cum spinis prorsus careat, Thedonem esse cōiecerim. Mustelam quidem marinam quodammodo refert, quòd eius instar barbatula sit, & oblongo læuiq; corpore: & uulgares quædā linguæ nomina huius piscis à Mustela detorsere. ¶ E riuis in fluuios migrat.

ITALICE Fondola. Reliqua nomina pleraq; huic & Cobitidi aculeatæ Rondeletij, communia esse conijcio, præsertim quæ à Latino Mustelæ nomine detorta sunt.

HISPANI ut pisciculo hoc carent, ita etiam nomine.

GALLICE. Loche, ut superior, uel Lochette, diminutiua forma. est enim minima in hoc genere. Quæ Loche france dicitur (inquit Bellonius) palato delicatior est: quę uerò cœnosum limo sumq; tractum incolit, crasso & obeso corpore constans, atq; ob id pinguis Lochia (*nimirum Loche grasse*) cognominatur, ualetudinarijs admodum perniciosa est. Hæc indicis digiti crassitudine est, quinque digitos lōga: cirris, tanquam mystacibus, insignis, &c. ¶ A Burgundis uocatur Moutelle, uel Mouttoile, & similiter à Sabaudis: qui tamen circa Lemanum lacum habitant Sabaudi corruptiùs Motanche nominant, & alio nomine Dromilla, quòd sub lapidibus dormire uideatur: (sicut & cottus fl. si κοῖτος nominetur, ut codices quidam pręse ferunt, idem significante nomine. nam & similiter sub lapidibus latet, appellabitur Græcè:) non tamen hunc solum pisciculum, sed alias etiam duas species, quas alij Galli (Celtæ & Belgæ) Loches, circa Lugdunum Dromillas uocant. Burgundi quidam, alijúe Galli, Estoille proferūt, siue quasi stellarem, propter uarietatem punctorum: siue potiùs hoc etiam nomine à Mustela corrupto.

GERMANICE. Grundele/(sed alij pisciculum squamosum, quem ad Phoxinos Rondeletius refert, sic appellant:.) Zirle/Zirdele/Schmerlin/Smerle/Schmerling/Schmerlin/Schmorle: Alsatij, ein Kreß/quod nomen Gobioni fl. Ausonij debetur. Brabanti & alij quidam inferiores Germani, nominant Moeß/Möß/Musc, corruptis à Mustela uocabulis. Sueui & alij quidam hos pisciculos adhuc teneros & recens natos, Sengle uel Sengele uocitant.

ANGLI Gallice uocant a Loche.

POLONI Kielb uel Slyss. Bohemi Mrzen.

EPERLANVS piscis saxatilis Sequanæ litorū alumnus, ut Bellonius tradit: differetur ad anadromos, non enim in Sequana nasci, sed è mari semper ascendere puto. nam alius est fluuiatilis piscis eiusdem nominis, qui in fluuijs nascitur, de quo diximus Parte I. huius Ordinis.

THYMALLOS & TRVTTAS Parte V. reperies, inter pisces simpliciter: quanquam in puris & saxosis tantū fluminibus degunt, ut Saxatilibus marinis meliùs quā prædicti cōferantur.

ANIMALIVM IN DVLCIBVS AQVIS ORDINIS I. PARS III. DE PISCIBVS FLVVIATILIBVS LATIS, QVI ET SQVAMOSI SUNT OMNES EXCEPTA TINCA.

CYPRINVS, κυπρῖνος, (κυπελανὸς Athenęo, sed κυπρῖνος legēdum uidetur, cum Aristotelem citet:) λεπιδωτὸς. Lepidotus, quem aliqui uocant Cyprianum, Dorion. ¶ A recentiorib. hic piscis Carpa ferè uocatur: ab alijs Carpanus, Carpo, Carpio, itē Bulbulus, Regina. Vide mox in Italicis nominibus. Destinet Carpam Danubius, Isidorus. Sed Carpio lacustris Benaco peculiaris piscis planè diuersus est, Truttarum generis. ¶ GRAECI nonnulli, pręsertim Aetoli, antiquam Cyprini appellationem retinent. Qui Turcis inseruiūt Græci (inquit Bellonius) Sasan appellant: Strymonis amnis accolæ, Grinadi. Rondeletius ad pisces lacustres Cyprinum retulit. nos inter fluuiatiles posuimus, eos tantū lacustres nominātes qui lacub. proprij sint. Aristoteles & Dorion fluuiatilibus simul & lacustribus adnumerant. Oppianus non rectè (puto) marinis.

ITAL. Placentini Carpanum uocant. Ferrarienses (ut & multi accolæ Padi) Carpenā, Veneti Rainam, Romani Burbarum, Bellonius. Circa Larium lacum Burbaro (alibi Bulbaro) uel Bulbers dicitur. Bulbulus ante alios immani corpore pisces, Benedictus Iouius in Larij descriptione. Venetijs Carpano: alibi Reina, tanquam Regina, quòd magnitudine inter fluuiatiles & lacustres excedat, & à ganeonibus pinguiores ex eis præcipuè appetantur. Ant. Brasauolus pro Carpa Reginam dixit. Carpas Mantuæ Bulbaros uocant, Platina.

HISPANICE Carpa.

GALL. A Gallis omnibus Carpe uocatur.

GERMANI

Cyprini hæc icon ex nostris est, non ea quam Rondeletius dedit.

GERMANI superiores uocãt **ein Karpf**: inferiores **Karp** uel **Karpe**: & alicubi, ut audio, **ein Bůb**: quod nomen ad Bulbulum uel Burbarũ Italorum accedit. alibi **een Carper**/Flandri **Carpel**. Apud nos pro ætate etiam nominibus distinguitur. uocatur enim primo año **ein Setzling**. secũdo **ein Sproll** uel **Sprall**. tertio **ein Karpf**. ¶ In Frãconia Cyprinorum quoddam genus appellant **Spiegelkarpen**, à maculis.

ANGLIA **Carpe**.

BOHEMI Capr. Poloni Karp.

DE GENERIBVS DIVERsis Cyprinorum.

NVPER è Polonia quidam, uir rerum naturæ studiosus, de Cyprinorum in ea regione & Germania differentijs, sententiam suam his uerbis ad me perscripsit: Cyprinorum genera apud nos quatuor inueniuntur, ut nominibus, sic etiam forma & sapore diuersis. Genus primum simpliciter Carpam (**Karpfen** Germani, Poloni Karp) appellãt. Alterum corpore multò angustiore est, ita ut supina pars in latitudine circa medium minime protuberet, sed ab ore caudam uersus secundum rectam (ferè) lineam ea pars protenditur. Ineptus est hic piscis elixari: melior, si assetur: quamobrem à Germanis Poloniæ accolis **Bratkarpfe** nominatur: à Polonis uerò Glouuacz propter magnitudinem capitis, quod corporis reliqui proportione pręgrande uidetur (Vide inferiùs Parte 4. huius Ordinis De Capitone fl. cœruleo.) Tertium genus **Brachsme** Germanis est, (*Cyprinus latus Rondeletio:*) Polonis Dubiel: latior Carpa communi, & squamis albior: & quia pinguior, sapidior, maiorisq́ precij. Quartum latius superioribus, ferè ut **Karas** dictus piscis: unde etiam composito ab eo & carpa uocabulo **Karpkaraß** dicitur Germanis, & Polonis similiter, uel alio nomine Piotruß. Hic tribus superioribus præfertur, & in maiori precio est. **Karaskarpf**/ (*cãdidior est squamis quàm Carpa simpliciter dicta, in medio latior, nec ad eandem magnitudinem prouenit, Ge. Fabricius.*) Cæterum qui **Spiegelkarpfen** à Germanis uocantur, apud nos (Cracouiæ in Polonia) non sunt. Qui **Setzlingk** Germanicè, hi Polonicè dicuntur Dlonnij karpik, (*uel*) Sprall piotink. Hactenus ille. dicitur autem **Setzling** à Germanis, Cyprius qui annum ętatis nondum excesserit.

CYPRINVS monstrosus hac forma captus est in Acronio siue Constantiẽsi lacu, ꝑpe Retz, duos ferè dodrãtes lõgus, pręsente illustri & generoso uiro Comite Vuolff de Schaumburg, anno Salutis M. D. XLV. idib. Nouembr. Volui aũt quanquam in lacu captũ, Cyprini historię eũ hîc subijcere: quoniã Cyprinum fluuiatilẽ potiùs, quàm lacustrem facere placuit: etiamsi lacustres quoq́, apud nos quidẽ frequentiùs quã fluuiatiles inueniantur. Monstrosi quidem imprimis hi pisces reperiuntur in stantib. aquis, ut lacubus, stagnis, piscinis: taliũ enim effigies tres aut quatuor iam accepimus: fluuiatilẽ uerò monstrosum hactenus nullum. Ante bienniũ Geryon Seilerus illustris medicus Augustæ, icones tres ad me misit Cyprinorum monstrosorũ, qui anno Salutis 1557. Octobris die 22. capti sunt in piscina, quam uocant **Bulckawer teicht**, iurisdictionis Retz in Austria: quorum duo squamosi sunt & Cyprinis cõmunibus similiores: sed capite rotundo, ore etiam rotundo, prominente, hiante, labris ambientibus: in eo tantùm differentes quòd os uni in promptu & anterius est; alteri reductius ad mediam imi capitis partem. b 4

Tertio corpus est breuius, rotũdius, totum in uentrẽ ualde protuberantẽ collectũ: cauda perparua & exili: squamis nullis, colore subflauo: caput & os similia prædictis. Nos iconem primi duntaxat (quoniam monstra persequi non instituimus) in lacu Constantiensi capti, facie ferè humana, posuimus.

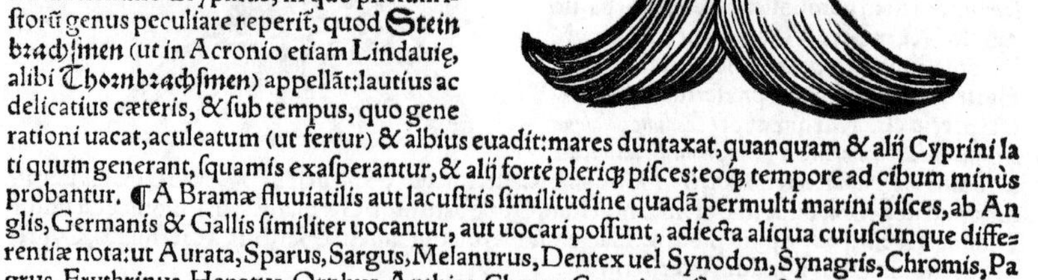

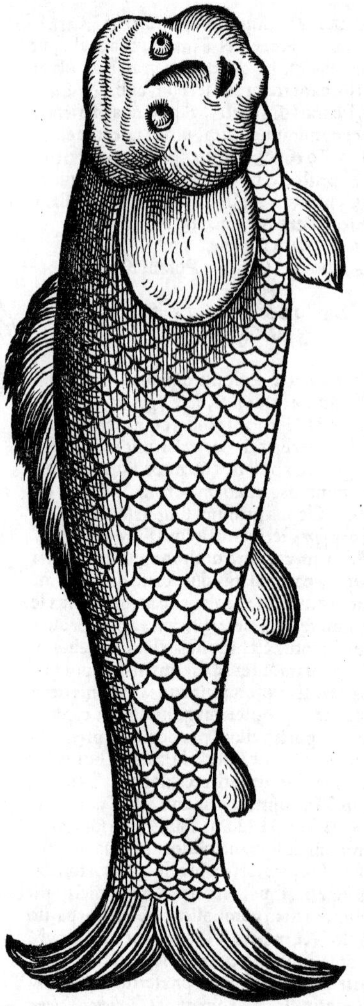

CYPRINI aliquando hermaphroditi, id est, utriusque sexus capiuntur: aliquando neutrius.

CYPRINUS latus siue Brama Rondeletij. Si Cyprinorum (inquit) nota propria sit palatũ carnosum habere linguæ uice, plurima quidem sunt Cyprinorum genera. Nam quę Tinca et Brama nominatur, atque plures alij pisces, palatum carnosum habent. Quoniam uero quæ Carpa à Gallis uocatur, inter cæteros omnes pisces maximè carnosum palatum habet, atque ita euidens, ut uulgus etiam linguã appellet, eam pro ueterum Cyprino accipiemus: aliquot alios quibus nota hæc communis est cũ quibusdam alijs huic tanquam species subijciemus. ¶ Hunc piscem recentiores quidam Germani Latinè Prasinum uocant, ut Albertus Bresmam, Germanici nominis imitatione: aliqui Bremam. Platina Scardam, Benedictus Iouius Scardulam, Grapaldus Scarduam, Italicum imitati nomen. Nos Ballerum maiorem nominabimus, ut à Ballero simpliciter uel minore (quem nostrum uulgus Bliccam appellat) distinguamus. ¶ Quidã nominis uicinitate deceptus, Bramam putauit Abramidẽ fl. rectè uocari posse. ¶ Vide etiam suprà ubi de Cyprinorum differentijs dictum est. ¶ Alibi hic piscis de stagnantibus aquis flumina subiens, manet in eis ac proficit. ¶ Est aqud nos lacus piscosus nomine Gryphius, in quo piscium istorũ genus peculiare reperit, quod Steinbrachsmen (ut in Acronio etiam Lindauię, alibi Thornbrachsmen) appellãt: lautius ac delicatius cæteris, & sub tempus, quo generationi uacat, aculeatum (ut fertur) & albius euadit: mares duntaxat, quanquam & alij Cyprini lati quum generant, squamis exasperantur, & alij fortè pleriq; pisces: eoq; tempore ad cibum minus probantur. ¶ A Bramæ fluuiatilis aut lacustris similitudine quadã permulti marini pisces, ab Anglis, Germanis & Gallis similiter uocantur, aut uocari possunt, adiecta aliqua cuiuscunque differentiæ nota: ut Aurata, Sparus, Sargus, Melanurus, Dentex uel Synodon, Synagris, Chromis, Pagrus, Erythrinus, Hepatus, Orphus, Anthias, Charax, Coracinus, Scarus, &c.

ITAL. Placentini Arbolicã uocãt, alij Scardolam siue Scardam, Veneti Russatam, Bellon.

GALL. Bresme, uel Brasme. Galli Bramam uocant, Rondeletius. Huius generis qui mediocri sunt magnitudine, Lutetiæ Haseaux nuncupantur, Bellonius.

GERM. A nostris nominaẽ ein Brachsme. Sunt qui putant primo anno eundẽ esse piscẽ dictũ ein Blick, *(quem nos sui generis piscem esse in Ballero ostendimus: similẽ quidem, sed qui ad tantã magnitudinem nunquam perueniat:)* secundo demum uocari ein Brachsme, atque id nomen retinere. Alij Germanorum aliter proferunt: Prasem, Saxones: Brasem, Frisij: circa Coloniam Agrippinam, Brysem: alibi Bresem/ Brosen/ Pressen/ Prossen/ Brechsam/ Prayme/ Breme/ quod nomen postremum, ad Gallicum accedit: ut Scharlen Tridenti usitatum, ad Italicum Scardula. ¶ Apud Misenos in Albi hi pisces ab initio, dum digito breuiores sunt, à figura nominãtur Weydenbletter/ id est,

Icon hæc Cyprini lati accuratè facta est ad unum ex lacustribus nostris. *Alius à Rondeletio exhibitus.*

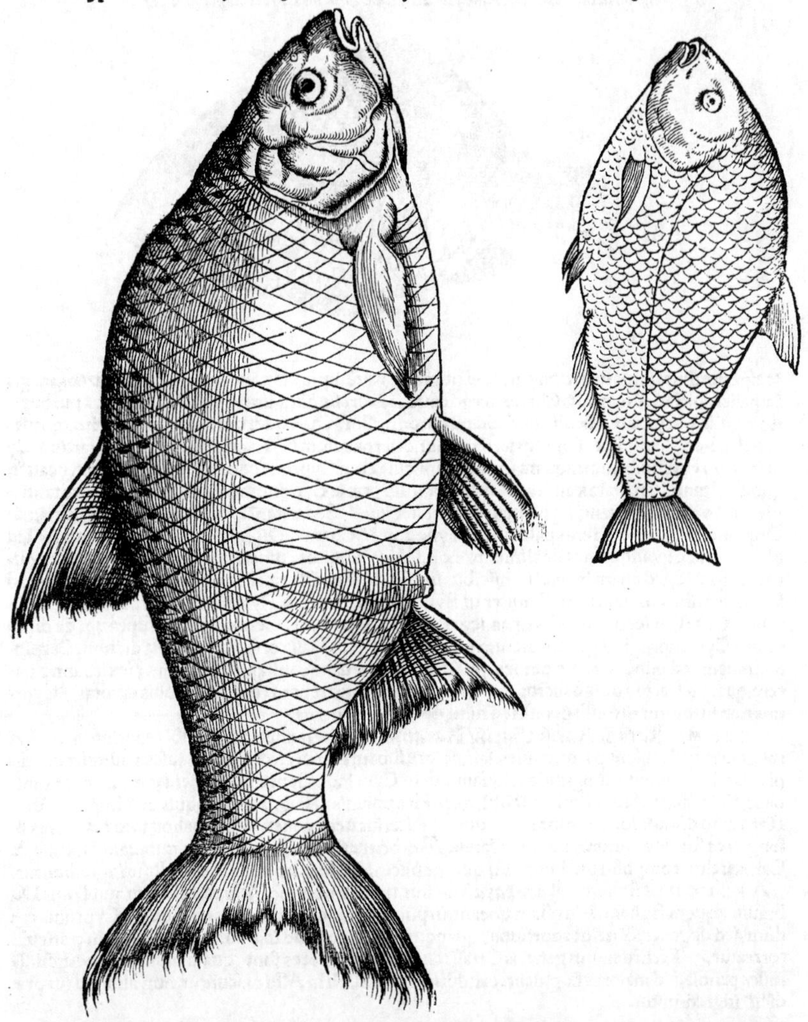

id est, Salicum folia: deinde aliquanto maiores, **Windtbleben**: iam uerò ad libræ pondus aucti & maiores, **Bleben** uel **Blaben**: uel **Plötzen**. Tandem bilibres aut trilibres (rarò enim tres libras in Albi superant,) **Brossen** uel **grosse Bleben**. **Plotzen** autem uocantur, quòd figura referant usitatum antiquitus gladij genus ualde latum, breue ac tenue, eodẽ nomine dictum. hinc nimirũ Christophorus Encelius hunc piscem Latina terminatione Plocenum nominat: & eundem (ni fallor) Germani in Marchia, **Ploßfisch**: quod nomen recentior quidam (Baldazar Trochus) Sillaginem (nescio qua ratione) interpretatur. ¶ Sunt qui **Pressen** & **Blebe** pro diuersis piscibus accipiāt: quòd hic candidior, tenuior, sicciorq́ sit: ille nigrior, crassior, pinguiorq́. ego cum diligentissimo Kentmanno senserim, ætatis tantùm differentiam esse.

POLONI, ut audio, Dubiel. sed alius est Saxonum Diebel, nempe Capito fl.

CHARAX uulgò dictus Germanis. Huius (præter Ianum Dubrauium in doctissimo De piscinis libro,) qui meminerit nondũ inueni. Charax (inquit Dubrauius) forma stauraq́ nō multum à fœtu Cyprini absimilis est, nisi quòd paulò latiore corpore distendatur, & dorsum habe

Icon hæc piscis est simpliciter Karaß *dicti: cui similis est etiam Carasi minoris icon, ut ab amico accepi: nisi quòd caudam extremam ferè arcuatam & in medio reductam habet, &c.*

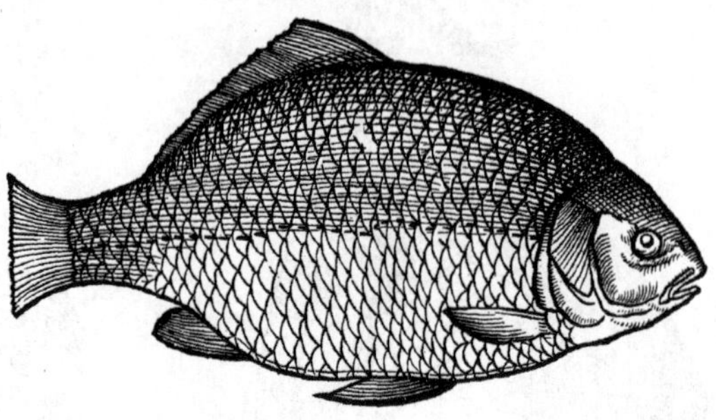

at asperioribus spinis uallatum (unde ei nomen,) quódq; iuxta caudam squamis inauratis magis impallescat. Sed & marinus Charax tergo caudaq; auri similitudinem gerit, ac præterea purpureis cingulis, purpureisq; oculis, ut Aelianus prodit, illustratur. quorum neutrum in nostrate inuenias: sed neq; dentium extantium seriem. Hunc uernaculum Characem piscinarij, qui farturæ Cyprinorum consulunt, ne unquam in eadem piscina cum Cyprinis commisceant, diligenter cauēt: quod uel tantillus Charax audeat & ualeat tantum præ se Cyprinum pascuis depellere: nec tanti ipse tamen distrahi, quanti Cyprinus potest. Hæc ille. Sed ueterū Charax marinus est piscis: qui Oppiano in petris & arenis pascitur. Synodon & Charax Diphilo eiusdem sunt generis: sed hic præstat. & quanquam is de alimento ex piscibus loquitur, uideri tamen potest non solùm nutrimenti ratio, sed etiam forma his piscibus similis. & fortè Charax hoc nomine dictus fuerit, quòd firmis dentibus os uallatum (similiter ut Synodon) habeat. ¶ Cyprinum asperum nominare licebit. ¶ De speciebus piscis Karas, leges mox in nominibus Germanicis, & suprà ubi de differentijs Cyprinorum in genere dictum est. ¶ Piscem in Frisia orientali Carutz dictum, Carpioni similem, sed minorem, &c. omnes qui in uiuarijs seruant, constanter affirmant, sexies anno parere. quare si Carpio uulgò dictus (quem tam fœcundum reperiri nondum nobis constat,) Cyprinus non sit, hic meritò esse potest. sed nihil definio, Turnerus.

GERM. Karaß/Kariß/Gariß/Karauß. Genera eius tria in Albi reperiuntur. Primi generis pisces sunt parui, tenues, lati, colore subaureo, cui circa dorsum fuscus admiscetur. dupla eis ad latitudinem longitudo. Squamæ ut in Cyprino. Genus hoc Miseni paruum cognominant, klein Karaß: uel à colore Giblichen. Hi è piscinis et stagnantibus aquis in Albim ueniunt. Rarò octo digitos longitudine excedunt. Alterius uerò generis Carasi, aliquanto crassiores & longiores sunt: uocanturq; dimidij Carasi, Halbkaraß: uel Karpkaraß: quoniam è Caraso & Carpa ueluti compositi uidentur. Hi quoq; è piscinis & stagnantibus aquis Albim ingrediuntur.

APOLONIS similiter Karpkaraß dicitur, uel alio nomine Piotrus. Piscis (inquit Ianus Dubrauius) quem Bohemi Pitrussam uocant, in piscinis frequens, non alius esse quàm Cyprinus creditur, sed degener, & uelut abortiuus, quanquam in cibo haud ingratus, præsertim si in craticula torreatur. Tertij demum generis Carasi tenuiores & latiores sunt, quàm dimidij nunc dicti, similes primis, sed maiores & pulchri candoris argentei. Hi in Albi nascuntur, non aliunde (ut prædicti) ingrediuntur.

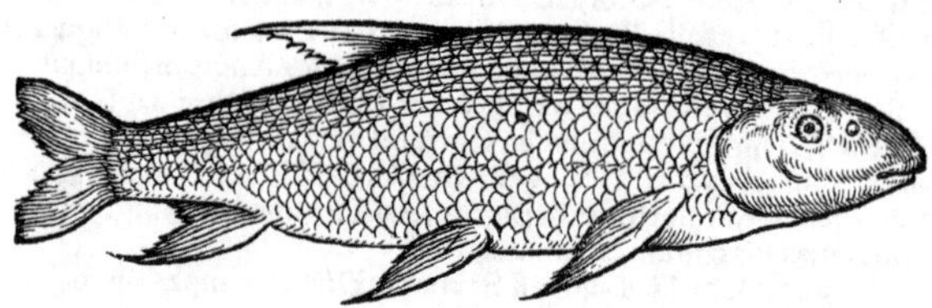

ORFUS à Germanis uulgò dictus piscis, nondum à me uisus est, præterquam Augustæ Vindelicorum in piscina natans; in qua urbe iconē etiam mihi depingi clarissimus medicus Achilles

chilles P. Gasserus curauit. Dorso est rubicundo, uentre albicante, squamis magnis & latis, paulò latioribus quàm Thymallus. Capitoni fluuiatili forma cognatus, maior: Cyprino minùs latus, sed crassior. Certo anni tempore è squamis eius ceu clauos quosdam eminere aiunt, similiter ut in Cyprino clauato Larij. quamobrem ad Cyprinos potiùs quàm Capitones pertinere uidetur. Species ei inter Carpam & Bresmam media, sicut & magnitudo, ut audio. Lautus et sapidissimus habetur: ille præsertim cuius caro rubeat. nam altera species reperitur carne alba. Siccam eius carnem, friabilem & salubrem esse tradunt, minùs suauem quàm Thymalli. Muscis uescitur. In lacubus & piscinis fermè reperitur apud Vindelicos, Norimbergę & alibi. sed etiam in aquis fluentibus, ut Norimbergæ in Begniza flumine.

GERMANI uocãt Orff/ Vrff/ Erfle/ Nörfling/ Würfling/ Elst. species ea cuius caro alba est, priuatim Augustæ Weyßfisch appellatur.

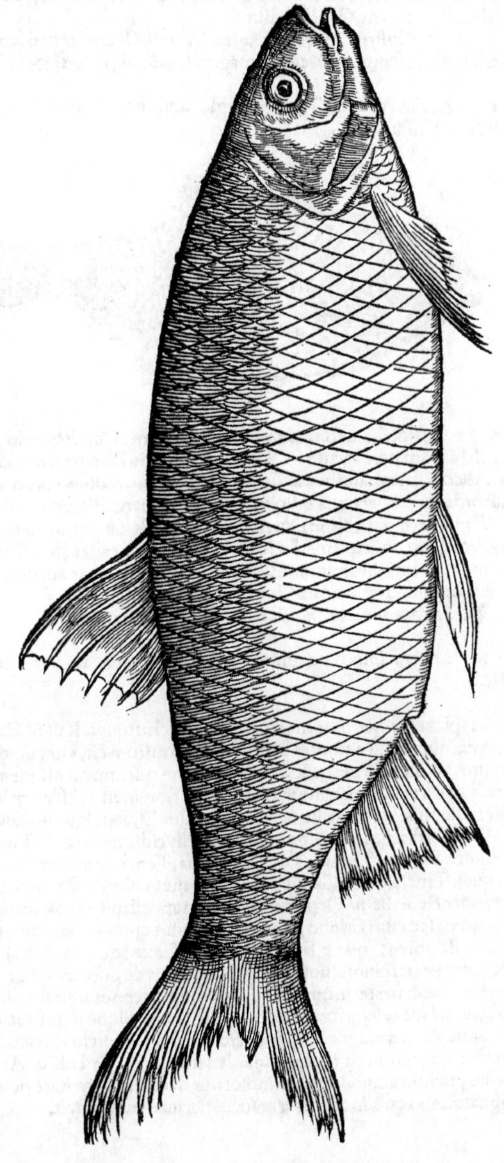

RVTILVM hunc piscem appellare uolui à colore pinnarum, à quo Germani etiam nomen ei fecerunt. Rondeletius Phoxinis adnumerare uidetur, inter fluuiatiles: & rursus Sabaudico nomine Vangeron inter lacustres. Vide superiùs Parte I. in Phoxino squamoso Rondeletij maiore. Apud nos quidem in lacubus tantùm reperitur, non etiam fluuijs, qui in nostra regione rapidiores sunt: alibi in fluuijs quoque nascitur, quos tamen è stagnantibus aquis subire solet. Ex eius cum Cyprino lato, coitu, hybrida gignitur, inter utrunque ambigens.

ITALICE circa Comum in Lario lacu Piota uocatur, ut circa Verbanum quoque: unde Latina inflexione Plotam Paulus Iouius dixit. hoc nomen uideri potest à Germanico Plotze deductum, quanquam id Cyprinum potiùs significat: quem imperitiores cum hoc pisce confundunt. Idém ne sit qui circa Ferrariam uulgò Aurata Padi uocatur, inquirendum.

GALLICE Roce, Rose, Rosse. Circa lacus Sabaudiæ Vingeron, Vengeron, Vangeron. Circa Neocomum tamen idem nomen longè diuerso pisci attribuunt, ex Leuciscorum genere, quem Laugele nostri uocant, Galli Dardum.

GERMANICE. Nostris Rottene/Rotte/Rottel/Rottele/ (sed longè alij pisces sunt Rot & Rötele nostris dicti, semper in lacubus magnis tantū:) alijs Rotfeder/Rotranck/Roddow/Roddau.

ANGLICE Roche. Alius est Rochet Anglorum, inter marinos.

POLONICE Vusdrenka.

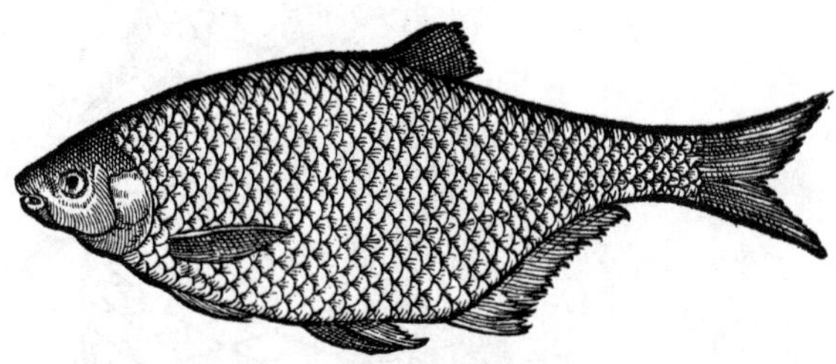

BALLERVS Aristotelis, ut Rondeletio uidetur. Græcis hodie ad Strymonem amnem Plestya: ad Pischiacum uerò lacum in Macedonia, modò Platanes, modò Plestya, modò Platognia uocatur. Alicubi è stagnantibus aquis flumina subit: in quibus manet ac proficit.

GALL. Bordeliere, in lacubus Allobrogum: in Lemano Plateron, alibi Platte, Platton.

GERM. Ein Blick/Blickling/Breitele: & circa Coloniam, ni fallor, Bleech. alibi Plechle. Argentinæ Meckel, ut conijcio. In Albi fl. à Misenis uocatur Geuster: Blicca uerò alterius piscis apud ipsos nomen est, qui alio nomine Zerta dicitur: de quo inter anadromos agemus. Christophorus Encelius Latina terminatione Gusterum dixit.

ANGLI Bleke uocant uel hunc piscem, uel potiùs Alburnum.

HACTENVS de piscibus fluuiatilibus latis & squamosis. Restat Tinca, sola in hoc genere læuis & lubrica.

TINCA piscis plebeius, hoc nomine ab Ausonio dictus: quod Itali & Galli hodie retinent, nullo antiquo nomine apud authores noscitur, quod mirum est, cum ubiꝗ frequens sit inter uulgi solatia (ut cum Ausonio dicam) piscis. Sed uiliorum piscium mentionem nullam reperiri, minus est mirum. Phycis aut Merula fluuiatilis, si libet, nominetur. est enim Tinca Phycidi marino pisci, ut scribit Bellonius: uel Merulæ, ut Massarius, similis, ut uulgus in Italia Tincæ marinę nomine appellet. Mihi Merulæ fl. nomen, potiùs quàm Phycidis arriserit. Tinca nomen à recentioribus uariè scribitur, Tincha, Thinca, Tenca, Tencha, Tencon. mihi ut Tinca scribatur magis placet, nimirum quasi Tincta, quod Gallus diceret Teinte. colore enim uiridi nigricāte ueluti tincta uidetur. Alexander Benedictus Orphum lacustrem appellauit, (à colore nigrescente, ut conijcio, διὰ τὸ ὀρφνὸν τῆς χρόας:) sed cum Orpho pisce marino, nihil opinor commune habet. ¶ Sunt qui Aristotelis γνάφαλον esse putent, quem Fullonem uertit Gaza: de quo nihil aliud scribit quàm quòd gregalis sit, & litora petat tranquilliora: ex quibus uerbis de pisce marino eum loqui apparet. Gaza cur γνάφαλον Fullonem uerterit, nihil aliud rationis præter nominis similitudinem uideo, & forsan ipse φύλωνα, non ψύλωνα legit. γναφεὺς quidem Græcis fullonē significat: quo nomine piscis meminit Dorion apud Athenæum: eiusꝗ decocto maculam omnem elui ait. Facit autem (Bellonio teste) Tincæ etiam decoctum ad detergendas lanarū sordes. Sed idē & Anguillarum & Ichthyocollæ, & aliorum piscium admodum glutinosorum, decoctum præstare potest, Rondeletio teste. ¶ Tinca è stagnantibus aquis in amnes transit, & permanens proficit.

ITAL.

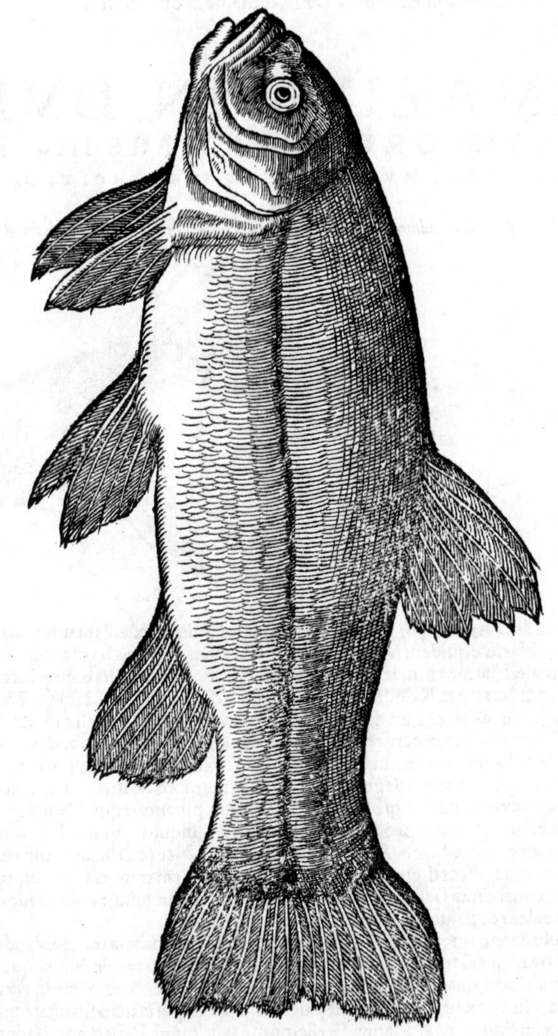

ITAL. Tenca.
HISPANICE Tinca.
GALLICE Tenche.

GERMANICE Schley, quasi myxon uel muco, uel (ut erudito cuidã placet) limaria. Tincæ quidẽ ut in limosis sordidisq́; locis degunt, ita muco obducuntur, & sese mutuò lambunt. Alij scribunt Schleihe/nostri Schlig, (g. ita proferentes, ut i. consonam:) alij Slye/ Schleyn. alicubi etiam Gallico uocabulo Tinch appellant. Geldri Lauwen/Louwen/Seeld/ Zeeld. Frisij, ni fallor, Mũdthund/(nescio qua ratione:) & alio nomine medicum omnium piscium, (Lucium quidem Tincæ affrictu sua uulnera conglutinare aiũt,) & sutorem nigrum. Hollandi quoque een Schoemacher, hoc est, sutorem, ob cutis crassitudinem: & Graumacker, (nos Grabmacher di

c

ceremus,) id est, Vespillonem, quòd subinde in terra effossa aut sepulchris inueniatur.

ANGLICE. Tenche.

POLONICE Lin uel Lun. Bohemice Linie, & Sfuuecz quasi Sutor.

ANIMALIVM IN DVLCIBVS AQVIS ORDINIS I. PARS IIII. DE PISCIBVS FLVVIATILIBVS SIMPLICITER.

Perca fl. à nostro pictore adumbrata: non ad eius imitationem facta quam Rondeletius dedit.

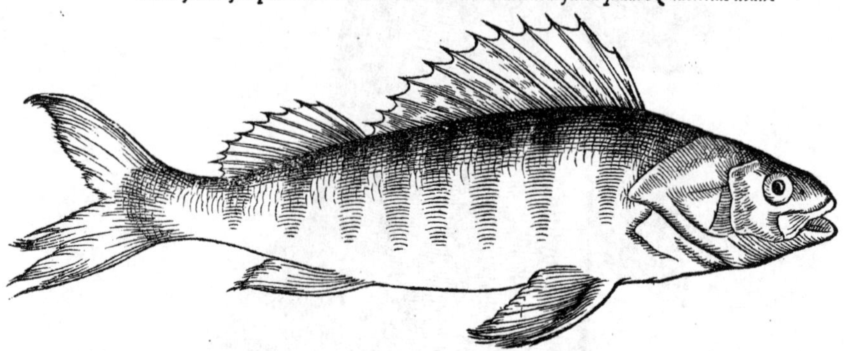

Salubritas eius & collatio cum marina.

PERCA fluuiatilis, (πέρκη ἢ πέρκις ποταμία: cuius Aristot. Plinius & alij meminerũt) lacus & stagna incolit. Marinæ quidem nomine similior est, quàm corporis figura, aut carnis substantia, aut succi bonitate. Marina enim tenera & friabilis est, concoctu facilis boniq; succi. fluuiatilis his omnibus ferè dotibus caret, Rondeletius. qui etiam medicos imperitos reprehẽdit, qui ea quę de Perca mar. dicta sunt à Galeno, ad fluuiatilem transferunt. Nos Rondeletij sententiam probamus, si marinis fluuiatiles Percæ conferantur. hoc tamen distinguẽdi gratia addiderim: Percas nostras quæ in fluuijs & lacubus maioribus puriorібusq; uersantur, longè præferendas esse alijs quæ in minoribus minusq; puris aquis degunt. Accedit in fluminibus nostris, etiam uelocior cursus: cuius ratione magis exercentur. Itaq; è Rheno saluberrimæ putantur: quod & uulgare prouerbium testatur: & Xenocrates etiam prodidit: Quæ in Rheno (inquit) gignitur Perca, marinis piscibus succi probitate æqualis est. Item Ausonius in Mosella: *Nec te delicias mensarum Perca silebo, Amnigenas inter pisces dignande marinis.* Quò quidem minores fuerint, eò & duræ & glutinosæ minùs, concoctuq; faciliores sunt: nisi fortè spinę quæ in minimis simul ingeruntur, cõctionem inæqualem & flatuosam faciunt.

Quod ad salubritatem (inquit Saluianus) fluuialem Percam marina inferiorẽ iudicamus, sed neq; hæc insalubris. nam etsi friabilem carnem non habeat, cum tenera tamẽ sit, neque difficilis est concoctu, neq; mali succi. quare in Saxatilium penuria, ea quoque, & maximè in saxosis & puris fluminibus capta, citra noxam uesci possunt ualetudinarij: Saporis uerò suauitate marinæ longè & multùm antecellit fluuialis. ¶ Platina Persicinum dixit, quòd Persici pomi saporem referat, ut ipse putat. Ego neq; hunc saporem liquidò hunc piscem præ se ferre arbitror: neque nomen ab eo mutuari, sed potiùs à Perca Latino Græcoq; nomine, Persicum esse interpolatum: nam & nostri Bersich pronunciant: & Persecum uulgò à Perca quasi Percecã dici Massarius Venetus tradit. ¶ De Perca minore uel rotunda cognominata, uide suprà, Parte I. huius Ordinis.

Persicinus.

ITAL. Persico uel Perceco. ¶ Hetruscis Persega, Romę Cerna, (quod nomẽ etiam alijs piscibus attribuunt,) Bellonius.

GALL. Perche.

ANGLI Perche / similiter ut Galli.

GERM. Heluetijs & Mosellanis Bersich. alijs aliter, Bersig / Bersing / Persick / Berse / Barß / Parß / Barsch. posteriora hæc Saxonibus & finitimis in usu sunt, Frisijs Baerse. apparet autem omnia hæc nomina à Græco Latinoq; Perca esse desumpta. ¶ Nos speciem unam tantùm habemus, cui nomina prædicta propriè conueniunt, eademq; Percæ mar. similior est: Saxones et alij, duas. Maiorem, quam hîc proponimus: illi simpliciter Parß dicunt, uel Punterparß / Puntelparß /

telparß, id est, Percã maculosam: uel Streifberſing, quod maculis ſtrijs ue (id eſt, lineis) notetur (tranſuerſis.) ſic aũt in Albi nominãt. Vel Grobarſch/Grawberſich, id eſt, Percam fuſci coloris. Minorem uocant Kaulparß, hoc eſt, Percam rotundam, &c. ¶ Percæ nomina apud noſtros pro ætate etiam uaria ſunt. nã fœtus adhuc nouus & tener, Hürling uocatur, id eſt, hornus: paulò maior, ſed intra primum adhuc annum, Trãnle. Secundo anno, Egle. Tertio, Stichling. Poſtremo, Reeling/Berſich/& (quod inuſitatius eſt) Banſerle. Circa lacum uerò Acroniũ, præſertim Lindauiæ, puſillam Percam ſimiliter nominant Hürling: maiorem, Kretzer/(Conſtantię Stichling:) tertio Schoubfiſch. poſtea Egle/ uel Renckernegle. Vocabulum Stichling à pinnis aculeatis, Percis attributum, (ſicut etiam Kretzer, eâdem cauſa,) alibi piſciculis paruis tantùm, quos Aculeatos Rondeletius nominat, tribuitur. In noſtro lacu aliæ in profundo capiuntur, albiores, Triechteregle: aliæ propiùs ripam, colore magis fuſco, Landegle/Rotegle/Krãbegle. Græcè minimas, Percidia dixerim. maiores, Percidas: maximas, Percas.

POLONICE. Okun: Bohemice Okaun, uel Vuokauny.

Capito fl. à Rondeletio exhibitus.

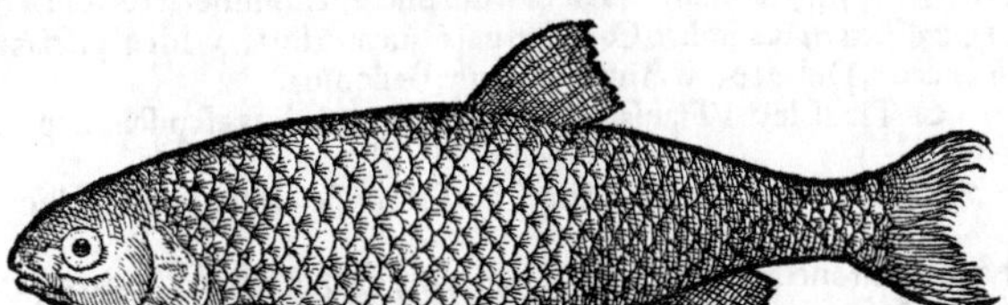

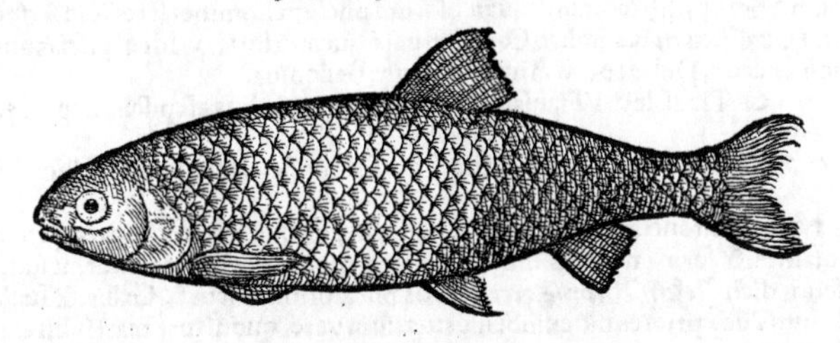

Eiuſdem alia icon è libro iconum Io. Kentmanni.

CAPITO ſeu Cephalus fluuiatilis. (λευκίσκος ποτάμιος, κέφαλος ποτάμιος, Græcè dici poteſt.) Hunc piſcem Auſonius in Moſella Capitonem nominauit. ¶ Idem uidetur Squalus olim Latinè dictus, quod nomen hodieq; Italia alicubi retinet. Varro lib. 3. de re ruſt. Squalos cum Mugilibus nominat: & Ouidio Squalus in herboſa arena degit: ſicut & Capito fl. Auſonio. Squali quidem nomen uulgus Latinorum iam olim à cephalo deprauaſſe uidetur. In Plinij Naturali hiſtoria bis Squalos legimus, (ubi Rondeletius Galeos intelligit:) ego utrobiq; Squatos uel Squatinos legendum ex Ariſtotele obſeruaui. Columella 8. 16. Veteres (inquit) in dulcibus aquis marinos etiam clauſerunt piſces: atq; eâdem cura Mugilem Scarumq; nutrierunt, qua nunc Muræna & Lupus educantur. Saluianus probè pro Scaro reponit Squalum. Apud Pliniũ Squali bis mentio fit: ſed locus uterq; (inquit Saluianus) ex Ariſtotele corrigendus, ut in altero pro Squalis Galeos, in altero pro Squalo Squatinã legamus. Plinius Valerianus medicus: Piſces de flumine qui petram habẽt, ut Tructi, Squalij, Comede. pro Squalij autem, legendũ Squali. Hi igitur authores, Varro, Columella, Plinius Valerianus, Squalum piſcem dulcis aquæ alumnũ, uulgaremq; & uilem faciunt: id quod Squalo noſtro conuenit, quemadmodum & uulgare nomen. Hęc ille. Longè quidem alius eſt Schwal/quaſi Squalus uulgò à noſtris dictus, è Leuciſcorum fluuiatilium genere. ¶ Alius piſcis eſt Thedo Auſonij, nullo ſpinæ nociturus acumine: alius etiam qui in Mugilum genere Chelon uel Bacchus nominatur, marinus uidelicet: quod moneo, quoniam non indoctus quidam confudit. ¶ Galenus (inquit Saluianus) hunc Leuciſcum dixiſſe uidetur, Mugili ſimilem in fluuijs, capite minori, ſapore acidiore: hæc enim Squalo noſtro conueniunt. Idem & Auſonij Alburnus uidetur: quem uilioribus ſuæ Moſellæ piſcibus adnumerat: quanquam Gillius alium piſcem qui Albo dicatur uulgò, Alburnum Auſonij putauit. Sic ille. Nos alios Leuciſcos huius Ordinis Parte I. propoſuimus: ut alium quoq; Alburnum, ibidem, prædam puerilibus hamis, ut canit Auſonius, utpote piſciculum exiguum, quod huic non cõuenit. Præterea Auſonius qua in regione ſcripſerit cogitandum eſt: et quinam hodieq; illic piſces ijſdem aut ſimilibus nominibus appellentur.

Leuciſcus. *Alburnus.* *Albo.*

c 2

ITAL. Veneti & Romani Squalum (Squaglio, Romæ) uocant, quem piscem Insubres Cauedanum, Placentini & his finitimi Cauezale nominant. Eundem nondum adultum Romæ Gauettum appellari audiui, Bellonius. Squalo, Squallo, Squadro, Squaio, Capidon, Cauedo, Caueano, Caueden. unde & Grapaldus Latina terminatione Cauedulum dixit.

GALLICE Munier (Musnier Lugduni, Bellonius) dicitur, quòd circa moletrinas plurimus sit. Ab alijs Vilain, id est, turpis ac fœdus, à uictus ratione: quia stercore, cœno, sordib. delectetur & uiuat, Rondeletius. Aulici ichthyopolæ Vilain, id est, uillanum aut uilem, commodè nominarunt, Bellonius. Alij Cheuesne, alij Calliastro, Cenomani & Andegauenses un Chouan, uel Testard à capitis magnitudine, Idem. qui alibi etiam Gobium fl. alterũ à suis Cenomanis Musnier appellari prodidit.

GERMANICE Alet/Allt/Alte/Elte/Mönen/Myn/Minwe/Menechen/ (unde Albertus Latinum Monachi nomen fecisse uidetur:) Furn: quod nomen alij (ut piscatores circa Acronium lacum) diuerso pisci attribuunt, quem nostri uocant ein Schwal è genere Leuciscorum fluuiatilium. Saxones & finitimi uocant Siebel, uel Seuel: unde quidam Dobulam Latina terminatione proferunt. aliqui Meusesser, unde Christophorus Salueldensis Murilegulum Latinè dixit. Quidam Schüpfisch (cõmuni squamosorum piscium nomine) si rectè id scribit Saluianus.

ANGLICE Cheuyn (ab Italico Caueden uel Caueano forte.) Idem piscis cum minor est et palmum non excedit, Pollarde ab Anglis uocatur, Bellonius.

BOHEMICE Tlausie uel Tlauslic, Dubiel Polonorũ alius est piscis, nẽpe Cyprinus latus.

CAPITO Lacustris quidam infrà cum Lacustribus describetur, qui Albus à Saluiano uocatur.

PRAETER Capitonem fl. illum nobis uulgarem, de quo iam diximus, alij etiam quidam similiter fluuiatiles, & forma non dissimiles, ad idem genus referendi uidentur, ut sunt apud Saxones & Misenos dicti Jesen/Rapp/Zerte/ nostris piscatoribus (sicut & Gallis, & Italis, ni fallor) incogniti. Horum duos priores hîc exhibemus: tertium uerò, quoniam è mari subit amnes, ad Partem V. differemus.

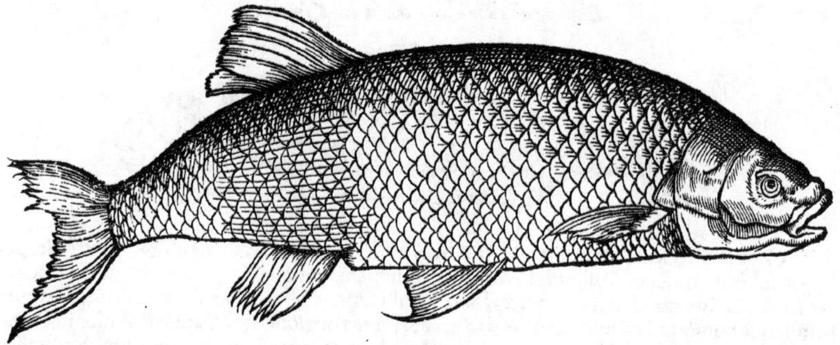

CAPITO fl. cœruleus cognominetur à nobis hic piscis, quem GERMANI accolæ Danubij Jentling appellant. fertur enim cœrulei coloris esse, dorso præsertim & partim capite: Capitone Ausonij minor, cum rarò duas libras (XVI. unciarum) excedat. Latera & uenter argentei coloris sunt: pinnæ fermè ruffi, sicut & cauda. Assus præfertur: unde aliqui Bratfisch appellant. Saxones Jesen: qui ad Viadrum habitant, Jesitz: Dantiscani Jesus. aliqui Jese, e. ultimum nõ proferentes, & primum obscuriùs instar æ. diphthongi ferè. Hic piscis (ut Stephanus Lauræus Ferdinãdi Augusti medicus, à quo etiam iconem accepi, me docuit,) neutiquã salubris est, quòd pinguiusculus sit, et non saxatilium modo friabilis, suauis tamẽ satis, estur frigidus, assus potissimum: quanuis & elixus, & alijs modis. Longitudo eius cubitum non excedit, nec latitudo tres aut quatuor digitos. post Pascha potissimùm capitur. ¶ Idem fortè piscis est qui Bratkarpfe à Germanis Poloniæ finitimis uocatur. Quærendum etiam an idem sit, qui circa Coloniam & apud inferiores Germanos in Rheno Macrell uel Macrill dicitur, & alio nomine Bratfisch, ut Adamus Lonicerus tradit: & in aquarum fundis latêre addit, noctu cum face à piscatoribus capi. Eum quidem Lucium Ausonij esse, non rectè conijcit. Longè alius est qui in mari Macrill dicitur, nempe Scomber.

POLONICE Iaiz, uel Ieśieñ. quærendum an idem sit qui Glouuaz ab eis dicitur, ob magnitudinem capitis, de quo suprà Parte III. ubi de Cyprinorum differentijs agitur.

CAPITO

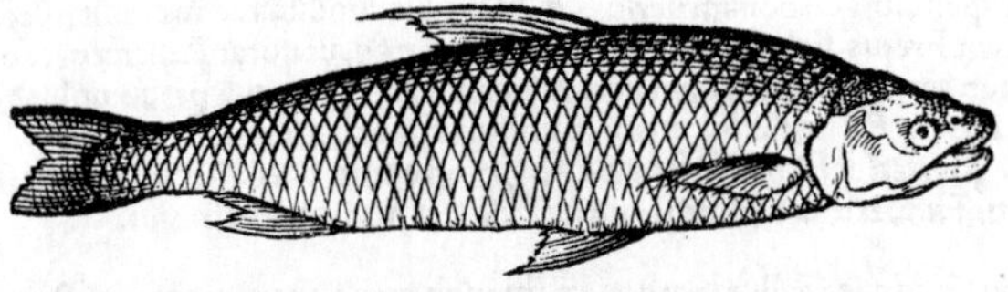

CAPITO fl. rapax aut uorax discriminis causa cognominetur hic, quem GERMANI Misent ein Rappe, id est, Coruum appellant. Est enim (ut Ioannes Kentmannus scribit, qui effigiē quoq; cōmunicauit) Corui auis instar rapax uoraxq́; non minùs ferè perniciosus uorandis piscib. quàm Silurus & Lucius. In Albi capitur: in quo etiam nascitur, non aduena est. Squamis tegitur latiusculis, tenuibus & perspicuis. Longus est, crassus, & carnosus, carne aristis plena. longitudine ad latitudinem quintupla. Dentes ei non in ore, sed in faucibus sunt. Maximi qui apud Misenos capiuntur, ad sex aut septem libras (sedecim unciarum) accedunt, &c. Piscis est admodū laudatus & boni saporis, tum assus, tum elixus, si ritè coquatur, quod plerique ignorant. facile enim in partes aliquot dilabitur, si in feruidam immittatur. itaq; ab initio statim in frigidam præparatus immitti debet, ut pariter cum aqua concalfiat, &c.

Icone sequentis piscis non opus est: nam per omnia Capitonem fl. communem nostrum refert, nisi quòd minor est.

CAPITO uel Squalus fl. minor, aut minimus potiùs, est qui à GERMANIS Häßling appellatur, quasi Lepusculus: fortè quòd agilitate ac celeritate natandi lepores repræsentet. scribitur autem uarijs modis: Hasele/ Haßle/ Heßling. In Albi Heßling appellatur, uel à dorsi crassitie, Dickruck, id est, παχύνωτος: uel nimis cōmuni nomine Weyßfisch. Argētinæ Schnotfisch uel Schnatfisch. (Alicubi etiam Meifisch, à mense Maio, quo præfertur: quod quidem nomen Alausæ etiam tribuitur.) Coloniæ Kolfisch, hic aut alius persimilis. In lacu iuxta Tugium Heluetiorum Ganghaßle uocatur: & Suala nostra siue Gardus ibidem Haßle dicitur, sicut etiam Lucernæ. Glyssen apud piscatores nostros generale nomen est ad piscium species tres, quas uocāt Hasele/ Laugele/ Schwalen. ¶ Quòd si quis Leuciscum maiorem appellare uoluerit, permittemus. est enim Leuciscis illis, quos suprà Parte 1. huius Ordinis descripsimus maior. Capitur apud nos tum in lacu, tum in fluuio. fluuiatilem oculis rubere aiunt: lacustris non rubet, sed superna oculorum parte flaua est. Dentes in faucibus utrinq; cōditos habet, sicut et Capitones maiores. Dorsum ei fuscum & crassum est, & similiter caput. squamis mediocriter magnis tegitur. Circa ripas plerunq; natat, ubi ex herbis uermiculos legit, & muscas aut culices riparum marginibus insidentes rapit.

GALLICVM nomen nescio. nam Haseaux Gallis dicti pisces, Cyprini lati minores sunt.

ITALICE, ni fallor, Stretta uocatur in Lario lacu, à corpore longiusculo & stricto, id est, minimè lato. in Verbano Giauetta. Papiæ Kabacello.

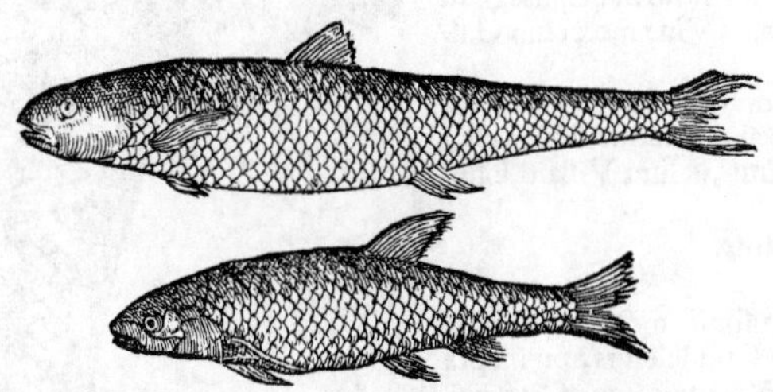

MVGILVM fluuiatilium species duæ Rondeletio. Frequentissimus (inquit) est piscis in riuulis & fluuijs labentibus ex montibus Cemeneis, qui à uulgo Siego uocatur. Hunc ad aliud quàm ad Mugilum genus reuocare non possum: Quemadmodum nec pisciculum illum qui à Lugdunensibus Friton & Friteau nominatur: qui superiori ferè similis est, sed minor. palmi enim longitudinem uix superat: superior in Arari, & in alijs quoq; aquis, etiā cubitalis est. Hic corporis aspectu Mugilibus *(fortè fluuiatilibus)* similis est: nec non pinnis, earum numero, situ, cauda, partibus internis. Rostro est acutiore, sine dentibus. Idem cum inferiore *(maior nimirum cum minore)* qui in Arari frequens est, uictus ratione, carnis mollitie & succo maximè conuenit. ¶ Siego piscis (inquit Dalechampius Lugdunensis medicus in epistola ad me) nō in Arari nostro gignitur:

c 3

sed in Erari (uulgò Erant) fluuio, qui sub Agatham (uulgò Ade) mare ingreditur, quatuordecim millibus à Monspessulo Narbonam uersus. ¶ Idem sale conditos ad me misit pisces binos ex ijs, quos Galli uocant Fretus, Friton, & Friteau, quasi πταγηνισκ͂ς, ut uocat Athenæus. eos quidem nostri piscatores non agnoscunt, tanquam peregrinos. De hoc quanquā paruo uolui hîc agere simul cum maiore: quoniam Rondeletius etiam in unum caput coiniunxit.

GERM. F. Zweierley fisch in süssen wassern/ von der art der Aleten/ zů Lyon bekañt: der grösser wirdt auff anderthalb schůch lang: der kleiner nit über ein spann.

VMBRA in Gardone Galliæ Narbonen. flumine, ex Truttarum genere est. qui uerò eodem nomine piscis in Lado nostro reperitur, Mugilis fluuiatilis species est, Rondeletius.

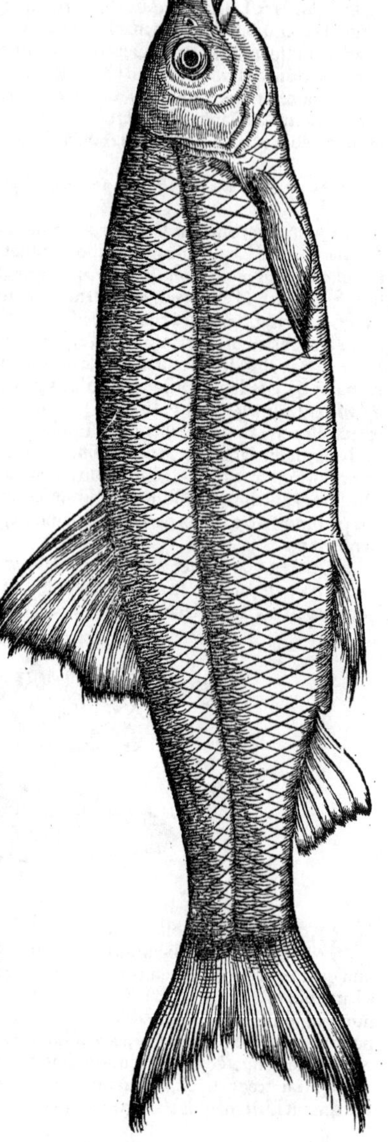

NASVS (uulgò dictus) piscis est in Danubio, et aquis in Danubium influentibus: similis Monacho *(id est, Capitoni fl.)* sed tenuior, naso ualde crasso, Albertus. Noscitur hoc nomine piscis passim apud Heluetios & Germanos. ¶ Peculiare nec illaudatum genus piscium est, in amnibus & aquis Lani degens, carnosum, molle & rotundum ferè, Barbatulorū *(Barborum fl.)* penè gustu, duorū triúmue palmorum magnitudine, quod Germani Nasen quasi Nasutum nominant, Adamus Lonicerus. *Nasutus. Naso.* Ergo uel Nasum, uel Nasutum, uel potius Nasonem appellabimus hunc piscem: cuius in aliorum qui hactenus de piscibus scripsêre libris nullam extare mentionem, quod sciam, demiror. ¶ Labrum seu rostrum superius crassum, simum, obtusumq́ue habet: unde et Simus Latinè, Græcè Σιμὸς dici poterit. *Simus.* nam eôdem nomine piscem inter Niloos legimus. nempe ut fluuiatiles quidā Mugiles siue Leucisci à rostri acumine Oxyrhynchi uocantur: ita hic ab eodem simo crassoq́ue Simus & Pachyrhynchus, rectè uocabitur. *Pachyrhynchus.* Genere quidē Leuciscis fl. adscribi debet. Venter eius intrinsecus nigerrima membrana ambitur. Os eius ueluti labra habere uidetur, ut ab ijs Labeo aut Chelon fluuiatilis dici mereatur. *Labeo fl.* Plebeius planè piscis est, carne semper laxa & insipida. In Rheno præstantior habetur.

ITAL. Circa Tridentum Saueij uulgò dicitur, duabus syllabis. Vide mox cum Gallicis nominibus.

GALLI & Itali multi, puto, nomina eius cū Capitonis fl. (cui aliquo modo similis est,) nominibus confundunt, ut sunt Villain, Cheuena, Musiner.

GERM. Ein Nase.

BARBVS ab Ausonio dictus, Barbulus Platinæ: quem Rondeletius non ineptè ob rostrum longius & acutius inter Oxyrynchos cōnumerari posse scribit: quoniam multi (inquit) eo nomine à ueteribus donati sunt. ¶ Nos Sturiones & similes eis pisces olim oxyrynchos dictos ostendimus. Est & in Mugilum genere oxyrynchus: & Rondeletius primam Leucisci fl. speciē, oxyrynchum de Mugilis fl. genere esse insinuat. Est & suus Nilo oxyrynchus, quem Lucium esse Bellonius suspicatur: & alius maris Rubri. & Antuerpiæ uulgò dictum Hautin piscem fluuiatilem, Ronde-

Barbus hic à nostro pictore delineatus est, maiusculus quàm uellem, ut & alij multi.

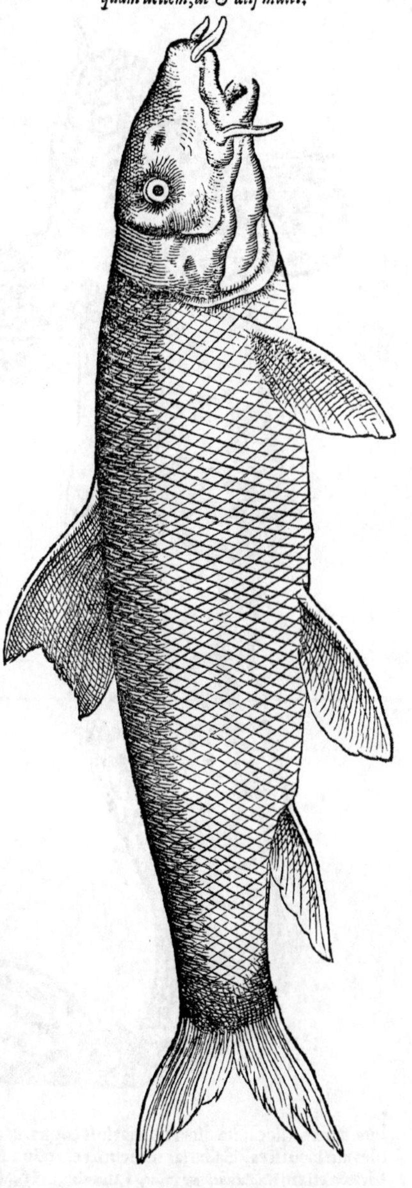

Rondeletius oxyrynchum nouo nomine appellat. Quamobrem Barbum piscem neque oxyrynchum, neque oxyrynchorum generis facere libet: ne tamen asymbolos abeam, de uetere eius nomine, coniecturam meam proferam. Barinus (Βαρῖνος) Aristoteli dictus piscis, an Barbus sit, quærendum. nam & nomen alludit, & fluuiatilem esse piscem, & præ obesitate sterilescere ei conuenit. Gazæ interpretatio pro Barino non rectè Carinum habet.

¶ A recentioribus quibusdam Barbulus, aut Barbellus, Barbatus aut Barbo uocatur: à nonnullis ineptè Balbus. & quoniam Barbatulus est, ut Mullus, ab imperitis cum Mullo longè diuerso & marino pisce confunditur. Alexander Benedictus Mullum fl. uocat. ¶ Ab accolis Strymonis Græcè loquentibus, Mustacatus uel Mystus dicitur, teste Bellonio: à mystace, id est, barbitio, quanquam superioris labri barbam tantùm propriè mystacem Græci nominant. Mystus etiam in Nilo frequenter capitur, inquit Bellonius: sed quomodo Lucius Italicus à Gallico differt, sic Nili Mystus à nostro dissidet. noster enim oblongus est, & quasi teres: Niloticus uerò crasso & recurto est corpore. Memphi libras XX. pendentem uidi: quo in loco Mythus uel Mystus dicitur. uulgus Græcum Mustachato pronunciat, Sic ille. Idem Mystum marinum quoque reperiri scribit in Adriatico, fluuiatili magna ex parte similem, &c. qui si similiter Mystus & Mystacatus appellatur, an Plinij Musculus sit & cetorum dux, quærendum: mihi tamen Mustela potiùs dux ille uidetur, &c.

ITALICE Barbio, Barbo. Mediolanenses, iam adultos Barbos, Barbaros uocant: minores uerò, Balbetos.

HISPANICE Bárbo, Báruo.

GALLICE Barbeau, Barbet: & Barbarin, quum minor est.

GERMANICE Barb/Barben/Barbel/Bärbele. Saxonibus Parme. Flandris Barme. ¶ In Rheno circa Scaphusiã Weidfisch appellantur, pisces qui per hyemem in libero flumine uagantur & pascuntur, quod præcipuè Barbi faciunt. & hi quidem meliores sunt, capite minore, corpore rotundiore & obesiore, quàm qui in latibulis se cõtinent, quos Lägerbarben appellant. Ex his uagantibus aliqui reperiũtur steriles, in quibus nec genitura nec oua inueniuntur. eos Jüncker-lin/id est, Nobiles uocitant, & quouis anni tẽpore in cibo commendant.

MVSTELA fluuiatilis dici potest, piscis quem Rondeletius Gallico nomine Lotam appellat. Mustelæ enim marinæ perquam similis est: multò quidem similior quàm Lampreda, hoc est, Mustela fl. Ausonij. quæ è mari flumina subit. hæc non item. Sunt autem species eius diuersæ, aliæ fluuiatiles tantùm, aliæ lacustres tantùm, aliæ fluuijs & lacubus fortè communes.

Antiquum eius nomen non constat. Bellonius Clariam fluuiatilem uocat. sed Clariam Oppianus per syncopen pro Callaria dixit: qui piscis marinus est, Asellorum generis: Mustela-

c 4

Icon hæc Mustelæ fl. nostræ est, maior proportione quàm oportebat: pinnula etiam dorsi anterior non satis distincta, incuria pictoris.

Eiusdem alia icon à Rondeletio exhibita: in qua squamæ forsitan nimis manifestæ sunt.

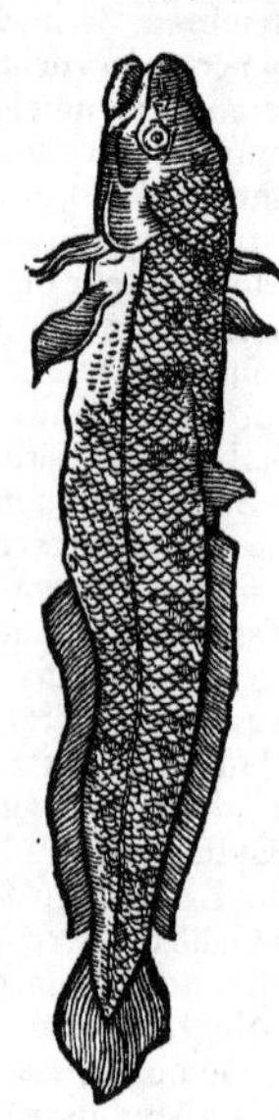

bus tamen (liceat ita dicere) marinis cognatus. quamobrem nostras quoque Mustelas fluuiatiles aut lacustres, Callarias nuncupare, addita aquæ dulcis differentia, absurdum non fuerit. &
Callarias. *Alabes.* Græce etiam Καλλαρίαν ποτάμιον ἢ λιμναῖον, uel γαλῆν ποταμίαν ἢ λιμναίαν appellare. ¶ Alabes, ἀλάβης, inter Nili pisces à Strabone numeratur: à lubricitate nimirum dictus, quòd manu capi non possit. hic si Lampredæ aliqua species non est (sicut & Olisthus, id est, Lubricus Oppiani,) Mustela fl. hæc nostra uideri poterit. hanc enim in Nilo capi certum est: etsi specie diuersam à nostris. Mem-
Clarias Niloticus. phi (inquit Bellon.) pisces quidam edules circunferuntur, è Nilo capti. quorum nonnulli sunt insipidi, alij ita uiles, ut à pauperibus tantùm edantur. quorum ex numero quendam obseruaui, cuius glabra pellis ut Anguillæ erat, Clariam (hoc est, Lotam Gallicam) referentem: unde Clariam Niloticum uocari posse credidi. Pedalis est longitudinis, (aliquando cubitum excedit,) brachijque crassitiei.

crassitiei. Cirros duos semipedem longos ac molles gerit, unde Barbatulã pleriq; in Aegypto uocant. Superius labrum paruuos admodum dentes duobus ordinibus dispositos habet: inferna autem maxilla, tantùm exasperata est. Folliculum qui piscibus datur ad natandum, faui in modũ crebris foraminibus pertusum habet. Ex his Bellonij uerbis, Clariam Nili ab eo dictum, commune quidem aliquid cũ Mustela fl. nostra habere apparet: sed specie differre, aut potiùs genere proximo. Mustela enim nostra neq; dentes, neq; folliculum habet: & cirros duos, qui à parte oris superiore prominent, admodum breues: Nili Clarias semipedem in pisce pedali longos. Quamobrem Silurum Nili esse dixerim hunc piscem. nam & nostra Mustela Siluro similis est: ac idem esset, si magnitudo corporis, & Barbularum longitudo accederet. Dentes etiam conueniunt, duplici ordine superiùs, simplici inferiùs, labro tantùm exasperato. sunt autem parui admodum utrobiq;. Silurum autem hunc potiùs quàm Glanim esse coniicio, quoniam in Nilo Silurum, etiã ueteres scriptores memorant, Glanim nemo: nisi fortè Bellonius, qui hos pisces non distinguit. Nec refert pedalem tantùm hunc piscem ab eo describi: cum postea circa Busirim cubito longiorẽ se uidisse scribat, & fieri potest ut longiores inueniantur. neq; enim ipse multo tempore immoratus est. Esto igitur hic Silurus: aut certè Blax, piscis Siluro similis, (ut Suidas scribit,) sed inutilis adeò ut ne Canes quidem gustare uelint. ¶ Iouius hoc piscium genus Gobios fl. nominat: Bellonius omnino diuersos esse ostendit. Murmellius multò ineptiùs Alausas facit. Falluntur & qui Lacertos, & qui Myxones existimant. ¶ Fluuiatile genus unum est & simplex, cuius figurã exhibemus. idq; apud nos (puto) in fluuijs nascitur: alibi è riuis in maiora flumina, ut Albim, transit. In lacubus uerò nostris species duæ aut tres, tum à fluuiatili, tum inter se diuersæ inueniuntur. diuersitas, colore, magnitudine, & pinnis, præcipuè dorsi, pluribus, aut paucioribus, constat.

Silurus Nili

Blax.

ITAL. Insubres hos pisces Strincios & Botetrissias appellant, uulgò Bottatriso, Strinzo, Iouius. Circa Comum Srinz, Bostriz, & Strinco, nomina usitata sunt. Bottatrissa, ad lacum Verbanum. alijs Trinca. A Benedicto Iouio inter Larij pisces Trisius appellatur: & ab Heluetijs simili uocabulo Trüsch. Botatrisso quidem propriè in lacubus quibusdam dicitur, species maior. Glanim piscem (inquit Bellonius, qui Silurum à Glanide non distinguit) refert is, quem Insubres & Taurini Botetrissam nominant, dempta magnitudine. sunt enim tam propinqua similitudine, ut eorum alterum maiorem, alterum uerò minorem dicere possimus. Sic ille: qui & Strinsiam Italico nomine hunc piscem appellat. Fluuiatilem uerò Clariam priuatim, ab Italis Botolã, uel Botũ uel Botã nuncupari tradit: quæ tamen nomina Gobioni fl. capitato potiùs conueniunt. Bottatrisiæ nomen ex utroq; compositum uidetur. Bottam Itali quidam pro Rana rubeta uel Buffone dicunt. est autem huic pisci rictus similiter diductus. ¶ Hunc piscem Paulus Iouius & Matthiolus fluuiatilem Gobium esse (non rectè) crediderunt. nos quoniam aliud nomen uetus nullum extat, cum Benedicto Iouio Triseũ uocabimus, Saluianus: qui in fluminibus & lacubus quibusdam tantùm hunc piscem procreari addit: nec intellexit fluuiatiles & lacustres Triseos specie differre: & eundem esse quem proximè antè è Germania missum descripserat, simili nomine Treischen: pro quo alij Rutten uel Ruppen proferunt.

Glanis.

HISPAN. Lusitanis Enxaroquo dicitur: sed hoc nomen magis conuenire puto Ranæ piscatrici.

GALL. Circa Lugdunum Lota (uel Lotta) in Arari. Geneuę uerò Motella, quasi Mustela nominatur, Rondeletius. Vulgò Barbota dicitur, non à Barbis: sed ex hoc quòd Galli barbotare, cœnum & fimum rostro, anserum modo, commouere dicunt. Sunt qui Marmotum uocent, Bellonius. A Gallis Senonibus Boullause uocari audio: fortè quòd plerunq; uenter eius ceu bullis infletur. Sabaudi Moustelle uel Mouttoile (alij similiter Cobitidẽ fl.) nominãt. Moustoile, ad lacum Neocomensem. Circa Rhodanum alicubi (haud scio an Vallesij) Setchot.

GERMANICE Trüsch, apud nos præcipuè: Treüsch/Triesch. Et circa Acronium lacũ priuatim sic uocatur huius piscis species, quæ in profundo uersatur. quæ autem in summa aqua & procellis obnoxia natat, Constantię ad eundem lacũ Wellfisch, Lindauiæ Guellfisch dicitur. estq; ea minor, pulchrior, nigrior, & in cibo delicatior, quàm quæ in gurgite manet. Idem piscis, magnitudine & ætate minor, Moßerle, à musco & alga nominatur. sunt qui Latinum nomen Musconis ei finxerunt, nescio quàm rectè. Constantiæ tamen, alterius generis, quod in profundo agit, paruum adhuc piscem Moserle nominant: deinde maiorem, loco etiam uictuq; mutato, Triscam. Reliqui Germani nominibus in hoc pisce diuersis plurimùm uariant, ut uix in ullo alio. Alijs enim alijsq; locis nomina usitata sunt hæc: Rugget/Rutte/Ruffelck/Rufolck/Rofolck/Rup/Raup/Alrupp/Olrupp/Oelrappe. item Quappe/Putte/Püüt/ quæ nomina Ranam uel Rubetam significant. alij compositis ab his nominibus & Anguilla uocabulis, Alput/Aelputt/Alquapp.

Musco.

Apud Albertum leguntur etiam hæc nomina: Almutzen/ (malim Alpuitten.) & Lumpen. De eodem (inquit) fertur, quòd circa duodecimum annum ętatis, cum in maximam quantitatem excreuit, Solaus appelletur. ego pro Solaus legendum puto Salaut uel Salut: ita enim Sabaudi & uicini Heluetij Silurum nominant: quem tamen ex Mustela hac nostra nasci falsum est. ¶ Est & Milker uel Melker, à lacte deriuatum nomen, inferioribus Germanis de hoc pisce uulgare: Galaxiam fluuiatilem Gręcè dixeris, (nam alius Galaxias siue Galarias marinus est.) Nomẽ

Galaxias.

id positum à lacteo iecoris colore puto: quale in magnis lacustribus nostris præcipuè uisitur. Rondeletius iecur albicans Lotæ etiam suæ tribuit, & Barbotæ. A Geldro quodam accepi piscem Mustelę nostrę prorsus cognatum, sed breuiorem, crassiorem, & nigriorem, à Geldris suis **Milker** uocari, & alio nomine **Kutt**: (sed posterius hoc diuersi etiam piscis nomen est.) Iidem **Milker** uocitant, Harengum marem priuatim, non omnem piscem marem ut nostri. **Alcute** quidem nomen pro hoc pisce apud Albertum etiam legitur, nescio quàm rectè. quin & Mustelam fossilem uel uariam quibusdam Latinè dictam, aliqui **Meerkutt** appellant.

ANGLI **Powte** nominant: & **Elepowte**: sicut & Germani inferiores **Putt** & **Alputt**: quorum nominũ rationem explicaui superiùs: aliter quàm ab Anglo quodam nuper accepi, qui **Elepowte** uocari aiebat, quasi Anguillam uentricosam.

ILLYRICE. Poloni uocant Mientus, Bohemi Mnik.

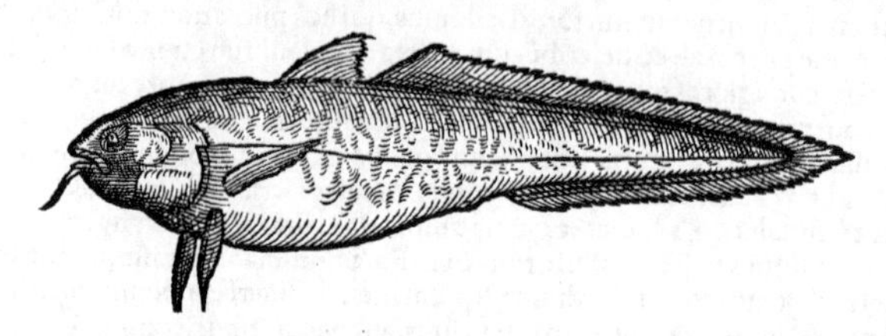

MVSTELAE fluuiatilis species alia à Rondeletio exhibita: qui non alio quàm uulgari Gallico nomine Barbotam appellat. In lacubus (inquit) & fluuijs minimè rapidis Lotæ species, uel ei persimilis piscis nascitur, qui à uulgo Barbota nominatur. Lotam corporis specie refert, nisi quòd rostro est acutiore: item cauda tenuiore, & magis in acutum deficiente, uẽtre prominentiore, alijs omnibus similis. ¶ Bellonius Clariam fl. simpliciter, Barbotam nominauit. Apud Albertum Borbocha, ut conijcio, pro Barbota legitur. Sed Husonem quoq; uulgò dictum Danubij piscem ab accolis Tanais Barbotam nominari scribit Bellonius, à barba scilicet.

GALL. Barbote, ut dictum est.

GERM. **Ein art der Trüschen mit einem spitzen schnabel / vnnd dem schwantz auch gespitzt: mag ein Spitztrüsch genẽnt werden.**

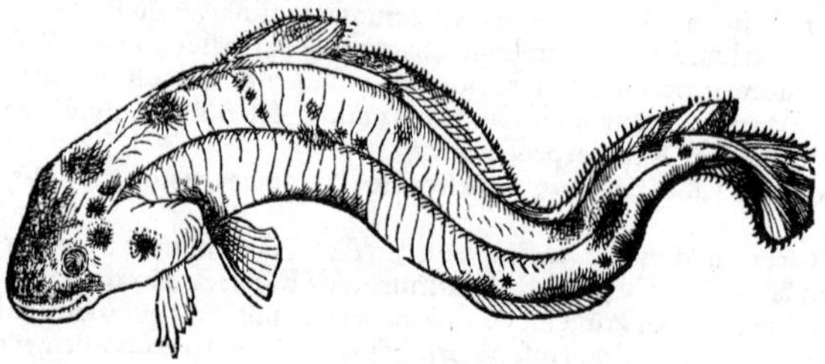

MVSTELAE fl. nostræ, pulcherrimis distinctæ coloribus, flauo, croceo, cãdido, roseo, atro, oculorũ pupilla nigra, parte ambiente cœrulea, ante paucos annos in Bohemia captæ sunt: & Pragæ propter pulchritudinem Regi seruatæ uiuæ in uase amplo aqua pleno, nõ sine limo fundi. Earũ unius iconem hîc exhibeo, qualem Io. Thanmyllerus iunior, chirurgus Augustanus, ad me dedit.

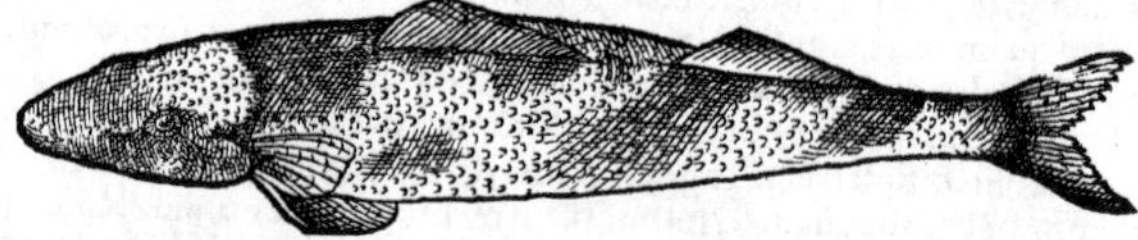

ASPER Danubij, quem hic proponimus piscis appelletur, propter similitudinem eius cum Aspero Rhodani (quem dedimus suprà Parte II. huius Ordinis:) quanquam multò maior. Capitur Vlmæ alibiq; in Danubio. Squamis (ni fallor) tegitur. dodrantalis plerunq; & libræ pondere est: sed etiam ad duas aut ad summum tres libras (XVI. unciarum) accedit. Pinna à podice, incuria pictoris omissa uidetur. Colore est partim è fusco ruffescente (ut icon præ se fert, tum ea quam Iulius Alexandrinus Ferdinandi Augusti medicus ad me misit: tum altera, quam Raphael Seilerus

Sellerus I. C. Augustanus) partim nigris maculis satis magnis per interualla distinctus: quarũ aliquæ à dorso ad uentrem obliqui tendunt. Lautissimum esse aiunt simul & saluberrimum omnium Danubij piscium. in piscinis seruari non posse. caudam adeò duram habere, ut uix amputari possit.

GERMANI eum uocant Zindel/Zinde/Zundel/Zinne/Zingel.

VNGARI Kolkz.

TRVTTARVM GENERIS DIVISIO.

Truttarum aliæ sunt fluuiatiles, aliæ lacustres.

Fluuiatiles aliæ sunt:

- Paruæ, albæ, in Santonum & Boiorum fluuijs. cubiti magnitudinem uix attingunt, capite mugilis ferè, &c. Rondeletius. Bachforen. hæ apud nos tantæ non fiunt.
- a. Maiores, flauæ, in Erari.
- b. Subnigræ, maculis rubentibus. colorem illum (inquit Rondeletius) ex Senio cõtrahi existimo, eæ enim omniũ maximæ sunt, & lacustribus illis similes, quę Truttæ salmonatæ uocantur. Hæ in riuis Misniæ Lachßforen appellantur, composito à Salmone & Trutta uocabulo, carne rubẽte, maculis aureis: (unde alicubi, ni fallor, etiã Goldforen nominãtur, alibi Schwartzforen:) quæ in cæteris uulgaribus Truttis nigricant, ut Misenus quidã ad me scripsit. Agricola Truttas nigris maculis reperiri annotauit ad Suarceburgum Misenæ oppidũ, in fluuio cognomento Nigro, &c.
- a. b. Eas quæ flauescunt & nigricant ab albis differre comperio, quòd illis rostrum sit acutius, & ueluti in fronte macula nigra. præterea albæ minores sunt, & carne minùs flauescente, Rondeletius.
- Rottela uel Hucha dicta Germanis circa Augustam, eadem fortè alibi Teichforen dicta, id est, Trutta piscinaria.
- Salmo etiam fluuiatilis quædam Trutta uideri potest. / Item Eperlanus. / Salmarinus circa Tridentũ dictus, proculdubio Truttæ quædam fluuiatilis est. } Sed hi ambigũt inter fluuiatiles & marinos.

Lacustres sunt, ut:

- Trutta magna uel salmonata, in magnis lacubus. } Grundförine. Salmonem lacustrem dixeris. Seeförine. } Schwäbförine.
- Carpio Benaci.
- Vmblæ uulgò dictæ:
  - Minor, in lacu Tigurino, & alijs, Rötele.
  - Media, in Lucernensi, & Lemano, Rooten.
  - Maior, quã in Lemano equestrẽ cognominant, groß Rooten.
  - } Differũt hæ à cęteris Truttis omnib. cũ aliâs, tũ quòd carnem longè molliorẽ habent: in minore Vmbla etiã lapillos in cerebro obseruaui.

Truttis cognati sunt, sed absque dentibus:

- In fluuijs, Thymallus & Vmbra.
- In lacubus, Lauareti & similes.

TRVTTARVM NOMINA ET DIFFERENTIAE APVD Anglos, ex Guil. Turneri epistola.

TRVTAM Angli uocant a Trute uel Trowte. Earum in Anglia duo genera reperiuntur. Alterum, quod Ausonij Salar (*nimirum et ipse, ut Gillius & alij, Salaris nomine Truttam fl. simpliciter accipit*) est, à Northumbriẽsibus meis uocatur a Burutrout (*Germanico fortè* Fore, *& Gallico* Trout*e, unius piscis nominibus in unum confusis, ex his enim duabus linguis Anglica ferè constat hodie.*) Ad hoc genus alia species referri potest, Trutta illa quæ uocatur an Alerfanght: hic piscis quàm alter (*superior*) uentre magis prominulo est, & per omnia crassior, & maxima ex parte, ut ille in locis uadosis & non ita profundis: ita hic in profundioribus torrentium & fluuiorum locis, sub alnorum radicibus, quæ ad ripas fluuiorum nascuntur, interdiu delitescit. atq; ideo ab alno, quæ nostra lingua uocatur alder uel aller, nomen sibi sortitus est. Alterum Trutæ genus in Northumbria uocamus a Bulltrout, hoc est, Trutam taurinam, ab insigni magnitudine qua alias Trutas superat, cubito enim aliquando longior reperit. crassior est Salmone, pro ratione suæ magnitudinis: sed capite, si rectè memini, breuiori. Caro est quàm Salmonis multò siccior & friabilior, & multorũ palatis gratior. Accepi eandem in alijs Britanniæ regionibus uocari a Gray trout, & alijs a Skurf.

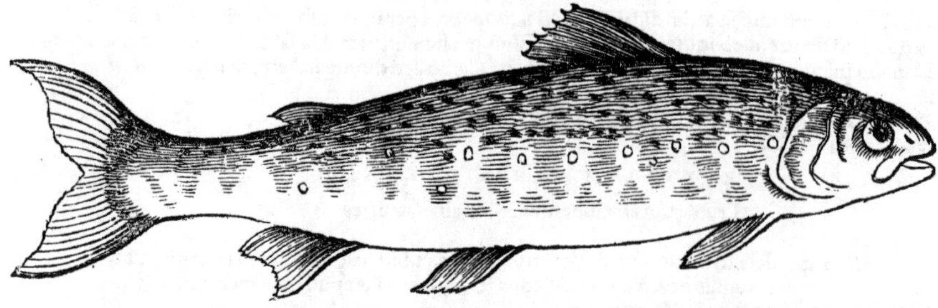

TRVTTA uulgò apud Gallos & Italos dictus piscis, ut hodie à plerisque literatis, sic olim etiam à diuo Ambrosio & Isidoro Hispalẽsi, similiter Latina terminatione uocatus est. Varij, inquit Isidorus, à uarietate dicti sunt pisces, quos uulgò Truttas uocant. Cum igitur tum quoque uulgare hoc nomen fuerit, non Latinum aut Græcum, nec apud ullum uetustiorem scriptorẽ inueniatur, antiquum aliquod eius nomen indagemus. Plinius Valerianus etiam Truttos & Squalos nominat: apud quem & alia quædam recentiora legũtur, quæ ab aliquo ei adscripta esse aliquis suspicetur. *Truta.* Platina t. simplici Trutam scribit. Torrentinam Scoppa grammaticus Italus nominat, facto à torrentibus nomine: in his enim, & riuis mõtanis abundat. Platina Trutas dictas putat, à trudendo, quòd semper in aduersum & impetuosum flumen nitatur hic piscis. *Troctes.* Troctes quidem Aeliani, marinus piscis est, idem planè qui Amia: non Truta, ut quidam putarunt. Alias aliorum opiniones nimiùm leues prætereo. *Salar.* Salar Ausonij, non Trutta sed Salmo paruus mihi uidetur. *Fario.* Fario autem Ausonij, si rectè ita legitur, (nam plures Sarionem legunt,) Trutta fuerit, uulgari Germanis nomenclatura accedente. nec mirum si hunc piscem à Salare & Salmone ætate tantùm differre existimauit Ausonius, uulgarem quorundam persuasionem secutus, &c. *Varius.* Varius nomen de hoc pisce Isidori seculo eruditis in usu fuit, ut diximus, aspernatis nimirum uulgare nomẽ Truttæ: non quòd antiquiorum aliquis ita uocasset. Lupi quidem alij concolores (ferè,) lanati à candore dicti: alij uerò uarij, quorum Columella & Xenocrates meminerunt. Hos ipsos Lupos uarios, Truttas nostras esse, Iouius & post eum Saluianus contendunt. quibus contradicit Rondeletius, cuius ego sententiam sequor. *Turtur.* Recentiores aliqui Truttam uocant Turturẽ, sine authore. ¶ Aelianus in Astręo Macedonię fluuio pisces colore uarios (τὴν χρόαν κατασίκτυς,) nomine ab incolis Macedonibus interrogando, gigni refert: qui peculiares quasdam illi fluuio muscas, circa summam aquam uolitantes, appetant. Videtur aũt planè de Truttis nostris sentire. *Thratta.* Thrassa uel Thratta Aristotelis, Trutta uideri potest, ut pluribus dicam in Alausæ mentione, mox Parte v. Thrassæ pisces apud nos uarij dicuntur, inquit Niphus Italus, de Truttis ne an Lupis uarijs sentiens, nescio. in Italia equidem Varij nomen de nullo pisce uulgare esse puto, præterquàm Lupo marino, qui Venetijs Varolo appellatur, quasi Varius aut Variolus: quanquam & Phoxini species, pisciculus quidam læuis, Varon (quasi Varius) alicubi appellari solet. Mnesithei certè apud Athenęum Pyrûntes, non alij quàm Truttæ fuerint. Ex fluuiatilibus (inquit) optimi sunt Pyrûntes, qui non nisi in rapidissimis ac gelidis fluuijs gignuntur, & faciliùs quàm cæteri fluuiatiles concoquuntur. Sic ille. Nihil autem refert, an Pyrûs masculino genere proferatur, πυρόεις, πυρῶς: an fœminino, Pyrussa uel Pyrutta. præstiterit tamen masculino gen. efferre, ut subaudiatur ἰχθύς, est enim adiectiuum ab igneo uel rutilo colore factum, &c.

ITAL. Trotta, Trutta: & Trutala circa Larium lacum, diminutiuo nomine. Apud Rhætos qui Italica lingua corrupta utuntur, Criues.

TRVTTARVM fl. generis est etiam qui Salmarino uel Salamandrino apud Tridentinos dicitur: cuius historiam & iconem Saluianus dedit.

GALLICE & Sabaudicè Troutte, Truitte.

GERM. Fore/Forhen/Förine/Forel/Forell. plerique primam per f. pauci per u. consonantem scribunt, ut Vorheile, quasi Variolus.

ANGLICE a Trute/Trowt. Vide superiùs paulò de Truttarum nominibus & differentijs apud Anglos, ex epistola Turneri.

QVOD Trutta multigena sit, id quidem ex stellis *(punctorum uarietate)* statui uix potest. nã diuersi amnes eiusdem generis pisces diuerso modo pictos habent, quanuis in eodem tractu capiantur interdum, ut Rilla Neustriæ fluuius, Bellonius.

GERMANICE dicti Bachforen & Waldforen, à riuis & torrentibus syluarum denominãtur: Goldforen & Schwartzforen, à colore: & eędem, ni fallor, Lachßforen, composito à Salmone et Trutta nomine: quòd Salmonem tum magnitudine, tum carnis colore referant. Lege superiùs in diuisione Truttarum generis. His similes in lacubus maioribus reperiuntur, Seeförinen Grundförinen/Schwäbförinen: de quibus inter lacustres dicemus. Goldforen squamas habent

bent deauratas Augustæ Vindelicorum: **Rotforen** carnem habent rubentem & ualde sapidam, ut annotauit Val. Cordus.

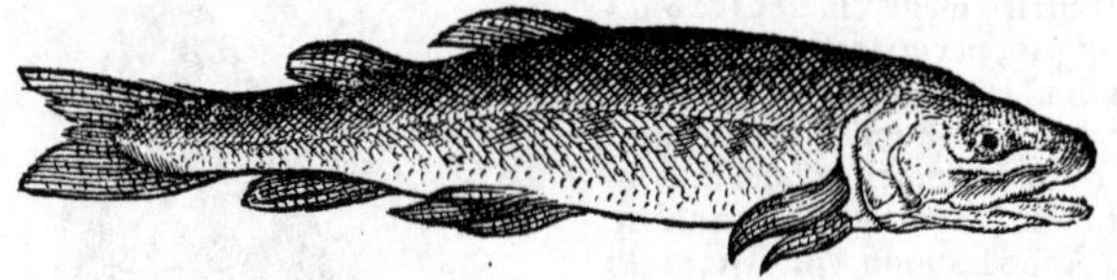

TRVTTA piscinaria, si libet, appelletur hic piscis: qui GERMANICE **Huch / Hüch** uel **Hüch** apud Bauaros, aliosq́ uocatur. Eius iconē Achilles Pyrminius Gasserus, prę̄statissimus Augustę Vindelicorū medicus ad me misit. Videtur aūt cū aliâs ex pictura Truttis cognatus, tū quòd pinnulam illam adiposam similiter in fine dorsi habet, & pūctis uariatur. In libro Germanico Bauaricarum constitutionum & pictus hic piscis proponitur, & mensura eius duodecim aut tredecim digitorū, quibus breuior uēdi non debeat. Augustæ (ut audio) hic piscis uocatur **ein Rot** uel **Röttle**/à colore rubicundo: quæ nomina nostri Vmblis (ut Sabaudi nomināt) lacustribus tribuunt. Voracem esse aiunt, boni saporis, inferiorem tamen Truttis. In Carinthia Huchæ rubræ (**rot Huechen**) quædam cognominantur, in fluuijs: quas Salmoni comparant, carne etiā rubra: & saliri ut inueterentur, solere aiunt. Apud Misenos Truttas quasdam uocari **Teichforen**, (hoc est, piscinarias,) easq́ piscinæ fundum glareosum requirere, et riuulos fluidos qui se in piscinas infundant, ex Georg. Fabricij literis cognoui. hæ an forsitan Huchis proximè dictis, ut alijs iam priùs memoratis Truttis eædem sint, inquirendum. Huchas quidam icone nostra inspecta in quibusdam Germaniæ locis ali in piscinis nobis referebat: & in Traga flumine Carinthiæ reperiri: ætatisq́ progressu in Salmones (specie rostri nimirum) conuerti, quod & Lacustribus Truttis diuersis accidit. *Thymalli icon: & altera eiusdem in sequente pagina.*

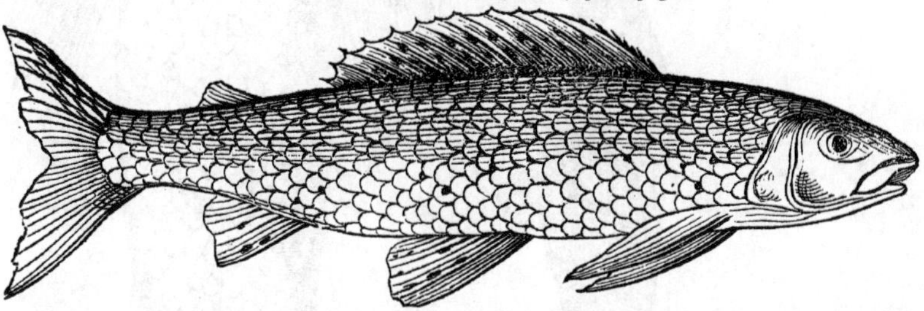

THYMALLVS ab Aeliano uocatur piscis (non Thymus ut quidam scribunt, nec Thymalus l. simplici) Ticini incola: uerùm is in alijs quoque fluuijs plerisq́ apud nos reperitur, puris scilicet, saxosis & rapidis maximè. Ingreditur aūtem maiora flumina è minoribus ac riuis. Nomen ei factum, quòd thymum herbam redoleat, uel potiùs nescio quid suaue, non ita pisculentum ut cæteri pisces. id quod fortaßis cibi ratione ei contingit. uescitur enim non auro, ut uulgus putat, sed insectis aquatilibus, millepedibus, pediculis & pulicibus aquaticis ac terrestribus, ut scribit Bellonius: qui etiam scarabeum terrestrem aliquando in eius uentriculo sibi repertum addit, itaq́ non omni tempore & loco hunc eius odorem percipi puto. Recentiores quidam scriptores, præsertim Itali, uulgare Italicum nomen tanquam Latinum proferunt, Temulum, Temolum, & Temelum scribentes. Idémne sit Vmbra fluuiatilis Ausonij dubito. nam & Albertus Magnus Thymallum interpretatur Vmbram, & Sabaudi hodie eodem nomine uocant: & Angli quidam similiter, ut conijcit Turnerus. Ausonius hoc tantùm uersu, Effugiens oculos celeri leuis Vmbra natatu, in Mosella eius meminit. in quo flumine cum Thymalli reperiantur, ut audio, tam nobilis piscis nomen ille præterierit, nisi Vmbra ab eo dicta esse cōcedatur. Rondeletius & Bellonius Vmbram fl. à Thymallo diuersam faciunt: neq́ ullius inuicem similitudinis meminerunt. Mihi quidem, si non unus est piscis (aliam enim fluuiatilem Vmbram præter Thymallum nondū uidi: nec unum esse aio, sed inscitiam meam fateor) omnino specie naturaq́ cognati uidentur, idq́ ex ipsorum ferè descriptionibus. Sed de Vmbra illorum proximè. *Vmbra fl.*

ITALICE Temolo, Temalo, Temelo: pro l. in ultima aliqui r. proferunt, Temero. apparet autem nomen à Gręco Latinóue deflexum esse.

GALL. Sabaudis Vmbra, ut diximus.

d

GERM. Aesch/Asch/ eodem quo cinis nomine, à colore, ut puto, qui in hoc pisce, minùs quã cæteris plerisq; squamosis candidus aut argenteus est: sed magis cinereus & punctis aspersus nigris, ut cinis carbonum particulis aut fauillis nigris. Nomina pro ętate mutat. Nostri primo anno nominant Kreßling uel Greßling: quod nomen etiam Gobioni fl. attribuunt, è quo Thymallum fieri quidam falsò putant. Anno secundo, ein Knab/ ein Yser oder Yserle. Tertio ein Aesch. In Rheno circa Scaphusiam anno tertio audio uocari ein Mittler: quarto demum ein Aesch uel Aescher, cũ parere incipit. Nostri quidam piscatores Thymallum paruum etiam alio nomine appellãt ein Kötnling oder Churling.

ANGL. Est in Anglia piscis (inquit Turnerus) à Truttarum forma non multùm abludens, quẽ à colore cinereo uocamus a Graylyng. eundem audio alicubi Omber nominari. idem nisi fallor piscis est, quem uos uocatis ein Aesch.

Thymalli icones duæ à diuersis pictoribus non uno tempore nobis expressæ sunt. in utraq, lineam quæ à branchijs ad caudam descendit, desidero, &c.

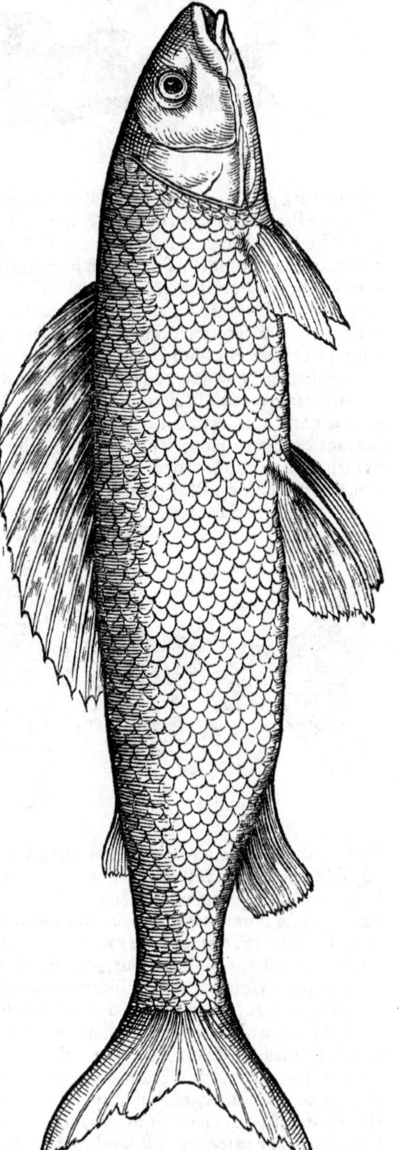

Vmbra Rondeletij.

VMBRA fluuiatilis Ausonij, à Rondeletio exhibita. Bellonius iconem eius idcirco se omisisse ait, quòd ad Vmblam proximè accedat. Vide quæ scripsimus paulò antè in Thymallo. Longè diuersa est marina Vmbra, quanuis imperiti aliqui confundãt. Vmbra fluuiatilis non solùm nomine, sed & colore, marinis similis est: à quo utriq; nomen. corpus enim est opaci loci modo subfuscum & subobscurum, cubitalem (pedalem, Bellonius) magnitudinem nõ excedens. Piscis est ex Truttarum genere Carpioni Italico corporis aspectu affinis. Squamas paruas, & maculosas ut Trutta habet. Capite longiore est quàm Trutta, ore minore, nec tam hiante, rostro non acuto, sed obtuso, maximè in maxilla inferiore: sine dẽtibus, & sine magna maxillarum asperitate. Oculis est patulis: cornea tunica aurea, pupilla nigra. Vescitur terra, aqua, limo: unaq; cum

cum his & arena auri laminulas haurit. Pura aqua maximè delectatur, in montium amnibus capitur. Carne est sicca & alba, qualis est Truttarum paruarum, &c. Hæc ille. In fluminum ac lacuum uorticibus degit, piscis Allobrogibus & Lotharingis peculiaris. Lacus quē Allobroges uulgò d'Aigue belette nūcupare solent, affatim Vmbras promit. ¶ An Vmbram dulcium aquarum incolam duorum generum statuemus: unā Thymallo eandem, aut certè cognatissimam: alteram lacustrem, & magis affinem Truttis, quam Sabaudi Vmblam uocitāt: quæ rursus in duas aut tres alias species subdiuiditur: & tertiam fortè nobis incognitam, de qua Rondel. & Bellon. loquunt.

GALLI Narbonenses, demptis Monspeliensibus Vmbram uocant, Rondeletius. Allobrogibus (ac Lotharingis) Vmbre uocatur, Bellon. Sabaudi sanè Thymallū, Vmbrā appellant.

GERM. Ein fisch vmb Lyon vnd in Luthringen Vmbre genañt: mit welchem namē die Saffoyer auch ein Aeschen nennend: soll den Förinen/Rötelen/oder Aeschen gleych seyn.

ANGLICE An Omber in Engelland/diser fisch/oder ein Aesch.

Lucij figura hæc nostra est: non ad illius, quem Rondeletius dedit, imitationem expressa.

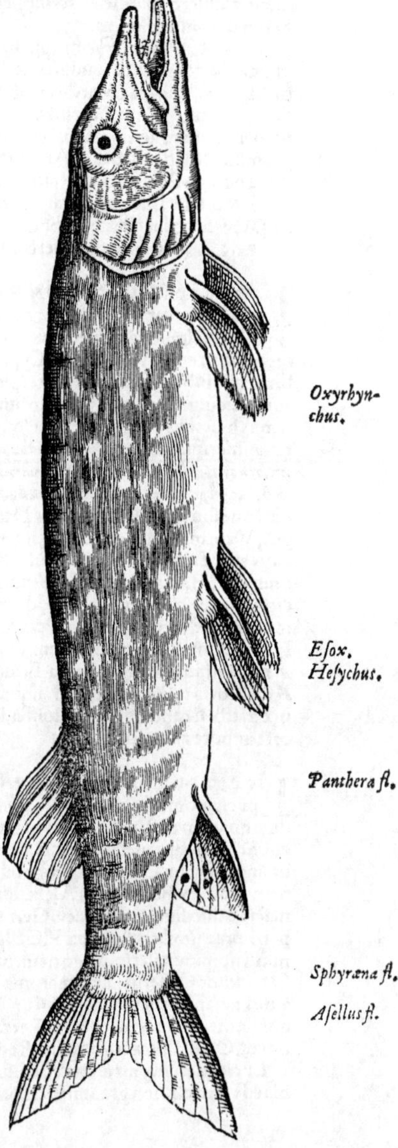

LVCIVM Ausonius primus ex Latinis nominauit, deducto (ut opinor) à Græco nomine τὸ λύκο, quod Lupum significat: quia hic inter fluuiatiles sit uoracissimus, quemadmodum inter marinos Lupus (longè diuersus piscis) cui Græci à uoracitate λάβρακος nomē dederunt. Diuersus etiā est qui Lucius marinus appellatur uulgò, à Græcis Sphyræna, Rondeletius. Platina Lucium piscem, Lycum etiam & Lycium appellat. Sed Lycus nomen Græcis pro pisce rarissimum est, pro Lucio quidē pisce nunquam usurpatum. Blennos pisciculos mar. Græci quidam λύκοs, id est, Lupos appellant. Lycostomum Apuarum generis pisciculum mar. Foroiuliēses Lupumn ominát: aliqui Anthiam etiam sacrum piscem Lycon, al' λεῦκον. ¶ Lucius an sit Oxyrhynchus Nili memoratus Straboni, dubitat Bellonius. Capitis quidem & rostri figura acuminata hoc nomē meretur: & nos carniuorum quoq; Nili Oxyrhynchū esse obseruauimus: cum alij Oxyrhynchi (Caspij nimirum, hoc est, Sturiones, Xyrichæ uulgò Græcis dicti) carniuori non sint: ut neq; Mugiles, quorū aliqui oxyrhynchi epitheto cognominantur. Alibi etiam Bellonius scribit Lucium piscem in Nilo frequentem esse: uideriq; illum qui olim dictus sit Oxyrhynchus. Plutarchus quidē Oxyrhynchum, quem Aegyptij colant, marinum facit, nescio quàm rectè, tanquam è mari in Nilum intret. ¶ Lucium à lucendo Bellonius dictum arbitratur (ut ipse mihi retulit) quòd siccatus noctu luceat. ¶ Esocem Plinij, quem maximum in Rheno piscem facit, (& eundem fortè Hesychum Aeliani,) Lucium esse non desunt coniecturæ: (Snoc accolę Rheni inferiores appellant: Poloni Sczuka.) nam si qui alij etiam maiores in Rheno reperiuntur, ij Rheno proprij non sunt, cum è mari ascendant, ut Salmo & Sturio. ¶ Panthera fl. etiam appellari poterit, tum propter uoracitatem qua & in pisces & alias animantes grassatur, tum quoniam maculis plurimis albicantibus latera eius distinguuntur, plerisq; oblongis: unde forsan Tigrim fl. potiùs quàm Pantheram aliquis appellet. nam & mēsæ ex cedro crispæ, oblongo uenarum discursu, tigrinæ uocabantur: intorto, pantherinæ. ¶ Gallici Lucij in longum protenduntur, suntq; delicatiores: Italici uerò uentre sunt prominente, & corporis ueluti truncata mole, atq; in latum exporrecta, Bellonius. In Hispania nulli sunt. ¶ Poterit Lucius, etiā Sphyræna fluuiat. dici: nam & Sphyrænam in mari, Lucium marinum uocant multi, uel Asellus fluuiat. qui à Gallis Merlu, quasi marinus Lucius dicitur. Lucius piscis (inquit Scaliger) est ex genere Asellorum, fluuijs alijsq; dulcibus aquis peculiaris: sicuti mari Callarias, & aliæ species. Non autem Oxyrhynchus, ut quidā existimarunt. ¶ Apud no

Oxyrhynchus.

Esox. Hesychus.

Panthera fl.

Sphyræna fl.

Asellus fl.

d 2

bilissimum quendam in Sueuia uirum, Lucij dentis (ut ipse dicebat) miraculum uidi: unum uidelicet dentem maximum grauissimumque, quatuor digitos latum, octo longum, mucrone lato obtusoque: filo corporis (ipsius dentis) erecto ferè, superficie læui & splendida.

ITALICE Luzzo.

HISP. Sollo, ut audio. quanquam & Sturionem Sullium uel Suillum appellant. Angli Lucium piscem Lusitanica uoce Picque nuncupant, Amatus Lusitanus: qui tamen Hispaniam uniuersam Lucio carere tradit.

GALL. Burdegalæ Lucz nominatur: à Gallis Brochet, (quòd oblongo sit corpore, ut ueru, Bellonius:) uel Becquet, Bechet, à rostro prominente: Bec enim lingua nostra rostrum significat. Aulici nostri Lucium pede minorem Brocheton uocant: maiorem Lanceron: qui pedum duûm triúmue est magnitudine, Brochet, Rondeletius. Solertis est in comparando sibi uictu naturæ piscis. siquidem stans contra fluentis aquæ raptum, quoties Ranam uel aliud quidpiam delabi aut moueri aduertit, illuc sese protinus emittit, atque eiaculatur in prędam, unde Galli Lanzon uel Lanzeron uocant, Bellonius.

GERM. Nostri Hecht appellant, & differentiam à locis faciunt. eorum enim qui in lacu degunt, alios qui circa harundines uersantur, Rotzhecht uocitant: alios qui in altiori gurgite, Seehecht. In Albi, alij à Martio mense Mertzenhecht uocatur: alij post Pascha grosse Hecht, id est, Lucij magni. Circa Coloniã usitatũ est nomẽ Schnucht: alijs Schnack/Schnock/Snouck/ ut Flandris: à rostri figura forsan prominente: nam & culices Germani Schnacken nominant à promuscide longiuscula. Argentinę Lucios minores & eodem anno natos Hürling appellãt: quod nomen Percis fl. nostri attribuunt.

ANGLIS Lucij maximi Luces dicuntur: medij, Pikes: minimi Picrelles. Anglicũ quidẽ Pyke (sic enim plerique scribũt) ad Gallicũ Becquet accedit, à rostro factum, ac si rostricẽ dicas.

POLONICE Sczuka uel Stzuka. Bohemicè Sscika.

LVCIVS piscis año Salutis M. CCCC. XCVII. captus est in stagno circa Haylprũ imperialẽ Sueuiæ urbem: & repertus in eo annulus ex ære Cyprio in branchijs sub cute, modica parte splendere uisus: cuius figura et inscriptio fuit qualem exhibemus. Verba Græca circunferẽtiæ inscripta: Εἰμὶ ἐκεῖνος ἰχθὺς ταύτῃ λίμνῃ πάντων πρῶτος ὑποτεθεὶς διὰ τοῦ κοσμητοῦ Φεδλικείκου β. τὰς χεῖρας, ἐν τῇ ε. ἡμέρᾳ τοῦ Ὀκτωβρίου. α.σ.λ. Latinè sonant, (sicuti Ioannes Dalburgus, Vuormaciensis episcopus, interpretatus est:) Ego sum ille piscis huic stagno omnium primus impositus per mundi rectoris Federici secundi manus, die quinto Octobris. (año Domini) M. CC. XXX. Inde colligitur summa annorum CC. LXVII. & nimirum antequam à Friderico Augusto ita insigniretur, iam aliquandiu uixerat: & si captus nondum fuisset, longiori tempore adhuc uixisset.

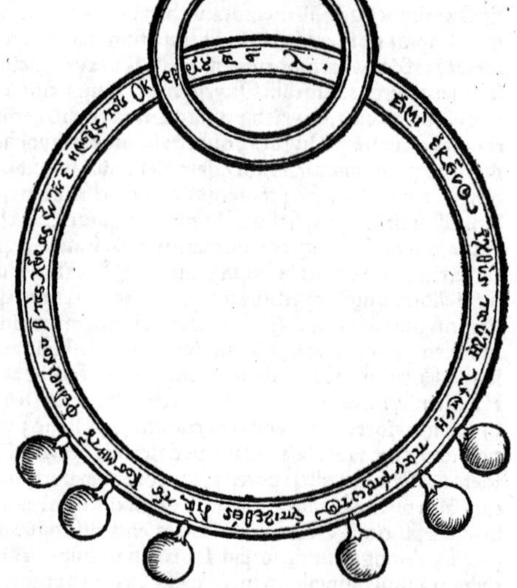

LVCIOPERCA nominari potest, hic piscis, nomine composito, à similitudine quadam cũ Lucio & Perca. nullum enim eius nomen uetus hucusque, nec in alia lingua quàm Germanica cognoui. Iconem quam exhibeo Iulius Alexandrinus, Ferdinandi Augusti medicus, è Praga Bohemiæ misit, nescio è quo flumine aut lacu, Germanico nomine Schill uel Schilln adscripto: & aliam eidem per omnia similem Achilles P. Gasserus, Augustanæ reip. medicus, è lacu quodã Bauariæ, Nagmaul nomine adscripto. ego neutrius nominis rationem uel originem assequor. Capitur hic piscis (inquit Gasserus) in Ambronis lacu Bauariæ, (im Ammersee:) non sæpè tamen, quoniam rarò altiùs natando euehitur. Longissimus ulnam ęquat. Non dissimilis est Lucio, &c. squamarum magnitudine, ordine & asperitate Percam refert. Pinnæ dorsi erectæ aculeis tres ferè digitos longis rigent. Oculi albicant. Pinguis est admodum: & carnem etiam coctus albissimam seruat. Sic ille.

Lucio plerunque maiorem esse aiunt, tres pedes longum, pisces uorare, à Lucio tamen uinci. carnis esse tenacis, non gratum in cibo: abundare in Danubio, sed in piscinis etiã ali. In pictura quidem

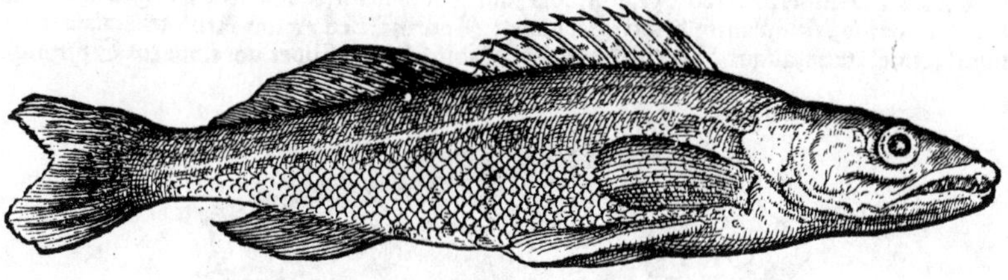

dem à summo dorso latera uersus, maculæ nigricantes satis magnæ transuersæ, ut in Perca ferè, uisuntur. Quibus in Bauaria & circa Danubium pisces obseruandi occasio est, diligentiùs inquirent, idémne Schillus Danubij sit, & in Bauariæ lacu Nagmulus. exhibitus quidem à nobis si non Schillus, omnino tamen Nagmulus uidetur. alius enim quidam, Schillum Danubij aliter mihi descripsit, forma Siluro potiùs quàm exhibito hîc pisci conueniente. sed certi nihildum habeo. Alius Schaidle in Danubio piscem, Lucio nō dissimilem forma esse retulit, pinnis dorsi aculeatis Percæ instar. Schaid quidem in eodem fluuio Silurus est, sic dictus uel à quadam specie uaginæ: uel à damno, quod sua piscium uoracitate infert: à quo Schaidle forsitan differt: etiamsi diminutiuum ab eodem nomine factum appareat. Est & Schedel in Bauaria dictus piscis, quē non supra quatuor palmos minores excrescere audio, & pisces alios deuorare: dictus fortè à capitis magnitudine: nam Schedel craneum sonat.

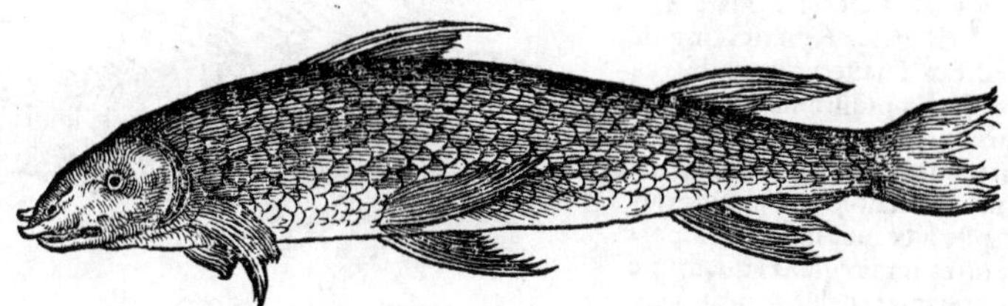

SCHIES in Bauaria dictus piscis (nescio qua uocis significatione aut origine: nec quibus aut qualibus in aquis degens) à proximè memoratis omnibus differt. Iconem eius è Germanico libro Bauaricarum Constitutionum mutuatus sum: in qua an pinna posterior probè sit expressa dubitari potest. in Thymallo quidem eandem malè pictam proponit idem Liber, maiorem scilicet quàm anterior dorsi pinna sit, & specie ueris pinnis similem, (cum adiposa sit & fibris careat,) quemadmodum & in Trutta. Squamæ in eo satis magnæ apparēt. Hoc ei ferè peculiare, quòd appendices geminæ breues, ceu cornicula, à labro superiore prominent. Mensura, qua nullus minor in hoc genere piscis uenum exponi debet, quindecim ferè digitorum est, similiter ut Lucij. ¶ Nomen Latinum, si libet, fingamus Mystoceros, quòd ueluti cerata, id est, cornicula mystacis, id est, barbæ labri superioris loco habeat: donec aliquis cui piscem ipsum propius uidere & nosse cōcessum fuerit, aptius imponat.

SPHYRAENA fluuiatilis uocari potest hic piscis. marinæ enim Sphyrænæ rostrum simile habet, longum, tenue, & maximè acutum: sed molle & nigrum. à quo etiam Oxyrynchum appellare possis. Sed alius est Oxyrynchus Nili: & alius quem mare rubrum procreat, Rondeletius.

Nos de Oxyrynchis quædam in genere scripsimus in Barbo, inter fluuiatiles. Lucium quo-

d 3

que diximus Sphyrænam fl. uocari posse, & fortè iustiùs.

GERM. Antuerpiæ crebrò capitur, & **Hautin** nominatur, Rondeletius. (Quidam ex inferiori German ia, Mænulam mihi interpretatus est **Houtinck**. sed Acum Aristotelis etiam secundum Rondel etium, aliqui **Houtinck** nominãt.) Nostra lingua, si libet, uocemus **ein Spitznaß**.

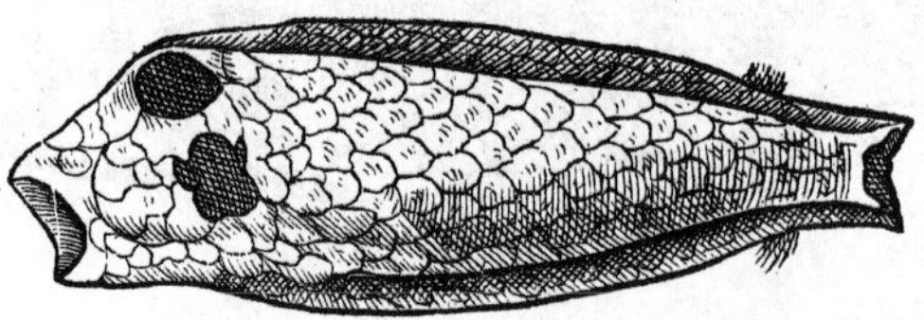

OSTRACION Nili, quem Bellonius ficto nomine Holosteum appellat. Vidimus (inquit) piscis Nilotici sceleton holosteum, à circulatoribus circunferri, quo exenterato, incolæ testam illam duram qua contegitur, pentagonã ferè, multos annos incorruptam seruant. Viuus in cauda penicillum habet: & pinnas supra infraq; caudam: ac rursus pinnam aliam utrinq;. oculos albos, os paruum: Color ei lactescit, & uelut in pallidum languet. Longus interdum ad pedis mensuram est. ¶ Ego Ostracionem hunc piscem nominandum conijcio, nam & testam Ostraci instar duram habet: & ὀστρακίων piscis à Strabone inter Niloos numeratur. ¶ Quidam nuper Holostei piscis nomine Picæ (ut uocant) Indicę rostrum, inconsideratè descripsit.

GERM. **Ein frömbder fisch auß dem fluß Nilo in Egypten/ ist mit einer herten schalen bedeckt/ von welcher man jn mag ein Schalfisch nennen.**

OSTRACION Americæ.

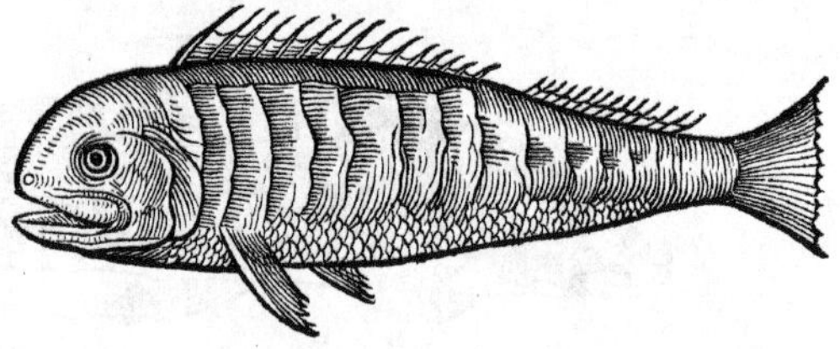

Rigatur America (inquit Andreas Theuet) fluminibus egregijs, limpidißimis & piscosis. Inter cæteros unum præcipua admiratione dignum uidimus, paulò minorem nostro Harengo: qui à capite ad caudã instar Tati paruæ (in eadem regione) quadrupedis, armatus et ueluti loricatus est. Caput ei prægrande & enorme, si conferas ad reliquũ corpus. ossa intra spinam dorsi tria continet. Editur ab incolis, quorum lingua uocatur Tamouhata. Sic ille. ego propter crustas illas ueluti laminas, quibus munitur, Ostracionis nomen, adiecto Americæ uocabulo, ut à Niloo differat, pulchrè ei conuenire opinor. Iconem ab ipso positam qualemcunq; imitati sumus: nisi quòd denticulos pictor noster exprimere neglexit.

GERMANICE **Ein anderer fisch auch mit schalen gewapnet/ wirt in dem neüwen land America gefunden.**

Piscis huius qualem à bono & docto uiro figuram accepi, talem exhibeo, nec certi aliquid statuo, Rondeletius. Sed inquirendum diligentiùs, primùm an extet huiusmodi piscis: &, si extat, quod ei apud ueteres nomen. Glanis quidem si esset, Siluro similior esse debebat. ¶ Piscem alium (inquit idem) pro Glanide usurpant nonnulli, q ab Heluetijs **Salut** *nominatur, &c. nos hûc pro Siluro pictũ dabimus.*

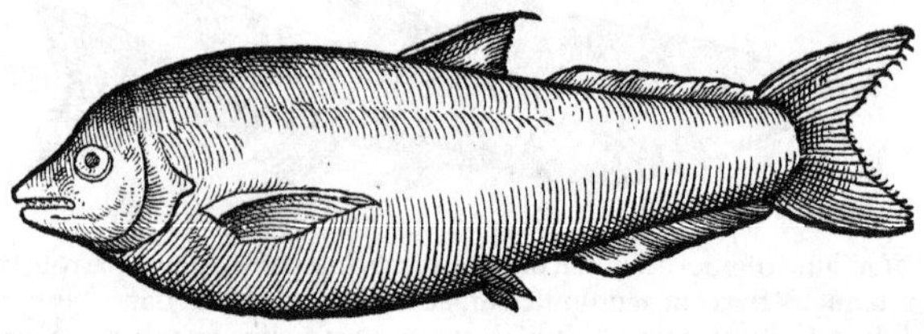

GLANIS

GLANIS, γλάνις, ὁ, flectendum per ιδος uel εως. Atticè: à fluuio Italiæ eiusdem nominis (qui aliâs puto Glanicus, Clanius uel Lyris appellatur) sic dictus. Plinius alicubi ex Aristotele transferens, pro Glanide Silurum posuit: unde & Theodorus uidetur deceptus, ut Glanin ex Aristotele Silurum interpretaretur. Alijs quidem in locis Plinius in commemorandis ex Glanide & Siluro medicinis, eos tanquam diuersos ponit: atque etiam uno eodemque capite, primùm medicinas Siluri, deinde Glanidis commemorat. Aelianus disertè distinguit, cum Glanim incolam facit Mæandri & Lyci Asianorum fluminum, & in Europa Strymonis, specie ac similitudine Siluri. Videri poterat Glanis, ex ijs quæ ueteres scripserunt, fluuiatilis tantùm: Silurus uerò marinus etiam, (*& lacustris*,) anadromus, hoc est, è mari flumina subire solitus. Ego Glanim Siluri speciem minorem esse conijcio, nostris regionibus ignotam. nam & forma & natura ei similis describitur, ut minùs mirum sit aliquos confudisse. Silurus quidē Aristoteli incognitus fuisse uidetur, quòd in Græcia nullus sit: Glanis uerò cognitus, quòd etiā in Thracia (in qua patriā habuit Stagira) reperiret.

BYZANTINVM uulgus, apud quos frequens ex Strymone conspicitur, antiquam dictionem retinens Glagnum ab insigni glabritie (*etymologia hæc à Latinis, ut uidetur petita, Græco uocabulo non conuenit*) nominauit. Confusos in ore dentes habet, multis ordinibus in maxilla dispositos: os magnū & amplum, &c. Maior in fluminibus quàm in æquore euadit, in quo etiam rariùs reperitur, Bellonius: qui tamen hunc piscem à Siluro non separat. Si barbatus est Siluri nostri instar, (quod equidem non dubito, etsi ueteres non tradiderunt) mirum id à Bellonio præteritum esse. ¶ Beluas hominibus perniciosas Græcorum fluuij ferre non solent: sicut Indus, Nilus, Rhenus, Ister, Euphrates & Phasis. hi enim feras inter se similes, (*Siluros nimirum*,) & maximè hominum uoraces alunt, similes specie Glanibus Hermi & Mæandri alumnis, nisi quòd & color eis nigrior est, & uires præstātiores: (*Siluri etiam adultiores eiusmodi sunt, minoribus comparati*:) Glanides & nigræ minùs sunt, & imbecilliores, Pausanias. Athenæus Latum in Nilo piscem, similem esse tradit Glanidi, qui in Istro capitur. ¶ Hic piscis (inquit Saluianus) Latinè Glanis & Glanus dicitur: Plinius modò Silurum nominat, perperam interpretans: modò Glanidis nomen retinet. Aelianus Glanidem Siluro similem falsò facit. Sic ille: qui Silurum etiam nostrum pro Glanide pingit. nos Aeliani sententiam tuemur: & Saluianum, qui Sturionem facit Silurum, non toto (quod aiūt) cœlo, sed toto mari & omnibus undis errare dicimus.

GERM. **Ein frömbde oder mindere art d' Saluten / oder Welsen / die ettliche Wellern oder Schaiden nennend.**

Anguillæ iconem, quæ hoc loco nomenclaturis eius præponi debuerat, cum spacium deesset, postposuimus.

ANGVILLA. Græcè ἔγχελυς, hodie uulgò ἀχέλυ. Retinet hic piscis nomen Latinum apud ITALOS, GALLOS & HISPANOS.

Anguillas marinas quanquam ueteres quidam scriptores memorent, Saluiano tamen probabile uidetur, in mari nullas gigni (præter paucas fortè circa fluuiorum ostia tantùm) sed è fluuijs tātùm in mare descendere, cum Aristotele, &c. Nos ultimo huius Ordinis loco Anguillas collocare uoluimus: ut quoniam soli ferè piscium catadromi sunt, ut ita dicam, hoc est, ex amnibus in mare descendunt: mox ante anadromos, id est, è mari ascendentes, locum haberent. ¶ A nostris (*Gallis circa Monspelium*) pro ętatis & magnitudinis ratione uarijs admodum nominibus designatur. Iidem anguillas in marem & fœminam distinguunt. marem uocant Marguaignon: qui breuiore, crassiore, latiore est capite. fœminam uerò Anguille fine. Aristoteles discrimen hoc circa capitis figuram non sexus (quo anguillæ non differant) sed generis discrimen facit.

GERMANICE **Aal / Öl.** Flandricè **Ael / Palinck.** Anglice **Ele.**

Anguillarum apud Flādros, ut audio, sunt duo genera: Vnum, quod nobilius habetur, uocāt **Palynck**, (nostri **Aal**, id est, Anguillam.) Alterum genus minus est, et contemptum, quod uocant **Aal** / nobis ignotum.

NE QVID CHARTAE HIC VACARET, EX PIERII VALERIANI Hieroglyphicis hæc adscripsimus.

Anguillæ significata rara admodum apud Aegyptios fuerunt. Nostri multa hieroglyphicis Aegyptiorum similia, quæ
per eius imaginem intelligenda essent, excogitarunt. Vnum enim id tantùm super Anguillæ nota traditum ab Aegy- 1.
ptijs inueni, ut hominem omnes alios auersantem, & seorsum ab aliorum consortio sibi uiuentem, per simulacrum eius si-
gnificarent: propterea quod eam nunquam cum ullo alio piscium uersari, neque quidem coniugali inter se usu misceri depre
hendissent. Commenti sunt alij, hominem, de quo nulla post obitum memoria supersit, per Anguillam mortuam signi 2.
ficari. illa siquidem mortua non superfluitat, nec sursum fertur, ut maxima ex parte pisces cæteri faciunt: sed pessum in profundum rapta, in eodem quo genita est limo computrescit. In diuinis Hebræorum literis eædem profanæ sensu mysti- 3.
co dicuntur: neque enim squamosæ sunt, quique huiusmodi sunt pisces in aquę profundum immersari, & in cœno libenter uo
lutari conspiciuntur. Ad horum similitudinem, animi qui terrena tantùm sapiūt, idonei non sunt ut ad sacra proponantur.
Ad hæc hominem alieni cœli impatientem, uel in eo difficulter se habentem intelligentes, Anguillam in hydrijs duab. 4.
pingebant, capite scilicet in unam, cauda in alteram demersis. Anguilla siquidem nullam uehementem tolerat mutationem,
& si æstate de lacu in piscinam transferatur, uiuere nequit, etiamsi frigida aqua fuerit. Hominem insuper qui fugitiuam 5.
rem aliquam nulla consequendi spe sectaretur, indicare si uellent, Anguillam pingebant, quam manus à cauda prehende-
ret. facillimè enim illa elabitur. Quòd si certam esse spem de ambigua re quapiam ostendere uoluissent, obuolutā eam 6.
ficulneo folio pinxissent, quòd scabritie sua prensanti sit adminiculo nequaquam irrito. unde prouerbium, τῷ θρίῳ τὴν ἔγχελυν.
Hominem uerò ex ciuilibus seditionibus & tumultuosis discordijs crescentem, reque auctum significantes, cum in An- 7.
guillarum uenatione occupatum effingebant. Aqua siquidem quieta limpidaque, earum captura nulla propèmodum, magna uerò si perturbetur.

Duplicem iconem Anguillæ Rondeletius posuerat, fortè ut sexus discrimen indicaret: nos una, quam dudum sculptam habebamus, contenti fuimus.

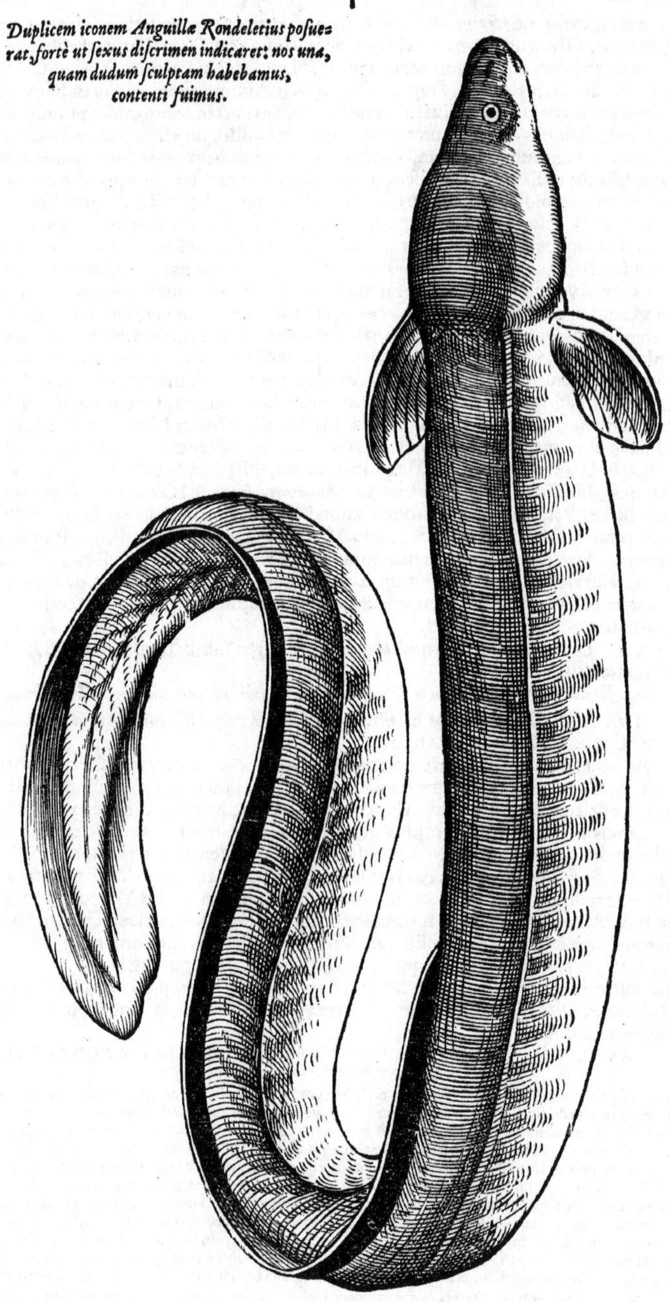

ANIMA-

ANIMALIVM IN DVLCIBVS AQVIS ORDINIS I. PARS V. DE PISCIBVS ANADROMIS, HOC EST, E MARI subeuntibus amnes.

MARINORVM piscium alij mare nõ relinquunt: alij uerò lacus maritimos aut etiam fluuios petunt. Hos (qui amnes subeunt) Græci quidam ἀναδρόμους appellant: alij circunloquentes dicunt eos ἀναθεῖν, ἀνατρέχειν, ἀνανήχεσθαι, ἀναπλεῖν, ἐκπίπτειν εἰς τοὺς ποταμούς. Squillæ è mari in Gangem ἀναθέουσιν: & aliud earũ genus è mari rubro εἰς Ἰνδὸν ἐκπίπτουσιν, Aelianus. Aristoteles Trichias in Istrum ἀναπλεῖν dixit, & rursus καταπλεῖν εἰς Ἀδρίαν. Aelianus Coracinos, Myllos, Antacæos & Xiphias inter Istri pisces numerat: omnes opinor anadromos, nisi quis de coracinis & myllis dubitet, & alterius generis marinos, alios fluuijs proprios, quãquam eodem nomine esse existimet, sicut & Percas. Circa Budam & Gomorrham in Istro hodieq; Xiphias paruos reperiri audio. Straboni Nilum subeunt Mugiles tantùm, Alausæ & Delphini. Pausanias tradit Canes in Lôum Thesprotiæ fl. ascendere. Thynni etiam, authore Plinio, amni ac mari cõmunes sunt: item Thynnides, Siluri, Coracini, Percæ. Sed de Percis & Coracinis considerandum est diligentiùs, sicut iã dixi. Circa Rostochiũ in ora Germaniæ, audio Prasinos (genere forsan potiùs quàm specie eosdem nostris) uulgò dictos è mari per fl. Varuon in lacum quendam migrare. Congri pusilli in Anglia subeunt flumina, sed non procul ut audio. Amia fluuios subit, præstatq; in fluentis & lacubus, Aristoteles. Nos quidem ex his & alijs fortè, nonnullos inter marinos exhibuimus: quòd uel an ijdem genere essent, dubitaremus, ut de Coracinis iam diximus: uel non simpliciter, nec ubiq; anadromi nobis uiderentur: ut Delphini, Canes, Amiæ, Squillæ, Thynni. *Canes.* Vel non procul in fluuios, sed ad proxima tantùm ascenderet, ut Congri, Mugiles, Lupi. Lupi quidem (ni fallor) altius Mugilibus, ut hi quàm Congri in fluuijs pergunt. nulli tamen horum ad longinqua à mari loca migrant. Altissimè omnium, ad fontes usq; fluminum, ascendit Salmo: & fœtus eius in amnibus genitus in mare remigrat: quod ei peculiare est. Anguilla aquatilium sola, cum nõ ascenderit è mari, nec ex anadromis prognata, in ipsum descendit. Antacæi, hoc est, Cartilaginei longi *Antacæi.* ouipari, (hoc enim à Galeis differunt,) omnes fortè ascendunt, & quidem procul: ut Sturio, Oxyrhynchus, (der Zürich/) Huso, Attilus, & Galeus Rhodius. Cæteri genere differunt, nisi quòd Mustelæ uel Lampredæ species duæ ascendunt. ¶ Passerum species quædam amnes subeunt, ut Rhenum & Albim, & satis procul pergunt: aliæ in mari immorantur: nos tamẽ de utrisq; inter marinos egimus. Thrissæ & alij quidam fortè, in mare quod reliquêre, redeunt: Salmones, ni fallor, uix redeunt. perrarò quidem in mari capiuntur, & ij forsan non adulti, sed Salares adhuc (hoc est, primo ætatis anno) descenderunt: tum breui in mari aucti, rursus in amnes enatant, nec amplius, opinor, descendunt: qua ratione catanadromi dici possunt, ut Anguilla (de qua in fine præcedentis Partis egimus, tanq; ambigente) catadromus: Thrissæ anacatadromi: cæteri aliquot anadromi simpliciter. sed prẽstat, ut simpliciùs agamus, omnes quos hac in Parte exhibebimus, appellare anadromos, usitato ueterum quibusdam uocabulo. Anadromorum igitur alij in fluuijs non manẽt, ac paulatim deficiunt & intereunt, (quod Kentmannus noster animaduertit,) ut Sturio, Salmo, Alausa, (id est, ein Zige oder Goldfisch/) Passer Germanicè dictus ein Halbfisch: Lampreda maior & minor. Alij è mari profecti in amnibus manent, proficiunt pariuntq;, ut Silurus, Spiralla uulgò dicta: & Mugilum generis Zerta uel Plicca uulgò dicta in Albi. ¶ Sunt & Gobiones marini quidam anadromi, de quibus in primo Ordine Marinorum diximus. *Gobiones.*

THRISSA ueteribus Grẽcis, Latinis Clupea, ab Ausonio Alausa plebeio nomine dicitur. Recentiores quidam indocti linguarum, Aristosum & Alsam nominant.

Trichis piscis non alius quàm Thrissa uidetur quibusdam: alijs uerò potiùs Sardina, quorũ sententiæ nunc magis faueo. Est & Abramis (oxytonum, uel potiùs Habramis) piscis: cuius apud Athenæum & Oppianum mentio cum Thrissis semper cõiungitur, ut suspicari necesse sit (inquit Rondel.) Abramides Thrissis similes esse, uel eiusdẽ generis, atq; marinas, quæ statis tẽporib. fluuios subeant: quæ de Brama uulgò dicto pisce *(quem aliqui nominis affinitate nimirum inducti Abramidem existimant)* dici nõ possunt. Sic ille. Sed, nisi fallor, etiam Brama aut Prasinus uulgò dictus, uel omnino cognatus ei piscis, ad oram Oceani Germanici inter anadromos ferè habetur: (apud nos lacustris tantùm est, alibi fluuiatilis simpliciter:) sed neq; hoc satis mihi constat: neq; si constaret, idcirco Habramis fuerit. Oppiano Habramides confertæ nunc petras, nunc pelagus, nunc litora sequuntur: & similiter Chalcides ac Thrissæ. Videntur autẽ Chalcides quoq; Thrissis siue Alausis cognatæ, cum aliàs, tum linea illa sub uentre spinosa. Athenæo Abramis est inter Nili pisces: coniecerim autem à mari in flumen illud eam ascendere, si modò rectè ab Oppiano inter marinos refertur. nam & Cyprinos & Chalcides quos ipse marinos pisces facit, alij nõ faciunt. Abramidium diminutiuum apud Xenocratem legitur. ¶ Alausam aliam esse à Clupea, Saluianus contendit:

Figura hæc Alausæ Venetijs expressa est. ea quam Rondeletius posuit, rectè squamas ostendit, & in medio uentre lineam spinosam.

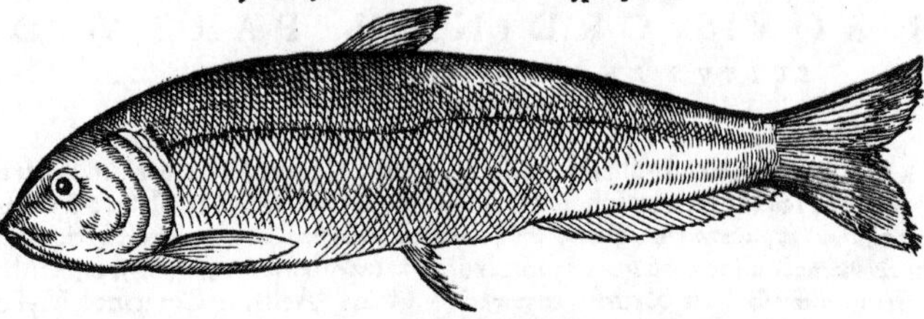

Eiusdem aut cognati piscis quem Zige *in Albi uocant, alia icon.*

quoniam Plinius scribat Attilum magnum Padi piscem, à minimo appellato Clupea, qui uenam quandam eius in faucibus mira cupiditate appetat, morsu exanimari: Clupea uerò minimus non sit piscis: & Attili quanuis maximi os tã modicè pateat, ut ne mediocrẽ quidẽ Alausam ad fauces admittere posit. addit, Alausam nullos prorsus dentes habere, nullamq; oris aut maxillarũ asperitatem. Sic ille. At cum Clupeæ nomen ad Venetum Chiepa tam prope accedat, l. in i. mutato, ut plerunq; faciunt Itali: & aliud Latinum nomen huius piscis non extet, nam Thrissa Græcum est, Alausa Germanicum, quanuis et Gallis usitatum: nec alius piscis Attilo ita infestus noscatur, non temere Clupeam esse Alausam, negandum est. Nam & nomen, & alia etiam quæ de Clupea leguntur apud ueteres conueniunt pleraq;: nempe in amnibus capi, fluuiatilibus ferè omnibus præferri, (quod si non omnibus, Tyberinis tamen conuenit:) aristosas esse & spinis plenas: magnum esse piscem. Thrissam minorem Græci Trichidem uocant, uel Trichiam: utroq; uocabulo παρὰ τὰς τρίχας facto, ut Eustathio placet, hoc est, ut ego interpretor, à capillari spinarum, quibus abundant exilitate: quæ nisi mandentibus molestæ essent, cum nobilissimis piscium certarent. Sed Trichis fortè potiùs Sardina fuerit. Thrassa uel Thratta Rondeletio, eadem Thrissæ uidetur, ex Athenęo: qui tamen hoc non dicit, sed mox post Thrissæ mentionem: nunc etiam (inquit) quę ad Thrattam pertinẽt, dicamus. nihil autem aliud, quàm pauca authorum qui hunc piscem nominarũt, testimonia subiungit. Quod tamen Aristoteles scribit: Animalia quædam toto genere uaria sunt, ut Panthera, ut Pauo: & piscium nonnulli, ut quæ Thrattæ uocantur, (De generat. animal. 5. 6.) Thrissis conuenire uidetur. hæ enim paruę adhuc ternis & aliquando quaternis rotundioribus nigris in lateribus ac tergo utrinq; insigniunt maculis, ut Bellonius scribit. Sed forsitan Thrattæ potiùs Truttæ nostræ fuerint: cum & nomen quadret, & uarietas non in minori tantùm ætate, nec tribus aut quatuor solùm maculis, sed pluribus illis, Truttis per omnem ætatem omnibus conueniat. Adde hactenus nullum aliud Truttæ nomen uetus proditum esse, (præterquam à nobis πυρῶντος: sed unus piscis in diuersis regionibus diuersa nomina habet:) & ipsum Truttæ nomen, Gallis Italisq; usitatum, non omnino recens aut barbarum esse existimandum est, cum à Plinio Valeriano medico quoq; sit usurpatum. Stephanus Grammaticus Thrattam scribit esse gentile nomen à Thracia, fœminini generis: & præterea auis ac piscis. credibile est autem hos pisces à Thracia denominatos, ubi nimirum fluuij frigidiores & montani sunt, in quibus Truttę siue Pyruntes, nascuntur.

Thrassa.

Trutta.

Ad Alausam redeo: quam paruam adhuc Galli Pucellam (Pucelle) nominant, ueluti transpositis literis pro Clupella. Ennij è Phagiticis carmen Apuleius recitat: Omnibus ut Clupea (*aliàs Clypea*) præstat Mustella marina. quod qdẽ hactenus à nemine satis consideratũ uideo. quod si ita legas, ut recitauimus, nullus cõmodus sensus uidetur. quare deprauatum suspicor, (ut etiam alia quædã Ennij ab Apuleio citata,) & pro omnibus, repono amnibus, id est, fluuijs: hoc sensu, In amnibus præstantior est ut Clupea, ita etiam Mustella marina, hoc est, quæ è mari ascendit: ut piscem utrunq; è mari amnes subire sentiat, & in ijs meliorem fieri: id quod de Alausa constat: & similiter de Lampreda quoq;, si Mustelam mar. pro Lampreda accipiamus. Ego quanquam Lampredam, Mustelam esse, & marinum dici posse quòd è mari in fluuios ascendat, non negauerim: aliam tamen quoq; Mustelam marinam agnosco, quæ ut marina cognominetur, quoniam in mari semper manet, dignior est. itaq; Ennium ita potiùs sensisse dixerim: Vt Clupea optimus piscis est in amnibus, ita in mari Mustela; siue eo nomine Aeliani Galen, (id est, Mustelam,) siue Asellũ Galariam, (id est, (id est, Mustelarem & similem Mustelæ,) aliúmue cognatum piscem intellexerit. Quòd si quis legere maulit, Omnibus è Clypea (tanquam id ciuitatis nomen sit: nam & sequentibus piscibus addit locorum nomina è quibus præstant,) præstat Mustela marina, non contendero. Est autem Clupea ciuitas Africæ propriè dictæ, in promontorio Mercurij sita.

Nascitur in Arari Galliæ fluuio magnus quidam piscis, Clupea (Κλυπαῖα) nominatus ab incolis: qui crescente Luna albus est: decrescente, totus nigrescit: & corpore nimium aucto à proprijs spinis interimitur. In huius capite lapis reperitur, similis grumo salis, qui optimè facit ad quartanas, sinistro lateri corporis alligatus, decrescente Luna, Callisthenes Sybarita apud Stobæũ. Quæ an Alausæ in Arari accidant, uiri naturæ studiosi, quibus cognoscendi hæc facultatem fluminis illius uicinitas præbet, obseruabunt. Hæc ex ueterum lectione de Clupea mihi animaduersa sunt.

Iam quod Saluianus angustius esse Attili os scribit, quàm ut uel mediocrem Clupeam ad fauces eius petendas admittat: considerandum alijs diligentiùs relinquo: præsertim Padi accolis. Plinius quidem minimum hunc piscem faciens, Callistheni qui Clupeam magnam facit, aduersatur. An idem pro ætate ut maior & minor est, diuersa nomina sortitur? Frigidum hoc, quòd sine dentibus morsu exanimare non posset. Bellonius: Alausam (inquit) lineam asperam & ueluti cultellato mucrone scindentem (*sub uentre: sicuti Harengus, Sardina, Liparis, Apua, Phalerica, & Celerinus Oceani*) gerit. qua Attilum ingentem Padi piscem exanimat. ea uerò acutior est in pusillis piscibus. Id si uerum est, non Plinium (ut facit) testẽ citare debebat: sed erroris potiùs eum insimulare, qui Clupeam Attili uenam quandam in faucibus mira cupiditate (sanguinis nimirum eius sugendi) morsu appetere tradit. Esse quidem infestum hunc piscem Attilo, eò faciliùs crediderim: quòd Sturioni etiam (cui cognatus est Attilus) cum Alausa discordia quædam intercedat: quod ex Io. Kentmanni Albis fluuij piscium descriptione didici. **Zige**, inquit, piscis (id est, Hircus) ab accolis appellatus (*alij* **Goldfisch** *nuncupant*) à Sturione compulsus Albim subit. ¶ Est autem **Zige** piscis, uel ipsa Alausa, uel adeò specie naturaq́ similis, ut meritò eodem nomine appelletur.

GRAECI hodie Phrissa uocant.

AFRICANI Iarrafa, ut scribit Scaliger.

ITALI Chiepa: Romæ Laccia uel Lachia.

HISPANI Saboga.

GALLI Alose. Burdegalenses Coulac. Massilienses Halachia. Minorem uerò in hoc genere Pucelle nominant Galli, alibi Ficte uel Fenicte, Andegaui Conuersum: alibi Gautte.

GERM. **Alse/Else/Aelse/Vint: Leüßfisch**/malim **Laußfisch**: & circa Argentinã **Meyenfisch**, (quod nomen alibi in Rheno Leucisci fl. generi, Haselam nostri uocant, tribuitur,) **Mannenmer hengst**. E mari Basileã usq; ascẽdit. Idẽ puto est **Verinch**, nisi ętate forsan & magnitudine tantùm differat. Idem etiam, aut omnino cognatus, **Zige** uel **Zieg** in Albi dictus piscis est: cui nomen hoc ab hirco inditum est propter uirosum saporem. aliqui à colore capitis, & oculorum præsertim, **Goldfisch**, id est, Aureum nominant, ut audio: quo nomine dictum in Marchia, cætera similem, sed latiorem esse aiunt.

ANGLI **Schadde**. minorem uerò **Pylcher** uel **Pylcharde**.

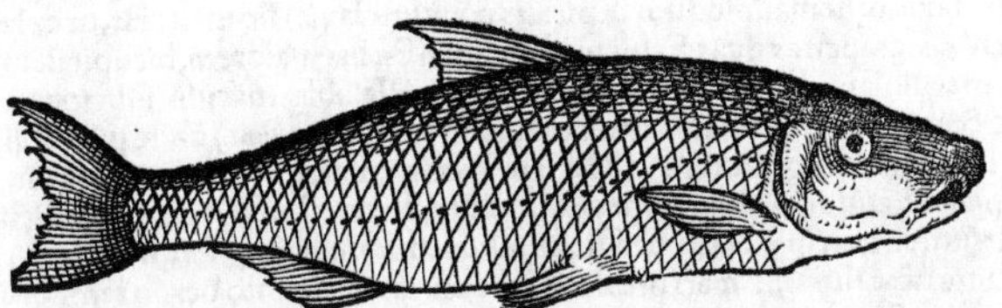

CAPITONIBVS hunc piscem adnumero, propter similem (ut ex pictura quam Kentmannus misit conijcio) corporis formam. differentiæ uerò causa anadromum cognomino, quòd ex Oceano Albim subeat. Nasutus uidetur, prominente & carnosa superiore oris parte, ut in nostris fluminibus is quem Nasi nomine descripsimus suprà: cui etiam reliqua corporis specie per omnia adeò similis est, ut discrimen nullum animaduertam, ne colorum quidem ferè: nisi quòd Albinus hic Nasus (aut Simus) magis albicat, noster uerò magis fuscus est. Sed noster planè fluuiatilis est, Albinus è mari ascendit: quem uel ab Albi **ein Elbnasen**/ uel à mari **ein Meernasen** appellare licebit. Pręterea noster uilis & plebeius est, Albinus uerò inter laudatos, pręsertim assus. Hoc etiam notandum, cum Albinus alio nomine Blicca (**Blick**) dicatur, longè alium piscem eodẽ nomine à nostris uocari, de quo dicemus inter Lacustres. Zertæ quidem nomen, etiam Polonis usitatum audio. Germani quidam (ni fallor) **Zorte** per o. proferunt.

EPERLANVS, uel Epelanus uulgare Gallicum nomen est. In ostijs fluuiorũ (inquit Rondeletius) in Oceanum influentium, ut Rhotomagi & Antuerpiæ, frequẽs est piscis qui Eper-

lan dicitur à nitido & splendido colore, quo unionem (*perlam*) refert. Idem uiolæ odorem resipit. Eius duplex est genus. alius marinus est & litoralis, qui asinos paruos refert, &c. alius fluuiatilis. Sic ille. Sed fluuiatili nomen idem, genus omnino diuersum est. ¶ Saxatilis est Epelanus noster, Sequanę litorum alumnus, partim marina, partim fluuiatili gaudens aqua. Glabro est corpore: unde falsò quidam Asellorum generis esse iudicarunt: capite ad Merlucium accedẽte, &c. Aliqui ab

Viola. odore Violam posse uocari censent, Bellonius: qui saxatilibus marinis eum adnumerat, ego anadromis malui.

GERMANICE uocari poterit **ein Meer-rötele.** Planè enim cognatus ei uidetur piscis, quẽ **Rötele** nostri nominant (est autem Vmbra lacustris minor) à colore, quo forsitan differt, rubicundo: reliqua enim conueniunt, figura, magnitudo, pinnæ, dentes in maxillis & lingua, mollities carnis, suauitas saporis, lapides in capite. Audio **Hagen** apud Germanos inferiores dictum pisciculum, similem esse Eperlango.

ANGLI, apud quos copiosissimus est, **Schmelt** appellant ab odore. Turnerus Anglus Gobij genus esse putat. Smelta (inquit) nostra, piscis litoralis, gregatilis, circa litora parit, & in fluuios subit, ubi pinguescit. nec perpetuò in fluuijs degit: sed uère tantùm, quo tempore copia longè maxima ultra Londinum aduerso flumine natitat. Raró aut nunquam ultra spithames longitudinem excrescit.

Iallus. Liceat & Græcum nomẽ fingere tam nobili pisci, ut ita Græcis ab ἴον (id est, uiola) dicatur Iallus, sicut à thymo Thymallus denominatur. ¶ Lege etiam suprà in fluuiatili Eperlano Parte I. huius Ordinis.

Figura hæc Lampetræ ad piscem Basileæ captum expressa est: ab ea quam Rondeletius dedit nonnihil uarians: præsertim caudæ pinna.

LAMPETRA uulgò dicta est à lambendis petris, (aliâs Lampreda:) quòd integrum ferè diem ore suo saxis (quemadmodum & picatis nauium clauis) sic inhæreat, ut ea lambere uideatur, Bellonius. Lampetras duas Saluianus exhibet. Ex his maiorem, bicubitalem semper inueniri tradit, & maculosam, minorem uerò uix pedalem esse, absq; maculis, subcineraceam. inter has autem colore & magnitudine medias nullas inueniri (*circa Romam:*) unde probabilius uidetur, eas non ætate tantùm & magnitudine, sed etiam specie differre. Ea uerò (inquit) quam **Pryck** Germani appellant, eiusdem generis species quædam tertia est, media inter prædictas constituen-

E mari ascendit. da, &c. Reperiuntur tum in mari tum in fluminibus. minores nanq; frequentiores, maiores uerò rariores, ineunte uère flumina mari proxima subeunt: in illisq; toto uerno tempore commoratæ, in mare deinceps æstate incipiente reuertuntur, &c. Sic ille. De minima Lampetra siue Mustela, dictum est suprà Parte I. quoniam alijs plerisq; (præterquam Saluiano) fluuijs & riuis propria

Mustela. uidetur. ¶ Mustela marina similiter ut terrena, omnium cadauerum, in quæ incurrit, oculos exest & conficit, ut audio, Aelianus: tanquam nomine inde facto. ego à colore nomen Mustelis nostris hoc est, Lampredæ & cognatis piscibus, inditum suspicor: quòd prona pars ferè fusca uel sublutea in eis sit, supina albicet, similiter ut in terrestribus: quas etiam corporis longitudine quodammodo referunt. Mustelinum colorem interpretantur subliuidum ac lentiginosum, cuiusmodi in uestibus cruore commaculatis appareat. Adde Mustelas marinas barbatulas esse, ut terrestres: & similiter ferè fluuiatiles illas, quas Trisias uocãt. Scaris Plinij tempore principatus dabatur. Proxima his (inquit) mensa est generis duntaxat Mustelarum: quas (mirũ dictu) inter alpes lacus quoque Rhetiæ Brigantinus ęmulas marinis (aliqui legunt Murænis) generat. Brigantinum quidem lacum esse, qui uulgo ab urbe Constantia denominatur, quemq; Rhenus penetrat, certum est: in eo nullas Lampredas reperiri audio. neq; mirum: nam cum è mari subeant tum maiores tum mediocres Lamprede, catarrhactas Rheni superiores, quæ nõ longè infrà illum lacum sunt, superare nõ possunt, ut neq; alij ulli pisces, præter Anguillas fortè. Sed hac de re inquirendũ diligentius. quòd si nul-

ſi nullæ (ut puto) in eo lacu Lampredæ unquam inueniuntur, Plinius alium piſcem eo nomine in
tellexerit, Triſsiam nimirum uel Botatriſsiam Inſubrum, quæ hodieq́; in lacubus Sabaudorũ Mu
ſtela uocatur. Cæterùm Auſonij Lampreda, quando ita doctiſsimis noſtri ſeculi uiris placet, eſto
Muſtela: & Græcè etiam γαλῆ ποταμία nominetur. ¶ Lampetram Græci Galeonymum & Gale= *Galeonymus*
xiam appellarunt: Latini Muſtelam, à maculati huius nominis quadrupedis tegminis ſimilitudi= *Galexias.*
ne, Bellonius. Rondeletius Galexiam uel Galeonymum Galeni, Sturionem eſſe ſuſpicatur: qui
fortè nec Sturio, nec Lampreda eſt, ſed è Muſtelarum in mari manentium genere piſcis. Lam=
petra (inquit Saluianus) Græcis incognita eſt, cum, Galeno teſte, qui Galexiam nominat, in Græ
co mari nullibi naſcatur. Romę autem Galexiam uocari ſcribit Galenus, cum hoc minime Roma
num ſit nomen, nec ab ullo ſcriptore Latino uſurpatum, (ut neq; Græco quod ſciam,) & Galeno
ipſi hoc uno in loco: ad imitationem nimirum Latini nominis (*ab ipſo alijsúe Græcis in Italia habitan=
tibus confiсto nomine.*) Gale. n. Muſtela eſt, (unde γαλεξίας fortè factũ, aut γαλεείας, ſicut ab Aſter, Aſte
rias,) Hæc ille. ¶ Lampetra ex genere eſt cartilagineorum piſcium, qui longi lubriciq́; ſunt. Eam
non rectè uocari à recentioribus quibuſdam Lumbricum marinum, Rondeletius docet. Lampre *Lumbricus*
dę quidẽ nomen à Lumbrico detortũ uideri poteſt: idq́; eò magis, quoniã non omnes modò popu *mar.*
li qui Latinæ linguæ ueſtigia retinuerunt, Lampredam ferè appellant, Itali, Galli, Hiſpani: ſed eti=
am Germani, &c. ¶ Aliqui Vermem aquatilem nominarunt, propter hæc Plinij uerba: In Gan= *Vermis aqua*
ge Indiæ Statius Seboſus haud modico miraculo affert, uermes branchijs binis ſexaginta cubito= *tilis.*
rum, cæruleos: qui nomen à facie traxerunt. His tantas eſſe uires, ut Elephantos ad potum uenien
tes mordicus comprehenſa manu eorum abſtrahant. Color cæruleus Lampetræ (inquit Rondele
tius) item mores quadrant. nam petris & nauibus ita hærent Lampetræ, ut auelli non poſsint. ne=
que repugnat cubitorum ſexaginta longitudo: in India enim omnia grandiora ſunt. Vermem ta=
men aquatilem hunc eſſe aut dici non probat Rondeletius. Caret enim (inquit) omnino pinnis,
ut Muræna. atqui non idcirco non debet uermis dici, quòd pinnis careat, ſed eò magis etiã. In dor
ſo quidem pinnas dirigendæ natationis gratia habet. In India Cluias fluuius rectà ad Oceanum
fertur: cuius accolæ nobis dederunt uermes, ex ipſo fluuio extractos, femore humano craſsiores,
omni genere piſcium ſapore præferendos, Alexander Magnus in epiſtola ad Ariſtotelem. Hi uer
mes nimirum Lampredæ uulgò dictæ fuerint, aut eis cognati piſces: Σκώληκες ποτάμιοι. At Gan=
geticus ille ſui planè generis & diuerſus fuerit: cui nec branchias, nec brachia bina, ſed dentes bi=
nos Cteſias apud Aelianum tribuit, ſimilem alioqui uermi in ligno naſcenti faciens, &c. ut in Hi=
ſtoria aquatilium noſtra, ubi de Vermibus aquaticis dictum eſt, copioſè expoſuimus. ¶ Licebit
Lampredam, etiam βδέλλαν, id eſt, Hirudinem marinam appellare, Strabonis exemplo: qui ſcripſit *Hirudo*
in quodam Libyæ fluuio naſci Bdellas ſeptenûm cubitorum: quæ branchias habeant perforatas, *mar.*
ita ut per eas reſpirare poſsint. Nam Lampetræ ore ita ſaxis & nauium clauis hærent, ut optimo iu
re βδέλλαι, ἀπὸ τοῦ βδάλλειν, id eſt, à ſugendo, dicãtur, quemadmodũ ſanguiſugę, Rondeletius. Ean
dem, Muręnam fl. (à marina toto genere diuerſam) appellatam fuiſſe ex Dorione perſpicuum eſt: *Muræna.*
qui Μύραιναν ποταμίαν ait unicam habere ſpinam, ſimilem Aſello Gallariæ, Idem. Cæterũ Oppia *Echeneis.*
nus hunc piſcem proculdubio Echeneidem ab effectu nominauit: quæ Latinè Remora dicitur.
Deſcriptio quidem eius undiquaq; conuenit: naues autem eam in mari remorari, experientia no=
ſtra comprobatum. Interim non me latet aliam eſſe Ariſtotelis, Hiſtoriæ 2. 14. & Plinij 9. 25. Eche
neidem, Idem. Si Lampetra eſſet Echeneis, multi in Ligeri lintres curſum tenerent ab his reten
ti: quod quis aut uidit unquam aut accepit? Io. Brodæus.

Nauibus quidem in mari plerunq; animal aliquod adhærere exiſtimandum eſt, ut aliquod genus Cochleæ, uel Lampetram, uel aliud: quod cum nauis uel in portu manet, uel curſu recto fer=
tur, nemo animaduertit: at ea impedita & occultam aliquam ob cauſam detenta, inquirentes aliâs
aliud animal adhærens, inuenerunt, in quod morę cauſam, cum aliam neſcirent, reiecêre: itaq; alij
alias Echeneides deſcribunt. ¶ Lampredas ſunt qui à fulgore (*nitore nimirum cutis ceu oleo delibutæ*)
Lampyrides uocent, ſed auctorem nullum habẽt, Barbarus. ego Lamprias appellare malim, ſi fin *Lampyris.*
gendum eſt uocabulum Græcum (ut Anthias dicimus) non à ſplendore, qui uiſu percipitur, ſed *Lamprias.*
conuiuali. λαμπρότατα enim et ſplendidiſsima ſunt conuiuia, in quibus huiuſmodi dij uiſuntur. hi e=
nim dij ſunt τοῖς ἐγγαστριθέοις, ut ita loquar: hoc eſt, illis quorum deus eſt uenter. ¶ Tineas fontium, *Tineæ fontiũ*
quas Plinius frigoris eorum indices facit, ego non Lampetras, ut aliqui, ſed inſecta illa aquatilia
interpretor, quæ uulgò Scrophulas Galli uocant, noſtri Gytzen. ¶ Alabes, Ἀλάβης, (ut Chremes, *Scrophulæ.*
Chremetis,) Straboni piſcis eſt Nili: Plinio Nilidis lacus. Alebetæ (inquit, malim Alabetes) Co= *Alabes.*
racini, Siluri, reperiuntur in Nilide lacu, quem Nilus efficit. Apparet autem à lęuitate & lubricita
te nomen ei factum, ſicut & alabaſtro. & cum Lampetra piſcis lubricus ſit, & nomen ferè conueni
at, (a. initiali detracto, & m. ante b. adiecto, recentiores quidẽ Græci plerunq; μ. ante π. pręponũt,
ut μπόλμπιεις, ꝓ pulueris,) ut ꝓ alabeta, dicatur Lãbeta: ſi hũc piſcẽ in Nilo reperiri mihi cõſtaret,
omnino Alabetem eſſe conijcerem. ¶ Archeſtratus præ omnibus anguillis laudat eam, quam in= *Anguilla a=*
ter piſces ſolam ἀπύρηνον eſſe dicit: Lampredam fortè intelligens, quæ ut in ſummis delicijs eſt, ita *pyrenos.*
omni oſsium ſpinarumq́; duritie caret. Loco enim ſpinę dorſi, cartilaginem habet: eamq́; teneram
adeò, ut in cibo etiam appetat. In minoribus Lampredis memini me loco ſpinæ dorſi neruũ unũ

e

cauum continuum reperisse. Apyrena quidem è malorum Punicorum genere πυρῆνας, id est, nucleos habent nec duros nec magnos. Quòd si Apyreno l. liquidam ueluti articulum præfigas, facilè in Lampyrenam & Lampredam mutabis. Sed satis de nominibus. Hoc in huius piscis natura mirabile, quòd præter aliorum piscium morem, fistulam in capite supremo medioq; gerit: qua, ut cete quæ pulmonibus respirant, & aerem trahit, & haustam aquam reijcit. eamq; ob causam in summa aqua fluitat, facileq; suffocatur, si inuitum sub aqua diutius retineas. ¶ Albertus Magnus pro Lampreda Murænam dixit. ¶ Lampetra flaua capitur in mari Oceano inter Angliã & Noruegiam, sed rarò: cætera similis uulgari.

Fistula Lampredæ.

ITAL. Lampreda.

HISPAN. Lamprea.

GALL. Lamproye. Circa Monspelium Lamprezze. Sabaudis ad Neocomensem lacũ, Lambri. Fœtus eorum Burdegalenses Pibales appellant, Rondeletius. Aliter Cæsar Scaliger: Santonica (inquit) uox est Piballa: pisciculus tenuis, uermiculi specie, Anguillarum more natans, colore candido. maritimæ naturæ consulti aiunt esse Anguillarum prima rudimenta: adultiores Pimperneaus uocari. perfectas communi nomine agnosci. Sic illi. Fieri autem potest uterq; ut fallatur, & Piballa Gallorum non alius sit piscis, quàm Flandrorum **Pymperele**: uel ut Angli uocant, **Pype oyle / Sprall oyle**: Miseni ad Albim **Spirahl**. Hic enim piscis est longus, subfuscus, specie qua reliquæ anguillæ: lubricus, rostro & capite acuminato. E mari in Albim ascendit: nec durat, sed contabescens moritur.

Iconem hanc ut ab Argentinensi pictore accepi, posui, maiorem quidem quàm uellem.

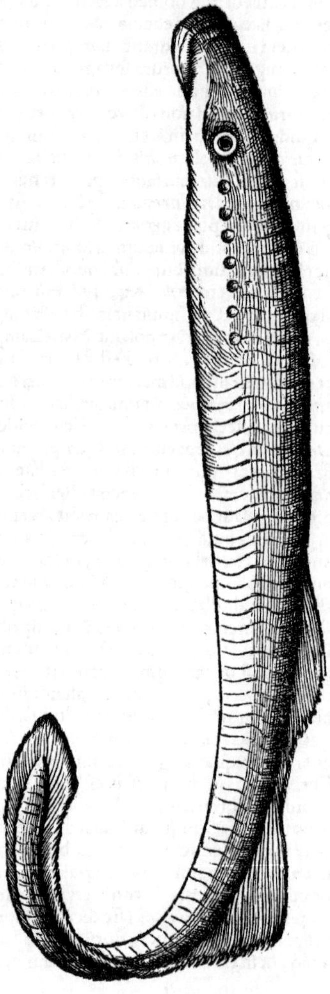

GERM. **Lampred / Lampret / Lempfrid /** Basileæ **Lampheryn / grosse Neünaug**: Vide in Lãpreda media. per inferiorem Germaniã **Lambreij**: Coloniæ **Lampereij**.

ANGLICE. **Lampreye / Lampraye / Lamprell / Lampron**: uel **a nyne eede eale**, id est, Enneophthalmis Anguilla.

POLONICE & Bohemice Neynok uel Naynog, uocabulo Germanico.

LAMPREDA media (uulgò dicta.) Nomina Latina eadem quæ superiori, huic conuenient. minor est quàm præcedens, maior quàm sequens. Italis & Gallis ignotam puto. Hæc quoque è mari fluuios subit. Lege quæ suprà scripsimus cum maiori uel simpliciter dicta Lampreda.

GERM. Argentinę uocatur **ein Bärle / Berlin / Berling**. Francofordiæ & apud inferiores Germanos **ein Pricke** uel **Brick**, quod nomen à Lumbrico dempta prima syllaba factum uideri potest. Ad Albim **ein Neünaug**, hoc est, Enneophthalmus, quasi nouem oculis insignis. præter enim duos oculos propriè dictos, branchiæ paruæ, rotundæ, detectę, septenæ, ocellorum quadam specie apparent. Nostri hoc nomen priuatim minimæ Lamprede tribuunt: sed ut nominis huius causa, eadem & similiter in Lampredis omnibus apparet: ita hoc nomen quoq; generale & commune cõuenerit omnibus, ad species uerò designandas magnitudinis differentia exprimenda fuerit.

Enneophthalmus.

ANGL. **A Kleane Lamprelle / a smal Lamprelle.**

A. Ein

A. Ein Salm. B. Ein Lachs.

A. Icon est Salmonis ante partum, hoc est, uerni & æstiui, non satis probè expressa. B. uerò autumnalis & hyberni Salmonis, sub partum & à partu, (qui rostro recuruo ac maculis pluribus facilè dignoscitur,) effigies est, meliùs depicta quàm alterius: quæ emendari ad huius exemplum poterit: aliud enim non differt puto, nisi quòd rostrum ei incuruum non est, &c.

Salar, id est, Salmo paruus. Ein Selmling.

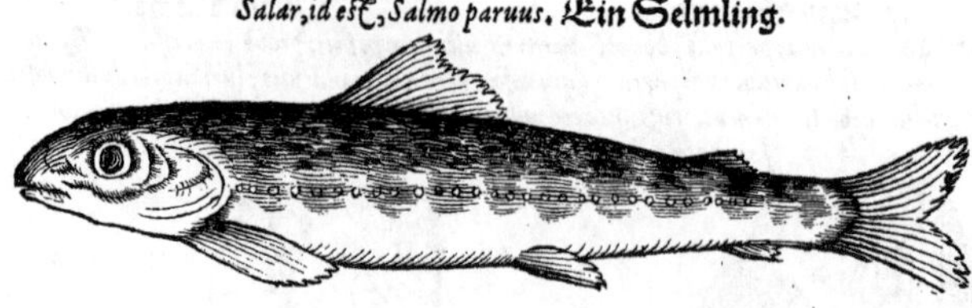

SALMONIS nomen apud Plinium legitur. Græcis incognitum fuisse, & ideo Græco nomine carere, nihil mirum, cùm Græci ueteres in Oceanũ non penetrarint. In Oceano enim tantùm nascitur, *(nos in fluuijs tantũ nasci, quos ex Oceano subit, ostendimus:)* qua de causa fluuios tantũ eos subit, qui in Oceanum influunt, Rondeletius. Bellonius etiam Sulmonẽ scribit, in prima per u. quod non probârim. ¶ Salmonis nomen à Germanis Rheni accolis uel Gallis Aquitanis Latini acceperunt. uideri autem potest à sale deductum nomen: quòd hi pisces in magna copia saliri, uel sale muriaq; inueterari soleant, in tomos cõcisi: perinde atq; in mediterraneo Thynni: quos & magnitudine referunt, & robore corporis, uiq; saliendi, (ut si Latinum esset uocabulum, à saltu factum uideri posset:) & natura migrandi ad summa fluminum, ubi pariunt: ac inde reuertendi. quemadmodum Thynni ex mediterranei inferioribus partibus aduerso mari in Pontum ascendunt, inde à partu reuertuntur. Thynnum asili inhærentes agitant, Salmonem hirudines & lampredæ. A Salmone diminutiuum recentiores aliqui faciunt, Salmulus, quem & Salmunculum dicamus licet: is paruulus Salmonis fœtus est, ut Cordyla Thynni. idem ab Ausonio Salar dicitur, adultior iam Sario, media inter Salarem & Salmonẽ ætate: alij legunt Fario. & omnino uerisimile est Truttam quæ uulgo Forina dicitur, ab Ausonio Salmonem, sed ętate minorem existimatum, ut (Parte 4. huius Ordinis) in Trutta diximus. Trutta quidem tam multa Salmoni affinia habet, ut nullum aliud piscium genus ei rectius comparetur. *Anchorago.* Anchorago Rheni piscis à Cassiodoro prædicatur: qui uel Salmo uideri potest, è Rheno præstantissimus, & certo tempore rostrum anchorę instar incuruans: uel Trutta lacustris, quam cum idem patitur, Ynlanck appellant Germani ad ostium Rheni in lacum Acronium se infundentis: sicut & nostri quà Limagus fl. lacum intrat. paritura enim fluuios subit, sicut & Salmo: & formam rostri similiter mutat. eundem piscem in lacubus Carinthiæ Rheinanck uocari puto, tanquam à Rheno & anchora composito nomine. Non hæc uerò solùm, sed & alię quędam in fluuijs & lacubus Truttæ sic afficiuntur: & eo tempore deteriùs se habent, inq; cibo minùs gratæ sunt, sicut & Salmo: itaq; etiam nomina mutant, uel omnes, uel aliquæ. *Esox.* Salmonem aliqui alio nomine Esocem uocant: ego Lucium potiùs Esocem iudico. ¶ Salmonis, ut dictum est, Græcũ nomen uetus nõ extat: qui uoluerit, Salangẽ appellet: quoniam *Salanx.* Σάλαγξ boni piscis nomen legitur apud Hesychium: neq; præterea quinam sit explicatur. aut potiùs à saltu, (unde & Latinè aliqui dictum putant Salmonem,) ἅλμων nominetur: uel à migrandi natura, μεταναστεύομ⊕, sed id epitheton potiùs quàm nomen fuerit. uel ἅλ⊕ φυγὲντ⊕, ἁλιπυγὸς, id est, Truttæ species, marina Trutta. uel dromias dromásue fluuiatilis. Aristoteles enim in mari dromades uocat Thunnos, aliosq; gregales, qui aliunde in Pontum excurrunt, & uix uno loco conquiescunt.

ITALI ut Salmone carent, ita etiam nomen eius à Gallis aut Germanis mutuentur oportet.

GALLI nominant Saulmon. Magnos, Salmones uocant: paruos, (Galli & Aquitani) Tacons. prętereа marem à fœmina distinguunt. hanc enim ob rostrum magis aduncum, hami modo, Beccard appellant, Rondeletius. Aliqui fœminam à ferendis *(portandis)* ouis, Bortiere, differt hęc à mare aduncitate labri inferioris, Bellonius. Est Truttæ species (inquit Cæsar Scaliger) eo in fluuio, quo Normanni à Britonibus separãtur: cuius inferior mandibula, extrema cuspide curuata, sursum uersus conditur in foramine superioris. Quem rostri uncum falsò quidam in Salmoneo genere fœmellis designauit. Non enim sexus in genere, sed speciei notam esse patet: quòd hîc sine illa, ut ita dicã, pyxidatione, quotidie ouis fœtæ certo anni tempore capiuntur. Sic ille. ¶ Nostri piscatores in masculo tantùm Salmone rostrũm inferius insigniter recuruari aiunt, in fœmina perparum: nescio quàm rectè.

GERMANIS circa Rhenum & alijs Salmo (ein Salm) tempore uẽris æstatisq; nominatur, usque ad diui Iacobi diem, qui est uicesimus quintus Iulij. deinde mutato nomine ein Lachs in utroq; sexu (quanuis marem aliqui priuatim apud nos sic uocant, fœminã uerò Lyder uel Lider) usque ad diui Andreæ diem, qui postremus est Nouembris. Salmo igitur uernus æstiuusq; est: Lachsus uerò autumnalis & hybernus, sub partum scilicet & à partu: quasi lassum dicas, longa iam natatione aduerso flumine & partu exhaustum: uel à genitura quam nostri Leich appellant, quasi λεχῶ⊕. circa Rostochium Laß nominant. Saxones & Miseni Salmonis nomine non utuntur: sed Lachß appellant tempore, sexu & ętate quibuscunque, per autumnum quidem & hyemem

mem cum sub lapidibus & saxis delitescens contabescit & maculis ruffi seu ęnei coloris impletur, ab ijs ipsis Kupferlachs uocitaẽ. ¶ Salmunculos, id est paruos & uix digito longiores Salmones, nostri aliiq; nominãt Sëlmling: Miseni Canitzen/ Kanitzle/ Kuntzle/ ab ipsa paruitate puto: unde & Georg. Agricola Latinė Salares nanos uocauit.

ANGLICE. Salmon uel Samond. priuatim uerò dum melior in cibo, & suauiore ac friabiliore carne est, uocatur a Kribbe Salmon, hoc est, friabilis Salmo. at postquam carnem deteriorem habere, & rostrũ curuare cœperit, porco grandinoso ab eis comparatur, uocaturq; a Kypper Salmon: quod Germanus diceret ein Kupfersalm.

ILLYRICE Losos: quo nomine Poloni & Bohemi utuntur. inuenio & aliud Polonicũ Losos tzarny.

SILVRVM piscem primus nostro seculo Io. Manardus Ferrariensis medicus, agnouit: quod in epistolis eius apparet, ubi Vngaricum eius nomen profert, sed malė. à Manardo Bellonius, qui tamen Silurum à Glanide (Plinij errorem secutus) non distinguit, nec satis diligenter describit, barbularum mentione omissa. Ipsum uerò piscem omnibus adhuc ignotum, & multis lõgisq; eruditorum controuersijs agitatum, primum ego pictum exhibui, & in nostris regionibus ostendi, uarijsq; nominibus (quæ nunc subijciam) quis sit interpretatus sum. Bellonius fortè uerũ Glanidem descripsit, utpote in Strymone Thraciæ fluuio captum piscem, ubi hodieq; Glagnum appellant. in eo enim Glanides agitare tradit Aelianus, Siluros uerò in Mæandro & Lyco Asiæ, & Istro Europæ flumine. Equidem conijcio omnia quæ de Glanide scribuntur, Siluro etiam conuenire, & duas unius generis proximi species esse: hanc maiorem & nigriorem, illam minorem & albiorem, sicut Pausanias etiam scribit: quanquam Siluros non nominat, de ijs tamen eũ sentire dubium non est. (Lege quæ suprà scripsimus in Glanidis mentione, sub finem Partis IIII. huius Ordinis.) Dentibus etiam Silurum à Glanide non differre putauerim. quanquam Silurus à nobis exhibitus non magnos dentes, sed paruos & confertos habet, ordine uno in maxilla seu labro inferiori, duplici autem in superiori: præterea in palato fauces uersus, utrinq; denticulorum congeries quædam apparet, quibus ab inferiori parte nulli occurrunt: sed inferior oris pars, (interior quidem, non prima statim quà branchiæ quaternæ ad eam quæ loco linguę est partem adnascuntur,) limæ instar exasperatur. hæc dum scriberem, Siluri caput aridum, manibus tenebam. Aristoteles Glanidi durissimos dentes esse scribit, ut uel hamum rumpat morsu. id quod Silurum etiam facere posse non dubito: non tã singulorũ dentiũ robore ac duritie, q̃ stipatorũ (ut dixi) congerie. alibi ἀγκιστροφάγον appellat, quòd hamũ deglutire soleat: nã sic Aelianus interpretatur. & hoc quoq; Silurum nostrum facere constat. quem in historia nostra non dentes habere dixi, sed labia limæ instar exasperata, sic enim ab alijs acceperam. ac rursus ex aliorum uerbis, idq; meliùs, dentes ei attribui, paruos & instar pectinis illius quo laneæ uestes depectuntur. Caput quod habeo parui Siluri est, in maioribus dentes etiam maiores ualidioresq; fieri par est. Ouorum custodiam ut Glanidi (mari) Aristoteles tribuit, ita Siluro pisci Albertus Sumum Illyrico uocabulo appellans: & rursus incrementi tarditatem, Aristoteles Glanidi, Albertus Siluro, &c. Vtranq; feram esse uoracissimam, et in quęuis oblata animalia grassari, authorum testimonijs liquet. Itaq; simillimos esse hos pisces, & species planė congeneres non dubitamus, adeò ut non sit mirum ab aliquibus tantam similitudinem non distinguentibus nomen unius alteri attribui cum olim tũ hodie. Aristoteles Glanidis tãtùm meminit: Plinius ex eius uerbis Silurum interpretari solet, cũ alibi distinguere uideatur. Gaza quoq; Silurum transtulit. Aelianus Glanidem in Strymone capi scribit, Silurum in Lyco & Mæandro: at alibi Istriani etiam Siluri mentionem facit. Bellonius Glanidem Nilo attribuit, ueteres Siluri tantùm in eo fluuio meminerunt. Athenæus Latũ in Nilo piscem similem esse tradit Glanidi Istri, tanquam hic in Nilo non capiatur. Verùm Bellonius Glanidem à Siluro prorsus non distinguit. Saluianus cum Iouio Silurum ridiculė putat esse Sturionem: & uerũ Silurum, utpote in Danubio captũ, ut ait, ꝓ Glanide pingit. Bellonius Silurũ, siue potiùs Glanim, cartilagineis ouiparis adnumerat cum Sturione & Attilo: quod quàm rectė fiat, considerandum est. fortė enim non cartilagineus, sed spinosus Silurus est. nos Glanim suprà inter fluuiatiles simpliciter posuimus: Silurum uerò hic inter anadromos, quoniam ė mari flumina subire, inq; eis parere, manere, & proficere ex Io. Kentmanno didici. ex ueteribus quidem uterq; fluuiatilis tantùm esse uidetur. Glanidem quoq; cum natura adeò cognata sit, ė mari subire uerisimile est. Reperitur hodie Silurus non solùm in Mœno Germaniæ fluuio, ut Plinius prodit: sed in eo, ut in Rheno quoq; (Pausanias in Rheno & Istro gigni scribit) quem ingreditur, perrarò: frequentiùs autem in alijs Germaniæ fluminibus plerisq;, maioribus præsertim, ut Danubio, Albi, Viadro, Vistula Sarmatiæ: item Lyco & Tibisco, qui Danubio miscentur: (Ausonij tempore etiã in Mosella, quæ in Rhenum descẽdit, capiebatur.) Item in lacubus aliquot Heluetiorum & Sueuorum, ut Moretano Bernensium, & Iuerdunensi Sabaudorum, & Acronio quem à Constantia denominant: & minorib. quibusdam, ut ꝑpe Rauenspurgũ et Waldsee oppida: in quos fortasis ex Acronio lacu per Schuß fl. ascendunt. sed quomodo ė mari ascendentes illuc perueniunt? rarissimi quidem in Rheno capiuntur, & ut per Rhenum ascendant, per Catarrhactam eius superiorem, qui prope Scaphusiam

c 3

Effigies Siluri, quam olim accepi. eiusdem uerò postea accuratiùs expressas icones Iulius Alexandrinus Ferdinãdi Augusti medicus è Danubio, Iohannes Kentmannus ex Albi, & Carolus Egelius clarißimus Rauenspurgi medicus è lacu uicino, ad me dederunt: ei quam hic exhibeo similes, sed colore magis nigricante, & oblongiore angustioreq́; uersus caudam corporis filo.

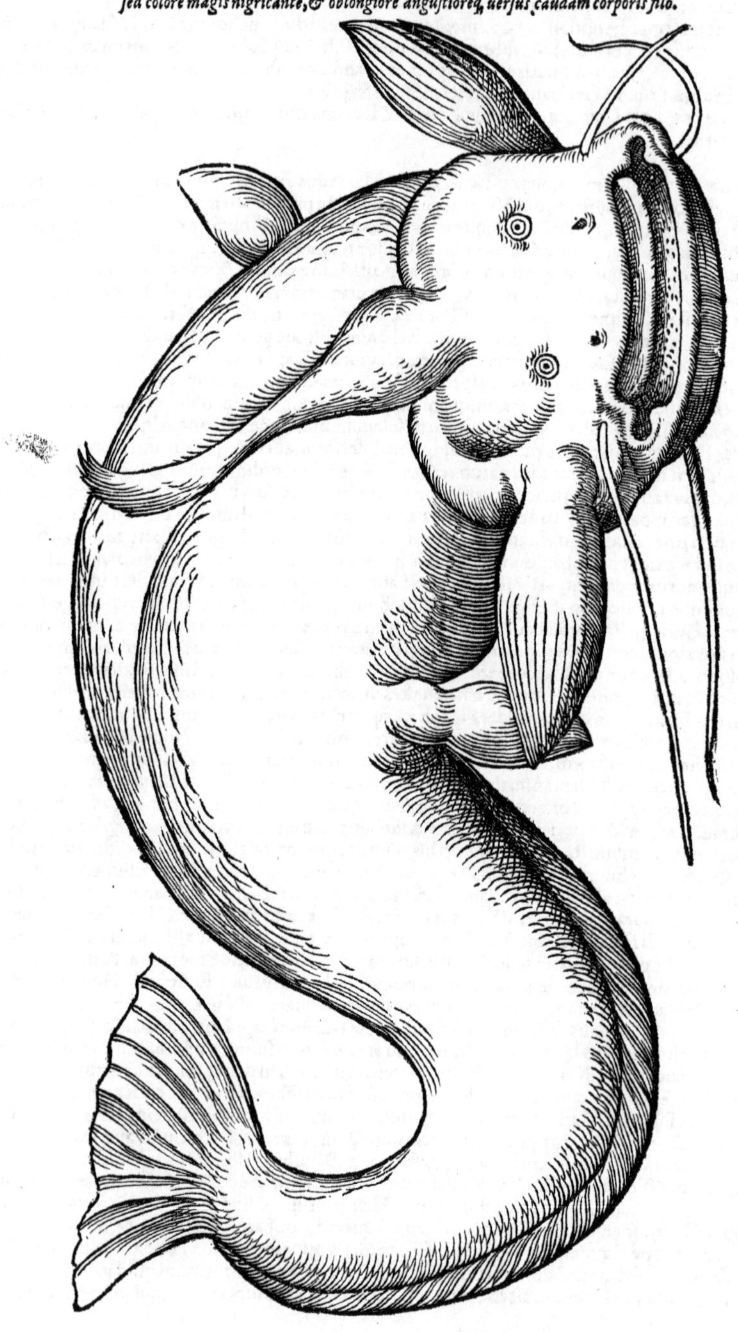

Alia

Alia eiusdem (parui adhuc) icon, è lacu Bipennatium, ditionis Bernensium, à Benedicto Aretio missa.

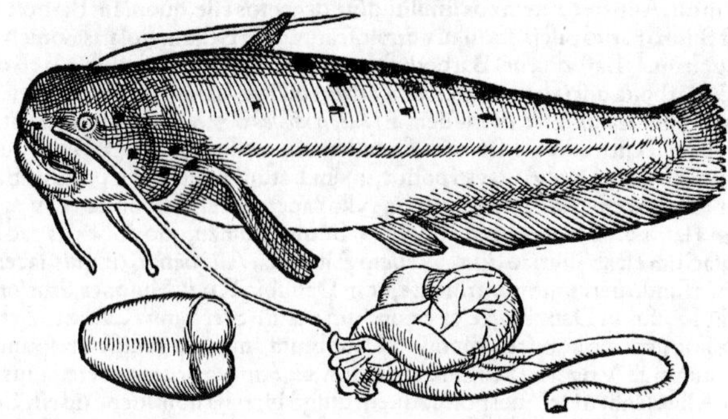

Alia è piscina piscatoris cuiusdam Argentinæ, uidetur autem cauda eius attrita propter piscinæ angustiã, aut aliam ob causam. barbulæ uerò, quæ quotannis ei decidunt, nondum plenè renatæ. Hodie quidem aliam eius formam esse dicunt, quàm cum mihi depingeretur. Aetatis certè locorumq; discrimina, mutationem aliquam adferunt: neque idcirco species diuersæ fuerint, ut primùm existimabam, iconibus tam diuersis ad me missis. postea enim cum pisces ipsos Augustæ, Argentinæq; uiderem, aliter iudicaui. An tamen species diuersæ in Germania reperiantur, diligẽtiores olim considerabunt.

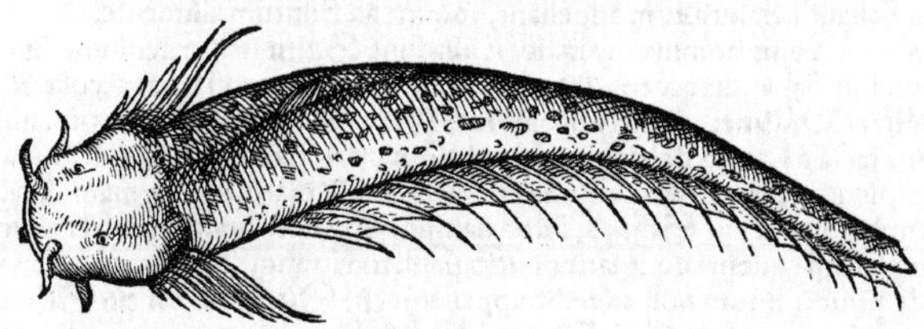

est, eluctari non poterunt, ut neque Salmones, nec alij pisces præter Anguillas. itaque uel è mari non uenient in Acronium, in quo tamen rarissimè inueniuntur, & forsan è piscibus paruis huius generis olim iniectis, aliqui sunt prognati. uel si è mari migrant, eàdem qua anguillæ corporis agilitate Catarrhactam illum euincent. Argentinæ piscatores duo ciues (quorum alteri nomen est Iacobus Baltner, alteri Iacobus Lamp) in piscinis suis Siluros alunt: uterq; singulos, aut alter binos, eorum duos ante annos quadraginta in Rheno captos aiunt, uix digiti longitudine, & ab eo tempore ad pedes sex cum dimidio excreuisse, alterum saltem. Vnius iconem Petrus Stuibius affinis meus iuuenis doctissimus ad me misit, qualem exhibeo.

Silurus Latino nomine caret, neque mirum cum nullus in Italia reperiatur: quanquam ne in Græcia quidem forte, sed aliunde importabatur salsus. Græco quidem nomine Silurus dictus uidetur à caudæ agilitate, qua Anguillam & Thrissiam uulgò dictam refert. In quibusdam codicibus Græcis pro σίλουρος legitur ἄιλουρος facili lapsu, & qui non malè cecidit. Aelurus enim Felem significat: uidetur autem nescio quid felinum hic piscis aspectu, barbulis, & caudæ mobilitate præ se ferre. Sunt qui cauda pisces ab eo percussos ori admoueri dicant. Barbulas modò antè se exerit, ceu ad explorandum, modò ad latera comprimit. Forsan & ad uenationem eis astutè utitur, ita ut suis Rana piscatrix, quam etiam oris rictu & uoracitate refert. Ex minimo, ut diximus, ingens euadit. Maximi libras (unciarum 16.) circiter XX. ultra C. appendũt in Albi, & pinguitudo in magnis per dorsum uel duos digitos crassa, ceu in porco, apparet. Apud Bohemos uulgò fertur, piscem pisci prædam esse, at Siluro omnes. Nostra memoria in Tibisco, dissecto huius piscis uentriculo caput humanum cum manu dextra & tribus annulis aureis repertum fama est constans: ut ipse ab homine Vngaro fide digno accepi, &c. Publica apud Pannones fama est, inquit Ioannes Manardus, aliquando captum in cuius uisceribus humana manus ornata anulis inuenta sit. Saluianus puerum in Danubio apud Possoniam natantem ab hoc pisce deuoratum refert. ¶ Borbotam Albertus Magnus hunc piscem uocat: aut potiùs speciem illam Mustelæ, quam Thrissiam uulgò nuncupant, Botatrissiam Itali, præsertim lacustrem. Cum autem duodecim annos excesserit (in-

Aelurus. *Borbota.* *Barbota.*

c 4

Solaris. quit) hic piscis, in uastitatem ac longitudinem maximam crescit, & Solaris uocatur, quia in Sole libenter in ripis fluminum iacet. Eadem uerba apud Isidorum, & innominatum de nat. rerum scriptorem leguntur. Apparet autem eos similitudine deceptos esse, quoniam Barbotta siue Trisia simillimus est Siluro paruo piscis, ita ut uix dignoscatur, teste Bellon. Solaris nomen à Siluro corruptum esse putârim. Barbotta uel Barboth nomen Germanis aliquibus in usu est de Thrisia nostra. Est & Barbotta piscis barbatus circa Tanaim dictus, ex Antacæorum genere: quem ichthyocollam Bellonius nominat, & similem ei *(barbis nimirum & capite)* Silurum facit. Athenæus Latum in Nilo piscem tradit albissimum suauissimumq; esse, similem Glanidi qui in Istro capitur. quibus uerbis genus hoc Antacæi potiùs, quàm Latum de genere Coracini ab alijs dictum intelligere eum diuinarem, si an ulli Antacæi in Nilo caperentur mihi constaret. Vngari quidem Silurum ipsum à latitudine Harcha nuncupant. ¶ Sumus nomen, quo Albertus pro Siluro uel Glanide utitur, factum est ab Illyrico Sum. *Sumus.* Idem Albertus: Aliquando (inquit) iacentes ac dormientes pisces in fundo percutiuntur tridente, ut in Danubio Ruffi, Husones, Sturiones. Quinam uerò piscis sit Ruffus in Danubio, rescire nondum potui. *Ruffus.* Stephanus Lauræus Ferdinandi Aug. medicus, de hoc nomine ac pisce Posonij ad Danubium cum inquisiuisset: respondit omnino uel Scurionem uulgò ab Vngaris (Schuureg) dictum, ex Antacæorum genere, cuius subruffa sit caro, Ruffum Alberti sibi uideri: uel potiùs quem uulgò Harcha nominent, (id est, Silurum,) cuius in uentre cum aliæ maculæ, tum ruffæ appareant. neque enim in Danubio post Husonem & Sturionem, piscem alium magnum cognosci, præter duos illos quos diximus, & insuper Tok ex Antacęis.

ITALICVM nomen non habet. nam in Italiæ fluuijs, inquit Saluianus, nullibi (quod sciam) habetur. Sic ille. Quod si uerè scribunt Grammmatici quidam, Glanin esse fluuium Cumæ in Italia, à quo etiam piscis Glanis uel Glanus dicatur, Saluiani Glanis, idemq; ei Silurus, à nostro Siluro diuersus, cognatus tamen ei, in Italia reperietur: quod mihi non est uerisimile. est & alius in Italia eodem nomine fluuius circa Tiberim, & tertius Iberiæ, authore Stephano.

GALLI etiam neque piscem hunc, quod sciam, neq; eius nomen habent: nisi quòd ad Iuerdunensem lacum Sabaudi, Saluth eum appellant, nomine ad Silurum alludente.

GERMANICA eius nomina in alijs locis alia sunt: Salut in Bernensium ditione, quod nomen an ipsi à uicinis Sabaudis acceperint, an contrà, nescio. Acronij lacus accolæ & Sueui uocãt Waller/ Wäller/ Wälline: alij aliter proferunt, Wale/ Walle/ Walarin. uidentur autem omnia hæc nomina facta à Latino Balæna: quòd ut hæc in mari, ita Silurus in dulcibus aquis magnitudine excellat, sicut etiã Ausonius canit. Saxones, Silesij, & maritimi Germani Welß uel Wilß appellant. Danubij accolæ ein Schaid, siue à damno quod uoracitate sua infert: siue à figura uaginæ gladij, præsertim equestris: quę latior initio, paulatim in angustum desinit. Viennæ dum paruus est, & pedem aut cubitum non excedit, appellatur ein Sick: adultior ein Schaid. Sed ab alio quodam accepi, piscem Sick uel Tück uel Tick in Danubio capi, non quidem circa Viennam, sed inferiùs circa Budam. molem eius libras (XVI. unciarum) XXV. appendere, corpus ut Husonis, minus, multis ceu stellis uarium, &c.

ILLYRICE Sum uocatur apud Polonos & Bohemos: quo nomine in mari etiam Balænam & Cetum in genere interpretantur.

VNGARICE Harcha (quod ita proferunt, ac si scriberetur Hartscha uel Harcza, à Germano,) à latitudine dorsi aut oris forte.

Icones require in pagina sequenti.

ACIPENSER, Aquipenser, Oxyrynchus. sed hoc nomen etiam alijs quibusdam piscibus tribuitur. Vulgò Sturio, uel Stora. Est autem de genere Antacæorum, è quibus ichthyocolla, id est, glutinum habetur. Hic idem est, ut ego iudico, quem Plinius in Danubio Porculo marino simillimum dixit: libro nono capite decimoquinto, de maximis piscium scribens: ut sunt (inquit) inter marinos Thunni: & in quibusdam amnibus haud minores (scilicet Thunno,) Silurus in Nilo & Mœno, Esos in Rheno, Attilus in Pado: & in Danubio maior, *(scilicet Thunno, aliqui hîc pro maior legunt Mario, quòd non probamus,)* Porculo marino simillimus. Dorionis Oniscum gallariam & Galeni Galaxiam esse Sturionem, Rondeletius sentit. mihi non uidetur. Vide superiùs in Lampreda. Ridiculè quidam Silurum ueterum, putant esse Sturionem nostrum.

ITALICE Sturion. Sturiones minores, qui cubitalem magnitudinem non excedunt, Porcellere uulgò uocant Itali: grandiores uerò Sturioni, differunt autem ætate solùm, non etiam specie, ut quidam suspicantur, Saluianus.

GALLICE Estourgeon, Burdegalensibus Creac.

HISPANICE Sullo, quasi Suillus. alij Sollo uel Solho scribunt.

GRAECIS recentioribus Xyrichi, (id est, Oxyrynchus:) Cyprijs Morona, quod nomen Itali Husoni nostro tribuunt.

GERMANICE Stor/ Styr/ Styrle.

Sturionum

Sturionum has duas icones Venetijs nactus sum: secundum Moronam nominant.

STVRIO *primus.* STVRIO *secundus.*

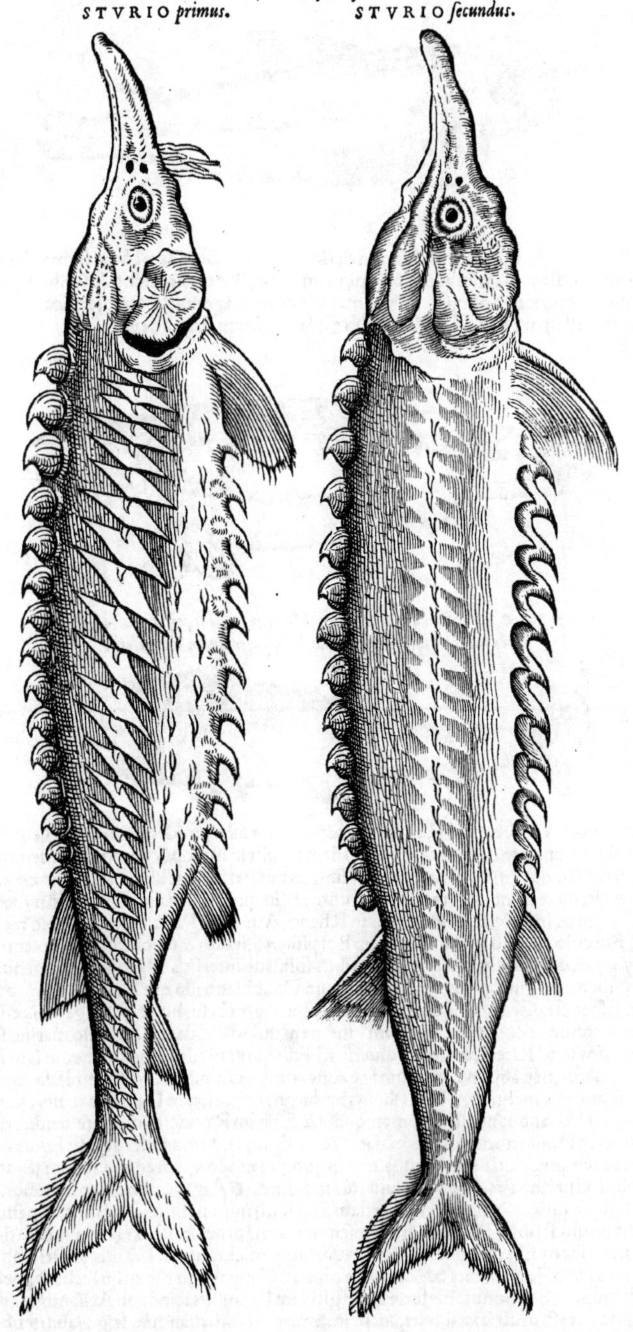

ANTACAEVS Boryſthenis à Rondeletio exhibitus. Similis eſt huic figura Attili in Bellonij libro: niſi quod unicam in dorſo pinnam habet, & caudam nonnihil differentem. ſed aliter Attilum Rondeletius pingit. De Antacæi nomine, lege cum ſequente piſce.

GERM. **Ein art der Haußen oder Stören in dem fluß Neper.**

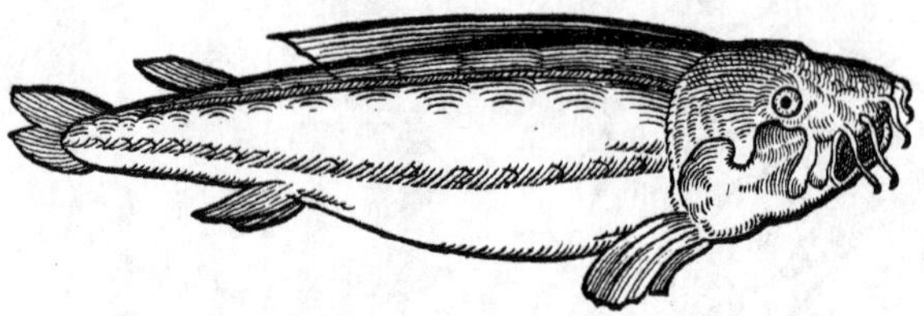

ANTACAEI *illius quem Germani Huſonem uocant, effigies alia, è Pannonia nobis tranſmiſſa: & melior, ut apparet, quàm Rondeletij.*

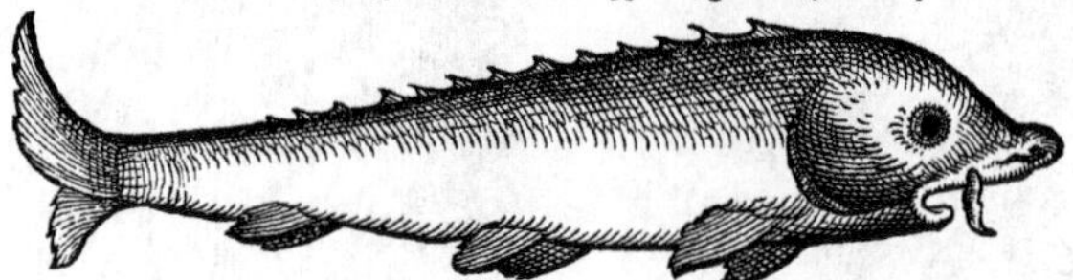

Exos. ANTACAEVS alius, ut à Rondeletio pictus eſt, roſtro quidem non acuto ſicut Oxyrhynchi alij, quibus tamen cognatus eſt. Idem Exoſſem hunc piſcem appellat: uerè quidē quòd oſsibus careat, ſed non probè, tanquam ex Plinio: cuius uerba ſunt lib. 9. cap. 15. de maximis piſcibus loquentis, hæc: Sunt inter marinos Thunni: & in quibuſdam amnibus haud minores *(ſcilicet Thunno,)* Silurus in Nilo & Mæno, Eſos in Rheno, Attilus in Pado: & in Danubio maior *(ſcilicet Thunno)* Porculo marino ſimillimus. & in Boryſthene *(inquit)* memoratur præcipua magnitudo *(id eſt, piſcis præcipuæ magnitudinis,)* nullis oſsibus ſpinisue interſitis. Hæc ille. intelligendum eſt autem Boryſthenitem hunc piſcem, uel eũdem cum Danubiano illo qui Porculo marino ſimilis eſt, non cum Eſoce Exoſſéue, ut Rondeletius accipit: uel potiùs ſui hunc quoq; generis eſſe, & à præcedentibus omnibus diuerſum, nimirum Huſonem uulgò dictum: ut Porculo marino ſimillimus Sturio ſit: Eſos uerò Rheni, ab utroq; diuerſus. Huſo quidem eſſe non poteſt, cum is in Rheno nũquam inueniatur, nec alijs in Oceanum ſe exonerantibus amnibus. Mihi certè Eſocem, Lucium piſcem eſſe animus inclinat. Vbi Plinius ſcribit, ut recitaui, et in Danubio maior, aliqui pro maior legunt Mario, tanquam piſcis nomen: quam lectionem Rondeletius reprehendit: quanquam ad Italicum (Morona) nomen hoc accedat, &c. Quærendum an hic idem ſit Latus Nili, cuius Athenæus meminit, albiſsimus ſuauiſsimusq; quoquo modo apparetur, Glanidi (Siluro opinor *Antacæus.* dicere debuit) Iſtriano ſimilis. Vide ſuperiùs in Siluro. ¶ Antacæus nomen commune mihi uidetur, et huic & ſimilis formæ piſcibus (etiam Sturioni) imponēdum. debet autem penultima per æ. diphthongum ſcribi. Antacæorum piſcium maximorum in Iſtro Aelianus & Athenæus ex Sopatro meminerunt: q tanquã albiſsimi ſuauiſsimiq; celebrantur. Antacęi Delphinis magnitudine pares circa Boryſthenis & Mæotidis oſtia ad Gangarnam (ſic enim locum appellant) ligonibus effodiuntur, Strabone teſtę: fortè quòd glaciem ligonibus ſcindant. Aelianus quidem Antacæos magnos in Iſtro ſub ſaxa ſubijci, aut in imam arenam ad uitandum frigus abdi ſcribit. Antacęis nomen uidetur amnis dediſſe in Męotim lacum Aſiatica parte influens, Hermolaus. An

tacites

tacites Sarmatiæ fluuius haud longè Tyramba oppido in Mæotim exit, à quo Antacęi pisces, &c. Vadianus. Plinius Antacas populos circa Męotin Colchis uicinos facit. Vngari piscẽ Tock uel Tockhal appellant, non alium opinor quàm Husonem, aut omnino cognatum ex Antacæorum genere, nomine forsan per aphæresim facto ab Antacæo. idem aut similis Germanicè Sick/ uel Tick/ Tück/ à Germanis Danubij accolis nominatur: quanquam alius Silurum paruum Viennæ sic nominari nobis retulit: & forsan propter aliquam similitudinem, (capitis & barbularum aut aliam,) ut & Silurus & Huso, Barbotta uulgò uocatur, in diuersis tamen locis: ita etiam Germani aliqui idem nomen Tück utricꝫ attribuunt, alij in alijs locis.

Bellonij figura ab hac, quam ex Rondeletio dedimus, differt, pręsertim cauda. Pontico uulgo (inquit Bellonius) Collanus hic piscis dicitur, Bononiensibus Copsus, Italis Colpiscis, & uulgo Colabuccus. (*Germani dicunt* Mundtleym/ *id est, oris glutinum.*) Ferrarienses (apud quos ꝓ Sturione, nequissima ichthyopolarum impostura interdum uenditur, quum eius caro multùm inferioris sit notæ) piscem Iudaicum nominauerunt. alij Copesce, Hæc ille. Audio & Moronam Italis uocari: quod tamen uocabulum Cyprijs & alijs nonnullis Sturionẽ significat. ¶ Pado peculiaris est in Italia, Sturioni & Attilo cognatus. Herodoto Antacæus dicitur, Pomponio Magnus Borysthenis incola. Alijs quibusdam ueteribus Ichthyocolla, per synechdochen. partis enim ex hoc pisce ad conglutinandum usus est. Ab ijs qui Tanaim incolunt, uulgò Barbotta uocatur, quòd quaternis ueluti barbis ad labia sit communitus, Bellonius.

GERM. Hauß/ (Bellonio teste,) Huß: unde & Husonem Latinè recentiores quidam uocarunt: non quidem per hyperbolen, quòd cuiusdam paruulæ domus magnitudinẽ referat: sed quasi hys uel hysca, unde & Illyricè Vuyz appellatur: nimirum à pinguitudine seu lardo quo porcum refert, sicut & alij oxyrynchi. Errant qui Bolch Flandris hunc piscem uocari scribunt: ut illi etiam qui Silurum, asellorum enim Oceani generis est, quem ita nominant.

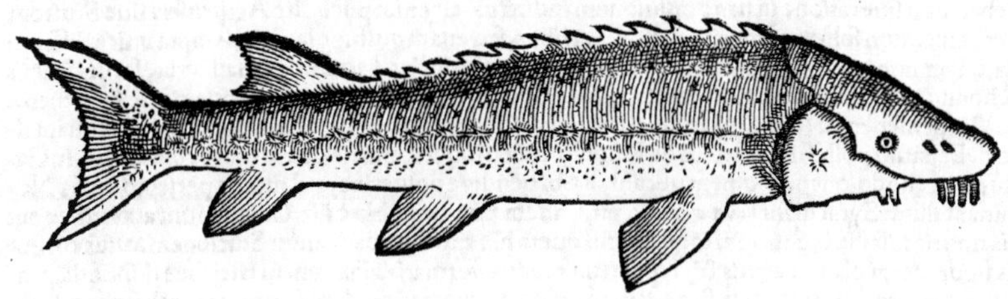

ANTACAEVS stellaris, si libet, appelletur hic piscis: cuius iconem, qualis Straubichij in Danubio captus est, Geryon Seilerus summus & celeberrimus Augustanæ reip. medicus ad me dedit. Pictura in linteo satis magno expressa colorem ubicꝫ ferè cœruleum ostendebat. uenter candidior ad roseum inclinabat. Spinæ in dorso, & stellæ (quæ spinis delapsis relictæ uidẽtur) pallidi coloris erant. puncta etiam passim uel è pallido albicantis, uel fusci Indiciue coloris. Cognatus hic fuerit quẽ in eodem flumine Tück appellari diximus paulo ante, ab Vngaris Tock. Idem quocꝫ aut similis uideri potest Zucca Caffæ, cuius in ichthyocolla meminit Bellonius, z. pro t. posito. Alius puto, sed similis est, quem ijdem Vngari Schuureg, quidam Germanicè Zürich (ab Oxyrhyncho, ut conijcio, deprauato nomine) uocitant, aliqui recentiores Latino nomine ad uernaculum formato Scurionem per Sc. non per St. de quo nonnihil etiam in Siluro diximus. Quidam mihi retulit Tick piscem in Danubio infra Viennam circa Pestum & Budam capi: mole corporis ad XXV. (sedecim unciarum) libras: cute uaria undiquacꝫ, & stellata similiter, ut in hic exhibita à nobis icone, sed rostro differre, quod longius & gracilius sit, anserino ferè simile. cætera Husoni similem esse piscem, sed minorem, ideocꝫ ab imperitis Husonem paruum esse putari. Hic an sit Galeus Rhodius, quærendum. *Galeus Rhod.*

ATTILVS piscis Pado peculiaris, cartilagineus: Sturioni cognatus, Antacæorum uel Oxyrynchorum generis: & anadromus, ut conijcio, sicut & reliqui Antacæi.

Attilus quum ad certam magnitudinem excreuit, squamas hispidas abijcit: quas per quinque uersus dispositas gerit, in summa scilicet dorsi spina, ex utrocꝫ latere geminatas, & sibi quasi parallelas: extremus uersus pinnas attingit. Contrà Sturio semper hispidas squamas suas tota ætate retinet, Cælius Calcagninus.

ITAL. Adello, Adeno, Adena, Adano, Ladano, Attina.

Misit ad me olim etiam Ant. Musa Brasauolus Ferrariēsis medicus nobilißimus Attili effigiem, quæ cum hac Rondel. pulchrè conuenit: nisi quod spinosos illos dorsi clypeos plures, latiores, & contiguos habet.

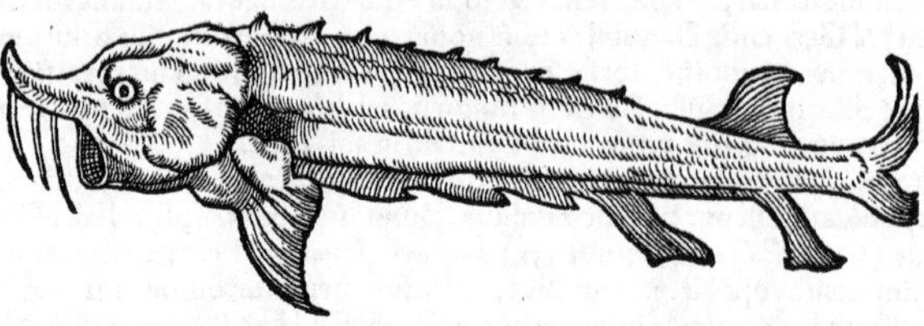

GERM. F. **Ein grosse art der Hausen oder Stören/ wirt allein in Italia im Pado gefunden.**

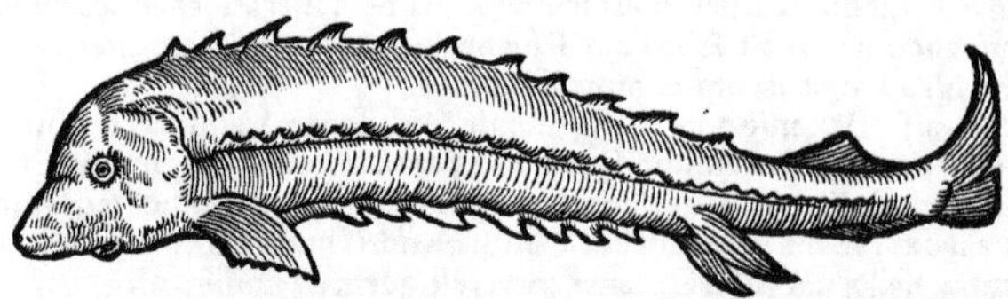

GALEVS Rhodius, γαλεὸς Ῥόδιος. Ego (inquit Rondeletius) hunc Galeum Rhodium, siue Vulpem Rhodiam esse existimo: quem Archestratus eundem esse cum Acipensere credebat, non sine ratione in hanc opinionem inductus. est enim piscis iste Acipenseri siue Sturioni persimilis, non solùm corporis specie et partibus, sed etiam gustu ac sapore, dempta unica differentia, quam non nisi ij percipient, qui exquisito gustatu fuerint. hac non animaduersa, facilè Galeus Rhodius cum Sturione confundetur, quod Archestrato euenit: cuius sententiam refellit Athenæus. Acipenser enim (inquit) paruus est, & porrectiore rostro, & figura triangulari magis quàm ille. Et paulò pòst: Archestratus de Rhodio Galeo loquēs, amicis patrio more consulens, ait: Galeum in Rhodo, quem Vulpem uocant, si tibi uendere noluerint, uel mortis periculo rape. Nominant illum Syracusani κύνα πίονα, id est, Canem pinguem, Hæc ille. Conueniunt autem hęc omnia nostris piscibus, Sturioni inquā, & illi quem hîc exhibemus. is enim Sturionem totius corporis figura, tergi ossibus acutis & clypeorum modo efformatis, alijs item in lateribus dispositis, pinnis, cauda, ore in supina parte sito, omnino refert. &, quemadmodum Sturiones, relicto mari amnes subit. Reperitur enim in Pado & in Rhodano, & pro Sturione uendit: à quo tamen distinguit ab exercitatis, capite crassiore, & rostro breuiore obtusioreq́: tum gustu. resipit enim ferinū quid, quod de Sturione dici non potest, carneq́ est duriore: à quo sapore Galei & Vulpis nomen habet. Galei enim & in eorum genere Vulpes, ferini sunt saporis & ingrati. Si tamen in dulci aqua diu natauerit, in cibis haud aspernandus est. Hæc Rondeletius. ὁ πίων κύων, nominatur etiam ab Epicharmo. ¶ Antacęis cognatus est. uide mox in Italicis nominibus.

ITALICE Cops à nonnullis uocatur: quo nomine figura expressum hunc piscem misit ad me doctissimus medicus Antonius Musa Brasauolus. Alij nominis affinitate decepti Copso appellant. est enim id nomen alterius piscis, (*illius quem Germani Husonem, Bononienses Copso uocitant: alij Itali Colpesce,*) Rondeletius. Apparet quidem Cops nomen per syncopen factum esse à Colpesce: hoc uerò à colla et pisce compositum. Colla enim siue glutinum ichthyocolla dictum, ex diuersis eiusdem generis piscibus fit, quos Antacæos generis nomine omnes appellârim, ut in Husone dictum est. quanquam etiam ex alijs quibusdam fieri aut solet aut potest.

GALL. In Rhodano captus pro Sturione uenditur, sicut dictum est.

GERM. **Ein art des Stören/ wirt in Italia gefangen in dem Po/ vnd in Franckreych in dem Rottē: dem Stör so gantz änlich/ das er darfür verkaufft wirdt/ hat ein kürtzeren kümpferen schnabel/ ein dickeren kopf: vñ wiltelet starck.**

FINIS ORDINIS I. TOMI II. DE PISCIbus fluuiatilibus.

DE

ORDO II. TOMI II. DE RELIQVIS DVLCIVM AQVARVM ALVMNIS ANIMALIBVS: CVIVS HAE SVNT PARTES.

I. De piscibus Lacustribus.

II. De animalibus Crustaceis.

III. De Testaceis.

IIII. De Insectis.

V. De Amphibijs tum quæ pedibus nituntur, uiuiparis, ouiparisq́ue: tum quæ ijs carent.

D. M. S.

SIGISMVNDO LIBERO BARONI IN HERBERSTAIN, NEYPERG, ET GVTTENHAG, VIRTVtis ac meritorum ergò immunitate donato.

P. P.

ITALA me primo tellus sub flore iuuentæ
Aurata patriæ donatum torque remisit.
Maximus Aemilius Cæsar, uirtute fideq́,
Fortè mea adductus, Patrum me protinus Aulæ
Consilio adscripsit. requies hinc nulla laborum
Facta mihi: magnis de rebus iussa peregi.
Fœderibus iunxi reges: pacisq́, tuendæ
Accendi studio, latè quà Rhenus inundat
Danubiusq́, pater, uagus Albis, & Istula, quaq́,
Dura Borysthenides colit impiger arua colonus,
Et gelido manat Tanais de fonte niuosus:
Rha leni placidas quaq́, agmine lambit arenas
Nauigijs penetrans lustraui cæca Rubonis
Crononisq́, fluenta, & inhospita Tesqua peragrans
Legatus mandata tuli, Regumq́, superbas
Accessi sedes: gemino subiecta Trioni
Balthea tranaui freta, magni Regia nostræ
Danorum domini lætata salutis honore.
Quîs gestis rebus me Cimbrica Chersonnesus
Excipit, & patriæ reddit, charisq́, propinquis.
Post ubi mortalis defuncto munere uitæ
Carolus acer auo successerat, hunc quoq́, dulcis
Impulsus patriæ precibus, de more salutans
Indomitos adij populos, & ditia regna
Hesperiæ. Reducem dein Ferdinandus ab Aulæ
Consilijs statuit, latè quo regna tenente
Arctoos iterum Reges Populosq́, reuisi.
Hinc mihi pro meritis serisq́, nepotibus auctum
Libertate decus, quod nulla aboleuerit ætas.
At postquàm inuasit Solymannus mœnia Budæ,
Accensum furijs, uim perniciemq́, minantem
Pannoniæ, Orator compreßi, diraq́, retro
A nostris suasi iugulis auertere tela.
His nunc defunctus curis post fata quiete
Sopitus placida, iusti dum buccina somnum
Iudicis excutiat, dormiscam. Viue uiator,
Exemploq́, meo patriæ seruire memento.

Ioh. Rosinus.

f

MAGNIFICO ET ILLVSTRI VIRO D. SIGISMVNDO LIBERO BARONI IN HERBERSTAIN, NEYPERG, ET GVTTENHAG, VT GENERE ita uirtutibus & doctrina nobilissimo, Conradus Gesnerus Tigurinus S. D.

QVVM his diebus, nobilissime heros, admirandi cuiusdam Ceti effigiem, & Sulaci (ut Mosci Tartariq; appellant, ego ex veterum Græcorum lectione Colon) caput cum suis cornibus probe depictum, ab amplitudine tua accepissem, me præstantiæ tuæ (quod iandudum optabam) non prorsus ignotum esse, nõ parum mihi gratulabar, atq; ex animo gaudebam. Nam libros etiam meos, animalium historiæ præsertim, in cognitionem tuam venisse: eosq; non indignos tibi visos, quibus aliquod ornamentum ex rebus tuis (quas non dubito multas ac raras te possidere) accederet, eosq; iudicio tuo non penitus displicere, hoc argumento facilè mihi persuadebam. Et cùm commodùm sub prælo essent nostræ Aquatilium animantium Eicones, cum diuersarum gentium nomenclaturis, iam vsque ad Lacustrium piscium ordinem typis impressæ, (cui Testata etiam & Crustata, Insectaq; dulcium aquarum animalia, deniq; Amphibia subiunxi,) mox eam partem sub illustri nomine tuo, tãquam optimi doctissimiq; patroni, in manus hominum prodire, par esse iudicaui. Quanuis enim prolixius et lucule͂tius aliquod animi grati testimoniũ, quæ tua in omni virtutum & doctrinæ genere excellentia est, tibi deberi intelligerem, ad id verò præstandum longiori tempore opus esse, omnia interim vitæ momenta nobis incerta & innumeris mutationibus obnoxia fluctuare, præsentis ac extemporalis gratitudinis qualemcũq; declarationem non iniucundam magnificentiæ tuæ futuram arbitratus sum. In eodem quidem genere quo beneficentiam tuam expertus essem, gratiam referri, non improbatum abs te iri spero. Animalium enim historia te oblectari, cum ex ijs quas misisti picturis, tum Vri & Bisontis (quorum effigies iussu tuo pulcherrimè typis excusas (L. V. Vuolfgangus Lazius olim ad me misit) conijciebam. Hanc opinionem mihi augebant Commentarij tui rerum Moscouiticarũ, quibus maximã laudem & admirationem tui apud omnes eruditos homines excitasti, ac nominis immortalitatẽ tibi comparasti. in ijs enim vt de Vro et Bisonte, ita alijs quibusdã raris animalibus quandoq; verba facis. Itaq; maiori fiducia hanc tantillam huius Operis partem amplitudini tuæ dedicaui: quam ut ab homine tui nominis et honoris apprime studioso profectam benigna fronte accipias, & si quid ampliùs ad quãcunq; Animalium historiæ partẽ illustrandã cõferre potes, quod non dubito, maturè cõferas, etiam atq; etiã oro & obtestor. Inter cætera autem rem summopere gratam, & huic in tuum nomen inscriptæ parti conuenientem mihi præstiteris, si nomina piscium lacustrium, qui apud vos & in Pannonia reperiuntur, diligenter mihi tanquam in tabula consignari curaueris, idq; vernaculis tum Germanicis tum Vngaricis aut etiã Sclauonicis nominibus è regione positis, ubi id fieri poterit. In pulcherrima quidem illa Pannoniæ chorographia, quam excellentißimus Lazius edidit, lacus præcipuos inuenio duos, vnum in vicinia Austriæ Ferteu, quem Germani dicunt Newsidlersee, *& versus Styriam Balaton, Germanis* Platsee. *In horum singulis quinam piscium uiuant, scire aueo: vt aliquando Additionibus aut Emendationibus ad nostros de animalibus libros, aliquid ex tua libertate ornamenti accedat. Spero etiam si quid circa fluuiatiles pisces, Danubij præsertim, in scriptis meis desiderâris, liberè ac libenter præstantiam tuam me admonituram, ac si quid addi poterit, communicaturam liberaliter. Vale doctißime heros, & grauißimo patrocinio tuo me dignare. Tiguri Heluetiorum, anno Virginei partus M. D. LX. decimo Kalend. Iunij.*

DE

DE PISCIBVS LACVSTRIBVS IN GENERE.

DE Lacuum alumnis piscibus Rondeletius priore loco quã de fluuiatilibus agere uoluit. Cũ enim (inquit) à mari marinisq́ stagnis discesseris, lacus & amplitudine & latitudine cæteras aquas superant, & ex his riui plurimi, sæpius etiam fluuij exoriuntur, uel eos præterfluunt, (*per fluunt fortè dicere uoluit, pro transeunt & permeant.*) Nos contra fluuiatiles lacustribus pręposuimus: quoniam cum piscium alij fluentibus amnium aquis proprij sint, ut Thymallus, Trutta: alij stagnantibus lacuum, ut Albulæ nobis dictæ: alij communes, ut Cyprini, Lucij: ij qui Lacubus proprij sint, paucissimi inueniuntur: plures qui fluuijs: plurimi fortè qui communes, pręsertim si anadromos propriè dictis fluuiatilibus non adnumeres, ut qui inter ipsos & marinos ambigant. Deinde riuos ac fluuios ex lacubus oriri non dixerim, nisi paucissimis fortè locis id cõtingat: sed contrá. nam in Heluetijs cum plurimi altissimiq́ montes sint, & amnes plurimi per ualles decurrant, permulti etiam lacus, dilatata & stagnante fluminum aqua, passim uisuntur: quorum alij longitudine, alij latitudine, alij profunditate alios superant: sunt enim qui ad centum aut ducentos passus profundi celebrantur aliquibus sui partibus. Verùm hi omnes ferè non riuos aut fluuios efficiunt, sed ab eis ceu corriuati efficiuntur. ¶ Sunt autem (inquit idem Rondeletius) lacuum perpetuę et perennes aquæ, stagnorum non item. nam hyeme collectæ, uel plurimùm auctæ, æstate siccantur. Lacus ferè omnes piscium optimorum tam sunt feraces, ut in mediterraneis marini fluuiatilesq́ non desiderentur: ueluti in Italia, Germania, Allobrogibus. Quorum aliqui sunt lacubus quibusdam proprij & peculiares: qui in nullis alijs aut lacubus, aut stagnis aut paludibus aut fluuijs repeπiuntur, ut qui Carpio in lacu Benaco dicitur. In Arethusa genus esse piscium, quod transcurrentis Tigris non miscetur alueo, testis est Plinius: sicuti nec ex Tigri pisces in lacum transnatant. Alij sunt lacubus cum cæteris aquis communes. De proprijs dicemus, & communibus non omnibus quidem, sed de nonnullis duntaxat. Cæteros uiris doctis & lacuum magnorum accolis pertractandos relinquo. Hæc Rondeletius. Nos lacustrium piscium ordini eos tantùm adscribere uoluimus, qui lacubus proprij sunt, et in magnis solùm lacubus reperiũtur. Minorum enim lacuũ pisces omnes communes sunt. nam lacubus proprij in gurgitibus ferè solùm degunt, hoc est, profundissimis locis: (minorum uerò lacuum tanta profunditas non est:) quamobrem pelagijs rectè comparantur tum loci tum alimenti ex eis ratione: quoniam in alta & pura aqua degunt, riparijs, ut illi litoralibus, salubriores. ripæ enim lacuum impuriores plerunq́, palustres & limosæ sunt.

Lacubus igitur proprij sunt, quorum historia deinceps sequetur. Communium alij semper aut simpliciter communes dici possunt, quãuis non in eodem tractu. nam in lacu nostro Cyprini tum propriè dicti tum lati, & Percæ, Tincæ, Lucij, Plestyę, Rutiliq́ uiuunt, in Limago fluuio nulli istorum: cum in Rheno Basileæ statim alibiq́ omnes isti capiãtur. Bramæ (uel Prasmi) in his tantùm fluuijs reperiuntur, qui tardè fluunt, turbidaq́ sunt & crassiore aqua, (qualis est Araris, & multi in Gallia Belgica,) nec in ijs ad eam unquam magnitudinem accrescunt, ad quam in lacubus & stagnis, Rondeletio teste. Alij diuersis temporibus, modò in fluuijs, modò in lacubus degunt. nam Leucisci illi quos Laugele nostri uocant, in lacu nostro hyemare solent, cũ per æstatem tam in lacu quàm in fluuio reperiantur: in fluuio quidem paulò maiores. Similiter qui Hasele nominantur, (Capitoni fl. Ausonij similes, sed minores,) autumno ascendunt è flumine in lacus partem profundam: & Martio mense rursus descendunt, ut in flumine uel riuis pariant. Differunt autem oculorum colore à lacustribus qui in fluuijs sunt. Truttæ lacustres contrà sub autumnum è lacubus in flumina parituræ ascendunt. Fluuij omnes opinor quo propiores mari sunt, & tranquilliores minusq́ puri, eò magis piscium genera quædam in eis repeπiuntur quæ nostri lacubus propria esse putant: exceptis ijs quæ in profundis tantùm lacubus agitant: quorum multis hoc commune est, ut in dorsi parte posteriore pinnulam paruam & adiposam, Salmonum instar, habeant: sicut Albularum genera, & Vmbræ Vmblæue, Trutta & Carpio Benaci. Illorum qui è mari amnes subeunt, nullum in lacubus cõsistere puto: sed etiam si intrauerint, ut Salmones, altiùs semper eniti, perpetuo ascensu: excepto Siluro: qui in lacubus manet, augetur, & parit. Sed in Verbano quoq́ Clupeam è mari aduenam piscem capi audio: de quo inter fluuiatiles anadromos diximus.

Tinca, Lucius, Squalus ac Barbus in multis lacubus reperiuntur: aliqui in paucis duntaxat, ut qui Albo dicitur uulgò ab Italis, in Thrasymeno & alijs fortè paucis, Saluiano teste. Albularum, ut nos uocamus, genera, in maioribus solùm & frigidioribus lacubus degunt, ut nostro, Lemano, Acronio, & ijs in quos Athesis illabitur: & Allobrogum lacubus Burgetij & Aequebeletij: & Sarmatiæ quodam lacu, ut audio: in Italiæ lacubus nullæ. At in tepidioribus, Chalcidum uel Sardinarum genera Thrisis cognata reperiuntur, quibus carent frigidiores: ut Celerini Allobrogibus dicti: Agoni in Lario, Verbano, & Benaco, tribus Italiæ lacubus: Liparides (ut Bellonius nominat) in Conio uel Pisciaco Macedoniæ lacu. Sarachi, qui Agonis ijdem existimantur, in lacubus Epiri. Hi omnes asperam in uentre, ut Harengi, lineam habent. Sunt qui eadem nomina cũ fluuiatilibus habeant, specie uerò differant, ut Mustelæ quas Trisias uel Botatrisias Itali uocant: Truttæ, Astaci, Cotti. ¶ Sunt & Conchæ quædam maiusculæ lacubus ac stagnis peculiares; item Cochleæ, Strombi, & Vmbilici parui, &c.

f 2

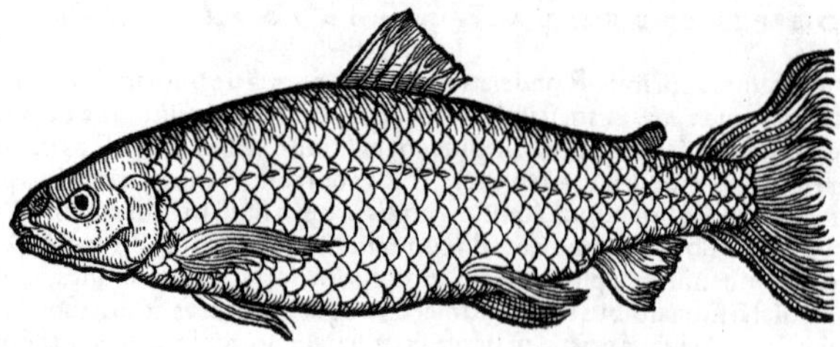

LAVARETVS hic piscis à Rondeletio uocatur, Gallicum uocabulū imitato. id quidē à munditie & candore factum ait, quòd nunquam sordidus sit, sed bene ablutus. Nos Latinius fortè Lautum, cum propter hoc ipsum, tum quòd in mēsarum lautitijs celebratur, appellabimus. Lacuum Allobrogum (inquit) proprius est, ut Burgetij, & Aequebeletij. nec ullus est qui in Italia, Germania, Gallia, aut alibi uspiam uiderit. Bellonius tum ex prædictis lacubus, tum etiam Lemano Lugdunum aduehi scribit. Ego Lauaretum ac similes ei lacustres pisces, uno generali nomine Albulæ complecti uolui: quod ita fingere libuit, quoniam ferè omnes huius generis species & squamis candidi, & carne alba sunt: quanquam nostri priuatim speciem unam Albelen uocant, & aliam Wyßfisch, &c. Ex his Albularum formis diuersis, unàm esse Lauaretum Allobrogum non dubito: præsertim nobilem illam quæ Constantiæ Adelfisch appellatur, & apud nos ein Wyßfisch od Wysser Blawling. Piscis idē nondū adultus Cōstātiæ ein Sandgangfisch, nostris ein Blitzling nominatur. Cum Lauareto quidem hic piscis conuenit candore, & nobilitate, in genere Albularum: & descriptione tota à Rondeletio posita: nisi quod fel eius iecori deesse non puto: hoc enim Lauareto suo Rondeletius negat: Bellonius uerò hepar album ei attribuens, unius tantùm lobi, in eius dextro latere fellis uesiculam adsutam esse scribit. Genus hoc totum an Cephalos aut Leuciscos lacustres appellare possimus, considerandum. Lauaretum priuatim Albulam nobilem uel Albulam candidam appello. Vide plura mox in Albula cœrulea.

ALBVLA cœrulea, F. Bezola Rondeletio, nomine Sabaudis usitato. Bisula Bellonio, qui Lauareto proximè posito eam comparat. Mihi quidem species duæ unius generis proximi uidentur. Lege præcedentia proximè.

GALLICE. Bizole uel Bissole Sabaudis in Lemano.

GERMANICE. Species hæc Albularum (fortè & genus totum) alicubi nimis communi nomine Bratfisch dicitur, ab eo quòd ad cibum ferè assari soleat. alibi meliùs Felcken/Felchen/ (quidā nuper Latinè Falcones temere nominauit:) & à subcæruleo colore Blawfelcken/Blawling/ (quanquā nonnulli etiam Leucisci fl. secundam speciē sic uocitāt.) itē Balhenen/Baal/Albock/Renchen. Albularum cuiuscunq; generis pisciculi parui adhuc, à nostris nūcupatur Migling: à Duncnsibus in agro Bernensium Büchfisch: alibi Stüben: ad Lucernensem lacum cum digitales iam sunt, Nachtfisch: deinde post annum, Edelspitzling/ postea Edelfisch: deinde ein halbgewachsne Balhen, postremo ein Balhen. Constantiæ uerò ad Acronium lacum primo anno dicuntur Seelen, (alij leuciscos fl. secundi generis adhuc pusillos sic uocant:) Lindauiæ Mydelfisch. secundo Stüben, tertio Baalen/Balhen uel Gangfisch/ uel Wattfisch, (in ueteribus quibusdam instrumentis & scriptis publicis Latinè sed indoctè conscriptis, Vadipisces nūcupantur.) Quarto Renchen, Lindauiæ. Quinto Halbfisch, ibidem. Postremo gantze Felchen uel Blawling. Rursus nomen Gangfisch commune est ad tres species, quidam enim dicuntur Constantiæ Sandgangfisch, ijdemq; adulti Albulæ nobiles, Adelfelchen. alij Grüngangfisch, ex quibus Albulæ cœruleæ fiunt, Blawfelchen. Alij Wyßgangfisch, id est, Albulæ candidæ quæ nomen nō immutant: neq; ad aliarum magnitudinem accedunt, cum longissimus ex eis dodrantem parum excedat. Cœrulei nostri quo tempore Percarum fœturam ceu pascua sua secuti è superiori lacus parte descendunt, circa initium Maij, Weydfisch dicūtur, hoc est, Pascales pisces: Randecker uerò nominant piscatores quidam illos, qui oblongi & graciles sunt.

Audio Albulas nobiles in Acronio lacu minùs profundè, propiusq; ripam agere quàm cœruleas, & reti inclusas ubi se senserint, ad aquæ superficiem tendere: cœruleas contra, deorsum. Nostras uerò cœruleas, tanquam specie diuersas, nobilibus magnitudine & natura similes, in superficiem quoq; similiter ferri, &c. Ita in diuersis lacubus diuersæ, & quibusdam fortè peculiares huius generis species sunt.

Bizole generale nomen est circa Lemanum lacum: & species comprehendit Blanchets, Pallaes, Ferra, Bondalle: fortè & Groen de ue, id est, Rostrum uituli. hunc enim piscem similem esse aiunt Bizolæ, nisi quòd rostro differt, quod nescio quomodo uitulinum repræsentet.

Aiunt

Aiunt præterea quoddam Bizolarum genus in Lemano Grauenze dictum, à cæteris dignosci quadam asperitate cutis utrinq; proximè dorsi spinam: Nouembri et Decembri maximè capi cum in signibus lactibus, idq; in sinibus humilioribus, id est, non altis, quos sinus isti uocant bennas.

Aliud etiam in eodem lacu Bizolarum genus uulgò Bondalle nominant. hæc ab alijs Bizolis (ut Io. Ribittus me docuit) hoc differt, quod & pinguior est, & crassiore gutture, adeò ut gutturosam uocent Bondallam, idq; præcipuè Augusto mense.

Hunc piscem nostri uocant **ein Butz**: Constantienses **Kirchlin** uel **Kilchen**: & paruos in eo genere **Kilchenstüb**, quos tamen maiores esse aiunt Hegelis nostris, qui in toto Albularum genere minimi sunt.

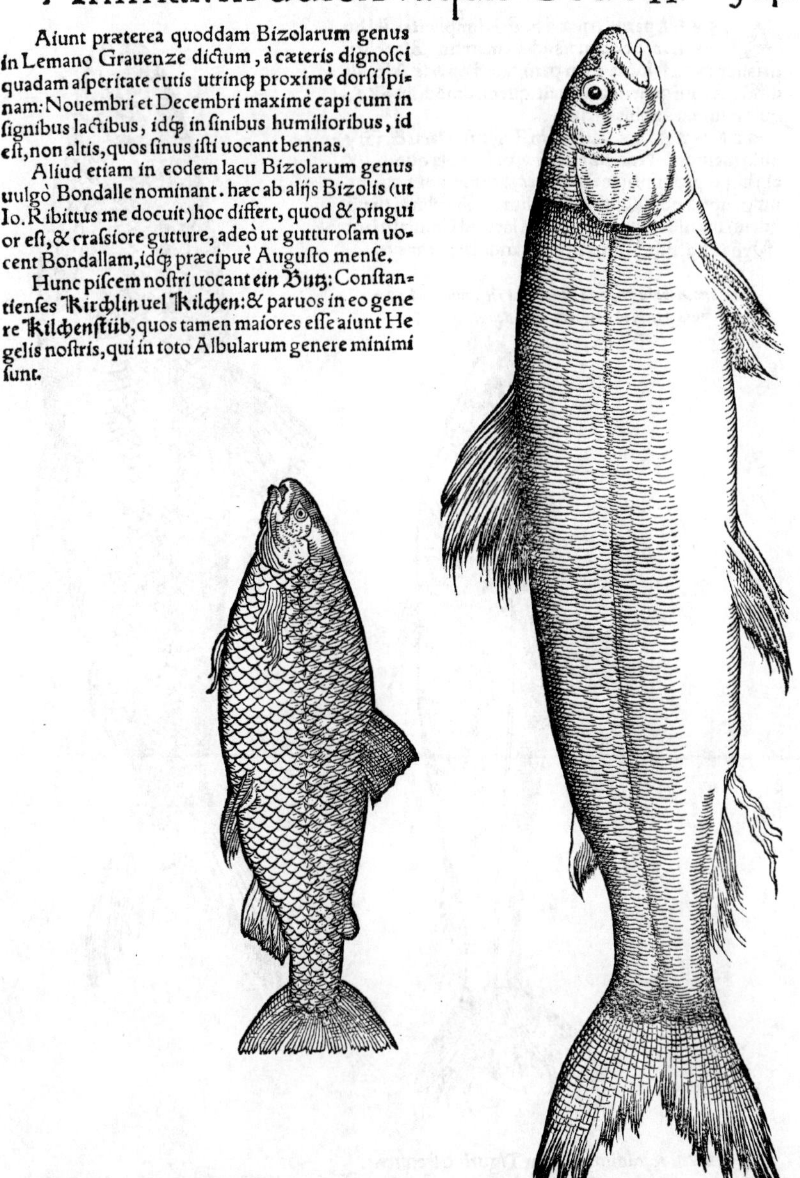

ALIA species Albulæ lacustris, magnitudine cubitali, ut scribit Rondeletius. Farra (inquit) uel Ferra, uel Pala ab accolis Lemani dicitur: carne candida & suaui, quæ Lauaretorũ Truttarumq; carni non cedit. Effigies quidem eius à Laureti effigie, ut Rondeletius ambas exhibuit, nihil differre uidetur. Amicus quidam noster in Catalogo Lemani piscium, Palã & Ferram species Bizolæ diuersas facit: & Ferram longissimè à ripa capi scribit.

GERMANICE. **Ein grosse art der Felchen/oder der Wyßfischen / oder Wyssen Blawlingen.**

f 3

ALBVLA parua, quæ à noſtris ſimpliciter Albula uocatur: à Sabaudis ad Lemanum Blanchet, ni fallor. Non ſolùm autem paruitate à cęteris Albulis differt, ſed ſui generis piſcis eſt: quemadmodum & Albula minima à nobis dicta.

GERMANICE. Albele, in Tigurino lacu & Gryphio uicino. Nondum adulta, ut Bezola quoq;, (& alij huius proximi generis piſces,) communi nomine uulgò apud nos Migling uocatur. Simillimi (ſi nō ijdem) his uidentur piſces qui in lacu ad Conſtantiam Wyßgangfiſch, id eſt, Albulæ candidæ uocantur.

Icon hæc Albulæ minimæ bene facta eſt, niſi quòd pinnula parua in extremo dorſo deſideratur.

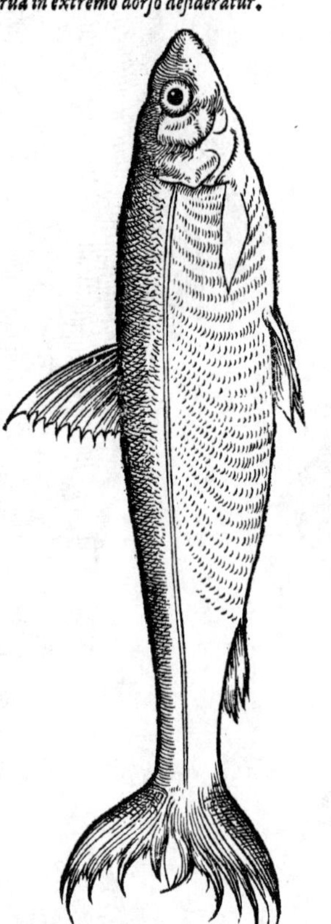

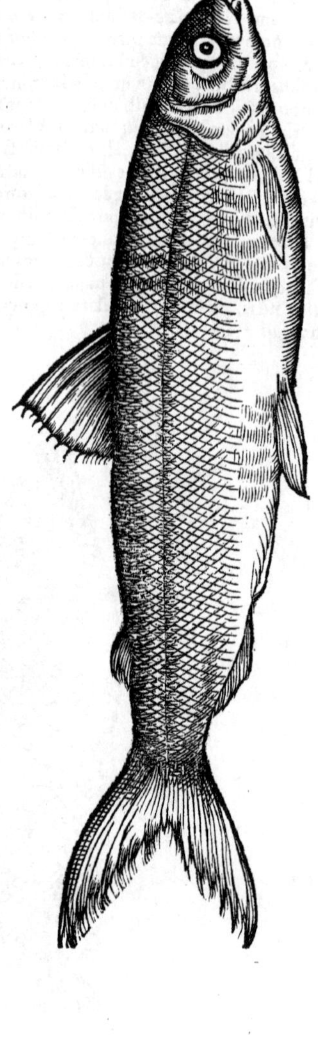

ALBVLA minima, in lacu Tigurino frequens.

GERMANICE Hägele uel Hägling. Friburgi Heluetiorum (ut audio) Pfärren: quod nomen ad Sabaudicum Ferra, diuerſæ tamen in hoc genere ſpeciei nomen, accedit.

Truttæ lacuſtris imago proxima pagina ſequetur.

TRVTTARVM fluuiatilium ſimul & lacuſtrium differentias expoſui ſuprà Ordinis I. Parte quarta. hic Truttæ lacuſtris illius quam Truttam Salmonatam in Burgundia uocant, quòd & magnitudine et colore carnis Salmonem proximè referat, effigiem damus. Piſcis eſt magni precij, pinguis & lautus: nec niſi in magnis lacubus capitur. ſub autumnum in flumina aſcēdit, ut pariat, & roſtro tum incuruato, ſicut Salmones, nomen quoq; mutat apud Germanos.

GALL.

GALL. Troutte Salmonate Burgundis.
GERM. **Ein Seefórine.** Sub autumnũ ut dixi, incuruato roſtro, uocatur **ein Ynlãck** Anchorago Caſsiodori fortaſsis. Lege ſuperiùs in Salmone.

Carpio Benaci. *Trutta lacuſtris, de qua præcedente pagina leges.*

CARPIO Benaci. Grece circũſcribo πυρῶν τοῦ λιμναίου εἶδος; id eſt, Truttæ lacuſtris ſpecies, eſt enim figura, partiũ numero, et carnis ſubſtãtia Truttis ſimilis hic piſcis, Benaco lacui peculiaris. Eſt aũt (ne quis ſimilitudine nominis fallatur) piſcis hic toto genere diuerſus à Cyprino, quem uulgò Carpam uel Carpionem nominant.

Carpio Benaci, & ſi propè adeò ad Truttæ accedat ſimilitudinem, ut proximæ ſpecies cenſeri debeant, ab ea tamẽ euidentibus internoſcitur notis. prominentiori enim roſtro, maioribus oculis, candidiori ac turgidiori uẽtre, ac ſubnigriori dorſo eſt, &c. Saluianus.

ITALICE. Ferunt olim hunc piſcem in Italia Pione appellatum: deinde cũ quidam, cui cariùs piſcis hic uenditus fuerat, facetè dixiſſe ſe car pione emiſſe, inde uocari cœptum pro Pione, Carpione.

GERMANICE uocari poterit, **ein Gardtfórine**: uel per circunſcriptionem **ein Seefórinen art im Gardtſee.**

Vmblæ minoris icones duæ, ut à diuerſis pictoribus non eodem tempore nobis delineatæ ſculptæq; ſunt. In utraq; hoc peccatum eſt, quòd dentes non exprimuntur.

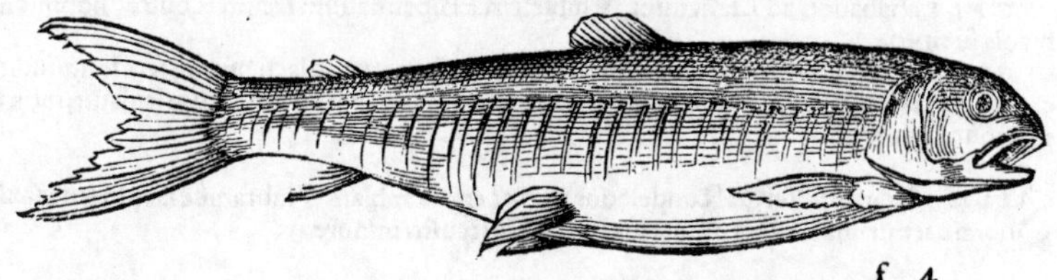

f 4

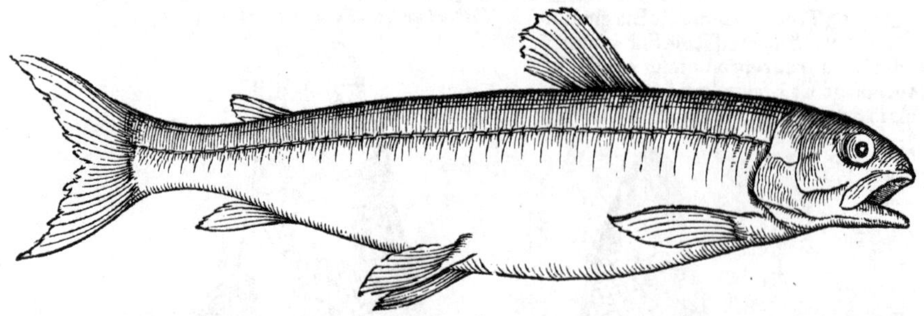

VMBLA uel Vmbra lacustris minor. Vmbla uulgò dictus piscis in Lemano lacu, à quibusdam literatis uulgi appellationem sequentibus Vmbilicus uocatur. Sed Vmbla fortè dicta est, quasi Vmbra. habere enim eum aliquam similitudinem cum Vmbra fluuiatili puto, (Bellonius scribit Vmblæ fl. iconem idcirco se non apposuisse, quòd ad Vmblam proximè accedat:) & utrunq; Truttarum generi cognatum esse. à Truttis tamen propriè dictis differunt mollitie & substantia carnis: & quòd lapillos in cerebro habent: quodq; maculis seu punctis carent: fortè & alijs notis, si quis accuratè obseruet. Vmbla alia maior est, eaq; duplex: alia minor, quam hîc proponimus. Omnes lacustres sunt, & in magnis tantùm lacubus inueniuntur: in nostro Tigurino minor tantùm: in alijs quibusdã minor simul & maioris species una, ut in lacu Tuginorum, quẽ Aegeresee nominant, & Lucernano. in alijs fortè, omnes tres, (minor, maior, & maxima,) quod tamen nondum constat mihi. in Lemano maiorem & maximam reperiri testis est Rondeletius: in quo minor (puto) non reperitur. Omnes (ni fallor) dentatæ sunt, tum maxillis, tum etiam lingua: nisi in ea spinas quàm dentes dicere malis. Omnibus (ut puto) color aliqua ex parte rubicundus, unde & nomina Germanica eis obuenerunt. Rondeletius maiores tantùm describit, quas Vmblas uel Salmones Lemani nominat. ego ad Truttarum genus magis quàm Salmonum, eas accedere arbitror. Vt carne molliori & tenera omnes sunt, aptiq; inueterari: ita etiam omnes natura imbecilles, & extra aquam statim intereunt. Vmblis (præsertim minori nostræ) cognatus uidetur Eperlanus Oceani piscis, figura, magnitudine, colore, pinnis, dentibus, mollitie & suauitate carnis, lapillis in cerebro, &c.

Salmones Lemani.

GALL. Sabaudis circa Bielam dicitur Rouson, à colore ut conijcio.

GERM. A nostris alijsq; Heluetijs, Rötele: circa Bielam (seu lacum Bipennatium) Rottele. nostri alium piscem Rottele uel Rottene uocant: quem nos Rutilum appellauimus. In lacu Bauariæ Pizling dictus, non alius quàm Vmbra minor fl. nostra mihi uidetur.

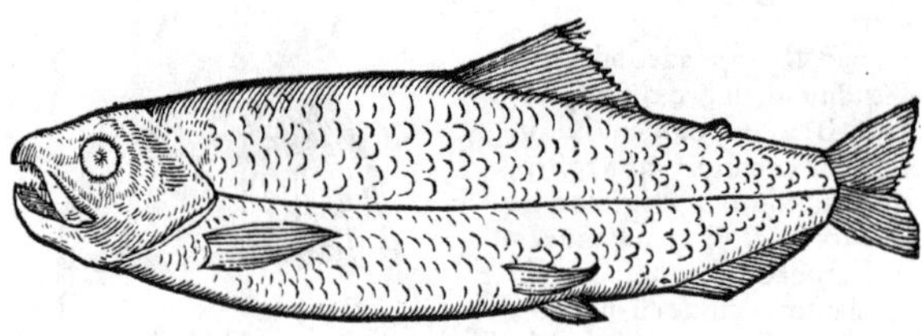

SALMO Lemani lacus, ut Rondeletius uocat: ego Vmblam (uel Vmbram) lacustrem maiorem potiùs dixerim. Ore est magno (inquit) non solùm in maxillis dentibus armato, sed etiam sex magnis in lingua: corporis specie Truttis uel Salmonibus similis, &c. aliquando duos cubitos longus Lugdunum aduehitur. Vide superiùs in Vmbra lacustri minore.

GALL. Sabaudis ad Lemanum, Vmble: circa Bipennatium lacum Routte, nomine à Germanis sumpto.

GERM. Heluetijs Roote, circa Bielam Rott. In Lucernano lacu brachij ferè longitudine excrescit, magis albicat quàm minor, debilis & infirmus piscis. nam si uel parum lædatur, mox ueluti moribundus supernatat.

SALMO Lemani alter, ut Rondeletius uocat: ego Vmblam Vmbramúe lacustrem maximam nominare malim. Lege superiùs in Vmbla lacustri minore.

GALL.

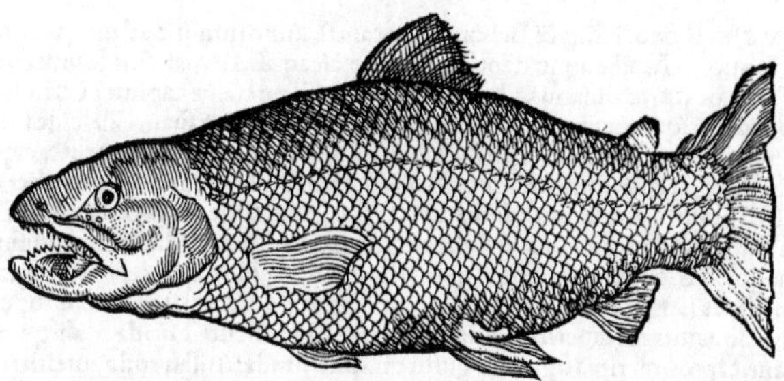

GALL. Lemani lacus accolæ appellant Vmble Cheualier, (id est, Vmbram equestrem,) fortasse ob magnitudinem, præstantiam & robur.

GERMANICE circunloquor **ein andere Rooten art/die grösten Rooten**. In lacubus nostris reperiri non puto.

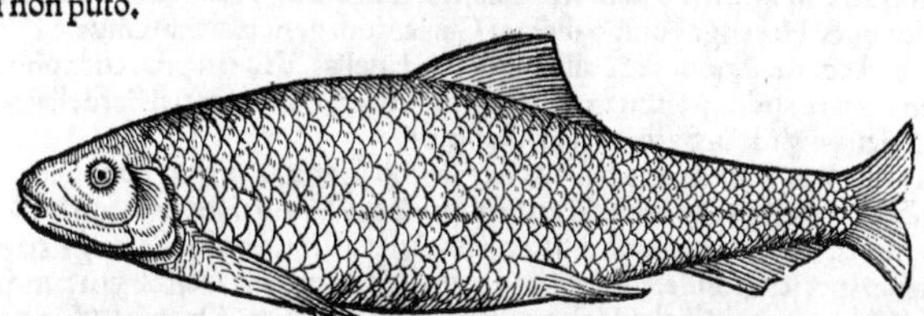

CYPRINVS clauatus, à Rondeletio dictus. A Mediolanensibus (inquit) Pigus uocatur piscis, Græcis ueteribus (ut arbitror) incognitus: quamobrem nomine Græco, atque etiam Latino uacat: etiamsi Plinius huius mentionem fecerit, sed absque ullo proprio nomine. Duo lacus (inquit) Italiæ in radicibus alpium: Larius & Verbanus appellantur: in quibus pisces omnibus annis Vergiliarum ortu existunt, squamis conspicui, crebris atque præacutis, clauorum caligarium effigie: nec amplius quàm circa eum mensem uisuntur. Vulgi ergo appellationem sequentes, Pigum nominare possumus: uel, quia ex Cyprinorum est genere, à clauis, qui è medijs squamis existunt, Cyprinum clauatum uel aculeatum rectè uocabimus, ut hoc maximè discrimine à cæteris distinguatur. Hæc ille. Ego Pigum appellatum conijcio, quòd clauis siue aculeis suis pungat, quasi Picum. nam et aui Pico, rostro pungenti, inde nomen esse factum arbitror. Tolosani rostrum uocabant beccum: & nostri uerba **becken** & **bicken** pro tundere & pungere, ut aues rostro solent, usurpant. Albertus hos pisces Vergiliades uocat: quoniam, ut scripsit Plinius, Vergiliarum ortu apparent. ¶ Scardua, & Incobia ex Pigis, & Plota, Salena, Benedictus Iouius de piscibus Larij. ¶ De Cyprinis alijs diuersis suprà inter fluuiatiles diximus.

ITAL. Circa Verbanum Pic à uulgo nuncupatur. alijs Pigo uel Picquo: uel etiam Picho, ut Saluianus scribit.

GERM. F. **Ein Thornbrachsmen oder Steinbrachsmen/oder Steinkarpfen art auß dẽ Kumersee/oder auß dem langen see.**

Albi piscis iconem elegantẽ Saluianus exhibuit: nos omisimus, quòd Capitoni fl. persimilis sit: Albus tamen paulò longior est, proportione latitudinis suæ: rostro acutiore, oculis maioribus: ac dorso magis repando, quod repente ac plurimum à capite extuberat: pinnis subnigris, squamis amplioribus: magnitudine eâdem.

PISCIS hic lacustris (inquit Saluianus) Albo in ITALIA uulgò dicitur, id est, Albus: non est tamen Alburnus Ausonij, qui piscis fluuiatilis est. Eius quidem antiquorum Græcorum Latinorumúe neminem, mentionem fecisse scimus. Albus hîc quanuis Squalo (*Capitoni fl. nostro simpliciter dicto*) persimilis est, ab eo tamen euidentibus quibusdam notis facilè internosci potest, &c. In lacubus tantùm reperitur, ut Trasymeno & alijs non multis.

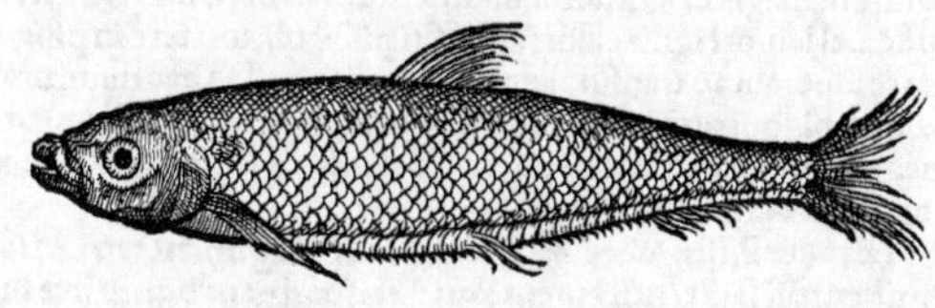

AGONVS, ut Rondeletius & Bellonius uocant: Latino nomine ad uulgare Italicũ facto: uel ut alij, Aquo. Mollis aquo dẽptis uiuere nescit aquis, Benedictus Iouius (Benedicto Pauloq; Iouijs Aco uocatur, Saluianus.) In lacubus quibusdam Italiæ capitur: Chalcis Aristotelis, ut Rondeletio uidetur: quanquam Oppianus & Athenæus marinã suam Chalcidẽ faciunt. ¶ Chalcidem piscem lacustrem esse puto, qui in Allobrogum lacubus satis frequenter capitur, Lugdunumq; defertur, & Celerin nuncupatur, ob maximam similitudinem quam habet cum pisciculis paruis, Thrissis similibus, quibus abundat Oceanum mare, Celerinos Galli uocant. Eandem esse puto quæ in Italia Sardanella uocatur à maxima cum Sardinis similitudine: cuiusmodi etiam fert Larius lacus, quæ à Mediolanensibus Agonus nominatur, Rondeletius. Celerinos duos Dalechampius medicus Lugduno ad me misit: longos, digitos decem: latos uerò, duos uel paulo plus: oculis magnis, squamis mediocribus, linea sub uẽtre aspera sicuti Thrissa & alij quidã: in Burgeto lacu, ut uocant, captos, marinis figura & gustu omnino similes, nisi quòd aquæ marinę sapor, aquę lacustris dulcedine nõnihil elutus esse uidet. ¶ Hic piscis (inquit Saluianus) ad Alausæ, atq; uulgaris Italorum Sardæ (quam Græci Trichian & Trichiáda appellant) proximè adeò accedit similitudinem, ut ab eis nulla ferè alia nota, quàm magnitudine differre uideatur. illa enim minor, hac uerò maior est. quare cũ Athenæo authore, Chalcis, Thrissa & Trichias, similes existant: Acones (sicuti & Sardonos & Harengos uulgo dictos) Chalcidum generi attribuimus.

ITALICE. Accone, Aquone: & alibi fortè Sardanella. Vide in præcedentibus. Agonos Romæ nomen mutare audio, postquam salsi sunt, & uocari Sardenas uel Sardellas: aut fortè, ut alij proferunt, Salenas. Vide in Sardina mar. Ordine I.

GERMANICVM nomen non habeo, nec in ullo Germaniæ lacu hos pisces capi existimo. Appellari possunt, **Welsche Agunen/Agunen auß dem Kumersee.** nam qui in Cõstãtiensi lacu quem Rhenus efficit, **Agunen** uocantur, pisces diuersi sunt, à nostris **Laugelen** dicti, secunda (ut reor) Leucisci species Rondeletio. ¶ **Ein kleine Häring art/mit einem rauchen strich am bauch.** Plura lege mox cum Chalcide altera: & suprà in Harengo, Ordine I. Marinorum.

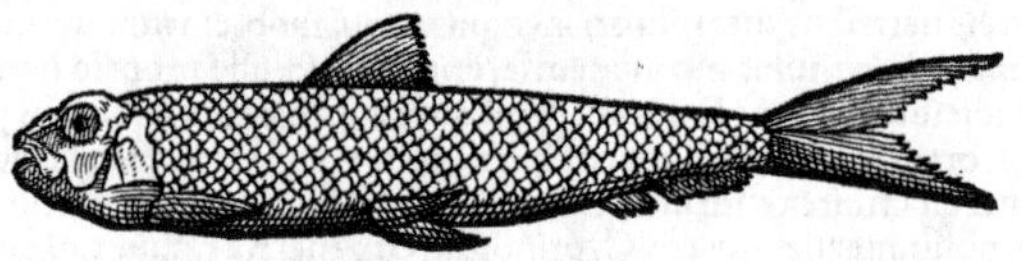

CHALCIS altera Rondeletij. Epirotæ (& Græci) eundem cum superiore piscẽ Sarachum appellant, quem in lacubus suis capiunt. Huius generis quidam sunt minores, Sardinis uel Thrisis paruis tam affines, ut uix internoscas, sicut pictura demonstrat. Alij ad magnarum Thrissarum magnitudinem accedunt, Rondeletius & Bellonius.

Sunt ex Græcis qui Sarachos uulgò Stauridas uocent.

GERM. **Ein andere oder frömbde Agunen oder Häringen art in süssen sehen.**

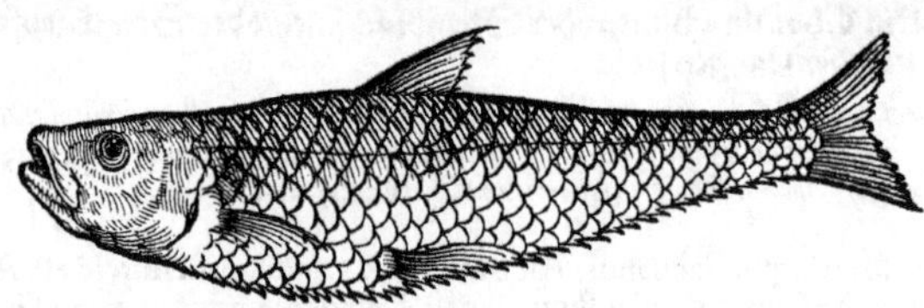

LIPARIS lacustris Bellonij. Est in Macedonia (inquit) lacus, quem uulgus Conium uel Limnũ Pischiac nuncupare solent: in quo Liparides affatim capiuntur: quæ toto habitu Sardinam referrẽt, nisi uentrem magis in latitudinem distentum haberent. His meritò à pinguedine nomen est inditum, quòd uel leuiori ignis calori appositi pisciculi, toti ferè in pinguedinem resoluantur. Lineam sub uentre asperam ac transuersam habent, &c. De hac nimirum Rondeletius sentit, cum scribit: Audio ab his qui nunc Græciam incolunt, Alosam quandam λιπαέμ (meliùs λιπαείδα) uocari. Linea ei in uentre aspera est, sicut Chalcidi, Thrisæ, etiã alijs quibusdam. De alia Liparide inter marinos diximus, Ordine I.

GERM. F. **Ein art der Alsen/oder Häringen/oder Agunen/ wirt in Macedonia in einem sehe gefangen/überauß feißt/mit einem rauchen strich am bauch wie die anderen yetzgenañten fisch.**

PISCIS

PISCIS quidã incognitus, qualis proponit in Tabula Oceani Europæi ab Olao Magno edita, in lacu albo cognomine: qui maximus remotissimusq; ad Septentrionem est, & partim ad Moscouitas, partim ad Suecos uel eis subditas gentes pertinere uidetur. nec aliud additur ab Olao, nisi in eo lacu, (qui cum à mari undique sit remotus, aqua dulci plenus uidetur,) piscium auiumq; species innumeras reperiri.

DE Mustela lacustri, quam uulgò Trisiam uocant, dictum est superiùs inter fluuiatiles, Ordinis I. Parte IIII. in qua LVCIOPERCAM quoq; exhibui, hoc est, Nagmaul uulgò dictum, qui in Bauariæ lacu Ambronis dicto capitur: quoniam in Danubio quoq; capi uidetur, quanquam alio nomine uulgari Schill.

SVNT lacus dulcium aquarum in montanis Lapponiæ, CCCC. miliarium Italicorum longitudine, latitudine uerò C. & ampliùs: in quibus tanta est Luciorum (quanuis & aliorum piscium) copia, ut non solùm alendis hominibus per quatuor amplissima Septentrionalia regna sufficiant, sed etiam latiùs, sale soleq; siccati nauigijs, uelut lignorum magnæ strues in amplam Germaniam uendendi exportentur. Itidem de lacubus Finlandiæ censendum erit, Olaus Magnus.

ANIMALIVM IN DVLCIBVS AQVIS ORDINIS II. PARS II.

DE CRVSTACEIS.

QVAE crusta integuntur animalia in mari multa uariaq; sunt: in dulcibus uerò aquis duo genera tantùm, nobis cognita.

Astacus fl. talis apud Heluetios & Germanos est, maior scilicet, & simpliciter dictus Krebs / *uel* Edelkrebs. *eo enim minor est, & colore diuersus qui Saxatilis cognominatur,* Steinkrebs. *Rondeletij uerò Astacus fl. nostro latior ac breuior uidetur: & caudæ quoque figura differre.*

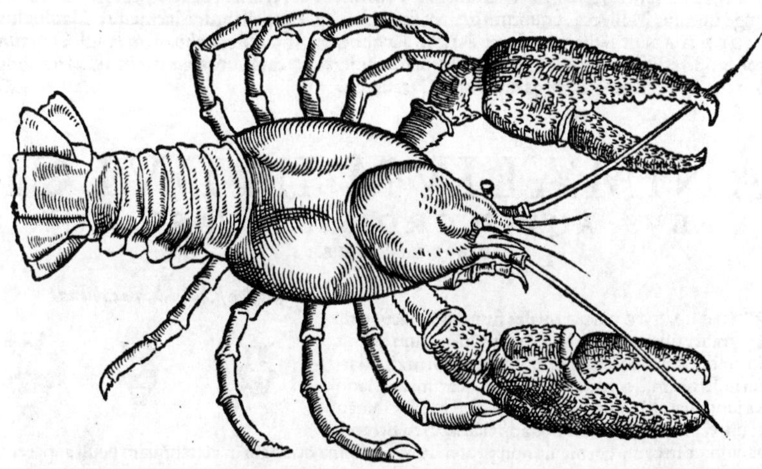

ASTACVS fluuiatilis: non, ut pleriq; hactenus putarũt, Cancer fluuiatilis. Cancris enim corpus rotundum est, teste Aristotele, sine cauda: uel cauda corpori applicata, non extẽsa. Astacus corpore longo est, Locustis simili, quod capite et collo tabellis distincto constet, Rondeletius.

GRAECIS hodie uulgo Caranis uel Caranidia dicitur, à Caride (id est, Squilla) nomine detorto, Bellonius. Matthiolus Senensis Gammarides à Galeno uocari putat, mutuato cum Romam uenisset à Latinis id uocabulum, quòd eo carerent Græci. At Rondeletius καμμαρίδας à Galeno nominatas à Cammaris Squillarũ generis nihil differre putat. ¶ Sunt qui apud ueteres Cammarum dictum rentur: nos Cammarum, maximum duntaxat esse, Squillarum generis, ostendimus.

ITAL. Romæ Gammarella & Gambarus: circa Padum Cammaro seu Gammaro, est autem in Pado rotundiore & magis crenato quàm in Sequana nostra corpore, Bellonius.

GALLICE Escreuisse.

GERM. Krebs. Flandricè Kreuits.

ANGLICE Creuis/Creuise/Crauysshe.

ILLYRICE Kak.

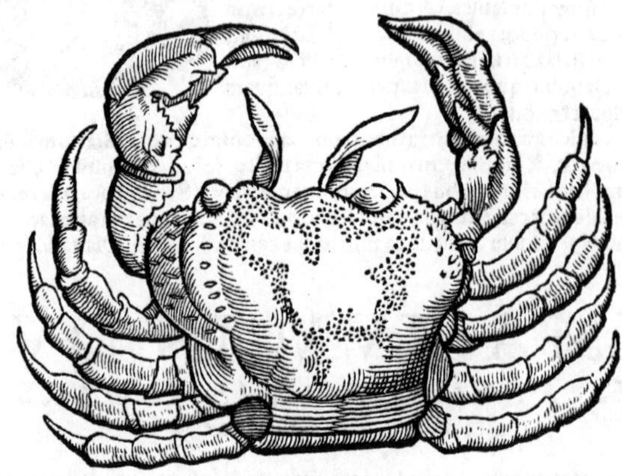

CANCER fluuiatilis. Καρκίνος ποτάμιος.

Cancro fl. carent Galli & Germani: & non sine errore Astacos fl. in Cancrorum uicē usurpant. Reperitur frequens in Sicilia, Italia, Hetruria, Creta, Nilo, Cilicia. Symeon Sethi fluuiatilem Pagurum uocat, & Galenus Euporiston 3.

ITAL. Grancio, Granzo. ¶ Granchio Venetijs: & ubi crustam exuerit, à corporis mollitie uulgò uocatur Mollecca. è quorum genere sunt etiam quæ appellantur Macinette, Matthiolus.

GERMANICE dici potest ein Krab/ Krabbe/ Süßwasserkrabb. nam Angli Cancrum mar. propriè dictum uocant Crabbe: quem nos differentiæ causa uocabimus ein Meerkrabbe. Astacos uero, Krebs: & ex ijs marinos, Meerkrebs.

ANIMALIVM IN DVLCIBVS AQVIS ORDINIS II. PARS III.

DE TESTACEIS.

Cochleæ fl. à Rondeletio exhibitæ.

COCHLEAE paruæ: quales flumina & lacus generant, quarum testa longiuscula in acutum desinit, Stromborum modo. Reperiuntur quidem in ripis lacuum nostrorum Cochleæ perexiguæ: quarum aliæ latiores sunt, aliæ oblongiores acutioresq́ue. illas, Vmbilicos lacustres: has uerò, Strombos appellaris. Sed Strombi lacuum nostrorum cornicula non protendunt: foramina quædam in eis tanquam oculi apparent. Pars circa os & uentriculum ruboris aliquid & sanguinis habet.

GERM. Wasserschneckle.

CONCHAE Scoticę margaritiferæ. Inter plurima apud nos Concharum genera, (inquit Hector Boethius Scotus,) quædā paruæ, ac uulgari usu recentes palato suauissimæ sunt, non nullæ maiores, eaq́ue forma & quantitate, qua sunt quæ purpuram habent: sed his illius nihil inest, saporis tamen sunt etiam homini delicato haud spernendi. At eæ quæ torno fastigiatas à capite testas habent, maculisq́ue aspersas, longo interuallo reliquas (ut etiam fœtum sileam) superāt. Quippe adeò nonnullis in locis sunt delicatę, ut nō immeritò apud ueteres gulę primatum obtinuerint, & uiduarum uulgò cupediæ sint dictæ: quanquam in quibusdam fluminibus, idq́ue præsertim Dea Donaq́ue esui ineptæ iudicantur. Hæ magno apud nos numero repertæ, limpidissimis amnib. ac nul-

ac nullo unquam limo turbidis, qua profundissimi sunt, agere gaudent, in eisq; solis Margaritas concipiunt, &c. Sunt etiam eiusdem ferè generis Conchæ in oris Hispanicis, quarum testas qui peregre à diuo Iacobo redeunt, adferunt, sed haud fœcundæ, propterea quòd aqua salsa uiuant. Nam & circunquaque in litoribus Scotici maris ingens natat, sed sterilis multitudo. Hæc ille.

MVSCVLVS aquæ dulcis. reperitur autem maximè in aqua stagnante, ferè nunquam in rapidis fluminibus.

GALL. Moule.

GERM. ein Muschel auß süssen wassern.

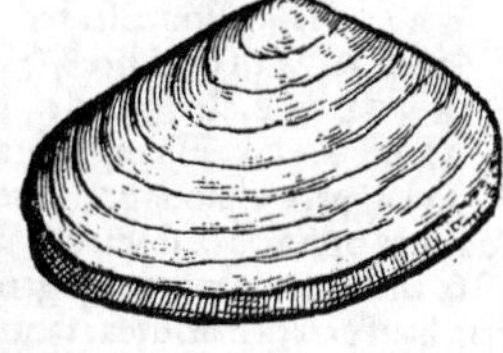

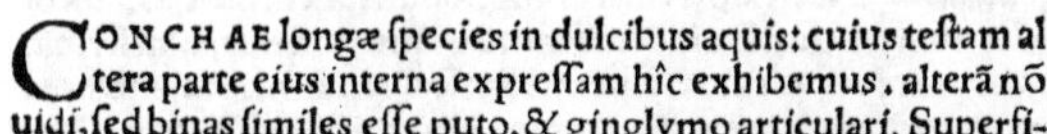

CONCHAE longæ species in dulcibus aquis: cuius testam altera parte eius interna expressam hîc exhibemus. alterā nō uidi, sed binas similes esse puto, & ginglymo articulari. Superfi-

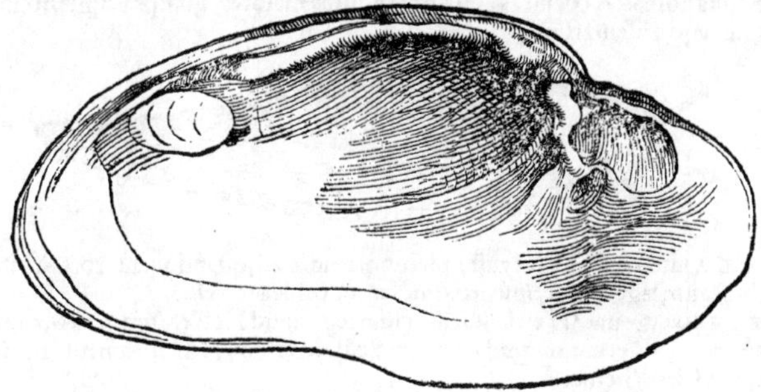

cies externa scabra est: qua adempta interior læuis candicat margaritiferæ conchæ instar. Bellonius cum testam apud me uidisset, Pinnam fl. uocandam putabat, quòd & erecta stet, & margaritas contineat.

GERM. Ein Langmuscheln iñ süssen wassern/soll Perle halten.

COCHLEA terrestris: Limax à limo, authore Festo. Κόχλος ἢ κοχλίας χερσαῖος. Λεῖμα, animal simile Cochleæ, Hesychius.

g

A Græcis hodie uulgò κοχλίας uel σάλιγγας nominatur. Quanquam autem aquaticum non est hoc animal, quoniam tamē pleræq; omnes Testaceorum differētię aquatiles sunt, à maiore suorum congenerum numero, separare nolui: sicut & Cochleam nudam, quæ proximè sequitur.

ITAL. Lumaca, Lumacha, Limaca: & apud Tuscos, Chiocciola: Venetis Bubalo uel Boualo.

HISPAN. Concha uel Caracól.

GALL. Limasson, Escarcot. ¶ Prouincialibus & Hispanis Scaragol uel Cagarolo, Rondel.

GERM. Ein Schneck/Schnegg/Schnegel. Flandris Slecke.

ANGLICE. A Snayle.

ILLYRICE. Hlemyzd, uel Hlemayzd.

In Liguriæ alpibus pomatiæ, (πωματίαι,) id est, operculares cognominatæ cochleæ, à Dioscoride inter optimas & stomacho utiles numerantur. De ijsdem sentire Plinius uidetur, cum scribit: Est & aliud genus minùs uulgare, adhærente operculo eiusdem testæ se operiens, obrutæ semper terra hæ: & circa maritimas tantum alpes quondam effossæ, cœpêre iam erui & in Veliterno. Matthiolus Senensis pomatias cochleas, uulgares nostras maiores, quæ præcipuè in cibum ueniunt, nominauit, nec ego dissenserim.

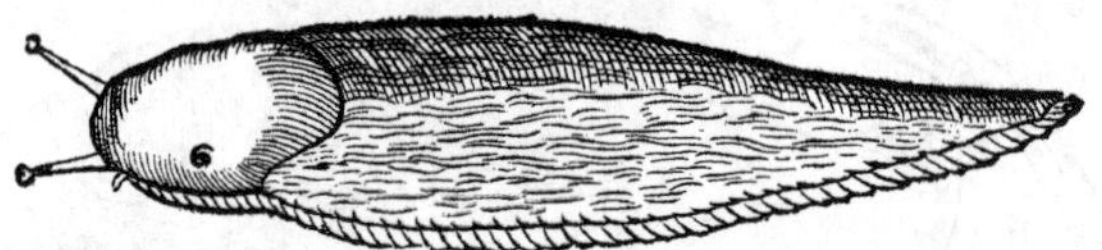

COCHLEA nuda maior, quæ ruffo plerunq; colore est, quandoq; nigro. Cur autem hoc loco exhibeatur, lege quæ scripsi proximè cum Cochlea terrestri.

GRAECE σέμιλος uel λίψαξ dicitur. sic enim lego apud Hesychium: σέμιλοι, κοχλίαι, οἱ ἄνευ κελύφους, οὓς ἔνιοι λίψακας. Recentior quidam etiam Sesilum (σέσιλον) Cochleam nudam interpretatur, ueterum (quod sciam) nemo.

ITAL. Lumacho, Limaga, Limagot.

GERMANI quidam hoc genus appellant Wägschnecken/ut Carinthij.

Sunt etiam paruæ quædam nudæ, ut quæ gregatim folia sectantur, & hortos infestant, cinerei aut fusci coloris. Et hæ quidem semper nudæ sunt, quod sciam: Ariones uerò Aeliano memoratæ, non semper.

ANIMALIVM IN DVLCIBVS AQVIS ORDINIS II. PARS IIII.

DE INSECTIS.

Nimis crassa hæc figura est: quæ uix setæ equinæ crassitiē excedere debuerat.

VERMIS aquaticus, quē recentiores aliqui Setam aut Vitulum aquaticum nominant. Hic etsi exanguis Insectorúmne generis sit, dubitari potest, quoniam pellis una continua ei est, nec ita ut Lumbrici mouetur.

Vituli quidem nomen unde factum sit ei nescio: nisi ab eo fortè quòd à uitulis per ætatem incautioribus, nonnunquam in aqua bibatur, magno etiam uitæ periculo. Alij Setam aptiùs uocarunt, siue à simplici & tenuissima corporis oblongi figura, siue quòd è seta equina in aquis putrefacta nasci existimetur. Caput ei nullum esse uidetur: serpit etiam & natat in utranq; partem: un-
Amphisbæna de Amphisbænam aquaticam dixeris, uel à pili setæue similitudine, Trichiam, à recto Trichias.
aquat. Fortè (inquit Albertus) è pilis nascitur equorum. hi enim in aqua stāte positi uitam & spiritum
Trichias. accipiunt, & mouentur, sicut multoties experti sumus. Haustus hic uermis ab homine cū cruciatu, languore (& tabe) uitam aufert: contactu alioqui innoxius. Sic ille. Ego in puro etiam & frigido fonte hunc uermem inuenisse memini: & aliâs in horto super folio quodam. Eosdem & in mari degere putarim. Sunt enim in mari (inquit Rondeletius) uermes huiusmodi, ut nulla alia pictura, quàm linea una continua exprimi possint. nam adeò indiscretas partes externas & internas habent, ut pili tantùm crassiores siue carnosi esse uideātur: quos animalia esse neges, nisi motu cieri agitariq; conspexeris. ¶ Ololygon, ὀλολυγὼν, ut Theon Scholiastes Arati scribit, animal est
Ololygon. palustre, simplex, indistinctum, oblongum: terræ intestino simile, sed multò gracilius: frigiditate gaudens: ignoratum Aristoteli, qui ololygóna uocat tantùm maris Ranę, fœminā ad coitum allicientis, uo-

tis uocem. Sed ololygón pro uoce Ranæ, per onomatopœiam factum est nomen. pro animali uerò palustri, quod iam diximus, fortè παρὰ τὴν ὀλιγότητα, ut ὀλολυγὼν ineptè, alterius nominis inuitante similitudine, pro ὀλιγὼν dicta sit, hoc est, Minutula.

GERM. Wasserkalb, id est, Vitulus aquaticus.

Icon hæc Hirudinis maioris & uariæ est.

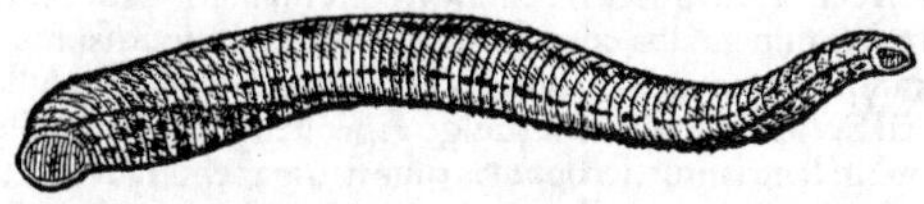

HIRVDO. Græcè βδέλλα, ἀπὸ τοῦ βδάλλειν, id est, à sugendo: quemadmodũ à Latinis quibusdam Sanguisuga, Rondeletius. Prisci quidem Hirudinem semper dixêre, posteriores Sanguisugam quoque. De Hirudine marina dictum est suprá.

ITAL. La Sanguisuca, Sanguetola, Magnata.

GALLICE Sansue.

GERMANICE Aegle, duabus syllabis, Aegel. Inferiores Germani, ut Flandri, Lake, uel Lyckelake uocant.

ANGLICE Horse leche/ uel Horselich/ quòd medeatur equorũ cruribus admota. nã Horse eisdem Equus est. alij uocant Lowch leache/ Blud sucker.

POLONICE Pijauuka.

Phryganium nudum. *Idem sua theca inclusum.*

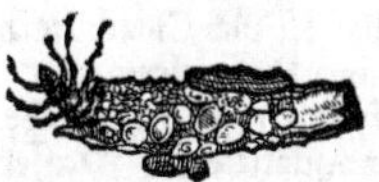

PHRYGANIVM Bellonij, uermiculus fluuiatilis & marinus. Phrygani quidẽ nomen quod semel usurpauit Plinius, quodnam esset id animal ignorare se professus, an rectè aquatico huic uermiculo tribuerit Bellonius, iam non disceptabo. ipse quidem sic appellare uoluit: quòd (ut ipse loquitur) phrygana, id est, fremia, cremia, siue festucas, suæ thecæ, filo tanquam araneæ ab eius ore dependente, agglutinans atque alligans circunponat. Senos (*imò ternos*) utrinque pedes habet, quibus in aquis etiam rapidissimis incedit. animal tenue, oblongum, paruæ Erucæ simile. quod auidissimè appetunt Truttæ. eodem sua theca exempto, pisces inescantur.

GALLI uocant Charree.

GERMANI Kerderle, uel Kärder: quo nomine omnem quoque piscium escam uocare solent: et genus unum eorum quod lapidibus infernè adhæret, Steinbyssen, quasi Dacolithos. Et aliud ab his diuersum genus, quod in fundo lacus nostri nec lapidibus hærens, nec thecis inclusum inuenitur, Rückle, quasi Eruculas: alij Querclen & Wasserleüß, id est, Pediculos aquaticos.

Bellonius Tineas aquaticas, de quibus mox dicemus, Pediculos aquaticos posse uocari ait.

LIBELLAM fl. libuit appellare hoc insectum, à similitudine quæ illi est cum fabrili instrumento, & cum Libella marina. Hæc bestiola parua est admodum, T. literæ figurã referens, Rondeletius. Videtur autem uermibus illis aquaticis, quos Phrygania Bellonius uocauit, cognata.

GERM. F. Ein sunderliche art der Kerdern: ein Wag. kärderle/ ein Wägle.

Tineæ aquaticæ, quanquam uulgaris animalculi, iconem in præsentia non habuimus.

LIMVS aquarum uitium est, si tamen idem amnis Anguillis scateat, salubritatis indicium habetur: sicuti frigoris, Tineas in fõte gigni, Plinius. Hermolaus Lampetras uocat fontanas Tineas. ego uerò has Plinij Tineas esse puto, quas nostri Gytzen appellãt, alibi Gypsen/ Stabrysen/ Meschen uel Mäschen/ & Wasserschaben: ex quib. postremũ Tineas aquaticas significat. Reperiunt in fontib. nõ quibusuis, sed bonis & frigidis dũtaxat, prẹsertim Martio mẽse. Sunt aũt uermi *Tineæ.*

g 2

culi perparui: et quoniã cõglobari conuoluiq; tanq; in arcũ solent, minores etiã apparẽt, ut fallãt aliquando bibẽtes. Colore albicant. Pedibus nitunt plurimis cõtiguis, per totius ferè corporis alueũ, si bene memini ab ore etiam ueluti pedes prominent: ut Multipedes uel Aselli aquatici nominari mereantur: aut etiam Pediculi, ut Bellonio placet. Pedes molliores sunt, quàm ut extra aquam ingredi queant: nisi fortè non mollities in causa est, sed pedum contiguorum multitudo, quos nisi in aqua non facilè diducunt. In aqua mouentur & currunt corpore non recto & æquali, sed in alterum latus inclinato. Retrorsum quoq; incedunt, si bene memini. Cauda oblonga in aculeum desinit. Oculi sunt perexilia puncta alba, cum centro nigro longè minutissimo. Cum potu hausti periculum creant, ut aliqui putant, etiam uitæ. Ventrem ijs qui biberint inflari audio. Iidem sunt uermes Gallicè dicti Scrophulæ aquaticæ (uulgò Agroueles, uel Escrouelles:) hæ si aliquando cũ aqua ab imprudentibus hauriantur, scrophulas (siue strumas chœradésue) ulceratas & exedentes nullo tumore, in gutturis cute, procedente etiam aures uersus interdum malo, & fauces aliquando penetrante, oriri putant. hinc & uermibus ipsis nomen impositum. Hoc scrophularum genus à regibus Gallorum & Anglorum solo contactu curari aiunt.

Scrophulæ aquat.

CANTHARIS uel Pygolampis (etsi noctu lucere non puto) aquatica. Tales in paludibus & fossis circa lacum nostrum per superficiẽ aquæ motu irrequieto huc illuc circa eũdem ferè semper locum mira celeritate se traijciunt: nec in summo tantùm sed etiam profundiùs feruntur. Magnitudine & forma cimices referunt. Cruscula sena habent subruffa. Vaginæ è nigro uirides, præsertim ad Solem, & splendentes, alas tegũt, sed non totas: ad caudam enim alarum extremitas prominet, quæ cum in aqua celeriter feruntur, ut solent, mirabili candore splendoreq; conspicua argentum uiuum quodammodo refert. unde & Pygolampides aquaticas si quis appellet, nomen ipsorum naturæ conueniens posuerit. In aerem si prorepserint, uolare etiam possunt.

GERM. F. Wasserkäferlin/Glyßling.

CICADA fluuiatilis.

Cernuntur in riuulis bestiolæ Cicadis terrenis persimiles, quas ob id Cicadas fluuiatiles nomino, Rondeletius.

GERMANI Cicadæ terrestris nomen non habent: fingi autem potest ein Baumgryllen: & Cicadæ aquaticæ, ein Wassergryllen.

SQVILLA fluuiatilis Rondeletij. Insectũ hoc (inquit) tenui crusta integitur. Cauda in duo lõga et tenuia ueluti fila desinit. cũ Squillis marinis magna ei figuræ affinitas. quare non uideo quo aptiore nomine donetur, quàm Squillæ fl. Sic ille. Sed fortè Gryllus fl. commodiùs nominabitur.

GERM. F. ein Wassermuheime.

ANIMALIVM IN DVLCIBVS AQVIS ORDINIS II. PARS V.

DE AMPHIBIIS.

ET PRIMVM DE QVADRVPEDIB. VIVIPARIS AMPHIBIIS.

ANIMALIVM Amphibiorum alia uiuipara, alia ouipara sunt. Viuipara, ut Castor, Lutra, Hippopotamus. Castorem quidem & Lutram, aliasq; paucas, inter Quadrupedes etiam exhibui. nec repetijssem hîc, nisi tam paucus eorum numerus fuisset. Ouiparorũ alia pedibus gradiuntur, ut Crocodilus, Lacerti, Testudines, Ranæ: alia sine pedibus serpũt, ut Hydri. Aues palmipedes, ut anates, mergos, laros, &c. piscibus aut aliter in aqua uictitantes, in terra uerò parientes, & in aere uolantes, unde meritò amphibiæ dicuntur: & fidipedum quoque amphibias, ut Ardeolas &c. quoniam permultæ sunt, inter Auium icones, in suis classibus propositæ, repetere hoc loco noluimus.

FIBER, Castor. Κάστωρ. Canis Ponticus. Kiranides Castorem alio nomine Canem fluuiatilem nuncupat: alij potiùs Lutræ hoc nomen attribuunt. & æquiùs quidem. quandoquidem Lutra pisces inuadit: Castor non item. Plura uide cum Iconibus Quadrupedum.

ITAL. Biuaro.

GALL. Bifre, Bieure.

GERM.

GERM. Biber. *Icon hæc Fibri, Rondeletij est, nos aliam in Libro Quadrupedum dedimus.*

ANGLICE Beuer: quãquam in Anglia reperiri negant.

Lutra.

LVTRA, uel Lytra, uel etiam Lutris, ut Gaza uertit. Aristotelis ἐνυδρὶς, ἐνυδρίδος, oxytonum fœmininum. Herodoto ἔνυδρις, ἐνύδριος, paroxytonum fœmininum. Aelianus de animalibus 14.21. κύνας ποταμίους, id est Canes fluuiatiles nominat. Seruius quidem Castorem, Canem põticum uocat. Plura leges cum Iconibus quadrupedum. *Canis. fl.*

g 3

ITAL. Lodra, Lodria, Lontra. GERMANICE Otter.
GALLICE Loutre, Leure.

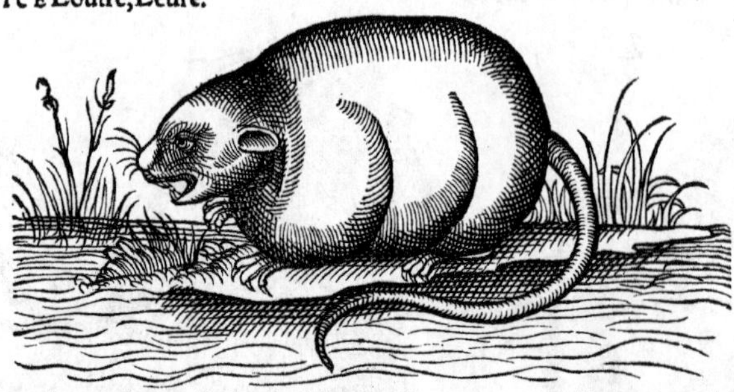

MVS aquatilis quadrupes Bellonij. Magna est ei (inquit) cum Rattis, hoc est, maioribus nostris muribus similitudo: hoc dempto tamen, quòd fœminæ tres excernendis excrementis (urina, fæcibus, fœtu) meatus extrorsum distinctos præ se ferant. Maximos amnes natando traijcit. herbam depascitur. si quando à consueto sibi loco recesserit, iisdem frugibus uescitur quibus & cæteri mures. Ad Nilum & Strymonem sub noctem sereno tempore deambulantes, Mures huiusmodi permultos ex aqua in ripam concedere, & aquatiles plantas erodere, atq; audito strepitu rursus in aquas demergi multoties conspeximus. Hæc ille. Aquatilium Murium Aristóteles in Mirabilibus meminit: & Theophrastus citante Plinio. Scio in mari etiam pisces quosdam Mures dici: & Murem aquatilem, pro Testudine quoq; accipi: sed Theophrastus disertè Mures terrestres in Lusis Arcadiæ quodam fonte degere tradit. In Scatebra Casinate fluuio frigido, ut in Arcadiæ Stymphali, enascuntur aquatiles Musculi, Plinius. Audio & circa Treuerim reperiri. ¶ Aquaticos mures multos uidimus ad stagna Ligurum Taurinorum. Fœmellę tria sub cauda sunt foramina, à uesica, ab aluo, à matrice, Scaliger. GALL. Rat d'au.

ITAL. Sorgo morgange: id est, Mus mergus.

GERM. Ein Wassermauß/ oder Wasser, ratz. ANGL. Watterratte.

Hippopotamus ex Colosso, qui Nilum Aegyptium Romæ in Vaticano refert.

Hippopotamus numismatis Adriani. Facies est Adriani imperatoris. Sphingi innititur sinistra: dextra tenet Cornu copiæ: circa basim Crocodilus & Hippopotamus. in quibusdam etiã Ibides adduntur. Figura tota Nilũ repræsentat.

HIPPOPOTAMVS nomen Græcum est, ἱπποπόταμος: quod tamen Latini etiam pleriq; omnes usurpant. Herodotus duabus dictionibus ἵππον ποτάμιον, hoc est, Equum fluuiatilem, dixit.

xit. Obſcurus de naturis rerum ſcriptor Equonilum, Albertus diuiſis dictionibus Equum Nili, & Equum fluminis. ITALI (inquit Bellonius) præſertim qui Conſtantinopoli degunt, Bo marin, id eſt, Bouem marinum (*quanuis in mari non degat*) nominant. TVRCAE & GRAECI, utricꝫ uocabulis ſuæ linguæ Porcũ marinum. Etenim uetus Hippopotami nomen prorſus ubicꝫ hodie obliteratum eſt, & ne in Cairo quidem in Aegypto cognitũ amplius. Verum aũt Hippopotamum ſe exhibuiſſe idem confirmat ex antiquis Aegyptiorum et Romanorum ſtatuis, & priſcis imperatorum Romanorum numiſmatis: in quibus Hippopotami tam exactè repræſentantur, in porphyrite, ære, auro, argento: ut eundem eſſe quem uiuũ Conſtantinopoli uidi (inquit) nihil omnino dubitationis mihi relinquatur. ¶Hippopotami hiſtoriam (inquit Scaliger) ex nauigationum Commentarijs, quæ cum ueterum ac recentiorum fide conferri queat, adſcribã. Hippopotamo Gambræ ꝓuinciæ magnitudo Vaccæ, pedes biſidi, crura breuia. Dentes utrincꝫ ſinguli, ex inferiore mandibula ſurrecto flexu, ſeſquipede maiores, candore ſplendorecꝫ ebori pares: eo præſtantiores, quòd ut ebur nuncꝫ palleſcunt amiſſo candore. Materiam quocꝫ firmiorem tradũt. Aethiopicis, Aegyptijs, Africanis, Aſini proceritas. De corij duritia alibi à nobis dictum eſt. Conſtat è Luſitanorũ nauigationibus, pedeſtris lanceæ perferre ictũ ſine noxa. Illud controuerſiæ præ ſe fert ſpeciẽ. Aiunt quidam pilo carere. In Hiſpanicis libris inuenio & nigros et balios. Et Plin. pilũ dat. Legimus in ijsdẽ narrationibus, deprehẽſos in terra duos paucorũ Luſitanorũ euaſiſſe tela. Mox in mare cũ ſeſe recepiſſent Hippopotami, uiroscꝫ nauigiũ cõſcendiſſe cõſpicati eſſent, facto impetu nõ ſolũ aggreſſos audaciſsimè, ſed etiã mordicus latera nauiculę corripuiſſe. Necꝫ ictib. deterritos abſceſsiſſe, ſed maleficij deſperatione. In alia nauigatione, remigantiũ lembũ dorſo ſubuertere conatos, ut præda ueſcerenť. In Aethiopia Troglodytica uocanť, Gomar. Huic orationis fluxui nuper ſcopulus obiectus eſt ab ijs, qui cicurẽ Byzantij ſeſe ſpectaſſe dicũt. Lõgè nancꝫ aliã pingunt ſpeciẽ. Eſſe corpore ſuillo, pedib. digitatis, cauda ſuilla aut teſtudinea. Pedes quocꝫ ad Teſtudinẽ potiùs referunt. Capite uaſtiſsimo. Hiatu tã laxo, ut planè ſit illud, quod Ariſtot. de quibuſdã feris, διεῤῥωγός. Sine ulla iuba. Vt ſi uelint dedita opera deſtruere Ariſtot. hiſtoriã, non meliùs poſſint: qui Hippopotamo inter cætera os aſcripſit paruũ. Quomodo his ſimul & Herodoto Pliniocꝫ credemus? quorũ alterũ in Aegypto, ubi diu fuit, Hippopotamum uidiſſe credere par eſt. alter in publicis ludis Romæ ſpectare potuit. Tum ij necꝫ Nauigationibus aſſentiri queunt, de pedũ ratione: necꝫ ſibi ipſis, qui in alio libro ſuillos pedes attribuũt. De exertis quocꝫ dentibus apud hoſce, nihil audias. obtuſos enim ꝓdunt. Hæc omnia Scaliger. Io. Leo Africanus noſtro ſeculo de Hippopotamo ſic ſcripſit: Niger ac Nilus flumina hiſce beluis referta ſunt: quæ forma Equũ, magnitudine Aſinũ, depiles tamen, repræſentant. In aquis perinde ac in terra degũt, noctu ſaltẽ in terrã enatantes. Cymbis inſidiantur, quæ mercibus onuſtæ ſecũdo Nigro ferunť, quas dorſi frequẽtibus gyris agitatas demergunt. De Boue aũt marino, qui fortè Hippopotamus Bellonij eſt, ſic: Duriſsima pelle circũdatur Bos marinus terreſtri omnino ſimilis: cæterũ ſtatura inferior Vitulũ ſemeſtrẽ refert. Reperitur in fluminibus Nilo ac Nigro, & à piſcatoribus captus diu extra aquã uiuus permanet. Vidi in Alcairo catena publicè collo deductum, quem ad Aſnam Nili ciuitatẽ quadringentis paſſuum millibus ab Alcairo diſsitam captum aſſerebant. GERM. dici poterit: ein Egiptiſch Waſſerroſſz/ein Waſſerochß oder Waſſerſchweyn in Egipten.

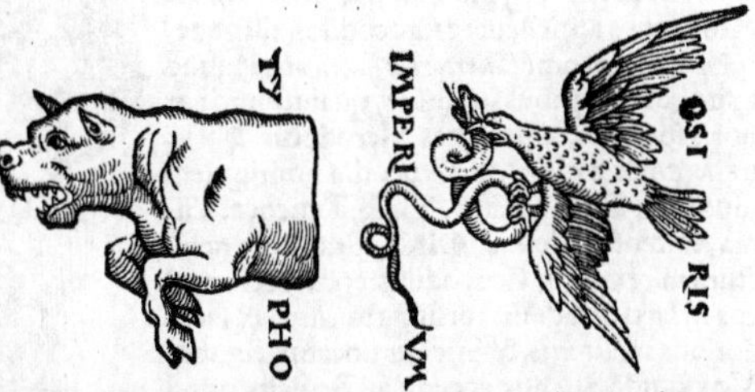

SYMBOLVM hoc Pierius Valerianus his uerbis interpretať. Celebratiſsima eſt ſpecies illa quæ uiſebatur olim Hermopoli: ea ſcilicet pictura, ut Hippopotamus eſſet, ſupra quem ſculptus erat Accipiter cũ Serpente dimicans. Cuius argumẽti ſignificatũ id eſſe tradunt Aegyptiarũ literarum periti, ut Typhonẽ ab Oſiride ui domitũ, cum de principatu certamen conſeruiſſent, intelligendũ autument: per fluuialem equum Typhonẽ ab Oſiride ui domitum, per anguẽ principatum interpretantes: (*per Accipitrem uerò uim & principatũ: quo ille uiolenter ſibi quæſito, ſæpe per improbitatẽ tum ipſe turbari tũ alios perturbare ſua ſponte uoluerit, Plutarchus in lib. De Iſide & Oſiride:*) atcꝫ ita improbitatẽ potiores ſibi partes aſſerere conantẽ, uirtuti demũ cedere ſubinnuãt. Eâdem de cauſa cũ ſacra faceret eo die, quo Iſidis aduentus è Phœnicia celebrať, fluuialẽ equum religatũ libis inceſſere per ludibriũ cõſuerant. Non diſsimulárim hic Aureoli tyranni tumulũ ad pontẽ Aureolum Inſubriæ ſupereſſe, à Claudio Cæſare ſex elegorũ uerſuum epitaphio nobilitatum, in cuius conditorij parte prima Hippopotamus ſit inciſus, quẽ Serpens cauda mordicus comprehenſa cõplectitur. Id puto ſignificare, tyrannidem tandẽ temporis ſpacio domitã, &c. Hæc ille in Hieroglyphicis, ſub lemmate, Improbitas edomita. Porrò pedéſne & ungulæ Hippopotami in hoc Pierij ſymbolo meliùs expreſsi ſint, an in ijs quas Bellonius exhibuit iconibus, oculatus tantùm teſtis aliquis probè dijudicarit.

g 4

Qui nouum orbem obiuerunt, in flumine Gambra nuncupato, testantur piscem procreari Vituli marini speciem similitudinemq; gerentem, præter caput, quod equinum existit: amphibium: eâdem qua bos fœmina corporis uastitate: sed cruribus longè gracilioribus, bisulcis pedibus: dentibus duobus ad latera eminentibus, qui magnitudine ad duos palmos (*dodrantes, Gillius*) accedãt, instar Apri armatum. Nec alibi quàm hac in regione huiusmodi animal inuenitur, Aloysius Cadamustus Nauigationis ad terras ignotas Capite 44.

Dentes Hippopotami Bellonius equinis comparat: eosdemq; ualidos, oblongos & obtusos esse dicit. unde in mentem mihi uenit dens nescio cuius animalis, quem nuper amicus meus Christianus Hospinianus, uir eruditus, in torrente quodam (ni fallor) agri Tigurini à se inuentum mihi donauit, &c. formam & magnitudinem hîc delineaui.

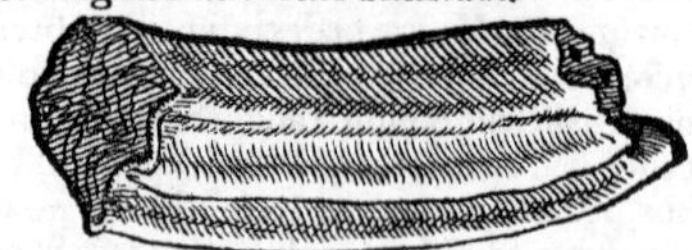

DE QVADRVPEDIBVS OVIPARIS.

Quadrupedes ouiparæ omnes utraq; crura (anteriora et posteriora) antrorsum flectunt, nisi quòd parum ad latera declinant, Aristoteles Historiæ 2.1. hoc in Chamæleonte & alijs quibusdam pictores nostri non obseruarunt.

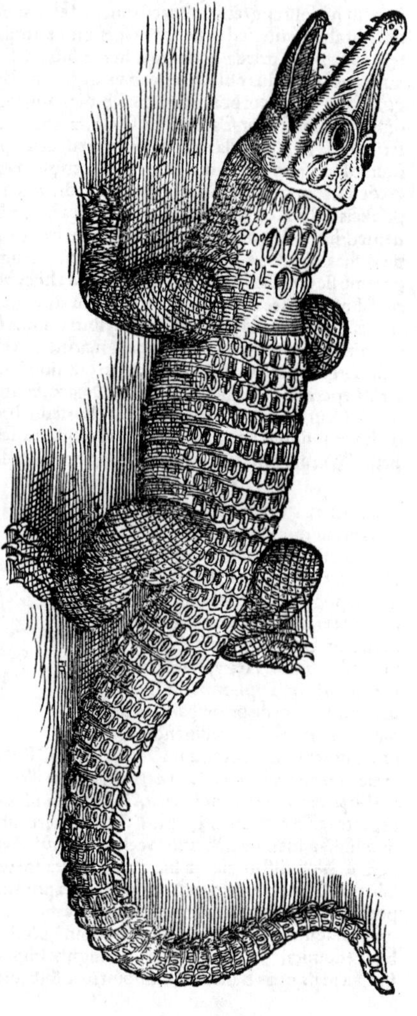

CROCODILVS, Κροκόδειλος, Νειλοκροκόδειλος, Δρυολείτης.

ITAL. Crocodilo.

GALL. Crocodile.

GERMANICE Crocodyl/oder Kokodrill.

Crocodilus Africę quorũdam fluminum, pręsertim Nili incola est bestia. ¶ In India quoque multi sunt, Germanicè dicti Allegarden/ ut scribit Hamburgensis quidã in historia Nauigationis suæ. atqui Allegarde nomen Germanicum non est, sed factum (ut coniicio) ab Hispanico Lagárto, quod Lacertũ significat.

Palladius quoq; Crocodilum, Lacertam, quasi generis uocabulo nominat.

Crocodili Aegyptij Chãpsæ (χάμψαι) uocãtur. Iones appellauere Crocodilos, illi generi Crocodilorum (*Lacertorum quorundam*) quod apud eos in sepibus gignitur, quantum ad corporis speciem, cõparantes, Herodotus. ¶ HEBRAICA & ARABICA Crocodili nomina legimus hæc: Zab, Hazab, Thab, Tenchea, Tisma, Altensa, Temsa. ¶ In Arsinoitica præfectura mirè colitur Crocodilus: et est sacer apud eos in lacu quodam seorsum nutritus, & sacerdotibus mãsuetus, & Suchus uocatur, Strabo. Vox quidẽ Suchus accedit ad Scincus, quod nomen est Crocodili terrestris minoris.

Crocodili terr. icon sequente pagina exhibetur.

CROCODILVS terrestris quinam sit reuera, nemo hodie docuit. Ego genus illud Lacerti (cuius pellem ex America allatam doctissimus Ioannes Ferrerius Pedemontanus ad me misit) esse arbitror: qui etiam à Io. Leone Africano Descriptionis Africæ libr. 9. Dub Arabicè nominari uidetur. Vide infra in Cordy.

Caput ad similitudinem nostri seu uiridis Lacerti factum est, reliquum corpus ad exuuium.

Cordylo Rondeletij. Quoniam autem Scincum quoq; aliqui Crocodilum terrestrem uocarunt, hunc maiorem, illum minorem, discriminis gratia cognominabimus. ¶ Mitto ad te (inquit Io. Ferrerius) pellem Lacerti, quam ad me attulit ex Bresilla regione ultra Tropicum Capricorni Gul. Henrison Scotus: qui illuc cum domino Nicolao Villagagnonio equite Rhodio ante biennium nauigauit, & nuper ad nos rediјt. Pellis ipsa ferè ad unam ulnam Gallicam longa est, sed capite caret. Huiusmodi Lacertis illic uescũtur promiscuè omnes. Et, ut refert meus Scotus, carnes illæ nõ minùs sunt gratæ palato, quàm apud nos Testudines nostræ habentur. Sic ille. Pellis ad me missa quatuor dodrantes cum tribus digitis longa est: lata digitos decem. Crus anterius, longum digitos quinq;: posterius, octo. In anteriore digiti quini, situm & fissuram digitorum hominis referentes. in posteriori erant distorti, ut fit in sceletis, sed uidebantur totidem: tres mediј æqualis ferè originis: ex quibus interior, breuior: exterior, oblongus erat. duo extremi, inferiores origine, de quorum situ nihil asserere possum propter coriј luxationem. Cauda lõgissima in summam tenuitatem abit, interuallis candidis & fuscis distincta. Corpus totum φολιδωτὸν est, multis, paruis, splendidis & læuibus squamis obtectum: quæ in medio uentre maiores & candidæ sunt. Digiti pedum unguesq;, omnino gallinaceos referunt. Alicubi legisse me puto, animal esse amphibium. Dub animal (inquit Io. Leo Africanus) in desertis agens, forma Stellionem refert, aliquanto tamen densius, longitudine brachium, latitudine quatuor digitos explet. Aquam non potat, & si quis aquam in os infundat, euestigio moritur. Oua excludit ad modum Testudinis, atq; ueneno caret. Ab Arabibus in desertis capiuntur. Quin & ego à me comprehensum iugulaui, parum tamen emittit sanguinis. Assatus pelle detracta comeditur saporem, ac gustum Ranunculæ exprimens. Lacertã uelocitate repræsentat, & si inter uenandum, in specum subterraneum cauda foris remanente pellatur, nullis uiribus extrahi potest: uerùm ligonibus dilatato foramine à uenatoribus capitur. Triduo mactatus dum igni apponitur, non secus mouetur ac si recens necatus foret.

SCINCI iconem & historiam in libro De Quadrupedibus ouiparis dedimus.

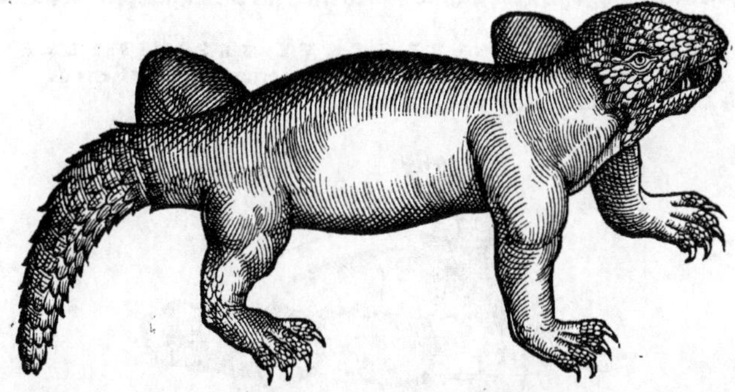

CORDYLUS Rondeletij. Κορδύλος. Bellonio Crocodili genus terrestre est, haud ita procerum: Aegypto (inquit) & Arabiæ peculiare, reliquis animalibus infensum. Lacertam prouectiorem ac maximam esse dixeris: à qua tamen præter duritiem ac cutis firmitudinem hoc distat, quòd caput crurumq; articulos atq; adeò pedum digitos squamosos gerat. A Nilotico Crocodilo hoc differt, quòd caudam habeat in clauæ modum tuberculis elatioribus asperã, qua corpora, quibus insultat, atrocissimè diuerberare creditur. Hæc Bellonius. Aliqui hodie ficto nomine Caudiuerberam nominant. ¶ Rondeletius Crocodilum terrestrem hoc animal non esse ostendit: putat autem Cordylum Aristotelis esse: cui soli Aristoteles branchias & pedes tribuit. Bellonij icon, quam & Rondeletius posuit, branchias repræsentare uidetur, in Caudiuerbera (quã Græcè Vræo *Caudiuerbera.* *Vræomastix.*

mastigem dixeris,) non probè, ut credo: nam in descriptione earum non meminit, ut neq; doctissimus Thomas Erastus noster, qui cõtrectatum à se sceleton mihi descripsit. Hoc nimirum imposuit Rondeletio, ut Cordylum esse conijceret. Sed neq; Salamandra aquatica, Cordylus est, ut Belloni us putauit. ¶ Caudiuerbera quam uidi (inquit Thomas Erastus) Crocodilo similis erat, sed decuplo ferè minor. Lacertæ speciem putant. Maxillam inferiorem mouet: Ore & capite Testudini similis. collo breui, inferiore parte media inflato, &c. Cauda rotunda, in circulos diuisa miro quodã modo. Squamæ in ea durissimæ sunt, uidenturq; osseæ, quadrangulæ ferè & planæ, nisi quòd cauę sunt leuiter, ut caudam efficiant rotundam: ita una alij coniuncta est, ut tegulæ, &c. sicuti in rudi hac pictura apparet.

Io. Leo Africanus libr. 9. Descriptionis Africæ, Dub Lacertum describit, lõgitudine brachij, latitudine quatuor digitorum, &c. qui assatus pelle detracta comedatur, &c. capi in desertis, uene no carere. Is nimirum Crocodilus terrestris fuerit. Et mox, Huic simile est (inquit) animal Gua ral, sed paulò grandius: quod in capite pariter & cauda uenenũ gerit. quibus partibus præcisis Ara bes eo uesci solent. Deforme & tetri coloris est: quam ob causam eius carnẽ gustare semper inhorrui. Sic ille. Quærendum autem an Guaral sit Caudiuerbera nostra: & eadem Aeliani Phattages, φαττάγης: de qua ille sic prodidit: Apud Indos nascitur bestia, Crocodilo terreno similis, magnitudi ne Melitensis catelli: cuius pellis adeò aspera densaq; cortice est (φολίδα Græcè nominat) ut detracta ei limæ usum præbeat, & uel æs dissecet, ac ferrum exedat. Indi Phattagen uocant.

Crocodilus terrestris. *Phattages.*

Verum quidem Cordylum amphibium hactenus nemo ostendit. unde suspicor peregrinũ esse animal: & fortè idem quod apud Babylonios uel Indos reperiri tradũt authores, amphibium animalculum absq; nomine: quod pinnulis ceu pedibus (quos nimirùm aliqui simpliciter pedes ꝓpter formæ aut usus similitudinem uocarunt) graditur: & quanuis branchias habeat, cibi tamẽ gratia in siccum egreditur, cauda subinde mobili: capite Ranæ marinæ simile, reliquo corpore Gobiis. E fluuijs in terrã exiens saltat, & in aquã redit sicuti Rana. Quare cõposito ex pisce & Rana nomine, Pisciranam aliquis accommodato eius naturæ uocabulo appellârit. branchias enim & posteriora ut piscis habet: caput, naturam amphibiam, & saltum, ut Rana: fortè & caudam Ranę imperfectæ (quam Gyrinum uocant) non dissimilem. ¶ Cordylus uocatur etiam Scordylus, & Scordyle. Cæterùm Cordyle, uel Cordula, partus est Thunnorum.

Cordylus.

GERMANICE circunloquemur: ein Arabische art der Heydoxen/dem irrdischen Kokodrill nit vngleych/hat schůppen auff dem kopf/in den gelencken der schenckeln/vñ auff den zeehen der füssen/rc. Ein Stertrürer/id est, Caudiuerbera. Wonet allein auff dem land/als ich acht/ist doch hie har gestelt/darumb das es etlich für ein wasserthier gehalten.

DE TESTVDINE IN GENERE, DEQVE MARINIS TESTVDINIbus, diximus suprà in fine Ordinis XII. Marinorum, qui est de Cetis: de terrestri uerò inter Quadrupedes ouiparas terrestres.

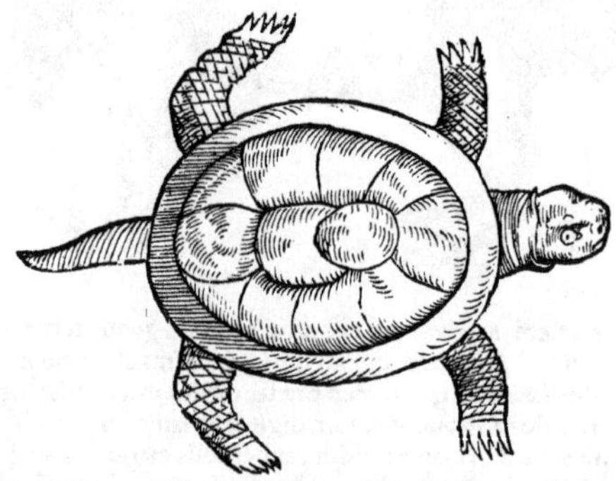

TESTVDINEM Lutariam (inquit Rondeletius) Aristoteles ab ea quæ in dulci aqua uiuit, non seiunxit: quam Murem aquatilem conuertit Gaza: quæ dicitur ab Aristotele Μῦς, uel fortasse Ἑμὺς. Hæc quam hic exhibemus, in palustribus & limosis aquis, fossisq; urbium & castellorũ mœnia

mœnia ambientibus, uiuit. Testudinum (inquit Plinius) est tertium genus, in cœno & paludibus uiuentium. Latitudo his in dorso pectori similis, nec conuexo incurua calyce, ingrata uisu. ἐμύς, ζῷον ἐν λίμνῃ καὶ ἐν πηγῇ γινόμενον· οἱ δὲ, χελώνην τὴν ἔχουσαν οὐράν. Similis est terrestri, nisi quòd cauda ei longior est, perinde ac in Muribus: à qua Muris aquatilis nomen accepisse crediderim. Testa colore est nigro: aliquot particulis ueluti tabellis pectinatim iunctis constat. Pro arbitrio pedes, caudam, caput, modò exerit, modò recondit. Partes internas easdem habet, quas marina, renes quoque & uesicam Rondeletio: quas tamen partes Lutariæ suæ Plinius negat.

GALL. Tortugue d'aigue à nostris uocatur, id est, Testudo aquatilis, Bellonius.

GERM. **Ein Schiltkrott in süssem stillem wasser/als ettlichen gräben vmb die stett vnd schlösser: in pfützen vnd kleinen sehen.**

LAT. Rana. ITAL. Rana.
GALL. Grenouille. GERM. **Frösch/Frosch/Hopzger.**

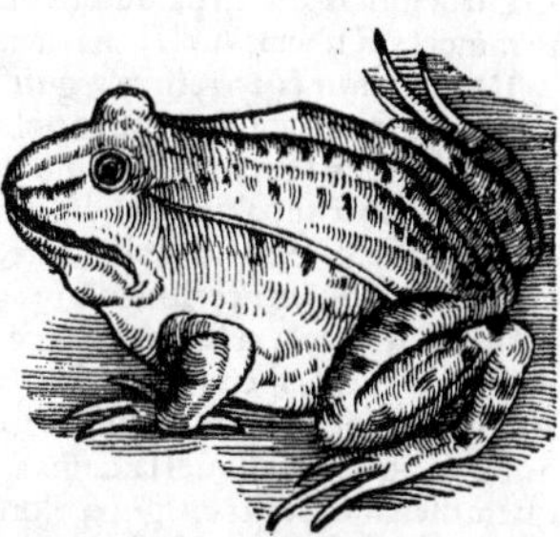

Mirambellum oppidum est Santonicę præturæ. In eius agro tantum pluit Ranarum, ut cumulatim totæ uiæ tegerentur: oppidani neque domo efferre pedem, neque ubi uestigium ponerent, haberent, Scaliger Exercit. de subtilitate 323. ubi pluuiarum insolitarum, ut Ranarum, terrę, lapidum, ferri, materiam proximam non è terra hauriri, sed in ipsis nubibus statim oriri, contra Cardanum disputat. Falsò (inquit) lapidis pluuiam creas tu ex puluere hausto à nubibus, atque in lapidem condensato. & Ranarum ouis in aerem sublatis ranunculas excludi scribis, quibus pluat, quod æquè uanum est. Quippe deductis ex hiatu nouo rupium limpidissimis aquis: ut postridie non gyrinos, sed perfectas ibi Ranas uidimus, in lapidea fossa, quæ ante uillam erat, nullis pridie ouis apparentibus: sic in aere licet eidem Naturæ non ex ouis generare. ¶ Plura de Ranis simpliciter dictis, leges infrà in Diuisione Ranarum ad numerum 7.

RANARVM DIVISIO.

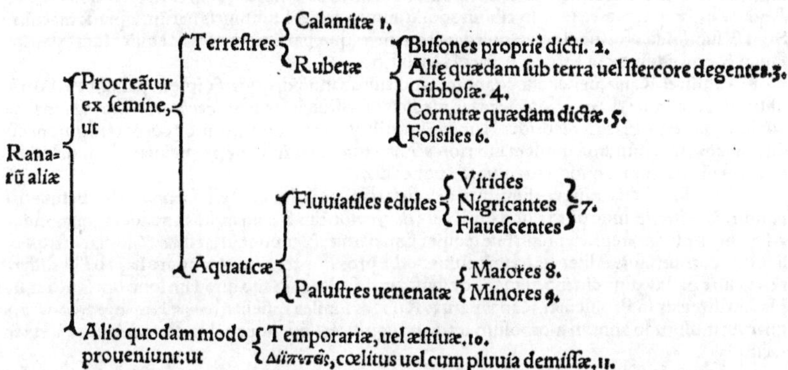

Ranarũ aliæ
- Procreãtur ex semine, ut
  - Terrestres
    - Calamitæ 1.
    - Rubetæ
      - Bufones propriè dicti. 2.
      - Alię quædam sub terra uel stercore degentes. 3.
      - Gibbosæ. 4.
      - Cornutæ quædam dictæ. 5.
      - Fossiles 6.
  - Aquaticæ
    - Fluuiatiles edules
      - Virides
      - Nigricantes
      - Flauescentes } 7.
    - Palustres uenenatæ
      - Maiores 8.
      - Minores 9.
- Alio quodam modo proueniunt: ut
  - Temporariæ, uel æstiuæ. 10.
  - Διοπετεῖς, cœlitus uel cum pluuia demissæ. 11.

Diuisionis explicatio, secundum numeros.

1. Calamitæ sunt uirides, paruæ, quæ & arbores scandunt: quanquã Plinius uidetur distinguere, cum aliâs, tũ quòd Calamitas mutas & perniciosas facit: arboreas uerò, uocales, nec meminit earum ueneni. Ego inter diuersas Ranarũ picturas habeo missam ab Argentinensi pictore subuiridem quandam paruam, non ita pulchro colore ut Calamites est, sed subobscuro: quæ si non ad Calamitas, fortè ad temporarias referri debet.

2. Bufones propriè dicti similes sunt palustribus & uenenatis Ranis, sed maiores, &c. quare iconem eorum à se omissam Rondeletius scribit. qui tamen non simpliciter terrestre hoc genus facit, sed amphibium ex Plinio: Ranæ rubetæ (inquit) in terra & humore est uita. & Aetio, qui eas ex palustribus terrestres fieri tradit. Quærendum an potiùs non una Rubetæ species, eademque ambigua sit, sed duæ diuersæ: quarum una semper terrestris, altera semper palustris sit. Possunt tamen aliquæ per æstatem, dum aquę suppetunt, ac tepor sinit, in aquis agere: deinde autumno & hyeme in terra se occultare: quod aquaticæ omnes faciunt, præter temporarias opinor.

3. Rubetæ quæ sub terra uel stercore inueniuntur, (inquit Rondelet.) Ranis similes sunt: rostro acutiore, cruribus breuioribus: cute tota tuberosa, maculis multis cinereis notatæ, oculis multùm prominentibus & uirescentibus, &c. Hæc ille. Hæ minores sunt Bufonibus: & Rubetę terrestres minores uocari possunt. Inferiùs in numero 5. genus aliud ei cognatum describemus.

4. Rubeta gibbosa, cum Quadrupedibus ouiparis à nobis descripta est.

5. Cornibus exasperari Rubetarum dorsum, quod Plinius scribit, hactenus non uidi. Gibbosæ tamen Ranæ à nobis dictæ, ossa in dorso cornuum ferè instar eminent. Alia ratione recentiores quidam parum Latini scriptores, Ranam quandam cornutam uocant, à sono uocis, quo cornu seu tubam imitetur quodammodo. In Gallijs est Bufonis genus quod cornutum dicitur, à uoce. Verno tempore prodeunt, & uocem instar tubarum binæ inuicem emittunt. coloris cinerei fusci, (tetri,) in uentre uerò crocei. per totam quoq; Germaniam altissimè clamãt: & falsum est extra Galliam mutas esse. In paludibus putridis degunt, Albertus & author de naturis rerum. Has puto minores Rubetas (uel Ranas uenenatas) palustres esse, de quibus mox (ad numerũ 9.) dicam.

Reperiuntur & terrestres argutissima uoce, quam tubæ aut campanæ instar audiri ex longinquo aiunt: satis frequentes circa nobilem Tigurini agri arcem Kyburgam: raræ aut nullæ in uicinis regionibus. Hæ duplo ferè minores sunt cõmuni Rubeta, cæterò similes. Vna mihi allata, (deprehensa sub trunco, ubi se abdiderat, ut lateret per hyemem: Septembris initio,) tergo erat lurido, aspero, uentre ex fusco albicante, oculis aureolis, (sed aureo colore per medium diuiso:) clunibus cruribusq;, sed pręcipuè digitis posterioribus, pilosis. Eas non in aquosis, sed aridis locis degere audio: uère uocem suam emittere & æstate. cum uesperi clamant, noctem sequentem sine pruina futuram certò sperari: autumno & hyeme non audiri. Genus hoc cognatum existimo Rubetæ terr. minori, de qua diximus numero 3. sicut & fossilibus Rubetis, de quibus nunc dicetur.

6. Rubeta fossilis uel saxatilis appelletur, de qua Georg. Agricola sic scribit: Rana uenenata quam metallici nostri ex ignis colore qui insidet ei πυρίφρυνην, (Feüwrkrott/) nominant, in saxis perpetuò quasi condita & sepulta iacet. Altiùs intra terram gignitur: & reperitur modò in uenis, fibris, saxorum commissuris cum hæ excauantur: modo in saxis ita solidis, ut nulla foramina quæ uideri possint, appareant, cum cuneis diuiduntur. In lucem elata primò turget ac inflatur: mox de uita decedit.

7. Fluuiatiles, Ranæ (βάτραχοι) simpliciter dictæ, degunt in aqua pura, fluuijs, fontibus, riuulis: suntq; edules. Hæ paruæ & informes adhuc nigricãt. Grandiorum aliæ uirides sunt, alię nigricant, aliæ flauescunt, Rondeletius. Inueniuntur autem in paludibus quoq; & stagnantibus aquis. Aquaticæ illæ quæ præ cæteris in cibum admittuntur, uirides sunt, nigris passim aspersæ maculis. Sunt & sublíuidæ atq; subcinereæ quædam aquaticæ: quæ partim uocales & edules sunt, partim mutæ, & non eduntur, ut Georg. Agricola scribit.

8. Palustres Ranæ, uenenatæ cognominandæ: ut ab innoxijs, quæ & ipsę in paludibus reperiuntur, discernantur, βάτραχοι ἕλειοι Græcis medicis: Aristoteli fortè πλαματιαῖοι βάτραχοι, Gaza Ranas lutarias uertit. Has Dioscorides Rubetis siue Phrynis coniunxit, tum ob corporis figuram nõ dissimilem, (magnitudine quidem inferiores sunt:) tum ob uim æquè perniciosam, Rondeletius: ex cuius libro figuram quoq; eius mutuati ponemus.

9. Proximè dictis minores sunt, quæ à nostris Güllenkrötle, id est, lacunales Rubetulæ dicuntur: & Mönle, inde puto quòd dorsi uentrisq; coloribus Salamandras aquaticas (quas indocti Scincos putant) repræsentent. Hæ semper sunt paruæ: & uiuunt in lacunis & aquis corruptis, sicuti de cornutis suis Albertus scribit, cuius uerba proximè recitaui, (nec puto has ab illis differre:) uentre pallido siue citrino, punctis quibusdam discolore: & suo quodam sono uocis utuntur. Has Aristoteles in Problemat. Ranas paruas Rubetis similes appellat, (μικροὺς βατράχους φρυνώδεις,) quarum multitudo annum morbosum futurum significet: quanquam has Rondeletius διοπετεῖς facit.

10. Latent hybernis mensibus in terra Ranæ omnes, exceptis temporarijs istis minimis, (Germani uocant Reynfröschlin,) quę latent in cœno, & reptant in uijs ac ripis. Hę enim quia non ex semine genitali, sed ex puluere æstiuis imbribus madefacto oriri uidentur, diu in uita esse non possunt, Georg. Agricola. Fortè autem temporarię æstiuæq; Ranæ, non unius generis sunt, sed tũ ex fluuiatilium genere, tum Rubetarum, præsertim minorum palustrium: aut saltem utrisq; similes. Lege etiam superiùs ad numerum 1. huius diuisionis.

11. Διιπετεῖς, quasi à Ioue, id est, cœlo cum pluuia demissæ. De his leges etiam suprà, Scaligeri uerba, quæ cum Rana fluuiatili recitauimus. Plinius quidem Ranas diopetes (alij dryophytes legunt) cum Calamite alicubi confundit. Rondeletius φρυνοειδεῖς et διοπετεῖς easdem putat: ego Phrynoides in ipsa terra ex eius putredine generari dixerim: διιπετεῖς (*sic enim malim per ι. in antepenultima, quàm per ο.*) uerò in aere & nubibus gigni, utrasq; automatas.

Aquatilium Ranarum icones hoc in libro posuimus: terrestrium uerò, in libro De quadrupedibus ouiparis, ut Rubetæ minoris, & Gibbosæ, & Calamitæ.

RANAE

RANAE fœtus caudatus, Græcis Gyrinus, Nicandro Gerynus. Ranarum aquaticarum (tum uiridium, tum illarum quæ subliuidæ sunt) fœtus (*nati scilicet recens ex ouis*) sunt primò carnes paruæ, rotundæ, nigræ: dein oculis tantùm et cauda insignes: quas Nicander quia caudam mouent, μολουρίδας: Aratus, quia rotundæ, γυρίνους: alij Græci βατραχίδας, quasi dicas ranunculos, nominant. quorum postea figurantur pedes, priores ex pectore: in posteriores finditur cauda, Geor. Agricola. Ab his factum est prouerbium, Rana gyrina sapientior. Ranę quidem cum tribuatur loquacitas (inquit Erasmus) quæ stoliditatis solet esse comes, minimum mentis inesse oportet gyrinis, quos uix deprehendas animal esse, nisi mouerentur. Plato in Theæteto de quodam: Nos illum (inquit) propter sapiẽtiam tanquam deum admirabamur: at ille nihilo magis antecellebat prudentia quàm Rana gyrina.

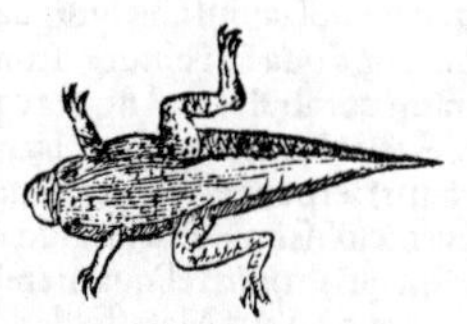

GERMANICE Rosszkopf / Kaulkrott / Kulpoge.

RANA palustris uenenata, uel Bufo aquatilis. In palustribus locis & putri fœtidoq; limo oppletis nascitur, Rubeta siue Phryno terrestri minor. Venenum eius mala symptomataq; eadem sequuntur, quæ Rubetæ, ut tradunt medici. Vide suprà in Diuisione Ranarum ad numerum 8.

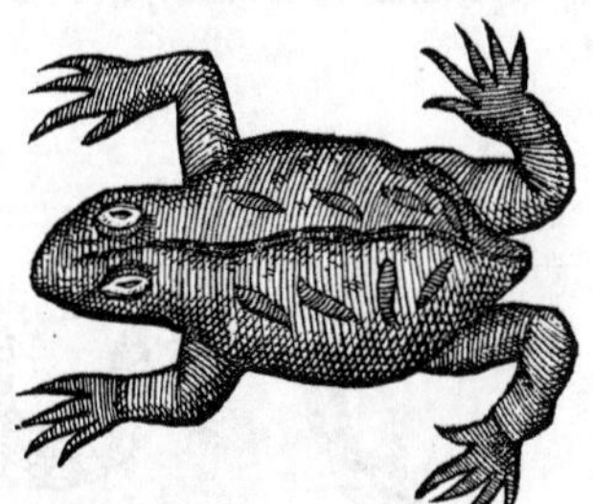

GALLICE Crapau d'eau.

GERM. Ein Wasserkrott / wonet in lachen / pfützen / vnd faulen wasseren / den irrdischen krottẽ änlich / aber kleiner.

LACERTVS aquatilis, Salamandra aquatica, Lacerta palustris uel lutaria. Qui Cordylum Aristotelis existimant, falluntur. Medici & Pharmacopolę imperiti, pro Scincis eos supponũt, pro remedio uenenum. Vidi hîc impudentes Pharmacarios (inquit Scaliger) ante aduentum nostrum ex Cordulo oleum pro Scorpionum oleo parasse.

ITALI quidam Salamandram hanc bestiolam uocãt, similiter ut terrestrem: alij Marasandolam, transpositis nimirũ literis, & forma diminutiua: nisi quis à Marasso (sic Viperam uocant) deductum hoc nomen malit. Bergomi Cercalinam: circa Vincentiam Salamandram uel Tarantulam.

GALLI. Tac, Tassot.

GERMANI Wassermolle.

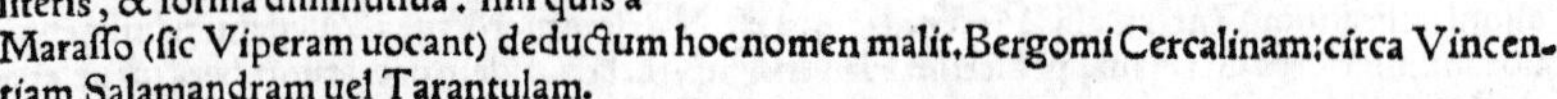

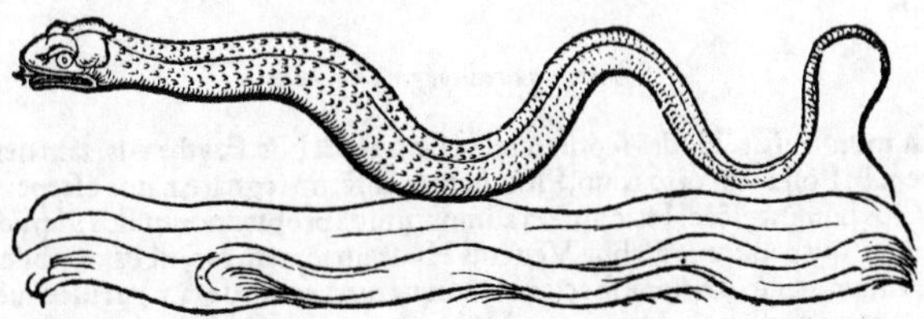

HYDRVS, id est, Serpens palustris aut fluuiatilis Rondeletij. ὕδρος. Gaza Natricem conuertit. Vocatur & Chersydrus, quoniam in aqua & in terra degit: & Enhydris Plinio. Enhydris (inquit) uocatur à Græcis coluber in aquis uiuẽs. Aristoteli uerò Enhydris (ἐνυδρὶς) est Lutris uel Lutra quadrupes. Qui primùm Hydrus est serpens, postquam aquas reliquerit in terra Chersy- *Natrix.* *Enhydris.* *Chersydrus.*

h

drus fit. Hydra fœmina est Hydri. Aelianus Hydras in Corcyra procreari dixit, serpētes uel affla tu uenenosas: qui Chelydri uel Dryini uidentur. Boa serpens est aquatilis, quam Græci Hydron uocant, à qua icti obturgescunt, Festus. Hydrum Gaza è Theophrasto Colubrū uertit nimis com muni uocabulo. Angues aquarum sunt, serpentes terrarum, dracones templorum, Seruius in 2. Aeneidos. sed authores hæc omnia multò communiùs accipiunt. ¶ Hydra (inquit Io. Leo Afri canus) serpens est curtus, cauda tenui, & circa collum gracilis. in Libyæ desertis agit. Virus habet perniciosissimum: neq; aliud morsui remedium ferunt, quàm eam membri partem excindere, pri usquam uirus in reliqua membra penetret.

Boa.

ITALICE Marasso de aqua.

GERMAN. Georgius Agricola Boam facit domesticam & uernaculam Natricē: & Germanicè interpretatur, ein Unke. Hydrum uerò Chersydrum & Natricem, ein Nater/ alij Wassernater/ Wasserschlang/ grawe Wasserschlangē. Eliotæ ANGLO Chelydrus est a Sea snayke, hoc est, Marinus serpens. Non probo. Melius Watter ader.

POLONICE Vuodny uuaz, id est, aquatilis serpens.

¶ Reperiuntur apud nos Hydri etiam in calidis thermarum aquis.

HYDRI Chersydriue (ni fallor) genus aliud, quod torquatum cognominauimus. Serpētis hoc genus satis frequens apud nos in terra est: sed in aquis etiam reperiri audio, & apparere interdum per lacum à felibus denominatum nostris, ueloci natatione traijcere. Colore ferè cinereo est, & ad magnam longitudinē peruenit, crassitie minori quàm nigri (uernaculi scilicet, Orophię, Myagri) nostræ regionis serpentes. Nota eius insignis, in collo macula cādicans è pallido, torquis instar, non tamen absoluēs circulum. inter utrasq; maculas in summo ceruicis angustum est interstitium, duarum fortè squamularum, ubi maculæ utrinq; tanquam trianguli forma in acutum desinunt. Maculæ nigræ splendidæ utrinq; singulæ post torquem sunt, &c. Has Natrices torquatas aliqui nostratium Natern: alij Heckuatern, id est, Natrices mordentes & uenenum infligentes uocant: inferiores Germani, præsertim Flandri Schnacken. Iidem uaccarum ubera (ut ueteres de Bois scribunt) ab his serpentibus sugi aiunt, & postridie sequi sanguinem. Eosdem aliquando in dormientium ora irrepere fertur: & homines illos, quos subierint, suauiter canere. elici autem serpentes, si supra lactis feruidi uaporem hiantes se contineant. Non morsu tantùm, sed astrictione etiam partium quas inuaserint, nocere audio: degere fermè in pratis & locis umbrosis: interdū in aquis. uocem edere satis sonoram, similem rubetarum quarundam uoci, sed magis continuam & suauiorem.

Iconem require in pagina sequente.

HYDRA monstrosa. Hydrā septicipitem esse (inquit Nic. Erythræus) tam uerum est, quàm Castorem & Pollucem ortos ouo, Plutonem in inferno regnare, natos è serpentum dentibus armis instructos homines, &c. Hæc autem admonuimus propter nonnullos usq; adeò rerum imperitos homines, qui proximis diebus Venetijs Hydram septem capitibus terribilē, ad poetarum exemplum summo artificio fictam, spectantes horruerunt, etiam de tam terrifico mōstro naturam ipsam uehementer accusantes, Hæc ille. Videtur autem de fictitio illo monstro sentire, cuius hîc figuram damus, qualis in charta quadam typis impressa & euulgata est. Inscriptio erat hæc: Anno à Christo incarnato M. D. XXX. mense Ianuario serpens monstrosus, cuius typum imago hæc cum magnitudine, tum colore refert, è Turquia ad Venetos perlatus: deinde Francorum regi datus, sexq; millibus ducatorum æstimatus est. Additur & interpretatio authoris innominati, tanquam hoc portentum aliquid rebus Turcicis minetur. Sed diuinator hic primùm rēs ne ue ra an

Ein sibenköpfige schlang.

ra an ficta esset, quærere debebat. Mihi cum Erythræo planè commentum artis uidetur. Auriculę, lingua, nasus, facies, toto genere à serpentium natura discrepant. quòd si figmenti author, rerum naturæ (quæ in ipsis etiam monstris plerunq; non undiquaq; degenerat) nō imperitus fuisset, multò artificiosiùs potuisset imponere spectatoribus.

GERM. Ein Wasserschlang mit vij. köpfen/soll auß der Türckey gen Venedig gebracht seyn worden/ vnnd da offenlich gezeyget/ im jar M. D. XXX. Aber es beduncket die verstendigen d natur/kein natürlicher/sunder ein erdichter körpel seyn.

FINIS AQVATILIVM ANIMANTIVM ICONVM AC NOMINVM.

h 2

ADDENDA QVAEDAM SVIS LOCIS OMISSA, QVIBVS ETIAM PAVCVLA QVAEDAM EMENDANDA INTERSERVNTVR.

Numerus prior paginam, posterior uersum denotat. A. addendum. L. legendum.

12.26. post hæc uerba, inter saxatiles censeantur. A. Mnesitheus apud Athenæũ Scorpios quoque saxatiles facit: nõ rectè. Philotimus enim eos duræ carnis esse scribit, quod approbat Galenus, (saxatiles uerò duræ carnis non sunt,) & in saxatilium penuria eos substituit. Sed plura de Scorpiis dicemus infrà Ordine V.

In eadem pag. 12. post uersum 31. apponenda fuerat Scari lati uel oniæ Rondeletij icon hæc.

24.24. A. Sacrum quidem piscem grammaticorum alij Anthiam interpretati sunt: alij Callichthyn, alij Callionymum, alij Ellopem, &c. inde nimirum factum est, ut imperitiores aliqui, etiam ex Græcis grammaticis, (ut apud Athenæum libro VII. apparet,) omnia hæc nomina Anthiæ attribuerint. Nos Aristoteli, Oppiano, Dorioni, qui authores de piscibus ex professo scribentes, illos omnes inter se distinguũt, potiùs quàm grammaticis, tot homonymias nobis introducentibus, fidem habebimus. Plura leges infrà in Stromatei specie altera. 28.51. post Saluianus A. Percam quidem fluuiatilem sui generis esse constat, nec subire è mari: quanuis nomen idem habeat cum marina propter aliquam similitudinem. 31.8. ad finem Ordinis II. Marinorum A. VARIATA Io. Caij, cum non maior sit Alburno, quanuis saxatilis, Ordine I. reposita est. Pag. 35. Lemma Hirundinis Rondeletij, sic est legendum. *Hirundo Rondeletij: eam Miluus à Bellonio pictus pro piùs refert, quàm Hirundo ab ipso exhibita. Miluus autem Rondeletij diuersus est. Bellonius quidem Mugilem alatum pro Hirundine accepit.* 36.61. post Lendole, notato commate, A. ut scribit Bellonius: & conueniunt quidem hæc nomina Hirundini ueræ, hoc est, Rondeletij: quãuis à uulgò (quod secutus est Bellonius) Mugili alato tribuantur. 38.31. post hæc uerba, Callionymum uocari scribit, nota geminum, & A. qua de re sententiam nostram superiùs in Anthia requires. 40.41. A. nihil certè uerisimilitudinis hæc effigies habet. 41.53. post, Bellonius. A. Chromis, Pagrus, Erythrinus, Hepatus, Orphus, Anthias, Dentex, Synagris, similes sunt, Gillius ex Athenæo. Huic similitudini adiunxerim Characem, Synodontem, Coracinum, Scarum, &c. 42.2. A. Vide mox in Germanicis. Et mox uersu 5. A. Bramæ mar. nomen ad quosnam pisces extendatur, aut extendi possit, à Gallis, Germanis & Anglis, proximè retro in Gallicis Auratæ nominibus dictum est.

46.59. post, confuderunt. A. De Phagri quidem similitudine cum Dentice, & quòd aliqui ætate tantùm differre putent, ita ut iunior dicatur Phagrus, &c. leges mox in Synagride. 57.45. A. Mys quidem fortè dictus fuerit, quòd mordeat instar Mûris. nam & Mus, licet paruus, morsu tamen se defendit contra hominem: aut quòd dentes fortè murinis similes habeat. 60.22. pro Callichthye l. Callichthyn. 75.58. A. ¶ Hippurus Oceani, siue idem huic, siue cognatus piscis, describetur à nobis in fine Ordinis VIII. Anarrhichæ nomine.

Pag. 76. Asello Rondeletij subiungi debet icon hæc, *quam sequenti pagina cum sua inscriptione, requires.*

82.20.

Aselli primi siue Merlucij iconem hanc Venetijs nactus sum, ubi Mollo nominatur.

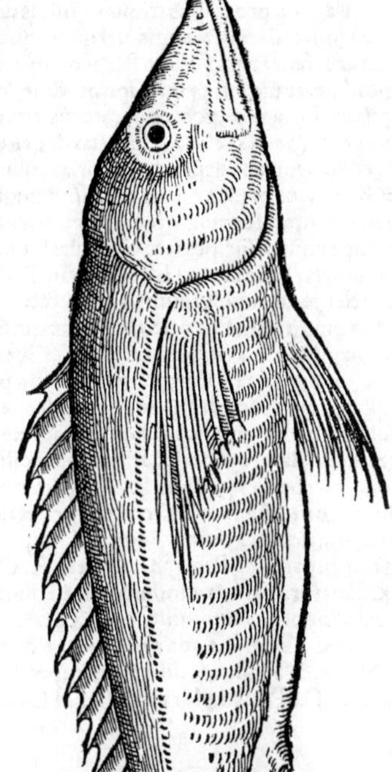

81.20.pro, Caput I, Os.

Pag.87. ad finem Ordinis quinti addenda erat piscis hic sequentis cum sua descriptione icon.

Andreas Theuetus Descriptionis Americæ capite 67. quod de Insula Muriũ inscripsit. Iuxta hanc insulam (inquit) & totius Americę oram inuenitur piscis quidam rapax, & Syluestribus (hominibus) illic degentibus) terribilis, Leonis aut Lupi famelici instar. Houperou sua lingua nominant. Deuorat is alios pisces, uno tantùm excepto, qui paruo Cyprino æqualis, assiduus illi comes est, siue occulta quadam naturæ consensione: siue quoniam cum eo tutus securusq; degat, ut nihil ab alijs piscibus ei sit metuendum. Huperus ille hominem quoq; in mari piscantem (solent autem illi nudi piscari) si consequatur, demersum strangulat, aut saltem corporis partem quancunq; dente cõtigerit, laniatam aufert. Ab eo Syluestres in cibo abstinent: si quando tamen uiuum comprehenderint, quod faciunt aliquando se ulciscendi causa, sagittis confodiunt. Hæc ille de Hupero, cuius formam non exprimit, ego ex Canum genere esse diuinârim. Et mox de alio eiusdem regionis pisce, cuius effigiem quoq; ex libro eius mu- *Huperus homicida.*

tuati hic addimus. Et cum aliquandiu adhuc (inquit) ijs in locis moraremur, inter alios pisces peregrinos, quorum nullus apud nos reperitur, duos uidi ualde monstrosos, à quorum gutture barbæ instar tanquam gemina caprę ubera dependebant: reliqui uerò corporis speciem adiuncta hîc pictura repręsentat. Hucusq; Theuetus: nos ab ea quam ei tribuit forma Aegomastum uel Mastopogonem nominare hunc piscem poterimus. *Aegomastus. Mastopogon*

Pag.93. pro uersu 42. & duobus sequentibus delendis: ita l. Est in litoribus Noruagicis (inquit Olaus magnus in Historia regionum Septentrionalium: ex quarum Chorographia seu Tabula per eundem authorem edita, iconem quoq; adiunximus) uermis glauci (al' flaui) coloris, longitudine XL. cubitorum, & ampliùs, uix spissitudinem infantis brachij habẽs, is lineę modo, ita ut eius progressus difficulter percipi queat, per mare se trãsmittit, nemini noxius, nisi humanis manibus pressus: unde contactu tenerrimæ cutis eius tangentes digiti intumescunt. Vexatus & detentus à cancris, tortuosum cursum euadendi gratia attẽtat: sed frustra. Cancer enim brachijs suis, quasi den

h 3

ticulatis forcipibus, tum etiam pedibus, ita eum stringit, ut nō secus ac nauis anchora demissa, firmetur. Hunc uermem sæpius uidi, ab eius tactu nautarum informatione abstinens.

Pag. 94. pro primis tribus uersibus delendis, sic l. Qui naualibus exercitijs (inquit idē Olaus) in litoribus Noruegiæ uel mercaturæ uel piscaturæ operam nauant, concordi testimonio stupendam sanè rem asserunt: Serpentem uidelicet uastæ molis, ducentorum pedum & ampliùs longitudine, ac uiginti pedum spissitudine, in rupibus & cauernis ad oras maris Bergensium uersari: qui uitulos, agnos, porcos uoraturus, ab antris, solùm lucido noctis tempore per æstatem exit: uel polypos, (*sic uocat astacos,*) locustas & genera marinorum cancrorum ut deglutiat, maria trāsmittit. A collo deinceps dependentes pilos cubitalis longitudinis habet, squamasq; acutas, atro colore, & flammeos oculos rutilantes. Hic nauigia infestat, hominesq;, se in sublime instar columnæ erigens rapit, ac deuorat: neq; id sine portentoso spectaculo regni, instante mutatione euenire solet: nempe cum principes fato cōcessuri sunt, uel in exilium turbandi, aut bellicus tumultus euestigio imminet. Hæc ille in Historia. In Tabulæ explicatione hæc etiam ab eo adduntur. Nauim ab hoc Serpente inuolui aiunt tantam, &c. Ibidem uersu 6. Lege: Figuram, qualis in Tabula ab eo edita pingitur, in fine præcedentis paginæ posui. Et mox A. Est & alius (inquit idem Olaus) miræ magnitudinis Serpens, in insula Moos dicta, diœcesis Hammerensis: qui ut cometa Orbi reliquo, sic is regno Noruegiæ mutationem portendit, prout uisus est anno M. (D.) XXII. altè super aquas se extollens, atq; in modum sphæræ se conuoluens. Existimatus est hic serpens, coniectura collecta ex longinquo uisu, quinquaginta fuisse cubitorum: quem expulsio regis Christierni, atq; grauis prælatorum persecutio sequuta est: imò excidium patriæ demonstrauit. Et rursus: Nigri coloris serpentes partim aquas, partim terras inhabitant, partim tubera in paludib. existentia, (Gothicè Tuuar dicta,) partim rupes petrosas aquis contiguas. Hi serpentes de genere aquaticorum sunt, atq; noxij existunt. 117. 41. l. ouipara. 143. 3. post Scazone, A. (quo nomine Cottum fl. alij nuncupant.) Pag. 154. ad finem A. Quanquam autem fluuiatilis & Nilo peculiaris hic piscis existimatur, marinis adnumeraui, eò quòd in fluuijs nullos alios ei cognatos reperiamus, in mari uerò aliquot, ut sequuntur. 160. 54. A. Quæ pulmonibus spirant, squamas non habent, Rondeletius. Pag. 164. addendæ erant Phocæ icones duæ: quę hîc subijciuntur, utraq; à Rondeletio exhibitæ, & ad uiuum diligenter expressæ: una (A.) Phocæ mediterranei maris, altera (B.) Phocę Oceani. De Phocis plura leges apud Olaum magnum.

A.

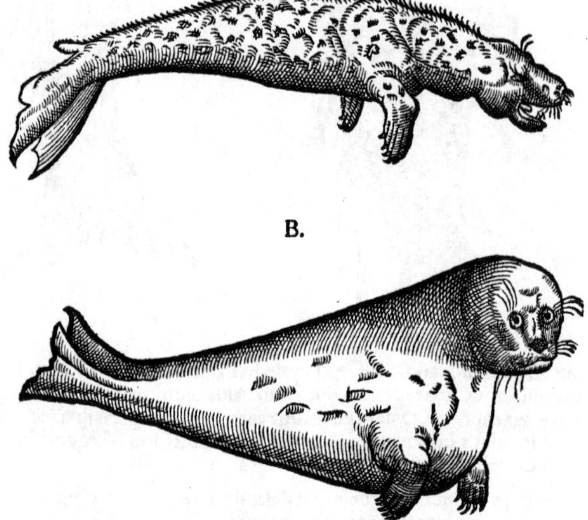

168. 51. A. Hunc cetum (inquit Olaus Magnus) à nobili quodam Anglo uerè descriptum, litora Noruegiana inter Bergensium ac Nidrosensium oras, cōtinuum ferè domesticumq; hospitem habent.

Ad finem pag. 172. Hoc in loco reponendus est Cetus, quem illustris uir D. Sigismundus Liber Baro ber Baro scitè depictum mihi donauit: ipse uerò ab egregio uiro Matthia Hofero, ex Oppido Tyben unà cum descriptione eius acceperat. Illic à uulgo Balęna existimatur.

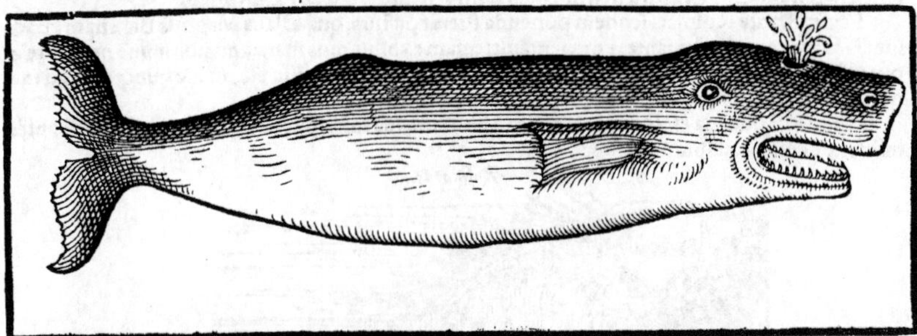

Nuper (inquit Hoferus) Kalend. Iunij, (die sabbati noctu) anni Domini M. D. LV. prope Piranum oppidum, in ualle Siciolensi, sinu Tergestẽsi Adriatici maris, deprehensus est piscis uiuus in uado hærens, ita ut propter aquam moli suę non satis profundã, (quanuis ad quatuor passus profunditas erat) natare non posset. Itaq; occisus bombardis, hastis, uncis, & alijs instrumentis, ad prędictum Venetæ ditionis oppidum cum plurimis nauibus in aqua deductus, & in litus protractus est. Pellis eius sine squamis erat, alutæ elaboratæ similis, colore plumbi. ipse lõgus passus quatuordecim: crassus uerò per corporis medij ambitũ, passus octo. Mandibula inferior, lõga pedes XIIII. dentibus quadraginta quatuor instructa: quorum singuli longitudine & crassitudine æquabant maximas pyramides ligneas illas, quibus in Pyramidum ludo (globo ligneo prouoluto sternẽdis) utuntur: Hi omnes appendebant centum libras, (XVI. *unciarum nimirum.*) Superior uerò mandibula uacuà & sine dentib. inferioris dentes claudẽdos in se recipiebat. Cauda lata pedes tredecim, & iuxta proportionem satis crassa, cum appendicibus quibusdam clypei instar rotundis. Oculi paulò minores ferè equinis, aspectu obscuro. Caput longum tres passus. Rictus latus passum unum, et similiter lingua. Pinna etiam *(eo loco quo branchiæ in piscibus esse solent)* eiusdem longitudinis. Membrũ genitale, longum pedes quatuor. Testiculi magnitudinis pilæ triginta librarum. In summo capite foramen dodrantis longitudine, sed inflexum instar nouæ Lunæ: quo aquã eiaculabatur, ita ut mediocrem nauem proximam, repletam demergeret. Incolarum aliqui similes pisces priùs etiam sibi uisos aiebant, & nominabant Balænam: *(alia est Rondeletij Balæna barbata, &c.)* ætate non excedere triennium, ac multò maiores fieri. Ex huius ceti solo capite, extractæ sunt igne adipis amphoræ (Emer) centum. continet autem amphora libras centum. Amphorarum quælibet uendita est aureis Rhenensibus quatuor cum dimidio. Vsus eius est ad lucernas, & fortè etiam alia quædam. nam partium adeò tenuium est, ut per uitreum etiam uas penetret. *(Videtur hoc fidem superare, epistolæ pars hoc in loco attrita erat, & in uocabulo uitri, litera deerat: aliter quidem legere non potui.)* Canis, qui fortè superuenerat, cum abunde hunc adipem ingessisset, statim per corpus & cutim undiq; eundẽ reddidit, tanquam sudorem: & paulò pòst eo in loco perijt. Adipis huius color refert Maluaticum (ut uulgò nominant) uinum uetus & clarum. Huius piscis, generose domine, costã ad te mitto, unam ex minoribus & capiti proximis, è qua ad Solem suspensa circiter tres librę adipis extillarunt. Sic ille. Ego costam quoq; illam depictam ab illustri Barone accepi, dodrantibus quatuor longiorem aliquanto: quanquam rectè mensurari non potest, cum in semicirculũ ferè inflexa sit: & simul dentem, similiter ferè inflexum, mucrone hebete, digitos octo longum, tres latum.

170.40.A. Physeter (inquit Olaus Magnus) ducẽnum cubitorũ est, terribilis bellua. in perniciem enim nauigantium, plerunq; ultra nauium antennas se extollit, haustosq; fistulis fluctus supra caput collectos ita eructat, ut nimbosa alluuie plerũq; naues fortissimas deprimat, aut maximo pẽriculo nauigãtes exponat. Os magnũ & amplũ habet, circulare, ueluti Muræna, *(Lampreda,)* quo escã uel aquã sugit, pondereq; suo in prorã uel puppim iniecto & impresso, nauim deprimit & submergit. quãdoq; etiam dorso uel cauda nauim, ut minusculum aliquod uas, crudeliter euertit. Spissum & nigrum corium habet toto corpore, pinnas longas in forma latorum pedum: ac caudam bifurcatam latitudine XV. uel XX. pedum: qua circunuentas nauium partes uehementiùs stringit. Occurritur ei tuba militari, cuius asperum acutumq; sonum ferre nõ potest: & maximis uasis seu dolijs eiectis, cursum beluæ impediẽtibus, uel pro lusu ei obiectis: aut ualidis bombardis, quarum sono magis, quàm ferreo uel saxeo globo terretur. globus quidem uel aqua uel pinguedine obstante, uim perdit: uel leuiter tantùm uulnerat uastissimum corpus immensa pinguedine instar ualli munitum. In Noruegiano quidem litore frequentiùs uel uetera uel noua cernuntur monstra, propter inscrutabilem aquarum profunditatem. Hæc ille in Historia gentium Septentrionalium: ubi pro Physetere non caput illud ueluti equinum pingit, sicut in Tabula, sed Cetum quendam dentatum, (quem in Tabula simpliciter Balænam esse dixerat,) cum in descriptione dentes ei negare

h 4

uideatur. nam si escam uel aquam sugit, quorsum ei dentes? quanquam & Lampreda tale os cum habeat, dentibus non caret. exertos saltem dentes habere nō potest quod sugit. Germanicè dici poterit à sugendo, Ein Saugwal mit einem runden maul wie ein Lampreð.

Pag. 178. ante Rosmari iconem ponenda fuerat pictura, qua Olaus Magnus Balænam cū adiuncta Orca eam impugnante repræsentauit: quam exhibuimus in magno uolumine nostro de aquatilibus, in Balænæ historia, pag. 137. sed nullo detrimento omissa est, ut hîc quoq; cum ad manum non esset: quoniam plerisq; eius picturis nulla fides.

Pag. 178. Addenda est Rosmari ceti icon hæc cum sua inscriptione, quæ non rectè illic contextus de hoc ceto principium occupat.

Rosmarus.

Tum iconi subijcies uerba hæc: Noruagicū litus (inquit Olaus) uersus loca ad Septentrionem magis uergentia, maximos pisces Elephanti magnitudine habet: qui Morsi seu Rosmari uocātur, forsitan ab asperitate mordendi sic appellati. quia si quē hominem in maris litore uiderint, apprehendereq; possint, in eum celerrimè insiliunt, ac dente lacerant, ut in momento interimant. Caput habent Bouis instar: & pellem hirsutam, (*quare ab Alberto Magno Ceti hirsuti uocantur.*) cuius pili, culmi frumentacei crassitudine, latè diffluunt. Dentibus sese ad rupium cacumina usq; tanquā per scalas eleuant, ut rorulento dulcis aquę gramine uescantur, seseq; uolutando mari uicissim exponāt, nisi interea somno profundissimo oppressi, pendendo in rupibus dormierint, (*& reliqua similiter ut ex Hectoris Boethij scriptis recitauimus.*) Expetitur autem maximè propter dentes, qui preciosi sunt apud Scythas, Moschos scilicet, & Ruthenos ac Tartaros (uti ebur apud Indos) ob duritiem, candorem & grauitatem, Hæc ille. Iconi positæ in eadem pagina. 178. adscribendum, *Eiusdem Rosmari icon alia, qualis Argentinæ in Curia uisitur, expressa in panno: ad uiuum quidem, quod ad caput, cum ad Leonem X. mitteretur è Scandinauia, reliquo uerò corpore ex coniectura aut narratione appicto. Hoc dubitari potest, meliúsne dentes bini exerti deorsum uergentes pingantur, à superiori mandibula orti, ut in hac pictura, qui situs etiam ad reptationem per rupes hanc beluam iuuare potest: an ab inferiore maxilla orti sursum spectare debeant, sicut Olaus & author chorographicæ tabulæ Moscouiæ pinxerunt.* 179. 35. post, confundat, A. Accedit præterea ad Hippopotamum feritate & uictu. nam & homines in litore subitò aggreditur, dentibusq; lacerat: & in siccum pabuli gratia exit: & quòd dentes eius ebori comparantur.. tales enim esse Hippopotami Gambræ fluminis in Nouo orbe dentes Scaliger ex Nauigationum libris repetit. fortè & nomen ipsum Rosmari, Equum marinum significat: (Ross enim Germanis Equus est: Mare etiam Anglis Equum significat, unde Marescalci nomē, &c. Appellemus igitur Hippopotamum Oceani, si libet. nam & in mari Hippopotamum reperiri, recentiores quidam innuūt. putauerim autem circa fluminum ostia frequentiùs reperiri. Et ut pleraq; in Oceano maiora fiunt animalia, sic hanc quoq; belluam, in eo maiorem quàm in fluminibus uiuere, uerisimile est. Rosmarum quidem Equo uel maximo maiorem esse quidā scribit. Sed Hippopotami nomen, quoniā ex Equo & fluuio compositum, eidē marino & Oceani incolæ, non bene conueniet. quare uel Elephantū, uel Bouem, uel Equum, uel Aprum marinum potiùs nuncupare par erit. cum singulis enim istorum aliquid commune habere uidetur.

Equi quidem marini, sicut & Bouis seu Vaccæ tanquam diuersorum à Rosmaro animaliū idem Olaus meminit. Equus mar. (inquit) inter Britanniam & Noruegiam sæpius uidetur, caput habens equinum, & hinnitum emittēs: pedes autem fissos cum ungulis ad similitudinem Vaccę, tam in mari quā in terra pastū quærens. Raro capitur, licet ad magnitudinē Bouis deueniat. Caudam deniq; ut piscis bifurcatam habet, Sic ille. ego talem esse caudam in quadrupede ulla quanuis aquatica, uix crediderim.

GERMAN. Rosmare/oder Rußor/Rostinger/Morß bey den Moscouiten genañt.

GALL. Rohart, ni fallor, alicubi à Bellonio uocatur, nomine paucis cognito, præterquam artificibus

tificibus illis qui opera ex ebore, dentibus & osſibus parant.

179.57.A. Animal hoc (inquit idem Olaus in hiſtoria regionum Septentrionalium) in Oceano Anglico captum, omnibus ſui partibus portentoſum fuit. Habuit enim porcinum caput, quartam Lunæ partem in occipite, quatuor pedes Draconis, duos oculos ab utroq; latere in lumbis, tertium in uentre ad umbilicum inclinantem: atq; in poſterioribus caudam bifurcatam inſtar uſitati piſcis. Antuerpiam aduectum coràm omnibus diuenditum eſt. Pag. 180. dedimus ex Tabula Olai monſtrum quoddam cornutum, quod pluribus ab eo deſcribitur in Hiſtoria regionum Septentr. In mari Noruegico (inquit) inuſitati nominis (licet reputentur de genere Cetorum) piſces ſunt, horribilis formæ, capitibus quadratis: undiq; ſpinoſis & acutis ac longis cornibus circundatis, inſtar radicis arboris extirpatæ. decem aut duodecim cubitorum longitudine, colore nigerrimo, prægrandibus oculis, quorum ambitus octo uel decem cubitos excedit. pupilla uerò unius cubiti, rubrum & flammeum colorem referens, qui à longe in tenebroſis temporibus inter undas, ueluti ignis accenſus, piſcantibus apparet. pilos, ut anſerinas pinnas, ſpiſſos & longos habet in modum dependẽtis barbæ. reliquum uerò corpus ad magnitudinem capitis (quod quadratum eſt) ualde puſillum, cum ultra XIIII. uel XV. cubitos in longitudine minimè habeat. Vna harũ beluarum plures naues & grandes, fortiſsimis nautis refertas, facillimè ſubuertit & mergit. Huic admirandæ nouitati idoneum teſtimonium perhibet longa ac clariſsima epiſtola Erici Falchendorff archiepiſcopi Nidroſienſis eccleſię (quę totius regni Noruegiæ metropolis eſt) Leoni X. circa annum Salutis 1520. tranſmiſſa: cui epiſtolæ annexum erat alterius cuiuſdam mõſtri (*Roſmari ſcilicet, de quo diximus*) horrendum caput, ſale conditum.

Pag. 181. Adde ijs quæ ſcripta ſunt de Vacca mar.

Vacca marina (inquit Olaus in Hiſtoria) monſtrum eſt magnum, robuſtum, iracundum & in iurioſum. ædens partum ſibi ſimilem, non ſupra geminos, plerunq; unum: quem plurimùm diligens, ſolicitè ſecum ducit, quocunq; tandem per mare ſe tranſmittit, aut in terra greſſus dirigit. decem menſibus uterum fert. demum hoc animal aliquando CXXX. annis uixiſſe, per caudæ ipſius amputationem probatum eſt.

Pag. eâdem ad finem Iconum ex Olai Magnĩ tabula, addatur hæc quoq;.

Olaus Magnus in Tabula ſua, quam literis diſtinxit, in B.b. belluam hãc marinam ſine nomine pingit: eamq; ingentem eſſe ſcribit, & dentibus truculentis excelſisq;. Nos à dentium figura ſituq; Aprum nominauimus, ſed cetaceum, ut à piſce eiuſdem nominis diſcerneretur.

Ibîdem ſubiunge hæc. Multiplex eſt genus cetorum, quidam enim hirſuti, & hi quatuor iugerum magnitudine: (iugerum uerò habet in longitudine pedes CCXL. in latitudine CXX.) quidam planæ pellis, hiq; ſunt minores, atq; in occidentali ac ſeptentrionali Oceano capiuntur. Quidam rictum oris habent dentatum, ac longiſsimum, uidelicet longitudinis XII. uel XIIII. pedum: ac dentes ſex, uel octo, uel duodecim pedum. Duo tamen dentes canini cæteris ſunt lõgiores, ſub tus ſicut cornu, ad modum dentium apri uel elephantis. Hoc autem genus ceti habet os aptum ad manducandum: oculos adeò amplos, ut ambitus uniuſcuiuſq; XV. homines ſedẽtes admittat, imò XX. uel ampliùs, ſecundum belluæ quantitatem. Cornua præterea longitudinis ſex uel ſeptem pedum, CCL. ſuper quemlibet oculum habet, cornea duritie, ad rigidam uel placidam, anteriorẽ uel poſteriorem motionem & uentilationem. Hæc ſimul cohærent ad oculorum protectionem tem-

h 5

pore tempestuoso, aut cum alia eum inuaserit bellua inimica. Neq; mirum quod tot cornua, licet satis molesta, habeat, cum inter oculos in fronte spatium sit XV. uel XX. aut ampliùs pedū &c. Plura quæ ad uniuersum Cetaceum genus pertinent, qui uoluerit, ex Olai historia petat.

186.1.post, Plinius, distingue, & A. ut diximus. 188.27. dele hæc uerba, quę habent loco sanguinis. 192.52. ab eo l. ab Aristotele. Pag.245. ad *Buccinum Rondeletij* adscribe: Cancellū in Buccino effigiem requires suprà, pag.209. 291.43. Scazón, A. (alicubi in Italia Galeum acanthiam uocant Scazonem.) 322.24. in faucibus A. (an fauces etiam forinsecus dici possunt, ut nō opus sit in os eius admitti?) Pag. 313. post uersum 2. subiunge: SALMARINVS circa Tridentum uocatur piscis rarus & paucis in locis capi solitus, Truttarum generis, ut equidem conijcio: cuius iconem pulcherrimam Saluianus dedit. nos in magno nostro De aquatilibus uolumine inter Truttas Saluiani uerbis eū descripsimus. 357.27. sic leges. Legi in Theutonico libro Hesi cuiusdam ex nouo Orbe reuersi, Lacertos istos in terra & aqua reperiri, edulesq; esse. Ibid.35. A. Similis uidetur Higoana Lacertus Indicus, cuius Scaliger mentionem facit. conuenit longitudo, & quòd editur, & corium nigrum maculis (candicantibus) distinctum. Dorsum serratum congruere nō puto: nam pellis ad me missa, extensa erat. Caput non uidi. 79.6. pro in l. inter.

ACCESSIO DE GERMANICIS QVIBVSDAM NOMINIBVS PISCIVM, PRAESERTIM QVORVM IN PRAECEDENTIBVS MENTIO facta non est, ordine literarum.

CL. V. LEVINO LEMNIO, MEDICO ZIRIZAEO,
Conradus Gesnerus S. D.

NONDVM excidit è memoria mea, ornatissime Lemni, illud humanitatis tuæ officium, quo non ita pridem ex Italia reuertētes me antehac ignotum domi meæ salutare, & doctissimis sermonibus tuis oblectare uoluisti. Nuper etiam cum Liber tuus De occultis Naturæ miraculis, omnijuga eruditione refertus, & Antuerpiæ typis excusus, ad nos delatus esset, plurimùm eo auidissimè perlegendo tum fructus tum uoluptatis percepisse mihi uideor. Inter cætera uerò cum etiam Germanica quędam Aquatilium animantiū nomina inuenissem, uel noua mihi, uel commodiùs, quàm hactenus didicissem, interpretata: uisum est refricandæ tibi memoriæ nostri causa, hanc Accessiunculam tui nominis inscriptione ornare. Rogo autem te, uir præstantissime, primùm ut Librum hunc totum succisiuis horis euoluere digneris: & ubicunq; aliquid inciderit, de quo admonendus tibi uidear, annotare, idq; quàm liberrimè: deinde imprimis circa Germanica & patrię tuæ ac uicinis usitata nomina, interpretationes meas castigare, augere, minuere, & quoquo modo illustrare uelis. Si quæ uerò nomina uestræ gentis sunt, quæ Latinè aut Græcè efferre nequeas, ea seorsum ut mihi cōscribas, sicut ego in hac Accessiuncula facere aliqua ex parte incœpi, & aliqua descriptione breuissima declares: Cumq; primùm licuerit, de ijs omnibus libellum aut epistolam ad me mittas. Hac in re quantumcunq; mihi præstiteris, gaudebo, eroq; gratus. Scio autem eam esse eruditionē tuā ac diligentiā in omnium rerum naturaliū cognitione, ut sęculū nostrum perpaucos tibi pares habeat. Iuuato igitur suauissime mi Lemni et me in difficillimo hoc copiosissimoq; argumento nimis diu iam laborantem: & studiosis harum rerum innumeris hominibus, omniq; posteritati aliqua doctrinæ tuæ luce affulgeto: id quod tibi nō difficile est, qui ab adolescentia harum rerum fueris studiosus: & in patria Oceano propinqua degas: ubi ut diutissimè fœlicissimeq; tibi tuisq; & amicis uiuas, Deum O. M. rogo. Vale Tiguri. Nonis Iunij. Anno salutis M. D. LX.

Germanica aquatilium animantium nomina, unà cum Anglicis insertis, ordine alphabeti recensui & interpretatus sum quàm plurima (in eo libro in quo etiam Ouidij Halieuticum emendatum & scholijs illustratū dedi: & Aquatilium nomina Latina iuxta Plinium enumeraui:) hîc quidem illorum nihil, aut pauca & obscuriora tantùm repetij, eo consilio ut boni & eruditi aliqui uiri hæc legentes, de quibusdam dubijs incertisq; mihi adhuc certiorem me facerent.

Angelin Germanis & Sabaudis, piscis magnitudine Harengæ, rarissimè capitur in lacu Bielensi, totus albus instar niuis.

Aalec Alberto magno piscis est in mari Flandriæ & Germaniæ Raijs cognatus, uernaculo nomine sic dictus, &c. ego tale nomen hactenus non audiui. Olaus Magnus repetit uerba Alberti de hoc pisce, quem alatum cognominat (alas autem pro pinnis dicit:) nec aliud addit, nec authorem

rem citat, qua in re ignorantiam suam arguit, cum passim multa similiter ex Alberti libris recitet, quæ eiusmodi sunt, ut ipsi etiam Alberto incognita & temere ex indoctis quibusdam scriptoribus repetita esse uideantur. itaq; falsa ueris permiscens, & aliena (quæ tanquam sua recitat) suis, ueritatis cæterorum gratiam corrumpit Olaus.

Bergerfisck. Celeberrimum (inquit Olaus Magnus) totius Noruegiæ emporiū est, quod **Bergen** uocant. à quo etiam pisciū (Asellorū) genus **Bergerfisck** appellat, meliùs quàm **Stockfisch** à fuste uel baculo, ut mollius ad coquendum fiat pluries fustigatum. Huius genus unum longius Asellum uocant: cuius uentres in bicubitales ligulas instar funium abscissos, & aere desiccatos, quasi longè delicatiores cibos, Aquilonares eligere & uendere solent, **Roedscher** dictos. Similiter & extremas caudas eorum piscium in magnis uasis ad quæstum, siue delicatam escam reseruant, quas **Spore** Germani uocant.

Baes/ Süch Seebaes.

Bloßfisch esse audio piscem, uulgò in Marchia dictum, quem Baltazar Trochus Sillaginem nescio qua ratione appellet.

Bolch inferioribus Germanis ex Asellorum genere, fortè hoc nomen à figura & magnitudine tulerit, tanquā instar longiusculæ trabis (quā nostri **Balch** appellant) aut trabeculæ excrescat.

Cabbeliau dictus uulgò, Asellus simpliciter est Leuino Lemnio, & lapillos in capite non habet sicut Callarias.

Cent, piscis quidam Danubij. ante annos aliquot Ratisbonæ captum unū, Cæsari Augustam missum aiunt.

Clieuwe inferioribus Germanis, idem aut cognatus uidetur pisci quem Angli **Lump** appellitant, eruditi quidam Orbem.

Cormontein, in Bielensi apud Heluetios lacu, Sabaudicū fortè potiùs quàm Germanicum uocabulum fuerit, Albulæ (ut nos uocamus) maiori similis, & nimirum cognatus.

Dannelgryn nescio quis in Rheno piscis Coloniæ uocatur.

Dorst piscis est notus in Liuonia, partim Sturioni, partim Siluro similis. alij **Durst** scribunt, nomine forsan à magnitudine facto, nam **Dursen** Germani nominant gigantes. Alij **Dorsch** piscem in Asellorum genere censent: sunt qui Ranam piscatricem ita nominent, simili capitis magnitudine fortè decepti. Vide inferiùs in T.

Elenbot inferioribus Germanis uocatus, Rhombi species oblongior uidetur.

Elst in Rheno uocatur Coloniæ & alibi, uarijs coloribus insignis piscis, Alausæ similis, aut ipsa potiùs Alausa. in Catalogo quidem pisciū Rheni, quem Cronenburgius præclarus medicus Colonia ad me dedit, aliud Alausæ nomen non inuenio, quam tamen in Rheno capi certū est. Eundem piscem in diuersis locis nominari puto, **Erste/ Dffe/ Würffling/ Nörffling.**

Elschouwe. Vitale quiddam inesse uidetur Spongijs & Vrticis marinis, quas nostri **Elschouwe** uocant: quarum innumeræ æstate in Oceano fluitant, exemptæq; mari diffluunt, ac diutiùs manibus contrectatæ liquescunt, ut tradit Leuinus Lemnius lib. 1. de occultis naturæ miraculis. in margine quidem adscribebatur Alga maris: sed Vrtica Algæ nomine appellari non debet.

Eßken audio piscem esse apud inferiores Germanos, qui certo anni tempore stellas quasdam in capite habeat ueluti lepram.

Geernis uel **Gerfisch** apud inferiores Germanos est Acus, rostro oblongo, denticulato: alio nomine **See reiger**, id est, Ardea marina uocatur: Alberto Aniger, tanquam Latino uocabulo.

Goldfisch, qui & **Kutt** Argētinæ dicitur, piscis Percę similis, minor, rotundior. At in Marchia Alausam sic nominant, quæ illic latior capitur: in Albi uerò longior, (diuersa nimirum species,) ita ut longitudo eius quintupla sit ad latitudinem, & alio nomine **Zige** uel **Zieg** appellatur.

Grossen à Germanis maritimis dictus, piscis Sauro similis est, & hamum fertur ore emittere.

Haeyfisch (**Hay** Brabantis) in Germanico mari Galeorum generis est, albicātis per latera et uentrem coloris, in dorso nigrior, punctis fuscis aspersus, ut ostendit pictura, quam doctissimus Echtius ad me misit. Idem uidetur de quo Olaus Magnus: Hominem natantem (inquit) in aquis salsis, piscis de genere Canicularum marinarum, *(Galeus canis scilicet, quem Caniculam minorem uel Plinij Rondeletius nominat,)* Boloma Italicè, & **Haafisck** Noruagicè dictus, adeò auidè turmatimq; ex insidijs adoritur, ut non tantùm morsu, sed pondere etiam in profundum demergat, deuoretq; teneriora membra, nares uidelicet, digitos & genitalia: donec superueniat Raia, ceu iniuriarum uindex, quæ impetu quodam succurrens grassatores abigit, & hominē ut enatet pro uiribus urget: eumq; custodit, donec spiritu extincto, post aliquot dies, cū mare naturaliter se purgat, sursum feratur. Cernitur hoc miserabile spectaculum in Noruagicis oris, quando lauandi gratia homines, exotici uidelicet nautæ, periculorum & insidiarum ignari, è nauibus in undas exiliunt. Latitant enim Caniculæ istæ sub nauibus in anchoris manentibus, uelut Aquatici Arietes. Cutis earū asperitate sua, ligna & ossa expolit, sicuti & Raiarum.

Haffguffe in Oceano magis refert fructum quàm piscem, nimirum ut Cucumis & Vua Plinij. Ego uocis huius Germanicæ aut Saxonicæ, etymologiam non assequor, ut & multorum aliorum, quibus maritimi Germani utuntur, plurimùm à nobis diuersa dialecto, uocabulorum. Vnde fit ut Latina uel Græca quorundam aut indicare uetera, aut noua fingere nomina, non possim.

Hagen audio pisciculum esse similem illi quem Spirling appellant.

Harder, uel Herder, est Mugil piscis, uel Mugilis species, squamis satis magnis tectus, & lineis à capite uersus caudam aliquot, instar Thymalli, distinctus. Vide inferiùs Molenaer.

Hautinck, Acus Aristotelis, Antuerpiæ piscis longè alius Hautin uocatur.

Hille dictus piscis cetaceus in Oceano iuxta Pomeraniam captus est, nostra memoria: cuius imago illic in templo uisitur cum hoc epigrammate: Hilla uocor piscis, ad flumina fertilis Hildę Indigenis captus præda stupenda fui. Ne dubita, quisquis picturam uideris istam. Sic caput & dorsum, sic mihi cauda fuit.

Hirseitt nescio qui piscis uocatur in Marchia Brandenburgensi.

Huyghe, Squatina inferioribus Germanis.

Knackfisch, totus pelle & ossib. constat, quare abijcit, tanquã cibo inutilis, in litus, ubi corrugatur. Huiusmodi sunt Typhle marina Bellonij uel Acus Aristotelis, Hippocampus, & similes.

Lake Gothicè uocatur piscis in fluuijs & lacubus degens, breuior Anguilla, sed magno uentre, hic profunda petit, præterquam hyeme, quando sub glacie (ut suprà dictum est,) malleo stupefactus capitur, Olaus. Nos hunc Mustelã uocauimus, &c. Nostri uocant Trüsch, alij aliter. Lyckelake Flandris Hirudo est.

Makreel dictus piscis, capitur in litoribus Noruegiæ, præcipuè in scopulis Asloensibus, maxima copia: qui probè salitus, optimus est: sine sale, pessimus, Olaus. ego hunc nõ aliũ ꝙ Scõbrum esse dixerim, cuius simile nomen etiã Galli habent & Angli. alij scribunt Macrell, Macrill, Maccarell. hic piscis quoniam mare non relinquit, aliũ esse apparet qui Coloniæ in Rheno Makrill nocatur, à nonnullis Bratfisch.

Meercors/uel Seecors, piscis quidam apud inferiores Germanos, Anguillæ similis, &c. idem fortè quem Lake Gothis appellari nunc diximus.

Molenaer, uel Mullenaer Flandris dictus, non Mullus est ut quidam putant, sed Mugilum generis, ut ex pictura à Io. Echtio missa facilè cõijcio. Galli & Angli Mullet nocitant: Harderẽ superiùs dicto cognatus.

Muris caudam Flandri lingua sua Pastinacam uocant, Rondeletius. ego non aliud Germanis inferioribus de hoc pisce usitatũ nomen hactenus cognoui, quàm Peilstert, quod sagittę caudam significat.

Muroica apud nos dicitur piscis, cuius ossa (noctu) lucent, Albertus. uidetur autem nomẽ esse corruptum. alibi Muruca ab eo nominatur Sturioni similis.

Murte, pisciculus quidam uilis, magnitudine Harengi in Noruegia.

Mutterlosichen, piscis quidam in lacu Suerinensi.

Orwangen & Orwängle uocantur à Germanis branchiæ piscium: ab alijs Ryben.

Palen Congrum esse inferioribus Germanis, an rectè quidam mihi retulerit, dubito.

Peilstert. Quære in Muris cauda.

Pen. Quære in Spirinch.

Pergolici à Christophoro Encelio (qui Germanica piscium nomina ad Latinas terminationes deflectere solet) inter pisces numerantur.

Persich in Austria audio piscem esse diuersum à Perca, dodrantalem ferè, palmi latitudine in medio: squamis uix apparentibus, aculeis tota cuti abundare: Viennæ & Posonij notum: nõ è Danubio, sed aliunde Viennam inferri.

Petermanche, (alijs Pieters uisch, uel Torpor,) Araneus piscis est, ut facilè conijcio ex Icone quam Io. Echtius misit.

Pladyß, & Plaetkens, Passerum species duæ. nostri Platyßle scribunt.

Porpel. Thrissam siue Clupeam piscem, quem Romani Lacciam uocant, nuper in Prussia circa mare recens (ut uocant) eo in loco, ubi in sinum Balthicum (seu Codanum iuxta Celtem) se exonerat, (circa castra Balge & Lokstede, ad ducem Prussię pertinentia,) maximo numero captũ esse, compertum habetur. Nam horum piscium quos Pruteni Porpel appellant (nomen antea incognitum) piscator quidam duodecim millia & sexcentos, mense Maio intra quatuordecim dies (præter alios pisces, quorum etiam haud parua copia erat) cepit, Olaus Magnus.

Postken est Scorpius piscis, inferioribus Germanis: ut ex pictura à Io. Echtio missa, conijcio.

Posck apud Frisios, Centriscus Theophrasti est, ni fallor: Pungitius Alberti. at qui Pösch Coloniæ uocatur, alibi Porces, Kutt/Kaulbersich, Percæ fl. similis, minor, Porcus Nili mihi uidet.

Poste piscis quidam, Flandris à uelocitate sic dictus.

Purpontin Germani quidam, ut audio, proferunt nomen factum ab Anglico Purpose uel Porpose (quasi Porcum piscem dicas) quo Phocænam & Delphinum significant.

Ryben. Süch Orwangen.

Rosenmucken sunt in Prussiæ stagnantibus aquis, ut lacubus uel piscinis profundis, Cyprinis latis cognati, quadruplo ferè maiores & præpingues. assi cum aromatibus ad principes & locupletes uiros mittuntur. Quære Troffuli.

Raff.

Raff. Ex uentre Rhomborum (apud Noruegos) fiunt ligulæ cubitales, uel bicubitales, sed latiores alijs, ualde pingues: quas incolæ uocant **Raff**: eisq; pro pane & obsonio utuntur. Conuenit is cibus robustis hominibus, non delicatis: ferè eius saporis, cuius est semen pisciũ induratum, quod Bottargi uocant Itali, sed longè pinguior. Capitibus horum piscium loco lignorum pro cibis coquendis Noruegi utuntur, Olaus. Ego segmẽta illa seu ligulas **Raff**, fieri audiui ex pisce **Quep** uel **Heligbutt** dicto: unde eundem quoq; Rhombum esse conijcimus.

Roedscher. Vide suprà in **Bergerfisch**. Sunt autem uẽtres Asellorum, hoc est, exteriores uentris partes resectæ & salsæ, alij scribunt **Rotser**. ea caro aliquanto mollior & suauior est.

Rotfisch uel **Redfisch**, in Noruegia dictus piscis marinus, uidet Erythrinus aut Pagrus esse.

Rodtbart/uel **Roobaert** ut Frisij proferunt, piscis est Lyriformis: & diuersis fortè speciebus id nomen attribuitur.

Rub Frisijs, Phoca.

Sandling Frisijs orientalibus dictus, Citharus Galeni fortè fuerit.

Sarekens, si probè memini, pisces quidam apud Belgas uocantur.

Sardeyn ab inferioribus Germanis uocatur piscis marinus, Sardina nimirum uel Chalcis.

Schwamfisch. Quære **Swamfisch**. nam inferiores Germani ferè S. scribunt ubi nos Sch.

Scheluis Belgæ indigetant Callarias (Asellorum generis) à scabra cute ac squamata, ut tradit Leuinus Lemnius: qui etiam lapillos in eorum capite gigni scribit. Sed hoc considerandum est diligentiùs. ego **Schellfisch** esse puto Asellorum Rondeletij speciem tertiam: Callariam uerò alterius generis, &c.

Scherren, species quædam Passerum Belgis.

Schmeltz. Vide **Smelte**.

Schnepelfischge in Albi pisciculus est candidus, non ultra digitum longus, **Zertæ** uulgò dictæ pisci, ferè similis. Is mihi uidetur omnino Phoxinus squamosus minor Rondeletij, nisi colore forsan aliquid differat.

See (uel **Zee**, ut alij scribunt) Belgis est mare: nobis **Meer** mare significat: **See** uerò lacum. hinc composita sunt nomina, **Seebaes**, Lupus marinus, ni fallor: quem Angli simpliciter **Base** appellant. additur autem ei fortè maris uocabulum ad differentiã eius qui fluuios subit. **Seekrabbe**, Cancer marinus est: **Seecreeft** Astacus mar. **Seehaenken**, Gallum marinum sonat, piscem Lyram uel ei cognatum. **Seehont**, id est, Canis marinus, Phocam significat. **See reiger**, id est, Ardea marina. Acus est, rostro longo & denticulato. **Seeschum**, Hollandis, os Sepiæ. **Seetasche**, uulua Raiarum, quæ specie peræ in litoribus eiecta reperitur. Leuinus Lemnius Lupum piscem marinum interpretatur **Zeewolf**, siue ad uerbum, ut suspicor: siue recepto aliquib. Germanis de hoc pisce uocabulo. ¶ Est quando **Seel** pro **See** scribunt in compositis dictionibus, ut **Seelhund** pro Phoca, & **Seelslecke** pro Cochlea marina: sed hoc posterius (puto) Anglicum est.

Shork piscis quidam pedum quinq;, magno uentre.

Skate Anglis Squatinam significat, ut conijcio. Squatina, inquit Albertus, piscis mar. est, quem Germani Catulum maris uocant, &c. Leuinus Lemnius Sepiam interpretatur Felem marinam.

Sijk Gothice dicuntur pisces quidam. Hi (inquit Olaus) sicut & Lupi *(Lucij)* Mugiles, Prasmi & Borbochæ, siccari solent apud Septentrionales, maxima copia, et ut strues lignorum componi. Et rursus: Quidam pisces malleis è robusto ligno factis, ante decoctionẽ fustigantur: quidam etiam Sole saleq; siccati, crudi tunduntur ac manducantur: quos **Sijk** uulgò uocant. suntq; genere duplici, præsertim in mari Bothnico, in quod influunt maxima flumina ex altissimis montibus Noruegianis. Fumati pisces non infimam sortiuntur æstimationem, ut Salmones, Prasmi, **Sijk**, Halec, Murænæ, Mugiles & Boctes. Et mox: Sunt & Boctes ac Orches pisces fumigati, qui in esum genti Septentrionali cedunt. Et alibi: In Harengorum genere fœminæ uulgi æstimatione cariùs emuntur: quia oua eorum uentrem satiant dum stato tempore à piscibus abstinendum est: quod & similiter aliorum piscium oua, ut Salmonum, & quos Gothi **Stick** uocant, faciunt. Sic ille. Ego eundem piscem ab alijs Germanis **Stint**/ **Stinckeling** & **Stinckfisch** uocari puto. Hi infumati adferuntur ex Liuonia, ouisq; multis & pinguibus abundant. **Sijk** quidem nomen uel à siccitate factum est: sunt enim pisces exiccari soliti. uel à **Stinck** per syncopen: quod nomen fœtorem significat: quoniam & recens capti hi pisces, & aliquandiu seruati, fœtere uidentur. Vide mox in **Spiring**.

Smelte Anglis & Belgis est pisciculus (alij **Schmeltz** magis Germanicè proferunt, à pinguedine nimirum) delicatissimus, quem Galli Eperlanum uocant, à colore splẽdido perlæ, id est, margaritæ. aliqui Violam à gratissimo eius odore posse uocari censent. Aqua partim marina, partim fluuiatili gaudet. Figura (à Bellonio exhibita) & descriptio eius planè mihi referre uidetur Vmbram (siue Vmblam) lacustrem nostram minorem. Doctissimus Turnerus Smeltam Gobionũ generis facit. Sed alium quoq; piscem apud Belgas **Smelte** dici conijcio ex pictura, quã à clarissimo medico Io. Echtio accepi: corpore paruo, oblongo, angusto: pinna nulla, (fortè quòd pictor omiserit:) rostro longiusculo, acuminato, ita ut maxilla superior aliquanto breuior sit.

Spiring/Spierinck/Spirling, si Apua aut Apuis cognatus est piscis, ut Turnerus putat, miror eum dentatum esse. idem piscis **Sijck** Gothicè dicitur, de quo suprà scripsi. Audio esse dodrantalem, candidissimum, longum, angustum, nullo uentre foris apparente, nihil cibi in eo reperiri: spinam dorsi Anguillis similiter habere, simplicem, nullis adnatis. gregatim degere. Huic similem esse per omnia **Pen** (fortè ab Apua corrupto nomine) dictum Hollandis.

Spore. Vide **Bergerfisch**.

Spritzen apud Vallesios nostros, Phoxini læues, ni fallor: dicti quòd propter lubricitatẽ manu retineri, quin elidantur, uix queant.

Sprott circa Insulam Rheni piscis est, à Spiringo diuersus, cum apud Anglos **Sprote** idem sit qui Spiringus.

Squame dictus piscis è Dacia (*fortè Dania*) adfertur: is post æquinoctiũ autumnale demum parit, ut scribit Albertus Magnus. sed alius est **Swamfisch**, de quo Olaus Magnus: Monstrum (*Cete ferè monstra nominat*) Noruagico idiomate **Swamfisch** dictum, rotunda est forma, præ cunctis marinis beluis gulosum. Stomachum distinctum non habet, ut ferunt: & omnis cibus in corporis eius crassitudinem uertitur, ut nihil aliud uideri possit quàm una massa pinguedinis adunata. Dilatatur & extenditur: cumq; ampliùs extendi nequit, pisces per os facilè eijcit, quoniã, ut cæteri pisces, collo caret. Os eius continuatum est uentri. Adeò crassum est, ut urgente periculo carnem, pinguedinem & pellem suam, sicut Hericius, super caput reduplicet, & contrahendo se caput abscondat: non sine sui detrimento. nam inimicas bestias timens, fame urgente se non aperit, sed esu carnium suarum sustentatur, cum aliquam sui partem consumi, quàm à beluis prorsus deuorari malit. Sic ille. ex uerbis quidem eius cetúsne an piscis sit, non satis intelligitur. ponit etiam iconem, sed quæ mihi suspecta sit, ut & aliæ pleræq; ab eo exhibitæ.

Stinck. Vide **Sijck**.

Stockfisch. Lege **Bergerfisch**.

Storme Frisiorum, Scorpius piscis esse uidetur.

Streckfisch uel **Strackfisch**, nescio qui piscis, Gedani seruatur in aere ut durescat.

Terbot apud Belgas Rhombus quidam est, hoc nomine pictum roseo colore à Io. Echtio accepi. alij **Tharbutt**/uel **Tarbut** proferunt.

Torpor. Quære in **Petermanche**.

Torsck uulgò dicti pisces, ut & Arengæ, Anguillæ, Prasmi, saliri, uento siccari, aut fumo macerari solent. sic autem (**Torsck**) Gothicè uocantur: qui ab Italis & Hispanis Marlucz. deferũtur autem Romam usq; per Hispanos & Lusitanos. Vide **Dorst** suprà.

Trossuli apud Borussos capiuntur, partim in lacubus, partim in æstuante mari, Erasmus Stella. ego hoc nomẽ è Germanico aliquo factũ conijcio. Idẽ fortè sunt **Rosenmucken** superiùs dicti.

Vckelangen piscis quidam circa ostium Tangræ nominantur à Christophoro Salueldensi.

Vini Belgis est Alausa: quo nomine etiam Albertus Magnus utitur.

Vorn piscis apud Belgas, paruus, squamosus, uarius, unde & nomen ei factum puto, latiusculus, pinnis rubris: candido, luteo & subuiridi colore distinctus, ut ex pictura ab amico accepta apparet. Idem opinor Variatæ pisci, quem Ordine 1. Marinorum pinximus, &c. à Trutta quam nostri **Forn** nominant, longè diuersus.

Wecke apud nos piscis est uẽtre magno, & stomacho uilloso omni genere uillorum, Albert.

Wittim uel **Wytling**, Asellus primus est.

Willocks Belgis Cochleæ quædã marinę sunt, colore ruffo: quarũ foramina operculo tegũt.

¶ Gedani piscis est, cuius dissecti etiam frusta mouentur & tremunt: carne ut **Welß**, id est, Silurus. fortè Anarrhichas noster, qui ad Siluri naturam accedere uidetur.

¶ Piscium uariæ figuræ (inquit Olaus) per Aquilonaria litora inueniuntur: quorum nulla apud ueteres mentio reperitur: Vt pisciculus palmã longitudine non excedens, leporina facie, ac spiculis in dorso: quibus quoslibet etiam magnos pisces solo aspectu terret, & in fugam conuertit. (*Hic fortè è genere Lyriformium est.*) Item pisces aculeati dorsi, instar serræ, qui asperis illis aculeis ac pinnis acutis, antrorsum (dum nocere intendunt) admotis, omnes offendunt: & hi duo tanquam aquarum & piscium latrones, ubi capiuntur, ut inutiles ob spinas & aculeos, & carnem insipidam abijciuntur. Sunt & pisces cornu in capite gerentes antrorsum, sicuti rostratæ uel Liburnicæ naues, in uentre ora habentes, macilenti & insipidi ob corporis macritudinem, quam incurrunt alios pisces persequendo. Hæc ille.

Patauij prope ædem diui Antonij, apud hęredem Monscolari cuiusdam (quem Antiquitatum studiosum fuisse aiunt) audio seruari Equi marini caput planè simile equino: quod an Hippopotami sit, quærendum est. Item rostrum ceu Ciconiæ adiuncto corpore piscis quasi uesica, è mari Adriatico, sine nomine. Varinus Camers Porcum (γόρκον) aquaticum animal, &c. describit, utris similitudine, in Danubio, quadrupes, &c.

FINIS.

EBRAICE.

ליהוה הארץ ומלואה:
אודה יהוה בכל-לבי
אספרה כל-נפלאותיך
זמרו כבוד שמו
שימו כבוד תהלתו:

GRAECE.

Δόξα ΘΕΩ· τεύξαντι τὸ πᾶν, καὶ πάντα κινοῦντι
Πατρὶ μεγαλοφυεῖ, τοῦ περ γένος ἐσμέν· ἰδ' αὐτοῦ
Ἔργα θεωροῦμεν πάνυ θέσκελα πολλὰ καὶ ἐσθλά,
οὐράνια, χθόνια, καὶ ἐν ἠέρι, ἠδὲ θαλάσσῃ.

LATINE.

Omnia qui fecit, mouet & conſeruat, alitq́ꝫ,
Sit ſoli ſemper gloria, laus & honor.
Omnibus in rebus, tellus, aqua, pontus & æther
Quas claudunt, uis eſt inſita clara DEI.
Omnia ſunt hominem propter ceu condita finem.
Finis homo eſt homini: præcipuus, DEVS eſt.

ITALICE.

Rende Lettore ogni honore e gloria
A ſol IDDIO, che tutto 'l hà fatto,
E mouendo 'l nodriſce, e ſerua in atto,
Tal, che ſtupiſce ogniun di merauiglia.

GALLICE.

Au ſeul grand DIEV, qui tout a faict, conſerue,
Meut, & nourrit cé, qu' eſt en l' uniuers,
En terre, en l'eau, en l'aer, feu, cieulx diuers,
Gloire a iamais, los, honeur qu' on reſerue.

GERMANICE.

Fürchtend den allmächtigen/
Eerend den allwüſſenden/
Liebend den allgütigen
Herren GOTT/ vnd vatter
Aller dingen/ ſchöpfer/
Beweger vnd erhalter.